U0268574

HANDBOOK OF MECHANICAL DESIGN
机械设计手册
第七版
卷目

机械设计手册

HANDBOOK OF MECHANICAL DESIGN

第七版

第6卷

主　编
成大先

副主编
王德夫
刘忠明
唐颖达
蔡桂喜
王仪明
郭爱贵
成　杰

化学工业出版社
·北　京·

内 容 简 介

《机械设计手册》第七版共6卷，涵盖了机械常规设计的所有内容。其中第6卷包括气动，机器人构型与结构设计，智能制造系统与装备。本手册具有权威实用、内容齐全、简明便查的特点。突出实用性，从机械设计人员的角度考虑，合理安排内容取舍和编排体系；强调准确性，数据、资料主要来自标准、规范和其他权威资料，设计方法、公式、参数选用经过长期实践检验，设计举例来自工程实践；反映先进性，增加了许多适合我国国情、具有广阔应用前景的新材料、新方法、新技术、新工艺和新产品。本手册可作为机械设计人员和有关工程技术人员的工具书，也可供高等院校有关专业师生参考使用。

图书在版编目（CIP）数据

机械设计手册. 第6卷 / 成大先主编. -- 7版.
北京 : 化学工业出版社, 2025. 3. -- ISBN 978-7-122
-47048-5

Ⅰ. TH122-62

中国国家版本馆 CIP 数据核字第 2025WF5627 号

责任编辑：金林茹　王　烨　陈　喆　　装帧设计：尹琳琳
责任校对：李　爽　王鹏飞

出版发行：化学工业出版社
（北京市东城区青年湖南街13号　邮政编码100011）
印　　装：三河市航远印刷有限公司
787mm×1092mm　1/16　印张 87¾　字数 3182 千字
2025年3月北京第7版第1次印刷

购书咨询：010-64518888　　售后服务：010-64518899
网　　址：http://www.cip.com.cn
凡购买本书，如有缺损质量问题，本社销售中心负责调换。

定　　价：268.00 元

撰稿人员
（按姓氏笔画排序）

马　侃　燕山大学
马小梅　洛阳轴承研究所有限公司
王　刚　北方重工集团有限公司
王　迪　北京邮电大学
王　新　3M 中国有限公司
王　薇　北京普道智成科技有限公司
王仪明　北京印刷学院
王延忠　北京航空航天大学
王志霞　太原科技大学
王丽斌　浙江大学
王建伟　燕山大学
王彦彩　同方威视技术股份有限公司
王晓凌　太原重工股份有限公司
王健健　清华大学
王逸琨　北京戴乐克工业锁具有限公司
王新峰　中航西安飞机工业集团股份有限公司
王德夫　中国有色工程有限公司
方　斌　西安交通大学
方　强　浙江大学
石照耀　北京工业大学
叶　龙　北方重工集团有限公司
冯　凯　湖南大学
冯增铭　吉林大学
成　杰　中国科学技术信息研究所
成大先　中国有色工程有限公司
曲艳双　哈尔滨玻璃钢研究院有限公司
任东升　同方威视技术股份有限公司
刘　尧　燕山大学
刘伟民　3M 中国有限公司
刘忠明　郑机所（郑州）传动科技有限公司
刘焕江　太原重型机械集团有限公司
齐臣坤　上海交通大学
闫　柯　西安交通大学
闫　辉　哈尔滨工业大学
孙小波　洛阳轴承研究所有限公司
孙鹏飞　厦门理工学院
杨　松　哈尔滨玻璃钢研究院有限公司
杨　虎　洛阳轴承研究所有限公司
杨　锋　中航西安飞机工业集团股份有限公司
李　斌　北京科技大学
李文超　洛阳轴承研究所有限公司
李优华　中原工学院
李炜炜　北方重工集团有限公司
李俊阳　重庆大学
李胜波　厦门理工学院
李爱峰　太原科技大学
李朝阳　重庆大学
何　鹏　哈尔滨工业大学
汪　军　郑机所（郑州）传动科技有限公司
迟　萌　浙江大学
张　东　北京戴乐克工业锁具有限公司
张　浩　燕山大学
张进利　咸阳超越离合器有限公司
张志宏　郑机所（郑州）传动科技有限公司
张宏生　哈尔滨工业大学
张建富　清华大学
陈　涛　大连华锐重工集团股份有限公司
陈永洪　重庆大学
陈志敏　北京戴乐克工业锁具有限公司
陈志雄　福建龙溪轴承（集团）股份有限公司
陈兵奎　重庆大学
陈建勋　太原科技大学
陈清阳　太原重工股份有限公司
武淑琴　北京印刷学院
苗圩巍　郑机所（郑州）传动科技有限公司
林剑春　厦门理工学院
岳海峰　太原重型机械集团有限公司
周　瑾　南京航空航天大学
周鸣宇　北方重工集团有限公司
周亮亮　太原重型机械集团有限公司

周琬婷　北京邮电大学
郑　浩　上海交通大学
郑中鹏　清华大学
郑晨瑞　北京邮电大学
郎作坤　大连科朵液力传动技术有限公司
孟文俊　太原科技大学
赵玉凯　郑机所（郑州）传动科技有限公司
赵亚磊　中国计量大学
赵建平　陕西法士特齿轮有限责任公司
赵海波　北方重工集团有限公司
赵绪平　北方重工集团有限公司
胡明祎　国机集团工程振动控制技术研究中心
信瑞山　鞍钢北京研究院
侯晓军　中车永济电机有限公司
须　雷　河南省矿山起重机有限公司
姜天一　哈尔滨工业大学
姜洪源　哈尔滨工业大学
秦建平　太原科技大学
敖宏瑞　哈尔滨工业大学
聂幸福　陕西法士特齿轮有限责任公司
贾志勇　深圳市土木建筑学会建筑运营专业委员会
柴博森　吉林大学
徐　建　中国机械工业集团有限公司
殷玲香　南京工艺装备制造股份有限公司
高　峰　上海交通大学
高　鹏　北京工业大学
郭　锐　燕山大学
郭爱贵　重庆大学
唐颖达　苏州美福瑞新材料科技有限公司
凌　丹　电子科技大学
黄　伟　国机集团工程振动控制技术研究中心
黄　海　武汉理工大学
黄一展　北京航空航天大学
康　举　北京石油化工学院
阎绍泽　清华大学
梁百勤　太原重型机械集团有限公司
梁晋宁　同方威视技术股份有限公司
程文明　西南交通大学
曾　钢　中国矿业大学（北京）
曾燕屏　北京科技大学
温朝杰　洛阳轴承研究所有限公司
谢京耀　英特尔公司
谢徐洲　江西华伍制动器股份有限公司
靳国栋　洛阳轴承研究所有限公司
窦建清　北京普道智成科技有限公司
蔡　伟　燕山大学
蔡学熙　中蓝连海设计研究院有限公司
蔡桂喜　中国科学院金属研究所
裴世源　西安交通大学
熊陈生　燕山大学
樊世耀　山西平遥减速机有限公司
颜世铛　郑机所（郑州）传动科技有限公司
霍　光　北方重工集团有限公司
冀寒松　清华大学
魏　静　重庆大学
魏冰阳　河南科技大学

审稿人员（按姓氏笔画排序）

马文星　王文波　王仪明　文　豪　尹方龙　左开红　吉孟兰　吕　君　朱　胜　刘　实　刘世军　刘忠明
李文超　吴爱萍　何恩光　汪宝明　张晓辉　张海涛　陈清阳　陈照波　赵静一　姜继海　夏清华　徐　华
郭卫东　郭爱贵　唐颖达　韩清凯　蔡桂喜　裴　帮　谭　俊

编辑人员

张兴辉　王　烨　贾　娜　金林茹　张海丽　陈　喆　张燕文　温潇潇　张　琳　刘　哲

第七版前言
PREFACE

《机械设计手册》第一版于1969年出版发行，结束了我国机械设计领域此前没有大型工具书的历史，起到了推动新中国工业技术发展和为祖国经济建设服务的重要作用。经过50多年的发展，《机械设计手册》已修订六版，累计销售135万套。作为国家级重点科技图书，《机械设计手册》多次获得国家和省部级奖励。其中，1978年获全国科技大会科技成果奖，1983年获化工部优秀科技图书奖，1995年获全国优秀科技图书二等奖，1999年获全国化工科技进步二等奖，2003年获中国石油和化学工业科技进步二等奖，2010年获中国机械工业科技进步二等奖；多次荣获全国优秀畅销书奖。

《机械设计手册》（以下简称《手册》）始终秉持权威实用、内容齐全、简明便查的编写特色。突出实用性，从机械设计人员的角度考虑，合理安排内容取舍和编排体系；强调准确性，数据、资料主要来自标准、规范和其他权威资料，设计方法、公式、参数选用经过长期实践检验，设计举例来自工程实践；反映先进性，增加了许多适合我国国情、具有广阔应用前景的新技术、新材料和新工艺，采用了最新的标准、规范，广泛收集了具有先进水平并实现标准化的新产品。

《手册》第六版出版发行至今已有9年的时间，在这期间，机械设计与制造技术不断发展，新技术、新材料、新工艺和新产品不断涌现，标准、规范和资料不断更新，以信息技术为代表的现代科学技术与制造技术相融合也赋予机械工程全新内涵，给机械设计带来深远影响。在此背景之下，经过广泛调研、精心策划、精细编校，《手册》第七版将以崭新的面貌与全国广大读者见面。

《手册》第七版主要修订如下。

一、在适应行业新技术发展、提高产品创新设计能力方面

1. 新增第22篇“机器人构型与结构设计”，帮助设计人员了解机器人领域的关键技术和设计方法，进一步扩展机械设计理论的应用范围。

2. 新增第23篇“智能制造系统与装备”，推动机械设计人员适应我国智能制造标准体系下新的设计理念、设计场景和设计需求。

3. 第3篇新增了“机械设计中的材料选用”一章，为机械设计人员提供先进的选材理念、思路及材料代用等方面的指导性方法和资料。

4. 第12篇新增了摆线行星齿轮传动，谐波传动，面齿轮传动，对构齿轮传动，锥齿轮轮体、支承与装配质量检验，锥齿轮数字化设计与仿真等内容，以适应齿轮传动新技术发展。

5. 第16篇新增了减速器传动比优化分配数学建模，减速器的系列化、模块化，双圆弧人字齿减速器，机器人用谐波传动减速器，新能源汽车变速器，风电、核电、轨道交通、工程机械的齿轮箱传动系统设计等内容。

6. 第18篇新增了“工程振动控制技术应用实例”，通过23个实例介绍不同场景下振动控制的方法和效果。

7. 第 19 篇新增了“机架现代设计方法”一章，以突出现代设计方法在机架有限元分析和机架结构优化设计中的应用。

8. 将“液压传动”篇与“液压控制”篇合并成为新的第 20 篇“液压传动与控制”，完善了液压技术知识体系，新增了液压回路图的绘制规则，液压元件再制造，液压元件、系统及管路污染控制，液压元件和配管、软管总成、液压缸、液压管接头的试验方法等内容。

9. 第 21 篇完善了气动技术知识体系，新增了配管、气动元件和配管试验、典型气动系统及应用等内容。

二、在新产品开发、新型零部件和新材料推广方面

1. 各篇介绍了诸多适应技术发展和产业亟需的新型零部件，如永磁联轴器、风电联轴器、钢球限矩联轴器、液压安全联轴器等；活塞缸固定液压离合器、液压离合器-制动器、活塞缸气压离合器等；石墨滑动轴承、液体动压轴承、UCF 型带座外球面球轴承、长弧面滚子轴承、滚柱交叉导轨副等；不锈弹簧钢丝、高应力液压件圆柱螺旋压缩弹簧等。

2. 在采用新材料方面，充实了钛合金相关内容，新增了 3D 打印 PLA 生物降解材料、机动车玻璃安全技术规范、碳纳米管材料及特性等内容。

三、在贯彻新标准方面

各篇均全面更新了相关国家标准、行业标准等技术标准和资料。

为适应数字化阅读需求，方便读者学习和查阅《手册》内容，本版修订同步推出了《机械设计手册》网络版，欢迎购买使用。

值此《机械设计手册》第七版出版之际，向参加各版编撰和审稿的单位和个人致以崇高的敬意！向一直以来陪伴《手册》成长的读者朋友表示衷心的感谢！ 由于编者水平和时间有限，加之《手册》内容体系庞大，修订中难免存在疏漏和不足，恳请广大读者继续给以批评指正。

编　者

HANDBOOK OF MECHANICAL DESIGN SEVENTH EDITION

目录
CONTENTS

第21篇 气动

第 10 章 气动产品的应用简介 …………… 21-649

第 11 章 气动系统节能 …………………… 21-680

第 12 章 气动系统安装、调试、维护及故障处理 …………………… 21-710

参考文献 …………………………………… 21-722

第 22 篇 机器人构型与结构设计

第 1 章 机器人构型综合与设计的 G_F 集设计理论 ………………………… 22-3

第 2 章 G_F 集运算法则 ………………… 22-23

第 23 篇 智能制造系统与装备

第 3 章 智能工厂

HANDBOOK

OF

第21篇
气动

篇主编 唐颖达

撰稿 唐颖达 刘尧

审稿 赵静一

MECHANICAL
DESIGN

修订说明

与第六版相比，主要特点包括：①完善了气动的知识结构；②捋顺了气动学科知识体系；③引用了最新标准，如GB/T 17446—2024《流体传动系统及元件 词汇》，并且勘误了这些标准；④丰富了内容，编排更加合理，突出了实用便查的特点。主要修订和新增内容如下：

（1）全面更新了相关国家、行业标准等技术标准和资料，新增了气动相关术语和定义。

（2）新增加了配管、气动元件和配管试验、典型气动系统及应用各章。

（3）还新增了一些内容，如电-气数字控制阀、伺服缸、数字缸。

（4）删掉了模块化电/气混合驱动技术一章，以及传感器、气动相关技术标准及资料这两章中的一些内容。

本篇由苏州美福瑞新材料科技有限公司唐颖达主编，燕山大学刘尧参编。燕山大学赵静一教授主审。

CHAPTER 1

第1章 基础理论

1 气动术语（摘自 GB/T 17446—2024）

表 21-1-1

序号	术语	定义
3.1.2.4	气动	使用压缩的空气或惰性气体作为流体传动介质的科学技术
3.1.2.42	待启动位置	气动系统和元件或装置在开始工作循环之前未施加压力的状态
3.1.2.67	排气	气体流动到大气
3.1.2.69	耗气量	为完成给定任务所需的空气流量或在一定时间内所用的空气体积
3.1.2.73	气动消声器	降低排气的噪声等级的元件
3.1.3.4	压缩空气	被压缩到更高压力,并作为能量传递介质的空气
3.1.3.33	压力露点	压缩空气在实际压力下的露点
3.1.3.41	膨胀系数	当流动处于亚声速时,体积变化率与温度变化量之比
3.1.3.52	自由空气	处于实际状态下的空气(以其在标准状态下的当量表达)
3.1.4.16	流导	在规定工况下,衡量元件或配管流通能力的气体流量与压力的比值
3.1.4.17	声速流导	壅塞流区域的流导
3.1.4.18	亚声速流	元件中每个截面的气流流速都低于当地声速的流动 注:在这种情况下,气体的质量流量取决于上游和下游压力
3.1.4.19	壅塞流	当下游压力与上游压力的压力比低于临界压力比时,流体可通过流道的最大流量 注:在此状态下,气体的质量流量与上游压力成正比,且不受下游的压力的影响
3.1.5.64	临界背压比	当气体通过元件或配管的质量流量刚好到达流量曲线或流导曲线的壅塞流区域时,下游滞止压力与上游滞止压力的比率
3.1.6.14	排气口	为排气系统提供通道的气口
3.1.6.15	气管排液口	气动系统中的液体排放口
3.3.1.16	双手动控制单元	带有双按钮控制机构,仅当同时操作两个按钮并保持按下时,该控制机构才能提供并保持输出信号的气动元件
3.3.1.28	无源输出	其功率仅来自输入信号的输出
3.3.2.26	调节压力	压力调节阀的出口压力
3.3.2.29	切换时间	出气口只连接压力传感器的条件下,从电或者气的控制信号变化开始,到相关出气口的压力变化了规定压力的 10%时所对应的滞后时间
3.3.2.30	复位切换时间	撤销控制信号时的切换时间
3.3.2.31	开启切换时间	施加控制信号时的切换时间
3.4.1.18	空气压缩机	将机械能转换成气压能的装置
3.4.2.4	气动马达	利用压缩空气驱动的马达
3.5.1.17	伺服缸	能够响应可变控制信号实现特定行程位置的缸
3.5.1.18	无杆缸	借助平行于缸轴线的滑块来传递机械力和运动的无活塞杆的缸
3.5.1.19	磁耦式无杆缸	靠磁性从活塞向滑块传递机械力和运动的无杆缸
3.5.1.20	带式无杆缸	活塞通过缸筒壁上的缝隙直接连接于滑块,同时一对平带穿过滑块密封缝隙内侧并覆盖其外侧的一种无杆缸 注:滑块的运动方向与活塞的运动方向相同

续表

序号	术语	定义
3.5.1.21	绳索式无杆缸	借助于绳索或带从活塞向滑块传递机械力和运动的无杆缸 注:滑块的运动方向与活塞的运动方向相反
3.5.1.24	液压阻尼器	作用于气缸使其运动减速的辅助液压装置
3.5.1.34	气动滑台	包括一个装在导向杆上,靠气缸驱动的载物平板的机构
3.6.1.2	分向阀	带有一个进口,可以将流动转向两个分开出口中的任一个的二位方向控制阀
3.6.1.4	选择阀	带有两个进口,其出口可通过施加控制信号与任一个进口连通的三口方向控制阀
3.6.1.9	气动式压力开关阀	一种当先导压力达到预定值时产生或中断气动信号的常闭型气动先导式方向控制阀
3.6.1.11	排空阀	工作时阻断进口,同时卸除下游压力的截止阀
3.6.2.3	缓启动阀	布置于系统进口,允许流体小流量进入系统,达到预定压力值后使阀打开到全流动状态的一种顺序阀
3.6.2.10	压力调节阀	当进口压力或出口流量变化时,保持其调节压力基本恒定的阀 注:仅当进口压力高于设定的调节压力时,压力调节装置才能正常工作
3.6.2.13	溢流减压阀	配有溢流装置且当调节压力超过设定压力时开始溢流的压力调节阀 注:在大多数情况下,当调节压力明显高于其设定值时开始溢流,且溢流流量小
3.6.3.15	空气保险器	正常情况下在两个方向上允许自由流动,一旦元件出口侧配管发生故障,可使流量减少到极小值的一种流量控制阀 注:在故障未修复前,空气保险器的全流量条件不恢复。另外,空气保险器也可以用作安全元件、用来减少空气消耗
3.6.3.17	锁定阀	进口封闭位置带锁定功能的手动排空阀
3.6.4.18	底板<液压> 底座<气动>	具有安装连接的油(气)口,用于安装板式阀的安装装置
3.6.4.21	集成底板	包括一个进口通道、一个排气通道,有时还包括一个外部先导控制通道及单独出口的阀的安装装置 注:几个类似的基板连接在一起,以便除出口外的几个通道形成共同的流体传导方式
3.6.4.22	汇流板 IEM	包括公共供气和排气口,而没有出口的集成底板 注:带有出口的直线阀安装于其表面。IEM 常常是整体模压成型,但也可以由单独的基板相互集成
3.6.4.23	组合集成基板	不包括所安装的阀,设计相似且固定在一起的两个或多个集成底板构成的总成
3.6.4.24	阀岛	包括电气连接的阀块总成或集成阀组
3.6.4.25	集成阀组	没有集成底板,但是具有通过阀体的公共气源和排气通道,为了便于安装而彼此固定在一起的阀的总成 参见:阀岛
3.6.4.26	集成片	包括一个集成底板及其所安装的阀的阀块总成(在集成总成中占据一个位置)
3.6.5.10	快速排气阀	当进口处空气压力降到足够低时,其出口打开进行排气的二位三口阀
3.6.5.16	无源阀	不带动力源而输出功率仅来自输入信号的阀
3.6.5.17	自立阀	其动力源与输入信号值无关的阀
3.6.5.18	延时阀	输出可延迟且时间可调的阀
3.6.5.22	真空截止阀	紧邻吸盘,当流动量过大时,关闭或减少吸入空气的内置单向阀 注:当几个吸盘与一个单独的真空源相连,并且一个吸盘不接触物体时,该吸盘可以被隔离以便系统能够保持真空
3.6.5.24	自动排放阀	当达到预定条件时,自动排放已收集的污染的气动排放阀
3.6.5.25	半自动排放阀	当进口压力降低时,自动排出元件内收集的任何污染的气动排放阀
3.6.6.10	封闭位置	进口供气与出口没有连通时阀芯的位置
3.6.6.13	加压中位	进口连通两个出口且排气口封闭的阀中位
3.6.6.16	开启位置	使阀的进口与出口连通的阀芯位置
3.6.6.18	卸压中位	进口封闭,但出口连通排气口的阀中位
3.6.6.22	喷枪	通过喷嘴喷出压缩空气并向目标吹扫的手持式二口阀
3.7.12	排污管	压缩空气管路中专为排放积聚的污染物而布置的垂直段管路
3.7.22	插入式管接头	不用任何工具将软管末端插入管接头体中进行连接的管接头
3.7.24	堵塞接头	直接旋入气缸的,以便当先导控制信号解除时将空气截流在气缸中的一种带先导式单向阀的接头

续表

序号	术语	定义
3.8.22	空气过滤器	阻留来自大气的污染物的元件
3.8.23	空气净化器	带有可去除指定污染物并达到规定清洁度的特定滤芯的压缩空气过滤器
3.8.24	压缩空气过滤器	去除并阻留压缩空气中存在的固体和液体污染物的气动过滤器元件
3.8.25	过滤减压阀	由过滤器和压力调节阀组成一体的元件 注:过滤器始终在调压阀的上游侧
3.8.26	分离器	靠滤芯以外的手段(例如磁性、化学性质、密度等)阻留污染物的元件
3.8.27	油分离器	阻留压缩空气中油的分离器
3.8.28	油雾分离器	分离并除去压缩空气中油雾的过滤器 参见:聚结式过滤器
3.8.31	回收分离器	在压缩空气被排放到大气之前,去除其中润滑油的元件
3.8.32	集水器	安装在系统中用来收集水分的元件
3.8.33	空气干燥器	降低压缩空气中水蒸气含量的设备
3.8.34	干燥剂型空气干燥器	利用不溶解的吸湿材料去除水分的空气干燥器
3.8.35	冷冻式空气干燥器	通过降低空气温度引起凝聚而从气流中分离出水分的空气干燥器
3.8.36	膜式空气干燥器	一种利用空心纤维膜去除压缩空气中所含的水蒸气的空气干燥器
3.8.37	吸湿剂型空气干燥器	利用溶解的吸湿材料去除水分的空气干燥器
3.8.38	吸附式干燥器	通过分子吸附阻留可溶性和不溶性污染物的干燥器
3.8.39	吸收式干燥器	利用吸湿剂来去除空气中水分的干燥器
3.8.40	压缩空气油雾器	一种能够将润滑油引入到气动系统或元件中的元件
3.8.41	非循环油雾器	将流经供油机构的所有润滑油注入气流中的压缩空气油雾器
3.8.42	循环油雾器	将流经供油装置的可观察到的一部分润滑油注入流体中的压缩空气油雾器
3.8.46	公称过滤精度	由制造商给出的表征阻留污染物颗粒尺度的标称微米值 注:对于液压技术,参见“过滤比”
3.8.53	压缩空气干燥	将空气压缩到一个较高的压力,冷却并排出凝结水,最后膨胀到所需压力来干燥空气的过程
3.8.54	气源处理单元	通常用于输出适宜条件的压缩空气,包含一个过滤器、压力调节阀,有时还包括油雾器的总成
3.10.1.10	单脉冲发生器	当连续的气动信号施加于进口时,在出口产生单一的脉冲的元件
3.10.1.11	脉冲发生器	当连续的气动信号施加于进口时,在出口产生重复脉冲的元件
3.10.1.12	脉冲计数器	提供所施加的先导脉冲数的目视指示装置 注:在某些情况下,当达到预设脉冲数时它提供一个输出信号
3.10.1.25	真空表	测量并显示真空的装置
3.10.1.26	真空发生器	借助文丘里原理用压缩空气产生真空的元件
3.10.1.27	真空吸盘	利用真空产生吸力的合成橡胶盘
3.10.2.17	储气罐	接收并储存直接来自压缩机的压缩空气或气体的容器
3.10.2.18	缓冲罐	位于储气罐的下游,用来储存压缩空气或有压力气体,以便减小压力变动的辅助容器
3.10.2.19	辅助缓冲罐	为满足局部要求,安装在系统中的附加缓冲罐
3.10.2.20	气液转换器	功率从一种介质(气体)不经过增强传递给另外一种介质(液压)的装置
3.10.2.26	后冷却器	用于冷却空气压缩机排出空气的热交换器

注:流体传动系统及元件的其他术语和定义见本手册第20篇相关章节。

2 图形符号气动应用示例(摘自GB/T 786.1—2021)

表 21-1-2

类别	图形	描述
阀—控制机构 (共17种)		带有可拆卸把手和锁定要素的控制机构

续表

类别	图形	描述
阀—控制机构 （共17种）	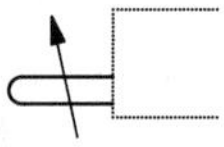	带有可调行程限位的推杆 作者注：可调节相对推杆的位置有修改
	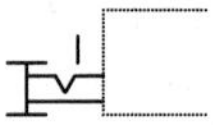	带有定位的推/拉控制机构
	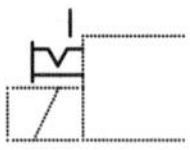	带有手动越权锁定的控制机构
	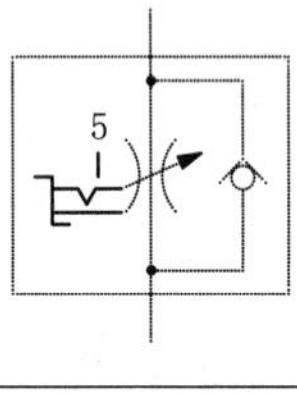	带有5个锁定位置的旋转控制机构 作者注：节流可调节箭头方向与单向阀流动方向关系已修改
	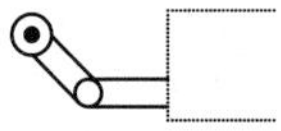	用于单向行程控制的滚轮杠杆
	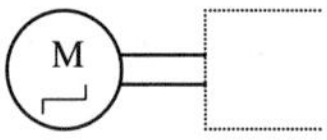	使用步进电机的控制机构
	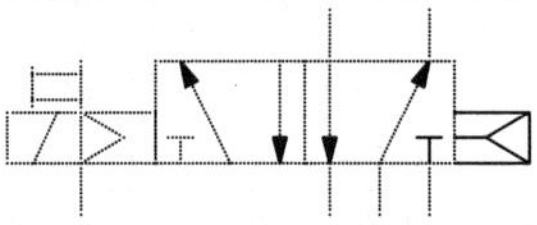	气压复位（从阀进气口提供内部压力）
	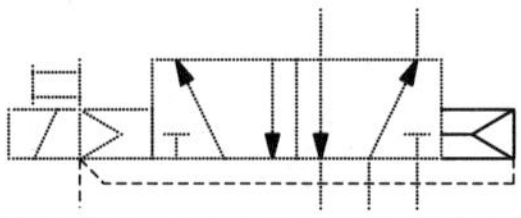	气压复位（从先导口提供内部压力） 注：为更易理解，图中标识出外部先导供气
	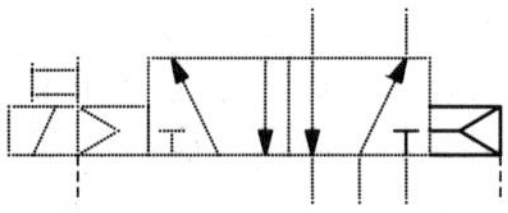	气压复位（外部压力源）
	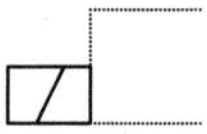	带有一个线圈的电磁铁（动作指向阀芯）
	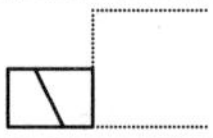	带有一个线圈的电磁铁（动作背离阀芯）
	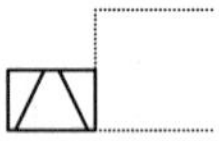	带有两个线圈的电气控制装置（动作指向或背离阀芯） 作者注：一个动作指向阀芯，另一个动作背离阀芯
	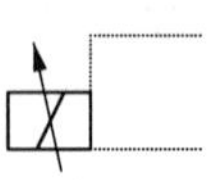	带有一个线圈的电磁铁（动作指向阀芯，连续控制） 作者注：JB/T 12396—2015规定了比例阀用电磁铁，或可称为“比例阀用电磁铁”。以下同
	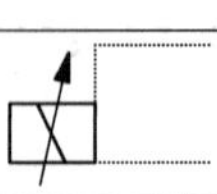	带有一个线圈的电磁铁（动作背离阀芯，连续控制）
	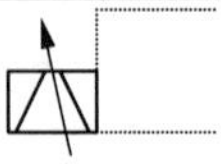	带有两个线圈的电气控制装置（一个动作指向阀芯，另一个动作背离阀芯，连续控制）
	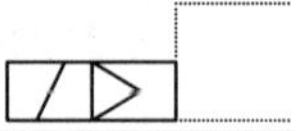	电控气动先导控制机构

续表

类别	图形	描述
阀—方向控制阀（共23种）	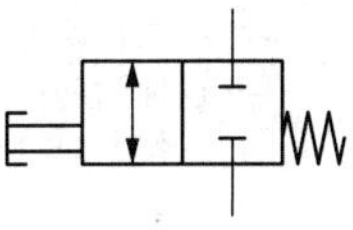	二位二通方向控制阀（双向流动，推压控制，弹簧复位，常闭） 作者注：1.“双向流动”为作者添加 2. 在 GB/T 17446—2024 中将“通”改为“口”，以下同
	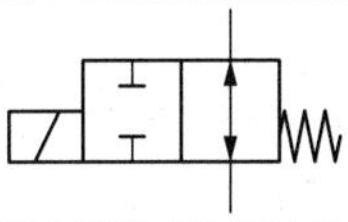	二位二通方向控制阀（双向流动，电磁铁控制，弹簧复位，常开） 作者注：“双向流动”为作者添加
	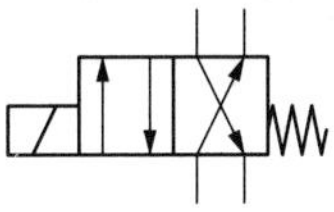	二位四通方向控制阀（电磁铁控制，弹簧复位）
	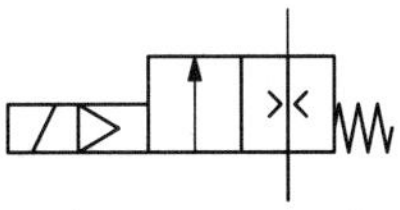	气动软启动阀（电磁铁控制内部先导控制）
	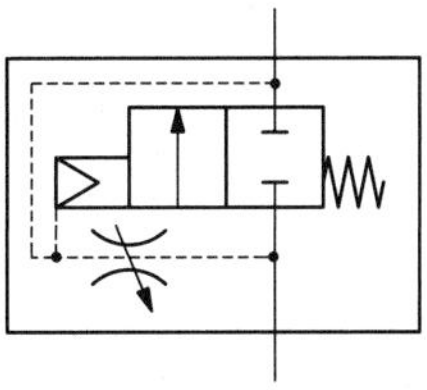	延时控制气动阀（其入口接入一个系统，使得气体低速流入直至达到预设压力才能使阀口全开）
	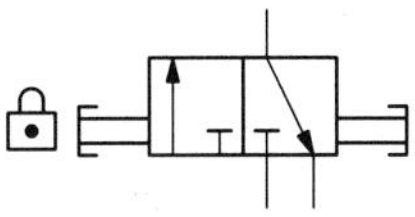	二位三通锁定阀方向控制阀（带有挂锁） 作者注：也是“二位三通方向控制阀”
	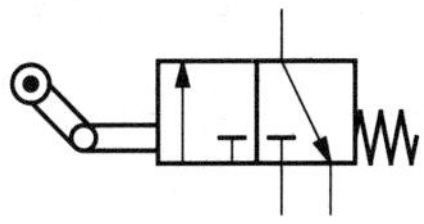	二位三通方向控制阀（滚轮杠杆控制，弹簧复位） 作者注：“单向行程的滚轮杠杆控制”
	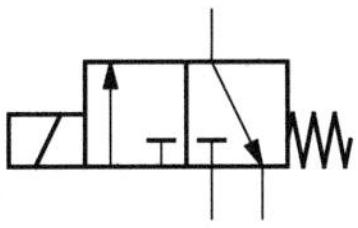	二位三通方向控制阀（单电磁铁控制，弹簧复位、常闭）
	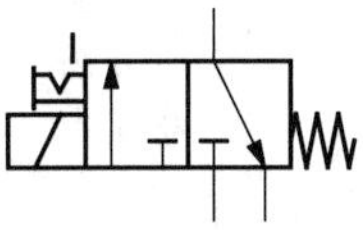	二位三通方向控制阀（单电磁铁控制，弹簧复位，手动锁定） 作者注：“手动越权锁定”
	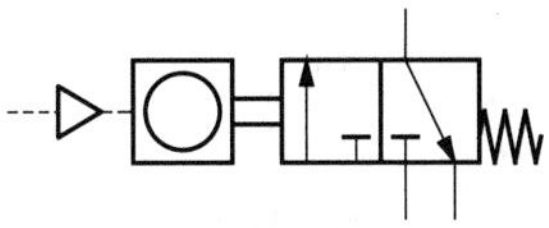	脉冲计数器（带有气动输出信号）
	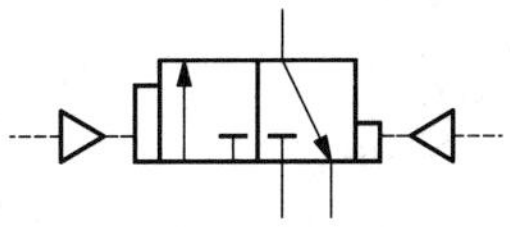	二位三通方向控制阀（差动先导控制）
	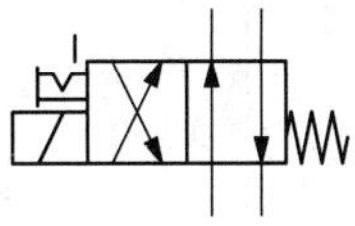	二位四通方向控制阀（单电磁铁控制，弹簧复位，手动锁定） 作者注：“手动越权锁定”

续表

类别	图形	描述
阀—方向控制阀（共23种）	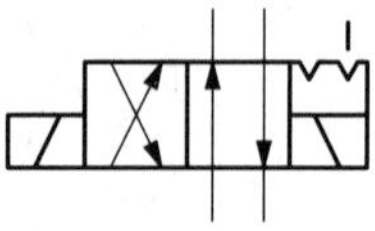	二位四通方向控制阀（双电磁铁控制，手动锁定，也称脉冲阀） 作者注："带有手动锁定机构"
	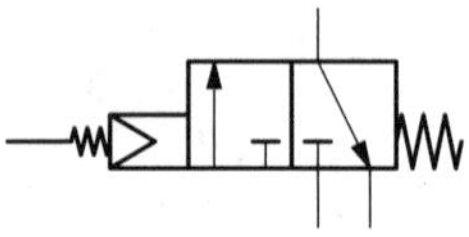	二位三通方向控制阀（气动先导和扭力杆控制，弹簧复位）
	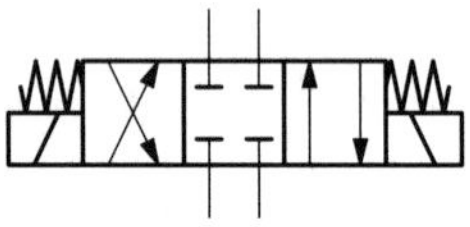	三位四通方向控制阀（双电磁铁控制，弹簧对中）
	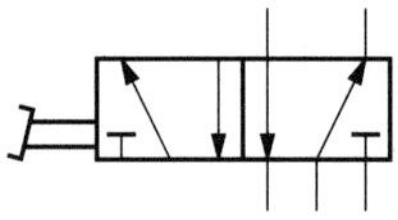	二位五通方向控制阀（踏板控制） 作者注：双向踏板控制
	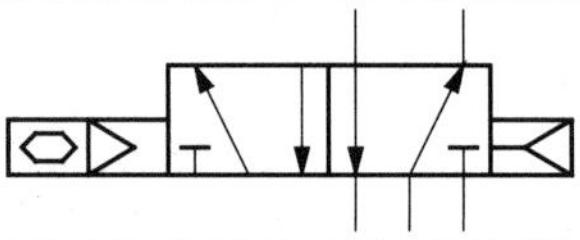	二位五通气动方向控制阀（先导式压电控制，气动复位）
	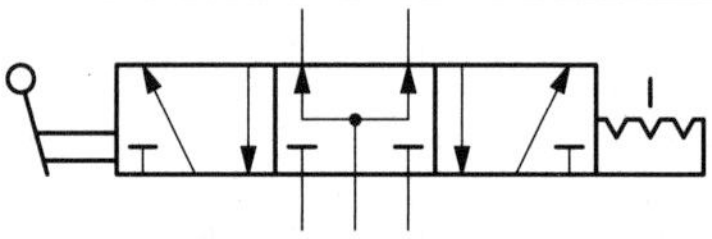	三位五通方向控制阀（手柄控制，带有定位机构）
	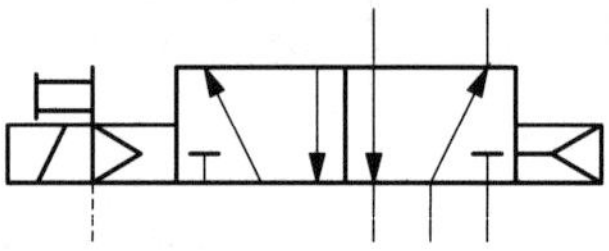	二位五通方向控制阀（单电磁铁控制，外部先导供气，手动辅助控制，弹簧复位）
	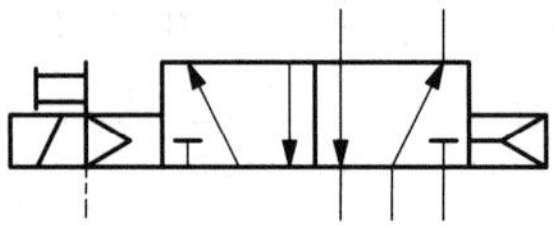 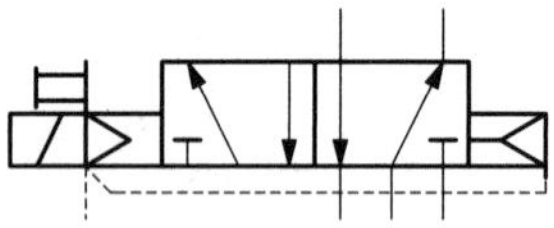 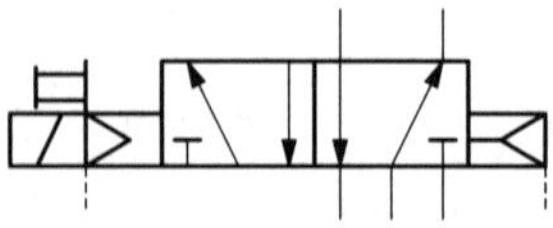	二位五通气动方向控制阀（电磁铁气动先导控制，外部先导供气，气压复位，手动辅助控制） 气压复位供压具有如下可能 ①从阀进气口提供内部压力（X10441） ②从先导口提供内部压力（X10441） ③外部压力源（X10442）
	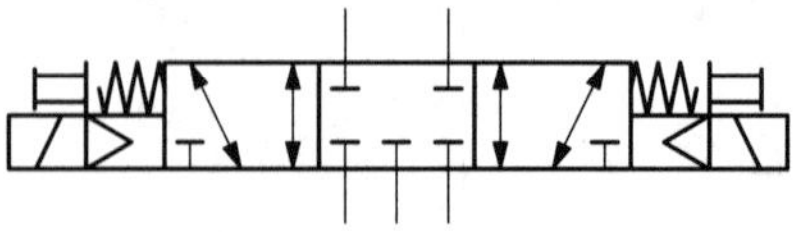	三位五通气动方向控制阀（中位断开、两侧电磁铁与内部气动先导和手动辅助控制，弹簧复位至中位）
	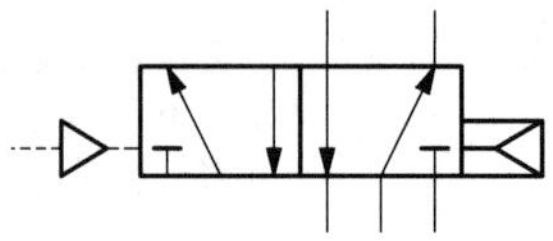	二位五通直动式气动方向控制阀（机械弹簧与气动复位）

续表

类别	图形	描述
阀—方向控制阀（共23种）	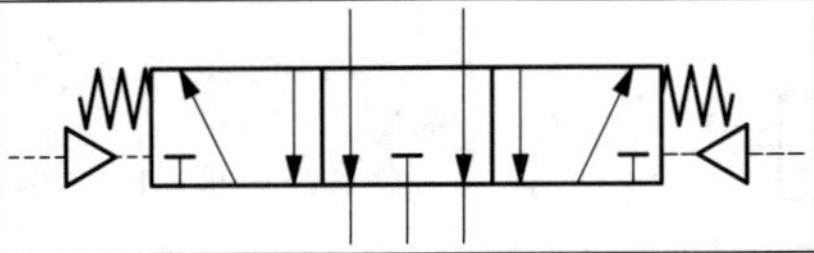	三位五通直动式气动方向控制阀（弹簧对中，中位时两出口都是排气）
阀—压力控制阀（共5种）	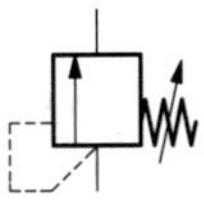	溢流阀（直动式，开启压力由弹簧调节）
	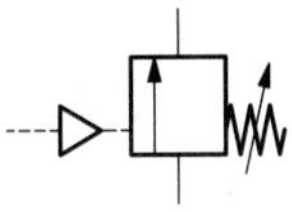	顺序阀（外部控制）
	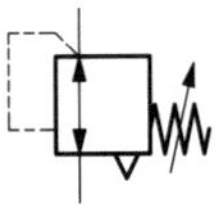	减压阀（内部流向可逆）
	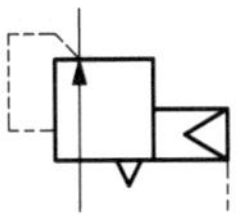	减压阀（远程先导可调，只能向前流动）
	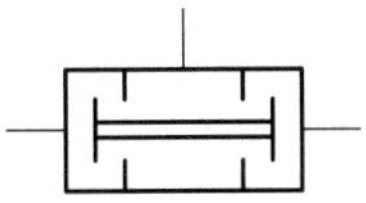	双压阀（逻辑为"与"，两进气口同时有压力时，低压力输出）
阀—流量控制阀（共3种）		节流阀
	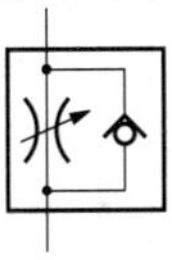	单向节流阀
	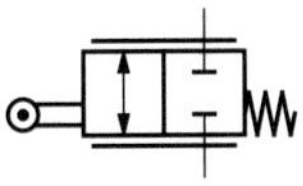	流量控制阀（带有滚轮连杆控制，弹簧复位） 作者注：或应为连续流量控制阀
阀—单向阀和梭阀（共6种）		单向阀（只能在一个方向自由流动）
		单向阀（带有弹簧，只能在一个方向自由流动，常闭）
		先导式单向阀（带有弹簧，先导压力控制，双向流动）
	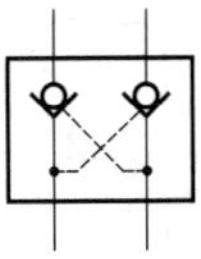	气压锁（双气控单向阀组）

续表

类别	图形	描述
阀—单向阀和梭阀（共6种）	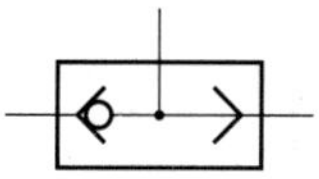	梭阀（逻辑为“或”，压力高的入口自动与出口接通） 作者注：“单向阀的运动部分”也可绘制在右侧
	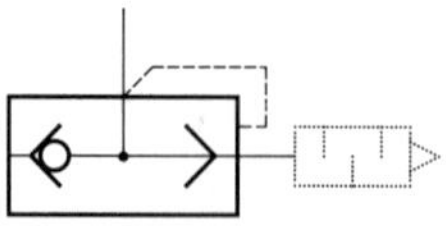	快速排气阀（带消声器）
阀—比例方向控制阀（共1种）	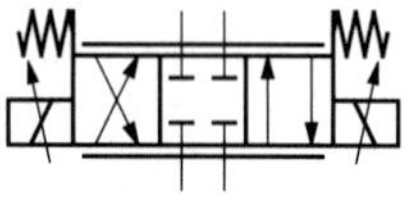	比例方向控制阀（直动式）
阀—比例压力控制阀（共3种）	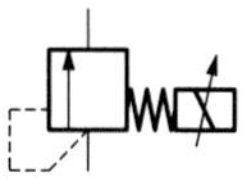	直动式比例溢流阀（通过电磁铁控制弹簧来控制）
	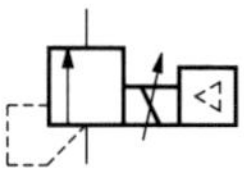	直动式比例溢流阀（电磁铁直接控制，带有集成电子器件）
	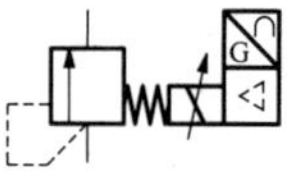	直动式比例溢流阀（带有电磁铁位置闭环控制，集成电子器件）
阀—比例流量控制阀（共2种）	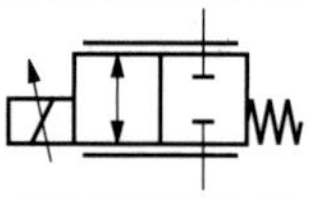	比例流量控制阀（直动式）
	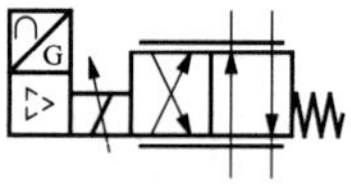	比例流量控制阀（直动式，带有电磁铁位置闭环控制，集成电子器件）
空气压缩机和马达（共7种）	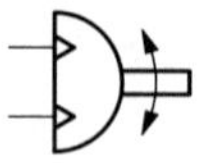	摆动执行器/旋转驱动装置（带有限制旋转角度功能，双作用）
	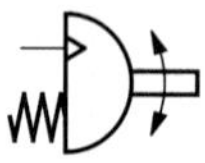	摆动执行器/旋转驱动装置（单作用）
	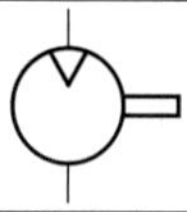	气动马达
	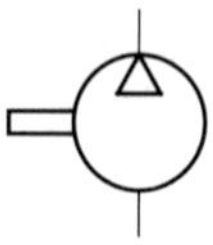	空气压缩机
	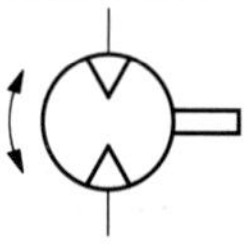	气动马达（双向流道，固定排量，双向旋转）
	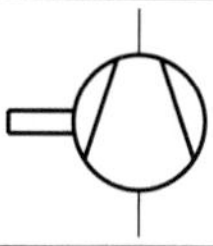	真空泵

续表

类别	图形	描述
空气压缩机和马达（共7种）	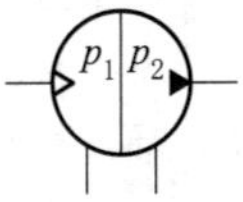	连续气液增压器（将气体压力 p_1 转换为较高的液体压力 p_2）
缸（共22种）	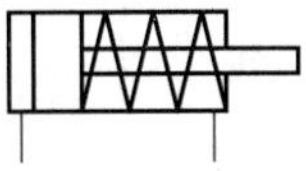	单作用单杆缸（弹簧复位，弹簧腔带连接气口）
	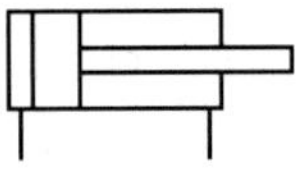	双作用单杆缸
	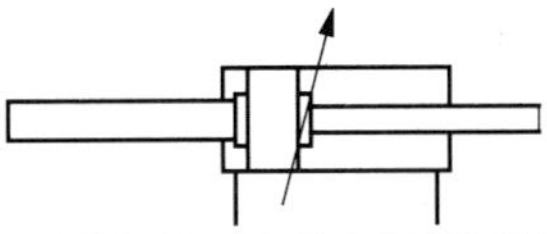	双作用双杆缸（活塞杆直径不同，双侧缓冲，右侧缓冲带调节）
	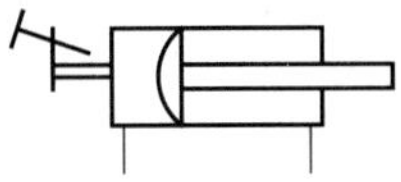	双作用膜片缸（带有预定行程限位器）
	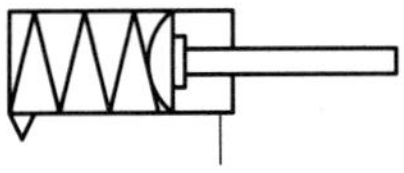	单作用膜片缸（活塞杆终端带有缓冲，带排气口）
	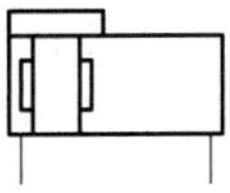	双作用带式无杆缸（活塞两端带有位置缓冲）
	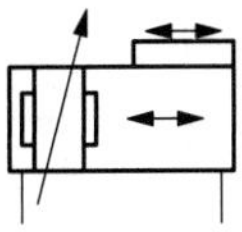	双作用绳索式无杆缸（活塞两端带有可调节位置缓冲）
	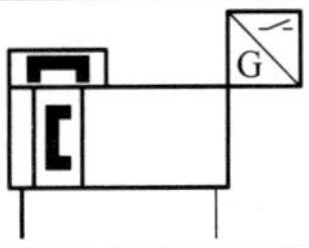 G	双作用磁性无杆缸（仅右边终端带有位置开关）
	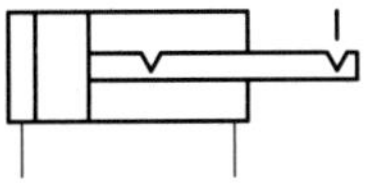	行程两端带有定位的双作用缸
	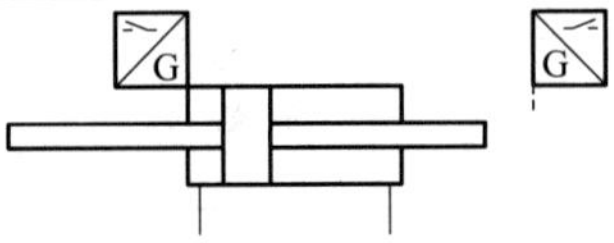 G G	双作用双杆缸（左终点带有内部限位开关，内部机械控制，右终点带有外部限位开关，由活塞杆触发）
	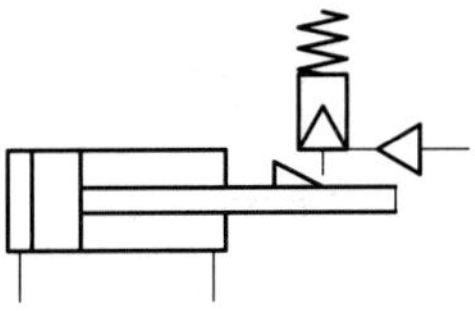	双作用单出杆缸（带有用于锁定活塞杆并通过在预定位置加压解锁的机构）
	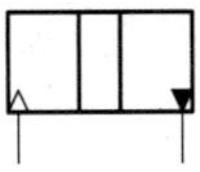	单作用气-液压力转换器（将气体压力转换为等值的液体压力）

续表

类别	图形	描述
缸（共22种）		单作用增压器（将气体压力 p_1 转换为更高的液体压力 p_2） 作者注：原标准图形符号有问题，两活塞间容腔可能困气。排气口为作者添加
		波纹管缸
		软管缸
		半回转线性驱动（永磁活塞双作用缸）
		永磁活塞双作用夹具 作者注：向内作用的气爪
		永磁活塞双作用夹具 作者注：向外作用的气爪
		永磁活塞单作用夹具 作者注：向内作用的气爪
		永磁活塞单作用夹具 作者注：向外作用的气爪
		双作用气缸（带有可在任何位置加压解锁活塞杆的锁定机构）
		双作用气缸（带有活塞杆制动和加压释放装置）
附件—连接和管接头（共8种）		软管总成
	1 2 3 1 2 3	三通旋转式接头
		快换接头（不带有单向阀，断开状态） 作者注：两个封闭端口按相距1M绘制，以下同

续表

类别	图形	描述
附件—连接和管接头（共8种）		快换接头(带有一个单向阀,断开状态)
		快换接头(带有两个单向阀,断开状态)
		快换接头(不带有单向阀,连接状态)
		快换接头(带有一个单向阀,连接状态)
		快换接头(带有两个单向阀,连接状态)
附件—电气装置（共4种）		压力开关(机械电子控制) 作者注:可调节
	P	电调节压力开关(输出开关信号)
	P	压力传感器(输出模拟信号)
		压电装置机构
附件—测量仪和指示器（共8种）		光学指示器 作者注:指示器中箭头按压力指示绘制,以下同
	#	数字显示器
		声音指示器
		压力表
		压差表

续表

类别	图形	描述
附件—测量仪和指示器（共8种）	1 2 3 4 5	带有选择功能的多点压力表 作者注：对多点压力表添加了端口
		定时开关
		计数器
附件—过滤器和分离器（共27种）		过滤器
		过滤器（带有光学过滤阻塞指示器） 作者注：其与压力控制阀基本位置（供气口通常画在底部）不同，其上端是流体入口
		带有压力表的过滤器
		带有旁路节流的过滤器
		带有旁路单向阀的过滤器 作者注：此图形符号所示为流体由上端进入、下端排出过滤器，而非相反
		带有旁路单向阀和数字显示器的过滤器
		带有旁路单向阀、光学阻塞指示器和压力开关的过滤器
		带有光学压差指示器的过滤器

续表

类别	图形	描述
附件—过滤器和分离器（共27种）	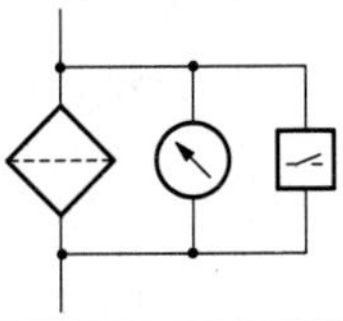	带有压差指示器和压力开关的过滤器
		离心式分离器
	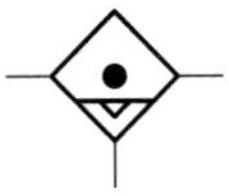	带有自动排水的聚结式过滤器
	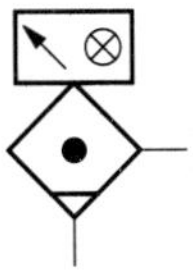	过滤器（带有手动排水和光学阻塞指示器，聚结式）
	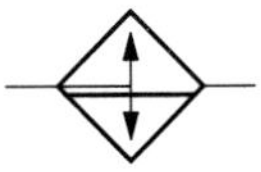	双相分离器 作者注：GB/T 786.1—2021 中没有规定“双相分离器”中箭头的图形符号
	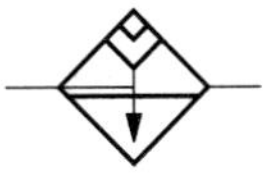	真空分离器 作者注：附件中的“过滤器真空功能”箭头与“真空分离器”的箭头图形符号不同
		静电分离器 作者注：GB/T 786.1—2021 中没有规定“静电分离器”中“电气符号”的图形符号
	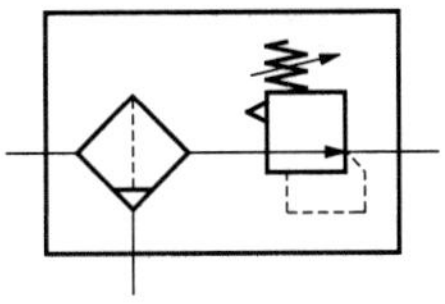	手动排水过滤器与减压阀的组合元件（通常与油雾器组成气动三联件，手动调节，不带有压力表） 作者注：将“手动排水过滤器”中的“排水”修改为实线
	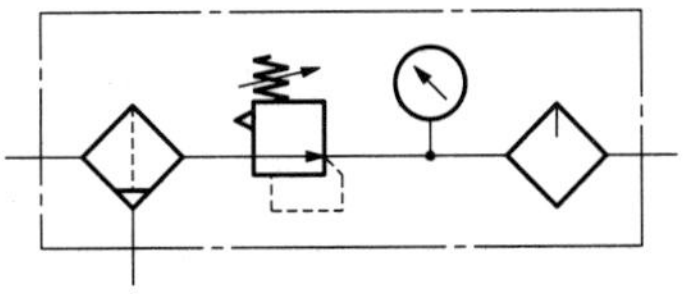 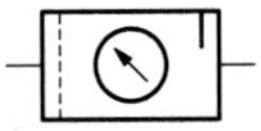	气源处理装置（FRL 装置，包括手动排水过滤器、手动调节式溢流减压阀、压力表和油雾器） 第一个图为详细示意图 第二个图为简化图
	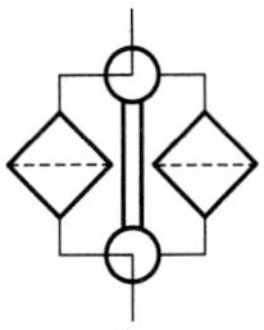	带有手动切换功能的双过滤器 作者注：添加了进出气口三通球阀连接杆
	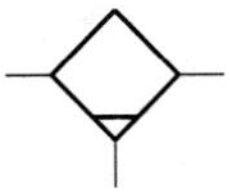	手动排水分离器 作者注：将“手动排水分离器”中的“排水”修改为实线，以使与下面的“手动排水式油雾器”等一致

续表

类别	图形	描述
附件—过滤器和分离器(共27种)	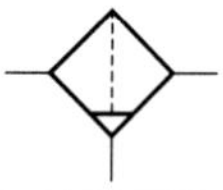	带有手动排水分离器的过滤器
	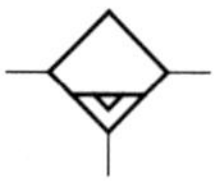	自动排水分离器
	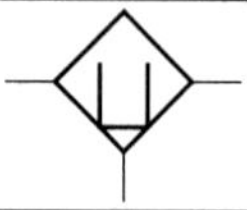	吸附式过滤器 作者注:GB/T 786.1—2021 中没有规定"吸附式过滤器"内的图形符号
	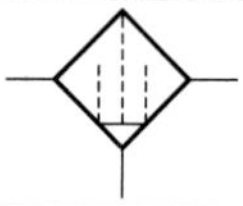	油雾分离器 作者注:GB/T 786.1—2021 中没有规定"油雾分离器"内的图形符号
	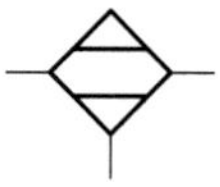	空气干燥器 作者注:GB/T 786.1—2021 中没有规定"空气干燥器"内的图形符号
	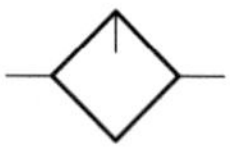	油雾器 作者注:GB/T 786.1—2021 中没有规定"油雾器"内的图形符号
	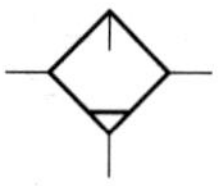	手动排水式油雾器 作者注:GB/T 786.1—2021 中没有规定"手动排水式油雾器"内的图形符号
	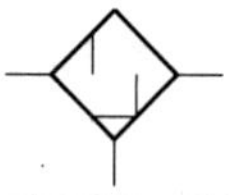	手动排水式精分离器 作者注:GB/T 786.1—2021 中没有规定"手动排水式精分离器"内的图形符号
附件—蓄能器(压力容器、气瓶)(共1种)	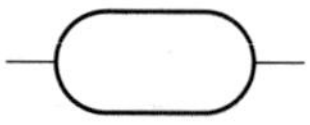	气罐
附件—真空发生器(共4种)	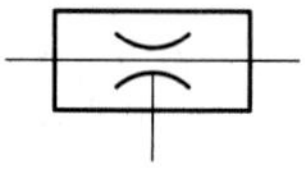	真空发生器
	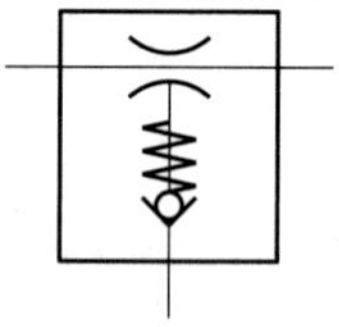	带有集成单向阀的单级真空发生器
	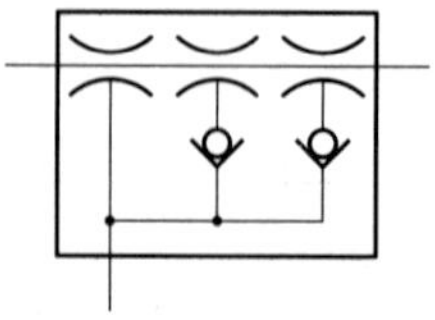	带有集成单向阀的三级真空发生器
	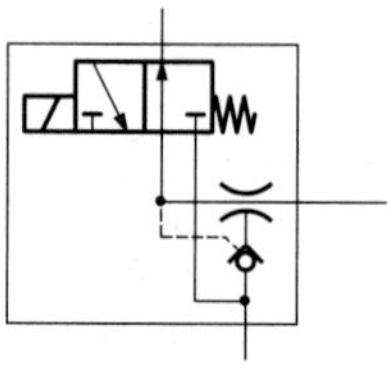	带有放气阀的单级真空发生器 作者注:修改了二位三口电磁换向阀

续表

类别	图形	描述
附件—吸盘（共2种）		吸盘
		带有弹簧加载杆和单向阀的吸盘

注：流体传动系统及元件“图形符号的基本要素”和“应用规则”见本手册第20篇第1章。

3 气动技术的特点与发展概述

3.1 气动技术的特点

3.1.1 各种传动与控制方式的比较

表 21-1-3　　气动、液压、电气三种传动与控制的比较

项目	气　动	液　压	电　气
能量的产生和取用	①有静止的空压机房(站)或可移动的空压机 ②可根据所需压力和容量来选择压缩机的类型 ③用于压缩机的空气取之不尽	①有静止的空压机房(站)或可移动的液压泵站 ②可根据所需压力和容量来选择液压泵的类型	主要是水力、火力、太阳能、风力和核能发电站
能量的储存	①可储存大量的能量，而且是相对经济的储运方式 ②储存的能量可以作驱动甚至作高速驱动的补充能源	①能量的储存能力有限，需要压缩气体作为辅助介质，储存少量能量时比较经济 ②储存的能量可以作驱动甚至作高速驱动的补充能源	主要是抽水蓄能、压缩空气储能、锂离子电池储能、铅蓄电池储能等 ①能量储存较困难，而且成本较高 ②电池、蓄电池能量很小，但携带方便
能量的输送	通过管路输送较容易，输送距离可达1000m，但有压力损失	可通过管路输送，输送距离可达1000m，但有压力损失	很容易实现远距离的能量传送
能量的成本	与液压、电气相比，产生气动能量的成本最高	介于气动和电气之间	成本最低
泄漏	①能量的损失 ②压缩空气可以排放在空气中，一般无危害	①能量的损失 ②液压油的泄漏会造成危险事故并污染环境	与其他导电体接触时，会有能量损失，此时碰到高压有致命危险并可能造成重大事故
环境的影响	①压缩空气对温度变化不敏感，一般无隔离保护措施，-40~+80℃(高温气缸+150℃) ②无着火和爆炸的危险 ③湿度大时，空气中含水量较大，需过滤排水 ④对环境有腐蚀作用的气缸或阀应采取保护措施，或用耐腐蚀材料制成气缸或阀 ⑤有扰人的排气噪声，但可通过安装消声器大大降低排气噪声	①油液对温度敏感，油温升高时，黏度变小，易产生泄漏，-20~+80℃(高温油缸+220℃) ②泄漏的油易燃 ③液压的介质是液压油，不受温度变化的影响 ④对环境有腐蚀作用的液压缸和阀应采取保护措施或采用耐蚀材料制成液压缸或阀 ⑤高压泵的噪声很大，且通过硬管传播	①当绝缘性能良好时，对温度变化不敏感 ②在易燃、易爆区域应采用保护措施 ③电子元件不能受潮 ④在对环境有腐蚀作用的环境下，电气元件应采取隔离保护措施。就总体而言，电子元件的抗腐蚀性最差 ⑤在较多电流线圈和接触电气频繁的开关中，有噪声和激励噪声，但可控制在车间范围内
防振	稍加措施，便能防振	稍加措施，便能防振	电气的抗振性能较弱，防振也较麻烦

续表

项目	气　动	液　压	电　气
元件的结构	气动元件结构最简单	液压元件结构比气动稍复杂(表现在制造加工精度)	电气元件最为复杂(主要表现在更新换代)
与其他技术的相容性	气动能与其他相关技术相容,如电子计算机、通信、传感、仿生、机械等	能与相关技术相容,比气动稍差一些	与许多相关技术相容
操作难易性	无需很多专业知识就能很好地操作	与气动相比,液压系统更复杂,高压时必须考虑安全性,应严格控制泄漏和密封问题	①需要专业知识,有偶然事故和短路的危险 ②错误的连接很容易损坏设备和控制系统
推力	①由于工作压力低,所以推力范围窄,推力取决于工作压力和气缸缸径,当推力为 1N~50kN时,采用气动技术最经济 ②保持力(气缸停止不动时),无能量消耗	①因工作压力高,所以推力范围宽 ②超载时的压力由溢流阀设定,因此保持力时也有能量消耗	①推力需通过机械传动转换来传递,因此效率低 ②超载能力差,空载时能量消耗大
力矩	①力矩范围小 ②超载时可以达到停止不动,无危害 ③空载时也消耗能量	①力矩范围大 ②超载能力由溢流阀限定 ③空载时也消耗能量	①力矩范围窄 ②过载能力差
无级调速	容易达到无级调速,但低速平稳调节不及液压	容易达到无级调速,低速也很容易控制	稍困难
维护	气动维护简单方便	液压维护简单方便	比气动、液压要复杂,电气工程师要有一定技术背景
驱动的控制(直线、摆动和旋转运动)	①采用气缸可以很方便地实现直线运动,工作行程可达 2000mm,具有较好的加速度和减速特性,速度约为 10~1500mm/s,最高可达30m/s ②使用叶片、齿轮齿条制成的气缸很容易实现摆动运动。摆动角度最大可达 360° ③采用各种类型气动马达可很容易实现旋转运动,实现反转方便	①采用液压缸可以很方便地实现直线运动,低速也很容易控制 ②采用液压缸或摆动执行器可很容易地实现摆动运动。摆动角度可达 360°或更大 ③采用各种类型的液压马达可很容易地实现旋转运动。与气动马达相比,液压马达转速范围窄,但在低速运行时很容易控制	①采用电流线圈或直线电动机仅做短距离直线移动,但通过机械机构可将旋转运动变为直线运动 ②需通过机械机构将旋转运动转化为摆动运动 ③对旋转运动而言,其效率最高

注：在参考文献［12］中介绍：“压缩空气储能技术是在可再生能源产生时收集储存，在电网需要时释放，调整供需之间的关系，提高电网运行稳定性和经济性的技术。”

自动线高节拍的运行控制中很多采用了气动技术。就机械、液压、气动、电气等众多控制技术而言，究竟应该选用哪一门技术作驱动控制，首先应考虑从信号输入到最后动力输出的整个系统，尽管在考虑某个环节时往往会觉得采用某一门技术较合适，但最终决定选用哪一个控制技术还基于诸多因素的总体考虑，如：成本、系统的建立和掌握程度的难易，结构是否简单，尤其是对力和速度的无级控制等因素。除此之外，系统的维修保养也是不可忽视的因素之一。

3.1.2　气动技术的优点

① 无论从技术角度还是成本角度来看，气缸作为执行元件是完成直线运动的最佳形式。如同用电动机来完成旋转运动一样，气缸作为线性驱动可在空间的任意位置组建它所需要的运动轨迹，运动速度可无级调节。

② 工作介质是取之不尽、用之不竭的空气，空气本身无须花钱（但与电气和液压动力相比产生气动能量的成本最高），排气处理简单，不污染环境，处理成本低。

③ 空气的黏性小，流动阻力损失小，便于集中供气和远距离的输送（空压机房到车间各使用点）；利用空气的可压缩性可储存能量；短时间释放以获得瞬时高速运动。

④ 气动系统的环境适应能力强，可在-40~+50℃的温度范围、潮湿、溅水和有灰尘的环境下可靠工作。纯

气动控制具有防火、防爆的特点。

⑤ 对冲击载荷和过载载荷有较强的适应能力。

⑥ 气缸的推力在1.7~48230N，常规速度在50~500mm/s范围之内，标准气缸活塞可达到1500mm/s，冲击气缸达到10m/s，特殊状况的高速甚至可达32m/s。气缸的低速平稳目前可达3mm/s，如与液压阻尼器组合使用，气缸的最低速度可达0.5mm/s。

⑦ 气动元件可靠性高、使用寿命长。阀的寿命大于3000万次，高的可达1亿次以上；气缸的寿命在5000km以上，高的可超过10000km。

⑧ 气动技术在与其他学科技术（计算机、电子、通信、仿生、传感、机械等）结合时有良好的相容性和互补性，如工控机、气动伺服定位系统、现场总线、以太网AS-i、仿生气动肌腱、模块化的气动机械手等。

3.1.3 气动技术的缺点

① 气动系统固有频率低、输出力小，由于摩擦力对输出的影响大，气缸的中停、低速以及微小的位移等控制困难。

② 由于压缩能未完全利用，驱动系统整体效率低，通常能量利用率不到20%，运行成本高。

而在参考文献［16］中表述：“气动技术的缺点在于空气具有可压缩性，工作速度稳定性稍差；工作压力为0.3~1.0MPa，输出功率小，总输出力不宜大于10~40kN，结构尺寸较大；噪声较大，在高速排气时要加装消声器；信号传递在音速以内，比电子或光速慢，元件级数不宜过多。”在参考文献［15］中还表述：“空气本身没有润滑性，需另加油雾器等装置进行给油润滑。”

3.2 气动技术的应用及发展

3.2.1 气动技术的应用

气动技术与液压技术一起，和现代社会中人们的日常生活、工农业生产、科学研究活动有着日益密切的关系，已成为现代机械设备和装置中的基本技术构成、现代控制工程的基本技术要素和工业及国防自动化的重要手段，并在国民经济各行业以及几乎所有技术领域中有着日益广泛的应用。

① 能源工业：煤矿机械中的胶轮车、自动下料机、矿用架柱支撑手持式钻机，便携式矿救援裂石机、煤矿气动单轨吊、矿用连接器自动注胶机、煤矿支架搬运车电源开关操纵系统、矿山安全救援设备气动强排卫生间等；电力机械中的变压器线圈自动打磨设备、电缆剥皮机等；石油机械钻机及绞车、车载式重锤震源等。

② 冶金及金属材料成形领域：冶金机械中的钢管修磨机、带材纠偏系统（气液伺服导向器）、板材配重系统、烧结矿自动打散与卸料装置、热轧带钢表面质量检测装置、连轧棒材齐头机；金属材料成形机械中的焊条包装线、冲床上下料机械手、送料器、石油钢管通径机、半自动冲孔模具、板料折弯机、水平分型覆膜砂射芯机、低压铸造机液面加压系统等。

③ 化工及橡塑工业：化工机械中的化工药浆浇注设备、膏体产品连续灌装机、磨料造粒机、铅管封口机、桶装亚砷酸自动打包机、防爆药柱包覆机等；橡塑机械中的丁腈橡胶目标靶布料器、注塑机全自动送料机械手等。

④ 机械制造装备工业：机床及数控加工中心中的自动换刀机构、钻床、壳体类零件气动铆压装配机床、微喷孔电火花机床电极进给系统、涡旋压缩机动涡盘孔自动塞堵机、矿用全气动锯床、打杆机、切割平板设备、加工中心进给轴可靠性试验加载装置、零件压入装置等；工装夹具及功能部件中的数控车床真空夹具、气动肌腱驱动夹具、柴油机柱塞偶件磨斜槽自动化翻转夹具、肌腱驱动的形封闭偏心轮机构和杠杆式压板夹具、棒料可控旋弯致裂精密下料系统、智能真空吸盘装置、空气轴承（气浮轴承）等。

⑤ 汽车零部件工业：车内行李架辅助安装举升装置、汽车顶盖助力吊具、汽车滑动轴承注油圆孔自动倒角专机、汽车零部件压印装置、汽车三元催化器GBD封装设备、汽车涂装车间颜料桶振动机；汽车座椅调角器力矩耐久试验台架、汽车翻转阀气密检测设备等。

⑥ 轻工与包装行业：轻工机械中的纸盒贴标机、胶印机全自动换版装置、网印机、卷烟卷接机组阀、烟草切丝机离合器、盘类陶瓷产品成型干燥生产线、盘类瓷器磨底机、布鞋鞋帮收口机、晴雨伞试验机、点火器自动传送系统、纸张专用冲孔机等；包装机械中的杯装奶茶装箱专用机械手、纸箱包装机、料仓自动取料装置、微型瓶标志自动印刷装置、码垛机器人多功能抓取装置、彩珠筒烟花全自动包装机、方块地毯包装机、高速小袋包装

机、自动物料（药品）装瓶系统等。

⑦ 电子信息产业与机械手及机器人领域：电子家电工业中的光纤插芯压接机、微型电子元器件贴片机、电机线圈绕线机恒力压线板、超大超薄柔性液晶玻璃面板测量机、铅酸蓄电池回收处理刀切分离器、笔记本电脑键盘内塑料框架埋钉热熔机、印刷电路板自动上料机等；各类机械手如自动化生产线机械零件抓运机械手、教学用气动机械手、车辆防撞梁抓取翻转机械手、医药安瓿瓶开启机械手、采用PLC和触摸屏的生产线工件搬运机械手等；各类机器人中的蠕动式气动微型管道机器人、电子气动工业机器人、连续行进式缆索维护机器人等。

⑧ 农林机械、建材建筑机械与起重工具：农林机械中的动物饲养计量和传送装置、粪便收集和清除装置、剪羊毛和屠宰设备、禽蛋自动卸托机、自动分拣鸡蛋平台、苹果分类包装搬运机械手、家具木块自动钻孔机等；建材建筑机械中的砖坯码垛机械手、陶瓷卫生洁具（坐便器）漏水检验装置、混凝土搅拌机、内墙智能抹灰机及系统等；起重工具中的限载式气动葫芦、智能气动平衡吊、升降电梯轿厢双开移门系统等。

⑨ 城市公交、铁道车辆与河海航空（天）领域：城市公交中的客车内摆门、气动式管道公共交通系统等；铁道车辆中的机车整体卫生间冲洗系统、客车电控塞拉门、高速铁道动车组等；河海航空（天）设备中的船舶前进倒车的转换装置、海上救助气动抛绳器、气控式水下滑翔机、垂直起降火箭运载器着陆支架收放装置等。

⑩ 医疗康复器械与公共设施：医疗康复器械中的气动人工肌肉驱动踝关节矫正器、反应式腹部触诊模拟装置、动物视网膜压力仪等；文体设施中的弦乐器自动演奏机器人、场地自动起跑器等；食品机械中的爆米花机、碾米机碾米精度智能控制、纸浆模塑餐具全自动生产线等。

应当说明的是，上述各行业和领域应用气动技术的出发点是不同的。例如煤矿机械主要利用气动技术防爆、安全可靠的优点，轻工、包装及食品等小负载机械设备主要利用气动技术绿色无污染、反应快、实现逻辑控制和便于安装维护的优点，机械手和工业机器人的末端执行机构则主要利用真空吸附技术精巧、灵活，便于抓取轻小工件的特点，等等。

3.2.2 气动技术的发展

与液压技术比较，气动技术的发展要晚。在19世纪后期才出现了利用压缩空气输送信件的气动邮政，并将气动技术用于舞台灯光设备，印刷机械，木材、石料与金属加工设备，牙医钻具和缝纫机械，等等。第二次世界大战后，为了解决宇航、原子能等领域中电子技术难于解决的高温、巨震、强辐射等难题，加速了气动技术的研究。自20世纪50年代末，美军Harry Diamond实验室首次公开了某些射流控制的技术内容后，气动技术作为工业自动化的廉价、有效手段受到人们的普遍重视，各国竞相研制、推广。20世纪60年代中期，法国LECO等公司首先研制成功了对气源要求低、动作灵敏可靠的第二代气动元件，继之各工业发达国家在气动元件及系统的研究、应用方面都取得了很大进展，各种结构新颖的气缸、新型气源处理装置等新型气动元件、辅件也不断涌现。随着工业技术的发展和生产自动化要求的提高，气动控制元件也有不少改进，气动逻辑元件和真空元件的研究和应用也取得了很大进展。随之，气动技术的应用领域也得到迅猛发展，涵盖了机械、汽车、电子、冶金、化工、轻工、食品、军事各行业。

随着当代计算机技术、通信技术、传感技术、人工智能技术的不断发展，以及新技术、新产品、新工艺、新材料等在工业界的应用，作为低成本的自动化手段，为了应对电气传动与控制技术（如伺服传动、直线电机及电动缸等）的挑战，气动技术及气动阀的各类产品作为各类自动化主机配套的重要基础件正在发生革命性变化，特别是通过与当代微电子技术（芯片技术）、计算机信息技术（软件技术）、互联网技术、大数据、物联网、云计算、控制技术和材料学及机械学的集成和整合创新，使其立于不败之地。就我国气动行业的发展而言，在“十三五”规划中曾对技术路线的开发，采用了“一低、三高、四化”的方针。即低功耗，高响应、高精度、高可靠性，体积轻小型化、功能复合集成化、结构模块化、机气电一体化。在“十四五”规划中“一低、三高、四化”依然是气动元器件开发上的指导方针，初步拟定新的“四化”，即“数字化、信息化、网络化、智能化”，作为“十四五”规则气动产业化的“新四化”。表21-1-4是气动（阀）技术及产品的一些发展趋势。

表21-1-4　　气动技术及产品的发展趋势

序号	趋势	举例
1	标准化	气缸和电磁阀作为气动技术的基础产品，其标准化大大影响气动产品质量和气动技术的应用发展，故新的ISO 15552(GB/T 32336)标准结合过去ISO 6432(GB/T 8102)标准，使得占整个气动驱动器用量80%以上的气缸都归入了ISO标准的范畴；新的ISO 15407(GB/T 26142.1和GB/T 26142.2)标准，结合过去ISO 5599/1-2(GB/T 7940.1和GB/T 7940.2)标准(1～6号阀的二位五通板式连接界面尺寸标准)，也使得占整个电磁阀用量55%以上的板式电磁阀归入了ISO标准的范畴

续表

序号	趋势	举例
2	微型化	气动驱动器内置滚珠导轨,大拇指大小,是一种有效截面积为 0.2mm^2 的超小型、零壁厚片状电磁阀。作为整体发展规划的微气动技术,如气动硅微流控芯片、PDMS 微流控芯片及 PDMS 微阀及系统正逐步成为气动技术领域的热点。在制药业、医疗技术等领域已经出现了活塞直径小于 2.5mm 的气缸
3	模块化	气动执行元件的模块化已经逐渐成为一种趋势,设计者只需要查找产品样本中驱动器允许的推力、行程、许用径向力、许用转矩等数据,分析其是否能满足实际工况要求,不必再设计带导轨的驱动机构。国内外大多采用了积木式的砌块结构,缩短了设计者在自动流水线的设计制造、调试及加工的周期
4	集成化、复合化	目前的气动元件已涉及各种技术的互相融合和精确配合。常见的是气动与材料、电子、传感器、通信、日益壮大的机电一体化等其他技术的紧密结合,使得过去根本意想不到的具有综合特性的集成化气动产品(如气动手指、气动人工肌肉和气动阀岛等)不断涌现出来,将来新的集成化气动产品会更多地替代传统的气动元件
5	系统化	通过制造商提供的系统整体解决方案,用户不必再考虑如何选择气动元件,如何装配、调试,而是把需求提出来,即可得到方案并应用于系统,即插即用(插上气源、电源就可使用)
6	低能耗、高精度、高频响	国外电磁阀的功耗已达 0.5W,还将进一步降低,以适应与微电子结合;执行元件的定位精度提高,刚度增加,使用更方便,附带制动机构和伺服系统的气缸应用越来越普遍;各种异型截面缸筒和活塞杆的气缸甚多,这类气缸因活塞杆不回转,应用在主机上时,无需附加导向装置即可保持一定精度。气动技术及产品正向高速、高频、高响应方向发展,如气缸工作速度将提高到 1~2m/s,有的要求达 5m/s,电磁阀的响应时间将小于 10m/s,寿命将提高到 5000 万次以上
7	安全可靠	管接头、气源处理元件的外壳等耐压试验的压力提高到使用压力的 4~5 倍,耐压时间增加到 5~15min,还要在高、低温度下进行试验,以满足诸如轧钢机、纺织流水线、航海轮船等设备对可靠性的较高要求,避免在工作时间内因为气缸元件的质量问题而中断,造成巨大损失。普遍使用无油润滑技术,满足某些特殊要求
8	智能化、状态监测/可诊断	气动技术与电子技术、IT、传感器、通信技术密不可分,气动元件智能化水平大幅提高。用传感器代替传统流量计、压力表,以实现压缩空气的流量、压力的自动控制,节能并保证使用装置正常运行。传感器实现气动元件及系统具有故障预报和自诊断功能,阀岛技术和智能阀岛越来越趋向于成熟,可实现对阀岛的供电,供气故障进行诊断,对电气部分的输入/输出模块中的工作状态进行控制,以及对传感器-执行器的故障诊断等
9	以太网和芯片的应用	随着芯片的大量生产、成本降低,将来以太网和微芯片在分散装置中的应用越来越普遍,以太网将成为工业自动化领域的传递载体,其一端与计算机控制器相接,另一端接到智能元件(如智能阀岛、伺服驱动装置等),数千里之外,完全可实现设备的遥控、诊断和调整

4 气动工作介质

气动系统的工作介质是空气。空气是多种气体的混合物。在气动系统中，需要考虑空气的组成、使用量及空气的物理性质在气动系统工作过程中的作用和影响等问题。

4.1 空气的组成与度量

(1) 空气的组成

自然界的空气是由若干种气体混合而成的，表 21-1-5 列出了地表附近空气的组成。在城市和工厂区，由于烟雾及汽车排气，大气中还含有 SO_2、亚硝酸、碳氢化合物等。

表 21-1-5　地表附近空气的组成

成分	N_2	O_2	Ar	CO_2	H_2	水蒸气、Ne、He、Kr 等
体积分数/%	78.03	20.95	0.93	0.003	0.01	0.05

不含水蒸气的空气称为干空气，含有水蒸气的空气称为湿空气。每立方米湿空气中含有的水蒸气的质量，称为绝对湿度，单位为 g/m^3。湿空气中水蒸气的含量是有极限的。每立方米湿空气中水蒸气的实际含量与相同温度下最大可能的水蒸气含量之比称为相对湿度，其值为 0~100%之间。在气动系统中，为了避免由于水蒸气发生结露而造成气动元件的损坏和故障，需要减少压缩空气中的水分含量，降低压缩空气的湿度。

(2) 空气的度量

空气作为一种物质，它的数量多少，可以用空气的质量来度量，质量用 m 表示、单位为 kg。一定数量的空气的质量，不会随着空气的温度、压力、密度的变化而变化，具有确定性。但是，由于空气是气体，人们身处其中，难以直观地感到空气的质量。以质量来度量空气的数量，对于大多数人而言，缺乏直观性，从而难以接受。

空气作为一种气体物质，它的数量多少，也可以用空气占有的体积来度量，体积用 V 表示，单位为 m^3。对于大多数人而言，相对于空气的质量而言，空气的体积非常直观，易于接受。在气动系统的实际应用中，空气总量和气罐、气缸等气动元件的容积联系在一起，采用体积度量空气的多少，更加方便。但是，一定体积中的空气数量的多少，会随着空气的温度、压力的变化而变化，因此必须明确空气的温度、压力状态，才能采用该状态下的体积来比较空气的数量的多少。

在气动系统中，需要控制空气的湿度以避免对气动元件的损害。因此国际标准 ISO 8778（1990）综合考虑空气的温度、压力、湿度，规定标准参考空气的状态为：温度为 20℃、压力为 0.1MPa、相对湿度为 65%。标准参考空气状态下的空气体积单位后面可以标注（ANB）。例如，标准参考空气状态下空气流量为 $30m^3/h$，按照国际标准 ISO 8778 可以表示为 $30m^3/s$（ANR）。

中国国家标准 GB/T 28783—2012《气动　标准参考大气》使用翻译法等同采用了国际标准 ISO 8778：2003《气压传动　标准参考大气》的标准参考空气的状态。本书中，将国际标准 ISO 8778 中的标准参考空气的状态，简称为空气的标准状态。

4.2　空气的物理性质

表 21-1-6　　**空气的物理性质**

名称	符号	含义、公式、数据	符号意义
密度	ρ	单位体积空气所具有的质量称为密度 $\rho=\frac{M}{V}=\frac{1}{v}$　(kg/m³) 单位质量气体所占的体积称为比容 $v=\frac{V}{M}=\frac{1}{\rho}$　(m³/kg) 空气的密度与其所处的状态有关 对于干空气 $\rho=3.482\times10^{-3}p/T$　(kg/m³) 对于湿空气 $\rho=3.482\times10^{-3}(p-0.378\phi p_b)/T$　(kg/m³)	M——均质气体的质量，kg V——均质气体的体积，m³ p——空气的绝对压力，Pa T——空气的热力学温度，K ϕ——相对湿度，% p_b——温度为 273K 时饱和水蒸气压力，Pa
比容	v	a. 干空气的密度和比容（1 个大气压下）（见下表）	

a. 干空气的密度和比容（1 个大气压下）

温度 t/℃	密度 $\rho/kg\cdot m^{-3}$	比容 $v/m^3\cdot kg^{-1}$	绝对黏度/Pa·s	运动黏度/$m^2\cdot s^{-1}$
-10	1.3425	0.7449	1.67×10^{-5}	1.24×10^{-5}
-5	1.3170	0.7593	1.695×10^{-5}	1.29×10^{-5}
0	1.2935	0.7731	1.716×10^{-5}	1.33×10^{-5}
5	1.270	0.7874	1.74×10^{-5}	1.37×10^{-5}
10	1.2474	0.8017	1.77×10^{-5}	1.42×10^{-5}
15	1.2258	0.8158	1.79×10^{-5}	1.46×10^{-5}
20	1.2052	0.8279	1.82×10^{-5}	1.51×10^{-5}
25	1.1846	0.8442	1.84×10^{-5}	1.55×10^{-5}
30	1.1650	0.8583	1.86×10^{-5}	1.60×10^{-5}
35	1.1464	0.8723	1.88×10^{-5}	1.64×10^{-5}
40	1.1278	0.8867	1.91×10^{-5}	1.69×10^{-5}

名称	符号	含义、公式、数据	符号意义
压力（压强）	p	由于气体分子热运动而互相碰撞，在容器的单位面积上产生的力的统计平均值为气体的压力，用 p 表示 工程上有两种计压方法：以绝对真空为计压起点所计压力称为绝对压力，以 p_{abs} 表示；以"大气压力"为计压起点所计压力称为表压力。压力表所测得的压力就是表压力，用符号 p_a 表示。设"大气压"为 p_a，则 $p_{abs}=p_g+p_a$	国际单位制中，压力单位为 Pa，$1Pa=1N/m^2$ 工程计算中，为简化计算，常取 $p_a=0.1MPa$

b. 各种压力单位的换算关系

帕 Pa	巴 bar	标准大气压 atm	千克力/厘米² kgf/cm^2	米水柱 mH_2O	毫米汞柱 mmHg	磅力/英寸² lbf/in^2
1	10^{-5}	0.99×10^{-5}	1.02×10^{-5}	10.2×10^{-5}	75×10^{-4}	14.5×10^{-5}
10^5	1	0.986	1.02	10.2	750.2	14.5
101325	1.013	1	1.033	10.33	760	14.7
98070	0.981	0.968	1	10	736	14.22
6894.8	0.0689	0.068	0.07	0.703	51.71	1

续表

	MPa	（以 bar 为单位的等量值）	MPa	（以 bar 为单位的等量值）
公称压力系列（摘自 GB/T 2346—2003/ISO 2944：2000，MOD）	0.1	(1)	[2]	[(20)]
	[0.125]	[(1.25)]	2.5	(25)
	0.16	(1.6)	[3.15]	[(31.5)]
	[0.2]	[(2)]	4	(40)
	0.25	(2.5)	[5]	[(50)]
	[0.315]	[(3.15)]	6.3	(63)
	0.4	(4)	[8]	[(80)]
	[0.5]	[(5)]	10	(100)
	0.63	(6.3)	12.5	(125)
	[0.8]	[(8)]	16	(160)
	1	(10)	20	(200)
	[1.25]	[(12.5)]	25	(250)
	1.6	(16)	31.5	(315)
	注：方括号中的值是非优先选用的。在 GB/T 2346—2003 中规定的最低公称压力为 1kPa、最高公称压力为 250MPa			

名称	符号	含义、公式、数据	符号意义
温度	t 或 T	表示气体分子热运动动能的统计平均值称为气体的温度。国际上常用两种温标 ①摄氏温度　这是热力学百分度温标，规定在标准大气压下纯水的凝固点是 0℃，沸点是 100℃ ②热力学温度　热力学温度的间隔与摄氏温度相同 $T=273+t$　(K)	t——摄氏温度，℃ T——热力学温度，K
黏度	μ、ν	流体流动时，在流体中产生摩擦阻力的性质称为黏度，黏性的大小用黏度表示。根据牛顿定律，流体流动时产生的内摩擦力或切应力 τ 与速度梯度成正比，即 $\tau=\mu\dfrac{dw}{dy}$ 气体的绝对黏度随其温度升高而增加。流体的绝对黏度 μ 与其密度 ρ 之比，称为运动黏度 ν $\nu=\mu/\rho$　(m^2/s)	μ——绝对黏度（或动力黏度） dw——相邻两层流体间的相对滑动速度 dy——相邻两层流体间的法向距离 dw/dy——流体相对滑动的速度梯度 绝对黏度 μ 的 SI 单位为 Pa·s $1Pa\cdot s=1N\cdot s/m^2$ 在标准大气压下空气的黏度见本表中 a
比热容	c	1kg 流体温度变化 1K 时与外界交换的热量，称为气体的比热容。气体的比热容与过程进行的条件有关。当过程是在容积不变条件下进行时，其比热容为比定容热容 c_V；在定压条件下进行时，其比热容为比定压热容 c_p $\begin{cases}c_p-c_V=R\\c_p/c_V=\gamma\end{cases}$	c——流体的比热容，kJ/(kg·K) R——气体常数，N·m/(kg·K) γ——比热容比，对完全气体 $\gamma=\kappa$（κ 为等熵指数），其值只与气体分子的原子数有关，单原子气体为 1.66，双原子气体为 1.4，三原子以上的气体近似为 1.33

c. 各种气体的气体常数和比热容

气体	分子式	原子数	分子量	气体常数 R /N·m·kg^{-1}·K^{-1}	低压时的比热容 /kJ·kg^{-1}·K^{-1} c_p	c_V	比热容比 $\gamma=\dfrac{c_p}{c_V}$
氦	He	1	4.003	2077	5.200	3.123	1.67
氢	H_2	2	2.016	4124.5	14.32	10.19	1.4
氮	N_2	2	28.02	296.8	1.038	0.742	1.4
氧	O_2	2	32.00	260	0.917	0.657	1.39
空气	—		28.97	287.1	1.004	0.718	1.4
二氧化碳	CO_2	3	44.01	188.9	0.845	0.656	1.29
水蒸气	H_2O	3	18.016	461.4	1.867	1.406	1.33

名称	符号	含义、公式、数据	符号意义
热导率	λ	从温度为 T_1(K) 的部分，通过截面积 A(m^2)、长 l(m) 的导热体向温度为 T_2(K) 的另一部分导热时，单位时间所传递的热量为 Q $Q=\lambda A(T_1-T_2)/t$　(kJ/h)	λ——热导率，kJ/(m·h·K)

d. 空气的热导率

温度/℃	-50	0	20	50	100
热导率/kJ·m^{-1}·h^{-1}·K^{-1}	0.074	0.087	0.092	0.100	0.112

4.3 理想气体的状态方程及状态变化过程

表 21-1-7　　理想气体的状态方程及状态变化过程

<table>
<tr><th colspan="2">项目</th><th>含义及方程</th><th>符号意义及说明</th></tr>
<tr><td colspan="4">气体以某种状态存在于空间，气体的状态通常以压力、温度和体积三个参数来表示。气体由一种状态到另一种状态的变化过程称之为气体状态变化过程。气体状态变化中或变化后处于平衡时各参数的关系用气体状态方程进行描述
自然空气可视为理想气体(不计黏性的气体)，本表给出了理想气体的状态方程及典型状态变化过程</td></tr>
<tr><td colspan="2">理想气体状态方程</td><td>一定质量的理想气体在状态变化的某瞬时，状态方程为
$\frac{pV}{T}=R$(常数)
$pv=RT$
$\frac{p}{\rho}=RT$</td><td>p——绝对压力，Pa
V——气体体积，m^3
ρ——气体密度，kg/m^3
T——绝对温度，K
v——气体比容，m^3/kg
R——气体常数，$J/(kg\cdot K)$，干空气为 $R_g=287J/(kg\cdot K)$，水蒸气为 $R_s=462.05J/(kg\cdot K)$
理想气体状态方程，适用于绝对压力 $p\leqslant 20MPa$，绝对温度 $T\leqslant 253K$ 的自然空气或纯氧、氟、二氧化碳等气体</td></tr>
<tr><td rowspan="3">典型状态变化过程</td><td>等容过程</td><td>一定质量的气体，在容积保持不变时，从某一状态变化到另一状态的过程，称为等容过程。其方程为
$\frac{p_1}{T_1}=\frac{p_2}{T_2}$</td><td>$p_1,p_2$——起始状态和终了状态的绝对压力，Pa
T_2,T_2——起始状态和终了状态的绝对温度，K
等容状态过程中：气体对外不做功；绝对压力与绝对温度成正比</td></tr>
<tr><td>等压过程</td><td>一定质量的气体，在压力保持不变时，从某一状态变化到另一状态的过程，称为等压过程。其方程为
$\frac{v_1}{T_1}=\frac{v_2}{T_2}$</td><td>$v_1,v_2$——起始状态和终了状态的气体比容，$m^3/kg$
T_2,T_2——起始状态和终了状态的绝对温度，K
等压状态过程中，气体体积随温度升高并对外做功，单位质量气体膨胀所做功为 $W=R(T_2-T_1)$</td></tr>
<tr><td>等温过程</td><td>一定质量的气体在温度保持不变时，从某一状态变化到另一状态的过程，称为等温过程。其方程为
$p_1v_1=p_2v_2$</td><td>p_1,p_2——起始状态和终了状态的绝对压力，Pa
v_1,v_2——起始状态和终了状态的气体比容，m^3/kg
等温状态过程中，气体压力与比容成反比，气体热力能不变，加入气体的热量全部变为膨胀功，单位质量的气体所做的膨胀功为
$W=RT\ln\frac{v_1}{v_2}$</td></tr>
</table>

续表

项目		含义及方程	符号意义及说明
典型状态变化过程	绝热过程	一定质量的气体在状态变化过程中,与外界无热量交换的状态变化过程,称为绝热过程。其方程为 $\frac{p_1}{p_2}=\left(\frac{\rho_1}{\rho_2}\right)^k$ 或 $\frac{T_2}{T_1}=\left(\frac{\rho_2}{\rho_1}\right)^{\frac{k-1}{k}}$ 或 $\frac{T_2}{T_1}=\left(\frac{v_1}{v_2}\right)^{k-1}$	k——气体绝热指数,$k=C_p/C_V$,对不同的气体有不同的值,自然空气可取 $k=1.4$ C_p——空气质量等压热容,J/(kg·K),$C_p=1005$J/(kg·K) C_V——空气质量等容热容,J/(kg·K),$C_V=718$J/(kg·K) 绝热状态过程中,输入系统的热量等于零,系统靠消耗内能做功。单位质量的气体所做的压缩功或膨胀功为 $W=\frac{p_1v_1}{1-k}\left[\left(\frac{v_1}{v_2}\right)^{k-1}-1\right]=\frac{p_1v_1}{1-k}\left[\left(\frac{p_2}{p_1}\right)^{\frac{k-1}{k}}-1\right]=\frac{p_1v_1}{k-1}\left[1-\left(\frac{p_2}{p_1}\right)^{\frac{k-1}{k}}\right]$
	多变过程	不加任何限制条件的气体状态变化过程,称为多变过程,上述四种变化过程为多变过程的特例,工程实际中大多数变化过程为多变过程。其方程为 $\frac{T_2}{T_1}=\left(\frac{p_2}{p_1}\right)^{\frac{n-1}{n}}=\left(\frac{v_1}{v_2}\right)^{n-1}$	n——气体多变指数,自然空气可取 $n=1.4$ 绝热状态过程中,单位质量的气体所做的功为 $W=\frac{p_1v_1}{1-n}\left[\left(\frac{v_1}{v_2}\right)^{n-1}-1\right]=\frac{p_1v_1}{n-1}\left[1-\left(\frac{p_2}{p_1}\right)^{\frac{n-1}{n}}\right]$

4.4 干空气与湿空气

表 21-1-8

名称		含义、公式、数据	符号意义
干空气与湿空气		完全不含水蒸气的空气称为干空气。大气中的空气或多或少总含有水蒸气,由于空气与水蒸气组成的混合气体,称为湿空气	

在基准状态下,干空气的标准组成成分

物质	氮(N_2)	氧(O_2)	氩(Ar)	二氧化碳(CO_2)
体积分数/%	78.09	20.95	0.93	0.03
质量分数/%	75.53	23.14	1.28	0.05

名称	含义、公式、数据	符号意义
湿空气中的水分	一般情况下,湿空气中的水蒸气含量较少,水蒸气分压力较低,而其相应的饱和温度低于当时的空气温度,因而湿空气中的水蒸气大多处于过热状态。这种由空气和过热水蒸气组成的混合气体,称为未饱和湿空气,它可作为理想混合气体处理 在某温度下的湿空气中,若水蒸气分压力高于该温度下的饱和水蒸气分压力或湿空气的温度低于该水蒸气分压力下的露点温度时,湿空气中水蒸气的含量达到最大值,这时的湿空气就称为饱和湿空气。若在饱和湿空气中再增加水蒸气或使温度低于露点温度,均将会有水滴析出	
空气的干湿程度表示法	①绝对湿度　1m^3 湿空气中所含水蒸气的质量称为湿空气的绝对湿度,以 x 表示。它即湿空气中水蒸气的密度 ρ_s $x=\rho_s=m_s/V$　(kg/m^3)	m_s——水蒸气的质量,kg V——湿空气的体积,m^3
	②相对湿度　湿空气中水蒸气密度与同温度下饱和水蒸气密度之比,也就是湿空气中水蒸气分压力与同温度下饱和水蒸气分压力之比,称为相对湿度,用符号 ϕ 以百分数表示 $\phi=\frac{p_s}{p_b}$ 绝对湿度不能说明湿空气的吸水能力。相对湿度说明湿空气中水蒸气接近饱和的程度,又称为饱和度。它能说明吸水能力,值越小,吸收水蒸气的能力越大;值越大,吸收水蒸气的能力越小 当 $\phi=0$ 时,$p_s=0$,空气绝对干燥 当 $\phi=100\%$时,$p_s=p_b$,空气中水蒸气已达饱和,再无吸收水蒸气的能力	
	③含湿量　在含有 1kg 干空气的湿空气中所含有水蒸气的质量(g),称为含湿量,以 d 表示 $d=622p_s/p_g=622\phi p_b/(p-\phi p_b)$　(g/kg 干空气) 式中,空气压力 p、水蒸气分压 p_s、干空气分压 p_g 和饱和水蒸气分压 p_b 的单位均为 Pa。当相对湿度 $\phi=100\%$ 时,即得该温度下最大含湿量,称为饱和含湿量 d_b $d_b=622p_b/(p-p_b)$　(g/kg 干空气)	

续表

名称	含义、公式、数据						符号意义		
干空气与湿空气	饱和湿空气								
	温度 t/℃	饱和水蒸气分压力 p_b /MPa	饱和水蒸气密度 ρ_b /g·m^{-3}	温度 t/℃	饱和水蒸气分压力 p_b /MPa	饱和水蒸气密度 ρ_b /g·m^{-3}	温度 t/℃	饱和水蒸气分压力 p_b /MPa	饱和水蒸气密度 ρ_b /g·m^{-3}
	100	0.1013		29	0.004	28.7	13	0.0015	11.3
	80	0.0473	290.8	28	0.0038	27.2	12	0.0014	10.6
	70	0.0312	197.0	27	0.0036	25.7	11	0.0013	10.0
	60	0.0199	129.8	26	0.0034	24.3	10	0.0012	9.4
	50	0.0123	82.9	25	0.0032	23.0	8	0.0011	8.27
	40	0.0074	51.0	24	0.0030	21.8	6	0.0009	7.26
	39	0.0070	48.5	23	0.0028	20.6	4	0.0008	6.14
	38	0.0066	46.1	22	0.0026	19.4	2	0.0007	5.56
	37	0.0063	43.8	21	0.0025	18.3	0	0.0006	4.85
	36	0.0059	41.6	20	0.0023	17.3	-2	0.0005	4.22
	35	0.0056	39.5	19	0.0022	16.3	-4	0.0004	3.66
	34	0.0053	37.5	18	0.0021	15.4	-6	0.00037	3.16
	33	0.0050	35.6	17	0.0019	14.5	-8	0.0003	2.73
	32	0.0048	33.8	16	0.0018	13.6	-10	0.00026	2.25
	31	0.0045	32.0	15	0.0017	12.8	-16	0.00015	1.48
	30	0.0042	30.3	14	0.0016	12.1	-20	0.0001	1.07

4.5 压缩空气管路水分计算举例

例 一台空压机在大气温度 $t_1=20℃$，相对湿度 $\phi_1=80\%$的空压机房条件下工作，空气被压缩至 0.7 MPa（表压），通过后冷却器进入一个储气罐。储气罐的压缩空气通过管路送至各车间使用。由于管路与外界的热交换，使进入车间的压缩空气 $t_2=24℃$。各车间的平均耗气量 $Q=3\text{m}^3/\text{min}$（自由空气），求整个气源系统每小时冷凝水的析出量。

已知：$p_1=0.1013\text{MPa}$，$p_2=(0.7+0.1013)\ \text{MPa}=0.8013\text{MPa}$；$t_1=20℃$（$T_1=273\text{K}+20\text{K}=293\text{K}$）时，查表 21-1-6 可得到：$p_{b1}=0.0023$ MPa，$\rho_{b1}=17.3\text{g/m}^3$；$t_2=24℃$（$T_2=273\text{K}+24\text{K}=297\text{K}$）时，$p_{b2}=0.003$ MPa，$\rho_{b2}=21.8\text{g/m}^3$。

解：

（1）计算吸入相对湿度 $\phi_1=80\%$的 1m^3 自由空气时实际水蒸气密度 ρ_{s1} 和干空气分压力 p_{g1}

$$\rho_{s1}=\phi_1\rho_{b1}=80\%\times17.3=13.84\ \text{g/m}^3$$

$$p_{g1}=p_1-\phi_1 p_{b1}=0.1013-80\%\times0.0023=0.09946\text{MPa}$$

（2）进入车间压缩空气（$p_2=0.8013$ MPa）的干空气分压力

$$p_{g2}=p_2-p_{b2}=0.8013-0.003=0.7983\text{MPa}$$

（3）根据表 21-1-5 理想气体的状态方程：$pV=RT$，对于一定质量的气体，压力和体积的积与热力学温度的商是个常数。理想气体的状态方程可写成 $p=\rho RT=\dfrac{m}{V}RT$（ρ——密度，kg/m^3；m——质量，kg；V——体积，m^3），得出$\dfrac{p_1V_1}{T_1}=\dfrac{p_2V_2}{T_2}$，则

$$V_2=\frac{p_{g1}V_1T_2}{p_{g2}T_1}\quad（V_2\text{—— 24℃时湿空气体积}）$$

计算 1m^3 自由空气经压缩至 0.8 MPa（绝对压力）进入车间时体积 V_2

$$V_2=\frac{p_{g1}V_1T_2}{p_{g2}T_1}=\frac{0.09946\times1\times297}{0.7983\times293}=0.1263\text{m}^3$$

（4）车间整个气源系统每小时冷凝水的析出量为

$$m=60Q(\rho_{s1}V_1-\rho_{b2}V_2)=1995.6\text{g/h}\approx2\text{kg/h}$$

4.6 空气污染及其控制

在气动阀及系统运转中，由于压缩空气的质量对阀及系统的工作可靠性和性能影响很大，而压缩空气混入污染物（如灰尘、液雾、烟尘、微生物颗粒等）极易引起元件及管道锈蚀、喷嘴及阀件的堵塞及密封件变形等（见表 21-1-9），会降低气动阀与系统及主机的工作可靠性，成为阀与系统动作失常及故障的原因。故在气动阀及其他元件与系统使用中，要特别注意压缩空气的污染及预防。

表 21-1-9　　压缩空气中的污染物及其影响对象

污染物	受污染影响的元件或设备	除去方法
水分	气缸 喷漆用气枪 一般气动元件	空气过滤器 除湿器、干燥器
油分	食品机械 射流元件	除油用过滤器 无油空气压缩机
灰尘	一般生产线用高速气动工具 过程控制仪表 空气轴承、微型轴承	过滤器(50~75μm) 过滤器(25μm) 过滤器(5μm)

压缩空气的污染主要来自水分、油分和灰尘等三个方面，其一般控制方法如下。

① 应防止冷凝水（冷却时析出的冷凝水）侵入压缩空气而致使元件和管道锈蚀，影响其性能。为此，应及时排除系统各排水阀中积存的冷凝水；经常注意自动排水器、干燥器的工作状态是否正常；定期清洗分水过滤器、自动排水器的内部零件等。

② 应设法清除压缩空气中的油分（使用过的、因受热而变质的润滑油），以免其随压缩空气进入系统，导致密封件变形、空气泄漏、摩擦阻力增大，阀和执行元件动作不良等。对较大油分颗粒，可通过油水分离器和分水过滤器的分离作用和空气分开，从设备底部排污阀排出；对较小油分颗粒，可通过活性炭的吸附作用清除。

③ 应防止灰尘（大气中的灰尘、管道内的锈粉及磨耗的密封材料碎屑等）侵入压缩空气，从而导致运动件卡死、动作失灵、堵塞喷嘴等故障，加速元件磨损、降低使用寿命等。为了除去空气中浮游的微粒，使用空气净化装置为最有效的方法，几种典型空气净化装置见表 21-1-10。同时还应经常清洗空压机前的预过滤器，定期清洗过滤器的滤芯，及时更换滤清元件，等等。

表 21-1-10　　典型空气净化装置

污染物种类	净化装置种类	捕集效率/%	备注
一般灰尘和烟尘	空调用过滤器	50~70	使用玻璃纤维制成的普通过滤器。当被灰尘堵塞时可取下更换
	电集尘器	85~95	用声压电极板捕集灰尘
	室内设置式过滤器	85~99	由高性能过滤器(或电集尘器)与空气过滤器组合而成
有害气体	气体过滤器	50~90	采用活性炭过滤器
清净室中的微粒子	超高性能过滤器	99.97	是空气过滤器、活性炭过滤器与超高性能过滤器的组合

5　空气热力学和流体动力学规律

5.1　闭口系统热力学第一定律

表 21-1-11

能量	含　　义	符号及单位
热力学第一定律确定了各种形式的能量(热能、功、内能)之间相互转换关系,该定律指出:当热能与其他形式的能量进行转换时,总能量保持恒定。对于任何系统,各项能量之间的一般关系式为 进入系统的能量-离开系统的能量=系统中储存能量的变化		
热量	由于温度不同,在系统与外界之间穿越边界而传递的能量称为热量。热量是通过物体相互接触处的分子碰撞或热辐射方式所传递的能量,其结果是高温物体把一部分能量传给了低温物体。热量传递过程并不需要物体的宏观运动。热量是过程量,不是状态参数	

续表

能量	含　　义	符号及单位
功	系统与外界之间通过宏观运动发生相互作用而传递的能量称为功 容积变化功计算图 如图所示气缸中，密封一定质量 M 的气体，可动边界活塞的面积 A，活塞所受外力 F。当系统克服外力进行一个准平衡的膨胀过程，即由状态 1 变到状态 2 时，若不计摩擦，系统对外所做的功为 $W=\int_1^2 F\mathrm{d}x=\int_1^2 pA\mathrm{d}x=\int_1^2 p\mathrm{d}V$ 在 p-V 图上，功是过程曲线下的面积。可见，即使始态、终态相同的两个过程，若过程曲线不同，功的大小也不同，这说明功不是状态参数而是一个过程量	Q——热量，J 或 kJ W——功，J 或 kJ
内能	气体内部的分子、原子等微粒总在不停地运动，这种运动称为热运动。气体因热运动而具有的能量称为内能，它是储存于气体内部的能量 对于完全气体，分子间没有相互作用力，内位能为零，完全气体只有内动能。这时内能只是温度的函数。1kg 气体的内能称为比内能 $U=f(T)$ 在气体的状态一定时，内能也有一定值，因而内能也是气体的状态参数	u——比内能，J/kg 或 kJ/kg U——内能，J 或 kJ q——1kg 工质与外界变换的热量，J/kg 或 kJ/kg
闭口系统的能量平衡方程式	上图所示气缸中密闭一定质量气体的系统为闭口系统。设系统由状态 1 变到状态 2 为一个准平衡过程，在此过程中系统吸热量为 Q，膨胀对外做功 W，系统内能变化 ΔU。对于这种闭口系统，热力学第一定律可表述为：给予系统的热量应等于系统内能增量与对外做功之和。热力学第一定律方程式的微分形式为 $\mathrm{d}Q=\mathrm{d}U+\mathrm{d}W$ 对 1kg 气体而言，有 $\mathrm{d}q=\mathrm{d}u+\mathrm{d}w=\mathrm{d}u+p\mathrm{d}v$	
焓	焓 H 的定义为 $H=U+pV$ 1kg 气体的比焓 h 的定义为 $h=u+pv=u+RT$ 在气动系统中，压缩空气从一处流到另一处，随着压缩空气移动而转移的能量就等于它的焓。当 1kg 气体流进系统时系统获得的总能量就是其内能 u 与 1kg 气体的推动功 pv 之和，即为比焓 h 在 u、p、v 为定值时，h 亦为定值，故焓为一个状态参数	H——焓 h——比焓

5.2　闭口系统热力学第二定律

热力学第一定律只说明能量在传递和转换时的数量关系。热力学第二定律则要解决过程进行的方向、条件和深度等问题。其中最根本的是关于过程的方向问题。

若一个系统经过一个准平衡过程，由始态变到终态，又能经过逆向过程由终态变到始态，不仅系统没有改变，环境也恢复原状态，即在系统和环境里都不留下任何影响和痕迹，这种过程在热力学中称为可逆过程。否则称为不可逆过程。

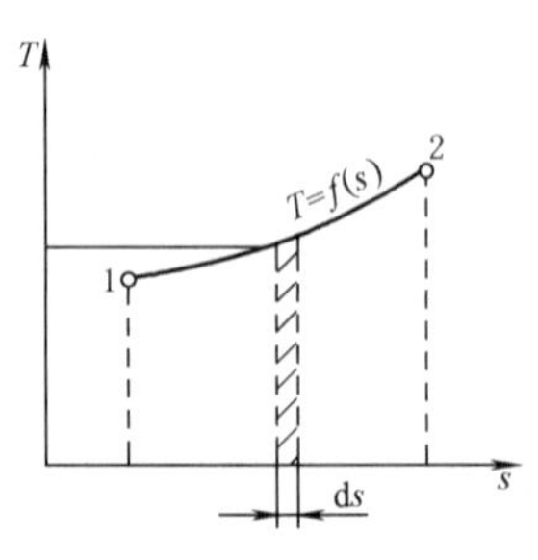

图 21-1-1　T-s 图

可逆过程必为准平衡过程，而准平衡过程则是可逆过程的条件之一。对于不平衡过程，因为中间状态不可能确定，当然是不可逆过程。

于是，热力学第二定律可表述为：一切自发地实现的过程都是不可逆的。

熵是从热力学第二定律引出的，是一个状态参数。

熵用符号 $S(s)$ 表示，其定义为

$$\mathrm{d}S=\mathrm{d}Q/T \quad (\mathrm{J/K}) \tag{21-1-1}$$

1kg 气体的比熵为

$$\mathrm{d}s=\mathrm{d}q/T \quad (\mathrm{J\cdot kg^{-1}\cdot K^{-1}}) \tag{21-1-2}$$

在可逆过程中熵的增量等于系统从外界传入的热量除以传热当时的热力学温度所得的商。

熵的作用可从传热过程和做功过程对比看出。在表 21-1-11 的 p-V 图上，功是过程曲线下的面积。同样，可作 T-s 图，如图 21-1-1 所示。图中曲线 1-2 代表一个由状态 1 变到状态 2 的可逆过程，曲线上的点代表一个平衡状态。在此过程中对工质加入的热量为

$$q=\int_1^2 T\mathrm{d}s=\int_1^2 f(s)\mathrm{d}s \tag{21-1-3}$$

可见，在 T-s 图上，过程曲线下的面积就代表过程中加入工质的热量。s 有无变化就标志着传热过程有无进行。

从式 (21-1-2) 知，当工质在可逆过程中吸热时，熵增大；放热时，熵减小。因此，根据工质在可逆过程中熵是增大还是减小，就可判断工质在过程中是吸热还是放热。若系统与外界绝热，$\mathrm{d}q=0$，则必有 $\mathrm{d}s=0$，即熵不变，这样一个可逆的绝热过程称为等熵过程。

对于完全气体，比熵变化只与始态和终态参数有关，与过程性质无关，故完全气体的熵是一个状态参数。

在不可逆过程，总的比熵的变化应等于系统从外界传入的热量以及摩擦损失转化成的热量之和除以传热当时的热力学温度所得的熵。由于存在摩擦损失转换的热量，不可逆的绝热过程是增熵过程，即 $\mathrm{d}s>0$。

5.3 空气的热力过程

表 21-1-12

<table>
<tr><th>典型过程</th><th>含义</th></tr>
<tr><td colspan="2">在气动技术中，为简化分析，假定压缩空气为完全气体，实际过程为准平衡过程或近似可逆过程，且在过程中工质的比热容保持不变，根据环境条件和过程延续时间不同，将过程简化为参数变化，具有简单规律的一些典型过程，即定容过程、定压过程、等温过程、绝热过程和多变过程，这些典型过程称为基本热力过程</td></tr>
<tr><td>定容过程</td><td>一定质量的气体，若其状态变化是在体积不变的条件下进行的，则称为定容过程。由完全气体的状态方程式 $pV=MRT$，可得定容过程的方程为
$$\frac{p_1}{T_1}=\frac{p_2}{T_2}$$</td></tr>
<tr><td>定压过程</td><td>一定质量的气体，若其状态变化是在压力不变的条件下进行的，则称为定压过程。由 $pV=MRT$，可得定压过程的方程为
$$\frac{V_1}{V_2}=\frac{T_1}{T_2}$$</td></tr>
<tr><td>等温过程</td><td>一定质量的气体，若其状态变化是在温度不变的条件下进行的，则称为等温过程。由式 $pV=MRT$，可得等温过程的方程为
$$p_1V_1=p_2V_2$$</td></tr>
<tr><td>绝热过程</td><td>一定质量的气体，若其状态变化是在与外界无热交换的条件下进行的，则称为绝热过程。由热力学第一定律式 $\mathrm{d}q=\mathrm{d}u+p\mathrm{d}V$ 和完全气体的状态方程 $pV=RT$ 整理可得绝热过程的方程为
$$pV^{\gamma}=常数$$
或
$$p/\rho^{\gamma}=常数,\ p/T^{\frac{\gamma}{\gamma-1}}=常数$$
γ——比热容比</td></tr>
<tr><td>多变过程</td><td>一定质量的气体，若基本状态参数 p、V 和 T 都在变化，与外界也不是绝热的，这种变化过程称为多变过程。由热力学第一定律式 $\mathrm{d}q=\mathrm{d}u+p\mathrm{d}V$ 和完全气体的状态方程 $pV=RT$ 整理可得多变过程的方程为
$$pV^n=常数$$
式中，n 称为多变指数
当多变指数值为 $\pm\infty$、0、1、k 时，则多变过程分别为定容、定压、定温和绝热过程。将这些过程曲线作在右图所示同一 p-V 和 T-s 图上，可以看出 n 值的变化趋势

各基本热力过程曲线对比</td></tr>
</table>

5.4 开口系统能量平衡方程式

对图 21-1-2 所示的开口系统，取控制体如图中虚线所示。设过程开始前，气缸内无工质，初始储存能量为零，状态为 p_1、V_1、T_1 的 1kg 工质流入气缸时，带入系统的总能量为 $h_1=u_1+p_1V_1$。工质在气缸内状态变化后终

态参数为 p_2、V_2、T_2。排出气缸时带出系统总能量为 $h_2=u_2+p_2V_2$。流经气缸时从热源获得热量 q，并对机器做功 W_1。设过程结束时，工质全部从气缸排出，系统最终储存能量又为零。于是由热力学第一定律得

$$W_1=(q-\Delta u)+(p_1V_1-p_2V_2)=W+(p_1V_1-p_2V_2) \tag{21-1-4}$$

式中，W_1 是工质流经开口系统时工质对机器所做的功，即机器获得的机械能，称为技术功。若过程是可逆的，则过程可用连续曲线 1-2 示于图 21-1-2 上，式（21-1-4）可化成

$$W_1=p_1V_1+\int_1^2 p\mathrm{d}V-p_2V_2=-\int_1^2 V\mathrm{d}p \tag{21-1-5}$$

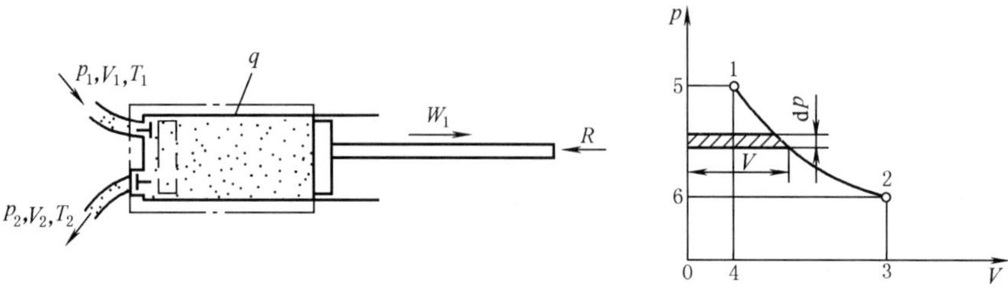

图 21-1-2　开口系统 W_1 计算图

可逆过程的技术功可用式（21-1-5）计算，即是 p-V 图上过程曲线左方的面积，若 dp 为负，过程中工质的压力下降，则技术功 W_1 为正，此时工质对机器做功，如蒸汽机、汽轮机、气缸和气马达等是这种情况；反之，若 dp 为正，过程中工质的压力升高，则 W_1 为负，这时机器对工质做功，如空气压缩机就是这种情况。

5.5　可压缩气体的定常管内流动

表 21-1-13

(1) 基本方程	
气体在管内做一维定常流动的特性可由四个基本方程即连续性方程、能量方程(伯努利方程)、状态方程和动量方程来描述	
连续性方程	连续性方程是质量守恒定律在流体流动中的应用，即 $$\begin{cases}Q_m=\rho uA=常数\\ d(\rho uA)=0\end{cases} \tag{1}$$ Q_m——流动每个截面的气体质量流量 ρ,u——气体的密度和平均流速 A——管道的截面积
动量方程	气体在管内做定常流动时，各能量头之间遵循如下方程 $$d\left(\frac{u^2}{2}\right)+\frac{dp}{\rho}+\lambda\frac{dx}{d}\times\frac{u^2}{d}=0 \tag{2}$$ 上式进行积分时，得 $$\frac{u^2}{2}+\frac{p}{\rho}+\frac{\lambda lu^2}{2d}=常数 \tag{3}$$ λ——管道中的摩擦因数 d,l——管道内径和计算长度
能量方程	气体在管内流动时除了与外界交换热量 dq 之外，还应该考虑气体摩擦所产生的热量 dq_T。假定气体分子以热能的形式全部吸收了摩擦损失的能量，可得能量方程式 $$dq=dq_T+d\left(\frac{W^2}{2}\right) \tag{4}$$
(2) 热力学过程性质	
当将气体从外界吸收的热量写成 $dq=cdT$	将 $dq=cdT$ 代入式(4)积分，并考虑 $T=p/\rho R$，$c_p-c_V=R$，可得 $$\frac{p}{\rho}\times\frac{\gamma-1}{\gamma-\gamma_*}+\frac{u^2}{2}=常数 \tag{5}$$ $$\gamma_*=c/c_V$$ 从式(5)可得结论，当气体管流速度 u 越低时，其状态变化过程就越接近等温过程

续表

(2) 热力学过程性质	
当气体与外界无热交换时 $dq=0$	当 $dq=0$，由式(4)可得 $$h_1+\frac{u_1^2}{2}=h_2+\frac{u_2^2}{2}=常数 \quad (6)$$ 对于完全气体，应有 $$\frac{\gamma}{\gamma-1}\times\frac{p_1}{\rho_1}+\frac{u_1^2}{2}=\frac{\gamma}{\gamma-1}\times\frac{p_2}{\rho_2}+\frac{u_2^2}{2}=常数 \quad (7)$$ 式(7)直接由能量方程(5)推出，与过程是否可逆无关。既适用于可逆绝热过程，也适用于不可逆绝热过程 由于声波在空气中的传播速度 $$a=\sqrt{\gamma p/\rho}=\sqrt{\gamma RT}=20\sqrt{T} \quad (8)$$ 流场中某点的瞬时声速，称为当地声速，只与当地的状态参数有关，当 $T=293\text{K}$ 时，$a=343\text{m/s}$ 将式(8)代入式(7)得 $$\frac{p}{\rho}+\frac{\gamma-1}{\gamma}\times\frac{u^2}{2}=\frac{a^2}{\gamma}+\frac{\gamma-1}{\gamma}\times\frac{u^2}{2}=常数 \quad (9)$$ 上式说明：当与外界无热交换时，若管内空气流速 u 比声速 a 小得多，则可看作等温流动过程。例如，当$u=0.3a$ 时，式中第二项不到第一项的 2%。只在 u 较大时，温度才会升高而偏离等温过程
在工厂条件下，空气都是在非绝热管道中流动，且流速较低($u\leqslant 0.1a$)。因此，在长的输气管道系统中，均可把空气的定常管内流动看作等温流动	

5.6 气体通过收缩喷嘴或小孔的流动

在气动技术中，往往将气流所通过的各种气动元件抽象成一个收缩喷嘴或节流小孔来计算，然后再做修正。

在计算时，假定气体为完全气体，收缩喷嘴中气流的速度远大于与外界进行热交换的速度，且可忽略摩擦损失。因此，可将喷嘴中的流动视为等熵流动。

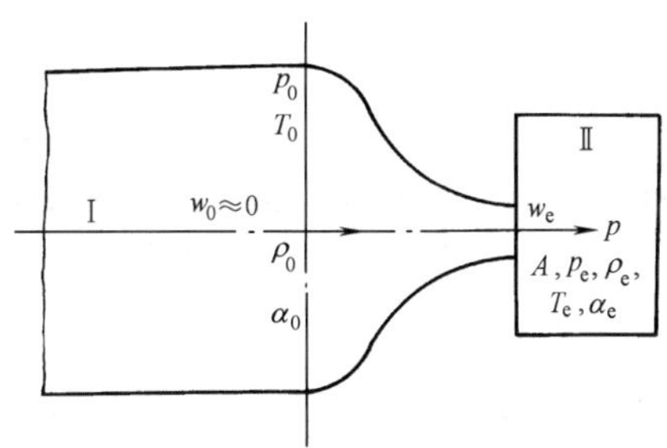

图 21-1-3

图 21-1-3 为空气从大容器（或大截面管路）Ⅰ经收缩喷嘴流向腔室Ⅱ。相比之下容器Ⅰ中的流速远小于喷嘴中的流速，可视容器Ⅰ中的流速 $u_0=0$。设容器Ⅰ中气体的滞止参数 p_0、ρ_0、T_0 保持不变，腔室Ⅱ中参数为 p、ρ、T，喷嘴出口截面积为 A，出口截面的气体参数为 p_e、ρ_e、T_e。改变 p 时，喷嘴中的流动状态将发生变化。

当 $p=p_0$ 时，喷嘴中气体不流动。

当 $p/p_0>0.528$ 时，喷嘴中气流为亚声速流，这种流动状态称为亚临界状态。这时室Ⅱ中的压力扰动波将以声速传到喷嘴出口，使出口截面的压力 $p_e=p$，这时改变压力 p 即改变了 p_e，影响整个喷嘴中的流动。在这种情况下，由能量方程式［表 21-1-13 中式（5）］得出口截面的流速为

$$u_e=\sqrt{\frac{2\gamma}{\gamma-1}R(T_0-T)}=\sqrt{\frac{2\gamma}{\gamma-1}RT_0\left[1-\left(\frac{p}{p_0}\right)^{\gamma}\right]} \quad (\text{m/s}) \tag{21-1-6}$$

由连续性方程和关系式 $\rho_e=\rho_0\left(\frac{p_e}{p_0}\right)^{\gamma}$ 可得流过喷嘴的质量流量计算公式

$$Q_m=Sp_0\sqrt{\frac{2\gamma}{RT_0(\gamma-1)}\left[\left(\frac{p}{p_0}\right)^{\gamma}-\left(\frac{p}{p_0}\right)^{\frac{\gamma+1}{\gamma}}\right]} \quad (\text{kg/s}) \tag{21-1-7}$$

式中　S——喷嘴有效面积，m^2，$S=\mu A$；

μ——流量系数，$\mu<1$，由实验确定；

p_0，p_e，p——喷嘴前、喷嘴出口截面和室Ⅱ中的绝对压力，Pa，对于亚声速流，$p_e=p$；

T_0——喷嘴前的滞止温度，K。

式（21-1-7）中可变部分

$$\phi\left(\frac{p}{p_0}\right)=\sqrt{\left(\frac{p}{p_0}\right)^{\gamma}-\left(\frac{p}{p_0}\right)^{\frac{\gamma+1}{\gamma}}} \tag{21-1-8}$$

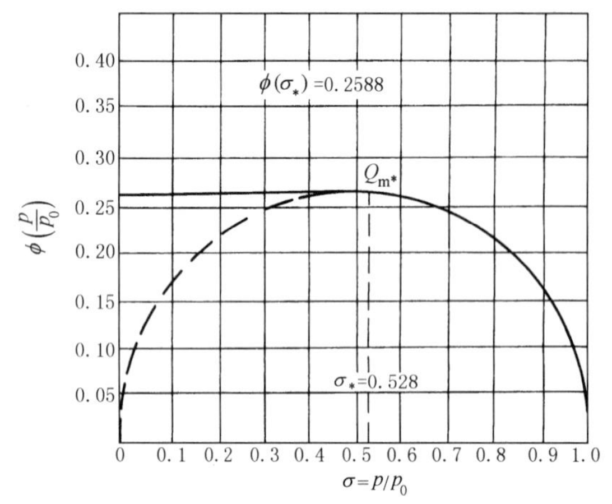

图 21-1-4 流量函数与压力比关系曲线

称为流量函数。它与压力比（p/p_0）的关系曲线如图 21-1-4 所示，其中 p/p_0 在 0~1 范围内变化，当流量达到最大值时，记为 Q_{m*}，此时临界压力比为 σ_*

$$\sigma_*=\frac{p_*}{p_0}=\left(\frac{2}{\gamma+1}\right)^{\frac{\gamma}{\gamma+1}} \tag{21-1-9}$$

对于空气，$\gamma=1.4$，$\sigma_*=0.528$。

当 $p/p_0\leqslant\sigma_*$ 时，由于 p 减小产生的扰动是以声速传播的，但出口截面上的流速也是以声速向外流动，故扰动无法影响到喷嘴内。这就是说，p 不断下降，但喷嘴内流动并不发生变化，则 Q_{m*} 也不变，这时的流量也称为临界流量 Q_{m*}。当 $p/p_0=\sigma_*$ 时的流动状态为临界状态。临界流量 Q_{m*} 为

$$Q_{m*}=Sp_0\sqrt{\frac{\gamma}{RT_0}}\left(\frac{2}{\gamma+1}\right)^{\frac{\gamma+1}{2(\gamma-1)}} \quad (\mathrm{kg/s}) \tag{21-1-10}$$

声速流的临界流量 Q_{m*} 只与进口参数有关。

若考虑空气的 $\gamma=1.4$，$R=287.1\mathrm{J/(kg\cdot K)}$，则在亚声速流（$p/p_0>0.528$）时的质量流量为

$$Q_m=0.156Sp_0\phi(p/p_0)/\sqrt{T} \quad (\mathrm{kg/s}) \tag{21-1-11}$$

在 $p/p_0\leqslant0.528$，即声速流的质量流量为

$$Q_m=4.04\times10^{-2}Sp_0/\sqrt{T} \quad (\mathrm{kg/s}) \tag{21-1-12}$$

在工程计算中，有时用体积流量，其值因状态不同而异。为此，均应转化成标准状态下的体积流量。

当 $p/p_0>0.528$ 时，标准状态下的体积流量为

$$Q_V=454Sp_0\phi\frac{p}{p_0}\sqrt{\frac{293}{T_0}} \quad (\mathrm{L/min}) \tag{21-1-13}$$

当 $p/p_0\leqslant0.528$ 时，标准状态下的体积流量为

$$Q_{V*}=454Sp_0\sqrt{\frac{293}{T_0}} \quad (\mathrm{L/min}) \tag{21-1-14}$$

各式中符号的意义和单位与式（21-1-7）相同。

5.7 充、放气系统的热力学过程

表 21-1-14

充放气系统模型	图 a 为充放气系统模型，设从具有恒定参数的气源向腔室充气，同时又有气体从腔室排出，腔室中参数为 p、ρ、T，由热力学第一定律可写出 $$\mathrm{d}Q+h_s\mathrm{d}M_s=\mathrm{d}U+\mathrm{d}W+h\mathrm{d}M \quad (1)$$ 式中 h_s，h——流进、流出腔室 1kg 气体所带进、带出的能量（即比焓） $\mathrm{d}M_s$——气源流进腔室的气体质量 $\mathrm{d}M$——从腔室流出的气体质量 $\mathrm{d}U$——室内气体内能增量 $\mathrm{d}W$——室内气体所做的膨胀功 $\mathrm{d}Q$——室内气体与外界交换的热量	p_s,ρ_s,T_s $\mathrm{d}M_s$ $\mathrm{d}M$ $\mathrm{d}W$ p,ρ,T $\mathrm{d}Q$ (a) 变质量系统模型
气容的放气过程	在气动系统中，有容积可变的变积气容，如活塞运动时的气缸腔室、波纹管腔室等；也有容积不变的定积气容，如储气罐、活塞不动时的气缸腔室等 图 b 所示为容积 $V(\mathrm{m^3})$ 的容器向大气放气过程。设放气开始前容器已充满，其初始气体参数 p_s、ρ_s、T_s，放气孔口的有效面积 $S=\mu A(\mathrm{m^2})$，放气过程中容器内气体状态参数用 p、ρ、T 表示	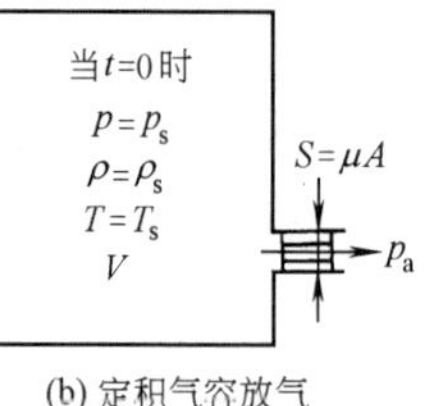 (b) 定积气容放气

续表

<table>
<tr>
<td rowspan="3">气容的绝热放气过程</td>
<td>绝热放气的能量方程</td>
<td>

若放气时间很短，室内气体来不及与外界进行热交换，这种放气过程称为绝热放气。对于绝热放气，$dQ=0$，若只放气无充气，则 $dM_s=0$，由式(1)可得

$$-\gamma RT\mathrm{d}M=\gamma p\mathrm{d}V+V\mathrm{d}p \tag{2}$$

式(2)即为有限容积(包括定积和变积)气容的绝热放气能量方程式

在放气过程中，气体流经放气孔口的时间很短，且不计其中的摩擦损失，可认为放气孔口中的流动为等熵流动，故容器内气体温度为

$$T=T_s\left(\frac{p}{p_s}\right)^{\frac{\gamma-1}{\gamma}} \tag{3}$$

</td>
</tr>
<tr>
<td>定积气容绝热放气时间计算</td>
<td>

从压力 p_1 开始到压力 p_2 为止的放气时间

$$t=\frac{0.431V}{S\sqrt{T_s}\left(\frac{p_a}{p_s}\right)^{\frac{\gamma-1}{2\gamma}}}\left[\phi_1\left(\frac{p_a}{p_2}\right)-\phi_1\left(\frac{p_a}{p_1}\right)\right]\ (\mathrm{s}) \tag{4}$$

式中 S——放气孔口有效面积，m^2

T_s——容器中空气的初始温度，K

V——定积气容的容积，m^3

p_a/p——孔口下游与上游的绝对压力比

当 $0<p_a/p\leqslant 0.528$ 时　　$\phi_1(p_a/p)=(p_a/p)^{2\gamma}$

当 $0.528<p_a/p<1$ 时 $\phi_1\left(\frac{p_a}{p}\right)=\sigma_*^{\frac{\gamma-1}{2\gamma}}+0.037\int_{p_a/p_*}^{p_a/p}\frac{\mathrm{d}(p_a/p)}{(p_a/p)^{\frac{\gamma+1}{2\gamma}}\phi(p_a/p)}$

与计时起点和终点压力比对应的值，均可由图 c 直接得出。若 $p_a/p_s<0.528$，式中分母 $(p_a/p_s)^{2\gamma}=\phi_1(p_a/p_s)$ 亦可由图 c 确定

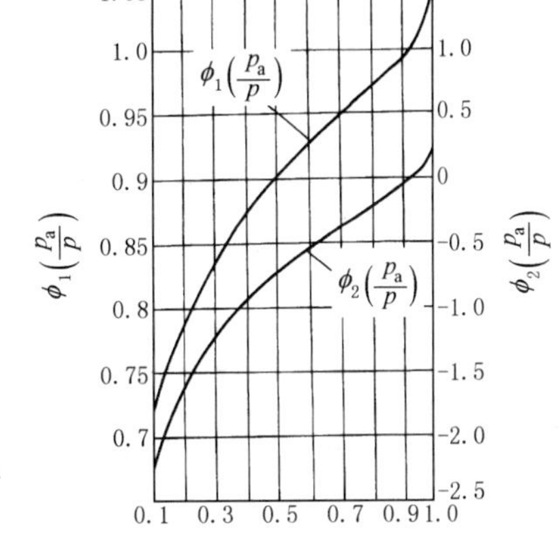

(c) 定积气容放气时间计算用曲线 $\phi_1(p_a/p)$ 和 $\phi_2(p_a/p)$

</td>
</tr>
<tr>
<td>定积气容等温放气时间计算</td>
<td>

当气容放气很缓慢，持续时间很长，室内气体通过器壁能与外界进行充分的热交换，使得容器内气体温度保持不变，即 $T=T_s$，这种放气过程称为等温放气过程。在等温放气条件下，气流通过放气孔口的时间很短，来不及热交换，且不计摩擦损失，仍可视为等熵流动

在等温条件下，从压力 p_1 到压力 p_2 为止的等温放气时间为

$$t=\frac{0.08619V}{S\sqrt{T_s}}\left[\phi_2\left(\frac{p_a}{p_2}\right)-\phi_2\left(\frac{p_a}{p_2}\right)\right]\ (\mathrm{s}) \tag{5}$$

式中，V、S、T_s、p_a/p 的意义和单位同式(4)

当 $0<p_a/p<0.528$ 时　　$\phi_2(p_a/p)=\ln(p_a/p)$

当 $0.528<p_a/p<1$ 时　　$\phi_2\left(\frac{p_a}{p}\right)=\ln\frac{p_a}{p_*}+0.2588\int_{p_a/p_*}^{p_a/p}\frac{\mathrm{d}(p_a/p)}{(p_a/p)\phi(p_a/p)}$

与计时起点和终点压力比对应的 $\phi_2(p_a/p)$ 值均可由图 c 直接确定

</td>
</tr>
<tr>
<td rowspan="2">气容绝热的充气过程</td>
<td colspan="2">

如图 d 所示容积的容器，由具有恒定参数 p_s、ρ_s、T_s 的气源，经过有效面积 S 的进气孔口向容器充气，充气过程中容器内气体状态参数用 p、ρ、T 表示

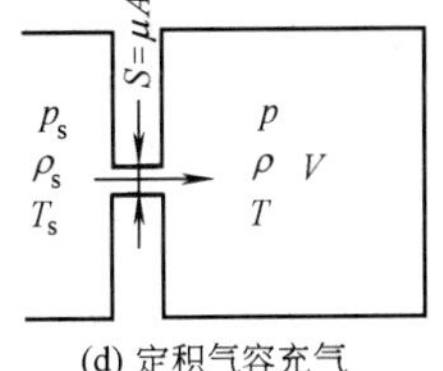

(d) 定积气容充气

</td>
</tr>
<tr>
<td>绝热充气的能量方程</td>
<td>

假定容器的充气过程进行得很快，室内气体来不及与外界进行热交换，这样的充气过程称为绝热充气过程

对绝热充气，$dQ=0$，若只充气无放气，则 $dM=0$，由式(1)可得

$$\gamma RT_s\mathrm{d}M_s=V\mathrm{d}p+\gamma p\mathrm{d}V \tag{6}$$

此式即为恒定气源向有限容积(包括定积和变积)气容绝热充气的能量方程。此式与式(2)有很大区别，由此式不能得出充气过程为等熵过程的结论

绝热充气过程中，多变指数 $n=\gamma T_s/T$。当充气开始时，容器内气体和气源温度均为 T_s，多变指数 $n=\gamma$，接近于等熵过程；随着充气的继续进行，容器内压力和温度升高，n 减小，当压力和温度足够高时，$n\to 1$，接近等温过程

对于定积过程，若容器内初始压力 p_0，初始温度 T_s，则绝热充气至压力 p 时容器内的温度为

$$T=\gamma T_s\Big/\left[1+\frac{p_0}{p}(\gamma-1)\right] \tag{7}$$

</td>
</tr>
</table>

续表

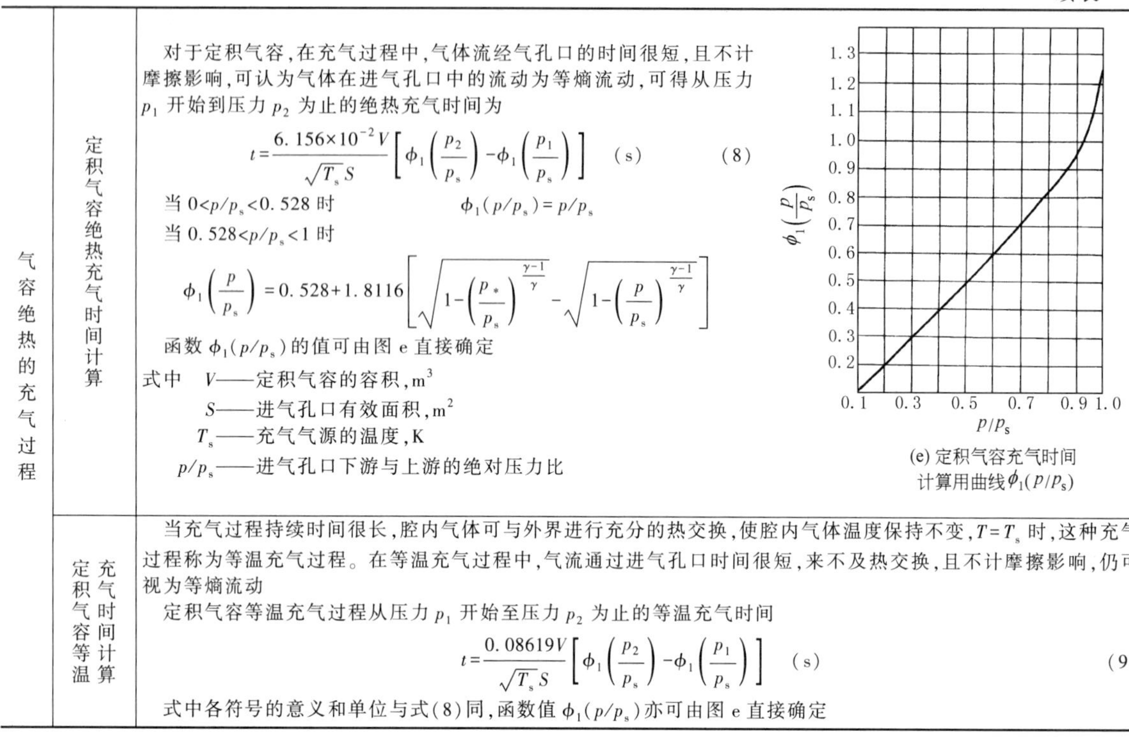

气容绝热的充气过程	定积气容绝热充气时间计算	对于定积气容，在充气过程中，气体流经气孔口的时间很短，且不计摩擦影响，可认为气体在进气孔口中的流动为等熵流动，可得从压力 p_1 开始到压力 p_2 为止的绝热充气时间为 $$t=\frac{6.156\times10^{-2}V}{\sqrt{T_s}S}\left[\phi_1\left(\frac{p_2}{p_s}\right)-\phi_1\left(\frac{p_1}{p_s}\right)\right]\quad(s)\qquad(8)$$ 当 $0<p/p_s<0.528$ 时　　$\phi_1(p/p_s)=p/p_s$ 当 $0.528<p/p_s<1$ 时 $$\phi_1\left(\frac{p}{p_s}\right)=0.528+1.8116\left[\sqrt{1-\left(\frac{p_*}{p_s}\right)^{\frac{\gamma-1}{\gamma}}}-\sqrt{1-\left(\frac{p}{p_s}\right)^{\frac{\gamma-1}{\gamma}}}\right]$$ 函数 $\phi_1(p/p_s)$ 的值可由图 e 直接确定 式中　V——定积气容的容积，m^3 S——进气孔口有效面积，m^2 T_s——充气气源的温度，K p/p_s——进气孔口下游与上游的绝对压力比	 (e) 定积气容充气时间计算用曲线 $\phi_1(p/p_s)$
	定积气容等温充气时间计算	当充气过程持续时间很长，腔内气体可与外界进行充分的热交换，使腔内气体温度保持不变，$T=T_s$ 时，这种充气过程称为等温充气过程。在等温充气过程中，气流通过进气孔口时间很短，来不及热交换，且不计摩擦影响，仍可视为等熵流动 定积气容等温充气过程从压力 p_1 开始至压力 p_2 为止的等温充气时间 $$t=\frac{0.08619V}{\sqrt{T_s}S}\left[\phi_1\left(\frac{p_2}{p_s}\right)-\phi_1\left(\frac{p_1}{p_s}\right)\right]\quad(s)\qquad(9)$$ 式中各符号的意义和单位与式(8)同，函数值 $\phi_1(p/p_s)$ 亦可由图 e 直接确定	

5.8 气阻和气容的特性及计算

表 21-1-15

分类				特性及计算公式		符号意义
气阻	气阻结构型式	按工作特征	恒定	气阻	如毛细管、薄壁孔	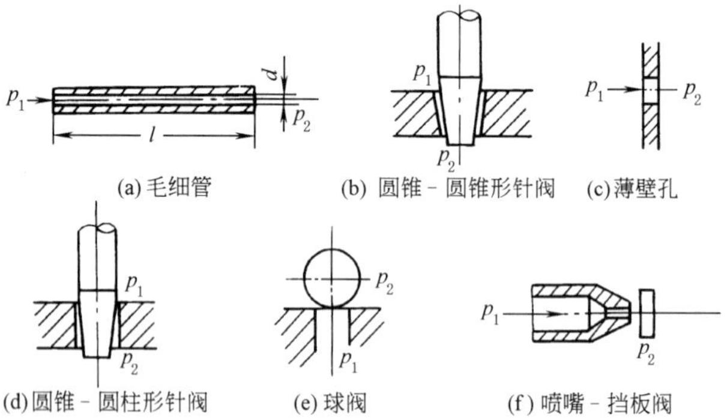 p_1 p_2 d l (a) 毛细管　(b) 圆锥-圆锥形针阀　(c) 薄壁孔 (d) 圆锥-圆柱形针阀　(e) 球阀　(f) 喷嘴-挡板阀 常用气阻型式
			可变		喷嘴-挡板阀、球阀	
			可调		针阀	
		按流量特征	线性		流动状态为层流，其流量与压力降成正比，因而气阻 $R=\Delta p/Q_m$ 为常数	
			非线性		流动状态为紊流，其流量与压力降的关系是非线性的	
	毛细管恒节流孔线性气阻			压缩空气流经毛细管时为层流，其质量流量 Q_m、体积气阻 R_V 和质量气阻 R_m 为 $$Q_m=\frac{\pi d^4\rho}{128\mu l\varepsilon}\Delta p\quad(kg/s)$$ $$R_V=\frac{128\varepsilon\mu l}{\pi d^4}\quad(N\cdot s/m^5)\qquad R_m=\frac{128\varepsilon\mu l}{\pi d^4\rho}\quad(Pa\cdot s/kg)$$		Δp——气阻前后压力降，Pa $\Delta p=p_1-p_2$ d，l——气阻直径和长度，m ε——修正系数，其值见下表

续表

毛细管气阻修正系数 ε

l/d	500	400	300	200	100	80	60	40	30	20	15	10
ε	1.03	1.05	1.06	1.09	1.16	1.25	1.31	1.47	1.59	1.86	2.13	2.73

分类		特性及计算公式	符号意义
气阻	薄壁孔恒节流孔非线性气阻	长径比 l/d 很小的恒节流孔称为薄壁孔，压缩空气流过薄壁孔时为紊流，其质量流量 Q_m、体积气阻 R_V 和质量气阻 R_m 为 $Q_m=\mu A\sqrt{2\rho\Delta p}$ (kg/s) $R_V=\rho\omega/(2\mu A)$ (N·s/m^5) $R_m=\omega/(2\mu A)$ (Pa·s/kg)	ω——薄壁孔中的平均流速，m/s A——薄壁孔流通面积，m^2 μ——流量系数，由实验确定，在一般估算时，若取 p_1 为上游压力，p_2 为节流孔下游较远处的压力，可取 $\mu=0.6$
气阻	环形缝隙式可调线性气阻	图 b 所示圆锥-圆锥形针阀的流道为一环形缝隙，流体在其中的流动状态为层流，其质量流量、体积气阻和质量气阻为 $Q_m=\dfrac{\pi d\delta^3\rho\varepsilon}{12\mu l}\Delta p$ (kg/s) $R_V=\dfrac{128\mu l}{\pi d\delta^3\varepsilon}$ (N·s/m^5) $R_m=\dfrac{128\mu l}{\pi d\delta^3\rho\varepsilon}$ (Pa·s/kg) 质量流量 Q_m 计算式也适用于气缸与活塞、滑阀等环形缝隙的泄漏量计算	ε——偏心修正系数，$\varepsilon=l+1.5e/\delta$ e——阀芯与阀孔的偏心量，m δ——缝隙的平均径向间隙，m d,l——缝隙的平均直径和长度，m μ——空气的绝对黏度，Pa·s
气容		由于气体可压缩，在一定容积腔室中所容的气体量将因压力不同而异。因而在气动系统中，凡能储存或放出气体的空间(各种腔室、容器和管路)均有气容的性质，有定积气容和可调气容之分。而可调气容在调定后的工作过程中，其容积也是不变的 一气室的气容在数量上就等于气室内发生单位压力变化所允许的气量变化值 $C_m=\dfrac{\int Q_m\mathrm{d}t}{\Delta p}=\dfrac{\mathrm{d}M}{\mathrm{d}p}$ 工作过程中容积不变的多变质量气容和体积气容为 $C_m=\dfrac{V}{nRT}$ (s^2·m) $C_V=\dfrac{V}{\rho nRT}$ (m^5/N)	V——气室的容积，m^3 n——多变指数，多变指数依压力变化快慢而定，如变化很慢，能充分热交换时，视为等温过程 $n=1$；当变化很快，来不及进行热交换时，视为绝热过程 $n=\gamma=1.4$，实际气容的多变指数在 1~1.4 之间，低频信号可取 $n=1$，高频信号可取 $n=1.4$

5.9 气动管路的压力损失

由于流体有黏性，流体在管内流动存在压力损失。根据能量守恒，实际不可压缩定常管流的伯努利方程可表述为：流入能量等于流出能量加上从进口至出口的损失能量。即

$$p_1+\frac{1}{2}\rho u_1^2=p_2+\frac{1}{2}\rho u_2^2+\Delta p_f \tag{21-1-15}$$

式中 Δp_f——管流中两缓变流截面 1~2 之间的压力损失；

u——流体在急变流截面上的平均流速。

压力损失 Δp_{f} 可分成沿程压力损失和局部压力损失。缓变流引起的损失为沿程压力损失，急变流引起的损失为局部压力损失。

(1) 不可压缩流体在直圆管内流动的沿程压力损失

不可压缩流体在直圆管内流动的沿程压力损失为

$$\Delta p_l=\lambda\ \frac{l}{d}\times\frac{1}{2}\rho u^2 \tag{21-1-16}$$

式中 Δp_l——沿程压力损失，Pa；

λ——沿程压力损失因数；

ρ——密度，kg/m^3；

l——管长，m；

d——管内径，m；

u——流速，m/s。

在气动管道网络的实际工程中，主管道进口空气压力取决于气源，主管道流量取决于现场中的气动设备，主管道的长度取决于气源及气动设备的现场分布情况，气动设备的使用压力和气源压力决定气动管道网络所允许的最大压力损失。因此，气动管道网络设计的主要工作是依据预定的管道内径核算压力损失造成的压差，或者依据预定允许压差确定管道内径。

空气在主管道流动过程中，当流量不大时，空气流速较慢，而主管道一般比较长，因此流经时间比较长，从而使得主管道内空气和主管道外的环境空气之间通过管壁进行的热交换比较充分，主管道内空气温度可以近似为环境空气温度；当流量很大时，空气流速很快，虽然主管道一般比较长，但是流经时间相对较短，从而使得主管道内空气和主管道外的环境空气之间通过管壁进行的热交换量比较小，忽略之后，主管道中空气温度可以近似为主管道进口空气温度或气源出口空气温度。因此，空气在主管道中的流动可以近似为等温流动。

依据 $p=\rho RT$、$q_m=\rho uA$、$q_a=q_m/\rho_a$、式（21-1-16）及 $A=\dfrac{\pi d^2}{4}$，推导得到管道沿程压力损失公式和管道内径公式为

$$\Delta p_l=\frac{8}{\pi^2}R\rho_a^2\lambda\frac{l}{d^5}\times\frac{T}{p}q_a^2 \tag{21-1-17}$$

$$d=\left(\frac{8}{\pi^2}R\rho_a^2\lambda l\frac{T}{p\Delta p_l}q_a^2\right)^2 \tag{21-1-18}$$

式中　R——空气的气体常数，$R=287J/(kg\cdot K)$；

ρ_a——标准状态下的空气密度，$\rho_a=1.185kg/m^3$；

T——管道内空气的绝对温度，K；

p——管道进口空气的绝对压力，Pa；

q_a——管内流量折算标准状态下的空气流量，m^3/s。

在式（21-1-17）中代入常数和常量后，得到实用的管道沿程压力损失为

$$\Delta p_l=327\lambda\frac{l}{d^5}\times\frac{T}{p}q_a^2 \tag{21-1-19}$$

其中，q_a 的单位为 m^3/s。

$$\Delta p_l=0.00545\lambda\frac{l}{d^5}\times\frac{T}{p}q_a^2 \tag{21-1-20}$$

其中，q_a 的单位为 L/min。

上述各式中，λ 的计算方法如下。

对于光滑管道，当 $Re<2200$ 时，

$$\lambda=\frac{64}{Re} \tag{21-1-21}$$

当 $3000<Re<8\times10^4$ 时，可以采用布拉修斯（Blasius）实验公式

$$\lambda=0.3164Re^{-0.25} \tag{21-1-22}$$

当 $10^5<Re<3\times10^6$ 时，可以采用尼古拉兹（Nikuradse）实验公式

$$\lambda=0.3164Re^{-0.25} \tag{21-1-23}$$

或者，当 $3000<Re<3\times10^6$ 时，可以采用普朗特（Prandt）计算公式

$$\lambda^{-0.5}=2.0\lg(Re\lambda^{0.5})-0.8 \tag{21-1-24}$$

依据普朗特公式可以得到下述迭代公式，用于计算 λ，一般取 $\lambda=\lambda_s$ 时，已经可以保证足够的精度。

$$\begin{cases}\lambda_0=[2.0\lg(Re)-0.8]^{-2}\\ \lambda_{i+1}=[2.0\lg(Re\lambda_i^{0.5})-0.8]^{-2}\end{cases}$$

对于非光滑管道中的湍流（$Re>2200$），可以采用科尔布鲁克（Colebrook）计算公式。

$$\frac{1}{\lambda^{0.5}}=-2\lg\left(\frac{\Delta/d}{3.71}+\frac{2.51}{Re\lambda^{0.5}}\right) \tag{21-1-25}$$

依据科尔布鲁克公式可以得到下述迭代公式，用于计算 λ，一般取 $\lambda=\lambda_s$ 时，已经可以保证足够的精度。

$$\begin{cases}\lambda_0=-2\lg\left(\dfrac{\Delta/d}{3.71}+\dfrac{2.51}{Re}\right)^{-2}\\[2ex]\lambda_{i+1}=-2\lg\left(\dfrac{\Delta/d}{3.71}+\dfrac{2.51}{Re\lambda_i^{0.5}}\right)^{-2}\end{cases} \tag{21-1-26}$$

式中　Δ——管道内壁的绝对表面粗糙度，mm；

　　Re——雷诺数。

依据式（21-1-21）~式（21-1-25），可以得到图 21-1-5 所示的莫迪图。因此，不可压缩流体在直管内流动的沿程压力损失因数 λ，也可由图 21-1-5 查得。

不同管材管道内壁的绝对表面粗糙度 Δ 的参考值见表 21-1-16。

表 21-1-16　　不同管材管道内壁的绝对表面粗糙度

管材	塑料管	铜管,铝管	无缝钢管	镀锌铁管
Δ/mm	0.001	0.0015	0.04~0.17	0.15

在微小压力损失条件下（$\Delta p<0.5p_1$），SCP 管（碳钢钢管）沿程压力损失的近似计算公式为

$$\Delta p=2.466\times10^3\ \frac{Lq_a^2}{d^{5.31}p_1}$$

式中　Δp——SCP 管的沿程压力损失，MPa；

　　L——管道长度，m；

　　q_a——管内流量折算标准状态下的空气流量，m^3/min；

　　d——管道内径，mm；

　　p_1——管道进口空气的绝对压力，MPa。

（2）不可压缩流体在管内流动的局部压力损失

局部压力损失为

$$\Delta p_m=\xi\ \frac{1}{2}\rho u^2 \tag{21-1-27}$$

式中　ξ——局部压力损失因数。

通常 ξ 值都是由实验测定的，表 21-1-17 为圆管的 4 种几何形状的局部压力损失的计算公式。

一般情况下，局部压力损失因数 ξ 只取决于急变流的几何形状，与雷诺数 Re 无关。但在雷诺数较低（几千至几万之间）时，ξ 与雷诺数有关，且呈不稳定值。因此，空气过滤器之类的气动元件，其内部流动虽然属于局部压力损失，但通过元件的流量（或流速）与压降之间的关系不使用式（21-1-27）来表达。

（3）不可压缩流体在管内流动的总压力损失

实际管道若是由 m 段沿程压力损失和 n 个局部压力损失串联组成，作为估算，则总压力损失 Δp_f 就是这些压力损失的叠加，即

$$\Delta p_f\ =\ \sum_{i=1}^{m}\lambda_i\ \frac{l_i}{d_i}\times\frac{1}{2}\rho u_i^2\ +\ \sum_{j=1}^{n}\xi_j\ \frac{1}{2}\rho u_j^2 \tag{21-1-28}$$

本节引述的不可压缩流体的压力损失相关研究结论，按照在历史上出现的时间，从伯努利在 1726 年建立不可压缩流体的能量守恒方程开始，后续欧拉在 1753 年提出流体的连续介质假设，雷诺在 1883 提出黏性流体的雷诺数，尼古拉兹在 1933 年对内壁用人工沙粒粗糙的圆管进行了广泛且深入的水力学实验，得到了沿程压力损失因数与雷诺数（Re）的关系，直到莫迪在 1944 年根据前人试验成果，在双对数坐标系中绘制了 λ、Re、Δ/d（相对表面粗糙度）的关系，即为著名的莫迪图，前后延续了 218 年。

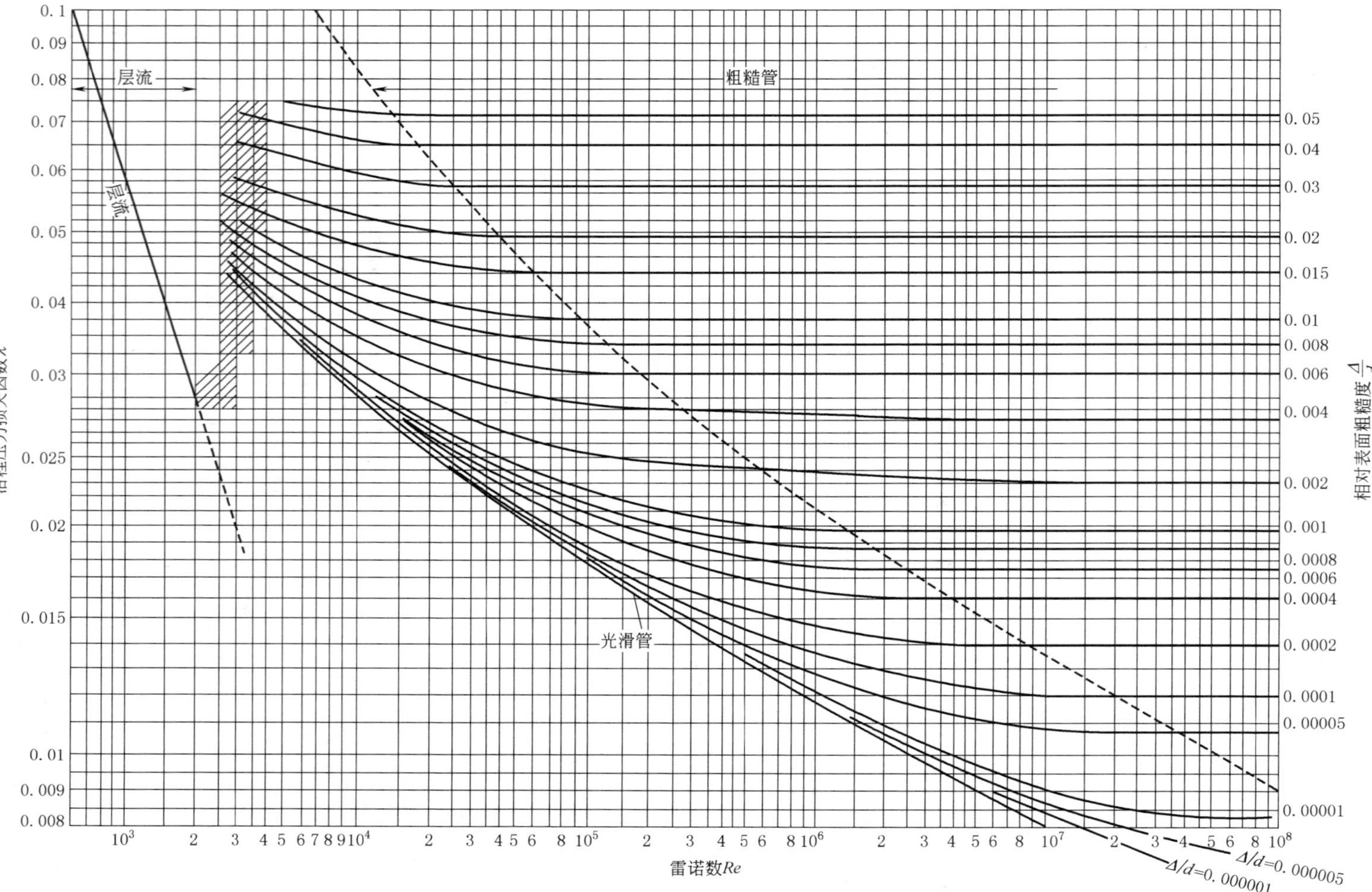

图 21-1-5　莫迪图［当直接查读图中曲线 λ 值存在困难时，可依据式（21-1-21）~式（21-1-25）进行计算］

表 21-1-17　　圆管 4 种几何形状的局部压力损失的计算公式

局部形状	示意图	局部压力损失
突扩管	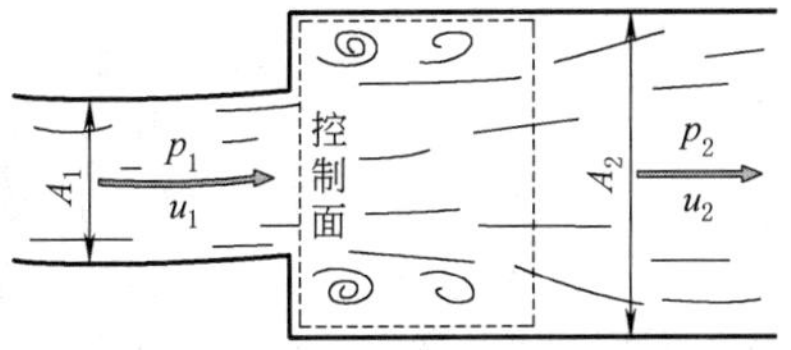	$\Delta p_m=\xi\times\frac{1}{2}\rho u_1^2$ $\xi=\left(1-\frac{A_1}{A_2}\right)^2$
突缩管	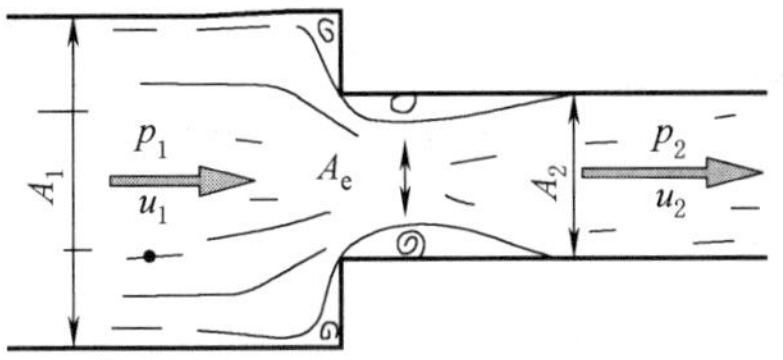	$\Delta p_m=\xi\times\frac{1}{2}\rho u_2^2$ $\xi=0.04+\left(1-\frac{A_2}{A_1}\right)^2$ $\frac{A_2}{A_e}=\left(0.528+\frac{0.0418}{1.1-\sqrt{A_2/A_1}}\right)^{-1}$
渐缩管	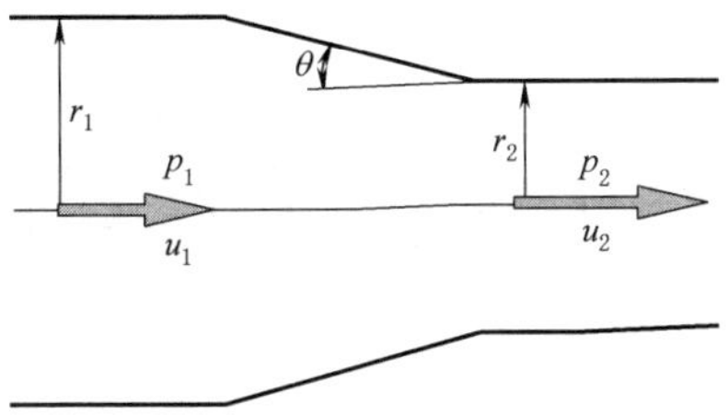	$\Delta p_m=\xi\times\frac{1}{2}\rho u_2^2$ $\xi=\frac{\lambda}{8\tan\theta}\left[1-\left(\frac{r_2}{r_1}\right)^4\right]$
等径直角弯头	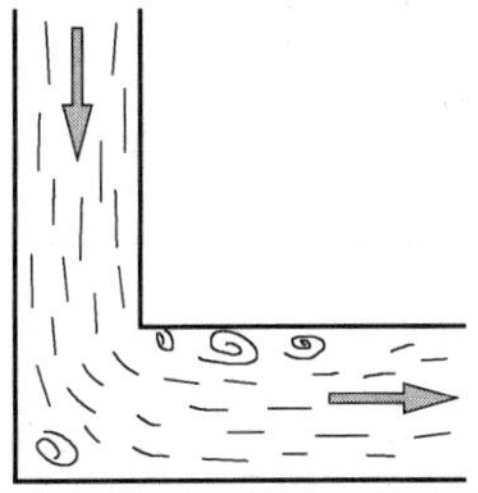	$\Delta p_m=\xi\times\frac{1}{2}\rho u^2$ $\xi=1.1$

5.10　气动元件的通流能力

表 21-1-18　　气动元件的通流能力

项目	描述与计算	说明
定义	通流能力指单位时间内通过气动元件的气体体积或质量的能力。通流能力可用元件有效通流面积 A、通流能力 C 等表示	
有效通流面积 A	气动管道、孔口及缝隙有效通流面积 A 取垂直于轴线的内径截面积进行计算，典型的圆形节流孔（图 a），由于孔口具有尖锐边缘，而流线又不可能突然转折，经孔口后流束发生收缩，其最小收缩截面称为有效截面积 A 代表了节流孔的通流能力。节流孔的有效截面积 A 与孔口实际截面积 A_0 之比，称为收缩系数，以 α 表示，即 $$\alpha=A/A_0\qquad(1)$$ 根据圆形节流孔上游面积与节流孔面积之比 $\beta=(D/d)^2$ 的值可从图 b 中查到收缩系数 α 值，便可计算有效截面积 A。气功系统中 n 个元件串联时，合成有效通流面积用下式计算	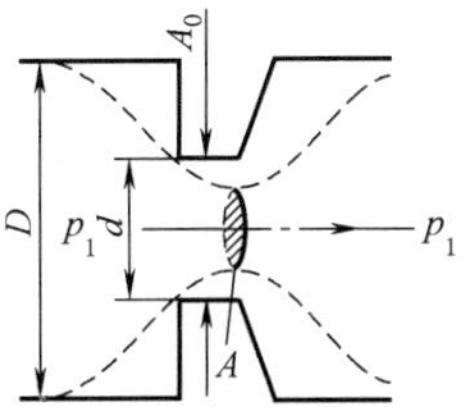 (a) 节流孔的有效截面积 D——节流孔上游直径，其面积为 $\pi D^2/4$ d——节流孔的直径，有效截面积为 $\pi d^2/4$

续表

项目	描述与计算	说明
有效通流面积 A	$$\frac{1}{A^2}=\frac{1}{A_1^2}+\frac{1}{A_2^2}+\cdots+\frac{1}{A_n^2} \quad (2)$$ 气动系统中 n 个元件并联时，合成有效通流面积用下式计算 $$A=A_1+A_2+\cdots+A_n \quad (3)$$ 式中，A_1、A_3、…、A_n 分别为各元件的有效截面积	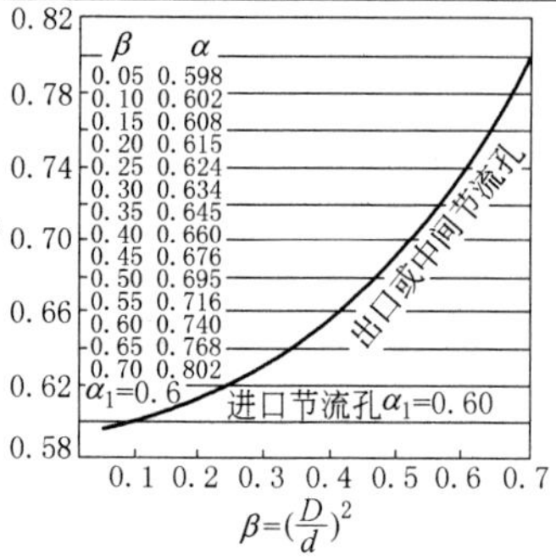 β α 0.05 0.598 0.10 0.602 0.15 0.608 0.20 0.615 0.25 0.624 0.30 0.634 0.35 0.645 0.40 0.660 0.45 0.676 0.50 0.695 0.55 0.716 0.60 0.740 0.65 0.768 0.70 0.802 α_1=0.6 出口或中间节流孔 进口节流孔α_1=0.60 α: 0.82 0.78 0.74 0.70 0.66 0.62 0.58 0.1 0.2 0.3 0.4 0.5 0.6 0.7 $\beta=\left(\frac{D}{d}\right)^2$ (b) 节流孔的收缩系数α
流量 q	可压缩气体通过阀口的流量 q 按下述两种情况计算 当在亚声速范围内（$p_1/p_2>0.528$）时 $$q=234.4A\sqrt{p_1(p_1-p_2)}\times\sqrt{\frac{273.16}{T_1}} \quad (\text{L/min}) \quad (4)$$ 当亚声速范围内（$p_1/p_2<0.528$）时 $$q=113Ap_1\sqrt{\frac{273.16}{T_1}} \quad (\text{L/min}) \quad (5)$$	A——阀口有效通流面积，mm^2 p_1，p_2——阀口前后绝对压力，MPa T_1——阀口前气体绝对温度，K
通流能力 C	当阀口全开时，通过密度为 $\rho=1000\text{kg/mm}^3$ 的清水非保持阀口前后进出口压力差 $\Delta p=0.1\text{MPa}$ 的流量，则通流能力 $C=\frac{A}{21.53}\times10^6$ （m^3）	A——阀口有效通流面积，mm^3

CHAPTER 2

第2章 气动系统气源及周边元件

1 气源设备

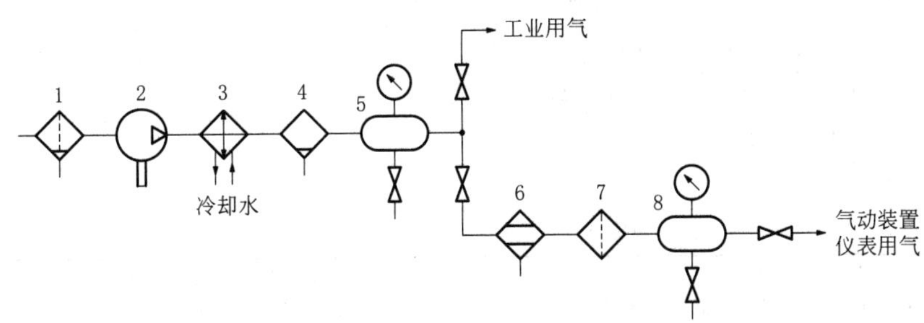

图 21-2-1 压缩空气设备

1—空气过滤器;2—空气压缩机;3—后冷却器;4—油水分离器;5,8—储气罐;
6—空气干燥器;7—空气精过滤器

压缩空气系统通常由压缩空气产生和处理两部分组成。压缩空气产生是指空气压缩机提供所需的压缩空气流量。压缩空气的处理是指主管路空气过滤、后冷却器、油水分离器、储气罐、空气干燥器对空气的处理。当大气中的空气进入空压机进口时,空气中的灰尘、杂质也一并进入空压机内。因此需在空压机进口处安装主管路空气过滤机,尽可能减少、避免空压机中的压缩气缸受到不当磨损。经空压机压缩后的空气可达 140~180℃,并伴有一定量的水分、油分,必须对压缩机压缩后的气体进行冷却、油水分离、过滤、干燥等处理。

在参考文献[14]中介绍,现在半导体、液晶、药品、分析仪器、洗净、食品等许多行业的部分生产流程中,对控制空气的清洁度提出了越来越严格的要求,即能稳定供给低露点(大气压露点要求达到-20~-70℃)和低发尘(要求 0.1μm 以上的微粒在 1 个以下)的洁净压缩空气。

1.1 空气压缩机

在 GB/T 4975—2018《容积式压缩机术语 总则》中界定了容积式压缩机的术语、符号及其定义或说明,适用于各种容积式压缩机。

1.1.1 空气压缩机产品标准目录

表 21-2-1 空气压缩机产品标准目录

序号	名称
1	GB/T 12928—2008《船用中低压活塞空气压缩机》
2	GB/T 12929—2008《船用高压活塞空气压缩机》
3	GB/T 13279—2015《一般用固定的往复活塞空气压缩机》

续表

序号	名称
4	GB/T 13928—2015《微型往复活塞空气压缩机》
5	GB/T 26967—2011《一般用喷油单螺杆空气压缩机》
6	JB/T 4223—2023《车装容积式空气压缩机机组　技术规范》
7	JB/T 4253—2013《一般用喷油滑片空气压缩机》
8	JB/T 6430—2014《一般用喷油螺杆空气压缩机》
9	JB/T 6905—2019《隔膜压缩机》
10	JB/T 8933—2008《全无油润滑往复活塞空气压缩机》
11	JB/T 8934—2013《直联便携式往复活塞空气压缩机》
12	JB/T 10598—2020《一般用干螺杆空气压缩机》
13	JB/T 10683—2020《中、高压往复活塞空气压缩机》
14	JB/T 10684—2006《无润滑摆动空气压缩机》
15	JB/T 10972—2010《一般用变频喷油螺杆空气压缩机》
16	JB/T 11423—2013《一般用喷油涡旋空气压缩机》
17	JB/T 11882—2014《一般用喷水单螺杆空气压缩机》
18	GB/T 12565—2015《中压单螺杆空气压缩机》
19	JB/T 13345—2017《一体式永磁变频螺杆空气压缩机》
20	JB/T 14685—2023《无油涡旋空气压缩机》

注：1. 对空气压缩机而言，中低压、中压、高压还有标准统一规定，如 GB/T 12928—2008 适用于“额定排气压力为 3.0MPa、1.0MPa 和 0.7MPa 的船用中、低压活塞式空气压缩机……。”GB/T 12929—2008 适用于“额定排气压力范围从 15~40MPa 的船用高压活塞式空气压缩机……。”JB/T 10683—2020 适用于“额定排气压力为 1.6~45MPa 的空压机。”JB/T 12565—2015 适用于“额定排气压力为 2.0~4.0MPa 的一般用固定式喷油单螺杆空气压缩机。”

2. 在 JB/T 2589—2015《容积式压缩机　型号编制方法》中规定容积式压缩机型号由五项组成，型号中压力一项仅示出压缩机额定排气压力的表压值。

3. 上表的一些压缩机并不一定适用于气压传动，仅供参考。

1.1.2　空气压缩机的分类、工作原理和选用计算

在 GB/T 4976—2017《压缩机　分类》中规定了各种型式压缩机的分类及分类说明，适用于输送和压缩各种压力下气体介质的压缩机，但不适用于通风机和真空泵。

在 GB/T 10892—2021《固定的空气压缩机　安全规则和操作规程》中规定：“压缩机按润滑方式可分为无油润滑压缩机、有油润滑往复压缩机和喷油回转压缩机。”

表 21-2-2　　空气压缩机的分类、工作原理和选用计算

<table>
<tr><th>项目</th><th colspan="4">简　　图</th><th colspan="5">说　　明</th></tr>
<tr><td>作用</td><td colspan="9">空气压缩机（简称空压机）的作用是将电能转换成压缩空气的压力能，供气动机械使用</td></tr>
<tr><td rowspan="4">分类</td><td rowspan="4">按压力大小分类</td><td>低压型（0.2~1.0MPa）</td><td rowspan="4">按流量等级分类</td><td>微型<$1m^3/min$</td><td rowspan="4">按工作原理分类</td><td rowspan="2">容积型</td><td rowspan="2">按结构原理分类</td><td>往复式</td><td>活塞式和叶片式</td></tr>
<tr><td>中低压型（1.0~10MPa）</td><td>小型 $1\sim10m^3/min$</td><td>旋转式</td><td>滑片式和螺杆式</td></tr>
<tr><td>高压型（10~100MPa）</td><td>中型 $10\sim100m^3/min$</td><td rowspan="2">速度型</td><td colspan="3" rowspan="2">离心式和轴流式</td></tr>
<tr><td>超高压型（>100MPa）</td><td>大型>$100m^3/min$</td></tr>
</table>

续表

项目		简图	说明
工作原理	活塞式空压机	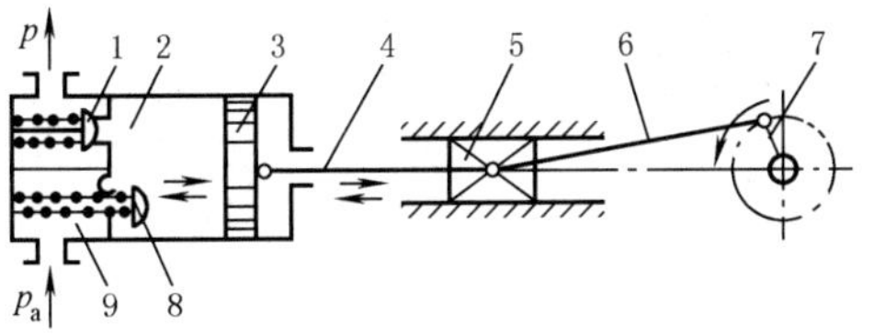 (a) 活塞式空压机工作原理 1—排气阀；2—气缸；3—活塞；4—活塞杆；5—滑块；6—连杆；7—曲柄；8—吸气阀；9—阀门弹簧 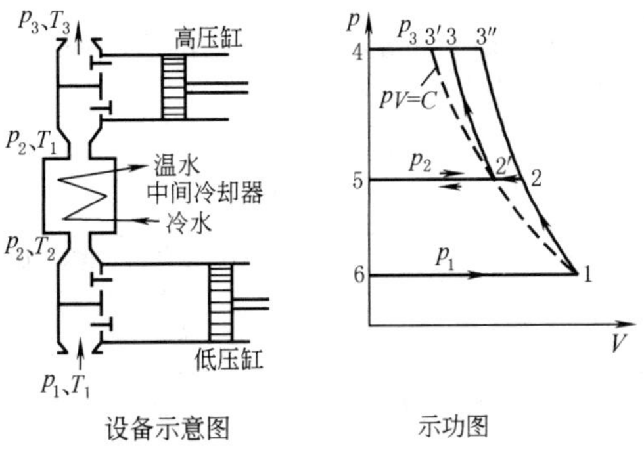 (b) 二级活塞式空压机压缩示意图	这是最常用的空压机形式。当活塞向右移动时，气缸内活塞左腔的压力低于大气压力，吸气阀开启，外界空气进入缸内，这个过程称为“吸气过程”。当活塞向左移动，缸内气体被压缩，这个过程称为“压缩过程”。当缸内压力高于输出管路内压力后，排气阀被打开，压缩空气输送至管路内，这个过程称为“排气过程”。活塞的往复运动是由电动机带动曲柄转动，通过连杆带动滑块在滑道内移动，这样活塞杆便带动活塞做直线往复运动 单级活塞式空压机在超过0.6MPa时，产生热量很大，其工作效率太低，故常采用两级活塞式空压机，其工作原理详见图a。当空气经第Ⅰ级低压缸压缩后，压力由 p_1 提高到 p_2，温度也由 T_1 升到 T_2，然后经过中间冷却器在等压状态下与冷却水进行热交换，后一级压缩空气的温度从 T_2 降至 T_3（也可使 T_3 降至 T_1），再进入第Ⅱ级高压缸压缩到所需的压力 p_3。图b为两级空压机设备的工作过程 p-V 图，其中6—1为低压缸的吸气过程；曲线1—2为低压缸气体被压缩到 p_2 的压缩过程；直线2—5为低压缸向中间冷却器的排气过程；直线2—2′表明 p_2 的压缩空气在冷却器中的等压冷却过程；直线5—2′为冷却后的气体 p_2 被再次吸入第Ⅱ级缸的吸气过程；曲线2′—3为在高压缸中气体被压缩到 p_3 的压缩过程；直线3—4为高压缸的排气过程；曲线1—2—3″表明如采用单级空压机压缩到 p_3 时的压缩过程；曲线1—2和2′—3为两级空压机压缩到 p_3 压力时的两次压缩过程。若最终压力为1.0MPa，则第Ⅰ级通常压缩到0.3MPa。设置中间冷却器是为了降低第Ⅰ级压缩空气出口的温度，以提高空压机的工作效率。活塞式空压机的功率为2.2kW和7.5kW时，其出口空气温度在70℃左右；功率在15kW或以上时，其出口空气温度在180℃左右
	滑片式空压机	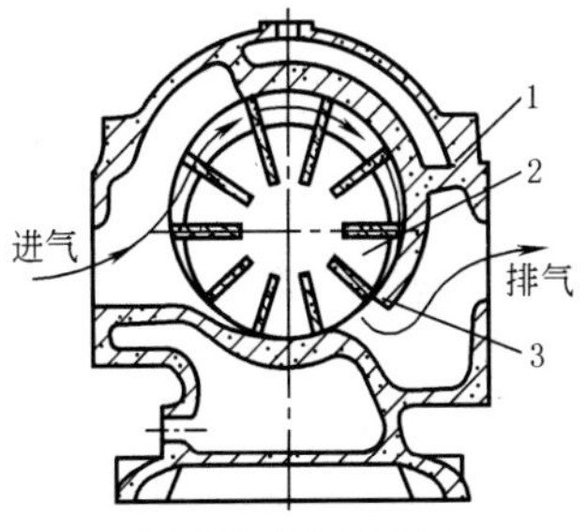 滑片式空压机工作原理 1—机体；2—转子；3—叶片	滑片式空压机的转子偏心地安装在定子内（气缸内壁），当转子旋转时，插在转子径向槽中的滑片在离心力的作用下，紧贴气缸内壁做回旋运动。此时由气缸内壁（定子）、两个相邻滑片及两个相邻滑片之间的一段、转子外表面围成的一个密封容积也逐渐变小。转子在经过左半部时吸入的空气经过压缩从右半部排气口排出，滑片式压缩机的进排气口不需吸气阀和排气阀。由于转子上安有多个滑片，转子每旋转一次将产生多次的吸气、排气，所以输出压力的脉动较小 大多数滑片式空压机采用无油压缩的方式，即滑片选用非金属的自润滑材质（聚己酰亚胺）。转子在旋转时无须添加润滑油，压缩空气也不会被污染 滑片式空压机结构简单、制造容易、操作维修方便，适用于中小型压缩气源场合。但由于滑片和气缸内壁有较大的摩擦，能量损失较大、效率低（比同参数螺杆式空压机低10%，比同参数活塞式空压机低20%）。一般滑片式空压机的转速为300~3000r/min，输出压力为0.5~1MPa

续表

项目		简图	说明
工作原理	螺杆式空压机	(a)吸气 (b)压缩 (c)排气	两个啮合的螺旋转子以相反方向转动,它们当中自由空间的容积沿轴向逐渐减小,从而两转子间的空气逐渐被压缩。它可连续输出无脉动的大流量的压缩空气,无须设置储气罐,出口温度为60℃左右;加工精度要求高,有较强的中高频噪声,适用于中低压(0.7~1.5MPa)范围
		螺杆式空压机是否需润滑可分为以下两种类型	
	无油式螺杆空压机	螺杆间并不直接接触,相互之间存在一定间隙。运转靠一对斜齿轮的高速同步反向旋转传输动力,同时确保螺杆间的间隙,不需润滑,可输出不含油的压缩空气	
	喷油式螺杆空压机	喷入壳体内的润滑油起润滑、冷却、密封和降低噪声的作用。此种型式没有同步齿轮。它的传输运动是靠阳螺杆直接拖动阴螺杆。润滑油在阴阳螺杆之间起密封作用(油膜)	

特性比较	类型	输出压力/MPa	吸入流量/$m^3\cdot min^{-1}$	功率/kW	振动	噪声	维护量	排气压力脉动	价格	排气方式
	活塞式	1.0	0.1~30	0.75~220	大	大	大	大	较低	断续排气,需设气罐
	螺杆式	1.0	0.2~67	1.5~370	小	小	小	无	高	连续排气,不需气罐,排出气体可不含油

选用计算			
	首先按空压机的特性要求,选择空压机类型。再根据气动系统所需的工作压力和流量两个参数,确定空压机的输出压力 p_c 和吸入流量 q_c,最终选取空压机的型号		
	(1)空压机的输出压力	$p_c=p+\sum\Delta p$ (MPa) 一般情况下,令 $\sum\Delta p=0.15\sim0.2$MPa	p——气动执行元件的最高使用压力,MPa $\sum\Delta p$——气动系统的总压力损失,MPa q_b——向气动系统提供的流量,m^3/min(标准状态) g_{max}——气动系统的最大耗气量,m^3/min(标准状态) q_{sa}——气动系统的平均耗气量,m^3/min(标准状态) k——修正系数,主要考虑气动元件、管接头等各处的漏损、多台气动设备不一定同时使用的利用率以及增添新的气动设备的可能性等因素,一般可令 $k=1.3\sim1.5$ p_1——吸入空气的绝对压力,MPa p_c——输出空气的绝对压力,MPa q_c——空压机的吸入流量,m^3/min(标准状态) κ——等熵指数,$\kappa=1.4$ n——中间冷却器个数
	(2)空压机的吸入流量	不设气罐,$q_b=g_{max}$ 设气罐,$q_b=q_{sa}$ $q_c=kq_b$ (m^3/min)(标准状态)	
	(3)空压机的功率	$N=\frac{(n+1)\kappa}{\kappa-1}\times\frac{p_1q_c}{0.06}\left[\left(\frac{p_c}{p_1}\right)^{\frac{\kappa-1}{(n+1)\kappa}}-1\right]$ (kW)	

1.2 真空系统概述与真空泵

在 GB/T 3163—2007《真空技术 术语》中规定了真空技术方面的一般术语、真空泵及有关术语、真空计术语、真空系统及有关术语、检漏及有关术语、真空镀膜技术术语、真空干燥和冷冻干燥术语、表面分析技术术语和真空冶金术语，适用于真空技术方面的技术文件、标准、书籍和手册等有关资料的编写。

在 GB/T 3163—2007 中给出的术语“真空”的定义为：“用来描述低于（当地）大气压力或大气质量密度的

稀薄气体状态或基于该状态环境的通用术语。”术语“真空度”的定义：“表示真空状态下气体的稀薄程度，通常用压力值来表示。”

注：GB/T 3163—2024《真空技术　术语》已于2024年9月29日发布、实施。

1.2.1　真空系统的概述

气动技术中应用的真空元件品种越来越多，技术更新速度也越来越快，已成为气动技术中十分重要的一个分支。有些气动制造厂商专门把它列为真空技术，也有些气动制造厂商专门把它列为模块化机械手范畴。

表 21-2-3

<table>
<tr><td>真空度</td><td colspan="3">在真空技术中，将低于当地大气压力的压力称为真空度。在工程计算中，为简化常取“当地大气压” p_a = 0.1MPa。以此为基准，将绝对压力、表压力及真空度表示如图 a
ISO 规定的压力单位是帕斯卡(Pa)：1Pa = 1N/m²</td><td>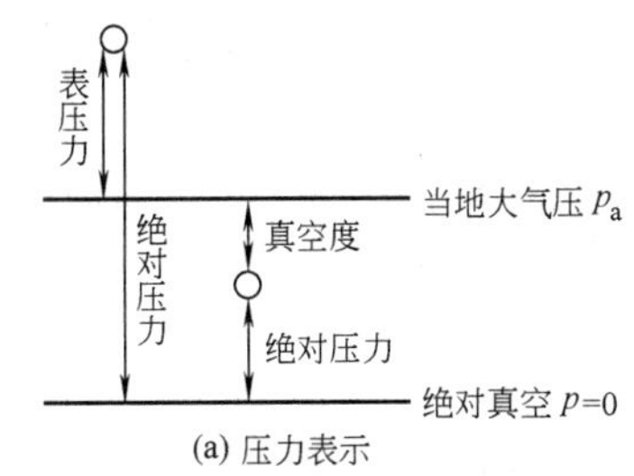

(a) 压力表示</td></tr>
<tr><td rowspan="6">真空度分类</td><td>分类</td><td>压力范围(绝对)</td><td>应　　用</td><td rowspan="6">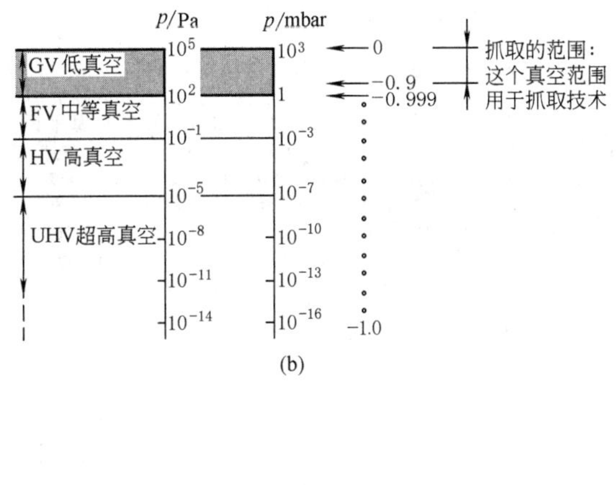

(b)</td></tr>
<tr><td>低真空</td><td>大气压力～1mbar</td><td>应用于工业的抓取技术
在实际应用中，真空水平通常以百分比的方式来表示，即真空度被表示为与其环境压力的比例。在真空应用中工件的材料和表面的加工程度也是至关重要的</td></tr>
<tr><td>中等真空</td><td>10^{-3}～1mbar</td><td>钢的去除气体，轻型灯泡的生产，塑料的干燥以及食品的冷冻干燥等</td></tr>
<tr><td>高真空</td><td>10^{-3}～10^{-8}mbar</td><td>金属的熔炼或退火，电子管的生产</td></tr>
<tr><td>超高真空</td><td>10^{-8}～10^{-11}mbar</td><td>金属的喷射，真空镀金属(外层镀金属)以及电子束熔化</td></tr>
<tr><td colspan="3">真空范围从技术角度讲已经可以达到 10^{-16} 的数量级，但在实际应用中一般将其分为较小的范围。图 b 的真空范围是按照物理特点和技术要求来划分的</td></tr>
<tr><td>真空度单位换算</td><td colspan="4">工作压力可以两种不同的方式正确表达，即相对压力和绝对压力。相对压力为0bar的工作压力相当于1bar的绝对压力，这种表达方式也同样适用于真空。真空通常被表述为一个相对的工作压力值，即带有负号。最低压力值(即100%真空)就相当于-1bar的相对工作压力
真空度以相对于绝对压力0数值表示。绝对压力0数值(即0bar)是最低真空度，相当于100%真空。在这一真空范围内，1bar为最大值，代表了大气压力
目前真空的法定计量单位仍旧是帕斯卡(Pa)，但在实际应用中已很少采用这一单位。事实上更多采用的是bar、mbar以及真空度(%)，尤其是在低真空的情况下(如抓取技术)</td></tr>
</table>

续表

真空度单位换算

最常用的压力单位之间的关系：100Pa = 1hPa；1hPa = 1mbar；1mbar = 0.001bar

工作压力/bar	真空/%	绝对压力/bar
6		7
5		6
4		5
3		4
2		3
1		2
0	0	1
-0.1	10	0.9
-0.2	20	0.8
-0.3	30	0.7
-0.4	40	0.6
-0.5	50	0.5
-0.6	60	0.4
-0.7	70	0.3
-0.8	80	0.2
-0.85	85	0.15
-0.9	90	0.1
-0.95	95	0.05
-1.0	100	0

真空度与压力单位换算

单位	bar	N/cm^2	kPa	atm，kgf/cm^2	mH_2O	torr，mmHg	inHg	psi
bar	1	10	100	1.0197	1.0197	750.06	29.54	14.5
N/cm^2	0.1	1	10	0.1019	0.1019	75.006	2.954	1.45
kPa	0.01	0.1	1	0.0102	0.0102	7.5006	0.2954	0.145
atm，kgf/cm^2	9.807	98.07	980.7	1	1	7355.6	289.7	142.2
mH_2O	0.9807	9.807	98.07	1	1	735.56	28.97	14.22
torr，mmHg	0.00133	0.01333	0.1333	0.00136	0.00136	1	0.0394	0.0193
in Hg	0.0338	0.3385	3.885	0.03446	0.03446	25.35	1	0.49
psi	0.0689	0.6896	6.896	0.0703	0.0703	51.68	2.035	1

真空度与压力单位换算及绝对值和相对值的比较

相对压力/%	剩余压力绝对值/bar	压力相对值/bar	N/cm^2	kPa	atm，kgf/cm^2	mH_2O	torr，mmHg	inHg
10	0.912	-0.101	-1.01	-10.1	-1.03	-0.103	-76	-3
20	0.810	-0.203	-2.03	-20.3	-2.07	-0.207	-152	-6
30	0.709	-0.304	-3.04	-30.4	-3.1	-0.31	-228	-9
40	0.608	-0.405	-4.05	-40.5	-4.13	-0.413	-304	-12
50	0.506	-0.507	-5.07	-50.7	-5.17	-0.517	-380	-15
60	0.405	-0.608	-6.08	-60.8	-6.2	-0.62	-456	-18
70	0.304	-0.709	-7.09	-70.9	-7.23	-0.723	-532	-21
80	0.202	-0.811	-8.11	-81.1	-8.27	-0.827	-608	-24
90	0.101	-0.912	-9.12	-91.2	-9.3	-0.93	-684	-27

空气压力的变化对真空技术的影响

空气压力随海拔的上升而不断下降，这当然也会对真空技术甚至真空发生器本身产生影响。由于大气压力随海拔的上升而不断下降，因此所能获得的最大差压以及真空吸盘所能获得的最大吸力也会相应减小（见图 c）。即使真空发生器 80% 的真空性能水平仍旧保持不变，它所产生的真空能力会随着海拔高度的上升而下降

在海平面的空气压力约为 1013mbar。如果在海平面上一个真空发生器可以产生 80%真空度，它即产生了约 0.2bar（200mbar）的绝对压力，相当于-0.8bar 的相对压力（工作压力）。如果在海拔 2000m 的高度时，空气压力仅为 763mbar（空气压力呈线性下降，每 100m 约下降 12.5mbar），虽然真空发生器 80%的真空水平未变，但此时真空发生器产生 80%的真空度时所产生的绝对压力数值是不同的：[1013mbar -（763mbar× 0.8）] = 0.4026bar（402.6mbar），相当于-0.5974bar 的相对压力。同样，海拔高度达到 5500m 时，空气压力仅为海平面压力值的 50%（506mbar）。真空气爪的吸力会随着所能得到的最大真空度的下降而下降

因此计算真空发生器产生的吸力应注意考虑海拔因素

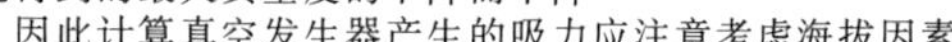

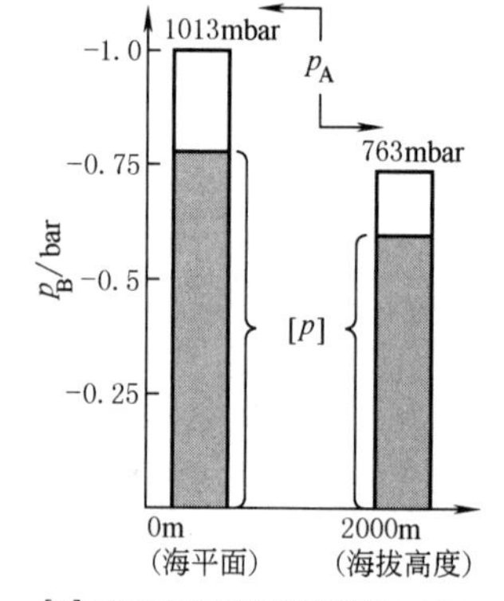

[p]=真空发生器的真空性能 ×80%

(c)

产生真空的传统装置有吸气式真空泵和送气式真空泵。在近代气动技术中有另一种产生真空的装置，以空气进入喷射嘴产生真空，称为真空喷射器（在气动技术中俗称为真空发生器）。真空发生器（真空喷射器）、吸气式真空泵和送气式真空泵技术原理和工作方式有很大的差别

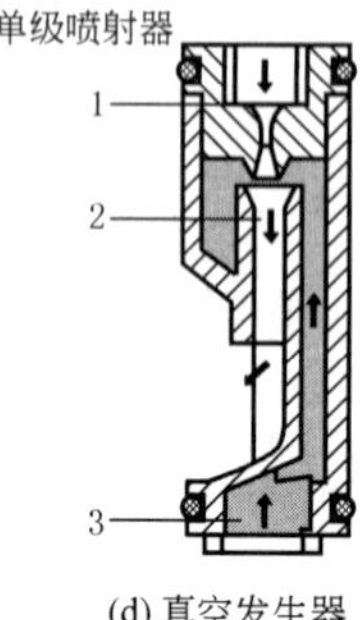

(d) 真空发生器

1—文丘里喷嘴（气流喷嘴）；2—接收器喷嘴；3—真空口

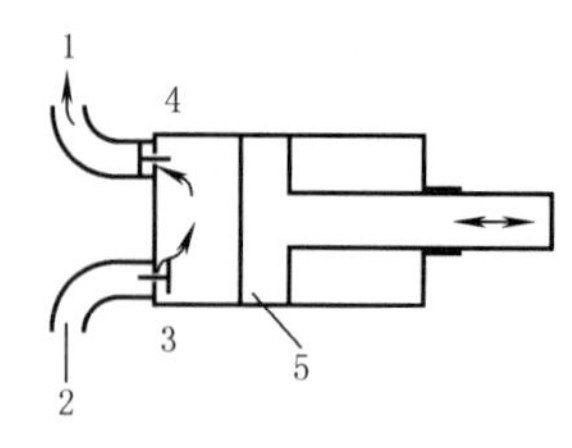

(e) 送气式置换真空泵

1—压力一侧；2—吸气一侧；3—进气阀；4—排气阀；5—活塞

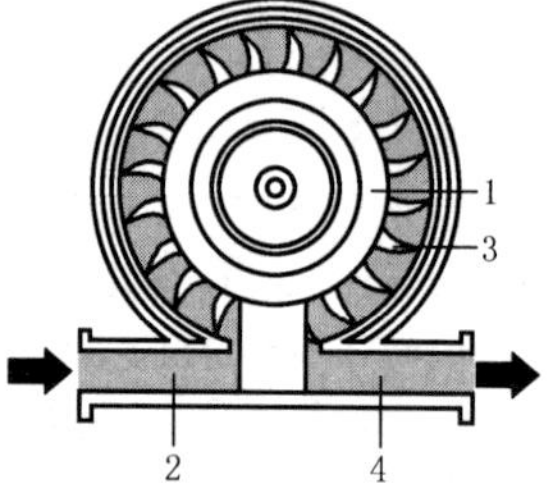

(f) 真空送风机

1—叶轮；2—吸气侧；3—叶片；4—压缩

续表

真空的产生装置及其工作原理	真空发生器	典型的喷射器包括一个气流喷嘴(文丘里喷嘴)和至少一个接收器喷嘴(根据结构原理而定)。压缩空气进入喷射器,气流在通过狭小的喷嘴(文丘里喷嘴)时流速被加速到音速的5倍。在喷射器的出口和接收器喷嘴的压缩空气在通过该缝隙时体积膨胀,并产生了吸气的效应,于是在这个装置的输出口(即真空口)就形成了真空
	送气式置换真空泵与送气式动力真空泵	在置换式真空泵(高真空,小流量)中,空气(气体)可自由流入扩张区域,然后通过机械方式进行关闭、压缩以及喷射。这类真空泵的主要特点是能达到很高的真空度,但流量相对较小 图e是这种真空泵的简图,它显示了这种置换式真空泵的工作原理。虽然在设计方案和构造上有所不同,但所有的泵在工作原理上都是相同的。其真空度最高可达到98%,维护成本低,但安装位置受到限制,尺寸较大 在动力真空泵(低真空,大流量)的真空形成的过程中,空气(气体)微粒在外部机械力的作用下被强制流入传送方向 这类真空泵的主要特点是所产生的真空度相对较低,但它们同时所能达到的流量(抽气能力)却很高
	吸气式真空泵	这种真空泵不能去除气体微粒,而是在真空系统内部将它们转换成液体、固体或是可吸着的状态。这样在封闭空间内的气体(空气)体积就会缩小,于是真空便产生了(如用医学针筒抽血)
	真空送风机	真空送风机(图f)也被归为动力真空泵一类。这些真空发生装置是按照脉动原理进行工作的,也就是在旋转叶轮1将动能传递给空气的过程中,空气在吸气侧2被吸入并通过叶轮上的叶片3进行压缩。它可以在较短的时间内将较大的容积抽空,维护成本高
	真空压缩机	真空压缩机是另一种具有相似特性的动力真空泵。吸入的空气在通过多级叶轮室时在叶轮旋转产生离心力的作用下获得低脉动的压缩。和真空送风机一样,这类真空泵的流量也很大,可以在较短的时间内将较大的容积抽空,但维护成本高,形成的真空度较低

真空发生器(真空喷射器)和真空泵的特性比较	项　目	真空发生器	真　空　泵
	真空度/kPa	可达88	可达101.3
	吸入流量/$m^3 \cdot min^{-1}$	-0.3	-20
	尺寸大小	1	60
	质量/kg	1	40
	结构	简单	复杂
	寿命	无可动部件,无需维修,寿命长	有可动部件,需要定期维修
	消耗功率	小(尤其对省气式组合发生器)	较大
	安装	方便	不便
	与配套件的组合	容易(如气管短、细)	困难(如气管壁厚、长)
	真空的产生及消除	快	慢
	真空压力的脉动	无脉动,不需要真空管	有脉动,需要真空管
	产生真空的成本比	1	27
	应用场合	需要气源,宜从事流量不大的间歇工作,适合分散及集中点使用 适用于工业机器人、自动流水线、抓取放置系统、印刷、包装、传输等领域	适合连续的、大流量工作,不宜频繁启停,也不宜分散点使用 适用于抓取透气性较好、重量较轻的物件,如沙袋、纸板箱、刨花板(送气式动力真空泵)

真空系统	组成	真空系统一般由真空压力源(真空发生器、真空泵)、吸盘(执行元件)、真空阀(控制元件有手动阀、机控阀、气控阀及电磁阀等)及辅助元件(管件接头、过滤器和消声器等)组成。有些元件在正压系统和负压系统中能够通用,如管接头、过滤器和消声器以及部分控制元件	
	真空由真空泵产生的回路	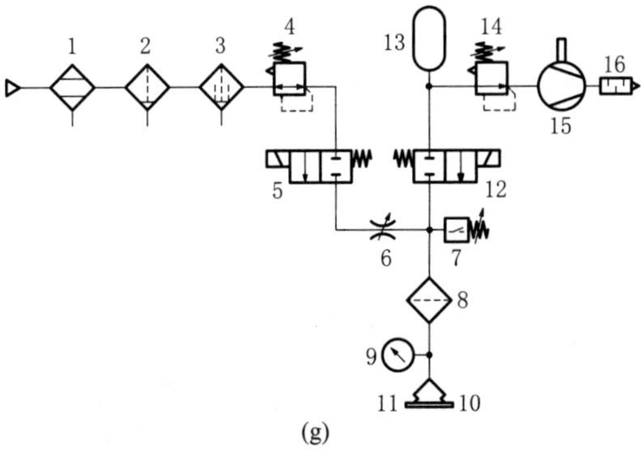 (g)	典型真空回路(图g、图h) 1—冷冻式干燥机; 2—过滤器; 3—油雾分离器; 4—减压阀; 5—真空破坏阀; 6—节流阀; 7—真空压力开关; 8—真空过滤器; 9—真空表; 10—吸盘;

续表

真空系统	真空由真空发生器产生的回路	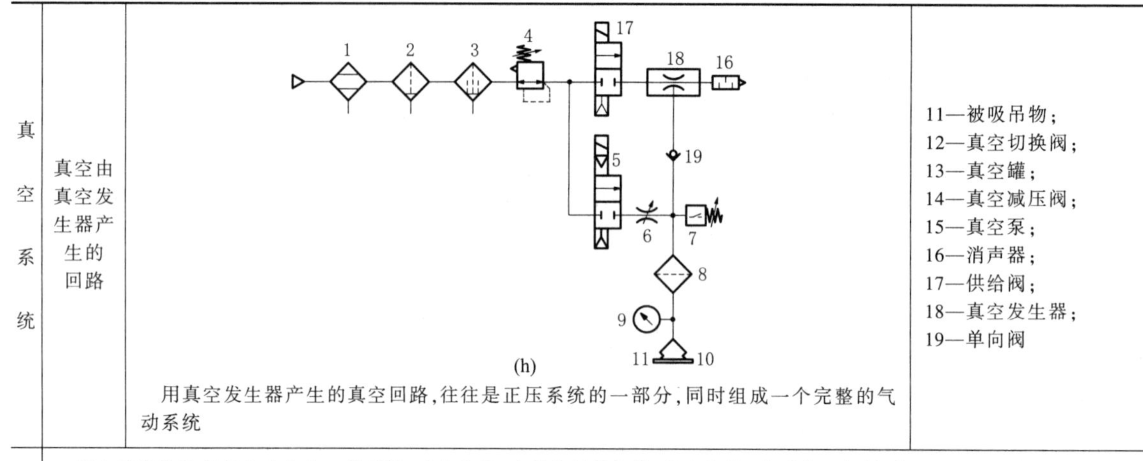 (h) 用真空发生器产生的真空回路，往往是正压系统的一部分，同时组成一个完整的气动系统	11—被吸吊物； 12—真空切换阀； 13—真空罐； 14—真空减压阀； 15—真空泵； 16—消声器； 17—供给阀； 18—真空发生器； 19—单向阀
应用	真空系统作为实现自动化的一种手段，已在电子、半导体元件组装、汽车组装、自动搬运机械、轻工机械、医疗机械、印刷机械、塑料制品机械、包装机械、锻压机械、机器人等许多方面得到广泛的应用。如真空包装机械中，包装纸的吸附、送标、贴标，包装袋的开启；电视机的显像管、电子枪的加工、运输、装配及电视机的组装；印刷机械中的双张、折面的检测，印刷纸张的运输；玻璃的搬运和装箱；机器人抓起重物，搬运和装配；真空成型、真空卡盘等。总之，对任何具有较光滑表面的物体，特别对于非金属且不适合夹紧的物体，如薄的柔软的纸张、塑料膜、铝箔、易碎的玻璃及其制品、集成电路等微型精密零件，都可以使用真空吸附，完成各种作业		

1.2.2 真空泵产品标准目录

表 21-2-4　　真空泵产品标准目录

序号	名称
1	JB/T 1246—2019《真空技术　滑阀真空泵》
2	JB/T 6533—2017《旋片真空泵》
3	JB/T 6921—2017《罗茨真空泵机组》
4	JB/T 7255—2020《水环真空泵和水环压缩机》
5	JB/T 7265—2004《蒸汽流真空泵》
6	JB/T 7674—2017《罗茨真空泵》
7	JB/T 7675—2016《往复真空泵》
8	JB/T 8540—2013《水蒸气喷射真空泵》
9	JB/T 8944—2019《单级旋片真空泵》
10	JB/T 9808—2013《挤奶用真空泵》
11	JB/T 10462—2004《水喷射真空泵》
12	JB/T 10552—2006《真空技术　爪型干式真空泵》
13	JB/T 11080—2011《真空技术　涡旋干式真空泵》
14	JB/T 11237—2011《真空技术　多级罗茨干式真空泵》
15	JB/T 11716—2013《真空技术　螺杆型干式真空泵》
16	JB/T 12586—2016《真空技术　湿式罗茨真空泵》

注：上表中一些真空泵并不一定适用于真空吸附，仅供参考。

1.2.3 真空泵类型、原理及选用

表 21-2-5　　真空泵类型、原理及选用

项目	为真空吸附系统中提供真空能源
类型及原理结构	真空泵有机械式、物理式、化学式等型式，它们都是通过对容器抽气来获得真空的。其中机械式真空泵应用较多，它又有速度型和容积型两大类。速度型真空泵主要有离心式的叶轮型，而容积型真空泵主要有往复活塞式、叶(旋)片式和罗茨式等，它们的结构基本上与同名的空压机或风机相同

续表

<table>
<tr><td rowspan="4">选择与使用要点</td><td rowspan="2">选择</td><td>依据</td><td colspan="2">真空吸附系统的绝对真空度和抽吸流量</td></tr>
<tr><td>步骤</td><td colspan="2">①根据系统对真空度的要求，选择真空泵的类型：考虑系统所有被真空驱动的装置。借助某些公式或特性曲线，计算出系统所需的真空度，并预留 10%的余量来选择合适的真空泵。当两种类型以上的真空泵都合适时，则需根据现场条件及经济性加以确定
②根据系统所需抽吸流量确定真空泵的规格大小，抽吸流量的大小决定了系统的动作速度。极限真空相同的真空泵，无论抽吸流量大小，均可达到同一真空度。抽吸流量大者，所需时间短些，反之，则所需时间长些，通常每种泵的抽吸流量都会随真空度的升高而下降，都存在最佳抽吸真空范围，系统的真空度应保证选在泵的最佳抽吸真空范围内，而最佳抽吸范围可从真空泵生产厂家的产品样本中给出的特性区域查得
系统工作装置与系统管道中需要抽出的自由空气体积量和工作频率的乘积即为系统所需的抽吸流量
③最终选取真空泵的型号</td></tr>
<tr><td rowspan="2">使用注意事项</td><td colspan="2">①当真空度在非标准状态下（如高海拔地区）使用时，真空泵的极限真空度需按当地环境条件重新标定，标定公式为
$H_b=H_0(p_b/p_0)$</td><td>H_b——极限真空的标定值，Pa
H_0——真空泵铭牌上的极限真空值（标准状态，即标准大气压和 15℃下的极限真空值），Pa
p_b——当地大气压，Pa
p_0——标准大气压，Pa</td></tr>
<tr><td colspan="3">②为了减小工作温度对真空泵的性能及使用寿命的影响，对于高真空下连续工作的真空泵，应采用专门的冷却系统进行散热；而对于短时间工作在高真空下的泵，则可在工作循环之间进行冷却，不需专门的冷却系统，如果工作环境温度过高或过热，也应加以考虑，但泵工作在 4~35℃环境下一般均属正常</td></tr>
</table>

注：1. 在 JB/T 7673—2011《真空技术 真空设备型号编制方法》中规定了真空泵、真空泵组、真空阀门和真空镀膜机型号的编制方法，适用于上述各种真空设备的型号编制。

2. NB/T 25077—2017《核电厂真空泵选型技术要求》规定了核电厂真空泵选型、性能、结构、材料和试验、检验等技术要求，其他行业真空泵选型可供参考。

1.3 后冷却器

表 21-2-6　　后冷却器的分类、原理及选用

<table>
<tr><td>项目</td><td colspan="2">简　图　及　说　明</td></tr>
<tr><td>作用</td><td colspan="2">空压机输出的压缩空气温度可达 120℃以上，在此温度下，空气中的水分完全呈气态。后冷却器的作用就是将空压机出口的高温空气冷却至 40℃以下，将大量水蒸气和变质油雾冷凝成液态水滴和油滴，以便将它们消除掉</td></tr>
<tr><td rowspan="2">分类</td><td>风冷式</td><td>不需冷却水设备，不用担心断水或水冻结。占地面积小、重量轻、紧凑、运转成本低、易维修，但只适用于入口空气温度低于 100℃，且处理空气量较少的场合</td></tr>
<tr><td>水冷式</td><td>散热面积是风冷式的 25 倍，热交换均匀，分水效率高，故适用于入口空气温度低于 200℃，且处理空气量较大、湿度大、尘埃多的场合</td></tr>
<tr><td>工作原理</td><td colspan="2"> 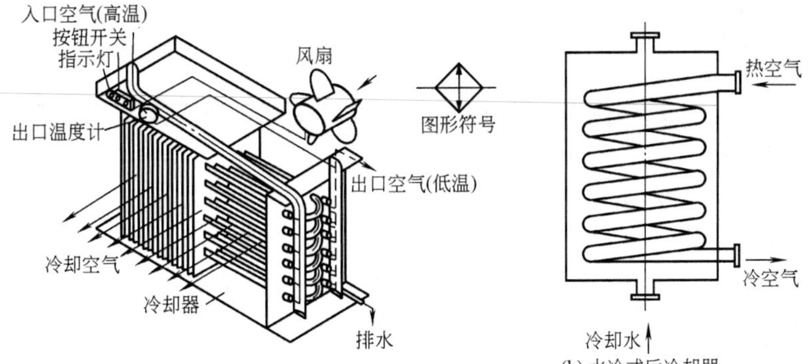入口空气(高温)　按钮开关　指示灯　风扇　出口温度计　出口空气(低温)　冷却空气　冷却器　排水　图形符号
(a) 风冷式后冷却器的工作原理
热空气　冷空气　冷却水
(b) 水冷式后冷却器
图 a 风冷式后冷却器是靠风扇产生的冷空气吹向带散热片的热气管路降低压缩空气温度
图 b 水冷式后冷却器是靠强迫输入冷却水沿热空气（热气管路）的反向流动，以降低压缩空气的温度。水冷式后冷却器出口空气温度约比冷却水的温度高 10℃
后冷却器最低处应设置自动或手动排水器，以排除冷凝水和油滴等杂质</td></tr>
<tr><td>选用</td><td colspan="2">根据系统的使用压力、后冷却器入口空气温度、环境温度、后冷却器出口空气温度及需要处理的空气量，选择后冷却器的型号
当入口空气温度超过 100℃或处理空气量很大时，只能选用水冷式后冷却器</td></tr>
</table>

1.4 主管路油水分离器

主管路油水分离器是指安装在后冷却器下游的主管道，它与气动系统中除油型过滤器（俗称：油雾分离器）在用途上有所区别。主管路油水分离器（液气分离器）是压缩空气产生后的第一道过滤装置。特别是采用有油润滑空压机，在压缩过程中需要有一定量的润滑油，空气被压缩后产生高温、焦油碳分子以及颗粒物。为了减少对其下游的冷冻式干燥器（或吸附式干燥器）、标准过滤器等设施的污染程度，经过后冷却器之后，压缩空气（含冷凝水）必须在进入干燥器之前进行一次粗过滤。

CB 568—2011《高压空气油水分离器规范》规定了高压油水分离器的要求、质量保证规定及交货准备，适用于额定压力为10~25MPa压缩空气用的分离器的设计、制造和验收。该规范规定的分离器预定在潜艇的压缩空气系统、液压空气系统中用于分离压缩空气中的油分和水分，其他应用可以参考。表21-2-7为主管路油水分离器结构及原理。

表 21-2-7　　主管路油水分离器结构及原理

形式	结构原理图	说　　明
旋转分离式	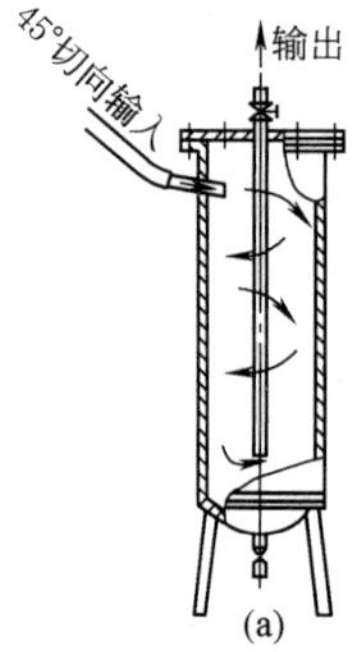 45°切向输入 输出 (a)	压缩空气从上部沿容器的切线方向进入油水分离器，气流沿着容器圆周做强烈旋转。油滴、油污、水等杂质在离心惯性力作用下被甩到壁面上，并随壁面沉落分离器底部。气体沿圆心轴线上的空心管而输出
阻挡式	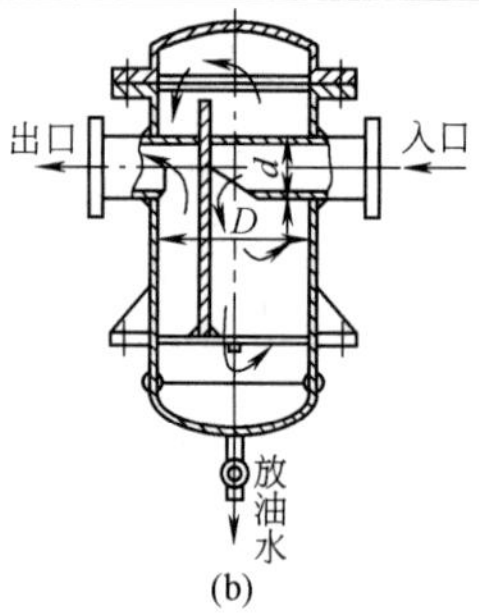 出口 入口 D 放油水 (b)	压缩空气进油水分离器时，受隔板阻挡产生局部环形内流。由于重力作用，油水、水分等被分离。该分离要求压缩空气在低压时速度不超过1m/s，中压时速度不超过0.5m/s，高压时速度不超过0.3m/s
水溶分离式	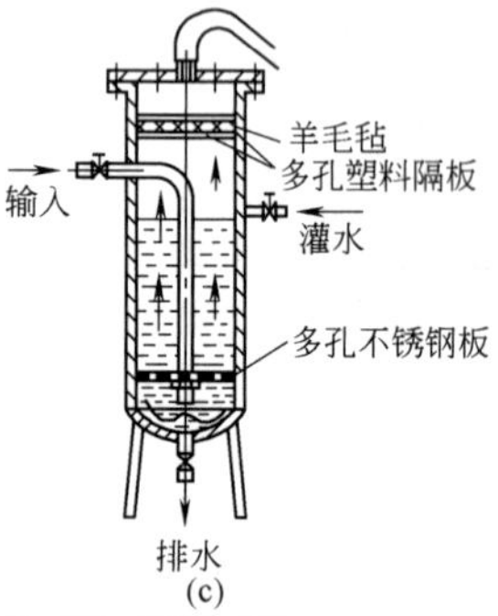 羊毛毡 多孔塑料隔板 输入 灌水 多孔不锈钢板 排水 (c)	压缩空气管路安装于装有水的分离器的底部位置。用水过滤压缩空气中的油水、水、杂质等，清洗效果较好。该分离器使用一定时间后在容器水面上会漂浮一层油污、杂质，需定期清洗

1.5 储气罐

在JB/T 8867—2015《固定的往复活塞空气压缩机　储气罐》中规定了工作压力为0.7MPa、0.8MPa、

1.0MPa、1.25MPa 的储气罐的型式、型号、基本参数、设计参数和尺寸、要求、检验与验收、标志、包装和运输，适用于 GB/T 13279 规定的空气压缩机用储气罐，也适用于工作压力相当的其他容积式空气压缩机用储气罐。

表 21-2-8　　　　储气罐的组成及选用

项目	简图及说明	
作用	储气罐是为消除活塞式空气压缩机排出气流的脉动，同时稳定压缩空气气源系统管路中的压力和缓解供需压缩空气流量。此外，还可进一步冷却压缩空气，分离压缩空气中所含油分和水分	
类别及组成	右图是储气罐的外形图。气管直径在 1½in 以下为螺纹连接，在 2in 以上为法兰连接。排水阀可改装为排水分离器。对容积较大的气罐，应设人孔或清洁孔，以便检查或清洗 储气罐与冷却器、油水分离器等，都属于受压容器，在每台储气罐上必须配套有以下装置 ①安全阀是一种安全保护装置，使用时可调整其极限压力比正常工作压力高约 10% ②储气罐空气进出口应装有闸阀，在储气罐上应有指示管内空气的压力表 ③储气罐结构上应有检查用人孔或手孔 ④储气罐底端应有排放油、水的接管和阀门 储气罐有立式和卧式两种型式，使用时，数台空压机可合用一个储气罐，也可每台单独配用，储气罐应安装在基础上。通常，储气罐可由压缩机制造厂配套供应	4　3　空气出口　2　空气入口　排水　1 1—排水阀；2—气罐主体；3—压力表；4—安全阀
选用计算	①当空压机或外部管网突然停止供气（如停电），仅靠气罐中储存的压缩空气维持气动系统工作一定时间，则气罐容积 V 的计算式为 $V \geqslant \dfrac{p_a q_{max} t}{60(p_1 - p_2)}$　(L) ②若空压机的吸入流量是按气动系统的平均耗气量选定的，当气动系统在最大耗气量下工作时，应按下式确定气罐容积 $V \geqslant \dfrac{(q_{max} - q_{sa}) p_a}{p_s} \times \dfrac{t'}{60}$　(L)	p_1——突然停电时气罐内的压力，MPa p_2——气动系统允许的最低工作压力，MPa p_a——大气压力，$p_a = 0.1$MPa q_{max}——气动系统的最大耗气量，L/min（标准状态） t——停电后，应维持气动系统正常工作的时间，s q_{sa}——气动系统的平均耗气量，L/min（标准状态） p_s——气动系统的使用压力，MPa（绝对压力），$p_s = 0.1$MPa t'——气动系统在最大耗气量下的工作时间，s

1.6 管道系统

1.6.1 压缩空气网络的主要组成部分

① 主管道　它将压缩空气从压缩机输送给有需要的车间（见图 21-2-2）。

② 分气管路（单树枝状、双树枝状、环状网络管路）通常是一个环路。它把车间里的压缩空气分配到各工作场所。

③ 连接管路　它是分配网中的最后一环，通常是一根软管。

④ 分支管路　这根管路从分气管路通到某一地方。它的终端是一个死结，这样做的好处是节约管路。

⑤ 环路　这种类型的管路呈封闭环状。它的好处是在管路中某些单独部分堵塞的情况下仍然可以向其他地方提供压缩空气，当邻近地方（如 A 处）消耗压缩空气的同时，其他位置（如 B 处）仍然有足够的压力；公称通径也很小。

⑥ 管接头和附件　如图 21-2-2 所示为配备了最重要元件的系统示意图，包括集中供气系统中用来控制压缩空气流动和元件装配的部分。需要强调的是，因为冷凝水的

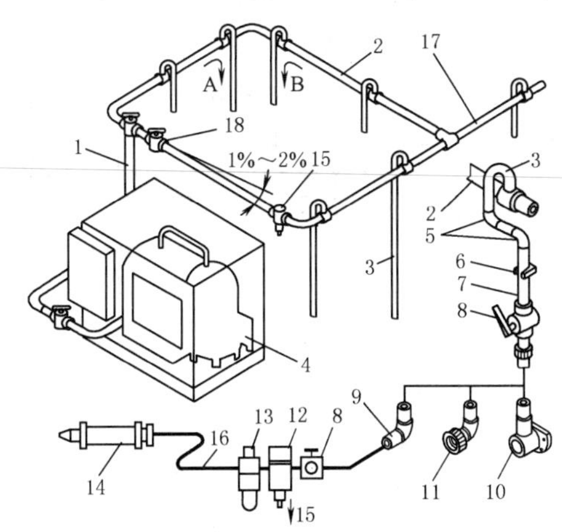

图 21-2-2　集中供气系统示意图

1—主管路；2—环状网络管路（分气管）；3—连接管路；4—空压机站；5—90°的肘接管路；6—墙箍；7—管路；8—球阀；9—90°肘接接头；10—墙面安装件；11—管路件（缩接）；12—过滤器；13—油雾器；14—驱动器；15—排水装置；16—软管；17—分气管路；18—截止阀（闸阀）

缘故，各条连接管路应该连接在分配管路的顶端，这就是所谓的“天鹅颈”。排除冷凝水的分支管路安装在气动网络中位置最低处的管路底部。如果冷凝水排水管和管路直接连接，则必须确保冷凝水不会因压缩空气的流动而被一起吹入管路。

1.6.2 压缩空气管路的网络布局

压缩空气供气网络有三种供气系统：

① 单树枝状网络供气系统；

② 双树枝状网络供气系统；

③ 环状网络供气系统。

图 21-2-3 所示的环状网络供气系统阻力损失最小，压力稳定，供气可靠。

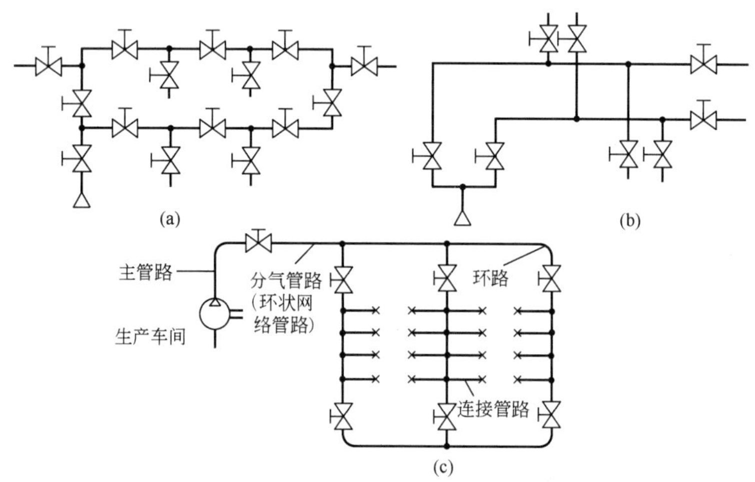

图 21-2-3 环状网络供气系统

1.6.3 泄漏的计算及检测

(1) 在不同压力下，泄漏孔与泄漏率的关系

在不同的压力下，泄漏孔与泄漏率的关系见图 21-2-4。

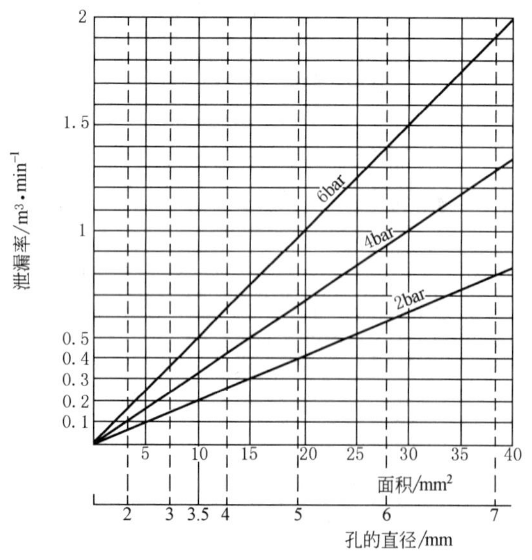

图 21-2-4 在不同压力下泄漏孔与泄漏率的关系

压缩空气的成本上升，需要重视。管路上的小泄漏孔将导致成本急剧增加。图 21-2-4 表明在不同的压力条件下泄漏孔与泄漏率的关系：一个直径为 3.5mm 的小孔在 6bar 压力下，它的泄漏率为 0.5m^3/min，相当于 30m^3/h。

(2) 泄漏造成的经济损失

泄漏的定义是因裂缝而导致的压缩空气的损耗，如表 21-2-9 所示。对于 $\phi=1$mm 的泄漏孔，每年将造成 1143 元的电费损失［电费以 0.635 元/(kW · h) 计算］。

(3) 泄漏率的计算及举例

与漏油、漏电不同的是，泄漏的压缩空气不会对环境造成危害。因此，人们通常不太重视被漏掉的压缩空气。

常见的计算泄漏的方法有两种：一种是在不开启任何耗气设备的情况下，经过一段时间，根据储气罐的压力下降来计算它的泄漏率：

$$V_L = \frac{V_B(p_A - p_B)}{t} \tag{21-2-1}$$

式中　V_L——泄漏率，L/min；

V_B——储气筒的容量，L；

p_A——储气筒内的原始压力，bar；

p_B——储气筒内的最终压力，bar；

t——时间，min。

表 21-2-9

漏孔直径/mm	6bar 时的空气损耗/L·s^{-1}	每小时功率耗电/kW	每年电费损失(每年以 6000h 计算)/元
1	1.3	0.3	1143
3	11.1	3.1	11811
5	31.0	8.3	31623
10	123.8	33	125730

例 1　经测量，容积 V_B 为 500L 的储气筒在 30min 的时间内压力 p_a 从 9bar 下降到 7bar。请问该系统的泄漏率是多少？

根据式（21-2-1），系统泄漏率 V_L 为

$$V_L = \frac{V_B(p_A - p_B)}{t} = \frac{500\times(9-7)}{30} = 33.3\text{L/min}$$

另一种是当系统产生了泄漏后（无开启任何耗气设备），为维持系统的正常工作压力，空压机需间断性地向系统补充压缩空气，通过空压机重新开机的时间，计算它的泄漏损耗率：

$$L_v = \frac{t_1 \times 100}{t_1 + t_2} \tag{21-2-2}$$

式中　L_v——泄漏损耗率，%；

t_1——重新填满系统所需的时间，min；

t_2——空压机关闭的时间，min。

例 2　重新填满系统所需的时间 $t_1 = 1$min，10min 之后，空压机重新开启，泄漏损耗率 L_v 为

$$L_v = \frac{t_1 \times 100}{t_1 + t_2} = \frac{1\times 100}{10+1} = 9.1\%$$

值得注意的是，泄漏率如果超过空压机容量的 10%就应视作警告信号。如果需更精确地计算泄漏率，可考虑取空压机若干个补充周期的平均值（见图 21-2-5）：

$$V_L = \frac{V_k \times \sum_{i=1}^{n} t_i}{T} \tag{21-2-3}$$

式中　V_k——空压机的容量，m^3/min；

t_i——1 个周期所需的时间，min；

n——补充周期的次数；

T——测量总时间，min。

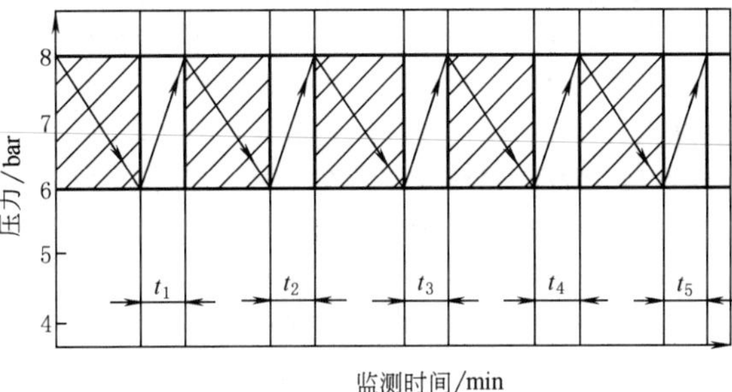

图 21-2-5　补充周期

例 3　经测量，在 10min 内，空压机的容量 V_k 为 3m^3/min，n 为 5 次，总的补充时间是 2min，这就产生了下面的泄漏率。

根据式（21-2-3），得知 V_k 为 3m^3/min，则

$$V_L = \frac{V_k \times \sum_{i=1}^{n} t_i}{T} = \frac{3\times 2}{10} = 0.6\text{m}^3/\text{min}$$

事实上，0.6m^3/min 的泄漏相当于空压机容量（3m^3/min）的 20%，应视作一个警告信号。

（4）泄漏检测系统

常规检测泄漏的方法是用肥皂溶液刷洗可能泄漏的部位，有气泡就表示有泄漏。还有一种用于压缩空气网络系统的检测方法，见图 21-2-6，通过压力传感器测得压力数据，再通过信号转换由电脑作出数据评估。

（5）压缩空气的合理损耗

不漏气的理论定义是 10mbar/s、10L/s 的泄漏速度。然而，在实际操作中并没有这种要求。泄漏速度在

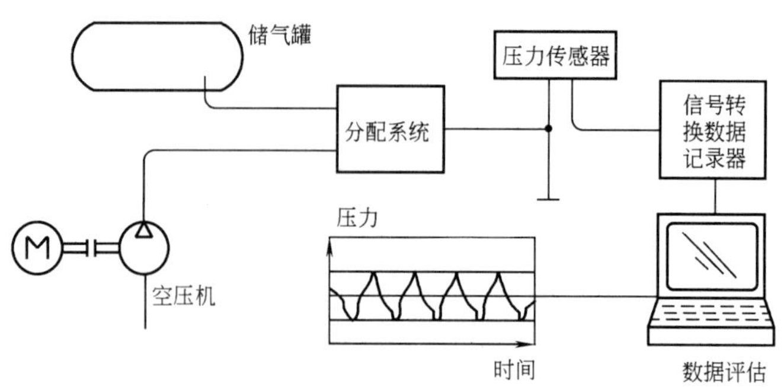

图 21-2-6　用于压缩空气网络系统的泄漏检测系统

10mbar/s、2L/s 到 10mbar/s、5L/s 是比较合适的。0.6bar 的压力损耗对操作压力在消耗点时为 7bar 的系统来说是一个可以接受的数值。

在自然界中，尽管空气取之不尽，但通过电能转换成压缩空气能源的代价是昂贵的。合理地使用压缩空气能源是工业界重要的经济指标之一。在气动系统中，空压机被普遍应用，此外，出于车间环境保护需要，集中供气系统在大型企业逐渐推广应用。因此解决泄漏、节约能耗是工程师需要关心并完成的重要工作之一。

0.03bar 在空气网络管道中压力损失是不可避免的。工程上期望压力损失的值控制在：

主气管路	0.03bar
分气管路	0.03bar
连接管路	0.04bar
干燥管路	0.3bar
过滤管路	0.4bar
三联件及管路	0.6bar
总压力降	1.4bar

1.6.4　压缩空气应用原则

压缩空气的应用原则：应对系统消耗的总量进行准确的计算，选择合适的空压设备用量及压缩空气的质量等级。为了确保压缩空气的质量，应从大气进入空压机开始，直至输送到所需气动系统及设备之前，每一过程都需对压缩空气进行必要的预处理。对于空气质量等级要求的一个原则：如果系统中某一个系统和气动设备需要高等级的压缩空气，则必须向该系统提供与其所需等级相适应的压缩空气，如无需高等级压缩空气，则提供与它相应等级的压缩空气便可。即使同一个气动设备有不同的空气质量等级需求，也应该遵守这一经济原则。同时，应注意如下事项。

① 选择系统所需的足够的压缩空气容量和压缩空气的质量等级标准。

② 如果系统中有不同压力等级的压缩空气要求，从经济角度出发，可考虑局部压力放大（增压器），避免整个系统应用高等级的压缩空气。

③ 如系统有不同质量等级的压缩空气的需求，从经济角度出发，压缩空气还是必须集中筹备，然后对所需高等级空气按照“用多少处理多少”的原则进行处理。

④ 空压机吸入口应干净、无灰尘、通风条件好、干燥。应充分注意：温暖潮湿的气候，空气在压缩过程中将生成更多的冷凝水。

⑤ 对于气动系统某些设备同时耗气量较大的状况，应在该气动支路安装一个小型储气罐，以避免压力波动。

⑥ 应该在气动网络管路最低点，安装收集冷凝水的排除装置。

⑦ 选择合理的空气网络管路、管件和附件。

⑧ 应为将来系统扩容预留一定的压缩空气用量。

1.6.5　气动管路网络的压力损失的计算举例

影响气动管路网络的压力损失的因素有：管路长度、管路直径、管接件的数量及类型（变径、弯道）、管路中压力流量及管路泄漏等。

管路越长，损失就越大，这主要是由于管壁粗糙和流速引起的。表 21-2-10 反映了管径 $\phi=25\text{mm}$，管长 $l=10\text{m}$ 的管路内不同的压缩空气流量的压力损失情况。

管路中闸阀、L 形接头、T 形接头、变径等连接件对流动阻力具有很大影响。为了方便工程计算，不同的管接件在不同直径情况下都有一个相应的转换成该直径的等效长度，见表 21-2-11。

表 21-2-10

流量/$\text{L}\cdot\text{s}^{-1}$	压力损失 Δp/bar	流量/$\text{L}\cdot\text{s}^{-1}$	压力损失 Δp/bar
10	0.005	30	0.04
20	0.02		

表 21-2-11

名称	管接头	管路直径/mm								
		9	12	14	18	23	40	50	80	100
闸阀	全开 半开	0.2	0.2	0.2	0.3	0.3 5	0.5 8	0.6 10	1.0 16	1.3 20
L 形接头		0.6	0.7	1.0	1.3	1.5	2.5	3.5	4.5	6.5
T 形接头		0.7	0.85	1.0	1.5	2.0	3.0	4.0	7.0	10
变径（$2d$—d）		0.3	0.4	0.45	0.5	0.6	0.9	1.0	2.0	2.5

例 1 下列的管接件要安装在内径为 23mm 的压缩空气管线内：2 个闸阀、4 个 L 形接头、1 个变径接头、2 个 T 形接头。要获得正确有效的管路长度，计算需增加多少同等直径长度的管路？

解：

$$L_{等效长度}=2\times0.3+4\times1.5+1\times0.6+2\times2.0=11.2\text{m}$$

$$L_{总长}=L_{实际}+\sum_{i=1}^{n}L_{等效长度}$$

式中 n——管接件的数目；

$L_{实际}$——实际等效长度；

$L_{总长}$——计算压力损失的管路计算长度。

凭经验简化得出公式的近似值为 $L_{总长}=1.6L_{实际}$。

工程设计中，管路的直径和长度（包括由球阀、管接件引起的等效长度）、实际工作压力和流量是已知的，通过图 21-2-7 可求得管路压力损失。

例 2 当压缩空气通过长度为 200m、内径估计为 40mm 的管路时会丧失多少压力？

解：假设体积流量为 6L/s，操作压力为 7bar，如图 21-2-7 所示，如果按照①~⑦的顺序依次键入输入值，那么⑧就代表损失的压力 $\Delta p=0.00034\text{bar}$。

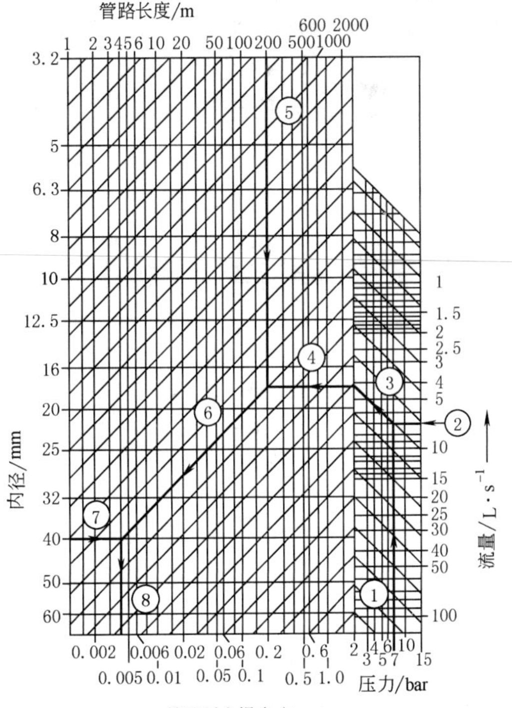

图 21-2-7 管路压力损失的解析图

1.6.6 管路直径的计算及图表法

（1）管路直径的计算

气源系统中的管路直径与其通过的流量、工作压力、管路长度和压力损失等因素有关。

$$d=\sqrt[5]{1.6\times10^{3}V^{1.85}\frac{L}{\Delta pp_1}} \qquad (21\text{-}2\text{-}4)$$

式中　d——管路内径，m；

p_1——工作压力，bar；

Δp——压力损失，Pa，应该不超过 0.1bar；

L——管路的名义长度，m，经过综合计算修正后；

V——流量，m^3/s。

例　在一个 300m 长的直管路，流量为 $21m^3/min$（$0.350m^3/s$），工作压力为 7bar（等于 700000Pa）时，管路直径 d 应是多少？

$$d=\sqrt[5]{\frac{1.6\times10^3\times0.35^{1.85}\times300}{10000\times700000}}=0.099m\approx100mm$$

（2）利用 J Guest Gmbh 表查管路直径

根据 J Guest Gmbh 表（见表 21-2-12），可以由管路长度和流量求聚酰胺管路外径（单位 mm）的近似值。

表 21-2-12　　**J Guest Gmbh 表**

直径/mm 长度/mm 流量/L·min⁻¹	25	50	100	150	200	250	300
200	12	12	12	15	15	15	18
400	12	12	15	15	15	18	18
500	15	15	15	18	18	18	18
750	15	15	18	18	18	22	22
1000	15	15	18	18	22	22	22
1500	18	18	18	22	22	22	22
2000	18	18	22	22	22	28	28
3000	22	22	28	28	28	28	28
4000	28	28	28	28	28	28	28

注：对于环状的管路来说，它的流量将被分流，管路长度也将减为原来的一半。

例　在有效长度为 300m 的环状管路中，流量为 $2m^3/min$，工作压力为 7bar 时，管路直径 d 应是多少？

解：因为管路是环状管路，因此它的流量和管路长度均减半，分别为 1000L/min 及 150m，按表 21-2-12 可查得管路直径为 18mm。

（3）利用管路直线列线图查管路直径

当已知管路长度（包括管件的压力损失转换成管路长度）、流量、工作压力和管路的压力降，可用图 21-2-8 查找相应的管路直径 d。

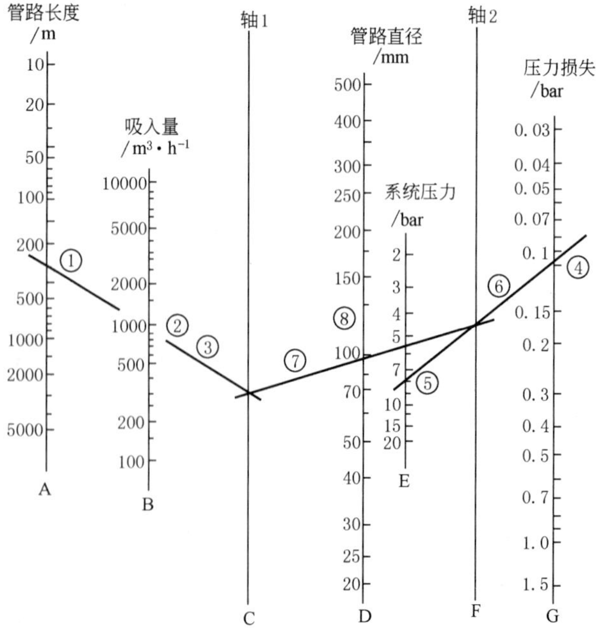

图 21-2-8　管路直线列线图

如管长 300m，流量 $1m^3/h$，工作压力 8bar，压力损失 Δp 为 0.1bar，按步骤①~⑧得到 D 轴上的交点，管路直径等于 100mm。

1.6.7 主管路与支管路的尺寸配置

主管路与支管路的配置可参照表 21-2-13。

表 21-2-13　　主管路与支管路的配置

主管路(环状网络管路)		支管路数量 内径/mm								
in	mm	3	6	10	13	19	25	38	51	76
½	13	20	4	2	1	—	—	—	—	—
¾	19	40	10	4	2	1	—	—	—	—
1	25	—	18	6	4	2	1	—	—	—
1½	38	—	—	16	8	4	2	1	—	—
2	51	—	—	—	16	8	4	2	1	—
3	76	—	—	—	—	16	8	4	2	1

例如：内径为 51mm 的主管路能提供 16 根直径为 13mm 的支管路、或 8 根直径为 19mm 的支管路、或 4 根直径为 25mm 的支管路、或 2 根直径为 38mm 的支管路、或 1 根直径为 51mm 的支管路。

如果提供给耗气设备的压力太低，原因可能是以下某种：

① 分配网络的设计不当，或压缩机容量不够；

② 气路管路过细；

③ 泄漏率大；

④ 过滤器被堵住了；

⑤ 接头和过渡连接件的尺寸太小；

⑥ 太多的 L 形接头（增加了压力损失）。

2 气源处理元件

2.1 概述

表 21-2-14　　气源处理概述

项目	内容
气源处理的必要性	从空压机输出的压缩空气中，含有大量的水分、油分和粉尘等污染物，必须适当清除这些污染物，以避免它们对气动系统的正常工作造成危害 变质油分的黏度增大，从液态逐渐固态化而形成焦油状物质。它会使橡胶及塑料材料变质和老化；积存在后冷却器、干燥器内的焦油状物质，会降低其工作效率；堵塞小孔，影响元件性能；造成气动元件内的相对运动件的动作不灵活；焦油状物质的水溶液呈酸性，会使金属生锈、污染环境和产品 水分会造成管道及金属零件腐蚀生锈，使弹簧失效或断裂；在寒冷地区以及在元件内的高速流动区，由于温度太低，水分会结冰，造成元件动作不良、管道冻结或冻裂；管道及元件内滞留的冷凝水，会导致流量不足、压力损失增大，甚至造成阀的动作失灵；冷凝水混入润滑油中，会使润滑油变质；液态水会冲洗掉润滑脂，导致润滑不良 锈屑及粉尘会使相对运动件磨损，造成元件动作不良，甚至卡死；粉尘会加速过滤器滤芯的堵塞、增大流动阻力；粉尘等会加速密封件损失，导致漏气 液态油水及粉尘从排气口排出，会污染环境、影响产品质量 空气品质不良是气动系统出现故障的最主要因素，它会使气动系统的可靠性和使用寿命大大降低，由此造成的损失会大大超过气源处理装置的成本和维护费用，故正确选用气源处理系统及其元件是非常重要的

续表

项目	内容
污染物的来源	①由系统外部通过空压机等吸进的污染物,大气中所含污染物的大小如图1所示。这些污染物可通过空压机吸入气动系统内。空压机的吸入口通常装有过滤器,但2~5μm以下的尘埃仍会被吸入空压机内。特别是在重化学工业区,会含有SO_2、H_2S等污染物被空压机吸入,压缩后其浓度增大约8倍,将对下游的气动元件造成腐蚀。即使在停机时,外界的污染物也会从阀的排气口进入系统内部 ②由系统内部产生的污染物,如湿空气被压缩、冷却,就会出现冷凝水;压缩机油在高温下会变成焦油状物质;管道内部会产生锈屑;相对运动件磨损而产生金属粉末和橡胶细末;密封和过滤材料的细末等 ③系统安装和维修时产生的污染物,如维修时未消除掉的螺纹牙屑、毛刺、纱头、焊接氧化皮、铸砂、密封材料碎片等 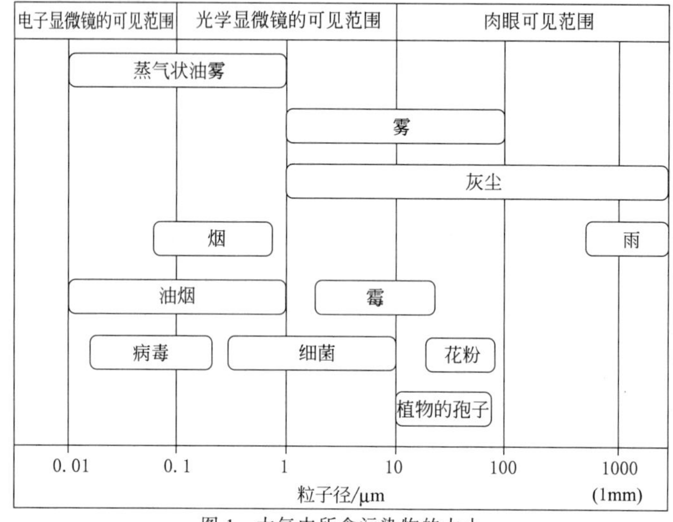 图1 大气中所含污染物的大小
压缩空气的净化方法及污染物净化等级	针对空气中的不同污染物,可以分别采用图2所示的不同方法进行净化 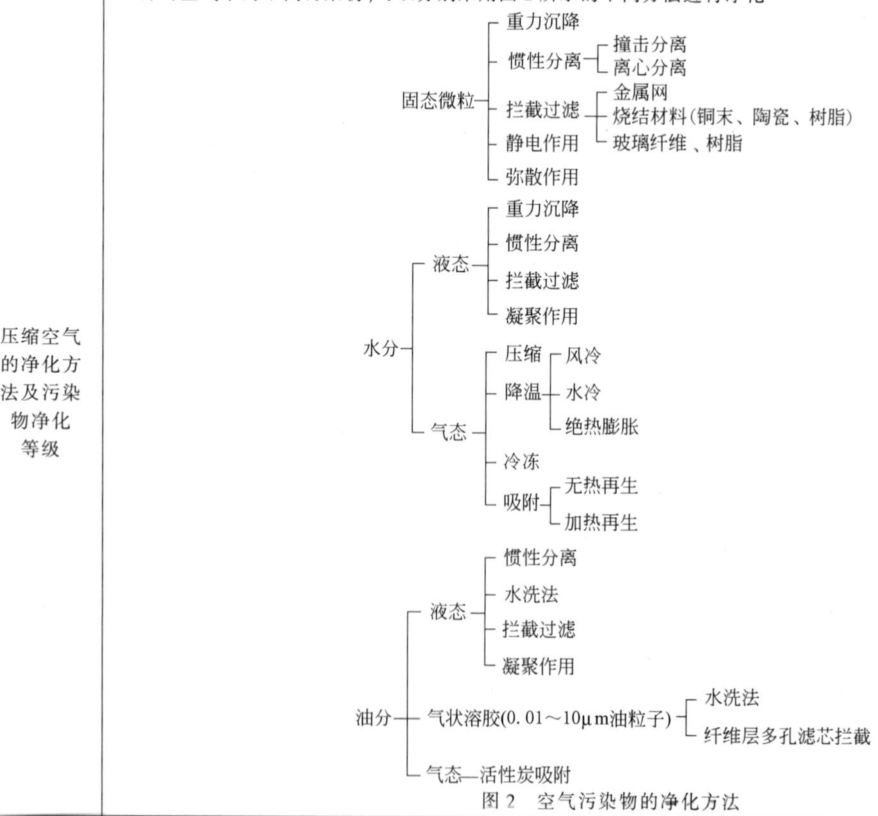 图2 空气污染物的净化方法

续表

项目	内容
压缩空气的净化方法及污染物净化等级	表1~表3是GB/T 13277.1—2023《压缩空气　第1部分:污染物净化等级》中规定的压缩空气中颗粒、水和油的净化等级

表1　压缩空气中的颗粒等级

等级	以颗粒尺寸(d)为依据,每立方米内颗粒的最大数量/个·m^{-3}			颗粒质量浓度(C_p)/mg·m^{-3}
	0.1μm<d≤0.5μm	0.5μm<d≤1.0μm	1.0μm<d≤5.0μm	
0	由设备使用者或制造商规定的比等级1更高的要求			—
1	≤20000	≤400	≤10	
2	≤400000	≤6000	≤100	
3	不规定	≤90000	≤1000	
4	不规定	不规定	≤10000	
5	不规定	不规定	≤100000	
6	—			$0<C_p<5$
7				$5<C_p\leq10$
X				$C_p>10$

表2　压缩空气中湿度和液态水等级

等级	压力露点/℃	液态水质量浓度(C_w)/g·m^{-3}
0	由设备使用者或制造商规定的比等级1更高的要求	—
1	≤-70	
2	≤-40	
3	≤-20	
4	≤+3	
5	≤+7	
6	≤+10	
7	—	$C_w\leq0.5$
8		$0.5<C_w\leq5$
9		$5<C_w\leq10$
X		$C_w>10$

表3　压缩空气中总含油量等级

等级	总含油量(液态油、悬浮油、油蒸气)/mg·m^{-3}
0	由设备使用者或制造商规定的比等级1更高的要求
1	≤0.01
2	≤0.1
3	≤1
4	≤5
X	>5

项目	内容
对空气品质的要求	压缩空气中,绝对不许含有化学药品、有机溶剂的合成油、盐分和腐蚀性气体等 不同的气动设备,对空气品质的要求不同。空气品质低劣,非常好的气动设备也会事故频繁发生,使用寿命缩短。但如对空气品质提出过高要求,又会增加压缩空气的成本

注:在JB/T 7664—2020《压缩空气净化　术语》中规定了压缩空气净化的术语、符号及其定义或说明。包括"基本概念""压缩空气干燥器分类""干燥器工作过程和性能参数""压缩空气过滤器分类""过滤器工作过程和性能参数""冷凝液处理器分类""干燥器控制柜"。

2.2　自动排水器

由空压机产生的压缩空气需经过许多气源处理过程(后冷却器、储气罐、干燥器等)。经过的每一道气源处理设备都将有一定量的污水(含混合在内的灰尘颗粒等杂质)需被及时排出,以免它重新被气流带入空气进入下一道处理设备以致前功尽弃。同时,气动管路在安装时成一定的斜度,在管线的低淌处(或拐弯处)也会积聚污水,需及时排出。通常人们见到的是气动设备进口处装有气源三大件(过滤、减压、油雾装置)。在过滤器

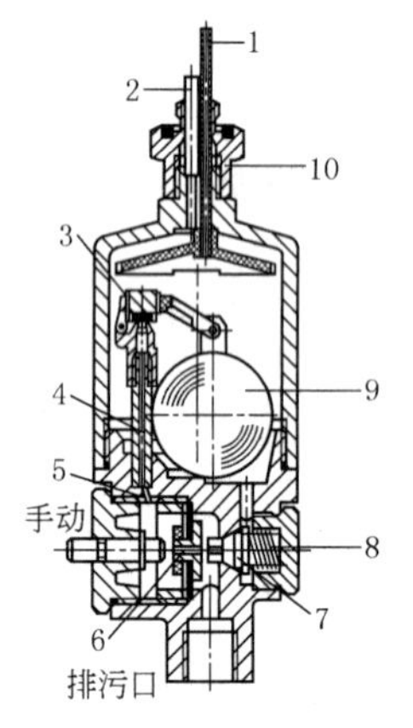

图 21-2-9　浮子式自动排水器

1—连接气管；2—排污管；3—密封堵头；4—通气管；5—节流通路；6—带膜片活塞；7—阀芯；8—弹簧；9—浮子；10—接口

下端装有自动排水器。在气源设备进口处及时排除冷凝水对系统的正常工作和提高气动元件的寿命具有重要意义。

自动排水器一般可分气动式和电动式两大类。气动式用于气动系统（流水线）和气动设备较多的情况，也可用于主管路气源设备。电动式可用于主管路气源处理设备，很少见到用于气动系统（流水线）和气动设备。

气动式自动排水可分为浮子式、弹簧式、差压式。下面简要介绍浮子式自动排水。

图 21-2-9 为浮子式自动排水器。由接口 10 连接在需排冷凝水的容器下部（过滤器、储气罐等）。上部容器的气压、冷凝水分别通过上连接气管 1、排污管 2 与自动排水器内部相连。当冷凝水积累一定高度，浮子上浮，密封堵头 3 被提起，自动排水器内部的气压通过通气管 4、节流通路 5 作用于带膜片活塞 6，并使阀芯 7 克服弹簧 8 作用向右移动，冷凝水可从排污口排出。当冷凝水被排出，浮子在自重作用下下垂，堵死密封堵头，阀芯 7 在弹簧 8 的作用下堵住冷凝水与排污口的通道。该自动排水器也可用人力方式，按动手动按钮进行排污。

在参考文献［13］中介绍了 ADM 系列电动自动排水器，见表 21-2-15。

表 21-2-15

形式	结构原理及技术参数
气动高负载型	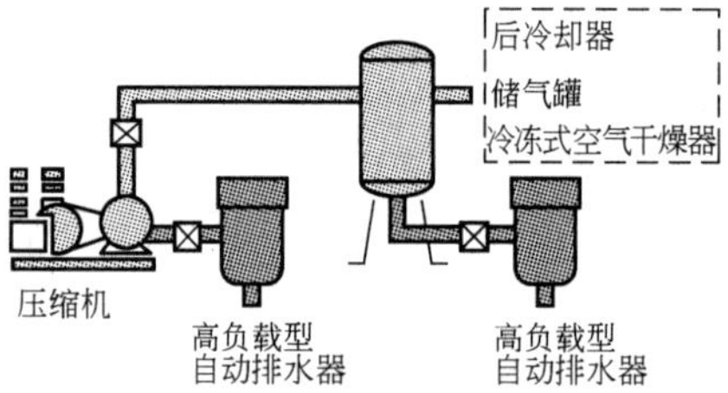 后冷却器 储气罐 冷冻式空气干燥器 压缩机 高负载型自动排水器 高负载型自动排水器 (a) 单个使用 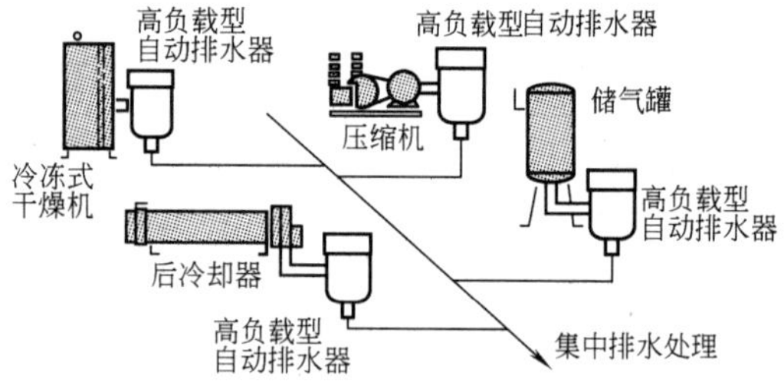 高负载型自动排水器 高负载型自动排水器 冷冻式干燥机 压缩机 储气罐 高负载型自动排水器 后冷却器 高负载型自动排水器 集中排水处理 (b) 集中排水 ① 高负载型自动排水分离器为浮子式设计，不需要电源，不会浪费压缩空气 ② 可靠、耐用、适合水质带污垢的情况下操作 ③ 不会受背压影响，适合集中排水 ④ 内置手动开关，操作及维修方便

使用流体	压缩空气	最高使用压力/MPa	1.6
接管口径	Rc(PT)½	最低使用压力/MPa	0.05
排水形式	浮子式	环境及流体温度/℃	5~60
自动排水阀形式	常开(在无压力下阀门打开)	最大排水量/L·min^{-1}	400(水在压力 0.7MPa 的情况下)
保证耐压力/MPa	2.5	质量/kg	1.2

电动式

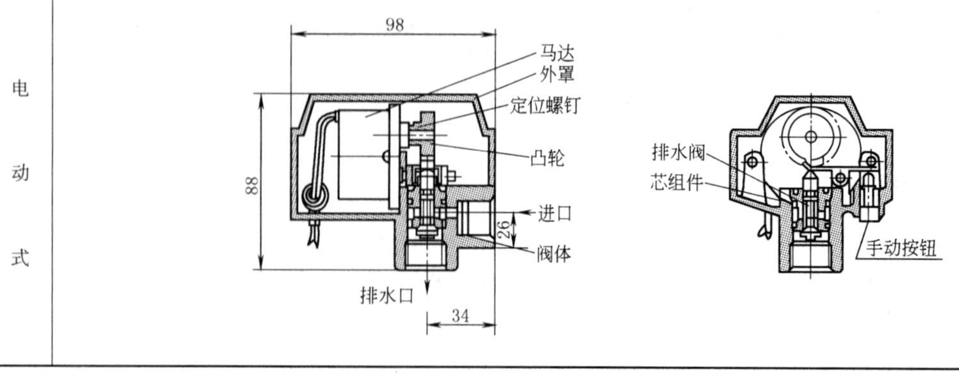

续表

<table>
<tr><th>形式</th><th colspan="3">结构原理及技术参数</th></tr>
<tr><td rowspan="8">电动式</td><td colspan="3">马达带动凸轮旋转，压下排水阀芯组件，冷凝水从排水口排出。它的入口为Rc½（便于与压缩机输气管连接），排水口为Rc⅜，动作频率和排水的时间应与压缩机相匹配（每分钟1次，排水2s；每分钟2次，排水2s；每分钟3次，排水2s；每分钟4次，排水2s）</td></tr>
<tr><td>使用流体</td><td>空气</td><td rowspan="7">① 可靠性高，高黏度流体亦可排出
② 耐污尘及高黏度冷凝水，可准确开闭阀门排水
③ 排水能力大，一次动作可排出大量的水
④ 防止末端机器发生故障
⑤ 储气罐及配管内部无残留污水，因此可防止锈及污水干后产生的异物损害后面的机器，排水口可装长配管
⑥ 可直接安装在压缩机上</td></tr>
<tr><td>最高使用压力/MPa</td><td>1.0</td></tr>
<tr><td>保证耐压力/MPa</td><td>1.5</td></tr>
<tr><td>环境及流体温度/℃</td><td>5~60</td></tr>
<tr><td>电源/V</td><td>AC 220，50Hz</td></tr>
<tr><td>耗电量/W</td><td>4</td></tr>
<tr><td>质量/kg</td><td>0.55</td></tr>
</table>

2.3 （主管路）过滤器

2.3.1 过滤器的分类与功能

标准型过滤器是最主要的气源净化装置之一。根据不同的空气质量等级要求，分成除水滤灰型过滤器、除油型过滤器及除臭型过滤器。除水滤灰型过滤器又可分成普通等级（5~20μm）、精细等级（0.1~1μm）和超精细等级（0.01μm）。表21-2-16是针对不同应用场合、不同空气质量要求的几种过滤系统，如系统A、B、C、D、E、F、G。

表21-2-16　　不同应用场合、不同空气质量要求的几种过滤系统

系统	空气质量	应用场合	过滤后状况
A 普通级	过滤（5~20μm），排水99%以下，除油雾（99%）	一般工业机械的操作、控制，如气钳、气锤、喷砂等	
B 精细过滤	过滤（0.3μm），排水99%以下，除油雾（99.9%）	工业设备，气动驱动，金属密封的阀、马达	主要排除灰尘和油雾，允许有少量的水
C 不含水，普通级	过滤（5~20μm），排水：压力露点在-17℃以内，除油雾（99%）	类似A过滤系统，所不同的是，它适合气动输送管道中温度变化很大的耗气设备，适用于喷雾、喷镀	对除水要求较严，允许少量的灰尘和油雾
D 精细级	过滤（0.3μm），排水：压力露点在-17℃以内，除油雾（99.9%）	测试设备，过程控制工程，高质量的喷镀气动系统，模具及塑料注塑模具冷却等	对除水、灰尘和油雾要求较严
E 超精细级	过滤（0.01μm），排水：压力露点在-17℃以内，除油雾（99.9999%）	气动测量、空气轴承、静电喷镀，电子工业用于净化、干燥的元件。主要特点：对空气要求相当高，包括颗粒度、水分、油雾和灰尘	对除灰、除油雾和水都要求很严
F 超精细级	过滤（0.01μm），排水：压力露点在-17℃以内，除油雾（99.9999%），除臭气99.5%	除了满足E系统要求外，还须除臭，用于医药工业、食品工业（包装、配置）、食品传送、酿造、医学的空气疗法、除湿密封等	同E系统，此外对除臭还有要求
G	过滤（0.01μm），排水：压力露点在-30℃以内，除油雾（99.9999%）	该类过滤空气很干燥，用于电子元件、医药产品的存储、干燥的装料罐系统，粉末材料的输送、船舶测试设备	在E系统的基础上对除水要求最严，要求空气绝对干燥

在JB/T 13346—2017《一般用压缩空气过滤器》中规定了一般用压缩空气过滤器的术语和定义、分类、基本参数、要求、试验方法、检验规则及标志、包装、运输和贮存，适用于额定工作压力不大于1.6MPa、公称容积流量不大于800m^3/min的过滤器。

按过滤器使用用途，一般分为表21-2-17所示的四类。

表 21-2-17　　一般用压缩空气过滤器分类

序号	名称	说明
1	凝聚式过滤器	一种使气流通过滤材的空隙,借助多种过滤机理(碰撞、扩散、拦截),使压缩空气中的液体或固体颗粒悬浮物不断聚结成较大微滴而被分离的过滤器
2	吸附式过滤器	应用吸附技术,使用专门吸附物质(通常使用活性炭)除去压缩空气中的油蒸气、异味及某些有害气体的过滤器
3	除尘过滤器	一种使气流通过滤材的空隙,借助多种过滤机理(碰撞、扩散、拦截),对压缩空气中的固体颗粒进行过滤或分离的过滤器
4	除水过滤器	一种使气流通过专门结构或特殊滤材的空隙,对压缩空气中的水分进行分离的过滤器

注：上述四类过滤器分别与 GB/T 30475.1～30475.4 标准所规定的过滤器相对应。

2.3.2　主管路过滤器

表 21-2-18　　过滤器的结构原理和选用

项目	说明
作用	安装在主管路(空压机及冷冻干燥器的前级)中。清除压缩空气中的油污、水分和粉尘等,以提高下游干燥器的工作效率,延长精密过滤器的使用时间
结构原理图	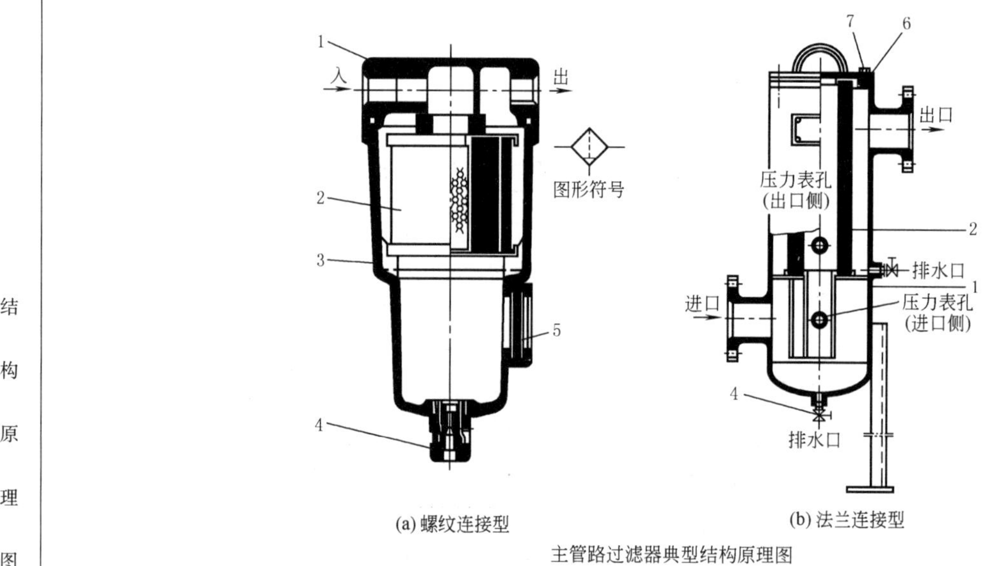 (a) 螺纹连接型　(b) 法兰连接型 主管路过滤器典型结构原理图 1—主体；2—过滤元件；3—外罩；4—排水分离器；5—观察窗；6—上盖；7—密封垫 上图是主管路过滤器的结构原理图。通过过滤元件分离出来的油、水和粉尘等,流入过滤器下部,由手动(或自动)排水器排出 对于小型空压机,主管路过滤器可直接安装在空压机的吸气管上;对于大、中型空压机,可安装在室外空压机的进气管上,但与空压机主机距离不超过 10m,进气的周围环境应保持清洁、干燥、通风良好。该类过滤器进出口的阻力不大于 500Pa,过滤器容量为 $1mg/m^3$。通常主管路过滤的空气质量仅作一般工业供气使用,如需用于气动设备、气动自动控制系统,还需在冷冻式干燥器后面添置所需精度等级的过滤器。国外一些空压机制造厂商制造了高等级主管道过滤器,其过滤精度达到 3μm、0.01μm,但在主管路采用高等级的过滤器不符合经济原则
选用	应根据通过主管路过滤器的最大流量不得超过其额定流量,来选择主管路过滤器的规格,并检查其他技术参数也要满足使用要求

2.3.3 压缩空气过滤器

在 GB/T 22108.1—2008《气动压缩空气过滤器 第1部分：商务文件中包含的主要特性和产品标识要求》中规定了在商务文件中包含的气动压缩空气过滤器的主要特征和产品标识要求，适用于用轻合金（铝等）、压铸锌合金、黄铜、钢和塑料制造的气动压缩空气过滤器。其额定压力在 1.6MPa 以下，最高温度为 80℃，采用机械方法除去压缩空气中固体和液体污染物。在 GB/T 22108.2—2008《气动压缩空气过滤器 第2部分：评定商务文件中包含的主要特性的测试方法》中规定了按 GB/T 22108.1 气动压缩空气过滤器在商务文件中包含的主要特性进行测试的测试项目、测试装置、测试程序以及测试结果报告的方法。

在 JB/T 7374—2015《气动空气过滤器 技术条件》中规定了气动空气过滤器的规格、技术要求、试验方法、检验规则及标识、包装、贮存等，适用于用轻合金（铝等）、压铸锌合金、黄铜、钢和塑料制造的气动空气过滤器。其额定压力在 1600kPa 以下，工作温度 5~80℃，采用机械方法除去压缩空气中固体和液体污染物。

与前述主管路过滤器不同，此处所介绍的主要为分支管路上使用的压缩空气过滤器，又简称滤气器。

除水滤灰型过滤器是应用最广泛的过滤器，俗称过滤器。随着无油润滑技术的发展（无油润滑的空压机崛起），除了在主管路配有油水分离装置，在大多数气动设备系统中都已采用除水型过滤器而省略了除油型过滤器。除水滤灰型过滤器工作原理和性能参数如表 21-2-19 所示。

表 21-2-19

工作原理	当压缩空气通过入口进入过滤器内腔作用于旋转叶片上，旋转叶片上有许多成一定角度的缺口，使空气沿切线方向产生强烈的旋转，空气中的固态杂质、水及油滴受离心力作用被甩至存水杯的内壁，并从空气中分离出来，沉至存水杯杯底。未过滤的压缩空气经过滤芯，使灰尘、杂质被过滤芯挡在圆周外部，并随旋转气流再次被甩在存水杯内壁，压缩空气直接从滤芯内部向出口排出。为了防止气体旋转将存水杯底积存的冷凝水卷起污染滤芯，在滤芯下部设有挡水板。存水杯中的冷凝水可通过操作排水阀被排出（排水阀底部可安装自动排水器）	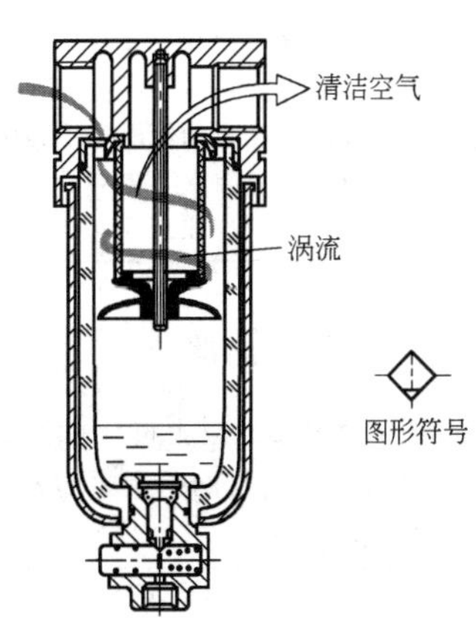
性能参数	流量特征	指压缩空气经过过滤器造成的压力降与经过该过滤器流量之间的关系。通常，压力降随流量和过滤精度的增大而增加，合适的压力降的值应小于 0.05MPa
	过滤精度	指通过滤芯的最大颗粒的直径。常规的滤芯精度分普通级（约为 5~10μm、20μm、40μm）、精细级（约为 0.1μm、0.3μm）、超精细级（约为 0.01μm，用于气动伺服、比例系统或气动组表，含喷嘴挡板结构）
	过滤精度选择原则	应根据系统要求，下游气动阀门的结构特性［滑阀型、截止型、金属密封（硬配阀）］，不影响流量和压力，滤芯不被经常堵塞
	分水效率	指通过过滤器后分离出的水分与进入过滤器前的压缩空气中所含水分之比（用%表示）。通常，分水效率在 0.8 以上
注意事项	除水型过滤器主要去除空气中的杂质、水滴，却不能滤去空气中的水蒸气。因此，除水型过滤器应安装在干燥器下游，尽可能靠近耗气设备的进口处。如无自动排水装置，应定期（每天两次以上）进行手动操作排水。定期检查滤芯的堵塞情况，当进出气两端的压力降大于 0.5MPa 时，应及时予以更换。存水杯清洗应采用中性清洁剂，严禁使用有机溶剂清洗	

2.3.4 油雾分离器（除油型过滤器）

油雾分离器主要用于主管路过滤器和空气过滤器难以分离的（0.3~5μm）焦油粒子及大于0.3μm的锈末、碳类微粒。油雾分离器工作原理如表21-2-20所示。

表 21-2-20

工作原理	当含有油雾(0.3~5μm焦油粒子等)的压缩空气通过聚凝式滤芯内部向外输出,微小的粒子同布朗运动受阻产生相互之间的碰撞。粒子逐渐变大,合成较大油滴而进入多孔质的泡沫塑料层表面。由于重力的作用,油滴沉落到滤杯底部,以便清除,详见右图	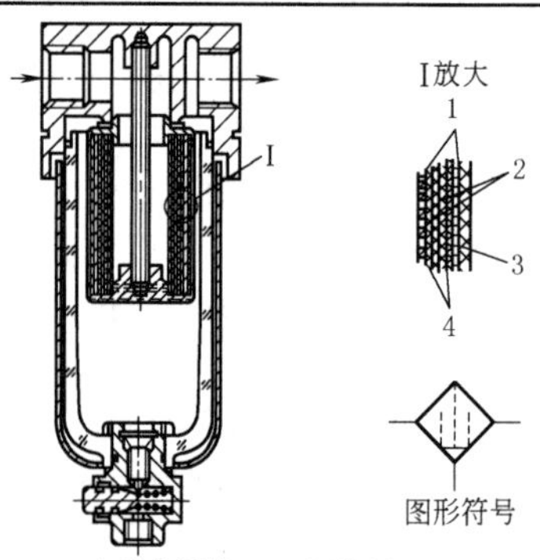 1—多孔金属筒；2—纤维层(0.3μm)；3—泡沫塑料；4—过滤纸
性能参数	滤芯材料	一般采用与油脂有较好糅合性的玻璃纤维、纤维素、陶瓷材料
	过滤精度/μm	1、0.3、0.01
注意事项	①油雾分离器应安装在过滤器的下游,高精度的油雾分离器应安装在干燥器的下游 ②实际使用时的流量不应超过最大允许流量,以防止油滴再次被雾化 ③当进出口两端压力超过0.07MPa时,表明其滤芯堵塞严重,应及时更换,避免已被减少滤芯的通道,其流速增大而引起油滴被再次雾化 ④安装时应注意进气口和出气口的位置	

2.3.5 微雾分离器

可清除0.01μm以上的气状溶胶油颗粒及0.01μm以上的炭粒和尘埃。可作为精密计量测量用的高洁净空气和洁净室用压缩空气的前置过滤器。

表 21-2-21

工作原理	AMD系列微雾分离器与AM系列油雾分离器的结构相似,仅滤芯材料不同。另外,AMD系列微雾分离器有法兰连接的形式 AFD系列微雾分离器与AFM系列油雾分离器的结构相似,仅滤芯材料有所不同
技术参数	见表1

表1 微雾分离器的技术参数

系列	配置口径	额定流速(ANR)(0.7MPa下)/L·min^{-1}	限定流量下的压降/MPa	使用压力范围/MPa	环境及介质温度/℃	过滤精度/μm	输出油雾浓度(ANR)/mg·m^{-3}	滤芯寿命	可装自动排水器系列
AMD150C	Rc1/8, Rc1/4	200	0.009	0.05~1.0(若装自动排水器,则最低使用压力由排水器确定)	5~60	0.01(去除99.9%颗粒)	油饱和前为0.01油饱和后为0.1(空压机输出油雾浓度应小于30)	2年或当两端压力降大于0.1MPa时更换滤芯	N.C. N.O.
AMD250C	Rc1/4, Rc3/8	500	0.012						
AMD350C	Rc3/8, Rc1/2	1000	0.014						
AMD450C	Rc1/2, Rc3/4	2000	0.02						
AMD550C	Rc3/4, Rc1	3700	0.014						

续表

技术参数

续表

<table>
<tr><th>系列</th><th>配置口径</th><th>额定流速(ANR)(0.7MPa下)/L·min^{-1}</th><th>限定流量下的压降/MPa</th><th>使用压力范围/MPa</th><th>环境及介质温度/℃</th><th>过滤精度/μm</th><th>输出油雾浓度(ANR)/mg·m^{-3}</th><th>滤芯寿命</th><th>可装自动排水器系列</th></tr>
<tr><td>AMD650C</td><td>Rc1,Rc1½</td><td>6000</td><td>0.02</td><td rowspan="7">0.05~1.0(若装自动排水器,则最低使用压力由排水器确定)</td><td rowspan="7">5~60</td><td rowspan="7">0.01(去除99.9%颗粒)</td><td rowspan="7">油饱和前为0.01,油饱和后为0.1(空压机输出油雾浓度应小于30)</td><td rowspan="7">2年或当两端压力降大于0.1MPa时更换滤芯</td><td rowspan="2">N.O.</td></tr>
<tr><td>AMD850C</td><td>Rc1½,Rc2</td><td>12000</td><td>0.02</td></tr>
<tr><td>AMD800</td><td>法兰 2in</td><td>8000</td><td>0.011</td><td rowspan="5">可带</td></tr>
<tr><td>AMD900</td><td>法兰 2in,3in,4in</td><td>24000</td><td>0.01</td></tr>
<tr><td>AMD1000</td><td>法兰 4in,6in</td><td>40000</td><td>0.01</td></tr>
<tr><td>AMD801</td><td>法兰 2in</td><td>8000</td><td>0.011</td></tr>
<tr><td>AMD901</td><td>法兰 2in,3in,4in</td><td>24000</td><td>0.01</td></tr>
<tr><td>AFD20-A</td><td>Rc⅛,Rc¼</td><td>120</td><td>0.012</td><td rowspan="4">0.05~1.0(若装自动排水器,则最低使用压力由排水器确定)</td><td rowspan="4">-5~60(未冻结时)</td><td rowspan="4">0.01(去除99.9%颗粒)</td><td rowspan="4">油饱和前为0.01 油饱和后为0.1(空压机输出油雾浓度应小于30)</td><td rowspan="4">2年或当两端压力降大于0.1MPa时更换滤芯</td><td>AD27</td></tr>
<tr><td>AFD30-A</td><td>Rc¼,Rc⅜</td><td>240</td><td>0.01</td><td>AD37
AD38</td></tr>
<tr><td>AFD40-A</td><td>Rc¼,Rc⅜,Rc½</td><td>600</td><td rowspan="2">0.012</td><td rowspan="2">AD47
AD48</td></tr>
<tr><td>AFD40-06-A</td><td>Rc3/4</td><td>600</td></tr>
</table>

AM 系列油雾分离器的使用注意事项参见 AFF 系列主管路过滤器的使用注意事项

AMD 使用注意事项

AMD 系列微雾分离器的使用注意事项与 AM 系列油雾分离器相同,AM 系列油雾分离器的使用注意事项参见 AFF 系列主管路过滤器的使用注意事项。见以下各项

①本过滤器主要用于压力没有脉动的场合

②用差压表测定过滤器两端压降,当压降大于 0.1MPa 时,应更换过滤元件

③应垂直安全。从观察窗能看见液面时,应打开手动排水阀放水

④使用自动排水器时,推水管外径使用 10mm、长应小于 5m。若空压机功率小于 3.7kW,必须使用常闭型自动排水器。若使用常开型自动排水器,有可能不能停止向外排气

⑤主管路过滤器上可带滤芯阻塞指示器。当过滤器两端压降大于 0.1MPa 时,红色指示器完全露出,此时应更换滤芯。滤芯阻塞指示器也可以安装在 AM、AMD 和 AMH 上

AFD 使用注意事项

AFD 系列微雾分离器的使用注意事项与 AFM 系列油雾分离器相同,而 AFM 系列油雾分离器的使用注意事项参见 AF 系列空气过滤器的使用注意事项。见以下各项

①装配前,要充分吹除掉配管中的切屑、灰尘等,防止密封材料碎片混入

②进出口方向不得装反。要垂直安装,水杯向下。为便于维修,上下应留出适当空间

③不得安装在接近空压机处。因该处空气温度较高,大量水分仍呈水蒸气状态。应安装在用气装置的附近,以保证空气中大部分水分都已冷凝成液态水

④当水位快升至挡水板时要排水,或定期排放冷凝水。要用手排放,不得用工具排放。若忘记排放冷凝水,一旦冷凝水到达滤芯部位,被分离出来的冷凝水又会从二次侧流出,污染下游的气动元件,必须注意

⑤为防止水杯破裂伤人,在水杯外应装金属保护罩。要定期检查水杯有无裂纹,是否被污染

⑥水杯材质是聚碳酸酯,要避免在有机溶剂及化学药品雾气的环境中使用。若要在上述环境中使用,应使用金属水杯或尼龙水杯。较高温度的场所(70~80℃)也应使用金属水杯

⑦应避免日光照射

⑧滤芯要定期清洗或更换,或在过滤器两端压降大于 0.1MPa 时更换。清洗水杯应使用中性清洗剂

此外,AFD 系列微雾分离器的前面应设置作为前置过滤器的油雾分离器。若需设干燥器,则应把干燥器放在 AFD 系列微雾分离器的上游

2.3.6 超微雾分离器

可去除压缩空气中的气态油粒子，且寿命长，能把有油雾的压缩空气变成无油压缩空气，用于涂装线、清洁室及对无油要求很高的机器使用的高洁净的压缩空气场合。

表 21-2-22

工作原理	AME 系列超微油雾分离器的结构原理与 AMD 系列微雾分离器相类似,但没有排水口了。主体及外壳的材质为铝,经酸洗处理后,其内表面涂上环氧树脂。滤芯采用特殊构造,故寿命长。当滤芯被油饱和后,则表面由白变红,必须更换
技术参数	见下表 1
使用注意事项	①输入气体必须是干燥的空气 ②进出口不得装反,应水平安装,观察窗应装在便于观察侧 ③在 AME 系列超微油雾分离器之前必须设置 AM 系列油雾分离器 ④滤芯寿命已到,若继续使用,油雾会飞散,必须一天检查一次滤芯颜色。为便于判别滤芯颜色是否变红,可将两个 AME 系列超微油雾分离器串联使用

表 1 超微雾分离器的技术参数

系列	AME150C	AMF250C	AMF350C	AME450C	AME550C	AME650	AME850
配管口径	Rc⅛ Rc¼	Rc¼ Rc⅜	Rc⅜ Rc½	Rc½ Rc¾	Rc¾ Rc1	Rc1 Rc1½	Rc1½ Rc2
额定流量(ANR)(0.7MPa 下)/L·min^{-1}	200	500	1000	2000	3700	6000	12000
额定流量下压降/MPa	0.033	0.04	0.042	0.042	0.035	0.04	0.043
使用压力范围/MPa	0.05～1.0						
环境和介质温度/℃	5～60						
过滤精度/μm	0.01(去除 99.9%颗粒)						
输出侧清洁度	0.3μm 以上油粒子在 3.5 个/L(ANR)以下						
滤芯寿命	滤芯产生红斑,压降大于 0.1MPa 或已使用 2 年都应更换						

2.3.7 除臭过滤器

表 21-2-23

工作原理	除臭型过滤器用于清除压缩空气中的臭味粒子(气味及有害气体)。其结构类同于油雾分离器。压缩空气从进口处进入即直接通入滤芯的内侧容腔,在透过滤芯输出时,压缩空气中的臭味粒子(颗粒直径为 0.002～0.003μm)被填充在超细纤维层内的活性炭所吸收 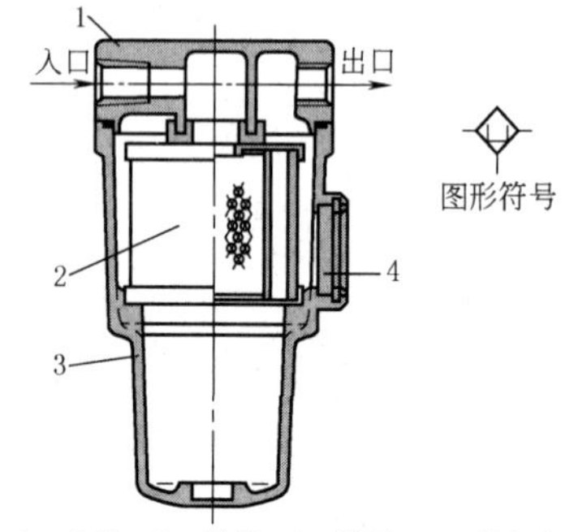 1—主体；2—滤芯；3—外罩；4—观察窗
使用注意事项	①除臭型过滤器应安装在油雾分离器或高精度的油雾分离器下游,使用干燥的空气 ②为了确保除臭特性,应定期更换滤芯,进出口两端的压力降超过 0.1MPa 时,应进行更换 ③活性炭过滤滤芯对含有一氧化碳、二氧化碳、甲烷气体的气味难以去除

2.3.8 水滴分离器

水滴分离器也称为冷凝水收集器，用于除去压缩空气中99%的水滴。分水效率比主管路过滤器高，比空气干燥器低。它不需要电源，采用特殊滤芯。价格比干燥器便宜得多，且易于安装。一般用于对空气露点温度要求不高的场合。

表 21-2-24

技术参数

表1 水滴分离器的技术参数

系列	AMG150C	AMG250C	AMG350C	AMG450C	AMG550C	AMG650	AMG850
连接口径	Rc⅛ Rc¼	Rc¼ Rc⅜	Rc⅜ Rc½	Rc½ Rc¾	Rc¾ Rc1	Rc1 Rc1½	Rc1½ Rc2
使用压力范围/MPa	0.05~1.0(带自动排水器;N.C.型为0.15~1.0,N.O.型为0.1~1.0)						
额定流量(ANR)/L·min^{-1}	300	750	1500	2200	3700	6000	12000
环境和介质温度/℃	5~60						
分水效率/%	99						
排水	有手动或自动排水,但AMG650,850只有常开型						

使用注意事项

应按箭头方向连接进出口
当冷凝水液面达到观察窗的中位之前应排放
滤芯的使用寿命为2年或两端压降不得大于0.1MPa

2.3.9 洁净气体过滤器

表 21-2-25

特点

①具有高洁净度和高可靠性的高分子隔膜式滤芯,过滤精度为0.01μm。二次侧洁净度可达6L内没有0.1μm以上微粒
②全部产品都经过0.1μm洁净度检查
③全在洁净室内洗净、组装、检查、包装

技术参数

表1 洁净气体过滤器的技术参数

系列	SFA100	SFA200	SFA300	SFB100	SFB300	SFC100	SFD100	SFD200	$SFD10^{1}_{2}$
名称	夹头圆盘式			直筒式	一次性使用的直筒式	一次性使用的多层盘式	一次性直筒式	夹头直筒式	
推荐使用流量(ANR)/L·min^{-1}	26	70	140	45	45	240	60~100	300~500	100
连接口径	Rc¼、NPT¼、TSJ¼、UOJ¼				Rc¼、TSJ¼、URJ¼	Rc¼、⅜ TSJ¼、⅜ URJ¼、⅜	ϕ4、ϕ6、ϕ8 Rc¼、G¼、NPT¼	ϕ8、ϕ10、ϕ12 Rc¼、G¼、NPT¼	Rc¼、G¼、NPT¼
使用压力范围	1.3×10^{-6}kPa~1.0MPa				1.3×10^{-6}kPa~1.0MPa	1.3×10^{-6}kPa~1.0MPa	-100kPa~1.0MPa		
滤芯耐差压(最大)/MPa	0.1			0.5		0.42	0.5		
滤芯耐逆压(最大)/MPa	0.05			0.07					
过滤面积/cm^2	13.85	33.18	56.75	10		300			
使用温度/℃	5~80				5~120		5~45		
说明	滤芯更换快捷的夹头式				一次性使用的滤芯 半导体工业用		一次性使用的滤芯		可在有机溶剂、化学药品的氛围中使用

续表

技术参数	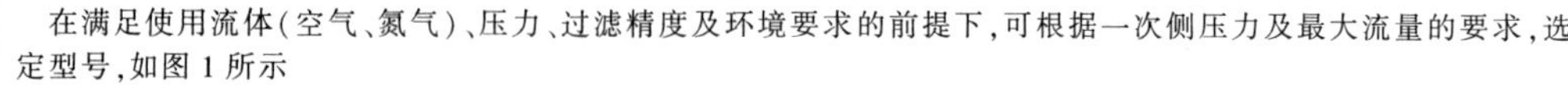 在满足使用流体(空气、氮气)、压力、过滤精度及环境要求的前提下,可根据一次侧压力及最大流量的要求,选定型号,如图1所示 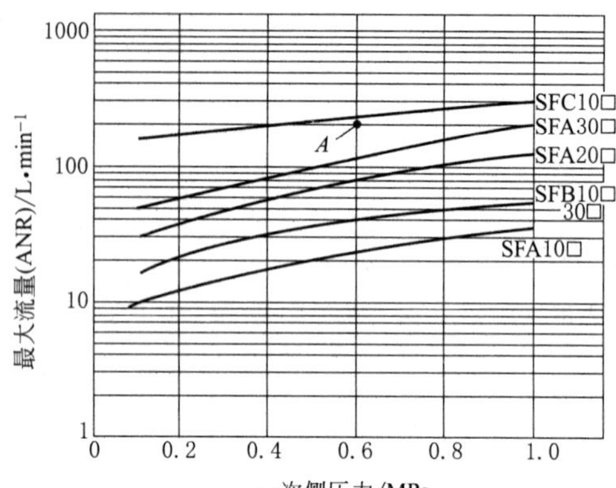 图1　SF系列过滤器的流量特性 *A* 表示当SF的进口压力为0.6MPa时,最大流量为200L/min(ANR)
使用注意事项	①过滤器是在洁净室内进行防静电双层密封包装的,打开内侧包装,一定要在洁净环境(洁净室等)中进行 ②与人体直接或间接接触的使用(如呼吸用医疗等),事先应与制造商商量 ③安装在二次侧的气动元件不得发尘,否则洁净度会下降 ④对处理空气量,初期压力降应小于0.02MPa,否则会缩短过滤器的使用寿命。配管连接应遵守各种管接头相应的规定 ⑤应设置在压力脉动不会超过0.1MPa处

2.4　压缩空气干燥器

压缩空气经后冷却器、油水分离器、气罐、主管路过滤器得到初步净化后，仍含有一定的水蒸气，其含量的多少取决于空气的温度、压力和相对湿度的大小。对于某些要求提供更高质量压缩空气的气动系统来说，还必须在气源系统设置压缩空气的干燥装置。

2.4.1　压缩空气干燥器相关标准目录

表 21-2-26　　压缩空气干燥器相关标准目录

序号	名称
1	GB/T 10893.1—2012《压缩空气干燥器　第1部分:规范与试验》
2	GB/T 10893.2—2006《压缩空气干燥器　第2部分:性能参数》
3	CB/T 3450—1992《船用压缩空气干燥器技术条件》
4	JB/T 10526—2017《一般用冷冻式压缩空气干燥器》
5	JB/T 10532—2017《一般用吸附式压缩空气干燥器》
6	JB/T 14688—2023《绿色设计产品评价技术规范　一般用冷冻式压缩空气干燥器》
7	Q/CR 315—2020《机车、动车组用吸附式压缩空气干燥器》
8	TB/T 3183—2007《机车、动车用吸附式压缩空气干燥器》

2.4.2　干燥器的分类、工作原理和选用

在 JB/T 7664—2020《压缩空气净化　术语》中给出了“吸附式干燥器”“冷冻式干燥器”“吸收式干燥器”“组合式干燥器”“渗膜式干燥器”和“整体式干燥器”等六种干燥器的术语和定义。

在工业上，压缩空气常用的干燥方法有：吸附法、冷冻法和膜析出法。

表 21-2-27　干燥器的分类、工作原理和选用

分类		简图及说明
吸附式干燥器	工作原理	加热再生式干燥器的工作原理采用两个吸附干燥筒，筒内放置硅胶干燥剂。利用硅胶在常温下吸附水分、在高温下脱附水分的特性，当第一个干燥筒的硅胶已经饱和时，将空气切换到第二个干燥筒内进行干燥，而第一个筒通过热风干燥法使硅胶干燥，以备下一次再用。两个筒交替进行干燥
	选用	吸附式干燥器体积小、重量轻、易维护，大气压露点可达-50～-30℃。但处理流量小，故适合于处理空气量小但干燥程度要求高的场合

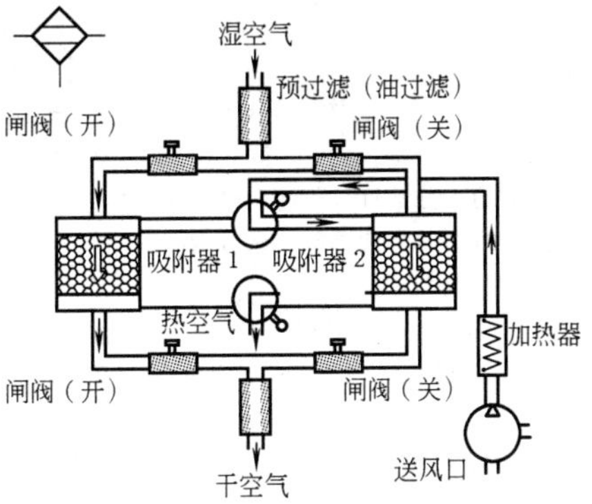

冷冻式干燥器

工作原理：压缩空气通过一个有制冷剂的热交换系统，把空气的温度降至露点温度。当需冷却的压缩空气通过干燥器内的热交换器外筒被预冷，再流入内筒被空气冷却到压力露点 2～5℃时，此时空气中的水蒸气被冷凝成水滴，从自动排水器排出。经过制冷干燥后的压缩空气再次于热交换器内侧加热，使其温度回复到周围环境的温度以避免输出口结霜，由温差出现发汗现象而锈蚀管道

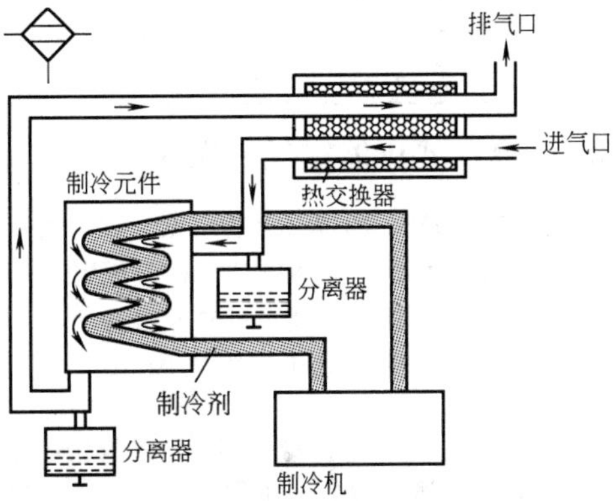

选用：

修正后的处理空气量不得超过冷冻式干燥器产品所给定的额定处理空气量，依此来选择干燥器的规格

修正后的处理空气量由下式确定

$$q=q_c/(C_1C_2)\quad [\text{L/min(标准状态)}]$$

式中　q_c——干燥器的实际处理空气量，L/min（标准状态）

C_1——温度修正系数，见下表

C_2——入口空气压力修正系数，见下表

冷冻式干燥器适用于处理空气量大、压力露点温度 2～10℃的场合。具有结构紧凑、占用空间较小、噪声小、使用维护方便和维护费用低等优点

温度修正系数 C_1	入口空气温度/℃	45			50			55			65			75		
	出口空气压力露点/℃	5	10	15	5	10	15	5	10	15	5	10	15	5	10	15
环境温度/℃	25	0.6	1.35	1.35	0.6	1.35	1.35	0.6	1.35	1.35	0.6	1.35	1.35	0.6	1.35	1.35
	30	0.6	1.25	1.35	0.55	1.20	1.35	0.5	1.05	1.35	0.5	1.05	1.35	0.5	1.05	1.35
	32	0.6	1.25	1.35	0.55	1.15	1.35	0.45	0.95	1.25	0.45	0.95	1.25	0.45	0.95	1.25
	35	0.5	0.95	1.25	0.45	0.85	1.15	0.3	0.7	1.0	0.3	0.7	1.0	0.3	0.7	1
	40	0.25	0.70	1.0	0.2	0.65	0.9	0.1	0.5	0.8	0.1	0.5	0.8	0.1	0.5	0.8

入口空气压力修正系数 C_2										
入口空气压力/MPa	0.15	0.2	0.3	0.4	0.5	0.6	0.7	0.8	0.9	1.0
修正系数 C_2	0.65	0.68	0.77	0.84	0.9	0.95	1	1.03	1.06	1.08

续表

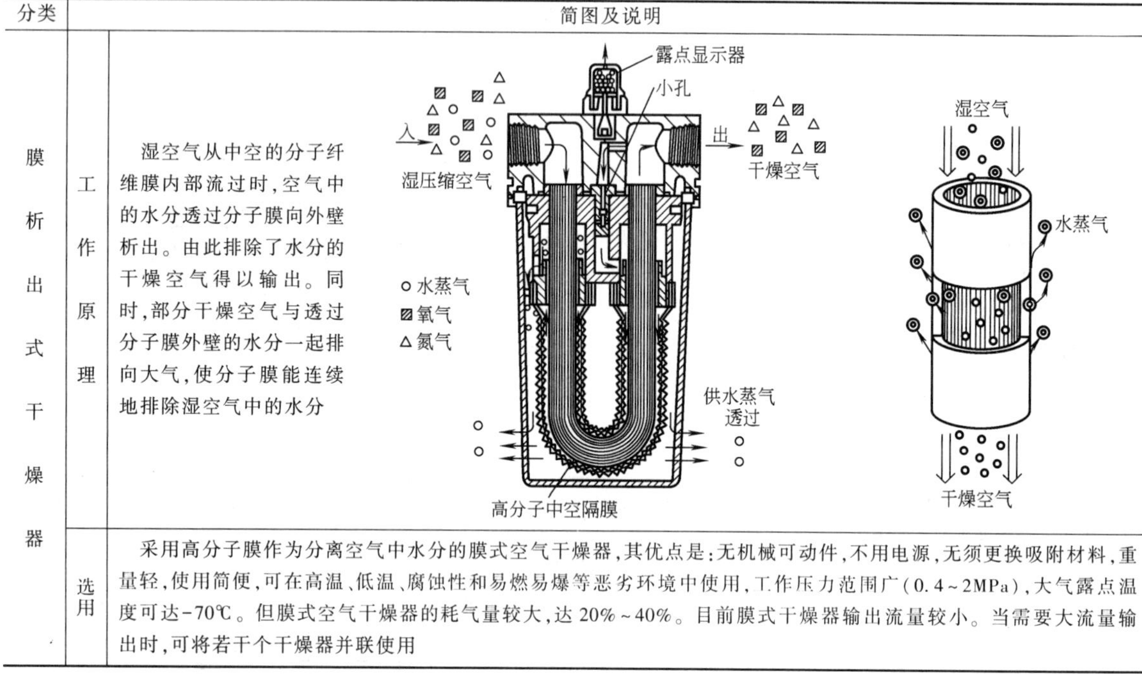

分类		简图及说明
膜析出式干燥器	工作原理	湿空气从中空的分子纤维膜内部流过时,空气中的水分透过分子膜向外壁析出。由此排除了水分的干燥空气得以输出。同时,部分干燥空气与透过分子膜外壁的水分一起排向大气,使分子膜能连续地排除湿空气中的水分
	选用	采用高分子膜作为分离空气中水分的膜式空气干燥器,其优点是:无机械可动件,不用电源,无须更换吸附材料,重量轻,使用简便,可在高温、低温、腐蚀性和易燃易爆等恶劣环境中使用,工作压力范围广(0.4~2MPa),大气露点温度可达-70℃。但膜式空气干燥器的耗气量较大,达20%~40%。目前膜式干燥器输出流量较小。当需要大流量输出时,可将若干个干燥器并联使用

2.4.3 冷冻式压缩空气干燥器

在JB/T 10526—2017《一般用冷冻式压缩空气干燥器》中规定了一般用冷冻式压缩空气干燥器的术语和定义、规定工况、要求、试验方法、检验规则及标志、包装、运输和贮存,适用于工作压力为0.4~1.6MPa的干燥器。其他压力范围的干燥器也可参照执行。

(1) 环保冷媒冷冻式干燥器(SMC)

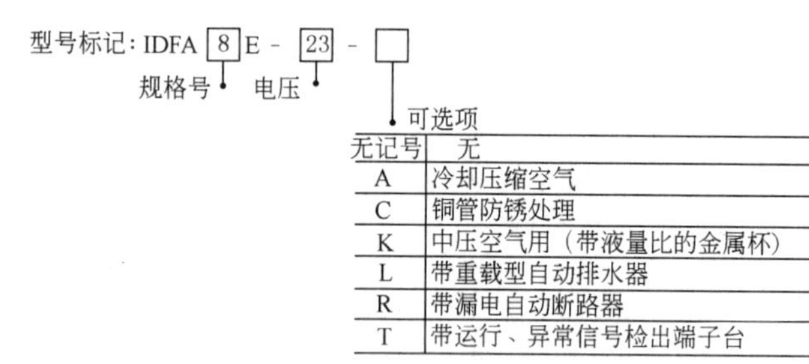

型号标记:IDFA [8] E - [23] - [ ]

规格号 电压 可选项

无记号	无
A	冷却压缩空气
C	铜管防锈处理
K	中压空气用(带液量比的金属杯)
L	带重载型自动排水器
R	带漏电自动断路器
T	带运行、异常信号检出端子台

表 21-2-28

主要技术参数									
规格形式 \ 型号		IDFA3E-23	IDFA4E-23	IDFA6E-23	IDFA8E-23	IDFA11E-23	IDFA15E-23	IDFA22E-23	IDFA37E-23
空气流量(ANR)①/$m^3\cdot h^{-1}$	出口压力露点3℃	12	24	36	65	80	120	182	273
	出口压力露点7℃	15	31	46	83	101	152	231	347
	出口压力露点10℃	17	34	50	91	112	168	254	382
额定值	使用压力/MPa	0.7							
	进口空气温度/℃	35							
	周围温度/℃	25							
	电压/V	230(50Hz)							

续表

使用范围	使用流体	压缩空气							
	进口空气温度/℃	5~50							
	最小进口空气压力/MPa	0.15							
	最大进口空气压力/MPa	1.0							
	周围温度/℃	2~40(相对湿度不大于85%)							
电气规格	电源/V	单相AC220~240(50Hz)电压可变范围-10%④							
	启动电流②/A	8	8	9	11	19	20	22	22
	运转电流②/A	1.2	1.2	1.2	1.4	2.7	3.0	4.3	4.3
	耗电量②/W	180	180	180	208	385	470	810	810
	电流保护器③/A	5					10		
噪声(在50Hz电压下)/dB		50							
冷凝器		散热板管型冷却方式							
冷媒		HFC134a						HFC407C	
冷媒填充量/g		150~5	200~5	230~5	270~5	290~5	470~5	420~5	730~5
空气进出口口径		3/8	1/2	3/4			1	1	1½
排水口口径(管外壁尺寸)/mm		10							
涂装规格		密胺树脂烘烤涂装							
颜色		本体外壳:10Y8/0.5(白色)							
质量/kg		18	22	23	27	28	46	54	62
对应空压机(标准型)/kW		2.2	3.7	5.5	7.5	11	15	22	37

① ANR是指温度20℃,1个大气压和相对湿度65%的状态

② 此数值是在额定状态下的

③ 应安装漏电保护器(感度30mA)

④ 出现短期电力不足(包括连续电力不足时,再启动可能比正常情况下所用的时间要长,或由于有保护电路,即使来电也有可能不能正常启动)

外 形 尺 寸

IDFA3E

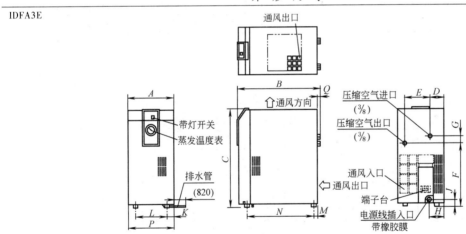

mm

型 号	口径尺寸	A	B	C	D	E	F	G	H	J	K	L	M	N	P	Q
IDFA3E	3/8	226	410	473	67	125	304	33	73	31	36	154	21	330	231	16

IDFA4E~11E

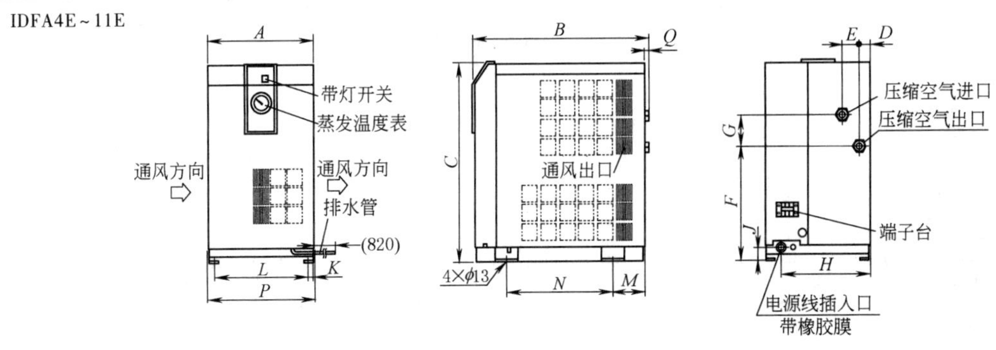

续表

mm

型　号	口径尺寸	A	B	C	D	E	F	G	H	J	K	L	M	N	P	Q
IDFA4E	½	270	453	498	31	42	283	80	230	32	15	240	80	275	275	13
IDFA6E	¾	270	455	498	31	42	283	80	230	32	15	240	80	275	275	15
IDFA8E	¾	270	485	568	31	42	355	80	230	32	15	240	80	300	275	15
IDFA11E	¾	270	485	568	31	42	355	80	230	32	15	240	80	300	275	15

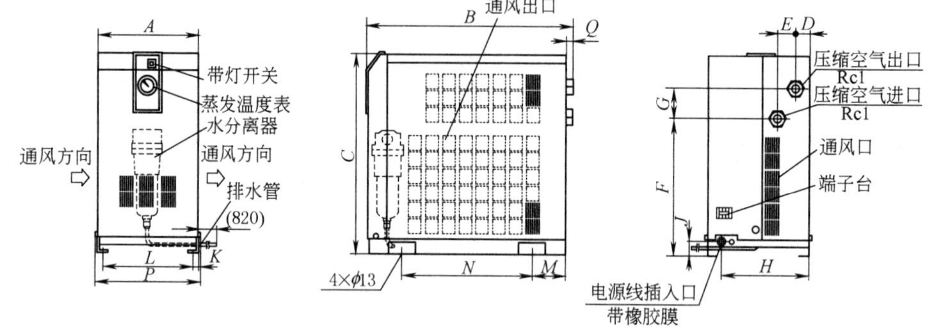

mm

型　号	口径尺寸	A	B	C	D	E	F	G	H	J	K	L	M	N	P	Q
IDFA15E	1	300	603	578	41	54	396	87	258	43	15	270	101	380	314	16

IDFA22E～37E

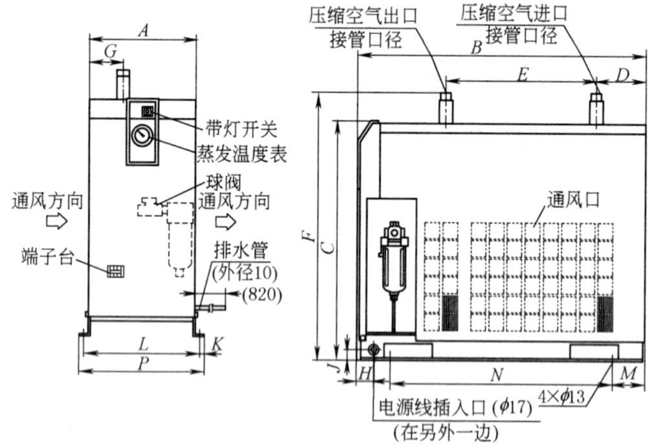

mm

<table>
<tr><th>型　号</th><th>口径尺寸</th><th>A</th><th>B</th><th>C</th><th>D</th><th>E</th><th>F</th><th>G</th><th>H</th><th>J</th><th>K</th><th>L</th><th>M</th><th>N</th><th>P</th></tr>
<tr><td>IDFA22E</td><td>R1</td><td rowspan="2">290</td><td>775</td><td rowspan="2">623</td><td rowspan="2">134</td><td rowspan="2">405</td><td rowspan="2">698</td><td rowspan="2">93</td><td rowspan="2">46</td><td rowspan="2">25</td><td rowspan="2">13</td><td rowspan="2">314</td><td rowspan="2">85</td><td>600</td><td rowspan="2">340</td></tr>
<tr><td>IDFA37E</td><td>R1½</td><td>855</td><td>680</td></tr>
</table>

(2) IDF 系列冷冻式空气干燥器（SMC）

表 21-2-29

规　格

干燥器型号		处理空气量 (ANR)① $/m^3 \cdot min^{-1}$	适合空压机功率 /kW	消耗功率 /W	接管口径	自动排水器型号	使用电压	漏电开关容量 /A
中型	IDF55C	7.65	55	1400	2	AD44-X445	三相 AC220V	15
	IDF75C	10.5	75	2100				
大型	IDF120D	20	120	2500	法兰 2½B	ADH4000-04		30
	IDF150D	25	150	4000	法兰 3B			45
	IDF190D	32	190	4900				50
	IDF240D	43	240	6300	法兰 4B			60
	IDF370B②	54	370	8100	法兰 6B	ADM200-042-8		80

① 在下列条件下：

系　列	进口空气压力 /MPa	进口空气温度 /℃	环境温度 /℃	出口空气压力露点 /℃
IDF55C-240D	0.7	40	32	10
IDF370B		35		

② IDF370B 为水冷式冷凝器，其余系列为风冷式冷凝器

型　号　标　记

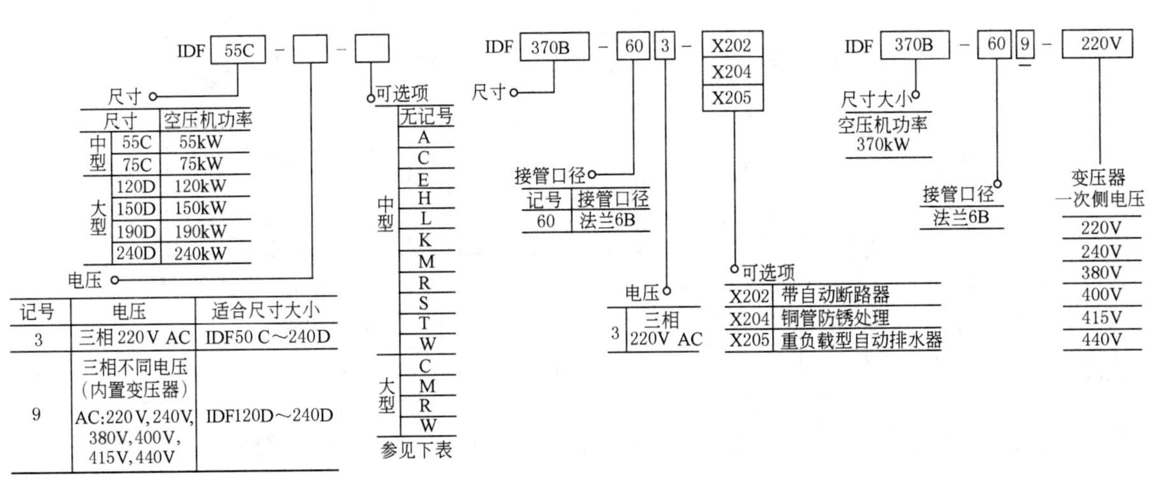

可选项

尺寸 \ 记号/内容	A 冷却压缩空气	C 铜管防锈处理	E 带蒸发温度计	H 中压空气用	K 中压空气用（自动排水器带液位计的金属杯）	L 带重载型自动排水器	M 带电动式自动排水器	R 带涡电自动断路器	S 电源端子台连接	T 带信号远距离操作用端子台	W 水冷式冷凝器	无记号 无
55C	○	○	标准装备	○	—	○	—	○	标准装备	○	○	○
75C	○	○		○	—	○	—	○		○	○	○
120D	—	○		—	—	—	—	○	—	—	○	○
150D	—	○		—	—	—	○	○	—	—	○	○
190D	—	○		—	—	—	○	○	—	—	○	○
240D	—	○		—	—	—	○	○	—	—	○	○

注：○表示有产品；—表示无产品。H 和 M、R 和 S、S 和 T、A 和 H、L 和 M 不能组合，其他多个可选项的组合，按字母顺序排列表示

续表

外 形 尺 寸

IDF55C~75C

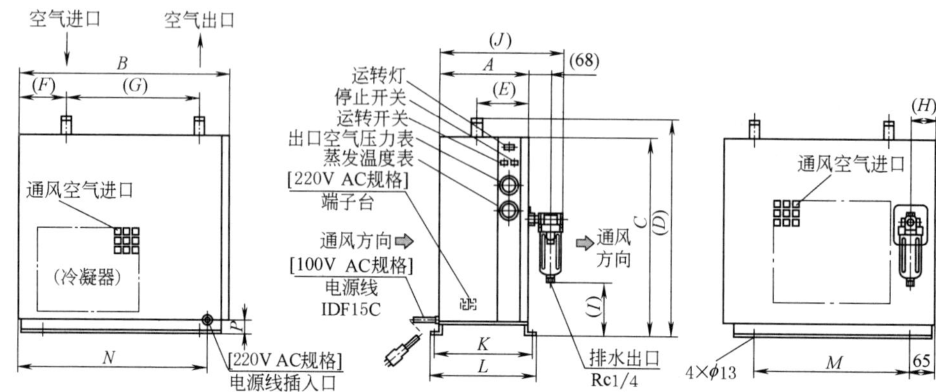

型号	接管口径	A	B	C	D	E	F	G	H	I	J	K	L	M	N	P
IDF55C	R2	405	850	850	930	85	98	405(610)	722	247	508	433	461	700	800	30
IDF75C	R2	425	850	900	980	85	98	405(610)	722	297	528	433	481	700	800	30

注:(　)是可选项规格的冷却压缩空气用的尺寸

IDF120D~240D

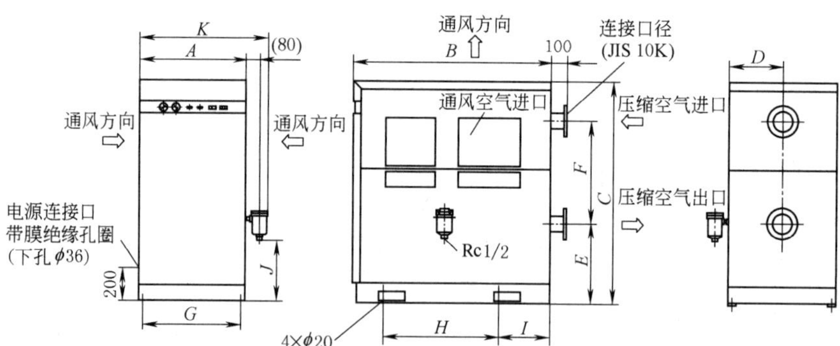

型号	进出口连接	A	B	C	D	E	F	G	H	I	J	K
IDF120D	JIS 10K 2B½法兰	650	1200	1300	325	470	600	600	660	330	365	780
IDF150D	JIS 10K 3B 法兰											
IDF190D	JIS 10K 3B 法兰	750	1510	1320	375	480	600	700	800	355	427	880
IDF240D	JIS 10K 4B 法兰	770	1550	1640	385	703	730	700	800	355	592	900

IDF370B

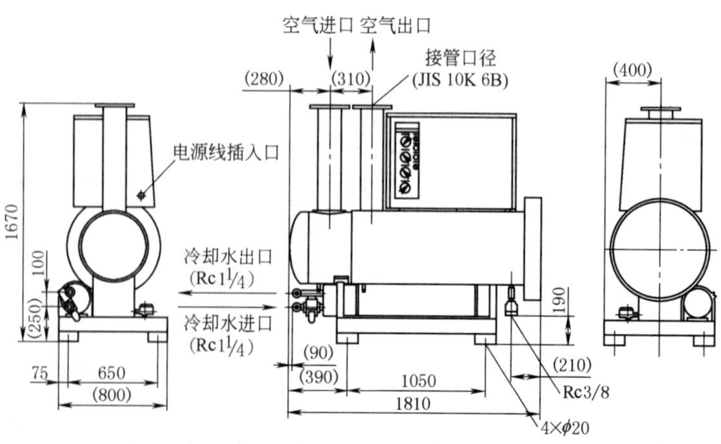

(3) 高温进气型（IDU）冷冻式空气干燥器（SMC）

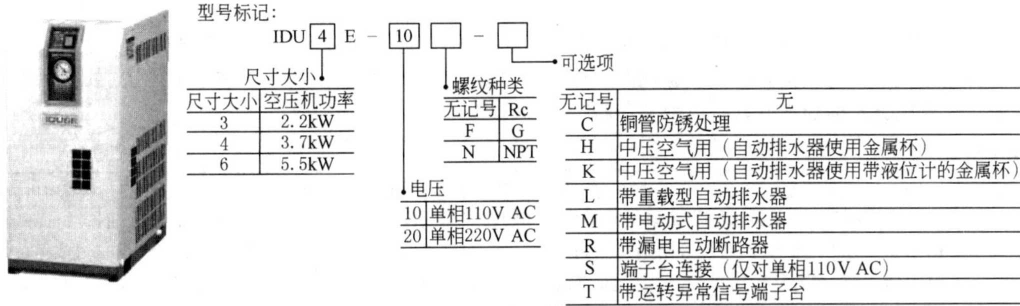

尺寸大小	空压机功率
3	2.2kW
4	3.7kW
6	5.5kW

无记号	Rc
F	G
N	NPT

电压	
10	单相110V AC
20	单相220V AC

无记号	无
C	铜管防锈处理
H	中压空气用（自动排水器使用金属杯）
K	中压空气用（自动排水器使用带液位计的金属杯）
L	带重载型自动排水器
M	带电动式自动排水器
R	带漏电自动断路器
S	端子台连接（仅对单相110V AC）
T	带运转异常信号端子台

注：R和S不能组合（因R上含S功能），S和T不能组合（因T上含S功能），其他可选项多个组合的场合，按字母顺序排列表示

表 21-2-30

规　格

干燥器型号	处理空气量(ANR)①/$m^3 \cdot min^{-1}$	进口空气温度/℃	使用压力范围/MPa	环境温度/℃	电源电压/V AC	消耗功率/W	漏电开关容量/A	自动排水器型号	冷媒	接管口径	适合空压机功率/kW
IDU3E	0.32	5~80	0.15~1.0	2~40	单相	180	10(110V AC)	AD48	HFC 134a	Rc⅜	2.2
IDU4E	0.52				110	208	5			Rc½	3.7
IDU6E	0.75				220	350	(220V AC)			Rc¾	5.5

① 测定条件：进口空气压力为0.7MPa，进口空气温度为55℃，环境温度为32℃，出口空气压力露点为10℃

外　形　尺　寸

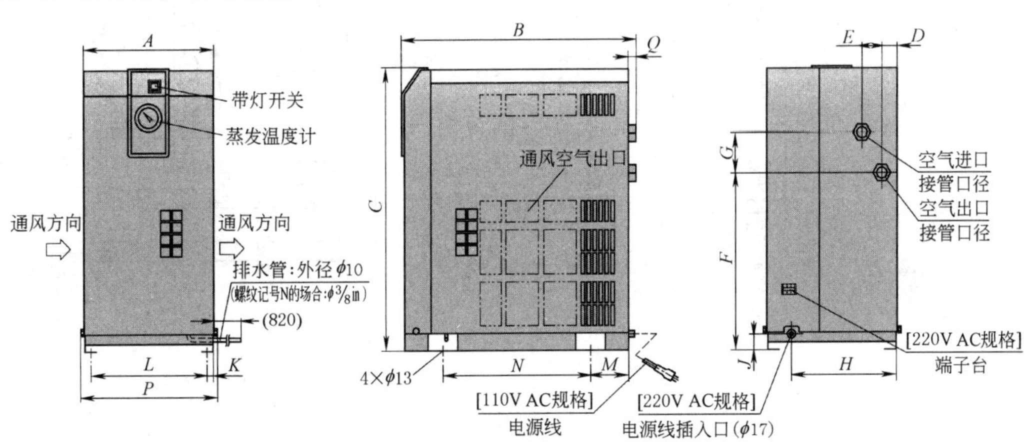

mm

型号	接管口径	A	B	C	D	E	F	G	H	J	K	L	M	N	P	Q
IDU3E	Rc⅜	270	455	498	31	42	283	80	230	32	15	240	80	275	284	15
IDU4E	Rc½		483	568			355							300		13
IDU6E	Rc¾		485													15

构　造　原　理

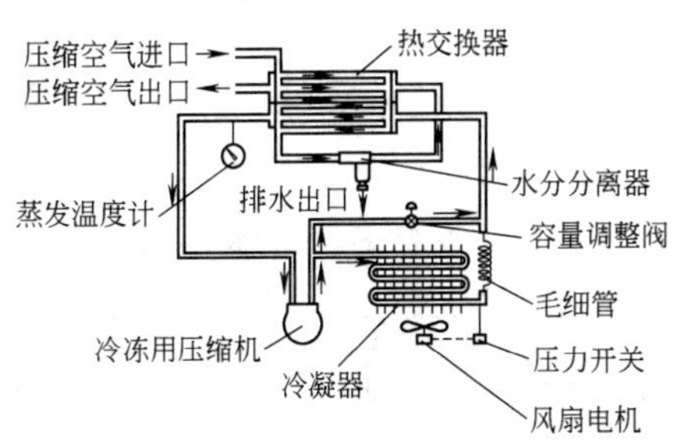

2.4.4 吸附式压缩空气干燥器

在 JB/T 10532—2017《一般用吸附式压缩空气干燥器》中规定了一般用吸附式压缩空气干燥器的术语和定义、类型和型式、要求、试验方法、检验规则及标志、包装、运输和贮存，适用于额定工作压力为 0.4~1.6MPa 的干燥器。其他压力范围的干燥器也可参照执行。

表 21-2-31

<table>
<tr><td>工作原理</td><td>图 1 所示为无热再生吸附式干燥器的工作原理图。其中的吸附剂对水分具有高压吸附、低压脱附的特性。为利用这个特性，干燥器有两个充填了吸附剂的相同的吸附筒 T_1 和 T_2。除去油雾的压缩空气，通过二位五通阀，从吸附筒 T_1 的下部流入，通过吸附剂层流到上部，空气中的水分在加压条件下被吸附剂层吸收。干燥后的空气，通过单向阀，大部分从输出口输出，供气动系统使用。同时，占 10%~15% 的干燥空气，经固定节流孔 O_2，从吸附筒 T_2 的顶部进入。因吸附筒 T_2 通过二位五通阀和二位二通阀与大气相通，故这部分干燥的压缩空气迅速减压，流过 T_2 中原来吸收水分已达饱和状态的吸附剂层，吸附剂中的水分在低压下脱附，脱附出来的水分随空气排至大气，实现了不需外加热源而使吸附剂再生的目的。由定时器周期性地对二位五通电磁阀和二位二通电磁阀进行切换（通常 5~10min 切换一次），使 T_1 和 T_2 定期地交换工作，使吸附剂轮流吸附和再生，便可得到连续输出的干燥压缩空气。在干燥压缩空气的出口处，装有湿度显示器，可定性地显示压缩空气的露点温度（见表 1、表 2）

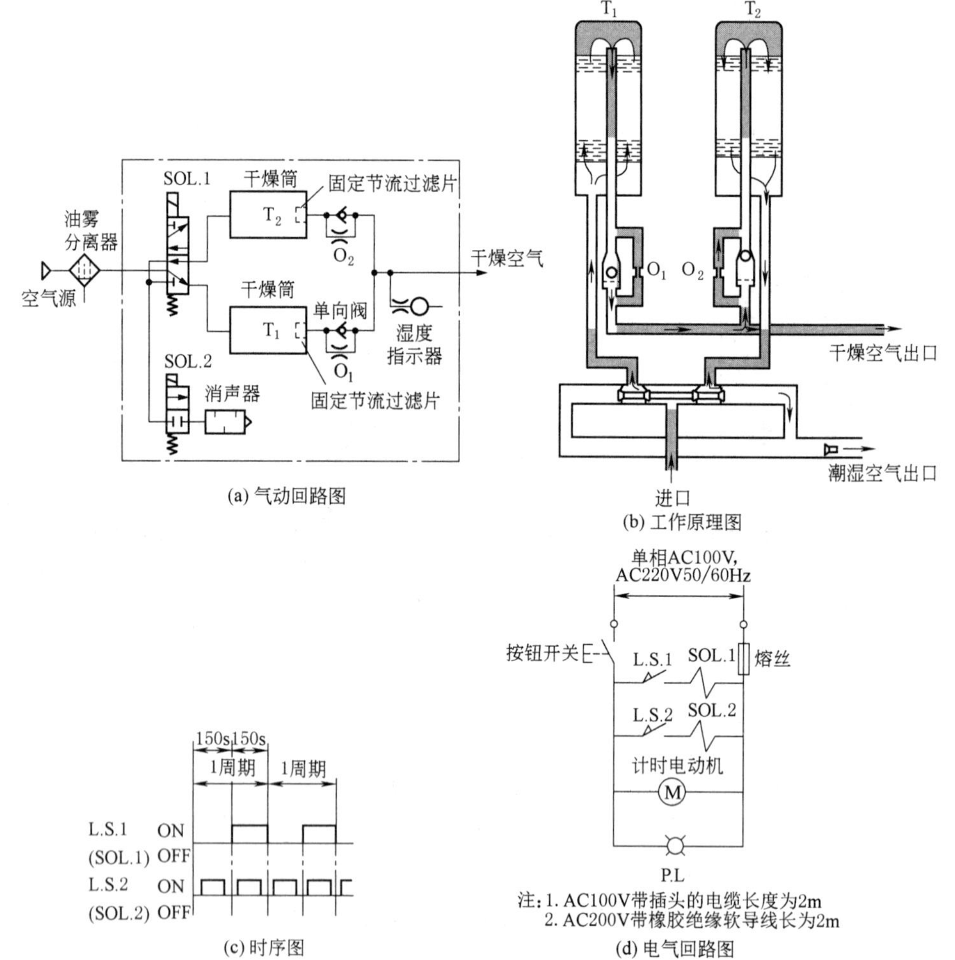

图 1 ID 系列无热再生吸附式干燥器

表 1 显示器的颜色与露点温度
<table><tr><td>显示器的颜色</td><td>深蓝</td><td>浅蓝</td><td>浅红</td><td>粉红</td></tr><tr><td>大气压露点温度/℃</td><td><-30</td><td>-18</td><td>-10</td><td>-5</td></tr></table>注：在进口压力为 0.7MPa、进口空气温度为 30℃ 的条件下得出</td></tr>
</table>

续表

技术参数

表 2　无热再生吸附式干燥器的技术参数

型号	输入流量(ANR)/L·min^{-1}	输出流量(ANR)/L·min^{-1}	再生流量(ANR)/L·min^{-1}	使用压力范围/MPa	配管口径	出口大气压露点	电源
1D20□	100	80	20	0.3~1.0	Rc¼	-30℃以下(进口压力0.7MPa，温度35℃，输入流量下)	AC100V(或AC200V)30W
1D30□	192	155	37	0.3~1.0	Rc½		
1D40□	415	330	85	0.3~0.9	Rc½		
1D60□	975	780	195	0.3~0.9	Rc¾		

吸附式干燥器输入流量与压力降的关系曲线如图 2 所示。再生流量与进口压力的关系如图 3 所示。出口空气在大气压下的露点温度与进口空气温度的关系曲线如图 4 所示

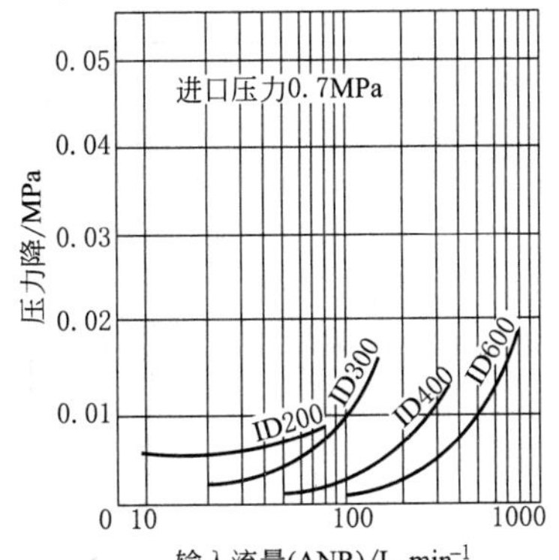

图 2　ID 系列干燥器的输入流量与压力降的关系曲线

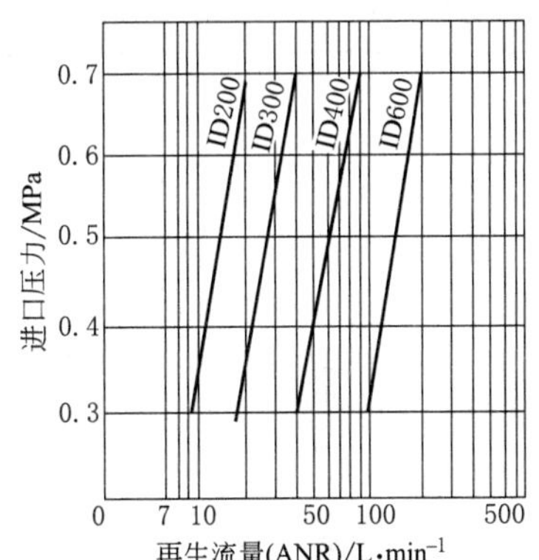

图 3　ID 系列干燥器的再生流量与进口压力的关系曲线

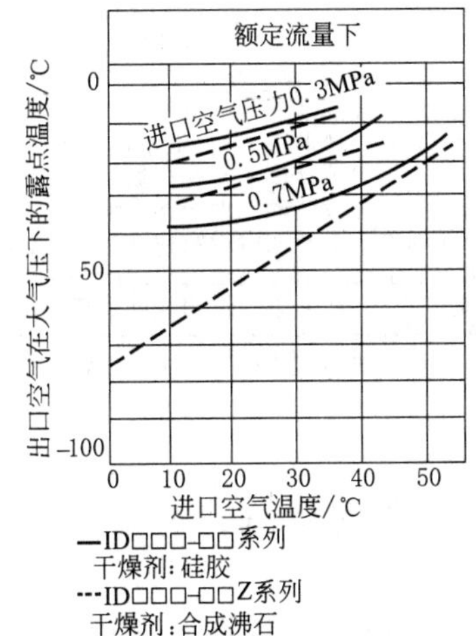

图 4　ID 系列干燥器出口空气在大气压下的露点温度与进口空气温度的关系曲线

选用

冷冻式干燥机虽能提供大量稳定的优质干燥空气，但大气压露点只能达到-17℃

吸附式干燥器体积小、重量轻、易维护，大气压露点可达-30~-50℃，但处理流量小，最大流量不大于 780L/min(ANR)，故适合处理空气量小但干燥程度要求高的场合

使用注意事项

①进出口不得装反，应水平安装。进口应设置空气过滤器和油雾分离器，否则，压缩空气中的油雾和灰尘等将使吸附剂的毛细孔堵塞，使其吸附能力下降，使用寿命变短

②若在吸附式干燥器前设置冷冻式干燥机，则出口大气压露点可低至-50℃

③若希望在不停气条件下更换吸附剂，应设计旁路系统

④应先加压再接通电源，若加压前接通电源，由于单向阀动作差(特别是压力低时)，有可能一开始出现异常多的再生流量

⑤要防止电磁方向阀动作不良可能出现的压缩空气不流动问题

⑥排出的再生流量及湿度显示器排出的空气应对环境无影响

⑦吸附剂长期使用会粉化，应在粉化之前予以更换，以免粉末混入压缩空气中

⑧减压阀不得装在干燥器的一次侧，因在低压状态，除湿能力发挥不出来

2.5 油雾器

在 JB/T 7375—2013《气动油雾器技术条件》中规定了油雾器技术要求、试验方法、检验规则及标志、包装和贮存，适用于将润滑油雾化注入压缩空气的油雾器。

油雾器又称给油器，它是一种特殊的注油装置，它可使润滑油液雾化为 2~3μm 的微粒，并随压缩气流进入元件中，达到润滑的目的。此种注油方法，具有润滑均匀、稳定、耗油量少和不需要大的储油设备等特点。

按雾化粒径大小，油雾器分为微雾型（雾化粒径 2~3μm）和普通型（雾化粒径 20μm）；按雾化原理分为固定节流式、可调节流式和增压式；按补油方式分为固定容积式和自动补油式等。

表 21-2-32

结构及原理	比例油雾器将精密计量的油滴加入至压缩空气中。当气体流经文丘里喷嘴时形成的压差将油滴从油杯中吸出至滴盖。油滴通过比例调节阀滴入，通过高速气流雾化，油滴大小和气体的流量成正比 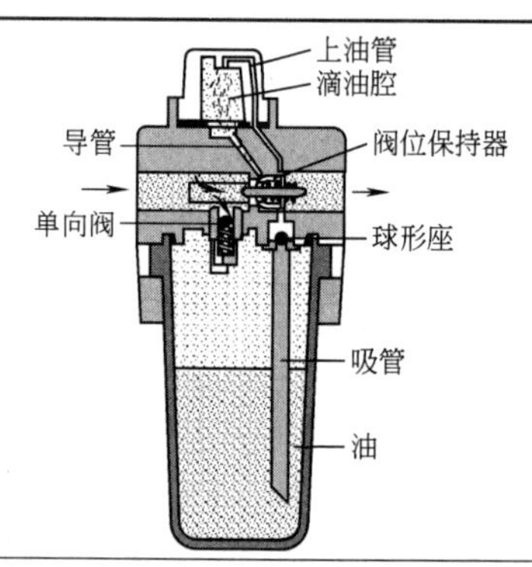
使用注意事项	压缩空气油雾润滑时应注意以下事项 ①可使用专用油(必须采用 DIN 51524-HLP32 规定的油:40℃时油的黏度为 $32\times10^{-6}m^2/s$) ②当压缩空气润滑时,油雾不能超过 $25mg/m^3$(DIN ISO 8573-1 第 5 类)。压缩空气经处理后应为无油压缩空气 ③采用润滑压缩空气进行操作将会彻底冲刷未润滑操作所需的终身润滑,从而导致故障 ④油雾器应尽可能直接安装在气缸的上游,以避免整个系统都使用油雾空气 ⑤系统切不可过度润滑。为了确定正确的油雾设定,可进行以下简单的"油雾测试":手持一页白纸距离最远的气缸控制阀的排气口(不带消声器)约 10cm,经一段时间后,白纸呈现淡黄色,上面的油滴可确定是否过度润滑 ⑥排气消声器的颜色和状态进一步提供了过度润滑的证据。醒目的黄色和滴下的油都表明润滑设置得太大 ⑦受污染或不正确润滑的压缩空气会导致气动元件的寿命缩短 ⑧必须至少每周对气源处理单元的冷凝水和润滑设定检查两次,这些操作必须列入机器的保养说明书中 ⑨各气动元件厂商均生产无油润滑的气缸、阀等气动元件,为了保护环境或符合某些行业的特殊要求,尽可能不用油雾器 ⑩对于可用/可不用润滑空气的工作环境,如果气缸的速度大于 1m/s,应采用给油的润滑方式

在参考文献［13］中介绍了“AL 系列普通型油雾器”“ALF 系列自动补油型油雾器”，包括结构原理、主要技术参数、选用、使用注意事项，可供参考。

2.6 空气组合元件（气源处理装置）

2.6.1 GC 系列三联件的结构、材质和特性（亚德客）

表 21-2-33

结构及外形尺寸	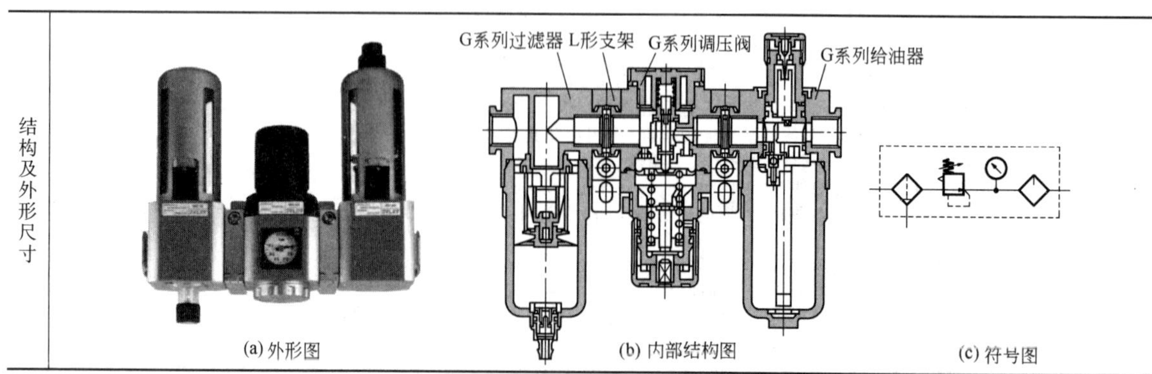 (a) 外形图　(b) 内部结构图　(c) 符号图

续表

结构及外形尺寸

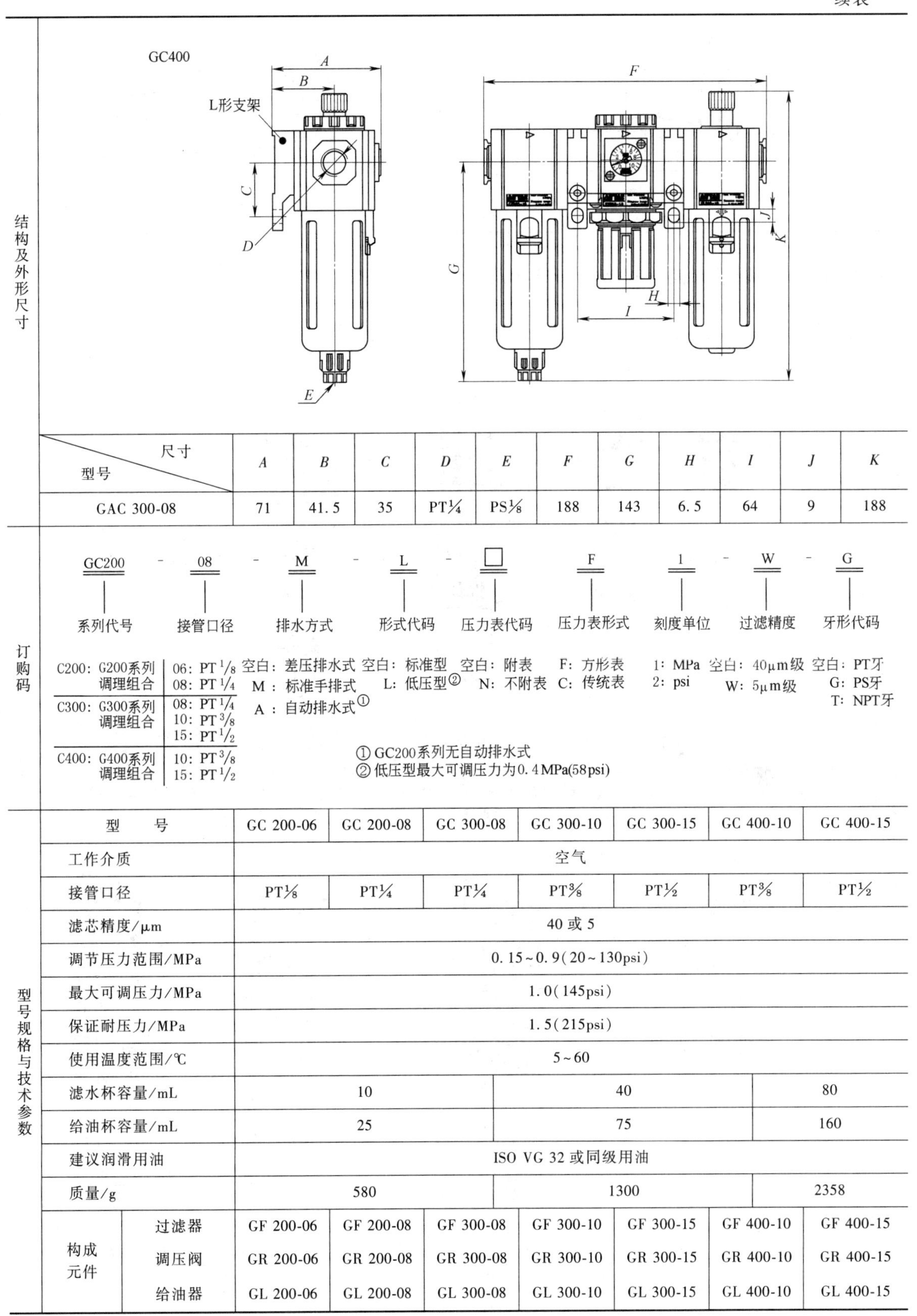

型号＼尺寸	A	B	C	D	E	F	G	H	I	J	K
GAC 300-08	71	41.5	35	PT¼	PS⅛	188	143	6.5	64	9	188

订购码

GC200 - 08 - M - L - □ F 1 - W - G

系列代号 接管口径 排水方式 形式代码 压力表代码 压力表形式 刻度单位 过滤精度 牙形代码

系列代号	接管口径	排水方式	形式代码	压力表代码	压力表形式	刻度单位	过滤精度	牙形代码
C200：G200系列调理组合	06：PT 1/8 08：PT 1/4	空白：差压排水式 M：标准手排式 A：自动排水式①	空白：标准型 L：低压型②	空白：附表 N：不附表	F：方形表 C：传统表	1：MPa 2：psi	空白：40μm级 W：5μm级	空白：PT牙 G：PS牙 T：NPT牙
C300：G300系列调理组合	08：PT 1/4 10：PT 3/8 15：PT 1/2							
C400：G400系列调理组合	10：PT 3/8 15：PT 1/2							

① GC200系列无自动排水式

② 低压型最大可调压力为0.4MPa(58psi)

型号规格与技术参数

型号		GC 200-06	GC 200-08	GC 300-08	GC 300-10	GC 300-15	GC 400-10	GC 400-15
工作介质		空气						
接管口径		PT⅛	PT¼	PT¼	PT⅜	PT½	PT⅜	PT½
滤芯精度/μm		40 或 5						
调节压力范围/MPa		0.15～0.9(20～130psi)						
最大可调压力/MPa		1.0(145psi)						
保证耐压力/MPa		1.5(215psi)						
使用温度范围/℃		5～60						
滤水杯容量/mL		10		40			80	
给油杯容量/mL		25		75			160	
建议润滑用油		ISO VG 32 或同级用油						
质量/g		580		1300			2358	
构成元件	过滤器	GF 200-06	GF 200-08	GF 300-08	GF 300-10	GF 300-15	GF 400-10	GF 400-15
	调压阀	GR 200-06	GR 200-08	GR 300-08	GR 300-10	GR 300-15	GR 400-10	GR 400-15
	给油器	GL 200-06	GL 200-08	GL 300-08	GL 300-10	GL 300-15	GL 400-10	GL 400-15

续表

压力特性	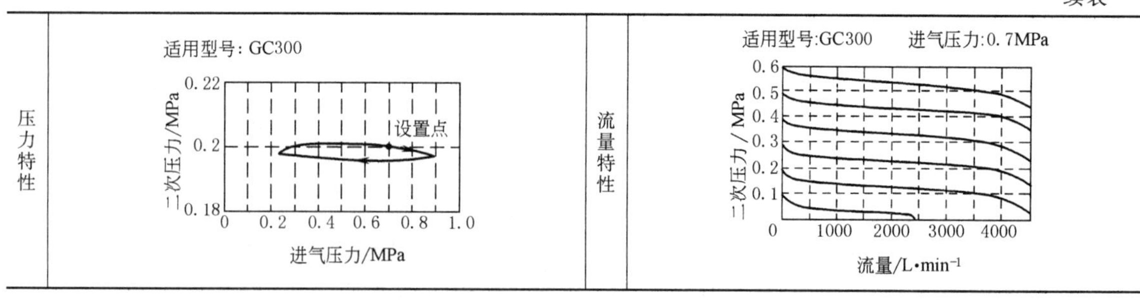	流量特性	

2.6.2 GFR系列过滤减压阀结构、尺寸及特性（亚德客）

表 21-2-34

结构及外形尺寸

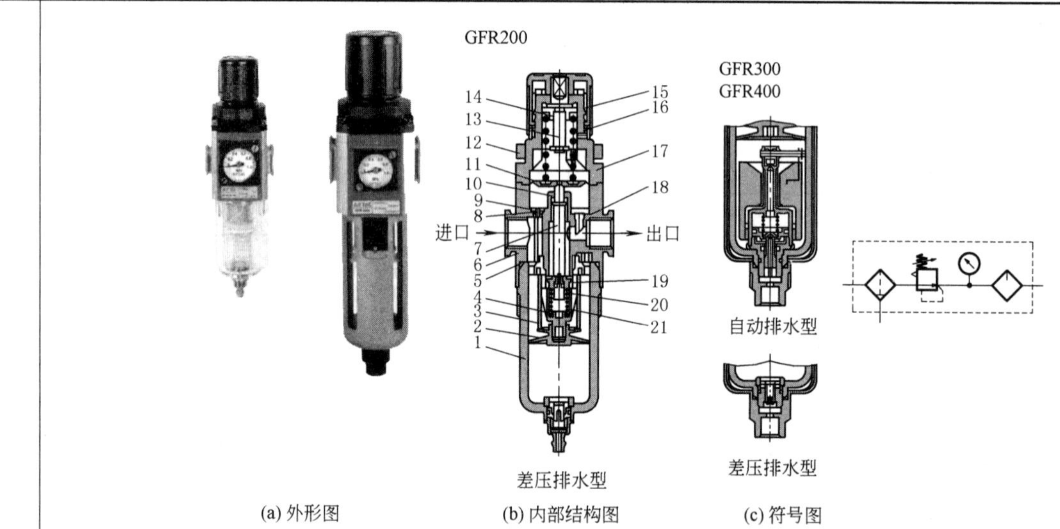

(a) 外形图　(b) 内部结构图　(c) 符号图

1—滤水杯；2—伞形固定座；3—滤芯；4—导流器；5，10，20—O形环；6—调压滤水器本体；7—调压柱；8—单向阀；9—固定塞头；11—主调压膜片；12—固定环帽；13—主调压轴；14—主调压六角帽；15—主调压钮；16，21—弹簧；17—主调压座；18—反馈导管；19—调压塞头

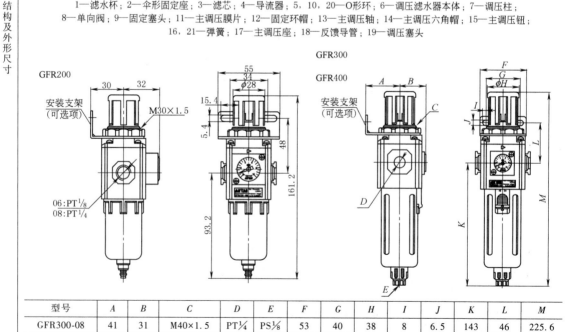

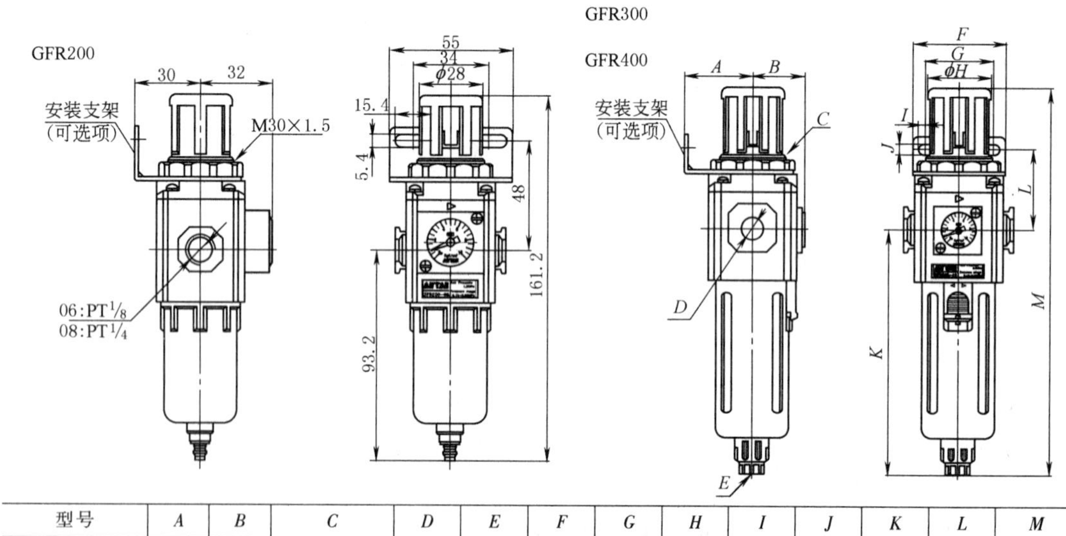

型号	A	B	C	D	E	F	G	H	I	J	K	L	M
GFR300-08	41	31	M40×1.5	PT¼	PS⅛	53	40	38	8	6.5	143	46	225.6

续表

订购码

GFR200 - 08 - M - L - □ - □ F 1 - W - G

系列代号	接管口径	排水方式	形式代码	支架代码	压力表代码	压力表形式	刻度单位	过滤精度	牙形代码
GFR200: G200 系列调压过滤器	06: PT 1/8 08: PT 1/4	空白:差压排水式 M:标准手排式 A:自动排水式①	空白:标准型 L:低压型②	空白:附支架 J:不附支架	空白:附表 N:不附表	F:方形表 C:传统表	1:MPa 2:psi	空白:40μm级 W:5μm级	空白:PT牙 G:PS牙 T:NPT牙
GFR300: G300 系列调压过滤器	08: PT 1/4 10: PT 3/8 15: PT 1/2								
GFR400: G400 系列调压过滤器	10: PT 3/8 15: PT 1/2								

①GFR200 系列无自动排水式

②低压型最大可调压力为:0.4MPa(58psi)

型号规格与技术参数

型号	GFR200-06	GFR200-08	GFR300-08	GFR300-10	GFR300-15	GFR400-10	GFR400-15
工作介质	空气						
接管口径	PT⅛	PT¼	PT¼	PT⅜	PT½	PT⅜	PT½
滤芯精度/μm	40 或 5						
调节压力范围/MPa	0.15~0.9(20~130psi)						
最大可调压力/MPa	1.0(145psi)						
保证耐压力/MPa	1.5(215psi)						
使用温度范围/℃	5~60						
滤水杯容量/mL	10		40			80	
质量/g	216		500			1026	

压力特性

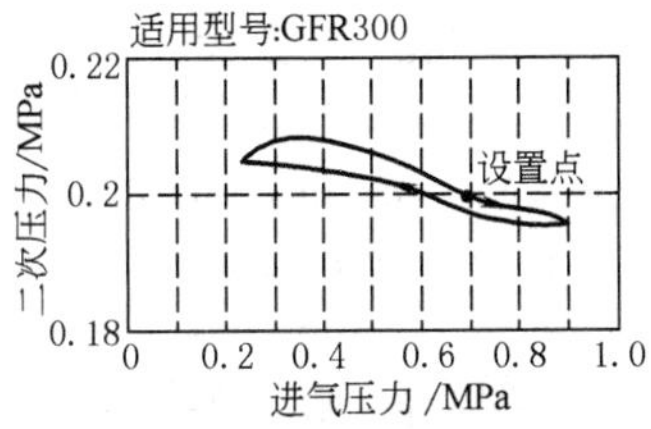

适用型号:GFR300

二次压力/MPa: 0.18, 0.2, 0.22

进气压力/MPa: 0, 0.2, 0.4, 0.6, 0.8, 1.0

设置点

流量特性

适用型号:GFR300　进气压力:0.7MPa

二次压力/MPa: 0, 0.1, 0.2, 0.3, 0.4, 0.5, 0.6

流量/L·min⁻¹: 0, 1000, 2000, 3000, 4000

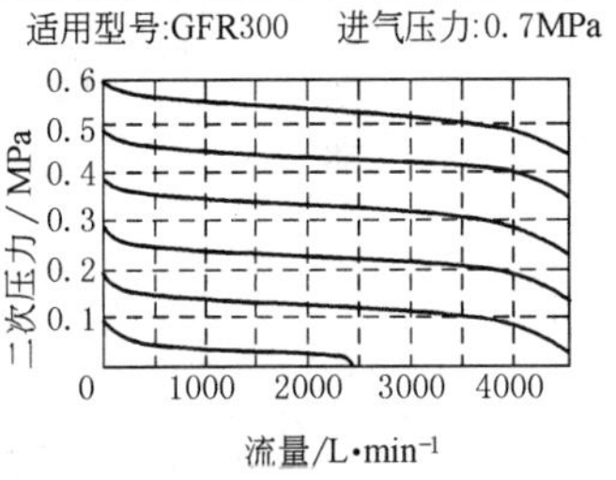

2.6.3 QAC 系列空气过滤组合三联件规格、尺寸及特性（上海新益）

表 21-2-35

结构及外形尺寸

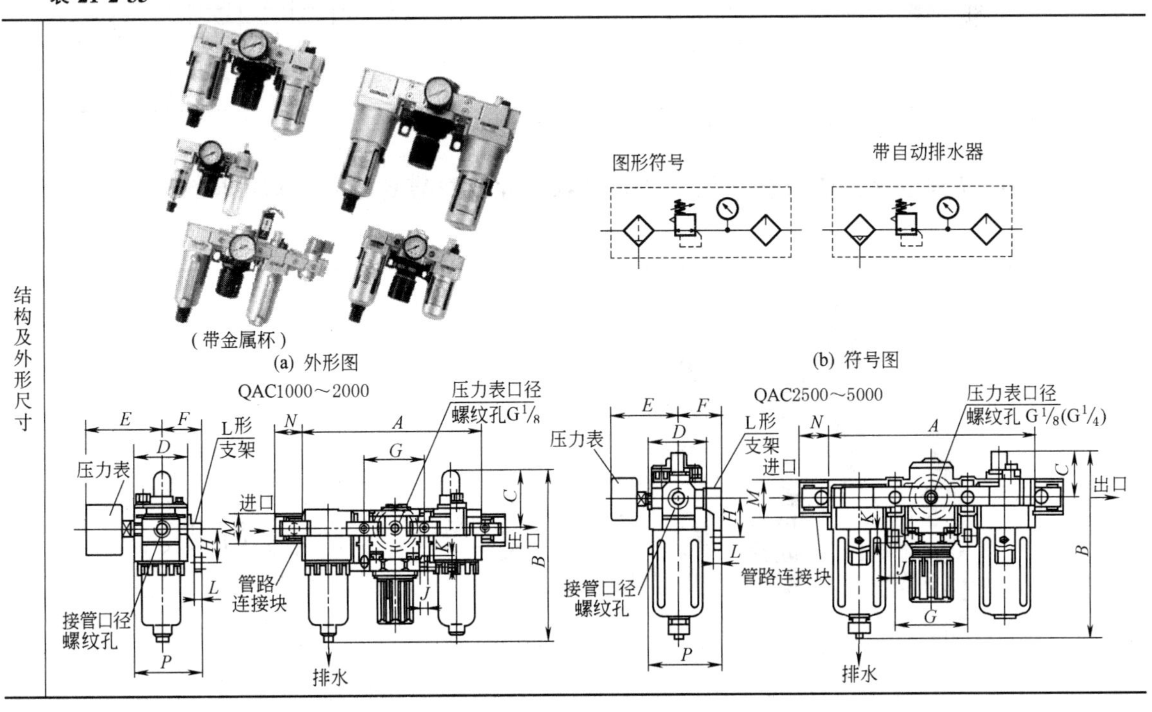

续表

结构及外形尺寸	型号	口径(G)	*A*	*B*	*C*	*D*	*E*	*F*	*G*	*H*	*J*	*K*	*L*	*M*	*N*	*P*	连自动排水器 *B*
	QAC1000	M5~0.8	91	84.5	25.5	25	26	25	33	20	4.5	7.5	5	17.5	16	38.5	105

型号规格及技术参数	项目	参数
	耐压试验压力/MPa	1.5
	最高使用压力/MPa	1.0
	环境及介质温度/℃	5~60
	过滤孔径/μm	25
	建议用油	透平 1 号油(ISO VG32)
	杯材料	PC/铸铝(金属杯)
	杯防护罩	QAC1000~2000(无)　QAC2500~5000(有)
	调压范围/MPa	QAC1000:0.05~0.7 QAC2000~5000:0.05~0.85
	阀型	带溢流型

型号		规格								配件
手动排水型	自动排水型	组件 过滤器	组件 减压阀	组件 油雾器	额定流量[①]/L·min⁻¹	接管口径(G)	压力表口径(G)	质量/kg	支架/2个	压力表
QAC1000-M5	—	QAF1000	QAR1000	QAL1000	90	M5×0.8	1/16	0.26	Y10L	QG27-10-R1

流量特性曲线(进口压力 p_1=0.7MPa)		压力特性曲线	进口压力 p_1=0.7MPa,出口压力 p_2=0.2MPa,流量 Q=20L/min
	QAC1000　M6×0.8 出口压力/MPa：0.6、0.5、0.4、0.3、0.2、0.1 流量/L·min⁻¹：0、25、50、75、100、125、150		QAC1000　M5×0.8 设置点 出口压力/MPa：0.25、0.20、0.18、0.16、0.15 进口压力/MPa：0、0.2、0.3、0.4、0.5、0.6、0.7、0.8、0.9、1.0

① 进口压力为 0.7MPa、出口压力为 0.5MPa 的情况下。

2.6.4　QAC 系列空气过滤组合（二联件）结构尺寸及产品型号（上海新益）

表 21-2-36

结构及外形尺寸

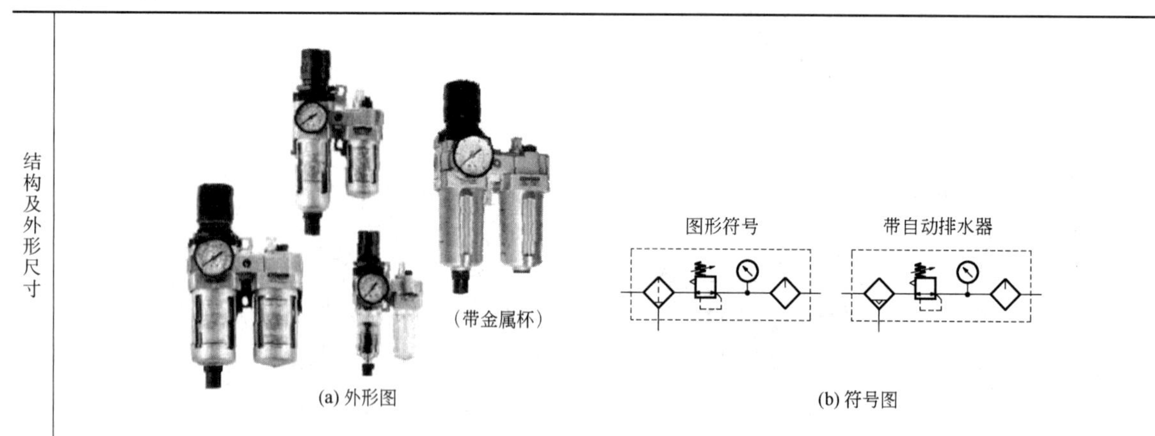

(a) 外形图　　(b) 符号图

续表

结构及外形尺寸

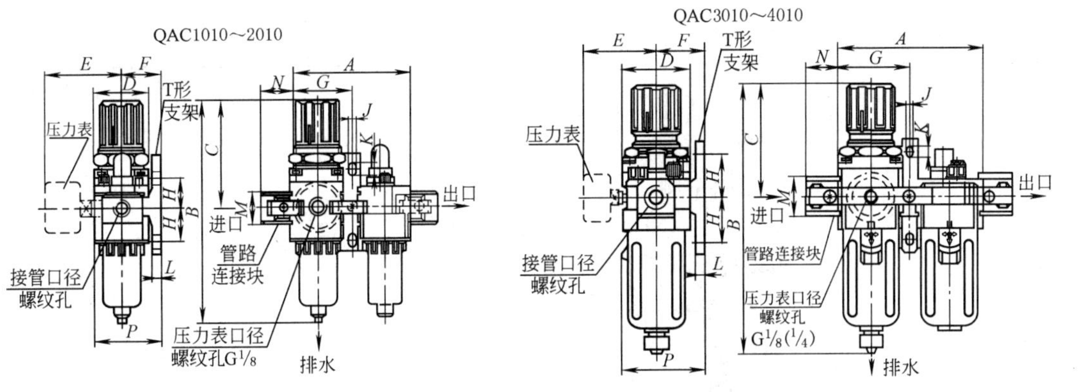

QAC1010~2010　　　　QAC3010~4010

型号	口径(G)	A	B	C	D	E	F	G	H	J	K	L	M	N	P	连自动排水器 B
QAC1010	M5×0.8	58	109.5	50.5	25	26	25	29	20	4.5	7.5	5	17.5	16	38.5	130
QAC2010	⅛~¼	90	164.5	78	40	56.8	30	45	24	5.5	8.5	5	22	23	50	198.5
QAC3010	¼~⅜	117	211	92.5	53	60.8	41	58.5	35	7	11	7	34.2	26	70.5	249
QAC4010	⅜~½	154	262	112	70	70.5	50	77	40	9	13	7	42.2	33	88	310.5
QAC4010-06	¾	164	267	114	70	70.5	50	82	40	9	13	7	46.2	36	88	306

型号规格及技术参数

项目	参数
耐压试验压力/MPa	1.5
最高使用压力/MPa	1.0
环境及介质温度/℃	5~60
过滤孔径/μm	25
建议用油	透平1号油(ISO VG32)
杯材料①	PC/铸铝(金属杯)
杯防护罩	QAC1010~2010(无)　QAC3010~4010(有)
调压范围/MPa	QAC1010:0.05~0.7 QAC2010~4010:0.05~0.85
阀型	带溢流型

型号		规格						配件	
		组件		额定流量② /L·min⁻¹	接管口径(G)	压力表口径(G)	质量/kg	支架2个	压力表
手动排水型	自动排水型	过滤器连减压阀	油雾器						
QAC1010-M5	—	QAW1000	QAL1000	90	M5×0.8	1/16	0.22	Y10T	QG27-10-R1
QAC2010-01	QAC2010-01D	QAW2000	QAL2000	500	⅛	⅛	0.66	Y20T	QG36-10-01
QAC2010-02	QAC2010-02D	QAW2000	QAL2000	500	¼	¼	0.66	Y20T	
QAC3010-02	QAC3010-02D	QAW3000	QAL3000	1700	¼	⅛	0.98	Y30T	
QAC3010-03	QAC3010-03D	QAW3000	QAL3000	1700	⅜	⅛	0.98	Y30T	
QAC4010-03	QAC4010-03D	QAW4000	QAL4000	3000	⅜	¼	1.93	Y40T	QG46-10-02
QAC4010-04	QAC4010-04D	QAW4000	QAL4000	3000	½	¼	1.93	Y40T	
QAC4010-06	QAC4010-06D	QAW4000	QAL4000	3000	¾	¼	1.99	Y50T	

① QAC2010~4010空气过滤组合带有金属杯可供选择。

② 进口压力为0.7MPa、出口压力为0.5MPa情况下。

2.6.5 费托斯精密型减压阀

表 21-2-37

结构	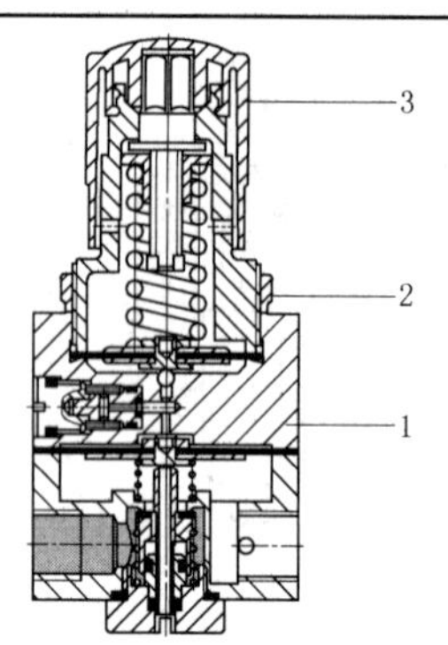	1—壳体，材料：铝； 2—滚花螺母，材料：聚碳酸酯/聚酰胺； 3—旋转手柄，材料：LRP为聚醋酸酯，LRPS为铝 密封材料：丁腈橡胶	
特性	该精密减压阀通过膜片式的先导控制，作用于主阀芯调节工作压力（出口），因而具有良好的调压特性。在静态和动态使用时，压力精密调节；流量压力特性曲线的压力迟滞<0.02bar；当输入压力和流量改变时，具有快速响应的良好特性；输入压力的波动几乎全得到补偿		
环境条件	环境温度/℃	-10～60	
	耐腐蚀等级（CRC）	2	
主要技术参数	型号	精密减压阀 LRP	可锁定式精密减压阀 LRPS
	气接口	G¼	
	工作介质	过滤压缩空气，润滑或未润滑，过滤等级≤40μm	
	结构特点	先导驱动精密膜片式减压阀	
	安装形式	通过附件安装	
		面板安装	
		管式安装	
	安装位置	任意	
	最大迟滞量/mbar	20	
	输入压力/bar	1～12	
	压力调节范围/bar		
	0.7	0.05～0.7	
	2.5	0.05～2.5	
	4	0.05～4	
	10	0.1～10	
标准额定流量 q_n/L·min^{-1}	压力调节范围/bar	LRP/LRPS	
	0.7	800	
	2.5	1800	
	4	2000	
	10	2300	
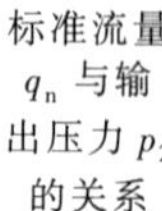标准流量 q_n 与输出压力 p_2 的关系	LRP(S)-1/4-0.7 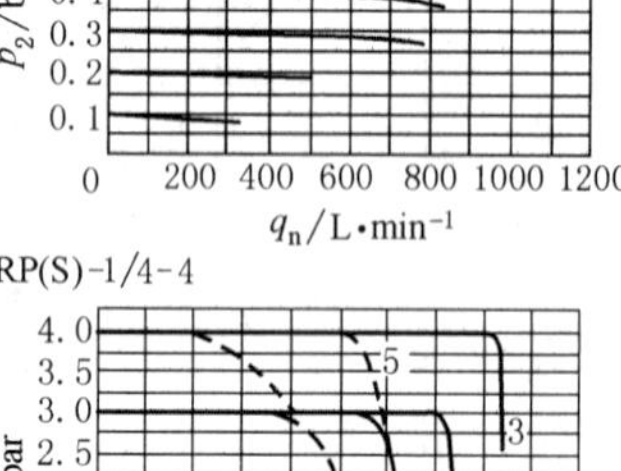 LRP(S)-1/4-2.5 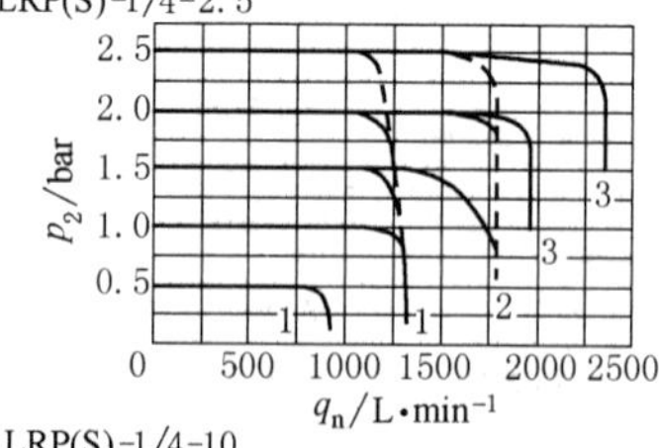 LRP(S)-1/4-4 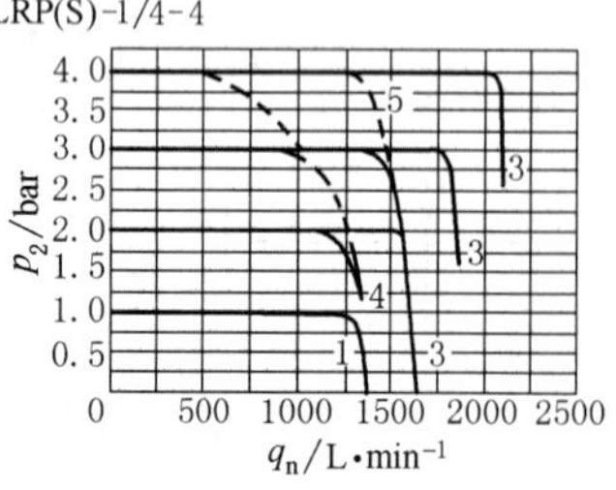 LRP(S)-1/4-10 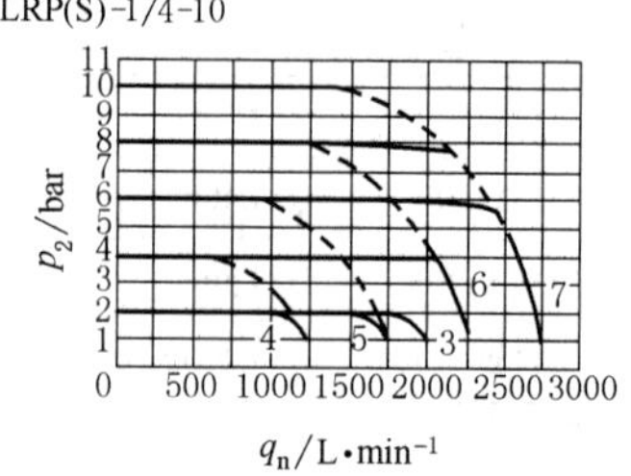	1—输入压力 p_1=5～12bar； 2—输入压力 p_1=7～12bar； 3—输入压力 p_1=10～12bar； 4—输入压力 p_1=5bar； 5—输入压力 p_1=7bar； 6—输入压力 p_1=10bar； 7—输入压力 p_1=12bar	

续表

内部空气消耗 q_n 和输入压力 p_1 的关系	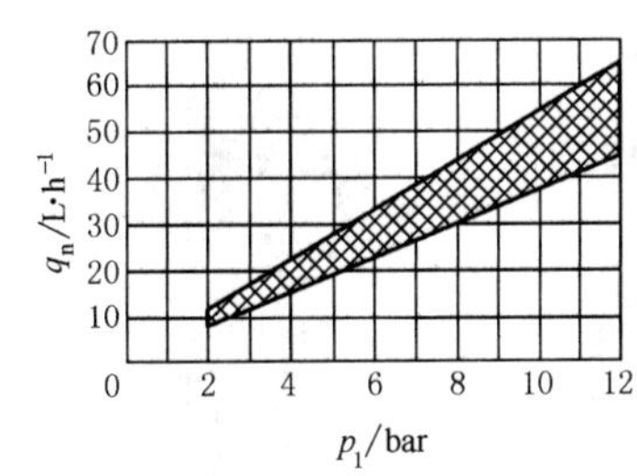

2.6.6 麦特沃克 Skillair 三联件（管道补偿）

表 21-2-38

模块化组合的特点	Skillair 气源处理元件采用了模块化设计的理念，各种功能模块可以进行任意的组合，如过滤器、减压阀、油雾器、渐增压启动阀等。同时模块化的结构使得现场维修更换非常方便，对任意部分元件或整体元件进行拆卸时，不会对其余部分元件或气管造成任何影响（图 a）	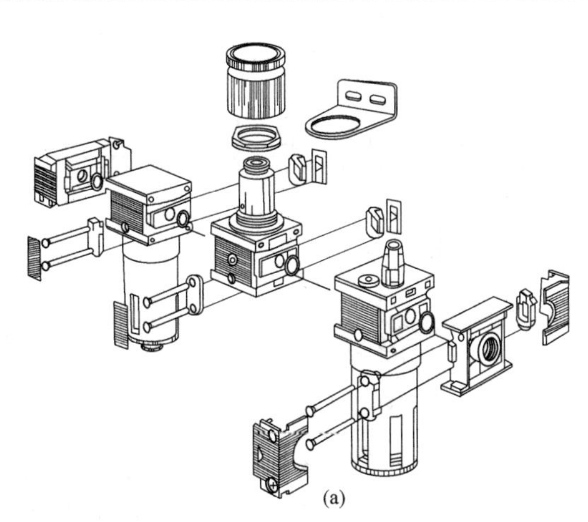 (a)
对管子长度偏差进行补偿	Skillair 400 系列为大流量系列，6.3bar 时的最大流量可以达到 20000L/min。通常该系列用于总进气的气源处理部分，因此所连接的管子都为硬管连接，如果管子在切割时长度有偏差，Skillair 400 系列可以对长度偏差进行补偿。而且该系列的接头可以旋转滑动，因此在安装和拆卸的时候无需拆卸管子，大大减少了现场维护的工作量 如图 b 所示，松开端板上的螺钉，即可调整接头螺母的距离或进行旋转，调整完毕后拧紧螺钉进行固定	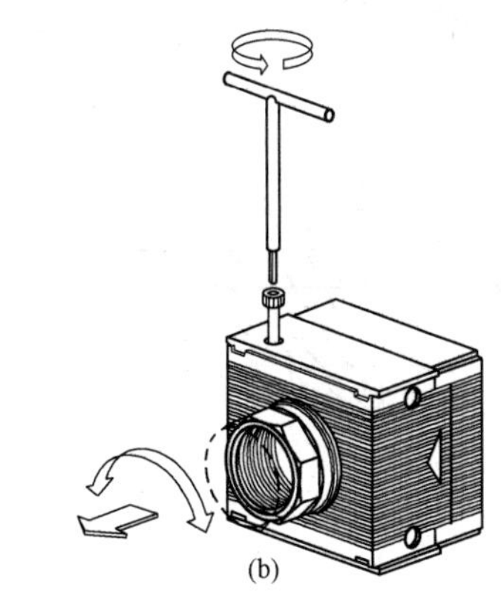 (b)

2.6.7 不锈钢过滤器、调压阀、油雾器（Norgren 公司）

Norgren 公司采用不锈钢材质制作的过滤器、调压阀、油雾器产品在一些特定场合有良好的应用，如油田井口、海船、近海作业、食品工业和其他腐蚀环境，它的最高进口工作压力为 17bar、20bar，输出工作压力为 0～10bar，过滤器的流量为 3420L/min，调压阀的流量为 3000L/min，油雾器的流量为 2880L/min。

½inNPTF 螺纹为美国斜牙管螺纹。不锈钢过滤器、调压阀及油雾器的规格及性能参数见表 21-2-39。

表 21-2-39

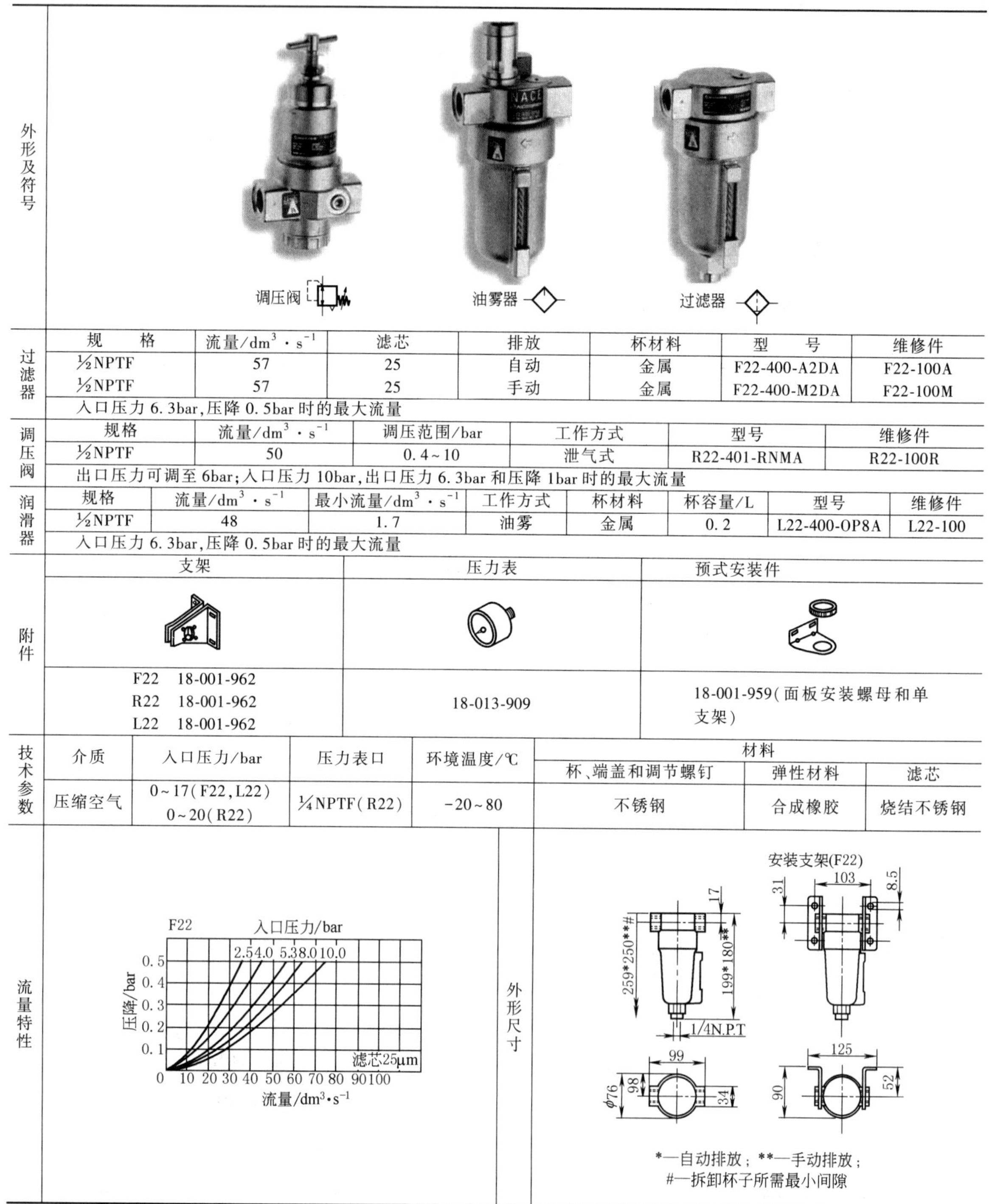

外形及符号	调压阀	油雾器	过滤器

过滤器

规格	流量/dm³·s⁻¹	滤芯	排放	杯材料	型号	维修件
½NPTF	57	25	自动	金属	F22-400-A2DA	F22-100A
½NPTF	57	25	手动	金属	F22-400-M2DA	F22-100M
入口压力 6.3bar,压降 0.5bar 时的最大流量						

调压阀

规格	流量/dm³·s⁻¹	调压范围/bar	工作方式	型号	维修件
½NPTF	50	0.4~10	泄气式	R22-401-RNMA	R22-100R
出口压力可调至 6bar;入口压力 10bar,出口压力 6.3bar 和压降 1bar 时的最大流量					

润滑器

规格	流量/dm³·s⁻¹	最小流量/dm³·s⁻¹	工作方式	杯材料	杯容量/L	型号	维修件
½NPTF	48	1.7	油雾	金属	0.2	L22-400-OP8A	L22-100
入口压力 6.3bar,压降 0.5bar 时的最大流量							

附件

支架	压力表	预式安装件
F22 18-001-962 R22 18-001-962 L22 18-001-962	18-013-909	18-001-959(面板安装螺母和单支架)

技术参数

介质	入口压力/bar	压力表口	环境温度/℃	材料		
				杯、端盖和调节螺钉	弹性材料	滤芯
压缩空气	0~17(F22,L22) 0~20(R22)	¼NPTF(R22)	-20~80	不锈钢	合成橡胶	烧结不锈钢

流量特性

外形尺寸

*—自动排放；**—手动排放；#—拆卸杯子所需最小间隙

3 局部增压元件

参考文献［13］介绍，局部增压元件是指出口压力比进口压力高的阀。但参考文献［11］指出：“增压阀又称增压器。”

表 21-2-40

功　能	工作原理图	工作原理说明
工厂气路中的压力，通常不高于1.0MPa。因此在下列情况时，可利用增压阀提供少量、局部高压气体 ①气路中个别或部分装置需用高压 ②工厂主气路压力下降，不能保证气动装置的最低使用压力时，利用增压阀提供高压气体，以维持气动装置正常工作 ③不能配置大口径气缸，但输出力又必须确保 ④气控式远距离操作，必须增压以弥补压力损失 ⑤需要提高联动缸的液压力 ⑥要求缩短向气罐内充气至一定压力的时间	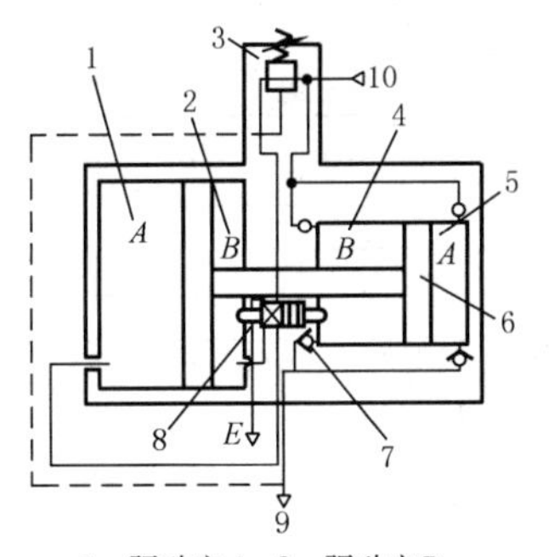 1—驱动室A；2—驱动室B；3—调压阀；4—增压室B；5—增压室A；6—活塞；7—单向阀；8—换向阀；9—出口侧；10—入口侧	输入气压分两路，一路打开单向阀小气缸的增压室A和B，另一路经调压阀及换向阀向大气缸的驱动室B充气。驱动室A排气。这样，大活塞左移，带动小活塞也左移，使小气缸B室增压，打开单向阀从出口送出高压气体。小活塞移动到终端，使换向阀切换，则驱动室A进气，驱动室B排气，大活塞反向运动，增压室A增压，打开单向阀从出口送出高压气体。出口压力反馈到调压阀，可使出口压力自动保持在某一值。当需要改变出口压力时，可调节手轮，便得到在增压范围内的任意设定的出口压力。若出口反馈压力与调压阀的可调弹簧力相平衡，增压阀就停止工作，不再输出流量

表 21-2-41　　**增压阀主要技术参数**（SMC）

技术参数	手轮操作量					先导压力控制型（气控型）	
	VBA43A	VBA11A	VBA10A	VBA20A	VBA40A	VBA22A	VBA42A
接管口径	Rc½	Rc½		Rc⅜	Rc½	Rc⅜	Rc½
最大增压比	2	2~4	2				
最高进口压力/MPa	1.0						
设定压力范围/MPa	0.2~1.6	0.2~2.0		0.2~1.0			
最大流量(ANR)/L·min^{-1}	1600	70	230	1000	1900	1000	1000

注：最大增压比为最高二次侧压力与一次侧压力之比。

3.1　DPA 型增压器（Festo）

增压器是一种带双活塞，能压缩空气的压力增强器。当对 DPA 进行加压时，根据流量的大小，内置换向阀和单向阀能自动地把输出端的压力提高两倍。两端活塞的驱动气源是由换向阀控制的。当到达一定的行程终端位置，换向阀能自动换向，能在系统压力和最大的两倍系统压力之间随意地选择输出压力。

其参考值是通过一个手动操作的减压阀来设置的。该减压阀给输出端的运动活塞提供压缩空气，并确保增压器的稳定工作。当使用的系统压力未达到要求的输出压力时，增压器能自动启动。当达到输出压力时，增压器就自动停止工作，但是当压力下降时，增压器就又会动作。

优点：任意位置安装、使用寿命长、结构紧凑、完美设计、安装时可选择气缸 ADVU 的标准附件、通过阀驱动、用气量少、安装时间短。结构图见图 21-2-10。

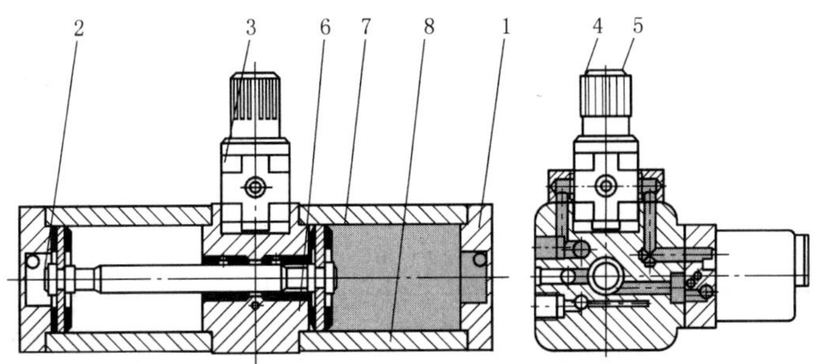

图 21-2-10　DPA 型增压器结构

1—插头盖；2—圆形螺母；3—阀；4—旋转手柄；5—防护盖；6—中间件；7—壳体；8—缸筒

表 21-2-42　　**主要技术参数及外形尺寸**

主要技术参数				
型号	DPA-63-10	DPA-100-10	DPA-63-16	DPA-100-16
气接口	G⅜	G½	G⅜	G½
工作介质	过滤压缩空气，未润滑，过滤等级为 5μm			
结构特点	双活塞加压器			
安装位置	任意			
输入压力 p_1/bar	2～8		2～10	
输出压力 p_2/bar	4～10①		4～16①	
压力显示器	G⅛（供货时）	G¼（供货时）	G⅛（供货时）	G¼（供货时）
环境条件：环境温度+5～+60℃；耐腐蚀等级 2				

① 输入压力和输出压力之间的压差至少要达到 2bar

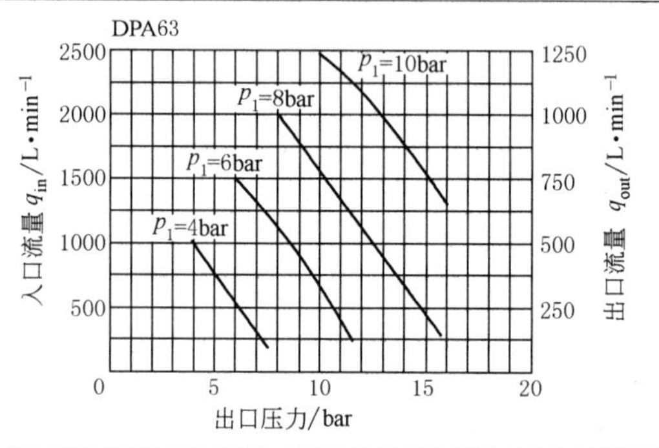

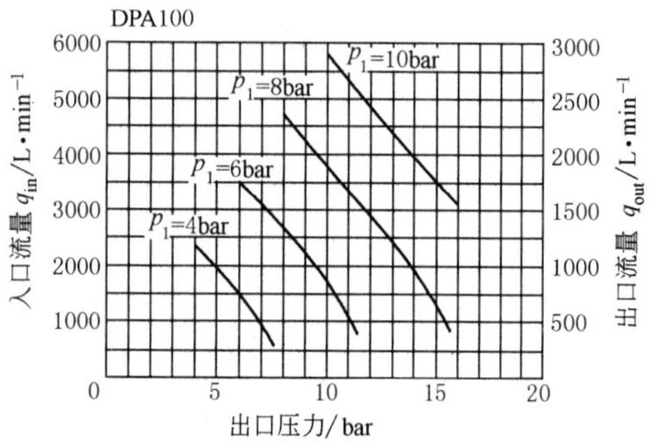

外　形　尺　寸/mm

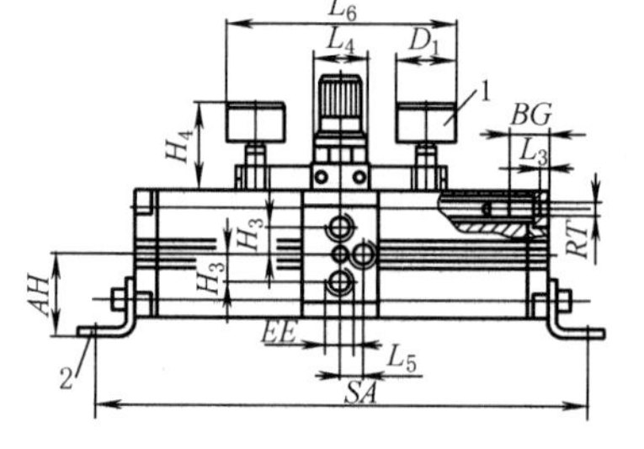

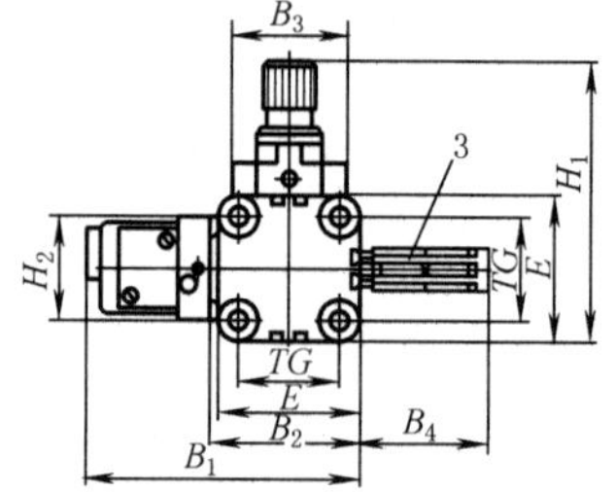

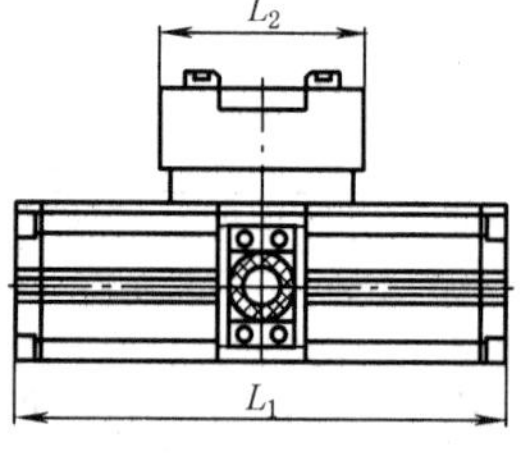

1—压力表组件；2—脚架安装件HUA；3—消声器U

型　　号	AH	B_1	B_2	B_3	B_4	BG	D_1	E	EE	H_1	H_2
DPA-63-10	56.5	168	92.5	70	78	27	41	88	G⅜	167	62
DPA-63-16											
DPA-100-10	81	221	133	102	106	33		128	G½	244	71
DPA-100-16											

型　　号	H_3	H_4	L_1	L_2	L_3	L_4	L_5	L_6	RT	TG	SA
DPA-63-10	18.4	60	289	123.5	6	40	16	160.5	M10	62	343
DPA-63-16											
DPA-100-10	27	73	367	145.5		55	11	175		103	433
DPA-100-16											

3.2　VBA 型增压器（SMC）

表 21-2-43

使　用　条　件			
使用气体	空气	润滑	不需要[如需要，则可用透平 1 号油(ISO VG32)]
最高供应压力	1.0MPa	安装	水平
先导管接管口径	Rc(PT)⅛	减压形式	溢流型
先导压力范围	0.1～0.5MPa	环境和流体温度	0～50℃

续表

型号	型号规格								
	规格					配件(可选项)			
	类型	最大增压比	调节压力范围/MPa	最大流量(ANR)①/L·min⁻¹	接管口径 Rc	压力表②	消声器	气容	
VBA1110-02	手动控制型	2倍	0.2~2	400	¼	G27-20-R1	AN200-02	VBAT05A	VBAT10A
VBA1111-02		4倍		80	¼				
VBA2100-03		2倍	0.2~1	1000	⅝	G27-10-R1-X209	AN300-03	VBAT20A	
VBA4100-04		2倍		1900	½	G46-10-01	AN400-04		—
VBA2200-03	先导压力控制型	2倍		1000	⅝	G27-10-R1-X209	AN300-03		VBAT10A
VBA4200-04		2倍		1900	½	G46-10-01	AN400-04		—

① 流量条件:VBA1110 为进=出=1.0MPa,VBA1111、VBA2100、VBA4100 为进=出=0.5MPa

② 每只增压阀需要压力表两个

外形尺寸/mm

VBA2100-03 · VBA4100-04(手动控制)

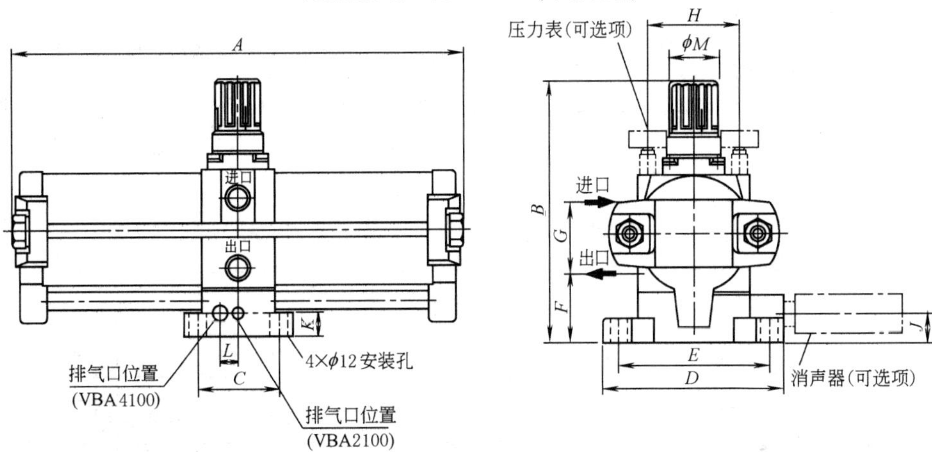

型号	接管口径	A	B	C	D	E	F	G	H	J	K	L	ϕM
VBA2100-03	Rc⅜	300	170	53	73	118	98	46	43	18	15	—	31
VBA4100-04	Rc½	404	207.5	96	116	150	130	62.8	62	17	15	20	40

VBA2200-03 · VBA4200-04(气控型)

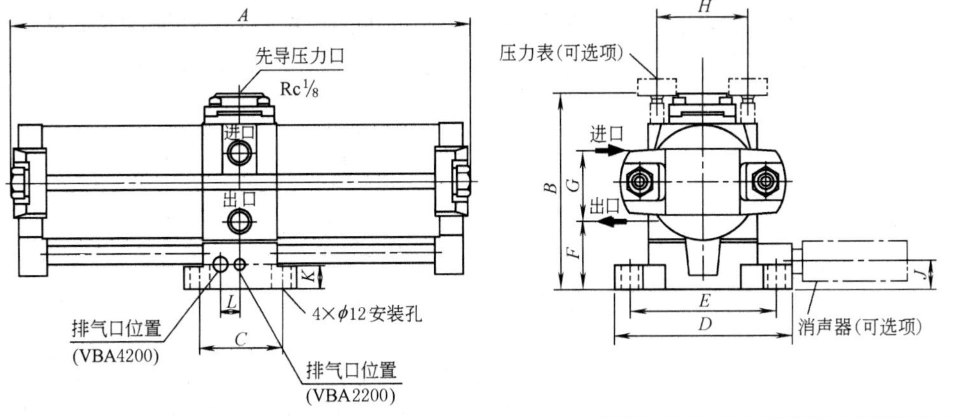

型号	接管口径	A	B	C	D	E	F	G	H	J	K	L
VBA2200-03	Rc⅜	300	128.5	53	118	98	46	43	60.5	18	15	—
VBA4200-04	Rc½	404	167	96	150	130	62.8	62	90	17	15	20

4 局部真空元件

在 JB/T 14002—2020《气动真空发生器》中规定了气动真空发生器的型号编制和命名方法、技术要求、试验方法、检验规则、标志、包装、运输、贮存等，适用于以压缩空气为工作介质的真空发生器，其根据喷射管种类可分为压力型真空发生器和流量型真空发生器。

4.1 真空发生器的主要技术参数

表 21-2-44

<table>
<tr><td>主要技术参数</td><td>真空发生器的主要技术参数为当在某一个工作压力时所产生的真空度(见图 a)
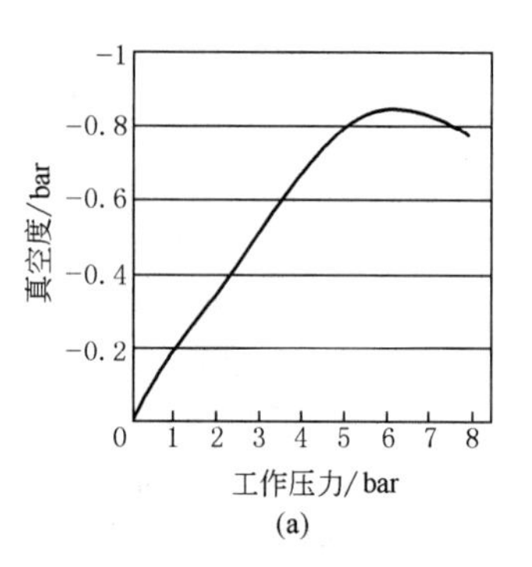

(a)</td><td>重要参数</td><td>抽空时间——产生特定真空所需要的时间，s
耗气量——喷射器产生特定的真空所需消耗的空气量，L/min
效率——抽空时间、耗气量以及抽空容积
抽气流量——喷射器所能抽入的空气量，L/min</td></tr>
<tr><td>真空发生器效率计算式</td><td colspan="3">$$\eta=\frac{1}{1+\frac{t_E Q}{60V}}$$
式中 η——低压力时真空喷射器的效率
t_E——抽空时间，s
Q——耗气量，L/min
V——抽空容积(标准容积)，L
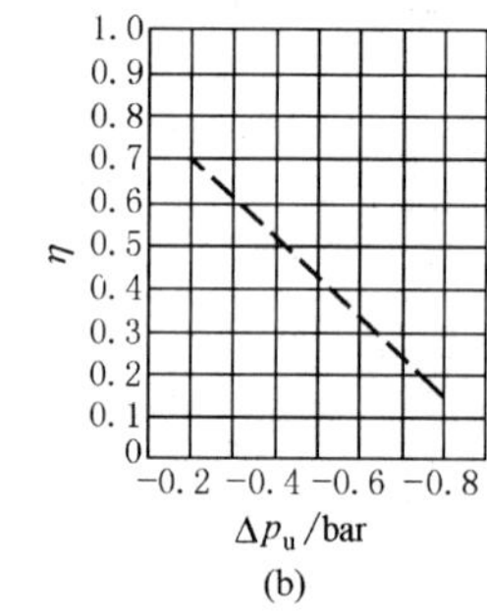

(b)
在实际应用中，真空喷射器的功能是在尽可能短的时间内以最小的耗气量(能耗)产生一定的真空，这是用来评判不同类型真空发生器性能的最客观的标准</td></tr>
<tr><td>真空发生器的抽空时间</td><td colspan="3">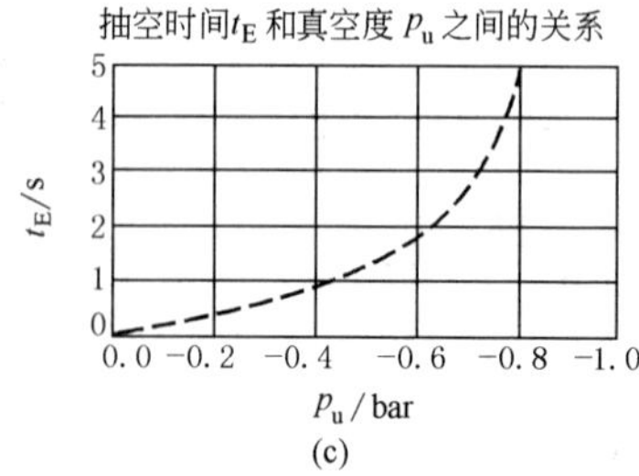

(c)
衡量一个真空发生器性能的另一个重要指标，是看它在吸取一个不泄漏材料且达到一定的真空度时所需的时间多少。这一参数值就是真空发生器的抽空时间。在容积一定的情况下，抽空时间和真空压力的关系曲线是按比例上升的。也就是说，当真空水平被抽得越高时，真空发生器的抽气能力将变得越弱，同时达到更高真空度所需的时间也越长(见图 c)</td></tr>
</table>

4.2 单级真空发生器及多级真空发生器的技术特性

表 21-2-45

单级真空喷射器		喷射器包含了一个气流喷嘴(拉伐尔喷嘴)和一个接收器喷嘴。大气的抽取以及真空的产生分别发生于气室内和气流喷嘴与接收器喷嘴之间的缝隙处。压缩空气或吸入的大气在经过接收器喷嘴后直接通过连接的消声器排入大气(环境中)
多级真空喷射器		和单级喷射器一样,这一结构的喷射器也具有一个气流喷嘴(拉伐尔喷嘴),压缩空气在通过该气嘴时被加速到5倍于音速,然后进入接收器喷嘴。和单级喷射器不同的是,多级喷射器在第一个接收器喷嘴后面还有第二级甚至更多级的喷嘴,并且它们有着更大的通径并与下降的空气压力成比例。由第一级气室抽入的空气在与来自气流喷嘴的压缩空气混合后被用作其他气室的推进气流。然后同样在经过最后一个接收器喷嘴后通过消声器进行排放(进入大气)
单级和多级真空喷射器的比较		对单级和多级喷射器进行比较的目的是对一些实际应用中经常涉及的并且可被用于测量喷射器性能的变量及标准进行评价
	抽空时间耗气量效率	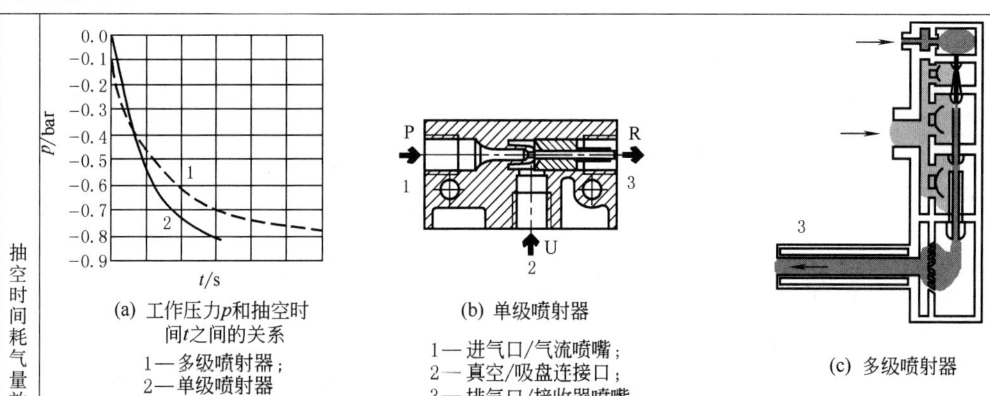 (a) 工作压力p和抽空时间t之间的关系 1—多级喷射器; 2—单级喷射器 (b) 单级喷射器 1—进气口/气流喷嘴; 2—真空/吸盘连接口; 3—排气口/接收器喷嘴 (c) 多级喷射器 抽空时间:一般来说,若真空压力低于30%~50%,多级喷射器形成真空的速度或是说抽空特定容积的速度要快于单级喷射器。然而在实际应用中,经常需要达到−0.4~−0.8bar的压力或40%~80%的真空度 从图a的对比中可以看出,单级喷射器在这一范围内明显优于多级喷射器。所形成的真空度越高,多级喷射器所需时间越长。多级喷射器在"抽空时间"方面表现较差的原因在于:虽然其第二级以及随后几级的喷嘴具有较高的抽气能力,但它们在真空水平相对较低时就断开了,也就是说,当真空度较高时,只有第一级的喷嘴还在吸入空气,而第一级喷嘴的效率又远不及单级喷射器,因此使整个性能落后于单级结构。当然这一发现只能被看作是一般情况,只能用作参考。无论喷射器的结构如何,一旦相互作用的初值发生了变化,最终将得到不同的结果
	抽气流量	单级喷射器的抽气流量通常要比多级喷射器的低。为此在相同的时间段内,多级喷射器在低真空范围内(30%~50%)能抽入更多的空气。但是随着真空水平的不断上升(30%~50%),多级喷射器产生真空的速度明显落后于单级喷射器(参见图b和图c)。也就是说,随着真空度的增加,多级喷射器起初获得的大抽气流量将逐渐落后于单级喷射器的抽气流量
	噪声真空水平、供气时间	相比而言,单级喷射器所产生的噪声水平较高。由于压缩空气经过多级喷射器以后速度下降,在排入大气时,气流强度已减弱,因此多级喷射器的噪声水平要比单级喷射器低。单级喷射器在加装了合适的消声器后,其噪声大的缺点可以得到弥补。两种结构的喷射器都可以达到同样的真空水平,当然单级喷射器在速度上具有一定的优势。此外,在供气时间上两种结构的差别也不大,虽然单级结构所需输送的空气容积较小,但只是在时间上带来轻微的优势
	综合测评结果	两种结构基本上只在其特定的领域才能体现出各自的优势并证明其存在的意义。同时,还可以看到技术上的轻微调整将给喷射器带来多大的影响,以及两种工作原理如何被优化以适应各自的应用(如通过改变拉伐尔喷嘴或接收器喷嘴的直径)。这就是两种工作原理可以在效率或过程特性上脱颖而出的原因。只能得出这样的结论,在需要获得中等或较高真空的场合,单级喷射器的效果较好。其简单的设计结构使得这种工作原理更加经济有效,而且在外形尺寸上也比多级结构更容易管理。另一方面,多级喷射器在真空度要求相对较低(−0.3bar以内)而速度要求较高或更注重于能源成本的场合有着更为理想的表现

续表

		变量/标准	单级喷射器	多级喷射器
单级和多级真空喷射器的比较	综合测评结果	抽气流量	一般	高 在50%以下的低真空范围内
		抽空时间	很短,见工作压力 p 和抽空时间 t 之间的关系表 在30%~50%以上的高真空范围内	很短 在30%~50%以下的低真空范围内
		初期成本	低	相对较高
		噪声情况	相对较高	低

4.3 普通真空发生器及带喷射开关真空发生器的技术特性

表 21-2-46

名　称	简　图	技　术　特　性
普通真空发生器	1 3 2	压缩空气从进气口1流到排气口3并在喷射器原理的作用下,在气口2产生真空。通过在排气口3安装消声器,可以使排气过程中所产生的噪声进一步降低
带喷射开关真空发生器	1 3 2	压缩空气从进气口1流到排气口3并在喷射器原理的作用下,在气口2产生真空。与此同时,压缩空气向一个容积为32cm³的储气罐充气,一旦输入压力被切断,该储气罐会释放喷射器脉冲,使工件可靠地从吸盘脱离。在压力为6bar、抽气能力为1m时的最大切换频率为10Hz

4.4 省气式组合真空发生器的原理及技术参数

表 21-2-47

省气式组合真空发生器剖视图	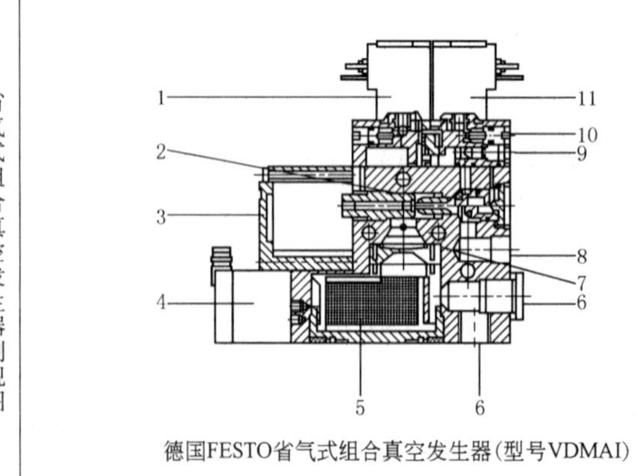 德国FESTO省气式组合真空发生器(型号VDMAI)	1—电磁阀，用于控制喷射器脉冲；2—文丘里喷嘴(喷射器和接收器喷嘴)；3—特殊消声器；4—真空开关；5—过滤器，用于吸入的空气；6—两个真空口；7—单向阀；8—进气口；9—喷射器脉冲手控装置；10—手控装置；11—电磁阀，用于控制真空的产生

续表

工作原理	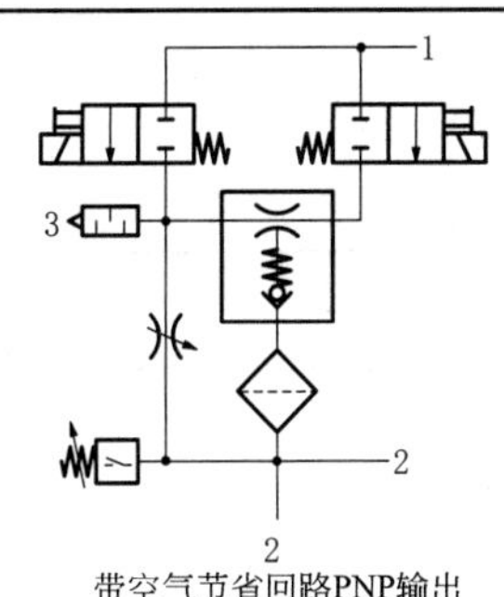 带空气节省回路PNP输出 1—进气口；2—真空口；3—排气口	省气式组合真空发生器的进气气源分别接入两个二位二通电磁阀(一个产生真空，另一个产生正压，破坏真空)。当产生真空的电磁阀通电时，阀被驱动，压缩空气从1(P)流向3(R)，根据喷射原理在2(V)产生真空。电磁阀断电时，吸气停止。集成的消声器能把排气噪声降至最低 当产生真空的电磁阀的电压信号被切断，并且产生正压喷射的电磁阀被启动，真空口2的真空立即消失变为正压。集成的消声器能把气噪声降至最低 另外，增设了一个具有空气节省功能的真空开关。开关的两个电位计能够把真空度设置在一定的范围以内，以便吸住工件。当泄漏使真空水平下降至低于设定值时，开关产生一个脉冲信号，驱动产生真空的电磁阀工作，又产生一个高的真空度，以便吸住工件。在这个过程中，由于单向阀的作用，即使真空发生器的电磁阀不工作，真空度也能得到维持	
省气式组合真空发生器的零部件功能特性	零部件名称	功　能	优　点
	1—电磁阀，用于控制喷射器脉冲，二位三通阀，用于控制喷射器脉冲	一旦控制真空发生的电磁阀11断开，同时控制喷射器脉冲的电磁阀接通，气口6的真空会因为压缩空气的出现而立即消失	①快速消除真空 ②准确、迅速地释放工件 ③缩短真空喷射器的工作周期
	2—文丘里喷嘴(喷射器和接收器喷嘴)，是最重要的喷射器元件，用于真空的产生	当进气口8接上气源，压缩空气便进入气流喷嘴，喷嘴内狭窄的通径使气流的速度被提升到音速的5倍，加速后的气流由接收器喷嘴接收并直接导入消声器3。此时，在气流喷嘴和接收器喷嘴之间便产生一个吸气效应，将空气从过滤器抽入，于是真空便在气口6处形成了	通过变化喷嘴的通径或是气源压力可以改变和控制喷射器的性能
	3—特殊消声器(封闭型、平面型或是圆型)，用于降低排气时的噪声	消声器由透气的塑料或是金属合金制成。气流从喷嘴射出的速度达到音速的5倍，消声器能够对高速气流起到很好的缓冲作用，从而使得压缩空气(排出气体)在进入大气以前先进行降噪处理	在喷射器运行的过程中减小排气噪声
	4—真空开关，PNP或NPN输出，用于压力监控	在真空开关上可以通过两个电位计对保持工件所需的真空度范围进行设定，一旦达到了这一真空范围，开关便会发出信号使电磁阀关闭真空发生器(空气节省功能)，单向阀7用于维持真空状态，如果真空范围低于所要求的水平，信号会控制真空发生器重新打开，若是由于故障原因所需的真空水平再也无法实现，则真空发生器被关闭	①空气节省功能：真空度达到要求水平时，真空发生器被关闭 ②安全功能：在真空水平向上或向下超出规定值时对真空发生器进行控制
	5—过滤器，用于抽入的空气，带污浊度指示，40μm过滤等级	在真空口6和真空发生器或是单向阀7之间集成了一个大面积的塑料过滤器。在吸气操作中，空气在被吸入到真空发生器以前先被过滤，过滤器的可拆卸式视窗可指示过滤器的受污染程度	①监控系统的受污染程度 ②对元件起到防护作用 ③有污浊显示，能确保维护保养工作的定期进行
	6—两个真空口(V)或(2)，带内螺纹	真空元件可被连接在这里(例如真空气爪)。根据实际的应用要求，可以使用其中一个或是同时使用两个	
	7—内置式单向阀	在真空发生器关闭以后，能有效防止吸入空气的倒流，从而避免对系统的真空水平产生影响	在真空发生器关闭以后使真空得以维持(结合真空开关4一起使用，便形成了空气节省功能)
	8—进气口(P)或(1)	产生真空所需的进气口(P)或(1)被集成在喷射器的壳体内	
	9—喷射器脉冲手控装置	气流的强度以及受其影响的工件脱离真空气爪的速度可以通过手动方式进行调整	便于根据实际的应用要求调整系统
	10—手控装置	不通过电信号而通过电磁阀上的柱塞对阀进行切换，但在电信号已经存在的情况下，不能手动使之无效	电磁阀的手动操控
	11—电磁阀，用于控制真空的产生，二位三通阀，用于控制真空的产生	当有信号驱动时，压缩空气流入真空发生器从而产生真空	结合真空开关4以及单向阀7一起使用，便形成了空气节省功能

4.5 真空发生器的选择步骤

表 21-2-48

步骤	内　　容	做　　法
1	确定系统总的容积(需要抽成真空的容积)	必须先确定吸盘、吸盘支座以及气管的容积 V_1、V_2 和 V_3，然后相加后算出总的容积 $V_{总}=V_1+V_2+V_3$
2	确定循环时间	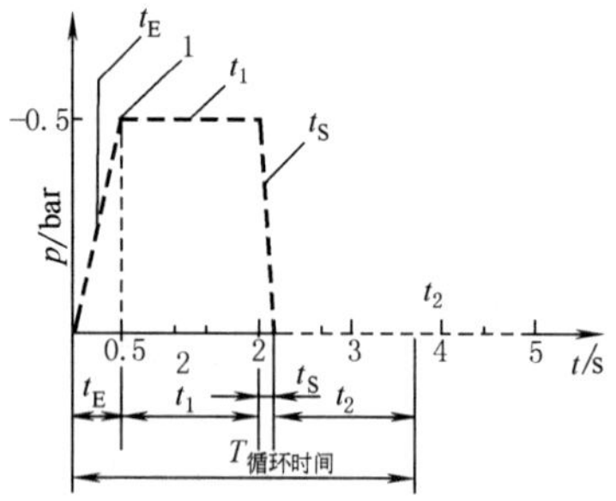 1—提起；2—所节省的时间 $T_{循环时间}$=抽空时间t_E+抓取时间t_1+供气时间t_S+回复时间t_2 一次工作循环可以被分为若干个单独的时间间隔，因此需要分别进行测量或计算。将单个所需时间相加便得到了总的循环时间 抽空时间 t_E，可以在相应真空发生器的样本找到其数据 抓取时间 t_1，吸住工件以后抓取工件所需的时间，用秒表测量 供气时间 t_S，真空系统再次建立起真空压力以及释放工件所需的时间，可以在相应真空发生器的样本找到其数据 回复时间 t_2，真空系统释放工件回复到初始位置所需的时间，用秒表测量
3	核查运作的经济性	确定每次工作循环的耗气量 Q_C，可以在相应真空发生器的样本中找到其数据(确定每个循环的耗气量、每小时的工作循环次数，确定每小时的耗气量及每年的能源费用)
4	将附加的功能/元件以及设计要求考虑在内	系统在性能、功能以及工作环境等方面的特定要求也必须在元件选型时加以考虑，如可靠性等

第3章 气动系统控制元件

在 GB/T 32807—2016《气动阀　商务文件中应包含的资料》中规定了制造商在随同各类气动阀的商务文件中应包含的资料。这些资料对于选用合适的气动阀是必不可少的。

1　压力控制阀

1.1　分类

压力控制阀（简称压力阀）主要用来控制气动系统在不同区段或不同工况下压力的高低，满足系统动作稳定性、耐久性和安全性以及各种压力要求或用以节能。压力控制阀的分类见图 21-3-1，其中安全阀（溢流阀）主要用于限压安全保护作用；减压阀主要用于降压稳压；增压阀用于提高系统压力；顺序阀用于多个执行元件间的动作顺序控制；气电转换器则是通过气压与电气信号之间的转换，用于系统的压力控制和保护等。这些压力控制元件通常都是利用空气压力和弹簧力的平衡原理来工作的；直动式压力阀是利用弹簧力直接调压的；而先导式压力阀则是利用气压来调压的。

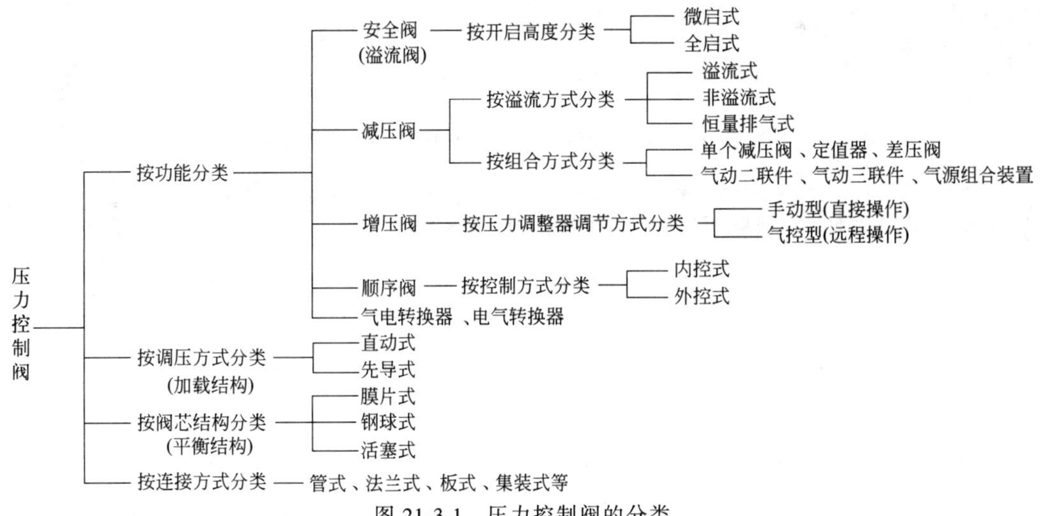

图 21-3-1　压力控制阀的分类

1.2　溢流阀

溢流阀的作用是当压力上升到超过设定值时，把超过设定值的压缩空气排入大气，以保持进口压力的设定值，因此溢流阀也称安全阀。溢流阀除用在储气罐上起安全保护作用外，也可装在气缸操作回路中起溢流作用。

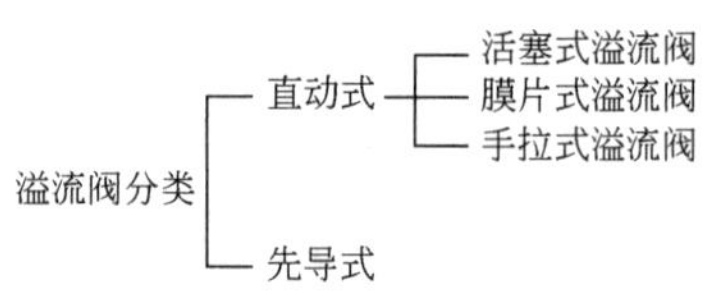

图 21-3-2　溢流阀的分类

所以溢流阀是防止储气罐或气动装置及回路过载的安全保护装置。

1.2.1　溢流阀的分类、结构及工作原理

(1) 溢流阀的分类

溢流阀的分类如图 21-3-2 所示。

(2) 溢流阀的结构、工作原理及选用

表 21-3-1　**溢流阀结构、工作原理及选用**

直动式溢流阀	活塞式溢流阀	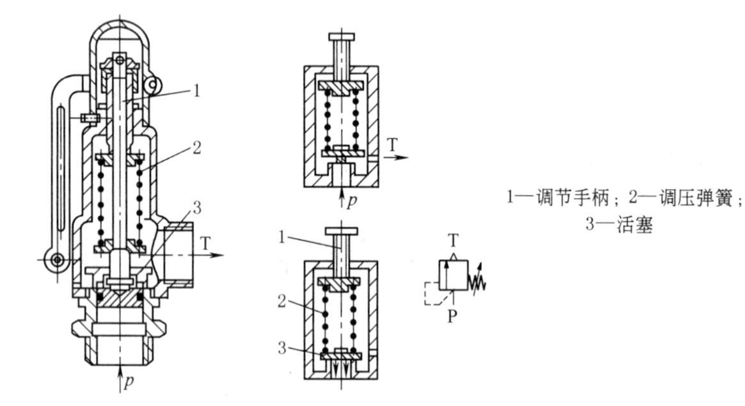 活塞式溢流阀是直动式溢流结构，也被称为直动式安全阀，它是靠调节手柄来压缩调压弹簧，以调定溢流时所需的压力 此阀结构简单，但灵敏性稍差，常用于储气罐或管道上。当气动系统的气体压力在规定的范围内时，由于气压作用在活塞 3 上的力小于调压弹簧 2 的预压力，所以活塞处于关闭状态。当气动系统的压力升高，作用在活塞 3 上的力超过了弹簧的预压力时，活塞 3 就克服弹簧力向上移动，开启阀门排气，直到系统的压力降至规定压力以下时，阀重新关闭。开启压力大小靠调压弹簧的预压缩量来实现 一般一次侧压力比调定压力高 3%~5%时，阀门开启，一次侧开始向二次侧溢流。此时的压力为开启压力。相反比溢流压力低 10%时，就关闭阀门，此时的压力为关闭压力
	膜片式溢流阀	膜片式溢流阀是直动式溢流结构，也被称为直动式安全阀，它是靠调节螺钉压缩其弹簧，以调定溢流时所需的压力 膜片式溢流阀由于膜片的受压面积比阀芯的面积大得多，阀门的开启压力与关闭压力较接近，即压力特性好，动作灵敏，但最大开启量比较小，所以流量特性差 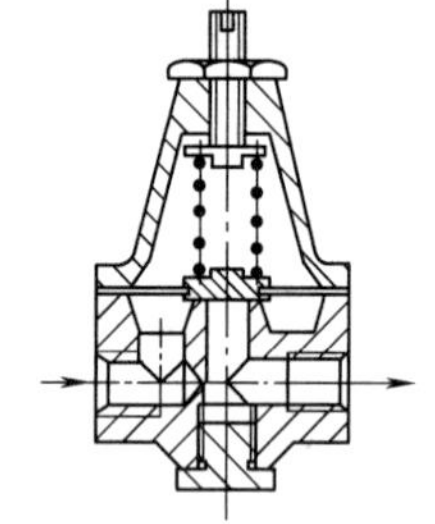
	手拉式安全阀	手拉式安全阀是直动式溢流结构，也被称为直动式安全阀，它是靠人工直接手拉圆环释放压力 手拉式安全阀（亦称突开式安全阀），阀芯为球阀，钢球外径和阀体间略有间隙，若超过压力调定值，则钢球略微上浮，而受压面积相当于钢球直径所对应的圆面积。阀为突开式开启，故流量特性好。这种阀的关闭压力约为开启压力的一半，即 $p_{并}/p_{阀}\approx1.9\sim2.0$，所以溢流特性好。因此阀在迅速排气后，当回路压力稍低于调定压力时阀门便关闭。这种阀主要用于储气罐和重要的气路中 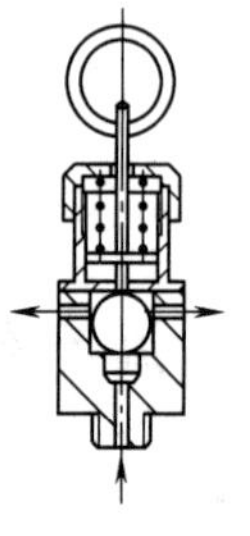

续表

先导式溢流阀	这是一种外部先导式溢流阀,安全阀的先导阀为减压阀,由减压阀减压后的空气从上部先导控制口进入,此压力称为先导压力,它作用于膜片上方所形成的力与进气口进入的空气压力作用于膜片下方所形成的力相平衡。这种结构形式的阀能在阀门开启和关闭过程中,使控制压力保持不变,即阀不会产生因阀的开度引起的设定压力的变化,所以阀的流量特性好。先导式溢流阀适用于管道通径大及远距离控制的场合	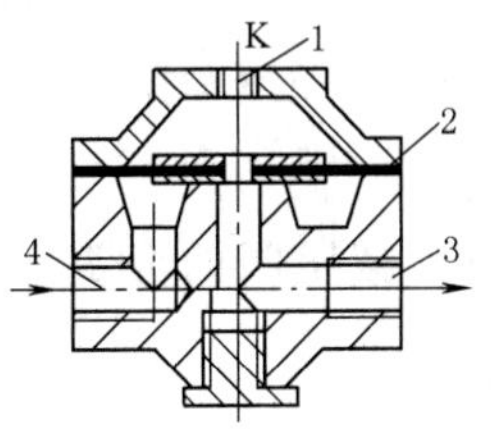 先导式溢流阀 1—先导控制口;2—膜片; 3—排气口;4—进气口
选用	①根据需要的溢流量来选择溢流阀的通径 ②对溢流阀来说,希望气动回路刚一超过调定压力,阀门便立即排气,而一旦压力稍低于调定压力便能立即关闭阀门。这种从阀门打开到关闭的过程中,气动回路中的压力变化越小,溢流特性越好。在一般情况下,应选用调定压力接近最高使用压力的溢流阀 ③如果管径大(如通径 15mm 以上)并远距离操作时,宜采用先导式溢流阀	

1.2.2 溢流阀(安全阀)产品概览

表 21-3-2　　溢流阀(安全阀)产品概览

技术参数	PQ 系列安全阀	Q 型安全阀	D559B-8M 型安全阀	QZ-01 型安全阀	AP100 系列压力调节阀(溢流阀)
公称通径	10mm、15mm	6mm	25mm	接管螺纹 M12×1.25	连接口径 1/8in、1/4in
工作压力/MPa	0.10~1.0	0.05~1.0	0.05~1.0	0.2~0.8	0.05~0.69
有效截面积/mm²	≥40、60	—	—	—	流量特性见样本
泄漏量/cm³·min⁻¹	25	150	—	≤50	—
环境温度/℃	5~50	5~60	5~60	-40~60	-10~60
图形符号					
实物外形图	见产品样本				
结构性能特点	管式阀,用于气动系统或储气罐的安全保护,可根据需要自行调整设定压力。当回路中的工作压力高于设定安全值时,系统自动经安全阀向外排气,达到安全值,以保护设备及人身安全。系统应加装压力表以便系统压力设定的显示和工作压力的监控;压力设定后应锁紧螺母,以保证系统正常运动;若介质对人体有害,则应另行选型或采取其他防止措施	该阀在气压传动系统中,用于防止气动装置和设备及管路等被破坏而限制回路及容器最高压力,在使用阀时应对所需的开启压力进行调节,调节好后将螺母锁紧,以免调节套松动影响系统的安全压力		—	压力大于设定值时向大气排气,保持配管内压力稳定。此阀不能当做安全阀使用

1.3 减压阀

在 GB/T 20081.1—2021《气动　减压阀和过滤减压阀　第 1 部分:商务文件中应包含的主要特性和产品标识要求》中规定了在商务文件中包含的减压阀和过滤减压阀的主要特性及产品标识要求,适用于手动控制直动式(带或不带溢流装置)、手动控制内部先导式(如:喷嘴挡板)、外部先导式减压阀和过滤减压阀,适用于额定进口压力不超过 2.5MPa 和出口调节压力不超过 1.6MPa 的减压阀,并适用于额定进口与出口调节压力不超过 1.6MPa 且用机械方法除污的过滤减压阀;在 GB/T 20081.2—2021《气动　减压阀和过滤减压阀　第 2 部分:评定商务文件中应包含的主要特性的试验方法》中规定了按 GB/T 20081.1 气动减压阀和过滤减压阀在商务文件中应包含的主要特性进行测试的测试项目、测试程序及测试结果的表述方法。

在 JB/T 12550—2015《气动减压阀》中规定了气动减压阀的术语和定义、规格、技术要求、试验方法、检验规则、标识、包装贮存和标注说明，适用于轻合金（铝等）、压铸锌合金、黄铜、钢和塑料等结构材料制造的气动减压阀。其额定输入压力不超过 2.5MPa 且输出调节压力不超过 1.6MPa，工作温度范围为-5~80℃。

1.3.1 减压阀的分类

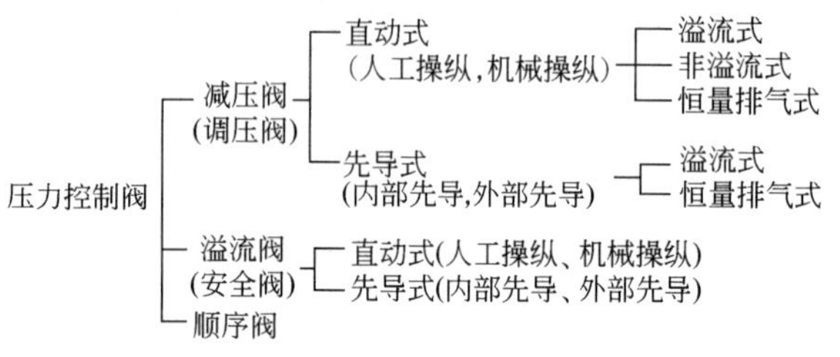

图 21-3-3 减压阀分类

1.3.2 减压阀基本工作原理

表 21-3-3

<table>
<tr><td>膜片式减压阀</td><td>图 a 所示为应用最广的一种普通型直动溢流式减压阀，其工作原理是：顺时针方向旋转手柄（或旋钮）1，经过调压弹簧 2、3 推动膜片 5 下移，膜片又推动阀杆 7 下移，进气阀芯 8 被打开，使出口压力 p_2 增大。同时，输出气压经反馈导管 6 在膜片 5 上产生向上的推力。这个作用力总是企图把进气阀关小，使出口压力下降，这样的作用称为负反馈。当作用在膜片上的反馈力与弹簧的作用力相平衡时，减压阀便有稳定的压力输出
当减压阀输出负载发生变化，如流量增大时，则流过反馈导管处的流速增加，压力降低，进气阀被进一步打开，使出口压力恢复到接近原来的稳定值。反馈导管的另一作用是当负载突然改变或变化不定时，对输出的压力波动有阻尼作用，所以反馈管又称阻尼管
当减压阀的进口压力发生变化时，出口压力直接由反馈导管进入膜片气室，使原有的力平衡状态破坏，改变膜片、阀杆组件的位移和进气阀的开度及溢流孔 10 的溢流作用，达到新的平衡，保持其出口压力不变
逆时针旋转手柄（旋钮）1 时，调压弹簧 2、3 放松，气压作用在膜片 5 上的反馈力大于弹簧作用力，膜片向上弯曲，此时阀杆的顶端与溢流阀座 4 脱开，气流经溢流孔 10 从排气孔 11 排出，在复位弹簧 9 和气压作用下，阀芯 8 上移，减小进气阀的开度直至关闭，从而使出口压力逐渐降低直至回到零位状态
由此可知，溢流式减压阀的工作原理是：靠近气阀芯处节流作用减压；靠膜片上力的平衡作用和溢流孔的溢流作用稳定输出压力；调节手柄可使输出压力在规定的范围内任意改变</td><td>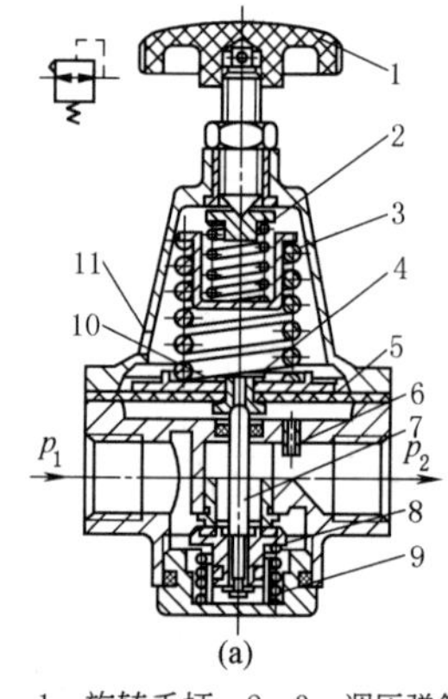

(a)
1—旋转手柄；2，3—调压弹簧；4—阀座；5—膜片；6—反馈导管；7—阀杆；8—阀芯；9—复位弹簧；10—溢流孔；11—排气孔</td></tr>
<tr><td>活塞式减压阀</td><td>活塞式减压阀工作原理与膜片式减压阀工作原理大致相同，其区别在于膜片式的调压弹簧作用在膜片上，而活塞式减压阀的调压弹簧作用在活塞上。活塞式减压阀灵敏度不及膜片式的高，但活塞式减压阀能承受较高的工作压力</td><td>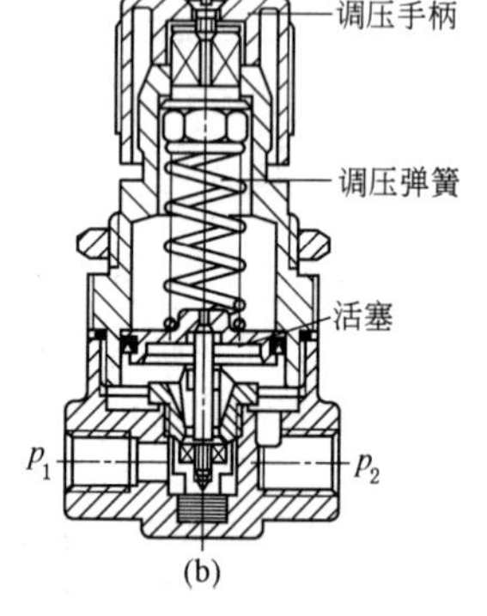

(b)</td></tr>
</table>

续表

精密减压阀	内部先导式减压阀	内部先导式减压阀亦被称为精密型减压阀，由于先导级放大功能，压力调节灵敏 由图 c 可知，内部先导式减压阀比直动式减压阀增加了由喷嘴 4、挡板 3（在膜片 11 上）、固定节流孔 9 及气室 B 所组成的喷嘴挡板放大环节；由于先导气压的调节部分采用了具有高灵敏度的喷嘴挡板结构，当喷嘴与挡板之间的距离发生微小变化时（零点几毫米），就会使 B 室中压力发生很明显的变化，从而引起膜片 10 有较大的位移，并控制阀芯 6 的上下移动，使阀口 8 开大或关小，提高了对阀芯控制的灵敏度，故有较高的调压精度 工作原理：当气源进入输入端后，分成两路，一路经进气阀口 8 到输出通道；另一路经固定节流孔 9 进入中间气室 B，经喷嘴 4、挡板 3、孔道 5 反馈至下气室 C，再由阀芯 6 的中心孔从排气口 7 排至大气	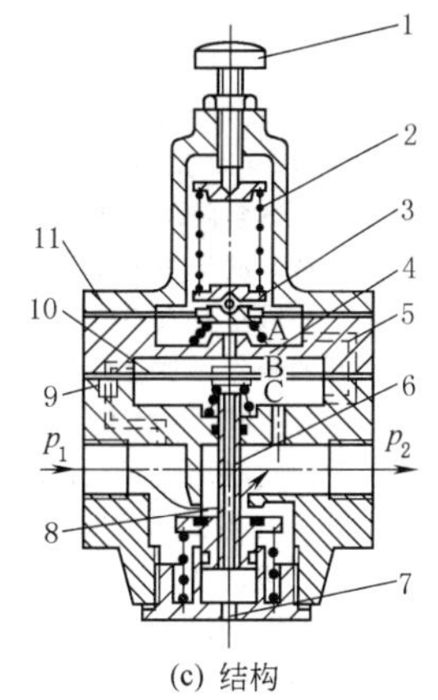 (c) 结构
		当顺时针旋转手柄（旋钮）1 到一定位置，使喷嘴挡板的间距在工作范围内，减压阀就进入工作状态，中间气室 B 的压力随间距的减小而增加，于是推动阀芯打开进气阀口 8，即有气流流到输出口，同时经孔道 5 反馈到上气室 A，与调压弹簧 2 的弹簧力相平衡 当输入压力发生波动时，靠喷嘴挡板放大环节的放大作用及力平衡原理稳定出口压力保持不变 若进口压力瞬时升高，出口压力也升高。出口压力的升高将使 C、A 气室压力也相继升高，并使挡板 3 随同膜片 11 上移一微小距离，而引起 B 室压力较明显地下降，使阀芯 6 随同膜片 10 上移，直至使阀口 8 关小为止，使出口压力下降，又稳定到原来的数值上 同理，如出口压力瞬时下降，经喷嘴挡板的放大也会引起 B 室压力较明显地升高，而使阀芯下移，阀口开大，使出口压力上升，并稳定到原数值上 精密减压阀在气源压力变化±0.1MPa 时，出口压力变化小于 0.5%。出口流量在 5%～100%范围内波动时，出口压力变化小于 0.5%。适用于气动仪表和低压气动控制及射流装置供气	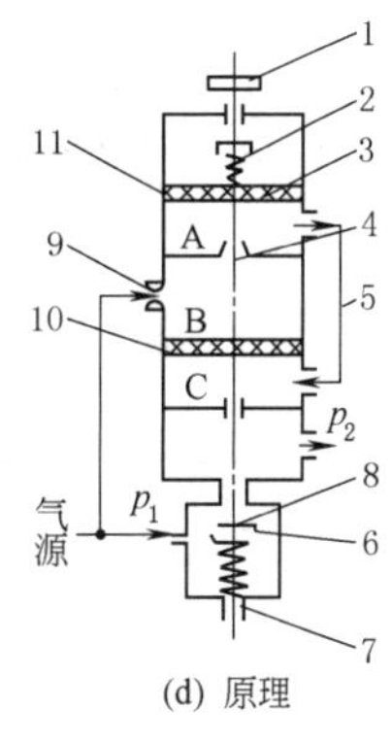 (d) 原理
	外部先导式减压阀	外部先导式减压阀也被称为远控型减压阀 图 e 为外部先导式减压阀，主阀的工作原理与直动式减压阀相同，在主阀的外部还有一只小型直动溢流式减压阀，由它来控制主阀，所以外部先导式减压阀亦称远距离控制式减压阀，外部先导式和内部先导式与直动式减压阀相比，对出口压力变化时的响应速度稍慢，但流量特性、调压特性好。对外部先导式，调压操作力小，可调整大口径如通径在 20mm 以上气动系统的压力和要求远距离（30m 以内）调压的场合	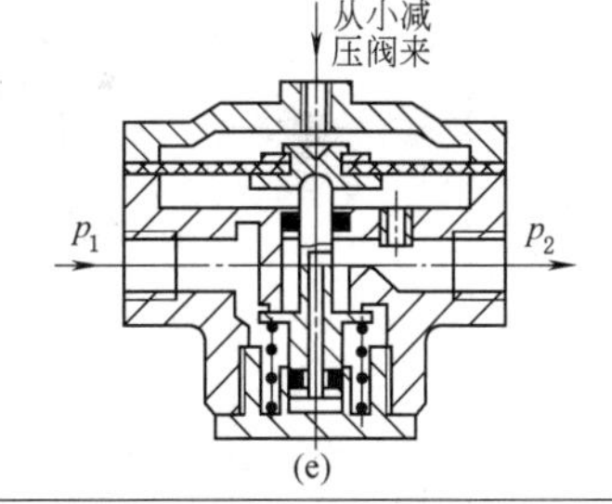 (e)
大功率减压阀		大功率减压阀的内部受压部分通常都使用膜片式结构，故阀的开口量小，输出流量受到限制。大功率减压阀的受压部分使用平衡截止式阀芯，可以得到很大的输出流量，故称为大容量精密减压阀（图 f） 如图 g 所示为定值器，是一种高精度的减压阀，图 h 是其简化后的原理图，该图右半部分就是直动式减压阀的主阀部分，左半部分除了有喷嘴挡板放大装置（由喷嘴 4、挡板 8、膜片 5、气室 G、H 等组成）外，还增加了由活门 12、膜片 3、弹簧 13、气室 E、F 和恒节流孔 14 组成的恒压降装置。该装置可得到稳定的气源流量，进一步提高了稳压精度 非工作（无输出）状态下，旋钮 7 被旋松，净化过的压缩空气经减压阀减至定值器的进口压力，由进口处经过滤网进入气室 A、E，阀杆 18 在弹簧 20 的作用下，关闭进气阀 19，关闭了 A 和 B 室之间的通道。这时溢流阀 2 上的溢流孔在弹簧 17 的作用下，离开阀杆 18 而被打开，而进入 E 室的气流经活门 12、F 室、恒节流孔 14 进入 G 室和 D 室。由于旋钮放松，膜片 5 上移，并未封住喷嘴 4，进入 G 室的气流经喷嘴 4 到 H 室，B 室，经溢流阀 2 上的孔及排气孔 16 排出，使 G 室和 D 室的压力降低。H 和 B 是等压的，G 和 D 也是等压的，这时 G 室到 H 室的喷嘴 4 很畅通，从恒节流孔 14 过来的微小流量的气流在经过喷嘴 4 之后的压力已很低，使 H 室的出口压力近似为零（这一出口压力即漏气压力，要求越小越好，不超过 0.002MPa）	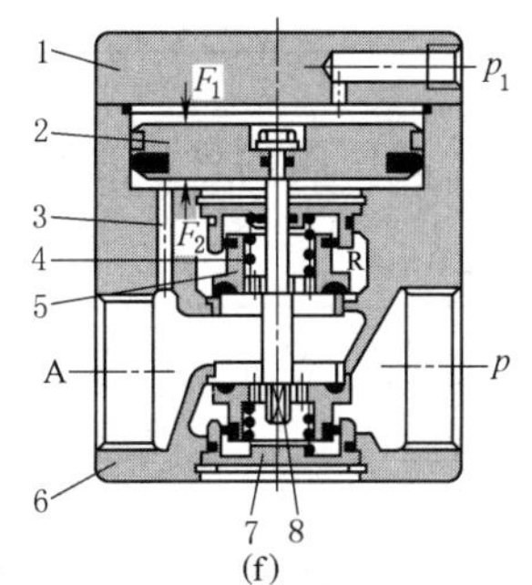 (f) 1—阀盖；2—调压活塞；3—反馈通道；4—弹簧；5—截止阀芯；6—阀体；7—阀套；8—阀轴

续表

定值器	工作(即有输出)状态下(顺时针拧旋钮7时),压缩弹簧6,使挡板8靠向喷嘴4,从恒节流孔过来的气流使G和D的压力升高。因D室中的压力作用,克服弹簧17的反力,迫使膜片15和阀杆18下移,首先关闭溢流阀2,最后打开进气阀19,于是B室和大气隔开而和A室经气阻接通(球阀与阀座之间的间隙大小反映气阻的大小),A室的压缩空气经过气阻降压后再从B室到H室而输出。但进入B、H室的气体有反馈作用,使膜片15、5又都上移,直到反馈作用和弹簧6的作用平衡为止,定值器便可获得一定的输出压力,所以弹簧6的压力与出口压力之间有一定的关系 假定负载不变,进口压力因某种原因增加,而且活门12和进气阀19开度不变,则B、H、F室的压力增加。其中H室的压力增加将使膜片5上抬,喷嘴挡板距离加大,G、D室的压力下降,E、F室的压力增加,将使活门12,膜片3向上推移,使活门12的开度减小,F室的压力回降。D室压力下降和B室压力升高,使膜片15上移,进气阀19的开度减小,即气阻加大,使H室的压力回降到原来的出口压力。同样,假设输入压力因某种原因减小时,与上述过程正好相反,将使H室的压力回升到原先的输出压力 假设进口压力不变,出口压力因负载加大而下降,即H、B室压力下降,将使膜片5下移,挡板靠向喷嘴,G、D室压力上升,活门12和进气阀19的开度增加,出口压力回升到原先的数值。相反,出口压力因负载减小而上升时,与上述正好相反,将使出口压力回降到原先的数值 对于定值器来说,气源压力在±10%范围内变化时,定值器的出口压力的变化不超过最大出口压力的0.3%。当气源压力为额定值,出口压力为最大值的80%时,出口流量在0~600L范围内变化,所引起的出口压力下降不超过最大出口压力的1% 在气动检测、调节仪表及低压、微压装置中,定值器作为精确给定压力之用 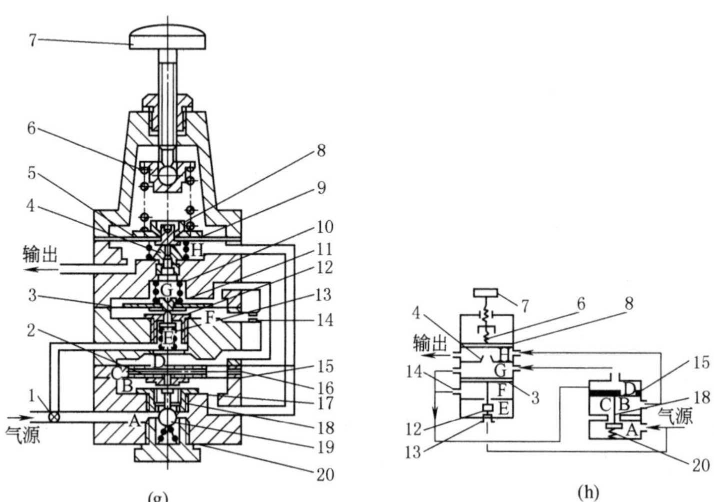 1—过滤网;2—溢流阀;3,5—膜片;4—喷嘴;6—调压弹簧;7—旋钮;8—挡板;9,10,13,17,20—弹簧;11—硬芯;12—活门;14—恒节流孔;15—膜片(上有排气孔);16—排气孔;18—阀杆;19—进气阀

1.3.3 减压阀的性能参数

表 21-3-4

项　　目	性　能　参　数
进口压力 p_1	气压传动回路中使用的压力多为0.25~1.00MPa,故一般规定最大进口压力为1MPa
调压范围	调压范围是指减压阀出口压力 p_2 的可调范围,在此范围内,要求达到规定的调压精度。一般进口压力应在出口压力的80%范围内使用。调压精度主要与调压弹簧的刚度和膜片的有效面积有关 在使用减压阀时,应尽量避免使用调压范围的下限值,最好使用上限值的30%~80%,并希望选用符合这个调压范围的压力表,压力表读数应超过上限值的20%

续表

项　　目	性　能　参　数
流量-压力特性（也叫动特性）	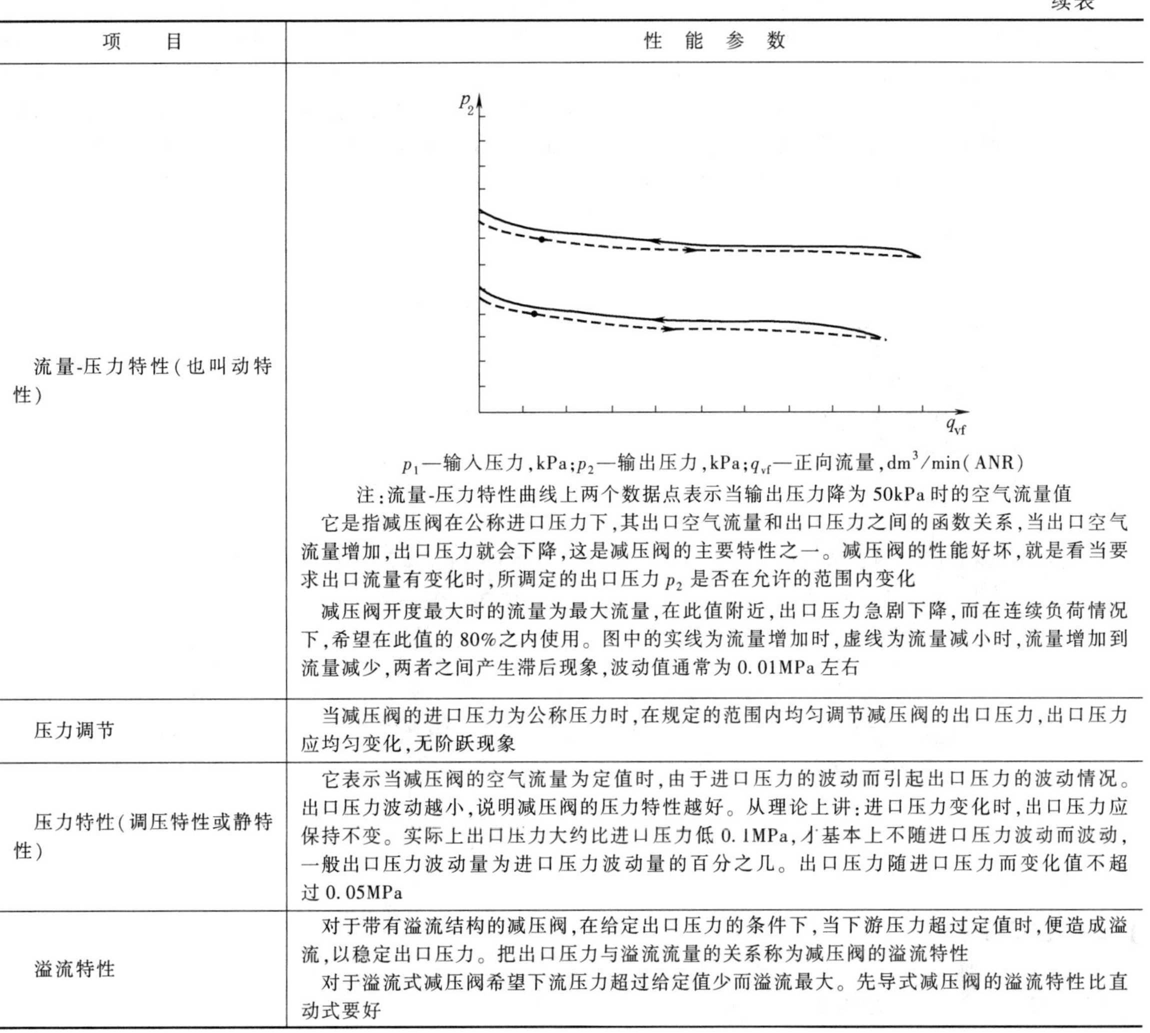 p_1—输入压力，kPa；p_2—输出压力，kPa；q_{vf}—正向流量，dm^3/min（ANR） 注：流量-压力特性曲线上两个数据点表示当输出压力降为50kPa时的空气流量值 它是指减压阀在公称进口压力下，其出口空气流量和出口压力之间的函数关系，当出口空气流量增加，出口压力就会下降，这是减压阀的主要特性之一。减压阀的性能好坏，就是看当要求出口流量有变化时，所调定的出口压力 p_2 是否在允许的范围内变化 减压阀开度最大时的流量为最大流量，在此值附近，出口压力急剧下降，而在连续负荷情况下，希望在此值的80%之内使用。图中的实线为流量增加时，虚线为流量减小时，流量增加到流量减少，两者之间产生滞后现象，波动值通常为0.01MPa左右
压力调节	当减压阀的进口压力为公称压力时，在规定的范围内均匀调节减压阀的出口压力，出口压力应均匀变化，无阶跃现象
压力特性（调压特性或静特性）	它表示当减压阀的空气流量为定值时，由于进口压力的波动而引起出口压力的波动情况。出口压力波动越小，说明减压阀的压力特性越好。从理论上讲：进口压力变化时，出口压力应保持不变。实际上出口压力大约比进口压力低0.1MPa，才基本上不随进口压力波动而波动，一般出口压力波动量为进口压力波动量的百分之几。出口压力随进口压力而变化值不超过0.05MPa
溢流特性	对于带有溢流结构的减压阀，在给定出口压力的条件下，当下游压力超过定值时，便造成溢流，以稳定出口压力。把出口压力与溢流流量的关系称为减压阀的溢流特性 对于溢流式减压阀希望下流压力超过给定值少而溢流最大。先导式减压阀的溢流特性比直动式要好

1.3.4　减压阀的选择与使用

表 21-3-5

选　　择	使　　用
①根据气动控制系统最高工作压力来选择减压阀，气源压力应比减压阀最大工作压力大0.1MPa ②要求减压阀的出口压力波动小时，如出口压力波动不大于工作压力最大值的±0.5%，则选用精密型减压阀 ③如需遥控时或通径大于20mm以上时，应尽量选用外部先导式减压阀	①一般安装的次序是：按气流的流动方向首先安装空气过滤器，其次是减压阀，最后是油雾器 ②注意气流方向，要按减压阀或定值器上所示的箭头方向安装，不得把输入、输出口接反 ③减压阀可任意位置安装，但最好是垂直方向安装，即手柄或调节帽在顶上，以便操作。每个减压阀一般装一只压力表，压力表安装方向以方便观察为宜 ④为延长减压阀的使用寿命，减压阀不用时，应旋松手柄回零，以免膜片长期受压引起永久性变形，过早变质，影响减压阀的调压精度 ⑤装配前应把管道中铁屑等脏物吹洗掉，并洗去阀上的矿物油，气源应净化处理。装配时滑动部分的表面要涂薄层润滑油。要保证阀杆与膜片同心，以免工作时，阀杆卡住而影响工作性能

1.3.5　过滤减压阀

过滤减压阀的工作原理见图21-3-4，过滤减压阀是将空气过滤器和减压阀组成一体的装置，它基本上分两种，一种如图a所示，用于气动系统中的压力控制及压缩空气的净化。调压范围：0~0.80MPa及0~1.00MPa。

随着工业的发展，要求气动元件小型化、集成化，这种形式的气动元件广泛用于轻工、食品、纺织及电子工业。另一种如图 b 所示，用于气动仪表、气动测量及射流控制回路，输出压力有 0～0.16MPa、0～0.25MPa 及 0～0.60MPa 三种。最大输出流量有 $3m^3/h$、$12m^3/h$、$30m^3/h$ 三种。过滤元件微孔直径是 40～60μm，有的可达 5μm。这两种形式的空气过滤减压阀的工作原理基本相同；压缩空气由输入端进入过滤部分的旋风叶片和滤芯，使压缩空气得到净化，再经过减压部分减压至所需压力，而获得干净的空气输出。这样既起到净化气源又起到减压作用。其减压部分的工作原理与膜片式减压阀相同。

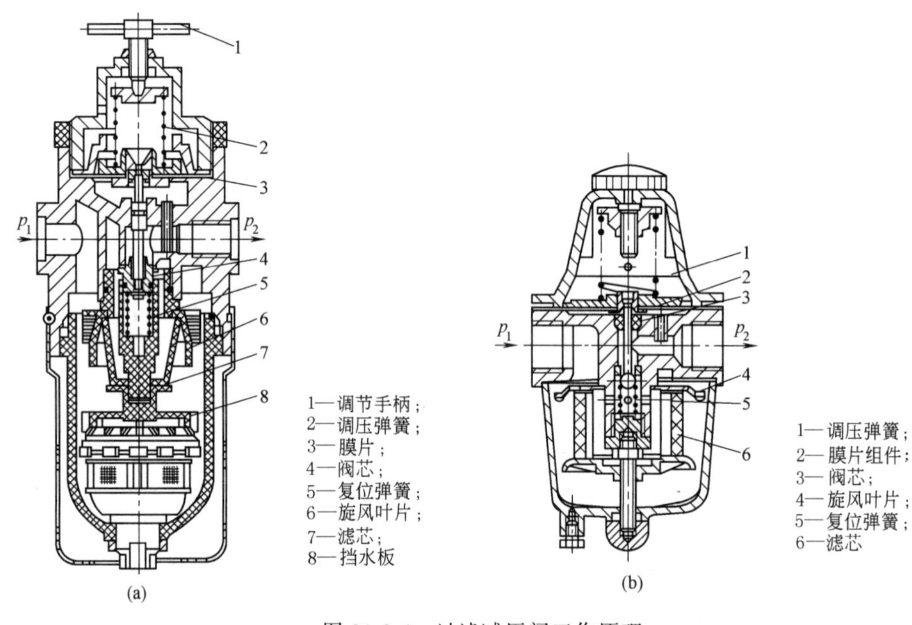

图 21-3-4　过滤减压阀工作原理

1.4　增压阀

见本篇第 2 章“局部增压元件”。

1.5　顺序阀

表 21-3-6

顺序阀	顺序阀实质是一种压力控制阀，当一个与压力相关的信号启动时，如气缸的气夹头夹紧力已达到最低压力范围时，可让进刀机构启动。它的气动符号如图 a 所示，由一个调压阀和一个二位三通气控阀组成。顺序阀的工作原理如图 b 所示，原始状态是工作气口 1 的工作压力作用在阀芯小端面上，阀芯右移，阀芯上密封件将封闭气源口 1 与输出口 2 的通道，气源口 1→输出口 2 关闭、排气口 3→输出口 2 导通，即使气源口 1 无工作压力，阀芯小端面上弹簧也将气源口 1→输出口 2 关闭。当调压阀底部出现控制压力 12 时(该控制压力可通过螺栓、大弹簧调节)，推动调压阀底部大活塞上移，原被封死的气源口 1 的分支气路随调压阀底部大活塞上移而被导通，并作用在二位三通气控阀的阀芯大端面上，大端面(起先导活塞之作用)左移，顺序阀阀芯的气源口 1→输出口 2 导通、排气口 3→输出口 2 关闭 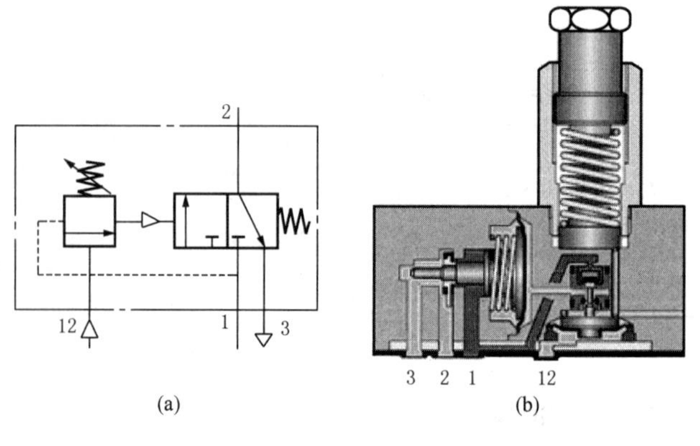

2 流量控制阀

JB/T 10606—2006《气动流量控制阀》规定了气压传动和控制系统中流量控制阀的技术要求、试验方法、检验规则及标志、包装、运输和贮存，适用于以压缩空气为工作介质的节流阀、单行节流阀、排气节流阀，但不包括特殊要求的流量控制阀。

2.1 流量控制阀分类

流量控制阀简称为流量阀，其功用是通过控制压缩空气的流量来控制执行元件的运动速度，故又称之为速度控制阀。常用流量控制阀的类型如图 21-3-5 所示。

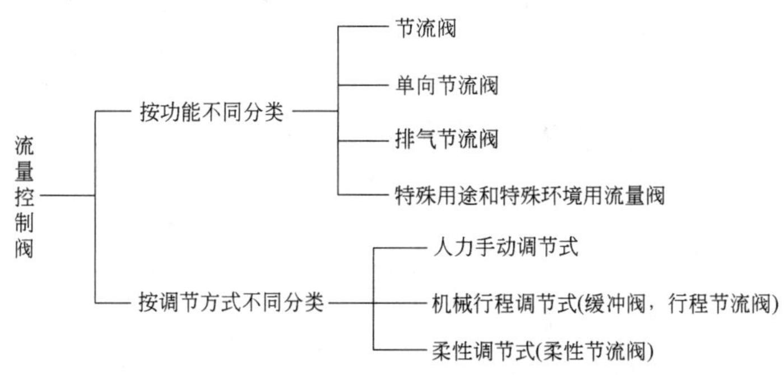

图 21-3-5 常用流量控制阀的类型

2.2 节流阀原理

表 21-3-7

<table>
<tr><td>节流阀分类</td><td colspan="3">节流阀常常用来调节气缸速度，被称为速度调节器。按节流方向分类，常见的节流阀可分为双向节流、单向进气节流、单向排气节流。按连接方式分类，可分为面板式、管接式、管道式。按规格（流量）分类，可分为微型（精密型、节流流量约为 0~1.7L/min 至 0~-40L/min）、小型（螺纹接口 M5、G⅛、节流流量约为 0~18L/min 至 0~40L/min）、标准型（螺纹接口 G⅛~G¾、节流流量约为 0~95L/min 至 0~4320L/min）。按用途分类，可分为气缸用单向节流阀、控制阀用排气节流阀、位置控制用行程节流阀。注意连接螺纹 G、R 的选用</td></tr>
<tr><td rowspan="2">原理</td><td>概述</td><td colspan="2">在气动系统的控制中，需对气缸的速度进行调节控制，对延时阀进行延时调节，对油雾器的油雾流量进行调节控制，这类调节是以改变管道的截面积来实现。实现流量单向制的方法有两种：一种是不可调的流量控制，如毛细管、孔板等；另一种是可调的流量控制，如针阀、喷嘴挡板机构等</td></tr>
<tr><td>节流阀</td><td>双向节流阀</td><td>如图 a 所示是一个双向流量控制的节流阀，相对单向节流阀而言，它不受方向限制，通常应用于单作用气缸和小型气缸的速度调节，见图 b。优点是应用简单
(a) (b)</td></tr>
</table>

续表

原理

节流阀 — 排气口节流阀

常见排气口节流阀用于气动换向阀处的排气口，通过调节排气节流阀内针阀的开口度达到对气缸速度的调节（见图c）。当气缸在远离操作人员或调试不方便处，常通过对排气节流阀的控制达到调节气缸活塞速度的目的。其规格、节流流量及消声噪声指标见下表，其节流流量与调节旋转圈数 n 之间的关系见图d

(c)

节流流量与调节旋转圈数n的关系

(d)

标准额定流量(节流流量)/L·min^{-1}		G⅛	G¼	G⅜	G½	G¾
不带消声装置		2～520	2～996	3～2000	3～3600	—
带消声装置		0～1000	0～1500	0～1700	0～4000	0～8000
噪声等级	不带消声装置/dB(A)	85	80	87	90	—
	带消声装置/dB(A)	74	80	74	76	80

单向节流阀 — 普通单向节流阀

(e)

如图e所示，常见单向节流阀用于气缸活塞速度的调节，最广泛应用的是排气型单向节流阀。单向节流阀的主要指标是无节流方向时通过的流量和节流方向时流过的流量、节流流量与调节转动圈数 n 之间的曲线是否呈比例线性（曲线光滑）。图f为接口从G⅛～G¾单向节流阀的标准额定流量 q_{nN}（节流流量）与调节转动圈数 n 的流量曲线。要避免只按螺纹接口（与气缸螺纹接口）相同就选择某规格的单向节流阀。要明确其通过流量和节流流量，如下表所示。为了防止已调整完毕的单向节流阀被其他人随意调整、拨弄，可在调整螺钉外部套上（旋入）安全罩，见图g

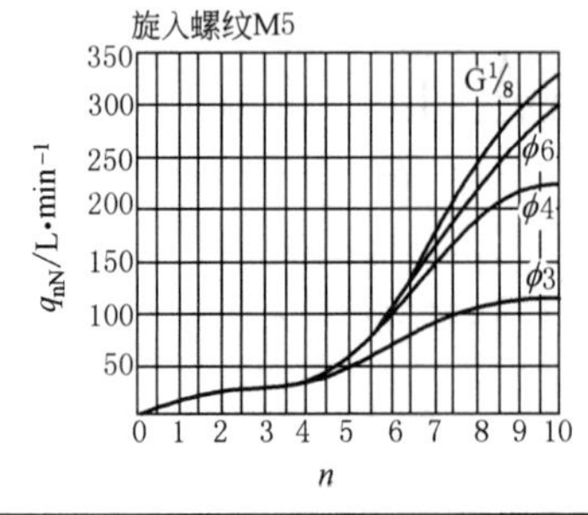

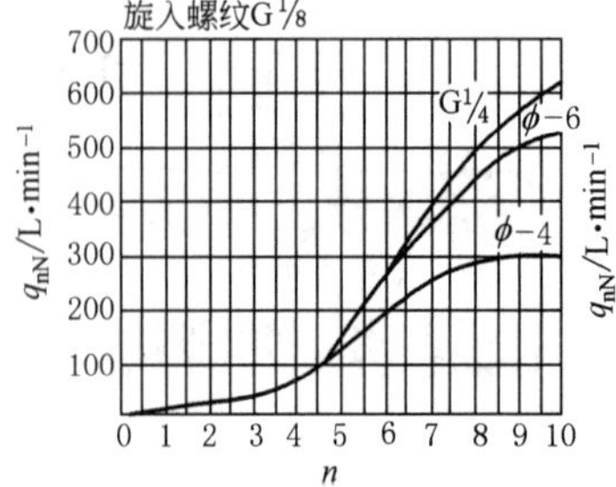

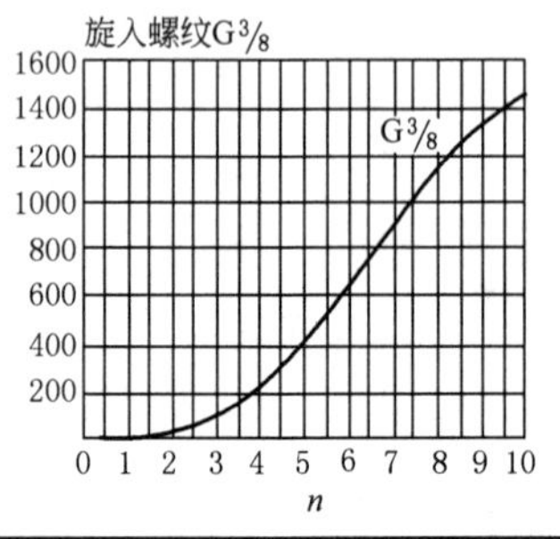

续表

原理 — 单向节流阀 — 普通单向节流阀

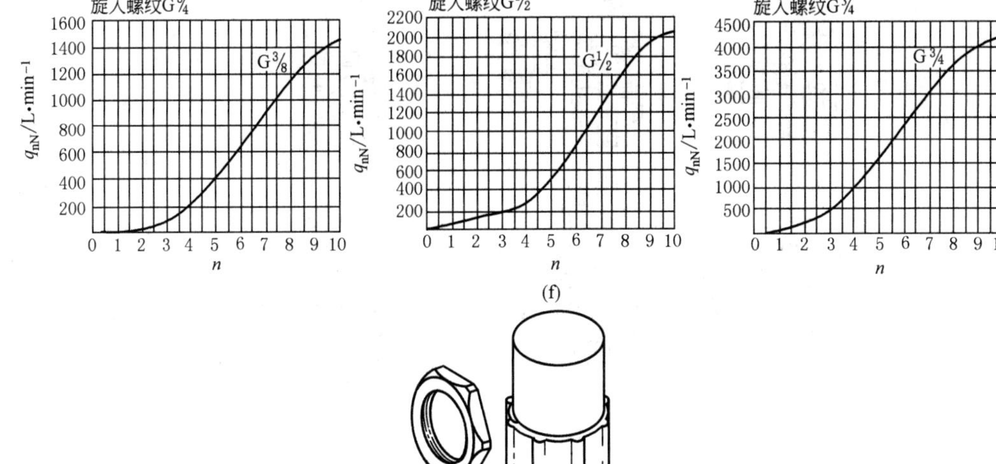

(f)

(g)

标准额定流量(6bar→5bar时)q_{nN}/L·min^{-1}							
旋入螺纹		M5	G⅛	G¼	G⅜	G½	G¾
单向节流功能,控制排气流量/L·min^{-1}							
排气节流阀	节流方向	0~95	0~340	0~610	0~1450	0~2100	0~4320
	无节流方向	76~95	260~420	450~820	970~1600	1550~2200	3220~4720
单向节流功能,控制进气流量/L·min^{-1}							
进气节流阀	节流方向	0~95	0~340	0~610	—	—	—
	无节流方向	76~95	260~420	450~820	—	—	—
节流功能/L·min^{-1}							
节流阀(双向)节流方向		0~95	—	—	—	—	—

排气型节流阀

工作原理:见图h,从口1进入的压缩空气有两个通路通向口2,一个通路是顺着喇叭形密封圈背面,使喇叭形密封圈的外径减小,与阀体内孔的密封面产生环状间隙通道,压缩空气几乎无阻力地流向口2,而另一个通路通向节流针阀,被节流的压缩空气从阀体内的孔流向口2。当气缸的排气从口2进入向口1排出时,压缩空气同样分成两个支路,一个支路是压缩空气顺着十字形通路的侧向通道作用于喇叭形密封圈正面,并使喇叭形密封圈紧贴阀体内孔,该气道被密封。压缩空气只能从阀内节流针阀处流过,调节针阀的开口度则可调节气缸活塞的运动速度

连接型式:从图i可看出,i_1 为快插式,滚花螺母调节;i_2 为快插式,埋入阀体内的一字槽旋凿调节(防止其他人员随意调节);i_3 为倒钩接头连接式,埋入阀体内的一字槽旋凿调节;i_4 为快拧接头式,埋入阀体内的一字槽旋凿调节;i_5 为板式连接,两端阴螺纹,滚花螺母调节;i_6 管道式,两端为快插式,滚花螺母调节

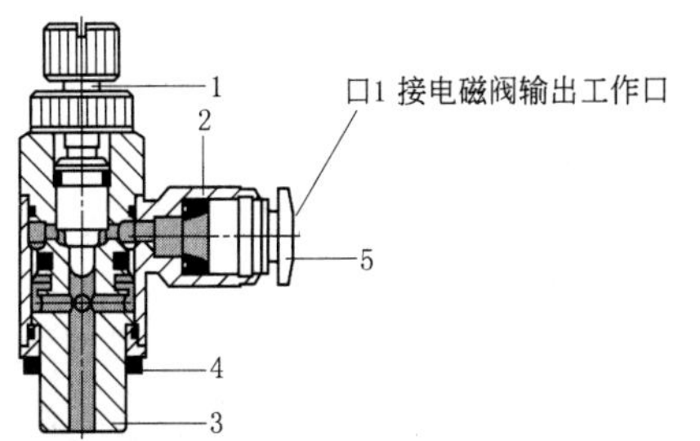

(h)

1—调节螺钉,材料为不锈钢;
2—旋转接头,材料为压铸锌;
3—螺纹凸缘,材料为精制铝合金(M5:镀镍黄铜);
4—密封件,材料为丁腈橡胶;
5—保持环,材料为聚缩醛(树脂)
以上材料均不含铜和聚四氟乙烯

续表

<table>
<tr><td rowspan="3">原理</td><td rowspan="3">单向节流阀</td><td>排气型节流阀</td><td>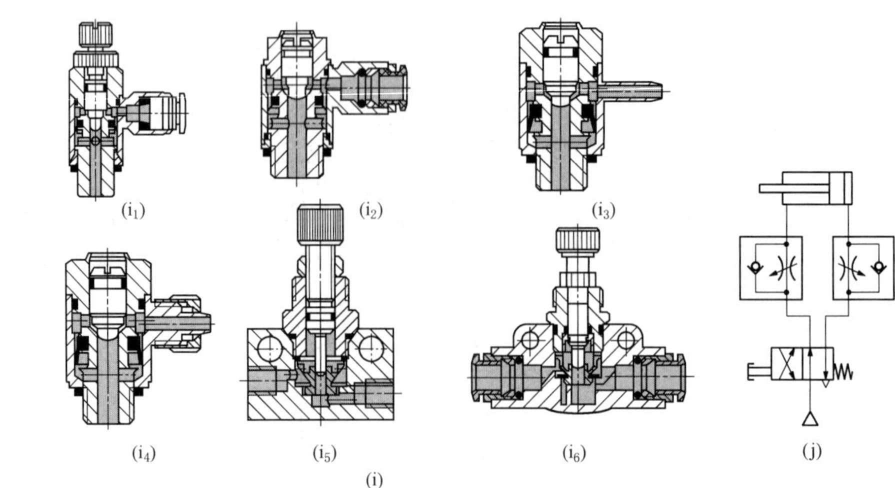
(i₁) (i₂) (i₃) (i₄) (i₅) (i₆) (j)
(i)
图 j 为通过排气流量调节活塞速度的气路图。该排气型单向节流阀的进气流量不受控制,而只对排气流量进行控制,这使得活塞运动时始终有背压作用(即保持在气垫之间做运动),即使负载变化,也能大大改善活塞运动特性。通常气缸调速都采用排气型节流阀。该节流阀前进和返回行程速度可调。两个方向上空气流量相同</td></tr>
<tr><td>进气型节流阀</td><td>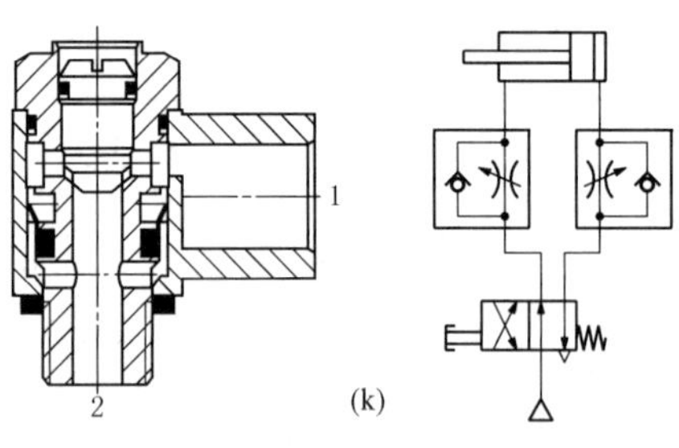

(k)
图 k 为通过进气流量调节活塞速度的气路图。该进气型单向节流阀的进气流量受到针阀流通截面的控制,而对排气流量不控制,气缸排气端不受限制,排气通畅,因此对气缸活塞运动的背压作用(即保持在气垫之间做运动)较小,气缸活塞运动容易爬行</td></tr>
<tr><td>排气与进气都节流</td><td>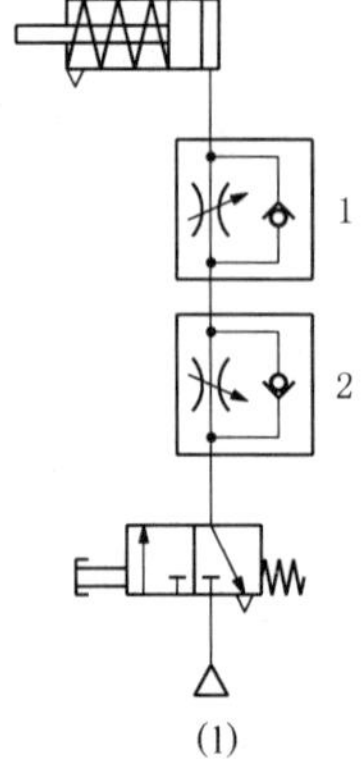

(l)
排气与进气都节流的气路如图 l 所示,需接两个单向节流阀,单作用气缸的活塞杆伸出时的速度通过调整单向节流阀 1 实现,活塞杆返回时的速度通过调整单向节流阀 2 实现</td></tr>
</table>

续表

原理	单向节流阀	精密型单向节流阀	精密型单向节流阀为高精度调节装置，其调节螺钉安装在有刻度标记的外壳圆盘上，见图 m（便于精确调节）。按节流流量大小，它可分为调节流量 0～1.7L/min、0～19L/min、0～38L/min。主要用于调节气缸活塞的低速运行（5mm/s 左右） 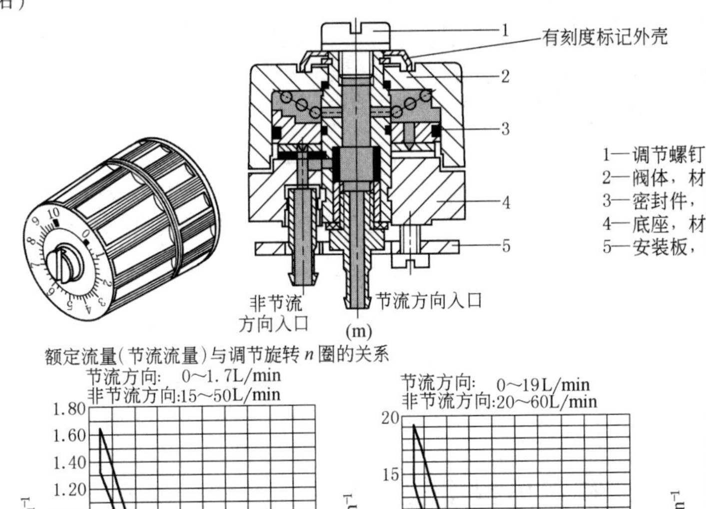 (m) 1—调节螺钉，材料为黄铜； 2—阀体，材料为聚酰胺，加强型； 3—密封件，材料为丁腈橡胶； 4—底座，材料为精制铝合金； 5—安装板，材料为精制铝合金 额定流量（节流流量）与调节旋转 n 圈的关系 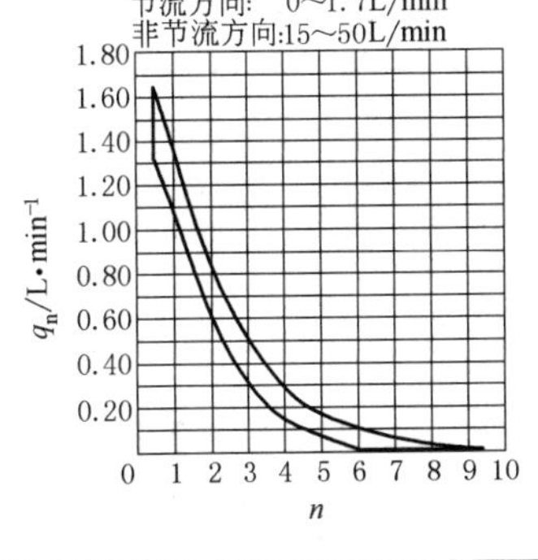 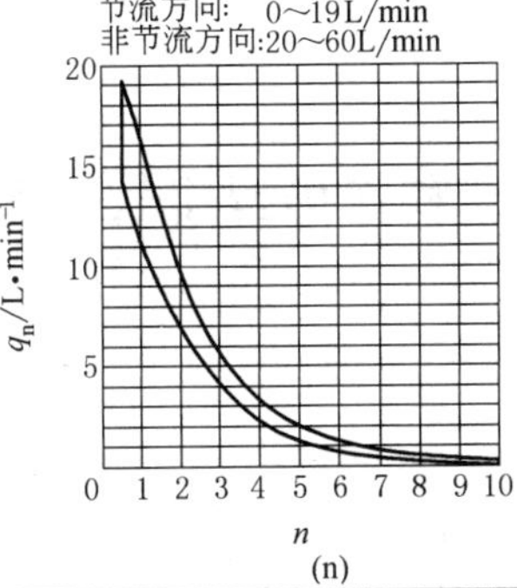 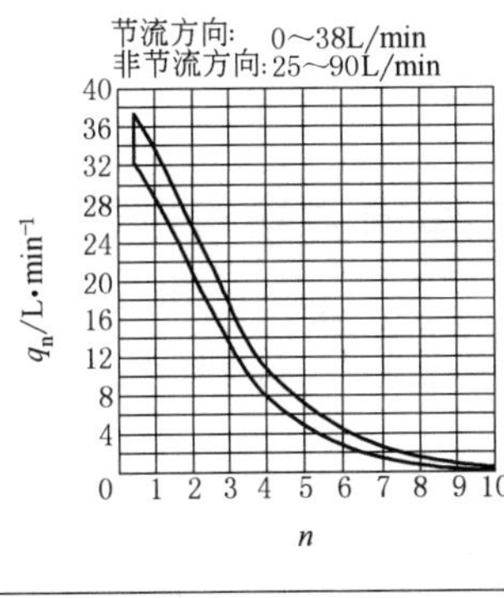 (n)
	气动熔丝原理及选用	设置气动熔丝原因	在气动元件或气动工具的使用中，尤其是安装或维护时，最常见的职业伤害之一就是由于气管脱落或破损造成的人身伤害，由于气管中有高压空气，形成高压喷流或软管鞭打，从而危及附近人员或设备，其中尤以眼部伤害居多，如果管端还带有接头，则更为危险 美国 OSHA 标准规定，所有内径超过½in 的软管均应在气源或支线处设置安全装置来降低气压，避免气管脱落造成事故。而如何既在软管供气连接处采用可靠的安全防护装置，又不妨碍正常的使用功能，则成为一个重要课题
		气动熔丝原理	如图 o_1 所示，气动熔丝安装于固定或刚性管件与弹性管件之间，它可以检测到软管或接头处由于脱落或破损而造成的突然压降，自动截断气流，避免事故。当软管重新正常安装后，气动熔丝复位，气流可恢复正常流动 正常气流流动状况下，气动熔丝两端气压压力相同，熔丝内部的弹簧力使截止阀保持打开；当软管或接头处由于脱落或破损而造成突然压降时，进口压力会克服弹簧力和降低后的出口压力，将内部截止阀关闭。作为导流装置，一条细小的流通通径使气流以很小的流量排向下游；当故障排除、管路正常时，通过导流装置，下游压力逐渐恢复正常，气动熔丝两端气压压力重又相同，弹簧复位，截止阀打开，气流恢复正常流动 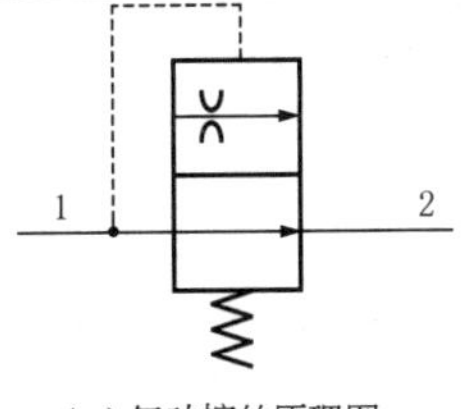 (o_1) 气动熔丝原理图 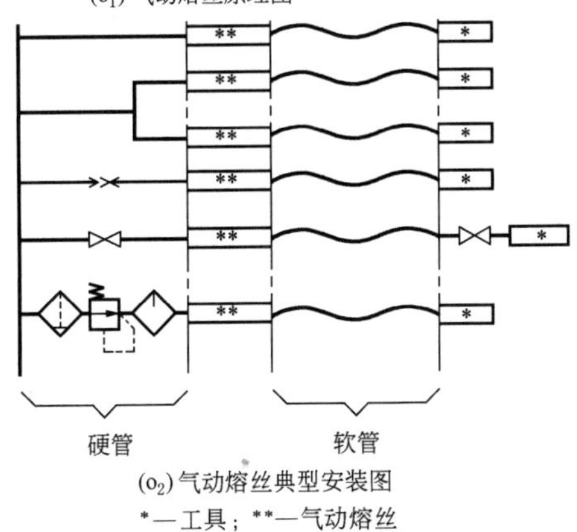 (o_2) 气动熔丝典型安装图 *—工具；**—气动熔丝 (o)

续表

原理	单向节流阀	气动熔丝原理及选用	使用方法	①气动熔丝的气口规格应与供气管路公称口径相同 ②如果软管太长，应选择大流量型号的气动熔丝 ③安装后应检查每个气动熔丝是否具有正常功能 ④启动系统必须提供气动熔丝动作所需的流量 ⑤有截止阀装在上游时，该截止阀应缓慢开启，避免由于减压效应引起熔丝关闭
选择及使用	①不能仅仅根据气动驱动器的接口螺纹（俗称通径）选择流量控制阀的规格，需从产品样本上查找它节流方向的流量范围及非节流方向的流量范围是否符合所需要求。值得注意的是，当选择了符合节流范围的流量而忽视非节流方向的流量（即节流阀全开时流量）时，将浪费电磁阀的规格尺寸 ②选用排气型单向节流阀用于控制气缸活塞运动，当活塞低速运行时选择精密型单向节流阀，并尽可能采用安装在离气缸最近的距离，减少控制阀至气缸间的管道容积 ③速度的调节螺钉不能调到关死位置时还继续调节，以免损坏针阀与节流孔的同轴度和配合间隙状态 ④管接头连接必须密封，以免影响气缸活塞速度的平稳（对于低速运行尤其重要） ⑤注意应用场合是否在高温、低温或有腐蚀性环境工作，以免阀内密封件提前老化或损坏			

2.3　带消声器的排气节流阀和快排型排气节流阀

表 21-3-8

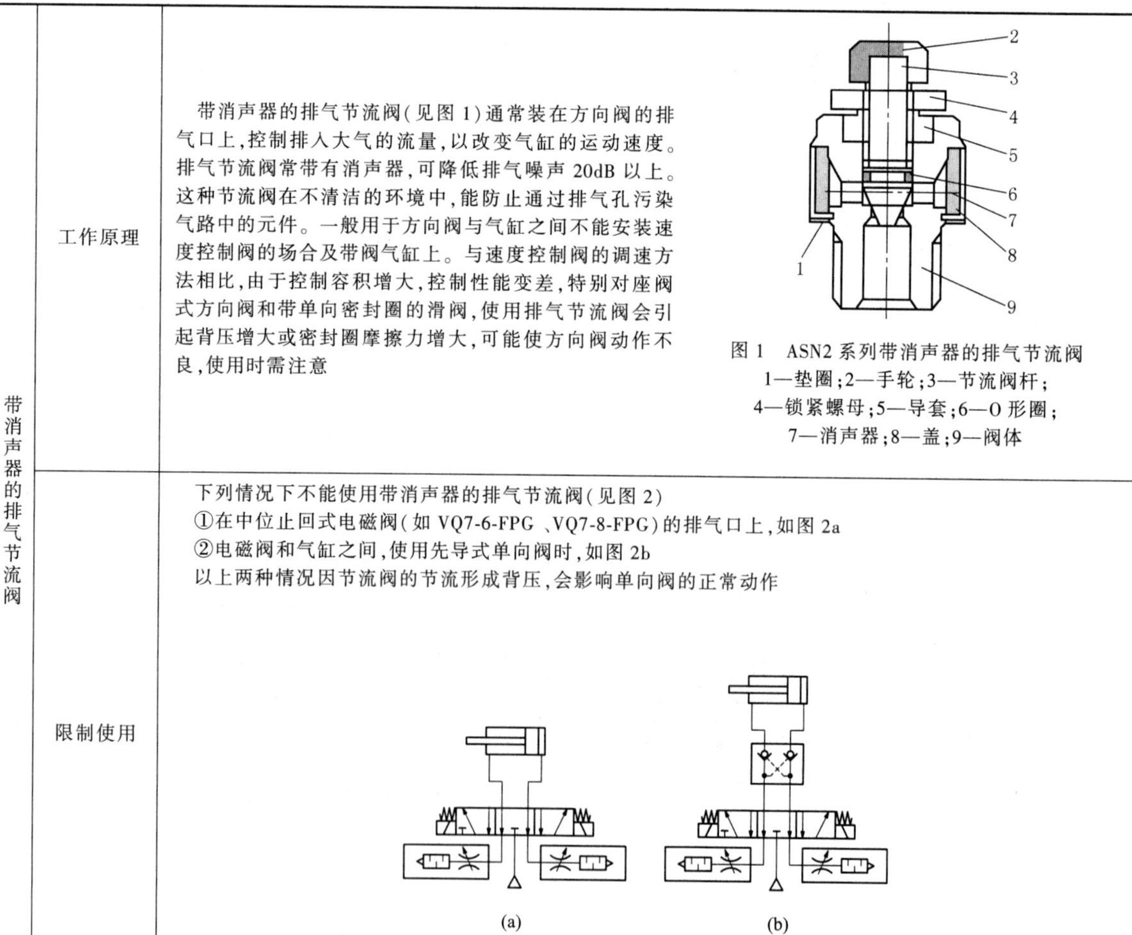

带消声器的排气节流阀	工作原理	带消声器的排气节流阀（见图1）通常装在方向阀的排气口上，控制排入大气的流量，以改变气缸的运动速度。排气节流阀常带有消声器，可降低排气噪声20dB以上。这种节流阀在不清洁的环境中，能防止通过排气孔污染气路中的元件。一般用于方向阀与气缸之间不能安装速度控制阀的场合及带阀气缸上。与速度控制阀的调速方法相比，由于控制容积增大，控制性能变差，特别对座阀式方向阀和带单向密封圈的滑阀，使用排气节流阀会引起背压增大或密封圈摩擦力增大，可能使方向阀动作不良，使用时需注意 图1　ASN2系列带消声器的排气节流阀 1—垫圈；2—手轮；3—节流阀杆；4—锁紧螺母；5—导套；6—O形圈；7—消声器；8—盖；9—阀体
	限制使用	下列情况下不能使用带消声器的排气节流阀（见图2） ①在中位止回式电磁阀（如VQ7-6-FPG、VQ7-8-FPG）的排气口上，如图2a ②电磁阀和气缸之间，使用先导式单向阀时，如图2b 以上两种情况因节流阀的节流形成背压，会影响单向阀的正常动作 图2　不应安装排气节流阀的回路

续表

<table>
<tr><td>快排型排气节流阀</td><td>带消声器的快排型排气节流阀如图 3 所示，使用压力范围为 0.1～1.0MPa
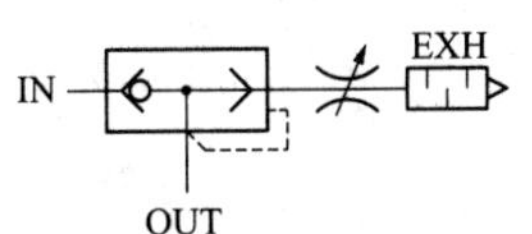

图 3　带消声器的快排型排气节流阀</td></tr>
</table>

2.4　防止活塞杆急速伸出阀

表 21-3-9

<table>
<tr><td>工作原理</td><td>图 1 所示为回路的方向阀处于中位时，气缸活塞两侧都排空。当方向阀切换至左位时，因无杆腔很快充气，有杆腔初始时为大气压力，故活塞杆会急速伸出伤人或损坏设备。若将无杆侧的排气节流式速度控制阀，改装成带固定节流孔和有急速供气机能的速度控制阀（SSC 系列），则可避免上述活塞杆急速伸出事故，如图 2 所示，故此阀也可称为防止活塞杆急速伸出阀。当方向阀由中位切换至左位时，有压气体经 SSC 阀的固定节流孔 7 和 6 充入无杆腔，压力 p_H 逐渐上升，有杆腔仍维持为大气压力。当 p_H 升至一定值，活塞便开始做低速右移，从图 3a 中的 A 位移至行程末端 B。到行程末端，p_H 压力上升。当 p_H 大于急速供气阀 4 的设定压力时，SSC 阀 4 切换至全开，并打开单向阀 5，急速向无杆腔供气，p_H 由 C 点压力急升到 D 点压力（供气压力）。CE 虚线表示只用进气节流的速度控制阀的场合。可见，使用 SSC 阀，不存在压力传递延迟的时间。当初期动作已使 p_H 变成供气压力后，方向阀再切换至左位或右位，气缸的动作、压力 p_H、p_R 和速度的变化，便与用一般排气节流式速度控制阀时的特性相同了，如图 3b、c 所示
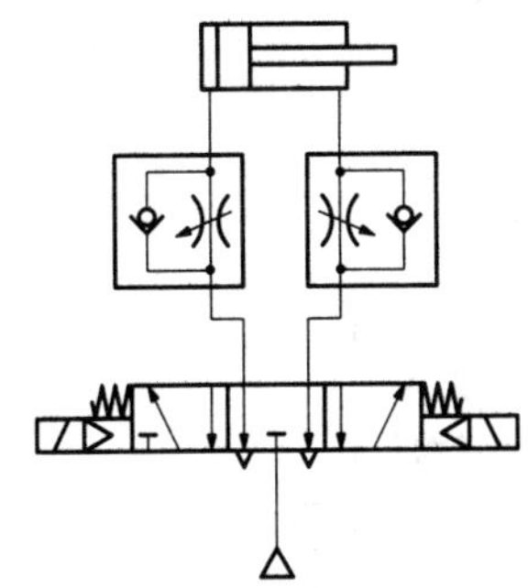
图 1　气缸活塞杆急速伸出的回路
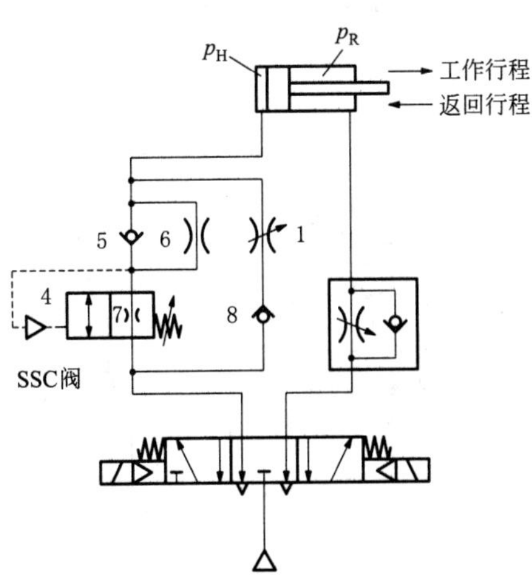

图 2　防止活塞杆急速伸出事故的排气节流式回路</td></tr>
</table>

续表

<table>
<tr><td>工作原理</td><td>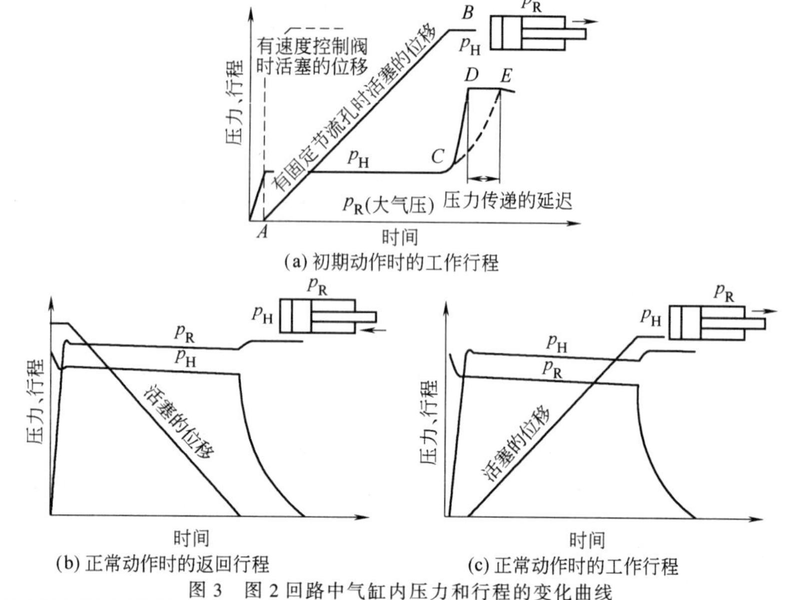

图 3　图 2 回路中气缸内压力和行程的变化曲线</td></tr>
<tr><td>设定压力的调整(排气节流控制型)</td><td>①先进行正常动作时气缸速度的调整。在正常动作状态(一侧管路被加压),调整进口侧调速阀 1,顺时针方向为减速,调节到所定气缸速度,然后拧紧锁紧螺母。气缸上有缓冲阀应尽可能开启
②SSC 阀的出口侧有设定压力的调压阀 2,顺时针方向旋转,设定压力提高。出厂时,设定压力约调至 0.2MPa
③将气缸两侧压力放空,才能进行初期动作的设定压力的调整。供气后,由于 SSC 阀有固定节流孔,属于进气节流控制,能防止活塞杆急速伸出。到达行程末端的急速升压情况,靠逆时针方向回转调压阀来调整。设定压力调得太低,不能完全防止初期动作时的活塞杆急速伸出现象;设定压力调高了,正常动作时的气缸速度受限制。设定压力调好后,应将锁紧螺母拧紧
④最后,在行程末端充分供给压力后,对正常动作时的气缸运动进行确认
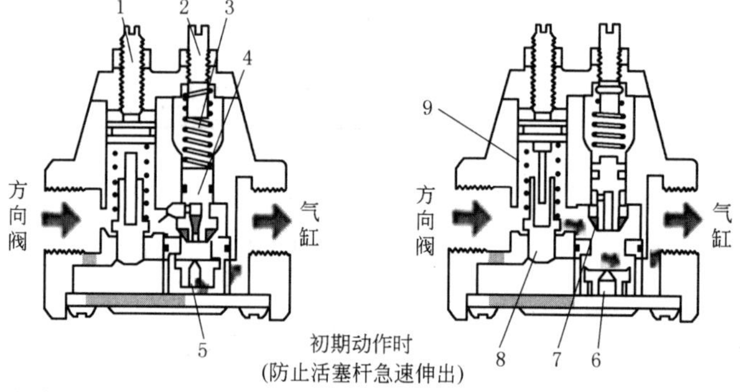

(a) 急速供气阀设定压力大于缸内压力　(b) 急速供气阀设定压力小于缸内压力(在行程末端)
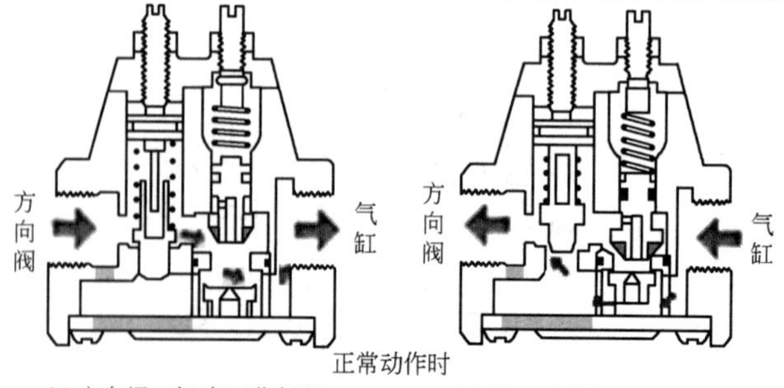

(c) 方向阀→气动(工作行程)　(d)气缸→方向阀(返回行程)
图 4　SSC 系列气阀的结构和工作原理
1—调速阀;2—调压阀;3—调压弹簧;4—急速供气阀阀芯;5—单向阀;6,7—节流孔;8—单向阀(兼节流阀芯 1);9—调速弹簧</td></tr>
</table>

续表

设定压力的调整(排气节流控制型)	正常动作状态的气缸始动时,若存在明显的延迟才突动,或缸速极慢的情况下,表示有杆侧的速度控制阀或 SSC 阀的调速阀 1 过于节流,或 SSC 阀进口压力比调压阀 2 的设定压力低。应再按步骤③、④重新调整 当方向阀由中位切换至左位时,压力使单向阀 8 关闭。因调压阀 2 的设定压力大于缸内压力,急速供气阀阀芯 4 也关闭,有压气体只能经节流孔 7 和 6 向无杆腔充气,p_H 逐渐上升至一定压力,活塞开始移动直至行程末端,如图 4a 所示。当 p_H 压力升至大于急速供气阀阀芯 4 的设定压力时,阀芯全开,并打开单向阀 5,急速向无杆腔供气,p_H 升至供气压力,如图 4b 所示,初期动作便完成。往后,方向阀再切换,气缸的动作便进入正常动作。当方向阀切换至右位,p_H 使单向阀 5 关闭,缸内压力只能通过节流孔 6 和调速阀 1 从方向阀排出,缸速受调速阀 1 的开度控制,见图 4d。当方向阀又切换至左位,因有杆侧为供气压力,就不会出现杆急速伸出了。此时阀内动作状态如图 4c 所示,气缸特性变化如图 3c 所示 SSC 阀的最高使用压力为 0.7MPa,设定压力为 0.1~0.5MPa
使用注意事项	①SSC 阀应安装在防止活塞杆急速伸出的供气侧,IN 口接方向阀,OUT 口与气缸直接配管。若与气缸配管太长,在正常动作时,有可能不能进行速度控制 ②100mm 以下的短行程气缸及摆动气缸等容积比较小的执行元件,不要使用 SSC 阀 ③负载率在 50%以下使用 SSC 阀,以免正常动作时的速度控制不起作用 ④排气节流控制的 SSC 阀,防止活塞杆急速伸出的初期速度是不能调节的。若希望低于初期速度且可调,则应选用进气节流控制的 SSC 阀(ASS110、ASS310) ⑤缸内有残压的场合,SSC 阀不能防止活塞杆急速伸出

2.5 节气阀

表 21-3-10

工作原理	节气阀(ASR/ASQ 系列)动作原理如图 1 所示。在方向阀与气缸之间,无杆侧设置了 ASQ 阀(先导式方向阀与双向速度控制阀一体化结构),有杆侧设置了 AASR 阀(带单向阀的减压阀与流量控制阀一体化结构) 作者注:在参考文献[13]第 842 页中,与 ASR 阀具有相同原理的又称 P.F.C 阀;与 ASQ 阀具有相同原理的又称 Q.F.C 阀 电磁方向阀通电,无杆侧利用双向速度控制阀进行进气节流,有杆侧有节流阀节流,故气缸不会出现始动时的急速伸出。当无杆腔的压力超过先导式方向阀的设定压力时,该先导式方向阀接通,便向无杆腔快速供气,在行程末端供给需要的压力。当电磁方向阀复位时,ASR 中的减压阀的设定压力限制在 0.1~0.3MPa(指可调型,固定型为 0.2MPa),无杆侧的气控阀仍处于接通状态,故可快速排气,可大大缩短返回的时间。当无杆腔内压力低于气控阀的设定压力时,气控阀关闭,只能通过双向速度控制阀节流排气,实现低压驱动平稳返回,达到节气的目的。使用节气阀,设备成本也大大降低 空气消耗量减少情况如图 2 所示,当工作行程侧供气压力为 0.5MPa,返回行程侧供气压力为 0.2MPa 时,可节气 25%,利用节气阀 ASQ,不仅可防止始动时活塞杆的急速伸出,而且由于气缸开始返回时是快速返回,故与单纯的低压返回回路相比,返回时间可大大缩短 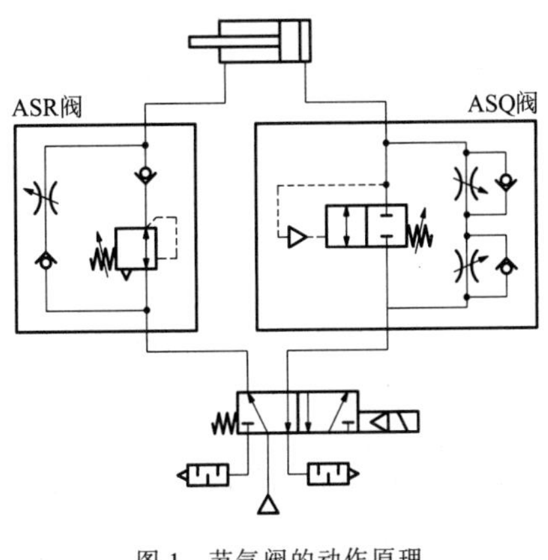 图 1 节气阀的动作原理 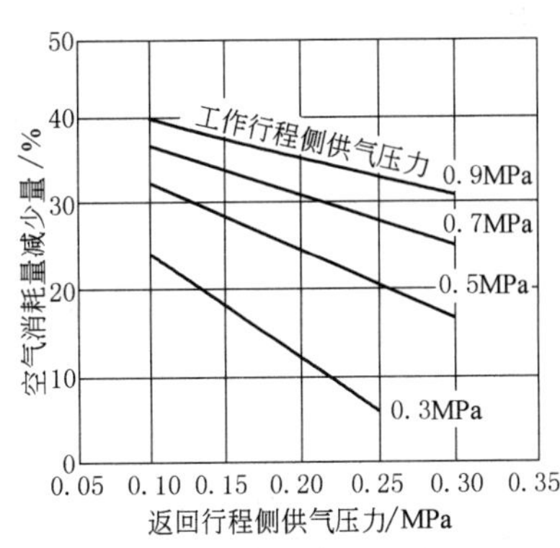 图 2 空气消耗量减少情况
使用注意事项	节气阀可直接安装在气缸通口上,接管口径为 R¼~R½。快换接头配管为 ϕ6~12mm。使用压力范围为 0.1~1.0MPa。设定压力范围 0.1~0.3MPa,固定型为 0.2MPa。节流阀的回转圈数为 10 圈

3 方向控制阀

在 JB/T 6378—2008《气动换向阀技术条件》中规定了压力不大于 1.6MPa 气动换向阀的一般要求、性能要求、试验方法、检验规则和产品标识，适用于以压缩空气为工作介质的一般用途的气动换向阀，包括电磁控制、气压控制、机械控制和人力控制换向阀。

3.1 方向控制阀的分类

在各类气动元件中，方向控制阀的品种规格繁多，本章仅对常用方向控制阀的原理、结构、性能及参数做基础介绍，以便于选用。

表 21-3-11

<table>
<tr><td rowspan="2">按阀内气流流动方向分</td><td rowspan="2">方向控制阀</td><td>换向型方向控制阀（简称换向阀）</td><td>是指可以改变气流流动方向的控制阀，如气控阀、电磁阀、机械控制换向阀等</td></tr>
<tr><td>单向型方向控制阀</td><td>是指仅允许气流沿着一个方向流动的控制阀，如单向阀、梭阀、双压阀和快速排气阀等</td></tr>
<tr><td rowspan="7">按控制方式分</td><td rowspan="4">常用控制方式</td><td colspan="2">常用的控制方式有气压控制、电磁控制、人力控制和机械控制四类</td></tr>
<tr><td>电磁阀　单线圈</td><td rowspan="2">机控阀</td></tr>
<tr><td>带手动装置，先导式、双线圈</td></tr>
<tr><td>气压阀　直动式</td><td>人控阀　普通式</td></tr>
<tr><td rowspan="3">气压控制</td><td colspan="2">用气压力来操纵阀切换的控制方式，这种阀称为气压控制型换向阀，简称气控阀。气控阀在易燃、易爆、潮湿、粉尘大、强磁场、高温等恶劣的工作环境中，工作安全可靠</td></tr>
<tr><td>加压控制阀</td><td>是指输入的控制气压足够推动主阀换向。常用在纯气动控制系统中，这种控制方式有单气控和双气控之分</td></tr>
<tr><td>卸压控制</td><td>是指控制阀内控制腔腔室的内气压，当压力降至某一值时阀便被切换</td></tr>
</table>

续表

<table>
<tr><td rowspan="7">按控制方式分</td><td rowspan="2">气压控制</td><td>差压控制</td><td>是利用阀芯两端受气压作用的有效面积不等，在气压的作用下产生的作用力之差值，使阀切换</td></tr>
<tr><td>延时控制</td><td>是利用气流经过小孔或缝隙节流后向气室里充气，当气室里的压力升至一定值后使阀切换，从而达到信号延时输出的目的。纯气动控制系统中的延时阀便按此原理制成</td></tr>
<tr><td rowspan="3">电磁控制</td><td>原理</td><td>利用电磁线圈通电时，静铁芯对动铁芯产生磁吸力，使阀切换以改变气流方向的阀，称为电磁换向阀，简称电磁阀。电磁阀有二位二通阀、二位三通阀、二位四通阀、二位五通阀、三位五通阀等</td></tr>
<tr><td>分类</td><td>电磁换向阀有直动式和先导式之分。对于二位二通阀、二位三通阀有常开、常闭之分</td></tr>
<tr><td>特点</td><td>电磁控制换向阀易于实现电、气联合控制，常用的是利用可编程序控制器（PLC）的输出，直接驱动电磁换向阀的电磁线圈使其换向。如 PLC 控制器的一个输出点为 7.5W 时，它能控制 5 个功耗为 1.5W 的电磁线圈，并能实现远距离操作，故得到广泛应用。目前，市场上已出现阀岛，其中换向阀采用的便是电磁控制换向阀</td></tr>
<tr><td>人力控制</td><td colspan="2">依靠人力使阀切换的换向阀，称为人力控制换向阀，简称人力阀。它可分为手动阀和脚踏阀两大类
人控阀与其他控制方式相比，使用频率较低，动作速度较慢。因操纵力不宜大，故阀的通径较小，操作灵活。人控阀在手动气动系统中，一般用来直接操纵气动执行机构。在半自动和自动系统中，多作为信号阀使用</td></tr>
<tr><td>机械控制</td><td colspan="2">用凸轮、撞块或其他机械外力使阀换向的阀称为机械控制换向阀，简称机控阀。这种阀常用作信号阀使用。当湿度特别大，粉尘多或强磁场场合，或不宜采用电气位移传感器时，可采用机械控制，但不适合复杂的控制系统</td></tr>
<tr><td rowspan="6">按动作方式分</td><td rowspan="2">直动式</td><td colspan="2">按动作方式分类是指换向阀的驱动是直动式（直接驱动）还是先导式（二级驱动）</td></tr>
<tr><td colspan="2">直动式是在电磁力或气压控制力或机械驱动力或人力的直接作用下，使换向阀的阀芯被切换成另一状态位置，改变输出方向。直动式阀一般通径较小，电磁吸铁的功耗小，对于小型、微型电磁阀可直接采用直动式电磁阀</td></tr>
<tr><td>先导式</td><td colspan="2">先导式电磁阀是微型或小型电磁阀（作先导控制）和主阀组合而成，利用控制小型电磁阀的输出压力（俗称先导压力），使控制阀主阀芯切换（通过利用小型电磁阀的输出压力作用活塞使其产生较大力，推动主阀阀芯），以获得先导式电磁阀的大通径的输出流量，因此先导式电磁阀主要特性是用小功耗的电磁线圈获得对大通径电磁阀的控制，而此小功耗的先导电磁阀的电磁线圈又可在 PLC 可编程控制器的输出允许值范围内</td></tr>
<tr><td rowspan="3">先导式分类</td><td colspan="2">先导式电磁阀可分为内部先导（俗称内先导）与外部先导（俗称外先导）</td></tr>
<tr><td>内先导</td><td>内先导的气源由主阀提供，因此过低的气源压力不能推动主阀阀芯前级的活塞，内先导式电磁阀的工作压力有一个范围，为 2～10bar，2bar 是最小工作压力，低于 2bar 工作则不正常，内先导电磁阀不能用于真空换向系统</td></tr>
<tr><td>外先导</td><td>外先导的气源是由外部专门提供（在系统中另接一路气源给外部先导控制口），不受主阀气源压力大小的影响，故外先导的工作压力可从 0～10bar，可用于低压，也可以用于真空 -1～10bar</td></tr>
<tr><td>按阀的通口数目或切换状态数分</td><td>按阀的通口数目分</td><td colspan="2">阀的通口数目是指阀的切换通口数目，阀的切换通口包括供气口、输出口、排气口，不包括控制口数目。按切换通口数目分，有二通阀、三通阀、四通阀、五通阀等
<table>
<tr><td rowspan="3">换向阀的通口数与图形符号</td><td rowspan="2">名称</td><td colspan="2">二　通</td><td colspan="2">三　通</td><td rowspan="2">四通</td><td rowspan="2">五通</td></tr>
<tr><td>常断</td><td>常通</td><td>常断</td><td>常通</td></tr>
<tr><td>符号</td><td>A P</td><td>A P</td><td>A P T</td><td>A P T</td><td>A B P T</td><td>4 2 5 1 3</td></tr>
</table>
二通阀有两个口，即一个供气口（用 1 或用 P 表示）和一个工作口（用 2 或用 A 表示）
三通阀有三个口，除 1 口或 P 口、2 口或 A 口外增加一个排气口（用 3 或 T 表示）；也可以是两个供气口（P_1、P_2 表示）和一个工作口，作为选择阀（选择两个不同大小的压力值）；或一个供气口和两个输出口，作为分配阀
二通阀、三通阀有常通和常断之分。常通型是指阀的控制口未加控制（即零位）时，P 口和 A 口相通。反之，常断型在零位时，P 口和 A 口是断开的
四通阀有四个口，除 P、A、T 外，还有一个工作口（用 B 表示）。通路为 P→A、B→T 或 P→B、A→T
五通阀有五个口，除 P、A、B 外，有两个排气口（用 3、5 或 T_1、T_2 表示）。通路为 P→A、B→T_1 或 P→B、A→T_2。五通阀也可以变成选择式四通阀，即两个输入口（P_1 和 P_2）、两个工作口（A 和 B）和一个排气口 T。两个输入口供给压力不同的压缩空气
此外，也有五个通口以上的阀
作者注：在 GB/T 786.1—2021 中规定以数字 1 标注供气口；数字 2、4 标注工作口；数字 3、5 标注排气口</td></tr>
</table>

续表

按阀的通口数目或切换状态数分

按切换状态数分

方向控制阀的切换状态称为“位置”，有几个切换状态就称为几位阀(如二位阀、三位阀)。阀在未加控制信号时的原始状态称为零位。当阀为零位位置时，它的气路处于通路状态称常通型(俗称常开型)，反之，称为常断型(俗称常闭型)

阀的切换状态是由阀芯的工作位置决定的，详见下表。阀芯具有两个工作位置的阀称为二位阀；阀芯具有三个工作位置的阀称为三位阀。对于两个位置阀而言，有两个通口的二位阀称为二位二通阀，它可实现气路的通或断。有三个通口的二位阀称为二位三通阀，在不同的工作位置，可实现 P、A 相通，或 A、R 相通。常用的还有二位四通阀和二位五通阀。对于三个位置阀而言，当阀芯处于中间位置时，各通口呈关断状态时，被称为中封式三位五通阀。如供气口与两个输出口相通，两个排气口封闭，被称为中间加压式三位五通阀。如供气口与两个输出口、两个排气口都相通，被称为中间卸压式三位五通阀。各通口之间的通断状态分别表示在一个长方块的各方块上，就构成了换向阀的图形符号

阀的通路数和切换位置综合表示法

通路数	二　　位	三　　位		
		中间封闭	中间加压	中间卸压
二通	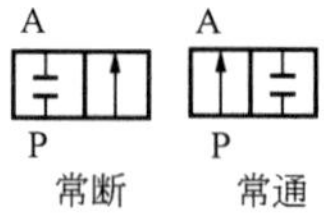 A P 常断　A P 常通			
三通	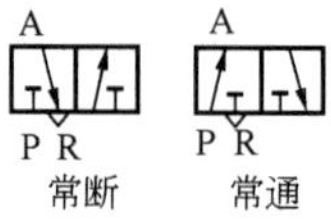 A P R 常断　A P R 常通	 A P R		
四通	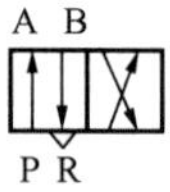 A B P R	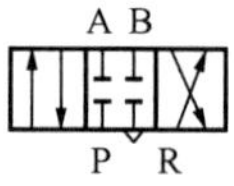 A B P R	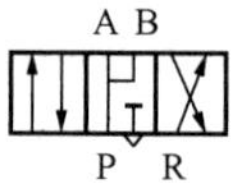 A B P R	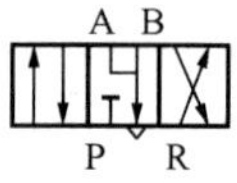 A B P R
五通	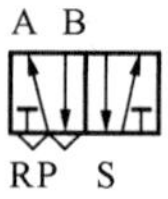 A B RP S	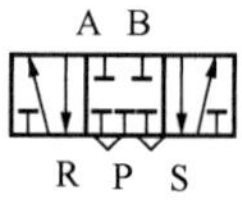 A B R P S	 A B R P S	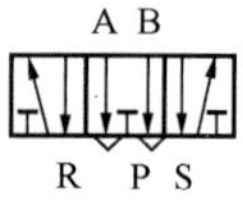 A B R P S

两种表示方法的比较	气　　口	数字表示	字母表示	气　　口	数字表示	字母表示
	输入口	1	P	排气口	5	R
	输出口	2	B	输出信号清零的控制口	(10)	(Z)
	排气口	3	S	控制口	12	Y
	输出口	4	A	控制口	14	Z(X)

这里需说明，阀的气口可用字母表示，也可用数字表示(符合 ISO 5599 标准)

气口用字母表示		气口用数字表示(二位五通阀和三位五通阀)	
A、B、C	输出口(工作口)	1	输入口(进气口)
P	输入口(进气口)	2、4	输出口(工作口)
R、S、T	排气口	3、5	排气口
L	泄漏口	12、14	控制口
X、Y、Z	控制口	10	输出信号清零的控制口
		81、91	外部控制口
		82、84	控制气路排气口

续表

<table>
<tr><td rowspan="3">按阀芯结构分</td><td colspan="2">有截止式、滑柱式、滑板式和间隙式(硬配阀)四类</td></tr>
<tr><td>截止式换向阀</td><td>

截止式换向阀也被称为提动式阀,一些日本气动制造厂商称其为座阀式。由于截止式阀阀芯密封靠橡胶或聚氨酯材质的垫圈进行平面密封(圆平面),密封性能优异,常被用于二位二通或二位三通电磁阀(见图 a)。当阀的通口多时,制造结构复杂,许多气动制造厂商通过两个二位三通阀来构成一个二位五通阀的功能(见图 b)。也有些气动制造厂商采用同轴截止式结构制成二位五通换向阀(见图 c)

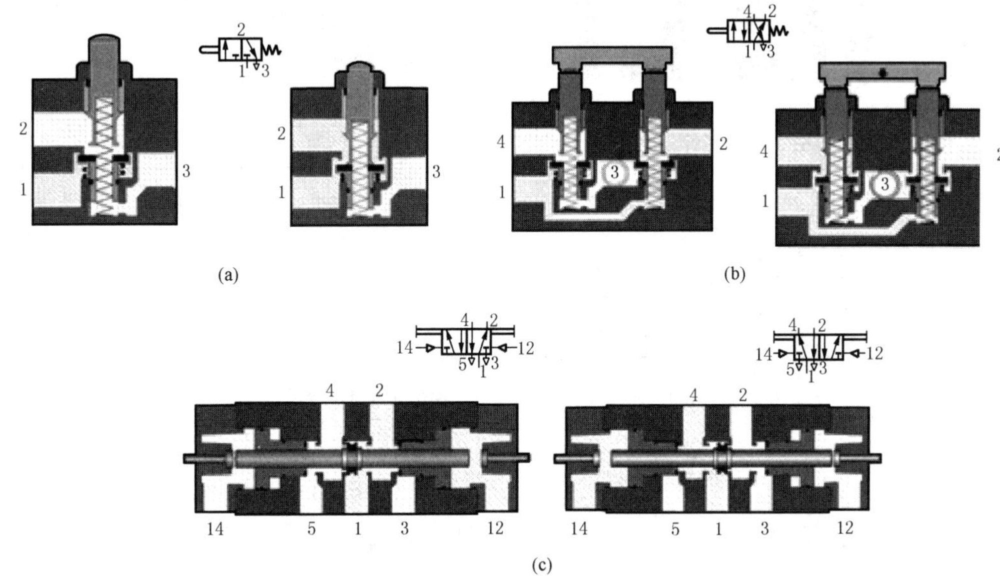

(a) (b) (c)

特点

①适用于大流量的场合。因阀的行程短,流通阻力小,同样通径规格的阀,截止式比滑柱式外形小

②阀芯始终受背压的作用,这对密封是有利的。截止式阀一般采用软质平面密封方式(聚氨酯材质),故泄漏很少。没有滑阀密封时需采用过盈密封(无滑阀密封时产生的摩擦力),对空气要求最低,如有灰尘、脏物换向时,软质平面密封上的灰尘、脏物将被气流吹走(见图 c),一些气动元件制造厂商称它为耐脏气源电磁换向阀

③在高压或大流量时,要求的换向力较大,换向冲击力较大。故截止式阀常采用平衡阀芯结构或使用大的先导控制活塞使阀换向。大通径的截止式阀宜采用先导式控制方式

④截止式阀在换向的瞬间,输入口、输出口和排气口可能发生同时相通而窜气现象

⑤可适用于无油润滑的工作介质

⑥同轴截止式阀芯结构是具有截止式和滑柱式两者的优点,而避开其缺点的一种结构形式

</td></tr>
<tr><td>滑柱式换向阀</td><td>

滑柱 密封

O_1 A P B O_2

(d)

滑柱 密封

O_1 A P B O_2

(e)

滑柱式换向阀被称为滑阀型换向阀,采用软质密封材质(即橡胶 O 形圈或特种形状密封圈),它有两种密封安装方式,一种是将 O 形圈套在滑柱上,随阀芯(滑柱)一起移动(见图 d)。另一种是将 O 形圈固定在衬套上,衬套与阀体内孔为过盈配合,阀芯(滑柱)在衬套内移动,O 形圈不动(见图 e)。前一种阀加工简单,制造成本低,在同等流量情况下,阀体积小。后一种阀加工比前一种复杂,在同等流量情况下,阀体积大,但性能优良,寿命长

①阀芯结构对称,容易做成具有记忆功能,即信号消失,仍能保持原有阀芯的位置

②结构简单。切换时,不承受类似截止式阀的阀芯受背压状态,故换向力相对要小,动作灵敏

③对气源净化处理要求较高,应使用含有油雾润滑的压缩空气(除非是无油润滑的换气阀)。有些软质密封阀受静摩擦力影响,一段时间没有使用(或长期在仓库存放)初始换向力将会很高,几次手动操作换向才能使其恢复正常

</td></tr>
</table>

续表

<table>
<tr>
<td rowspan="2">按阀芯结构分</td>
<td>滑板式换向阀</td>
<td>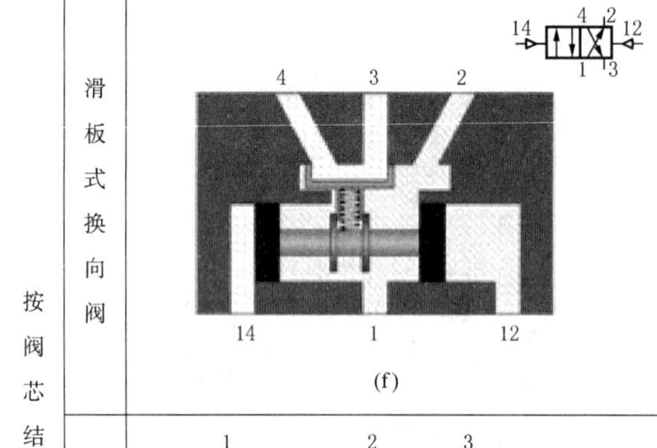

(f)</td>
<td>如图 f 所示，阀的换向是靠改变滑板与阀座上孔的相对位置来实现，其特点为
①结构简单，容易设计为多位多通换向阀，尤其用于手控二位三通、二位四通阀
②滑块与阀座间的滑动密封采用研磨配合（一般用陶瓷材质），会有一定的泄漏
③寿命较长</td>
</tr>
<tr>
<td>间隙式换向阀</td>
<td>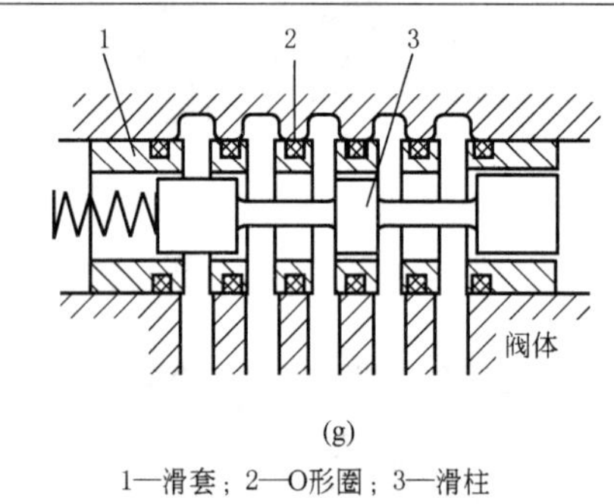

(g)
1—滑套；2—O形圈；3—滑柱</td>
<td>间隙式换向阀也被称为硬配式阀，阀芯采用的是金属材质，阀体采用的是另一种金属材质，阀芯与阀体通过研配方式（即间隙配合）装配。为了便于研配工艺，采用阀芯与阀套进行研配，阀套通过 O 形圈固定于阀体内。见图 g
①工作压力范围较软质密封阀高，控制压力小，切换灵敏，换向频率高
②寿命长，制造成本高
③允许工作温度、介质温度较高
④对气源净化处理要求最高。空气的过滤精度在 1μm
⑤对阀的安装有要求，不易垂直安装</td>
</tr>
<tr>
<td rowspan="2">按连接方式分</td>
<td colspan="3">阀的连接方式有管式连接、板式连接、集装式连接和法兰连接等几种</td>
</tr>
<tr>
<td>管式、板式、集装式连接</td>
<td colspan="2">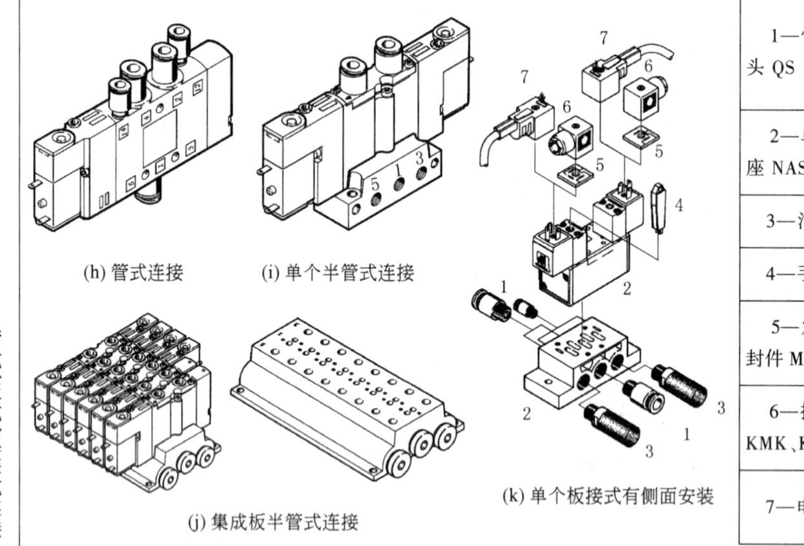

(h) 管式连接　(i) 单个半管式连接　(j) 集成板半管式连接　(k) 单个板接式有侧面安装

<table>
<tr><td>1—快插接头 QS</td><td>用于连接具有标准外径的压气管，符合 CEFOP RD54 标准</td></tr>
<tr><td>2—单个底座 NAS</td><td>侧面接口</td></tr>
<tr><td>3—消音器</td><td>安装在排气口</td></tr>
<tr><td colspan="2">4—手动控制工具 AIXI</td></tr>
<tr><td>5—发光密封件 M...LO</td><td>用于显示开关状态</td></tr>
<tr><td colspan="2">6—插座、带/不带电缆 MSSO、KMK、KMC</td></tr>
<tr><td>7—电磁阀</td><td>气口型式符合 ISO 5599.1 标准</td></tr>
</table>

管式连接有三种连接方式，第一种是管式连接（俗称管式阀），在阀的工作口、供气口、排气口拧上消声器，气管与气接头相连（见图 h），若用插入式快速接头或不复杂的气路系统，采用管式连接较方便。第二种是单个半管式连接（俗称半管式阀），在阀的工作口拧上气接头，气管与气接头相连，而供气口、排气口则安装在气路板上（见图 i）。第三种是集成板半管式连接（俗称半管式集成连接），在阀的工作口拧上气接头，气管与气接头相连，而供气口、排气口则安装在气路板上，气路板上采用统一供气、统一排气的方式（见图 j）
板式连接是指需配用专门的连接板，阀固定在连接板上，阀的工作口、供气口及排气口都在气路板上。ISO 5599 标准、ISO 15407 标准即属于该板式连接方式。板式连接有单个板接方式和集成板接方式两种，单个板接方式根据阀在接管的位置可分有侧面安装（见图 k，一侧为进气口、排气口，另一则为工作口）及底面安装（进气口、排气口、工作口全在底部），目前采用底面安装方式较少。这两种板式安装的阀在装拆、维修时不必拆卸管路，这对复杂的气路系统很方便</td>
</tr>
</table>

续表

按连接方式分

集成板连接式、法兰连接式

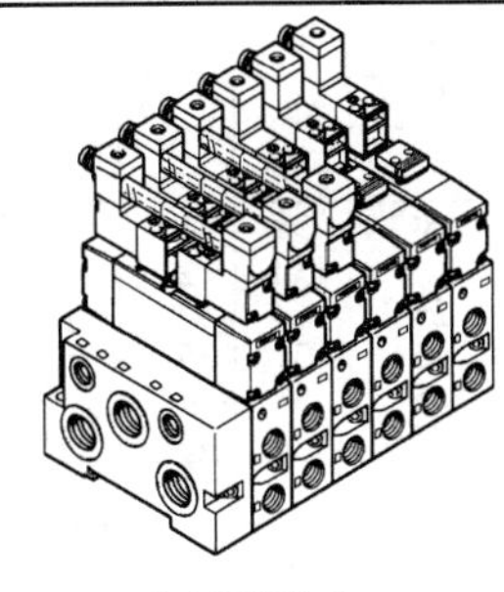

(1) 集成板连接式

是将多个板式连接板相连成一体的集成板连接方式，各阀的进气口、工作口或排气口可以共用（各阀的排气口可集中排气，也可单独排气）。这种方式不仅节省空间，大大地减少接管，便于阀的快速更换维修。见图1，是另一种应用最广泛的连接方式

法兰连接主要用于大口径的管道阀上，作为控制阀是极少采用的

按阀的流通能力分

通径是指阀的主流通道上最小面积的通流能力，即孔径的大小，单位为mm。这个值只允许在一定范围内对不同的元件进行比较。具体比较时，还必须考虑标准额定流量。国内气动行业业界习惯用阀的公称通径大小直接反映阀的流通能力大小，用户使用不是很方便。国际上气动厂商样本上除了标明通径（或截面积），还清楚写明标准额定流量

下表为阀的公称通径及相应的接管螺纹和流通能力的表达值

公称通径/mm		3	4	6	8	10	15	20	25
接管螺纹	公制	M5×0.8	M5×0.8	M10×1	M14×1.5	M18×1.5	M22×1.5	M27×2	M33×2
	英制	G ⅛	G ⅛	G ⅛	G ¼	G ⅜	G ½	G ¾	G 1
K_F、C 值/$m^3 \cdot h^{-1}$		0.15	0.3	0.5	1.0	2.0	3.0	5.6	9.6
标准额定流量 Q_{Mn}/$L \cdot min^{-1}$		170	340	570	1150	2300	3400	6300	10900
额定流量/$m^3 \cdot h^{-1}$		0.7	1.4	2.5	5	7	10	20	30
在额定流量下压降/kPa		≤20	≤20	≤20	≤15	≤15	≤15	≤12	≤12

需要特别说明的是在实际应用中，不能盲目根据阀的接口通径大小（接口螺纹大小）来认定它能否与气缸相配用，必须根据阀的流量来选择（从产品样本中查得），一个气动元件制造厂商不同型号、相同接管螺纹的阀有不同的流量（有的相差很大），不同的气动元件制造厂商相同接管螺纹的阀其流量也各不相同

按ISO标准分

ISO阀是指对于底座安装的气控或电控阀来说，其安装底面尺寸符合ISO 5599国际标准。这种标准具有技术先进、安装及维修时互换方便等优点，世界上大部分制造厂商遵循这一标准。ISO 5599.1规定的是不带电气接头安装界面尺寸。ISO 5599.2规定的是带电气接口安装界面尺寸。从图m可看到的是不带电气接头ISO阀安装界面的立体结构

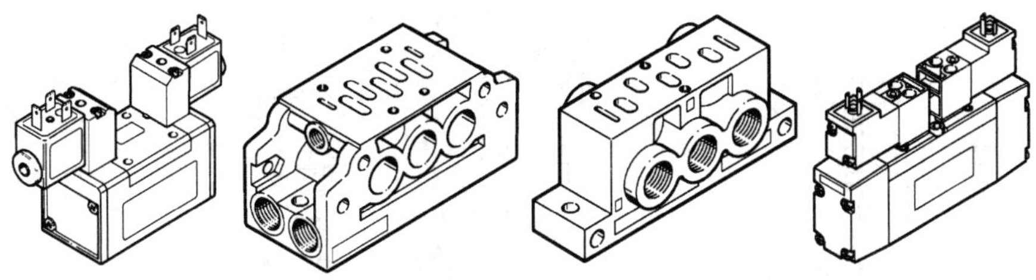

ISO 5599阀与底板　　　ISO 15407阀与底板

(m)

ISO 5599标准其安装界面尺寸见图n及表。ISO 15407标准安装界面尺寸见图o及表

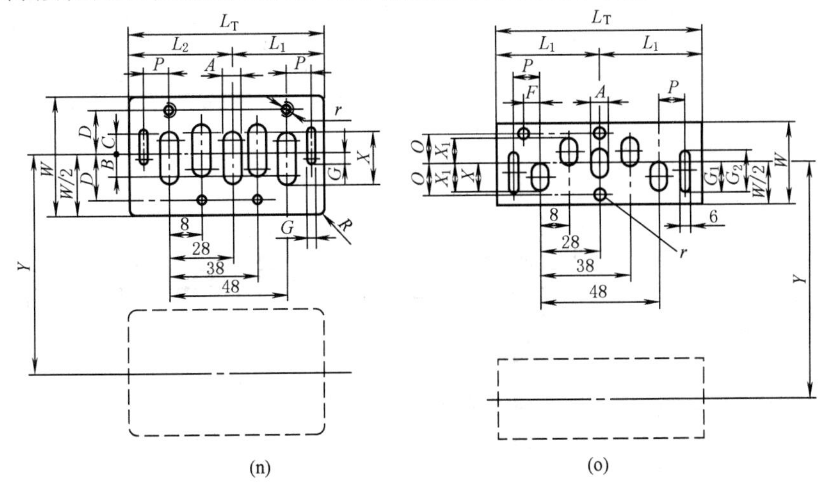

(n)　　　(o)

续表

按ISO标准分	ISO 5599 阀安装面尺寸(不带电气接头)/mm															
	规格	A	B	C	D	G	L_1 min	L_2 min	L_T min	P	R max	r	W min	X	Y	气孔面积 /mm²
	1	4.5	9	9	14	3	32.5	—	65	8.5	2.5	M5×0.8	38	16.5	43	79
	2	7	12	10	19	3	40.5	—	81	10	3	M6×1	50	22	56	143
	3	10	16	11.5	24	4	53	—	106	13	4	M8×1.25	64	29	71	269
	4	13	20	14.5	29	4	64.5	77.5	142	15.5	4	M8×1.25	74	36.5	82	438
	5	17	25	18	34	5	79.5	91.5	171	19	5	M10×1.5	88	42	97	652
	6	20	30	22	44	5	95	105	200	22.5	5	M10×1.5	108	50.5	119	924

按ISO标准分	ISO 15407 阀安装面尺寸/mm																		
	规格	A	B	D	F	G	G_1	G_2	L_1 min	L_T min	P	T	U	V	W min	X	X_1	Y	气孔面积 /mm²
	18	3.5	7	6.25	3	2	8	6	25	60	5	M3	ϕ3.2	4	18	6.5	6.25	19	20
	20	5.5	9.5	8.5	5	3	13	9	33	66	8.5	M4	ϕ3.2	4	20	8	8.5	27	43

注：现行标准有 GB/T 7940.1—2008/ISO 5599-1：2001，IDT《气动　五气口方向控制阀　第 1 部分：不带电气接头的安装面》、GB/T 7940.2—2008/ISO 5599-2：2001，IDT《气动　五气口方向控制阀　第 2 部分：带可选电气接头的安装面》、GB/T 26142.1—2010/ISO 15407-1：2000，IDT《气动五通方向控制阀　规格 18mm 和 26mm　第 1 部分：不带电气接头的安装面》、GB/T 26142.2—2010/ISO 15407：2003，IDT《气动五通方向控制阀　规格 18mm 和 26mm　第 2 部分：带可选电气接头的安装面》、GB/T 32337—2015/ISO 15218：2003，IDT《气动　二位三通电磁阀安装面》。

3.2 电磁方向阀

3.2.1 电磁方向阀工作原理

表 21-3-12

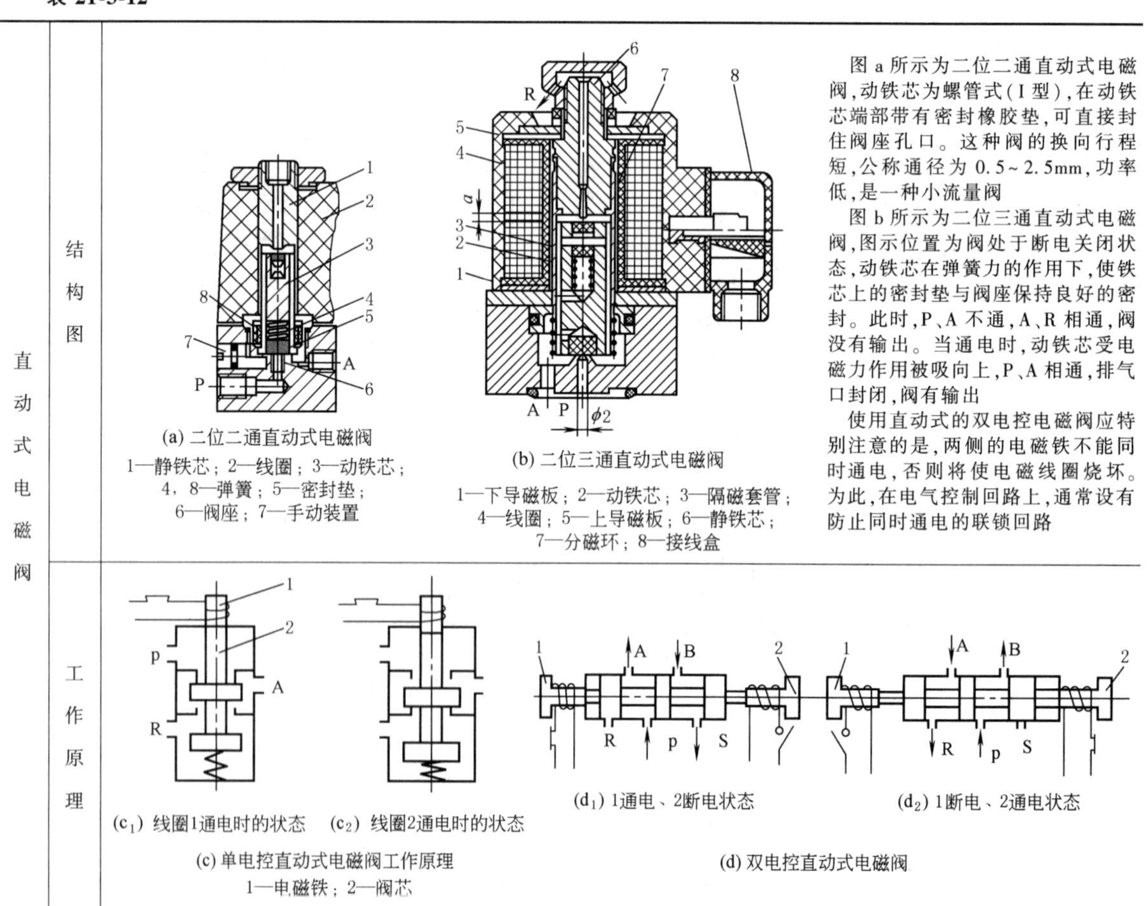

(a) 二位二通直动式电磁阀
1—静铁芯；2—线圈；3—动铁芯；4，8—弹簧；5—密封垫；6—阀座；7—手动装置

(b) 二位三通直动式电磁阀
1—下导磁板；2—动铁芯；3—隔磁套管；4—线圈；5—上导磁板；6—静铁芯；7—分磁环；8—接线盒

图 a 所示为二位二通直动式电磁阀，动铁芯为螺管式(Ⅰ型)，在动铁芯端部带有密封橡胶垫，可直接封住阀座孔口。这种阀的换向行程短，公称通径为 0.5～2.5mm，功率低，是一种小流量阀

图 b 所示为二位三通直动式电磁阀，图示位置为阀处于断电关闭状态，动铁芯在弹簧力的作用下，使铁芯上的密封垫与阀座保持良好的密封。此时，P、A 不通，A、R 相通，阀没有输出。当通电时，动铁芯受电磁力作用被吸向上，P、A 相通，排气口封闭，阀有输出

使用直动式的双电控电磁阀应特别注意的是，两侧的电磁铁不能同时通电，否则将使电磁线圈烧坏。为此，在电气控制回路上，通常设有防止同时通电的联锁回路

(c_1) 线圈1通电时的状态　(c_2) 线圈2通电时的状态

(c) 单电控直动式电磁阀工作原理
1—电磁铁；2—阀芯

(d_1) 1通电、2断电状态　(d_2) 1断电、2通电状态

(d) 双电控直动式电磁阀

续表

<table>
<tr><td rowspan="1">直动式电磁阀</td><td>工作原理</td><td>直动式电磁阀是利用电磁力直接推动阀杆(阀芯)换向。根据阀芯复位的控制方式,有单电控和双电控两种,图 c 所示为单电控直动式电磁阀工作原理图。图 c_1 所示电磁线圈未通电时,P、A 断开,阀没有输出。图 c_2 所示电磁线圈通电时,电磁铁推动阀芯向下移动,使 P→A 接通,阀有输出
图 d 所示为双电控直动式电磁阀工作原理图,图 d_1 所示电磁铁 1 通电,电磁铁 2 为断电状态,阀芯被推至右侧,A 口有输出,B 口排气。若电磁铁 1 断电,阀芯位置不变,仍为 A 口有输出,B 口排气,即阀具有记忆功能,图 d_2 所示为电磁铁 1 断电、电磁铁 2 通电状态,阀芯被推至左侧,B 口有输出,A 口排气。同样,电磁铁 2 断电时,阀的输出状态保持不变
直动式电磁阀特点是结构简单、紧凑、换向频率高。但用于交流电磁铁时,如果阀杆卡死就有烧坏线圈的可能。阀杆的换向行程受电磁铁吸合行程的限制,因此只适用于小型阀。通常将直动式电磁阀称为电磁先导阀</td></tr>
<tr><td>先导式电磁阀</td><td>结构及工作原理</td><td>先导式电磁阀是由小型直动式电磁阀和大型气控换向阀构成,又称作电控换向阀
按先导式电磁阀气控信号的来源可分为自控式(内部先导)和他控式(外部先导)两种。直接利用主阀的气源作为先导级气源来控制阀换向被称为自控式电磁阀,通常称为内先导。内先导电磁阀使用方便,但在换向的瞬间会出现压力降低的现象,特别是在输出流量过大时,有可能造成阀换向失灵。为了保证阀的换向性能或降低阀的最低工作压力,由外部供给气压作为主阀控制信号的阀称为他控式电磁阀
由先导式电磁阀的构成原理可知,有单电控、双电控、三位五通。电控换向阀的结构形式和规格极其繁多
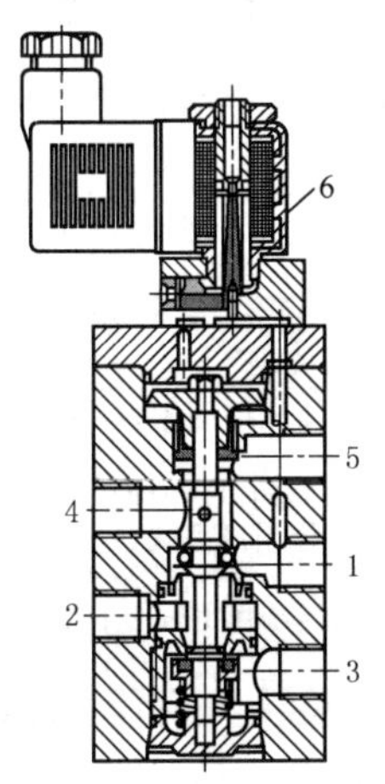

(e) 单电控二位五通先导电磁阀
1—供气口;2,4 —工作口;3,5—排气口;6—电磁铁
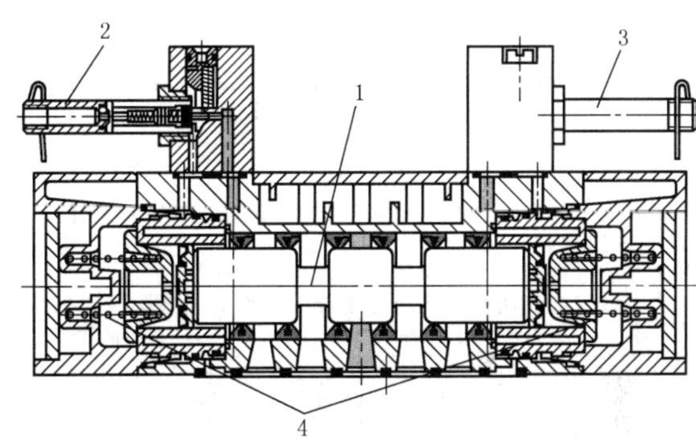

(f) 双线圈三位五通先导电磁阀
1—阀芯;2,3—线圈;4—弹簧
图 e 所示为一种单电控二位五通先导电磁阀。采用了同轴截止式柔性密封结构,具有截止式和滑柱式特点,换向行程小,结构简单,摩擦力低,密封可靠,对气源净化要求较低。手动按钮可用来检查阀的工作状态及回路调试时用
通常,单电控阀在控制电信号消失后复位方式有弹簧复位、气压复位及弹簧加气压的混合复位三种。采用气压复位比弹簧复位可靠,但工作压力较低或波动时,则复位力小,阀芯动作不稳定。为弥补不足,可加一个复位弹簧,形成复合复位,同时可以减小复位活塞直径
图 f 为一种双线圈三位五通先导电磁阀。当电磁线圈 2 或 3 都断电时,阀杆在弹簧力作用下处于中间平衡位置,此时,阀的 4 口、2 口都没有输出,即该阀为中封式。当电磁线圈 2 或 3 都通电时,阀换向。电磁先导阀控制气路气体经 4 和 2 口排入大气,也可去掉端盖密封直接排入大气
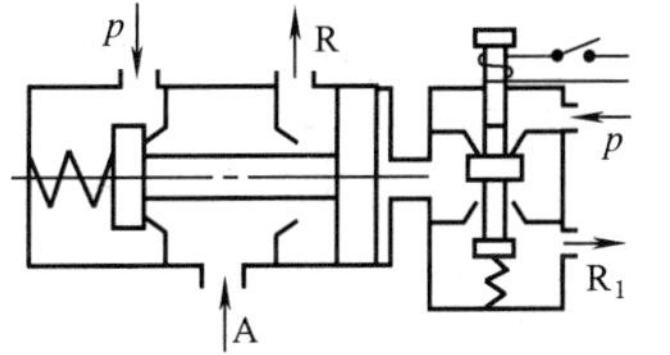

(g_1) 断电状态
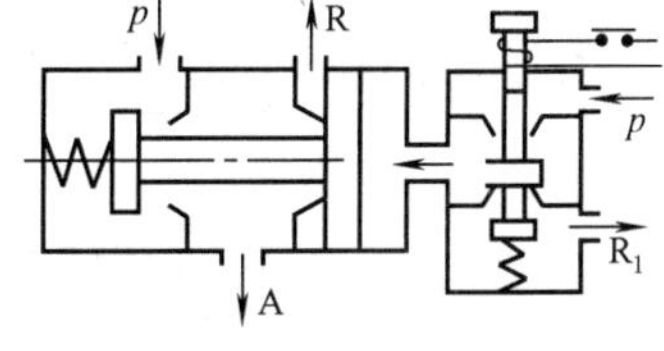

(g_2) 通电状态
(g) 先导式单电控换向阀工作原理</td></tr>
</table>

续表

<table>
<tr><td>先导式电磁阀</td><td>结构及工作原理</td><td>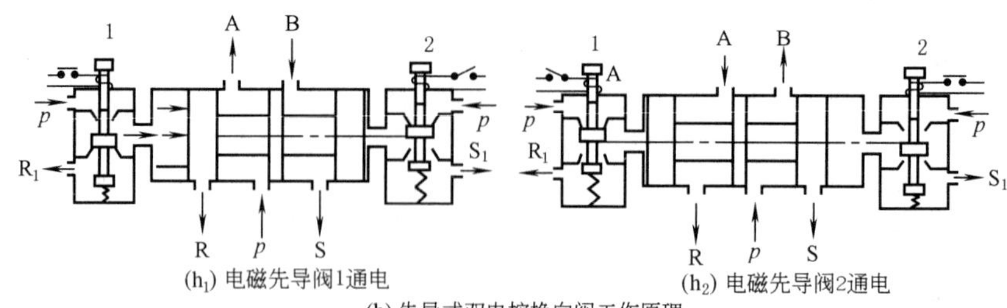
(h₁) 电磁先导阀1通电　(h₂) 电磁先导阀2通电
(h) 先导式双电控换向阀工作原理
1，2—电磁先导阀
图 g 所示为先导式单电控换向阀的工作原理，它是利用直动式电磁阀输出的先导气压来操纵大型气控换向阀(主阀)换向的，该阀的电控部又称电磁先导阀。图 h 所示为先导式双电控换向阀的工作原理图</td></tr>
</table>

3.2.2　电磁换向阀主要技术参数

表 21-3-13

<table>
<tr><td rowspan="3">工作压力范围</td><td colspan="2">换向阀的工作压力范围是指阀能正常工作时输入的最高或最低(气源)压力范围。所谓正常工作是指阀的灵敏度和泄漏量应在规定指标范围内。阀的灵敏度是指阀的最低控制压力、响应时间和工作额度在规定指标范围内
最高工作压力主要取决于阀的强度和密封性能，常见的为 1.0MPa、0.8MPa，有的达 1.6MPa
最低工作压力与阀的控制方式、阀的结构型式、复位特性以及密封型式有关</td></tr>
<tr><td>内先导</td><td>自控式(内先导)换向阀的最低工作压力取决于阀换向时的复位特性，工作压力太低，则先导控制压力也低，作用于活塞的推力也低，当它不能克服复位力时，阀不能被换向工作。如减小复位力，阀开关时间过长，动作不灵敏</td></tr>
<tr><td>外先导</td><td>他控式(外先导)换向阀的工作压力与先导控制功能无关，先导控制的气源为另行供给。因此，其最低工作压力主要取决于密封性能，工作压力太低，往往密封不好，造成较大的泄漏</td></tr>
<tr><td>控制压力</td><td colspan="2">控制压力是指在额定压力条件下，换向阀能完成正常换向动作时，在控制口所加的信号压力。控制压力范围就是阀的最低控制压力和最高控制压力之间的范围
最低控制压力的大小与阀的结构形式，尤其对于软密封滑柱式阀的控制压力与阀的停放时间关系较大。当工作压力一定时，阀的停放时间越长，则最低控制压力越大，但放置时间长到一定值以后，最低控制压力就稳定了。上述现象是由于橡胶密封圈在停放过程中与金属阀体表面产生亲和作用，使静摩擦力增加，对差压控制的滑阀，控制压力却随工作压力的提高而增加。这些现象在选用换向阀时应予注意。而截止式阀或同轴截止式阀的最低控制压力与复位力有关。外先导阀与工作压力关系不大，但内先导阀与工作压力有关，必须有一个最低的工作压力范围</td></tr>
<tr><td>介质温度和环境温度</td><td colspan="2">流入换向阀的压缩空气的温度称为介质温度，阀工作场所的空气温度称为环境温度。它们是选用阀的一项基本参数，一般标准为 5~60℃。若采用干燥空气，最低工作温度可为-5℃或-10℃
如要求阀在室外工作，除了阀内的密封材料及合成树脂材料能耐室外的高、低温外，为防止阀及管道内出现结冰现象，压缩空气的露点温度应比环境温度低 10℃。流进阀的压缩空气，虽经过滤除水，但仍会含少量水蒸气，气流高速流经元件内节流通道时，会使温度下降，往往会引起水分凝结成水或冰
环境温度的高或低，会影响阀内密封圈的密封性能。环境温度过高，会使密封材料变软、变形。环境温度过低，会使密封材料硬化、脆裂。同时，还要考虑线圈的耐热性</td></tr>
<tr><td rowspan="2">流量特性</td><td colspan="2">表示气动控制阀流量特性的常用方法</td></tr>
<tr><td>声速流导 c 和临界压力比 b</td><td>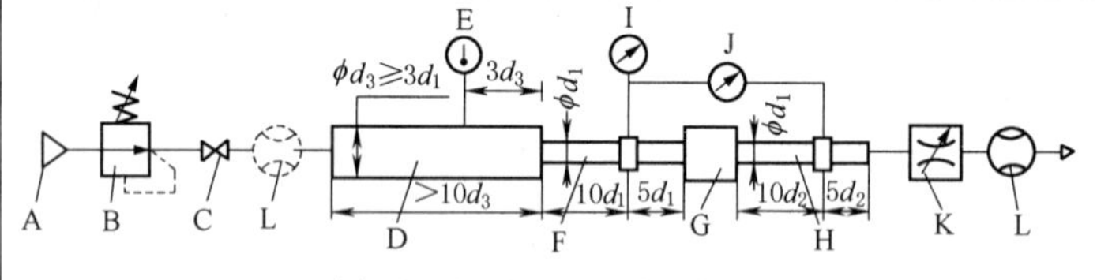
(a₁) 适用于元件具有出入接口的试验回路
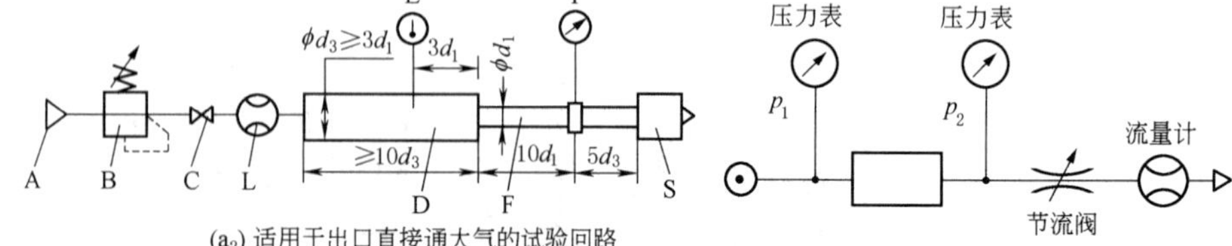
(a₂) 适用于出口直接通大气的试验回路
(a) ISO 6358标准的试验装置回路　(b) 标准额定流量的测试回路
A—压缩气源和过滤器；B—调压阀；C—截止阀；D—测温管；E—温度测量仪；F—上游压力测量管；G—被测试元件；H—下游压力测量管；I—上游压力表或传感器；J—差动压力表(分压表)或传感器；K—流量控制阀；L—流量测量装置</td></tr>
</table>

续表

<table>
<tr>
<td rowspan="5">流量特性</td>
<td>声速流导 c 和临界压力比 b</td>
<td colspan="2">

图 a 所示为 ISO 6358 标准测试元件流量性能的回路，其中图 a_1 适用于被测元件具有出入接口的试验回路，图 a_2 适用于元件出口直接通大气的试验回路。测试时，只要测定临界状态下气流达到的 p_1^*、T_1^* 和 Q_m^* 以及任一状态下元件的上游压力 p_1 以及通过元件的压力降 Δp 和流量 Q_m，分别代入式(1)和式(2)可算出 c 值和 b 值。若已知元件的 c 和 b 参数，可按式(3)和式(4)计算通过元件的流量

国际标准 ISO 6358 气动元件流量特性中，用声速流导 c 和临界压力比 b 来表示方向控制阀的流量特性。参数 c、b 分别按下式计算

$$c=\frac{Q_m^*}{\rho_0 p_1^*}\sqrt{\frac{T_1^*}{T_0}}\quad (m^4\cdot s/kg) \tag{1}$$

$$b=1-\frac{\dfrac{\Delta p}{p_1}}{1-\sqrt{1-\left(\dfrac{Q_m}{Q_m^*}\right)^2}} \tag{2}$$

当 $\frac{p_2}{p_1}\leqslant b$ 时，元件内处于临界流动

$$Q_m^*=cp_1^*\rho_0\sqrt{\frac{T_0}{T^*}}\quad (kg/s) \tag{3}$$

当 $\frac{p_2}{p_1}\geqslant b$ 时，元件内处于亚声速流动

$$Q_m=Q_m^*\sqrt{1-\left(\frac{p_2/p_1-b}{1-b}\right)^2} \tag{4}$$

式中 p_1^*——处于临界状态下元件的上游压力，Pa
T_1^*——处于临界状态下元件的上游温度，K
Q_m^*——处于临界状态下元件的流量，kg/s
Δp——被测元件前后两端压降，Pa
p_1——被测元件上游压力，Pa
Q_m——通过元件的质量流量，kg/s
T_0——标准状态下的温度，$T_0=(273+20)K$
ρ_0——标准状态下的空气密度，$\rho_0=1.209kg/m^3$

用 ISO 6358 气动元件流量标准的一组参数 b 和 c 能完整地表征方向控制阀的流量特征，参数含义明确。c 值反映了折算成标准温度下处于临界状态的气动元件，单位上游压力所允许通过的最大体积流量值，该值越大，说明气动元件的流量性能越好；b 值反映了气动元件达到临界状态所必需的条件，在相同的流量条件下，b 值越大则说明在气动元件上产生的压力降越小

</td>
</tr>
<tr>
<td>标准额定流量 Q_{Nn}</td>
<td colspan="2">标准额定流量 Q_{Nn} 是指在标准条件下的额定流量，其单位是 L/min。额定流量 Q_n 是指在额定条件下测得的流量。图 b 所示为用于测量标准额定流量的回路
通常对方向控制阀来说，测试时调定的输入电压 p_1 为 0.6MPa，输出压力为 0.5MPa，通过被测元件的流量(ANR)即为标准额定流量 Q_{Nn}</td>
</tr>
<tr>
<td rowspan="3">流通能力 C 值、K_V 值及流量系数 C_V 值</td>
<td colspan="2">阀的流通能力是指在规定压差条件下，阀全开时，单位时间内通过阀的液体的体积数或质量数</td>
</tr>
<tr>
<td>公制</td>
<td>C 值(或 K_V 值)是公制单位表示阀的流通能力，它的定义为阀全开状态下以密度为 $1g/cm^3$ 的清水在阀前后压差保持 $10N/cm^2$，每小时通过阀的水的体积数(m^3)。按原定 C 值的压差 9.8×10^4Pa，K_V 值的压差为 1bar，两者基本相同</td>
</tr>
<tr>
<td>英制</td>
<td>C_V 值是英制单位表示阀的流通能力，它的定义为阀前后压差保持 1psi (6894.76Pa)时，每分钟流过 60°F (15.6℃)水的加仑数(美制加仑数，lu. s. gal=3.785L)
C 值与 C_V 值之间的换算关系为
$$C_V=1.167C$$</td>
</tr>
</table>

续表

<table>
<tr><td rowspan="1">流量特性</td><td>有效截面积 S</td><td>阀的有效截面积是指某一假想的截面积为 S 的薄壁节流孔，当该孔与阀在相同条件下通过的空气流量相等时，则把此节流孔的截面积 S 称为阀的有效截面积，单位为 mm²
有效截面积 S 与流量系数 C_V 的换算关系为
$$S=16.98C_V$$
换向阀的标准额定流量 Q_{Nn} 与流通能力的换算关系为
$$Q_{Nn}=1100K_V$$
$$Q_{Nn}=984C_V$$</td></tr>
<tr><td>切换时间</td><td colspan="2">2007 年底，我国参照 ISO 12238:2001 国际标准，对过去的换向时间称谓改为切换时间。切换时间是指出气口只有一个压力传感器连接时，从电气或者气动的控制信号变化开始，到相关出气口的压力变化到额定压力的 10%时所对应的滞后时间。换向阀切换时间的测试方法见图 c
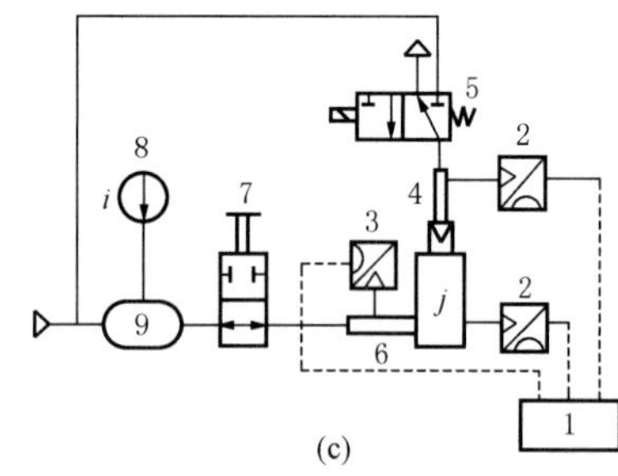

(c)
1—控制阀；2—控制压力传感器；3—压力传感器；4—输出记录仪；5—被测试阀；6—符合ISO 6358规定的压力测量管；7—截止阀(任选)；8—温度计；9—供气容器
新的切换时间规定与旧的换向时间定义和数值都不同，新的切换时间是在规定的工作压力、输出口不接负载的条件下，从一开始给控制信号(接通)到阀的输出压力上升到输入压力 10%，或下降到原来压力 90%的时间
影响阀的切换时间因素是复杂的，它与阀的结构设计有关，与电磁线圈的功率有关(换向力的大小)，与换向行程有关，与复位可动部件弹簧力及密封件在运动时摩擦力等因素均有关(密封件结构、材质等)
通常直动式电磁阀比先导式电磁阀的换向时间短，双电控阀比单电控阀的换向时间短，交流电磁阀比直流电磁阀的换向时间短，二位阀比三位阀的换向时间短，小通径的阀比大通径阀的换向时间短
注意：当选用某一个阀时，切换时间是表征了阀的动态性能，是一个重要参数。要注意区分各个国家对阀切换时间的规定，并详细问清楚该阀在样本上注明的切换时间的日期、或是新 ISO 标准还是旧 ISO 标准</td></tr>
<tr><td>最高换向频率</td><td colspan="2">阀的最高换向频率是指换向阀在额定压力下在单位时间内保证正常换向的最高次数，也称为最高工作频率(Hz)。影响换向频率的因素，与切换时间的讨论相同
“频度”是每分钟时间内完成的动作次数，不要与“频率”相混淆。频率是指每秒内完成的动作次数，是国际单位制中具有专门名称的导出单位 Hz(s^{-1})
最高换向频率与阀的本身结构、阀的切换时间、电磁线圈在连续高频工作时的温升及阀出口连续的负载容积大小有关，负载容积越大，换向频率越低，电磁阀通径越大，换向频率也越低。直动式阀比先导式换向频率高，间隙密封(硬配合阀)比弹性密封换向频率要高，双电控比单电控高，交流比直流要高</td></tr>
<tr><td>防护等级</td><td colspan="2">电气设备的防护等级：欧美地区气动制造厂商均采用 EN 60 529 标准对电气设备的防护，带壳体的防护等级通过标准化的测试方法来表示。防护等级用符合国际标准代号 IP 表示，IP 代码用于对这类防护等级的分类。欧美地区气动制造厂商样本中在电磁阀或电磁线圈上通常印有 IP65 字样，下表列出了防护代码的含义。IP 代码由字母 IP 和一个两位数组成。有关两位数字的定义见下表
第一位数字的含义：表示人员的保护。它规定了外壳的范围，以免人与危险部件接触。此外，外壳防止了人或人携带的物体进入。另外，该数字还表示对固体异物进入设备的防护程度
第二位数字的含义：表示设备的保护。针对由于水进入外壳而对设备造成的有害影响，它对外壳的防护等级做了评定
IP65，6 表示第一代码编号：对电磁阀而言，表示固体异物、灰尘进入阀体的保护等级值
5 表示第二代码编号：对电磁阀而言，表示水滴、溅水或浸入的保护等级值</td></tr>
</table>

续表

防护等级

代码字母		
IP	国际防护	—

IP 6 5

代码编号一	说明	定义
0	无防护	—
1	防止异物进入,50mm 或更大	直径为 50mm 的被测物体不得穿透外壳
2	防止异物进入,12.5mm 或更大	直径为 12.5mm 的被测物体不得穿透外壳
3	防止异物进入,2.5mm 或更大	直径为 2.5mm 的被测物体完全不能进入
4	防止异物进入,1.0mm 或更大	直径为 1mm 的被测物体完全不能进入
5	防止灰尘堆积	虽然不能完全阻止灰尘的进入,但灰尘进入量应不足以影响设备的良好运行或安全性
6	防止灰尘进入	灰尘不得进入

代码编号二	说明	定义
0	无防护	—
1	防护水滴	不允许垂直落水滴对设备有危害作用
2	防护水滴	不允许斜向(偏离垂直方向不大于 15°)滴下的水滴对设备有任何危害作用
3	防护喷溅水	不允许斜向(偏离垂直方向不大于 60°)滴下的水滴对设备有任何危害作用
4	防护飞溅水	不允许任何从角度向外壳飞溅的水流对设备有任何危害作用
5	防护水流喷射	不允许任何从角度向外壳喷射的水流对设备有任何危害作用
6	防护强水流喷射	不允许任何从角度对准外壳喷射的水流对设备有任何危害作用
7	防护短时间浸入水中	在标准压力和时间条件下,外壳即使只是短时期内浸入水中,也不允许一定量的水流对设备造成任何危害作用
8	防护长期浸入水中	如果外壳长时间浸入水中,不允许一定量的水流对设备造成任何危害作用 制造商和用户之间的使用条件必须一致,该使用条件必须比代码 7 更严格
9K	防护高压清洗和蒸汽喷射清洗的水流	不允许高压下从任何角度直接喷射到外壳上的水流对设备有任何危害作用

食品加工行业通常使用防护等级为 IP65（防尘和防水管喷水）或 IP67（防尘和能短时间浸水）的元件。对某些场合究竟采用 IP65 还是 IP67，取决于特定的应用场合，因为对每种防护等级有其完全不同的测试标准。一味强调 IP67 比 IP65 等级高并不一定适用。因此，符合 IP67 的元件并不能自动满足 IP65 的标准

泄漏量

阀的泄漏量有两类，即工作通口泄漏量和总体泄漏量。工作通口泄漏量是指阀在规定的试验压力下相互断开的两通口之间内泄漏量，它可衡量阀内各通道的密封状态。总体泄漏量是指阀所有各处泄漏量的总和，除其工作通口的泄漏外，还包括其他各处的泄漏量，如端盖、控制腔等。泄漏量是阀的气密性指标之一，是衡量阀的质量性能好坏的标志。它将直接关系到气动系统的可靠性和气源的能耗损失。泄漏与阀的密封型式、结构型式、加工装配质量、阀的通径规格、工作压力等因素有关

耐久性

耐久性是指阀在规定的试验条件下，在不更换零部件的条件下，完成规定工作次数，且各项性能仍能满足规定指标要求的一项综合性能，它是衡量阀性能水平的一项综合性参数

阀的耐久性除了与各零件的材料、密封材料、加工装配有关外，还有两个十分重要因素有关，即阀本身设计结构及压缩空气的净化处理质量（如需合适的润滑状况）

某些国外气动厂商对阀测试条件是：过滤精度为 5μm 干燥润滑的压缩空气，工作压力为 6bar，介质温度为 23℃，频率为 2Hz 条件下进行，目前，各气动制造厂商的耐久性指标平均为 2 千万次以上，一些上乘的电磁阀可达 5 千万次、1 亿次以上

续表

<table>
<tr><td rowspan="9">电气结构及特性</td><td colspan="3">电磁阀实际上是一种机电一体化产品，电磁部分实际上是一种低压电器，所以电气性能也是电磁阀的一项基本要求。它除了包括保护等级、功耗、线圈温升、绝缘电阻、绝缘耐压、通电持续率（表示阀是连续工作，还是断续工作）等方面的要求外，还有其他功能是否齐全，如：直流电磁铁、交流电磁铁的电压规格，接线座的几种形式，指示灯、发光密封件，电脉冲插板和延时插板及保护电路等
电磁阀工作电源有交、直流两种，额定频率为 50Hz。常用的交流电压有 24V、36V（目前应用较少）、48V、110V（50/60Hz）、230V（50/60Hz）；直流电压有 12V、24V、42V、48V。一般允许电压波动为额定电压的-15%～+10%</td></tr>
<tr><td rowspan="3">电磁铁</td><td colspan="2">电磁铁是电磁阀的主要部件，主要由线圈、静铁芯和动铁芯构成。它利用电磁原理将电能转变成机械能，使动铁芯做直线运动。根据其使用的电源不同，分为交流电磁铁和直流电磁铁两种。电磁阀中常用电磁铁有两种结构型式：T型和I型</td></tr>
<tr><td>T型</td><td>T型电磁铁：交流电磁铁在交变电流时，铁芯中存在磁滞涡流损失，通常交流电磁铁芯用高磁导率的硅钢片层叠制成，T型电磁铁可动部件重量大，动作冲击力大，行程大，吸力也大。主要用于行程较大的直动式电磁阀</td></tr>
<tr><td>I型</td><td>I型电磁铁：直流电磁铁不存在磁滞涡流损失，故铁芯可用整块磁性材料制成，铁芯的吸合面通常制成平面状或圆锥形。I型电磁铁结构紧凑，体积小，行程短，可动部件轻，冲击力小，气隙全处在螺管线圈中，产生吸力较大，但直流电磁铁需防止剩磁过大，影响正常工作。直流电磁铁和小型交流电磁铁，常适用于作小型直动式和先导式电磁阀
对于 50Hz 的交流电，每秒有 100 次吸力为零，动铁芯因失去吸力而返回原位，此时，瞬时又将受交变电流影响，收力又开始增加，动铁芯又重新被吸合，形成动铁芯振动也就是蜂鸣声
预防措施：被分磁环包围部分磁极中的磁通与未被包围部分磁极中的磁通有时差，相应产生的吸力也有时差，故使某任一瞬时动铁芯的总吸力不等于零，可消除振动。分磁环的电阻越小越好（如黄铜、紫铜材质），但过于小时，也会使流过分磁环的电流过大，损耗也大</td></tr>
<tr><td rowspan="5">接线座（图d）</td><td colspan="2">电磁阀的接线在阀的使用中是简单而重要的一步，接线应方便、可靠，不得有接触不良、绝缘不良和绝缘破损等，同时还应考虑电磁阀更换方便
随着电磁阀品种规格增多，适用范围扩大，接线方式也多样化，如图 d 所示为常用的接线方式：直接出线式、接线座式、DIN 插座式、接插座式</td></tr>
<tr><td>直接出线式</td><td>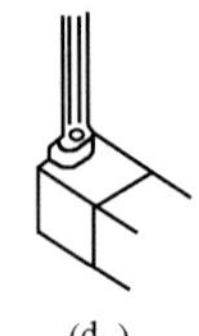
(d_1)
直接从电磁阀的电磁铁的塑封中引出导线，并用导线的颜色来表示 AC、DC 及使用电压等参数。使用时，直接与外部端子接线</td></tr>
<tr><td>接线座式</td><td>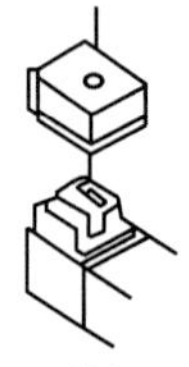
(d_2)
接线座与电磁铁或电磁阀制成一体，适用接线端子将接线固定的接线方式</td></tr>
<tr><td>DIN 插座式</td><td>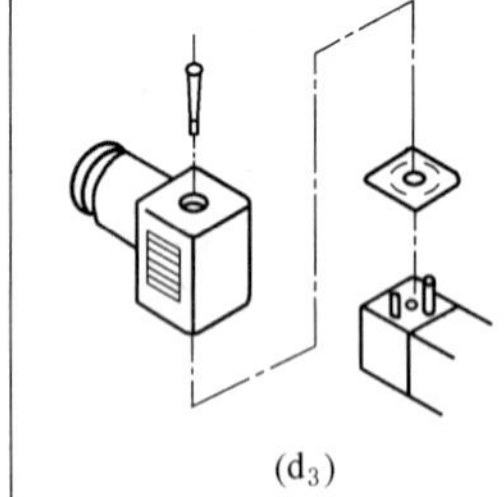
(d_3)
这是按照德国 DIN 标准设计的插座式接线端子的接线方式。对于直流电接线规定，1 号端子接正极，2 号端子接负极</td></tr>
<tr><td>接插座式</td><td>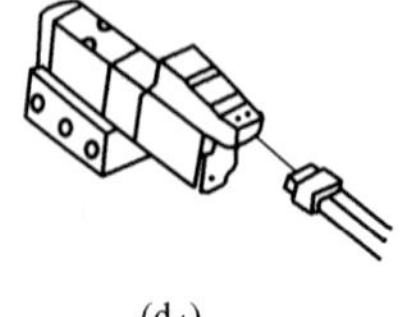
(d_4)
在电磁铁或电磁阀上装设的接插座接线方式，带有连接导线的插口附件</td></tr>
</table>

续表

电气结构及特性

指示灯和发光密封件

电磁铁上装了指示灯就能从外部判别电磁阀是否通电，一般交流电用氖灯，直流电用发光二极管(LED)来显示。现有一种发光密封件，通电后能发黄光，安装在插头和电磁阀之间，起到密封及通电指示作用，且带有保护电路，如图e所示

230V DC/AC±10%

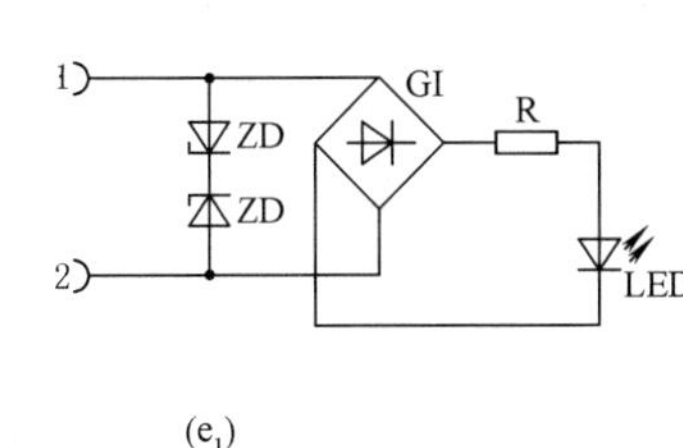

(e_1)

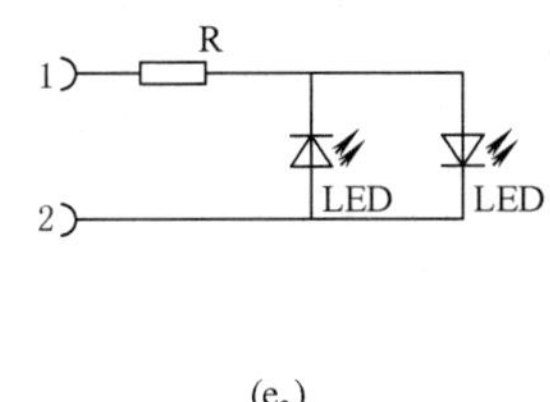

(e_2)

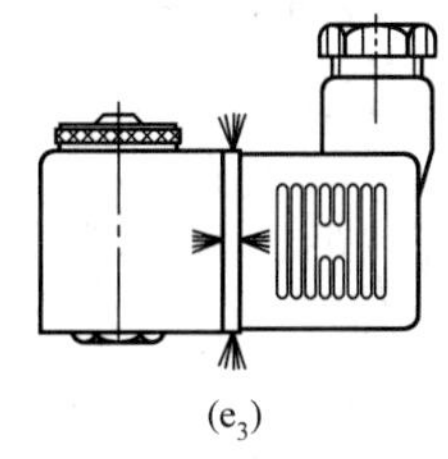

(e_3)

电脉冲插板和延时插板

延时插板

(f)

电脉冲插板是一个电子计时器，将脉宽大于1s的输入信号转化为脉宽为1s的输出信号。如果输入信号的脉宽小于1s，则输出信号脉宽与输入相等。插板上的黄色LED显示脉1s的输出信号。插板安装在插头和电磁线圈之间

延时插板是一个电子定时器，其延时时间在0~10s范围内调节。输入信号后，经选定的延时时间，产生输出信号。延时插板安装在插头和电磁线圈之间，见图f

通电持续率

通电持续率表示阀的电磁线圈能否连续工作的一个参数指标。根据DIN VDE 0580标准，100%通电持续率测试只用于带电磁线圈的电气部件。该测试显示了电磁线圈进行100%通电持续率工作的功能

当电磁线圈在最大许用电压下工作(连续工作S_1，符合DIN VDE 0580标准)，电磁线圈在温度柜(空气无对流状况)中能承受最大的许用环境温度，在密封工作管路中承受最大的许用工作压力时，电磁线圈至少可工作72h。然后需要进行下列测试：①释放电流的测量，断电状态下的释放特性；②当直接通电时，用最小的工作电压和最不适宜的压力比吸动衔铁的启动性能；③泄漏测量，该过程需重复进行直至该测试已持续通电至少达1000h，然后检查密封气嘴有否损坏。终止测试的条件是：启动特性及泄漏下降或超出到括号内的极限数值之下(如释放电流>1.0mA，启动电压>U_N+10%，泄漏>10L/h)

温升与绝缘种类

电磁阀线圈通电后就会发热，达到热稳定平衡时的平均温度与环境温度之差称为温升。线圈的最高允许温升是由线圈的绝缘种类决定的(见下表)。电磁阀的环境温度由线圈的绝缘种类决定的最高允许温度和电磁线圈的温升值来决定，一般电磁阀线圈为B中绝缘，最高允许温度则为130℃

绝缘种类	A	E	B	F	H
允许温升/℃	65	80	90	115	140
最高允许温升/℃	105	120	130	155	180

吸力特性

电压110%
电压100%
电压90%
电压
O
行程

(g)

图g为行程与吸力特性曲线。交流电磁铁与直流电磁铁特性是相似的，当电压增加或行程减少时，两者的吸力都呈增加趋势。但是，当动铁芯行程较大时，由于两者的电流特性不同，直流电磁铁的吸力将大幅度下降，而交流电磁铁吸力下降较缓慢

续表

启动电流与保持电流		当交流电磁铁工作电压确定后,励磁电流大小虽与线圈的电阻值有关,但还受到行程的影响,行程大,磁阻大,励磁电流也大,最大行程时的励磁电流(也称启动电动)由图 h_1 可见,交流电磁铁启动时,即动铁芯的行程最大时,启动电流最大。随着动铁芯移动行程逐渐缩短,电流也逐渐变小。当电磁铁已被吸住的电流称为保持电流。一般电磁阀的启动电流为保持电流的 2~4 倍,对于大型交流电磁阀,它的启动电流可达保持电流 10 倍以上,甚至更大。当铁芯被卡住,启动电流持续流过时,线圈发热剧升,甚至于烧毁。交流电磁铁不宜频繁通断,其寿命不如直流电磁铁长。对于直流电磁铁而言,其线圈电流仅取决于线圈电阻,与行程无关。如图 h_2 所示,直流电磁铁的电流与行程无关,在吸合过程中始终保持一定值。故动铁芯被卡住时也不会烧毁线圈,直流电磁铁可频繁通、断,工作安全可靠。但不能错接电压,错接高压电时,流过电流过大,线圈即会烧毁 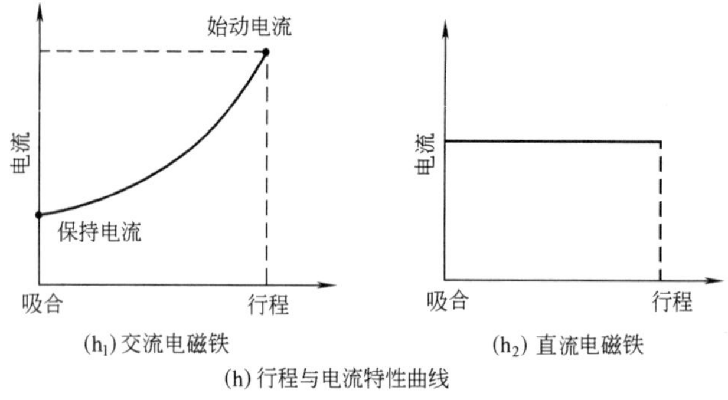 (h_1)交流电磁铁　(h_2) 直流电磁铁 (h)行程与电流特性曲线
功率		在设计电磁阀控制回路时,需计算回路中电流等参数。计算时应注意,交流电磁铁的功率用视在功率 $P=UI$ 计算,单位为 V·A,已知交流电磁阀的视在功率为 16V·A,使用电压为 220V,则流过交流电磁阀的电流为 73mA。直流电磁阀用消耗功率 P 计算,单位为 W。例如,若已知直流电磁阀的消耗功率为 2W,使用电压为 24V,则流过直流电磁铁的电流为 83mA
防爆特性	特性	防爆电磁阀不仅仅指电磁线圈,阀体本身也有防爆的等级等技术要求。电磁阀防爆的型式、等级等技术要求,是由电磁阀工作的环境决定的
	举例	如:FESTO 公司 MSF...EX 防爆电磁线圈符合 ATEX 规定,也符合 VDE0580 规范,绝缘等级 F,通电持续率 100%,防护等级 IP65,可用于直流工作电压 DC 24V 及交流工作电压 AC 24V、110V、220V、230V、240V。其 ATEX 防爆标志:Ⅱ2 GD EEx mⅡT5(该防爆线圈为浇封型,可用于 2 爆炸区、2 类设备组、易爆气体尘埃场合、保护等级Ⅱ、线圈表面温度为 100℃),或Ⅱ3 GD EEx nAⅡ T 130℃X(该防爆线圈为无火花本安型,可用于 2 爆炸区、3 类设备组、易爆气体尘埃场合、保护等级Ⅱ、线圈表面温度为 130℃)。在使用交流电压时的功率系数为 0.7

3.2.3 方向控制阀的选用方法

表 21-3-14

选用原则	总体原则	为了使管路简化,减少品种和数量,降低成本,合理地选择各种气动控制阀是保证气动自动化系统可靠地完成预定动作的重要条件 首先根据应用场合(工作压力、工作温度、气源净化要求等级等)确定采用电磁控制还是气压控制,是采用滑阀型电磁阀还是截止型电磁阀或间隙型电磁阀(硬配阀),然后根据工艺逻辑关系要求选择电磁阀通口数目及阀切换位置时的功能,如二位二通、二位三通(常开型、常闭型)、二位五通(单电控、双电控)、三位五通(中封式、中泄式、中压式)。接着应考虑阀的流量、功耗、切换时间、防护等级、通电持续率,与此同时究竟选用管式阀、半管式阀、板式阀或是 ISO 板式阀,通常当需要几十个阀时,大都采用集成板接式连接方式
	具体原则	①根据流量选择阀的通径。阀的通径是根据气动执行机构在工作压力状态下的流量值来选取的。目前国内市场的阀流量参数有各种不同的表示方法,阀的通径不能表示阀的真实流量,如 G¼的阀通径为 8mm,也有的为 6mm。阀的接口螺纹也不能代表阀的实际流量,必须明确所选阀实际流量 L/min,这些在选择时需特别注意 ②根据要求选用阀的功能及控制方式,还须注意应尽量选择与所需型号相一致的阀,尤其对集成板接式阀而言,如用二位五通阀代替二位三通阀或二位二通阀,只需将不用的孔口用堵头堵上即可。反之,用两个二位三通阀代替一个二位五通阀,或用两个二位二通阀代替一个二位三通阀的做法一般不推荐,只能在紧急维修时暂用 ③根据现场使用条件选择直动阀、内先导阀、外先导阀。如需用于真空系统,只能采用直动阀和外先导阀 ④根据气动自动化系统工作要求选用阀的性能,包括阀的最低工作压力、最低控制压力、响应时间、气密性、寿命及可靠性。如用气瓶惰性气体作为工作介质,对整个系统的气密性要求严格。选择手动阀就应选择滑柱式阀结构,阀在换向过程中各通口之间不会造成相通而产生泄漏 ⑤应根据实际情况选择阀的安装方式。从安装维修方面考虑板式连接较好,包括集成式连接,ISO 5599.1 标准也是板式连接。因此优先采用板式安装方式,特别是对集中控制的气动控制系统更是如此。但管式安装方式的阀占用空间小,也可以集成板式安装,且随着元件的质量和可靠性不断提高,已得到广泛应用。对管式阀应注意螺纹是 G 螺纹、R 螺纹,还是 NPT 螺纹 ⑥应选用标准化产品,避免采用专用阀,尽量减少阀的种类,便于供货、安装及维护。最后要指出,选用的阀应该技术先进,元件的外观、内在质量、制造工艺是一流的,有完善的质量保证体系,价格应与系统的可靠性要求相适应。这一切都是为了保证系统工作的可靠性

续表

使用注意事项	①安装前应查看阀的铭牌,注意型号、规格与使用条件是否相符,包括工作压力、通径、螺纹接口等。接通电源前,必须分清电磁线圈是直流型还是交流型,并看清工作电压数值。然后,再进行通电、通气试验,检查阀的换向动作是否正常。可用手动装置操作,检查阀是否换向。但待检查后,务必使手动装置复原 ②安装前应彻底清除管道内的粉尘、铁锈等污物。接管时应防止密封带碎片进入阀内。如用密封带时,螺纹头部应留1.5~2个螺牙不绕密封件,以免断裂密封带进入阀内 ③应注意阀的安装方向,大多数电磁阀对安装位置和方向无特别要求,有指定要求的应予以注意 ④应严格管理所用空气的质量,注意空压机等设备的管理,除去冷凝水等有害杂质。阀的密封元件通常用丁腈橡胶制成,应选择对橡胶无腐蚀作用的透平油作为润滑油(ISO VG32)。即使对无油润滑的阀,一旦用了含油雾润滑的空气后,则不能中断使用。因为润滑油已将原有的油脂洗去,中断后会造成润滑不良 ⑤对于双电控电磁阀应在电气回路中设联锁回路,以防止两端电磁铁同时通电而烧毁线圈 ⑥使用小功率电磁阀时,应注意继电器接点保护电路RC元件的漏电流造成的电磁阀误动作。因为此漏电流在电磁线圈两端产生漏电压,若漏电压过大时,就会使电磁铁一直通电而不能关断,此时要接入漏电阻 ⑦应注意采用节流的方式和场合,对于截止式阀或有单向密封的阀,不宜采用排气节流阀,否则将引起误动作。对于内部先导式电磁阀,其入口不得节流。所有阀的呼吸孔或排气孔不得阻塞 ⑧应避免将阀装在有腐蚀性气体、化学溶液、油水飞溅、雨水、水蒸气存在的场所,注意,应在其工作压力范围及环境温度范围内工作 ⑨注意手动按钮装置的使用,只有在电磁阀不通电时,才可使用手动按钮装置对阀进行换向,换向检查结束后,必须返回,否则,通电后会导致电磁线圈烧毁 ⑩对于集成板式控制电流阀,注意排气背压造成其他元件工作不正常,特别对三位中泄式换向阀,它的排气顺畅与否,与其工作有关。采取单独排气以避免产生误动作

3.2.4 几种电磁阀产品介绍

(1) 国内常见的二位三通电磁阀

国内许多气动厂商都生产二位三通电磁阀，表21-3-15以佳尔灵、天工二位三通阀为例列出了尺寸参数。一些气动厂商生产二位三通的连接尺寸并不一致，如方大Fangda、法斯特Fast、恒立Hengli、华能Huaneng、新益Xinyi、盛达气动SDPC等。这些二位三通均有同系列的气控阀，如3A110、3A210、3A310等，连接尺寸与电磁阀相同，只是取消电磁线圈部分，本章节不作叙述。详细的技术资料请登录各厂商的网址查询。

表 21-3-15

尺寸参数	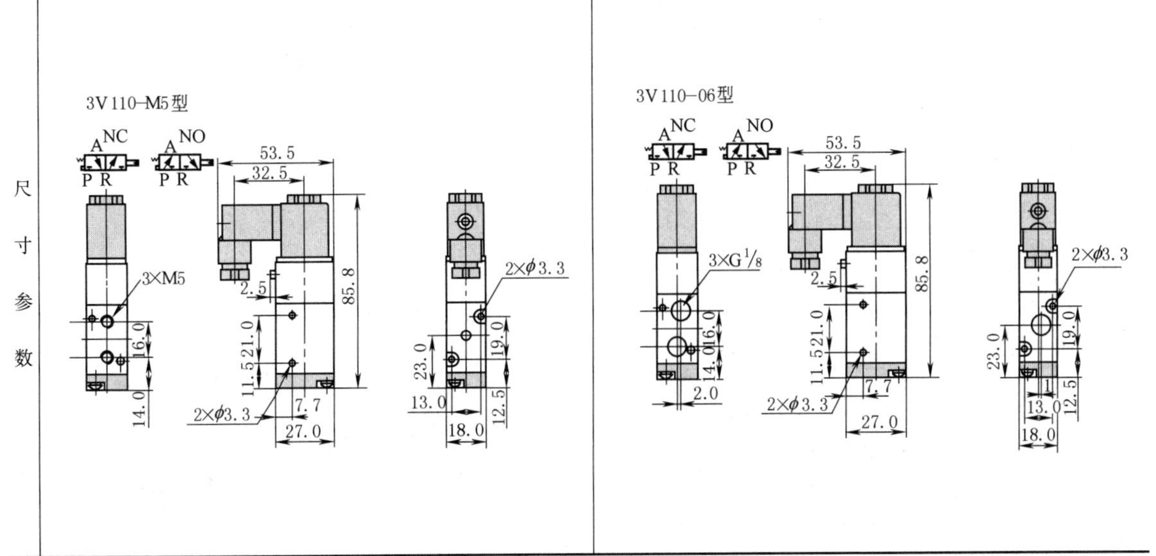

续表

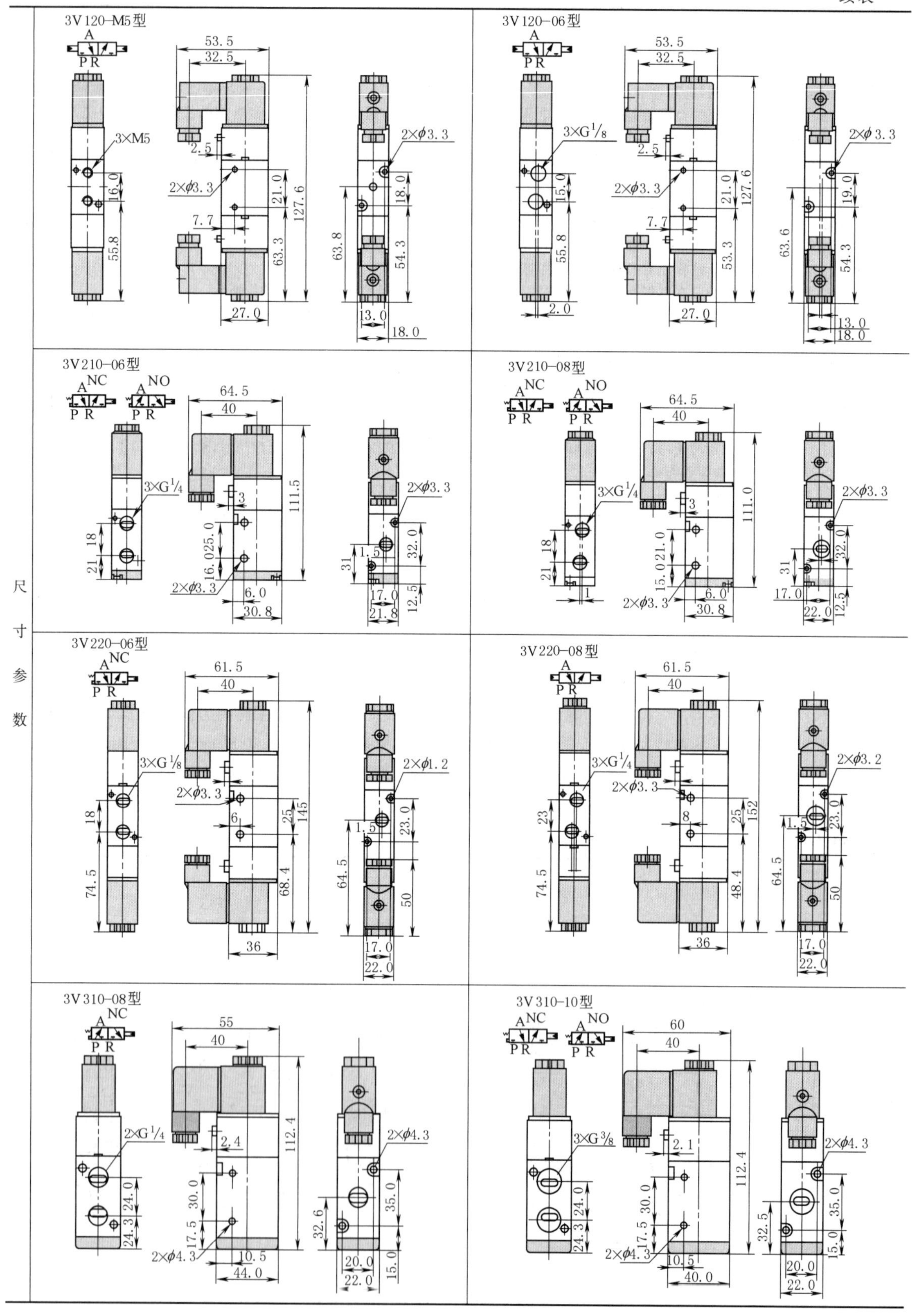
尺寸参数
3V120-M5型
3V120-06型
3V210-06型
3V210-08型
3V220-06型
3V220-08型
3V310-08型
3V310-10型

续表

尺寸参数

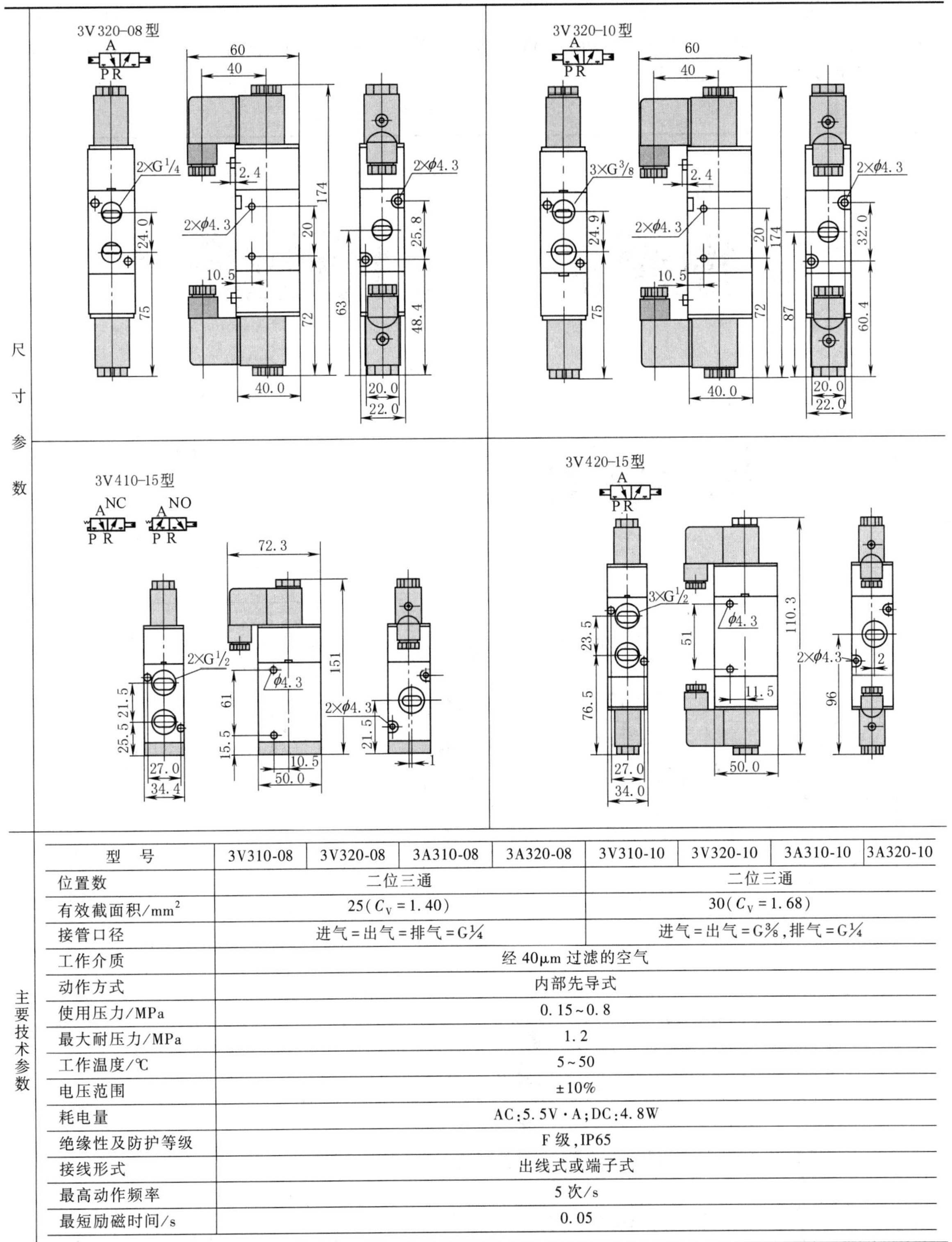

主要技术参数

型　号	3V310-08	3V320-08	3A310-08	3A320-08	3V310-10	3V320-10	3A310-10	3A320-10
位置数	二位三通				二位三通			
有效截面积/mm²	25(C_V=1.40)				30(C_V=1.68)			
接管口径	进气=出气=排气=G¼				进气=出气=G⅜,排气=G¼			
工作介质	经40μm过滤的空气							
动作方式	内部先导式							
使用压力/MPa	0.15~0.8							
最大耐压力/MPa	1.2							
工作温度/℃	5~50							
电压范围	±10%							
耗电量	AC:5.5V·A;DC:4.8W							
绝缘性及防护等级	F级,IP65							
接线形式	出线式或端子式							
最高动作频率	5次/s							
最短励磁时间/s	0.05							

(2) 国内常见的二位五通、三位五通电磁阀

目前国内众多的气动制造厂商都生产二位五通单电控、双电控及三位五通阀。表21-3-16以亚德客4V系列产品为例，表中列出了结构及尺寸参数、主要技术参数。板接连接尺寸相同是指阀安装在集成气路板上时，在气

源口中心线附近两个对称穿孔，如 3V110-M5 中的 2×ϕ3.3。还有许多气动厂商生产二位五通阀的连接尺寸与表 21-3-16 中给出的并不一致，如方大 Fangda、华能 Huaneng、盛达气动 SDPC 等。详细的技术资料可查询各厂商的网址。二位五通的气控阀，如 4A100、4A200、4A300、4A400 等，连接尺寸与电磁阀相同，只是取消电磁线圈部分，本章不做叙述，尺寸均与下列图相同。

表 21-3-16

主要结构及尺寸参数

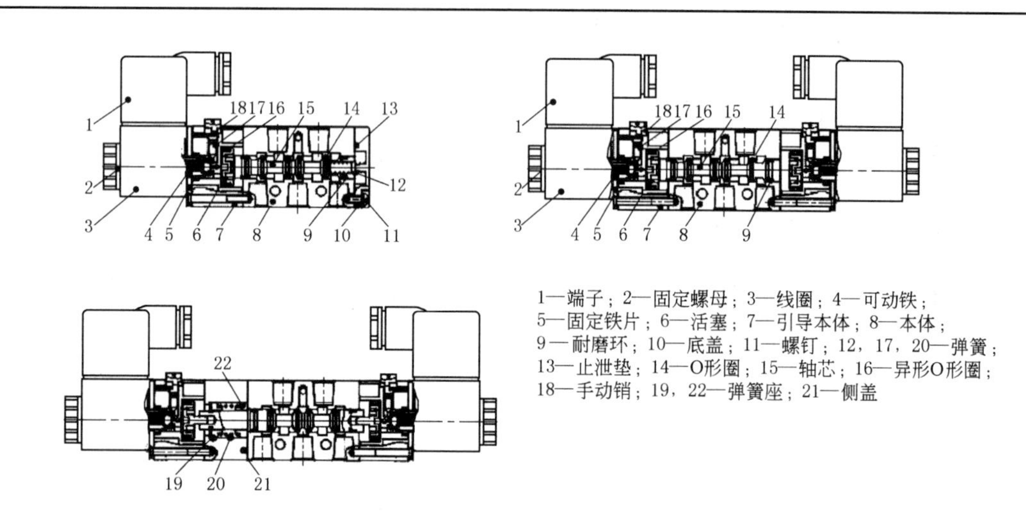

4V110

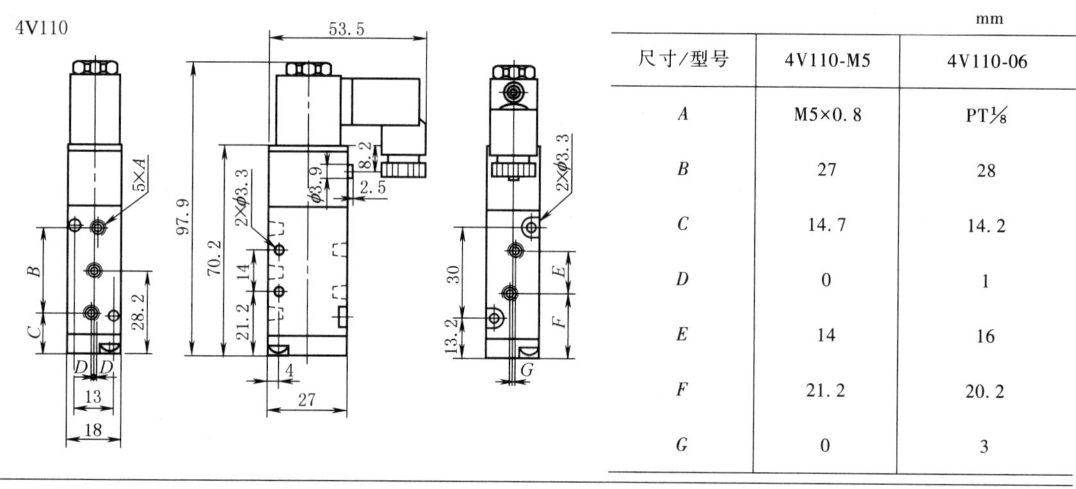

mm

尺寸/型号	4V110-M5	4V110-06
A	M5×0.8	PT⅛
B	27	28
C	14.7	14.2
D	0	1
E	14	16
F	21.2	20.2
G	0	3

4V120

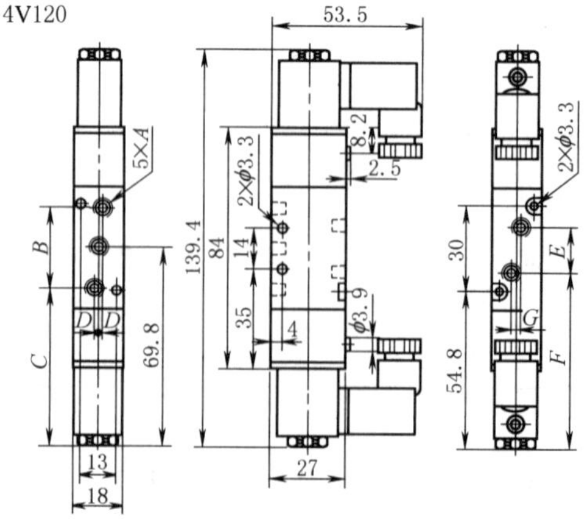

mm

尺寸/型号	4V120-M5	4V120-06
A	M5×0.8	PT⅛
B	27	28
C	56.2	55.7
D	0	1
E	14	16
F	62.7	61.7
G	0	3

续表

主要结构及尺寸参数

4V130

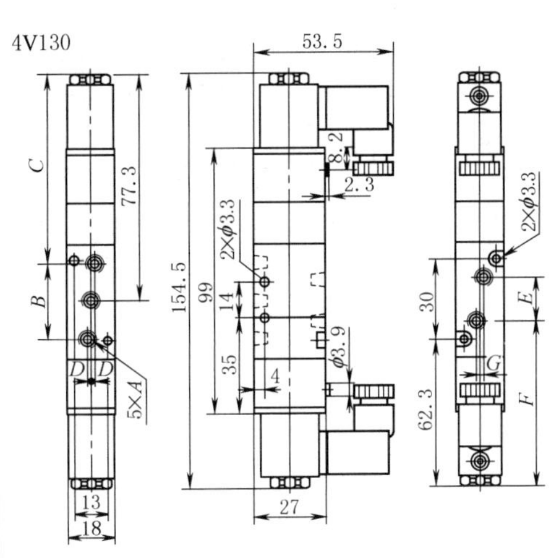

mm

尺寸/型号	4V130-M5	4V130-06
A	M5×0.8	PT⅛
B	27	28
C	63.8	63.3
D	0	1
E	14	16
F	70.3	69.3
G	0	3

4V200

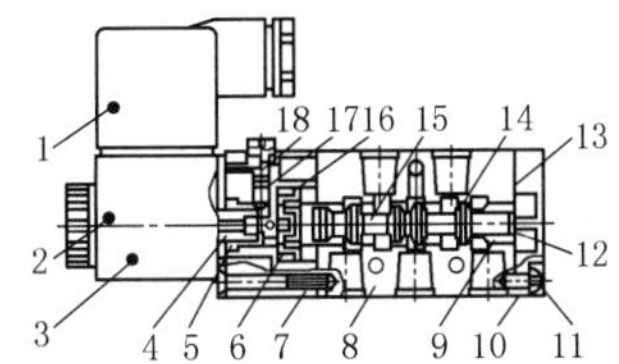

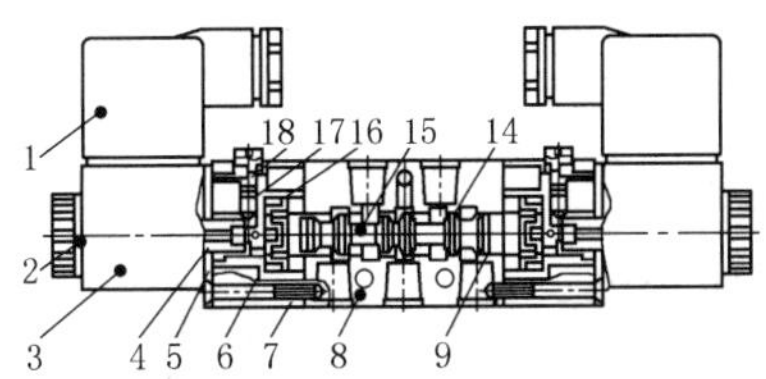

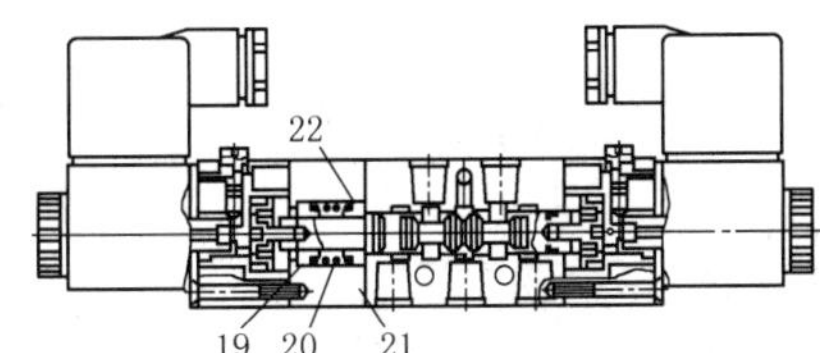

1—端子；2—固定螺母；3—线圈；4—可动铁；5—固定铁片；6—活塞；7—引导本体；8—本体；9—耐磨环；10—底盖；11—螺钉；12，17，20—弹簧；13—止泄垫；14—O形圈；15—轴芯；16—异形O形圈；18—手动销；19，22—弹簧座；21—侧盖

4V210

mm

尺寸/型号	4V210-06	4V210-08
A	PT⅛	PT⅛
B	PT⅛	PT¼
C	18	21
D	22.7	21.2
E	0	3

续表

主要结构及尺寸参数

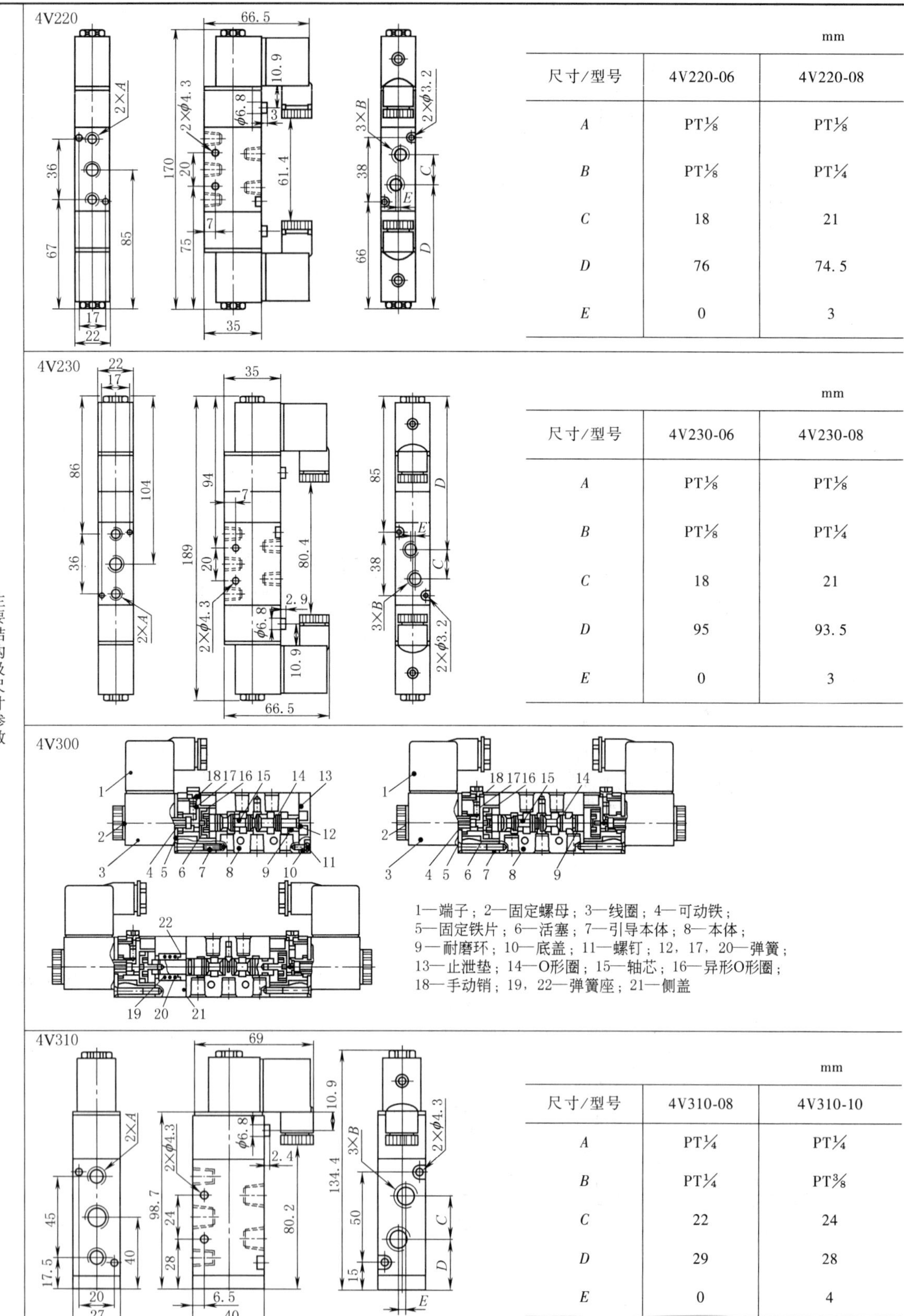

mm

尺寸/型号	4V220-06	4V220-08
A	PT⅛	PT⅛
B	PT⅛	PT¼
C	18	21
D	76	74.5
E	0	3

mm

尺寸/型号	4V230-06	4V230-08
A	PT⅛	PT⅛
B	PT⅛	PT¼
C	18	21
D	95	93.5
E	0	3

mm

尺寸/型号	4V310-08	4V310-10
A	PT¼	PT¼
B	PT¼	PT⅜
C	22	24
D	29	28
E	0	4

续表

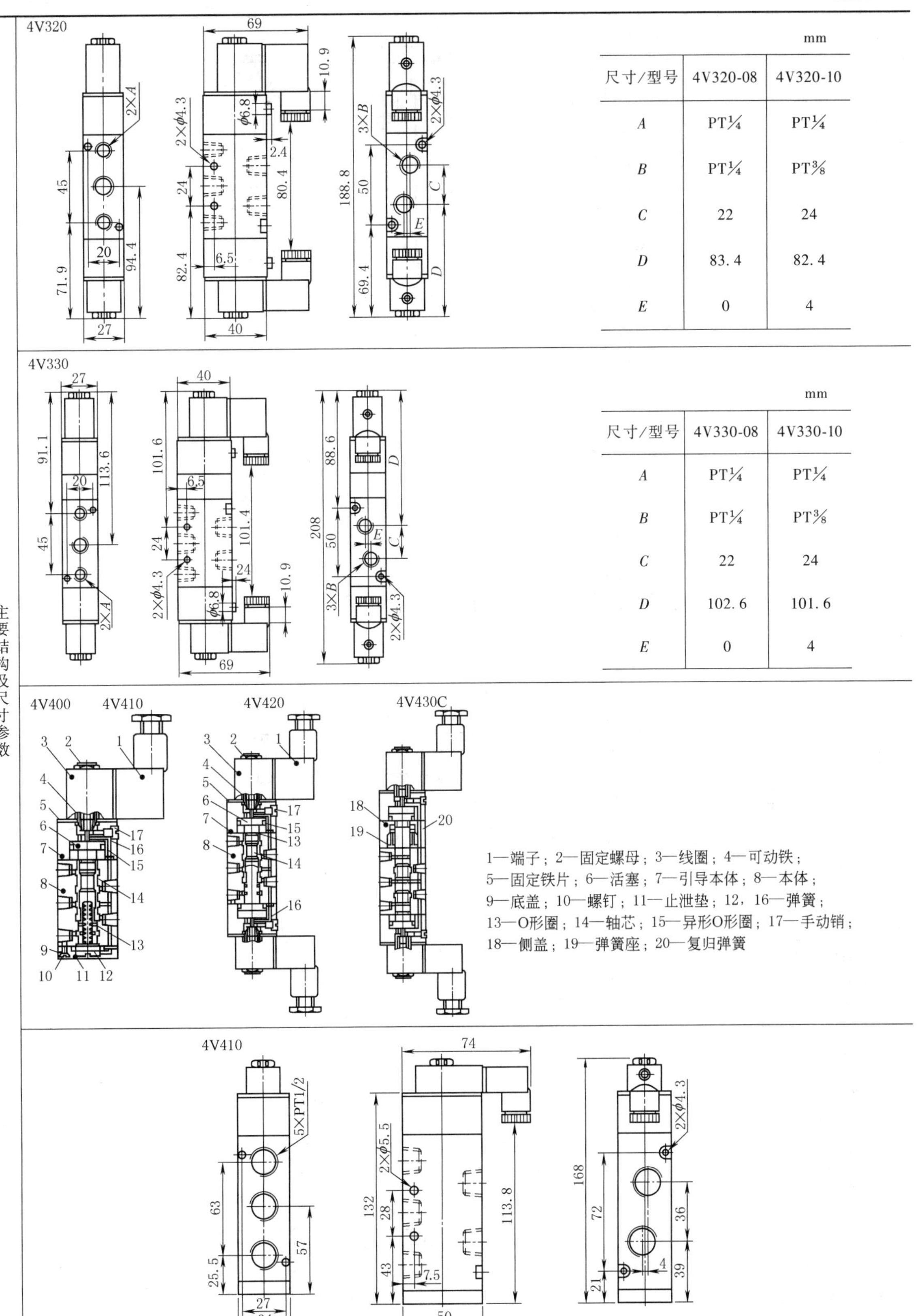

mm

尺寸/型号	4V320-08	4V320-10
A	PT¼	PT¼
B	PT¼	PT⅜
C	22	24
D	83.4	82.4
E	0	4

mm

尺寸/型号	4V330-08	4V330-10
A	PT¼	PT¼
B	PT¼	PT⅜
C	22	24
D	102.6	101.6
E	0	4

1—端子；2—固定螺母；3—线圈；4—可动铁；5—固定铁片；6—活塞；7—引导本体；8—本体；9—底盖；10—螺钉；11—止泄垫；12，16—弹簧；13—O形圈；14—轴芯；15—异形O形圈；17—手动销；18—侧盖；19—弹簧座；20—复归弹簧

续表

主要结构及尺寸参数

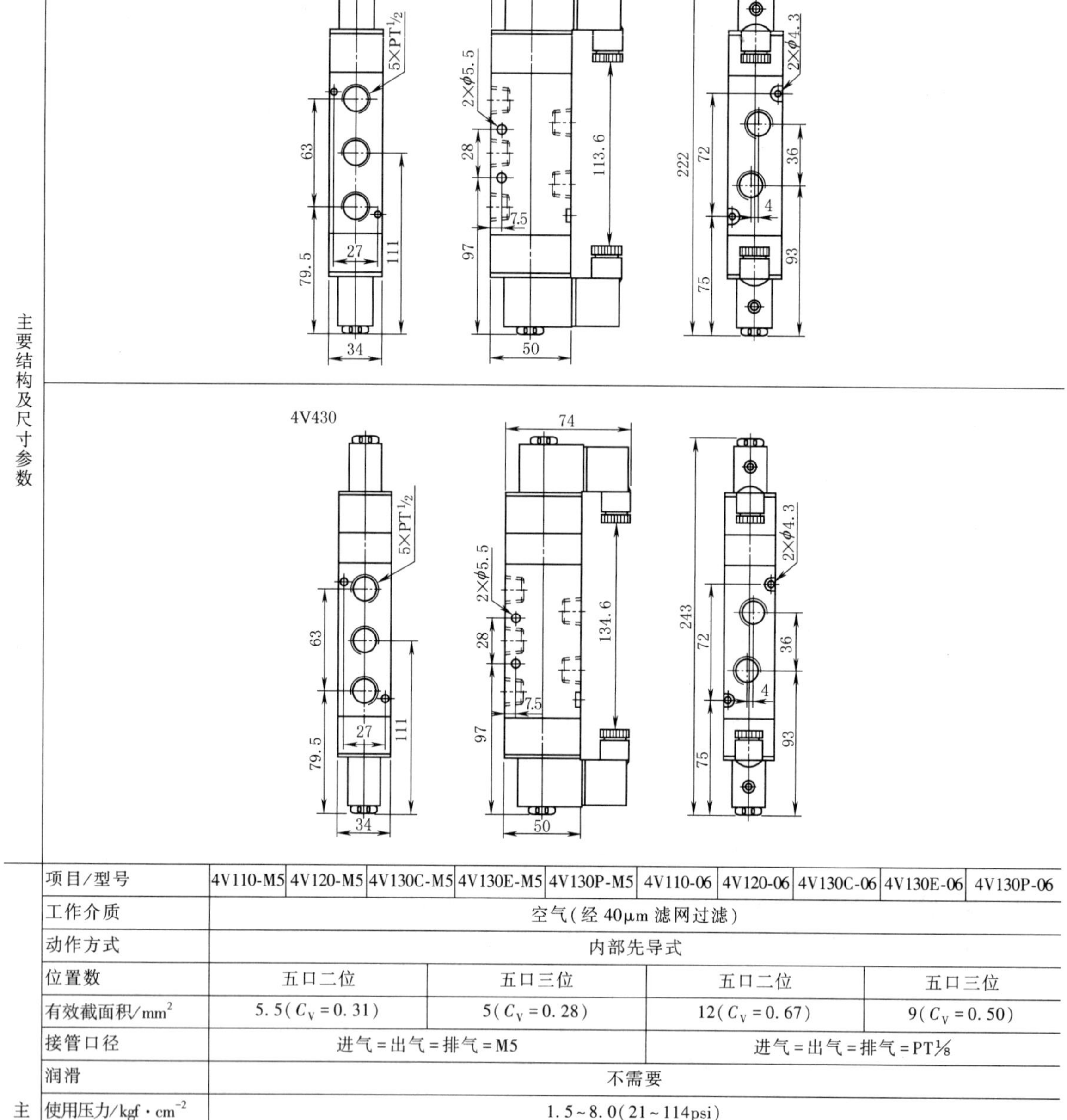

主要技术参数

项目/型号	4V110-M5	4V120-M5	4V130C-M5	4V130E-M5	4V130P-M5	4V110-06	4V120-06	4V130C-06	4V130E-06	4V130P-06
工作介质	空气(经 40μm 滤网过滤)									
动作方式	内部先导式									
位置数	五口二位		五口三位			五口二位		五口三位		
有效截面积/mm²	5.5(C_V=0.31)		5(C_V=0.28)			12(C_V=0.67)		9(C_V=0.50)		
接管口径	进气=出气=排气=M5					进气=出气=排气=PT⅛				
润滑	不需要									
使用压力/kgf·cm⁻²	1.5~8.0(21~114psi)									
最大耐压力/kgf·cm⁻²	12(170.6psi)									
工作温度/℃	-5~60(-41~140℉)									
电压范围	±10%									
耗电量	AC:3.0V·A;DC:2.5W									
绝缘性	F级									
保护等级	IP65(DIN40050)									
接电形式	直接出线式或端子式									
最高动作频率	5次/s		3次/s			5次/s		3次/s		
最短励磁时间/s	0.05									
质量/g	120	175	200	200	200	120	175	200	200	200

续表

	项目/型号	4V210-06	4V220-06	4V230C-06	4V230E-06	4V230P-06	4V210-08	4V220-08	4V230C-08	4V230E-08	4V230P-08
主要技术参数	工作介质	空气(经 40μm 滤网过滤)									
	动作方式	内部先导式									
	位置数	五口二位		五口三位			五口二位		五口三位		
	有效截面积/mm²	14(C_V=0.78)		12(C_V=0.67)			16(C_V=0.89)		12(C_V=0.67)		
	接管口径	进气=出气=排气=PT⅛					进气=出气=PT¼,排气=PT⅛				
	润滑	不需要									
	使用压力/MPa	0.15~0.8(21~114psi)									
	最大耐压力/MPa	1.2MPa(170psi)									
	工作温度/℃	-5~60(23~140℉)									
	电压范围	-15%~+10%									
	耗电量	AC:220V,2.0V·A;AC:110V,2.5V·A;AC:24V,3.5V·A;DC:24V,3.0W;DC:12V,2.5W									
	耐热等级	B 级									
	保护等级	IP65(DIN 40050)									
	接电形式	端子式									
	最高动作频率	5 次/s		3 次/s			5 次/s		3 次/s		
	最短励磁时间/s	0.05 以下									
	质量/g	220	320	400	400	400	220	320	400	400	400

	项目/型号	4V410-15	4V420-15	4V430C-15	4C430E-15	4V430P-15
主要技术参数	工作介质	空气(经 40μm 滤网过滤)				
	动作方式	内部引导式				
	位置数	五口二位		五口三位		
	有效截面积/mm²	50(C_V=2.79)		30(C_V=1.67)		
	接管口径	进气=出气=排气=PT½				
	润滑	不需要				
	使用压力/kgf·cm⁻²	1.5~8.0(21~114psi)				
	最大耐压力/kgf·cm⁻²	12(170.6psi)				
	工作温度/℃	-5~60(-41~140℉)				
	电压范围	-15%~+10%				
	耗电量	AC:380V,2.5V·A;AC:220V,2.0V·A;AC:110V,2.5V·A;AC:24V,3.5V·A;DC:24V,3.0W;DC:12V,2.5W				
	绝缘性	F 级				
	保护等级	IP65(DIN 40050)				
	接电形式	端子式				
	最高动作频率	3 次/s				
	最短励磁时间/s	0.05				
	质量/g	590	770	770	770	770

(3) QDC 系列电控换向阀

国内曾引进 Taiyo 的 SR 系列的二位五通单电控、双电控及三位五通阀。表 21-3-17 以 QDC 系列引进产品为例，表中列出主要技术参数、结构及尺寸参数。板接连接尺寸相同是指阀安装在集成气路板上时，在气源口中心线附近两个对称穿孔，如 QDC 型 3mm 中 2×ϕ2.8，6mm 中 2×ϕ3.3。QDC 系列电控换向阀集成板式安装尺寸参数见表 21-3-17，二位五通的气控阀的安装连接尺寸与电磁阀相同，只是取消电磁线圈部分，本章节不做叙述。

QDC 系列无给油润滑电控换向阀是引进、消化吸收国外先进技术后开发的新产品，它具有小型化、轻型化、动作灵敏、低功耗、性能良好、可集成安装等特点，是国内相同通径系列中体积最小的电磁阀，可以用微电信号直接控制，适用于机电一体化领域，它广泛用于各行各业的气动控制系统中，尤其适用于电子、医药卫生、食品包装等洁净无污染的行业。

表 21-3-17

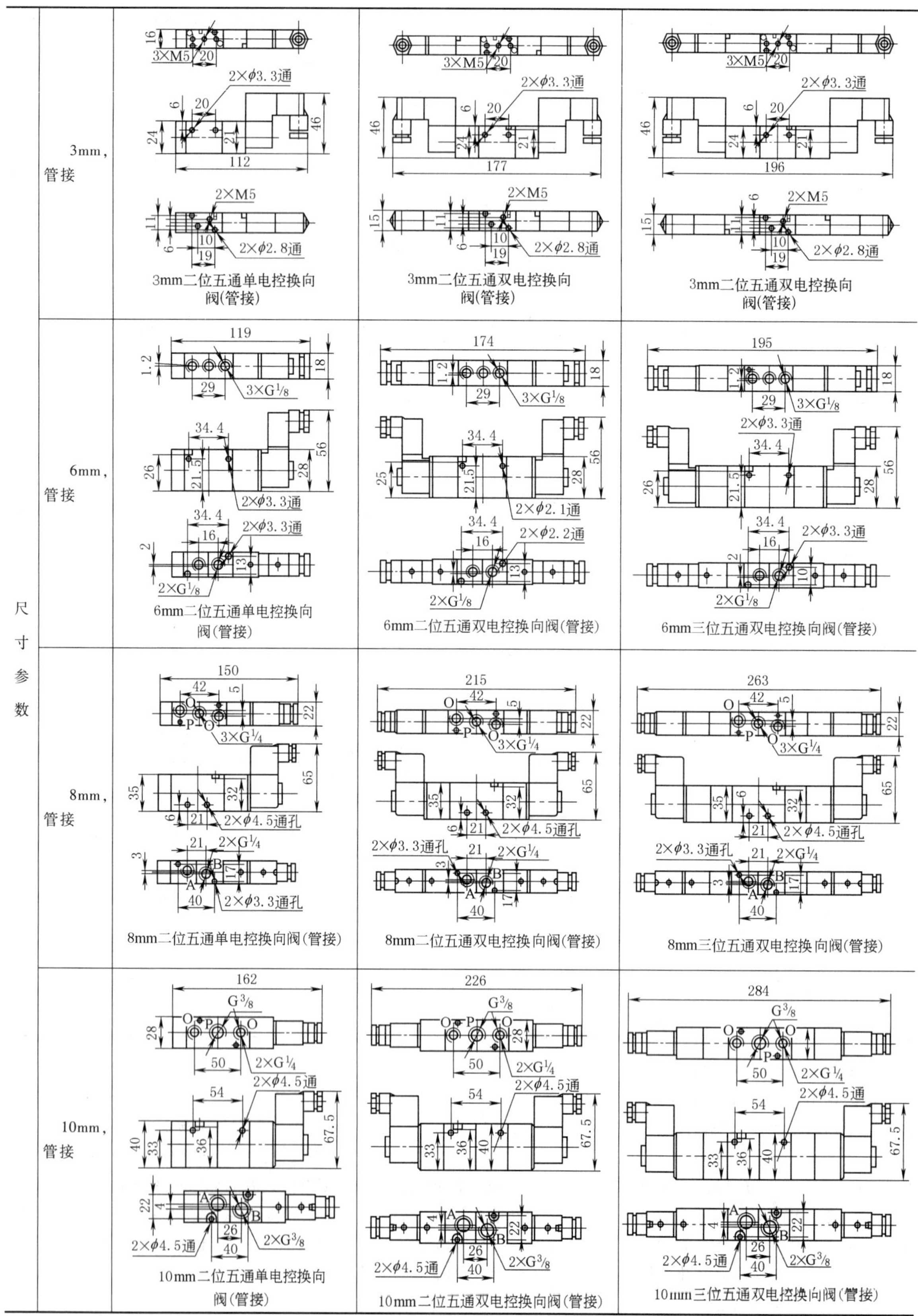
尺寸参数
3mm，管接
3mm二位五通单电控换向阀(管接)
3mm二位五通双电控换向阀(管接)
3mm三位五通双电控换向阀(管接)
6mm，管接
6mm二位五通单电控换向阀(管接)
6mm二位五通双电控换向阀(管接)
6mm三位五通双电控换向阀(管接)
8mm，管接
8mm二位五通单电控换向阀(管接)
8mm二位五通双电控换向阀(管接)
8mm三位五通双电控换向阀(管接)
10mm，管接
10mm二位五通单电控换向阀(管接)
10mm二位五通双电控换向阀(管接)
10mm三位五通双电控换向阀(管接)

续表

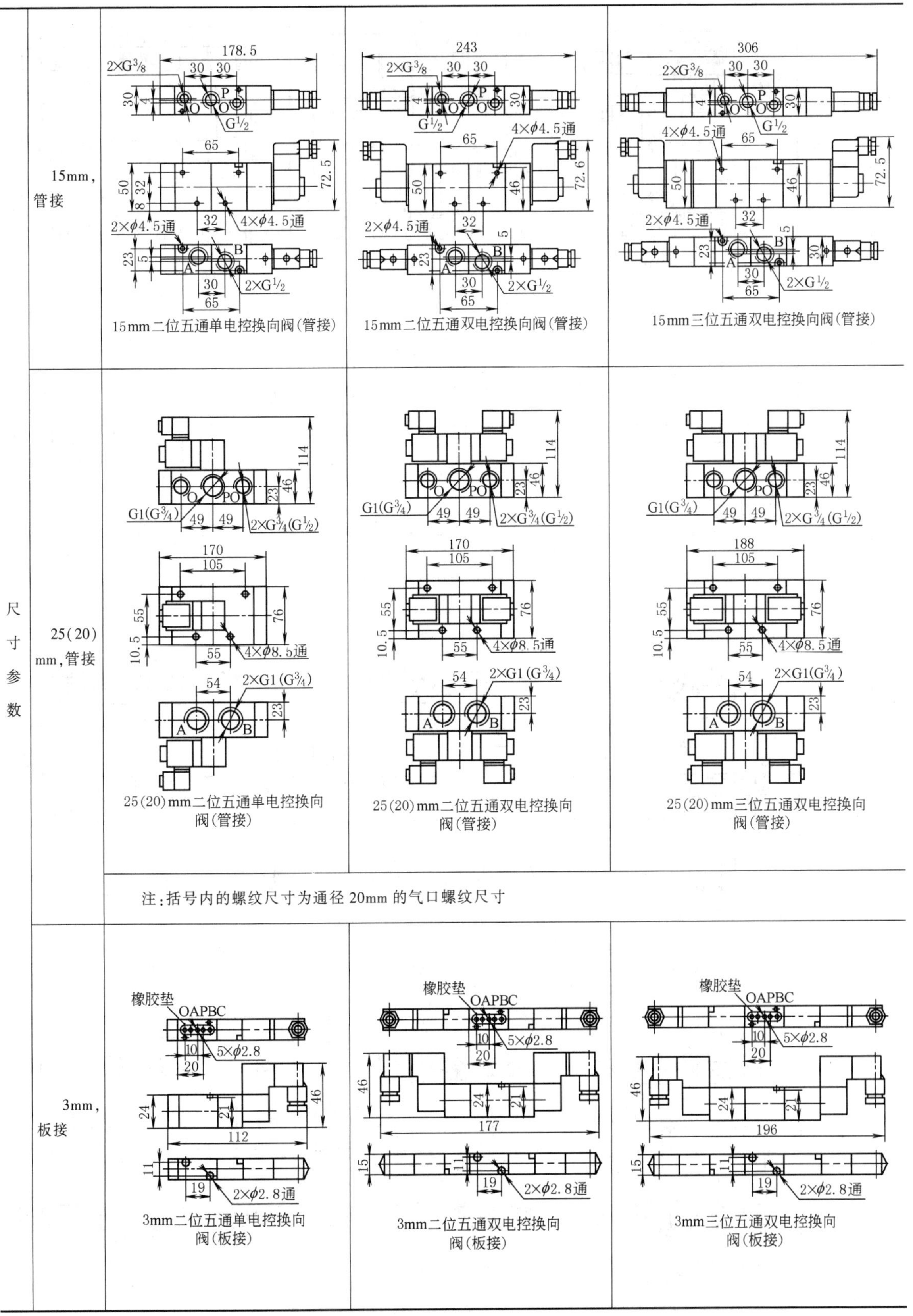

15mm二位五通单电控换向阀(管接)

15mm二位五通双电控换向阀(管接)

15mm三位五通双电控换向阀(管接)

25(20)mm二位五通单电控换向阀(管接)

25(20)mm二位五通双电控换向阀(管接)

25(20)mm三位五通双电控换向阀(管接)

注：括号内的螺纹尺寸为通径20mm的气口螺纹尺寸

3mm二位五通单电控换向阀(板接)

3mm二位五通双电控换向阀(板接)

3mm三位五通双电控换向阀(板接)

续表

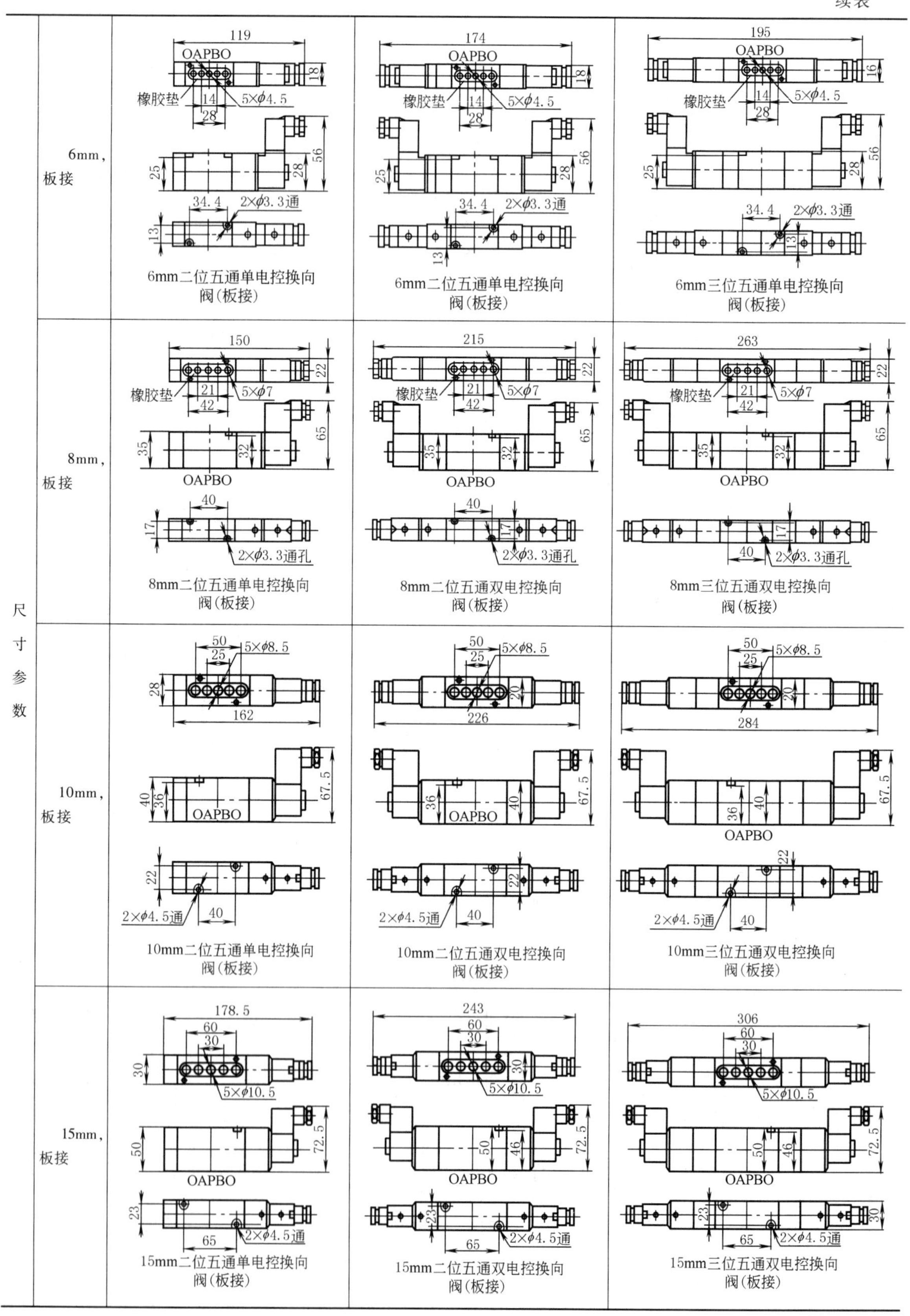
尺寸参数
6mm，板接
6mm二位五通单电控换向阀(板接)
6mm二位五通单电控换向阀(板接)
6mm三位五通单电控换向阀(板接)
8mm，板接
8mm二位五通单电控换向阀(板接)
8mm二位五通双电控换向阀(板接)
8mm三位五通双电控换向阀(板接)
10mm，板接
10mm二位五通单电控换向阀(板接)
10mm二位五通双电控换向阀(板接)
10mm三位五通双电控换向阀(板接)
15mm，板接
15mm二位五通单电控换向阀(板接)
15mm二位五通双电控换向阀(板接)
15mm三位五通双电控换向阀(板接)
OAPBO
橡胶垫
5×ϕ4.5
2×ϕ3.3通
5×ϕ7
2×ϕ3.3通孔
5×ϕ8.5
2×ϕ4.5通
5×ϕ10.5

续表

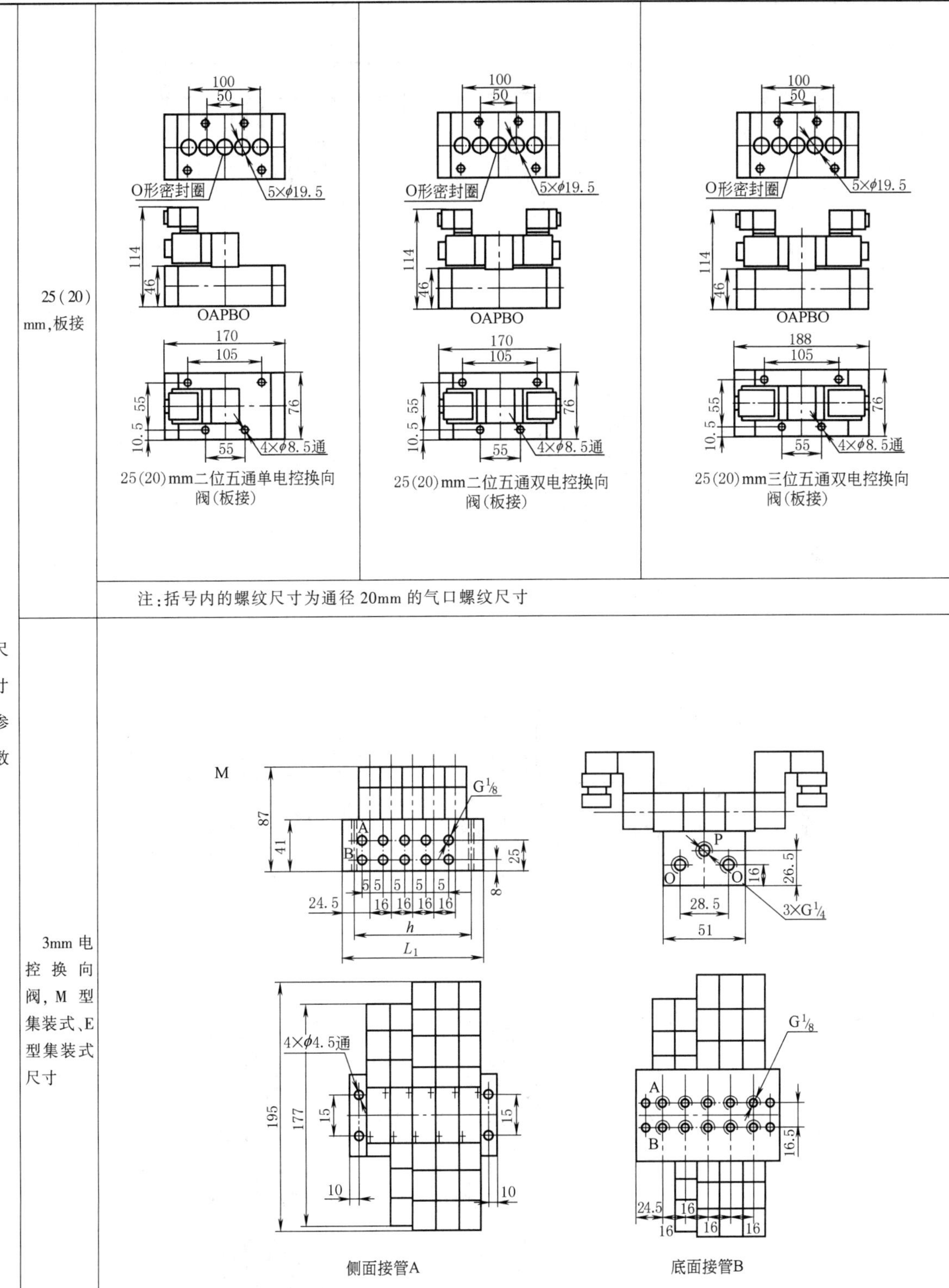

尺寸参数
25(20)mm,板接
100
50
O形密封圈
5×φ19.5
114
46
OAPBO
170
188
105
55
10.5
76
4×φ8.5通
25(20)mm二位五通单电控换向阀(板接)
25(20)mm二位五通双电控换向阀(板接)
25(20)mm三位五通双电控换向阀(板接)
注:括号内的螺纹尺寸为通径20mm的气口螺纹尺寸
3mm电控换向阀,M型集装式、E型集装式尺寸
M
G1/8
87
41
A
B
25
8
24.5
16
h
L1
P
O
26.5
28.5
51
3×G1/4
4×φ4.5通
195
177
15
10
16.5
侧面接管A
底面接管B

续表

尺寸参数

3mm 电控换向阀，M型集装式、E型集装式尺寸

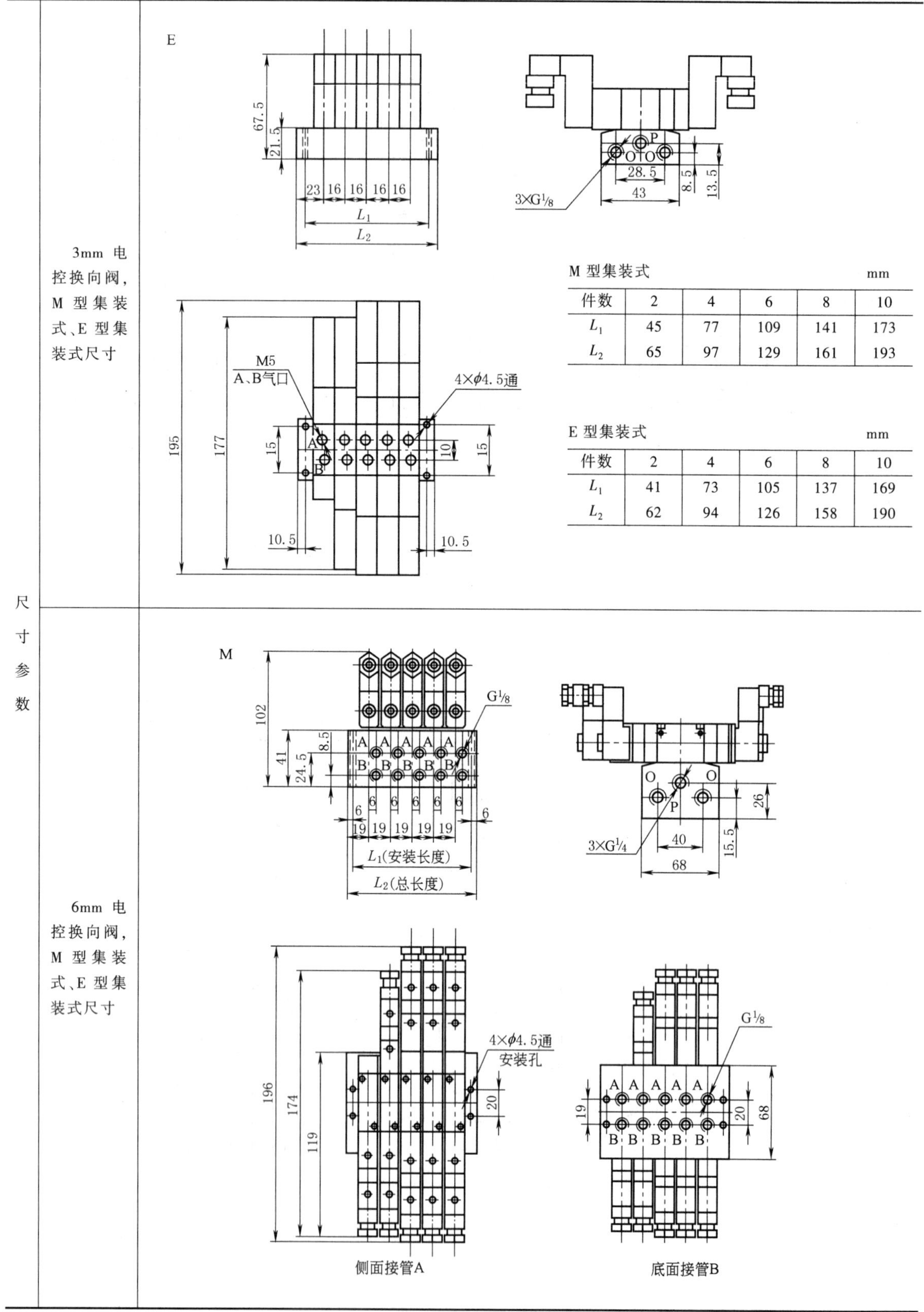

M 型集装式 mm

件数	2	4	6	8	10
L_1	45	77	109	141	173
L_2	65	97	129	161	193

E 型集装式 mm

件数	2	4	6	8	10
L_1	41	73	105	137	169
L_2	62	94	126	158	190

6mm 电控换向阀，M型集装式、E型集装式尺寸

侧面接管A

底面接管B

续表

尺寸参数

6mm电控换向阀，M型集装式、E型集装式尺寸

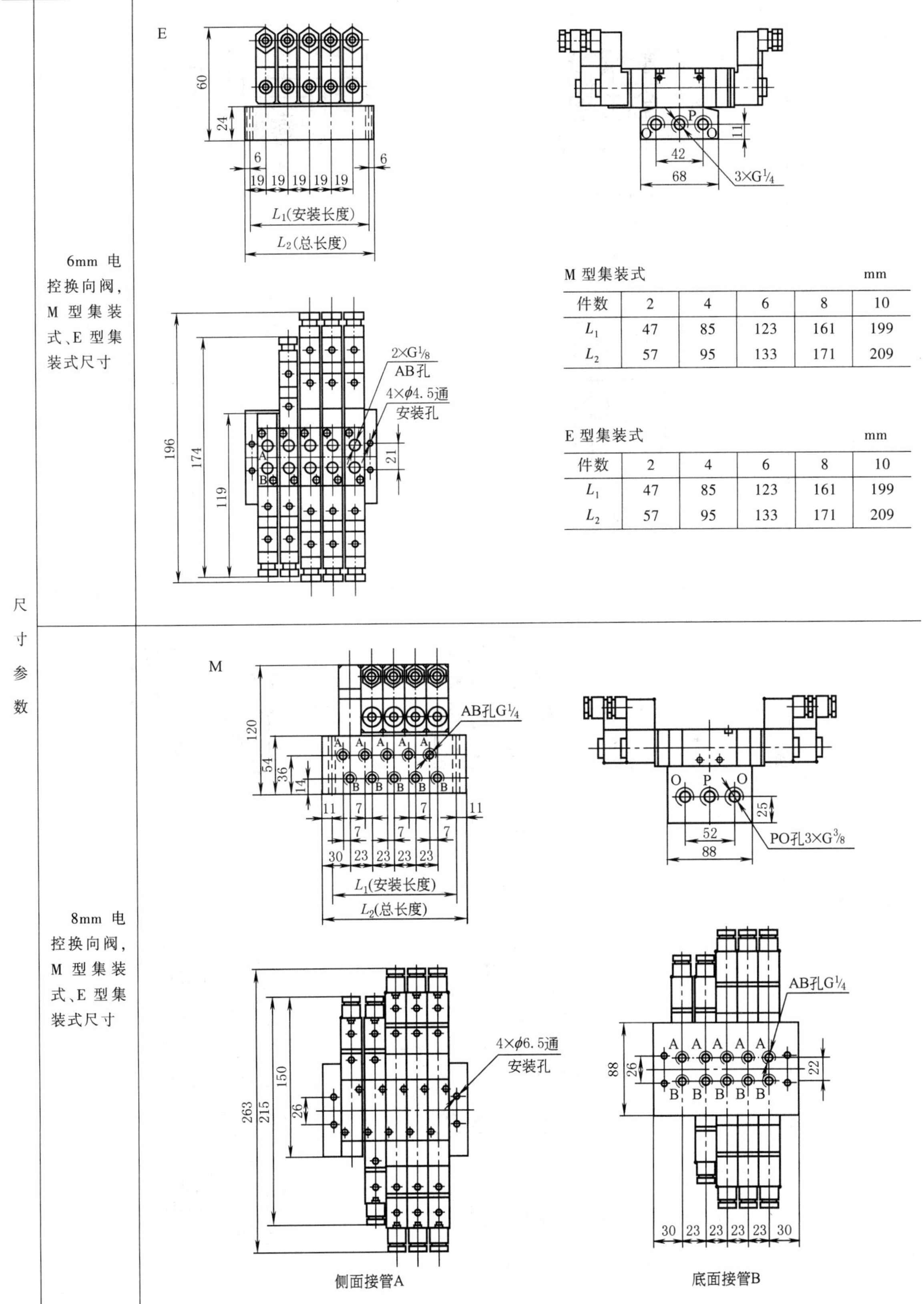

M型集装式 mm

件数	2	4	6	8	10
L_1	47	85	123	161	199
L_2	57	95	133	171	209

E型集装式 mm

件数	2	4	6	8	10
L_1	47	85	123	161	199
L_2	57	95	133	171	209

8mm电控换向阀，M型集装式、E型集装式尺寸

侧面接管A

底面接管B

续表

尺寸参数

8mm 电控换向阀，M 型集装式、E 型集装式尺寸

E

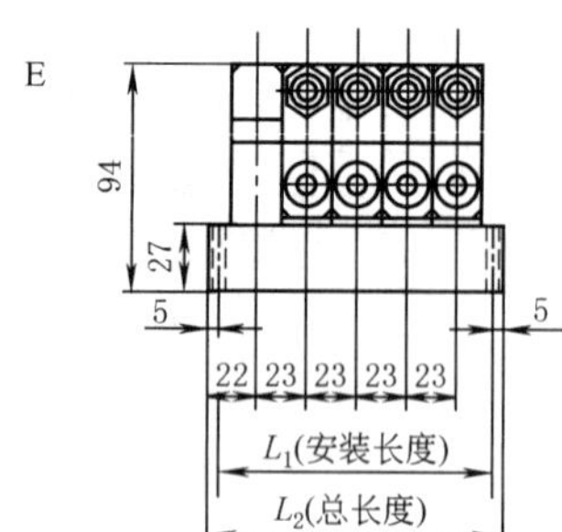

3×G3/8
58
82
14

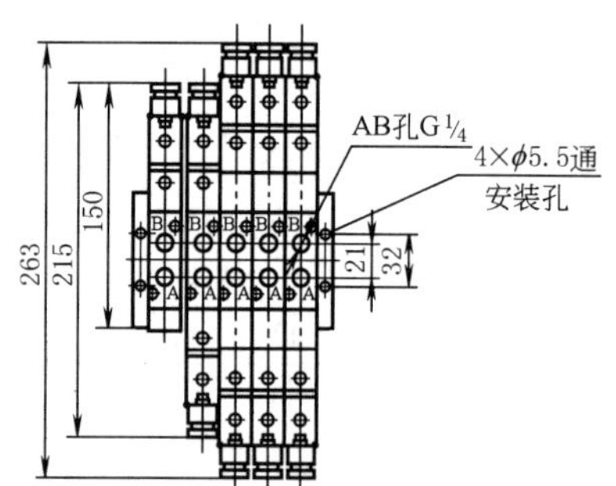

M 型集装式 mm

件数	2	4	6	8	10
L_1	61	107	153	199	245
L_2	83	129	175	221	267

E 型集装式 mm

件数	2	4	6	8	10
L_1	57	103	149	195	241
L_2	67	113	159	205	251

10mm 电控换向阀，M 型集装式、E 型集装式尺寸

M

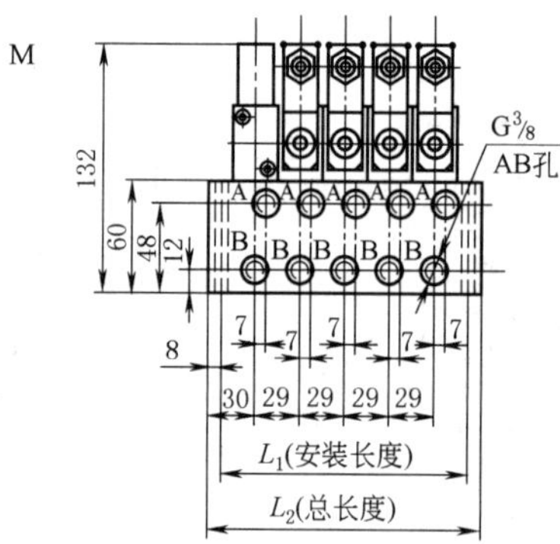

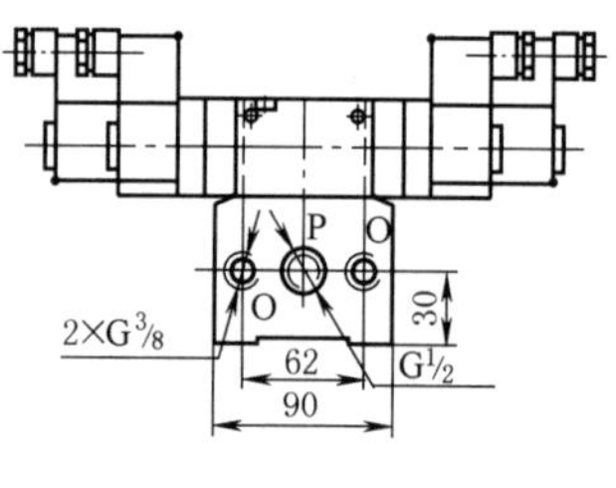

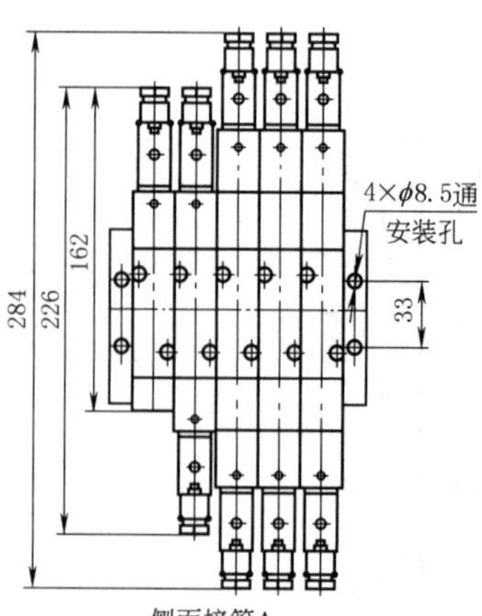

侧面接管A

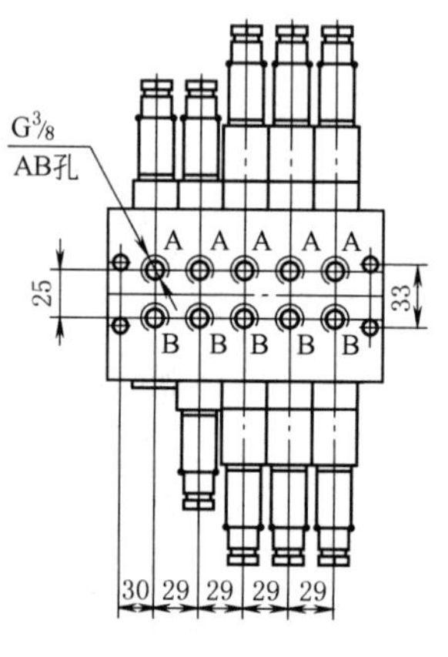

底面接管B

续表

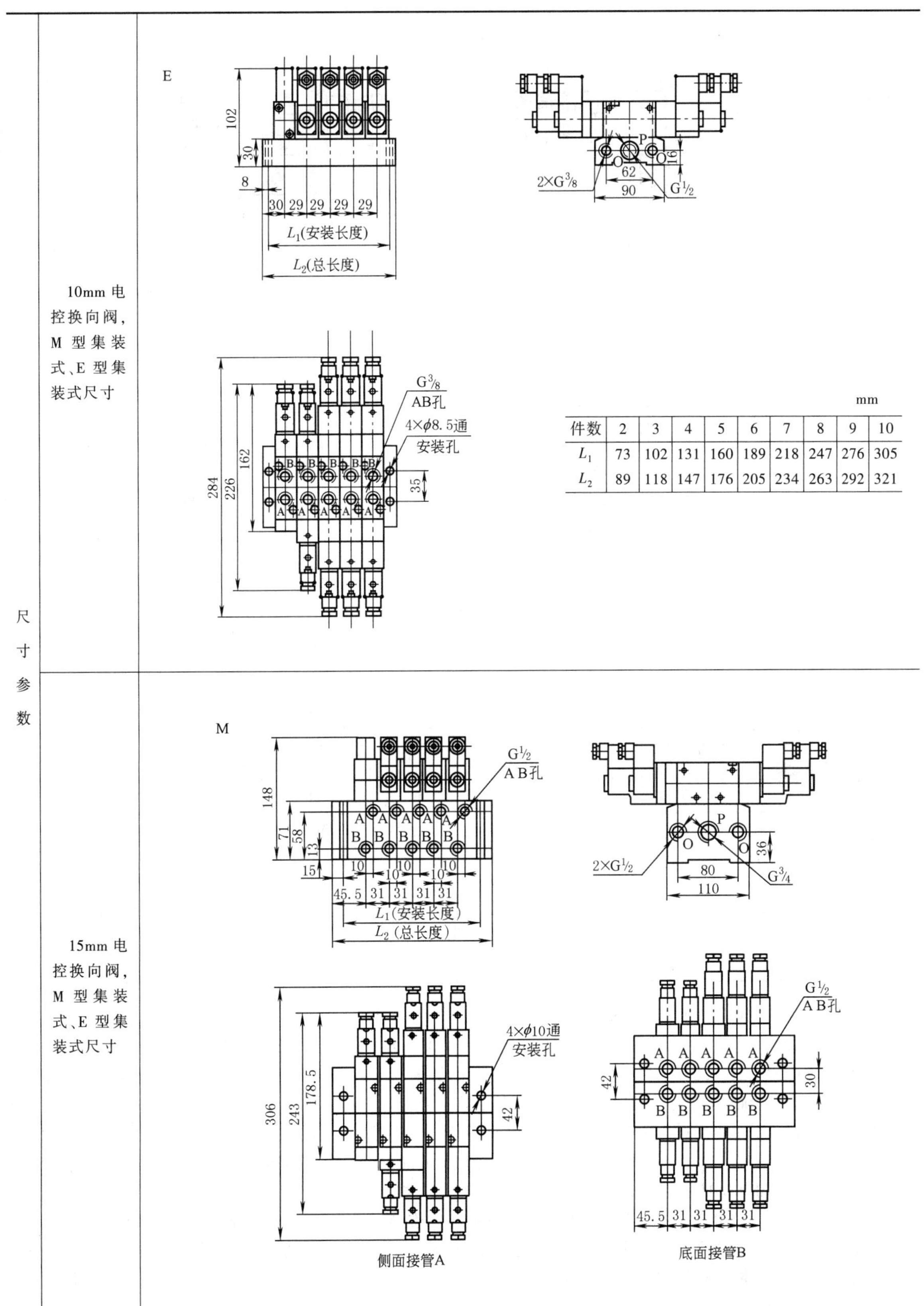

侧面接管A

底面接管B

尺寸参数

10mm 电控换向阀，M 型集装式、E 型集装式尺寸

mm

件数	2	3	4	5	6	7	8	9	10
L_1	73	102	131	160	189	218	247	276	305
L_2	89	118	147	176	205	234	263	292	321

15mm 电控换向阀，M 型集装式、E 型集装式尺寸

续表

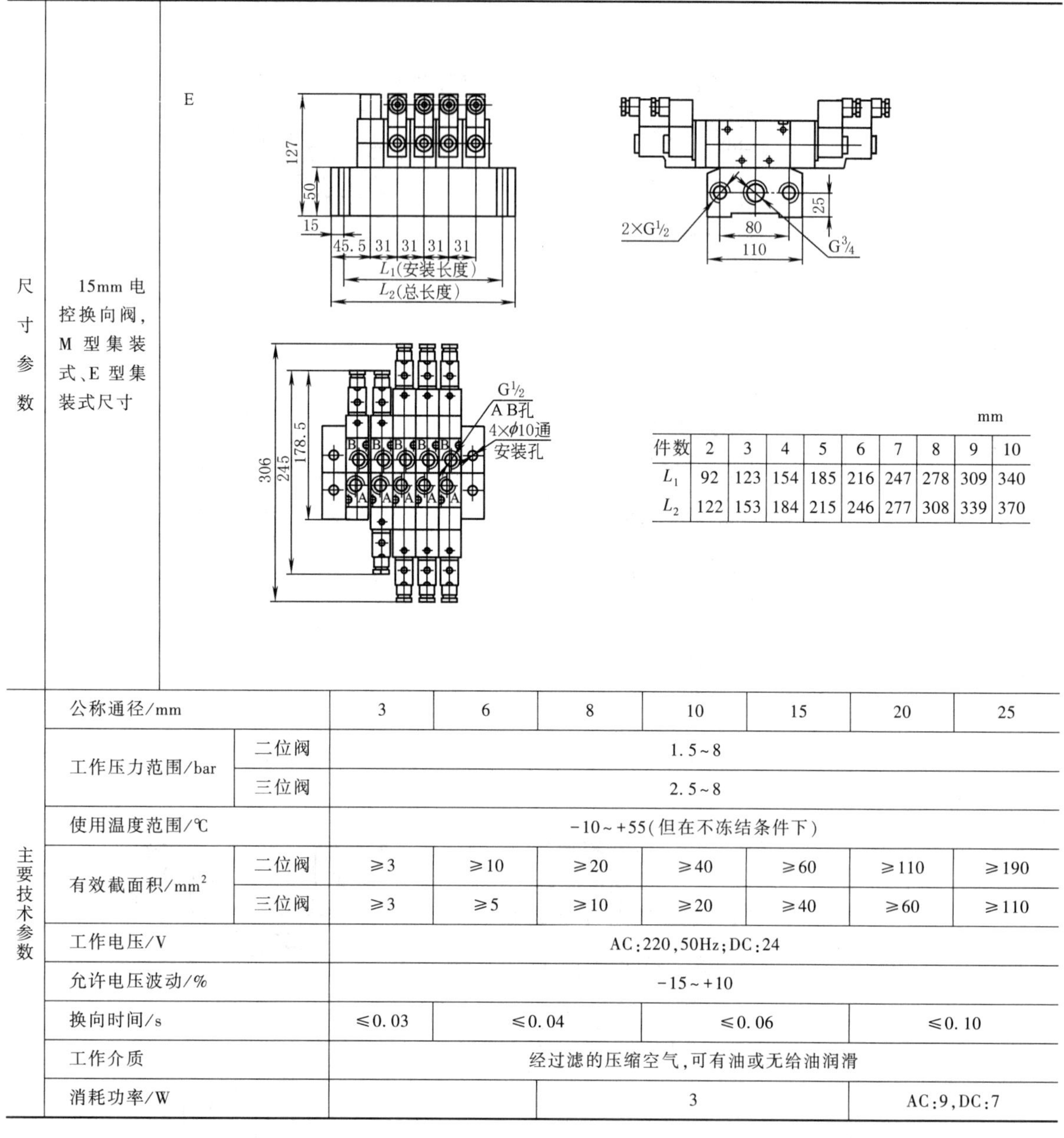

尺寸参数	15mm电控换向阀，M型集装式、E型集装式尺寸	（见图）

mm

件数	2	3	4	5	6	7	8	9	10
L_1	92	123	154	185	216	247	278	309	340
L_2	122	153	184	215	246	277	308	339	370

主要技术参数									
	公称通径/mm		3	6	8	10	15	20	25
	工作压力范围/bar	二位阀	1.5~8						
		三位阀	2.5~8						
	使用温度范围/℃		-10~+55(但在不冻结条件下)						
	有效截面积/mm²	二位阀	≥3	≥10	≥20	≥40	≥60	≥110	≥190
		三位阀	≥3	≥5	≥10	≥20	≥40	≥60	≥110
	工作电压/V		AC:220,50Hz;DC:24						
	允许电压波动/%		-15~+10						
	换向时间/s		≤0.03	≤0.04		≤0.06		≤0.10	
	工作介质		经过滤的压缩空气，可有油或无给油润滑						
	消耗功率/W				3			AC:9,DC:7	

(4) 符合ISO 5599标准的电磁换向阀

现行标准GB/T 7940.1—2008《气动　五气口方向控制阀　第1部分：不带电气接头的安装面》是等同采用ISO 5599-1：2001/Cor.1：2007《气压传动　五气口方向控制阀　第1部分：不带电气接头的安装面》（英文版）的，GB/T 7940.2—2008《气动　五气口方向控制阀　第2部分：带可选电气接头的安装面》是等同采用ISO 5599-2：2001/Amd.1：2004《气压传动　五气口方向控制阀　第2部分：带可选电气接头的安装面》（英文版）的；GB/T 26142.1—2010《气动五通方向控制阀　规格18mm和26mm　第1部分：不带电气接头的安装面》是使用翻译法等同采用ISO 15407-1：2000《气压传动　五通方向控制阀　规格18mm和26mm　第1部分：不带电气接头的安装面》的，GB/T 26142.2—2010《气动五通方向控制阀　规格18 mm和26 mm　第2部分：带可选电气接头的安装面》是使用翻译法等同采用ISO 15407-2：2003《气压传动　五通方向控制阀　规格18mm和26mm　第2部分：带可选电气接头的安装面》的；GB/T 32337—2015《气动　二位三通电磁阀安装面》是使用翻译法等同采用ISO 15218：2003《气压传动　二位三通电磁阀　安装面》的。

表 21-3-18　符合 ISO 5599 标准电磁换向阀主要界面尺寸

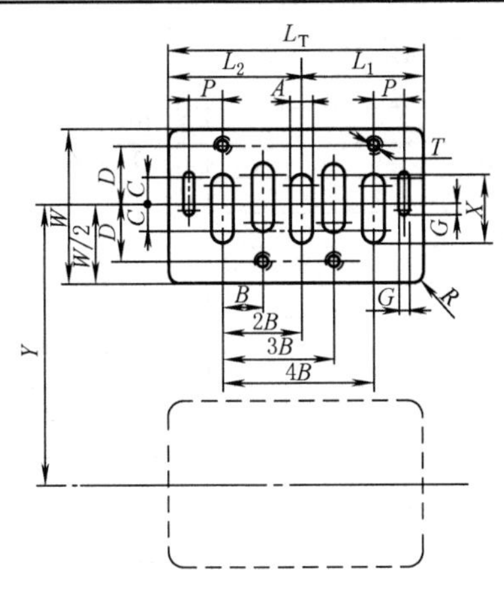

ISO 5599 标准电磁换向阀最主要界面尺寸反映在 B、D、W 及 Y，$2B$、$4B$、D 为四个螺钉安装尺寸，W 为两个阀中心距离，即反映阀的宽度。凡符合 ISO 5599 标准电磁换向阀，$2B$、$4B$、D 四个螺钉安装尺寸是相同的，但 W 尺寸只能比其小

表 21-3-19　ISO 阀安装面尺寸（不带电气接头）　mm

规格	A	B	C	D	G	L_1 (min)	L_2 (min)	L_T (min)	P	R (max)	T	W (min)	X	Y	气孔面积 /mm²
1	4.5	9	9	14	3	32.5	—	65	8.5	2.5	M5×0.8	38	16.5	43	79
2	7	12	10	19	3	40.5	—	81	10	3	M6×1	50	22	56	143
3	10	16	11.5	24	4	53	—	106	13	4	M8×1.25	64	29	71	269
4	13	20	14.5	29	4	64.5	77.5	142	15.5	4	M8×1.25	74	36.5	82	438
5	17	25	18	34	5	79.5	91.5	171	19	5	M10×1.5	88	42	97	652
6	20	30	22	44	5	95	105	200	22.5	5	M10×1.5	108	50.5	119	924

表 21-3-20　ISO 5599 标准阀的主要技术参数

ISO 5599 标准阀是具有气动底座的板式阀，板式连接有单个板接和集成板接两种方式（按 ISO 标准分类），有电控和气控两种控制方式，ISO 5599 标准阀具有内先导或外先导两种动作方式，有气弹簧复位功能或机械弹簧复位，下列图以德国 FESTO MN1H 系列产品为例，主要技术参数见本表，单电控电磁阀和三位五通电控电磁阀结构及尺寸参数见表 21-3-21

不同系列的 ISO 阀的区别主要反映在功耗上，电插座尺寸上，电接口标准上（有的接口标准符合 EN175301-803、A 型，有的采用圆形 4 针电插口 M12×1 等），不同的工作电压上，还反映在开关时间上

主要技术参数	ISO 规格	1	2	3
	阀功能	二位五通，单电控		
	结构特点	滑阀		
	密封原理	软性		
	驱动方式	电		
	复位方式	机械弹簧或气弹簧		
	先导控制方式	先导控制		
	先导气源	内先导或外先导		
	流动方向	单向		
	排气功能	带流量控制		
	手控装置	通过附件，锁定		
	安装方式	通孔安装		
	安装位置	任意位置		
	公称通径/mm	8	11	14.5
	标准额定流量/L·min⁻¹	1200	2300	4500
	阀位尺寸/mm	43	56	71
	底座上的气接口	G¼	G⅜	G½
	产品质量/g	450	710	1000
	排气噪声级/dB(A)	85		

续表

	项目		气复位	机械复位
工作和环境条件	复位方式		气复位	机械复位
	工作介质		过滤压缩空气，润滑或未润滑 真空	
	工作压力/bar	内先导气源	2～10	3～10
		外先导气源	-0.9～+16	-0.9～+16
	先导压力/bar		2～10	3～10
	环境温度/℃		-10～50	
	介质温度/℃		-10～50	

阀的响应时间/ms							
二位五通单电控	ISO 规格	1		2		3	
	复位方式	气动	机械	气动	机械	气动	机械
	开	23	17	46	24	49	33
	关	32	39	69	62	71	74
二位五通双电控	ISO 规格	1		2		3	
			14 口为主控信号		14 口为主控信号		14 口为主控信号
		18	12:18ms;14:15ms	21	12:24ms;14:21ms	21	12:24ms;14:21ms
三位五通电控	ISO 规格	1		2		3	
		开	关	开	关	开	关
	带 N1 型电磁线圈						
	中封式	20	44	33	82	33	82
	中泄式	20	46	36	84	36	84
	中压式	20	46	35	78	35	78

电参数			
	N1 型电磁线圈		
	电接口		插头，方形结构，符合 EN175301-803 标准，A 型
	工作电压	直流电压/V	24
		交流电压/V	110/230(50～60Hz)
	线圈特性	直流电/W	2.5
		交流电/V·A	开关:7.5 保持:5
	防护等级符合 EN 60529 标准		IP65

表 21-3-21　　MN1H 系列单、双电控及三位五通电磁阀

MN1H系列的单电控电磁阀结构图及尺寸参数

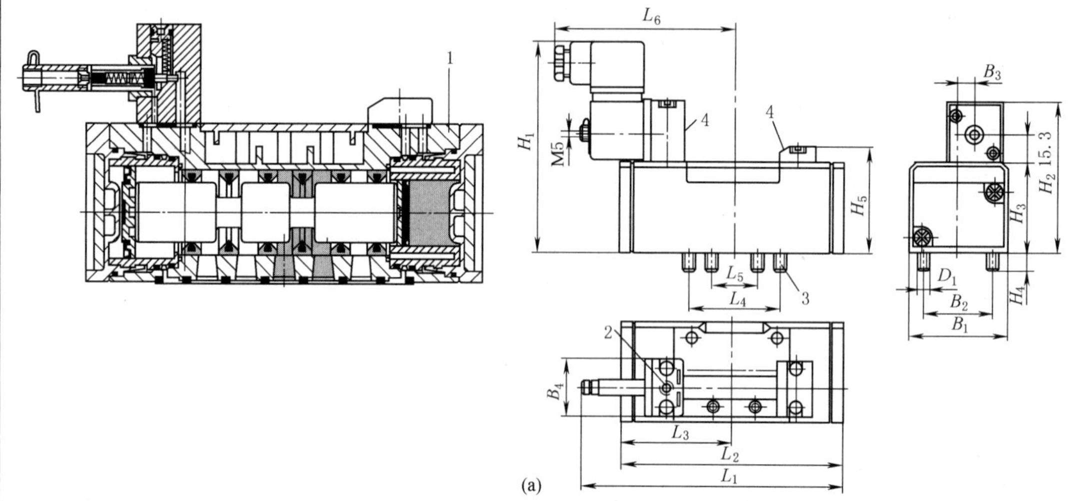

(a)

1—阀体，材料为压铸合金、聚醋酸酯，其密封件材料为丁腈橡胶(两者材料中都不含铜和四氟乙烯)；2—手控装置；3—安装螺钉；4—标牌槽

mm

型号		B_1	B_2	B_3	B_4	D_1	H_1	H_2	H_3	H_4	H_5	L_1	L_2	L_3	L_4	L_5	L_6
ISO 规格 1	MN1H-5/2	42	28	6	30	M5	106	74	38	9	46.5	117.5	87.6	43.8	36	18	89
	MN1H-5/2-FR											128	98				
ISO 规格 2	MN1H-5/2	54	38	9	30	M6	116	84	48	9.5	56.5	147.6	123.4	61.7	48	24	98
	MN1H-5/2-FR											161.5	140.7				
ISO 规格 3	MN1H-5/2	65	48	12	30	M8	123	91	55	12	63.5	169	145.4	72.7	64	32	109
	MN1H-5/2-FR											184.8	164.7				

续表

MN1H系列的双电控电磁阀结构图及尺寸参数

双电控电磁阀技术参数除了复位方式仅采用机械弹簧复位外，开关时间与单电控电磁阀不同（ISO 规格 1 号阀：开 18ms、换向开 15ms，ISO 规格 2 号阀：开 24ms、换向开 21ms，ISO 规格 3 号阀：开 24ms、换向开 21ms），通常双电控的开关时间比单电控的开关时间要快，重量与单电控电磁阀不同；双电控电磁阀的工作压力为 2～10bar。双电控电磁阀结构图及尺寸参数可见图 b

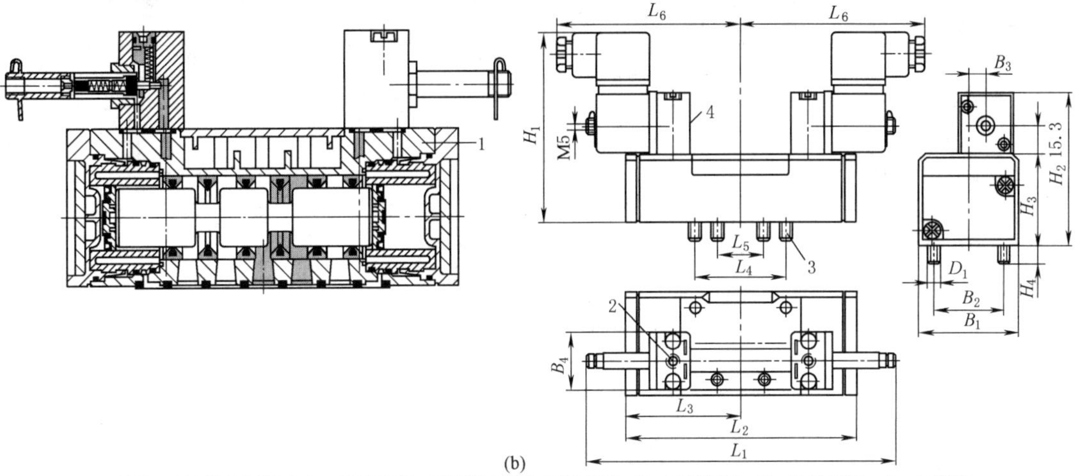

(b)

1—阀体，材料为压铸铝合金，聚醋酸酯，密封件材料为丁腈橡胶；2—手控装置；3—安装螺钉；4—标牌槽

mm

ISO 规格	B_1	B_2	B_3	B_4	D_1	H_1	H_2	H_3	H_4	L_1	L_2	L_3	L_4	L_5	L_6
1	42	28	6	30	M5	106	74	38	9	147.3	87.6	43.8	36	18	89
2	54	38	9	30	M6	116	84	48	9.5	165	123.4	61.7	48	24	98
3	65	48	12	30	M8	123	91	55	12	185.7	145.4	72.7	64	32	109

MN1H系列的三位五通电磁阀结构图及尺寸参数

三位五通电磁阀技术参数除了复位方式仅采用机械弹簧复位外，开关时间与单电控电磁阀不同（ISO 规格 1 号阀：中封式开 20ms、关 44ms；中泄式开 20ms、关 46ms；中压式开 20ms、关 46ms。ISO 规格 2 号阀：中封式开 33ms、关 82ms；中泄式开 36ms、关 84ms；中压式开 35ms、关 78ms。ISO 规格 3 号阀：中封式开 33ms、关 82ms；中泄式开 36ms、关 84ms；中压式开 35ms、关 78ms）；三位五通的工作压力为 3～10bar。三位五通电磁阀结构图及尺寸参数见图 c 和图 d

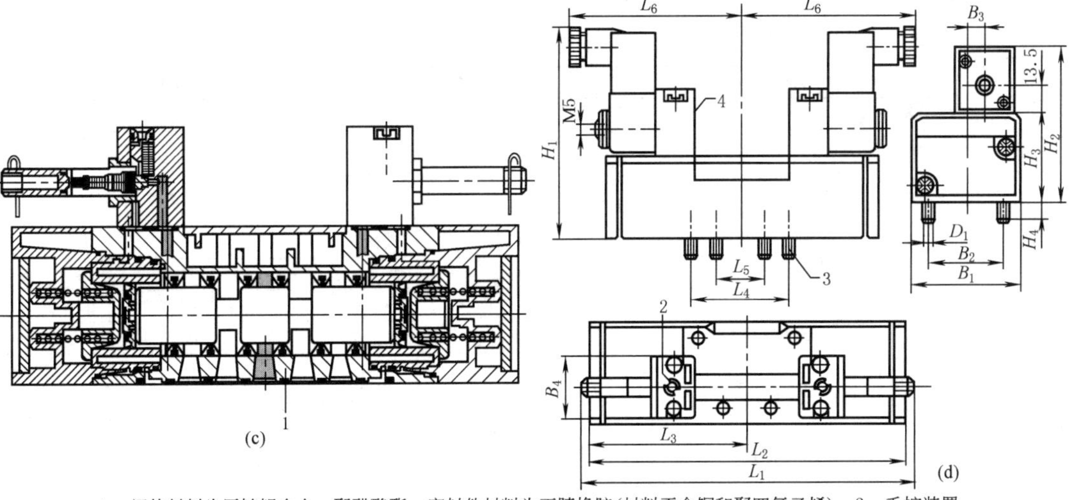

(c) (d)

1—阀体材料为压铸铝合金、聚醋酸酯，密封件材料为丁腈橡胶(材料不含铜和聚四氟乙烯)；2—手控装置；3—安装螺钉；4—标牌槽

mm

ISO 规格	1	2	3	ISO 规格	1	2	3
B_1	42	54	65	H_4	9	9.5	12
B_2	28	38	48	L_1	142.6	160	181
B_3	6	9	12	L_2	108.4	158	184
B_4	30	30	30	L_3	54.2	79	92
D_1	M5	M6	M8	L_4	36	48	64
H_1	100	110	117	L_5	18	24	32
H_2	70.3	80.3	87.3	L_6	89	98	109
H_3	38	48	55				

表 21-3-22　　符合 ISO 15407 标准的电磁换向阀

ISO 15407 标准阀是具有气动底座的板式阀，板式连接有单个板接和集成板接两种方式，有电控和气控两种控制方式，ISO 15407 标准阀具内先导或外先导两种动作方式，有气弹簧复位功能或机械弹簧复位，下列图以德国 FESTO MN2H 系列产品为例，主要技术参数见本表，单电控电磁阀，双电控电磁阀和三位五通电控电磁阀结构及尺寸参数见表 21-3-23 及表中图

不同系列的 ISO 阀的区别主要反映在功耗上、电插座尺寸上、电接口标准上（有的接口标准符合 EN175301-803、A 型，有的采用圆形 4 针电插口 M12×1 等）、不同的工作电压、开关时间上

主要技术参数	ISO 规格			02		01	
	阀功能			2 个二位三通，单电控			
	结构特点			滑阀			
	密封原理			软性			
	驱动方式			电			
	复位方式			气弹簧			
	先导控制方式			先导控制			
	先导气源			内先导			
	流动方向			单向			
	排气功能			带流量控制			
	手控装置			通过附件，锁定			
	安装方式			通孔安装			
	安装位置			任意位置			
	公称通径/mm			6		8	
	标准额定流量/$L\cdot min^{-1}$			440		950	
	阀位尺寸/mm			19		27	
	气接口	1,2,3,4,5		G⅛		G¼	
		12,14		M5		M5	
	产品质量/g			210		320	
	排气噪声级/dB(A)			75			
工作和环境条件	ISO 规格			02		01	
	工作介质			过滤压缩空气，润滑或未润滑 真空			
	工作压力/bar	内先导气源		2~10			
		外先导气源		-0.9~10		-0.9~16	
	先导压力/bar			2~10			
	环境温度/℃			-10~+50			
	介质温度/℃			-10~+50			
阀的响应时间/ms	二位五通单电控	ISO 规格		02		01	
		复位方式		气	机械	气	机械
		开		23	18	31	24
		关		27	34	43	58
	二位五通双电控	ISO 规格		02		01	
		—		—	14 口为主控信号	—	14 口为主控信号
		开/转换		—	16	—	16
		关/转换		16	16	18	18
	三位五通电控	ISO 规格		02		01	
		中封式	开	17		23	
			关	22		52	
		中泄式	开	18		23	
			关	28		52	
		中压式	开	18		23	
			关	30		52	
电参数	电接口结构			插头，方形结构，符合 EN 175301-803 标准，C 型			
				中间插头，圆形结构，M12×1			
	工作电压	直流电压/V		$12,14^{+10\%}_{-15\%}$			
		交流电压/V		24,110/230±10%（50~60Hz）			

续表

电参数	线圈特性	直流电压/V	1.5
		交流电/V·A	开关:3 保持:2.4
	防护等级符合 EN 60529 标准		IP65(与插座组合使用)
	CE 标志		符合 EU 指令 73/23/EEC

表 21-3-23　MN2H 系列单、双电控及三位五通电控阀

MN2H 单电控阀的主要界面尺寸

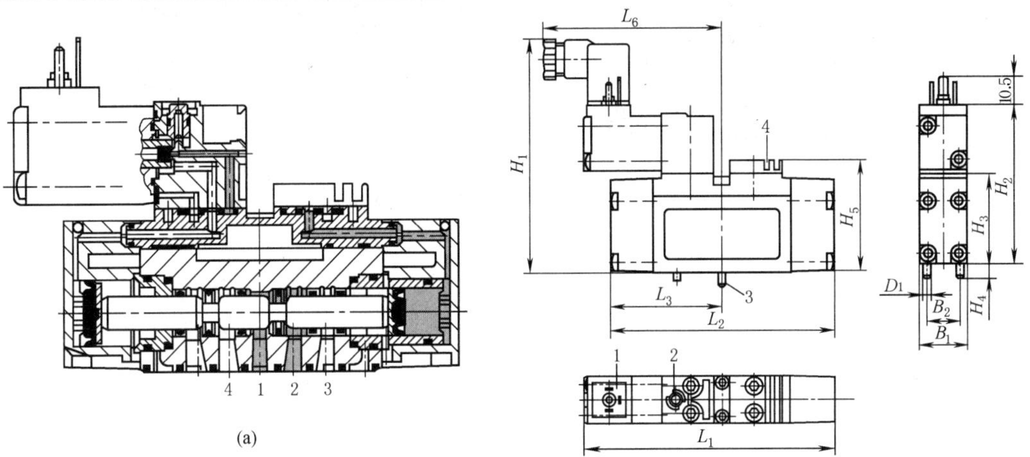

(a)

1—插座上的电缆接口符合EN 175301-803标准，C型；2—手控装置；3—安装螺钉；4—标牌夹槽

mm

型　号		B_1	B_2	D_1	H_1	H_2	H_3	H_4	H_5	L_1	L_2	L_3	L_6
ISO 规格 02	MN2H-5/2	18	12.5	M3	92	59.5	34	5	39	95.5	85	42.5	70
	MN2H-5/2-FR									107.5	97		
ISO 规格 01	MN2H-5/2	26.2	19	M4	93	60.5	35	7	42	109	110	55	71
	MN2H-5/2-FR												

MN2H 双电控阀的主要界面尺寸

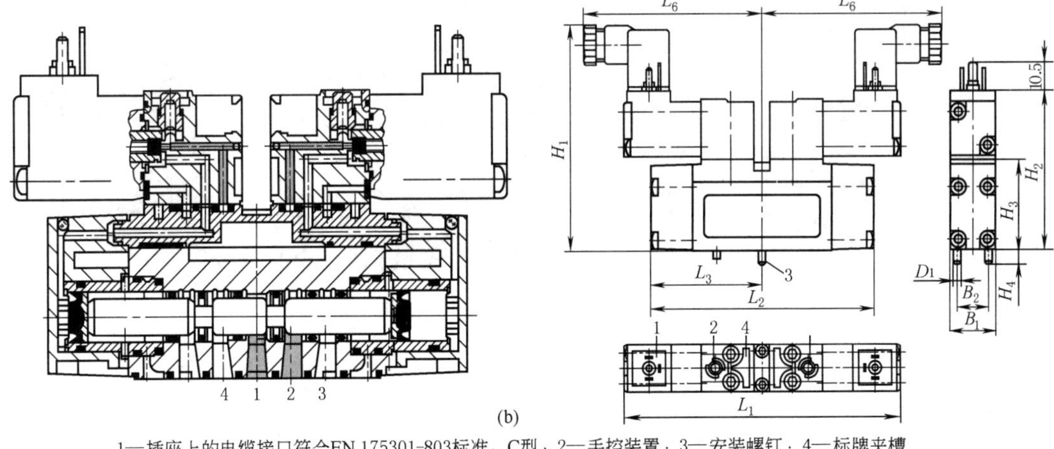

(b)

1—插座上的电缆接口符合EN 175301-803标准，C型；2—手控装置；3—安装螺钉；4—标牌夹槽

mm

ISO 规格	02	01	ISO 规格	02	01
B_1	18	26.2	H_4	5	7
B_2	12.5	19	L_1	106	108
D_1	M3	M4	L_2	85	110
H_1	92	93	L_3	42.5	55
H_2	59.5	60.5	L_6	70	71
H_3	34	35			

续表

MN2H三位五通电控阀的主要界面尺寸	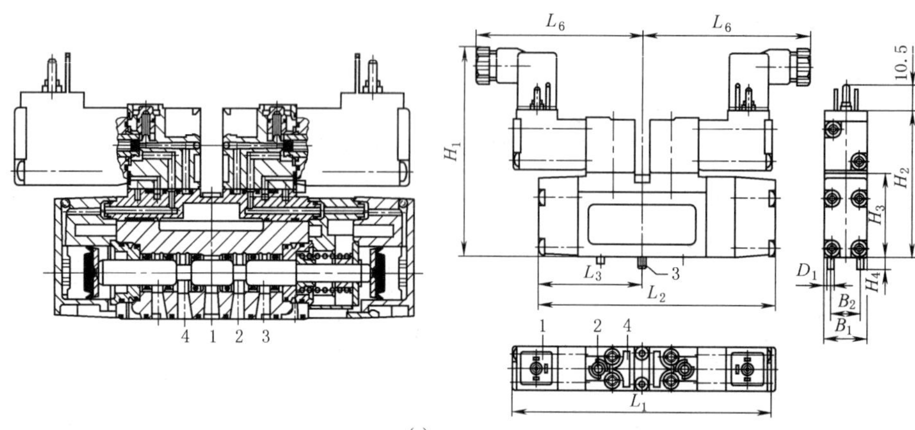 (c) 1—插座上的电缆接口符合EN 175301-803标准，C型；2—手控装置；3—安装螺钉；4—标牌夹槽

mm

ISO 规格	B_1	B_2	D_1	H_1	H_2	H_3	H_4	L_1	L_2	L_3	L_6
02	18	12.5	M3	92	59.5	34	5	106	97	42.5	70
01	26.2	19	M4	93	60.5	35	7	108	124	55	71

3.3 气控方向阀

表 21-3-24

二位三通/二位五通/三位五通气控阀	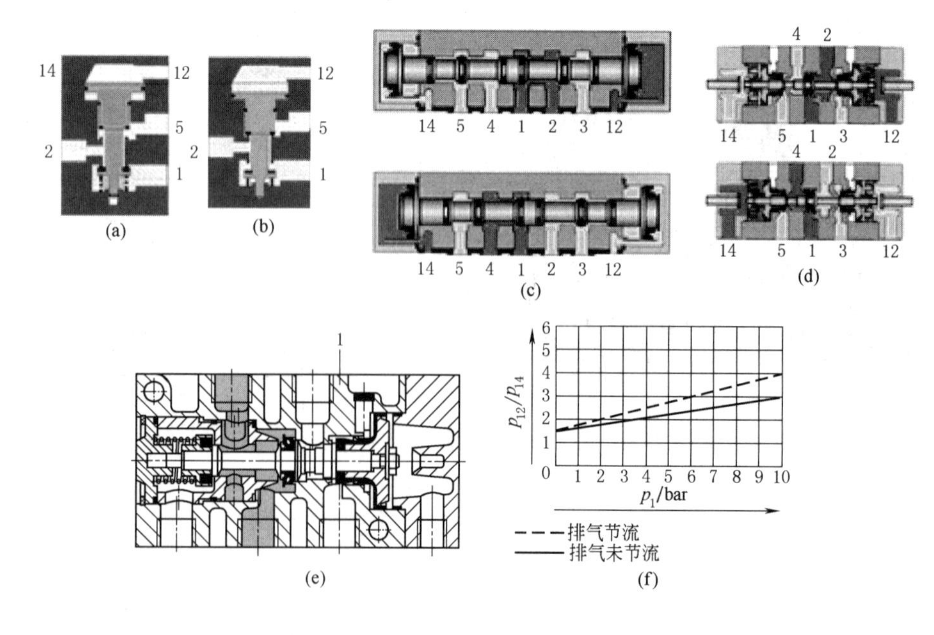

续表

<table>
<tr><td>二位三通/二位五通/三位五通气控阀</td><td>气控换向阀是靠外加的气压使阀换向的。这外加的气压力称为控制压力。气控阀有二位二通/二位三通/二位五通/三位五通,图 a 和图 b 为二位三通工作原理示意图。气控阀按控制方式有单气控和双气控两种。图 c 所示为滑柱式双气控阀的动作原理图,双气控阀具有记忆性能,当给控制口 12 一个控制气压(长信号或脉冲信号),工作口 2 便有输出压力,即使控制信号 12 取消后,阀的输出仍然保持在信号消失前工作口 2 状态。当给控制口 14 一个控制气压(长信号或脉冲信号),原工作口 2 的输出被切换到工作口 4,即使控制信号 14 消失后,阀的输出仍然保持在工作口 4 状态。气控阀与电磁阀在结构上的区别是没有电磁换向阀两旁的先导电磁阀部件。图 d 所示的为带手动控制装置同轴截止式双气控二位五通阀的动作原理图。双气控阀与单气控阀的区别是当控制信号消失,靠弹簧力或气弹簧复位,如图 e 所示,图 f 表示最低控制压力与工作压力之间的关系,从图中曲线可知当阀的排气口装上节流阀后,阀最低控制压力有所提高,这是由阀内排气通道给先导活塞背压所致
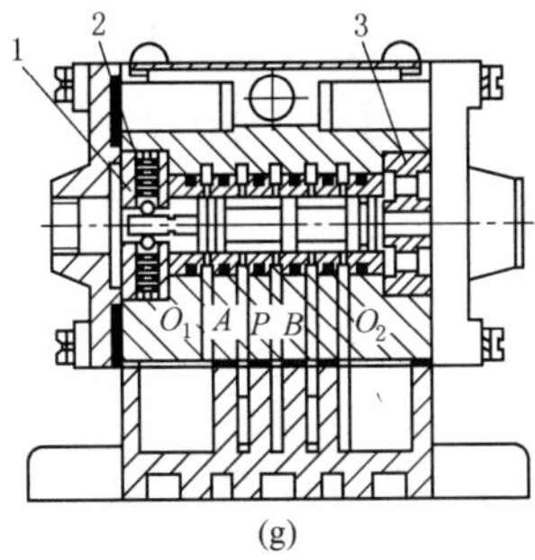

(g)
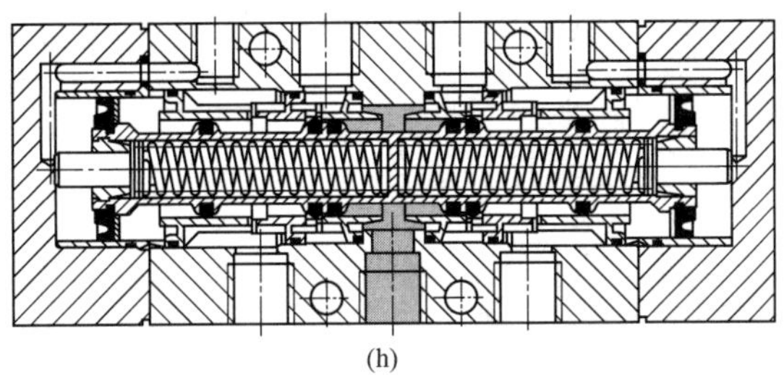
(h)
1—定位环;2—钢球;3—限位杆
图 g 是二位五通双气控间隙配合阀(硬配阀)。阀套与阀芯采用不同金属材质经研配而成,它的间隙为 0.5~1μm。阀芯设有定位装置(钢珠、弹簧锁紧定位)。使用这种间隙密封应重视使用的空气净化质量,防止阀套与阀芯组件污染
需要补充说明,通常同属一个系列电磁阀和气控阀,它们的主要部件能互换,只要将电磁阀的电磁先导部分卸掉,加上盖板就能成为气控阀
图 h 是双气控中封型三位阀。在零位时,滑柱依靠两侧的弹簧和对中活塞保持在中间封闭位置。当控制口有控制信号时,阀换向</td></tr>
<tr><td>差压控制</td><td>差压控制气控阀属于双气控阀的派生。它的气动符号见图 i 左图
14 —▷ [4 2 / 5 1 3] ◁— 12
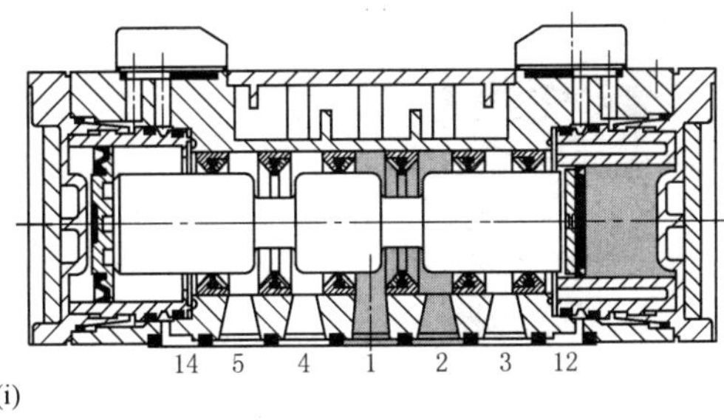

(i)
图 i 是二位五通差压控制阀的结构原理图。利用气阀两端控制腔室的面积差,14 口的控制腔室面积大于 12 口的控制腔室面积,形成差压工作原理,所谓的差压工作原理即当 12 口的控制腔室有气压控制时,工作口 2 有输出压力、工作口 4 排气。反之,当 14 口的控制腔室有气压控制时,工作口 4 有输出压力、工作口 2 排气。但 12、14 两端的控制口同时有相同压力控制信号时,由于 14 口的控制腔室面积大于 12 口的控制腔室面积,则工作口 4 有输出压力。当 12 控制口和 14 控制口同时失去控制信号时,阀芯按 14 主控功能使其位置停留在工作口 4 有输出</td></tr>
</table>

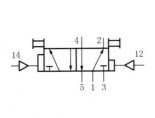

3.4 机械控制换向阀

表 21-3-25　　机控阀的组成、分类和工作原理

组成、分类	机控阀是靠机械外力驱动使阀芯切换,由主阀体与机械操作机构两大部件组成。按主阀体切换位置功能可分为二位二通、二位三通、二位四通,按主阀体气路通路状态可分常通型(常开型)、常断型(常闭型),按主阀体切换工作原理可分为直动式、先导式。按机械操作机构可分为直动式、滚轮式、杠杆滚轮式、单向杠杆滚轮式(有些气动厂商亦称可通过式,返回时阀不切换)、旋转杠杆式(有些气动厂商亦称可调杠杆滚轮式)、弹簧触须式(有些气动厂商亦称可调杆式)

续表

直动式二位三通机控阀	直动式二位三通主阀体原理见图 a，机械操作机构外形尺寸参数见图 b 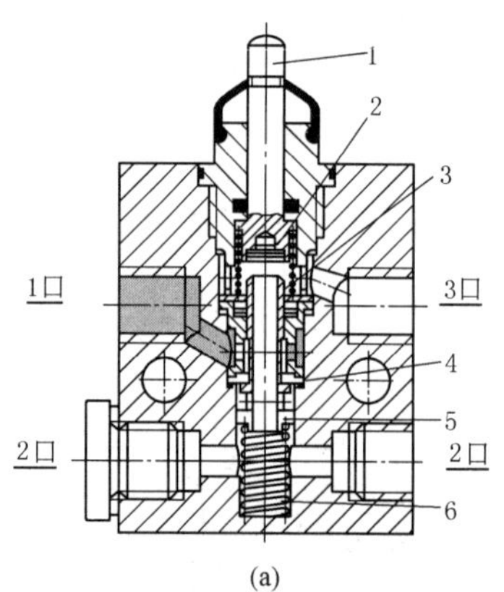 (a) 1—驱动杆；2—驱动杆密封；3—阀芯杆； 4—阀芯杆密封；5—弹簧座；6—弹簧 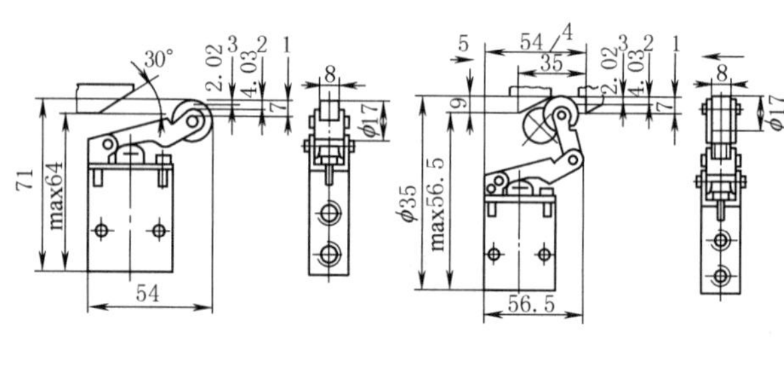 (b) 1—起始开度；2—最大开度；3—最大行程； 4—最小驱动行程；5—驱动方向 直动式二位三通主阀体原理：该主阀体为截止式结构，当驱动杆受外力作用后向下移动，驱动杆上密封件封死空芯的阀芯杆，并推动空芯的阀芯杆克服弹簧力向下位移，此时，被空芯阀芯杆密封件封死的阀口被打开，工作气口 1 与输出气口 2 导通，原来输出气口 2 通过空芯的阀芯杆内腔向排气口 3 的通道被驱动杆上密封件封死。当外力去除后，弹簧复位力推动阀芯座并使阀芯杆往上移动，空芯阀芯杆密封件封死的阀口，工作气口 1 与输出气口 2 被封死，输出气口 2 通过空芯的阀芯杆内腔向排气口 3 排出。左面输出气口 2 根据需要可用堵头封塞，也可改为右面封死 小型直动式二位三通机控阀可有 M5、G⅛接口，流量为 80L/min、130L/min，阀体有工程塑料或压铸锌合金材质
先导式二位三通机控阀	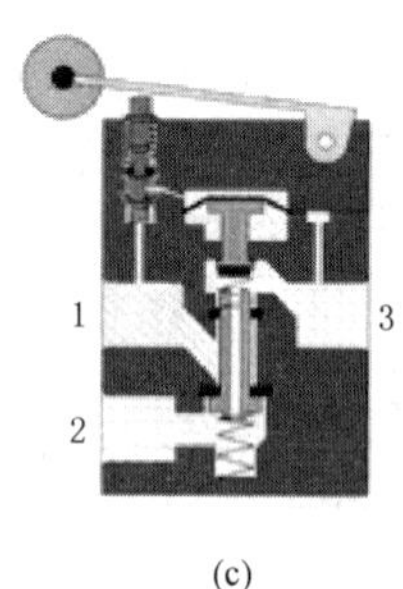 (c) 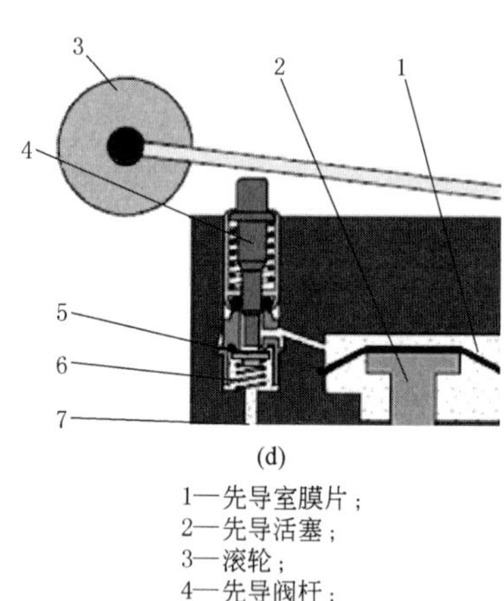 (d) 1—先导室膜片； 2—先导活塞； 3—滚轮； 4—先导阀杆； 5—密封垫； 6—弹簧； 7—先导气路通道 图 c 是先导式二位三通常闭型机控阀的工作原理示意图，该阀的工作原理与直动式二位三通不同的部分见图 d 先导阀部分，当滚轮未被压下时，来自先导气源通道的压缩空气（来自工作气源口 1），在弹簧力的作用下，由密封垫把阀口封死，当滚轮被压下时，先导阀杆下移，推开密封垫，先导气源通道的压缩空气与先导室导通，压缩空气作用在先导室膜片产生大的推力推动先导活塞，先导活塞下移。先导活塞的密封件封死主阀阀芯的中间通孔（关闭输出口 2 与排气口 3 的通路见图 c），并使主阀阀芯克服弹簧力后继续下移，被空心阀芯杆密封件封死的阀口被打开，气源工作口 1 与输出口 2 导通。先导式二位三通机控阀可使机械控制滚轮的驱动力在 6bar 时仅 1.8N，该阀流量为 120L/min

续表

旋转杠杆式机控阀	(f) (e) (g) 旋转杠杆式机控阀由主阀体与机械操作机构两大部件组成，见图 e。它的机械驱动部件根据需要可配置杠杆型（有些气动厂商亦称可调杆式）、长臂型、短臂型（图 f）。短臂型驱动力为 7N，长臂型、杠杆型驱动力低于 7N（根据调整后长度，驱动力会有不同），主阀体上转动控制头可调整驱动范围（见图 g）
弹簧触须式机控阀	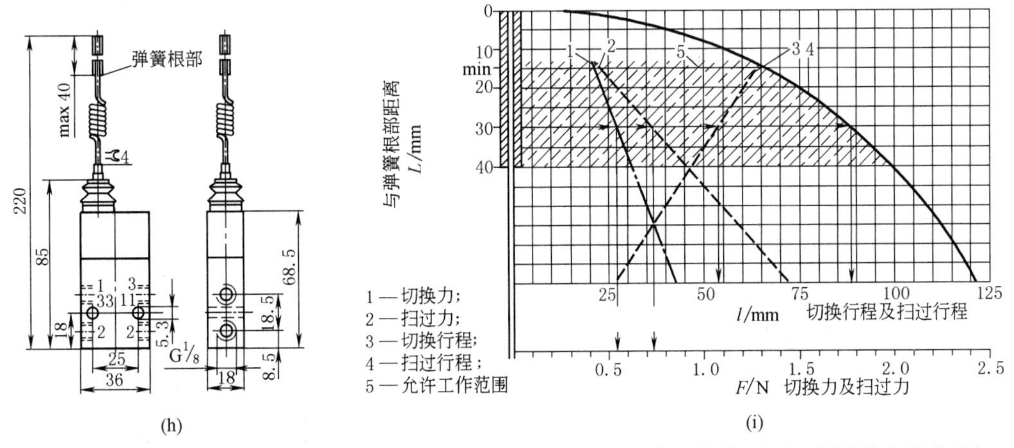 (h) (i) 弹簧触须式机控阀见图 h，采用先导控制方式，只需要很小的驱动力，特别适合于控制对象在不同轴向位置或不在一个平面上的场合。该阀可以在任何与弹簧触须轴向垂直的方向上驱动。它的驱动力见图 i 例：当与弹簧根部距离 30mm、在切换行程为 54mm 时，其切换力为 0.57N。在扫过行程为 88mm 时，其扫过力为 0.75N

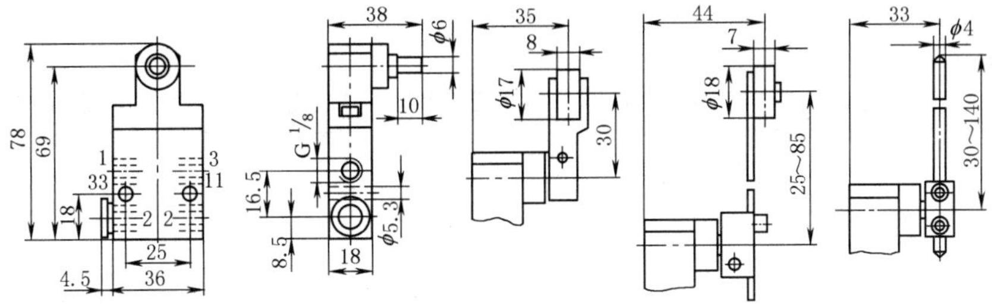

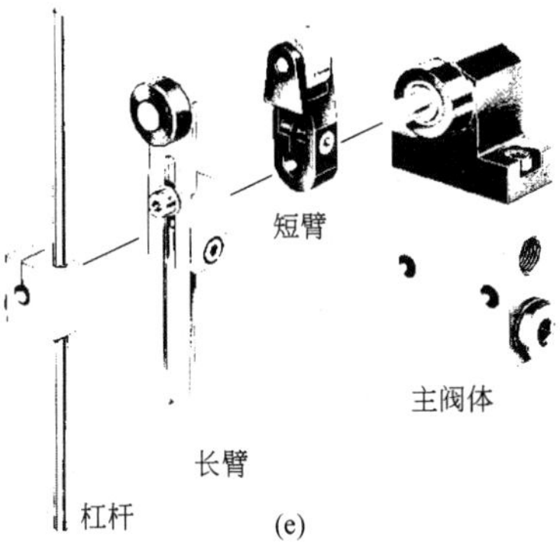

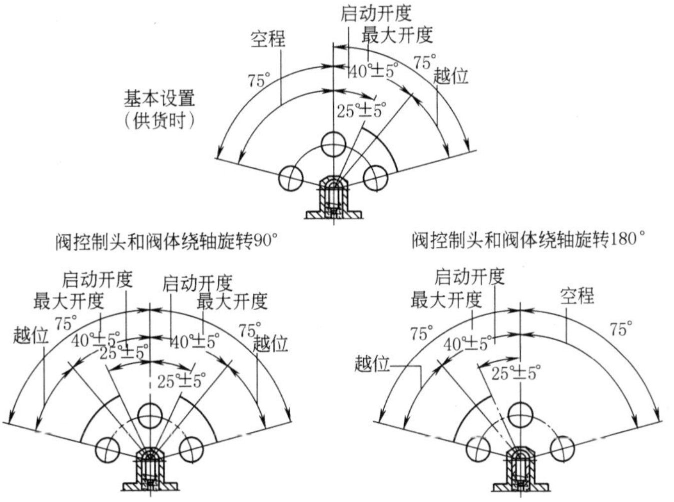

3.5 人力控制方向阀

表 21-3-26

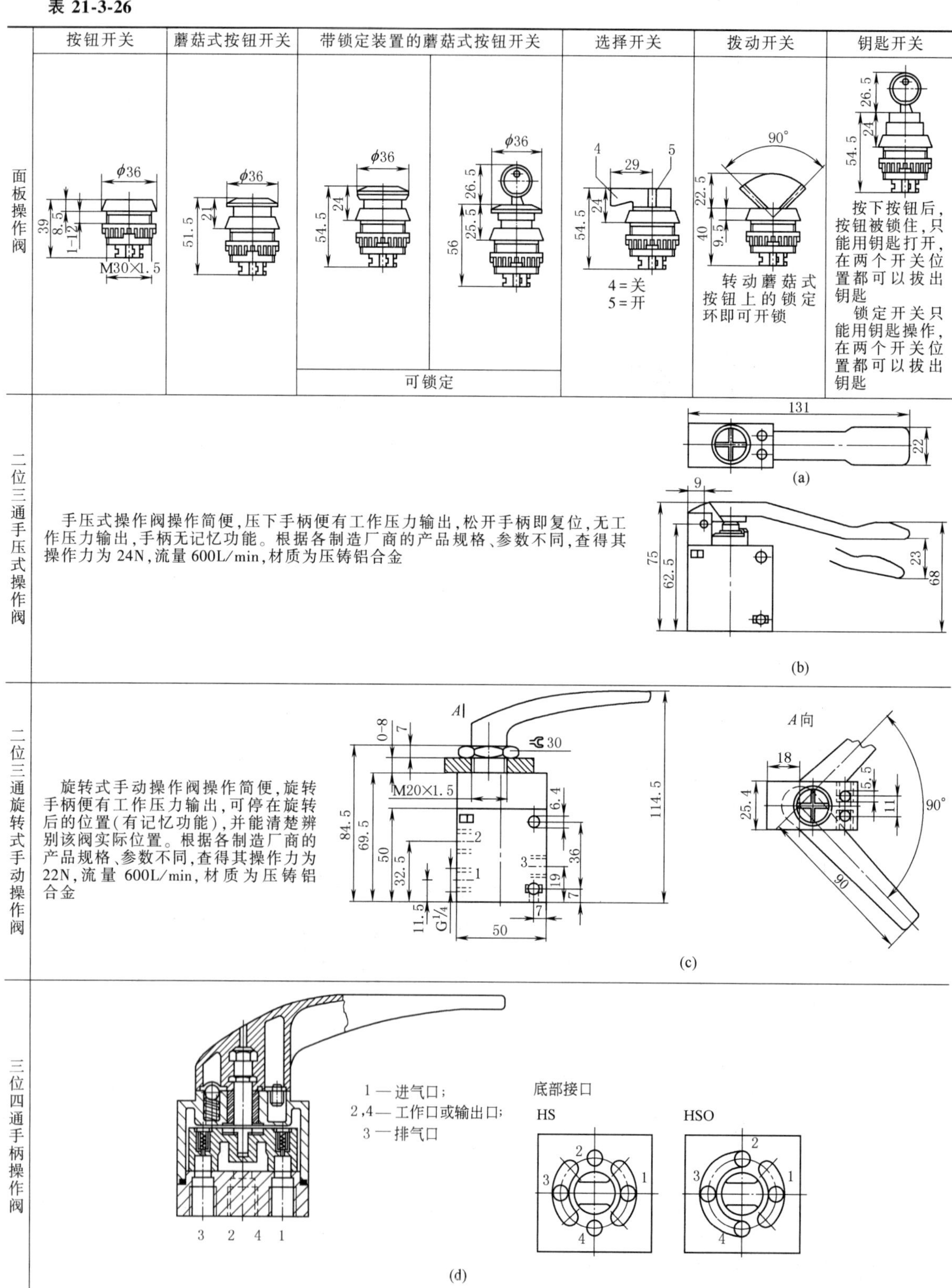

	按钮开关	蘑菇式按钮开关	带锁定装置的蘑菇式按钮开关		选择开关	拨动开关	钥匙开关
面板操作阀			可锁定		4＝关 5＝开	转动蘑菇式按钮上的锁定环即可开锁	按下按钮后，按钮被锁住，只能用钥匙打开，在两个开关位置都可以拔出钥匙 锁定开关只能用钥匙操作，在两个开关位置都可以拔出钥匙
二位三通手压式操作阀	手压式操作阀操作简便，压下手柄便有工作压力输出，松开手柄即复位，无工作压力输出，手柄无记忆功能。根据各制造厂商的产品规格、参数不同，查得其操作力为24N，流量600L/min，材质为压铸铝合金 (a) (b)						
二位三通旋转式手动操作阀	旋转式手动操作阀操作简便，旋转手柄便有工作压力输出，可停在旋转后的位置(有记忆功能)，并能清楚辨别该阀实际位置。根据各制造厂商的产品规格、参数不同，查得其操作力为22N，流量600L/min，材质为压铸铝合金 (c)						
三位四通手柄操作阀	1—进气口；2，4—工作口或输出口；3—排气口 底部接口 HS HSO (d)						

续表

三位四通手柄操作阀	三位四通手柄操作阀以改变气路方向及直接控制驱动气缸为目标，它有中封式、中泄式。当气缸活塞运行速度较慢时，利用中封式三位四通手柄操作阀可使气缸做暂停动作，也可利用中泄式三位四通手柄操作阀使气缸处于排气状态，气缸活塞可做自由移动。旋转手柄后可停在旋转后的位置（有记忆功能），并能清楚辨别该阀实际位置。根据各制造厂商的产品规格、参数不同，查得其中一些规格的操作力 12~26N，流量 130~3500L/min，小规格阀的材质为工程塑料、大规格的为压铸铝合金
脚踏阀	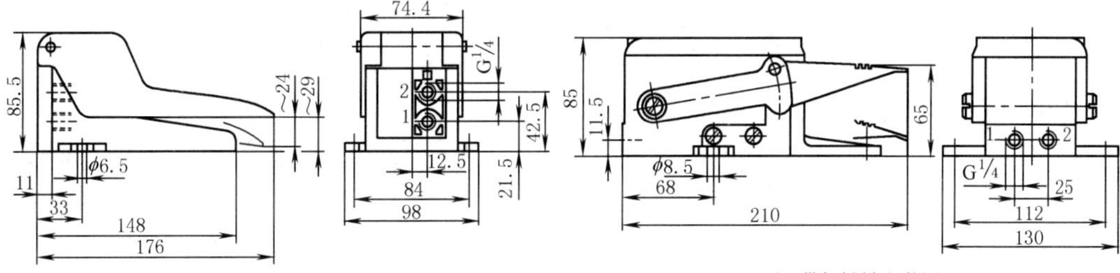 (e)　(f) 带机械锁定装置 1—进气口；2—工作口 脚踏阀是用脚操作，不影响人的双手操作，在半自动流水线上应用也较广泛。图 e 为无记忆功能的脚踏阀，当脚踩下踏板后，阀被切换，脚一离开踏板，阀即刻恢复原状无输出压力。图 f 为带记忆功能的脚踏阀，当脚踩一下踏板后，阀就被切换，脚踏阀内的机械锁紧装置将其锁定，即使脚已离开踏板，脚踏阀仍保持有输出压力，只有再次驱动脚踏板后，阀才能恢复原始位置。为了防止被人误踩，应配有保护罩壳。根据各制造厂商的产品规格和参数不同，查得其中一些规格的操作力：无记忆功能的为 52N，带记忆功能的为 69N。流量 600L/min，材质为压铸铝合金
手拉阀	传统对手拉阀的应用是将其安置在气源三联件之前，当停机需机修时，作释放系统内的气压之用，另外也适用气动控制系统的压力调节和排气之用。可用于真空系统。手拉阀的工作原理如图 g 所示，图中位置气口 1 与气口 2 断路，气口 2→气口 3 排气。如果圆桶形壳体往左移动，气口 1→气口 2 呈通路状态，气口 3 无排气 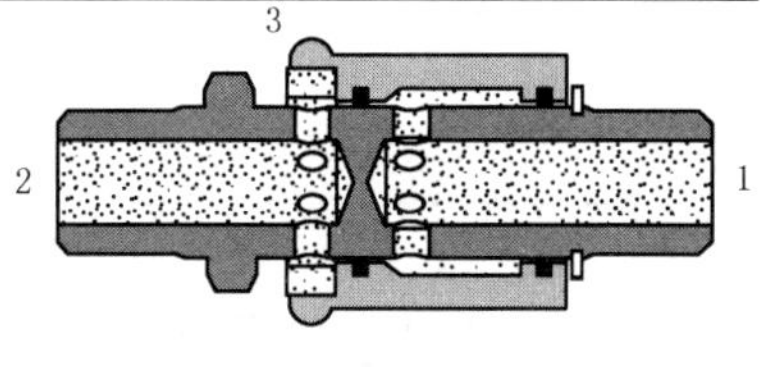 (g)
气动双手启动模块	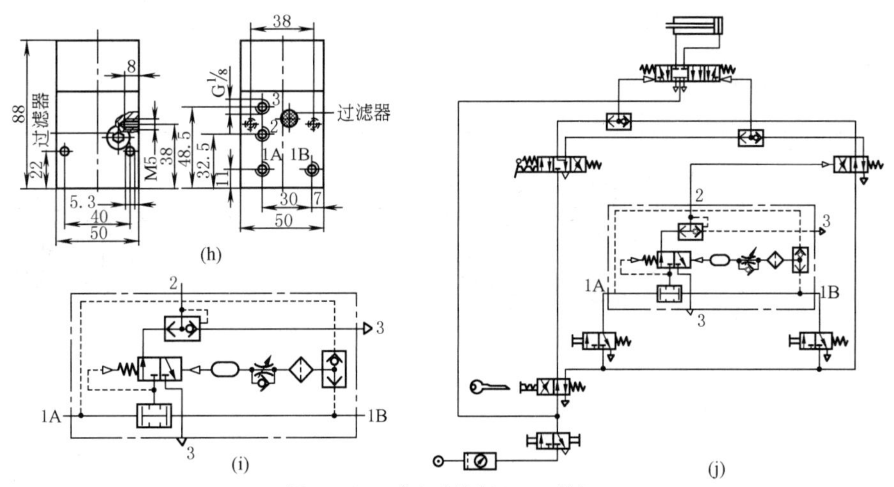 (h) (i)　(j) 1A，1B—进气口；2—工作口或输出口；3—排气口 气动双手启动模块用于手动操作可能对操作者有危险的场合（如启动气缸时），或其他要求启动时操作者双手不接触危险区的设备。只有通过两个二位三通手动操作阀同步向两个输入口 P_1 与 P_2（0.2~0.5s 内）输入压力，输出口 A 才有连续输出信号，需要说明的是超过 0.5s 气动双手启动模块便失效，以确保安全。当关闭一个或两个按钮阀，输出口的流量立即中断，与 A 口相连接的气缸或阀复位。气动双手启动模块工作原理如图 i 所示，1A、1B 分别接的是两个二位三通手动操作阀输出工作口，无论对 1A 信号还是 1B 信号而言，它们都一端接双压阀（与门逻辑元件），一端接梭阀（或门逻辑元件），然后把双压阀的输出信号、梭阀的输出信号再与二位三通差压阀进行一次与的逻辑运算，双压阀的压力输出分二路，一路作二位三通差压阀的工作气源，另一路作二位三通差压阀的控制信号，直接接入二位三通差压阀的左端。而梭阀的压力输出需通过单向节流阀及气容装置（即延时功能 0.2~0.5s）再到达二位三通差压阀的右端，问题的关键是当梭阀的压力输出还未到达二位三通差压阀的右端时，二位三通差压阀已通过与的运算，于是信号压力通过快排阀及口 2 给出一个正常工作的压力信号。如果双手不同步，则梭门的信号经过 0.2~0.5s 先到达二位三通差压阀右端控制口，二位三通差压阀与快排阀处于断路状态，确保安全启动要求。符合 EU 机械标准 89/392/EU，Appendix 4 和 CE 认证。符合 EN 954 标准 1 类（仅与压力顺序阀，例如 VD-3-PK-3 连接），符合 EN 574 标准Ⅲ型。气动双手启动模块在双手操作气路图中的实例见图 j

3.6 压电阀

表 21-3-27

特点	作为气动技术中创新革命性的产品,压电阀进入市场已有十几年历史。压电阀本质上应属于电磁控制范畴,但它又不同于常规电磁控制(采用电磁铁作为电-机械转换级,把电控制信号转换为机械的位移,推动阀芯,实现气路的切换),而是把压电材料的电-机械转换特性引入到气动控制阀中,作为气动阀的电-机械转换级,所以与常规电磁控制相比是全新技术。作为常规电磁控制(电磁铁)有价格低廉、操作使用方便等优点;其缺点是功耗较大、响应速度不够快、存在发热及有电磁干扰等。采用了压电技术的控制方式,在性能上有着传统气动阀无可比拟的优势。功耗更低、响应更快、没有电磁干扰、寿命长及不会发热,可以应用到0区防爆区域,达到了本安防爆的最高要求
工作原理	其原理利用晶体管的正压电效应,对某些晶体构造中不存在对称中心的异极晶体,如加在晶体上张紧力、压应力或切应力,除了产生相应的变形外,还将在晶体中诱发出介电极化或电场,这一现象被称为正压电效应;反之,若在这种晶体上加上电场,从而使该晶体产生电极化,则晶体也将同时出现应变或应力,这就是逆压电效应。两者通称为压电效应。利用逆压电效应原理,在晶体上给予一定的电压、电流,晶体也将按一定线性比例产生形变 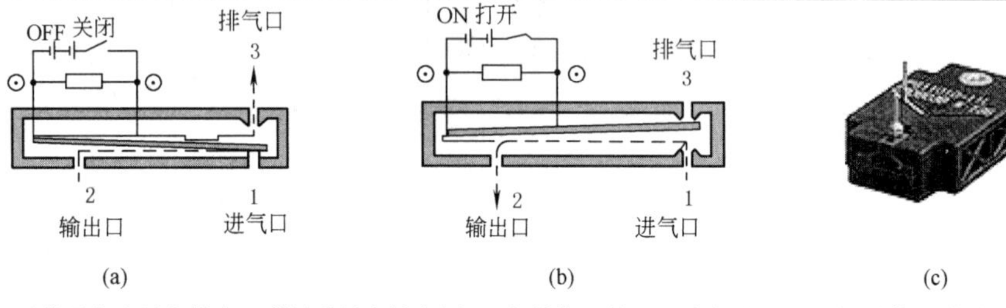 (a) (b) (c) 如图a和图b所示的压电阀二位三通换向示意图,1口为进气口,2口为输出气口,3口为排气口,阀中间的弯曲部件为压电材料组成的压电片。当没有外加电场作用时,阀处于图a状态:进气口关闭,输出气口2经排气口3通大气。当在压电阀片上外加控制电场后,压电阀片产生变形上翘(见图b),上翘的压电阀片关闭了排气口3,同时进气口1和输出气口2连通。这样就完全实现了传统二位三通电磁换向阀的功能
技术参数	可用于直动式,也可作为先导级,可作为开关型,也可作为比例型控制。图c为二位三通压电阀,质量仅6g,额定流量为1.5L/min,工作压力为2~8bar,工作电压为24V,工作温度为-30~+80℃,切换时间为2ms,切换功率为0.014MW

3.7 单方向控制型阀

单方向控制型阀如考虑方向、流量、压力等因素时,可分单向阀、单向节流阀、气控单向阀、梭阀、双压阀、快排阀、延迟阀等。

表 21-3-28

单向阀	单向阀仅允许气流从一个方向通过,而相反方向则关断。如图a所示,单向阀一端装有弹簧,因此当另一端进气时需克服弹簧力,单向阀有一个开启力(即最低工作压力)。单向阀两端有多种连接型式:有两端为快插式连接(流量约为100~2000L/min)、一端有快插另一端为外螺纹连接(流量约为100~2300L/min)及两端均为外螺纹连接见图b(流量约为100~5500L/min) 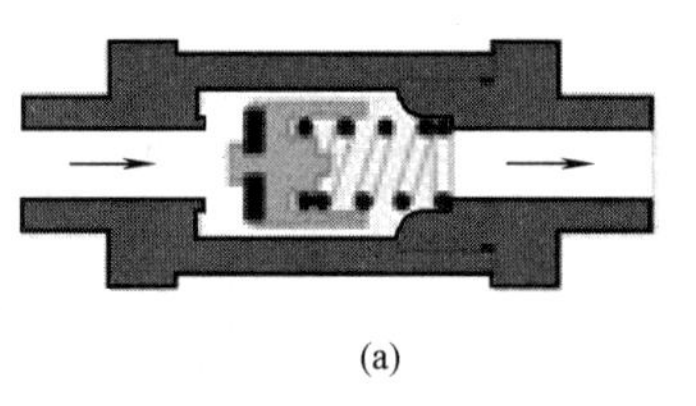 (a) 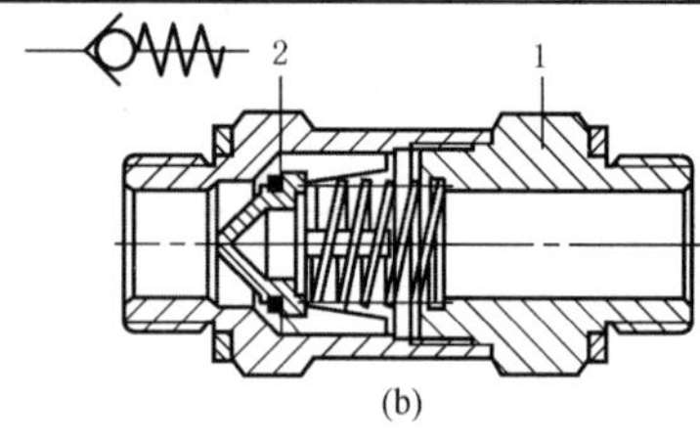 (b)
气控单向阀	(c) (d) (e)

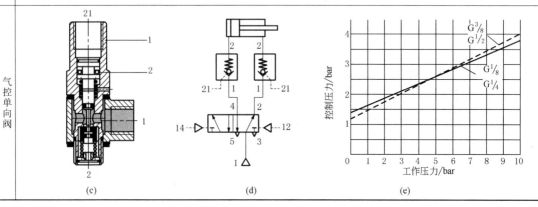

续表

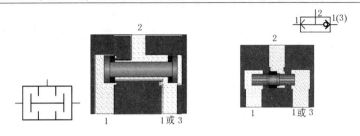

气控单向阀	气控单向阀是由一个单向阀和一个先导功能的部件组合而成的,如图 c 所示,当压缩空气从口 1 向口 2 方向流通时,气流推向密封垫而流出口 2,当压缩空气从口 2 向口 1 方向流通时,气流被密封垫封死而使口 2 与口 1 关闭,此时如要导通,须靠先导控制口 12 进入一个控制压力(先导控制的活塞面积大于密封垫封阀口的环形密封面),推动阀芯下移,推开密封垫,口 2 与口 1 导通。图 d 是气控单向阀在气缸停止上的应用示意,如果要先对 21 施加控制信号,压缩空气即可流入或流出气缸。但当控制信号复位时(即取消时),单向阀关闭,气缸排气,气缸停止运动。先导控制压力的大小与系统的工作压力有关,见图 e
梭阀和双压阀	2　1　1或3　(f)　　2　1(3)　1　1或3　(g) 梭阀、双压阀为气动系统中的逻辑元件,梭阀为或门逻辑功能,双压阀为与门逻辑功能。梭阀的工作原理如图 f 所示:只要左面 1 口或右面的 1 或 3 口有输入压力,2 口总是有输出压力。双压阀的工作原理如图 g 所示,只有当左面 1 口及右面的 1 或 3 口同时有输入压力,2 口才会有输出压力。梭阀的工作压力为 1~10bar,流量为 120~5000L/min,接口螺纹为 M5、$G\frac{1}{8}$、$G\frac{1}{4}$、$G\frac{1}{2}$。双压阀的工作压力为 1~10bar,流量为 100~550L/min,接口螺纹为 M5、$G\frac{1}{8}$
快排阀	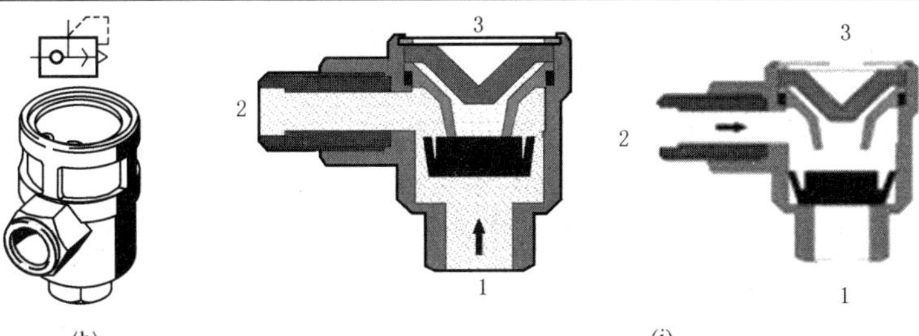 (h)　(i) 快排阀(见图 h)可增加单作用和双作用气缸回程时的活塞速度。它的工作原理如图 i 所示,压缩空气从 1 口流入,通过快速排气阀气口 2 到气缸,此时排气口 3 关闭。当气口 1 处的压力下降时(或气缸排气时),压缩空气从气口 2 到快排阀内,通过密封件把气口 1 封死,并向气口 3 直接排向外界,避免了气缸排气需借道经过换向阀另一个工作气口再向排气口排气。因此,通常快排阀都直接安装到气缸的排气口上。快速排气阀气口 3 配置消音器可大大减少排气噪声。快排阀的接口为 $G\frac{1}{8}$~$G\frac{1}{2}$,流量为 300~6500L/min
延迟阀	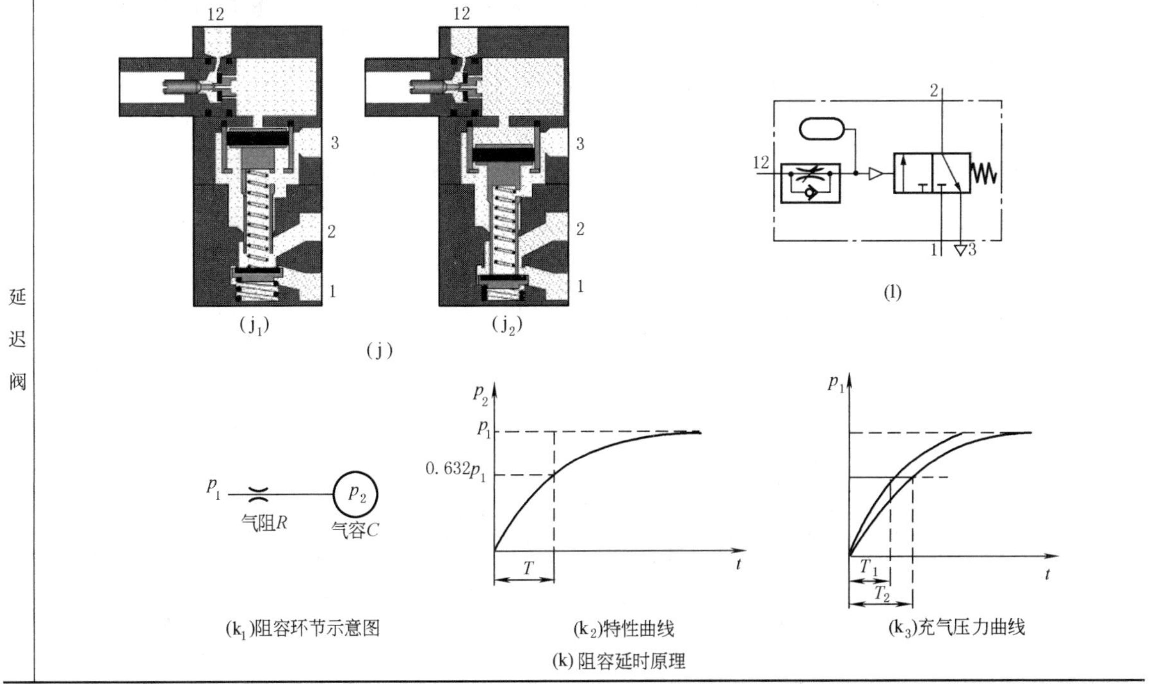 (j_1)　(j_2) (j) (l) (k_1)阻容环节示意图　(k_2)特性曲线　(k_3)充气压力曲线 (k)阻容延时原理

续表

延迟阀	图 j 所示为延时阀，由二位三通阀、单向阀、节流阀和气室组成。压缩空气由接口 1(P) 向阀供气，控制信号从 12(Z) 口输入，经节流阀节流流入气室。当气室中的充气压力达到阀的动作压力时，阀切换，输出口 2(A) 就有输出 如果要使延时阀回到它的初始位置，那么控制管道一定要排空。空气通过与节流阀并联的单向阀从气室流出，经排放通道排向大气。此时，阀才能回到初始位置 若要调整延时时间的长短，只要调节节流阀的开度，延时时间范围一般在 0～30s。若再附加气室，延时时间还可延长 延时阀有常断型和常通型两种。图 j_1 所示为常断型(输出延时接通)，图 j_2 所示为常通型(输出延时断开) 利用延时控制的气动元件称为延时阀。延时阀是一种时间控制元件，它的气动符号如图 l 所示。它是利用气阻和气容构成的节流盲室的充气特性来实现气压信号的延时，如图 k 所示 若气室内的初始压力为零，在温度不变的条件下，当输入阶跃信号压力 p_1 后，则气室内压 p_2 随时间变化的速度取决于阻容时间常数 T。因 $T=RC$，所以只要改变气阻或气容，就可调整充气压力 p_2 的变化速率，如图 k_3 曲线所示。同时，由图 k_2 曲线说明，阻容时间常数 T 等于在阶跃信号压力输入下，气室内的充气压力 p_2 变化到 p_1 的 63.2%所需的时间。通常，气动延时阀的动作压力选择在 $0.6p_1$ 左右。即从信号输入到有输出的这段时间间隔就是延时阀的延时时间，亦为时间常数

3.8 使用注意事项

表 21-3-29

方向阀使用注意事项

①接配管前，应充分吹净管内的碎屑、油污、灰尘等。接配管时，应防止管螺纹碎屑密封材料碎片进入阀内。使用密封带时，螺纹头部应留下 1 个螺牙不绕密封带。应顺时针方向绕密封带

②在方向阀上安装管接头时，一定要注意管接头尺寸不存在相互干涉的问题。配管系统的设计，要考虑万一出现故障，容易拆卸、安装、分解方向阀，即应留出检查、维护和更换新阀的空间

③安装配管时的力矩参照表 1 拧得过紧，易造成接口产生裂缝

表 1　安装配管时的力矩

连接螺纹	M3	M5	Rc⅛	Rc¼	Rc⅜	Rc½	Rc¾	Rc1	Rc1 ¼	Rc1 ½	Rc2
力矩/N·m	0.4～0.5	1～1.5	3～5	8～12	15～20	20～25	28～30	36～38	40～42	48～50	48～50

④使用空气应洁净，一般在方向阀的上游应设置 5μm 的空气过滤器，空压机产生的炭粉多时，附着在阀内将导致阀动作不良。除选用产生炭粉少的压缩机油外，管路中宜设置油雾分离器，以消除劣质油雾

⑤对冷凝水要及时消除，以免造成元件动作不良、响应性变差，管理不便处应使用自动排水过滤器。环境和介质温度低于 5℃，应设置适当的干燥器，保证空气干燥，电磁阀则可以用到-10℃的低温环境中

⑥不给油元件因有预润滑，可以不给油。给油元件应使用 1 号透平油（ISO VG32）。不给油元件也可给油工作。一旦给油，就不得再中止，否则，会导致阀动作不良。1 号透平油在 0℃以下，黏度增加，可能导致意想不到的故障，应注意

⑦应避免将阀装在有腐蚀性气体、化学溶液、海水飞沫、雨水、水蒸气存在的场所及环境温度高于 60℃的场所。有水滴、油滴的场所，应选防滴型阀。灰尘多的场所，应选防尘型阀。有火花飞溅的场所（如焊接工作），阀上应装防护罩。在易燃易爆的环境中，应使用防爆型阀。排气口应装消声器，其作用除消声外，还可防止灰尘侵入阀内。排出油雾多时，在排气口应装排气洁净器，以减少油雾排出，并可消声。但在排气口安装消声器或排气洁净器（带排气配管）时，背压会上升，要考虑对气缸运动速度是否有影响

⑧硬管应使用防锈的镀锌钢管等。缸、阀之间的连接软管应尽量短，并避免打折

⑨电气接线应无接触不良现象。线圈长时间通电会造成发热，使绝缘恶化，并损失能量，可使用有记忆功能的电磁阀，以缩短通电时间

⑩电磁阀不通电时，才可使用手动按钮对阀进行换向。若用手动按钮切换电磁阀后，不可再通电，否则直动式电磁阀会烧毁

⑪电磁阀的电压要保证在允许电压波动范围内

⑫对先导式电磁阀，脉冲电信号的通（或断）电时间应在 0.1s 以上，以免时间过短，主阀尚未被完全切换面出现误动作。若脉冲电信号太短，应通过时间继电器使脉冲电信号保持一定的时间

⑬若要求长期连续通电，应选用具有长期通电功能的电磁阀，这类阀一天动作应低于一次，但必须 30 日以内至少切换一次。也可选用低功率电磁阀或带节电回路的电磁阀

⑭电磁阀安装在控制柜内，通电时间长时，要注意控制柜内的通风、散热。确保柜内温度在电磁阀的允许温度范围之内

⑮为防止双电控阀的两个线圈同时通电，应使用联锁电路。特别是要防止直动式间隙密封双电控电磁阀的线圈烧毁

⑯开关元件和阻容元件并联使用的场合（见图 1 的电路），因通过阻容元件存在漏电流，此漏电流在电磁线圈两端产生漏电压。电磁线圈允许漏电压的大小见表 2。漏电压过大时，就会产生电磁铁一直通电而不能关断的情况。在此情况下，可接入漏电阻。保证动铁芯能复位的通过电磁线圈的允许电压，称为复位电压，若电磁阀的复位电压小于漏电压，则动铁芯就不能复位，故要动铁芯能复位，使用的电压必须大于漏电压

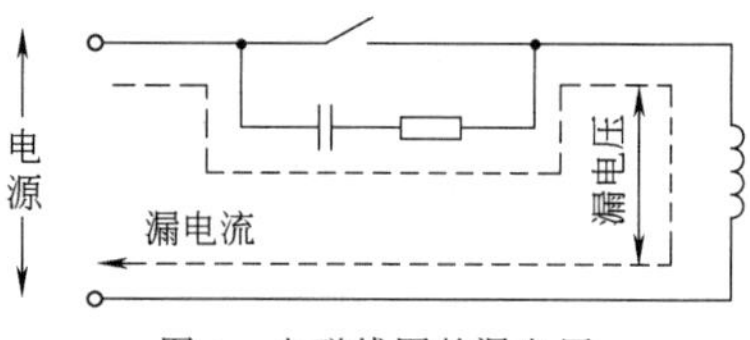

图 1　电磁线圈的漏电压

续表

方向阀使用注意事项

表 2　电磁线圈的允许漏电压

电源	阀的品种	不超过额定电压的百分比
直流	VQD、VZ、VZS、VK、VT317、VT325	<2%
	SV、SY、SYJ、SX、SZ、SJ、VV061(V060)、VQ(V100)、VQC(V100)、SQ(V100)、VQZ、VF、VFR、VFS、VP7、VS7、VP□00、VT307、VG342	<3%
	VT301、VT315、VP31□5、VP4□50、VP4□70	<5%
交流	VZ、VZS、VT307、VG342、VT301、VT315、VT325、VP31□5、VP4□50、VT4□70	<15%
	VK、VFR、VFS、VP7、VS7、VT317	<20%
	SY、SYJ、VQZ、VF、VP□00、VQ(V100)	<8%

⑰电磁阀的安装姿势是自由的，但双电控滑阀及三位式滑阀应水平安装。安装方向要注意防止水、灰尘的侵入，如电磁头或电磁线圈不要朝下安装以免冷凝水侵入。有振动的场合，滑阀应与振动方向垂直安装，振动加速度大于 $50m/s^2$ 的场合，不能使用电磁阀

⑱内部先导式电磁阀的进口不得节流，以防换向时压力降太大出现误动作

⑲主阀内控制活塞处的呼吸孔及先导阀的排气孔不得阻塞或排气不畅

⑳使用机械控制阀时，要防止过载，不要超出动作极限位置

㉑方向阀尽可能靠近气缸安装，一是可减少耗气量，二是响应快

㉒使用集装阀时，要注意背压可能会造成某些执行元件的误动作，特别是使用三位中泄式方向阀及驱动单作用气缸的场合更应注意。担心有可能出现误动作时，可使用单独排气隔板组件或使用单独排气集装式

㉓考虑维修检查的需要，应设置具有残压释放的能力。特别是使用三位中封式或中止式方向阀时，必须考虑能将方向阀与气缸之间的残压能释放掉

㉔用于吹气的场合，应使用直动式或外部先导式电磁阀

㉕用于喷涂的场合，注意有机溶剂会损坏树脂类标牌等

㉖直流规格带（灯及）过电压保护电路的电磁阀上接线时，要确认有无极性。有极性时，若没有内置极性保护二极管，一旦极性接错，电磁线圈会烧毁。带极性保护二极管，一旦极性接错，阀只是不切换

㉗因臭氧存在，可能会引起气动元件上的橡胶（一般以 NBR 为多）龟裂、漏气、动作不良等。对减压阀和速度控制阀可能造成不能调整。标准品适合低浓度臭氧环境（$1m^3$ 空气中含臭氧在 $0.03\times10^{-6}m^3$ 以下）。产品型号前加“80-”，则为防臭氧产品

4　其他方向阀

4.1　其他方向阀概览

表 21-3-30

技术参数	二通流体阀(介质阀)				
	MK 系列二位二通气控流体阀	VLX 系列二位二通气控介质阀	VZXF 系列二位二通气控角座式介质阀	VZPR-BPD 系列球阀驱动单元	JUF 系列直动式二位二通电磁换向阀
公称通径	20~76mm	13~25mm	13~50mm	气接口 G⅛，球阀 15~63mm	4mm、5mm
工作压力/MPa	0.035~0.8	0.1~1.0	0.6~1.0	驱动器 2.5~4.0，球阀 0.1~0.84	0~1.0
电源电压/V	—	—	—	摆动转矩 15~180N·m（在 0.56MPa 和 0°摆角时）	AC110~380 DC24

续表

技术参数	二通流体阀(介质阀)				
	MK系列二位二通气控流体阀	VLX系列二位二通气控介质阀	VZXF系列二位二通气控角座式介质阀	VZPR-BPD系列球阀驱动单元	JUF系列直动式二位二通电磁换向阀
有效截面积/mm^2	—	流量400~14000L/min	流量3.3~47.5m^3/h	流量5.9~535m^3/h	—
换向时间	≤30ms	—	—	摆角90°	0.05s
切换频率/Hz	—	—	与介质流向成50°角	—	—
环境温度/℃	-20~60	10~60	-10~60	-20~80	介质温度-5~185
图形符号	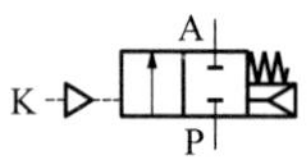	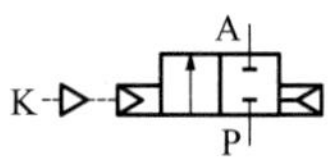	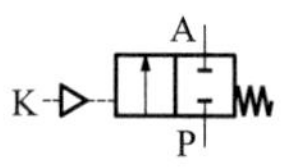	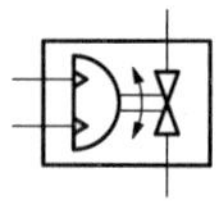	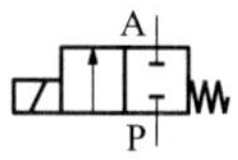
实物外形图	见产品样本或参考文献[11]				
结构性能特点	膜片阀,常闭机能,气压弹簧复位,进出口成90°。结构紧凑,易安装;膜片采用特殊橡胶冲压而成,耐高压,寿命长;阀体阀盖压铸而成,表面电涌而成,耐腐蚀;优化设计的流道,流通能力强,排气量大,排气迅速。适用于储气筒与除尘器喷吹管的连接,受气信号的控制,对滤袋进行喷吹清灰	常闭膜片阀,软密封;单导控、气压复位	结构简单,坚固耐用,能用于几乎所有介质(压缩空气、蒸气、惰性气体、矿物液压油、水等)。介质最大黏度可达600mm^2/s。控制硬管管路系统中适用气体和液体介质,无需任何压差,使用寿命长,维护工作少。适用于不能确保介质绝对纯度的场合及高黏性介质的场合或用于蒸气应用场合	摆动驱动器由气压驱动双作用摆动拨叉机构使二通型球阀摆动,使阀打开或关闭,故是一个二位开关阀或截止阀。驱动器介质为干燥的空气(润滑或未润滑),球阀工作介质为压缩空气、水、中性气体、中性液体、真空等	管式连接,润滑(活塞)式阀芯,反应快速,阀体为不锈钢材质、耐腐蚀。配线方向灵活,防水性好,效率高,寿命长。工作介质可以是空气、水、油品、化学药品

技术参数	二通流体阀(介质阀)	大功率换向阀	残压释放阀		防爆电磁阀
	K22D系列膜片式二位二通电磁换向阀	VEX3系列大功率三位三通中封式气控型/先导电磁型换向阀	VHS20-50系列二位三通旋钮式残压释放阀	VH400、500系列二位三通手轮式残压释放阀	SR系列防爆型二位五通电磁阀
公称通径	6~25mm,接管G$\frac{1}{8}$~G1	接管口径$\frac{1}{8}$~$\frac{1}{2}$in	$\frac{1}{8}$~1in	$\frac{1}{4}$~$\frac{3}{4}$in	配管螺纹G$\frac{3}{8}$、G$\frac{1}{4}$
工作压力/MPa	0.2~0.8	气控型 -0.1012~1.0; 先导压力0.2~1.0 先导电磁型 内部先导型 使用压力0.2~0.7; 外部先导型 使用压力 -0.1012~1.0	0.1~1.0	0.1~1.0	0.15~0.9

续表

技术参数	二通流体阀(介质阀)	大功率换向阀	残压释放阀		防爆电磁阀
	K22D 系列膜片式二位二通电磁换向阀	VEX3 系列大功率三位三通中封式气控型/先导电磁型换向阀	VHS20-50 系列二位三通旋钮式残压释放阀	VH400、500 系列二位三通手轮式残压释放阀	SR 系列防爆型二位五通电磁阀
电源电压/V	—	AC 100~220,DC 3~24	—	手轮切换 73.6N(1.0MPa 时)	AC 220,DC 24
有效截面积/mm^2	20~90	流量特性见样本	流量特性见产品样本	21~190	2~4
换向时间	<0.2s	40s、60s 以下	旋钮切换角度 90°	手轮切换自度 90°	0.05s
切换频率/Hz	—	3	—	—	—
环境温度/℃	流体温度-5~60	0~50(气控型为 60)	-5~60	-5~60	0~45
图形符号	A P	K1 K2 a b T A P K	A P T	A P T	见样本
实物外形图	见产品样本或参考文献[11]				
结构性能特点	螺纹连接,结构紧凑,外形小巧,流量大,动作灵敏,排气迅速。适用于气动系统中的气路开关闭	直接配管和底板配管,消耗功率 1W,多种手动操作方法。可使最大 ϕ125 的气缸中间停止,可以减少气控系统控制阀数量,简化气路结构	管式阀,手动切换,吸排气状态一目了然。残压排气时,手柄在键的作用下被锁定,防止误操作。采用先按压手柄再回转的双动作机理,可防止误操作	管式阀,操作简单,可通过把手的朝向直观地判断流向	管式连接,先导阀部分采用德国电磁阀

注:各系列方向阀的技术参数、外形安装连接形式及尺寸等以生产商产品样本为准。

4.2 二通流体阀(介质阀)

表 21-3-31

概述		通用流体控制阀是为各种具有中性、腐蚀性、冷热等特性的液体、气体、蒸汽介质设计的装置,用于切断、分配、混合或调节流体的流量、压力等。流体控制阀可分为二位二通、二位三通、二位四通、二位五通几种,最常用的是二位二通。二位二通阀有入口和出口,具有两个切换位置(开和关)。在其基本或启动位置,阀一般是常闭(NC)。对于某些应用,如用于安全控制系统,发生停电时,在基本位置,阀必须常开(NO)
分类		按照不同的驱动执行机构,将流体控制阀分为三类:电磁驱动、压力驱动和电动机驱动
电磁驱动	座阀	电磁驱动阀的执行元件是电磁线圈,它借助于电磁吸引力,提升密封件(打开通路)或迫使其紧贴阀座(关闭通路)。宝硕电磁阀是一种座阀,它通过防漏隔膜或活塞来切断流动。这些密封件轴向移动打开或关闭座阀。座阀具有非常好的密封质量,结合使用适当的材料(如金属/塑料)就可应用于各种特定的使用条件。按照不同的结构类型,将流体控制阀分为两类:活塞式和隔膜式 活塞座阀:在阀体内轴向运动的活塞的开闭行程取决于作用在其两侧面积差上的阀门出入口的压差。根据驱动的方法,这些行程的运动可以由电磁线圈或弹簧来辅助完成。活塞座阀可承受很高的工作压力,该阀的制造材料易于选择,适用于各种工作流体。隔膜座阀:隔膜座阀的工作原理与活塞座阀基本相同,其密封膜片在本体和阀盖之间,其行程移动量由隔膜的型式和弹性决定。这种阀相对比较便宜、紧凑,最适合在供水系统中使用

续表

电磁驱动	驱动方式	直动式	有些气动厂商称直动式为直接电磁驱动，这种驱动类型不需要任何工作压力或压差来实现切换功能，在0bar以上就可工作。当电磁线圈断电时（阀处于关闭状态），动铁芯借助于流体压力被弹簧力压在阀座上（图a）。当电磁线圈通电时，则动铁芯被吸进去，阀门打开（图b）。最大工作压力和流量直接取决于阀座直径（额定直径）和电磁线圈的吸力 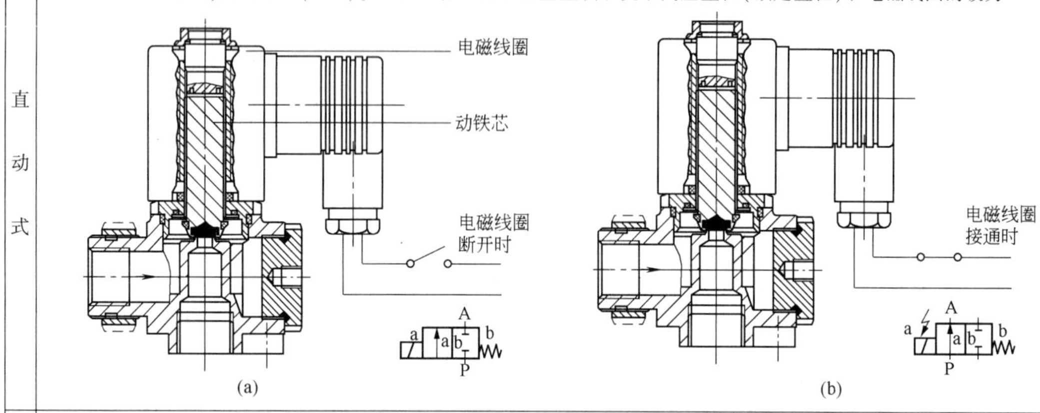
		先导式	有些气动厂商称先导式为间接电磁驱动，这种阀根据压差或先导原理（伺服原理）进行工作，利用流体的压力来打开或关闭阀座。先导系统起到增压的作用，这样即使使用磁力较小的电磁线圈（与直接驱动型阀相比），也能控制在高压下高速流动的流体（活塞和隔膜均可用作主阀座的密封件） 常闭型工作原理：隔膜式见图c、活塞式见图e。当电磁线圈断电，其动铁芯上密封垫圈关闭泄流口（先导阀阀座），系统中P处的上游压力高于A处的输出下游压力，通过隔膜上的小溢流孔（穿通隔膜并通向先导阀阀座端口上），在隔膜的顶部（或活塞）积累。该压力乘以隔膜（或活塞）顶部的面积就在隔膜（或活塞）上产生了一个大的关闭力，并迫使隔膜返回到阀座上，处于关闭状态。当电磁线圈通电时，作用在铁芯上的磁力将动铁芯从泄流口提升起来，这就降低了隔膜（或活塞）上方空间的压力，并与阀A侧的压力达到了平衡。由于能从溢流通道流出的流体大于隔膜上小溢流孔流过的流体，所以隔膜（或活塞）顶部的压力还会继续下降，作用在隔膜（或活塞）上的P处的较高的上游压力所产生的打开力比较大，该力将隔膜从阀座上提起（只要P和A处之间的压差保持为规定值），阀就会处于打开状态（隔膜式见图d、活塞式见图f）。根据阀的类型，该规定值位于0.5~1bar之间。当电磁线圈断电，动铁芯在弹簧力的作用下，关闭先导阀处泄流口。隔膜（或活塞）上方再次积累与P侧相同的压力，该作用力推动隔膜（或活塞）紧靠在阀座上。间接电磁驱动阀的流体的流动方向固定不变 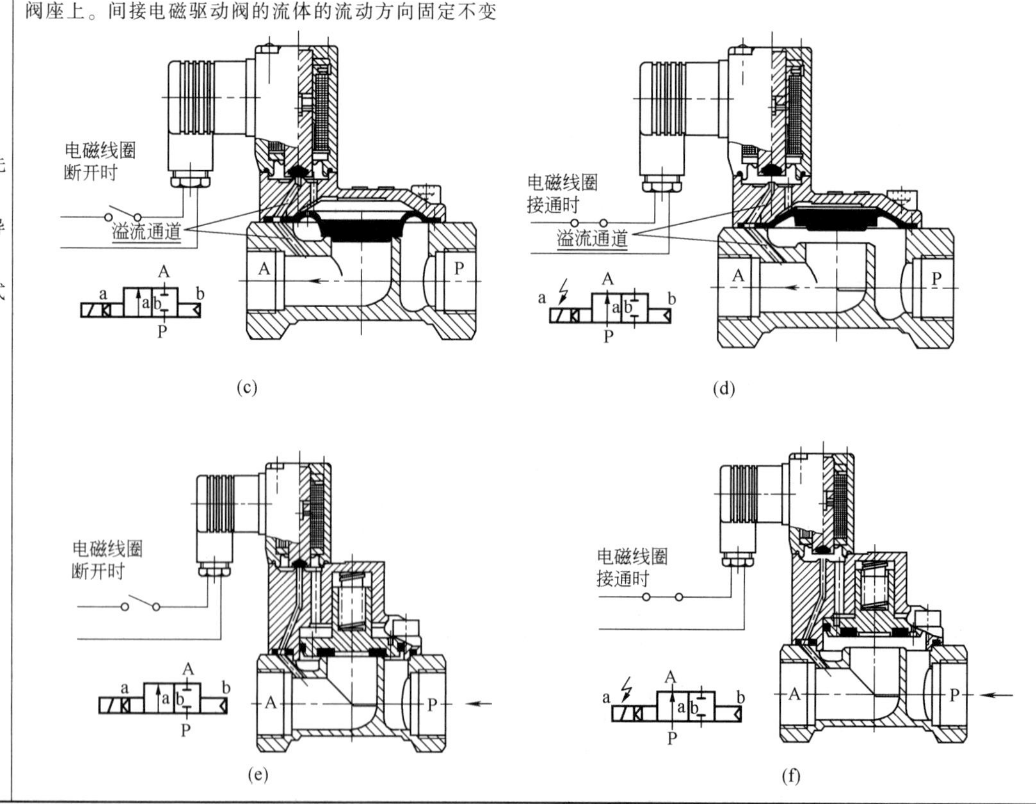

续表

电磁驱动	驱动方式	强制式	有些气动厂商称强制式为强制提升电磁驱动，以这种方式驱动的阀是直接驱动和间接驱动方式的组合。电磁线圈铁芯（先导级）和活塞（或隔膜）之间的机械耦合辅助运动（活塞型机械耦合辅助或隔膜型机械耦合辅助），被称为强制提升。该操作方法不需要最小压差，即使压差为0bar，阀也可工作。由于在没有压力辅助、压差不足时必须能打开阀，所以该电磁线圈需要较强吸力。这种方式驱动的阀既具有直接驱动的特点，无需最小工作压力限制，又具备间接驱动的优点，高工作压力，流量也比较大 电磁线圈断电见图g，与动铁芯连接的阀杆（先导阀的活塞）关闭泄流口（先导阀阀座），该泄流口与活塞（或隔膜）同心。系统中P处的上游压力高于A处的输出下游压力，通过活塞上的2个小溢流通孔（隔膜上的1个小溢流通孔）在活塞的顶部积累 该压力乘以活塞（或隔膜）顶部的面积就在活塞（或隔膜）上产生了一个大的关闭力，于是，迫使隔膜返回到阀座上处于关闭状态。当电磁线圈通电（见图h），这时作用在铁芯上的磁力将动铁芯从泄流口提升起来，这就降低了隔膜（或活塞）上方空间的压力，并与阀A侧的压力达到了平衡。由于能从溢流通道流出的流体多于隔膜上小溢流孔流过的流体，所以隔膜（或活塞）顶部的压力还会继续下降，作用在隔膜（或活塞）上P处的较高的上游压力所产生的打开力比较大，该力将隔膜从阀座上提起，阀就会处于打开状态。见图g、图h，强制式的打开动作与先导控制完全相同，两者之间存在差别是：强制式阀在动铁芯运动到一定行程后，通过螺纹咬合件（机械耦合）使活塞（或隔膜）同时也被拉到打开位置。因此，这种阀的开启和保持开启不需压差 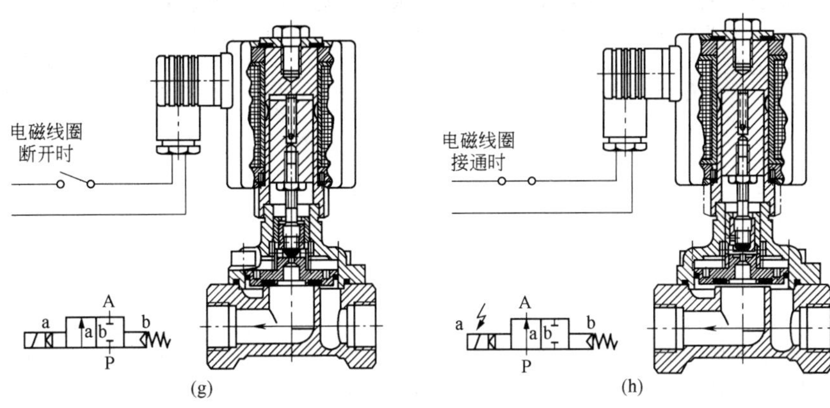 (g) (h) 电磁线圈断电，阀芯在弹簧力的作用下关闭泄流口。活塞（或隔膜）上方通过溢流通孔的流体再次积累到与P侧相同的压力，该作用力迫使活塞（或隔膜）返回到阀座上。如果没有或者只有微小的压差，先导阀芯在活塞上方弹簧的力作用下关闭。这种阀流体的流动方向固定不变
压力驱动	角座阀		活塞驱动的角座阀是气动控制方式的阀座以某个角度安装在本体内，并且经过阀杆与控制活塞相连。在弹簧压力的作用下，主活塞处于关闭状态（见图i）。当控制信号进入上部控制腔，并作用在控制活塞，活塞连同活塞杆一起上移，打开密封垫，使P与A导通。其控制压力可采用压缩空气或中性气体。这种类型的阀利用或克服流过阀的流体来实现关闭（根据阀的类型）或开启 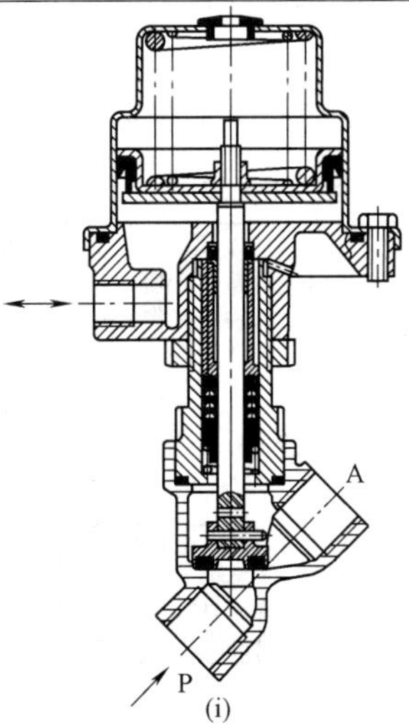 (i)
	隔膜驱动座阀		这种阀是常闭的，阀体驱动轴由两个阀杆部件相连接而成，上阀杆部件由隔膜、锁紧螺母与有内螺纹的阀杆组成，下阀杆部件由头部有外螺纹的活塞杆、隔膜及密封垫等组成。当控制压力或中性气体压力进入控制口Z，上腔的控制隔膜在压力的作用下，使阀体驱动轴往上移动（上阀杆与下阀杆一起上移），密封垫与下隔膜随下阀杆的提升而使封闭的阀口打开，P与A导通见图j。释放压力则阀在弹簧压力的作用下关闭 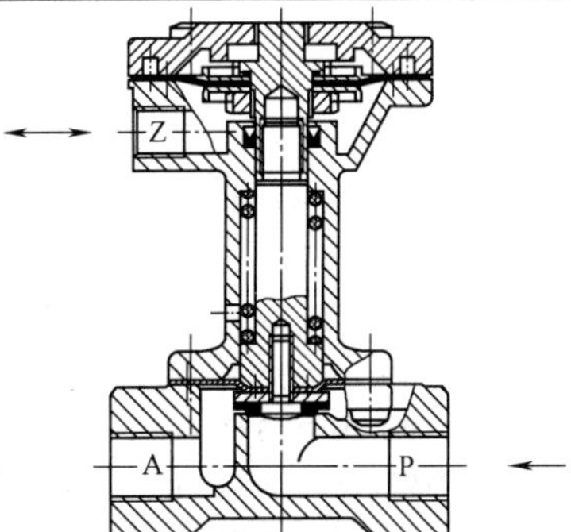 (j)

续表

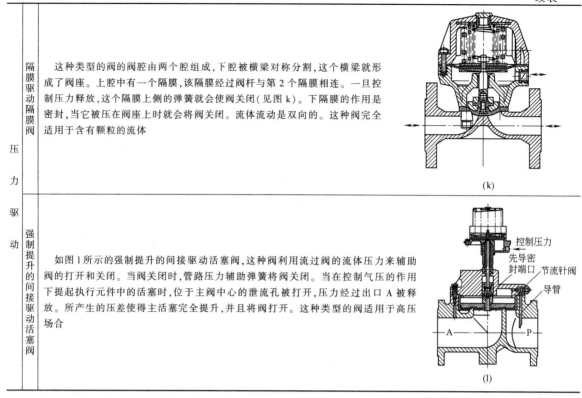

压力驱动	隔膜驱动隔膜阀	这种类型的阀的阀腔由两个腔组成，下腔被横梁对称分割，这个横梁就形成了阀座。上腔中有一个隔膜，该隔膜经过阀杆与第2个隔膜相连。一旦控制压力释放，这个隔膜上侧的弹簧就会使阀关闭（见图k）。下隔膜的作用是密封，当它被压在阀座上时就会将阀关闭。流体流动是双向的。这种阀完全适用于含有颗粒的流体	(k)
	强制提升的间接驱动活塞阀	如图l所示的强制提升的间接驱动活塞阀，这种阀利用流过阀的流体压力来辅助阀的打开和关闭。当阀关闭时，管路压力辅助弹簧将阀关闭。当在控制气压的作用下提起执行元件中的活塞时，位于主阀中心的泄流孔被打开，压力经过出口A被释放。所产生的压差使得主活塞完全提升，并且将阀打开。这种类型的阀适用于高压场合	控制压力 先导密封端口 节流针阀 导管 A P (l)

国内外有许多厂商生产二位二通的直动式流体介质阀。以亚德客2DV直动式流体阀为例，其内部结构、技术参数和流量特性曲线图见表21-3-32。

表 21-3-32

结构及外部尺寸

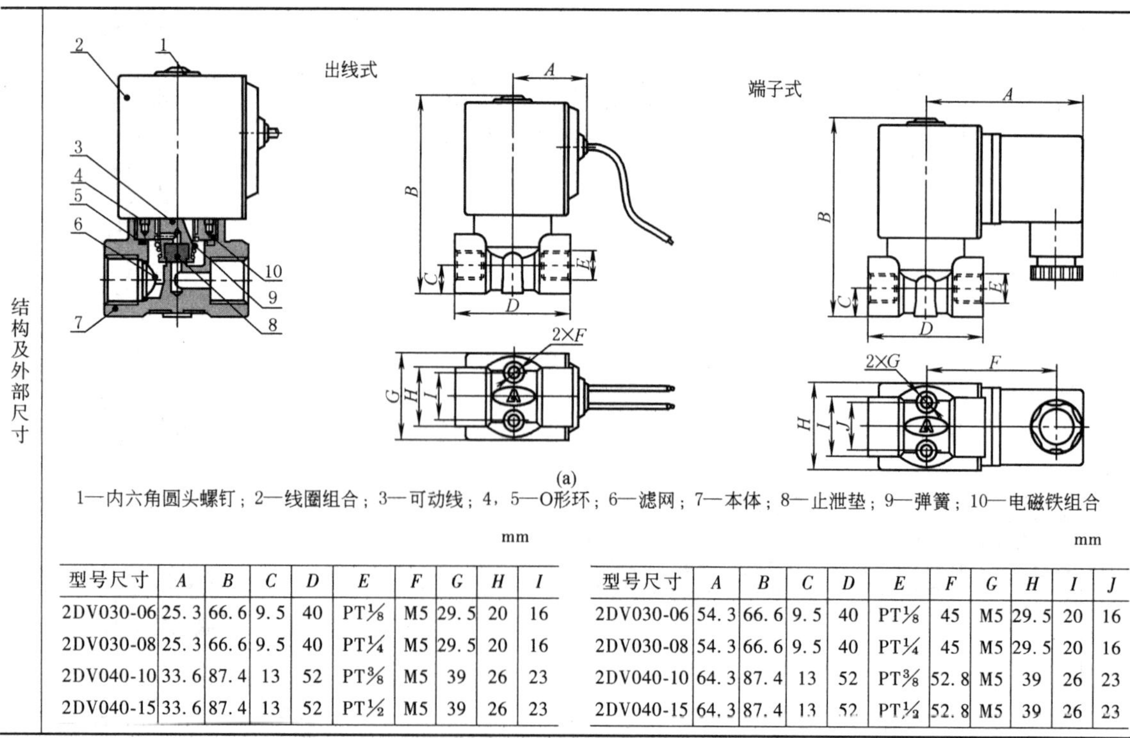

(a)

1—内六角圆头螺钉；2—线圈组合；3—可动线；4，5—O形环；6—滤网；7—本体；8—止泄垫；9—弹簧；10—电磁铁组合

mm

型号尺寸	A	B	C	D	E	F	G	H	I
2DV030-06	25.3	66.6	9.5	40	PT1/8	M5	29.5	20	16
2DV030-08	25.3	66.6	9.5	40	PT1/4	M5	29.5	20	16
2DV040-10	33.6	87.4	13	52	PT3/8	M5	39	26	23
2DV040-15	33.6	87.4	13	52	PT1/2	M5	39	26	23

mm

型号尺寸	A	B	C	D	E	F	G	H	I	J
2DV030-06	54.3	66.6	9.5	40	PT1/8	45	M5	29.5	20	16
2DV030-08	54.3	66.6	9.5	40	PT1/4	45	M5	29.5	20	16
2DV040-10	64.3	87.4	13	52	PT3/8	52.8	M5	39	26	23
2DV040-15	64.3	87.4	13	52	PT1/2	52.8	M5	39	26	23

续表

技术参数

型号	2DV030-06			2DV030-08			2DV040-10			2DV040-15		
作动方式	直动式											
形式	常闭型											
压力条件	高压型(H型)	标准型	大流星型(L型)	高压型(H型)	标准型	大流星型(L型)	高压型(H型)	标准型	大流星型(L型)	高压型(H型)	标准型	大流星型(L型)
流通孔径/mm	2.0	3.0	4.0	2.0	3.0	4.0	3.0	4.0	6.0	3.0	4.0	6.0
C_V 值	0.16	0.33	0.51	0.16	0.33	0.51	0.35	0.54	1.05	0.35	0.54	1.05
接管口径	PT⅛			PT¼			PT⅜			PT½		
流体黏滞度	20cSt 以下											
最大操作压差/MPa	高压型(H):1.5(213psi);标准型:1.0(142psi);大流星型(L):0.5(71psi),3.0(427psi)											

环境及流体的温度

温度条件	电源	使用流体温度/℃ 水(标准)	空气(标准)	油(标准)	环境温度/℃
最高	AC	60	80	60	60
	DC	40	60	40	40
最低	AC	1	-10①	-5②	-10
	DC				
耐热等级		B 级线圈			

线圈规格

型号	电源	频率/Hz	使用电压范围	耗电量	接电型式	温升(标准电压)/℃	耐热等级
2DV030	AC	50	-15%~+10%	7.0V·A	端子式出线式	35	B 级
		60		8.0V·A		40	
	DC	—	±10%	8.0W		45	
2DV040	AC	50	-15%~+10%	16V·A		45	
		60		20V·A		50	
	DC	—	±10%	9.0W		55	

①露点:-10(℃)或更低

②50cSt 以下

流量特性曲线

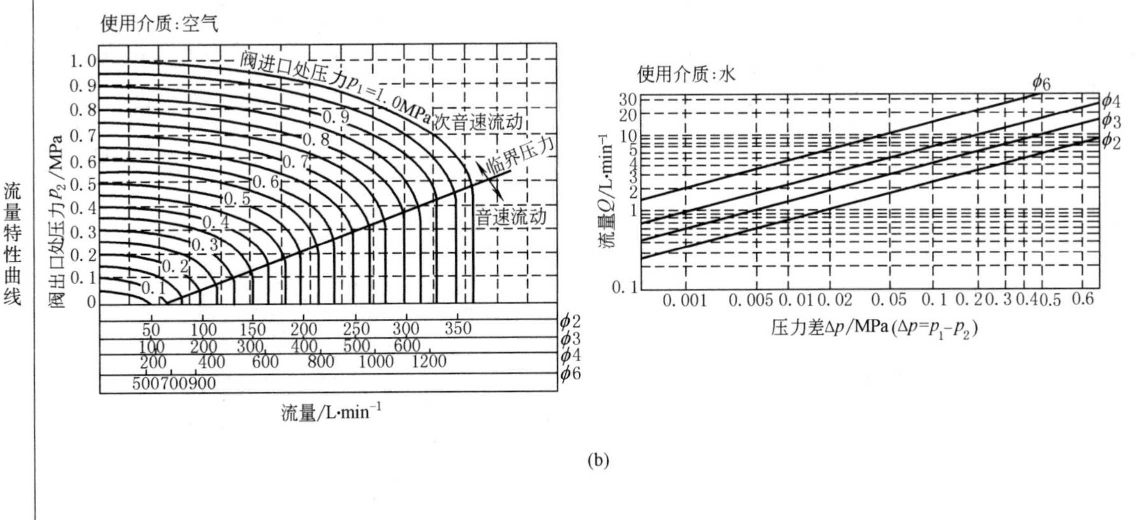

(b)

二位二通角座阀利用或克服流过的流体来实现关闭或开启(根据阀的类型),通常采用外部先导控制,适用于中性气体、液体及高温(180℃)水蒸气,可以实现大流量操作,当工作介质为液体时,选择流体流向应防止水锤冲击。

国内有许多厂商生产二位二通角座阀。表 21-3-33 以新益 QASV200 系列为例,介绍其结构及主要技术参数、外形尺寸及流体控制压力等。

表 21-3-33

结构及技术参数

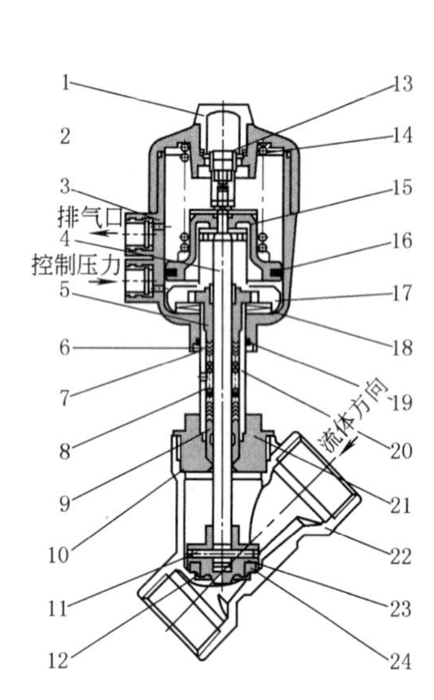

型号	QASV2□0	QASV2□0G
耐压试验压力/MPa	2.4	
最高使用压力/MPa	1.6	
控制压力范围/MPa	0.4～1.0	
介质温度/℃	-10～+180	
环境温度/℃	-10～+60	
使用介质	中性、气态或液态流体	
控制介质	经过滤的压缩空气、中性气体	
阀体材料	不锈钢	炮铜
接管口径	G½～G2½	

型号	公称通径/mm	C_V 值	接管口径	使用压力范围/MPa	最小控制压力/MPa	活塞直径 φ/mm	流向
QASV2□0□-04	13	4.9	G½	0～1.6	0.39	50	支座上方(总阀式)
QASV2□0□-06	20	9.3	G¾				
QASV2□0□-10	25	22.2	G1		0.2	63	
QASV2□0□-12	32	32.1	G1¼				
QASV2□0□-14	40	49.0	G1½				
QASV2□0□-20	50	60.7	G2				
QASV2□0□-24	65	64.2	G2½		0.16	80	

序号	名称	材料	序号	名称	材料
1	视窗	PC	13	指示器	增强 N6
2	上盖	增强 N66	14	复位弹簧	65Mn
3	壳体	增强 N66	15	活塞	增强 N66
4	活塞杆	不锈钢	16	Z 形密封圈	NBR
5	螺套	HPb59-1	17	限位盘	增强 N66
6	密封组件	PTFE/FPM	18	碟形弹簧	65Mn
7	钢丝范围	65Mn	19	O 形圈	NBR
8	弹簧	65Mn	20	连接筒	HPb59-1
9	导套	PTFE+填充料	21	开关	HPb59-1
10	密封垫	PTFE	22	阀体	SUS304/炮铜
11	连接销	不锈钢	23	阀芯	HPb59-1
12	压圈	不锈钢	24	密封垫	PTFE

外形尺寸

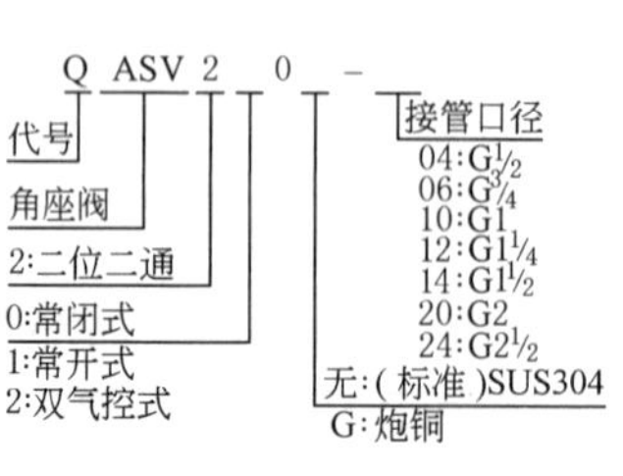

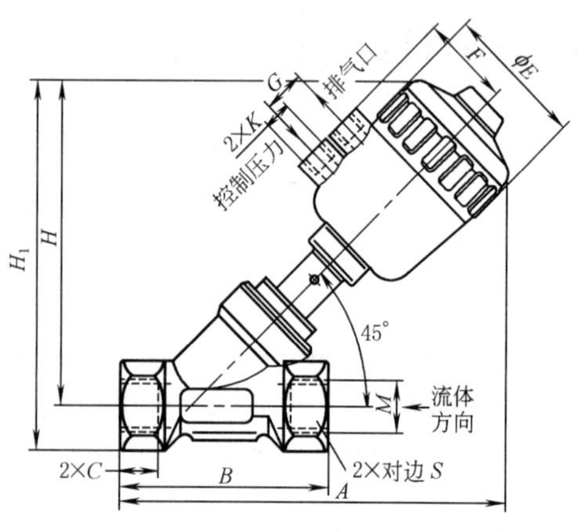

续表

	型号		规格	公称通径/mm	A	B	C	ϕE	F	G	H	H_1	K	M	S
	不锈钢阀体	炮铜阀体													
外形尺寸	QASV2□0-04	QASV2□0G-04	DN13	13	173	85	12	64.5	44	24	137	154	G½	G½	27
	QASV2□0-06	QASV2□0G-06	DN20	20	178	95	14	64.5	44	24	145	160	G½	G¾	32
	QASV2□0-10	QASV2□0G-10	DN25	25	212	105	18	80.5	52	24	173	196.5	G½	G1	41
	QASV2□0-12	QASV2□0G-12	DN32	32	226	120	18	80.5	52	24	186	208.5	G½	G1¼	50
	QASV2□0-14	QASV2□0G-14	DN40	40	230	130	18	80.5	52	24	189	214	G½	G1½	55
	QASV2□0-20	QASV2□0G-20	DN50	50	250	150	20	80.5	52	24	205	237.5	G½	G2	70
	QASV2□0-24	QASV2□0G-24	DN65	65	298	185	25	101.5	60	24	241	283.5	G½	G2½	85

流体压力-控制压力曲线

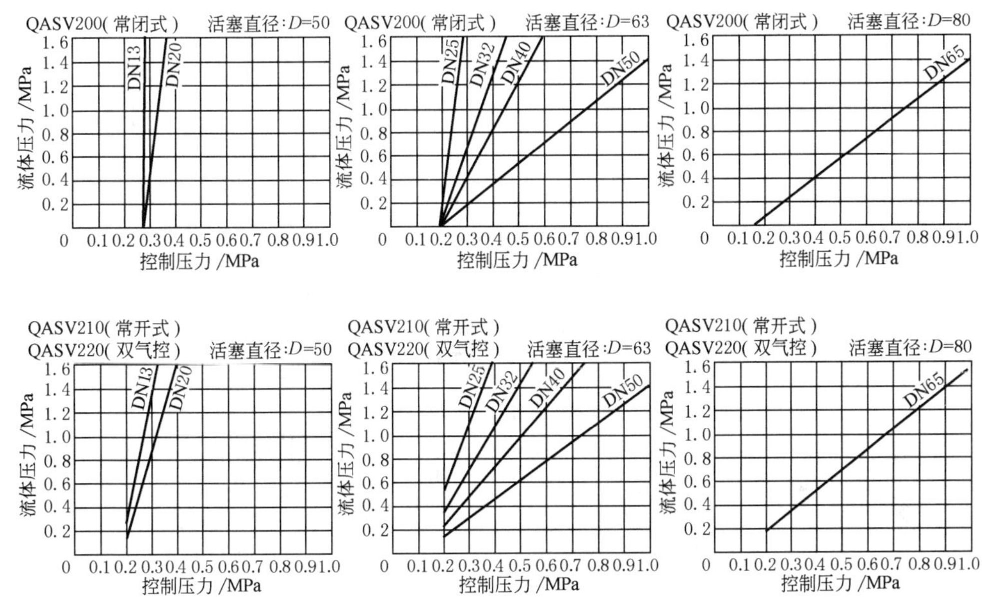

4.3 大功率三位三通中封式换向阀

表 21-3-34

结构原理	三位三通大功率换向阀的主要功用是对大流量气动系统进行控制(如真空吸附真空破坏,气缸中间停位、终端减速和中间变速、缓停及加减速控制等),实现气路结构简化,减少用阀数量等。图1a为三位三通中封型大功率换向阀的结构原理图,该阀由阀体1、座阀芯3及5、对中弹簧2及6、控制活塞9等组成,通过先导空气驱动控制活塞9、轴4及与其相连的座阀芯3和5左右移动,即可实现该阀对气流的换向。先导空气直供时为气控阀,通过电磁导阀提供时为电磁先导型阀[图a中未画出电磁导阀]。当控制口K1进气时(K2排气),控制活塞9、轴4驱动阀芯3、5左移,P→A口相通,T口封闭;当控制口K2进气时(K1排气),控制活塞9、轴4驱动阀芯3、5右移,A→T口相通,P口封闭;当K1和K2均不通气时,阀芯在对中弹簧2和6的作用下处于图示中位,气口P、A、T均封闭。阀的图形符号如图1b

续表

结构原理	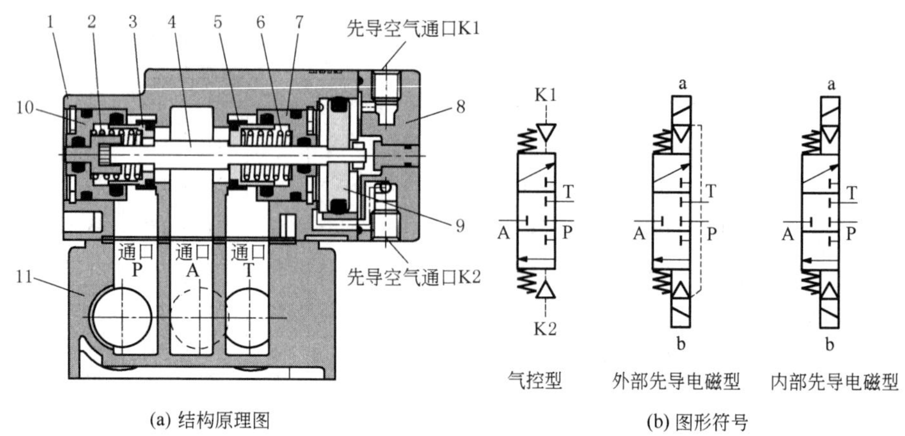 (a) 结构原理图　(b) 图形符号 图 1　大功率三位三通电磁阀 1—阀体;2,6—对中弹簧;3,5—座阀芯;4—轴;7,8—端盖;9—控制活塞;10—阀芯导座;11—底板
典型应用	①构成气缸中位停止回路。如图 2 所示,利用一个中封机能三位阀 4,替代二个二位阀 2、3,即可简单构成气缸中位停止回路,减少了阀和配管数量与规格尺寸及其带来的阻力损失,增大了系统流通能力 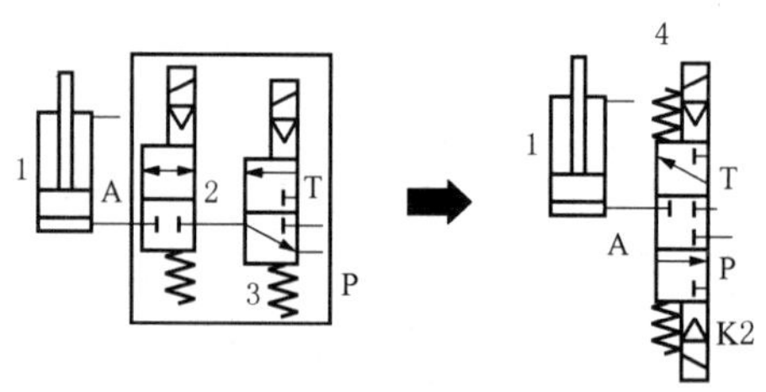 (a) 二位阀回路　(b) 三位阀回路 图 2　气缸中位停止回路 1—气缸;2—二位二通电磁阀;3—二位三通电磁阀;4—三位三通电磁阀 ②构成真空吸附/真空破坏回路。如图 3 所示,利用一个三位三通双电控阀 6 替代多个单电控阀(阀 2、3)构成真空吸附、真空破坏和停止中封动作气动系统(阀 2 作吸附阀、3 作破坏阀),且真空吸附与真空破坏切换时没有漏气。但应注意:通口 A 保持真空的工况,由于真空吸盘及配管等处漏气,真空度会降低,故应将三位三通阀保持真空吸附位置继续抽真空。此外,该阀不能用作紧急切断阀 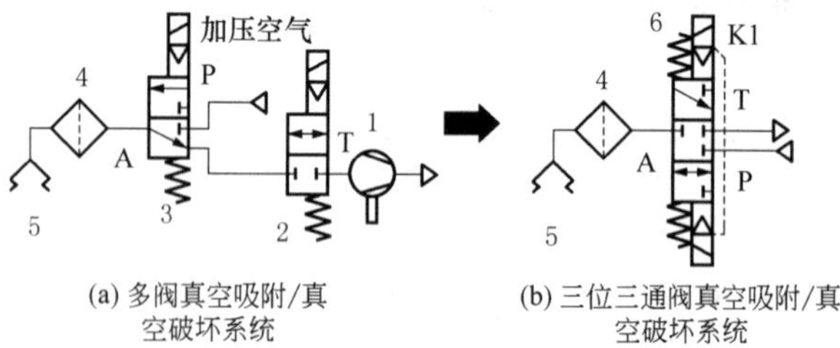 (a) 多阀真空吸附/真空破坏系统　(b) 三位三通阀真空吸附/真空破坏系统 图 3　真空吸附/真空破坏回路 1—真空泵;2—二位二通电控阀;3—二位三通单电磁阀;4—真空过滤器;5—真空吸盘;6—三位三通双电控阀 ③终端减速-中间变速回路。如图 4b 所示,采用三位三通电磁阀变速容易,系统构成比多阀回路(图 4a)简单,响应快;减少了阀和配管数量与规格尺寸及其带来的阻力损失,增大了系统流通能力。例如,气缸 1 伸出时,若三位三通电磁阀 10 的电磁铁 b 一旦断电,气缸排气被切断则减速

典型应用

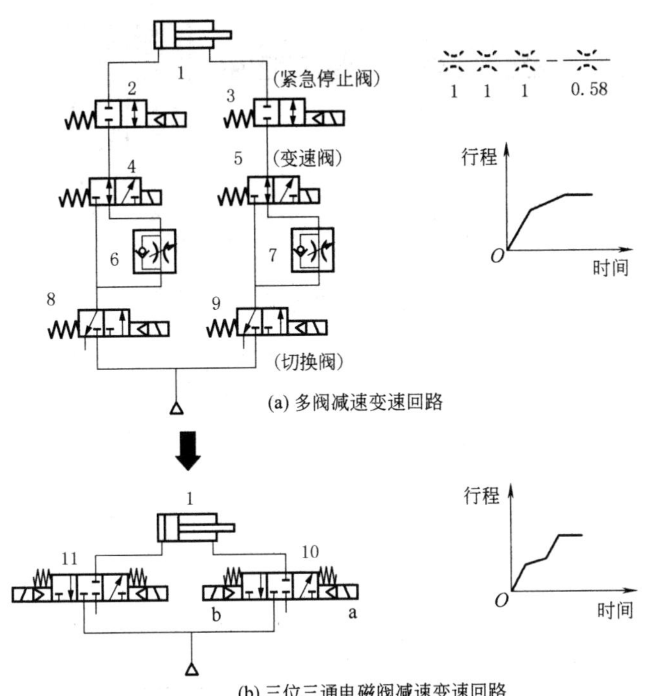

(a) 多阀减速变速回路

(b) 三位三通电磁阀减速变速回路

图 4　终端减速-中间变速回路

1—气缸；2,3—二位二通电磁阀（紧急停止阀）；4,5,8,9—二位三通电磁阀（变速阀和切换阀）；6,7—单向节流阀；10,11—三位三通电磁阀

④压力选择回路和方向分配回路。如图 5 所示，三位三通电磁阀 8 可以替代二位三通电磁阀 7 作为选择阀，选择两个不同设定压力的减压阀 1、2 输出的压力供系统使用。三位三通电磁阀还可替代二位三通阀构成方向分配回路（图 6），向储气罐 2 或 3 分配供气。在做上述应用时，阀可有多种接管形式，可顺次切换动作，防止漏气和空气混入

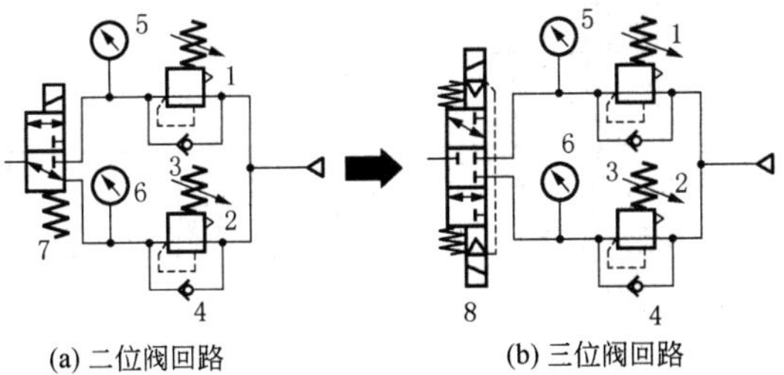

(a) 二位阀回路　　(b) 三位阀回路

图 5　压力释放回路

1,2—减压阀；3,4—单向阀；5,6—压力表；7—二位三通电磁阀；8—三位三通电磁阀

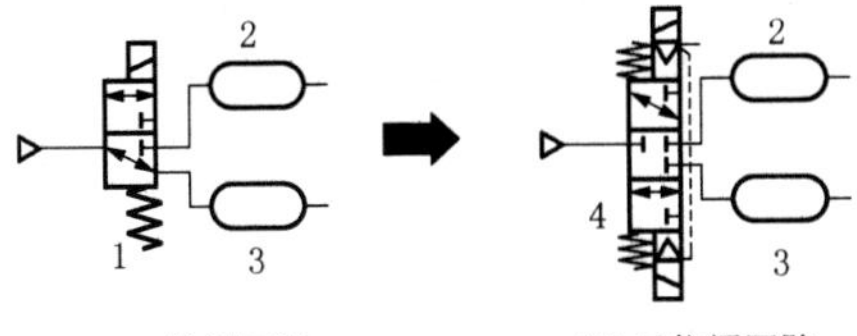

(a) 二位阀回路　　(b) 三位阀回路

图 6　方向分配回路

1—二位三通电磁阀；2,3—储气罐；4—三位三通电磁阀

⑤双作用气缸的缓停及加减速动作控制回路。如图 7a 所示，若用两个三位三通电磁阀 1、2 驱动双作用气缸 3，可实现缓停及加减速等 9 种不同位置（3×3＝9 位置）的动作控制（图 7b），各位置阀的机能及气缸状态如附表所列

续表

典型应用

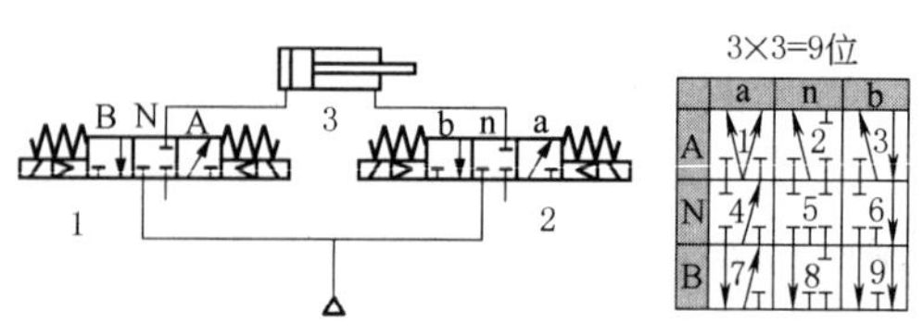

(a) 回路图　　(b) 位置组合表

图 7　双作用气缸的缓停及加减速动作控制回路

1,2—三位三通电磁阀;3—双作用气缸

附表　各位置阀的机能及气缸状态

位置编号	1	2	3	4	5
阀机能、缸状态	中压式	中压式+	往复运动	中封式	中封式
位置编号	6	7	8	9	—
阀机能、缸状态	中泄式+	往复运动	中封式	中泄式	

4.4　残压释放阀

表 21-3-35

结构原理

残压释放阀是一种安全对策用手动切换阀,其功用是防止在对换向阀和气缸回路进行维护检查作业时残压造成事故。图 1a 为一种带锁孔二位三通手动残压释放阀,它主要由阀体 1、阀芯 5、阀套 6 和带锁孔(图中未画出)的旋钮 3、凸轮环 4 等组成。通过双动作:手先下压旋钮,再转动(90°) 旋钮,即可实现残压排气。这种先按压手柄再回转的双动作机理,并使手柄在键的作用下被锁定,可很好地防止误操作

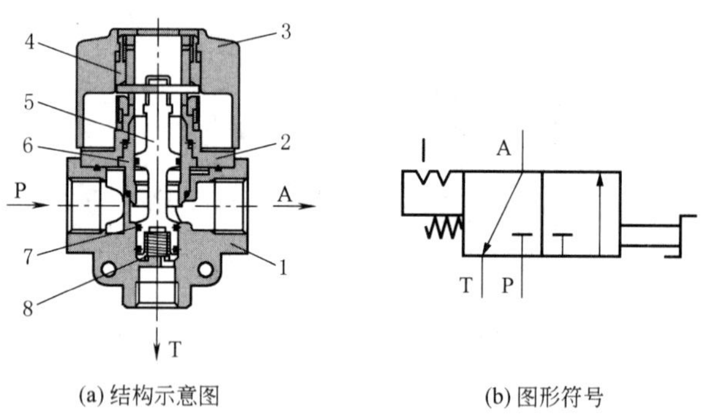

(a) 结构示意图　　(b) 图形符号

图 1　带锁孔二位三通手动残压释放阀(SMC)

1—阀体;2—上盖;3—旋钮;4—凸轮环;5—阀芯(轴);6—阀套;7—密封圈;8—弹簧

典型应用

残压释放阀的应用系统如图 2 所示,由于气缸 24 使用了三位中封式电磁换向阀 7,故采用了手轮直接旋转操作的二位三通残压释放阀 10 和 11 进行残压释放,以保证维护检查安全;出于同样目的,在气源回路中和气缸 26 回路也分别采用了同样的二位三通残压释放阀 4 和 12

典型应用	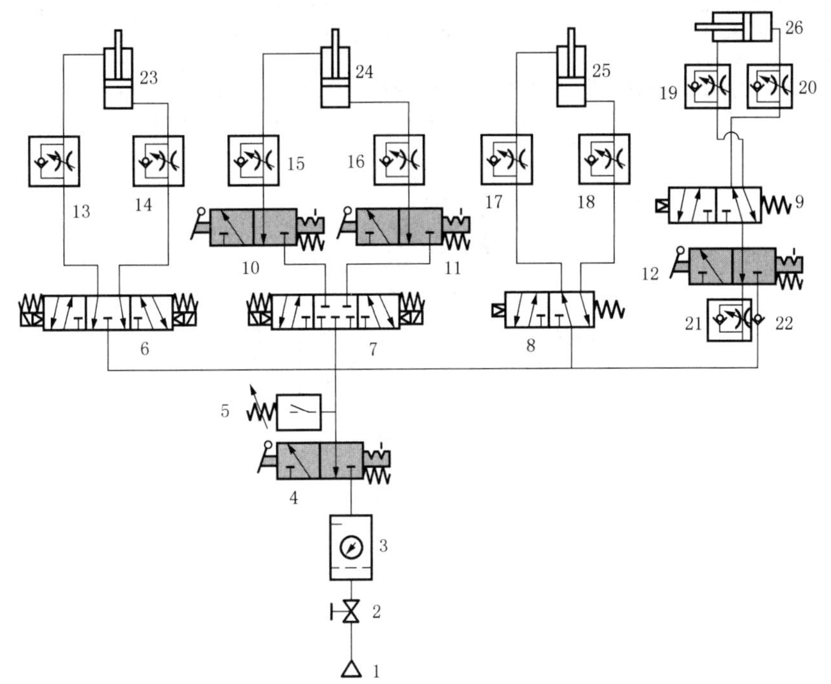 图 2 残压释放阀应用系统 1—气源;2—截止阀;3—气动三联件;4,10~12—二位三通手动残压释放阀;5—压力开关; 6~9—电磁阀;13~21—单向节流阀;22—单向阀;23~26—气缸

4.5 防爆电磁阀

防爆电磁阀是把电磁阀可能点燃爆炸性气体混合物的部件（主要是电磁铁）全部封闭在一个外壳内，其外壳能够承受通过外壳任何接合面或结构间隙，渗透到外壳内部的可燃性混合物在内部爆炸而不损坏，并且不会引起外部由气体或蒸气形成的爆炸性环境的点燃，把可能产生火花、电弧和危险温度的零部件均放入隔爆外壳内，隔爆外壳使内部空间与周围的环境隔开。防爆电磁阀适用于传输易燃易爆介质或用于爆炸性危险场所（如矿山采掘、炸药制造等），当然不同的环境和流体应选择不同防爆等级的电磁阀。

4.6 Namar 阀

表 21-3-36

概述	过程控制 Namar 阀,是指专门用于控制大通径阀门(闸阀、蝶阀、球阀等)的电磁阀。在水厂、污水处理、石油化工管道、化纤、造纸、印染等领域中,这些传统的大通径阀门(闸阀、蝶阀、球阀等)往往采用电动及手动的控制方式。目前,各气动元件制造厂商纷纷开始采用 Namar 阀控制气动直线驱动器或气动摆动驱动器,对闸阀、蝶阀、球阀等进行开/关自动化操作。应用气动控制方式能节省高达 50%的成本,还能节省后期昂贵的维修费用(气动元件维修简便),所以它们要比替代产品的性价比高。除此之外,一些相关的气动产品,如阀岛(以 30 多种不同的现场总线协议来控制气动驱动)、气动直线驱动器、气动摆动驱动器等相继出现,使得对闸阀、蝶阀、球阀等的控制操作更加简单,系统更加可靠(如在灰尘、污染、高温、严寒和水及防爆性环境),并具有抗过载和连续负载的能力。采用气动控制确保了快速安装和调试,可无级调速。各气动元件制造厂商纷纷开始进入该领域,并定义它为过程控制行业

续表

Namar阀及ISO型Namar阀基本技术参数	Namar 阀是指电磁阀输出接口标准符合 VDI/VDE3845 规定(见图 a)。Namar 阀可采用截止阀结构,一般为先导控制方式,以获得较大流量(900L/min),但必须采用弹簧复位型式,并具有手动控制装置(需有锁定功能)。电压有直流电压:12V、24V、42V、48V DC(±10%),交流电压:24V、42V、48V、110V、230V、240V DC(±10%)[50~60Hz(±5%)]。如有防爆要求,则需标明如 ATEX Ⅱ2 GcT4。保护等级 IP65 ISO 型 Namar 阀采用滑柱式阀结构,先导控制方式,以获得较大流量(1000L/min),但必须采用弹簧复位型式,并具有手动控制装置(需有锁定功能)。电压有直流电压:12V、24V、42V、48V DC(±10%),交流电压:24V、42V、48V、110V、230V、240V AC(±10%)[50~60Hz(±5%)]。保护等级 IP65 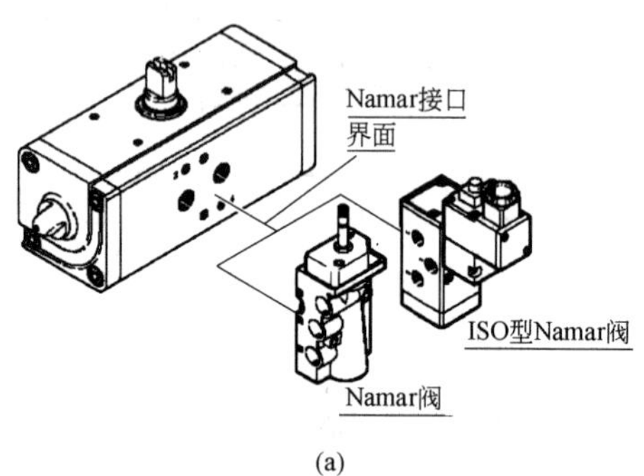 (a)
Namar阀及ISO型Namar阀的尺寸	Namar 阀的尺寸见图 b ISO 型 Namar 阀的尺寸见图 c 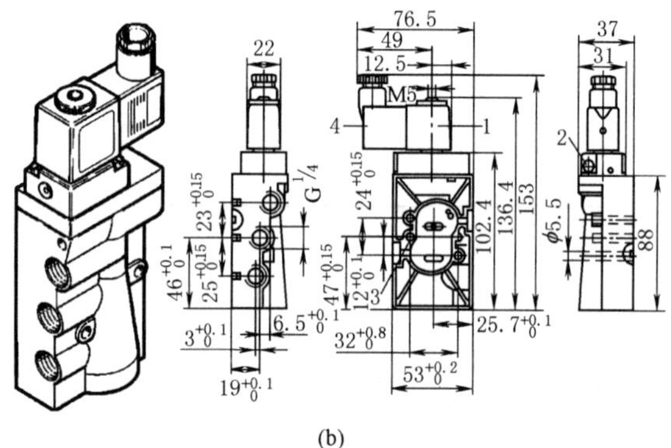 (b) 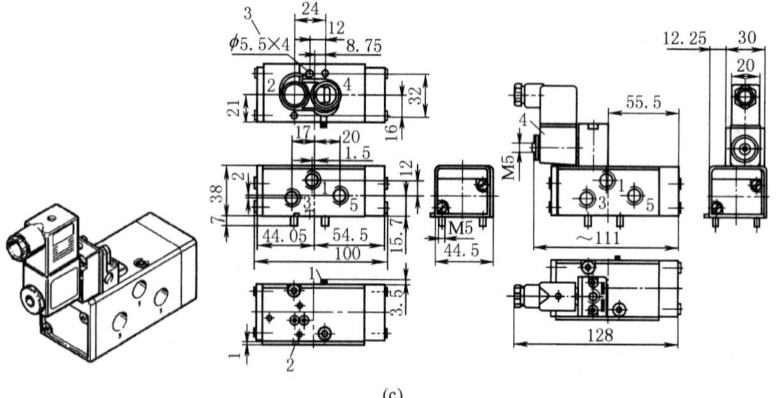 (c)

续表

Namar阀及ISO型Namar阀的应用气路图

Namar阀及ISO型Namar阀对气动驱动器的安装见图d。当采用双作用气动直线驱动器或气动摆动驱动器时应选用二位五通单电控电磁阀，而对于单作用气动直线驱动器或气动摆动驱动器可选用二位三通电磁阀。图e为二位五通单电控、二位三通单电控控制气动摆动驱动器的气动原理图

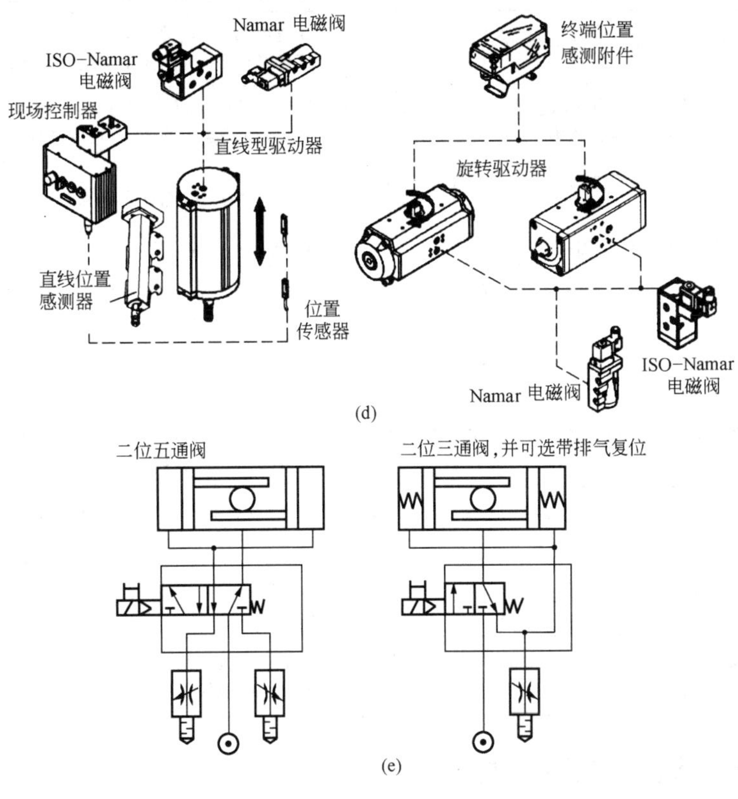

(d)

(e)

气动与电动驱动大通径阀门比较

图f为Namar阀在大通径阀门中的各种驱动方式：图f_1为人力驱动(闸阀)，图f_2为人力驱动(蝶阀)，图f_3为电驱动(闸阀)，图f_4为气动驱动(闸阀)。气动驱动与电驱动的优势比较见下表

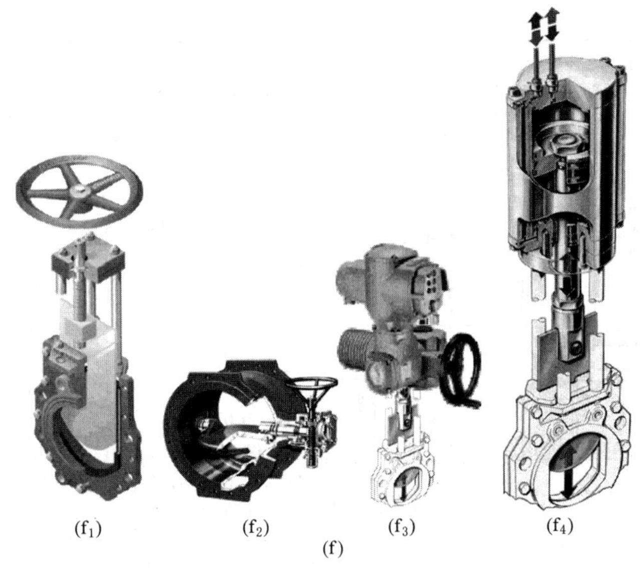

(f_1) (f_2) (f_3) (f_4)

(f)

续表

	电　　动	气　　动
气动与电动驱动大通径阀门比较	①采用电驱动	①采用气力控制:直线驱动或旋转驱动
	②三相电源(5芯),控制电缆(至少12芯)	②6bar工作压力,二根气管,控制电缆2芯
	③输出速度固定(刀闸阀DN200打开约30s)	③速度为开2s、关20s 可任意调节(刀闸阀DN200打开约2s)
	④电源失效(控制回路、电源)而无法使用。对于DN200刀闸阀,至少要人工旋转手轮16×40=640次	④气源故障,可使用具有压力的可移动式气瓶,确保其安全位置(或使其处于开或关,或保持状态)
	⑤持续通电时间有限制。要注意冷凝水、密封圈有防腐要求,要求永久加热	⑤防护等级IP68,甚至于安装在水下,温度不会上升
	⑥由于需要特殊的防爆设施,会增加费用	⑥EX安全论证,无额外费用
	⑦需维修、对齿轮加油、对螺杆的螺纹进行清洗,发热情况需检查,需更换密封件	⑦无需特殊维护,无需润滑。这样不会因使用润滑油而影响水质(如在水处理场合)
	⑧螺杆在没有润滑的情况下,所需转矩会大幅度增加,机械加剧磨损,效率低	⑧采用气动控制,可不含润滑油,效率高。整个磨损较小(密封件磨损),无跳动现象
	⑨需通过多圈数驱动才能到达终点,而且精确位置调整需花费时间	⑨可通过机械挡块调节对终点位置控制。可通过调节压力来调节输出力和力矩
	⑩需要技术娴熟的电工来检测故障,故障检测需测量回路而供电为高电压	⑩对于故障检测,无需特殊技能要求,无需特殊检测设备,只要通过对漏气检测及观察LED指示灯,供电为低电压
	⑪在野外遇雷击时电气元件会全部损毁	⑪在野外遇雷击时,仅仅损坏Namar阀的电磁阀圈,其他影响甚微
	⑫整个机构较复杂,如:供电400V AC/50Hz包括插头连接、继电器板、电源板、熔丝板	⑫整个机构较简单,可采用阀岛控制,如:现场总线接口,用一根双芯电缆便可完成

4.7　二位二通高温、高压电磁阀

国内有许多厂商生产二位二通的高温、高压电磁阀,以亿日高温2VT及高压2VP电磁阀为例进行说明(表21-3-37)。国内许多厂商生产该类型的阀如佳尔灵、天工、华能、盛达气动等,详细技术资料请登录各厂商的网址查阅。

表 21-3-37

2VT高温电磁阀

介质温度可达到180℃,活塞式结构工作平稳、寿命长,最高工作压力范围0~16bar,适用于蒸气及运动黏度≤1mm²/s的多种热介质,密封材料无污染,电磁线圈为热固性塑料全包覆,IP65防护等级

外形尺寸

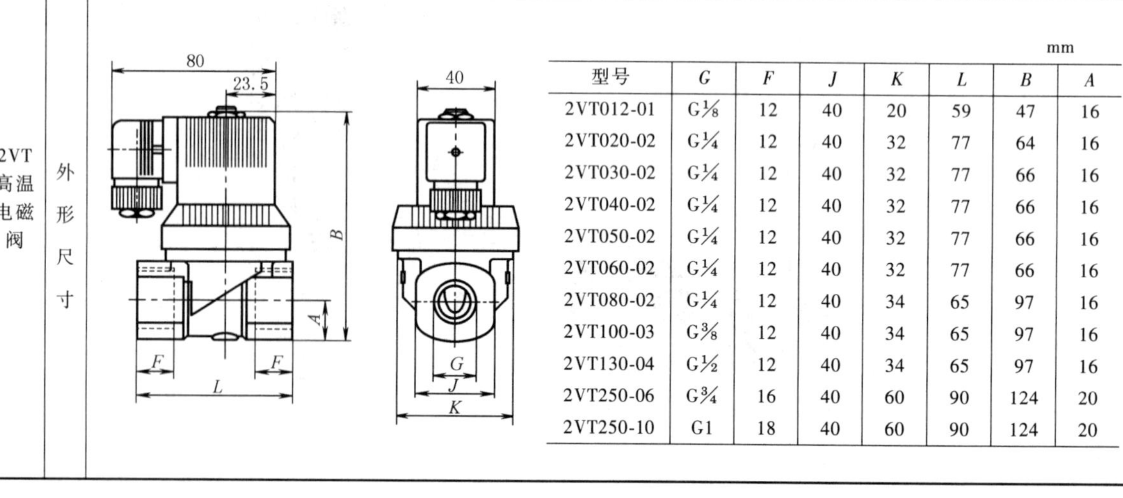

mm

型号	G	F	J	K	L	B	A
2VT012-01	G⅛	12	40	20	59	47	16
2VT020-02	G¼	12	40	32	77	64	16
2VT030-02	G¼	12	40	32	77	66	16
2VT040-02	G¼	12	40	32	77	66	16
2VT050-02	G¼	12	40	32	77	66	16
2VT060-02	G¼	12	40	32	77	66	16
2VT080-02	G¼	12	40	34	65	97	16
2VT100-03	G⅜	12	40	34	65	97	16
2VT130-04	G½	12	40	34	65	97	16
2VT250-06	G¾	16	40	60	90	124	20
2VT250-10	G1	18	40	60	90	124	20

续表

		型号	公称通径/mm	接管螺纹	工作压力/MPa	环境温度/℃	介质温度	KV值/$m^3 \cdot h^{-1}$	功率消耗 AC/V·A	功率消耗 DC/W	电压/V
2VT高温电磁阀	技术参数	2VT012-01	1.2	G1/8	0~1.6	-20~+55	-0~+180	0.12	14	8	AC(50/60Hz):24、36、110、220、380 DC:12、24
		2VT020-02	2	G1/4	0~1.0			0.16			
		2VT020-02	3	G1/4	0~0.6			0.23			
		2VT030-02	4	G1/4	0~0.6			3.6			
		2VT040-02	5	G1/4	0~0.45			3.6			
		2VT060-02	6	G1/4	0~0.3			3.6			
		2VT080-02	8	G1/4	0.05~1.6			3.6			
		2VT100-03	10	G3/8	0.05~1.6			3.6			
		2VT130-04	13	G1/2	0.05~1.6			3.6			
		2VT250-06	25	G3/4	0.05~1.6			11			
		2VT250-10	25	G1	0.05~1.6			11			

2VP高压电磁阀

工作压力可达到50bar，适用于运动黏度≤$1mm^2/s$的水、空气、乙炔等多种流体介质，活塞式结构工作平稳，可选用防爆型，浇封型EX Ⅰ/Ⅱ T4，热固性塑料全包覆，IP65防护等级

外形尺寸

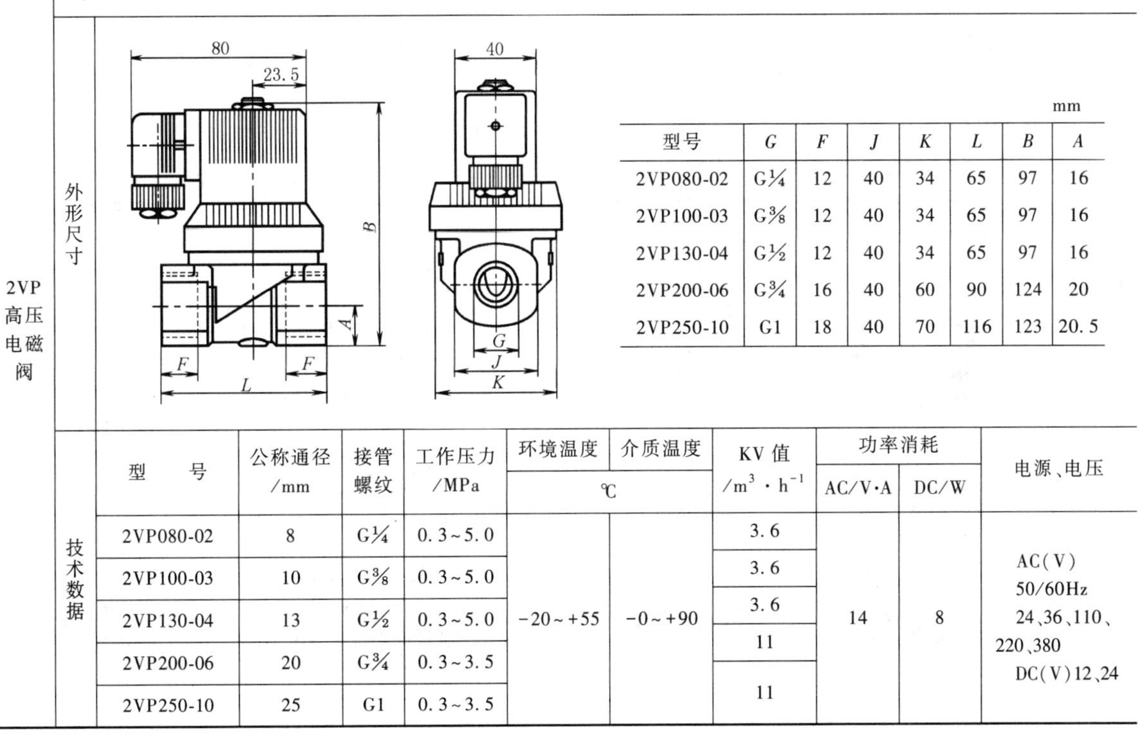

mm

型号	G	F	J	K	L	B	A
2VP080-02	G1/4	12	40	34	65	97	16
2VP100-03	G3/8	12	40	34	65	97	16
2VP130-04	G1/2	12	40	34	65	97	16
2VP200-06	G3/4	16	40	60	90	124	20
2VP250-10	G1	18	40	70	116	123	20.5

技术数据

型号	公称通径/mm	接管螺纹	工作压力/MPa	环境温度/℃	介质温度/℃	KV值/$m^3 \cdot h^{-1}$	功率消耗 AC/V·A	功率消耗 DC/W	电源、电压
2VP080-02	8	G1/4	0.3~5.0	-20~+55	-0~+90	3.6	14	8	AC(V) 50/60Hz 24、36、110、220、380 DC(V)12、24
2VP100-03	10	G3/8	0.3~5.0			3.6			
2VP130-04	13	G1/2	0.3~5.0			3.6			
2VP200-06	20	G3/4	0.3~3.5			11			
2VP250-10	25	G1	0.3~3.5			11			

5 阀岛（集成阀组）

5.1 阀岛的定义及概述

在GB/T 17446—2024《流体传动系统及元件 词汇》中给出了术语“阀岛”的定义：“包括电气连接的阀块总成或集成阀组。”

表 21-3-38

阀岛的定义		阀岛是一种集气动电磁阀、节点控制器(具有多种接口及符合多种总线协议)、电输入输出部件(具有传感器输入接口及电输出、模拟量输入输出接口、AS-i 控制网络接口),经过组装调试的整套系统控制单元 一些气动制造厂商针对一些少量而十分简单的控制,采用把由共用进气、排气等功能气路板(气路底板)与阀组合成一整体,经过测试的集装阀组亦归入阀岛的范畴内,称其为带单个线圈接口的阀岛(也有称各自配线的阀岛)
传统气动自动化程序控制与阀岛比较	传统的气动自动化程序控制	传统的气动自动化程序控制,是通过把 PLC 的输出与电磁换向阀的电磁线圈用电缆一对一相接。当电磁线圈得到可编程控制器发出的电信号后,电磁换向阀则有换向输出,电磁换向阀通过气管的连接驱动一个气动执行器。气动执行器完成动作后,触发传感器,使传感器发出反馈信号到 PLC 进入下一步的动作程序。这种一对一的接线方式决定了有多少个控制动作,则有多少对如此一一对应的电缆及气管的连接(对于一个二位五通的双电控电磁阀,需要接入一对进气气管、两对输出气管、两个排气消音器及两根与电磁线圈相接的电线)。对于一个庞大的控制程序来说,就有许多极其烦琐的接线工作(包括电缆、气管)。通常在气动自动化控制领域内,机械工程师负责机械设计、气动执行元件、电磁阀的选型、安装等工作;电气工程师则负责 PLC 程序控制器的程序编写及电磁阀、传感器与 PLC 的电缆接线等工作。当一个系统发生故障时,往往难以区分究竟是因气动元件的质量、管路的堵塞、泄漏等意外问题还是电缆虚焊、短路等故障,这两方面都给制造、调试及常规的维护保养工作带来判断困难
	目前气动自动化控制:阀岛	阀岛是气动和电气一体化的产品,它已把气动电磁阀、节点控制器、电输入/输出部件等组合在一起,通过调试成为一体化、模块化的产品,用户只需用气管将电磁阀的输出连接到相对应的气动执行机构上,通过计算机对其进行程序编辑,即可完成所需的自动化控制任务 从自动控制角度出发,每一个最终用户永远不会满足于现状。他们需要实现智能分散、模块化概念,体积小,减少控制柜尺寸,机电一体化,控制和网络成为单一的单元,即插即用,及控制过程的检测、错误诊断 如图 a 所示,目前,气动自动控制已经经历了四个阶段:传统的接线方式、带多针插头的第一代阀岛(有些气动制造厂商称其为省配线阀岛)、带现场总线的第二代阀岛、内置 PLC 现场总线的阀岛 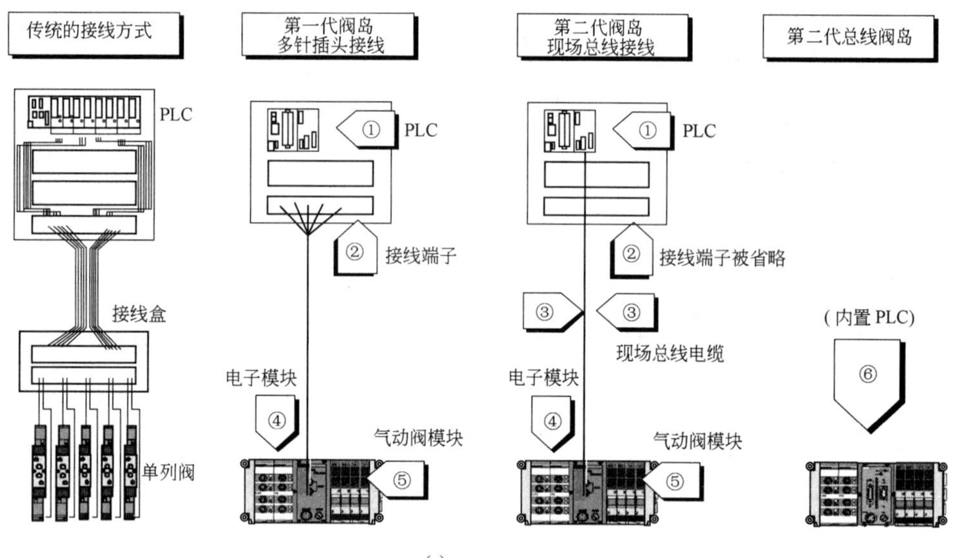 (a) 对带多针节点的阀岛(省配线阀岛)而言,可编程控制器的输入/输出信号连接在其外围电设备的一个接线盒上;带多芯电缆的多针插头一头连接在接线盒上,另一头接在阀岛的多针接插件的接口上。当采用带多芯电缆阀岛时,还需要一定的工作量,用人工来连接接线盒与多针插头的连线工作。第二代现场总线阀岛开发后,接线工作完全被简化。PLC 可编程控制器与阀岛之间的接口简化为一根二芯或四芯的电缆连接。而对于内置 PLC、现场总线的阀岛而言,PLC 可编程控制器已内置于阀岛之内,不存在电缆连接,阀岛作为从站时,应该与其上位机(IPC 工控机)接一根电缆。现场总线的通信硬件常用的是 RS485,而不采用 RS232 插座。RS232 一般用于计算机短距离的传输,它采用一根电缆的接线方式。无论外界的电位剧增或骤减,它相对于接地线都会产生一个错误的信号。而对称性的传输是采用两根电缆的接线方式,发出两个不同相位信号 A 与 B。当它受到外界电位剧增或骤减时,两个信号的电位差值保持不变(测量的是两根电缆之间的电位差,而不是电缆与接地之间的电位差),详见图 b。因此,工业现场总线常用的是对称性的传输

续表

<table>
<tr><td>传统气动自动化程序控制与阀岛比较</td><td>目前气动自动化控制：阀岛</td><td>未来的工业自动控制将更强调，工厂的商务网、车间的制造网络和现场级的仪表、设备网络（包括远距离现场设备实时性监控）构成畅通的透明网络，并与 Web 功能相结合，同时与工厂的电子商务、物资供应链和 ERP 等形成整体。也许，随着计算机的进一步发展，CPU 微型芯片的低成本普及，微芯片在分散装置中的应用，以太网将作为传输通信，它的一端与计算机控制器相接（来自计算机的数据无需转换可直接使用），另一端接到智能元件（如阀岛，阀岛便可解释来自计算机控制器的数据），几千里之外，对设备进行诊断、遥控也将成为一种可能。目前，专家们正努力解决以太网通信速率，通信的实时性、可互操作性、可靠性、抗干扰性和本质安全等问题，同时研究开发相关高速以太网技术的现场设备、网络化控制系统和系统软件。一旦解决了上述难题，工业现场设备间的通信就可应用一网到底的以太网技术</td><td>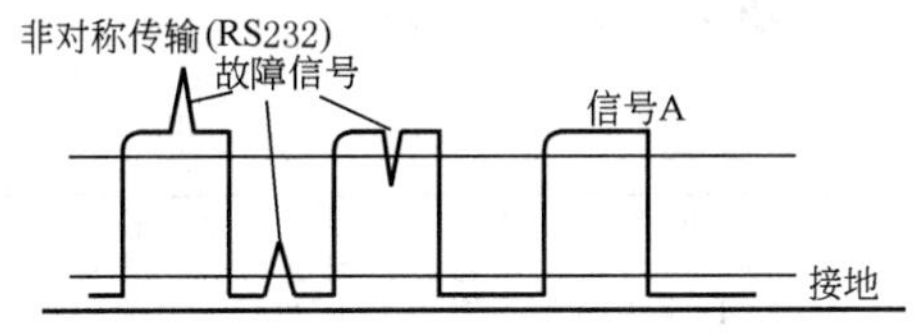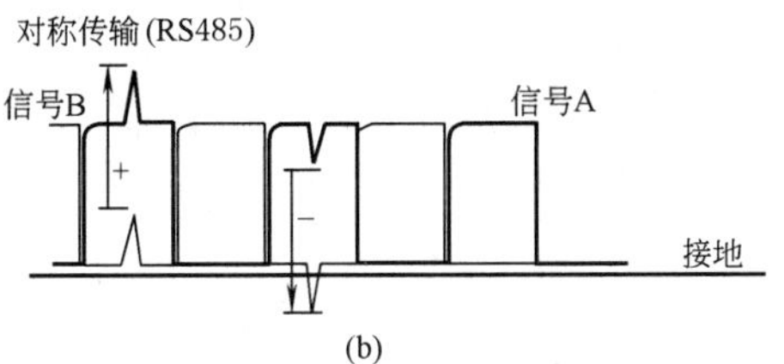(b)</td></tr>
</table>

5.2 网络及控制技术

表 21-3-39　　设备和系统的网络概念

<table>
<tr><td>网络关系及性能等级与特性</td><td>自动化网络（传感器和驱动器等级、现场等级、控制等级、企业等级）的网络关系见图 a，性能等级及特性见图 b
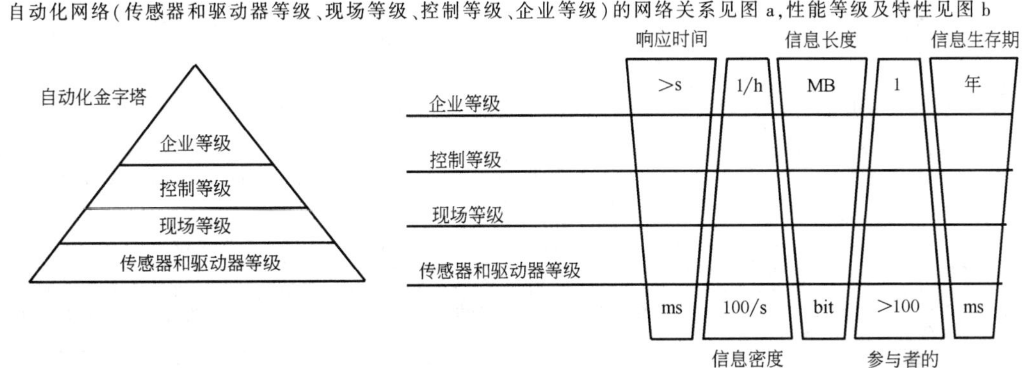(a)　　(b)
企业等级：（通常情况下）复杂数据包的远程传输（大部分数据具有较低的时间敏感度）主要关注集成过程的可视化和追踪，还包括生产系统的接口
控制等级：单个过程中的生产程序和数据或相互连接且必须同步的系统元件，是不同 PLC 之间通信的典型方式
现场等级：通过快速可靠的总线将某一设备或某一生产阶段中复杂的设备和数据联网
传感器和驱动器等级：单个设备元件中快速、实时的通信方式，属于最低等级。处理所有驱动器和传感器的信号状态和诊断信息（数字量和模拟量信号处理）</td></tr>
<tr><td>工厂现场总线</td><td>20 世纪 80 年代之前，工业自动控制是由单板机或 PLC 与现场设备、仪表一对一的连接。现场设备或仪表采用的是 4~20mA 的模拟量信号，与控制室进行信息传输。随着自动控制规模的不断扩大、智能化程度不断提高，控制的点数也变得越来越多。庞大的控制需要几千根电缆的连接，重量达几吨。因此，原先一对一的连接控制方式不能满足自动化的需求。随着计算机的高速发展，分布在工厂各处的智能化设备及智能化设备与工厂控制层之间连续的交换控制数据，导致现场设备之间的数据交换量飞速猛涨。集中与分散的控制，尤其是区域性的分布式的控制越来越成为一种趋势。基于这种需要，各大气动制造厂商都各自开发了一个现场总线技术，实质是通过串行信号传输的方式并以一定数据格式（即现场总线的类型）实现控制系统中的信号双向传递。两个采用现场总线进行信息交换的对象之间只需一根两芯或四芯的电缆连接（见图 c）
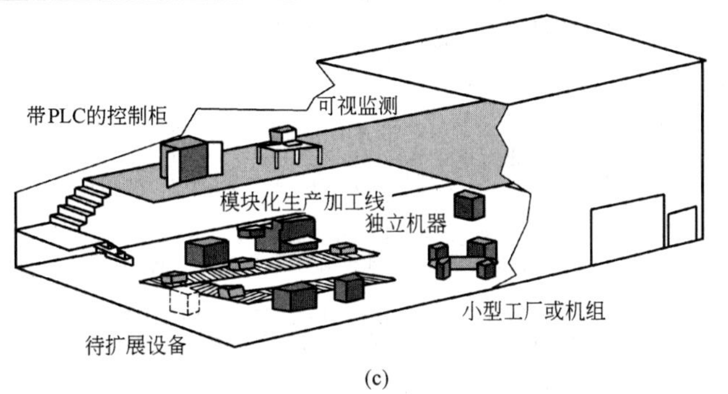(c)</td></tr>
</table>

5.3 现场总线的类型

表 21-3-40

现场总线国际标准化概况	自20世纪80年代中期开始,世界上各大控制厂商及标准化组织推出了多种互不兼容的现场总线协议标准,据不完全统计,迄今为止世界上已出现过的总线有近200种。不同标准的现场产品不能互换,给用户造成极大的不便。从1984年起,IEC(国际电工委员会)/TC65(工业过程测量及控制技术委员会)和ISA(美国仪表学会)就开始了制订国际标准的工作,最终在1999年12月通过了一个包含了多种互不兼容的协议的标准,即IEC 61158国际标准 IEC 61158Ed.3.0对现场总线模型进行了阐述,分成总论、物理层规范和服务定义、数据链路服务定义、数据链路协议规范、应用层服务定义、应用层协议规范6个部分,它的用户层功能块是IEC 61804标准,再加上IEC 61784(连续与断续制造用行规集,草案)构成一个完整的现场总线标准 该标准包括了目前国际上用于过程工业及制造业的8类主要的现场总线协议 类型1,IEC 61158技术规范。这是由IEC/ISA负责制订的,曾试图使之成为统一的国际标准的一个技术规范,基金会现场总线FF的H1(低速现场总线)是它的一个子集 类型2,ControlNet现场总线。美国AB公司、Rockwell开发,ControlNet International(CI)组织支持 类型3,Profibus现场总线。德国西门子公司开发,Profibus用户组织(PNO)支持。欧洲现场总线标准三大总线之一 类型4,PNet现场总线。丹麦Process Data公司开发,PNet用户组织支持。欧洲现场总线标准三大总线之一 类型5,FF HSE(High Speed Ethernet,高速以太网)。现场总线基金会FF开发的H2(高速现场总线) 类型6,SwiftNet现场总线。美国SHIP STAR协会主持制定,波音公司支持 类型7,WorldFIP现场总线。法国WorldFIP协会制订并支持。欧洲现场总线标准三大总线之一 类型8,Interbus现场总线。德国Phoenix Contact公司开发,Interbus Club支持 上述8种总线中,类型1是为过程控制开发的,支持总线供电和本质安全。类型2(ControlNet)为监控级总线,它的底层(设备级)总线为DeviceNet,两者有着共同的应用层。类型3(Profibus)有3个部分(Profibus FMS、Profibus DP和Profibus PA),采用不同的物理层,分别用于监控级、断续生产的制造业的现场级和过程控制的现场级。类型4(PNet)多用于食品、饲养业、农业及工业一般自动化。类型5(FF HSE)是与之配套的高速现场总线,用于对时间有苛刻要求或数据量较大的场合,如断续生产的制造业,以及监控级。类型6(SwiftNet)主要用于航空航天领域。类型7(WorldFIP)也有不同的物理层,可用于过程控制和制造业的现场级。类型8(Interbus)主要用于制造业的现场级(设备级)或一般自动化 除了IEC 61158外,IEC及ISO还制定了一些特殊行业的现场总线国际标准 1993年ISO/TC 22/SC3(公路车辆技术委员会电气电子分委员会)发布 的ISO 11898公路车辆-数字信息交换-用于高速通信的CAN以及低速标准ISO 11519 由于CAN没有规定应用层和物理接口,一些组织给它制定了不同的应用层和物理接口标准,构成了几种完整的现场总线协议,其中比较有名的如DeviceNet、SDS以及CANopen等 其中IEC SC17B(低压配电与控制装置分委员会)发布的国际标准IEC 62026低压配电与控制装置-控制器与设备接口(CSIs),包括了已有的4种现场总线:2000年7月发布的DeviceNet、SDS(Smart distributed system)和AS-i(Actuator sensor interface),以及2001年11月审议通过的Seriplex总线(Serial multiplexed control Bus) 在众多标准的现场总线中,与工厂自动化、气动制造厂商关系密切的有以下现场总线,即Profibus、Interbus、DeviceNet、CANopen、ABB CS31、Moeller Suconet、Allen-Bradley1771远程I/O、CC-Link、IP-Link、AS-i及ProfiNet以太网总线等。各气动厂商通过阀岛上的各种现场总线节点来支持它们。针对特定的现场总线类型,系统需要有功能强大的集中式PLC以及主站接口来支持。在设备数量较少但输入/输出点数较多、整个系统的功能复杂但对通信水平的要求较高时,现场总线是最理想的控制方案。在这种情况下,接线简单、诊断和维护简便等优点将会超过为现场总线主站接口和专业技术所支付的额外费用
Profibus总线系统	Profibus是一个非专利、开放式的现场总线系统,其网络关系见图a,在生产和过程自动化领域的应用非常广泛 Profibus支持下列最大值:①12 Mbps;②127个站点;③200m的总线长度 Profibus允许在不改变接口的情况下对不同生产厂商设备之间的数据进行交换。系统的非专利性和开放式特点符合欧洲标准EN 50170 Profibus用户组织(PNO)及其附属组织代表了所有使用及解决Profibus方案的用户及制造商的利益 Profibus有三种不同的类型:Profibus-DP、Profibus-PA、Profibus-FMS Profibus-DP:自动化系统和分散式外围设备之间的通信速度经优化的类型。Profibus DP非常适用于生产自动化场合。Profibus DP的工作速率较任何CAN网络(DeviceNet,CANopen等)快得多,后者最高只有1MB Profibus-PA:用于过程自动化应用领域的类型。Profibus PA可通过总线进行数据的通信和能量的传递 Profibus-FMS:单元一级通信任务的解决方案,如PC和PLC之间的通信 Profibus的基本特性:Profibus用在活动站点,如PLC或PC(指的是主站设备)上和用在被动站点,如传感器或驱动器(用作从站设备)上是有区别的 有三种不同的传输方式:①RS485传输,针对DP和FMS,用一根两芯电缆;②IEC 1158-2传输,针对PA;③光纤电缆 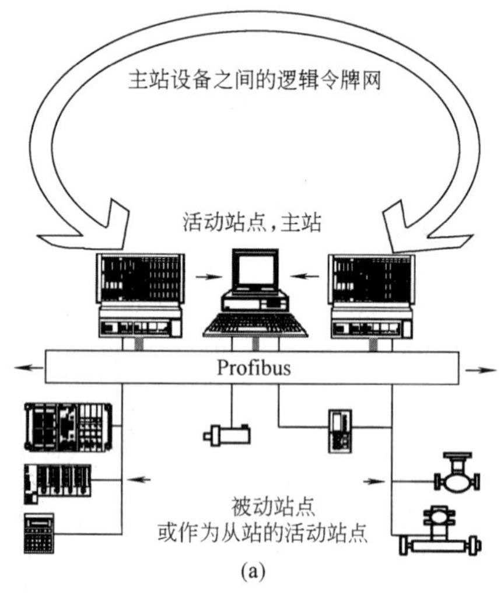 (a) 网络布局:线性总线,两端带活动的总线终端 介质:屏蔽的双绞电缆 插头:9针Sub-D插头 总线长度:①12Mbps时为100m(不带中继器);②1.5Mbps时为200m 站点数量:每个阶段有32个站点,不带中继器。带中继器时最多可扩展到127个站点 传输速度:9.6kbps,19.2kbps,93.75kbps,187.5kbps,500kbps,1500kbps至12Mbps

续表

Interbus总线系统	Interbus是一个非专利、开放式且可靠的现场总线系统，在生产和过程自动化方面应用非常广泛 Interbus允许在不改变接口的情况下对不同生产厂家设备之间的数据进行快速交换。系统的非专利性和开放式特点符合欧洲标准EN 50 254。Interbus Club代表了所有使用及解决Interbus方案的用户及制造商的利益 Interbus是一种符合闭环协议的I/O传输方式。Interbus传输方式有多种不同的物理类型 ①用于通信的现场总线，如在控制箱中 ②Interbus闭合回路，用于连接带少量I/O的元件 ③远程总线，用于距离较长的情况 所有的通信方式使用同一种有效的Interbus协议。Interbus的基本特性：Interbus基于主站/从站访问方式进行工作，因此总线主站也可作为与主控器或总线系统的链接 有三种不同的传输方式：①与负载无关的电流信号，用于闭合回路；②RS485传输，用于远程总线；③光纤电缆，用于采用Rugged Line技术的远程总线 网络布局：环形分布，即所有站点在封闭的传输回路都是激活的 介质（远程总线）：屏蔽的双绞电缆（2×2导体+平衡器） 介质（闭合回路）：一般的非屏蔽两芯电缆 插头（远程总线）：①9针圆形插头；②9针Sub-D插头；③Rugged Line技术 插头（闭合回路）：快插技术 总线长度（远程总线）：①两设备之间的距离为400m；②最长的距离为12.8km 总线长度（闭合回路）：①两设备之间的距离为20m；②最长的距离为200m 站点数量：最多512个 传输速度：500kbps；2Mbaud 系统结构：Phoenix Contact的软件CMD可作为非专利的配置、启动和诊断工具使用
DeviceNet总线系统	DeviceNet是一种低成本的现场总线，用于工业设备，如限位开关、光学传感器、阀岛、频率转换器和操作面板。它能降低所需的高成本线路数量，提高设备一级的诊断功能 DeviceNet的基本特性：DeviceNet通信是基于以广播为媒介的控制器域网络（CAN）的，最初是由Bosch公司为汽车部分开发的，以安全且性价比高的网络来替代汽车上使用的昂贵线路。它是一种主-从连接基网络，主设备由一个从设备请求连接，然后两个设备进行非控制和I/O数据连接的协商。一旦建立I/O连接，主设备使用查询、循环状态改变的通信方式与从设备通信（见图b）。针对汽车结构在传输可靠性和抗干扰能力上的高要求，以及在温度变化较大场合所需的功能性，使得CAN成为工业自动化领域数据传输的最理想硬件基础。由“开放式DeviceNet供应商协会”ODVA规定的开放式网络标准指的是DeviceNet符合非专利特性的要求。由“特别兴趣小组”SIG成员制作的特殊设备行规使得设备的替换非常方便 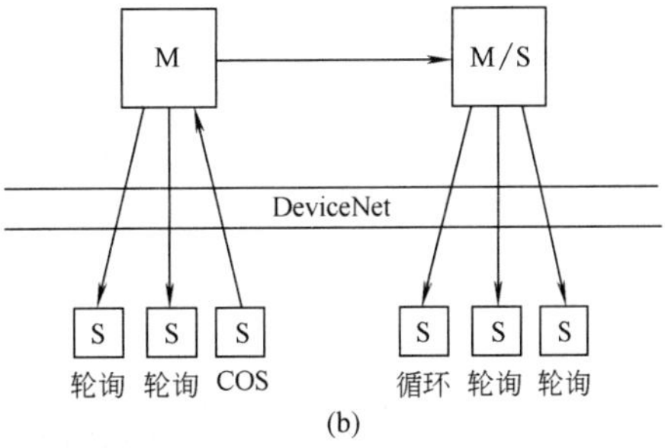 (b) DeviceNet派生型概况：DeviceNet是基于生产商/消费者模型工作的，因此，数据源取代接收器。任何人需要数据源中的数据都可收到数据。设备如此配置是为了在状态改变的情况下能提供信息，然后给网络发送一个相应的数据包（带有设备ID）。在网络上，任何需要这个信息的人都可接收到数据包 状态的改变：当对象的状态已发生改变时，数据只能由生产商发送。“Heartbeat”在传输中断间隙监控预发送和预接收状态 循环通信：设备数据与时间无关，如用于温度传感器的数据。设备数据以相当低的频率但有规律的时间间隔进行传递，这将使得网络的频带宽度和那些与时间有关的设备无关 补充信息：事件驱动、非循环读取或写入来自特定站点的数据。对于设备一级的诊断数据，这种方法非常典型。各种通信方式支持单主站和多主站结构。在网络中，对于一些从站来说，控制器相当于是一个主站，而对于更高一级的主站，它同时起从站的作用 位选通信：最多64个站点，每个站点同时分配一位。每一位可作为一个请求来发送数据或被设备直接用作输出数据 轮询通信：所有带这种通信设置的设备都以循环、预定义顺序发送数据交换的请求
CANopen总线系统	控制器局域网络（CAN）于1983年开发，1986年开始投入市场。它主要是为汽车行业元件的联网而开发的。目前，CAN已成为一种现代化汽车、公交车、货车、火车和实用车辆的标准网络。20世纪90年代中期对基于CAN的协议进行了定义，包括：DeviceNet、Smart Distributed System、CANopen。当其他总线系统还处于开发阶段的时候，以“自动化领域的CAN”（CiA）命名的CAN用户组织于1992年成立。为了确保CANopen设备之间的兼容性，CiA和用户及制造商共同合作，致力开发合适的规格说明 CANopen总线系统的基本原理和特点简介如下 网络拓扑结构：线性网络，其结构与多路主站系统的结构相当。每个总线站点接收其他站点的所有信息，并可在任何时候发送它自己的信息 总线长度：根据规定，最大的总线长度在很大程度上取决于所用的波特率，10kbps时为5000m，1000kbps时为40m 站点数量：最多可对127个总线节点赋址 传输速度：10～1000kbps。对于CAN总线，通常通过总线对CAN收发器供电。在这种情况下使用4芯总线电缆，可通过分支线路进行连接。但分支线路的长度是有限制的，且大小与波特率有关 CANopen支持两种基本消息：过程数据消息PDO和服务数据消息SDO。过程数据消息PDO用于高优先级、少批量消息。而服务数据消息SDO用于大批量、低优先级消息

续表

CANopen总线系统	过程数据消息(PDO)实时数据必须快速传输。使用高级的优先级标识码,最大的数据长度为8个字节。数据的传输可以是以下几种方式:①事件驱动;②同步;③循环;④基于请求 服务数据消息(SDO)用于参数数据的传输。使用初级的优先级标识码。在这种情况下,数据的长度不限于8个字节。典型SDO数据包括:①超时;②掩值;③映射参数
ABB CS31总线系统	ABB的总线系统适用于自动化技术的所有领域 ABB总线系统的基本原理和特点简介如下 总线站点:ABB公司的现场总线最多可将63个现场总线站点连接到现场总线主站上 波特率:数据以恒定的波特率187.5kbps传输 总线接口:总线接口基于带主站/从站结构的RS485 输入/输出:每个现场总线地址最多可处理16个输入/输出。带多于16个输入/输出的阀岛最多占用4个现场总线地址
Moeller Suconet总线系统	基于RS 485的总线系统,可选择CP分支扩展 Moeller Suconet总线系统的基本原理和特点简介如下 总线站点:Suconet K现场总线最多可连接98个总线站点 波特率:总线接口波特率为187.5kbps或375kbps,取决于结构特点、总线长度等 总线接口:总线接口基于带主站/从站结构的RS485
Allen Bradley 1771远程I/O	远程I/O通用网络是一个用于Rockwell/Allen Bradley公司的SLC500和PLC5控制器的I/O网络,用来控制分散式设备(如分散安装的I/O底座、I/O模块)和智能化设备(如电驱动器、显示器和控制单元) Allen Bradley 1771远程I/O总线系统的基本原理和特点简介如下 总线基于主站/从站模型工作,因此控制器的扫描器总是主站(见图c)。当从站从主站接收到一个请求时,从站才有所响应 波特率:Twinax电缆的全长为3000m,用作传输介质。最大的波特率为230.4kbps 配置:从站可作为逻辑机架进行配置,机架有以下规格:①1/4机架;②1/2机架;③3/4机架;④1机架。数据可在主站和从站之间以32、64、96或128位分段(根据机架的规格而定)进行交换 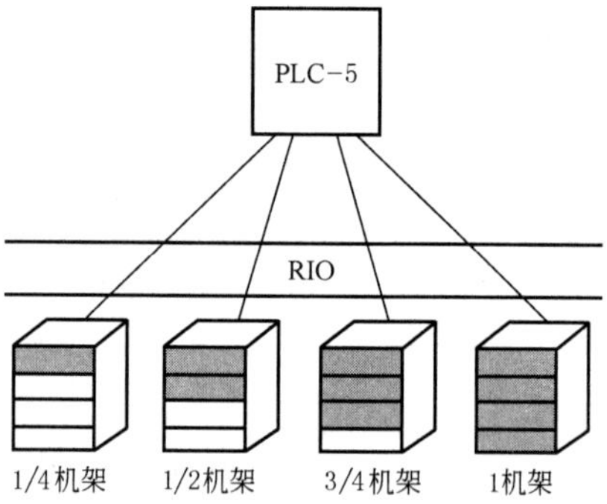 PLC-5 RIO 1/4机架 1/2机架 3/4机架 1机架 (c)
CC-Link总线系统	Mitsubishi公司(控制和通信)开发的总线系统,可进行CP分支的扩展 CC-Link总线系统的基本原理和特点简介如下 总线站点:所有接口类型(Sub-D或端子条)都有集成的T形分配器功能,因此支持输入和输出总线电缆的连接 波特率:156~10000kbps。通过DIL开关在硬件上进行设定 总线接口:采用RS485传输技术的集成接口是为典型的CC-Link3线连接技术而设计的(符合CLPA CC-Link规定V1.11)
IP-Link总线系统	由Beckhoff公司开发的光纤电缆(FOC)现场总线。该现场总线是一个环形总线。使用光纤电缆使其可用于存在许多干扰的场合 IP-Link总线系统的基本原理和特点简介如下 总线站点:最多可连接124个站点 波特率:2000kbps 总线接口:总线接口采用的是两个IP-Link光纤电缆接头
AS-i总线系统	AS-i是一个非专利、开放式安装系统,在有关最低等级的分散式生产和过程自动化的生产中占有很大的份额,且所占比例在逐步增大 AS-i总线系统的基本原理和特点简介如下 AS-i系统允许通过一根电缆对功率和数据进行传递。采用站点与黄色电缆相连接的先进技术,较低的连接成本,这些都意味着即使站点只带少量的输入和输出(带两个芯片的阀岛最多能带8个输入和8个输出)也可联网 采用这种系统类型,安装成本可降低26%~40%,这一点已得到了证明。对于要将单个或一小组驱动器、阀和传感器连接到主站控制器上这种情况,该系统是降低成本的理想之选。新的开发,如参数化Profile7.4或AS-i工作安全性概念为新的应用领域开辟了道路。系统的非专利性和开放式特点符合欧洲标准EN 50 295和国际标准IEC 62 026-2。已获得认证的产品上有AS国际协会的标志。AS国际协会及其附属组织指的是所有对AS-i感兴趣的制造商

续表

<table>
<tr><td>AS-i总线系统</td><td colspan="2">特性：①主-从站原理；②非专利产品；③在线路布局上无限制条件；④只通过一根两芯电缆即可连接电源和传输数据；⑤抗干扰能力强；⑥介质：未屏蔽电缆 2×1.5mm²；⑦每个 AS-i 分支上可为 8 个输出提供数据和电源传输；⑧在 31 个从站的情况下，每个从站上最多有 4 个输入和 4 个输出；⑨在 62 个从站的情况下，每个从站上最多有 4 个输入和 3 个输出（A/B 操作，符合规定 V2.1）；⑩在 31 个从站的情况下，每个从站带 4 个模拟量输入或输出；⑪构架 7.3：每个从站的模拟量值（16 位，符合规定 V2.1）；⑫构架 7.4：可对通信方式进行参数设定，如每个从站 16×16 位（符合规定 V2.1）；⑬模块，用于控制箱（IP20）和恶劣的工业环境（IP65，IP67）；⑭绝缘置换技术；⑮电缆长度 100m，使用中最多可扩展至 500m；⑯高效的故障控制；⑰调试简单；⑱通过总线接口进行电子方式地址选择
优点：①简单的连接技术。一根电缆用于连接电源和传输数据；电缆剖面的特殊外形可防止极性错误，具有故障控制功能，故无需屏蔽；采用绝缘压紧连接技术保证了即插即运行
②气动应用场合的理想之选。可对局部范围内的小批量现场驱动器进行控制，也可对分散于较大区域的单个驱动器进行控制。该总线系统气管长度短，提高循环速度，降低耗气量。AS-i 元件具有安装和通信双重功效
③功能强大的系统元件。AS-i 技术从属于目前已广泛使用的现场总线技术，是对现场总线技术的有力补充</td></tr>
<tr><td rowspan="4">ProfiNet以太网总线</td><td colspan="2">ProfiNet 是源自 ProfiBus 现场总线国际标准组织（PI）的开放的自动化总线标准。它基于工业以太网标准，使用 TCP/IP 协议和 IT 标准，实现自动化技术与实时以太网技术的统一，能够无缝集成其他现场总线系统
ProfiNet 可将所有工厂自动化功能甚至高性能驱动技术应用均包括在内。开放式标准可适用于工业自动化的所有相关要求：工业可兼容安装技术、网络管理简单和诊断、实时功能、通过工业以太网集成分布式现场设备等
ProfiNet 符合已有 IT 标准，并支持 TCP/IP，确保了公司范围内各部门间的通信交流。现有技术或现场总线系统与该一致性基础设施在管理层面和现场层面均可集成。这样，分布式现场设备可通过 ProfiNet 与工业以太网直接相连。设备网络结构的一致性同时可确保整个生产厂的通信一致性。同时，通过代理服务器技术，ProfiNet 可以无缝地集成现场总线 ProfiBus 和其他总线标准，从而较好地保护了原有投资
分布式现场设备与 ProfiNet 以太网的相互连接，具有良好的系统协同性，适用于严峻的工业环境（高温场和杂散发射/EMC）。此外，实时功能也是完成最新通信任务的当务之急
根据响应时间的不同，ProfiNet 支持下列三种通信方式</td></tr>
<tr><td>TCP/IP 标准通信</td><td>ProfiNet 基于工业以太网技术，使用 TCP/IP 和 IT 标准。而 TCP/IP 是 IT 领域内关于通信协议方面事实上的标准，尽管其响应时间大概在 100ms 的量级，但对于工厂控制级的应用来说，这个响应时间就足够了</td></tr>
<tr><td>实时（RT）通信</td><td>对于传感器和执行器设备之间的数据交换，系统对响应时间的要求更为严格，因此，ProfiNet 提供了一个优化的、基于以太网第二层（Layer2）的实时通信通道，通过该实时通道，极大地减少了数据在通信栈中的处理时间，ProfiNet 实时通信（RT）的典型响应时间是 5~10ms</td></tr>
<tr><td>等时同步实时（IRT）通信</td><td>在现场级通信中，对通信实时性要求最高的是运动控制（Motion Control），ProfiNet 的等时同步实时（Isochronous Real-Time，IRT）技术可以满足运动控制的高速通信需求，在 100 个节点下，其响应时间要小于 1ms，抖动误差要小于 1μs，以此来保证及时的、确定的响应</td></tr>
</table>

5.4 阀岛的分类

表 21-3-41

<table>
<tr><td>按气动阀的标准化及阀岛模块化的结构分类</td><td>

①按气动阀的标准化分，可分为符合 ISO 5599-2、ISO 15407 标准化阀的阀岛（指采用 ISO 5599-2、ISO 15407 安装连接界面尺寸的阀）
②按阀岛模块化结构分，可分为紧凑型阀岛（指一个阀岛集成阀的数量虽不多，但通过分散安装，仍能完成 64 点的控制）；坚固的模块化结构（控制节点在阀岛的中央或在阀岛的左侧）通常是指该阀岛底座、电输入/输出模块、节点控制模块均采用金属（铝合金）材料，结构坚固，可对气动阀门和电输入/输出模块作扩展；常规气动阀门结构阀岛指的是，各气动元件制造厂都会有自己独立开发的集成化模块结构阀岛产品，许多厂商采用最好的电磁阀作为阀岛气动阀
③专用型阀岛指的是特殊领域，如电子行业、用于食品的易清洗结构或防爆场合用的阀岛等。除此之外，还应该考虑阀岛的结构（底座模块化、底座半管式）、该阀岛可组成的最多阀位数量（阀岛的扩展能力）、阀的流量、工作压力（先导、正压、负压）、压力分区的数量、阀岛的 IP 防护等级等因素</td></tr>
</table>

续表

<table>
<tr><td rowspan="5">按阀岛电接口连接技术分类</td><td colspan="2">为了连接主站控制器(或 PLC),阀岛支持三种不同的电接口连接方式:单个线圈接口(各自配线)、多针接口(省配线)、现场总线接口(可编程阀岛)</td></tr>
<tr><td>带单个线圈接口的阀岛(各自配线)</td><td>带现场总线接口的阀岛</td></tr>
<tr><td>通过把一些阀和共用进、排气的气路板组装、测试后形成带单个线圈接口的阀岛。每个阀的电磁线圈都是独立的,连接电缆是预先装配好的,或配有独立的插头,并与控制器连接
电磁线圈的切换状态由插头或阀上的 LED 显示
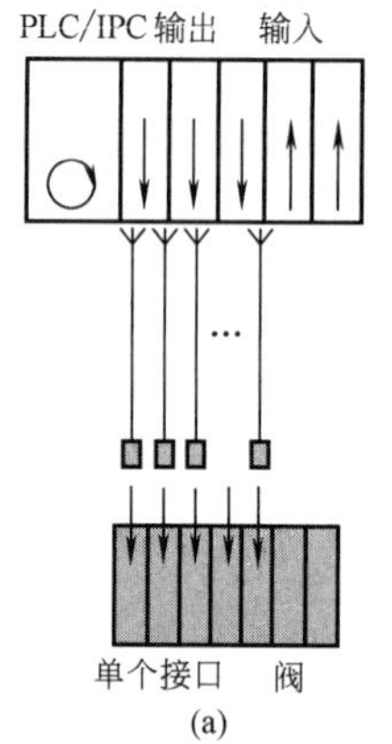

(a)</td><td>通过一根串行连接电缆来控制阀岛。这根电缆可连接多个阀岛。阀岛采用标准化的现场总线协议(如 Profibus-DP、Interbus、DeviceNet 或 AS-i)进行通信。除了驱动电磁线圈外,还可通过输入模块来读取气动驱动器上终端位置的感测信息。现有多种用于分散式输入或附加输出的连接方式(如 M12、M8 或夹紧端子)
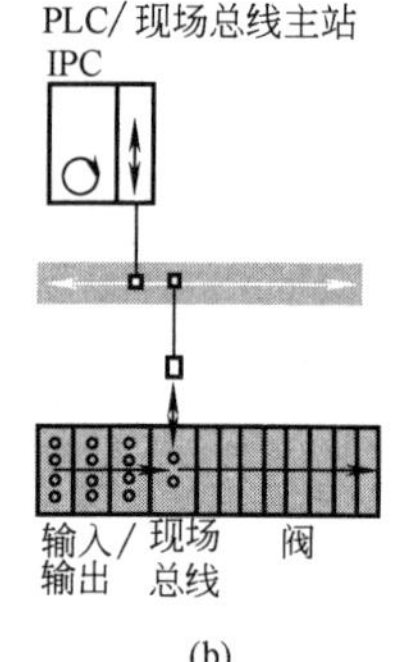

(b)</td></tr>
<tr><td>带多针接口的阀岛(省配线阀岛)</td><td>可编程阀岛</td></tr>
<tr><td>为节省安装空间,用于驱动电磁线圈的信号线组合在多针插头接口内。它们通过预制多针电缆连接到主站控制器上。多针电缆以平行接线的方式连接到控制器上。电磁线圈的切换状态由阀岛上的 LED(已分配给相应的阀)来显示
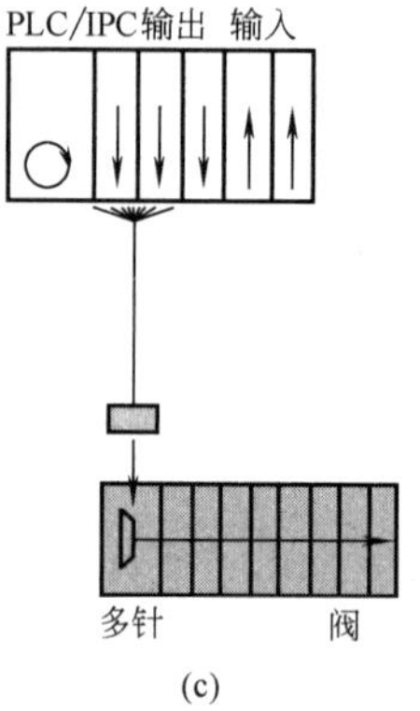

(c)</td><td>无需附加 PLC,阀岛自身集成的控制器就可实现包括气动元件、传感器和其他外围设备在内的整个程序的运行。作为人机界面(MM1)进行工作的控制单元可通过集成的串行接口连接在一起。阀岛既可作为现场总线从站,与主站控制器进行通信,也可作为现场总线主站来控制附加的阀岛或通用的现场总线模块
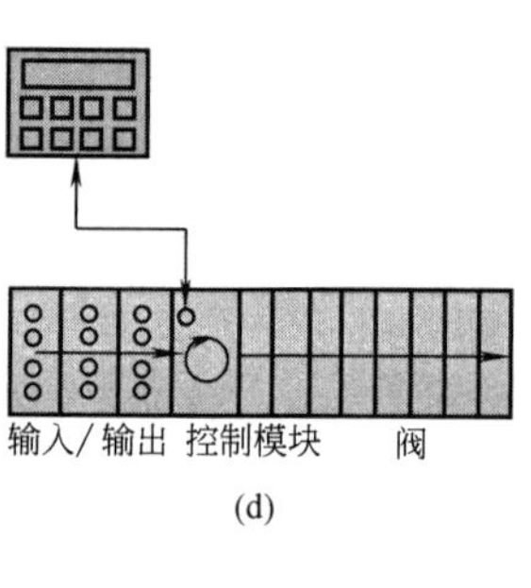

(d)</td></tr>
<tr><td>按总线控制安装系统方式分类</td><td>直接连接方式(含AS-i):CP直接安装</td><td>如图 e,阀岛的接口可直接接入现场总线,阀岛的配置已确定(如八个阀位)。有一个分支的扩展模块,可以被允许接附加阀岛和电输入/输出模块。扩展的模块可直接安装在现场,所有的电信号通过一根电缆进行传输完成,表明扩展模块上不需要其他的安装。此类安装系统非常适合于控制少量气动驱动器及读入已赋值的终端位置感测,由于结构紧凑,因此非常适合于安装在执行单元上(如安装在机器人的手臂上)
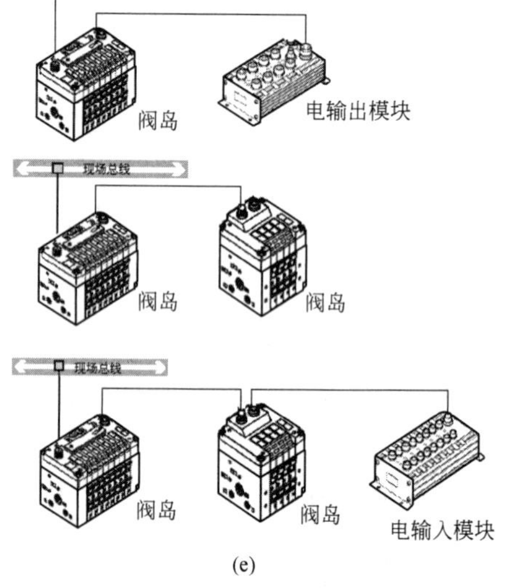

(e)</td></tr>
</table>

续表

按总线控制安装系统方式分类	分散安装系统(CP现场总线节点/EX500系列系统)(含AS-i)	如图f所示,现场总线节点有两种型式:一种是以一个单独现场总线节点(网关)接入现场总线网络(如FESTO公司称其为CP现场总线节点,SMC公司称其为EX500系列系统);另一种是与模块化阀岛组合在一起,以其中的控制模块(网关)型式存在于阀岛内(如FESTO公司称其为CP现场总线控制模块) 不管是CP现场总线节点(EX500系列系统),还是CP现场总线控制模块,安装分布的模式是一样的:从一个现场总线节点(网关)为始点,通过电缆连接到阀岛(或输出模块),然后再通过电缆连接到输入模块(传感器或其他需处理的电信号),每条分支最多可有16点输出、16点输入,每条分支扩展的总长不超过10m。对于一个CP现场总线节点(网关)或现场总线控制模块(网关),它的分散安装系统最多都可扩展4条分支 CP现场总线节点(EX500系列系统)与现场总线控制模块的区别:CP现场总线节点(EX500系列系统)能更好兼顾各分支、各分散现场设备(驱动器/传感器)在10m半径之内,或能更自由地安装在各离散驱动器/传感器相对适宜的空间内。而CP现场总线控制模块因已被组合在阀岛内,阀岛的气动阀为了靠近它的驱动器距离,会影响CP现场总线控制模块与各分支、各分散现场设备(驱动器/传感器)之间的最佳距离 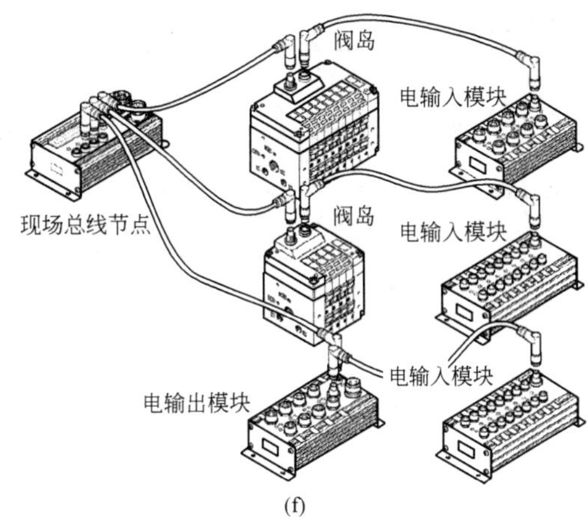 (f) 此类安装系统适合于分散的现场区域,而每一个现场区域又相对集中了许多需控制的驱动器或传感信号。另外,高速设备要求动作元件具有较短的循环周期以及较短的气管长度,这使得气动阀必须安装在离气缸很近的地方。分散安装系统就是为了满足这些要求而开发(不必逐个对阀接线)
	模块化安装系统(含AS-i)	如图g所示,模块化安装系统具有直接连接方式和分散安装系统两种功能,其实质也是一种直接连接方式,即阀岛的接口可直接接入现场总线。CP现场总线控制模块作为一个分散安装系统的一部分控制功能,内置于阀岛的控制节点模块内,对于内置PLC主控器控制节点模块,有些功能强大的小型PLC最多能提供128输出和128输入,而当它作为一个现场总线的从站或主站,最多带31现场总线的从站和1048个输出和输入。由于各种PLC的功能不一,各个气动厂商提供的产品各不相同。有的阀岛控制节点模块最多带26个线圈位,96个现场输入,96个现场输出,带CP现场总线控制模块可用于分散的现场区域64个输入和64个输出控制(2~10m),AS-i主控模块可扩展连接控制分散的现场124个控制点。模块化安装系统是一个集中与分散控制的典型,作为对单机工作模式而言,它不仅能用来控制一定规模的中小型单个设备,还可用来实现具有离散功能的独立子系统;作为对主站工作模式而言,它不仅可用于连接既有集中、又有离散在现场的输入和输出,还可连接更多的现场总线站点(或从站),以及担负需要处理大量电传感器和驱动器的自动化任务 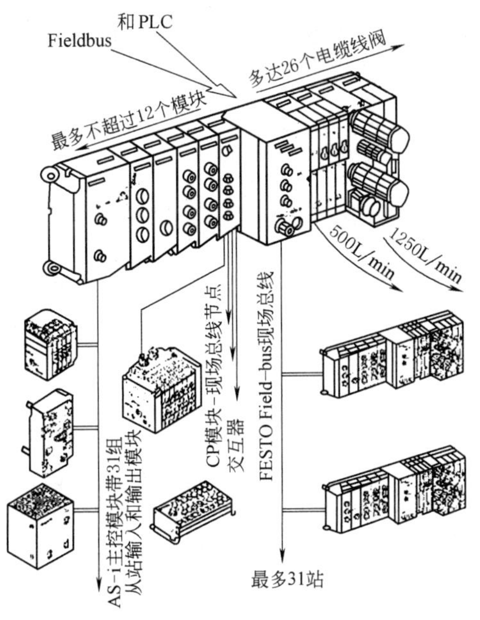 (g) 内置PLC阀岛的控制网络示意图

5.5 阀岛的结构及特性（以坚固的模块型结构的阀岛为例）

表 21-3-42

<table>
<tr><td>坚固的模块型结构的阀岛</td><td colspan="2">如图 a 所示为坚固的模块型结构的阀岛。防护等级为 IP65，由三大主要部分组成：气动模块（见图 b）、电输入/输出模块及节点控制模块，见图 c（带 CP 现场总线控制模块或含 AS-i）。有多种电连接方式：带多针接口的（省配线阀岛），所有通用现场总线，内置可编程控制器现场总线接口的。阀的外壳采用金属材料，电输入/输出模块也采用金属材料，通过阀上的 LED 可显示故障
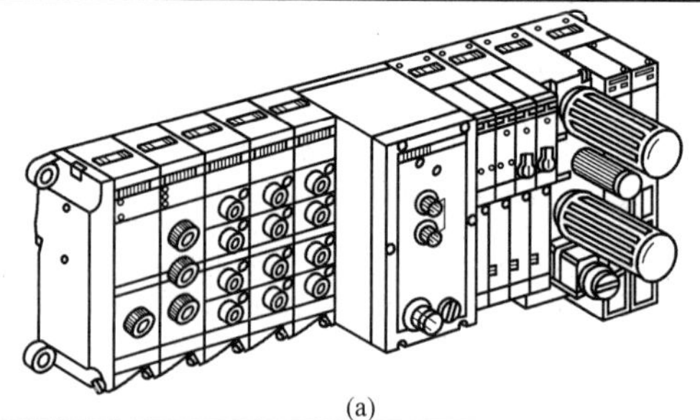
(a)</td></tr>
<tr><td>气动模块部分</td><td colspan="2">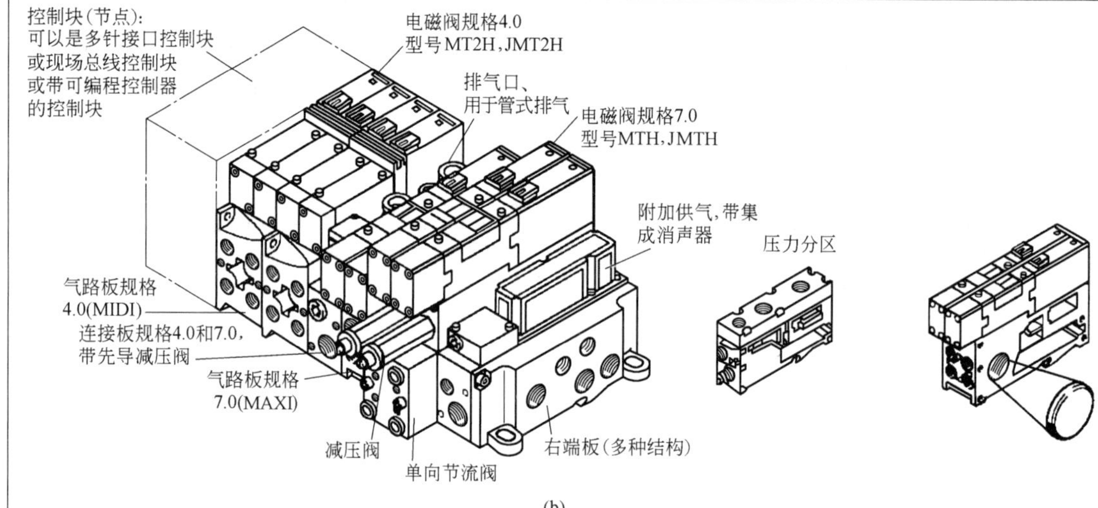

(b)
气动模块部分见图 b，将电磁阀组合在一起就形成了具有公共气源的阀气路板。这降低了所需气管的数量，使整个单元更容易安装。它的气动阀位最多可扩展到 26 个单电控阀位（26 线圈），该阀岛由两种规格的电磁阀组成，通径为 4.0（500L/min）和 7.0（1300L/min）。工作压力为 4～8bar，带先导进气的工作压力为-0.9～+10bar。通径为 4.0 的响应时间开为 12ms、关为 25ms 左右；通径为 7.0 的响应时间开为 25ms、关为 30ms 左右。气动模块上可选择二位五通单电控阀（弹簧复位、带外接先导型的气复位）、二位五通双电控阀（带外接先导型的气复位）、带外接先导三位五通电控阀（中封式、中泄式、中压式），所有的阀都带手控装置，有非锁定式、锁定式及防止被激活保护型（根据要求）。利用堵头可使阀岛具有多个压力分区，包括真空操作，气路板底座也分 4.0 规格和 7.0 规格，当需要有两种规格阀时，可选用规格转换气动板底座。此外还可安装集成化的减压阀和单向节流阀模块。适用于单电控的气路板上可安装两个阀，配有两个分配地址，对于适用于双电控阀的气路板上也可安装两个阀，配有四个分配地址。如果在一个适用于双电控阀的气路板上安装一个双电控阀和一个单电控阀，则一个地址将被丢失</td></tr>
<tr><td rowspan="2">控制节点模块</td><td colspan="2">阀岛的控制节点模块，可分为带多针接口节点的控制模块及带现场总线接口节点的控制模块。带现场总线接口节点的控制模块还可分为带可编程控制器现场总线接口节点的控制模块及不带可编程控制器现场总线接口节点的控制模块</td></tr>
<tr><td>多针接口的节点</td><td>多针接口的节点：如图 c。阀岛可配置多针节点，除了控制阀，相应的传感器的反馈信号通过一条共用的多针电缆集合传输到控制柜（上位机）。该节点如采用圆形插头，最多可带 24 个气动控制阀电磁线圈，如采用 Sub-D 插头，最多可带 22 个气动控制阀电磁线圈，另外最多可有 24 个输入信号（以 Festo 坚固的模块型结构的 03 型阀岛为例）。带多针接口的阀岛可与目前所有的控制系统或工业 PC 的 I/O 卡连接。集中控制系统要求一个功能强大的 PLC，相应地带大量的 I/O 卡，与现场总线设备必须通过较复杂的并行线连接
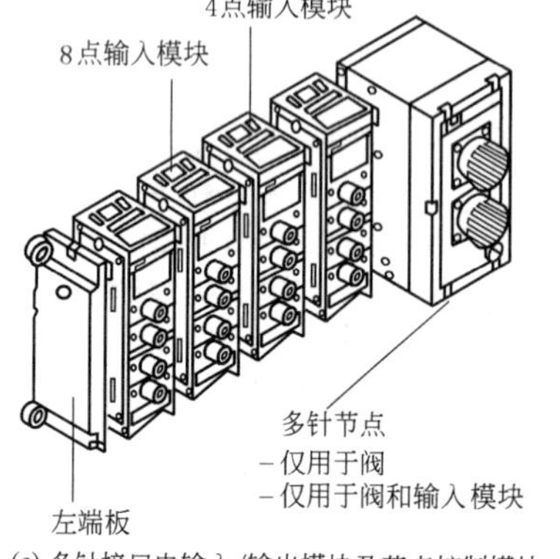

(c) 多针接口电输入/输出模块及节点控制模块</td></tr>
</table>

续表

控制节点模块	总线接口节点		
		在模块化电设备系统中，总线接口节点的控制模块相当于系统的心脏，它处理着更高一级控制器和主站的通信连接，具有大量附加功能的 PLC 程序器可直接通过现场总线节点模块中执行，现场总线节点模块还担当电输入/输出模块、传感器的电源（如电磁线圈和电输出的负载电源）及系统监测和诊断（如电源状态、电磁线圈短路或断路、传感器及连接电缆故障等）	
		带现场总线接口节点	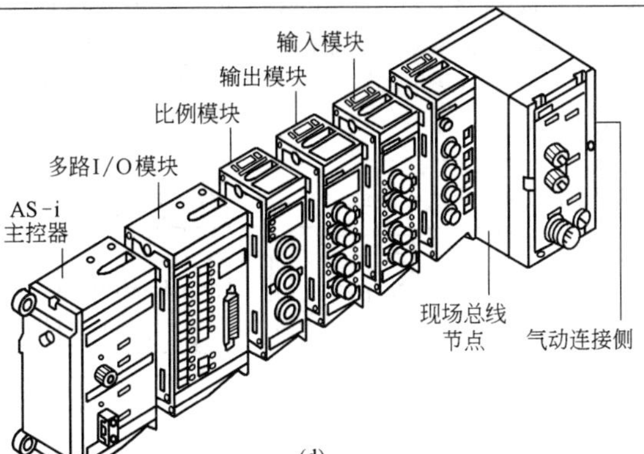 输入模块 输出模块 比例模块 多路I/O模块 AS-i 主控器 现场总线节点 气动连接侧 (d) 该总线节点可带 26 个气动控制阀电磁线圈，电输入点/输出点的数量取决于现场总线的类型和气动阀的个数[如对于 Festo、ABB（CS31）、SUCONETK、Interbus、Allen-Bradley（1771RIO）、DeviceNet、ASA（FIPIO）的现场总线，可有 60 个输入点和 64 个输出点，对于 Profibus-DP、Interbus-FOC 的现场总线可有 90 个输入点和 74 个输出点]。对于模拟量的输入/输出也将取决于现场总线的类型（如 Interbus、DeviceNet、Interbus-FOC 均有 8 个模拟量的输入/输出，其他的总线类型能否有模拟量的输入/输出需要查询）（以 Festo 坚固的模块型结构的 03 型阀岛为例）。除了阀的控制和电输出外，配置 AS-i 模块（作主站），同时，相应的传感器的反馈信息被记录在外围设备内，并通过现场总线传递到控制柜中。程序控制诊断阀的欠电压、传感器的欠电压、输出短路等
		带可编程控制器现场总线接口的节点	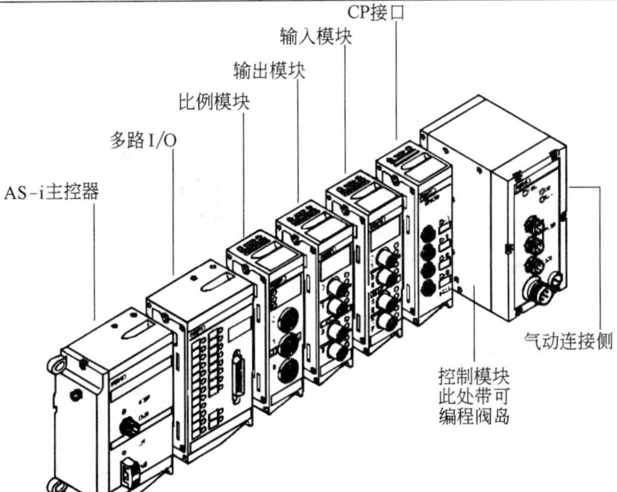 CP接口 输入模块 输出模块 比例模块 多路I/O AS-i主控器 气动连接侧 控制模块此处带可编程阀岛 (e) 除了能作为现场总线节点作控制器之外，带可编程控制器、现场总线接口还可担当主站的主控器功能。带可编程控制器、现场总线接口的阀岛可配置各种控制模块（带 Festo PLC 或带 Siemens PLC 或 Allen-Bradley PLC），除对阀控制和电输出之外，相应传感器的反馈信号被记录在阀岛内，并通过内置集成的 PLC 自动对这些反馈信息进行处理，通过现场总线可进行扩展及网络化。该总线节点对本站阀岛最多可带 26 个气动控制阀电磁线圈，就本站阀岛而言，它有 128 个数字量输入信号和 128 个数字量输出信号（含 26 个气动控制阀电磁线圈）。另外，对于特殊的现场总线控制模块，它还能带 64 个数字量输入点和 64 个数字量输出点。对那些既需处理模拟量输入信号，如设定驱动阀上的参数及反馈信息（温度、压力、流量、注入高度等），又需要处理控制器的模拟量输出信号，带可编程控制器、现场总线接口的节点还提供专门模拟量输入/输出信号，最多可有 36 个模拟量输入信号、12 个模拟量输出信号。带可编程控制器、现场总线接口的节点可作为从站或主站应用，如作为主站（主控器），最多可带 31 个现场总线从站，最多不超过 1048 个输入/输出点（以 Festo 坚固的模块型结构的 03 型阀岛为例）。对于带现场总线接口节点的控制模块（包括带可编程控制器节点模块）采用常用的现场总线有 ABB（CS31）、SUCONETK、Interbus、Allen-Bradley（1771RIO）、DeviceNet、ASA（FIPIO）、Festo 等

续表

控制节点模块	总线接口节点	电输入/输出模块	可分为数字量输入模块、数字量输出模块、模拟量输入/输出模块、附加电源、电接口。对于坚固的模块型结构的03型阀岛而言，最多有12个电的输入、输出模块。其中，对于数字量输入模块，有8点的输入模块（PNP/NPN）、4点的输入模块（PNP/NPN）或16点的输入模块（PNP带Sub-D插头）。对于数字量输出模块，有4点的输出模块（PNP）或大电流的4点输出模块（PNP/NPN，每个输出点为2A）。对于数字量输入/输出模块：有12个输入点、8个输出点；而对于模拟量输入/输出模块，有3个输入、1个输出的模拟量模块（0～10V；4～20mA）或1个输入/1个输出的模拟量模块（用于比例阀）。对某一公司的各种阀岛，欲采用多少个电输入/输出模块，取决于采用何种现场总线类型的节点
		附加电源	附加电源为大电流输出模块提供最大为25A的负载电流。它安装在大电流输出模块的右侧，如图f所示 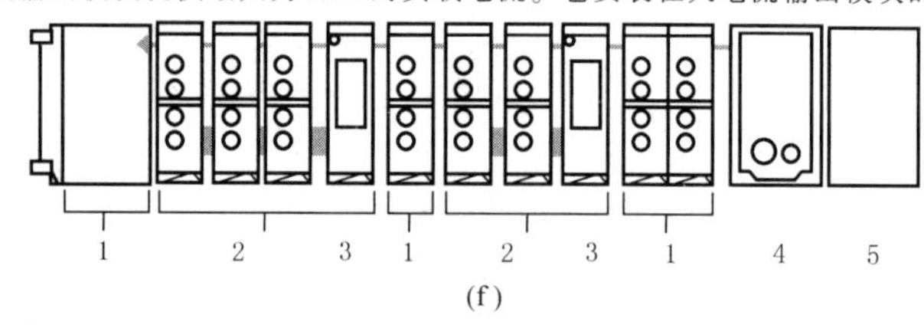 (f) 1—I/O模块，带4/8点输入(PNP/NPN)或4点输出(仅PNP 0.5A)或多路I/O模块，带12/80点； 2—大电流输出(PNP/NPN) 2×大电流电源(灰色接口)至最后的大电流输出模块就停止供电； 3—附加电源24V/25A； 4—节点； 5—阀
		AS-i模块	AS-i模块也称为“AS-i主站接口”，其连接网络见图g，是为每个站点带少量输入/输出的简单通信设计的，一般站点有4或8个输入/输出。AS-i主站（作为阀岛中的网关）可提供一种从AS-i到较高级现场总线协议的良好连接，并控制AS-i网络。连接于该模块的从站将由AS-i主站进行管理。它们的输入/输出信号既可通过相邻的现场总线传输给更高一级的控制器（带现场总线主站的工业PC），也可以传输给控制模块（节点）。在建立AS-i系统时，AS-i主站将和所需的从站一起连接到AS-i数据电缆上（黄色电缆）。每个从站首先被分配一个唯一地址，AS-i组合电缆也是通过黄色数据电缆为所有站点提供电源。在建立好所有的连接并确认所选的地址没有重叠后，当前的配置情况就可以通过配置接头进行读取和保存。于是总线站点的输入或输出被不断地更新并与更高一级的现场总线节点或控制模块进行交换。每一个站点以及AS-i诊断数据都被赋予一个固定的I/O地址域。它可连接31个从站，124个输出和124个输入 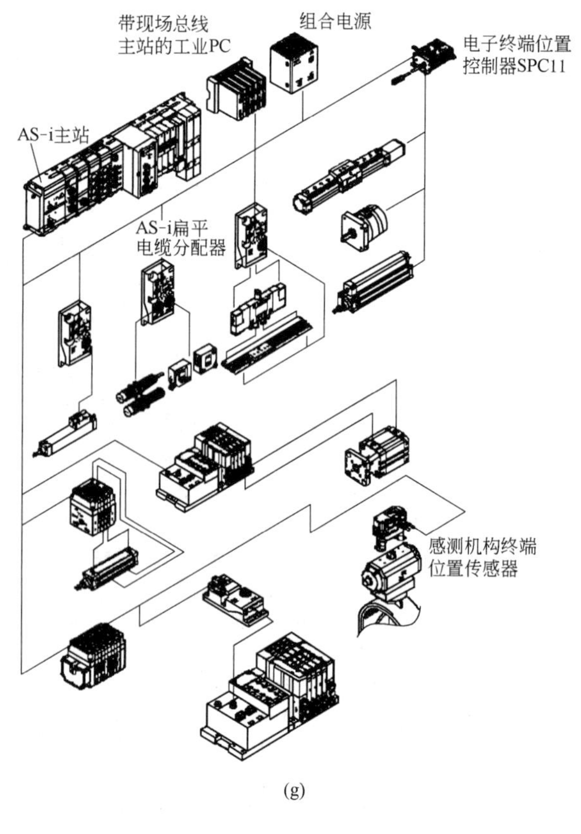 (g)

5.6 Festo 阀岛及 CPV 阀岛

5.6.1 Festo 阀岛概述

Festo 公司阀岛有三种类型：①标准型阀岛；②通用型阀岛；③专用型阀岛。详见表 21-3-43。

表 21-3-43

类别	型 号	流量阀位/线圈	电接口和其他总线	特 性
标准型阀岛	04 型阀岛	流量： 规格 1:1200L/min； 规格 2:2300L/min； 规格 3:4500L/min 最多可带 阀位:16 线圈:16	电接口:多针接口(省配线)、Interbus、DeviceNet、Profibus 其他总线:Festo FB、ABB CS31、Moeller SUCONETK；1771 RIO、FIP10、DH485	符合 ISO 5599-2 标准安装界面。坚固的金属结构，IP 65，各种类型的阀功能齐全，最高工作压力为 16bar，电压为 12V DC，120V AC，并有多个压力分区，可集成节流阀和减压阀。所有的阀有手控装置，并配有熔丝。带 LED 显示，通过现场总线/控制模块可传递诊断信息，能快速发现并修理故障。可带 AS-i 主站，有 CP 分散安装系统接口。大电流的输出模块(PNP/NPN:2A)，模拟量输入/输出模块
	44 型阀岛	流量： 规格 02:500L/min； 规格 01:1000L/min 最多可带 阀位:32 线圈:32	电接口:多针接口(省配线)、Interbus、DeviceNet、Profibus 其他总线:Festo FB、ABB CS31、Moeller SUCONETK；1771 RIO、FIP10、DH485	符合 ISO 15407-1 标准安装界面。坚固的金属结构，IP 65，各种类型的阀功能齐全，最高工作压力为 10bar，电压为 24V DC，24V AC，12V DC，110V AC，230V AC，并有多个压力分区，可集成节流阀和减压阀。所有的阀有手控装置，并配有熔丝。带 LED 显示，通过现场总线/控制模块可传递诊断信息，能快速发现并修理故障。可带 AS-i 主站，有 CP 分散安装系统接口。模拟量/数字量输入/输出模块
通用型阀岛	10 型紧凑型 CPV 阀岛	流量： CPV10: 400L/min； CPV14:800L/min； CPV18:1600L/min； 最多可带 阀位:8 线圈:16	电接口:单个线圈接口、多针接口(省配线)、Interbus、DeviceNet、Profibus、CANopen、CC-Link、As-i 其他总线:IP-Link、CPV Direct 现场总线	结构尺寸小，重量轻，流量大，适合现场安装。连接管路短，响应速度高。IP 65，最高工作压力为 10bar，电压为 24V DC，具有多种气动阀的功能，压力分区，可用于真空。提供多种电连接技术，无论是单个阀的接口还是带多种扩展可能性的总线系统，都可对各种类型的阀进行驱动。电输入和输出模块的集成能为各种安装理念提供性价比高的解决方法。所有的阀有手控装置
	12 型紧凑型 CPA 阀岛	流量： CPA10: 300L/min； CPA14:600L/min 最多可带 阀位:22 线圈:单个接口可有 44 个	电接口:单个线圈接口、多针接口(省配线)、Interbus、DeviceNet、Profibus、CANopen、CC-Link、As-i 其他总线:通过 CPX 进行现场总线连接，Ethernet Modbus TCP	结构尺寸小，重量轻，金属外壳坚固，最多可扩展至 44 个线圈。IP 65，最高工作压力为 10bar，电压为 24V DC，可在任何时候对单个阀进行转换/扩展。阀体有手控装置:按钮式、锁定式、加罩式，电磁线圈 100%通电持续率。具有多种气动阀的功能，有多个压力区域，可与模块化的电外围设备(如与集成的电输入输出模块以及控制节点为一体的 CPX 电控终端)组合使用。可对每个阀进行诊断、故障参数化。使用 LED 以及手持诊断显示屏进行现场诊断

续表

类别	型　号	流量阀位/线圈	电接口和其他总线	特　　性
通用型阀岛	03 型坚固的模块化阀岛	流量： Midi：500L/min Maxi：1250L/min 最多可带 阀位：16 线圈：26	电接口：多针接口（省配线）、Interbus、DeviceNet、Profibus、CANopen、CC-Link 其他总线：通过 CPX 进行现场总线连接，Ethernet Modbus TCP	阀岛和阀的外壳都为坚固的金属结构，IP65，可用于恶劣的环境，最高工作压力为 10bar，电压为 24V DC。阀体有手控装置：非锁定式、锁定式以及防止被激活的保护型。电磁线圈 100%通电持续率。具有多种气动阀的功能，有多个压力区域，可与模块化的电外围设备（如与集成的电输入输出模块以及控制节点为一体的 CPX 电控终端）组合使用。可对每个阀进行诊断、故障参数化。使用 LED 以及手持诊断显示屏进行现场诊断。大电流的输出模块（PNP/NPN：2A）可用于液压阀，模拟量/数字量输入/输出模块。对于带内置可编程控制器的阀岛，有 CP 分散安装系统接口。可带 AS-i 主站
	02 型老虎阀岛	流量： G⅛：750L/min G⅛加长型：1000L/min G¼：1300L/min G¼加长型：1600L/min 最多可带 阀位：16 线圈：16	电接口：多针接口（省配线）、Interbus、DeviceNet、Profibus 其他总线：Festo FB、ABB CS31、Moeller SUCONETK；1771 RIO	阀岛和阀的外壳都为坚固的金属结构，老虎阀截止式的结构能适应较恶劣的气源和工作环境。IP 65，最高工作压力为 10bar，电压为 24V DC。阀体有手控装置：非锁定式、锁定式。电磁线圈 100%通电持续率。具有多种气动阀的功能，有多个压力区域，可与模块化的电外围设备（如与集成的电输入输出模块以及控制节点为一体的 CPX 电控终端）组合使用。可对每个阀进行诊断、故障参数化。使用 LED 以及手持诊断显示屏进行现场诊断。大电流的输出模块（PNP/NPN：2A）可用于液压阀，模拟量/数字量输入/输出模块。对于带内置可编程控制器的阀岛，有 CP 分散安装系统接口。可带 AS-i 主站
	32 型模块化 MPA 阀岛	流量：360L/min 最多可带 阀位：32 线圈：64	电接口：多针接口（省配线）、Interbus、DeviceNet、Profibus、CANopen、CC-Link 其他总线：通过 CPX 进行现场总线连接，Ethernet Modbus TCP	MPA 阀岛是与 CPX 电终端模块一起开发的灵活的模块化阀岛。它可以与控制节点组成一体 MPA 阀岛，CPX 电的输入/输出模块为其外围设备，也可以与 CPX 电的输入/输出一起组成一个模块化阀岛 MPA 阀岛+CPX 电终端。外壳为坚固的金属结构，IP 65，工作压力为-0.9~10bar，电压为 24V DC。阀体有手控装置：按钮式、旋转/锁定式、带保护盖。阀上有 LED 显示。电磁线圈 100%通电持续率。具有多种气动阀的功能，有多个压力区域。由于与 CPX 外围设备相连，所以它有先进的内部通信系统。可以诊断每个模块、每个通道、每个阀线圈的故障信号，包括电源的关闭与不稳定、气源的关闭与不稳定、传感器/执行器以及连接电缆的故障。可带 AS-i 主站，有 CP 分散安装系统接口。模拟量/数字量输入/输出模块。有墙面安装以及 H 型导轨安装方式
专用型阀岛	80 型智能立方体 CPV SC1 阀岛	流量：170L/min 最多可带 阀位：16 线圈：16	电接口：多针接口（省配线）	外壳和连接螺纹都采用金属材料，因此非常坚固，尺寸比 10 型紧凑型 CPV 更小。重量轻，非常适合于在有限的空间内对小型驱动器进行操作。有多个压力区域，可直接安装在运动的系统/部件上。采用二位二通阀（常闭）、二位三通阀（常开/常闭）阀及二位五通阀（单电控/双电控），工作压力为-0.9~7bar，电压为 24V DC。IP 40，阀体有手控装置：按钮式、锁定式、加置式。当环境温度为 40℃ 时，电磁线圈为 100%通电持续率。带 Sub-D 接口或扁平电缆接口，具电磁兼容性：抗干扰等级符合 EN 50081-2 标准“工业领域的抗干扰”；干扰辐射等级符合 EN 61000-6-2 标准“工业领域的干扰辐射”（最长信号线长度为 10m）

续表

类别	型　号	流量阀位/线圈	电接口和其他总线	特　　性
专用型阀岛	82型智能立方体CPA SC1阀岛	流量:150L/min;最多可带阀位:20 线圈:32	电接口:单个线圈接口多针接口(省配线)	小型结构紧凑型阀岛,外壳和连接螺纹都采用金属材料,因此非常坚固。工作压力为-0.9~10bar,电压为24V DC。电磁线圈100%通电持续率。IP 40,阀体有手控装置:非锁定式、旋转后锁定。每个阀位的信号有LED显示。具有多种气动阀的功能。带Sub-D接口或扁平电缆接口,具电磁兼容性:抗干扰等级符合EN 50081-2标准"工业领域的抗干扰";干扰辐射等级符合EN 61000-6-2标准"工业领域的干扰辐射"(最长信号线长度为10m)
	小型MH1阀岛	流量:17L/min 最多可带阀位:22 线圈:22	电接口:单个线圈接口;多针接口(省配线)	小型结构阀,流量为10~14L,采用直动式二位二通阀(常闭)及二位三通阀(常开/常闭)。响应时间为4ms
	小型MH2阀岛	流量:100L/min 最多可带阀位:10 线圈:10	电接口:单个线圈接口;多针接口(省配线)	阀岛为紧凑型扁平结构,采用直动式高速阀。响应时间小于2ms。气动阀为二位三通及二位二通型式(常开/常闭)。工作压力为-0.9~8bar,电压为24V DC
	15型易清洗型CD-Vi阀岛	流量:650L/min 最多可带阀位:12 线圈:24	电接口:多针接口(省配线)DeviceNet 其他总线:Ethernet Powerlink	阀岛和阀均由高耐腐蚀聚合材料制成,满足食品工业清晰需求(符合清洁型设备设计原则和卫生标准的DIN EN 1672-2标准和清洁型机械设计要求的DIN ISO 14159标准):无棱边、没有很小的弯曲半径、无裂缝、污垢不易堆积、阀与阀之间的空间容易清洗、耐腐蚀。阀岛在供货前经过完全的装配和功能测试,IP 65/67,电磁线圈100%通电持续率。工作压力为-0.9~10bar,电压为24V DC。有多个压力分区

5.6.2 CPV 阀岛简介

CPV阀岛是一个结构紧凑的阀岛（C表示Compact，P表示Performance，V表示Valve Terminal）。所有的阀都是以阀片的形式组合在一起，结构极其紧凑，也大大降低了阀的自重。阀片有两种功能（如2个二位三通阀）。CPV有三种规格（CPV 10：阀宽100mm，流量400L/min；CPV 14：阀宽14mm，流量800L/min；CPV 18：阀宽18mm，流量1600L/min）。CPV阀岛有多种电连接技术。如单个线圈接口（独立插座）、多针接口（省配线）、现场总线、带AS-i接口。CPV阀岛最多可扩8片阀，16个线圈。CPV阀岛总线连接方式分直接连接方式和分散安装系统（EX500系列系统）。对于分散安装系统（EX500系列系统），最多可有4条分支，与现场总线节点连接（见表21-3-41图f）。为了确保每条分支通过连接后电缆通信总长不超过10m。该节点可置于各分散现场驱动器（或阀岛、传感器）中央位置。所有的阀片都配备有本地诊断状态LED，通过现场总线可实现对每条CP分支的诊断。此类安装系统适合于分散的现场区域，而每一个现场区域又相对集中了许多需控制的驱动器或传感信号。

表 21-3-44　　　　CPV10 阀岛

外形图

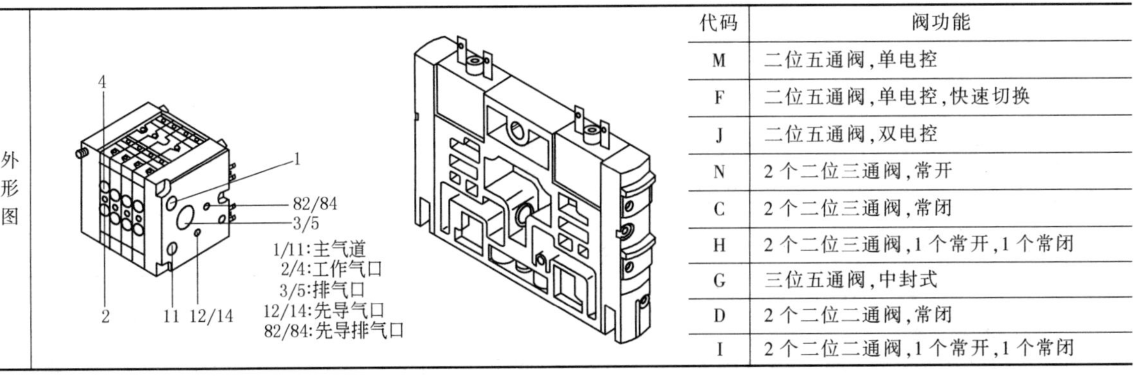

代码	阀功能
M	二位五通阀,单电控
F	二位五通阀,单电控,快速切换
J	二位五通阀,双电控
N	2个二位三通阀,常开
C	2个二位三通阀,常闭
H	2个二位三通阀,1个常开,1个常闭
G	三位五通阀,中封式
D	2个二位二通阀,常闭
I	2个二位二通阀,1个常开,1个常闭

续表

		阀功能		二位五通阀			2个二位三通阀原始位置			三位五通阀中位	2个二位二通阀原始位置		真空发生器	
				单电控	快速切换	双电控	常开	常闭	1×常开 1×常闭	常闭	常闭	1×常开 1×常闭		带喷射脉冲
主要技术参数	阀功能参数	阀功能订货代码		M	F	J	N	C	H	G	D	I	A	E
		结构特点		电磁驱动活塞式滑阀										
		宽度/mm		10										
		公称通径/mm		4										
		润滑		润滑可延长使用寿命,不含PWIS(不含油漆润湿缺陷物质)										
		安装方式		通过气路板安装										
				墙式安装										
				H型导轨安装										
		安装位置		任意位置										
		手控装置		按钮式、锁定式或加盖式										
		额定流量(不带接头)/$L\cdot min^{-1}$		400										
		气动连接(括号内的连接尺寸用于气路板)												
		气动连接		通过端板										
		进气口1/11		G⅛										
		排气口3/5		G⅜(G¼)										
		工作气口2/4		M7										
		先导气口12/14		M5(M7)										
		先导排气口82/84		M5(M7)										
	工作压力/bar	阀功能订货代码		M	F	J	N	C	H	G	D	I	A	E
		不带先导进气		3~8										
		带先导进气 $p_1=p_{11}$		-0.9~+10										
		先导压力 $p_{12}=p_{14}$		3~8										
	响应时间/ms	阀功能订货代码		M	F	J	N	C	H	G	D	I	A	E
		响应时间	开启	17	13	—	17	17	17	20	15	15	—	15
			关闭	27	17	—	25	25	25	30	17	17	—	17
			切换	—	—	10	—	—	—	—	—	—	—	
	工作和环境条件	阀功能订货代码		M	F	J	N	C	H	G	D	I	A	E
		工作介质		过滤压缩空气,润滑或未润滑,惰性气体										
		过滤等级/μm		40										
		环境温度/℃		-5~+50(真空发生器:0~+50)										
		介质温度/℃		-5~+50(真空发生器:0~+50)										
		耐腐蚀等级CRC①		2②(真空发生器)										

① 耐腐蚀等级1,符合Festo 940070标准
元件只需具备耐腐蚀能力,运输和贮存防护,这些元件无基本涂层要求,如内部元件或位于盖子下面的元件
② 耐腐蚀等级2,符合Festo 940070标准
元件必须具备一定的耐腐蚀能力,外部可视元件具备基本的涂层表面,可直接与工业环境或与冷却液、润滑剂等介质接触

续表

主要技术参数	电参数	带 CP 接头的 CP 阀岛的电磁兼容性		抗干扰等级符合 EN 61000-6-4 标准,“工业领域的抗干扰”
				干扰辐射等级[①]符合 EN 61000-6-2 标准,“工业领域的干扰辐射”
		触电防护等级(有直接接触和间接接触的防护措施,符合 EN 60204-1/IEC 204 标准)		由 PELV 供电单元提供
		防爆等级		符合 EU Directive 94/9/EU 标准,113G/D EEx nAllT5 $-5℃<T_a<+50℃$ T80℃ IP65
				符合 UL429,CSA22.2 No.139 标准
		CE 标志		符合 EU Directive 89/336/EU 标准
		工作电压		24V DC(+10%~15%)
		边沿陡度(仅对于 IC 和 MP)		>0.4V/ms 到达大电流相的最短电压上升时间
		残波幅值/V_{pp}		4
		功耗/W		0.6(21V 时 0.45);(CPV10-M11H…0.65)
		通电持续率		100%
		带辅助先导气 $p_1=p_{11}$		−0.9~+10
		防护等级,符合 EN 60529 标准		IP65(在装配完成状态下,适用于所有信号输入类型)
		相对空气湿度		95%非冷凝水
		抗振强度		符合 DIN/IEC 68/EN 60068 标准,第 2~6 部分
		防振		符合 DIN/IEC 68/EN 60068 标准,第 2~27 部分
		持续防振		符合 DIN/IEC 68/EN 60068 标准,第 2~29 部分
		① 最大的信号线长度是 30m		
	继电器板	工作电压		20.4~26.4V DC
		功耗		1.2W
		继电器的数日		2 个,带电绝缘输出
		负载电流回路		每个为 1A/24V DC+10%
		继电器响应时间	开启	5ms
			关闭	2ms
CPV阀岛的压力分区	借隔离板进行压力分区	通过隔离板可将 CPV 划分成 2~4 个压力分区。 实例:压力分区 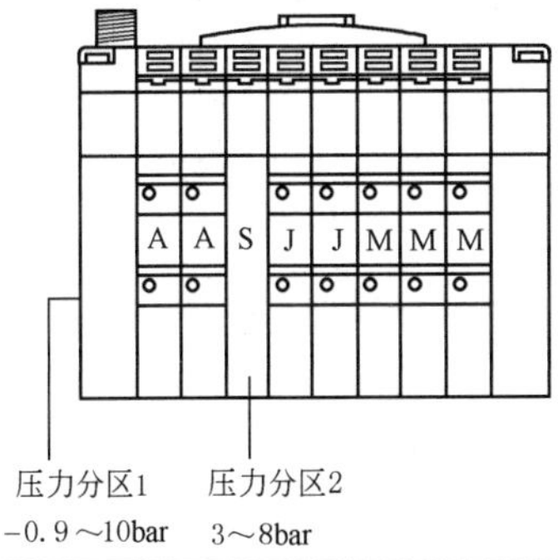 A A S J J M M M 压力分区1 −0.9~10bar 压力分区2 3~8bar		气口 1 和 11 不同的压力在每个阀上产生两个压力等级。例如,为了节约能量,利用较高的压力来使气缸驱动器前进,而较小的压力则使气缸驱动器后退。隔离板 S 可切断排气通道 3/5 以及进气通道 1 和 11。隔离板 T 用来隔离供气通道 1 和 11,使得压缩空气从阀片的左侧供给或从阀片的右侧供给。规格 10、规格 14、规格 18 的 CPV 阀岛的内先导及外先导分区导通或隔断状况见表 21-3-45 CPV 阀岛的一个显著特点是它的两个端板能对阀片进行供气和排气,见左图。大通道的截面积保证了大流量,即便多个阀同时切换。端板上安装了大面积消声器,内/外先导气源压缩空气从两个独立通道(进气口 1/11)对每个阀进行供给。阀通过大截面的集成排气通道(排气口 3/5)进行排气。这种结构使得它具有独一无二的功能性和灵活性。通过终端或真空装置的组合来实现多个压力分区是最简单的方法。阀岛可从左端板或右端板供给,或左右端板同时供给。除了下面列出的组合,也可以根据需要进行其他端板组合
	端板			先导气源分为内先导气源和外光导气源 内先导气源:如果气接口 1 的气源压力为 3~8bar,选用内先导气源。内先导气源从右端板进行分支。先导气口 12/14 不用。外先导气源:如果气接口 1 的气源压力为 3bar 或 8bar,选用外先导气源。在这种情况下,先导气口 12/14 的压力为 3~8bar。如果需要通过压力开关阀在系统中实现缓慢增压,那么就需使用外先导供气,这样可使接通时控制压力就已达到一个很高的值 左图为一个带外先导气源的左端板。排气口 3/5 和 82/84 可以连接螺纹接头或消声器。对于内先导气源输入时,端板上没有接口 12/14 和 11,接口 12/14 在内部与接口 1 连通。而接口 82/84 总是存在的,且需与消声器相连

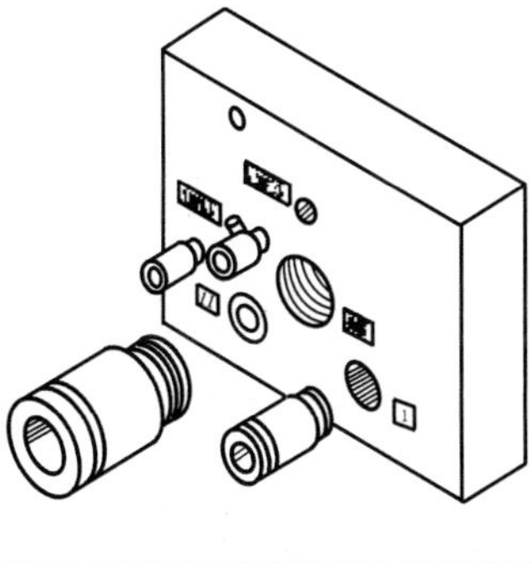

表 21-3-45　　　　**规格 10、14 及 18 的 CPV 阀岛的许用端板组合**

许用的端板组合					
代码	先导供气类型及图形符号	规格			注意事项
		10	14	18	
U	内先导 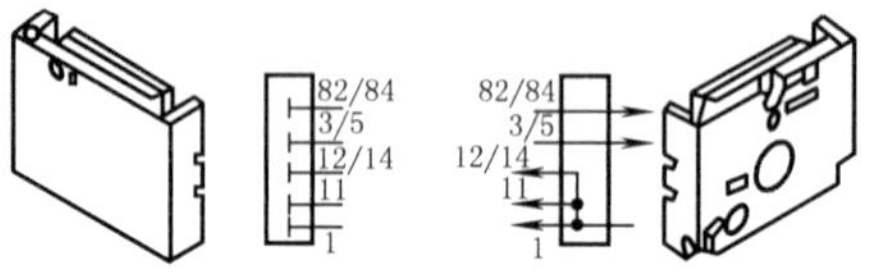	√	√	√	①仅右端板供气 ②不允许压力分区 ③不适用于真空状态
V	内先导 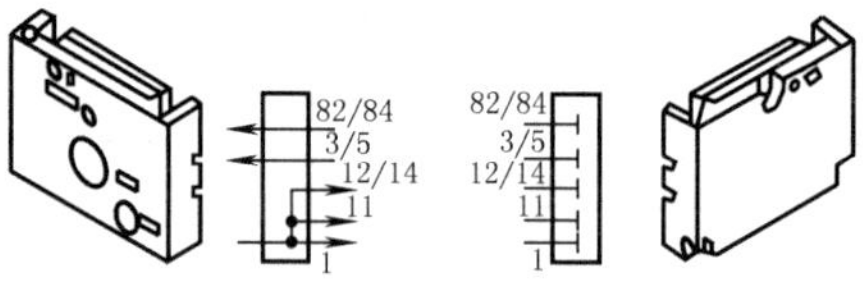	√	√	√	①仅左端板供气 ②不允许压力分区 ③不适用于真空状态
Y	内先导 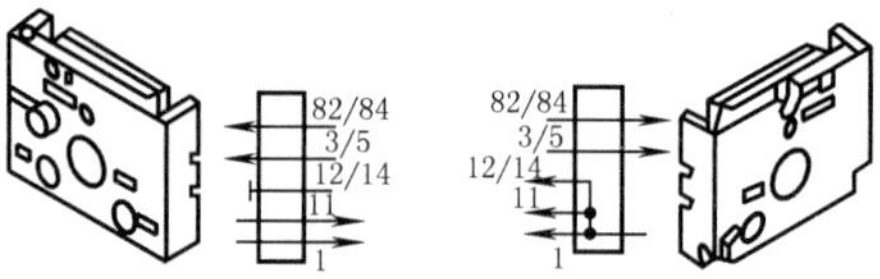	√	√	√	①左右端板同时供气 ②最多可有 3 个压力分区 ③隔离板左侧的阀适用于真空状态
W	外先导 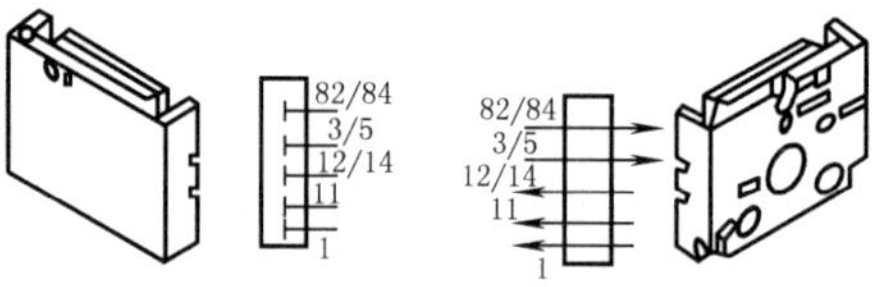	√	√	√	①仅右端板供气 ②不允许压力分区 ③适用于真空状态
X	外先导 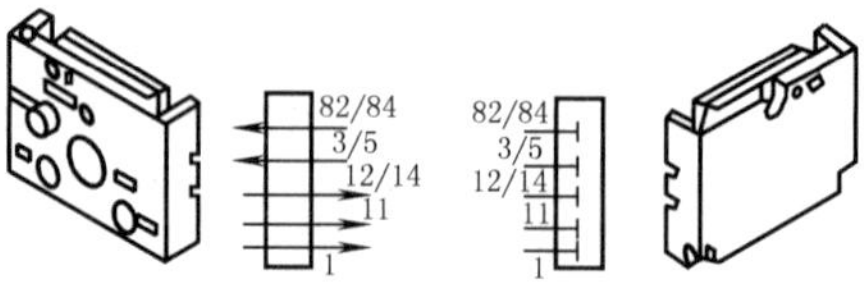	√	√	√	①仅左端板供气 ②不允许压力分区 ③适用于真空状态
Z	外先导 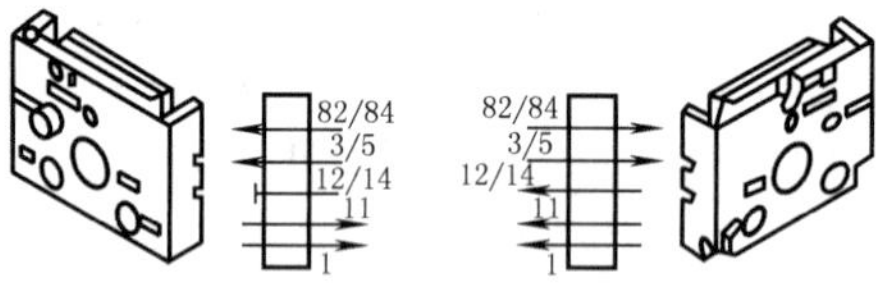	√	√	√	①左右端板同时供气 ②最多可有 4 个压力分区 ③适用于真空状态
T	隔离板(用于形成压力分区): 供气通道] 被隔离 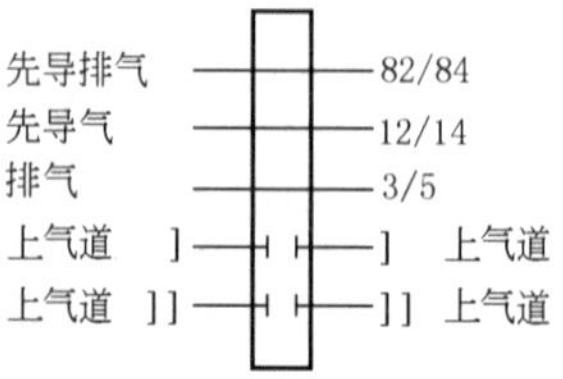 先导排气 — 82/84 先导气 — 12/14 排气 — 3/5 上气道] —] 上气道 上气道]] —]] 上气道	√	√	√	隔离板(代码 T)用来分隔进气口( ] 和]])通道,提供两个压力分区 ①不能用在第一个或最后一个阀位上 ②不能与供气 A、B、C、D、U、V、W、X 一起使用

续表

隔离板

代码	先导供气类型及图形符号	规格			注意事项
		10	14	18	
S	隔离板(用于形成压力分区) 供气通道]和排气通道3/5被隔离 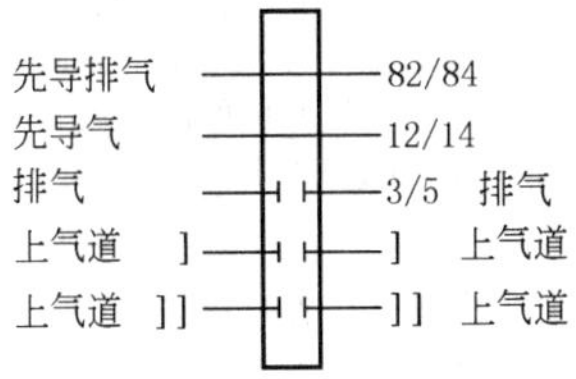 先导排气 82/84 先导气 12/14 排气 3/5 排气 上气道]] 上气道 上气道]]]] 上气道	√	√	√	隔离板(代码S)可切断排气通道3/5以及进气通道]和]]当有一个压力分区为真空时,必须使用这种隔离板,以免影响真空或防止相邻阀上产生背压 ①不能用在第一个或最后一个阀位上 ②不能与供气A、B、C、D、U、V、W、X一起使用(单边供气)
L	空位(备用位置) 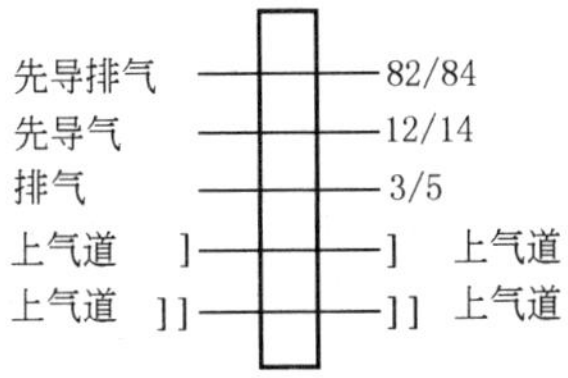 先导排气 82/84 先导气 12/14 排气 3/5 上气道]] 上气道 上气道]]]] 上气道	√	√	√	盖板(代码L)用于密封保留位置,便于以后安装阀片
R	继电器板(2个常开触点) 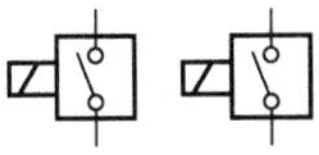	√	√	—	继电器板(代码R),带常开触点,也可用来代替阀,每个继电器板上都带有两个继电器,用于驱动两个电绝缘输出装置,负载容量:24V DC]A ①连接电缆KRP-J-24… ②不能使用说明标签支架

许用的端板组合

代码	先导供气类型及图形符号	规格			注意事项
		10	14	18	
A	内先导 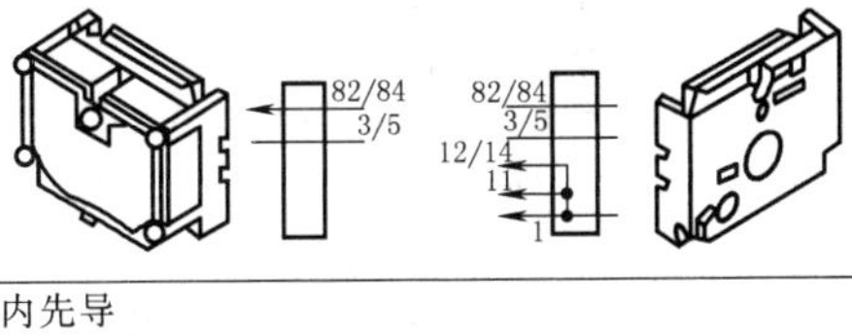 82/84 3/5	82/84 3/5 12/14 11 1	√	√	√	①仅右端板供气 ②不允许压力分区 ③不适用于真空状态
B	内先导 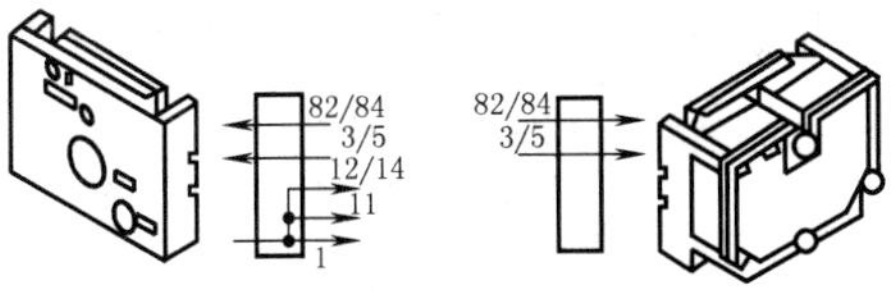 82/84 3/5 12/14 11 1	82/84 3/5	√	√	√	①仅左端板供气 ②不允许压力分区 ③不适用于真空状态
D	外先导 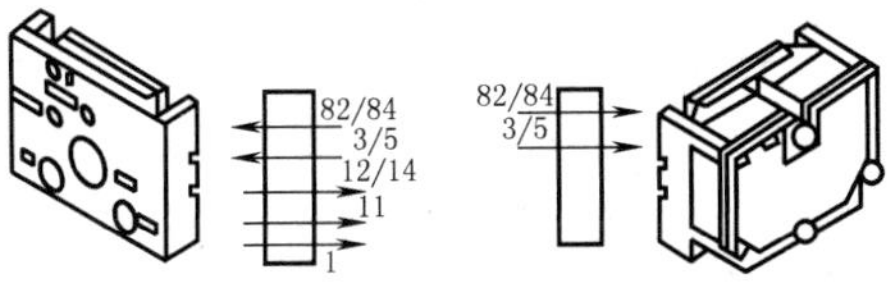 82/84 3/5 12/14 11 1	82/84 3/5	√	√	√	①仅左端板供气 ②不允许压力分区 ③适用于真空状态
C	外先导 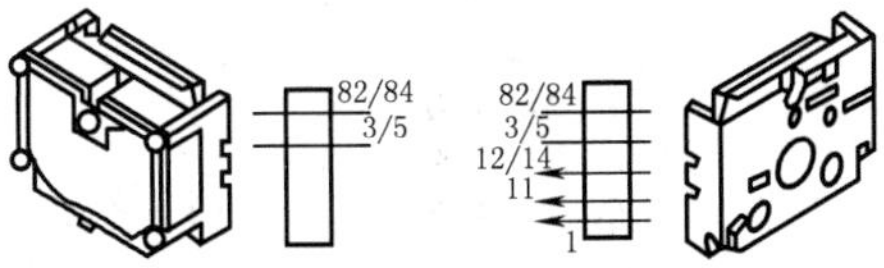 82/84 3/5	82/84 3/5 12/14 11 1	√	√	√	①仅右端板供气 ②不允许压力分区 ③适用于真空状态

续表

许用的端板组合，用于气路板					
代码	先导供气类型及图形符号	规格			注意事项
		10	14	18	
Y	内先导 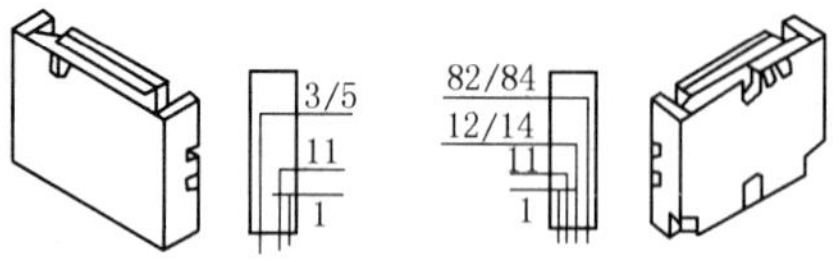 3/5 11 1 82/84 12/14 11 1	√	√	√	①供气口在气路板上 ②只能用隔离板(代码T)进行压力分区 ③最多可有2个压力分区 ④隔离板左侧的阀适用于真空状态 ⑤只能用于附件M、P、V(气路板)
Z	外先导 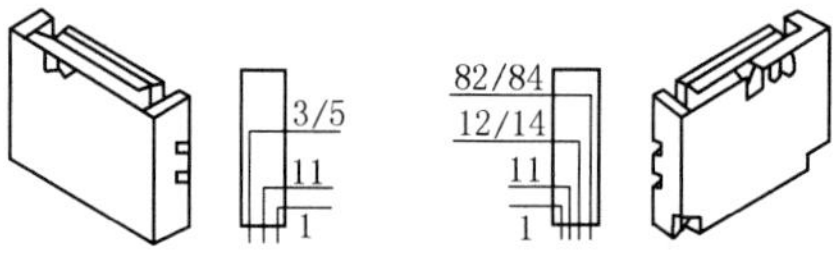 3/5 11 1 82/84 12/14 11 1	√	√	√	①供气口在气路板上 ②只能用隔离板(代码T)进行压力分区 ③最多可有3个压力分区 ④适用于真空状态 ⑤只能用于附件M、P、V(气路板)
G	内先导 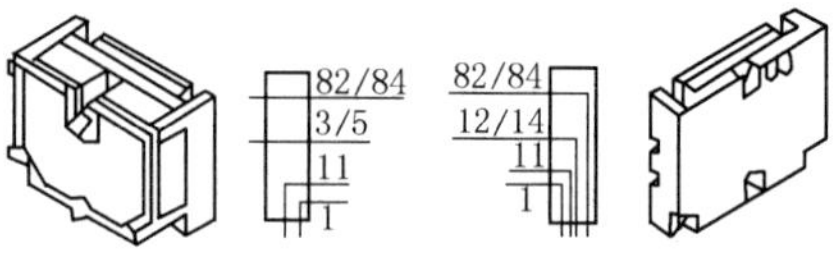 82/84 3/5 11 1 82/84 12/14 11 1	√	√	√	①供气口在气路板上 ②通过大面积消声器进行排气 ③只能用隔离板(代码T)进行压力分区 ④最多可有3个压力分区 ⑤不适用于真空状态 ⑥只能用于附件M、P、V(气路板)
K	内先导 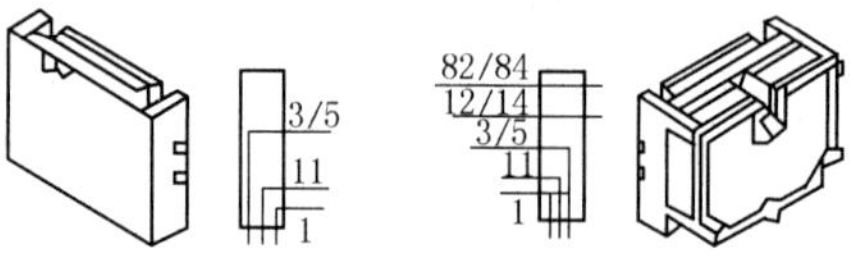 3/5 11 1 82/84 12/14 3/5 11 1	√	√	√	①供气口在气路板上 ②通过大面积消声器进行排气 ③允许压力分区 ④最多可有3个压力分区 ⑤与隔离板组合，适用于真空状态 ⑥只能用于附件M、P、V(气路板)
J	内先导 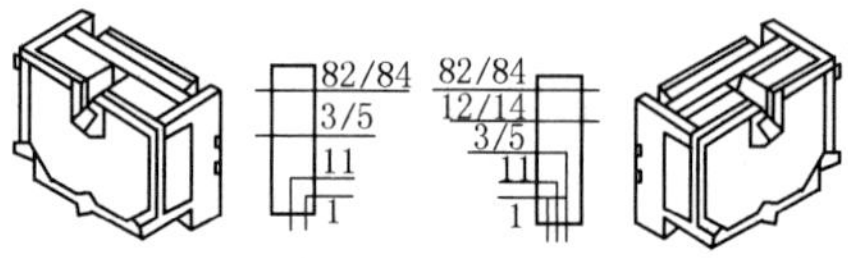 82/84 3/5 11 1 82/84 12/14 3/5 11 1	√	√	√	①供气口在气路板上 ②通过大面积消声器进行排气 ③允许压力分区 ④最多可有3个压力分区 ⑤隔离板左侧的阀适用于真空状态 ⑥只能用于附件M、P、V(气路板)
F	外先导 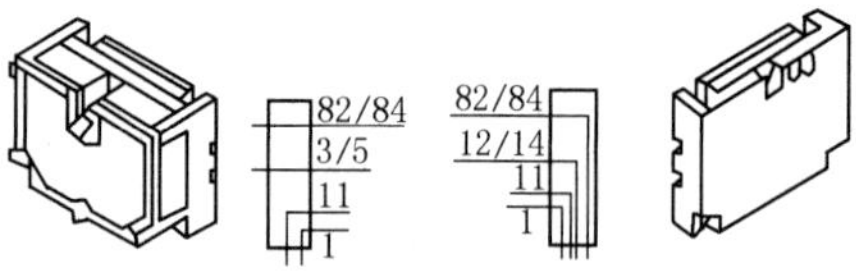 82/84 3/5 11 1 82/84 12/14 11 1	√	√	√	①供气口在气路板上 ②通过大面积消声器进行排气 ③只能用隔离板(代码T)进行压力分区 ④最多可有4个压力分区 ⑤适用于真空状态 ⑥只能用于附件M、P、V(气路板)
E	外先导 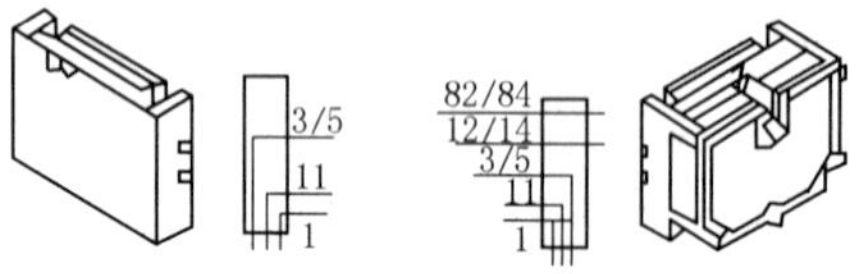 3/5 11 1 82/84 12/14 3/5 11 1	√	√	√	①供气口在气路板上 ②通过大面积消声器进行排气 ③只能用隔离板(代码T)进行压力分区 ④最多可有4个压力分区 ⑤适用于真空状态 ⑥只能用于附件M、P、V(气路板)
H	外先导 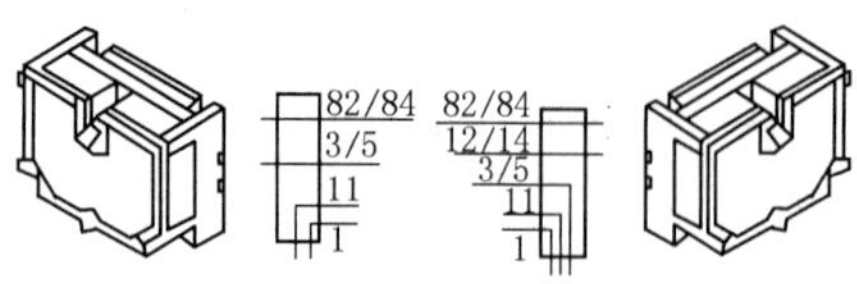 82/84 3/5 11 1 82/84 12/14 3/5 11 1	√	√	√	①供气口在气路板上 ②通过大面积消声器进行排气 ③允许压力分区 ④适用于真空状态 ⑤只能用于附件M、P、V(气路板)

表 21-3-46　　CPV 阀岛的电连接方式

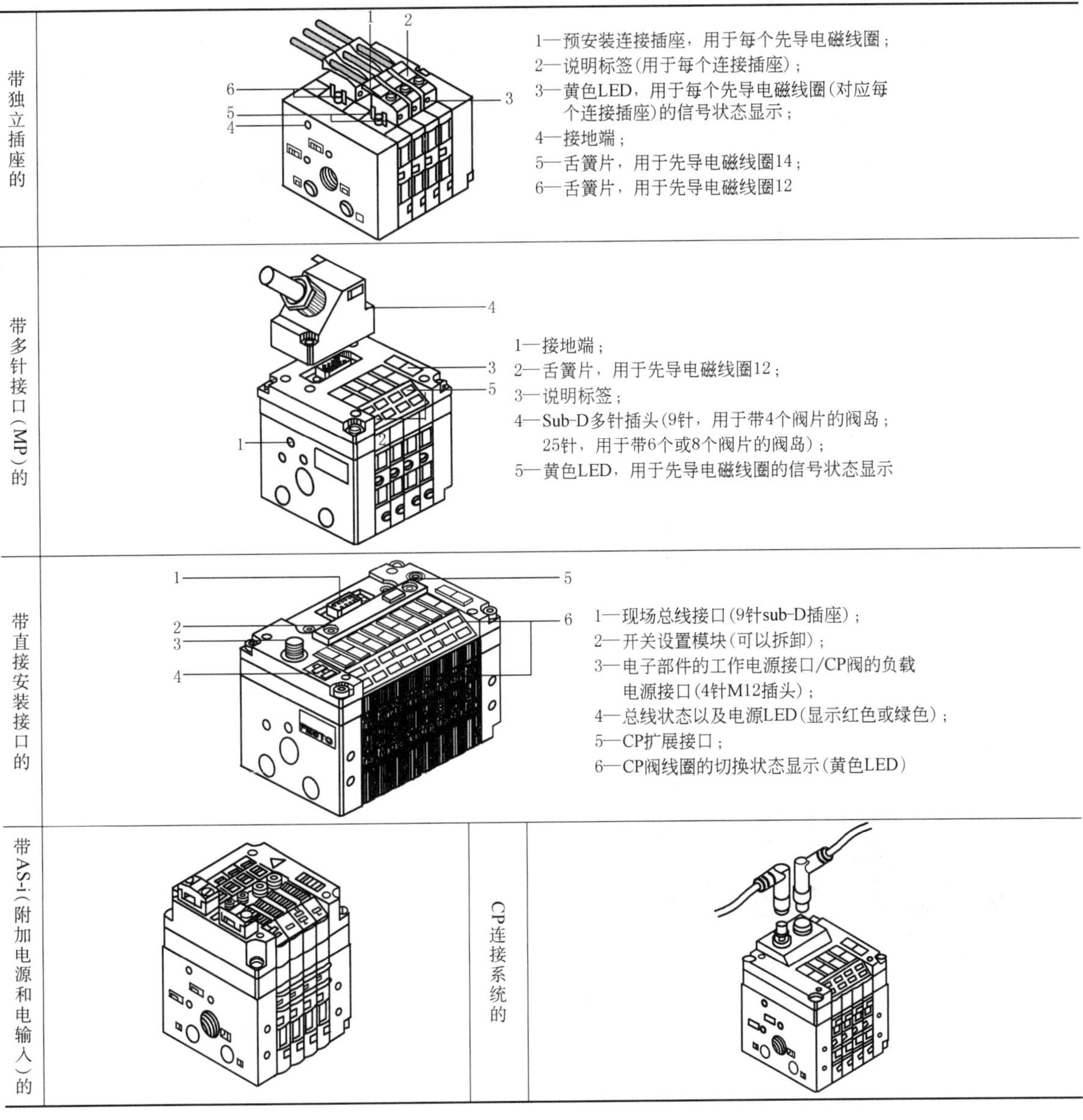

带独立插座的	1—预安装连接插座，用于每个先导电磁线圈； 2—说明标签(用于每个连接插座)； 3—黄色LED，用于每个先导电磁线圈(对应每个连接插座)的信号状态显示； 4—接地端； 5—舌簧片，用于先导电磁线圈14； 6—舌簧片，用于先导电磁线圈12
带多针接口(MP)的	1—接地端； 2—舌簧片，用于先导电磁线圈12； 3—说明标签； 4—Sub-D多针插头(9针，用于带4个阀片的阀岛；25针，用于带6个或8个阀片的阀岛)； 5—黄色LED，用于先导电磁线圈的信号状态显示
带直接安装接口的	1—现场总线接口(9针sub-D插座)； 2—开关设置模块(可以拆卸)； 3—电子部件的工作电源接口/CP阀的负载电源接口(4针M12插头)； 4—总线状态以及电源LED(显示红色或绿色)； 5—CP扩展接口； 6—CP阀线圈的切换状态显示(黄色LED)
带AS-i(附加电源和电输入)的	CP连接系统的

5.7　CPV 直接安装型阀岛使用设定

表 21-3-47

使用设定的方法	对CPV直接安装型阀岛的许多设定需要打开阀岛顶端盖上的开关模块(罩板)，见图a，可见两组DIL选择开关，可设置现场总线协议，设置CP系统的扩展，站点地址的选择及设置诊断模式，如图b所示	(a) 4位置DIL开关 1—设置现场总线协议； 2—设置CP系统的扩展； 8位置DIL开关 3—站点的地址选择开关； 4—设置诊断模式 (b)

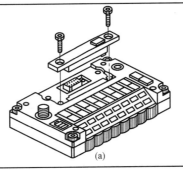

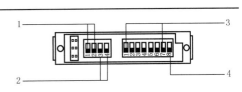

续表

设置现场总线协议

CPV Direct 可以运作于以下四种协议中的任意一种。具体选择时可通过 4 位置 DIL 开关中的 1 和 2 号开关进行设置

按照下表方式设置现场总线协议

PROFIBUS-DP	Festo 现场总线	ABB CS31	SUCOnet K
ON 1 2 3 4	ON 1 2 3 4	ON 1 2 3 4	ON 1 2 3 4

设置CP系统的扩展

CPV 直接安装型阀岛的系统扩展有六种方式，其中 1 为 CPV 直接安装型阀岛，2 为 CP 连接电缆，3 为输入模块（即外部的传感器及其他电信号通过该模块接入 CPV 直接安装型阀岛），4 为输出模块（即 CPV 直接安装型阀岛的对外输出控制点），5 为 CPV 或 CPA 紧凑型阀岛，其详细扩展方法见下表

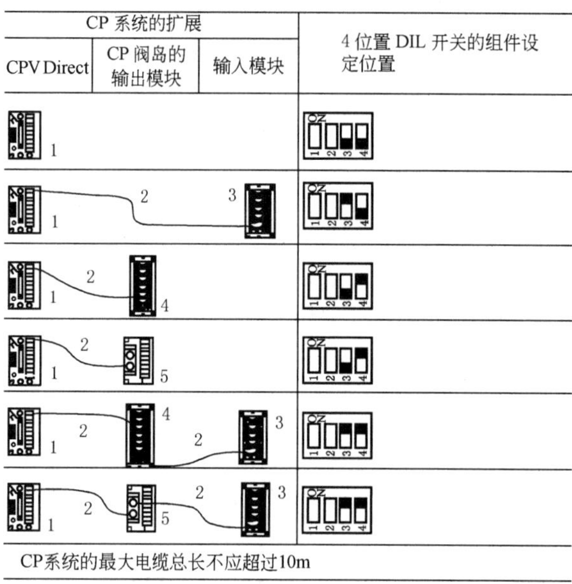

1—CPV Direct；
2—CP连接电缆0.5m，2m，5m，8m；
3—CP输入模块，带16个输入点(8个M12，16个M8插头)；
4—CP输出模块，带8个输出点(8个M12插头)；
5—CPV或CPA阀岛

站点地址的选择和编号

可通过 8 位置 DIL 开关设置现场总线站点的编号，见图 c

1—设置站点编号
• Profibus-dp
• ABB CS31
• SUCOnet K
(8—位置DIL开关，No.1⋯7)；
2—设置站点编号
• Festo现场总线(8—位置DIL开关，1⋯6)

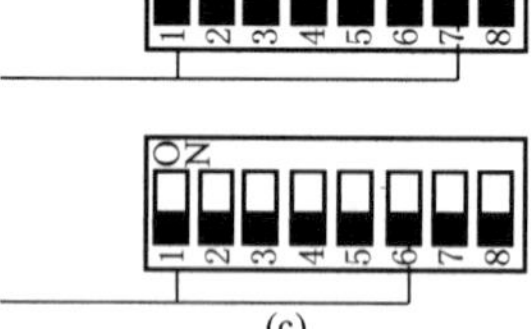

(c)

对于 ABB CS31 协议和 Festo 现场总线，DIL 开关的前六位已足够满足站点设置的需求。换而言之，对于 ABB CS31 协议来说，DIL 开关 7 必须设在 OFF 的位置。而对于 Festo 现场总线，DIL 开关 7、8 用于设定波特率

表 1　DIL 开关值

DIL 开关位置	1	2	3	4	5	6	7
值	2^0	2^1	2^2	2^3	2^4	2^5	2^6
	1	2	4	8	16	32	64

表 2　端点编号

设置站点编号：05 (=1+4)	设置站点编号：38 (=2+4+32)
ON 1 2 3 4 5 6 7 8	ON 1 2 3 4 5 6 7 8

续表

阀岛总线的地址值 = $\sum$ DIL 开关值

可根据 DIL 开关值(表 1)对 DIL 开关的站点进行编排,见表 2

例:地址 $5=2^0+2^2$,地址 $38=2^1+2^2+2^5$

Profibus-DP、Festo 现场总线、ABB CS31、Moeller SUCOnet K 的许用站点编号见表 3

DIL 开关的站点 0~125 编号设置见表 4

表 3

协　　议	地址名称	许用的站点编号
Profibus-DP	Profibus 地址	0,…,125
Festo 现场总线	现场总线地址	1,…,63
ABB CS31	CS31 模块地址	0,…,60
Moeller SUCOnet K	—	2,…,98

表 4

站点地址的选择和编号

站点编号 0~125 各个 DIL 开关的位置

站点编号	1	2	3	4	5	6	7	站点编号	1	2	3	4	5	6	7	站点编号	1	2	3	4	5	6	7
0	OFF	OFF	OFF	OFF	OFF	OFF	OFF	42	OFF	ON	OFF	ON	OFF	ON	OFF	84	OFF	OFF	ON	OFF	ON	OFF	ON
1	ON	OFF	OFF	OFF	OFF	OFF	OFF	43	ON	ON	OFF	ON	OFF	ON	OFF	85	ON	OFF	ON	OFF	ON	OFF	ON
2	OFF	ON	OFF	OFF	OFF	OFF	OFF	44	OFF	OFF	ON	ON	OFF	ON	OFF	86	OFF	ON	ON	OFF	ON	OFF	ON
3	ON	ON	OFF	OFF	OFF	OFF	OFF	45	ON	OFF	ON	ON	OFF	ON	OFF	87	ON	ON	ON	OFF	ON	OFF	ON
4	OFF	OFF	ON	OFF	OFF	OFF	OFF	46	OFF	ON	ON	ON	OFF	ON	OFF	88	OFF	OFF	OFF	ON	ON	OFF	ON
5	ON	OFF	ON	OFF	OFF	OFF	OFF	47	ON	ON	ON	ON	OFF	ON	OFF	89	ON	OFF	OFF	ON	ON	OFF	ON
6	OFF	ON	ON	OFF	OFF	OFF	OFF	48	OFF	OFF	OFF	OFF	ON	ON	OFF	90	OFF	ON	OFF	ON	ON	OFF	ON
7	ON	ON	ON	OFF	OFF	OFF	OFF	49	ON	OFF	OFF	OFF	ON	ON	OFF	91	ON	ON	OFF	ON	ON	OFF	ON
8	OFF	OFF	OFF	ON	OFF	OFF	OFF	50	OFF	ON	OFF	OFF	ON	ON	OFF	92	OFF	OFF	ON	ON	ON	OFF	ON
9	ON	OFF	OFF	ON	OFF	OFF	OFF	51	ON	ON	OFF	OFF	ON	ON	OFF	93	ON	OFF	ON	ON	ON	OFF	ON
10	OFF	ON	OFF	ON	OFF	OFF	OFF	52	OFF	OFF	ON	OFF	ON	ON	OFF	94	OFF	ON	ON	ON	ON	OFF	ON
11	ON	ON	OFF	ON	OFF	OFF	OFF	53	ON	OFF	ON	OFF	ON	ON	OFF	95	ON	ON	ON	ON	ON	OFF	ON
12	OFF	OFF	ON	ON	OFF	OFF	OFF	54	OFF	ON	ON	OFF	ON	ON	OFF	96	OFF	OFF	OFF	OFF	OFF	ON	ON
13	ON	OFF	ON	ON	OFF	OFF	OFF	55	ON	ON	ON	OFF	ON	ON	OFF	97	ON	OFF	OFF	OFF	OFF	ON	ON
14	OFF	ON	ON	ON	OFF	OFF	OFF	56	OFF	OFF	OFF	ON	ON	ON	OFF	98	OFF	ON	OFF	OFF	OFF	ON	ON
15	ON	ON	ON	ON	OFF	OFF	OFF	57	ON	OFF	OFF	ON	ON	ON	OFF	99	ON	ON	OFF	OFF	OFF	ON	ON
16	OFF	OFF	OFF	OFF	ON	OFF	OFF	58	OFF	ON	OFF	ON	ON	ON	OFF	100	OFF	OFF	ON	OFF	OFF	ON	ON
17	ON	OFF	OFF	OFF	ON	OFF	OFF	59	ON	ON	OFF	ON	ON	ON	OFF	101	ON	OFF	ON	OFF	OFF	ON	ON
18	OFF	ON	OFF	OFF	ON	OFF	OFF	60	OFF	OFF	ON	ON	ON	ON	OFF	102	OFF	ON	ON	OFF	OFF	ON	ON
19	ON	ON	OFF	OFF	ON	OFF	OFF	61	ON	OFF	ON	ON	ON	ON	OFF	103	ON	ON	ON	OFF	OFF	ON	ON
20	OFF	OFF	ON	OFF	ON	OFF	OFF	62	OFF	ON	ON	ON	ON	ON	OFF	104	OFF	OFF	OFF	ON	OFF	ON	ON
21	ON	OFF	ON	OFF	ON	OFF	OFF	63	ON	ON	ON	ON	ON	ON	OFF	105	ON	OFF	OFF	ON	OFF	ON	ON
22	OFF	ON	ON	OFF	ON	OFF	OFF	64	OFF	OFF	OFF	OFF	OFF	OFF	ON	106	OFF	ON	OFF	ON	OFF	ON	ON
23	ON	ON	ON	OFF	ON	OFF	OFF	65	ON	OFF	OFF	OFF	OFF	OFF	ON	107	ON	ON	OFF	ON	OFF	ON	ON
24	OFF	OFF	OFF	ON	ON	OFF	OFF	66	OFF	ON	OFF	OFF	OFF	OFF	ON	108	OFF	OFF	ON	ON	OFF	ON	ON
25	ON	OFF	OFF	ON	ON	OFF	OFF	67	ON	ON	OFF	OFF	OFF	OFF	ON	109	ON	OFF	ON	ON	OFF	ON	ON
26	OFF	ON	OFF	ON	ON	OFF	OFF	68	OFF	OFF	ON	OFF	OFF	OFF	ON	110	OFF	ON	ON	ON	OFF	ON	ON
27	ON	ON	OFF	ON	ON	OFF	OFF	69	ON	OFF	ON	OFF	OFF	OFF	ON	111	ON	ON	ON	ON	OFF	ON	ON
28	OFF	OFF	ON	ON	ON	OFF	OFF	70	OFF	ON	ON	OFF	OFF	OFF	ON	112	OFF	OFF	OFF	OFF	ON	ON	ON
29	ON	OFF	ON	ON	ON	OFF	OFF	71	ON	ON	ON	OFF	OFF	OFF	ON	113	ON	OFF	OFF	OFF	ON	ON	ON
30	OFF	ON	ON	ON	ON	OFF	OFF	72	OFF	OFF	OFF	ON	OFF	OFF	ON	114	OFF	ON	OFF	OFF	ON	ON	ON
31	ON	ON	ON	ON	ON	OFF	OFF	73	ON	OFF	OFF	ON	OFF	OFF	ON	115	ON	ON	OFF	OFF	ON	ON	ON
32	OFF	OFF	OFF	OFF	OFF	ON	OFF	74	OFF	ON	OFF	ON	OFF	OFF	ON	116	OFF	OFF	ON	OFF	ON	ON	ON
33	ON	OFF	OFF	OFF	OFF	ON	OFF	75	ON	ON	OFF	ON	OFF	OFF	ON	117	ON	OFF	ON	OFF	ON	ON	ON
34	OFF	ON	OFF	OFF	OFF	ON	OFF	76	OFF	OFF	ON	ON	OFF	OFF	ON	118	OFF	ON	ON	OFF	ON	ON	ON
35	ON	ON	OFF	OFF	OFF	ON	OFF	77	ON	OFF	ON	ON	OFF	OFF	ON	119	ON	ON	ON	OFF	ON	ON	ON
36	OFF	OFF	ON	OFF	OFF	ON	OFF	78	OFF	ON	ON	ON	OFF	OFF	ON	120	OFF	OFF	OFF	ON	ON	ON	ON
37	ON	OFF	ON	OFF	OFF	ON	OFF	79	ON	ON	ON	ON	OFF	OFF	ON	121	ON	OFF	OFF	ON	ON	ON	ON
38	OFF	ON	ON	OFF	OFF	ON	OFF	80	OFF	OFF	OFF	OFF	ON	OFF	ON	122	OFF	ON	OFF	ON	ON	ON	ON
39	ON	ON	ON	OFF	OFF	ON	OFF	81	ON	OFF	OFF	OFF	ON	OFF	ON	123	ON	ON	OFF	ON	ON	ON	ON
40	OFF	OFF	OFF	ON	OFF	ON	OFF	82	OFF	ON	OFF	OFF	ON	OFF	ON	124	OFF	OFF	ON	ON	ON	ON	ON
41	ON	OFF	OFF	ON	OFF	ON	OFF	83	ON	ON	OFF	OFF	ON	OFF	ON	125	ON	OFF	ON	ON	ON	ON	ON

续表

<table>
<tr><td rowspan="2">设置CPV直接安装型阀岛现场总线波特率</td><td>Festo现场总线协议</td><td>

表 5　现场总线协议波特率的设定

31.25kBaud	62.5kBaud	187.5kBaud	375kBaud
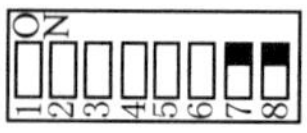 ON 1 2 3 4 5 6 7 8	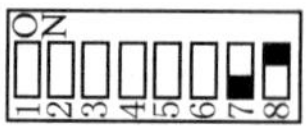 ON 1 2 3 4 5 6 7 8	 ON 1 2 3 4 5 6 7 8	 ON 1 2 3 4 5 6 7 8

Festo 现场总线协议需要设定波特率，见表 6。DIL 开关 7 和 8 用于设定波特率

表 6

波特率/kBaud	现场总线长度(max)/m	分支线路所允许的最大长度/m
9.6	1200	500
19.2	1200	500
93.75	1200	100
187.5	1000	33.3
500	400	20
1500	200	6.6
3000～12000	100	—

</td></tr>
<tr><td>其他协议</td><td>对于 Profibus-DP、SUCOnet K 和 ABB CS31 协议，CPV 直接安装型阀岛可自动识别其波特率，Profibus-DP 协议(9.2～12MBaud)、SUCOnet K 协议(187.5～375kBaud)、ABB CS31 协议只使用 187.5kBaud 的波特率。波特率与现场总线/分支线路的最大长度见表 6
Profibus-DP 现场总线和分支线路的最大许用长度视波特率而定。应使用两芯的屏蔽双绞线</td></tr>
<tr><td>CPV直接安装型阀岛地址的设定</td><td colspan="2">

先导电磁线圈12:占据地址的高位

先导电磁线圈14:占据地址的低位

1 3 5 7 1 3 5 7

0 2 4 6 0 2 4 6

AB_X　AB_{X+1}

A20.0 A20.1 A20.2 A20.3 A20.4 A20.5 A20.6 A20.7 A21.0 A21.1 A21.2 A21.3 A21.4 A21.5 A21.6 A21.7

(d)

不管实际配备了多少个阀线圈，带现场总线 CPV 直接安装型阀岛始终占用 16 个输出地址。这将使 CPV 阀岛在今后扩展时不再需要改变地址

一个阀位始终占有 2 个地址，即使该阀位上装配的是空位板或压力隔离板，也同样占有 2 个地址

如果阀位上装备的是双电控阀，则地址的分配情况见图 d，先导电磁线圈 14 占据地址的低位，先导电磁线圈 12 占据地址的高位

对于单电控电磁阀来说，其高位地址将被空置

</td></tr>
<tr><td rowspan="2">CPV直接安装型阀岛电源、总线、电磁阀的故障诊断模式</td><td colspan="2">

1—红色LED，总线状态/错误(总线)；
2—绿色LED，工作电压显示(电源)；
3—黄色LED组，显示电磁线圈12的状态；
4—黄色LED组，显示电磁线圈14的状态

(e)

通过 LED 进行总线、电源、线圈的诊断，见图 e。CPV 阀岛顶盖上的 LED 被用来指示 CPV 阀岛的运行状态

</td></tr>
<tr><td>电源诊断</td><td>

正常工作状态时，绿色电源 LED 亮起，见下表

LED	颜　色	工　作　状　态	错　误　处　理
电源 	绿色亮起	正常	无
电源	灭掉	电子元件的工作电源未开启	检查工作电源连接情况(针脚 1)
电源 	绿色 快速闪烁	CP 阀的负载电源<20.4V	检查负载电源(针脚 2)
电源 	绿色 慢速闪烁	CP 阀的负载电源<10V	检查负载电源(针脚 2)

</td></tr>
</table>

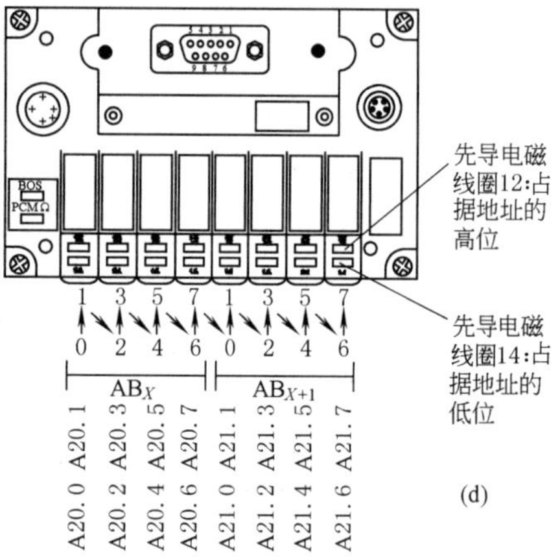

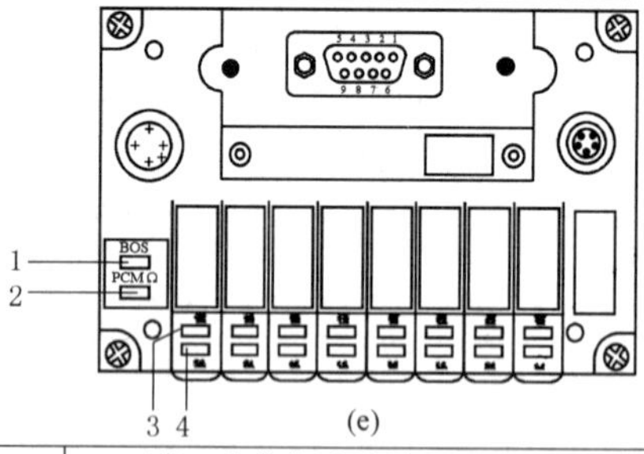

续表

<table>
<tr><td rowspan="14">CPV直接安装型阀岛电源、总线、电磁阀的故障诊断模式</td><td rowspan="8">总线诊断</td><td colspan="4">总线出现故障红灯亮起，见下表</td></tr>
<tr><td>LED</td><td>颜色</td><td>运行状态</td><td>故障处理</td></tr>
<tr><td>电源
○</td><td>灭掉</td><td>电子元件的工作电源未开启</td><td>检查工作电源连接情况(针脚1)</td></tr>
<tr><td>总线
☼</td><td>红色
亮起</td><td>硬件故障</td><td>需要维修保养</td></tr>
<tr><td>总线
☼</td><td>红色
快速闪烁</td><td>Profibus 地址未被允许</td><td>纠正地址设置(0,…,125)</td></tr>
<tr><td>总线
☼</td><td>红色
慢速闪烁
(间隔为1s)</td><td>现场总线连接不正确，可能的原因
①站点编号设置不正确(譬如:地址被分配了两次)
②被切断或是现场总线模块有问题
③中断，短路或现场总线连接有问题
④配置有问题，主控器的配置2开关模块中的设定</td><td>检查
①地址设定
②现场总线模块
③现场总线连接
④主控器的配置和开关模块中的设定</td></tr>
<tr><td>总线
☼</td><td>短暂闪烁红色</td><td>①开关模块缺失
②开关模块有故障</td><td>①插入开关模块
②更换开关模块</td></tr>
<tr><td colspan="4" style="display:none"></td></tr>
<tr><td rowspan="4">阀(电磁线圈)诊断</td><td colspan="4">每个电磁线圈配备一个黄色的 LED，该 LED 指示电磁线圈的切换状态，见下表</td></tr>
<tr><td>LED</td><td>颜色</td><td>阀线圈的切换位置</td><td>含义</td></tr>
<tr><td>○</td><td>灭掉</td><td>基本位置</td><td>逻辑0(没有信号)</td></tr>
<tr><td>☼</td><td>黄色灯
亮起</td><td>①切换位置
或
②基本位置</td><td>①逻辑1(信号存在)
②逻辑1但:
—阀的负载电压低于允许的范围(<20.4V DC)
或
—压缩空气气源有问题
或
—先导排气阻塞
或
—需要维修保养</td></tr>
</table>

5.8 Metal Work 阀岛

Metal Work 公司的阀岛有两种类型：Mach16 标准型阀岛以及 MULTIMACH 系列阀岛。其中 Mach16 标准型阀岛可选择多阀位气路板安装及模块化组合气路板安装两种方式。最多可带 16 个电磁线圈（单电控为 16 个阀），流量为 750L/min。阀的功能有二位五通单电控或双电控（弹簧复位或气复位），三位五通中封式、中泄式、中压式，详见表 21-3-48。

MULTIMACH 系列共有三种类型的阀岛：MM Multimach、HDM Multimach 以及 CM Multimah。MULTIMACH 为紧凑型模块化阀岛，最多可连接 24 个阀，提供多种进气端板和中间隔断板可以选择。MULTIMACH 系列阀岛共有三种不同流量可以选择：ϕ4 快插接头，200L/min；ϕ6 快插接头，500L/min；ϕ8 快插接头，800L/min。该系列阀岛的创新之处在于可同时在一个阀岛上安装三种不同流量的阀，并可以用不同流量的阀来替换原先的阀。这一理念让用户实现了对空间和成本的最优化利用，使装置能满足各种性能要求。阀的功能有二位三通常开或常闭型、二位五通单电控或双电控型、三位五通中封式。

MULTIMACH 系列阀岛可连接 4 种总线节点，即 Profibus-DP、INTERBUS-S、CAN-OPEN、DEVICENET，每个节点模块可管理 24 个输出口。同时该节点模块可以扩展最多 15 个输入输出模块，包括 8 点开关量的输入和输出模块、4 点模拟量的输入和输出模块。而且为了最大限度利用总线节点模块上的 24 个输出口，可通过一个双输出口接口将这些输出口分配给若干个阀组，甚至可以是单个阀。

表 21-3-48

<table>
<tr><th colspan="2" rowspan="2">型　　号</th><th>流　　量</th><th rowspan="2">电　接　口</th><th rowspan="2">特　　性</th></tr>
<tr><th>阀位/线圈</th></tr>
<tr><td colspan="2" rowspan="2">Mach16 标准阀岛</td><td>750L/min</td><td rowspan="2">多针接口
Profibus-DP</td><td rowspan="2">可选多阀位气路板或模块化底座,各种派生型可适合不同的要求。IP65,最高工作压力为 10bar,电压为 24V DC 和 24V AC</td></tr>
<tr><td>阀位:16
线圈:16</td></tr>
<tr><td rowspan="6">MULTIMACH
系列阀岛</td><td rowspan="2">MM MULTIMACH</td><td>φ4 快插接头,200L/min
φ6 快插接头,500L/min
φ8 快插接头,800L/min</td><td rowspan="2">多针接口
Profibus-DP
INTERBUS-S
CAN-OPEN
DEVICENET</td><td rowspan="2">结构紧凑,重量轻,流量大。配置灵活,多种流量的阀可混装一体。IP51,电压为 24V DC,具有多种气动阀的功能,可进行任意压力分区,两个工作口可输出不同压力,可用于真空。电磁线圈 100%通电持续率,所有阀都有手控装置</td></tr>
<tr><td>阀位:24
线圈:24</td></tr>
<tr><td rowspan="2">HDM
MULTIMACH</td><td>φ4 快插接头,200L/min
φ6 快插接头,500L/min
φ8 快插接头,800L/min</td><td rowspan="2">多针接口
Profibus-DP
INTERBUS-S
CAN-OPEN
DEVICENET
ASI</td><td rowspan="2">具有 MM MULTIMAC 的所有特性。一体化的阀模块,金属壳体,IP65,可用于恶劣的环境。圆弧倒角的外形设计不易积灰,便于清洗。金手指触点的电连接方式使得阀片的安装、拆卸非常方便,提高了现场维护的效率</td></tr>
<tr><td>阀位:16
线圈:16</td></tr>
<tr><td rowspan="2">CM MULTIMACH</td><td>φ4 快插接头,200L/min
φ6 快插接头,500L/min
φ8 快插接头,800L/min</td><td rowspan="2">多针接口
Profibus-DP
INTERBUS-S
CAN-OPEN
DEVICENET</td><td rowspan="2">具有 HDM MULTIMACH 的所有特性,IP65。每个阀模块都带有自诊断功能,并通过 LED 进行故障指示。阀岛通过扩展可连接 24 点输入信号</td></tr>
<tr><td>阀位:22
线圈:22</td></tr>
</table>

5.9　Norgren 阀岛

Norgren 有多种类型的阀岛，其核心产品系列有两种：VM 和 VS 系列，见表 21-3-49。

VM 系列旗舰阀岛为紧凑型阀片阀岛，有 10mm 和 15mm 两种规格，此阀岛省空间、流量大，阀体为高性能的复合材料结构，轻便美观且坚固耐用，具有极强的耐环境能力。超过 1500 万种配置组合使其适用于广泛工业领域的各种应用需求，由于阀的可互换性，可灵活迅速改变配置；阀岛最多可配置 20 个阀位，阀位增减方便，多重压力可在单个阀岛内实现控制；安装方式可选择 DIN 导轨、直插、面板和子底座等；所适用的总线接口及协议几乎涵盖所有市场领先的协议，也可选择单体配线、多针接口、D 型接插件等多种连接方式，还可实现控制和诊断通过现场总线的每个输出；专业的软件选型工具，13 种文件格式的 2D、3D CAD 图可实现轻松的设计选型。

VS 系列阀岛有 18mm 和 26mm 两种规格，具有金属密封和橡胶密封两种阀芯密封方式，金属密封式寿命长，可达两亿次循环，橡胶密封式则流量大，且两种方式的阀还可混装，实现最大的灵活性；此阀岛符合 NEMA 4、CE、ATEX 和 UL 429 等多种认证，符合 CNOMO 标准，具有 IP65 防护等级；可与 FD67 分布式的 I/O 系统兼容，组成离散系统，从 FD67 节点直接控制阀岛；无论是 G 或 NPTF 型接口，都允许对每一片阀单独供压，具有符合 ISO 15407-2 的接口界面尺寸。

表 21-3-49

型　号	流　量 阀　位	可适用总线协议及连接方式	特　性
VM 系列旗舰阀岛	VM10,430L/min; VM15,1000L/min	总线协议：Profibus-DP、Interbus-S、DeviceNet、CANopen、AS-interface、AB RIO 等 其他接线规格：单体配线，D 型接插件，25、44 多针接口等	省空间、流量大，可实现最佳流动率与尺寸比；经优化设计的复合材料结构轻便美观且坚固耐用，耐环境能力强；超过 1500 万种配置组合，适用于最广泛的工业领域；各类功能齐全，阀位增减方便，可实现安全联锁、实现对现场总线每个输出的控制和诊断；平衡式转子设计使阀同时适用于压力与真空；符合 CE、UL、ATEX 等认证，防护等级 IP65
	2~20 位		
VS 系列底板集成阀岛	VS18,550~650L/min; VS26,1000~1350L/min	总线协议：Profibus-DP、Interbus-S、DeviceNet、CANopen、AS-interface、AB RIO 等 其他接线规格：单体配线，D 型接插件，9、15、25、44 多针接口等	模块化、可实现离散控制；结构坚固、两种阀芯密封、寿命长达 2 亿次循环；各类功能齐全，阀位增减方便，易维护；高度的安装灵活性，接口界面尺寸符合 ISO 15407-2；符合 NEMA 4、CE、ATEX 和 UL 429 等多种认证，符合 CNOMO 标准，具有 IP65 防护等级
	2~16 位		

5.10 SMC 阀岛

SMC 公司总线阀岛按照配线方式分为三种类型，详见表 21-3-50。①单输出型（EX12* 和 EX14*），此类阀岛没有输入点控制，最多可控制 16 个输出点数，即 16 个电磁线圈。适合的电磁阀有：SV 系列、SX 系列、SY 系列、SQ 系列、SJ 系列、VQ 系列和 VQC 系列等。②输入、输出一体型（EX240、EX250、EX245 系列），此类总线阀岛的 SI 单元最多可以控制 32 个输入点和 32 个输出点（共 64 点），即：可以输入 32 个磁性开关等传感器的信号，还可以控制 32 个电磁线圈。输入块的插座有 M8 和 M12 两种，每个阀岛最多可安装 8 个输入块，每块最多可输入 4 个点。适合的电磁阀有：SV 系列、VQ 系列、VQC 系列和 VSR 系列等。③分散型网关单元（EX500、EX510 系列），一个网关单元最多有 4 个分支，每个分支用 M12 插头或快插端子接到集装式阀岛的 SI（串行接口）单元上，每个分支可以控制 16 个点的输入和 16 个点的输出，因此每个网关单元最多可控制 64 个输入点和 64 个输出点（共 128 点），EX500 网关单元到集装阀的电缆最长为 5m，EX510 网关单元到集装阀的电缆最长可到 20m；EX500 的输入块采用 M8 或 M12 的插头接入传感器等信号，EX510 的输入块采用快插端子接入传感器信号。适合的电磁阀有：SV 系列、VQC 系列、SY 系列、SYJ 系列和 VQZ 系列等。

表 21-3-50

型号	流量 阀位	适合的总线接口及协议	特性
SV 系列	240L/min;460L/min;910L/min;1300L/min 最大 16 位或 20 位	总线接口单元:EX120;EX126;EX121;EX250;EX245;EX500 总线协议:Interbus、DeviceNet、Profibus-DP,CC-Link AS-I;EtherNet/IP(以太网);CAN Open 其他接线规格:圆孔插针,D 型插头,扁平电缆,单体配线	分为盒式连接和拉杆连接两种类型,防护等级 IP67,多种模块可选。功耗 0.6W,可带单独继电器输出。各类阀机能齐全,有四位双三通阀
VQC 系列	250L/min;800L/min;2000L/min 最大 16 位或 24 位	总线接口单元:EX126;EX240;EX250;EX245;EX500 总线协议:Interbus、DeviceNet、Profibus-DP,CC-Link AS-I;EtherNet/IP(以太网);CAN Open 其他接线规格:圆孔插针,D 型插头,扁平电缆,单体配线;集中引线	阀芯密封分为金属密封和橡胶密封两种,最快响应时间 12ms,寿命最长两亿次,阀座间采用端子排连接形式,增减方便。防护等级 IP67,多种模块可选,各类阀机能齐全
VQ 系列	140L/min;250L/min;620L/min;2100L/min;3900L/min 最大 16 位、18 位或 24 位	总线接口单元:EX120;EX121;EX123;EX124;EX240 总线协议:Interbus、DeviceNet、Profibus-DP,CC-Link 其他接线规格:D 型插头,扁平电缆,单体配线;集中引线;端子盒连接	分为金属密封和橡胶密封两种形式;高响应 20ms 以下,长寿命(金属密封 1 亿次),防护等级 IP65,多种模块可选,阀位增减方便,大流量,抗污染能力强,多种接线方式可选

续表

型　号	流　　量 / 阀　　位	适合的总线接口及协议	特　　性
SY 系列	290L/min；900L/min；1400L/min；2500L/min 最大 16 位或 20 位	总线接口单元：EX121；EX122；EX510 总线协议：DeviceNet、Profibus-DP，CC-Link 其他接线规格：D 型插头，扁平电缆，单体配线；集中引线；M8 端子连接；端子盒连接	阀体紧凑，多种出线方式可选，最低功耗 0.1W。多种集装板形式，多种模块可选
SJ 系列	80L/min；120L/min 最大 32 位	总线接口单元：EX180；EX510 总线协议：DeviceNet、CC-Link 其他接线规格：D 型插头，扁平电缆，单体配线	小流量，低功耗新型电磁阀，大小阀可以混装，连接增减方便

分散安装系统（SMC：分散型串联 EX500 系列系统）构成图见图 21-3-6。

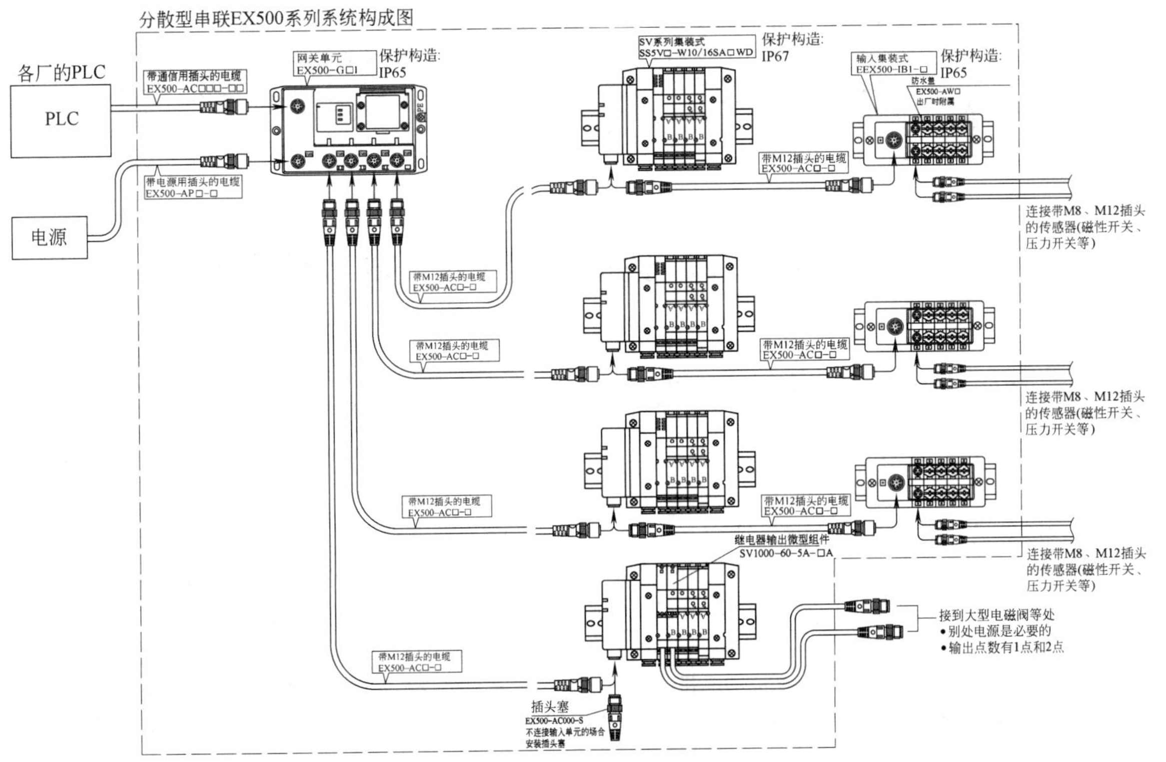

图 21-3-6

5.11 阀岛选择的注意事项

准确选择阀岛应考虑的因素：应用的工业领域、设备的管理状况、分散的程度、电接口连接技术、总线控制安装系统及网络。

表 21-3-51

考虑因素	内　容
应用的工业领域	需要考虑阀岛应用在哪一个工业领域(如食品和包装行业、轻型装配、过程自动化、电子、汽车、印刷等)及环境(如恶劣环境、灰尘、焊屑飞溅、易腐蚀、洁净车间、防爆车间等),以选择坚固型阀岛还是专用型阀岛等
设备的管理状况	对该设备的管理判断:有否近期设备的更新、中长期设备的可扩展性以及将来是否接入管理层网络,以选择何种可扩展程度的阀岛及总线或以太网技术
分散的程度	对于少量的有一些离散区域的、每个区域有一定数量的驱动器的;或者一个车间流水线有许多离散的区域、每个区域都有相对集中与部分离散的现场驱动设备的,诸如此类可选择使用紧凑型分散安装系统的阀岛或带主控器(或可编程控制器)、坚固型的模块化阀岛
电接口连接技术	可根据工厂已有的实际状况(选择某公司 PLC 技术)、被控制的点的数量、复杂程度,以选择是带单个电磁线圈电接口的阀岛或带多针接口(省配线)或现场总线接口的阀岛
总线控制安装系统及网络	总线控制安装系统将取决于被控设备的数量及其分散程度等因素。对于少量的现场驱动器,可采用紧凑型直接安装型阀岛;对于一定数量、离散的现场驱动器,可采用安装系统的紧凑型阀岛;而对于一个中型的设备或小型的工厂(近 1000 个输入/输出点),可采用带可编程控制的坚固型模块化阀岛。对于采用何种总线或网络技术,取决于工厂对自动化程度的规划以及诊断的需求或采用某个现场总线(Profibus、Interbus、DeviceNet、CANopen、CC-Link)或某种以太网网络技术(Ethernet/IP、Easy IP、Modbus/TCP 等) 除此之外,还应该考虑的是阀岛的经济性,如保护等级(是否需要 IP 65)、阀的规格(流量)与数量、I/O 的数量(多少个模拟量输入/输出,多少个数字量输入/输出)、传感器以及插头的型式、AS-i 的控制(经济型)

6 比例控制阀、伺服阀及电-气数字控制阀

6.1 气动比例控制阀/伺服阀概论

气动控制分为断续控制和连续控制两类。绝大部分的气压传动系统为断续控制系统，所用控制阀是开关式方向控制阀；而气动比例控制则为连续控制，所用控制阀为伺服阀或比例控制阀。比例控制的特点是输出量随输入量变化而相应变化，输出量与输入量之间有一定的比例关系。比例控制又有开环控制和闭环控制之分。开环控制的输出量与输入量之间不进行比较，而闭环控制的输出量不断地被检测，与输入量进行比较，其差值称为误差信号，以误差信号进行控制。闭环控制也称反馈控制。反馈控制的特点是能够在存在扰动的条件下，逐步消除误差信号，或使误差信号减小。

气动比例/伺服控制阀由可动部件驱动机构及气动放大器两部分组成。将功率较小的机械信号转换并放大成功率较大的气体流量和压力输出的元件称为气动放大器。驱动控制阀可动部件（阀芯、挡板、射流管等）的功率一般只需要几瓦，而放大器输出气流的功率可达数千瓦。

在 GB/T 39956.1—2021《气动　电-气压力控制阀　第 1 部分：商务文件中应包含的主要特性》中规定了

在商务文件中应包含的电-气压力控制阀［依据 ISO 5598，控制阀包括电调制气动比例压力阀、压力比例控制阀、压力伺服阀（闭环）］的主要特征。GB/T 39956.2—2021《气动　电-气压力控制阀　第 2 部分：评定商务文件中应包含的主要特性的试验方法》规定了评定商务文件中应包含的主要特征的试验方法及参数的表达方法。

6.1.1　气动断续控制与气动连续控制区别

表 21-3-52

气动断续控制

气动断续控制，仅限于对某个设定压力或某一种速度进行控制、计算。通常采用调压阀调节所需气体压力，节流阀调节所需的气体流量。这些可调量往往采用人工方式预先调制完成。而且针对每一种压力或速度，必须配备一个调压阀或节流阀与它相对应。如果需要控制多点的压力系统或多种不同的速度控制系统，则需要多个减压阀或节流阀。控制点越多，元件增加也越多，成本也越高，系统也越复杂，详见下图和表

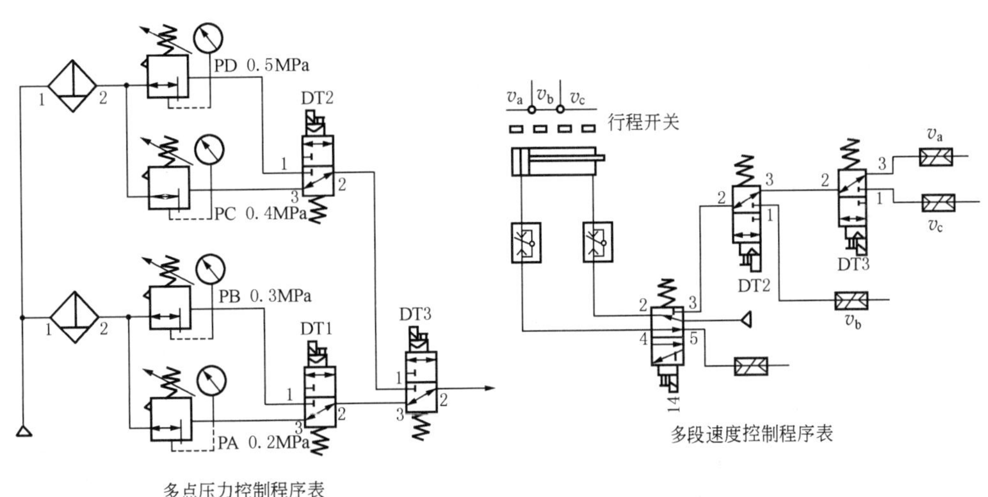

多点压力程序表				
减压阀	电磁阀 DT1	电磁阀 DT2	电磁阀 DT3	输出压力 /MPa
PA	0	1/0	0	0.2
PB	1	1/0	0	0.3
PC	1/0	0	1	0.4
PD	1/0	1	1	0.5

气动多种速度控制程序表		
气缸进给速度	电磁线圈 DT2	电磁线圈 DT3
v_a	0	0
v_b	1	1/0
v_c	0	1

上述多点压力控制系统及气缸多种速度控制系统是属于断续控制的范畴，与连续控制的根本区别是它无法进行无级量（压力、流量）控制

气动连续控制

气动比例（压力、流量）控制技术属于连续控制一类。比例控制的输出量是随着输入量的变化而相应跟随变化，输出量与输入量之间存在一定的比例关系。为了获得较好的控制效果，在连续控制系统中一般引用了反馈控制原理

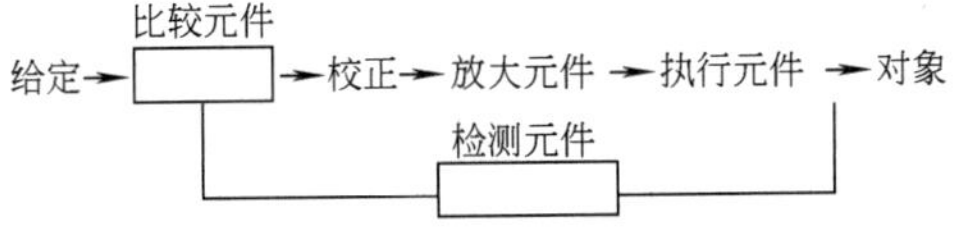

续表

气动连续控制	在气动比例压力、流量控制系统中，同样包括比较元件、校正系统放大元件、执行元件、检测元件。其核心分为四大部分：电控制单元、气动控制阀、气动执行元件及检测元件 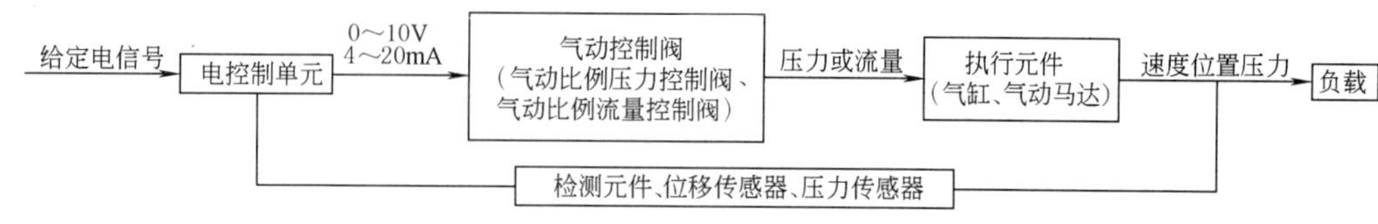

6.1.2 开环控制与闭环控制

表 21-3-53

开环控制回路	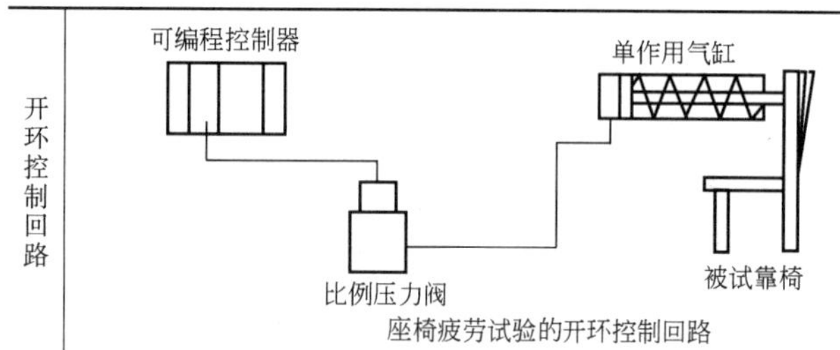 座椅疲劳试验的开环控制回路	开环控制的输出量与输入量之间不进行比较，如图所示(对座椅进行疲劳试验的开环控制)。当比例压力阀接收到一个正弦交变的电子信号(0～10V 或 4～20mA 的电信号)，它的输出压力也将跟随一个正弦交变波动压力。它的波动压力通过单作用气缸作用在座椅靠背上，以测试它的寿命情况
闭环控制回路	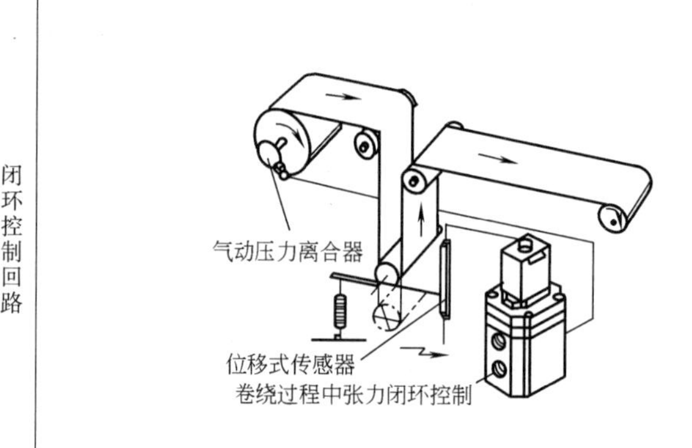 卷绕过程中张力闭环控制	闭环控制的输出量不断地被检测，并与输入量进行比较，从而得到差值信号，进行调整控制，并不断逐步消除差值，或使差值信号减至最小，因此闭环控制也称为反馈控制，如图所示。这是对纸张、塑料薄膜或纺织品的卷绕过程中张力闭环控制。比例压力阀的输出力作用在输出辊筒轴上的一气动压力离合器，以控制输出辊筒的转速。而比例压力阀的电信号来自中间张力辊筒的位移传感器的电信号。张力辊筒拉得越紧(即辊筒在上限位置)，位移传感器的电信号越小。比例压力阀的输出压力越低，作用在输出辊筒轴上的压力离合力也越小，输出辊筒转速加大。反之，输出辊筒转速减慢，以达到纸张塑料薄膜或布料的张力控制

6.1.3 电-气比例/伺服系统的组成及原理

6.1.3.1 电-气比例/伺服系统的组成

表 21-3-54

电-气比例/伺服系统	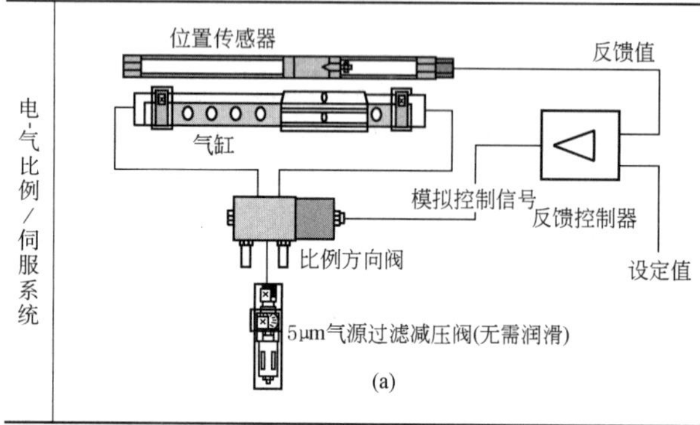 (a)	电-气比例/伺服系统由控制阀(气动比例伺服阀)、气动执行元件、传感器、控制器(比例控制器)组成

续表

气动比例伺服阀(三位五通气动流量伺服阀)	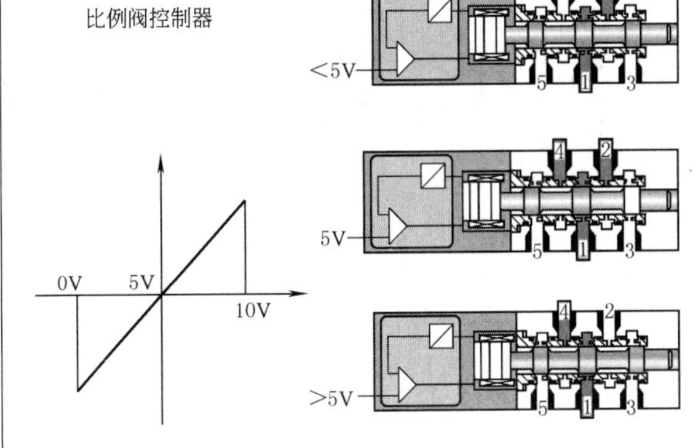 (b) 气动比例伺服阀可分电压型控制(0~10V)和电流型控制(4~20mA),它的主要技术特点表现在它的一个中间位置。即当气动比例伺服阀的控制信号处于5V或12mA时,它的输出为零(也就是整个气动伺服系统运作到达设定点的位置停止)。因此,气动比例伺服系统要满足一个条件,即输出=设定位置-当前位置+5V(电压型)。换而言之,驱动器到达其设定点位置时,就意味着设定位置-当前位置=0。此时,气动比例伺服阀只得到5V的控制信号,它无输出(见图b)
气动执行元件	气动执行元件可采用常规的普通气缸、无杆气缸或摆动气缸。为了要实现它的闭环控制,这些气动执行元件必须与位移传感器连接
传感器	与气动比例伺服阀配合使用的位移传感器有数字式位移传感器和模拟式位移传感器两大类 数字式位移传感器:采用磁致伸缩测量原理,它是一种非接触式、绝对测量方式,运行速度快、使用寿命长、保护等级高(IP65),一些气动制造厂商把数字式位移传感器内置于无杆气缸内部,电接口采用数字式、CAN带协议或接入伺服定位控制连接器(网关)。数字式位移传感器行程长度可从225~2000mm,环境温度-40~75℃,分辨率<0.01mm,最大耗电量为90mA,由于无接触方式,它的运行速度、加速度可任意 模拟式位移传感器:有两种连接方式,一种是采用滑块(类似无杆气缸上的滑块)方式与气动驱动器连接,另一种是采用伸出杆(类似普通单出杆气缸上的活塞杆)方式与气动驱动器连接 ①滑块式模拟式位移传感器采用有开口的型材,故需带密封条,它是一种接触式、绝对测量方式,电接口是4针插头(类型A DIN 63650),行程可从225~2000mm,环境温度-30~100℃,分辨率<0.01mm,由于该模拟式位移传感器为接触方式,它的运行速度为10m/s、加速度为200m/s^2,与驱动器连接处的球轴承在连接中的角度偏差允许在±1°、平行偏差在±1.5mm,最大耗电量为4mA,防护等级为IP40 ②伸出杆式模拟式位移传感器采用圆形的型材,故不需密封条。它是接触式,并可实现绝对位移测量,电接口是4针插头,行程可从100~750mm,环境温度-30~100℃,分辨率<0.01mm,由于该模拟式位移传感器为接触方式,它的运行速度为5m/s、加速度为200m/s^2,与驱动器连接处的球轴承在连接中的角度偏差允许在±12.5°,最大耗电量为4mA,防护等级为IP65。该伸出杆模拟式位移传感器应与机器隔离安装,并通过关节球轴承连接,避免活塞杆的机械振动传递到传感器,在必要情况下应采用辅助电隔离措施确保隔离的效果 10V 输出电压 0V (c) 一般采用模拟量或数字量的位移传感器。模拟量位移传感器与气缸配套使用,可直接测量出气缸的位移,它可实现绝对位移测量。如:对于电压型气动比例伺服阀(0~10V型),也就是给位移传感器0~10V,当气缸达到某一位置时(即位移传感器也达到某一位置),实际上就反映了该点的阻值,该值就是反馈值,见图c
控制器	比例控制器(位置控制器)主要用于气动驱动器,是一种包含开环和闭环的控制器,具有100个程序、次级编程技术,它采用数字式的输入/输出,模拟量输入,具有Profibus、Device Net、Interbus接口,可控制一个至四个定位轴(包括可控制步进马达)。更详细技术参数需查阅各气动制造厂商提供的详细说明书 比例控制器与位移传感器、气动比例伺服阀、驱动器一起组成闭环控制,根据传感器测量的信号和设定的信号,按一定的控制规律计算并产生与气动伺服比例阀匹配的控制信号,另一个功能是为实现机器的工作程序控制所具备的软件程序功能(包括储存 N 个程序与运动模式、补偿负载变化的位置自我优化、输入输出简单顺序控制)

6.1.3.2 电-气比例/伺服系统的原理

表 21-3-55

流量与设定电压（或设定电流）的关系	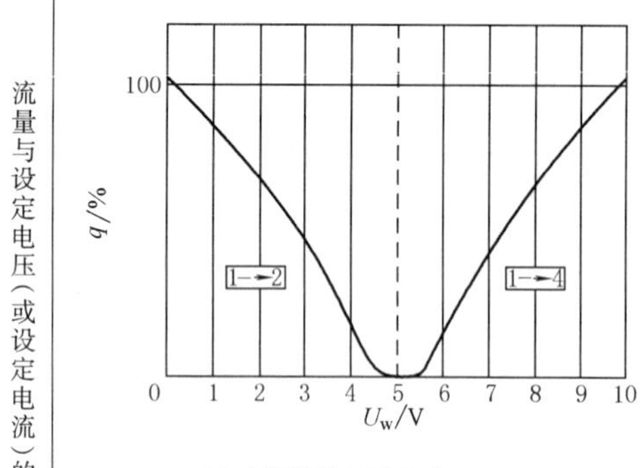 (a) 电压类型 MPYE-5-…-010-B 6→5bar 时流量 q 与设定电压 U 的关系 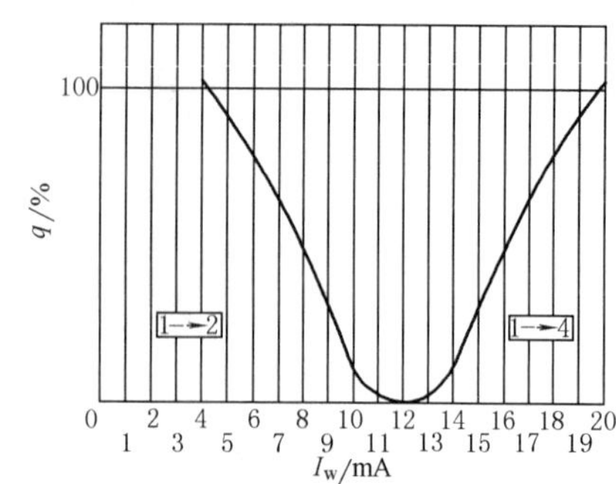 (b) 电流类型 MPYE-5-…-420-B 6→5bar 时流量 q 与设定电流强度 I 的关系	电压型三位五通气动流量伺服阀或电流型三位五通气动流量伺服阀的流量与设定电压（或设定电流）的关系见图 a、b 所示 该系统启动时，必须让驱动器进行一个从头到尾自教性的运动，以认识起点、设定点、各点及终点位置时电压、电流的实际值 控制器内具有驱动器到达设定点时获取的电压/电流信号，驱动器运动时的电压/电流信号（即当前位置信号）不断与控制器内的设定值进行比较
设定位置小于当前位置	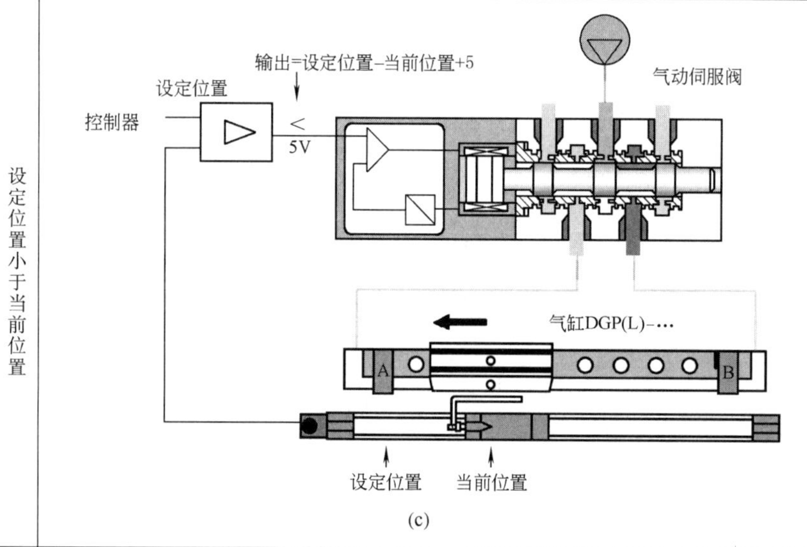 (c)	当外部控制信号（设定值与当前值的差值）小于当前位置输出时，如图 c 所示，气动比例伺服阀右边的输出口输出，气缸往左运动，直至气缸运动到达设定位置
设定位置大于当前位置	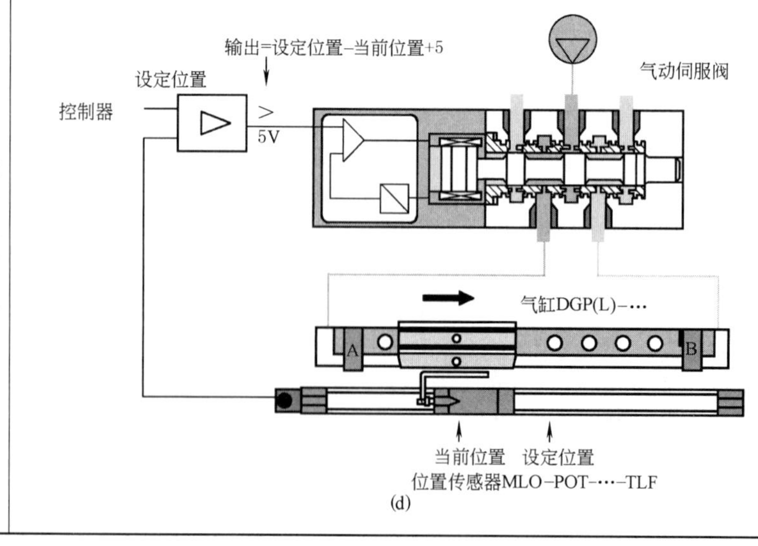 (d)	当外部控制信号（设定值与当前值的差值）大于当前位置输出时，气动比例伺服阀左边的输出口输出，气缸往右运动，直至气缸运动到达设定位置，如图 d 所示

续表

设定位置等于当前位置

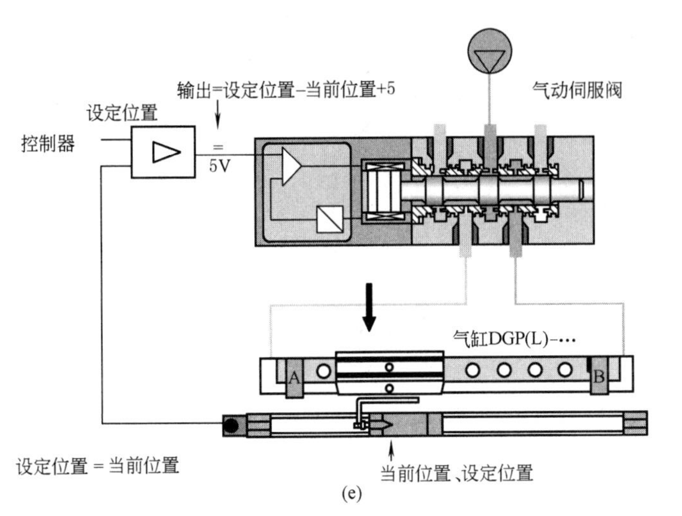

(e)

当外部控制信号(设定值与当前值的差值)等于当前位置输出时,即设定位置-当前位置=0,三位五通气动流量伺服阀的反馈电信号处于:

设定位置-当前位置+5V=输出(见图e)

因此作用在气动比例伺服阀上的外部控制信号恰为5V或12mA,使气动比例伺服阀输出为零,驱动器停止运动

气动伺服定位的应用

现需焊接不在一条直线上三个焊点的汽车副车架面板,左右副车架面板对称共有六个点,焊枪固定,工件移动,工件由夹具气缸固定。由于焊点不在一直线上,而且工件在移动时,焊枪须避开工件上的夹具,所以工件须做二维运动。焊机机械结构如图f所示。整台多点焊机的控制由位置控制器(伺服控制器)SPC-100和PLC协同完成。SPC-100实现定位控制,采用NC语言编程。PLC完成其他辅助功能,如控制焊枪的升降,系统的开启、停等,并且协调 X、Y 轴的运动。SPC-100与PLC之间的协调通过握手信号来实现

	项目	X 轴	Y 轴
工况要求	移动范围/mm	1200	250
	定位精度/mm	±1	±1
	负载质量/kg	200(包括机架)	120
	工件质量(左梁、右梁)/kg	4	
	工作周期/min	2	

	名称	型号	数量
气动伺服系统组成元件	伺服控制器	SPC-100-P-F	2
	无杆气缸	X 轴 DGP-40-1500-PPV-A	1
		Y 轴 DGP-40-250-PPV-A	1
	位移传感器	X 轴 MLO-POT-1500-TLF	1
	(模拟式)	Y 轴 MLO-POT-300-TLF	1
	比例阀	MPYE-5-1/8-HF-10-B	2

	项目	X 轴	Y 轴
多点焊机定位系统的运行参数	速度 $v/\mathrm{m \cdot s^{-1}}$	0.5	0.3
	加速度 $a/\mathrm{m \cdot s^{-2}}$	5	1
	定位精度/mm	±0.2	±0.2

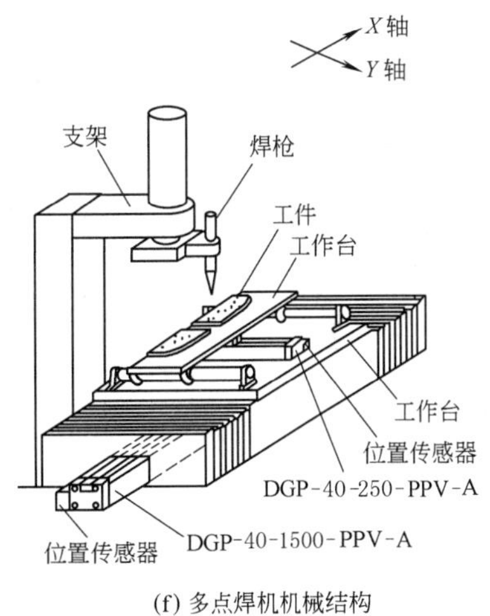

(f) 多点焊机机械结构

6.1.4 电-气比例/伺服控制阀的组成

6.1.4.1 可动部件驱动机构（电-机械转换器）

表 21-3-56

名称	结构原理图	工　作　原　理	组成和优缺点
喷嘴挡板式	单喷嘴　双喷嘴 (a) 喷嘴-挡板阀 锐边喷嘴　平端喷嘴 (b) 喷嘴结构	喷嘴挡板可分为单喷嘴和双喷嘴两种，按结构型式不同，又可以分为锐边喷嘴挡板和平端喷嘴挡板两种（见图b）。锐边喷嘴挡板的控制作用是靠喷嘴出口锐边与挡板间形成的环形面积（节流口）来实现的，阀的特性稳定，制造困难。平端喷嘴挡板的喷嘴制成有一定边缘圆环形面积的平端，当喷嘴的平端不大时，阀的特性与锐边喷嘴挡板阀基本接近，性能也比较稳定	喷嘴挡板的特点是结构简单、灵敏度高、制造比较容易。故价格较低，对污染不如滑阀敏感，由于连续耗气，效率较低。一般用于小功率系统或作两级阀的前置级。在气动测量、气动调节仪表和气动伺服系统得到了广泛的作用

续表

名称	结构原理图	工作原理	组成和优缺点
直流比例电磁铁	(c) 结构原理 (d) 工作气隙附近磁路 (e) 位移-力特性曲线 直流比例电磁铁 1—极靴；2—工作气隙；3—衔铁； 4—导套；5—外壳；6—控制线圈	图 c 为一种典型的直流比例电磁铁的工作原理，其磁路（图中虚线所示）由前端盖极靴 1 经工作气隙 2、衔铁 3、径向非工作气隙、导套 4、外壳 5 回到前端盖极靴。导套分前后两段由导磁材料制成，中间用一段非导磁材料焊接。导套前段的锥形端部和极靴组合，形成盆形极靴。它的尺寸决定比例电磁铁的稳态特性曲线的形状。导套与壳体之间装入同心螺线管式控制线圈 6 当向控制线圈输入电流时，线圈产生磁势。磁路中的磁通量除部分漏磁通外，在工作气隙附近被分为两部分（如图 d），一部分磁通 Φ_1 沿轴向穿过气隙进入前端盖极靴，产生作用于衔铁上的轴向力为 F_1。气隙越小，F_1 越大。另一部分磁通 Φ_2 则穿过径向间隙经盆口锥形周边回到外壳，这部分磁通产生作用于衔铁上的力为 F_2，其方向基本与轴向平行，并且由于是锥形周边，故气隙越小，F_2 也越小。作用于衔铁上的总电磁力为 $$F_m=F_1+F_2$$ 通过对盆口锥形结构尺寸的优化设计，使 F_1 和 F_2 受衔铁气隙大小的影响相互抵消，可以得到水平的位移-力特性曲线（如图 e）。但这种抵消作用只在一定的气隙范围内有效。因此一般直流比例电磁铁的位移-力特性分为三个区域：一是吸合区，二是工作区，三是空行程区。工作区内的位移-力特性呈水平直线。应适当控制比例阀的轴向尺寸，使阀的稳态工作点落在该区域内	直流比例电磁铁具有结构简单、价格低廉、输出功率-质量比大等优点，是目前流体比例控制技术中应用广泛的一种电-机械转换器。直流比例电磁铁在气动比例元件中直接驱动气动放大器，构成单级比例阀。这类电磁铁的缺点是频宽较窄。但通过减少线圈匝数、增大电流并采用带电流反馈的恒流型放大器等措施可以提高它的频宽 常见的直流比例电磁铁可分为力输出和位移输出两大类。位移输出比例电磁铁是在力输出的基础上采取衔铁位移电反馈或弹簧力反馈，获得与输入电信号成比例的位移量 直流比例电磁铁的数学模型动态简化传递函数为 $$\frac{F_m(s)}{U(s)}=\frac{K_u}{1+\frac{s}{a}} \quad (1)$$ $$a=\frac{R_c+R_p}{L_c}$$ 式中 F_m——输出力，N U——放大器输入电压，V R_c——控制线圈电阻，Ω R_p——放大器内阻，Ω L_c——控制线圈电感，H K_u——电压-力增益，N/V s——水平位移，m
动铁式力马达	(f) 动铁式力马达	两励磁线圈极性相同互相串联连接，并由恒流电源供给励磁电流，产生极化磁场。由于左右磁路对称，极化磁场对衔铁的作用合力为零 两控制线圈极性相反互相串联或并联。输入控制电流后产生控制磁场，其方向和大小由输入电流确定。该磁场与极化磁场共同作用于衔铁，在左右工作气隙内产生差动效应，使衔铁得到输出力。由于采用励磁线圈和特殊的盆口尺寸，保证了输出力可双向连续比例控制，无零位死区。力马达的控制增益随励磁电流的大小而变，便于控制和调节 数学模型：动铁式力马达的动态传递函数具有与直流比例电磁铁相同的形式，只是参数有所不同	动铁式力马达具有驱动功率大、固有频率高等优点，可以输出推力和拉力，是一种较理想的电-机构转换器 动铁式力马达采用左右对称的平头盆形动铁式结构，由软磁材料制成的壳体 1，轭铁 2，衔铁 3，带隔磁环的导向套 4，励磁线圈 5、7 及控制线圈 6、8 等组成

续表

名称	结构原理图	工作原理	组成和优缺点
动圈式力马达	(g) 动圈式力马达	永久磁铁产生的磁路如图中虚线所示，它在工作气隙中形成径向磁场，载流控制线圈的电流方向与磁场强度方向垂直。磁场对线圈的作用力由下式确定 $F_m=\pi DB_gN_cI$　　(2) 式中　F_m——动圈式力马达输出力，N D——线圈平均直径，m B_g——工作气隙内磁场强度，T N_c——线圈匝数 I——线圈输入电流，A 可见 F_m 与线圈输入电流 I 之间存在正比关系 数学模型：动圈式力马达的动态传递函数，其形式与直流比例电磁铁的相同	图 g 是典型的动圈式力马达。它是由永久磁铁 1、导磁架 2、线圈架 3、线圈 4 等组成。其尺寸紧凑、线性行程范围大，线性好、滞环小、工作频带较宽。缺点是输出功率较小。由于它适用于干式工作环境，故在气动控制中应用较为普遍，可作为双级阀的先导级或小功率的单级阀
动圈式力矩马达	(h) 动圈式力矩马达	动圈式力矩马达的工作原理与动圈式力马达基本相似 永久磁铁产生的磁路如图中虚线所示，它在工作气隙中形成磁场，磁场方向如图所示。载流控制线圈的电流方向与磁场强度方向垂直，同时矩形线圈与转动轴相平行的两侧边 a 和 b 上的电流方向又相反，磁场对线圈产生力矩，其方向按左手法则判定，其大小由下式确定 $M_m=2rWB_gN_cI$　　(3) 式中　M_m——动圈式力矩马达输出力矩，N·m W——线圈侧边 a、b 的边长，m r——线圈侧边与转轴的平均距离，m 其余符号含义同上 数学模型：动圈式力矩马达的动态传递函数为 $\frac{M_m(s)}{U(s)}=\frac{K_u}{1+\frac{s}{a}}$　　(4) $a=\frac{R_c+R_p}{L_c}$	它是由永久磁铁 1、导磁架 2、矩形线圈架 3、线圈 4 等组成。矩形线圈架可绕中心轴转动
动铁式力矩马达	具有单端输入和推挽输出的直流放大器 (i) 动铁式力矩马达工作原理	永久磁铁产生的磁路如图中虚线所示，沿程的四个气隙中通过的极化磁，通量相同。无电流信号时，衔铁由扭簧支承在上、下导磁架的中间位置，力矩马达无力矩输出。当有差动电流信号 ΔI 输入时，控制线圈产生控制磁通 Φ_c。若控制磁场和永久磁铁的极化磁场方向如图所示，则气隙 b、c 中的控制磁通与极化磁通方向相同，而在气隙 a、d 中方向相反。因此气隙 b、c 中合成磁通大于 a、d 中的合成磁通，衔铁受到顺时针方向的磁力矩。当差动电流方向相反时，衔铁受到逆时针方向的磁力矩 动铁式力矩马达的线性度和稳定性受有效工作行程 x 与工作气隙长度 L_g 之比值 $\frac{x}{L_g}$ 影响较大，一般要求 $\frac{x}{L_g}<\frac{1}{3}$ 数学模型：动铁式力矩马达动态传递函数的形式与式(4)相同，其中 a 稍有不同，即为 $a=(R_c+R_p)/(2L_c)$　　(5)	它由永久磁铁 1、衔铁 2、导磁架 3、控制线圈 4、扭簧支座 5 等组成 动铁式力矩马达具有很高的工作频宽，但其线性范围较窄

续表

名称	结构原理图	工作原理	组成和优缺点
压电晶体驱动式	关闭(OFF) 排气口 3 2 输出口 1 进气口 (j) 打开(ON) 排气口 3 2 输出口 1 进气口 (k)	把压电材料的电-机械转换特性引入到气动比例阀中，作为气动比例阀的电-机械转换级，这是一项不同于传统气动阀的全新技术。采用了压电技术的气动阀在性能上有着传统气动阀无可比拟的优势 其原理是利用晶体管的正压电效应：对于晶体构造中不存在对称中心的异极晶体，如加在晶体上的张紧力、压应力或切应力，除了产生相应的变形外，还将在晶体中诱发出介电极化或电场，这一现象被称为正压电效应；反之，若在这种晶体上加上电场，从而使该晶体产生电极化，则晶体也将同时出现应变或应力，这就是逆压电效应。两者通称为压电效应。利用逆压电效应原理，在晶体上给予一定的电压、电流，晶体也将按一定线性比例产生形变 如图 j 和图 k 所示的微型二位三通换向阀，1 口为进气口，2 口为输出口，3 口为排气口，阀中间的弯曲部件为压电材料组成的压电片。当没有外加电场作用时，阀处于图 j 状态；进气口 1 关闭，输出口 2 经排气口 3 通大气。当在压电阀片上外加控制电场后，压电阀片产生变形上翘（见图 k），上翘的压电阀片关闭了排口 3，同时进气口 1 和输出口 2 连通，这样就完全实现了传统二位三通电磁换向阀的功能	
PWM 高速脉冲先导控制式	压力显示 电源 U_e 控制回路 (l) 先导式比例压力阀的工作原理	PWM（Pulse Width Modulation）高速脉冲先导控制式利用 PWM 脉冲宽度调制技术，采用脉宽调制技术将输入的模拟信号经脉冲调制器调制成具有一定频率和一定幅值的脉冲信号，脉冲信号放大后，控制两个二位二通高速电磁换向阀。二位二通电磁阀的输出具有一定的压力和流量，以控制它的负载，可作为气动比例阀的可动部件驱动机构（电-机械转换器）功能，即气动比例阀的先导前置级（见图 l）。同时，在 PWM 比例阀内设置了压力传感器，用来检测比例阀的输出压力。根据输出压力与输入信号压力的偏差进入 PWM 模块调节控制器，对两个二位二通电磁阀进行反馈，或对其进行进气补偿或排气释放，以达到所需要的平衡要求	

6.1.4.2 气动放大器（阀体）

表 21-3-57

名称	结构原理图	工作原理	组成和优缺点
射流管阀	p_0 α 1 2 x 3 4 p_1 p_2 1—射流管； 2—传动杆； 3—接收器； 4—螺钉 (a) 射流管阀	射流管阀由射流管和接收器两部分组成，通过螺钉 4 改变弹簧压缩量来调节射流管 1 的中位。射流管的偏转角由力马达通过传动杆 2 控制（也可以由力矩马达直接控制射流管偏转）。射流管的回转轴也是气源的供给管路。接收器 3 固定不动，它的两个接收孔的中心位于射流管的回转平面内。接收器的两输出孔分别与执行元件的两工作腔连接，如图 a 中虚线所示 射流管喷口有收缩型和拉伐尔型两种，前者可将气流加速到声速，而后者可将气源压力较高的气流加速到超声速。射流管的作用之一是接受力马达或力矩马达的控制信号，并将控制信号转换成射流管的偏转角 α；作用之二是将气体的压力能转变成动能 接收器中的两个接收通道是扩张形的，其作用是使高速气流减速，恢复压力能。射流管阀的实际工作原理是能量的转换和分配 射流管阀的应用虽没有喷嘴挡板阀那么广泛，但在动力控制系统中应用较多，有时也在二级阀中作功率级用。射流管阀也具有结构简单、对气源净化要求不高等优点。与喷嘴挡板阀相比，射流管阀的效率略高，在流量大、效率要求较高的控制系统中，均采用射流管阀 射流管阀适用的气源压力不宜太高。高速气流从射流管中喷出进入接收孔，而负载工作腔的一部分气体从接收孔返回大气，在这些流动过程中，射流管受到气流的反作用力。当射流管处于中位时，反作用力的合力通过射流管的转轴；当射流管偏转角增大时，射流管受到的气流反作用力矩也增大，该力矩方向与射流管的控制力矩方向相反，致使射流管产生振荡。过高的气源压力会引起控制系统的不稳定。经验表明，射流管阀的气源压力限制在 0.4MPa 以下为好	射流管阀的缺点是输出刚度低，中位功率损失大

续表

名称	结构原理图	工 作 原 理	组成和优缺点
膜片式喷嘴挡板	膜片 喷嘴 b A B C E F p_c a 恒节流孔 膜片 p 截止阀 (b) 膜片式喷嘴挡板阀结构原理	当气源进入放大器后，一部分气体进入 F 室，另一部分气体经恒定节流孔进入 C 室。当 A 室无控制信号 p_c 输入时，进入 C 室的气体经喷嘴流入 B 室再通过排气孔 a 排向大气，在 F 室内的气体压力作用下，截止阀关闭，输出口 E 无气体输出。当控制信号 p_c 输入 A 室后，A、B 室间的膜片在 p_c 的作用下变形，堵住喷嘴，C 室内气体不能排出，压力随之升高，达到一定压力值时推动 C 室下的膜片，打开截止阀，接通 p 与 E 之间的通道，高压气流从输出口 E 输出。当控制信号压力 p_c 消失后，截止阀关闭，输出口 E 与排气口 b 接通排气 由上述工作原理分析可知，放大器实际上是一种微压控制阀，即用很小的压力气体作为输入控制信号，以获得压力较高、流量较大的气流输出 如图 b 所示的膜片式气动放大器是一个两级放大器，第一级是用膜片-喷嘴式进行压力放大，第二级是功率放大	该气动放大器由于没有摩擦部件和相对机械滑动部分，因此它有较高的灵敏度和较长的使用寿命。但其恒定节流孔小，工作中易被堵塞而失灵
滑阀	(c) (d) (e) (f) 三通滑阀控制系统 (g) 四通滑阀控制系统 滑阀工作原理	根据阀芯形状的不同，滑阀分为柱形滑阀和滑板滑阀，柱形滑阀应用最广。柱形滑阀的阀芯是具有多凸肩的圆柱体，凸肩棱边与阀体（或阀套）内凹槽棱边组成节流口。根据凸肩的多少，滑阀分为二凸肩阀、三凸肩阀、四凸肩阀（见图 c～图 e）。按阀芯位于中位时节流口的开闭状况，滑阀又分为中开阀和中闭阀。中开阀又称正开口阀，阀芯凸肩与凹槽之间构成的是负重叠（负遮盖）量，如图 c 所示；中闭阀又有零开口阀（零重叠量）和负开口阀（正重叠量）两种，如图 d 和图 e 所示。与开关式方向阀分类相同，伺服/比例控制阀也有三通阀、四通阀、五通阀之分 柱形滑阀和滑板滑阀的工作原理相同，现以柱形滑阀为例进行分析 三通滑阀具有两个节流口，与差动气缸组成气动比例控制系统，如图 f 所示。当阀芯在力马达的作用下由中位（零位）向右移动一距离时，节流口 1 关死，节流口 2 打开，气缸无杆腔进气；当阀芯反向移动时，则节流口 2 关死，节流口 1 打开，气缸无杆腔排气。阀芯运动的方向受输入信号的极性控制，节流口开口量的大小受输入信号大小控制。可以用半桥气动回路描述三通滑阀的工作状态 图 g 所示为四通滑阀组成的控制系统。四通滑阀有四个节流口，节流口的开闭情况视滑阀的中开式或中闭式而不同。对零开口阀，当阀芯向某一方向运动时，两个节流口关闭，其余两个节流口流通面积逐渐增大；当阀芯由中位反向运动时，节流口的开闭情况恰好相反 对中开式四通滑阀，当阀芯的位移量小于中位时的负重叠量时，四个节流口都是可变的；当阀芯的位移量大于中位时的负重叠量时，工作情况与零开口阀相同 对负开口阀，当阀芯的位移量小于中位时的正重叠量时，四个节流口始终处于关闭状态。当阀芯位移超过上述正重叠量时，工作情况与零开口阀相同。由负开口阀组成的控制系统，存在明显的死区 四通滑阀的工作状态可用全桥气动回路来描述 五通滑阀与四通滑阀功能完全相同，仅比四通滑阀多一个排气口	与其他气动放大器相比，气动滑阀具有输出功率大，滑芯能实现静态平衡，控制功率小，中闭阀中位可以不消耗能量等特点。但滑阀的缺点也是明显的，阀芯与阀体（或阀套）构成的节流口，尺寸精度要求高，加工困难，生产成本高，由于气体的润滑性能差，阀芯与阀体（阀套）构成的摩擦副干摩擦力大，影响了控制系统的线性性能。这些缺点限制了滑阀在气动伺服控制系统中的应用

6.1.5 电-气比例/伺服阀结构、工作原理及特点

表 21-3-58

名称	结 构 原 理 图	工作原理、组成和特点
喷嘴挡板式电气压力比例阀	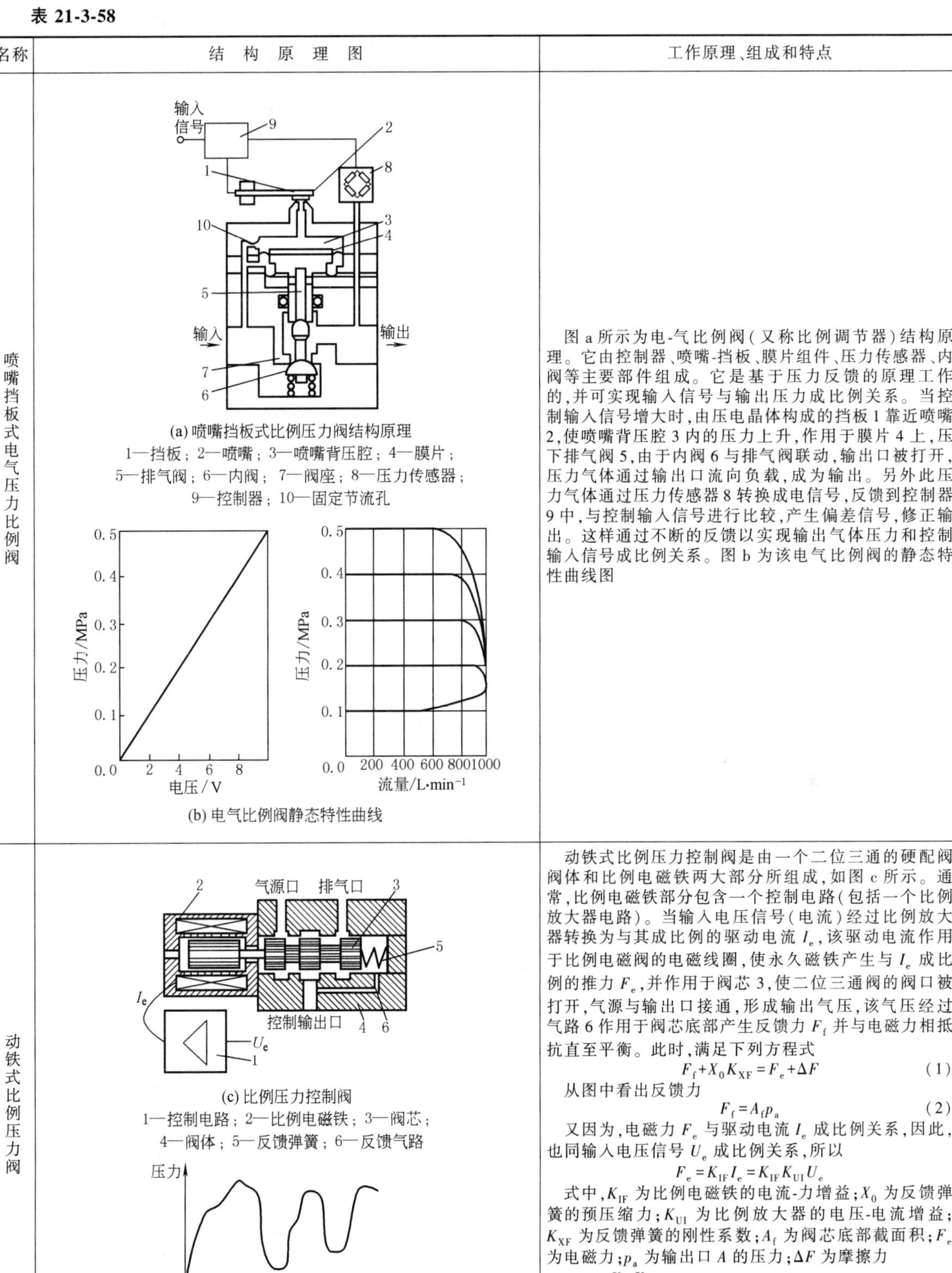 (a) 喷嘴挡板式比例压力阀结构原理 1—挡板；2—喷嘴；3—喷嘴背压腔；4—膜片；5—排气阀；6—内阀；7—阀座；8—压力传感器；9—控制器；10—固定节流孔 (b) 电气比例阀静态特性曲线	图 a 所示为电-气比例阀(又称比例调节器)结构原理。它由控制器、喷嘴-挡板、膜片组件、压力传感器、内阀等主要部件组成。它是基于压力反馈的原理工作的，并可实现输入信号与输出压力成比例关系。当控制输入信号增大时，由压电晶体构成的挡板 1 靠近喷嘴 2，使喷嘴背压腔 3 内的压力上升，作用于膜片 4 上，压下排气阀 5，由于内阀 6 与排气阀联动，输出口被打开，压力气体通过输出口流向负载，成为输出。另外此压力气体通过压力传感器 8 转换成电信号，反馈到控制器 9 中，与控制输入信号进行比较，产生偏差信号，修正输出。这样通过不断的反馈以实现输出气体压力和控制输入信号成比例关系。图 b 为该电气比例阀的静态特性曲线图
动铁式比例压力阀	(c) 比例压力控制阀 1—控制电路；2—比例电磁铁；3—阀芯；4—阀体；5—反馈弹簧；6—反馈气路 (d) 动铁式比例压力阀	动铁式比例压力控制阀是由一个二位三通的硬配阀阀体和比例电磁铁两大部分所组成，如图 c 所示。通常，比例电磁铁部分包含一个控制电路(包括一个比例放大器电路)。当输入电压信号(电流)经过比例放大器转换为与其成比例的驱动电流 I_e，该驱动电流作用于比例电磁阀的电磁线圈，使永久磁铁产生与 I_e 成比例的推力 F_e，并作用于阀芯 3，使二位三通阀的阀口被打开，气源与输出口接通，形成输出气压，该气压经过气路 6 作用于阀芯底部产生反馈力 F_f 并与电磁力相抵抗直至平衡。此时，满足下列方程式 $F_f+X_0K_{XF}=F_e+\Delta F$ (1) 从图中看出反馈力 $F_f=A_fp_a$ (2) 又因为，电磁力 F_e 与驱动电流 I_e 成比例关系，因此，也同输入电压信号 U_e 成比例关系，所以 $F_e=K_{IF}I_e=K_{IF}K_{UI}U_e$ 式中，K_{IF} 为比例电磁铁的电流-力增益；X_0 为反馈弹簧的预压缩力；K_{UI} 为比例放大器的电压-电流增益；K_{XF} 为反馈弹簧的刚性系数；A_f 为阀芯底部截面积；F_e 为电磁力；p_a 为输出口 A 的压力；ΔF 为摩擦力 $K=\frac{K_{IF}K_{UI}}{A_f}$(称比例阀的增益，或称比例系数) 动铁式比例压力阀的压力曲线随不同时间的输入信号而变化，如图 d 所示

续表

<table>
<tr><th>名称</th><th>结构原理图</th><th>工作原理、组成和特点</th></tr>
<tr><td>PWM比例压力阀</td><td>

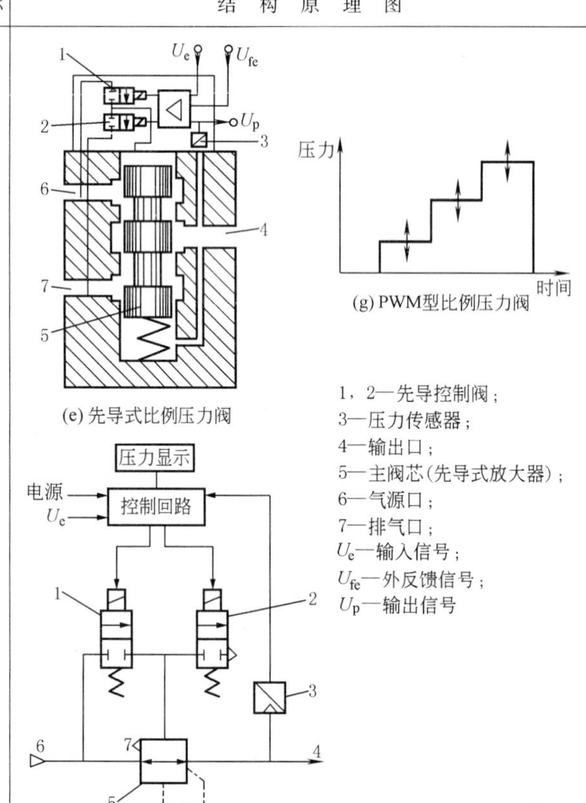

(e) 先导式比例压力阀

(g) PWM型比例压力阀

(f) 先导式比例压力阀的工作原理

</td><td>

PWM 比例压力阀的原理见图 f

PWM 脉冲宽度调制的比例压力阀采用脉宽调制技术将输入的模拟信号经脉冲调制器调制成具有一定频率和一定幅值的脉冲信号，脉冲信号放大后，控制两个二位二通高速电磁换向阀。二位二通电磁阀的输出具有一定的压力和流量，以控制它的负载(对于 PWM 比例阀而言，该负载就是作用在弹簧上的阀芯，使阀芯上下移动，或开大或减小阀口的间隙)。同时，PWM 比例阀内设置了压力传感器，用来检测比例阀的输出压力。根据输出压力与输入信号压力的偏差进入 PWM 模块调节控制器，对两个二位二通电磁阀进行反馈，或对其进行进气补偿或排气释放，以达到所需要的平衡要求

该阀的特点是，其结构为非释放型，驱动两个二位二通电磁阀(作先导用)高频振动时，耗气量低，控制精度为 0.5%～1%(满量程)，响应时间为 0.2～0.5s，适用于中等控制精度和一般动态响应的控制场合。PWM 比例压力阀压力曲线呈阶梯形，如图 g 所示

先导式比例压力阀是由一个二位三通的硬配阀阀体和一组二位二通先导控制阀、压力传感器和电子控制回路所组成。如图 e 所示

当压力传感器检测到输出口气压 p_a 小于设定值时，先导部件的数字电路输出控制信号打开先导控制阀 1，使主阀芯上腔的控制压力 p_0 增大。阀芯下移，气源继续向输出口充气，输出压力 p_a 增高。当压力传感器检测到输出气压 p_a 大于设定值时，先导部件的数字电路输出控制信号打开先导阀 2，使主阀芯的控制压力与大气相通，p_0 适量下降，主阀芯上移，输出口与排气口相通，p_a 降低。上述的不断的反馈调节过程一直持续到输出口的压力与设定值相符为止

由该比例阀的原理可以知道，该阀最大的特点就是当比例阀断电时，能保持输出口压力不变。另外，由于没有喷嘴，该阀对杂质不敏感，阀的可靠性高

</td></tr>
<tr><td>二位三通气动比例流量阀</td><td colspan="2">

二位三通型气动比例流量阀是由一个二位三通硬配阀阀体和一动铁式的比例电磁铁组成，图 h 为二位三通型比例流量阀。当输入电压信号 U_e 经过比例放大器转换成与其成比例的驱动电流 I_e，该驱动电流作用于比例电磁铁的电磁线圈，使永久磁铁产生与 I_e 成比例的推力 F_e 并作用于阀芯 3 使其右移。阀芯的移动与反馈弹簧力 F_f 相抗衡，直至两个作用力相平衡，阀芯不再移动为止。此时满足以下方程式

$$F_f + X_0 K_{XF} = F_e \pm \Delta F \tag{1}$$

$$F_f = K_{XF} X \tag{2}$$

$$F_e = K_{IF} I_e = K_{IF} X_{UI} U_e \tag{3}$$

将式(2)、式(3)代入式(1)整理后得

$$X \begin{cases} 0 & U_e < \dfrac{X_0}{K} \\ KU_e - X_0 - \dfrac{\Delta F}{K_{XF}} & U_e > \dfrac{X_0}{K} \pm \dfrac{\Delta F}{K_{XF}} \end{cases} \tag{4}$$

式中 F_f——反馈弹簧力
X_0——反馈弹簧预压缩量
K_{XF}——反馈弹簧刚性系数
X——阀芯的位移
F_e——电磁驱动力
K——比例阀的增益，即比例系数，$K = \dfrac{K_{IF} K_{UI}}{K_{XF}}$
K_{IF}——比例电磁铁的电流-力增益
K_{UI}——比例放大器的电压-电流增益
I_e——比例驱动电流
U_e——输入电压信号

气源口 排气口 控制输出口 I_e U_e 1 2 3 4 5

(h) 二位三通比例流量阀

1—控制电路；2—比例电磁铁；3—阀芯；4—阀体；5—反馈弹簧

从式(4)可见，阀芯的位移 X 与输入电压信号 U_e 基本成比例关系

</td></tr>
</table>

续表

名称	结构原理图	工作原理、组成和特点
三位五通比例流量阀（亦称气动伺服阀）	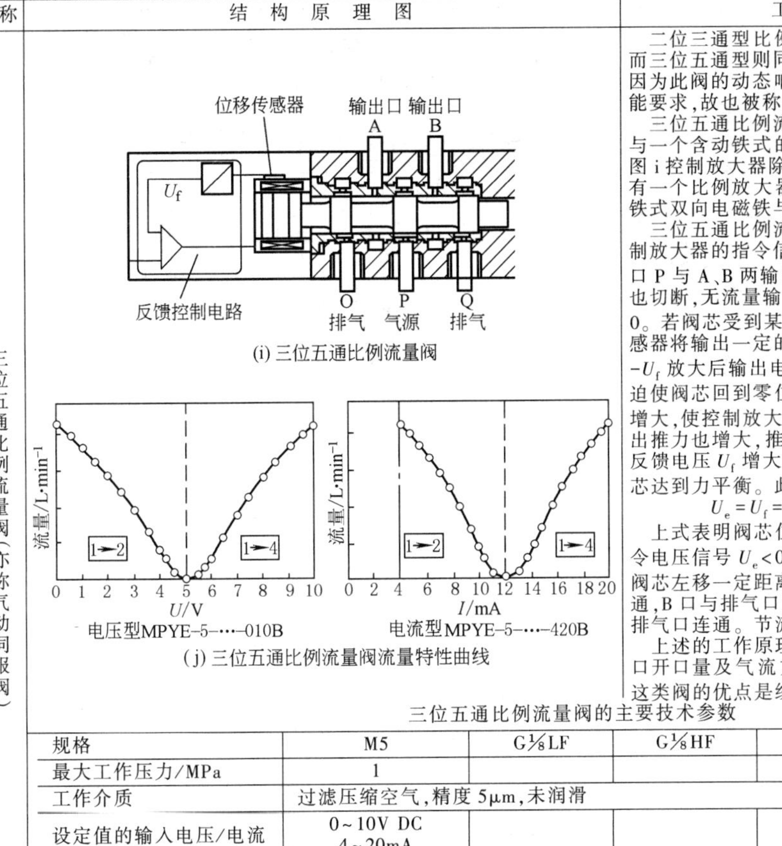 (i) 三位五通比例流量阀 (j) 三位五通比例流量阀流量特性曲线	二位三通型比例流量阀仅对一输出流量进行控制，而三位五通型则同时对两个输出口进行跟踪控制。又因为此阀的动态响应频率高，基本满足伺服定位的性能要求，故也被称为气动伺服阀 三位五通比例流量阀是一个三位五通型硬配阀阀体与一个含动铁式的双向电磁铁的控制部分所组成，如图i控制放大器除了一个动铁式的双向电磁铁之外还有一个比例放大器、位移传感器及反馈控制电路。动铁式双向电磁铁与阀芯被做成一体 三位五通比例流量阀的工作原理是：在初始状态，控制放大器的指令信号 $U_e=0$，阀芯处于零位，此时气源口P与A、B两输出口同时被切断，A、B两口与排气口也切断，无流量输出；此时位移传感器的反馈电压 $U_f=0$。若阀芯受到某种干扰而偏离调定的零位时，位移传感器将输出一定的电压 U_f，控制放大器将得到的 $\Delta U=-U_f$ 放大后输出电流给比例电磁铁，电磁铁产生的推力迫使阀芯回到零位。若指令信号 $U_e>0$，则电压差 ΔU 增大，使控制放大器的输出电流增大，比例电磁铁的输出推力也增大，推动阀芯右移。而阀芯的右移又引起反馈电压 U_f 增大，直至 U_f 与指令电压 U_e 基本相等，阀芯达到力平衡。此时： $U_e=U_f=K_f X$（K_f 为位移传感器增益） 上式表明阀芯位移 X 与输入信号 U_e 成正比。若指令电压信号 $U_e<0$，通过上式类似的反馈调节过程，使阀芯左移一定距离。阀芯右移时，气源口P与A口连通，B口与排气口连通；阀芯左移时，P与B连通，A与排气口连通。节流口开口量随阀芯位移的增大而增大 上述的工作原理说明带位移反馈的方向比例阀节流口开口量及气流方向均受输入电压 U_e 的线性控制。这类阀的优点是线性度好，滞回小，动态性能高

三位五通比例流量阀的主要技术参数

规格	M5	G1/8 LF	G1/8 HF	G1/4	G3/8
最大工作压力/MPa	1				
工作介质	过滤压缩空气，精度5μm，未润滑				
设定值的输入电压/电流	0~10V DC 4~20mA				
公称流量/L·min⁻¹	100	350	700	1400	2000
电压	24V DC±25%				
电压脉动	5%				
功耗/W	中位2，最大20				
最大频率/Hz	155	120	120	115	80
响应时间/ms	3.0	4.2	4.2	4.8	5.2
迟滞	最大0.3%，与最大阀芯行程有关				

6.2 气动比例/伺服阀

6.2.1 气动比例阀的分类

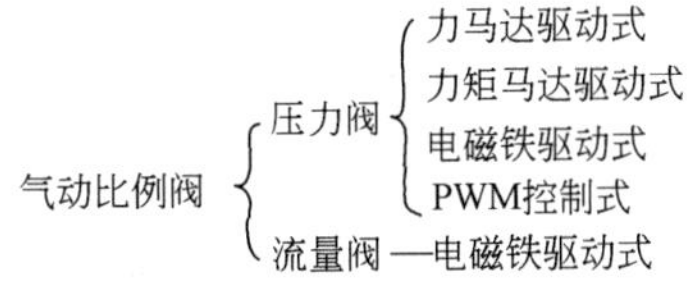

图 21-3-7 气动比例阀分类

6.2.2 气动比例/伺服阀的介绍

6.2.2.1 Festo MPPE 气动压力比例阀（PWM型）

工作原理见第6.1.5节中PWM比例压力阀介绍。

表 21-3-59

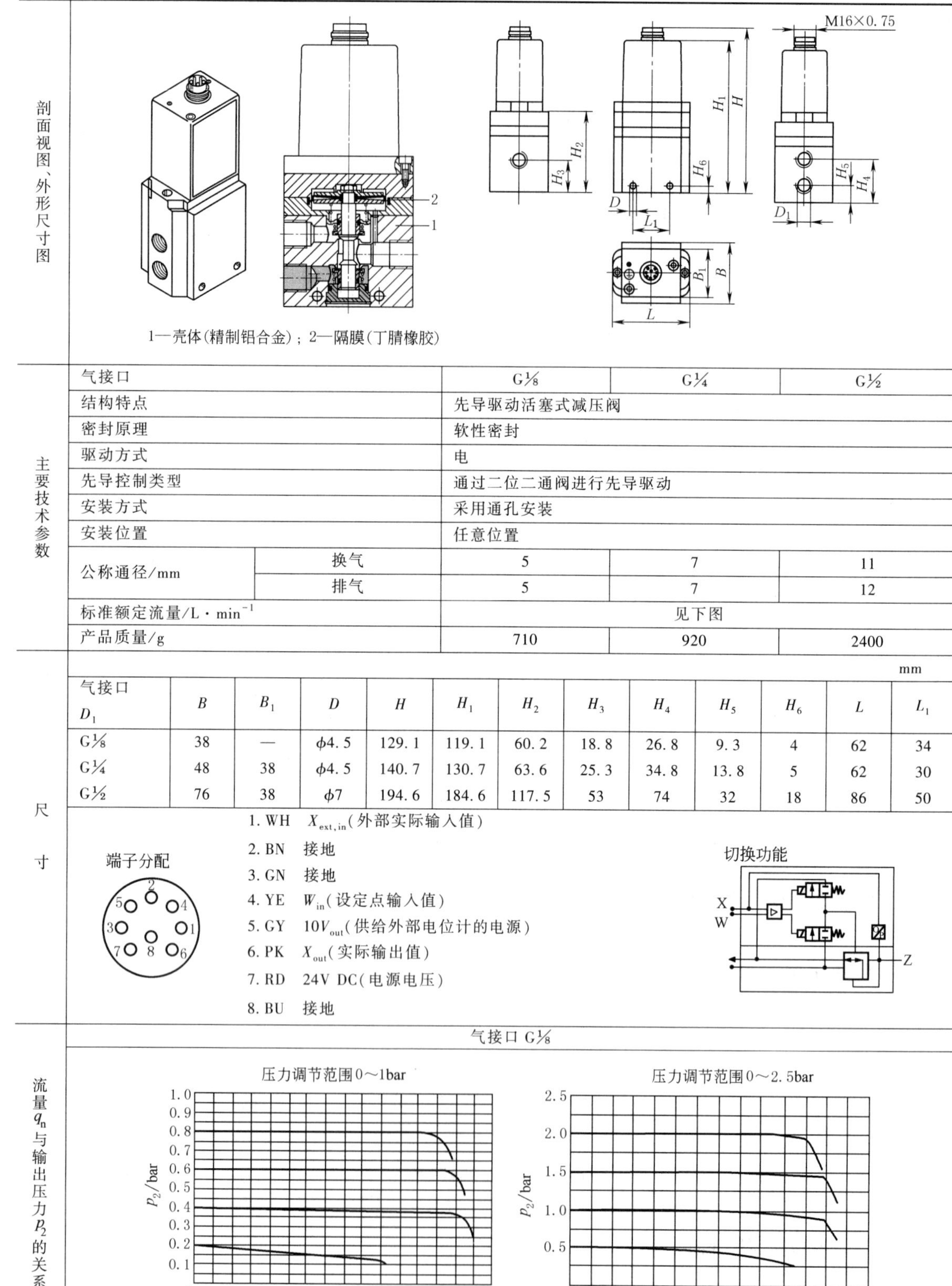

1—壳体(精制铝合金)；2—隔膜(丁腈橡胶)

主要技术参数

气接口		G⅛	G¼	G½
结构特点		先导驱动活塞式减压阀		
密封原理		软性密封		
驱动方式		电		
先导控制类型		通过二位二通阀进行先导驱动		
安装方式		采用通孔安装		
安装位置		任意位置		
公称通径/mm	换气	5	7	11
	排气	5	7	12
标准额定流量/L·min^{-1}		见下图		
产品质量/g		710	920	2400

尺寸

mm

气接口 D_1	B	B_1	D	H	H_1	H_2	H_3	H_4	H_5	H_6	L	L_1
G⅛	38	—	ϕ4.5	129.1	119.1	60.2	18.8	26.8	9.3	4	62	34
G¼	48	38	ϕ4.5	140.7	130.7	63.6	25.3	34.8	13.8	5	62	30
G½	76	38	ϕ7	194.6	184.6	117.5	53	74	32	18	86	50

端子分配

1. WH $X_{ext,in}$(外部实际输入值)
2. BN 接地
3. GN 接地
4. YE W_{in}(设定点输入值)
5. GY $10V_{out}$(供给外部电位计的电源)
6. PK X_{out}(实际输出值)
7. RD 24V DC(电源电压)
8. BU 接地

切换功能

流量 q_n 与输出压力 p_2 的关系

气接口 G⅛

续表

流量q_n与输出压力p_2的关系	气接口 G¼
	压力调节范围0～6bar 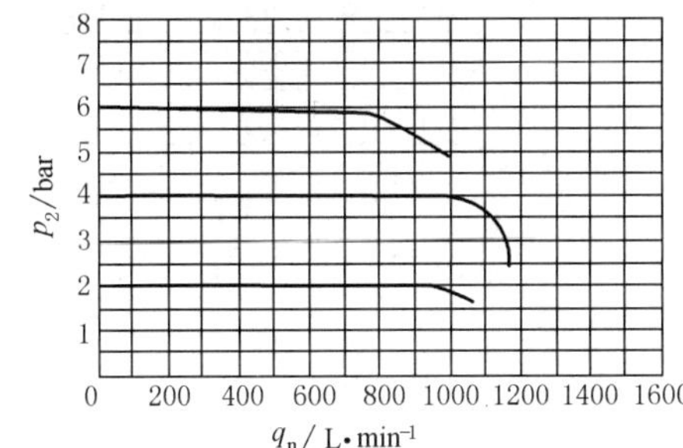 压力调节范围0～10bar 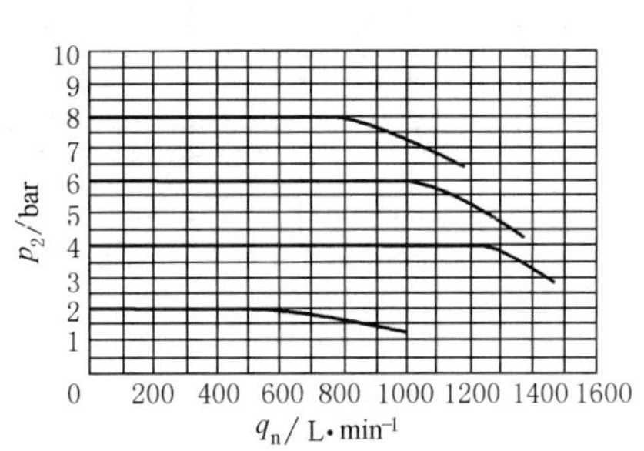 压力调节范围0～1bar 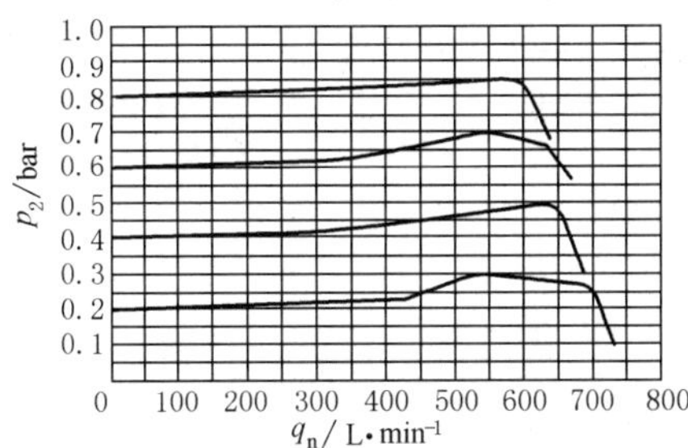 压力调节范围0～2.5bar 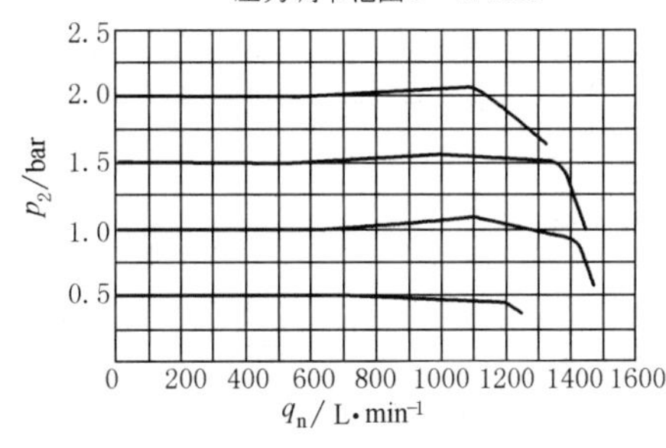 压力调节范围0～6bar 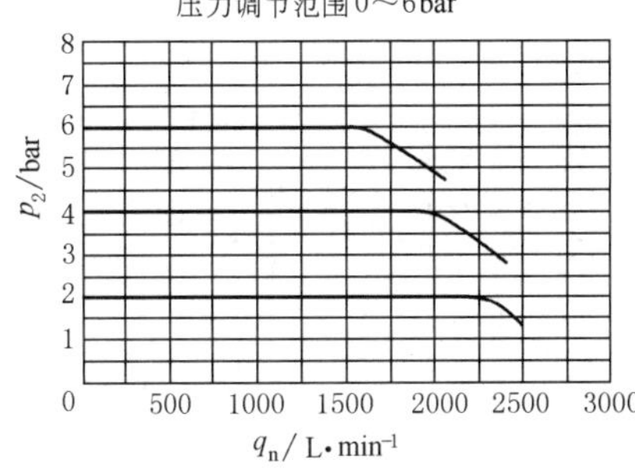 压力调节范围0～10bar 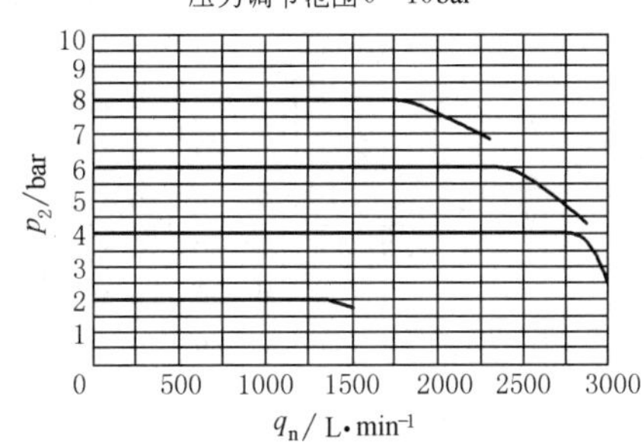
	气接口 G½
	压力调节范围0～1bar 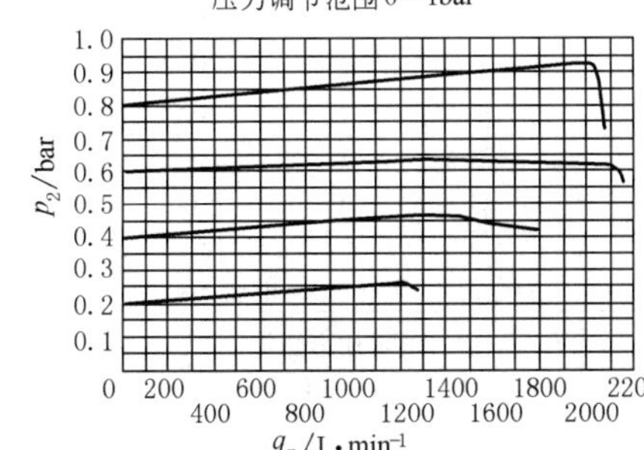 压力调节范围0～2.5bar 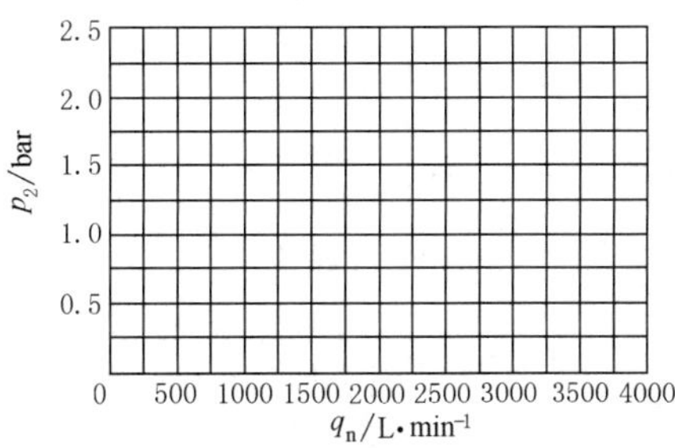

续表

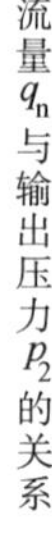

流量 q_n 与输出压力 p_2 的关系

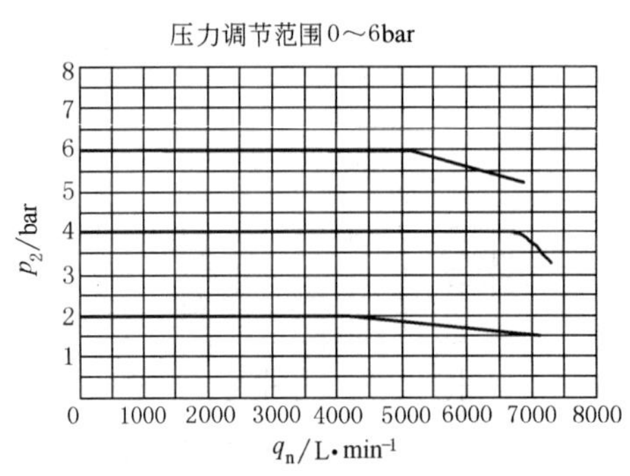

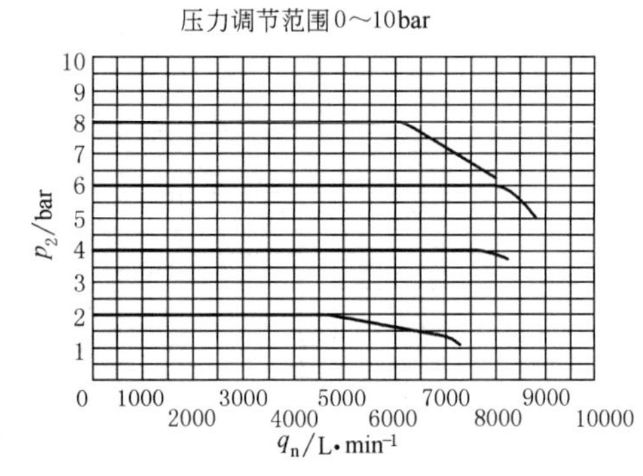

气动压力比例阀的压力调节范围

工作和环境条件					说明
压力调节范围/bar	0～1	0～2.5	0～6	0～10	
工作介质	过滤压缩空气,润滑或未润滑中性气体				①耐腐蚀等级2,符合Festo940 070标准 要求元件具有一定的耐腐蚀能力,外部可视元件带有基本涂层,直接与工业环境或诸如冷却液或润滑剂等介质接触
输入压力/bar	1.5～2	3.5～4.5	7～8	11～12	
最大迟滞/mbar	30	40	40	50	
环境温度/℃	0～50				
介质温度/℃	0～60				
耐腐蚀等级 CRC①	2	2	2	2	

在 $p_{1\max}$ 下输出口2处的响应时间/阶跃响应/s										说明
压力调节范围/bar		0～1		0～2.5		0～6		0～10		
输出口2处的容积		开①	关②	开①	关②	开①	关②	开①	关②	
0L	G⅛	0.095	0.165	0.100	0.180	0.100	0.190	0.125	0.220	①开=(0～90%)$p_{2\max}$ ②关=(100%～10%)$p_{2\max}$
	G¼	0.140	0.225	0.150	0.260	0.150	0.260	0.160	0.280	
	G½	0.170	0.500	0.170	0.500	0.170	0.510	0.140	0.535	
0.7L	G⅛	0.140	0.250	0.180	0.310	0.220	0.340	0.250	0.380	
	G¼	0.150	0.280	0.170	0.320	0.180	0.360	0.200	0.390	
	G½	0.120	0.510	0.130	0.520	0.160	0.560	0.180	0.600	
2L	G⅛	0.340	0.730	0.380	0.990	0.430	1.250	0.600	1.160	
	G¼	0.360	0.620	0.400	0.700	0.540	0.930	0.540	1.050	
	G½	0.330	0.600	0.410	0.720	0.570	1.000	0.540	1.000	

电参数					
压力调节范围/bar		0～1	0～2.5	0～6	0～10
电接口		圆形插头:符合DIN 45326标准,M16×0.75,8针			
工作电压范围 U_B/V		18～30	18～30	18～30	18～30
残余脉动		10%			
功耗 $P_{\max}$/W		3.6(在30V DC和100%通电持续率时)			
信号设定点输入值	电压 U_W/V	0～10	0～10	0～10	0～10
	电流 I_W/mA	4～20	4～20	4～20	4～20
信号实际输出值	电压 U_X/V	0～10	0～10	0～10	0～10
	电流 I_X/mA	4～20	4～20	4～20	4～20
外部信号实际输入值	电压 $U_{X,ext}$/V	0～10	0～10	0～10	0～10
	电流 $I_{X,ext}$/mA	4～20	4～20	4～20	4～20
防护等级(符合DIN 60 529标准)		IP65(带连接插座时)			
安全说明		当电源电缆中断时,电压不稳定			
极性容错保护	设定点输入值 电压信号0～10mV	适用于所有电接口			
	设定点输入值 电流信号4～20mA	适用于工作电压			
短路保护		无			

6.2.2.2 Festo MPPES 气动压力比例阀（比例电磁铁型）

表 21-3-60

剖视图、外形尺寸图

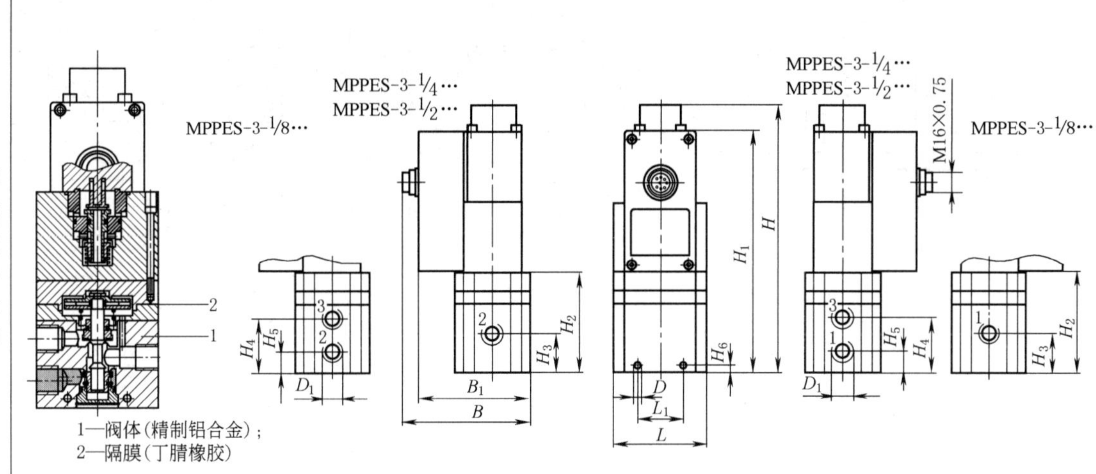

1—阀体(精制铝合金)；
2—隔膜(丁腈橡胶)

主要技术参数

气 接 口		G⅛	G¼	G½
结构特点		直动活塞式减压阀	先导驱动活塞式减压阀	
密封原理		软性密封方式		
驱动方式		电		
先导控制方式		直动式	通过二位二通阀进行先导驱动	
安装方式		采用通孔安装		
安装位置		任意位置		
公称通径/mm	换气	5	7	11
	排气	5	7	12
标准额定流量/L·min^{-1}		见下图		
质量/g		915	1310	2670

尺寸

mm

气接口 D_1	B	B_1	D	H	H_1	H_2	H_3	H_4	H_5	H_6	L	L_1
G⅛	77.1	67.1	4.4	116.5	100	55	34	45	23	4	62	34
G¼	82.1	72.1	4.5	170.2	153.7	63.7	25.3	34.8	13.8	5	62	30
G½	96.1	86.1	7	227.1	210.6	120.6	53	74	32	18	86	50

接口	切换功能
端子分配 1 WH 常闭	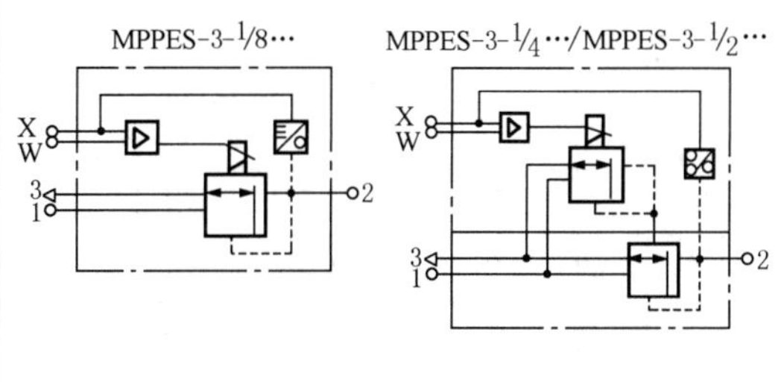

工作原理见表 21-3-58 中动铁式比例压力阀

续表

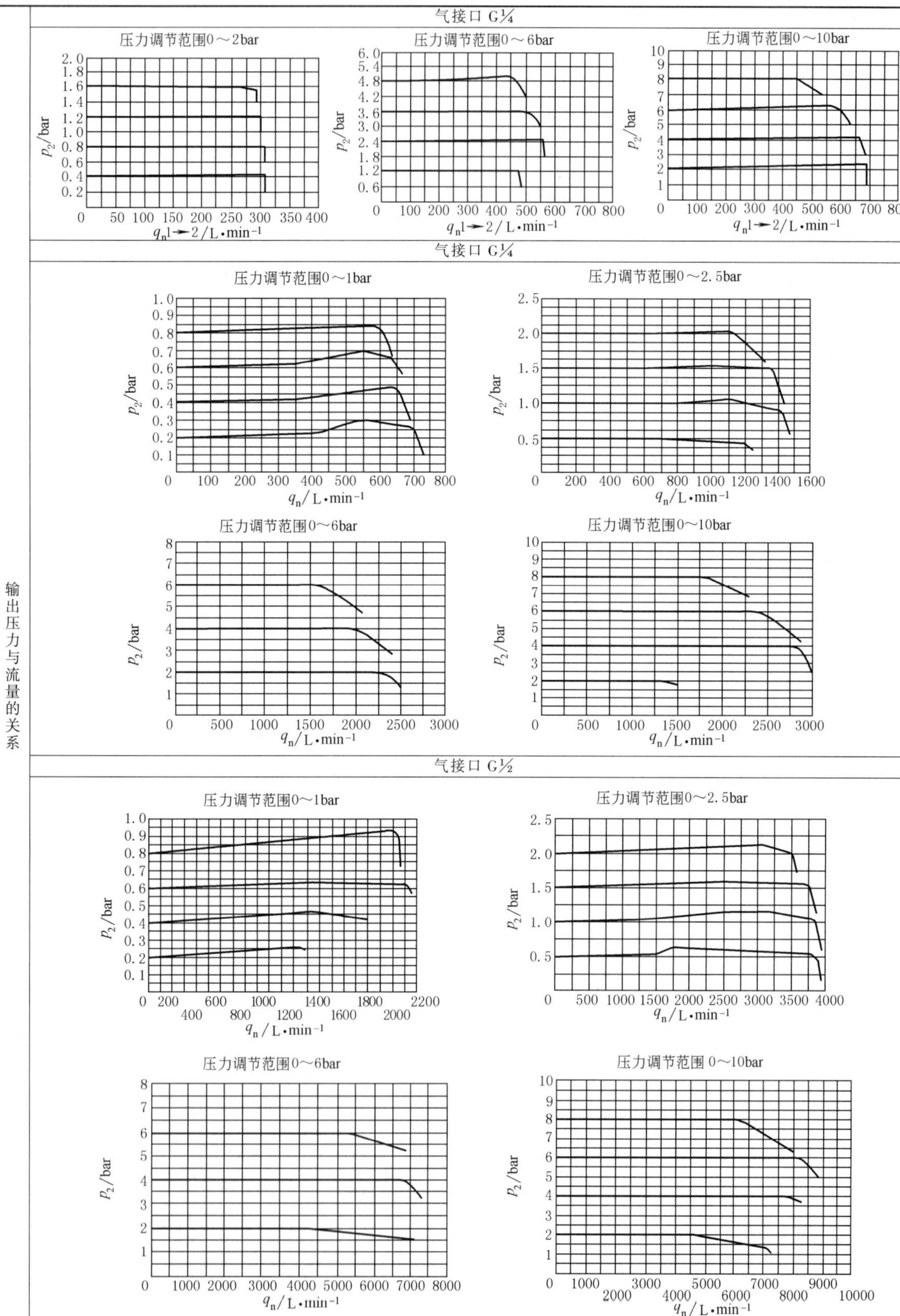

输出压力与流量的关系
气接口 G¼
压力调节范围0～2bar
压力调节范围0～6bar
压力调节范围0～10bar
p_2/bar
q_n1→2/L·min⁻¹
气接口 G¼
压力调节范围0～1bar
压力调节范围0～2.5bar
压力调节范围0～6bar
压力调节范围0～10bar
q_n/L·min⁻¹
气接口 G½
压力调节范围0～1bar
压力调节范围0～2.5bar
压力调节范围0～6bar
压力调节范围 0～10bar

续表

					说　明
工作和环境条件	压力调节范围/bar	0~2	0~6	0~10	
	工作介质	过滤压缩空气,润滑或未润滑中性气体			① 耐腐蚀等级2,符合Festo940070标准要求元件具有一定的耐腐蚀能力,外部可视元件带有基本涂层,直接与工业环境或诸如冷却液或润滑剂等介质接触
	输入压力/bar	3~4	7~8	11~2	
	最大迟滞/mbar	10	50	50	
	环境温度/℃	0~50			
	介质温度/℃	0~60			
	耐腐蚀等级 CRC①	2	2	2	

气动压力比例阀的压力调节范围									
在 $p_{1\max}$ 下输出口2处的响应时间/阶跃响应/s	压力调节范围/bar		0~2		0~6		0~10		
	输出口2处的容积		开①	关②	开①	关②	开①	关②	
	01	G⅛	0.220	0.410	0.210	0.280	0.200	0.290	
		G¼	0.200	0.890	0.200	0.640	0.200	0.360	
		G½	0.220	1.000	0.230	0.660	0.230	0.450	
	21	G⅛	0.660	2.530	1.200	5.760	1.370	6.300	①开=(0~90%)$p_{2\max}$
		G¼	0.200	1.000	0.450	0.760	0.460	0.900	②关=(100%~10%)$p_{2\max}$
		G½	0.320	1.000	0.340	0.570	0.350	0.630	
	101	G⅛	2.700	2.800	5.150	24.000	5.800	27.000	
		G¼	0.900	2.700	1.500	3.000	1.900	3.400	
		G½	0.800	1.400	1.100	1.500	1.300	1.800	

电参数	压力调节范围/bar		0~2	0~6	0~10
	电接口		圆形插头,符合DIN 45326标准,M16×0.75,8针		
	工作电压范围 U_B/V		18~30	18~30	18~30
	残余脉动		10%		
	功耗 $P_{\max}$/W		20(在30V DC时)		
	设定点输入值	电压 U_W/V	0~10	0~10	0~10
		电流 I_W/mA	4~20	4~20	4~20
	实际输入值	电压 U_X/V	0~10	0~10	0~10
		电流 I_X/mA	4~20	4~20	4~20
	外部信号实际输入值	电压 $U_{X,ext}$/V	0~10	0~10	0~10
		电流 $I_{X,ext}$/mA	4~20	4~20	4~20
	防护等级(符合DIN 60529标准)		IP65(带连接插座时)		
	安全说明		当电源电缆中断时,输出压力降至0bar		
	极性容错保护	设定点输入值电压信号0~10mV	适用于所有电接口		
		设定点输入值电流信号4~20mA	适用于工作电压		
	短路保护		无		

6.2.2.3 Festo MPYE 比例流量伺服阀（比例电磁铁型）

表 21-3-61

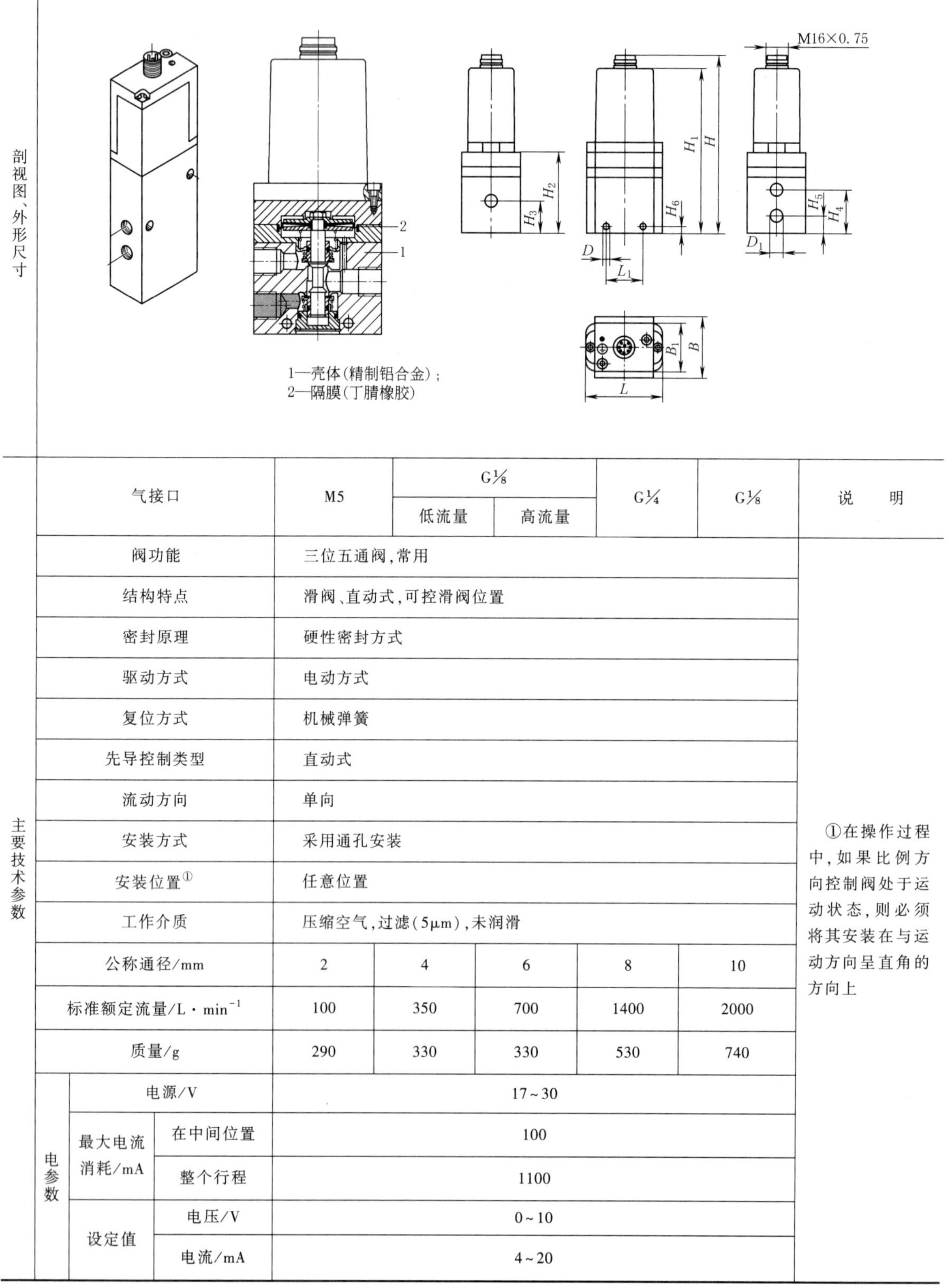

剖视图、外形尺寸								
		1—壳体(精制铝合金)； 2—隔膜(丁腈橡胶)						
主要技术参数	气接口		M5	G1/8		G1/4	G1/8	说　明
				低流量	高流量			
	阀功能		三位五通阀,常用					①在操作过程中,如果比例方向控制阀处于运动状态,则必须将其安装在与运动方向呈直角的方向上
	结构特点		滑阀、直动式,可控滑阀位置					
	密封原理		硬性密封方式					
	驱动方式		电动方式					
	复位方式		机械弹簧					
	先导控制类型		直动式					
	流动方向		单向					
	安装方式		采用通孔安装					
	安装位置①		任意位置					
	工作介质		压缩空气,过滤(5μm),未润滑					
	公称通径/mm		2	4	6	8	10	
	标准额定流量/L·min⁻¹		100	350	700	1400	2000	
	质量/g		290	330	330	530	740	
电参数	电源/V		17~30					
	最大电流消耗/mA	在中间位置	100					
		整个行程	1100					
	设定值	电压/V	0~10					
		电流/mA	4~20					

续表

		气接口		M5	G⅛ 低流量	G⅛ 高流量	G¼	G⅛	说明
主要技术参数	电参数	最大迟滞[②]/%		0.4					②与滑阀的最大行程有关 ③如果过比例方向控制阀会自动切断（至中间位置） ④与滑阀最大运动行程时间有关 ⑤在操作过程中，如果比例方向阀处于运动状态，则必须将其安装在与运动方向呈直角的方向上
		阀的中间位置	电压类型/V	5(±0.1)					
			电流类型/mA	12(±0.16)					
		持续通电率[③]/%		100					
		临界频率[④]/Hz		125	100	106	90	65	
		安全设定		在设定电源断裂时，中间位置激活					
		极性容错保护	电压类型/V	适用于各种电接口					
			电流类型/mA	用于设定值					
		防护等级		IP65					
		电接口		4针插座，圆形结构 M12×1					
	工作和环境条件	工作压力/bar		0~10					
		环境温度/℃		0~50					
		抗振性能[⑤]		符合 DIN/IEC 68 标准第 2-6 部分。强度等级 2 级					
		抗持续冲击性[⑤]		符合 DIN/IEC 68 标准第 2-27 部分，强度等级 2 级					
		CE 标志		符合 89/336/EEC 标准（电磁兼容性标准）					
		介质温度/℃		5~40，不允许压缩					

尺寸/mm 气接口 D_1	B	B_1	D	H	H_1	H_2	H_3	H_4	H_5	H_6	L	L_1
G⅛	38	—	ϕ4.5	129.1	119.1	60.2	18.8	26.8	9.3	4	62	34
G¼	48	38	ϕ4.5	140.7	130.7	63.6	25.3	34.8	13.8	5	62	30
G½	76	38	ϕ7	194.6	184.6	117.5	53	74	32	18	86	50

流量与电压、电流的关系

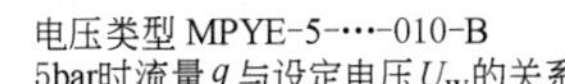

电压类型 MPYE-5-…-010-B
5bar时流量q与设定电压U_W的关系

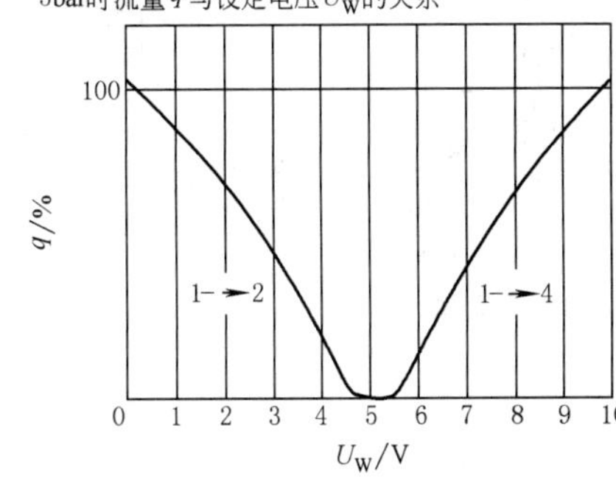

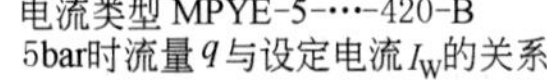

电流类型 MPYE-5-…-420-B
5bar时流量q与设定电流I_W的关系

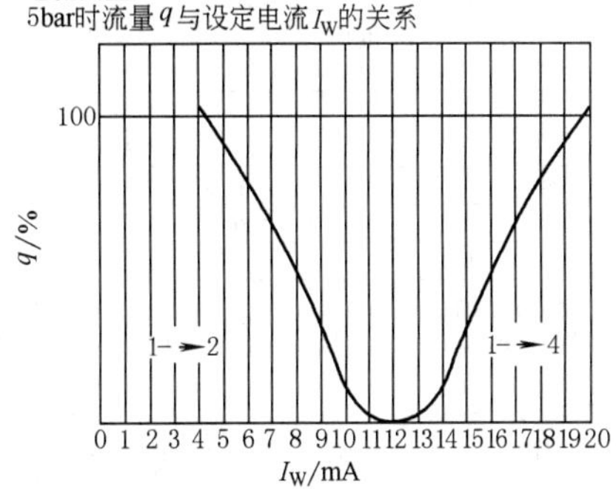

上图表示当阀获得不同电信号（电压 0~10V、4~20mA）时与流量的关系，可以看到当电压信号为 5V 或电流信号为 12mA 时，该阀输出为零

6.2.2.4 SMC IT600 压力比例阀（喷嘴挡板型）

IT 600 系列电-气比例转换器用于将电信号依比例转换成空气压力，输出压力范围 0.02～0.6MPa，响应快、流量大，电源连接部分单独隔离/耐压防爆构造、间距容易调整。

表 21-3-62

外形尺寸图、工作原理图

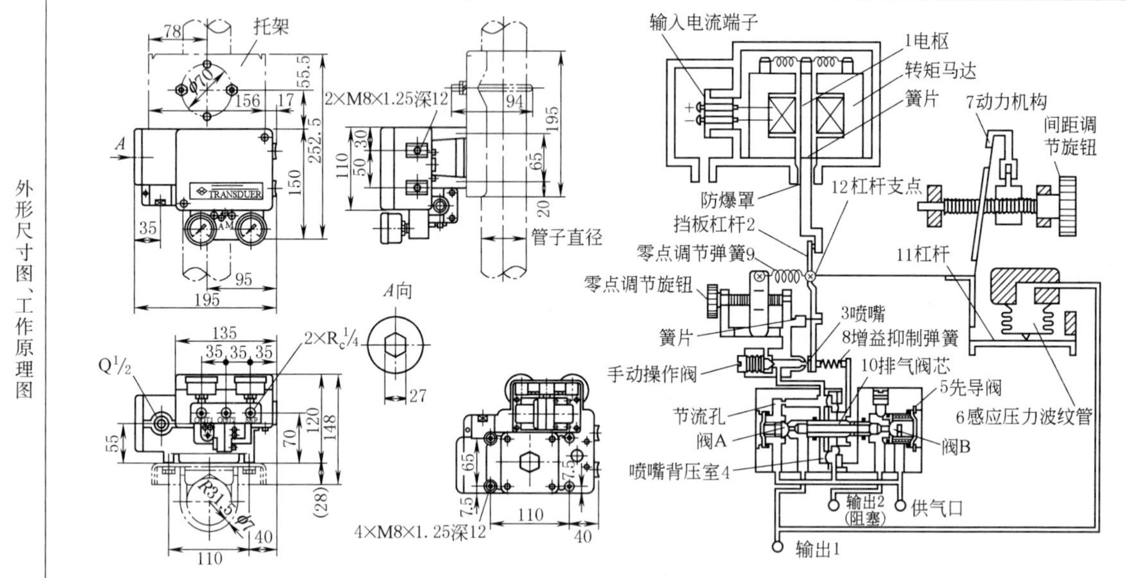

工作原理

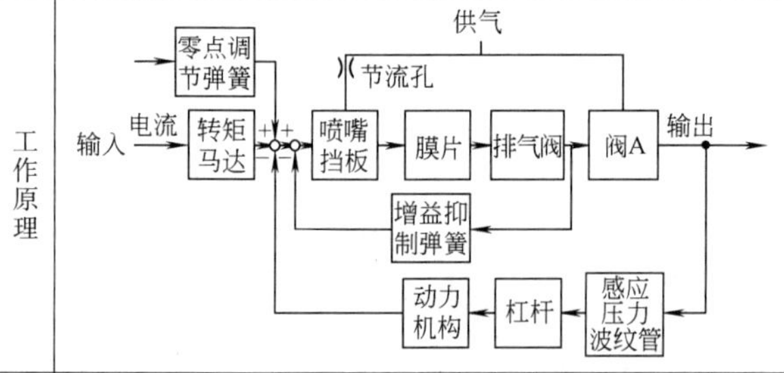

当输入电流增加时，转矩马达内的电枢 1 会受到一个顺时针的转矩把挡板杠杆 2 推向左边，结果喷嘴 3 和挡板之间的空隙增大，因而在喷嘴背压室 4 内的压力降低，同时它也把先导阀 5 的排气阀芯 10 移到了左边，使得输出口 1 的输出压力增加，增加的输出压力则经过先导阀 5 内部的路径到达感应压力波纹管 6，在波纹管内把压力转化成力，该力通过杠杆 11 作用在动力机构 7 上。由于这个力在杠杆支点 12 上会与由输入电流产生的力平衡，这样就会得到与输入电流成比例的输出空气压力。增益抑制弹簧 8 的作用就是立即把排气阀的运动反映给挡板杠杆，以促使循环稳定

若分别改变零点调节弹簧 9 的张力和动力机构 7 的角度，就可以对零点和间距作出调节

主要技术参数

型 号	IT 600（强压力用）	IT 601（高压力用）
供应压力/MPa	0.14～0.24	0.24～0.7
输出压力/MPa	0.02～0.1，最高 0.2	0.04～0.2，最高 0.6
输入电流/mA	DC4～20（标准）	
输入电阻/Ω	235（4～20mA，20℃）	
线性度	±1.0%以内	
迟滞现象	0.75%以内	
重复精度	±0.5%以内	
空气消耗量（ANR）/L·min^{-1}	7（供应压力，0.14MPa）	22（供应压力，0.7MPa）
环境及流体温度	-10～80℃	
供气口径	Rc¼（内螺纹）	
接电口径	G½（内螺纹）	
防爆构造	耐压防爆机构 02G4	
材料	（壳体）压铸铝	

IT 600 型 0.1MPa 以上的压力，例如 0.02～0.14MPa，0.02～0.16MPa，0.02～0.2MPa，可利用间距调节来调校达到

IT 601 型 0.2MPa 以上的压力，例如 0.04～0.3MPa，0.04～0.5MPa，0.04～0.6MPa，可利用间距调节来调校达到

型号表示方法：

IT60 □ - □ □ □ □ □

输出压力	
0	0.02～0.2MPa
1	0.04～0.6MPa

输入电流范围	
0	DC4～20mA
1	DC1～5mA
2	DC2～10mA
3	DC5～25mA
4	DC10～50mA

压力表范围	
0	无压力表
1	0.2MPa
2	0.3MPa
3	1.0MPa
4	0.4MPa
5	0.6MPa

导线连接方式	
0	耐压螺纹接头金属管道和一般接头，不需要防爆设计
1	耐压密封圈式电线套

耐压密封圈种类	
0	无密封圈
1	适合电线外径7～7.9mm
2	适合电线外径8～8.9mm
3	适合电线外径9～9.9mm
4	适合电线外径10～10.9mm
5	适合电线外径11～11.5mm
6	带整套密封圈(以上5种)

附件	
无记号	无
B	托架（2in管路安装用）
J	六角扳手（锁紧端盖用）

附件

名 称	型 号	备 注	名 称	型 号	备 注
托架	P255010-5	固定管道用	耐压密封圈	P224010-12-17	适合电线外径 7～7.9mm，8～8.9mm，9～9.9mm，10～10.9mm，11～11.5mm，或一套五种
内六角螺钉扳手	P22401B1	锁紧端盖用			

续表

	a. 小型调节阀操作的应用	b. 张力控制的应用	c. 滚压控制装置的应用	d. 流体的压力设定值应用
应用实例	电子调节器将差压传感器输入的压力信号转换成电流信号，然后输出4～20mA直流信号到IT 600，通过调节小型调节阀来控制水位	控制器收到由张力检测器发出的电信号来获知物料的张力情况，而IT 600收到由控制器发出的电流信号后，把它转换成气压信号来控制卷筒的制动压力，因此物料的张力得以保持控制	压力传感器向压力控制仪器提供压力资料，然后控制仪器向IT 600发出电流信号，IT 600就把电流信号转换成气压信号发送给推动气缸，因而可以准确地控制滚轮压力	为避免由于温度波动而造成钢板厚度滚压不均匀，可以利用空气压力改变冷却液的供应，使滚轮的温度保持在某一范围内

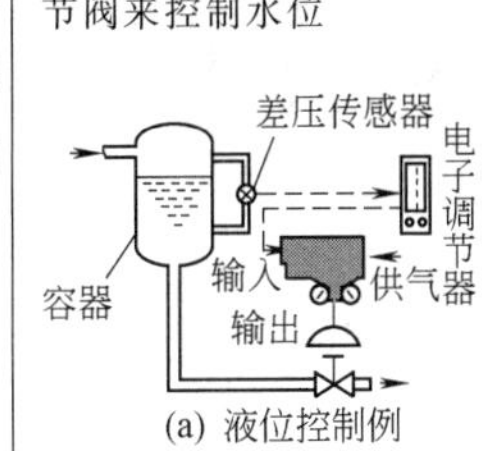

(a) 液位控制例

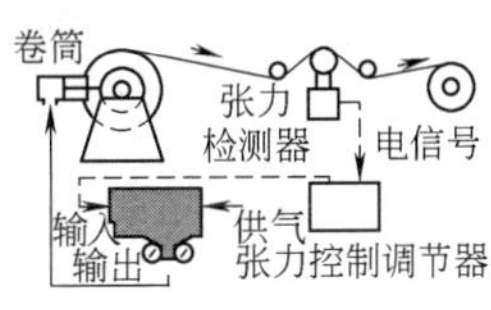

(b) 张力控制装置例

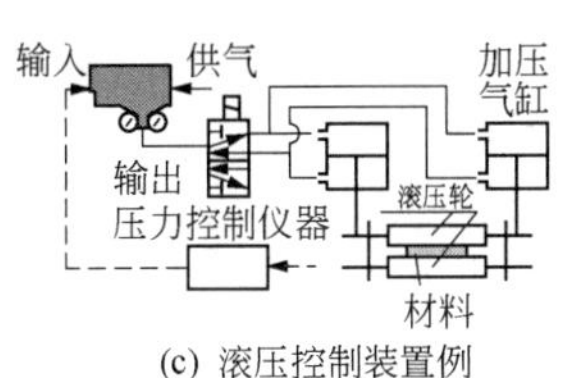

(c) 滚压控制装置例

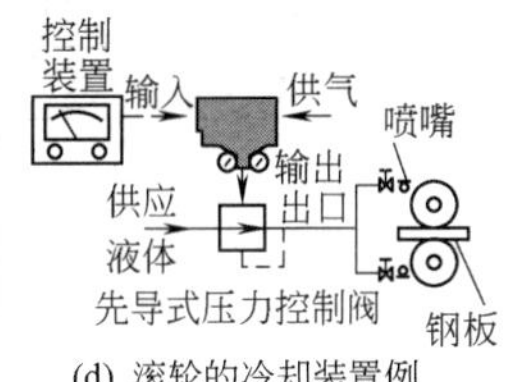

(d) 滚轮的冷却装置例

6.2.2.5 SMC ITV1000/2000/3000 先导式电气比例阀（PWM 型）

ITV 先导式电气比例阀是输出压力随电气信号成比例变化的电气比例阀，其实质是 PWM（Pulse Width Modulation）脉冲宽度调制的比例压力阀，它采用脉宽调制技术将输入的模拟信号经脉冲调制器调制成具有一定频率和一定幅值的脉冲信号，脉冲信号放大后，控制两个二位二通电磁换向阀（或高速电磁换向阀）。电信号可采用电流型（DC：4～20mA、0～20mA）或电压型（DC：0～5V、0～10V），最高供给压力为 2bar、10bar，设定的压力范围有 0.001～0.1MPa、0.001～0.5MPa、0.001～0.9MPa、-1～-100kPa，有两种监控输出方式（模拟量输出、开关量输出）可供选择，监控输出的模拟量输出和开关量输出只能选择一种参数模式，模拟量输出的电流型（4～20mA）和电压型（0～5V）也只能选择一种参数式。开关输出的 PNP 型和 NPN 型也只能选择一种形式。

表 21-3-63

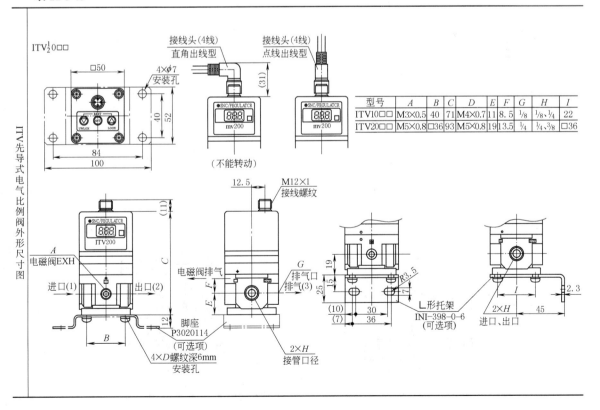

ITV先导式电气比例阀外形尺寸图

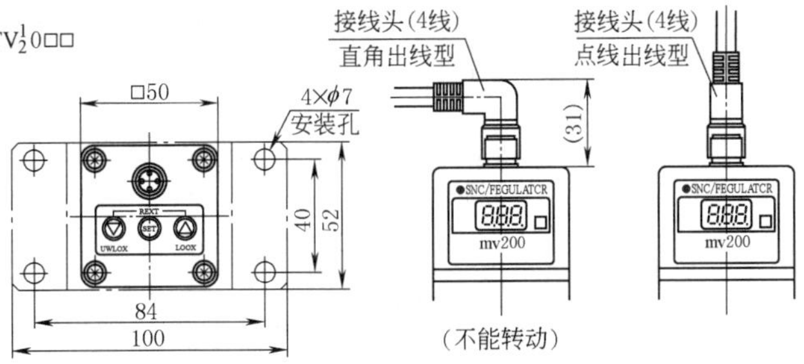

型号	A	B	C	D	E	F	G	H	I
ITV10□□	M3×0.5	40	71	M4×0.7	11	8.5	1/8	1/8、1/4	22
ITV20□□	M5×0.8	□36	93	M5×0.8	19	13.5	1/4	1/4、3/8	□36

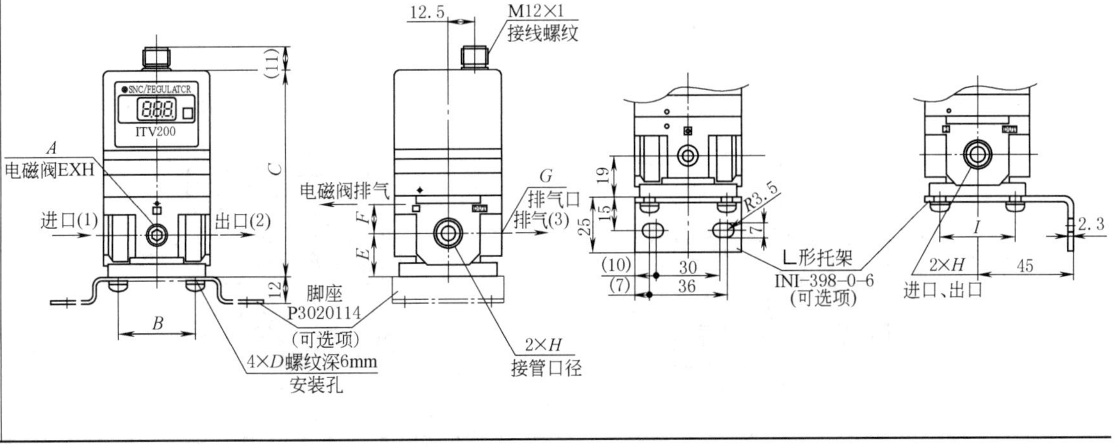

续表

ITV先导式电气比例阀外形尺寸图

ITV30□□

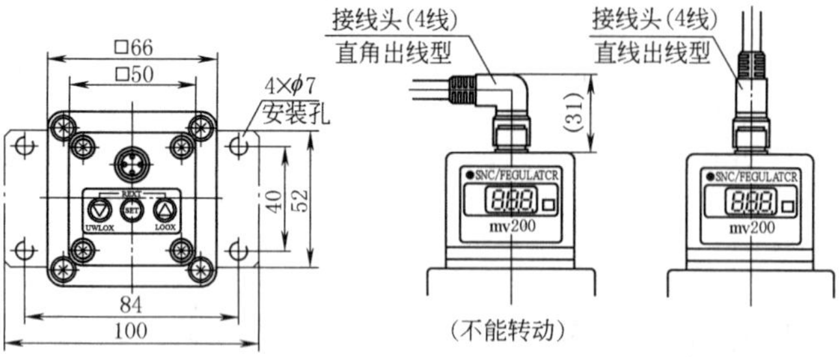

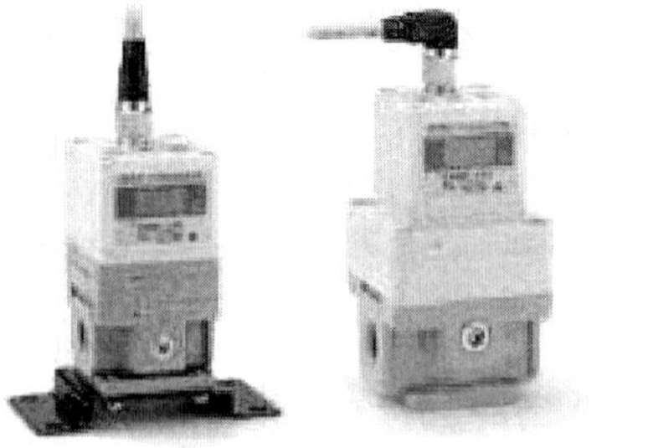

□66 □50 4×ϕ7 安装孔 40 52 84 100

接线头(4线) 直角出线型 (31) (不能转动)

接线头(4线) 直线出线型

① 带LED数字式显示
② 可选择开关输出或模拟输出两种
③ 出线方式可选择直线型或直角型两种
④ 安装尺寸与T系列相同
⑤ 达IP65标准
⑥ 安装方式，可用托架等输出安装或与模块式过滤组合元件AF及AFM直接安装

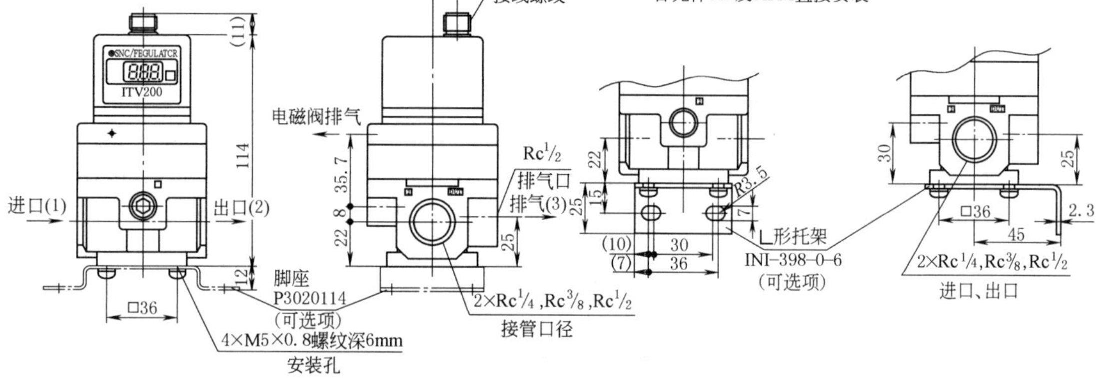

(11) 114 12 进口(1) 出口(2) □36 脚座 P3020114 (可选项) 4×M5×0.8螺纹深6mm 安装孔

12.5 M12×1 接线螺纹 电磁阀排气 35.7 8 22 Rc1/2 排气口 排气(3) 25 2×Rc1/4, Rc3/8, Rc1/2 接管口径

22 15 25 R3.5 7 (10) (7) 30 36 L形托架 INI-398-0-6 (可选项)

30 25 □36 45 2.3 2×Rc1/4, Rc3/8, Rc1/2 进口、出口

ITV 1000/2000/3000先导式电气比例阀工作原理

输入信号增大，供气用电磁阀1接通(ON)，排气用电磁阀2断开(OFF)。因此，供给压力通过供气用电磁阀作用于先导室3内，先导室内压力增大，作用于膜片4上

其结果是和膜片4联动的供气阀5被打开，供给压力的一部分就变成输出压力，这个输出压力通过压力传感器7反馈至控制回路。在这里，进行修正动作，直到输出压力与输入信号成比例，从而使输出压力总是与输入信号成比例变化

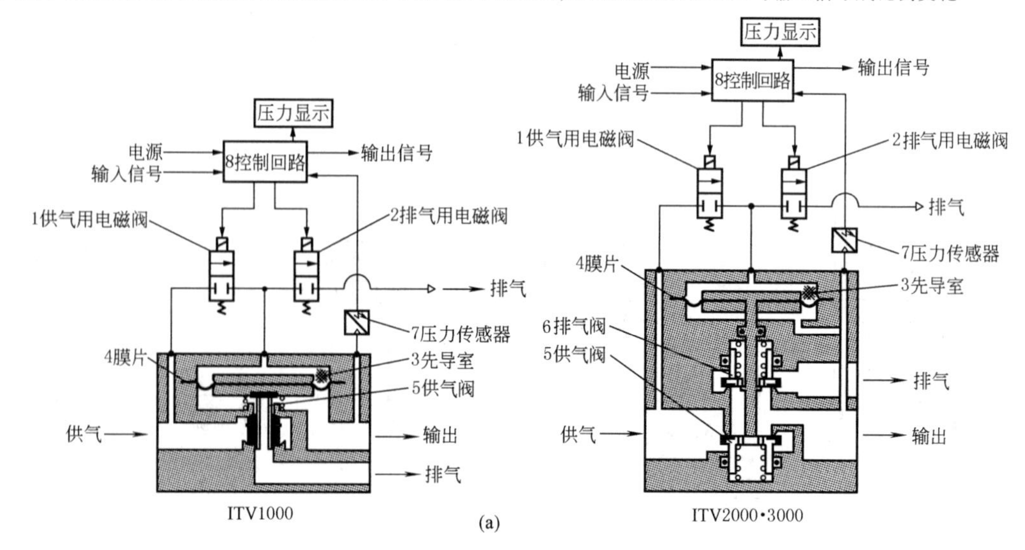

(a)

续表

ITV 1000/2000/3000先导式电气比例阀工作原理

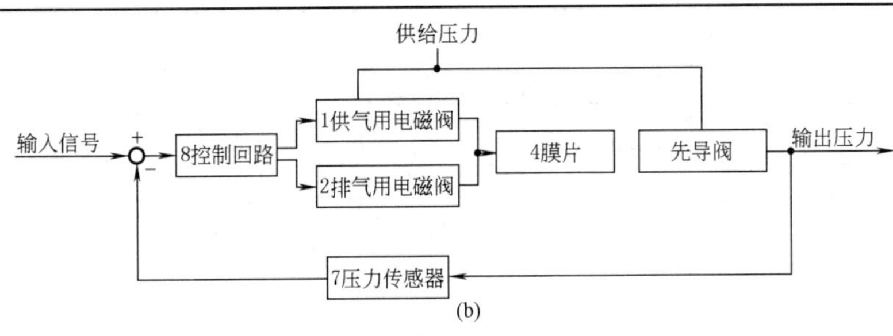

(b)

ITV 先导式电气比例阀工作原理如图 a 所示,供气用二位三通电磁阀 1 和排气用二位三通电磁阀 2 分别充当先导腔室的压力递增或递减。当一个比例电信号输入到控制回路模块 8 时,通过控制回路模块内部电路的比较、放大后,输入给供气用二位三通电磁阀 1 电信号,供气用二位三通电磁阀 1 导通,压力进入先导腔室内膜片 2,膜片 2 下压推动阀杆使供气阀 5 的阀座打开。输出口有压力输出,而此时排气阀 6 的阀座仍处于关闭状态。输出口的压力一方面输出到所需驱动器,另一方面通过通道反馈到压力传感器 7,压力传感器得到压力信号转换成电信号反馈到控制回路模块 8,与原来设定的目标值进行比较、修正,决定是让供气用二位三通电磁阀 1 继续增压,还是让排气用二位三通电磁阀 2 打开释放先导腔室压力,直到输出工作压力与输入电信号成线性比例关系

灵敏度≤0.2% FS,线性度≤±1% FS,迟滞≤0.5% FS,重复度≤±0.5% FS,IP 65 防护等级。在平衡状态时耗气为 0,在不加压状态时,可进行零位调整和满位调整。有 LED 显示。有两种输出信号模式:模拟量和开关量

ITV先导式电气比例阀主要技术参数

型号		ITV 101□	ITV 103□	ITV 105□
		ITV 201□	ITV 203□	ITV 205□
		ITV 301□	ITV 303□	ITV 305□
最低使用压力/MPa		设定压力-0.1		
最高使用压力/MPa		0.2	1.0	
压力调节范围/MPa		0.005~0.1	0.005~0.5	0.005~0.9
电源	电压	24V DC~10% 12~15V DC		
	电流消耗量	使用电压 24V DC,0.12A 或以下 使用电压 12~15V DC,0.18A 或以下		
输入信号	电流式/mA	4~20,0~20		
	电压式/V DC	0~5,0~10		
	预设输入	4 点		
输入阻抗	电流式	250Ω 或以下		
	电压式/kΩ	约 6.5		
	预设输入/kΩ	约 2.7		

型号		ITV 101□	ITV 103□	ITV 105□
		ITV 201□	ITV 203□	ITV 205□
		ITV 301□	ITV 303□	ITV 305□
输出信号(电信号)	模拟输出	1~5V DC(负载阻抗,1kΩ 或以上) 4~20mA(负载阻抗,250Ω 或以下)		
	开关输出	NPN 集电板开路,最高 30V,30mA PNP 集电板开路,最高 30mA		
线性度		0.1% FS 以内		
迟滞现象		0.5% FS 以内		
重复精度		±0.5% FS 以内		
敏感度		0.2% FS 以内		
温度/℃		±0.12% FS 以内		
输出压力	精度	±3% FS		
	最小单位	0.01MPa		
环境温度		0~50℃		
保护级别		IP65 标准		

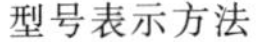
型号表示方法

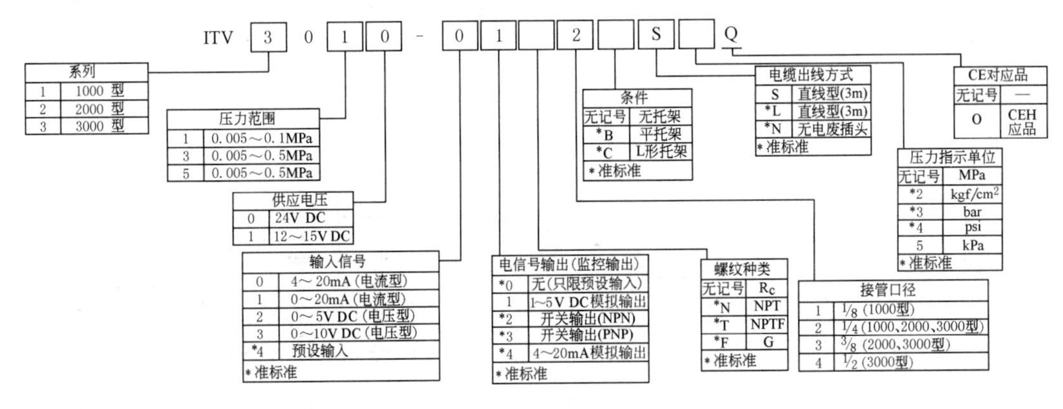

续表

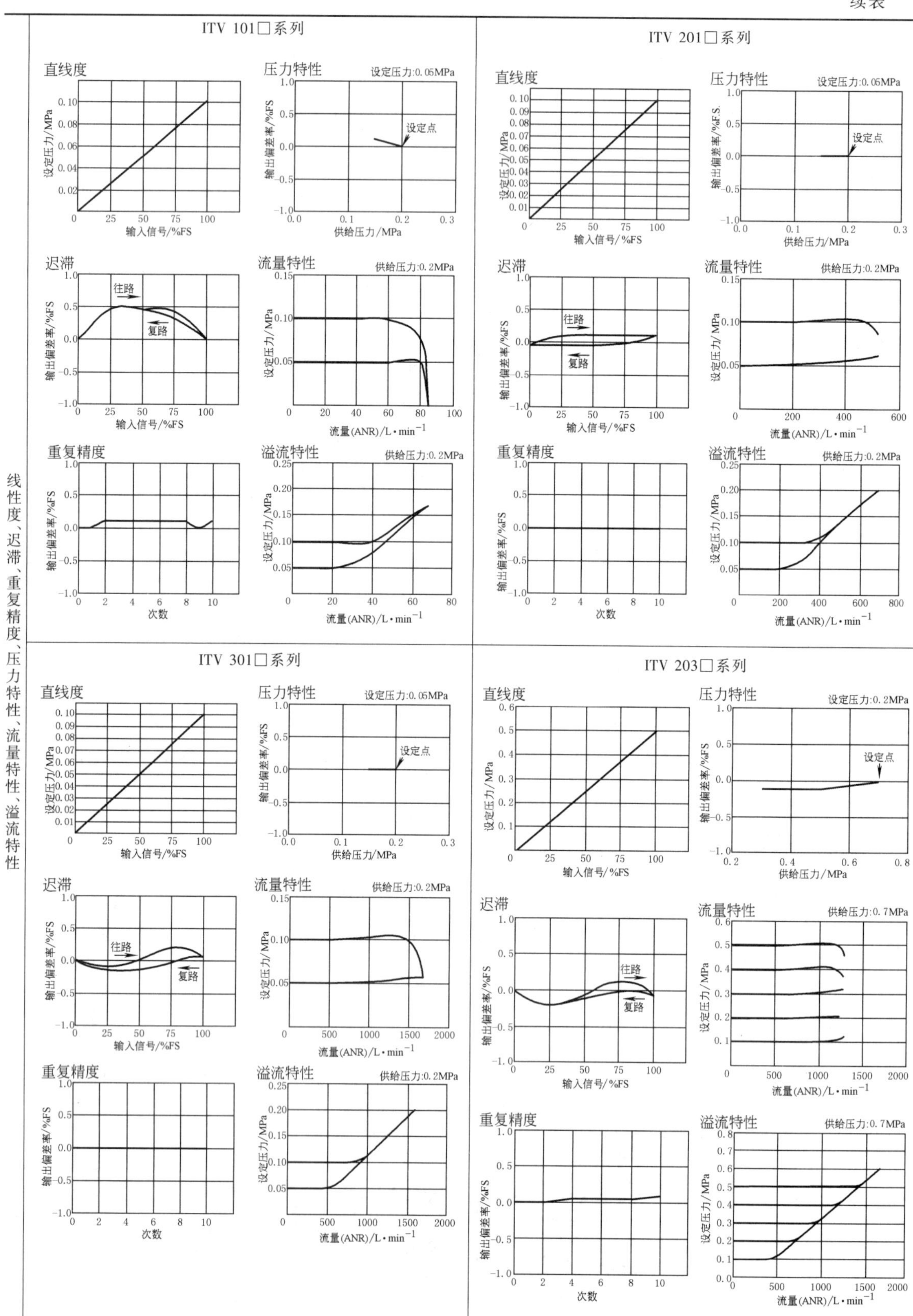
线性度、迟滞、重复精度、压力特性、流量特性、溢流特性
ITV 101□系列
直线度
设定压力/MPa
输入信号/%FS
压力特性
设定压力:0.05MPa
设定点
输出偏差率/%FS
供给压力/MPa
迟滞
往路
复路
输出偏差率/%FS
输入信号/%FS
流量特性
供给压力:0.2MPa
设定压力/MPa
流量(ANR)/L·min−1
重复精度
输出偏差率/%FS
次数
溢流特性
供给压力:0.2MPa
设定压力/MPa
流量(ANR)/L·min−1
ITV 201□系列
直线度
设定压力/MPa
输入信号/%FS
压力特性
设定压力:0.05MPa
设定点
输出偏差率/%F.S.
供给压力/MPa
迟滞
往路
复路
输出偏差率/%FS
输入信号/%FS
流量特性
供给压力:0.2MPa
设定压力/MPa
流量(ANR)/L·min−1
重复精度
输出偏差率/%FS
次数
溢流特性
供给压力:0.2MPa
设定压力/MPa
流量(ANR)/L·min−1
ITV 301□系列
直线度
设定压力/MPa
输入信号/%FS
压力特性
设定压力:0.05MPa
设定点
输出偏差率/%FS
供给压力/MPa
迟滞
往路
复路
输出偏差率/%FS
输入信号/%FS
流量特性
供给压力:0.2MPa
设定压力/MPa
流量(ANR)/L·min−1
重复精度
输出偏差率/%FS
次数
溢流特性
供给压力:0.2MPa
设定压力/MPa
流量(ANR)/L·min−1
ITV 203□系列
直线度
设定压力/MPa
输入信号/%FS
压力特性
设定压力:0.2MPa
设定点
输出偏差率/%FS
供给压力/MPa
迟滞
往路
复路
输出偏差率/%FS
输入信号/%FS
流量特性
供给压力:0.7MPa
设定压力/MPa
流量(ANR)/L·min−1
重复精度
输出偏差率/%FS
次数
溢流特性
供给压力:0.7MPa
设定压力/MPa
流量(ANR)/L·min−1

续表

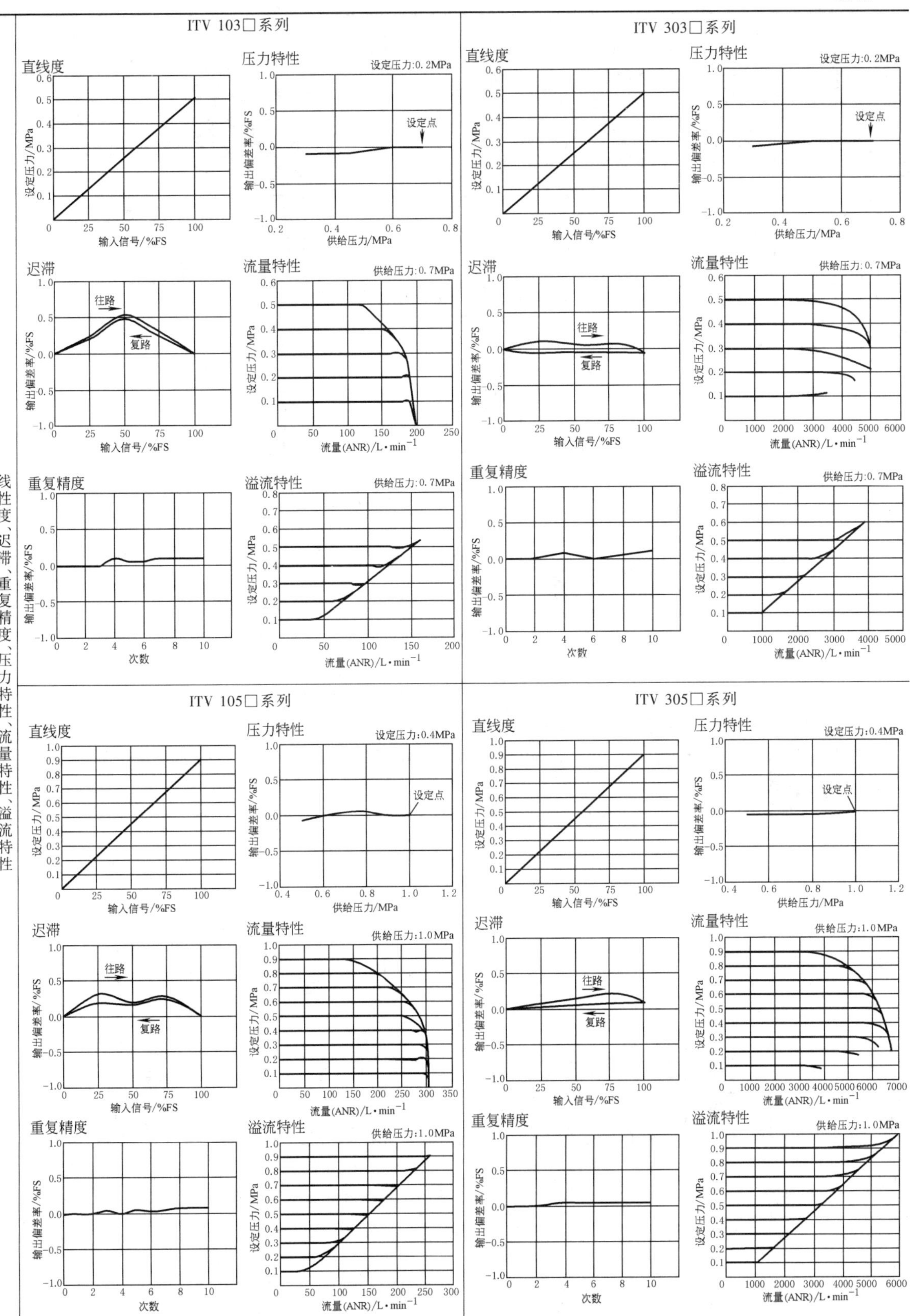
线性度、迟滞、重复精度、压力特性、流量特性、溢流特性
ITV 103□系列
直线度
设定压力/MPa
输入信号/%FS
压力特性
设定压力:0.2MPa
设定点
输出偏差率/%FS
供给压力/MPa
迟滞
往路
复路
流量特性
供给压力:0.7MPa
流量(ANR)/L·min⁻¹
重复精度
次数
溢流特性
ITV 303□系列
ITV 105□系列
设定压力:0.4MPa
供给压力:1.0MPa
ITV 305□系列

续表

线性度、迟滞、重复精度、压力特性、流量特性、溢流特性

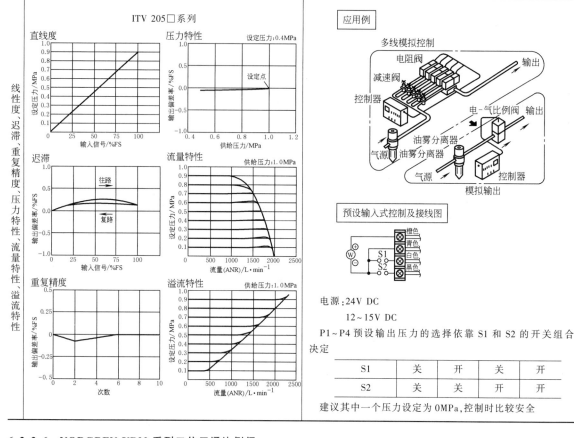

ITV 205□系列

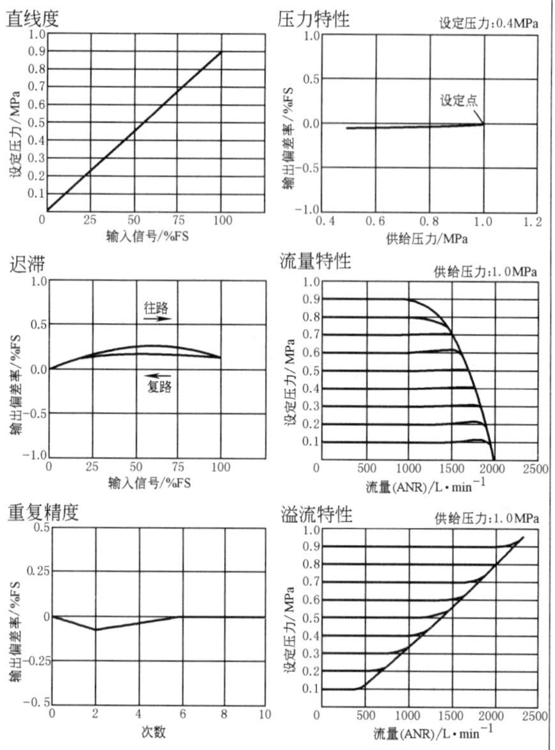
直线度
设定压力/MPa
输入信号/%FS
压力特性
设定压力:0.4MPa
设定点
输出偏差率/%FS
供给压力/MPa
迟滞
往路
复路
输出偏差率/%FS
输入信号/%FS
流量特性
供给压力:1.0MPa
设定压力/MPa
流量(ANR)/L·min⁻¹
重复精度
输出偏差率/%FS
次数
溢流特性
供给压力:1.0MPa
设定压力/MPa
流量(ANR)/L·min⁻¹

应用例

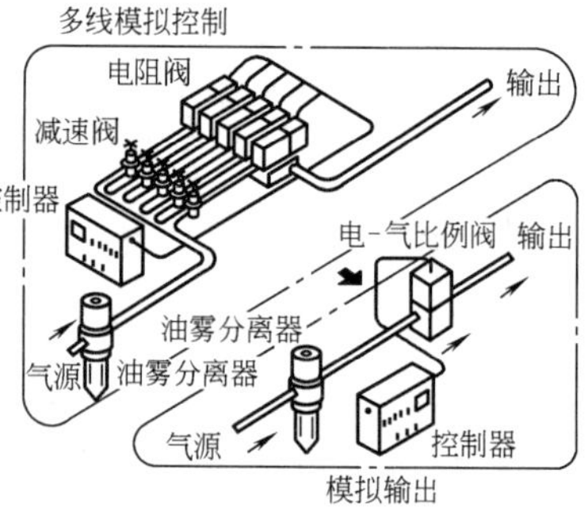
多线模拟控制
电阻阀
输出
减速阀
控制器
电-气比例阀
输出
油雾分离器
气源
油雾分离器
气源
控制器
模拟输出

预设输入式控制及接线图

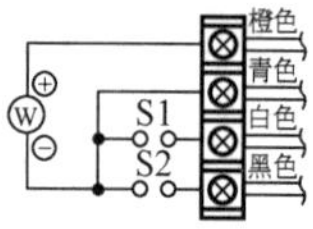
橙色
青色
白色
黑色
S1
S2
W

电源:24V DC

12~15V DC

P1~P4 预设输出压力的选择依靠 S1 和 S2 的开关组合决定

S1	关	开	关	开
S2	关	关	开	开

建议其中一个压力设定为 0MPa,控制时比较安全

6.2.2.6 NORGREN VP22 系列二位三通比例阀

VP22 系列二位三通比例阀是直动式比例阀，用于闭环、高精度、高速场合，如可用于增压先导控制。

表 21-3-64

VP22系列三通比例压力阀外形尺寸图

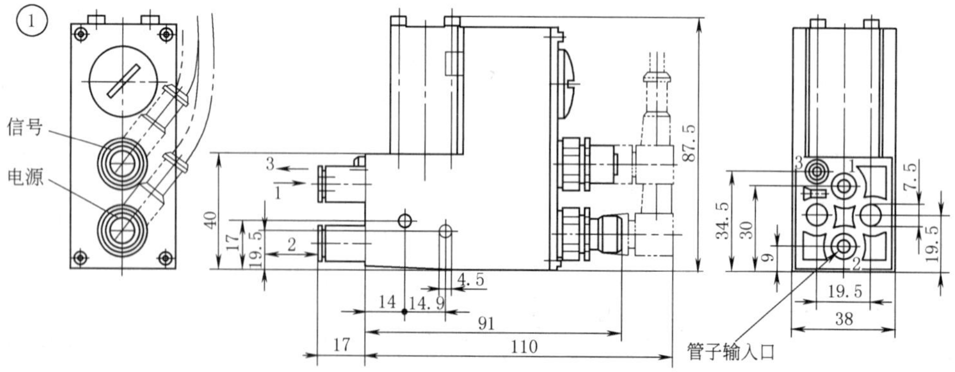
1
信号
电源
3
1
2
40
17
19.5
87.5
4.5
14
14.9
91
17
110
34.5
30
9
7.5
19.5
19.5
38
管子输入口

续表

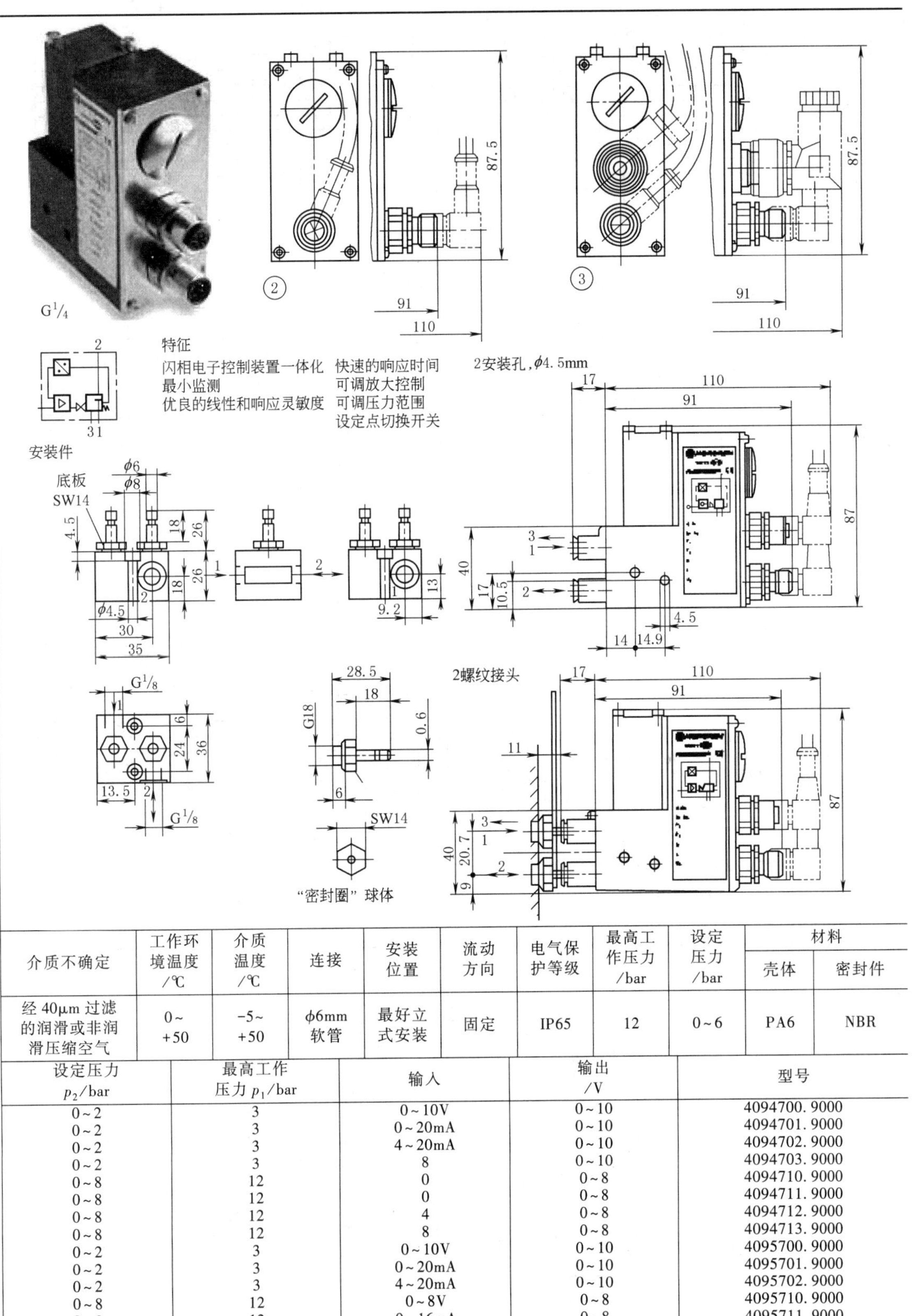

VP22系列二位三通比例阀主要技术参数

介质不确定	工作环境温度/℃	介质温度/℃	连接	安装位置	流动方向	电气保护等级	最高工作压力/bar	设定压力/bar	材料	
									壳体	密封件
经40μm过滤的润滑或非润滑压缩空气	0~+50	-5~+50	ϕ6mm软管	最好立式安装	固定	IP65	12	0~6	PA6	NBR

设定压力 p_2/bar	最高工作压力 p_1/bar	输入	输出/V	型号
0~2	3	0~10V	0~10	4094700.9000
0~2	3	0~20mA	0~10	4094701.9000
0~2	3	4~20mA	0~10	4094702.9000
0~2	3	8	0~10	4094703.9000
0~8	12	0	0~8	4094710.9000
0~8	12	0	0~8	4094711.9000
0~8	12	4	0~8	4094712.9000
0~8	12	8	0~8	4094713.9000
0~2	3	0~10V	0~10	4095700.9000
0~2	3	0~20mA	0~10	4095701.9000
0~2	3	4~20mA	0~10	4095702.9000
0~8	12	0~8V	0~8	4095710.9000
0~8	12	0~16mA	0~8	4095711.9000
0~8	12		0~8	4095712.9000

续表

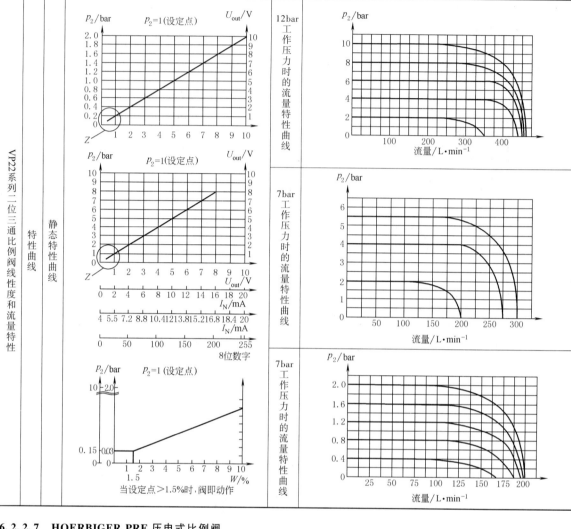

VP22系列二位三通比例阀线性度和流量特性	特性曲线	静态特性曲线	p_2/bar　p_2=1(设定点)　U_{out}/V 2.0 1.8 1.6 1.4 1.2 1.0 0.8 0.6 0.4 0.2 0　Z 1 2 3 4 5 6 7 8 9 10	12bar工作压力时的流量特性曲线	p_2/bar 10 8 6 4 2 0 100 200 300 400 流量/L·min^{-1}
			p_2/bar　p_2=1(设定点)　U_{out}/V 10 9 8 7 6 5 4 3 2 1 0　Z 1 2 3 4 5 6 7 8 9 10　U_{out}/V 0 2 4 6 8 10 12 14 16 18 20　I_N/mA 4 5.5 7.2 8.8 10.4 12 13.8 15.2 16.8 18.4 20　I_N/mA 0 50 100 150 200 255 8位数字	7bar工作压力时的流量特性曲线	p_2/bar 6 5 4 3 2 1 0 50 100 150 200 250 300 流量/L·min^{-1}
			p_2/bar　p_2=1 (设定点) 10 2.0 0.15 0.03 0 0 1 2 3 4 5 6 7 8 9 10 1.5　W/% 当设定点>1.5%时，阀即动作	7bar工作压力时的流量特性曲线	p_2/bar 2.0 1.6 1.2 0.8 0.4 0 25 50 75 100 125 150 175 200 流量/L·min^{-1}

6.2.2.7 HOERBIGER PRE 压电式比例阀

有电压控制型（型号：PRE-U）与电流控制型（型号：PRE-1），三个压力范围。

表 21-3-65

mm

PRE压电式比例阀外形尺寸及工作原理图	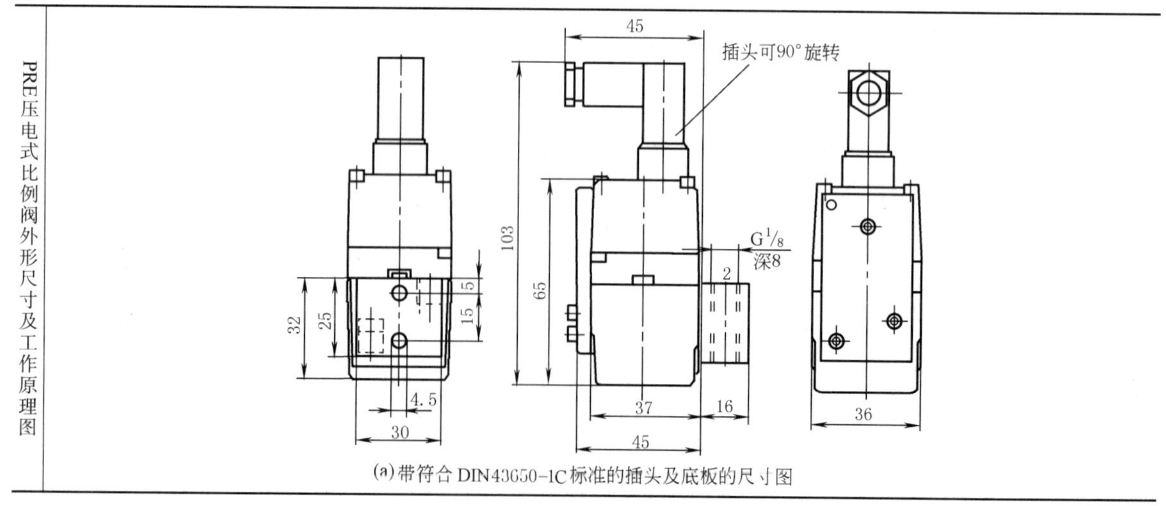 (a)带符合DIN43650-1C标准的插头及底板的尺寸图

续表

PRE压电式比例阀外形尺寸及工作原理图

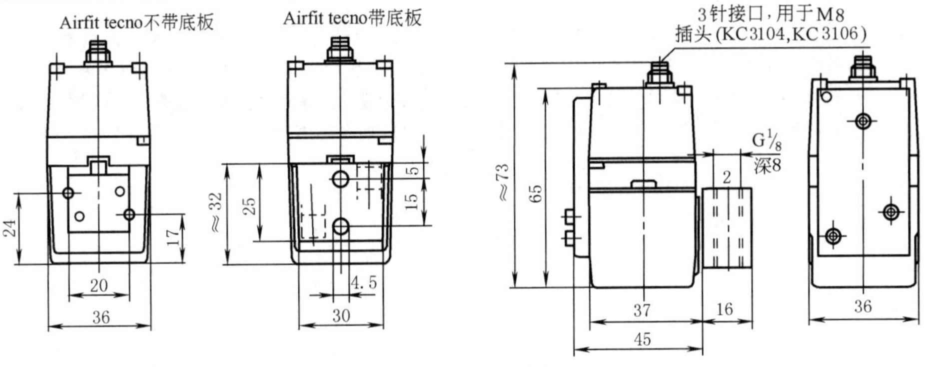

Airfit tecno不带底板

Airfit tecno带底板

3针接口，用于M8插头(KC3104,KC3106)

(b) 3针接口和底板型尺寸图

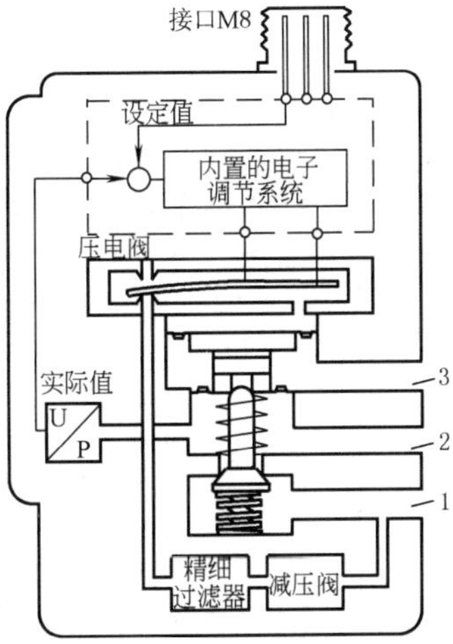

(c)

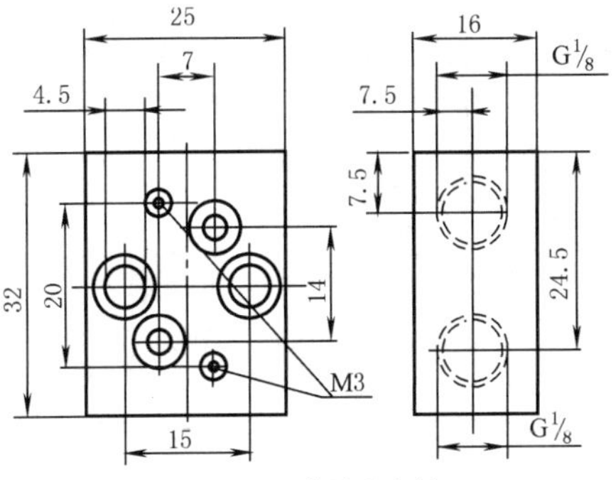

1—压缩空气气源P；2—输出口A；3—排气口R

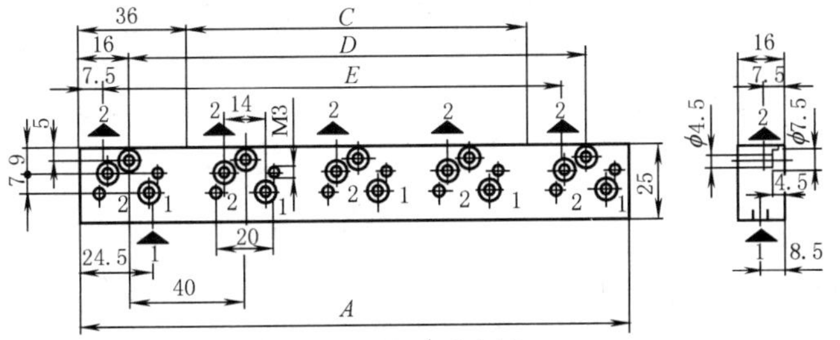

(d) $G^1/_8$单个底板

(e) $G^1/_8$多底板

	阀的数量	尺寸/mm				质量/kg
		A	*C*	*D*	*E*	
G⅛多底板尺寸	2	72	0	40	40	0.07
	3	112	40	80	80	0.11
	4	152	80	120	120	0.15
	5	192	120	160	160	0.19
	6	232	160	200	200	0.23

续表

工作原理	Tecno 阀的驱动部件不是传统比例压力调节阀中的电磁系统，而是一个压电阀，一个基于喷嘴折流板原理、包裹着压电陶瓷的元件。压电阀采用压电效应（压电陶瓷元件在通电后会弯曲）。内置的电子控制系统将可变电压施加在元件上，使得弯曲程度产生变化，并因此对先导腔室内的膜片产生不断变化的压力。膜片的运动通过作用在弹簧上的柱塞被传送至阀的主要部件。在阀出口处产生的压力通过一个传感器与预设值进行比较，如有需要，可通过电子控制系统进行修正			
PRE压电式比例阀主要技术参数	结构	三通比例压力调节阀，带 PIEZO 压电先导控制，有气动和电子反馈	额定流量/L·min^{-1}	200
	对电源故障的反应	2 口把气压降至 0	最大流量/L·min^{-1}	350
	安装方式	法兰	重复精度	<0.5%
	气口尺寸	NW 2.5（不带底板）；G1/8（带底板）	迟滞	<0.5%
	安装位置	任意	响应	<0.5%
	质量/kg	0.160（不带底板）；0.215（带底板）	线性度	<1%
	空气流动方向	进气：1 口到 2 口；出气：2 口到 3 口	耗气量/L·min^{-1}	≤0.6
	介质和环境温度	0~50℃	接口	3 针 M8 或符合 DIN 43650-1C 标准
	介质	过滤、干燥的压缩空气，润滑或未润滑	电磁兼容性（EMC）	为了与规范相吻合，必须使用屏蔽的连接电缆
	过滤等级	30μm；建议 5μm		
	材料	外壳：阳极氧化铝；塑料 内部零件：铝，黄铜，塑料 密封圈：NBR	输出电压/V	0~1.25（2 口最高电压为 6.25）
	进气压力范围/bar	1.5~10	最大输出电流/mA	1
	出气压力范围/bar	0~8	输出电阻/Ω	100Ω
	电压控制型（型号：PRE-U）电子部分特性			
	额定电压/V DC	24±10%		
	额定功耗/W	0.4		
	最大余纹波	10%		
	耗电量/mA	15mA		
	输入设定值	0~10V 输入设定值 0~8bar 时，临界值对应关系：0bar→0V，8bar→8V 输入设定值 0~2bar 时，临界值对应关系：0bar→0V，2bar→10V 输入设定值 0~0.2bar 时，临界值对应关系：0bar→0V，0.2bar→10V		
	输入电阻/kΩ	61.5		
	电流控制型（型号：PRE-1）电子部分特性			
	供电/mA	4		
	设定电流/mA	4~20		
	进气口最大电压	12.5V 输入设定值 0~8bar 时，临界值对应关系：0bar→4mA，8bar→20mA 输入设定值 0~2bar 时，临界值对应关系：0bar→4mA，2bar→20mA 输入设定值 0~0.2bar 时，临界值对应关系：0bar→4mA，0.2bar→20mA		
	输入电阻/Ω	≤550		
	切换时间/ms	7		

6.3 电-气数字控制阀

电-气数字控制阀是具有流量离散化或控制信号离散化特征的气动元件；采用数字气动元件的气动系统称为数字气动系统。参考文献［11］介绍，电-气数字控制阀（简称电-气数字阀）是利用数字信息直接控制的一类气动控制元件，由于它可以直接与计算机连接，不需要 D/A 转换器，具有结构简单、成本低及可靠性高等优点，故应用日趋广泛。与其他气动控制阀一样，电-气数字阀也由阀的气动放大器（阀体和阀芯等）和电气-机械转换器构成。根据电气-机械转换器的不同，目前，电-气数字阀主要有步进电机式、高速电磁开关式和压电驱动器式等几种。

6.3.1 步进电机式电-气数字阀

表 21-3-66

<table>
<tr><td>原理</td><td>步进电机式电-气数字阀是以步进电机作为电气-机械转换器并用数字信息直接控制的气动控制元件，其基本结构原理框图如图 1 中前向部分所示。微型计算机发出脉冲序列控制信号，通过驱动器放大后使步进电机动作，步进电机输出与脉冲数成正比的位移步距转角（简称步距角），再通过机械转换器将转角转换成气动阀阀芯的位移，从而控制和调节气动参数流量和压力。由于这种阀是在前一次控制基础上通过增加或减少（反向控制）一些脉冲数达到控制目的，因此常称之为增量式电-气数字阀。此类阀增加反馈检测传感器即构成电-气数字控制系统
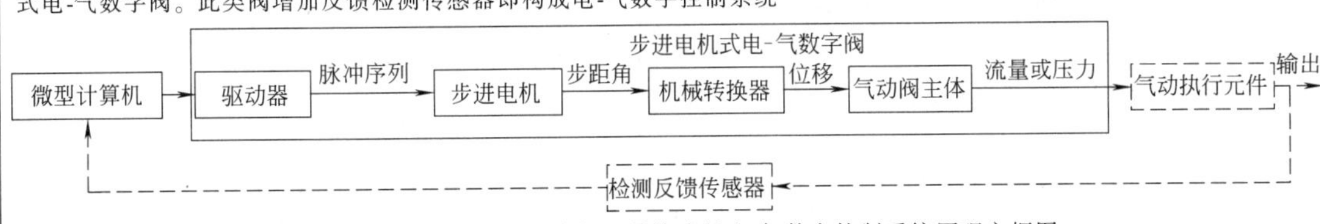

图 1　步进电机式电-气数字阀及其构成的电-气数字控制系统原理方框图</td></tr>
<tr><td>转板式气动数字流量阀</td><td>转板式气动数字流量阀是一种新型电-气数字阀，其主要由步进电机 1、气缸 3 和转板 5 等组成（见图 2）
其控制调节原理如下，步进电机 1 在控制信号的作用下直接作用于转板 5，通过电机传动轴带动转板转动。转板与气缸的环槽相配合，起到导向和定位作用。转板外轮廓的一半呈半圆形，另一半为阿基米德螺线形。阿基米德螺线的一端与半圆形的一端连接，另一端通过辅助半圆形与半圆形的另一端连接。当步进电机驱动转板时，转板和衬板的开口面积与转角大小成线性关系。气源经输入孔进入气室，并在气室内得到缓冲，通过转板和衬板的开口作用于负载，另一端的出气口处于近似的封闭状态。因此通过控制开口面积的大小，即可实现控制气体流量和压力的目的。转板在步进电机的控制下的工作过程如图 3 所示，其中 1 和 2 的阴影面分别为转板转动不同时刻小孔的开口大小。从 1 位到 2 位，随着转板转过不同的角度小孔的开口大小随之变化。进出气小孔的开口面积与角位移的关系如图 4 所示（图中 r 为小孔半径）
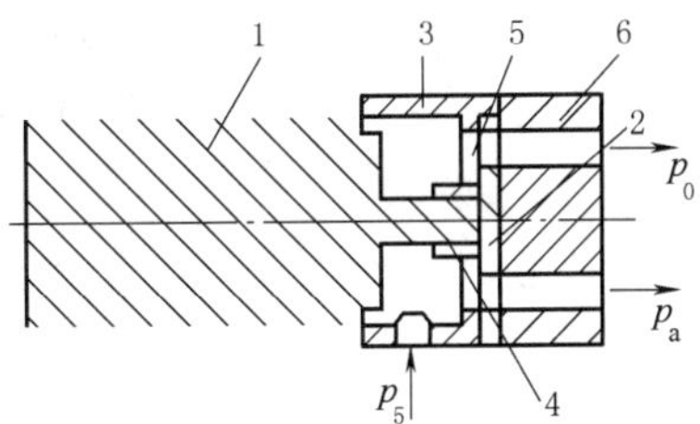

图 2　转板式气动数字阀结构示意图
1—步进电机；2—衬板；3—气缸；4—套筒；5—转板；6—端盖
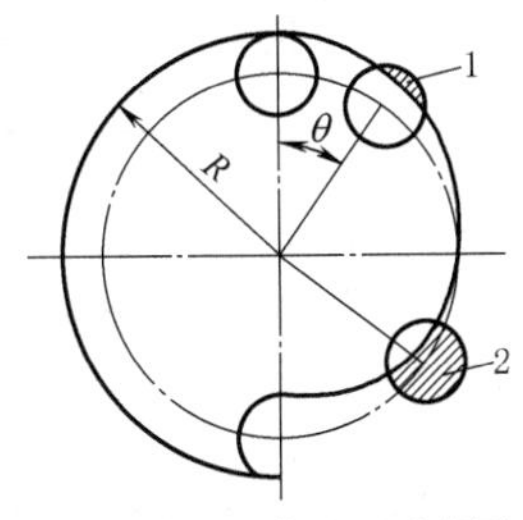

图 3　转板工作过程示意图
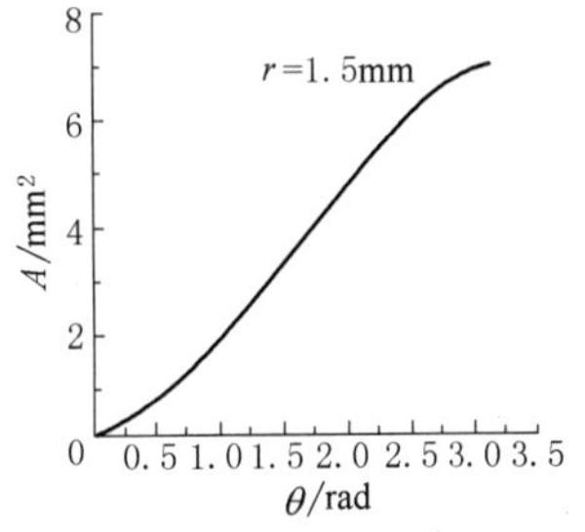

图 4　开口面积 A 与角位移 θ 的关系
转板式电-气数字流量阀具有造价低廉，要求的工况条件低，无需 D/A 接口即可实现数字控制，流量的线性度好等特点。但泄漏量对阀的性能有较大影响，数字仿真表明，泄漏量对转板的厚度和小孔的尺寸变化较敏感，减小小孔尺寸可以减少泄漏量，但是影响到输出的效率，动态响应时间会增加；减小间隙的尺寸，可以降低泄漏量，但会带来转板卡死的风险</td></tr>
</table>

6.3.2 高速电磁开关式电-气数字阀

表 21-3-67

原理	高速电磁开关式数字阀，简称为高速电磁开关阀，是借助于控制电磁铁所的吸力，使阀芯高速正反向切换运动，从而实现阀口的交替通断及气流控制的气动控制元件。显然，快速响应是高速电磁开关阀最重要的性能特征。为了实现气动系统的开关数字控制，常采用 PWM 技术，即计算机根据控制要求发出脉宽控制信号，控制作为电气-机械转换器的电磁铁动作，从而操纵高速电磁开关阀启闭，以实现对气动比例或伺服系统气动执行元件方向和流量的控制 需要说明的是，单个高速电磁开关阀（包括给气和排气各采用一个高速电磁开关阀）一般不能称为数字阀或数字系统，必须由多个高速电磁开关阀集成才能组成数字阀
集成式数字流量阀（集成式数字阀）	集成式数字流量阀是由多个不同阀芯面积的单阀构成的可以组合控制输出流量的数字阀 ①基本原理。集成式数字阀基本原理如图 1 所示，其基本单元由一个节流阀和一个开关阀串联组成，各基本单元采用并联方式连接，各节流阀的阀芯截面积设置成特定的比例关系，一般是二进制比例关系，即 $$S_0 : S_1 : S_2 : \cdots : S_{n-1} = 2^0 : 2^1 : 2^2 : \cdots : 2^{n-1} \quad (1)$$ 各基本单元的输出流量相应地成二进制比例关系，即 $$q_0 : q_1 : q_2 : \cdots : q_{n-1} = 2^0 : 2^1 : 2^2 : \cdots : 2^{n-1} \quad (2)$$ 假设最小基本的输出流量为 q_0，则 n 个基本单元组成的数字阀的输出流量有 0、q_0、$2q_0$、$3q_0$、…、$(2^{n-1})q_0$ 共 2^{n-1} 种不同的输出流量 在集成式数字阀中，各基本单元的输出流量比例关系称为数字阀的编码方式，研究表明，采用广义二进制编码方式，即前 $n-1$ 个基本单元按最常见的二进制编码方式（即输出流量成二进制比例关系），最高位的基本单元成四进制比例关系，即 $q_0 : q_1 : \cdots : q_{n-2} : q_n = 2^0 : 2^1 : \cdots : 2^{n-2} : 2^n$，最大输出流量为 $(3\times2^{n-1}-1)q_0$。这样可在不增加基本单元个数 n 的条件下（有利于减小阀的体积和成本），增大整个阀的最大输出流量，二进制比例关系的最大输出流量为 $(2^n-1)q_0$ ②结构组成。集成式数字阀的单个开关阀为直动式开关阀，其结构原理如图 2 所示，其座阀式阀芯 3 直接由电磁铁 1 驱动操纵决定进排气口的通、断。当阀口由于弹簧 2 作用关闭时，靠阀芯下端面与阀座 7 的上端面接触实现密封。与先导式开关阀相比，直动式阀具有结构简单、响应快、对工作介质清洁度要求不高的特点 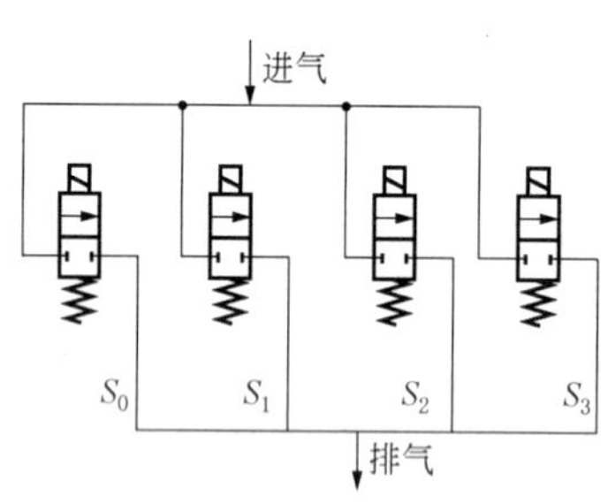 图 1 集成式数字阀基本原理 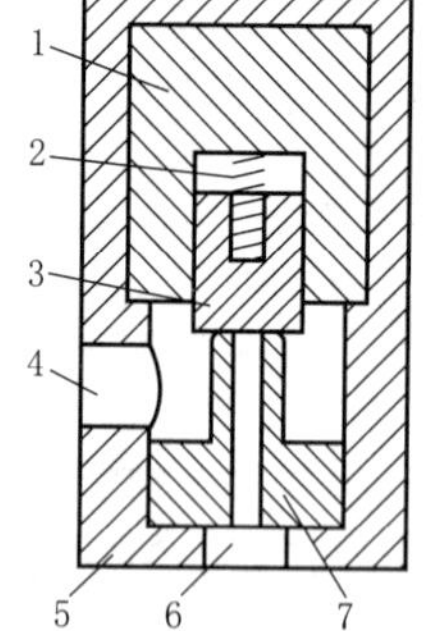 图 2 集成式数字阀单阀结构原理 1—电磁铁；2—弹簧；3—阀芯；4—进气口；5—阀体；6—排气口；7—阀座 从减小集成式数字阀的体积和实际加工难度的角度，开关阀有两种并联排布方式：第一种为开关阀对称分布在排气流道的两侧（图 3a）；第二种为开关阀依次分布在排气流道的一侧（图 3b）。这两种分布方式开关阀中心线相互平行且位于同一个平面内，且集成式数字阀的体积基本相同，但第一种开关阀排布方式进气流道方向改变了两次，进气压力损失较大，阀的流通性较差，而且内流道复杂、加工难度较大；第二种开关阀排布方式流道简单，易于加工，进气流道方向没有改变，阀的流通性较好，故采用了第二种开关阀排布方式

续表

集成式数字流量阀（集成式数字阀）	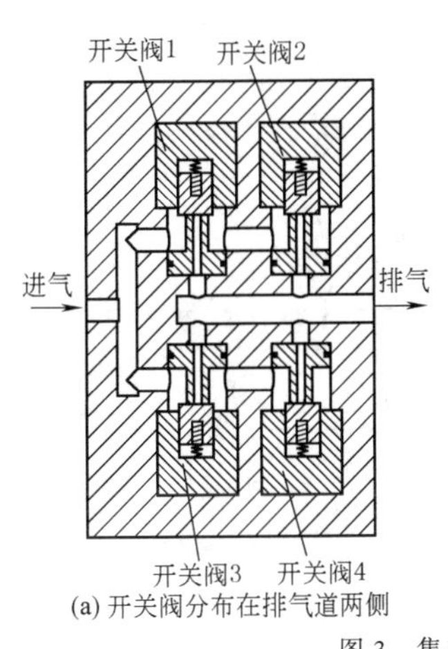 (a) 开关阀分布在排气道两侧 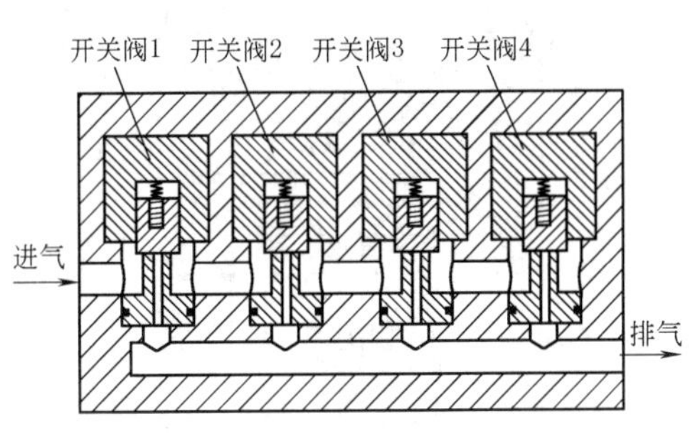 (b) 开关阀依次分布在排气道一侧 图 3　集成式数字阀的两种并联排布方式 ③主要特点。综上所述，集成式数字阀以普通开关阀作为基本单元，将 4 个阀芯截面积成广义二进制比例的开关阀集成在一个阀体内，各开关阀采用平行分布方式、共用进气流道和排气流道，结构简单、加工容易、成本低。采用广义二进制编码方式，集成式数字阀可以高效地控制输出流量，进而在高速大流量和低速小流量的控制需求上切换

6.3.3　压电驱动器式电-气数字阀

表 21-3-68

原理	压电驱动器式电-气数字阀以压电开关作为电气-机械转换器，驱动操纵气动阀实现对气体压力或流量的控制 一种压电开关调压型电-气数字阀的工作原理如图 1 所示，其先导部分是由压电驱动器和放大机构构成的 1 个二位三通摆动式高速开关阀。数字阀通过压力-电反馈控制先导阀的高速通断来调节膜片式主阀的上腔压力，从而控制主阀输出压力。先导阀不断地在“开”与“关”的状态下工作以及负载变化，均会引起阀输出压力的变化。因此，为了提高数字阀输出压力的控制精度，将输出压力实际值由压力传感器反馈到控制器中，并与设定值进行快速比较，根据实际值与设定值的差值控制脉冲输出信号的高低电平。即当实际值大于设定值时，数字控制器发出低电平信号，输出压力下降；当实际值小于设定值时，数字控制器发出高电平信号，输出压力上升。通过阀输出压力的反馈，数字控制器相应地改变脉冲宽度，最终使得输出压力稳定在期望值附近，以提高阀的控制精度 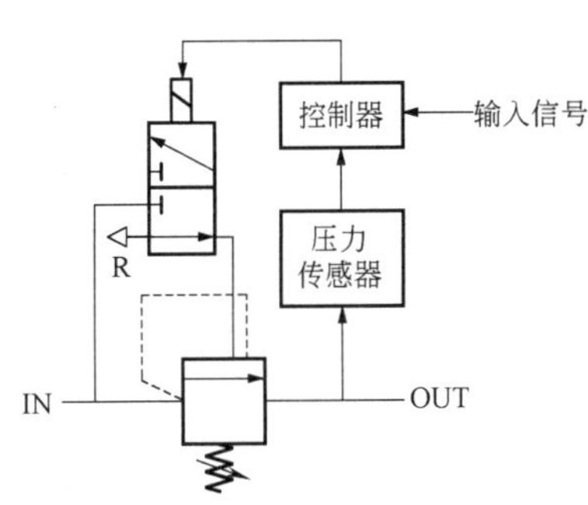 图 1　压电开关调压型电-气数字阀的工作原理
结构和工作过程	基于上述数字阀工作原理的压电开关调压型电-气数字阀的总体结构如图 2 所示，其关键部分之一为压电叠堆 11。数字控制器实时根据出口压力反馈值与设定压力之间的差值，调整其脉冲输出，使输出压力稳定在设定值附近，从而实现精密调压。该阀的工作过程为：若出口压力低于设定值，则数字控制器输出高电平，压电叠堆 11 通电，向右伸长，通过弹性铰链放大机构推动先导开关挡板 7 右摆，堵住 R 口，P 口与 A 口连通，输入气体通过先导阀口向先导腔充气，先导腔压力增大，并作用在主阀膜片 5 上侧，推动主阀膜片下移，主阀芯开启，实现压力输出。输出压力一方面通过小孔进到反馈腔，作用在主阀膜片下侧，与主阀膜片上侧先导腔的压力相平衡；另一方面，经过压力传感器，转换为相对应的电信号，反馈到数字控制器中。若阀出口压力高于设定值，则数字控制器输出低电平，压电叠堆 11 断电，向左缩回，先导开关挡板 7 左摆，堵住 P 口，R 口与 A 口连通，先导腔气体通过 R 口排向大气，先导腔压力降低，主阀膜片上移，主阀芯关闭。此时溢流机构 3 开启，出口腔气体经溢流机构向外瞬时溢流，出口压力下降，直至达到新的平衡为止，此时出口压力又基本恢复到设定值

结构和工作过程

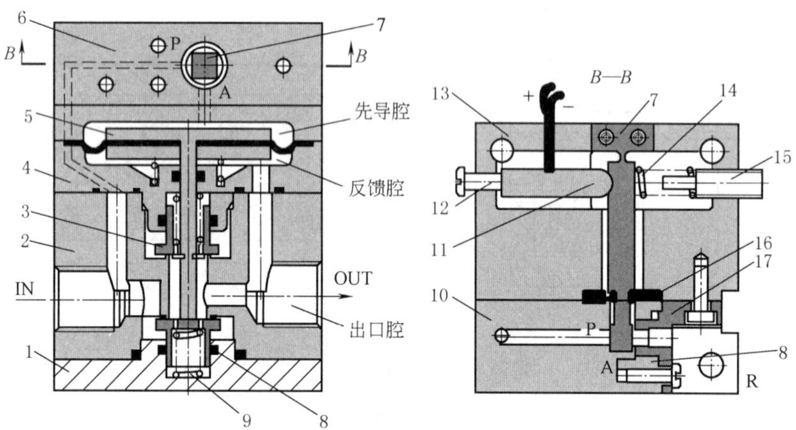

图 2 压电开关调压型电-气数字阀的总体结构示意图

1—主阀下阀盖;2—主阀下阀体;3—溢流机构;4—主阀中阀体;5—主阀芯膜片组件;6—主阀上阀体;7—先导开关挡板;8—O 形密封圈;9—复位弹簧;10—先导左阀体;11—压电叠堆;12—定位螺钉;13—先导上阀体;14—预紧弹簧;15—预紧螺钉;16—波形密封圈;17—先导右阀体

7 真空控制阀

7.1 分类

真空控制阀的功用是对真空系统的真空度大小、通断及动作顺序等进行控制的元件。按功能不同，真空控制阀的分类如图 21-3-8 所示。

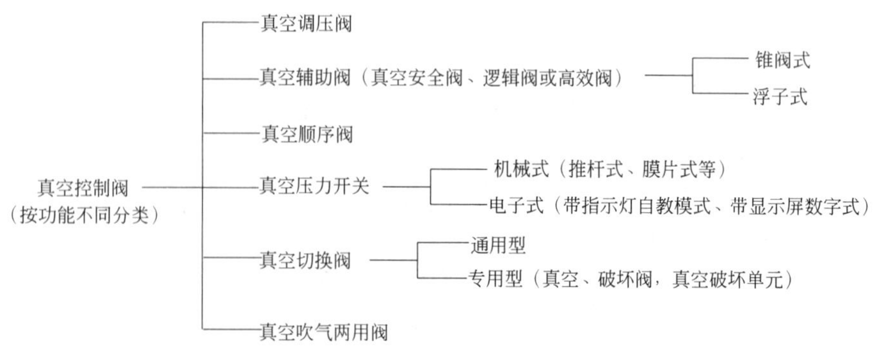

图 21-3-8 真空控制阀的分类

7.2 真空减压阀（真空调速阀）

表 21-3-69

结构图、图形符号	工作原理
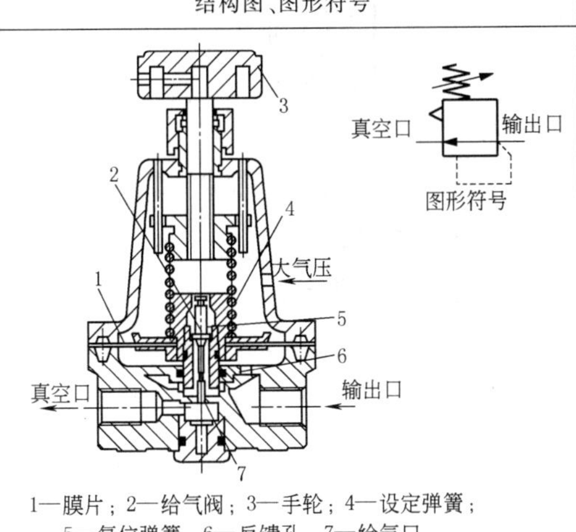 1—膜片；2—给气阀；3—手轮；4—设定弹簧； 5—复位弹簧；6—反馈孔；7—给气口	真空减压阀是用来调节真空度的压力调节阀 真空减压阀的工作原理见左图，真空口接真空泵，输出口接负载用的真空罐。当真空泵工作后，真空口压力降低。顺时针旋转手轮，设定弹簧被拉伸，膜片上移，带动给气阀芯抬起，则给气口打开，输出口与真空口接通。输出真空压力通过反馈孔作用于膜片下腔。当膜片处于力平衡时，输出真空压力便达到一定值，且吸入一定流量。当输出真空压力上升时，膜片上移。阀的开度加大，则吸入流量增大。当输出压力接近大气压力时，吸入流量达最大值。反之，当吸入流量逐渐减小至零时，输出口真空压力逐渐下降，直至膜片下移，给气口被关闭，真空压力达最低值。手轮全松，复位弹簧推动给气阀，封住给气口，则输出口与大气相通

7.3 真空辅助阀（安全阀/逻辑阀/高效阀）

真空辅助阀也称真空逻辑阀或真空高效阀，其主要功用是保持真空，因此有时又称安全阀。具有节省压缩空气和能源，可以满足不同形状工件吸附需要并简化回路结构，变更工件不需进行切换操作等优点。

按阀芯结构不同，此类阀有锥阀式和浮子式两类。

7.3.1 真空安全阀

表 21-3-70

工作原理	真空安全阀由弹簧1、浮子2、过滤器3、保持螺钉4和壳体5组成。当真空安全阀内部产生真空，吸盘6和大气相通时，浮子2一方面受到大气正压的作用使浮子向上推，另一方面又受到真空发生器内部（负压的作用）克服浮子内部的弹簧力，确保浮子向上。此时，浮子上端面与壳体5内孔紧贴，气体只能通过浮子末端小孔流动，见图a。当吸盘全部吸住工件时，真空安全阀到吸盘所有的腔室均在一个真空度的状况下，浮子2上下压差相同，浮子在弹簧力的作用下，向下移动，密封通道被打开。此时，吸盘在工件上的真空被确立起来，见图b 真空安全阀安装在真空发生器与吸盘之间，见图c。如果在真空产生的期间内，一个吸盘没被吸住，如图a所示，真空发生器内部的通道没打开（仅有微量正压进入）。其他分支系统不受负压的影响 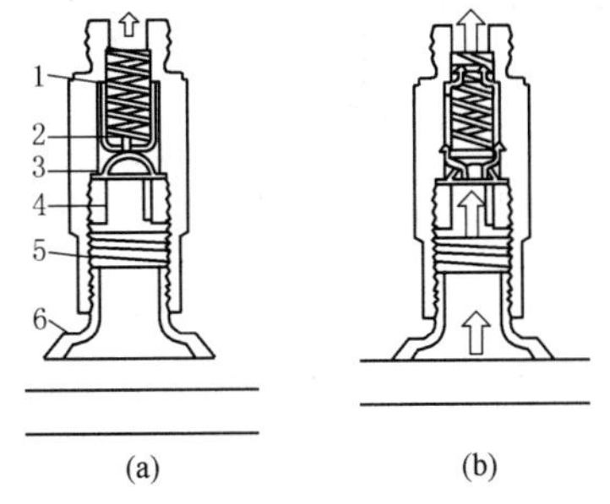 真空安全阀结构原理图 1—弹簧；2—浮子；3—过滤器；4—保持螺钉； 5—壳体；6—吸盘 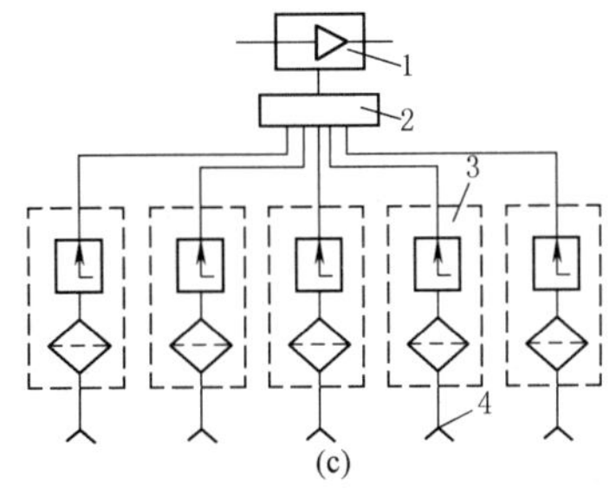 多个真空吸盘的真空系统 1—真空发生器；2—分配器；3—真空安全阀； 4—吸盘

续表

应用	带单向阀的真空吸盘	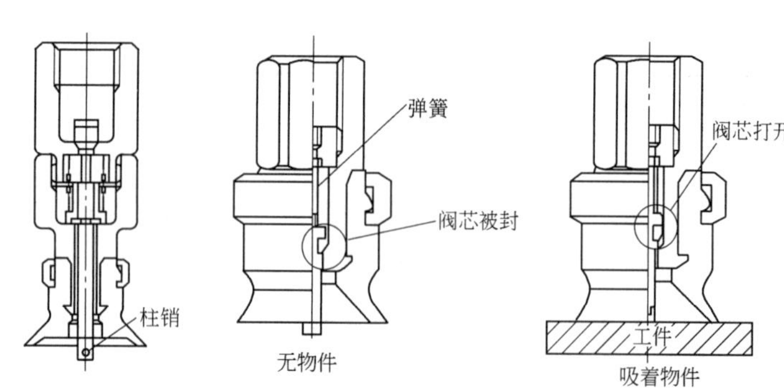 带单向阀的真空吸盘功能：接触工件表面时，吸盘内的单向阀柱销被往上推，单向阀通道被打开，管道内的真空导通 这类带单向阀的真空吸盘内，单向阀的弹簧力为1N。吸盘的直径为ϕ10、ϕ13、ϕ16
	利用单个发生器同时吸住多个物体	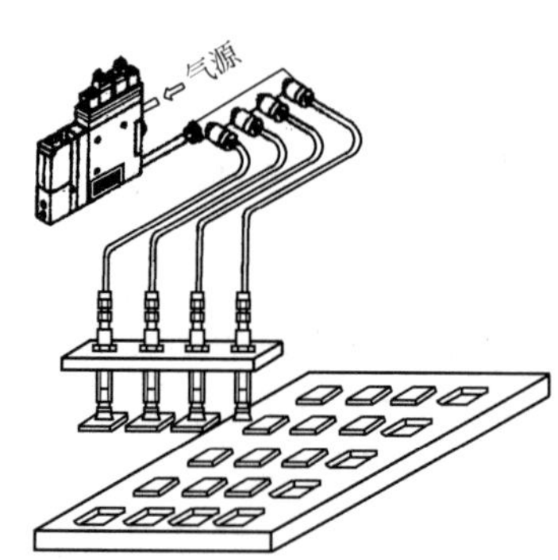 一个真空发生器接着四个分支真空气路，每个气路均装有带单向阀的真空发生器，尽管一个吸盘没有吸住工件，并不影响真空发生器其他三个气路
	允许吸着不规则尺寸的物体	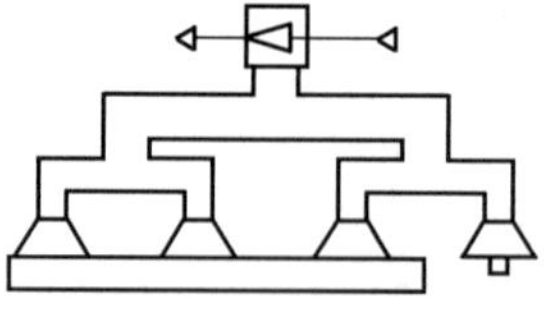 当工件凹凸不平、处于不规则状态时，如有足够吸力，带单向阀的真空发生器仍能吸住工件

7.3.2 真空逻辑阀

图21-3-9a为锥阀式真空逻辑阀，其主要由阀体1和7、阀芯5（开有直径不超过1mm的固定节流孔）、内置过滤器（滤芯）6和弹簧4等构成。阀安装与真空发生器和吸盘之间。阀的工作原理如表21-3-71所述，其图形符号如图21-3-9b所示。

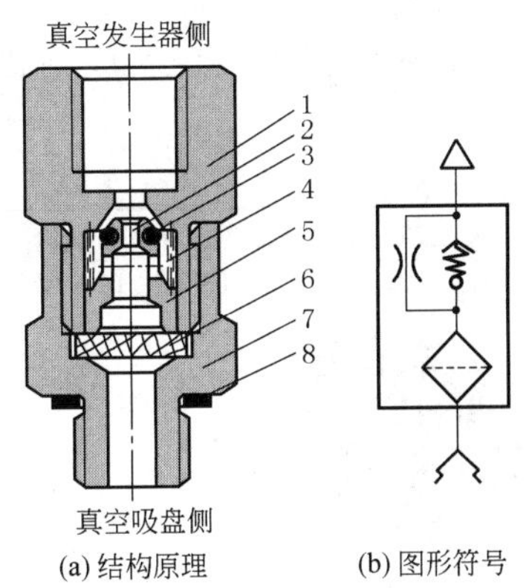

(a) 结构原理　　(b) 图形符号

图 21-3-9　真空逻辑阀结构原理及图形符号（锥阀式）

表 21-3-71

项目	工况			
	初期	工件吸附		工件脱离
		无工件	有工件	
气流状态	节流小孔 弹簧 阀芯 滤芯 吸盘	真空空气	真空空气 工件	破坏空气
阀的状态	固定节流孔 滤芯 滤芯		缝隙流道	
	阀开	阀闭	阀开	阀开
说明	由于无空气流动，在弹簧力作用下，阀芯被推至下方，阀口开启	当真空吸盘未吸附到工件时，真空气流使阀口关闭，各逻辑阀只能经自身固定节流孔此唯一流道吸入相应的空气	当真空吸盘吸附到工件时，吸入流量降低，弹簧力使阀芯下移，阀口打开，真空气流经阀芯与阀体之间的缝隙流道被吸入	在释放工件时，真空破坏空气使阀芯下移，阀口打开，空气经阀芯与阀体之间的缝隙流道和过滤器排出

7.4　真空切换阀（真空供给破坏阀）

在参考文献［13］中介绍，使用真空发生器的回路中的方向阀有供气阀和真空破坏阀；使用真空泵的回路中的方向阀有真空切换阀和真空选择阀。

真空切换阀的功用是真空供给或破坏的控制，故又称真空供给破坏阀。按用途结构不同，真空切换阀可分为通用型和专用型两类。前者除了可以作为一般环境的正压控制，也可直接用作真空环境的负压控制（作真空切换阀）；后者则主要用作负压控制。

表 21-3-72

结构原理及产品性能

通用型真空切换阀

图 1 为一种通用型真空切换阀(二位三通电磁阀),其主要由阀芯阀体组成的主体结构和作为操纵机构的电磁铁组成,其内部构造可参见“电磁方向阀”相关内容。该阀可用于一般环境和真空环境,其技术参数见表 1

(a) 实物外形图

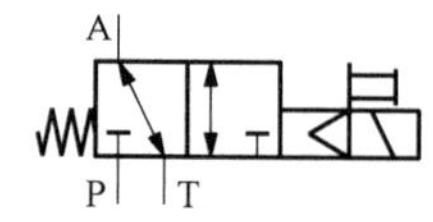

(b) 图形符号

图 1　通用型真空切换阀(二位三通电磁阀)

表 1　真空切换阀产品技术参数

技术参数	通用型	专用型
	VG307-G-DC24 型二位三通电磁阀	SJ3A6 系列带节流阀的真空破坏阀
公称通径	接管口径 Rc1/8	接管口径 M5
使用压力/kPa	-100~100	真空压力通口-100~0.7MPa, 破坏压力通口 0.25~0.7MPa, 先导通口 0.25~0.7MPa
电压/V	AC 200,DC 24	DC 12,24
手轮分辨率/kPa	反应时间 20ms	响应时间 19ms 以下
最高频率/Hz	10	3
环境温度/℃	-10~50	-10~50
结构性能特点	一般真空环境使用可选;管式连接;无需润滑,阀体防尘;主阀采用 HNBR 橡胶,对应低浓度臭氧;可以直接接线或 DIN 端子接线	集装式结构,阀位数可增减,防尘;插头插座式和各自配线式连接;内置 2 个滑阀;使用 1 个阀即可控制真空吸附和破坏;带能够调节破坏空气流量的节流阀;真空侧、破坏侧内置可更换的过滤器

注:各系列真空控制阀的技术参数、外形安装连接形式及尺寸等以生产厂产品样本为准

专用型真空切换阀(真空破坏单元)

专用型真空切换阀又称真空破坏单元,它由如图 2a 所示的若干外部先导式三通电磁阀(真空、破坏阀)盒式集装(各阀一并安装于如图 2c 所示的 DIN 导轨之上的 D、U 两侧端块组件之间,位数可增减)而成。各电磁阀内置两个滑阀阀芯 5 和 8。阀体 7 上具有真空压通口 E、破坏压通口 P 和真空吸盘通口 B 三个主通口,以及先导压通口 X 和压力检测通口 PS。阀内带有节流阀 6,用以调节破坏空气流量并可防止吹飞工件,节流阀可用手动操作或螺丝刀操作。真空压侧、破坏压侧内置可更换的过滤器 13 和 15,用于除去各侧的异物。真空破坏单元的电磁铁配线有插入式连接和非插入式(各自配线)连接两种形式。此类阀的最显著特点是使用一个阀即可实现真空吸附和破坏的控制

结构原理及产品性能	专用型真空切换阀（真空破坏单元）	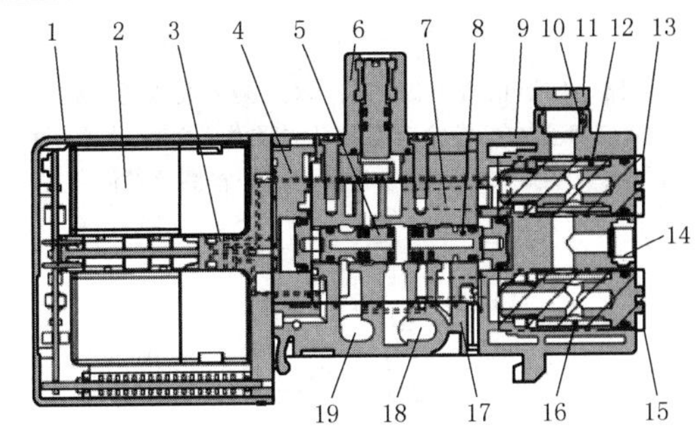 (a) 结构原理图 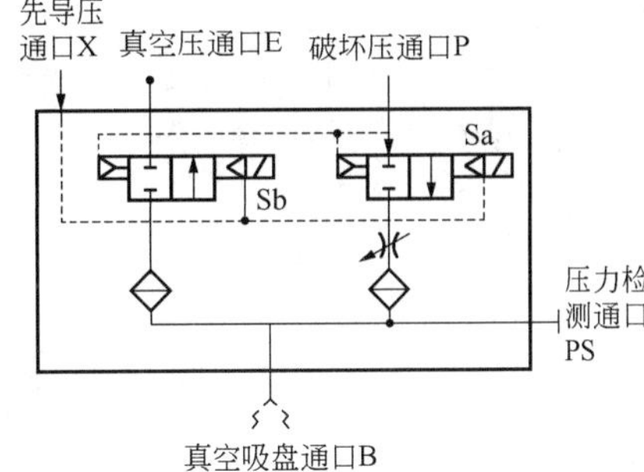 (b) 图形符号 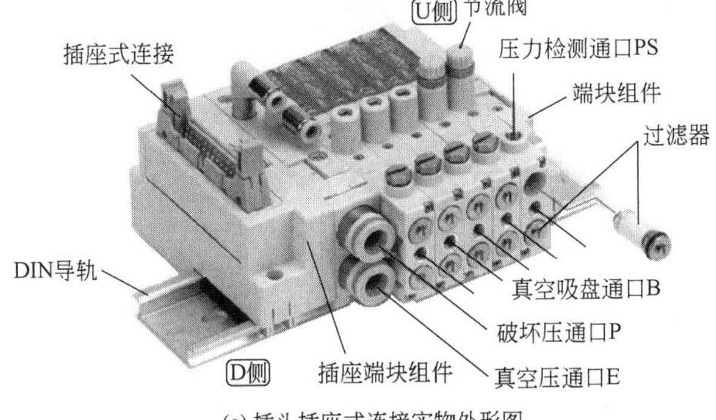 (c) 插头插座式连接实物外形图 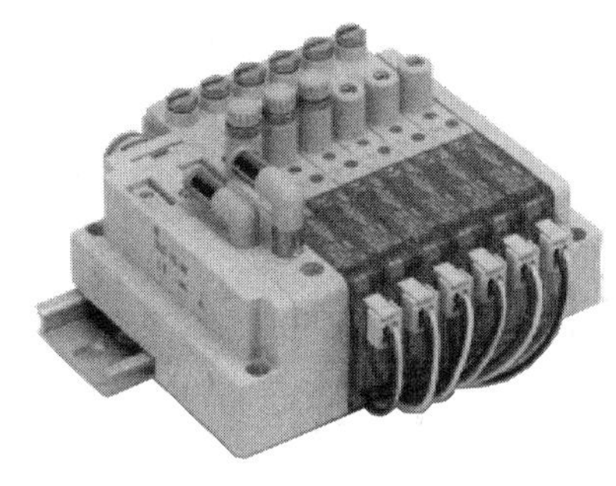 (d) 各自配线式连接实物外形图 图 2　真空破坏阀（盒式集装式四通电磁阀） 1—灯罩；2—先导阀组件；3—先导连接件；4—连接板；5，8—阀芯组件；6—节流阀组件；7—阀体；9—端盖；10—压力检测通口 PS；11—插头；12，16—过滤件；13，15—过滤器组件；14—真空吸盘通口 B；17—底盘；18—破坏压通口 P；19—真空压通口 E
典型应用	一般型构成的真空吸附回路	图 3 为含有通用型切换阀和真空发生器组件的工件吸附与快速释放回路。回路由真空发生器 1、二位二通电磁阀 2（真空供给阀）和 3（真空破坏阀）、节流阀 4、真空开关 5、真空过滤器 6、真空吸盘 7 等组成。当需要产生真空时，阀 2 通电；当需要破坏真空快速释放工件时，阀 2 断电、阀 3 通电。上述真空控制元件可组成为一体，形成一个真空发生器组件 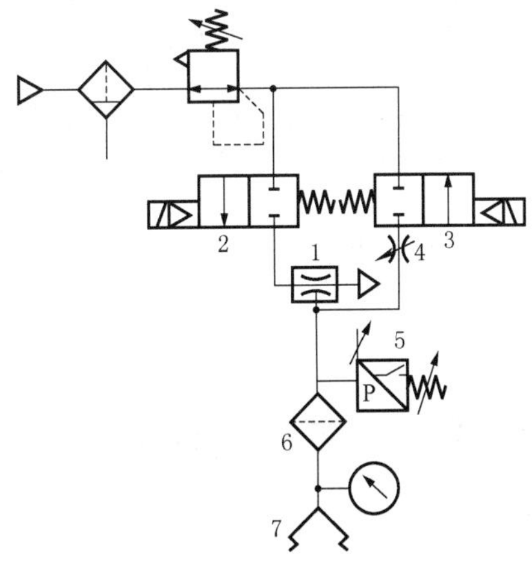 图 3　由通用型切换阀和真空发生器组件组成的工件吸附与快速释放回路 1—真空发生器；2，3—二位二通电磁阀（真空供给阀、真空破坏阀）；4—节流阀；5—真空开关；6—真空过滤器；7—真空吸盘

续表

典型应用	由专用型切换阀构成的真空吸附回路	图4为由专用型切换阀构成的工件吸附与释放回路。回路由真空破坏阀（盒式集装式四通电磁阀）1、分水过滤器2、压缩空气减压阀3、真空调压阀4、真空开关5和真空吸盘6组成。当需要真空吸附工件时，真空压切换阀1-1通电；当需要破坏真空释放工件时，阀1-1断电、阀1-2通电；真空开关可实现吸盘真空压力检测及发信 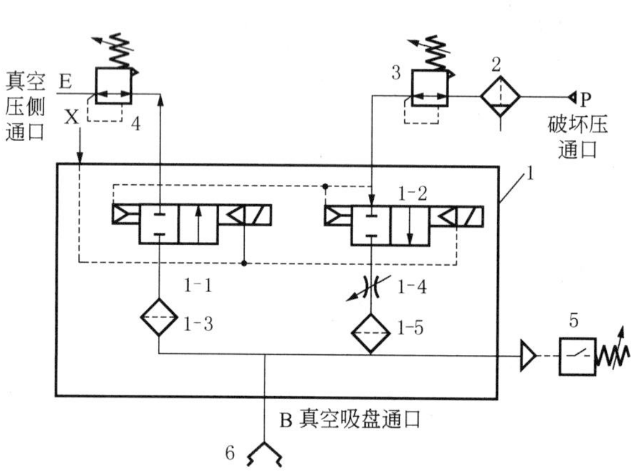 图4　含有真空破坏阀（盒式集装式四通电磁阀的工作吸附与释放回路） 1—真空破坏阀（盒式集装式四通电磁阀）（包括：1-1—真空压切换阀；1-2—破坏压切换阀；1-3—真空压过滤器；1-4—真空节流阀；1-5—真空过滤器）；2—压缩空气分水过滤器；3—正压减压阀；4—真空调压阀；5—真空开关；6—真空吸盘
使用注意事项		①真空电磁阀应尽量避免连续通电，否则会导致线圈发热及温度上升，性能降低，寿命下降，并对附近的其他元件产生恶劣影响。必须连续通电的场合（特别是相邻三位以上长期连续通电的场合以及左右两侧同时长期连续通电的场合），应使用带节电回路（长期通电型）的阀 ②为了防止紧急切断回路等切断电磁阀的DC电源时，其他电气元件产生的过电压有可能引起阀误动作，需采取防止过电压回流对策（过电压保护用二极管）或使用带逆接防止二极管的阀 ③带指示灯（LED）的电磁阀，其电磁线圈Sa通电时，橘黄色灯亮；电磁线圈Sb通电时，绿色灯亮 ④水平安装整个集装式单元时，若DIN导轨的底面全与设置面接触，用螺钉仅固定导轨两端即可使用。其他方向的安装，应按说明书指定的间隙用螺钉固定于DIN导轨上。若固定处比指定的固定处少，则DIN导轨和集装阀会因振动等产生翘度和弯曲，引起漏气 ⑤在拆装插座式插头时，应在切断电源和气源后进行作业

7.5　SMC ITV 2090/209 真空用电气比例阀（PWM型）

ITV 2090/209 真空用电气比例阀是输出压力随电气信号成比例变化的电气比例阀，其实质是PWM脉冲宽度调制的比例压力阀。它采用脉宽调制技术将输入的模拟信号经脉冲调制器调制成具有一定频率和一定幅值的脉冲信号，脉冲信号放大后，控制两个二位二通高速电磁换向阀。

灵敏度为0.2%，线性度±1%FS，迟滞0.5%FS，IP 65防护等级。有LED显示。有两种输出信号模式：模拟量和开关量。

表 21-3-73

ITV 2090/209真空用电气比例阀的外形尺寸图/mm

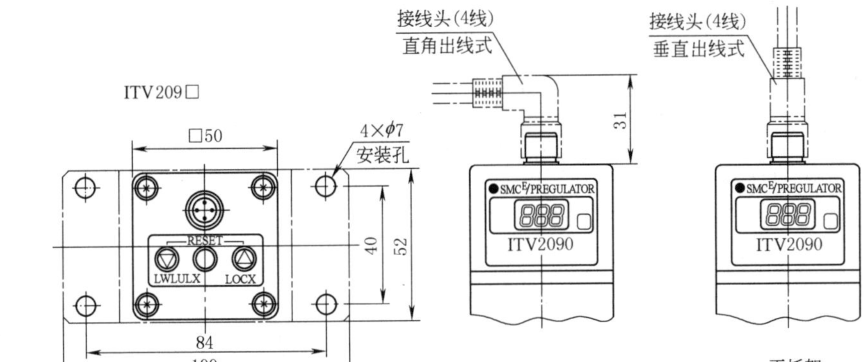

注：接线头不能旋转，不要尝试转动接线头

附件

名称	型号
平托架	P3020114
L形托架	INI-398-0-6

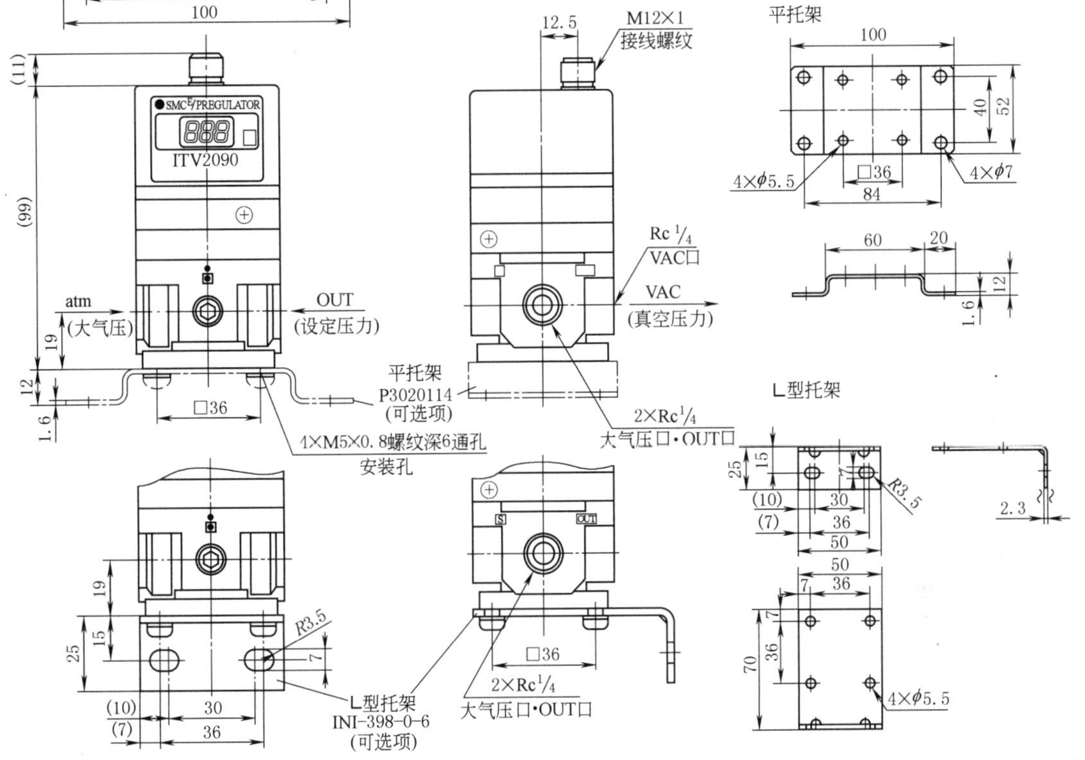

工作原理

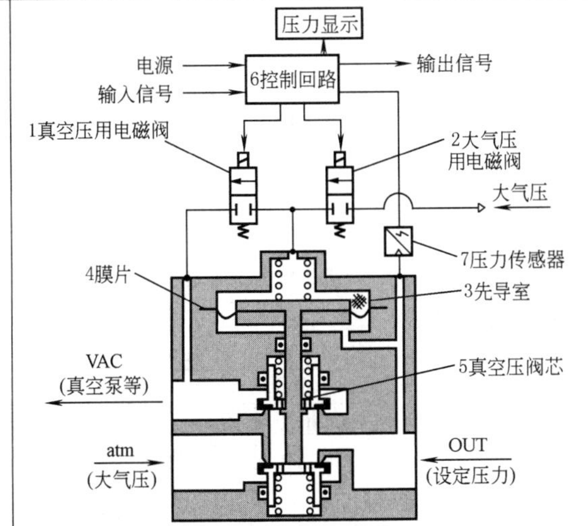

动作原理：

输入信号增大，真空压用电磁阀 1 接通，大气压用电磁阀 2 断开，则 VAC 口与先导室 3 接通，先导室的压力变成负压，该负压作用在膜片 4 的上部，其结果是与膜片 4 联动的真空压阀芯 5 开启，VAC 口与 OUT 口接通，则设定压力变成负压。此负压通过压力传感器 7 反馈至控制回路 8，在这里进行修正动作，直到 OUT 口的真空压力与输入信号成比例地变化

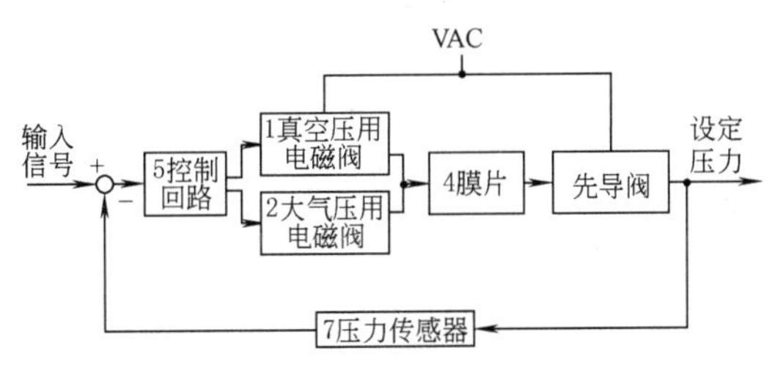

续表

ITV 2090/209 真空用电气比例阀的主要技术参数

型号		ITV2090	ITV2091
最低供给真空度/kPa		设定真空度+13.3	
最高供给真空度/kPa		+101	
设定真空度范围/kPa		1.3~80	
电源	电压/V DC	$24^{+10\%}_{0}$	12~15
	消耗电流/A	使用电压 24V DC:0.12 或以下 使用电压 12~15V DC:0.18 或以下	
输入信号	电流型[①]/mA	4~20,0~20	
	电压型/V DC	0~5,0~10	
	预设输入	4 点	
输入阻抗/kΩ	电流型	250 或以下	
	电压型	约 6.5	
	预设输入	约 2.7	
输出信号[②](电信号监控输出)	模拟输出	1~5V DC(负载阻抗:1kΩ 或以上) 4~20mA(汇式)(负载阻抗:250Ω 或以上)	
	开关输出	NPN 集电极开路:最高 30V,30mA PNP 集电极开路:最高 30mA	
线性度		-1% FS 以内	
迟滞现象		0.5% FS 以内	
重复精度		-0.5% FS 以内	
敏感度		0.2% FS 以内	
温度特性/℃		-0.12% FS 以内	
输出压力指示	精度	-3% FS 以内	
	单位	kPa(最小为 1)	
环境及流体温度/℃		0~50(但未冻结)	
保护构造		相当 IP 65	

① 2 线式 4~20mA 没有,供应电压为 24V DC 或 12~15V DC

②可选择模拟输出或开关输出,若选择开关输出,请选择 NPN 输出或 PNP 输出

型号标记:

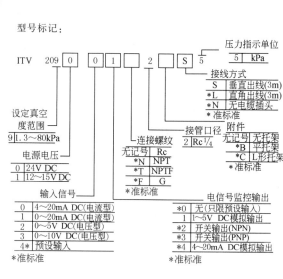

ITV 209 [0] [0] [1] [ ] 2 [ ] [S] 5

设定真空度范围

9	1.3~80kPa

电源电压

0	24V DC
1	12~15V DC

输入信号

0	4~20mA DC(电流型)
1	0~20mA DC(电流型)
2	0~5V DC(电压型)
3	0~10V DC(电压型)
4*	预设输入

*准标准

电信号监控输出

*0	无(只限预设输入)
1	1~5V DC模拟输出
*2	开关输出(NPN)
*3	开关输出(PNP)
*4	4~20mA DC模拟输出

*准标准

连接螺纹

无记号	Rc
*N	NPT
*T	NPTF
*F	G

*准标准

接管口径

2	Rc¼

附件

无记号	无托架
*B	平托架
*C	L形托架

*准标准

接线方式

S	垂直出线(3m)
*L	直角出线(3m)
*N	无电缆插头

*准标准

压力指示单位

5	kPa

ITV 2090/209 真空用电气比例阀的主要技术参数

配管配线图

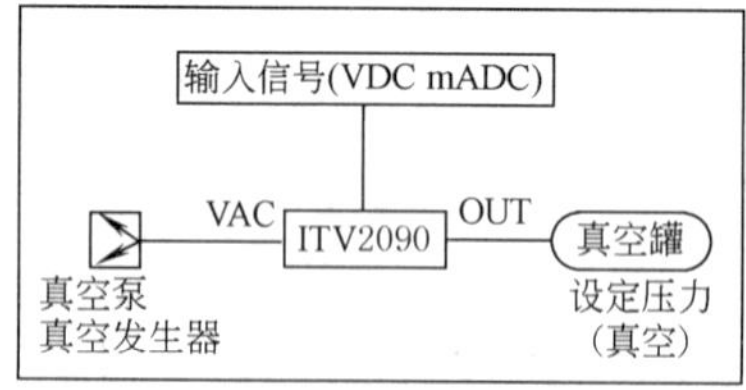

① 有 LED 跳字式显示

② 可选择开关输出或模拟输出两种

③ 接线方式可选择垂直出线式或直角出线式两种

④ 安装尺寸与 IT 系列相同

⑤ 保护等级达 IP 65

预设输入式控制及接线图

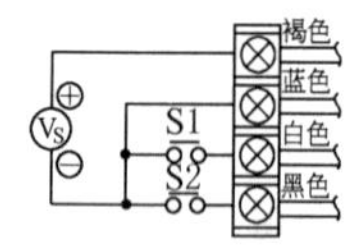

电源24V DC

12~15V DC

P1~P4 预设输出压力的选择依靠 S1 和 S2 的开、关组合决定

S1	关	开	关	开
S2	关	关	开	开
预设压力	P1	P2	P3	P4

注:建议其中一个预设压力设定为 0MPa,控制上会较安全

续表

线性度、迟滞、重复精度、压力特性、流量特性

直线度

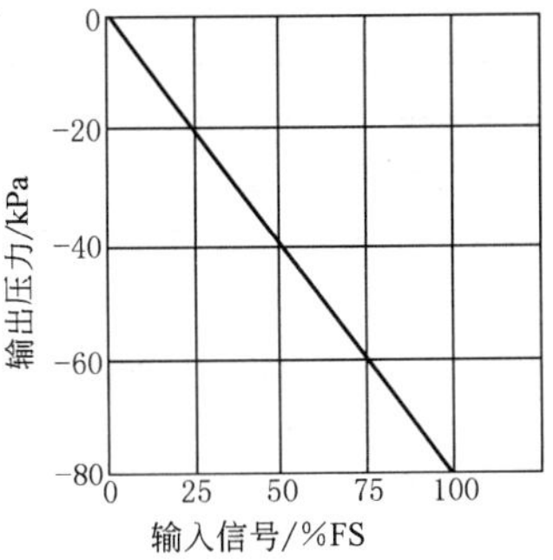

迟滞

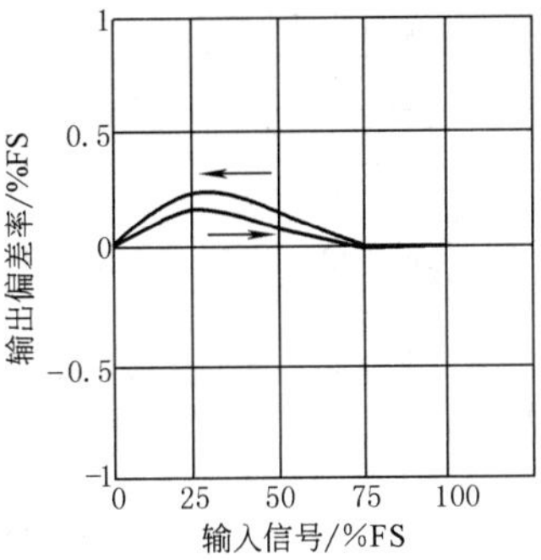

重复性

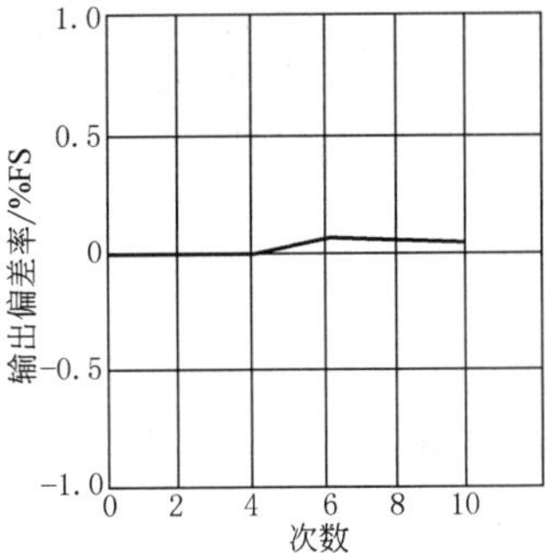

压力特性　　设定压力:-20kPa

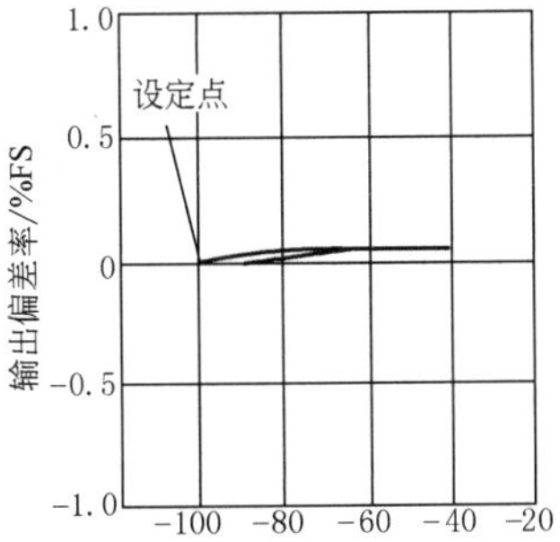

流量特性　　供给真空压力:-100kPa

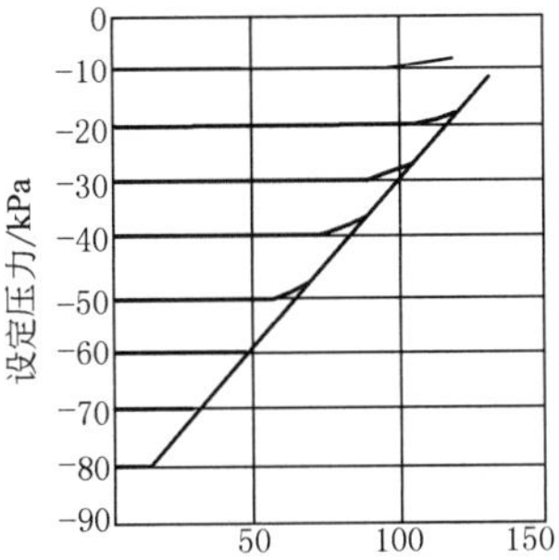

应用例:用模拟控制代替多级控制

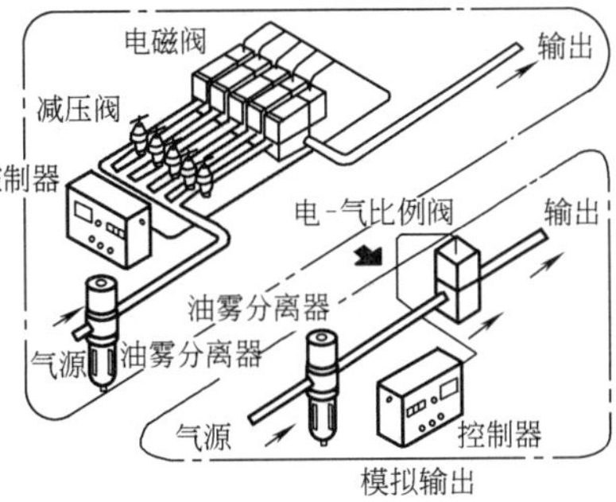

流量特性测定条件

测定时使用的真空泵的排气流量(ANR)500L/min

7.6 真空、吹气两用阀

表 21-3-74

真空发生器/大流量喷嘴

此类阀的一件二用,通过供给压缩空气,可进行大流量吹气(工件表面水滴的吹散及切粉的吹散等)或产生真空(焊接过程的吸烟与小球及粉体等材料的搬运)。能以供给空气量的4倍吹气(图1a);能产生供给空气量3倍的真空流量(图1b)。其实物外形如图1c所示,其技术参数列于表1中

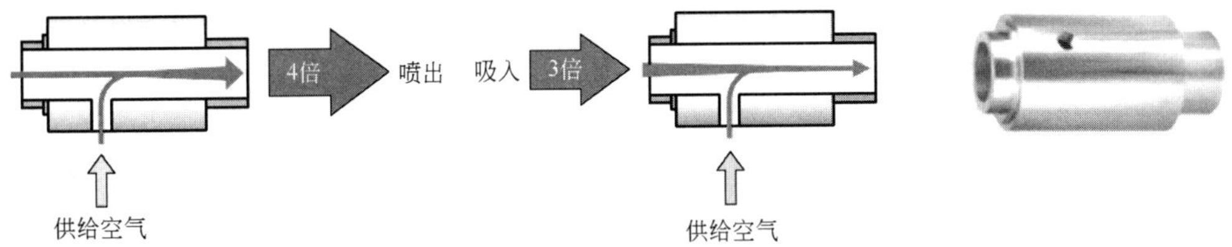

(a) 用于吹气　　(b) 产生真空　　(c) 实物外形

图1　真空发生器/大流量喷嘴

表1　真空、吹气两用阀技术参数

技术参数	ZH-X185系列真空发生器/大流量喷嘴	ZH-X226-338系列真空发生器/大流量阀
公称通径	通道直径 $\phi13\sim42$mm	通道直径 $\phi8\sim12$mm
使用压力/kPa	供给压力0~0.7MPa,真空压力-7~0	供给压力0~0.7MPa,真空压力-50~0
流量(ANR)/$L\cdot min^{-1}$	0~5000	0~1800

续表

<table>
<tr><td rowspan="7">真空发生器/大流量喷嘴</td><td colspan="3">续表</td></tr>
<tr><td>有效截面积/mm^2</td><td>流量特性见样本</td><td>7.92</td></tr>
<tr><td>环境温度/℃</td><td>-50~80</td><td>-5~80</td></tr>
<tr><td>图形符号</td><td>见样本</td><td>图 2b</td></tr>
<tr><td>实物外形图</td><td>图 1c</td><td>图 2a</td></tr>
<tr><td>结构性能特点</td><td>按压缩空气的供给,可进行大流量吹气或产生真空:能以供给空气量的 4 倍吹气;能产生供给空气量 3 倍的真空流量。通过直径大,可将切削屑、杂质等吸入,无需维护
可用于水滴飞溅、切削屑的吹除,烟液的吸收,颗粒、粉体等的材料真空吸附搬运。可带安装支架</td><td>可通过供给压缩空气实现大流量喷气吹扫或真空吸气;用于吸附搬运,通过冷却液吹扫,吹散切削末、水滴</td></tr>
<tr><td colspan="3">注:各系列真空吹气两用阀的技术参数、外形安装连接形式及尺寸等以生产厂产品样本为准
使用注意事项如下
①由于吸入物与排气一同被喷出,故不要将排气口朝向人体及元件。喷出侧如设置捕捉灰尘滤材等,应注意不要因此引起对气流的背压
②请勿在有腐蚀性气体、化学药品、有机溶剂、海水、水蒸气及相应物质的场所和环境下使用</td></tr>
<tr><td>真空发生器/大流量阀</td><td colspan="3">此阀一件二用,与前述真空发生器/大流量喷嘴所不同的是,真空发生器/大流量阀的喷气吹扫和真空吸气可同时实现,真空发生器/大流量阀的实物外形和图形符号如图 2 所示。该阀在吸附搬运时,流量较大,响应时间短,还可吸附存在漏气的工件。喷气吹扫功能可用于金属切削机床的冷却液的吹扫和切屑的吹散,通过压缩空气,提高吹扫压力和吹扫能力。其使用注意事项见上 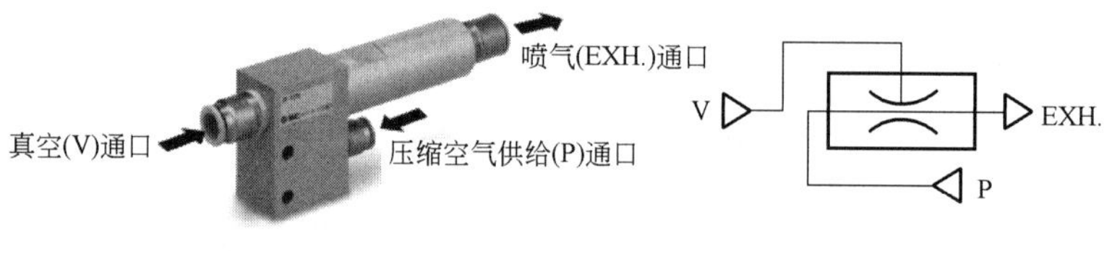

喷气(EXH.)通口
真空(V)通口
压缩空气供给(P)通口
(a) 实物外形
V
EXH.
P
(b) 图形符号
图 2　真空发生器/大流量阀</td></tr>
</table>

CHAPTER 4

第4章 气动系统执行元件

1 气　缸

1.1 气动执行元件的分类

在气动系统中，将压缩空气的能量转化为机械功的一种传动装置，称为气动执行元件。它能驱动机械实现往复运动、摆动、旋转运动或夹持动作。由于气动的工作介质是气体，具有可压缩性，因此它的低速平稳运行速度在3~5mm/s以上（低速气缸特性）。如需更低的平稳速度，建议采用液压-气动联合装置来完成。

与液压执行元件相比，气动执行元件的运动速度更快、工作压力低、适合低输出力的场合。

1.1.1 气动执行元件分类表

表 21-4-1

<table>
<tr><td rowspan="13">气缸</td><td rowspan="13">普通类气缸</td><td rowspan="13">直线运动</td><td rowspan="7" colspan="2">单作用式
(有杆气缸)</td><td>微型气缸(ϕ2~6)</td><td>微型扁平气缸/螺纹气缸(ϕ2~16)</td></tr>
<tr><td>小型圆形气缸(ϕ8~25)
(ISO 6432标准)</td><td>缓冲/无缓冲;活塞杆缩进/伸出
活塞杆抗扭转;活塞杆加长/内、外螺纹</td></tr>
<tr><td>紧凑型气缸(ϕ20~100)
(ISO 21287标准)</td><td>活塞杆缩进/伸出;活塞杆/内、外螺纹
派生:方形活塞杆;中空双出杆;耐高温;耐腐蚀;不含铜及PTFE材质</td></tr>
<tr><td>普通型气缸(ϕ32~125)
(ISO 15552标准)</td><td>缓冲/无缓冲;活塞杆缩进/伸出;抗扭转
活塞杆加长/内、外螺纹/特殊螺纹</td></tr>
<tr><td>膜片式气缸</td><td>膜片气缸
橡胶夹紧模块气缸</td></tr>
<tr><td>气囊式气缸</td><td></td></tr>
<tr><td>气动肌肉</td><td></td></tr>
<tr><td rowspan="3">双作用式</td><td rowspan="3">有杆气缸</td><td>小型圆形气缸(ϕ8~25)
(ISO 6432标准)</td><td>缓冲/无缓冲
派生:活塞杆抗扭转;活塞杆加长/内、外螺纹/特殊螺纹;双出杆;中空双出杆;行程可调;耐腐蚀;活塞杆锁紧;不含铜及PTFE材质;可配用导向装置</td></tr>
<tr><td>紧凑型气缸(ϕ20~100)
(ISO 21287标准)</td><td>派生:活塞杆抗扭转;活塞杆加长/内、外螺纹/特殊螺纹;双出杆/中空双出杆;耐高温;耐腐蚀;不含铜及PTFE材质;倍力、多位置</td></tr>
<tr><td>普通型气缸(ϕ32~320)
(ISO 15552标准)</td><td>缓冲/无缓冲
派生:加长缓冲;活塞杆抗扭转;活塞杆加长螺纹/内、外螺纹/特殊螺纹;双出杆;中空双出杆;行程可调;阳极氧化铝质活塞杆/带皮囊保护套活塞杆;活塞杆防下坠;活塞杆锁紧;耐高温;耐腐蚀;低摩擦;低速;不含铜及PTFE材质;倍力;多位置;带阀;带阀及现场总线接口;清洁型气缸(易清洗);可配用导向装置</td></tr>
</table>

续表

气缸	普通类气缸	直线运动	双作用式	有杆气缸	其他功能气缸	扁平型气缸/多面安装型气缸 伸缩气缸/进给分离装置 冲击气缸/止动气缸/气动增压
				无杆气缸		绳索气缸;钢带气缸 磁耦合无杆气缸;无杆气缸/带导轨无杆气缸/带锁紧机构无杆气缸
		摆动运动	叶片式			
			齿轮齿条式			
			直线摆动夹紧/直线摆动组合式			
	导向驱动装置	直线导向驱动单元	导向装置(配普通气缸);导杆止动气缸;高精度导杆气缸			
			小型短行程滑块驱动器(紧凑/狭窄/扁平线性滑台);扁平型无杆直线驱动器(带导轨无杆气缸;带锁紧机构无杆气缸/内置位移传感器无杆气缸)			
		模块化导向系统装置	模块化驱动单元(*X-Y*/*X-Y-Z* 运动)	[扁平型无杆直线驱动器/微型滑块驱动器(*X-Y* 运动)] 双活塞气缸/双缸滑台驱动器(活塞杆运动/滑块运动)(*X-Y* 运动)		
				组合直线驱动器(活塞杆运动)/组合滑块驱动器(滑块运动)(*X-Y-Z* 运动)		
			气动机械手(抓取与放置、线性门架、悬臂轴、三维门架)(*X-Y*/*X-Y-Z* 运动)	驱动器	直线坐标气缸/轻型直线坐标气缸(扁平型无杆直线驱动器;带导轨无杆气缸;小型短行程滑块式驱动器;高速抓取单元;齿轮齿条摆动气缸)	
					气爪/比例气爪	
					真空吸盘	
				辅件	立柱 重载导轨 导轨角度转接板 液压缓冲器	
气马达	容积式	叶片式	单向回转式 双向回转式 双作用双向式			
		活塞式	轴心活塞式			
			径向活塞式	有连接杆式 无连接杆式 滑杆式		
		齿轮式	双齿轮式 单齿轮式			
	涡轮式					

注：现行标准 GB/T 8102—2020《气动 缸径 8～25mm 的单杆气缸 安装尺寸》是使用翻译法等同采用 ISO 6432：2015《气动 单杆缸、1000kPa（10bar）系列、缸径 8～25mm 基本尺寸和安装尺寸》的、GB/T 28781—2012《气动 缸内径 20～100mm 的紧凑型气缸 基本尺寸、安装尺寸》是使用翻译法等同采用 ISO 21287：2004《气压传动 缸 1000kPa（10bar）系列，缸内径 20～100mm 的紧凑型气缸》和 GB/T 32336—2015《气动 带可拆卸安装件的缸径 32～320mm 的气缸基本尺寸、安装尺寸和附件尺寸》是使用翻译法等同采用 ISO 15552：2004《气压传动 带可拆卸安装件的 1000kPa（10bar）系列，缸径 32～320mm 的气缸 基本尺寸、安装尺寸和附件尺寸》（英文版）的。

1.1.2 气动执行元件的分类说明

气动执行元件的分类主要以气缸结构（活塞式或膜片式）、缸径尺寸（微型、小型、中型、大型）、安装方式（可拆式或整体式）、缓冲方式（缓冲或无缓冲）、驱动方式（单作用或双作用）、润滑方式（给油或无给油）等来进行的。同时对一些低摩擦、低速、耐高温、磁性气缸（是否具备位置检测功能）及带阀气缸等均作为新产品来归类。

表 21-4-2　　主要气动执行元件的说明

结构图	说明
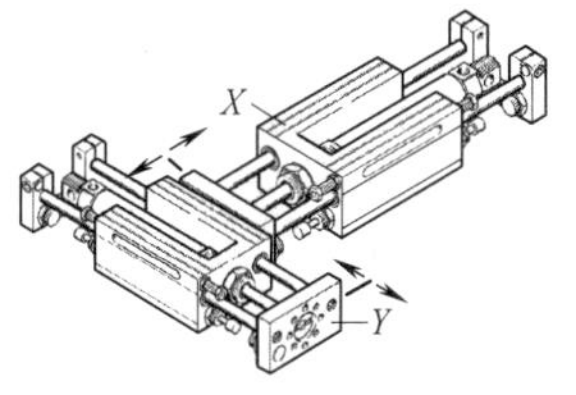 (a) 直线驱动器与直线驱动器的组合 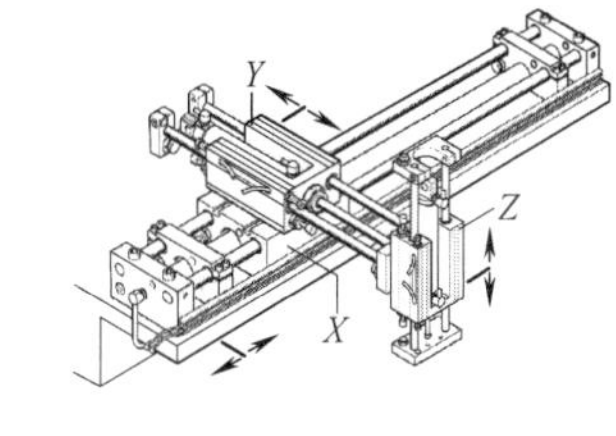 (b) 直线驱动器与长行程滑块驱动 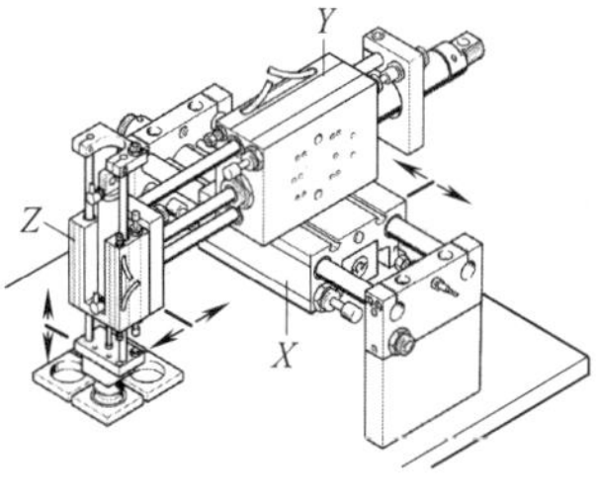 (c) 直线驱动器与滑块驱动器组合 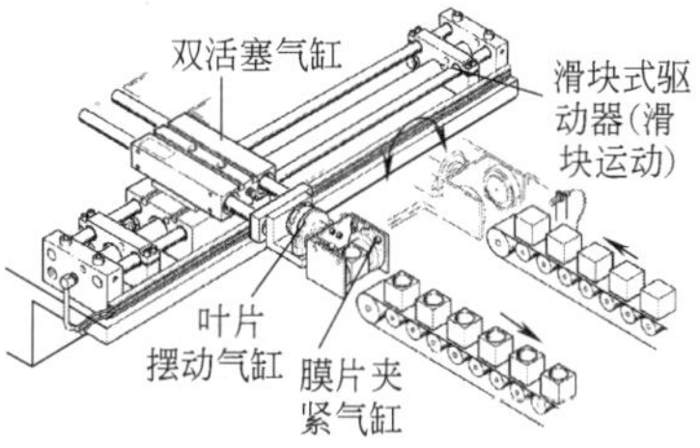 (d) 滑块驱动器与双活塞气缸等组合 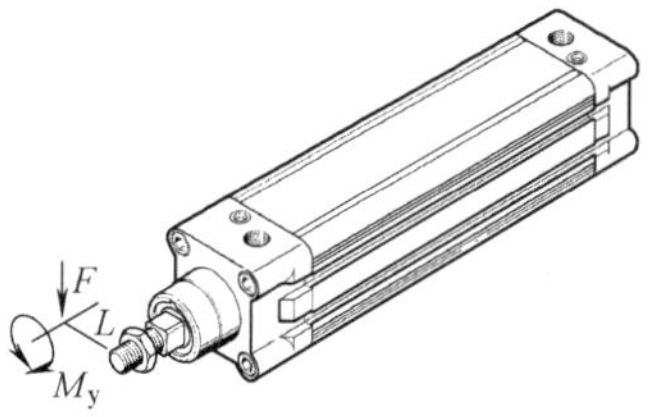 (e) 普通气缸 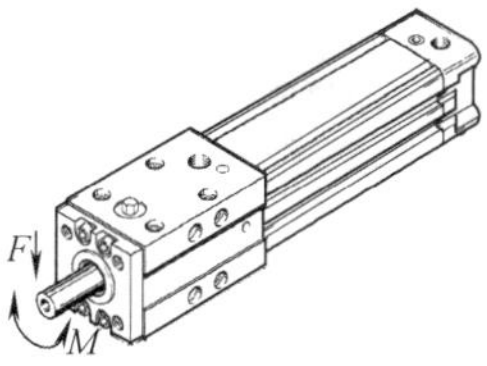 (f) 高精度导杆气缸 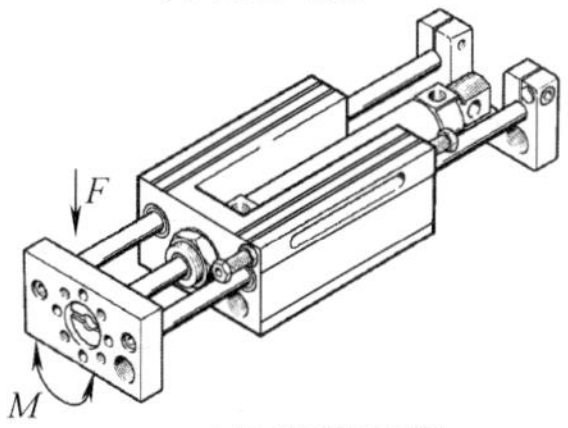 (g) 直线驱动器 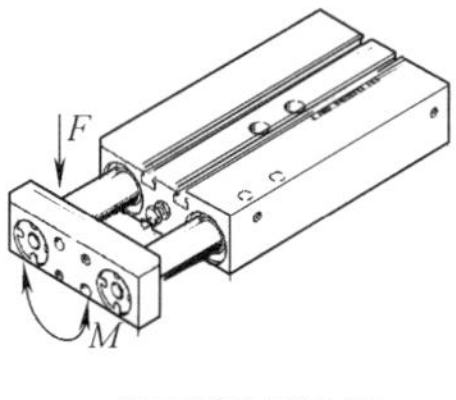 (h)双活塞驱动器 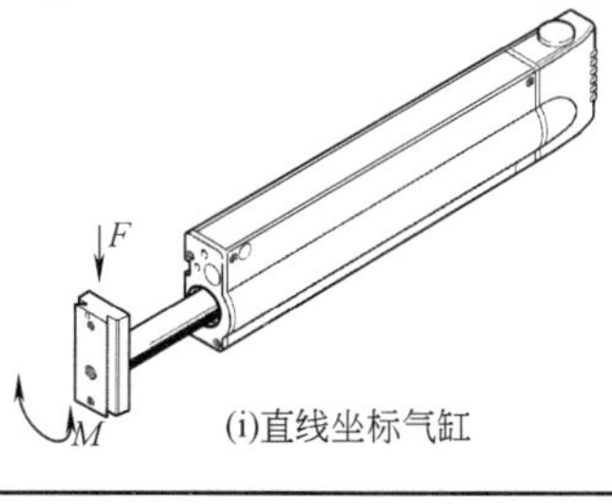 (i)直线坐标气缸	随着气动技术的发展和标准化的深入，一个普通双作用气缸（在外部连接尺寸没有变化的情况下）均可派生（如图 e 所示）：耐高温、耐低温、耐腐蚀、低摩擦、低速、不含铜及 PTFE 材质气缸（适用某些特殊电子行业场合）、倍力、多位置、活塞杆锁紧（气缸长度有些增加）、防下坠（气缸长度有些增加）、带阀及现场总线接口等一系列特性气缸。气动执行元件向模块化的发展已成为一种趋势（见图 a~图 c），这是现代自动化生产对市场快速反应的一种迫切需求。商品生产厂家需要在最短的时间内，针对不同的批量、尺寸、型号的商品能方便地改动或重新设置某些模块化的驱动部件，即能快速地投入生产，不用技术设计人员重新设计、制造。如图 d 所示，选用一个滑块式驱动器（滑块运动）、双活塞气缸、叶片式气缸和两个橡胶膜片气缸便可组成模块化的自动化驱动系统，完成两条流水线中的工件搬运工作。因此，设计人员所关心的是如何方便地选择现成已优化的气动机构 目前，气动执行组件可分为普通气缸和导向驱动装置。普通气缸需设计人员重新设计辅助导向机构。导向驱动装置（包括直线导向单元及模块化导向系统装置）则已内置了高精度导轨，大大强化了气缸径向承载和抗扭转的能力，设计人员不必再为自动流水线专门设计气缸的辅助导向机构及一系列与驱动有关的零部件（甚至于包括安装连接部件）。表 21-4-3 反映了普通气缸、高精度导杆气缸、直线驱动器、双活塞驱动器或直线坐标气缸不同的许用径向力 F、许用扭矩 M，而设计人员只需要去查找产品样本中驱动器允许的推力、某行程下的许用径向力 F、许用扭矩 M 等数据，分析是否能满足实际工况要求（见图 e~图 i）。如满足条件可直接选用，极大缩短了设计人员在自动流水线设计制造、调试及加工的周期，既保证了市场需求，方便生产厂商，也大大降低了安装、转换生产和维修所花费的时间、费用，并确保生产质量 通常直线导向驱动单元是指单轴的导向机构。如：配普通气缸的导向装置、导杆止动气缸、高精度导杆气缸（见图 f）、小型短行程驱动器或带导轨的无杆气缸等。它也可组成模块化结构，如图 a 所示的直线驱动器与直线驱动器的组合 模块化导向系统装置分为模块化驱动单元以及气动机械手。通常从一开始设计时，便体现从系列化、自身系列的模块化及与其他执行驱动器相容的模块化设计思想 模块化驱动单元不仅可用于单轴的导向机构，更主要的功能则可组成 X-Y 二轴（见图 a）或 X-Y-Z 三轴运动机构（见图 b~图 d）

表 21-4-3 主要气缸和驱动器的许用径向负载及许用扭矩

名　　称	推力/拉力/N	许用径向负载/N	扭矩/N · m	重复精度/mm
普通气缸 DNC-32-100	483/415	35	0.85	±0.1
高精度导杆气缸 DFP-32-100	483/365	45	8.5	±0.05
直线驱动器 SLE-32-100	483/415	140	5.7	±0.05
双活塞驱动器 DPZ-32-100	966/724	42 105(双出杆)	1.3 3.0(双出杆)	±0.05
直线坐标气缸 HMP-32-100	483/415	500	50	±0.01

1.2 普通气缸

在 JB/T 5923—2013《气动　气缸技术条件》中规定了气动系统中气缸的技术要求、检验方法、检验规则及标识、包装及贮存等，适用于以压缩空气为工作介质，在气压传动系统中使用的双作用、缸径为 6~320mm 的活塞式普通气缸（简称气缸）。

1.2.1 普通气缸的工作原理

（1）双作用气缸工作原理

表 21-4-4

结构原理图	工　作　原　理
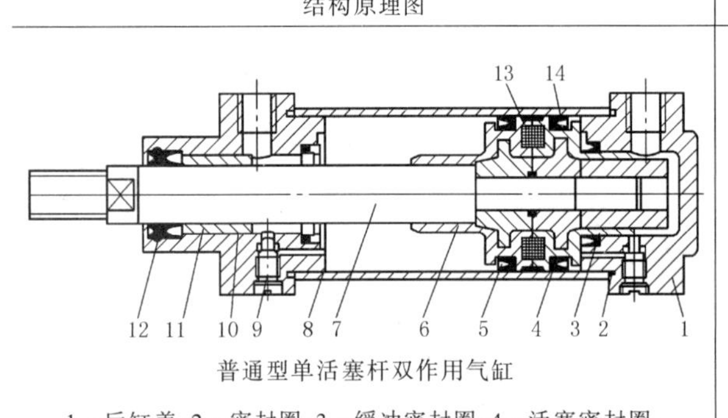 普通型单活塞杆双作用气缸 1—后缸盖;2—密封圈;3—缓冲密封圈;4—活塞密封圈;5—活塞;6—缓冲柱塞;7—活塞杆;8—缸筒;9—缓冲节流阀;10—导向套;11—前缸盖;12—防尘密封圈;13—磁铁;14—导向环	缸筒与前后端盖(配有密封圈)连接后,内腔形成一个密封的空间,在这个密封的空间内有一个与活塞杆相连的活塞,活塞上装有密封圈。活塞把这个密封的空间分成两个腔室,对有活塞杆一边腔室称有杆腔(或前腔),对无活塞杆的腔室称无杆腔(或后腔) 当从无杆腔端的气口输入压缩空气时,气压作用在活塞右端面上的力克服了运动摩擦力、负载等各种反作用力,推动活塞前进,有杆腔内的空气经该前端盖气口排入大气,使活塞杆伸出。同样,当有杆腔端气口输入压缩空气,活塞杆退回至初始位置。通过无杆腔和有杆腔的交替进气和排气,活塞杆伸出和退回,气缸实现往复直线运动 气缸端盖上未设置缓冲装置的气缸称为无缓冲气缸,缸盖上设置缓冲装置的气缸称为缓冲气缸。左图所示为缓冲气缸。缓冲装置由缓冲节流阀 9、缓冲柱塞 6 和缓冲密封圈 3 等组成。当气缸行程接近终端时,由于缓冲装置的作用,可以防止高速运动的活塞撞击缸盖的现象发生

（2）单作用气缸工作原理

这种气缸在端盖一端气口输入压缩空气使活塞杆伸出（或退回），而另一端靠弹簧、自重或其他外力等使活塞杆恢复到初始位置。

表 21-4-5 单作用气缸工作原理

	原　理　图	工　作　原　理
工作原理	(a)	靠外力复位
	(b)	靠弹簧力复位
	(c)	靠弹簧力复位

续表

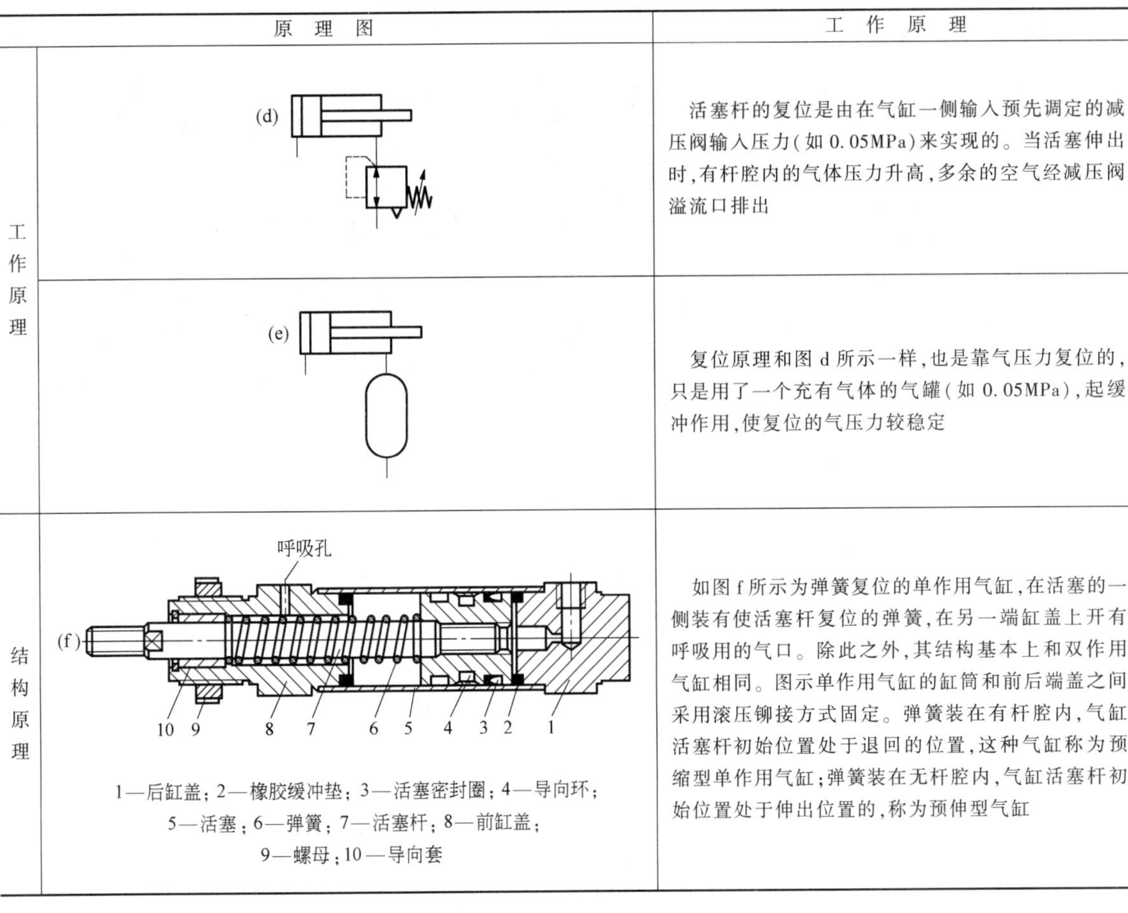

	原理图	工作原理
工作原理	(d)	活塞杆的复位是由在气缸一侧输入预先调定的减压阀输入压力（如 0.05MPa）来实现的。当活塞伸出时，有杆腔内的气体压力升高，多余的空气经减压阀溢流口排出
	(e)	复位原理和图 d 所示一样，也是靠气压力复位的，只是用了一个充有气体的气罐（如 0.05MPa），起缓冲作用，使复位的气压力较稳定
结构原理	(f) 1—后缸盖；2—橡胶缓冲垫；3—活塞密封圈；4—导向环；5—活塞；6—弹簧；7—活塞杆；8—前缸盖；9—螺母；10—导向套	如图 f 所示为弹簧复位的单作用气缸，在活塞的一侧装有使活塞杆复位的弹簧，在另一端缸盖上开有呼吸用的气口。除此之外，其结构基本上和双作用气缸相同。图示单作用气缸的缸筒和前后端盖之间采用滚压铆接方式固定。弹簧装在有杆腔内，气缸活塞杆初始位置处于退回的位置，这种气缸称为预缩型单作用气缸；弹簧装在无杆腔内，气缸活塞杆初始位置处于伸出位置的，称为预伸型气缸

1.2.2 普通气缸性能分析

表 21-4-6

理论输出力	公式	普通双作用气缸的理论推力 F_0 为　　$F_0=\frac{\pi}{4}D^2p$ (N) 式中　D——缸径，m 　　p——气缸的工作压力，Pa 其理论拉力 F_0 为　　$F_0=\frac{\pi}{4}(D^2-d^2)p$ 式中　d——活塞杆直径，m，估算时可令 $d=0.3D$ 下图计算曲线列出了气缸在不同压力下的理论推力。计算参数表所示为普通双作用气缸的理论输出力 普通单作用气缸（预缩型）理论推力为　　$F_0=\frac{\pi}{4}D^2p-F_{t2}$ 其理论拉力为　　$F_0=F_{t1}$ 普通单作用气缸（预伸型）理论推力为　　$F_0=F_{t1}$ 其理论拉力为　　$F_0=\frac{\pi}{4}(D^2-d^2)p-F_{t2}$ 式中　D——缸径，m 　　d——活塞杆直径，m 　　p——工作压力，Pa 　　F_{t1}——单作用气缸复位弹簧的预紧力，N 　　F_{t2}——复位弹簧的预压量加行程所产生的弹簧力，N

续表

理论输出力 — 计算曲线

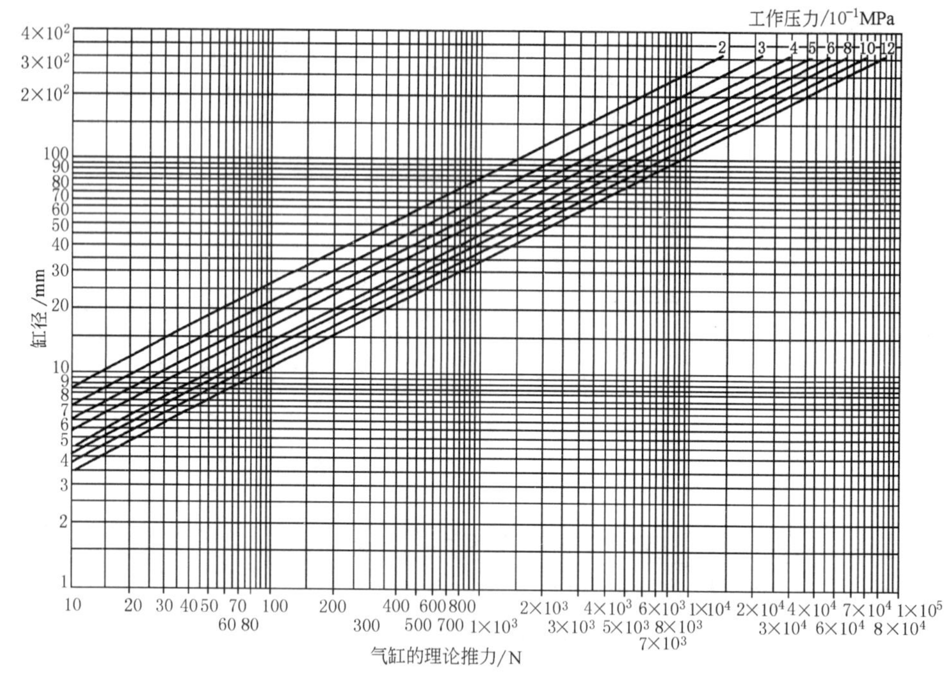

理论输出力 — 计算参数

压力/10^{-1}MPa	1	2	3	4	5	6	7	8	9	10
缸径/mm	气缸理论输出力/N									
8	5.0	10.0	15.0	20.0	25.1	30.1	35.1	40.1	45.2	50.2
10	7.8	15.7	23.5	31.4	39.2	47.1	54.9	62.8	70.6	78.5
12	11.3	22.6	33.9	45.2	56.5	67.8	79.1	90.4	102	113
16	20.0	40.1	60.2	80.3	100	121	141	161	181	200
20	31.4	62.8	94.2	126	156	188	219	251	283	314
25	49	98.1	147	196	245	294	343	393	442	490
32	80	160	241	322	402	482	562	643	723	803
40	125	251	376	502	628	753	879	1000	1130	1260
50	196	392	588	785	981	1180	1370	1570	1770	1960
63	311	623	934	1246	1560	1870	2180	2490	2800	3120
80	502	1000	1510	2010	2510	3010	3520	4020	4520	5020
100	785	1570	2350	3140	3920	4710	5490	6280	7060	7850
125	1230	2450	3680	4910	6130	7360	8590	9810	11000	12300
160	2010	4020	6030	8040	10100	12100	14100	16100	18100	20100
200	3140	6280	9240	12600	15600	18800	22000	25100	28300	31400
250	4910	9800	14700	19600	24500	29400	34300	39300	44200	49100
320	8040	16100	24100	32200	40200	48200	56300	64300	72300	80400

实际输出力 — 计算公式

普通双作用气缸的实际输出推力 F_e 为

$$F_e=\frac{\pi}{4}D^2p\eta$$

实际输出拉力 F_e 为

$$F_e=\frac{\pi}{4}(D^2-d^2)p\eta$$

普通单作用气缸的实际输出推力 F_e 为

$$F_e=\frac{\pi}{4}D^2p\eta-F_t$$

续表

<table>
<tr><td rowspan="1">实际输出力</td><td>效率曲线</td><td>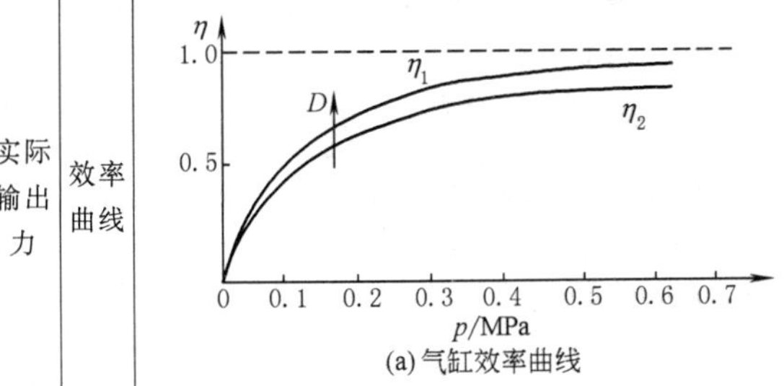

(a) 气缸效率曲线</td><td>气缸未加载时实际所能输出的力，受到气缸活塞和活塞杆本身的摩擦力影响，如活塞和缸筒之间的摩擦、活塞杆和前缸盖之间的摩擦，用气缸效率 η 表示，如图 a 气缸效率曲线所示，气缸的效率 η 与气缸的缸径 D 和工作压力 p 有关，缸径增大，工作压力提高，则气缸效率 η 增加。在气缸缸径增大时，在同样的加工条件、气缸结构条件下，摩擦力在气缸的理论输出力中所占的比例明显地减小了，即效率提高了。一般气缸的效率在 0.7~0.95 之间</td></tr>
<tr><td rowspan="2">负载率 β</td><td>定义</td><td colspan="2">从对气缸特性研究知道，要精确确定气缸的实际输出力是困难的。于是，在研究气缸的性能和选择确定气缸缸径时，常用到负载率 β 的概念。气缸负载率 β 的定义是
$$负载率\ \beta=\frac{气缸的实际负载\ F}{气缸的理论输出力\ F_0}\times 100\%$$</td></tr>
<tr><td>负载率的选取</td><td colspan="2">气缸的实际负载是由工况所决定的，若确定了气缸负载率 β，则由定义就能确定气缸的理论输出力 F_0，从而可以计算气缸的缸径。气缸负载率 β 的选取与气缸的负载性能及气缸的运动速度有关（见下表）。对于阻性负载，如气缸用作气动夹具，负载不产生惯性力的静负载，一般负载率 β 选取为 0.7~0.8

气缸的运动状态和负载率

<table>
<tr><td rowspan="2">阻性负载（静负载）</td><td colspan="3">惯性负载的运动速度 v</td></tr>
<tr><td><100mm/s</td><td>100~500mm/s</td><td>>500mm/s</td></tr>
<tr><td>$\beta\leqslant 0.8$</td><td>$\beta\leqslant 0.65$</td><td>$\leqslant 0.5$</td><td>$\leqslant 0.35$</td></tr>
</table></td></tr>
<tr><td rowspan="3">气缸瞬态特性</td><td colspan="3">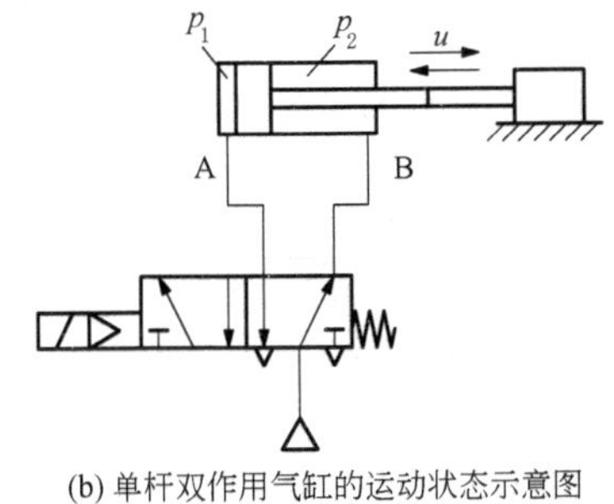

(b) 单杆双作用气缸的运动状态示意图

电磁换向阀换向，气源经 A 口向气缸无杆腔充气，压力 p_1 上升。有杆腔内气体经 B 口通过换向阀的排气口排气，压力 p_2 下降。当活塞的无杆侧与有杆侧的压力差达到气缸的最低动作压力以上时，活塞开始移动。活塞一旦启动，活塞等处的摩擦力即从静摩擦力突降至动摩擦力，活塞稍有抖动。活塞启动后，无杆腔为容积增大的充气状态，有杆腔为容积减小的排气状态。由于外负载大小和充排气回路的阻抗大小等因素的不同，活塞两侧压力 p_1 和 p_2 的变化规律也不同，因而导致活塞的运动速度及气缸的有效输出力的变化规律也不同</td></tr>
<tr><td colspan="3">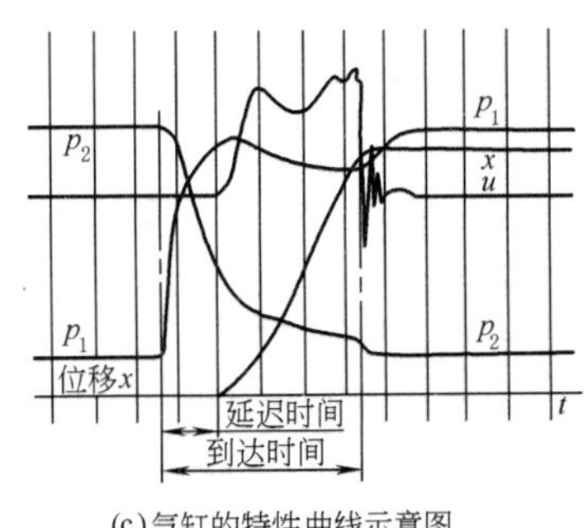

(c) 气缸的特性曲线示意图

图 c 是气缸的瞬态特性曲线示意图。从电磁阀通电开始到活塞刚开始运动的时间称为延迟时间。从电磁阀通电开始到活塞到达行程末端的时间称为到达时间

从图 c 可以看出，在活塞的整个运动过程中，活塞两侧腔室内的压力 p_1 和 p_2 以及活塞的运动速度 u 都在变化。这是因为有杆腔虽排气，但容积在减小，故 p_2 下降趋势变缓。若排气不畅，p_2 还可能上升。无杆腔虽充气，但容积在增大，若供气不足或活塞运动速度过快，p_1 也可能下降。由于活塞两侧腔内的压差力在变化，又影响到有效输出力及活塞运动速度的变化。假如外负载力及摩擦力也不稳定，则气缸两腔的压力和活塞运动速度的变化更复杂</td></tr>
<tr><td colspan="3">从气缸的瞬态特性可见，当气动系统的工作压力为 0.6MPa 时，对气缸的选型计算应采用 0.4MPa；对于速度大于 500mm/s，气缸的工作压力还要更低（类似于负载率 β 中运动速度与阻性负载的关系）</td></tr>
</table>

续表

<table>
<tr><td rowspan="3">活塞运动速度特性</td><td colspan="2">理论基准速度</td><td>气缸在没有外负载力，并假定气缸排气侧以声速排气，且气源压力不太低的情况下，求出的气缸速度 u_0 称为理论基准速度
$$u_0=1920\frac{S}{A}\ \text{(mm/s)}$$
式中　S——排气回路的合成有效截面积，mm^2
　　　A——排气侧活塞的有效面积，cm^2
理论基准速度 u_0 与无负载时气缸的最大速度非常接近，故令无负载时气缸的最大速度等于 u_0。随着负载的加大，气缸的最大速度将减小</td></tr>
<tr><td colspan="2">平均速度</td><td>气缸的平均速度是气缸的运动行程 L 除以气缸的动作时间（通常按到达时间计算）t。通常所指气缸使用速度都是指平均速度</td></tr>
<tr><td colspan="2">标准气缸的使用速度</td><td>标准气缸的使用速度范围大多是 50～500mm/s。当速度小于 50mm/s 时，由于气缸摩擦阻力的影响增大，加上气体的可压缩性，不能保证活塞作平稳移动，会出现时走时停的现象，称为“爬行”。当速度高于 1000mm/s 时，气缸密封圈的摩擦生热加剧，加速密封件磨损，造成漏气，寿命缩短，还会加大行程末端的冲击力，影响机械寿命。要想气缸在很低速度下工作，可采用低速气缸。缸径越小，低速性能越难保证，这是因为摩擦阻力相对气压推力影响较大的缘故，通常 ϕ32mm 气缸可在低速 5mm/s 无爬行运行。如需更低的速度或在外力变载的情况下，要求气缸平稳运动，则可使用气液阻尼缸，或通过气液转换器，利用液压缸进行低速控制。要想气缸在更高速度下工作，需加长缸筒长度、提高气缸筒的加工精度，改善密封圈材质以减小摩擦阻力，改善缓冲性能等，同时要注意气缸在高速运动终点时，确保缓冲来减小冲击</td></tr>
<tr><td rowspan="3">气缸工作压力、耐压及泄漏</td><td>工作压力</td><td colspan="2">气缸使用压力范围是指最低工作压力至最高工作压力的范围
最低工作压力是指保证气缸正常工作的最低供给压力。正常工作是指气缸能平稳运动且泄漏量在允许指标范围内，双作用气缸的最低工作压力一般为 0.05～0.1MPa，单作用气缸的最低工作压力一般为 0.15～0.25MPa，在确定气压最低工作压力时，应考虑换向阀的最低工作压力特性，一般换向阀的工作压力范围为 0.05～0.8MPa，或 0.25～1.0MPa（也有硬配阀为 0～1.0MPa）
最高工作压力是指气缸长时间在此压力作用下能正常工作而不损坏的压力</td></tr>
<tr><td rowspan="2">泄漏测试</td><td>供气压力不大于 150kPa 条件下的功能测试</td><td>试验时，气缸如有缓冲调节装置应完全打开，并将气缸水平放置，进行全行程的往复动作，活塞杆应平稳伸缩运行，并无爬行和震颤现象</td></tr>
<tr><td>150kPa 和 630kPa 供气压力下的泄漏测试</td><td>将气缸循环动作几次后，从无杆腔气口分别先后通入 150kPa 和 630kPa 的气体，使有杆腔气口与大气相通。采用能满足检测要求的测试方法和设备，记录气缸无杆腔的全部泄漏量。该泄漏量为以下部位的总泄漏量
a. 有杆腔气口
b. 后端盖和气缸缸筒连接处
c. 无杆腔缓冲调节装置和单向阀的周围
d. 后端盖上的孔隙
e. 其他外部连接
当气缸循环动作几次后，从有杆腔气口分别先后通入 150kPa 和 630kPa 的气体，无杆腔气口与大气相通。采用能满足检测要求的测试方法和设备，测量气缸有杆腔的全部泄漏量。该泄漏量为以下场所的总泄漏量
a. 无杆腔气口
b. 前端盖和气缸缸筒连接处
c. 有杆腔缓冲调节装置和单向阀周围
d. 前端盖上的孔隙
e. 任何其余外部连接
f. 活塞杆突出部位的密封圈周围
g. 前端盖和支承之间的连接处
泄漏量应不超过下表给出的规定值</td></tr>
</table>

续表

<table>
<tr><td rowspan="3">气缸工作压力、耐压及泄漏</td><td rowspan="3">泄漏测试</td><td>气缸直径/mm</td><td>8,10,12</td><td>16,20,25</td><td>32,40,50</td><td>63,80,100</td><td>125,160,200</td><td>250,320</td></tr>
<tr><td>泄漏量(ANR①)/$dm^3 \cdot h^{-1}$</td><td>0.6</td><td>0.8</td><td>1.2</td><td>2</td><td>3</td><td>5</td></tr>
<tr><td colspan="7">①见 ISO 8778
注:若用户对泄漏量有特定的限制,用户应同制造商协商相应的泄漏量和测试方法</td></tr>
<tr><td>630kPa供气压力下的缓冲测试</td><td colspan="8">在 630kPa 供气压力下使气缸往复工作,调节缓冲节流装置,使活塞在任何方向上到达行程终点前都应该得到有效减速,与端盖没有明显的撞击现象(仅适用于缓冲气缸)</td></tr>
<tr><td>耐压性能试验</td><td colspan="8">气缸通入 1.5 倍公称压力的气体,保压 1min,各部件不得有松动、永久性变形及其他异常现象
气缸做出厂检验和产品交付验收时,用户和制造商协商决定是否进行耐压试验;属于以下情况者必须进行耐压试验
a. 新产品研制
b. 设计和工艺的改进或材质变更,可能使其耐压性能受影响时
c. 产品质量仲裁
d. 监督抽查等执法检查时</td></tr>
<tr><td rowspan="2">温度</td><td colspan="5">环 境 温 度</td><td colspan="3">介 质 温 度</td></tr>
<tr><td colspan="5">环境温度是指气缸所处工作场所的温度
通常,气动制造厂商根据不同类型的气缸将提供不同的环境温度参数。如:对于普通气缸的环境温度为0~+60℃或-20~+80℃。而对于带现场总线接口的带阀气缸仅限于-5~+50℃。对于大于或小于环境温度的气缸,应注意气缸磁性开关所处环境是否在允许值之下。缸内密封件材料在高温下会软化、低温下会硬化脆裂,都会影响密封性能</td><td colspan="3">介质温度是指流入气缸内的气体温度
对于高于+80℃或低于-20℃的气缸,称为耐高温气缸或耐超低温气缸。目前气动制造厂商制造的高温气缸可耐 150℃,耐超低温气缸可达-55℃。同样,介质温度也会影响气缸正常工作。虽然气源经冷冻式干燥器清除了大部分水分,但空气中还会有残留的少量水蒸气冷凝成水,如温度太低时,以致结冰,将破坏气缸密封件</td></tr>
<tr><td rowspan="3">耐久性</td><td colspan="2">定义</td><td colspan="6">气缸耐久性是指气缸正常工作的寿命。对于普通气缸耐久性是以它运行行程的累积,是以公里数为技术指标。对于紧凑性气缸(指短行程气缸或夹紧功能的短行程气缸)耐久性是以它运行的频率次数的累积</td></tr>
<tr><td colspan="2">耐久性技术参数</td><td colspan="6">通常,气动制造厂商在其产品样本中不提供耐久性技术参数,如提供其寿命的话,往往根据其实验室的测试报告,换而言之,该测试条件是苛刻的,比如:对于压缩空气要求其压力露点为-40℃的干燥空气,过滤精度小于 40μm,进口空气约 1000L 应有 3~5 滴润滑油,测试空气介质温度在 23℃±5℃,压力在 0.6MPa±0.03MPa,负载为某一值(如直径 φ16mm 不锈钢材质的缸筒、行程为 100mm 的圆形缓冲气缸在水平测试时的负载 0.05kg),频率为 0.5Hz,运行速度为 1m/s 时,测得它的耐久性为 5000km(或 2000 万次循环)。由于各气动厂商测试条件不同,与用户实际使用有较大差别,实际运行的耐久性与它的工作状况(负载、受力状况、是否柔性连接)、活塞速度、压缩空气的过滤等级、润滑状况等许多因素有关</td></tr>
<tr><td colspan="2">最高耐久性</td><td colspan="6">目前,根据国际上先进国家气动制造厂商实验室的检测报告资料查得:普通气缸的最高耐久性指标在 2000~10000km 之间,短行程紧凑气缸的最高耐久性指标在 1000 万~3000 万次循环之间(注意:由于测试条件、状况、负载等因素,气缸的耐久性指标是气动制造厂商实验室的检测报告资料数据乘 0.5~0.6 的系数)</td></tr>
<tr><td>气缸派生特性</td><td colspan="8">气缸的派生是指气缸在连接界面尺寸不变的情况下,仅改变某个零件的材料(如改变某密封件的材料和润滑脂使其成为耐高温气缸、改变活塞杆材质或镀层使其成为防焊渣或耐腐蚀气缸),增加某些零部件(如在前端盖上添置一个锁紧装置成为活塞杆锁紧气缸)</td></tr>
</table>

1.2.3 气缸设计、计算

1.2.3.1 缸径、壁厚、活塞杆直径与负载、弯曲强度和挠度的计算

表 21-4-7

缸径 — 计算步骤与计算公式

根据气缸所带的负载、运动状况及工作压力，气缸计算步骤如下

① 根据气缸的负载，计算气缸的轴向负载力 F，常见的负载实例见下图

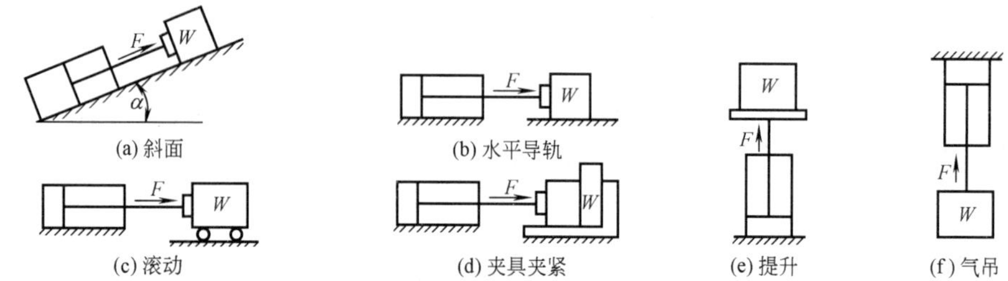

(a) 斜面　(b) 水平导轨　(c) 滚动　(d) 夹具夹紧　(e) 提升　(f) 气吊

② 根据气缸的平均速度来选气缸的负载率 β。气缸的运动速度越高，负载率应选得越小

③ 假如系统的工作压力为 0.6MPa，气缸的工作压力计算应选为 0.4MPa。当系统的工作压力低于 0.6MPa 时，气缸的工作压力也应该调低

④ 由气缸的理论输出力计算公式（见下表）、负载率 β、工作压力 p 即能计算缸径，然后再圆整到标准缸径

气缸的理论输出力 F_0 计算公式

形式	双作用气缸	单作用气缸	
		预缩型	预伸型
推力	$\frac{\pi}{4}D^2p$	$\frac{\pi}{4}D^2p-F_{t2}$	F_{t1}
拉力	$\frac{\pi}{4}(D^2-d^2)p$	F_{t1}	$\frac{\pi}{4}(D^2-d^2)p-F_{t2}$
活塞杆直径取 $d=0.3D$			

缸径 — 例题

例　气缸推动工件在导轨上运动，如上图所示。已知工件等运动件质量 $m=250\text{kg}$，工件与导轨间的摩擦因数 $\mu=0.25$，气缸行程 300mm，动作时间 $t=1\text{s}$，工作压力 $p=0.4\text{MPa}$，试选定缸径

解：气缸的轴向负载力　$F=\mu mg=0.25\times250\times9.8=612.5\text{N}$

气缸平均速度 $v=\frac{s}{t}=300/1=300\text{mm/s}$，选负载率 $\beta=0.5$

理论输出力　$F_0=\frac{F}{\beta}=612.5/0.5=1225\text{N}$

由上表可得双作用气缸缸径　$D=\sqrt{\frac{4F_0}{\pi p}}=\sqrt{\frac{4\times1225}{\pi\times0.4}}=62.4\text{mm}$

故选取双作用气缸缸径为 63mm

壁厚

一般气缸缸筒壁厚与内径之比 $\frac{\delta}{D}\leqslant\frac{1}{10}$

气缸缸筒承受压缩空气的压力，其壁厚可按薄壁筒公式计算

$$\delta=\frac{Dp_p}{2\sigma_p}$$

式中　δ——缸筒壁厚，m

p_p——试验耐压力，Pa，取 $p_p=1.5p_{max}$

σ_p——缸筒材料许用应力，Pa，其计算公式为

$$\sigma_p=\frac{\sigma_b}{n}$$

σ_b——缸筒材料抗拉强度，Pa

n——安全系数，一般取 $n=6\sim8$

按公式计算出的壁厚通常都很薄，加工比较困难，实际设计过程中一般都需按照加工工艺要求，适当增加壁厚，尽量选用标准钢管或铝合金管

缸筒材料常用 20 钢无缝钢管、铝合金 2A12、铸铁 HT150 和 HT200 等

国外缸径 8~25mm 的小型气缸缸筒与缸盖的连接为不可拆的滚压结构，缸筒材料选用不锈钢，壁厚为 0.5~0.8mm

下表列出了铝合金管和无缝钢管生产厂供应的管壁厚和气缸采用的壁厚

续表

壁厚	材料	缸径	20	25	32	40	50	63	80	100	125	160	200	250	320
壁厚	铝合金 2A12	壁厚	2.5			2.5~3			3.5~4		4.5~5				
	20钢无缝钢管		2.5					3	3.5	4.5~5		5.5~6			

活塞杆稳定性及挠度验算 — 压杆稳定性验算 — 计算公式

气缸的活塞行程越长，则活塞杆伸出的距离也越长，对于长行程的气缸，活塞杆的长度将受到限制。若在活塞杆上承受的轴向推力负载达到极限力之后，活塞杆就会出现压杆不稳定现象，发生弯曲变形。因此，必须进行活塞杆的稳定性验算，其稳定条件为

$$F \leqslant \frac{F_k}{n_k}$$

式中 F——活塞杆承受的最大轴向压力，N

F_k——纵向弯曲极限力，N

n_k——稳定性安全因数，一般取1.5~4

极限力 F_k 不仅与活塞杆材料、直径、安装长度有关，还与气缸的安装支承条件决定的末端因素 m（见下表）有关

安装长度 L 和末端因数 m

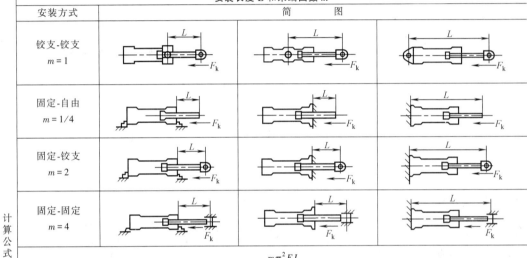

安装方式	简图		
铰支-铰支 $m=1$			
固定-自由 $m=1/4$			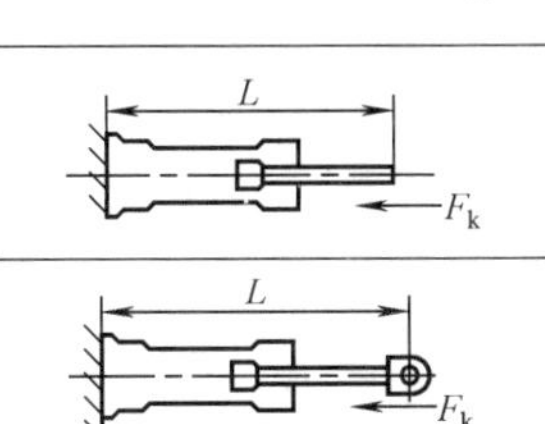
固定-铰支 $m=2$			
固定-固定 $m=4$		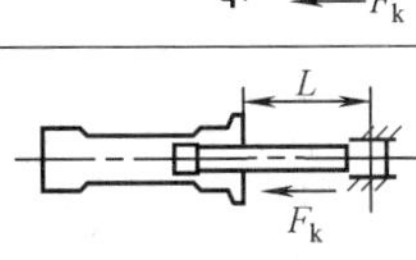	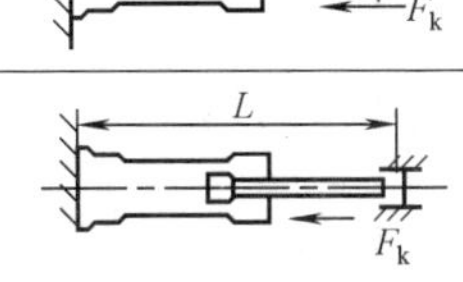

当细长比 $L/k \geqslant 85\sqrt{m}$ 时（欧拉公式）

$$F_k = \frac{m\pi^2 EJ}{L^2}$$

式中 m——末端因数

E——材料弹性模量，钢材 $E=2.1\times10^{11}$ Pa

J——活塞杆横截面惯性矩，m^4

L——气缸的安装长度，m

空心圆杆 $$J=\frac{\pi(d^4-d_0^4)}{64}$$

实心圆杆 $$J=\frac{\pi d^4}{64}$$

式中 d——活塞杆直径，m

d_0——空心活塞杆内径，m

当细长比 $L/k<85\sqrt{m}$ 时（戈登-兰肯公式）

$$F_k=\frac{fA}{1+\frac{\alpha}{m}\left(\frac{L}{k}\right)^2}$$

式中 f——材料抗压强度，钢材 $f=4.8\times10^8$ Pa

A——活塞杆横截面积，m^2

α——实验常数，钢材 $\alpha=\frac{1}{5000}$

k——活塞杆横截面回转半径，m

空心圆杆 $$A=\frac{\pi}{4}(d^2-d_0^2)$$

实心圆杆 $$A=\frac{\pi}{4}d^2$$

续表

<table>
<tr>
<td rowspan="2">活塞杆稳定性及挠度验算</td>
<td rowspan="2">压杆稳定性验算</td>
<td>计算公式</td>
<td>
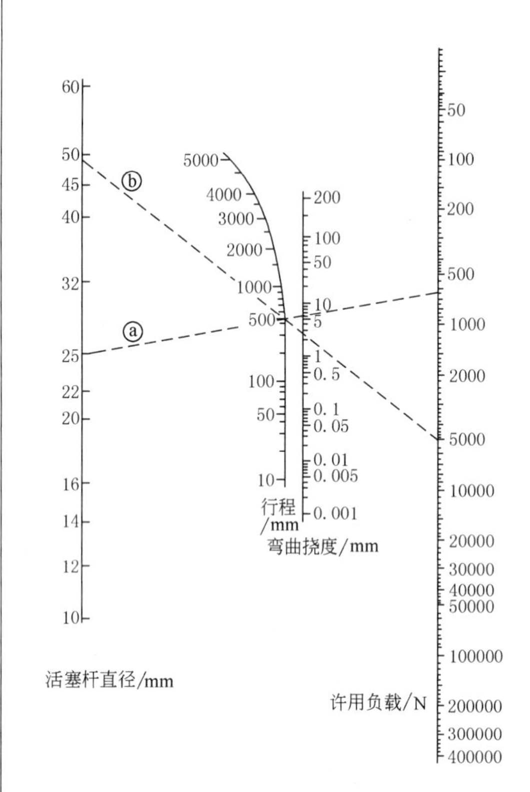

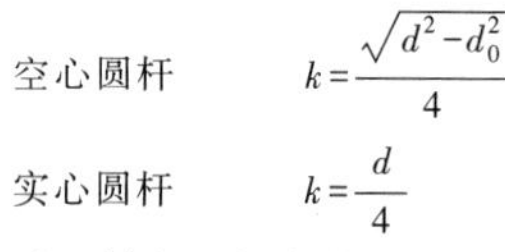

空心圆杆 $k=\dfrac{\sqrt{d^2-d_0^2}}{4}$

实心圆杆 $k=\dfrac{d}{4}$

对于制造厂来说，按照上式可计算出气缸系列（缸径、活塞杆直径已确定）在最差的安装条件下，最大理论输出力时的最大安全行程（不是安装长度）。用户可按实际使用条件验算气缸活塞杆的稳定性。若计算出的极限力 F_k 不能满足稳定性条件要求，则需更改气缸参数重新选型，或者与制造厂协商解决。也就是说，选用长行程气缸需考虑活塞杆的弯曲稳定性，活塞杆所带负载应小于弯曲失稳时的临界压缩力（取决于活塞杆直径和行程）

注：对于气缸的支承长度 L 为2倍行程，其安装型式见上表（$m=1$），安全因数 N_k 将取5

用图表法查活塞杆直径与行程、最大径向负载及弯曲挠度，是一种简单的图示法，它是活塞杆直径、行程、径向负载和挠度的关系图

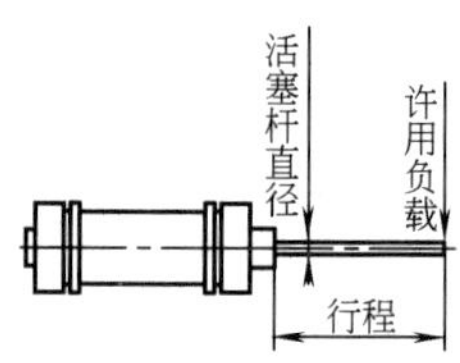

</td>
</tr>
<tr>
<td>例题</td>
<td>

例1 一个气缸，其活塞杆直径为 ϕ25mm，行程为500mm，求

a. 它的最大径向负载及挠度为多少？

b. 如果要满足5000N的径向负载，它的活塞杆直径为多少？

解：a. 通过活塞杆直径为 ϕ25mm这一点，穿过行程为500mm，画一条延长直线，分别与弯曲挠度与许用负载两个坐标轴相交，可得出其弯曲挠度为7mm，最大的许用负载为640N，因此无法满足要求

b. 通过许用负载5000N这一点，穿过行程为500mm，画一条延长直线，分别与活塞杆直径和弯曲挠度两个坐标轴相交，可得出其弯曲挠度为2.8mm，活塞杆直径为 ϕ50mm

注：图示法表明的是理论上活塞杆直径与行程长度、最大径向负载及弯曲挠度的计算结果。当a的计算结果为活塞杆全部伸出时，弯曲挠度为7mm（视工作实际状况能否接受）。通常公司产品样本中规定的径向力对活塞杆直径与行程、最大径向负载及弯曲挠度的计算、活塞杆稳定性计算，如下图所示

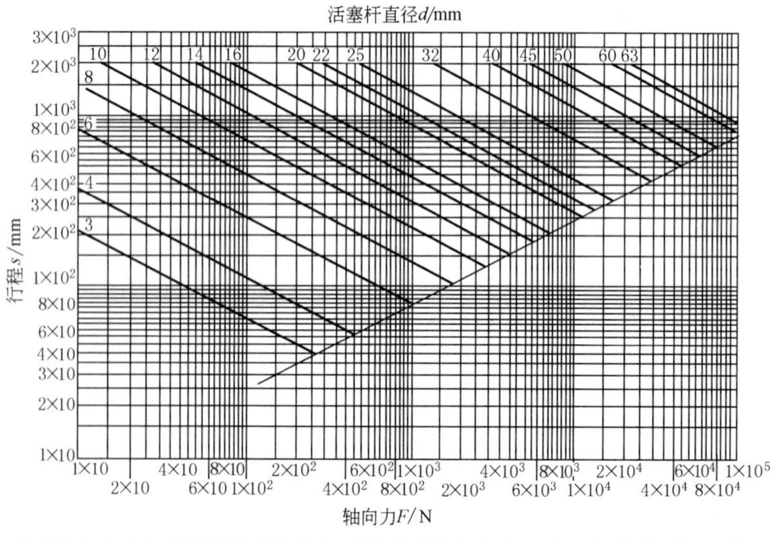

</td>
</tr>
</table>

续表

<table>
<tr><td rowspan="4">活塞杆稳定性及挠度验算</td><td>压杆稳定性验算</td><td>例题</td><td colspan="2">例 2　已知某普通气缸的缸径为 50mm，活塞杆直径 20mm，行程 500mm，求活塞杆所能承受的最大轴向力
解：确定行程 $s=500$mm 与活塞杆 $d=20$mm 处直线的交点，至作用力 F 的垂线，从而可确定该气缸所能承受的最大轴向力 $F=3000$N
例 3　已知气缸轴向负载 $F=800$N，行程 500mm，缸径 50mm，求活塞杆直径
解：确定作用力 $F=800$N 的垂线与 $s=500$mm 处直线的交点。从图中所得最小的活塞杆直径为 16mm</td></tr>
<tr><td rowspan="3" colspan="2">挠度（因头部自重下垂产生的）验算</td><td>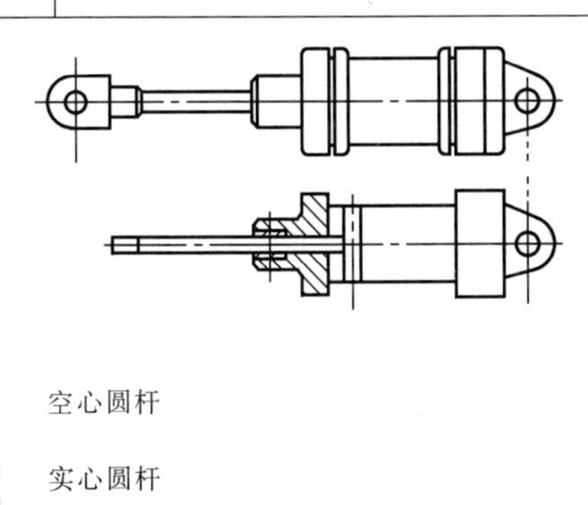</td><td>活塞杆水平伸出时为悬臂梁，如图所示，其头部因自重下垂产生的挠度用下式计算
$$\delta=\frac{qs^4}{8EJ}$$
式中　δ——挠度，cm
s——活塞杆伸出长度，cm
E——材料横向弹性模量，Pa
q——活塞杆 1cm 长的当量质量，kg
J——活塞杆横截面惯性矩，cm^4</td></tr>
<tr><td>空心圆杆</td><td>$$J=\frac{\pi}{64}(d^4-d_0^4)$$</td></tr>
<tr><td>实心圆杆</td><td>$$J=\frac{\pi}{64}d^4$$</td></tr>
</table>

1.2.3.2　缓冲计算

气缸活塞运动到行程终端位置，为避免活塞与缸盖产生机械碰撞而造成机件变形、损坏及极强的噪声，气缸必须采用缓冲装置。通常缸径小于 16mm 的气缸采用弹性缓冲垫，缸径大于 16mm 的气缸采用气垫缓冲结构（可调式时，为缓冲针阀结构）。这里要讨论的是气垫缓冲。

表 21-4-8

<table>
<tr><td>缓冲原理</td><td>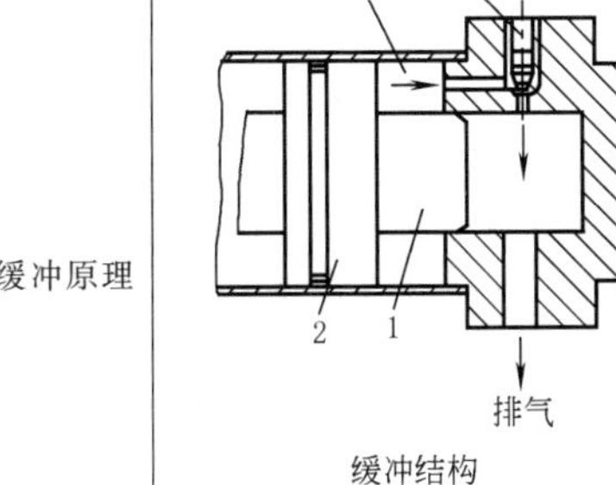

缓冲结构
1—缓冲柱塞；2—活塞；
3—缓冲气室；4—节流阀</td><td>气缸的缓冲装置由缓冲柱塞、节流阀和缓冲气室等构成，左图所示为气缸缓冲装置实现缓冲的工作原理图。在活塞高速向右运动时，活塞右腔的空气经缸盖柱塞孔和进排气口排向大气。当气缸活塞杆行程一旦进入终端端盖内孔腔室时，缓冲柱塞依靠缓冲密封圈将终端端盖内孔腔室堵住。于是，封闭在活塞和缸盖之间的环形腔室内的空气只能通过节流阀排向大气。由于节流阀流通面积很小，环形腔室内的空气背压升高形成气垫作用，迫使活塞迅速减速，最后停下来。改变节流阀的开度，就可以调节缓冲速度
从缓冲柱塞封闭柱塞孔起，到活塞停下来为止，活塞所走的行程称为缓冲行程。缓冲装置就是利用形成的气垫（即产生背压阻力）和节流阻尼来吸收活塞运动产生的能量，达到缓冲的目的</td></tr>
<tr><td>计算公式</td><td colspan="2">为了达到缓冲作用，缓冲腔室内空气绝热压缩所能吸收的压缩能 E_p 必须大于活塞等运动部件所具有的功能 E_d，即 $E_p \geqslant E_d$
$$E_p=\frac{k}{k-1}p_1V_1\left[\left(\frac{p_2}{p_1}\right)^{\frac{k-1}{k}}-1\right] \tag{1}$$
$$E_d=\frac{1}{2}mv^2 \tag{2}$$
式中　p_1——绝热压缩开始时缓冲腔室内的绝对压力，Pa
p_2——绝热压缩结束时缓冲腔室内的绝对压力，Pa
V_1——绝热压缩开始时缓冲腔室内的容积，m^3
m——活塞等运动部件的总质量，kg
v——缓冲开始前活塞的运动速度，m/s
k——空气绝热指数，$k=1.4$
若 $E_p \geqslant E_d$，则认为气缸缓冲装置能起到缓冲作用。反之，则不能满足缓冲要求，应采取一定措施，如在气缸外部安装液压缓冲器
式（1）中，若忽略了腔室的死容积，则缓冲容积为
$$V_1=\frac{\pi}{4}(D^2-d_1^2)l \tag{3}$$
式中　D——气缸缸径，m
d_1——缓冲柱塞直径，m
l——缓冲柱塞长度，m</td></tr>
</table>

续表

<table>
<tr><td>计算公式</td><td colspan="6">将$\frac{p_2}{p_1}=5$，空气绝热系数$k=1.4$及V_1代入式(1)
得 $$E_p=3.19p_1(D^2-d_1^2)l \quad (4)$$
式(4)是缓冲气缸缓冲装置所能吸收的缓冲能量的计算公式</td></tr>
<tr><td rowspan="6">国产气缸常用柱塞直径和缓冲长度/mm</td><td>缸径</td><td>柱塞直径</td><td>缓冲长度</td><td>缸径</td><td>柱塞直径</td><td>缓冲长度</td></tr>
<tr><td>32</td><td>16</td><td>10~15</td><td>100</td><td>32</td><td>25~30</td></tr>
<tr><td>40</td><td>20</td><td>15</td><td>125</td><td>38</td><td>25~30</td></tr>
<tr><td>50</td><td>24</td><td>20</td><td>160,200</td><td>55</td><td>25~30</td></tr>
<tr><td>63</td><td>25</td><td>20</td><td>250,320</td><td>63</td><td>30~35</td></tr>
<tr><td>80</td><td>30</td><td>25~30</td><td></td><td></td><td></td></tr>
<tr><td>普通缓冲气缸所能吸收的动能示意图</td><td colspan="6">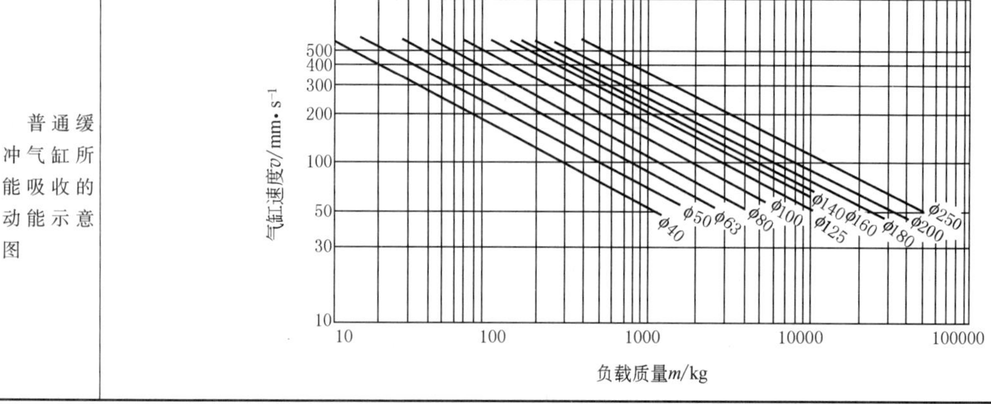</td></tr>
</table>

最后要特别指出，对于气缸之所以要讨论缓冲性能及其计算，是因为要防止气缸运动到行程末端时撞击缸盖，即气缸活塞具有运动速度。若活塞在末端处于静止状态时，无论加了再大的气压（能）都不必关心其会撞击缸盖（除强度问题外）。同样，气缸运动的速度决定于作用在活塞两侧的压力差Δp产生的气压作用力克服了摩擦力（总阻力）的大小。因此，气缸缓冲计算时，只要考虑气缸运动的动能，而不必须计算活塞上作用的气压能、重力能及摩擦能。

1.2.3.3 进、排气口计算

表 21-4-9

<table>
<tr><td rowspan="3">标准尺寸</td><td colspan="12">通常气缸的进、排气口的直径大小与气缸速度有关，根据 ISO 15552、ISO 7180 规定（进排气口的公制尺寸按照 ISO 261，英制按 ISO 228-1 规定），气缸的进、排气口的直径见下表（ISO 标准规定）
mm</td></tr>
<tr><td>气缸直径</td><td>32</td><td>40</td><td>50</td><td>63</td><td>80</td><td>100</td><td>125</td><td>150</td><td>200</td><td>250</td><td>320</td></tr>
<tr><td>气口尺寸</td><td>M10×1
(G1/8)</td><td>M14×1.5
(G1/4)</td><td>M14×1.5
(G1/4)</td><td>M18×1.5
(G3/8)</td><td>M18×1.5
(G3/8)</td><td>M22×1.5
(G1/2)</td><td>M22×1.5
(G1/2)</td><td>M27×2
(G3/4)</td><td>M27×2
(G3/4)</td><td>M33×2
(G1)</td><td>M33×2
(G1)</td></tr>
<tr><td>特殊设计</td><td colspan="12">如特殊设计的气缸，可按照下式进行计算
$$d_0=2\sqrt{\frac{Q}{\pi v}}\ (\mathrm{m})$$
式中，Q为工作压力下气缸的耗气量，$\mathrm{m^3/s}$；v为空气流经进排气口的速度，一般取$v=10\sim15\mathrm{m/s}$。把计算的进排气口当量直径进行圆整后，按照 ISO 7180 进行调整</td></tr>
</table>

1.2.3.4 耗气量计算

耗气量是指气缸往复运动时所消耗的压缩空气量，耗气量大小与气缸的性能无关，但它是选择空压机排量的重要依据。

表 21-4-10

最大耗气量 Q_{max}	定义	指气缸活塞完成一次行程所需的耗气量
	计算公式	$$Q_{max}=0.047D^2S\frac{p+0.1}{0.1}\times\frac{1}{t}$$ 式中 Q_{max}——最大耗气量,L/min(ANR) D——缸径,cm S——气缸行程,cm t——气缸一次往复行程所需的时间,s p——工作压力,MPa
平均耗气量	定义	是由气缸内部容积和气缸每分钟的往复次数算出的耗气量平均值
	计算公式	$$Q=0.00157ND^2S\frac{p+0.1}{0.1}\ (\text{L/min})(\text{ANR})$$ 式中 N——气缸每分钟的往复次数
耗气量计算曲线图		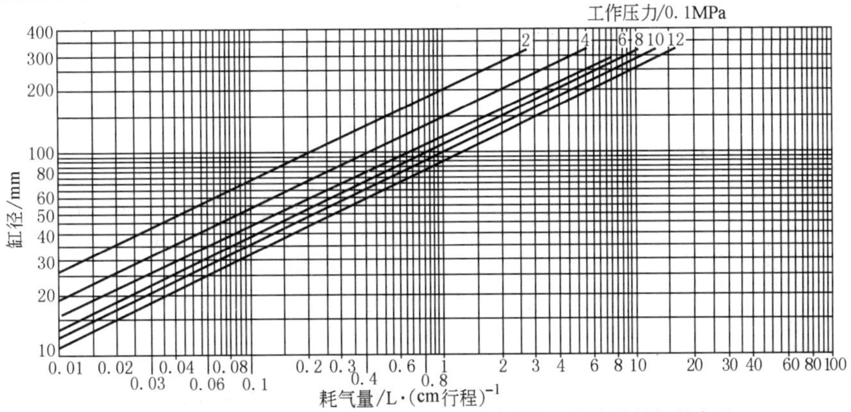 工作压力/0.1MPa: 2, 4, 6, 8, 10, 12 缸径/mm: 10, 20, 30, 40, 50, 60, 80, 100, 200, 300, 400 耗气量/L·(cm行程)$^{-1}$: 0.01, 0.02, 0.03, 0.04, 0.06, 0.08, 0.1, 0.2, 0.3, 0.4, 0.6, 0.8, 1, 2, 3, 4, 6, 8, 10, 20, 30, 40, 60, 80, 100 上图表示了耗气量与工作压力和缸径之间的关系。耗气量用单位行程的当量耗气量表示
例题		**例** 有一缸径为 50mm 的普通型双作用气缸,缸径 20mm,行程 500mm,工作压力 0.45MPa,求耗气量 **解**:根据上图所示,确定选定缸径处的横线与工作压力处直线之间的交点,然后确定耗气量,但所得的值必须乘以气缸行程(cm)。这里,对于无杆腔的耗气量近似为 0.09L/cm×50cm=4.5L。对于有杆腔,计算耗气量时,还应用行程体积减去活塞杆的体积,若活塞杆直径为 20mm,其对应的耗气量应近似为 0.014L/cm×50cm=0.7L。因此,有杆腔实际的耗气量为 3.8L,则对于一次往复行程气缸的总耗气量为 4.5L+3.8L=8.3L 利用上述公式计算的耗气量仅为近似值,因为有时气缸内的空气并没有完全排放掉(特别是高速状况下),实际所需耗气量可能低于图上所读的数据

1.2.3.5 连接与密封

表 21-4-11

	连接形式	简图	说明	连接形式	简图	说明
缸筒与缸盖的连接	拉杆式螺栓连接	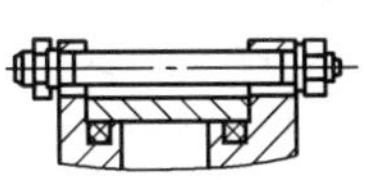	用拉杆式螺栓连接的结构应用很广,结构简单,易于加工,易于装卸	缸筒螺纹	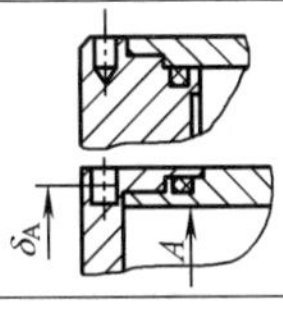 δ_A, A	气缸外径较小,重量较轻,螺纹中径与气缸内径要同心,拧动端盖时,有可能把O形圈拧扭
		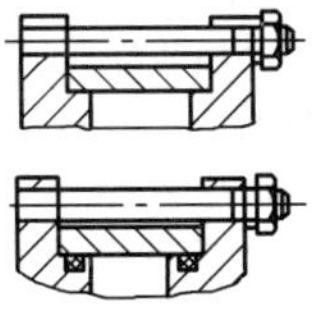	法兰尺寸比螺纹和卡环连接大,重量较重;缸盖与缸筒的密封可用橡胶石棉板或O形密封圈	卡环	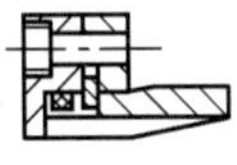	重量比用螺栓连接的轻,零件较多,加工较复杂,卡环槽削弱了缸筒,相应地要把壁厚加大
						结构紧凑,重量轻,零件较多,加工较复杂;缸筒壁厚要加大;装配时O形圈有可能被进气孔边缘擦伤
	螺钉式		法兰尺寸比螺纹和卡环连接大,重量较重;缸盖与缸筒的密封可用橡胶石棉板或O形密封圈。缸筒为铸件或焊接件。焊后需进行退火处理	卡环尺寸	2, 1, b, $\frac{b}{2}$, l, t, t', D, D_1, D_2	一般取 $h=l=t=t'$ 1—缸筒;2—缸盖

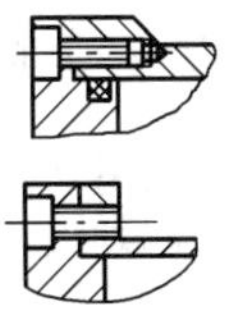

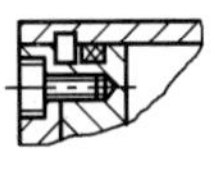

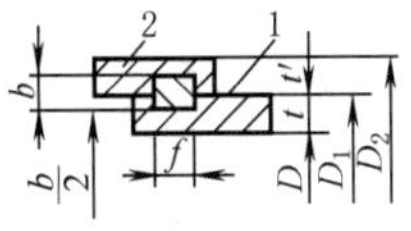

续表

缸筒与缸盖的连接	拉杆式螺栓连接、螺钉式连接的螺栓允许静载荷/N												
	材料	螺栓直径/mm											
		M6	M8	M10	M12	M14	M16	M18	M20	M22	M24	M27	M30
	Q235	736	1373	2354	3530	4903	7355	9807	13729	18633	22555	32362	44130
	35	1177	2158	3727	5688	8336	11768	15691	23536	31381	39227	51975	72569
	对于双头螺栓和螺栓连接，一般是四根螺栓，但是对于工作压力高于 1MPa 时，一定要校核螺栓强度，必要时增加螺栓数量，例如 6 根												

密封		运动速度	温度	介质	侧向负载	润滑脂及支承环
	气缸的密封件选择，直接影响了气缸的性能及寿命。正确的设计选择和使用密封装置对保证气缸的正常工作非常重要					
	密封件选择与使用条件	当气缸的运动速度很低(<3mm/s)时，要考虑设备运行是否出现“爬行”现象 当运动速度很高(>1m/s)时，要考虑起润滑作用的油膜可能被破坏，密封件因得不到很好的润滑而摩擦发热，导致寿命大大降低 建议聚氨酯或橡塑密封件在 0.15~1m/s 速度范围内工作比较适宜。当活塞速度大于 1m/s 时，应选用专用的润滑脂，并采用有油润滑的压缩空气	过低低温会使聚氨酯或橡塑密封件弹性降低，造成泄漏，甚至整个密封件变得发硬发脆。高温会使密封件体积膨胀、变软，造成运动时密封件摩擦阻力迅速增加 建议：聚氨酯或橡塑密封件工作温度范围-20~+80℃	工作介质应采用干燥、已被过滤的清洁压缩空气。对于南方潮湿地区，如过滤后压缩空气中仍水分较多时，不易采用聚氨酯材质的密封件，聚氨酯材质长时间遇水易产生乳化(注意选能耐水解的聚氨酯材质)	密封件加剧磨损破坏的一个重要因素是受侧向负载，通常，标准气缸活塞上一般装支承环，一般由自润滑耐磨材料制成，以保证气缸活塞杆能承受较大的负载。密封件和支承环起完全不同的功能，密封件作密封功能，支承环作活塞/活塞杆的支承定位(包括承受径向、侧向等负载)。密封件不能代替支承环承受负载。对于受侧向力大的气缸，必须采用承载能力较强的支承环，或采用含油铜烧结的支承环，或采用加宽支承环宽度，以防密封件在偏心的条件下工作引起泄漏和异样磨损	根据实际工况选择合适的润滑脂(高温、低温、低摩擦、低速)，并选择含油铜轴承还是自润滑轴承作支承环

密封				图　形	说　明
	几种密封件形式	孔用密封件	孔用Yx密封件	$L^{+0.2}_{0}$　H　$R\leqslant0.2$　ϕD　ϕd　$\phi DH11$　$\phi dh9$　ϕd_1	Yx 密封件的横截面(H 和 ϕD-ϕd 尺寸)很小，但密封性能却很好。真正与缸筒内壁面相接触而密封的表面面积较短，故摩擦力小。密封唇口的几何形状设计使它可以在含油润滑的空气以及无油空气中工作，并保持初始的储油进行润滑，具有较好的耐磨结构，安装时容易装入简单的沟槽中，无需挡圈或支承件 工作压力：≤16bar；工作温度：丁腈橡胶-30~+80℃，聚氨酯-35~+80℃，氟橡胶-25~+200℃；表面速度：≤1m/s；介质：含油润滑的空气以及无油空气(装配时含润滑脂) 聚氨酯材质具有高强度低摩擦，长寿命等优点，但耐水解情况不如丁腈橡胶

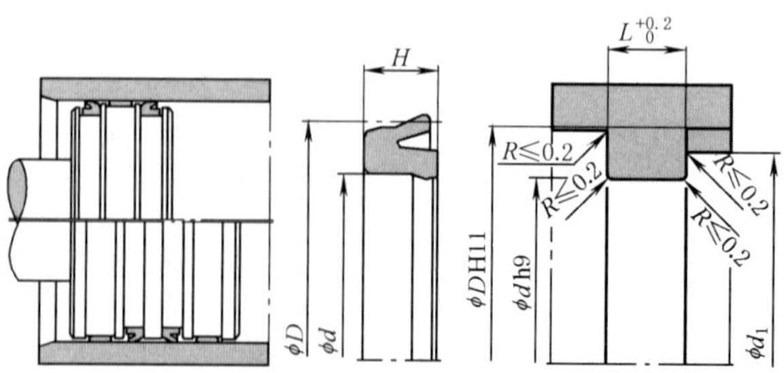

续表

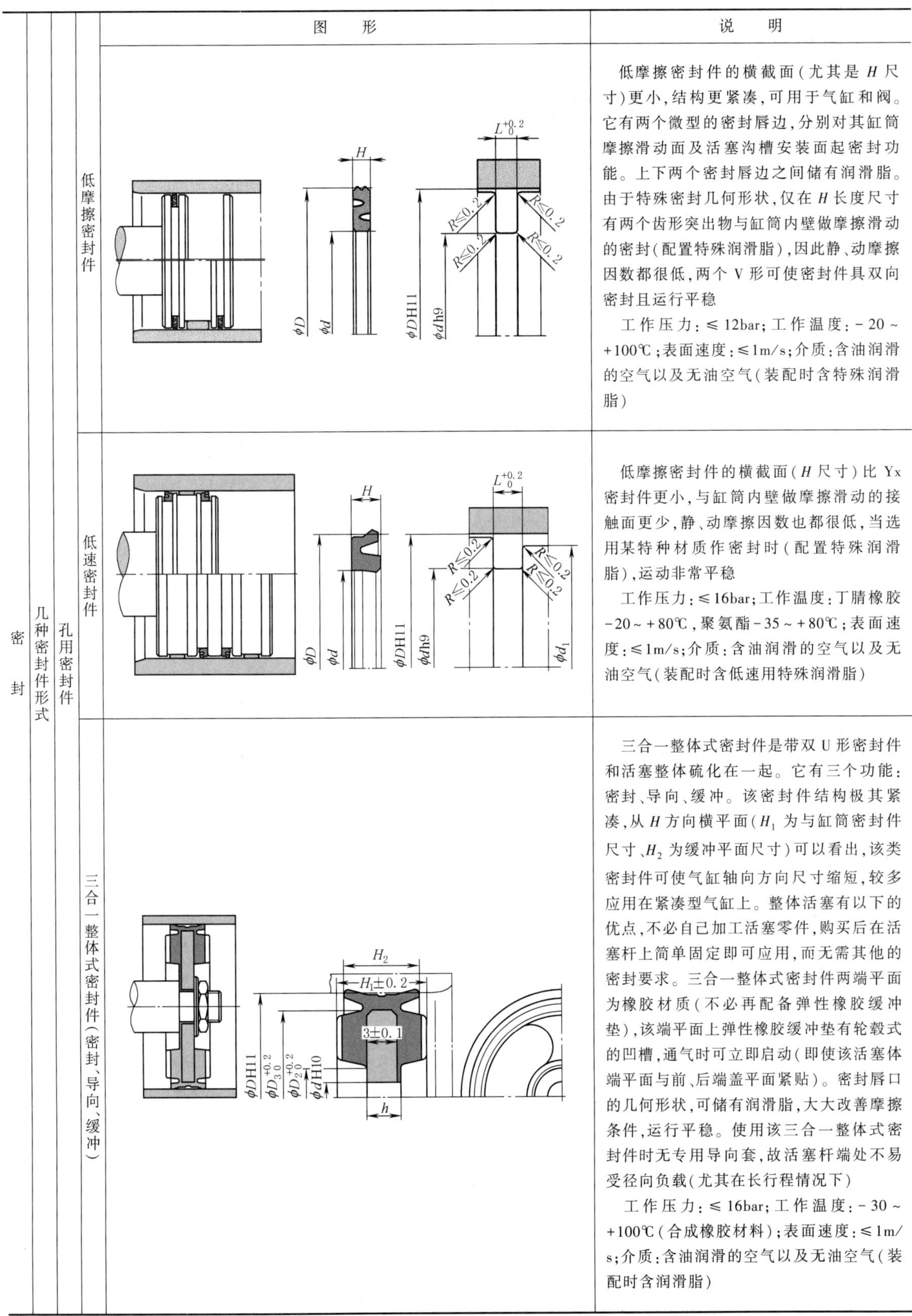

密封	几种密封件形式	孔用密封件	名称	图形	说明
密封	几种密封件形式	孔用密封件	低摩擦密封件		低摩擦密封件的横截面（尤其是 H 尺寸）更小，结构更紧凑，可用于气缸和阀。它有两个微型的密封唇边，分别对其缸筒摩擦滑动面及活塞沟槽安装面起密封功能。上下两个密封唇边之间储有润滑脂。由于特殊密封几何形状，仅在 H 长度尺寸有两个齿形突出物与缸筒内壁做摩擦滑动的密封（配置特殊润滑脂），因此静、动摩擦因数都很低，两个 V 形可使密封件具双向密封且运行平稳 工作压力：≤12bar；工作温度：-20～+100℃；表面速度：≤1m/s；介质：含油润滑的空气以及无油空气（装配时含特殊润滑脂）
			低速密封件		低摩擦密封件的横截面（H 尺寸）比 Yx 密封件更小，与缸筒内壁做摩擦滑动的接触面更少，静、动摩擦因数也都很低，当选用某特种材质作密封时（配置特殊润滑脂），运动非常平稳 工作压力：≤16bar；工作温度：丁腈橡胶 -20～+80℃，聚氨酯 -35～+80℃；表面速度：≤1m/s；介质：含油润滑的空气以及无油空气（装配时含低速用特殊润滑脂）
			三合一整体式密封件（密封、导向、缓冲）		三合一整体式密封件是带双 U 形密封件和活塞整体硫化在一起。它有三个功能：密封、导向、缓冲。该密封件结构极其紧凑，从 H 方向横平面（H_1 为与缸筒密封件尺寸、H_2 为缓冲平面尺寸）可以看出，该类密封件可使气缸轴向方向尺寸缩短，较多应用在紧凑型气缸上。整体活塞有以下的优点，不必自己加工活塞零件，购买后在活塞杆上简单固定即可应用，而无需其他的密封要求。三合一整体式密封件两端平面为橡胶材质（不必再配备弹性橡胶缓冲垫），该端平面上弹性橡胶缓冲垫有轮毂式的凹槽，通气时可立即启动（即使该活塞体端平面与前、后端盖平面紧贴）。密封唇口的几何形状，可储有润滑脂，大大改善摩擦条件，运行平稳。使用该三合一整体式密封件时无专用导向套，故活塞杆端处不易受径向负载（尤其在长行程情况下） 工作压力：≤16bar；工作温度：-30～+100℃（合成橡胶材料）；表面速度：≤1m/s；介质：含油润滑的空气以及无油空气（装配时含润滑脂）

续表

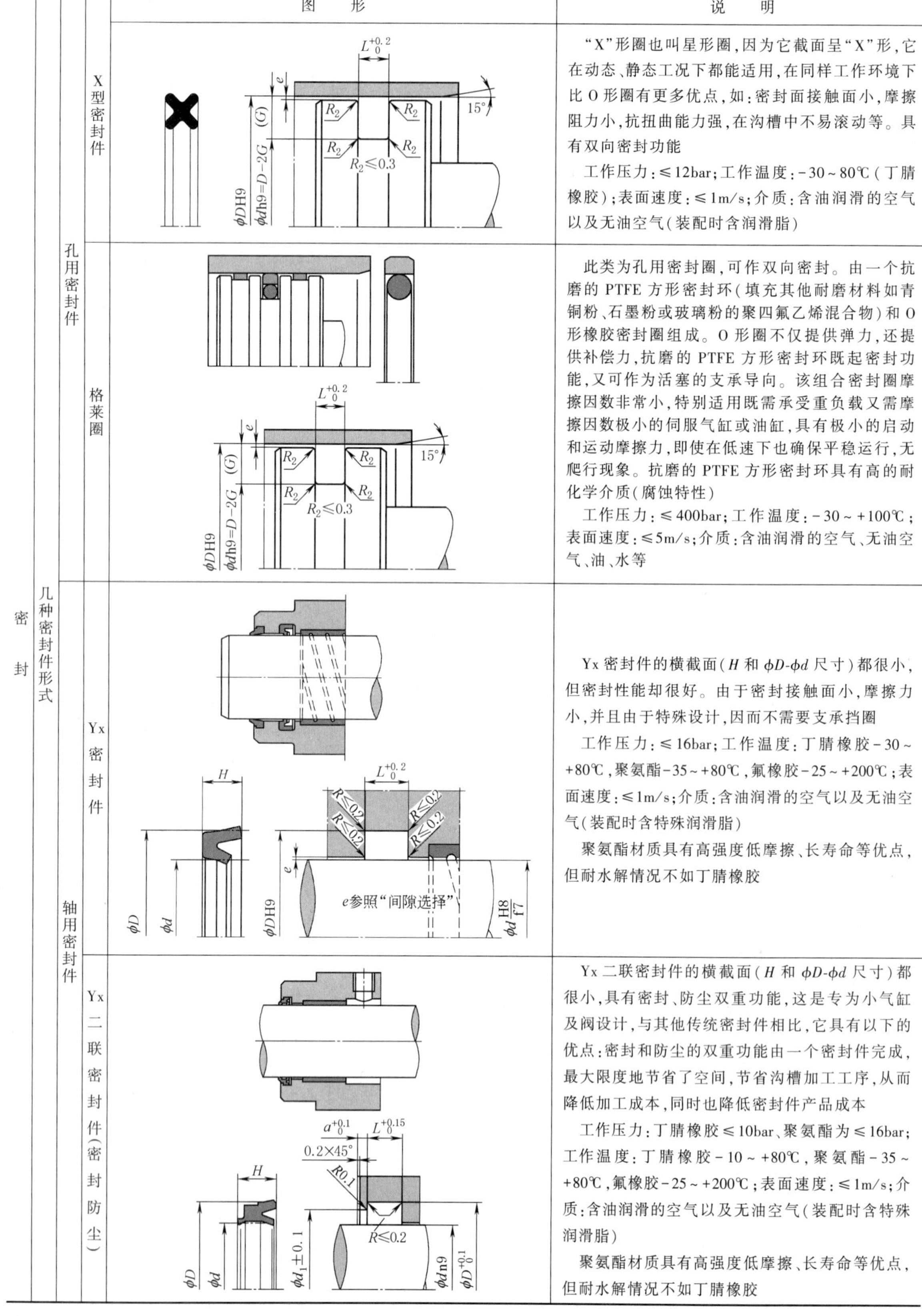

				图形	说明
密封	几种密封件形式	孔用密封件	X型密封件		"X"形圈也叫星形圈，因为它截面呈"X"形，它在动态、静态工况下都能适用，在同样工作环境下比O形圈有更多优点，如：密封面接触面小，摩擦阻力小，抗扭曲能力强，在沟槽中不易滚动等。具有双向密封功能 工作压力：≤12bar；工作温度：-30～80℃（丁腈橡胶）；表面速度：≤1m/s；介质：含油润滑的空气以及无油空气（装配时含润滑脂）
			格莱圈		此类为孔用密封圈，可作双向密封。由一个抗磨的PTFE方形密封环（填充其他耐磨材料如青铜粉、石墨粉或玻璃粉的聚四氟乙烯混合物）和O形橡胶密封圈组成。O形圈不仅提供弹力，还提供补偿力，抗磨的PTFE方形密封环既起密封功能，又可作为活塞的支承导向。该组合密封圈摩擦因数非常小，特别适用既需承受重负载又需摩擦因数极小的伺服气缸或油缸，具有极小的启动和运动摩擦力，即使在低速下也确保平稳运行，无爬行现象。抗磨的PTFE方形密封环具有高的耐化学介质（腐蚀特性） 工作压力：≤400bar；工作温度：-30～+100℃；表面速度：≤5m/s；介质：含油润滑的空气、无油空气、油、水等
		轴用密封件	Yx密封件		Yx密封件的横截面（H和ϕD-ϕd尺寸）都很小，但密封性能却很好。由于密封接触面小，摩擦力小，并且由于特殊设计，因而不需要支承挡圈 工作压力：≤16bar；工作温度：丁腈橡胶-30～+80℃，聚氨酯-35～+80℃，氟橡胶-25～+200℃；表面速度：≤1m/s；介质：含油润滑的空气以及无油空气（装配时含特殊润滑脂） 聚氨酯材质具有高强度低摩擦、长寿命等优点，但耐水解情况不如丁腈橡胶
			Yx二联密封件（密封防尘）		Yx二联密封件的横截面（H和ϕD-ϕd尺寸）都很小，具有密封、防尘双重功能，这是专为小气缸及阀设计，与其他传统密封件相比，它具有以下的优点：密封和防尘的双重功能由一个密封件完成，最大限度地节省了空间，节省沟槽加工工序，从而降低加工成本，同时也降低密封件产品成本 工作压力：丁腈橡胶≤10bar、聚氨酯为≤16bar；工作温度：丁腈橡胶-10～+80℃，聚氨酯-35～+80℃，氟橡胶-25～+200℃；表面速度：≤1m/s；介质：含油润滑的空气以及无油空气（装配时含特殊润滑脂） 聚氨酯材质具有高强度低摩擦、长寿命等优点，但耐水解情况不如丁腈橡胶

续表

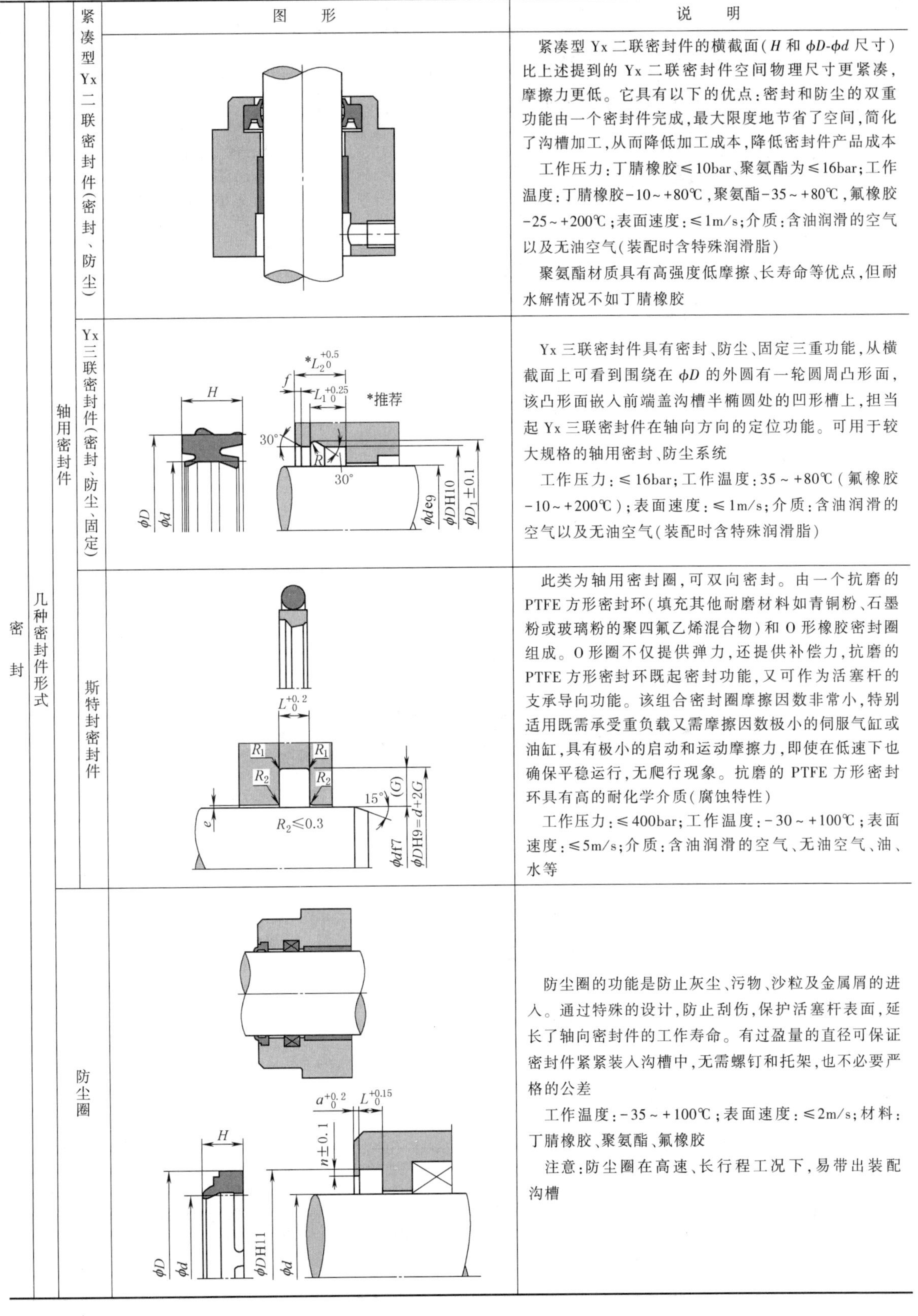

				图形	说明
密封	几种密封件形式	轴用密封件	紧凑型Yx二联密封件(密封、防尘)		紧凑型Yx二联密封件的横截面(*H*和*ϕD*-*ϕd*尺寸)比上述提到的Yx二联密封件空间物理尺寸更紧凑,摩擦力更低。它具有以下的优点:密封和防尘的双重功能由一个密封件完成,最大限度地节省了空间,简化了沟槽加工,从而降低加工成本,降低密封件产品成本 工作压力:丁腈橡胶≤10bar、聚氨酯为≤16bar;工作温度:丁腈橡胶-10~+80℃,聚氨酯-35~+80℃,氟橡胶-25~+200℃;表面速度:≤1m/s;介质:含油润滑的空气以及无油空气(装配时含特殊润滑脂) 聚氨酯材质具有高强度低摩擦、长寿命等优点,但耐水解情况不如丁腈橡胶
			Yx三联密封件(密封、防尘、固定)	$^{*}L_{2\,0}^{+0.5}$ f $L_{1\,0}^{+0.25}$ *推荐 H 30° R 30° ϕD ϕd ϕde9 ϕDH10 $\phi D_1\pm0.1$	Yx三联密封件具有密封、防尘、固定三重功能,从横截面上可看到围绕在*ϕD*的外圆有一轮圆周凸形面,该凸形面嵌入前端盖沟槽半椭圆处的凹形槽上,担当起Yx三联密封件在轴向方向的定位功能。可用于较大规格的轴用密封、防尘系统 工作压力:≤16bar;工作温度:35~+80℃(氟橡胶-10~+200℃);表面速度:≤1m/s;介质:含油润滑的空气以及无油空气(装配时含特殊润滑脂)
			斯特封密封件	$L_0^{+0.2}$ R_1 R_1 R_2 R_2 15° (G) e $R_2\leqslant0.3$ ϕdf7 ϕDH9=d+2G	此类为轴用密封圈,可双向密封。由一个抗磨的PTFE方形密封环(填充其他耐磨材料如青铜粉、石墨粉或玻璃粉的聚四氟乙烯混合物)和O形橡胶密封圈组成。O形圈不仅提供弹力,还提供补偿力,抗磨的PTFE方形密封环既起密封功能,又可作为活塞杆的支承导向功能。该组合密封圈摩擦因数非常小,特别适用既需承受重负载又需摩擦因数极小的伺服气缸或油缸,具有极小的启动和运动摩擦力,即使在低速下也确保平稳运行,无爬行现象。抗磨的PTFE方形密封环具有高的耐化学介质(腐蚀特性) 工作压力:≤400bar;工作温度:-30~+100℃;表面速度:≤5m/s;介质:含油润滑的空气、无油空气、油、水等
		防尘圈		$a_0^{+0.2}$ $L_0^{+0.15}$ H n±0.1 ϕD ϕd ϕDH11 ϕd	防尘圈的功能是防止灰尘、污物、沙粒及金属屑的进入。通过特殊的设计,防止刮伤,保护活塞杆表面,延长了轴向密封件的工作寿命。有过盈量的直径可保证密封件紧紧装入沟槽中,无需螺钉和托架,也不必要严格的公差 工作温度:-35~+100℃;表面速度:≤2m/s;材料:丁腈橡胶、聚氨酯、氟橡胶 注意:防尘圈在高速、长行程工况下,易带出装配沟槽

续表

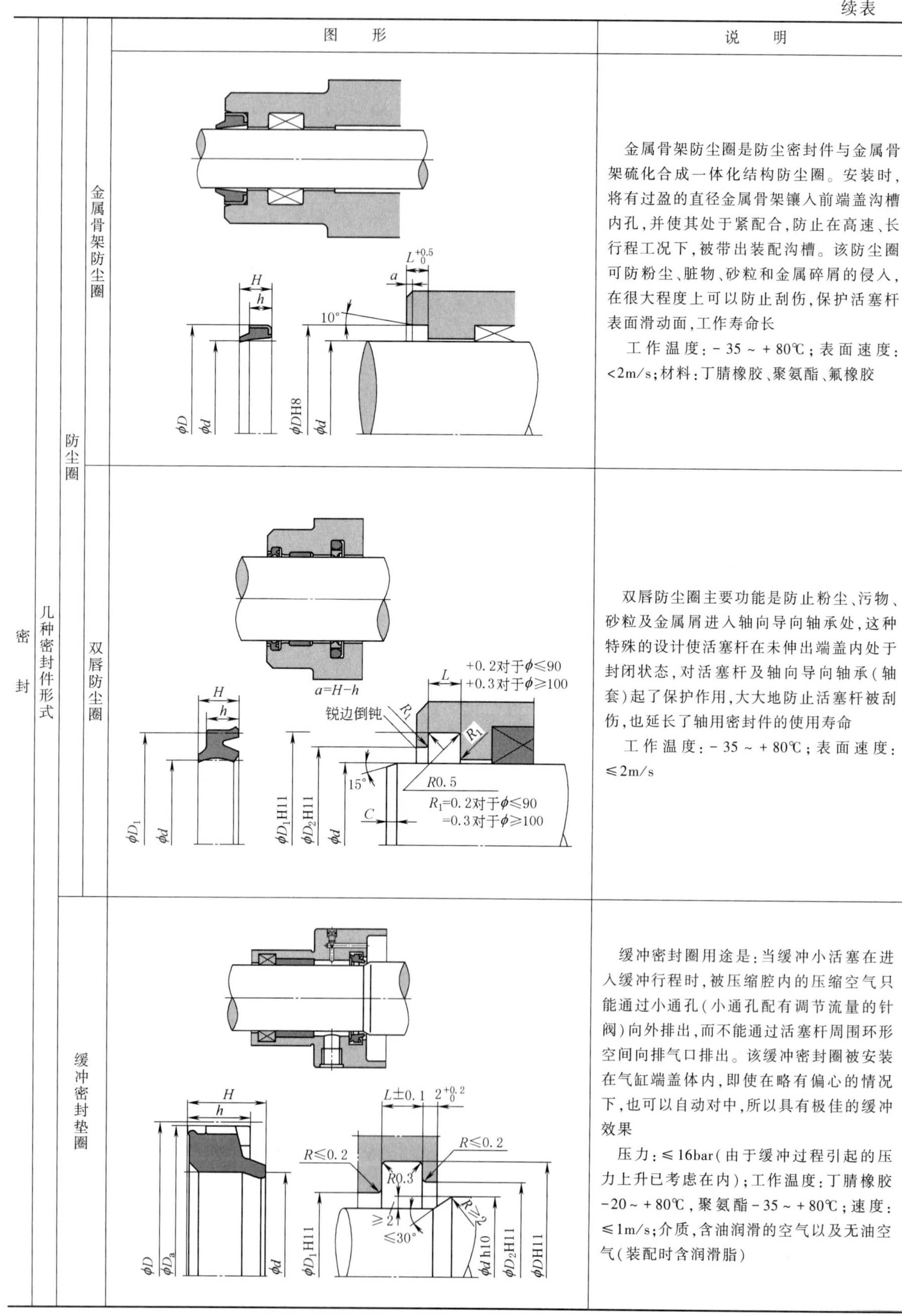

				图形	说明
密封	几种密封件形式	防尘圈	金属骨架防尘圈		金属骨架防尘圈是防尘密封件与金属骨架硫化合成一体化结构防尘圈。安装时，将有过盈的直径金属骨架镶入前端盖沟槽内孔，并使其处于紧配合，防止在高速、长行程工况下，被带出装配沟槽。该防尘圈可防粉尘、脏物、砂粒和金属碎屑的侵入，在很大程度上可以防止刮伤，保护活塞杆表面滑动面，工作寿命长 工作温度：-35～+80℃；表面速度：<2m/s；材料：丁腈橡胶、聚氨酯、氟橡胶
			双唇防尘圈		双唇防尘圈主要功能是防止粉尘、污物、砂粒及金属屑进入轴向导向轴承处，这种特殊的设计使活塞杆在未伸出端盖内处于封闭状态，对活塞杆及轴向导向轴承（轴套）起了保护作用，大大地防止活塞杆被刮伤，也延长了轴用密封件的使用寿命 工作温度：-35～+80℃；表面速度：≤2m/s
		缓冲密封垫圈			缓冲密封圈用途是：当缓冲小活塞在进入缓冲行程时，被压缩腔内的压缩空气只能通过小通孔（小通孔配有调节流量的针阀）向外排出，而不能通过活塞杆周围环形空间向排气口排出。该缓冲密封圈被安装在气缸端盖体内，即使在略有偏心的情况下，也可以自动对中，所以具有极佳的缓冲效果 压力：≤16bar（由于缓冲过程引起的压力上升已考虑在内）；工作温度：丁腈橡胶-20～+80℃，聚氨酯-35～+80℃；速度：≤1m/s；介质，含油润滑的空气以及无油空气（装配时含润滑脂）

续表

		名称	代号	主要特点	工作温度/℃	主要用途
密封	几种密封材料	丁腈橡胶	NBR	耐油性能好，能和大多数矿物基油及油脂相容。但不适用于磷酸酯系列液压油及含极性添加剂的齿轮油，不耐芳香烃和氯化烃、酮、胺、抗燃液 HFD	-40~+120	制造 O 形圈、气动、液压密封件等。适用于一般液压油、水乙二醇 HFC 和水包油乳化液 HFA、HFB、动物油、植物油、燃油，沸水、海水，耐甲烷、乙烷、丙烷、丁烷
		橡塑复合	RP	材料的弹性模量大，强度高。其余性能同丁腈橡胶	-30~+120	用于制造 O 形圈、Y 形圈、防尘圈等。应用于工程机械液压系统的密封
		氟橡胶	FKM 或 FPM	耐热、耐酸碱及其他化学药品。耐油（包括磷酸酯系列液压油），适用于所用润滑油、汽油、液压油、合成油等。耐抗燃液 HFD、燃油、链烃、芳香烃和氯化烃及大多数无机酸混合物。但不耐酮、胺、无水氨、低分子有机酸，例如甲酸和乙酸	-20~+200	特点是耐高温、耐天候、耐臭氧和化学介质，几乎耐所有的矿物基和合成基液压油。但遇蒸汽、热水或低温场合，有一定的局限。它的低温性能有限，与蒸汽和热水的兼容性中等，若遇这种场合，要选用特种氟橡胶。耐燃液压油的密封，在冶金、电力等行业用途广泛
		硅橡胶	PMQ 或 MVQ	耐热、耐寒性好、耐臭氧及耐老化，压缩永久变形小，但机械强度低，不耐油，价格较贵，不易作耐油密封件	-60~+230	适用于高、低温下食品机械、电子产品上的密封
		聚丙烯酸酯橡胶	ACM	耐热优于丁腈橡胶，可在含极性添加剂的各种润滑油、液压油、石油系液压油中工作，耐水较差	-20~+150	用于各种汽车油封及各种齿轮箱、变速箱中，可耐中高温
		乙丙橡胶	EPDM 或 EPM	耐气候性好，在空气中耐老化、耐弱酸，可耐氟利昂及多种制冷剂，不适用于矿物油	-55~+260	广泛应用于冰箱及制冷机械的密封。耐蒸汽至 200℃、高温气体至 150℃
		聚四氟乙烯	PTFE	化学稳定性好，耐热、耐寒性好，耐油、水、气、化学药品等各种介质。机械强度较高，耐高压、耐磨性好，摩擦因数极低，自润滑性好。聚四氟乙烯有蠕动和冷流现象，在一定负荷的持续作用下时间的增长变形继续增加（该现象与温度有很大的关系）。纯聚四氟乙烯一般不能用作液压密封材料，只有填充型的 PTFE 才能使用，常用的有青铜粉填充和玻璃纤维填充，这些填充剂降低热膨胀系数，改善热传导能力，增加耐磨性，提高抗冷流（蠕变）性能。PTFE 没有弹性，所以它总是与橡胶弹性体一起使用，由它们提供所需的预紧力来完成完美的密封。如孔用的格莱圈或轴用的斯特封密封件	-55~+260	用于制造密封环、耐磨环、导向环（带）、挡圈等，为机械上常用的密封材料。广泛用于冶金、石化、工程机械、轻工机械等几乎各个行业
		尼龙	PA	耐油、耐温、耐磨性好，抗压强度高，抗冲击性能较好，但尺寸稳定性差	-40~+120	用于制造导向环、导向套、支承环、压环、挡圈等
		聚甲醛	POM	耐油、耐温、耐磨性好，抗压强度高，抗冲击性能较好，有较好的自润滑性能，尺寸稳定性好，但挠曲性差	-40~+140	用于制造导向环、导向套、支承环、压环、挡圈等
		氯丁橡胶	CR	良好的耐老化及盐水性能	-30~+160	经常用于制冷业（如氟 12）、黏合场合和户外环境
		氟硅橡胶	MFQ 或 FVMQ	良好的耐高温和低温性能	-100~+350	常用于需用耐油和抗燃的场合，如航天
		聚氨酯	PU 或 AU	具有非常好的机械特性及优异的耐磨性，压缩变形小，拉伸强度高，剪切强度、抗挤压强度都非常高。具有中等耐油、耐氧及耐臭氧老化特性，+50℃以下的抗燃液 HFA 和 HFB。但不耐+50℃以上的水、酸、碱（耐水解聚氨酯例外）	-30~+110	常用于气动、液压系统中的往复密封，如 Y 形圈、U 形圈等。广泛用于工程机械，如装载机、叉车、推土机、挖掘机液压缸的密封

续表

		含油铜轴承支承环	无油润滑轴承	
密封	支承环的选择	含油铜轴承是由颗粒铜粉或青铜粉末经模具压制，在高温中烧结后整形，再经过润滑油真空浸润，成为孔隙中含浸有润滑油的多孔性合金制品。当轴与含油铜轴承做相对运动时，因轴与含油铜轴承之间的摩擦，使含油轴承的温度升高。润滑油渗出于其内径的摩擦表面，当轴停止相对运动时，润滑油又回流于含油铜轴承内部。因此，润滑油的消耗量非常小，可在不从外部供给润滑油的情况下，长期运转使用，非常适合于供油困难与避免润滑油污染的场合 含油铜轴承最大承载：150N/mm；最大滑动速度 2.5m/s 注：含油轴承可由铁基粉末等制成，考虑含油铜轴承作活塞杆支承环是出于两种金属材料相对摩擦运动，活塞杆不会被咬死	该产品是以钢板为基体，中间烧结球形青铜粉，表面轧制聚四氟乙烯 PTFE 混合物、聚甲醛 POM、尼龙 PA 或酵醛树脂(加强纤维)，由卷制而成的滑动轴承	
			应　用　特　点	产　品　特　性
			a. 无油润滑或少油润滑，适用于无法加油或很难加油的场所，可在使用时不保养或少保养 b. 耐磨性能好，摩擦因数小，使用寿命长 c. 有适量的弹塑性，能将应力分布在较宽的接触面上，提高轴承的承载能力 d. 静动摩擦因数相近，能消除低速下的爬行，从而保证机械的工作精度 e. 能抑制或减少机械振动、降低噪声 f. 在运转过程中能形成转移膜，起到保护对磨轴的作用，避免金属间的接触，无咬轴现象 g. 对轴的硬度要求低，未经调质处理的轴都可使用，从而降低了相关零件的加工难度 h. 薄壁结构、重量轻，可减少机械体积 i. 钢背面可电镀多种金属，可在腐蚀介质中使用；目前已广泛应用于各种机械的滑动部位	最大承载压力　140N/mm² 适用温度范围　-195~+270℃ 最高滑动速度　5~15m/s 摩擦因数 μ　0.04~0.20

注：1. 在 GB/T 15242.1—2017《液压缸活塞和活塞杆动密封装置尺寸系列　第1部分：同轴密封件尺寸系列和公差》中给出了“孔用方形同轴密封件”“孔用组合同轴密封件”和“轴用阶梯形同轴密封件”的术语和定义，但其适用于以水或油基为传动介质的液压缸活塞和活塞杆动密封装置用往复运动同轴密封件，因此没有将此表中“格莱圈”修改为孔用同轴密封件、“斯特封”修改为轴用同轴密封件。

2. 除O形圈外，还有 JB/T 6657—1993《气缸用密封圈尺寸系列和公差》规定的“气缸活塞密封用 QY 型密封圈”“气缸活塞杆密封用 QY 型密封圈”“气缸活塞杆用J型防尘圈”和“气缸用 QH 型外露骨架橡胶缓冲密封圈”。

3. 上表不涉及在真空技术中使用的密封件（圈）。

1.2.3.6　活塞杆的承载能力

活塞杆的承载能力，在 1.2.3.1“缸径、壁厚、活塞杆直径与负载、弯曲强度和挠度的计算”章节中已有阐述，并有气缸活塞杆直径、行程、最大径向负载及弯曲挠度的图表法。这是理论上气缸活塞杆直径、行程、最大径向负载及弯曲挠度的计算结果。事实上，各个生产厂商产品样本中均提供气缸的行程与径向力关系的图表。这个数值比图表法得出的结果要精准得多。一般径向力负载的数值小于理论计算结果。举例说明见表 21-4-12。

表 21-4-12

标准气缸的负载特性	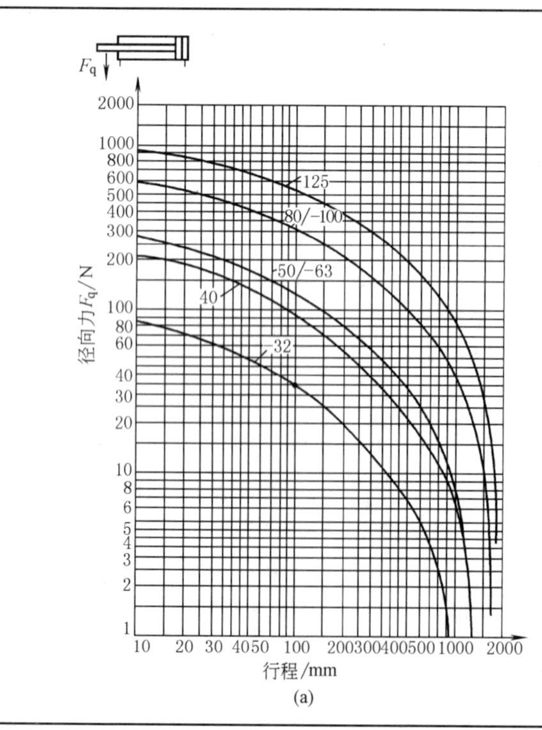 (a)	图 a 为某一气动厂家提供的符合 GB/T 32336/ISO 15552 标准的气缸(直径为 ϕ32~125mm)的径向力与行程关系表。当缸径为 ϕ32mm，行程为 100mm 时，它的许用径向力 F_q = 35N

以缸径 32mm 的方形活塞杆标准气缸为例说明气缸负载特性曲线的应用

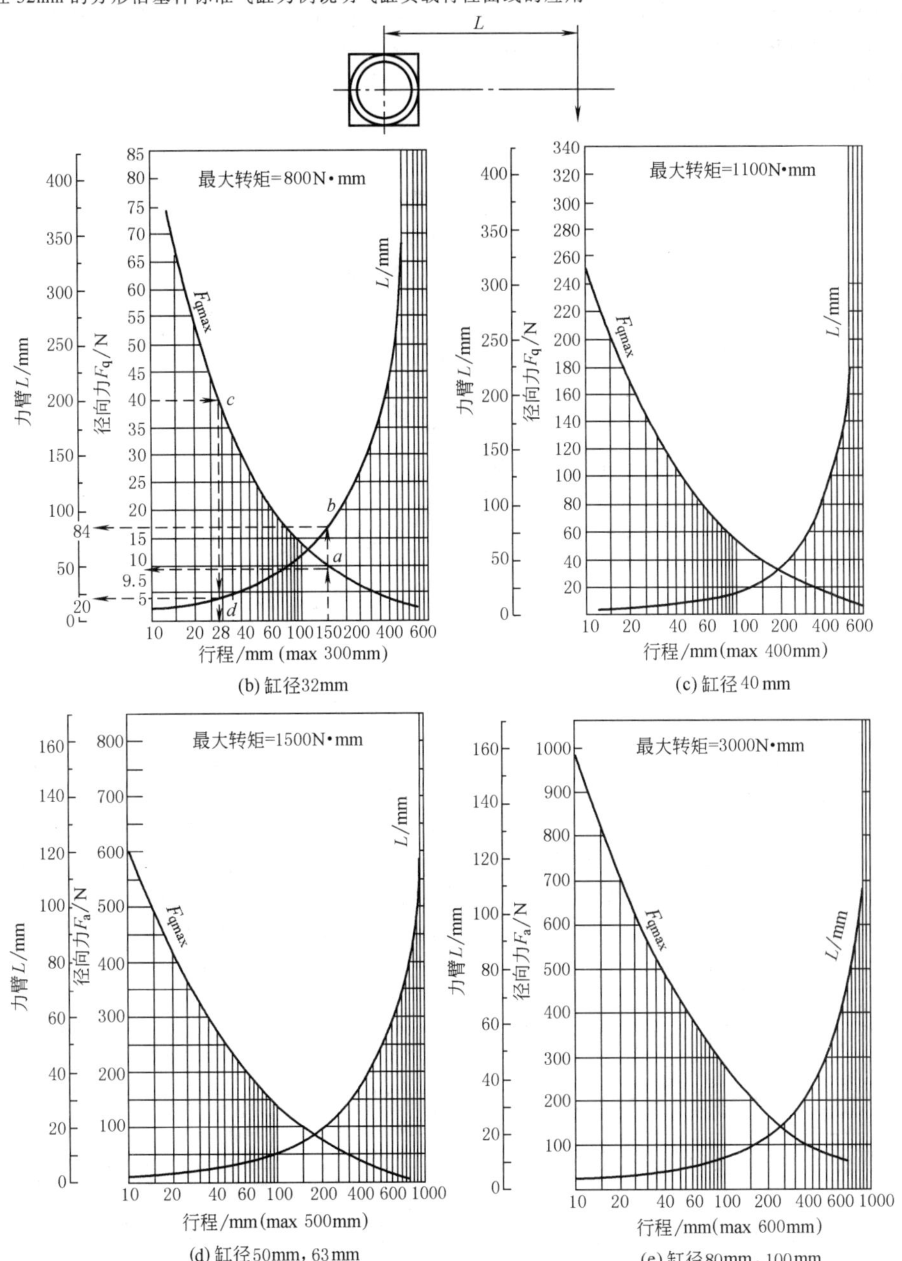

(b) 缸径32mm

(c) 缸径40mm

(d) 缸径50mm，63mm

(e) 缸径80mm，100mm

方形活塞杆标准气缸的负载特性

例 1 若气缸直径为 ϕ32mm，行程为 150mm，求方形气缸的许用径向力和许用力臂

查图 b，在行程 150mm 处向上引垂线与径向力 F_q 曲线、力臂 L 曲线分别相交 a、b 两点。从 a、b 两点分别画水平线，则可查得该气缸的许用径向力为 9.5N，许用力臂为 54mm

例 2 若气缸活塞杆上所承受的径向力为 40N，求方形气缸的许用行程和许用力臂

查图 b，在径向力 40N 处画一水平线与径向力 F_q 曲线相交于 c 点，并向下引垂线与力壁 L 曲线交于 d，则可得该气缸活塞杆上受了径向力 40N 后，其许用行程仅为 28mm，许用力臂为 20mm

例 3 若气缸行程为 150mm，力臂为 100mm，求方形气缸的许用径向力

从图 b 上方得知缸径 ϕ32mm 的最大转矩为 800N · m，则所承受的径向力为

$$F_0=\frac{\text{最大转矩 800N · mm}}{\text{力臂 100mm}}=8\text{N}$$

即气缸活塞杆上可承受的径向力为 8N，是许可的(由例 1 可知，方形气缸最大许用径向力为 9.5N)。许用承载能力是一个非常重要的指标。当所选气缸的径向力不能满足要求时，应选择气缸导向装置

1.2.4 普通气缸的安装形式

在 GB/T 9094—2020《流体传动系统及元件 缸安装尺寸和安装型式代号》中规定了液压缸和气缸（以下简称缸）的安装尺寸和安装型式的标识代号。包括：缸的安装尺寸、外形尺寸、附件尺寸和连接口尺寸，以及安装型式和附件型式的标识代号。

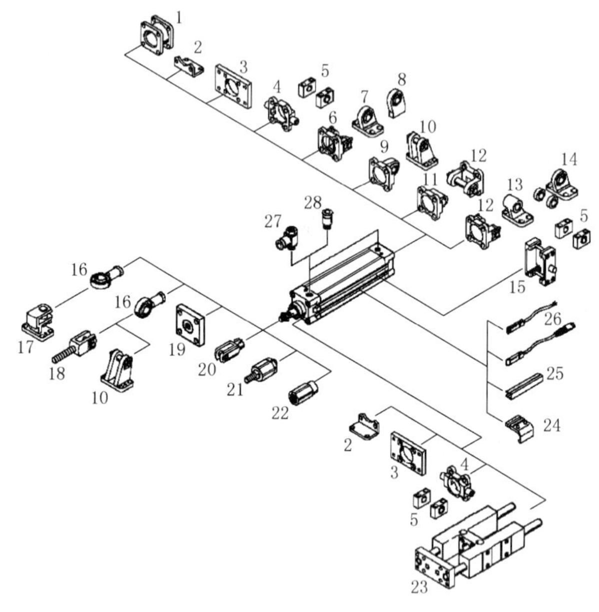

表 21-4-13

序号	名　称	说　明	序号	名　称	说　明
1	连接组件	用于连接两个活塞直径相同的气缸,使之组成一个多位气缸	18	双耳环 SGA	带外螺纹
2	脚架安装件	用于轴承和端盖	19	连接法兰 KSG	用于补偿径向偏差
3	法兰安装件	用于轴承或端盖		连接法兰 KSZ	用于补偿带抗扭转活塞杆气缸的径向偏差
4	双耳轴	用于轴承或端盖	20	双耳环 SG/CRSG	允许气缸在一个平面内转动
5	耳轴支座	—	21	自对中连接件 FK	用于补偿径向和角度偏差
6	双耳环安装件	用于端盖	22	连接件 AD	用于真空吸盘
7	球铰耳环支座	带球面轴承	23	导向装置 FENG	防止在大转矩情况下气缸被扭转
8	球铰耳环支座	焊接合成,带球面轴承			
9	双耳环安装件	带球面轴承,用于端盖			
10	双耳环支座	—	24	安装组件 SMB-8-FENG	用于接近传感器 SMT-8(和导向装置 FENG 一起安装到气缸上时)
11	双耳环安装件	用于端盖			
12	双耳环安装件	用于端盖	25	传感器槽盖 ABP-5-S	保护传感器电缆,防止灰尘进入传感器槽
13	单耳环支座	—			
14	球铰耳环支座	带球面轴承	26	接近传感器 SME/SMT-8	可集成在缸筒内
15	耳轴安装组件 Z-NCM	用于安装到缸筒任意位置			
16	关节轴承 SGS/C-RSGS	带球面轴承	27	单向节流阀 GRLA	用于调节速度
17	直角双耳环支座 LQG	—	28	快插接头 QS	用于连接具有标准外径(符合 CETOP RP 54 P 标准)的气管

对于直线驱动气缸而言，它的运动轨迹受制于气缸缸筒内与端盖活塞杆处两对摩擦副。它是否能与要求的运

动方向完全一致，取决于安装形式及安装时的误差。如果安装时的误差无法保证气缸的运动与实际要求一致，将损坏气缸的内壁及活塞杆，造成气缸漏气或无法使用。因此，对于在选择任何直线驱动气缸时，必须选择适合的柔性连接件。

1.2.5 气动执行元件的结构、原理

表 21-4-14

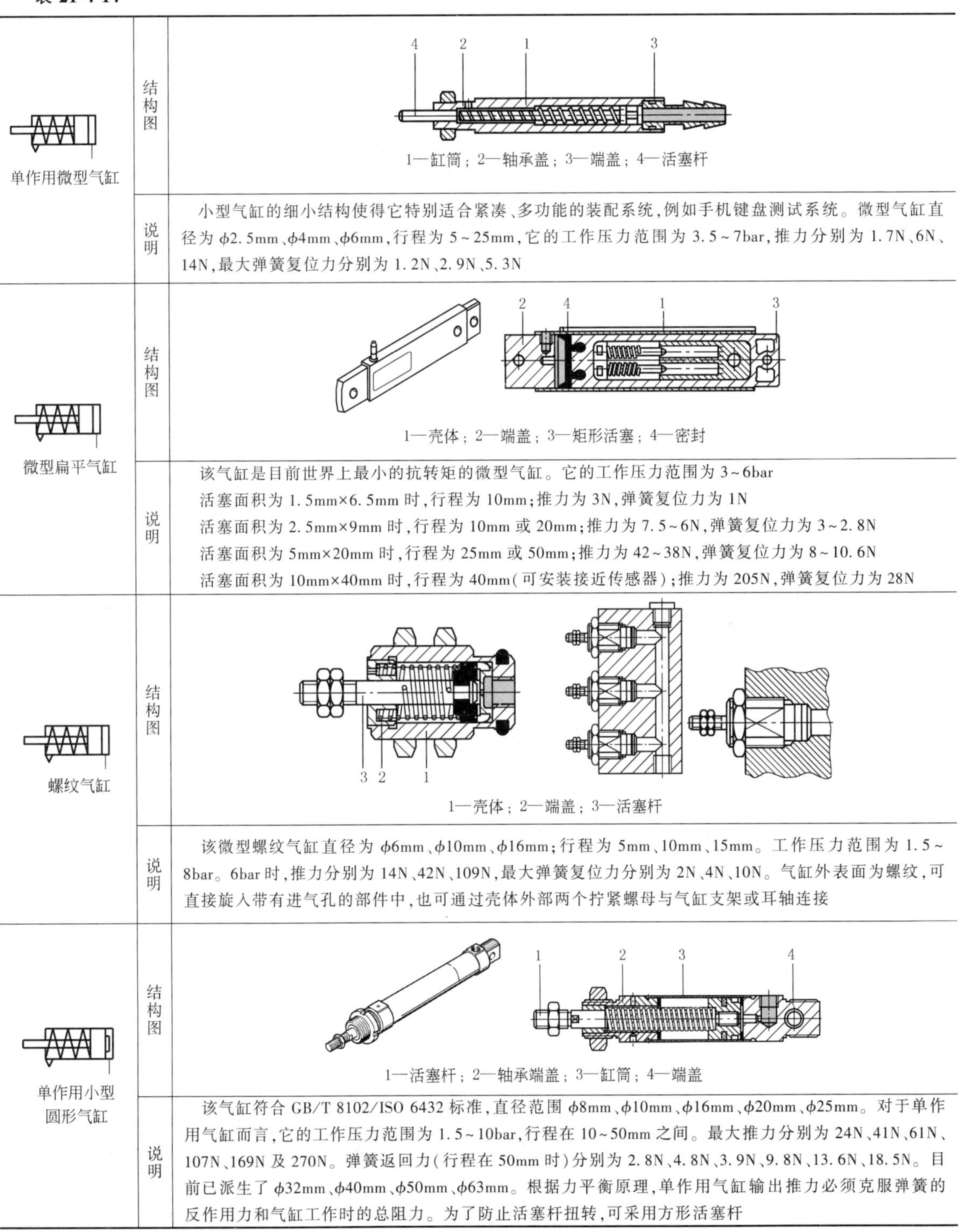

单作用微型气缸	结构图	1—缸筒；2—轴承盖；3—端盖；4—活塞杆
	说明	小型气缸的细小结构使得它特别适合紧凑、多功能的装配系统，例如手机键盘测试系统。微型气缸直径为 ϕ2.5mm、ϕ4mm、ϕ6mm，行程为 5~25mm，它的工作压力范围为 3.5~7bar，推力分别为 1.7N、6N、14N，最大弹簧复位力分别为 1.2N、2.9N、5.3N
微型扁平气缸	结构图	1—壳体；2—端盖；3—矩形活塞；4—密封
	说明	该气缸是目前世界上最小的抗转矩的微型气缸。它的工作压力范围为 3~6bar 活塞面积为 1.5mm×6.5mm 时，行程为 10mm；推力为 3N，弹簧复位力为 1N 活塞面积为 2.5mm×9mm 时，行程为 10mm 或 20mm；推力为 7.5~6N，弹簧复位力为 3~2.8N 活塞面积为 5mm×20mm 时，行程为 25mm 或 50mm；推力为 42~38N，弹簧复位力为 8~10.6N 活塞面积为 10mm×40mm 时，行程为 40mm（可安装接近传感器）；推力为 205N，弹簧复位力为 28N
螺纹气缸	结构图	1—壳体；2—端盖；3—活塞杆
	说明	该微型螺纹气缸直径为 ϕ6mm、ϕ10mm、ϕ16mm；行程为 5mm、10mm、15mm。工作压力范围为 1.5~8bar。6bar 时，推力分别为 14N、42N、109N，最大弹簧复位力分别为 2N、4N、10N。气缸外表面为螺纹，可直接旋入带有进气孔的部件中，也可通过壳体外部两个拧紧螺母与气缸支架或耳轴连接
单作用小型圆形气缸	结构图	1—活塞杆；2—轴承端盖；3—缸筒；4—端盖
	说明	该气缸符合 GB/T 8102/ISO 6432 标准，直径范围 ϕ8mm、ϕ10mm、ϕ16mm、ϕ20mm、ϕ25mm。对于单作用气缸而言，它的工作压力范围为 1.5~10bar，行程在 10~50mm 之间。最大推力分别为 24N、41N、61N、107N、169N 及 270N。弹簧返回力（行程在 50mm 时）分别为 2.8N、4.8N、3.9N、9.8N、13.6N、18.5N。目前已派生了 ϕ32mm、ϕ40mm、ϕ50mm、ϕ63mm。根据力平衡原理，单作用气缸输出推力必须克服弹簧的反作用力和气缸工作时的总阻力。为了防止活塞杆扭转，可采用方形活塞杆

续表

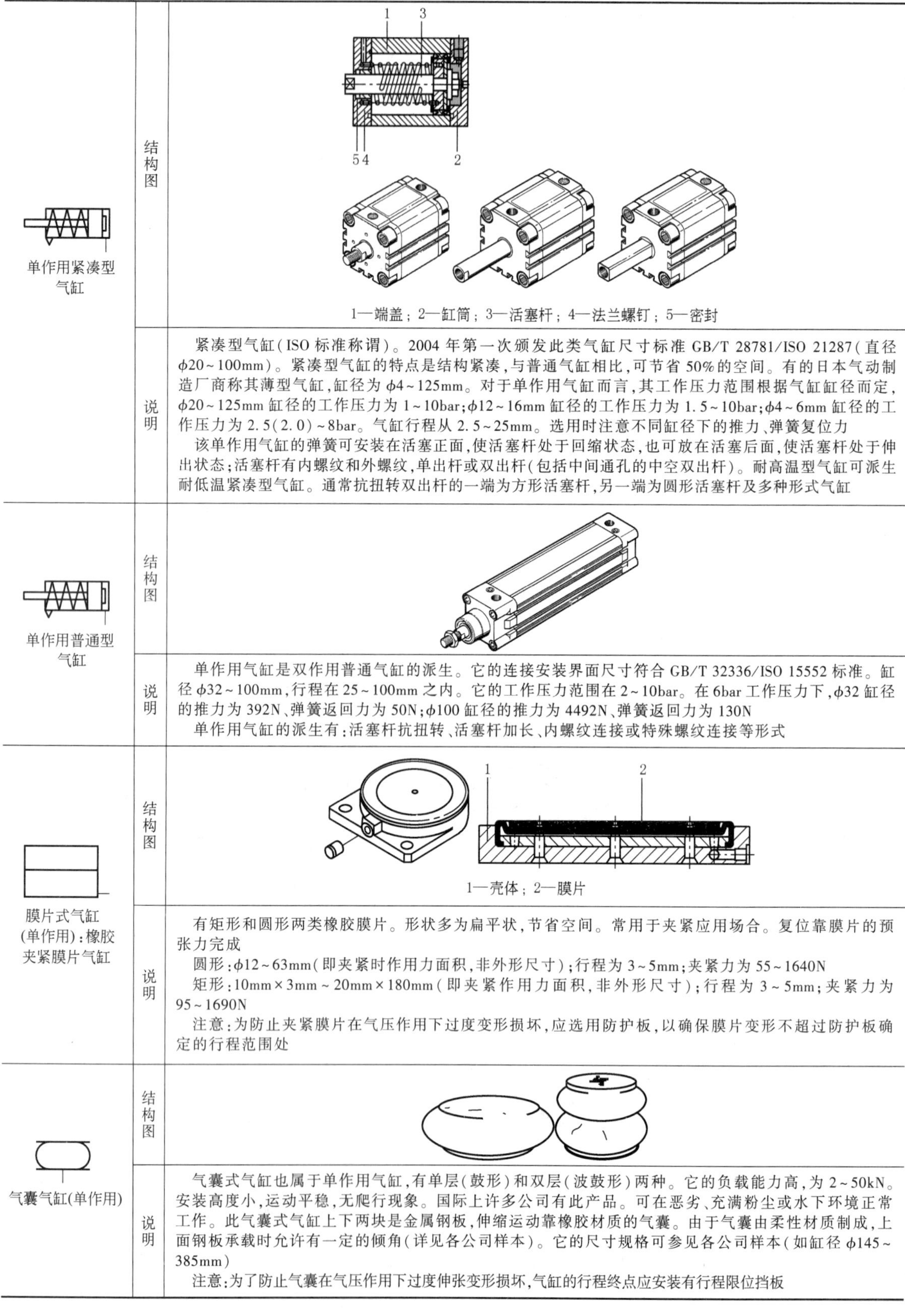

单作用紧凑型气缸	结构图	1—端盖；2—缸筒；3—活塞杆；4—法兰螺钉；5—密封
	说明	紧凑型气缸(ISO 标准称谓)。2004 年第一次颁发此类气缸尺寸标准 GB/T 28781/ISO 21287(直径 ϕ20～100mm)。紧凑型气缸的特点是结构紧凑，与普通气缸相比，可节省 50%的空间。有的日本气动制造厂商称其薄型气缸，缸径为 ϕ4～125mm。对于单作用气缸而言，其工作压力范围根据气缸缸径而定，ϕ20～125mm 缸径的工作压力为 1～10bar；ϕ12～16mm 缸径的工作压力为 1.5～10bar；ϕ4～6mm 缸径的工作压力为 2.5(2.0)～8bar。气缸行程从 2.5～25mm。选用时注意不同缸径下的推力、弹簧复位力 该单作用气缸的弹簧可安装在活塞正面，使活塞杆处于回缩状态，也可放在活塞后面，使活塞杆处于伸出状态；活塞杆有内螺纹和外螺纹，单出杆或双出杆(包括中间通孔的中空双出杆)。耐高温型气缸可派生耐低温紧凑型气缸。通常抗扭转双出杆的一端为方形活塞杆，另一端为圆形活塞杆及多种形式气缸
单作用普通型气缸	结构图	
	说明	单作用气缸是双作用普通气缸的派生。它的连接安装界面尺寸符合 GB/T 32336/ISO 15552 标准。缸径 ϕ32～100mm，行程在 25～100mm 之内。它的工作压力范围在 2～10bar。在 6bar 工作压力下，ϕ32 缸径的推力为 392N、弹簧返回力为 50N；ϕ100 缸径的推力为 4492N、弹簧返回力为 130N 单作用气缸的派生有：活塞杆抗扭转、活塞杆加长、内螺纹连接或特殊螺纹连接等形式
膜片式气缸(单作用)：橡胶夹紧膜片气缸	结构图	1—壳体；2—膜片
	说明	有矩形和圆形两类橡胶膜片。形状多为扁平状，节省空间。常用于夹紧应用场合。复位靠膜片的预张力完成 圆形：ϕ12～63mm(即夹紧时作用力面积，非外形尺寸)；行程为 3～5mm；夹紧力为 55～1640N 矩形：10mm×3mm～20mm×180mm(即夹紧作用力面积，非外形尺寸)；行程为 3～5mm；夹紧力为 95～1690N 注意：为防止夹紧膜片在气压作用下过度变形损坏，应选用防护板，以确保膜片变形不超过防护板确定的行程范围处
气囊气缸(单作用)	结构图	
	说明	气囊式气缸也属于单作用气缸，有单层(鼓形)和双层(波鼓形)两种。它的负载能力高，为 2～50kN。安装高度小，运动平稳，无爬行现象。国际上许多公司有此产品。可在恶劣、充满粉尘或水下环境正常工作。此气囊式气缸上下两块是金属钢板，伸缩运动靠橡胶材质的气囊。由于气囊由柔性材质制成，上面钢板承载时允许有一定的倾角(详见各公司样本)。它的尺寸规格可参见各公司样本(如缸径 ϕ145～385mm) 注意：为了防止气囊在气压作用下过度伸张变形损坏，气缸的行程终点应安装有行程限位挡板

续表

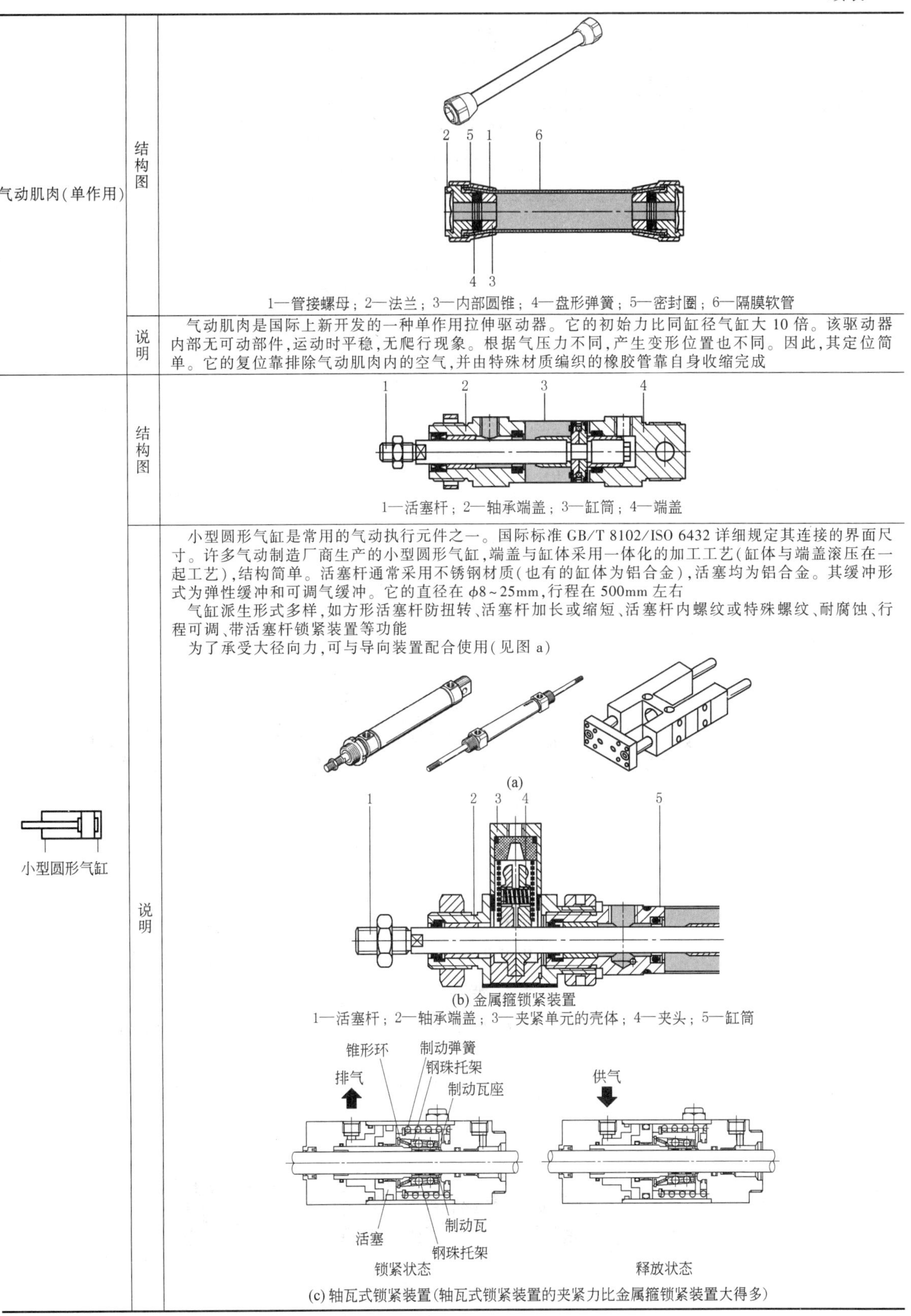

气动肌肉(单作用)	结构图	1—管接螺母；2—法兰；3—内部圆锥；4—盘形弹簧；5—密封圈；6—隔膜软管
	说明	气动肌肉是国际上新开发的一种单作用拉伸驱动器。它的初始力比同缸径气缸大10倍。该驱动器内部无可动部件，运动时平稳，无爬行现象。根据气压力不同，产生变形位置也不同。因此，其定位简单。它的复位靠排除气动肌肉内的空气，并由特殊材质编织的橡胶管靠自身收缩完成
小型圆形气缸	结构图	1—活塞杆；2—轴承端盖；3—缸筒；4—端盖
	说明	小型圆形气缸是常用的气动执行元件之一。国际标准GB/T 8102/ISO 6432详细规定其连接的界面尺寸。许多气动制造厂商生产的小型圆形气缸，端盖与缸体采用一体化的加工工艺(缸体与端盖滚压在一起工艺)，结构简单。活塞杆通常采用不锈钢材质(也有的缸体为铝合金)，活塞均为铝合金。其缓冲形式为弹性缓冲和可调气缓冲。它的直径在ϕ8~25mm，行程在500mm左右 气缸派生形式多样，如方形活塞杆防扭转、活塞杆加长或缩短、活塞杆内螺纹或特殊螺纹、耐腐蚀、行程可调、带活塞杆锁紧装置等功能 为了承受大径向力，可与导向装置配合使用(见图a) (a) (b) 金属箍锁紧装置 1—活塞杆；2—轴承端盖；3—夹紧单元的壳体；4—夹头；5—缸筒 (c) 轴瓦式锁紧装置(轴瓦式锁紧装置的夹紧力比金属箍锁紧装置大得多)

续表

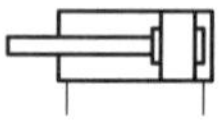

小型圆形气缸 — 说明

锁紧形式	活塞速度/mm·s^{-1}			
	100	300	500	1000
弹簧锁紧/mm	±0.3	±0.6	±1.0	±2.0
最大静态负载	无气压时弹簧锁紧			
缸径/mm	ϕ20	ϕ25	ϕ32	ϕ40
夹紧保持力/N	215	335	550	860

备注：水平安装。电磁阀直接安装在锁紧装置气口（或附近）。负载在允许范围内

小型圆形气缸 — 结构图

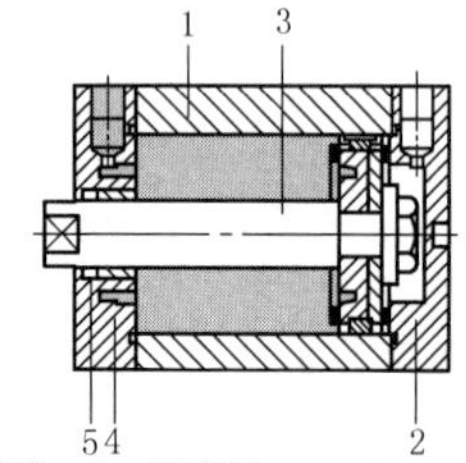

1—缸筒；2—端盖；3—活塞杆；4—法兰螺钉；5—动态密封

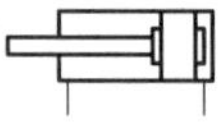

小型圆形气缸 — 说明

紧凑型气缸的特点是结构紧凑，在相同的驱动力情况下（与同缸径普通气缸相比），可节省50%的空间。但它的径向承载能力比普通气缸小

紧凑型气缸的国际标准是GB/T 28781/ISO 21287，有的日本气动制造厂商称其薄型气缸。需要注意的是以夹紧为主要功能的短行程气缸（行程为10~30mm）与紧凑型气缸的区别，短行程气缸并不受GB/T 28781/ISO 21287紧凑型气缸标准关于连接、安装界面尺寸规定的限制

紧凑型气缸派生形式多，有防扭转方形活塞杆、前端连接板附导向轴（见图d）、中空双出杆（活塞杆中芯为通孔形式）、耐高温、耐腐蚀、不含铜及聚四氟乙烯材质，并可组成倍力气缸（见图d）和多位置气缸（见图e）

ϕ32~100mm紧凑型气缸在前后端盖处的连接附件可与GB/T 32336/ISO 15552标准的普通气缸的连接安装附件通用

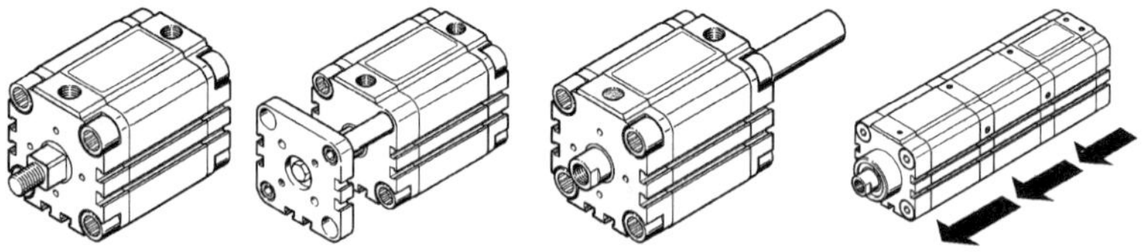

方形活塞杆　前端连接板　中空双出杆　倍力气缸

(d) 附导向轴（抗扭转）

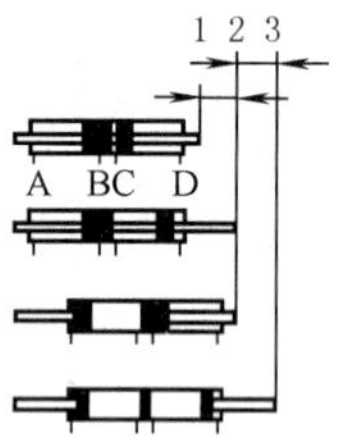

(e) 多位置气缸原理（三个位置两个相同行程长度气缸终端相连）

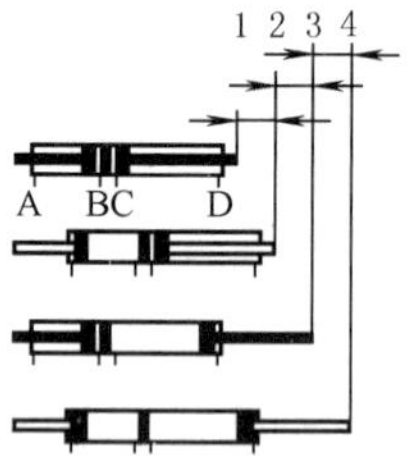

(f) 四个位置（两个不同行程长度气缸终端相连）

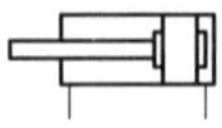

普通型气缸 — 结构图

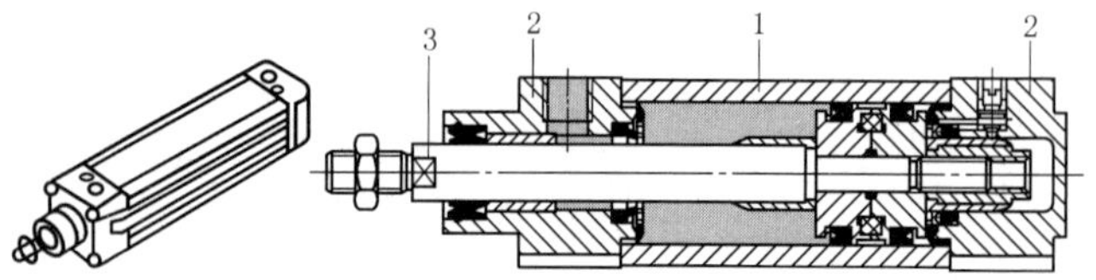

1—缸筒；2—前后端盖；3—活塞杆

续表

<table>
<tr>
<td rowspan="2">普通型气缸</td>
<td>说明</td>
<td>普通型气缸是气动系统中应用最广泛的气动执行器之一。普通型气缸的国际标准是 GB/T 32336/ISO 15552(取代原有的 ISO 6431 标准),缸径在ϕ32~320mm,行程最长在 2000mm 左右。目前国际上应用最多的是ϕ32~125mm 气缸。该标准还规定双出杆的连接尺寸界面,其缸筒均采用铝合金材质。普通型气缸在缓冲形式上有固定缓冲、带可调气缓冲及不带缓冲。常用的是带可调的气缓冲,以防运动终点冲击力。目前普通型气缸从外形轮廓来看,有型材气缸(端盖通过螺钉与缸体连接),也有四拉杆气缸(包括外形看似型材气缸,实质上型材内部均采用四拉杆形式)。当普通型气缸外表面具有沟槽型材均可直接安装位置行程开关。对圆筒形缸体则需四拉杆连接,拉杆上需要配置位置行程开关附件和传感器。位置行程开关有气动舌簧行程开关、电子舌簧式行程开关、电感式行程开关。普通型气缸的派生形式很多,有活塞杆抗扭转、活塞杆加长、内螺纹连接或特殊螺纹连接、阳极氧化铝质活塞杆(防焊接飞溅)、活塞杆防下坠、活塞杆带锁紧装置、低速(3mm/s)、低摩擦、耐高温(150℃)、耐低温(-40℃)、耐腐蚀、不含铜及聚四氟乙烯材质(电子行业特殊场合)或带阀气缸等。为了承受大径向力,可与导向装置配合使用。多个普通气缸组合可形成倍力气缸、多位置气缸
注意:合适的使用气缸连接件(即活塞杆连接采用柔性连接杆)与导向装置配合使用(径向负载、修正系数、自重造成挠度及每 10N 负载造成变形挠度见下列图 h~图 j)
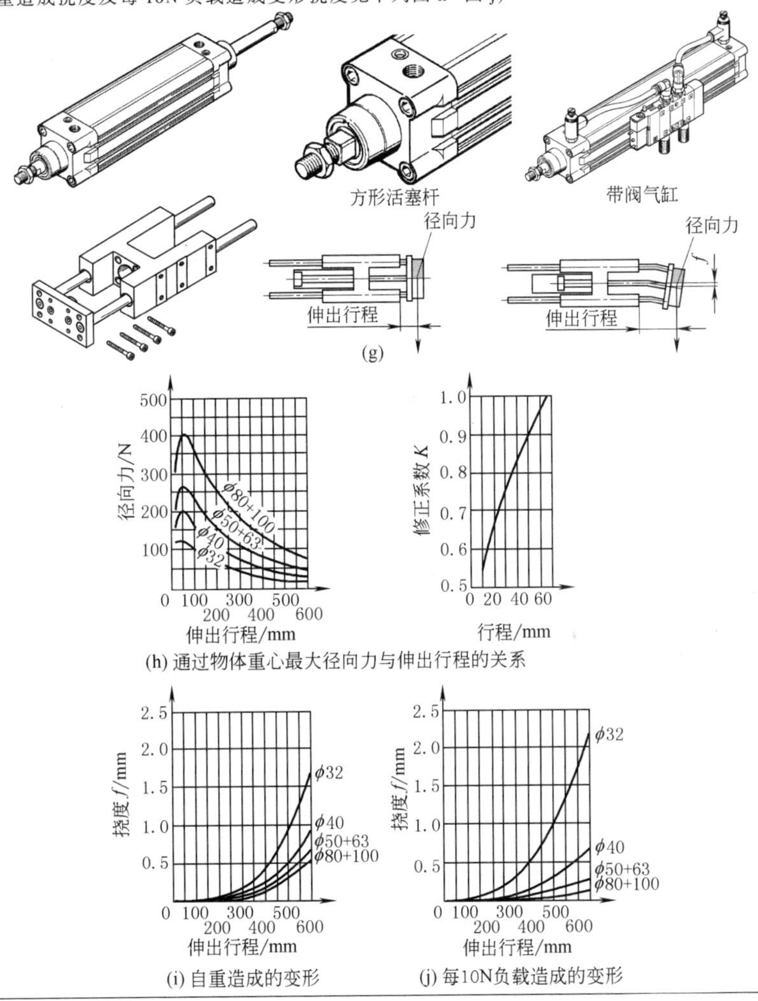

(g)
(h) 通过物体重心最大径向力与伸出行程的关系
(i) 自重造成的变形　(j) 每10N负载造成的变形</td>
</tr>
<tr>
<td>行程可调气缸</td>
<td>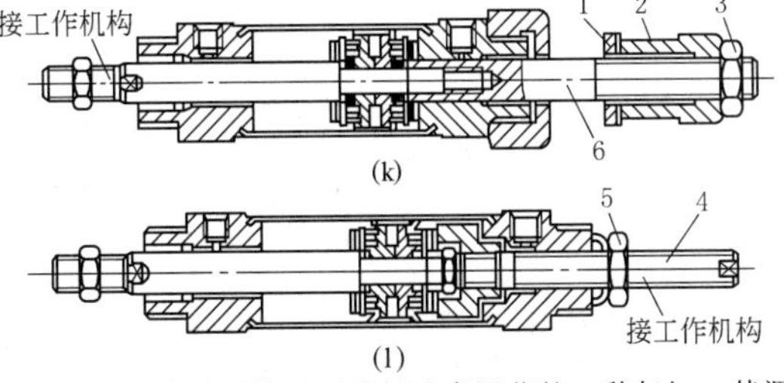

(k)
(l)
行程可调气缸是指活塞杆在伸出或缩进位置可进行适当调节的一种气缸。其调节结构有两种形式:图 k,伸出位置可调;图 l,缩进位置可调。它们分别由缓冲垫 1、调节螺母 2、锁紧螺母 3 和调节杆 6 或调节螺杆 4 和调节螺母 5 组成,4 接工作机构</td>
</tr>
</table>

续表

	带皮囊保护装置气缸	保护活塞杆不受尘埃、焊渣飞溅等影响。一些日本气动制造厂商称其为带伸缩防护套型，耐热帆布防护套的耐温可达110℃
普通型气缸	活塞杆防下坠气缸	(m) 活塞杆伸出防下坠气缸工作原理 (n) 坠落销子抬起　　(o) 坠落销子锁住活塞 活塞杆防下坠气缸可分为活塞杆伸出时防下坠(图m)、活塞杆缩回时防下坠或活塞杆伸出/缩回都需要防下坠三种状况。下面以活塞杆伸出防下坠为例 活塞杆伸出防下坠气缸的工作原理图见图m：当活塞杆在伸出状态下，坠落装置内的坠落销子在弹簧的作用下，插入气缸缓冲活塞的沟槽。用人力推活塞杆缩回无效。只有当前端盖进口处进入压缩空气后(如图n)，使防坠落装置壳体内活塞往上运动，带动坠落销子抬起，使坠落销子与气缸的缓冲活塞沟槽脱离，活塞杆才能缩回。同样，当活塞杆伸出运动时，缓冲活塞左端面的倾斜倒角帮助其继续向左移动。一旦缓冲活塞的沟槽处于坠落销子位置时，坠落销子在弹簧作用下，使坠落销子卡入缓冲活塞 图n表明防坠销子脱开、活塞杆缩回的运动状态。当压缩空气进入前端盖进气口1时，单向阀2处于关闭状态，压缩空气进入通道3，进入防坠装置壳体的腔内，推动活塞4上移，使坠落销子5抬起，并使坠落销子5的十字通孔与压缩空气相通。此时压缩空气便进入气缸的进气腔室，推动气缸活塞运动 图o表明活塞杆伸出运动时，气缸腔内压缩空气通过单向阀快速排气的状态
	活塞杆锁紧气缸	金属箍锁紧装置 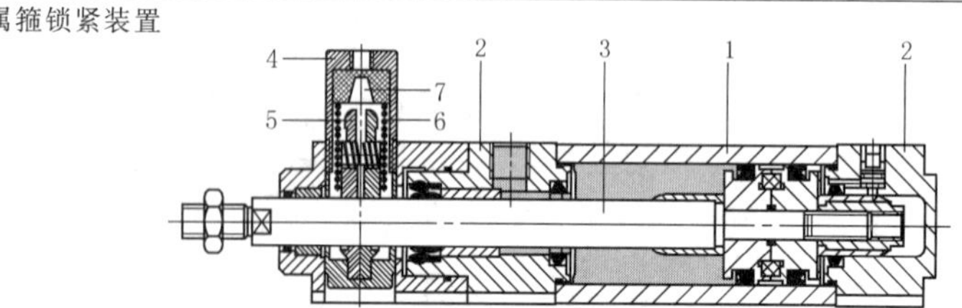 1—缸筒；2—前后端盖；3—活塞杆；4—锁紧装置壳体；5—夹头；6—弹簧；7—活塞 当锁紧装置内无压缩空气时，活塞7在弹簧的作用下处于复位状态，夹头5在其内部弹簧作用下，夹头呈开启状态，此时夹头5与活塞杆相接触的配合夹头部件夹紧其活塞杆，活塞杆不能运动 当压缩空气进入锁紧装置4时，活塞7向下运动，夹头5合拢。其夹头5与活塞杆相配的夹头部件与活塞杆脱开，活塞杆可自由移动。当压缩空气消失后，弹簧6使其活塞向上移动，夹头5再次呈开启状态，活塞杆再次被夹紧不能运动

续表

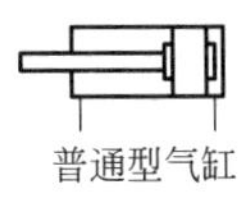 普通型气缸	活塞杆锁紧气缸	活塞杆锁紧气缸与活塞杆防下坠气缸之间的区别：活塞杆防下坠气缸是指活塞杆的锁紧只能在活塞杆伸出到终点或活塞杆缩回到终点时才有效。而活塞杆锁紧气缸可以在活塞的整个行程中有效。当活塞杆锁紧气缸用于运动中间位置刹车时，其定位精度、重复精度取决于气缸的运动速度、运动惯量、控制锁紧装置的电磁阀的换向时间及活塞杆的硬度、润滑状况等因素 轴瓦式锁紧装置（轴瓦式锁紧装置的夹紧力比金属箍锁紧装置大得多） 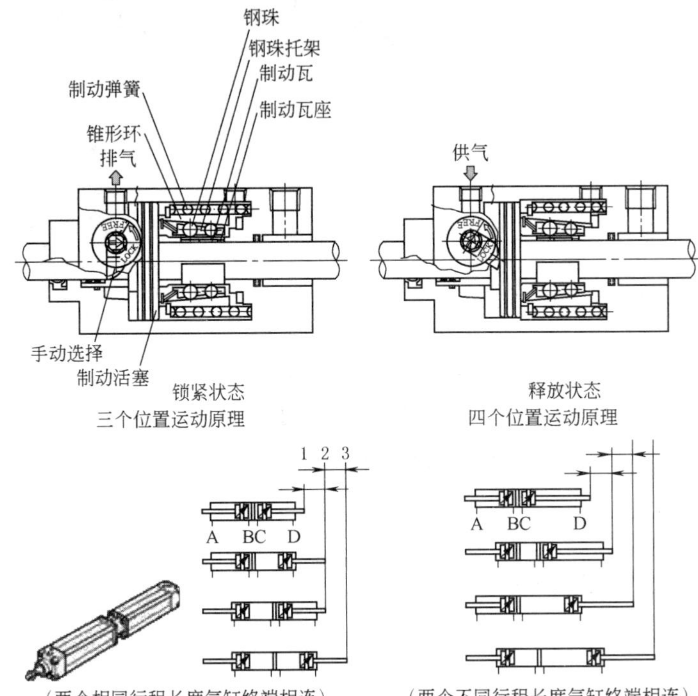 锁紧状态　释放状态 三个位置运动原理　四个位置运动原理 （两个相同行程长度气缸终端相连）　（两个不同行程长度气缸终端相连）
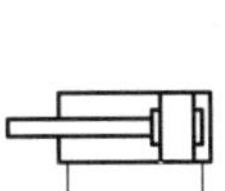 扁平型气缸		扁平型气缸的特点是采用了特殊活塞形状，如椭圆形活塞结构，以达到活塞杆抗扭转效果。有的日本气动制造厂商称其为椭圆活塞气缸。通常该类气缸的缸径在 ϕ12～63mm，气缸行程在 1000mm 以下，最大抗转矩为 2N·m 扁平型气缸可派生双出杆（活塞杆中芯为通孔形式）、耐高温（150℃） 扁平型气缸有前、后法兰，双耳环支座，直角双耳环支座等连接件配用 注意：当扁平型气缸并列安装时，要注意其中某一气缸运动时，其活塞内磁铁会影响附近其他气缸的位置行程开关，因此要注意两气缸的安全间隔距离 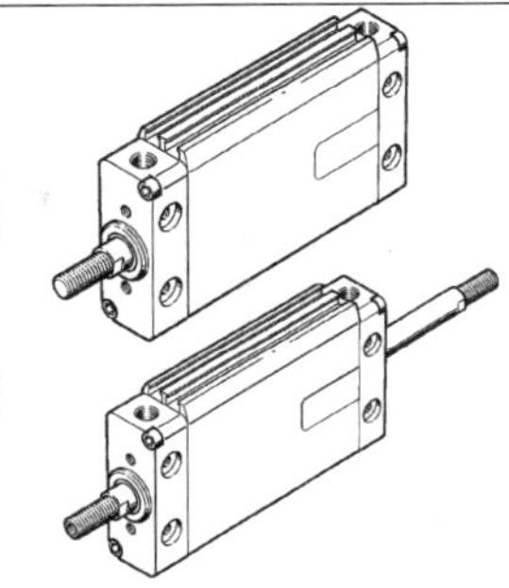
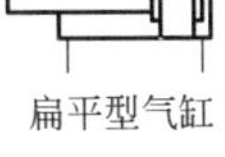 多面安装型气缸		多面安装型气缸的特点是结构紧凑。带多面安装功能的气缸，通常不通过气缸连接件安装，往往被直接安装在所需位置上。有的日本气动制造厂商称其为自由安装气缸。此类气缸直径一般在 ϕ6～32mm，行程在 50mm 之内。多面安装型气缸可有单作用或双作用之分 对于单作用气缸，应注意弹簧预紧力，参见下列图表 多面安装型气缸可派生双出杆（活塞杆中芯为通孔形式）、耐高温（150℃） 有些公司在活塞杆前端装有法兰连接板，活塞杆配备简易导向拉杆，以防活塞杆扭转（最大抗转矩为 0.02N·m） 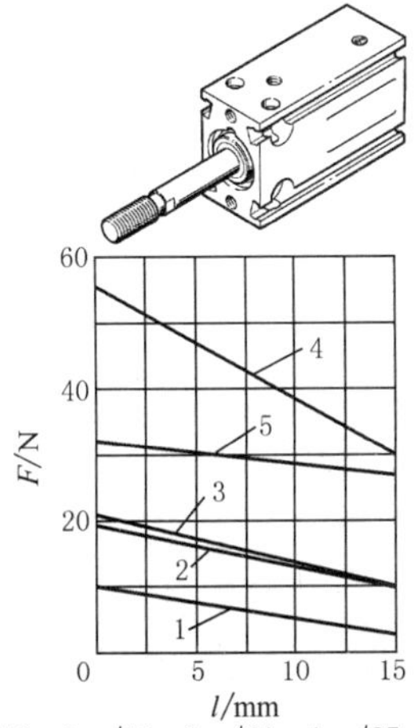 1—ϕ10；2—ϕ16；3—ϕ20；4—ϕ25；5—ϕ32

续表

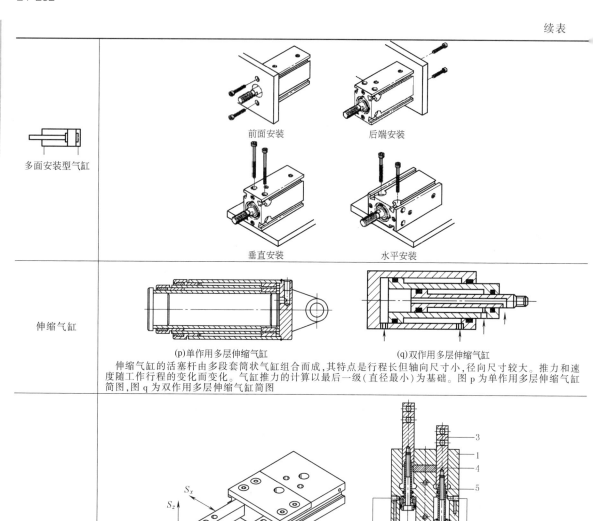

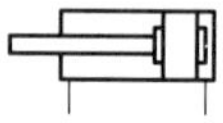 多面安装型气缸	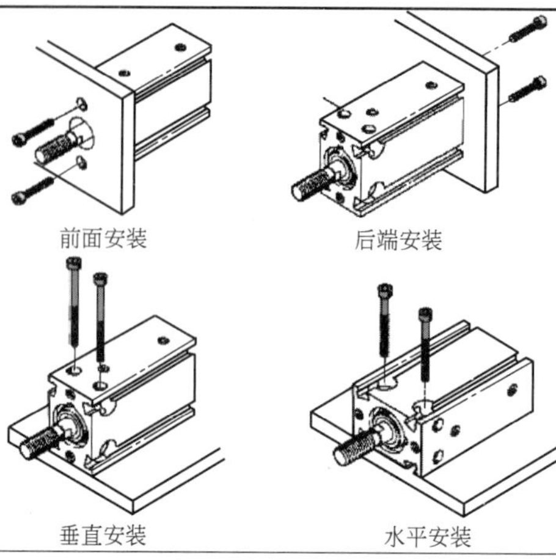 前面安装　后端安装 垂直安装　水平安装
伸缩气缸	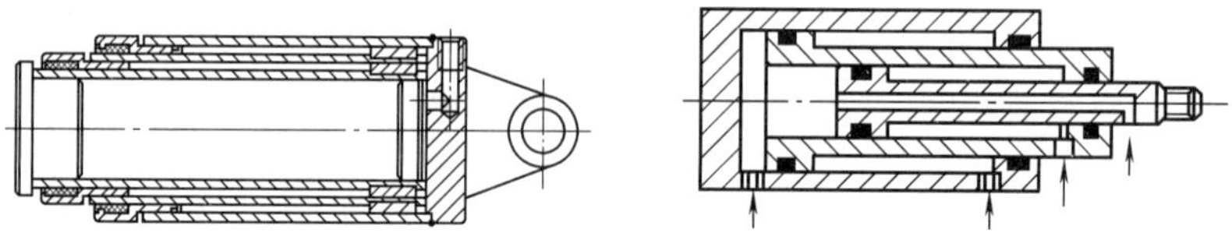 (p)单作用多层伸缩气缸　(q)双作用多层伸缩气缸 伸缩气缸的活塞杆由多段套筒状气缸组合而成，其特点是行程长但轴向尺寸小，径向尺寸较大。推力和速度随工作行程的变化而变化。气缸推力的计算以最后一级(直径最小)为基础。图 p 为单作用多层伸缩气缸简图，图 q 为双作用多层伸缩气缸简图
 进给分离装置	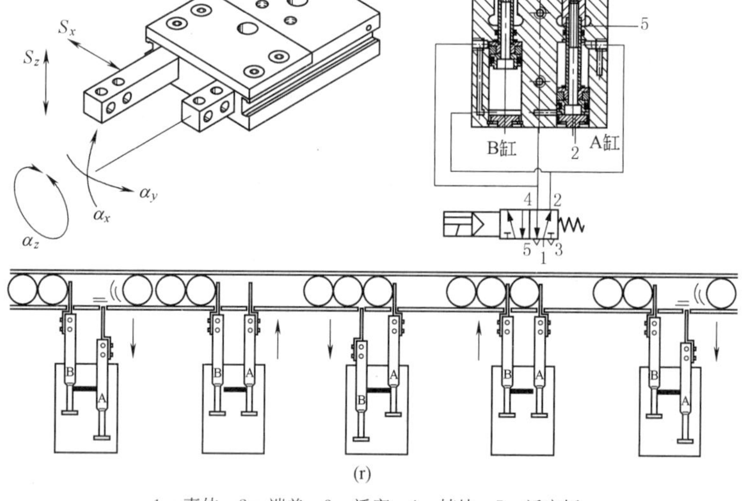 (r) 1—壳体；2—端盖；3—活塞；4—挡块；5—活塞杆 进给分离装置是一个在自动化输送过程中间隔分离工件的驱动装置。有的日本气动厂商称之为挡料气爪。该装置内集成了两个驱动器，以确保其中一个活塞杆挡板在完成一个往复运动之后，另一个活塞杆挡板才能开始运动，如图 r 所示。采用一个电磁阀和两个接近开关构成的气动系统，无需编程 原理介绍：电磁阀输出分两路，一路作用在 B 缸下端，另一路作用在 A 缸上端。作用在 A 缸上端的压缩空气使 A 缸活塞杆回缩。回缩后锁紧挡块 4 的一端作用在 A 缸粗活塞杆表面，另一端紧贴在 B 缸细活塞杆表面(嵌入 B 缸粗、细分界端面上)，阻止 B 缸的活塞杆向下运动(挡块 4 的长度 = 两个气缸中心距 - ½粗活塞杆 - ½细活塞杆)。此时工件在输送带作用下向右移动，当电磁阀换向，压缩空气一路作用在 B 缸上端，另一路作用在 A 缸下端。B 缸上端得到压缩空气也不能立即使其活塞杆向下运动，此时，活塞杆被锁紧挡块 4 锁住，必须待 A 缸活塞杆伸出，挡块 4 的一边靠在 A 缸细活塞杆表面时，B 缸活塞杆才能回缩 进给分离装置一般应用在小工件的流水线上，一般被分离的工件最大重达 1.5kg，在 6bar 时的驱动推力最大为 200N 左右，驱动时间最长为 20ms，最大力矩为 9N · m 左右。进给分离装置外壳有装位置传感器的沟槽

续表

冲击气缸

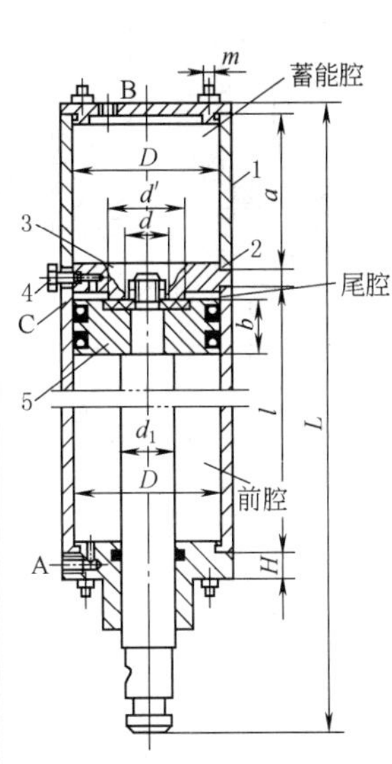

(s) 普通型冲击气缸

1—蓄能气缸；2—中盖；
3—中盖喷气口；4—排气小孔；
5—活塞；A，B—进、排气孔；
C—环形空间

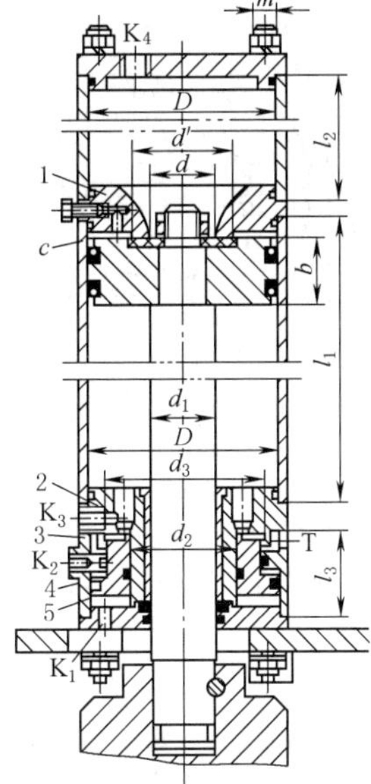

(t) 快排型冲击气缸的结构

1—中盖；2—快排导向盖；
3—快排密封垫；4—快排缸体；
5—快排活塞

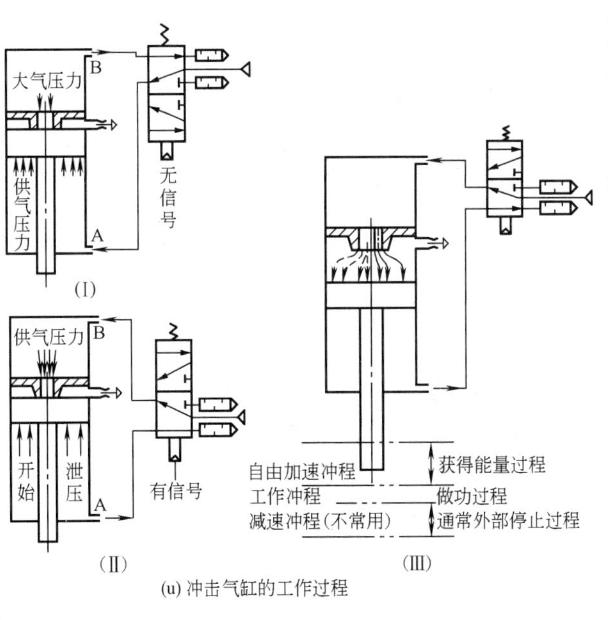

(u) 冲击气缸的工作过程

冲击气缸是一种结构简单、体积小、耗气功率较小，但能产生相当大的冲击力，能完成多种冲压和锻造作业的气动执行元件

图 s 为普通型冲击气缸。其中盖和活塞把气缸分成三个腔：蓄能腔、尾腔和前腔。前盖和后盖有气口以便进气和排气；中盖下面有一个喷嘴，其面积为活塞面积的 1/9 左右。原始状态时，活塞上面的密封垫把喷嘴堵住，尾腔和蓄能腔互不串气。其工作过程分三个阶段

①第一阶段见图 u 的Ⅰ，控制阀处于原始状态，压缩空气由 A 孔输入前腔、蓄能腔，经 B 孔排气，活塞上移，封住喷嘴，尾腔经排气小孔与大气相通

②第二阶段见图 u 的Ⅱ，气控信号使换向阀动作，压缩空气经 B 孔进入蓄能腔，前腔经 A 孔排气，由于活塞上端受力面积只有喷嘴口这一小面积，一般为活塞面积的 1/9，故在一段时间内，活塞下端向上的作用力仍大于活塞上端向下的作用力，此时为蓄能腔充气过程

③第三阶段见图 u 的Ⅲ，蓄能腔压力逐渐增加，前腔压力逐渐减小，当蓄能腔压力高于活塞前腔压力 9 倍时，活塞开始向下移动。活塞一旦离开喷嘴，蓄能腔内的高压气体迅速充满尾腔，活塞上端受力面积突然增加近 9 倍，于是活塞在很大压差作用下迅速加速，在冲程达到一定值(例如 50~75mm)时，获得最大冲击速度和能量。冲击速度可达到普通气缸的 5~10 倍，冲击能量很大，如内径 200mm、行程 400mm 的冲击气缸，能实现 400~500kN 的机械冲床完成的工作，因此是一种节能且体积小的产品

经以上三个阶段，冲击气缸完成冲击工作，控制阀复位，准备下一个循环

图 t 是快排型冲击气缸，是在气缸的前腔增加了“快排机构”。它由开有多个排气孔的快排导向盖 2、快排缸体 4、快排活塞 5 等零件组成。快排机构的作用是当活塞需要向下冲时，能够使活塞下腔从流通面积足够大的通道迅速与大气相通，使活塞下腔的背压尽可能小。加速冲程长，故其冲击力及工作冲程都远远大于普通型冲击气缸。其工作过程是：①先使 K_1 孔充气，K_2 孔通大气，快排活塞被推到上面，由快排密封垫 3 切断从活塞下腔到快排口 T 的通道。然后 K_2 孔充气，K_3 孔排气，活塞上移。当活塞封住中盖 1 的喷气孔后，K_4 孔开始充气，一直充到气源压力。②先使 K_2 孔进气，K_1 孔排气，快排活塞 5 下移，这时活塞下腔的压缩空气通过快排导向盖 2 上的八个圆孔，再经过快排缸体 4 上的八个方孔 T 直接排到大气中。因为这个排气通道的流通面积较大(缸径为 200mm 的快排型冲击气缸快排通道面积是 $36cm^2$，大于活塞面积的 1/10)，所以活塞下腔的压力可以在较短的时间内降低，当降到低于蓄气孔压力的 1/9 时，活塞开始下降。喷气孔突然打开，蓄能气缸内压缩空气迅速充满整个活塞上腔，活塞便在最短压差作用下以极高的速度向下冲击

这种气缸活塞下腔气体已经不像非快排型冲击气缸那样被急剧压缩，使有效工作行程可以加长十几倍甚至几十倍，加速行程很大，故冲击能量远远大于非快排型冲击气缸，冲击频率比非快排型提高约一倍

续表

<table>
<tr>
<td>冲击气缸</td>
<td>
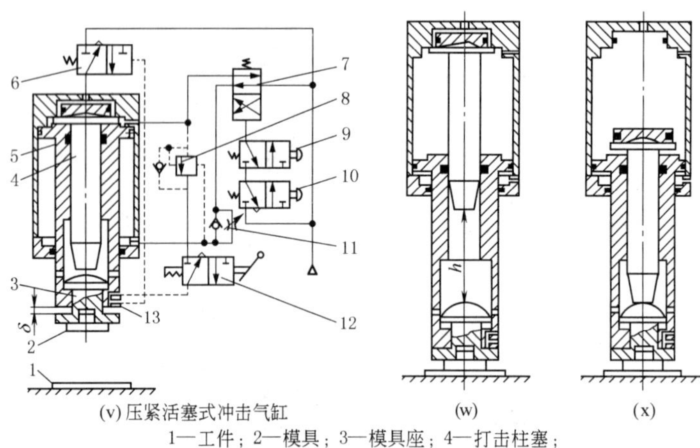

(v) 压紧活塞式冲击气缸　(w)　(x)
1—工件；2—模具；3—模具座；4—打击柱塞；
5—压紧活塞；6，7—气控阀；8—压力顺序阀；
9，10—按钮阀；11—单向节流阀；
12—手动选择阀；13—背压式传感器
图 v 是压紧活塞式冲击气缸，它有一个压紧工件用的压紧活塞和一个施加打击力的打击柱塞。压紧活塞先将模具压紧在工件上，然后打击柱塞以很大的能量打击模具进行加工。由于它有压紧工件的功能，打击时可避免工件弹跳，故工作更加安全可靠
其工作原理为：图示状态压紧活塞处于上止点位置，打击柱塞被压紧活塞弹起。若同时操作按钮阀 9 和 10，使其换向，则主控阀 7 换向，使压紧活塞下降，下降速度可用单向节流阀 11 适当调节
打击柱塞的上端是一个直径较大的头部，插入气缸上端盖的凹室内，凹室内此时为大气压力。当压紧活塞的上腔充气时，气压也作用在打击柱塞头部的下端面上，使它仍保持在上止点。这样打击柱塞保持不动，压紧活塞下降直到模具 2 压紧工件为止，如图 w 所示
当压紧活塞上腔压力急剧上升，下腔压力急剧下降，压紧力达到一定值时，差压式压力顺序阀 8 接通，如果事先已将手动阀 12 置于接通位置，则差压顺序阀的输出压力就加到背压式传感器 13 上，如工件已被压紧，背压传感器的排气孔被工具座封住，传感器的输出压力使换向阀 6 换向，这时，压缩空气充入气缸上端盖的凹室，使打击柱塞启动，打击柱塞的头部一脱离凹室，预先已充入压紧活塞上腔的压缩空气就作用在它的上端面上，即压紧活塞的内部为大气压力，在很大的压差力作用下，打击柱塞便高速运动，获得很大的动能来打击模具而做功，如图 x 所示
打击完毕，松开阀 9、10、12，则气控阀 6、7 复位，压紧活塞就托着打击柱塞一起向上，恢复到图 v 所示状态
若在压紧活塞下降和压紧过程中，放开任一个按钮阀，压紧活塞能立即返回到起始状态，如果手动阀 12 置于断开位置，则只有压紧动作，而无打击动作。特别是设置了判别工件是否已被压紧用的背压传感器，当模具与工件不接触时，阀 6 不能换向，故没有空打的危险
</td>
</tr>
<tr>
<td>止动气缸</td>
<td>
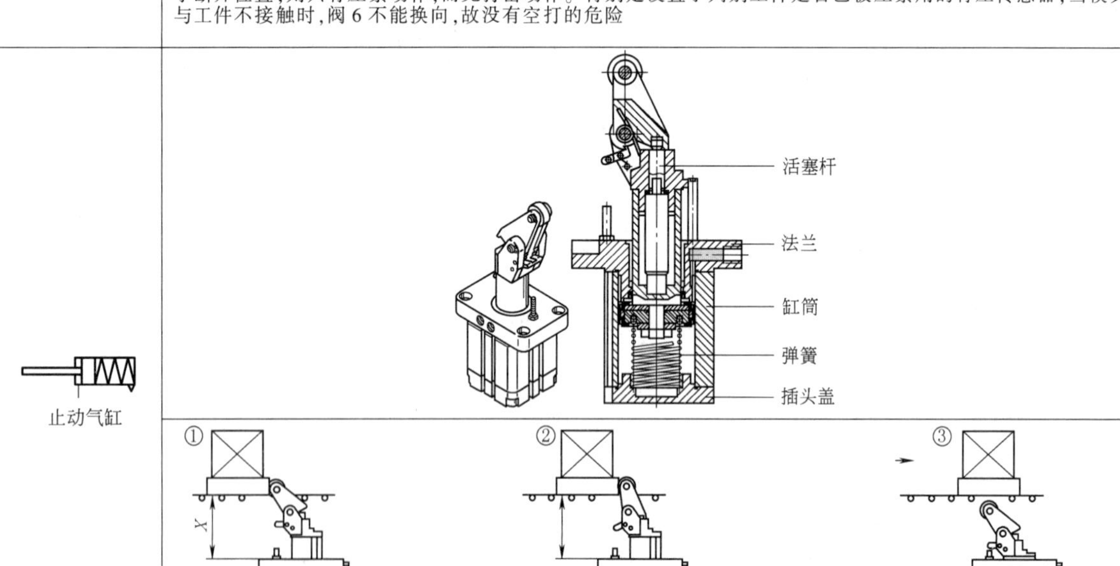

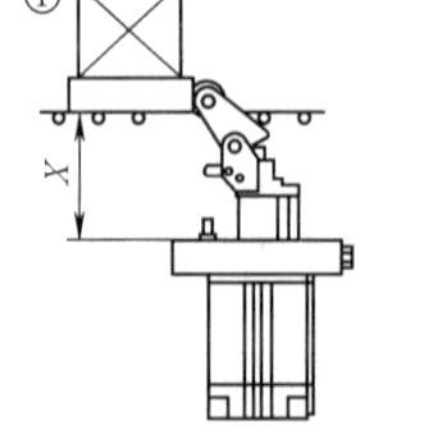

①通过活塞杆上的液压缓冲器，重物轻柔地止动
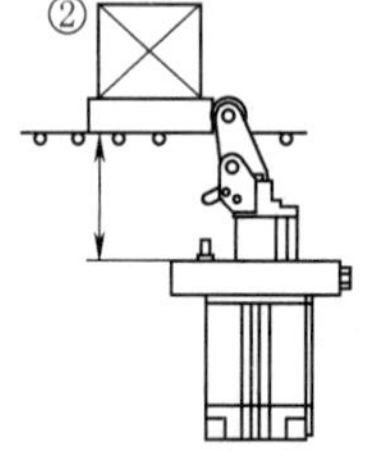

②滚轮杠杆缩回到终端位置时被卡紧，使得工件小车不会被缓冲器推回
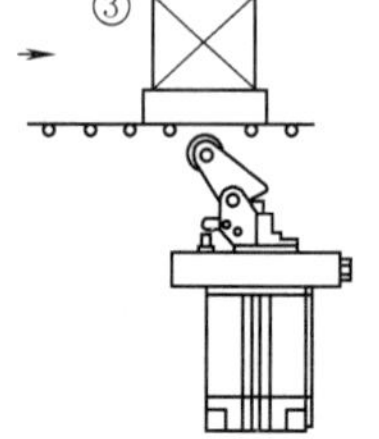

③在压缩空气作用下，工件小车被释放，滚轮杠杆同时被释放
</td>
</tr>
</table>

续表

	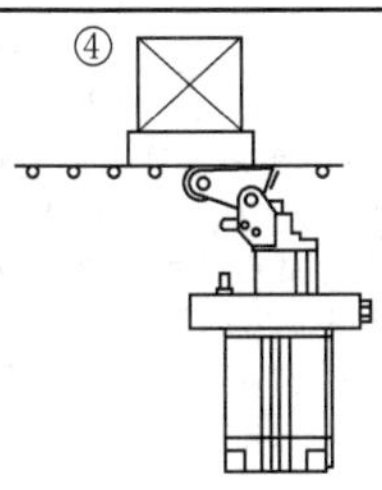 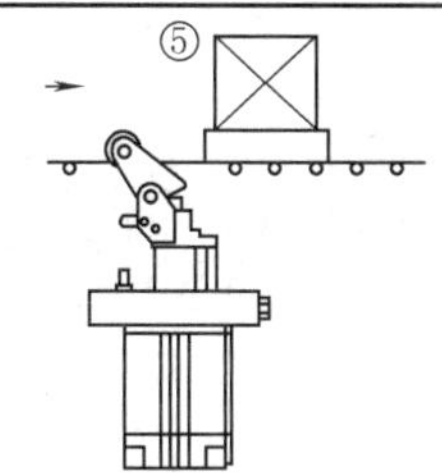 ④活塞杆在弹簧力或压缩空气作用下伸出。为防止工件小车被举起，滚轮杠杆向后倾 ⑤滚轮杠杆在弹簧力作用下升起，以准备阻挡下一辆工件小车
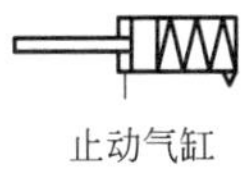 止动气缸	止动气缸是阻止自动线上工件随输送带移动，并使其停在某一工位的阻挡气缸，有的日本气动厂商称其为定程杆气缸，有单作用、双作用两种形式。通常缸径在 ϕ20～80mm，工作压力在 10bar。被阻挡的工件质量与运行速度关系，见图 y 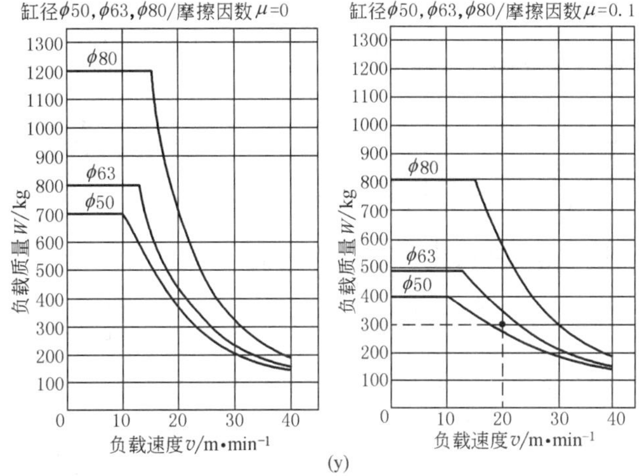 (y)
气动增压器 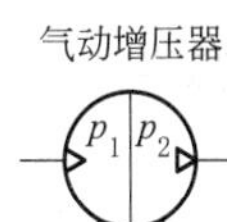	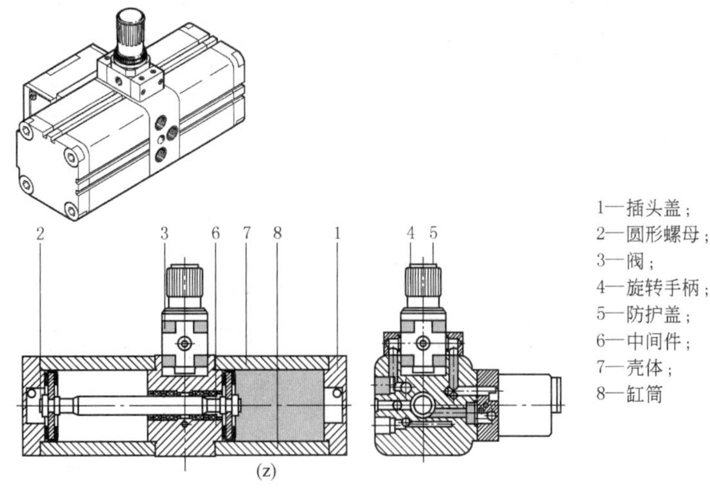 (z) 增压器是将原来的压缩空气压力增加 2 倍或 4 倍 当原来某一压力的压缩空气接入增压器时，分两路：一路气源通过两个单向阀直接接入小气缸（增压用）两端（A 腔、B 腔），另一路气源则通过减压阀、换向阀通入大气缸（驱动用）的 B 腔。大气缸 A 腔通过电磁阀排气。当大气缸活塞向左移动时，小气缸的 B 腔增压，并通过单向阀向出口处输出高压气体；小活塞运动到终点，触动换向阀换向，大气缸 A 腔右移，B 腔通过换向阀排气。同时，小气缸 A 腔增压，增压的压缩空气通过单向阀向出口处输出高压气体。出口的高压压缩空气反馈到调压阀，可使出口压力自动保持在某一值，调节减压阀手柄，便能得到增压范围内的任意设定的出口压力 若出口反馈压力与调压阀的可调弹簧力相平衡，增压阀就停止运转，不再输出流量

续表

气液增压缸	(a′) 气液增压缸原理 1—气缸；2—柱塞；3—油缸 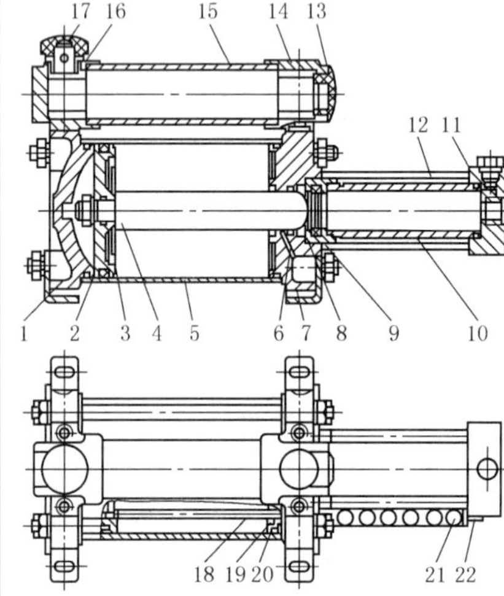 (b′) 直动式气液增压缸结构 1—气缸体后盖；2—活塞；3—显示杆支承板；4—活塞杆；5—气缸体；6—防尘密封圈；7—气缸体前盖；8—油缸端套；9—Y形密封圈；10—油缸体；11—油缸端盖；12—螺栓；13—圆形油标；14—油缸前座；15—油筒；16—油筒后座；17—加油口盖；18—行程显示杆；19—O形密封圈；20—压板；21—行程显示管；22—显示管支架 气液增压缸是以低压压缩空气为动力，按增压比转换为高压油的装置。其工作原理如图 a′所示。压缩空气从气缸 a 口输入，推动活塞带动柱塞向前移动，当与负载平衡时，根据帕斯卡原理：“封闭的液体能把外加的压强大小不变地向各个方向传递”，如不计摩擦阻力及弹簧反力，则由气缸活塞受力平衡求得输出的油压 p_2 $$\frac{\pi}{4}D^2p_1\times10^6=\frac{\pi}{4}d^2p_2\times10^6$$ $$p_2=\frac{D^2}{d^2}p_1$$ 式中 p_1——输入气缸的空气压力，MPa p_2——缸内的油压力，MPa D——气缸活塞直径，m d——气缸柱塞直径，m D^2/d^2 称为增压比，由此可见油缸的油压为气压的 D^2/d^2 倍，D/d 越大，则增压比也越大。但由于刚度和强度的影响，油缸直径不可能太小。因此通常取 $D/d=3.0\sim5.5$，一般取 $d=30\sim50$mm。机械效率为 80%~85% 气液增压缸的优点如下 ①能将 0.4~0.6MPa 低压空气的能量很方便地转换成高压油压能量，压力可达 8~15MPa，从而使夹具外形尺寸小，结构紧凑，传递总力可达$(1\sim8)\times10^3$N，可取代用液压泵等复杂的机械液压装置 ②由于一般夹具的动作时间短，夹紧工作时间长，采用气液增加装置的夹具，在夹紧工作时间内，只需要保持压力而无需消耗流量，在理论上是不消耗功率的，这一点是一般液压传动夹具所不能达到的 ③油液只在装卸工件的短时间内流动一次，所以油温与室温接近，且漏油很少 图 b′是直动式气液增压缸。由气缸和油缸两部分组成，气缸由气动换向阀控制前后往复直线运动，气缸活塞杆就是油缸活塞。气缸活塞处于初始位置(缸压位置)时，油缸活塞处油缸脱开，此时增加缸上部的油筒内油液与夹具油路沟通，使夹具充满压力油，电磁阀通电后，压缩空气进入增压腔内，使气缸活塞 2 前进，先将油筒与夹具的油路封闭，活塞继续前进，就使夹具体内的油压逐步升高，起到增压、夹紧工件的作用。电磁阀失电后，增压缸活塞返回到初始位置，油压下降，气液夹具在弹簧力作用下使液压油回到油筒内
气液阻尼缸	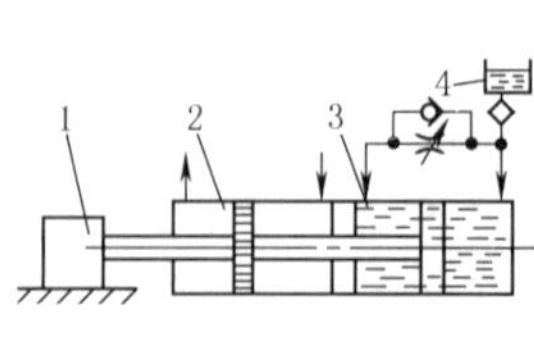 (c′) 串联式气液阻尼缸 1—负载；2—气缸； 3—油缸；4—信号油杯 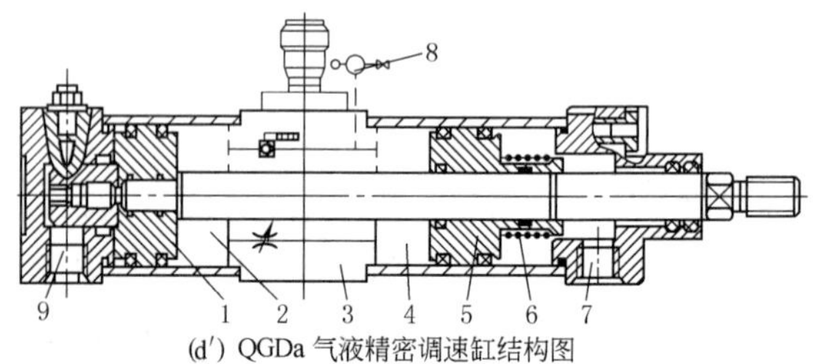 (d′) QGDa 气液精密调速缸结构图 1，5—活塞；2，4—油腔； 3—控制装置；6—补偿弹簧； 7，9—进排气口；8—压力容器 气缸的工作介质通常是可压缩的空气，气缸动作快，但速度较难控制，当负载变化较大时，容易产生“爬行”或“自走”现象。油缸的工作介质通常是不可压缩的液压油，动作不如气缸快，但速度易于控制，当负载变化较大时，不易产生“爬行”或“自走”现象。充分利用气动和液压的优点，用气缸产生驱动力，用油缸进行阻尼，可调节运动速度。工作原理是：当气缸活塞左行时，带动油缸活塞一起运动，油缸左腔排油，单向阀关闭，油只能通过节流阀排入油缸的右腔内，调节节流阀开度，控制排油速度，达到调节气-液阻尼气缸活塞的运动速度。液压单向节流阀可以实现慢速前进及快速退回。气控开关阀可在前进过程中的任意段实现快速运动

续表

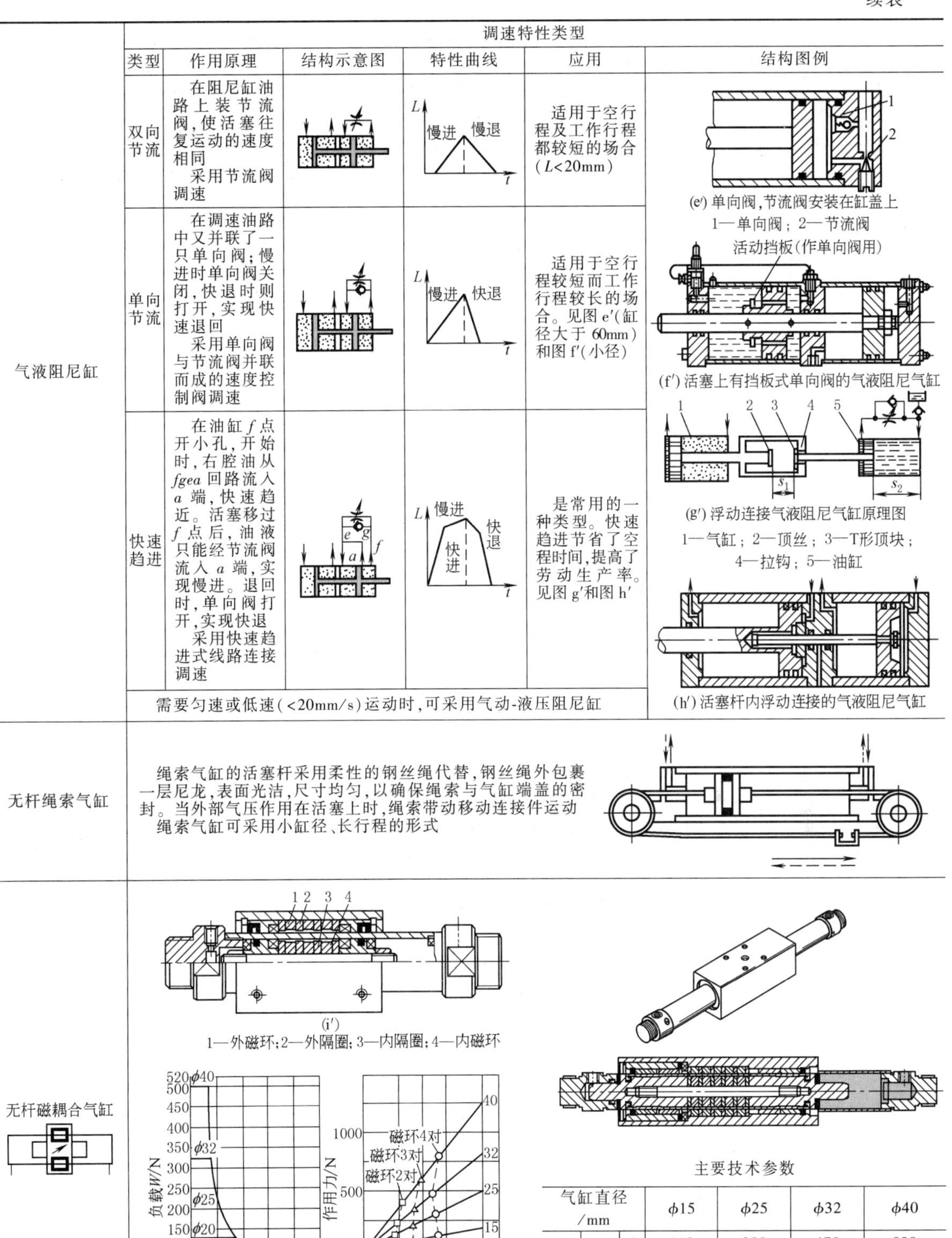

	调速特性类型					结构图例
	类型	作用原理	结构示意图	特性曲线	应用	
气液阻尼缸	双向节流	在阻尼缸油路上装节流阀，使活塞往复运动的速度相同 采用节流阀调速		L 慢进 慢退 t	适用于空行程及工作行程都较短的场合（$L<20$mm）	(e′) 单向阀，节流阀安装在缸盖上 1—单向阀；2—节流阀
	单向节流	在调速油路中又并联了一只单向阀；慢进时单向阀关闭，快退时则打开，实现快速退回 采用单向阀与节流阀并联而成的速度控制阀调速		L 慢进 快退 t	适用于空行程较短而工作行程较长的场合。见图 e′(缸径大于 60mm) 和图 f′(小径)	活动挡板（作单向阀用） (f′) 活塞上有挡板式单向阀的气液阻尼气缸
	快速趋进	在油缸 f 点开小孔，开始时，右腔油从 $fgea$ 回路流入 a 端，快速趋近。活塞移过 f 点后，油液只能经节流阀流入 a 端，实现慢进。退回时，单向阀打开，实现快退 采用快速趋进式线路连接调速	e g f a	L 慢进 快进 快退 t	是常用的一种类型。快速趋进节省了空程时间，提高了劳动生产率。见图 g′和图 h′	(g′) 浮动连接气液阻尼气缸原理图 1—气缸；2—顶丝；3—T形顶块；4—拉钩；5—油缸 (h′) 活塞杆内浮动连接的气液阻尼气缸
	需要匀速或低速（<20mm/s）运动时，可采用气动-液压阻尼缸					
无杆绳索气缸	绳索气缸的活塞杆采用柔性的钢丝绳代替，钢丝绳外包裹一层尼龙，表面光洁，尺寸均匀，以确保绳索与气缸端盖的密封。当外部气压作用在活塞上时，绳索带动移动连接件运动 绳索气缸可采用小缸径、长行程的形式					
无杆磁耦合气缸						

(i′)
1—外磁环；2—外隔圈；3—内隔圈；4—内磁环

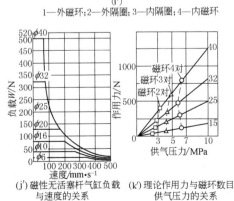

(j′) 磁性无活塞杆气缸负载与速度的关系

(k′) 理论作用力与磁环数目供气压力的关系

主要技术参数

气缸直径 /mm			$\phi15$	$\phi25$	$\phi32$	$\phi40$
磁铁吸力 /N	磁铁数目	4	112	300	470	800
		3	69	210	340	600
		2	20	130	230	400
行程长度 /mm			5~1000	5~2000	5~2000	5~2000

续表

<table>
<tr>
<td>无杆磁耦合气缸
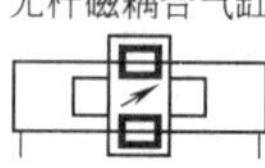</td>
<td colspan="2">是在活塞上安装一组强磁性的永久磁环，一般为稀土磁性材料。磁力线通过薄壁缸筒（不锈钢或铝合金无导磁材料等）与套在外面的另一组磁环作用，由于两组磁环极性相反，具有很强的吸力。当活塞在缸筒内被气压推动时，则在磁力作用下，带动缸筒外的磁环套一起移动。因此，气缸活塞的推力必须与磁环的吸力相适应。为增加吸力可以增加相应的磁环数目，磁力气缸中间不可能增加支撑点，当缸径≥25mm时，最大行程只能≤2m；当速度快、负载重时，内外磁环易脱开，因此必须按图j′所示的负载和速度关系选用。这种气缸重量轻、体积小、无外部泄漏，适用于无泄漏的场合，维修保养方便，但只限用于小缸径（6～40mm）的规格，可用于开闭门（如汽车车门、数控机床门）、机械手坐标移动定位、组合机床进给装置、无心磨床的零件传送，自动线输送料、切割布匹和纸张等</td>
</tr>
<tr>
<td rowspan="3">带导轨无杆气缸
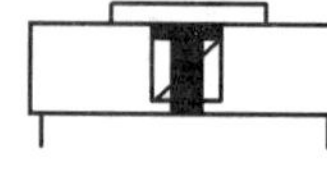</td>
<td colspan="2">在气缸缸管轴向开有一条槽，活塞与滑块在槽上部移动。为了防止泄漏及防尘需要，在开口部采用聚氨酯密封带和防尘不锈钢带固定在两端缸盖上，活塞与滑块连接为一体，带动固定在滑块上的执行机构实现往复运动。无活塞杆气缸最小缸径为ϕ8mm，最大为ϕ80mm，工作压力在1MPa以下，行程小于10m。其输出力比磁性无活塞杆气缸要大，标准型速度可达0.1～1.5m/s；高速型可达0.3～3.0m/s。但因结构复杂，必须有特殊的设备才能制造，密封带1及2的材料及安装都有严格的要求，否则不能保证密封及寿命。受负载力小，为了增加负载能力，必须增加导向机构
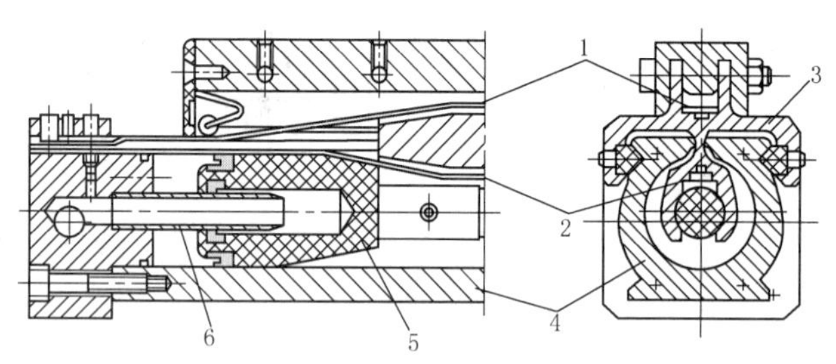

1—密封、防尘带；2—密封带；3—滑块；
4—缸筒；5—活塞；6—缓冲柱塞</td>
</tr>
<tr>
<td>最大许用支撑跨距L和负载F的关系</td>
<td>在气缸行程较长的情况下，需要中间支撑件以提高最大许用负载力
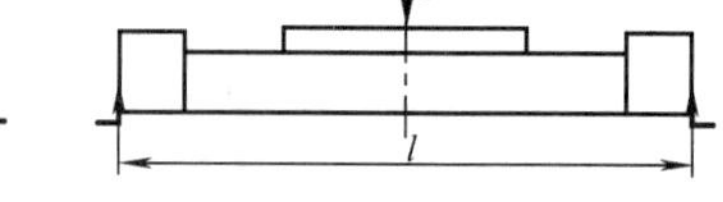

活塞直径ϕ18～40mm
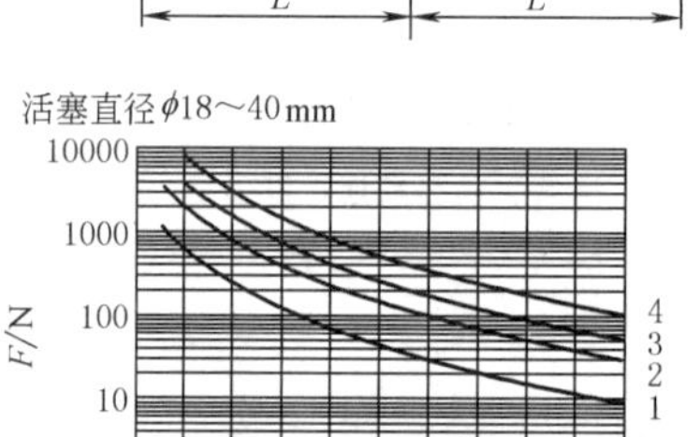

1—缸径18；2—缸径25；
3—缸径32；4—缸径40
活塞直径ϕ50～80mm
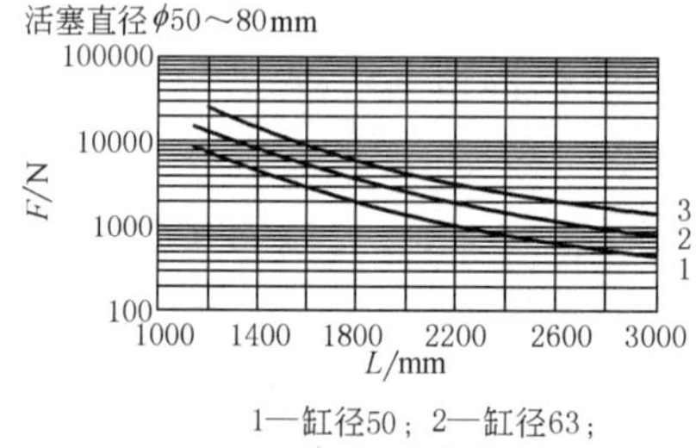

1—缸径50；2—缸径63；
3—缸径80</td>
</tr>
<tr>
<td>最大许用活塞速度v与移动负载m的关系</td>
<td>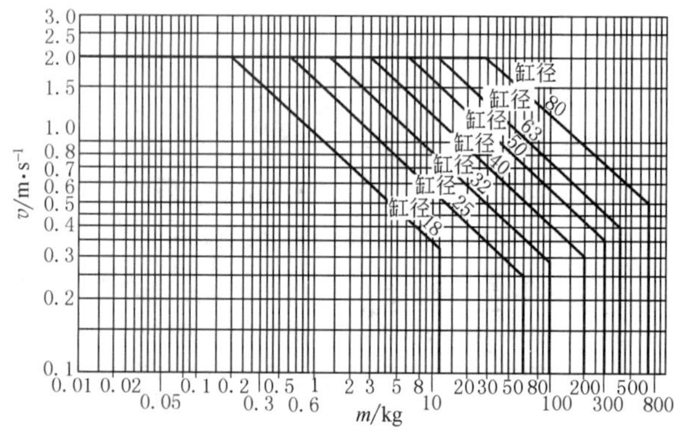
</td>
</tr>
</table>

续表

带导轨无杆气缸

许用力与转矩的关系

气动制造厂商通常会提供该产品许用力与转矩的技术参数，如下表所示。无杆气缸的选择必须考虑其受力情况。当无杆气缸同时受到多个力或力矩的作用，除了满足负载条件（表格中的负载条件）以外，还必须满足其方程公式。当力和力矩不能满足要求时，可采用带重载导向装置

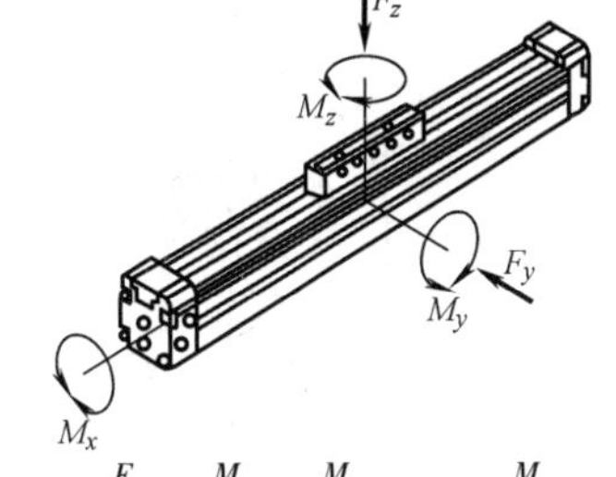

$$0.4\times\frac{F_z}{F_{zmax}}+\frac{M_x}{M_{xmax}}+\frac{M_y}{M_{ymax}}+0.2\times\frac{M_z}{M_{zmax}}\leqslant 1$$

$$\frac{F_z}{F_{zmax}}\leqslant 1 \quad \frac{M_z}{M_{zmax}}\leqslant 1$$

许用力和转矩 \ 活塞直径 φ/mm	18	25	32	40	50	63	80
F_{ymax}/N	—						
F_{zmax}/N	120	330	480	800	1200	1600	5000
M_{xmax}/N·m	0.5	1	2	4	7	8	32
M_{ymax}/N·m	11	20	40	60	120	120	750
M_{zmax}/N·m	1	3	5	8	15	24	140

带重载导向装置

气动制造厂商通常会提供该产品许用力与转矩的技术参数，如下表所示。带重载导向装置的选择，必须考虑其受力情况。当带重载导向装置的滑块同时受到多个力或力矩的作用，除了满足负载条件（表格中的负载条件）以外，还必须满足其方程公式

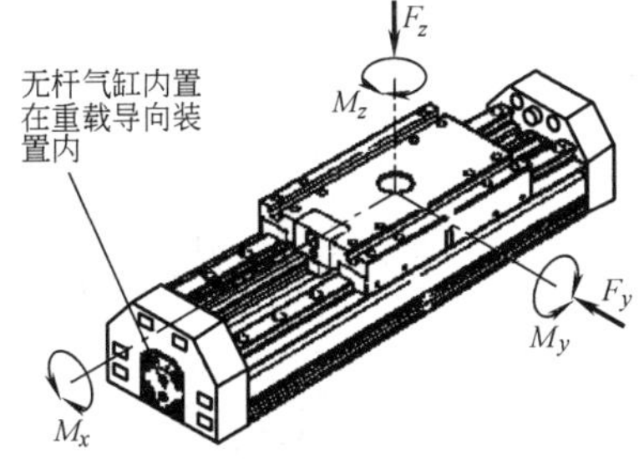

$$\frac{F_y}{F_{ymax}}+\frac{F_z}{F_{zmax}}+\frac{M_x}{M_{xmax}}+\frac{M_y}{M_{ymax}}+\frac{M_z}{M_{zmax}}\leqslant 1$$

许用力和转矩 \ 活塞直径 φ/mm	HD18	HD25	HD40
F_{ymax}/N	1820	5400	5400
F_{zmax}/N	1820	5600	5600
M_{xmax}/N·m	70	260	375
M_{ymax}/N·m	115	415	560
M_{zmax}/N·m	112	400	540

带锁紧机构的无杆气缸

带锁紧机构的无杆气缸在无锁紧状态下，如图 m′所示。图 l′为锁紧状态。此时管子内无压缩空气，安装在滑台内的自动弹簧产生弹簧力，压下制动保持器及制动瓦 1，并紧压制动板传递到制动瓦 2 产生摩擦阻力，阻止无杆气缸滑台运动。当管子接入压缩空气后，上下两个气流通道内的压缩空气同时作用，两个制动膜片向上运动，制动膜片使制动保持器向上移动，制动弹簧受到压缩，制动瓦 1 脱开制动板及制动瓦 2，无杆气缸可自由移动

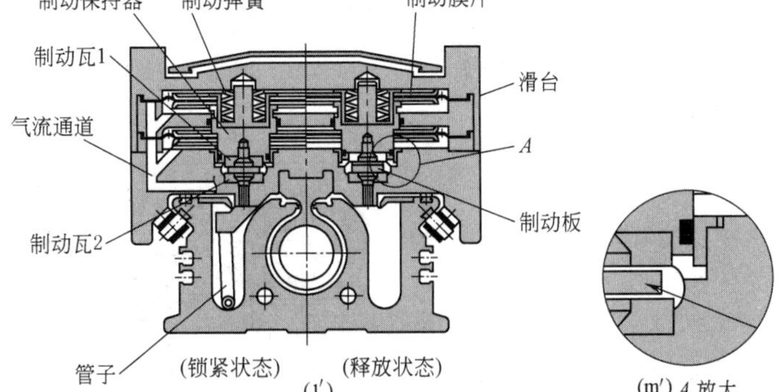

(锁紧状态)　(释放状态)

(l′)

(m′) A 放大

刹车精度如下表所示

活塞速度/mm·s^{-1}	100	300	500	800	1000
刹车精度/mm	±0.5	±1.0	±2.0	±3.0	±4.0

制动夹紧力为气缸驱动力的 1.25 倍

续表

叶片式摆动气缸	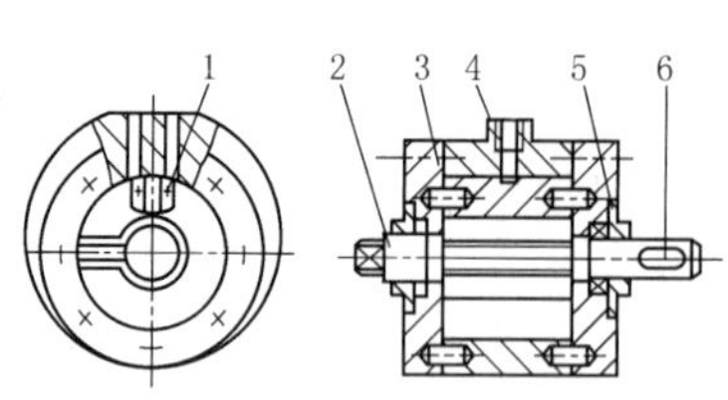 (n′) 单叶片式 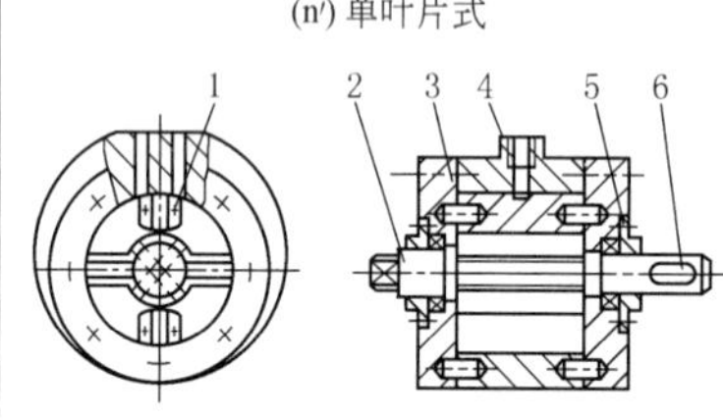 (o′) 双叶片式 1—定块；2—叶片轴；3—端盖； 4—缸体；5—轴承盖；6—键 叶片式摆动气缸分为单叶片式和双叶片式两种。单叶片输出轴摆动角度大，小于 360°，双叶片输出轴摆动角小于 180° 它是由叶片轴转子（输出轴）、定子、缸体和前后端盖等组成。定子和缸体固定在一起，叶片轴密封圈整体硫化在叶片轴上，前后端盖装有滑动轴承。这种摆动气缸输出效率 η 较低，因此，在应用上受到限制，一般只用在安装受到限制的场合，如夹具的回转、阀门开闭及工作转位等	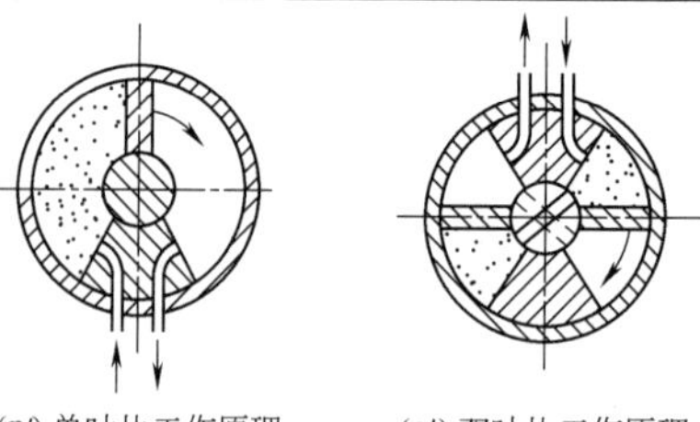 (p′) 单叶片工作原理　　(q′) 双叶片工作原理 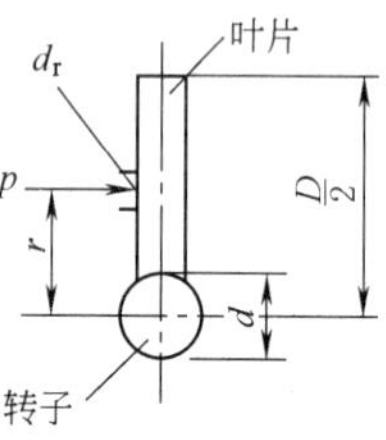 (r′) 单叶片摆动气缸 输出转矩计算图 在定子上有两条气路，单叶片左路进气时，右路排气，双叶片右路进气时，左路排气，压缩空气推动叶片带动转子顺时针摆动，反之，做逆时针摆动。通过换向阀改变进排气。因为单叶片式摆动气缸的气压力 p 是均匀分布作用在叶片上（图 r′），产生的转矩即理论输出转矩 T $$T=\frac{p\times10^6 b}{8}(D^2-d^2)\ (\mathrm{N\cdot m})$$ 式中　p——供气压力，MPa b——叶片轴向长度，m d——输出轴直径，m D——缸体内径，m 在输出转矩相同的摆动气缸中，叶片式体积最小，重量最轻，但制造精度要求高，较难实现理想的密封，防止叶片棱角部分泄漏是困难的，而且动密封接触面积大，阻力损失较大，故输出效率 η 低，小于 80% 实际输出转矩 $$T_{实}=\eta(T)\ (\mathrm{N\cdot m})$$
齿轮齿条式气缸	齿轮齿条式气缸可分为单活塞齿轮齿条式气缸（单活塞齿条、单齿轮）和双活塞齿轮齿条式气缸（双活塞齿条、单齿轮） 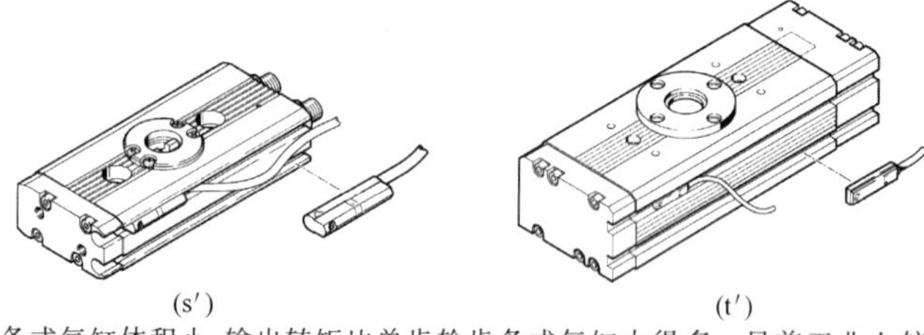 (s′)　　(t′) 由于双齿轮齿条式气缸体积小，输出转矩比单齿轮齿条式气缸大得多。目前工业上较多采用双齿轮齿条式气缸，双齿轮齿条式气缸的原理见图 u′ 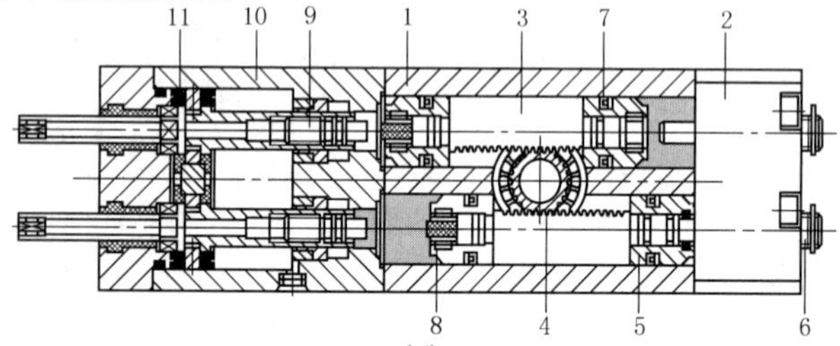 (u′) 1—缸筒(中心部分)；2—连接件端盖；3—齿轮齿条；4—小齿轮； 5—活塞；6—可调节轴套；7—活塞密封；8—终端位置缓冲橡胶； 9—中位模块位置阻挡杆；10—中位模块缸筒；11—中位模块大活塞	

续表

双齿轮齿条气缸的每一个进/排气口各分两路，分别交叉作用于两个气缸的活塞腔室。上下两齿条均与左右活塞组合成一个整体。位于中间的齿轮分别与上下两个齿条啮合，因此当外部电磁阀其中一路输出工作压力分两路交叉进入两个气缸的活塞时，上下两个齿条分别相向运动，产生双倍的推力，使得齿轮旋转

双齿轮齿条气缸的旋转角度可分 90°、180°、360°。如与中位模块组合使用，可使原旋转角度在中间位置时产生停顿功能，即当中位模块中的活塞 11 在气压作用下向右推进，使得位置阻挡杆 9 向右移动，并伸进双齿轮齿条气缸的腔室，阻止下面一组齿条活塞 5 在下一循环向左继续运动时不能停在原来终端位置，此时缓冲橡胶接触到 9 即为中间位置。中间位置停顿原理见图 v′

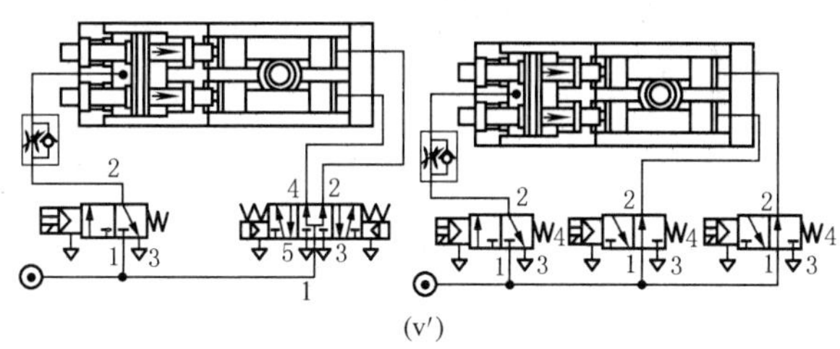

(v′)

双活塞齿轮齿条摆动气缸的缸径为 $\phi 6 \sim 50$mm，共 9 个系列，符合 ISO 标准缸径系列，根据样本资料，它的转矩为 0.16～50N·m。比如，对于 $\phi 50$mm 缸径的最大许用转动惯量为 2000×10^4kg·m^2 左右，指选用液压缓冲器最大许用转动惯量为 2000×10^4kg·m^2，最大许用转动惯量与摆动时间有关

通常制造厂商提供该产品的最大许用转动惯量、最大径向力、最大动态径向力等具体的技术参数

例 以 $\phi 16$mm 齿轮齿条摆动气缸为例，现有两个静态负载，一个是作用于离开法兰平面朝 Z 方向 15mm 的径向力 $F_y = 300$N；另一个是作用于离 X 轴中心朝 V 方向 25mm 的轴向力（推力）$F_x = 100$N，$\phi 16$mm 缸径的齿轮齿条气缸是否满足上述负载

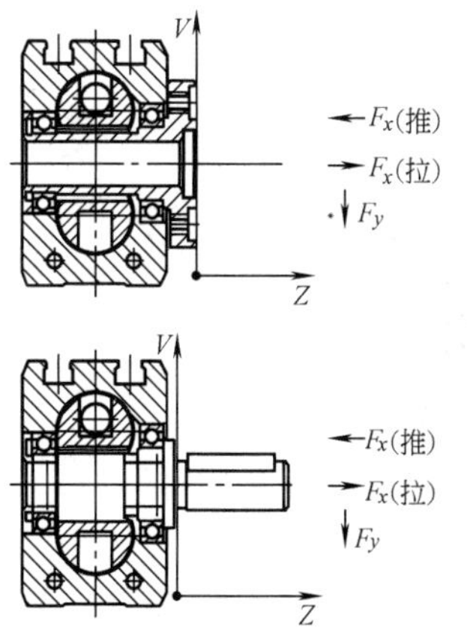

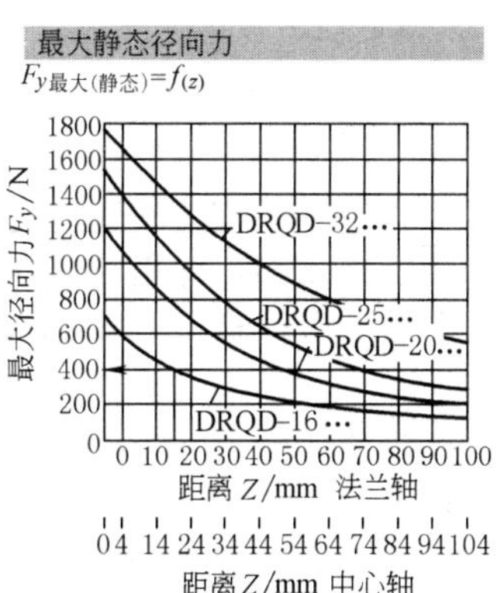

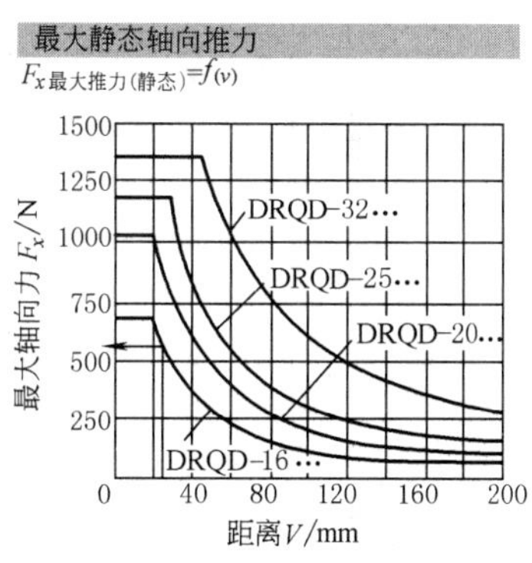

解：根据样本资料查得最大静态径向力 F_y 与 Z 方向距离的承载关系图，当 $Z = 15$mm 时，$F_y = 400$N

查最大静态轴向力（推力）F_x 与 V 方向距离的承载关系图，当 $V = 25$mm 时，$F_y = 550$N

根据合力负载计算公式

$$\frac{F_{y(Z)}}{F_{y\max(Z)}}+\frac{F_{x推力(V)}}{F_{x推力最大(V)}}+\frac{F_{x拉力(V)}}{F_{x拉力最大(V)}} \leqslant 1$$

$$\frac{300\text{N}}{400\text{N}}+\frac{100\text{N}}{550\text{N}} \leqslant 1 \quad 0.75+0.182 \leqslant 1$$

该气缸可以承受上述静态合力

续表

直线摆动夹紧气缸/直线摆动组合式气缸

直线摆动夹紧气缸

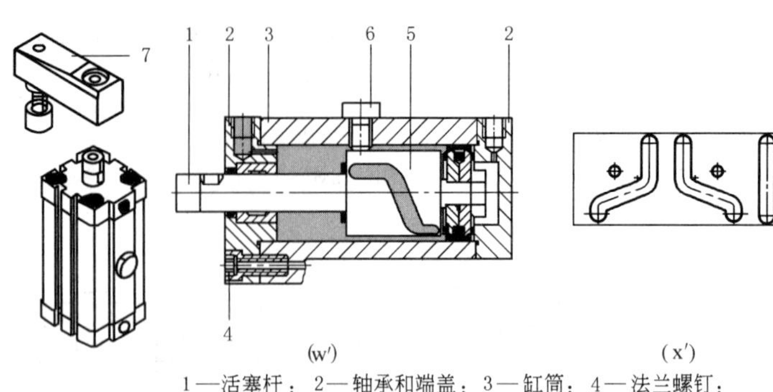

(w′) (x′)

1—活塞杆；2—轴承和端盖；3—缸筒；4—法兰螺钉；
5—导向套筒；6—销钉；7—压紧块

图 x′为导向套筒三种槽形:左旋运动、右旋运动或直线运动

通常导向套筒 5 具有两条导向螺旋槽,通过销钉与活塞杆 1 固定连接,气缸缸筒 3 上旋入法兰螺钉 4,并使法兰螺钉 4 嵌入导向套筒的螺旋槽内。当压缩空气进入前腔(或后腔)时,推动活塞运动,使得活塞杆及导向套筒一起运动。由于法兰螺钉 4 在缸体上处于固定状态,迫使导向套筒的螺旋槽相对法兰螺钉 4 做旋转/直线组合运动。此时,固定在活塞杆前端的压紧块 7 便可完成直线或螺旋旋转运动

导向套筒有左旋和右旋两个螺旋槽。如果选定某一旋转方向,只需松开法兰螺钉,重新确认所需旋转方向的螺旋槽,然后使法兰螺钉嵌入该螺旋槽便可。下表为直线摆动夹紧气缸的夹紧行程和夹紧力

缸径/mm	12	16	20	25	32	40	50	63
总的滑动行程/mm	19/29	20/30	22/32	22/32	28/38	28/38	41/71	41/71
夹紧行程/mm	10/20	10/20	10/20	10/20	10/20	10/20	20/50	20/50
夹紧力/N	51	90	121	227	362	633	990	1682
转动角度/(°)	90±1	90±1	90±1	90±1	90±1	90±1	90±1	90±1

直线摆动组合式气缸

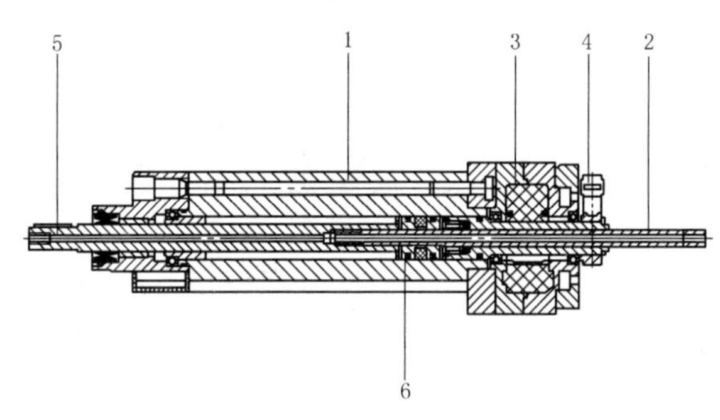

(a″) 直线摆动组合式气缸

1—缸筒；2—叶片摆动气缸方形主轴；3—旋转叶片；
4—止动挡块；5—活塞杆；6—活塞轴承

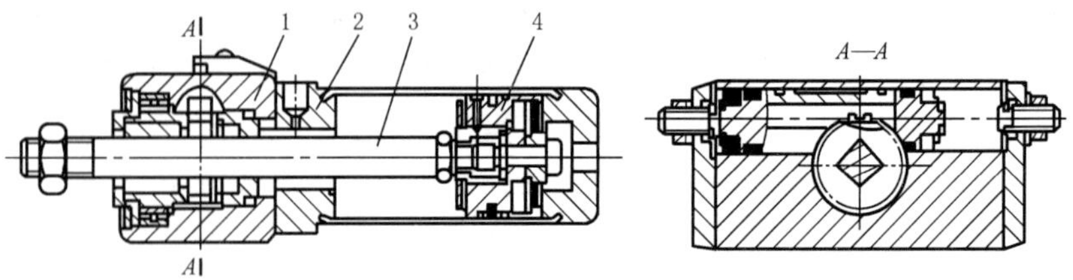

(b″) 伸摆气缸

1—齿轮齿条摆动气缸；2—气缸盖；3—方形活塞杆；4—主活塞

续表

直线摆动夹紧气缸/直线摆动组合式气缸	直线摆动组合式气缸	图a″为直线摆动组合气缸，有多种组合结构：一种是普通型气缸与叶片摆动气缸组合而成（称直线摆动组合式气缸）；另一种是普通型气缸和齿轮齿条组合而成（有些气动厂商称其为伸摆气缸）。叶片摆动气缸的主轴2为方形，与普通气缸的活塞杆5连成一体，叶片摆动气缸的旋转叶片3在旋转摆动时，带动活塞杆5使之摆动。它的直线靠作用在普通气缸部分的活塞6，使其活塞杆伸出、缩回运动。直线摆动组合气缸分别由两组进、排气口控制直线和旋转摆动运动 该气缸的规格以普通气缸的缸径来命名（ϕ16mm、ϕ20mm、ϕ25mm、ϕ32mm、ϕ40mm）。直线行程在20～160mm之间，最大基本摆角为270°（活塞杆回转最大偏差为2°）。根据缸径规格，它的转矩为1.25N·m、2.5N·m、5N·m、10N·m、20N·m 图b″为普通型气缸与齿轮齿条组合的伸摆气缸。它采用方形截面的活塞杆（普通气缸活塞杆），在气缸前端盖处设计一个齿轮齿条摆动气缸，其摆动角度为90°或180°，齿轮内为正方形孔与普通气缸的方形活塞杆相配。因此，该驱动器的活塞杆上便可得到一个直线/旋转的复合运动。需要说明的是，直线运动的主活塞与方形活塞杆为铰接连接，即方形活塞杆作旋转摆动时，主活塞本身不作旋转运动，它的直线行程在5～100mm之间，缸径ϕ32的转矩为1N·m，缸径ϕ40的转矩为1.9N·m
导向装置（配普通气缸）/导杆止动气缸/高精度导杆气缸	导向装置（配普通气缸）	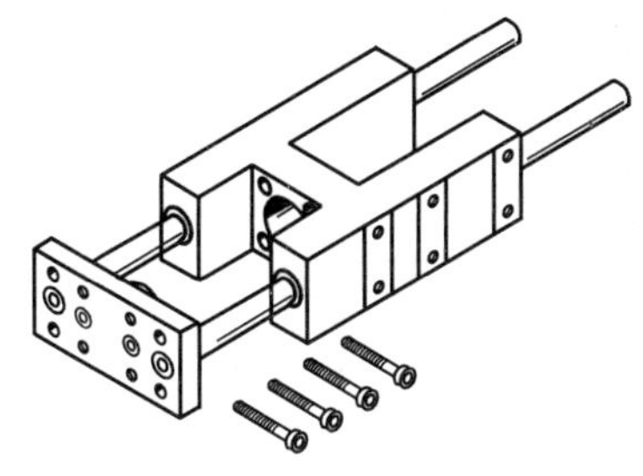 导向装置可防止活塞杆产生旋转并能承受较高的负载和转矩，所以与普通气缸配合使用十分广泛，符合GB/T 32336/ISO 15552的气缸连接界面尺寸。有的欧洲气动厂商也称其为气缸导向架。导向装置内的两个导杆的导向系统可采用滑动轴承或滚珠轴承，滑动轴承承载能力大，但运动速度不如滚珠轴承的导向系统
	导杆止动气缸	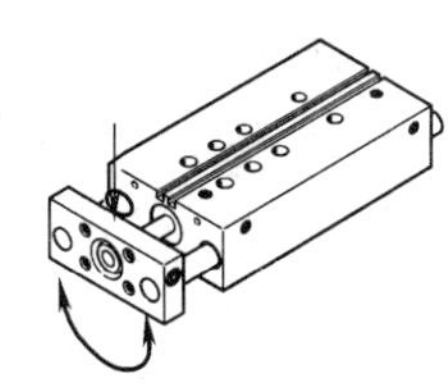 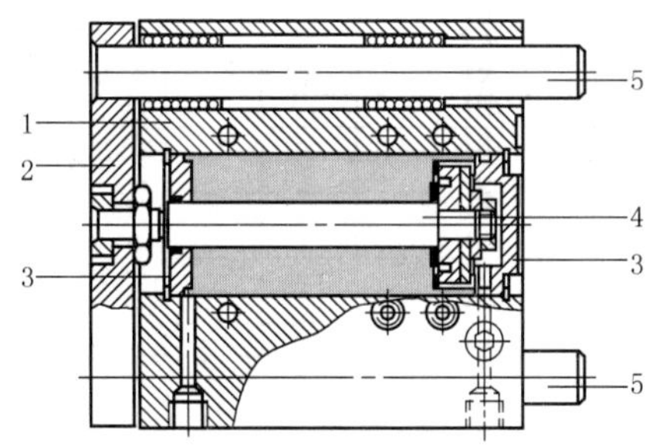 1—壳体；2—连接板；3—轴承和端盖；4—活塞杆；5—导杆 导杆止动气缸的名称有很多，一些欧洲公司称其为导向驱动器、导向和止动气缸，也有些日本气动厂商称其为新薄型带导杆气缸。这是一种驱动和导向系统均在一个壳体内的气缸。由于采用一组直径较大的导杆作导向系统，可承受较大的转矩和径向力。对于滑动轴承结构，导杆止动气缸有较大的刚度；对于循环滚珠轴承的导向系统，适用于低摩擦或速度特别高的运动状态。此类气缸直径在ϕ12～100mm之间，行程在10～200mm之间。一些公司派生出小型导杆止动气缸，直径在ϕ4～10mm之间，行程在5～30mm之间。通常气动组件制造厂商会提供它的最大负载、转矩及耐冲击能量，见下表

续表

导向装置（配普通气缸）/导杆止动气缸/高精度导杆气缸

导杆止动气缸

滑动轴承GF和循环滚珠轴承KF导向装置的最大有效负载 $F(N)$ 图表

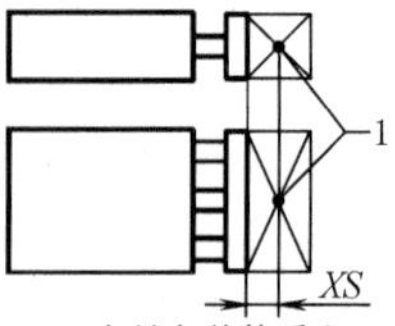

1
XS

1—有效负载的重心

N

活塞直径 ϕ /mm		XS /mm	行程/mm										
			10	20	25	30	40	50	80	100	125	160	200
12	GF	25	28	24	23	21	31	28	22	19	—	—	—
	KF		27	23	21	20	23	22	20	19	—	—	—
16	GF	50	63	56	53	51	73	67	55	49	—	—	—
	KF		45	31	27	24	58	56	51	48	—	—	—
20	GF	50	—	67	64	61	110	103	86	77	—	—	—
	KF		—	45	39	35	91	88	80	75	—	—	—
25	GF	50	—	121	116	112	123	115	96	86	—	—	—
	KF		—	88	86	84	100	97	89	85	—	—	—
32	GF	50	—	188	180	173	161	150	166	150	168	146	127
	KF		—	120	118	116	112	109	134	128	144	135	126
40	GF	50	—	—	180	—	—	150	166	150	168	146	127
	KF		—	—	118	—	—	109	134	128	144	135	126
50	GF	50	—	—	257	—	—	216	234	212	229	200	174
	KF		—	—	182	—	—	168	201	193	211	199	188
63	GF	50	—	—	257	—	—	216	234	212	229	200	174
	KF		—	—	182	—	—	168	201	193	211	199	188
80	GF	125	—	—	276	—	—	311	352	329	304	274	245
	KF		—	—	220	—	—	275	329	318	306	291	277
100	GF	125	—	—	452	—	—	509	568	533	494	446	400
	KF		—	—	332	—	—	415	495	480	463	442	422

滑动轴承GF和循环滚珠轴承KF导向装置的许用转矩负载

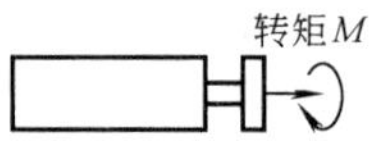

转矩 M

N·m

活塞直径 ϕ /mm		行程/mm										
		10	20	25	30	40	50	80	100	125	160	200
12	GF	0.60	0.50	0.48	0.45	0.65	0.60	0.45	0.40	—	—	—
	KF	0.55	0.47	0.44	0.42	0.47	0.45	0.41	0.38	—	—	—
16	GF	1.44	1.30	1.23	1.18	1.68	1.56	1.28	1.14	—	—	—
	KF	1.03	0.71	0.62	0.55	1.34	1.29	1.18	1.12	—	—	—
20	GF	—	1.85	1.75	1.70	3.00	2.80	2.35	2.10	—	—	—
	KF	—	1.30	1.13	1.01	2.64	2.56	2.34	2.23	—	—	—
25	GF	—	4.15	3.95	3.80	4.20	3.90	3.25	2.90	—	—	—
	KF	—	3.00	2.92	2.85	3.40	3.30	3.02	2.89	—	—	—
32	GF	—	7.30	7.00	6.70	6.20	5.80	6.40	5.80	6.50	5.70	5.00
	KF	—	4.70	4.60	4.55	4.40	4.25	5.25	5.00	5.60	5.25	4.90
40	GF	—	—	7.90	—	—	6.55	7.25	6.55	7.35	6.40	5.55
	KF	—	—	5.20	—	—	4.80	5.90	5.65	6.35	5.95	5.55
50	GF	—	—	14.15	—	—	11.85	12.85	11.65	12.55	11.00	9.60
	KF	—	—	10.00	—	—	9.30	11.00	10.60	11.60	11.00	10.30
63	GF	—	—	15.90	—	—	13.30	14.45	13.10	14.10	12.30	10.70
	KF	—	—	11.30	—	—	10.50	12.50	12.00	13.20	12.40	11.70
80	GF	—	—	21.40	—	—	24.20	27.20	25.50	23.50	21.30	19.00
	KF	—	—	17.10	—	—	21.30	25.50	24.70	23.70	22.60	21.50
100	GF	—	—	42.40	—	—	47.80	53.40	50.10	46.40	42.00	37.60
	KF	—	—	25.70	—	—	32.20	38.40	37.20	35.90	34.20	32.70

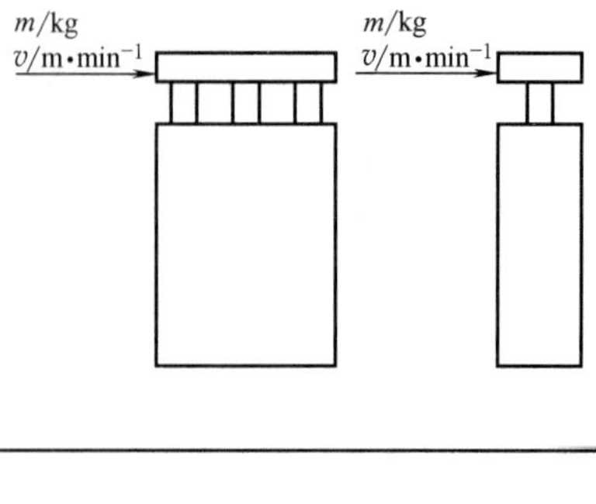

m/kg
v/m·min^{-1}

m/kg
v/m·min^{-1}

续表

<table>
<tr><td>导杆止动气缸</td><td>冲击质量 m 与冲击速度 v 之间的关系</td><td colspan="2">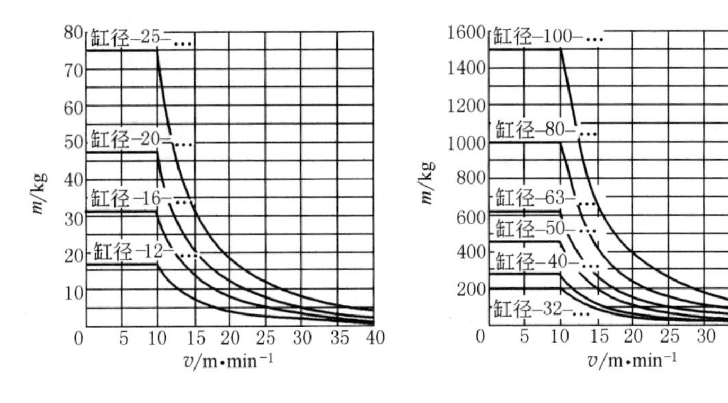</td></tr>
<tr><td rowspan="3">导向装置（配普通气缸）/导杆止动气缸/高精度导杆气缸</td><td rowspan="3">高精度导杆气缸</td><td>说明</td><td>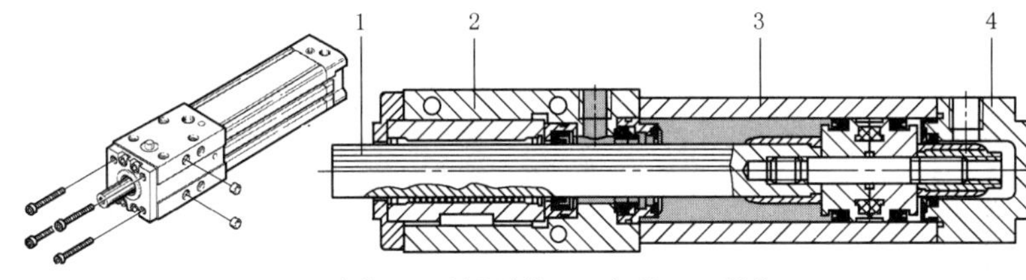
1—壳体；2—轴承端盖；3—缸筒；4—端盖
高精度导杆气缸的特点是气缸外形类同普通气缸，只是前端盖较长。其内部具有高精度导向装置（活塞杆与气缸前端盖之间运动摩擦副采用循环滚珠轴承），因此该气缸外形紧凑、导向精度高、活塞杆受径向力负载后挠度较小、抗转矩能力强，一些欧洲气动厂商称其为导向气缸，也有些日本气动厂商称其为高精度气缸。气缸的缸径在 ϕ10～80mm 之间，工作行程在 25～500mm 之间。最大动态力矩在 0.2～75N·m。缸体外壳有行程开关安装槽，它的安装方式在前端盖处</td></tr>
<tr><td>通过内螺纹的安装方式</td><td>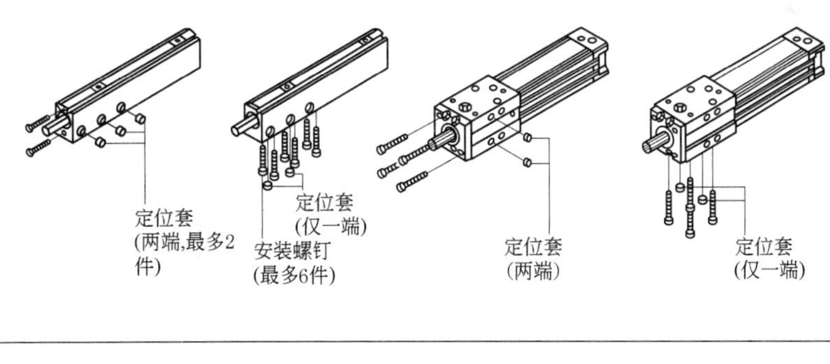</td></tr>
<tr><td>通过通孔的安装方式</td><td>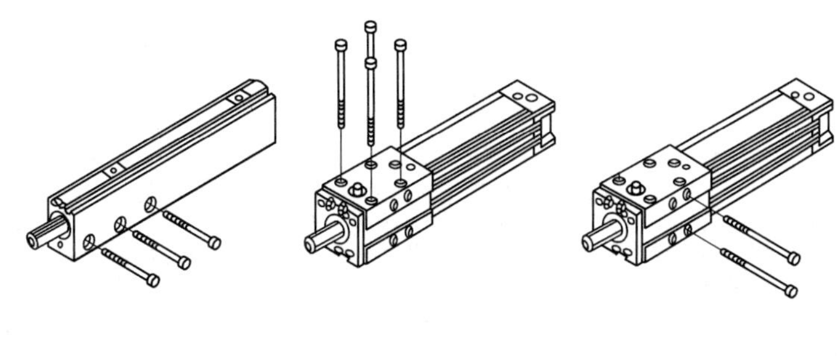</td></tr>
</table>

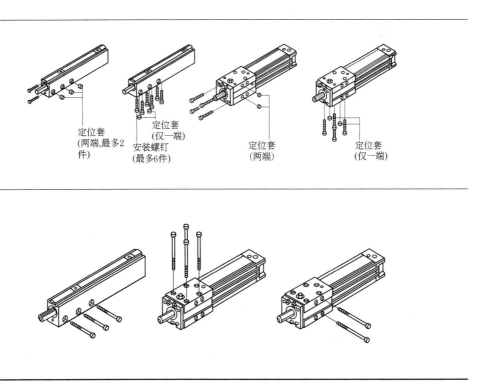

续表

<table>
<tr><td rowspan="1">导向装置（配普通气缸）/导杆止动气缸/高精度导杆气缸</td><td>高精度导杆气缸</td><td>实例</td><td>下面以缸径 φ50mm 的高精度导杆气缸为例。气动制造厂商提供的活塞杆上最大许用动态径向力 F_q 和力臂 L、活塞杆的挠度 f 和径向力 F_q 及活塞杆的扭转角度 α 和转矩 M 的关系 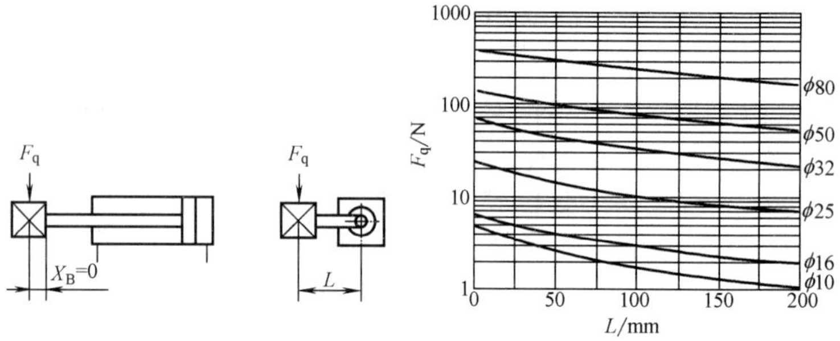

(c″) 活塞杆上最大许用动态径向力F_q和力臂 L 的关系 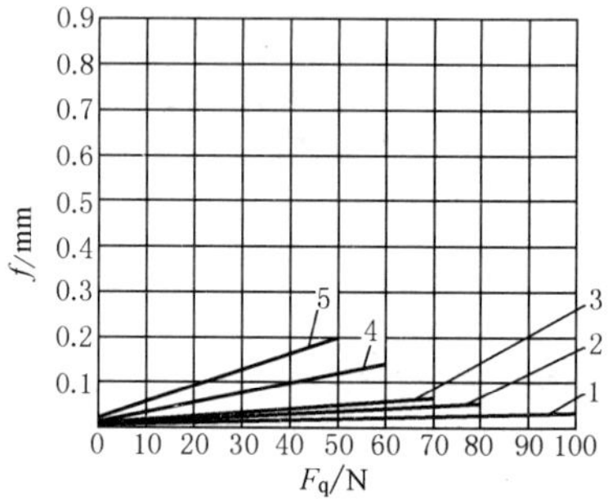

(d″) 活塞杆的挠度 f 和径向力F_q的关系 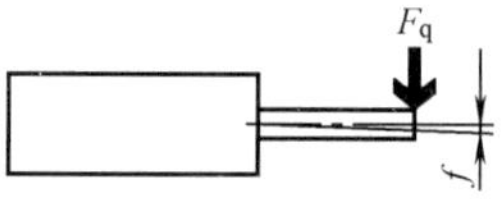
1— 50mm 行程；2— 80mm 行程；3—100mm 行程；4—160mm 行程；5—200mm 行程 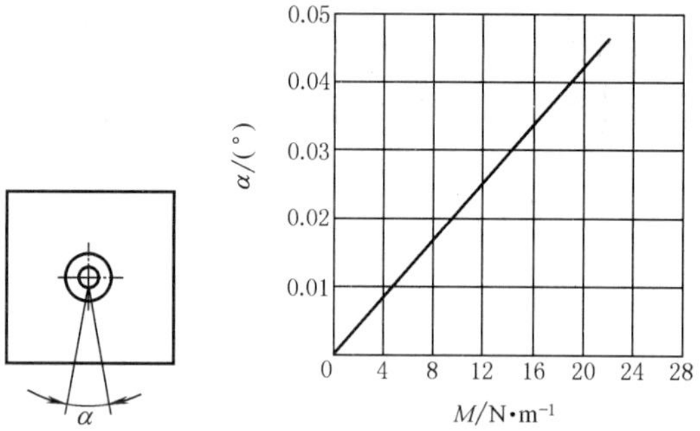

(e″) 活塞杆的扭转角度 α 和转矩M的关系</td></tr>
<tr><td>扁平型无杆直线驱动器/小型短行程滑块驱动器</td><td>小型短行程滑块驱动器（紧凑/狭窄/扁平）</td><td>概述</td><td>小型短行程滑块驱动器根据其外廓形状可分为紧凑型、狭窄型和扁平型滑块驱动器。一些欧美气动厂商统称其为小型滑台（精密/精巧型线性滑台）；一些日本气动厂商称其为气动滑台（窄型气动滑台、气动滑台、双缸型、分直线导轨、十字滚珠导轨、循环直线导轨等）。小型短行程滑块驱动器主要特性是滑块相对运动无间隙，并具有高转矩和高负载。由于小型短行程滑块驱动器为模块化设计，外形结构十分紧凑，不仅在普通场合下有良好的应用特性，在模块化的导向装置、气动机械手上均是不可缺少的重要组件之一</td></tr>
</table>

续表

小型短行程滑块驱动器/扁平型无杆直线驱动器 — 小型短行程滑块驱动器(紧凑/狭窄/扁平) — 紧凑型滑块驱动器

说明

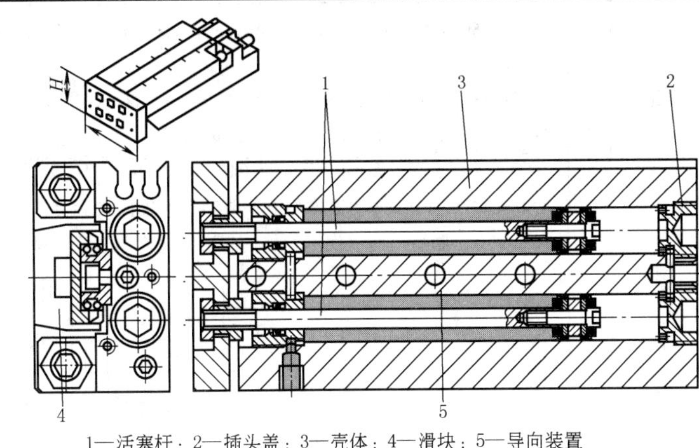

1—活塞杆；2—插头盖；3—壳体；4—滑块；5—导向装置

紧凑型滑块驱动器是一个大功率驱动器。它采用双缸同时推动滑台的紧凑型结构型式，气缸缸体上可安装弹性缓冲或液压缓冲器。大多数气动制造厂商将其设计成模块化结构，即滑台平面和前面均已设计有定位销孔及连接内螺纹。通过一些连接板可十分方便安装/被安装在其他驱动器上。它本身也可通过连接板与气爪等部件组合在一起使用。气缸缸径在 ϕ6～25mm 之间，行程在 10～200mm 之间，最大运动速度 0.8m/s，重复精度为 0.2mm

实例

下面给出制造厂商提供的以缸径 ϕ16mm 的紧凑型滑块驱动器为例：轴向、侧向和径向的动态、静态力矩及修正系数表

活塞直径 ϕ/mm	行程 /mm	许用负载						修正系数		
		静态			动态			A /mm	B /mm	C /mm
		M_{01} /N·m	M_{02} /N·m	M_{03} /N·m	M_{01} /N·m	M_{02} /N·m	M_{03} /N·m			
16	10	18	18	19	6.1	6.1	4.2	20.7	33	15.3
	20				4.7	4.7	3.4			
	30				4.2	4.2	3.0			
	40				3.8	3.8	2.7			
	50	21	21	20	4.6	4.6	2.8			
	80	34	34	27	6	6		24		
	100	60	60	36	9.1	9.1	3.2	31		
	125	109	109	49	12.6	12.6	3.5	41		
	150							54		

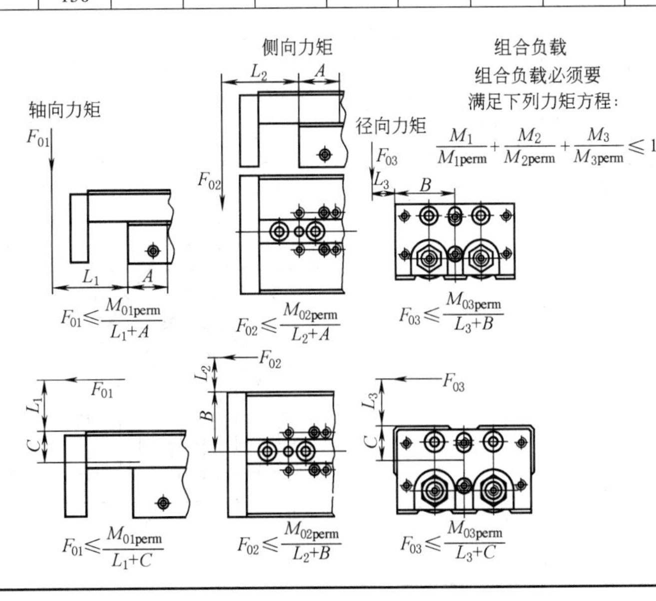

轴向力矩
侧向力矩
径向力矩
组合负载
组合负载必须要
满足下列力矩方程：
$\frac{M_1}{M_{1perm}}+\frac{M_2}{M_{2perm}}+\frac{M_3}{M_{3perm}}\leqslant 1$
$F_{01}\leqslant\frac{M_{01perm}}{L_1+A}$
$F_{02}\leqslant\frac{M_{02perm}}{L_2+A}$
$F_{03}\leqslant\frac{M_{03perm}}{L_3+B}$
$F_{01}\leqslant\frac{M_{01perm}}{L_1+C}$
$F_{02}\leqslant\frac{M_{02perm}}{L_2+B}$
$F_{03}\leqslant\frac{M_{03perm}}{L_3+C}$

续表

小型短行程滑块驱动器/扁平型无杆直线驱动器	小型短行程滑块驱动器(紧凑/狭窄/扁平)	紧凑型滑块驱动器	实例	以 ϕ16mm 的紧凑型滑块驱动器为例:当该驱动器行程为 30mm,力臂 $L_1=40$mm,需知道其 F_{01} 最大负载力 **解**:根据表格中的技术参数查得,$M_{01}=18\text{N}\cdot\text{m}$,修正系数 $A=20.7$mm 根据公式 $F_{01}\leqslant\dfrac{M_{01\text{perm}}}{L_1+A}$,$F_{01}\leqslant\dfrac{18\text{N}\cdot\text{m}}{0.04\text{m}+0.0207\text{m}}$,$F_{01}\leqslant 296.54\text{N}$ 由此得出,ϕ16mm 的紧凑型滑块驱动器的轴向最大负载 F_{01} 不得大于 296.54N 图 f″给出制造厂商提供不同规格的活塞速度与工作负载质量的关系 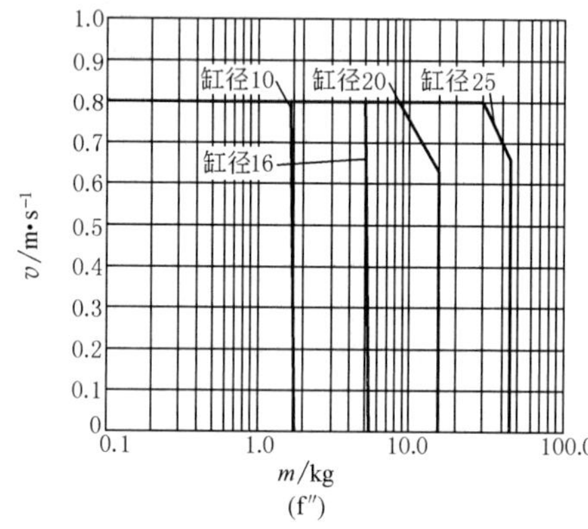 (f″)
		狭窄型滑块驱动器	说明	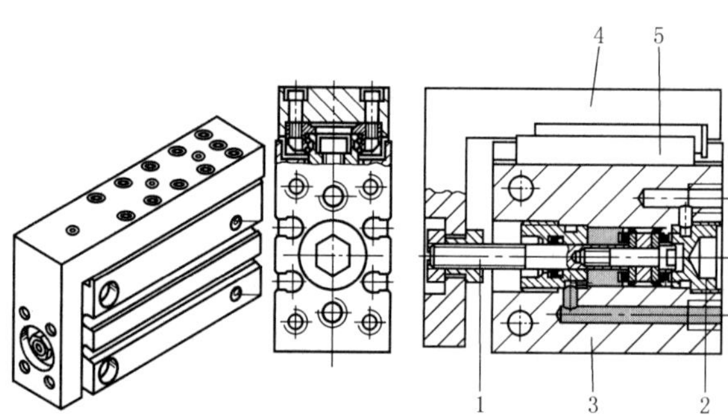 1—活塞杆;2—插头盖;3—壳体;4—滑块;5—导向装置 狭窄型滑块驱动器是一个单气缸与滑台(内置精密滚珠轴承)组合的驱动器,是由气缸推动滑台的一种结构方式,气缸终端为固定弹性缓冲。滑台平面和前面均有定位销孔和连接内螺纹。气缸缸径在 ϕ6~16mm 之间,行程在 5~30mm 之间。下图给出不同规格的狭长形驱动器的工作负载与活塞速度的关系。该狭窄型滑块驱动器的轴向、侧向和径向的动态、静态许用力矩的计算与紧凑型滑块驱动器一样,可从气动制造厂商给出的图表数据查得 图 g″给出制造厂商提供不同规格的活塞速度与工作负载质量的关系 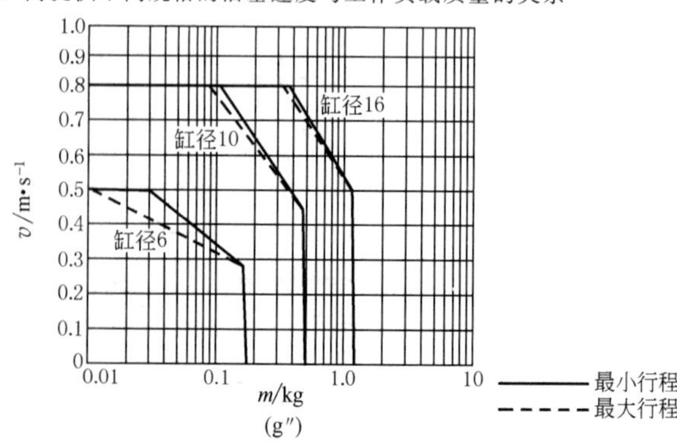 (g″)

续表

<table>
<tr>
<td rowspan="2">小型短行程滑块驱动器/扁平型无杆直线驱动器</td>
<td>小型短行程滑块驱动器（紧凑/狭窄/扁平）</td>
<td>扁平型滑块驱动器</td>
<td>说明</td>
<td>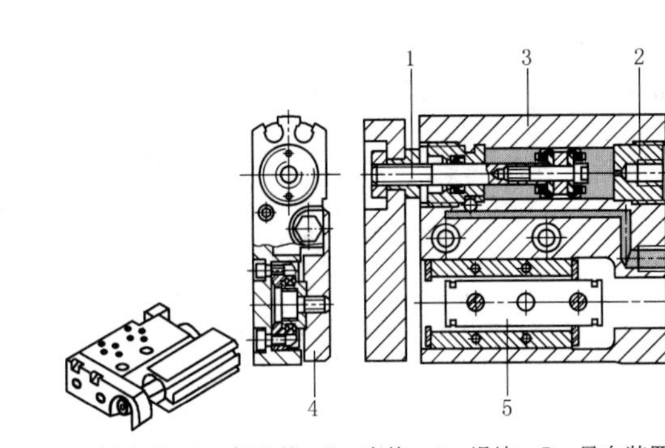

1—活塞杆；2—插头盖；3—壳体；4—滑块；5—导向装置
扁平型滑块驱动器是一个气缸与滑台（内置精密滚珠轴承）结合的驱动器。气缸推动滑台的一种结构方式，气缸终端为固定弹性缓冲，滑台平面及前面均有定位销孔和连接内螺纹。气缸缸径为 ϕ6～16mm，行程在 10～80mm。图 h″给出不同规格的扁平型滑块驱动器的工作负载质量与活塞速度的关系。该扁平型滑块驱动器的轴向、侧向和径向的动态、静态许用力矩的计算与紧凑型滑块驱动器一样，可从气动制造厂商给出的图表数据查得
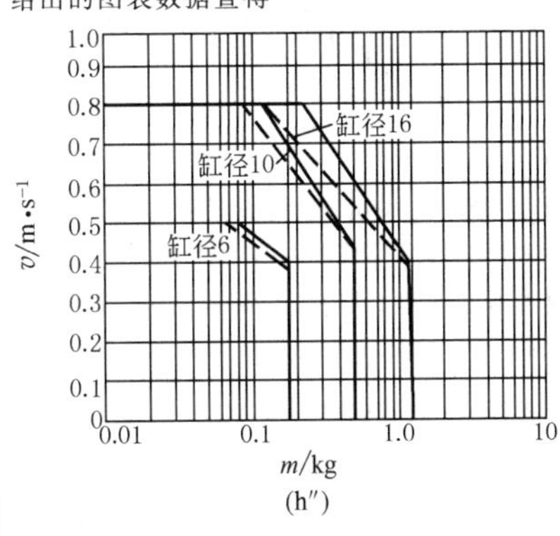

(h″)
—— 最小行程
– – – 最大行程</td>
</tr>
<tr>
<td colspan="4">扁平型无杆直线驱动器
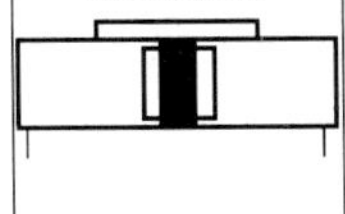
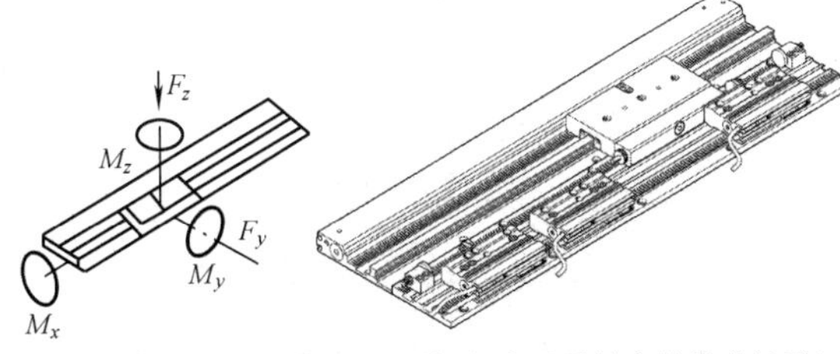

扁平型无杆直线驱动器是扁平的、具有精密导向单元（内置了精密的滚珠轴承）的无杆气缸，负载能力强。它的主要特性是非常扁平：当缸径为 ϕ8mm、宽为 53.5mm，它的高度仅为 15mm；当缸径为 ϕ12mm、宽为 64.5mm，它的高度仅为 18.5mm；当缸径为 ϕ18mm、宽为 85.5mm，它的高度仅为 25.5mm，特别适合于对高度空间要求苛刻条件下的应用，它的工作行程按缸径系列分别为 100～500mm、100～700mm、100～900mm。最大运动速度为 1～1.5m/s。采用模块化设计该驱动器具有多个中间停顿位置。停顿位置是由多个中间停顿位置模块来实现的，它是一个双作用 90°的摆动气缸（齿轮齿条原理制成）；停顿的位置可由用户使用螺钉和沟槽螺母将其固定在导轨上。一个中间停顿模块可实现一个中间位置。通过中间停顿位置模块上的带锁紧螺母的止动螺钉，可对中间定位位置进行精密微调，扁平型无杆直线驱动器两端配有终端挡块，终端挡块可对其终端位置进行精密的调节。该驱动器滑块两边装有带橡胶缓冲器或液压缓冲器
注意选用合适的液压缓冲器与其相配。对某些空间要求苛刻的场合（如电子工业、小零件输送线），它能和其他小型滑块驱动器方便地组合成二轴、三轴的控制系统</td>
</tr>
</table>

续表

<table>
<tr><td rowspan="3">双活塞气缸/双缸滑台驱动器</td><td colspan="3">双活塞气缸和双缸滑台驱动器都是由两缸并列安装而成，驱动力增加一倍，空间节省一半。双活塞气缸的运动特征是缸体固定，活塞杆（含前法兰或后法兰）移动；对于双活塞气缸，一些欧洲公司称其为双活塞滑块驱动单元，一些日本气动制造厂商把两端方向出杆称为滑动装置气缸、单端方向出杆称为双联气缸。双活塞气缸和双缸滑台驱动器可组成两维运动
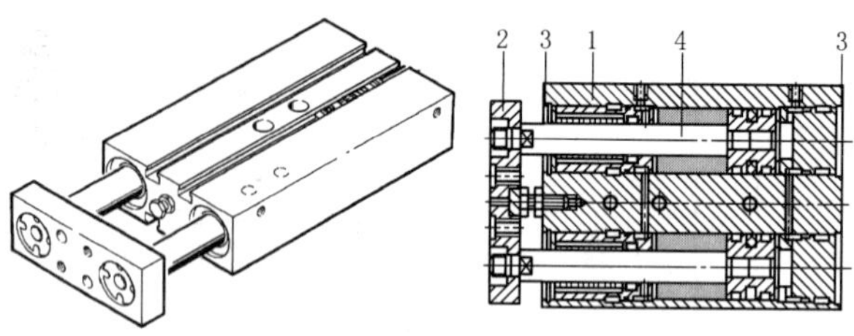

1—壳体；2—连接板；3—插头盖；4—活塞杆</td></tr>
<tr><td rowspan="2">双活塞气缸
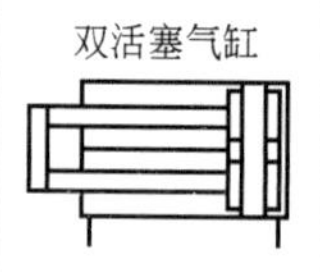
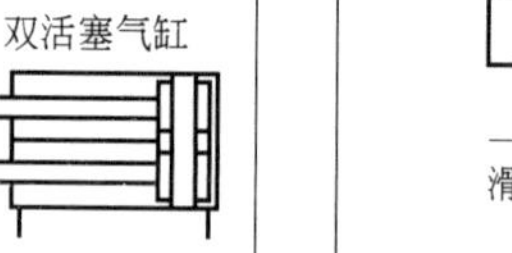</td><td colspan="2">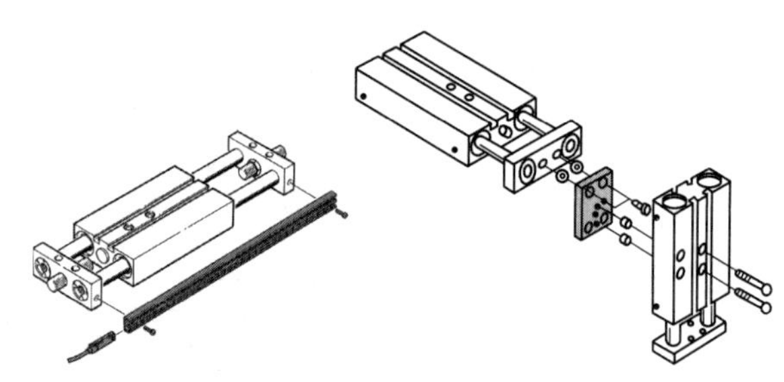
双活塞气缸可分为活塞杆单方向伸出（含前法兰），或活塞杆贯穿缸体两端伸出（含前、后法兰）。缸径为 ϕ10～32mm，行程在 10～100mm 之间。活塞杆贯穿缸体的双活塞气缸的承载能力比活塞杆单方向伸出的高。由于该类驱动器可组成两维空间运动，主要技术特性是负载的径向力 F_g（由径向力作用下，不同行程产生的活塞杆挠度）及其许用转矩 M。双活塞气缸的导向装置可分为滑动轴承和循环滚珠轴承两种形式，滑动轴承的承载能力比循环滚珠轴承高，但循环滚珠轴承的运动阻力小，适用于高速运动</td></tr>
<tr><td>许用转矩 M 和行程 l 的关系</td><td>图 i″中曲线参考了 FESTO 公司的 DPZ 单向伸出杆、DPZJ 两端伸出杆产品（GF 为滑动轴承导轨、KF 为滚珠轴承导轨）
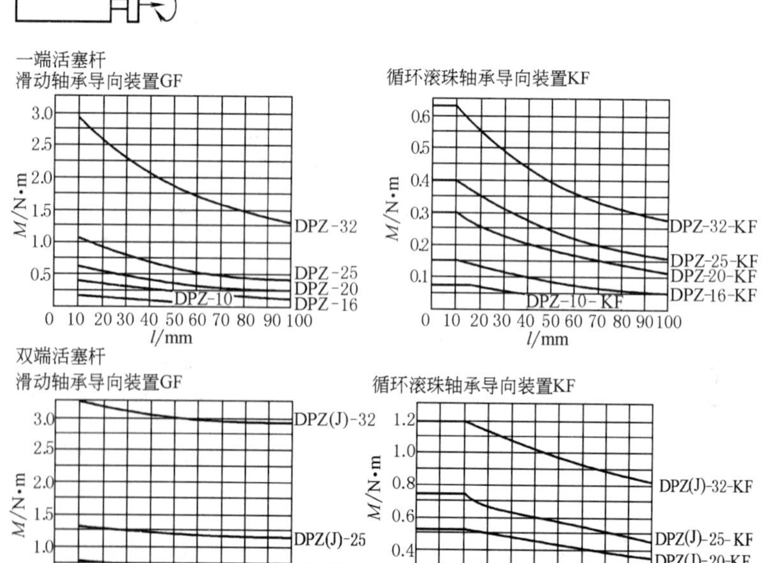

(i″)</td></tr>
</table>

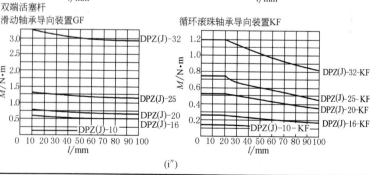

续表

双活塞气缸/双缸滑台驱动器

双缸滑台驱动器

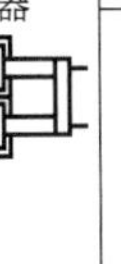

双缸滑台驱动器的运动特征是活塞杆(含前法兰或后法兰)固定,缸体(滑台)移动。一些日本气动制造厂商称其为滑动装置气缸。双缸滑台驱动器由于滑台运动,只有双活塞杆贯穿缸体一种形式。缸径为 ϕ10~32mm,行程在10~100mm之间。其导向装置可分为滑动轴承和循环滚珠轴承两种形式,滑动轴承的承载能力比循环滚珠轴承高,但循环滚珠轴承的运动阻力小,适用于高速运动

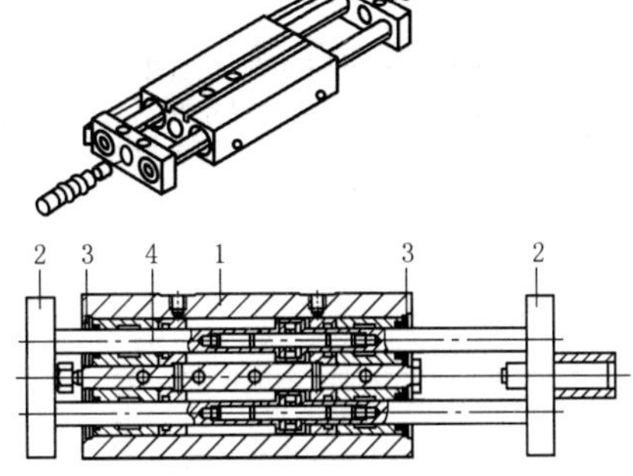

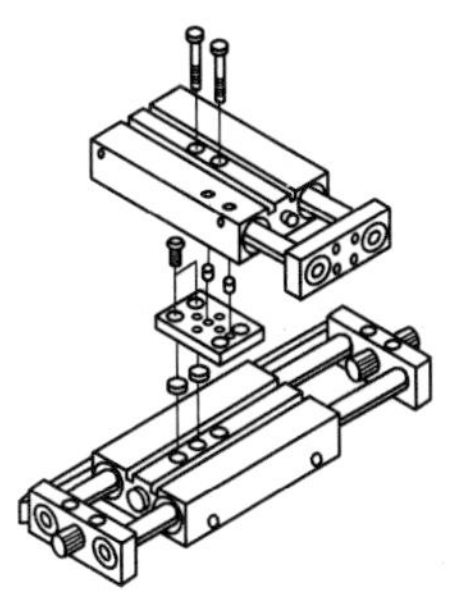

1—壳体;2—连接板;3—插头盖;4—活塞杆

许用承载能力与行程之间的关系详见图 j″

下列曲线参考了 FESTO 公司的 SPZ 产品(GF 为滑动轴承导轨、KF 为滚珠轴承导轨)

许用径向力 F_q 和行程 l 的关系

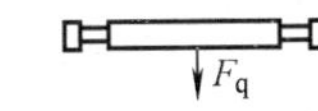

滑动轴承导向装置GF

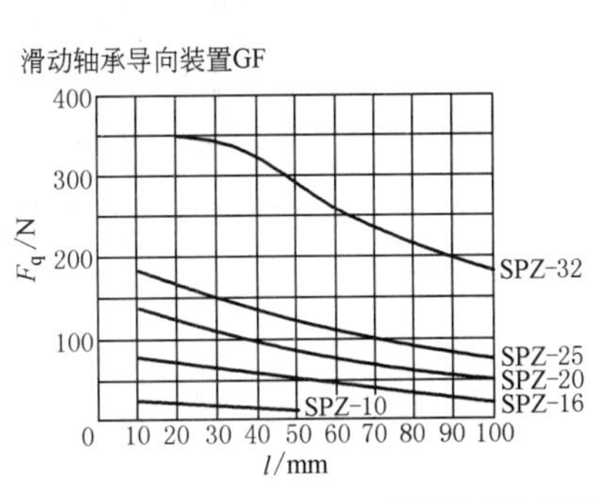

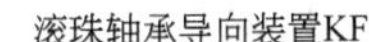

滚珠轴承导向装置KF

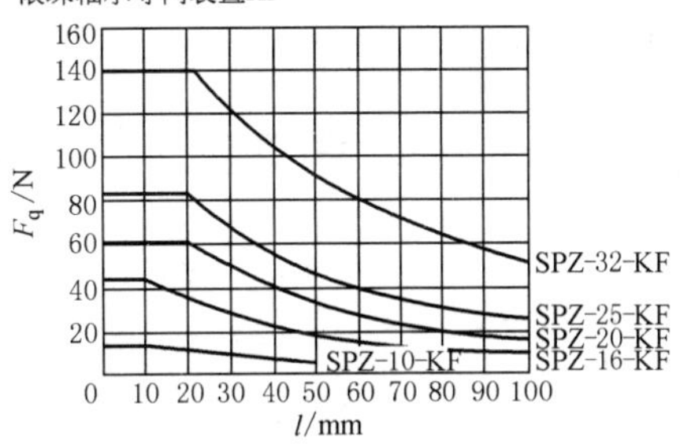

许用力矩 M_L 和行程 l 的关系

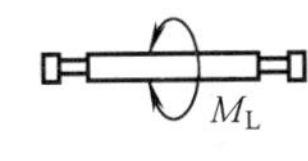

滑动轴承导向装置GF

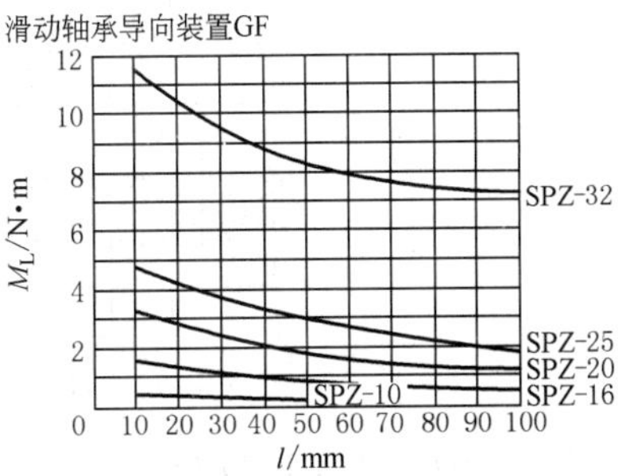

滚珠轴承导向装置KF

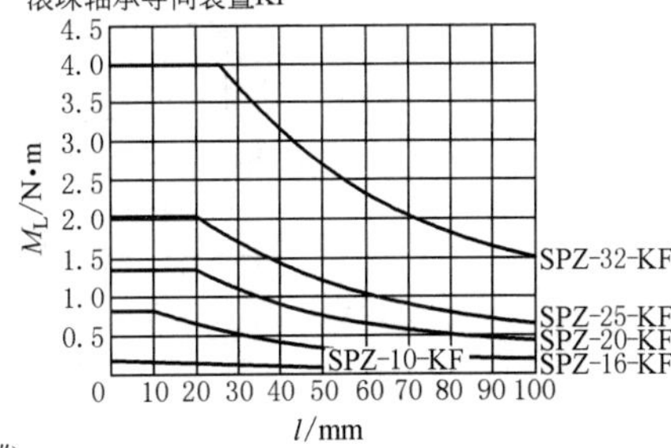

(j″)

续表

组合型直线驱动器/组合型滑台驱动器/组合型长行程滑台驱动器

概述

组合型直线驱动器、组合型滑台驱动器、组合型长行程滑台驱动器既可根据需要单独选用,又可以相互组合成二维、三维驱动的模块化装置。它与双活塞气缸/双缸滑台驱动器所组成的模块化系统相比,其行程活动范围更长。它的组合见下图 k″

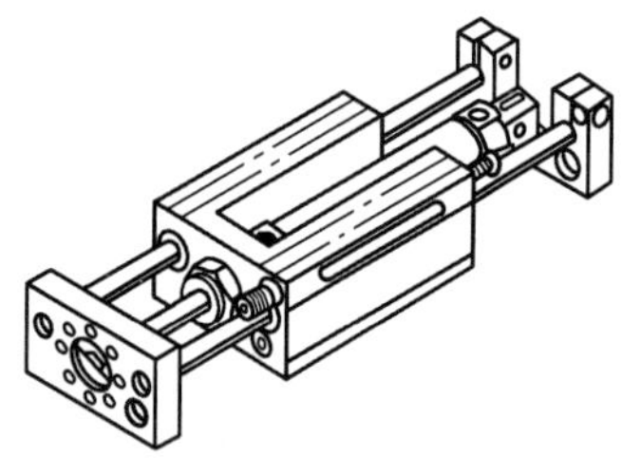

组合型直线驱动器

组合型直线驱动器是普通圆形气缸和直线导向单元的组合,气缸活塞运动推动前法兰,气缸缸径为 ϕ10~50mm,符合缸径标准系列,行程在 10~500mm 之间。直线导向单元的导向系统采用循环滚珠轴承,它的前端盖、后端盖可安装液压缓冲装置,组合式直线驱动器除了直接与另一个组合式直线驱动器及组合型长行程滑台驱动器直接连接组成二维、三维驱动的模块化装置之外,也可通过连接板与组合型滑台驱动器和其他驱动器连接成二维、三维驱动的模块化装置

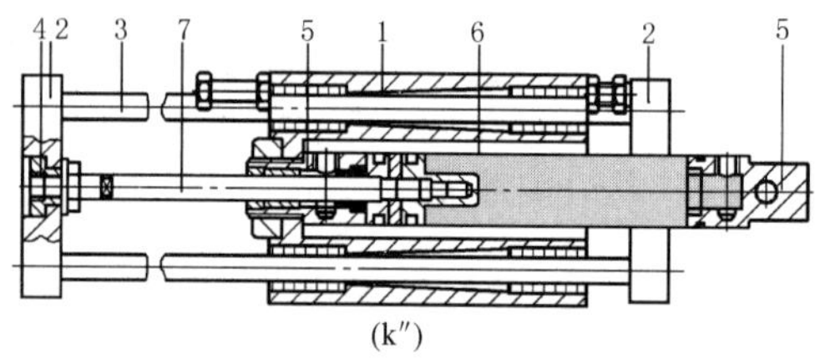

(k″)

1—壳体；2—连接板/端板；3—导杆；4—连接件；5—轴承和端盖；6—缸筒；7—活塞杆

该驱动器的许用有效负载、许用力矩与行程的关系详见图 l″和图 m″

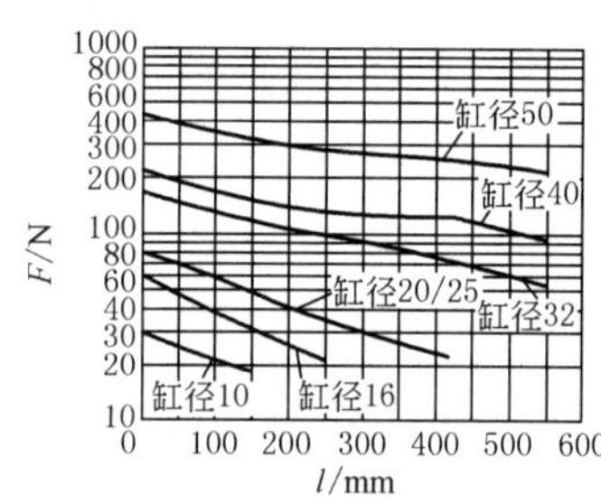

(l″) 许用有效负载 F 和行程 l 的关系

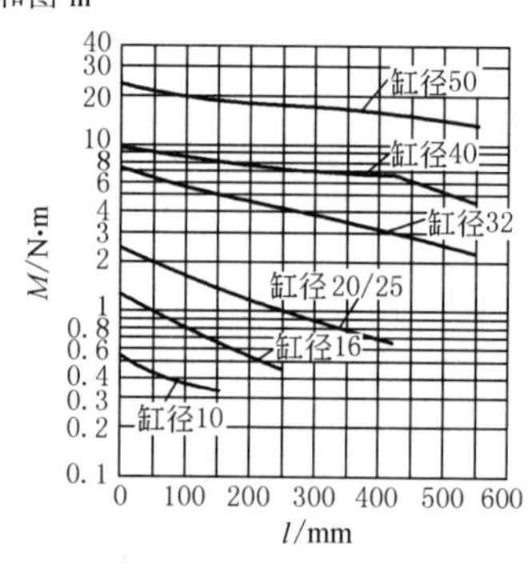

(m″) 许用力矩 M 和行程 l 的关系

该驱动器的负载与速度的关系详见图 n″

水平安装

$$F \geq m_L g$$

式中　g——9.81N/mm²

m_L——质量,kg

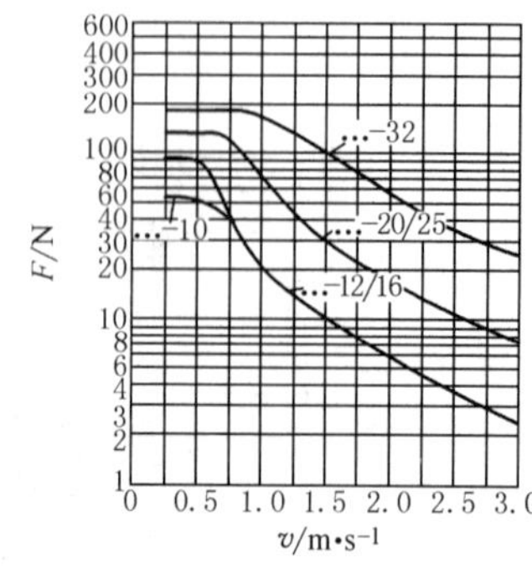

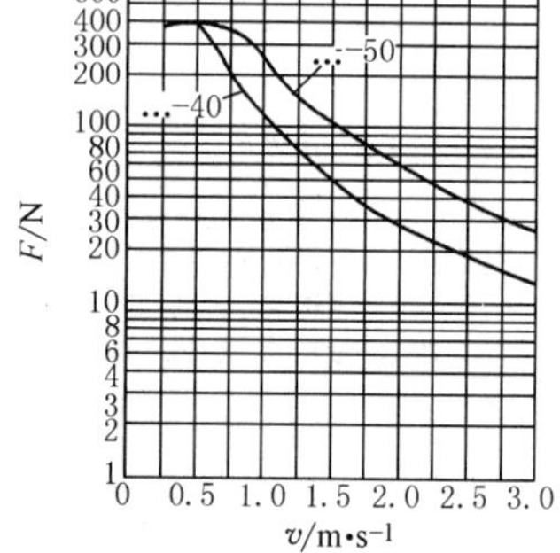

(n″) 许用缓冲器负载 F 和冲击速度 v 的关系

续表

组合型直线驱动器/组合型滑台驱动器/组合型长行程滑台驱动器	组合型滑台驱动器	组合型滑台驱动器是普通圆形气缸和一个滑块装置组合而成，气缸活塞杆与滑块连接在一起；气缸活塞运动推动滑块移动，气缸缸径为 ϕ10～50mm，符合 ISO 缸径标准系列，行程在 10～500mm 之间。滑块与导杆之间采用循环滚珠轴承，滑块前、后两端面可装有液压缓冲器。通过滑块平面二沟槽、中心定位孔及连接过渡板，可与其他驱动器组成二维、三维驱动的模块化装置 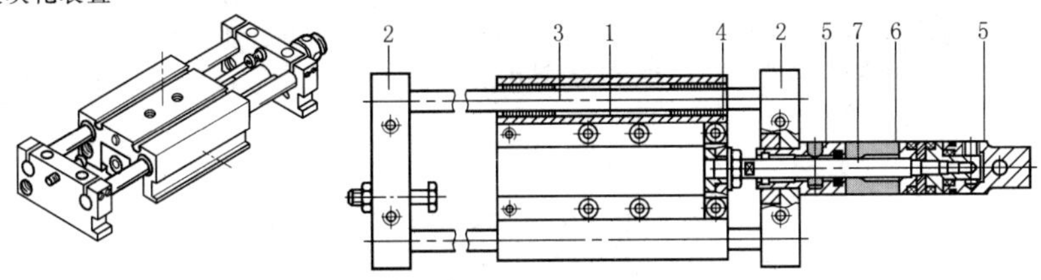 1—滑块；2—端板；3—导杆；4—连接件；5—轴承和端盖；6—缸筒；7—活塞杆
		该驱动器的许用负载、许用力矩与行程的关系详见图 o″和图 p″ 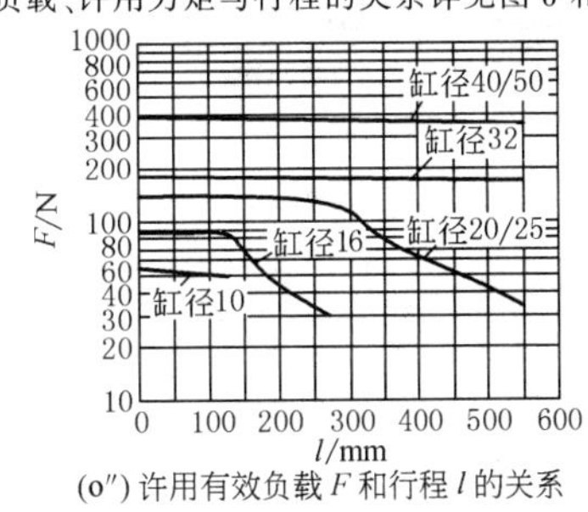 (o″) 许用有效负载 F 和行程 l 的关系 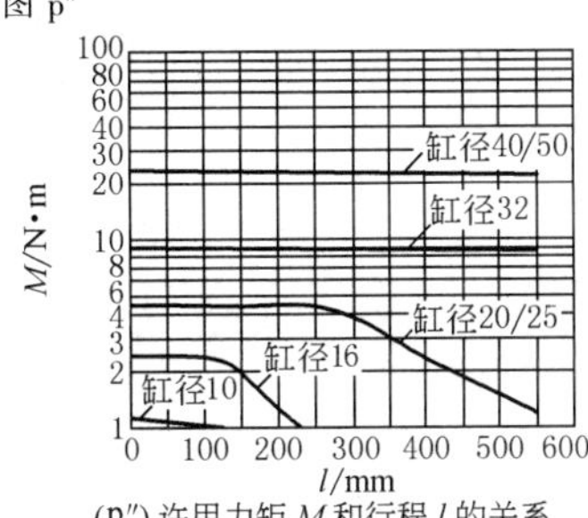 (p″) 许用力矩 M 和行程 l 的关系
		该驱动器的负载与速度的关系详见图 q″ 水平安装 $$F \geqslant m_L g$$ 式中　g——9.81N/mm² m_L——质量，kg 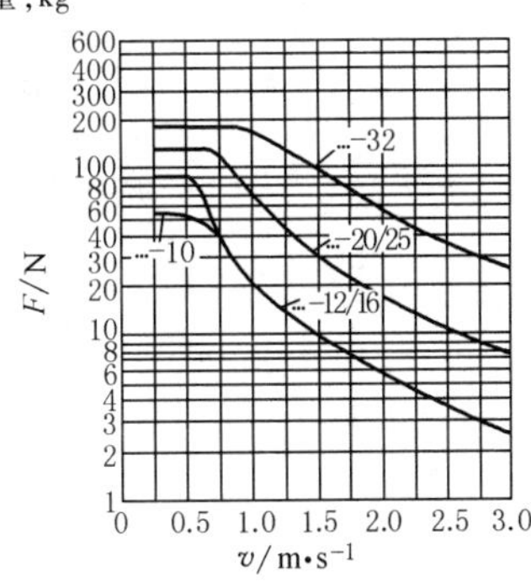 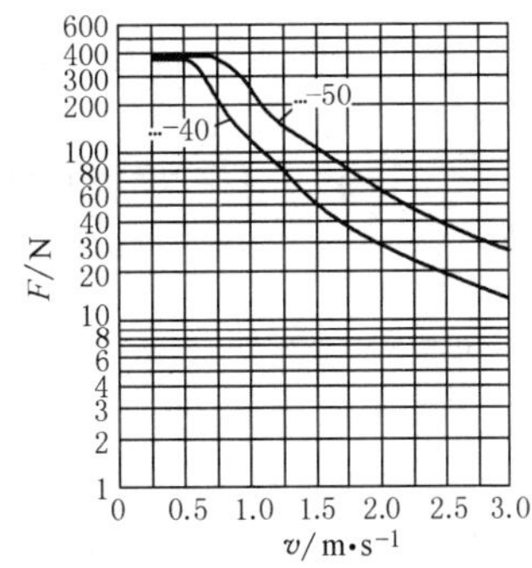 垂直安装 $$F \geqslant (m_L + m_E) g$$ 式中　g——9.81N/mm² m_E——移动质量(绝对质量)，kg m_L——质量，kg 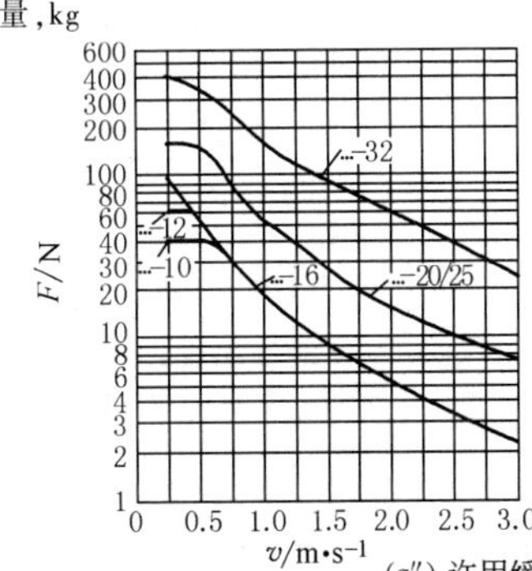 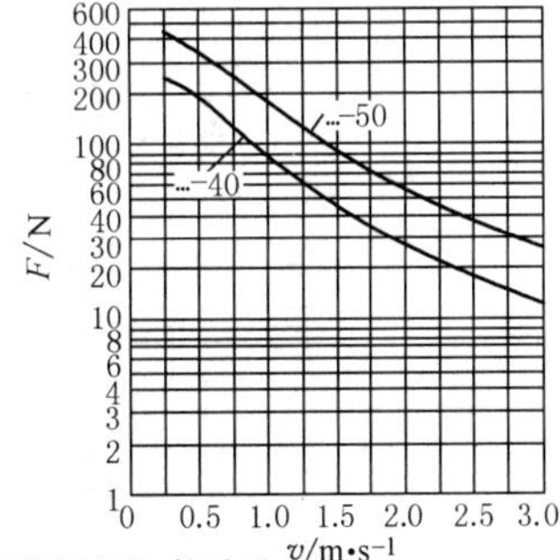 (q″) 许用缓冲器负载 F 和冲击速度 v 的关系

续表

组合型直线驱动器/组合型滑台驱动器/组合型长行程滑台驱动器

组合型长行程滑台驱动器

组合型长行程滑台驱动器是一个磁耦合的无杆气缸与一个滑台装置组合而成，无杆气缸的活塞磁性材料与围绕在无杆气缸的滑块内径处的磁性材料形成一对磁极。压缩空气推动气缸活塞移动，滑台装置也随之移动，所以往往是端板2固定，滑台1可被驱动。由于圆形气缸采用磁耦合式无杆气缸，故该类驱动器的工作行程较长，最长可达1500mm。磁耦合无杆气缸的缸径为ϕ10~40mm。滑台前、后两端面可安装液压缓冲器。通过滑台平面的沟槽、中心定位孔及连接过渡板可与其他驱动器组成二维、三维驱动的模块化装置。由于该驱动器的驱动气缸采用磁耦合无杆气缸，因此，它的运动速度比组合型滑台驱动器小

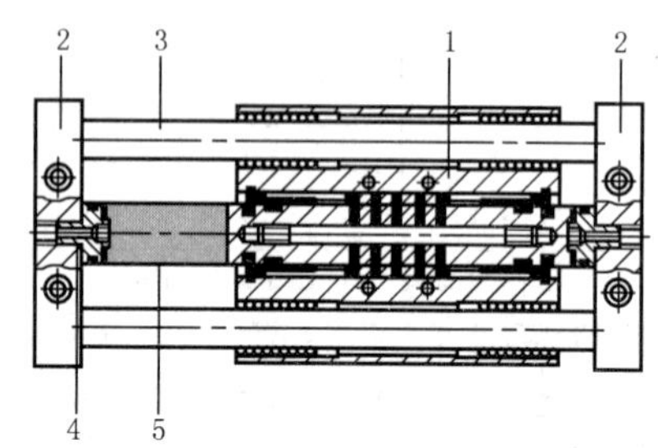

1—滑台；2—端板；3—导杆；4—缸筒附件；5—缸筒

图r″~图t″表明该驱动器许用有效负载、许用力矩与行程的关系及负载与速度的关系

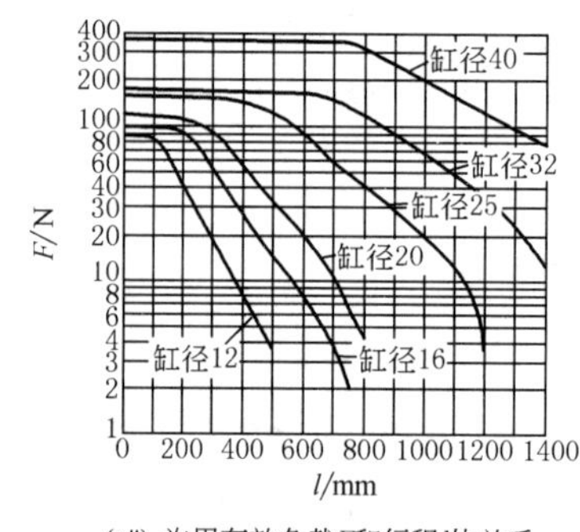

(r″) 许用有效负载F和行程l的关系

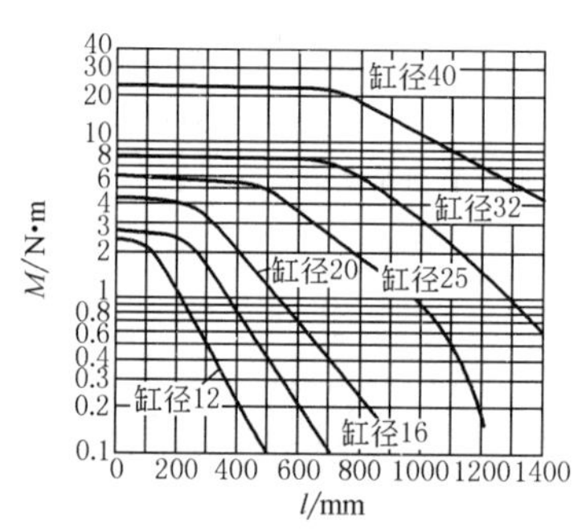

(s″) 许用力矩M和行程l的关系

水平安装

$$F \geqslant m_L g$$

式中　g——9.81N/mm²

m_L——质量，kg

垂直安装

$$F \geqslant (m_L + m_E) g$$

式中　g——9.81N/mm²

m_E——移动质量(静质量)，kg

m_L——质量，kg

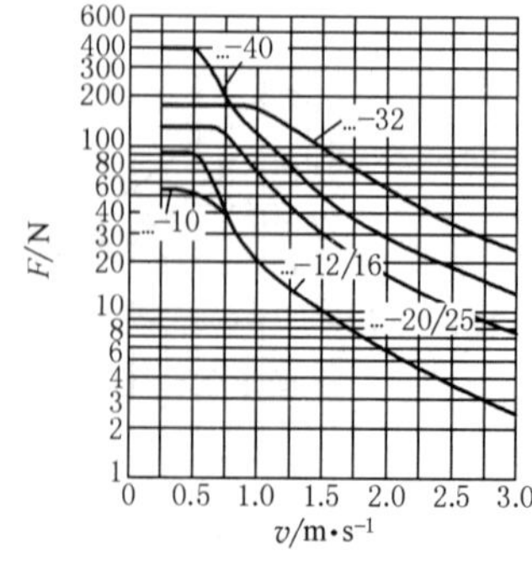

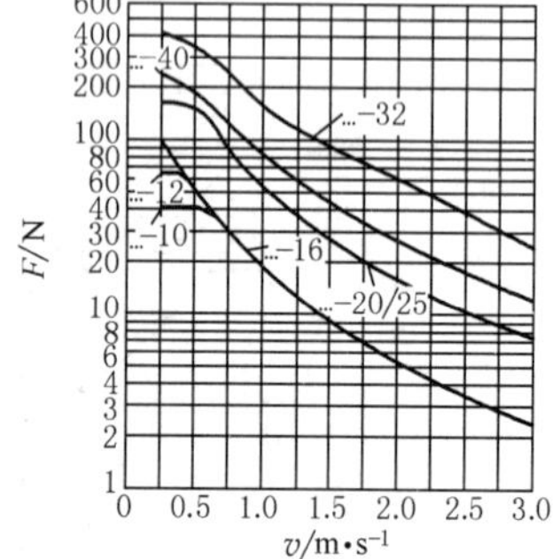

(t″) 缓冲器许用负载F和冲击速度v的关系

续表

<table>
<tr>
<td rowspan="2">直线坐标气缸/轻型直线坐标气缸</td>
<td rowspan="2">直线坐标气缸</td>
<td>

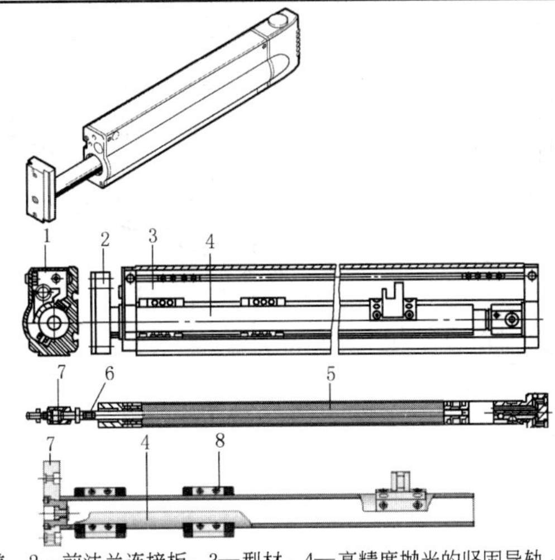

1—外壳盖；2—前法兰连接板；3—型材；4—高精度抛光的坚固导轨；5—圆形气缸；6—活塞杆；7—柔性连接件；8—高精度循环滚珠轴承

直线坐标气缸是典型的模块化、集成化产品，是气动与机械结合完美的气动驱动器之一。依靠高精度抛光的坚固导轨和无间隙滚珠轴承，确保气缸有极高的刚性，导向管受载变形最小。其气动驱动器的缸径为 ϕ16mm、ϕ20mm、ϕ25mm、ϕ32mm，但它的径向承载能力分别可达 100N、200N、300N、500N；活塞杆抗转矩能力也分别为 20N · m、30N · m、40N · m、50N · m；气缸行程为 50~400mm，重复精度为±0. 01mm

圆形气缸 5 的活塞杆 6 与前法兰连接板 2 通过柔性连接件 7 连接在一起，而高精度抛光的坚固导轨 4 一端面与前端法兰连接板固定，其外圆与安装在机壳中的高精度循环滚珠轴承 8 相配合。当圆形气缸活塞杆伸出运动时，带动前法兰连接板向外运动，而前法兰连接板向外运动又使得高精度抛光的坚固导轨一起向外运动。高精度抛光的坚固导轨与滚珠轴承形成的导向机构确保前法兰连接板承受高的径向力和转矩。产品出厂前，制造厂商已调整好循环滚珠轴承的间隙配合。带 V 形轮廓前法兰连接板上配有与外部连接用的定位销孔和连接螺孔，通过燕尾槽形的连接组件，可把其他驱动器直接连接在直线坐标气缸的前端盖板上。同样，直线坐标气缸的底部有同样结构的连接形式。直线坐标气缸配有位置传感器，液压缓冲器及中间停止的位置模块

</td>
</tr>
<tr>
<td>

活塞杆受载后的挠度形变参见图 u″

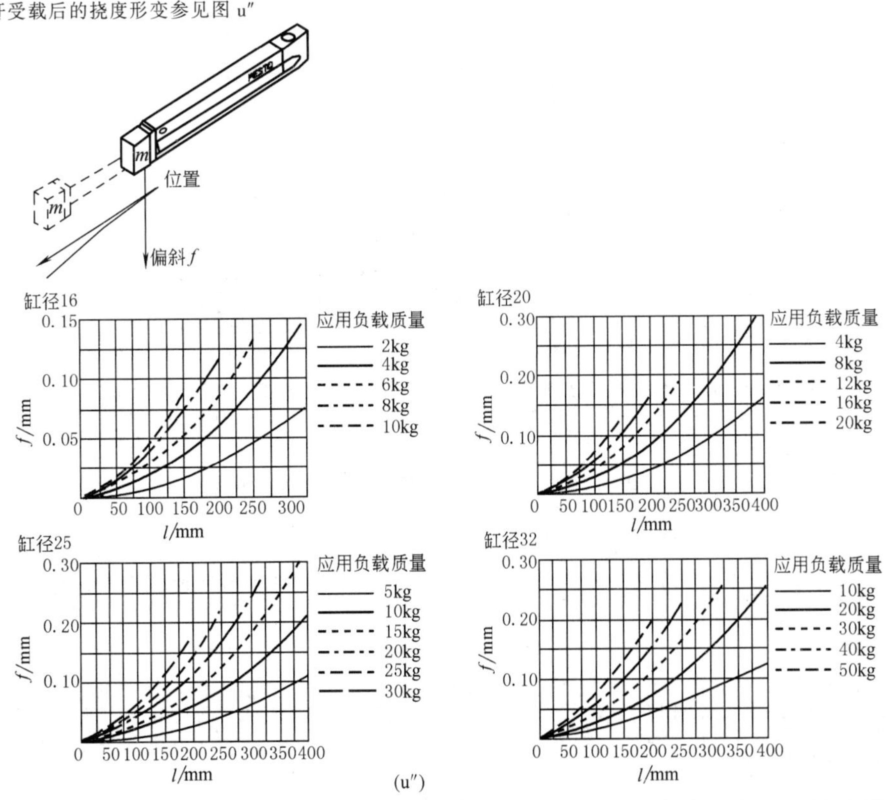

(u″)

</td>
</tr>
</table>

续表

直线坐标气缸/轻型直线坐标气缸

直线坐标气缸

最佳缓冲器行程条件下，许用垂直推进时间 t 与行程长度和应用负载质量 m 的关系见图 v″

缸径 16/20/25/32①

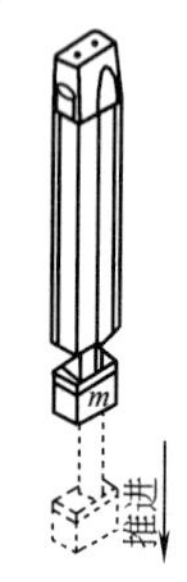

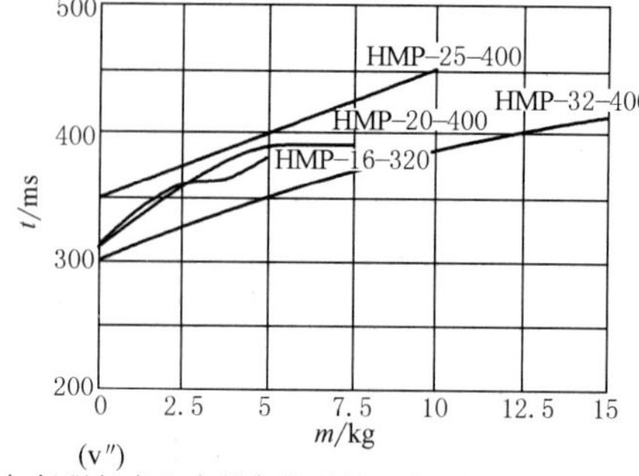

(v″)

最佳缓冲器行程条件下，许用垂直返回时间 t 与行程长度和应用负载质量 m 的关系见图 w″

缸径 16/20/25/32①

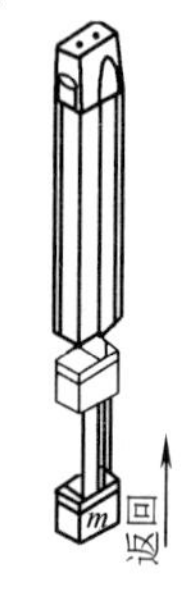

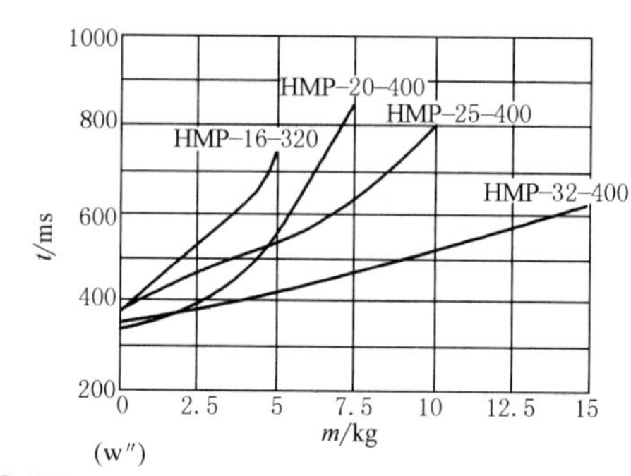

(w″)

①其他额定行程在准备阶段

轻型直线坐标气缸

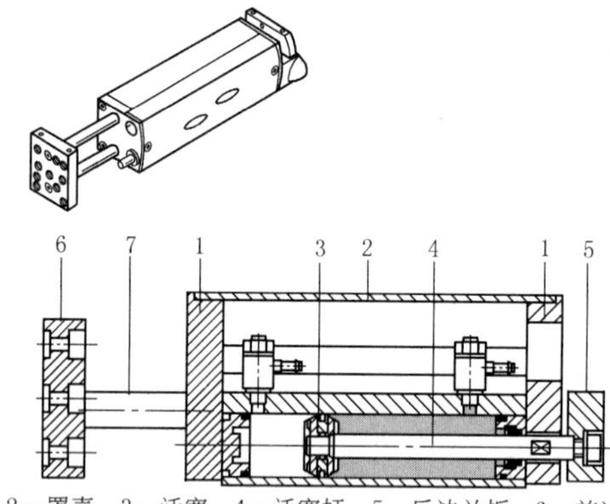

1—壳体端板；2—罩壳；3—活塞；4—活塞杆；5—后法兰板；6—前法兰板；7—导杆

轻型直线坐标气缸是直线坐标气缸的派生产品，它与坐标气缸的主要区别在于重量非常轻，在抓取和放置等机械手操作系统中，它作为垂直运动（Y 轴）的驱动单元，被安装在水平运动（X 轴）驱动器的前法兰板上，大大减轻了水平运动方向驱动器的径向负载，动态性能极好。在带有一个附加安装气缸和一套附加制动组件的情况下可到达中间位置，或直线模块两终端位置之间任意位置的制动

缸径为 ϕ12mm、ϕ16mm、ϕ20mm，径向承载能力分别可达 20N、50N、100N；活塞杆抗转矩能力也分别为 0.7N·m、1.4N·m、2.4N·m；气缸行程为 30~200mm，重复精度为±0.02mm

轻型直线坐标气缸由两个壳体端板 1、前法兰板 6、后法兰板 5、两根导杆 7、圆形气缸及壳体罩壳 2 等组成。两个壳体端板内侧分别固定两组滚珠轴承，两根导杆 7 通过两组滚珠轴承与前法兰板 6、后法兰板 5 构成一体。在两个壳体端板内还装有圆形气缸，当活塞 3 运动时，活塞杆 4 推动后法兰板 5 运动，则两个导杆 7 及前法兰板 6 也随之运动

该驱动器许用负载、许用力矩与行程的关系及负载与速度的关系、活塞杆受载后的挠度形变与直线坐标气缸章节中所写一样，可参照气动组件制造厂商提供的产品样本

气爪/比例气爪

气爪

常规的气爪一般可分为平行气爪、摆动气爪、旋转气爪、三点气爪。有些日本气动厂商将气爪分为两大类：平行气爪（平行开闭型）和支点开闭型气爪。平行开闭型气爪可再分为一般行程的平行气爪、宽型平行气爪、圆柱形爪体两气爪、圆柱形爪体三气爪、圆柱形爪体四气爪。支点开闭型气爪也可再分为肘接式开闭型气爪、凸轮式 180°开闭气爪、齿轮式 180°开闭气爪

续表

气爪/比例气爪	气爪	平行气爪	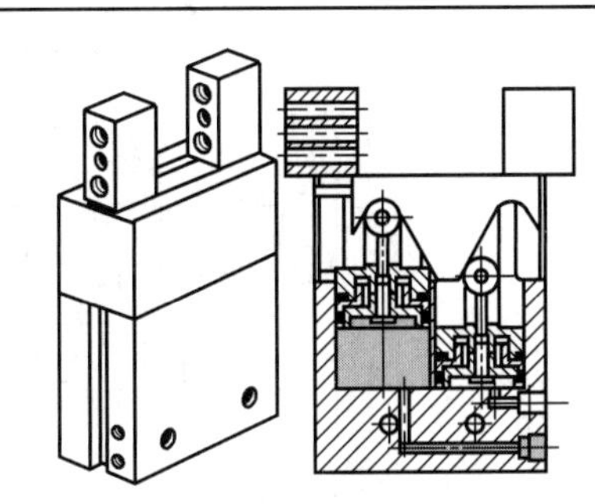 平行气爪的移动距离较长，夹紧力与被夹持工件成直角。平行气爪的直径为 $\phi16\sim40$mm，行程 4～30mm（宽型气爪最大行程可达 200mm），夹紧力为 10～390N，重复精度为 0.01～0.02mm，最高工作频率为 4Hz。平行气爪夹具部分小齿形平面可改善与工件接触状况，增加夹紧摩擦力（见图 x″）。不仅能夹持平行的工件，借助于 V 形夹具，可夹圆柱体工件，对不同直径圆柱体夹持偏差在同一水平轴线上 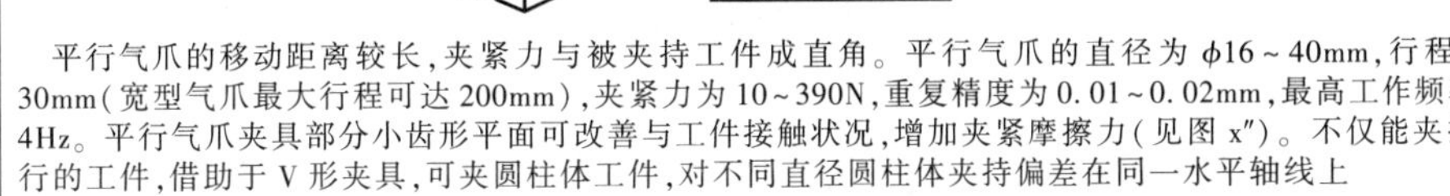 （x″）
		摆动气爪	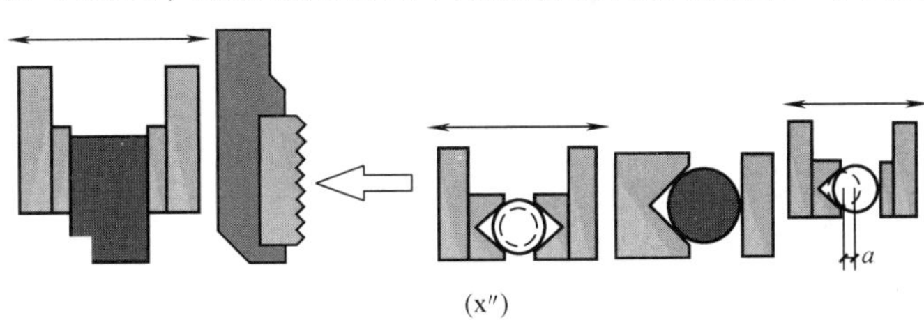 气爪移动的距离比平行气爪小，打开转矩比合拢转矩大。摆动气爪的直径为 $\phi10\sim40$mm，单臂摆角为 20°，抓取力矩为 11～530N·cm，重复精度为 0.01～0.04mm，最高工作频率为 4Hz。工件形状和夹紧的行程需搭配得当，借助于 V 形夹具，可改善夹持效果。工件被夹持后所产生的偏差不在水平轴线上 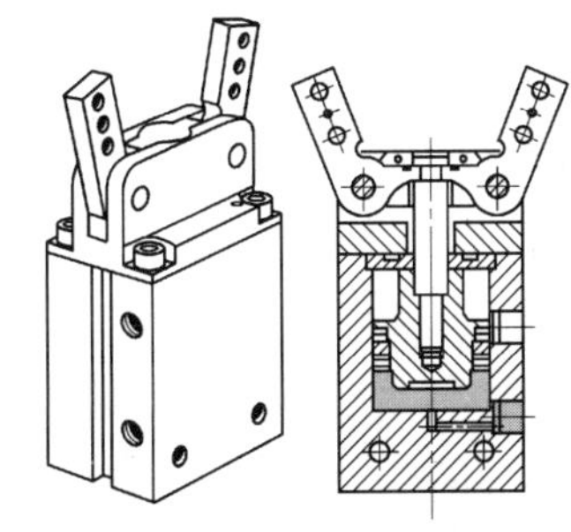 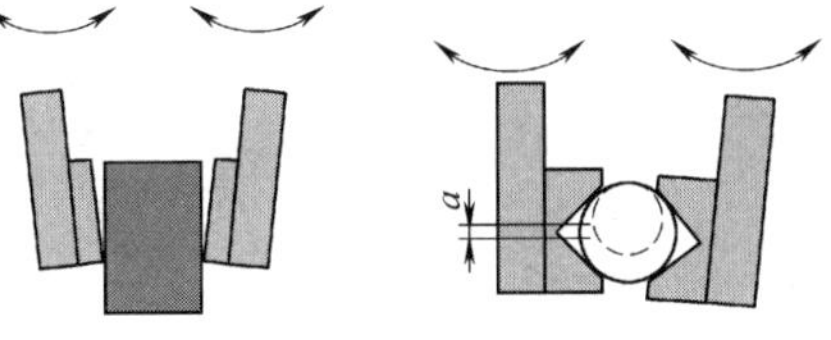
		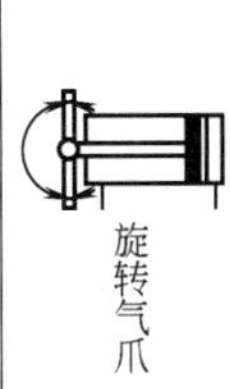 旋转气爪	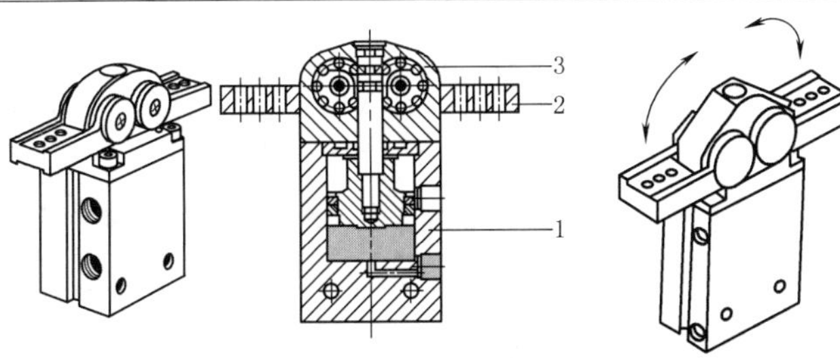 1—壳体；2—气爪夹头；3—端盖 旋转气爪与工件在径向间的范围最广，气爪可越过工件上方。旋转气爪的直径为 $\phi10\sim40$mm，气爪开度为 180°，抓取力矩为 6.6～250N·cm（内抓取时为 7.5～300N·cm），重复精度为±0.05mm，最高工作频率为 4Hz

续表

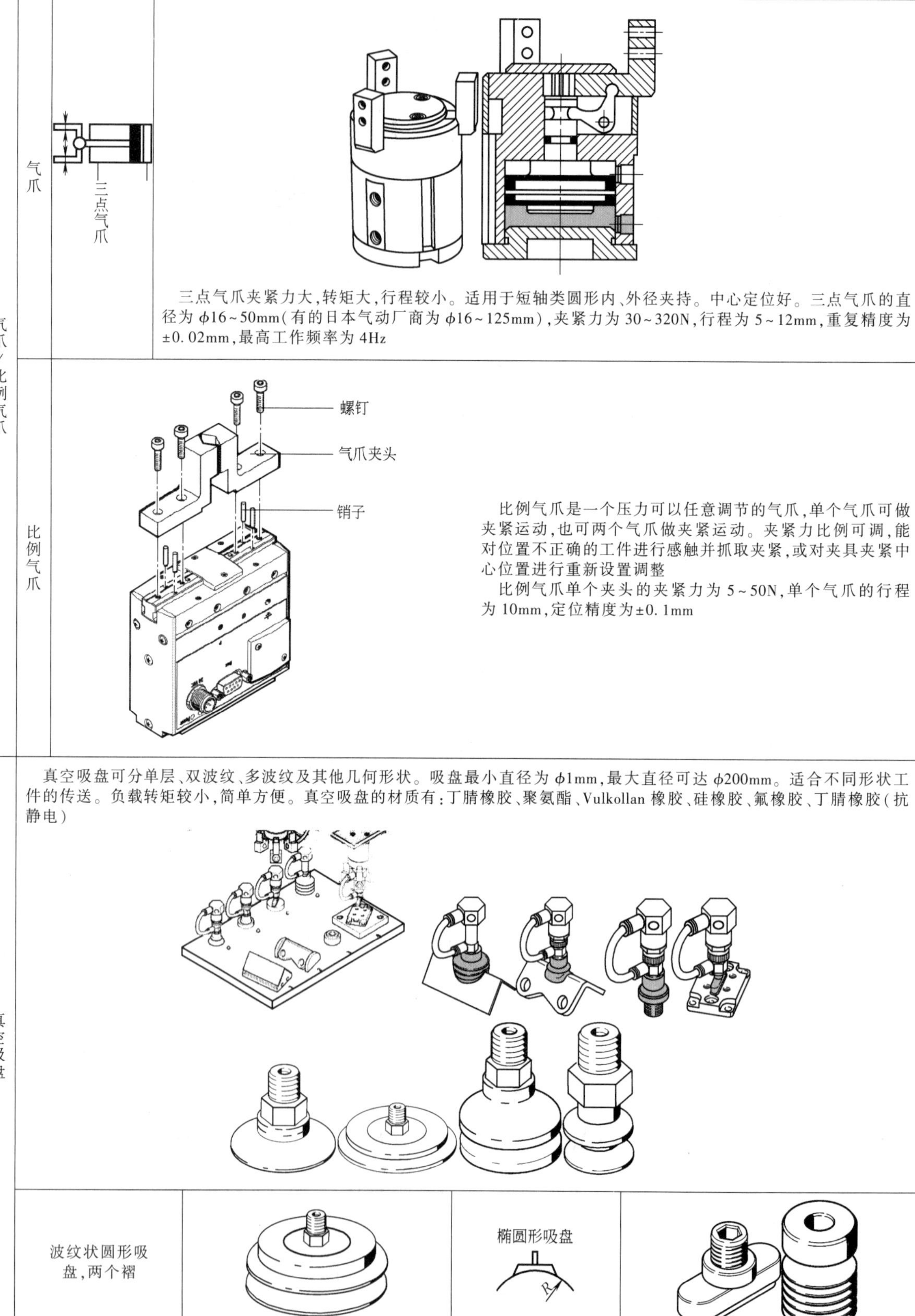

类别	名称	图示	说明
气爪/比例气爪	气爪	三点气爪	三点气爪夹紧力大，转矩大，行程较小。适用于短轴类圆形内、外径夹持。中心定位好。三点气爪的直径为 ϕ16～50mm（有的日本气动厂商为 ϕ16～125mm），夹紧力为 30～320N，行程为 5～12mm，重复精度为 ±0.02mm，最高工作频率为 4Hz
	比例气爪		比例气爪是一个压力可以任意调节的气爪，单个气爪可做夹紧运动，也可两个气爪做夹紧运动。夹紧力比例可调，能对位置不正确的工件进行感触并抓取夹紧，或对夹具夹紧中心位置进行重新设置调整 比例气爪单个夹头的夹紧力为 5～50N，单个气爪的行程为 10mm，定位精度为±0.1mm
真空吸盘	真空吸盘可分单层、双波纹、多波纹及其他几何形状。吸盘最小直径为 ϕ1mm，最大直径可达 ϕ200mm。适合不同形状工件的传送。负载转矩较小，简单方便。真空吸盘的材质有：丁腈橡胶、聚氨酯、Vulkollan 橡胶、硅橡胶、氟橡胶、丁腈橡胶（抗静电）		
	波纹状圆形吸盘，两个褶		椭圆形吸盘

续表

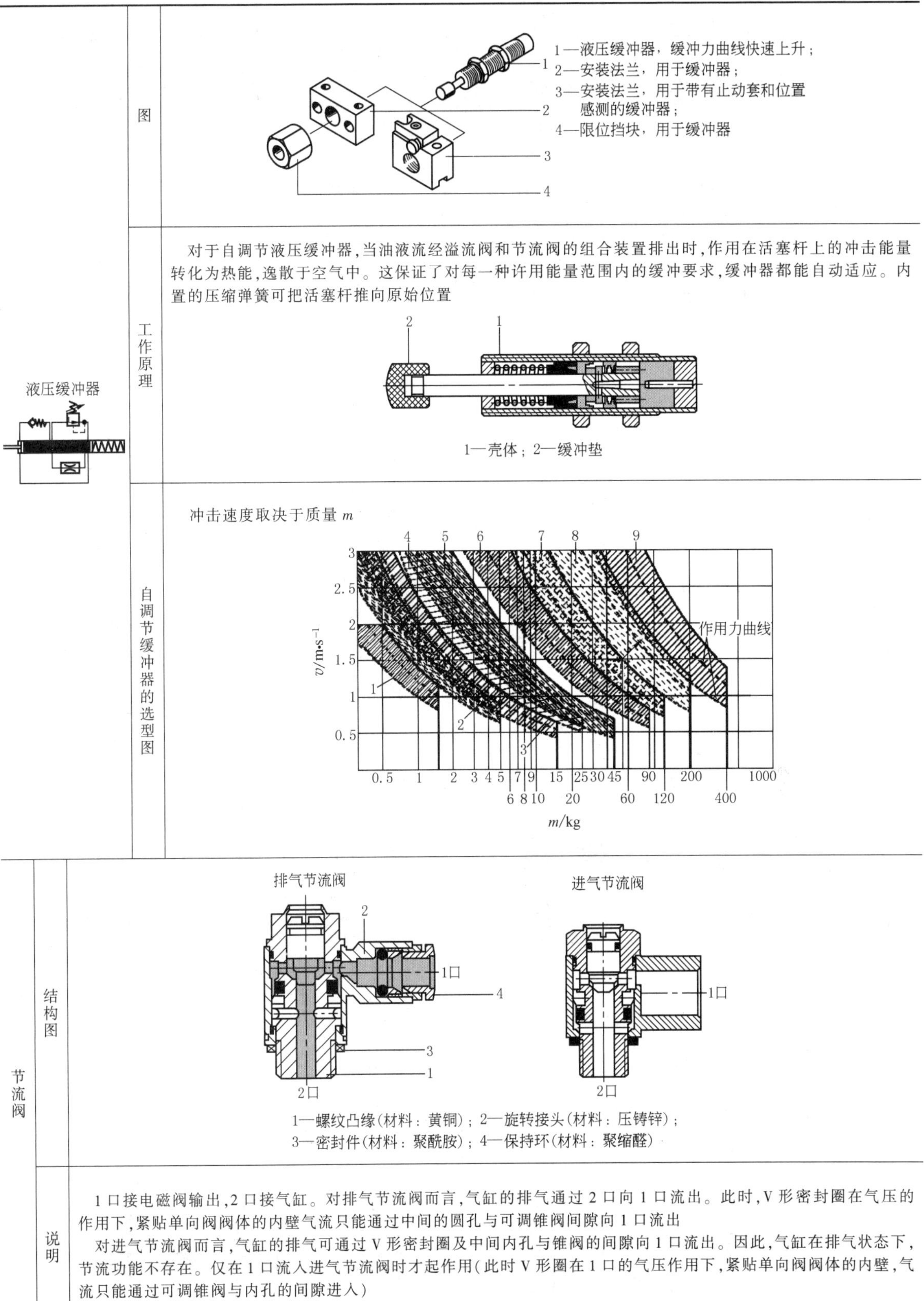

液压缓冲器	图	1—液压缓冲器，缓冲力曲线快速上升；2—安装法兰，用于缓冲器；3—安装法兰，用于带有止动套和位置感测的缓冲器；4—限位挡块，用于缓冲器
	工作原理	对于自调节液压缓冲器，当油液流经溢流阀和节流阀的组合装置排出时，作用在活塞杆上的冲击能量转化为热能，逸散于空气中。这保证了对每一种许用能量范围内的缓冲要求，缓冲器都能自动适应。内置的压缩弹簧可把活塞杆推向原始位置 1—壳体；2—缓冲垫
	自调节缓冲器的选型图	冲击速度取决于质量 m
节流阀	结构图	排气节流阀　进气节流阀 1—螺纹凸缘(材料：黄铜)；2—旋转接头(材料：压铸锌)；3—密封件(材料：聚酰胺)；4—保持环(材料：聚缩醛)
	说明	1口接电磁阀输出，2口接气缸。对排气节流阀而言，气缸的排气通过2口向1口流出。此时，V形密封圈在气压的作用下，紧贴单向阀阀体的内壁气流只能通过中间的圆孔与可调锥阀间隙向1口流出 对进气节流阀而言，气缸的排气可通过V形密封圈及中间内孔与锥阀的间隙向1口流出。因此，气缸在排气状态下，节流功能不存在。仅在1口流入进气节流阀时才起作用(此时V形圈在1口的气压作用下，紧贴单向阀阀体的内壁，气流只能通过可调锥阀与内孔的间隙进入)

续表

<table>
<tr><td rowspan="4">节流阀</td><td rowspan="4">节流功能和应用范围</td><td>气路符号</td><td>说　明</td><td>气路符号</td><td>说　明</td></tr>
<tr><td colspan="4">双作用气缸，单向节流阀</td></tr>
<tr><td>排气流量控制</td><td>排气流量控制</td><td>进气流量控制</td><td>进气流量控制</td></tr>
<tr><td></td><td>通过控制排气流量调节速度，进气流量不受控制而只对排气流量进行控制，这使得活塞保持在气垫之间移动（即使负载变化，也能改善动作特性）</td><td></td><td>前进和返回行程速度可调，两个方向上空气流量相同</td></tr>
<tr><td>气控单向阀</td><td colspan="5">通常情况下，当气流从 2→1 时，截止针阀底部弹簧力使密封件封死通道口，从 2→1 气流越大，密封性能越好，气流 2→1 处于截止（关闭状态）。相反，当气流从 1→2 时，气流压力克服密封件下面的弹簧力，截止针阀被导通，气流从 1→2 被导通。如要使气流从 2→1 被导通，则需在 21 气信号口给一个气压信号
如图 y″所示，只要对 21 口施加控制信号，压缩空气即可流入或流出气缸。换而言之，如果 21 口没有信号，单向阀关闭气缸排气，气缸停止运动
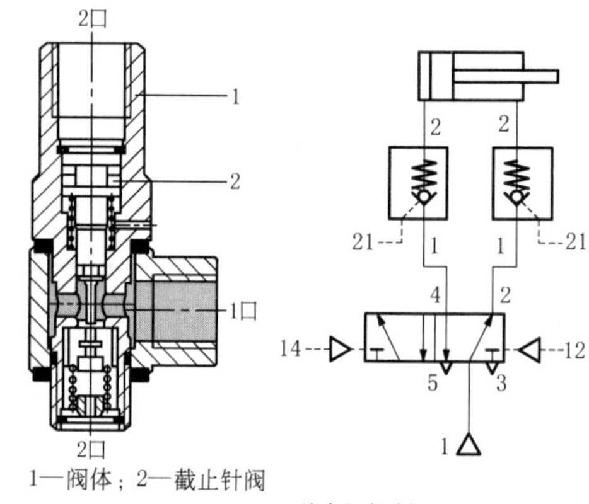

1—阀体；2—截止针阀
(y″) 单向阀控制</td></tr>
<tr><td>快排阀</td><td colspan="5">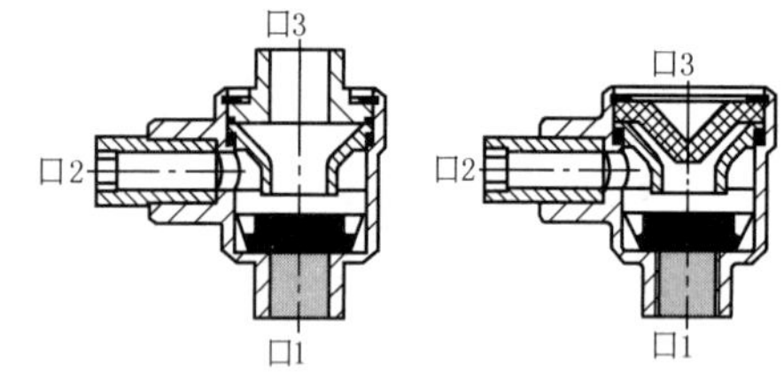

这类组件可增加单作用和双作用气缸回程时的活塞速度。压缩空气从控制阀输出，流入快排阀进气口 1，并通过快排阀输出口 2 接气缸，此时，快排阀排气口 3 被密封件封死，气缸运动。当气缸返回运动时，压缩空气通过快排阀输出口 2 流出，此时，密封圈封死快排阀进气口 1，压缩空气直接从排气口 3 排入大气（压缩空气不再经过气管从控制阀的排气口排出，大大缩短了排气的速度和流量）</td></tr>
<tr><td>
气缸用接近开关</td><td colspan="5">舌簧式接近开关：当磁场靠近时，触点闭合，从而产生开关信号
电感式接近传感器：当磁场靠近时，流过的电流发生变化，从而产生开关信号
气动式接近传感器：当磁场靠近时，阀被驱动，气动式接近传感器切换时产生气动输出信号，可作为下一步的驱动信号（气动输出信号）
焊接屏蔽式接近传感器：和电感式传感器的工作方式相同，但它有一个特点，当接近开关检测到交变磁场时，开关信号会被冻结，这样可防止焊接操作中的错误切换。可用于焊接操作产生很强的交变磁场场合
注意：气缸在高温和低温的应用场合下，应注意传感器工作的最高温度和环境温度
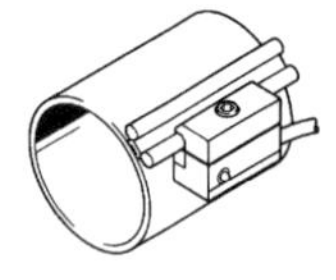 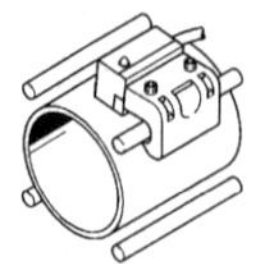 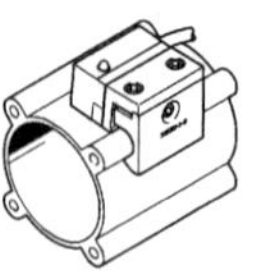 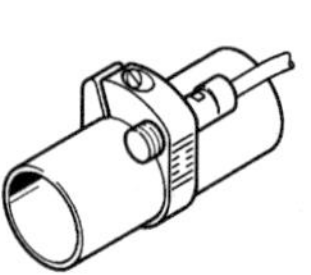 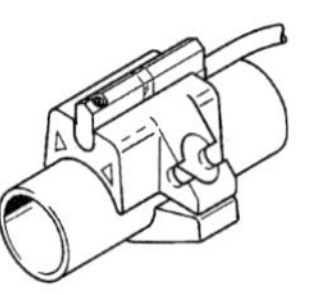 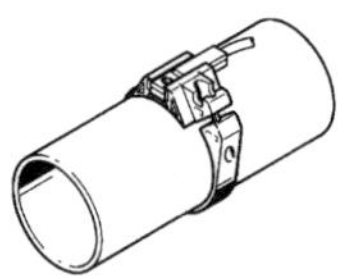</td></tr>
</table>

1.2.6 高速气缸与低速气缸

表 21-4-15

<table>
<tr><td rowspan="2">高速气缸</td><td>定义</td><td>目前还未统一标准来定义何谓高速气缸。人们普遍认为当气缸运行速度大于1m/s，可认为该气缸是作高速运动。实际上，气缸最高速度可达60m/s。确切地说，60m/s是不包括气缸开始启动及终点缓冲这两阶段的速度</td></tr>
<tr><td>高速气缸试验系统及说明</td><td>图a、图b分别是以17m/s高速气缸的试验系统图及速度曲线图为例，说明高速气缸运行的条件和可行性。实验条件是以FESTO公司DGP25无杆气缸、行程为3300mm（直径$\phi25$为样机并做修改），采用中泄式三位五通电磁阀（流量为4600L/min，阀的换向时开33ms/关80ms，三位五通电磁阀的排气口安装GRU 3/8消声节流阀（最大流量1800L/s），采用PU13气管（内径为$\phi13$mm）长度为2300mm，及液压缓冲器YSR-16-20作活塞终点缓冲（缓冲行程20mm，最大缓冲能量W_{max}为32J、每小时为130000J、最大残余能量为0.16J、最大冲击负载为160kg）。它的运动速度见图b，在此曲线图中可见活塞开始速度为0，在0.5m处活塞速度可达17m/s左右，在1.7m处活塞速度可达23m/s左右，当活塞运行在3m处，活塞速度降为14m/s左右，当活塞运行在3.3m时，此时在液压缓冲器的作用下，活塞速度被降为0。为了满足高速运行需要足够流量，在三位五通进口处安装一个10L的储气灌，气缸的进排气口的位置在两个端盖轴心线上（见图a），气缸活塞密封件采用聚四氟乙烯材质及特殊润滑脂，必须强调这里的高速运行是指整个行程中的中间平均速度（不包括启动和终点两个阶段速度），因此，必须是一个长行程（足够长的行程）的气缸。当气缸速度达到60m/s时，缓冲技术是需考虑的另一重要内容
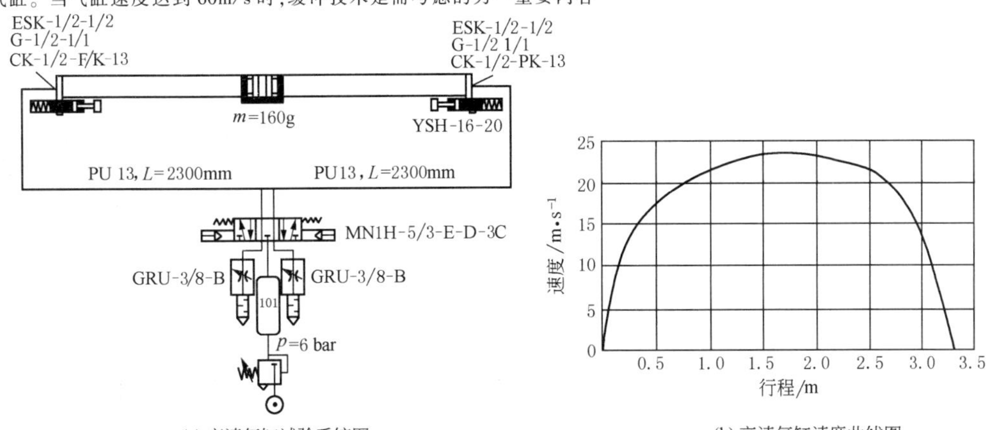

(a) 高速气缸试验系统图　(b) 高速气缸速度曲线图</td></tr>
<tr><td rowspan="3">低速气缸</td><td>定义</td><td>低速气缸是指气缸具有平稳的低速运行特性，如最低速度约在3mm/s时，运行仍无爬行现象，需要说明的是：低速气缸与低摩擦气缸是两个不同的概念，不要把低摩擦气缸视作低速气缸，也不要把低速气缸误解为摩擦力低</td></tr>
<tr><td>低摩擦气缸、低速气缸与标准气缸的启动压力比较</td><td>从下表中可以看到低摩擦气缸、低速气缸与标准气缸在启动压力方面的比较，对于小缸径气缸，如$\phi32$mm、$\phi40$mm时，低速气缸的启动压力比标准气缸还要高
低摩擦气缸、低速气缸、标准气缸启动压力比较
<table>
<tr><td rowspan="2">气缸缸径 ϕ/mm</td><td colspan="3">启动压力/bar</td></tr>
<tr><td>低摩擦气缸</td><td>标准气缸</td><td>低速气缸</td></tr>
<tr><td>32</td><td>0.12</td><td>0.22</td><td>0.34</td></tr>
<tr><td>40</td><td>0.09</td><td>0.20</td><td>0.27</td></tr>
<tr><td>50</td><td>0.07</td><td>0.18</td><td>0.18</td></tr>
<tr><td>63</td><td>0.05</td><td>0.15</td><td>0.10</td></tr>
<tr><td>80</td><td>0.04</td><td>0.09</td><td>0.08</td></tr>
<tr><td>100</td><td>0.03</td><td>0.06</td><td>0.06</td></tr>
<tr><td>125</td><td>0.03</td><td></td><td></td></tr>
</table></td></tr>
<tr><td>低速气缸与标准气缸的结构比较</td><td>从图c可以比较低速气缸与标准气缸结构上的主要差异表现在密封件，低速气缸的活塞密封件比标准气缸的密封件小，但它与缸壁的接触面比标准气缸的密封件要大，密封件的材质、润滑油脂与标准气缸有所不同，可采用氟橡胶材质的密封件及KLUBER公司生产的特殊油脂
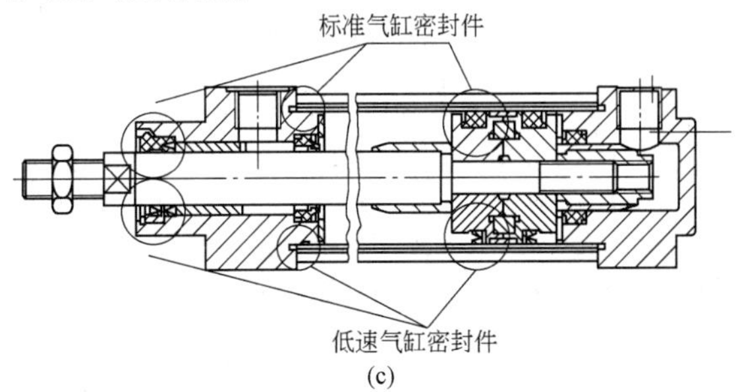

(c)</td></tr>
</table>

注：在参考文献［13］中介绍的低速气缸的活塞运动速度为5~50mm/s，可供参考。

1.2.7 低摩擦气缸

表 21-4-16

密封结构	低摩擦气缸如图 a 所示，缸内的密封圈和活塞杆的密封圈与普通型气缸（见表 21-4-15）相比，有很大的不同。密封圈与缸筒的接触面非常狭小，密封件的材质、润滑油脂与标准气缸有所不同，可采用氟橡胶材质的密封件及 KLUBER 公司生产的特殊油脂，确保低摩擦	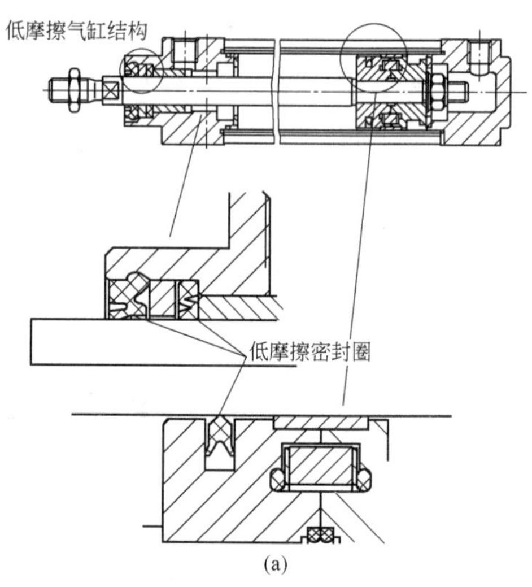 (a)
技术特性	低摩擦气缸的特性是在确保不产生泄漏的条件下，尽量减少气缸的启动压力，它的特性并不表现在低速、恒速运行，而是表示气缸活塞的低摩擦阻力，灵敏的跟随能力，低的启动压力。在表 21-4-15 中可以看到低摩擦气缸的启动压力比标准气缸低一半左右，在小缸径方面（如 ϕ32mm、ϕ40mm 时），它的启动压力比标准气缸要低得多。如此低的启动压力能使气缸在任何时刻启动均具有灵敏的跟随特性。低摩擦气缸的低摩擦及灵敏的跟随特性，在气动伺服系统、纺织机、纺纱机、造纸机械中的应用非常重要。低摩擦气缸的另一个特性是气缸的摩擦力不会随着工作压力的变化而产生大的波动（见图 b）	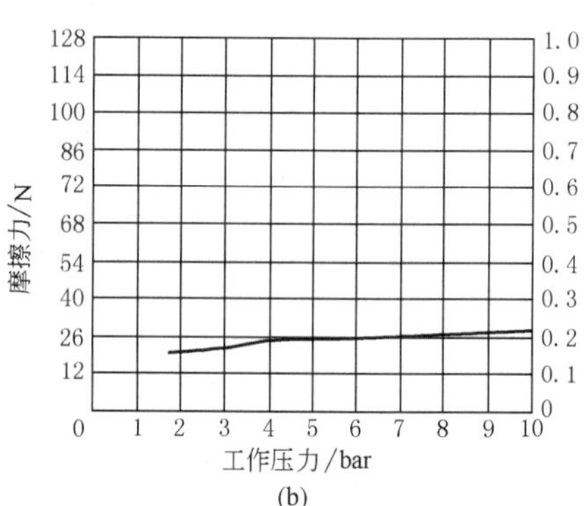 (b)
应用实例	在纸张、纺织等许多卷绕行业应用中，由于气缸活塞在两侧压力相差很小的情况下仍能运动，表示此时活塞杆产生的推力或拉力均很小，使纸张、薄膜等产品在卷绕过程中不会被拉断。图 c 是低摩擦气缸在造纸行业上应用。当大卷筒的纸越卷越大时，单作用气缸活塞向右移动，由于该气缸采用单作用型式，活塞的另一端不是采用弹簧复位，而是采用精密减压阀，设定一个恒定的低压，使气缸另一侧既有背压，两侧压力又相差甚微，即相当于气缸低摩擦力，并使这个摩擦力趋于一个常量，避免纸张在卷绕过程中被拉断。低摩擦气缸的调速不应采用排气节流方式，排气节流将在活塞背部产生背压，使摩擦阻力加大	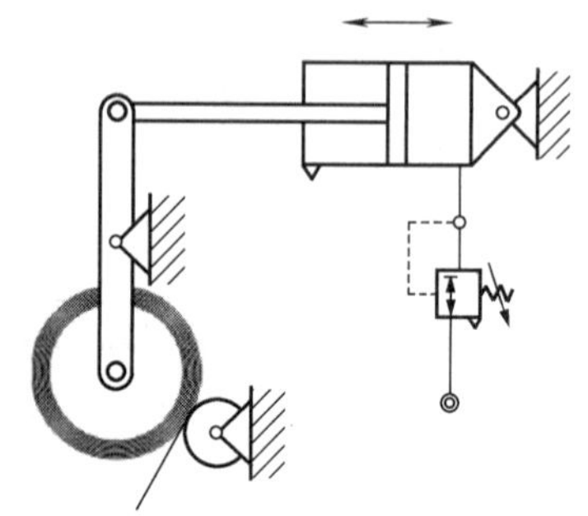 (c) 低摩擦气缸在纸张卷绕上应用

1.2.8 耐超低温气缸与耐高温气缸

表 21-4-17

<table>
<tr><td rowspan="3">耐超低温气缸</td><td>概述</td><td>在一些气动制造厂商的样本中,可以看到技术参数中工作温度范围一栏为-10~70℃或-20~80℃等。这里提到的-10℃或-20℃是属于该气缸在正常工作范围内的最低区域,并不是指专用的超低温气缸。专用的超低温气缸是指超出普通气缸样本的技术数据,比如:最低工作温度在-40℃或-55℃的区域范围</td></tr>
<tr><td>专用的超低温气缸与常规气缸(-20℃)在结构上的区别</td><td>专用的超低温气缸与常规气缸(-20℃)之间在结构上的区别如下
①专用的超低温气缸活塞密封件直径尺寸与标准常规气缸活塞密封件直径尺寸一样,但橡胶材质不同,应选择专门适用超低温特性
②具有弹性特性的缓冲密封件必须适合于超低温特性的材质
③为了保护活塞杆的密封件不受结霜、冰的侵害,采用特殊的防尘圈(或采用铜质的防尘圈),使它能把冰从活塞杆上刮去
④活塞杆与前端盖内的摩擦副(导向衬套)长度可与标准常规气缸的摩擦副(导向衬套)尺寸一样,但材质也必须适用于超低温环境(特殊塑制摩擦副)
⑤活塞材质可与标准常规气缸活塞材质相同,如需在某些特殊行业(如冷冻食品加工、储存)可采用耐腐蚀的材质
⑥超低温气缸应采用特殊的润滑剂,它不仅仅要适合于超低温,同时也要考虑到在+80℃的环境下工作(如铁路机车从热带地区到寒冷地区等)
⑦当选用传感器时,应注意该传感器的环境使用温度范围
⑧当采用专用的超低温气缸时,需干燥、过滤精度为40μm的空气介质,压力露点</td></tr>
<tr><td>专用的超低温气缸(≥-40℃)与低温气缸(≤-30℃)在结构上的区别</td><td>专用的超低温气缸(≥-40℃)与低温气缸(≤-30℃)之间在结构上的区别为:当气缸在低温工作环境(≤-30℃)时,需要采用特殊润滑油脂。但当气缸在超低温工作环境(≥-40℃)时,不仅需要采用特殊润滑油脂,而且密封件的材质也必须改变</td></tr>
<tr><td>耐高温气缸</td><td colspan="2">通常耐高温气缸是指环境温度可达150℃时,气缸仍能正常工作。当选择耐高温气缸时应注意气缸位置传感器能否适合。目前,许多气动制造厂商的常规标准化气缸通过改变其密封件的材质和特殊润滑脂均可派生耐高温气缸。当环境温度超过250℃时,可考虑设计有水冷循环的气缸,见右图
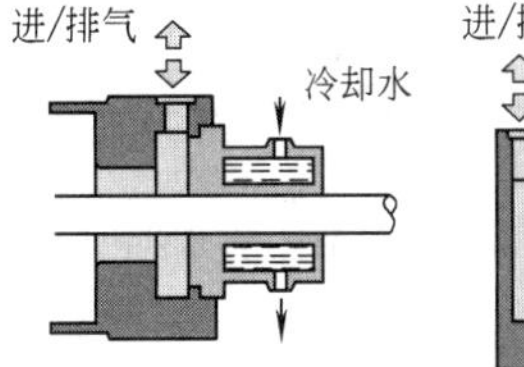

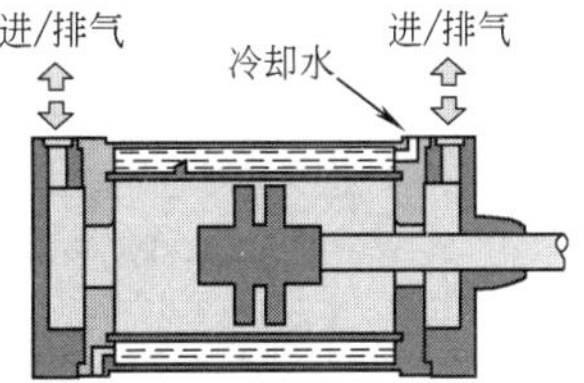

水冷循环气缸</td></tr>
</table>

注:在参考文献[13]中介绍的耐寒缸可在环境温度-40~70℃条件下使用,但不能安装磁性开关;介绍的耐热缸为不带磁性开关的标准气缸,环境温度可高达150℃,不能装磁性开关,不给油工作。

1.2.9 符合 ISO 标准的导向装置

表 21-4-18

<table>
<tr><td>结构图</td><td>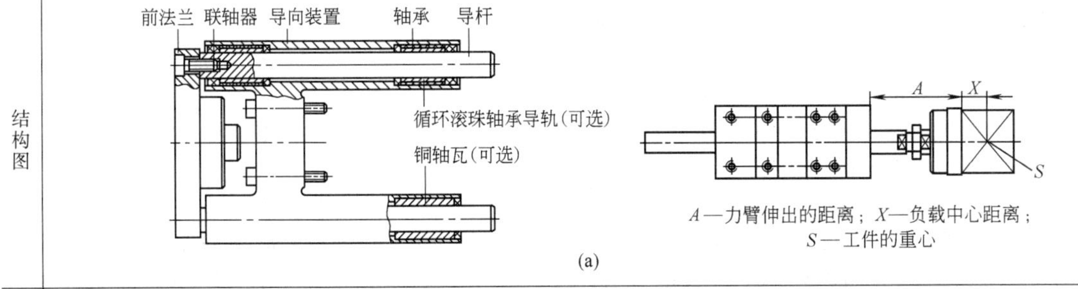

A—力臂伸出的距离;X—负载中心距离;
S—工件的重心
(a)</td></tr>
<tr><td>说明</td><td>标准的导向装置可使气缸具有高的抗径向负载及抗高转矩负载能力。大多数气动制造厂商都提供此类导向装置,由于该类导向装置结构紧凑、坚固、精度高,且已形成符合ISO标准的系列产品,设计工程师不必自行设计辅助导向机构。该类标准的导向装置有:符合GB/T 8102/ISO 6432标准的圆形气缸及符合GB/T 32336/ISO 15552标准的普通型气缸。标准的导向装置可采用普通滑动轴承(如:含油铜轴瓦形式),也可采用滚珠轴承(循环滚珠轴承)如图a所示。铜轴瓦与滚珠轴承的区别在于导向装置承受负载能力及气缸速度(连续运行情况),铜轴瓦承受负载能力比循环滚珠轴承要大,但它运行速度或连续运行情况没有循环滚珠轴承好。图a是符合GB/T 32336/ISO 15552标准的普通型气缸的导向装置,它主要连接界面尺寸:活塞杆头部连接螺纹 KK、气缸前端颈部处外圆尺寸 ϕB、前(后)端盖四个连接螺钉位置尺寸 TG 及该连接内螺纹尺寸(包括其内螺纹深度),可参见本章GB/T 32336/ISO 15552标准普通型气缸简介</td></tr>
</table>

续表

负载与力臂伸出距离的关系

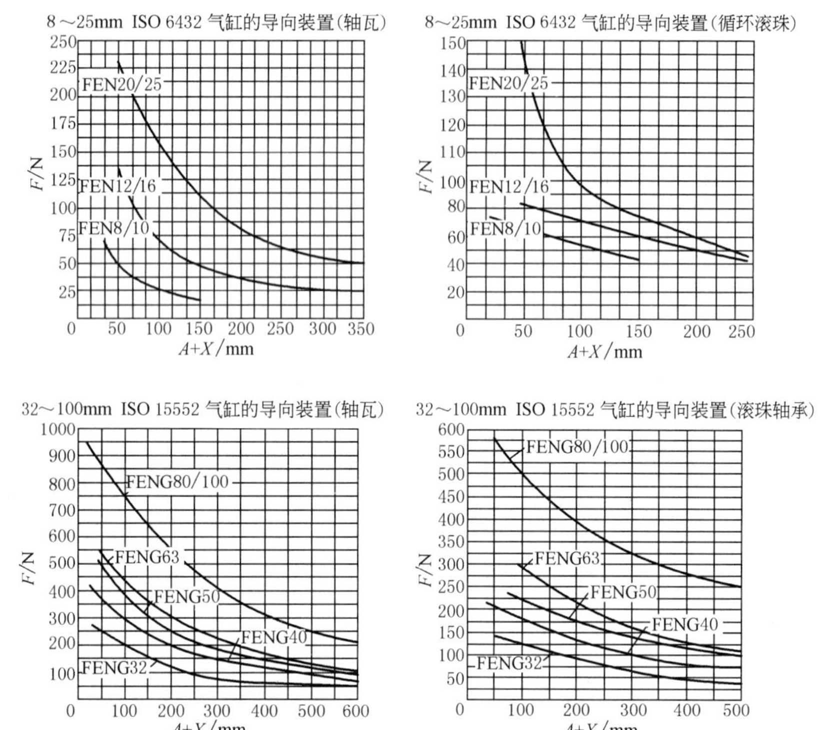

注：FEN/FENG为某德国气动厂商的产品型号

(b) 负载与力臂伸出距离的关系

1.2.10 普通气缸应用注意事项

① 使用清洁干燥的压缩空气。对给油润滑气缸，则需提供经过过滤、润滑的压缩空气，并保持长期得到润滑的压缩空气，润滑油应采用专用油（1号透平油），不得使用机油、锭子油等，避免对NBR橡胶件的损坏。对不给油润滑气缸，既可适应过滤、无润滑油的压缩空气，也可适应长期得到润滑的压缩空气（作为给油气缸一样来应用），但不应该有时供油，有时又不供油，因为无给油气缸活塞活塞杆处的摩擦副采用自润滑材料，气缸经过一定时间的运行磨合，已在其运动部件的接触表面形成一层自润滑的薄膜，时而供油将冲掉已形成的自润滑的薄膜层，时而不供油将使其摩擦副再次磨合。

通常，当气缸速度大于1m/s时，应采用给油润滑气缸。

② 气缸的活塞杆与外部被连接负载运动时轴心线应保持一致，并且应采用柔性连接件，对于长行程气缸，应考虑在前端或中间处的支承连接方式。

③ 应注意气缸活塞杆端部的受力情况，尤其当长行程气缸活塞杆伸出时，其活塞杆实质上是一个悬臂梁受力情况，活塞杆端部处因其自重而下垂，如在活塞杆端部处承受径向力、横向负载或偏心负载，会使气缸缸筒内壁和前端盖支撑处的轴承加剧磨损而漏气。应采用附加导向机构、导向装置，使活塞杆只提供驱动动力，让导向机构来承受力和力矩。或采用高精度导杆气缸、导向驱动装置内合适的驱动器。

④ 当高速、大负载时，应考虑增设液压缓冲器，需定时（经常）检查液压缓冲器的锁紧螺母是否松动。另外当工作频度高、振动大时，也需定时（经常）检查所有的安装螺钉、连接部件是否松动。

⑤ 根据工作环境选择各种类型气缸，对肮脏、灰尘、切屑、焊渣的环境可选择活塞杆带保护罩的气缸。对活塞杆不能转动的气缸可选择活塞杆防旋转的气缸。对活塞杆上受径向负载、力矩的气缸可选择带导轨的导向驱动器。对有腐蚀环境如化学试剂、防腐剂、清洗剂、切削液以及酸、碱环境，应采用所有外表面和活塞杆均防腐

处理的气缸。对食品（奶制品、奶酪）与医药相接触或接近的工作环境场合，可选择不锈钢气缸或易清洗气缸。对电子行业的显像管生产厂应采用不含铜、四氟乙烯及硅材质的气缸。对汽车喷漆流水线上应采用不含PWIS（油漆润湿缺陷物质，如硅、脂肪、油、蜡等）特殊气缸。对防爆环境下应选择符合专门用于机械设备防爆等级标准的气缸。

⑥ 注意气缸位置传感器（干簧式、电感式磁性开关）的工作环境是否适合，如高温、低温、强磁场。对于四拉杆式气缸，气缸位置传感器安装在某个四拉杆上，应注意因气缸长期运转振动后四拉杆被旋转一角度，造成气缸位置传感器测不到磁性活塞的位置信号。

⑦ 垂直安装气缸在无压缩空气时（下班关掉气源），活塞杆因自重会下垂伸出，会造成对其他部件的损坏，应采用带活塞杆锁紧装置的气缸或防下坠气缸。

⑧ 气缸调速时，通常采用排气节流阀型式（在平稳、爬行特性方面比进气节流阀好）。在调试时应先将节流阀关闭，然后逐渐打开节流开口度，以免气缸活塞杆高速伸出伤及人和其他物件。

⑨ 如需中间位置定位应考虑采用多位气缸，而不是首先考虑止动刹车气缸，多位气缸定位精度高（约0.05~0.1mm），而止动刹车气缸定位精度低（约0.5~2mm），止动刹车气缸仅在慢速移动、气压稳定、活塞杆上无油状况下使用。如作简单的定位也可采用气动肌肉。如需有高的定位精度，也可采用气动伺服定位技术（±0.2mm）或电伺服技术（0.02mm）。

1.3 无杆缸

在GB/T 17446—2024《流体传动系统及元件　词汇》中给出了术语“无杆缸”的定义“借助平行于缸轴线的滑块来传递机械力和运动的无活塞杆的缸”。

表 21-4-19

<table>
<tr><td>定义及应用</td><td colspan="2">无杆气缸是一种无活塞杆伸出在外的特殊结构气缸(与普通标准气缸相比)。由于无活塞杆伸出在外,它运动时所占的空间比普通标准型气缸减少一半,在目前自动化生产线,尤其是组建模块化搬运、加工流水线中起着十分重要的作用</td></tr>
<tr><td>结构与工作原理</td><td>如图a所示,无杆气缸的缸筒形状是一个带开口槽的内孔为圆形的铝合金型材,见图b剖面图。无杆气缸的活塞/滑块为一个整体结构的部件,为了使活塞在缸筒内部运动有一个密闭的空间,在缸筒型材内孔开槽处采用了一根稍长于缸筒长度的密封带,穿过活塞/滑块部件,密封带两端固定在前后端盖顶部上方。同时,在型材开口处的外表面上,同样还有一根稍长于缸筒长度的钢带,也穿过活塞/滑块部件,钢带的两端固定在前后端盖顶部上方(在密封件上方)。钢带的功能是保护其内层的密封带不受外部脏物、灰尘的侵入。当压缩空气进入无杆气缸内部推动活塞时,滑块也随之运动。活塞运动的长度就是滑块运动的行程长度</td><td>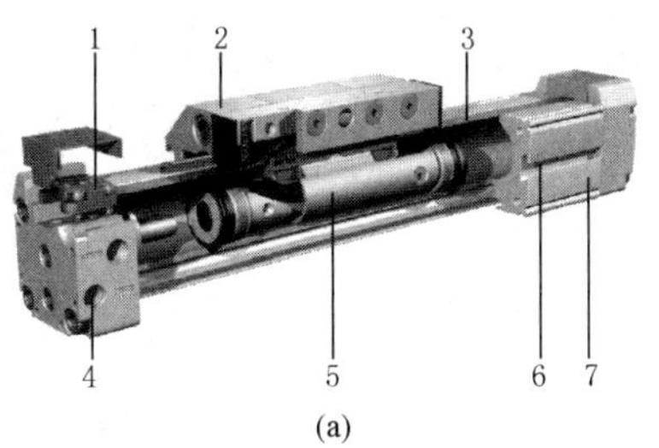

(a)
1—可调终端缓冲，可选，液压缓冲器，终端控制器SPC11；2—滑块，永久地附加在驱动器上；3—封条，防止灰尘进入；4—供气口位置选择，端盖的三个面上可供选择；5—活塞；6—安装/传感器沟槽，用于集成接近传感器，附加沟槽用于沟槽螺母(气缸活塞直径大于等于32mm)；7—固定型材
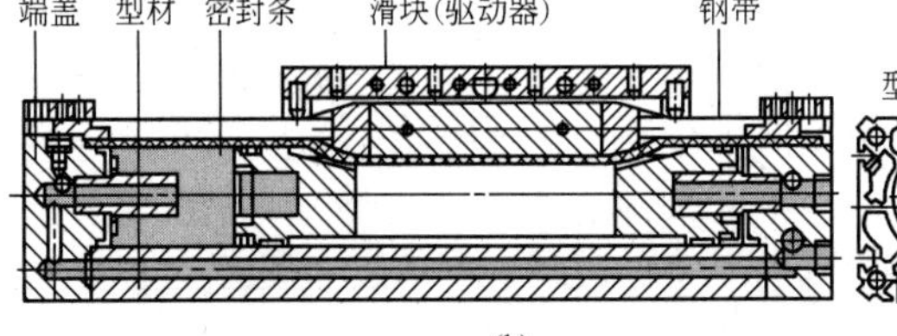

(b)</td></tr>
</table>

续表

不带导向装置的无杆气缸

项目	内容
特点	不带导向装置的无杆气缸亦称直线驱动器，是一种最简单，也是最基本的无杆气缸驱动装置。由于无导向导轨的保护，滑块在运动时易受偏载影响，如负载的重心偏离滑块的中心位置，或受两侧面横向力及转矩破坏
与外部部件的连接	滑块与外部部件连接时应采用如图 c 所示的滑块连接件（滑做连接件既与滑块进行柔性连接，又能围绕滑块做少量上下摇摆浮动） 当无杆气缸较长时，可选用中间支撑件以增强无杆气缸的承载能力（见表 21-4-14 最大许用支撑跨距 L 和作用力 F 的关系）

直线驱动器
负载转换器
滑块连接件
沟槽盖
接近传感器
沟槽螺母
中间支撑件
脚架安装件

(c)

主要技术参数

活塞直径 ϕ/mm	18	25	32	40	50	63	80
结构特点	气动直线驱动器						
抗扭转/导向装置	开槽的缸筒						
操作模式	双作用						
驱动原理	强制同步（沟槽）						
安装位置	任意						
气接口	M5	G⅛		G¼		G⅜	G½
行程长度/mm	10～1800	10～3000					
缓冲形式(PPV)	两端具有可调缓冲器						
缓冲长度/mm	16	18	20	30			83
位置感测	通过磁铁						
工作和环境条件							
工作介质	过滤压缩空气，润滑或未润滑						
工作压力/bar	2～8			1.5～8			
环境温度/℃	-10～60						

力学分析

受力分析

不带导向装置的无杆气缸（亦称直线驱动器），如缸筒（或活塞）为圆形时，当滑块两侧面受大横向力时，活塞/滑块部件的剪切应力全部集中在其中间细腰部（即为缸筒开槽槽口的窄长部位），活塞/滑块部件易折断。因此，不带导向装置的无杆气缸抗横向力能力较差，选用时应参照表 21-4-14，尤其是表中的 M_{xmax}、M_{zmax}。如采用加长驱动器 GV（即对活塞/滑块部件长度加长一倍），其滑块两侧面受横向力能力及转矩可有所提高。如果缸筒（或活塞）为椭圆形，滑块两侧面受横向力能力比缸筒（或活塞）为圆形要好，但也不易受大横向力或力矩。通常，选用无杆气缸并非让其滑块直接驱动外部某一部件，或让其滑块直接承受力或力矩负载，而是需要有一套导轨系统来承受负载及转矩。否则，可选用带导向装置的无杆气缸。如果由于负载小、横向力小的工况条件而采用无杆气缸，其滑块与外部被驱动部件必须采用柔性连接（如滑块连接件）

许用力与转矩

由于无导向导轨的保护，滑块在运动时易受偏载影响，如负载的重心偏离滑块的中心位置，将会产生 M_x、M_y 及 M_z 转矩。即使负载的重心在滑块动中心位置，从气缸内的活塞中心（轴向中心线）至工件负载的重心之间的距离，在活塞运行时也将产生一个力矩 M_y。选用何种型式、何种规格的无杆气缸时，应对无杆气缸进行受力分析，并根据气动制造厂商样本中提供的数据进行核算

如果驱动器同时受到多个力和力矩作用，除满足负载条件外，还必须满足下列方程

$$0.4\times\frac{F_z}{F_{zmax}}+\frac{M_x}{M_{xmax}}+\frac{M_y}{M_{ymax}}+0.2\times\frac{M_z}{M_{zmax}}\leqslant 1$$

$$\frac{F_z}{F_{zmax}}\leqslant 1 \qquad \frac{M_z}{M_{zmax}}\leqslant 1$$

F_z M_z F_y M_y M_x

许用力和转矩

活塞直径 ϕ/mm	18	25	32	40	50	63	80
标准驱动器 GK							
F_{ymax}/N	—						
F_{zmax}/N	120	330	480	800	1200	1600	5000
M_{xmax}/N·m	0.5	1	2	4	7	8	32
M_{ymax}/N·m	11	20	40	60	120	120	750
M_{zmax}/N·m	1	3	5	8	15	24	140
加长驱动器 GV							
F_{ymax}/N	—						
F_{zmax}/N	120	330	480	800	1200	—	—
M_{xmax}/N·m	1	2	4	8	14	16	—
M_{ymax}/N·m	22	40	80	120	240	240	—
M_{zmax}/N·m	2	6	10	16	30	48	—

续表

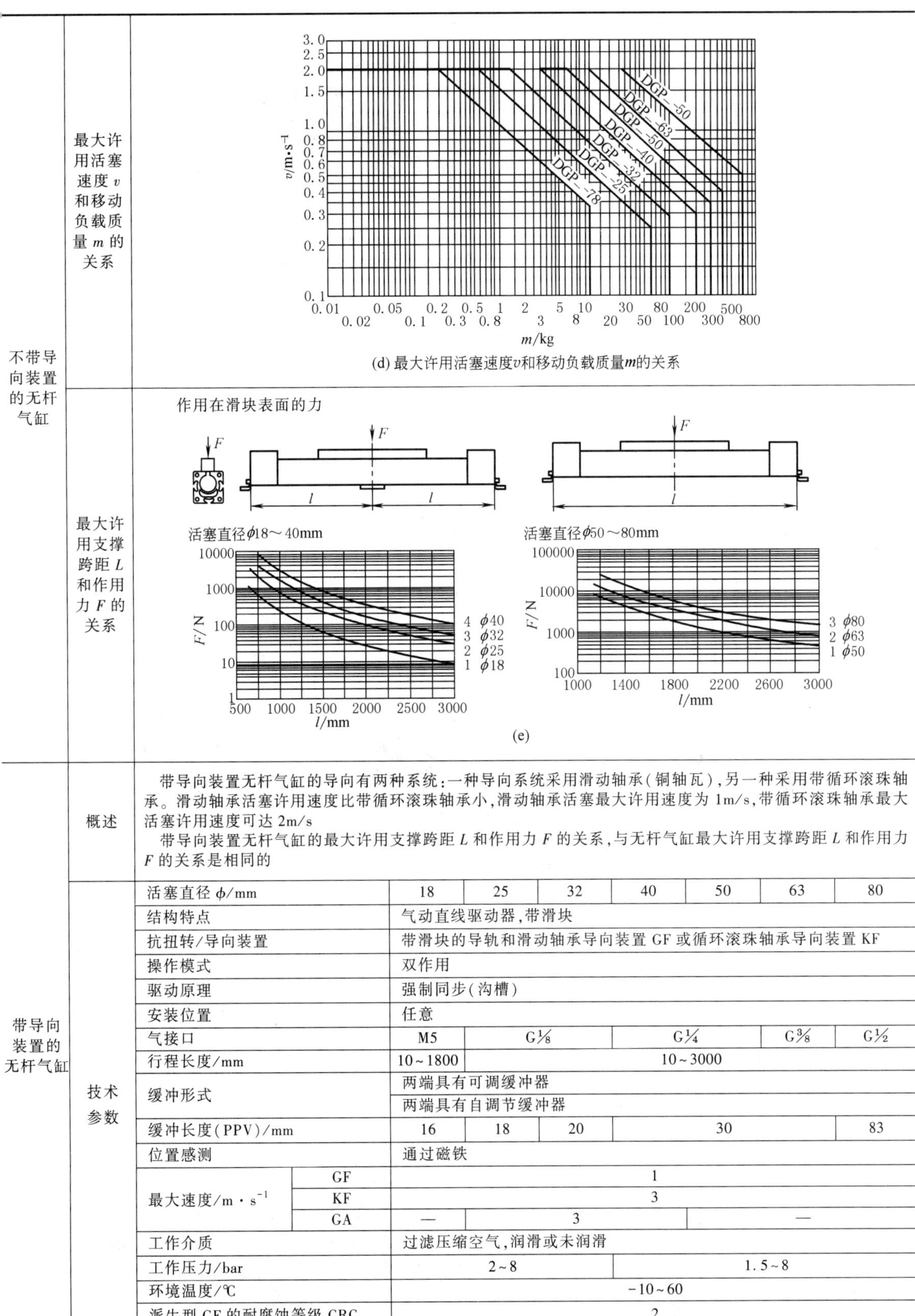

(d) 最大许用活塞速度v和移动负载质量m的关系

(e)

带导向装置的无杆气缸

概述

带导向装置无杆气缸的导向有两种系统：一种导向系统采用滑动轴承（铜轴瓦），另一种采用带循环滚珠轴承。滑动轴承活塞许用速度比带循环滚珠轴承小，滑动轴承活塞最大许用速度为1m/s，带循环滚珠轴承最大活塞许用速度可达2m/s

带导向装置无杆气缸的最大许用支撑跨距L和作用力F的关系，与无杆气缸最大许用支撑跨距L和作用力F的关系是相同的

技术参数

活塞直径 ϕ/mm		18	25	32	40	50	63	80
结构特点		气动直线驱动器，带滑块						
抗扭转/导向装置		带滑块的导轨和滑动轴承导向装置GF或循环滚珠轴承导向装置KF						
操作模式		双作用						
驱动原理		强制同步（沟槽）						
安装位置		任意						
气接口		M5	G⅛		G¼		G⅜	G½
行程长度/mm		10～1800	10～3000					
缓冲形式		两端具有可调缓冲器						
		两端具有自调节缓冲器						
缓冲长度(PPV)/mm		16	18	20	30			83
位置感测		通过磁铁						
最大速度/m·s⁻¹	GF	1						
	KF	3						
	GA	—	3			—		
工作介质		过滤压缩空气，润滑或未润滑						
工作压力/bar		2～8			1.5～8			
环境温度/℃		-10～60						
派生型GF的耐腐蚀等级CRC		2						

续表

带导向装置的无杆气缸 — 许用力与许用转矩 — 带滑动轴承导向装置

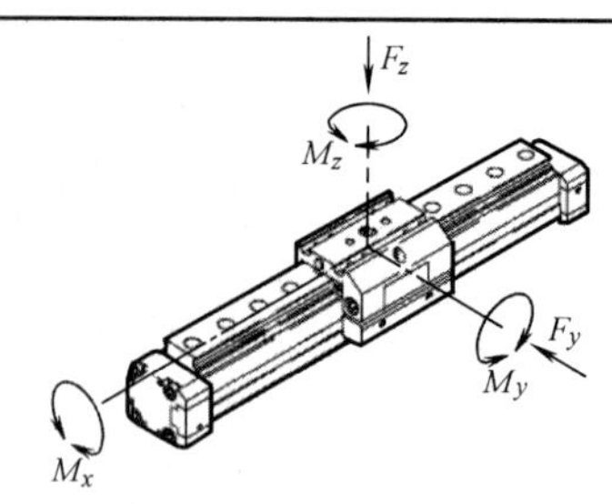

如果驱动器同时受到多个力和力矩作用,除满足负载条件外,还必须满足下列方程

$$\frac{F_y}{F_{ymax}}+\frac{F_z}{F_{zmax}}+\frac{M_x}{M_{xmax}}+\frac{M_y}{M_{ymax}}+\frac{M_z}{M_{zmax}}\leqslant 1$$

派生型的所有值都基于 0.2m/s 的运动速度

许用力和许用转矩

活塞直径 ϕ/mm	18	25	32	40	50	63	80
标准滑块 GK							
F_{ymax}/N	340	430	430	1010	1010	2000	2000
F_{zmax}/N	340	430	430	1010	1010	2000	2000
M_{xmax}/N·m	2.2	5.4	8.5	23	32	74	100
M_{ymax}/N·m	10	14	18	34	52	140	230
M_{zmax}/N·m	10	14	18	34	52	140	230
加长滑块 GV							
F_{ymax}/N	330	400	395	930	870	1780	—
F_{zmax}/N	330	400	395	930	870	1780	—
M_{xmax}/N·m	2	5	8	21	28	66	—
M_{ymax}/N·m	18	25	30	58	83	235	—
M_{zmax}/N·m	18	25	30	58	83	235	—

带导向装置的无杆气缸 — 许用力与许用转矩 — 带循环滚珠轴承导向装置

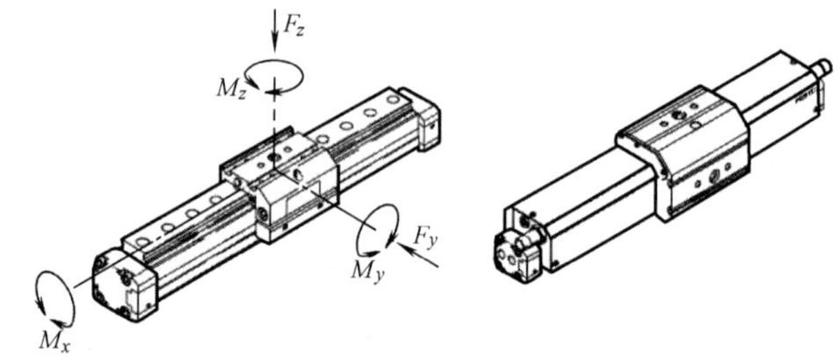

如果驱动器同时受到多个力和力矩作用,除满足负载条件外,还必须满足下列方程

$$\frac{F_y}{F_{ymax}}+\frac{F_z}{F_{zmax}}+\frac{M_x}{M_{xmax}}+\frac{M_y}{M_{ymax}}+\frac{M_z}{M_{zmax}}\leqslant 1$$

许用力和许用转矩

活塞直径 ϕ/mm	18	25	32	40	50	63	80
标准滑块 GK							
F_{ymax}/N	930	3080	3080	7300	7300	14050	14050
F_{zmax}/N	930	3080	3080	7300	7300	14050	14050
M_{xmax}/N·m	7	45	63	170	240	580	745
M_{ymax}/N·m	23	85	127	330	460	910	1545
M_{zmax}/N·m	23	85	127	330	460	910	1545
加长滑块 GV							
F_{ymax}/N	930	3080	3080	7300	7300	14050	—
F_{zmax}/N	930	3080	3080	7300	7300	14050	—
M_{xmax}/N·m	7	45	63	170	240	580	—
M_{ymax}/N·m	45	170	250	660	920	1820	—
M_{zmax}/N·m	45	170	250	660	920	1820	—

续表

带导向装置的无杆气缸	最大许用活塞速度 v 和作用力 F 的关系（滑动轴承导轨）	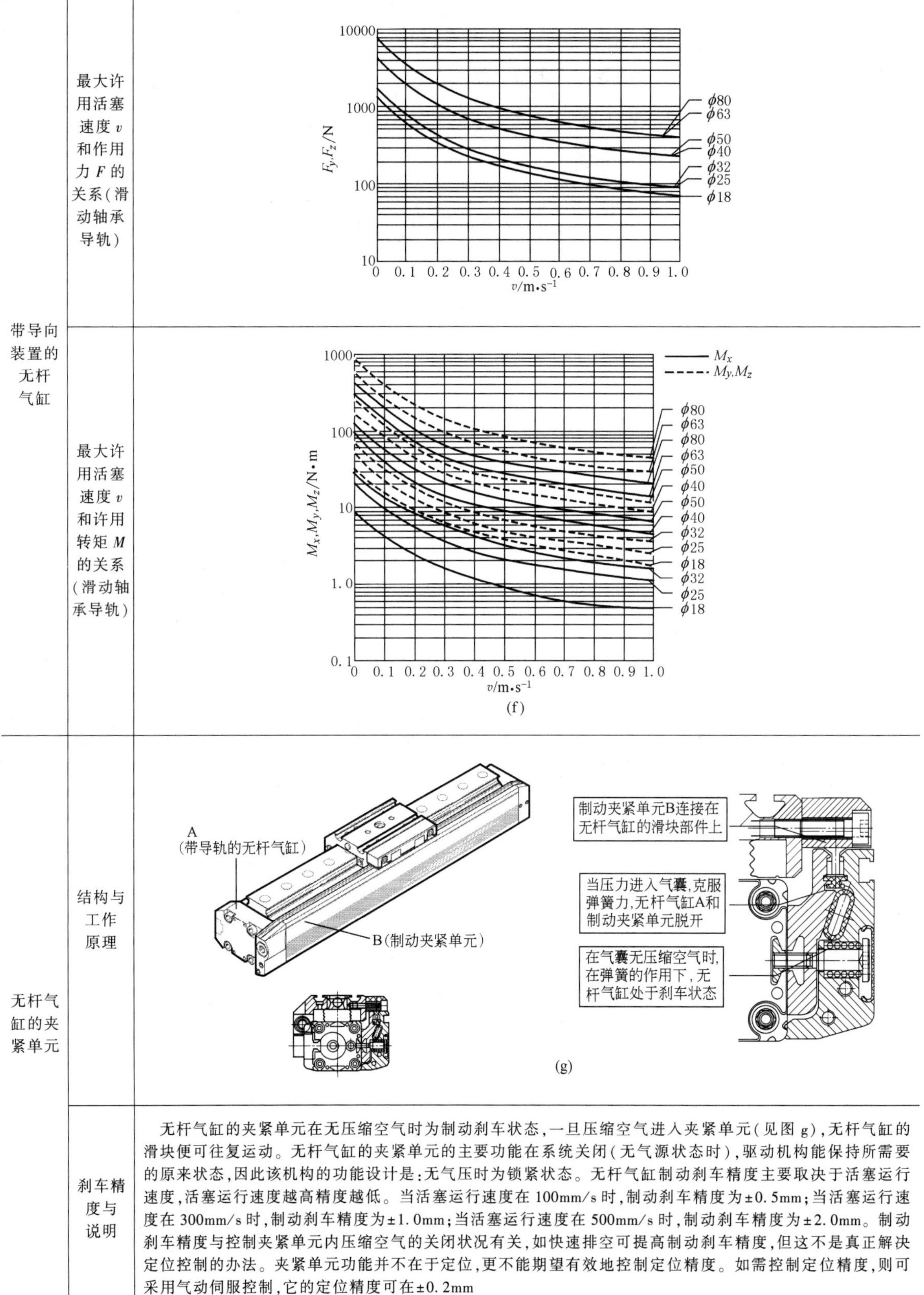
	最大许用活塞速度 v 和许用转矩 M 的关系（滑动轴承导轨）	(f)
无杆气缸的夹紧单元	结构与工作原理	(g)
	刹车精度与说明	无杆气缸的夹紧单元在无压缩空气时为制动刹车状态，一旦压缩空气进入夹紧单元（见图 g），无杆气缸的滑块便可往复运动。无杆气缸的夹紧单元的主要功能在系统关闭（无气源状态时），驱动机构能保持所需要的原来状态，因此该机构的功能设计是：无气压时为锁紧状态。无杆气缸制动刹车精度主要取决于活塞运行速度，活塞运行速度越高精度越低。当活塞运行速度在 100mm/s 时，制动刹车精度为±0.5mm；当活塞运行速度在 300mm/s 时，制动刹车精度为±1.0mm；当活塞运行速度在 500mm/s 时，制动刹车精度为±2.0mm。制动刹车精度与控制夹紧单元内压缩空气的关闭状况有关，如快速排空可提高制动刹车精度，但这不是真正解决定位控制的办法。夹紧单元功能并不在于定位，更不能期望有效地控制定位精度。如需控制定位精度，则可采用气动伺服控制，它的定位精度可在±0.2mm

续表

带重载导向装置的无杆气缸

装置图及说明

带重载导向装置其本身不是一个气动驱动器，它是由一个导向机构、一个重载导轨装置、左右配有两组液压缓冲装置、一个工作滑台等组成，如图h所示。工作滑台正上面有两条长沟槽，该沟槽可插入长条形沟槽螺母，每根长条形沟槽螺母有四个内螺纹，可作负载或附件的固定，工作滑台上还有若干个内螺纹（可作负载或附件的固定）、定位销（以便确认工件的重心位置），工作滑台正反面与无杆气缸的滑块相连，无杆气缸工作时滑块被驱动，无杆气缸的滑块将带动重载导向装置的工作滑台移动，工件负载是由带重载导向装置的导轨来支撑，无杆气缸不承受工件负载

沟槽螺母
定位销
液压缓冲组件
重载导轨装置
重载导轨装置工作滑台
沟槽螺母
沟槽罩盖
接近传感器
电缆插座
沟槽螺母
中间支撑件
无杆气缸
脚架安装件

(h)

许用力和许用力矩

如果驱动器同时受到多个力和力矩作用，除满足负载条件外，还必须满足下列方程

$$\frac{F_y}{F_{ymax}}+\frac{F_z}{F_{zmax}}+\frac{M_x}{M_{xmax}}+\frac{M_y}{M_{ymax}}+\frac{M_z}{M_{zmax}}\leqslant 1$$

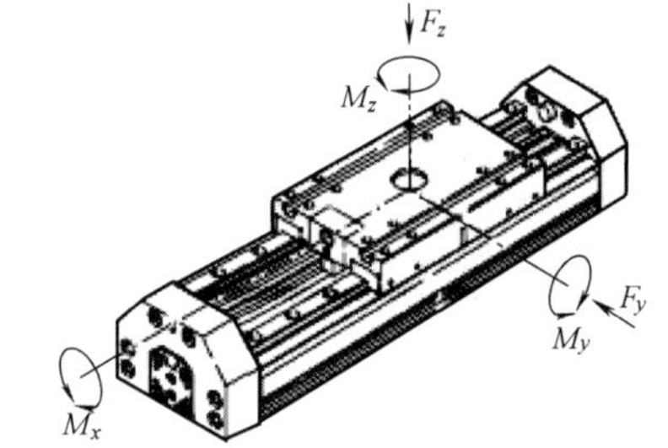

活塞直径 ϕ/mm	HD18	HD25	HD40
F_{ymax}/N	1820	5400	5400
F_{zmax}/N	1820	5600	5600
M_{xmax}/N·m	70	260	375
M_{ymax}/N·m	115	415	560
M_{zmax}/N·m	112	400	540

最大许用支撑跨距 l 和作用力 F 的关系

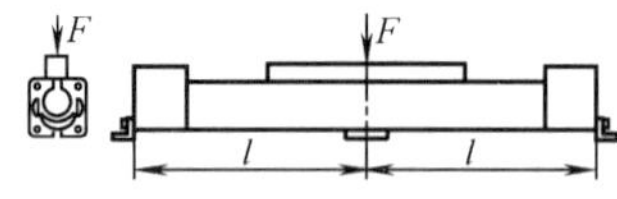

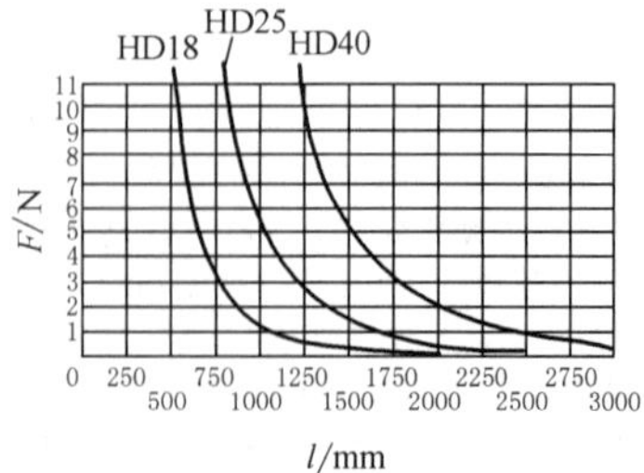

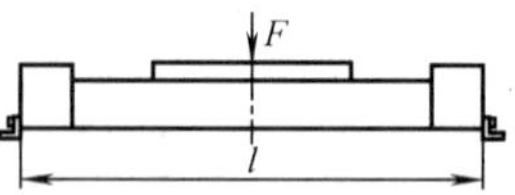

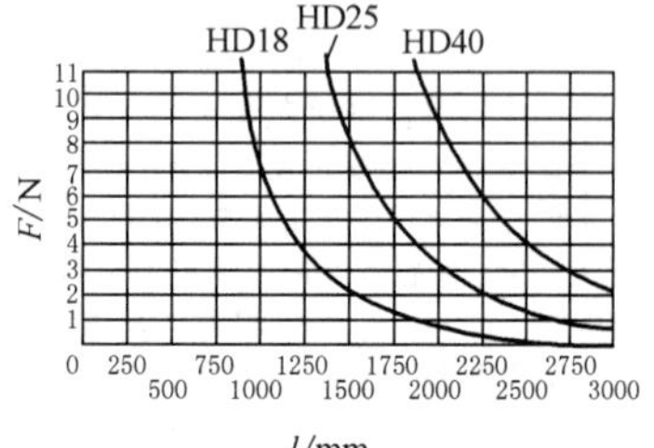

1.4 定位器（伺服缸）

在参考文献［13］中介绍，由控制信号控制执行元件的位移，且位移与控制信号成比例变化的元件称为定位器。在控制信号是电信号（电流大小）则为电-气定位器；若是气信号（气压大小），则为气-气定位器。作为被控制的执行元件，可以是直线位移（行程）的气缸、薄膜阀等，也可以是角位移的摆动缸、转阀等。在周围有爆炸因素的场合，应选用气-气定位器，有防爆功能的电-气定位器才可用于相适应的防爆场合。

在 GB/T 17446—2024《流体传动系统及元件　词汇》中给出了术语“伺服缸”的定义：“能够响应可变控制信号实现特定行程位置的缸”。

IP200 系列气缸定位器是电-气比例阀控制的气缸，其更应称为“比例/伺服控制气缸”（“比例/伺服控制液压缸”见 GB/T 32216—2015）。

表 21-4-20

IP200 系列气缸定位器	动作原理	图 1 所示为 IP200 系列气缸定位器的外形及动作原理图。信号压力从输入口 IN 流入输入腔内，在压力作用下输入膜片向左方移动，则喷嘴内背压升高。在喷嘴背压的作用下，膜片 A 上产生的力大于膜片 B 上产生的力，使阀芯左移。从 SUP 口供给的压力便流入 OUT1 侧，OUT2 侧则从 EXH 口排气，缸杆向右伸出，通过连接杆拉动反馈弹簧，直到弹簧力与输入膜片产生的力相平衡，则气缸便停止在与信号压力相对应的位置上，缸杆动作便确保得到与输入的信号压力成比例变化的位置上 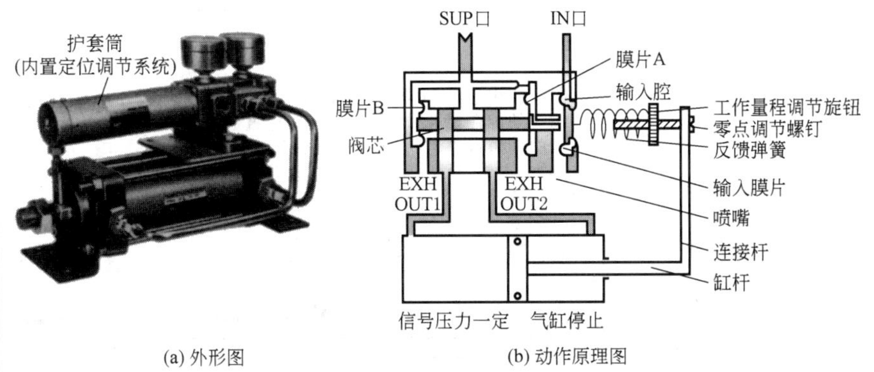 (a) 外形图　　(b) 动作原理图 图 1　IP200 系列气缸定位器的外形及动作原理图 气缸定位器的气动回路例如图 2 所示。它是由电-气比例阀向 IP200 提供输入的信号压力。电-气比例阀 ITV2000 系列的输入电气信号与输出气压信号的关系如图 3 所示。IP200 系列的输入气压信号与气缸行程的关系如图 4 所示。可见，若气缸行程为 0mm 是零点，工作量程是行程 100mm，则 IP200 对应的信号压力应为 20kPa 和 100kPa，ITV2000 对应的输入电压应为 DC2V 和 DC10V。按线性关系，当气缸行程至 50mm 时，信号压力应为 60kPa，对应输入电压应为 DC6V 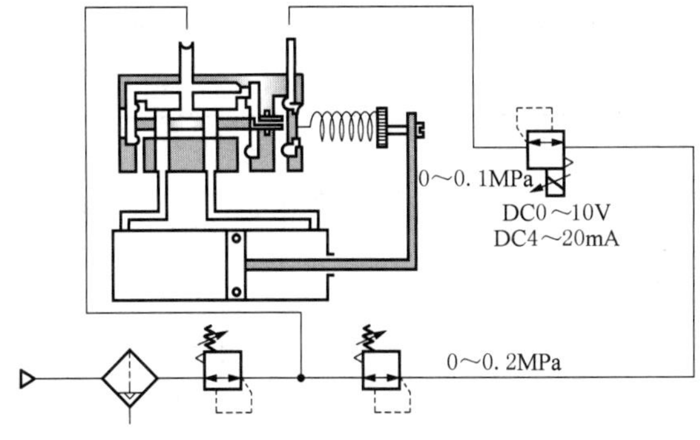 图 2　气缸定位器的气动回路例

续表

<table>
<tr><td rowspan="3">IP200 系列气缸定位器</td><td>动作原理</td><td>图 3 ITV2000 系列的输入电气信号与输出气压信号的关系
图 4 IP200 系列的输入气压信号与气缸行程的关系</td></tr>
<tr><td>主要技术参数</td><td>
表 1 IP200 系列气缸定位器的主要技术参数
<table>
<tr><th>缸径/mm</th><th>适合行程范围/mm</th><th>供给压力/MPa</th><th>先导压力/MPa</th><th>最大流量(ANR)(0.5MPa 时)/L·min⁻¹</th><th>耗气量(ANR)(0.5MPa 时)/L·min⁻¹</th><th>灵敏度</th><th>直线度</th><th>迟滞</th><th>重复精度</th><th>使用温度范围/℃</th><th>输出口口径</th><th>信号口口径</th></tr>
<tr><td>50~160</td><td>50~300</td><td>0.3~0.7</td><td>0.02~0.1</td><td>OUT1 为 255,OUT2 为 270</td><td><22</td><td>小于 0.5% F.S.</td><td>小于 ±2% F.S.</td><td>小于 1% F.S.</td><td>小于 1% F.S.</td><td>-5~60</td><td>1/4</td><td>1/8</td></tr>
</table>
</td></tr>
<tr><td>使用注意事项</td><td>①应使用洁净、干燥、无油的压缩空气
②必须控制活塞的运行速度不超过图 5 所示的最短行程时间，否则会导致行程不稳定、冲出定位位置。可在气缸与定位器之间设置调速阀来调节缸速
③定位器不要设置在有振动、冲击的场合，以免影响定位器的性能
图 5 IP200 系列的最短行程时间</td></tr>
</table>

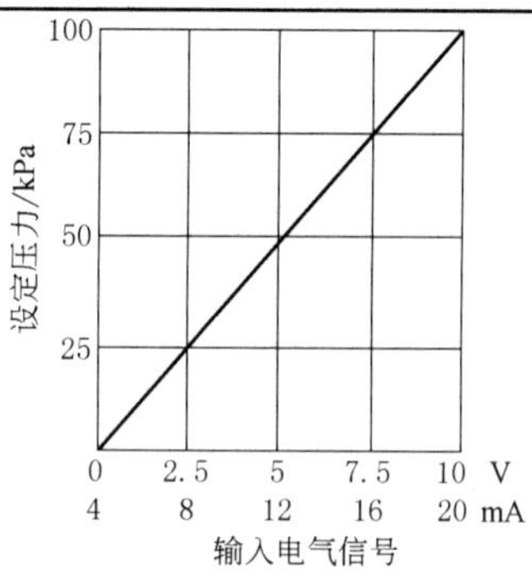

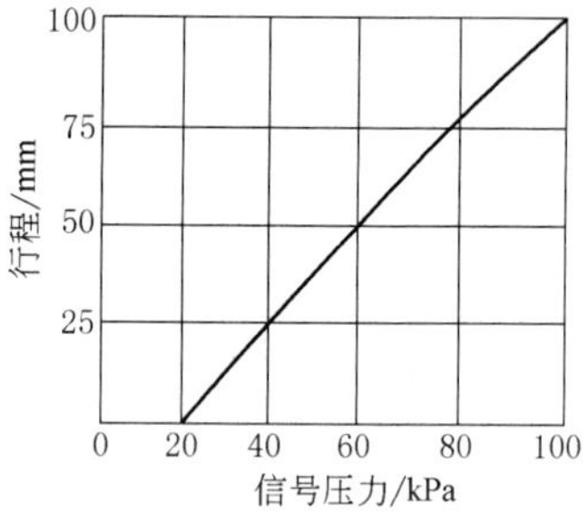

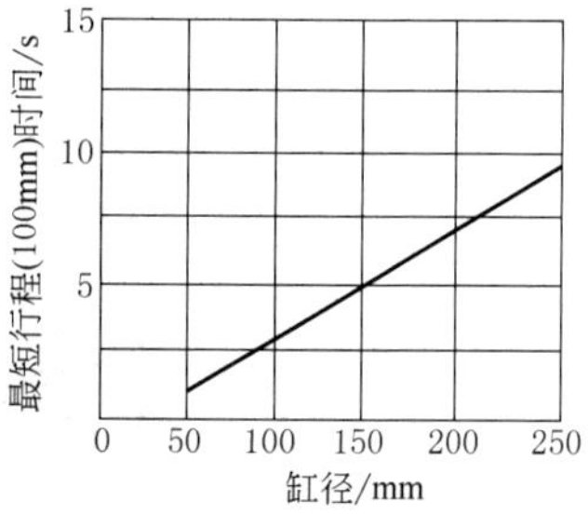

注：IP8000 和 IP8100 系列电气定位器、IP5000 和 IP5100 系列气-气定位器见参考文献［13］。关于"伺服气缸"进一步还可见参考文献［16］。

1.5 气缸产品介绍

1.5.1 小型圆形气缸（摘自 GB/T 8102—2020 和非标）

（1）GB/T 8102/ISO 6432 规定的缸径（ϕ8~25mm）的单杆气缸安装尺寸

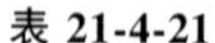

表 21-4-21

mm

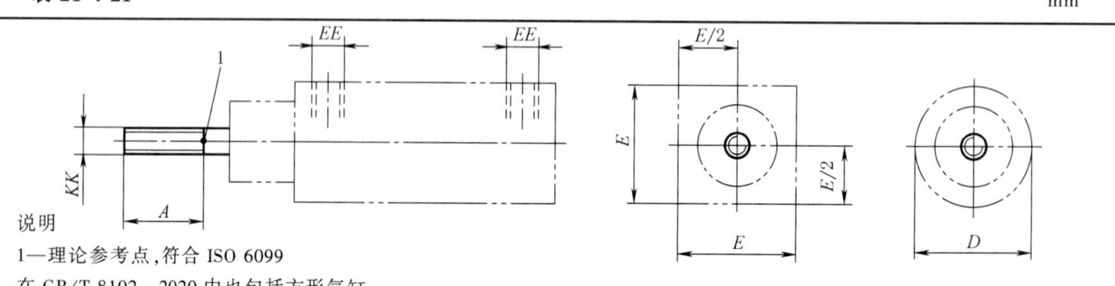

图 1 基本尺寸

续表

表 1　基本尺寸

AL	A		KK	EE[①]	E	D
	公称值	公差			最大	最大
8	12	0 −2	M4	M5	18	20
10	12		M4	M5	20	22
12	16		M6	M5	24	26
16	16		M6	M5	24	27
20	20		M8	G1/8	34	40
25	22		M10×1.25	G1/8	34	40

① *EE* 符合 ISO 16030

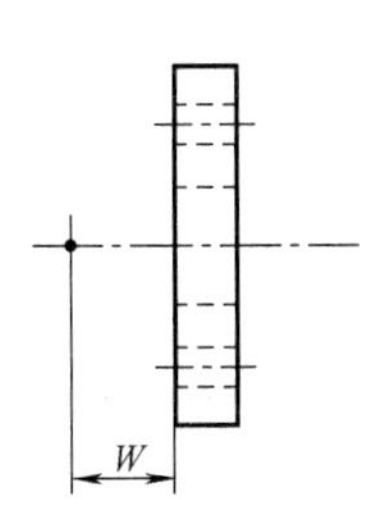

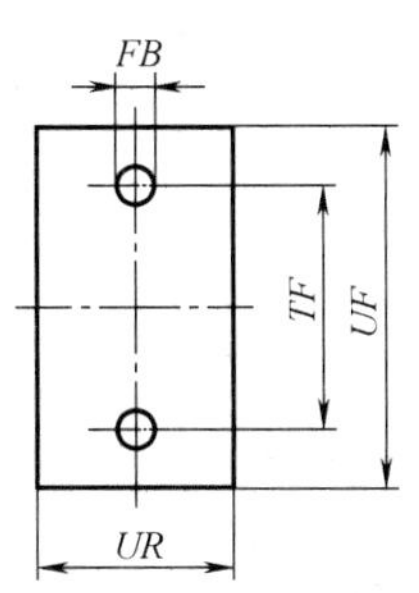

图 2　前端矩形法兰(带两孔)(MF8)

表 2　前端矩形法兰(带两孔)安装尺寸(MF8)

AL	W[①] ±1.4	FB H13	TF JS14	UF 最大	UR 最大
8	13	4.5	30	45	25
10	13	4.5	30	53	30
12	18	5.5	40	55	30
16	18	5.5	40	55	30
20	19	6.6	50	70	40
25	23	6.6	50	70	40

① 见 GB/T 8102—2020 的 4.2 注

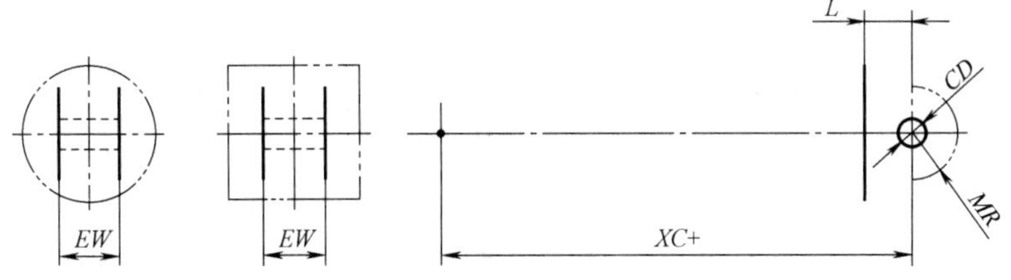

图 3　后端固定单耳环(MP3)

表 3　后端固定单耳环安装尺寸(MP3)

AL	EW d13	XC[①] ±1	L 最小	CD H9	MR 最大
8	8	64	6	4	18
10	8	64	6	4	18
12	12	75	9	6	22
16	12	82	9	6	22
20	16	95	12	8	25
25	16	104	12	8	25

① 见 GB/T 8102—2020 的 4.2 注

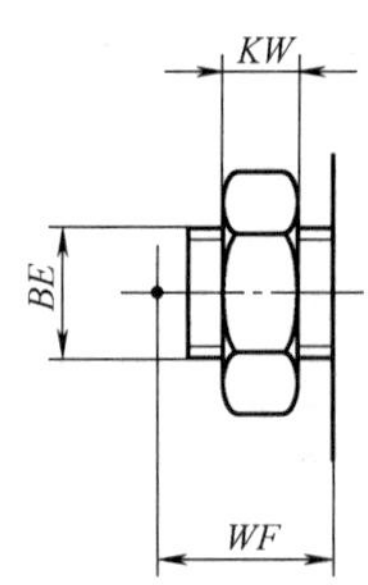

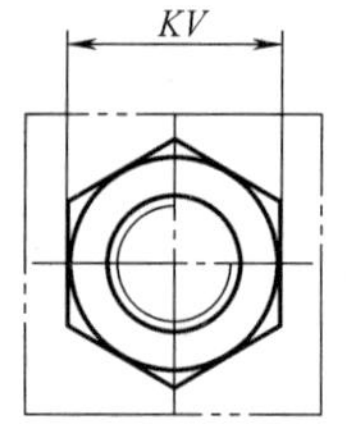

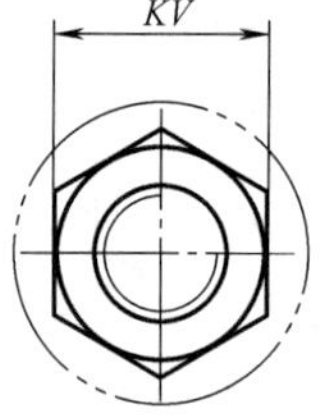

图 4　前端螺纹(MR3)

表 4　前端螺纹安装尺寸(MP3)

AL	*BE*	*KW* 最大	*KV* 最大	*WF*±1.2
8	M12×1.25	7	19	16
10	M12×1.25	7	19	16
12	M16×1.5	8	24	22
16	M16×1.5	8	24	22
20	M22×1.5	11	32	24
25	M22×1.5	11	32	28

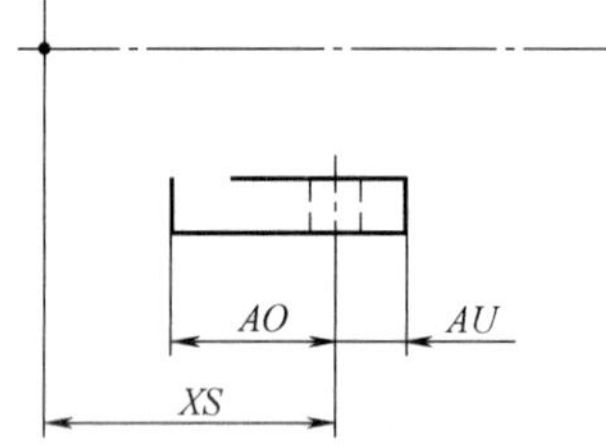

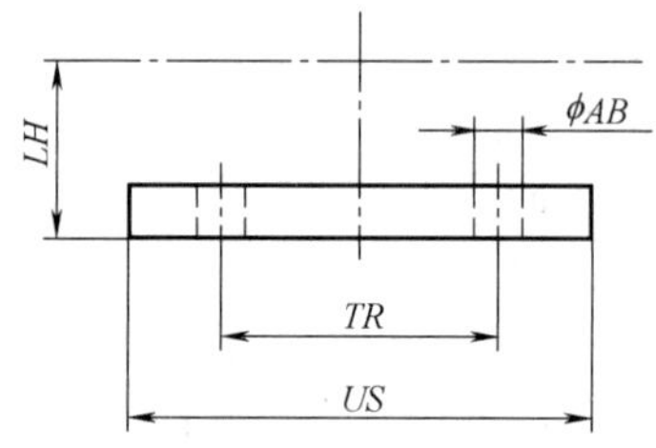

图 5　前端脚架(MS3)

表 5　前端脚架安装尺寸(MS3)

AL	*XS* ±1.4	*AO* 最大	*AU* 最大	*LH* ±0.3	*TR* JS14	*US* 最大	*AB* H13
8	24	14	6	16	25	35	4.5
10	24	14	6	16	25	42	4.5
12	32	16	7	20	32	47	5.5
16	32	16	7	20	32	47	5.5
20	36	20	8	25	40	55	6.6
25	40	20	8	25	40	55	6.6

（2）GB/T 8102/ISO 6432 标准小型圆形气缸

表 21-4-22 mm

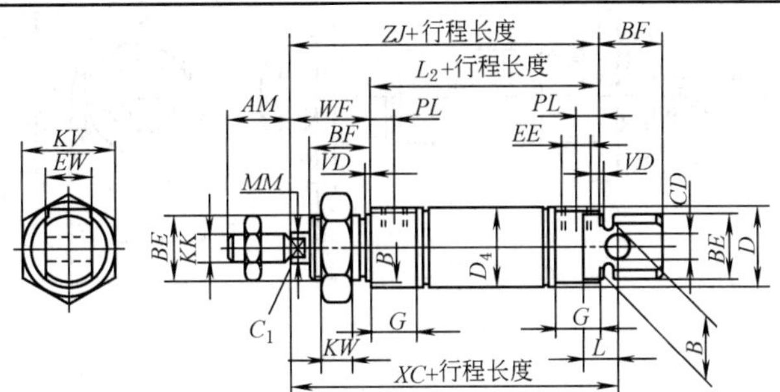

ϕ	AM	B ϕ h9	BE	BF	CD ϕ	D ϕ E10	D_4 ϕ	EE	EW	G	KK	KV
8	12	12	M12×1.25	12	4	15	9.3	M5	8	10	M4	19
10							11.3					
12	16	16	M16×1.5	17	6	20	13.3		12		M6	24
16							17.3					
20	20	22	M22×1.5	20	8	27	21.3	G⅛	16	16	M8	32
25	22			22			26.5				M10×1.25	

ϕ	KW	L	L_2	MM ϕ f8	PL	VD	WF	XC ±1	ZJ	C_1
8	6	6	46	4	6	2	16	64	62	—
10										
12	8	9	50	6			22	75	72	5
16			56					82	78	
20	11	12	68	8	8.2		24	95	92	7
25			69.5	10			28	104	97.2	9

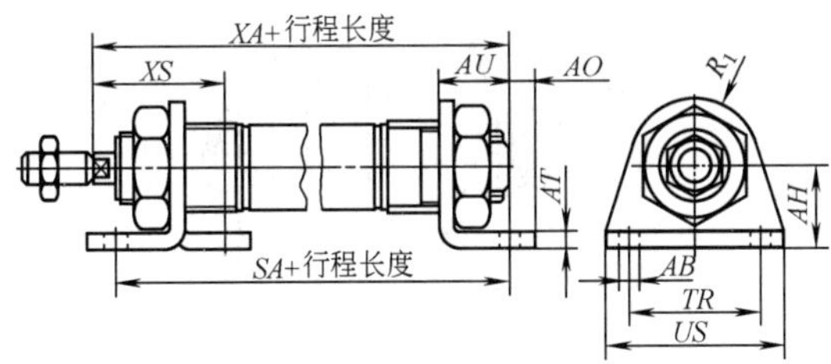

ϕ	AB ϕ	AH	AO	AT	AU	R_1	SA		TR	US	XA		XS	
								-KP				-KP		-KP
8,10	4.5	16	5	3	11	10	68	97	25	35	73	102	24	—
12	5.5	20	6	4	14	13	78	116	32	42	86	124	32	—
16	5.5	20	6	4	14	13	84	122	32	42	92	130	32	—
20	6.6	25	8	5	17	20	102	149	40	54	109	156	36	—
25	6.6	25	8	5	17	20	103.5	151.5	40	54	114.5	162.5	40	—

续表

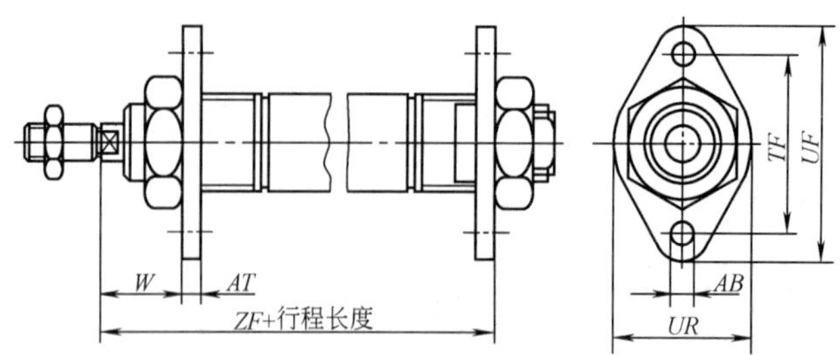

ϕ	AB ϕ	AT	TF	UF	UR	W	ZF	
								-KP
8,10	4.5	3	30	40	25	13	65	94
12	5.5	4	40	53	30	18	76	114
16	5.5	4	40	53	30	18	82	120
20	6.6	5	50	66	40	19	97	144
25	6.6	5	50	66	40	23	102.5	150.5

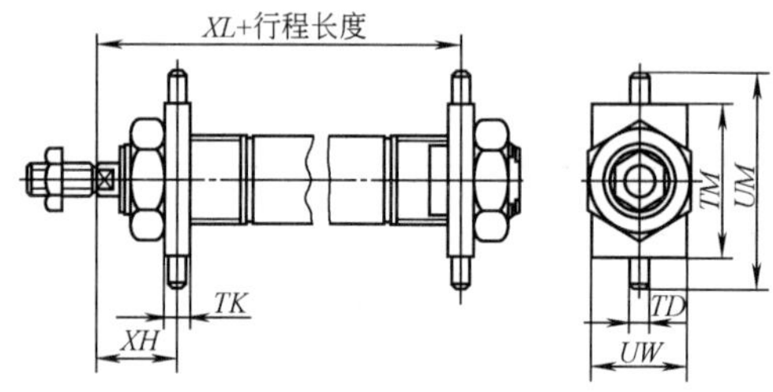

ϕ	TD ϕ f8	TK	TM	UM	UW	XH	XL		质量/g	代号	型号
								-KP			
8,10	4	6	26	38	20	13	65	94	20	8608	WBN-8/10
12	6	8	38	58	25	18	76	114	50	8609	WBN-12/16
16	6	8	38	58	25	18	82	120	50	8609	WBN-12/16
20	6	8	46	66	30	20	96	143	70	8610	WBN-20/25
25	6	8	46	66	30	24	101.5	149.5	70	8610	WBN-20/25

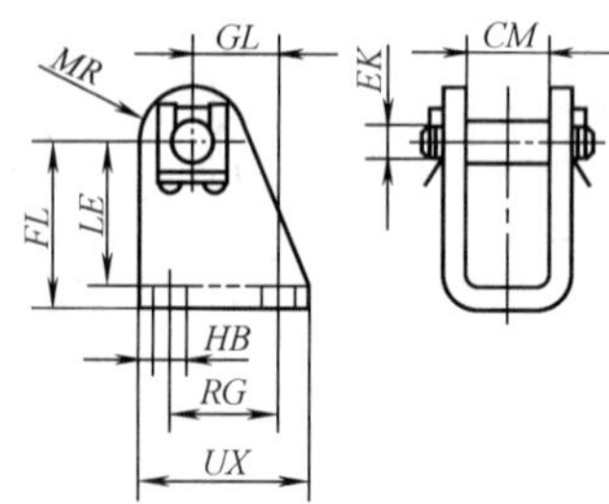

适用直径 ϕ	CM	EK ϕ	FL	GL	HB	LE	MR	RG	UX
8,10	8.1	4	$24^{+0.3}_{-0.2}$	13.8	4.5	21.5	5	12.5	20
12,16	12.1	6	$27^{+0.3}_{-0.2}$	13	5.5	24	7	15	25
20,25	16.1	8	$30^{+0.4}_{-0.2}$	16	6.6	26	10	20	32

（3）非 ISO 标准小型圆形气缸

表 21-4-23

mm

类型

双作用型

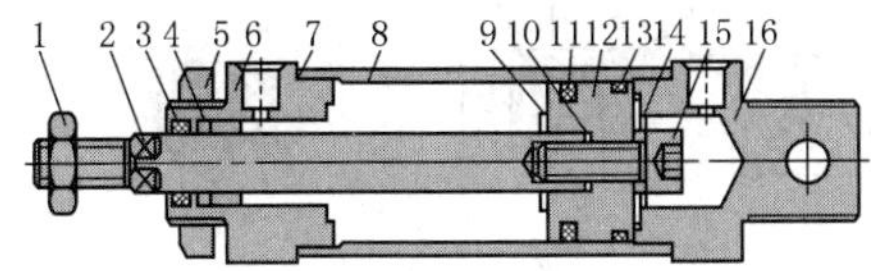

单作用活塞杆伸出型

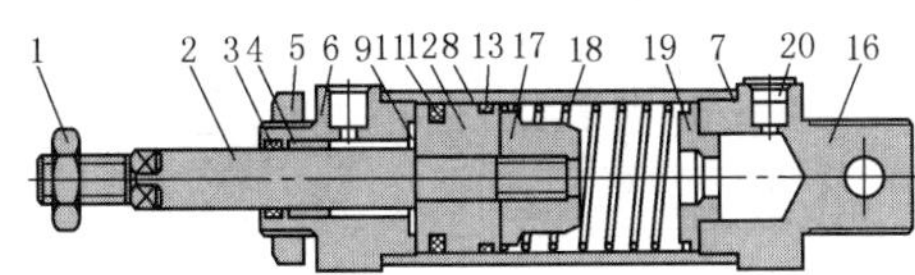

1—螺母；2，10—活塞杆；3—前盖密封圈；4—含油轴承；5—前盖螺母；6—前盖；7—管壁；8—铝管；9—防撞垫片；11，12—活塞；13—耐磨环；14—后垫圈；15—内六角螺栓；16—后盖；17—弹簧连接座；18—弹簧；19—弹簧座；20—消音片

双作用型尺寸

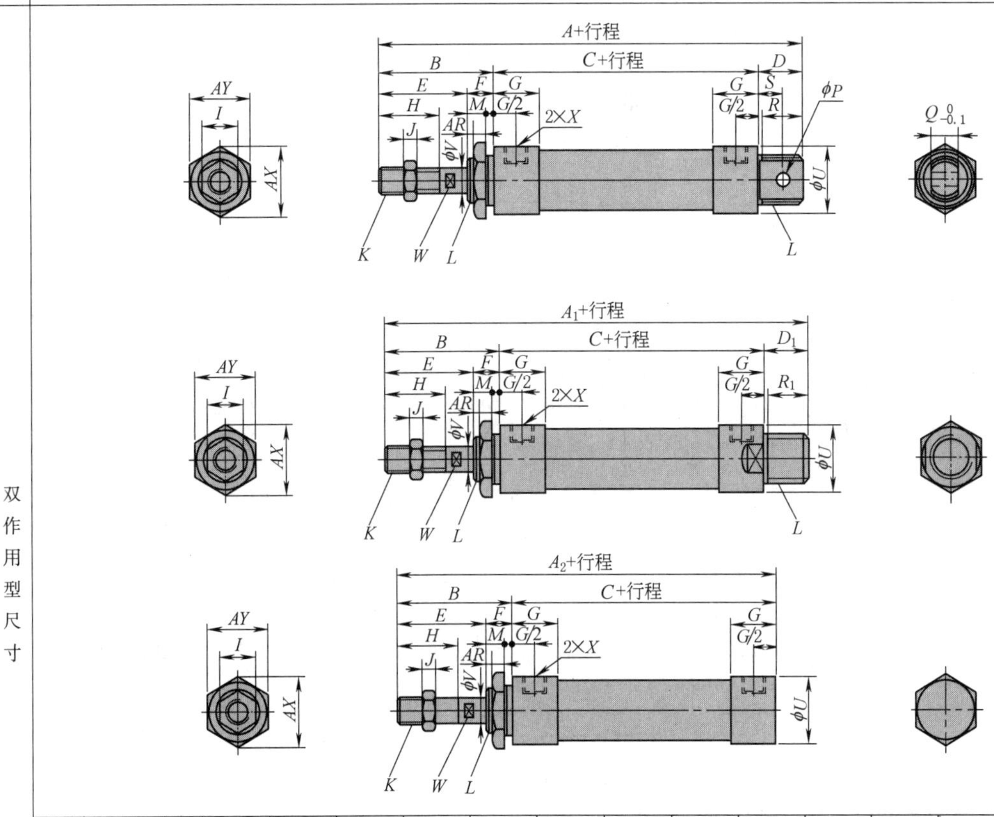

内径	A	A1	A2	B	C	D	D1	E	F	G	H	I	J	K
20	131	122	110	40	70	21	12	28	12	16	20	12	6	M8×1.25
25	135	128	114	44	70	21	14	30	14	16	22	17	6	M10×1.25
32	141	128	114	44	70	27	14	30	14	16	22	17	6	M10×1.25
40	165	152	138	46	92	27	14	32	14	22	24	17	7	M12×1.25

内径	L	M	P	Q	R	R1	S	U	V	W	X	AR	AX	AY
20	M22×1.5	10	8	16	19	10	12	29	8	6	PT⅛	7	33	29
25	M22×1.5	12	8	16	19	12	12	34	10	8	PT⅛	7	33	29
32	M24×2.0	12	10	16	25	12	15	39.5	12	10	PT⅛	8	37	32
40	M30×2.0	12	12	20	25	12	15	49.5	16	14	PT¼	9	47	41

续表

单作用活塞杆缩回型尺寸

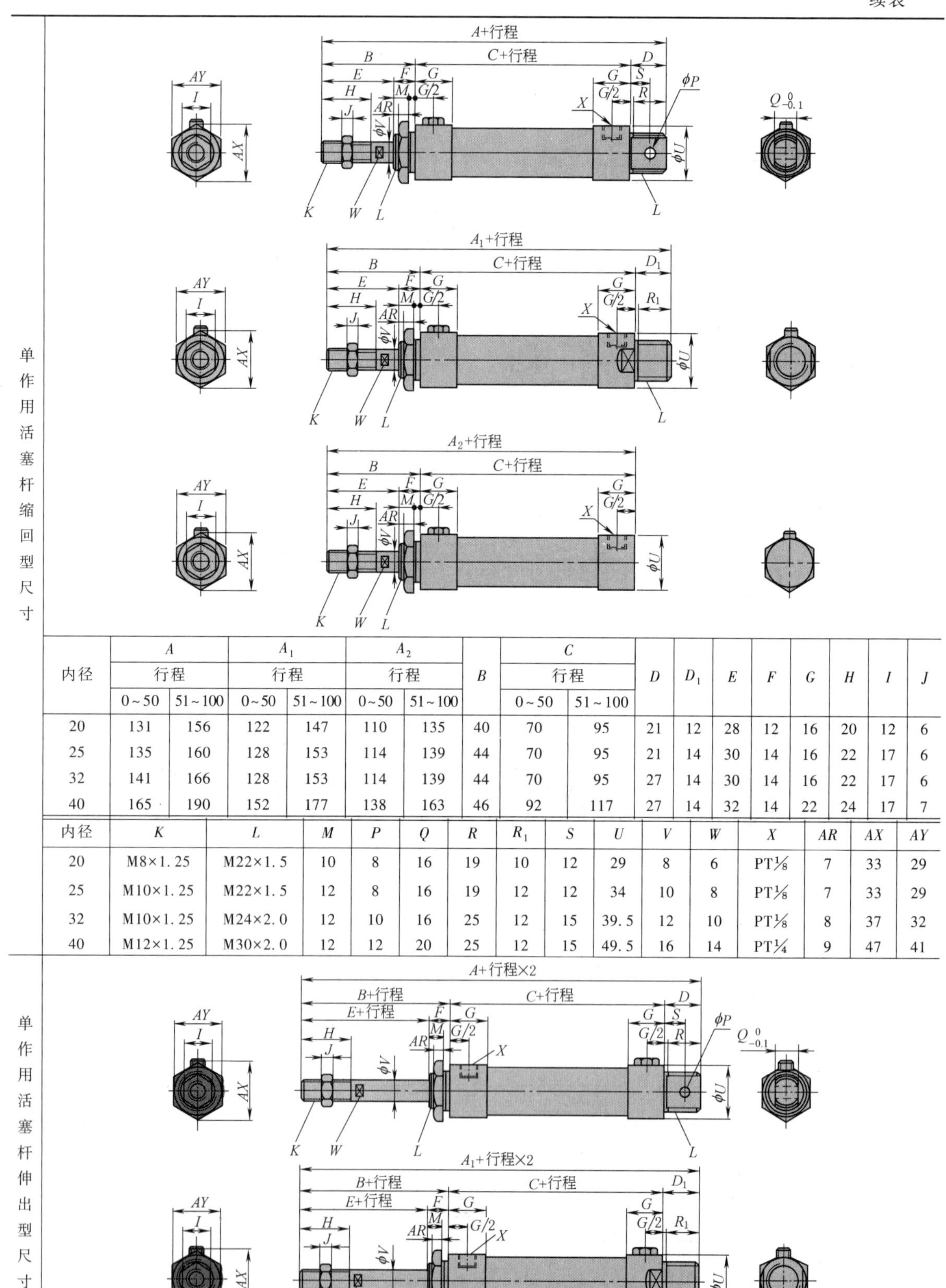

内径	A		A_1		A_2		B	C		D	D_1	E	F	G	H	I	J
	行程		行程		行程			行程									
	0~50	51~100	0~50	51~100	0~50	51~100		0~50	51~100								
20	131	156	122	147	110	135	40	70	95	21	12	28	12	16	20	12	6
25	135	160	128	153	114	139	44	70	95	21	14	30	14	16	22	17	6
32	141	166	128	153	114	139	44	70	95	27	14	30	14	16	22	17	6
40	165	190	152	177	138	163	46	92	117	27	14	32	14	22	24	17	7

内径	K	L	M	P	Q	R	R_1	S	U	V	W	X	AR	AX	AY
20	M8×1.25	M22×1.5	10	8	16	19	10	12	29	8	6	PT⅛	7	33	29
25	M10×1.25	M22×1.5	12	8	16	19	12	12	34	10	8	PT⅛	7	33	29
32	M10×1.25	M24×2.0	12	10	16	25	12	15	39.5	12	10	PT⅛	8	37	32
40	M12×1.25	M30×2.0	12	12	20	25	12	15	49.5	16	14	PT¼	9	47	41

单作用活塞杆伸出型尺寸

续表

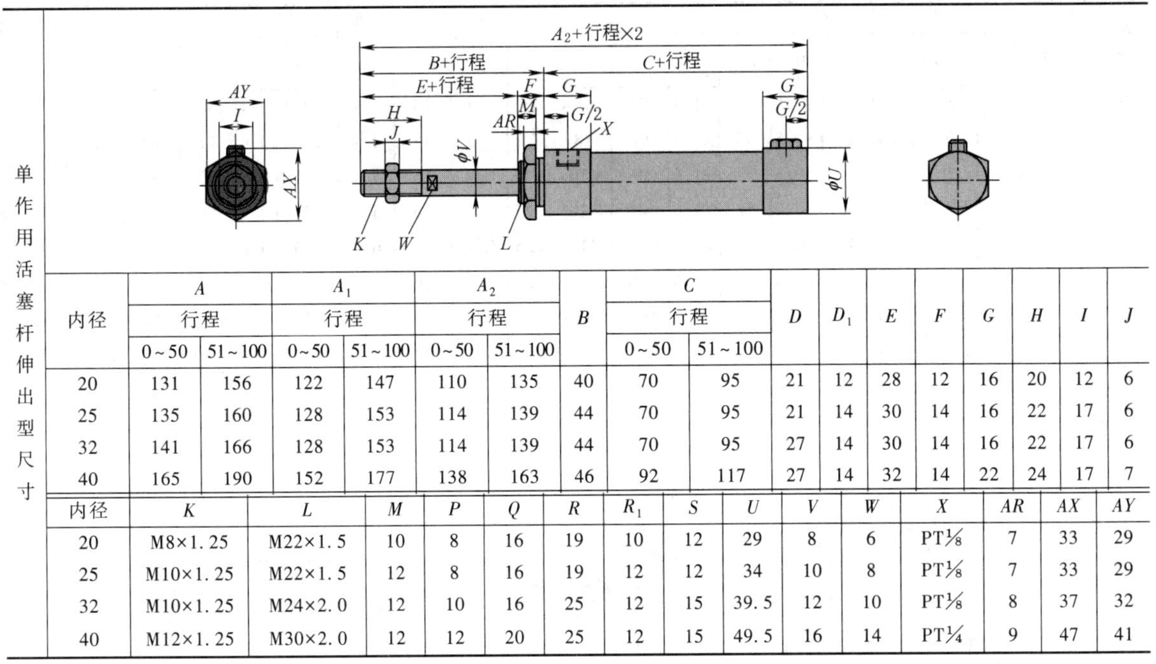

单作用活塞杆伸出型尺寸

内径	A		A_1		A_2		B	C		D	D_1	E	F	G	H	I	J
	行程		行程		行程			行程									
	0~50	51~100	0~50	51~100	0~50	51~100		0~50	51~100								
20	131	156	122	147	110	135	40	70	95	21	12	28	12	16	20	12	6
25	135	160	128	153	114	139	44	70	95	21	14	30	14	16	22	17	6
32	141	166	128	153	114	139	44	70	95	27	14	30	14	16	22	17	6
40	165	190	152	177	138	163	46	92	117	27	14	32	14	22	24	17	7

内径	K	L	M	P	Q	R	R_1	S	U	V	W	X	AR	AX	AY
20	M8×1.25	M22×1.5	10	8	16	19	10	12	29	8	6	PT1/8	7	33	29
25	M10×1.25	M22×1.5	12	8	16	19	12	12	34	10	8	PT1/8	7	33	29
32	M10×1.25	M24×2.0	12	10	16	25	12	15	39.5	12	10	PT1/8	8	37	32
40	M12×1.25	M30×2.0	12	12	20	25	12	15	49.5	16	14	PT1/4	9	47	41

1.5.2 紧凑型气缸（摘自 GB/T 28781—2012 和非标）

（1）GB/T 28781/ISO 21287 标准紧凑型气缸（ϕ20~100mm）连接界面尺寸

GB/T 28781/ISO 21287 紧凑型气缸（ϕ20~100mm）是指该气缸关于连接界面的尺寸标准化，有些尺寸必须规定一致，如关于气缸活塞杆头部的螺纹，需与外部驱动件相连，该尺寸 *KK*、*A* 必须规定一致（nom），包括公差（tol）。而有些尺寸只做限制（如 max、min），如气缸外形尺寸 *E* 做了最大不能超过 max 这一类限定。规定一致的连接尺寸有许多，有些是气缸本体上基础尺寸：*KK*、*A*、*WH*、*ZA*、*ZB*、*KF*、*TG*、*RT*、*XD*、*ZF*、*XA*。与外部过渡连接尺寸有：*EW*、*FL*、*CD*、*TF*、*FB*、*AU*、*AB*、*TR*、*SA* 等。符合 GB/T 28781/ISO 21287 标准的气缸必须使其尺寸符合上述的规定和限定。

GB/T 28781/ISO 21287 紧凑型气缸是在 GB/T 32336/ISO 15552 标准普通气缸之后诞生的，与 GB/T 32336/ISO 15552 标准气缸有相近关系，主要表现在 *TG* 尺寸，*TG* 尺寸是一个重要尺寸，是气缸与外部连接最主要、应用最广的连接尺寸（与前法兰、后法兰、后耳环、角架等）。GB/T 28781/ISO 21287 紧凑型气缸对 *TG* 尺寸的标准制定上，仅对 ϕ20、ϕ25 规格做了规定，而 ϕ32、ϕ40、ϕ50、ϕ63、ϕ80、ϕ100 规格的 *TG* 连接尺寸参照 GB/T 32336/ISO 15552 的规定执行。

表 21-4-24 mm

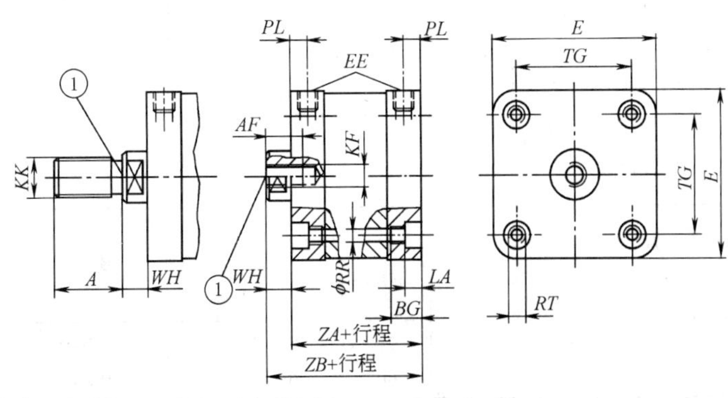

续表

缸径	AF	A	WH		ZA		ZB①		KF	KK	EE②	BG	RR	TG		E	RT	LA	PL
	min	$\begin{pmatrix}0\\-0.5\end{pmatrix}$	nom	tol	nom	tol	nom	tol				min	min	nom	tol	max		max	min
20	10	16	6	±1.4	37	±0.5	43	±1.4	M6	M8×1.25	M5	15	4.1	22	±0.4	38	M5	5	5
25	10	16	6	±1.4	39	±0.5	45	±1.4	M6	M8×1.25	M5	15	4.1	26	±0.4	41	M5	5	5
32	12	19	7	±1.6	44	±0.5	51	±1.6	M8	M10×1.25	G⅛	16	5.1	32.5	±0.5	50	M6	5	7.5
40	12	19	7	±1.6	45	±0.7	52	±1.6	M8	M10×1.25	G⅛	16	5.1	38	±0.5	58	M6	5	7.5
50	16	22	8	±1.6	45	±0.7	53	±1.6	M10	M12×1.25	G⅛	16	6.4	46.5	±0.6	70	M8	5	7.5
63	16	22	8	±1.6	49	±0.8	57	±1.6	M10	M12×1.25	G⅛	16	6.4	56.5	±0.7	80	M8	5	7.5
80	20	28	10	±2.0	54	±0.8	64	±2.0	M12	M16×1.5	G⅛	17	8.4	72	±0.7	96	M10	5	7.5
100	20	28	10	±2.0	67	±1.0	77	±2.0	M12	M16×1.5	G⅛	17	8.4	89	±0.7	116	M10	5	7.5

① 仅供参考

② 符合 ISO 16030

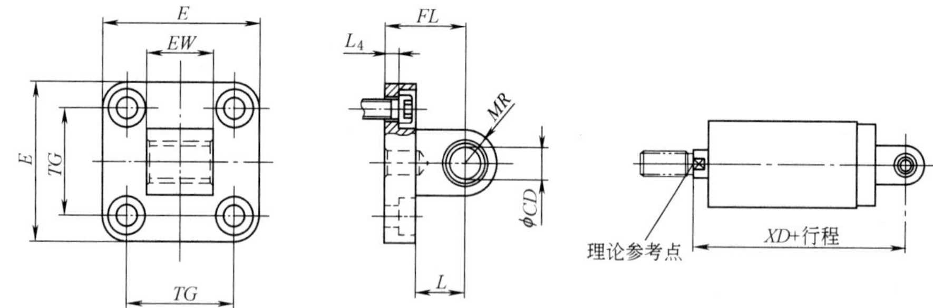

缸径	E max	EW $\begin{pmatrix}-0.2\\-0.6\end{pmatrix}$	TG ±0.2	FL ±0.2	L min	L_4 $\begin{pmatrix}+0.3\\0\end{pmatrix}$	CD H9	MR max	螺纹	XD
20	38	16	22	20	12	3	8	9	M5×16	63
25	41	16	26	20	12	3	8	9	M5×16	65

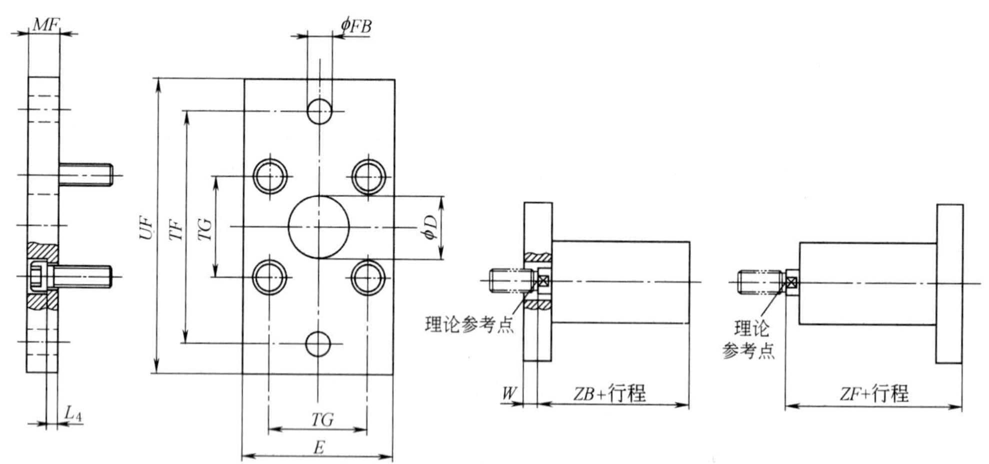

缸径	D H11	FB H13	TG ±0.2	E max	MF js14	TF js13	UF max	L_4 $\begin{pmatrix}0\\-0.5\end{pmatrix}$	螺纹	W ref	ZF	ZB
20	16	6.6	22	38	8	55	70	3	M5×16	2	51	43
25	16	6.6	26	41	8	60	76	3	M5×16	2	53	45

续表

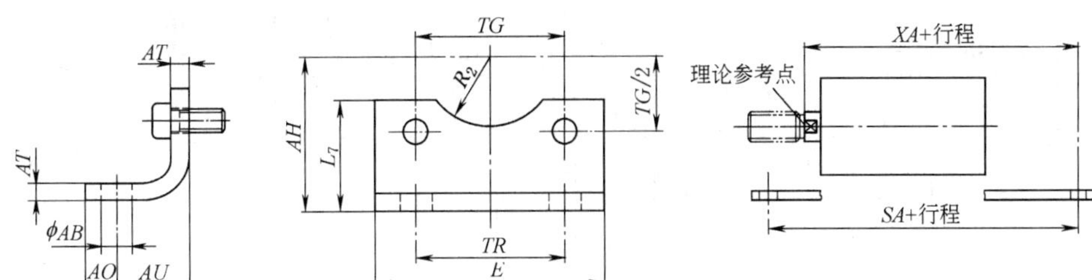

缸径	AB	TG	E	TR	AO	AU	AH	L_7	AT	螺纹	R_2	SA		XA	
	H14	±0.2	max	js14	max	±0.2	js16	±2	±0.5			nom	tol	nom	tol
20	7	22	38	22	7	16	27	22	4	M5×16	—	69	±1.25	59	±1.25
25	7	26	41	26	7	16	29	22	4	M5×16	—	71		61	
32	7	32.5	50	32	7	16	33.5	24.5	4	M6×16	15	76		67	
40	10	38	58	36	9	18	38	26	4	M6×16	17.5	81		70	
50	10	46.5	70	45	9	21	45	31	5	M8×20	20	87		74	
63	10	56.5	80	50	9	21	50	31	5	M8×20	22.5	91	±1.6	78	±1.6
80	12	72	96	63	11	26	63	40.5	6	M10×20	22.5	106		90	
100	14.5	89	116	75	13	27	74	47	6	M10×20	27.5	121		104	

注：一般行程 $S \leqslant 500$mm。

(2) GB/T 28781/ISO 21287 标准紧凑型气缸（ϕ32～125mm）

GB/T 28781/ISO 21287 标准为 2004 年标准，该系列产品都以型材气缸为主，有些气动制造厂商把该系列进行扩展，向下扩展为 ϕ12mm、ϕ16mm，向上扩展到 ϕ125mm。对于大缸径的缸端盖采用六个螺钉连接以确保强度。

表 21-4-25 mm

双作用型

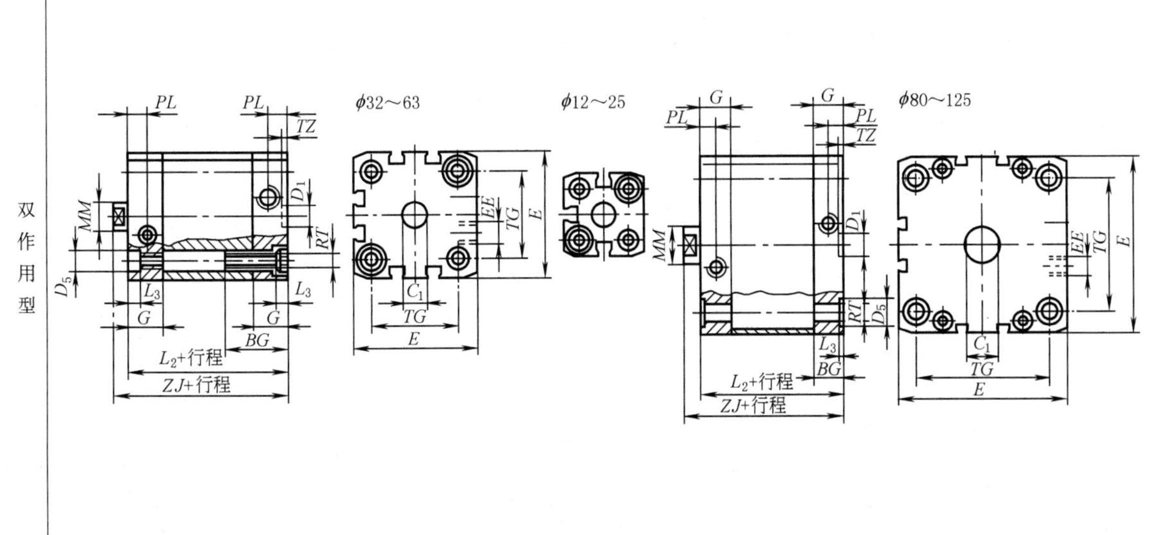

续表

双作用型

缸径	BG	ϕD_1 H9	ϕD_5 F9	E	EE	G	L_2 最大	L_3 $\binom{+0.2}{0}$	ϕMM h8	PL $\binom{+0.2}{0}$	RT	TZ $\binom{+0.1}{0}$	TG ±0.2	ZJ	C_1 h13
12	17	9	6	$27.5^{+0.3}_{0}$	M5	10.5	35	3.5	6	6	M4	2.1	16	40	5
16				$29^{+0.3}_{0}$		11			8				18		7
20	19.5		9	$35.5^{+0.3}_{0}$		12	37	5	10		M5		22	43	9
25				$39.5^{+0.3}_{0}$			39						26	45	
32	27			$47^{+0.3}_{0}$	G⅛	15	44		12	8.2	M6		32.5	50	10
40				$54.5^{+0.3}_{0}$			45						38	51	
50		12	12	$65.5^{+0.3}_{0}$					16		M8		46.5	53	13
63				$75.5^{+0.3}_{0}$			49						56.5	57	
80	16.5		14	$95.5^{+0.6}_{0}$		16.5	54	2.6	20	8.2	M10	2.6	72	63	17
100	21.5			$113.5^{+0.6}_{0}$		21.5	67	2.6		10.5			89	76	
125	20		—	$134.6^{+0.3}_{0}$	G¼	20	81	—	25		M12		110	92	21

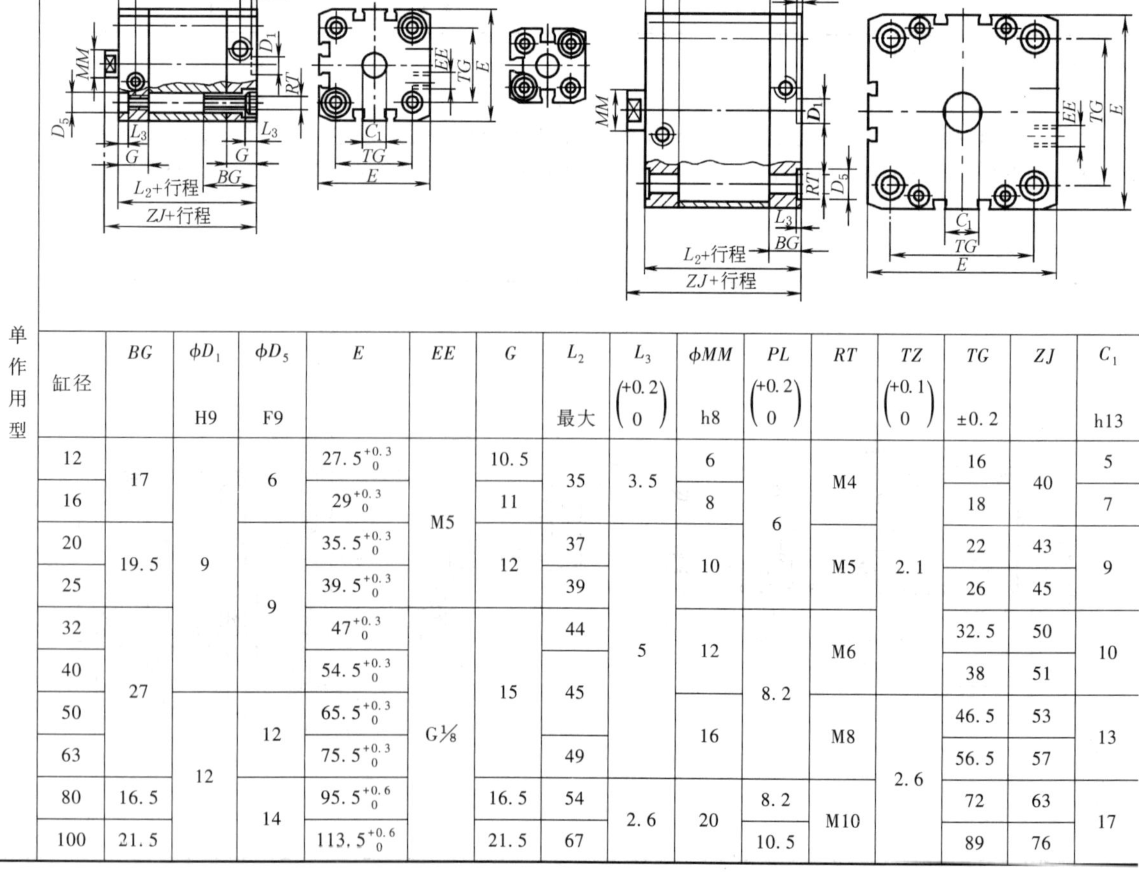

单作用型

缸径	BG	ϕD_1 H9	ϕD_5 F9	E	EE	G	L_2 最大	L_3 $\binom{+0.2}{0}$	ϕMM h8	PL $\binom{+0.2}{0}$	RT	TZ $\binom{+0.1}{0}$	TG ±0.2	ZJ	C_1 h13
12	17	9	6	$27.5^{+0.3}_{0}$	M5	10.5	35	3.5	6	6	M4	2.1	16	40	5
16				$29^{+0.3}_{0}$		11			8				18		7
20	19.5		9	$35.5^{+0.3}_{0}$		12	37	5	10		M5		22	43	9
25				$39.5^{+0.3}_{0}$			39						26	45	
32	27			$47^{+0.3}_{0}$	G⅛	15	44		12	8.2	M6		32.5	50	10
40				$54.5^{+0.3}_{0}$			45						38	51	
50		12	12	$65.5^{+0.3}_{0}$					16		M8	2.6	46.5	53	13
63				$75.5^{+0.3}_{0}$			49						56.5	57	
80	16.5		14	$95.5^{+0.6}_{0}$		16.5	54	2.6	20	8.2	M10		72	63	17
100	21.5			$113.5^{+0.6}_{0}$		21.5	67			10.5			89	76	

(3) 国产非 ISO 标准紧凑型气缸（ϕ12～100mm）

表 21-4-26

mm

类型

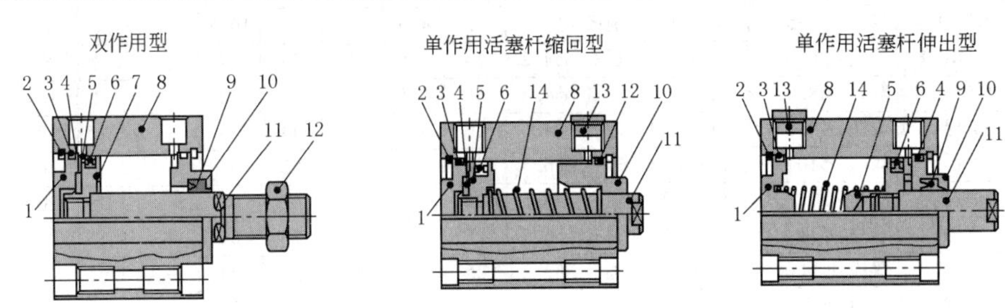

1—后盖；2—C形扣环；3—前后盖；4，7—防撞垫片；5，6—活塞；
8—本体；9—前后密封圈；10—前盖；11—活塞杆；12—螺母；13—消音器；14—弹簧

内径		12,16	20	25		32,40,50,63,80,100	
复动型	不附磁	5～60 每5一级	5～85 每5一级	5～90 每5一级	100～110 每10一级	5～90 每5一级	100～130 每10一级
	附磁	5～50 每5一级	5～75 每5一级	5～90 每5一级	100	5～90 每5一级	100～120 每10一级
最大行程		60	100	120		130	
单动型	不附磁	5～30 每5一级	5～30 每5一级	5～30 每5一级		5～30 每5一级	—
	附磁	5～30 每5一级	5～30 每5一级	5～30 每5一级		5～30 每5一级	—
最大行程		30					—

标准型、标准型带磁性开关尺寸

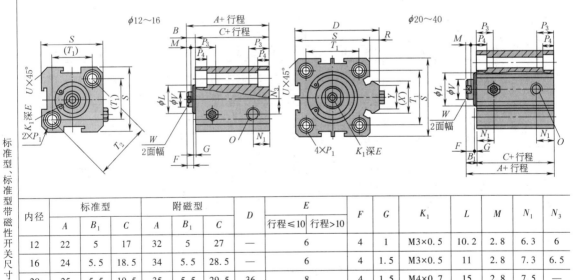

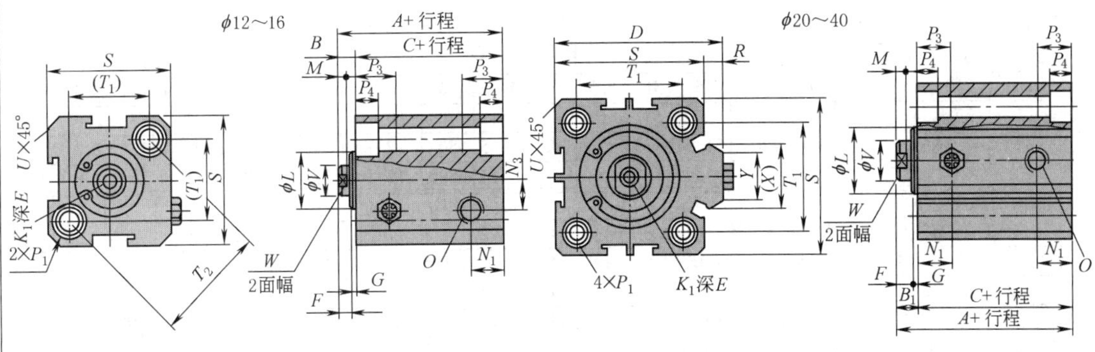

内径	标准型			附磁型			D	E		F	G	K_1	L	M	N_1	N_3
	A	B_1	C	A	B_1	C		行程≤10	行程>10							
12	22	5	17	32	5	27	—	6		4	1	M3×0.5	10.2	2.8	6.3	6
16	24	5.5	18.5	34	5.5	28.5	—	6		4	1.5	M3×0.5	11	2.8	7.3	6.5
20	25	5.5	19.5	35	5.5	29.5	36	8		4	1.5	M4×0.7	15	2.8	7.5	—
25	27	6	21	37	6	31	42	10		4	2	M5×0.8	17	2.8	8	—
32	31.5	7	24.5	41.5	7	34.5	50	12		4	3	M6×1	22	2.8	9	—
40	33	7	26	43	7	36	58.5	12		4	3	M8×1.25	28	2.8	10	—
50	37	9	28	47	9	38	71.5	15		5	4	M10×1.5	38	2.8	10.5	—
63	41	9	32	51	9	42	84.5	15		5	4	M10×1.5	40	2.8	11.8	—
80	52	11	41	62	11	51	104	15	20	6	5	M14×1.5	45	4	14.5	—
100	63	12	51	73	12	61	124	18	20	7	5	M18×1.5	55	4	20.5	—

续表

标准型、标准型带磁性开关尺寸

内径	O	P_1	P_3	P_4	R	S	T_1	T_2	U	V	W	X	Y
12	M5×0.8	双边:ϕ6.5　牙:M8×0.8　通孔:ϕ4.2	12	4.5	—	25	16.2	23	1.6	6	5	—	—
16	M5×0.8	双边:ϕ6.5　牙:M5×0.8　通孔:ϕ4.2	12	4.5	—	29	19.8	28	1.6	6	5	—	—
20	M5×0.8	双边:ϕ6.5　牙:M5×0.8　通孔:ϕ4.2	14	4.5	2	34	24	—	2.1	8	6	11.3	10
25	M5×0.8	双边:ϕ8.2　牙:M6×1.0　通孔:ϕ4.6	15	5.5	2	40	28	—	3.1	10	8	12	10
32	PT⅛	双边:ϕ8.2　牙:M6×1.0　通孔:ϕ4.6	16	5.5	6	44	34	—	2.15	12	10	18.3	15
40	PT⅛	双边:ϕ10　牙:M8×1.25　通孔:ϕ6.5	20	7.5	6.5	52	40	—	2.25	16	14	21.3	16
50	PT¼	双边:ϕ11　牙:M8×1.25　通孔:ϕ6.5	25	8.5	9.5	62	48	—	4.15	20	17	30	20
63	PT¼	双边:ϕ11　牙:M8×1.25　通孔:ϕ6.5	25	8.5	9.5	75	60	—	3.15	20	17	28.7	20
80	PT⅜	双边:ϕ14　牙:M12×1.75　通孔:ϕ9.2	25	10.5	10	94	74	—	3.65	25	22	36	26
100	PT⅜	双边:ϕ17.5　牙:M14×2　通孔:ϕ11.3	30	13	10	114	90	—	3.65	32	27	35	26

单作用活塞杆伸出型、单作用活塞杆伸出型带磁性开关尺寸

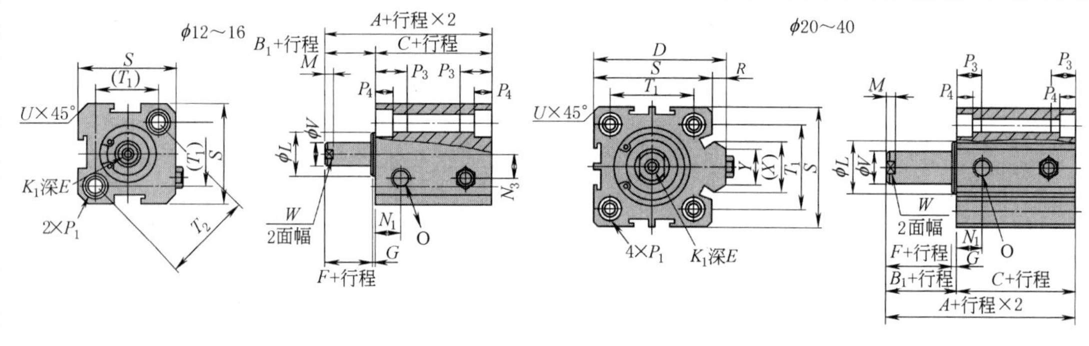

内径	标准型 A 行程 ≤10	标准型 A 行程 >10	标准型 B_1	标准型 C 行程 ≤10	标准型 C 行程 >10	附磁型 A 行程 ≤10	附磁型 A 行程 >10	附磁型 B_1	附磁型 C 行程 ≤10	附磁型 C 行程 >10	D	E	F	G	K_1	L	M	N_1	N_3
12	32	42	5	27	37	42	52	5	37	47	—	6	4	1	M3×0.5	10.2	2.8	6.3	6
16	34	44	5.5	28.5	38.5	44	54	5.5	38.5	48.5	—	6	4	1.5	M3×0.5	11	2.8	7.3	6.5
20	35	45	5.5	29.5	39.5	45	55	5.5	39.5	49.5	36	8	4	1.5	M4×0.7	15	2.8	7.5	—
25	37	47	6	31	41	47	57	6	41	51	42	10	4	2	M5×0.8	17	2.8	8	—
32	41.5	51.5	7	34.5	44.5	51.5	61.5	7	44.5	54.5	50	12	4	3	M6×1	22	2.8	9	—
40	43	53	7	36	46	53	63	7	46	56	58.5	12	4	3	M8×1.25	28	2.8	10	—

内径	O	P_1	P_3	P_4	R	S	T_1	T_2	U	V	W	X	Y
12	M5×0.8	双边:ϕ6.5　牙:M5×0.8　通孔:ϕ4.2	12	4.5	—	25	16.2	23	1.6	6	5	—	—
16	M5×0.8	双边:ϕ6.5　牙:M5×0.8　通孔:ϕ4.2	12	4.5	—	29	19.8	28	1.6	6	5	—	—
20	M5×0.8	双边:ϕ6.5　牙:M5×0.8　通孔:ϕ4.2	14	4.5	2	34	24	—	2.1	8	6	11.3	10
25	M5×0.8	双边:ϕ6.5　牙:M5×0.8　通孔:ϕ4.6	15	5.5	2	40	28	—	3.1	10	8	12	10
32	PT⅛	双边:ϕ8.2　牙:M6×1.0　通孔:ϕ4.6	16	5.5	6	44	34	—	2.15	12	10	18.3	15
40	PT⅛	双边:ϕ10　牙:M8×1.25　通孔:ϕ6.5	20	7.5	6.5	52	40	—	2.25	16	14	21.3	16

活塞杆头部螺纹尺寸

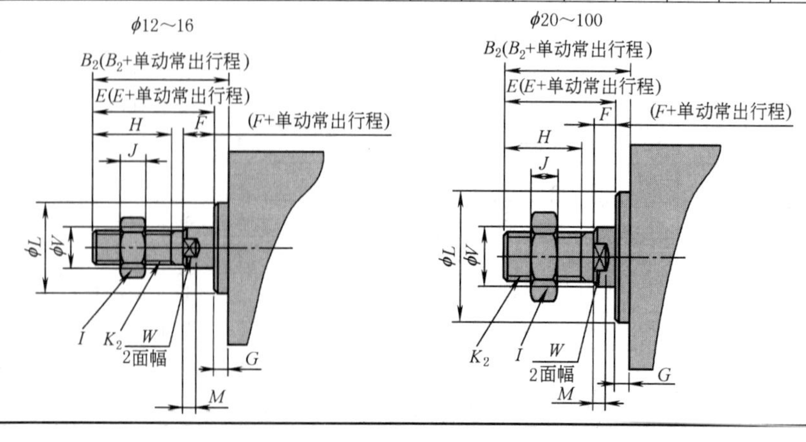

续表

	内径	B_2	E	F	G	H	I	J	K_2	L	M	V	W
活塞杆头部螺纹尺寸	12	17	16	4	1	10	8	4	M5×0.8	10.2	2.8	6	5
	16	17.5	16	4	1.5	10	8	4	M5×0.8	11	2.8	6	5
	20	20.5	19	4	1.5	13	10	5	M6×1.0	15	2.8	8	6
	25	23	21	4	2	15	12	6	M8×1.25	17	2.8	10	8
	32	25	22	4	3	15	17	6	M10×1.25	22	2.8	12	10
	40	35	32	4	3	25	19	8	M14×1.5	28	2.8	16	14
	50	37	33	5	4	25	27	11	M18×1.5	40	2.8	20	17
	63	37	33	5	4	25	27	11	M18×1.5	40	2.8	20	17
	80	44	39	6	5	30	32	13	M22×1.5	45	4	25	22
	100	50	45	7	5	35	36	13	M26×1.5	55	4	32	27

双作用双出杆型、双作用双出杆型带行程可调气缸结构

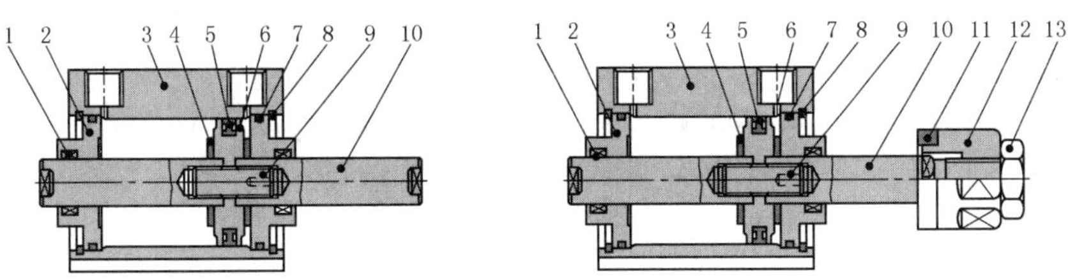

1—前盖密封圈；2—前盖；3—本体；4—防撞垫片；5，6—活塞；7—前后盖；8—C形扣环；9—固定螺钉；10—活塞杆；11—可调螺母垫片；12—可调螺母；13—螺母

双作用双出杆型、双作用双出杆型带磁性开关尺寸

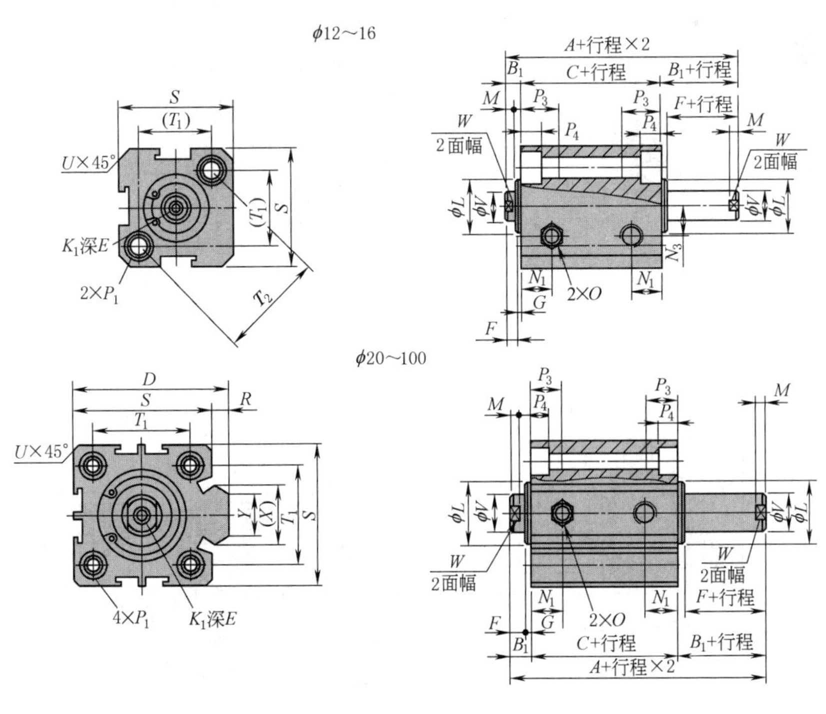

续表

双作用双出杆型、双作用双出杆型带磁性开关尺寸

内径	标准型 A	标准型 B_1	标准型 C	附磁型 A	附磁型 B_1	附磁型 C	D	E 行程≤10	E 行程>10	F	G	K_1	L	M	N_1	N_3
12	27	5	17	37	5	27	—	6		4	1	M3×0.5	10.2	2.8	6.3	6
16	29.5	5.5	18.5	39.5	5.5	28.5	—	6		4	1.5	M3×0.5	11	2.8	7.3	6.5
20	30.5	5.5	19.5	40.5	5.5	29.5	36	8(行程=5时为6.5)		4	1.5	M4×0.7	15	2.8	7.5	—
25	33	6	21	43	6	31	42	10(行程=5时为7)		4	2	M5×0.8	17	2.8	8	—
32	38.5	7	24.5	48.5	7	34.5	50	8	12	4	3	M6×1	22	2.8	9	—
40	40	7	26	50	7	36	58.5	9	12	4	3	M8×1.25	28	2.8	10	—
50	46	9	28	56	9	38	71.5	11	15	5	4	M10×1.5	38	2.8	10.5	—
63	50	9	32	60	9	42	84.5	11	15	5	4	M10×1.5	40	2.8	11.8	—
80	63	11	41	73	11	51	104	14	20	6	5	M14×1.5	45	4	14.5	—
100	75	12	51	85	12	61	124	18	20	7	5	M18×1.5	55	4	20.5	—

内径	O	P_1	P_3	P_4	R	S	T_1	T_2	U	V	W	X	Y
12	M5×0.8	双边:ϕ6.5 牙:M5×0.8 通孔:ϕ4.2	12	4.5	—	25	16.2	23	1.6	6	5	—	—
16	M5×0.8	双边:ϕ6.5 牙:M5×0.8 通孔:ϕ4.2	12	4.5	—	29	19.8	28	1.6	6	5	—	—
20	M5×0.8	双边:ϕ6.5 牙:M5×0.8 通孔:ϕ4.2	14	4.5	2	34	24	—	2.1	8	6	11.3	10
25	M5×0.8	双边:ϕ8.2 牙:M6×1.0 通孔:ϕ4.6	15	5.5	2	40	28	—	3.1	10	8	12	10
32	PT1/8	双边:ϕ8.2 牙:M6×1.0 通孔:ϕ4.6	16	5.5	6	44	34	—	2.15	12	10	18.3	15
40	PT1/8	双边:ϕ10 牙:M8×1.25 通孔:ϕ6.5	20	7.5	6.5	52	40	—	2.25	16	14	21.3	16
50	PT1/4	双边:ϕ11 牙:M8×1.25 通孔:ϕ6.5	25	8.5	9.5	62	48	—	4.15	20	17	30	20
63	PT1/4	双边:ϕ11 牙:M8×1.25 通孔:ϕ6.5	25	8.5	9.5	75	60	—	3.15	20	17	28.7	20
80	PT3/8	双边:ϕ14 牙:M12×1.75 通孔:ϕ9.2	25	10.5	10	94	74	—	3.65	25	22	36	26
100	PT3/8	双边:ϕ17.5 牙:M14×2 通孔:ϕ11.3	30	13	10	114	90	—	3.65	32	27	35	26

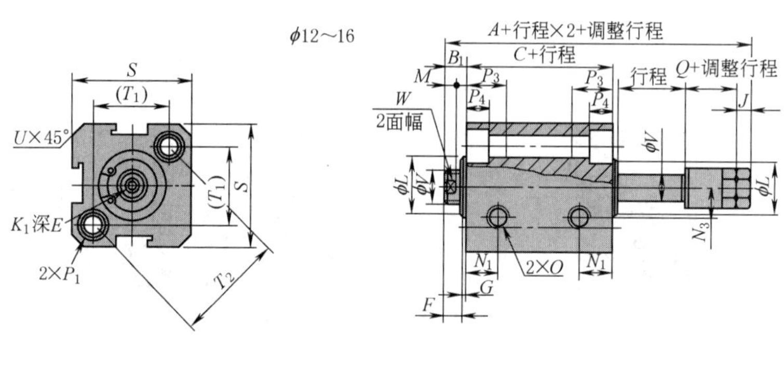

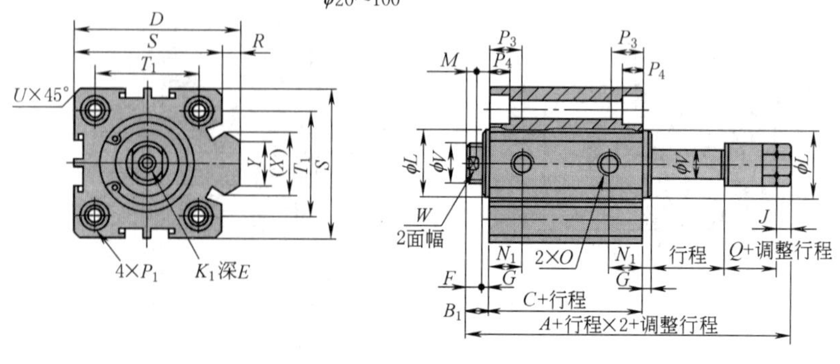

续表

双作用双出杆行程可调型、双作用双出杆行程可调型带磁性开关尺寸

内径	标准型 A	标准型 B_1	标准型 C	附磁型 A	附磁型 B_1	附磁型 C	D	E 行程≤10	E 行程>10	F	G	J	K_1	L	M	N_1	N_3
12	40	5	17	50	5	27	—	6		4	1	4	M3×0.5	10.2	2.8	6.3	6
16	42.5	5.5	18.5	52.5	5.5	28.5	—	6		4	1.5	4	M3×0.5	11	2.8	7.3	6.5
20	47.5	5.5	19.5	57.5	5.5	29.5	36	8(行程=5时为6.5)		4	1.5	5	M4×0.7	15	2.8	7.5	—
25	54	6	21	64	6	31	42	10(行程=5时为7)		4	2	6	M5×0.8	17	2.8	8	—
32	61.5	7	24.5	71.5	7	34.5	50	8	12	4	3	6	M6×1	22	2.8	9	—
40	65	7	26	75	7	36	58.5	9	12	4	3	8	M8×1.25	28	2.8	10	—
50	73	9	28	83	9	38	71.5	11	15	5	4	11	M10×1.5	38	2.8	10.5	—
63	77	9	32	87	9	42	84.5	11	15	5	4	11	M10×1.5	40	2.8	11.8	—
80	94	11	41	104	11	51	104	14	20	6	5	13	M14×1.5	45	4	14.5	—
100	105	12	51	115	12	61	124	18	20	7	5	13	M18×1.5	55	4	205	—

内径	O	P_1	P_3	P_4	Q	R	S	T_1	T_2	U	V	W	X	Y
12	M5×0.8	双边:ϕ6.5　牙:M5×0.8　通孔:ϕ4.2	12	4.5	13	—	25	16.2	23	1.6	6	5	—	—
16	M5×0.8	双边:ϕ6.5　牙:M5×0.8　通孔:ϕ4.2	12	4.5	13	—	29	19.8	28	1.6	6	5	—	—
20	M5×0.8	双边:ϕ6.5　牙:M5×0.8　通孔:ϕ4.2	14	4.5	16	2	34	24	—	2.1	8	6	11.3	10
25	M5×0.8	双边:ϕ8.2　牙:M6×1.0　通孔:ϕ4.6	15	5.5	19	2	40	28	—	3.1	10	8	12	10
32	PT⅛	双边:ϕ8.2　牙:M6×1.0　通孔:ϕ4.6	16	5.5	21	6	44	34	—	2.15	12	10	18.3	15
40	PT⅛	双边:ϕ10　牙:M8×1.25　通孔:ϕ6.5	20	7.5	21	6.5	52	40	—	2.25	16	14	21.3	16
50	PT¼	双边:ϕ11　牙:M8×1.25　通孔:ϕ6.5	25	8.5	21	9.5	62	48	—	4.15	20	17	30	20
63	PT¼	双边:ϕ11　牙:M8×1.25　通孔:ϕ6.5	25	8.5	21	9.5	75	60	—	3.15	20	17	28.7	20
80	PT⅜	双边:ϕ14　牙:M12×1.75　通孔:ϕ9.2	25	10.5	24	10	94	74	—	3.65	25	22	36	26
100	PT⅜	双边:ϕ17.5　牙:M14×2　通孔:ϕ11.3	30	13	24	10	114	90	—	3.65	32	27	35	26

双作用多位置气缸、双出杆双作用多位置气缸结构图

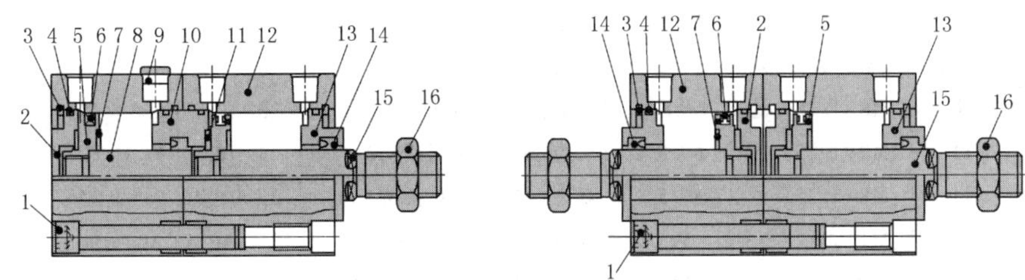

1—连接螺栓；2—后盖；3—C形扣环；4—前后盖；5，6—活塞；7，11—防撞垫片；8，15—活塞杆；9—消声器；10—连接座；12—本体；13—前盖；14—前盖密封圈；16—螺母

双作用多位置气缸、双作用多位置气缸带磁性开关尺寸

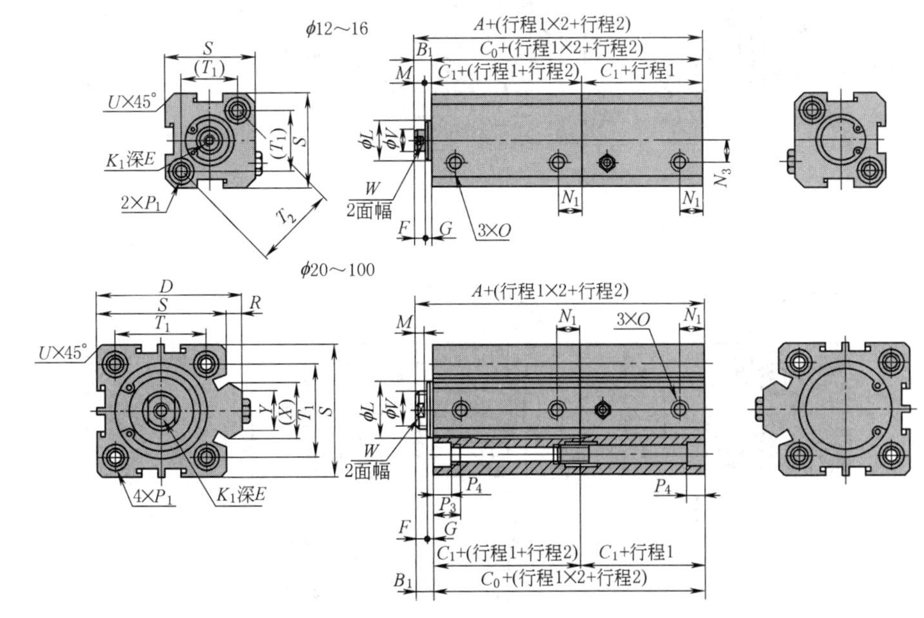

续表

双作用多位置气缸、双作用多位置气缸带磁性开关尺寸

内径	标准型				附磁型				D	E		F	G	K_1	L	M	N_1	N_3	O	X	Y	W
	A	B_1	C_0	C_1	A	B_1	C_0	C_1		行程≤10	行程>10											
12	39	5	34	17	59	5	54	27	—	6		4	1	M3×0.5	10.2	2.8	6.3	6	M5×0.8	—	—	5
16	42.5	5.5	37	18.5	62.5	5.5	57	28.5	—	6		4	1.5	M3×0.5	11	2.8	7.3	6.5	M5×0.8	—	—	5
20	44.5	5.5	39	19.5	64.5	5.5	59	29.5	36	8		4	1.5	M4×0.7	15	2.8	7.5	—	M5×0.8	11.3	10	6
25	48	6	42	21	68	6	62	31	42	10		4	2	M5×0.8	17	2.8	8	—	M5×0.8	12	10	8
32	56	7	49	24.5	76	7	69	34.5	50	12		4	3	M6×1	22	2.8	9	—	PT⅛	18.3	15	10
40	59	7	52	26	79	7	72	36	58.5	12		4	3	M8×1.25	28	2.8	10	—	PT⅛	21.3	16	14
50	65	9	56	28	85	9	76	38	71.5	15		5	4	M10×1.5	38	2.8	10.5	—	PT¼	30	20	17
63	73	9	64	32	93	9	84	42	84.5	15		5	4	M10×1.5	40	2.8	11.8	—	PT¼	28.7	20	17
80	93	11	82	41	113	11	102	51	104	15	18	6	5	M14×1.5	45	4	—		PT⅜	36	26	22
100	114	12	102	51	134	12	122	61	124	18	20	7	5	M18×1.5	55	4	—		PT⅜	35	26	27

内径	P_1	P_2	P_3	P_4	R	S	T_1	T_2	U	V
12	双边：φ6.5 牙：M5×0.8 通孔：φ4.2	—	12	4.5	—	25	16.2	23	1.6	6
16	双边：φ6.5 牙：M5×0.8 通孔：φ4.2	—	12	4.5	—	29	19.8	28	1.6	6
20	双边：φ6.5 牙：M5×0.8 通孔：φ4.2	双边：φ6.5 通孔：φ5.2	14	4.5	2	34	24	—	2.1	8
25	双边：φ8.2 牙：M6×1.0 通孔：φ4.6	双边：φ8.2 通孔：φ6.2	15	5.5	2	40	28	—	3.1	10
32	双边：φ8.2 牙：M6×1.0 通孔：φ4.6	双边：φ8.2 通孔：φ6.2	16	5.5	6	44	34	—	2.15	12
40	双边：φ10 牙：M8×1.25 通孔：φ6.5	双边：φ10 通孔：φ8.2	20	7.5	6.5	52	40	—	2.25	16
50	双边：φ11 牙：M8×1.25 通孔：φ6.5	双边：φ11 通孔：φ8.5	25	8.5	9.5	62	48	—	4.15	20
63	双边：φ11 牙：M8×1.25 通孔：φ6.5	双边：φ11 通孔：φ8.5	25	8.5	9.5	75	60	—	3.15	20
80	双边：φ14 牙：M12×1.75 通孔：φ9.2	双边：φ14 通孔：φ12.3	25	10.5	10	94	74	—	3.65	25
100	双边：φ17.5 牙：M14×2 通孔：φ11.3	双边：φ17.5 通孔：φ14.2	30	13	10	114	90	—	3.65	32

双作用双出杆多位置气缸、双作用双出杆多位置气缸带磁性开关尺寸

φ12～16

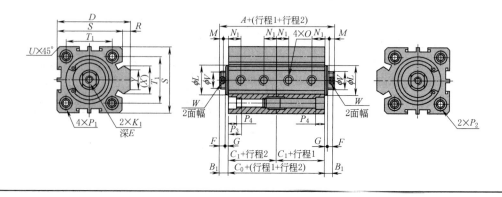

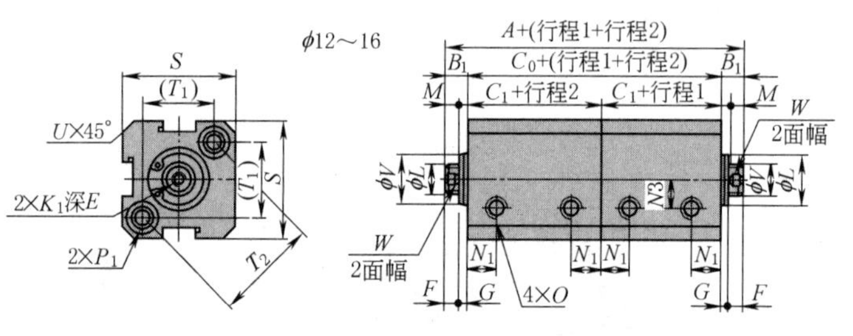

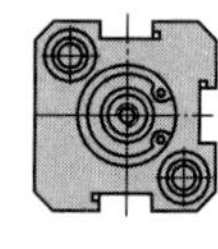

φ20～100

续表

双作用双出杆多位置气缸、双作用双出杆多位置气缸带磁性开关尺寸

内径	标准型				附磁型				D	E		F	G	K_1	L	M	N_1	N_3	O	X	Y	W
	A	B_1	C_0	C_1	A	B_1	C_0	C_1		行程≤10	行程>10											
12	44	5	34	17	64	5	54	27	—	6		4	1	M3×0.5	10.2	2.8	6.3	6	M5×0.8	—	—	5
16	48	5.5	37	18.5	68	5.5	57	28.5	—	6		4	1.5	M3×0.5	11	2.8	7.3	6.5	M5×0.8	—	—	5
20	50	5.5	39	19.5	70	5.5	59	29.5	36	8		4	1.5	M4×0.7	15	2.8	7.5	—	M5×0.8	11.3	10	6
25	54	6	42	21	74	6	62	31	42	10		4	2	M5×0.8	17	2.9	8	—	M5×0.8	12	10	8
32	63	7	49	24.5	83	7	69	34.5	50	12		4	3	M6×1	22	2.8	9	—	PT⅛	18.3	15	10
40	66	7	52	26	86	7	72	36	58.5	12		4	3	M8×1.25	28	2.8	10	—	PT⅛	21.3	16	14
50	74	9	56	28	94	9	76	38	71.5	15		5	4	M10×1.5	38	2.8	10.5	—	PT¼	30	20	17
63	82	9	64	32	102	9	84	42	84.5	15		5	4	M10×1.5	40	2.8	11.8	—	PT¼	28.7	20	17
80	104	11	82	41	124	11	102	51	104	15	20	6	5	M14×1.5	45	4	14.5	—	PT⅜	36	26	22
100	126	12	102	51	146	12	122	61	124	18	20	7	5	M18×1.5	55	4	20.5	—	PT⅜	35	26	27

内径	P_1	P_2	P_3	P_4	R	S	T_1	T_2	U	V
12	双边:ϕ6.5　牙:M5×0.8　通孔:ϕ4.2	—	12	4.5	—	25	16.2	23	1.6	6
16	双边:ϕ6.5　牙:M5×0.8　通孔:ϕ4.2	—	12	4.5	—	29	19.8	28	1.6	6
20	双边:ϕ6.5　牙:M5×0.8　通孔:ϕ4.2	双边:ϕ6.5　通孔:ϕ5.2	14	4.5	2	34	24	—	2.1	8
25	双边:ϕ8.2　牙:M6×1.0　通孔:ϕ4.6	双边:ϕ8.2　通孔:ϕ6.2	15	5.5	2	40	28	—	3.1	10
32	双边:ϕ8.2　牙:M6×1.0　通孔:ϕ4.6	双边:ϕ8.2　通孔:ϕ6.2	16	5.5	6	44	34	—	2.15	12
40	双边:ϕ10　牙:M8×1.25　通孔:ϕ6.5	双边:ϕ10　通孔:ϕ8.2	20	7.5	6.5	52	40	—	2.25	16
50	双边:ϕ11　牙:M8×1.25　通孔:ϕ6.5	双边:ϕ11　通孔:ϕ8.5	25	8.5	9.5	62	48	—	4.15	20
63	双边:ϕ11　牙:M8×1.25　通孔:ϕ6.5	双边:ϕ11　通孔:ϕ8.5	25	8.5	9.5	75	60	—	3.15	20
80	双边:ϕ14　牙:M12×1.75　通孔:ϕ9.2	双边:ϕ14　通孔:ϕ12.3	25	10.5	10	94	74	—	3.65	25
100	双边:ϕ17.5　牙:M14×2　通孔:ϕ11.3	双边:ϕ17.5　通孔:ϕ14.2	30	13	10	114	90	—	3.65	32

1.5.3　普通型气缸（摘自 GB/T 32336—2015 和非标）

（1）GB/T 32336/ISO 15552 标准普通型气缸（ϕ32～320mm）

GB/T 32336/ISO 15552 标准普通型气缸（ϕ32～320mm）的前身是 ISO 6431 标准（1983 年），由于 ISO 6431 标准不能满足工业界对其互换性的要求，于是在 ISO 6431 标准基础上再增加了对 *TG*、ϕ*B*、*WH* 和 l_8、*RT* 等尺寸的一致性规定，开始形成 VDMA 24562 标准（1992 年），直至 2004 年正式颁布 GB/T 32336/ISO 15552 标准。新颁发的 GB/T 32336/ISO 15552 标准普通型气缸增加了双出杆（气缸两端均有伸出活塞杆）尺寸的规定。新补充的规定尺寸也是应用最广、最重要的互换性尺寸，如 *TG* 尺寸：通过 *TG* 尺寸可直接固定气缸或固定连接辅件（前法兰、后法兰、气缸导向装置、单耳环连接件、双耳环连接件等）。ϕ*B* 尺寸可使气缸在作固定时能方便定中心。新增加 *WH* 和 l_8 尺寸的规定，实质上是把该气缸的总长做了统一的规定（ISO 6431 标准已对 *A* 长度做了规定）。因此 GB/T 32336/ISO 15552 标准在连接界面上的尺寸互换性几乎是百分之百。

表 21-4-27　GB/T 32336/ISO 15552 标准普通型气缸基本尺寸（ϕ32～320mm）　mm

单出杆型气缸

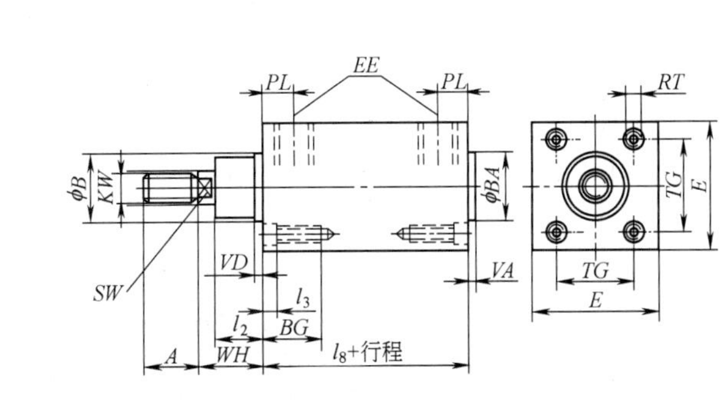

续表

类型	缸径	A $\begin{pmatrix}0\\-2\end{pmatrix}$	B BA d11	BG min	E max	KK(依据 ISO 4395)	l_2 nom	l_2 tol	l_3 max	l_8 nom	l_8 tol	PL min	RT	SW	TG nom	TG tol	VA $\begin{pmatrix}0\\-1\end{pmatrix}$	VD min	WH nom	WH tol
单出杆型气缸	32	22	30	16	50	M10×1.25	20	$\begin{matrix}0\\-5\end{matrix}$	5	94	±0.4	13	M6	10	32.5	±0.5	4	4	26	±1.4
	40	24	35	16	58	M12×1.25	22		5	105	±0.7	14	M6	13	38	±0.5	4	4	30	±1.4
	50	32	40	16	70	M16×1.5	29		5	106	±0.7	14	M8	17	46.5	±0.6	4	4	37	±1.4
	63	32	45	16	85	M16×1.5	29		5	121	±0.8	16	M8	17	56.5	±0.7	4	4	37	±1.8
	80	40	45	17	105	M20×1.5	35		0	128	±0.8	16	M10	22	72	±0.7	4	4	46	±1.8
	100	40	55	17	130	M20×1.5	38		0	138	±1	18	M10	22	89	±0.7	4	4	51	±1.8
	125	54	60	20	157	M27×2	50	$\begin{matrix}0\\-10\end{matrix}$	0	160	±1	18	M12	27	110	±1.1	6	6	65	±2.2
	160	72	55	24	195	M36×2	60		0	180	±1.1	25	M16	36	140	±1.1	6	6	80	±2.2
	200	72	75	24	238	M36×2	70	$\begin{matrix}0\\-15\end{matrix}$	0	180	±1.6	25	M16	36	175	±1.1	6	6	95	±2.2
	250	84	90	25	290	M42×2	80		0	200	±1.6	31	M20	46	220	±1.5	10	10	105	±2.2
	320	96	110	28	353	M48×2	90		0	220	±2.2	31	M24	55	270	±1.5	10	10	120	±2.2

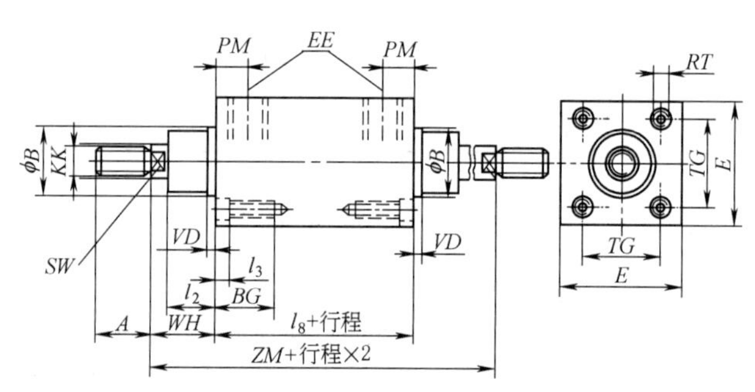

类型	缸径	A $\begin{pmatrix}0\\-2\end{pmatrix}$	B d11	BG min	E max	KK(依据 ISO 4395)	l_2 nom	l_2 tol	l_3 max	l_8 nom	l_8 tol	PM min	RT	SW	TG nom	TG tol	VD min	WH nom	WH tol	ZM nom	ZM tol
双出杆型气缸	32	22	30	16	50	M10×1.25	20	$\begin{matrix}0\\-5\end{matrix}$	5	94	±0.4	13	M6	10	32.6	±0.5	4	26	±1.4	146	$\begin{pmatrix}+3.0\\-1.5\end{pmatrix}$
	40	24	35	16	58	M12×1.25	22		5	105	±0.7	14	M6	13	38	±0.5	4	30	±1.4	165	
	50	32	40	16	70	M16×1.5	29		5	106	±0.7	14	M8	17	46.5	±0.6	4	37	±1.4	180	
	63	32	45	16	85	M16×1.5	29		5	121	±0.8	16	M8	17	56.5	±0.7	4	37	±1.8	195	
	80	40	45	17	105	M20×1.5	35		0	128	±0.8	16	M10	22	72	±0.7	4	46	±1.8	220	
	100	40	55	17	130	M20×1.5	38		0	138	±1	18	M10	27	89	±0.7	4	51	±1.8	240	$\begin{pmatrix}+3.5\\-2.0\end{pmatrix}$
	125	54	60	20	157	M27×2	50	$\begin{matrix}0\\-10\end{matrix}$	0	160	±1	18	M12	27	110	±1.1	6	65	±2.2	290	
	160	72	65	24	195	M36×2	60		0	180	±1.1	25	M16	36	140	±1.1	6	80	±2.2	340	
	200	72	75	24	238	M36×2	70	$\begin{matrix}0\\-15\end{matrix}$	0	180	±1.6	25	M16	36	175	±1.1	6	95	±2.2	370	$\begin{pmatrix}+4.0\\-2.5\end{pmatrix}$
	250	84	90	25	290	M42×2	80		0	200	±1.6	31	M20	46	220	±1.5	10	105	±2.2	410	
	320	96	110	28	353	M48×2	90		0	220	±2.2	31	M24	55	270	±1.5	10	120	±2.2	460	

续表

缸径	D H11	FB H13	TG nom	TG tol	E max	R JS14	MF JS14	TF JS14	UF max	L_4 $\begin{pmatrix}0\\+0.5\end{pmatrix}$	螺栓尺寸	W nom	W tol	ZF nom	ZF tol
32	30	7	32.5	±0.2	50	32	10	64	86	5	M6×20	16		130	
40	35	9	38	±0.2	58	36	10	72	96	5	M6×20	20	±1.6	145	±1.25
50	40	9	46.5	±0.2	70	45	12	90	115	6.5	M8×20	25		155	
63	45	9	56.5	±0.2	85	50	12	100	130	6.5	M8×20	25		170	
80	45	12	72	±0.2	105	63	16	126	165	9	M10×25	30	±2	190	±1.6
100	55	14	89	±0.2	130	75	16	150	187	9	M10×25	35		205	
125	60	16	110	±0.3	157	90	20	180	224	10.5	M12×25	45		245	
160	65	18	140	±0.3	195	115	20	230	280	9.5	M16×30	60		280	±2
200	75	22	175	±0.3	238	135	25	270	320	12.5	M16×30	70	±2.5	300	
250	90	26	220	±0.3	290	165	25	330	395	10.5	M20×30	80		330	
320	110	33	270	±0.3	353	200	30	400	475	15	M24×40	90		370	±2.5

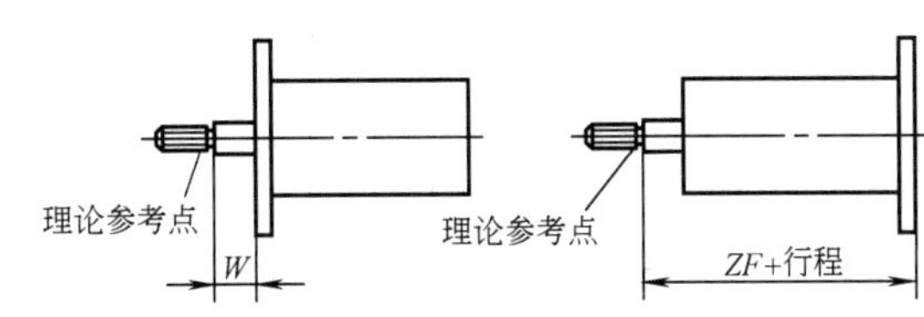

双出杆型气缸

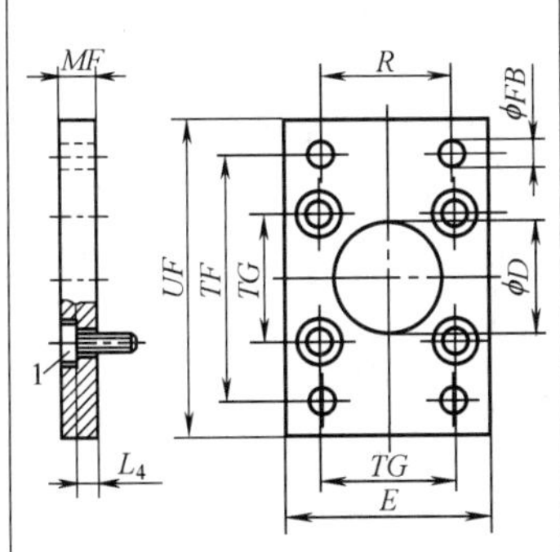

缸径	E max	UB h14	CB H14	TG nom	TG tol	FL ±0.2	L_1 min	L min	L_4 ±0.5	D H11	CD H9	MR max	螺栓尺寸	XD nom	XD tol
32	50	45	26	32.5		22	4.5	12	5.5	30	10	11	M6×20	142	
40	58	52	28	38		25	4.5	15	5.5	35	12	13	M6×20	160	±1.25
50	70	60	32	46.5	±0.2	27	4.5	15	6.5	40	12	13	M8×20	170	
63	85	70	40	56.5		32	4.5	20	6.5	45	16	17	M8×20	190	
80	105	90	50	72		36	4.5	20	10	46	16	17	M10×25	210	±1.6
100	130	110	60	89		41	4.5	25	10	55	20	21	M10×25	230	
125	157	130	70	110		50	7	30	10	60	25	26	M12×25	275	
160	195	170	90	140		55	7	35	10	65	30	31	M16×30	315	±2
200	238	170	90	175	±0.3	60	7	35	11	75	30	31	M16×30	335	
250	290	200	110	220		70	11	45	11	90	40	41	M20×35	375	
320	353	220	120	270		80	11	50	15	110	45	46	M24×40	420	±2.5

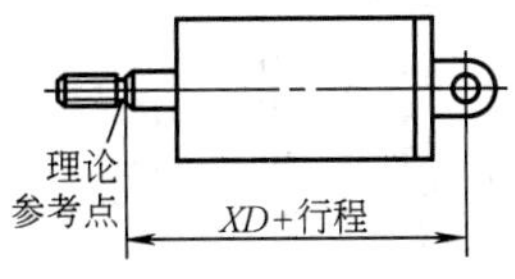

(2) GB/T 32336/ISO 15552 标准气缸 (ϕ32~125mm)

GB/T 32336/ISO 15552 标准气缸外表型式有四拉杆及型材型式，目前型材气缸最大缸径为 ϕ125mm，超过 ϕ125mm 均采用四拉杆型式。有些缸径（ϕ32~125mm）气缸外表看似型材型式，但缸筒和前后端盖的连接是采用四拉杆型式。

表 21-4-28　GB/T 32336/ISO 15552 标准气缸普通型气缸尺寸（ϕ32~125mm）　mm

单出杆型

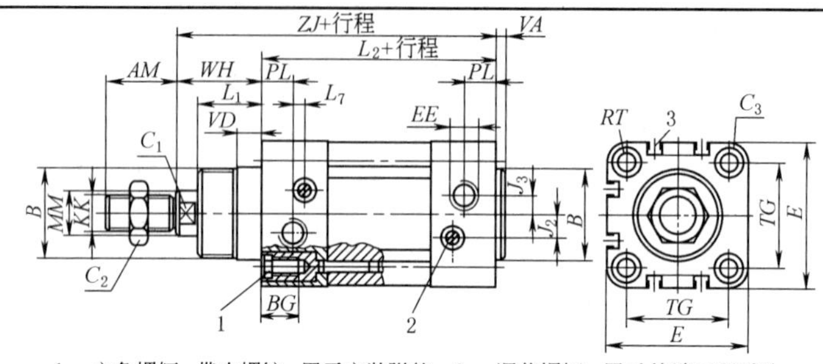

1—六角螺钉，带内螺纹，用于安装附件；2—调节螺钉，用于终端可调缓冲；3—传感器槽，用于安装接近传感器SME/SMT-8

缸径	AM	ϕB d11	BG	E	EE	J_2	J_3	KK	L_1	L_2
32	22	30	16	45	G⅛	6	5.2	M10×1.25	18	94
40	24	35	16	54	G¼	8	6	M12×1.25	21.5	105
50	32	40	17	64	G¼	10.4	8.5	M16×1.5	28	106
63	32	45	17	75	G⅜	12.4	10	M16×1.5	28.5	121
80	40	45	17	93	G⅜	12.5	8	M20×1.5	34.7	128
100	40	55	17	110	G½	12	10	M20×1.5	38.2	138
125	54	60	22	134	G½	13	8	M27×2	46	160

缸径	L_7	ϕMM f8	PL	RT	TG	VA	VD	WH	ZJ	C_1	C_2	C_3
32	3.3	12	15.6	M6	32.5	4	10	26	120	10	16	6
40	3.6	16	14	M6	38	4	10.5	30	135	13	18	6
50	5.1	20	14	M8	46.5	4	11.5	37	143	17	24	8
63	6.6	20	17	M8	56.5	4	15	37	158	17	24	8
80	10.5	25	16.4	M10	72	4	15.7	46	174	22	30	6
100	8	25	18.8	M10	89	4	19.2	51	189	22	30	6
125	14	32	18	M12	110	6	20.5	65	225	27	36	8

为了实现互换，GB/T 32336/ISO 15552 气缸中的 AM、KK、ϕB、TG、WH、ZJ、RT 尺寸保持一致。此外，BG、VD 为下限尺寸，E 为上限尺寸

双出杆型

ZJ+行程

ZM+行程×2

缸径	AM	ϕB d11	BG	E	EE	J_2	J_3	KK	L_1	L_2	ZM
32	22	30	16	45	G⅛	6	5.2	M10×1.25	18	94	148
40	24	35	16	54	G¼	8	6	M12×1.25	21.5	105	167
50	32	40	17	64	G¼	10.4	8.5	M16×1.5	28	106	183
63	32	45	17	75	G⅜	12.4	10	M16×1.5	28.5	121	199
80	40	45	17	93	G⅜	12.5	8	M20×1.5	34.7	128	222
100	40	55	17	110	G½	12	10	M20×1.5	38.2	138	240
125	54	60	22	134	G½	13	8	M27×2	46	160	291

缸径	L_7	ϕMM f8	PL	RT	TG	VA	VD	WH	ZJ	C_1	C_2	C_3
32	3.3	12	15.6	M6	32.5	4	10	26	120	10	16	6
40	3.6	16	14	M6	38	4	10.5	30	135	13	18	6
50	5.1	10	14	M8	46.5	4	11.5	37	143	17	24	8
63	6.6	20	17	M8	56.5	4	15	37	158	17	24	8
80	10.5	25	16.4	M10	72	4	15.7	46	174	22	30	6
100	8	25	18.8	M10	89	4	19.2	51	189	22	30	6
125	14	32	18	M12	110	6	20.5	65	225	27	36	8

为了实现互换，GB/T 32336/ISO 15552 气缸中的 AM、KK、ϕB、TG、WH、ZM、RT 尺寸保持一致。此外，BG、VD 为下限尺寸，E 为上限尺寸

表 21-4-29　GB/T 32336/ISO 15552 标准的连接型式及连接件尺寸　mm

脚架式

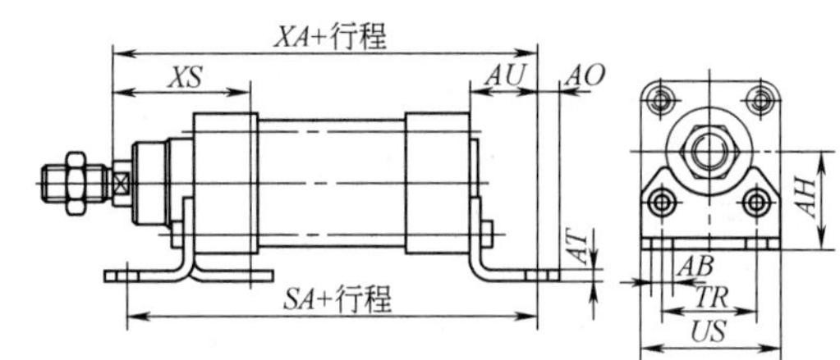

适用直径	ϕAB	AH	AO	AT	AU	SA 基本气缸	SA KP	TR	US	XA 基本气缸	XA KP	XS	
32	7	32	6.5	5	24	142	187	32	45	144	189	45	备注：尺寸 SA、XA 一栏中的 KP 表示带活塞杆锁紧装置的气缸
40	10	36	9	5	28	161	214	36	54	163	216	53	
50	10	45	10.5	6	32	170	237	45	64	175	242	62	
63	10	50	12.5	6	32	185	261	50	75	190	266	63	
80	12	63	15	6	41	210	305	63	93	215	310	81	
100	14.5	71	17.5	6	41	220	318	75	110	230	328	86	
125	16.5	90	22	8	45	250	375	90	131	270	395	102	

前/后法兰板式

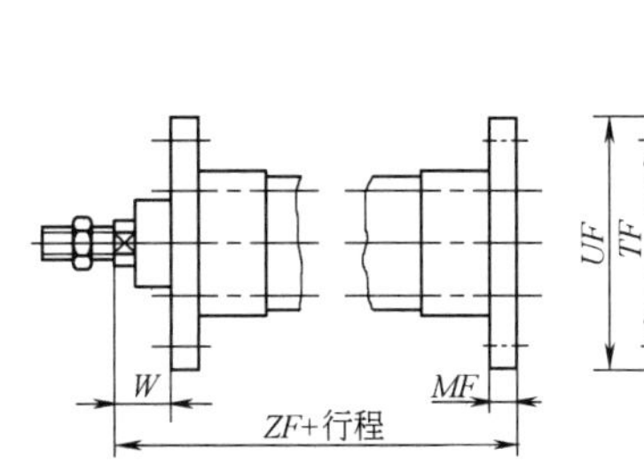

适用直径	E	ϕFB H13	MF	R	TF	UF	W	ZF 基本气缸	ZF KP	
32	45	7	10	32	64	80	16	130	175	备注：尺寸 ZF 一栏中的 KP 表示带活塞杆锁紧装置的气缸
40	54	9	10	36	72	90	20	145	198	
50	65	9	12	45	90	110	25	155	222	
63	75	9	12	50	100	120	25	170	246	
80	93	12	16	63	126	150	30	190	285	
100	110	14	16	75	150	175	35	205	303	
125	132	16	20	90	180	210	45	245	370	

前端耳轴式

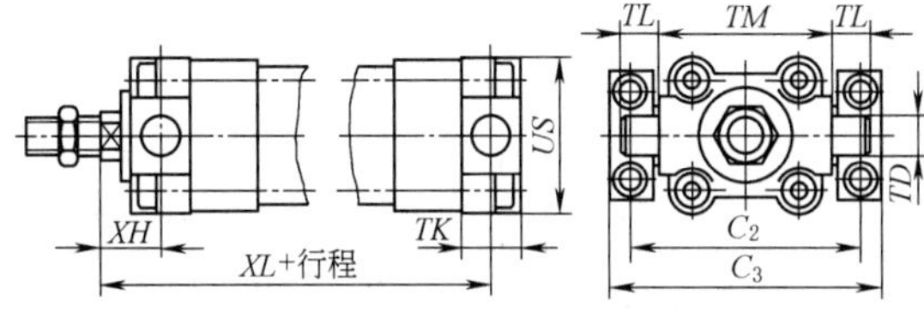

适用直径	C_2	C_3	ϕTD e9	TK	TL	TM	US	XH	XL 基本气缸	XL KP	
32	71	86	12	16	12	50	45	18	128	173	备注：尺寸 XL 一栏中的 KP 表示带活塞杆锁紧装置的气缸
40	87	105	16	20	16	63	54	20	145	198	
50	99	117	16	24	16	75	64	25	155	222	
63	116	136	20	24	20	90	75	25	170	246	
80	136	156	20	28	20	110	93	32	188	283	
100	164	189	25	38	25	132	110	32	208	306	
125	192	217	25	50	25	160	131	40	250	375	

续表

中间耳轴式

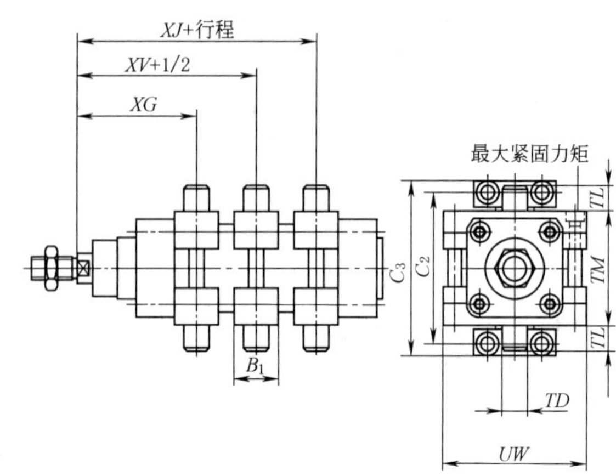

适用直径	B_1	C_2	C_3	ϕTD e9	TL	TM	UW	XG 基本气缸	XG KP
32	30	71	86	12	12	50	65	66.1	111.1
40	32	87	105	16	16	63	75	75.6	128.6
50	34	99	117	16	16	75	95	83.6	150.6
63	41	116	136	20	20	90	105	93.1	169.1
80	44	136	156	20	20	110	130	103.9	198.9
100	48	164	189	25	25	132	145	113.8	211.8
125	50	192	217	25	25	160	175	134.7	259.7

适用直径	XJ 基本气缸	XJ KP	XV 基本气缸	XV KP
32	79.9	124.9	73	118
40	89.4	142.4	82.5	135.5
50	96.4	163.4	90	157
63	101.9	177.9	97.5	173.5
80	116.1	211.1	110	205
100	126.2	224.2	120	218
125	155.3	280.3	145	270

备注：尺寸 XJ、XV 一栏中的 KP 表示带活塞杆锁紧装置的气缸

中间耳轴支架

适用直径	ϕCR D11	ϕDA H13	FK ±0.1	FN	FS	H_1	ϕHB H13	KE	NH	TH ±0.2	UL
32	12	11	15	30	10.5	15	6.6	6.8	18	32	46
40,50	16	15	18	36	12	18	9	9	21	36	55
63,80	20	18	20	40	13	20	11	11	23	42	65
100,125	25	20	25	50	16	24.5	14	13	28.5	50	75

续表

耳环式

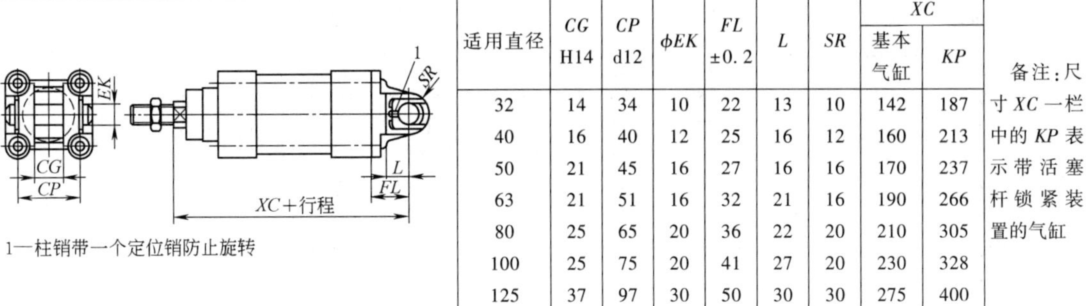

1—柱销带一个定位销防止旋转

适用直径	CG H14	CP d12	ϕEK	FL ±0.2	L	SR	XC		备注
							基本气缸	KP	
32	14	34	10	22	13	10	142	187	备注：尺寸 XC 一栏中的 KP 表示带活塞杆锁紧装置的气缸
40	16	40	12	25	16	12	160	213	
50	21	45	16	27	16	16	170	237	
63	21	51	16	32	21	16	190	266	
80	25	65	20	36	22	20	210	305	
100	25	75	20	41	27	20	230	328	
125	37	97	30	50	30	30	275	400	

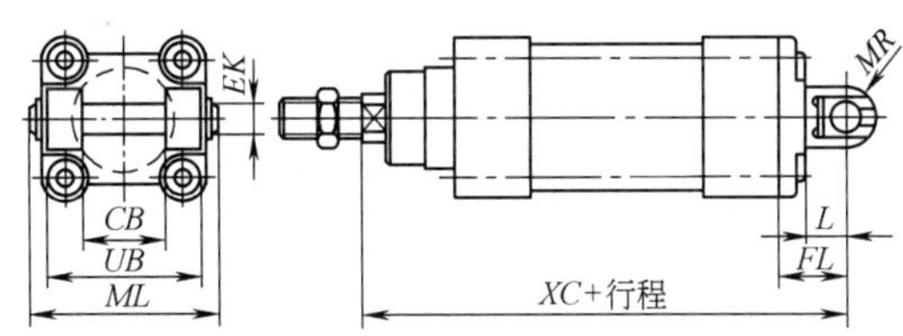

适用直径	CB H14	ϕEK e8	FL ±0.2	L	ML	MR	UB h14	XC		备注
								基本气缸	KP	
32	26	10	22	13	55	10	45	142	187	备注：尺寸 XC 一栏中的 KP 表示带活塞杆锁紧装置的气缸
40	28	12	25	16	63	12	52	160	213	
50	32	12	27	16	71	12	60	170	237	
63	40	16	32	21	83	16	70	190	266	
80	50	16	36	22	103	16	90	210	305	
100	60	20	41	27	127	20	110	230	328	
125	70	25	50	30	148	25	130	275	400	

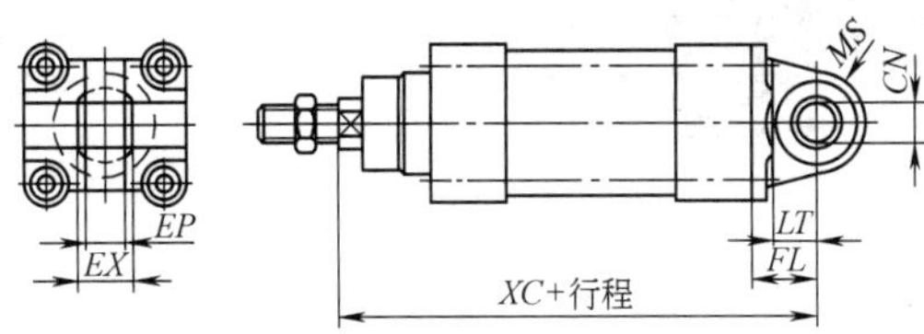

适用直径	ϕCN	EP ±0.2	EX	FL ±0.2	LT	MS	XC		备注
							基本气缸	KP	
32	10	10.5	14	22	13	15	142	187	备注：尺寸 XC 一栏中的 KP 表示带活塞杆锁紧装置的气缸
40	12	12	16	25	16	17	160	213	
50	16	15	21	27	18	20	170	237	
63	16	15	21	32	21	22	190	266	
80	20	18	25	36	22	27	210	305	
100	20	18	25	41	27	29	230	328	
125	30	25	37	50	30	39	275	400	

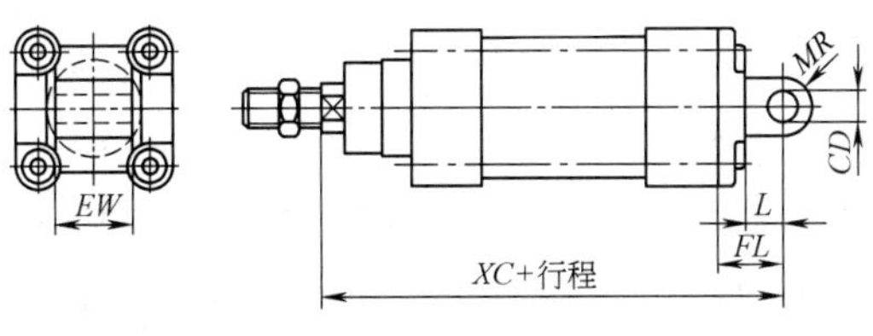

续表

	适用直径	ϕCD	EW h14	FL ±0.2	L	MR	XC 基本气缸	XC KP	
耳环式	32	10	26	22	13	10	142	187	备注：尺寸 XC 一栏中的 KP 表示带活塞杆锁紧装置的气缸
	40	12	28	25	16	12	160	213	
	50	12	32	27	16	12	170	237	
	63	16	40	32	21	16	190	266	
	80	16	50	36	22	16	210	305	
	100	20	60	41	27	20	230	328	
	125	25	70	50	30	25	275	400	

（3）非 ISO 标准普通型气缸（ϕ32～125mm）

表 21-4-30 mm

	缸径	标准行程	最大行程	容许行程
规格系列	32	25 50 75 80 100 125 150 160 175 200 250 300 350 400 450 500	1000	2000
	40	25 50 75 80 100 125 150 160 175 200 250 300 350 400 450 500 600 700 800	1200	2000
	50	25 50 75 80 100 125 150 160 175 200 250 300 350 400 450 500 600 700 800 900 1000	1200	2000
	63	25 50 75 80 100 125 150 160 175 200 250 300 350 400 450 500 600 700 800 900 1000	1500	2000
	80	25 50 75 80 100 125 150 160 175 200 250 300 350 400 450 500 600 700 800 900 1000	1500	2000
	100	25 50 75 80 100 125 150 160 175 200 250 300 350 400 450 500 600 700 800 900 1000	1500	2000

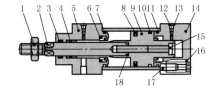

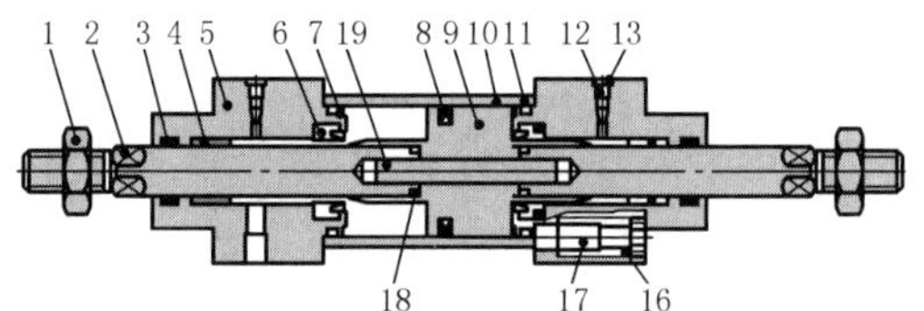

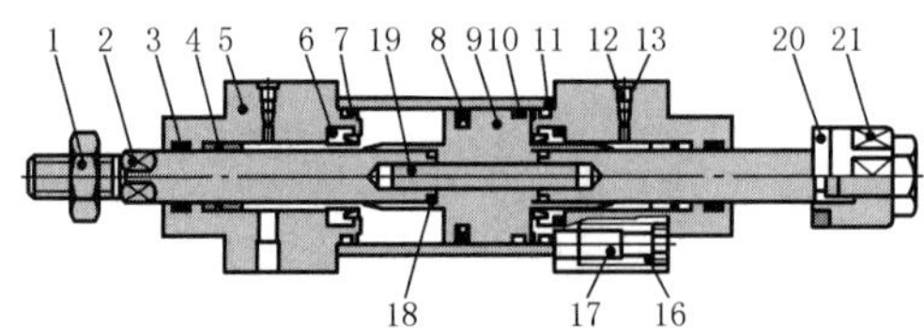

1—螺母；2，18—活塞杆；3—前盖密封圈；4—含油轴承；5—前盖；6—缓冲；7—管壁；8，9—活塞；10—耐磨环；11—本体；12—缓冲防漏；13—缓冲调整螺钉；14—后盖；15—内六角螺栓；16—支柱螺母；17—支柱；19—连接螺栓；20—可调螺母垫片；21—可调螺母

标准型气缸尺寸

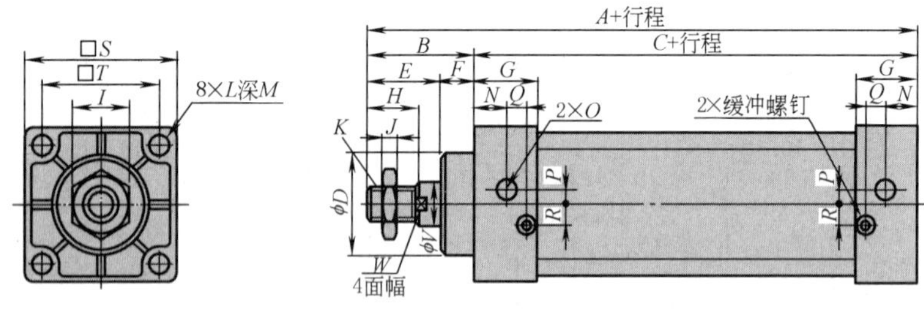

缸径	A	B	C	D	E	F	G	H	I	J	K	L	M	N	O	P	Q	R	S	T	V	W
32	140	47	93	28	32	15	27.5	22	17	6	M10×1.25	M6×1	9.5	13.7	PT⅛	3.5	7.5	7	45	33	12	10
40	142	49	93	32	34	15	27.5	24	17	7	M12×1.25	M6×1	9.5	13.5	PT¼	6	8.2	9	50	37	16	14
50	150	57	93	38	42	15	27.5	32	23	8	M16×1.5	M6×1	9.5	13.5	PT¼	8.5	8.2	9	62	47	20	17
63	153	57	96	38	42	15	27.5	32	23	8	M16×1.5	M8×1.25	9.5	13.5	PT⅜	7	8.2	8.5	75	56	20	17
80	182	75	107	47	54	21	33	40	26	10	M20×1.5	M10×1.5	11.5	16.5	PT⅜	10	9.5	14	94	70	25	22
100	188	75	113	47	54	21	33	40	26	10	M20×1.5	M10×1.5	11.5	16.5	PT½	11	9.5	14	112	84	25	22

续表

双出杆型气缸尺寸

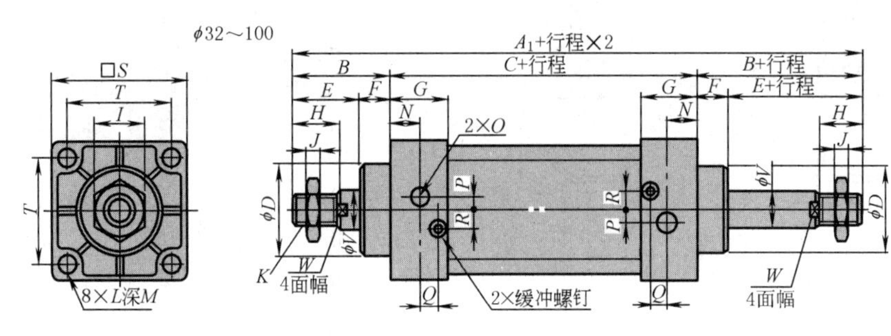

缸径	A_1	B	C	D	E	F	G	H	I	J	K	L	M	N	O	P	Q	R	S	T	V	W
32	187	47	93	28	32	15	27.5	22	17	6	M10×1.25	M6×1	9.5	13.7	PT⅛	3.5	7.5	7	45	33	12	10
40	191	49	93	32	34	15	27.5	24	17	7	M12×1.25	M6×1	9.5	13.5	PT¼	6	8.2	9	50	37	16	14
50	207	57	93	38	42	15	27.5	32	23	8	M16×1.5	M6×1	9.5	13.5	PT¼	8.5	8.2	9	62	47	20	17
63	210	57	96	38	42	15	27.5	32	23	8	M16×1.5	M8×1.25	9.5	13.5	PT⅜	7	8.2	8.5	75	56	20	17
80	257	75	107	47	54	21	33	40	26	10	M20×1.5	M10×1.5	11.5	16.5	PT⅜	10	9.5	14	94	70	25	22
100	263	75	113	47	54	21	33	40	26	10	M20×1.5	M10×1.5	11.5	16.5	PT½	11	9.5	14	112	84	25	22

双出杆、行程可调型气缸尺寸

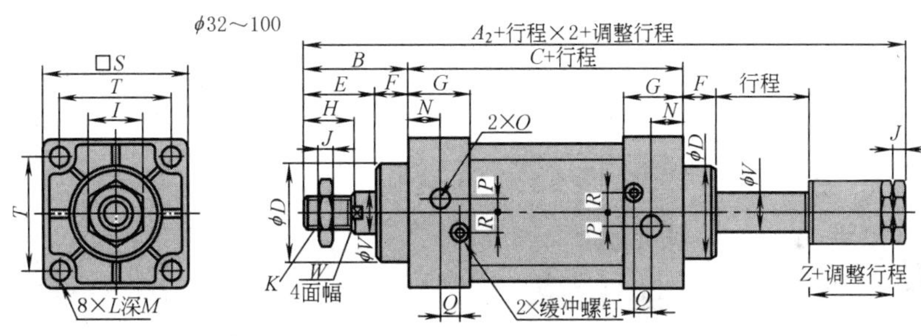

缸径	A_2	B	C	D	E	F	G	H	I	J	K	L
32	182	47	93	28	32	15	27.5	22	17	6	M10×1.25	M6×1
40	185	49	93	32	34	15	27.5	24	17	7	M12×1.25	M6×1
50	196	57	93	38	42	15	27.5	32	23	8	M16×1.5	M6×1
63	199	57	96	38	42	15	27.5	32	23	8	M16×1.5	M8×1.25
80	242	75	107	47	54	21	33	40	26	10	M20×1.5	M10×1.5
100	248	75	113	47	54	21	33	40	26	10	M20×1.5	M10×1.5

缸径	M	N	O	P	Q	R	S	T	V	W	Z
32	9.5	13.7	PT⅛	3.5	7.5	7	45	33	12	10	21
40	9.5	13.5	PT¼	6	8.2	9	50	37	16	14	21
50	9.5	13.5	PT¼	8.5	8.2	9	62	47	20	17	23
63	9.5	13.5	PT⅜	7	8.2	8.5	75	56	20	17	23
80	11.5	16.5	PT⅜	10	9.5	14	94	70	25	22	29
100	11.5	16.5	PT½	11	9.5	14	112	84	25	22	29

续表

安装附件尺寸

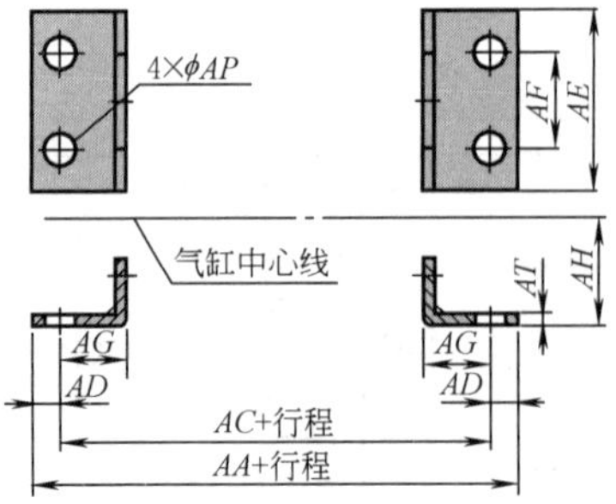

缸径	32	40	50	63	80	100
AA	153	169	173	184	189	209
AC	134	140	149	158	168	174
AD	9.5	14.5	12	13	16	18
AE	50	57	68	80	97	112
AF	33	36	47	56	70	84
AG	20.5	23.5	28	31	30	30
AH	28	30	36.5	41	49	57
AP	9	12	12	12	14	14
AT	3	3	3	3	4	4

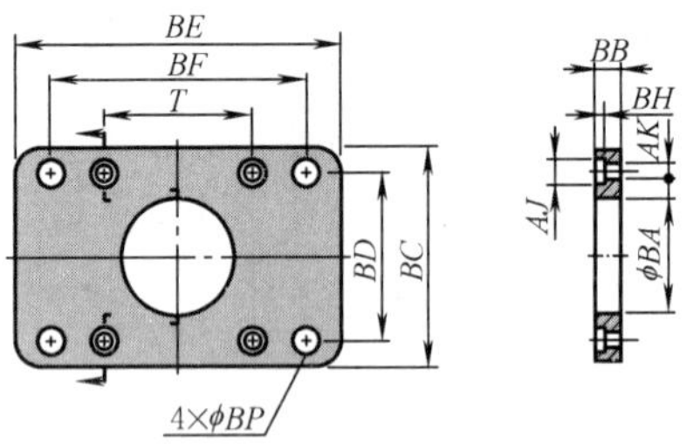

缸径	32	40	50	63	80	100
BA	28.3	32.3	38.3	38.3	47.3	47.3
BB	10	10	10	12	16	16
BC	47	52	65	76	95	115
BD	33	36	47	56	70	84
BE	72	84	104	116	143	162
BF	58	70	86	98	119	138
BH	6.5	6.5	6.5	8.5	10.5	10.5
AJ	10.5	10.5	10.5	13.5	16.5	16.5
AK	6.5	6.5	6.5	8.5	10.5	10.5
BP	7	7	9	9	11	11
T	33	37	47	56	70	84

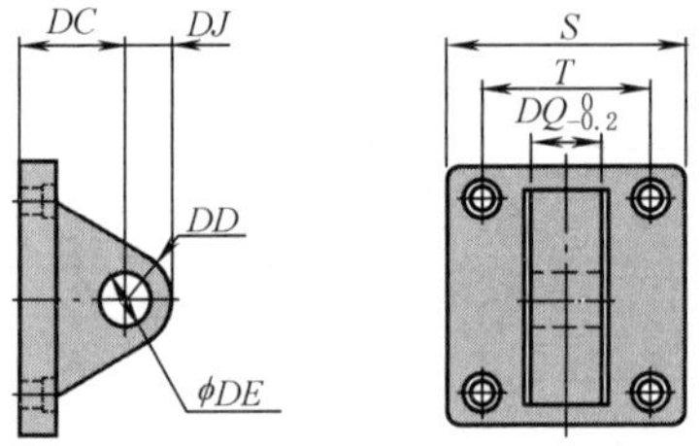

缸径	32	40	50	63	80	100
S	48	50	62	75	94	112
T	33	37	47	56	70	84
DC	34	34	34	34	48	48
DD	14	14	15	15	20	20
DE	12	14	14	14	20	20
DJ	14	14	15	15	20	20
DQ	16	20	20	20	32	32

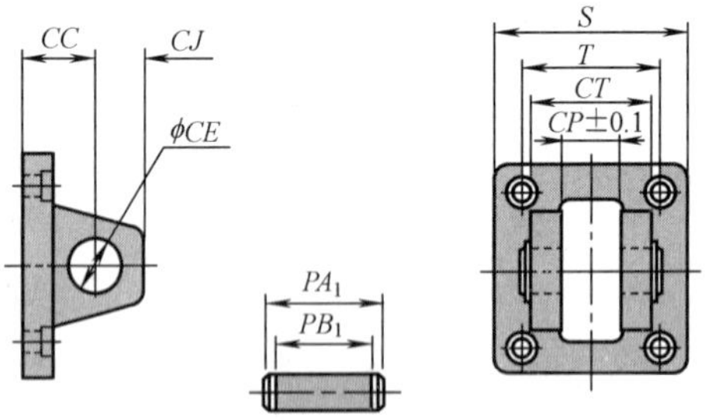

缸径	32	40	50	63	80	100
CC	19	19	19	19	32	32
CE	12	14	14	14	20	20
CJ	13	13	15	15	21	21
CP	16.3	20.3	20.3	20.3	32.3	32.3
CT	32	44	52	52	64	64
PA_1	41	51.8	60.3	60.3	73.8	73.8
PB_1	33.5	45.5	54	54	65.5	65.5
S	48	50	62	75	94	112
T	33	37	47	56	70	84

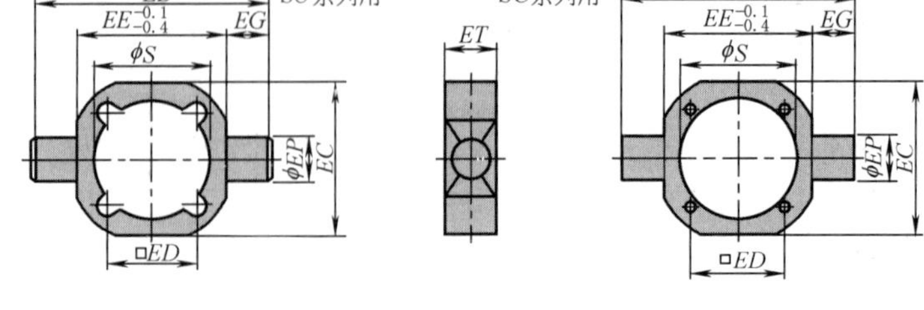

续表

安装附件尺寸

缸径	EB	EC	ED	EE	EG	EP	ET	S
40	113	63	37	63	25	25	30	45.5
50	126	76	47	76	25	25	30	55.5
63	138	88	56	88	25	25	30	68.5
80	164	114	70	114	25	25	35	87.5
100	182	132	84	132	25	25	40	107.5

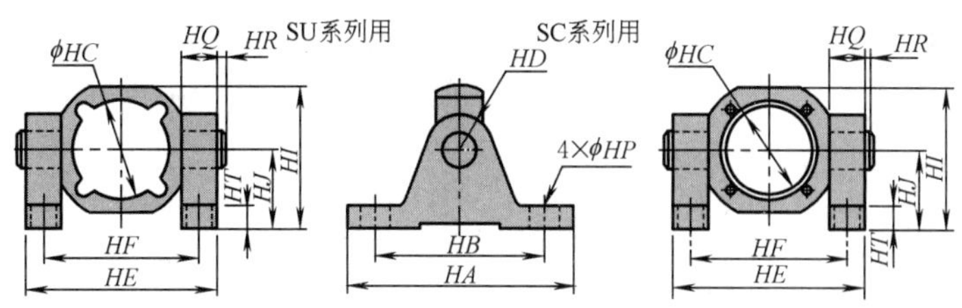

缸径	HA	HB	HC	HD	HE	HF	HI	HJ	HQ	HR	HT	HP
40	105	80	45.5	22	109	86	81.5	50	23	2	12	12
50	105	80	55.5	22	122	99	88	50	23	2	12	12
63	105	80	68.5	22	134	111	94	50	23	2	12	12
80	110	85	87.5	22	160	137	127	70	23	2	12	13
100	110	85	107.5	22	178	155	136	70	23	2	12	13

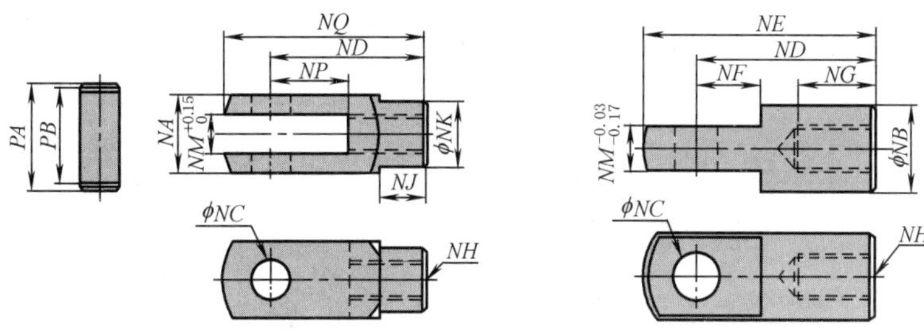

缸径	NA	NB	NC	ND	NE	NF	NG	NH	NJ	NK	NM	NP	NQ	PA	PB
32	19	20	10	40	52	15	20	M10×1.25	12	18	10	20	52	25	19.5
40	25.4	24	12	48	67	24	20	M12×1.25	20	23	12	24	62	32.8	26.5
50	32	32	16	64	89	32	23	M16×1.5	22	30	16	32	83	39.3	33
63	32	32	16	64	89	32	23	M16×1.5	22	30	16	32	83	39.3	33
80	44.4	40	20	80	112	40	30	M20×1.5	30	39	20	40	105	53.3	45
100	44.4	40	20	80	112	40	30	M20×1.5	30	39	20	40	105	53.3	45

缸径	MA	MB	MC	MD	ME	MF	MG	MH	MI	MJ	MK
32	58	22	7	21	26	11.5	7	10	M10×1.25	M10×1.25	12°
40	58	22	8	21	28	11.5	8	12	M12×1.25	M12×1.25	12°
50	90	27	10	41	44.5	20	10	17	M16×1.5	M16×1.5	7°
63	90	27	10	41	44.5	20	10	17	M16×1.5	M16×1.5	7°
80	102	29	13	46	53	24	13	22	M20×1.5	M20×1.5	10°
100	102	29	13	46	53	24	13	22	M20×1.5	M20×1.5	10°

缸径	PA	PB	PC	PD	PE	PF	PG	PH
32	11	26	10	21	43	56	M10×1.25	13°
40	12	30	12	24	50	65	M12×1.25	13°
50	15	38	16	33	64	83	M16×1.5	15°
63	15	38	16	33	64	83	M16×1.5	15°
80	18	46	20	40	77	100	M20×1.5	15°
100	18	46	20	40	77	100	M20×1.5	15°

注：摘录亚德客 SU 普通气缸资料。

2　气爪（气动手指）

在一些参考文献中如［10］将气爪称为气动手指，还有称为气动抓手的。

2.1　气爪的分类

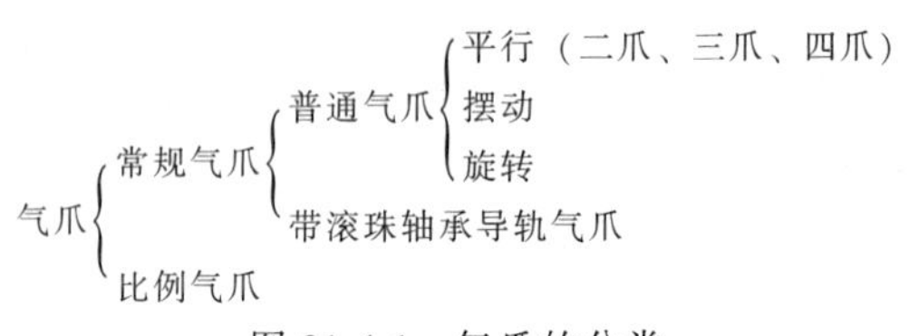

图 21-4-1　气爪的分类

2.2　影响气爪选择的一些因素及与工件的选配

表 21-4-31　　影响气爪选择的因素及与工件的选配

<table>
<tr><th>项　目</th><th colspan="2">说　　明</th></tr>
<tr><td rowspan="5">影响气爪选择的因素</td><td>工件</td><td>规格、形状、质量、温度、灵敏度、材料</td></tr>
<tr><td>外围设备</td><td>控制系统、定位精度、循环时间</td></tr>
<tr><td>过程参数</td><td>力、循环时间、重复定位精度</td></tr>
<tr><td>抓取装置</td><td>定位精度、加速度、速度</td></tr>
<tr><td>工作环境</td><td>温度、灰尘、操作空间</td></tr>
<tr><td>工件的类型</td><td colspan="2">1类　2类　3类　4类
气爪　真空</td></tr>
<tr><td>工件的尺寸比例</td><td colspan="2">高度　0.3a　0.5a　1.5a　2a
真空　气爪</td></tr>
<tr><td>工件的选配及特殊的抓取方式</td><td colspan="2">
<table>
<tr><th>气爪＼工件</th><th></th><th></th><th></th><th></th></tr>
<tr><td>平行</td><td>非常好</td><td>非常好</td><td>非常好</td><td>麻烦</td></tr>
<tr><td>20° 摆动</td><td>麻烦</td><td>好</td><td>非常好</td><td>麻烦</td></tr>
<tr><td>90° 旋转</td><td>好</td><td>好</td><td>非常好</td><td>麻烦</td></tr>
<tr><td>三爪</td><td>麻烦</td><td>非常好</td><td>麻烦</td><td>麻烦</td></tr>
<tr><td>真空</td><td>非常好</td><td>非常好</td><td>好</td><td>非常好</td></tr>
</table>
内抓取　内外联合抓取
(a) 用模片夹紧气缸抓取　(b) 异形工件抓取
</td></tr>
</table>

续表

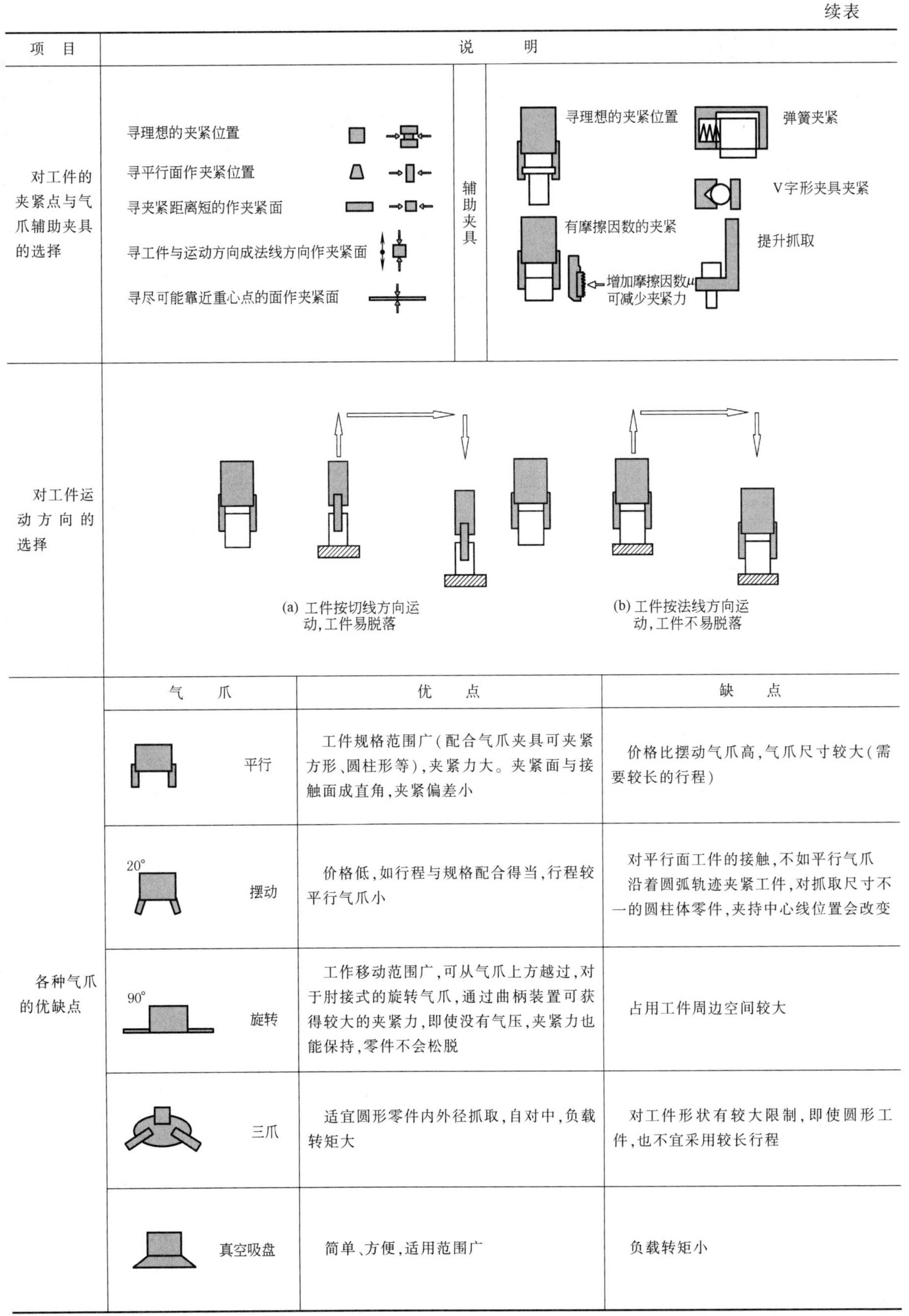

项目	说明		
对工件的夹紧点与气爪辅助夹具的选择	寻理想的夹紧位置 寻平行面作夹紧位置 寻夹紧距离短的作夹紧面 寻工件与运动方向成法线方向作夹紧面 寻尽可能靠近重心点的面作夹紧面	辅助夹具	寻理想的夹紧位置 弹簧夹紧 V字形夹具夹紧 有摩擦因数的夹紧 提升抓取 增加摩擦因数μ可减少夹紧力
对工件运动方向的选择	(a) 工件按切线方向运动，工件易脱落 (b) 工件按法线方向运动，工件不易脱落		
各种气爪的优缺点	气爪	优点	缺点
	平行	工件规格范围广（配合气爪夹具可夹紧方形、圆柱形等），夹紧力大。夹紧面与接触面成直角，夹紧偏差小	价格比摆动气爪高，气爪尺寸较大（需要较长的行程）
	20° 摆动	价格低，如行程与规格配合得当，行程较平行气爪小	对平行面工件的接触，不如平行气爪 沿着圆弧轨迹夹紧工件，对抓取尺寸不一的圆柱体零件，夹持中心线位置会改变
	90° 旋转	工作移动范围广，可从气爪上方越过，对于肘接式的旋转气爪，通过曲柄装置可获得较大的夹紧力，即使没有气压，夹紧力也能保持，零件不会松脱	占用工件周边空间较大
	三爪	适宜圆形零件内外径抓取，自对中，负载转矩大	对工件形状有较大限制，即使圆形工件，也不宜采用较长行程
	真空吸盘	简单、方便，适用范围广	负载转矩小

2.3 气爪夹紧力计算

表 21-4-32 **气爪夹紧力计算**

气爪类别	受力分析	计算公式	说　明
平行、旋转、摆角气爪(二爪)	机械锁紧		这里指的夹紧力 F_G 是每个夹头的夹紧力，并且需考虑到在一定加速度的情况下夹紧工件运动时所需的夹紧力 对于摆角和旋转气爪来说，夹紧力 F_G 必须换算成夹紧转矩 M_G $M_G=F_G r$ (N·m) 式中　r—力臂，m m—工件质量，kg g—重力加速度，$g_0\approx 10\text{m/s}^2$ a—动态运动时产生的加速度，m/s^2 S—安全系数 α—V 形气爪夹头的摆角，(°) μ—气爪夹头与工件的摩擦因数
		$F_G=m(g+a)S$ (N)	
	机械锁紧带 V 形气爪夹具		
	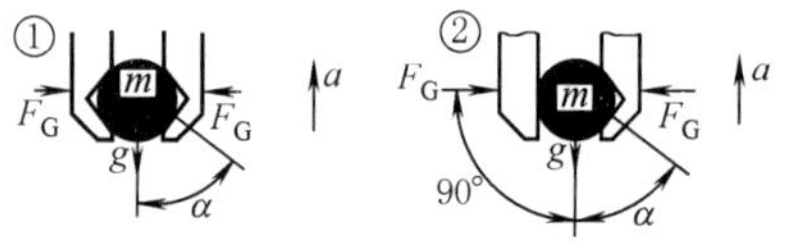	① $F_G=\dfrac{m(g+a)}{2}\tan\alpha S$ (N) ② $F_G=m(g+a)\tan\alpha S$ (N)	
	摩擦锁紧		
	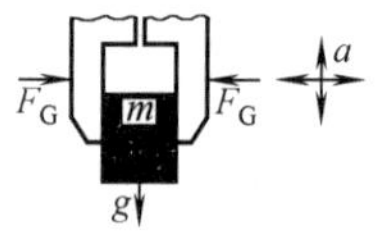	$F_G=\dfrac{m(g+a)}{2\mu}S$ (N)	
	摩擦锁紧		
	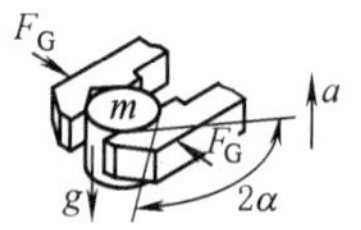	$F_G=\dfrac{m(g+a)}{2\mu}\sin\alpha S$ (N)	
三爪	机械锁紧		
	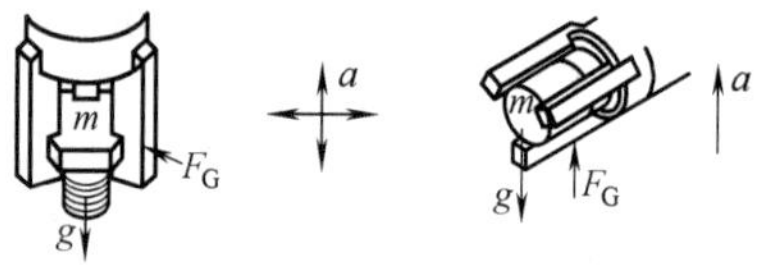	$F_G=m(g+a)S$ (N)	
	机械锁紧带 V 形气爪夹具		
	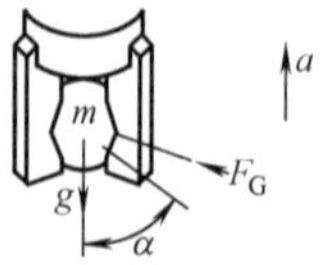	$F_G=\dfrac{m(g+a)}{3}\tan\alpha S$ (N)	
	摩擦锁紧		
	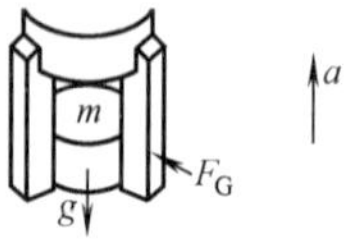	$F_G=\dfrac{m(g+a)}{3\mu}S$ (N)	

续表

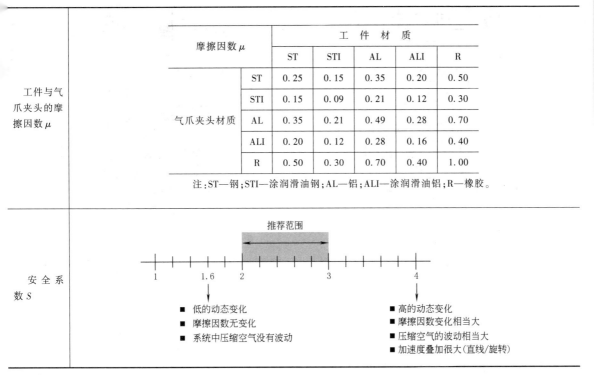

<table>
<tr><td>工件与气爪夹头的摩擦因数 μ</td><td>
<table>
<tr><td rowspan="2" colspan="2">摩擦因数 μ</td><td colspan="5">工 件 材 质</td></tr>
<tr><td>ST</td><td>STI</td><td>AL</td><td>ALI</td><td>R</td></tr>
<tr><td rowspan="5">气爪夹头材质</td><td>ST</td><td>0.25</td><td>0.15</td><td>0.35</td><td>0.20</td><td>0.50</td></tr>
<tr><td>STI</td><td>0.15</td><td>0.09</td><td>0.21</td><td>0.12</td><td>0.30</td></tr>
<tr><td>AL</td><td>0.35</td><td>0.21</td><td>0.49</td><td>0.28</td><td>0.70</td></tr>
<tr><td>ALI</td><td>0.20</td><td>0.12</td><td>0.28</td><td>0.16</td><td>0.40</td></tr>
<tr><td>R</td><td>0.50</td><td>0.30</td><td>0.70</td><td>0.40</td><td>1.00</td></tr>
</table>
注：ST—钢；STI—涂润滑油钢；AL—铝；ALI—涂润滑油铝；R—橡胶。
</td></tr>
<tr><td>安全系数 S</td><td>
推荐范围
1　1.6　2　3　4
1.6 ↓
■ 低的动态变化
■ 摩擦因数无变化
■ 系统中压缩空气没有波动
4 ↓
■ 高的动态变化
■ 摩擦因数变化相当大
■ 压缩空气的波动相当大
■ 加速度叠加很大（直线/旋转）
</td></tr>
</table>

2.4　气爪夹紧力计算举例

当计算出气爪抓取工件时的夹紧力后，需核对气动制造厂商提供的该气爪的技术数据（通常，气动制造厂商会提供该气爪静态、动态许用夹紧力和许用转矩）。

例 1　以 FESTO 产品样本举例，用平行气爪提举一个质量为 0.7kg 的圆环形钢件进行上下恒速送料运动。具体尺寸和形状如图 21-4-2 所示。

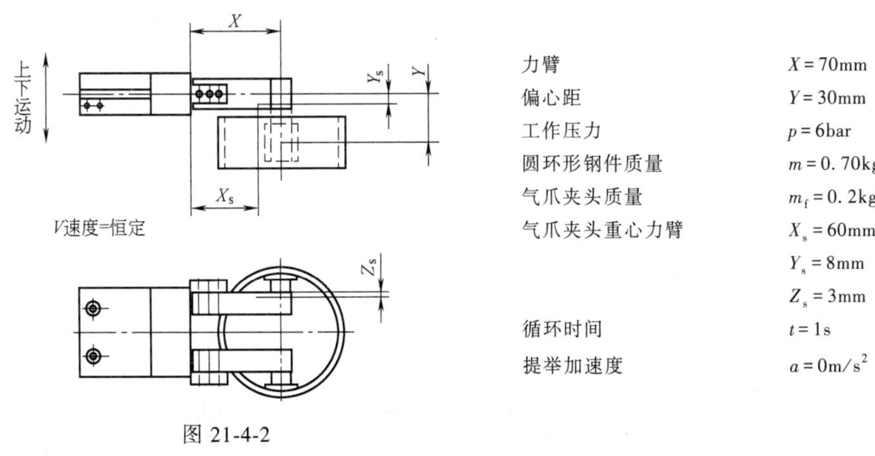

图 21-4-2

根据公式 $F=\dfrac{mgS}{2\mu}$，选取 $g=9.81\mathrm{m/s^2}$，安全系数 $S=4$，$\mu=0.15$

计算后得出，夹紧力 $F=0.7\times9.81\times4/(2\times0.15)=91.56\mathrm{kg\cdot m/s^2}=91.56\mathrm{N}$

根据计算结果，如选择 FESTO 公司样本中的平行气爪 HGP-25，公司产品样本将会提供力臂与夹紧力/偏心距与夹紧力的图表（见图 21-4-3 和图 21-4-4）、气爪的许用力矩及附加的气爪夹头质量和关闭时间的推荐图表等。

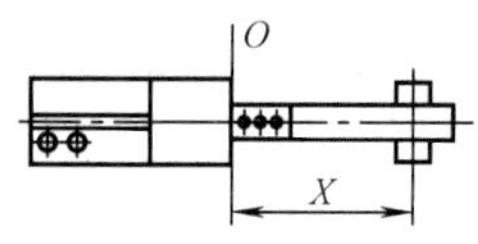

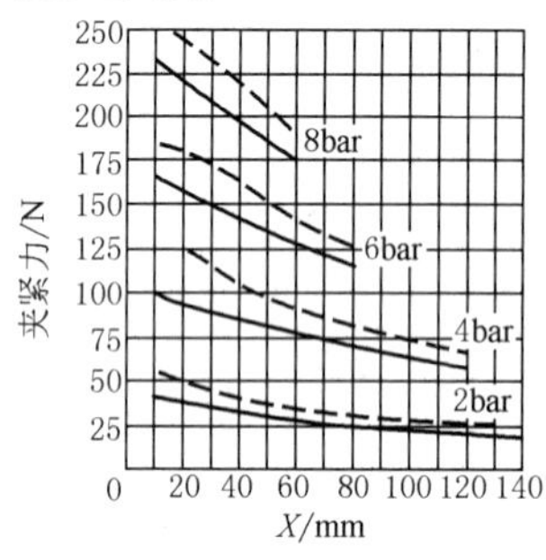

图 21-4-3　夹紧力与工作压力及力臂 X 的关系

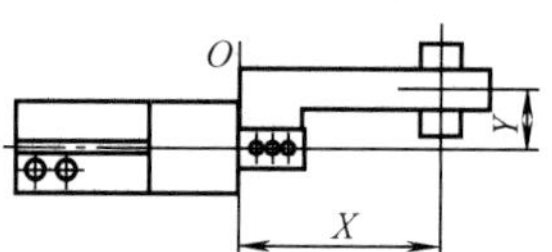

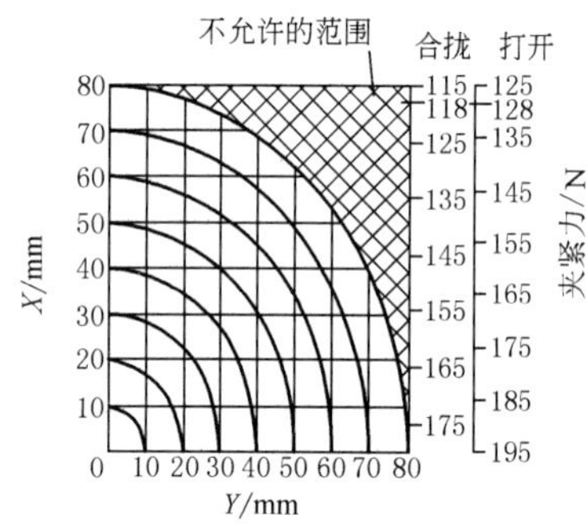

图 21-4-4　6bar 时夹紧力与力臂 X、偏心距 Y 的关系

第一步：验算夹紧力。

由于此例为复合坐标，故选择图 21-4-3 进行验算。

在图表中确定力臂 X（$X=70\text{mm}$）及偏心距 Y（$Y=30\text{mm}$）相交，通过交点画一弧线，与垂直坐标（力臂 X 处）相交，过该交点画一横线，读取合拢与打开时的数值（合拢时为 118N，打开时为 128N）。

根据图表得出，该公司提供的 HGP-25 的平行气爪在上述条件下，夹紧力为 118N，大于 91.56N。

第二步：验算力矩。

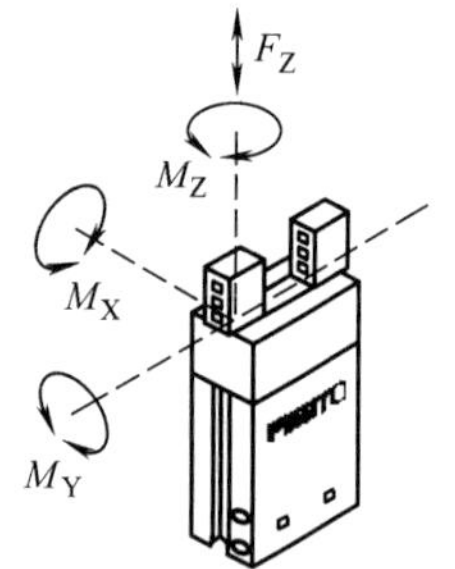

活塞直径 ϕ/cm	6	10	16	20	25	35
最大许用力 F_Z/N	14	25	90	150	240	380
最大许用力矩 M_X/N·m	0.1	0.5	3.3	6	11	25
最大许用力矩 M_Y/N·m	0.1	0.5	3.3	6	11	25
最大许用力矩 M_Z/N·m	0.1	0.5	3.3	6	11	25

$M_X=91.56\text{N}\times7\text{ cm}$（力臂 X）$=637\text{N}\cdot\text{cm}=6.37\text{N}\cdot\text{m}$，查表后 HGP-25 最大许用力矩 M_X 为 11N·m，$6.37<11$，因此 M_X 没有问题。

$M_Y=2m_fgX_s+MgX=2\times0.2\times9.81\times6+0.7\times9.81\times7=71.6\text{N}\cdot\text{cm}=0.716\text{N}\cdot\text{m}$，查表后 HGP-25 最大许用力矩 M_Y 为 11N·m，$0.716<11$，因此 M_Y 没有问题（注意此例条件为气爪水平安装时抓取工件，上下抓取运动）。

$M_Z=91.56\text{N}\times3\text{cm}$（力臂 Y）$=274.68\text{N}\cdot\text{cm}=2.7468\text{N}\cdot\text{m}$，查表后 HGP-25 最大许用力矩 M_Z 为 11N·m，$2.7468<11$，因此 M_Z 没有问题（注意此例条件为气爪水平安装时抓取工件，上下抓取运动）。

需要说明的是，该例运动加速度为 0，如果气爪在有加速度的情况下，上述公式需要修改，如 $M_Y=2m_f(g+a)X_s+M(g+a)X$。

第三步：验算夹头的工作频率。

如果气爪辅助夹具负载增加，意味着动能增加，可能损坏气爪部件，要么需对辅助夹具的最大质量进行限制，要么需对气爪夹紧运动时间（打开或关闭）进行限制。下表是不同规格（带外部气爪）手指和应用负载时打开或关闭的时间关系表。

不同规格（带外部气爪）手指和应用负载时打开或关闭的时间关系表

活塞直径 ϕ/cm		6	10	16	20	25	35
HGP/N	0.06	5	—	—	—	—	—
	0.08	10	—	—	—	—	—
	0.1	20	—	—	—	—	—
	0.2	50	—	—	—	—	—
	0.5	—	100	—	—	—	—

续表

活塞直径 ϕ/cm		6	10	16	20	25	35
HGP/N	1	—	200	100	—	—	—
	1.25	—	—	—	100	—	—
	1.5	—	300	200	—	100	—
	1.75	—	—	—	200	—	—
	2	—	—	300	—	200	100
	2.5	—	—	—	300	—	—
	3	—	—	—	—	300	200
	4	—	—	—	—	—	300

气爪质量为0.2kg，即重量约2N，从表中可知，打开或关闭的时间不能超过200ms（0.2s），满足此例中循环时间小于1s的条件。

如果验算所得结果超出数值，则应该选用更大规格的气爪或者缩短力臂或降低安全系数或改变夹头的摩擦因数或降低工作压力。

例2 根据SMC公司样本，对该公司MHZ□2-16平行气爪计算、选择。

给出条件：气爪夹持重物如图21-4-5所示。气爪水平放置，夹持重物0.1kg，夹持重物外径，夹持点距离$L=30$mm，向下外伸量$H=10$mm，使用压力0.4MPa。

① 计算夹持力：由图21-4-6可知，n个手指的总夹持力产生的摩擦力$n\mu F$必须大于夹持工件的重力mg，考虑到搬送工件时的加速度及冲击力等，必须设定一个安全系数α，故应满足

$$n\mu F>\alpha mg$$

即

$$F>\frac{\alpha mg}{n\mu}=\beta mg$$

式中 μ——摩擦因数，一般$\mu=0.1\sim0.2$；

α——安全系数，一般$\alpha=4$；

$\beta=\frac{\alpha}{n\mu}$，对2个手指，$\beta$取10~20，对3个手指，$\beta$取7~14，对4个手指，$\beta$取5~10。

本例若选用2个手指，则必要夹持力$F=20mg=(20\times0.1\times9.8)\text{N}=19.6\text{N}$。从图21-4-7可知，$p=0.4$MPa，$L=30$mm时的夹持力为24N，大于必要夹持力，故选MHZ□2-16是合格的。

② 夹持点距离的确认：夹持点距离必须小于允许外伸量，否则会降低气爪的使用寿命。

由图21-4-8可知，MHZ□2-16气爪当$L=30$mm，$p=0.4$MPa时的允许外伸量为13mm，大于实际外伸量10mm，故选型合理。

③ 手指上外力的确认：MHZ□2系列的最大允许垂直负载及力矩见下表及图21-4-9。

MHZ□2系列的最大允许垂直负载及力矩

型号	允许垂直负载 F_V/N	最大允许力矩/N·m		
		弯曲力矩 M_p	偏转力矩 M_y	回转力矩 M_r
MHZ□2-6	10	0.04	0.04	0.08
MHZ□2-10	58	0.26	0.26	0.53
MHZ□2-16	98	0.68	0.68	1.36
MHZ□2-20	147	1.32	1.32	2.65
MHZ□2-25	255	1.94	1.94	3.88
MHZ□2-32	343	3.00	3.00	6.00
MHZ□2-40	490	4.50	4.50	9.00

从上表可知，MHZ□2-16的允许垂直负载为98N，最大允许弯曲力矩及偏转力矩均为0.68N·m，最大允许回转力矩为1.36N·m，本例仅存在弯曲力矩$M_p=mgL=(0.1\times9.8\times0.03)\text{N}\cdot\text{m}=0.0294\text{N}\cdot\text{m}$，远小于最大允许弯曲力矩，故选型合格。

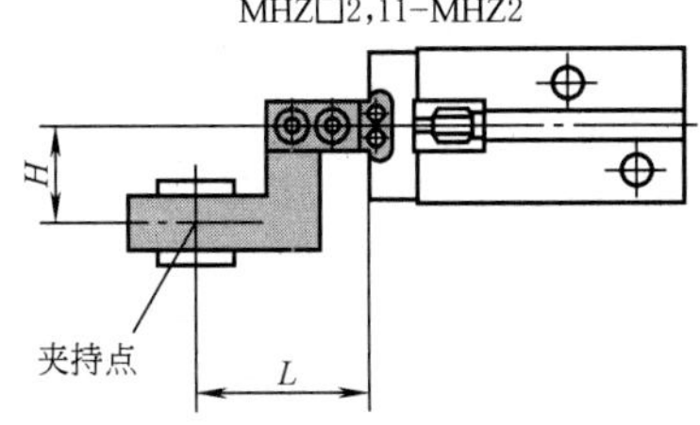

图21-4-5 气爪夹持重物例

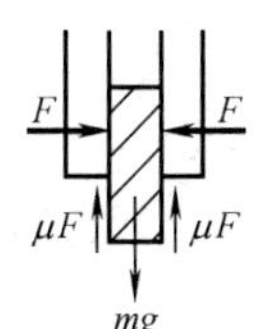

图21-4-6 夹持力计算用图

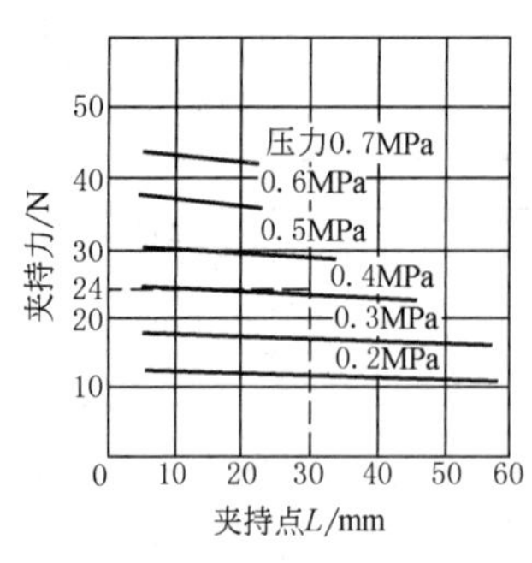

图 21-4-7　MHZ□2-16 外径夹持

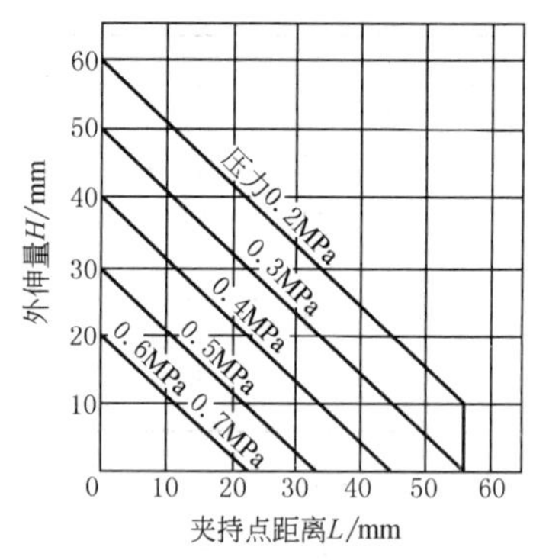

图 21-4-8　MHZ□2-16 的允许外伸量

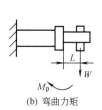

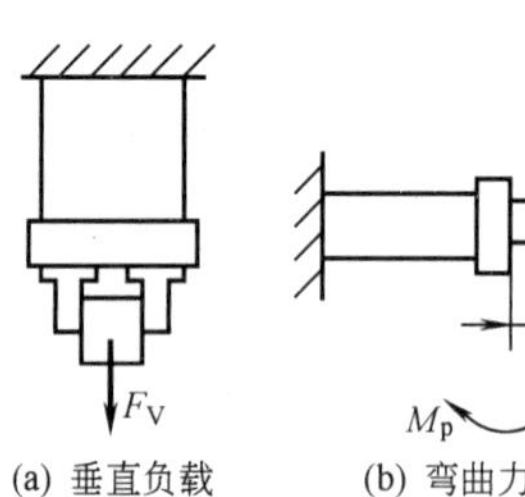

(a) 垂直负载　(b) 弯曲力矩

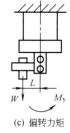

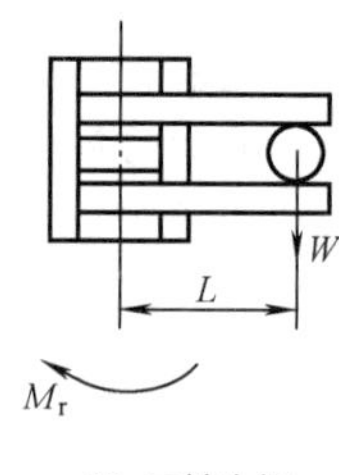

(c) 偏转力矩　(d) 回转力矩

图 21-4-9　垂直负载及各种力矩的示意图

2.5　比例气爪

表 21-4-33　　**比例气爪的结构及原理**

项目	简　　图	说　　明
结构	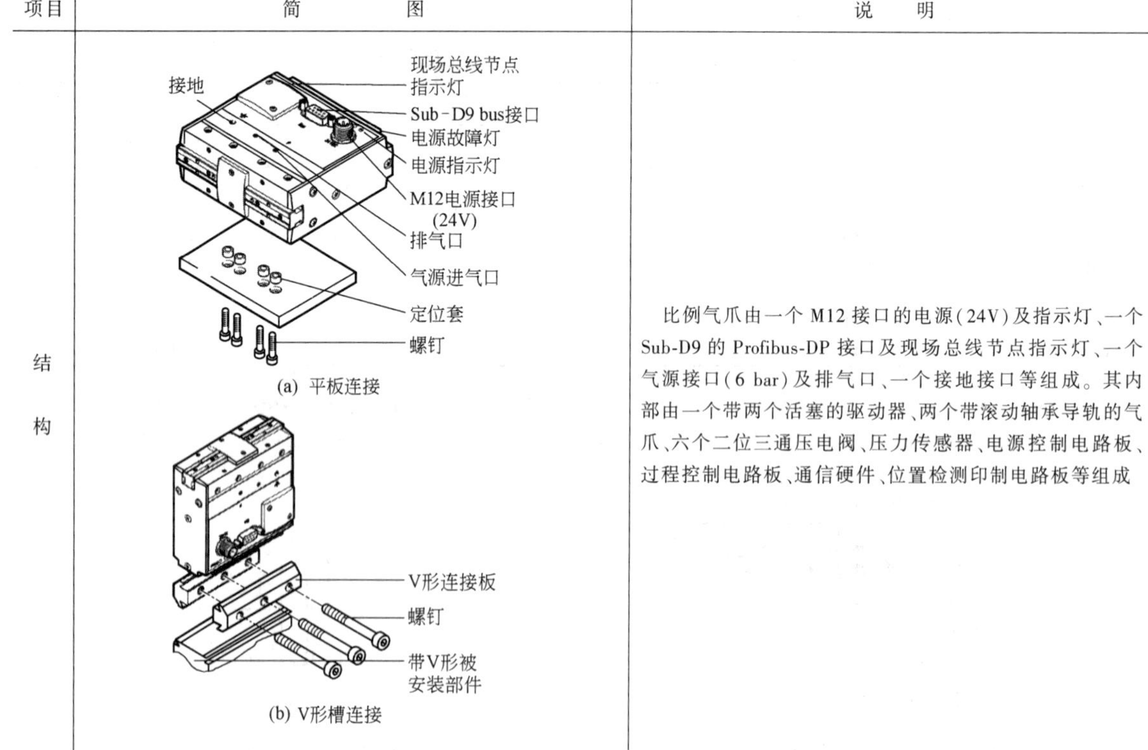 (a) 平板连接 (b) V形槽连接	比例气爪由一个 M12 接口的电源(24V)及指示灯、一个 Sub-D9 的 Profibus-DP 接口及现场总线节点指示灯、一个气源接口(6 bar)及排气口、一个接地接口等组成。其内部由一个带两个活塞的驱动器、两个带滚动轴承导轨的气爪、六个二位三通压电阀、压力传感器、电源控制电路板、过程控制电路板、通信硬件、位置检测印制电路板等组成

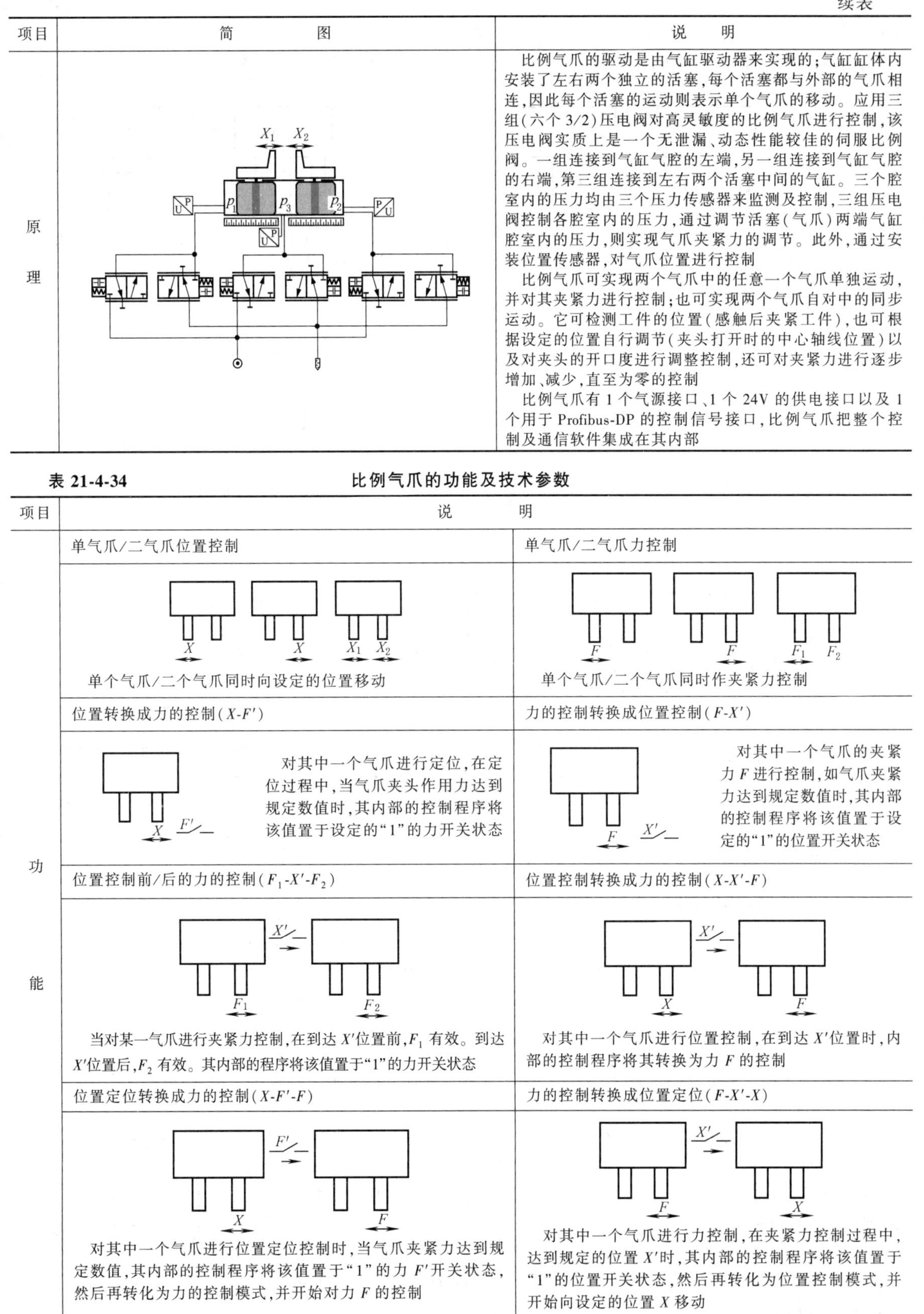

续表

项目	简图	说明
原理	X_1 X_2 p_1 p_3 p_2 U P	比例气爪的驱动是由气缸驱动器来实现的；气缸缸体内安装了左右两个独立的活塞，每个活塞都与外部的气爪相连，因此每个活塞的运动则表示单个气爪的移动。应用三组（六个3/2）压电阀对高灵敏度的比例气爪进行控制，该压电阀实质上是一个无泄漏、动态性能较佳的伺服比例阀。一组连接到气缸气腔的左端，另一组连接到气缸气腔的右端，第三组连接到左右两个活塞中间的气缸。三个腔室内的压力均由三个压力传感器来监测及控制，三组压电阀控制各腔室内的压力，通过调节活塞（气爪）两端气缸腔室内的压力，则实现气爪夹紧力的调节。此外，通过安装位置传感器，对气爪位置进行控制 比例气爪可实现两个气爪中的任意一个气爪单独运动，并对其夹紧力进行控制；也可实现两个气爪自对中的同步运动。它可检测工件的位置（感触后夹紧工件），也可根据设定的位置自行调节（夹头打开时的中心轴线位置）以及对夹头的开口度进行调整控制，还可对夹紧力进行逐步增加、减少，直至为零的控制 比例气爪有1个气源接口、1个24V的供电接口以及1个用于Profibus-DP的控制信号接口，比例气爪把整个控制及通信软件集成在其内部

表 21-4-34　　比例气爪的功能及技术参数

项目	说明	
功能	单气爪/二气爪位置控制	单气爪/二气爪力控制
	X　X　X_1 X_2 单个气爪/二个气爪同时向设定的位置移动	F　F　F_1 F_2 单个气爪/二个气爪同时作夹紧力控制
	位置转换成力的控制（X-F'）	力的控制转换成位置控制（F-X'）
	X　F' 对其中一个气爪进行定位，在定位过程中，当气爪夹头作用力达到规定数值时，其内部的控制程序将该值置于设定的“1”的力开关状态	F　X' 对其中一个气爪的夹紧力F进行控制，如气爪夹紧力达到规定数值时，其内部的控制程序将该值置于设定的“1”的位置开关状态
	位置控制前/后的力的控制（F_1-X'-F_2）	位置控制转换成力的控制（X-X'-F）
	X'　F_1　F_2 当对某一气爪进行夹紧力控制，在到达X'位置前，F_1有效。到达X'位置后，F_2有效。其内部的程序将该值置于“1”的力开关状态	X'　X　F 对其中一个气爪进行位置控制，在到达X'位置时，内部的控制程序将其转换为力F的控制
	位置定位转换成力的控制（X-F'-F）	力的控制转换成位置定位（F-X'-X）
	F'　X　F 对其中一个气爪进行位置定位控制时，当气爪夹紧力达到规定数值，其内部的控制程序将该值置于“1”的力F'开关状态，然后再转化为力的控制模式，并开始对力F的控制	X'　F　X 对其中一个气爪进行力控制，在夹紧力控制过程中，达到规定的位置X'时，其内部的控制程序将该值置于“1”的位置开关状态，然后再转化为位置控制模式，并开始向设定的位置X移动

续表

项目	说明	
功能	气爪位置可自由移动的力控制	校正夹紧中心线后夹紧(X_M-F)
	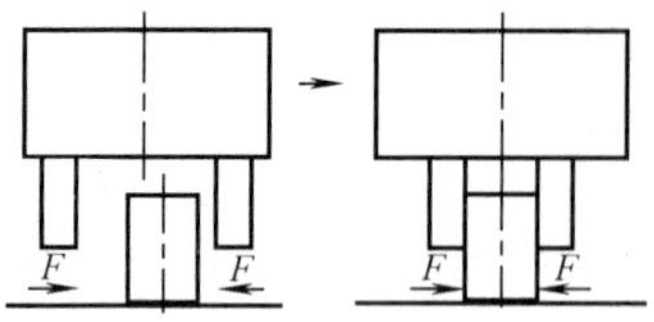 气爪以设定的力 F 的夹紧,夹紧力可进行控制。气爪位置可自由移动	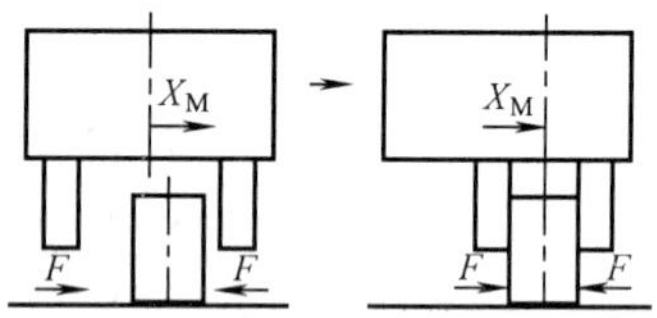 气爪在校正了夹紧中心线 X_M 位置前提下,以设定的夹紧力进行夹紧
	校正气爪开口度和夹紧中心线后夹紧($X/X_{开口度}$-X_M-X_M/F)	夹紧后移动夹紧中心位置(F-S-X_M)
	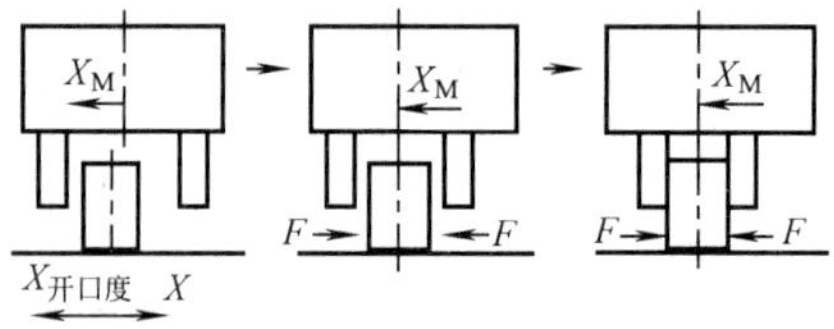 首先对气爪进行位置控制(气爪的 $X_{开口度}$ 及夹紧中心线 X_M),使其符合设定要求,初步定位完成后,即转化为以校正夹紧中心线 X_M 为前提的夹紧力控制,并再次校正中心位置 X_M	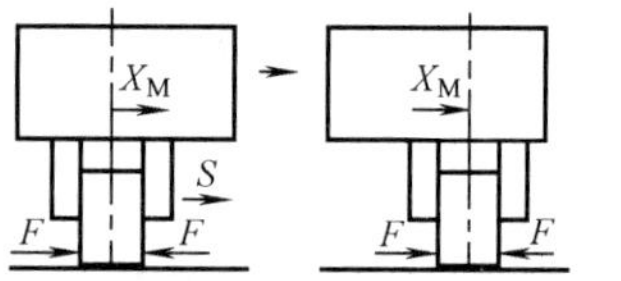 气爪在校正了夹紧力 F 的情况下,移动到设定的夹紧中心位置 X_M,移动时有一个速度指标 S,将规定气爪进行移动的速度
	校正夹紧中心线后转化为开口度控制($X_M-F=0-X_{开口度}$)	夹紧中心线和开口度定位
	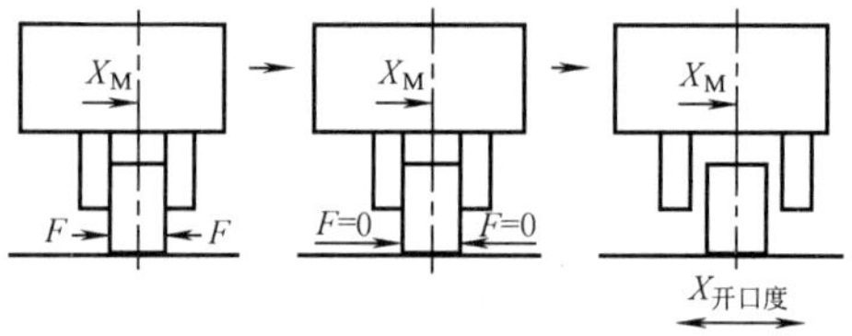 在校正好实际中心位置 X_M 后,夹紧力 F 逐渐释放。然后控制装置转化为对开口度的定位控制	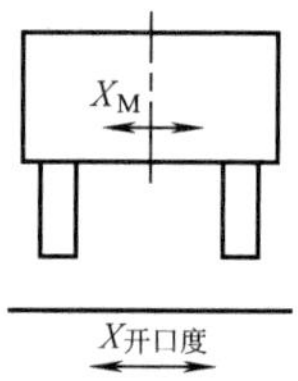 气爪夹头按照设定的夹紧中心线和开口度移动定位
	压紧(黏合)应用	
	对两个部件进行黏合,气爪夹头 2 将其中一个部件压向另一个部件,压力可调,最大可达 50N。气爪 1 停滞不动。两个部件完成黏合	
技术参数	比例气爪单个夹头的夹紧力为 5~50N,单个气爪的行程为 10mm,定位精度为±0.1mm,质量为 600g	

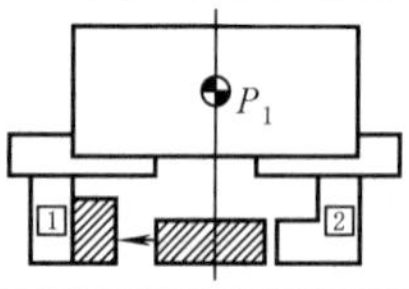

2.6 气爪选择时应注意事项

① 增加额外的夹头重量,将会增加运动质量,增高了动能,在夹头运动到终点位置时,会损坏气爪。

② 夹头安装在气爪时,应使用定位销。

③ 夹头的重复精度为±0.02mm,气爪的复位精度为 0.2mm。

④ 气爪不应在侵蚀性介质、焊接火花、研磨粉尘的场合下使用。不要在未节流的情况下操作气爪。

⑤ 要注意工件的运动方向,尤其在加速度情况下。

⑥ 在抓取工件时,还应考虑其周围的空间(见图 21-4-10),气爪的张开角度不能影响相邻的工件。

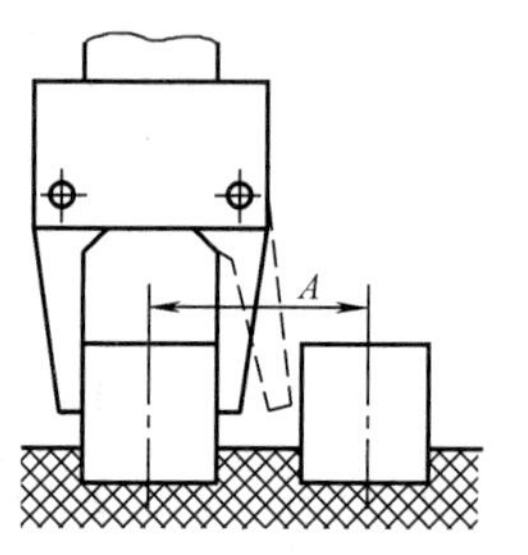

图 21-4-10

3 气动马达

在 JB/T 11863—2014《齿轮式气动马达》中规定了齿轮式气动马达的型号与基本参数、技术要求、检验方法、检验规则和标志、包装、运输与贮存，适用于齿轮式气动马达。

在 JB/T 7737—2006《活塞式和叶片式气动马达》中规定了活塞式和叶片式气动马达的型号与基本参数、技术要求、检验方法、检验规则、标志、包装、运输及贮存，适用于活塞式和叶片式气动马达。不适用于带减速机构的气动马达。

气动马达是把压缩空气的气压能转换成机械能的又一能量转换装置，输出的是力矩和转速，驱动机构实现旋转运动。

气动马达按工作原理分为容积式和蜗轮式两大类。容积式气动马达都是靠改变空气容积的大小和位置来工作的，按结构型式分类见表 21-4-35。

3.1 气动马达的结构、原理和特性

表 21-4-35

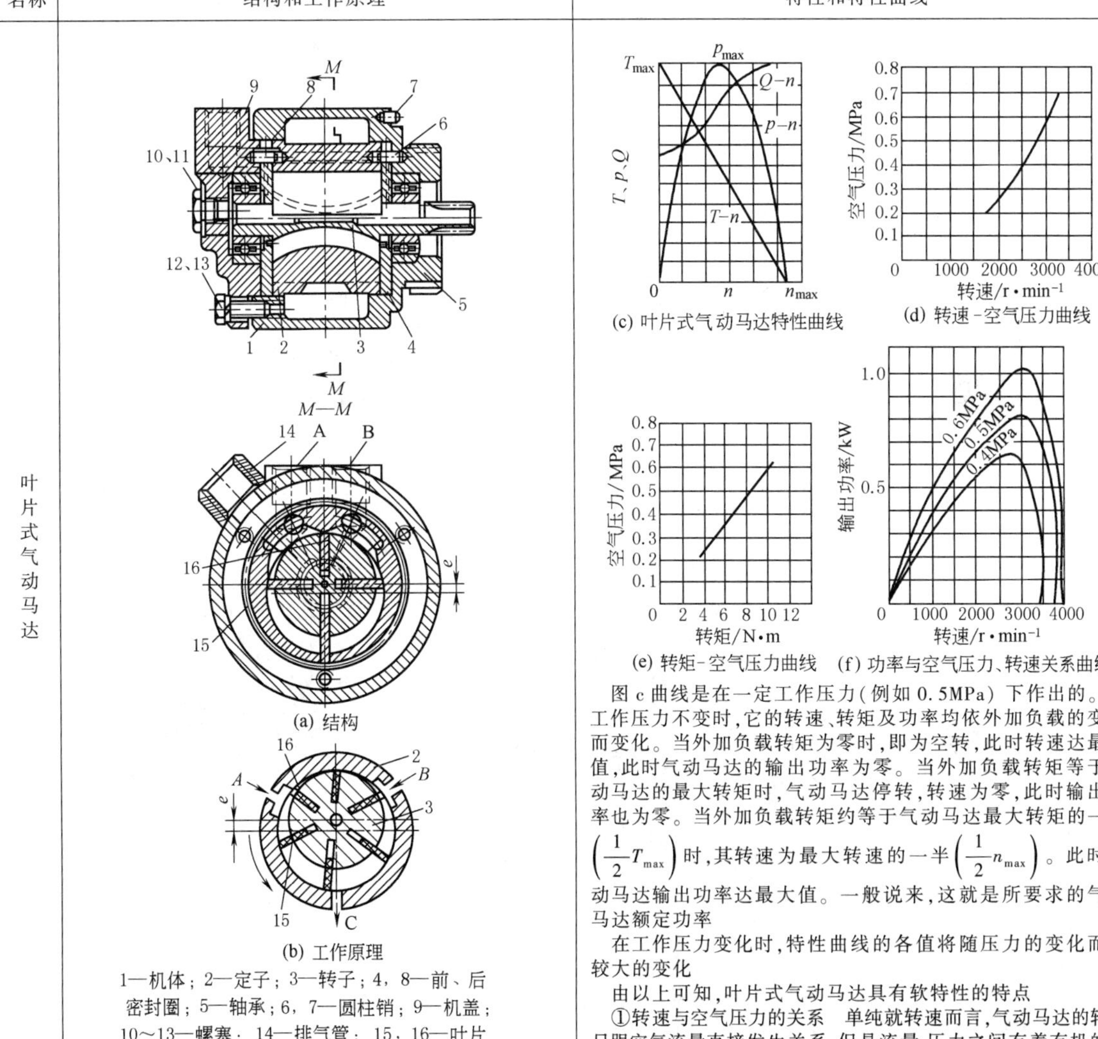

名称	结构和工作原理	特性和特性曲线
叶片式气动马达	(a) 结构 (b) 工作原理 1—机体；2—定子；3—转子；4，8—前、后密封圈；5—轴承；6，7—圆柱销；9—机盖；10～13—螺塞；14—排气管；15，16—叶片	(c) 叶片式气动马达特性曲线 (d) 转速-空气压力曲线 (e) 转矩-空气压力曲线 (f) 功率与空气压力、转速关系曲线 图 c 曲线是在一定工作压力(例如 0.5MPa) 下作出的。在工作压力不变时,它的转速、转矩及功率均依外加负载的变化而变化。当外加负载转矩为零时,即为空转,此时转速达最大值,此时气动马达的输出功率为零。当外加负载转矩等于气动马达的最大转矩时,气动马达停转,转速为零,此时输出功率也为零。当外加负载转矩约等于气动马达最大转矩的一半$\left(\frac{1}{2}T_{max}\right)$时,其转速为最大转速的一半$\left(\frac{1}{2}n_{max}\right)$。此时气动马达输出功率达最大值。一般说来,这就是所要求的气动马达额定功率 在工作压力变化时,特性曲线的各值将随压力的变化而有较大的变化 由以上可知,叶片式气动马达具有软特性的特点 ①转速与空气压力的关系　单纯就转速而言,气动马达的转速只跟空气流量直接发生关系,但是流量-压力之间有着有机的联系,尤其对可压缩性的空气而言,气动马达的转速可以转化

续表

名称	结构和工作原理	特性和特性曲线
叶片式气动马达	①结构　叶片式气动马达主要由定子 2、转子 3、叶片 15 及 16 等零件组成。定子上有进、排气用的配气槽孔，转子上铣有长槽，槽内装有叶片。定子两端有密封盖，密封盖上有弧槽与两个进排气孔 A、B 及各叶片底部相通转子与定子偏心安装，偏心距为 e。这样由转子的外表面定子的内表面、叶片及两端密封盖就形成了若干个密封工作空间 ②工作原理　叶片式气动马达与叶片式液压马达的原理相似。压缩空气由 A 孔输入时，分成两路：一路经定子两端密封盖的弧形槽进入叶片底部，将叶片推出，叶片就是靠此气压推力及转子转动时的离心力的综合作用而较紧密地抵在定子内壁上。压缩空气另一路经 A 孔进入相应的密封工作空间，在叶片 15 和 16 上，产生相反方向的转矩，但由于叶片 15 伸出长，作用面积大，产生的转矩大于叶片 16 产生的转矩，因此转子在两叶片上产生的转矩差作用下按逆时针方向旋转。做功后的气体由定子的孔 C 排出，剩余残气经孔 B 排出，若改变压缩空气输入方向，即改变转子的转向	为跟空气压力的关系，其关系曲线如图 d 所示。当空气压力降低时，转速也降低，可用下式进行概算 $$n=n_x\sqrt{\frac{p}{p_x}}$$ 式中　n——实际供给空气压力下的转速，r/min n_x——设计空气压力下的转速，r/min p——实际供给的气源压力，MPa p_x——设计供给的空气压力，MPa ②转矩与空气压力的关系　气动马达的转矩，大体上是随空气压力的升降成比例的升降。可用下式进行概算 $$T=T_x\frac{p}{p_x}$$ 式中　T——实际供给空气压力下的转矩，N · m T_x——标准空气压力下的转矩，N · m p——实际供给的空气压力，MPa p_x——设计规定的标准空气压力，MPa 转矩与空气压力的关系曲线如图 e 所示 ③功率与空气压力的关系　从上述分析中，可以求出气动马达的功率 $$N=\frac{Tn}{9.54}\quad(\text{W})$$ 式中　T——转矩，N · m n——转速，r/min 由于空气压力的变化，转矩、转速的变动而导致功率的变化如图 f 所示。气动马达的效率 $$\eta=\frac{N_{实}}{N_{理}}\times100\%$$ 式中　$N_{实}$——输出的有效功率，即实际输出功率，W $N_{理}$——理论输出功率，W
活塞式气动马达	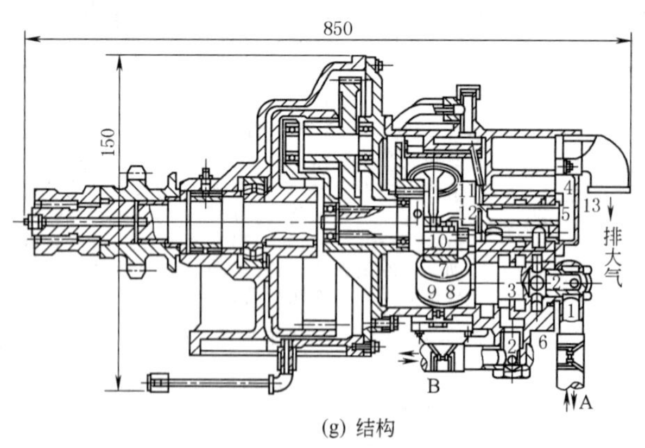 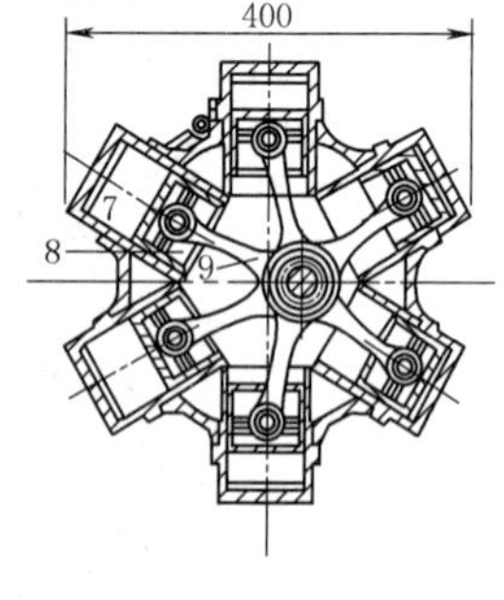 (g) 结构 1—气管接头；2—空心螺栓；3—进、排气阻塞；4—配气阀套；5—配气阀；6—壳体；7—气缸；8—活塞；9—连杆；10—曲轴；11—平衡铁；12—连接盘；13—排气孔盖	

续表

活塞式气动马达	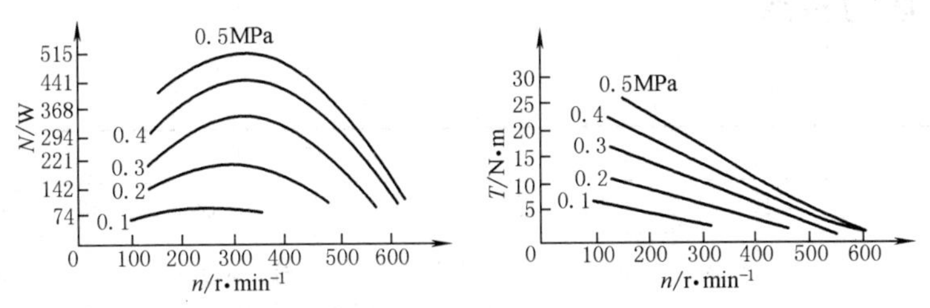 *N-n* 功率曲线　　*T-n* 转矩曲线 (h) 活塞式气动马达特性曲线 (1)结构和工作原理 活塞式气动马达是依靠作用于气缸底部的气压推动气缸动作来实现气动马达功能的。活塞式气动马达一般有4~6个气缸,为达到力的平衡,气缸数目大多数为双数。气缸可配置在径向和轴向位置上,构成径向活塞式气动马达和轴向活塞式气动马达两种。图g是六缸径向活塞带连杆式气动马达结构原理。六个气缸均匀分布在气动马达壳体的圆周上,六个连杆同装在曲轴的一个曲拐上。压缩空气顺序推动各活塞,从而带动曲轴连续旋转。但是这种气缸无论如何设计都存在一定量的力矩输出脉动和速度输出脉动 如果使气动马达输出轴按顺时针方向旋转时,压缩空气自A端经气管接头1、空心螺栓2、进排气阻塞3、配气阀套4的第一排气孔进入配气阀5,经壳体6上的进气斜孔进入气缸7,推动活塞8运动,通过连杆带动曲柄10旋转。此时,相对应的活塞做非工作行程或处于非工作行程末端位置,准备做功。缸内废气经壳体的斜孔回到配气阀,经配气阀套的第二排孔进入壳体,经空心螺栓及进气管接头,由B端排至操纵阀的排气孔而进入大气 平衡铁11固定在曲轴上,与连接盘12衔接,带动气阀转动,这样曲轴与配气阀同步旋转,使压缩空气进入不同的气缸内顺序推动各活塞工作 气动马达反转时,压缩空气从B端进入壳体,与上述的通气路线相反。废气自A端排至操纵阀的排气孔而进入大气中 配气阀转到某一角度时,配气阀的排气口被关闭,缸内还未排净的废气由配气阀的通孔经排气孔盖13,再经排气弯头而直接排到大气中 输出前必须减速,这样在结构上的安排是使气动马达曲轴带动齿轮,经两级减速后带动气动马达输出轴旋转,进行工作 (2)工作特性 活塞式气动马达的特性如图h所示。最大输出功率即额定功率,在功率输出最大的工况下,气动马达的输出转矩为额定输出转矩,速度为额定转速 活塞式气动马达主要用于低速、大转矩的场合。其启动转矩和功率都比较大,但是结构复杂、成本高、价格贵 活塞式气动马达一般转速为250~1500r/min,功率为0.1~50kW
齿轮式气动马达	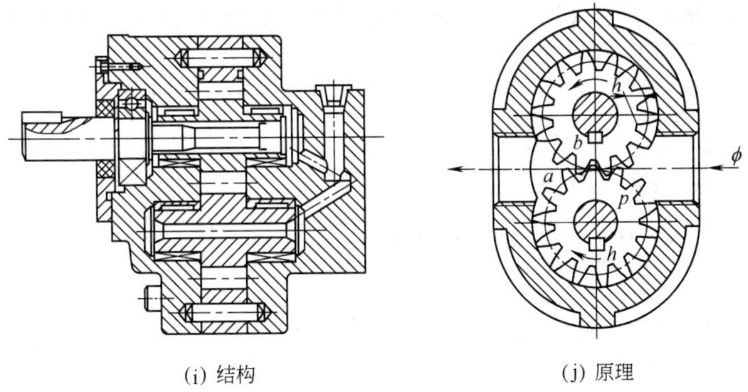 (i) 结构　　(j) 原理 (1)工作原理 齿轮式气动马达结构原理如图i和图j所示,p为齿轮啮合点,h为齿高,啮合点p到齿根距离分别为a和b,由于a和b都小于h,所以压缩空气作用在齿面上时,两齿轮上就分别产生了作用力$pB(h-a)$和$pB(h-b)$(p为输入空气压力,B为齿宽),使两齿轮按图示方向旋转,并将空气排到低压腔。齿轮式气动马达的结构与齿轮泵基本相同,区别在于气动马达要正反转,进排气口相同,内泄漏单独引出。同时,为减少启动静摩擦力,提高启动转矩,常做成固定间隙结构,但也有间隙补偿结构 (2)特点 齿轮式气动马达与其他类型的气动马达相比,具有体积小、重量轻、结构简单、工艺性能好、对气源要求低、耐冲击惯性小等优点。但转矩脉动较大,效率较低,启动转矩较小和低速稳定性差,在要求不高的场合应用 如果采用直齿轮,则供给的压缩空气通过齿轮时不膨胀,因此效率低。当采用人字齿轮或斜齿轮时,压缩空气膨胀60%~70%,为提高效率,要使压缩空气在气动马达体内充分膨胀,气动马达的容积就要大 小型气动马达能达到10000r/min左右,大型气马达能达到1000r/min左右。功率能达到几十千瓦。断流率小的气动马达的空气消耗量每千瓦为40~45m³/min 直齿轮气动马达大都可以正反转动,采用人字齿轮的气动马达则不能反转

3.2 气动马达的特点

表 21-4-36

特 点	说 明
可以无级调速	只要控制进气阀或排气阀的开闭程序，控制压缩空气流量，就能调节气动马达的输出功率和转速
可实现瞬时换向	操纵气阀改变进排气方向，即能实现气动马达输出轴的正反转，且可瞬时换向，几乎可瞬时升到全速，如叶片式气动马达可在1.5转的时间内升到全速；活塞式气动马达可以在不到1s的时间内升至全速。这是气动马达的突出优点。由于气动马达的转动部分的惯性矩只相当于同功率输出电机的几十分之一，且空气本身重量轻、惯性小，因此，即使回转中负载急剧增加，也不会对各部分产生太大的作用力，能安全地停下来。在正反转换向时，冲击也很小
工作安全	在易燃、高温、振动、潮湿、粉尘等不利条件下均能正常工作
有过载保护作用	不会因过载而发生故障。过载时气动马达只会降低转速或停车，当过载解除后即能重新正常运转，并不产生故障
具有较高的启动转矩	可带负载启动，启动、停止迅速
功率范围及转速范围较宽	功率小到几百瓦，大到几万瓦；转速可以从0~25000r/min或更高
长时间满载连续运转，温升较小	
操纵方便、维修简便	一般使用0.4~0.8MPa的低压空气，所以使用输气管要求较低，价格低廉

3.3 气动马达的选择与使用

表 21-4-37

<table>
<tr><td>选择</td><td colspan="2">选择气动马达的根本依据是负载情况。在变负载场合主要考虑的因素是转速的范围，以及满足工作情况所需的力矩。对于均衡负载情况下，工作速度是最主要的因素
叶片式气动马达经常使用于变速、小转矩的场合，而活塞式气动马达常用于低速、大转矩的场合，它在低速运转时，具有较好的速度控制及较少的空气消耗量
最终选择哪一种气动马达，需根据负载特性与气动马达特性的匹配情况来确定。在实际应用中，齿轮式气动马达应用较少，主要是用叶片式和活塞式气动马达</td></tr>
<tr><td rowspan="10">性能比较</td><td colspan="2">下表是叶片式与活塞式气动马达的性能比较，供选用气动马达时参考</td></tr>
<tr><td>叶 片 式</td><td>活 塞 式</td></tr>
<tr><td>转速高，可达3000~25000r/min</td><td>转速比叶片式低</td></tr>
<tr><td>单位质量所产生的功率大</td><td>单位质量所产生的功率小</td></tr>
<tr><td>在相同功率条件下，叶片式比活塞式重量轻</td><td>重量较大</td></tr>
<tr><td>启动转矩比活塞式小</td><td>启动低速性能好，能在低速及其他任何速度下拖动负载，尤其适合要求低速与启动转矩大的场合</td></tr>
<tr><td>在低速工作时，耗气量比活塞式大</td><td>低速工作时，能较好地控制速度，耗气量较小</td></tr>
<tr><td>无配气机构和曲柄机构，结构简单，外形尺寸小</td><td>有配气机构和曲柄机构，结构复杂，制造工艺较困难，外形尺寸大</td></tr>
<tr><td>由于无曲柄连杆机构，旋转部分能均衡运转，因而工作比较稳定</td><td>旋转部分均衡运转比叶片式差，但工作稳定性能满足使用要求，并能安全工作</td></tr>
<tr><td>检修维护要求比活塞式要高</td><td>检修维护要求较低</td></tr>
</table>

续表

使用	从气动马达的特性可见,气动马达的工作适用性能很强,可应用于要求安全、无级变速、启动频繁,经常换向、高温、潮湿、易燃、易爆、负载启动、不便人工操纵及有过载的场合 当要求多种速度运转,瞬时启动和制动,或可能经常发生失速和过负荷的情况时,采用气动马达要比别的类似设备价格便宜,维护简便
润滑	润滑是气动马达正常工作不可缺少的一环,气动马达得到正常良好的润滑后,可在两次检修期间至少实际运转 2500~3000r/min。一般进入气动马达的压缩空气中含油量为 80~100 滴/min,润滑油为 20 或 30 号机油 润滑方式是在气动马达操纵阀前安装油雾器,并按期补油,以便雾状油混入压缩空气后再进入气动马达中,从而得到不间断的良好润滑

4 摆动气动马达(摆动气缸)

4.1 叶片式摆动气缸

表 21-4-38

概述		叶片式摆动气缸使活塞杆做旋转摆动运动,与单齿轮齿条摆动气缸相比,它的工作转矩大,旋转摆动角度最大为 270°(见图 a),与棘轮装置配用可制成气分度工作台 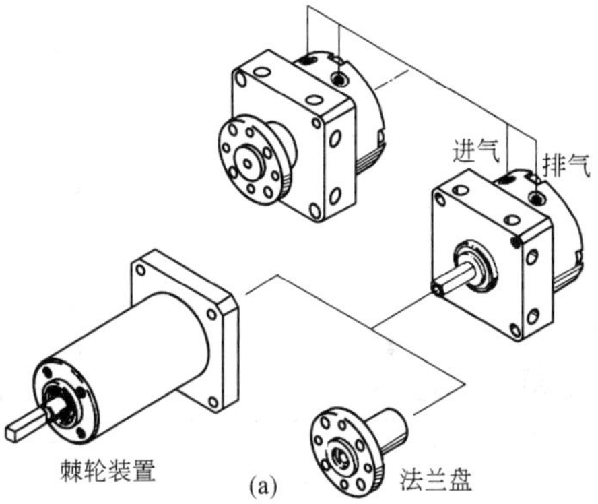 (a)
工作原理	原理图	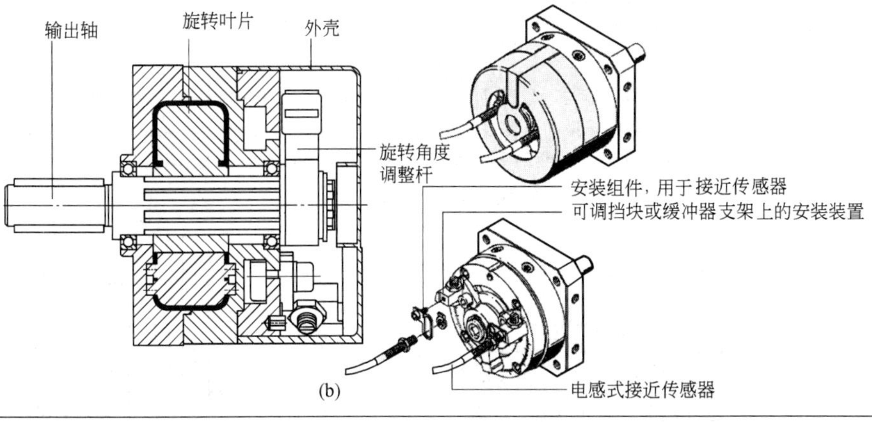 (b)
	说明	叶片式摆动气缸工作原理如图 b 所示,旋转叶片、输出轴及旋转角度调整杆三者固定在一起,当外部压缩空气推动旋转叶片时,则使输出轴及旋转角度调整杆一起旋转摆动。旋转摆动角度是靠调整外部的可调挡块(止动挡块),在叶片式摆动气缸后壳体离轴中心半径方向有一圈沟槽,可调挡块(止动挡块)通过螺钉被固定在沟槽上,如要改变旋转摆动的角度,则在沟槽内调整可调挡块(止动挡块)位置便可。有一定厚度的叶片只能做小于 360°的旋转摆动,由于两个可调挡块的物理尺寸的缘故,因此叶片式摆动气缸的最大旋转摆动可设定在 270°。叶片式摆动气缸的缓冲是靠外部的液压缓冲器来实现,它的位置检测也是通过安装在外部的电感式接近传感器来获取

续表

	叶片式摆动气缸目前还无 ISO 国际标准(指安装界面、外形尺寸),因此各国气动厂商根据自己的设计的结构,如叶片活塞的臂长,会产生不同的力矩,也会有不同的转动惯量和速度特性等						
技术参数	活塞直径 ϕ/mm		12	16	25	32	40
	气接口		M5			G⅛	
	结构特点		叶片驱动的摆动气缸				
	工作介质		过滤压缩空气,润滑或未润滑				
	缓冲形式		任意一端具有不可调缓冲;一端自调节缓冲器;双滚自调节缓冲器				
	最大摆角/(°)	不带缓冲器	270	270	270	270	270
		带缓冲器(CR/CL)	254	254	258	258	255
		带两个缓冲器(CC)	238	238	246	246	240
	最大许用频率(最大摆角情况)/Hz	不带缓冲器	2				
		带缓冲器	1.5	1		0.7	
	外部挡块限制摆动角度的条件	最小许用止动半径/mm	15	17	21	28	40
		最大许用冲击力/N	90	160	320	480	650
	缓冲角度/(°)	不带缓冲器	1.8~2.1	1.3~2.1	1.1~1.9	0.9~1.7	1.4~2.1
		带缓冲器	13	12	10	12.5	15
	摆角可调/(°)		按产品样本				
	在最大摆角,压力为6bar时的耗气量(理论值)/cm^3		82	163	288	632	1168
	工作压力/bar		2~10		1.5~10		
	温度范围/℃		-10~60				
	力和力矩						
	6bar时的力矩/N·m		1.25	2.5	5	10	20
	最大许用轴上径向负载/N		45	75	120	200	350
	最大许用轴上轴向负载/N		18	30	50	75	120
	最大许用轴上转动惯量/$kg \cdot m^2$	不带缓冲器	0.35×10^{-4}	0.7×10^{-4}	1.1×10^{-4}	1.1×10^{-4}	2.4×10^{-4}
		带缓冲器	7×10^{-4}	12×10^{-4}	16×10^{-4}	21×10^{-4}	40×10^{-4}

缓冲角度与旋转摆动时间的关系

上表中提到的缓冲角度(带缓冲器与不带缓冲器)一栏,其本质表现在缓冲距离,缓冲角度越大则说明缓冲距离也越长。对于无液压缓冲器制动形式,当旋转摆动速度很高时(摆动时间越小时),其终点动能越大,会对输出轴/旋转角度调整杆造成损毁。从图c可看到采用固定挡块曲线的图内,如摆动时间在10ms时允许的摆动角度为0.6°~0.7°,而采用内置液压缓冲器曲线的图表内摆动时间在10ms时允许摆动角度为4.2°

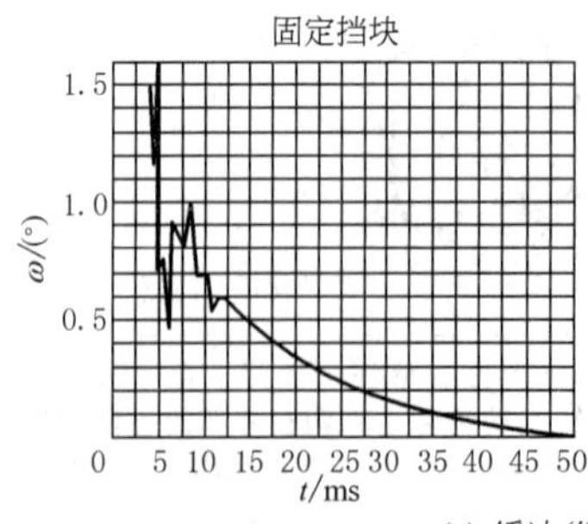

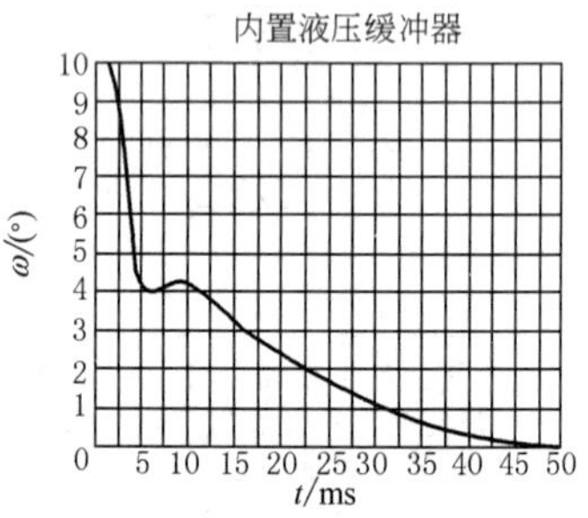

(c) 缓冲(缓冲角度ω和摆动时间t的关系)

续表

叶片式摆动气缸做旋转摆动时旋转输出轴便产生转动惯量(见力和力矩表),表中描述某气动生产厂商的叶片式摆动气缸的输出轴允许最大的转动惯量,输出轴运动至终点时,有液压缓冲器结构比无液压缓冲器结构缓冲承受的惯量要大得多,而旋转摆动时间越短,能承受的转动惯量越小(见图 d),如叶片式摆动气缸旋转输出轴承能承受转动惯量不够大时,意味着需加装单向节流阀,调慢旋转速度,把转动惯量降下来

转动惯量与摆动时间的关系

不带缓冲器
DSM-12-270-P

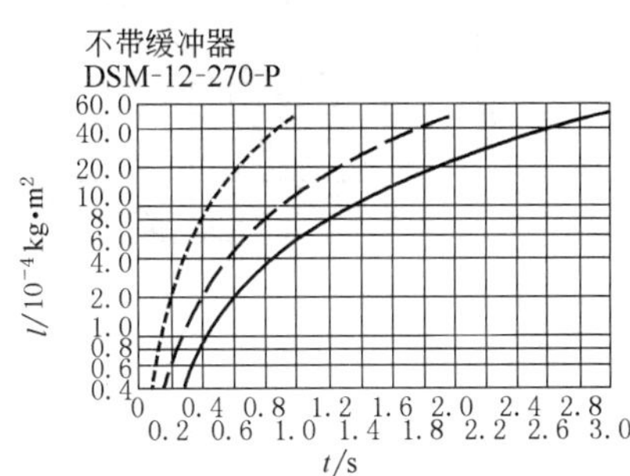

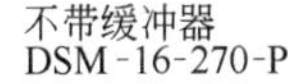

带缓冲器
DSM-12-270-P-CL/CR/CC
最大许用转动惯量 80×10^{-4} kg·m²
缓冲时间 缓冲器 YSR 5.5C 大约 0.1s

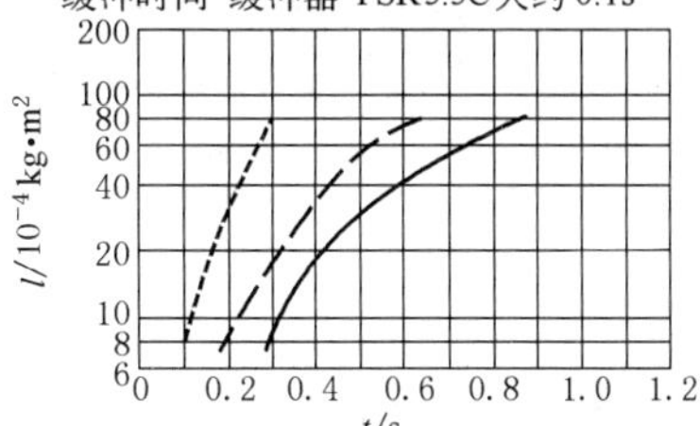

不带缓冲器
DSM-16-270-P

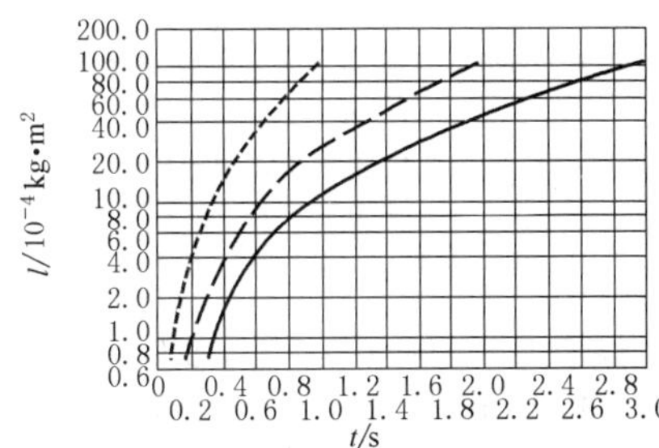

带缓冲器
DSM-16-270-P-CL/CR/CC
最大许用转动惯量：200×10^{-4} kg·m²
缓冲时间 缓冲器 YSR 7.5C 大约 0.1s

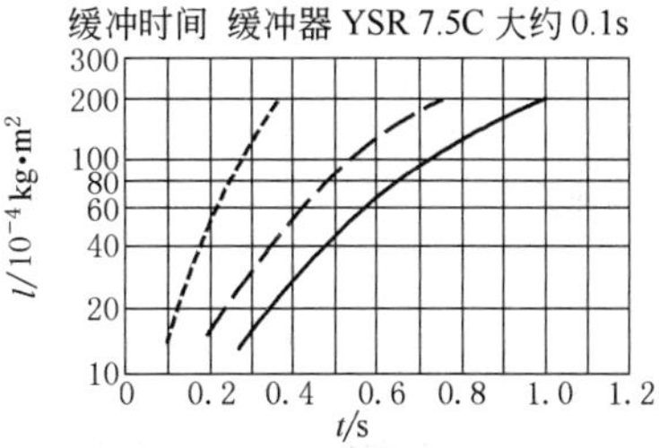

不带缓冲器
DSM-25-270-P

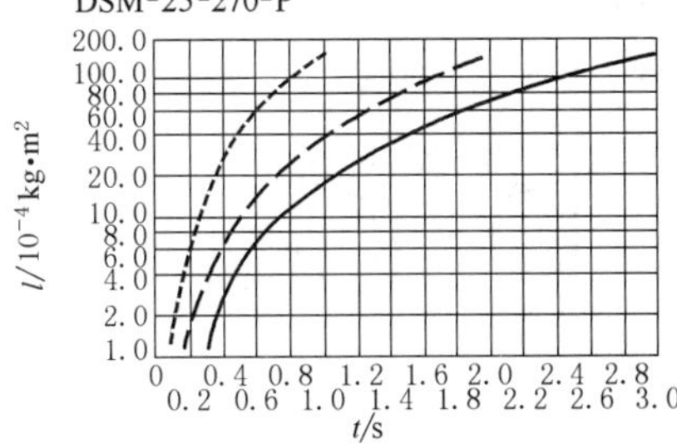

带缓冲器
DSM-25-270-P-CL/CR/CC
最大许用转动惯量：280×10^{-4} kg·m²
缓冲时间 缓冲器 YSR 7.5C 大约 0.1s

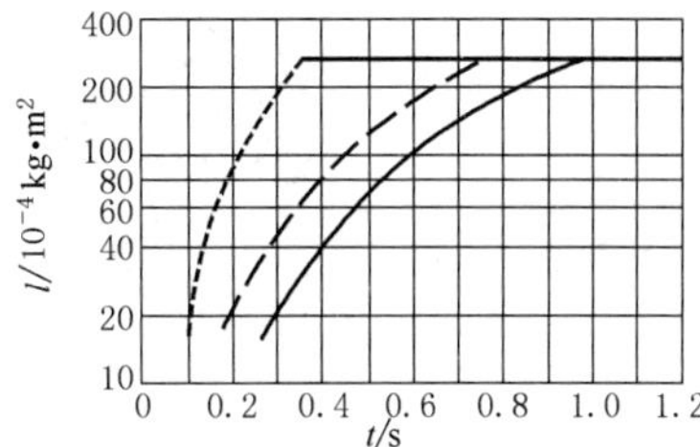

不带缓冲器
DSM-32-270-P

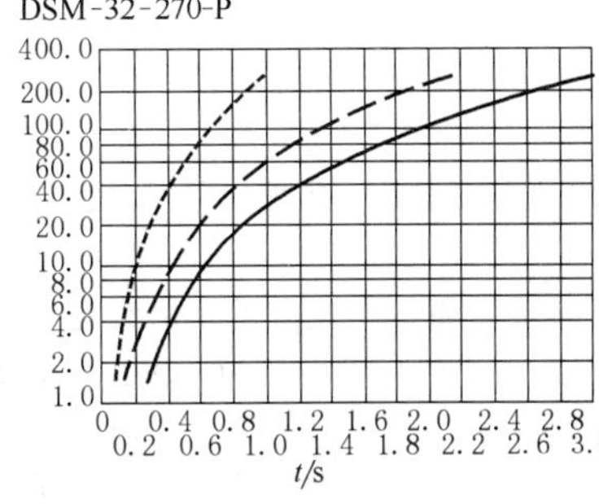

带缓冲器
DSM-32-270-P-CL/CR/CC
最大许用转动惯量：300×10^{-4} kg·m²
缓冲时间 缓冲器 YSR 8.8C 大约 0.25s

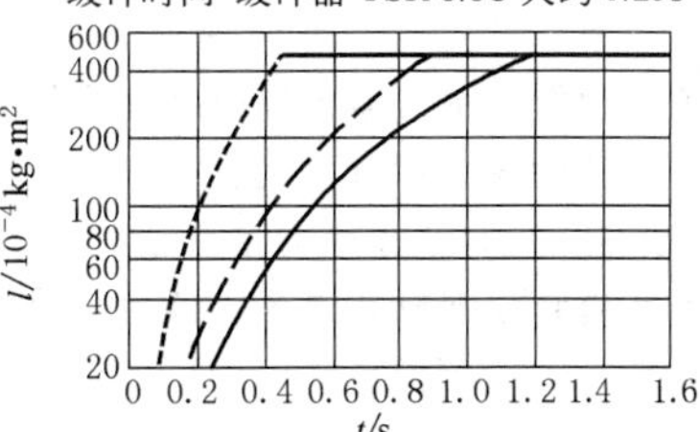

续表

 转动惯量与摆动时间的关系	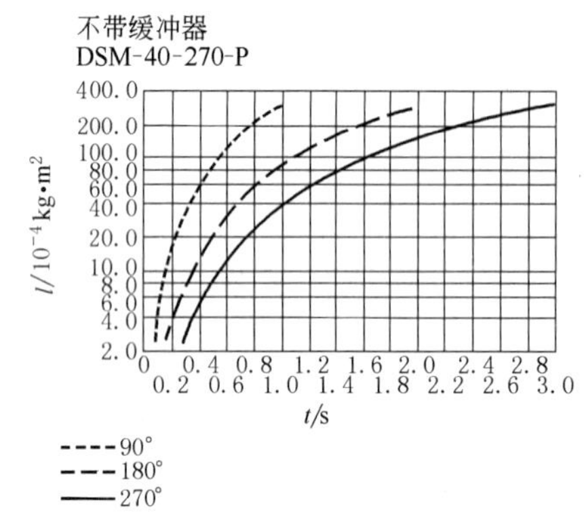 带缓冲器 DSM-40-270-P-CL/CR/CC 最大许用转动惯量：1200×10^{-4} kg·m² 缓冲时间 缓冲器 YSR 12.12C 大约 0.3s $I/10^{-4}$ kg·m² t/s (d) 注：DSM 为某德国气动厂商叶片式摆动气缸的型号 YSR 为某德国气动厂商液压缓冲器的型号
例题	一个 DSM-25-270-P 的叶片式摆动气缸在旋转的时候，0.4s 内旋转 180°，气爪和负载的转动惯量为 4.5×10^{-4} kg · m²，问是否需要使用单向节流阀或带液压缓冲器 **解**：从图 d 中查 DSM-25-270-P 的图表，许用转动惯量为 6.5×10^{-4} kg · m²，因此叶片式摆动气缸可不用单向节流阀，也不需要液压缓冲器
叶片式摆动气缸作旋转分度	鉴于叶片式摆动气缸能产生大的转矩，它的旋转角度可任意设置调整（不带缓冲的调节角度可从 -5°~1°），因此，它具备分度的条件，叶片式摆动气缸与棘轮装置（见图 e）组合在一起便可作为专用的工作台分度，该分度装置的最小分度角度为 3°，它的分度精度取决于摆动速度和负载。叶片式摆动气缸作旋转分度在自动流水线上应用广泛 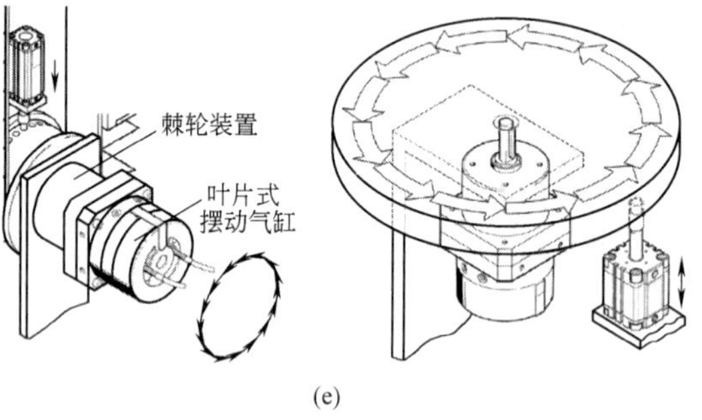 (e)

4.2 齿轮齿条式摆动气缸

齿轮齿条摆动气缸是气动系统中一种执行元件，它的动作方式为：压缩空气推动活塞，活塞带动齿条做直线运动，齿条带动齿轮（即气缸的输出轴或输出孔）做（一定角度范围内）回转运动。

在 JB/T 7373—2008《齿轮齿条摆动气缸》中规定了齿轮齿条摆动气缸的术语和定义、图形符号、技术要求、试验方法、检验规则及其商务文件中应包含的信息，适用于以压缩空气为介质，气动系统中使用的齿轮齿条摆动气缸。

注：在 JB/T 7373—2008 中给出的术语“齿轮齿条摆动气缸”的定义为“利用齿条带动齿轮，将活塞输出的往复直线运动转换为往复回转运动的特种气缸。”

表 21-4-39

工作原理和结构

图 1 所示为齿轮齿条式摆动气缸的工作原理和结构。这是通过连接在活塞上的齿条使齿轮回转的结构。活塞仅做直线运动,因此摩擦损失小。齿轮的效率虽然较高,但由于齿轮对齿条的压力角不同,使其受侧压力。因此使效率受到影响。若制造质量好,可达到95%左右的效率

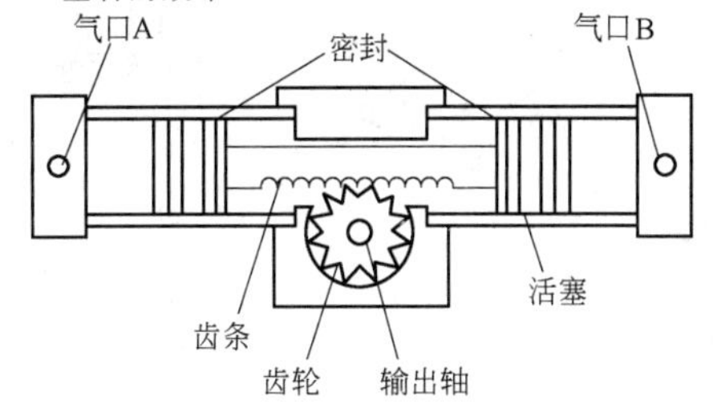

(a) 工作原理

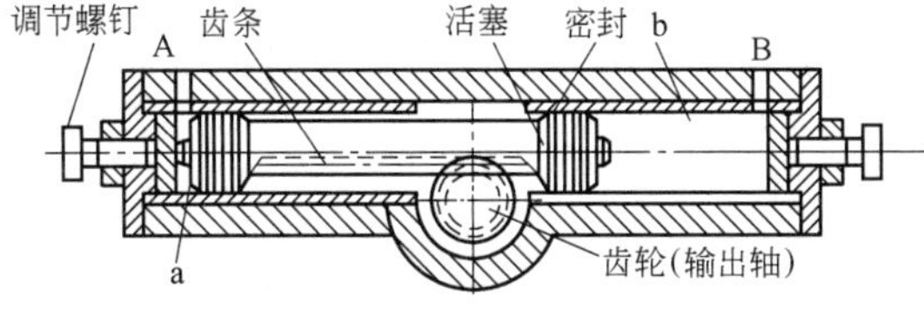

(b) 结构

图 1　齿轮齿条式摆动气缸工作原理和结构

其理论转矩按式(1)计算

$$T_t=\frac{\pi D^2 d}{8}p \qquad (1)$$

式中　T_t——理论转矩,N·m

D——缸体内径,m

d——齿轮的节圆直径,m

p——供气压力,Pa

性能参数

表 1　齿轮齿条式摆动气缸性能参数

厂商名称(型号)	FESTO (DRRD)	SMC (CRJ 系列)	AirTAC (HRQ 系列)	亿太诺(EMC) (EMQ 系列)
压力调节范围/MPa	0.2~1	0.15~0.7	0.1~1	0.1~1
最高耐压力/MPa	—	1.5	1.5	1.5
环境温度/℃	-10~60	0~60	0~60	0~60
摆动角度范围/(°)	0~180	90~180	0~190	0~190
摆动时间调整范围/s	—	0.1~0.5	—	0.2~1

注:还可参考参考文献[13]"第六节摆动气缸"。

5　气动肌肉

表 21-4-40

原理		
原理	结构图	
原理	说明	气动肌腱是一种拉伸驱动器,它模仿自然肌腱的运动。气动肌腱由一个收缩系统和合适的连接器组成。这个收缩系统由一段被高强度纤维包裹的密封橡胶管组成。纤维形成了一个三维的菱形网状结构。当内部有压力时,管道就径向扩张,轴向方向产生收缩,因此产生了拉伸力和肌腱纵向的收缩运动。拉伸力在收缩开始时最大,并与行程成线性比例关系减小。气动肌腱的收缩最大可达 25%,即它的工作行程就是气动肌腱额定长度的 25%

续表

连接结构	连接件示意图	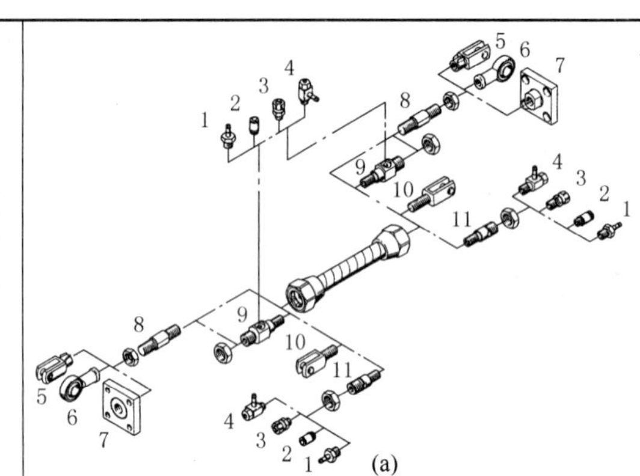 (a) 1—N 快插接头，用于连接具有标准内径的气管； 2—QS 快插接头，用于连接具有标准外径（符合 CEOOP RP SAP 标准）的气管； 3—CK 快拧接头，用于连接具有标准内径的气管； 4—GRLA 单向节流阀，用于调节速度； 5—SG 双耳环，允许气动肌腱在一个平面内转动安装； 6—SGS 关节轴承，带球面轴承； 7—KSG/KSZ 连接件，用于补偿径向偏差； 8—MXAD-T 螺纹销，用于连接驱动器附件； 9—MXAD-R 径向连接件，用于连接驱动器附件和径向供气口； 10—SGA 双耳环，带外螺纹，用于直接安装到气动肌腱上； 11—MXAD-A 轴向连接件，用于连接驱动器附件和轴向供气口
	说明	气动肌肉作为驱动器，与普通气缸一样，图 a 是其与各种连接辅件的示意图。通过径向连接件 9 可与螺纹销 8 连接，并通过螺纹销 8 可与双耳环 5、关节轴承 6、连接件 7 和外部运动部件形成柔性驱动结构。气动肌肉的进/排气口，可采用快插接头 1、2，或快拧接头 3，或单向节流阀 4 与径向连接件 9 连接，并将压缩空气输进气动肌肉腔内。进/排气气口可采用单端进/出方式，也可采用两端进/出方式

气动肌肉的技术参数与特性

主要技术参数

规格	10	20	40
气接口	件 9 连接件 MXAD……，其他见上面说明		
工作介质	过滤压缩空气，润滑或未润滑（其他介质根据要求而定）		
结构特点	高强度纤维收缩隔膜		
工作方式	单作用，拉		
内径/mm	10	20	40
额定长度/mm	40～9000	60～9000	120～9000
最大附加负载，自由悬挂/kg	30	80	250
可从地面提起的最大附加负载，开始位置并未受到预拉伸/kg	68	160	570
最大许用收缩（行程）/mm	额定长度的 20%		额定长度的 25%
室温下的放松长度/mm	气管长度的 3%		
重复精度/mm	小于等于额定长度的 1%		
最大许用预拉伸①/mm	额定长度的 3%		
最大收缩时的直径扩张量②/mm	23	40	75
迟滞，不带/带负载	小于等于额定长度的 5%/2.5%	小于等于额定长度的 4%/2%	
最大角度误差	±1°，两个固定接口的轴之间		
最大平行度误差	两接口之间每 100mm 长度的误差是 2mm		
不带附加负载时的速度（6bar 时）/$m \cdot s^{-1}$	0.001～1.5	0.001～2	
安装型式	带附件		
安装位置	任意（如果出现径向力则需要外部导向装置）		
工作压力/bar	0～8	0～6	
环境温度/℃	5～60		
耐腐蚀等级 CRC③	2		
理论值/N	650	1600	5700
达到预拉伸时要求的力/N	300	800	2500
力的补偿/N	400	1200	4000

①当附加有效的最大许用自由悬挂负载时，也相应得到了最大拉伸

②直径上的扩张绝不能用于夹紧

③耐腐蚀等级 2，符合 Festo 960070 标准

元件必须具备一定的耐腐蚀能力，外部可视元件具备基本的涂层表面，直接与工业环境或与冷却液、润滑剂等介质接触

特性

气动肌肉产生的收缩力（拉伸力）很大，是同径气缸的 10 倍。与普通气缸不同的是，气动肌肉在开始受到压缩空气作用后产生的收缩力（拉伸力）很大，收缩行程越大收缩产生的作用力越小（见图 g 作用力/收缩位移），不像普通气缸产生的力与行程无关（理论上），见图 b。另外一个特性是气动肌肉产生的收缩力与供气压有关，供气压力越高收缩行程也越长，这一特性可使气动肌肉用作简单的定位用途。气动肌肉内部无机械零部件，运动平滑，无爬行、无颤抖现象，它的收缩行程改变与供气压力见图 c。气动肌肉重量轻，所占空间很小，具高动态特性，频率高达 100Hz。由于它无活塞杆裸露在外，可在肮脏环境下运转。它与普通类气缸相比，在低速 0.001mm/s、加速度 100m/s^2 下具有很大优势。无论在夹紧、高加速、振荡、定位、运动无爬行等应用领域越来越能发挥其优越特性。对于频率大于 2Hz 的气动系统，采取的措施是两端供气、一端装快排阀，如图 d 所示。对于频率大于 10Hz 的系统配置，可采用二位三通高速换向阀。二位三通高速换向阀的进气口处配置储气罐，储气罐与阀尽可能接近，阀与气动肌肉的安装也尽可能接近，接头和管路的尺寸尽可能大些。尽可能采用轴向供气的方式，如图 e 所示。对于需做简单定位的气动系统，可在二位三通供气处与一个气动比例阀相连，控制/调节气动比例阀压力则可获得定位位置，如图 f 所示

续表

气动肌肉的技术参数与特性	特性	(b) (c) 气动肌腱压力行程及滞后关系 (d) (e) (f) 工作范围 MAS-10… 1— 0 bar; 2— 1 bar; 3— 2 bar; 4— 3 bar; 5— 4 bar; 6— 5 bar; 7— 6 bar; 8— 7 bar; 9— 8 bar; 10— MAS-10-K的力的补偿; 11— 最大工作压力; 12— 最大变形量; 13— 最大预拉伸力 工作范围 MAS-20… 1— 0 bar; 2— 1 bar; 3— 2 bar; 4— 3 bar; 5— 4 bar; 6— 5 bar; 7— 6 bar; 10— MAS-20-K的力的补偿; 11— 最大工作压力; 12— 最大变形量; 13— 最大预拉伸力 工作范围 MAS-40… 1— 0 bar; 2— 1 bar; 3— 2 bar; 4— 3 bar; 5— 4 bar; 6— 5 bar; 7— 6 bar; 10— MAS-40-K的力的补偿; 11— 最大工作压力; 12— 最大变形量; 13— 最大预拉伸力 (g) 作用力/收缩位移图

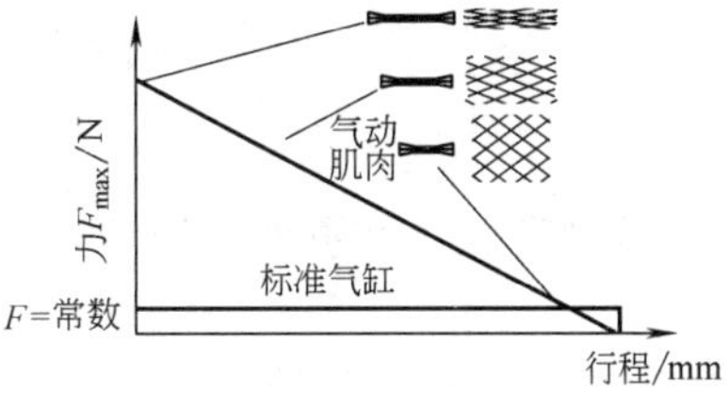

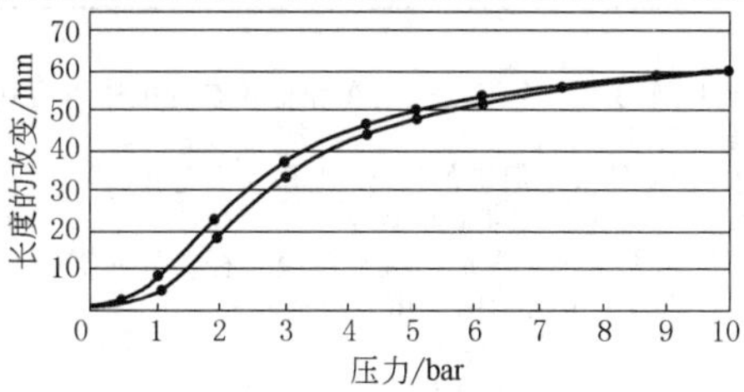

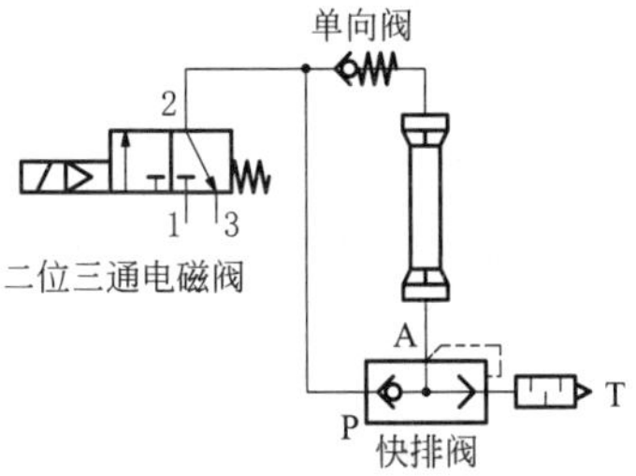

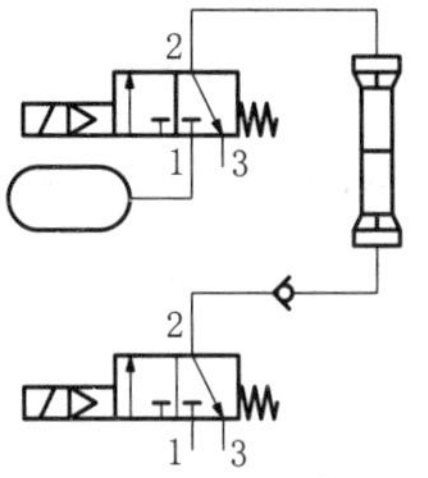

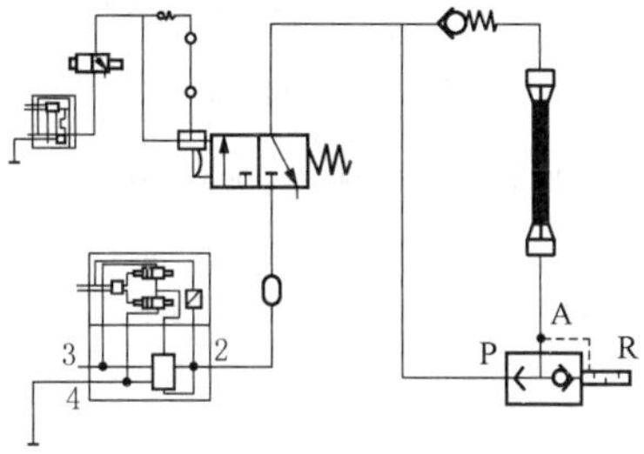

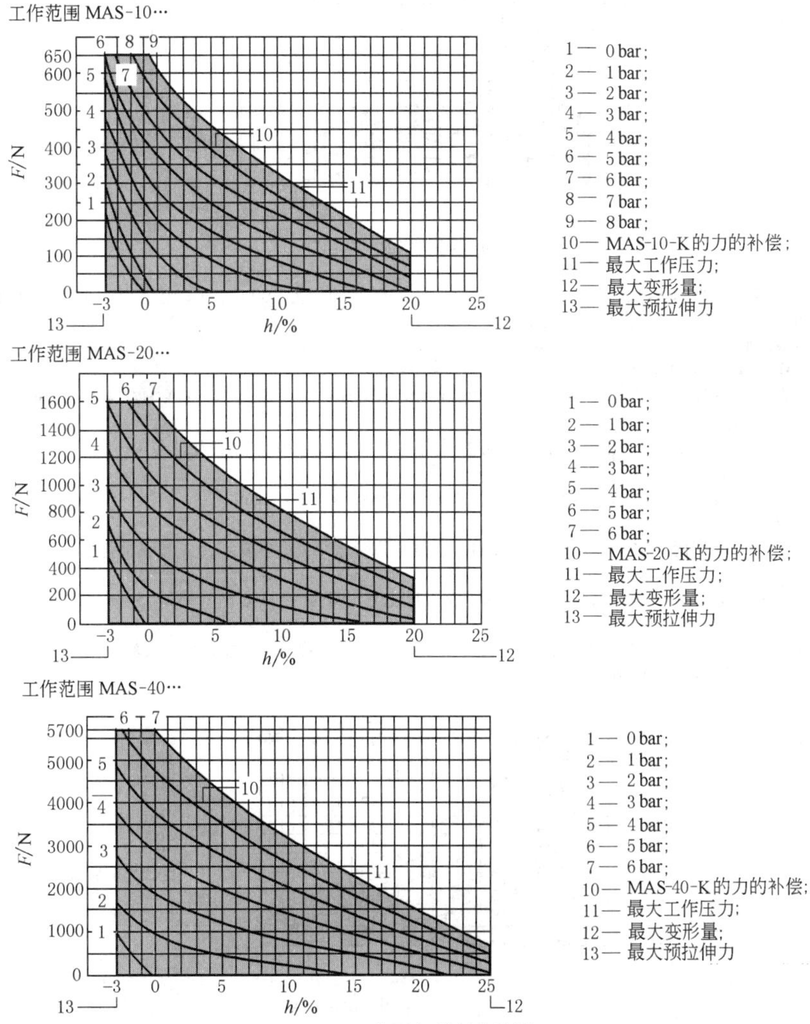

计算举例

例1 已知:一个气动肌肉在静止状态时拉伸力为0N,气动肌腱把一个80kg的恒定负载从支撑面提升到100mm处。工作压力为6bar

求:合适的气动肌腱的尺寸(直径和额定长度)

解:(1)确定所需肌腱的规格

根据拉力来确定合适的气动肌腱直径。如所需提起80kg的负载,即拉伸力为800N,根据图g中的拉力,就可选择MAS-20-…,即为图h所示的作用力/位移表

(2)标出负载作用点1

在MAS-20-…的作用力/位移图表上标出负载作用点1,当拉伸力 $F=0$N时,压力 $p=0$bar

(3)标出负载作用点2

在作用力/位移图表上标出负载用点2,作用力 $F=800$N,压力 $p=6$bar

(4)读取长度变化

读取 X 轴上两负载作用点之间肌腱的长度变化(收缩量以%表示)。结果:10.7%的收缩量

(5)计算额定长度

如果行程为100mm,肌腱的额定长度就是把该行程除以上述收缩量的百分比。结果:100mm/10.7%=935mm

(6)结论

应订购额定长度为953mm的气动肌腱。在无外力作用下,为了将80kg的负载提升到100mm,则需要气动肌腱MAS-20-N935-AA-…(N表示气动肌腱的额定长度,未包括安装所需长度,气动肌腱被剪下长度大于额定长度。AA表示标准材料为氯丁二烯)

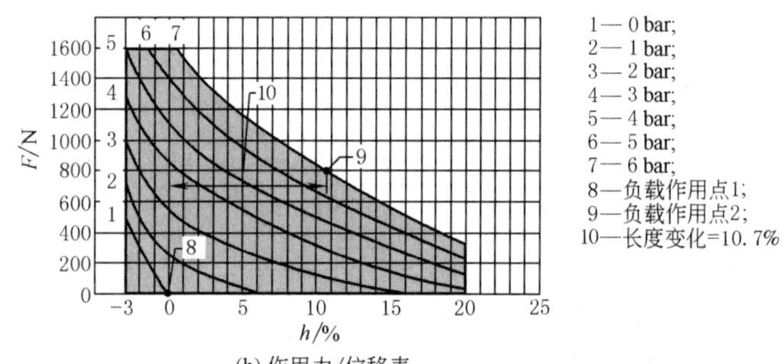

(h)作用力/位移表

例2 已知:需气动肌肉作张力弹簧功能,当被拉伸状态时它的力为2000N,收缩状态时它的力为1000N,所需行程(弹簧长度)为50mm,气动肌肉的工作压力为2bar

求:合适的气动肌腱的尺寸(直径和额定长度)

解:(1)确定所需肌腱的规格

确定最合适的气动肌腱直径。如所需的力为2000N,根据图g中的拉力,就可选择MAS-40-…,即为图i作用力/位移表

(2)标出负载作用点1

在MAS-40-…的作用力/位移图表上标出负载作用点1,作用力 $F=2000$N,压力 $p=2$bar

(3)标出负载作用点2

在作用力/位移图表上标出负载作用点2,作用力 $F=1000$N,压力 $p=2$bar

(4)读取长度变化

读取 X 轴上两负载作用点之间肌腱的长度变化(收缩量以%表示)。结果:7.5%的收缩量

(5)计算额定长度

如果行程为50mm,肌腱的额定长度就是把该行程除以上述收缩量的百分比。结果:50mm/7.5%=667mm

(6)结论

应订购额定长度为667mm的气动肌腱。当把气动肌腱作为张力弹簧时,如果力的大小为2000N,弹簧的行程是50mm,那么所需的气动肌腱是MAS-40-N667-AA-…

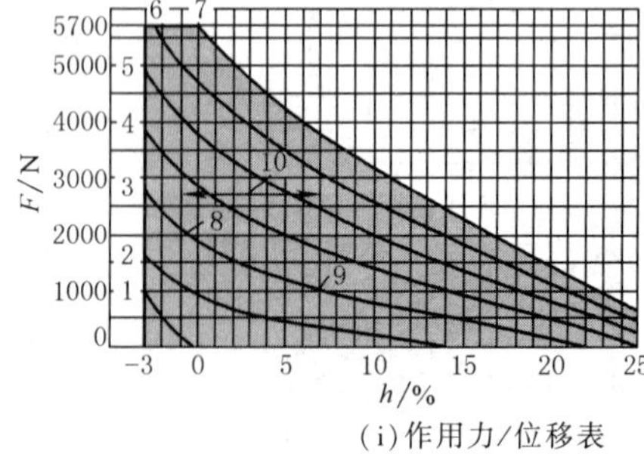

(i)作用力/位移表

续表

<table>
<tr><td colspan="2">概述</td><td colspan="3">气动肌肉的初始力与加速度大，无摩擦，运动频率高，停止柔和，可应用在钻孔、切削、压榨、冲压、印刷等行业；气动肌肉的夹紧力大，重量轻，容易调整，也可应用在大负载机械手等行业；气动肌肉的动态性能非常好，动作频率高，维护方便，还可应用在送料带、排序、振动料斗器等行业；气动肌肉的运动平滑，低速运行无爬行，可控性好，可应用在张力控制、磨、抛光、焊接、定量给料设备、传送带纠偏等行业；气动肌肉的密封结构，耐恶劣环境，无泄漏，可应用在木材加工、铸造、采矿、建筑业（混凝土）、陶瓷等行业</td></tr>
<tr><td rowspan="6">应用举例</td><td rowspan="2">作用力大</td><td>用于纸板箱打孔的驱动器</td><td>用于标签冲孔的驱动器</td><td>用于切割塑料型材的飞刀的驱动器</td></tr>
<tr><td>气动肌腱动态性好，加速度大，运动频率高，动力强劲，能产生很好的打孔效果。使用偏心杆可进一步增强这些特性。通过两根机械弹簧实现耐磨系统的复位
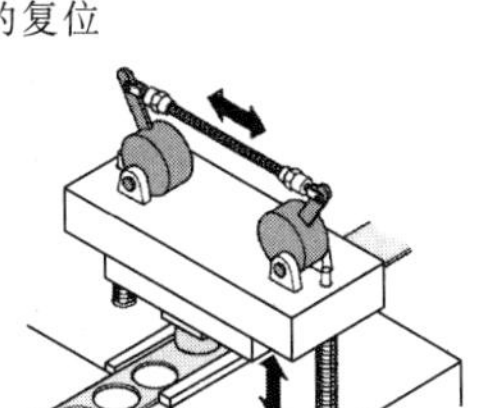</td><td>气动肌腱重量轻，且没有移动部件（如：活塞），因此具备很高的循环速率。这种简单的结构（使用两个弹簧和一个肌腱进行预拉伸）替代了使用气缸时要用到的复杂的滚轮杠杆夹紧系统。在可能的范围内将频率从 3Hz 提高到 5Hz。迄今为止已达到五千多万次工作循环
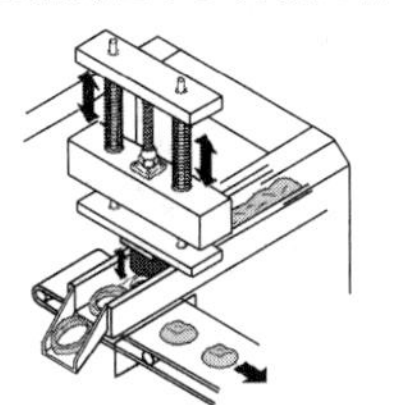</td><td>气动肌腱的各种性能在该应用中得到了理想的运用：行程开始时能立即迅速加速，确保有足够大的力分割塑料型材，同时柔和软停止可使飞刀平稳到达终端位置
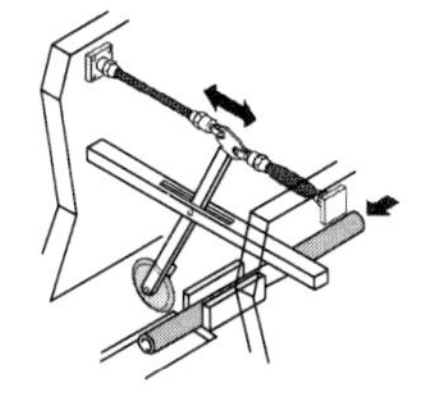</td></tr>
<tr><td rowspan="2">无爬行移动</td><td>用于卷绕设备的制动驱动装置</td><td>用于自动研磨机上计量分配器的驱动器</td><td>用于卷绕过程中的走带纠偏控制</td></tr>
<tr><td>无摩擦的肌腱可使卷轴匀速和缓地制动，以确保在恒定速度下进行高精度卷带。使用比例控制阀（它的信号由力传感器调节）进行控制
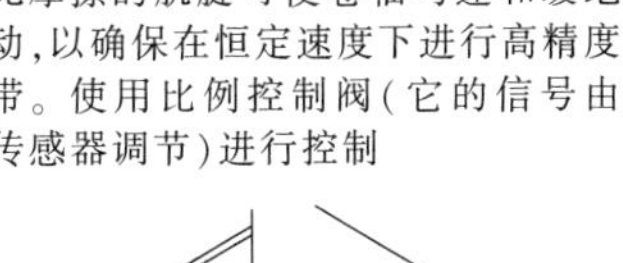</td><td>由一根弹簧进行预拉伸的肌腱可无跳动且匀速地打开和关闭计量阀。这确保了研磨材料的正确计量。使用比例控制阀进行控制，它可以根据研磨机的皮带速度调节颗粒数量
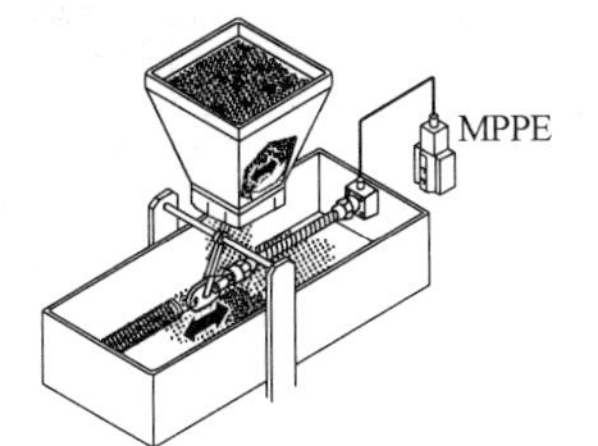</td><td>目的：匀速卷起纸、金属薄片或纺织品
要求：无摩擦驱动器，具有快速响应特性
解决方法：气动肌腱。传感器一检测到边缘不对齐就用 2 个气动肌腱替代活动标架上的转轴。这意味着走带边缘是 100% 对齐的
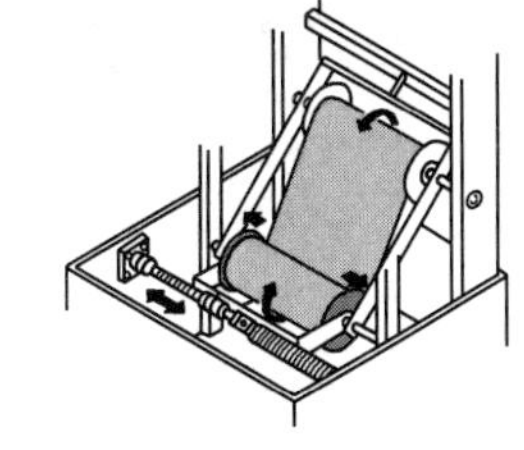</td></tr>
<tr><td rowspan="2">简单的定位系统</td><td>简单的提升设备，用于处理混凝土板和车轮毂</td><td>用于自动洗衣机送料单元的驱动器</td><td>用于提升设备</td></tr>
<tr><td>只需调节压力即可实现中间位置。通过手柄式阀为气动肌腱加压或泄压，使工件按要求提升或者下降。气动肌腱长度可长达 9m，适用于各种应用场合
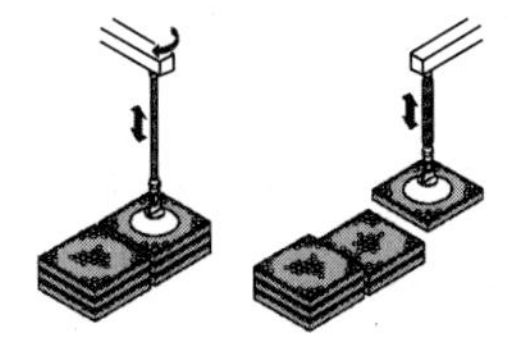</td><td>气动肌腱可以进行旋转动作。就像人体一样，屈肌和伸肌驱动齿轮，该齿轮可以将送料单元旋转 120°。通过调节压力，比例方向控制阀可实现中间位置定位
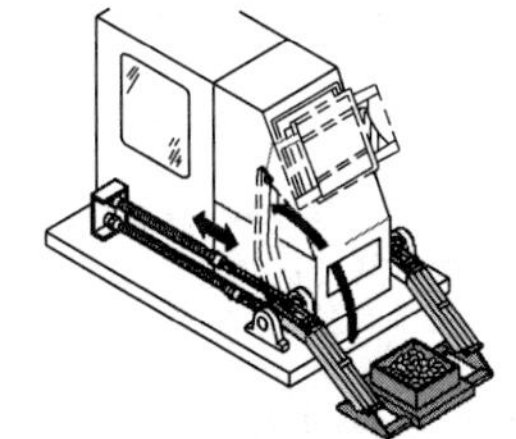</td><td>只需若干个滑轮及若干根气动肌肉便可提升重物，控制气动肌肉的供给压力便可控制提升所需高度
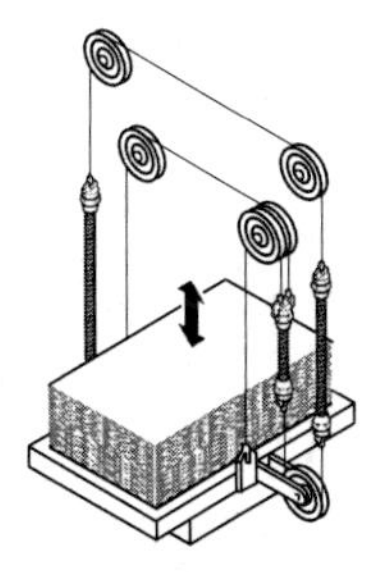</td></tr>
</table>

续表

项目	类别			
应用举例	比例定位控制	辊轴张力控制	进料闸门的控制	
		辊轴张力控制在纸张、薄膜、布料等行业是常见的控制方式之一，气动肌肉可根据压力变化形成位移变化，气动肌肉无爬行，动态频响高，可灵敏地反馈到辊轴间的位移 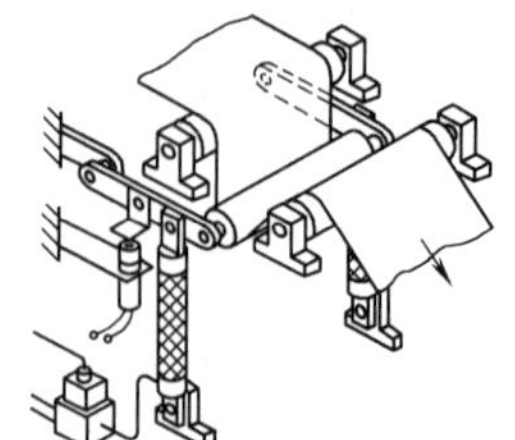	当料斗内装满原料时，料斗仓门的开启需很大的力，此时气动肌肉既要随时打开仓门，又要快速关小仓门（MPPE为Festo气动比例阀，可调节气动肌肉腔内压力，即调节料斗仓门开口度） 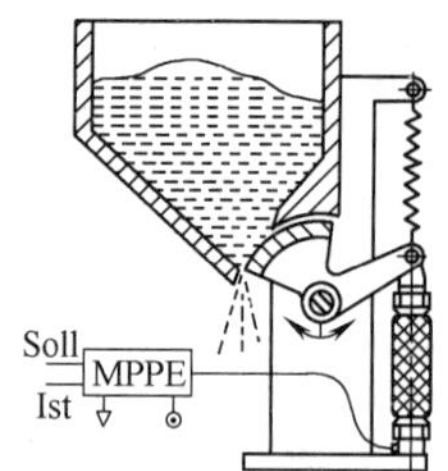 	
	恶劣的环境条件	棘爪的驱动装置	抛光机上应用	
		不受污垢影响的气动肌腱因其重量轻、关闭夹头时作用力大而成为棘爪的理想驱动装置。气动肌键完全封闭的系统适用于仓库环境，甚至在恶劣的条件下使用也不会影响其寿命 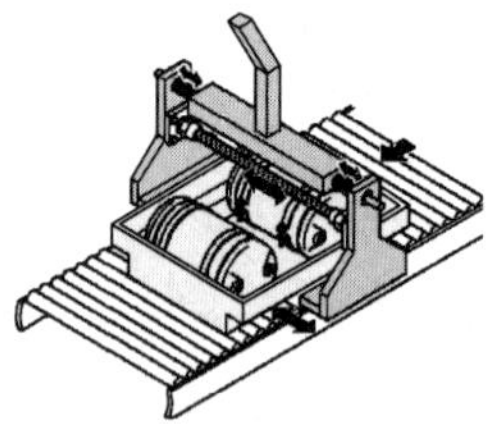	不受抛光后污物影响的气动肌腱。其作用力大，且易调节抛光压力，压紧抛光时无震颤，是抛光机的理想驱动装置 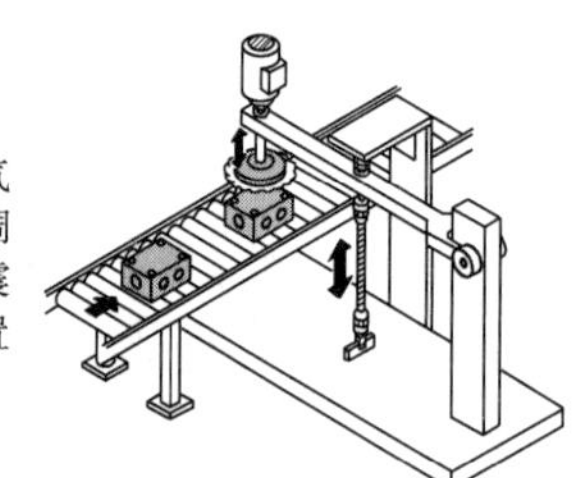	
	动态特性	用于分类/止动装置的驱动器	用于振动送料斗的驱动器	用于检测不合格产品
		气动肌腱速度快，加速性能好，是传输过程中实现分类和止动功能的理想驱动器。由于响应时间短，因此环速率大幅度提高 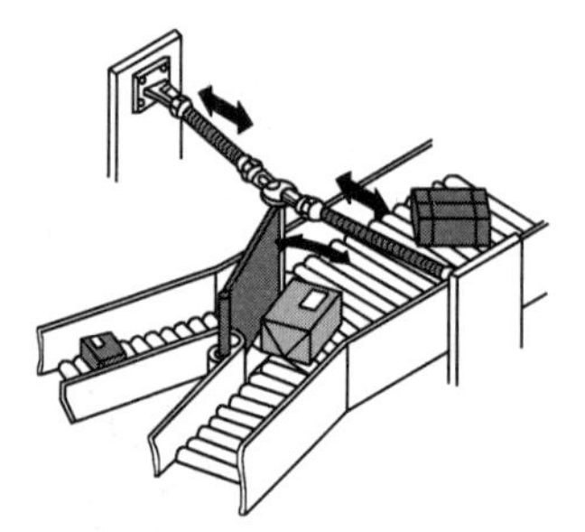	在送料过程中，送料斗和贮存仓容易发生堵塞问题。气动肌腱可方便地在10～90Hz之间无级调节一个气动振动器，这样就确保了持续传送 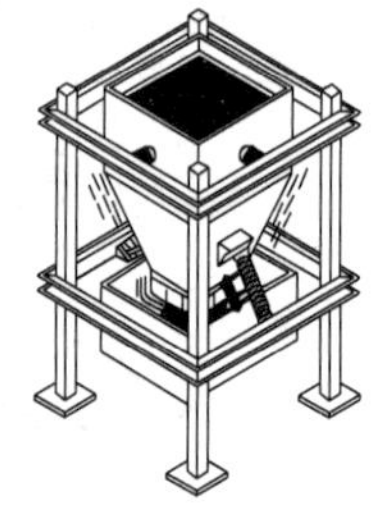	当生产流水线在高速输送时，传感器上检测到不合格产品需立即被分拣出，气动肌腱速度快，加速性能好，可较好适应流水线高速输送特性 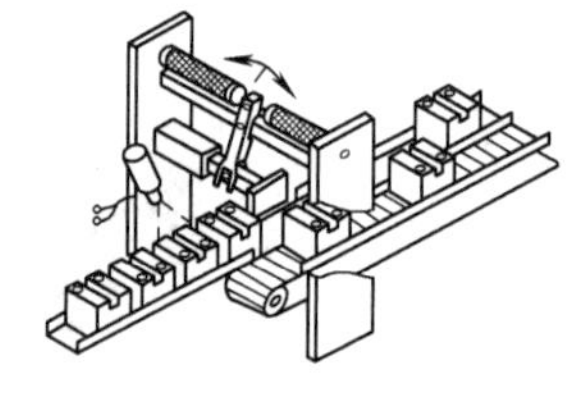
注意事项		①如气动肌肉长时间内部充压，且位置不变，会因此变松弛，作用力会减弱。或虽内部无施压，也不能长时间承担一个静态的负载（譬如超过500h），否则气动肌肉比原来会有明显的松弛 ②气动肌肉最大收缩率不得超过25%，收缩率越大时，寿命越短且此时产生的拉伸力越小 ③气动肌肉使用寿命在10万～1000万次，收缩率越小寿命越长，压力越低寿命越长，负载越小寿命越长，温度在20～60℃时，寿命越长 ④大于60℃的情况下持续使用，会使橡胶过早老化，但短时间的使用是允许的（譬如十几秒）。当温度低于5℃的情况时，气动肌肉可动态应用，由于压缩空气在气动肌肉腔内运动会产生热量，但不能期望等待此运动的热量升到20℃，如果需要在低于20℃或高于60℃范围下应用，则要对橡胶的成分进行改变，其他特性（材料的耐久性）也会有所变化 ⑤影响频率的因素有：收缩行程、负载、压力、温度、阀、气源管路等。气动肌肉的最高频率可达100Hz，但收缩率在很小的情况可达10亿次。对于高频率气动肌肉通常采用高速阀，高速阀进口处装有储气筒，气动肌肉供气采用两端轴向进/排气方式，以利于其均匀受压力及保持气流通畅、冷却 ⑥气动肌肉受压径向膨胀，但不能用其径向作为夹紧使用。因为在收缩时，会与被夹物体之间产生磨损，导致气动肌肉的损坏 ⑦气动肌肉沿着滑轮绕过时，会发生弯曲变形，滑轮的直径应至少是气动肌腱内径的10倍 ⑧气动肌肉安装时应避免扭曲或受偏心负载，见图j	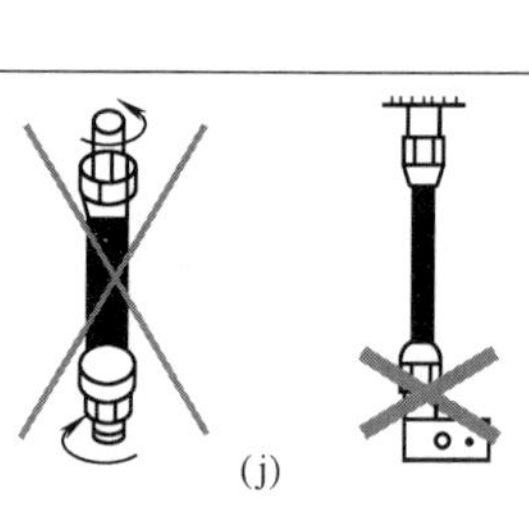 (j)	

6 真空吸盘

6.1 真空吸盘的分类及应用

表 21-4-41

<table>
<tr><td>分类</td><td>真空吸盘直径从 ϕ2~200mm，有数十种吸盘结构，常用的有六种，见图 a

标准圆形

加深圆形
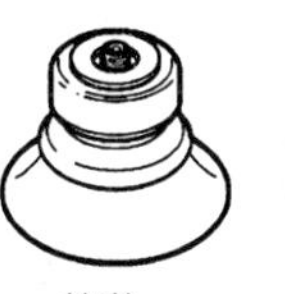
铃形
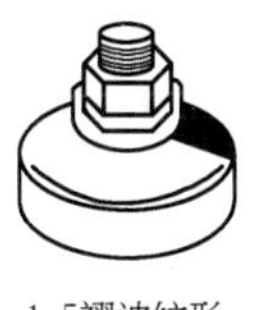
1.5褶波纹形

3.5褶波纹形
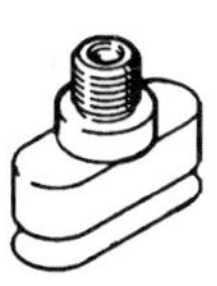
椭圆形
(a) 吸盘结构</td></tr>
<tr><td>应用</td><td>标准圆形吸盘能吸住表面光滑并且不透气的工件；波纹形吸盘适用于表面不平、弧形或倾斜的表面，如图 b 所示。根据不同的工件及应用场合，可选择不同材质的真空吸盘。材质有丁腈橡胶、聚氨酯、硅橡胶、氟橡胶、Vulkollan 等
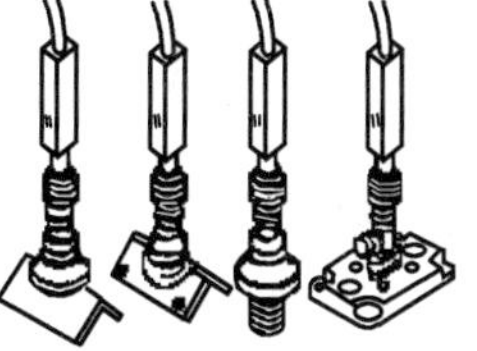
(b) 波纹形吸盘</td></tr>
</table>

6.2 真空吸盘的材质特性及工件材质对真空度的影响

工件的材质在真空的应用中起着决定性的作用。不透气的表面通常用 60%~80% 的真空度就能举起来。对于透气的材质而言，如果要达到某一真空度，则需要做进一步的计算，甚至要通过实验来决定。

表 21-4-42

材料特性	丁腈橡胶	聚氨酯	Vulkollan	硅橡胶	氟橡胶	丁腈橡胶（抗静电）
材料代码	N	U	T	S	F	NA
颜色	黑色	蓝色	蓝色	白色透明	灰色	黑色中带点白
应用领域	常规应用	粗糙表面	汽车行业	食品行业	玻璃行业	电子行业
极高压力	—	*	*	*	—	—
食品加工	—	—	—	*	—	—
带油工件	*	*	* * *	—	*	*
环境温度高	—	—	—	*	*	—
环境温度低	—	*	*	*	—	—
光滑表面(玻璃)	*	*	*	—	*	—
粗糙表面	—	*	* *	—	—	—
抗静电	—	—	—	—	—	*
留较少痕迹	—	*	*	*	—	—

续表

材料特性	丁腈橡胶	聚氨酯	Vulkollan	硅橡胶	氟橡胶	丁腈橡胶（抗静电）
耐受能力						
大气	*	* *	* *	* * *	* * *	* *
耐撕扯	* *	* * *	* * *	*	* *	* *
耐磨损/耐摩擦	* *	* * *	* * *	*	* *	* *
永久变形	* *	*	* *	* *	* * *	* *
矿物类液压油	* * *	* * *	* * *	—	* * *	—
合成酯类液压油	*	—	—	—	*	—
非极性溶剂(例如酒精)	* * *	* *	* *	—	* * *	—
极性溶剂(例如丙酮)	—	—	—	—	—	—
乙醇	* * *	—	—	* * *	*	—
异丙醇	* *	—	—	* * *	* * *	—
水	* * *	—	—	* *	* *	—
酸(10%)	—	—	—	*	* * *	—
碱(10%)	* *	*	*	* * *	* *	—
温度范围(长时间)/℃	-10~+70	-20~+60	-20~+60	-30~+180	-30~+200	-30~+70
肖氏硬度	50±5	60±5	60±5	50±5	60±5	50±5
特性	低成本	耐磨损	耐油污	可用于食品行业	耐化学腐蚀和耐温度	抗静电

注：* * *非常适合；* *比较适合；*基本适合；—不适合。

6.3 真空吸盘运动时力的分析及计算、举例

表 21-4-43

运动方式	原理	计算公式	说明
情况 1	真空气爪处于水平位置,动作方向为垂直方向(最佳的情况)	$F_H=m(g+a)S$	m—质量,kg g—重力加速度,m/s^2 a—加速度,m/s^2 μ—摩擦因数 S—安全系数
情况 2	真空气爪处于水平位置,动作方向为水平方向	$F_H=m\left(g+\frac{a}{\mu}\right)S$	
情况 3	真空气爪处于垂直位置,动作方向为垂直方向(最糟糕的情况)	$F_H=\frac{m}{\mu}(g+a)S$	

例1 工件的提起与放下必须是柔性、平稳运动时的举例。

已知一个平整、光滑的钢板（钢板上有油，刚从锻压机中产出），长200mm、宽100mm、厚2mm，需要做垂直提起（如情况1所示）；水平移动（如情况2所示）；90°旋转后垂直移动（如情况3所示）。最大的加速度为$5m/s^2$。提起的时间<0.5s，放下的时间为0.1s，整个循环时间为3.5s，安全系数$S=1.5$（吸盘垂直安装/工件垂直运动时，$S=2$）。要求两个吸盘无振动地搬运工件，工件的提起与放下必须是柔性的。选择最佳的吸盘规格。

解：步骤1　计算工件质量

$$m=LWH\rho$$

式中　m——质量，kg；

L——长度，cm；

W——宽度，cm；

H——高度，cm；

ρ——密度，g/cm^3。

$$m=20cm\times10cm\times0.2cm\times7.85g/cm^3=314g=0.314kg$$

步骤2　选择合适的真空吸盘

根据工件的表面粗糙度，选真空吸盘形状为标准型为最佳方案（见下表）

标准吸盘	用于表面平整或有轻微起伏的工件，如钢板或硬板纸	波纹型吸盘	用于：①倾斜表面，从5°～30°，具体视吸盘的直径而定；②表面起伏或球形表面以及具有较大面积的弹性工件；③容易破碎的工件，如玻璃瓶可作为一种经济有效的高度补偿装置
椭圆形吸盘	用于狭窄形或长条形工件，如型材或管道等	加深型吸盘	用于圆形或表面起伏较大的工件

根据工件表面的光滑程度，并且带油的状态及耐磨、耐撕扯，参照真空吸盘的材质特性表，选择聚氨酯材质的真空吸盘。

步骤3　计算保持力的大小

（1）当真空吸盘处于水平位置，工件为垂直运动时（如情况1所示）

$$F_H=m(g+a)S$$
$$=0.314kg\times(9.81m/s^2+5m/s^2)\times1.5=7N$$

（2）当真空吸盘处于水平位置，且工件也为水平运动时（如情况2所示）

$$F_H=m\left(g+\frac{a}{\mu}\right)S$$
$$=0.314kg\times\left(9.81m/s^2+\frac{5m/s^2}{0.1}\right)\times1.5=28N\text{（带油的表面}\mu=0.1\text{）}$$

（3）当真空吸盘处于垂直位置，工件为垂直运动时（如情况3所示）

$$F_H=\frac{m}{\mu}(g+a)S$$
$$=\frac{0.314kg}{0.1}\times(9.81m/s^2+5m/s^2)\times2=93N\text{（吸盘垂直安装/工件垂直运动时，}S=2\text{）}$$

在已知条件中说明两个气爪抓取，故每个气爪需大于93N/2=47N，查下表取直径为40mm真空吸盘。

标准圆形吸盘的主要技术参数

吸盘直径 φ/mm	吸盘接口 /mm	有效吸盘直径 φ/mm	在-0.7bar下的脱离力/N	吸盘容积 $/cm^3$	工件最小半径 R/mm	质量/g
20	M6×1	17.6	16.3	0.318	60	6
30	M6×1	18.4	40.8	0.867	110	9
40	M6×1	26.5	69.6	1.566	230	16
50	M6×1	33.3	105.8	2.387	330	22

例2 当工件加速运动至终点，固定缓冲或可调气缓冲对其影响的举例。

如例图1所示工件1kg，运动行程150mm，吸盘与工件的摩擦因数0.4，重力加速度$g\approx10\text{m/s}^2$，直径为55mm，吸盘的吸力为106N，当安全系数选用$S=2$时，分别计算：吸盘在垂直或水平抓取工件时，在弹性缓冲为0.4mm及可调气缓冲为17mm时，吸盘能否正常工作？

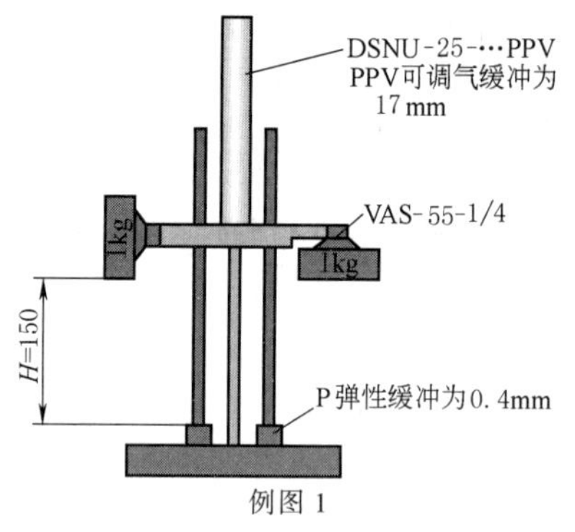

例图1

（1）对水平抓取工件运动的分析（见下表）

计算分两种情况：对弹性缓冲为0.4mm时的计算；对可调气缓冲为17mm时的计算。

① 对弹性缓冲为0.4mm时的计算

第一阶段 计算工件在缓冲前，即150mm（缓冲阶段0.4mm忽略不计）时的下落速度和时间t。

型式	运动分析
A	$v=0, F_{工件保持}=106\text{N}=F_{吸盘吸力}$
B	$v>0$，如果继续能吸住工件，$mg-ma=0, F_{R摩擦}=mg=ma, a=g, a>0$
C	$v>0, mg-F_{停止}+ma=0$，工件运动停止阶段（缓冲开始）。如果工件不脱落，吸盘有足够的摩擦力吸住工件，$F_{R摩擦}=ma=F_{停止}-mg<F_{吸盘吸力}$ $g=ma, a=g, a>0, F_{吸盘吸力}>mg-F_{停止}+ma=0, a=\dfrac{F_{停止}-mg}{m}$

$$H=\frac{1}{2}at^2,\ t=\sqrt{\frac{2H}{a}}=\sqrt{\frac{2H}{g}}=\sqrt{\frac{2\times0.15}{10}}=0.173\text{s}$$

$$v=at=gt=10\times0.173=1.73\text{m/s}$$

缓冲前工件的下落速度为1.73m/s，时间为0.173s。

第二阶段 计算工件在缓冲阶段即0.4mm时的时间及加速度

$$H_{缓冲}=\frac{1}{2}vt\,(H_{缓冲}=0.4\text{mm}),\ 速度\ v=1.73\text{m/s}$$

$$t=\frac{2H_{缓冲}}{v}=\frac{2\times0.4\times10^{-3}}{1.73}=0.0046\text{s}$$

$$v=at,\ a=\frac{v}{t}=\frac{1.73}{0.0046}=3741\text{m/s}^2$$

由已知条件得知$F_{吸盘吸力}=106\text{N}$，此时如果吸盘要继续吸住工件，必须大于真空吸盘理论上保持力$F_{停止}$。

$$F_{R摩擦}=ma=1\text{kg}\times3741\text{m/s}^2=3741\text{N}$$

$$F_{停止}=mg+ma=10+3741=3751\text{N}>106\text{N}(F_{吸盘吸力})$$

结论：不能使用P弹性缓冲。

② 对可调气缓冲为17mm时的计算

第一阶段 计算工件在缓冲前，即（150−17）mm时的下落速度和时间t

根据可调气缓冲，气缸可调气缓冲为17mm，所以此时$H_{缓冲}=(150-17)\text{mm}=133\text{mm}$。

根据前面公式
$$t=\sqrt{\frac{2H}{g}}=\sqrt{\frac{2\times0.133}{10}}=0.163\text{s}$$

$$v=gt=10\times 0.163=1.63\text{m/s}$$

缓冲前工件的下落速度为 1.63m/s，时间为 0.163s。

第二阶段　计算工件在缓冲阶段即 17mm 时的时间及加速度

$$H_{缓冲}=\frac{1}{2}vt\ (H_{缓冲}=17\text{mm}),\ 速度\ v=1.63\text{m/s}$$

$$t=\frac{2H_{缓冲}}{v}=\frac{2\times 0.017}{1.63}=0.021\text{s}$$

$$v=at,\ a=\frac{v}{t}=\frac{1.63}{0.021}=77.6\text{m/s}^2$$

$$F_{R摩擦}=ma=1\text{kg}\times 77.6\text{m/s}^2\approx 78\text{N}$$

$$F_{停止}=mg+ma=10\text{N}+78\text{N}=88\text{N}<106\text{N}(F_{吸盘吸力})$$

结论：可使用 PPV 可调气缓冲。

（2）对垂直抓取工件运动的分析（见例图 2）

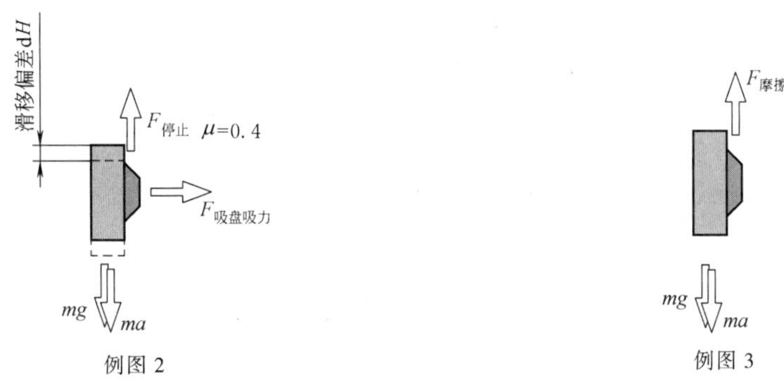

例图 2　　　　例图 3

$$F_{摩擦}=\mu F_{吸盘吸力}=0.4\times 106=42.4\text{N}<88\text{N}(F_{停止})$$

如果选用 P 弹性缓冲，工件将脱落。在前面对计算工件在缓冲阶段，即 17mm 时的时间及加速度已计算过 $F_{停止}=88\text{N}$，如果选用 PPV 可调气缓冲，$F_{停止}>F_{摩擦}$，此时工件有可能脱落或产生偏移，工件与吸盘会产生偏移。

（3）对缓冲阶段中偏移的计算（见例图 3）

如果工件进入缓冲阶段不脱落，$mg+ma-F_{摩擦}=0$，$F_{摩擦}\neq F_{停止}$，$ma=F_{摩擦}-mg$，此时 $a=\frac{42.4-1\times 10}{1}=32.4\text{m/s}^2$，$\Delta t=0.021\text{s}$，$\text{d}H=\frac{1}{2}at^2=\frac{1}{2}\times 32.4\times 0.021^2=0.007\text{m}=7\text{mm}$。

结论：真空吸盘不宜采用固定缓冲形式（指气缸的缓冲形式）。

在高速情况下，必须考虑到惯性力。安全系数不宜太小，如上例所示，$F_{吸盘吸力}=106\text{N}$，计算后工件不脱落 $F_{停止}=88\text{N}$，$\frac{106}{88}=1.20$，安全系数为 1.2 是非常低的，也是危险的。为了防止在高速情况下工件产生偏移，$F_{摩擦}$是造成偏移的主要原因。

7 气　　枪

在参考文献［13］中将“气枪及喷嘴”归类到“气动系统执行元件”中，但根据 GB/T 17446—2024 给出的“执行元件”定义：“将流体能量转换成机械功的元件”，其不属于执行元件。但考虑到气枪经常应用于气动系统终端，与气动系统执行元件有相似的应用位置，本手册也将气枪编排在了“气动系统执行元件”一章中。

表 21-4-44

气枪结构原理	气枪是能喷射出一束高速空气的气动元件,可用于吹除工件、清理现场等作业。图 1a 所示为 VMG 系列气枪的结构原理图。在喷嘴保持座上有连接螺纹,可连接各种不同功能的喷嘴。压下杠杆,杠杆可绕销轴使力臂克服弹簧力推动阀芯导座向左移动,直到主阀芯处于阀芯导座扩大腔的中间位置,如图 1b 所示,则压缩空气便沿流动阻力很小的流道由喷嘴喷射出高速气流

续表

气枪结构原理	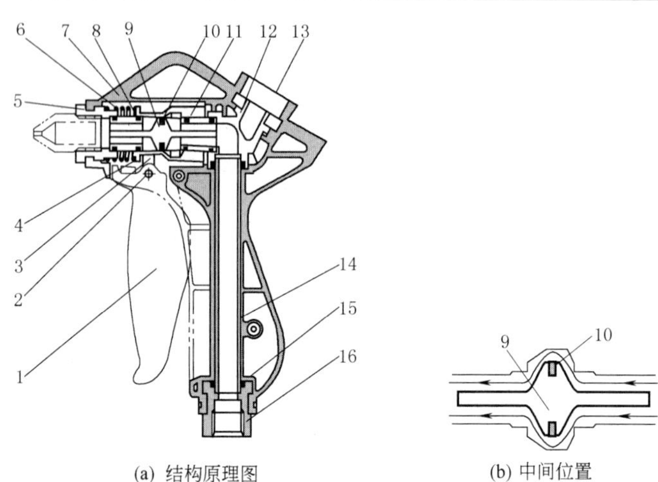 (a) 结构原理图　(b) 中间位置 图 1　VMG 系列气枪的结构原理图 1—杠杆;2—销轴;3—力臂;4—导座盖;5—喷嘴保持座;6—弹簧;7—枪体;8,15—O 形圈;9—阀芯;10—主阀芯密封圈;11—阀芯导座;12—弯头;13—盖;14—管子;16—通口接头
吹气系统节能	据统计,压缩空气的能耗中,吹气能耗约占 70%,可见吹气节能是十分重要的。如图 2 所示的吹气系统,将原来系统各改进系统的各种参数列与表 1 中。可见使用 VMG 气枪的改进系统,其压力损失小得多,可节能 90%以上 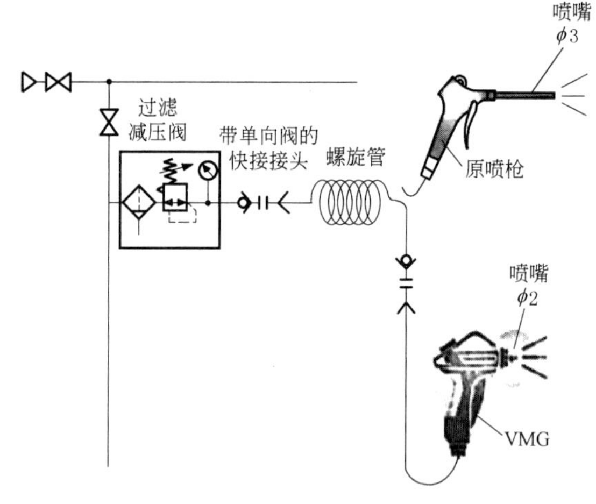 图 2　使用 VMG 气枪的吹气系统

表 1　使用 VMG 气枪与以前气枪的比较

项目		原系统	使用 VMG 气枪系统
有效截面面积/mm^2	气枪 15	30	
	喷嘴	6.4(ϕ3mm)	2.8(ϕ2mm)
有效截面面积比		15∶6.4	30∶2.8
供气压力/MPa		0.7	0.7
减压阀输出压力 MPa		0.3	0.3
吹出压力/MPa		0.26	0.297
压力损失/MPa		0.04	0.003

VMG 系统气枪独特的平衡座阀式结构（图 3），即使空气压力高的场合，也可与低压时（有）相同的操作力

续表

吹气系统节能	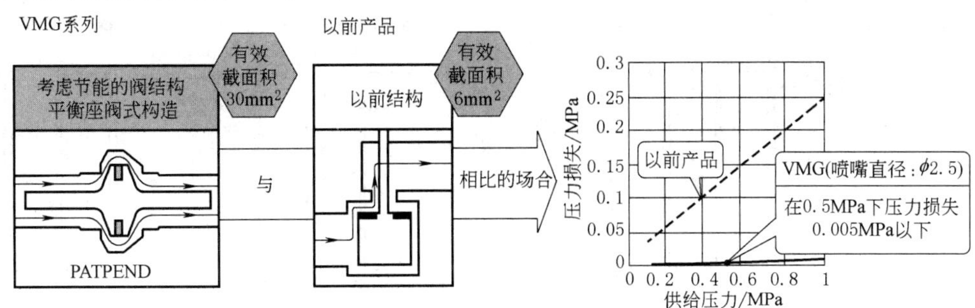 图 3　阀式结构和压力损失 空压机的耗电量约占工厂总体的 20%，SMC 的气枪与以前产品相比由于有效截面面积增大，压力损失小，可在低压力下有效输出，空压机的输出压力可低压化，因此有效降低空压机的耗电量。图 4 吹气作用系统为有效截面面积大的 SMC 的气枪、S 连接器、螺旋管，其改善前和改善后系统的各种参数列于表 2 和图 5 中 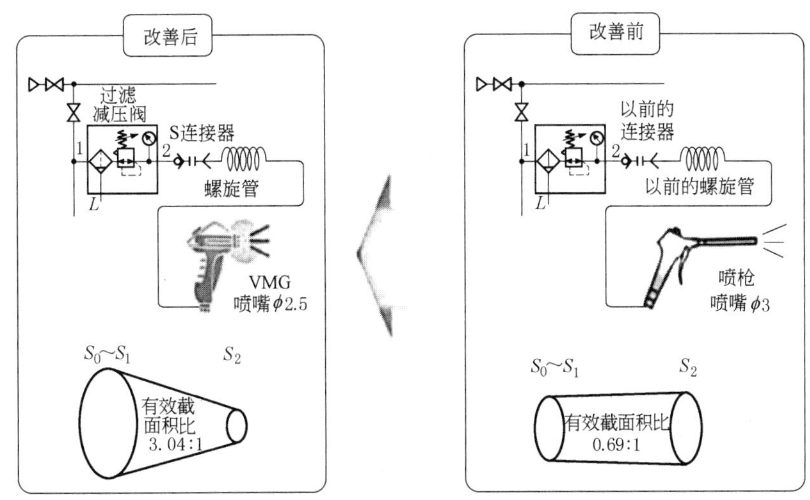 图 4　使用气枪的吹气系统 **表 2　使用 VMG 气枪与以前气枪的比较**

项目		改善后	改善前
使用元件	连接器	S 连接器	以前产品
	配管	TCU1065-1-20-X6	以前的螺旋管（内径 ϕ5，相当长度 5m）
	气枪	VMG（喷嘴径 ϕ2.5）	老产品（喷嘴径 ϕ3）
有效截面积/mm²	连接器，配管（S_0）	13.45	5.1
	喷枪（S_1）	30	6
	喷嘴（S_2）	4.4	6.3
有效截面积比（$S_0 \sim S_1 : S_2$）		3.04 : 1	0.69 : 1
冲击压力/MPa		0.011（距离 100mm 时）	0.011（距离 100mm 时）
减压阀压力/MPa		0.4	0.5
喷嘴内压力/MPa		0.385	0.276
空压机压力/MPa		0.5	0.6
空气消耗量（ANR）/$dm^3 \cdot min^{-1}$		257	287
空气压机的耗电量/kW		1.25	1.56

续表

<table>
<tr><td>吹气系统节能</td><td>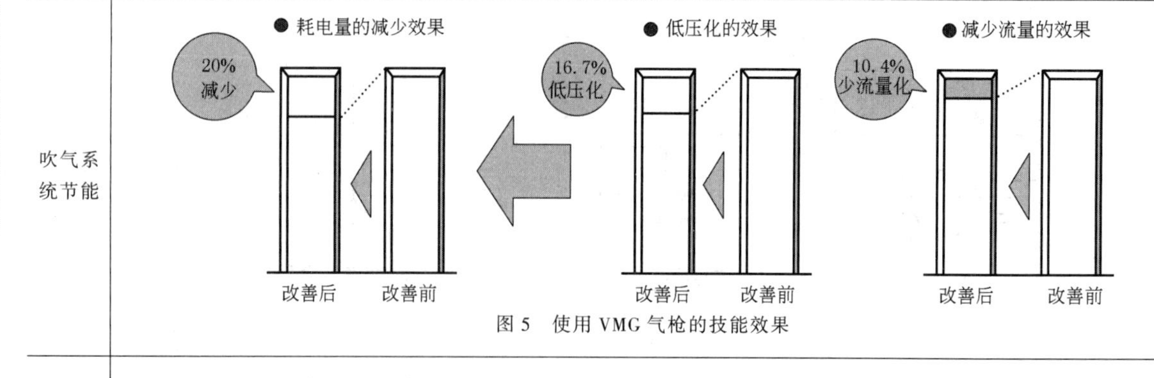图 5　使用 VMG 气枪的技能效果</td></tr>
<tr><td>使用注意事项</td><td>使用气枪前,要确认喷嘴安装是否牢固。不得使用气枪清除有害物及化学药品等。气枪只能使用清洁的压缩空气,不得使用其他气体。气枪前端不要朝向人的面部及人身。使用气枪的人应戴保护镜,以防飞散物伤及使用者</td></tr>
</table>

第5章 气动系统其他元件

1 润滑元件

气动元件内部有许多相对滑动部分，有些相对滑动部分靠密封圈密封。为了减少相对运动件间的摩擦力，保证元件动作正常；为了减少密封材料的磨损，防止泄漏；为了防止管道及金属零部件的腐蚀，延长元件使用寿命，保证良好的润滑是非常重要的。

润滑可分为不给油润滑和喷油雾润滑。

许多气动应用领域是不允许喷油雾润滑的，如食品和药品的包装、输送过程中，油粒子会污染食品和药品；油粒子会影响某些工业原料、化学药品的性质；油雾会影响高级喷涂表面及电子元件表面的质量；油雾会影响测量仪的测量准确度；油雾会危害人体健康等。故目前使用油雾润滑已逐渐减少，不给油润滑已很普及。

不给油润滑仍采用橡胶材料作为滑动部位的密封件，但密封件带有滞留槽的特殊结构，以便内存润滑脂。其他零件应使用不易生锈的金属材料或非金属材料。不给油润滑元件也可给油使用，但一旦给油，就不得中途停止供油。同时，要防止冷凝水进入元件内，以免冲掉润滑脂。

不给油润滑元件不仅节省了润滑设备和润滑油，改善了工作环境，而且减少了维护工作量，降低了成本。另外，也改善了润滑状况。其润滑效果与通过流量、压力高低、配管状况等都无关。也不存在因忘记加油而造成故障的事。

在参考文献［13］中介绍，油雾润滑元件有油雾器和集中润滑元件两大类。油雾器有普通型（又称全量式）和微雾型（又称选择式）。微雾型油雾器的油雾颗粒在2μm以下，可输送8~10m远的距离。集中润滑元件有差压型油雾器（ALD系列）和增压型油雾器（ALB系列）。

1.1 压缩空气油雾器

见本篇第2章中“油雾器”。在“三联件”中一般都包括一个“给油器”或“油雾器”，见第2章中“空气组合元件（气源处理装置）”。

1.2 集中润滑元件

表 21-5-1

概述	雾化油粒子的下沉和附壁问题与油粒子的大小、粒子在管内的流速有关，如图1所示。直径5μm的油粒子，以大于0.5m/s的流速碰撞表面，便能黏附在表面，起润滑作用。易附壁的油雾称不爆炸雾，不易附壁的油雾称为干雾。在管内流速较小的细小油粒子易成为干雾，它可输送到较远处。但油粒子太小，不易起润滑作用，如1μm左右的油粒子，运动速度大于18m/s才能附壁起润滑作用 普通油雾器的油雾粒子体积较大，且大小不均匀，油雾容易附着于管壁上，不能远距离输送，故耗油量大。一个油雾器很难保证对多个供油点进行恰当的油雾供应

续表

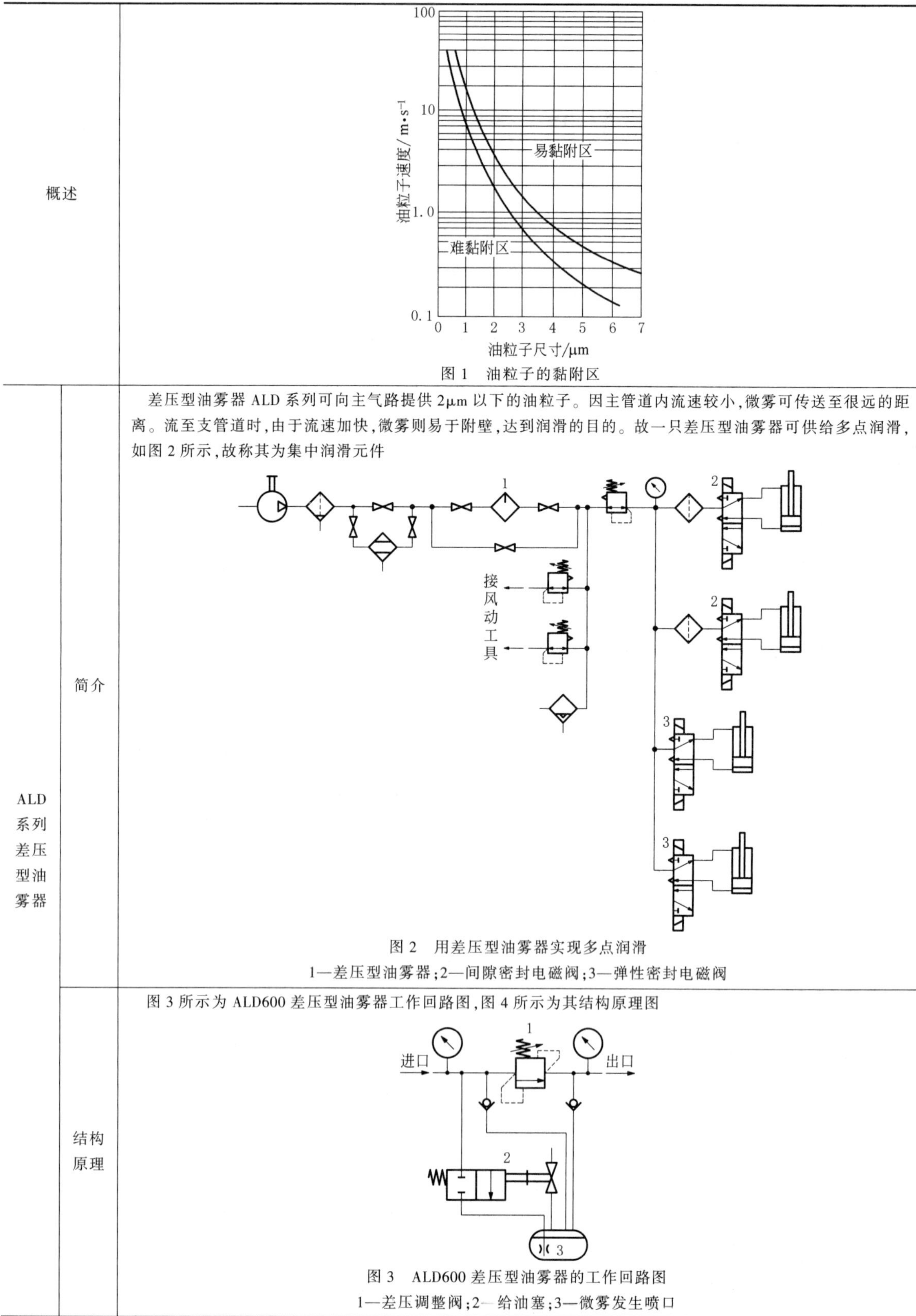

概述		图1　油粒子的黏附区
ALD系列差压型油雾器	简介	差压型油雾器ALD系列可向主气路提供2μm以下的油粒子。因主管道内流速较小，微雾可传送至很远的距离。流至支管道时，由于流速加快，微雾则易于附壁，达到润滑的目的。故一只差压型油雾器可供给多点润滑，如图2所示，故称其为集中润滑元件 图2　用差压型油雾器实现多点润滑 1—差压型油雾器；2—间隙密封电磁阀；3—弹性密封电磁阀
	结构原理	图3所示为ALD600差压型油雾器工作回路图，图4所示为其结构原理图 图3　ALD600差压型油雾器的工作回路图 1—差压调整阀；2—给油塞；3—微雾发生喷口

续表

ALD系列差压型油雾器

结构原理

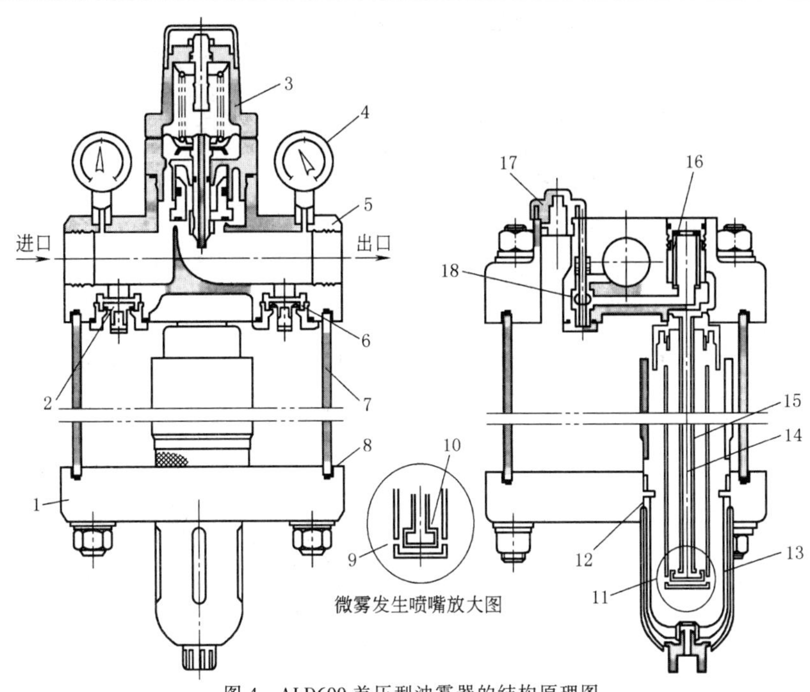

图4 ALD600差压型油雾器的结构原理图

1—油箱下盖；2—进口侧单向阀；3—差压调整阀；4—压力表；5—器体；6—出口侧单向阀；7—油箱；8—密封垫；9—吸油口；10—喷口；11—微雾发生器；12—O形圈；13—油杯；14—气室；15—微雾流道；16—滤芯；17—给油塞；18—二位二通阀

顺时针旋转差压调整阀的调节螺杆，阀芯开度变小，可形成进口和出口间0.03~0.1MPa的压差，以保证进口侧单向阀关闭，出口侧单向阀开启。旋转给油塞，将二位二通阀的阀杆压下，阀开启，油雾器进口有压气体通过滤芯进入油杯内的气室。气室内的压力与油面上的压力有一定压差，故气体从喷口以高速气流喷出，从吸油口将油杯中的油卷吸进来，被高速气流带出雾化。大量较小雾粒漂浮至油箱油面上，然后从开启的出口侧单向阀被引射至油雾器出口，形成微雾与主气流一直输出。较大油粒子又落回油中，故耗油少

本油雾器也能不停气补油，将给油塞旋松两圈半，二位二通阀关断，待油箱内气压从给油塞缝隙处全泄后，两个单向阀都关闭，取下给油塞，便可补油。油箱内气压尚未泄完，不得取下给油塞

主要技术参数

表1 ALD、ALB系列油雾器的主要技术参数

型号	连接口径(Rc,NPT)	注油量/L	使用压力范围/MPa	使用差压范围/MPa	环境和介质温度/℃	最大流量(ANR)/$m^3 \cdot min^{-1}$
ALD600	3/4、1	2	0.1~1	0.03~0.1	5~60	6
ALD900	1¼、1½、2	5				15
	Rc1、Rc2、3in法兰	5	0.4~1	0.05~0.2	5~50	60

①油雾器的流量特性曲线如图5所示。它是在进口压力为0.5MPa，差压设定流量为250L/min（ANR）时，在不同初始设定差压下，随输出流量的变化导致差压变化的曲线。例如，初始设定差压为0.05MPa时，当输出流量达3800L/min（ANR）或6000L/min（ANR）时，差压分别变成0.06MPa或0.0651MPa

②差压与微雾发生量的特性曲线如图6所示。调节差压调整阀的差压大小，便可调节微雾发生量。随差压的增大，微雾发生量线性增大。当压差小于0.03MPa时，有可能产生不了微雾

③差压设定最少流量曲线如图7所示。当进口压为0.5MPa，差压为0.05MPa时，最小流量为102L/min（ANR）。小于此流量，则差压设定不能到0.05MPa

续表

<table>
<tr><td rowspan="3">ALD系列差压型油雾器</td><td>主要技术参数</td><td> 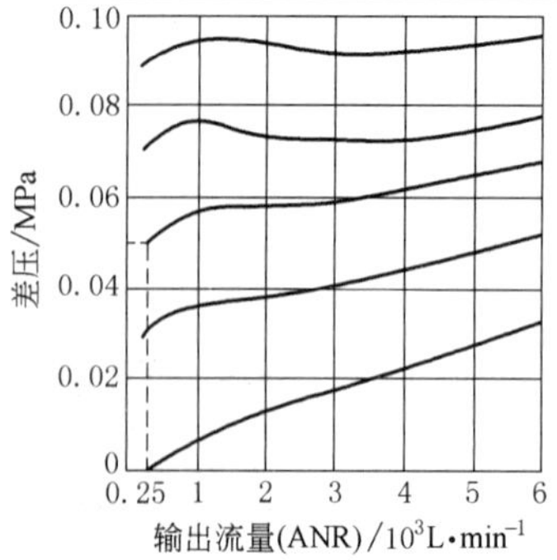图5　ALD600-10油雾器的流量特性曲线 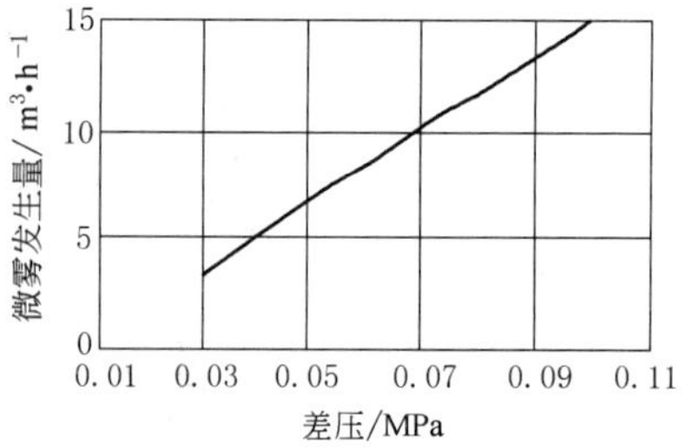
图6　ALD系列油雾器的差压与微雾发生量的关系 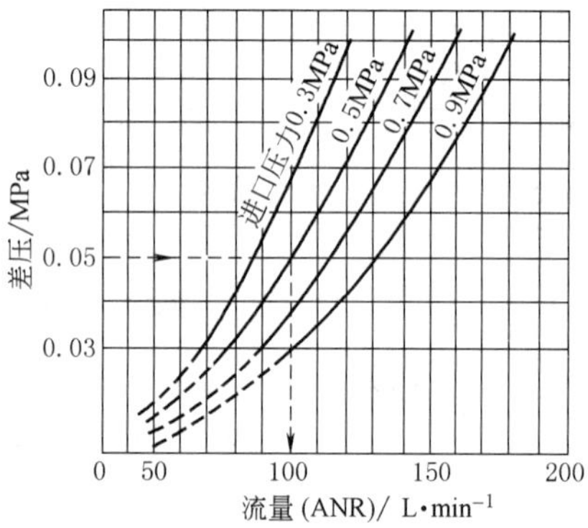
图7　ALD系列油雾器的差压设定最少流量曲线</td></tr>
<tr><td>选用</td><td>主要应根据通过压差型油雾器的最大输出流量，按油雾器的流量特性曲线来选择油雾器的规格。再根据压差大小判断微雾发生量够否</td></tr>
<tr><td>使用注意事项</td><td>①检查油雾发生状况的方法：取出给油塞，用工具将二位二通阀的阀杆压下，则微雾便从给油口喷出，这时可对微雾发生状况进行检查
②油雾器要垂直安装，为便于维修，油雾器上下方应留出30cm的空间
③出厂时，差压设定在0.05MPa。差压大小由主气路上下游压力表的读数读出</td></tr>
<tr><td colspan="2">ALB系列增压型油雾器</td><td>图8所示增压型油雾器是利用升压器提供给比主气路更高的压力，利用它与主气路的压差作为产生微雾的压差，这样，主气路的压力减小（与差压型油雾器比较），便可得到大量稳定的微雾供给，其主要技术参数见表1
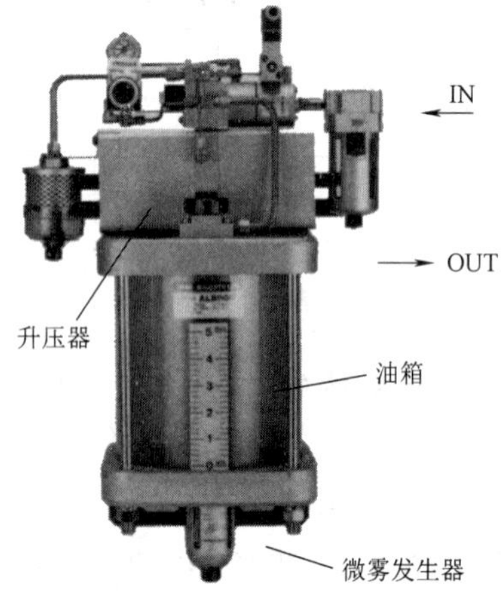

图8　ALB900-00-11增压型油雾器
差压型和增压型油雾器都可以设置浮标开关，通过浮标开关的ON（或OFF）来指示油是否用完</td></tr>
</table>

2 气动消声器和排气洁净器

2.1 气动消声器

在 JB/T 12705—2016《气动消声器》中规定了气动消声器的术语和定义、分类、连接尺寸、技术要求、试验方法、外观质量、检验规则、标识、包装、贮存和标注说明，适用于工作压力不超过 1MPa，工作温度不高于 50℃，安装在压缩空气回路的排气口上以降低排气噪声等级的气动消声器。

2.1.1 概述

在气动系统中，气缸排气经换向阀的排气口排向大气，由于阀内的气路通道弯曲且狭窄，排气时余压较高，排气速度以近声速的流速从排气口排出，空气急剧膨胀后使气体产生振动，声音刺耳，噪声的大小与驱动器速度有关，驱动器速度越快，噪声也就越大。

噪声的大小用分贝（dB）度量，在距排气口处 1m 距离测得。按国际标准规定，八小时工作时人允许承受的最高噪声为 90dB，四小时工作时人允许承受的最高噪声可为 93dB，两小时工作时人允许承受的最高噪声可为 96dB，一小时工作时人允许承受的最高噪声可为 99dB，最高极限为 115dB（减半时间可允许提高 3dB）。噪声危害人体健康。消声器见图 21-5-1 和图 21-5-2。

图 21-5-1

图 21-5-2

2.1.2 消声器的消声原理

消声器消声有几种方法，一种是让压缩空气流经微小颗粒制造吸声材料，气流摩擦产生热量，则使部分气体的压力能转成热能，从而减少排气压力能，降低噪声。通常电磁阀的消声器可减少 25dB 左右。另一种是让压缩空气在消声器内的大直径（容积）里扩散，让排出气压扩散降压，并在其内部碰撞、反射、扩散，以减弱排出压缩空气的速度和强度，最后通过小颗粒制造吸声材料排入大气，集中过滤消声器大多属此种方式。

如噪声还是太高可用足够大的排气管接入远离的集中排气处或室外。

2.1.3 消声器分类

表 21-5-2

类别	项目		内容
金属、塑料、压铸金属及不锈钢消声器	连接螺纹	公制螺纹	M3、M5
		英制螺纹	G⅛、G¼、G⅜、G½、G¾、G1 或 R⅛、R¼、R⅜、R½、R¾、R1、R1¼、R1½、R2
	主要技术参数（以压铸金属消声器为例）		见下表（图示尺寸 D_1、D、L_1、L）

气接口 D_1	噪声大小 /dB(A)	公称通径 /mm	标准额定流量 /L·min^{-1}	质量 /g	D/mm	L/mm	L_1/mm	扳手尺寸/mm
G⅛	<74	5.3	1450	8	16	39.2	5.5	14
G¼	<79	7.5	3000	17	19.5	55.6	6.5	17
G⅜	<80	9	4500	37	25	86.6	7.5	19
G½	<80	14	6500	75	28	116.5	9	24
G¾	<81	17	11000	120	38	138	10.5	32
G1	<82	23.5	17300	233	47.8	177	11.5	36

通常通径越小，噪声分贝越小，反之亦然

续表

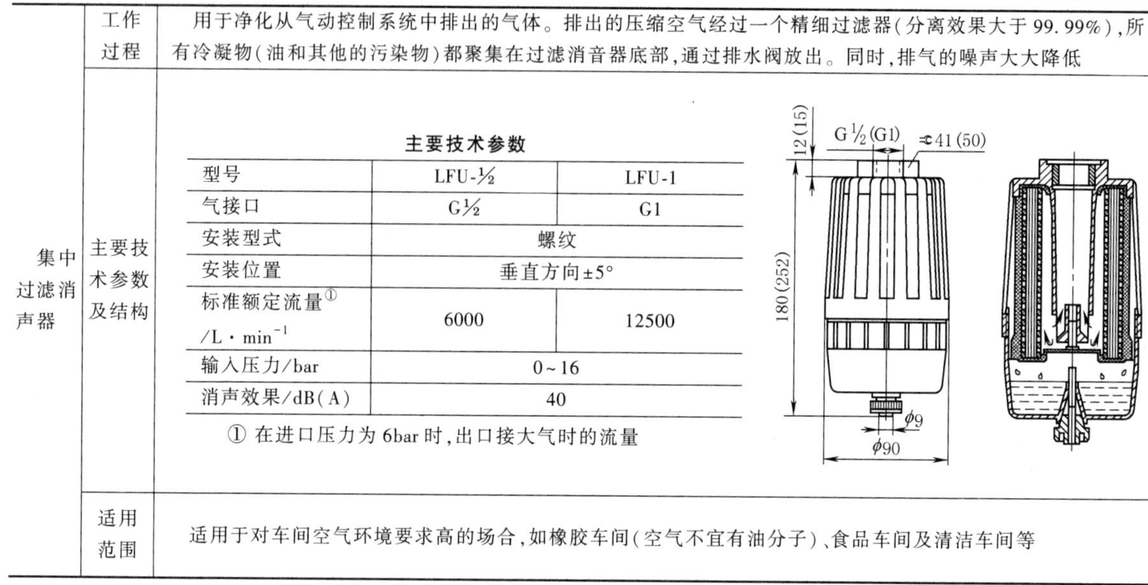

集中过滤消声器	工作过程	用于净化从气动控制系统中排出的气体。排出的压缩空气经过一个精细过滤器(分离效果大于99.99%),所有冷凝物(油和其他的污染物)都聚集在过滤消音器底部,通过排水阀放出。同时,排气的噪声大大降低
	主要技术参数及结构	(见下表及图)
	适用范围	适用于对车间空气环境要求高的场合,如橡胶车间(空气不宜有油分子)、食品车间及清洁车间等

主要技术参数

型号	LFU-½	LFU-1
气接口	G½	G1
安装型式	螺纹	
安装位置	垂直方向±5°	
标准额定流量①/L·min⁻¹	6000	12500
输入压力/bar	0~16	
消声效果/dB(A)	40	

① 在进口压力为6bar时,出口接大气时的流量

在参考文献[13]中介绍了七种型式的消音器,具体见表21-5-3。

表 21-5-3 消音器的主要特点及主要技术参数

系列	型号	接管口径(R、NPT)	有效截面面积/mm²	最大直径/mm	消声效果/dB	特点
小型树脂型	AN05~AN40	M5、⅛~½	5~90	6.5~24	>30	吸声材料为PE(聚乙烯)或PP(聚丙烯)烧结体 连接体材料为树脂类PP或聚醛
金属主体型	AN500~AN900	¾~2	160~960	46~86	>30	小通气阻力,小型 吸声材料为PE烧结体 连接体材料为ADG(铝合金压铸)或聚醛
金属外壳型	2504~2511	¼~1	17.2~130	22~60	>19	只向轴向排气,避免声音和油雾的模向扩散,耐模向冲击,连接螺纹不易损坏,吸声材料为PVG(氯化聚氯乙烯) 连接体材料为ZDC(锌合金压铸)
烧结金属型	AN101-01	R⅛	20	11	16	适合微型阀及先导阀的排气消块 吸声材料为BC(青铜)烧结金属体 连接材料为磷青铜
	AN110-01	R⅛	35	13	21	
	AN120	M3、M5	1、5	6、8	13~18	
高消音型	AN202~AN402	¼~½	35~90	22~34	>35	壳体使用难燃材料PBT(聚对苯二甲酸丁二酯) 吸声材料为PVF(聚氨乙烯) 连接体材料为PBT
快换接头型	AN10-C	ϕ6、ϕ¼	7	11	>30	主体为树脂类 吸声材料为PP、PE
	AN15-C	ϕ8	20	13		
	AN20-C	ϕ10、ϕ⅜	25~30	16.5		
	AN30 C	ϕ12	41	20		

续表

系列	型号	接管口径（R、NPT）	有效截面面积 /mm^2	最大直径 /mm	消声效果 /dB	特点
高消声型	ANA1	R1/8~2 ϕ8~12	10~610	16~86	>40	连接体为ADC 吸声材料为PP、PVF 有插杆(管)连接
	ANB1	R1/8-1½ ϕ6~10	15~610	16~86	>38	

2.1.4 消声器选用注意事项

① 当选用塑料消声器时，注意周围环境（不会被碰撞、敲击），安装拧紧力不宜过大，不宜在有机溶剂场合下使用。

② 有些使用者嫌气缸速度太慢而拆除消声器是不允许的。这种操作不仅大幅度增加噪声，而且使得阀换向时从排气口吸入空气中的灰尘、杂质。

③ 消声器是气动系统与大气的交汇处，系统中的油分子与大气中的尘埃会使消声器的孔眼堵塞，需清洗(注意不要采用煤油或有机溶剂)。

④ 消声器排气时受热膨胀，会使空气中的水分在消声器上结冰，也需定期清洁。

⑤ 对于集中过滤消声器，必须定时定期更换滤芯。

⑥ 对于抗静电场合，应采用金属型消声器（包括滤芯应为铜烧结或不锈钢烧结）接地使用。

2.2 排气洁净器

排气洁净器用来吸收排气噪声，并分离掉和集中排放掉排出空气中的油雾和冷凝水，以得到清洁宁静的工作环境。

表 21-5-4

AMC系列排气洁净器	结构原理	图1所示为排气洁净器的结构原理。排油口有排水活门排出和接管排出两种形式。分离油雾的原理与油雾分离器相同，必须频繁排放冷凝水或不能安装手动排水的场合，可取下排水活门，装上R1/4接头，便可改为冷凝水接管形式 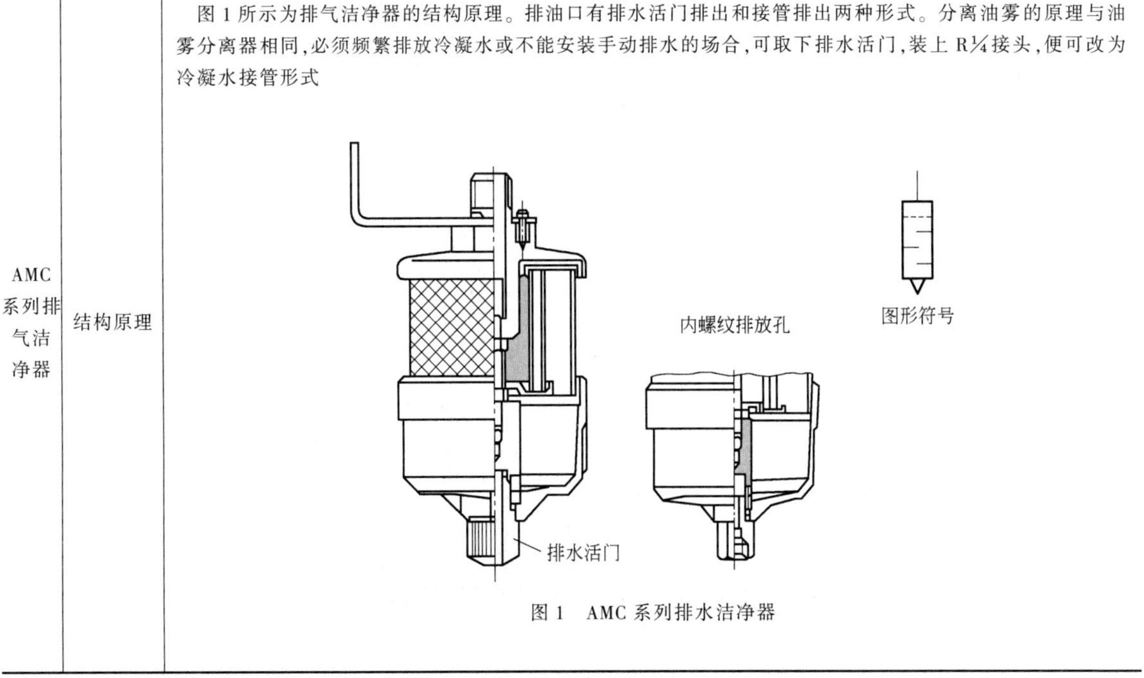 图1　AMC系列排水洁净器

续表

<table>
<tr><td rowspan="3">AMC系列排气洁净器</td><td>主要技术参数</td><td>
进口压力和排出空气流量的关系如图 2 所示。AMC 系列排气洁净器的连接口径为 Rc¼～R2，最大处理空气流量为 200～10000L/min(ANR)，消声效果大于 35dB(A)，油雾回收率为 99.9%以上
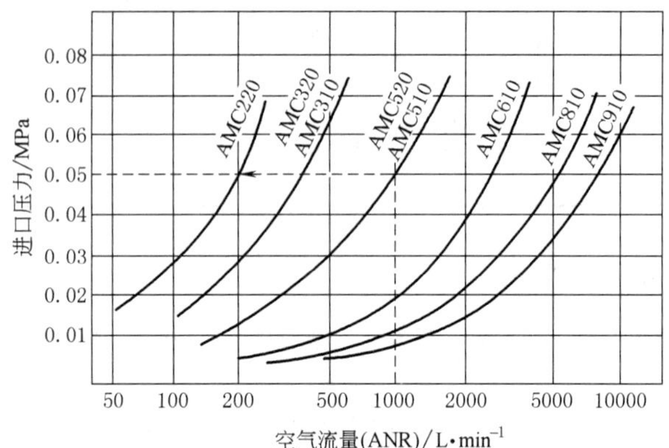

图 2　排气洁净器的流量特性曲线</td></tr>
<tr><td>选用</td><td>计算通过集中排气管同时排气的气缸的最大空气耗气量，加上配管耗气量，二者之和应小于排气洁净器的最大处理流量，依此选定排气洁净器的型号</td></tr>
<tr><td>使用注意事项</td><td>排气洁净器通常装在集中排气管的出口，如图 3 所示。当排气洁净器排气时，进口压力达 0.1MPa 或已使用 1 年，都应更换器内的滤芯元件。或者由于孔眼堵塞，造成排气速度减小，导致执行元件动作不良时，也应更换滤芯元件。吸声材料破损时，消声效果及油雾分离能力都变差，必须更换。多个排气洁净器同时将油污排放至一个油桶时，应使用接管排出方式。洁净器外壳是合成树脂，故不得接触有机溶剂。
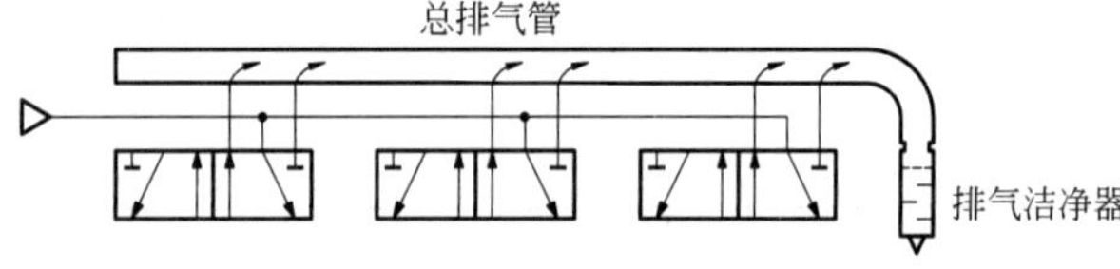

图 3　集中排气阀降低噪声
排气洁净器必须垂直安装，排水口朝下。在一次侧，可安装截止阀和压力表，如图 4 所示。不点检时，关闭截止阀，以保护压力表
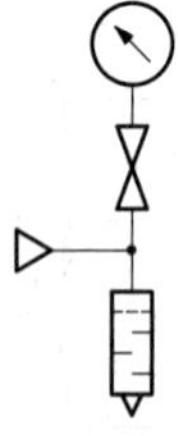

图 4　排水洁净器进口应装点检用压力表</td></tr>
<tr><td colspan="2">AMV 系列排气洁净器</td><td>AMV 系列为真空用排气洁净器，能够吸收从真空泵排出的 99.5%的油烟，实现无油烟、清洁宁静的工作环境。对小流量下高浓度的油烟也可 99.5%捕捉分离，从真空泵的排气导管不需要
图 5 所示为 AMV 系列排气洁净器的结构原理图，排出空气中的油雾由于惯性冲击或布朗运动散布在滤芯表面及内部而被捕捉，被捕捉的油雾凝集成液滴，在滤芯表面粗糙的聚氨酯泡沫上运送，靠重力降下分离在外壳内部</td></tr>
</table>

续表

AMV 系列排气洁净器	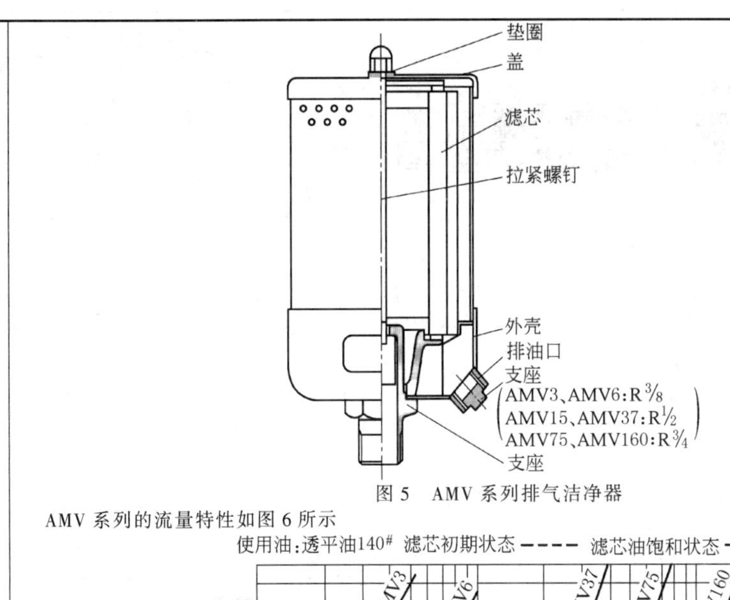 图 5　AMV 系列排气洁净器 AMV 系列的流量特性如图 6 所示 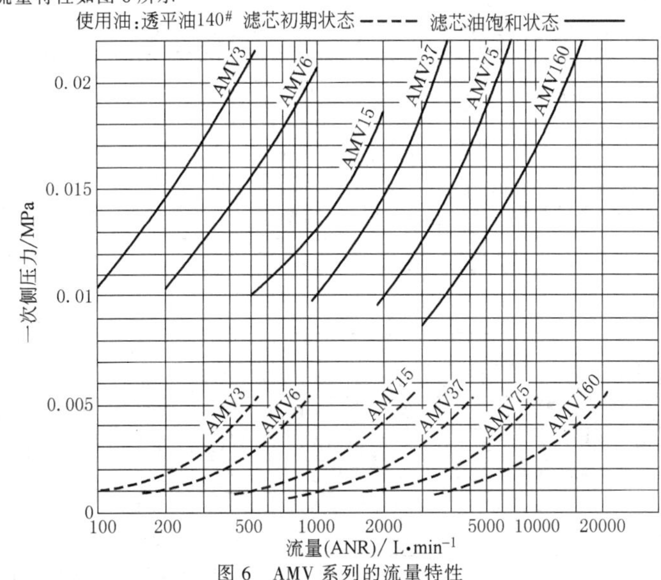 图 6　AMV 系列的流量特性

注：在参考文献［13］中还介绍了 AMP 系列排气清洁器，其是洁净室内使用的排气洁净器。

3　液压缓冲器

GB/T 17446—2024《流体传动系统及元件　词汇》中给出了术语“液压阻尼器”的定义为“作用于气缸使其运动减速的辅助液压装置”。在手册第六版中的“液压缓冲器”以及参考文献［13］中的“液压缓冲器”，其就是 GB/T 17446—2024 定义的“液压阻尼器”，但考虑到标准宣贯需要一定时间以及人们习惯称谓，本版手册仍采用液压缓冲器。

表 21-5-5

概述	液压缓冲器用于吸收冲击动能，并减小撞击时产生的振动和噪声的液压组件。液压缓冲不需要外部供油系统，之所以称液压组件是因为其内部储有液压油，当外部有一个冲击能（某质量物体以一定的速度）作用时，液压油受挤压并通过节流流入储能油腔起到缓冲功能。液压缓冲器在气动驱动中地位越来越重要，它不再仅仅充当普通气缸在缓冲能力不足时的缓冲辅助装置，更在开发导向驱动装置中应用广泛。对于带导轨的导向驱动装置而言，由于导轨的导向驱动装置结构极其紧凑，很少能在驱动活塞空间里设有缓冲的物理空间尺寸，因此，当驱动器承载且运动速度高时，驱动器运动终点的缓冲往往由液压缓冲器来承担。总之液压缓冲器在提高生产效率、延长机械寿命、简化机械设计、降低维护成本、降低振动噪声等方面应用广泛

续表

工作原理

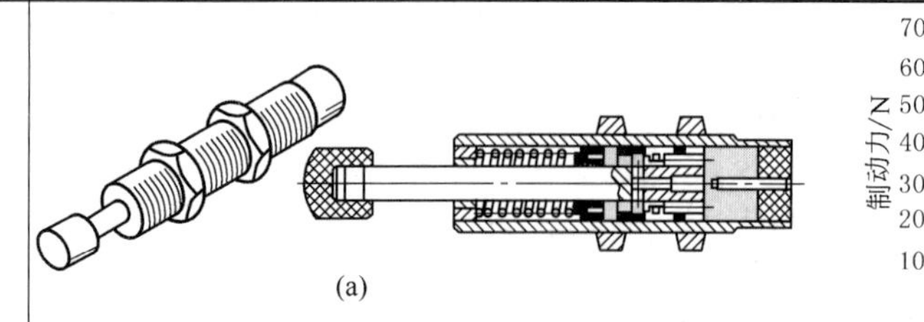
(a)

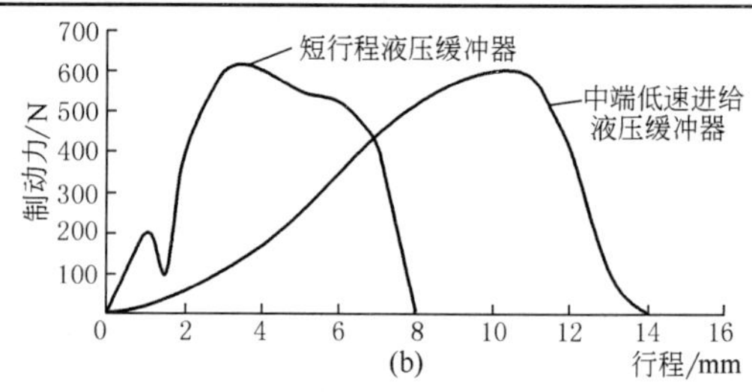

(b)

如图 a 所示，当液压缓冲器的活塞杆端部受到运动物体撞击时，活塞杆内移（向右运动），迫使活塞底部腔室的液压油压力骤升，高压油通过活塞的锥形内孔、固定节流小孔高速喷入活塞左边的蓄油腔室，使大部分动能通过液压油转为压力能，然后转为热能，由液压缓冲器金属外壳逸散至大气，随着活塞杆继续内移，自调缓冲针阀将活塞内孔越关越小，高压油只能通过活塞固定节流小孔喷入活塞左边的蓄油腔室，直至活塞平稳位移至其行程的终端（注意：不要使液压缓冲器内的活塞运动至缓冲器底端盖上）。当外力撤销后，蓄油腔室内的压力油及弹簧力迫使活塞杆再次伸出，活塞底部腔室扩张产生负压，蓄油腔室又返至活塞底部腔室。由于活塞内的锥形内孔及自调缓冲针阀在关闭过程呈压力线性递增过程，使液压缓冲器的制动力如图 b 所示

液压缓冲器主要性能技术参数是每个行程中最大的缓冲能量（最大吸收能），考虑到液压缓冲器在工作时吸收动能转换成热量，该热量必须得以释放（降温），不能仅仅考虑每次行程能吸收的最大动能，还有一个最高使用频率的参数和每小时最大的缓冲能量参数，通常液压缓冲器在性能上的技术参数还须表明其承受最大冲击力（最大终端制动力）、最大耐冲击速度和复位时间（≤0.2s 或≤0.4s）。根据上述主要参数数据及实际工况缓冲位置和尺寸，选择一个或数个液压缓冲器

主要技术参数

FESTO 自调式液压缓冲器 YSR 系列技术参数

活塞直径 φ/mm	5	7	8	10	12	16	20	25	32
行程/mm	5	5	8	10	12	20	25	40	60
操作模式	液压缓冲器，带复位弹簧								
缓冲形式	自调节								
安装形式	带锁紧螺母的螺纹								
冲击速度/$m\cdot s^{-1}$	0.05～2	0.05～3							
产品质量/g	9	18	30	50	70	140	240	600	1250
环境温度/℃	-10～+80								
复位时间①/s	≤0.2							≤0.4	≤0.5
最小插入力②/N	5.5	8.5	15	20	27	42	80	143	120
最大终端制动力③/N	200	300	500	700	1000	2000	3000	4000	6000
最小复位力④/N	0.7	1	3.1	4.5	6	6	14	14	21
每次行程的最大缓冲能量/J	1	2	3	6	10	30	60	160	380
每小时的最大缓冲能量/J	8000	12000	18000	26000	36000	64000	92000	150000	220000
许用质量范围/g	1.5	5	15	25	45	90	120	200	400

① 规定的技术参数与环境温度有关，超过 80℃时，最大质量和缓冲工件必须下降约 50%，在-10℃时，复位时间可能长达 1s

② 这是将缓冲器完全推进到回缩终端位置所需的最小的力，该值在外部终端位置延伸的情况下相应减小

③ 如果超出最大制动力，则必须将限位挡块（如：YSRA）安装到行程终端前 0.5mm 处

④ 这是可以作用在活塞杆上的最大力，允许缓冲器（如：伸出杆）完全伸出

SMC 可调型液压缓冲器 RBOEM 系列（大型）

型号	规格							
	最大吸收能/J	吸收行程/mm	冲击速度/$m\cdot s^{-1}$	每小时最大吸收能量/$J\cdot h^{-1}$	当量质量范围/kg	最大推进力/N	环境温度/℃	弹簧力/N 伸出	弹簧力/N 压回
RB-OEM1.5M×1	260	25	0.3～3.6	126000	25～3400	2890	-10～+80	49	68
RB-OEM1.5M×2	520	50		167000	45～6500	2890		32	68
RB-OEM1.5M×3	780	75		201000	54～9700	2890		32	78
RB-OEM2.0M×2	1360	50		271000	75～12700	6660		76	155
RB-OEM2.0M×4	2710	100		362000	118～18100	6660		69	160
RB-OEM2.0M×6	4070	150		421000	130～23600	6660		90	285
RB-OEM3.0M×2	2300	50	0.3～4.3	372000	195～31700	12000		110	200
RB-OEM3.0M×3.5	4000	90		652000	215～36000	12000		110	200
RB-OEM3.0M×5	5700	125		933000	220～51000	12000		71	200
RB-OEM3.0×6.5	7300	165		1215000	300～56700	12000		120	330

续表

液压缓冲器类型	自调式	标准型	这种自调节液压缓冲器，当油液流经溢流阀和节流阀的组合装置时，作用在活塞杆上的冲击能量转化为热能，逸散于空气中。这保证了对每一种许用能量范围内的缓冲要求，缓冲器都能自动适应。内置的压缩弹簧可把活塞杆推回原始位置
		耐冷却液型	它的主要技术性能与标准型液压缓冲器一样，只是在有活塞杆伸出端的液压缓冲器头部加装双层密封结构，在冷却液飞溅的工作区域内，防止外部切削液（油性溶液）导入其内部
		短行程型	它是标准型液压缓冲器的派生，尽管缓冲行程较短，缓冲过程力的上升较急骤，短行程液压缓冲器在短行程条件下，仍具足够缓冲特性，较适合在缓冲空间尺寸有限及旋转装置（有旋转角度如下例2）的状况下进行缓冲
		终端低速进给型	它的缓冲行程比短行程液压缓冲器长，缓冲过程力的上升较慢且平稳，尤其可应用于抓取和装配技术系统中的各种应用场合。具有以下功能：通过自调节的液压缓冲器具有低速进给特性进行缓冲，它的耐冲击速度范围较大，可达到0.05~3m/s
	可调型		对于可调型液压缓冲器，当油液通过压力控制阀排出时，冲击能量转化为热能，逸散于空气中。内置的压缩弹簧把活塞杆推回原始位置。通过调节圈数可以无级调节缓冲动作，调节可在工作过程中进行。缓冲器可用作终端制动装置，承受规定的最大冲击力。在其外部安装接近传感器进行终端位置感测，终端位置精密调节，其重复精度可达±0.02mm
		耐冲击力型	耐冲击力型液压缓冲器，通常有内置弹簧调节及外部安置弹簧调节，通过调节圈数来完成对大负载的冲击缓冲
		低速进给型	低速进给型液压缓冲器主要用于气动进给单元的低速缓冲，使进给运动平稳，它最大耐冲击速度仅为0.3m/s，速度快慢可进行调节。通过调节圈可无级调节制动速度。适用于0.1m/s以下的低进给速度

计算与举例 — 计算公式

对液压缓冲器计算时，应确定下列值，即冲击时的有效值：作用力 A、等效质量 m_{equiv}、冲击速度 v。为了选择合适的缓冲器，在缓冲器最大缓冲能量选择上确保不超出下列值：如每一次行程内所允许的能量负载在 $W_{min}=25\%$、$W_{max}=100\%$，推荐每一次行程 $W_{opt}=50\%\sim100\%$，同时，还要确保每小时最大缓冲能量、最大残余能量、最大终端制动力均不能超过液压缓冲器实际数值

直线运动计算公式

$$W_{total}=\frac{1}{2}mv^2+As<W_{max}$$

$$W_h=W_{total}N<W_{hmax}$$

旋转运动计算公式

$$m_{equiv}=\frac{J}{R^2}$$

$$v=\omega R$$

$$A=\frac{M}{R}+mg\frac{a}{R}\sin\alpha$$

$A=F+G$（水平运动）

$A=F+mg\sin\alpha$（斜面运动）

$$G=mg\sin\alpha$$

特殊情况：$\alpha=0°$时水平运动，$G=0$

$\alpha=90°$时向下运动，$G=mg$

$\alpha=90°$时向上运动，$G=-mg$

式中，v 为冲击速度，m/s；m_{equiv} 为等效质量，kg；g 为重力加速度，9.81m/s^2；s 为缓冲器行程，m；α 为冲击角，(°)；W_{total} 为缓冲功/行程，J；W_h 为每小时缓冲功，J；J 为转动惯量，kg·m^2；R 为质量中心与缓冲器间的距离，m；ω 为角速度，rad/s；M 为驱动力矩，N·m；a 为重心与质量中心之间的距离；N 为每小时行程数；A 为附加作用力，N；F 为气缸作用力与摩擦力之差，N；G 为质量产生的力

计算与举例 — 例题

例1　已知：$m_{equiv}=m=50$kg，$v=1.5$m/s，$\alpha=45°$，$F=190$N，ϕ20mm，$p=6$bar 时，每小时行程数 N 为1800

求：每个行程所需的缓冲能量 W_{total} 及每小时所需的缓冲能量 W_h，并选择液压缓冲器的规格

解：$A=F+mg\sin\alpha=190+50\times9.81\times\sin45°=537$N

$m_{equiv}=m=50$kg

$W_{total}=1/2mv^2+As=1/2\times50\times1.5^2+537\times0.04=78$J

$W_h=W_{total}N=78\times1800=140000$J

如果选择FESTO公司YSR-25-40或YSR-25-40-C规格液压缓冲器（ϕ25mm、行程40mm），根据样本查得：YSR-25-40每次行程的最大缓冲能量 $W_{max}=160$J 及每小时最大缓冲能量 $W_h=293000$J；YSR-25-40每次行程的最大缓冲能量 $W_{max}=160$J 及每小时最大缓冲能量 $W_h=150000$J。对上述应用，两种缓冲器都适用。进一步的选择以调节装置和规格为依据。两种情况的利用率为49%

如果选择SMC公司RB-OEM-1.5×2规格液压缓冲器（外径M42×1.5mm、行程50mm），它每次行程的最大缓冲能量 $W_{max}=520$J 及每小时最大缓冲能量 $W_h=167000$J。该液压缓冲器适用

续表

计算与举例	例题	**例 2** **已知**：$J=2\text{kg}\cdot\text{m}^2$，$\omega=4\text{rad/s}$，$R=0.5\text{m}$，$M=20\text{N}\cdot\text{m}$，每小时行程数 N 为 900 **求**：每个行程所需的缓冲能量 W_{total} 及每小时所需的缓冲能量 W_h，并选择液压缓冲器的规格 **解**：$m_{equiv}=J/R^2=8\text{kg}$，$v=\omega R=2\text{m/s}$，$A=M/R=40\text{N}$ $W_{total}=1/2mv^2+As=1/2\times8\times2^2+40\times0.02=17\text{J}$ $W_h=W_{total}N=17\times900=15300\text{J}$ 如果选择 FESTO 公司 YSR-16-20 或 YSR-16-20-C 规格液压缓冲器（ϕ16mm、行程 20mm），根据样本查得：YSR-16-20 每次行程的最大缓冲能量 $W_{max}=32\text{J}$ 及每小时最大缓冲能量 $W_h=130000\text{J}$ YSR-16-20-C 每次行程的最大缓冲能量 $W_{max}=30\text{J}$ 及每小时最大缓冲能量 $W_h=64000\text{J}$。对上述应用，两种缓冲器都适用。进一步的选择以调节装置和规格为依据。两种情况的利用率分别为 53% 和 57% 如果选择 SMC 公司 RB-OEM-0.5 规格液压缓冲器（外径 M20×1.12mm），它每次行程的最大缓冲能量 $W_{max}=29.4\text{J}$ 及每小时最大缓冲能量 $W_h=32000\text{J}$，利用率为 58%。该缓冲器适用。如选择 RB1412（外径 M14×1.5、行程 12mm），它每次行程的最大缓冲能量 $W_{max}=19.6\text{J}$，运动频率 45 次/min，可得出每小时最大缓冲能量可 $W_h=52920\text{J}$，利用率为 87%。该液压缓冲器适用
选用液压缓冲器注意事项		①安装液压缓冲器时，应注意缓冲器行程稍留有余量，不能让缓冲器内的活塞撞击其底座。如要求终点位置精确时，应让缓冲器内置于空心的金属圆柱体挡块内，以提高定位精度 ②安装液压缓冲器时，应注意其轴心线与负载运动的轴心线一致，轴心偏角不得大于 3°，对于旋转角度的缓冲角度而言，应选择短行程液压缓冲器，并使缓冲行程与旋转摆动半径之比小于 0.05 ③如果需安装两个以上的液压缓冲器时，注意同步动作 ④严禁在液压缓冲器外部螺纹喷漆、校压，以避免影响散热效果及发生壁薄漏油 ⑤液压缓冲器的机架有足够的刚度，液压缓冲器的锁紧螺母按其使用说明书的力矩操作，过紧易损坏其外部螺纹，过松易使其松动而被撞坏 ⑥液压缓冲器不能在有腐蚀的环境下工作，避免与切削油、水、灰尘、脏物等接触

注：在参考文献［13］中给出了 11 条液压缓冲器的使用注意事项，可供参考。

4 气液转换单元

参考文献［16］中指出，转换元件通常指用来将不同能量形式的信号进行转换的元件，主要包含气-电转换器、电-气转换器和气-液转换器三种元件。气-液转换器是将气压直接转换为液压（增压比为 1∶1）的一种气液转换元件，常作为气动辅助元件应用于气动回路中。采用气-液转换器构成的系统，其主要特点是气压直接驱动，并通过气-液转换器变换为液压驱动，系统不需要通常的（液压）泵站，成本低，无液压泵引起的脉动，可获得液压驱动良好的定位，稳定进度和调速特性，可用于精密切削、精密稳定的进给运动。因此，气液转换器是功率从一种介质（气体）不经过增强传递给另外一种介质（液压）的装置（见 GB/T 17446—2024）。

表 21-5-6

工作原理	作为推动执行元件的有压力流体，使用气压力比液压力简便，但空气有压缩性，难以得到定速运动和低速（50mm/s 以下）平稳运动，中停时的精度也不高。液体一般可不考虑压缩性，但液压系统需有液压泵系统，配管较困难，成本也高，使用气流转换器，用气压力驱动气液联用缸动作，就避免了空气可压缩性的缺陷，起动时和负载变动时，也能得到平稳的运动速度。低速动作时，也没有爬行问题。故最适合于精密稳速输送，中停、急停、快速进给和旋转执行元件的慢速驱动等 将空气压力转换成相同压力的液压力的元件称为气液转换器。CC 系列气液转换单元是将 CCT 系列的气液转换器和 CCT□系列的阀单元组合成一体，如图 1 所示。通过它，便可将气动控制信号（功率）转换成液压执行动作  (a) 气液转换装置  (b) 气液转换器  (c) 阀单元 图 1　CC 系列气液转换单元

续表

工作原理

气液转换器是一个油面处于静压状态的垂直放置的油筒，如图2所示。其上部接气源，下部与气液联用缸相连。为了防止空气混入油中造成传动的不稳定性，在进气口和出油口处都装有缓冲板。进气口缓冲板还可防止空气流入时发生冷凝水，防止排气时流出油沫。浮子可防止油、气直接接触，避免空气混入油中，防止油面起波浪。所用油可以是透平油或液压油，油的运动黏度为40~100mm^2/s，添加消泡剂更好

阀单元是控制气液转换单元动作的各类阀的组合。其中，方向阀可能有中停阀和变速阀，速度控制阀可能有单向节流阀和带压力补偿的单向调速阀。它们都有小流量型和大流量型两种。它们可以构成的组合形式见表1，以适应不同使用目的的要求

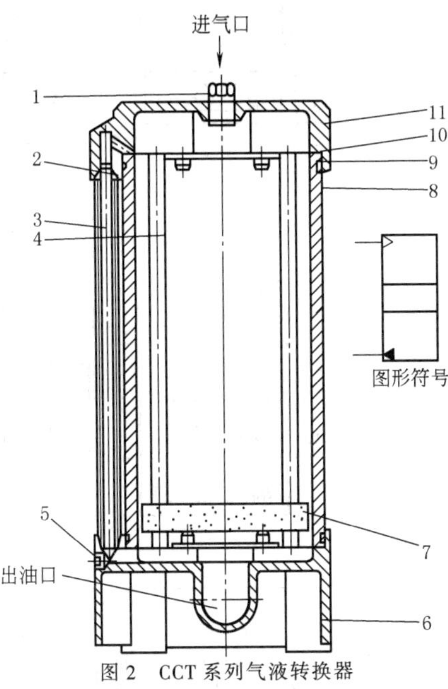

图2　CCT系列气液转换器

1—注油塞；2—油位计垫圈；3—油位计；4—拉杆；5—泄油塞；6—下盖；7—浮子；8—筒体；9—垫圈；10—缓冲板；11—头盖

表1　气液转换器和各类阀的组合及与其相适应的使用目的

方向阀，速度控制阀	无	单向节流阀	带压力补偿的单向调速阀	使用目的
无中停阀 无变速阀	—			仅需速度控制的场合
有中停阀				中间停止 点动 非常停止 停电时的停止

续表

工作原理

续表

方向阀,速度控制阀	无	单向节流阀	带压力补偿的单向调速阀	使用目的
有变速阀	—	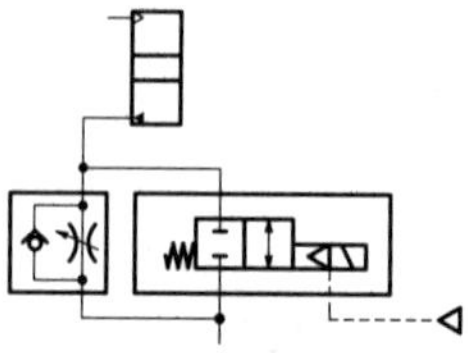	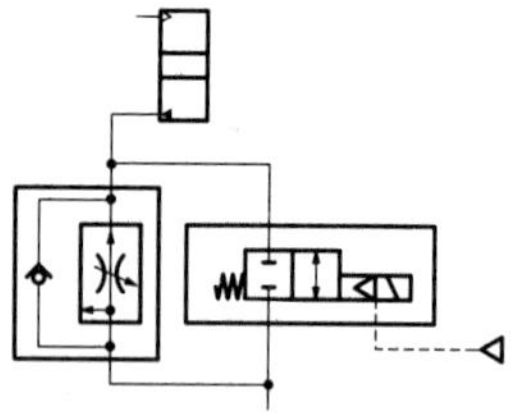	用于两种速度切换(快速进给,恒速进给)
有中停阀 有变速阀	—	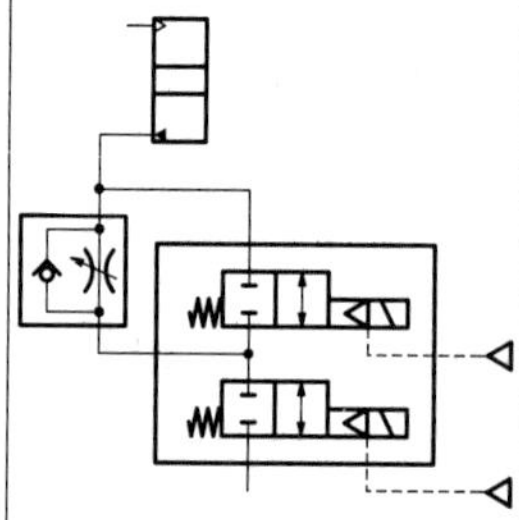	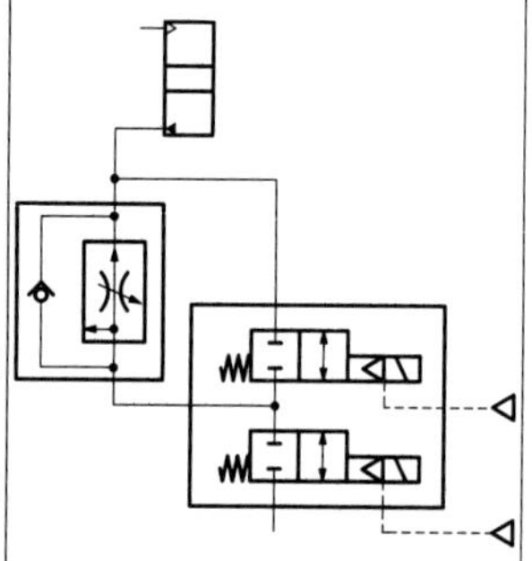	中间停止 点动 非常停止 停电时的停止 两种速度切换
使用目的	使物体平稳移动,不需要速度控制的场合成用气动速度控制可行的场合(3L/min 以上)	需微速控制(0.3L/min 以上),使用压力变化,负载变化时,允许速度变化的场合	需微速控制(0.04~0.06L/min 以上),使用压力变化,负载变化时要求速度保持几乎不变的场合	

主要技术参数

表 2　CCT 系列气液转换器的主要技术参数

公称直径/mm	标准有效油面行程/mm	使用压力范围/MPa	环境和介质温度/℃	油面限制速度/$m \cdot s^{-1}$	限制流量/$L \cdot min^{-1}$
40	50,100,150,200,300	0~0.7	5~50	0.2	15
63	50,100,200,300,400,500				36
100	100,200,300,400,500,600				88
160	200,300,400,500,600,700,800				217

表 3　阀单元的主要技术参数

品种		变速阀、中停阀		节流阀		流量控制阀		
		小流量型	大流量型	小流量型	大流量型	微小流量型	小流量型	大流量型
使用压力/MPa		0~0.7		0~0.7		0.3~0.7		
外部先导压力/MPa		0.3~0.7		—		—		
有效截面面积/mm^2	变速阀、中停阀	40	88	—				
	控制阀全开	—		35	77	18	24	60
	控制阀自由流动	—		30	80	23	30	80

续表

主要技术参数

续表

品种	变速阀、中停阀		节流阀		流量控制阀		
	小流量型	大流量型	小流量型	大流量型	微小流量型	小流量型	大流量型
最小控制流量/L·min^{-1}	—		0.3		0.04	0.06	
压力补偿能力	—		—		±10%		
压力补偿范围	—		—		负载率在60%以下		
阀的零位状态	常闭		—		—		

选用方法

①选气液联用缸的缸径及行程　根据该缸的轴向负载力大小及负载率(应在0.5以下)选择气液联用缸的缸径

②选气液转换器　选气液转换器时先由气液联用缸的缸径和行程,计算出气液联用缸的容积,根据气液转换器的油容量应为气液联用缸容积的1.5倍选定气液转换器的公称直径和有效油面行程。也可由图3进行选择。如缸径为100mm、行程为450mm的气液联用缸,应配用公称直径为160mm、有效油面行程为300mm的气液转换器。按图3选择气液转换器,实际上就是满足气液转换器的油面程度不大于200mm/s的要求。CCT系列气液转换器的主要技术参数见表2

③按需要功能选择阀单元(见表1)

阀单元的主要技术参数见表3

阀单元使用介质温度和环境温度为5~50℃,使用透平油的黏度为40~100mm^2/s,不得使用机油、锭子油

小流量型阀与气液转换器公称直径63mm和100mm相配;大流量型阀与气液转换器公称直径100mm和160mm相配

④选择阀规格和配管尺寸　根据对气液联用缸的驱动速度图(见图4)来选择阀的大小(小流量型或大流量型)及配管内径

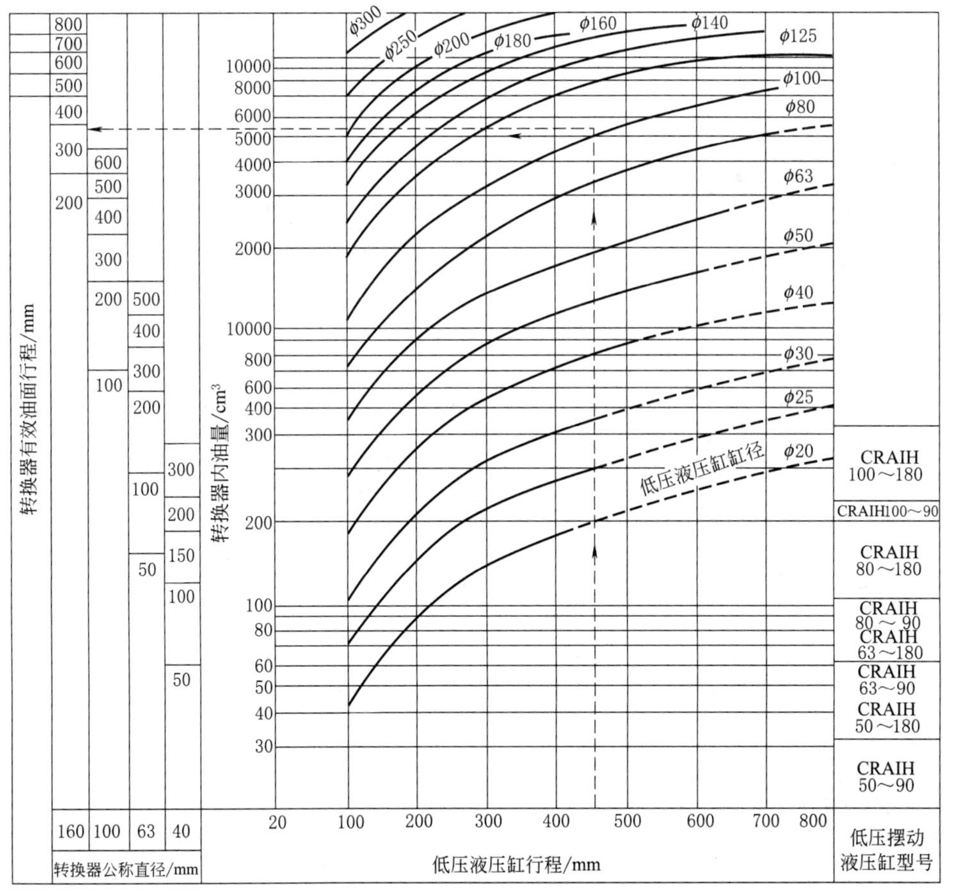

图3　气液联用缸容积和气液转换器容量图

续表

选用方法

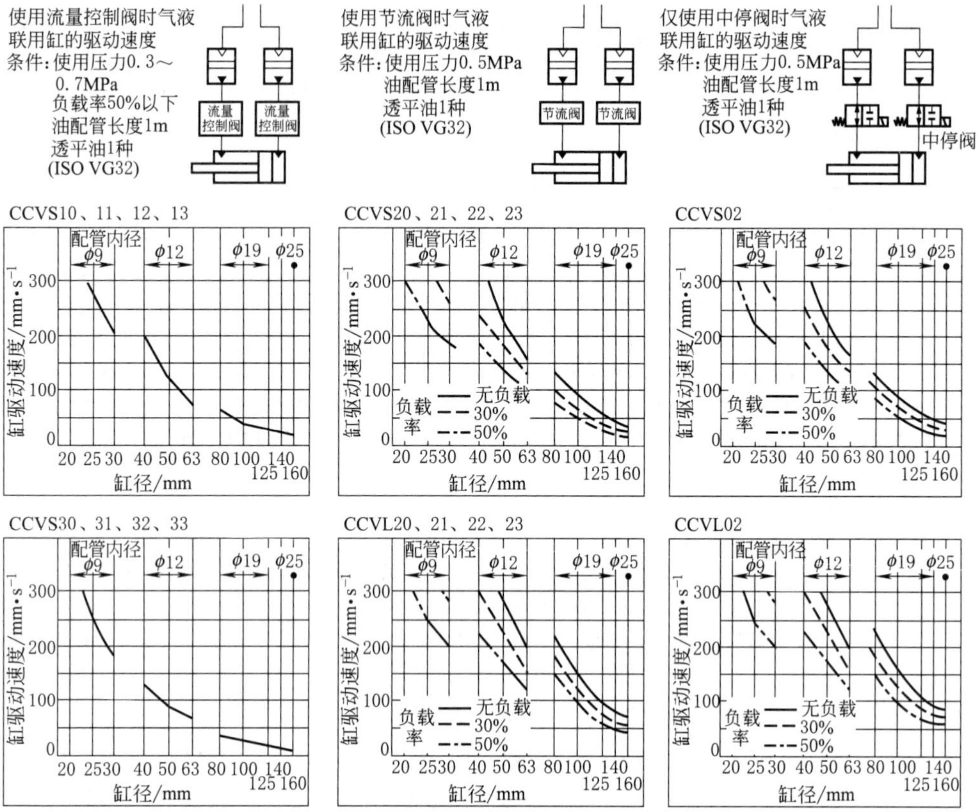

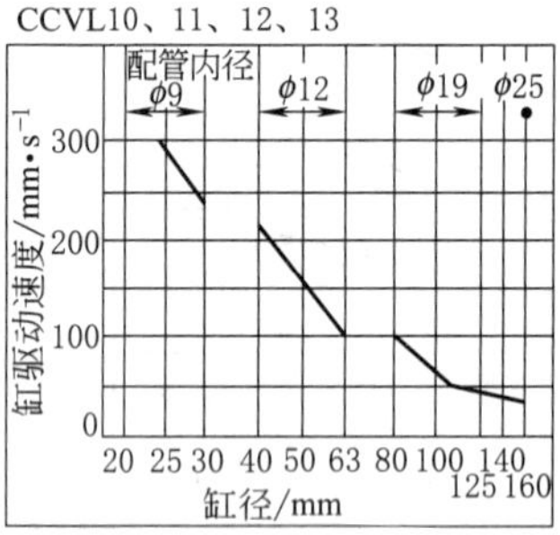

使用流量控制阀时气液联用缸的驱动速度
条件:使用压力0.3～0.7MPa
负载率50%以下
油配管长度1m
透平油1种
(ISO VG32)

流量控制阀　流量控制阀

使用节流阀时气液联用缸的驱动速度
条件:使用压力0.5MPa
油配管长度1m
透平油1种
(ISO VG32)

节流阀　节流阀

仅使用中停阀时气液联用缸的驱动速度
条件:使用压力0.5MPa
油配管长度1m
透平油1种
(ISO VG32)

中停阀

CCVS10、11、12、13　CCVS20、21、22、23　CCVS02

CCVS30、31、32、33　CCVL20、21、22、23　CCVL02

CCVL10、11、12、13

配管内径　ϕ9　ϕ12　ϕ19　ϕ25

缸驱动速度/mm·s^{-1}　0　100　200　300

缸径/mm　20　25　30　40　50　63　80　100　125　140　160

负载率　无负载　30%　50%

阀单元型号表示方法

CCV S 1 1

阀单元的大小

S	小流量型
L	大流量型

速度控制阀

0	无
1	带压力补偿的流量控制阀
2	节流阀
3	微小流量控制阀(仅CCVS)

换向阀

0	无
1	变速阀+中停阀
2	中停阀
3	变速阀

图4　阀单元和气液联用缸的驱动速度图

使用注意事项

①气源　为防止冷凝水混入、防止气液转换单元故障、延长工作油的使用寿命,建议使用空气过滤器及油雾分离器

②环境　气液转换单元不要靠近火源使用,不要用于洁净室,不要在60℃以上的机械装置上使用。油位计是用丙烯材料制成的,不要在有害雾气中(如亚硫酸、氯、重铬酸钾等)使用

③安装

Ⅰ.转换器必须垂直安装,气口应朝上

Ⅱ.安装气液转换单元要留出维护空间,便于补油(系统中会有微量油排出,油量会逐渐减少)及释放油中空气

Ⅲ.气液转换器的安装位置应高于气液联用缸,若比缸低,则缸内会积存空气,必须使用缸上的泄气阀排气。若没有泄气阀,就得旋松油管进行排气了

Ⅳ.气液联用缸动作时,不能回避会发生微量漏油。特别是气液联用缸一侧使用空气时,会从气动方向阀出口排出油分,故气动方向阀排气口上应设置排气洁净器,并要定期排放,如图5所示

④配管

Ⅰ.安装前,配管应充分吹净

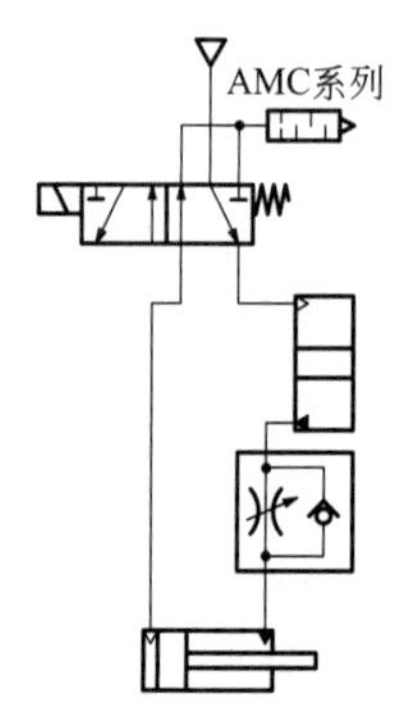

图5　气动方向阀排气口上应设置排气洁净器

续表

使用注意事项

Ⅱ.油管应使用白色尼龙管。油管路部分内径不要变化太大,管内应无突起和毛刺。油管路中的弯头及节流处尽量减少,且油管应尽量短,否则所要求的流量可能达不到,或由于过分节流处速度高,会发生气蚀出现气泡

Ⅲ.管接头不要使用快换接头,应使用卡套式接头等

Ⅳ.不能发生从油管处吸入空气

Ⅴ.中停阀和变速阀是电磁阀时,因是外部先导式,空气配管中的压力应为0.3~0.7MPa,外部先导压力应高于缸的驱动压力

Ⅵ.中停阀和变速阀是气控阀时,信号压力应为0.3~0.7MPa,气控压力应高于缸的驱动压力

Ⅶ.由于气蚀,缸动作中会产生气泡。为了不让这些气泡残留在配管中,缸至转换器的配管应向上,且油管应尽量短

⑤日常维护

Ⅰ.缸两侧为油时,因油有可能微漏,则会一侧转换器油量增加,另一侧转换器油量减少。可将两转换器连通,中间加阀A将油量调平衡,如图6所示

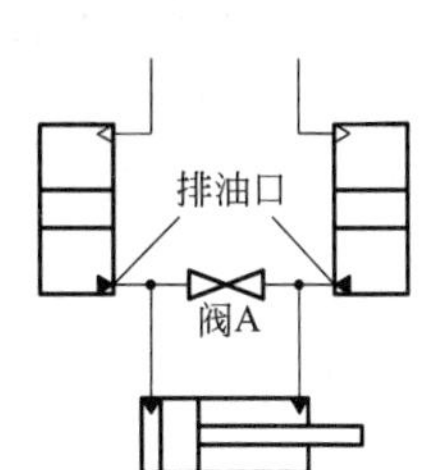

图6　缸两侧为油时的油量平衡

Ⅱ.缸一侧为油时,气液转换单元最好两侧为油,但一侧为油也能用。因油的黏性阻力约减半,速度约增40%,空气有可能混入作动油中,这会产生以下现象

a.缸速不是定速

b.中停精度降低

c.变速阀的超程量增加

d.带压力补偿的流量控制阀(也含微小流量控制阀)有震动声

因此,要定期检查是否油中混入空气。产生上述现象要进行泄气

⑥注油

Ⅰ.在确认被驱动物体已进行了防止落下处置和夹紧物体不会掉下的安全处置后,切断气源和电源,将系统内的压缩空气排空后,才能向气液转换器注油。若系统内残存压缩空气,一旦打开气液转换器上的注油塞,油就会被吹出

Ⅱ.气液转换器的位置应高于气液联用缸,见图7a,应让气液联用缸的活塞移动至注油侧的行程末端。打开缸上的泄气阀。带中停阀的场合,提供0.2MPa左右的先导压力,利用手动或通电,让中停阀处于开启状态。打开注油塞注油,当缸上的泄气阀不再排出带气的油时便关闭。确认注油至透明油位计的上限位置附近便可。然后再对另一侧气液转换器注油。这时,要将活塞移动至另一侧行程末端,重复上述步骤

Ⅲ.如气液转换器一定要低于气液联用缸,如图7b所示,注油步骤与上面Ⅱ相同。当注油至油位计的上限后,拧入注油塞,从进气口加0.05MPa的气压力,将油压至缸内,直至缸上的泄气阀不再排出带气的油时,关闭泄气阀。这种使用方法,在缸动作过程中,要定期排放缸内的空气。若缸上没有泄气阀,应在配管的最高处设置泄气阀

⑦回路中的注意事项

Ⅰ.执行元件在往复动作中,仅一个方向需控制动作快慢,可在控制方向的缸通口上连接气液转换单元

Ⅱ.两个执行元件共用一个气液转换器,但不要求两个执行元件同步动作的场合,应每个执行元件使用一个阀单元,如图8所示,各执行元件动作有先有后

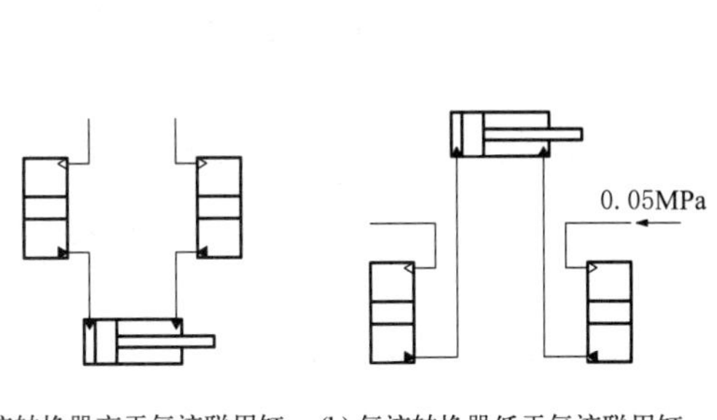

(a) 气液转换器高于气液联用缸　(b) 气液转换器低于气液联用缸

图7　气液转换器的注油方法

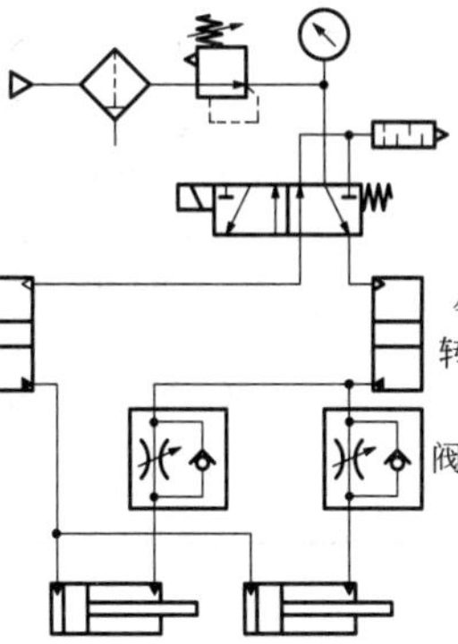

图8　两个执行元件共用一个气液转换器的回路

Ⅲ.使用变速阀时,高低速之比最大也就3:1。这个比值若过大,会因“弹跳”而产生气泡,将带来许多问题。变速阀动作时,由于没有速度控制阀,快进速度取决于气液单元的品种、配管条件及执行元件。在这种情况下,若缸径小,缸速会很高,若要控制快进速度,可像图9所示为气动用速度控制阀

Ⅳ.中停阀应使用出口节流控制。往复方向都需中停时,杆侧和无杆侧都应使用中停阀。使用缸吊起重物时,若杆侧设置中停阀让其中停,由于杆侧压力为0活塞杆会下降,为防止此现象,在无杆侧也应设置中停阀。中停阀因间隙密封,稍有泄漏,故缸中停时会有图10所示的移动量

Ⅴ.冲击压力。缸高速动作时,一旦到达行程末端,在杆侧或无杆侧会产生冲击压力。这时,若杆侧或无杆侧的中停阀关闭,冲击压力被封入,中停阀就有可能不能动作。这时,应让中停阀延迟1~2s再关闭

续表

使用注意事项	Ⅵ. 温升的影响。缸在行程末端停止中,其对侧的中停阀一旦关闭(杆缩回时指杆侧的中停阀,杆伸出时指无杆侧的中停阀),有温度上升时,缸内压力也会增大,中停阀有可能打不开。在这种情况下,就不要关闭中停阀 Ⅶ. 压力补偿机构的跳动量。在缸动作时,压力补偿机构伴随有图11所示的跳动量。所谓跳动量,是指缸速不受控制时,以比控制速度高的速度动作而产生的移动量 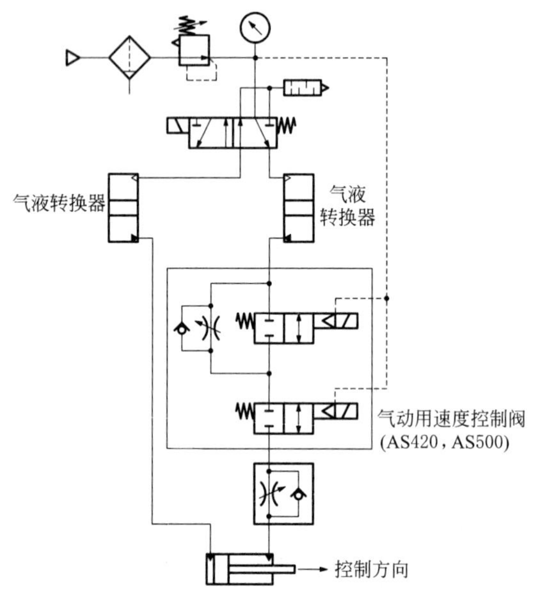 图9　控制快进速度的回路 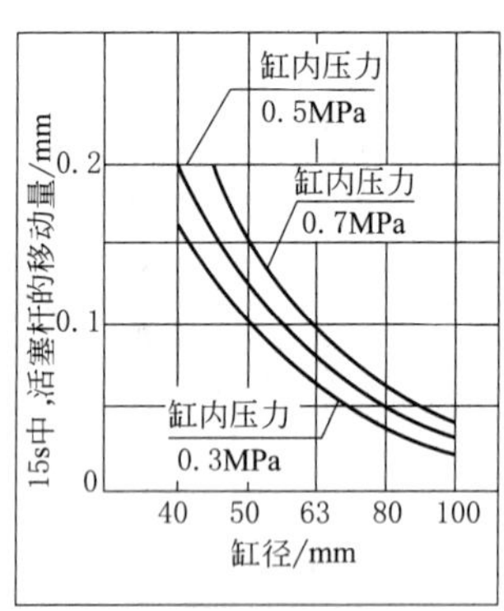 图10　气液单元缸中停时的移动量 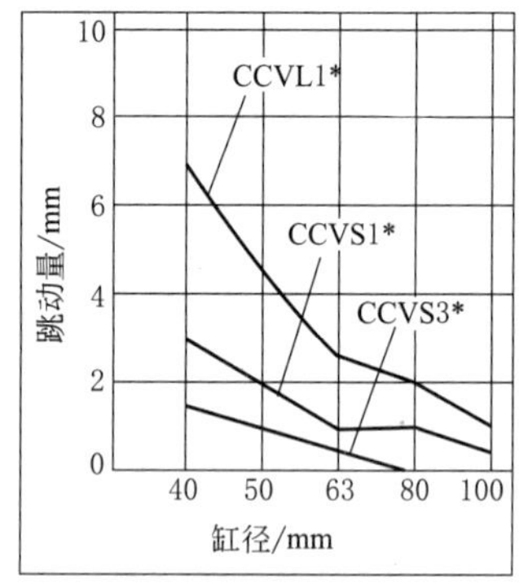 图11　气液单元带压力补偿机构的跳动量

5　压力开关（气压和真空压力开关）

GB/T 17446—2024《流体传动系统及元件　词汇》中给出了术语“压力开关”的定义：“由流体压力控制的带电气或电子触点的元件（当流体压力达到预定值时引发开关的触点动作）”。

GB/T 786.1—2021《流体传动系统及元件　图形符号和回路图　第1部分：图形符号》中给出了“压力开关（机械电子控制）”“点调节压力开关（输出开关信号）”“压力传感器（输出模拟信号）”图形符号，见第1章。但并没有据此标准修改一些厂家自行绘制的图形符号。

5.1 气压压力开关

表 21-5-7

简介	气压力达到预定设定值，电气触点便接通或断开的元件称为压力开关，也称为压力继电器。它可用于检测压力的大小和有无，并能发出电信号，反馈给控制电路。如用于控制压缩机的自动启动，压力控制回路等。流量、温度、液位等其他物理量，若能转化为压力信号也可用于开关对这些物理量的变化进行控制 机械式压力开关有气动式压力开关、磁性舌簧式压力开关和通用压力开关等。电子式压力开关没有触点，故也称为无触点式压力开关

主要技术参数

表 1 SMC 压力开关的系列名称及主要技术参数

品种		小型压力开关（无数字显示）	一体型数字式压力开关								
系列		PSI□00	I/ZSE20□	I/ZSE30A	ISE35	I/ZSE40A	I/ZSE10	ISE7□	ISE7□G	ISE75(H)	I/ZSE80
适用流体		空气、非腐蚀性气体、不燃性气体							不腐蚀 SUS304、SUS430 及 SUS630 液体或气体		不腐蚀 SOS304 及 SUS630 液体或气体
额定压力范围	-101~0kPa	—	○	○	—	—	○	—	—	—	○
	-101.3~0kPa	—	—	—	—	○	○	—	—	—	○
	-100~100kPa	—	○	○	—	○	○	—	—	—	○
	-100~0kPa	○	—	—	—	—	—	—	—	—	—
	-100kPa~1MPa	—	○	○	○	○	○	○	○	—	○
	0~2kPa	—	—	—	—	—	—	—	—	—	—
	0~100kPa	—	—	—	—	—	—	—	—	—	—
	0~500kPa	—	—	—	—	—	—	—	—	—	—
	-0.1~0.45MPa	○	—	—	—	—	—	—	—	—	—
	-0.1~0.4MPa	○	—	—	—	—	—	—	—	—	—
	0~1MPa	—	—	—	○	—	—	○	○	—	—
	0~2MPa	—	—	—	—	—	—	—	○	—	—
	-0.1~2MPa	—	—	—	—	—	—	—	—	—	○
	0~5MPa	—	—	—	—	—	—	—	○	—	—
	0~1.6MPa	—	—	—	—	—	—	○	—	—	—
	0~10MPa	—	—	—	—	—	—	—	○	○	—
	0~15MPa	—	—	—	—	—	—	—	—	○	—
设定方法		微调电容器设定	数字设定								
开关输出	1 输出	○	○	○	○	○	○	○	○	○	○
	2 输出	—	○	○	—	○	○	○	○	○	○
模拟输出	1~5V	—	○	○	—	○	○	—	—	—	○
	0.6~5V	—	○	○	—	○	○	—	—	—	○
	0.8~5V	—	—	—	—	—	—	—	—	—	○
	4~20mA	—	○	○	—	○	—	—	—	—	○
	2.4~20mA	—	○	○	—	○	—	—	—	—	○
	3.2~20mA	—	—	—	—	—	—	—	—	—	○
迟滞	迟滞型	PS1000/PS1100：4%FS 以下 PS1200：10%FS 以下	可调								
	上下限比较型	—	可调								

续表

续表

主要技术参数	小型压力开关（无数字显示）	一体型数字式压力开关								
品种	小型压力开关（无数字显示）	一体型数字式压力开关								
系列	PSI□00	I/ZSE20□	I/ZSE30A	ISE35	I/ZSE40A	I/ZSE10	ISE7□	ISE7□G	ISE75(H)	I/ZSE80
模拟输出精度	—	±2.5%FS	—	—	—	±2.5%FS		—	—	±1%FS
直线度	—	±1%FS	—	—	±1%FS			—	—	±1%FS
重复精度	±1%FS	±0.2%FS ±1digit	±1%FS	±1%FS	±0.2%FS ±1digit			±0.5%FS		±0.2%FS ±1digit
温度特性（25℃基准）	±3%FS	±2%FS		—	±2%FS	±2%FS	±2%FS	±3%FS（ISE70G） ±5%FS（其他）	±3%FS	
使用电压/V	DC(12~24)±10%									
消耗电流/mA	5~40	25以下	40以下	55以下	45以下	40以下	55以下	35以下	55以下	45以下
数字显示方式（显示精度）	—	三色（红/绿/橙）	两色（红/绿） ±2%FS ±1digit					三色（红/绿/橙）	两色（红/绿） ±2%FS ±1digit	两色（红/绿） ±2%FS ±1digit
动作指示灯	红灯	OUT1:橙	OUT1:绿 OUT2:红	OUT:绿	OUT1:橙 OUT2:橙	OUT1:绿 OUT2:红		OUT1:橙 OUT2:橙	OUT1:绿 OUT2:红	OUT1、OUT2:橙
保护等级	IP40	IP40	IP40	IP40	IP65	IP40	IP67	IP67	IP67	IP65
接线方式	直接出线式	直接出线式	3芯耐油乙烯橡胶绝缘电缆 4芯	3芯耐油导线	5芯耐油导线	5芯耐油导线	导线带M12（4针）			耐油软导线
接管口径	ID6:φ6 ID7:1/4	R1/8、NPT1/8、R1/4、NPT1/4、G1/4、Rc1/8、URJ1/4、TSJ1/4	R1/8、NPT1/8（带M5内螺纹）φ4、φ6、φ5/32、φ1/4 快换接头	—	R1/8、NPT1/8（带M5内螺纹）、Rc1/8、G1/8、M5、φ5/32、φ4、φ6快换接头	R1/8、NPT1/8、M5、M5R	内螺纹（Rc、NPT、G）1/4	内螺纹（Rc、NPT、G1/4）		Rc1/8、R、NPT、G1/4（带内螺纹M5×0.8）、URJ1/4、TSJ1/4
功能 自动移位	—	○	—	—	○	—	—	—	—	○
功能 自动预置	—	○	○	—	○	○	—	○	—	○
功能 显示值微调	—	○	○	—	○	○	○	○	○	○
功能 峰值-谷值显示	—	○	○	○	○	○	○	○	○	○
功能 错误显示	—	○	○	○	○	○	○	○	○	○
功能 单位切换	—	○	○	○	○	○	○	○	○	○
功能 键锁定	—	○	○	○	○	○	○	○	○	○
功能 置“0”	—	○	○	○	○	○	○	○	○	○
功能 防止振荡	—	○	○	○	○	○	○	○	○	○
功能 复制	—	○	○	—	○	○	—	—	—	—

续表

主要技术参数	品种		分置型压力开关									
			压力传感器					控制器				
	系列		PSE53□	PSE54□	PSE550	PSE56□	PSE57□	PSE200	PSE200A	PSE300	PSE300A	PSE300AC
	适用流体		空气、非腐蚀性气体、不燃性气体			不腐蚀 SUS316L 的流体		—				
	额定压力范围	-101~0kPa	○	○	—	○	—	—	—	—	—	—
		-101~10kPa	—	—	—	—	—	○	—	○	—	—
		0~101kPa	○	—	—	—	—	—	—	—	—	—
		-10~101kPa	—	—	—	—	—	○	—	—	—	—
		-10~100kPa	—	—	—	—	—	—	—	○	—	—
		-10~105kPa	—	—	—	—	—	—	○	—	○	○
		-101~101kPa	○	—	—	—	—	○	—	○	—	—
		-105~10kPa	—	—	—	—	—	—	○	—	○	○
		-100~100kPa	—	○	—	○	○	—	—	—	—	—
		-105~105kPa	—	—	—	—	—	—	○	—	○	○
		-50~500kPa	—	—	—	—	—	—	—	○	—	—
		-50~525kPa	—	—	—	—	—	—	○	—	○	○
		0~2kPa	—	—	○	—	—	—	—	—	—	—
		-0. 2~2. 1kPa	—	—	—	—	—	—	○	—	○	○
		-0. 2~2kPa	—	—	—	—	—	—	—	○	—	—
		0~50kPa	—	—	—	—	—	—	—	—	—	—
		0~500kPa	—	—	—	○	○	—	—	—	—	—
		0~1MPa	○	○	—	○	○	○	—	—	—	—
		-0. 105~1. 05MPa	—	—	—	—	—	—	○	—	○	○
		-0. 105~2. 1MPa	—	—	—	—	—	—	○	—	○	○
		-0. 1~1MPa	—	—	—	—	—	—	—	○	—	—
		0~2MPa	—	—	—	—	○	—	—	—	—	—
		0~5MPa	—	—	—	—	○	—	—	—	—	—
		-0. 25~5. 25MPa	—	—	—	—	—	—	○	—	○	—
		-0. 1~5. 25MPa	—	—	—	—	—	—	—	—	—	○
		0~10MPa	—	—	—	—	○	—	—	—	—	—
		-0. 1~10. 5MPa	—	—	—	—	—	—	—	—	—	○
		-0. 5~10. 5MPa	—	—	—	—	—	—	○	—	○	—
	设定方法		—					数字设定				

续表

续表

	品种		分置型压力开关											
			压力传感器							控制器				
主要技术参数	系列		PSE53□	PSE54□	PSE550	PSE56□	PSE570	PSE573/4	PSE57 5/6/7	PSE20□	PSE200A	PSE300	PSE300A	PSE300AC
	适用流体		空气、非腐蚀性气体、不燃性气体			不腐蚀 SUS316L 的流体				—				
	开关输出	2 输出	—	—	—	—	—			—	—	—	○	○
		5 输出	—	—	—	—	—			○	○	○	—	—
	模拟输出	1~5V	○	○	○	○	○			—	—	○	○	—
		4~20mA	—	—	—	○	○			—	—	○	○	—
	迟滞	迟滞型	—				—			可调				
		上下限比较型	—				—			3digit	可调			
	模拟输出精度		±2.5%FS	±2%FS（PSE54□） ±1%FS（PSE54□A）	±1%FS	±1%FS	±1%FS		±2.5%FS	—	—	≤±0.6%FS -2%FS	±0.5%FS	—
	直线度		±1%FS	±0.7%FS（PSE540） ±0.4%FS（其他）	±0.5%FS					—	—	±0.2%FS		—
	重复精度		±1%FS	±0.2%FS	±0.3%FS	±0.2%FS			±0.5%FS	±0.1%FS	±0.1%FS±1digit			
	温度特性（25℃基准）		±2%FS		±3%FS	±2%FS		±3%FS	±5%FS	±0.5%FS				
						（0~50℃）								
						±3%FS		±4%FS						
						（−10~60℃）								
	使用电压/V		DC（12~24）±10%											
	消耗电流/mA		15 以下			10 以下				55 以下		50 以下	35 以下	25 以下
	数字显示方式（显示精度）		—							单色（橙） ±0.5%FS ±1digit	单色（橙） ±0.5%FS ±1digit	两色（红/绿） ±0.5%FS ±1digit	单色（橙） ±0.5%FS ±1digit	单色（橙） ±0.5%FS ±1digit

续表

续表

品种		分置型压力开关											
		压力传感器						控制器					
系列		PSE53□	PSE54□	PSE550	PSE56□	PSE570	PSE573/4	PSE57 5/6/7	PSE20□	PSE200A	PSE300	PSE300A	PSE300AC
主要技术参数	动作指示灯	—							红灯	OUT1、OUT2:橙	OUT1:绿 OUT2:红	OUT1、OUT2:橙	OUT1、OUT2:橙
	保护等级	IP40	IP40	IP40	IP65				控制器 IP65,余 IP40	IP40	IP40	IP40	IP65
	接线方式	插座式	直线出线式						8 针插座	e-CON	5 针插座	e-CON	M12 (4Pin)
		三芯电缆带 e-CON 插头											
	接管口径	M5×0.8、插杆 ϕ6mm ¼in	M3×0.5、M5×0.8、外螺纹(R、NPT)⅛(内螺纹M5×0.8)、插杆 ϕ4mm、ϕ6mm、内螺纹M5×0.8(贯通)	内径 ϕ4mm 树脂管	外螺纹(R、NPT)⅛、¼(内螺纹M5×0.8)、Rc⅛、URJ¼、TSJ¼	,外螺纹(R)⅛、¼(内螺纹M5×0.8)			—	—	—	—	—
功能	自动移位	—							○	○	○	○	—
	自动预置	—							○	○	○	○	○
	自动识别	—							○	—	—	—	—
	显示值微调	—							○	○	○	○	○
	峰值-谷值显示	—							○	○	○	○	○
	错误显示	—							○	○	○	○	○
	单位切换	—							○	○	○	○	○
	键锁定	—							○	○	○	○	○
	置“0”	—							○	○	○	○	○
	防止振荡	—							○	○	○	○	○
	通道扫描	—							○	○	○	—	—
	复制	—							○	○	○	○	—

续表

选用方法	根据表1选用压力开关。选用时应考虑使用的流体、设定压力范围、设定值的精度、要求的特长及使用方便等因素，要响应性好，且安装空间受限制，大多选用分置型压力开关。通常都选用一体型，在测定处便有显示。一通道的一体型比分置型的成本低。需要多通道时，选用4通道控制器(PSE200)，不仅显示部占空间小，且比一体型成本低
使用注意事项	①不要用于有腐蚀性的气体及可燃、易爆的气体中 ②有油、水飞溅的场合，应选防滴型压力开关 ③不能用于温度急剧变化的场所(即使处在使用温度范围内)。在5℃以下工作，为防止水分冻结，应设置空气干燥器 ④装拆时，不要摔扔压力开关。电源的软线不要承受过大的力。安装时，要夹住开关主体侧面旋紧，不要夹住电源防护罩旋拧 ⑤千万不要错误配线，且不得与动力线、电力线一起配线，以免由于电噪声引起误动作。开关不得用于有脉冲发生源(如电机)的周围 ⑥开关必须接负载后再接通电源，切勿短路 ⑦在电源接通状态下，不要插拔插头，以免开关输出出现误动作 ⑧绝不要用金属丝之类插入压力通口内，以免损坏压力传感器内部 ⑨必须在设定压力范围内使用 ⑩应在规定电压下使用，要注意开关的内部电压降，即电源电压开关内部的电压降>负载动作电压。要注意漏电流，即负载动作电流>漏电流 ⑪液晶显示部分在动作中不要用手摸。由于静电，显示会有变化 ⑫设定微调电容器时，要用钟表螺钉旋具轻轻转动，且不要超过两端的止动标记 ⑬数字式压力开关在电源切断后，设定压力等输入数据可保持10万小时 ⑭分置型压力传感器可以单体使用，也可以直接连接到模拟输入装置上 ⑮两输出是指有两根开关输出线，两个设定值是指设定上限值和下限值，这是两个不同的概念。两输出型只使用一个输出时，另一个不使用的输出线末端可用绝缘胶带卷起来。不使用的输出的指示灯(若是红灯)，若无要求，可设 $p_3=p_1$，$p_4=p_2$，则红灯与绿灯同步ON/OFF；若不需要ON/OFF，可让 p_3 及 p_4 设定在比较高的压力值(即达不到的压力值) ⑯模拟输出往往用于工厂的集中管理。将现场的压力状态通过模数转换，转换成数字信号，以信息的方式传送到用户的显示屏，便知生产线上处于何种状态

表 21-5-8　　18D 型机械式气动压力开关 (Norgren)

外形、原理及特点	 18D 气动压力开关 G¼，¼NPT 法兰 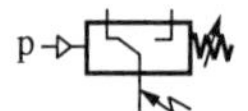 特点： ① 镀金接头 ② 长寿命 ③ 抗振 15g ④ 符合 UL 和 CSA 规范微动开关 ⑤ 可直接与 Excelon 空气处理器装置相连接					
技术参数	介质	中性气体和液体	介质温度	-10~80℃	开关频率	100次/min
	类型	膜片式	开关元件最高温度	80℃	保护等级	IP65
	安装方式	可选	重复性	±3%，真空为±4%	质量	0.2kg
	工作压力	-1~30bar	电气接头	DIN 43 650 或 M12×1	材料 壳体	铝
	介质黏度	最大可达 1000mm^2/s	开关类型	微动开关	材料 密封件	丁腈橡胶，氟橡胶
					材料 O形圈	NBR

续表

	规格	类型	压力范围/bar	切换压差/bar	型号	图号
DIN 43 650 接头参数	G¼	内螺纹	-1~1	0.25~0.35	0880110	a
	G¼	内螺纹	-1~0	0.15~0.18	0880100	a
	¼NPT	内螺纹	-1~0	0.15~0.18	0880120	a
	G¼	内螺纹	-1~0	0.15~0.18	0880126	a
	—	法兰	-1~0	0.15~0.18	0881100#	c
	G¼	内螺纹	0.2~2	0.15~0.27	0880200	a
	¼NPT	内螺纹	0.2~2	0.15~0.27	0880220	a
	G¼	内螺纹	0.2~4	0.15~0.27	0880226	a
	—	法兰	0.2~2	0.15~0.27	0881200#	c
	G¼	内螺纹	0.5~8	0.25~0.65	0880300	b
	¼NPT	内螺纹	0.5~8	0.25~0.65	0880320	b
	G¼	内螺纹	0.5~8	0.25~0.65	0880326	b
	—	法兰	0.5~8	0.25~0.65	0881300#	c
	G¼	内螺纹	1~16	0.30~0.90	0880400	b
	¼NPT	内螺纹	1~16	0.30~0.90	0880420	b
	G¼	内螺纹	1~16	0.30~0.90	0880426	b
	—	法兰	1~16	0.30~0.90	0881400#	c
	G¼	内螺纹	1~30	1.00~5.00	0880600	b
	¼NPT	内螺纹	1~30	1.00~5.00	0880620	b
	注:最大值,绝无影响喷漆应用的物质					
M12×1 电气接头参数	规格	类型	压力范围/bar	切换压差/bar	型号	图号
	G¼	内螺纹	-1~0	0.15~0.18	0880160	d
	G¼	内螺纹	0.2~2	0.15~0.27	0880260	d
	G¼	内螺纹	0.5~8	0.25~0.65	0880360	d
	G¼	内螺纹	1~16	0.30~0.90	0880460	d
	G¼	内螺纹	1~30	1.00~5.00	0880660	d
	—	法兰	-1~0	0.15~0.18	0881160	e
	—	法兰	0.2~2	0.15~0.27	0881260	e
	—	法兰	0.5~8	0.25~0.65	0881360	e
	—	法兰	1~16	0.30~0.90	0881460	e
流体应用	规格	类型	压力范围/bar	切换压差/bar	型号	图号
	G¼	内螺纹	0.2~2	0.15~0.18	0880219	a
	¼NPT	内螺纹	0.2~2	0.15~0.27	0880240	a
	G¼	内螺纹	0.5~8	0.25~0.65	0880323	b
	¼NPT	内螺纹	0.5~8	0.25~0.65	0880340	b

	负载等级	电流类型	负载类型	当在 U(V)下最大持续电流/A						触头寿命
				30	48	60	125	250		
负载等级	标准(例如压缩机、电磁铁)	AC	限性负载	12	5	5	5	5	5	开关次数>10^7
		AC	感性负载 $\cos\varphi\approx0.7$	12	3	3	3	3	3	
		DC	限性负载	12	5	1.2	0.8	0.4	—	
		DC	感性负载 $L/R=10$ms	12	3	0.5	0.35	0.05	—	
	低(例如压缩机、电磁铁)	AC	限性负载	5	0.34	0.2	0.17	0.08	0.04	开关次数>10^7
		DC	感性负载 $L/R=10$ms	5	0.1	0.01	—	—	—	

续表

<table>
<tr><td>外形、安装尺寸</td><td colspan="4">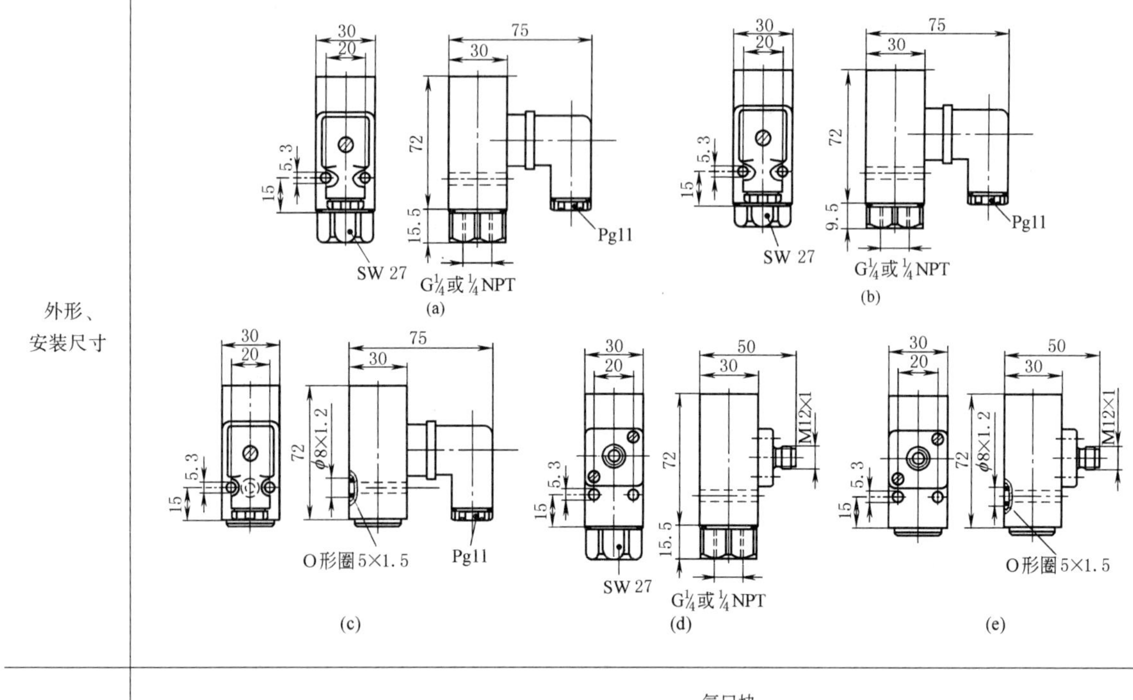
</td></tr>
<tr><td rowspan="4">附件</td><td colspan="4">
</td></tr>
<tr><td>说明</td><td>型号</td><td>说明</td><td>型号</td></tr>
<tr><td>M12×1,不带电缆
M12×1,4 芯 2m 电缆
M12×1,4 芯 5m 电缆</td><td>0523055
0523057
0523052</td><td>M12×1,90°不带电缆
M12×1,90° 4 芯 2m 电缆
M12×1,90° 4 芯 5m 电缆</td><td>0523056
0523058
0523053</td></tr>
</table>

表 21-5-9　　ISE30/ZSE30 系列高精度数字压力开关（SMC 公司）

<table>
<tr><td>外形及特点</td><td></td><td>①数字用 2 色显示,可根据使用用途自由设定
②安装更省空间(与 ISE4E 相比较)
③显示值有微调功能</td></tr>
</table>

续表

<table>
<tr><td rowspan="29">技术参数</td><td colspan="2">系列</td><td>ISE30</td><td>ZSE30</td></tr>
<tr><td colspan="2">额定压力范围</td><td>0~1MPa</td><td>-100~100kPa</td></tr>
<tr><td colspan="2">设定压力范围</td><td>-0.1~1MPa</td><td>-101~101kPa</td></tr>
<tr><td colspan="2">使用流体</td><td colspan="2">空气、惰性气体、不燃性气体</td></tr>
<tr><td colspan="2">电源电压</td><td colspan="2">(12~24V DC)±10%,脉动10%以下(带逆接保护)</td></tr>
<tr><td colspan="2">消耗电流</td><td colspan="2">45mA以下(但电流输出时在70mA以下)</td></tr>
<tr><td rowspan="6">开关输出</td><td>形式</td><td colspan="2">NPN或PNP集电极开路1个输出</td></tr>
<tr><td>最大负载电流</td><td colspan="2">80mA</td></tr>
<tr><td>最大施加电压</td><td colspan="2">30V(NPN输出时)</td></tr>
<tr><td>残留电压</td><td colspan="2">1V以下(负载电流80mA时)</td></tr>
<tr><td>响应时间</td><td colspan="2">2.5ms以下(带振荡防止机能时,可选择20ms、160ms、640ms、1280ms)</td></tr>
<tr><td>短路保护</td><td colspan="2">有</td></tr>
<tr><td colspan="2">重复精度</td><td>±0.2%满刻度,±1个单位以下</td><td>±0.2%满刻度,±2个单位以下</td></tr>
<tr><td rowspan="2">模拟输出</td><td>电压输出</td><td colspan="2">输出电压:1~5V,±2.5%满刻度以下(在额定压力范围)
直线度:±1%满刻度以下;输出阻抗:约1kΩ</td></tr>
<tr><td>电流输出</td><td colspan="2">输出电流:4~20mA,±2.5%满刻度以下(在额定压力范围);直线度:±1%满刻度以下;最大负载阻抗:电源电压12V时为300Ω,24V时为600Ω,最小负载阻抗5Ω</td></tr>
<tr><td rowspan="2">迟滞</td><td>迟滞型</td><td colspan="2" rowspan="2">可变</td></tr>
<tr><td>上下限比较型</td></tr>
<tr><td colspan="2">显示方式</td><td colspan="2">3位数,7段显示,2色显示(红/绿),采样周期:5次/s</td></tr>
<tr><td colspan="2">显示精度</td><td>±2%满刻度,±1个单位(25℃)</td><td>±2%满刻度,±2个单位(25℃)</td></tr>
<tr><td colspan="2">动作指示灯</td><td colspan="2">ON时灯亮(绿色)</td></tr>
<tr><td colspan="2">温度特性</td><td colspan="2">±2%满刻度以下(25℃时)</td></tr>
<tr><td colspan="2">保护构造</td><td colspan="2">IP40</td></tr>
<tr><td colspan="2">环境温度范围</td><td colspan="2">动作时:0~50℃,保存时:-10~60℃(但未结冰或霜)</td></tr>
<tr><td colspan="2">环境湿度范围</td><td colspan="2">动作及保存时:35%~85%相对湿度(但未结霜)</td></tr>
<tr><td colspan="2">耐电压</td><td colspan="2">充电部与壳体间1000V AC,1min</td></tr>
<tr><td colspan="2">绝缘阻抗</td><td colspan="2">充电部与壳体间50MΩ以上(500VDC高阻表)</td></tr>
<tr><td colspan="2">耐振动</td><td colspan="2">10~150Hz总振幅1.5mm,X、Y、Z方向各2h</td></tr>
<tr><td colspan="2">耐冲击</td><td colspan="2">$100m/s^2$,X、Y、Z方向各3次</td></tr>
<tr><td colspan="2">接管口径</td><td colspan="2">01规格:R1/8,M5×0.8;T1规格:NPT1/8,M5×0.8</td></tr>
<tr><td>配件(可选项)</td><td colspan="4">托架安装(A) 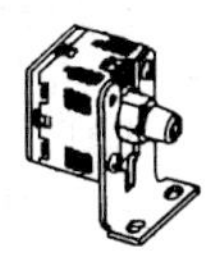 面板安装(B) 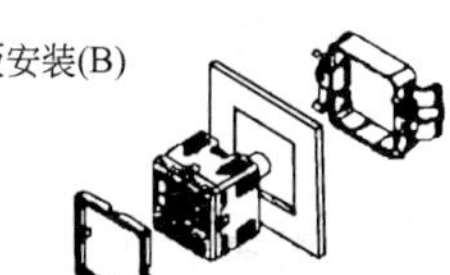</td></tr>
</table>

续表

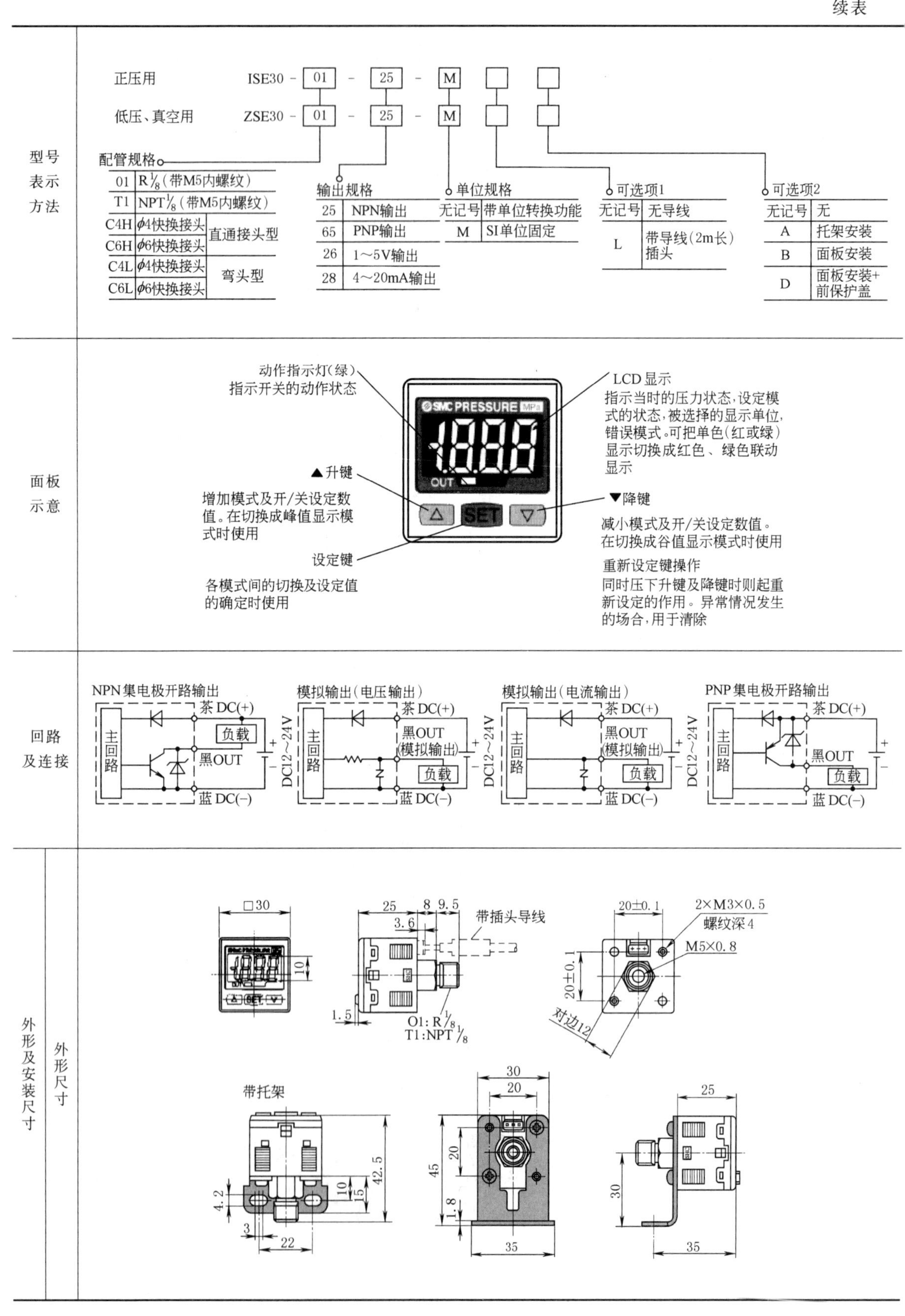

型号表示方法

正压用 ISE30 - 01 - 25 - M □ □

低压、真空用 ZSE30 - 01 - 25 - M □ □

配管规格

01	R1/8(带M5内螺纹)	
T1	NPT1/8(带M5内螺纹)	
C4H	φ4快换接头	直通接头型
C6H	φ6快换接头	直通接头型
C4L	φ4快换接头	弯头型
C6L	φ6快换接头	弯头型

输出规格

25	NPN输出
65	PNP输出
26	1～5V输出
28	4～20mA输出

单位规格

无记号	带单位转换功能
M	SI单位固定

可选项1

无记号	无导线
L	带导线(2m长)插头

可选项2

无记号	无
A	托架安装
B	面板安装
D	面板安装+前保护盖

面板示意

回路及连接

外形及安装尺寸 — 外形尺寸

续表

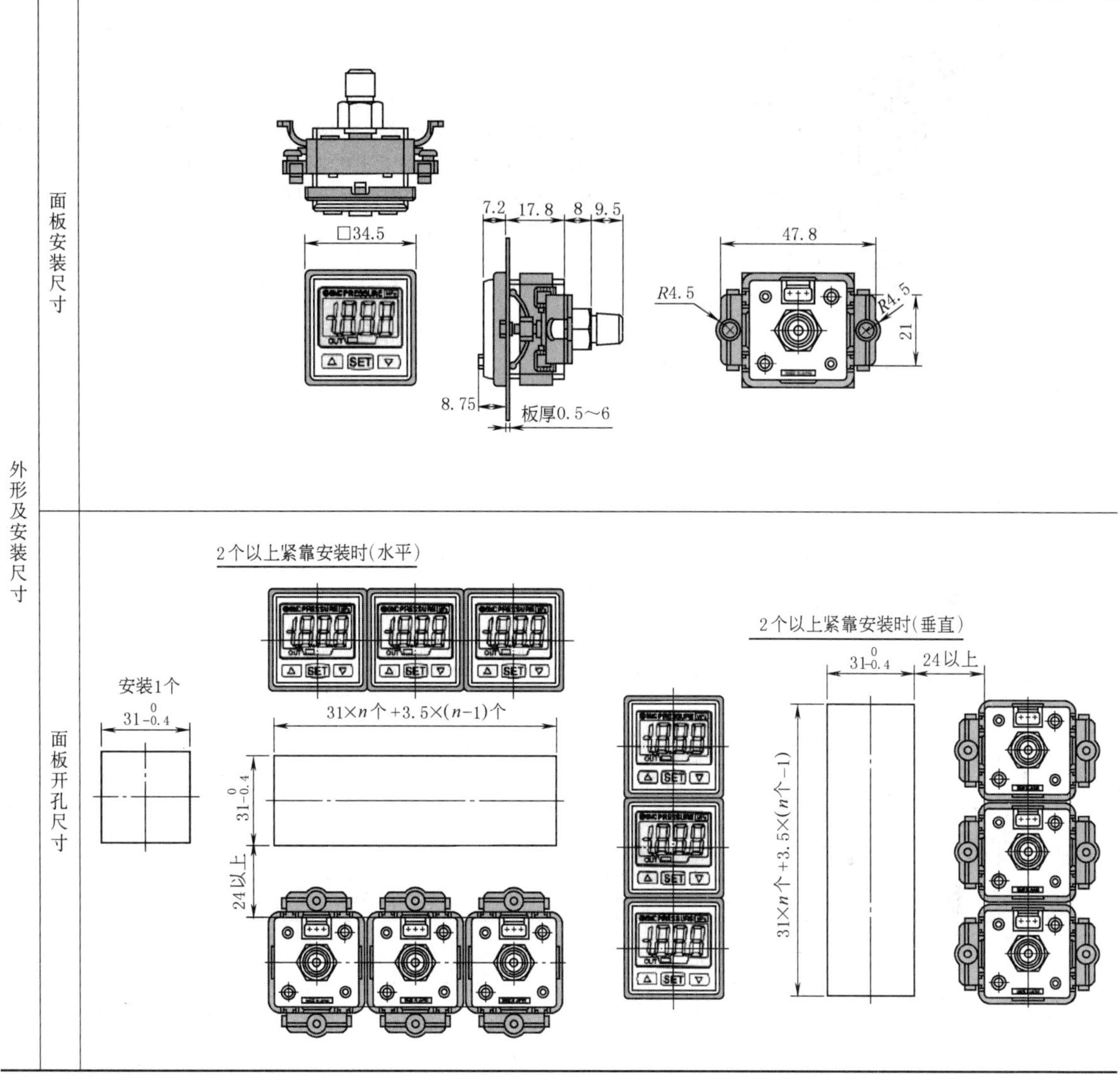

注：在参考文献［13］的表8.6-3中没有包括“ISE30/ZSE30系列高精度数字压力开关”，仅供参考。

5.2 真空压力开关

参考文献［13］介绍，真空压力传感器用于检测真空压力，包括具有压力开关功能的ZSE10、ZSE10F、ZSE30A和不具有压力开关功能的PSE541、PSE543系列。当真空压力未达到设定值时，压力开关处于断开状态；当真空压力达到设定值时，压力开关处于接通状态，发出电信号，控制真空吸附机构动作。当真空系统存在泄漏、吸盘破损或气源压力变动等原因影响到真空压力大小时，装上真空传感器便可保证真空系统安全可靠工作。

注：在参考文献［13］中没有严格区分“传感器”与“开关”。以下同。

表 23-5-10

分类	真空压力开关分为机械式与电子式(压敏电阻式开关型)。机械式真空压力开关的压力等级可分为-1～+1.6bar，-0.8～-0.2bar；电子式真空压力开关的压力等级可分为-1～+4bar，0～1bar，-1～1bar等。电子式真空压力开关有带指示灯自教模式的压力开关及带显示屏的数字式压力开关

续表

机械式真空压力开关	工作原理	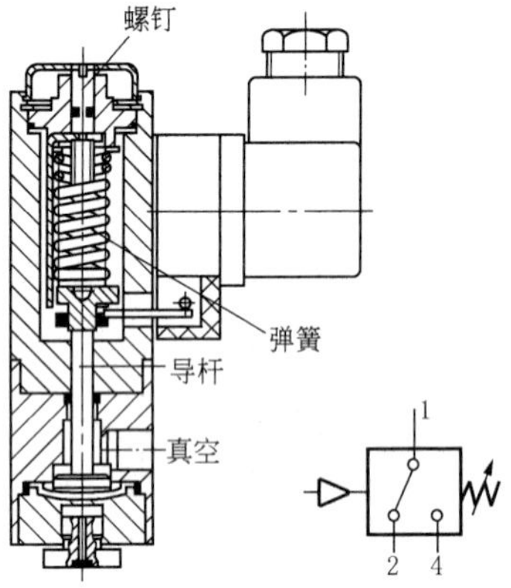	可调式机械真空压力开关是将压力开关信号转换成电信号。当真空口的压力增加时，导杆往上移动，带动微动开关向上位移。切换点的压力可通过调整真空开关上端的螺钉来达到调节弹簧力，以获得所需的真空切换点的压力	
	主要技术参数	型　　号	VPEV-1/8	VPEV-1/8-M12
		机械部分		
		气接口	G⅛	
		测量方式	气/电压力转换器	
		测量的变量	相对压力	
		压力测量范围/bar	-1～+1.6	
		阈值设定范围/bar	-0.95～-0.2	
		转换后的阈值设定范围/bar	0.16～1.6	
		电连接	插头、方块形结构符合 EN43650 标准、A 型	插头、圆形结构符合 EN60947-5-2 标准、M12×1、4 针
		安装方式	通过通孔	
		安装位置	任意	
		质量/g	240	—
		电部分		
		额定工作电压	250V AC	48V AC
			125V DC	48V DC
		开关元件功能	转换开关	
		开关状态显示	黄色 LED	—
		防护等级，符合 EN60529 标准	IP65	
		CE 标志	73/23/EEC(低电压)	
	工作及环境条件	型　　号	VPEV-1/8	VPEV-1/8-M12
		工作介质	过滤压缩空气，润滑或未润滑	过滤压缩空气，润滑或未润滑，过滤等级 40μm
			真空，润滑或未润滑	真空，润滑或未润滑
		工作压力/bar	-1～+1.6	
		环境温度/℃	-20～+80	
		介质温度/℃	-20～+80	
	迟滞特性曲线	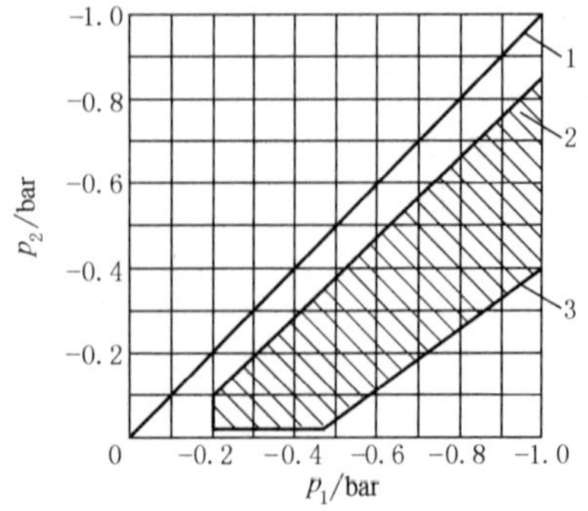	p_1—接通压力； p_2—切断压力； 1—上限切换点； 2—将迟滞设定为最小时的下限切换点； 3—将迟滞设定为最大时的下限切换点	

续表

<table>
<tr>
<td rowspan="4">电子式真空压力开关(带指示灯自教模式)</td>
<td>工作原理</td>
<td colspan="2">电子式真空压力开关是利用压敏电阻方式在不同的压力变化时可测得不同的电阻值,并转化为电流的变化。它的工作方式为 LED 闪熠显示。连接方式如图 a 所示,气接口一端或两端带快插接头,分别接真空发生器及真空吸盘。电子式真空压力开关尺寸小(紧凑),容易安装,调试非常方便。当压力达到所需值时,用小棒按一下按钮 2(见图 b),黄色 LED 指示灯 1 便开始闪熠显示,当确认该压力是所需压力值后,可再用小棒按一下按钮 2,黄色 LED 指示灯 1 便停止闪熠,该点压力值设定(编辑)便完成
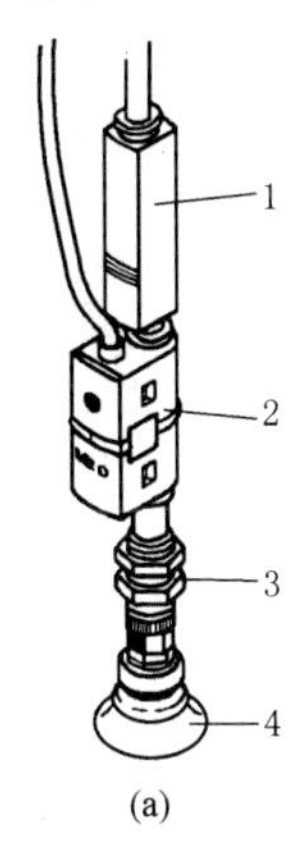

(a)
1—真空发生器;2—压力开关;
3—吸盘支座;4—吸盘
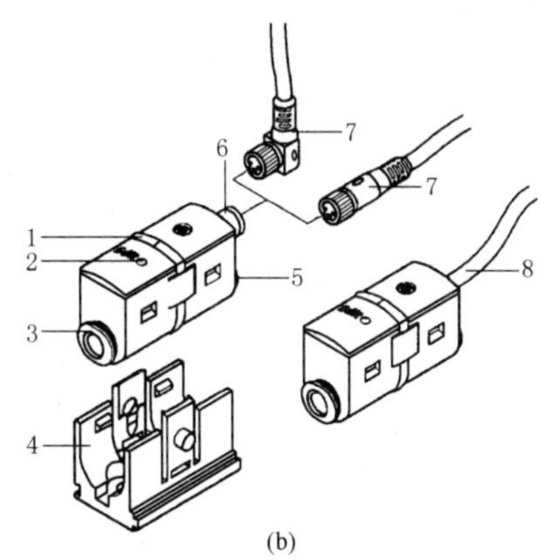

(b)
1—黄色LED,四周可见;2—编程按钮;3—气接口;
4—嵌入式燕尾槽支架,用于墙面安装;5—气接口或堵头;
6—插头M8×1;7—带电缆插座;8—开放式电缆末端</td>
</tr>
<tr>
<td rowspan="3">开关功能工作模式</td>
<td colspan="2">根据用户实际工况需求,配置四种不同的开关功能工作模式:0、1、2、3 模式(用户订货时需说明何种工作模式)。以常开触点方式为例说明四种不同的开关功能工作模式</td>
</tr>
<tr>
<td>模式</td>
<td>说明</td>
</tr>
<tr>
<td>模式 0:阈值比较器,具有固定迟滞,1 个示范压力</td>
<td>作阈值(临界值)比较器。可有一个示范压力(所设定压力)显示,也就是 TP_1 示范压力到达时,二进制信号 A 处于 1(有)状态,包括大于 TP_1 示范压力 A 处都呈 1(有)状态,该点也可称为切换点 SP,$TP_1=SP$,当压力返回时有一个迟滞 H_y,该迟滞 H_y 呈一个固定值,当压力越过迟滞 H_y,二进制信号 A 处于 0(否)状态,黄色 LED 指示灯 1 便停止闪熠。该迟滞 H_y 呈固定值
图中,A 为二进制信号;p 为压力;SP 为切换点;TP 为示范压力;H_y 为迟滞</td>
</tr>
<tr>
<td></td>
<td></td>
<td>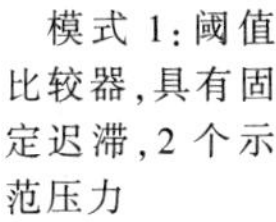
模式 1:阈值比较器,具有固定迟滞,2 个示范压力</td>
<td>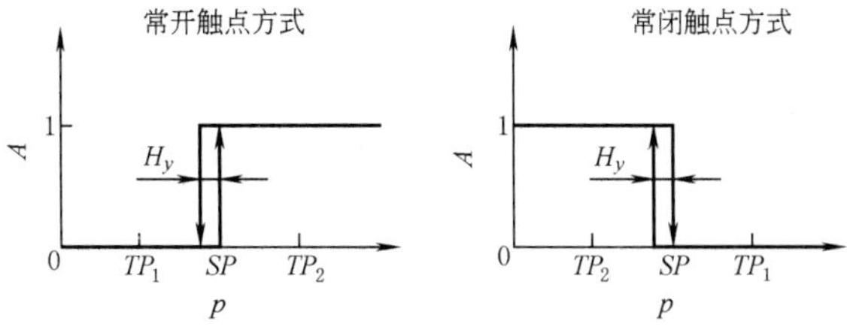

作阈值(临界值)比较器。可有两个示范压力 TP_1、TP_2(所设定压力),但要求的压力切换点 SP 处于设定(编辑)示范压力的中间值,即 $SP=1/2(TP_1+TP_2)$。该迟滞 H_y 呈固定值
例如:有两个示范压力,示范压力 1 表明部件被抓住,示范压力 2 表明部件未被抓住。电子式真空压力开关在工作模式 1 时会计算所存储示范压力的中间值,如果测得的真空度低于中间值,则认为工件被抓住,电子式真空压力开关将其判断为接受工件。若测得的真空度高于中间值,则认为工件不能被完全抓住,电子式真空压力开关将其判断为不可接受工件并将其排出</td>
</tr>
</table>

续表

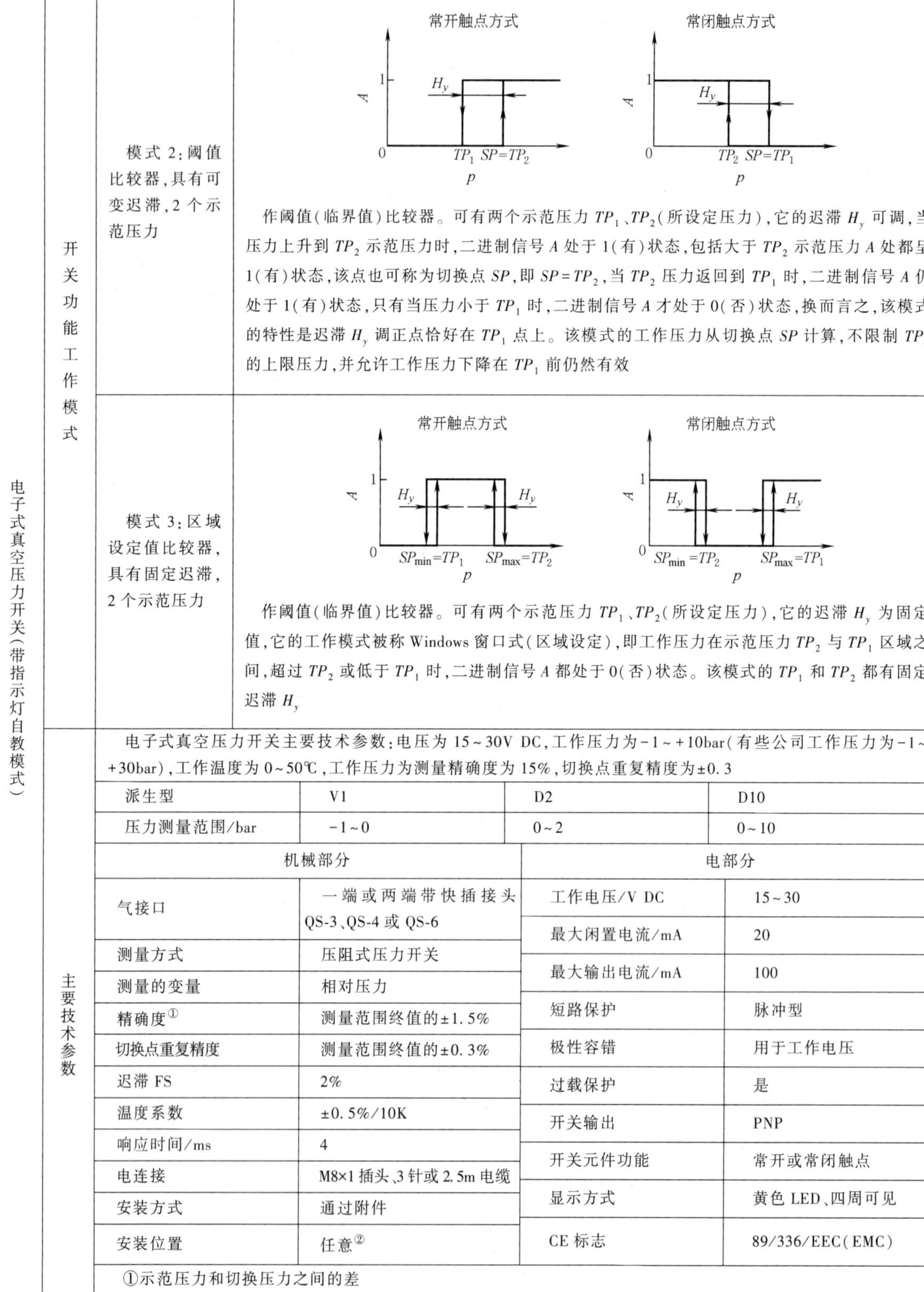

		模　　式	说　　明
电子式真空压力开关(带指示灯自教模式)	开关功能工作模式	模式 2:阈值比较器,具有可变迟滞,2 个示范压力	作阈值(临界值)比较器。可有两个示范压力 TP_1、TP_2(所设定压力),它的迟滞 H_y 可调,当压力上升到 TP_2 示范压力时,二进制信号 A 处于 1(有)状态,包括大于 TP_2 示范压力 A 处都呈 1(有)状态,该点也可称为切换点 SP,即 $SP=TP_2$,当 TP_2 压力返回到 TP_1 时,二进制信号 A 仍处于 1(有)状态,只有当压力小于 TP_1 时,二进制信号 A 才处于 0(否)状态,换而言之,该模式的特性是迟滞 H_y 调正点恰好在 TP_1 点上。该模式的工作压力从切换点 SP 计算,不限制 TP_2 的上限压力,并允许工作压力下降在 TP_1 前仍然有效
		模式 3:区域设定值比较器,具有固定迟滞,2 个示范压力	作阈值(临界值)比较器。可有两个示范压力 TP_1、TP_2(所设定压力),它的迟滞 H_y 为固定值,它的工作模式被称 Windows 窗口式(区域设定),即工作压力在示范压力 TP_2 与 TP_1 区域之间,超过 TP_2 或低于 TP_1 时,二进制信号 A 都处于 0(否)状态。该模式的 TP_1 和 TP_2 都有固定迟滞 H_y

主要技术参数

电子式真空压力开关主要技术参数:电压为 15~30V DC,工作压力为-1~+10bar(有些公司工作压力为-1~+30bar),工作温度为 0~50℃,工作压力为测量精确度为 15%,切换点重复精度为±0.3

派生型	V1	D2	D10
压力测量范围/bar	-1~0	0~2	0~10

机械部分		电部分	
气接口	一端或两端带快插接头 QS-3、QS-4 或 QS-6	工作电压/V DC	15~30
		最大闲置电流/mA	20
测量方式	压阻式压力开关	最大输出电流/mA	100
测量的变量	相对压力		
精确度[①]	测量范围终值的±1.5%	短路保护	脉冲型
切换点重复精度	测量范围终值的±0.3%	极性容错	用于工作电压
迟滞 FS	2%	过载保护	是
温度系数	±0.5%/10K	开关输出	PNP
响应时间/ms	4	开关元件功能	常开或常闭触点
电连接	M8×1 插头、3 针或 2.5m 电缆	显示方式	黄色 LED、四周可见
安装方式	通过附件		
安装位置	任意[②]	CE 标志	89/336/EEC(EMC)

①示范压力和切换压力之间的差

②应防止冷凝水在传感器内聚集

续表

		派生型	V1	D2	D10
电子式真空压力开关（带指示灯自教模式）	工作和环境条件	工作介质	过滤压缩空气，润滑或未润滑		
		压力测量范围/bar	-1~0	0~2	0~10
		阈值设定范围	0~100%		
		过载压力/bar	5	6	15
		环境温度/℃	0~50	0~50	0~50
		介质温度/℃	0~50	0~50	0~50
		耐腐蚀等级 CRC	2	2	2
		防护等级，符合 EN60529 标准	IP40	IP40	IP40

电子式真空压力开关（带显示屏的数字压力开关）

工作原理

带显示屏的数字式压力开关是利用压敏电阻方式在不同的压力变化时可测得不同的电阻值，并转化为电流的变化，它有 PNP 或 NPN 输出（如：1 个开关输出 PNP 型或 NPN 型，2 个开关输出 PNP 型或 NPN 型，1 个开关输出 PNP 型或 NPN 型和模拟量 0~10V 的输出，2 个开关输出 PNP 型或 NPN 型和模拟量 4~20mA 的输出）。可有 LCD 显示（便于操作）及发光 LCD 显示（便于读取）。有两个压力测量范围：-1~0bar；0~10bar。可进行相对压力和压差的测量。它的配置工作模式与电子式真空压力开关（带指示灯自教模式）相同，工作压力设定调整如图所示，由增加键或减少键调整所需压力

主要技术参数

压力测量范围/bar	-1~0	0~10
机械部分		
测量方式	压阻式压力传感器，带显示	
气接口	R⅛，R¼，G⅛或 QS-4	
测量的变量	相对压力或差压	
精确度	测量范围终值的±2%	
切换点重复精度	0.3%	
电连接	插头 M8×1 或 M12×1，圆形结构符合 EN 60947-5-2 标准	
安装方式	安装在气源处理单元，H 型导轨和连接板上	
安装位置	任意①	
① 应防止冷凝水在传感器内聚集		
电部分		
工作电压范围/V DC	15~30	
最大输出电流/mA	150	
短路保护	脉冲方式	
极性容错	所有电连接	
开关输出	PNP 或 NPN	
CE 标志	89/336/EEC（EMC）	

工作和环境条件

压力测量范围/bar	-1~0	0~10
工作介质	过滤压缩空气，润滑或未润滑	
压力测量范围/bar	-1~0	0~10
阈值设定范围/bar	-0.998~0.02	0.2~9.98
迟滞设定范围/bar	-0.9~0	0~9
过载压力/bar	5	20
环境温度/℃	0~50	
介质温度/℃	0~50	
耐腐蚀等级 CRC	2	
防护等级，符合 EN 60529 标准	IP65	

6 流量开关

GB/T 17446—2024《流体传动系统及元件 词汇》中给出了术语“流量变送器”的定义：“将流量转换为电信号的装置”。

表 21-5-11

简介

当流体(如水、空气)的流量达到一定值时,电触点便接通或断开的元件称为流量开关。它可用于流体流量的确认和检测,有数字式流量开关和机械式流量开关两大类

SMC 流量传感器根据流体的不同,主要工作方式也有差别。液体用传感器采用卡门涡街原理,因此检测的是体积流量;而气体用传感器采用了热式的检测方式,测量的是质量流量

主要技术参数

表 1 流量传感器主要技术参数

系列			型式(使用温度范围)一体型外形图	使用流体	测定流量范围/L·min^{-1}	输出规格		
一体型	分离型					开关输出	模拟输出	累计脉冲输出
	传感器	显示部						
PFM710	PFM510	PFM3□□		空气、N_2、Ar、CO_2	0.2~10 (0.2~5)	○	○	○
PFM725	PFM525				0.5~25 (0.5~12.5)			
PFM750	PFM550				1~50 (1~25)			
PFM711	PFM511				2~100 (2~50)			
PFMB7201	—	PFG300		干燥空气、N_2	2~200	○	○	○
PFMB7501					5~500			
PFMB7102					10~1000			
PFMB7202					20~2000			
PFMC7501	—	PFG300		干燥空气、N_2	5~500	○	○	○
PFMC7102					10~1000			
PFMC7202					20~2000			
PF3A703H	—	PFG300		空气、N_2	30~3000	○	○	○
PF3A706H					60~6000			
PF3A712H					120~12000			
—	PFMV505	PFMV3		干燥空气、N_2	0~0.5	○	○	—
	PFMV510				0~1			
	PFMV530				0~3			
	PFMV505F				-0.5~0.5			
	PFMV510F				-1~1			
	PFMV530F				-3~3			
PF2A710	PF2A510	PF2A30□		空气、N_2	1~10	○	—	○
PF2A750	PF2A550				5~50			
PF2A711	PF2A511	PF2A31□ PF2A20□			10~100			
PF2A721	PF2A521				20~200			
PF2A751	PF2A551				50~500			
PF2A703H	—	—		干燥空气、N_2	150~3000	○	○	○
PF2A706H					300~6000			
PF2A712H					600~12000			

主要技术参数

续表

系列			型式(使用温度范围)一体型外形图	使用流体	测定流量范围/L·min^{-1}	输出规格		
一体型	分离型					开关输出	模拟输出	累计脉冲输出
	传感器	显示部						
PF3W704	PF3W504	PF3W30□		水、乙醇(黏度:3mPa·s[3cP]以下)	0.5~4	○	○	○
PF3W720	PF3W520				2~16			
PF3W740	PF3W540				5~40			
PF3W711	PF3W511				10~100			
PF3W721	PF3W521				50~250 (30~250)①			
—	PF2D504	PF2D10□ PF2D20□		不腐蚀、不浸透纯水及聚四氯乙烯液体(黏度:3mPa·s[3cP]以下)	0.4~4	○	○	○
	PF2D520				1.8~20			
	PF2D540				4~40			
PF2M710	—	—		干燥空气、N_2、Ar、CO_2	0.1~10 (0.1~5)	○	○	○
PF2M725					0.3~25 (0.3~12.5)			
PF2M750					0.5~50 (0.5~25)			
PF2M711					1~100 (1~5)			
PF3W704-Z	PF3W504-Z	PF3W30□		水、乙醇(黏度:3mPa·s[3cP]以下)	0.5~4	○	○	○
PF3W720-Z	PF3W520-Z				2~16			
PF3W740-Z	PF3W540-Z				5~40			
PF3W711-Z	PF3W511-Z				10~100			
PF3W704-L-Z	PF3W504-Z				0.5~4			
PF3W720-L-Z	PF3W520-Z				2~16			
PF3W740-L-Z	PF3W540-Z				5~40			
PF3W711-L-Z	PF3W511-Z				10~100			
PF3W721-L	—	—			50~250			
PF3WB-04	—	—		水、乙二醇(黏度:3mPa·s[3cP]以下)	0.5~4	○	○	○
PF3WB-20	—	—			2~16			
PF3WB-40	—	—			5~40			
PF3WC-04	—	—			0.5~4			
PF3WC-20	—	—			2~16			
PF3WC-40	—	—			5~40			
—	PF3WS-04	PF3W30□			0.5~4			
—	PF3WS-20				2~16			
—	PF3WS-40				5~40			
—	PF3WR-04				0.5~4			
—	PF3WR-20				2~16			
—	PF3WR-40				5~40			

① 氯乙烯制配管对应

续表

<table>
<tr><td>使用注意事项</td><td>①开关不得用于有爆炸性、可燃性的气体环境中
②要握住开关本体,不要拎导线。开关不得摔扔、碰撞。清除配管中的灰尘等之后,认清开关的进出口方向再安装。扳手应用于开关的金属部位,按允许的紧固力矩将开关装在配管上。但不许把开关当作配管的支撑
③介质和环境温度低于5℃,为防止水分冻结,应在开关前设置空气干燥器。开关不得用于温度急剧变化的场合。为了防止异物侵入,进口前应设置空气过滤器
④为保证流量开关上下游管道内流速均匀、测量正确,开关上下游的配管长度应是配管内径的8倍以上(PFM系列无此要求)。安装姿势无限制
⑤必须在规定的使用压力范围和测定流量范围内使用,否则测量数据会不正确,甚至损坏开关
⑥因流量开关使用时有内部电压降,故电源电压扣除流量开关的内部电压降之后必须大于最小使用电压
⑦使用PFW系列时,要防止出现水锤而损坏开关。设计管路系统时,要保证水是满流的流过检测通道。特别是垂直安装管道时,应保证水从下向上流动
⑧因显示部为开放型,不得用于有液体飞溅的场所
⑨开关的初期设定和流量设定应在输出保持OFF的状态下进行
⑩流量开关的数据可在切断电源后保持</td></tr>
</table>

7 磁性开关（接近开关）

参考文献［13］中介绍，磁性开关是用来检测气缸活塞位置的，即检测活塞的运动行程的。它可分成有触点式和无触点式两种。D-□系列磁性开关，□中无记号或为A、B、C、E、Z者为有触点式，□中为F、G、H、J、K、M、P、Y者为无触点式。

参考文献［10］中介绍，磁性开关也称磁控开关（感应开关、感应器、接近开关等）。磁性开关是利用磁感性原理来控制电气线路开关启闭的器件，主要用于流体传控元件与系统中（如气动执行元件中各类气缸及气爪）的运动位置检测和控制，故在国内外诸多气动元件厂商的产品样本或型录中常将磁性开关列为气缸的附件。

GB/T 14048.10—2016《低压开关设备和控制设备　第5-2部分：控制电路电器和开关元件　接近开关》中给出了术语“接近开关”的定义：“与运动部件无机械接触而能动作的位置开关”。

表 21-5-12

<table>
<tr><td>动作原理</td><td>有触点式磁性开关</td><td>通过机械触点的动作进行开关的通(ON)断(OFF)的方式称为有触点开关
按机能不同,舌簧式磁性开关有普通型和二色指示型,普通型又有2线式和3线式
将舌簧开关成型于合成树脂块内,有的还将动作指示灯和过电压保护电路也塑封在内。带有磁环的气缸活塞移动到一定位置,舌簧开关进入磁场内,两簧片被磁化而相互吸引,触点闭合,发出一电信号;活塞移开,舌簧开关离开磁场,簧片失磁,触点自动脱开,如图1a所示。触点开闭若产生弹跳,会造成输出信号有振荡现象。活塞向右运动时,当磁环到A位置时(见图1b),舌簧开关被接通,磁环移到B位置时,舌簧开关才脱开,A—B区间称为动作范围。活塞向左反向运动时,磁环移到C位置,开关才接通,继续左行至D位置,开关才脱开,C—D区间也是动作范围。有触点磁性开关的动作范围一般为5~14mm,与开关型号及缸径有关。从磁环运动到使开关OFF(或ON)的位置,再反向运动又使开关ON(或OFF)的区间,称为磁滞区间,如图1b中的BC段和DA段,此区间通常小于2mm。扣除磁滞区间的动作范围为最适安装位置。其中间位置称为最高灵敏度位置。磁环停止在最高灵敏度位置,开关动作稳定,不易受外界干扰。若磁环停止在磁滞位置,则开关动作不稳定,易受外界干扰
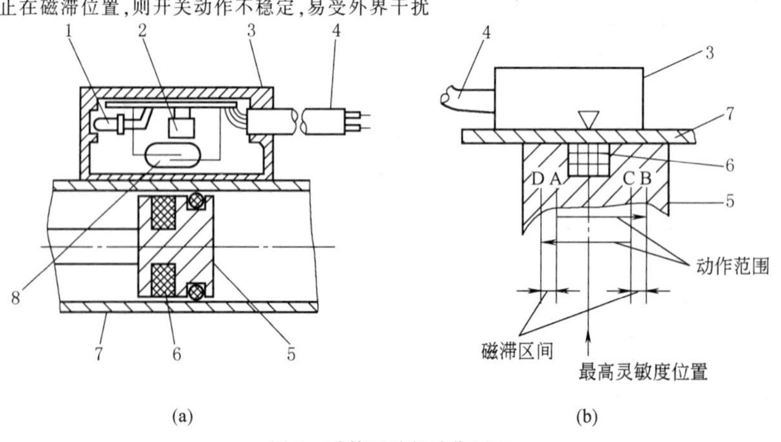

图1　舌簧开关的动作原理
1—动作指示灯;2—保护电路;3—开关外壳;4—导线;5—活塞;6—磁环(永久磁铁);7—缸筒;8—舌簧开关</td></tr>
</table>

续表

<table>
<tr><td rowspan="1">动作原理</td><td>无触点式磁性开关</td><td>在图 2 所示的磁性开关内，有一磁敏电阻作为磁电转换元件。磁敏电阻是由对温度变化不敏感的、对磁场变化相当敏感的强磁性合金薄膜制成的。当磁性开关进入永久磁铁的磁场内时，磁场电阻的输出信号的变化如图 2 所示。此信号经放大器放大处理，转换成磁性开关的通断信号
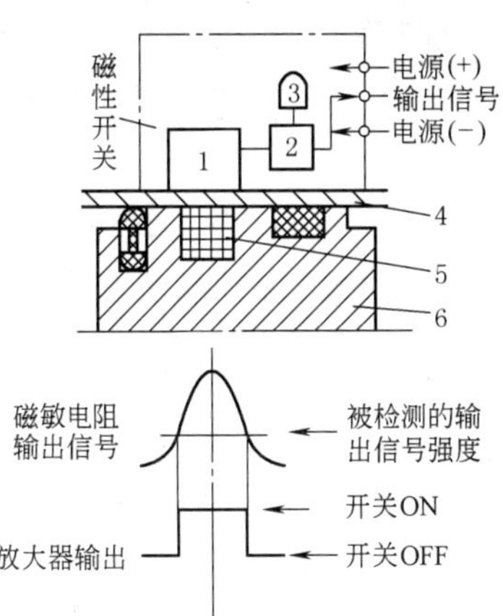

图 2　无触点式磁性开关的动作原理
1—磁敏电阻；2—放大器；3—发光二极管；4—缸筒；5—磁环；6—活塞</td></tr>
<tr><td>使用注意事项</td><td>有触点式磁性开关</td><td>①安装时，不得让开关受过大的冲击力，如将开关打入、抛扔等
②除耐水性的磁性开关外，不要让磁性开关处于水或冷却液等环境中，以免造成绝缘不良、开关内部树脂泡胀、造成开关误动作。如需在这种环境中使用，应加盖遮挡
③绝对不要用于有爆炸性、可燃性气体的环境中
④周围有强磁场、大电流（像电焊机等）的环境中，不能使用一般磁性开关，应选用耐强磁场的磁性开关，如 D-P7
⑤不要把连接导线与动力线（如电动机等）、高压线并在一起
⑥磁性开关周围不要有切屑末、焊渣等铁粉存在，若堆积在开关上，会使开关的磁力减弱，甚至失效
⑦在温度循环变化的环境中（不是通常的气温变化）不得使用
⑧配线时，应切断电源，以防配线失误造成短路、损坏开关及负载电路。配线时，导线不要受拉伸力和弯曲力。用于机械手等有可动部件的场合，应使用具有耐弯曲性能的导线，以免开关受损伤或断线
⑨磁性开关的配线不能直接接到电源上，必须串接负载。负载绝不能短路，以免开关烧毁。电源（负载）电压-内部电压降>负载工作电压（对 PLC 为 ON 电压）
⑩因磁性开关有个动作范围，故安装磁性开关的气缸存在一个最小行程。若气缸行程小于最小行程，只装一个磁性开关会出现不能断开、装两个开关会出现同时 ON 的情况
⑪为加强可靠性，可通过传感器将机械信号转换成开关信号，与磁性开关信号并用，构成联锁电路
⑫导线的引出方式有直接出线式、插座式、导管接线座式和 DIN 形插座式。插座式是将带导线的插头插入开关上，然后再拧紧锁紧环，如图 3 所示
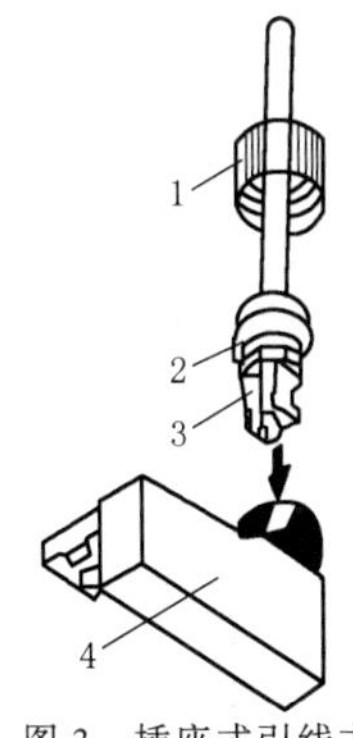

图 3　插座式引线方式
1—锁紧环；2—套筒；3—插头；4—磁性开关
⑬负载电压和最大负载电流都不要超过磁性开关的最大允许容量，否则其寿命会大大降低。舌簧式磁性开关的最大触点容量为 25V · A，远小于限位开关的容量，应注意
⑭对直流电，棕线接+级，蓝线接-级。对 3 线式，黑线接负载。带指示灯的开关，当开关吸合时，指示灯亮。若接线接反，开关可动作，但指示灯不亮。有触点磁性开关的接线方法如图 4 所示</td></tr>
</table>

续表

使用注意事项 | 有触点式磁性开关

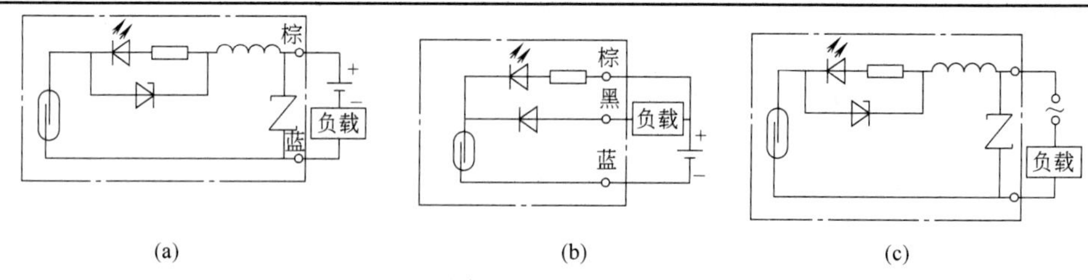

图 4　有触点磁性开关的接线方法

⑮带指示灯的有触点磁性开关，当电流超过最大电流时，发光二极管会损坏；若电流在规定范围以下，如小于 5mA，发光二极管会变暗或不亮

⑯将开关设置在气缸行程中间位置时，活塞通过，让继电器动作的场合，若活塞太快，开关的闭合时间过短，继电器有可能尚未动作，应注意

⑰没有触点保护电路的磁性开关需配用触点保护盒时，接线如图 5 所示。应将保护盒上有“Switch”标记侧的导线和磁性开关本体的导线相连。其导线长度越短越好，不要超过 1m

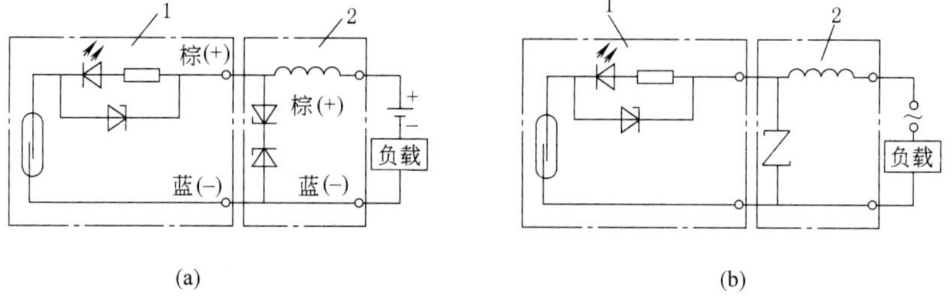

图 5　磁性开关与触点保护盒的连接

1—开关电路；2—触点保护盒

⑱带触点保护电路的磁性开关，如连接负载的导线在 30m 以上，则当开关吸合时，存在很大的突入电流，它会降低保护电路的寿命。为延长寿命，有必要再设置触点保护盒

⑲负载若是继电器，为延长开关的使用寿命，除使用触点保护盒外，应选用下列继电器的同等品：富士电机 HH5 型、东京电器 MPM 型、立石电机 MY 型、和泉电气 RM 型、松下电器 HC 型和三菱电机 RD 型

⑳多个开关串联使用时（见图 6），由于每个发光二极管都有内部压降，故开关吸合时的负载电压是电源电压减去各开关的内部压降之和。若负载电压低于负载的最低动作电压，即便开关动作，负载也可能不动作。故开关串联时，一般不多于 4 个。若串联电路中，只使用一个带指示灯的开关，其余开关都不带指示灯，则可提高负载电压。多个开关串联时，只有所有开关都吸合时，指示灯才亮

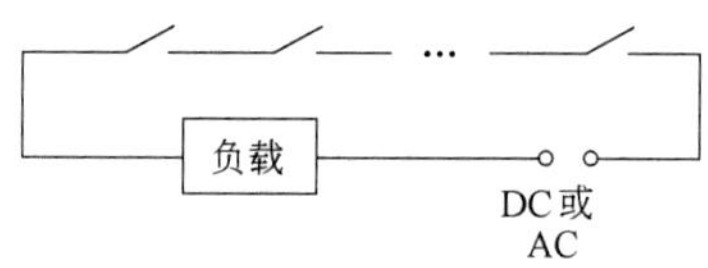

图 6　多个开关的串联（有触点开关）

㉑多个开关并联使用时（见图 7），随并联开关个数的增加，每个开关两端的压降和通过的电流都减小，故指示灯会变暗或不亮

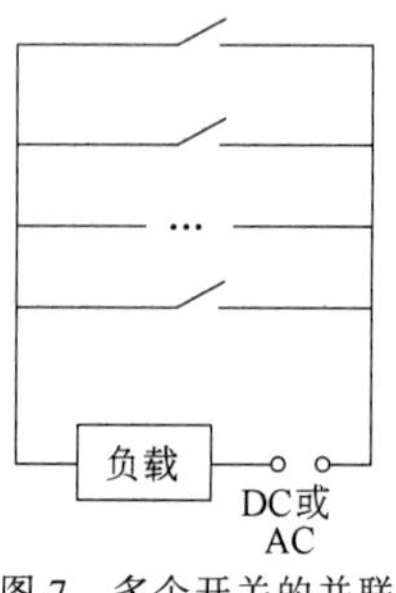

图 7　多个开关的并联

使用注意事项 — 无触点式磁性开关

有触点磁性开关使用注意事项的前 12 条,同样适用于无触点磁性开关,此外,还应注意以下几点

①配线长度对功能有影响,请在 100m 以内。此外,无触点磁性开关的导线前端,有带插头的形式。M8 接头有 3 针和 4 针,M12 接头有 4 针,可减少接线作业

②应根据导线的颜色正确配线。常见配线如图 8 所示。棕线接+极,蓝线接-极,黑线接负载

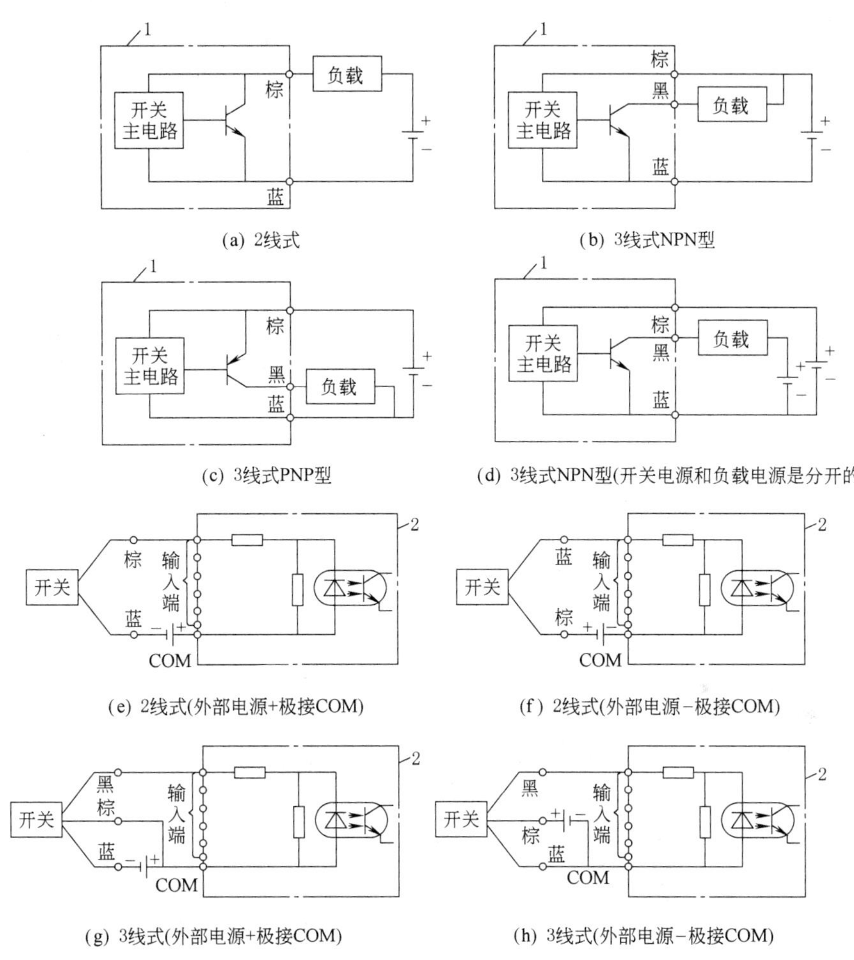

图 8　无触点磁性开关的接线方法

1—无触点磁性开关;2—可编程控制器的输入端部分

③直流 2 线式开关,由于内部电压降在 4V 以下,漏电流在 0.8mA 以下,能满足大部分程序控制器的输入要求。注意不是全部市售 PLC 都可直接连接。有问题的场合,可使用直流 3 线式

④虽无触点磁性开关有过电压保护用的稳压二极管,但冲击电压反复作用,元件仍可能损坏,故直接驱动继电器和电磁阀之类的感性负载时,应使用内置过电压吸收器的继电器和电磁阀

⑤对 2 线式开关,由于有保护电路,反接时开关并不损坏,变成常通状态。负载处短路状态,反接开关会损坏的。对 3 线式,电源+端与-端反接,有保护电路的保护。但电源+端与蓝线连接,电源-端与黑线连接,开关要损坏的

⑥多个开关串联使用时,连接情况如图 9 所示。使用注意事项与多个有触点开关串联时的情况相同,因每个无触点开关都有内部电压降

续表

使用注意事项

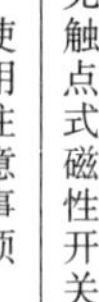

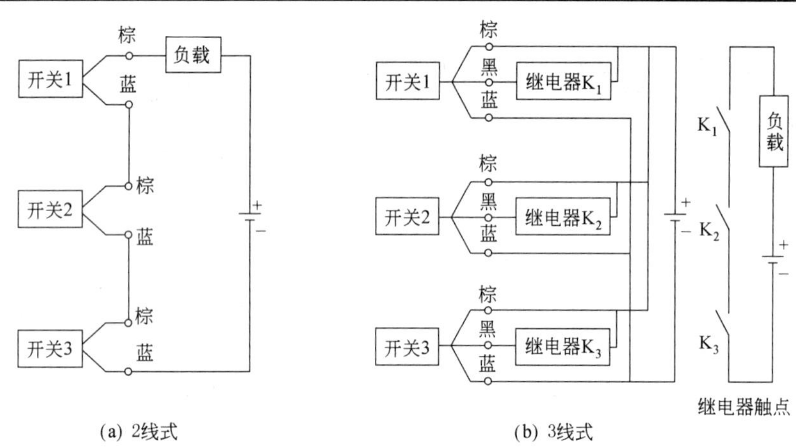

图 9　多个无触点开关的串联

⑦多个开关并联使用时，连接如图 10 所示。并联开关电路中只要一个开关动作，便有输出。是哪个开关动作，可由各自的指示灯确认。当开关未吸合时，由于每个开关都存在漏电流，所以总漏电流较大，有可能导致误动作，故要求负载动作电流必须大于总漏电流。对 3 线式开关，因每个开关的漏电流仅为 100μA，所以多个开关并联使用，一般不会导致负载误动作

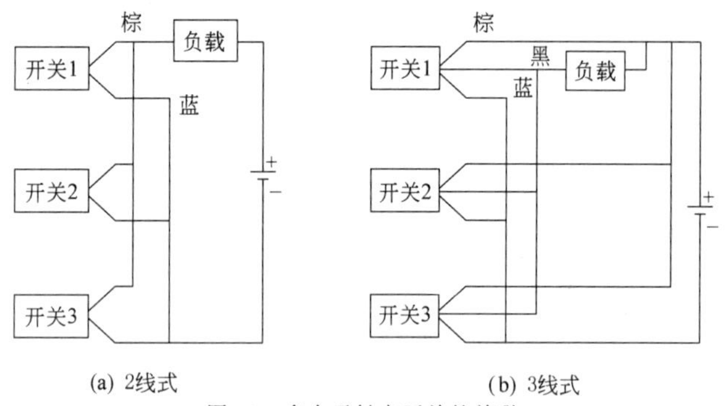

图 10　多个无触点开关的并联

⑧无触点磁性开关 2 线式也有适合交流负载（继电器、PLC）的规格（D-J51）。负载电压为 AC 80~260V，负载电流为 5~80mA，内部电压降 14V 以下，漏电流在 AC 100V 时为 1mA 以下，在 AC 200V 时为 15mA 以下

选用

选用磁性开关按表 1 中的顺序进行。磁性开关的使用环境温度在-10~60℃之间

表 1　磁性开关的选用

顺序	项目	说明								
		漏电流	动作时间/mm	寿命	可靠性	迟滞	安装空间	自励振荡	耐冲击性能/$m \cdot s^{-2}$	耐电压
1	有触点	无	1.2	500 万~1500 万次，与负载关系较大	较高	大	大	有	300	AC 1500V，持续 1min（电缆与壳体时间）
	无触点	3 线式：100μA 以下 2 线式：0.8mA 以下	≤1	半永久适合高频工作	高	小	小	无	1000	AC 1000V 持续 1min（电缆与壳体间）
2	用途	PLC（可编程控制器），IC（集成电路），继电器，小型电磁阀								
3	使用电压/V	有触点{DC 24（100、48、12、8、5、4） AC 200、100（48、24、12、5）}，无触点，DC 24（10~28）								

选用

续表

续表

顺序	项目	说明				
4	2线式、3线式	大多数情况下		配线工作量	内部电压降/V	负载电流/电压
		有触点	2线式	小	<3.5(≈50mA) <2.4(≈20mA) 2色指标<4	5~25mA/AC 100V 5~12.5mA/AC 200V 5~50mA/DC 24V
			3线式	大	<0.8	20mA/DC 4~8V
		无触点	2线式	小	<4	5~40mA/DC 24V
			3、4线式	大	<0.8 (负载电流10mA)	50mA(4线)以下/DC 28V 40mA(3线)以下/DC 28V
5	指标灯	无指标 有指标灯{开关吸合时亮 开关不吸合不亮 2色指标型:最适合安装位置呈绿色,安装方便、准确				
6	其他	绝缘性能:DC 500V量度时,最少50MΩ(电缆与壳体间)。有耐水(油)型、延时功能型、耐强磁场型				
7	导线引出方式	直接出线式、插座式、DIN形插座式、导管接线座式				
8	导线长度/m	0.5(3、5)				

表2列出了多种安装形式的磁性开关,用户可按其性能优先选用

表2 多种安装形式的磁性开关规格

	型号	A90(V)			A93(V)		A96(V)
有触点	适合负载	IC回路、继电器、PLC			继电器、PLC		IC回路
	负载电压/V	DC AC 24以下	DC AC 48以下	DC AC 100以下	DC 24	AC 100	DC 4~8
	最大负载电流或负载电流范围/mA	50	40	20	5~40	5~20	20
	触点保护回路	无			无		
	内部阻抗	1Ω以下(含导线长3m)			—		
	内部电压降				A93—2.4以下(≈20mA) A93—3V以下(≈40mA) A93V—2.7V以下		0.8V以下
	指示灯	无			ON时红色发光二极管亮		
	导线引出方式	直接出线式			直接出线式		
无触点	型号	M9N(V)	M9P(V)	M9B(V)	F9NW(V)	F9PW(V)	F9BW(V)
	配线方式	3线式		2线式	3线式		2线式
	输出方式	NPN型	PNP型	—	NPN型	PNP型	—
	适合负载	IC回路、继电器、PLC		DC24V继电器、PLC	IC回路、继电器、PLC		DC24V继电器、PLC
	电源电压/V	DC 5、12、24(4.5~28)		—	DC 5、12、24(4.5~28)		—
	消耗电流/mA	10以下		—	10以下		—
	负载电压/V	DC 28以下	—	DC 24 (DC 10~28)	DC 28以下	—	DC 24 (DC 10~28)
	负载电流/mA	40以下		2.5~40	40以下	80以下	5~40
	内部电压降/V	0.8以下		4以下	1.5以下(负载电流10mA为0.8)	0.8以下	4以下
	漏电流	DC 24V时100μA以下		0.8mA以下	DC 24V时100μA以下		0.8mA以下
	指示灯	ON时红色发光二极管亮			动作位置:红色发光二极管亮 最适动作位置:绿色发光二极管亮(两色指示)		
	导线引出方式	直接出线式					

注:(V)——导线纵向引出

8 气动显示器

表 21-5-13

<table>
<tr><td>简介</td><td>参考文献[13]介绍，能显示信号的元件称为气动显示器。在气动回路中，若用点灯来显示系统的工作情况，则需设计气-电转换器。使用气动显示器，可避免这种转换。显示器可直观反映阀的切换位置，不需要其他检测方式，便可及时发现故障</td></tr>
<tr><td>工作原理</td><td>图 1 所示为 VR3100 和 VR3110 两种气动显示器。有气压时，带色活塞头部被推出；无气压时，弹簧使活塞复位
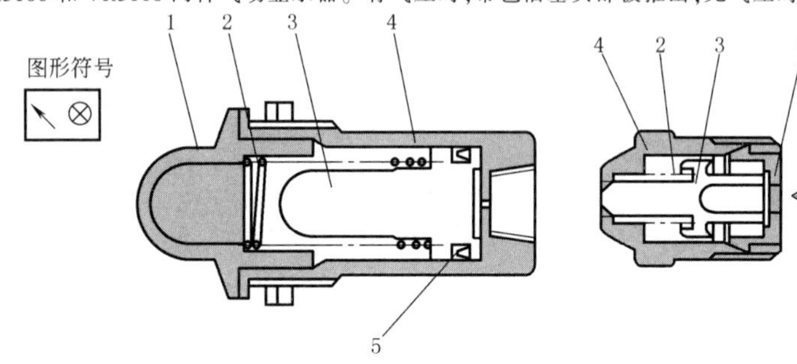

(a) VR3100　(b) VR3110
图 1　气动显示器
1—显示器罩；2—复位弹簧；3—带色活塞；4—本体；5—密封圈；6—插头</td></tr>
<tr><td>性能</td><td>表 1　气动显示器性能
<table>
<tr><th>型号</th><th>使用压力范围/MPa</th><th>温度范围/℃</th><th>切换频率/Hz</th><th>连接口径/in</th><th>颜色</th></tr>
<tr><td>VR3100</td><td>0.1～0.8</td><td>-5～60</td><td><1.67</td><td>Rc⅛</td><td>红、绿、橙</td></tr>
<tr><td>VR3110</td><td>0.15～1.0</td><td>-5～60</td><td><5</td><td>R⅛</td><td>红、绿</td></tr>
</table></td></tr>
</table>

第6章
气动系统配管

1　气动配管相关标准目录与摘录

1.1　气动配管现行相关标准目录

GB/T 17446—2024《流体传动系统及元件　词汇》给出术语“配管”的定义：“允许流体在元件之间流动的管接头、快换接头、硬管、软管的组合。”气动配管现行相关标准目录见表21-6-1。

表21-6-1　　气动配管现行相关标准目录

序号	标准
1	GB/T 1186—2016《压缩空气用织物增强橡胶软管　规范》
2	GB/T 2351—2021《流体传动系统及元件　硬管外径和软管内径》
3	GB/T 7937—2008《液压气动管接头及其相关件公称压力系列》
4	GB/T 14038—2008《气动连接　气口和螺柱端》
5	GB/T 14514—2013《气动管接头试验方法》
6	GB/T 22076—2024《气动　圆柱形快换接头》
7	GB/T 25754—2010《真空技术　直角阀　尺寸和气动装置的接口》
8	GB/T 32215—2015《气动　控制阀和其他元件的气口和控制机构的标识》
9	GB/T 33636—2023《气动　用于塑料管的插入式管接头》
10	HG/T 2301—2008《压缩空气用织物增强热塑性塑料软管》
11	JB/T 7056—2008《气动管接头　通用技术条件》
12	JB/T 7057—2008《调速式气动管接头　技术条件》(已作废,仅供参考)
13	SJ/T 31451—2016《压缩空气管道完好要求和检查评定方法》

1.2　气动管接头及其相关件公称压力系列

GB/T 7937—2008《液压气动管接头及其相关件公称压力系列》中规定了气动管接头及其相关件的公称压力。

GB/T 7937—2008标准规定的气动管接头及其相关元件的公称压力系列见表21-6-2。

表21-6-2　　公称压力系列　　MPa

0.25	4	[21]	50	160
0.63	6.3	25	63	
1	10	31.5	80	
1.6	16	[35]	100	
2.5	20	40	125	

注：方括号中为非推荐值。

1. 公称压力应按压力等级，分别以千帕（kPa）或兆帕（MPa）表示。
2. 当没有具体规定时，公称压力应被视为表压，即相对于大气压的压力。
3. 除本标准规定之外的公称压力应从GB/T 2346—2003中选择。

1.3 气动系统及元件硬管外径和软管内径

GB/T 2351—2021《流体传动系统及元件　硬管外径和软管内径》规定了在流体传动系统及元件中使用的刚性或半刚性硬管公称外径及软管公称内径尺寸系列：

① 硬管的公称外径尺寸系列，不考虑材料成分；

② 橡胶或塑料软管的公称内径尺寸系列。

注：硬管的实际外径和公差可参照 ISO 3304 和 ISO 3305；软管的实际内径尺寸和公差可参照 ISO 1307。

GB/T 2351—2021 规定的气动系统及元件硬管外径和软管内径公称尺寸系列见表 21-6-3。

表 21-6-3　　气动系统及元件硬管外径和软管内径公称尺寸系列　　mm

硬管外径	软管内径	硬管外径	软管内径
3	3.2	28	63
4	4	30	76
5	5	32	90
6	6.3	35	100
8	8	38	125
10	10	42	150
12	12.5	50	
15	16	60	
16	19	75	
18	25	90	
20	31.5	100	
22	38	115	
25	51	140	

2 管　　子

2.1 管子的分类

气管可分金属管和非金属管两大类。金属管可分镀锌钢管、不锈钢管、紫铜管、铝合金管等；非金属管可分橡胶管、硬尼龙管、软尼龙管、聚氨酯管、加固编织层聚氯乙烯管，还有少量混合型管（内层为橡胶、外层为金属编织）。镀锌钢管一般用于工厂主管道；不锈钢管常被用在医疗机械、食品（奶制品、酸奶等）机械、肉类加工机械等；紫铜管一般用于中小型机械设备（固定以后不经常拆卸、耐高压、耐高温、牢固）。20 世纪 80 年代后，随着有机化学工业的发展，开发出许多由有机高分子材料制成的高性能软管（聚酰胺气管、聚氨酯等），这类气管具有易切断、拆装方便、可弯曲、弯曲半径小、内壁光滑、摩擦因数很小、不会生锈对系统造成危害等优良特性，尤其是快插接头问世以来，在气动系统中已基本代替传统橡胶管加夹固的连接方式。

2.2 软管

表 21-6-4

<table>
<tr><td rowspan="10">常规用气管</td><td rowspan="10">聚氨酯气管</td><td colspan="7">材料：聚氨酯，可用于压缩空气（工作压力与温度的关系见图 a）及真空系统，不含卤素，不含 PWIS[①]，不含铜及聚四氟乙烯，可防紫外线及压裂特性，耐水解，可用于快插接头和快拧接头，适用于拖链的连接方式</td></tr>
<tr><td>外径
/mm</td><td>内径
/mm</td><td>工作压力
/bar</td><td>工作温度
/℃</td><td>最小弯曲
半径/mm</td><td>质量
/g·m^{-1}</td><td rowspan="9"> 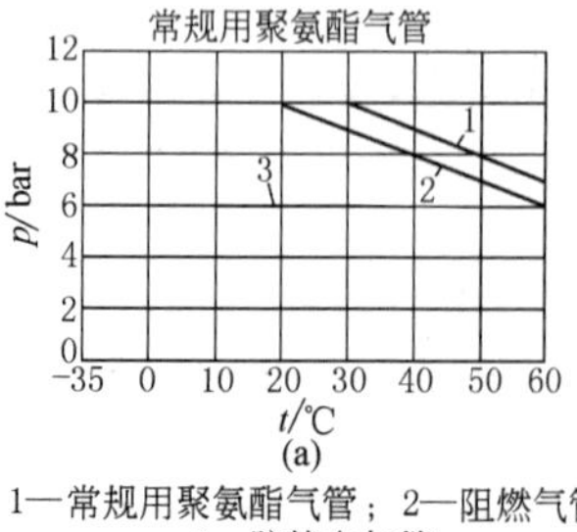常规用聚氨酯气管
p/bar：0, 2, 4, 6, 8, 10, 12
t/℃：−35, 0, 10, 20, 30, 40, 50, 60
1, 2, 3
(a)
1—常规用聚氨酯气管；2—阻燃气管；3—防静电气管</td></tr>
<tr><td>3.0</td><td>2.1</td><td>−0.95～10</td><td>−35～+60</td><td>12.5</td><td>4</td></tr>
<tr><td>4.0</td><td>2.6</td><td>−0.95～10</td><td>−35～+60</td><td>17.0</td><td>9</td></tr>
<tr><td>6.0</td><td>4.0</td><td>−0.95～10</td><td>−35～+60</td><td>26.5</td><td>19</td></tr>
<tr><td>8.0</td><td>5.7</td><td>−0.95～10</td><td>−35～+60</td><td>37.0</td><td>30</td></tr>
<tr><td>10.0</td><td>7.0</td><td>−0.95～10</td><td>−35～+60</td><td>54.0</td><td>49</td></tr>
<tr><td>12.0</td><td>8.0</td><td>−0.95～10</td><td>−35～+60</td><td>62.0</td><td>77</td></tr>
<tr><td>16.0</td><td>11.0</td><td>−0.95～10</td><td>−35～+60</td><td>88.0</td><td>129</td></tr>
<tr><td colspan="6">① PWIS（PW 表示油漆湿润，I 表示缺陷，S 表示物质）是指油面油漆时使漆层表面出现许多凹痕</td></tr>
</table>

常规用气管 — 聚酰胺气管

材料：聚酰胺，可用于压缩空气（工作压力与温度的关系见图b）及真空系统，不含卤素，不含铜及聚四氟乙烯，可防紫外线及压裂特性，耐水解，耐化学特性及细菌环境，可用于快插接头、倒钩接头和快拧接头，适用于拖链的连接方式

在14bar下能安全应用，在高压操作下是一个经济的气管

外径/mm	内径/mm	工作压力/bar	工作温度/℃	最小弯曲半径/mm	质量/g·m^{-1}
4.0	2.9	-0.95~17	-35~+80	18.0	6
6.0	4.0	-0.95~17	-35~+80	32.0	16
8.0	5.9	-0.95~17	-35~+80	43.0	24
10.0	7.0	-0.95~17	-35~+80	58.0	42
12.0	8.4	-0.95~17	-35~+80	64.0	60
16.0	12.0	-0.95~17	-35~+80	94.0	92

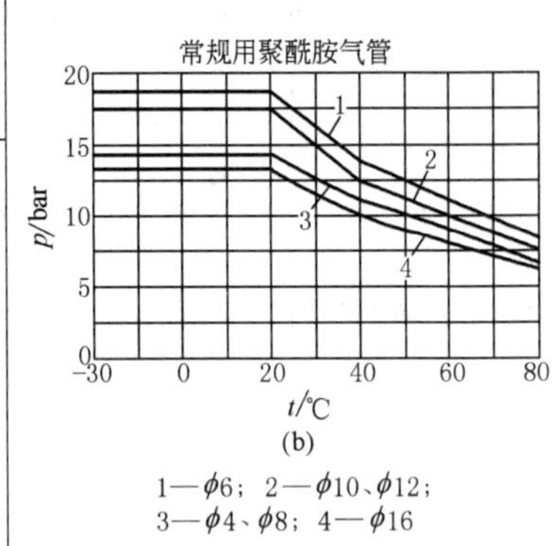

(b)

1—φ6；2—φ10、φ12；3—φ4、φ8；4—φ16

带加固编织层聚氯乙烯气管

材料：带加固编织层聚氯乙烯气管，可用于压缩空气及水，一般用于低压系统，适用于倒钩式接头

外径/mm	内径/mm	工作压力/bar	工作温度/℃	质量/g·m^{-1}
3.0	1.5	0.25	-10~+60	6
4.0	2.0	0.25	-10~+60	12
5.0	3.0	0.25	-10~+60	16
6.5	4.0	0.25	-10~+60	25
12.0	8.0	0.25	-10~+60	77

注：工作压力是指在最高温度下

丁腈橡胶气管

材料：丁腈橡胶，可用于压缩空气，最高工作压力为18bar，适用于倒钩式接头夹固形式

外径/mm	内径/mm	工作温度/℃	最小弯曲半径/mm	质量/g·m^{-1}
13.0	6.0	-20~+80	40	6
16.0	9.0	-20~+80	50	12
23.0	13.0	-20~+80	100	16
31.0	19.0	-20~+80	200	25

聚酰胺气管

材料：聚酰胺，可用于压缩空气（工作压力与温度的关系见图c）及真空系统，不含卤素，不含PWIS，不含铜及聚四氟乙烯，可防紫外线及压裂特性，耐水解，耐化学特性及细菌环境，可用于倒钩接头和快拧接头，适用于拖链的连接方式

外径/mm	内径/mm	工作温度/℃	最小弯曲半径/mm	质量/g·m^{-1}
4.3	3.0	-30~+80	40	6
6.0	4.0	-30~+80	50	12
8.2	6.0	-30~+80	100	16

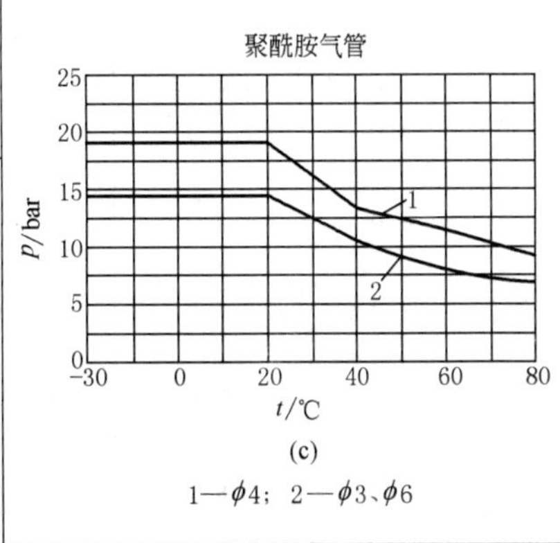

(c)

1—φ4；2—φ3、φ6

续表

用于食品行业的气管

聚乙烯气管

材料：聚乙烯，可用于压缩空气（工作压力与温度的关系见图d）及真空系统，不含卤素，不含PWIS，不含铜及聚四氟乙烯，可防紫外线及压裂特性，耐水解，耐化学特性及细菌环境，可用于倒钩接头和快拧接头，适用于拖链的连接方式

外径/mm	内径/mm	工作温度/℃	最小弯曲半径/mm	质量/g·m⁻¹
4.3	3.0	-10~+35	18	7
6.0	4.0	-10~+35	22.5	16
8.4	6.0	-10~+35	39	25

聚乙烯/聚氯乙烯气管

p/bar

t/℃

(d)

1—ϕ9、ϕ13

耐水解气管

材料：聚氨酯，可用于压缩空气（工作压力与温度的关系见图e）及真空系统，不含卤素，不含PWIS，不含铜及聚四氟乙烯，可防紫外线及压裂特性，耐水解，耐化学特性及细菌环境，可用于快插接头，适用于拖链的连接方式

可用于食品工业一区，尤其耐水解和耐微生物特性，可在潮湿环境，可与60℃以下的水接触

外径/mm	内径/mm	工作压力/bar	工作温度/℃	最小弯曲半径/mm	质量/g·m⁻¹
3.0	2.1	-0.95~10	-35~+60	12	4.2
4.0	2.6	-0.95~10	-35~+60	16.0	8.5
6.0	4.0	-0.95~10	-35~+60	26.0	18.3
8.0	5.7	-0.95~10	-35~+60	37.0	18.7
10.0	7.0	-0.95~10	-35~+60	52.0	46.5
12.0	8.0	-0.95~10	-35~+60	62.0	72.9
16.0	11.0	-0.95~10	-35~+60	88.0	123

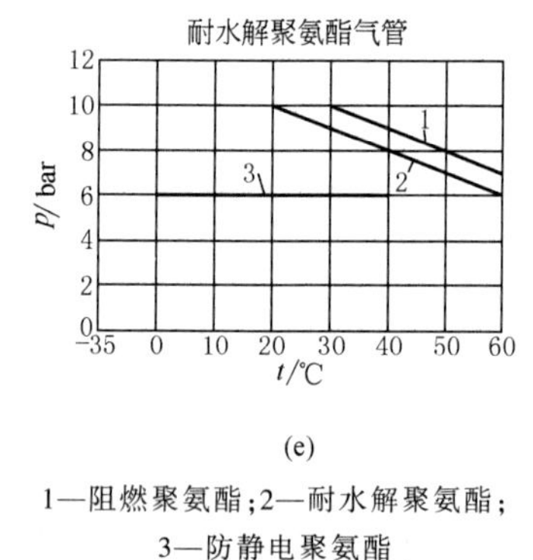

(e)

1—阻燃聚氨酯；2—耐水解聚氨酯；3—防静电聚氨酯

耐清洁剂气管

材料：聚乙烯，可用于压缩空气（工作压力与温度的关系见图f）及真空系统，不含卤素，不含PWIS，不含铜及聚四氟乙烯，可防紫外线及压裂特性，耐水解，耐化学特性及细菌环境，可用于快插接头、倒钩接头和快拧接头，适用于拖链的连接方式

适合食品工业二区，得到FDA认可，耐水解，有高的耐化学性能及耐大多数清洁剂的特性，可替代昂贵的不锈钢

外径/mm	内径/mm	工作温度/℃	最小弯曲半径/mm	质量/g·m⁻¹
4.0	2.9	-30~+80	25	5.6
6.0	4.0	-30~+80	32	14.7
8.0	5.9	-30~+80	50	21.4
10.0	7.0	-30~+80	57	37.5
12.0	8.0	-30~+80	65	54.0

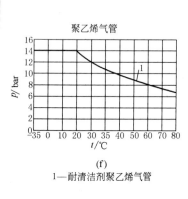

聚乙烯气管

p/bar

t/℃

(f)

1—耐清洁剂聚乙烯气管

续表

用于食品行业的气管 — 耐高温/耐酸碱气管（+150℃）

材料：全氟烷氧基，可用于压缩空气（工作压力与温度的关系见图g）及真空系统，不含卤素，不含PWIS，不含铜及聚四氟乙烯，可防紫外线及压裂特性，耐水解，耐化学特性及细菌环境，可用于快插接头和快拧接头

尤其在耐高温，耐高压，耐酸碱，抗化学物质方面具有最好的特性。耐水解特性好，能避免清洁剂、润滑剂残余物的影响

外径 /mm	内径 /mm	最小弯曲半径/mm	质量 /g·m⁻¹
4.0	2.9	37	12
6.0	4.0	50	34
8.0	5.9	110	49
10.0	7.0	140	87
12.0	8.4	165	125

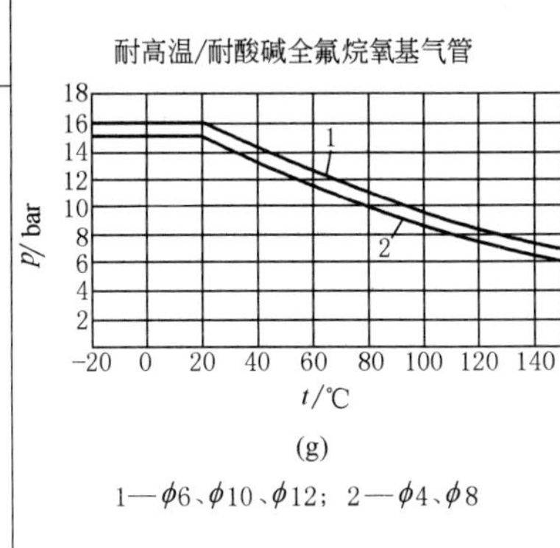

(g)

1—φ6、φ10、φ12；2—φ4、φ8

用于电子行业的气管 — 防静电气管

材料：聚氨酯，可用于压缩空气（工作压力与温度的关系见图h）及真空系统，不含卤素，不含PWIS，不含铜及聚四氟乙烯，可防紫外线及压裂特性，耐水解，可用于快插接头，适用于拖链的连接方式

尤其具有突出的防静电、防紫外线特性，可用于电子行业

外径 /mm	内径 /mm	工作温度 /℃	最小弯曲半径/mm	质量 /g·m⁻¹
4.0	2.5	0~+40	17	9
6.0	4.0	0~+40	26.5	19

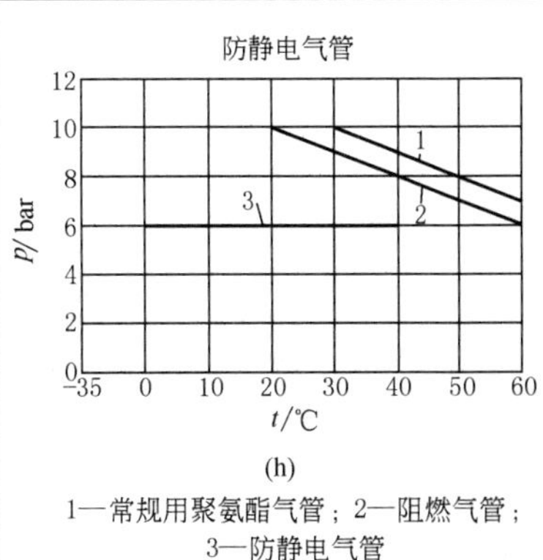

(h)

1—常规用聚氨酯气管；2—阻燃气管；3—防静电气管

用于电子行业的气管 — 阻燃型气管

材料：聚氨酯，可用于压缩空气（工作压力与温度的关系见图i）及真空系统，不含卤素，不含PWIS，不含铜及聚四氟乙烯，可防紫外线及压裂特性，耐水解，耐化学特性及细菌环境，可用于快插接头和快拧接头，适用于拖链的连接方式

弹性好，阻燃。符合UL 94V0-V2标准

外径 /mm	内径 /mm	工作温度 /℃	最小弯曲半径/mm	质量 /g·m⁻¹
6.0	4.0	-35~+60	26.5	20.0
8.0	5.7	-35~+60	37.0	31.0
10.0	7.0	-35~+60	54.0	51.0
12.0	8.0	-35~+60	62.0	79.0

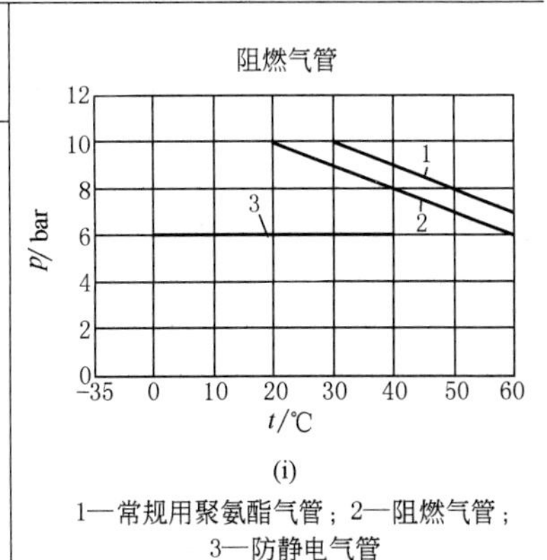

(i)

1—常规用聚氨酯气管；2—阻燃气管；3—防静电气管

续表

用于汽车行业的防焊渣气管

材料:聚氨酯,可用于压缩空气(工作压力与温度的关系见图j)及真空系统,不含卤素,不含PWIS,不含铜及聚四氟乙烯,可防紫外线及压裂特性,耐水解,耐化学特性及细菌环境,可用于快插接头和快拧接头,适用于拖链的连接方式

该气管为两层结构,外套内部为聚氯乙烯,气管为聚酰胺,不含铜及聚四氟乙烯。插入快插接头时,应剪去外套长度X,见下表

用于汽车行业,防焊渣飞溅,耐阻燃,耐水解

用于快插接头的外径/mm	外径/mm	内径/mm	工作温度/℃	外套的壁厚/mm	剪去的外套长度X/mm	质量/g·m^{-1}
6.0	8.0	4.0	-30~+90	1.0	17.0	49.0
8.0	10.0	6.0	-30~+90	1.0	18.0	65.0
10.0	12.0	7.5	-30~+90	1.0	20.0	88.0
12.0	14.0	9.0	-30~+90	1.0	23.0	133.0

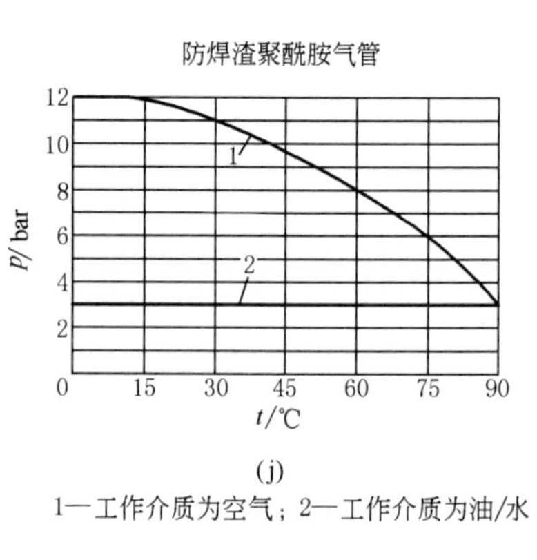

(j)

1—工作介质为空气；2—工作介质为油/水

极软的聚氨酯气管

材料:聚氨酯,该气管是极软的聚氨酯气管与内套管(铜管)组合使用的,见图k。弯曲半径小,最适合狭窄空间使用。工作温度为-20~+60℃

外径/mm	内径/mm	最低工作压力/MPa	最高工作压力/MPa	最小弯曲半径/mm	气管抗脱强度(快换接头的情况,无内管套)/N	气管抗脱强度(快换接头的情况,有内管套)/N
4.0	2.5	-20~+40	+40~+60	8.0	15.0	80.0
6.0	4.0	-20~+40	+40~+60	15.0	60.0	230.0
8.0	5.0	-20~+40	+40~+60	15.0	60.0	250.0
10.0	6.5	-20~+40	+40~+60	22.0	85.0	300.0
12.0	8.0	-20~+40	+40~+60	29.0	110.0	480.0

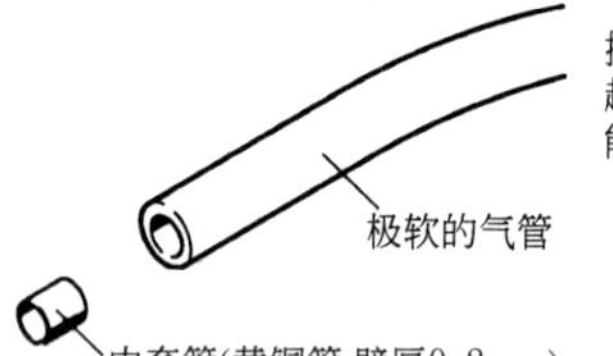

(k)

外表带金属编织层的丁腈橡胶气管

材料:丁腈橡胶,可用于压缩空气、真空系统及水,属于高强度气管,外表带金属编织层,用于快拧接头,防火花、防红热的切削和磨削。弯曲半径小

外径/mm	内径/mm	工作压力/bar	工作温度/℃	最小弯曲半径/mm	质量/g·m^{-1}
7.0	4.0	0~12	-20~+80	20.0	101
9.0	6.0	0~12	-20~+80	30.0	140
12.0	9.0	0~12	-20~+80	45.0	171

续表

<table>
<tr><td rowspan="7">耐高压聚氨酯气管(20bar)</td><td colspan="3">材料:聚酰胺,可用于压缩空气及真空系统,最高耐压为 20bar,耐化学特性,耐水解</td></tr>
<tr><td>外径/mm</td><td>工作压力/bar</td><td>工作温度/℃</td></tr>
<tr><td>6.0</td><td>-0.95 ~+20</td><td>-20 ~+80</td></tr>
<tr><td>8.0</td><td>-0.95 ~+20</td><td>-20 ~+80</td></tr>
<tr><td>10.0</td><td>-0.95 ~+20</td><td>-20 ~+80</td></tr>
<tr><td>12.0</td><td>-0.95 ~+20</td><td>-20 ~+80</td></tr>
<tr><td>16.0</td><td>-0.95 ~+20</td><td>-20 ~+80</td></tr>
</table>

<table>
<tr><td rowspan="6">螺旋式聚酰胺气管</td><td colspan="6">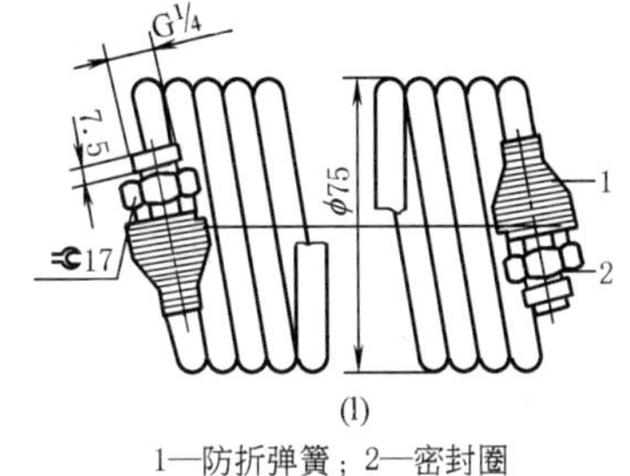
(l)
1—防折弹簧；2—密封圈</td><td>螺旋式聚酰胺气管长度预先裁定,气管两头有防折皱的弹簧,并配有旋转接头和密封圈,可用于拉伸移动的场合,见图 l
材料:聚酰胺,可用于压缩空气(工作压力与温度的关系见图 m)及真空系统,不含卤素,不含 PWIS,不含铜及聚四氟乙烯,可防紫外线及压裂,耐水解,耐化学特性及细菌环境,适用于拖链的连接方式
该气管的环境温度为-30~80℃,抗机械损伤性能突出(由于气管两头有防折皱的弹簧,在使用时防止气管在移动时磨损及抗外界碰撞)</td></tr>
<tr><td>外径/mm</td><td>内径/mm</td><td>工作压力/bar</td><td>工作温度/℃</td><td>最小弯曲半径/mm</td><td>质量/g · m⁻¹</td><td rowspan="4">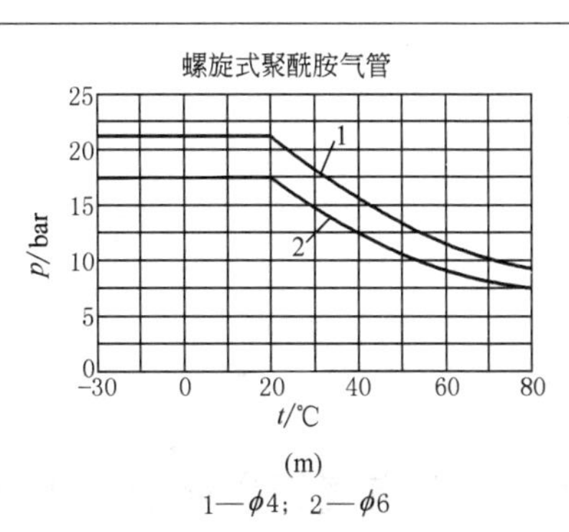
(m)
1—φ4；2—φ6</td></tr>
<tr><td>7.0</td><td>4.0</td><td>0~12</td><td>-20~+80</td><td>20.0</td><td>101</td></tr>
<tr><td>9.0</td><td>6.0</td><td>0~12</td><td>-20~+80</td><td>30.0</td><td>140</td></tr>
<tr><td>12.0</td><td>9.0</td><td>0~12</td><td>-20~+80</td><td>45.0</td><td>171</td></tr>
</table>

<table>
<tr><td rowspan="7">螺旋式聚氨酯气管</td><td colspan="5">材料:聚氨酯,可用于压缩空气(工作压力与温度的关系见图 n)及真空系统,不含卤素,不含 PWIS,不含铜及聚四氟乙烯,可防紫外线及压裂特性,耐水解,耐化学特性及细菌环境,适用于拖链的连接方式
该气管弹性好,抗水解,带加强的编织层和旋转接头。气管长度预先裁定,气管两头有防折皱的弹簧,并配有旋转接头和密封圈。该气管的环境温度为-40~+60℃,低于螺旋式聚酰胺气管的环境温度</td></tr>
<tr><td>外径/mm</td><td>内径/mm</td><td>接　口</td><td>工作长度/m</td><td rowspan="6">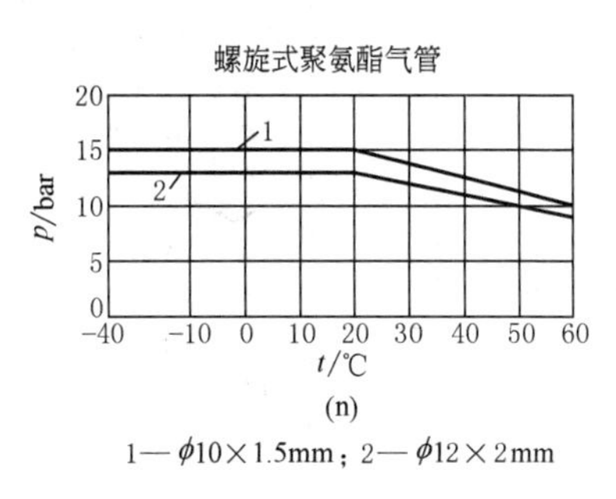
(n)
1—φ10×1.5mm；2—φ12×2mm</td></tr>
<tr><td rowspan="3">9.5</td><td rowspan="3">6.4</td><td rowspan="3">G¼</td><td>2.4</td></tr>
<tr><td>4.8</td></tr>
<tr><td>6</td></tr>
<tr><td rowspan="2">11.7</td><td rowspan="2">7.9</td><td rowspan="2">G⅜</td><td>4.8</td></tr>
<tr><td>6</td></tr>
</table>

2.3 硬管

下面提到的硬管不是用于工厂主管道的硬管，较多是用于设备上的气动系统并要考虑能否与管接头（快插接头）方便地连接。

表 21-6-5

聚酰胺气管	由高品质的聚酰胺制成的刚性管道(硬管),耐腐蚀,沿着管道直径方向有一定的韧性与弹性,无需保养。用于专用硬管系统的快插接头上。管道内壁光滑,气体流动阻力小。工作压力:-0.95~7bar,温度:-25~+75℃					
	主要技术参数					
	型号	聚酰胺气管				
		12×1.5	15×1.5	18×2	22×2	28×2.5
	工作介质	适用于压缩空气、真空和液体				
	外径/mm	12	15	18	22	28
	内径/mm	9	12	14	18	23
	质量/kg·m^{-1}	0.051	0.065	0.103	0.130	0.204
	材料	聚酰胺				
	颜色	黑色				
铝合金气管	刚性、耐腐蚀;用于专用硬管系统的快插接头上。管道内壁光滑,气体流动阻力小。工作压力:-0.95~7bar,温度:-30~+75℃					
	主要技术参数					
	型号	铝合金气管				
		12×1	15×1	18×1	22×1	28×1.5
	工作介质	适用于压缩空气、真空和液体				
	外径/mm	12	15	18	22	28
	内径/mm	10	13	16	20	25
	质量/kg·m^{-1}	0.093	0.119	0.144	0.178	0.337
	材料	精制铝合金				
	颜色	银色				

2.4 影响气管损坏的环境因素

表 21-6-6

分 类	损 坏 原 因	损坏介质
化学损坏	①主要是酸碱使聚合物(气管)的分子结构裂开 ②化学侵蚀造成气管表面裂开 ③常见的介质残留物造成气管损坏(如盐)	清洁剂、消毒剂、冷却液等
应力裂缝	①有极性有机物质(醇、酯、酮) ②气管内部的张力和介质扩散造成分子间力的减小(如表现在单个裂缝、气管裂开的表面分界线很明显,光滑且实际上无任何变形)	溶剂、润滑剂、碳氢化合物
微生物侵蚀损坏	①由微生物新陈代谢产物造成的间接损坏(如酸的侵蚀、增塑剂中酶的分解、塑料中水分含量增加) ②微生物的直接降解,聚合物的成分为新陈代谢过程中碳和氢的来源	户外区域环境:垛、水道、高污染区域、潮湿温暖的环境(电缆通道)
物理损坏	①高能辐射(紫外线、X射线、γ射线) ②压力和温度的影响 ③辐射造成大分子的分裂	户外区域:人为紫外线照射(如食品行业中的消毒)

2.5 气管使用注意事项

气管切口垂直以确保密封质量、安装气管时不能扭曲、弯曲半径不能过小（注意各气管的最小弯曲半径）；如气管过长时应采用气管扣件固定，如气管随驱动器移动时应考虑配装拖链连接装置；气管管径选择过大浪费能量，选择过小时驱动器速度太慢。尤其关注密封性，不能泄漏。

3 管 接 头

管接头要求不漏气，拆装方便，可重复使用，由于世界各地区采用螺纹的制式不同，对阀、气缸等气动元件的连接造成不便。如对于英制标准管牙G螺纹，在连接过程中必须采用密封垫圈。但对于圆锥管R螺纹，则不需要密封垫，而且各种制式螺纹有些不能混用。因此，在气动系统设计、选用时必须注意这一细节。

JB/T 7056—2008《气动管接头　通用技术条件》规定了以压缩空气为介质的管接头的分类、产品标识、基本技术要求和测试方法，适用于气动系统中最高工作压力不大于2.5MPa的管接头。

3.1 螺纹的种类

按螺纹的种类分为：圆锥管螺纹（R）、公制螺纹（M）、英制标准管牙G(BSP)、美国国家管用螺纹（NPT)、美国标准细牙螺纹（UNF)。

表 21-6-7　　mm

G(BSP) 英制标准管牙	M 公制螺纹	UNF美国、英国、加拿大常用英制标准细牙螺纹	NPT美国国家管用螺纹(斜牙，主要用于美国)	内径	外径	螺距或每英寸螺纹数
	M3			2.4~2.5	2.8~2.9	0.5
		10/32		4.0~4.2	4.6~4.8	32
	M5			4.1~4.3	4.8~4.9	0.8
G⅛				8.5~8.9	9.3~9.7	28TPI
			⅛	8.5~8.9	9.3~9.7	29TPI
	M10×1			8.9~9.2	9.7~9.9	1.0
	M10×1.25			8.6~8.9	9.7~9.9	1.25
	M10			8.4~8.7	9.7~9.9	1.5
		7/16-20		9.7~10.0	10.9~11.1	20TPI
	M12×1.25			10.6	11.7~11.9	1.25
	M12×1.5			10.4	11.7~11.9	1.5
	M12			10.1~10.4	11.6~11.9	1.75
		½-20		11.3~11.6	12.4~12.7	20TPI
G¼				11.4~11.9	12.9~13.1	19TPI
			¼	11.4~11.9	12.9~13.1	18TPI
	M14×1.5			12.2~12.6	13.6~13.9	1.5
		9/16-18		12.7~13.0	14.0~14.2	18TPI
	M16×1.5			14.4~14.7	15.7~15.9	1.5
	M16			13.8~14.2	15.6~15.9	2.0
G⅜				14.9~15.4	16.3~16.6	19TPI
			⅜	14.9~15.4	16.3~16.6	18TPI
	M18×1.5			16.2~16.6	17.6~17.9	1.5
	M20			17.3~17.7	19.6~19.9	2.5
G½			½	18.6~19.0	20.5~20.9	14TPI
	M22×1.5			20.2~20.6	21.6~21.9	1.5
		⅞-14		20.2~20.5	22.0~22.2	14TPI
		13/16-12		27.6~27.9	29.8~30.1	12TPI
		¾-16		17.3~17.6	18.7~19.0	16TPI
	M24			20.8~21.3	23.6~23.9	3.0
	M26×1.5			24.2~24.6	25.6~25.9	1.5
G¾			¾	24.1~24.5	26.1~26.4	14TPI
		1 1/16-12		24.3~24.7	26.6~26.9	12TPI
	M30×1.5			28.2~28.6	29.6~29.9	1.5
	M30×2			27.4~27.8	29.6~29.9	2
	M32×2			29.4~29.9	31.6~31.9	2
G1				30.3~30.8	33.0~33.2	11TPI
		1 5/16-12		30.8~31.2	33.0~33.3	12TPI
			1	30.3~30.8	32.9~33.4	11.5TPI

续表

G(BSP) 英制标准管牙	M 公制螺纹	UNF 美国、英国、加拿大常用英制标准细牙螺纹	NPT 美国国家管用螺纹(斜牙,主要用于美国)	内径	外径	螺距或每英寸螺纹数
	M36×2			33.4~33.8	35.6~35.9	2
	M38×1.5			36.2~36.6	37.6~37.9	1.5
		1⅝-12		38.7~39.1	40.9~41.2	12TPI
	M42×2			39.4~39.8	41.6~41.9	2
G1¼				39.0~39.5	41.5~41.9	11TPI
			1¼	39.2~39.6	41.4~42.0	11.5TPI
	M45×1.5			43.2~43.6	44.6~44.9	1.5
	M45×2			42.4~42.8	44.6~44.9	2
		1⅞-14		45.1~45.5	47.3~47.6	12TPI
G1½				44.8~45.3	47.4~47.8	11TPI
			1½	45.1~45.5	47.3~47.9	11.5TPI
	M52×1.5			50.2~50.6	51.6~51.9	1.5
	M52×2			49.4~49.6	51.6~51.9	2
G2				56.7~57.1	59.3~59.6	11TPI

3.2 公制螺纹、G 螺纹与 R 螺纹的连接匹配

表 21-6-8

螺纹种类	公制螺纹	G 螺纹	R 螺纹
连接要求	圆柱形公制螺纹和 G 螺纹相类似,通过嵌入 O 形圈,确保密封	符合 DIN ISO 228-1 标准,螺纹较短,需要密封件密封,如密封件损坏可更换密封件,因此可重复使用	符合 DIN 2999-1 和 ISO 7/1 标准,自密封螺纹,密封在螺纹上,不需要密封平面,无需密封件,安装尺寸更小,可重复利用达 5 次
匹配要求	公制阳螺纹(外螺纹)只能与公制阴螺纹(内螺纹)相配 公制螺纹(外) 公制螺纹(内)	G 阳螺纹(外螺纹)只能与 G 阴螺纹(内螺纹)相配 G螺纹(外) G螺纹(内)	R 阳螺纹(外螺纹)可与 G 阴螺纹(内螺纹)或 R 阴螺纹(内螺纹)相配 R螺纹(外) G螺纹(内) R螺纹(内)

3.3 接头的分类及介绍

接头可根据材料、螺纹的种类、结构、气管的连接方式进行分类。

表 21-6-9

分类方式	类　　别	特　　征
按接头的材料分	PBT(聚对苯二甲酸丁二醇酯)	
	镀镍/镀铬黄铜	
	不锈钢	
	阻燃	

续表

分类方式	类　别	特　征
按与气管的连接方式分	快插(PBT/镀镍/镀铬黄铜/不锈钢)	快插接头是应用最广泛的一种接头。凡人工能触摸的位置,均能轻松拆装,最高工作压力(PBT)为10bar。快插接头还可分为小型快插、标准快插、复合型快插、鼓形快插、金属快插、不锈钢快插、阻燃快插、硬管快插、自密封快插以及旋转快插接头(250~1500r/min)等
	倒钩	它可分为塑料、钢、铝、压铸锌合金、不锈钢等材质的倒钩接头。最高工作压力为8bar。可用于气管连接以及软管夹箍型连接
	快拧(塑料/铝合金/铜)	可用手拧紧,连接安全可靠、适合于真空系统。塑料/铝合金的最高工作压力为10bar;铜的最高工作压力为18bar
	卡套(黄铜)	介质可用空气、油、水,低压液压系统。最高工作压力视管子而定(60bar)
	快速(镀镍黄铜/钢)	可实现快速替换气动设备/气动工具/注塑机模具等。由于插座内带有单向阀,免去了每次拆装时将管道内卸压为零的麻烦。最高工作压力为12bar或35bar

JB/T 7056—2008《气动管接头　通用技术条件》中规定，普通管接头可分为插入式气动管接头、卡套式气动管接头、锁母式气动管接头、卡箍式气动管接头、快换式气动管接头，功能管接头可分为调速式气动管接头、带开关气动管接头。

SMC公司生产的管接头见表21-6-10。此外，该公司还有适应世界不同地区使用的寸制快换接头及可拧入Re、G、NPT内螺纹上的万用螺纹（Uni）管接头。万用螺纹管接头采用了独特的结构，可用于狭窄的安装空间。

表 21-6-10　　SMC公司生产的管接头

名称	系列	适合管材	连接螺纹①	连接管外径/mm	特点
快换接头	KQ2系列	硬尼龙、软尼龙、聚氨酯	M3、M5、M6、(1/8、1/4、3/8、1/2)	2、3.2、4、6、8、10、12、16	可用于真空压力,装拆快速
可回转式快换接头	KS、KX	PEP、PFA、尼龙、软尼龙、聚氨酯	M5、M6、(1/8、1/4、3/8、1/2)	4、6、8、10、12	可用于真空压力 可高速旋转 (KS:250~500r/min,KX:1000~1500r/min) 用于机械手等的摆动部、回转部等
集装式快换接头	KM	PEP、PFA、尼龙、软尼龙、聚氨酯	(1/4、3/8、1/2)	4、6、8、10、12	集中配管、紧凑、装拆快速
多管对换接式接头	盘形DM、长方形KDM	尼龙、软尼龙、聚氨酯		(3.2)、4、6、(8)	可减少安装工作量,常用于控制板上或机械装置上
微型接头	M	尼龙、软尼龙、聚氨酯	M3、M5、(1/8)	2、3.2、4、6	螺纹连接或倒钩连接
卡套式接头	H、DL、L、LL	硬尼龙、软尼龙、软质铜管	(1/8、1/4、3/8、1/2)	4、6、8、10、12	使用压力范围为0~1.0MPa 流动损失小 靠金属套管夹住管子,用螺母预紧
嵌入式接头	KF、KFG2(不锈钢)	尼龙、软尼龙、聚氨酯	(1/8、1/4、3/8、1/2)	4、6、8、10、12、(16)	流动损失较大 将管子插入管座后,用螺母推管卡夹住管子,管卡有尼龙(-5~60℃)、黄铜(-5~150℃,可用于蒸气)

续表

名称	系列	适合管材	连接螺纹[①]	连接管外径/mm	特点
难燃性快换接头	KR-W2、KRM(集装式)	难燃软尼龙	(⅛、¼、⅜、½)	6、8、10、12	部分零件使用难燃材料 用于有火花发生的环境中,使用压力范围为0~1.0MPa 系列可用于真空压力
耐腐蚀环境用快换接头	KG	PEP、PFA、硬尼龙、软尼龙、聚氨酯	M5、(⅛、¼、⅜、½)	4、6、8、10、12、16	金属零件使用不锈钢可用于真空压力
耐腐蚀微型接头	MS	尼龙、软尼龙、聚氨酯	M5、R⅛	3、2、4、6	金属零件使用不锈钢
自封式快换接头	KC	尼龙、软尼龙、聚氨酯	M5、(⅛、¼、⅜、½)	4、6、8、10、12	管子拔出,气路自动关闭 管子插入,气路接通
速度控制阀带快换接头(弯头型)	AS	尼龙、软尼龙、聚氨酯	M5、(⅛、¼、⅜、½)	3.2、4、6、8、10、12	使用压力范围为0.1~1.0MPa 万向型管子的安装方向可在360°内变化尺寸小、重量轻
快排阀带快换接头	AQ	尼龙、软尼龙、聚氨酯	—	4、6	排气口有带消声器的带快换接头两种
带单向阀的快接接头	KK	尼龙、软尼龙、聚氨酯	M5、(⅛、¼、⅜、½、¾)	3.2、4、6、8、10、12、16	使用压力范围KK4、4KK4系列以上:0~1MPa KK3:-93kPa~1MPa KKA:不锈钢,禁油、不易漏 KKH:带吸冲击罩
	KKA		(⅛~1½)	—	
	KKH		(⅛~½)	5、6、6.5、8、8.5	
配管组件	KB	尼龙、软尼龙、聚氨酯	M5、M6、(⅛、¼、⅜、½)	4、6、8、10、12、16	使用压力范围:-100kPa~1MPa 不用工具,可快速锁紧 按用途需要,对配管进行集中和分配,输出空气的方向可在360°内自由选择 无铜离子
不锈钢快换接头	KQG	硬尼龙、软尼龙、聚氨酯、PEP、PFA	MF、(⅛、¼、⅜、½)	4、6、8、10、12	使用压力范围:-100kPa~1MPa 使用温度:可达150℃,可用于蒸气 适合多种流体 无脂滑脂
不锈钢嵌入式管接头	KFC				
防静电用快换接头	KA	防静电软尼龙、防静电聚氨酯	M5、M6、(⅛、¼、⅜、½)(Unl螺纹)	3.2、4、6、8、10、12	使用压力范围:-100kPa~1MPa 难燃 无铜离子

续表

名称	系列	适合管材	连接螺纹①	连接管外径 /mm	特点
洁净型快换接头	KP、KPQ、KPC	洁净型管材	M5、($\frac{1}{8}$、$\frac{1}{4}$、$\frac{3}{4}$、$\frac{1}{2}$)	4、6、8、10、12	使用压力范围：-100kPa~1MPa 洁净室使用，完全漏油，发尘等级 I KP 系列可用于空气、N_2、水(纯水) KPQ 压力接头为无电解镍镍黄铜，KPG 进入接头为不锈钢
氟树脂高级管接头	LQ1、LQ3、LQHB	氟树脂管 TL/THL	($\frac{1}{8}$、$\frac{1}{4}$、$\frac{3}{8}$、$\frac{1}{2}$、$\frac{3}{4}$、1)	3、4、6、8、10、12、19、25	适合多种流体，耐腐蚀 洁净化管道 密封性高、防液漏 渗体滞留少；液体置换性优良 耐热循环 抗管子的弯曲、变形 管子尺寸可改变
低回转力矩的回转接头	MQR		M5×0.8		使用压力范围：-0.1~1MPa 回流阀：1、2、4、8、12、16 回转力矩：0.003~0.5N·m(不受压力、温度影响) 转速：300~3000r/min 使用温度：-10~80℃ 寿命：1 亿~10 亿次回转
半导体工业用高级管接头	TS1	不锈钢管	TS1	$\frac{1}{4}$in (ϕ6.35mm) $\frac{3}{8}$in (ϕ9.53mm)	非泄漏型(泄漏量小于 1×10^{-10}Pa·m^3/s)
	U0J		U0J	$\frac{1}{4}$in (ϕ6.35mm)	
	UIU		URJ	$\frac{1}{4}$in (ϕ6.35mm) $\frac{3}{8}$in (ϕ9.53mm)	

① 括号内数值的单位为 in。

3.3.1 快插接头简介

快插接头是最方便的即插即用的连接方式，尤其在一些气管连接非常不方便、困难的空间场合下，更能体现快插接头的优越性。

表 21-6-11

分类及特点	快插接头主要分为小型、标准型、金属型、不锈钢型、阻燃型、复合型以及鼓形接头体组合七种类型(有的公司称它为插入式接头) 特点:①小型快插接头与标准型快插接头相比,其尺寸更紧凑,无论是外径尺寸还是长度方向的尺寸 ②复合型快插接头通常是一组可分成多支流的连接接头 ③自密封型快插接头内置单向阀,管子插入为接通,管子拔出后,单向阀关闭,无压缩空气外泄 ④旋转型快插接头是指螺纹被旋紧(固定)后与插气管的接头体做旋转运动,旋转型快插接头都内置轴承,转速为 250~1500r/min,工作压力为 10bar ⑤硬管快插接头用于聚酰胺气管和铝合金气管
连接结构	简单的"即插即用" 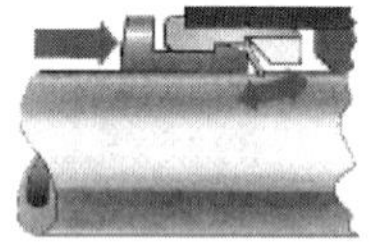 插入式接头内部的不锈钢片将气管牢固卡紧,而不损坏其表面。机械振动和压力波动被安全地吸收 压下端头,即可拔出气管 连接可靠 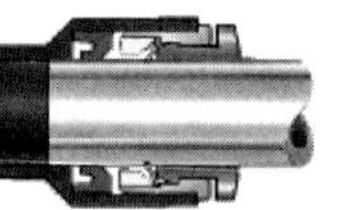 丁腈橡胶密封环保证了标准外径气管和快插管接头间的良好密封 标准气管可用于压缩空气和真空 自密封 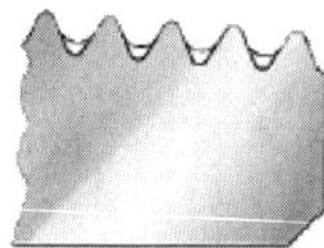 FESTO 插入式螺纹接头为镀镍黄铜元件。具有良好的耐腐蚀性。其 ISO R 螺纹上带有自密封的聚四氟乙烯涂层,这种接头在不加其他密封件的情况下可重复使用五次,具有良好的密封性能
安装方法	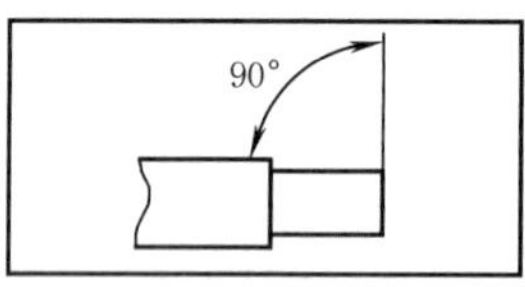 ①确保管头垂直切割,并无毛刺,内管伸出长度必须正确 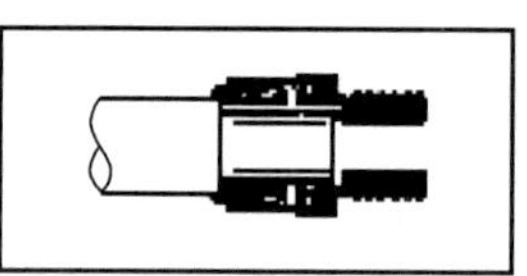 ②把管子通过填充插入接头 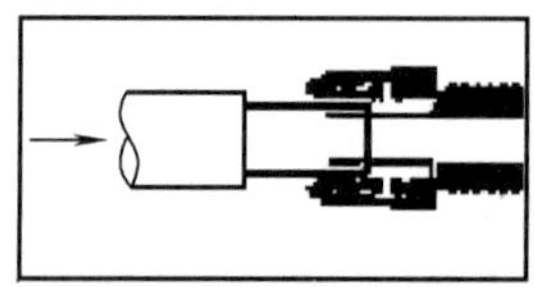 ③继续将管子穿过 O 形圈,直至管子碰到管挡肩。然后用力向外拉管子,让筒夹将管子夹紧 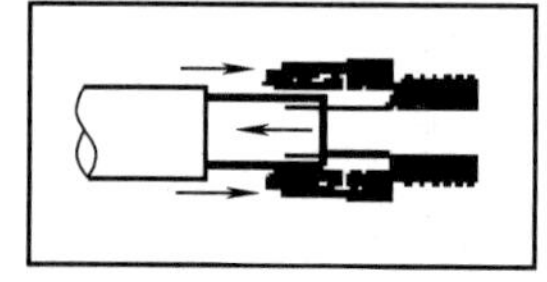 ④拆卸方法:首先确认管内无压力气体,将管子推入直至碰到管挡肩。用力压筒夹将管子拉出 当接头与管子连接后,即接头螺纹被旋紧后,接头体可随气管的方向做 360°范围内调整

表 21-6-12 **小型快插接头** mm

形式	结构特点	接口 D_1					接口 D_2
		M 螺纹	R 螺纹	G 螺纹	气管外径	插入套管直径 ϕ	气管外径
直通形结构	快插接头-外螺纹，带外六角	M3	—	—	—	—	3，4
		M5					3，4，6
		—	R1/8	G1/8	—	—	4，6
	快插接头-外螺纹，带内六角	M3	—	—	—	—	3，4
		M5					3，4，6
		M7	R1/8	G1/8			4，6
	快插接头-内螺纹，带外六角	M3	—	—	—	—	3，4
		M5					3，4
	快插接头-外螺纹，带内六角	M6×0.75	—	—	—	—	4
		M8×0.75					6
	快插接头	—	—	—	3	—	3
					4		4
	变径	—	—	—	6	—	6
					4		3
					6		4
	穿板式快插接头	—	—	—	3	—	—
					4		
					6		
	插入式堵头	—	—	—	3	—	—
	快插接头，带轴套	—	—	—	—	4	3
						6	4
	空位堵头	—	—	—	—	3	—

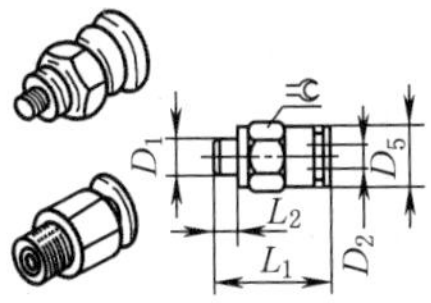

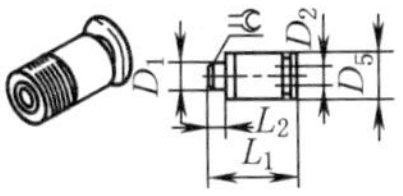

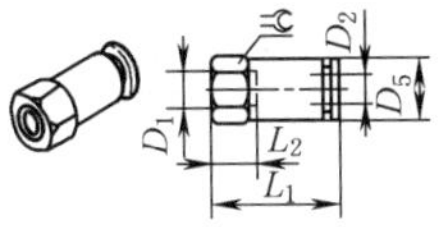

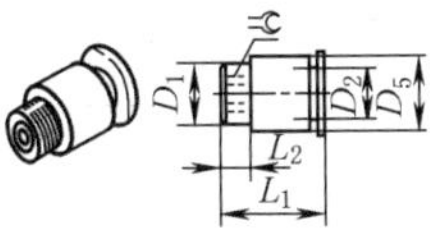

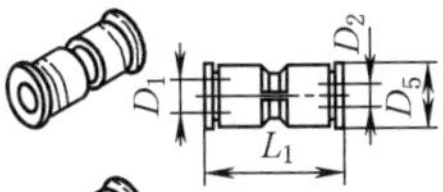

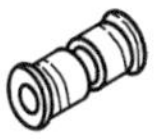

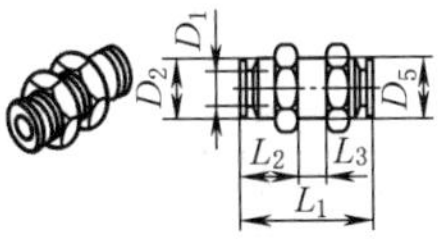

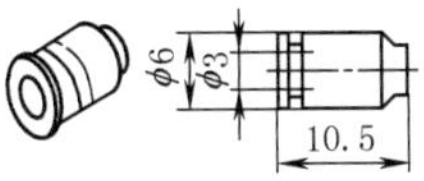

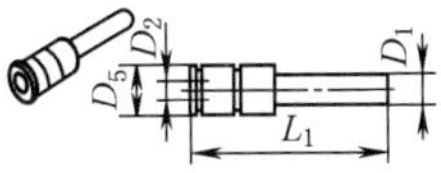

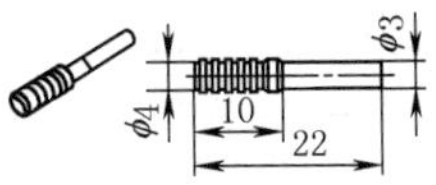

续表

形式	结构特点	接口 D_1					接口 D_2
		M 螺纹	R 螺纹	G 螺纹	气管外径	插入套管直径 φ	气管外径
L形	L形快插接头,360°旋转-外螺纹,带外六角 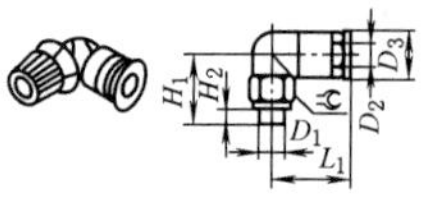	M3	—	—	—	—	3,4
		M5					3,4,6
		M7	R1/8	G1/8			4,6
	L形快插接头,360°旋转-外螺纹,带外六角 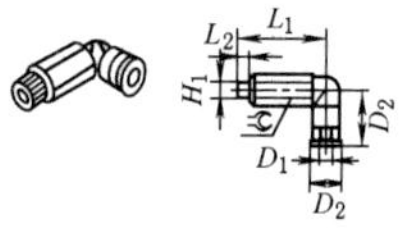	M3	—	—	—	—	3,4
		M5					3,4,6
		M7	R1/8	G1/8			4,6
	L形快插接头 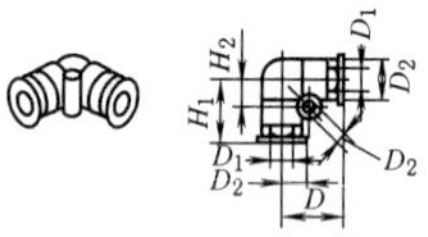	—	—	—	3	—	—
					4		
					6		
	L形快插接头,带套管 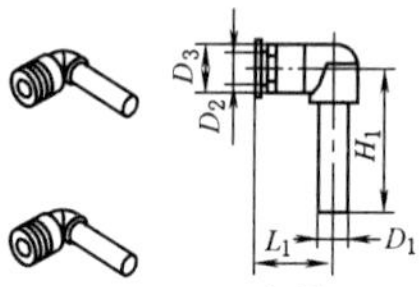	—	—	—	—	3	3
						4	4
						6	6
	变径	—	—	—	—	4	3
						6	4
T形	T形快插接头,360°旋转-外螺纹,带外六角 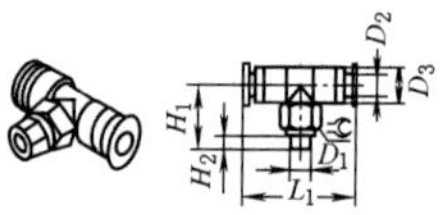	M3	—	—	—	—	3,4
		M5					3,4,6
		—	R1/8	G1/8			4,6
	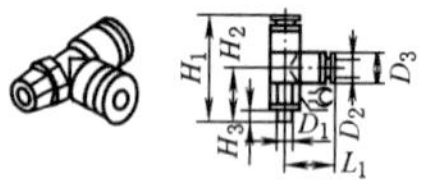	M3	—	—	—	—	3,4
		M5					3,4,6
		—	R1/8	G1/8			4,6
	T形快插接头 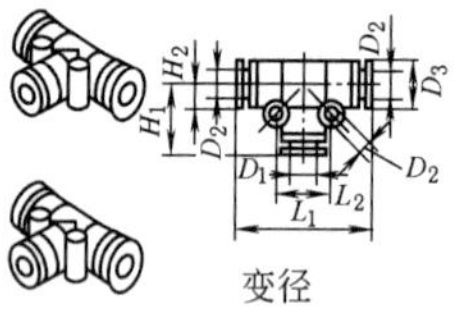	—	—	—	3	—	3
					4		4
					6		6
	变径	—	—	—	3	—	4
					4		6
X形	X形快插接头 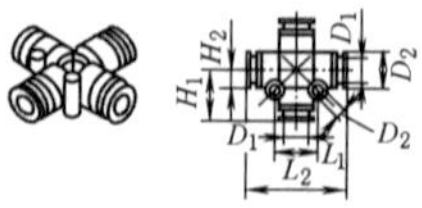	—	—	—	3	—	—
					4		
					6		
Y形	Y形快插接头 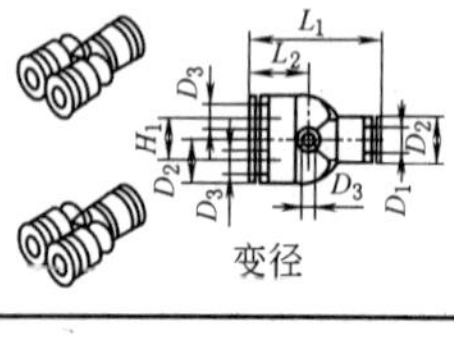	—	—	—	3	—	3
					4		4
	变径	—	—	—	6	—	6
					4		3
					6		4

表 21-6-13　　标准型快插接头　　mm

形式	结构特点	接口 D_1					接口 D_2	
		M 螺纹	R 螺纹	G 螺纹	气管外径	插入套管直径 ϕ	气管外径	插入套管直径 ϕ
直通结构	快插接头-外螺纹，带外六角 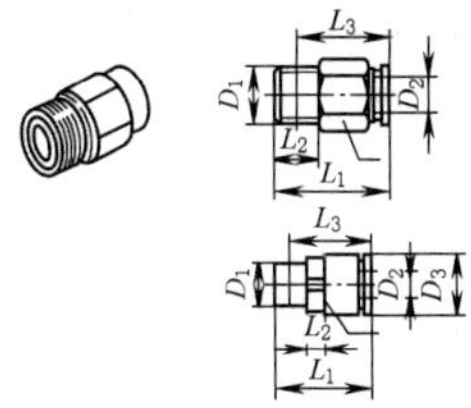	—	R⅛	G⅛	—	—	4,6,8,10	—
			R¼	G¼			4,6,8,10,12	
			R⅜	G⅜			6,8,10,12,16	
			R½	G½			10,12,16	
	快插接头-外螺纹，带内六角 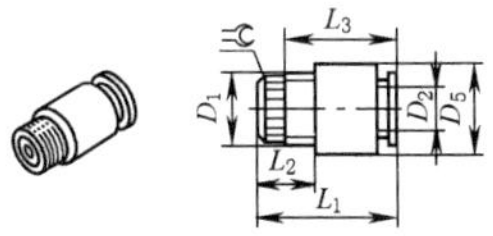	—	R⅛	G⅛	—	—	4,6,8,10	—
			R¼	G¼			6,8,10,12	
			R⅜	G⅜			8,10,12	
			R½	G½			10,12	
	快插接头-内螺纹，带外六角 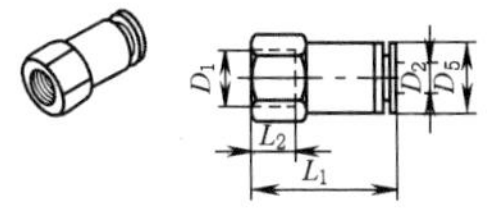	—	—	G⅛	—	—	4,6,8	—
				G¼			4,6,8,10,12	
				G⅜			6,8,10,12	
				G½			12,16	
	快插接头 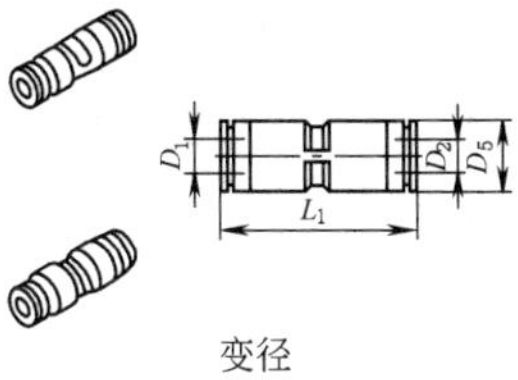	—	—	—	4	—	4	—
					6		6	
					8		8	
					10		10	
					12		12	
					16		16	
	变径	—	—	—	6	—	4	—
					8		4,6	
					10		6,8	
					12		8,10	
	穿板式快插接头 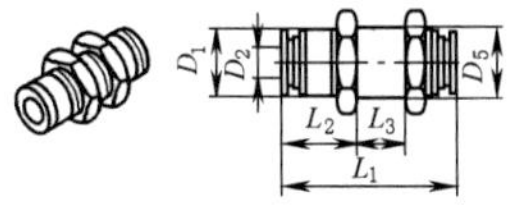	—	—	—	4	—	—	—
					6			
					8			
					10			
					12			
	穿板式快插接头，带固定凸缘 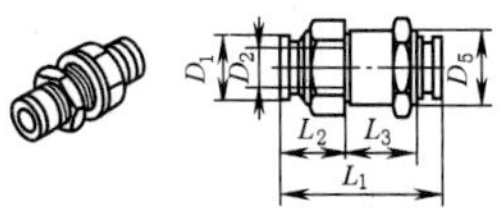	—	—	—	8	—	—	—
					10			
					12			

续表

形式	结构特点	接口 D_1					接口 D_2	
		M 螺纹	R 螺纹	G 螺纹	气管外径	插入套管直径 ϕ	气管外径	插入套管直径 ϕ
直通结构	穿板式快插接头,带内螺纹 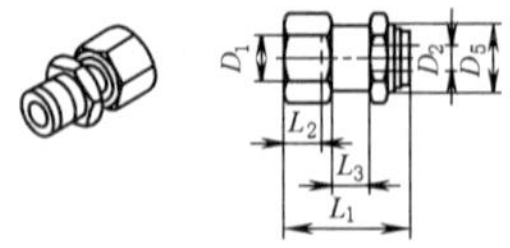	—	—	G1/8	—	—	4,6,8	—
				G1/4			4,6,8,10	
				G3/8			6,8,10,12	
				G1/2			12,16	
	插入式堵头 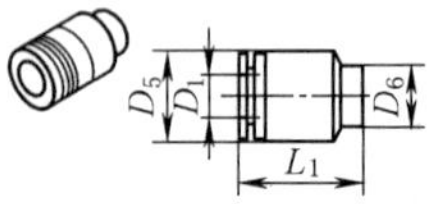	—	—	—	4	—	—	—
					6			
					8			
					10			
					12			
	快插接头,带套管 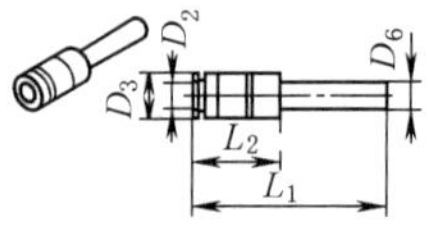	—	—	—	—	6	4	—
						8	4,6	
						10	6,8	
						12	8,10	
	插入式堵头 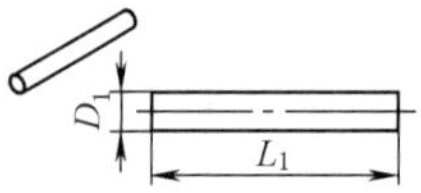	—	—	—	—	4	—	—
						6		
						8		
						10		
						12		
						16		
	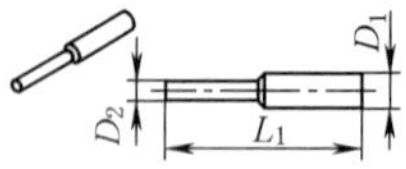 变径	—	—	—	—	6	—	4
						8		6
						10		8
						12		10
						16		12
	堵头 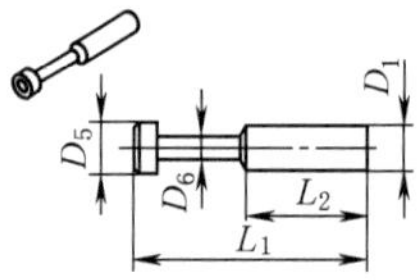	—	—	—	—	4	—	—
						6		
						8		
						10		
						12		
						16		

续表

形式	结构特点	接口 D_1					接口 D_2	
		M 螺纹	R 螺纹	G 螺纹	气管外径	插入套管直径 φ	气管外径	插入套管直径 φ
L形	快插接头,360°旋转-外螺纹,带外六角 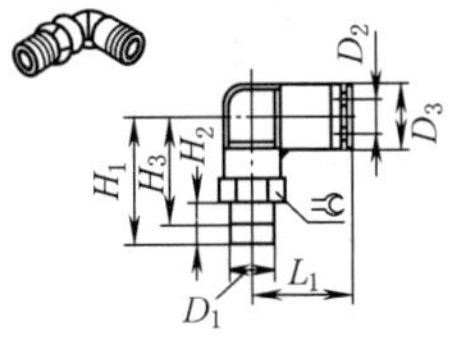	—	R1/8	G1/8	—	—	4,6,8,10	—
			R1/4	G1/4			4,6,8,10,12	
			R3/8	G3/8			6,8,10,12,16	
			R1/2	G1/2			10,12,16	
	加长快插接头,360°旋转-外螺纹,带外六角 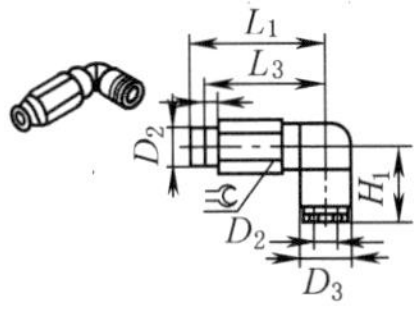	—	R1/8	G1/8	—	—	4,6,8	—
			R1/4	G1/4			4,6,8,10	
			R3/8	G3/8			6,8,10,12	
			R1/2	G1/2			10,12,16	
	L形快插接头-内螺纹,带外六角 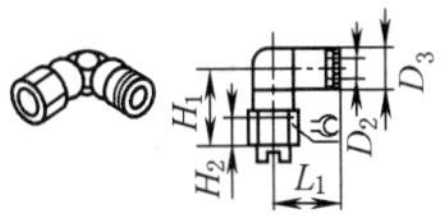	—	—	G1/8	—	—	4,6,8	—
				G1/4			6,8,10	
				G3/8			8,10	
	L形快插接头,360°旋转-外螺纹,带内六角 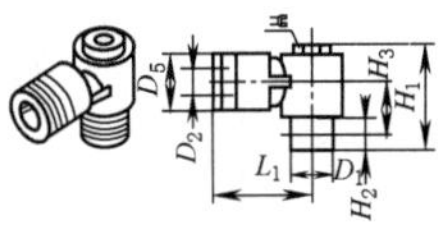	—	R1/8	G1/8	—	—	6,8	—
			R1/4	G1/4			6,8,10	
			R3/8	G3/8			8,10,12	
			R1/2	G1/2			12	
	L形快插接头,360°旋转-外螺纹,带外六角 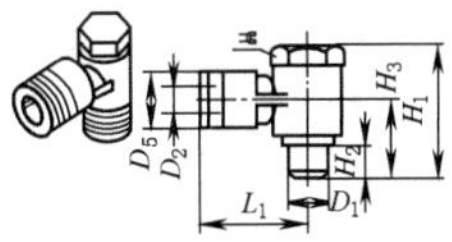	M5	—	—	—	—	6	—
		—	R1/8	G1/8	—	—	4,6,8	—
			R1/4	G1/4			6,8,10	
			R3/8	G3/8			8,10,12	
			R1/2	G1/2			12,16	
	L形快插接头 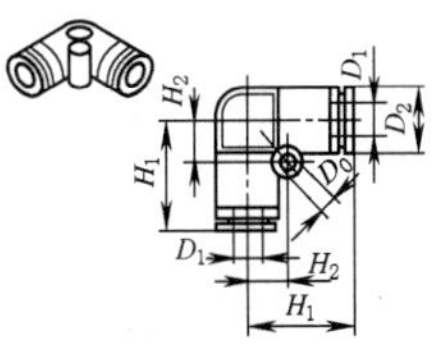	—	—	—	4	—	—	—
					6			
					8			
					10			
					12			
					16			

续表

<table>
<tr><th rowspan="2">形式</th><th rowspan="2">结构特点</th><th colspan="5">接口 D_1</th><th colspan="2">接口 D_2</th></tr>
<tr><th>M 螺纹</th><th>R 螺纹</th><th>G 螺纹</th><th>气管外径</th><th>插入套管直径 ϕ</th><th>气管外径</th><th>插入套管直径 ϕ</th></tr>
<tr><td rowspan="14">L 形</td><td rowspan="14">L 形快插接头,带套管 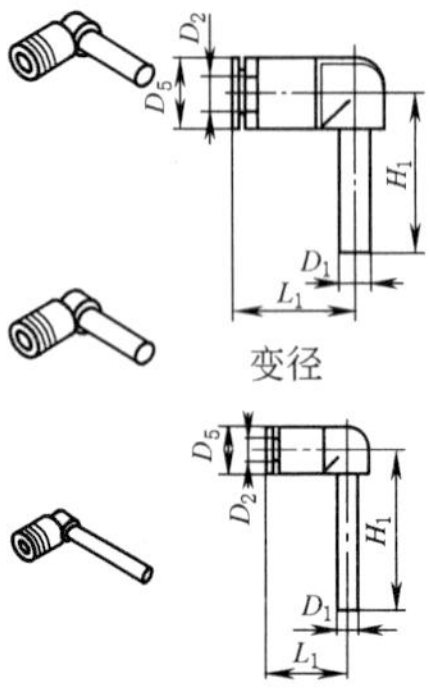
变径
加长插入式套管</td><td rowspan="5">—</td><td rowspan="5">—</td><td rowspan="5">—</td><td rowspan="5">—</td><td>4</td><td rowspan="5">—</td><td>4</td></tr>
<tr><td>6</td><td>6</td></tr>
<tr><td>8</td><td>8</td></tr>
<tr><td>10</td><td>10</td></tr>
<tr><td>12</td><td>12</td></tr>
<tr><td rowspan="4">—</td><td rowspan="4">—</td><td rowspan="4">—</td><td rowspan="4">—</td><td>4</td><td rowspan="4">—</td><td>6</td></tr>
<tr><td>6</td><td>8</td></tr>
<tr><td>8</td><td>10</td></tr>
<tr><td>10</td><td>12</td></tr>
<tr><td rowspan="5">—</td><td rowspan="5">—</td><td rowspan="5">—</td><td rowspan="5">—</td><td>4</td><td rowspan="5">—</td><td>4</td></tr>
<tr><td>6</td><td>6</td></tr>
<tr><td>8</td><td>8</td></tr>
<tr><td>10</td><td>10</td></tr>
<tr><td>12</td><td>12</td></tr>
<tr><td rowspan="15">T 形</td><td rowspan="4">T 形快插接头,360°旋转-外螺纹,带外六角 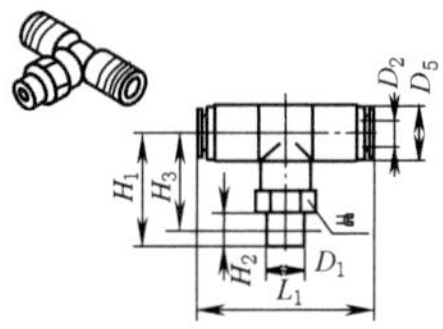</td><td rowspan="4">—</td><td>R⅛</td><td>G⅛</td><td rowspan="4">—</td><td rowspan="4">—</td><td>4,6,8,10</td><td rowspan="4">—</td></tr>
<tr><td>R¼</td><td>G¼</td><td>4,6,8,10,12</td></tr>
<tr><td>R⅜</td><td>G⅜</td><td>6,8,10,12,16</td></tr>
<tr><td>R½</td><td>G½</td><td>10,12,16</td></tr>
<tr><td rowspan="11">T 形快插接头 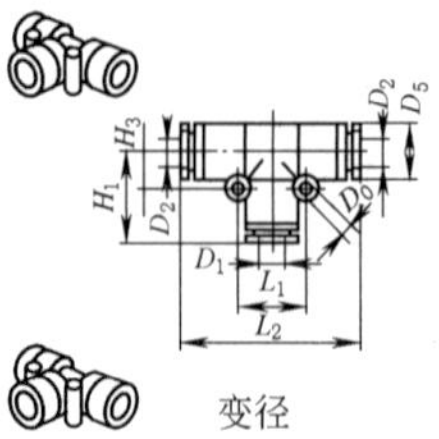
变径</td><td rowspan="6">—</td><td rowspan="6">—</td><td rowspan="6">—</td><td>4</td><td rowspan="6">—</td><td>4</td><td rowspan="6">—</td></tr>
<tr><td>6</td><td>6</td></tr>
<tr><td>8</td><td>8</td></tr>
<tr><td>10</td><td>10</td></tr>
<tr><td>12</td><td>12</td></tr>
<tr><td>16</td><td>16</td></tr>
<tr><td rowspan="5">—</td><td rowspan="5">—</td><td rowspan="5">—</td><td>6</td><td rowspan="5">—</td><td>4</td><td rowspan="5">—</td></tr>
<tr><td>8</td><td>4,6</td></tr>
<tr><td>10</td><td>6,8</td></tr>
<tr><td>12</td><td>8,10</td></tr>
<tr><td>16</td><td>12</td></tr>
</table>

续表

形式	结构特点	接口 D_1					接口 D_2	
		M 螺纹	R 螺纹	G 螺纹	气管外径	插入套管直径 ϕ	气管外径	插入套管直径 ϕ
T 形	T 形快插接头，360°旋转-外和内螺纹，带外六角 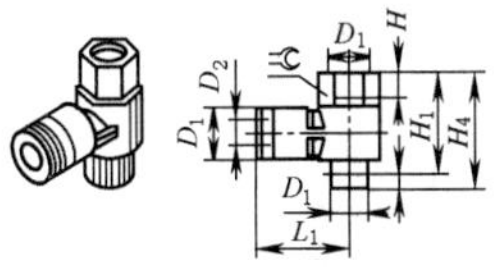	—	R1/8	G1/8	—	—	4,6,8	—
			R1/4	G1/4			6,8,10	
			R3/8	G3/8			8,10,12	
			R1/2	G1/2			12	
	T 形快插接头，360°旋转-外螺纹，带外六角 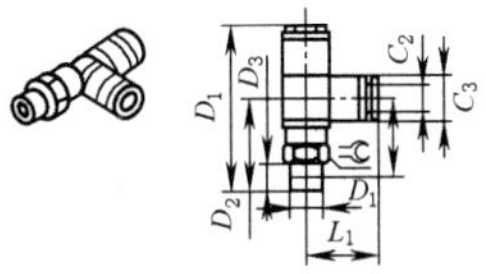	—	R1/8	G1/8	—	—	4,6,8	—
			R1/4	G1/4			6,8,10	
			R3/8	G3/8			8,10,12	
			R1/2	G1/2			12,16	
直角结构	快插接头-外螺纹，带外六角 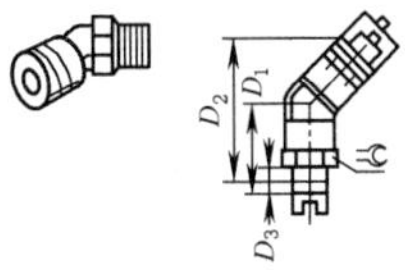	—	R1/8	—	—	—	4,6,8	—
			R1/4				6,8,10	
			R3/8				10,12	
			R1/2				12,16	
	快插接头，带套管 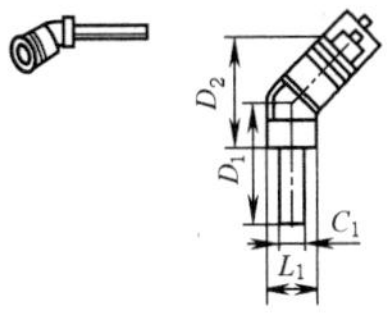	—	—	—	4	—	—	4
					6			6
					8			8
					10			10
					12			12
X 形	X 形快插接头 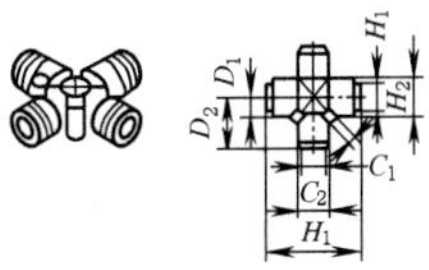	—	—	—	8	—	—	—
					10			
					12			
Y 形	Y 形快插接头，360°旋转-外螺纹，带外六角 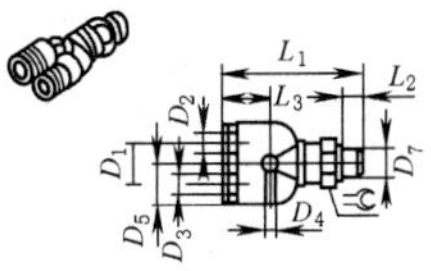	M5	—	—	—	—	4,6	—
		—	R1/8	G1/8			4,6,8	
			R1/4	G1/4			4,6,8,10	
			R3/8	G3/8			8,10,12	
			R1/2	G1/2			12	

续表

形式	结构特点	接口 D_1					接口 D_2	
		M 螺纹	R 螺纹	G 螺纹	气管外径	插入套管直径 ϕ	气管外径	插入套管直径 ϕ
Y 形	Y 形快插接头 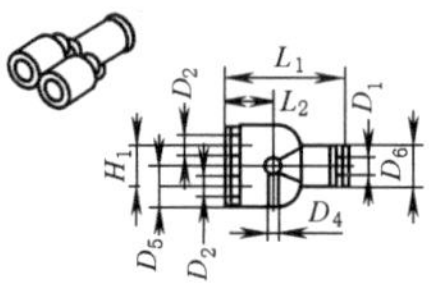	—	—	—	4	—	4	—
					6		6	
					8		8	
					10		10	
					12		12	
					16		16	
	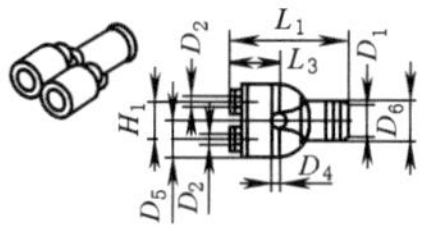 变径	—	—	—	6	—	4	—
					8		4,6	
					10		6,8	
					12		8,10	
					16		12	
	Y 形快插接头,带套管 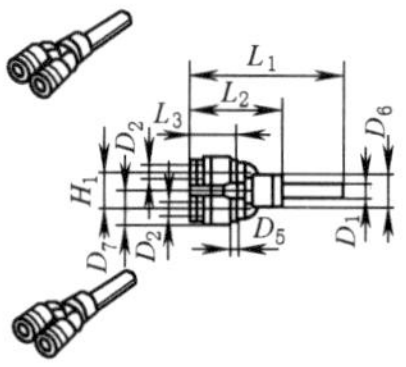	—	—	—	—	4	4	—
						6	6	
						8	8	
						10	10	
						12	12	
	变径	—	—	—	—	6	4	—
						8	6	
						10	8	
						12	10	
	Y 形快插接头,360°旋转-外螺纹,带外六角 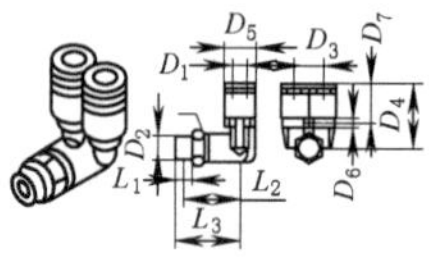	—	R1/8	G1/8	—	—	4,6,8	—
			R1/4	G1/4			6,8,10	
			R3/8	G3/8			8,10,12	
			R1/2	G1/2			12	
	Y 形快插接头,360°旋转-外螺纹,带外六角 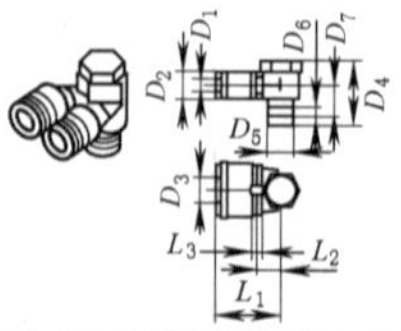	—	R1/8	G1/8	—	—	6	—
			R1/4	G1/4			8	
			R3/8	G3/8			10	
			R1/2	G1/2			12	
	Y 形快插接头,360°旋转-外和内螺纹,带外六角 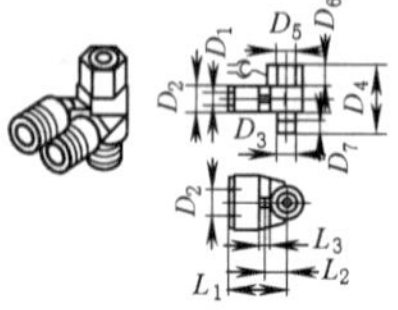	—	R1/8	G1/8	—	—	6	—
			R1/4	G1/4			8	
			R3/8	G3/8			10	
			R1/2	G1/2			12	

表 21-6-14　　复合型快插接头　　mm

形式	结构特点	接口 D_1 R螺纹	接口 D_1 G螺纹	接口 D_1 气管外径	接口 D_2 气管外径	接口 D_3 气管外径
L形	复合式接头,360°旋转-2个输出口 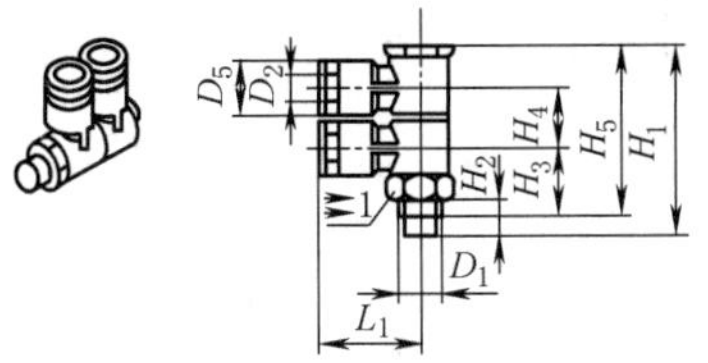	R1/8	G1/8	—	4,6,8	—
		R1/4	G1/4		6,8,10	
		R3/8	G3/8		8,10,12	
		R1/2	G1/2		12	
	复合式接头,360°旋转-3个输出口 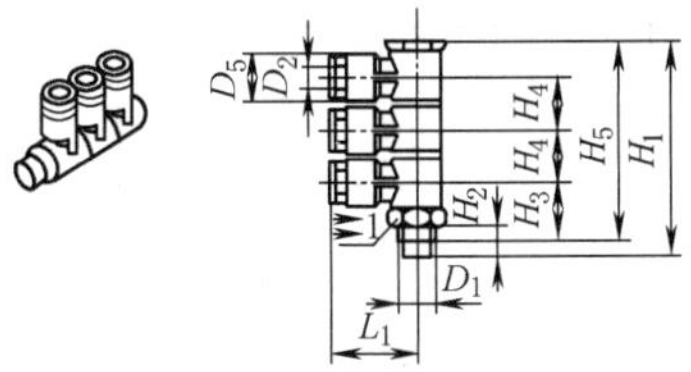	R1/8	G1/8	—	4,6,8	—
		R1/4	G1/4		6,8,10	
		R3/8	G3/8		8,10,12	
		R1/2	G1/2		12	
	复合式接头,360°旋转-4个输出口 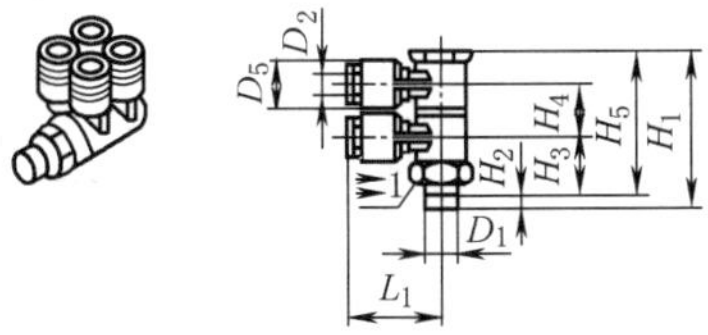	R1/8	G1/8	—	4,6,8	—
		R1/4	G1/4		6,8,10	
		R3/8	G3/8		8,10,12	
		R1/2	G1/2		12	
	复合式接头,360°旋转-6个输出口 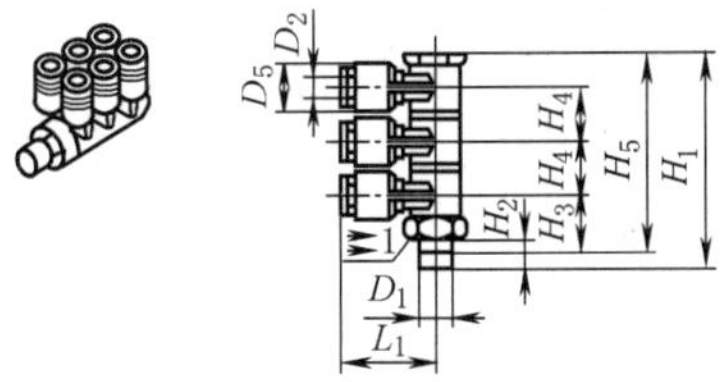	R1/8	G1/8	—	4,6,8	—
		R1/4	G1/4		6,8,10	
		R3/8	G3/8		8,10,12	
		R1/2	G1/2		12	
复合式接头,360°旋转-4个输出口		R1/8	G1/8	—	4,6	—
		R1/4	G1/4		4,6	
	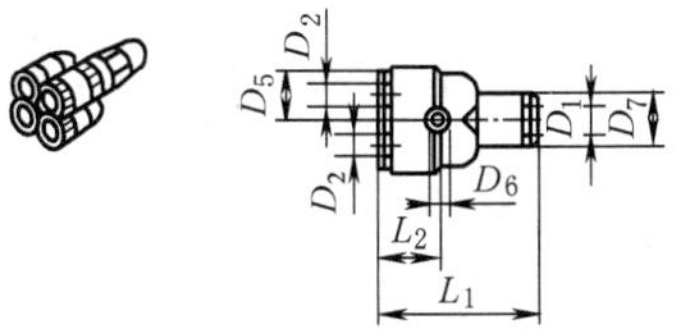 变径	—	—	6	4	
				8	6	

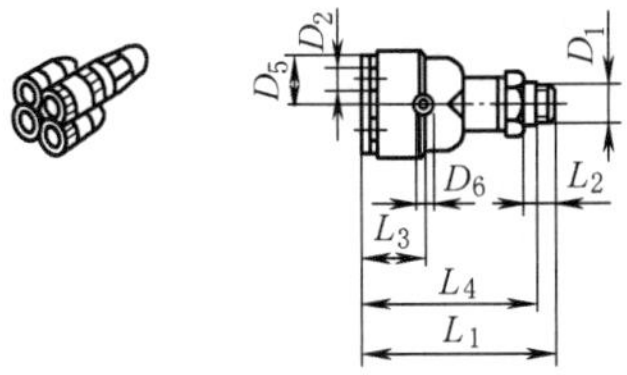

续表

形式	结构特点	接口 D_1			接口 D_2	接口 D_3
		R螺纹	G螺纹	气管外径	气管外径	气管外径
T形	复合式接头,360°-3个输出口 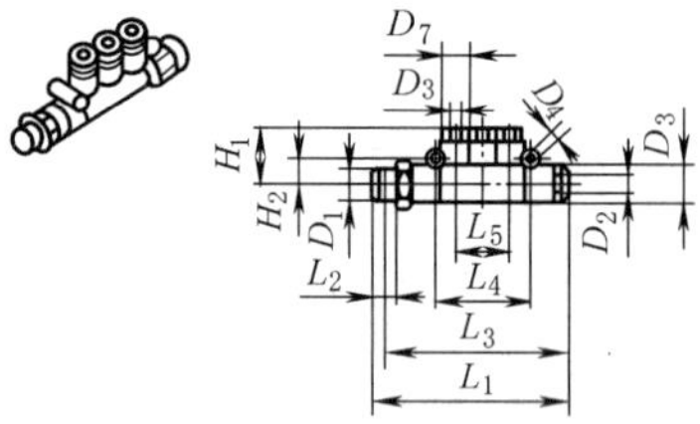	R1/8	G1/8	—	6	4
		R1/4	G1/4		8	6
		R3/8	G3/8		10	8
	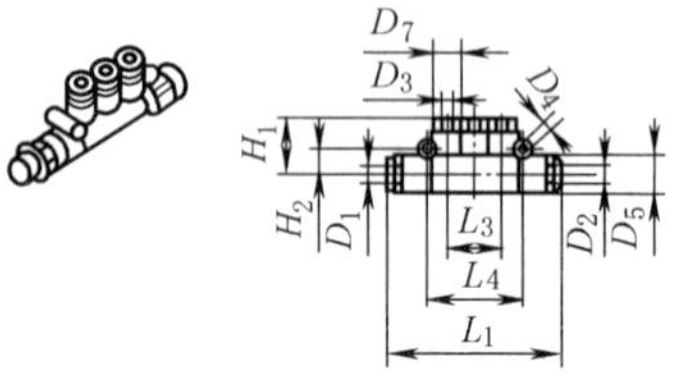 变径	—	—	6	6	4
				8	8	6
				10	10	8

表 21-6-15　金属型快插接头　mm

形式	结构特点	接口 D_1					接口 D_2	
		M螺纹	R螺纹	G螺纹	气管外径	插入套管直径 ϕ	气管外径	插入套管直径 ϕ
直通结构	快插接头-外螺纹,带外六角 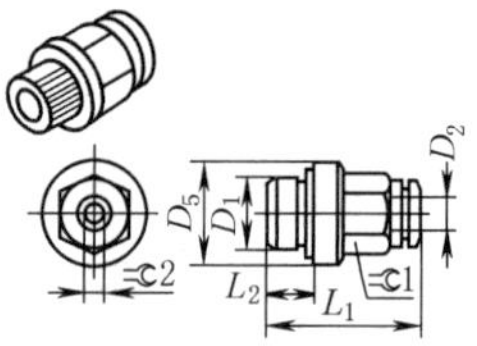	M5	—	—	4,6	—	—	—
		M7		—	4,6			
		—		G1/8	4,6,8			
				G1/4	6,8,10,12			
				G3/8	8,10,12			
				G1/2	10,12			
	快插接头-外螺纹,带内六角 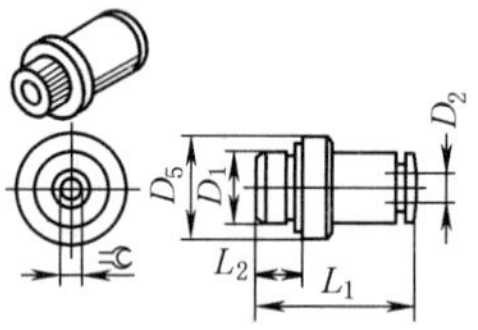	M5	—	—	4	—	—	—
		M7		—	4,6			
		—		G1/8	4,6,8			
				G1/4	6,8,10,12			
				G3/8	8,10,12			
	快插接头-内螺纹,带外六角 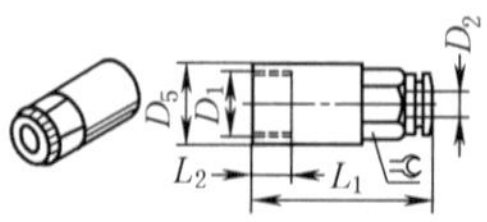	—	—	G1/8	4,6,8	—	—	—
				G1/4	6,8			
	穿板式快插接头-内螺纹,带外六角 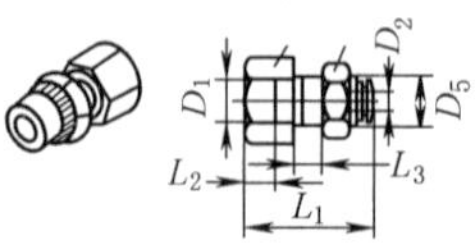	—	—	G1/8	4,6,8	—	—	—
				G1/4	6,8			

续表

形式	结构特点	接口 D_1					接口 D_2	
		M螺纹	R螺纹	G螺纹	气管外径	插入套管直径 ϕ	气管外径	插入套管直径 ϕ
直通结构	快插接头,带套管 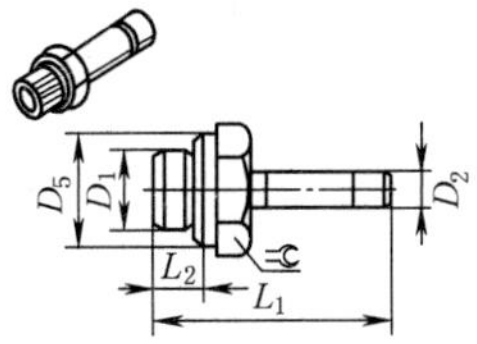	M5	—	—	4,6	—	—	—
		M7		—	4,6			
		—		G1/8	4,6,8			
				G1/4	6,8,10,12			
				G3/8	8,10,12			
				G1/2	10,12			
	快插接头 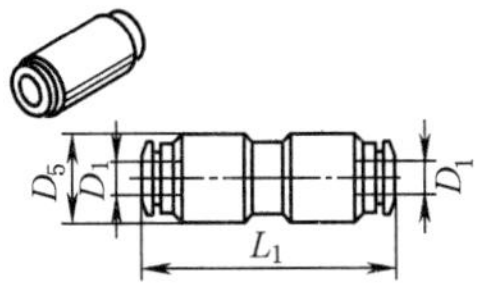	—	—	—	4	—	—	—
					6			
					8			
					10			
					12			
	穿板式快插接头 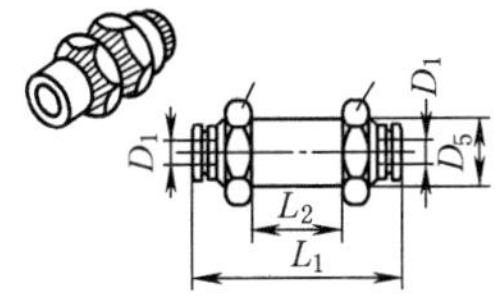	—	—	—	4	—	—	—
					6			
					8			
					10			
					12			
	快插接头,带套管 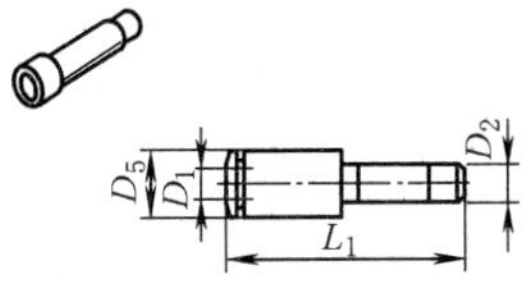	—	—	—	6	—	—	4
					8			4
					8			6
					10			4
					10			6
					10			8
					12			6
					12			8
					12			10
	插入式套管 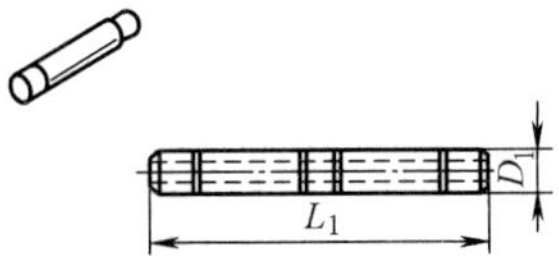	—	—	—	4	—	—	4
					6			6
					8			8
					10			10
					12			12
	堵头 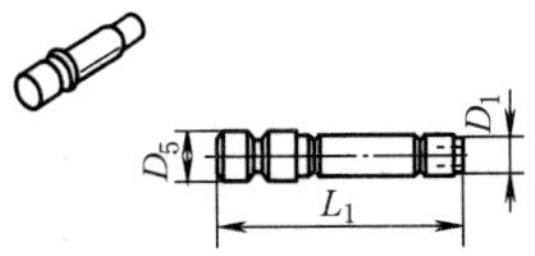	—	—	—	—	—	4	—
							6	
							8	
							10	
							12	

续表

形式	结构特点	接口 D_1					接口 D_2	
		M 螺纹	R 螺纹	G 螺纹	气管外径	插入套管直径 ϕ	气管外径	插入套管直径 ϕ
L形	L形快插接头,360°旋转-外螺纹,带外六角 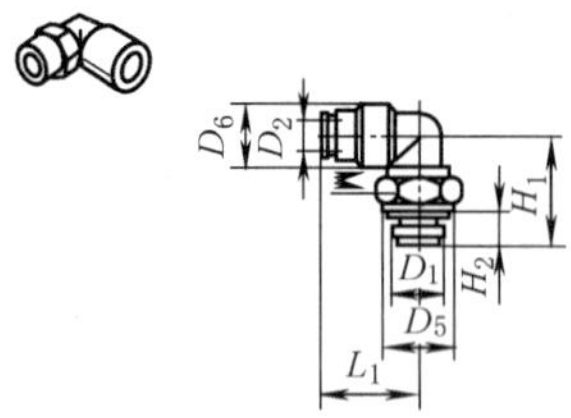	M5	—	—	4,6	—	—	—
		M7		—	4,6			
		—		G1/8	6,8			
				G1/4	6,8,10,12			
				G3/8	8,10,12			
				G1/2	10,12			
	L形快插接头 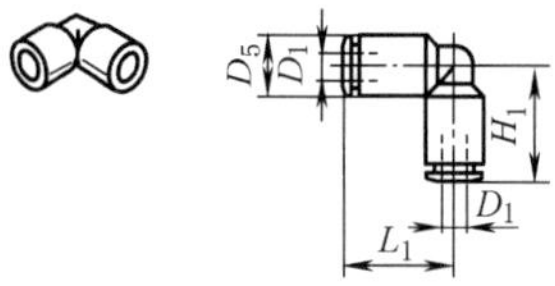	—	—	—	4	—	—	—
					6			
					8			
					10			
					12			
T形	T形快插接头,360°旋转-外螺纹,带外六角 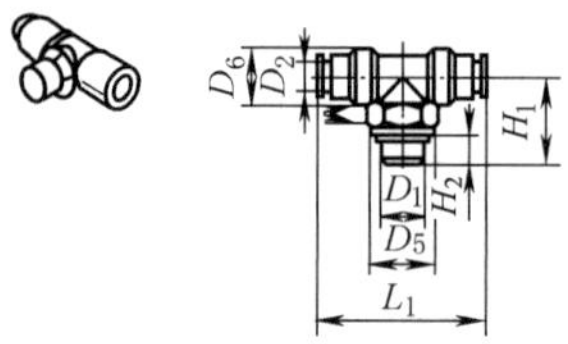	M5	—	—	4,6	—	—	—
		M7		—	4,6			
		—		G1/8	6,8			
				G1/4	6,8,10,12			
				G3/8	8,10,12			
				G1/2	10,12			
	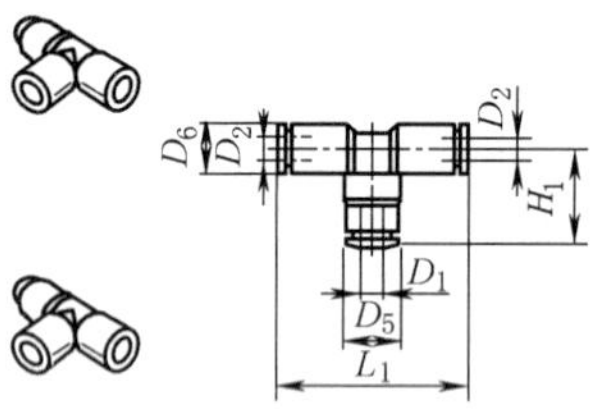 T形快插接头	—	—	—	4	—	4	—
					6		6	
					8		8	
					10		10	
					12		12	
	变径	—	—	—	6	—	4	—
					8		6	
					10		8	
					12		10	
Y形	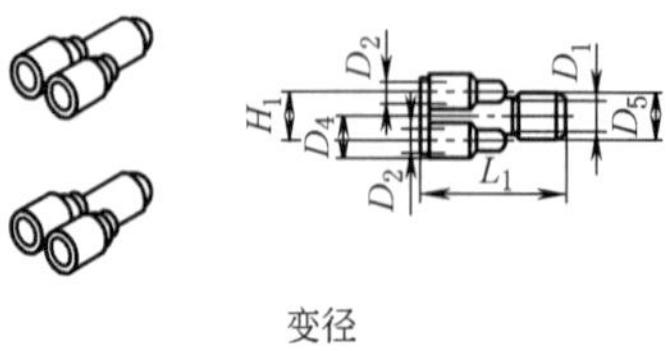 Y形快插接头	—	—	—	6	—	6	—
					8		8	
					10		10	
	变径	—	—	—	6	—	4	—
					8		6	
					10		8	

表 21-6-16　　不锈钢型快插接头　　mm

形式	结构特点	接口 D_1					接口 D_2	
		M 螺纹	R 螺纹	G 螺纹	气管外径	插入套管直径 ϕ	气管外径	插入套管直径 ϕ
直通结构	快插接头-外螺纹，带内六角	M5	—	—	4,6	—	—	—
		M7	—		4,6			
		—	R1/8		6.8			
			R1/4		8,10			
			R3/8		10,12			
			R1/2		12,16			
	穿板式快插接头	—	—	—	4	—	—	—
					6			
					8			
					10			
					12			
					12			
L 形	L 形快插接头，360°旋转-外螺纹，带内六角	M5	—	—	4,6	—	—	—
		—	R1/8		6,8			
			R1/4		8,10			
			R3/8		10,12			
			R1/2		12,16			
T 形	T 形快插接头，360°旋转-外螺纹，带内六角	M5	—	—	4,6	—	—	—
		—	R1/8		6,8			
			R1/4		8,10			
			R3/8		10,12			
			R1/2		12,16			

表 21-6-17　　阻燃型快插接头　　mm

形式	结构特点	接口 D_1					接口 D_2	
		M 螺纹	R 螺纹	G 螺纹	气管外径	插入套管直径 ϕ	气管外径	插入套管直径 ϕ
阻燃，符合 UL94V0 标准-用于塑料气管 PAN/PUN-V0								
直通结构	快插接头-外螺纹，带外六角	—	R1/8	G1/8	—	—	6,8	—
			R1/4	G1/4			6,8,10,12	
			R3/8	G3/8			8,10,12	
			R1/2	G1/2			10,12	

续表

形式	结构特点	接口 D_1					接口 D_2	
		M 螺纹	R 螺纹	G 螺纹	气管外径	插入套管直径 ϕ	气管外径	插入套管直径 ϕ
直通结构	快插接头 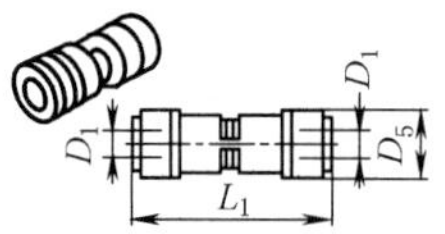	—	—	—	6	—	—	—
					8			
					10			
					12			
L 形	L 形快插接头-外螺纹，带外六角 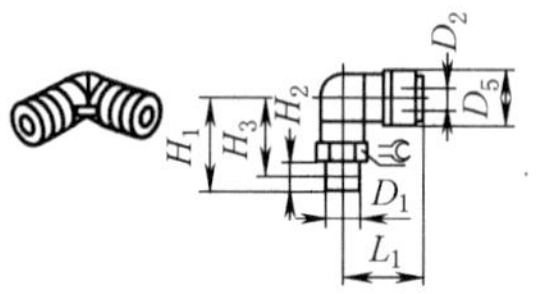	—	R⅛	G⅛	—	—	6,8	—
			R¼	G¼			6,8,10,12	
			R⅜	G⅜			8,10,12	
			R½	G½			10,12	
	L 形快插接头 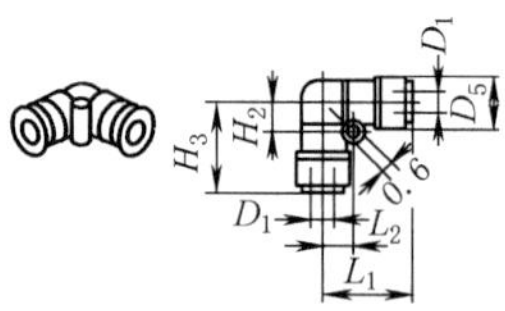	—	—	—	6	—	—	—
					8			
					10			
					12			
T 形	T 形快插接头-外螺纹，带外六角 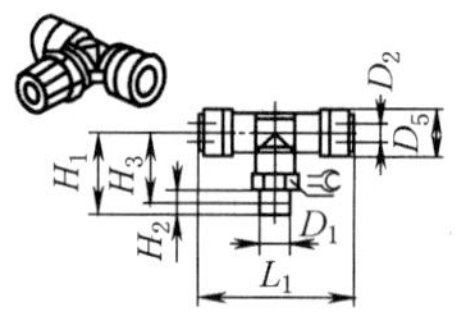	—	R⅛	G⅛	—	—	6,8	—
			R¼	G¼			6,8,10,12	
			R⅜	G⅜			8,10,12	
			R½	G½			10,12	
	T 形快插接头 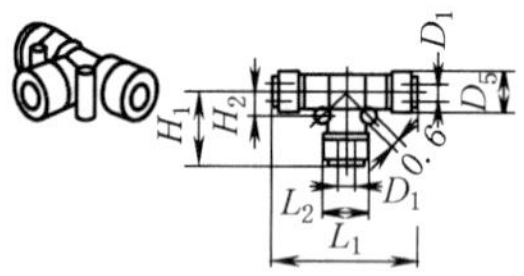	—	—	—	6	—	—	—
					8			
					10			
					12			

表 21-6-18　　自密封型快插接头　　mm

形式	结构特点	接口 D_1				接口 D_2
		M 螺纹	R 螺纹	G 螺纹	气管外径	气管外径
直通结构	自密封快插接头-外螺纹，带外六角 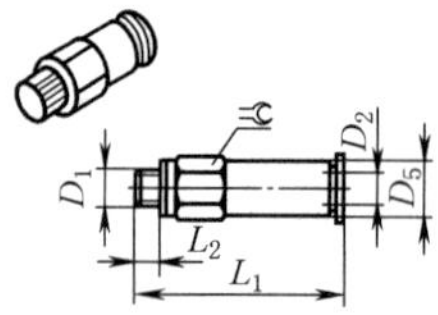	M5	—	—	—	4,6
		—	R⅛	G⅛		4,6,8
			R¼	G¼		6,8,10
			R⅜	G⅜		8,10,12
			R½	G½		12

续表

形式	结构特点	接口 D_1				接口 D_2
		M 螺纹	R 螺纹	G 螺纹	气管外径	气管外径
直通结构	自密封快插接头 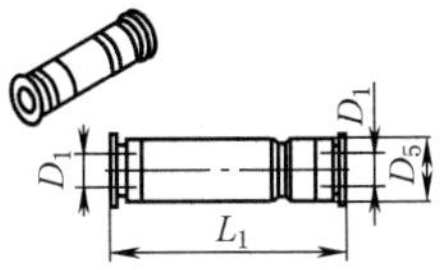	—	—	—	4	—
					6	
					8	
					10	
					12	
	穿板式快插接头 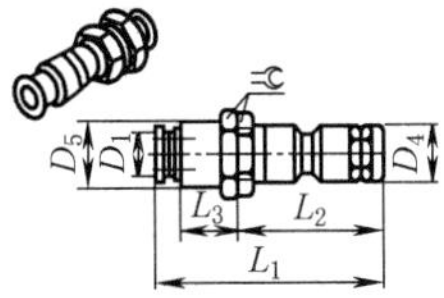	—	—	—	4	—
					6	
					8	
					10	
					12	
L 形	L 形自密封快插接头-360°手动旋转-外螺纹,带外六角 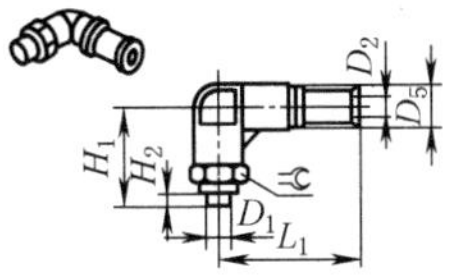	M5	—	—	—	4,6
		—	R1/8	G1/8		4,6,8
			R1/4	G1/4		6,8,10
			R3/8	G3/8		8,10,12
			R1/2	G1/2		12

表 21-6-19　　旋转型快插接头　　mm

形式	结构特点	接口 D_1				接口 D_2
		M 螺纹	R 螺纹	G 螺纹	气管外径	气管外径
直通结构	旋转快插接头,通过球轴承 360°旋转-外螺纹,带外六角 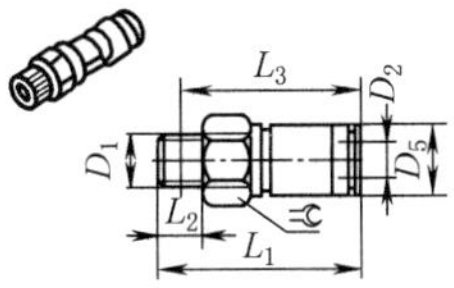	M5	—	—	—	4,6
		—	R1/8	G1/8		4,6,8
			R1/4	G1/4		6,8
			R3/8	G3/8		8,10,12
			R1/2	G1/2		12
L 形	L 形旋转快插接头,通过球轴承 360°旋转-外螺纹,带外六角 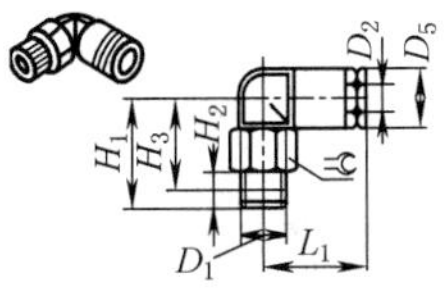	M5	—	—	—	4,6
		—	R1/8	G1/8		4,6,8
			R1/4	G1/4		6,8
			R3/8	G3/8		8,10,12
			R1/2	G1/2		12

表 21-6-20　　硬管快插接头　　mm

形式	结构特点	接口 D_1			接口 D_2	
		G 螺纹	气管硬管外径	插入套管直径 ϕ	气管硬管外径	插入套管直径 ϕ
直通结构	快插接头-外螺纹 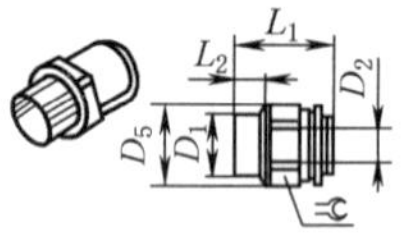	G⅜	—	—	12	—
		G½			12,15,18	
		G¾			22	
	快插接头,带套管 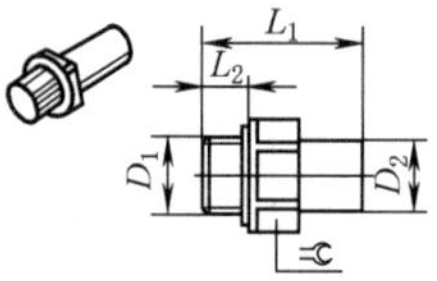	G⅜	—	—	12,15	—
		G½			12,15,18,22	
		G¾			22	
		G1			28	
	快插接头 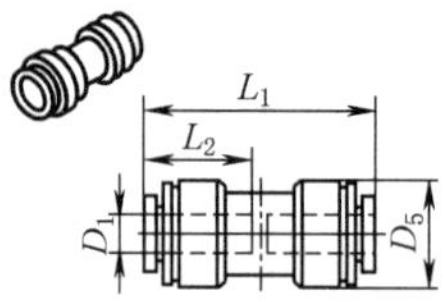	—	12	—	—	—
			15			
			18			
			22			
			28			
	快插接头,带套管 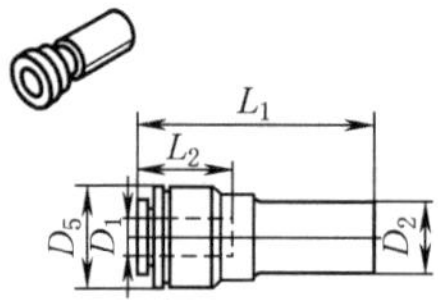	—	12	—	—	15
			15			18
			15			22
			18			22
			22			28
	插入式套管 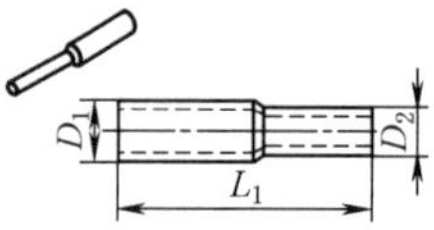	—	—	15	—	12
				18		16
				22		16
	堵头 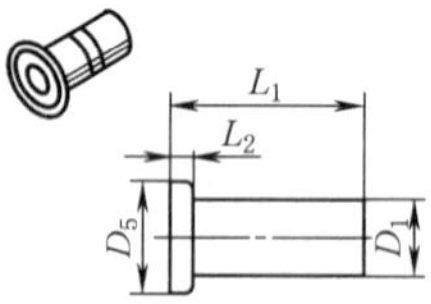	—	—	12	—	—
				15		
				18		
				22		
				28		
	分气块 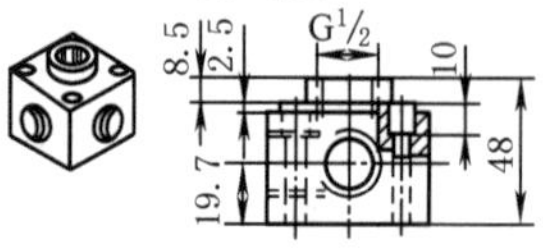	—				
	水分离器 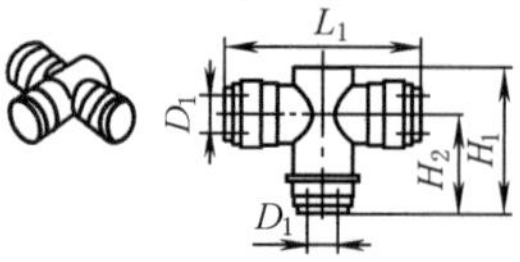		22	—	—	—
			28			

续表

形式	结构特点	接口 D_1			接口 D_2	
		G螺纹	气管硬管外径	插入套管直径 ϕ	气管硬管外径	插入套管直径 ϕ
L形	L形快插接头 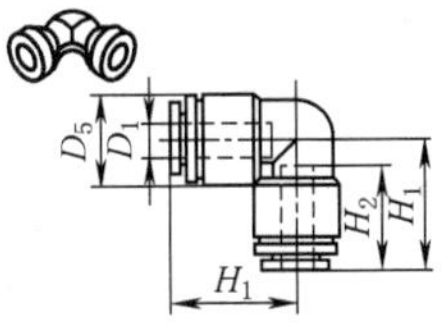	—	12	—	—	—
			15			
			18			
			22			
			28			
T形	T形快插接头 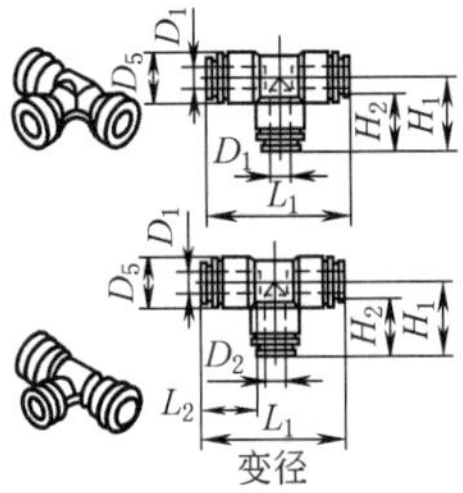	—	12	—	—	—
			15			
			18			
			22			
			28			
	变径	—	18	—	15	—
			22		15	

3.3.2 倒钩接头

倒钩接头是一种插入式的连接方式，有直通形结构、L形结构、T形结构、V形结构、Y形结构等。可分为常用的倒钩接头、不锈钢倒钩接头、用于软管夹的倒钩接头。

表 21-6-21 **常用的倒钩接头** mm

形式	结构特点	接口 D_1				接口 D_2	
		M螺纹	G螺纹	倒钩接头	气管内径	倒钩接头	气管内径
直通结构	倒钩接头，带外螺纹和外六角 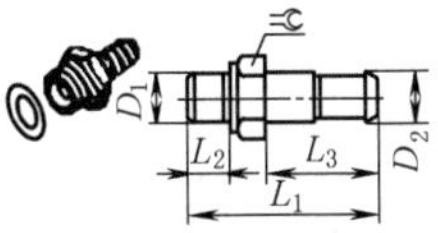	M5	—	—	—	3.6	3
						4.8	4
	倒钩接头，带外螺纹和外六角 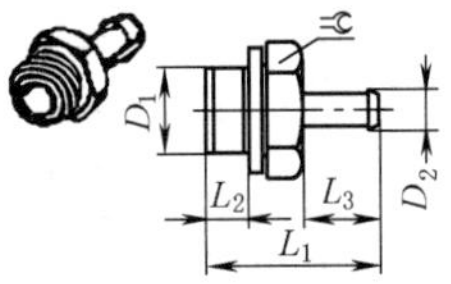	M3	—	—	—	2.6,3.4	2,3
		M5	—			2.95,3.6,4.8	2,3,4
		—	G⅛			3.6,4.8,7	3,4,6
		—	G¼			4.8,7	4,6
		—	G⅜			7	6

续表

形式	结构特点	接口 D_1				接口 D_2	
		M 螺纹	G 螺纹	倒钩接头	气管内径	倒钩接头	气管内径
直通结构	穿板式倒钩接头 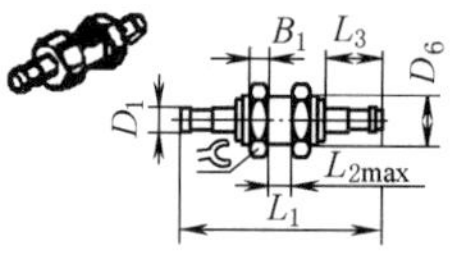	—	—	2.95	2	—	—
				3.6	3		
				4.8	4		
				7	6		
	管接头 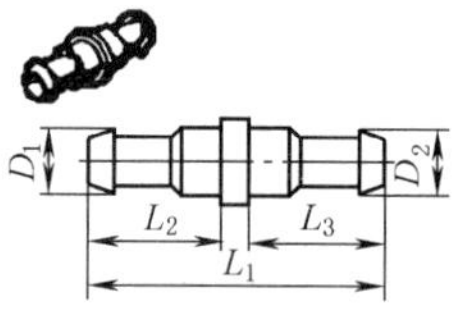	—	—	2.95	2	2.95	2
				2.95	3	2.95	2
				3.6	3	3.6	3
				3.6	3	4.8	4
				4.8	4	4.8	4
				4.8	4	7	6
				7	6	7	6
L 形	L 形倒钩接头，带外螺纹-360°旋转 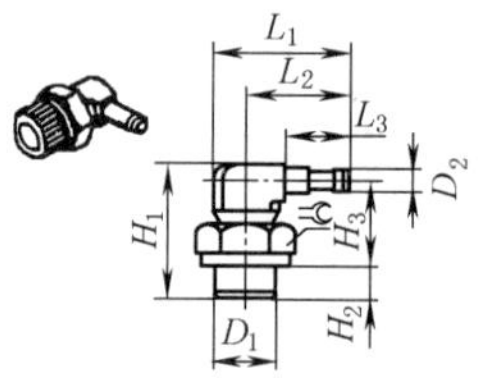	M3	—	—	—	2.95,3.6	2,3
		M5	—			2.95,3.6,4.8	2,3,4
		—	G1/8			3.6,4.8,7	3,4,6
		—	G1/4			4.8,7	4,6
		—	G3/8			7	6
	L 形倒钩接头，带外螺纹-延伸气管可 360°旋转 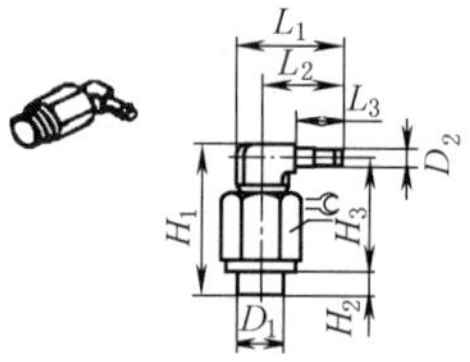	M5	—		—	2.95,3.6,4.8	2,3,4
		—	G1/8			3.6,4.8,7	3,4,6
		—	G1/4			4.8,7	4,6
		—	G3/8			7	6
	L 形倒钩接头 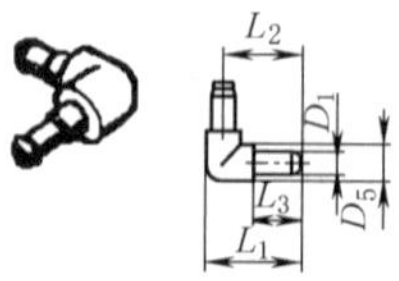	—	—	2.95	2	—	—
				3.6	3		
				4.8	4		
				7	6		
T 形	T 形倒钩接头，带外螺纹-360°旋转 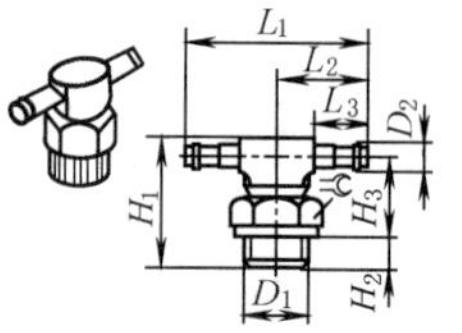	M3		—	—	2.95,3.6	2,3
		M5				2.95,3.6,4.8	2,3,4
		—	G1/8			3.6,4.8,7	3,4,6
		—	G1/4			4.8,7	4,6
		—	G3/8			7	6

续表

形式	结构特点	接口 D_1				接口 D_2	
		M螺纹	G螺纹	倒钩接头	气管内径	倒钩接头	气管内径
T形	T形倒钩接头	—	—	2.95	2	—	—
				3.6	3		
				4.8	4		
				7	6		
	T形倒钩接头	—	—	2.95	2	2.95	2
				3.6	3	3.6	3
				3.6	3	2.95	2
				4.8	4	4.8	4
				4.8	4	3.6	3
				7	6	7	6
				7	6	4.8	4
V形	V形倒钩接头	—	—	2.95	2	—	—
				3.6	3		
				4.8	4		
				7	6		
Y形	Y形倒钩接头	—	—	2.95	2	—	—
				3.6	3		
				4.8	4		
				7	6		

表 21-6-22　　不锈钢倒钩接头　　mm

形式	结构特点	接口 D_1				接口 D_2	
		M螺纹	G螺纹	倒钩接头	气管内径	倒钩接头	气管内径
直通结构	倒钩接头,带外螺纹和外六角-不锈钢型	M5	—	—	—	2.95,3.6,4.8	2,3,4
			G⅛			3.6,4.8,7	3,4,6
			G¼			4.8,7	4,6
			G⅜			7	6

表 21-6-23　　用于软管夹的倒钩接头

形式	结构特点	接口 D_1				接口 D_2	
		M螺纹	G螺纹	倒钩接头	气管内径	倒钩接头	气管内径
直通结构	倒钩接头	—	G⅛	—	—	7	6
			G¼			7,10	6,9
			G⅜			7,10	6,9
			G½			14.8	13

续表

形式	结构特点	接口 D_1				接口 D_2	
		M螺纹	G螺纹	倒钩接头	气管内径	倒钩接头	气管内径
直通结构	倒钩接头，带密封圈（铝和黄铜结构）	—	G⅛	—	—	7	6
			G¼			7，10	6，9
			G⅜			7，10，14.8	6，9，13
			G½			10.3，14.8	9，13
			G¾			14.8，20.8	13，19
	管夹	—					

3.3.3 快拧接头

有的公司称它为套差式管接头，也有日本公司也称它为嵌入式接头。

快拧接头的连接方式如图21-6-1所示，将气管插入到倒钩接头终点位置时，用滚花螺母拧紧在接头上，直到用手拧紧为止。该种连接方式可靠，管子不会脱落，无泄漏，尤其适用于真空。

快拧接头有直通形结构、L形结构、T形结构、中空复合式分气接头结构等。

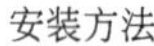

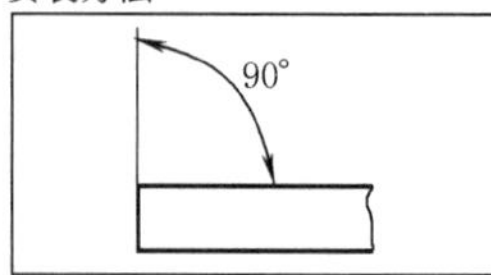

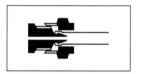

①确保管子堵头垂直切割，并无毛刺

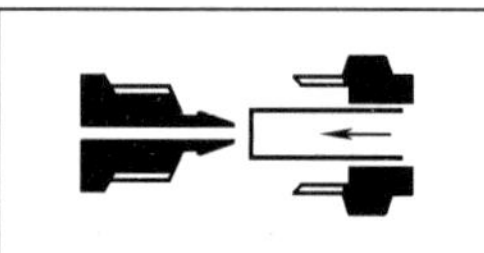

②将滚花螺母套在管子上

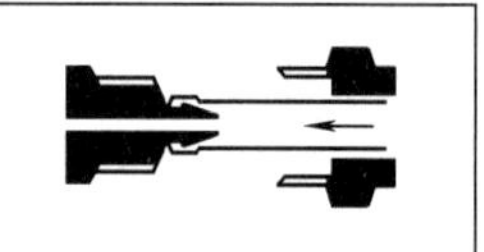

③将管子通过接头吊钩处，直至管子碰到接头凸出为止

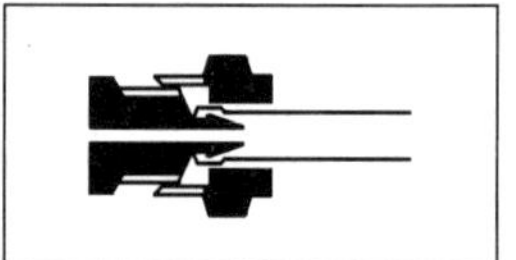

④将滚花螺母拧到接头上，直至用手拧紧为止，螺母上的外六角供拆卸用

图21-6-1　快拧接头的连接方式

表21-6-24　　mm

形式	结构特点	接口 D_1		气管内径	不含铜和聚四氟乙烯
		M螺纹	G螺纹		
直通结构	快拧接头-内螺纹，带密封圈	金属结构	G⅛	3，4，6	—
			G¼	4，6	
			G⅜	6，9	
			G½	13	
	快拧接头-外螺纹，带密封圈	M5	—	3，4	—
		金属结构	G⅛	3，4，6	
			G¼	4，6，9	
			G⅜	6，9，13	
			G½	13	
		塑料结构	G⅛	3，4，6	—
			G¼	4，6，9	
			G⅜	6，9	

续表

<table>
<tr><th rowspan="2">形式</th><th rowspan="2">结构特点</th><th colspan="3">接口 D_1</th><th rowspan="2">气管内径</th><th rowspan="2">不含铜和聚四氟乙烯</th></tr>
<tr><th>M 螺纹</th><th colspan="2">G 螺纹</th></tr>
<tr><td rowspan="7">直通结构</td><td rowspan="4">穿板式快拧接头-内螺纹,带密封圈 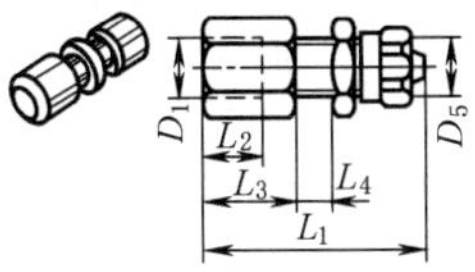</td><td>M5</td><td colspan="2">—</td><td>3</td><td rowspan="4">—</td></tr>
<tr><td rowspan="3">—</td><td colspan="2">G⅛</td><td>4</td></tr>
<tr><td colspan="2">G¼</td><td>6</td></tr>
<tr><td colspan="2">G⅜</td><td>9</td></tr>
<tr><td rowspan="2">穿板式快拧接头 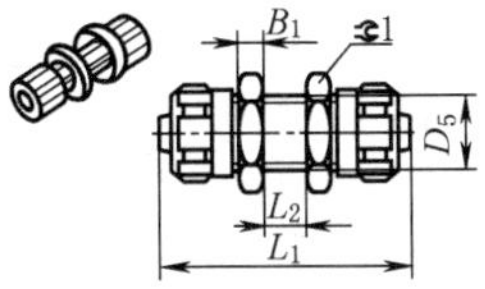</td><td>金属结构</td><td colspan="2">—</td><td>3,4,6,9</td><td>—</td></tr>
<tr><td>塑料结构</td><td colspan="2">—</td><td>3,4,6,9</td><td>—</td></tr>
<tr><td>堵头,用于塑料气管接头和倒钩接头 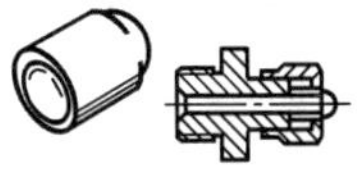</td><td>—</td><td colspan="2">—</td><td>3,4,6,9</td><td>—</td></tr>
<tr><td rowspan="10">L 形</td><td rowspan="3">直角快拧接头 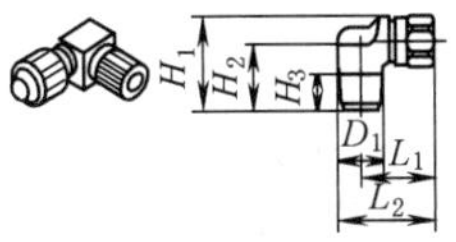</td><td rowspan="3">—</td><td>R⅛</td><td rowspan="3">—</td><td>4,6</td><td rowspan="3">—</td></tr>
<tr><td>R¼</td><td>4,6</td></tr>
<tr><td>R⅜</td><td>6,9</td></tr>
<tr><td rowspan="7">直角快拧接头,可旋转,带两个密封圈 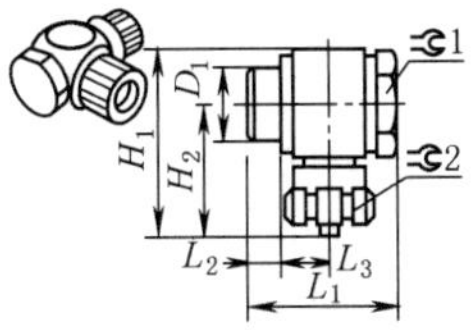</td><td>M5</td><td rowspan="5">—</td><td>—</td><td>3,4</td><td rowspan="5">—</td></tr>
<tr><td rowspan="4">金属结构</td><td>G⅛</td><td>3,4,6</td></tr>
<tr><td>G¼</td><td>4,6,9</td></tr>
<tr><td>G⅜</td><td>6,9,13</td></tr>
<tr><td>G½</td><td>13</td></tr>
<tr><td rowspan="2">塑料结构</td><td rowspan="2">—</td><td>G⅛</td><td>4,6</td><td rowspan="2">—</td></tr>
<tr><td>G¼</td><td>4,6</td></tr>
</table>

续表

形式	结构特点	接口 D_1		气管内径	不含铜和聚四氟乙烯
		M 螺纹	G 螺纹		
L 形	直角快拧接头,带密封圈(360°旋转) 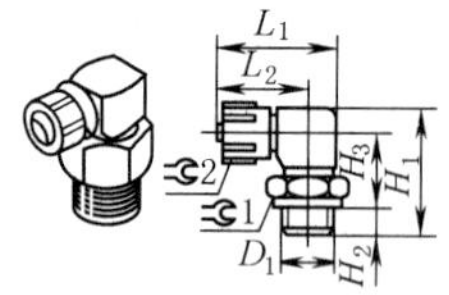	M5	—	3,4	—
		—	G⅛	3,4,6	
			G¼	4,6	
			G⅜	6	
T 形	T 形快拧接头,可旋转,带两个密封圈 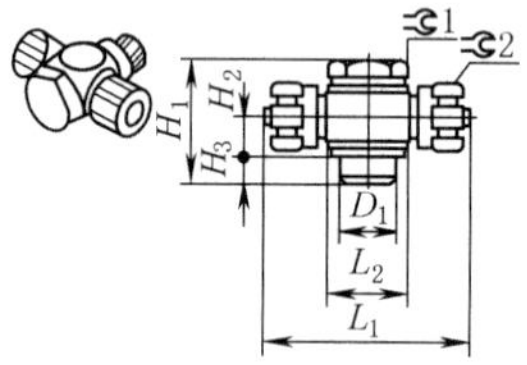	M5	—	3,4	—
		金属结构	G⅛	3,4,6	
			G¼	4,6	
			G⅜	6,9	
			G½	13	
		塑料结构	G⅛	4,6	—
			G¼	4,6	
	T 形分气接头 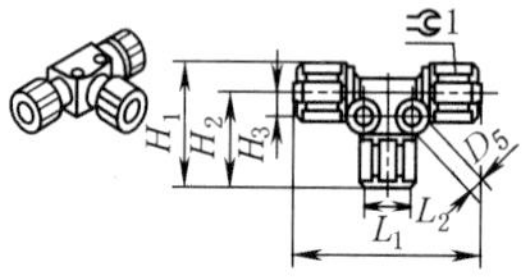	—	—	3	—
				4	
				6	
				9	
	锁紧螺母,用于 CK 管接头 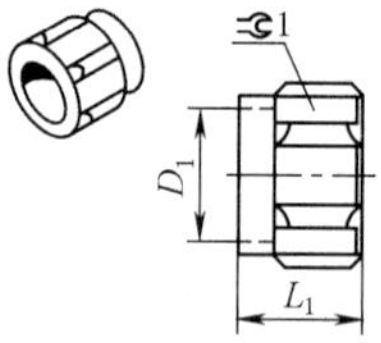	3,4, 6,9,13 金属结构	—	—	—
		3,4,6,9 塑料结构	—	—	—
中空复合式分气接头	环形管接头,带两个密封 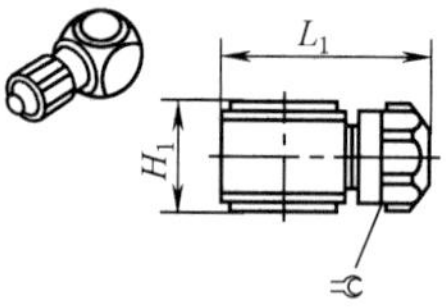	M5	—	3,4	—
		金属结构	G⅛	3,4,6	
			G¼	4,6	
			G⅜	6	—
		塑料结构	G⅛	4,6	
			G¼	4,6	
	环形管接头,带两个密封 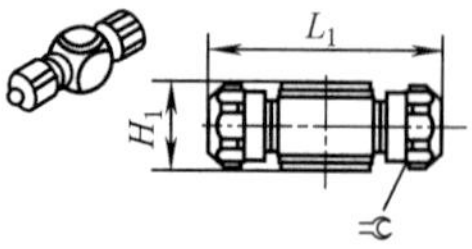	M5	—	3,4	—
		金属结构	G⅛	3,4,6	
			G¼	4,6	
			G⅜	6	
		塑料结构	G⅛	4,6	—
			G¼	4,6	

续表

形式	结构特点	接口 D_1		气管内径	不含铜和聚四氟乙烯
		M 螺纹	G 螺纹		
中空复合式分气接头	中空螺栓,带 1 个环形管接头/带 2 个环形管接头/带 3 个环形管接头 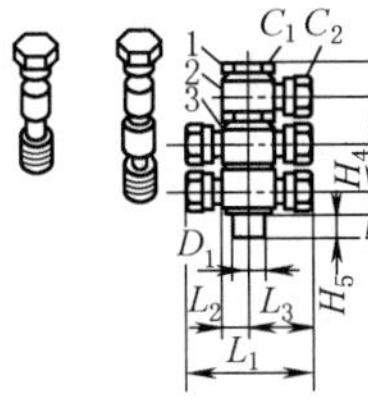 1—中空螺栓; 2,3—环形管接头	M5	G⅛	3,4,6	—
			G¼	4,6	
			G⅜	6	
		M5	G⅛	3,4,6	—
			G¼	4,6	
			G⅜	6	

用于带金属保护网的气管 PX

形式	结构特点	M 螺纹	G 螺纹	气管内径	不含铜和聚四氟乙烯
直通结构	快拧接头 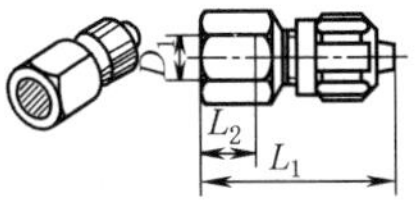	—	G⅛	4	—
			G¼	6	
			G⅜	9	
	快拧接头 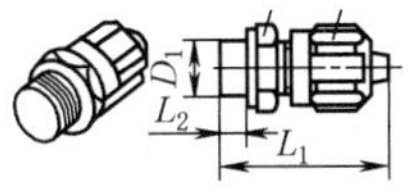	—	G⅛	4,6	—
			G¼	4,6	
			G⅜	9	
L 形	L 形快拧接头 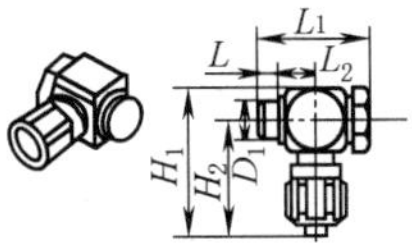	—	G⅛	4	—
			G¼	6	
			G⅜	9	
T 形	T 形快拧接头 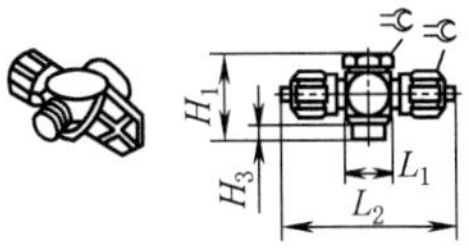	—	G⅛	4	—
			G¼	6	
			G⅜	9	

3.3.4 卡套接头

卡套接头的连接方式如图 21-6-2 所示。卡套接头的连接气管为硬管（紫铜管），工作压力较高，抗机械撞击损坏较其他气管更好，但它的连接方式没有快插、快拧接头方便，可用于机械设备裸露在外的气动系统中（几乎不用更换）。

安装方法

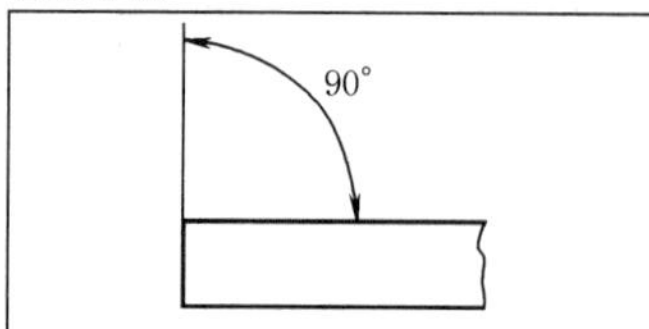

①确保管子堵头垂直切割并无毛刺

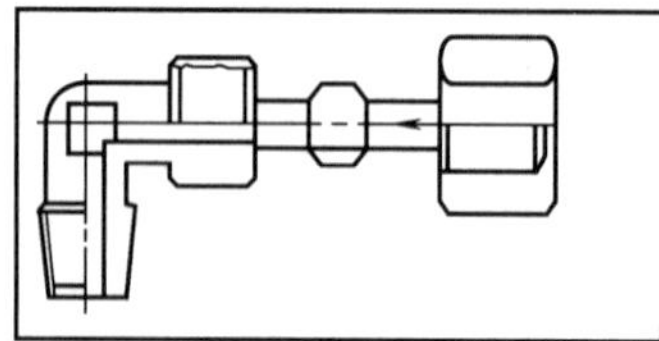

②对大规格金属管,在拧紧接头前,给管螺母和管套涂上点油是有好处的,将管螺母和管套套在管子上,然后将管子推入接头,直到管子端头碰到管挡肩为止

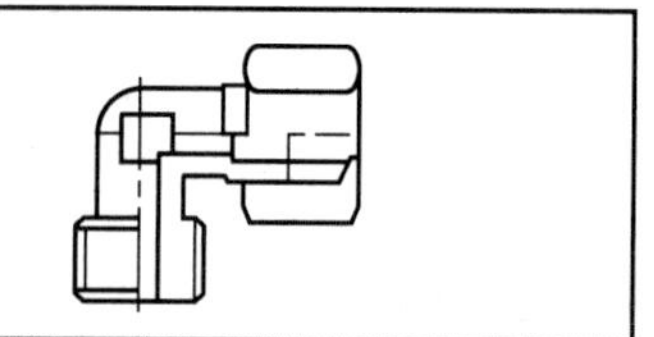

③牢牢握住管子使其与管挡肩处于接触状态,旋紧管螺母之后再紧$1\frac{1}{4}\sim1\frac{1}{2}$圈,松开手,确认由管套造成的槽是均匀的。稍稍松开螺母再紧1/4圈

注:在安装弯管时,要保证进入管接头段是直的,且要保证直线段至少长两个螺母高度。按上述方法安装,可在相当宽的压力范围内(视所有管子类型而定)不会有故障,不符合上述要求或拧得过紧,都有可能损坏接头或不能保证密封性

图 21-6-2　卡套接头的连接方式

表 21-6-25

mm

形式	结构特点	接口螺纹					接口气管	
		M 螺纹	R 螺纹	G 螺纹	气管外径	插入套管直径 ϕ	气管外径	插入套管直径 ϕ
直通结构	卡套接头-外螺纹,带外六角	—	—	—	—	—	—	—
		—	R1/8	G1/8				4,6,8
			R1/4	G1/4				4,6,8,10,12
			R3/8	G3/8				6,8,10,12
			R1/2	G1/2				10,12
	卡套接头-内螺纹,直通	—	—	—	—	—	—	—
		—	R1/8	G1/8				4,6,8
			R1/4	G1/4				4,6,8,10,12
			R3/8	G3/8				6,8,10,12
			R1/2	G1/2				10,12
	卡套接头-穿板(外螺纹)	—	—	—	—	6	—	4
						8		4,6
						10		6,8
						12		8,10
						16		12
	卡套接头-穿板(内/外螺纹)	—	—	—	—	4	—	4
						6		6
						8		8
						10		10
						12		12

续表

形式	结构特点	接口螺纹					接口气管	
		M 螺纹	R 螺纹	G 螺纹	气管外径	插入套管直径 ϕ	气管外径	插入套管直径 ϕ
L 形	卡套接头-L 形 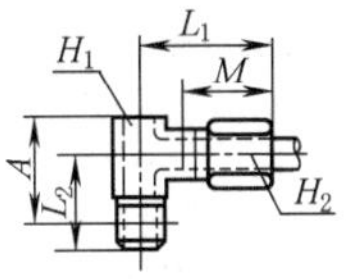	—	R1/8	G1/8	—	—	—	4,6,8
			R1/4	G1/4				4,6,8,10,12
			R3/8	G3/8				6,8,10,12
			R1/2	G1/2				10,12
	卡套接头-L 形/加长 L 形,360°旋转 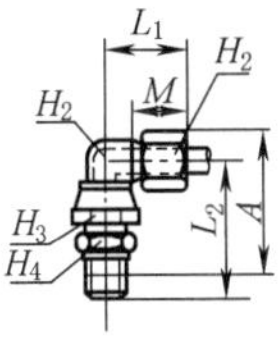	—	R1/8	G1/8	—	—	—	4,6,8
			R1/4	G1/4				4,6,8,10,12
			R3/8	G3/8				6,8,10,12
			R1/2	G1/2				10,12
T 形	卡套接头-T 形三通 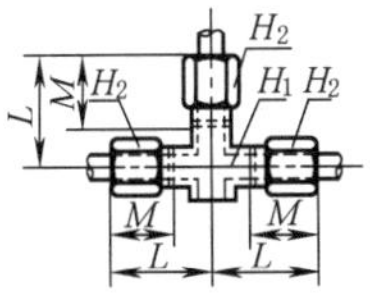	—	—	—	4	—	—	4
					6			6
					8			8
					10			10
					12			12
	卡套接头-T 形三通/螺纹 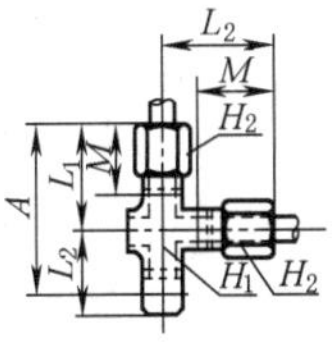	—	R1/8	G1/8	—	—	—	4,6,8
			R1/4	G1/4				4,6,8,10,12
			R3/8	G3/8				6,8,10,12
			R1/2	G1/2				10,12
	卡套接头-T 形三通/螺纹 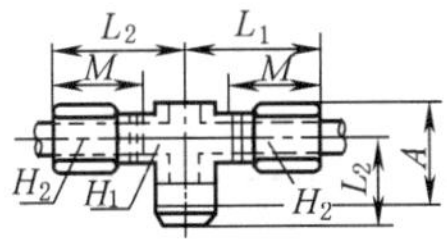	—	R1/8	G1/8	—	—	—	4,6,8
			R1/4	G1/4				4,6,8,10,12
			R3/8	G3/8				6,8,10,12
			R1/2	G1/2				10,12

3.3.5 快速接头

表 21-6-26

功　能	结构型式	简要描述	最大标准额定流量 /L·min^{-1}	公称通径 /mm
对接式快速接头	单侧封闭 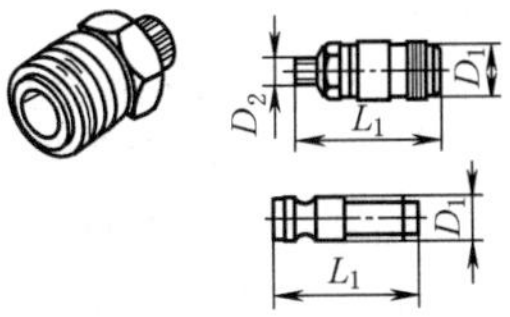	用于标准应用场合,不带安全功能	44	1.5
			139	2.7
			666	5
			1350	7.2
			2043	13

续表

功　能	结构型式	简要描述	最大标准额定流量/L·min^{-1}	公称通径/mm
对接式快速接头	双侧封闭 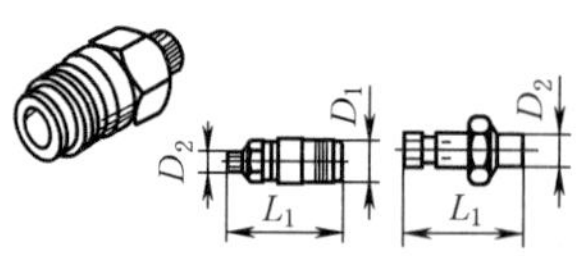	特别适用于含有液体介质的应用场合，因为在拆卸过程中两端都密封	666	5
			1350	7.2
安全对接式快速接头（外螺纹，钢结构）	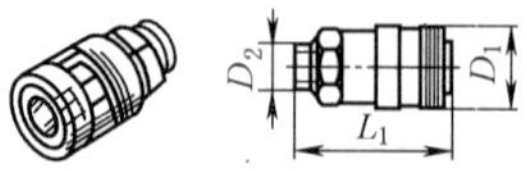	旋转卸压套排放系统压力，然后才能拆卸连接件	2043	7.8
			1818	
安全对接式快速接头（外螺纹，黄铜结构）	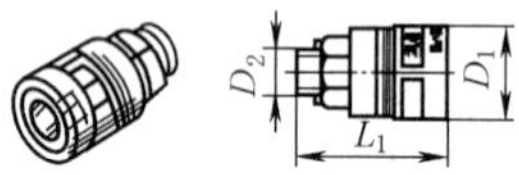	旋转卸压套排放系统压力，然后才能拆卸连接件	2043	7.8
			1818	
安全对接式快速接头（内螺纹）	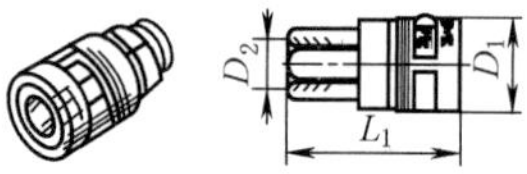	旋转卸压套排放系统压力，然后才能拆卸连接件	2043	7.8
			1818	
安全对接式快速接头（快拧接头，带管接螺母）	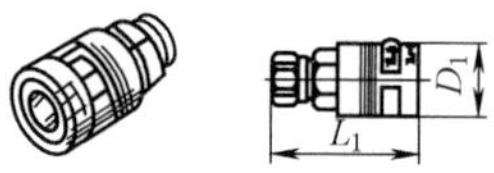	旋转卸压套排放系统压力，然后才能拆卸连接件	2043	7.8
			1818	
安全对接式快速接头（穿板式快拧接头，带管接螺母）	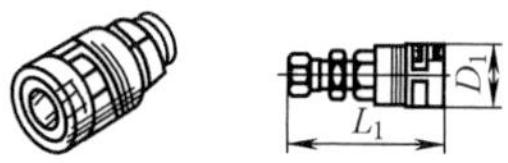	旋转卸压套排放系统压力，然后才能拆卸连接件	2043	7.8
			1818	
安全对接式快速接头（倒钩接头）	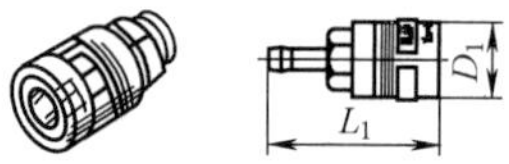	旋转卸压套排放系统压力，然后才能拆卸连接件	2043	7.8
			1818	

3.3.6　多管对接式接头

表 21-6-27

分类	结　构　图	特　　征
圆盘形多管接头	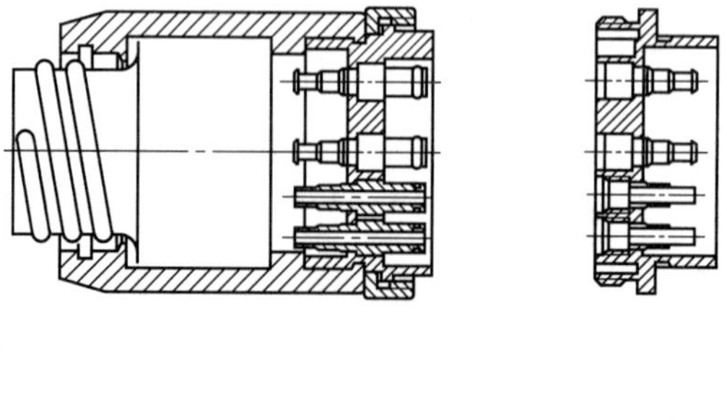	圆盘形多管接头：外壳由两个半圆环组成，可拆开，便于安装弹簧管。弹性管套可保护壳免受损伤。单个插头和插座分别标有编号，多管接头上的凹凸槽可防止不正确地插入，多管接头通过保持环卡紧。最多连接接头范围分别为 5、7、8、12、16、22、32。外壳材料为塑料，插头为黄铜。接头型式为倒钩式接头（插内径为 $\phi2$、$\phi3$、$\phi4$、$\phi6$ 的气管）及快插接头（插外径为 $\phi4$、$\phi6$ 的气管）

续表

分类	结构图	特征
长方形多管接头	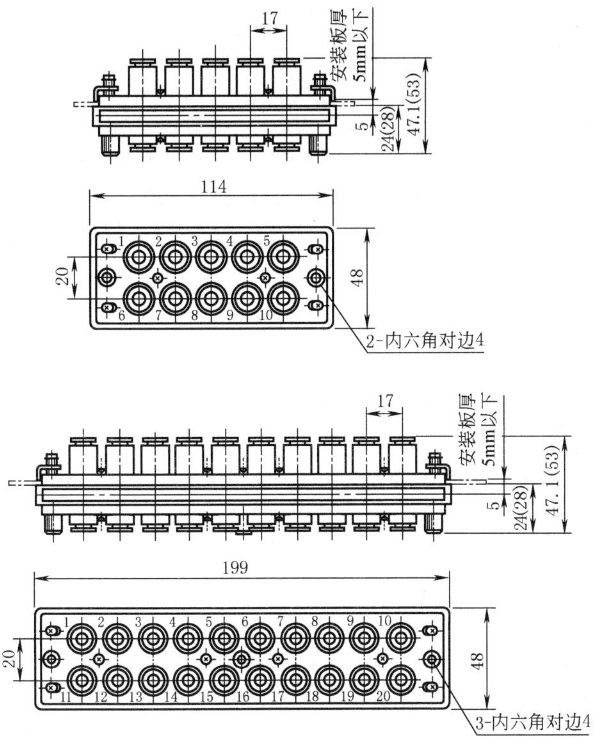 17 安装板厚5mm以下 5 24(28) 47.1(53) 114 20 48 1 2 3 4 5 6 7 8 9 10 2-内六角对边4 17 安装板厚5mm以下 5 24(28) 47.1(53) 199 20 48 1 2 3 4 5 6 7 8 9 10 11 12 13 14 15 16 17 18 19 20 3-内六角对边4	长方形多管接头：是预制的快插接头，可作为控制箱隔板式的输出口。最多连接接头范围为10~20。接头型式为倒钩式接头（插内径为$\phi2$、$\phi3$、$\phi4$、$\phi6$的气管）及快插接头（插外径为$\phi4$、$\phi6$的气管）

4 使用注意事项

① 配管安装前，应充分吹净管道及管接头内的灰尘、油污、切屑等杂质。确认型号及尺寸，确认产品上无伤痕、裂纹等。

② 配管是螺纹连接时，可选用涂有密封膜的管接头，或沿螺纹旋紧方向缠1.5~3圈密封带，但管端应空出1.5~2个螺距。装配时，应防止螺纹屑及密封材料碎片混入管内。缠绕密封带，一是密封用，二可防止铁屑末进入配管内，三可防止螺纹粘接（特别是铝等软金属）。

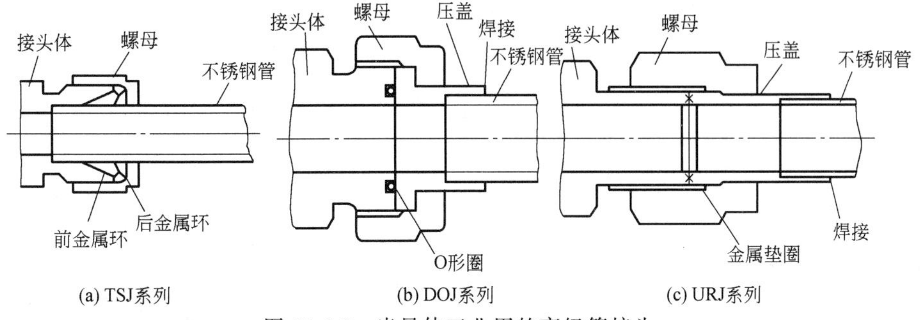

图 21-6-3 半导体工业用的高级管接头

③ 管子切断时，应保证切口垂直，且不变形，管子外部无伤痕。

④ 使用本公司以外的非金属管，要注意外径的精度。尼龙管小于±0.1mm，聚氨酯管在-0.2~0.15mm范

围内。

⑤ 管接头拧到气动元件上时，应使用合适的扳手夹住接头体拧入，拧紧力矩不要过大，以防损坏螺纹或造成密封垫变形而泄气。M5 接头用手拧紧后，再用工具增拧 1/6 圈便可。微型接头用手拧入后，再用工具增拧 1/4 圈。

⑥ 配管随设备转动时，需注意配管方向，以防配管转松。

⑦ 使用直插式管接头，必须保证把管子插到底。

⑧ 若环境中不允许存在铜离子，可选用表面镀镍的管接头。

⑨ 金属管不要超出所需长度，以减小压力损失，增大有效截面面积，并减少耗气量。

⑩ 非金属管应满足最小长度的要求，以防设备运行中管子扭转变形。可动部件上的连接管可选用螺旋管。

⑪ 管道弯曲处不得压扁或打褶。管子弯曲应大于最小弯曲半径。不要让非金属管处于易磨损处。由于管子自重引起过大张力时，应有支撑。管子损坏（如脱落）会引起危险时，如有气时软管脱落会甩动伤人，必须将其屏蔽起来。

⑫ 连接螺纹部及管子连接部位不允许有拉动或旋转，以免连接松脱。有旋转的场合，可选用可回转式快换接头。

⑬ 带密封剂的管接头用手拧入后，再用工具增拧 2~3 圈。拧入过分，密封剂会挤出过多。卸下的接头可再使用 2~3 次，但必须将挤出的密封剂清除掉。密封剂太少不能密封时，可卷绕密封带再使用。

⑭ 有些管接头可用于一般工业用水，但要注意冲击压力不要超过最高使用压力。

⑮ 管内不得输送煤气、气体燃料及冷媒等可燃性、溶剂性或有毒性的气体，因管子及接头有漏气的可能。

⑯ 不要用于直接接触切削油、润滑油及冷却液等液体的环境中。

⑰ 洁净室内应使用洁净系列快换接头 KP/KPQ/KPC 系列及洁净系列管子 TPH/TPS 系列，有关使用注意事项参见产品样本。

⑱ 有静电的场合，应使用防静电管核头 KA 系列及防静电管子 TA 系列。

⑲ 有焊花的场合，应选用难燃性管接头 KR、KRM 等系列及难燃性管子 TRS、TRR 等系列。

⑳ 要定期检查管子是否有划伤、磨耗、腐蚀、硬化、软化等。

㉑ 换掉的管接头及管子不要再使用。

CHAPTER 7

第7章 气动元件和配管试验

1 气动试验概述

气动元件通常需要经过型式试验、出厂试验才能装配主机。本手册的气动试验即包括气动元件和配管的出厂试验和/或型式试验，还包括气动元件可靠性评估方法。

气动试验技术作为气动系统及元件研制和生产的关键技术，是验证产品性能指标、可靠性、寿命等的重要手段。气动系统及元件的性能特征只有通过量化，才能为行动或决策提供依据。

GB/T 39956.2—2021《气动　电-气压力控制阀　第2部分：评定商务文件中应包含的主要特性的试验方法》明确其目的为："通过规范试验方法和验证试验结果的表述，便于比较分析；有助于元件在气动系统中的正确应用。"这也是本手册在"气动"篇中增加本章的目的。

气动试验或可定义为："按照要求对气动系统、元件或配管性能的确定。"除在各气动元件产品标准中包括的试验外，现行气动试验方法标准目录见表21-7-1。

表21-7-1　气动试验方法标准目录

序号	名称
1	GB/T 3853—2017/ISO 1217:2009,MOD《容积式压缩机　验收试验》
2	GB/T 10893.1—2012/ISO 7183:2007,MOD《压缩空气干燥器　第1部分:规范与试验》
3	GB/T 14513.1—2017/ISO 6358-1:2013,IDT《气动　使用可压缩流体元件的流量特性测定　第1部分:稳态流动的一般规则和试验方法》
4	GB/T 14513.2—2019/ISO 6358-2:2013,IDT《气动　使用可压缩流体元件的流量特性测定　第2部分:可代替的测试方法》
5	GB/T 14513.3—2020/ISO 6358-3:2014,IDT《气动　使用可压缩流体元件的流量特性测定　第3部分:系统稳态流量特性的计算方法》
6	GB/T 14514—2013《气动管接头试验方法》
7	GB/T 20081.2—2021/ISO 6953-2:2015,IDT《气动　减压阀和过滤减压阀　第2部分:评定商务文件中应包含的主要特性的试验方法》
8	GB/T 22107—2008/ISO 12238:2001,IDT《气动方向控制阀　切换时间的测量》
9	GB/T 23252—2009/ISO 10099:2001,IDT《气缸　成品检验及验收》
10	GB/T 33626.2—2017/ISO 6301-2:2006,MOD《气动油雾器　第2部分:评定商务文件中包含的主要特性的试验方法》
11	GB/T 38206.1—2019/ISO 19973-1:2015,MOD《气动元件可靠性评估方法　第1部分:一般程序》
12	GB/T 38206.2—2020/ISO 19973-2:2015,MOD《气动元件可靠性评估方法　第2部分:换向阀》
13	GB/T 38206.3—2019/ISO 19973-3:2015,MOD《气动元件可靠性评估方法　第3部分:带活塞杆的气缸》
14	GB/T 38206.4—2021/ISO 19973-4:2014,IDT《气动元件可靠性评估方法　第4部分:调压阀》
15	GB/T 38206.5—2021/ISO 19973-5:2015,IDT《气动元件可靠性评估方法　第5部分:止回阀、梭阀、双压阀(与阀)、单向节流阀及快排阀》
16	GB/T 39956.2—2021《气动　电-气压力控制阀　第2部分:评定商务文件中应包含的主要特性的试验方法》
17	GB/Z 42085—2022/ISO/TR 16194:2017,IDT《气动　基于加速寿命试验的元件可靠性评估　通用指南和程序》
18	GB/T 43073—2023/ISO 20145:2019,IDT《气动　测量排气消声器声压级的试验方法》

在以上试验方法标准中，仅有一项国家标准（GB/T 14514—2013《气动管接头试验方法》）没有采用（等

同或修改）国际标准。

一些气动元件标准如 JB/T 11863—2014《齿轮式气动马达》规定的是“检验方法”而不是“试验方法”，其中还规定了“产品质量检验的项目及质量特性类别”。为了读者使用方便，本手册对此类内容也进行了摘录。

2 气动元件和配管试验方法

2.1 容积式压缩机验收试验（摘自 GB/T 3853—2017）

在 GB/T 3853—2017/ISO 1217：2009，MOD《容积式压缩机 验收试验》中规定了容积式压缩机（以下简称压缩机）验收试验的术语和定义符号、测量设备、方法和精度、试验程序、测量的不确定度、试验结果与规定值的比较及试验报告等，本标准适用于各类容积式压缩机所验收试验。

该标准的附录 A 规定了液环压缩机的性能试验方法，附录 B、附录 C 和附录 D 规定了批量生产的裸装压缩机和集装压缩机的简化验收试验方法。

作者注：在 GB/T 3853—2017 中给出了术语“验收试验”的定义：“按本标准进行的性能试验。”术语“容积式压缩机”的定义：“通过运动件的位移，使一定容积的气体顺序地吸入和排除密闭空间以提高静压力的机器。”该标准还给出了“液环压缩机”“集装压缩机”等术语和定义。

表 21-7-2

测量设备、方法和精度	总则	本标准规定的设备和各种测量方法不排斥使用其他同等精度或更高精度的设备及测量方法。在涉及一项特定的测量或一种特定的仪器，如有相应的国家标准，则所进行的测量和所使用的仪器应符合相应国家标准的规定 所有会影响试验的检验、测量、试验设备及装置，均应定期或在使用前对照已检定的符合相应国家标准的设备进行校验
	压力测量	①通则　管道和储气罐的测压接头应垂直于内壁并与其平齐[对于低压或高流速、毛刺等细微不规则处会引起很大的（测量）误差]。接管应无泄漏、尽可能短，具有足够的直径且合理布置以便避免因污物或冷凝液体造成堵塞 测量液体或液气混合物压力的仪表应安装在与测压点相同高度的位置，其接管的布置不应对管内液柱高度产生影响，否则应考虑不同高度的影响。应进行密封性试验，排除所有的泄漏。仪表应妥善安装，以避免振动干扰。测量仪器（模拟式或数字式）的精度应为±1% 全压力是静压力和动压力之和，应用皮托管来测量，皮托管的轴线应与流体流向平行。当动压力小于全压力的 5%时，可以通过计算平均速度来计算出全压力。如果吸气管或排气管内低频（<1Hz）压力波动幅度超过绝对平均压力的 10%，则应改善管路的安装，然后进行试验。当这种压力波动幅度超过平均吸气压力和排气压力的 10%时，则不符合本标准的要求，不应进行试验 传感器和压力表应在与试验期间主体压力和主体温度相近的条件下，用砝码压力计或具有同等精度的电子压力计进行校验。液柱读数和砝码压力计压力值应按仪表所处位置进行重力加速度的修正。液柱读数还应按环境温度进行修正。在低频（<1Hz）脉动流情况下，压力计和测压接头之间应设置一个带有入口节流装置的缓冲罐。在压力计前不应使用阀门节流来减少压力表的振荡，但允许使用节流孔 ②大气压力　大气压力应用精度高于±0.15%的气压计测量 ③级间冷却器压力　级间冷却器压力应在紧接级间冷却器之后处测量
	温度测量	应将经校准或标定过、精度不低于±1K 的仪器（如温度计、热电偶、电阻温度计或热敏电阻）插入管中或套管内测量温度。温度计套管应尽量薄，其直径应尽量小，同时其外表面应防腐和抗氧化。套内应充灌适当的液体。温度计或套管应插入管内 100mm 或 1/3 管直径，二者取小值。读数时，不应将温度计从被测介质中取出，也不应将其从套管中取出 为保证测量的准确性，应采取下列措施： ①紧靠插入点附近和连接接头的凸台部分有良好的隔热，使套管和所测介质实际上处于相同的温度 ②各种测温仪的传感器和温度计套管的设置应能让介质很好地扫过（传感器和温度计套管应逆流安装，极端情况下可采用垂直于气流的安装） ③温度计套管不应扰动正常的介质流动 使用热电偶测量时，热电偶应有一焊接的热端，应与导线一起按预定的使用范围进行校准。热电偶应用适合于被测温度及气体的材料制造。如果采用温度计套管则应尽可能将热电偶的热端焊接在套管的底部。热电偶的选择及使用应符合 GB/T 16839.1、GB/T 16839.2 的规定

续表

测量设备、方法和精度	湿度测量	如果气体含有水分，则应在试验时检测湿度。应在标准吸气位置用精度不低于±3%的湿度仪测量湿度
	转速测量	转速应使用精度不低于±0.5%的仪表测量
	流量测量	压缩机实际容积流量应按 GB/T 15487 测量 下列情况时可采用吸入容积流量的测量方法： ①无法测量排出的容积流量时 ②如果泄漏的气体量可单独测出，并且随后可以从吸入容积流量中扣除时 ③当吸入气体的冷凝作用将导致可能的排出容积流量测量不精确时（见下面"气体常数和压缩性系数偏离的修正"和"修正后的容积流量"） ④采用吸入空气测量时，测量装置不会影响测量 外部冷却剂的流量应采用精度不低于±5%仪器来测量
	功率和能量测量	应通过测功机、扭矩仪直接测量压缩机的输入功率，或者通过测量经标定过的驱动电机的输入电功率或由经认定的驱动原动机的性能特性来间接确定压缩机的输入功率。应按认可的试验规范来测量原动机的轴功率 精密扭矩仪不应在其额定扭矩的三分之一以下使用。试验后，应在与试验温度相同的条件下，将扭矩仪表连同扭力元件一起进行校验。应逐渐增载测取读数，增载测取读数时应注意，读数期间的任何时刻均不得出现载荷减少的情况。同样，读取减载读数时，载荷也不得增加。应以校验确定的增、减载荷读数的平均值为基础来计算输出功率。如果增减载荷的扭矩差超过1%，则扭矩仪不合格 电动机驱动的压缩机轴功率应通过测量输入电功率再乘以电动机效率来确定，其中电动机效率可从经认证校验过的电动机获得。应采用精密仪器来测量功率、电压和电流 仪表的电压线圈应就地接在电动机接线柱前，以使电缆的电压降不致影响测量。如采用遥控仪表，则应另行确定电缆压降并对其加以考虑 机器的电功率的计算点是电输入接线柱，应考虑供电电缆或测量系统中电压降对测量结果的影响。对于三相电动机，应采用二瓦特计法或其他具有相似精度的方法测量功率 电流及电压互感器应尽可能选择在靠近其额定负荷处运行，以减少其变比误差。试验时，可以在电路中接入一个近期校对过的电度表作查对之用
	其他测量	①燃料消耗　如果压缩机由内燃机或燃气轮机驱动，则应在某个恒定的试验工况点，通过称重或测量单位时间内所耗燃料的容积来确定平均燃料消耗（见 GB/T 6072.1） ②蒸汽消耗　如果压缩机由蒸汽机或蒸汽透平驱动，则蒸汽流量应按 GB/T 8117.2 来测定 ③气体组分　当性能试验用空气以外的气体进行时，应确定试验期间进入压缩机气体的化学成分和物理性能。如有必要，还应对其进行定期检查 ④冷凝水量　后冷器、储气罐以及排气法兰与流量测量装置之间的其他各处所收集的冷凝液应予以测量。每次试验的前后，应将级间冷却器及其分离器中的冷凝液排放掉，但这种排放不得干扰压缩机的稳定工况。所分离出的冷凝液量应按各个冷却器分别称重，同时除以距上次排液操作的间隔时间。在测量冷凝液质量前，应分离掉随冷凝液带出的油
	仪表的校验	试验前应有仪表校验的（原始）记录。对于主要仪表，在试验使用期间其校验值可能会发生变化。因此，试验后应再次对其校验。仪表校验时，如果其变化值超出仪表等级范围时，则该试验不予认可
试验程序	总则	①验收试验开始前应检查压缩机，以确定其是否处于适宜进行验收试验的状态。应尽可能地消除外泄漏，特别应注意检查管路系统的泄漏 ②所有可能积垢的部件，特别是冷却器，均应将其气侧和冷却剂侧清理干净
	试验安排	试验应按如下安排进行： ①进行预试验，以便检查仪表和训练操作人员 ②如果双方同意，且满足验收试验的全部要求，可以将预试验作为验收试验 ③试验期间，所有与性能有关的项目均应进行测量，压缩机流量及消耗功率的确定见下面"数据审核"至"修正后的所需容积比能（比功率）" ④试验工况应尽可能而又合理地接近保证工况，与保证工况的偏差不应超过表 1 规定的限值。如果未对试验工况作出认可，则可参照 GB/T 3853 附录 F 给出的工况 ⑤当不能按用户所规定的气体或不能控制在表 1 所规定的限值内试验时，特殊的试验工况和特别的修正需经用户和制造厂双方同意

续表

<table>
<tr>
<td rowspan="3">试验程序</td>
<td>试验安排</td>
<td>
<table>
<tr><th colspan="3">表 1　与规定值的最大偏差和相对于平均值的最大波动范围</th></tr>
<tr><th>测量参数</th><th>最大允许偏差</th><th>单组读数与其平均值间所允许的最大波动范围</th></tr>
<tr><td>吸气压力 p_1</td><td>±10%</td><td>±1%</td></tr>
<tr><td>排气压力 p_2</td><td>不规定</td><td>±1%</td></tr>
<tr><td>压力比 r</td><td>见 GB/T 3853 的 8.3.1</td><td>—</td></tr>
<tr><td>吸气温度 T_1</td><td>不规定</td><td>±2K</td></tr>
<tr><td>绝对吸气湿度 H_1</td><td>不规定</td><td>±5%</td></tr>
<tr><td>等熵指数 e</td><td>±3%</td><td>不规定</td></tr>
<tr><td>气体常数×压缩性系数(RZ)</td><td>±5%</td><td>不规定</td></tr>
<tr><td>转速 N</td><td>±4%</td><td>±1%</td></tr>
<tr><td>喷液温度①</td><td>±5K</td><td>不规定</td></tr>
<tr><td>外部冷却剂进口温度与气体进气温度之间的差</td><td>风冷:±10K
±2K</td><td>水冷:±5K
±2K</td></tr>
<tr><td>外部冷却剂流量</td><td>±10%</td><td>±10%</td></tr>
<tr><td>喷嘴或孔板的温度</td><td>不规定</td><td>±2K</td></tr>
<tr><td>喷嘴或孔板的压差</td><td>不规定</td><td>±2%</td></tr>
</table>
①适用于内冷却喷液回转压缩机
注:1. 如果与规定工况的偏差小于或等于偏差限值。则试验可以进行
2. 如果由于试验工况偏差引起消耗功率的偏差超过±10%,则试验无效
3. 见本表“压力测量”①“通则”
4. 如果压力脉动引起的共振超过规定等级,则转速与规定值不同的试验不予验收
5. 对于气体压缩机,用不同于实际气体的气体进行试验时,气体特性往往有较大变化。这时应征得用户和制造厂双方的同意
6. 液环压缩机详见 GB/T 3853 表 A.1
⑥控制机构应保持在其正常运行的状态
⑦试验期间润滑剂及其供给量应符合操作说明的规定
⑧除使用说明书规定的正常操作和稳定工况的操作外,试验期间不应进行其他调整
⑨读数前,压缩机应运行足够长的时间以确保工况稳定,从而保证试验期间仪表读数不会发生系统变化
⑩如果试验工况使得系统的变化不可避免,或者个别读数出现过大偏差,则应增加读数组数
⑪每种负荷下应读取足够组数的读数以表明已达到稳定的工况,读数的次数和间隔时间应适当选定,以保证获得所要求的精度
⑫试验后检查压缩机和测试设备,如果发现有可能影响试验结果的故障,则应在排除这些故障后再次进行试验
</td>
</tr>
<tr>
<td>数据审核</td>
<td>进行最后计算之前,应仔细核查记录的数据是否与运行工况一致,在一次试验中读数的波动不得超过表 1 规定的限值
任一试验所采用的全部读数应该是连续的。可以舍弃出现过大波动的一组读数,但仅限于试验开始和结束的读数。一次读数时的所有数据应尽可能同时读取
按要求确定标准吸气位置的含湿量,对于不同的压缩级和流量测量装置,含湿量应按所测得的冷凝水量确定</td>
</tr>
<tr>
<td>试验结果的计算</td>
<td>试验结果的计算应符合以下要求:
①除流量测量外,应用所认可读数的算术平均值来计算试验结果
②应按上面“流量测量”确定压缩机流量
③如果所压缩的气体不是干燥的,则功率修正时应考虑水分的影响
④将在测量装置处测得的气体流量转化为标准吸气状态,同时计及已分离的冷凝液,按照下面“容积流量的修正”和“修正后的容积流量”计算得到进口处的实际容积流量
⑤部分负荷运行时,有些卸载系统会将热气体导回到吸气口处。此时的吸气温度比满负荷运行时高,容积流量表面上会达到一个较高的值。因此,在这种情况下,要求按满负荷时真正的吸气温度来计算部分负荷下的流量
⑥试验工况和规定工况不可能完全一致。因此,在将试验结果与规定值做比较之前,应对容积流量和消耗功率进行修正
⑦当试验工况与规定工况的偏差不超过表 1 规定的限值时,本标准给出了容积流量和消耗功率的修正方法。容积流量应按转速、等熵或多变指数,冷却剂温度和排放的冷凝液等方面的偏差来进行修正,消耗功率应按转速、吸气压力、等熵或多变指数、湿度以及冷却剂温度等方面的偏差来进行修正(如有需要,可进行其他诸如气体常数和压缩性系数等的修正)</td>
</tr>
</table>

续表

	试验结果的计算	⑧当试验工况与规定工况的偏差超过表 1 规定的限值时,实际运行工况对实际压缩机性能的影响可以通过不同的方法确定。可以通过内插,或者在极个别情况下通过外推,来确定将各个参数修正到规定工况下的修正幅度(这种修正需经有关各方同意) ⑨对于级间存在注气或抽气的工艺压缩机,不应考核比能,而应考核压缩机的轴功率 ⑩如果进行试验的气体与规定气体不同,应对其进行修正。因为气体常数的改变会影响到泄漏,从而影响到容积流量的大小(这种修正需经有关各方同意)
试验程序	容积流量的修正	①转速修正系数 K_1　转速修正系数 K_1 按式(1)计算 $K_1=\dfrac{N_c}{N_R}$　(1) ②规定的多方指数与试验工况值不一致时对试验的修正系数 K_2　除单级往复压缩机外,其他机型该修正系数通常可以忽略不计。在往复压缩机中,由于受封闭在余隙容积中气体膨胀的影响,所以多变指数和压力比的变化就会影响到容积流量。这种影响程度有多大并不完全知道,所以试验人员应尽可能地将压力比控制得接近规定值。对于偏差不超过表 1 规定时,按式(2)进行修正 $K_2=\dfrac{1-E(r_C^{1/n_C}-1)}{1-E(r_R^{1/n_R}-1)}$　(2) 式中　r_R——规定压比 r_C——实际压比 E——相对余隙容积 n——多方指数(取 0.9κ,κ 是等熵指数) 对于压缩比小于 3 的,修正系数可简化为式(3) $K_2=1+E(r_R^{1/n_R}-r_C^{1/n_C})$　(3) 对于其他压缩机,当与规定工况的偏差及读数平均值的波动不超过表 1 时,$K_2=1.0$ ③外部冷却剂温度修正系数 K_3　在进口处,冷却剂和气体的温差会影响压缩机气缸及级间冷却器内的气体温度。由于这种影响随压缩机型式、规格及转速而变化,因此无法给出通用的容积流量修正公式。假如规定的气体和冷却剂温度以及它们之间的温差能保持在表 1 给出的范围内,则建议不做修正,即 $K_3=1.0$ 对于喷液回转压缩机,喷入压缩机内液体的温度高低会影响容积流量,并且因可能安装有恒温控制阀,使其能在液体达到规定温度之前将液体从冷却器旁通。所以,任何恒温阀的动作也会影响容积流量 对于给定的吸入气体温度,喷入较冷的液体,通常因对吸入气体预热较少,同时压缩过程中冷却和密封效果较好,因此会有较大的容积流量。其影响的大小取决于压缩机的设计、内间隙、转子的圆周速度,同时也取决于液体的流量和黏度等 对于用风冷换热器来冷却喷入液体的喷液回转压缩机,靠近换热器的冷却气体温度与压缩机的吸入气体温度通常是相近的。在这种情况下,若冷却气体温度与吸入气体的温差能保持在表 3 规定值的±10K 以内,则无需对容积流量进行修正,即 $K_3=1.0$ 对于用水冷换热器冷却喷入液体的喷液回转压缩机,通常能够对水量进行调节,使得大致上能维持规定的喷液温度。假如试验中喷液温度维持在表 1 规定限值内,则尤需对容积流量进行修正,即 $K_3=1.0$ 如无法满足上述工况以及对其他类型的喷液回转压缩机,修正系数 K_3 应按上面“试验结果的计算”的⑧单独确定 ④考虑吸入气体中冷凝液的排放对容积流量的修正　吸入气体中存有的蒸汽可能会冷凝,并且当气体通过压缩机时,在吸气口与流量测量点之间的任何部位(如级间冷却器、后冷器等)都会收集到冷凝液。所以,当试验中有冷凝液从压缩机中排出时,在计算吸入气体流量时,可按式(4)修正 $q_{Vcd}=\dfrac{q_{mcd}R_vT_1}{p_1}$　(4) 式中　q_{Vcd}——压缩机吸入状态下冷凝水蒸气的容积流量 q_{mcd}——所收集的冷凝液总质量流量 R_v——水蒸气的气体常数 随气体喷入的冷却水所凝析的冷凝液在计算时不得计入在内 ⑤气体常数和压缩性系数偏离的修正　气体常数或压缩性系数的改变可能会影响到泄漏,从而影响所测的容积流量。假如气体常数 R 和压缩性系数 Z 的乘积 RZ 在表 1 给出的允许偏差范围内,则这种影响可忽略不计

续表

试验程序	修正后的容积流量	当吸入气体中含有的蒸汽成分在压缩机试验过程中所处的温度和压力状态下不会冷凝时，则修正后的容积流量按式(5)计算 $$q_{V,corr}=K_1K_2K_3q_{VR} \quad (5)$$ 式中　q_{VR}——由试验测试结果计算而得到的实际容积流量，按式(6)计算 $$q_{VR}=\frac{q_{mR}R_fT_1}{p_1} \quad (6)$$ 其中，R_f 按式(7)计算 $$R_f=R_g\left[1+\frac{x_f}{x_f+1}\left(\frac{R_v}{R_g}-1\right)\right] \quad (7)$$ 当试验中从压缩机任何一处收集并测得排出的蒸汽冷凝液时，则允许确定等效的吸入流量并按公式(8)计算修正后的容积流量 $$q_{V,corr}=K_1K_2K_3(q_{VR}+q_{Vcd}) \quad (8)$$ 式中　q_{Vcd}——试验中由压缩机排出的冷凝水蒸气的容积流量，按式(4)计算
	功率修正	①转速修正系数 $K_4(=K_1)$　消耗功率受转速影响。假定当试验转速与规定转速的偏差在表1给出的限值以内时，压缩机的效率保持不变。此时，修正系数 $K_4(=K_1)$ 按式(9)计算 $$K_4=\frac{N_C}{N_R} \quad (9)$$ ②吸气压力、多方指数和压力比的修正系数 K_5　规定的压力比通常可以通过调节出口压力维持在±1%以内，如果未能根据以前测试数据建立修正曲线，则应选择一个合适的多变指数为基准进行修正(在压缩过程中实际的多方指数是变化的) 如果没有试验结果可用，则应采用等熵指数(对于空气，$\kappa=1.4$)。如果进气压力、多方指数和压力比偏离规定值，修正系数 K_5 可分别按下述方式进行计算 a. 对冷却或不冷却的单级压缩机，修正系数 K_5 按式(10)计算 $$K_5=\frac{p_{1C}}{p_{1R}} \quad (10)$$ b. 对带级间冷却器的多级压缩机，修正系数 K_5 按式(11)计算 $$K_5=\frac{p_{1C}}{p_{1R}}\times\frac{\lg r_C}{\lg r_R} \quad (11)$$ c. 如果测试过程中压力比偏差保持在±0.2%以内，对所有容积式压缩机输入功率修正系数 K_5 均可按式(12)简化计算 $$K_5=\frac{p_{1C}}{p_{1R}} \quad (12)$$ ③等熵指数的修正系数 K_6　如果等熵指数与合同规定的有偏差，则对于通过活塞的泄漏损失可忽略不计的单级冷却或不冷却的往复压缩机应采用式(13)修正 $$K_6=\frac{[n/(n-1)]_C}{[n/(n-1)]_R}\times\frac{r_C^{\left(\frac{n-1}{n}\right)_C}-1}{r_R^{\left(\frac{n-1}{n}\right)_R}-1}K_2 \quad (13)$$ 注：实际上，压缩过程中多方指数是变化的，如果没有试验结果可用，则应采用等熵指数(对于空气 $\kappa=1.40$) ④多级压缩机的湿度修正系数 K_7　如果多级压缩机中的蒸汽在级间冷却器中冷凝并排出，则在随后的级中所压缩的蒸汽就会减少，多级压缩机的湿度修正系数 K_7 按式(14)计算 $$K_7=1+\frac{R_v}{R_g}\times\frac{z-1}{z}\left[\frac{T_{1wR}}{T_{1R}}\left(x_{1R}-\frac{1}{z-1}\sum_{i=2}^{z}x_{iR}\right)-\frac{T_{1wC}}{T_{1C}}\left(x_{iC}-\frac{1}{z-1}\sum_{i=2}^{z}x_{iC}\right)\right] \quad (14)$$ 式中　x——任意级吸入气体的气体混合比(气体混合比可由蒸汽分压计算得到) ⑤冷却剂进口温度的修正系数 K_8　在进口处，冷却剂和气体的温差会影响压缩机气缸及级间冷器内的气体温度。由于这种影响随压缩机型式、规格及转速而变化，因此无法给出通用的功率修正公式。假如规定的气体和冷却剂温度以及它们之间的温差能保持在表1给出的范围内，则建议不做修正 对于喷液回转压缩机，吸入气体温度、喷液温度以及它们之间的温差都会影响消耗功率。特别是喷液温度对黏度有显著影响，从而也影响到内泄漏和液力损失 对于用风冷换热器来冷却喷入液体的喷液回转压缩机，靠近换热器的冷却气体温度与压缩机的吸入气体温度通常是相近的。在这种情况下，如果冷却气体温度与吸入气体的温差能保持在表1规定值的±10K以内，则无需对功率进行修正。因此冷却剂进口温度的修正系数 $K_8=1.0$ 对于用水冷换热器冷却喷入液体的喷液回转压缩机，通常能够对水量进行调节，使得大致上能维持规定的喷液温度。假如试验中喷液温度维持在表1规定限值内，则无需对功率进行修正，即 $K_8=1.0$ 无法满足上述工况时以及其他类型的喷液回转压缩机，修正系数 K_8 应按上面“试验结果的计算”的⑧单独确定

续表

试验程序	修正后的功率	修正后的功率见式(15) $$P_{corr}=K_4K_5K_6K_7K_8P_R \qquad (15)$$ 如使用试验电动机,则电动机的特性应在报告中说明 注:对于集装型压缩机,仅电动机的输入功率以该种方式修正。然后加上总功耗中的其他部分,便得到总的修正后的输入功率值 如果可以,机械损失功率 P_{max} 应单独确定(例如通过测量润滑油体积流量和轴承及密封件的温度),吸气压力系数对功率的修正应该按式(16)计算 $$P_{corr}=[(P_r-P_{mc})K_5+P_{mc}]K_4K_6K_7K_8 \qquad (16)$$
	修正后的所需容积比能(比功率)	将修正后的消耗功率除以修正后的容积流量(见上面"修正后的容积流量"和"修正后的功率"),则获得修正后的所需容积比能(比功率)
测量的不确定度		各测量的不确定度可参照 GB/T 3853—2017 附录 G 估算
试验结果与规定值的比较	总则	按上面"试验程序"的要求将试验结果修正到规定的运行工况后,将其与保证值或规定值进行比较 这种比较应包括: ①修正后的功率消耗与规定的功率消耗(比功率、燃料消耗或效率)的比较 ②修正后的容积流量与规定的容积流量在规定的压力升值(或压力比)条件下的比较 进行比较时应考虑以下因素 ①测量的不确定度(参见 GB/T 3853—2017 附录 G) ②由于所用气体热力特性的置信限引起的误差 ③由于将试验结果修正到规定的运行工况所用方法的不精确引起的误差 ④由于试验中工况的不稳定引起的误差 ⑤规定条款所允许的压缩机性能偏差 上述各种误差应予以综合考虑,从而确定总的试验不确定度。此内容以及制造公差应在对比说明中单独而清楚地阐明或用图示说明 在对比说明中应包含一个结论,用以指出试验结果,表明压缩机满足或不满足规定的要求 本标准约定制造厂和用户对下述(下面"所测的性能曲线与保证点的比较"和"单独的各测点与单独的各保证点的比较")的性能比较方法已达成一致,且没有其他可替换的比较方法
	所测的性能曲线与保证点的比较	①不能进行性能调整的压缩机　如果压缩机的转速或几何尺寸无法调整,则容积流量(q_V)和比能(P/q_V)与保证点的比较按图 a 所示进行 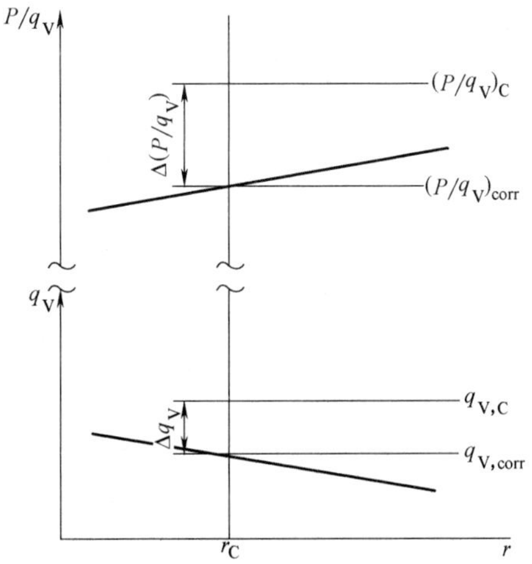 P/q_V　$(P/q_V)_C$　$\Delta(P/q_V)$　$(P/q_V)_{corr}$　q_V　$q_{V,C}$　Δq_V　$q_{V,corr}$　r_C　r (a) 不能进行性能曲线调整的压缩机测得的性能曲线与保证点的比较 ②能进行性能曲线调整的压缩机　在这种情况下,对于容积流量,其与保证点的比较可使用经过保证点的性能曲线来直接进行。而该条性能曲线可以直接记录或在所允许的范围内从邻近的各性能曲线内插得到。对于比能(P/q_V),其与保证点的比较按图 b 所示进行

续表

<table>
<tr>
<td rowspan="2">试验结果与规定值的比较</td>
<td>所测的性能曲线与保证点的比较</td>
<td>
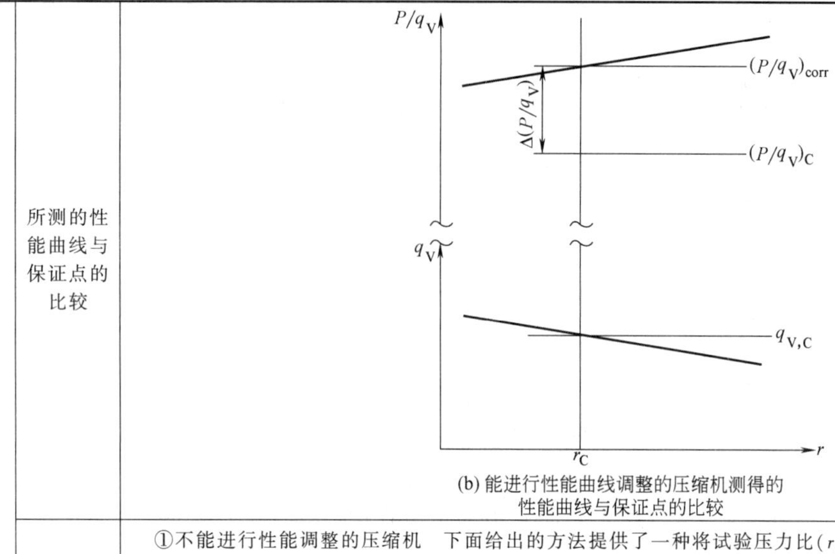

(b) 能进行性能曲线调整的压缩机测得的性能曲线与保证点的比较
</td>
</tr>
<tr>
<td>单独的各测点与单独的各保证点的比较</td>
<td>
①不能进行性能调整的压缩机　下面给出的方法提供了一种将试验压力比(r_R)下确定的比能修正值与规定压力比(r_C)下合同要求值的比较方式,见式(17)。这里假定在$0.95r_C \leqslant r_R \leqslant 1.05r_C$的范围内,压缩机的效率保持不变
$$\left(\frac{P}{q_V}\right)_{corr,C}=\left(\frac{P}{q_V}\right)_{corr}K_9 \quad (17)$$
其中,对于单级压缩机和多级无级间冷却的压缩机,K_9按式(18)计算
$$K_9=\frac{r_C^{\left(\frac{k-1}{k}\right)_C}-1}{r_R^{\left(\frac{k-1}{k}\right)_C}-1} \quad (18)$$
对于多级带级间冷却的容积式压缩机,K_9按式(19)计算:
$$K_9=\frac{\ln r_C}{\ln r_R} \quad (19)$$
式中　r_R——测得的压力比
r_C——合同规定的压力比
见图c
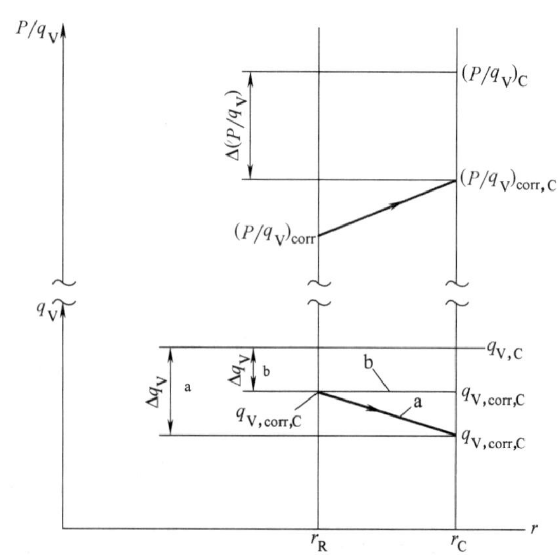

(c) 不能进行性能曲线调整的压缩机实测值与保证值的比较
a—单级活塞压缩机(有余隙容积);b—有膨胀过程的多级压缩机(活塞压缩机)和没有膨胀过程的容积式压缩机(回转压缩机)
</td>
</tr>
</table>

试验结果与规定值的比较	单独的各测点与单独的各保证点的比较	也可将在试验压力比(r_R)下确定的吸入容积流量的修正值与规定压力比(r_C)下合同要求值($q_{V,C}$)做相类似的比较,如下所示 a. 对于单级活塞压缩机(有余隙容积),见式(20) $$q_{V,corr,C}=q_{V,corr}\times\frac{1-E(r_C^{1/n_C}-1)}{1-E(r_R^{1/n_R}-1)} \quad (20)$$ b. 对于有膨胀过程的多级压缩机(活塞压缩机)和没有膨胀过程的容积式压缩机(回转压缩机),假定容积效率恒定和流通截面不变,则容积流量的比较可用式(21) $$q_{V,corr,C}=q_{V,corr} \quad (21)$$ ②能进行性能曲线调整的压缩机　对于能进行性能曲线调整的压缩机,改变转速或压缩机的几何尺寸(如内部容积比或扫气容积的调整),可以提供一种在规定压力比下将 q_V 调整到 $q_{V,C}$ 的方法,见图 d 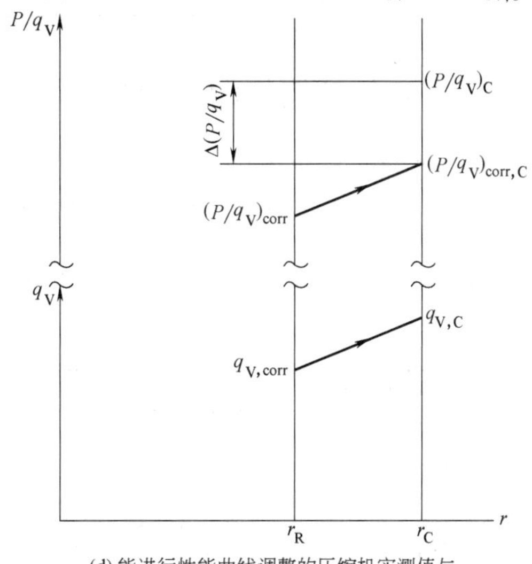 (d) 能进行性能曲线调整的压缩机实测值与保证点的比较 假如在表 1 规定的限值内,效率保持恒定,就容积流量 $q_{V,C}$ 而言,可按式(22)将比能修正值($P/q_{V,corr}$)调整到规定压力比 r_C 下的值 $$\left(\frac{P}{q_V}\right)_{corr,C}=\left(\frac{P}{q_V}\right)K_9 \quad (22)$$
	不确定度和制造公差	不确定度和制造公差参见 GB/T 3853—2017 附录 G. 6
	特别信息	①关联的设计误差　对某个保证点,如果容积流量或压力比在设计上有偏差,则其他所有保证点也应以相同的比率做类似的改变 ②关联的保证点　偏离规定值的百分偏差 Δ^*,可由绝对偏差 Δ 按式(23)计算而得 $$\Delta_{av}^*=\frac{\sum^n \Delta_i C_i}{\sum^n C_i} \quad (23)$$ 这样产生了加权平均偏差,相应的 C_i 值是赋予保证点(计权)的估算系数。如果在供货合同中未对这些系数予以确认,则它们取 1 注:由于供货方并不负责运行工况,所以不是所有的运行点都要检查。在这种情况下,则认为各相应保证点均已达到

续表

试验报告	验收试验完成后,应起草一份试验报告,以记载所有涉及试验程序和试验结果的必要信息。该报告应包含以下内容: ①试验日期和地点,试验监督者及参与者姓名 ②技术参数如下: a. 压缩机　压缩机的所有者、安装位置和用途、制造厂名;型式和系列编号;制造年份;一份简短的技术说明,其中给出了运行数据、辅助设备及其驱动装置、任何其他专用部件(冷却和润滑系统等)的说明 b. 驱动设备　通用的项目与压缩机相同,但还有些特殊的用来确定规定性能的基本参数 ③根据合同确定的规定工况和范围 ④试验程序和试验布置示意图,示意图应指明测点的位置、所用仪器的型式以及它们的校验记录 ⑤一份试验运行记录,同时包括重要读数的平均值及采集时间。如果可能,应有最大和最小读数记录、记录表副本、自动记录仪输出数据的副本以及气体分析报告副本等 ⑥试验中出现的计划外的偶发事件的说明 ⑦所用的试验结果计算公式,同时适当地考虑平均不确定度的分布,因为它们会影响最终结果 ⑧根据图表(见第8章)将试验结果转换到规定工况的所用方法的陈述,一份清楚的参考流程选择说明 ⑨实际性能值与规定值或数据的比较,并说明是否已满足了标准或合同规定值

2.2　中、高压往复活塞空气压缩机的试验方法(摘自 JB/T 10683—2020)

在 JB/T 10683—2020《中、高压往复活塞空气压缩机》中规定了中、高压往复活塞空气压缩机(以下简称空压机)的术语和定义、型号、基本参数、要求、试验方法、检验规则及标志、包装和贮存,适用于电动机驱动的额定功率为 1.1~630kW、额定排气压力为 1.6~45MPa 的空压机,也适用于出厂时不带驱动电动机的、额定排气压力为 1.6~45MPa 的空压机;相当功率为 1.1~630kW 的内燃机驱动的或额定功率大于 630kW 电动机驱动的、额定排气为 1.6~45MPa 的空压机,可参照执行。本标准不适用于车载、舰船、吹瓶机等专门用途的空压机。

表 21-7-3

试验方法	①空压机的性能试验应按 GB/T 3853 的规定,容积流量的测定应按 GB/T 15487 的规定 ②空压机的噪声声功率级的测定应按 GB/T 4980 的规定 ③空压机的振动烈度的测定应按 GB/T 7777 的规定 ④安全阀的检验应按 GB/T 12241 或 JB/T 6441 的规定 ⑤空压机的清洁度测定方法:将空压机解体,在清洗剂中用刷子清洗气缸盖、气缸、气缸座、气阀、填料、活塞、连杆、曲轴、曲轴箱等零部件(不包括外露表面),污物经 GB/T 5330—2003 规定的网孔基本尺寸为 0.08mm 的筛网过滤后,在 80℃时经 1h 烘干,用准确度 1 级的天平称重,称得的重量即为空压机的清洁度值 ⑥空压机的油漆涂覆表面、外露紧固件的防锈处理和操作件的装饰处理可通过目测检查

2.3　气动真空发生器的试验方法(摘自 JB/T 14002—2020)

在 JB/T 14002—2020《气动真空发生器》中规定了气动真空发生器的型号编制和命名方法、技术要求、试验方法、检验规则、标志、包装、运输、贮存等,适用于以压缩空气为工作介质的真空发生器,其根据喷管种类可分为压力型真空发生器和流量型真空发生器。

表 21-7-4

试验装置	试验回路	真空发生器应按 JB/T 14002—2020 附录 B,即以下所示的试验回路进行测试: ①最大真空度、最大真空流量和耗气量测试按图 a 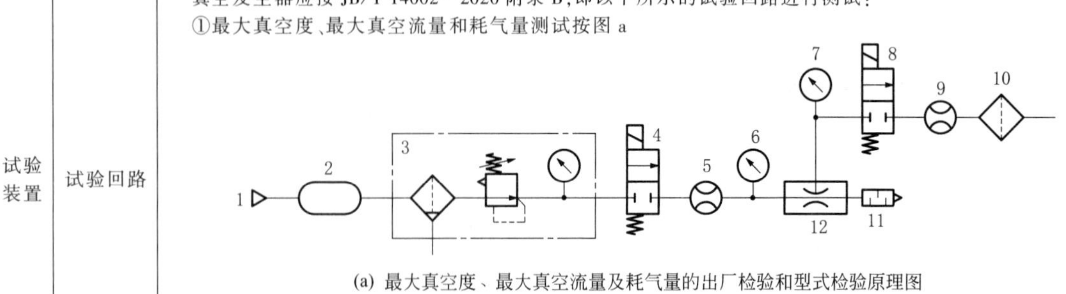 (a) 最大真空度、最大真空流量及耗气量的出厂检验和型式检验原理图 1—气源;2—储气罐;3—两联件;4,8—二位二通电磁阀;5,9—流量计;6—正压表;7—负压表;10—真空过滤器;11—消声器;12—被测真空发生器

续表

试验装置

试验回路

②真空流量-真空度变化特性测试按图 b

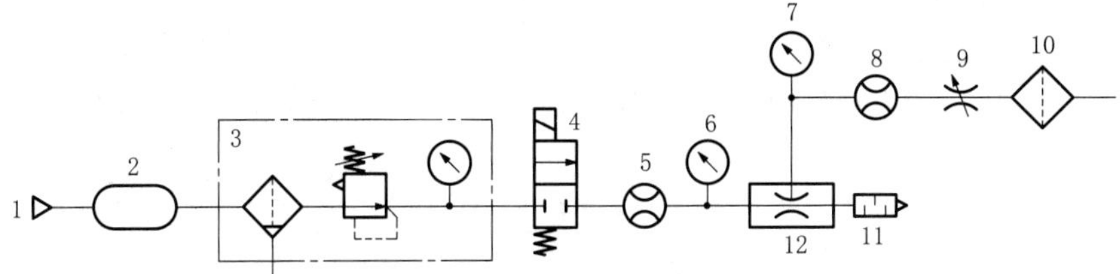

(b) 真空流量-真空度变化特性的型式检验原理图

1—气源；2—储气罐；3—两联件；4—二位二通电磁阀；5，8—流量计；6—正压表；7—负压表；9—节流阀；10—真空过滤器；11—消声器；12—被测真空发生器

③抽气时间测试按图 c

(c) 抽气时间出厂检验和型式检验原理图

1—气源；2，8—储气罐；3—两联件；4，7—二位二通电磁阀；5—正压表；6—负压表；9—数字式真空压力开关；10—计时器；11—消声器；12—被测真空发生器

④耐久性测试按图 d

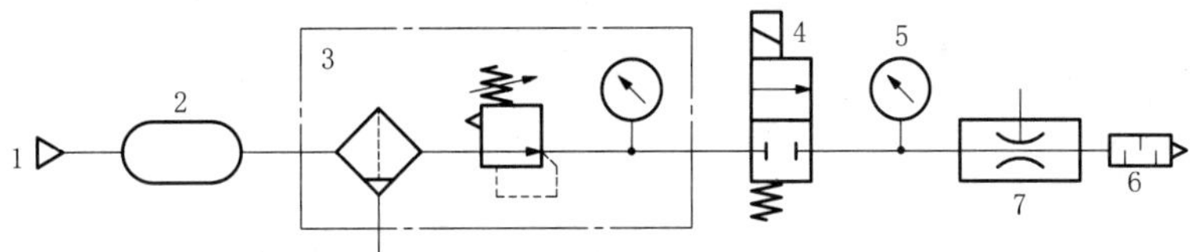

(d) 耐久性型式检验回路原理图

1—气源；2—储气罐；3—两联件；4—二位二通电磁阀；5—正压表；6—消声器；7—被测真空发生器

⑤噪声值测试按图 d

试验仪器

最大真空流量测试时，应按表 1 规定的最大真空流量测试范围选择量程合适的流量计和管路口径

表 1　最大真空流量测试范围、流量计量程和真空口配管口径

最大真空流量测试范围/L·min^{-1}	流量计量程/L·min^{-1}	真空口配管口径(内径)/mm
0~25	0~50	≥ϕ5
26~50	5~100	≥ϕ6
51~200	5~500	≥ϕ8
201~500	5~1000	≥ϕ12

续表

试验装置	测量点的位置	①测量额定供气压力的压力表应设置在距被测真空发生器供气口 0.5m 处 ②测量最大真空度的负压表应设置在距被测真空发生器真空口 0.5m 处 ③测量耗气量的流量计应设置在距被测真空发生器供气口 0.5m 处 ④测量最大真空流量的流量计应设置在距被测真空发生器真空口 0.5m 处
试验装置	试验安全防护	试验台的设计、制造以及试验过程应采取保护人员和设备安全的必要措施
试验条件	试验介质	试验介质应符合 JB/T 14002—2020 的 6.1.1 的要求，即："真空发生器的工作介质为压缩空气，并应符合 JB/T 5967 规定的 443（即固体粒子粒径不大于 15μm；压力露点不高于 3℃；最大含油量不大于 $1mg/m^3$）。"
试验条件	环境温度和湿度	型式检验环境温度为（20±3）℃，出厂检验环境温度为常温 型式检验环境相对湿度为 50%～70%，出厂检验环境相对湿度为日常环境相对湿度

试验条件 — 测量仪器和稳态条件：

①测量仪器　型式检验和出厂检验所用测量仪器的允许误差应符合表 2 的规定

表 2　测量仪器的允许误差

测量仪器参数	测量仪器的允许误差	
	型式检验	出厂检验
流量/%FS	±1	±2
压力/%FS	±0.5	±1
温度/℃	±1	±2

②稳态条件　被测参数平均示值在表 3 规定的范围内变化时，可记录参数测量值

表 3　温度、压力平均示值变化范围

被测参数	型式检验	出厂检验
温度/℃	±3	±5
压力/%FS	±1	±2.5

试验项目和试验方法 — 出厂检验：

出厂检验项目和试验方法应符合表 4 的规定

表 4　出厂检验项目和试验方法

序号	检验项目	试验方法	试验类型	备注
1	最大真空度	被测真空发生器供气口连接气源，真空口连接负压表，将供气压力用调压阀调整至额定供气压力，观察负压表读数变化，待读数达到最高值，并且表值可持续 3s 时间不变化时，确认读数即为最大真空度值。该操作重复 3 次，取 3 次平均值，并记录	必检	试验原理见图 a
2	最大真空流量	被测真空发生器供气口连接气源，真空口连接流量计（流量计的选择参见表 2），将供气压力用调压阀调整至额定供气压力，观察流量计读数变化，待读数达到最高值，并且表值可持续 3s 时间不变化时，确认读数即为最大真空流量。该操作重复 3 次，取 3 次平均值，并记录	必检	试验原理见图 a
3	耗气量	被测真空发生器供气口连接气源和流量计，将供气压力用调压阀调整至额定供气压力，观察流量计读数变化，待读数达到最高值，并且表值可持续 3 s 时间不变化时，确认读数即为耗气量。该操作重复 3 次，取 3 次平均值，并记录	必检	试验原理见图 a
4	抽气时间	被测真空发生器真空口连接容器罐（标准规格为 1L），且该容气罐安装有数字式真空压力开关，将数字式真空压力开关连接计时器。被测真空发生器供气口连接气源，将供气压力用调压阀调整至额定供气压力，调节数字式真空压力开关在指定真空度（最大真空度数值的 63.2%）下，开启气源，待负压表达到最大真空度，并且表值可持续 3s 时间不变化时，开启真空管路上的二位二通电磁阀，由计时器记录容气罐达到指定真空度所需的抽气时间，抽气时间以秒（s）为单位	必检	试验原理见图 c

续表

试验项目和试验方法	型式检验	型式检验项目和试验方法按表5的规定

表5 型式检验项目和试验方法

序号	检验项目	试验方法	试验类型	备注
1	真空度-供气压力变化特性	被测真空发生器供气口连接气源，真空口连接负压表，调整供气压力用调压阀，使供气压力由低压至试验压力(高于额定供气压力)变化，其间设定几个测量点(设定的测量点数应足以描出真空度-供气压力变化特性曲线)，同时观察负压表读数变化，待读数达到最高值，并且表值可持续3s时间不变化时，负压表上的读数即为最大真空度值。该操作重复3次，记录真空度-供气压力变化特性曲线(见JB/T 14002—2020图B.5)	必检	试验原理见图a
2	真空流量-供气压力变化特性	被测真空发生器供气口连接气源，真空口连接流量计(流量计的选择参见表2)，调整供气压力用调压阀，使供气压力由低压至试验压力(高于额定供气压力)变化，其间设定几个测量点(设定的测量点数应足以描出真空流量，供气压力变化特性曲线)，观察真空口流量计读数变化，待读数达到最高值，并且表值可持续3s时间不变化时，流量计上的读数即为最大真空流量。该操作重复3次，记录真空流量-供气压力变化特性曲线(见JB/T 14002—2020图B.6)	必检	试验原理见图a
3	耗气量-供气压力变化特性	被测真空发生器供气口连接气源和流量计，调整供气压力用调压阀，使供气压力由低压至试验压力(高于额定供气压力)变化，其间设定几个测量点(设定的测量点数应足以描出耗气量-供气压力变化特性曲线)，观察供气口流量计读数变化，待读数达到最高值，并且表值可持续3s时间不变化时，流量计上的此时读数即为耗气量。该操作重复3次，记录耗气量-供气压力变化特性曲线(见JB/T 14002—2020图B.7)	必检	试验原理见图a
4	真空流量-真空度变化特性	被测真空发生器供气口连接气源，真空口连接负压表和流量计，将供气压力用调压阀调整至被测真空发生器的额定供气压力下工作，先将节流阀完全关闭，待负压表读数达到最高值，并且表值可持续3s时间不变化时，再缓慢开启节流阀，分别记录在不同真空度下的真空流量值，设定几个测量点(设定的测量点数应足以描出真空流量-真空度变化特性曲线)，测量过程中的每个点的读数，需待表值稳定持续3s时间不变化后，才可作为有效数据，记录真空流量-真空度变化特性曲线(见JB/T 14002—2020图B.8)	必检	试验原理见图b
5	抽气时间-真空度变化特性	被测真空发生器真空口连接容器罐(标准规格为1L)，且该容气罐安装有数字式真空压力开关，将数字式真空压力开关连接计时器。设定数字式真空压力开关的真空测量点(设定的测量点数应足以描出真空流量-真空度变化特性曲线)。被测真空发生器供气口连接气源，将供气压力用调压阀调整至额定供气压力，真空发生器启动，使负压表表值达到最大真空度值，同时观察负压表读数，待表值稳定持续3s时间不变化时，再启动真空管路中的二位二通电磁阀，待计时器读数稳定后，记录计时器达到指定真空度所需的抽气时间，抽气时间以秒(s)为单位，记录抽气时间-真空度变化特性曲线(见JB/T 14002—2020图B.9)	必检	试验原理见图c
6	噪声	在标准实验室环境中，被测真空发生器在空载状态下，供气口连接气源，将供气压力用调压阀调整至额定供气压力，使被测真空发生器工作，用手持式噪声计，距离被测真空发生器0.5m半球面距离，测量半球面上5个点的噪声值(球顶部1个点，球水平外圆均布4个点)，取其平均值，并记录，噪声值以分贝[dB(A)]为单位	必检	试验原理见图d
7	耐久性	在额定供气压力及空载情况下，使被测真空发生器连续工作，其累计工作时间应不少于4000h，在试验完成后，再按JB/T 14002—2020的6.2.6的规定执行	必检	试验原理见图d

2.4 气动减压阀的试验方法

2.4.1 气动减压阀和过滤减压阀的主要特性的试验方法（摘自 GB/T 20081.2—2021）

在 GB/T 20081.2—2021/ISO 6953-2：2015，IDT《气动 减压阀和过滤减压阀 第 2 部分：评定商务文件中应包含的主要特性的试验方法》中规定了按 GB/T 20081.1 气动减压阀和过滤减压阀在商务文件中用包含的主要特性进行测试的测试项目、测试程序及测试结果的表述方法。该文件的目的是：

① 将测试程序和测试结果表述方法标准化，从而使不同减压阀和过滤减压阀之间的性能对比简单明了；

② 有助于在气动系统中对减压阀和过滤减压阀合理应用。

该文件规定的测试项目，是为了在不同气动减压阀和过滤减压阀之间进行对比，而并非针对每件制造的气动减压阀和过滤减压阀都进行生产型检验。电-气压力控制阀相关测试在 ISO 10094-2 中规定。测试流量的另一组动态测试方法在 ISO 6953-3 中规定，该方法采用等温气罐代替流量计，该方法仅适用于正向流量和溢流流量特性滞环曲线递减部分的测试。

表 21-7-5

<table>
<tr><td rowspan="5">测试
条件</td><td>气源</td><td>测试介质应采用压缩空气。如果使用其他工作介质，应在测试报告中注明</td></tr>
<tr><td>温度</td><td>在测试过程中，工作介质、设备和环境温度均应维持在 23℃±10℃范围内</td></tr>
<tr><td>压力</td><td>规定压力的波动应保持在±2%以内</td></tr>
<tr><td>进口压力</td><td>进口压力应为下列压力中的低值：①最大调节压力 $p_{2,\max}$+200kPa；②规定的最大进口压力 $p_{1,\max}$</td></tr>
<tr><td>测试压力
（调节压力）</td><td>优先选取最大调节压力 $p_{2,\max}$ 的 25%、40%、63%和 80%作为测试压力</td></tr>
<tr><td colspan="2">验证额定压力
的测试程序</td><td>①如果整个产品测试中只设定单一额定压力值时，则随机抽取 3 件样品进行此项测试；如果对进口和出口压力分别设定各自的额定值，则随机抽取 6 件样品进行此项测试。如果此产品使用膜片，则可改进或更换使之能承受试验压力（膜片不属本测试范畴，但膜片支承板或活塞均不能改进或更换）。还有其他的密封方式也可改进以防止泄漏，在测试过程中允许发生结构性破坏，但任何改进措施不应增加承压壳体的结构强度。对溢流减压阀，溢流口应堵住
②测试样品的准备工作。如果整个产品测试中只设定单一额定压力值时，则取出控制弹簧并用一坚固的衬套替代，其衬套长度能使阀芯处于半开位置，关闭进口，在出口实施全部测试。如果对减压阀的进口和出口压力分别设定额定压力值时，则减小其中 3 件样品的控制弹簧力，使阀芯关闭并保持出口开启的状态下，按进口的额定压力值，在进口实施测试。另外 3 件样品按上述方法进行测试准备
③试验应使用黏度不超过 ISO VG32 的液体（ISO 3448）或压缩空气，并维持上面“测试条件”的“温度”中给定的温度。当使用压缩气体时，应采取安全措施以防止爆炸
④当温度稳定后，缓慢地加压至额定压力的 1.5 倍，保压 2min，并按⑤中规定观察是否有泄漏或失效
a. 轻合金、黄铜和钢结构的产品，按上述规定继续升压，直至达到额定压力的 4 倍
b. 压铸锌合金或塑料结构的产品，设计工作温度不超过 50℃，按上述规定继续升压，直至达到额定压力的 4 倍；设计工作温度在 50~80℃，按上述规定继续升压，直至达到额定压力的 5 倍
⑤失效的判定准则是断裂、部件分离、外泄漏或达到有足够液体渗出承压壳体以至湿润外表面的程度。气口螺纹处因断裂或裂缝造成的泄漏视为失效，其余不视为失效
⑥如果 3 个样品全部通过测试项目，则认定额定压力得到验证
⑦当产品一个部件或其子部件（例如：储液杯的视窗玻璃）由不同材料构成时，适当提高压力施加倍数
⑧当市场要求承压壳体的设计遵守压力容器规定时，则该规定的要求优先于该文件</td></tr>
<tr><td>流量
特性
测试</td><td>试验安装</td><td>正向流量或溢流流量测试的测试回路，见图 a，测试回路包括：
①上游压力（管路）恒定情况下的测试回路，如 ISO 6358-1 描述的元件及上游和下游的测压管和转接头（用于正向流量的测试）
②上游压力（排大气）变化情况下的测试回路，如 ISO 6358-1 描述的回路（用于溢流流量的测试）</td></tr>
</table>

续表

<table>
<tr>
<td rowspan="3">流量特性测试</td>
<td>试验安装</td>
<td>
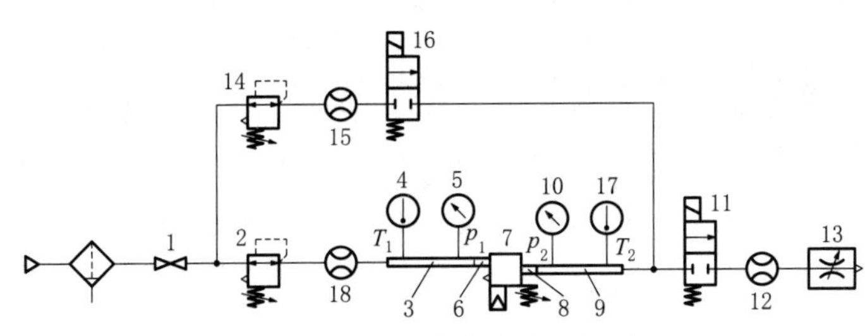

(a) 流量 - 压力特性测试回路
1—截止阀;2—气动减压阀;3,9—测压管;4—温度计;5,10—压力表或传感器;6,8—转接头;
7—被测元件;11,16—电磁阀;12,15,18—流量计;13—流量控制阀(用于正向流量);
14—气动减压阀(用于溢流流量);17—温度计(用于溢流流量)
注:只有测试不带排气减压阀正向流量时才可选择 18 位置安装流量计
</td>
</tr>
<tr>
<td>一般要求</td>
<td>
①被测元件 7 安装在测试回路中,进口连接转接头和测压管。出口连接转接头和测压管,以便测量调节压力 p_2。在溢流的测试回路中,压缩空气通过溢流口排向大气
②测压管 3 和 9,转接头 6 和 8 应符合 ISO 6358-1 的规定
③元件 1~6 是正向流量测试回路的上游部分,也用于溢流流量测试。被测元件的进口压力由气源提供
④元件 8~13 是正向流量测试回路的下游部分
⑤元件 8~10、14~17 是溢流流量测试回路的上游部分
⑥正向流量测试时,气动减压阀 2 和电磁阀 11 的声速流导至少是被测元件正向声速流导的 2 倍;溢流流量测试时,气动减压阀 14 和电磁阀 16 的声速流导至少是被测元件溢流声速流导的 2 倍
</td>
</tr>
<tr>
<td>测试程序</td>
<td>
①测试准备
a. 按图 a 测试回路安装被测元件,关闭截止阀 1,电磁阀 11、16 和流量控制阀 13
b. 开启截止阀 1,调节气动减压阀 2,按上面“测试条件”的“进口压力”的要求设定被测元件进口压力 p_1。在按②、③和④要求进行每次稳态测量时,进口压力应保持在上面“测试条件”的“压力”要求的范围内(通过气动减压阀 2 的恒定调节)
c. 增大被测元件的出口压力 p_2,达到最大调节压力的 25%
d. 先按②进行正向流量-压力测试,再按③进行溢流流量压力测试
②正向流量-压力测试
a. 开启电磁阀 11,然后缓慢开启流量控制阀 13,让被测元件通过比较低的流量
b. 流量稳定后,用流量计 12 测量流量,用压力表或传感器 10 测量出口压力 p_2,用温度计 4 测量进口温度 T_1
c. 递增流量继续测试,记录流量稳定后的测试条件和对应的数据,直至测试回路的最大流量。然后通过递减正向流量,直至为零(流量控制阀 13 关闭),测量得一组附加数据(流量、压力、温度)。在改变正向流量(递增与递减)过程中应保持进口压力 p_1 稳定并符合规定
③溢流流量-压力测试
a. 设定气动减压阀 14 与被测元件的出口压力值相同,处在②c 描述的最后没有流量的状态。关闭电磁阀 11,开启电磁阀 16,气动减压阀 14 的出口压力作用在被测元件的出口,压缩空气开始通过被测元件的溢流口流出(此时也可以无流出)
b. 调节气动减压阀 14 缓慢增加被测元件的出口压力,当溢流流量稳定时,用流量计 15 测量溢流流量,用压力表或传感器 10 测量出口压力 p_2,用温度计 17 测量出口温度 T_2
c. 递增溢流流量继续测试(用气动减压阀 14 增加被测元件的出口压力),记录溢流流量稳定后的测试条件和对应的数据,直至被测元件出口压力符合上面“测试条件”的“进口压力”的进口压力。然后逐步减小溢流流量,直至流量接近为零。在溢流流量变化(递增和递减)过程中,应保持进口压力 p_1 稳定并符合上面“测试条件”的“压力”规定
d. 在进行下一步测量前关闭电磁阀 16
④测试其他调节压力值的程序　重复②和③测试正向流量和溢流流量的程序,将调节压力值分别设定为最大调节压力的 40%、63%和 80%,设定压力时,应保证气动减压阀流量为零,并逐渐增大压力值,直到达到设定的调节压力值。如果需降低减压阀的调节压力值,则需先将出口压力降低至设定值以下,然后逐步增大压力至设定值
</td>
</tr>
</table>

续表

流量特性测试	计算	①流量-压力特性曲线 a. 调节压力 p_2 设定为满量程的25%。对于每一个正向流量值，按上面“测试程序”②的程序分别按递增和递减正向流量测试对应的调节压力，然后计算两个相应调节压力的平均值，绘制出调节压力平均值和对应正向流量的函数曲线，如图b第一象限所示 b. 调节压力 p_2 设定为满量程的25%。对于每一个溢流流量值，按上面“测试程序”③的程序分别按递增和递减溢流流量测试对应的调节压力，然后计算两个相应调节压力的平均值，绘制出调节压力平均值和对应溢流流量的函数曲线，如图b第二象限所示 c. 重复上述步骤，计算和绘制调节压力 p_2 设定为满量程的40%、63%、80%时的特性曲线 ②流量-压力滞环　对每一个正向流量值或溢流流量值，根据上面“测试程序”②和③描述的程序，分别以按递增和递减正向流量值或溢流流量测试调节压力值 p_2，然后计算两个相应调节压力的差值。确定最大差值 $\Delta p_{2h,max}$，并利用式(1)计算滞环特性值，以调节压力满量程的百分比表示 $H=\frac{\lvert \Delta p_{2,max} \rvert}{p_{2,max}}\times 100\%$　　(1) ③最大正向声速流导 a. 在图b中用作图法延长在①中所得到正向流量-压力特性曲线外伸线与横坐标轴(调节压力相对值为零)相交，此交点确定为最大正向流量 $q_{vf,max}$ b. 依据ISO 6358-1将此流量值除以进口压力计算最大正向声速流导值 $C_{f,max}$，见式(2) $C_{f,max}=\frac{q_{vf,max}}{p_1+p_{atm}}\sqrt{\frac{T_1}{T_0}}$　　(2) 注：依据ISO 6358-1，考虑到试验上游温度 T_1 对参考温度 T_0 的偏移，此平方根是必要的 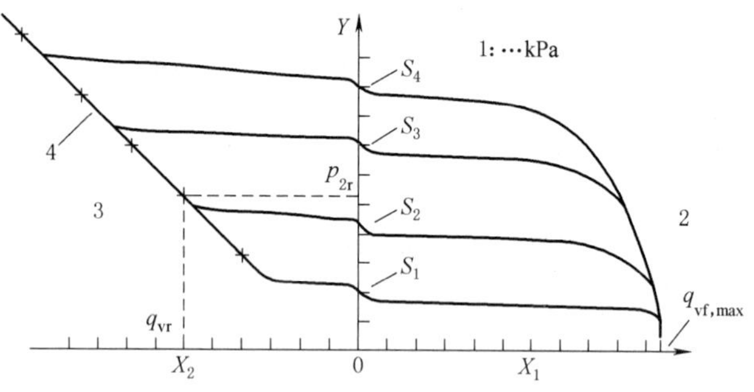 (b) 流量-压力特性曲线 X_1—流量，dm³/min(ANR)；X_2—溢流流量，dm³/min(ANR)；Y—调节压力，p_2，kPa； 1—进口压力，p_1，kPa；2—第一象限；3—第二象限；4—渐近线；S_1，S_2，S_3，S_4—设定的调节压力 ④最大溢流声速流导 a. 在按①b规定测得的溢流流量压力特性曲线的渐近曲线上选5点，如图b所示，即测得每一点对应的溢流流量值 q_{vr} 和调节压力值 p_{2r} b. 依据ISO 6358-1(在本例中为上游压力)，把此流量值除以调节压力，对于这些点逐一计算相应的溢流声速流导 C_r，见式(3) $C_r=\frac{q_{vr}}{p_{2r}+p_{atm}}=\sqrt{\frac{T_2}{T_0}}$　　(3) 注：依据ISO 6358-1，考虑到试验上游温度 T_2 对参考温度 T_0 的偏移，此平方根是必要的 c. 这5个点的平均值定为最大溢流声速流导
压力调节测试	测试回路	图a给出的正向流量测试的测试回路适用于压力调节测试，上面“一般要求”①～④规定的流量测试回路的一般要求同样适用本测试
	测试程序	①按图a测试回路安装被测元件，关闭截止阀1，电磁阀11、16和流量控制阀13 ②开启截止阀1，调节气动减压阀2，按上面“测试条件”的“进口压力”的要求设定被测元件进口压力 p_1 ③逐渐增加被测元件的调节压力 p_2，达到最大可调压力的25% ④开启电磁阀11，然后缓慢打开流量控制阀设定流量 $q_v=2\%q_{vf,max}$(见上面③“最大正向声速流导”a定义)，重新调节进口压力 p_1，再次达到最初按②设定的值

续表

压力调节测试	测试程序	⑤调节气动减压阀 2,逐步降低被测元件的进口压力 p_1,当条件稳定后,用压力表或传感器 10 记录相应的调节压力 p_2。测试过程中要保持流量不变,继续逐步降低进口压力测试,直至保持该流量(要保持该流量不变)的最低进口压力为止 ⑥保持相同的流量,调整被测元件的进口压力,调节气动减压阀 2 逐步地增加被测元件的进口压力 p_1,当条件稳定后,记录相应的调节压力 p_2,测试过程中要保持流量不变。继续逐步增加进口压力测试,直至进口压力 p_1 达到④的规定为止 ⑦流量设定为 $q_1=10\% q_{\mathrm{vf,max}}$,重复④~⑥的测试步骤
带排气功能的先导式减压阀在正向流量或溢流流量为零时的最大耗气量	测试回路	测试回路见图 c 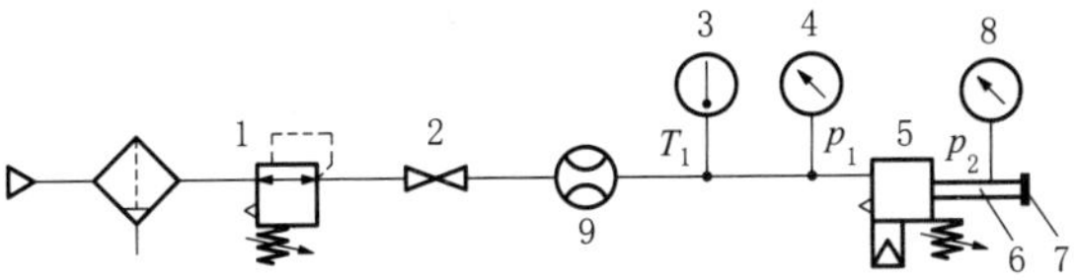 (c) 典型的耗气量测试回路 1—气动减压阀;2—截止阀;3—温度计;4,8—压力表或传感器;5—被测元件;6—带测压口的接头;7—堵头;9—流量计
	测试程序	根据上面"测试条件"选取进口压力 p_1,测量最小调节压力和最大调节压力下的耗气量
	计算	对于调节压力的每一个值,根据"测试程序"的程序递增和递减调节压力分别测得两个相应的耗气量,计算其平均值以确定其最大耗气量
特定测试程序	外部先导式减压阀的先导压力/调节压力特性测试	①测试回路　图 d 给出了在正向流量或溢流流量为零时的先导压力/调节压力特性的典型测试回路,进口压力应符合上面"测试条件"的"进口压力" 出口压力传感器是一个外部测量装置(即使被测元件自带内部压力传感器也需要安装)。接头 6 连接的传感器用来测量调节压力,接头应堵塞以保证零流量,管接头的长度应尽可能短,容积应尽可能小 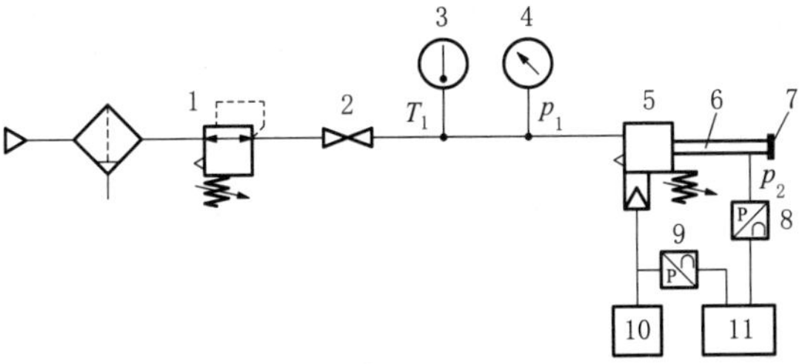 (d) 先导压力/调节压力特性的典型测试回路 1—气动减压阀;2—截止阀;3—温度计;4—压力表或传感器;5—被试元件;6—带测压口的接头;7—堵头;8—传感器;9—先导压力传感器;10—外部先导式减压阀;11—X-Y 记录仪 ②测试程序　从零开始逐步(每次增加最大调节压力值的 5%,稳定后再继续)增加先导控制压力,直至最大调节压力值。把先导控制压力值记录在 X 轴,把相应的被测元件的调节压力值记录在 Y 轴。然后同样逐渐降低先导控制压力至零,记录相应的压力值 ③计算 a. 压力控制特性　按②的规定,分别递增和递减先导控制压力,计算每一个先导压力所测得两个相应调节压力的平均值。将平均调节压力作为先导控制压力的函数绘制成曲线,见图 e。先导控制压力特性线是在曲线上选取调节压力为满量程 5%和 95%的两点连成的一直线,见图 e。延长直线与横坐标(此时调节压力 p_2 等于 0kPa)的相交点即为偏移值,见图 e。图中应注明直线的斜率和偏移值,见图 e

续表

<table>
<tr><td rowspan="2">特定测试程序</td><td>外部先导式减压阀的先导压力/调节压力特性测试</td><td>

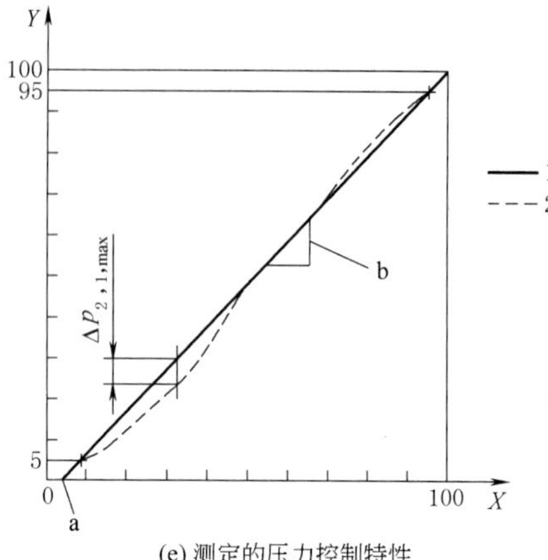

(e) 测定的压力控制特性

X—先导控制压力，用最大允许压力的百分比表示；Y—调节压力 p_2，用最大压力百分表示；1—先导控制压力特性线；2—平均压力曲线；a—偏移；b—斜率

b. 线性度　对应于调节压力满量程5%和95%范围内的每个先导控制压力值，计算按③“计算”a所得的平均调节压力与标绘出的先导控制压力特性直线之间的差值，以绝对值表示

按图e确定最大偏差 $\Delta p_{2,1,\max}$ 并用式(4)计算线性度 L，以调节压力满量程的百分比表示：

$$L=\frac{\left|\Delta p_{2,1,\max}\right|}{p_{2,\max}}\times 100\% \quad (4)$$

c. 先导控制压力/调节压力滞环　对应于调节压力满量程5%和95%范围之间的每个先导控制压力值，按②的程序分别用递增和递减先导控制压力计算所得的调节压力之间的差值，以绝对值计

按图f确定最大偏差 $\Delta p_{2,h,\max}$，按照式(5)估算此差值占调节压力满量程的百分比，计算滞环特性 H：

$$H=\frac{\left|\Delta p_{2,h,\max}\right|}{p_{2,\max}}\times 100\% \quad (5)$$

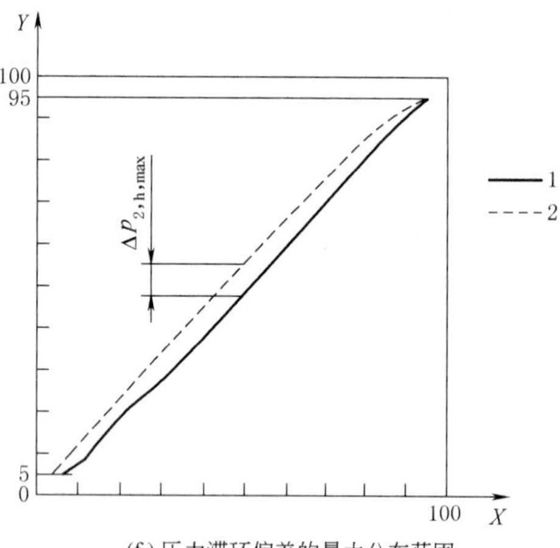

(f) 压力滞环偏差的最大分布范围

X—先导控制压力，用最大允许压力的百分比表示；Y—调节压力 p_2，用最大压力百分表示；1—按增加先导控制压力测量的调节压力值；2—按降低先导压力测量的调节压力值

</td></tr>
<tr><td>带排气功能的先导式减压阀分辨率测试</td><td>

①通则　分辨率 S 是带调节手轮的先导式减压阀的手轮在正、反旋转的两个位置能引起调节压力变化的最小的差值，或是先导控制压力变动能引起调节压力变化的最小的差值

分辨率测试按②和③规定执行，分辨率以占调节压力满量程的百分比表示，按④计算

②测试回路　测试回路见图d

③测试程序

a. 从完全释放调节手轮的压力或最小的先导控制压力(0%)开始，逐渐调节手轮增加压力或先导阀压力，直至调节压力满量程的15%

</td></tr>
</table>

续表

特定测试程序	带排气功能的先导式减压阀分辨率测试	b. 维持该状态超过10s。记录该调节压力值 p_{2stop} c. 重新继续调节手轮增加压力或先导阀压力，当调节压力重新开始增加时立即停止，记录增加后的调节压力 p_{2start}，如图 g 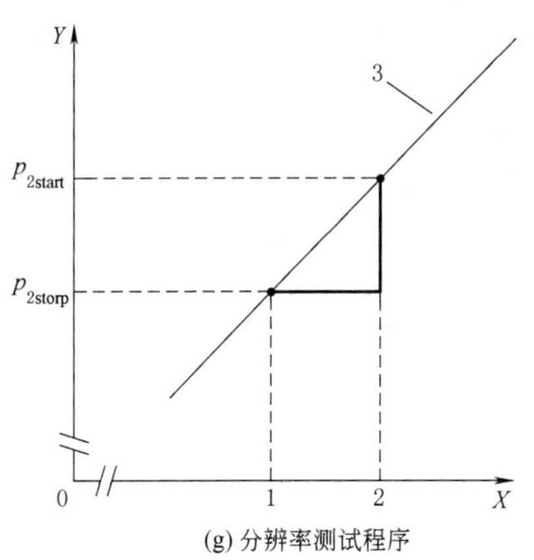 (g) 分辨率测试程序 X—手轮旋转调节或先导控制压力调节(kPa)；Y—调节压力(kPa)；1—状态1：增加开始；2—状态2：增加停止；3—理想压力曲线 注：对手轮调节减压阀，分辨率是指手轮旋转调节能得到的最小调节压力变化值 d. 重复③“测试程序”b 和 c 描述的操作，逐渐调节手柄增加压力或先导阀压力，直至被测元件出口压力达到最大调节压力的50%和85% ④特性计算 a. 根据③“测试程序”按最大调节压力的15%、50%和85%做的三个分辨率测试，用式(6)计算相应的分辨率 S，以占最大调节压力的百分比表示 $S=\frac{p_{2start}-p_{2stop}}{p_{2max}}\times 100\%$　　(6) b. 选取按 a 计算的三个分辨率值中的最大值，作为被测元件的分辨率
	重复性测试	①通则　重复性 r 为在给定的压力条件下调节压力的最大离散度。测试应按③测试方法 a 和 b 充气方法完成，与排气试验的比较见 GB/T 20081.2—2021 附录 A。重复性以占调节压力满量程的百分比表示，按④计算 ②测试回路　测试回路见图 h。换向阀6的声速流导应比被测元件的声速流导大，气罐的测试容积 V 用单位 m^3 表示，用式(7)计算 $V=1.0\times 10^{4}C$　　(7) 式中　C——被测元件的正向声速流导，$m^3/(s\cdot Pa)$(ANR) 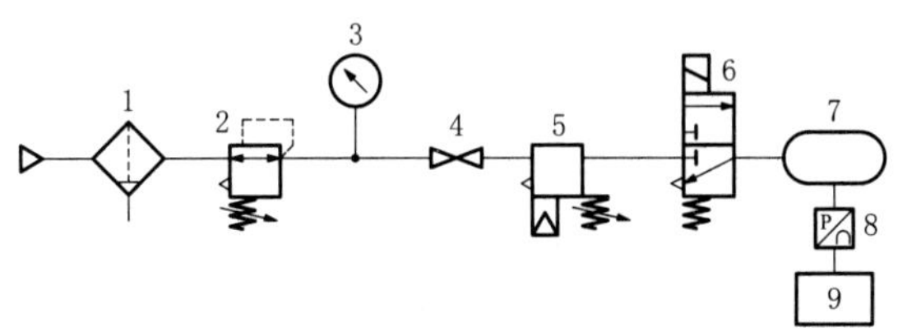 (h) 典型的重复性充气测试回路 1—过滤器；2—气动减压阀；3—压力表或传感器；4—截止阀；5—被测元件；6—换向阀；7—气罐；8—传感器；9—时间-压力记录仪

续表

<table>
<tr><td rowspan="1">特定测试程序</td><td>重复性测试</td><td>③测试方法
a. 通用要求　将被测元件设定为一个固定压力值,出口对气罐进行充气直到气罐压力达到被测元件的设定压力,反复对气罐进行充气和放气以评估调节压力的偏离量
b. 测试准备　用气动减压阀2设定被测元件5的进口压力,进口压力应符合上面“测试条件”的“进口压力”的规定。把被测元件的调节压力 p_1 设定在50%的最大调节压力 p_{zmax},开启换向阀6向气罐7充气,稳定后的压力是设定压力 p_2,关闭换向阀气罐压力完全释放
c. 测试　开启换向阀,观察气罐充气升压过程,并且在一个固定的稳定时间(p_2 达到90%的额定压力后稳定5s)后记录测量值,然后关闭换向阀完全释放气罐压力。重复测试23次,并且记录每次稳定后的额定压力
④计算重复性　使用稳定后的调节压力值 p_{2j},从数据4~23(舍弃前三个数据)中选取最大和最小值用式(8)计算重复性 r,以调节压力满量程的百分比表示
$$r=\frac{p_{zj,\max}-p_{gj,\min}}{p_{2,\max}}\times 100\% \tag{8}$$</td></tr>
<tr><td rowspan="5">测试结果的表达</td><td>流量-压力特性</td><td>依据上面“流量特性测试”确定的流量-压力特性应表述如下:
①符合GB/T 20081.1—2021中图2格式的数据图表
②依据上面②“流量-压力滞环”得到的压力滞环值
③依据式(2)得到的最大正向声速流导值
④依据④“最大溢流声速流导”得到的最大溢流声速流导值</td></tr>
<tr><td>压力调节特性</td><td>符合GB/T 20081.1—2021中图3格式的数据图表</td></tr>
<tr><td>带排气功能的先导式减压阀的最大耗气量</td><td>依据上面“带排气功能的先导式减压阀在正向流量或溢流流量为零时的最大耗气量”的“测试程序”得到的最大耗气量值</td></tr>
<tr><td>带排气功能的先导式减压阀附加特性</td><td>依据上面“外部先导式减压阀的先导压力/调节压力特性测试”确定的特性应表述如下:
①符合GB/T 20081.1—2021中图4格式的数据图表
②依据式(4)得到的线性度值
③依据式(5)得到的压力滞环值</td></tr>
<tr><td>可选数据</td><td>依据式(6)得到的分辨率值,依据式(8)得到的重复性值</td></tr>
</table>

2.4.2　气动减压阀的试验方法（摘自 JB/T 12550—2015）

在JB/T 12550—2015《气动减压阀》中规定了气动减压阀的术语和定义、规格、技术要求、试验方法、检验规则、标识、包装、贮存和标注说明，适用于轻合金（铝等）、压铸锌合金、黄铜、钢和塑料等结构材料制造的气动减压阀。其额定输入压力不超过2.5MPa且输出调节压力不超过1.6MPa，工作温度范围-5~80℃。

表 21-7-6

	项目	内容
试验条件	试验介质	经过滤、除水、除油的干燥压缩空气，对于应用了一般机械的气动减压阀应达到 JB/T 5967—2007 规定的空气质量等级为 434 的要求（即固体粒子尺寸不大于 15μm；压力露点小于或等于-20℃；总含油量不大于 5mg/m^3）；对于应用于精密机械、晶片制造等对空气质量等级要求高的气动减压阀，应根据 JB/T 5967—2007 中表 4 和表 5 的规定选择
	温度	对所有的测试项目，工作介质、设备和周围环境温度均应保持在 25℃±10℃范围内
	相对湿度	周围环境相对湿度不大于 90%
	试验压力	见下文①、②
	测量仪器和稳定条件	见下文①、②

试验条件 — 试验压力

①试验输入压力　试验输入压力按表 1 的规定

表 1　试验输入压力

试验项目		试验输入压力
密封性	内泄漏	额定压力和最低工作压力
	外泄漏	额定压力
耐压性		1.5 倍额定压力
流量特性		额定压力
压力调节特性		可调压范围的上限或 800kPa
溢流特性		额定压力
可调节压力范围		最高输入压力
耐久性		额定压力

②试验输出压力　试验输出压力按表 2 的规定

表 2　试验输出压力　　MPa

试验项目		额定压力						
		630		1000			1600	
		试验输出压力						
密封性	内泄漏	0						
	外泄漏	最大输出压力						
耐压性		最大输出压力						
流量特性		250	400	250	400	630	630	1000
压力调节特性		250	400	250	400	630	6300	1000
溢流特性		250	400	250	400	630	630	1000
耐久性		400		630			1000	

试验条件 — 测量仪器和稳定条件

①测量仪器　型式检验和出厂检验所用的测量仪器的最大允许误差应符合表 3 的规定

表 3　测量仪器的最大允许误差

参数	型式检验	出厂检验
压力/%	±0.5	±2.0
流量/%	±1.5	±2.5
试验介质温度/℃	±1	±2

②稳态条件　每组测量值只有当受控参数在表 4 规定的允许变化范围内时，方可记录数据。试验过程中应保持基本恒温状态条件，工况变化足够缓慢以避免出现漂移现象

表 4　在规定的试验条件下受控参数的允许变化范围

参数	型式检验	出厂检验
压力/%	±2	±4
流量/%	±3	±5
试验介质温度/℃	±2	±4
环境温度	±3	±3

续表

性能试验	验证额定压力的测试程序	①气动减压阀的验证额定压力按表2的规定。测试时输出口堵塞 ②若产品只设定单一额定压力,则对3件样品进行此项测试。调节样品使阀处于半开位置,封堵压力表接口和输出口,对输出额定压力实施全部测试 ③如果对输入和输出部分分别设定额定压力,应对6件样品进行测试。松开3件样品的调节弹簧,在输入口按输出额定压力值实施测试,测试时允许阀芯关闭并保持输出口开启。另外3件样品按输出口的额定压力测试 ④如果产品使用膜片,可以改进或更换膜片使之承受试验压力(膜片支承板或任何活塞不可改进和更换)。还可以改进密封手段以防止泄漏,且允许密封件发生结构性破坏。但任何改进措施不得增加承压容器的结构强度 ⑤用GB/T 3141—1994规定的ISO黏度等级为32的液体注满样品,并保持本标准中6.1.2(见上面"温度")规定的温度 ⑥在温度稳定后,缓慢加压至设定额定压力的1.5倍,保压2min,按⑦中注1的规定观察泄漏和破坏 ⑦如果未出现泄漏和破坏,再增加其设定额定压力的50%,保压2min,按注1的规定观察泄漏和破坏 a. 轻合金、黄铜和钢结构的产品:按上述规定继续升压,直至测试压力为设定额定压力的4倍 b. 压铸锌合金或塑料结构的产品:工作温度不超过50℃,按上述规定继续升压,直至测试压力为设定额定压力的4倍;工作温度在50~80℃范围内,按上述规定继续升压,直至测试压力为设定额定压力的5倍 注:1. 破坏的标准包括断裂、部件分离或达到有足够液体渗出压力容器以至湿润外表面的情况。气口螺纹的泄漏并不构成破坏,除非因断裂或裂缝造成泄漏 2. 当元件或元件中的部件由不同的材料制造时,其验证宜适当提高压力倍数。适用的压力可能受限于不同材料之间的界面区域 ⑧若3件样品全部通过各自的测试项目,则设定的额定压力得到验证
	密封性试验	①内泄漏试验　压力表接口堵塞,输出压力调至最小,输入压力按上面"试验条件"②"试验输出压力"的规定,分别通入额定压力和最低工作压力的气体,保压30s,用涂肥皂水或者其他方法检查 ②外泄漏试验　输入压力按上面"试验条件"①"试验输入压力"的规定,输出压力调至最大,出口管路关闭,保压30s,用涂肥皂水或其他方法检查
	耐压性试验	输入压力按上面"试验条件"①"试验输入压力"的规定,输出压力调至最大,输出口关闭,保压1min后检查
	流量-压力特性	输入压力为额定压力,试验输出压力按表2的规定,关闭旁通二位二通阀15使流量为零,试验过程中应维持输入压力恒定。调节被测减压阀输出压力至最小值,逐渐增大(非减小)至表4规定的压力组点的最低点。调节流量控制阀,逐点记录其流量和相对应的输出压力值,直至测试回路中达到最大流量,然后减小流量,记录数据直至回复到零流量,在低流量区域数据应相对密集,并测出流量升高段压力降达到50kPa时的流量值。测试开始和结束时记录输入口温度,其他输出压力重复以上程序,应保证压力是在无流量且逐步增加的状况下达到设定值的 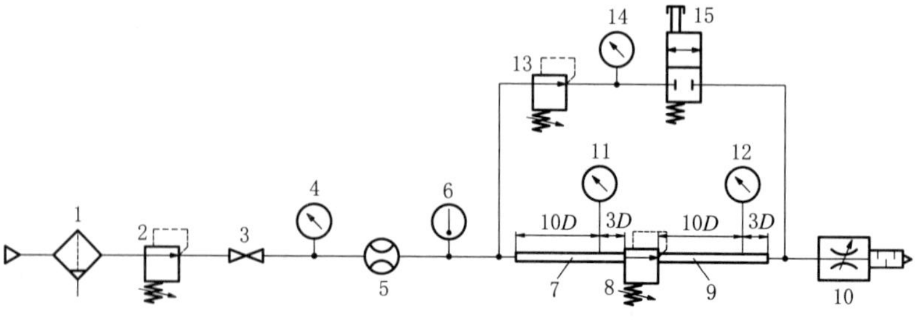 [图:1 2 3 4 5 6 7 8 9 10 11 12 13 14 15 10D 3D 10D 3D] (a) 流量-压力特性、溢流-压力特性、可调节压力范围测试回路 1—气源和过滤器;2—减压阀;3—截止阀;4,11,12,14—压力表;5—流量计;6—温度计;7,9—压力测量管;8—被试气动减压阀;10—流量控制阀;13—控制减压阀(非溢流);15—旁通二位二通阀

续表

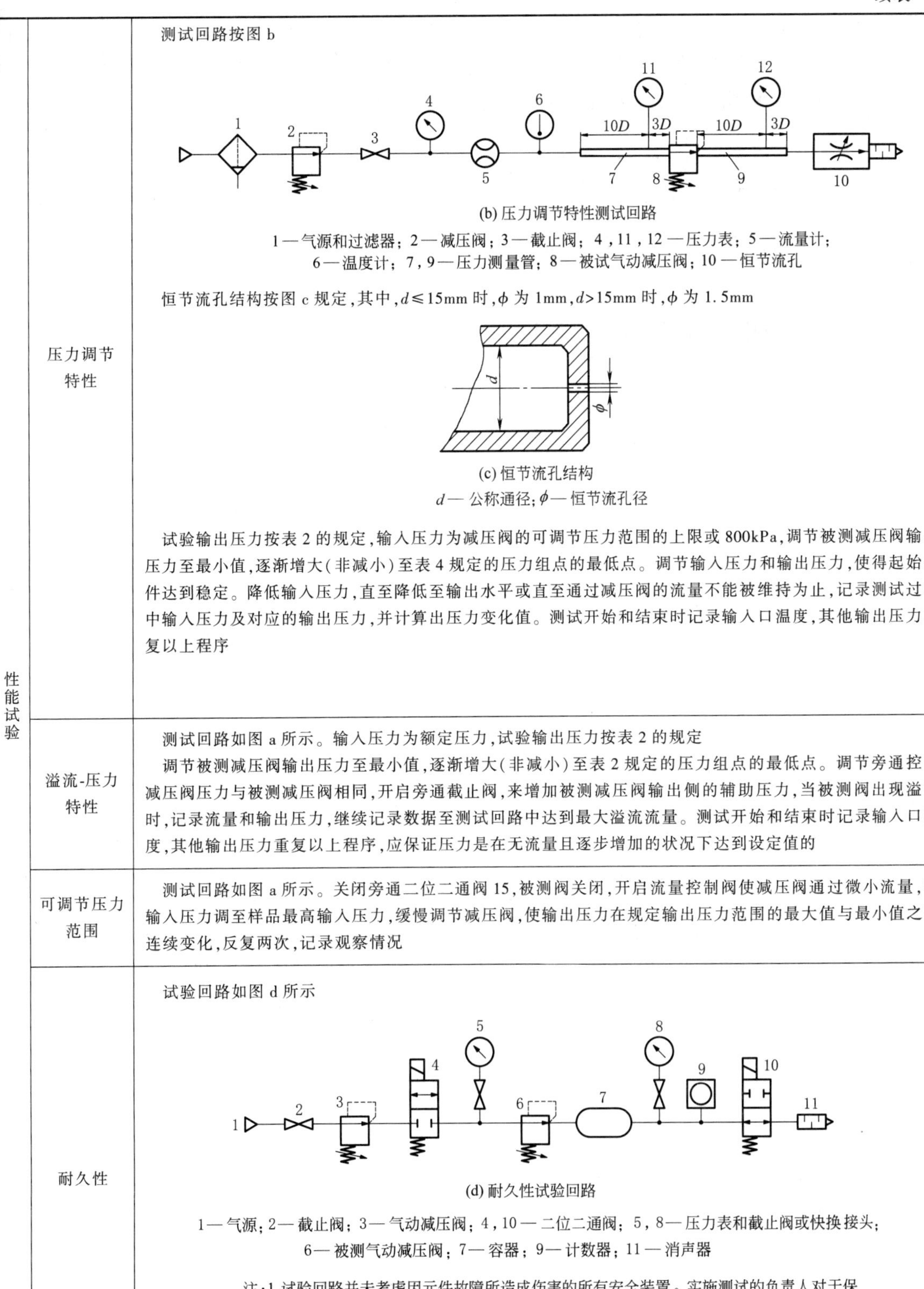

性能试验	压力调节特性	测试回路按图 b (b) 压力调节特性测试回路 1—气源和过滤器；2—减压阀；3—截止阀；4，11，12—压力表；5—流量计；6—温度计；7，9—压力测量管；8—被试气动减压阀；10—恒节流孔 恒节流孔结构按图 c 规定，其中，$d \leqslant 15$mm 时，ϕ 为 1mm，$d > 15$mm 时，ϕ 为 1.5mm (c) 恒节流孔结构 d— 公称通径；ϕ— 恒节流孔径 试验输出压力按表 2 的规定，输入压力为减压阀的可调节压力范围的上限或 800kPa，调节被测减压阀输出压力至最小值，逐渐增大（非减小）至表 4 规定的压力组点的最低点。调节输入压力和输出压力，使得起始条件达到稳定。降低输入压力，直至降低至输出水平或直至通过减压阀的流量不能被维持为止，记录测试过程中输入压力及对应的输出压力，并计算出压力变化值。测试开始和结束时记录输入口温度，其他输出压力重复以上程序
	溢流-压力特性	测试回路如图 a 所示。输入压力为额定压力，试验输出压力按表 2 的规定 调节被测减压阀输出压力至最小值，逐渐增大（非减小）至表 2 规定的压力组点的最低点。调节旁通控制减压阀压力与被测减压阀相同，开启旁通截止阀，来增加被测减压阀输出侧的辅助压力，当被测阀出现溢流时，记录流量和输出压力，继续记录数据至测试回路中达到最大溢流流量。测试开始和结束时记录输入口温度，其他输出压力重复以上程序，应保证压力是在无流量且逐步增加的状况下达到设定值的
	可调节压力范围	测试回路如图 a 所示。关闭旁通二位二通阀 15，被测阀关闭，开启流量控制阀使减压阀通过微小流量，将输入压力调至样品最高输入压力，缓慢调节减压阀，使输出压力在规定输出压力范围的最大值与最小值之间连续变化，反复两次，记录观察情况
	耐久性	试验回路如图 d 所示 (d) 耐久性试验回路 1—气源；2—截止阀；3—气动减压阀；4，10—二位二通阀；5，8—压力表和截止阀或快换接头；6—被测气动减压阀；7—容器；9—计数器；11—消声器 注：1. 试验回路并未考虑因元件故障所造成伤害的所有安全装置。实施测试的负责人对于保护人员和设备的安全给予充分考虑是非常重要的 2. 测试进行中，容器可能会变热，有必要采取措施保护试验人员安全

续表

<table>
<tr><td rowspan="1">性能试验</td><td>耐久性</td><td>输入压力按上面“试验条件”①“试验输入压力”的规定，输出压力按表 2 的规定，二通阀 4 和 10 工作频率为 1Hz，同步反向开关，在耐久测试过程中及测试结束后，均应符合 JB/T 12550—2015 的 5.2.2 和 5.2.7 的规定
被测减压阀出口端容器 7 的容积应不小于表 5 规定的最小容积

表 5　出口端容器的最小容积
<table>
<tr><td>气口尺寸</td><td>M5</td><td>G1/8</td><td>G1/4</td><td>G3/8</td><td>G1/2</td><td>G3/4</td><td>G1</td></tr>
<tr><td>出口端容器的最小容积/cm³</td><td>2</td><td>10</td><td>10</td><td>25</td><td>50</td><td>50</td><td>100</td></tr>
</table></td></tr>
<tr><td colspan="2">外观质量</td><td>采用目测法进行检验，应符合 JB/T 12550—2015 的 5.2.9 的要求</td></tr>
</table>

2.5　气动换向阀的试验方法（摘自 JB/T 6378—2008）

在 JB/T 6378—2008《气动换向阀技术条件》中规定了压力不大于 1.6MPa 气动换向阀的一般要求、性能要求、试验方法、检验规则和产品标识，适用于以压缩空气为工作介质的一般用途的气动换向阀，包括电磁控制、气压控制、机械控制和人力控制换向阀。

表 21-7-7

<table>
<tr><td rowspan="4">试验条件</td><td>介质</td><td>①试验压力　气动换向阀的试验压力应符合表 1 的规定

表 1　试验压力　　kPa
<table>
<tr><td rowspan="2">试验压力试验项目</td><td colspan="4">额定压力</td><td rowspan="2">允许波动/%</td></tr>
<tr><td>630</td><td>(800)</td><td>1000</td><td>1600</td></tr>
<tr><td>控制性能</td><td>400</td><td>500</td><td>600</td><td>1000</td><td rowspan="4">±4</td></tr>
<tr><td>换向动作</td><td colspan="3">500</td><td>800</td></tr>
<tr><td>内泄漏量</td><td rowspan="2">630</td><td rowspan="2">800</td><td rowspan="2">1000</td><td rowspan="2">1600</td></tr>
<tr><td>外泄漏</td></tr>
</table>
②其他要求　气动换向阀试验介质的其他要求与工作介质相同</td></tr>
<tr><td>温度</td><td>①环境温度
a. 型式检验：23℃±5℃
b. 出厂检验：按室温
②相对湿度　相对湿度 65%±5%</td></tr>
<tr><td>电源要求</td><td>试验仪器、仪表等使用的电源应按各仪器、仪表的说明书中的规定
①允差　试验用电源电压的允差、交流电源频率的允差范围为额定值的-5%～5%
②纹波系数　试验用直流电源的纹波系数应≤5%，试验仪器、仪表等使用的电源应按各仪器、仪表的说明书中的规定</td></tr>
<tr><td>试验装置</td><td>①测压点位置　试验装置中测压点位置应按图 a 规定

介质处理系统　≤1000　被测阀　压力传感器接头　压力传感器　≤1000　35　压力表接头

(a) 测压点位置

②压力表连接口　压力表连接口示意图见图 b</td></tr>
</table>

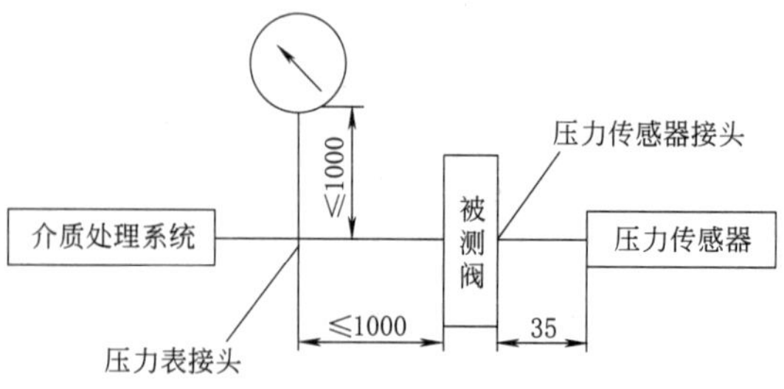

续表

试验条件

试验装置

压力取出口

不得有凸起和毛刺

ϕ_1

(b)压力表连接口示意图

③计量值的允差　除非另有规定，计量值的允差应按表2的规定

表2　计量值允差

计量名称	计量单位	允差	
		型式检验	出厂检验
压力	kPa	±2%	±3%
流量	dm^3/min	±4%	±6%
温度	℃	±2℃	±3℃
时间	s	±5	
电压	V		
电阻	Ω		
电流	mA	0~5%	

性能试验

控制性能

①工作电压　在被测电磁控制换向阀进口通入符合上面"介质"规定的工作介质，将电源电压分别调至JB/T 6378—2008的6.2.1.1规定的最小和最大工作电压，接通电路，若此时被测阀均能实现换向，则该阀符合要求

②电磁铁释放电压　将处于吸合状态下的电磁控制换向阀的电压连续递减，直至被测阀的电磁铁释放，该瞬时的电压即为电磁铁释放电压。电磁铁释放电压测定次数及取值应按表3的规定。取得的算术平均值应符合JB/T 6378—2008的6.2.1.2的规定

表3　电磁铁释放电压试验的测定次数及取值

电流种类	测定次数		取值方法	备注
	出厂检验	型式检验		
交流	≥2次		取算术平均值	对直流，出厂检验应每次改变极性，型式检验应每2次改变极性
直流	≥2次	≥6次		

③最低工作压力　将被测先导式电磁控制换向阀通电，使之处于工作状态；将被测阀的进口压力缓慢上升，直至阀实现换向，该阀换向瞬时的进口压力即为最低工作压力，至少测试三次，取算术平均值，该值应符合JB/T 6378—2008的6.2.1.3的要求

④最低控制压力　在被测气压控制换向阀进口通入符合JB/T 6378—2008的7.1.1规定的介质，使阀控制口的压力缓慢上升，直至阀实现换向，该阀换向瞬时的控制口压力即为最低控制压力，至少测试三次，取平均值，该值应符合JB/T 6378—2008的6.2.2的要求

⑤最小操纵力(或力矩)　在被测人力、机械控制换向阀的进口通入符合上面"介质"规定的介质，然后在阀的控制端加一与阀芯运动方向相同的力(或力矩)，逐渐加大，直至被测阀实现换向，该阀换向瞬时状态下所受之力(或力矩)即为最小操纵力(或力矩)，至少测试三次，取平均值

换向动作

在被测阀进口通入符合上面"介质"规定的介质，据其控制方式给予JB/T 6378—2008的6.2中相应条款规定的额定换向条件，使被测阀换向；被测阀换向连续反复换向五次，观察判别其换向动作是否正常，若其动作符合JB/T 6378—2008的6.3的要求，则可认为换向动作正常

密封性

①内泄漏量　在被测阀进口通入符合上面"介质"规定的介质，然后在阀芯的各个位置上分别测出应与进口隔断的各出口的流量，这些流量即分别为各流道的内泄漏量，测得各流道泄漏量之和应符合表1的规定

②外泄漏量　将被测阀的出口堵死，从被测阀进口通入符合上面"介质"规定的介质，保压30s，用涂肥皂水或其他方法检查，应无外泄漏

续表

<table>
<tr>
<td rowspan="3">性能试验</td>
<td>电气性能</td>
<td>①工频耐压
a. 试验部位　气动电磁控制换向阀的工频耐压试验应在被测阀电磁铁线圈端子和外壳之间进行
b. 电源要求　工频耐压试验电压波形为正弦波，按 JB/T 6378—2008 的表 2 选取电压值，频率为 46～62Hz，当高压输出端短路时，电流应不小于 0.5A
c. 施压试验　型式试验为 1min，出厂检验可缩短至 1s
d. 施压方法　型式试验施加电压时，应从小于试验电压的二分之一开始，逐步升至规定值，然后持续至规定时间；施压结束时应避免突然失压
e. 合格判定　应无击穿放电和闪络
②温升
a. 周围空气的测量　测量时，至少使用两支温度计或热电偶，并将它们均匀地放置在被测电磁控制换向阀的周围，距被测线圈的水平距离约 1m；应保证温度计或热电偶免受外来气流、热辐射和温度急剧变化的影响，以免产生测量误差；周围空气温度用各测量点读数的平均值表示
b. 试验条件　电磁铁温升试验应在额定频率、额定电压下进行；试验时周围空气变化应不超过 10℃
c. 温升值测定条件　温升值必须在发热稳定状态下测定（相隔 1h 所测得的温升差不超过 1℃时，则认为发热稳定）
d. 测量方法及计算公式　电磁铁线圈温升用电阻法测量，平均温升可按式（1）计算
$$\Delta t=\frac{R_2-R_1}{R_1}(K+t_1)-(t_2-t_1) \tag{1}$$
式中　Δt——被测线圈的平均温升
t_1——测量被测线圈冷态电阻时周围空气的温度，℃
t_2——测量被测线圈热态电阻时周围空气的温度，℃
R_1——温度为 t_1 时，被测线圈的电阻值，Ω
R_2——温度为 t_2 时，被测线圈的电阻值，Ω
K——常数，对紫铜为 234.5；对铝为 245
注：1. 应在发热结束后，立即测量热态电阻 R_2，若不可能，则应在切断电源后，经过相等时间间隔用电阻法求出冷却曲线（第一次热态电阻的测量，必须在切断电源后 30s 内进行），再用外推法确定线圈的稳定温升
2. 在测量电磁铁线圈的冷态电阻以前，应将电器放在测量室内不少于 8h，在测量前 1h 内室温的变化应不大于 3℃
3. 热电阻与冷电阻应当用同样方法和同一仪表测量，导线的连接点也应相同
4. 电阻值可以用电桥测量，也可以通直流电用电压表、电流表测量后计算出来
5. 在测量冷态电阻时，通的电流值一般不超过额定发热电流的 15%，并尽可能缩短测量时间，以保证被测零件的温度基本上不变
6. 热态电阻则可以用额定发热电流值进行测量
③绝缘电阻　用表 4 规定的电阻表测量电磁铁接线端子与暴露的非带电金属部分之间的绝缘电阻
表 4　绝缘电阻测量仪表的电压等级<table><tr><th>额定电压/V</th><th>绝缘电阻表的电压等级/V</th></tr><tr><td>≤60</td><td>250</td></tr><tr><td>>60～380</td><td>500</td></tr></table></td>
</tr>
<tr>
<td>耐压性</td>
<td>将被测阀的出口堵死，并使阀芯处于工作位置，从被测阀进口通入 1.5 倍额定压力，保压 1min，检查各部分应能满足 JB/T 6378—2008 的 6.8 的要求</td>
</tr>
<tr>
<td>外观和接线端子</td>
<td>①采用目测法，应符合 JB/T 6378—2008 的 6.10 的要求
②检查接线端子是否牢固易识别，应符合 JB/T 6378—2008 的 6.7.4 的要求</td>
</tr>
</table>

2.6　气动电-气压力控制阀的主要特性的试验方法（摘自 GB/T 39956.2—2021）

在 GB/T 39956.2—2021/ISO 10094-2：2010，IDT《气动　电-气压力控制阀　第 2 部分：评定商务文件中应包含的主要特性的试验方法》中规定了评定商务文件中应包含的主要特征的试验方法及参数的表达方式。

该文件的目的：

① 通过规范试验方法和试验结果的表述，便于比较分析；

② 有助于元件在气动系统中正确应用。

规定的试验旨在对不同类型的压力控制阀进行对比，并非对每件制成品进行的生产试验。非电调制气动压力控制阀的试验在 ISO 6953—2 中规定。电-气流量控制阀的试验在 ISO 10041-2 中规定。该文件适用于具有向大气排放口的元件。

表 21-7-8

试验工况	气源	试验介质应采用压缩空气。如选用其他气体,应在试验报告中注明
	温度	在试验期间,环境、介质和被测元件的温度应保持在 23℃±10℃
	压力	①通则　规定压力的波动应保持在±2%以内 ②进口压力　进口压力应低于以下压力: a. 最大调节压力 $p_{2,\max}$+200kPa b. 规定的最大进口压力 $p_{1,\max}$ ③试验压力　优先选取最大调节压力的 20%、40%、60%、80%和 100%作为试验压力 ④检查　应定期检查所有试验仪器的测压流道不被固体或液体颗粒阻塞
	电源	试验应在电气额定条件下进行
试验程序	试验工况	被测元件应按照制造商的说明书使用
	进口压力	在进行下面"正向流量或溢流流量为零时的电信号-压力特性试验"~"动态特性"所述的静态或动态试验过程中,进口压力 p_1 应保持稳定 下面"动态特性"所述的动态试验,应采用气罐进行缓冲,以减少图 i 及图 j 所示的进口压力 p_1 波动
	静态试验	在下面"正向流量或溢流流量为零时的电信号-压力特性试验"~"在零正向流量或溢流流量特性试验时的泄漏"所述的一系列静态试验中,应缓慢改变工况以防止不稳定,每当工况达到稳定态时,应立即把所得到的结果及其相应工况记录下来 注:1. 本文件的回路图,未包含运行电调制气动阀所需要的电源回路和必要的安全装置 2. 本文件使用的图形符号符合 ISO 1219-1 的规定
正向流量或溢流流量为零时的电信号-压力特性试验	试验装置	①试验回路　试验回路见图 a。"试验程序"所采用的试验压力按上面"试验工况"②"出口压力"选取 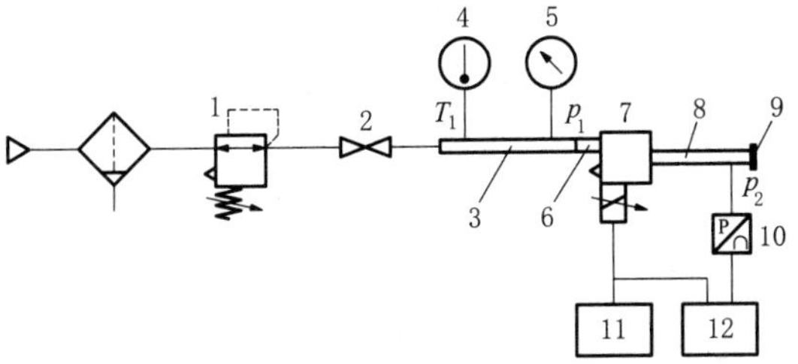 (a) 电信号-压力特性的典型试验回路 1—气动减压阀;2—截止阀;3—测压管;4—温度计;5,10—压力表或传感器;6—上游转换接头;7—被测元件;8—带测压口的管接头;9—堵头;11—信号发生器;12—记录仪 ②压力测量　进口压力传感器按照 ISO 6358-1 的要求安装在测压管上,出口压力传感器是一个外部测量装置(即使被测元件自带内部压力传感器也需要安装)。在图 a 中用堵头 9 将带测压口的管接头 8 堵住,以确保无工作流量。管接头的长度应尽可能短,容积应尽可能小
	试验程序	①电信号-压力特性试验　信号发生器生成能覆盖电信号满量程(0~100%)的三角波信号,把电信号 w 记录于 X 轴,相对应的调节压力 p_2 记录于 Y 轴,便可获得特性曲线。为避免动态效应影响调节压力的测量,三角波电信号应以较低的斜坡速率渐进,推荐的斜坡速率是每秒满量程的 0.5% ②最小调节压力试验　被测元件施加压力且电信号为 0,保持至少 5min。自 0 起,用满量程电信号的 0、0.5%、1%、2%、3%、4%、5%,逐一测量调节压力,得出最小调节压力。测量应始终通过增加电信号值来进行,每个点位的测量均应在达到规定电信号值后停止 10s 再进行测定 ③分辨率试验 a. 从 0 起递增电信号,直至调节压力满量程的 15% b. 记下此电信号值 w_{stop},并把压力变化作为电信号值的函数记录下来 c. 保持此状态 10s 以上,并逐渐再增加电信号,然后记下调节压力 p_2 再次增加的电信号 w_{start} d. 重复 b 和 c 的操作,通过递增电信号以获得对应于调节压力满量程的 50%和 85%的电信号值 w_{stop}、w_{start} ④重复性试验　信号发生器生成方波信号,幅值为电信号满量程的 0 和 50%。记录调节压力 p_2 至少 20 个周期。电信号的频率应足够低,以使调节压力在电信号为满量程 0 和 50%时相对稳定。使用索引指数 j=1,…,20 记录每一个周期,当电信号为满量程的 50%且调节压力达到稳定状态时,记下调节压力 $p_{2,j}$

续表

正向流量或溢流流量为零时的电信号-压力特性试验	特性计算	①特性曲线　按上面①“电信号-压力特性试验”的规定，分别递增和递减电信号，计算每一个电信号所测得两个对应压力的平均值。将压力的平均值作为电信号的函数绘制成曲线，见图 b 特性直线是在曲线上选取调节压力为满量程 5%和 95%的两点连成的一直线，见图 b 延长直线与横坐标的相交点(此时调节压力 p_2 等于 0)即为偏移值，见图 e。特性直线的斜率和偏移应明示于图中，见图 b 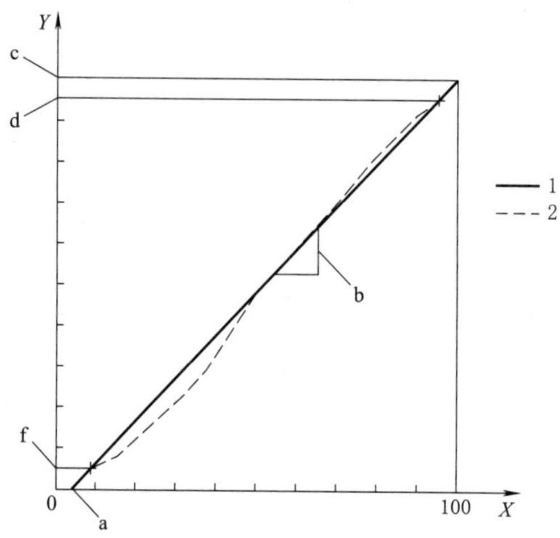 (b) 确定特性曲线 X—电信号，%；Y—调节压力 p_2，kPa；1—特性直线；2—平均压力曲线； a—偏移；b—斜率；c—$p_{2,max}$；d—$p_{2,max}$ 的 95%；f—$p_{2,max}$ 的 5% ②线性度　对应于调节压力满量程 5%～95%范围内的每个电信号值，计算按①所得的平均调节压力与标绘出的特性直线之间的差异，以绝对值表示。按图 c 确定最大线性差 $\Delta p_{2,1,max}$，并利用式(1)计算线性度 L，以调节压力满量程的百分比表示 $$L=\frac{\lvert \Delta p_{2,1,max} \rvert}{p_{2,max}}\times 100\% \quad (1)$$ 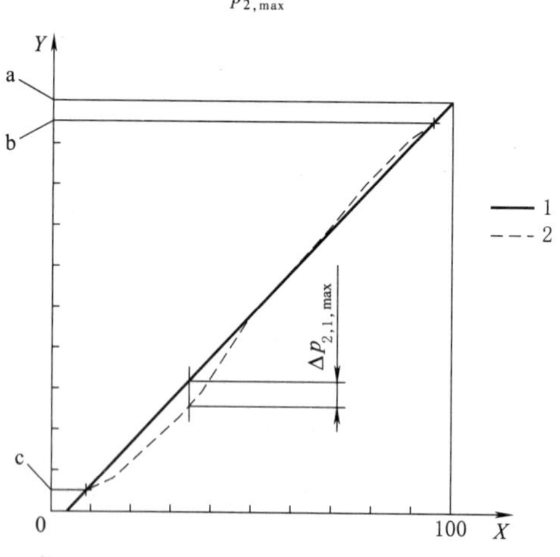 (c) 最大线性差 X—电信号，%；Y—调节压力 p_2，kPa；1—特性直线；2—平均压力曲线； a—$p_{2,max}$；b—$p_{2,max}$ 的 95%；c—$p_{2,max}$ 的 5% ③电信号-压力滞环　对应于调节压力满量程 5%～95%范围内的每个电信号值，按上面①“电信号-压力特性试验”中所描述的程序，分别用递增和递减电信号测量调节压力并计算两者的差异 按图 d 确定最大差异 $\Delta p_{2,b,max}$，利用式（2）计算滞环特性 H，以调节压力满量程的百分比表示 $$H=\frac{\lvert \Delta p_{2,b,max} \rvert}{p_{2,max}}\times 100\% \quad (2)$$

正向流量或溢流流量为零时的电信号-压力特性试验	特性计算	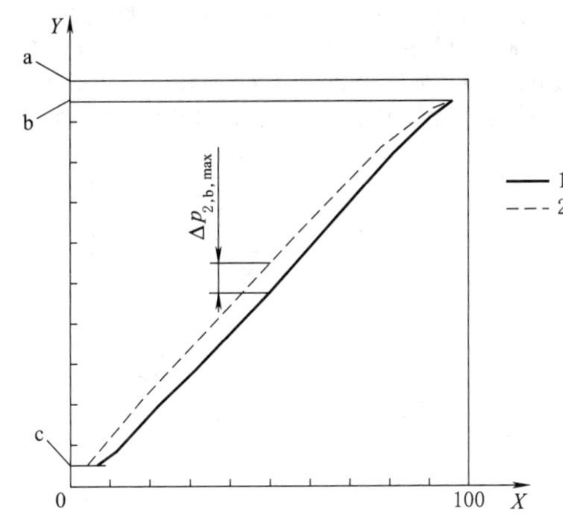 (d) 最大滞环差异离散 X—电信号,%;Y—调节压力 p_2,kPa;1—用递增信号测得的特性(曲)线;2—用递减信号测得的特性(曲)线;a—$p_{2,\max}$;b—$p_{2,\max}$ 的 95%;c—$p_{2,\max}$ 的 5% ④最小调节压力　按上面②"最小调节压力试验"所测得的数据确定第一个点,该点处于电信号-压力特性曲线的线性度之内。见图 e。此调节压力值表示为调节压力满量程的百分比的值,即相当于最小调节压力 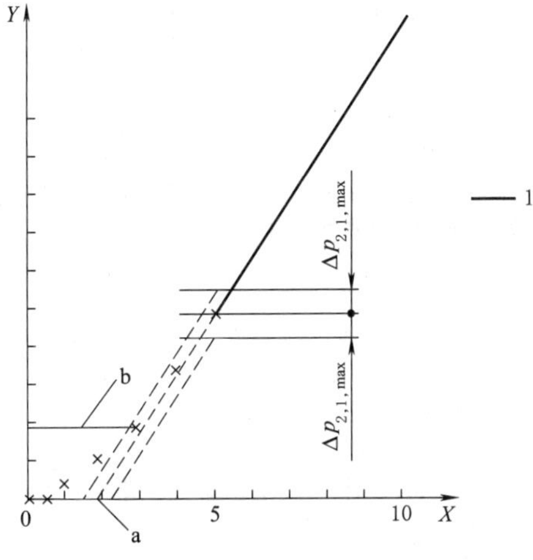 (e) 确定最小调节压力和偏移的图解 X—电信号,%;Y—调节压力 p_2,kPa;1—特性曲线;a—偏移;b—最小调节压力 ⑤分辨率 a. 按 GB/T 39956.2—2021 的 7.2.3 的规定得到的对应于调节压力满量程 15%、50% 和 85% 的电信号 w_{start} 和 w_{stop} 值,利用式(3)计算分辨率,以电信号满量程的百分比表示 $$S=\frac{w_{start}-w_{stop}}{w_{max}-w_{min}}\times 100\% \quad (3)$$ b. a 中所得到的最大值即为分辨率 ⑥重复性　按上面④"重复性试验"的规定得到的调节压力 p_1,利用式(4)计算重复性能 r,以调节压力满量程的百分比表示 $$r=\frac{p_{2,j,\max}-p_{2,j,\min}}{p_{2,\max}}\times 100\% \quad (4)$$

续表

流量-压力特性试验	测定流量的试验回路	测量正向或溢流流量的试验回路见图 f,此试验回路包括: ①正向试验回路,按 ISO 6358-1 的规定,适用于带上游和下游测压管接头的元件 ②溢流流量试验回路,按 ISO 6358-1 的规定,适用于向大气排放的元件 试验回路应用于:流量-压力特性测定和压力调节特性测定 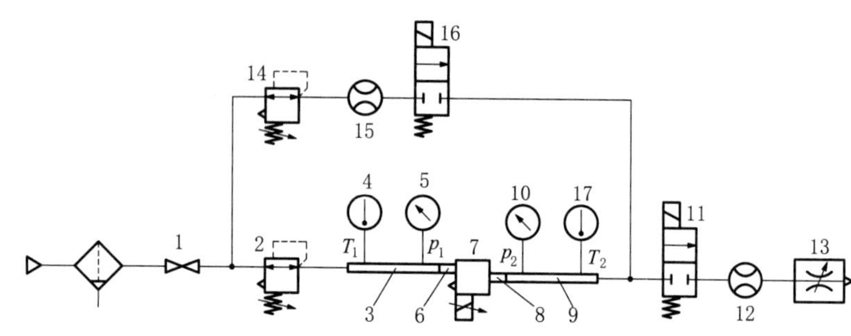 (f) 流量-压力特性和压力调节特性的试验回路 1—截止阀;2—气动减压阀;3,9—测压管;4—温度计;5,10—压力表或传感器;6,8—转换接头;7-被测元件;11,16—电磁阀;12—正向流量计;13—流量控制阀(用于正向流量);14—气动减压阀(用于溢流流量);15—溢流流量计;17—温度计(用于溢流流量) 注:如果被测元件已经有外部传感器在运行,将其自带传感器用作调节压力传感器
	通则	①被测元件进口连接转换接头和测压管,排气口通到大气。出口连接转换接头和测压管,以便测量调节压力 p_2 ②测压管和转换接头应按照 ISO 6358-1 的规定 ③图 f 的元件 1~6 是用于测定正向流量的试验回路的上游部分。也用于测定溢流流量 ④图 f 的元件 8~13 是用于测定正向流量的试验回路的下游部分 ⑤减压阀 2 和电磁阀 11 的声速流导至少应为被测元件正向声速流导的 2 倍 ⑥图 f 中的元件 8~10 和 14~17 是用于测定正向流量的试验回路的上游部分 ⑦减压阀 14 和电磁阀 16 的声速流导至少应为被测元件溢流声速流导的 2 倍 ⑧流量计应始终位于被测元件的出口处
	试验程序	①初始试验程序 a. 按图 f 安装被测元件,安装前关闭截止阀、电磁阀和流量控制阀 b. 打开截止阀并设定减压阀。按上面"试验工况"②"出口压力"的要求施加进口压力 p_2,进口压力应满足上面"试验工况"①"通则"的要求 c. 从 0 开始递增电信号,直至调节压力 p_2 达到满量程的 20% d. 先按②进行正向流量压力特性试验,再按③进行溢流流量压力特性试验 ②正向流量-压力特性试验 a. 打开电磁阀 11 b. 使用流量控制阀调节通过被测元件的正向流量,当流量稳定时,利用流量计 12 测量正向流量,并利用压力表或传感器测量相应的调节压力 p_1,同时测量温度 T_1 c. 递增流量值继续测量,直至试验回路中的最大流量。然后,通过递减正向流量直至为零,测量得一组附加数据(流量、压力、温度)。在改变正向流量(递增与递减)过程中保持进口压力 p_1 稳定 ③溢流流量-压力特性试验 a. 设定减压阀 14,使之与②c 结束时得到的被测元件零流量时的 p_2 压力保持相同。关闭电磁阀 11 并打开电磁阀 16,施加此压力于被测元件的出口侧 b. 利用减压阀 14 增加调节压力。当溢流流量稳定时,用流量计测量正向流量。用压力表或传感器测量相应的调节压力 p_2,并测量温度 T_2 c. 继续进行测量,减压阀 14 通过增加压力逐步增加流量,直至压力达到最大调节压力加 200kPa 水平,再通过递减压力直至为零,测量得一组附加数据。在溢流流量(递增与递减)的变化过程中保持进口压力 p_1 恒定,关闭电磁阀 16 ④用于其他电信号值的程序　重复上面"流量-压力特性试验"①"初始试验程序"d 使电信号值对应于调节压力满量程的 40%、60%、80%和 100%

续表

<table>
<tr>
<td rowspan="1">流量-压力特性试验</td>
<td>特性计算</td>
<td>
①特性曲线
a. 把出口压力设定在满量程的 20%，按上面“试验程序”②“正向流量-压力特性试验”描述的程序，分别按递增和递减测试每一个流量对应的调节压力的平均值。在图表中绘制出调节压力和对应流量的平均值曲线。如图 g 中的第一象限所示
b. 把出口压力设定在满量程的 20%，按上面“试验程序”③“溢流流量-压力特性试验”描述的程序，分别按递增和递减测试每一个溢流流量对应的调节压力的平均值。绘制出调节压力和对应的溢流流量的平均值曲线，如图 g 中的第二象限所示
c. 重复上述程序分别计算和绘制满量程的 40%、60%、80%和 100%时的曲线
②流量-压力滞环　对于每个正向流量或溢流流量值，计算以流量递增和递减方式测得的两个调节压力的差异。这些值是按上面“试验程序”②“正向流量-压力特性试验”和③“溢流流量-压力特性试验”中描述的程序测量得到的。确定最大差异 $\Delta p_{R,b,max}$ 并利用式(2)计算滞环特性值，以调节压力满量程的百分比表示
③最大正向声速流导
a. 按图 g 用作图法确定最大正向流量 $q_{v,t,max}$。表现为在①“特性曲线”a 中所得到正向流量压力特性曲线的外延伸线与横坐标轴(调节压力相对值为零)的交点
b. 利用式(5)计算最大正向声速流导值 $C_{f,max}$，依据 ISO 6358-1 把此流量值除以进口压力
$$C_{f,max}=\frac{q_{v,f,max}}{p_1+p_{atm}}\sqrt{\frac{T_1}{T_0}} \qquad (5)$$
注：依据 ISO 8778，考虑到试验上游温度 T_1 对 5 号温度 T_0 的偏移，此平方根是必要的
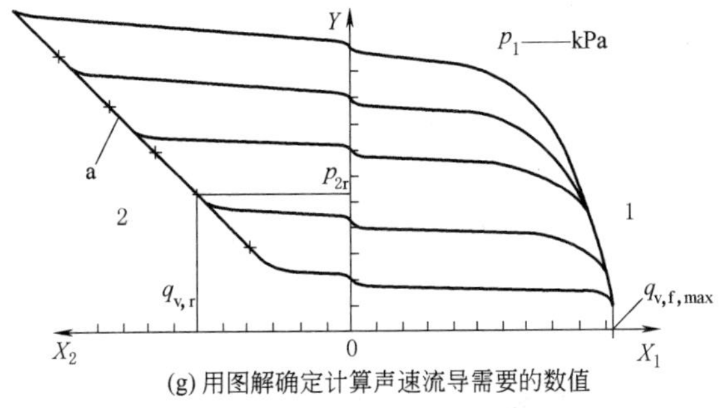

(g) 用图解确定计算声速流导需要的数值
X_1—正向流量，dm^3/min(ANR)；X_2—溢流流量，dm^3/min(ANR)；Y—调节压力，p_2，kPa；
1—第一象限；2—第二象限；p_1—进气口压力，kPa；a—渐近线
④最大溢流声速流导
a. 在①“特性曲线”b 规定测到的溢流流量-压力特性曲线之渐近线上选取 5 个点。如图 g 所示，每个点对应溢流流量值 q_{max} 和调节压力值 p_r
b. 利用式(6)，对于这些点逐一计算相应的溢流声速流导，依据 ISO 6358-1(在本例中为上游压力)，把此流量值除以调节压力
$$C_r=\frac{q_{v,r}}{p_{2r}+p_{arm}}\sqrt{\frac{T_2}{T_0}} \qquad (6)$$
注：依据 ISO 8778，考虑到试验上的温度 T_1 对参照温度 T_0 的偏移，此平方根是必要的
c. 通过确定这五个数值的平均值，计算最大溢流声速流导
</td>
</tr>
<tr>
<td rowspan="2">压力调节特性试验</td>
<td>试验回路</td>
<td>图 f 给出的正向流量测试的测试回路适用于压力调节测试，上面“通则”①～⑤和⑧规定的流量测试回路的一般要求同样适用本测试</td>
</tr>
<tr>
<td>试验程序</td>
<td>
①按图 f 安装被测元件，安装前关闭截止阀、电磁阀和流量控制阀
②打开截止阀 1 并设定减压阀 2，施加进口压力 p_1，使之高于被测元件的设定值。但应不超过被测元件进口承受能力
③从 0 开始递增电信号，直至达到相当于调节压力满量程的 20%
④打开电磁阀 11，调节流量控制阀使通过的流量为最大流量 $q_{v,f,max}$ 的 10%。保持进口压力 p_1 稳定
⑤减少进口压力 p，保持流量恒定。利用压力表或传感器 10 测量相应的调节压力 p_2，直至达到允许被选取的流量得以保持的最低进口压力
⑥以相当于调节压力满量程约 40%、60%、80%、100%的电信号，重复①～⑤步骤。无流量变化情况下，逐步递增电信号直至达到这些数值
</td>
</tr>
</table>

续表

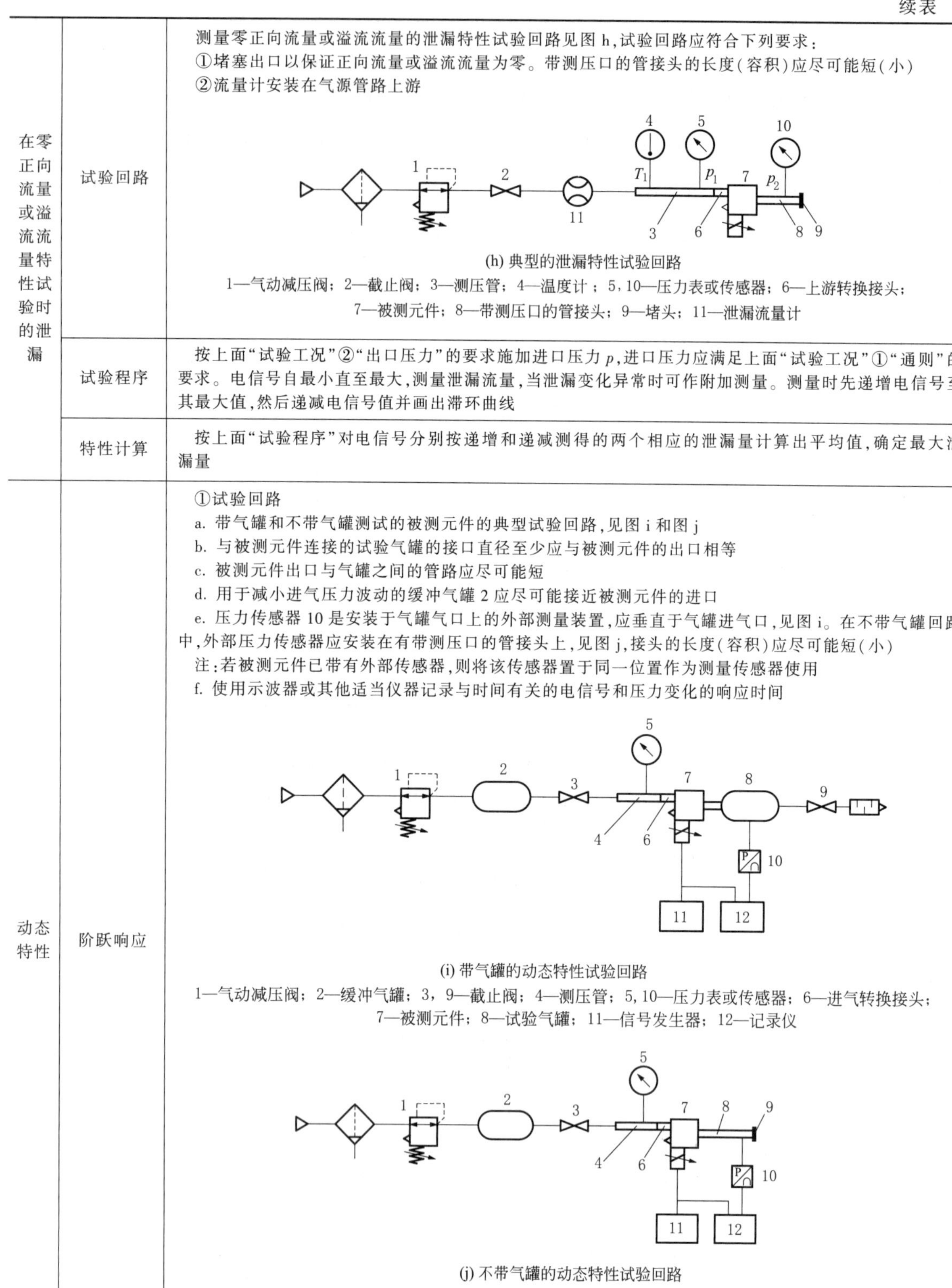

在零正向流量或溢流流量特性试验时的泄漏	试验回路	测量零正向流量或溢流流量的泄漏特性试验回路见图 h,试验回路应符合下列要求: ①堵塞出口以保证正向流量或溢流流量为零。带测压口的管接头的长度(容积)应尽可能短(小) ②流量计安装在气源管路上游 (h) 典型的泄漏特性试验回路 1—气动减压阀;2—截止阀;3—测压管;4—温度计;5,10—压力表或传感器;6—上游转换接头;7—被测元件;8—带测压口的管接头;9—堵头;11—泄漏流量计
	试验程序	按上面"试验工况"②"出口压力"的要求施加进口压力 p,进口压力应满足上面"试验工况"①"通则"的要求。电信号自最小直至最大,测量泄漏流量,当泄漏变化异常时可作附加测量。测量时先递增电信号至其最大值,然后递减电信号值并画出滞环曲线
	特性计算	按上面"试验程序"对电信号分别按递增和递减测得的两个相应的泄漏量计算出平均值,确定最大泄漏量
动态特性	阶跃响应	①试验回路 a. 带气罐和不带气罐测试的被测元件的典型试验回路,见图 i 和图 j b. 与被测元件连接的试验气罐的接口直径至少应与被测元件的出口相等 c. 被测元件出口与气罐之间的管路应尽可能短 d. 用于减小进气压力波动的缓冲气罐 2 应尽可能接近被测元件的进口 e. 压力传感器 10 是安装于气罐气口上的外部测量装置,应垂直于气罐进气口,见图 i。在不带气罐回路中,外部压力传感器应安装在有带测压口的管接头上,见图 j,接头的长度(容积)应尽可能短(小) 注:若被测元件已带有外部传感器,则将该传感器置于同一位置作为测量传感器使用 f. 使用示波器或其他适当仪器记录与时间有关的电信号和压力变化的响应时间 (i) 带气罐的动态特性试验回路 1—气动减压阀;2—缓冲气罐;3,9—截止阀;4—测压管;5,10—压力表或传感器;6—进气转换接头;7—被测元件;8—试验气罐;11—信号发生器;12—记录仪 (j) 不带气罐的动态特性试验回路 1—气动减压阀;2—缓冲气罐;3—截止阀;4—测压管;5,10—压力表或传感器;6—上游转换接头;7—被测元件;8—带测压口的管接头;9—堵头;11—信号发生器;12—记录仪 ②试验程序 a. 按被测元件的气口规格,从表 1 中选择相应的气罐

续表

动态特性	阶跃响应	

b. 按图 i 安装被测元件。按上面“试验工况”②“出口压力”的要求施加进口压力 p,进口压力应满足上面“试验工况”①“通则”的要求

c. 电信号由 0 切换至 100%满量程。在气罐充气过程中,记录电信号和气罐测得的压力变化,直至罐中的压力稳定

d. 电信号由 100%满量程切换至 0。在气罐排气过程中,记录电信号和气罐测得的压力变化,直至罐中的压力稳定

e. 以下列电信号重复试验程序 c 和 d:25%~75%和 45%~55%

f. 从表 1 中选取另外两种容积的气罐,重复 b~e

g. 按图 j 安装不带气罐的被测元件。按上面“试验工况”②“出口压力”的要求施加进口压力 p,进口压力应满足上面“试验工况”①“通则”的要求。重复 c~e

表 1　与控制阀气口规格相对应的试验气罐容积

气口规格	试验气缸容积/dm^3			
G$\frac{1}{8}$	0	0.02	0.1	0.5
G$\frac{1}{4}$ G$\frac{3}{8}$	0	0.1	0.5	2
G$\frac{1}{2}$ G$\frac{3}{4}$	0	0.5	2	10
≥G1	0	2	10	20

③特性计算

a. 充气特性曲线　按相同的时间为三种气罐充气，对不带气罐的数值也绘制在同一图中。绘制出四种容积的充气状态过程对压力变化的时间响应。见 GB/T 39956.1—2021 图 5。以电信号切换点作为时间参照

b. 排气特性曲线　按相同的时间为三种气罐排气，对不带气罐的数值也绘制在同一图中。绘制出四种容积的排气状态过程对压力变化的时间响应。见 GB/T 39956.1—2021 图 6。以电信号切换点作为时间参照

c. 充气特性　由 a 得到的充气特性曲线。在两种压力响应情况下，确定控制步骤和四种容积之间的切换时间、响应时间、稳定时间和超调量。见图 k。把这些数值写成报告，格式见 GB/T 39956.1—2021 表 2

d. 排气特性　由 b 得到的排气特性曲线。在两种压力响应情况下，确定每个控制步骤和四种容积之间的每一个切换时间、响应时间、稳定时间和负超调量。见图 l。把这些数值写成报告，格式见 GB/T 39956.1—2021 表 2

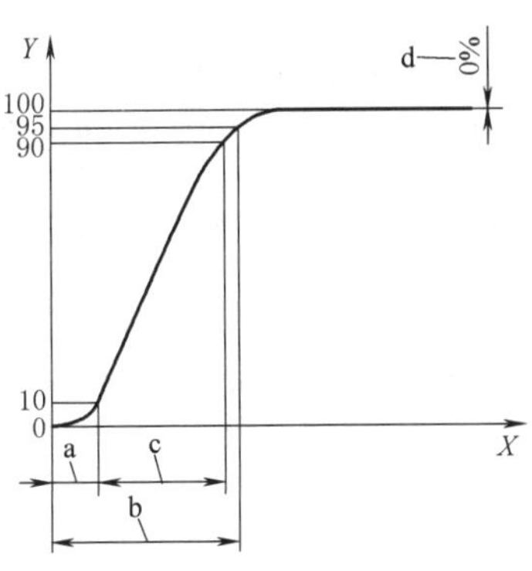

无振荡的压力响应

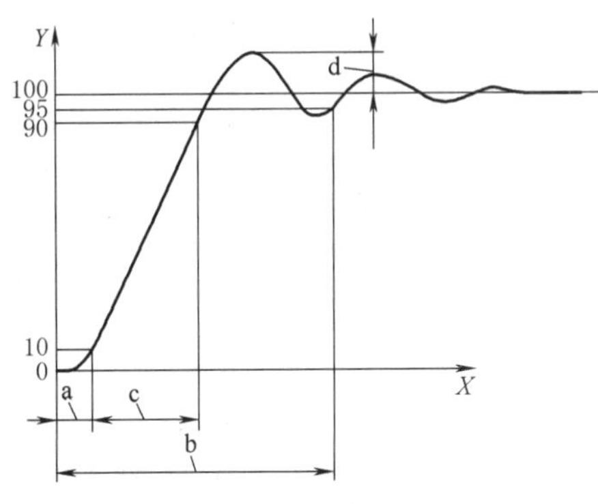

带振荡的压力响应

(k) 充气特性压力响应

X—时间，s；Y—气罐压力，%；a—切换时间；b—稳定时间；c—响应时间；d—超调

续表

动态特性	阶跃响应	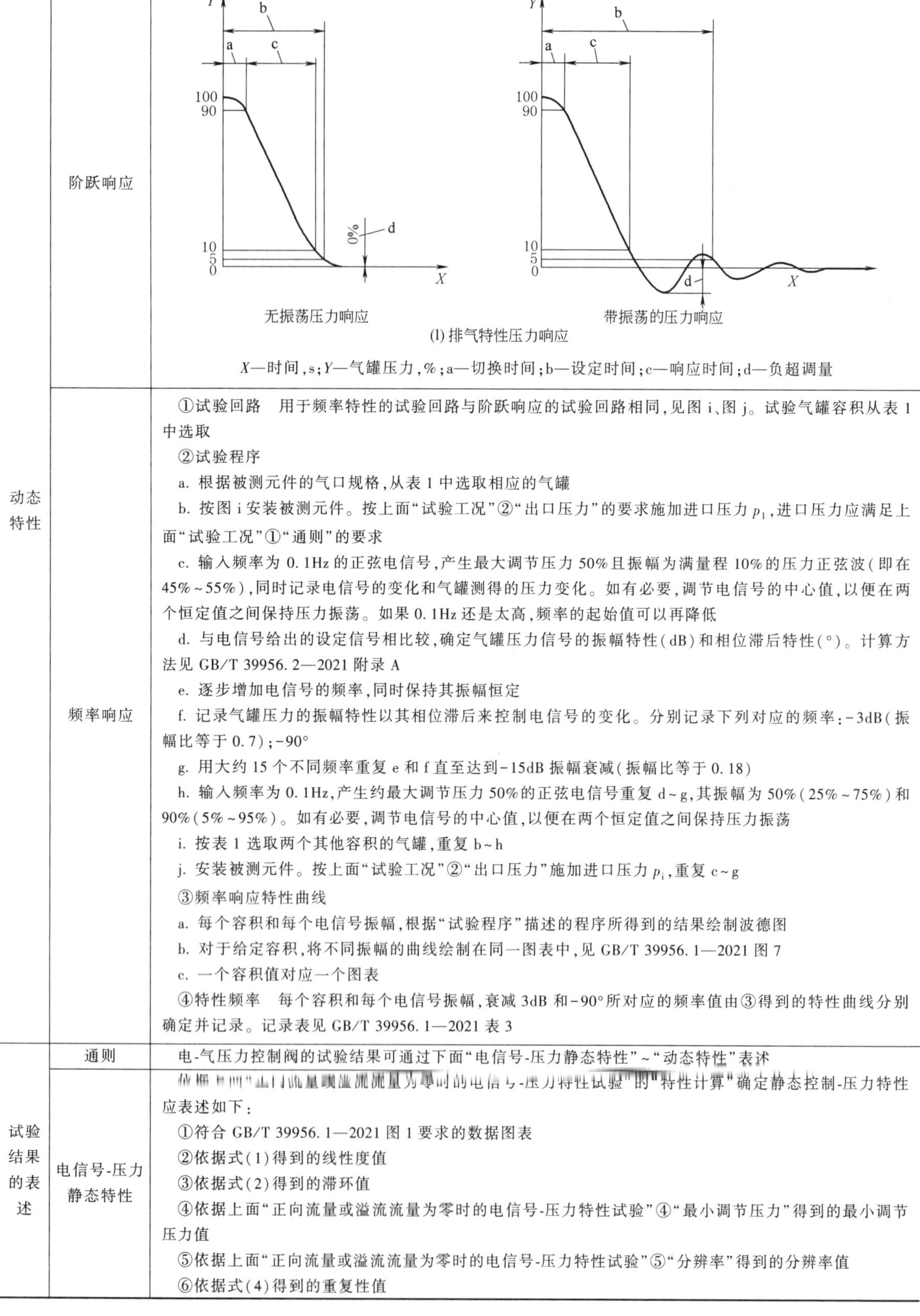 (l) 排气特性压力响应 *X*—时间，s；*Y*—气罐压力，%；a—切换时间；b—设定时间；c—响应时间；d—负超调量
	频率响应	①试验回路　用于频率特性的试验回路与阶跃响应的试验回路相同，见图 i、图 j。试验气罐容积从表 1 中选取 ②试验程序 a. 根据被测元件的气口规格，从表 1 中选取相应的气罐 b. 按图 i 安装被测元件。按上面"试验工况"②"出口压力"的要求施加进口压力 p_1，进口压力应满足上面"试验工况"①"通则"的要求 c. 输入频率为 0.1Hz 的正弦电信号，产生最大调节压力 50%且振幅为满量程 10%的压力正弦波（即在 45%~55%），同时记录电信号的变化和气罐测得的压力变化。如有必要，调节电信号的中心值，以便在两个恒定值之间保持压力振荡。如果 0.1Hz 还是太高，频率的起始值可以再降低 d. 与电信号给出的设定信号相比较，确定气罐压力信号的振幅特性（dB）和相位滞后特性（°）。计算方法见 GB/T 39956.2—2021 附录 A e. 逐步增加电信号的频率，同时保持其振幅恒定 f. 记录气罐压力的振幅特性以其相位滞后来控制电信号的变化。分别记录下列对应的频率：-3dB（振幅比等于 0.7）；-90° g. 用大约 15 个不同频率重复 e 和 f 直至达到-15dB 振幅衰减（振幅比等于 0.18） h. 输入频率为 0.1Hz，产生约最大调节压力 50%的正弦电信号重复 d~g，其振幅为 50%（25%~75%）和 90%（5%~95%）。如有必要，调节电信号的中心值，以便在两个恒定值之间保持压力振荡 i. 按表 1 选取两个其他容积的气罐，重复 b~h j. 安装被测元件。按上面"试验工况"②"出口压力"施加进口压力 p_i，重复 c~g ③频率响应特性曲线 a. 每个容积和每个电信号振幅，根据"试验程序"描述的程序所得到的结果绘制波德图 b. 对于给定容积，将不同振幅的曲线绘制在同一图表中，见 GB/T 39956.1—2021 图 7 c. 一个容积值对应一个图表 ④特性频率　每个容积和每个电信号振幅，衰减 3dB 和-90°所对应的频率值由③得到的特性曲线分别确定并记录。记录表见 GB/T 39956.1—2021 表 3
试验结果的表述	通则	电-气压力控制阀的试验结果可通过下面"电信号-压力静态特性"~"动态特性"表述
	电信号-压力静态特性	依据上面"出口流量或溢流流量为零时的电信号-压力特性试验"的"特性计算"确定静态控制-压力特性应表述如下： ①符合 GB/T 39956.1—2021 图 1 要求的数据图表 ②依据式（1）得到的线性度值 ③依据式（2）得到的滞环值 ④依据上面"正向流量或溢流流量为零时的电信号-压力特性试验"④"最小调节压力"得到的最小调节压力值 ⑤依据上面"正向流量或溢流流量为零时的电信号-压力特性试验"⑤"分辨率"得到的分辨率值 ⑥依据式（4）得到的重复性值

续表

<table>
<tr><td rowspan="4">试验结果的表述</td><td>流量-压力特性</td><td>依据上面“流量-压力特性试验”的“试验程序”确定的静态流量-压力特性应表述如下：
①符合 GB/T 39956.1—2021 图 3 要求的数据图表
②依据上面“流量-压力特性试验”②“流量-压力滞环”得到的滞环值
③依据式(5)得到的最大正向声速流导值
④依据上面“流量-压力特性试验”④“最大溢流声速流导”得到的最大溢流声速流导值</td></tr>
<tr><td>压力调节特性</td><td>依据上面“压力调节特性试验”确定的静态压力调节特性应表述如下：符合 GB/T 39956.1—2021 图 4 要求的数据图表</td></tr>
<tr><td>泄漏特性</td><td>依据上面“在零正向流量或溢流流量特性试验时的泄漏”③“特性计算”得到最大泄漏量</td></tr>
<tr><td>动态特性</td><td>依据上面“动态特性”定的动态特性，应表述如下：
①在气罐充气过程中气罐压力变化的时间相关曲线图，应符合 GB/T 39956.1—2021 图 5 的要求
②在气罐排气过程中气罐压力变化的时间相关曲线图，应符合 GB/T 39956.1—2021 图 6 的要求
③充气和排气特性数值表应符合 GB/T 39956.1—2021 表 2 的要求
④频率响应曲线图表，应符合 GB/T 39956.1—2021 图 7 的要求
⑤表示不同振幅的特性频率表应符合 GB/T 39956.1—2021 表 3 的要求</td></tr>
</table>

2.7 气缸的试验方法（摘自 JB/T 5923—2013）

在 JB/T 5923—2013《气动气缸技术条件》中规定了气动系统中气缸的技术要求、检验方法、检验规则及标识、包装及贮存等，适用于以压缩空气为工作介质，在气压传动系统中使用的双作用、缸径为 6~320mm 的活塞式普通气缸（简称气缸）。

注：在 JB/T 5923—2013 中规定的是“6.2 试验方法”，而不是检验方法。在该标准的规定性引用文件中不包括“GB/T 23252—2009《气缸 成品检验及验收》”。

表 21-7-9

<table>
<tr><td rowspan="3">试验条件</td><td>介质</td><td>试验介质为经过过滤、除水、除油的干燥压缩空气，应达到 JB/T 5967 规定的空气质量等级为 465 的要求（即固体粒子尺寸≤15μm；压力露点温度不高于 10℃；最大含油量为 25mg/m³）</td></tr>
<tr><td>环境条件</td><td>环境温度：25℃±10℃；环境相对湿度：≤85%</td></tr>
<tr><td>测量仪器和稳态条件</td><td>①测量仪器　型式试验和出厂检验所用测量仪器的允许误差应不超出表 1 的规定范围

表 1　测量仪器的允许误差
<table><tr><td rowspan="2">测量仪器参数</td><td colspan="2">测量仪器的允许误差</td></tr><tr><td>型式试验</td><td>出厂检验</td></tr><tr><td>力/%FS</td><td>±1</td><td>±2</td></tr><tr><td>压力/%FS</td><td>±1.5</td><td>±4</td></tr><tr><td>温度/℃</td><td>±2</td><td>±3</td></tr></table>
②稳态条件　被测参数平均指示值在表 2 规定的范围内变化时，允许记录参数测量值

表 2　温度、压力平均指示值范围
<table><tr><td>被测参数</td><td>型式试验</td><td>出厂检验</td></tr><tr><td>温度/℃</td><td>±2</td><td>±3</td></tr><tr><td>压力/%FS</td><td>±1.5</td><td>±4</td></tr></table></td></tr>
<tr><td>试验方法</td><td>启动压力</td><td>试验回路见图 a。节流阀全开，如是有气缓冲功能的气缸应将其缓冲调节阀打开，气缸水平放置，经往复运动数次后，在空载状态，从零气压开始慢慢加压，直到活塞开始运动，并能运行至行程终点，往复运动三次，其最小加压值为启动压力，其值应满足 JB/T 5923—2013 的 5.1 的规定</td></tr>
</table>

续表

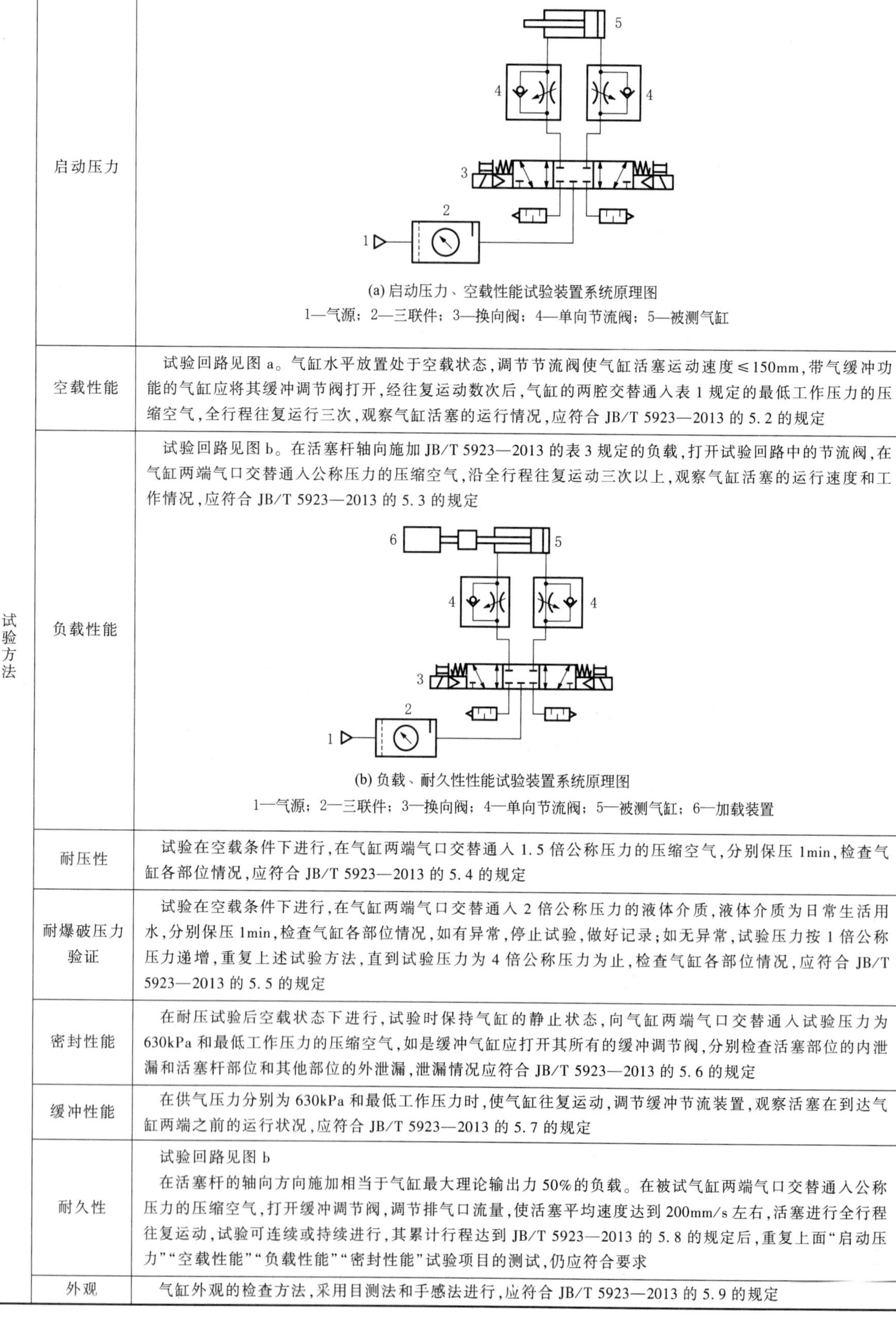

试验方法	启动压力	(a) 启动压力、空载性能试验装置系统原理图 1—气源；2—三联件；3—换向阀；4—单向节流阀；5—被测气缸
	空载性能	试验回路见图 a。气缸水平放置处于空载状态，调节节流阀使气缸活塞运动速度≤150mm，带气缓冲功能的气缸应将其缓冲调节阀打开，经往复运动数次后，气缸的两腔交替通入表 1 规定的最低工作压力的压缩空气，全行程往复运行三次，观察气缸活塞的运行情况，应符合 JB/T 5923—2013 的 5.2 的规定
	负载性能	试验回路见图 b。在活塞杆轴向施加 JB/T 5923—2013 的表 3 规定的负载，打开试验回路中的节流阀，在气缸两端气口交替通入公称压力的压缩空气，沿全行程往复运动三次以上，观察气缸活塞的运行速度和工作情况，应符合 JB/T 5923—2013 的 5.3 的规定 (b) 负载、耐久性性能试验装置系统原理图 1—气源；2—三联件；3—换向阀；4—单向节流阀；5—被测气缸；6—加载装置
	耐压性	试验在空载条件下进行，在气缸两端气口交替通入 1.5 倍公称压力的压缩空气，分别保压 1min，检查气缸各部位情况，应符合 JB/T 5923—2013 的 5.4 的规定
	耐爆破压力验证	试验在空载条件下进行，在气缸两端气口交替通入 2 倍公称压力的液体介质，液体介质为日常生活用水，分别保压 1min，检查气缸各部位情况，如有异常，停止试验，做好记录；如无异常，试验压力按 1 倍公称压力递增，重复上述试验方法，直到试验压力为 4 倍公称压力为止，检查气缸各部位情况，应符合 JB/T 5923—2013 的 5.5 的规定
	密封性能	在耐压试验后空载状态下进行，试验时保持气缸的静止状态，向气缸两端气口交替通入试验压力为 630kPa 和最低工作压力的压缩空气，如是缓冲气缸应打开其所有的缓冲调节阀，分别检查活塞部位的内泄漏和活塞杆部位和其他部位的外泄漏，泄漏情况应符合 JB/T 5923—2013 的 5.6 的规定
	缓冲性能	在供气压力分别为 630kPa 和最低工作压力时，使气缸往复运动，调节缓冲节流装置，观察活塞在到达气缸两端之前的运行状况，应符合 JB/T 5923—2013 的 5.7 的规定
	耐久性	试验回路见图 b 在活塞杆的轴向方向施加相当于气缸最大理论输出力 50% 的负载。在被试气缸两端气口交替通入公称压力的压缩空气，打开缓冲调节阀，调节排气口流量，使活塞平均速度达到 200mm/s 左右，活塞进行全行程往复运动，试验可连续或持续进行，其累计行程达到 JB/T 5923—2013 的 5.8 的规定后，重复上面“启动压力”“空载性能”“负载性能”“密封性能”试验项目的测试，仍应符合要求
	外观	气缸外观的检查方法，采用目测法和手感法进行，应符合 JB/T 5923—2013 的 5.9 的规定

2.8 齿轮式气动马达的检验方法（摘自 JB/T 11863—2014）

在 JB/T 11863—2014《齿轮式气动马达》中规定了齿轮式气动马达的型号与基本参数、技术要求、检验方法、检验规则和标志、包装、运输与贮存，适用于齿轮式气动马达（以下简称产品）。

表 21-7-10

检验方法		①总装后,应在小于 0.1MPa 气压下进行空运转试验,正反转持续时间均不应小于 5min。空运转过程中不应有卡滞、冲击、明显漏气等不正常现象 ②产品的性能试验按 GB/T 5621 的规定进行 ③产品的噪声测量按 GB/T 5898 的规定进行 ④产品的清洁度检测按 JB/T 4041 的规定进行 ⑤产品的安全性检查按 GB 17957 的规定进行 ⑥产品的外观质量用目测法检查
检验规则	检验类型	产品检验分出厂检验和型式检验。出厂检验由生产企业质量检验部门进行,型式检验由法定产品质量监督检验机构进行
	出厂检验	①产品应经出厂检验合格,并附有证明产品质量合格的技术文件方可出厂 ②产品出厂检验由生产企业根据具体的产品制定检验规范进行,检验项目见表 1 ③产品出厂检验可依据企业具体情况采取全检或抽样检验的方式

表 1

序号	检验项目	质量特性类别	技术要求	检验方法	检验类型	
					出厂检验	型式检验
1	额定功率	A	4.11	5.2	□	□
2	噪声	A	4.11	5.3	—	□
3	安全性	A	4.3	5.5	□	□
4	耗气量	A	4.11	5.2	□	□
5	空转转速	B	4.11	5.2	□	□
6	清洁度	B	4.12	5.4	—	□
7	外观质量	C	4.1、4.13	5.6	□	□
8	密封性	C	4.15	5.1	□	□
9	产品标志	C	7.1	目测检查	□	□
10	产品包装	C	7.2	目测检查	□	□

注:检验类型中标“□”的为必检项目,标“—”的为可不检测的项目

检验规则	产品质量检验的项目及质量特性类别	按检验项目对产品质量和使用性能的影响程度,将质量特性类别分为 A、B、C 三类,其中 A 类的影响程度最为严重,B 类和 C 类依次递减。产品质量检验的项目及质量特性类别见表 1

2.9 气动消声器的试验方法（摘自 JB/T 12705—2016）

在 JB/T 12705—2016《气动消声器》中规定了气动消声器（以下简称消声器）的术语和定义、分类、连接尺寸、技术要求、试验方法、外观质量、检验规则、标识、包装、贮存和标注说明，适用于工作压力不超过 1MPa、工作温度不高于 60℃、安装在压缩空气回路的排气口上以降低排气噪声等级的气动消声器。

表 21-7-11

试验条件	试验介质	试验介质应为经过滤、除水、除油的干燥压缩空气,其空气质量等级应达到按 JB/T 5967—2007 规定的 454(即固体粒子尺寸不大于 15μm;压力露点温度不高于 7℃;最大含油量为 5mg/m)要求
	环境温度	型式检验:25℃±10℃;出厂检验:室温
	环境湿度	空气相对湿度不大于 80%

续表

<table>
<tr><td rowspan="1">试验条件</td><td>测量仪器和稳态条件</td><td>

①测量仪器　型式检验和出厂检验所用的测量仪器的允许误差应符合表 1 的规定

表 1　测量仪器的允许误差

<table>
<tr><th>参数</th><th>型式检验</th><th>出厂检验</th></tr>
<tr><td>压力/%FS</td><td>±0.5</td><td>±2.0</td></tr>
<tr><td>流量/%FS</td><td>±1.5</td><td>±2.5</td></tr>
<tr><td>试验介质温度/℃</td><td>±1.0</td><td>±2.0</td></tr>
</table>

②稳态条件　每组测量值只有当受控参数在表 2 规定的允许变化范围内时，方可记录。试验过程中应维持基本恒温状态条件，工况变化应足够缓慢以避免出现漂移现象

表 2　在规定的试验条件下受控参数值的允许变化范围

<table>
<tr><th>参数</th><th>型式检验</th><th>出厂检验</th></tr>
<tr><td>压力/%FS</td><td>±2</td><td>±4</td></tr>
<tr><td>流量/%FS</td><td>±3</td><td>±5</td></tr>
<tr><td>试验介质温度/℃</td><td>±2</td><td>±4</td></tr>
<tr><td>环境温度/℃</td><td>±3</td><td>±3</td></tr>
</table>

</td></tr>
<tr><td rowspan="2">性能试验</td><td>流量特性试验</td><td>

阀连接在内部压力为 0.5MPa、容积为 V 的容器上，试验用消声器连接在阀的排气口上，打开阀门将容器内空气排入大气，然后在容器内压力降至 0.2MPa 时关闭阀门，测出排气时间 t。在容器内压力基本达到稳定时，测量剩余压力，根据公式(1)计算出试验用消声器的有效横截面积。容器的容积 V 按排气时间 t 为 4～6s 来选择

此外，所选用的阀的通径与试验用消声器的通径相比要足够大，避免产生节流

$$S=12.9\frac{V}{t}\sqrt{\frac{273}{T}}\lg\frac{p_0+0.101}{p+0.101} \tag{1}$$

式中　S——有效横截面积，mm^2
V——容器容积，L
t——排气时间，s
T——室温，K
p_0——容器初始压力，MPa
p——容器残存压力，MPa

</td></tr>
<tr><td>消声效果试验</td><td>

①试验装置　消声器的消声效果按如图 a 所示的回路进行试验，使用的压力测量管、转接头（见 JB/T 12705—2016 附录 A）应与消声器接口公称通径相适配。试验压力为 0.63MPa，作为声源的节流孔板，结构如图 b 所示，应使用孔径符合表 3 规定的节流孔板

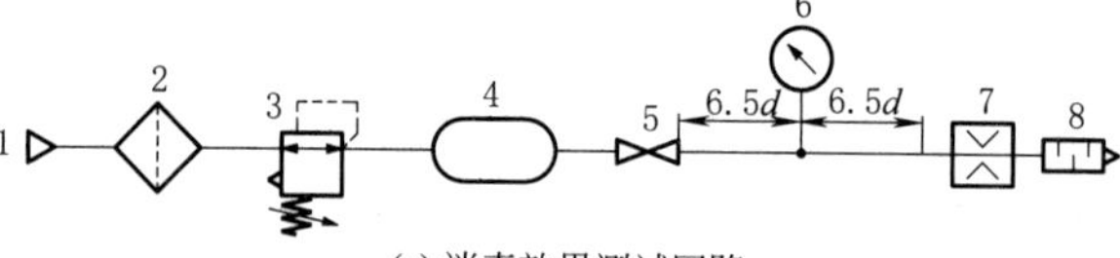

(a) 消声效果测试回路

1—气源；2—过滤器；3—减压阀；4—气罐；5—截止阀；6—压力表；7—孔板；8—消声器

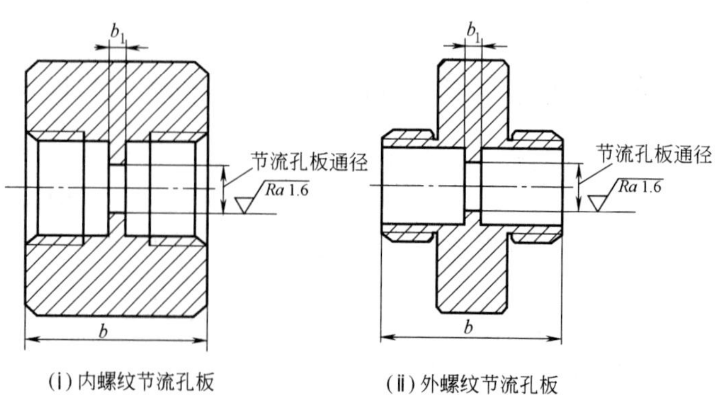

(ⅰ) 内螺纹节流孔板　(ⅱ) 外螺纹节流孔板

(b) 节流孔板结构示意图

</td></tr>
</table>

续表

性能试验

消声效果试验

表 3　节流孔板尺寸

消声器公称通径 /mm	节流孔板通径 /mm	节流孔板通径长度 b_1 /mm	节流孔板宽度 b /mm	接口螺纹
3	2.0	1	15	M5
6	4.0			1/8in
8	5.5	2.5		1/4in
10	7.5			3/8in
15	9.5			1/2in
20	13.0	5	20	3/4in
25	16.5			1in

②测试要求　声学环境、检测仪器、测量和测定的量以及测量过程应符合 GB/T 3767 的规定。消声器的表面声压级应在半球面/圆柱面组成的曲面上测量，其几何中心应在地面（反射面）以上 1m 处，传声器应按照图 c 布置，要求如下

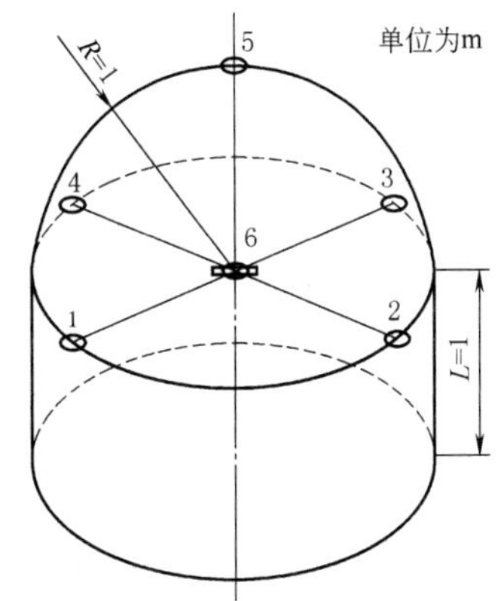

(c) 消声器和位于半球/圆柱测量表面上传声器的位置

1～5—传声器位置；6—消声器的几何中心

注：R表示半球面和圆柱面半径

a. 5 个传声器的位置均应与消声器几何中心相距 1m，其中 4 个传声器等间距位于圆柱面与半球面相接线上，第 5 个传声器应位于半球面顶点，保证 5 个传声器距离相等

b. 如果消声器在垂直和水平方向都能使用，应优先给定能产生最简单加载装置和声学环境的状态（或方向）。在开始检测之前，消声器应根据制造商的安全使用说明安装

c. 若消声器只能在水平方向上使用，则其轴线应与传声器 1、3 和 2、4 的连线呈 45°夹角

d. 从消声器排出的压缩空气应避免指向传声器

e. 测量者不应位于传声器与消声器之间，尽可能地减少身体反射的影响

③计算方法　测量半球/圆柱测量表面上安装消声器前后的 A 计权表面声压级，消声效果可按公式（2）计算

$$L_D = \overline{L}_0 - \overline{L}_1 \tag{2}$$

式中，$\overline{L}_0$ 及 $\overline{L}_1$ 由式（3）确定

$$\overline{L}_0（或\ \overline{L}_1）= 10\lg\left(\frac{1}{5}\sum_{i=1}^{5}10^{0.1L_{pAi}}\right) - K_{1A} - K_{2A} \tag{3}$$

式中　L_D——消声效果，dB(A)

$\overline{L}_0$——未安装试验用消声器时，A 计权表面声压级（根据 GB/T 3767 的规定），dB(A)

$\overline{L}_1$——安装试验用消声器后，A 计权表面声压级（根据 GB/T 3767 的规定），dB(A)

L_{pAi}——在第 i 个传声器位置测得的 A 计权声压级，dB(A)

K_{1A}——A 计权背景噪声修正值，dB(A)

K_{2A}——A 计权环境修正值，dB(A)

耐压性试验

在消声器内部加入异物使其堵塞，加 1.25 倍的最高工作压力，保持 1min。试验应符合 JB/T 12705—2016 的 5.2.3 的要求

续表

<table>
<tr>
<td rowspan="2">性能试验</td>
<td>机械强度试验</td>
<td>试验方法如图 d 所示，按照公称通径在头端 1/10 全长的部分施加表 4 所列的径向试验负载。试验应符合 JB/T 12705—2016 的 5.2.4 的要求
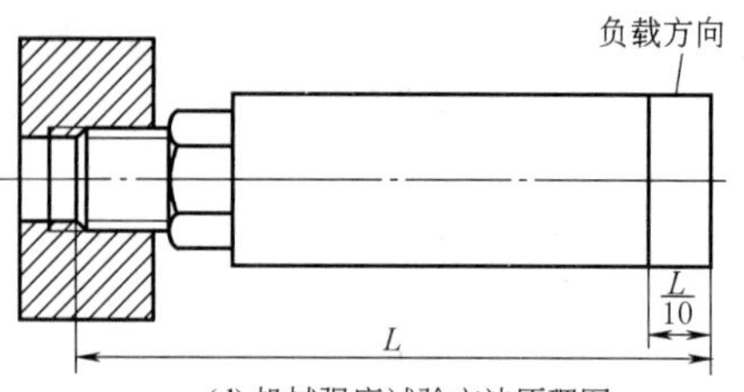

(d) 机械强度试验方法原理图
表 4　机械强度试验负载
<table>
<tr><th>消声器公称通径/mm</th><th>径向试验负载/N</th></tr>
<tr><td>6</td><td>40</td></tr>
<tr><td>8</td><td>100</td></tr>
<tr><td>10</td><td>250</td></tr>
<tr><td>15</td><td>250</td></tr>
<tr><td>20</td><td>250</td></tr>
<tr><td>25</td><td>250</td></tr>
</table>
</td>
</tr>
<tr>
<td>耐久性试验</td>
<td>试验原理如图 e 所示，电磁阀与试验用消声器的公称通径应相同，且水平放置
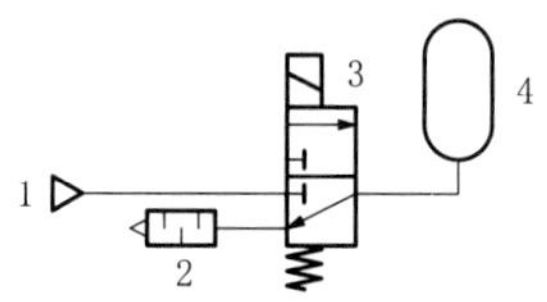

(e) 耐久性试验原理图
1—气源；2—试验用消声器；3—电磁阀；4—工作口气罐
在电磁阀的进气口加工作压力 0.63MPa，以电磁阀的可开关速度动作 500 万次（开/关时间比为 1∶1）。在充气、排气循环过程中，应确保工作口气罐内的压力下降时低于工作压力的 10%，上升时高于工作压力的 90%。试验结束后，消声器的各部分不得有松动或损坏等现象，并仍应符合 JB/T 12705—2016 的 5.2.5 的要求
工作口气罐容积应满足表 5 的规定。直接连接气罐至电磁阀的工作气口，或用管子连接但不能限制流量。连接的管子应尽可能短，使气罐能够按照控制信号完成充气和排气要求
表 5　工作口气罐的最小容积
<table>
<tr><th>消声器公称通径/mm</th><th>工作口气罐容积/mL</th></tr>
<tr><td>3</td><td rowspan="2">≥30</td></tr>
<tr><td>6</td></tr>
<tr><td>8</td><td rowspan="2">≥100</td></tr>
<tr><td>10</td></tr>
<tr><td>15</td><td rowspan="3">≥500</td></tr>
<tr><td>20</td></tr>
<tr><td>25</td></tr>
</table>
图 e 中的基本回路未考虑安全装置，测试应充分考虑人员和设备的安全。测试过程中工作口气罐可能温度升高，应采取措施保护试验人员安全</td>
</tr>
<tr>
<td colspan="2">外观质量</td>
<td>采用目测法进行检验，应符合 JB/T 12705—2016 的 5.2.6 的要求</td>
</tr>
</table>

2.10　一般用压缩空气过滤器的试验方法（摘自 JB/T 13346—2017）

在 JB/T 13346—2017《一般用压缩空气过滤器》中规定了一般用压缩空气过滤器（以下简称过滤器）的术语和定义、分类、基本参数、要求、试验方法、检验规则及标志、包装、运输和贮存，适用于额定工作压力不大

于 1.6MPa、公称容积流量不大于 800m^3/min 的过滤器。

在 JB/T 13346—2017 中规范性引用了表 21-7-12 中的四项标准。

表 21-7-12

序号	标　准
1	GB/T 30475.1—2013/ISO 12500-1:2007,MOD《压缩空气过滤器　试验方法　第 1 部分:悬浮油》
2	GB/T 30475.2—2013/ISO 12500-2:2007,MOD《压缩空气过滤器　试验方法　第 2 部分:油蒸气》
3	GB/T 30475.3—2017/ISO 12500-3:2009,MOD《压缩空气过滤器　试验方法　第 3 部分:颗粒》
4	GB/T 30475.4—2017/ISO 12500-4:2009,MOD《压缩空气过滤器　试验方法　第 4 部分:水》

表 21-7-13

盐雾试验	过滤器壳体的盐雾试验按照 GB/T 10125 规定的中性盐雾试验(NSS 试验)进行
性能试验	①凝聚式过滤器出气口悬浮油浓度、初始压降、湿压降试验按照 GB/T 30475.1 进行 ②吸附式过滤器的吸附容量和压降试验按照 GB/T 30475.2 进行 ③除尘过滤器的过滤效率试验按照 GB/T 30475.3 进行 ④除水过滤器的除水效率和压降试验按照 GB/T 30475.4 进行

2.11　压缩空气干燥器规范与试验

2.11.1　压缩空气干燥器的试验方法（摘自 GB/T 10893.1—2012）

在 GB/T 10893.1—2012/ISO 7183：2007，MOD《压缩空气干燥器　第 1 部分：规范与试验》中规定了不同类型压缩空气干燥器的各种需要说明的性能参数和相关的试验方法，具体包括：压力露点、流量、压降、压缩空气损失、能量消耗、噪声。

该标准还给出了用于确定节能装置性能的部分载荷试验方法。该标准适用于工作压力大于 0.05MPa 且小于或等于 1.6MPa 的下列压缩空气干燥器：吸附式干燥器、渗膜式干燥器和组合式干燥器。该标准不适用于下列干燥器：吸收式干燥器、过压缩式干燥器和内置式干燥器。

表 21-7-14

<table>
<tr><td>标准状态</td><td>空气温度为 20℃,空气的绝对压力为 0.1MPa,相对水蒸气压力为 0</td></tr>
<tr><td>规定工况</td><td>
在评定压缩空气干燥器和比较两个不同干燥器性能时,规定工况是必须的,规定工况见表 1。设定规定工况是在每周 7d、每天 24h 之内干燥器在 100%的额定流量下运行
表 1　规定工况
<table>
<tr><td rowspan="2">参数</td><td rowspan="2">单位</td><td colspan="3">数值①</td><td rowspan="2">允差②</td></tr>
<tr><td>方案 A1③</td><td>方案 A2③</td><td>方案 B</td></tr>
<tr><td>进气温度</td><td>℃</td><td>35</td><td>38</td><td>45</td><td>±2</td></tr>
<tr><td>进气压力</td><td>MPa</td><td>0.7</td><td>0.7</td><td>0.7</td><td>±0.014</td></tr>
<tr><td>进气相对湿度</td><td>%</td><td>100</td><td>100</td><td>100</td><td>0
-5</td></tr>
<tr><td>冷却空气进气温度(适用时)</td><td>℃</td><td>25</td><td>38</td><td>35</td><td>±3</td></tr>
<tr><td>冷却水进水温度(适用时)</td><td>℃</td><td>25</td><td>29</td><td>25</td><td>±3</td></tr>
<tr><td>环境空气温度</td><td>℃</td><td>25</td><td>38</td><td>35</td><td>±3</td></tr>
<tr><td>干燥器进口流量
占额定流量的比例</td><td>%</td><td>100</td><td>100</td><td>100</td><td>+3</td></tr>
</table>
①压力使用表压值
②选择方案 A 或 B 根据设备安装地理位置决定
③在温带区选择方案 A1,在亚热带区选择方案 A2
</td></tr>
</table>

续表

<table>
<tr><td rowspan="3">性能试验</td><td>主要性能参数</td><td>对于所有压缩空气干燥器，在说明或评定产品性能以及比较不同的干燥器时，需要以下主要性能参数的数据：压力露点、流量、压降、能量消耗、系统空气损失、出口温度和噪声
干燥器的进口压力和温度宜在额定的满负荷条件下测量。为避免测量点与进口处之间因冷却或压降产生的误差，进口压力和温度应当在干燥器的进口处测得。制造商有义务提供 GB/T 10893.1—2012 附录 B 中规定的数据
所有性能试验的进口空气质量符合 GB/T 13277.1—2008(2023)含油量4级、固体颗粒4级的规定，如果试验用干燥器需要预过滤器来保证进口空气品质，则这些过滤器应包含在被测试设备内</td></tr>
<tr><td>压力露点、流量和出口温度</td><td>压力露点的测量应当从表1中选择规定工况并在干燥器额定流量下进行。出口空气压力露点的测量应按照 ISO 8573-3 的规定。排气温度也需测量。试验设备按图 a 所示布置，也可以根据被测试干燥器类型加以调整
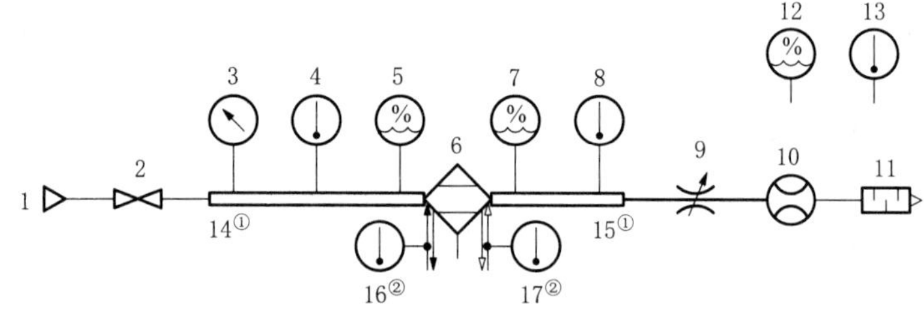

(a) 典型的压力露点和流量测量试验示意图
1—符合条件的压缩空气源；2—截止阀；3—进气压力传感器/测量装置；4—进气温度传感器/测量装置；5—进气含水量测量仪；6—试验用干燥器；7—压力露点传感器/测量装置；8—出气温度传感器/测量装置；9—精密调节阀；10—流量传感器/测量装置；11—消声器；12—环境相对湿度传感器/测量装置；13—环境温度传感器/测量装置；14—进气压力测量管；15—排气压力测量管；16—冷却水进水温度传感器/测量装置(如果需要)；17—冷却空气进气温度传感器/测量装置(如果需要)
①压力测量管参见GB/T 10893.1—2012附录D
②如果试验用干燥器需提供冷却空气或冷却水，则安装温度测量装置；对于冷冻式干燥器，通常需要配备
注：在GB/T 786.1—2021中流体(液体和气体)的流动方向图形符号不区分液体和气体，在图中以未涂黑箭头表示气体的流体方向，以下同
安装在干燥器系统中用来保证干燥器正常运行的过滤器，将包含在图 a 所示的试验系统中，试验设备的配置记录参见 GB/T 10893.1—2012 附录 B。当干燥器出口压力露点保持在一个特定等级时，干燥器的流量就是干燥器的实际能满足露点要求的最大流量。标准出口压力露点可从 GB/T 13277.1—2008(2023)中的表3选取
调节进入试验用干燥器的压缩空气，使进气的相对湿度保证在完全饱和状态(至少不超过表1的允差)。有许多种试验设备可以用来获得完全饱和状态的空气，例如，气水接触器、蒸汽喷射器等。应当认真挑选和使用测量进气相对湿度的仪表来确保试验过程的可靠性和精确性
在测量出口压力露点之前，干燥器应当达到制造商推荐的稳定运行阶段。在这段时间内一直监测压力露点和流量，直到运行周期内出口压力露点的最大最小变化值小于0.5℃(平均压力露点值不大于0℃时)或1℃(平均压力露点值大于0℃时)。应记录试验过程中湿度最大时的压力露点值作为压力露点。对于在一个工作周期内压力露点变化显著的干燥器(例如变温吸附式干燥器)，还可以取压力露点平均值。压力露点平均值应按照下面“周期变化的处理”③“含湿量的平均值”来计算，同时测量出口温度的峰值和平均值</td></tr>
<tr><td>压降</td><td>压降是干燥器进出口之间的总压力损失。测量压降应当在干燥器的额定流量下进行，并从表1中选取规定工况。试验设备按图 b 布置排列。如果进口或出口过滤器属于干燥器的一部分，则测量压降时应当包括在内。运行稳定状态应当是过滤器已达到饱和状态</td></tr>
</table>

续表

性能试验	压降	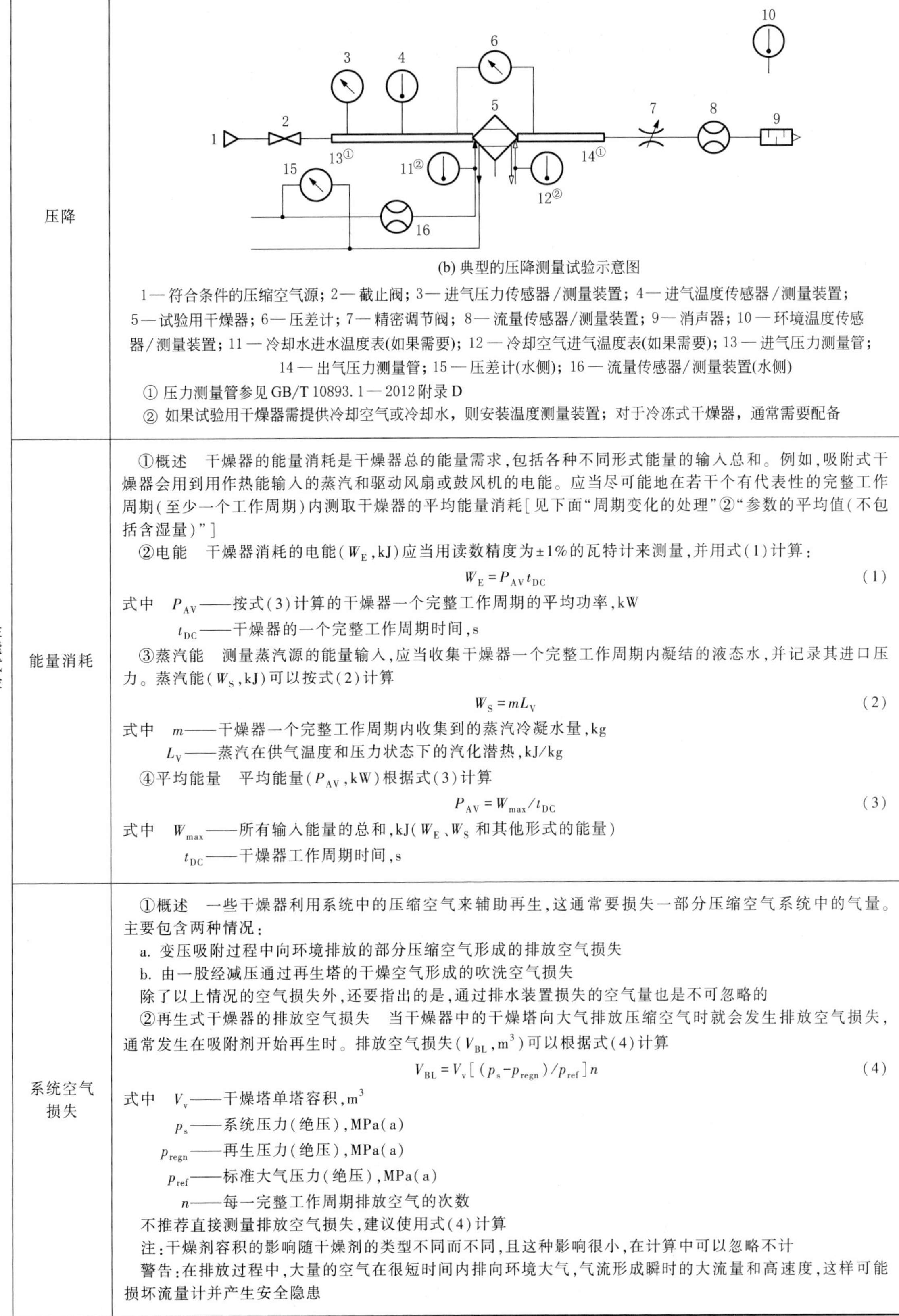 (b) 典型的压降测量试验示意图 1— 符合条件的压缩空气源；2— 截止阀；3— 进气压力传感器/测量装置；4— 进气温度传感器/测量装置；5—试验用干燥器；6— 压差计；7— 精密调节阀；8— 流量传感器/测量装置；9— 消声器；10 — 环境温度传感器/测量装置；11 — 冷却水进水温度表(如果需要)；12 — 冷却空气进气温度表(如果需要)；13 — 进气压力测量管；14 — 出气压力测量管；15 — 压差计(水侧)；16 — 流量传感器/测量装置(水侧) ① 压力测量管参见 GB/T 10893. 1— 2012 附录 D ② 如果试验用干燥器需提供冷却空气或冷却水，则安装温度测量装置；对于冷冻式干燥器，通常需要配备
	能量消耗	①概述　干燥器的能量消耗是干燥器总的能量需求，包括各种不同形式能量的输入总和。例如，吸附式干燥器会用到用作热能输入的蒸汽和驱动风扇或鼓风机的电能。应当尽可能地在若干个有代表性的完整工作周期(至少一个工作周期)内测取干燥器的平均能量消耗[见下面"周期变化的处理"②"参数的平均值(不包括含湿量)"] ②电能　干燥器消耗的电能(W_E,kJ)应当用读数精度为±1%的瓦特计来测量，并用式(1)计算： $$W_E = P_{AV} t_{DC} \quad (1)$$ 式中　P_{AV}——按式(3)计算的干燥器一个完整工作周期的平均功率，kW t_{DC}——干燥器的一个完整工作周期时间，s ③蒸汽能　测量蒸汽源的能量输入，应当收集干燥器一个完整工作周期内凝结的液态水，并记录其进口压力。蒸汽能(W_S,kJ)可以按式(2)计算 $$W_S = mL_V \quad (2)$$ 式中　m——干燥器一个完整工作周期内收集到的蒸汽冷凝水量，kg L_V——蒸汽在供气温度和压力状态下的汽化潜热，kJ/kg ④平均能量　平均能量(P_{AV},kW)根据式(3)计算 $$P_{AV} = W_{max}/t_{DC} \quad (3)$$ 式中　W_{max}——所有输入能量的总和，kJ(W_E、W_S 和其他形式的能量) t_{DC}——干燥器工作周期时间，s
	系统空气损失	①概述　一些干燥器利用系统中的压缩空气来辅助再生，这通常要损失一部分压缩空气系统中的气量。主要包含两种情况： a. 变压吸附过程中向环境排放的部分压缩空气形成的排放空气损失 b. 由一股经减压通过再生塔的干燥空气形成的吹洗空气损失 除了以上情况的空气损失外，还要指出的是，通过排水装置损失的空气量也是不可忽略的 ②再生式干燥器的排放空气损失　当干燥器中的干燥塔向大气排放压缩空气时就会发生排放空气损失，通常发生在吸附剂开始再生时。排放空气损失(V_{BL},m³)可以根据式(4)计算 $$V_{BL} = V_v[(p_s - p_{regn})/p_{ref}]n \quad (4)$$ 式中　V_v——干燥塔单塔容积，m^3 p_s——系统压力(绝压)，MPa(a) p_{regn}——再生压力(绝压)，MPa(a) p_{ref}——标准大气压力(绝压)，MPa(a) n——每一完整工作周期排放空气的次数 不推荐直接测量排放空气损失，建议使用式(4)计算 注：干燥剂容积的影响随干燥剂的类型不同而不同，且这种影响很小，在计算中可以忽略不计 警告：在排放过程中，大量的空气在很短时间内排向环境大气，气流形成瞬时的大流量和高速度，这样可能损坏流量计并产生安全隐患

续表

<table>
<tr>
<td rowspan="2">性能试验</td>
<td>系统空气损失</td>
<td>

③再生式干燥器的吹洗空气损失　吹洗空气损失是指从压缩空气流中分流出来用作再生的所有空气，是在系统中损失的。因为有吹洗空气被消耗掉，所以干燥器的出口流量小于进口流量

测量吹洗空气流量应按图 c 布置排列，这项试验不宜和上面"压力露点、流量和出口温度"的压力露点测量试验同时进行，因为测量吹洗空气流量时增加的背压可能会影响干燥器的性能

警告：测量变压吸附式干燥器吹洗空气损失时，应当避免在排放空气时进行，因为流量计和吹洗空气测量设备可能会由于空气的快速排放造成损坏，或者产生安全隐患

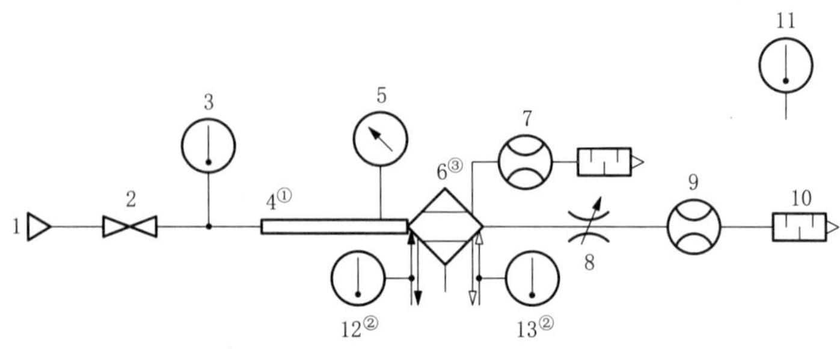

(c) 典型的吹洗空气流量测量试验示意图

1— 符合条件的压缩空气源；2— 截止阀；3— 进气温度传感器/测量装置；4— 压力测量管；5— 进气压力传感器/测量装置；6— 试验用干燥器；7— 吹洗或吹扫空气流量计；8— 精密调节阀；9—流量传感器/测量装置；10 — 消声器；11 — 环境温度传感器/测量装置；12 — 冷却水进水温度传感器/测量装置(如果需要)；13 — 冷却空气进气温度传感器/测量装置(如果需要)

① 压力测量管参见GB/T 10893. 1—2012 附录D

② 如果试验用干燥器需提供冷却空气或冷却水，则安装温度测量装置；对于冷冻式干燥器，通常需要配备

③ 吹洗空气源会因干燥器形式的不同而不同，所以图中仅是一个示意，表示流量计 7 与吹洗空气相应排放口的连接

吹洗空气损失（V_{PL}，m^3）按式（5）计算

$$V_{PL}=q_{PF}t_{PF} \tag{5}$$

式中　q_{PF}——吹洗空气流量，m^3/s

t_{PF}——干燥器一个完整工作周期内吹洗所需的总时间，s

注：这个公式不适用于非周期性工作的干燥器

④再生式干燥器的空气损失计算　干燥器空气损失流量（q_{AL}，m^3/s）按式（6）计算

$$q_{AL}=V_{max}/t_{DC} \tag{6}$$

式中　V_{max}——干燥器所有空气损失总和（V_{BL}、V_{PL} 和其他任何损失），m^3

t_{DC}——干燥器工作周期时间，s

⑤非再生式干燥器的空气损失　这部分空气从压缩空气系统中损失掉并用作吹扫气，所以干燥器的出口流量小于进口流量。吹扫气流量应按图 c 测量

</td>
</tr>
<tr>
<td>周期变化的处理</td>
<td>

①概述　某些类型的干燥器，特别是变压和变温吸附式干燥器，实际上是呈周期性变化的。在一个周期内，能量消耗、吹洗空气损失、噪声等的测量值变化很大

试验时，应当同时记录试验数据的平均值和峰值。这样，干燥器的用户就可以通过平均值计算出长时间运行过程中诸如空气损失和能量消耗等给用户带来的运行成本，使用峰值则可以计算出供电电源的功率等

②参数的平均值（不包括含湿量）　一系列测量值的平均值（$\overline{X}$，不包括含湿量/压力露点）按式（7）计算

$$\overline{X}=(\sum_{j=1}^{n}x_i t_i)/t_{TOT} \tag{7}$$

式中　x_i——在时间间隔 t 内的测量值

t_i——时间间隔，s

t_{TOT}——总时间，s

n——取样数量，宜大于 30，以获取一个合理的平均计算值

③含湿量的平均值　除最潮湿的压力露点外，还可以取平均压力露点值。如果测取平均压力露点值，应当认识到压力露点与含湿量是非线性关系，需先将压力露点转换成含湿量，再按下面过程计算干燥器一个完整工作周期内的压力露点平均值

a. 将压力露点（℃）转换为含湿量（g/m^3）

b. 按②"参数的平均值（不包括含湿量）"计算平均含湿量

c. 将平均含湿量转换为压力露点值，这个值就称作平均压力露点（℃）

</td>
</tr>
</table>

续表

<table>
<tr><td rowspan="4">性能试验</td><td>周期变化的处理</td><td>温度范围为-100~0℃的冰的饱和压力(p_{ws},Pa)按式(8)计算
$$\ln(p_{ws})=C_1/T+C_2+C_3T+C_4T^2+C_5T^3+C_6T^4+C_7\ln T \quad (8)$$
式中 T——热力学温度,K
$C_1=-5.6745359\times10^3$;$C_2=6.3925247$;$C_3=-9.6778430\times10^{-3}$;$C_4=6.2215701\times10^{-7}$;$C_5=2.0747825\times10^{-9}$;$C_6=-9.4840240\times10^{-13}$;$C_7=4.1635019$
温度范围为0~200℃的液态水的饱和压力按式(9)计算
$$\ln(p_{ws})=C_8/T+C_9+C_{10}T+C_{11}T^2+C_{12}T^3+C_{13}\ln T \quad (9)$$
式中,$C_8=-5.8002206\times10^3$;$C_9=1.3914993$;$C_{10}=-4.8640239\times10^{-2}$;$C_{11}=4.1764768\times10^{-5}$;$C_{12}=-1.4452093\times10^{-8}$;$C_{13}=6.5459673$
式(8)和式(9)中的系数($C_1\sim C_{13}$)都来自 Hyland-Wexler 公式</td></tr>
<tr><td>噪声</td><td>干燥器的噪声测量见 GB/T 10893.1—2012 附录 C</td></tr>
<tr><td>节能装置试验</td><td>许多干燥器都配备节能装置,形式多种多样。该试验允许通过在不同的额定流量下的试验评价干燥器性能
干燥器进口流量可以设定为后面的任意值,例如额定流量的75%、50%、25%或0,其他试验参数应当按照表1来选取。上面“压力露点、流量和出口温度”~“噪声”规定的试验应当重复进行。试验结果应予以记录,记录表格参见 GB/T 10893.1—2012 附录 B</td></tr>
<tr><td>仪表精度</td><td>试验中使用的仪表精度见表2。所有与电相关的仪表的精度应当为读数的2%

表2 仪表精度
<table>
<tr><th colspan="2">参数</th><th>范围</th><th>精度①</th></tr>
<tr><td rowspan="3">压力露点</td><td rowspan="3">℃</td><td>$-100\leqslant t_D<-40$</td><td>±2</td></tr>
<tr><td>$-40\leqslant t_D<-10$</td><td>±1</td></tr>
<tr><td>$t_D\geqslant-10$</td><td>±0.5</td></tr>
<tr><td>压力</td><td>MPa</td><td>$0.05\leqslant p<1.6$</td><td>0.4级</td></tr>
<tr><td>压差</td><td>kPa</td><td>—</td><td>±1.00</td></tr>
<tr><td>温度</td><td>℃</td><td>0~100</td><td>±1</td></tr>
<tr><td>流量</td><td>m^3/min</td><td>—</td><td>±3%</td></tr>
<tr><td>功率</td><td>W</td><td>—</td><td>±1%</td></tr>
<tr><td>水流量计</td><td>L/min</td><td>—</td><td>±5%</td></tr>
</table>
①在试验条件下</td></tr>
<tr><td colspan="2">不确定性</td><td>注:按照本条款通常不需要做概率误差计算
由于物理测量的特性,不可能测量一个物理量而没有误差,或者说事实上确定任何一项特定测量的真实误差是不可能的。然而,如果测量条件充分已知,则可能估算出或者计算出所测值与真值间的特性偏差,因而能以一定的置信度断定其真实误差小于此偏差,此偏差的值(通常是95%的置信度)就成为该特定测量精度的判断指标
假定测量各独立量和气体特性时,可能产生的系统误差可以通过修正补偿。如果读数的数量足够多,还可进一步假定,读数的置信限和积累误差可以忽略不计
可能产生的(小的)系统误差包含在测量的不精确度中。由于除例外情况(例如电器传感器),各独立测量的不确定度仅仅是精度级和极限误差的几分之一,所以经常采用精度级和极限误差来确定这种不确定度
有关确定各独立测量的不确定度和各气体特性置信限的数据都是一些近似值,依照 ISO 2602 和 GB/T 4889 改善这些近似程度则耗费巨大</td></tr>
<tr><td rowspan="2">试验报告</td><td>说明</td><td>应在标准状态并至少在表1的规定工况下测量性能参数。试验结果应包括试验条件下测量获得的试验数据</td></tr>
<tr><td>性能数据</td><td>性能数据至少包含以下参数:额定流量下的压力露点;压降;压缩空气损失;能量消耗;干燥器的运行噪声声压级,对吸附式干燥器还包括排放空气声压级和吹洗空气声压级;冷却水回路的压降;冷却水的额定流量
试验报告格式参见 GB/T 10893.1—2012 附录 B</td></tr>
</table>

2.11.2 一般用冷冻式压缩空气干燥器的试验方法（摘自 JB/T 10526—2017）

在 JB/T 10526—2017《一般用冷冻式压缩空气干燥器》中规定了一般用冷冻式压缩空气干燥器（以下简称干燥器）的术语和定义、规定工况、要求、试验方法、检验规则及标志、包装、运输和贮存，适用于工作压力为 0.4~1.6MPa 的干燥器。其他压力范围的干燥器也可参照执行。

表 21-7-15

<table>
<tr><td rowspan="7">试验方法</td><td>压力露点及压降试验</td><td>①干燥器的性能试验和仪表精度按 GB/T 10893.1 的规定进行,试验工况按表 1 的规定

表 1　规定工况
<table>
<tr><td rowspan="3">名称</td><td rowspan="3">单位</td><td colspan="3">要求值</td><td rowspan="3">允许偏差</td></tr>
<tr><td rowspan="2">工况 A1</td><td colspan="2">工况 A2</td></tr>
<tr><td>满负荷</td><td>部分负荷</td></tr>
<tr><td>进气温度</td><td>℃</td><td>35</td><td>38</td><td>38</td><td>±2</td></tr>
<tr><td>进气压力</td><td>MPa</td><td>0.7</td><td>0.7</td><td>0.7</td><td>±0.014</td></tr>
<tr><td>进气相对湿度</td><td>%</td><td>100</td><td>100</td><td>100</td><td>0
-5</td></tr>
<tr><td>冷却空气进气温度(适用时)</td><td>℃</td><td>25</td><td>38</td><td>38</td><td>±3</td></tr>
<tr><td>冷却水进水温度(适用时)</td><td>℃</td><td>25</td><td>29</td><td>29</td><td>±3</td></tr>
<tr><td>环境空气温度</td><td>℃</td><td>25</td><td>38</td><td>38</td><td>±3</td></tr>
<tr><td>干燥器进口流量
占额定流量的比例</td><td>%</td><td>100</td><td>100</td><td>10</td><td>±3</td></tr>
</table>
注:工况 A2 为优先考核工况;工况 A1 为备选工况

②干燥器压力露点和压降的测量应按 GB/T 13277.3 和 GB/T 10893.1 的规定
③性能试验过程中,应在干燥器运行进入稳定状态后开始记录性能数据。干燥器运行后,当每 15 min 的出口压力露点观测值波动稳定在±1.7℃以内时即可认为达到稳定状态。对于循环式干燥器,该波动值可以适当放宽或由制造厂推荐
④性能测试进入稳定状态后,对于非循环式干燥器满负荷工况测试时间为 2h;对于循环式干燥器,测试时间为 4 个循环周期,最长试验时间不超过 8h,最短试验时间不少于 4h</td></tr>
<tr><td>部分负荷试验</td><td>部分负荷试验工况按表 1 的规定,非循环式干燥器满负荷工况测试时间为 4h;对于循环式干燥器,测试时间为 4 个循环周期,最长试验时间不超过 8h,最短试验时间不少于 4h</td></tr>
<tr><td>电能消耗</td><td>电能消耗按 GB/T 10893.1 的规定检测,试验工况按本标准表 1 中满负荷工况的规定</td></tr>
<tr><td>密封性</td><td>①压缩空气管路充入干燥的压缩空气或者氮气,测试压力为设计压力,保压 30min,其应无泄漏
②制冷剂管路充入干燥的氮气,测试压力为设计压力,保压 12~48h,剔除温度变化等影响因素后压力应无明显变化。如制造厂采用氦气或者氢气等穿透性更强的气体进行测试,保压时间由制造厂自行决定。产品在包装出厂前,应用卤素检漏仪检测,不应有制冷剂泄漏
注:保压时间依据制冷剂管路容积决定,容积越大时间越长
③冷却水侧充入符合要求的最高工作压力的水,10min 后观测管路各处应无明显泄漏</td></tr>
<tr><td>耐压试验</td><td>①干燥器空气侧的压力容器类零部件按照 GB/T 150 (所有部分)或 TSG 21 进行液压或气压试验(或有供应商提供的耐压试验报告)
②干燥器空气侧的非压力容器类的承压部件及管路系统,如果没有相应国家标准或行业标准,则按 1.5 倍最高工作压力进行水压试验,保压 30min 后不得变形和泄漏</td></tr>
<tr><td>电气安全</td><td>绝缘电阻和耐电压强度按 GB/T 5226.1 规定执行</td></tr>
<tr><td>外观质量</td><td>干燥器外观质量采用目测法检查</td></tr>
</table>

2.11.3　一般用吸附式压缩空气干燥器的试验方法（摘自 JB/T 10532—2017）

在 JB/T 10532—2017《一般用吸附式压缩空气干燥器》中规定了一般用吸附式压缩空气干燥器（以下简称干燥器）的术语和定义、类型和型号、要求、试验方法、检验规则及标志、包装、运输和贮存，适用于额定工作压力为 0.4~1.6MPa 的干燥器。其他压力范围的干燥器也可参照执行。

表 21-7-16

<table>
<tr><td>试验方法</td><td>压力露点及压降试验</td><td>①干燥器的规定工况应从表 1 中选择,测量设备和精度按 GB/T 10893.1 的规定进行

表 1　规定工况
<table>
<tr><td rowspan="2">名称</td><td rowspan="2">单位</td><td colspan="3">数值</td><td rowspan="2">允许偏差</td></tr>
<tr><td>A1</td><td>A2</td><td>A3</td></tr>
<tr><td>进气温度</td><td>℃</td><td>35</td><td>38</td><td>110</td><td>±2</td></tr>
<tr><td>进气压力</td><td>MPa</td><td colspan="3">0.7</td><td>±0.014</td></tr>
</table></td></tr>
</table>

续表

<table>
<tr><td rowspan="8">试验方法</td><td>压力露点及压降试验</td><td>
续表
<table>
<tr><th rowspan="2">名称</th><th rowspan="2">单位</th><th colspan="3">数值</th><th rowspan="2">允许偏差</th></tr>
<tr><th>A1</th><th>A2</th><th>A3</th></tr>
<tr><td>进气相对湿度</td><td>%</td><td colspan="2">100</td><td>—</td><td>0
-5</td></tr>
<tr><td>冷却空气进气温度(适用时)</td><td>℃</td><td>25</td><td colspan="2">38</td><td>±3</td></tr>
<tr><td>冷却水进水温度(适用时)</td><td>℃</td><td>25</td><td colspan="2">29</td><td>±3</td></tr>
<tr><td>环境温度</td><td>℃</td><td>25</td><td colspan="2">38</td><td>±3</td></tr>
<tr><td>干燥器进口流量占额定流量的比例</td><td>%</td><td>100</td><td colspan="2">100</td><td>±3</td></tr>
</table>
注:1. 工况A2为优先考核工况;工况A1为备选工况;工况A3适用于压缩热再生干燥器
2. 进口流量是指在0.1MPa(a)、20℃时的容积流量
②干燥器压力露点和压降的测量应按GB/T 13277.3和GB/T 10893.1的规定
③试验过程中,应在干燥器运行进入稳定状态后开始记录性能数据。干燥器运行后,当每15min的出口压力露点观测值波动稳定在±1.7℃以内时即可认为达到稳定状态
</td></tr>
<tr><td>耗气量</td><td>耗气量应通过压缩空气损失的测量值计算得到,压缩空气损失的测量按GB/T 10893.1的规定进行</td></tr>
<tr><td>电能消耗</td><td>电能消耗按GB/T 10893.1的规定检测,试验工况按本标准表1的规定</td></tr>
<tr><td>气密性试验</td><td>①试验压力:整机为额定工作压力
②试验介质:干燥洁净的压缩空气或氮气
③试验要求:保压至少30min,干燥器无泄漏</td></tr>
<tr><td>耐压性</td><td>①干燥塔等压力容器按照GB/T 150(所有部分)或TSG 21进行液压或气压试验(或有供应商提供的耐压试验报告)
②非压力容器类的承压部件及管路系统,若没有相应国家标准或行业标准,则按1.5倍最高工作压力进行水压试验,保压30min不得变形和泄漏</td></tr>
<tr><td>控制及运行检查</td><td>干燥器在规定压力下通电对控制系统、运行周期和各种阀门动作的正确性进行检查</td></tr>
<tr><td>电气安全</td><td>绝缘电阻和耐电压强度按GB/T 5226.1的规定执行</td></tr>
<tr><td>外观</td><td>干燥器外观质量采用目测法检查</td></tr>
</table>

2.12 气动油雾器的试验方法

2.12.1 气动油雾器的主要特性的试验方法（摘自GB/T 33626.2—2017）

在GB/T 33626.2—2017/ISO 6301-2：2006，MOD《气动油雾器　第2部分：评定商务文件中包含的主要特性的试验方法》中规定了按GB/T 33262.1中所要求的油雾器商务文件中应包含的主要特征的测试方法及这些特性参数的表达方式。

该标准适用于：通过统一的测试方法得出的测试数据，对油雾器进行比较；有助于在压缩空气系统中正确选用合适的油雾器。

规定的测试项目旨在进行不同类型油雾器的比较，而非用在油雾器制造过程的生产测试。

表 21-7-17

<table>
<tr><td rowspan="3">测试条件与样品</td><td>温度</td><td>对所有测试,工作介质、设备和环境温度均应维持在23℃±5℃范围内</td></tr>
<tr><td>压力</td><td>规定压力的相对变化应保持在±2%以内。推荐测试压力选用GB/T 33626.1—2017中给出的数值或从GB/T 2346中选取。在要求其他测试压力的场合,压力数值应按照从GB/T 321优先数值R5系列中选取</td></tr>
<tr><td>测试样品</td><td>在下面“验证额定压力的测试程序”~“储油杯容量测定”中每项性能至少测试3件随机样品,并采用测试结果的平均值</td></tr>
<tr><td colspan="2">验证额定压力的测试程序</td><td>①用被试产品的设定额定压力进行此项测试
②在本测试中,可以改进产品密封方式以防止泄漏并允许发生结构破坏。但改进措施不应增加压力容器的结构强度</td></tr>
</table>

续表

<table>
<tr><td colspan="2">验证额定压力的测试程序</td><td>③用符合 GB/T 3141 的黏度不超过 ISO VG32 的液体注满样品，并把它们安装在上面“温度”所规定的环境温度中
④当温度稳定后，缓慢加压至设定额定压力的 1.5 倍，保持此压力 2 min，按⑥中规定观察泄漏和破坏情况
⑤如果未出现泄漏或破坏，则再增加设定额定压力的一半左右，保持此压力 2min，按⑥中规定观察泄漏和破坏情况。如果仍未出现泄漏和破坏，则根据元件的材质不同，分别按以下要求进行加压：
a. 对于轻合金、黄铜和钢结构的产品，按上述规定继续升压直至达到设定额定压力的 4 倍
b. 对于压铸锌合金或塑料结构的产品，在工作温度不超过 50℃ 的情况下使用，按上述规定继续升压直至达到设定额定压力的 4 倍；在工作温度 50～80℃ 之间的，按上述规定继续升压直至达到设定额定压力的 5 倍
⑥破坏的标准是出现裂缝、零件的破损或折断，或达到有液体渗出压力容器表面足以湿润外表面。气口螺纹的泄漏并不构成破坏，除非是由裂缝或折断引起的泄漏
⑦如果 3 件样品全部测试合格，则设定的额定压力得到验证
⑧当元件或元件的零部件（例如储油杯或视窗玻璃）是由不同材料构成时，则其测试压力与额定压力之比应采用最高的相应比值。适用的压力可能受限于不同材料之间的界面区域</td></tr>
<tr><td colspan="2">流量测试</td><td>①测试回路应按照 ISO 6358-1:2013 中图 1、表 4 和 5.3 所规定的回路
②测压管件应按照 ISO 6358-1:2013 中图 3、表 5、5.4 和 5.5 所规定的管件
③给油控制应设置为零且储油杯内应无油
注：此项操作的目的是减少测定装置污染的机会
④对每一次具体测试状况获得的系列结果均应在达到恒稳状况时立即记录下来。记录时应仔细且以相当缓慢的周期来改变工况，以避免恒稳态中出现漂移。应进行定期检查以确认所有测量仪器的压力测试口未被固体或液体所堵塞
⑤设置输入压力为测试等级 250kPa、630kPa、1000kPa 或额定压力（若额定压力不同于 1000kPa）。需要时调节减压阀以确保在测试过程中维持输入压力为常值
⑥开始向测试回路输气，记录流量和压力降，直至压力降等于 80kPa 或 20% 的输入压力，取两者中的较小者，此时的流量即为最大流量。然后逐渐降低流量，记录相应的流量和压力降，直到流量降至为零
⑦测试结果应取自升高或降低的流量的平均值，其表述应符合 GB/T 33626.1—2017 中图 2，或者符合 GB/T 33626.1—2017 表 1 中列出的压降为输入压力的 5%时的流量</td></tr>
<tr><td rowspan="2">确定最小工作流量测试程序</td><td colspan="2">注：非再循环式油雾器把在视窗中观察到的油滴全部发送到下游气流中，而滴油速率则是被送入下游气流中油量的直接指标。再循环式油雾器引导油滴流经视窗进入至文丘里管，在其中油被雾化，回到储油杯中，大量油雾被散落在储油杯中，仅有一小部分颗粒送入下游气流。视窗中看到的滴油速率并非被传送油量的直接测量值</td></tr>
<tr><td>方法 1</td><td>①将油雾器安装在图 a 所示的测量回路中
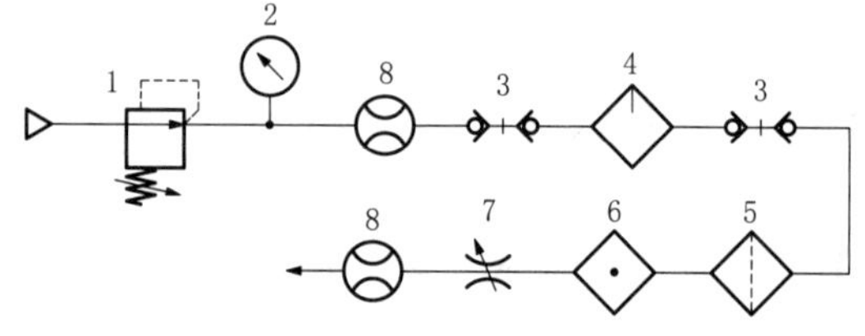

(a) 试验回路
1—减压阀；2—压力表；3—快换接头；4—被测油雾器；5—普通过滤器；
6—凝聚式过滤器；7—流量控制阀；8—流量计
②将储油杯用符合 GB/T 3141，黏度相当于 ISO VG32 的液体灌注至液面大约为储油杯容量的 25%水平，储油杯容量按下面“储油杯容量测定”测定
③设置给油机构至其最大开启位置，并在测试过程中维持此位置
④将供气压力稳定在 630kPa 或者若额定压力低于该值时稳定于额定压力，充分开启测试回路中的流量控制阀使油输出，出油量至少为：
a. 对于非再循环油雾器，每 $5dm^3/s$（ANR）流量为 1 滴/min
b. 对于再循环式油雾器，每 $5dm^3/s$（ANR）流量为 10 滴/min
⑤拆下油雾器并测其质量
⑥安装油雾器，不用调节流量控制阀或油雾器给油装置，再次应用测试压力。注意气流量，并运行此测试至少 30min。记录持续运行时间，停止气流并使测试回路释压
注：在低气流量状态下，可能需要延长测试周期以便传递明显的油输出量
⑦拆下油雾器并再次测其质量。这次质量与⑤中测定的质量之间的差值就是在此测试周期内所传递的油量。按 mg/m^3（ANR）来确定油的输出密度
⑧重复⑥中描述的测试，根据需要调节气流以达到 $60mg/m^3$（ANR）的公称输出密度</td></tr>
</table>

续表

<table>
<tr><td rowspan="2">确定最小工作流量测试程序</td><td>方法 1</td><td>⑨最小工作流量可通过对 3 次测试结果采用内插或外推法确定
注:如果非再循环油雾器视窗中的滴油量为已知,则油输出量可通过观察经过一个测试周期的滴油数量加以确定</td></tr>
<tr><td>方法 2</td><td>①将油雾器安装入上面“流量测试”①和②所描述的测试回路,但要将下游测压管拆除,且仅在回路上游部分设置流量计
②将储油杯用符合 GB/T 3141、黏度相当于 ISO VG32 的液体灌注至液面大约为储油杯容量的 25%水平,储油杯容量按下面“储油杯容量测定”测定
③设置给油机构至其最大开启位置,并在测试过程中维持此状态
④把供气压力保持在 630kPa 或若额定压力低于此压力则保持在额定压力,开启测试回路中的流量控制阀以产生可在视窗中看到的至少 5 滴/min 的送油量,记录此相应的气流量作为最小工作流量</td></tr>
<tr><td colspan="2">储油杯容量测定</td><td>①取装配完整的油雾器,测量自取油管口底部上方 2mm 液面起至由制造商标示的最大充满液面止的容量,此值是该储油杯的容量
②确定每组样品的平均值,此值即是该规格储油杯的容量</td></tr>
</table>

2.12.2 气动油雾器的试验方法（摘自 JB/T 7375—2013）

在 JB/T 7375—2013《气动油雾器技术条件》中规定了油雾器技术要求、试验方法、检验规则及标志、包装和贮存，适用于将润滑油雾化并注入压缩空气的油雾器。

表 21-7-18

<table>
<tr><td rowspan="5">试验条件</td><td>试验介质</td><td>试验介质为经过滤度不低于 75μm,水分离效率不小于 80%的过滤器处理的压缩空气</td></tr>
<tr><td>环境温度</td><td>环境温度为 5~40℃</td></tr>
<tr><td>相对湿度</td><td>周围空气的相对湿度应≤90%</td></tr>
<tr><td>试验压力</td><td>
表 1　试验压力
<table>
<tr><td colspan="2">公称压力/kPa</td><td>630</td><td>1000</td><td>1600</td></tr>
<tr><td>耐压性</td><td rowspan="7">试验压力/kPa</td><td colspan="3">1.5 倍公称压力</td></tr>
<tr><td>密封性</td><td colspan="3">公称压力</td></tr>
<tr><td>压力降-空气流量</td><td>400,630</td><td>630,1000</td><td>630,1000,1600</td></tr>
<tr><td>起雾流量</td><td>250,400</td><td>630</td><td>630,1000</td></tr>
<tr><td>润滑油滴油量调节</td><td colspan="3">630</td></tr>
<tr><td>注油</td><td colspan="3">400</td></tr>
<tr><td>耐久性</td><td colspan="3">400</td></tr>
<tr><td colspan="2">标准压力允许波动值</td><td colspan="3">±4%</td></tr>
</table>
</td></tr>
<tr><td>试验仪表精度</td><td>试验用压力表精度为:型式试验不低于 0.4 级;出厂试验不低于 2.5 级。测量范围的上限值不得大于试验压力的 2 倍。试验用流量计精度不低于 2.5 级,试验用温度计(表)为普通级</td></tr>
<tr><td rowspan="3">性能试验</td><td>密封性</td><td>将油雾器出口堵塞,按表 1 规定的试验压力通入压缩空气并放入水中,保压 10s,应符合 JB/T 7375—2013 的 5.2.1 的规定</td></tr>
<tr><td>耐压性</td><td>将油雾器出口堵塞,按表 1 规定的试验压力通入压缩空气,保压 1min 后进行检查,应符合 JB/T 7375—2013 的 5.2.2 的规定</td></tr>
<tr><td>压力降-空气流量</td><td>①试验回路如图 a 所示,取压口结构按图 b 的规定
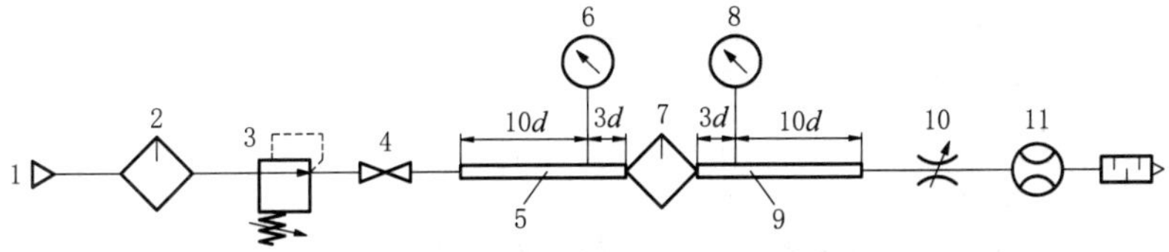

(a) 压力降-空气流量试验回路原理
1—气源;2—空气过滤器;3—空气减压阀;4—截止阀;5,9—压力测量管;
6,8—压力表;7—被测油雾器;10—节流阀;11—流量计</td></tr>
</table>

续表

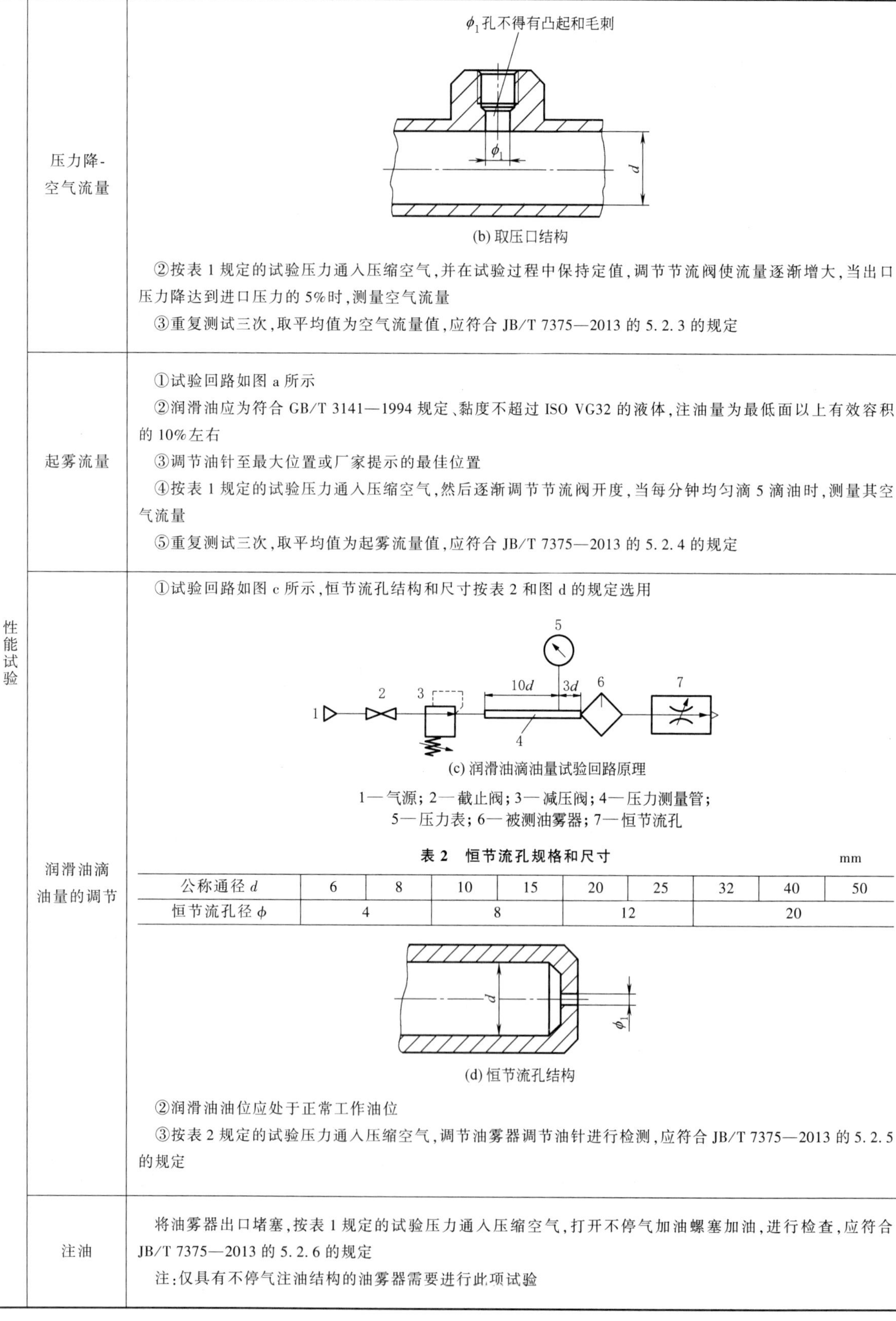

性能试验	压力降-空气流量	(b) 取压口结构 ②按表 1 规定的试验压力通入压缩空气,并在试验过程中保持定值,调节节流阀使流量逐渐增大,当出口压力降达到进口压力的 5%时,测量空气流量 ③重复测试三次,取平均值为空气流量值,应符合 JB/T 7375—2013 的 5.2.3 的规定
	起雾流量	①试验回路如图 a 所示 ②润滑油应为符合 GB/T 3141—1994 规定、黏度不超过 ISO VG32 的液体,注油量为最低面以上有效容积的 10%左右 ③调节油针至最大位置或厂家提示的最佳位置 ④按表 1 规定的试验压力通入压缩空气,然后逐渐调节节流阀开度,当每分钟均匀滴 5 滴油时,测量其空气流量 ⑤重复测试三次,取平均值为起雾流量值,应符合 JB/T 7375—2013 的 5.2.4 的规定
	润滑油滴油量的调节	①试验回路如图 c 所示,恒节流孔结构和尺寸按表 2 和图 d 的规定选用 (c) 润滑油滴油量试验回路原理 1—气源;2—截止阀;3—减压阀;4—压力测量管;5—压力表;6—被测油雾器;7—恒节流孔 **表 2　恒节流孔规格和尺寸**　mm (见下表) (d) 恒节流孔结构 ②润滑油油位应处于正常工作油位 ③按表 2 规定的试验压力通入压缩空气,调节油雾器调节油针进行检测,应符合 JB/T 7375—2013 的 5.2.5 的规定
	注油	将油雾器出口堵塞,按表 1 规定的试验压力通入压缩空气,打开不停气加油螺塞加油,进行检查,应符合 JB/T 7375—2013 的 5.2.6 的规定 注:仅具有不停气注油结构的油雾器需要进行此项试验

表 2　恒节流孔规格和尺寸　mm

公称通径 d	6	8	10	15	20	25	32	40	50
恒节流孔径 ϕ	4		8		12		20		

续表

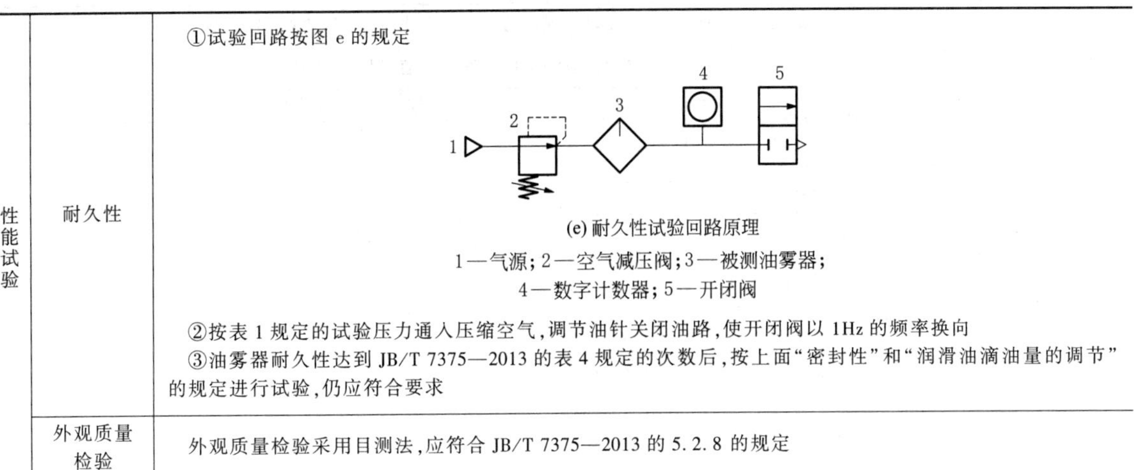

性能试验	耐久性	①试验回路按图e的规定 (e)耐久性试验回路原理 1—气源；2—空气减压阀；3—被测油雾器；4—数字计数器；5—开闭阀 ②按表1规定的试验压力通入压缩空气，调节油针关闭油路，使开闭阀以1Hz的频率换向 ③油雾器耐久性达到JB/T 7375—2013的表4规定的次数后，按上面“密封性”和“润滑油滴油量的调节”的规定进行试验，仍应符合要求
	外观质量检验	外观质量检验采用目测法，应符合JB/T 7375—2013的5.2.8的规定

2.13 气动管接头的试验方法（摘自GB/T 14514—2013）

在GB/T 14514—2013《气动管接头试验方法》中规定了气动系统中硬管、软管用管接头的试验方法，适用于以压缩空气为工作介质、最高工作压力为1.6MPa的气压传动系统中硬管、软管用管接头的试验。

表 21-7-19

试验条件和试验装置	试验条件	①除非用户特别要求，测试应在室内温度23℃±5℃和相对湿度水平65%±5%条件下进行 ②试验用气体介质：经过过滤度为50~75μm，分水效率不低于80%的空气过滤器处理的压缩空气
	试件安装	①泄漏试验、耐压试验、重复拆装试验、拉拔分离测试和额定压力验证测试的试件（指各种类型管接头）安装如图a所示，接管长度$L \geqslant 10D$ 试件 接管 试件 压力源 L 封闭端 (a)试件和接管连接方法示意图 ②试验用接管壁厚按试验压力要求确定
	试验装置	试验装置中应设置卸压和防爆安全措施
	测量仪器	①测量准确度等级　根据试验需要，测量准确度等级分A、B、C三级。A级适用于需要特别精确地测量试件性能的试验；B级一般适用于型式试验；C级一般适用于出厂试验 ②测量仪器允许的系统误差　试验用测量仪器允许的系统误差应不超出表1规定的范围

表1　测量仪器允许的系统误差

测量仪器参数	测量仪器的允许误差		
	A级	B级	C级
压力/%FS	±1	±2	±4
力/%FS	±1	±2	±4
振幅/mm	±1	±2	±5

注：表中的百分数极限偏差是指系统实际测量值，不是指试验的最大值或仪器的最大读数值

续表

试验条件和试验装置

测量仪器

③稳态条件　被测参数平均指示值在表2规定的范围内变化时，允许记录参数测量值

表2　被测参数平均指示值变化范围

被测参数	平均指示值变化范围		
	A级	B级	C级
压力/%FS	±1	±2	±4
力/%FS	±1	±2	±4
振幅/mm	±0.01	±0.02	±0.05

试验项目和试验方法

流量特性试验

按GB/T 14513规定进行

泄漏试验

①试件按上面“试件安装”的规定安装

②试验使用符合上面“试验条件”②规定的压缩空气

③通入额定压力气体，保压5min，应无泄漏

④插入式管接头在交变温度条件下的泄漏测试方法及其允许泄漏量(cm^3/min)按ISO 14743规定

耐压试验

①试件按上面“试件安装”的规定安装

②试验使用符合上面“试验条件”②规定的压缩空气

③通入压缩空气至1.5倍额定压力，保压2min，不应有任何可见的永久变形、裂纹、零件(包括密封件)失效和泄漏现象。判断泄漏的方法由制造商或用户自选

重复装拆试验

①试件按上面“试件安装”的规定安装，然后拆下

②重复①的程序，反复装拆5次

③最后一次装拆后，按上面“泄漏试验”规定进行泄漏试验

拉拔分离试验(连接强度试验)

①试件按上面“试件安装”规定安装，接管$L=100$mm

②本测试在不通气压状态下进行

③试验在材料拉伸试验机上进行。如图a所示连接试件，然后将试件安装于拉伸机的夹具中，被测试件一端固定在拉伸机工作台上，另一端固定在拉伸机测试装置的移动机构上。以1mm/s的速率沿被测试件轴线施加拉伸载荷，直至表3中规定的值。被测试件应能承受规定的拉力而不出现脱落现象

④拉伸后被测试件再进行泄漏试验符合上面“泄漏试验”要求

表3　用于拉拔分离性能测试的最低拉拔负荷

接管外径/mm			3	4	6	8	10	12	16	20	25	32	40
拉伸力/N	软管	聚酰胺管(PA)	60	70	120	170	250	300	500	800	1200	—	—
		聚氨酯管(PU)	25	50	100	150	200	200	360	—	—	—	—
	硬管	钢管	440				700	1200	2000	2800	5100	7100	9700
		铝合金 铜合金	440				860	1200	1800	3100			

注：聚酰胺管推荐邵氏硬度D/1:63±2；聚氨酯管推荐邵氏硬度A/1:93±3

额定压力验证测试

①本测试用于验证制造商自行选定管接头的额定压力

②本测试用液体介质进行

③本测试的目的是保证产品工作的安全性。对内部零件、密封件在测试后的失效是允许的。试验时可以加固或拆除内部零件，也可采取某些措施防止试验时泄漏，但任何改进措施不得增加被测管接头本体的结构强度

④以恒定速率增加压力，达到1.5~2倍额定压力后维持此压力水平，保压1min，检查是否正常；再继续升压，达到规定的测试压力，保压2min。在升压过程中和测试后，应无爆裂、永久变形和因渗透出现的外表湿润现象。各种管接头的测试压力规定如下：

a. 插入式管接头的测试压力为3倍额定压力

b. 快换式管接头和其他形式的管接头的测试压力为4倍额定压力

c. 塑料材料为主体的管接头(插入式管接头除外)的测试压力为5倍额定压力

续表

试验项目和试验方法

弯曲振动试验

①此项试验仅用于碳钢管、不锈钢管管接头，铜管、铝合金管管接头不做此项目试验。试验在振动试验台上进行，试件安装如图 b 所示

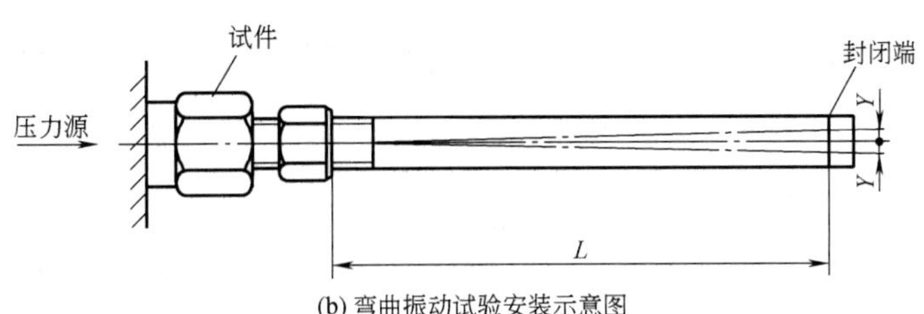

(b) 弯曲振动试验安装示意图

接管尺寸按式(1)计算

$$L=\sqrt{\frac{3EDY}{2(Rm/4-pD/4\delta)}} \tag{1}$$

式(1)中符号名称和单位见 GB/T 14514—2013 中表 1

注：钢管 $E=2.06\times10^{3}\,\mathrm{N/mm^{3}}$

②试验使用符合上面"试验条件"②规定的压缩空气

③通入额定压力的气体，对封闭端施加径向振动，振动频率为 30Hz±5Hz，振幅为 0.5mm

④累计振动 1000 万次，不得出现松脱或损坏

⑤按上面"泄漏试验"规定进行泄漏试验

注：原标准"按 5.2 规定进行泄漏试验"是不对的

脉冲振动试验

①试验在脉冲振动试验台上进行，试件安装如图 c 所示

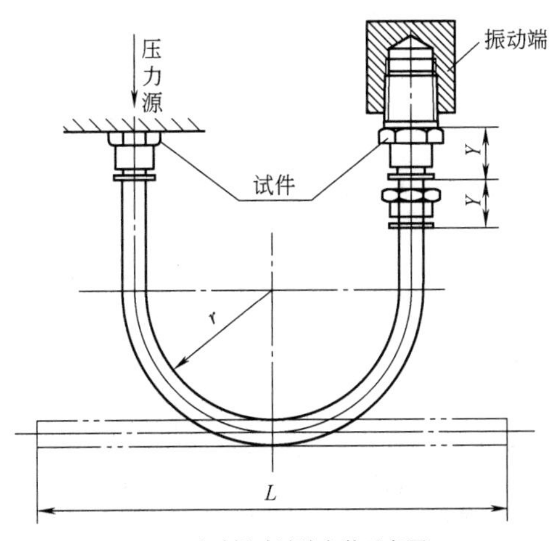

(c) 脉冲振动试验安装示意图

接管尺寸和曲率半径按表 4 规定。

表 4　接管外径、曲率半径、接管长度、振幅对照表　　mm

接管外径 D	曲率半径 r	接管长度 L	振幅 Y
4	24	120	10
6	36	180	15
8	48	240	20
10	60	300	25
12	72	360	30

②试验使用符合上面"试验条件"②规定的压缩空气

③以脉冲方式通入 60%额定压力的气体，加压时间和释压时间均为 0.5s。其脉冲波形参考图 d

续表

试验项目和试验方法	脉冲振动试验	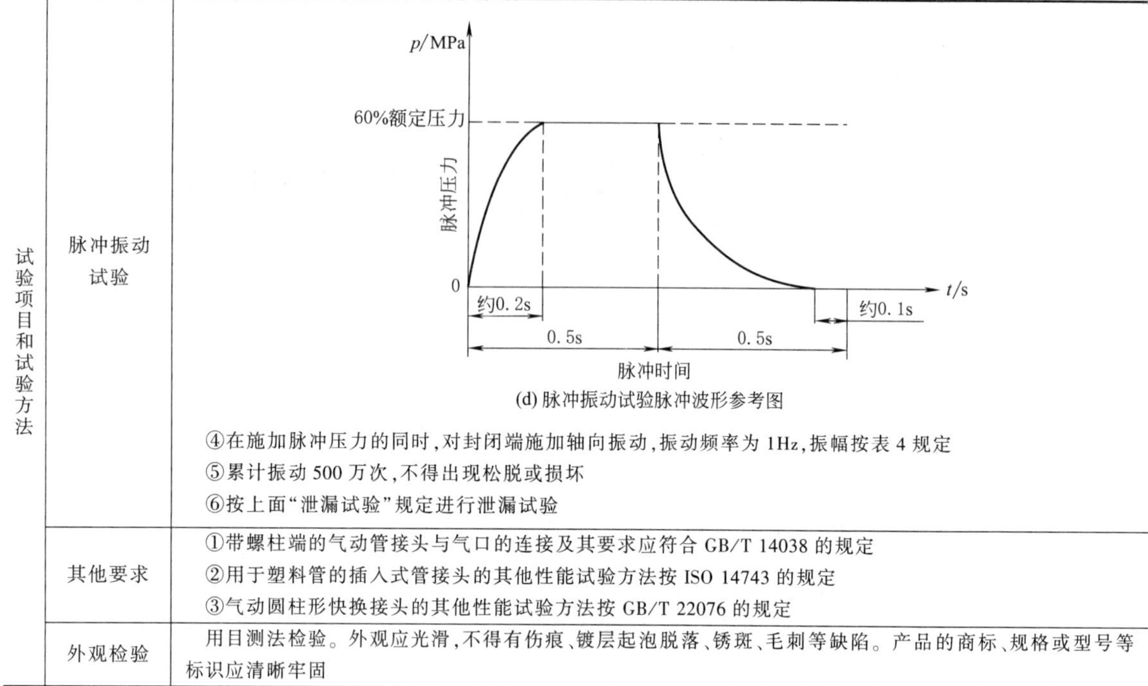 (d) 脉冲振动试验脉冲波形参考图 ④在施加脉冲压力的同时，对封闭端施加轴向振动，振动频率为1Hz，振幅按表4规定 ⑤累计振动500万次，不得出现松脱或损坏 ⑥按上面“泄漏试验”规定进行泄漏试验
	其他要求	①带螺柱端的气动管接头与气口的连接及其要求应符合GB/T 14038的规定 ②用于塑料管的插入式管接头的其他性能试验方法按ISO 14743的规定 ③气动圆柱形快换接头的其他性能试验方法按GB/T 22076的规定
	外观检验	用目测法检验。外观应光滑，不得有伤痕、镀层起泡脱落、锈斑、毛刺等缺陷。产品的商标、规格或型号等标识应清晰牢固

2.14 用于塑料管的插入式气动管接头试验方法（摘自GB/T 33636—2023）

在GB/T 33636—2023/ISO 14743：2020，IDT《气动　用于塑料管的插入式管接头》中规定了外径为3～16mm的热塑性塑料管（以下简称塑料管）所用的插入式管接头的设计和性能的一般要求及试验方法，该文件的试验方法适用于气动系统中使用的插入式管接头总成。该文件不适用于气动制动系统。

表21-7-20

通则		①规定了用于塑料管的插入式管接头的拉伸载荷、承压能力，连接力、分离力、泄漏和循环耐久性（脉冲）的要求 ②除非另有规定，试验应在室温23℃±5℃和相对湿度(65±5)%条件下进行 ③除非另有规定，所有特性试验结果的公差均为±5%
试验样品		①耐压和爆破试验的试验样品应为3件，其他项目的试验样品应为6件 ②试验之前，管子试验样品应至少放置两周(336h) ③试验样品应为插入式管接头以及GB/T 33636—2023附录A和附录B中规定的测试用管子连接的总成。除了下面“泄漏试验（在分离力试验前进行）”和“循环振动耐久性试验（仅用PA）”中规定的试验项目以外，用于试验样品的管子长度应为管子外径的20倍。管子与管接头的连接应按照管接头制造商的要求 ④试验之前，每件待测试的管接头应与管子连接并分离4次，第5次连接后以备测试
拉伸试验	程序	①本试验应在未加压状态下进行 ②试验样品应安装于拉伸试验机的夹具中，其轴线和夹具轴线共线。试验样品一端应固定，另一端应安装在试验装置的移动部件上，应沿试验样品轴线以1mm/s的速率施加拉伸载荷
	合格判定准则	试验样品应能承受表1（原表8）中规定的最低拉伸载荷且不与管子脱离

表1　用于拉伸试验的最低拉伸载荷

管子外径 D	mm	3	4	6	8	10	12	14	16
	mm(in)	3.17 (⅛)	4 (5/32)	6.35 (¼)	8 (5/16)	9.52 (⅜)	12.7 (½)	—	16 (⅝)
用PA管的最低拉伸载荷/N		60	70	120	170	250	300	300	350
用PU管的最低拉伸载荷/N		25	50	100	150	200	200	250	300

续表

试验	项目	内容
高温压力试验（仅用PA管）	概述	采用 GB/T 33636—2023 附录 A 规定的 PA 管在最高温度下以 1.5 倍额定压力进行测试。目的是评估在此测试后管接头的功能和分离能力
	装置	试验装置包含压力源和温度试验箱 ①压力源　用于最高温度下进行压力试验的压力源应带有压力表和管路。满足 1.5 倍额定压力试验要求，试验介质应为水 ②温度试验箱　温度试验箱能够在规定时间内使试验样品保持在±5%温度范围内
	程序	将试验样品的一端安装于试验装置，另一端堵塞不受约束，对试验样品施加 1.5 倍额定压力，并在+80℃下保持 1h
	合格判定准则	在测试后管子应能与管接头分离，管接头不应出现任何可见变形或泄漏现象
耐压和爆破压力试验（仅用PA管）	概述	采用 GB/T 33636—2023 附录 A 规定的 PA 管进行耐压和爆破压力测试。目的是评估管接头在耐压压力（1.5 倍额定压力）和最低爆破压力（3 倍额定压力）下承压的能力
	装置	试验装置应包含压力源、压力表和配管。试验介质应为水
	程序	①将试验样品的一端安装于试验装置，另一端堵塞不受约束，对试验样品施加 1.5 倍额定压力，保压不少于 30s ②以 0.1～0.2MPa/s 的恒定速率增加压力，达到规定的最低爆破压力（3 倍额定压力）。耐压和爆破压力试验的典型加压曲线见图 a 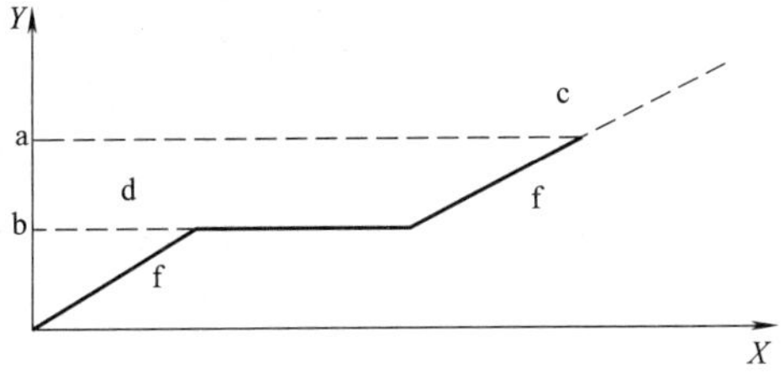 (a) 耐压和爆破压力试验的典型加压曲线 *X*—时间；*Y*—压力；a—3 倍额定压力；b—1.5 倍额定压力； c—最低爆破压力；d—耐压压力；f—0.1～0.2MPa/s
	合格判定准则	①被测管接头在承受 30s 耐压压力后，不应出现任何可见的变形或泄漏现象 ②被测管接头在承受最低爆破压力后不应失效
连接力试验	装置	采用拉伸试验机测量连接力
	程序	将管接头的一端安装到固定夹具中，用拉伸试验机以 1mm/s 的速率施加压缩载荷将管子插入管接头，测量并记录最大连接力
	合格判定准则	所需连接力不应超过表 2 中与管子外径相对应的值（见表 2）
分离力试验	装置	采用拉伸试验机测量分离力
	程序	按照制造商的推荐，用一装置对管接头的释放装置施加一个恒定载荷，用拉伸试验机以 1mm/s 的速率施加拉伸载荷，测量并记录最大分离力
	合格判定准则	所需分离力不应超过表 2 中与管子外径相对应的值

表 2　最大连接和分离力

管子外径 *D*		3	4	6	8	10	12	14	16
	mm	3	4	6	8	10	12	14	16
	mm(in)	3.17 (1/8)	4 (5/32)	6.35 (1/4)	8 (5/16)	9.52 (3/8)	12.7 (1/2)	—	16 (5/8)
最大连接力/N		35	45	60	80	100	130	130	160
最大分离力/N		30	40	50	60	70	80	80	100

续表

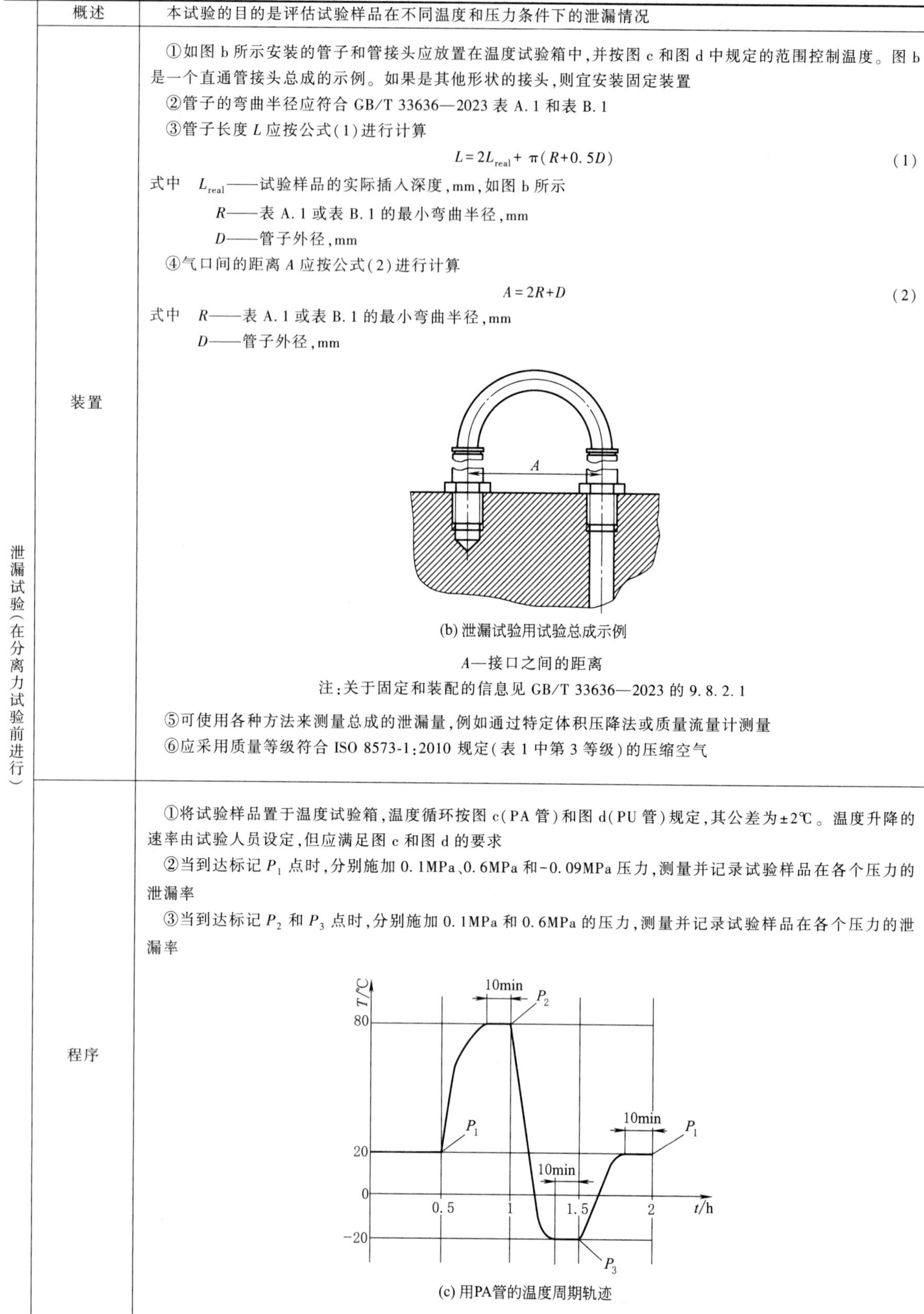

泄漏试验（在分离力试验前进行）	概述	本试验的目的是评估试验样品在不同温度和压力条件下的泄漏情况
	装置	①如图 b 所示安装的管子和管接头应放置在温度试验箱中，并按图 c 和图 d 中规定的范围控制温度。图 b 是一个直通管接头总成的示例。如果是其他形状的接头，则宜安装固定装置 ②管子的弯曲半径应符合 GB/T 33636—2023 表 A. 1 和表 B. 1 ③管子长度 L 应按公式(1)进行计算 $$L=2L_{\text{real}}+\pi(R+0.5D) \quad (1)$$ 式中　L_{real}——试验样品的实际插入深度，mm，如图 b 所示 R——表 A. 1 或表 B. 1 的最小弯曲半径，mm D——管子外径，mm ④气口间的距离 A 应按公式(2)进行计算 $$A=2R+D \quad (2)$$ 式中　R——表 A. 1 或表 B. 1 的最小弯曲半径，mm D——管子外径，mm (b) 泄漏试验用试验总成示例 A—接口之间的距离 注：关于固定和装配的信息见 GB/T 33636—2023 的 9. 8. 2. 1 ⑤可使用各种方法来测量总成的泄漏量，例如通过特定体积压降法或质量流量计测量 ⑥应采用质量等级符合 ISO 8573-1：2010 规定(表 1 中第 3 等级)的压缩空气
	程序	①将试验样品置于温度试验箱，温度循环按图 c(PA 管)和图 d(PU 管)规定，其公差为±2℃。温度升降的速率由试验人员设定，但应满足图 c 和图 d 的要求 ②当到达标记 P_1 点时，分别施加 0. 1MPa、0. 6MPa 和−0. 09MPa 压力，测量并记录试验样品在各个压力的泄漏率 ③当到达标记 P_2 和 P_3 点时，分别施加 0. 1MPa 和 0. 6MPa 的压力，测量并记录试验样品在各个压力的泄漏率 (c) 用PA管的温度周期轨迹

续表

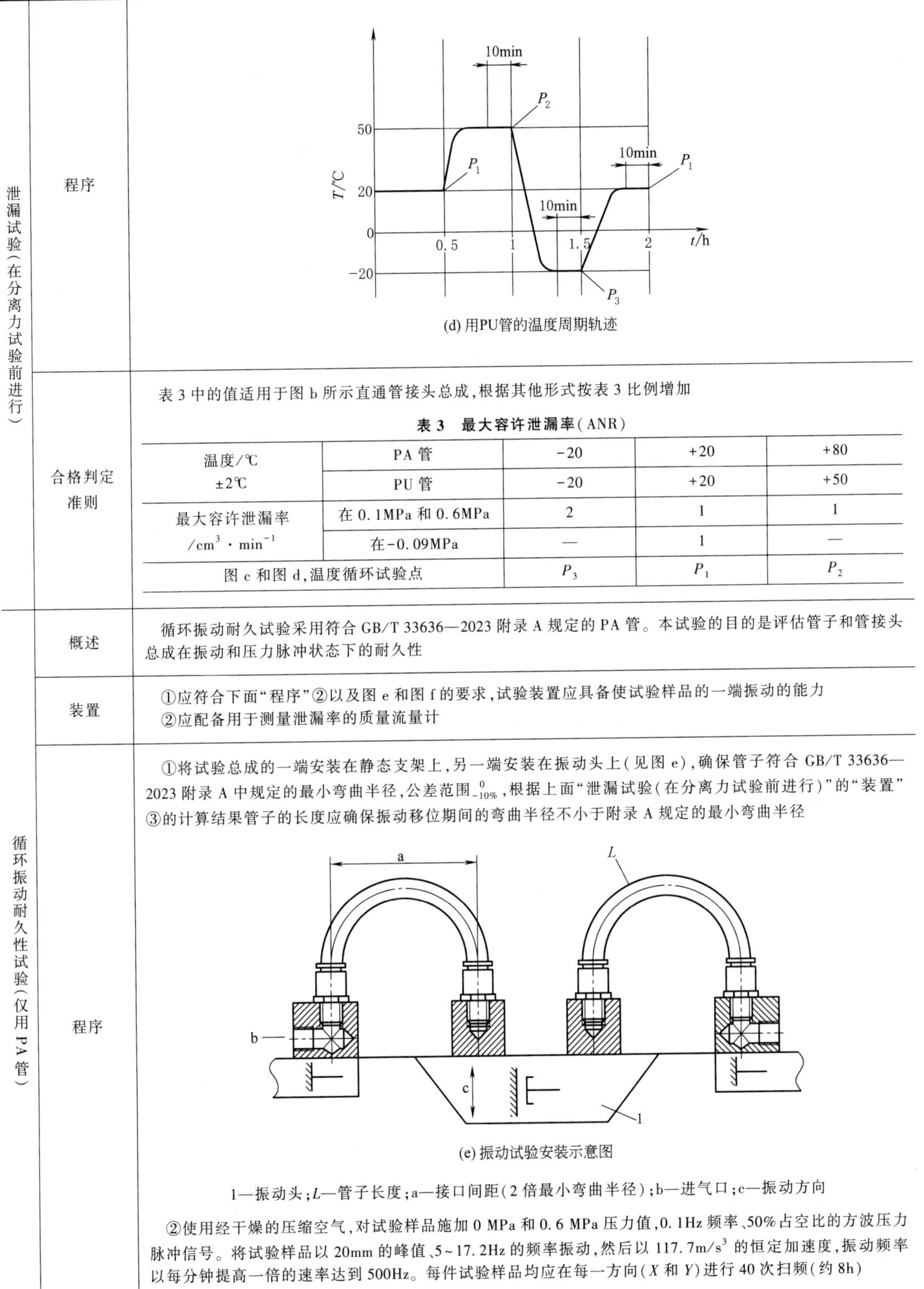

<table>
<tr><td rowspan="2">泄漏试验(在分离力试验前进行)</td><td>程序</td><td>

(d) 用PU管的温度周期轨迹</td></tr>
<tr><td>合格判定准则</td><td>表3中的值适用于图b所示直通管接头总成,根据其他形式按表3比例增加

表3　最大容许泄漏率(ANR)

<table>
<tr><td rowspan="2">温度/℃
±2℃</td><td>PA管</td><td>-20</td><td>+20</td><td>+80</td></tr>
<tr><td>PU管</td><td>-20</td><td>+20</td><td>+50</td></tr>
<tr><td rowspan="2">最大容许泄漏率
/$cm^3 \cdot min^{-1}$</td><td>在0.1MPa和0.6MPa</td><td>2</td><td>1</td><td>1</td></tr>
<tr><td>在-0.09MPa</td><td>—</td><td>1</td><td>—</td></tr>
<tr><td colspan="2">图c和图d,温度循环试验点</td><td>P_3</td><td>P_1</td><td>P_2</td></tr>
</table>
</td></tr>
<tr><td rowspan="3">循环振动耐久性试验(仅用PA管)</td><td>概述</td><td>循环振动耐久试验采用符合GB/T 33636—2023附录A规定的PA管。本试验的目的是评估管子和管接头总成在振动和压力脉冲状态下的耐久性</td></tr>
<tr><td>装置</td><td>①应符合下面“程序”②以及图e和图f的要求,试验装置应具备使试验样品的一端振动的能力
②应配备用于测量泄漏率的质量流量计</td></tr>
<tr><td>程序</td><td>①将试验总成的一端安装在静态支架上,另一端安装在振动头上(见图e),确保管子符合GB/T 33636—2023附录A中规定的最小弯曲半径,公差范围$_{-10\%}^{\ 0}$,根据上面“泄漏试验(在分离力试验前进行)”的“装置”③的计算结果管子的长度应确保振动移位期间的弯曲半径不小于附录A规定的最小弯曲半径

(e) 振动试验安装示意图

1—振动头;L—管子长度;a—接口间距(2倍最小弯曲半径);b—进气口;c—振动方向

②使用经干燥的压缩空气,对试验样品施加0 MPa和0.6 MPa压力值,0.1Hz频率、50%占空比的方波压力脉冲信号。将试验样品以20mm的峰值、5~17.2Hz的频率振动,然后以117.7m/s^3的恒定加速度,振动频率以每分钟提高一倍的速率达到500Hz。每件试验样品均应在每一方向(*X*和*Y*)进行40次扫频(约8h)</td></tr>
</table>

续表

循环振动耐久性试验(仅用PA管)	程序	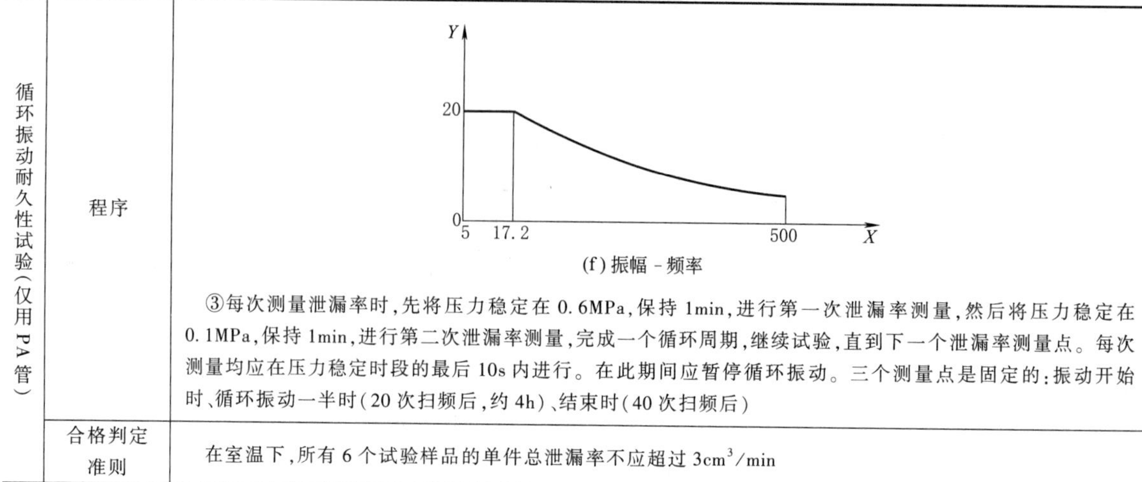(f)振幅 - 频率 ③每次测量泄漏率时,先将压力稳定在0.6MPa,保持1min,进行第一次泄漏率测量,然后将压力稳定在0.1MPa,保持1min,进行第二次泄漏率测量,完成一个循环周期,继续试验,直到下一个泄漏率测量点。每次测量均应在压力稳定时段的最后10s内进行。在此期间应暂停循环振动。三个测量点是固定的:振动开始时、循环振动一半时(20次扫频后,约4h)、结束时(40次扫频后)
	合格判定准则	在室温下,所有6个试验样品的单件总泄漏率不应超过3cm^3/min

2.15 气动圆柱形快换接头试验方法（摘自GB/T 22076—2024）

在GB/T 22076—2024/ISO 6150：2018，MOD《气动　圆柱形快换接头》中规定了气动圆柱形快换接头（以下简称“快换接头”）的公端尺寸和公差、命名、试验方法、技术性能，提供了应用指南。该文件适用于最高工作压力分别为1MPa、1.6MPa和2.5MPa的快换接头。该文件仅适用于按文件制造的产品的尺寸要求，但不适用于它们的功能特性。

注：母端的结构和尺寸由制造商自行确定。用于焊接、切割和相关工艺设备的带单向阀的快换接头在ISO 7289中给出。

表21-7-21

概述	该试验方法适用于符合本文件规定的快换接头公端,也适用于母端。该试验程序适用于快换接头的型式试验 图a~图f中所表示的试验装置,仅适用于说明的图示
试验装置和仪器的准确度	试验装置和仪器的准确度应符合表1的规定 **表1　试验装置和仪器的准确度** 参数 / 单位 / 准确度 温度 / ℃ / ±5 泄漏量 / mm^2 / ±2% 径向/轴向载荷 / N / ±2% 压力 / MPa / ±2% 流量 / L/s / ±2%
符合性检验	①检查被试件是否符合制造商的图样、产品样本以及GB/T 22076—2024的表1~表3规定的尺寸和公差 ②在被试件上作出不影响其正常运行的永久性标识,使其与试验程序和报告相对应 ③在环境温度20℃条件下测量被试件标准尺寸对应的实际尺寸,并记录在试验报告中
耐压试验	①连接快换接头的公端与母端 ②连接母端与液压压力源 ③堵住公端的另一端 ④将压力升至制造商推荐的4倍最高工作压力。保压1min,应无破裂或永久变形
腐蚀试验	①应按GB/T 10125对快换接头的公端进行试验 ②试验持续24h。清除公端表面腐蚀产物后,未观察到腐蚀现象,则试验结果为合格
结构刚性试验	①按图a所示的试验装置使处于连接状态的快换接头承受GB/T 22076—2024的6.9中规定的径向载荷,载荷施加于接头的锁紧套筒或主体部分。1min以后,不应有变形或失效现象 注:此项试验是模拟某种意外径向载荷,例如当卡车压过接头时的载荷

表1　试验装置和仪器的准确度

参数	单位	准确度
温度	℃	±5
泄漏量	mm^2	±2%
径向/轴向载荷	N	±2%
压力	MPa	±2%
流量	L/s	±2%

续表

<table>
<tr><td colspan="2">结构刚性试验</td><td>②按图b所示的试验装置使处于连接状态的快换接头承受GB/T 22076—2024的6.9中规定的轴向载荷，载荷直接施加于公端上。公端和母端应不脱离、变形或失效。试验完成后，接头应进行下面“泄漏量”中规定的泄漏试验，不应有泄漏现象
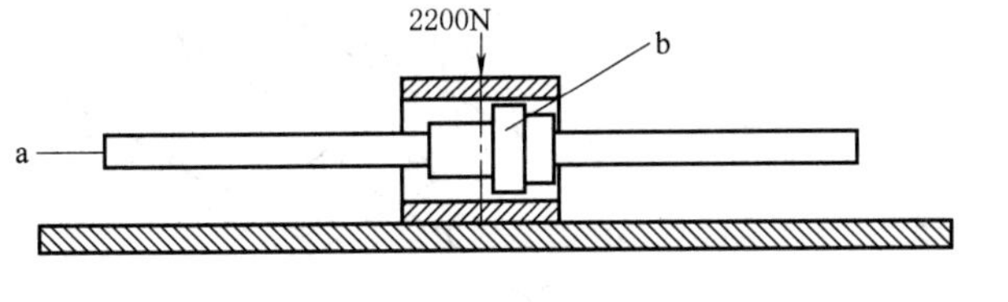

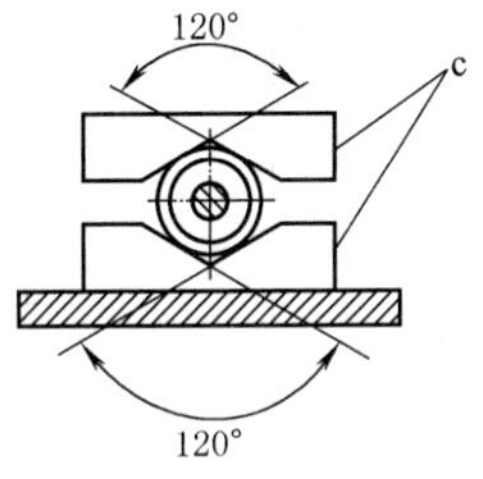

(a) 施加径向力的试验装置
a—压力源；b—被试快换接头组件；c—钢制夹具
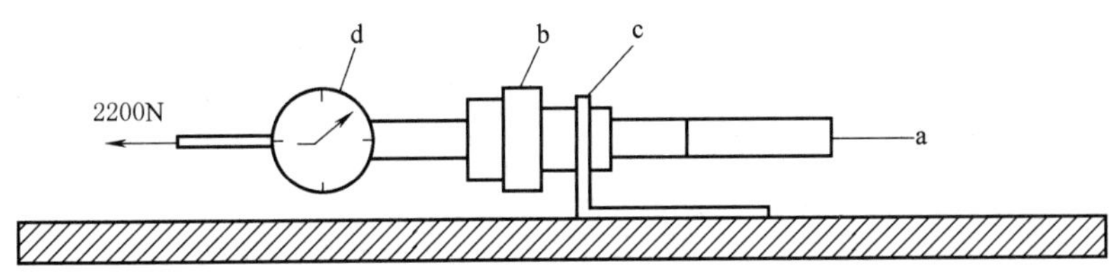

(b) 施加轴向力的试验装置
a—压力源；b—被试快换接头组件；c—紧固快换接头母端的夹具；d—测力计</td></tr>
<tr><td rowspan="3">运行试验</td><td>概述</td><td>对润滑后的快换接头组件进行试验，润滑剂与接头的密封材料相容</td></tr>
<tr><td>断开力</td><td>①将快换接头组件装入图c所示的试验装置中
②对被试快换接头组件施加制造商推荐的最高工作压力
③对锁紧机构施加力或扭矩，直至快换接头组件断开
④测量并记录快换接头组件断开时的最大力或扭矩
⑤在10min内重复此项试验5次。然后保持快换接头连接状态1h，再断开，校核并记录此次断开力或扭矩以及此前5次断开时的平均力或平均扭矩
⑥记录快换接头气流堵塞、损坏、失效等现象
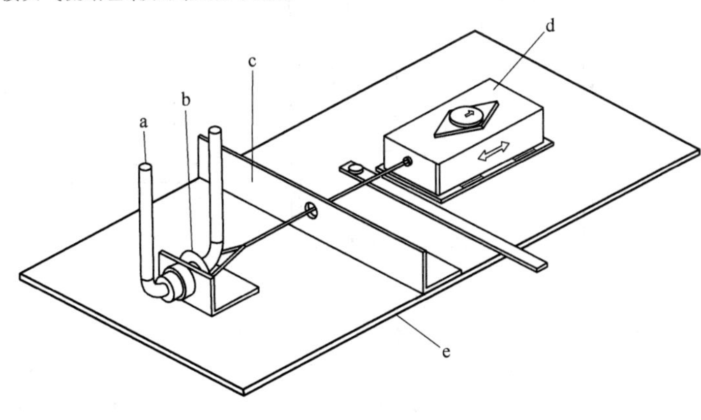

(c) 断开力试验装置
a—压力源；b—将测力计和快换接头公端连接起来的夹具；c—底座；d—测力计；e—护板</td></tr>
<tr><td>连接力</td><td>①将快换接头组件装入图d所示的试验装置中
②对被试快换接头组件施加制造商推荐的最高工作压力
③对公端施加力或扭矩直至完全连接。必要时可人工操作锁紧机构
④测量并记录快换接头组件连接时的最大力或扭矩
⑤在10min内重复此项试验5次</td></tr>
</table>

续表

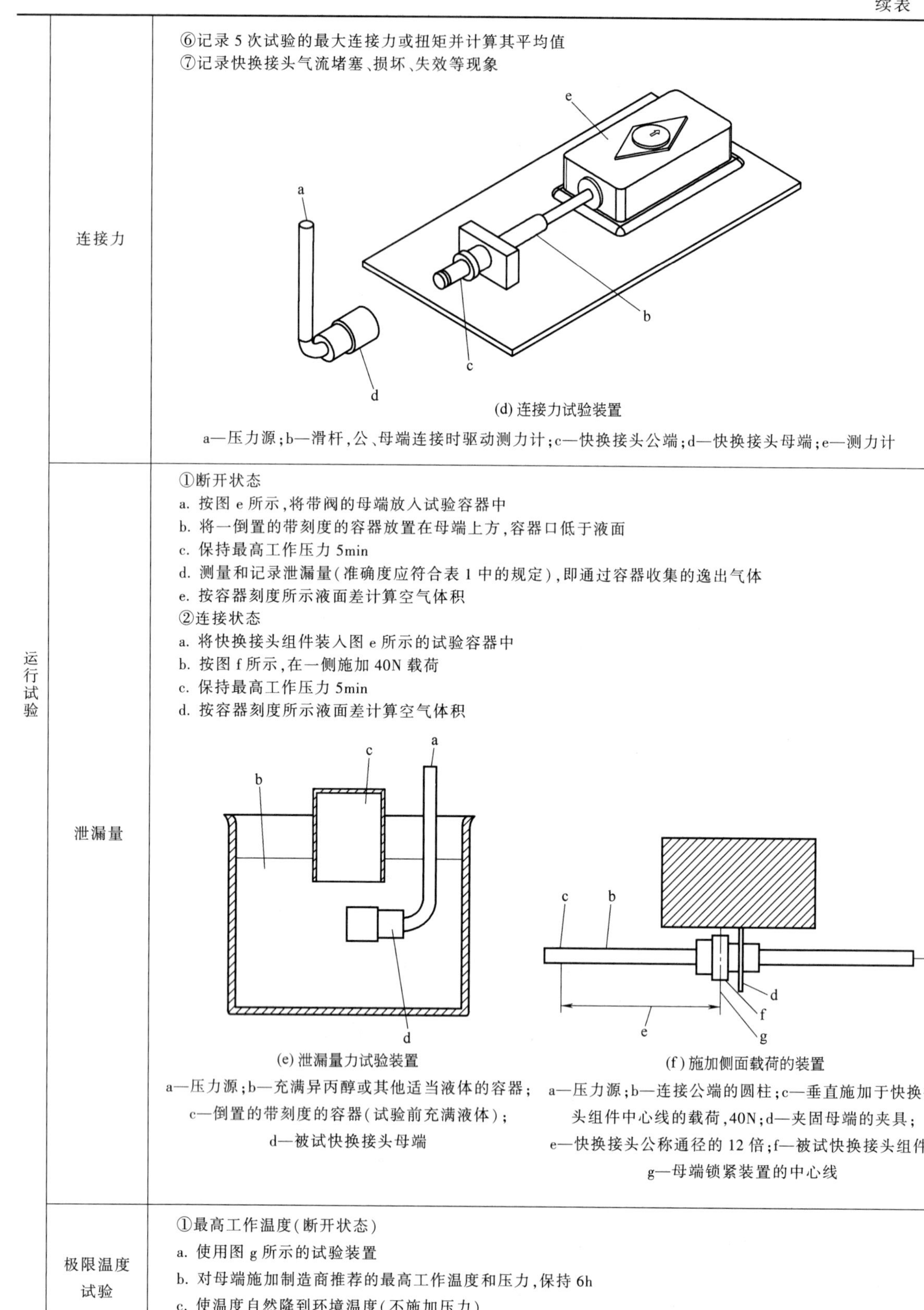

运行试验	连接力	⑥记录5次试验的最大连接力或扭矩并计算其平均值 ⑦记录快换接头气流堵塞、损坏、失效等现象 (d) 连接力试验装置 a—压力源；b—滑杆，公、母端连接时驱动测力计；c—快换接头公端；d—快换接头母端；e—测力计
	泄漏量	①断开状态 a. 按图e所示，将带阀的母端放入试验容器中 b. 将一倒置的带刻度的容器放置在母端上方，容器口低于液面 c. 保持最高工作压力5min d. 测量和记录泄漏量（准确度应符合表1中的规定），即通过容器收集的逸出气体 e. 按容器刻度所示液面差计算空气体积 ②连接状态 a. 将快换接头组件装入图e所示的试验容器中 b. 按图f所示，在一侧施加40N载荷 c. 保持最高工作压力5min d. 按容器刻度所示液面差计算空气体积 (e) 泄漏量力试验装置 a—压力源；b—充满异丙醇或其他适当液体的容器；c—倒置的带刻度的容器（试验前充满液体）；d—被试快换接头母端 (f) 施加侧面载荷的装置 a—压力源；b—连接公端的圆柱；c—垂直施加于快换接头组件中心线的载荷，40N；d—夹固母端的夹具；e—快换接头公称通径的12倍；f—被试快换接头组件；g—母端锁紧装置的中心线
	极限温度试验	①最高工作温度（断开状态） a. 使用图g所示的试验装置 b. 对母端施加制造商推荐的最高工作温度和压力，保持6h c. 使温度自然降到环境温度（不施加压力） d. 按上面①“断开状态”确定泄漏量

续表

运行试验	极限温度试验	e. 连接并再断开快换接头,再次校核泄漏量 f. 记录快换接头的变形失效等现象 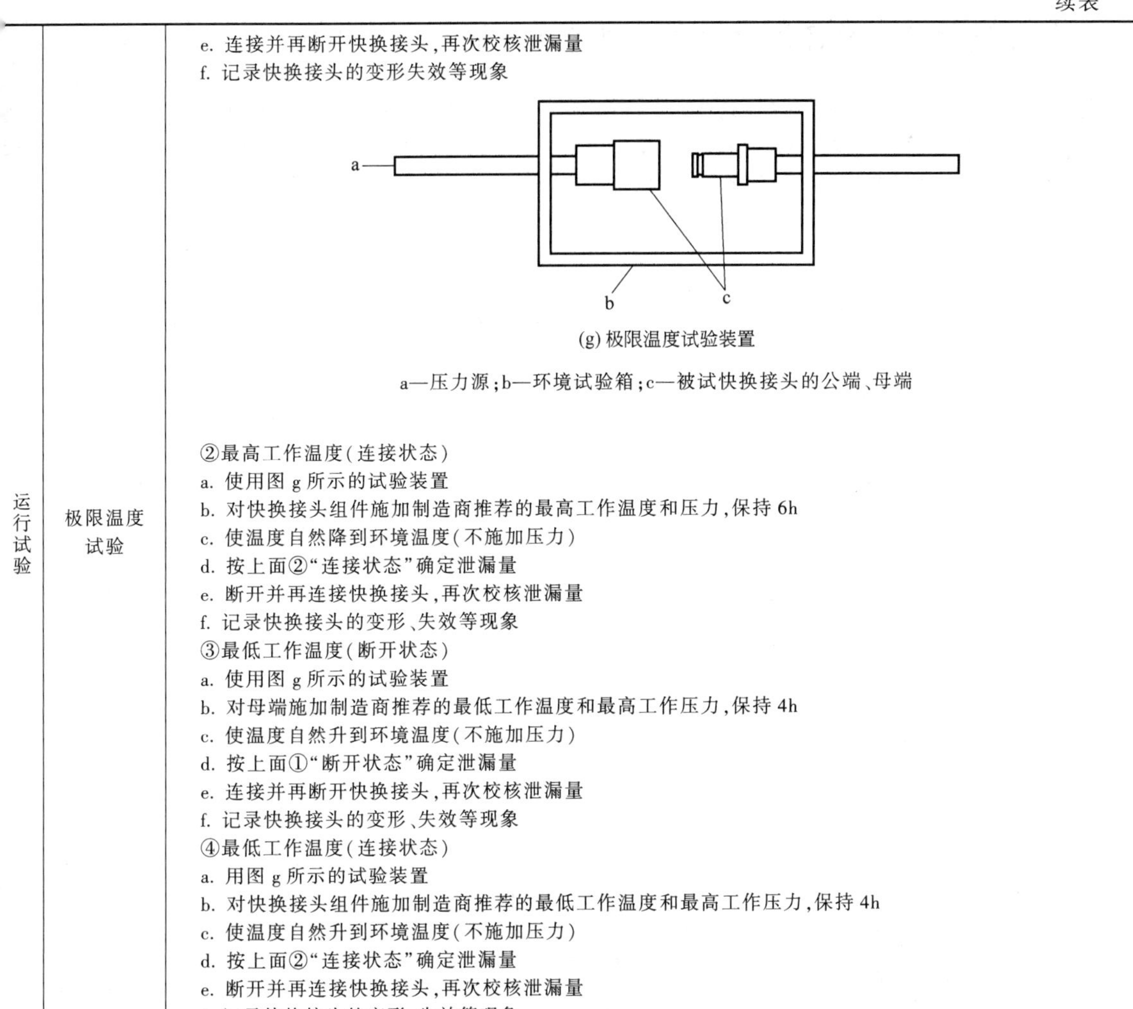 (g) 极限温度试验装置 a—压力源;b—环境试验箱;c—被试快换接头的公端、母端 ②最高工作温度(连接状态) a. 使用图 g 所示的试验装置 b. 对快换接头组件施加制造商推荐的最高工作温度和压力,保持 6h c. 使温度自然降到环境温度(不施加压力) d. 按上面②"连接状态"确定泄漏量 e. 断开并再连接快换接头,再次校核泄漏量 f. 记录快换接头的变形、失效等现象 ③最低工作温度(断开状态) a. 使用图 g 所示的试验装置 b. 对母端施加制造商推荐的最低工作温度和最高工作压力,保持 4h c. 使温度自然升到环境温度(不施加压力) d. 按上面①"断开状态"确定泄漏量 e. 连接并再断开快换接头,再次校核泄漏量 f. 记录快换接头的变形、失效等现象 ④最低工作温度(连接状态) a. 用图 g 所示的试验装置 b. 对快换接头组件施加制造商推荐的最低工作温度和最高工作压力,保持 4h c. 使温度自然升到环境温度(不施加压力) d. 按上面②"连接状态"确定泄漏量 e. 断开并再连接快换接头,再次校核泄漏量 f. 记录快换接头的变形、失效等现象
流量特性试验		在公端和母端连接状态下进行试验,试验方法按 GB/T 14513.1

3　气动元件可靠性评估方法

在气动系统中，通过回路中的压缩空气来传递和控制能量。气动系统由多种元件组成，是机器和设备的重要组成部分。高可靠性的机器和设备又是高效、经济生产的重要保证。

因此，生产者有必要了解设备中气动元件的可靠性。通过试验掌握了元件的可靠性特征，生产者就能够建立系统模型并对服务间隔期、备件库存以及产品优化等方面作出决策。

确定元件的可靠性主要有三个阶段：

① 初步设计分析：有限元分析（FEA）、失效模式与后果分析（FMEA）；

② 实验室试验和可靠性模型建立：失效的物理机理、可靠性预测、产前评估；

③ 现场数据收集：维修报告、质量分析报告。

在元件寿命期内每一阶段都有应用。初步设计分析有利于识别可能的失效模式并消除引起失效的因素或减小失效对可靠性的影响。在试样阶段，在实验室进行可靠性试验并确定初始可靠性。在整个生产过程都需对元件进行可靠性试验。在元件应用阶段，可收集现场的失效数据。

具体的元件试验程序及其他事项见 GB/T 38206 的第 2 部分~第 5 部分。

3.1 气动元件可靠性评估方法的一般程序（摘自 GB/T 38206.1—2019）

在 GB/T 38206.1—2019/ISO 19973-1：2015，MOD《气动元件可靠性评估方法　第1部分：一般程序》中规定了用于评定气动元件可靠性的一般程序、一般试验条件、计算方法、数据评估方法以及测试报告的编写要求。这些程序和方法与元件的类型和设计本身无关。该文件适用于气动元件无维修条件件下的首次失效。

注：元件的使用寿命受诸多变量的影响，因此需要通过 4 统计分析来说明试验结果。首次失效出现异常值时的处理方法参见 GB/T 38206.1—2019 附录 A。

表 21-7-22

<table>
<tr><td colspan="2">可靠性概述</td><td>关联失效发生的条件是：
①用三点滑动平均(3PMA)确定的元件指标首次超过阈值
②元件出现某种突变失效(破裂、疲劳或功能性失效等)
GB/T 38206(所有部分)规定的元件阈值均已在此国家标准的相关产品部分中加以说明
基于统计方法分析一系列的试验结果可确定总体失效概率。有许多不同的统计分布可以描述由试验结果得出的总体失效。在规定的可靠性水平下通过单侧置信区间估计校验元件的最小寿命，示例参见 GB/T 38206.1—2019 附录 D</td></tr>
<tr><td rowspan="3">试验策划</td><td>前提条件</td><td>元件运行可靠性取决于诸多环境因素，包括压力、温度、压缩空气的露点和污染程度、外部施加载荷、工作周期等。因此，任何单个元件的可靠性预测，都应考虑以上所有因素的影响
本部分是在规定的应力水平、试验条件和工作周期等典型试验工况下制定，它还包括保证一致性试验结果的其他条件。因此，结果可为其他任何条件下的试验提供参考
在特殊应用场合下本部分要求可能需要修改，以适应特定的应力水平、试验条件或工作周期，但应遵循本部分针对测试方法和数据分析规定的所有其他要求</td></tr>
<tr><td>试验台要求和参数测量</td><td>试验台和参数测量是影响可靠性试验的两个重要因素，试验台的设计应保证在预期环境条件下可靠地运行，其结构应不影响元件试验的结果，试验过程中对试验台的校验和维护也至关重要；参数测量的精确度和参数值的控制应在规定的误差之内，以确保试验准确并获得可重复的结果</td></tr>
<tr><td>试验计划</td><td>为能精确评估元件在规定条件下的可靠性，应制定合理的试验计划，并明确规定试验方案的目的和任务</td></tr>
<tr><td colspan="2">统计分析</td><td>应对试验数据结果进行处理以便评估元件的可靠性。威布尔分析法是建立统计分析模型的一种通用性分析方法，也是处理数据最常用的方法之一，应采用此方法分析试验数据以确保结果的可比性。应用威布尔分析法的示例参见 GB/T 38206.1—2019 附录 E 和附录 F</td></tr>
<tr><td colspan="2">试验条件</td><td>①试验应按照本部分中规定的条款实施，包括需要测量的试验参数及规定的阈值
②在可靠性试验中不准许对被测元件进行维修
③除本标准中的相应部分对被测元件另有规定或用户与制造商达成协议以外，所有试验均应按表 1 中规定的条件实施

表 1　一般试验条件
<table>
<tr><th>参数</th><th>数值</th><th>参数</th><th>数值</th></tr>
<tr><td>试验压力</td><td>630kPa±30kPa</td><td>过滤精度</td><td>5μm</td></tr>
<tr><td>环境温度</td><td>23℃±10℃</td><td>介质最大压力露点①</td><td>+7℃</td></tr>
<tr><td>介质温度</td><td>23℃±10℃</td><td>润滑</td><td>无</td></tr>
</table>
①在露点低于-20℃下试验寿命可能会缩短

④初始运行期间，应考虑被测元件由于增压或减压的热力学过程而导致的温度变化。若初始运行时被测元件的温度变化超过 20℃，应调整测试频率，且在后续试验中不得变更
⑤在耐久性试验期间，应保持被测元件连续运行，并根据经验来确定测量间隔
⑥除气缸外，工作气口容器的容积取决于元件的声速流导 C，按照 ISO 6358(所有部分)确定。容器的容积应不小于表 2 中给出的值
注：在测试过程中工作气口的容器可能变热，需要设置防护装置以保护人身安全

表 2　根据与元件的声速流导确定工作气口容器的最小容积
<table>
<tr><th>声速流导 C(ANR)/$m^3 \cdot s^{-1} \cdot Pa^{-1}$</th><th>工作气口容器的最小容积/$cm^3$</th></tr>
<tr><td>$C \leqslant 0.4\times10^{-8}$</td><td>2</td></tr>
<tr><td>$0.4\times10^{-8} < C \leqslant 4\times10^{-8}$</td><td>10</td></tr>
<tr><td>$4\times10^{-8} < C \leqslant 12\times10^{-8}$</td><td>25</td></tr>
<tr><td>$12\times10^{-8} < C \leqslant 20\times10^{-8}$</td><td>50</td></tr>
<tr><td>$20\times10^{-8} < C \leqslant 40\times10^{-8}$</td><td>100</td></tr>
<tr><td>$C > 40\times10^{-8}$</td><td>200</td></tr>
</table>
</td></tr>
</table>

续表

<table>
<tr><td colspan="2">样本数和选择准则</td><td>①样本应随机选取，代表总体
②样本数至少为 7 个
注：样本数至少为 7 个十分重要，以便威布尔图表的第一个数据点在 10%的累积失效点以下。这可较精确地得到低置信界限，找与 10%累积失效点的交点，并确定 B_{1b} 寿命
③对于设计原理相同的系列产品并不一定要试验所有的类型和规格，但是试验方案应包括最严酷的工作状态（如：速度或载荷导致的高应力）</td></tr>
<tr><td rowspan="5">试验终止</td><td>最小失效样本数</td><td>表 3 中列出采用不同样本数时的最小失效样本数（达到阈值时）。该数值不包括搁置被测元件，搁置的元件不认作失效
表 3　用于估算特征寿命的最小失效样本数<table><tr><td>样本数</td><td>7</td><td>8</td><td>9</td><td>10</td><td>>10</td></tr><tr><td>最小失效样本数</td><td>5</td><td>6</td><td>7</td><td>7</td><td>样本数的 70%按进 1 法取整数</td></tr></table></td></tr>
<tr><td>被测元件终止时间</td><td>当某个被测元件在寿命测试中出现首次失效，应终止其试验。计算连续试验数据的三点滑动平均值（示例见 GB/T 38206.1—2019 附录 B）。当三点滑动平均值超出阈值时，被测元件出现首次失效，同时应终止其试验</td></tr>
<tr><td>终止寿命</td><td>终止寿命应在三点滑动平均值最后一次没有超出阈值时，或在某种突变失效出现之前。如果需要更精确地测定终止寿命，可采用限位开关或其他合适的方法监测被测元件的状况</td></tr>
<tr><td>被测元件搁置</td><td>个别被测元件在测试中可在突变失效发生之前被停止，这称作搁置。某些搁置的示例包括：某个元件已被拆卸检查；某个元件已意外损坏
搁置对于统计参数的计算结果有一定影响，参见 GB/T 38206.1—2019 附录 F</td></tr>
<tr><td>截尾试验</td><td>如果试验在达到表 3 中所规定的最小失效数后停止，但其余的被测元件仍在工作，此试验称为截尾试验。如果截尾试验并不包括任何搁置，则参考 GB/T 38206.1—2019 附录 E 中的方法计算统计参数；如果截尾试验包括搁置，则参考 GB/T 38206.1—2019 附录 F 中的方法计算统计参数</td></tr>
<tr><td colspan="2">由试验数据评估可靠性特征</td><td>①为准确解释计算结果，应说明并记录失效模式
②应使用极大似然估计法或中位秩回归法确定试验数据的最佳拟合威布尔曲线，并使用费舍矩阵（Fisher Matrix）来确定置信界限
③应根据试验数据进行计算，以确定以下内容：
a. 特征寿命 η：在威布尔分布图中的直线与 x 轴的相对位置（时间或尺度参数）
b. 威布尔形状参数 β：威布尔分布图中直线的斜率
④计算最佳拟合线上的 B_{10} 寿命（见图 a 的注 b）
注：关于如何处理有搁置单元的截尾数据的资料参见 GB/T 38206.1—2019 附录 F
⑤计算在 95%单侧置信区间下限的 $(B_{10})_{95\%}$（见图 a 的注 a）
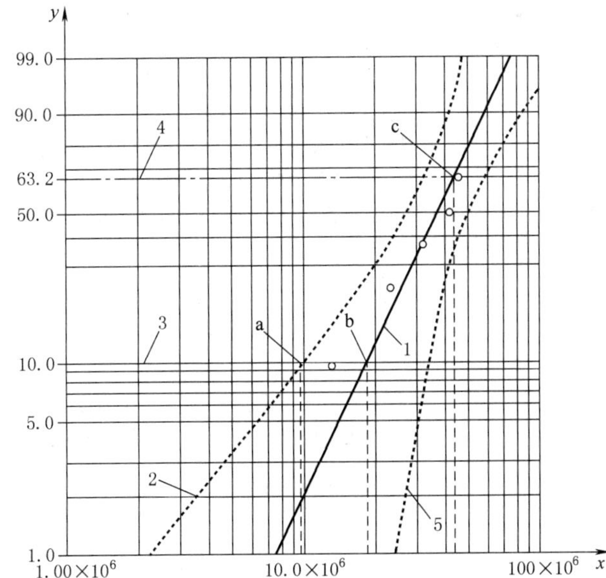

(a) 用威布尔曲线确定 B_{10} 寿命的示例
x—直至出现失效的循环次数 t；y—失效概率，以百分比表示；1—最佳拟合线，由极大似然估计法确定；2—95%单侧置信区间的下限，由费舍矩阵得出；3—10%失效概率线；4—63.2%失效概率线；5—5%单侧置信区间的下限；a—在 95%单侧置信区间下限的 $(B_{10})_{95\%}$ 寿命；b—B_{10} 寿命；c— 特征寿命 η</td></tr>
</table>

测试报告	测试报告至少应包括以下内容：标准编号（如：GB/T 38206.3）；测试报告日期；产品说明（制造商、规格型号、批号）；样本数；试验条件（试验压力、温度、压缩空气品质、负荷等）；阈值；各被测元件的失效模式；在中位秩上的 B_{10} 寿命和在 95%单侧置信区间下限的 $(B_{10})_{95\%}$ 寿命；特征寿命 η 和形状参数 β；确定的失效数量和测试时间间隔；计算威布尔数据采用的方法（如：极大似然估计法、中位秩回归法、费舍矩阵）；威布尔图 注：试验结果的示例参见 GB/T 38206.1—2019 附录 G

3.2 气动调压阀可靠性评估方法（摘自 GB/T 38206.4—2021）

在 GB/T 38206.4—2021/ISO 19973-4：2014，IDT《气动元件可靠性评估方法　第 4 部分：调压阀》规定了气动调压阀可靠性评估的试验程序、试验设备和可靠性阈值以及试验结果的处理方法，适用于直动式调压阀和外部先导式调压阀，包含溢流型和非溢流型调压阀。该文件适用于无维修条件下的首次失效，但一些异常值除外。该文件不适用于具有常泄孔的调压阀。

表 21-7-23

试验设备	基本试验设备	①被测调压阀的试验回路见图 a 或图 b。多个试验回路使用同一压缩空气气源时，每个试验回路应使用相同的元件。GB/T 38206.4—2021 附录 B 给出了一种扩展试验回路，其中包含隔离测量仪器的附加元件。图 a 所示的基本试验回路未包含所有必要的安全装置，应采取防护措施以防元件失效引起的伤害。负责测试的人员应充分考虑人员和设备的安全 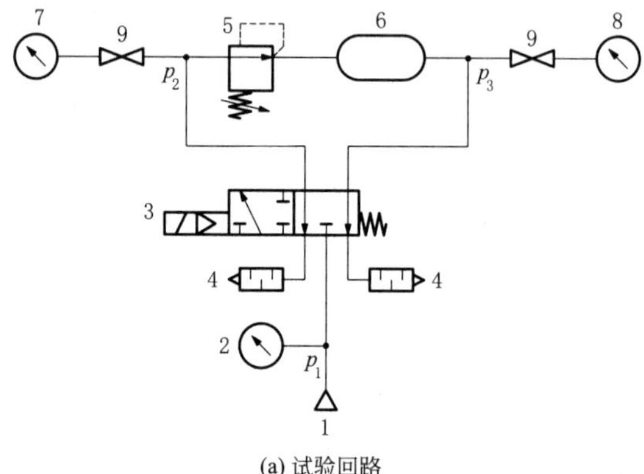 (a) 试验回路 1—气源；2—测量 p_1 的压力表；3—二位五通换向阀；4—消声器； 5—被测调压阀(即被测元件)；6—气容；7—测量 p_2 的压力表或压力传感器； 8—测量 p_3 的压力表或压力传感器；9—截止阀或快换接头 ②如果图 a 中使用的二位五通换向阀（元件 3）流量规格大，也可使用图 b 所示的替代试验回路。在该回路中，两个二位二通阀应同时动作 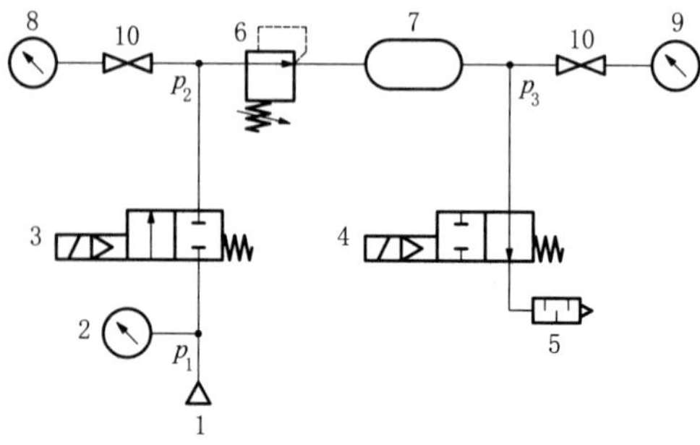 (b) 可选试验回路 1—气源；2—测量 p_1 的压力表；3—二位二通换向阀(常闭)；4—二位二通换向阀(常开)； 5—消声器；6—被测调压阀(即被测元件)；7—气容；8—测量 p_2 的压力表或压力传感器； 9—测量 p_3 的压力表或压力传感器；10—截止阀或快换接头

续表

<table>
<tr><td rowspan="3">试验设备</td><td>基本试验设备</td><td>③如果被测元件主体具有两个或三个不同尺寸的接口，则选择最大的接口
④在安装被测元件前，先按照 ISO 6953-3 对被测元件进行流量测试，确定每个被测元件的正向声速流导 C
⑤图 a 中元件 2、7、8 或图 b 中元件 2、8、9 所示的压力测量仪器（压力表或压力传感器）分别与试验回路中的截止阀或快换接头连接</td></tr>
<tr><td>换向阀</td><td>试验回路中使用外部先导式或直动式换向阀。换向阀的声速流导值 C 应不小于被测元件的正向声速流导 C_1，也应满足 GB/T 38206.4—2021 的 7.3.1 中 b）的要求</td></tr>
<tr><td>气容</td><td>图 a 中气容 6 和图 b 中气容 7 的尺寸应符合 ISO 19973-1:2015 的规定</td></tr>
<tr><td rowspan="2">试验条件</td><td>一般试验条件</td><td>一般试验条件应符合 ISO 19973-1 的规定</td></tr>
<tr><td>进口压力和调节压力</td><td>①被测元件的进口压力应为 800kPa±40kPa 或最大进口压力，选两者的较小值
②调节压力的设定值应为进口压力的（80±5）%，或制造商规定的最大进口压力的（80±5）%，取两者的较小值（见图 c），再从小到大调节。设定值不应通过逐渐减小调节压力的方式获得
③为了补偿测试前的初始漂移，应在连续运转 24h 后，将被测元件的设定值调整至②中所述的条件，并将此重置压力记录为初始设定压力</td></tr>
<tr><td rowspan="2">试验程序</td><td>检查和测量的时间</td><td>①在耐久性试验之前、耐久性试验过程中确定的测量间隔和被测元件从试验中移除后，都应进行下列检查和测量
a. 按照下面①“功能检查”进行功能检查
b. 按照下面②“设定压力和泄漏测量”测量设定压力和泄漏
②测量间隔应符合 ISO 19973-1 的规定</td></tr>
<tr><td>检查和测量的类型和范围</td><td>①功能检查　在试验过程中，应进行听觉、视觉和触觉检查，以确定被测元件和换向阀工作是否正常。功能检查是为了确定是否有切换失效、充气和出口放气不充分的情况发生，是否有可听到或可感觉到的泄漏。若检查通过，按照②进行试验。否则，记录异常特征
②设定压力和泄漏测量　在每个测量间隔（由上面“检查和测量的时间”②确定），打开换向阀并稳定温度，记录设定压力值。在上面“进口压力和调节压力”①规定的进口压力下，每隔 2min 测量并记录总泄漏量（内泄漏和外泄漏之和）。泄漏量由进口侧的流量计测量。在试验过程中不应调节被测元件的压力
③耐久性试验
a. 按照以下要求确定操作换向阀的循环周期
ⅰ. 试验开始前，记录在压力周期内被测元件出口的最大和最小压力值（表压 p_r）
ⅱ. 确保被测元件出口的最大压力值不小于初始设定压力的 98%，最小压力值小于初始设定压力的 10%（见上面“进口压力和调节压力”③）
ⅲ. 调整换向阀的时间周期以实现上述条件，并保持 t_1 和 t_0 尽可能小
ⅳ. 试验过程中应保持固定周期，不应调整该周期或设定值
ⅴ. 在试验过程中间隔性重复 i 的压力测量
图 c 提供了一个典型的压力循环曲线说明
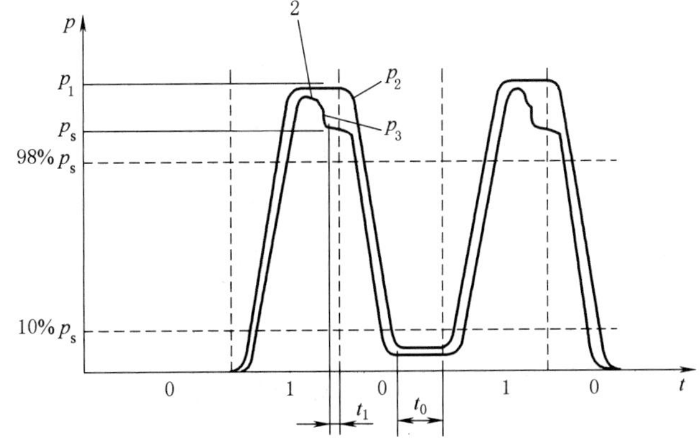

(c) 耐久性测试中典型的压力循环曲线
p—压力；t—时间；0—换向阀处于失电状态的时间周期；1—换向阀处于得电状态的时间周期；2—可能产生的压力超调；t_1，t_0—压力切换的停留时间；p_1—进口压力；p_2—被测元件的进口压力曲线；p_3—被测元件的出口压力曲线；p_s—被测元件的设定压力
b. 在试验过程中，应定期按照上面①“功能检查”的规定检查被测元件和换向阀。确认它们处于正常运转状态。如果被测元件在连续观察之间失效，应按照 ISO 19973-1 计算其终止寿命</td></tr>
</table>

续表

<table>
<tr><td rowspan="5">失效判定和阈值水平</td><td>概述</td><td>如果被测元件达到在下面“功能性失效”~“压力特性失效”所规定的任何一项失效判定条件或超出阈值范围，则判定为失效。失效的评估方法按 ISO 19973-1 所述</td></tr>
<tr><td>功能性失效</td><td>如果被测元件不能实现上面①“功能检查”描述的功能，则判定为失效</td></tr>
<tr><td>泄漏失效</td><td>如果上面②“设定压力和泄漏测量”确定的总泄漏量超过了表 1 规定的最大泄漏量，则判定被测元件失效（泄漏量阈值的确定见 ISO 19973-1:2015）

表 1　最大总泄漏阈值与被测元件的声速流导之间的关系
<table>
<tr><th>声速流导 C_f(ANR)/$m^3 \cdot s^{-1} \cdot Pa^{-1}$</th><th>最大泄漏量(ANR)①/$dm^3 \cdot h^{-1}$</th></tr>
<tr><td>$C_f \leq 1\times10^{-8}$</td><td>8.8</td></tr>
<tr><td>$1\times10^{-8} < C_f \leq 1.6\times10^{-8}$</td><td>10</td></tr>
<tr><td>$1.6\times10^{-8} < C_f \leq 2.8\times10^{-8}$</td><td>13</td></tr>
<tr><td>$2.8\times10^{-8} < C_f \leq 4.6\times10^{-8}$</td><td>17</td></tr>
<tr><td>$4.6\times10^{-8} < C_f \leq 8\times10^{-8}$</td><td>22</td></tr>
<tr><td>$8\times10^{-8} < C_f \leq 13\times10^{-8}$</td><td>28</td></tr>
<tr><td>$13\times10^{-8} < C_f \leq 22\times10^{-8}$</td><td>37</td></tr>
<tr><td>$22\times10^{-8} < C_f \leq 36\times10^{-8}$</td><td>47</td></tr>
<tr><td>$36\times10^{-8} < C_f \leq 60\times10^{-8}$</td><td>60</td></tr>
<tr><td>$60\times10^{-8} < C_f \leq 100\times10^{-8}$</td><td>80</td></tr>
<tr><td>$C_f > 100\times10^{-8}$</td><td>100</td></tr>
</table>
①见 ISO 8778</td></tr>
<tr><td>压力特性失效</td><td>如果被测元件在试验开始时（如上面“进口压力和调节压力”③所测量）的设定压力不能保持在初始值±7%或±10kPa 以内（以较大者为准），则判定被测元件失效</td></tr>
<tr><td>其他说明</td><td>个别客户和行业部门可不按照本文件规定的阈值水平和要求。特殊协议应在试验报告和产品样本数据中记录</td></tr>
<tr><td colspan="2">数据分析</td><td>试验数据应按照 ISO 19973-1 进行分析。试验数据表见 GB/T 38206.4—2021 附录 C</td></tr>
<tr><td colspan="2">试验报告</td><td>试验报告应按照 ISO 19973-1 编写</td></tr>
</table>

GB/T 38206.4—2021 规定的试验流程图见图 21-7-1。

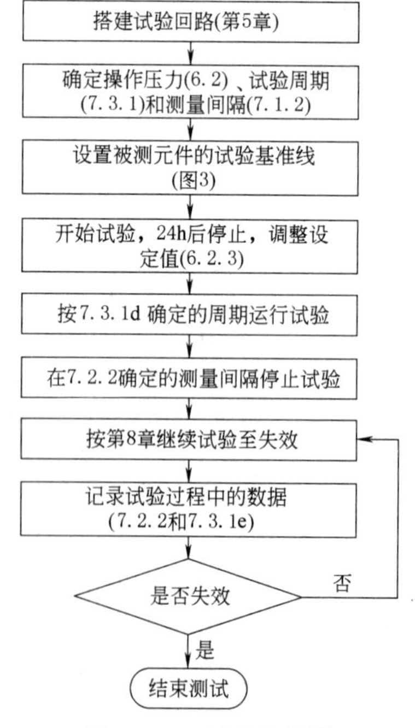

图 21-7-1　试验流程图

注：此流程图分别适用于所有被测元件。图 21-7-1 中的标准章节及图号见 GB/T 38206.4—2021

3.3 气动换向阀可靠性评估方法（摘自 GB/T 38206.2—2020）

在 GB/T 38206.2—2020/ISO 19973-2：2015 MOD《气动元件可靠性评估方法 第 2 部分：换向阀》中规定了评估换向阀可靠性的试验设备、试验条件、试验程序、可靠性阈值和试验结果的处理方法。

该文件适用于换向阀无维修条件下的首次失效，但一些异常值除外。首次失效出现异常值时的处理方法参见 GB/T 38206.1—2019 中附录 A 的内容。

表 21-7-24

试验设备	基本试验设备	基本试验设备见图 a。任何安装在排气口的消声器应尽量减小对被测阀的流量影响 图 a 中的基本回路应包括必要的安全装置。负责测试人员务必充分考虑人身与设备的安全 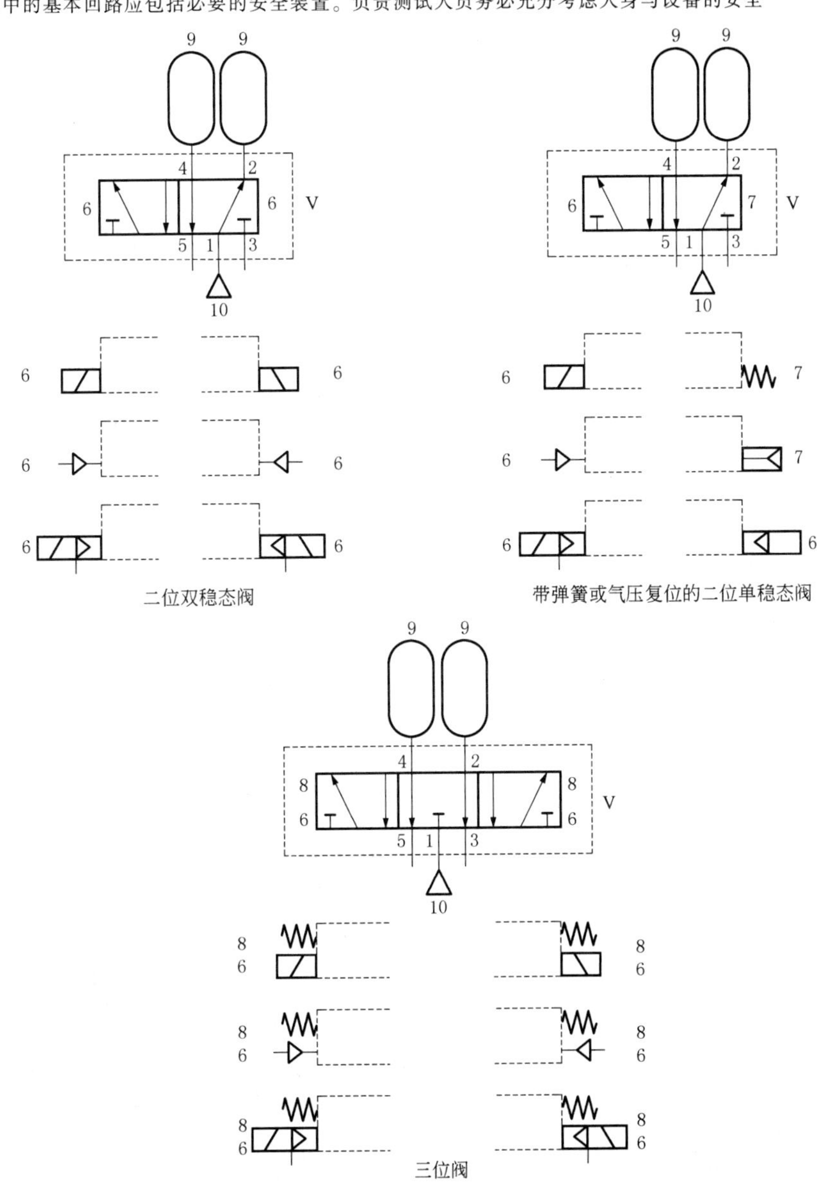 二位双稳态阀　　带弹簧或气压复位的二位单稳态阀 三位阀 (a) 通过试验评估换向阀的可靠性试验回路 1～5—气口；6—控制信号：电气、气动或先导式控制；7—弹簧复位或气压复位； 8—弹簧复位至中位；9—容器；10—至气口 1 处的供气压力；V—被测阀 注：先导式供气可以是内部的或外部的，只要其满足检查和测量的类型范围中所规定的功能

续表

<table>
<tr><td rowspan="2">试验设备</td><td>连接管路和容器</td><td>①被测阀的工作气口直接连接容器，或使用管子连接，各连接部件应尽量减小对被测阀的流量影响。容器的尺寸在 GB/T 38206.1 中给出
②连接管路中的管子应尽可能短，使容器能够在控制信号提供的时间之内完成充气和排气过程</td></tr>
<tr><td>多个气动阀同时动作</td><td>在测试气动阀时，若干个被测阀可能由一个控制阀同时操作。为此，应按照在下面“循环频率”①中所描述的控制压力施加于所有的被测阀</td></tr>
<tr><td rowspan="3">试验条件</td><td>一般试验条件</td><td>一般试验条件应按照 GB/T 38206.1 的规定</td></tr>
<tr><td>初始条件</td><td>被测阀应通过功能检查(见下面“检查和测量的类型范围”)，初始测试数据不应超过本部分中规定的阈值</td></tr>
<tr><td>循环频率</td><td>①驱动被测阀，确保循环过程中与工作气口相连的容器压力降至工作压力的 10%以下，而升高则应至 90%以上
②驱动脉冲的开/关时间占空比应为 1 : 1
③对于二位单稳态阀，应按照图 b 施加控制信号
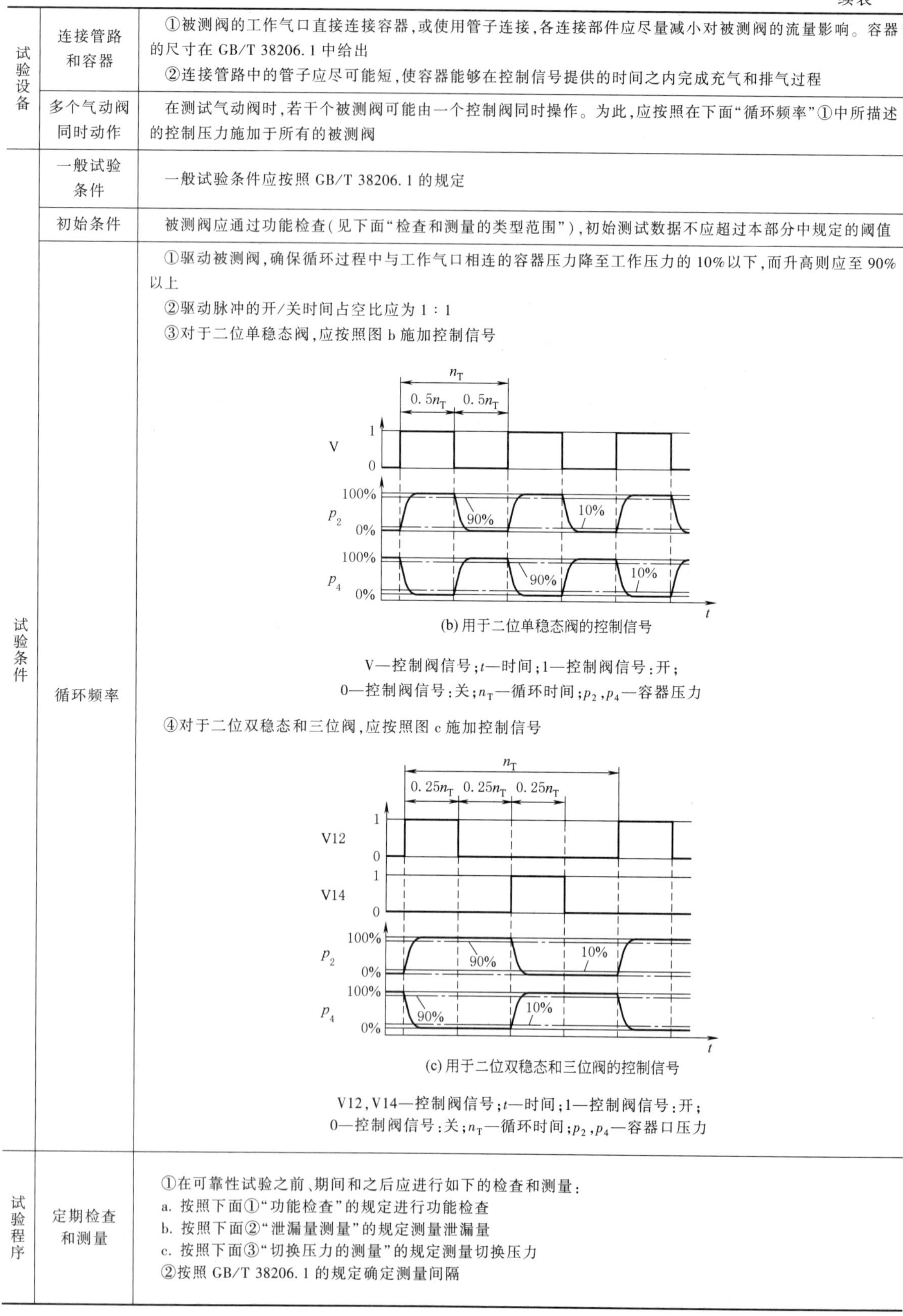

(b) 用于二位单稳态阀的控制信号
V—控制阀信号；t—时间；1—控制阀信号：开；
0—控制阀信号：关；n_T—循环时间；p_2，p_4—容器压力
④对于二位双稳态和三位阀，应按照图 c 施加控制信号
(c) 用于二位双稳态和三位阀的控制信号
V12，V14—控制阀信号；t—时间；1—控制阀信号：开；
0—控制阀信号：关；n_T—循环时间；p_2，p_4—容器口压力</td></tr>
<tr><td>试验程序</td><td>定期检查和测量</td><td>①在可靠性试验之前、期间和之后应进行如下的检查和测量：
a. 按照下面①“功能检查”的规定进行功能检查
b. 按照下面②“泄漏量测量”的规定测量泄漏量
c. 按照下面③“切换压力的测量”的规定测量切换压力
②按照 GB/T 38206.1 的规定确定测量间隔</td></tr>
</table>

续表

试验程序	检查和测量的类型范围	①功能检查　应凭听觉、视觉和触觉对处于测试状态的被测阀进行检查，以确定被测阀及其控制阀是否正常运作。功能检查即查看是否发生切换失效、卡住、输出充气不足或可检测到的或听得到的泄漏。异常的征兆应记录在案 ②泄漏量测量 a. 在被测阀进气口施加工作压力，应记录每个阀位（包括三位阀的中位）的总泄漏量（内部和外部泄漏量总和） b. 除a中记录的泄漏量测量外，对以下类型的阀可测量下述情况的泄漏量 对于气控换向阀：测量所有内部气动控制通路和控制腔中的泄漏量，此时进气口不施加工作压力而仅施加控制压力 对于内部辅助控制的气动阀：测量所有内部气动控制通路中的泄漏量，在阀的所有位置进气口均不施加工作压力，仅施加先导控制压力 对于中封式三位阀：在中封位置对进气口施加工作压力，测量打开的工作口的泄漏量；接着，对工作口施加工作压力后，测量排气口的泄漏量 对于其他类型的三位阀：阀处于中间位置时，对进气口施加工作压力后，测量排气口的泄漏量 对于电磁控制双稳态阀：使电磁阀通电又断开，测量阀的每一位置的泄漏量 ③切换压力的测量 a. 正确切换的确定　为确定切换是否正常，应在测试单元的出口连接一个压力表，观察出口的压力是否能完全无泄漏地增加或降低（见图d） b. 二位单稳态阀瞬时切换压力的测量 ⅰ. 电控阀切换压力　对于内部先导供气的阀，交替施加电控开/关信号（用额定电压）并逐渐增加气口1处的工作压力，直至观察到正确切换 对于带外部先导供气的阀，在进气口1处施加工作压力。交替施加电控ON/OFF信号（用额定电压）并逐渐增加控制气口的压力，直至观察到正确切换 ⅱ. 气控阀切换压力　在进气口1处施加工作压力，交替启动控制阀开/关并对外部控制口增加压力，直至观察到正确切换 c. 三位双稳态阀瞬时切换压力的测量 ⅰ. 电控阀切换压力　对于内部先导供气的阀，在每一侧交替施加电控信号（用额定电压），并逐渐增加气口1处工作压力，直至该阀能在所有的阀位之间切换 对于外部先导供气的阀，在进气口1处施加工作压力，在每一侧交替施加电控信号（用额定电压），并逐渐增加控制气口工作压力，直至该阀能在所有的阀位之间切换 ⅱ. 气控阀切换压力　在进气口1处施加工作压力，对控制阀交替施加控制信号，并逐渐增加控制阀控制气口处的工作压力，直至该阀能在所有的阀位中切换 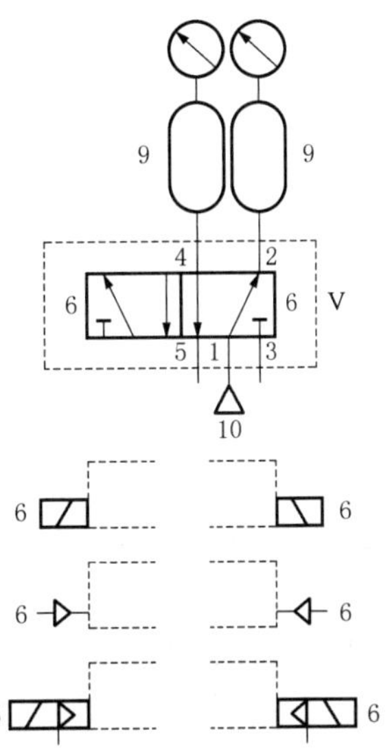 (d) 测量回路 1~5—气口；6—控制信号：电动、气动、先导操作；9—容器；10—气口1处的供气压力；V—被测阀 d. 经休止期后的切换压力的测量　在完成上面b“二位单稳态阀瞬时切换压力的测量”和c“三位双稳态阀瞬时切换压力的测量”中指定的测试后，将被测阀在受压条件下保压24h，然后重复b“二位单稳态阀瞬时切换压力的测量”和c“三位双稳态阀瞬时切换压力的测量”的测试。在进气口处连续施加工作压力，减小或者增大控制气口压力，直至阀位切换。记录阀第一次切换时的控制气口工作压力 如果被测阀是内部先导式，用外部控制的排气口增加或减小控制气口压力进行测试。如有必要，可修改被测阀的控制气流通路，以实施附加先导压力的控制 e. 数据记录　应记录瞬时切换压力和经休止期后的切换压力
失效模式和阈值	通则	被测阀如果达到了在下面“功能性失效”~“切换压力造成的损失”中规定的任何一项失效模式或阈值时，则应认作已失效，应按照GB/T 38206.1的规定确定终止寿命 注：气控和电控换向阀的寿命通常以一定的循环次数给出。因此，凡在本部分中使用“寿命”一词均为循环次数
	功能性失效	被测阀未能满足上面①“功能检查”中规定的功能时，则应认作失效。
	泄漏造成的失效	按照上面②“泄漏量测量”进行测量，被测阀总泄漏量超过了表1中的泄漏量阈值，被测阀应认定为已失效。表1为4口阀（四通阀）和5口阀（五通阀）的阈值。对于2口阀（两通阀）和3口阀（三通阀），应按表1中数值的50%作为阈值。泄漏量阈值的确定参见GB/T 38206.1—2019中的附录C

续表

<table>
<tr><td rowspan="3">失效模式和阈值</td><td>泄漏造成的失效</td><td>
表 1　试验中测得的泄漏量阈值
<table>
<tr><td rowspan="2">声速流导 C(ANR)①
/$dm^2 \cdot s^{-1} \cdot kPa^{-1}$</td><td colspan="2">最大泄漏量(ANR)①/$dm^2 \cdot h^{-1}$</td></tr>
<tr><td>软密封的阀(等级 1.5②)</td><td>金属对金属密封的阀(等级 2.0②)</td></tr>
<tr><td>$C \leqslant 0.01$</td><td>6.0</td><td>2.0</td></tr>
<tr><td>$0.010 < C \leqslant 0.016$</td><td>8.0</td><td>25</td></tr>
<tr><td>$0.016 < C \leqslant 0.028$</td><td>11.0</td><td>33</td></tr>
<tr><td>$0.028 < C \leqslant 0.046$</td><td>14.0</td><td>43</td></tr>
<tr><td>$0.046 < C \leqslant 0.080$</td><td>18.0</td><td>57</td></tr>
<tr><td>$0.080 < C \leqslant 0.130$</td><td>23.0</td><td>72</td></tr>
<tr><td>$0.130 < C \leqslant 0.220$</td><td>30.0</td><td>94</td></tr>
<tr><td>$0.220 < C \leqslant 0.360$</td><td>38.0</td><td>120</td></tr>
<tr><td>$0.360 < C \leqslant 0.600$</td><td>50.0</td><td>160</td></tr>
<tr><td>$0.600 < C \leqslant 1$</td><td>63.0</td><td>200</td></tr>
<tr><td>$C > 1$</td><td>80.0</td><td>250</td></tr>
</table>
①按照 GB/T 28783 的规定
②参见 GB/T 38206.1—2019 的附录 C
</td></tr>
<tr><td>切换压力造成的损失</td><td>按照上面③“切换压力的测量”测量电磁阀或气控阀的切换压力,超出制造商数据单或产品说明书中规定的最小工作压力时,应认作失效</td></tr>
<tr><td>其他说明</td><td>个人客户和行业部门可使用与本部分不同的阈值水平和要求。制造商和客户之间应达成一致,并在测试报告和样本数据中记录</td></tr>
<tr><td colspan="2">数据分析</td><td>试验数据应按照 GB/T 38206.1 进行分析。测试数据表见 GB/T 38206.2—2020 附录 A
有功能安全要求的阀的 B_{10D} 估算按照 GB/T 38206.2—2020 附录 A</td></tr>
<tr><td colspan="2">测试报告</td><td>数据报告应按照 GB/T 38206.1 的规定。任何与本部分的偏离应记录在测试报告中</td></tr>
</table>

3.4　气动止回阀、梭阀、双压阀（与阀）、单向节流阀及快排阀可靠性评估方法（摘自 GB/T 38206.5—2021）

在 GB/T 38206.5—2021/ISO 19973-5：2015，IDT《气动元件可靠性评估方法　第 5 部分：止回阀、梭阀、双压阀（与阀）、单向节流阀及快排阀》中规定了评估止回阀、先导式止回阀、梭阀、双压阀（与阀）、单向节流阀及快排阀可靠性的试验设备、试验条件、试验程序、可靠性阈值和试验结果的处理方法。

该文件适用于上述气动元件无维修条件下的首次失效，但一些异常值除外。

表 21-7-25

<table>
<tr><td>试验设备</td><td>基本试验设备</td><td>
基本试验设备取决于被测元件的类型,应符合表 1 和图 a~图 e 中给出的要求。任何方向控制阀的额定流量应大于或等于被测元件的额定流量,安装在阀的排气口的消声器应不限制其流量
表 1　图 a~图 e 试验回路中元件的说明
<table>
<tr><td>编号</td><td>说明</td></tr>
<tr><td>1、2、3</td><td>被测元件的气口</td></tr>
<tr><td>4</td><td>气源</td></tr>
<tr><td>5</td><td>消声器</td></tr>
<tr><td>6</td><td>气容</td></tr>
<tr><td>7</td><td>压力传感器,仅在测试设备调试和功能测试时使用</td></tr>
<tr><td>8</td><td>被测元件</td></tr>
<tr><td>12、14</td><td>先导口</td></tr>
<tr><td>V1、V2</td><td>方向控制阀</td></tr>
</table>
</td></tr>
</table>

续表

试验设备	基本试验设备	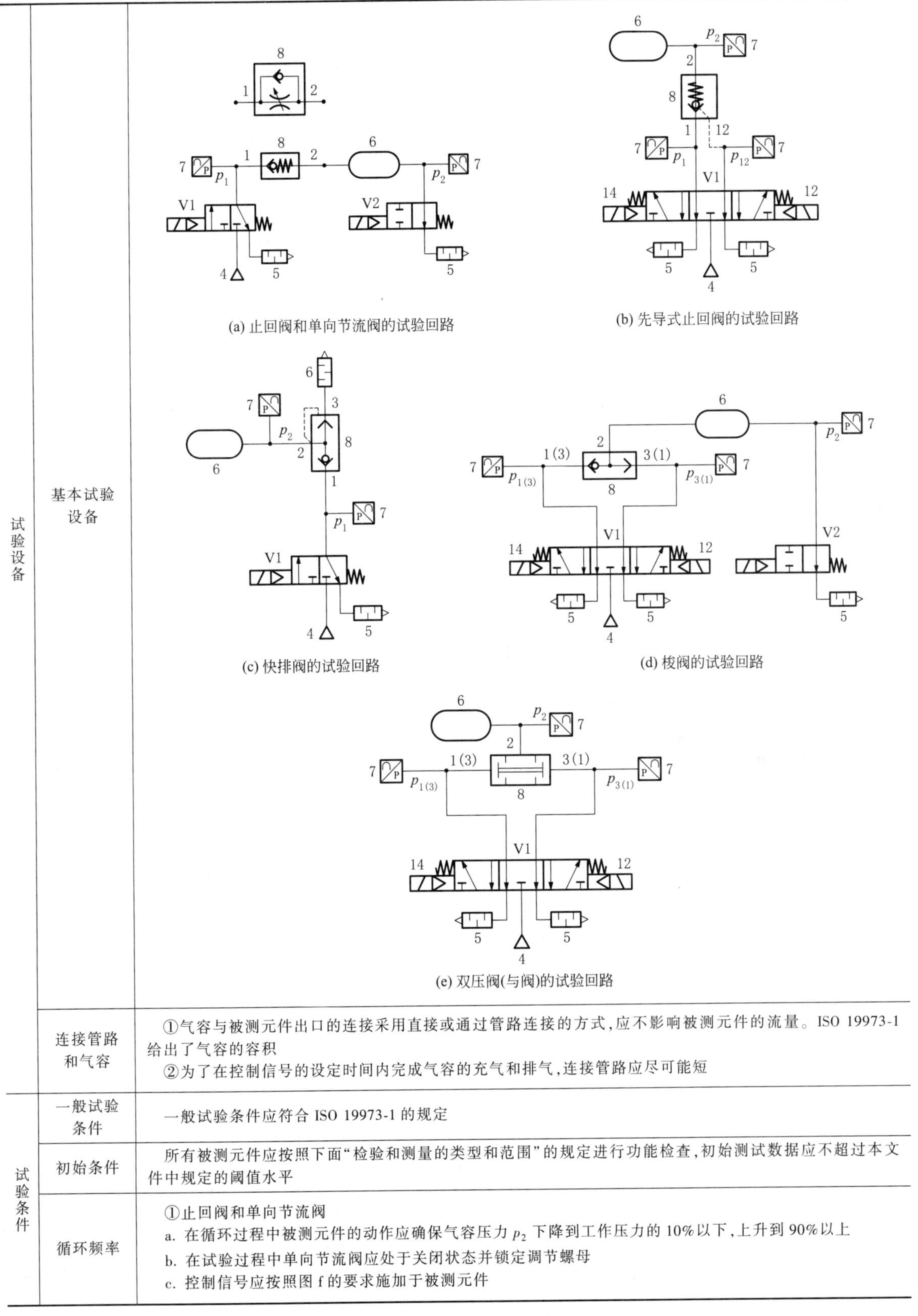 (a) 止回阀和单向节流阀的试验回路 (b) 先导式止回阀的试验回路 (c) 快排阀的试验回路 (d) 梭阀的试验回路 (e) 双压阀(与阀)的试验回路
	连接管路和气容	①气容与被测元件出口的连接采用直接或通过管路连接的方式，应不影响被测元件的流量。ISO 19973-1 给出了气容的容积 ②为了在控制信号的设定时间内完成气容的充气和排气，连接管路应尽可能短
试验条件	一般试验条件	一般试验条件应符合 ISO 19973-1 的规定
	初始条件	所有被测元件应按照下面“检验和测量的类型和范围”的规定进行功能检查，初始测试数据应不超过本文件中规定的阈值水平
	循环频率	①止回阀和单向节流阀 a. 在循环过程中被测元件的动作应确保气容压力 p_2 下降到工作压力的 10%以下，上升到 90%以上 b. 在试验过程中单向节流阀应处于关闭状态并锁定调节螺母 c. 控制信号应按照图 f 的要求施加于被测元件

续表

试验条件	循环频率	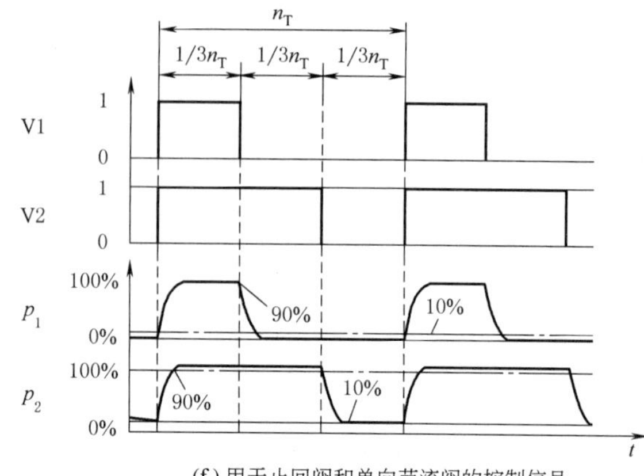 (f)用于止回阀和单向节流阀的控制信号 V1,V2—控制阀信号;p_1—进口压力;p_2—出口压力;t—时间;n_T—循环时间 ②先导式止回阀 a. 在循环过程中被测元件的动作应确保气容压力 p_2 下降到工作压力的 10%以下,上升到 90%以上 b. 控制信号应按照图 g 的要求施加于被测元件 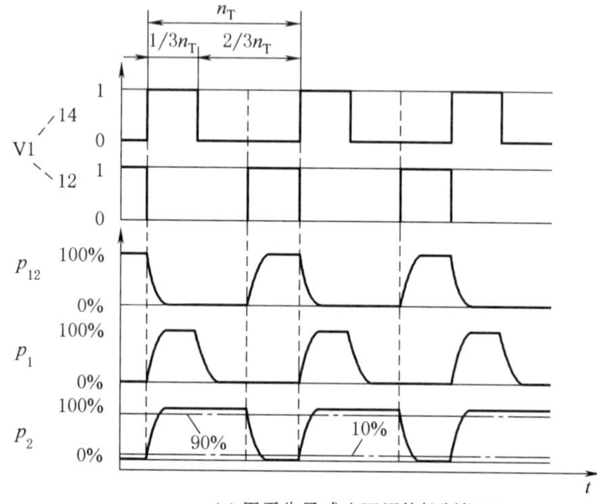 (g)用于先导式止回阀的控制信号 V1—控制阀信号;p_1—进口压力;p_2—出口压力;p_{12}—先导压力;t—时间;n_T—循环时间 ③快排阀 a. 在循环过程中被测元件的动作应确保气容压力 p_2 下降到工作压力的 10%以下,上升到 90%以上 b. 控制信号应按照图 h 的要求施加于被测元件 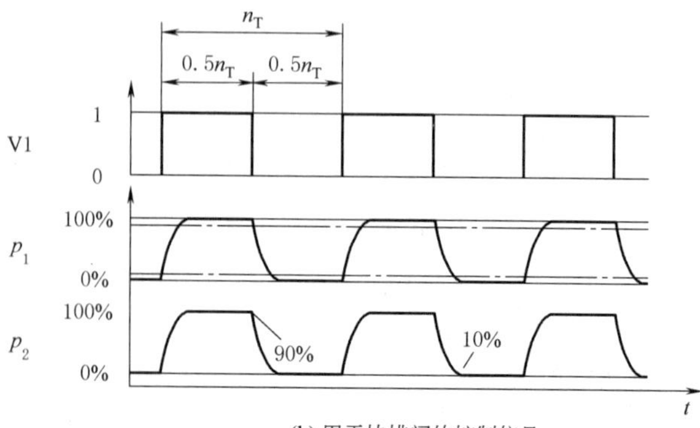 (h)用于快排阀的控制信号 V1—控制阀信号;p_1—进口压力;p_2—出口压力;t—时间;n_T—循环时间

续表

<table>
<tr>
<td>试验条件</td>
<td>循环频率</td>
<td>

④梭阀和双压阀(与阀)

a. 在循环过程中被测元件的动作应确保气容压力 p_2 下降到工作压力的 10%以下,上升到 90%以上

b. 梭阀的控制信号应按照图 i 的要求施加于被测元件,双压阀(与阀)的控制信号应按照图 j 的要求施加于被测元件

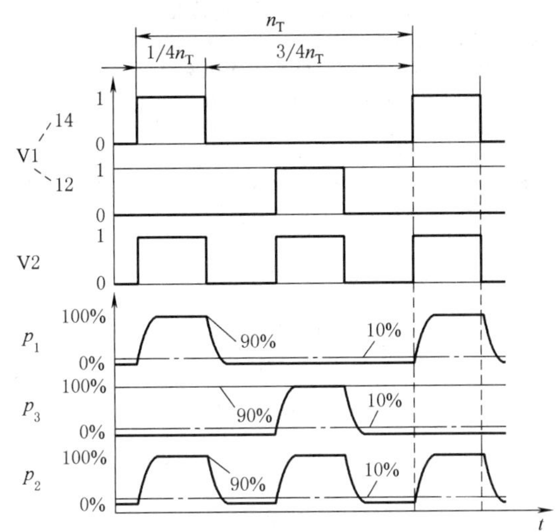

(i) 用于梭阀的控制信号

V1—控制阀信号;p_1—进口压力;p_2—出口压力;p_3—进口 3 压力;t—时间;n_T—循环时间

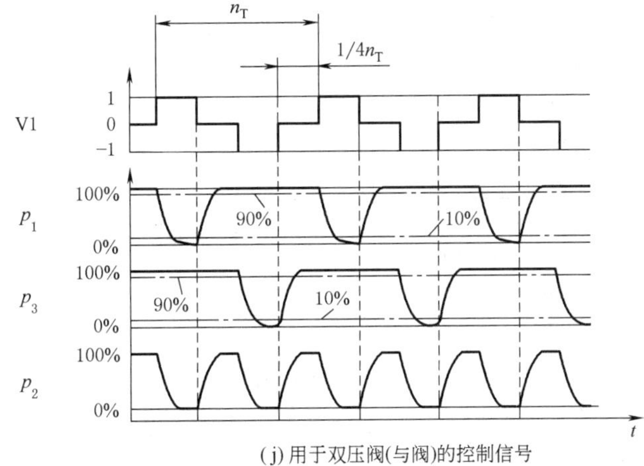

(j) 用于双压阀(与阀)的控制信号

V1—控制阀信号;p_1—进口压力;p_2—出口压力;p_3—进口 3 压力;t—时间;n_T—循环时间
</td>
</tr>
<tr>
<td rowspan="2">试验程序</td>
<td>检验和测量</td>
<td>
①在耐久性试验之前、期间和之后应进行如下的检查和测量:
a. 按照下面①“功能检查”检查功能
b. 按照下面②“泄漏量测量”测量泄漏量
c. 按照下面③“切换压力的测量”测量切换压力
②测量间隔应符合 ISO 19973-1 的规定
</td>
</tr>
<tr>
<td>检验和测量的类型和范围</td>
<td>
①功能检查　在试验条件下,应通过听觉、视觉和触觉等方法对被测元件和控制阀进行功能检查,观察是否发生切换故障、充放气不完全或泄漏。记录异常情况。被测元件的终止寿命应按照 ISO 19973-1 的规定
②泄漏量测量
a. 通用要求　在被测元件指定气口施加测试压力,测量泄漏量(内泄漏和外泄漏的总和)
b. 止回阀和单向节流阀　在气口 2 施加测试压力,测量气口 2 的泄漏量,单向节流阀应处于关闭状态并锁定调节螺母
c. 先导式止回阀　首先在气口 1 和气口 12 未施加压力的情况下,给气口 2 施加测试压力,测量气口 2 的泄漏量;然后在气口 1 和气口 2 未施加压力的情况下,给气口 12 施加测试压力,测量气口 12 的泄漏量
</td>
</tr>
</table>

续表

试验程序	检验和测量的类型和范围	d. 快排阀　将气口 2 堵住，在气口 1 施加测试压力，测量气口 1 的泄漏量 e. 梭阀　将气口 2 堵住，首先在气口 3 未施加压力的情况下，给气口 1 施加测试压力，测量气口 1 的泄漏量；然后在气口 1 未施加压力的情况下，给气口 3 施加测试压力，测量气口 3 的泄漏量 f. 双压阀（与阀）　首先在气口 2 和气口 3 未施加压力的情况下，给气口 1 施加测试压力，测量气口 1 的泄漏量；然后在气口 1 和气口 2 未施加压力的情况下，给气口 3 施加测试压力，测量气口 3 的泄漏量 ③切换压力的测量 a. 正常切换的确定　为确定被测元件切换是否正常，应在被测元件的出气口连接压力表或压力传感器（见图 a~图 e），观察被测元件出气口的压力上升或下降是否充分 b. 止回阀和单向节流阀的切换压力测量　启动方向控制阀 V1 和 V2，并给被测元件气口 1 逐步增加测试压力，当输出压力大于测试压力的 10%时，被测元件正常切换 c. 先导式止回阀切换压力确定　在被测元件气口 2 上施加最小测试压力，启动控制阀 V1，并给气口 12 逐步增加测试压力，直到被测元件正常切换。然后关闭先导压力，检查止回阀的关闭功能。在被测元件气口 2 上施加最大测试压力，并重复上述过程 d. 数据记录　应记录正常切换时的压力
	测试数据记录	用于记录测试数据的测试记录表见 GB/T 38206.5—2021 附录 A
失效模式和阈值水平	通则	如果被测元件达到下面“功能性失效”~“切换压力失效”中规定的任何一项阈值水平或失效模式，则判定为失效。应按照 ISO 19973-1 确定终止寿命
	功能性失效	如果被测元件未能满足上面①“功能检查”中规定的功能，则判定为失效
	泄漏失效	按照上面②“泄漏量测量”进行测量，被测元件的任一阀位的总泄漏量超过了表 2 中的泄漏量阈值，被测元件判定为失效 泄漏量阈值的确定见 ISO 19973-1:2015 的附录 B

表 2　试验中测得的泄漏阈值

声速流导 C(ANR)① /dm^3·s^{-1}·kPa^{-1}	最大泄漏量(ANR)② /dm^3·h^{-1}	声速流导 C(ANR)① /dm^3·s^{-1}·kPa^{-1}	最大泄漏量(ANR)② /dm^3·h^{-1}
$C \leqslant 0.010$	2.0	$0.130<C \leqslant 0.220$	9.4
$0.010<C \leqslant 0.016$	2.5	$0.220<C \leqslant 0.360$	12.0
$0.016<C \leqslant 0.028$	3.3	$0.360<C \leqslant 0.600$	15.0
$0.028<C \leqslant 0.046$	4.3	$0.600<C \leqslant 1$	20.0
$0.046<C \leqslant 0.080$	5.7	$C>1$	25.0
$0.080<C \leqslant 0.130$	7.2		

①按照 ISO 8778 的规定

失效模式和阈值水平	切换压力失效	按照上面③“切换压力的测量”测量被测元件的切换压力，超出产品说明书中规定的最小切换压力时，则判定为失效
	其他说明	客户的特殊定制在供需双方达成协议的情况下可不遵照本文件的要求执行，但应在测试报告和样本数据中予以说明
数据分析		试验数据应按照 ISO 19973-1 进行分析
试验报告		测试报告应按照 ISO 19973-1 进行编写

3.5　带活塞杆的气缸可靠性评估方法（摘自 GB/T 38206.3—2019）

在 GB/T 38206.3—2019/ISO 19973-3：2015，MOD《气动元件可靠性评估方法　第 3 部分：带活塞杆的气缸》中规定了评估带活塞杆的气缸（包括单作用和双作用）可靠性的试验设备、试验条件、试验程序、可靠性阈值和试验结果的处理方法。

该文件适用于遵照 GB/T 8102、GB/T 28781、GB/T 32336 或 JB/T 7377 的带活塞杆的气缸；但是，对于虽然未遵照这些国家和行业标准但在相同运行条件范围内使用的带活塞杆的气缸，可按照该文件表 1 和表 2 确定的等级之一进行试验。

该文件适用于气缸不做修复的首次失效，但一些异常值除外。

表 21-7-26

试验设备

①典型的试验设备包括气源、换向阀以及调速用可调节流阀。试验回路图见图 a。图 a 所示的基本回路,未包括必要的安全装置。负责测试的人员务必充分考虑人身与设备的安全

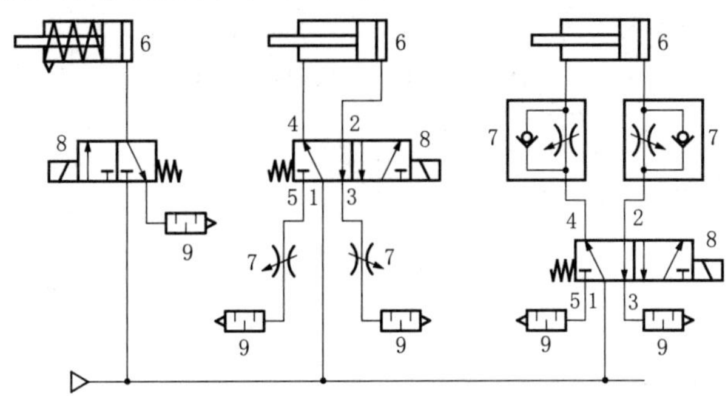

(a) 通过试验评估带活塞杆的气缸可靠性的试验回路

1～5—气口；6—被测气缸；7—节流阀(调速阀)；8—换向阀；9—消声器

②被测气缸应水平安装并可靠固定以减少振动。被测气缸可采用一个伸出而另一个缩回的运动形式

试验条件

项目	内容
一般试验条件	所有被测气缸应按照 GB/T 23252—2009 验收合格。一般试验条件应符合 GB/T 38206.1 的规定
初始条件	被测气缸泄漏量不应超过 GB/T 23252—2009 表 1 规定的值

耐久性试验条件

①方向　被测气缸应水平安装

②侧向负载

a. 对于单作用气缸不应施加侧向负载。试验结果只与试验行程相关

b. 对于双作用气缸,施加侧向负载应符合下述要求:

ⅰ. 侧向负载应施加在活塞杆轴肩接近理论参考点(TRP)位置[见图 b(i)]。此为首选安装类型

ⅱ. 侧向负载质量和从理论参考点至侧向负载重心的距离应符合表 1 的规定

ⅲ. 当需要安装锁紧螺母时,侧向负载到 TRP 可留安装间隙为 *LN*[见图 b(ⅱ)]。同时,距离 *LT* 应符合表 1 的规定

ⅳ. 安装侧向负载时,其重心应低于活塞杆轴心线 *H* 距离,*H* 值应符合表 1 的规定

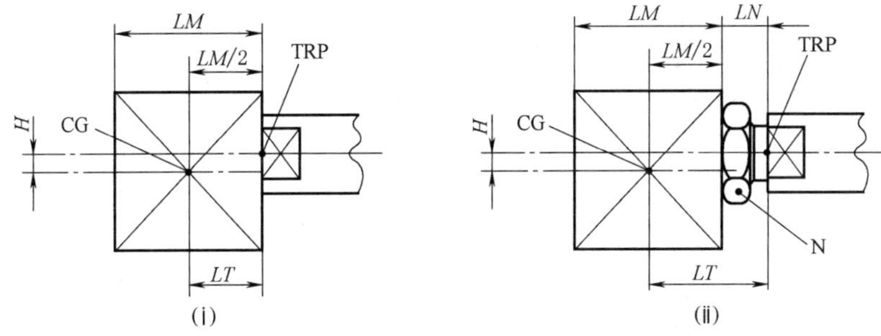

(b) 气缸理论参考点至侧向负载重心的距离和偏心距

CG—侧向负载的重心；*H*—侧向负载偏心距；*LT*—点TRP和点CG之间的水平距离；*LM*—侧向负载的纵向长度；N—锁紧螺母(可选)；TRP—理论参考点

表 1　侧向负载质量和从理论参考点至侧向负载重心的距离

缸径 /mm	侧向负载/kg			*H* /mm	LT_{min} /mm
	等级 1-轻型 (GB/T 28781)	等级 2-中等 (GB/T 8102)	等级 3-重型 (GB/T 32336 或 JB/T 7377)		
8	—	0.03	—	1.5±0.5	20
10		0.05			
12		0.07			
16		0.13			
20	0.20	0.20			
25	0.25	0.30			

续表

试验条件 | 耐久性试验条件

续表

缸径/mm	侧向负载/kg 等级 1-轻型(GB/T 28781)	等级 2-中等(GB/T 8102)	等级 3-重型(GB/T 32336 或 JB/T 7377)	H/mm	$LT_{\min}$/mm
32	0.40		2		
40	0.60		3		
50	1.00		4		
63	1.50		6	3±0.5	
80	2.50		9		
100	3.50	—	12		50
125			16		
160			20		
200	—		30	5±0.5	
250			40		
320			50		

注:若被测气缸的缸径未在本表中列出,缸径选择最接近的下(大)一挡,例如被测气缸缸径为 28mm,则按下(大)一挡缸径 32mm 选择负载。JB/T 7377—2007《缸内径 32~250mm 整体式安装单杆气缸 安装尺寸》已废止。下同

③行程 被测气缸的行程应符合表 2 的规定,若不符合,则按气缸的实际行程测试,计算侧向负载质量与被测气缸行程关系的方法参见 GB/T 38206.3—2019 附录 A

表 2 被测气缸行程

缸径/mm	行程/mm 等级 1(GB/T 28781) 双作用	等级 1(GB/T 28781) 单作用	等级 2(GB/T 8102) 双作用	等级 2(GB/T 8102) 单作用	等级 3(GB/T 32336 或 JB/T 7377) 双作用
8			20		
10				10	
12	—	—	25		
16			30		—
20	20		40	25	
25	25		50		
32	30	10			
40	40				160
50					
63	50	25			
80					250
100				—	
125					
160					
200	—	—			320
250					
320					

④测试运行时间 应按照图 c 验证气缸往复两个方向的工作行程时间。被测气缸工作行程时间(t_{TST})的设置应少于控制阀半工作周期时间(T_{TCT})。测试停顿时间(t_1)应少于半工作周期的 20%,但应大于 0。如式(1)

$$\frac{1}{2}t_{TCT}=t_{TST}+t_1 \tag{1}$$

对于无缓冲气缸,可用式(2)计算半工作周期时间

$$\frac{1}{2}t_{TCT}=\frac{S}{V_m}\times 1.2 \tag{2}$$

续表

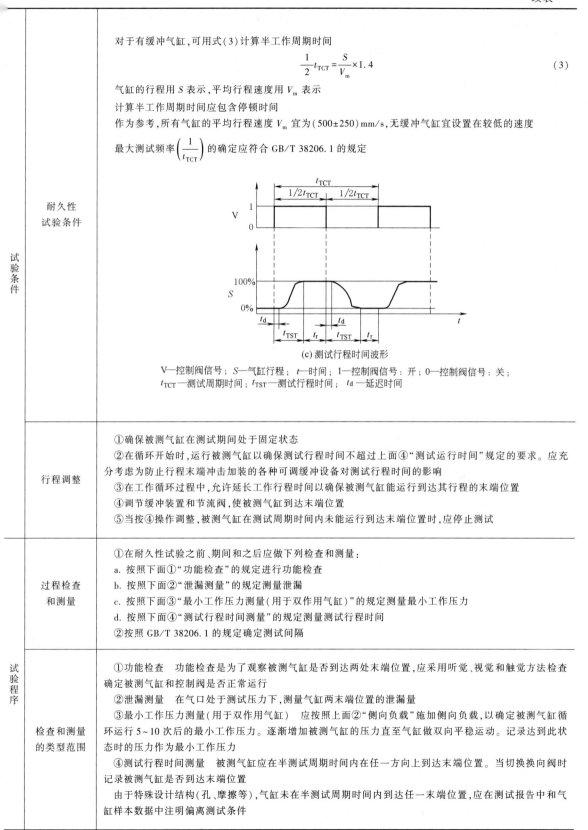

试验条件	耐久性试验条件	对于有缓冲气缸,可用式(3)计算半工作周期时间 $$\frac{1}{2}t_{TCT}=\frac{S}{V_m}\times 1.4 \quad (3)$$ 气缸的行程用 S 表示,平均行程速度用 V_m 表示 计算半工作周期时间应包含停顿时间 作为参考,所有气缸的平均行程速度 V_m 宜为(500±250)mm/s,无缓冲气缸宜设置在较低的速度 最大测试频率$\left(\frac{1}{t_{TCT}}\right)$的确定应符合 GB/T 38206.1 的规定 (c) 测试行程时间波形 V—控制阀信号; S—气缸行程; t—时间; 1—控制阀信号:开; 0—控制阀信号:关; t_{TCT}—测试周期时间; t_{TST}—测试行程时间; t_d—延迟时间
	行程调整	①确保被测气缸在测试期间处于固定状态 ②在循环开始时,运行被测气缸以确保测试行程时间不超过上面④"测试运行时间"规定的要求。应充分考虑为防止行程末端冲击加装的各种可调缓冲设备对测试行程时间的影响 ③在工作循环过程中,允许延长工作行程时间以确保被测气缸能运行到达其行程的末端位置 ④调节缓冲装置和节流阀,使被测气缸到达末端位置 ⑤当按④操作调整,被测气缸在测试周期时间内未能运行到达末端位置时,应停止测试
试验程序	过程检查和测量	①在耐久性试验之前、期间和之后应做下列检查和测量: a. 按照下面①"功能检查"的规定进行功能检查 b. 按照下面②"泄漏测量"的规定测量泄漏 c. 按照下面③"最小工作压力测量(用于双作用气缸)"的规定测量最小工作压力 d. 按照下面④"测试行程时间测量"的规定测量测试行程时间 ②按照 GB/T 38206.1 的规定确定测试间隔
	检查和测量的类型范围	①功能检查　功能检查是为了观察被测气缸是否到达两处末端位置,应采用听觉、视觉和触觉方法检查确定被测气缸和控制阀是否正常运行 ②泄漏测量　在气口处于测试压力下,测量气缸两末端位置的泄漏量 ③最小工作压力测量(用于双作用气缸)　应按照上面②"侧向负载"施加侧向负载,以确定被测气缸循环运行 5~10 次后的最小工作压力。逐渐增加被测气缸的压力直至气缸做双向平稳运动。记录达到此状态时的压力作为最小工作压力 ④测试行程时间测量　被测气缸应在半测试周期时间内在任一方向上到达末端位置。当切换换向阀时记录被测气缸是否到达末端位置 由于特殊设计结构(孔、摩擦等),气缸未在半测试周期时间内到达任一末端位置,应在测试报告中和气缸样本数据中注明偏离测试条件

续表

<table>
<tr><td rowspan="4">失效模式和阈值</td><td>通则</td><td>被测气缸如果超出下面“功能性失效”~“超过最大测试行程时间造成的失效”所规定的任何一项阈值或出现灾变故障时，则应认作已失效。应按照 GB/T 38206.1 的规定确定终止寿命测试</td></tr>
<tr><td>功能性失效</td><td>被测气缸如果不能满足上面①“功能检查”中规定的功能，则应认作已失效</td></tr>
<tr><td>泄漏造成的失效</td><td>按照上面②“泄漏测量”测量气缸泄漏量，如果超过表 3 规定的泄漏量阈值，被测气缸应认作已失效
气缸泄漏量阈值的确定见 GB/T 38206.1—2019 中的附录 C
表 3　气缸泄漏量阈值
<table>
<tr><th>缸径/mm</th><th>最大泄漏量(ANR)/dm³·h⁻¹</th></tr>
<tr><td>8</td><td rowspan="3">6.0</td></tr>
<tr><td>10</td></tr>
<tr><td>12</td></tr>
<tr><td>16</td><td rowspan="3">9.0</td></tr>
<tr><td>20</td></tr>
<tr><td>25</td></tr>
<tr><td>32</td><td rowspan="3">18</td></tr>
<tr><td>40</td></tr>
<tr><td>50</td></tr>
<tr><td>63</td><td rowspan="3">35</td></tr>
<tr><td>80</td></tr>
<tr><td>100</td></tr>
<tr><td>125</td><td rowspan="3">70</td></tr>
<tr><td>160</td></tr>
<tr><td>200</td></tr>
<tr><td>250</td><td rowspan="2">140</td></tr>
<tr><td>320</td></tr>
</table>
注：阈值在行程两方向均有效，若被测气缸的缸径未在本表中列出，缸径选择最接近的下(大)一挡，例如被测气缸缸径为 28mm，则按下(大)一挡缸径 32mm 选择最大泄漏量</td></tr>
<tr><td>最小工作压力造成的失效</td><td>按照上面③“最小工作压力测量(用于双作用气缸)”测量气缸最小工作压力，如果超过表 4 中所规定的阈值，则被测气缸应认作已失效
表 4　最小工作压力的阈值
<table>
<tr><th>缸径/mm</th><th>最小工作压力/kPa</th></tr>
<tr><td>8</td><td>300</td></tr>
<tr><td>10</td><td rowspan="2">260</td></tr>
<tr><td>12</td></tr>
<tr><td>16</td><td rowspan="2">200</td></tr>
<tr><td>20</td></tr>
<tr><td>25</td><td rowspan="2">160</td></tr>
<tr><td>32</td></tr>
<tr><td>40</td><td rowspan="2">130</td></tr>
<tr><td>50</td></tr>
<tr><td>63</td><td rowspan="2">100</td></tr>
<tr><td>80</td></tr>
<tr><td>100</td><td rowspan="3">80</td></tr>
<tr><td>125</td></tr>
<tr><td>160</td></tr>
<tr><td>200</td><td rowspan="3">50</td></tr>
<tr><td>250</td></tr>
<tr><td>320</td></tr>
</table>
注：阈值在行程两方向均有效。若被测气缸的缸径未在本表中列出，缸径选择最接近的下(大)一挡，例如被测气缸缸径为 28mm，则按下(大)一挡缸径 32mm 选择最小工作压力</td></tr>
</table>

续表

失效模式和阈值	超过最大测试行程时间造成的失效	如果气缸在半测试周期时间不能达到任一末端位置，则被测气缸应认为已失效
	其他说明	客户的特殊定制在供需双方达成一致协议的情况下可不遵照本部分的要求执行，并应在测试报告或样本数据中记录说明
数据分析		试验数据应按照 GB/T 38206.1 分析。测试数据表参见 GB/T 38206.3—2019 附录 B
测试报告		数据记录应按照 GB/T 38206.1 的规定，任何偏离本部分的协议应在测试报告中记录

3.6 基于加速寿命试验的气动元件可靠性评估通用指南和程序（摘自 GB/Z 42085—2022）

在 GB/Z 42085—2022/ISO/TR 16194：2017，IDT《气动　基于加速寿命试验的元件可靠性评估　通用指南和程序》中确立了基于加速寿命试验评估气动元件可靠性的一般程序。该文件适用于换向阀、带活塞杆气缸、调压阀以及 ISO 19973（所有部分）所覆盖的元件。

该文件未确立气动元件加速寿命试验的特定程序。该文件给出了气动元件加速寿命试验方法中的可变条件，并提供了气动元件制定加速寿命试验方法的指导性意见。该文件适用于气动元件无维修情况下的首次失效。

表 21-7-27

可靠性和加速寿命试验概述	可靠性是指产品在给定的条件下和给定的时间区间内能完成要求功能的能力。这种能力若以概率表示，即称为可靠度。可靠性按照 ISO 19973（所有部分）中描述的试验方法进行评估 可靠性分析是指分析元件在正常使用条件下失效的时间或循环次数，以量化其寿命特征，寿命特征数据往往很难获得。由于元件的寿命通常较长，而产品设计和发布之间的时间间隔较短，为了观察元件失效以更好地了解其寿命特征，于是人们设计了在过应力条件下加速元件失效的程序，从而让元件比正常使用条件下更快地失效，即加速寿命试验（ALT） 确定元件在加速寿命试验下的可靠性与正常使用条件下可靠性之间的关系能够由外推加速寿命试验得到的结果与正常使用条件下得到的试验结果比较进行评定、描述，见图 a 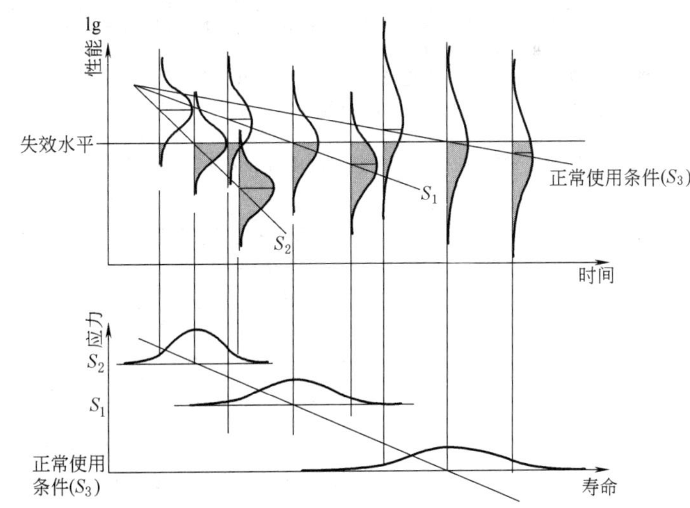 (a) S-N曲线和加速寿命试验的关系图 注：图a没有明确寿命分布模型 图 a 中，S_3 代表在正常使用条件下的失效，S_1 和 S_2 代表加速条件下的失效，它们对应的关系由连线给出
失效机理与模式	失效机理指引起元件材料瞬时或累计损伤的物理或化学过程。失效模式指元件失效或性能下降的失效机理的表现形式。失效模式是元件缺陷部位（应力超过强度）失效机理的表现形式 在加速寿命条件下观测到的失效模式需与正常使用条件下定义的失效模式等同

续表

<table>
<tr><td colspan="2">加速寿命试验策略</td><td>在加速寿命试验之前，确定元件在使用过程中可能发生的失效类型（特别是来自现场的反馈信息）。设计分析和审查的定量法有质量功能展开（QFD）、故障树分析（FTA）以及失效模式与后果分析（FMEA）。定性法有高加速寿命试验（HALT）。定性试验主要用于揭示可能的失效模式，但它们不能量化元件在正常使用条件下的寿命（或可靠性）
加速寿命试验促进元件加速失效，其目的是量化元件在正常使用条件下的寿命特征。加速寿命试验分为定性高加速寿命试验（HALT）和定量加速寿命试验。定性高加速寿命试验的目的是识别失效和失效模式，不对元件在正常使用条件下的寿命做任何预测。定量加速寿命试验的目的是从加速寿命试验中获得的数据预测元件在正常使用条件下的寿命（MTTF、B_{10} 寿命等寿命特征）
有效实施加速寿命试验的策略如下：
①建立正常使用条件下的应力水平
②确定加速试验条件下的应力水平
③确定在每个应力水平下需测试的元件数量</td></tr>
<tr><td rowspan="2">加速寿命试验设计</td><td>正常使用条件</td><td>正常使用条件通常根据元件特征的额定要求来定义，例如，压力、温度、电压、工作周期、润滑要求等。但额定值通常高于正常使用条件，因此，在加速试验之前需根据这些特征确定正常使用条件的定义。气动阀的定义示例见表 1
表 1　气动阀正常使用条件<table><tr><td>特征</td><td>典型额定要求</td><td>常用要求</td><td>试验建议正常使用要求</td></tr><tr><td>压力</td><td>1000kPa</td><td>630kPa</td><td>630kPa</td></tr><tr><td>温度</td><td>50℃</td><td>25℃</td><td>25℃</td></tr><tr><td>电压</td><td>24V DC</td><td>24V DC</td><td>24V DC</td></tr><tr><td>工作周期</td><td>连续</td><td>开关任意变化</td><td>10%开/90%关</td></tr><tr><td>润滑</td><td>有时需要</td><td>有时使用</td><td>未使用</td></tr><tr><td>空气干燥</td><td>露点小于 0℃</td><td>露点不大于 10℃</td><td>露点等于 10℃</td></tr></table>在启动加速寿命试验程序之前，需定义正常使用条件</td></tr>
<tr><td>初步试验</td><td>利用试验设计方法确定要测试的最高应力，该最高应力满足产生的失效模式与正常使用条件下发生的失效模式等同。如果不能事先确定应力或限值，则进行小样本的定性试验（HALT），以确定用于加速寿命试验的应力水平
采取以下步骤确定三个应力水平：
①试出 1 天内元件产生失效的最高应力（大约）
②将该应力水平降至其 90%，并按 ISO 19973（某一部分）给出的试验程序（视应力水平的条件修改）测试，直至至少 2 个被测元件在此应力水平下失效
③检查失效模式是否与正常使用条件下的失效模式等同。若不同，则降低应力水平并重复步骤②和③，直至失效模式与正常使用条件下的失效模式等同，将其确定为应力水平（S_1）
④在步骤②的基础上再降低 10%～20%的应力水平，再测试直至至少 2 个被测元件失效。再次检查失效模式是否与正常使用条件下的失效模式等同。若相同，则将其确定为应力水平（S_2），见图 b，若不同，则修改应力水平并重复测试
⑤确定在项目时间内更低地导致失效的第三个应力水平（S_3）。第三个应力水平通过对之前的两组失效数据外推来确定，如图 b 所示，也能够使用 S_1 和 S_2 的平均值来估算 S_3，即 $S_3=S_2^2/S_1$
⑥在第三个应力水平（S_3）下测试直至至少 2 个被测元件失效。再次检查失效模式是否与正常使用条件下的失效模式等同。若不同，则修改应力水平并重复测试
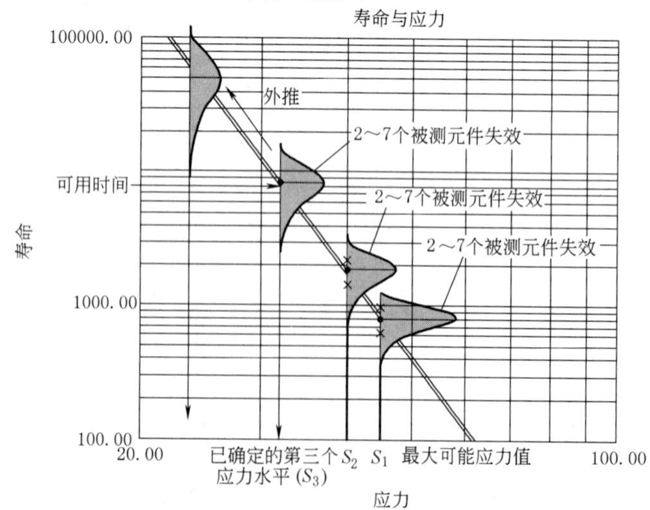
(b)初步试验确定应力水平的图解
初步试验可能需要进行多次才能确定上述三个应力水平</td></tr>
</table>

续表

加速寿命试验设计	加速应力水平	在上面"初步试验"中确定的应力水平下,按照ISO 19973(某一部分)对随机选取的被测元件进行一系列加速试验。通常,该应力水平超出了元件使用限值。因此,要不断检查失效模式是否与正常使用条件下的失效模式等同。若不同,则被测元件作为挂起处理,或者修改测试条件并重新开始测试 在每个选定的应力水平下进行测试。在尽可能接近正常使用条件的应力水平下进行至少一次测试。在加速试验中,应力水平越高,所需的测试时间越短,而外推的不确定性越大。置信区间提供了外推中不确定性的度量 气动元件最常用的应力是压力和温度。测试既能在一个样品批次上的一组应力条件下进行,也能在不同样品批次的两种应力下进行。气缸速度和阀的动作频率也能作为应力 被测元件使用的压缩空气的温度通常被加热(或冷却)至接近测试环境的温度 在进行加速寿命试验时,确保元件的失效互不相关(如温度引起的失效不能影响压力引起的失效),见GB/Z 42085—2022附录E
	样本数	理想情况下,在加速寿命试验中,针对每个应力水平至少需要7个被测元件。但是,分配给每个应力水平的被测元件的数量通常与施加的应力水平成反比,即使用较低的应力水平比使用较高的应力水平需要更多的被测元件。因在较高的应力水平下样本失效的比例会更高。从最高到最低应力水平对应的被测元件数量的最佳比例是1∶2∶4。如果被测元件价格昂贵,将分别在应力水平 S_1 和 S_2 测试4个被测元件;在应力水平 S_3 测试5个或更多被测元件。在时间有限的情况下,被测元件数量可以为2个,但在正常使用情况下的估计不确定性会增加
	数据观察和测量	加速寿命试验期间,不对被测元件进行维修 在加速寿命试验期间,操作员确定测量间隔以获得试验数据。在高应力水平下较短的测量间隔能够获得更好的统计结果。在低应力水平下较长的测量间隔足够
	应力载荷类型	两种可能的应力载荷方案:应力与时间无关的载荷(应力不随时间变化)和应力与时间相关的载荷(应力随时间变化)。本文件使用恒定的与时间无关的应力载荷,其是加速寿命试验中最常用的类型,见图c。但是,也能使用非恒定应力载荷,如阶跃步进应力、循环应力、随机应力等。载荷类型根据其对时间的相关性进行分类,并在GB/Z 42085—2022附录A中说明。当需进行时间相关性分析时,使用GB/Z 42085—2022附录A中给出的方法 压力 时间 (c)恒定应力模型 与时间相关的应力载荷相比,与时间无关的应力载荷具有许多优点 ①大多数元件在正常使用条件下以恒定应力运行 ②进行恒定应力试验更容易 ③量化恒定应力试验更容易 ④数据分析模型得到广泛应用和经验验证 ⑤恒定应力试验的外推结果比与时间相关的应力试验的外推结果更准确
试验终止	最小失效样本数	在每个应力水平下被测元件失效数至少为4个。当样本数不大于4个时,最小失效样本数为样本数
	终止循环次数	当被测元件在连续观察之间发生失效时,收集的数据称为左截尾或区间数据。在这种情况下,记录被测元件正常运行最后的循环次数和观察到被测元件发生失效的循环次数。该数据通常按照ISO 19973-1:2015中10.2进行处理
	挂起或截尾的被测元件	在发生失效之前停止测试的被测元件称为挂起,包括: ①被测元件需要拆卸以进行检查 ②被测元件经历了与所考虑的类型不同的失效模式 ③被测元件意外损坏,原因与测试无关 由于这些被测元件在挂起之前已经完成了一定的循环次数,因此这些数据对统计参数的计算有积极的影响。但是,它们不能再用于测试 如果已达到最小失效样本数,但某些被测元件未发生失效(达到阈值),则停止测试。剩余的被测元件认为已截尾 挂起被测元件的数据与截尾被测元件的数据等同处理。GB/Z 42085—2022附录D给出了计算这些数据统计参数的方法

续表

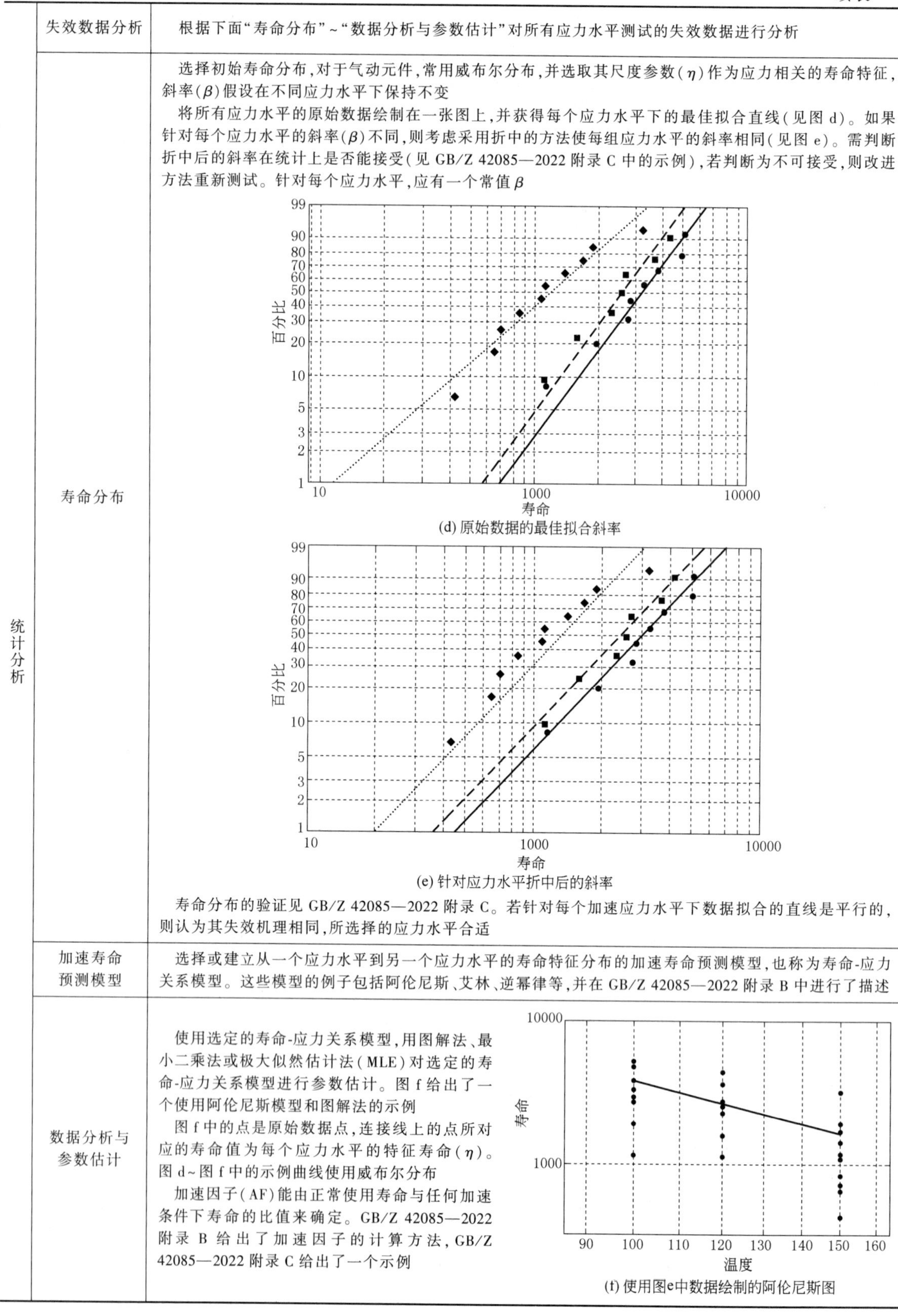

	失效数据分析	根据下面"寿命分布"~"数据分析与参数估计"对所有应力水平测试的失效数据进行分析
统计分析	寿命分布	选择初始寿命分布，对于气动元件，常用威布尔分布，并选取其尺度参数(η)作为应力相关的寿命特征，斜率(β)假设在不同应力水平下保持不变 将所有应力水平的原始数据绘制在一张图上，并获得每个应力水平下的最佳拟合直线(见图 d)。如果针对每个应力水平的斜率(β)不同，则考虑采用折中的方法使每组应力水平的斜率相同(见图 e)。需判断折中后的斜率在统计上是否能接受(见 GB/Z 42085—2022 附录 C 中的示例)，若判断为不可接受，则改进方法重新测试。针对每个应力水平，应有一个常值β (d) 原始数据的最佳拟合斜率 (e) 针对应力水平折中后的斜率 寿命分布的验证见 GB/Z 42085—2022 附录 C。若针对每个加速应力水平下数据拟合的直线是平行的，则认为其失效机理相同，所选择的应力水平合适
	加速寿命预测模型	选择或建立从一个应力水平到另一个应力水平的寿命特征分布的加速寿命预测模型，也称为寿命-应力关系模型。这些模型的例子包括阿伦尼斯、艾林、逆幂律等，并在 GB/Z 42085—2022 附录 B 中进行了描述
	数据分析与参数估计	使用选定的寿命-应力关系模型，用图解法、最小二乘法或极大似然估计法(MLE)对选定的寿命-应力关系模型进行参数估计。图 f 给出了一个使用阿伦尼斯模型和图解法的示例 图 f 中的点是原始数据点，连接线上的点所对应的寿命值为每个应力水平的特征寿命(η)。图 d~图 f 中的示例曲线使用威布尔分布 加速因子(AF)能由正常使用寿命与任何加速条件下寿命的比值来确定。GB/Z 42085—2022 附录 B 给出了加速因子的计算方法，GB/Z 42085—2022 附录 C 给出了一个示例 (f) 使用图e中数据绘制的阿伦尼斯图

续表

由试验数据评估可靠性特征	为便于解释计算结果，记录每个被测元件的失效模式，并根据每个应力水平的试验数据进行计算，以确定：特征寿命(η)；威布尔形状参数(β)，即威布尔图中直线的斜率；平均寿命，即运行至失效的平均时间；B_x寿命，即估计X%元件失效的时间；在95%的置信水平下，B_x寿命的置信区间，由费舍(Fisher)信息矩阵得出，由寿命-应力模型计算确定；模型参数和加速因子；B_x寿命和在正常使用条件下B_x寿命的置信区间
测试报告	测试报告至少包括以下数据： ①本文件编号；②测试报告的日期；③产品说明(制造商、规格型号、批号、生产日期)；④样本数；⑤试验条件(应力类型、应力水平和数量、应力载荷等)；⑥阈值；⑦形状参数(β)；⑧各被测元件的失效模式；⑨正常使用条件下B_{10}寿命和在95%置信水平下B_{10}寿命的置信区间；⑩正常使用条件下的特征寿命(η)；⑪确定的失效样本数及终止寿命；⑫用于计算威布尔数据的方法(如极大似然估计法等)；⑬加速寿命预测模型(阿伦尼斯-威布尔模型、艾林-威布尔模型、逆幂律威布尔模型等)；⑭加速因子；⑮所选加速模型的参数；⑯其他必要的说明

CHAPTER 8

第8章 气动系统

1 气动基本回路

1.1 换向回路

表 21-8-1

单作用气缸控制回路	气缸活塞杆运动的一个方向靠压缩空气驱动，另一个方向则靠其他外力，如重力、弹簧力等驱动。回路简单，可选用简单结构的二位三通阀来控制			
	常断二位三通电磁阀控制回路	常通二位三通电磁阀控制回路	三位三通电磁阀控制回路	两个二位二通电磁阀代替一个二位三通阀的控制回路
	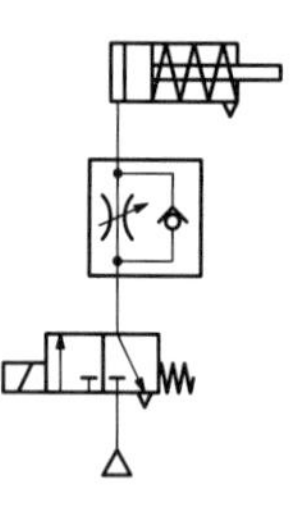	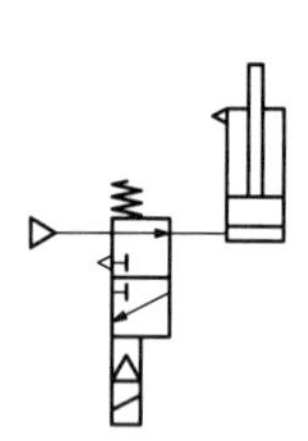	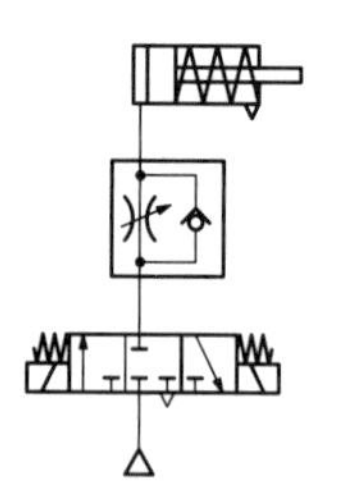	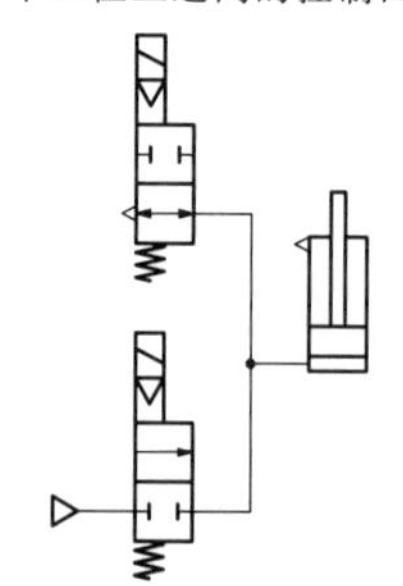
	通电时活塞杆伸出，断电时靠弹簧力返回	断电时活塞杆上升，通电时靠外力返回	控制气缸的换向阀带有全封闭型中间位置，可使气缸活塞停止在任意位置，但定位精度不高	两个二位二通阀同时通电换向，可使活塞杆伸出。断电后，靠外力返回
双作用气缸控制回路	气缸活塞杆伸出或缩回两个方向的运动都靠压缩空气驱动，通常选用二位五通阀来控制			
	采用单电控二位五通阀的控制回路	双电控阀控制回路	中间封闭型三位五通阀控制回路	中间排气型三位五通阀控制回路
	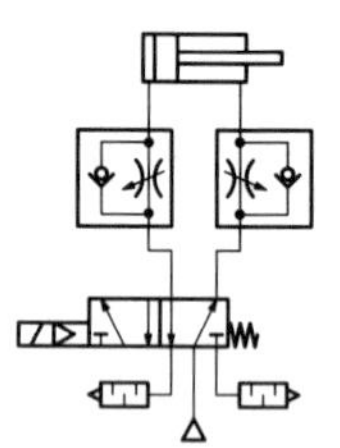	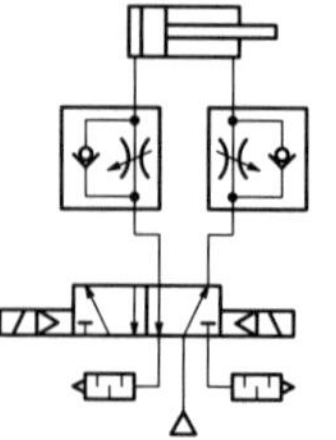	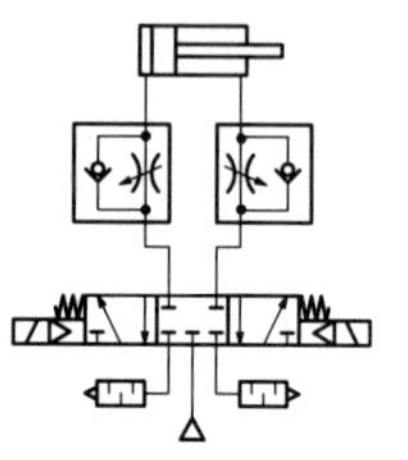	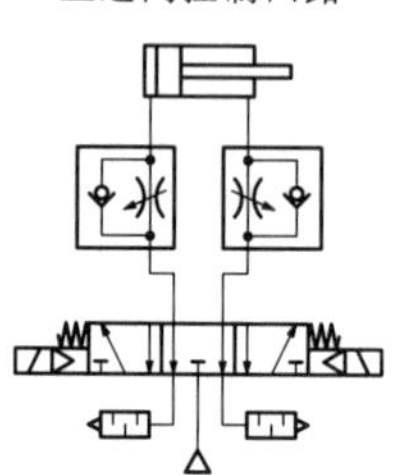
	通电时活塞杆伸出，断电时活塞杆返回	采用双电控电磁阀，换向电信号可为短脉冲信号，因此电磁铁发热少，并具有断电保持功能	左侧电磁铁通电时，活塞杆伸出。右侧电磁铁通电时，活塞杆缩回。左、右两侧电磁铁同时断电时，活塞可停止在任意位置，但定位精度不高	当电磁阀处于中间位置时，活塞杆处于自由状态，可由其他机构驱动

续表

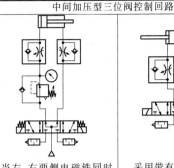

	中间加压型三位阀控制回路		电磁远程控制回路	双气控阀控制回路
双作用气缸控制回路		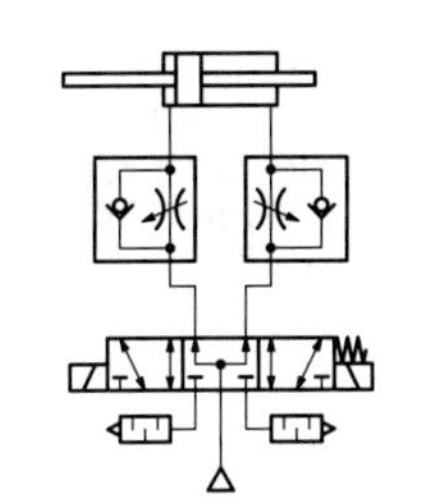	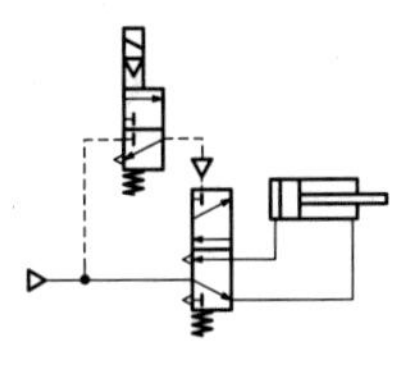	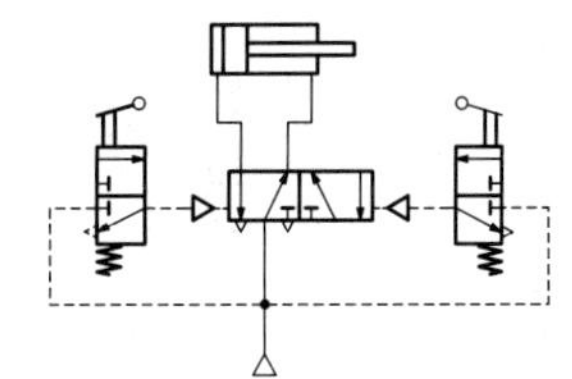
	当左、右两侧电磁铁同时断电时,活塞可停止在任意位置,但定位精度不高。采用一个压力控制阀,调节无杆腔的压力,使得在活塞双向加压时,保持力的平衡	采用带有双活塞杆的气缸,使活塞两端受压面积相等,当双向加压时,也可保持力的平衡	采用二位五通气控阀作为主控阀,其先导控制压力用一个二位三通电磁阀进行远程控制。该回路可应用于有防爆等要求的特殊场合	主控阀为双气控二位五通阀,用两个二位三通阀作为主控阀的先导阀,可进行遥控操作
	以上两种回路,均可使活塞停止在任意位置			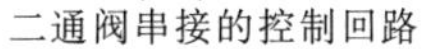
	采用两个二位三通阀的控制回路	采用一个二位三通阀的差动回路	带有自保回路的气动控制回路	二位四(五)通阀和二位二通阀串接的控制回路
	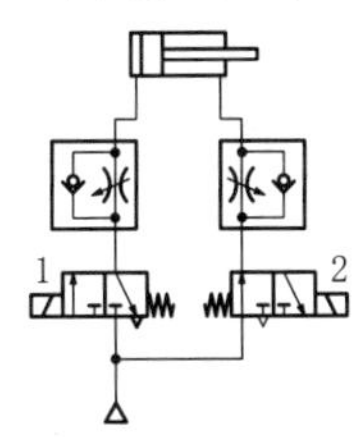	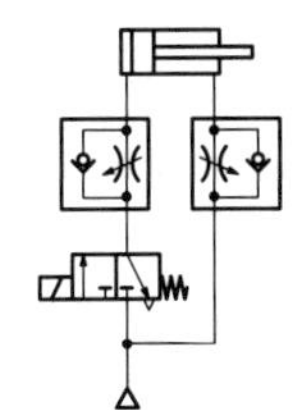	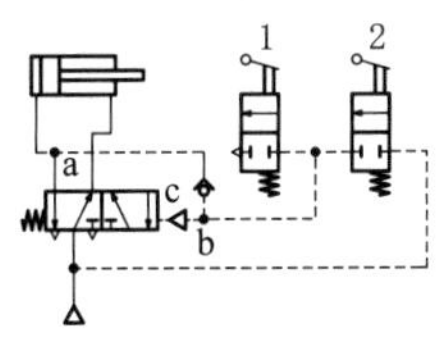	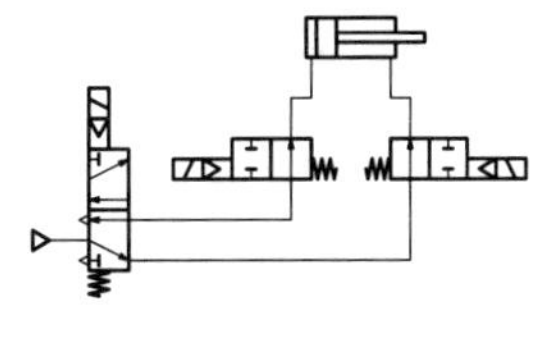
	两个二位三通阀中,一个为常通阀,另一个为常断阀,两个电磁阀同时动作可实现气缸换向	气缸右腔始终充满压缩空气,接通电磁阀后,左腔进气,靠压差推动活塞杆伸出,动作比较平稳,断电后,活塞自动复位	两个二位二通阀分别控制气缸运动的两个方向。图示位置为气缸右腔进气。如将阀2按下,由气控管路向阀右端供气,使二位五通阀切换,则气缸左腔进气,右腔排气,同时自保回路a、b、c也从阀的右端增加压气,以防中途气阀2失灵,阀芯被弹簧弹回,自动换向,造成误动作(即自保作用)。再将阀2复位,按下阀1,二位五通阀右端压气排出,则阀芯靠弹簧复位,进行切换,开始下一次循环	二位五通阀起换向作用,两个二位二通阀同时动作,可保证活塞停止在任意位置。当没有合适的三位阀时,可用此回路代替

1.2 速度控制回路

表 21-8-2

			利用快速排气阀的双速驱动回路
单作用气缸的速度控制回路	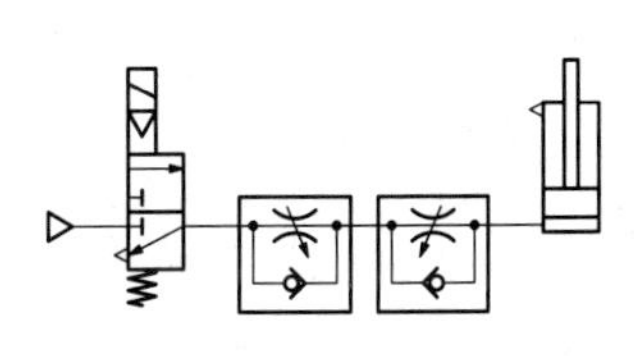	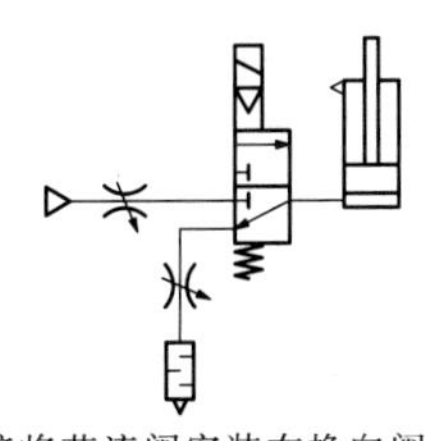	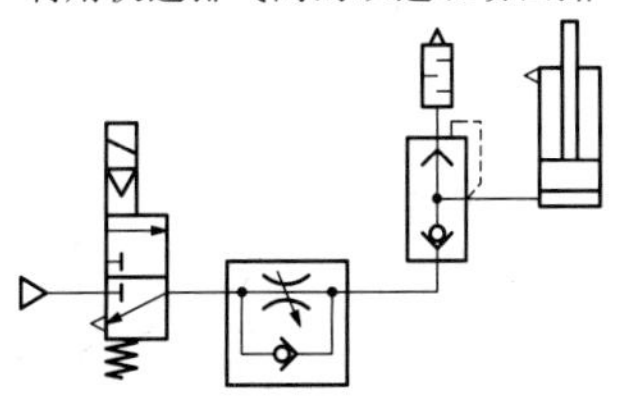
	采用两个速度控制阀串联,用进气节流和排气节流分别控制活塞两个方向运动的速度	直接将节流阀安装在换向阀的进气口与排气口,可分别控制活塞两个方向运动的速度	为快速返回回路。活塞伸出时为进气节流速度控制,返回时空气通过快速排气阀直接排至大气中,实现快速返回

续表

<table>
<tr><td>单作用气缸的速度控制回路</td><td colspan="2">利用多功能阀的双速驱动回路
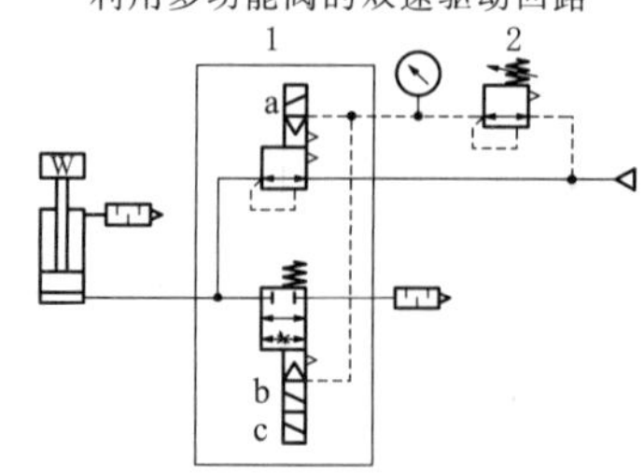</td><td>多功能阀 1(SMC 产品 VEX5 系列)具有调压、调速和换向三种功能。当多功能阀 1 的电磁铁 a、b、c 都不通电时,多功能阀 1 可输出由小型减压阀设定的压力气体,驱动气缸前进;当电磁铁 a 断电,b 通电时,进行高速排气;当电磁铁 c 通电时,进行节流排气</td></tr>
<tr><td rowspan="2">双作用气缸的速度控制回路</td><td>采用单向节流阀的速度控制回路
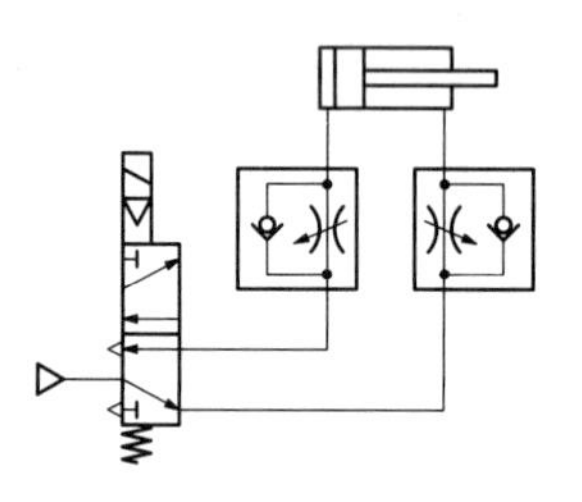
在气缸两个气口分别安装一个单向节流阀,活塞两个方向的运动分别通过每个单向节流阀调节。常采用排气节流型单向节流阀</td><td>采用排气节流阀的速度控制回路
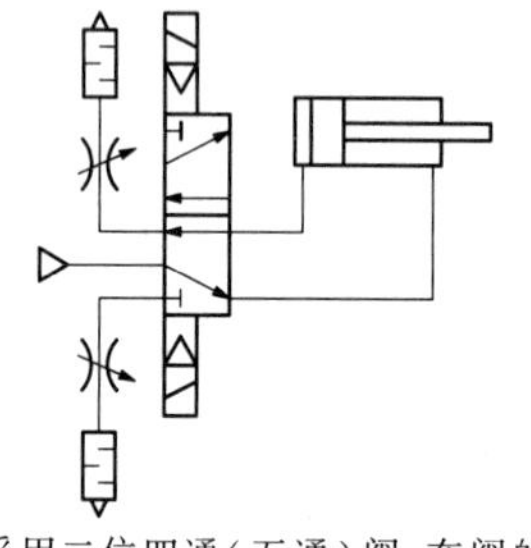
采用二位四通(五通)阀,在阀的两个排气口分别安装节流阀,实现排气节流速度控制,方法比较简单</td><td>快速返回回路
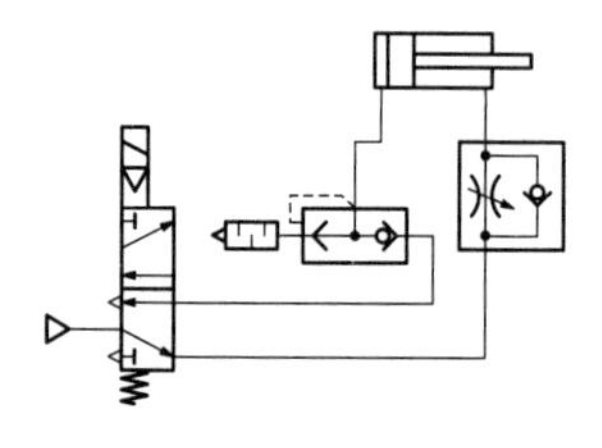
活塞杆伸出时,利用单向节流阀调节速度,返回时通过快速排气阀排气,实现快速返回</td></tr>
<tr><td>高速动作回路
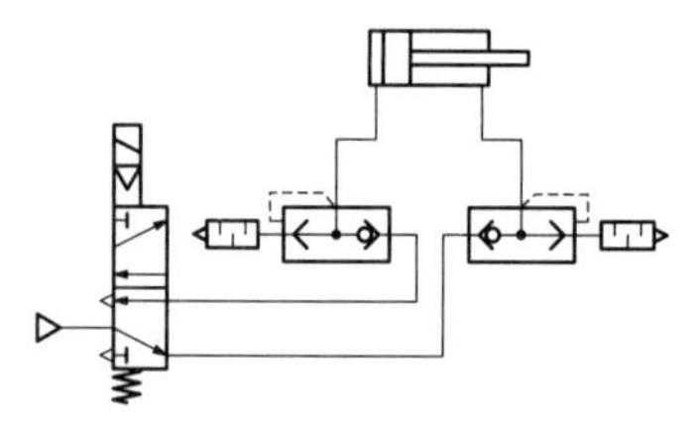
在气缸的进(排)气口附近两个管路中均装有快速排气阀,使气缸活塞运动加速</td><td>中间变速回路
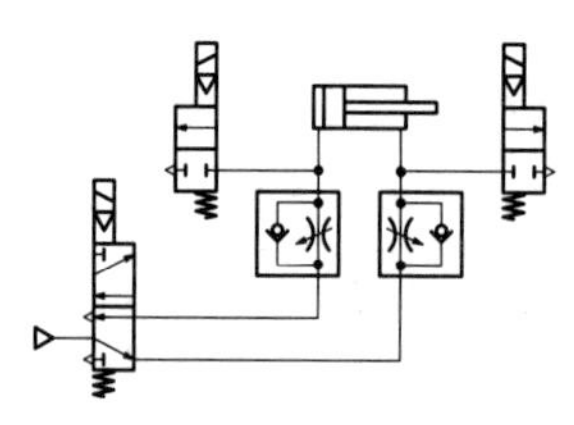
用两个二位二通阀与速度控制阀并联,可以控制活塞在运动中任意位置发出信号,使背压腔气体通过二位二通阀直接排到大气中,改变气缸的运动速度</td><td>利用电/气比例节流阀的速度控制回路
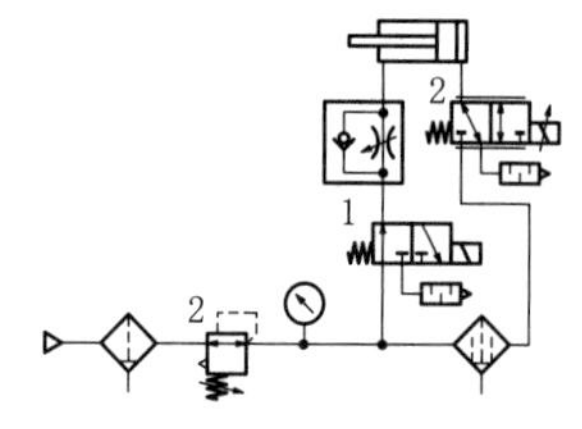
可实现气缸的无级调速。当三通电磁阀 2 通电时,给电气比例节流阀 1 输入电信号,使气缸前进。当三通电磁阀 2 断电时,利用电信号设定电/气比例阀 1 的节流阀开度,使气缸以设定的速度后退。阀 1 和阀 2 应同时动作,以防止气缸启动"冲出"</td></tr>
</table>

1.3 压力、力矩与力控制回路

表 21-8-3

<table>
<tr><td rowspan="3">压力控制回路</td><td colspan="3">气动系统中,压力控制不仅是维持系统正常工作所必需的,而且也关系到系统总的经济性、安全性及可靠性。作为压力控制方法,可分为一次压力(气源压力)控制、二次压力(系统工作压力)控制、双压驱动、多级压力控制、增压控制等</td></tr>
<tr><td>一次压力控制回路</td><td>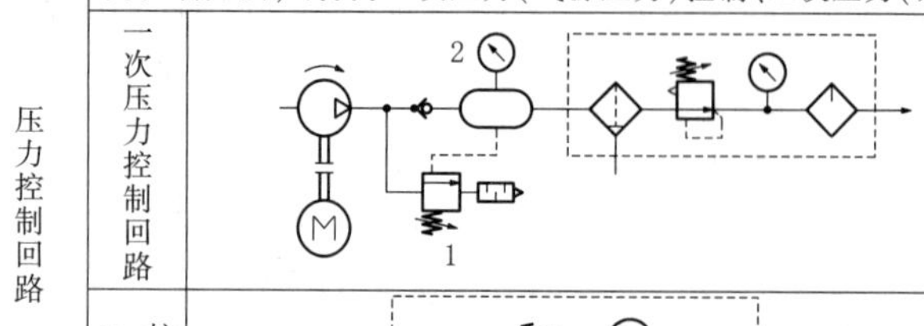</td><td>控制气罐使其压力不超过规定压力。常采用外控制式溢流阀 1 来控制,也可用带电触点的压力表 2 代替溢流阀 1 来控制压缩机电机的动、停,从而使气罐内压力保持在规定范围内。采用安全阀结构简单,工作可靠,但无功耗气量大;而后者对电机及其控制有要求</td></tr>
<tr><td>二次压力控制回路</td><td>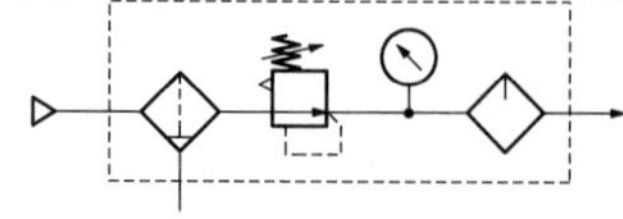</td><td>利用气动三联件中的溢流式减压阀控制气动系统的工作压力</td></tr>
</table>

续表

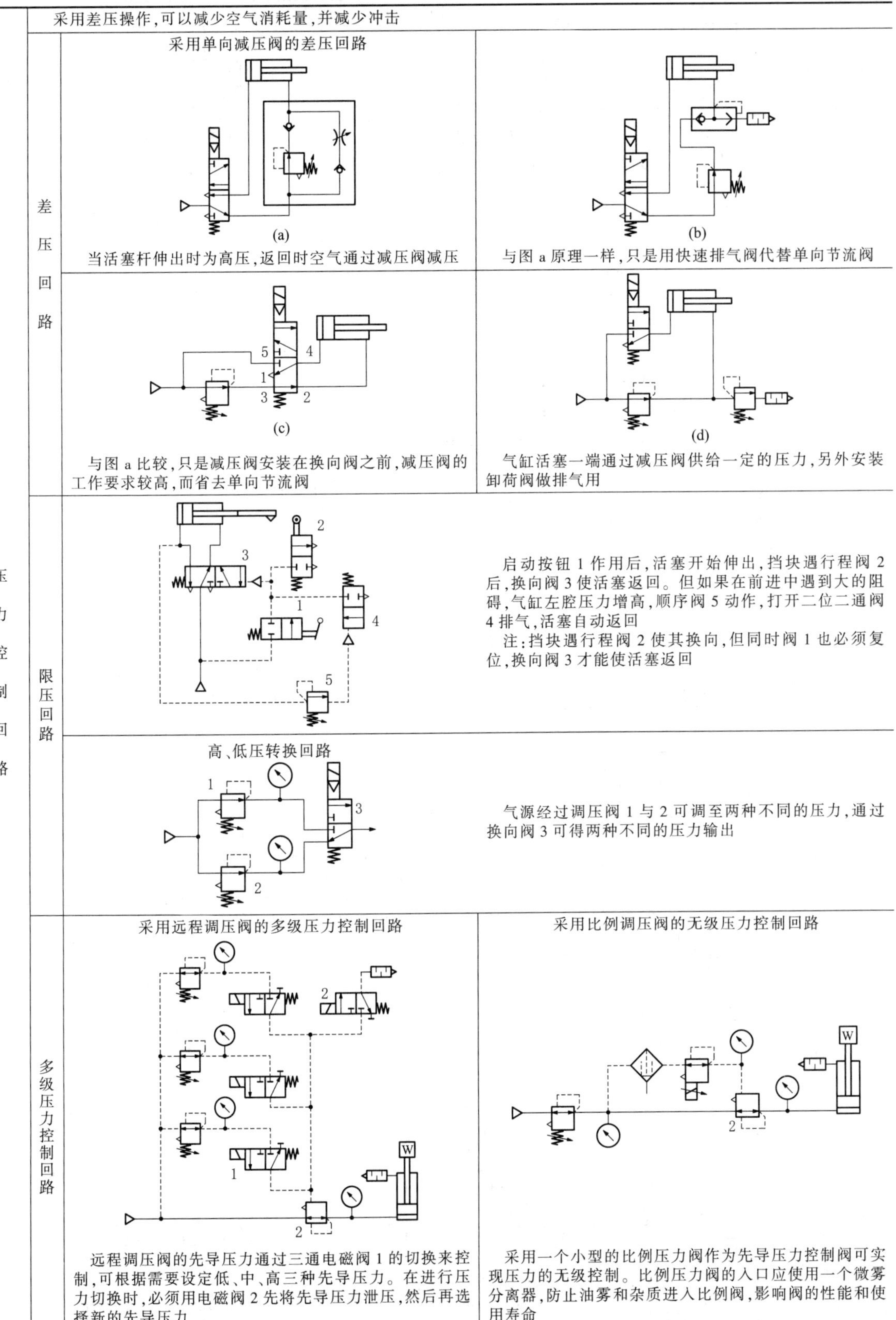

压力控制回路	采用差压操作,可以减少空气消耗量,并减少冲击		
	差压回路	采用单向减压阀的差压回路 (a) 当活塞杆伸出时为高压,返回时空气通过减压阀减压	(b) 与图a原理一样,只是用快速排气阀代替单向节流阀
		(c) 与图a比较,只是减压阀安装在换向阀之前,减压阀的工作要求较高,而省去单向节流阀	(d) 气缸活塞一端通过减压阀供给一定的压力,另外安装卸荷阀做排气用
	限压回路		启动按钮1作用后,活塞开始伸出,挡块遇行程阀2后,换向阀3使活塞返回。但如果在前进中遇到大的阻碍,气缸左腔压力增高,顺序阀5动作,打开二位二通阀4排气,活塞自动返回 注:挡块遇行程阀2使其换向,但同时阀1也必须复位,换向阀3才能使活塞返回
		高、低压转换回路	气源经过调压阀1与2可调至两种不同的压力,通过换向阀3可得两种不同的压力输出
	多级压力控制回路	采用远程调压阀的多级压力控制回路 远程调压阀的先导压力通过三通电磁阀1的切换来控制,可根据需要设定低、中、高三种先导压力。在进行压力切换时,必须用电磁阀2先将先导压力泄压,然后再选择新的先导压力	采用比例调压阀的无级压力控制回路 采用一个小型的比例压力阀作为先导压力控制阀可实现压力的无级控制。比例压力阀的入口应使用一个微雾分离器,防止油雾和杂质进入比例阀,影响阀的性能和使用寿命

续表

压力控制回路	增压回路	使用增压阀的增压回路		
		 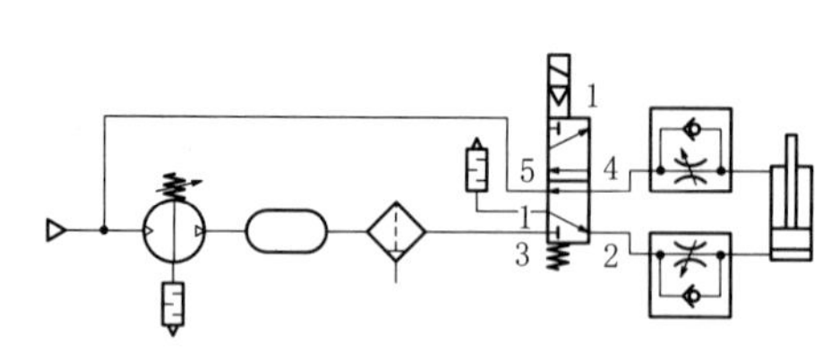 当二位五通电磁阀1通电时，气缸实现增压驱动；当电磁阀1断电时，气缸在正常压力作用下返回	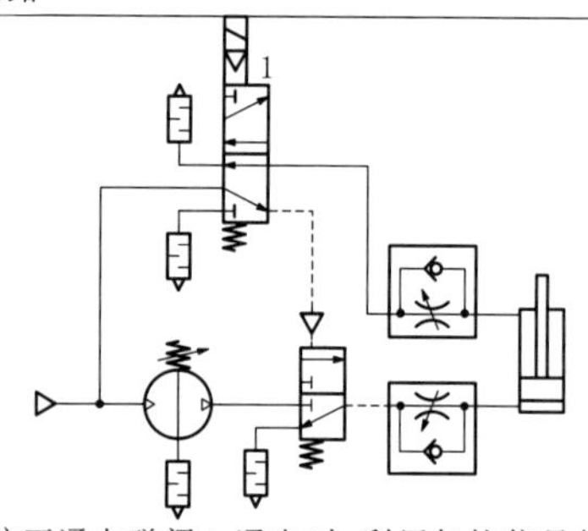 当二位五通电磁阀1通电时，利用气控信号使主换向阀切换，进行增压驱动；电磁阀1断电时，气缸在正常压力作用下返回	
		使用气/液增压缸的增压回路	当三通电磁阀3、4通电时，气/液缸6在与气压相同的油压作用下伸出；当需要大输出力时，则使五通电磁阀2通电，让气/液增压缸1动作，实现气/液缸的增压驱动。让五通电磁阀2和三通电磁阀3、4断电时，则可使气/液缸返回。气/液增压缸1的输出可通过减压阀5进行设定	
		串联气缸增力回路	三段活塞缸串联，工作行程时，电磁换向阀通电，A、B、C进气，使活塞杆增力推出。复位时，电磁阀断电，气缸右端口D进气，把杆拉回	
	压力控制顺序回路	为完成A_1、B_1、A_0、B_0顺序动作的回路，启动按钮1动作后，换向阀2换向，A缸活塞杆伸出完成A_1动作；A缸左腔压力增高，顺序阀4动作，推动阀3换向，B缸活塞杆伸出完成B_1动作，同时使阀2换向完成A_0动作；最后A缸右腔压力增高，顺序阀5动作，使阀3换向完成B_0动作。此处顺序阀4及5调整至一定压力后动作		
力矩控制回路	气动马达是产生力矩的气动执行元件。叶片式气动马达是依靠叶片使转子高速旋转，经齿轮减速而输出力矩，借助速度控制改变离心力而控制力矩，其回路就是一般的速度控制回路。活塞式气动马达和摆动马达则是通过改变压力来控制扭矩的。下面介绍活塞式气动马达的力矩控制回路			
	气动马达的力矩控制回路	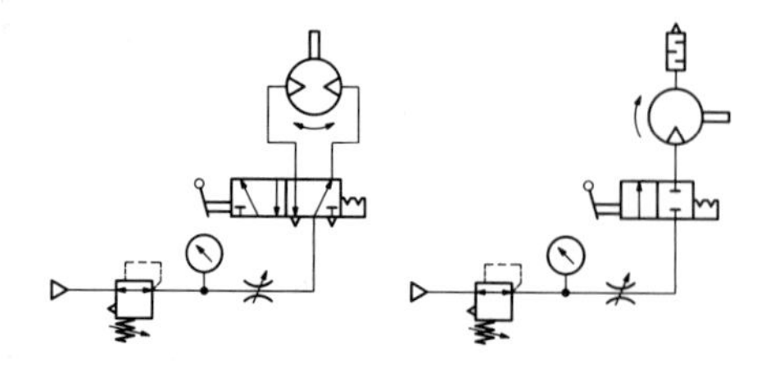 活塞式气动马达经马达内装的分配器向大气排气，转速一高则排气受节流而力矩下降。力矩控制一般通过控制供气压力实现	摆动马达的力矩控制回路	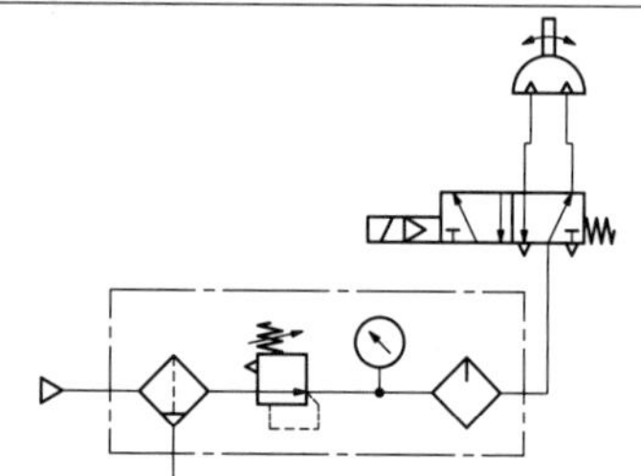 应该注意的是，若在停止过程中负载具有较大的惯性力矩，则摆动马达还必须使用挡块定位

续表

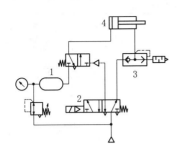

力矩控制回路	冲击气缸的典型力控制回路		该回路由冲击气缸4、快速供给气压的气罐1、把气缸背压快速排入大气的快速排气阀3及控制气缸换向的二位五通阀2组成。当电磁阀得电时，冲击气缸的排气侧快速排出大气，同时使二位三通阀换向，气罐内的压缩空气直接流入冲击气缸，使活塞以极高的速度向下运动，该活塞所具有的动能给出很大的冲击力。冲击力与活塞的速度平方成正比，而活塞的速度取决于从气罐流入冲击气缸的空气流量。为此，调节速度必须调节气罐的压力

1.4 位置控制回路

表 21-8-4

气缸通常只能保持在伸出和缩回两个位置。如果要求气缸在运动过程中的某个中间位置停下来，则要求气动系统具有位置控制功能。由于气体具有压缩性，因此只利用三位五通电磁阀对气缸两腔进行给、排气控制的纯气动方法，难以得到高精度的位置控制。对于定位精度要求较高的场合，应采用机械辅助定位或气/液转换器等控制方法

利用外部挡块的定位方法	采用三位五通阀的位置控制回路
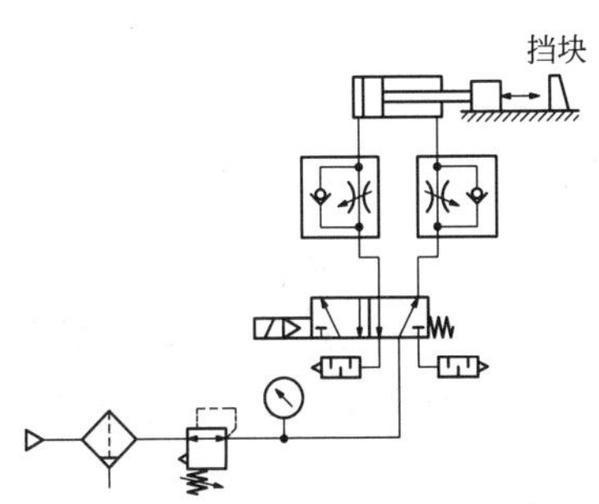	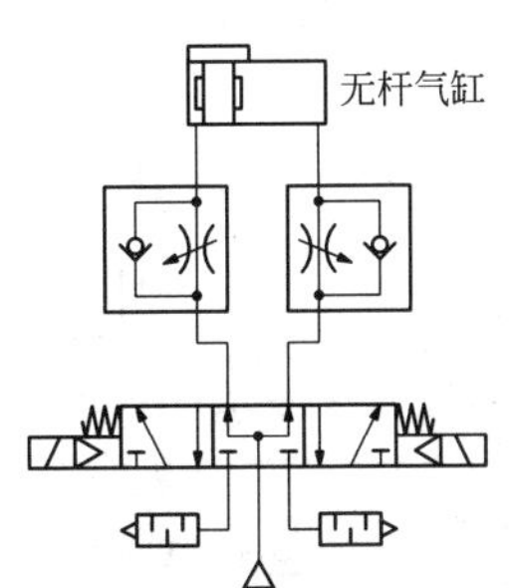
在定位点设置机械挡块，是使气缸在行程中间定位的最可靠方法，定位精度取决于机械挡块的设置精度。这种方法的缺点是定位点的调整比较困难，挡块与气缸之间应考虑缓冲的问题	采用中位加压型三位五通阀可实现气缸的位置控制，但位置控制精度不高，容易受负载变化的影响
使用串联气缸的三位置控制回路	采用全气控方式的四位置控制回路
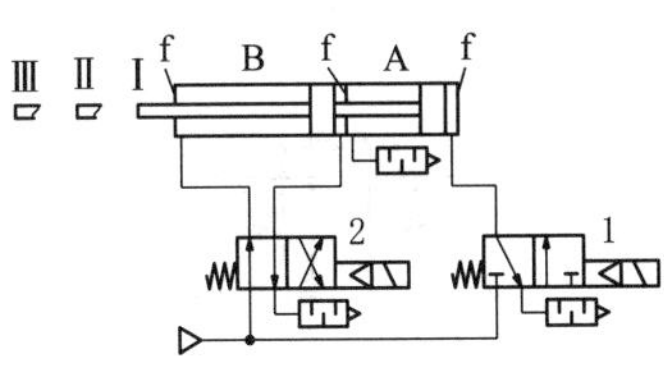	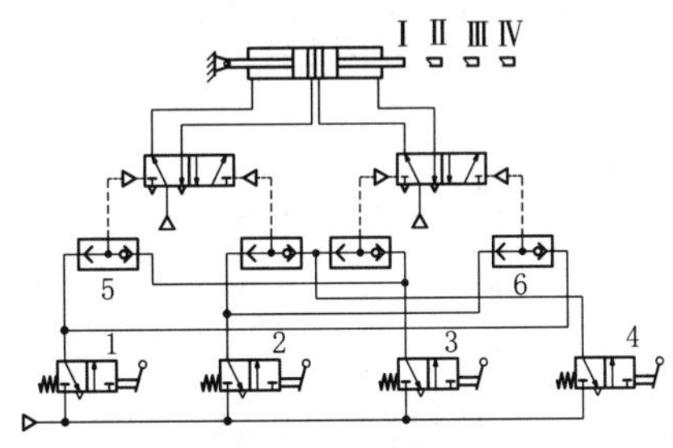
图示位置为两缸的活塞杆均处于缩进状态，当阀2如图示位置，而阀1通电换向时，A缸活塞杆向左推动B缸活塞杆，其行程为Ⅰ—Ⅱ。反之，当阀1如图示状态而阀2通电切换时，缸B活塞杆杆端由位置Ⅱ继续前进到Ⅲ（因缸B行程为Ⅰ—Ⅲ）。此外，可在两缸端盖上f处与活塞杆平行安装调节螺钉，以相应地控制行程位置，使缸B活塞杆端可停留在Ⅰ—Ⅱ、Ⅱ—Ⅲ之间的所需位置	图示位置为按动手控阀1时，压缩空气通过手控阀1，分两路由梭阀5、6控制两个二位五通阀，使主气源进入多位缸而得到位置Ⅰ。此外，当按动手动阀2、3或4时，同上可相应得到位置Ⅱ、Ⅲ或Ⅳ

续表

利用制动气缸的位置控制回路	
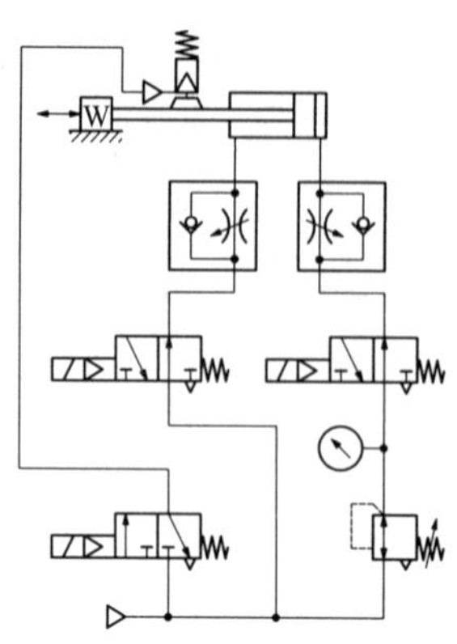	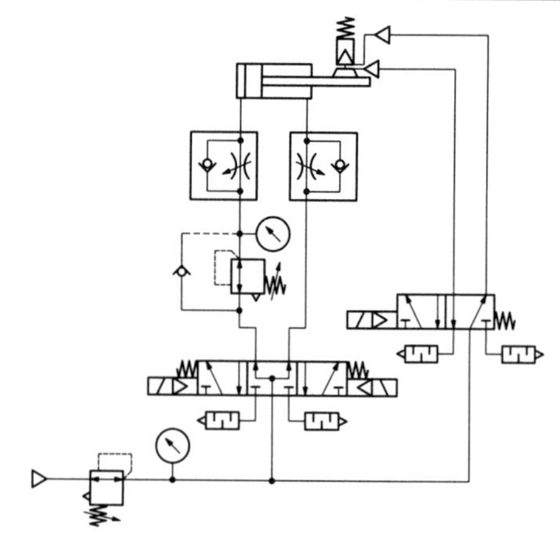
如果制动装置为气压制动型，气源压力应在0.1MPa以上；如果为弹簧+气压制动型，气源压力应在0.35MPa以上。气缸制动后，活塞两侧应处于力平衡状态，防止制动解除时活塞杆飞出，为此设置了减压阀。解除制动信号应超前于气缸的往复信号或同时出现	制动装置为双作用型，即卡紧和松开都通过气压来驱动。采用中位加压型三位五通阀控制气缸的伸出与缩回
带垂直负载的制动气缸位置控制回路	
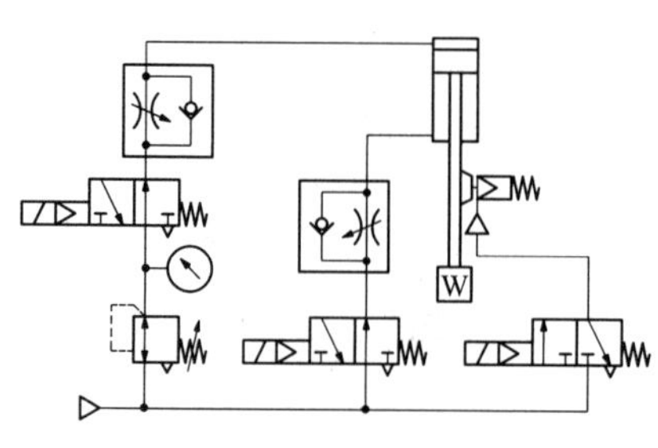	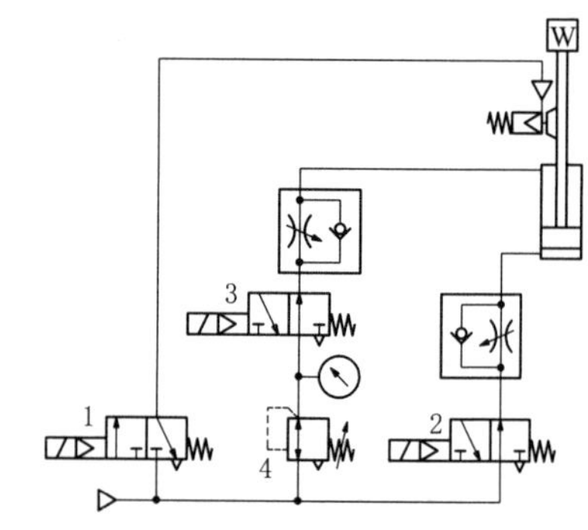
带垂直负载时，为防止突然断气时工件掉下，应采用弹簧+气压制动型或弹簧制动型制动装置	垂直负载向上时，为了使制动后活塞两侧处于力平衡状态，减压阀4应设置在气缸有杆腔侧
使用气液转换器的位置控制回路	
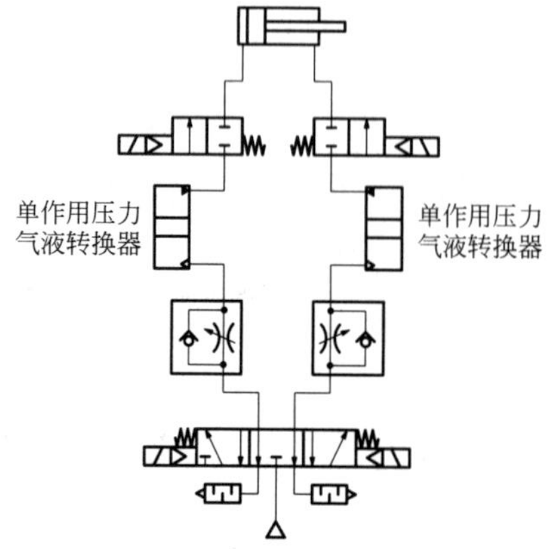	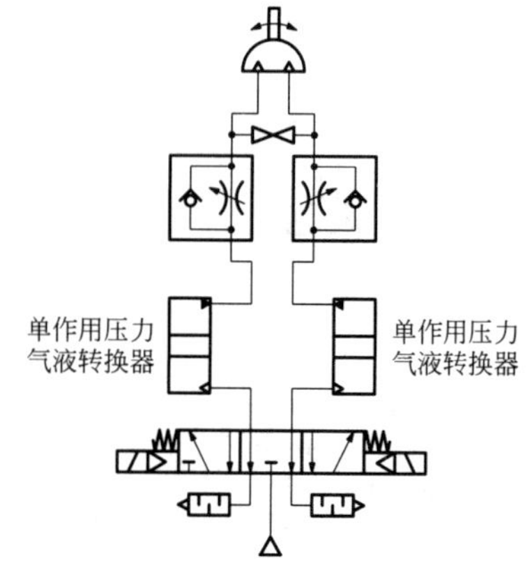
通过气液转换器，利用气体压力推动液压缸运动，可以获得较高的定位精度，但在一定程度上要牺牲运动速度	通过气液转换器，利用气体压力推动摆动液压缸运动，可以获得较高的中间定位精度

2　典型应用回路

2.1　同步回路

表 21-8-5

同步控制是指驱动两个或多个执行元件时,使它们在运动过程中位置保持同步。同步控制实际是速度控制的一种特例。当各执行机构的负载发生变动时,为了实现同步,通常采用以下方法:

①使用机械连接使各执行机构同步动作

②使流入和流出执行机构的流量保持一定

③测量执行机构的实际运动速度,并对流入和流出执行机构的流量进行连续控制

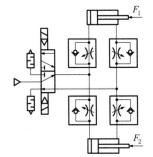

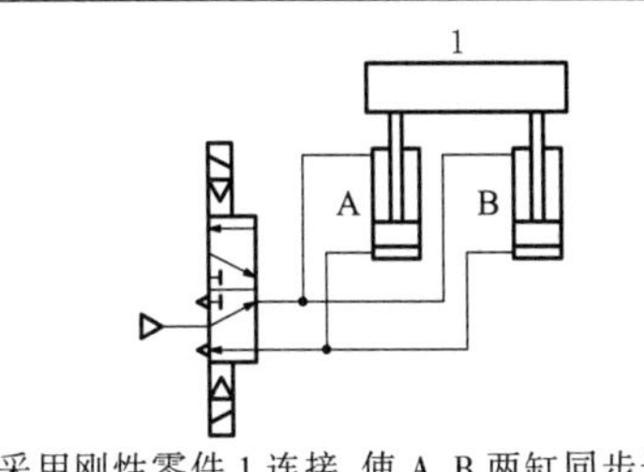 采用刚性零件 1 连接,使 A、B 两缸同步运动	使用连杆机构的同步控制回路 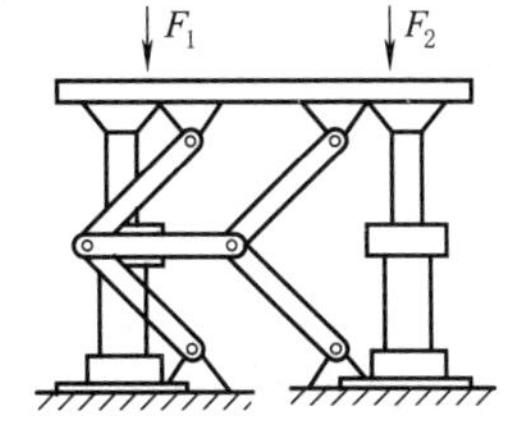
利用出口节流阀的简单同步控制回路 这种同步回路的同步精度较差,易受负载变化的影响,如果气缸的缸径相对于负载来说足够大,若工作压力足够高,可以取得一定的同步效果。此外,如果使用两只电磁阀,使两只气缸的给排气独立,相互之间不受影响,同步精度会好些	使用串联型气液联动缸的同步控制回路 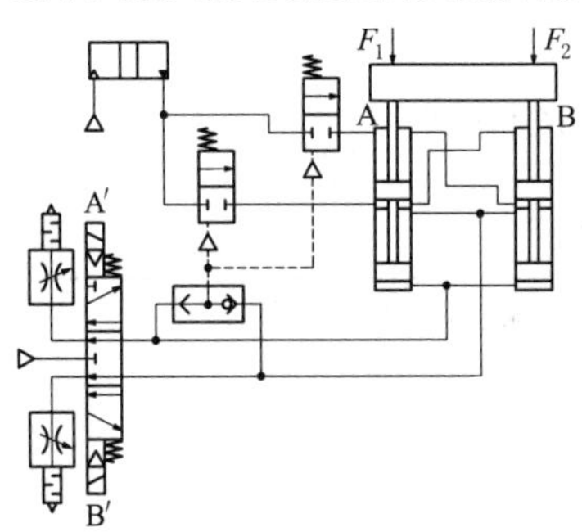 当三位五通电磁阀的 A′侧通电时,压力气体经过管路流入气液联动缸 A、B 的气缸中,克服负载推动活塞上升。此时,在先导压力的作用下,常开型二位二通阀关闭,使气液联动缸 A 的液压缸上腔的油压入气液联动缸 B 的液压缸下腔,从而使它们同步上升。三位五通电磁阀的 B′侧通电时,可使气液联动缸向下的运动保持同步。为补偿液压缸的漏油可设贮油缸,在不工作时进行补油
使用气液转换缸的同步控制回路	
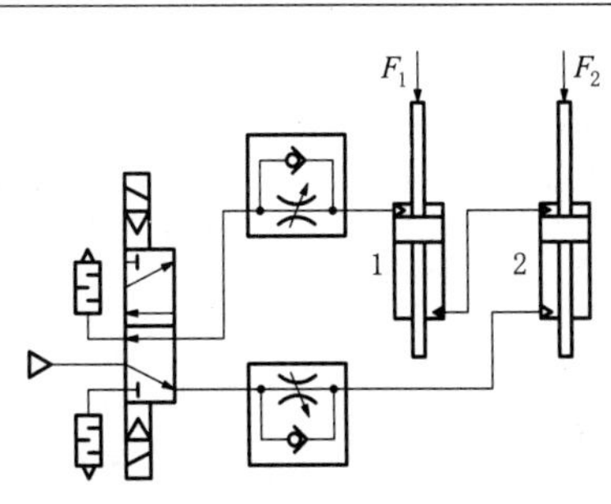 	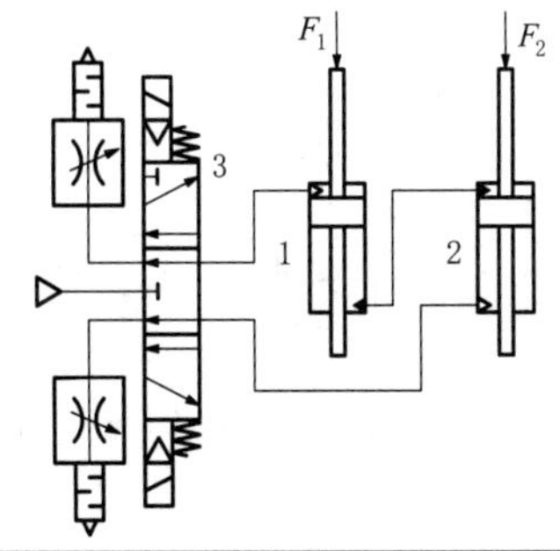

续表

使用两只双出杆气液转换缸，缸1的下侧和缸2的上侧通过配管连接，其中封入液压油。如果缸1和缸2的活塞及活塞杆面积相等，则两者的速度可以一致。但是，如果气/液转换缸有内泄漏和外泄漏，因为油量不能自动补充，所以两缸的位置会产生累积误差	气液转换缸1和2利用具有中位封闭机能的三位五通电磁阀3驱动，可实现两缸同步控制和中位停止。该回路中，调速阀不是设置在电磁阀和气缸之间，而是连接在电磁阀的排气口，这样可以改善中间停止精度
闭环同步控制方法	
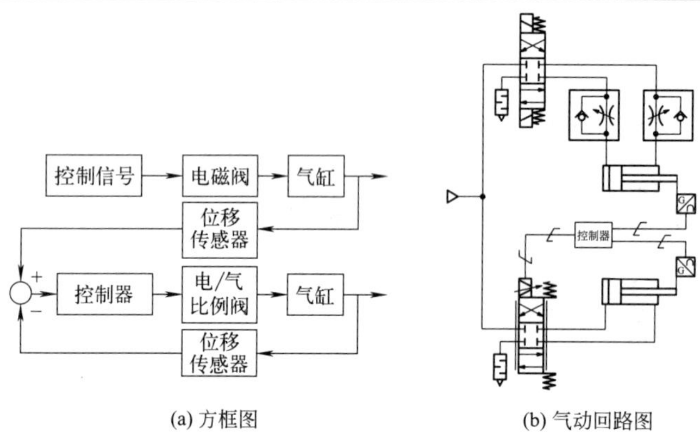 (a) 方框图　　(b) 气动回路图	
在开环同步控制方法中，所产生的同步误差虽然可以在气缸的行程端点等特殊位置进行修正，但为了实现高精度的同步控制，应采用闭环同步控制方法，在同步动作中连续地对同步误差进行修正。闭环同步控制系统主要由电/气比例阀、位移传感器、同步控制器等组成	

2.2 延时回路

表 21-8-6

延时给气回路	延时排气回路
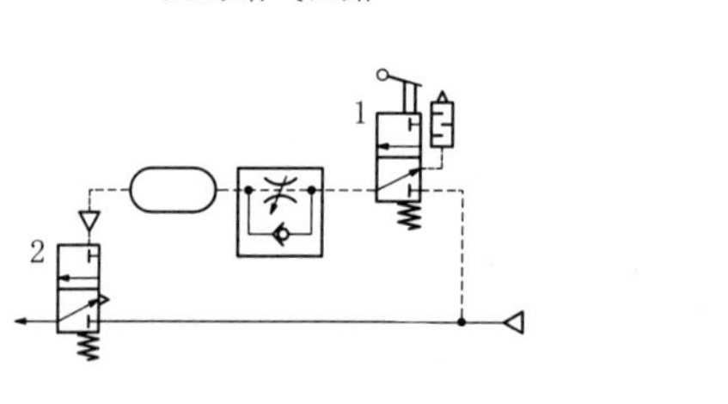	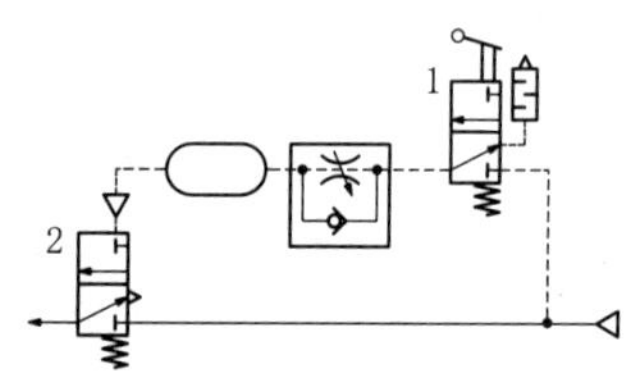
按钮1必须按下一段时间后，阀2才能动作	当按钮1松开一段时间后，阀2才切断
延时返回回路 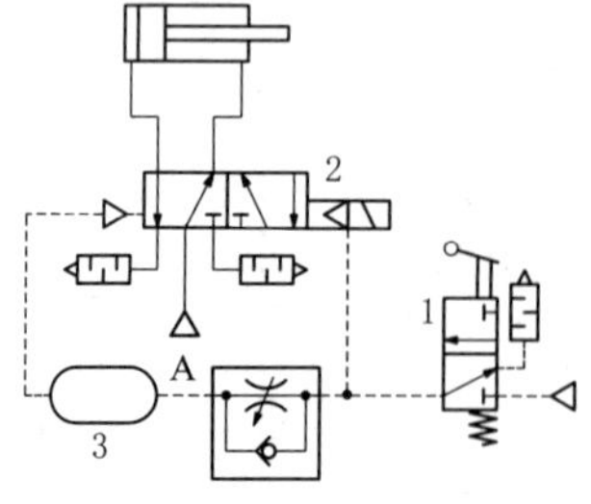 注：阀2图形符号不符合GB/T 786.1—2021，此处仅为说明原理	当手动阀1按下后，阀2立即切换至右边工作。活塞杆伸出，同时压缩空气经管路A流向气室3，待气室3中的压力增高后，差压阀2又换向，活塞杆收回。延时长短根据需要选用不同大小气室及调节进气快慢而定

2.3 自动往复回路

表 21-8-7

<table>
<tr><td rowspan="2">一次自动往复回路</td><td>加压控制回路
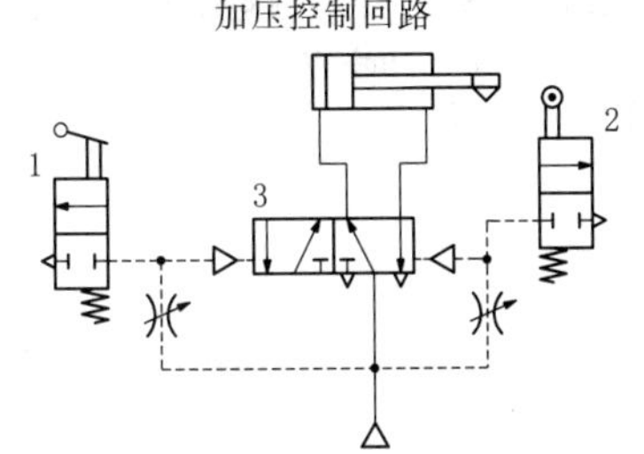

手动阀 1 动作后，换向阀左端压力下降，右端压力大于左端，使阀 3 换向。活塞杆伸出至压下行程阀 2，阀 3 右端压力下降，又使换向阀 3 切换，活塞杆收回，完成一次往复</td><td>卸压控制回路
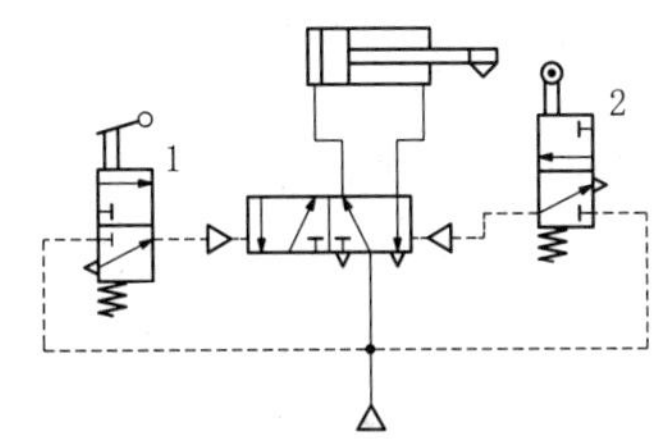

手动阀 1 动作后，换向阀换向，活塞杆伸出。当撞块压下行程阀 2 后，接通压缩空气使换向阀换向，活塞杆缩回，一次行程完毕</td></tr>
<tr></tr>
<tr><td>连续自动往复回路</td><td>利用行程阀的自动往复回路
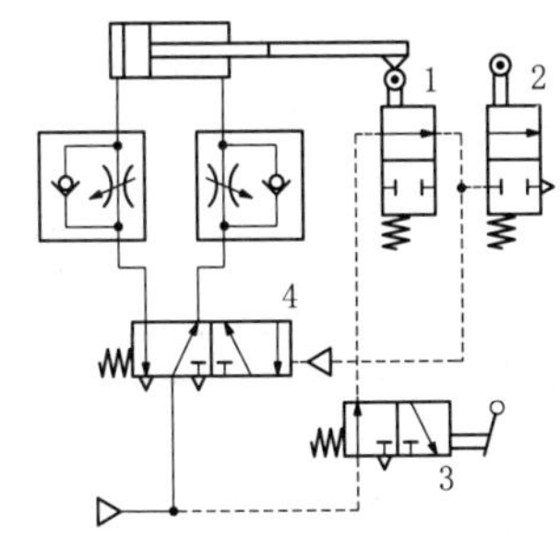

当启动阀 3 后，压缩空气通过行程阀 1 使阀 4 换向，活塞杆伸出。当压住行程阀 2 后，换向阀 4 在弹簧作用下换向，使活塞杆返回。这样使活塞进行连续自动往复运动，一直到关闭阀 3 后，运动停止</td><td>利用时间控制的连续自动往复回路
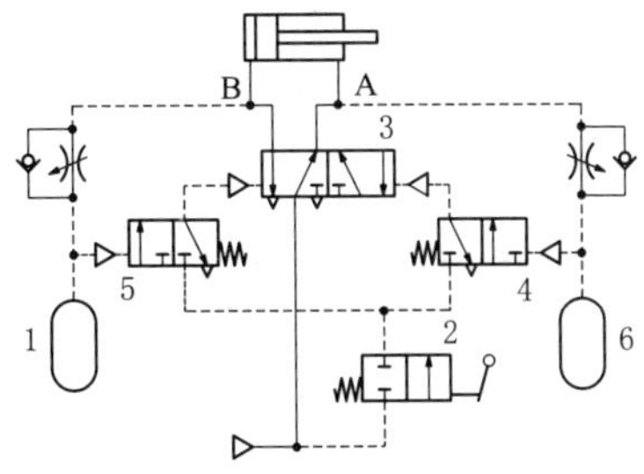

当换向阀 3 处于图中所示位置时，压缩空气沿管路 A 经节流阀向气室 6 充气，过一段时间后，气室 6 内压力增高，切换二位三通阀 4，压缩空气通过阀 4 使阀 3 换向，活塞杆伸出；同时压缩空气经管路 B 及节流阀又向气室 1 充气，待压力增高后切换阀 5，从而使阀 3 换向。这样活塞杆进行连续自动往复运动。手动阀 2 为启动、停止用</td></tr>
</table>

2.4 防止启动飞出回路

表 21-8-8

<table>
<tr><td colspan="2">气缸在启动时，如果排气侧没有背压，活塞杆将以很快的速度冲出，若操作人员不注意，有可能发生伤害事故。避免这种情况发生的方法有两种：
①在气缸启动前使排气侧产生背压
②采用进气节流调速方法</td></tr>
<tr><td>采用中位加压式电磁阀防止启动飞出
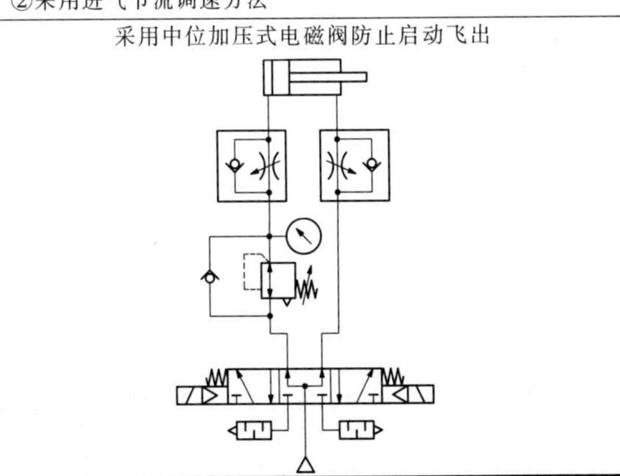</td><td>采用进气节流调速阀防止启动飞出
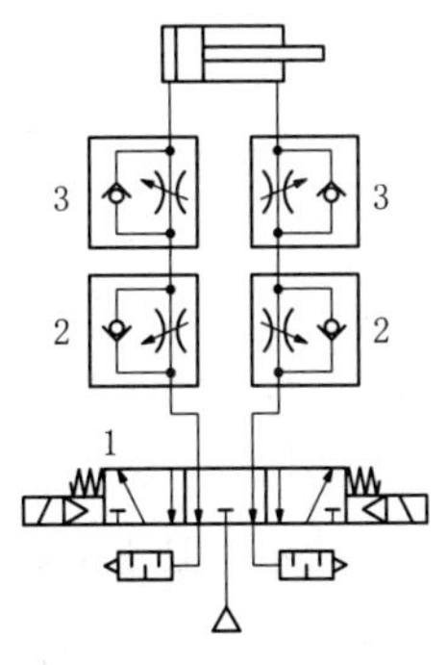
</td></tr>
</table>

续表

采用具有中间加压机能的三位五通电磁阀 1 在气缸启动前使排气侧产生背压。当气缸为单活塞杆气缸时，由于气缸有杆腔和无杆腔的压力作用面积不同，因此考虑电磁阀处于中位时，使气缸两侧的压力保持平衡	当三位五通电磁阀断电时，气缸两腔都卸压；启动时，利用调速阀 3 的进气节流调速防止启动飞出。由于进气节流调速的调速性能较差，因此在气缸的出口侧还串联了一个排气节流调速阀 2，用来改善启动后的调速特性。需要注意进气节流调速阀 3 和排气节流调速阀 2 的安装顺序，进气节流调速阀 3 应靠近气缸

利用 SSC 阀防止启动飞出（排气节流控制）

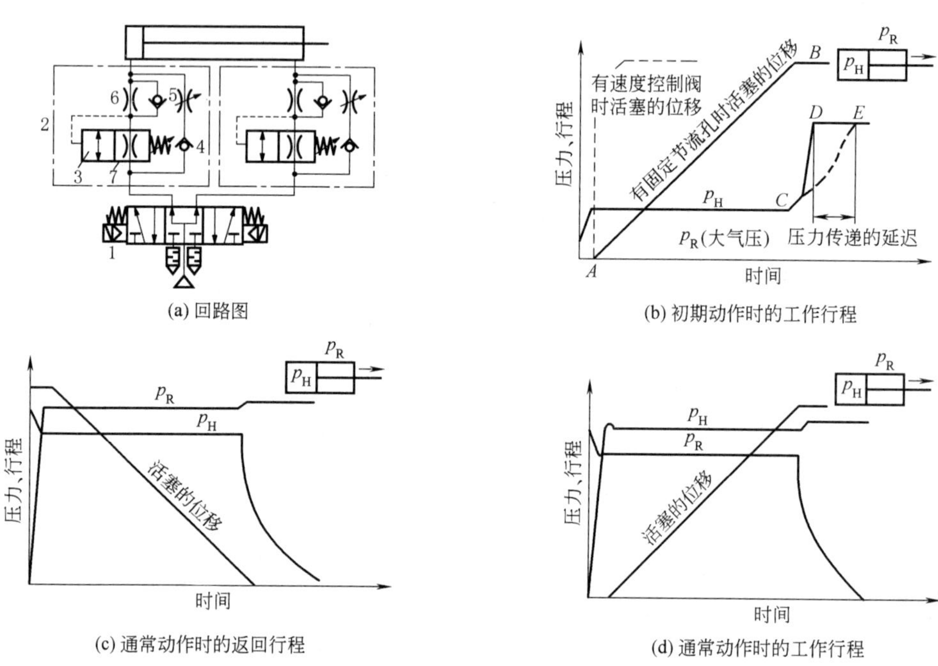

(a) 回路图　(b) 初期动作时的工作行程

(c) 通常动作时的返回行程　(d) 通常动作时的工作行程

当换向阀由中间位置切换到左位时，有压气体经 SSC 阀的固定节流孔 7 和 6 充入无杆腔，压力 p_H 逐渐上升，有杆腔仍维持为大气压力。当 p_H 升至一定值，活塞便开始做低速右移，从图中的 A 位置移至行程末端 B，p_H 压力上升。当 p_H 大于急速供气阀 3 的设定压力时，阀切换至全开，并打开单向阀 5，急速向无杆腔供气，p_H 由 C 点压力急速升至 D 点压力（气源压力）。CE 虚线表示只用进气节流的情况。当初期动作已使 p_H 变成气源压力后，换向阀再切换至左位和右位，气缸的动作，压力 p_H、p_R 和速度的变化，便与用一般排气节流式速度控制阀时的特性相同了

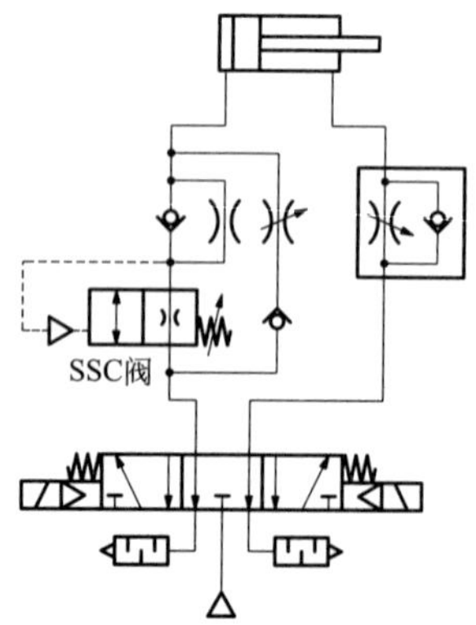

注：在参考文献[13]中介绍了“防止活塞杆急速伸出阀（SSC 系列）”，并给出了“防止活塞杆急速伸出事故的排气节流式回路”，见上图

2.5 防止落下回路

表 21-8-9

利用制动气缸的防止落下回路	利用端点锁定气缸的防止落下回路
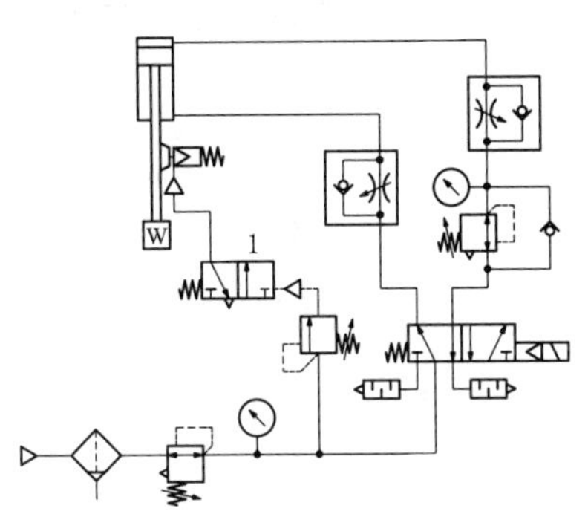	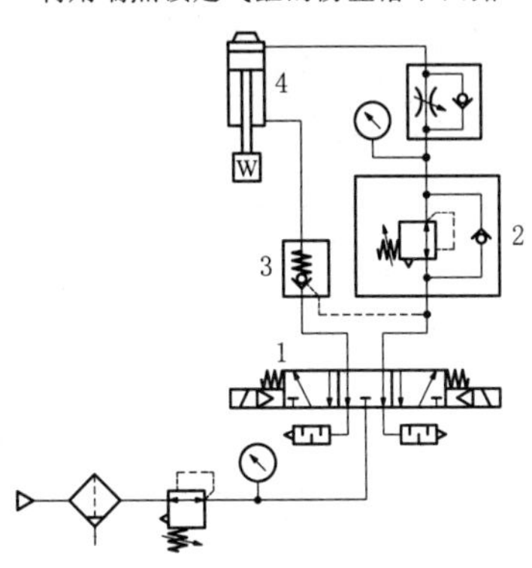
利用三通锁定阀1的调压弹簧可以设定一个安全压力。当气源压力正常,即高于所设定的安全压力时,三通锁定阀1在气源压力的作用下切换,使制动气缸的制动机构松开。当气源压力低于所设定的安全压力时,三通锁定阀1在复位弹簧的作用下复位,使其出口和排气口相通,制动机构锁紧,从而防止气缸落下。为了提高制动机构的响应速度,三通锁定阀1应尽可能靠近制动机构的气控口	利用单向减压阀2调节负载平衡压力。在上端点使五通电磁阀1断电,控制端点锁定气缸4的锁定机构,可防止气缸落下。此外,当气缸在行程中间,由于非正常情况使五通电磁阀断电时,利用气控单向阀3使气缸在行程中间停止。该回路使用控制阀较少,回路较简单

2.6 缓冲回路

表 21-8-10

采用溢流阀的缓冲回路	采用缓冲阀的缓冲回路
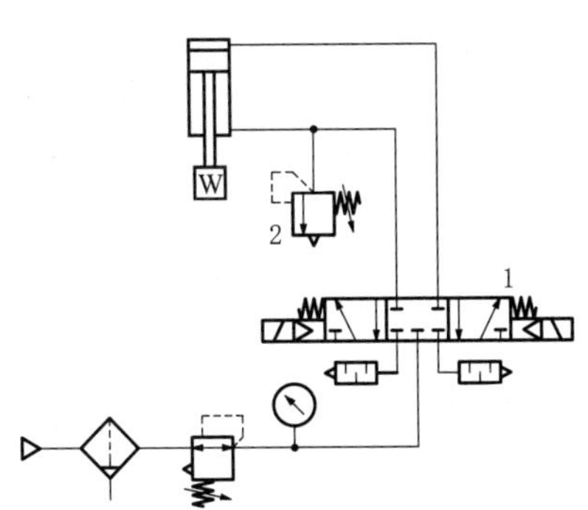	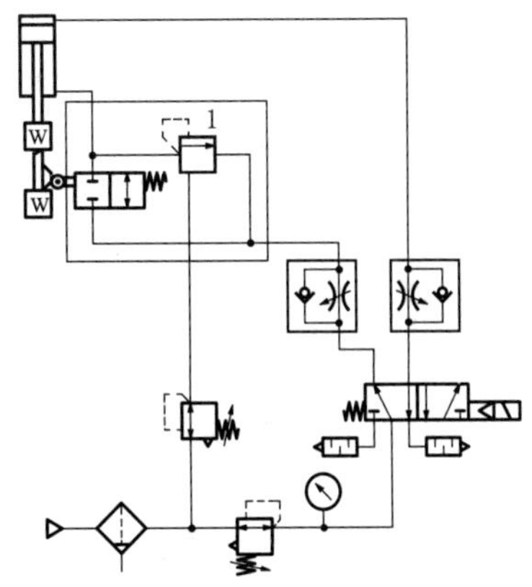
该回路采用具有中位封闭机能的三位五通电磁阀1控制气缸的动作,电磁阀1和气缸有杆腔之间设有一个溢流阀2。当气缸快接近停止位置时,使电磁阀1断电。由于电磁阀的中位封闭机能,背压侧的气体只能通过溢流阀2流出,从而在有杆腔形成一个由溢流阀所调定的背压,起到缓冲作用。该回路的缓冲效果较好,但停止位置的控制较困难,最好能和气缸内藏的缓冲机构并用	该回路为采用缓冲阀1的高速气缸缓冲回路。在缓冲阀1中内藏一个气控溢流阀和一个机控二位二通换向阀。气控溢流阀的开启压力,即气缸排气侧的缓冲压力,由一个小型减压阀设定。在气缸进入缓冲行程之前,有杆腔气体经机控换向阀流出。气缸进入缓冲行程时,连接在活塞杆前端的机构使机控换向阀切换,排气侧气体只能经溢流阀流出,并形成缓冲背压。使用该回路时,通常不需气缸内藏缓冲机构

2.7 真空回路

表 21-8-11

<table>
<tr><td colspan="3">根据真空是由真空发生器产生还是由真空泵产生,真空控制回路分为两大类</td></tr>
<tr><td rowspan="2">利用真空发生器构成的真空吸盘控制回路</td><td>利用真空发生器组件构成的真空回路</td><td>用一个真空发生器带多个真空吸盘的回路</td></tr>
<tr><td>由真空供给阀 2、真空破坏阀 3、节流阀 4、真空开关 5、真空过滤器 6 和真空发生器 1 构成真空吸盘控制回路。当需要产生真空时,电磁阀 2 通电;当需要破坏真空时,电磁阀 2 断电,电磁阀 3 通电。上述真空控制元件可组合成一体,成为一个真空发生器组件</td><td>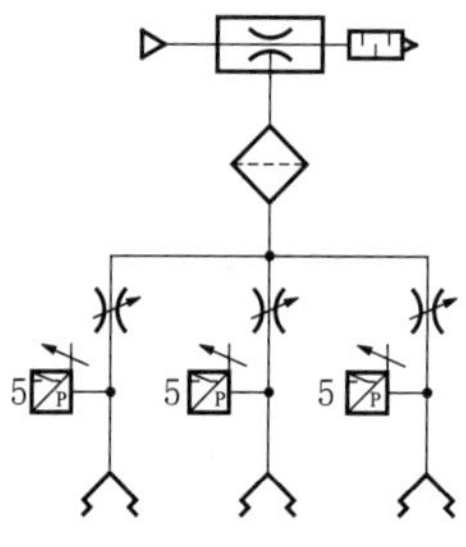

一个真空发生器带一个吸盘最理想。若带多个吸盘,其中一个吸盘有泄漏,会减少其他吸盘的吸力。为克服此缺点,可将每个吸盘都配上真空压力开关。一个吸盘泄漏导致真空度不合要求时,便不能起吊工件。另外,每个吸盘与真空发生器之间的节流阀也能减少由于一个吸盘的泄漏对其他吸盘的影响</td></tr>
<tr><td rowspan="2">利用真空泵构成的真空吸盘控制回路</td><td>利用真空控制单元构成的真空吸盘控制回路</td><td>用一个真空泵控制多个真空吸盘的回路</td></tr>
<tr><td>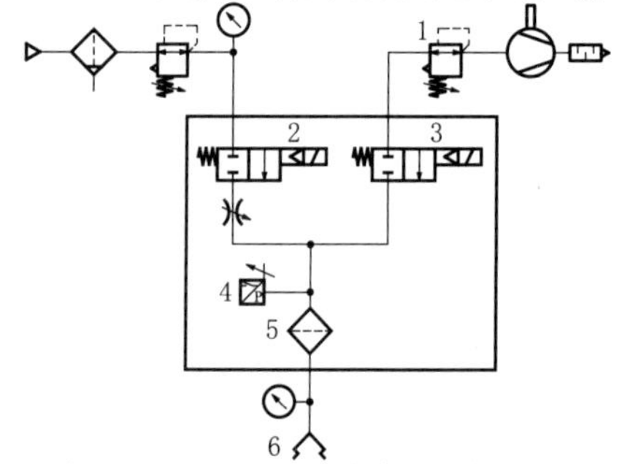

当电磁阀 3 通电时吸盘被抽成真空。当电磁阀 3 断电、电磁阀 2 通电时,吸盘内的真空状态被破坏,将工件放下。上述真空控制元件以及真空开关、吸入过滤器等可组合成一体,成为一个真空控制组件</td><td>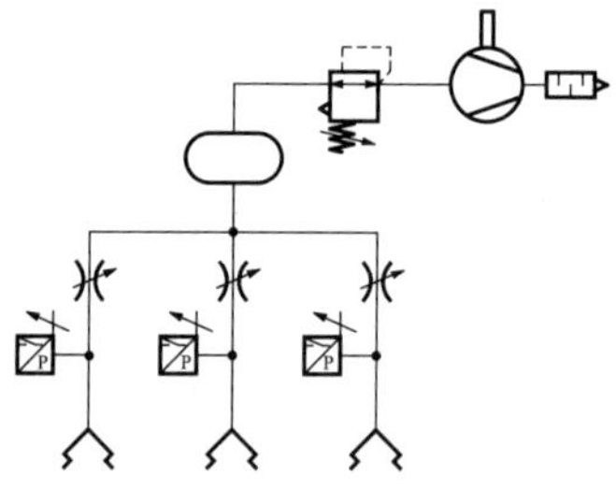
若真空管路上要安装多个吸盘,其中一个吸盘有泄漏,会引起真空压力源的压力变动,使真空度达不到设计要求,特别对小孔口吸着的场合影响更大。使用真空罐和真空调压阀可提高真空压力的稳定性。必要时可在每条支路上安装真空切换阀</td></tr>
</table>

2.8 其他回路

表 21-8-12

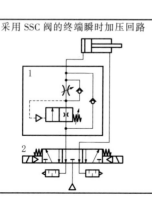

<table>
<tr><td rowspan="2">终端瞬时加压回路</td><td colspan="2">采用 SSC 阀的终端瞬时加压回路</td></tr>
<tr><td></td><td>该回路使用中间排气型三位五通电磁阀 2,在气缸开始动作前,放出气缸有杆腔内的空气。当换向阀通电使气缸伸出时,由于有杆腔内没有背压,因此通过 SSC 阀 1 以进气节流调速方式和很低的工作压力驱动气缸。气缸接触到工件时,气缸内的压力升高,当压力高到一定值时,SSC 阀 1 内的二位二通阀切换,入口气体不经过节流口而直接进入气缸,以系统压力给气缸瞬时加压。如果气缸为垂直驱动,还应考虑防止落下机构</td></tr>
</table>

续表

节能回路	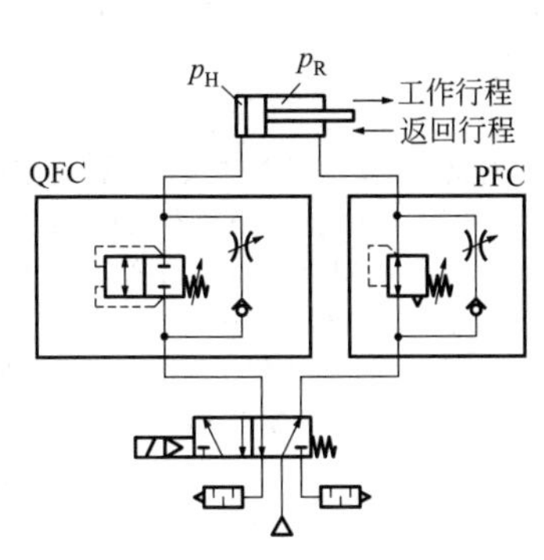 在换向阀与气缸之间,无杆侧设置了具有快排机能的速度控制阀(SMC 公司 QFC 系列),有杆侧设置了具有调压机能的速度控制阀(PFC 系列)。在气缸正常返回时,有杆侧压力只需 0.2MPa,便能保证气缸平稳运动。这种回路节省用气量 25%,运转成本和设备成本将大幅度减少,故 PFC 和 QFC 阀也称为系统节气阀	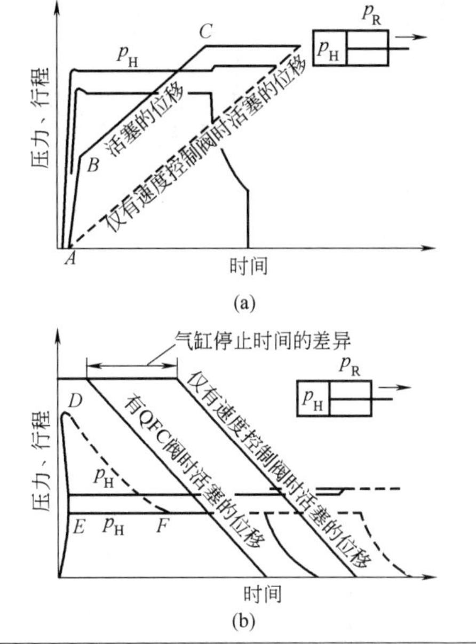 (a) (b)
逻辑回路	"与"门回路 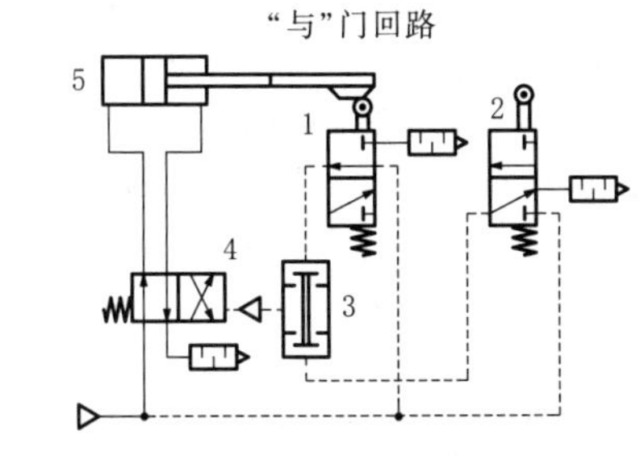 只有当行程阀 1 和行程阀 2 同时压下时,"与"门阀 3 才能输出先导压力气体,驱动换向阀 4 切换	"或"门回路 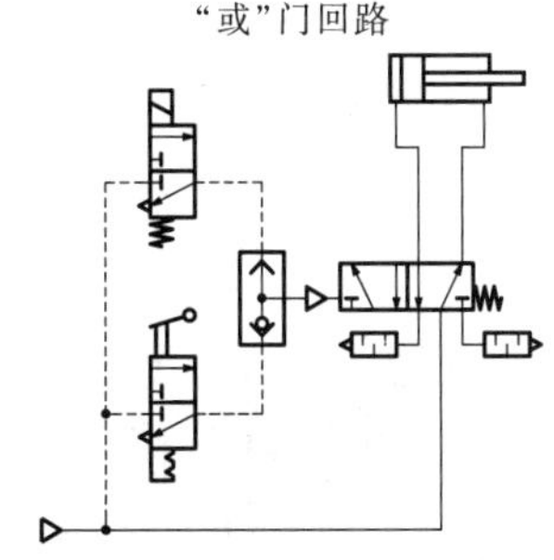 当手动阀或电磁阀其中一个阀动作时,先导压力气体通过梭阀使二位五通气控阀切换,驱动气缸伸出。该回路用来进行手动和自动切换控制

2.9 应用举例

表 21-8-13

例	系统图	说明
压力机气路系统	去常通缸 去制动器缸 去离合器缸 气垫缸	气源经过过滤器后分成两路,一路用来控制气垫缸,另一路经过一个减压阀后再分成两个支路,分别控制离合器缸和制动器缸。上述三路气体的压力分别通过三个减压阀来调节。为了保证压力稳定,三路气体还分别采用了两个压力罐进行稳压。为了防止压力罐中的压力过高出现危险,压力罐上还安装了一个溢流阀泄压。气垫缸无杆腔始终有压力作用,制动缸和离合器缸采用二位三通阀控制 特点:压力稳定,安全可靠

续表

例	系统图	说明
车门开关控制系统	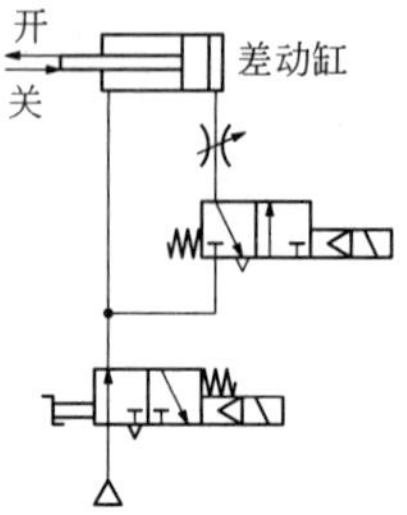	气源经手动操作阀进入差动缸的有杆腔，使活塞杆缩回，车门关闭。如果电磁阀通电，则使气体进入差动缸的无杆腔，推动差动缸的活塞杆伸出，将门打开。为了防止车门关闭和打开速度过快，在差动缸的无杆腔入口处安装了一个节流阀。当按下手动换向阀时，差动缸两侧都通大气，车门处于自由状态 特点：安全可靠，差动回路节省空气消耗量
液面自动控制装置气动系统图	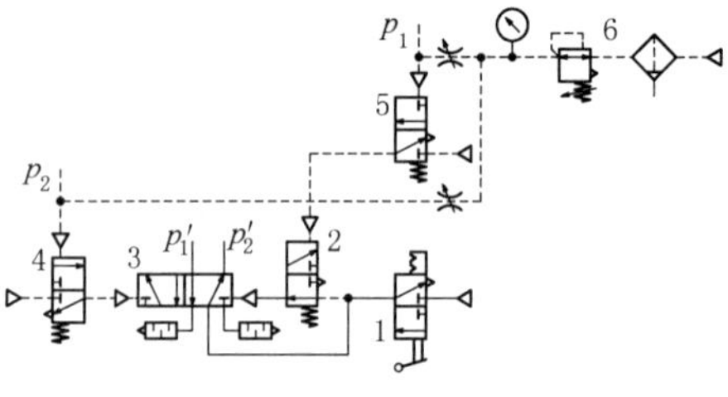 (a) 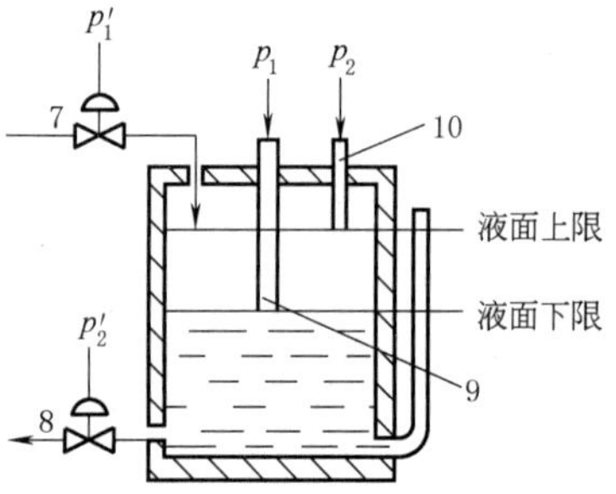 (b)	该装置用于使容器中的液体保持在一定高度范围内。打开阀1，经阀2使主阀3换向，输出压力 p'_1，打开注水阀7，对容器加水。当水位低于液面下限时，下限检测传感器9产生 p_1 信号，经先导阀5放大后关闭阀2，使阀3右侧卸压，为换向做准备，此时仍保持记忆状态，使阀7继续向容器内注水。当水位超过液面上限时，产生 p_2 信号，打开阀4使阀3换向，从而压力 p'_1消失，即关闭阀7而产生压力 p'_2，打开放水阀8。随着液体的流出，液面下降，p_2 信号消失，阀4复位，但阀3仍记忆在放水位置，直到液面下降至下限以下，p_1 信号消失，阀5、阀2复位，使阀3换向，再重复上述过程 特点： ①由于使用空气介质检测液面高度，故能适应恶劣的工作环境 ②液面位置精度较低 ③液面变化速度极慢时，动作不太稳定 ④成本低，维修简便
带材移动中气动纠偏控制系统	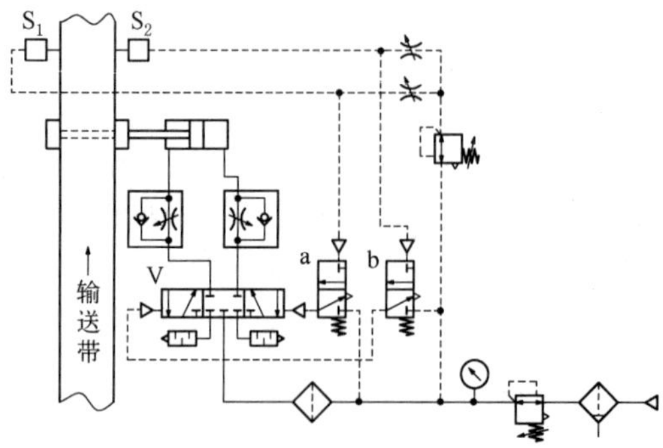	带状材料只有一定的宽度，在长距离输送时很容易产生跑偏现象，给材料的加工带来不利。采用如图所示的气动纠偏控制系统，能有效地控制偏差 当输送带向左偏时，气动传感器 S_1 发出信号，打开阀a使主阀V切换到右侧位置，从而使气缸向右运动，带动输送块纠正偏差。气缸右移至 S_1 信号消失，阀a复位，使主阀V恢复至中位，从而锁住气缸动作。同样，输送带向右偏时，负责该侧的传感器和阀动作，使气缸带动输送带向左运动而纠正右偏差 特点： ①系统的纠偏检测采用了空气喷嘴式传感器，比用电子方法检测成本低得多 ②适用于灰尘多，温度、湿度高等恶劣环境

续表

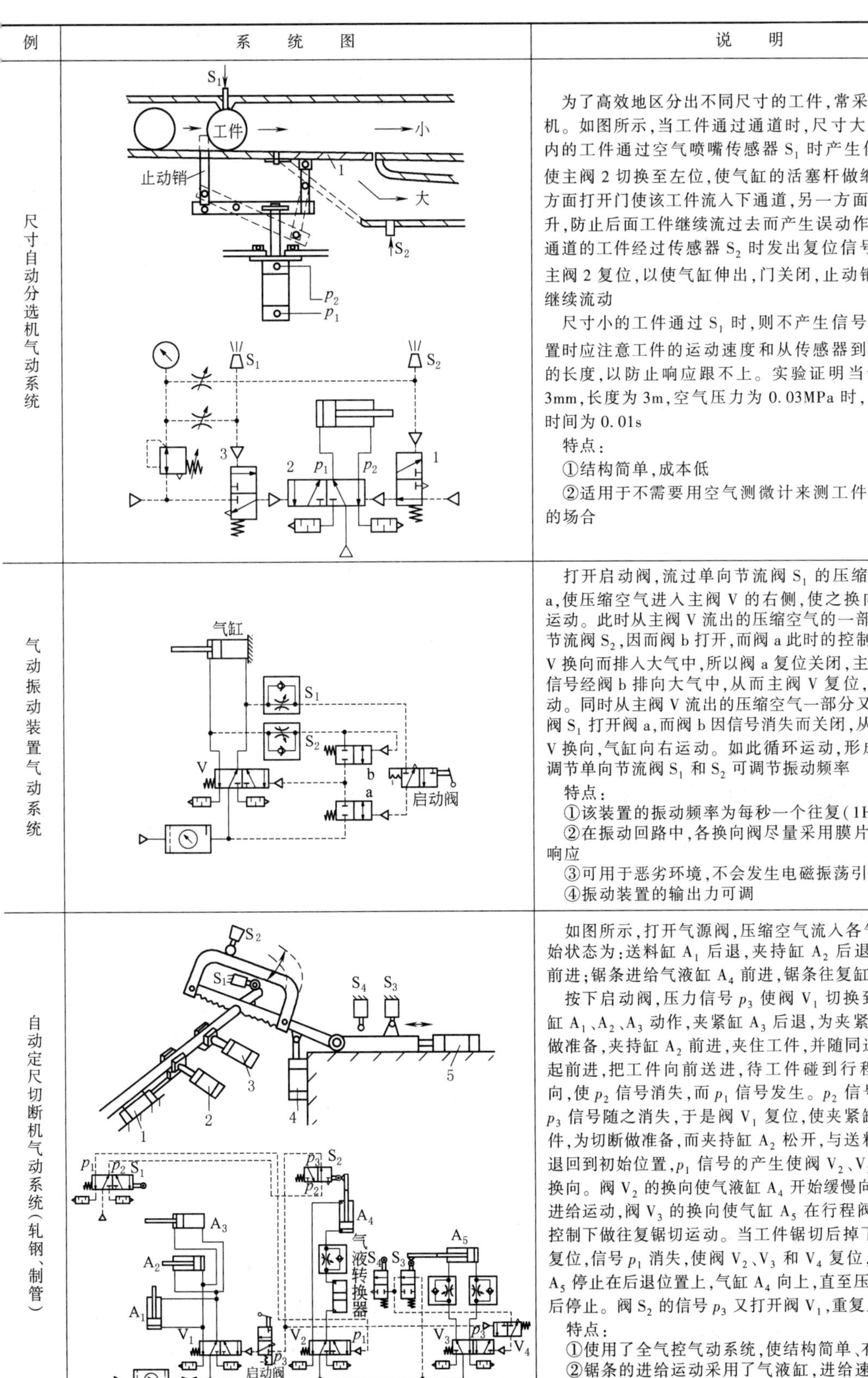

例	系统图	说明
尺寸自动分选机气动系统		为了高效地区分出不同尺寸的工件，常采用自动分选机。如图所示，当工件通过通道时，尺寸大到某一范围内的工件通过空气喷嘴传感器 S_1 时产生信号，经阀 1 使主阀 2 切换至左位，使气缸的活塞杆做缩回运动，一方面打开门使该工件流入下通道，另一方面使止动销上升，防止后面工件继续流过去而产生误动作。当落入下通道的工件经过传感器 S_2 时发出复位信号，经阀 3 使主阀 2 复位，以使气缸伸出，门关闭，止动销退下，工件继续流动 尺寸小的工件通过 S_1 时，则不产生信号。设计该装置时应注意工件的运动速度和从传感器到阀之间气管的长度，以防止响应跟不上。实验证明当气管内径为 3mm，长度为 3m，空气压力为 0.03MPa 时，信号传递的时间为 0.01s 特点： ①结构简单，成本低 ②适用于不需要用空气测微计来测工件的一般精度的场合
气动振动装置气动系统		打开启动阀，流过单向节流阀 S_1 的压缩空气打开阀 a，使压缩空气进入主阀 V 的右侧，使之换向，气缸向右运动。此时从主阀 V 流出的压缩空气的一部分流过单向节流阀 S_2，因而阀 b 打开，而阀 a 此时的控制信号因主阀 V 换向而排入大气中，所以阀 a 复位关闭，主阀 V 的控制信号经阀 b 排向大气中，从而主阀 V 复位，气缸向左运动。同时从主阀 V 流出的压缩空气一部分又经单向节流阀 S_1 打开阀 a，而阀 b 因信号消失而关闭，从而又使主阀 V 换向，气缸向右运动。如此循环运动，形成振动回路。调节单向节流阀 S_1 和 S_2 可调节振动频率 特点： ①该装置的振动频率为每秒一个往复(1Hz) ②在振动回路中，各换向阀尽量采用膜片式阀以提高响应 ③可用于恶劣环境，不会发生电磁振荡引起的故障 ④振动装置的输出力可调
自动定尺切断机气动系统（轧钢、制管）		如图所示，打开气源阀，压缩空气流入各气缸，各缸初始状态为：送料缸 A_1 后退，夹持缸 A_2 后退，夹紧缸 A_3 前进；锯条进给气液缸 A_4 前进，锯条往复缸 A_5 后退 按下启动阀，压力信号 p_3 使阀 V_1 切换到右位，使气缸 A_1、A_2、A_3 动作，夹紧缸 A_3 后退，为夹紧下一段工件做准备，夹持缸 A_2 前进，夹住工件，并随同送料缸 A_1 一起前进，把工件向前送进，待工件碰到行程阀 S_1 时换向，使 p_2 信号消失，而 p_1 信号发生。p_2 信号消失，也使 p_3 信号随之消失，于是阀 V_1 复位，使夹紧缸 A_3 夹住工件，为切断做准备，而夹持缸 A_2 松开，与送料缸 A_1 同时退回到初始位置，p_1 信号的产生使阀 V_2、V_3 和 V_4 相继换向。阀 V_2 的换向使气液缸 A_4 开始缓慢向下做锯切的进给运动，阀 V_3 的换向使气缸 A_5 在行程阀 S_3 与 S_4 的控制下做往复锯切运动。当工件锯切后掉下，行程阀 S_1 复位，信号 p_1 消失，使阀 V_2、V_3 和 V_4 复位，从而使气缸 A_5 停止在后退位置上，气缸 A_4 向上，直至压下行程阀 S_2 后停止。阀 S_2 的信号 p_3 又打开阀 V_1，重复上述过程 特点： ①使用了全气控气动系统，使结构简单、有效 ②锯条的进给运动采用了气液缸，进给速度最低可达 1mm/s，而不产生爬行

续表

例	系统图	说明
液体自动定量灌装机气动系统	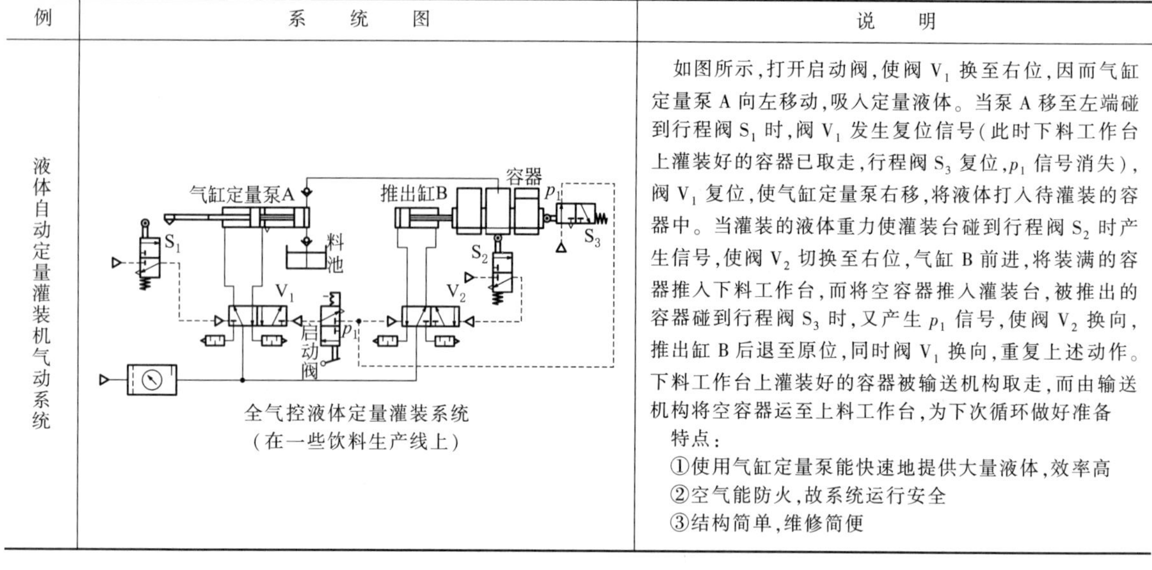 全气控液体定量灌装系统 （在一些饮料生产线上）	如图所示，打开启动阀，使阀 V_1 换至右位，因而气缸定量泵 A 向左移动，吸入定量液体。当泵 A 移至左端碰到行程阀 S_1 时，阀 V_1 发生复位信号（此时下料工作台上灌装好的容器已取走，行程阀 S_3 复位，p_1 信号消失），阀 V_1 复位，使气缸定量泵右移，将液体打入待灌装的容器中。当灌装的液体重力使灌装台碰到行程阀 S_2 时产生信号，使阀 V_2 切换至右位，气缸 B 前进，将装满的容器推入下料工作台，而将空容器推入灌装台，被推出的容器碰到行程阀 S_3 时，又产生 p_1 信号，使阀 V_2 换向，推出缸 B 后退至原位，同时阀 V_1 换向，重复上述动作。下料工作台上灌装好的容器被输送机构取走，而由输送机构将空容器运至上料工作台，为下次循环做好准备 特点： ①使用气缸定量泵能快速地提供大量液体，效率高 ②空气能防火，故系统运行安全 ③结构简单，维修简便

3　气动系统的常用控制方法及设计

3.1　气动顺序控制系统

3.1.1　顺序控制的定义

顺序控制系统是工业生产领域，尤其是气动装置中广泛应用的一种控制系统。按照预先确定的顺序或条件，控制动作逐渐进行的系统叫做顺序控制系统。即在一个顺序控制系统中，下一步执行什么动作是预先确定好的。前一步的动作执行结束后，马上或经过一定的时间间隔再执行下一步动作，或者根据控制结果选择下一步应执行的动作。

图 21-8-1 给出了顺序控制系统几种动作进行方式的例子。其中图 a 的动作是按 A、B、C、D 的顺序朝一个方向进行的单往复程序；图 b 的动作是 A、B、C 完成后，返回去重复执行一遍 C 动作，然后再执行 D 动作的多往复程序；图 c 为 A、B 动作执行完成后，根据条件执行 C、D 或 C′、D′的分支程序例子。

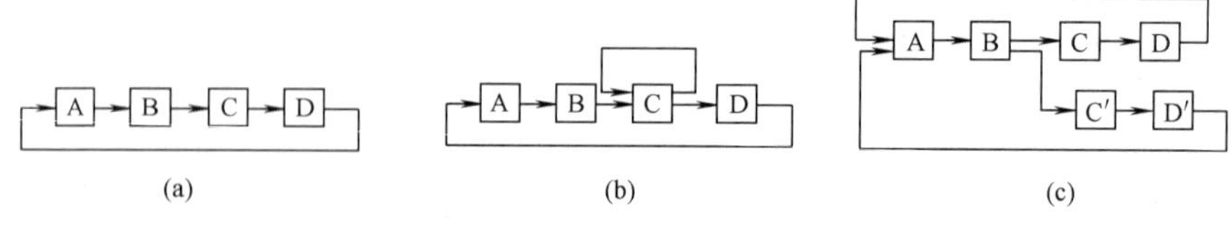

图 21-8-1　动作进行方式举例

3.1.2　顺序控制系统的组成

一个典型的气动顺序控制系统主要由 6 部分组成，如图 21-8-2 所示。

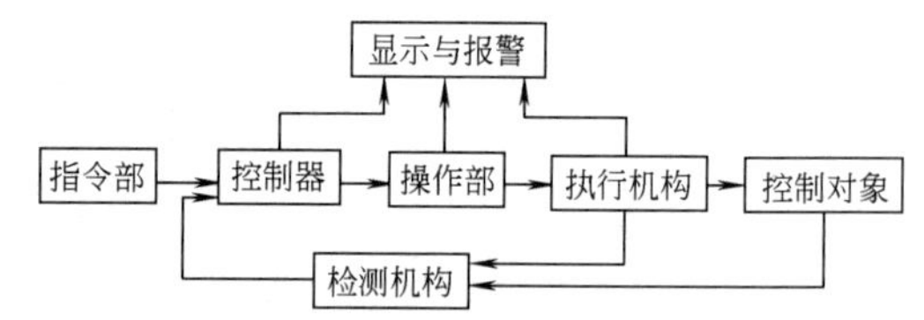

图 21-8-2　气动顺序控制系统的组成

① 指令部　这是顺序控制系统的人机接口部分，该部分使用各种按钮开关、选择开关来进行装置的启动、运行模式的选择等操作。

② 控制器　这是顺序控制系统的核心部分。它接收输入控制信号，并对输入信号进行处理，产生完成各种控制作用的输出控制信号。控制器使用的元件有继电器、IC、定时器、计数器、可编程控制器等。

③ 操作部　接收控制器的微小信号，并将其转换成具有一定压力和流量的气动信号，驱动后面的执行机构动作。常用的元件有电磁换向阀、机械换向阀、气控换向阀和各类压力、流量控制阀等。

④ 执行机构　将操作部的输出转换成各种机械动作。常用的元件有气缸、摆缸、气动马达等。

⑤ 检测机构　检测执行机构、控制对象的实际工作情况，并将测量信号送回控制器。常用的元件有行程开关、接近开关、压力开关、流量开关等。

⑥ 显示与报警　监视系统的运行情况，出现故障时发出故障报警。常用的元件有压力表、显示面板、报警灯等。

3.1.3　顺序控制器的种类

顺序控制系统对控制器提出的基本功能要求是：

① 禁止约束功能，即动作次序是一定的，互相制约，不得随意变动；

② 记忆功能，即要记住过去的动作，后面的动作由前面的动作情况决定。

根据控制信号的种类以及所使用的控制元件，在工业生产领域应用的气动顺序控制系统中，控制器可分为如图 21-8-3 所示的几种控制方式。

全气动控制方式是一种从控制到操作全部采用气动元件来实现的一种控制方式。使用的气动元件主要有中继阀、梭阀、延时阀、主换向阀等。由于系统构成较复杂，目前仅限于在要求防爆等特殊场合使用。

目前常用的控制器都为电气控制方式，其中又以继电器控制回路和可编程控制器应用最普及。

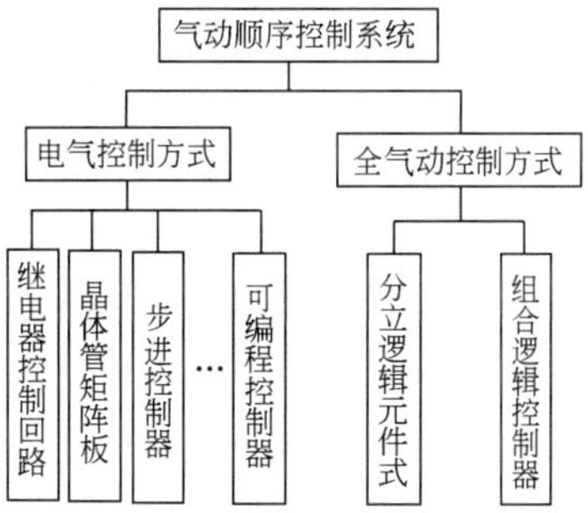

气动顺序控制系统
- 电气控制方式
  - 继电器控制回路
  - 晶体管矩阵板
  - 步进控制器
  - …
  - 可编程控制器
- 全气动控制方式
  - 分立逻辑元件式
  - 组合逻辑控制器

图 21-8-3　顺序控制器的种类

3.2　继电器控制系统

3.2.1　概述

用继电器、行程开关、转换开关等有触点低压电器构成的电器控制系统，称为继电器控制系统或触点控制系统。继电器控制系统的特点是动作状态一目了然，但系统接线比较复杂，变更控制过程以及扩展比较困难，灵活通用性较差，主要适合于小规模的气动顺序控制系统。

继电器控制电路中使用的主要元件为继电器。继电器有很多种，如电磁继电器、时间继电器、干簧继电器和热继电器等。时间继电器的结构与电磁继电器类似，只是使用各种办法使线圈中的电流变化减慢，使衔铁在线圈通电或断电的瞬间不能立即吸合或不能立即释放，以达到使衔铁动作延时的目的。

梯形图是利用电气元件符号进行顺序控制系统设计的最常用的一种方法。其特点是与电气操作原理图相呼应，形象直观实用。图 21-8-4 为梯形图的一个例子。梯形图的设计规则及特点如下。

① 一个梯形图网络由多个梯级组成，每个输出元素（继电器线圈等）可构成一个梯级。

② 每个梯级可由多个支路组成，每个支路最右边的元素通常是输出元素。

③ 梯形图从上至下按行绘制，两侧的竖线类似电气控制图的电源线，称为母线。

④ 每一行从左至右，左侧总是安排输入触点，并且把并联触点多的支路靠近左端。

⑤ 各元件均用图形符号表示，并按动作顺序画出。

⑥ 各元件的图形符号均表示未操作的状态。

⑦ 在元件的图形符号旁要注上文字符号。

⑧ 没有必要将端头和接线关系忠实地表示出来。

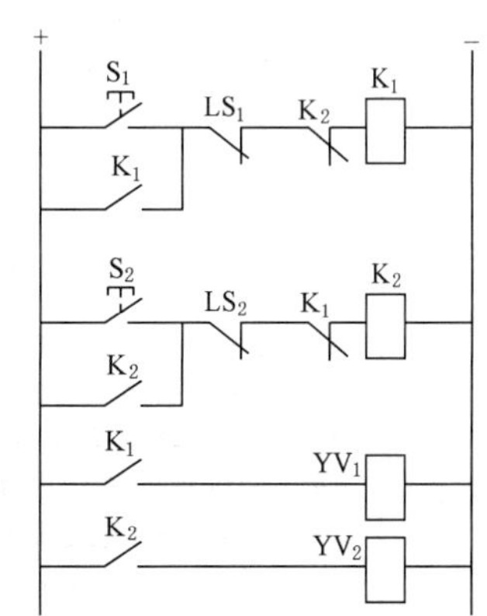

图 21-8-4　梯形图举例

3.2.2　常用继电器控制电路

在气动顺序控制系统中，利用上述电气元件构成的控制电路是多种多样的。但不管系统多么复杂，其电路都是由一些基本的控制电路组成的（见表 21-8-14）。

表 21-8-14　　基本的控制电路

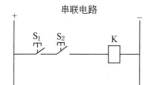

<table>
<tr>
<td>串联/并联电路</td>
<td>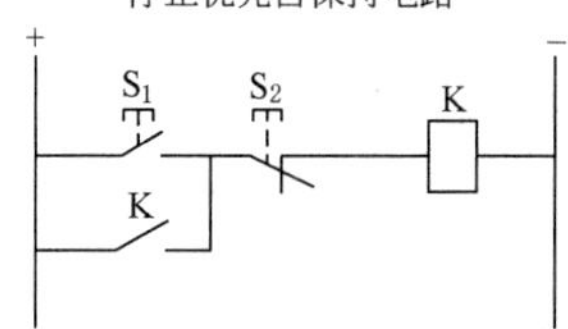

串联电路也就是逻辑“与”电路。例如一台设备为了防止误操作，保证生产安全，安装了两个启动按钮。只有操作者将两个启动按钮同时按下时，设备才能开始运行。上述功能可用串联电路来实现</td>
<td>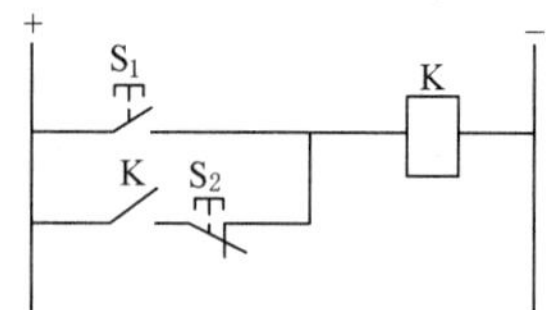

并联电路也称为逻辑“或”电路。例如一条自动化生产线上有多个操作者同时作业。为了确保安全，要求只要其中任何一个操作者按下停止开关，生产线即应停止运行。上述功能可由并联电路来实现</td>
</tr>
<tr>
<td>自保持电路</td>
<td>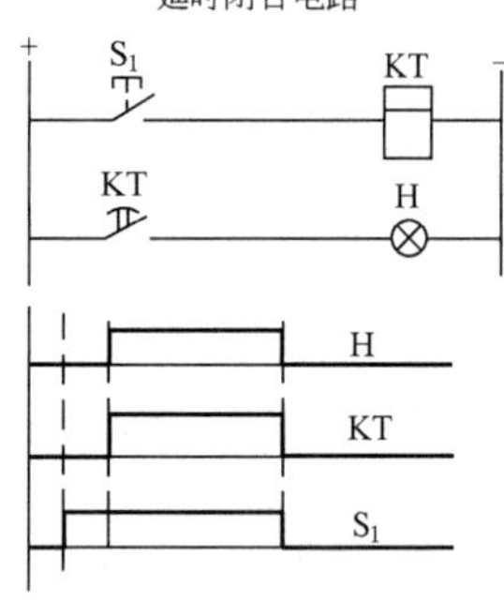

自保持电路也称为记忆电路。按钮 S_1 按一下即放开，是一个短信号。但当将继电器 K 的常开触点 K 和开关 S_1 并联后，即使松开按钮 S_1，继电器 K 也将通过常开触点 K 继续保持得电状态，使继电器 K 获得记忆。图中的 S_2 是用来解除自保持的按钮，并且因为当 S_1 和 S_2 同时按下时，S_2 先切断电路，S_1 按下是无效的，因此，这种电路也称为停止优先自保持电路</td>
<td>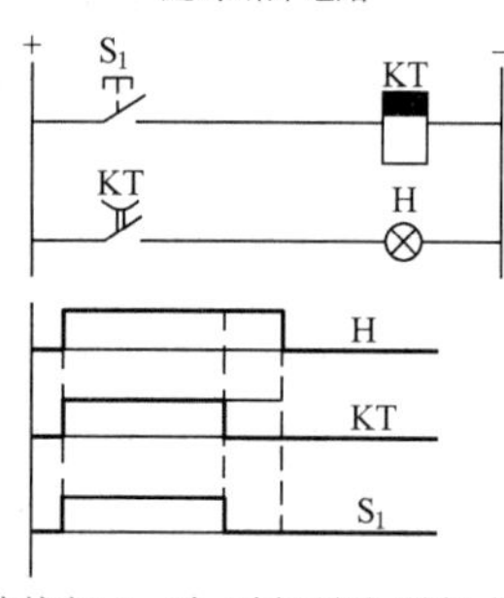

在这种电路中，当 S_1 和 S_2 同时按下时，S_1 使继电器 K 动作，S_2 无效，这种电路也称为启动优先自保持电路</td>
</tr>
<tr>
<td rowspan="2">延时电路</td>
<td colspan="2">随着自动化设备的功能和工序越来越复杂，各工序之间需要按一定时间紧密配合，各工序时间要求可在一定范围内调节，这需要利用延时电路来实现。延时控制分为两种，即延时闭合和延时断开</td>
</tr>
<tr>
<td>延时闭合电路
当按下启动开关 S_1 后，时间继电器 KT 开始计数，经过设定的时间后，时间继电器触点接通，电灯 H 亮。放开 S_1，时间继电器触点 KT 立刻断开，电灯 H 熄灭</td>
<td>延时断开电路
当按下启动按钮 S_1 时，时间继电器触点 KT 也同时接通，电灯 H 亮。当放开 S_1 时，时间继电器开始计数，到规定时间后，时间继电器触点 KT 才断开，电灯 H 熄灭</td>
</tr>
<tr>
<td>联锁电路</td>
<td>当设备中存在相互矛盾动作（如电机的正转与反转，气缸的伸出与缩回）时，为了防止同时输入相互矛盾的动作信号，使电路短路或线圈烧坏，控制电路应具有联锁的功能（即电机正转时不能使反转接触器动作，气缸伸出时不能使控制气缸缩回的电磁铁通电）。图中，将继电器 K_1 的常闭触点加到行 3 上，将继电器 K_2 的常闭触点加到行 1 上，这样就保证了继电器 K_1 被励磁时继电器 K_2 不会被励磁，反之，K_2 被励磁时 K_1 不会被励磁</td>
<td>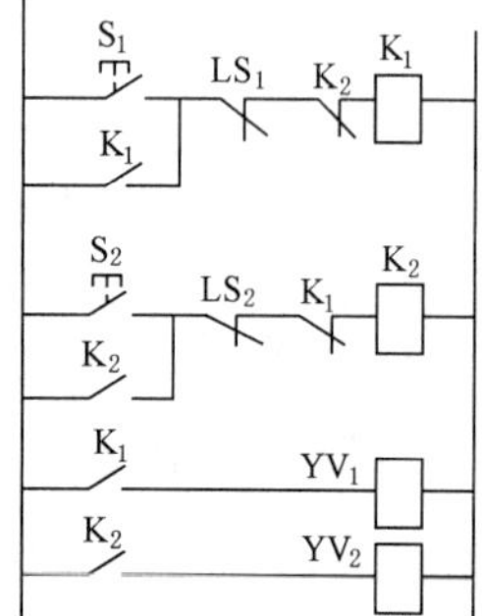
</td>
</tr>
</table>

.2.3 典型的继电器控制气动回路

采用继电器控制的气动系统设计时，应将电气控制梯形图和气动回路图分开画，两张图上的文字符号应一致。

（1）单气缸的继电器控制回路（见表 21-8-15）

表 21-8-15

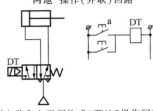

操作回路	双手操作(串联)回路 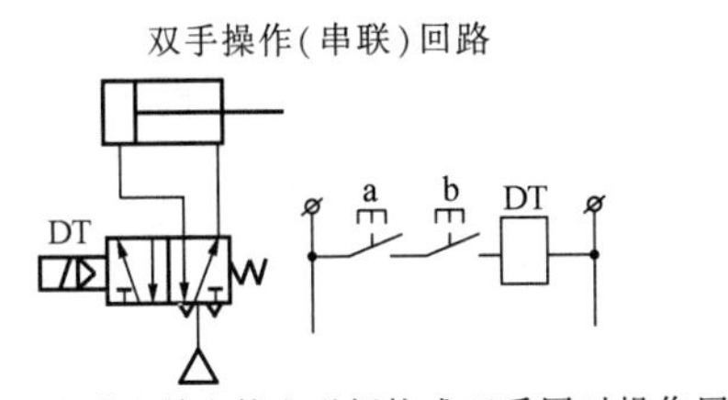 采用串联电路和单电控电磁阀构成双手同时操作回路，可确保安全	“两地”操作(并联)回路 采用并联电路和电磁阀构成“两地”操作回路，两个按钮只要其中之一按下，气缸就伸出。此回路也可用于手动和自动等
	具有互锁的“两地”单独操作回路 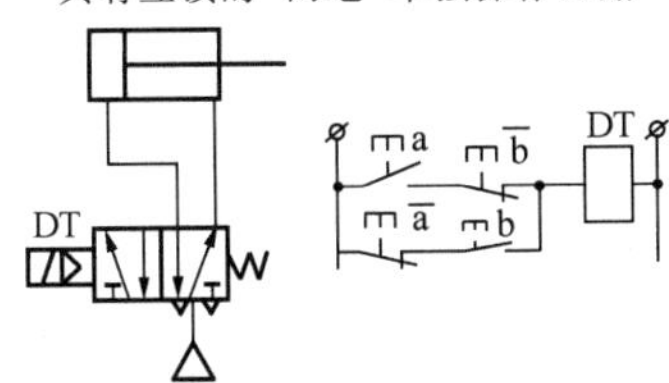 两个按钮只有其中之一按下气缸才伸出，而同时不按下或同时按下时气缸不动作	带有记忆的单独操作回路 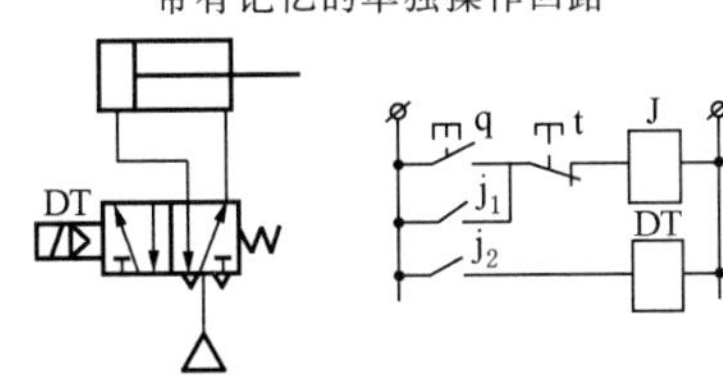 采用保持电路分别实现气缸伸出、缩回的单独操作回路。该回路在电气-气动控制系统中很常用，其中启动信号 q、停止信号 t 也可以是行程开关或外部继电器，以及它们的组合等
	采用双电控电磁阀的单独操作回路 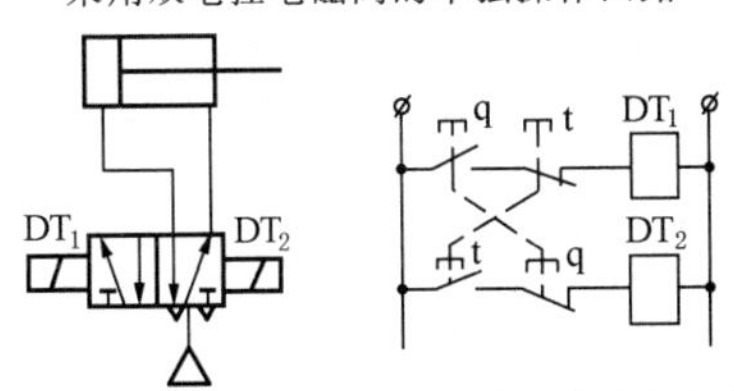 该回路的电气线路必须互锁，特别是采用直动式电磁阀时，否则电磁阀容易烧坏	单按钮操作回路 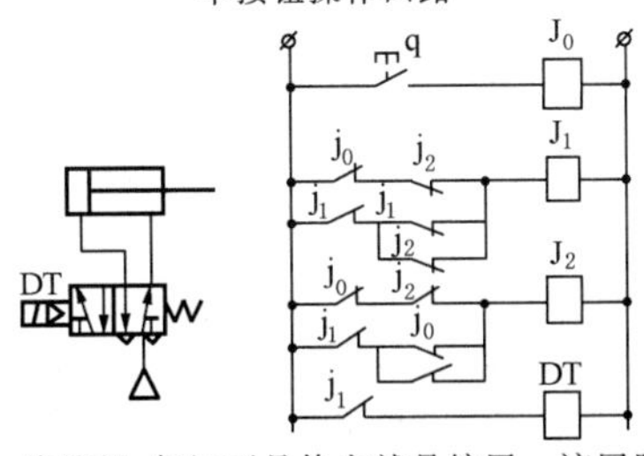 每按一次按钮，气缸不是伸出就是缩回。该回路实际是一位二进制计数回路
往复回路	采用行程开关的单往复回路 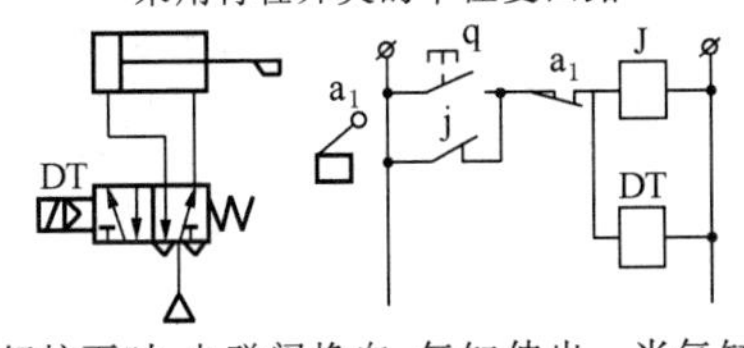 当按钮按下时，电磁阀换向，气缸伸出。当气缸碰到行程开关时，使电磁阀掉电，气缸缩回	采用压力开关的单往复回路 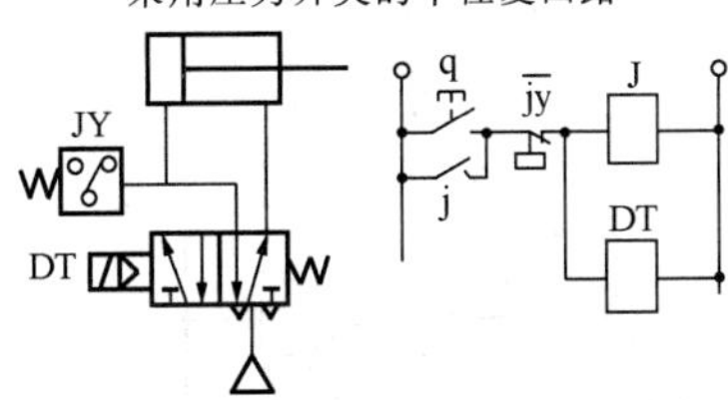 当按钮按下时，电磁阀换向，气缸伸出。当气缸碰到工件，无杆腔的压力上升到压力继电器 JY 的设定值时，压力继电器动作，使电磁阀掉电，气缸缩回

续表

往复回路

时间控制式单往复回路

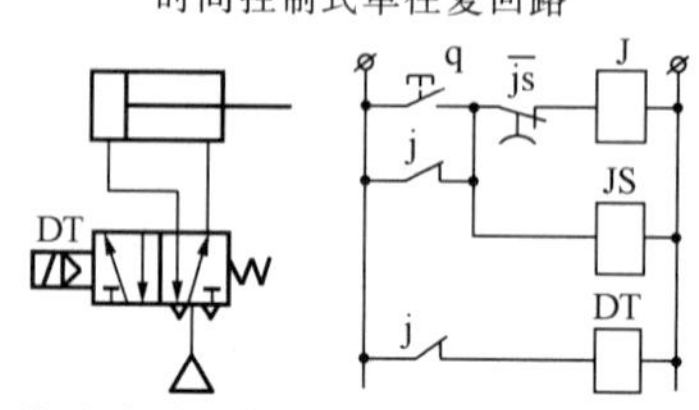

当按钮按下时,电磁阀得电,气缸伸出。同时延时继电器开始计时,当延时时间到时,使电磁阀掉电,气缸缩回

延时返回的单往复回路

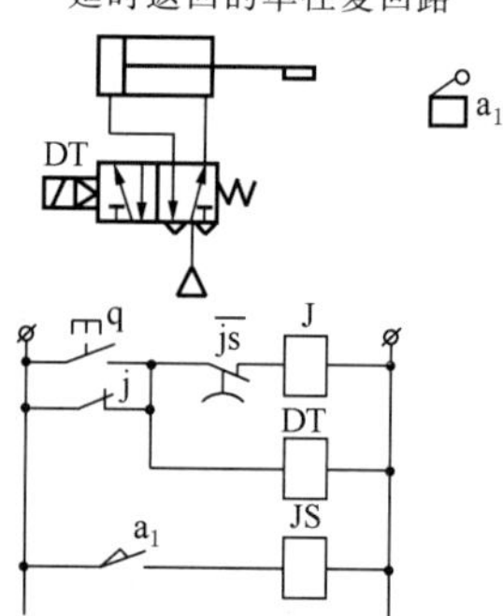

该回路可实现气缸伸出至行程端点后停留一定时间后返回

位置控制式二次往复回路

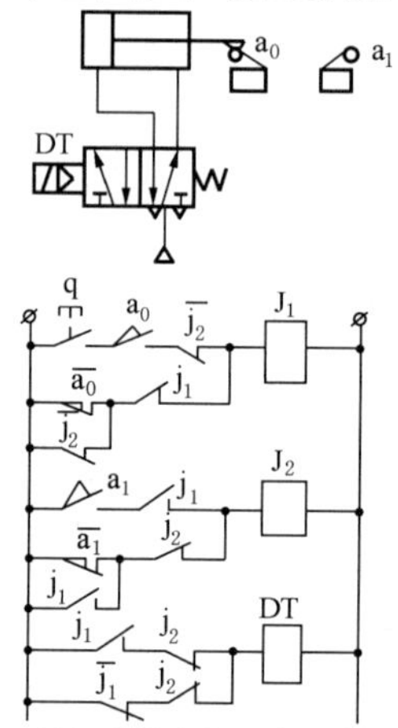

按一次按钮 q,气缸连续往复两次后在原位置停止

采用双电控电磁阀的连续往复回路

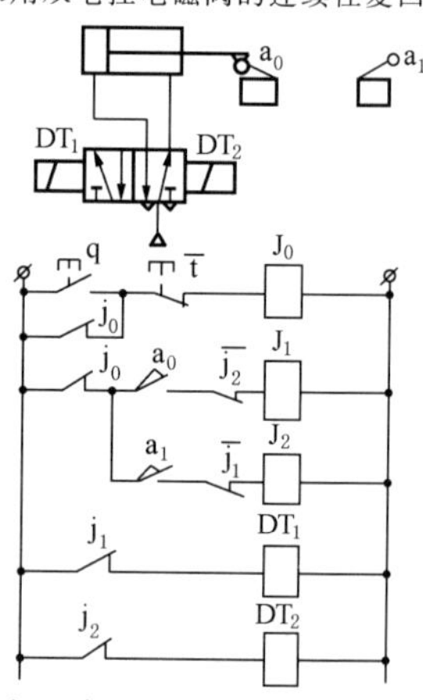

按下启动按钮 q,气缸连续前进和后退,直到按下停止按钮 t,气缸停止动作。如果在气缸前进(或后退)的途中按下停止按钮 t,气缸则在前进(或后退)终端位置停止。为了增加行程开关的触点以进行联锁和减少行程开关的电流负载以延长使用寿命,在电气线路中增加了继电器 J_1 和 J_2

采用单电控电磁阀的连续往复回路

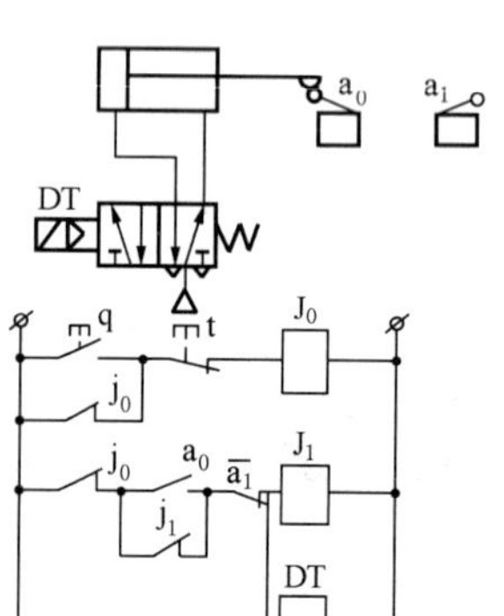

按下启动按钮 q,气缸连续前进和后退,直到按下停止按钮 t,气缸停止动作。如果在气缸前进(或后退)的途中按下停止按钮 t,气缸则在缩回位置停止。为了增加行程开关的触点以进行联锁和减少行程开关的电流负载以延长使用寿命,在电气线路中增加了继电器 J_0 和 J_1

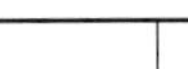

(2) 多气缸的电-气联合顺序控制回路（见表 21-8-16）

表 21-8-16

程序 $A_1A_0B_1B_0$ 的电气控制回路

X-D线图

节拍	1	2	3	4	双控执行信号	单控执行信号
动作	A_1	A_0	B_1	B_0		
$b_0(A_1)$ A_1					$A_1^*=qb_0K^{b_1}_{a_1}$	$qb_0K^{b_1}_{a_1}$
$a_1(A_0)$ A_0					$A_0^*=a_1$	
$a_0(B_1)$ B_1					$B_1^*=a_0K^{a_1}_{b_1}$	$a_0K^{a_1}_{b_1}$
$b_1(B_0)$ B_0					$B_0^*=b_1$	

电-气控制回路

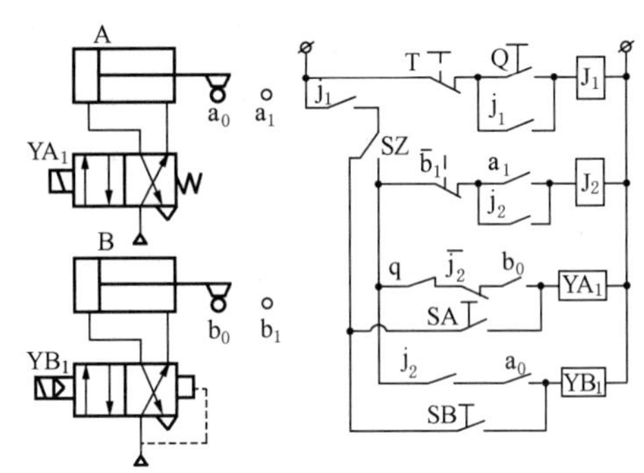

SZ 为手动/自动转换开关，S 是手动位置，Z 是自动位置，SA、SB 是手动开关

程序 $A_1B_1C_0B_0A_0C_1$ 的电-气联合控制回路

X-D线图

节拍	1	2	3	4	5	6	执行信号	
动作	A_1	B_1	C_0	B_0	A_0	C_1	双控	单控
$c_1(A_1)$ A_1							$c_1^*(A_1)=qc_1$	$c_1^*(A_1)=K^{ac_1}_{b}$
$a_1(B_1)$ B_1							c_1a_1 $a_1^*(B_1)=K^{c_1}_{\bar{c}_0}$ $a_1\bar{c}_0$	$a_1^*(B_1)=a_1\bar{c}_0$
$b_1(C_0)$ C_0							$b_1^*(C_0)=b_1$	$b_1^*(C_0)=K^{b_1}_{a_1}$
$c_0(B_0)$ B_0							$c_0^*(B_0)=c_0$	
$b_0(A_0)$ A_0							b_0c_0 $b_0^*(A_0)=K^{c_0}_{\bar{c}_1}$ $b_0\bar{c}_1$	
$a_0(C_1)$ C_1							$a_0^*(C_1)=a_0$	
c_1a_1								
b_0c_0								

主控阀为单电控电磁阀的电-气控制回路

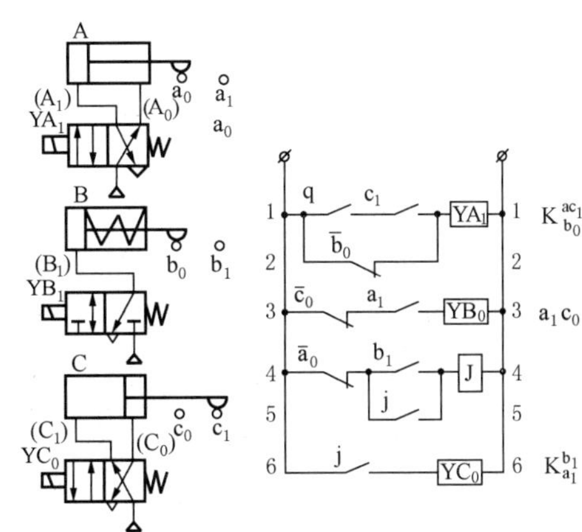

X-D线图

节拍	1	2	3	4	5	6	执行信号	
动作	A_1	B_1	C_0	B_0	A_0	C_1	双控	单控
$c_1(A_1)$ A_1							$c_1^*(A_1)=qc_1$	$c_1^*(A_1)=K^{ac_1}_{b}$
$a_1(B_1)$ B_1							c_1a_1 $a_1^*(B_1)=K^{c_1}_{\bar{c}_0}$ $a_1\bar{c}_0$	$a_1^*(B_1)=a_1\bar{c}_0$
$b_1(C_0)$ C_0							$b_1^*(C_0)=b_1$	$b_1^*(C_0)=K^{b_1}_{a_1}$
$c_0(B_0)$ B_0							$c_0^*(B_0)=c_0$	
$b_0(A_0)$ A_0							b_0c_0 $b_0^*(A_0)=K^{c_0}_{\bar{c}_1}$ $b_0\bar{c}_1$	
$a_0(C_1)$ C_1							$a_0^*(C_1)=a_0$	
c_1a_1								
b_0c_0								

主控阀为双电控电磁阀的电-气控制回路

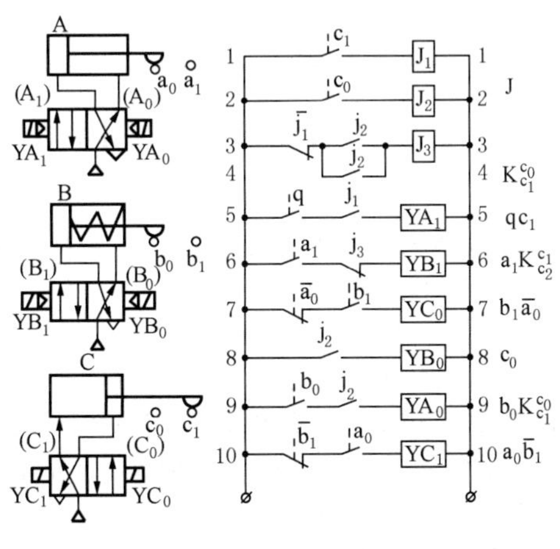

续表

程序 $A_1B_1C_1$（延时 t）$C_0B_0A_0$ 的电-气联合控制回路

X-D线图

节拍	1	2	3	4	5	6	7	主控信号	电磁阀控制信号
动作	A_1	B_1	C_1	JS_1	JS_0 C_0	B_0	A_0		
$a_0(A_1)$ A_1								$A_1^*=\bar{j}g$	$DTA1=\bar{j}\bar{j}_0$
$a_1(B_1)$ B_1								$B_1^*=a_1\bar{j}$	$DTB1=a_1\overline{c_0 j}$
$b_1(C_1)$ C_1								$C_1^*=b_1\bar{j}$	$DTC1=b_1\bar{j}$
$c_1(JS)$ JS								$JS=c_1$	$JS=c_1$
$js(C_0)$ c_0								$C_0^*=j$	
$c_0(B_0)$ B_0								$B_0^*=c_0 j$	
$b_0(A_0)$ A_0								$A_0^*=b_0 j$	$DTA0=b_0 j$
J								$S=ja$ $R=a_0$	$j=(js+j)\bar{a}_0$ $J_0=(q+j_0)\bar{j}$

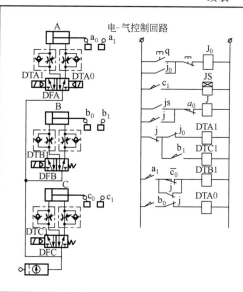

电-气控制回路

程序 $A_1B_1B_0B_1\binom{A_0}{B}$ 的双缸多往复电-气联合控制回路

X-D线图

节拍	1	2	3	4	5	主控信号	电磁阀控制信号
动作	A_1	B_1	B_0	B_1	$\binom{A_0}{B_0}$		
$a_0b_0(A_1)$ A_1						$A_1^*=\bar{j}_2 g$	$DTA1=\bar{j}_4 j_0$
a_1 $b_0(B_0)$ B_1						$B_1^*=a_1\bar{j}_1\bar{j}_2+j_1 j_2$	$J_0=(q+j_0)\bar{t}$ $DTB1=j_3$
$b_1(B_0)$ B_0						$B_0^*=j_1 j_2+j_1 j_2$	$j_5=b_1$
$b_2(A_0)$ A_0						$A_0^*=b_1\bar{j}_1 j_2$	
J_1						$S_1=b_1 j_2$ $R_1=b_1 j_2$	$J_1=\bar{j}_5 j_1+\bar{j}_2(j_3+j_1)$
J_2						$S_2=b_0 j_1$ $R_2=a_0 b_0$	$J_2=(b_0\bar{j}_1+\bar{j}_2)(\bar{a}_0+\bar{b}_0)$
J_3							$J_3=a_1\bar{j}_1\bar{j}_2+j_1 j_2$
J_4							$J_4=j_5\bar{j}_1 j_2$

电-气控制回路

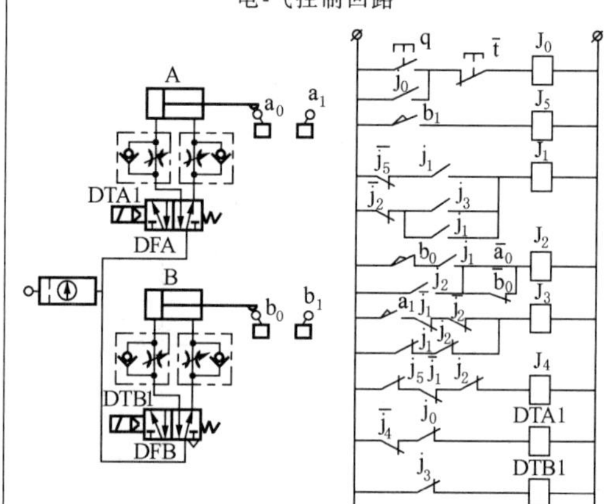

电磁阀为单电控电磁阀，J_0 为全程继电器，由启动按钮 q 和停止按钮 t 控制。J_1、J_2 是中间记忆元件。J_5 是用于扩展行程开关 b_1 的触点（假定行程开关只有一对常开-常闭触点）。为了满足电磁阀 DFA 的零位要求，引进了 J_4 继电器，继电器 J_1 的触点最多，应选用至少有四常开二常闭的型号

3.2.4 气动程序控制系统的设计方法

对于气动顺序控制系统的设计来说，设计者要解决两个回路的设计：气动动力回路和电气控制回路。下面以如图 21-8-5 所示的零件装配的压入装置为例，说明气动程序系统的设计方法。

（1）气动动力回路的设计

气动动力回路设计主要涉及压力、流量和换向三类气动基本控制回路以及气动元件的选取等。设计方法多用经验法，也就是根据设计要求，选用气动常用回路组合，然后分析是否满足要求，如果不能满足要求，则需另选回路或元件，直到满足要求为止。其具体设计步骤可归纳如下。

① 据设计要求确定执行元件的数量，分析机械部分运动特点，确定气动执行元件的种类（气缸、摆缸、气动手爪、真空吸盘等）。

② 根据输出力的大小、速度调整范围、位置控制精度及负载特点、运动规律等确定常用回路，将这些回路

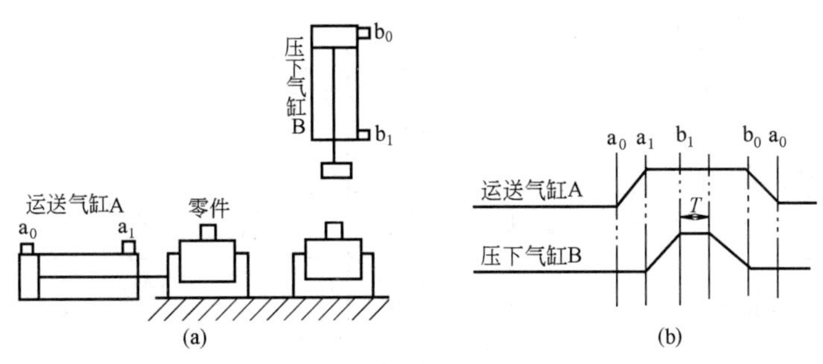

图 21-8-5 压入装置及气缸动作顺序图

综合并和执行元件连接起来。

③ 确定回路中各元件的型号和电气规格。气动元件的选型顺序如下。

执行元件：根据要求的输出力大小、负载率、工件运动范围等因素，确定气缸的缸径和行程。

电磁阀：根据气缸缸径、运动速度范围，确定电磁阀的大小（通径）；根据是否需要断电保护，确定是采用单电控电磁阀还是双电控电磁阀；根据控制器的电气规格，确定电磁阀的驱动电压。

单向节流阀：根据气缸缸径、运动速度范围，确定单向节流阀的节流方式（进气节流或排气节流）和大小（型号）。需要注意的是，单向节流阀应在其可调节区间内使用，单向节流阀的螺纹应和气缸进排气口的螺纹一致。

过滤器、减压阀：根据气动系统要求的空气洁净度，确定过滤器的过滤精度；根据气动系统的最大耗气量，确定过滤器、减压阀的大小（型号）。如果执行元件要求的压力不一样，则需要增加分支管路，在分支管路上分别安装减压阀。减压阀应安装在过滤器之后。

消声器：根据要求的消声效果确定消声器的型号，消声器的接口螺纹应和电磁阀排气口的螺纹相一致。

管接头和软管：根据电磁阀、减压阀等的大小，确定管接头的大小和接口螺纹以及软管的尺寸。

根据零件压入装置的技术要求，设计气动动力回路如图 21-8-6 所示。在该回路中，执行元件为双作用气缸，单向节流阀采用排气节流方式，控制运送气缸的电磁阀为双电控电磁阀，控制压下气缸的电磁阀为单电控电磁阀。

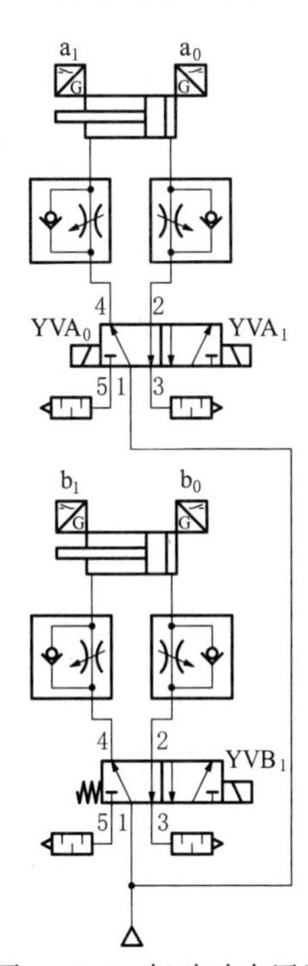

图 21-8-6 气动动力回路

（2）电气控制回路设计

电气控制回路的设计方法有许多种，如信号-动作线图法（简称 X-D 线图法）、卡诺图法、步进回路图法等。这里介绍一种较常用的设计方法，即信号-动作（X-D）线图法。在利用 X-D 线图法设计电气逻辑控制回路之前，必须首先设计好气动动力回路，确定与电气逻辑控制回路有关的主要技术参数，诸如电磁阀为双电控还是单电控，二位式还是三位式，电磁铁的使用电压规格等，并根据工艺要求按顺序列出各个气缸的必要动作，画出气缸的动作顺序图，编制工作程序。

采用 X-D 线图法进行气动顺序控制系统的设计步骤可归纳如下：编制工作程序；绘制 X-D 线图；消除障碍信号；求取气缸主控信号逻辑表达式；绘制继电器控制回路的梯形图。

① 编制工作程序。首先按顺序列出各个必要的动作：

a. 将工件放在运送台上（人工）；

b. 按钮开关按下时，运送气缸伸出（A_1）；

c. 运送台到达行程末端时，压下气缸下降，将零件压入（B_1）；

d. 在零件压入状态保持 Ts（延时 Ts）；

e. 压入结束后，压下气缸上升（B_0）；

f. 压下气缸到达最高处后，运送气缸后退（A_0）。

将两个气缸的顺序动作用顺序图表示出来则如图 21-8-5b 所示。顺序图中横轴表示时间，纵轴表示动作（气缸的伸缩行程）。此外，箭头表示根据主令信号决定下一步的执行动作。

工作程序的表示方法为：用大写字母 A、B、C、…表示气缸；用下标 1、0 表示气缸的两个运动方向，其中下标 1 表示气缸伸出，0 表示气缸缩回。如 A_1 表示气缸 A 伸出，B_0 表示气缸 B 缩回。

经过分析可得双缸回路的程序为［A_1B_1（延时 T）B_0A_0］，如果将延时也算作一个动作节拍，则该程序共有五个顺序动作。

② 绘制 X-D 线图。步骤如下。

节拍	1	2	3	4	5	主控信号	电磁阀控制信号
动作	A_1	B_1	KT_1	KT_0 B_0	A_0		
a_0 A_1						$A_1^*=\overline{KA}\cdot g$	$YVA_1=\overline{KA}\cdot g$
a_1 B_1						$B_1^*=a_1\cdot\overline{KA}$	$YVB_1=a_1\cdot\overline{KA}$
b_1 KT_1						$KT^*=b_1\cdot\overline{KA}$	$KT=b_1\cdot\overline{KA}$
KT_0 B_0						$B_0^*=KA$	
b_0 A_0						$A_0^*=b_0\cdot KA$	$YVA_0=b_0\cdot KA$
KA						$S=KT_0$ $R=a_0$	$KA=(KT+KA)\cdot a_0$ $K_0=(q+k_0)\cdot t$

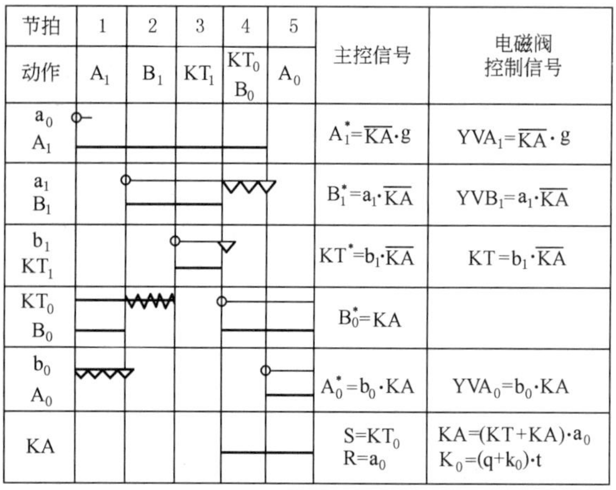

图 21-8-7 ［A_1B_1（延时 T）B_0A_0］程序的 X-D 线图

a. 画方格图（见图 21-8-7）。根据动作顺序，在方格图第一行从左至右填入动作顺序号（也称节拍号），在第二行内填入相应的气缸动作。以下各行用来填写各气缸的动作区间和主令切换信号区间。如果有 i 只气缸，则应有（$2i+j$）行，其中 j 行为备用行，用来布置中间继电器的工作区间。对于一般的顺序控制系统，j 取 1～2 行；对于复杂的多往复系统可多留几行。在每一行的最左一栏中，上下分别写上主令切换信号和该主令信号所要控制的动作。例如，对本例来说，在第一行的上下分别写上 a_0 和 A_1，第二行写上 a_1 和 B_1，…，应该说明，填写主令信号及其相应动作的次序可以不按照动作顺序。X-D 线图右边一栏为“主控信号”栏，用来填写各个气缸控制信号的逻辑表达式。控制信号 A_1^* 表示在图 21-8-7 中，时间继电器 KT 用于实现延时 T，KT_1 表示得电状态，KT_0 表示失电状态。KA 为中间继电器。

b. 画动作区间线（简称 D 线）。用粗实线画出各个气缸的动作区间。画法如下：以纵横动作的大写字母相同，下标也相同的方格左端纵线为起点，以纵横动作的大写字母相同但下标相反的方格的左端纵线为终点，从左至右用粗实线连线。如 A_1 动作从第一节拍开始至第四节拍终止，B_1 动作线从第二节拍开始至第三节拍终止。同理可画出全部动作区间线。应说明的是，顺序动作是尾首相连的循环，因此最后一个节拍的右端纵线与第一节拍的左端纵线实际是一根线。

c. 画主令信号状态线（简称 X 线）。用细实线画出主令信号的状态线，为了区别于动作状态线，起点用小圆圈“∘”表示。a_1 信号状态线的起点在动作 A_1 的右端纵线上，终点在 A_0 的左端纵线上，但略为滞后一点。a_0 信号状态线的起点在 A_0 动作的右端纵线上，终点在 A_1 动作的左端纵线上，但略为滞后一点。按照这一原则，可画出所有主令信号的状态线。为了清楚起见，程序的第一个动作的主令信号状态线画在第一节拍的左端纵线上。对于本例，a_0 信号状态线的起点在 A_1 动作的左端纵线上，而不画在 A_0 动作的右端纵线上。

③ 消除障碍信号。

a. 判别障碍信号。所谓障碍信号是指在同一时刻，电磁阀的两个控制侧同时存在控制信号，妨碍电磁阀按预定程序换向。因此，为了使系统正常动作，就必须找出障碍信号，并设法消除它。用 X-D 图确定障碍信号的方法是，在同一行中凡存在信号线而无对应动作线的信号段即为障碍段，存在障碍段的信号为障碍信号。障碍段在 X-D 线图中用“﹏﹏”标出。例如，a_1 信号线在第 4 节拍为障碍段，故 a_1 便是障碍信号。

b. 布置中间记忆继电器。引入中间记忆继电器是为了消除障碍信号的障碍段。所需中间继电器的数量 N 取决于顺序系统的特征值 M：

$$N=\mathrm{INT}[(M+1)/2]$$

式中，INT 表示对运算结果取整的函数。对于单往复顺序系统来说，特征值 M 为 $M=m_1+m_2+m_3+\cdots+m_{i-1}$。对于多往复顺序系统来说，特征值 $M=m_1+m_2+m_3+\cdots+m_i$。其中，i 为气缸的数量，m_1 为单缸特征值，m_2 为双缸特征值，m_3 为三缸特征值，余类推。

所谓单缸特征值是指程序中单个气缸连续往复运动的次数。例如在本例程序［A_1B_1（延时 T）B_0A_0］中，有（B_1B_0），还有尾首动作（A_0A_1）也是连续往复运动，因此 $m_1=2$。

双缸特征值是指某两个气缸在一段程序中连续完成一次往复运动的次数。例如程序［$A_1B_1A_0B_0B_1B_0$］中，就有（$A_1B_1A_0B_0$）或（$B_0A_1B_1A_0$）的一段程序，这表明 A、B 两缸在该程序中连续完成一次往复运动。需要说明的是，如果程序中某几个连续动作既可以和前面的某几个动作划在一起构成一次连续往复运动，又可与后面某几个动作划在一起构成一次连续往复运动，那么只能选择其中一种划分方法，不能同时都取。因此，在上述程序口，($A_1B_1A_0$) 既可与后面的 (B_0) 构成 ($A_1B_1A_0B_0$)，又可与前面的 (B_0) 一起构成 ($B_0A_1B_1A_0$)，我们只能选取其中一种，因此 $m_2=1$。

三缸特征值和多缸特征值的计算方法，和单缸及双缸特征值的计算方法类似。在确定了所有单项特征值之后，就可以对它们求和，得出系统的特征值。如果程序中某个气缸的两个动作既可构成单缸连续往复运动，又可组成双缸或多缸连续往复运动，那么也只能选择其中一种划分方法。为了清楚起见，在程序中有连续往复运动的两个相反动作（或动作组）之间插入一根短直线表示 $M\neq0$。对于本例的程序可表示为：

$$[A_1B_1(\text{延时 T})B_0A_0]$$

对本例来说，$M=2$，中间继电器数 $N=1$。若程序中没有连续往复运动，即 $M=0$，则控制回路不引入中间继电器也能消除障碍信号段。

c. 布置中间继电器的工作区间。在 X-D 线图下面的备用行内用细直线布置中间继电器的工作区间，有细直线的区间表示继电器的线圈得电，没有细直线的区间表示继电器的线圈失电。为了能正确地消除障碍信号，布置中间继电器的工作区间时必须遵守下列规定：连续往复运动的两个动作（或动作组）之间的分界线必须是中间继电器的切换线，即置位信号或复位信号的起点必须在该线上；对于 $N>2$ 的程序，中间继电器的切换顺序要按图 21-8-8 所示的方式布置。这样可保证至少有一个节拍重叠，主控信号的逻辑运算简单，回路工作可靠。

d. 求取中间继电器的逻辑函数。首先应找出中间继电器的主令信号。由 X-D 图不难看出，凡信号线的起点（小圆圈）在中间继电器的切换线上，则它一定是中间继电器置位信号 S 或复位信号 R 的主令信号。在得出中间继电器的主令信号后，还必须确定其主令信号是否存在障碍段。和气缸的主令信号类似，若 S 的主令信号有部分线段出现在中间继电器的非工作区段，或 R 的主令信号有部分线段出现在中间继电器的工作区段，则这部分线段对中间继电器 KA 来说都是障碍段。如果 S、R 的主令信号存在障碍段，则必须消除，方法和消除气缸主令信号的障碍段一样。

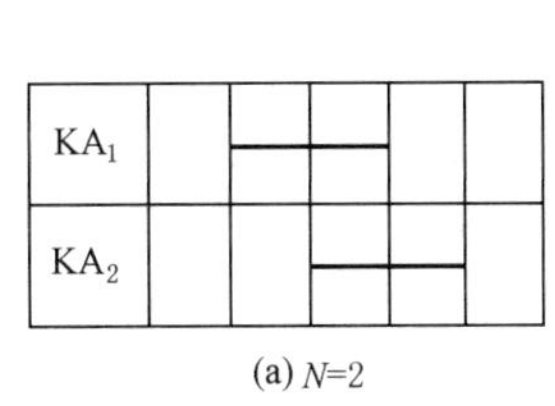

(a) $N=2$

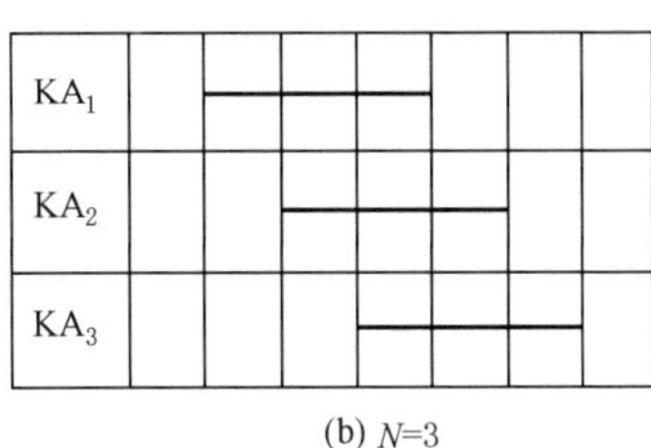

(b) $N=3$

图 21-8-8　中间继电器布置方法

对本例来说，S、R 的主令信号均不存在障碍，所以其逻辑表达式为

$$S=KT_0;\ R=a_0$$

④ 求取气缸主控信号逻辑表达式。X-D 线图中气缸的主令信号可分为无障碍主令信号和有障碍主令信号两种。

a. 对无障碍主令信号来说，可以被直接用来控制电磁阀，因此电磁阀的主控信号就是该主令信号。对于本例，无障碍主令信号有

$$A_1^*=a_0g$$

式中，g 为启动/停止信号，该信号写入程序的第一个动作中。在引入中间继电器的回路中，某些动作的主令信号又作为中间继电器 S、R 的主令信号。在本例中，a_0 既是动作 A_1 的主令信号，又是 R 的主令信号。在设计回路时，为了使回路具有联锁性，即确保中间继电器切换后气缸才能动作，动作 A_1 的主令信号可以用中间继电器的输出 $\overline{KA}$ 代替原来的主令信号 a_0。但应该注意中间继电器的输出 $\overline{KA}$ 比动作 A_1 的持续区间短，即没有障碍段。因此对于本例有 $A_1^*=\overline{KA}\cdot g$。

b. 对有障碍主令信号来说，必须采用逻辑运算等方法消除主令信号的障碍段。常用的方法有逻辑“与”消障法，即通过将有障碍主令信号与一个称为制约信号的信号进行“与”运算，使运算后的结果不存在障碍段。能消除有主令信号障碍段的制约信号应满足以下条件：在主令信号的起点（小圆圈）处，制约信号必须有线，而主令信号的障碍段内，制约信号必须没有线。制约信号一般选择其他动作的主令信号或将它们进行逻辑运算（如取反相）后的信号。如果回路中引入了中间继电器，则制约信号通常采用中间继电器的输出。

对于本例，动作 B_1、KT、B_0 和 A_0 的主令信号都是有障碍主令信号。对于动作 B_1 的主令信号 a_1 来说，由图 21-8-7 可知，与 a_1 起点纵线相交的信号有 b_0 和 $\overline{KA}$，但只 $\overline{KA}$ 在 a_1 的障碍段内没有线，因此可作为制约信号。为了可靠起见，采用中间继电器的输出 $\overline{KA}$ 作为制约信号。因此有

$$B_1^*=a_1\cdot\overline{KA}$$

同理，可写出其余的主控信号

$$KT^* = b_1 \cdot \overline{KA}; B_0^* = KA; A_0^* = b_0 \cdot KA$$

得出气缸的主控信号之后，就可以进一步得出电磁阀及中间继电器控制信号的逻辑表达式如下

$$YVA_1 = \overline{KA} \cdot g; YVA_0 = b_0 \cdot KA; YVB_1 = a_1 \cdot \overline{KA};$$

$$KT = b_1 \cdot \overline{KA}; KA = (KT + KA) \cdot a_0$$

⑤ 绘制继电器控制回路的梯形图。在求得电磁阀的控制信号的逻辑表达式后，即可以画出继电器控制回路的梯形图。对于本例，梯形图如图 21-8-9a 所示。在图 21-8-9 中，启动/停止信号用全程继电器 K_0 实现，K_0 用启动按钮 q 和停止按钮 t 来控制，并且采用了停止优先自保持电路。应该指出的是，在实际应用中，通常采用一个电磁阀线圈用一个继电器控制的回路，如图 21-8-9b 所示。

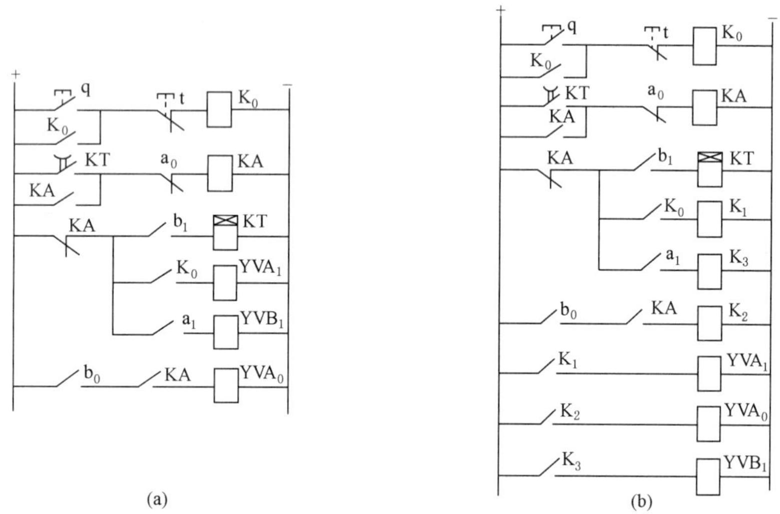

图 21-8-9　程序［A_1B_1（延时 T）B_0A_0］的电气控制回路

3.3　可编程控制器的应用

随着工业自动化的飞速发展，各种生产设备装置的功能越来越强，自动化程度越来越高，控制系统越来越复杂，因此，人们对控制系统提出了更灵活通用、易于维护、可靠经济等要求，固定接线式的继电器已不能适应这种要求，于是可编程控制器（PLC）应运而生。

由于可编程控制器的显著优点，因此在短时间内，其应用就迅速扩展到工业的各个领域。并且，随着应用领域的不断扩大，可编程控制器自身也经历了很大的发展变化，其硬件和软件得到了不断改进和提高，使得可编程序控制器的性能越来越好，功能越来越强。

3.3.1　可编程控制器的组成

可编程控制器（PLC）是微机技术和继电器常规控制概念相结合的产物，是一种以微处理器为核心的用作数字控制的特殊计算机。其硬件配置与一般微机装置类似，主要由中央处理单元（CPU）、存储器、输入/输出接口电路、编程单元、电源及其他一些电路组成。其基本构成如图 21-8-10 所示。

PLC 在结构上可分为两种：一种为固定式，一种为模块式，如图 21-8-11 所示。固定式通常为微型或小型 PLC，其 CPU、输入/输出接口和电源等做成一体，输入/输出点数是固定的（图 21-8-11a）。模块式则将 CPU、电源、输入输出接口分别做成各种模块，使用时根据需要配置，所选用的模块安装在框架中（图 21-8-11b）。装有 CPU 模块的框架称为基本框架，其他为扩充框架。每个框架可插放的模块数一般为 3~10 块，可扩展的框架数一般为 2~5 个基架，基本框架与扩展框架之间的距离不宜太大，一般为 10cm 左右。一些中型及大型可编程控制器系统具有远程 I/O 单元，可以联网应用，主站与从站之间的通信连接多用光纤电缆来完成。

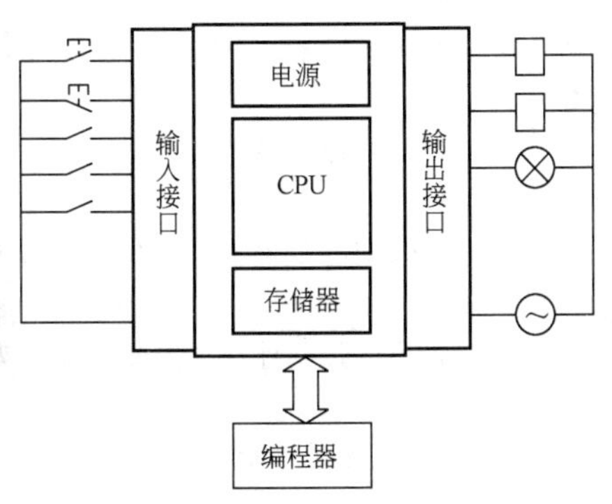

图 21-8-10 PLC 硬件基本配置示意图

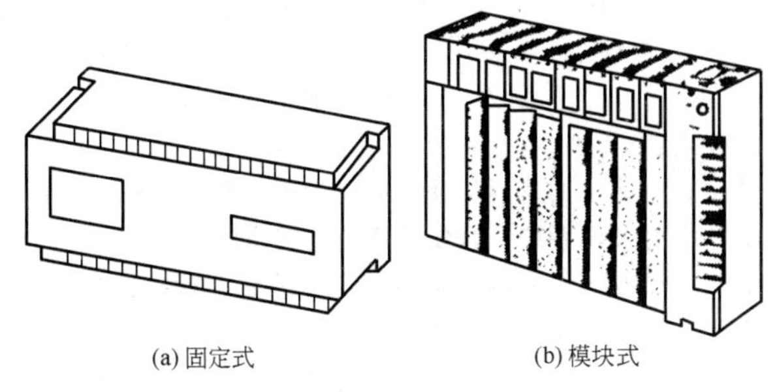

图 21-8-11 PLC 外观

(1) 中央处理单元（CPU）

中央处理单元是可编程控制器的核心，是由处理器、存储器、系统电源三个部件组成的控制单元。处理器的主要功能在于控制整个系统的运行，它解释并执行系统程序，完成所有控制、处理、通信和其他功能。PLC 的存储器包括两大部分，第一部分为系统存储器，第二部分为用户存储器。系统存储器用来存放系统监控程序和系统数据表，由制造厂用 PROM 做成，用户不能访问修改其中的内容。用户存储器为用户输入的应用程序和应用数据表提供存储区，应用程序一般存放在 EPROM 存储器中，数据表存储区存放与应用程序相关的数据，用 RAM 进行存储，以适应随机存储的要求。在考虑 PLC 应用时，存储容量是一个重要的因素。一般小型 PLC（少于 64 个 I/O 点）的存储能力低于 6KB，存储容量一般不可扩充。中型 PLC 的最大存储能力约 50KB，而大型 PLC 的存储能力大都在 50KB 以上，且可扩充容量。

(2) 输入/输出单元（I/O 单元）

可编程控制器是一种工业计算机控制系统，它的控制对象是工业生产设备和工业生产过程，PLC 与其控制对象之间的联系是通过 I/O 模板实现的。PC 输入输出信号的种类分为数字信号和模拟信号。按电气性能分，有交流信号和直流信号。PLC 与其他计算机系统不同之处就在于通过大量的各种模板与工业生产过程、各种外设及其他系统相连。PLC 的 I/O 单元的种类很多，主要有：数字量输入模板、数字量输出模板、模拟量输入模板、模拟量输出模板、智能 I/O 模板、特殊 I/O 模板、通信 I/O 模板等。

虽然 PLC 的种类繁多，各种类型 PLC 特性也不一样，但其 I/O 接口模板的工作原理和功能基本一样。

3.3.2 可编程控制器工作原理

(1) 巡回扫描原理

PLC 的基本工作原理是建立在计算机工作原理基础上的，即在硬件的支持下，通过执行反映控制要求的用户程序来实现现场控制任务。但是，PLC 主要用于顺序控制，这种控制是通过各种变量的逻辑组合来完成的，即控制的实现是有关逻辑关系的实现，因此，如果单纯像计算机那样，把用户程序从头到尾顺序执行一遍，并不能完全体现控制要求，而必须采取对整个程序巡回执行的工作方式，即巡回扫描方式。实际上，PLC 可看成是在系统软件支持下的一种扫描设备，它一直在周而复始地循环扫描并执行由系统软件规定好的任务。用户程序只是整个扫描周期的一个组成部分，用户程序不运行时，PLC 也在扫描，只不过在一个周期中删除了用户程序和输入输出服务这两部分任务。典型 PLC 的扫描过程如图 21-8-12 所示。

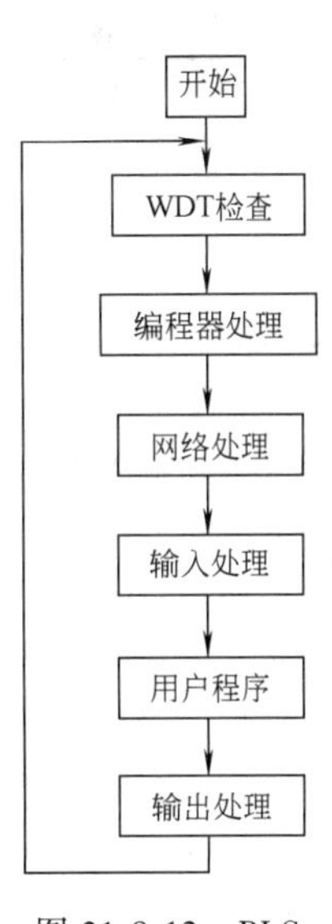

图 21-8-12 PLC 的扫描过程

(2) I/O 管理

各种 I/O 模板的管理一般采用流行的存储映像方式，即每个 I/O 点都对应内存的一个位（bit），具有字节属性的 I/O 则对应内存中的一个字。CPU 在处理用户程序时，使用的输入值不是直接从实际输入点读取的，运算结果也不是直接送到实际输出点，而是在内存中设置了两个暂存区，即一个输入暂存区，一个输出暂存区。在输入服务扫描过程中，CPU 把实际输入点的状态读入到输入状态暂存区。在输出服务扫描过程中，CPU 把输出状态暂存区的值传送到实际输出点。

由于设置了输入输出状态暂存区，用户程序具有以下特点：

① 在同一扫描周期内，某个输入点的状态对整个用户程序是一致的，不会造成运算结果的混乱；

② 在用户程序中，只应对输出赋值一次，如果多次，则最后一次有效；

③ 在同一扫描周期内，输出值保留在输出状态暂存区，因此，输出点的值在用户程序中也可当成逻辑运算的条件使用；

④ I/O 映像区的建立，使系统变为一个数字采样控制系统，只要采样周期 T 足够小，采样频率足够高，就可以认为这样的采样系统符合实际系统的工作状态；

⑤ 由于输入信息是从现场瞬时采集来的，输出信息又是在程序执行后瞬时输出去控制外设，因此可以认为实际上恢复了系统控制作用的并行性；

⑥ 周期性输入输出操作，给要求快速响应的闭环控制及中断控制的实现带来了一定的困难。

(3) 中断输入处理

在 PLC 中，中断处理的概念和思路与一般微机系统基本是一样的，即当有中断申请信号输入时，系统中断正在执行的程序而转向执行相关的中断子程序；多个中断之间有优先级排队，系统可由程序设定允许中断或禁止中断等。此外，PLC 中断还有以下特殊之处：

① 中断响应在系统巡回扫描的各个阶段，不限于用户程序执行阶段；

② PLC 与一般微机系统不一样，中断查询不是在每条指令执行后进行，而是在相应程序块结束后进行；

③ 用户程序是巡回扫描反复执行的，而中断程序却只在中断申请后被执行一次，因此，要多运行几次中断子程序，则必须多进行几次中断申请；

④ 中断源的信息是通过输入点进入系统的，PLC 扫描输入点是按顺序进行的，因此，根据它们占用输入点的编号的顺序就自动进行优先级的排队；

⑤ 多中断源有优先顺序但无嵌套关系。

3.3.3 可编程控制器常用编程指令

虽然不同厂家生产的可编程控制器的硬件结构和指令系统各不相同，但基本思想和编程方法是类似的。下面以 A-B 公司的微型可编程控制器 Micrologix 1000 为例，介绍基本的编程指令和编程方法。

(1) 存储器构成及编址方法

由前所述，存储器中存储的文件分为程序文件和数据文件两大类。程序文件包括系统程序和用户程序，数据文件则包括输入/输出映像表（或称为缓冲区）、位数据文件（类似于内部继电器触点和线圈）、计时器/计数器数据文件等。为了编址的目的，每个文件均由一个字母（标识符）及一个文件号来表示，如表 21-8-17 所示。

表 21-8-17　数据文件的类型及标识

文件类型	标识符	文件编号	文件类型	标识符	文件编号
输出文件	O	0	计时器文件	T	4
输入文件	I	1	计数器文件	C	5
状态文件	S	2	控制字文件	R	6
位文件	B	3	整数文件	N	7

上述文件编号为已经定义好的缺省编号，此外，用户可根据需要定义其他的位文件、计时器/计数器文件、控制文件和整数文件，文件编号可从 10~255。一个数据文件可含有多个元素。对计时器/计数器文件来说，元素为 3 字节元素，其他数据文件的元素则为单字节元素。

存储器的地址是由定界符分隔开的字母、数字、符号组成。定界符有三种，分别为：

“:”表示后面的数字或符号为元素；

“.”表示后面的数字或符号为字节；

“/”表示后面的数字或符号为位。

典型的元素、字及位的地址表示方法如图 21-8-13 所示。

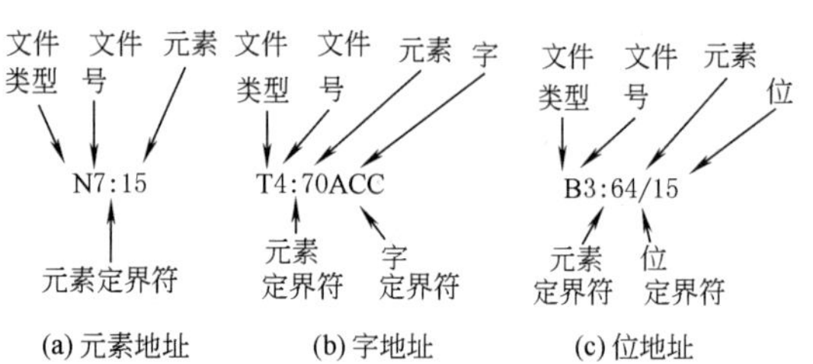

图 21-8-13　地址的表示方法

（2）指令系统

Micrologix 1000 采用梯形图和语句两种指令形式。表 21-8-18 列出了其指令系统。

表 21-8-18　　Micrologix 1000 指令系统

序号	名称	助记符	图形符号	意义
继电器逻辑控制指令				
1	检查是否闭合	XIC	┤├	检查某一位是否闭合，类似于继电器常开触点
2	检查是否断开	XIO	┤/├	检查某一位是否断开，类似于继电器常闭触点
3	输出激励	OTE	—( )—	使某一位的状态为 ON 或 OFF，类似于继电器线圈
4	输出锁存 输出解锁	OTL OTU	—(L)— —(U)—	OTL 使某一位的状态为 ON，该位的状态保持为 ON，直到使用一条 OUT 指令使其复位
计时器/计数器指令				
5	通延时计时器	TON		利用 TON 指令，在预置时间内计时完成，可以去控制输出的接通或断开
6	断延时计时器	TOF		利用 TOF 指令，在预置时间间隔阶梯变成假时，去控制输出的接通或断开
7	保持型计时器	RTO		在预置时间内计时器工作以后，RTO 指令控制输出使能与否
8	加计数器	CTU		每一次阶梯由假变真，CTU 指令以 1 个单位增加累加值
9	减计数器	CTD		每一次阶梯由假变真，CTD 指令以 1 个单位把累加值减少 1
10	高速计数器	HSC		高速计数，累加值为真时控制输出的接通或断开
11	复位指令	RES		使计时器和计数器复位
比较指令				
12	等于	EQU		检测两个数是否相等
13	不等于	NEQ		检测一个数是否不等于另一个数
14	小于	LES		检测一个数是否小于另一个数
15	小于等于	LEQ		检测一个数是否小于或等于另一个数
16	大于	GRT		检测一个数是否大于另一个数
17	大于等于	GRQ		检测一个数是否大于或等于另一个数
18	屏蔽等于	MEQ		检测两个数的某几位是否相等
19	范围检测	LIM		检测一个数是否在由另外的两个数所确定的范围内
运算指令				
20	加法	ADD		将源 A 和源 B 两个数相加，并将结果存入目的地址内
21	减法	SUB		将源 A 减去源 B，并将结果存入目的地址内
22	乘法	MUL		将源 A 乘以源 B，并将结果存入目的地址内
23	除法	DIV		将源 A 除以源 B，并将结果存入目的地址和算术寄存器内
24	双除法	DDV		将算术寄存器中的内容除以源，并将结果存入目的地址和算术寄存器中
25	清零	CLR		将一个字的所有位全部清零
26	平方根	SQR		将源进行平方根运算，并将整数结果存入目的地址内
27	数据定标	SCL		将源乘以一个比例系数，加上一个偏移值，并将结果存入目的地址中
程序流程控制指令				
28	转移到标号 标号	JMP LBL		向前或向后跳转到标号指令
29	跳转到子程序 子程序 从子程序返回	JSR SBR RET		跳转到指定的子程序并返回
30	主控继电器	MCR		使一段梯形图程序有效或无效
31	暂停	TND		使程序暂停执行
32	带屏蔽立即输入	IIM		立即进行输入操作并将输入结果进行屏蔽处理
33	带屏蔽立即输出	IOM		将输出结果进行屏蔽处理并立即进行输出操作

3.3.4 控制系统设计步骤

控制系统的设计步骤可大致归纳如下。

(1) 系统分析

对控制系统的工艺要求和机械动作进行分析，对控制对象要求进行粗估，如有多少开关量输入，多少开关量输出，功率要求为多少，模拟量输入输出点数为多少；有无特殊控制功能要求，如高速计数器等。在此基础上确定总的控制方案：是采用继电器控制线路还是采用PLC作为控制器。

(2) 选择机型

当选定用可编程控制器的控制方案后，接下来就要选择可编程控制器的机型。目前，可编程控制器的生产厂家很多，同一厂家也有许多系列产品，例如美国A-B公司生产的可编程控制器就有微型可编程控制器Micrologix 1000系列、小型可编程控制器SLC500系列、大中型可编程控制器PLC5系列等，而每一个系列中又有许多不同规格的产品，这就要求用户在分析控制系统类型的基础上，根据需要选择最适合自己要求的产品。

(3) I/O地址分配

所谓输入输出定义就是对所有的输入输出设备进行编号，也就是赋予传感器、开关、按钮等输入设备和继电器、接触器、电磁阀等被控设备一个确定的PLC能够识别的内部地址编号，这个编号对后面的程序编制、程序调试和修改都是重要依据，也是现场接线的依据。

(4) 编写程序

根据工艺要求、机械动作，利用卡诺图法或信号-动作线图法求取基本逻辑函数，或根据经验和技巧，来确定各种控制动作的逻辑关系、计数关系、互锁关系等，绘制梯形图。

梯形图画出来之后，通过编程器将梯形图输入可编程控制器CPU。

(5) 程序调试

检查所编写的程序是否全部输入、是否正确，对错误之处进行编辑、修改。然后，将PLC从编辑状态拨至监控状态，监视程序的运行情况。如果程序不能满足所希望的工艺要求，就要进一步修改程序，直到完全满足工艺要求为止。在程序调试完毕之后，还应把程序存储起来，以防丢失或破坏。

3.3.5 控制系统设计举例

首先以图21-8-6所示的系统为例说明可编程序控制器的控制程序设计方法。

(1) 系统分析

本系统控制器的输入信号有：气缸行程开关输入信号4个，启动/停止按钮输入信号2个，即共有6个输入信号。控制器的输出为两只气缸的3个电磁铁的控制信号。此外，需要内部定时器1个。

(2) 选择可编程控制器

对于这类小型气动顺序控制系统，采用微型固定式可编程控制器就足以满足控制要求。本例选取A-B公司的I/O点数为16的微型可编程控制器Micrologix 1000系列。其中，输入点数为10点，输出点数为6点。

(3) 输入/输出分配

输入分配见表21-8-19，输出分配见表21-8-20。

表21-8-19 输入分配

输入信号	行程开关				按钮	
符号	a_0	a_1	b_0	b_1	q	t
连接端子号	1	2	3	4	5	6
内部地址	I1/1	I1/2	I1/3	I1/4	I1/5	I1/6

表21-8-20 输出分配

输出信号	电磁铁		
符号	YVA_0	YVA_1	YVB_0
连接端子号	1	2	3
内部地址	0/1	0/2	0/3

(4) 编写程序

如图21-8-14所示，该程序采用梯形图编程语言，这种编程语言为广大电气技术人员所熟知，每个阶梯的意义见程序右说明。

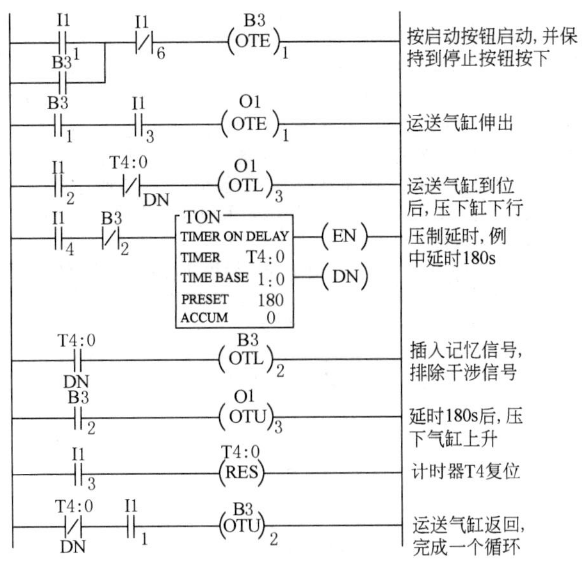

图 21-8-14　可编程序控制器梯形图

4　气动系统设计计算

4.1　设计计算流程与技术要求

表 21-8-21　　**气动系统的设计计算流程与技术要求**

项目	简图	说明
设计计算流程	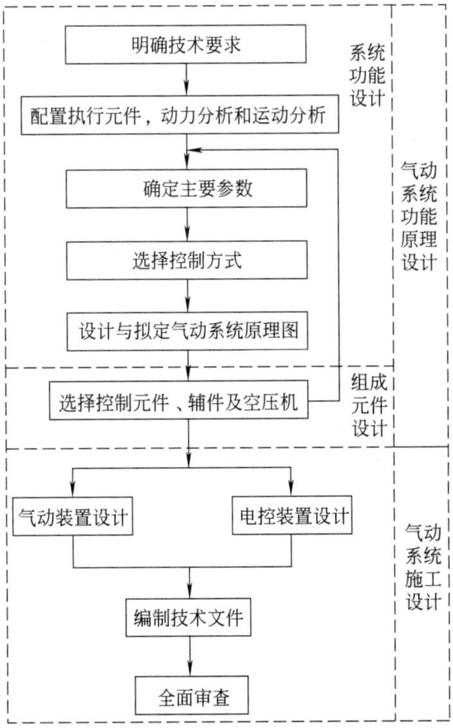 系统功能设计：明确技术要求 → 配置执行元件，动力分析和运动分析 气动系统功能原理设计：确定主要参数 → 选择控制方式 → 设计与拟定气动系统原理图 组成元件设计：选择控制元件、辅件及空压机（返回确定主要参数） 气动系统施工设计：气动装置设计、电控装置设计 → 编制技术文件 → 全面审查	与液压系统设计一样，气动系统的设计与主机的设计也是紧密联系的，当从必要性、可行性和经济性几方面对机械、电气、气动和液压等传动形式进行全面比较和论证，决定应用气压传动之后，二者往往同时进行。所设计的气动系统首先应满足主机的拖动、循环要求，其次还应符合结构组成简单、体积小、重量轻、工作安全可靠、使用维护方便、经济性好等公认的设计原则 气动系统的一般设计流程如左图所示（虚线表示相关的项目）。由于设计的初始条件不尽相同及设计者经验的多寡，其中有些内容与步骤可以省略和从简，或将其中某些内容与步骤合并交叉进行，有时需要前后调换顺序，反复讨论和修改，才能确定设计方案

续表

项目	简图	说明
明确气动系统的技术要求	机器设备的技术要求是设计气动系统的原始依据和出发点。设计者应在设计之初与用户或主机制造单位共同讨论，并辅以调查研究，以求定量了解和掌握下列技术要求，并在设计任务书或协议书（合同）中一同列出 ①主机工艺目的（用途）、结构布局（卧式、立式等）、使用条件（连续运转、间歇运转）、技术特性（工作负载是阻力负载还是超越负载、恒值负载还是变值负载，以及负载的大小；运动形式是直线运动、回转运动还是摆动，位移、速度、加速度等运动参数的大小和范围）等。由此确定哪些机构需要采用气压传动，所需执行元件形式和数量，执行元件的工作范围、尺寸、重量和安装等限制条件 ②机器的循环时间、各执行元件的动作循环与周期及各机构运动之间的联锁和安全要求 ③主机对气动系统的工作性能如运动平稳性、转换精度、传动效率、控制方式、自动化程度及安全性等要求；与机、电、液配合的要求；气动系统对控制方式、动作程序的要求等 ④原动机的类型（内燃机还是电动机）及其功率、转速和转矩特性 ⑤工作环境条件，如室内或室外、温度、湿度、尘埃、冲击振动、易燃易爆及腐蚀情况等 ⑥限制条件，如压力脉动、冲击、振动噪声的允许值等 ⑦经济性要求，如初始投资、运行费用和使用年限等	

4.2 执行元件的选择配置及动力和运动的分析

4.2.1 气动执行元件的选择配置

表 21-8-22　　气动执行元件类型的选择

气动系统执行元件的具体型式、数量和安装方式及其与主机的机械连接关系和方式，对主机的设计有很大影响，故在考虑设备的总体方案时，应同时确定气动执行元件的类型、数目、安装方式等

气动执行元件的类型选择应考虑运动形式、输出机能、复合机构、速度要求、安装空间、环境条件等因素

执行元件安装方式的选择应考虑偏心等安装精度与作业性、安装和缓冲调整所需的空间、与负载连接及执行元件安装的结构完整性等因素；气缸的常用安装连接方式见第 4 章

对所选定的执行元件，应进行使用限制条件的确认，主要限制项目包括：最低工作压力；气缸活塞杆的稳定性；气马达的空载转速；摆动气马达允许的静转矩；输出轴的弯矩；行程末端允许的冲击能量等

考虑因素		对应执行元件
运动形式	直线运动、压紧、冲击	气缸
	回转运动	气动马达
	摆动运动	摆动气动马达、气缸与杆机构
	射流	喷嘴
	吸引	真空吸盘
输出机能	中间停止	气缸（两级、带制动器、气液转换）、摆动气动马达（气液转换）、气动马达（带制动器）
	位置保持	气缸（气液阻尼缸）、摆动气动马达与棘轮或摆动气动马达（气液转换）
	精密输出	气缸（膜片式、波纹管式、低摩擦式）
复合机构	精密导向	气缸（带直线导轨）
	旋转限制	气缸（带防转机构、非圆形活塞）
	增力	气缸（带闸、气液增压转换）

考虑因素		对应执行元件
速度要求	低速、匀速运动	气缸（膜片式、波纹管式、低摩擦式、气液阻尼缸、气液转换）
	高速旋转	气马达
	高速直线运动	气缸（高速型、带减速机构、链轮组增速）
安装空间限制	长度限制	气缸（无杆式、伸缩式、薄型）
	宽度限制	气缸（扁平型、串联）、摆动马达（螺旋式）
	体积限制	气缸、摆动马达与增压器；气缸、摆动马达与卷扬机构
环境条件	高、低温	耐热、耐寒式
	超净间	防尘式
	腐蚀	耐腐蚀式

4.2.2 循环时间及动作顺序的确定

在往复作业的机械装备中，若分配给气动系统的时间充分，只要确定执行元件的动作顺序即可。但是，在分配给气动系统的时间较少时以及在执行元件能力极限附近使用的场合，则有必要逐个研究执行元件、气动控制元件和电控元件等的滞后原因，并进行最佳组合，之后若仍不能满足实践分配的情况，则应在总体分配中进行适当

调整。此外，设备的总循环时间是根据设备的目标能力（或生产纲领）确定的，故往往不宜轻易变动。

4.2.3 动力分析和运动分析

动力分析和运动分析是确定气动系统主要参数的基本依据，包括每个气动执行元件的动力分析（负载循环图）和运动分析（运动循环图）。对于动作较为简单的机器设备，这两种图均可省略。但对于一些专用的、动作比较复杂的机器设备，则必须绘制负载循环图和运动循环图，以了解运动过程的本质，查明每个执行元件在其工作中的负载、位移及速度的变化规律，并找出最大负载点和最大速度点。各种执行元件的动力计算和运动计算请见第 4 章。

4.3 确定主要参数

气动系统的主要参数包括压力、执行元件的几何参数、耗气量等。由于回路压力的大小直接关系到执行元件、控制阀和管件等的几何参数，故必须首先确定回路压力，其次按最大外负载和选定的压力计算执行元件的主要几何参数，然后根据对执行元件的速度（或转速）要求，确定其耗气量。

4.3.1 回路压力的选定

回路压力的确定应兼顾管线供气压力、可选的压缩机排气压力范围、执行元件所需压力等条件。回路压力的大小对气动元件尺寸、运行费用以及空压机的压力等都有直接影响。

在负载一定情况下，回路压力越大，则执行器尺寸越小，而且控制阀、管件的有效截面积等都大致成比例减小，整个系统所占空间也小，这样对初期投资费用等方面也有利。然而，当设置超过常规的高压时，必须适当地考虑结构的强度和管件的耐压限度等问题。

空压机的排气量随着压力提高而减少。以做功相同的气缸为例，与 0.5MPa 回路压力相比，1.0MPa 下的电力费用将增加 10%以上。因此，按费用确定回路压力时，必须考虑多年使用寿命内的总费用。不过，在高效状态下使用高效空压机是很重要的，而且通过气动实现节能也可获得直接效果。

在确定回路压力时，还必须考虑现有空压机产品的压力范围以及管路压降、其他用气设备带来的气源压力变化等。

在综合考虑了上述因素之后，空压机排气压力与回路压力的关系见表 21-8-23。

表 21-8-23　　空压机排气压力与回路压力的关系　　MPa

空压机公称排气压力	回路压力	空压机公称排气压力	回路压力
0.5	0.3~0.4	1.0	0.55~0.75
0.7	0.4~0.55	1.4	0.75~1.0

注：在 GB/T 4974—2018《空压机、凿岩机械与气动工具　优先压力》中规定了表示空压机性能数据的优先压力。空压机的基本参数包括额定排气压力。

4.3.2 确定执行元件主要结构参数

表 21-8-24　　气动执行元件主要结构参数的计算

<table>
<tr><td colspan="3">气缸、气动马达等气动执行元件的主要参数均与其驱动的负载和所选定的回路压力有关</td></tr>
<tr><td colspan="2">项目</td><td>计算方法</td></tr>
<tr><td rowspan="3">气缸</td><td>缸筒内径(活塞直径) D 及活塞杆直径 d</td><td>见第 4 章</td></tr>
<tr><td>行程 S</td><td>气缸的行程应根据操作距离及传动机构的行程比确定，但为了便于安装调试，对计算出的行程摆角要适当加一些余量，例如 10~20mm</td></tr>
<tr><td>注意事项</td><td>①所计算的气缸缸筒内径 D 及活塞杆直径 d 和气缸行程 S 应圆整到 GB/T 2348—2018 和 GB/T 2349—1980 规定的标准值
②如果计算结果与标准气缸参数接近，最好选用标准气缸，以免自行设计加工。反之，因特殊工作要求，如需自行设计加工气缸，则可参照第 4 章的方法步骤进行</td></tr>
</table>

续表

项目		计算方法
气动马达	转矩	气动马达的转矩可根据表示压力-转速-转矩的转矩关系曲线与制造厂规定的余量大小来确定
	功率和效率	气动马达的功率可根据表示压力-转速-功率的转矩关系曲线进行选择,效率可根据功率曲线和耗气量曲线,在两者之比最大的范围内选择 上述曲线请参见第 4 章
摆动气动马达	转矩	计算公式见第 4 章
	摆动角度	摆动角度可根据驱动的机构所需的摆角进行选择。常用摆动马达的最大摆动角度有 90°、180°、270°三种规格

4.3.3 执行元件耗气量的计算

执行元件耗气量计算方法见第 4 章，为了便于空压机的选择，应把压缩空气消耗量换算为自由空气耗气量。

4.4 控制方式的选择

表 21-8-25　　控制方式及其特点与应用

控制方式	特点与应用
气动系统的控制包括对气动控制元件动力管路的控制及为了总体控制对传送信号控制管路的控制	
电气顺序控制	一般地,气动系统的控制方式是以电气回路为主的顺序控制,主要用电磁换向阀实现现电-气转换,电磁阀响应快、规格品种多,但不适合高温、易爆易燃、潮湿、粉尘多恶劣环境 在顺序动作的行程数较多时,可采用可编程控制器(PLC)以使控制部分小型化,并且很容易实现联锁等信号处理。这种方式在工业控制实际中应用较多
程序器控制	PLC 是程序器控制的代表。在程序控制中,很容易建立及变更控制内容,而且能在其内部用程序控制器处理各种控制,气动回路也可以大大简化。但是,如果维修人员对程序器内容不了解,则排除故障有困难,因此,在气动回路中必须考虑维修性和安全措施等。另外,如果内装具有高精度位置和压力控制的专用控制单元,使用时需要输入程序器运行必需的数据
断续控制	绝大多数气动系统为断续控制,即仅限于对某个位置、压力或速度等被控制量进行控制,往往采用人工方式预先调制。断续控制主要使用普通开关式气动控制阀(包括压力阀、流量阀、方向阀),系统所使用的控制阀数量和复杂程度随控制点的增多而增加
连续控制	在位置、压力的连续控制中,使用电-气转换器及电-气比例阀或电-气伺服阀等。用模拟信号或数字信号进行连续控制。在进行自动控制时,通过信号转换器在 PLC 等中给出输入,并根据需要进行反馈。一般来说,在这种情况下控制器所给出的是适合用户需要的输入
全气动控制	在有特殊条件和要求的场合(比如电气防爆系统更简单、元件数量较少的小型系统、耐水或在水中使用、不允许有电磁噪声等),可考虑采用全气动控制方式。此种方式主要使用“与”“或”“非”等逻辑控制元件及定时元件等气动信号处理元件

4.5 气动系统图的设计与拟定

气动系统原理图是气控系统备件及安装调试的依据，也是绘制生产用施工图的基础（反映系统基本组成元件及其连接等）。在拟定气动系统图的过程中，首先进行气动控制回路的设计，然后再选择和配置一些其他辅助回路将这些回路组合成完整的气动系统。

4.5.1 气动控制回路的设计

（1）设计方法及特点

表 21-8-26　　气动控制回路的设计方法及特点

方法类别	特点及应用
行程程序控制回路是气动系统最为典型的回路,其设计方法可归纳为直观组合法与逻辑设计法两大类	
直观组合法	利用现有的各种气动基本回路(见本章前两节),考虑启动、急停、复位、延时等要求,适当予以组合而成为符合某一要求的程控回路。这种设计方法适用于较简单的回路设计,并常需辅以必要的检验修正

续表

方法类别		特点及应用
逻辑设计法		适用于较复杂或含有多往复动作的回路，此法又有信号（汉语拼音字头为“X”）动作（汉语拼音字头为“D”）状态线图法（简称 X-D 线图法）和卡诺图法等。这些方法多为工程技术人员易于掌握和使用的图解方式，一般都具有四个过程：①行程程序输入；②逻辑处理；③逻辑原理图绘制；④气控回路图绘制。各种方法的区别主要在于逻辑处理的方式方法及行程程序输入不同
	X-D 线图法	故障诊断和排除较为简单又较为直观，所设计的气动回路简单，控制准确、使用维护方便，但处理过程较烦琐，逻辑运算法比较抽象
	卡诺图法	较直观，且处理规则性较强。故当变量（取决于动作要求与变化情况）不大于 8 个时，用得较多，否则逻辑处理相当庞杂而困难

注：为节省篇幅，本节仅介绍 X-D 线图法。

(2) X-D 线图设计法

其设计内容与步骤如图 21-8-15 所示。

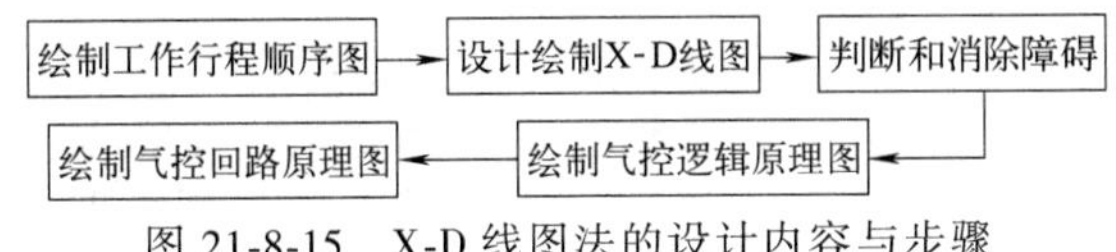

图 21-8-15　X-D 线图法的设计内容与步骤

① X-D 线图法中的常用规定符号

表 21-8-27　　X-D 线图法中的规定符号及说明

符号		说明	示意图
A、B、C、…		表示气动执行元件 A、B、C、…	
A_0、A_1		表示执行元件 A 的两个不同动作状态，带下标“0”为气缸缩回状态（马达反转），带下标“1”为气缸伸出状态（马达正转）	
a、b、c、…		表示与执行元件 A、B、C、…相对应的发信器（如行程阀）及其发出的信号 a、b、c、…	
a_0、a_1		表示与气缸 A_0、A_1 相对应的不同动作状态的行程阀。a_0 为对应于缸缩回时的行程阀发出的信号，a_1 为对应于缸伸出时的行程阀发出的信号	
		在 X-D 线图上，还可表示与缸动作状态相对应的工作输出信号	
V_A、V_B		V 表示控制执行元件换向的阀（简称主控阀），下标 A、B、C、…表示控制的执行元件，如 V_A 控制 A 执行元件，V_B 控制 B 执行元件，等等	
a_0^*、a_1^*、b_0^*、b_1^*、…	a_0^*、b_0^*、…	在 X-D 线图上，右上角带 * 号的信号称为执行信号（如 a_0^*），不带 * 的信号（如 a_0）称为原始信号。原始信号是指来自发信器（如行程阀）的信号，它分有障（碍）与无障两种。但执行信号必为无障信号，所以执行信号可以是无障原始信号或是有障原始信号，但已经过逻辑处理而排除了障碍的信号	
	$a_1^*=a_1$	执行信号 a_1^* 就是原始无障信号 a_1	
	$a_1^*=b_1\cdot a_1$	a_1 为原始有障信号时，则其执行信号 a_1^* 必须把障碍排除后，如用逻辑“与”消障，即 b_1、a_1	
⟶		表示“控制”，如 $a_0 \rightarrow B_1$ 表示 a_0（行程阀 a_0 工作输出信号）控制 B 缸伸出动作	
═		粗实线表示气缸的动作状态线，细实线表示控制信号状态线	
○ × ⊗		○——状态的起始；×——状态的终了；⊗——起始终了时间很短的脉冲信号	
～～～		信号线下的波浪线段表示该段信号使执行元件进退两难，即为有障碍信号或干扰信号段	
- - - -		粗虚线表示“多往复”系统中重复动作状态的补齐线；细虚线表示重复信号补齐线	

② 绘制工作行程顺序图

表 21-8-28　　绘制工作行程顺序图

项目	说　明
作用	工作行程顺序图用来表示气动系统在完成一个工作循环中，各执行元件的动作顺序
绘制方法	该图是在对生产对象，经过调查研究，明确所控制执行元件的数目、动作顺序关系以及其他控制要求（如手动、自动控制等）后作出的。其具体方法是：每个执行元件都有其各自的号码（如缸 A、B、…）；每个执行元件的每个动作都作为一个工作程序写出来（如 A_0、A_1、…）；程序之间，即每个动作的工作状态之间用带“控制箭头→”的连线连接，箭头指向即表示动作程序运行的方向，箭头线上对应于执行元件的行程阀输出信号用小写字母表示（如 a_0、a_1、…）

续表

项目	说明
绘制示例	气动机械手的结构图 左图为某气动专用气动机械手的结构图，用4个执行元件：立柱回转缸A、立柱升降缸B、夹紧缸C、长臂伸缩缸D驱动，可实现立柱的正转、反转，立柱的下降、上升，长臂的伸出、缩回，手指的夹紧、松开8个程序动作。现绘制其工作行程顺序图 ①依次用符号A_1、A_0、B_0、B_1、D_1、D_0、C_1、C_0表示上述8个程序动作 ②两个相邻程序动作之间加上相应的行程阀输出信号，如状态A_1之后加上行程阀a_1，D_1之后加上d_1等 ③在每一动作状态下标上程序号 画出的工作行程顺序图，如下图示 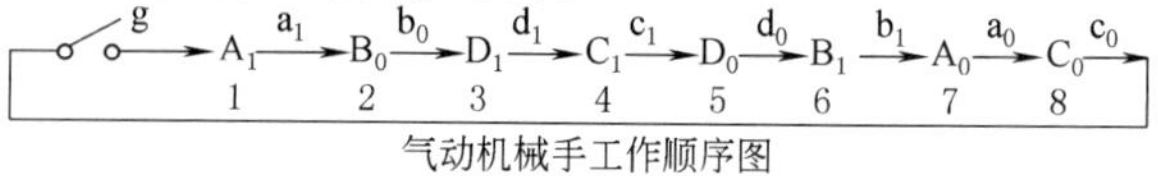 气动机械手工作顺序图
	上述工作行程顺序图的含义：系统启动（用g表示）后，A缸右行使立柱正转（A_1），当A缸活塞杆压下发信器（行程阀）a_1产生a_1信号后，控制B缸活塞杆下行（B_0）；当B缸活塞杆压下行程阀b_0产生b_0信号后，控制D缸伸出（D_1）；当D缸活塞杆压下行程阀d_1产生d_1信号后，控制C缸伸出夹紧工件（C_1）；当C缸活塞杆压下行程阀c_1产生c_1信号后，控制D缸缩回（D_0）；当D缸活塞杆压下行程阀d_0产生d_0信号后，控制B缸上行（B_1）；当B缸活塞杆压下行程阀b_1产生b_1信号后，控制A缸左行立柱反转（A_0）；当A缸活塞杆压下行程阀a_0产生a_0信号后，控制C缸右行松开工件（C_0）；当C缸活塞杆压下行程阀c_0产生c_0信号后，完成一个工作循环

③ 设计绘制信号-动作状态线图（X-D线图）

表 21-8-29　设计绘制X-D线图的步骤、内容与要点

步骤	内容	要点	图示
X-D线图可以将各个控制信号的存在状态和气动执行元件的工作状态清楚地用图线表示出来，从图中还能分析出系统是否存在障碍（干扰）信号及其状态，以及消除障碍的各种可能性			
1	绘制方格图	根据表21-8-28示例列出的工作程序数及顺序，由左至右画方格并填上动作状态程序（D程序）序号1、2、…及相应的动作状态，如右图1上面第一大横格所示，在最右边留一栏作为"执行信号栏" 纵列最左边的宽纵格为控制信号及其控制的动作状态组（X-D组简称"组"）的序号及其相应的X-D组。每一X-D组包括上下两部分：上面为控制该动作状态的行程信号状态，如$c_0(A_1)$、$a_1(B_0)$、…；下面为该信号控制的动作状态，如A_1、B_0、…。$c_0(A_1)$表示控制A_1动作的信号c_0，$a_1(B_0)$表示控制B_0动作的信号a_1。最下一行是为消除障碍找出执行信号进行逻辑运算的备用格 由于程序是循环执行的，因此程序1左端竖线与程序8右端竖线可视为同一条线 本表图1所示为表21-8-28示例专用气动机械手回路设计过程中采用X-D线法绘制的X-D线图的方格图	见图1

	X-D组	1 A_1	2 B_0	3 D_1	4 C_1	5 D_0	6 B_1	7 A_0	8 C_0	执行信号表达式 双控	执行信号表达式 单控
1	$c_0(A_1)$ A_1									$c_0^*(A_1)=q\cdot c_0$	$c_0^*(A_1)=\bar{b}_1 q\cdot c_0$ $=K_{b_1\cdot c_1}^{q\cdot c_0}$
2	$a_1(B_0)$ B_0									$a_1^*(B_0)=a_1\cdot c_0$ $=a_1\cdot C_0$ $=a_1\cdot K_{d_0\cdot c_1}^{c_0}$	$a_1^*(B_0)=a_1\cdot K_{d_0\cdot c_1}^{c_0}$
3	$b_0(D_1)$ D_1									$b_0^*(D_1)=b_0\cdot c_0$ $b_0\cdot c_1$	$b_0^*(D_1)=b_0\cdot\bar{c}_1$
4	$d_1(C_1)$ C_1									$d_1^*(C_1)=d_1$	$d_1^*(C_1)=K_{a_0}^{d_1}$
5	$c_1(D_0)$ D_0									$c_1^*(D_0)=c_1$	
6	$d_0(B_1)$ B_1									$d_0^*(B_1)=d_0\cdot c_1$ $=d_0\cdot\bar{c}_0$	$d_0^*(B_1)=\bar{a}_1+K_{c_0}^{d_0\cdot c_1}$
7	$b_1(A_0)$ A_0									$b_1^*(A_0)=b_1\cdot c_1$ $=b_1\cdot\bar{c}_0$	$b_1^*(A_1)=b_1\cdot\bar{c}_0$
8	$a_0(C_0)$ C_0									$a_0^*(C_0)=a_0$	$a_0^*(C_0)=K_{d_1}^{a_0}$
备用格	$a_1\cdot c_0$ $a_1\cdot C_0$ $K_{d_0\cdot c_1}^{c_0}$ $a_1\cdot K_{d_0\cdot c_1}^{c_0}$										
	$b_0\cdot c_0$ $b_0\cdot\bar{c}_1$										
	$d_0\cdot c_0$ $d_0\cdot\bar{c}_1$										
	$b_1\cdot c_1$ $b_1\cdot\bar{c}_0$										

图1　专用气动机械手X-D线图的方格图

续表

步骤	内容	要点	图示
2	绘制动作状态线（D线）	动作状态线用横粗实线表示，画在相关方格内。本表图2为上述气动机械手X-D线图的动作状态线图 动作状态线的起点与终点绘制规律如下 ①起点是该动作状态程序开始处，即起点是行、列对应大写字母及其下标都相同的左端竖线 ②终点是该动作状态变换开始处，即终点是行、列对应大写字母相同但其下标不同的左端竖线 如D缸伸出状态D_1，变换为D缸缩回状态D_0。D_1（D缸伸出）位于第3组（行）、第3程序（列），即D_1的动作状态线的起点在第3程序开始处左端竖线。状态线的终点在D_0开始处（稍前），位于第3组（行）、第5程序（列），即D_1动作状态线的终点应在第5程序开始处左端竖线。因此D_1的动作状态线应从第3程序画到第5程序开始前为止。同理，D_0的状态线应从第5程序开始画到D_1开始前的第3程序为止	见下图2

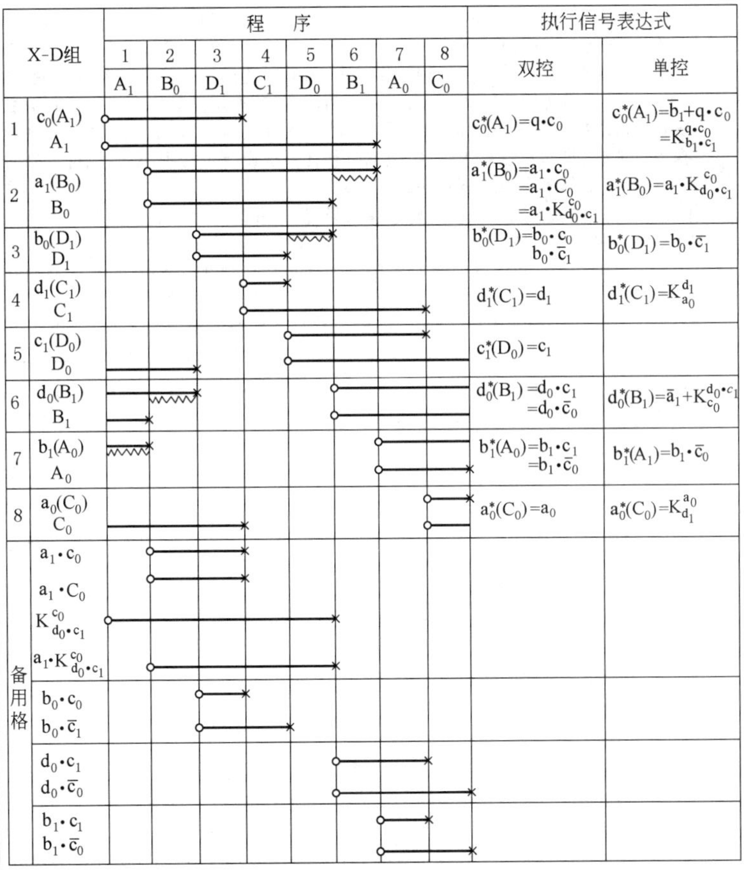

X-D组		程序 1	2	3	4	5	6	7	8	执行信号表达式 双控	单控
		A_1	B_0	D_1	C_1	D_0	B_1	A_0	C_0		
1	$c_0(A_1)$ A_1									$c_0^*(A_1)=q\cdot c_0$	$c_0^*(A_1)=\overline{b}_1+q\cdot c_0$ $=K_{b_1\cdot c_1}^{q\cdot c_0}$
2	$a_1(B_0)$ B_0									$a_1^*(B_0)=a_1\cdot c_0$ $=a_1\cdot C_0$ $=a_1\cdot K_{d_0\cdot c_1}^{c_0}$	$a_1^*(B_0)=a_1\cdot K_{d_0\cdot c_1}^{c_0}$
3	$b_0(D_1)$ D_1									$b_0^*(D_1)=b_0\cdot c_0$ $b_0\cdot \overline{c}_1$	$b_0^*(D_1)=b_0\cdot \overline{c}_1$
4	$d_1(C_1)$ C_1									$d_1^*(C_1)=d_1$	$d_1^*(C_1)=K_{a_0}^{d_1}$
5	$c_1(D_0)$ D_0									$c_1^*(D_0)=c_1$	
6	$d_0(B_1)$ B_1									$d_0^*(B_1)=d_0\cdot c_1$ $=d_0\cdot \overline{c}_0$	$d_0^*(B_1)=\overline{a}_1+K_{c_0}^{d_0\cdot c_1}$
7	$b_1(A_0)$ A_0									$b_1^*(A_0)=b_1\cdot c_1$ $=b_1\cdot \overline{c}_0$	$b_1^*(A_1)=b_1\cdot \overline{c}_0$
8	$a_0(C_0)$ C_0									$a_0^*(C_0)=a_0$	$a_0^*(C_0)=K_{d_1}^{a_0}$
备用格	$a_1\cdot c_0$ $a_1\cdot C_0$ $K_{d_0\cdot c_1}^{c_0}$ $a_1\cdot K_{d_0\cdot c_1}^{c_0}$										
	$b_0\cdot c_0$ $b_0\cdot \overline{c}_1$										
	$d_0\cdot c_1$ $d_0\cdot \overline{c}_0$										
	$b_1\cdot c_1$ $b_1\cdot \overline{c}_0$										

图2 专用气动机械手的X-D线图

步骤	内容	要点及图示
3	绘制信号状态线（X线）	信号状态线用横细实线表示，画在该信号所控制动作的状态线上方（同一方格内） 信号线的起点与终点的画法规律是 ①起点与此信号所控制执行元件的动作开始点相同，即信号状态线的起点和动作状态线的起点为同一竖线 ②终点应与控制或产生此信号的执行元件的动作状态变换的开始点相一致。即信号状态线的终点是行、列符号相同且不论大小写，但下标不同的左端竖线 例如本表图2所示，信号$c_0(A_1)$由缸A的伸出动作A_1（第1组第1程序）左端竖线开始到缸C的伸出动作C_1（第4程序）左端开始点为止 画信号线时应注意如下问题：如果信号起点、终点在同一条纵向分界线上而出现“⧗”图线时，即表示该信号为脉冲信号。在气动回路中，该脉冲信号的宽度相当于行程阀发信、气压阀换向、执行元件启动以及信号传输等时间的总和
4	判断并消除障碍，确定执行信号（列写执行信号表达式）	画出X-D线图全部动作状态线及信号线后，还必须分析动作与信号之间是否协调。事实上，由于X-D线图上的每一组，都反映出某控制信号及其所控制执行元件（气缸或马达）的动作状态，所以信号与动作状态的节拍（时间与程位）必须按程序要求正确配合：控制信号必须满足程序动作状态的变换要求（正动、逆动、停止等）。如果动作状态要变换而控制信号不允许其变换，系统即出现故障 （1）障碍信号及其类型 障碍动作状态变换的控制信号称为障碍信号，障碍信号延续的长度称为障碍段，它在X-D线图上用波浪线表示，即在原来有障碍信号的细线下边画上波浪线（见本表图2）。障碍有Ⅰ、Ⅱ型两种，对于执行元件为气缸的控制系统，一般不要求具有任意位置中停的性能。这时，障碍信号常表现为：在同一组中控制信号线的长度大于所控制的动作状态线的长度，其超出长度即为障碍段。多缸单往复系统所产生的障碍属Ⅰ型障碍，如图1中所示，$a_1(B_0)$、$b_0(D_1)$、$d_0(B_1)$和$b_1(A_0)$各信号的障碍信号均为Ⅰ型障碍信号。多缸多往复系统由于多次重复信号所造成的障碍属Ⅱ型障碍

续表

步骤	内容	要点	图示
4	判断并消除障碍，确定执行信号（列写执行信号表达式）	对于执行元件为气动马达的控制系统，通常要求其具有任意位置中停的性能。这是由气动马达的结构与工作原理特点所决定的。气缸只有活塞伸出和缩回两种工作状态，故选二位换向阀作主控阀就可满足要求。气动马达则有正转、反转及中停三种动作状态，故必须选用三位换向阀作主控阀。二位阀有记忆功能，故脉冲信号可用作控制信号，且无障碍；而三位阀无记忆功能，故脉冲短信号要求用作控制信号时，必须设法使其与受控的动作同步，在X-D线图上即表示为信号线要求与动作线拉成等长，否则将出现动作失控的情况。气控系统中信号线短于动作线的情况，虽然不能称为障碍，但也必须在系统设计过程中，确定执行信号前，予以解决 （2）障碍信号的排除方法 障碍的消除方法因障碍类型而异，但原理都是将控制信号缩短到小于动作线 对于Ⅰ型障碍，由于障碍信号段就是控制信号线多于（或长于）其所控制动作状态线的部分，实际上也就是控制信号的存在时间长于其所控制的动作状态存在时间。所以，常用的障碍信号排除方法实质上就在于缩短控制信号存在时间（使之短于或等于该信号所控制的动作状态时间），反映在回路设计过程的X-D线图上就是缩短控制信号线长度，使短于（或极限情况等于）此信号所控制的动作状态线的长度。Ⅰ型障碍常用的消除方法见表21-8-30	

表 21-8-30　　Ⅰ型障碍常用的消除方法

消障方法		要　点	
脉冲信号法		将有障碍信号变为脉冲信号，使主控阀换向后，控制信号立即消失。能产生脉冲信号的方法有机械法、脉冲回路法等	
	机械法	此法是利用气缸活塞杆头部（或运动部件上）装有的可翻转的机械活络挡块或通过式行程阀发出的脉冲信号来消障	
		气缸活塞杆头部（或运动部件上）装有可翻转的机械活络挡块，当活塞杆伸出时行程阀发出脉冲信号，而活塞杆缩回时不发信号 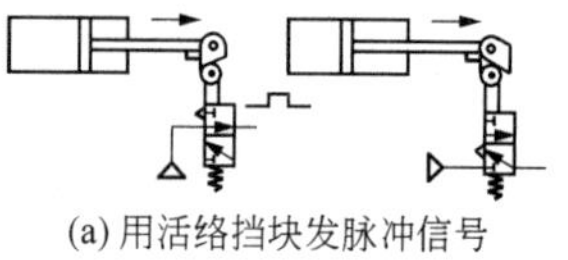 (a) 用活络挡块发脉冲信号	利用通过式行程阀发出的脉冲信号来消障：当活塞杆伸出时压下行程阀发出脉冲信号，而活塞杆缩回时因行程阀头部具有可折性，故未把阀压下，阀不发信号 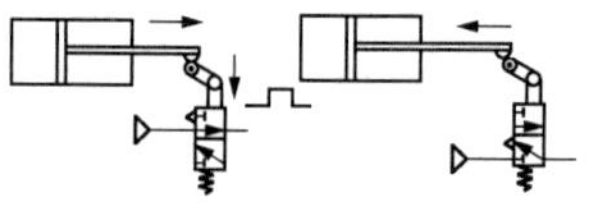 (b) 用通过式行程阀发脉冲信号
		机械法消除障碍用于定位精度不高的场合，而且不能将行程阀用于限位，因为不可能将此类行程阀安装在活塞杆行程末端，而必须保留一段行程以便使挡块或凸轮通过行程阀	
	脉冲回路法	此法是利用脉冲回路或脉冲阀的方法将有障信号变为脉冲信号	
		右图为脉冲回路原理图。当有障信号口发出信号后，阀K立即有信号输出，同时a信号经气阻气容延时，当K阀控制端的压力上升到切换压力后，输出信号口即被切断，从而使其变为脉冲信号。调节节流阀可以调节脉冲宽度 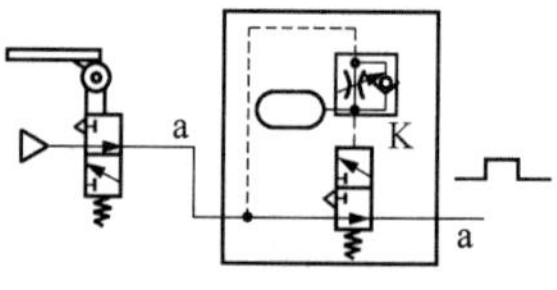	a　K　a 脉冲回路原理
		若将脉冲回路制成一个脉冲阀，就可使回路简化，但其成本相对较高	
逻辑回路法		利用逻辑门的性质，将长信号变成短信号，从而排除障碍信号。逻辑回路法有逻辑“与”、逻辑“非”	
	逻辑“与”排障法	如右图a示，为了排除障碍信号m中的障碍段，可以引入一个辅助信号（制约信号）x，把x和m相“与”而得到消障后的无障碍信号（执行信号）$m^* = m \cdot x$。制约信号x的选用原则是要尽量选用系统中某原始信号，这样可不增加气动元件，但原始信号作为制约信号x时，其起点应在障碍信号m开始之前，其长短应包括障碍段 这种逻辑“与”的关系，可以用一个单独的逻辑“与”元件来实现，也可用一个行程阀两个信号的串联或两个行程阀的串联来实现，分别如右图b~图d所示 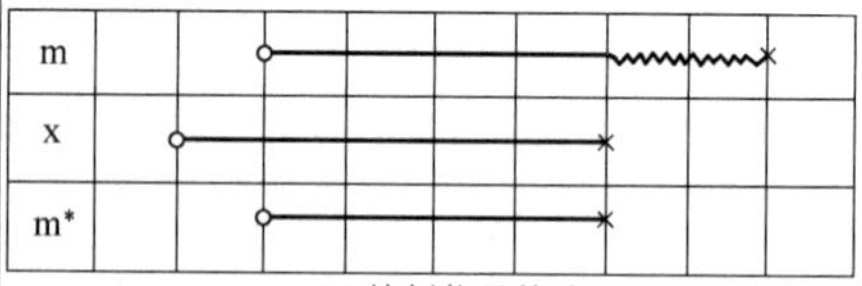	m　x　m* (a) 执行信号的确定 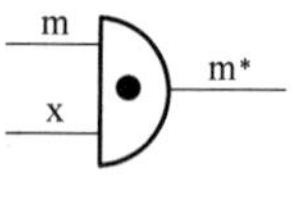 m　x　m* (b) 逻辑“与”元件 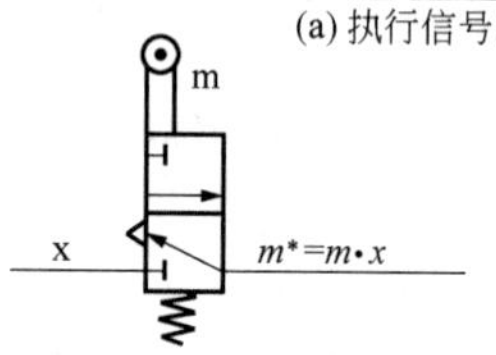 m　x　m*=m•x (c) 一个行程阀两个信号串联 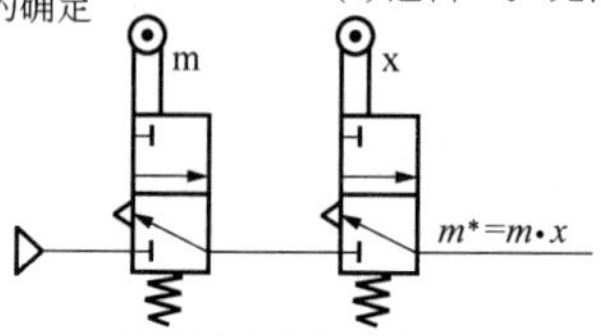 m　x　m*=m•x (d) 两个行程阀串联 逻辑“与”消障

续表

<table>
<tr><th colspan="2">消障方法</th><th colspan="2">要　点</th></tr>
<tr><td rowspan="2">逻辑回路法</td><td>逻辑"非"排障法</td><td>利用逻辑"非"运算排障法是用原始信号经逻辑非运算得到反相信号排除故障，原始信号做逻辑"非"（即制约信号 x）的条件是其起始点要在有障信号 m 的执行段之后，m 的障碍段之前，终点则要在 m 的障碍段之后，如右图所示</td><td>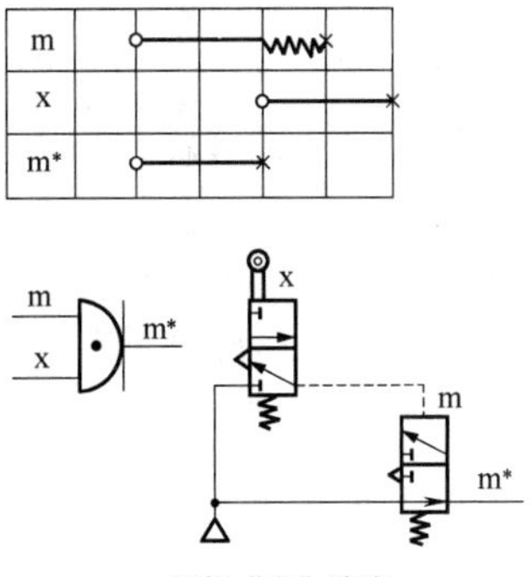

逻辑"非"消障</td></tr>
<tr><td>插入记忆元件法</td><td colspan="2">若在 X-D 线图中找不到可用来作为排除障碍的制约信号时，可插入记忆元件（双稳元件）——辅助阀，借助其来消除障碍。其方法是用中间记忆元件的输出信号作为制约信号，用它和有障碍信号 m 相"与"以排除 m 中的障碍。消障后执行信号的逻辑函数表达式为：$m^{*}=m\cdot K_{x_0}^{x_1}$
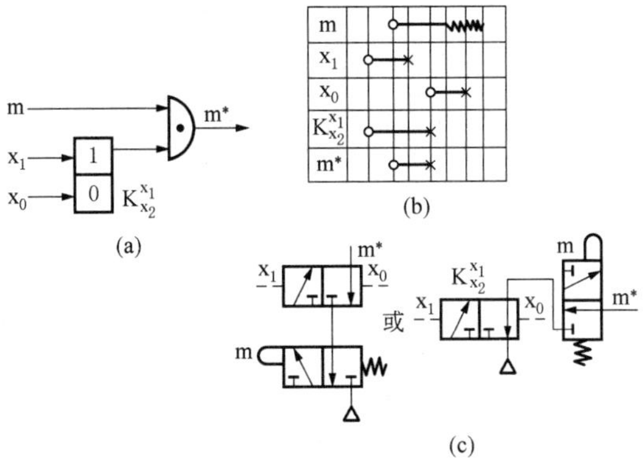

插入记忆元件消障图
图 a 为插入记忆元件消除障碍的逻辑原理图，图 b 为记忆元件控制信号的选择，图 c 为回路原理图，图中 K 为记忆元件即双气控二位（三、四通阀），其输出信号用 $K_{x_0}^{x_1}$；并以 $K_{x_0}^{x_1}$ 作为制约信号；上标 x_1 为 K 阀"通"控制信号，下标 x_0 为 K 阀"断"控制信号，x_1 有气时，K 阀有输出，和 m 相与得 m^{*}；x_0 有气时，K 阀无输出。因此，K 阀信号状态线应自 x_1 的起点到 x_0 的起点的连线
选择 x_1 或 x_0 原始信号的原则是：①x_1 信号的起点应选在 m 的无障段之前或与 m 同时开始，其终点应选在 m 的无障段。②x_0 信号的起点应选在 m 的起点之后，而到障碍段开始之前，其终点应选在 x_1 起点之前，并且应使 x_0 的终端长于 x_1 的终端</td></tr>
<tr><td colspan="2">备注</td><td colspan="2">对于气动控制系统的 X-D 线图上，信号线长度短于动作状态线长度的失控情况，其解决方法一般是先用中间记忆元件（如记忆阀）将脉冲信号拉长，然后再用逻辑"与"运算使执行信号线成为与动作状态线等长的正确信号</td></tr>
</table>

④ 绘制气动控制逻辑原理图

表 21-8-31　　气动控制逻辑原理图绘制方法

<table>
<tr><th>项目</th><th>说明</th></tr>
<tr><td colspan="2">气控逻辑原理图是用气动逻辑符号来表示的控制原理图。它是根据 X-D 线图的执行信号表达式并考虑必要的其他回路要求（如手动、启动、复位等）所画出的控制原理图。由逻辑原理图可以方便快速地画出用阀类元件或逻辑元件组成的气控回路原理图，故逻辑原理图是由 X-D 线图绘制出气控回路原理图之桥梁</td></tr>
</table>

续表

<table>
<tr><th colspan="2">项目</th><th colspan="2">说明</th></tr>
<tr><td rowspan="3">基本组成及符号</td><td>“与”“非”“或”“记忆”等逻辑功能</td><td colspan="2">逻辑控制回路主要由“是”“与”“非”“或”“记忆”等逻辑功能，用相应符号来表示。这些符号应理解为逻辑运算符号，它不一定代表一个确定的元件。因此，由逻辑原理图具体化为气动原理图时可有多种方案。例如“与”逻辑符号在逻辑元件控制时可为一种逻辑元件，而在气阀控制时可表示两个气阀串联</td></tr>
<tr><td>执行元件的操纵阀</td><td colspan="2">执行元件的操纵阀主要是主控阀，由于其通常具有记忆能力，故常以记忆元件的逻辑符号 1 | 0 表示；而执行元件（如气缸、马达等），则通常只以其状态符号（如 A_0、A_1）表示与主控阀相连 [1]—A_1 [0]—A_0</td></tr>
<tr><td>行程发信装置</td><td colspan="2">行程发信装置主要是行程阀，也包括外部输入信号装置，如启动阀、复位阀等。这些信号符号加上方框，如 [a_1]、[a_0]、…表示各种原始信号，而对其他手动阀及按钮阀等分别在方框上加相应的符号来表示，见本表图 1 左上部方框内标有 q 的框外符号即为手动启动阀</td></tr>
<tr><td rowspan="4">绘制方法</td><td colspan="3">根据 X-D 线图上执行信号栏的逻辑表达式，利用上述规定符号，按下列步骤绘制气控逻辑原理图</td></tr>
<tr><td>①</td><td colspan="2">把系统中每个执行元件的两种状态（正动、逆动）分别与各自的主控阀相连后，自上而下一个个画在逻辑原理图的右侧</td></tr>
<tr><td>②</td><td colspan="2">把发信器（如行程阀等）大致对应的其所控制的执行元件一个个列于逻辑原理图的最左边，见本表图 1 中左边的 q、d_0、…</td></tr>
<tr><td>③</td><td colspan="2">按执行信号的逻辑表达式，并考虑必要的操作要求增加的控制元件，如启动阀 q 等，把相关元件按逻辑关系连接，逐项画出逻辑原理图</td></tr>
<tr><td>绘制示例</td><td>表 21-8-29 示例专用机械手</td><td>其对应于信号状态线图（表 21-8-29 中图 2）的气控逻辑原理图见本表图 1。图中右边列出 A、B、C、D 四只气缸的八个动作状态及与其相连的四只主控阀。左侧列出全部行程阀，其上下次序无严格要求；但通常为减少画连接线时的交叉点，尽量使被控状态与相应信号放在相近行上。图的中段为控制段，要求正确地反映每个执行信号的逻辑关系：一是正确选用规定的逻辑符号，二是按逻辑式正确连接。至于启动信号阀 q，由于只起回路启动作用，所以与第一程序 c_0^* 串联，即逻辑相“与”</td><td>$c_0^*=q\cdot c_0$　$b_1^*=b_1\cdot c_1$　$d_0^*=d_0\cdot c_1$　$a_1^*=a_1\cdot c_0$　$b_0^*=b_0\cdot c_0$
图 1　专用气动机械手双控主控阀逻辑控制原理图</td></tr>
</table>

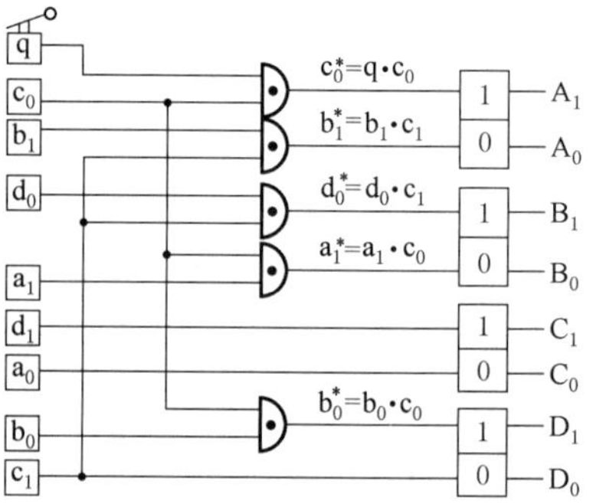

⑤ 绘制气动控制回路原理图

表 21-8-32　　气动控制回路原理图的组成及绘制方法

<table>
<tr><th>项目</th><th>说明</th></tr>
<tr><td colspan="2">气控回路原理图是用气动元件图形符号对逻辑控制原理图进行等效置换所表示的原理图</td></tr>
<tr><td>基本组成</td><td>与逻辑原理图相对应，气控回路原理图也由如下三个基本部分组成
①执行元件及主控阀部分
②各种行程发信装置，它可与执行元件（如气缸活塞杆）的被控位置相对应画出，也可集中画出（前者较直观，后者连接较清晰）
③控制部分，可根据具体情况而选用气阀元件、逻辑元件实现
通常把执行元件与主控阀用国家标准规定的图形符号画出，而对某些尚无明确规定符号的元件则可用习惯表示法来画</td></tr>
<tr><td>回路连接</td><td>回路原理图的原始（静止）位置，一般规定为行程程序图上最后行程终了时刻的位置。因此，回路原理图上各元件（如气缸及其控制阀等）的状态及连接位置都是指在回路初始静止时的状态及连接位置
①主控阀的气源应接在使活塞杆复位位置，即活塞杆原始静止位置（缩回或伸出），见图 a。位置是指主控阀常用四通（或五通）阀
②行程阀及启动阀的连接，根据回路初始静止位置的不同可有：阀处于工作状态（如行程阀被压下，见图 1b）；应使气源（包括直接与气源管道相接的有源阀以及与气源间接连接的无源阀两类）与输出通道在阀内连通，也就是使阀按“有输出”连接，并且应在靠近按钮的方块内表示出气源与输出连通的状况</td></tr>
</table>

续表

项目	说明	
回路连接	阀处于非工作状态(见图1c),应使阀按“无输出”状况连接(即气源与输出在阀内不连通),并且应在靠近复位弹簧的方块内表示 ③“与”“或”“非”“记忆”等逻辑关系的连接,可按第3章介绍的普通气动换向阀组成的逻辑控制回路基本回路选取。相“与”的符号在回路上常用两个阀“串接”的方式,行程阀或启动阀常采用二位三通阀,有时需要“非”的信号也可用二位五通阀	(a) (b) (c) 图1 气控回路中的连接
绘制方法	气控回路原理图的绘制方法常用的有以下两种,可根据具体情况选用	
	直观习惯法	把系统中全部执行元件(如气缸、气动马达等)水平或垂直排列,相应地在执行元件的下面或左侧画上对应的主控阀;而把行程阀较为直规地画在各气缸活塞杆伸、缩状态对应的水平位置上。直观习惯法比较直观,但连接线规律性较差,且交叉点多 本表图2a即为用直观习惯法对应于表21-8-31图1的气控回路原理图
	图示	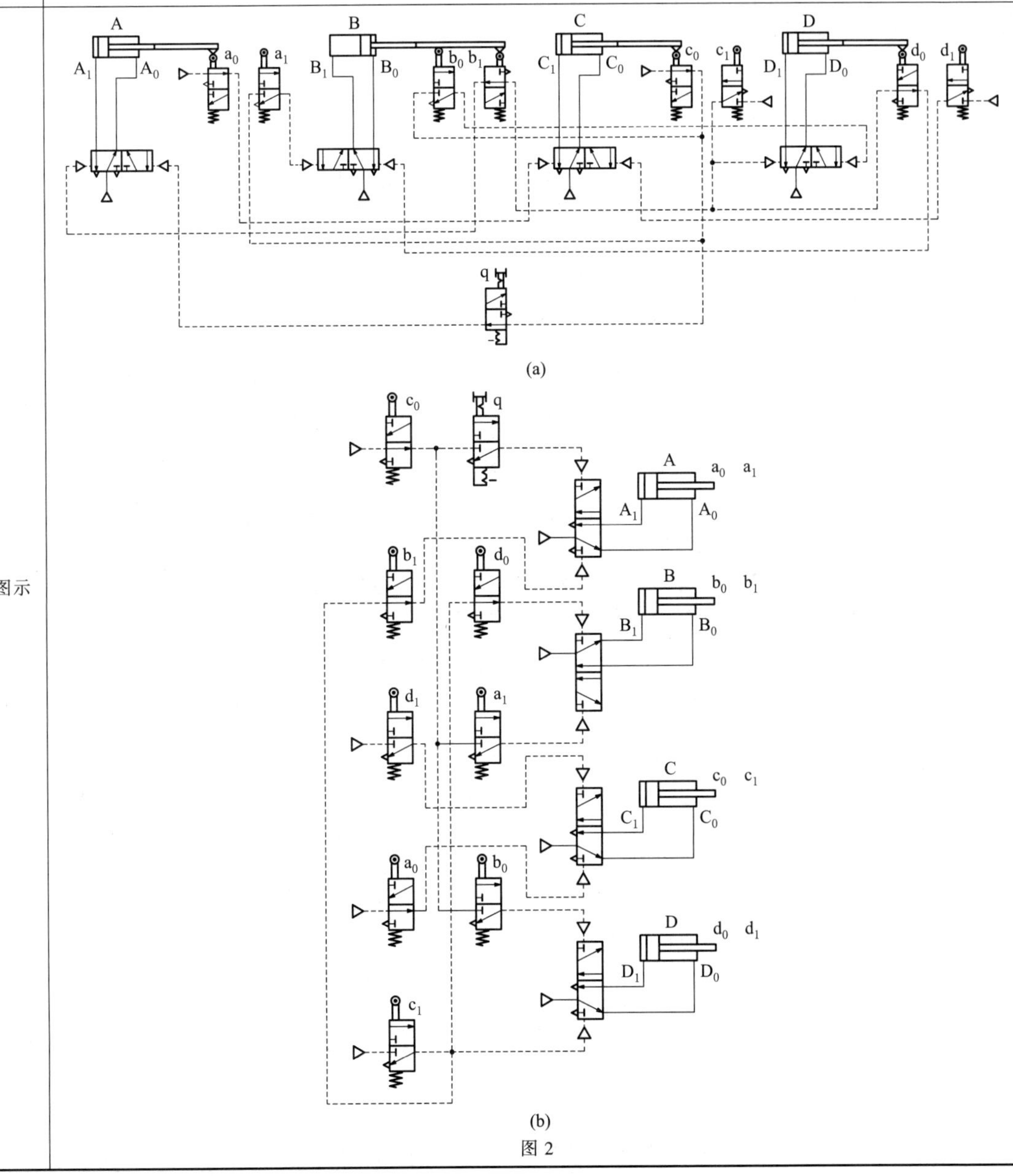 (a) (b) 图2

续表

项目		说明
绘制方法	仿逻辑原理图法	此法将执行元件、信号阀、控制部分仿照逻辑原理图的安排。执行元件放在最右边,各执行元件自上至下平行排列,主控阀放在相应执行元件的左下方:活塞杆伸缩两端点位置标注出相应行程阀的符号(如 a_0、a_1、b_0、b_1 等),但实际上行程阀画在最左边;各阀接管位置是气源在左,输出口在右。仿逻辑原理图法连接线交叉点较少,逻辑原理图画时较为方便,但直观性差 本表图 2b 即为用仿逻辑原理图法绘制的对应于表 21-8-31 图 1 的气控回路原理图

4.5.2 拟定与绘制气动系统原理图

在完成上述执行元件动作控制回路设计基础上，再根据设备的工作性质及环境条件等从各种现有基本回路（见本章第 1 节）中选择和配置一些辅助回路［包括气源处理回路、速度控制回路，启动、复位及紧急停车回路、操作方式（自动、手动）转换回路、安全保护回路等］，即可组成一个完整的气动系统原理图。

4.6 选择气动元件

4.6.1 气动控制元件的选择

表 21-8-33　　气动控制元件选择的方法要点

合理选择气动控制元件,是保证所设计的气动系统准确、可靠、经济、节能、便于使用维护的重要环节。类型和规格(通径)是气动控制元件选择的两项主要内容

项目		方法要点
阀的类型选择	阀的机能	阀的机能应符合工作要求,如压力调节应使用减压阀;稳压精度要求高,应选择精密减压阀。流量调节应使用节流阀,如只允许气流沿一个方向流动应使用单向阀;工作需要具有记忆性,应使用二位双电(气)控滑阀或具有定位性能的手动阀(如锁式、推拉式等)。换向阀的位数和通路数必须与工作要求一致。若选不到机能一致的阀,可用其他阀或用几个阀组合使用,但机能仍是一致的。如用二位五通阀代替二位二通阀或二位三通阀,只要将不用的孔口封堵即可
	阀的操纵方式	气动控制元件的操纵方式与系统的控制方式有关,可根据系统的控制方式参考表 21-8-25 进行选择。所选择的操纵方式应符合工作要求,例如,在易燃、易爆、潮湿、粉尘大的条件下,选气压控制比电控气动方式好。对复杂控制或远距离控制,则宜选用电控气动方式。阀的通径(或流量)大,应选用先导式阀等
	阀的结构型式	阀的结构型式很多,应根据使用条件和要求进行选择。如要求泄漏量小,宜选用弹性密封的阀。气源过滤条件较差,则选用截止阀比选用滑阀好。要求换向迅速,且空气质量又好,则可选用间隙密封滑阀。有多位多通要求,应选滑板式气阀等
	连接方式	阀的连接方式有管式、板式和法兰式等。法兰式一般用于大通径阀。从安装的紧凑性、美观性及维修方便性考虑,板式连接较好,特别是对集中控制的气动系统。板式连接的安装底板(称公共底板或汇流板)可供多个阀安装,公共底板的结构型式及电磁阀安装在公共底板上的电源线接线方式见表 21-8-34
阀的规格(通径)选择	通径是阀的规格参数,其选择有两种方法:一是根据工作压力与最大流量来选择,二是采用综合选择法	
	根据工作压力与最大流量选择通径	一般情况下,对于直接控制气动执行元件的主控阀,可根据工作压力和最大耗气流量来确定阀的通径。由表 21-8-35 初步确定阀的通径,但应使所选择的各阀的通径尽量一致。对于信号阀(机械控制阀和人力控制阀),应考虑控制距离、被控阀的数目和要求的动作时间等因素。对于减压阀的通径的选择还必须考虑压力调节范围。对于逻辑控制元件,其类型一旦确定,其通径也就定了,各种逻辑控制元件的常用通径为 2.5~3mm
	综合选择法	此法从满足执行元件运动要求角度出发,通过以控制元件构成的回路的合成有效截面积 S 来确定阀的通径。其条件式为 $S=1/\sqrt{1/S_V^2+1/S_C^2+1/S_P^2}>$执行元件动作所需的有效截面积 式中 S_V——换向阀有效截面积,mm^2 S_C——速度控制阀有效截面积,mm^2 S_P——管路有效截面积,mm^2

表 21-8-34　　公共底板的结构型式及电磁阀在公共底板上的电源线接线方式

项目		结构图	项目		结构图
公共底板结构型式	共同相通进气管 P 和共同相通排气管 R 型	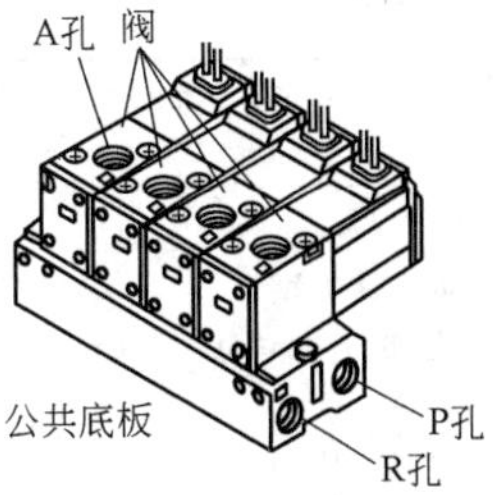 装在公共底板上的阀有些具有接管孔 A	公共底板结构型式	共同相通进气管 P 和共同相通排气管 R 型	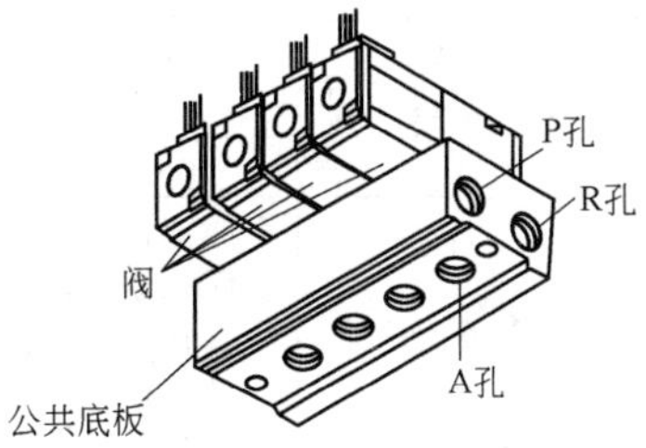 有些公共底板上的底部接管孔 A
		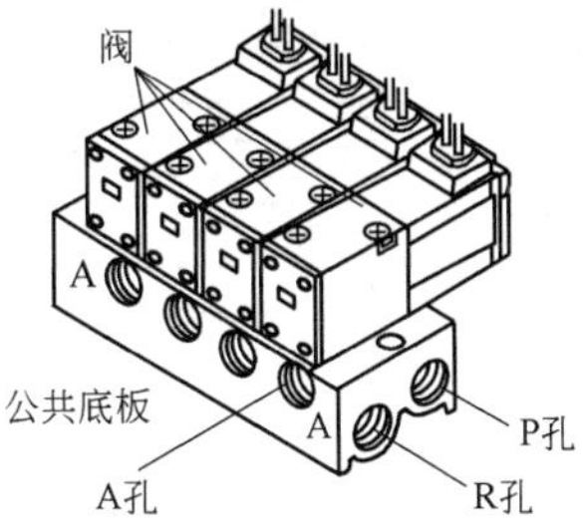 有些公共底板上的侧面接管孔 A		共同相通进气管 P 和单独排气管 R 型	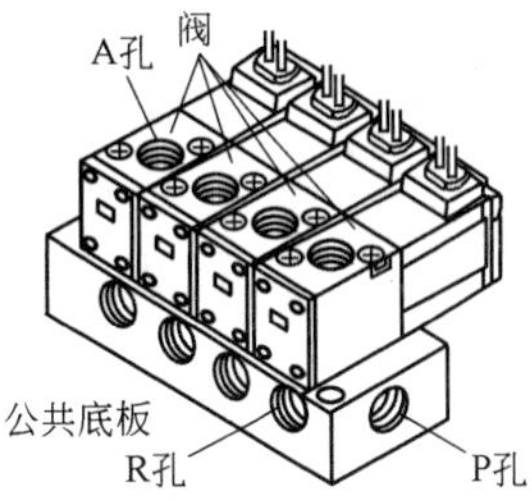 装在公共底板上的阀有些具有接管孔 A
电磁阀电源线连接方式	1	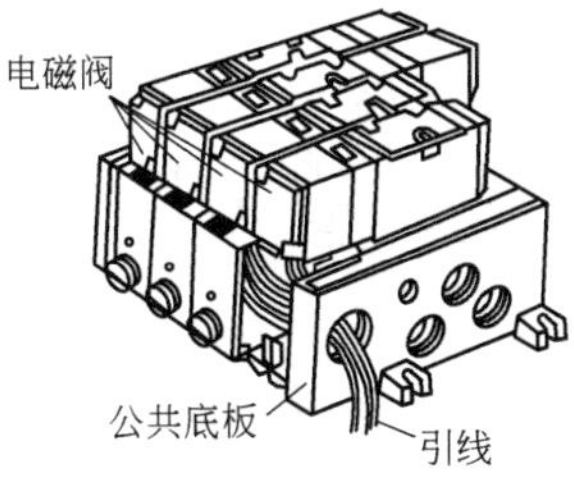 电磁阀引线已连在阀上，只需与相应电源线连接		3	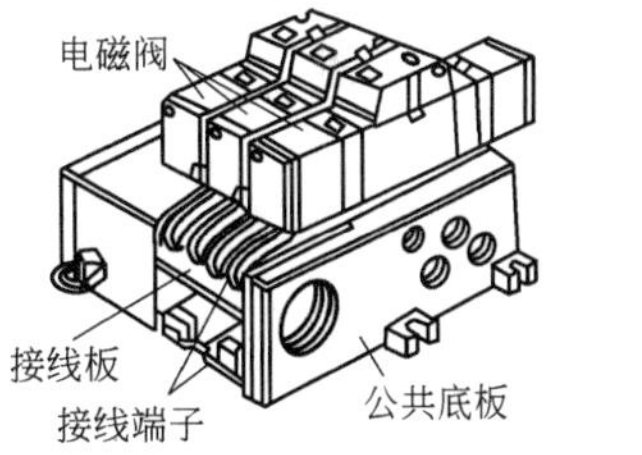 电磁阀引线已与多芯插座连接，阀的引线与电源多芯插头可一次完成连接
	2	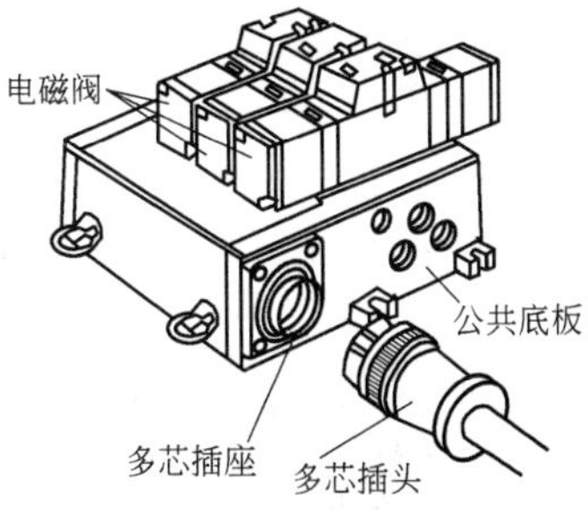 电磁阀引线已连接在接线板上侧接线端子上，相应的电源线接在接线板下侧的接线端子上即可		4	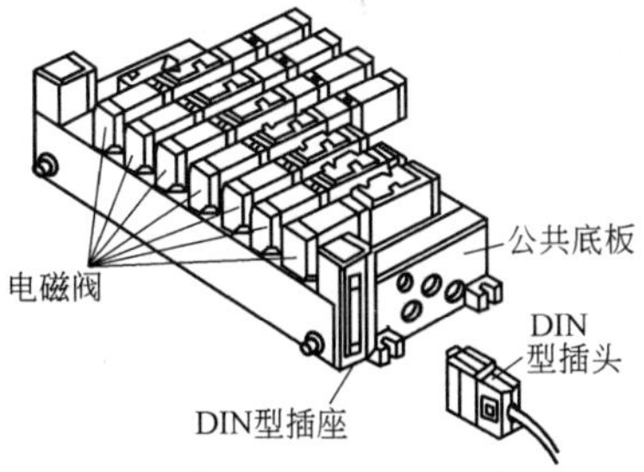 电磁阀引线已与多芯的 DIN 型插座连接，相应电源插头插入后即可实现连接

表 21-8-35　　标准控制阀的通径及其对应的额定流量

公称通径/mm		$\phi3$	$\phi6$	$\phi8$	$\phi10$	$\phi15$	$\phi20$	$\phi25$	$\phi32$	$\phi40$	$\phi50$
额定流量 q	$m^3 \cdot s^{-1}$	0.1944	0.6944	1.3889	1.9444	2.7778	5.5555	8.3333	13.889	19.444	27.778
	$m^3 \cdot h^{-1}$	0.7	2.5	5	7	10	20	30	50	70	100
	$L \cdot min^{-1}$	11.66	41.67	83.34	116.67	166.68	213.36	500	833.4	1166.7	1666.8

注：额定流量是限制流速在 15~25m/s 范围所测得国产阀的流量。

4.6.2 其他气动元件及气源的选择

表 21-8-36　　其他气动元件及气源的选择

其他气动元件及气源包括分水滤气器、油雾器、消声器、空气干燥器、管路、空压机等，它们也是气动系统的重要组成部分，必须进行合理选择

项目	方法要点
分水滤气器的选择	主要根据执行元件和控制元件的过滤精度要求确定其类型 ①操纵气缸的一般气动回路及截止阀等场合，取过滤精度≤50～75μm ②操纵气马达等有相对运动的情况取过滤精度≤25μm ③气控硬配滑阀、精密检测的气控回路取过滤精度 5～10μm 分水滤气器的通径原则上由流量确定，并和减压阀相同
油雾器的选择	性能指标有流量特性、喷雾特性、响应速度等。油雾器的类型与规格应根据流量和油雾粒径大小来选取。当与减压阀、分水滤气器串联使用时，三者通径要相一致
消声器的选择	可根据工作场合选用不同形式的消声器，对中高频噪声，应选用吸收型消声器；对中、低频噪声的场合，应选用膨胀干涉型消声器。消声器的通径大小根据通过的流量而定
储气罐的选择	其结构类型的选择和容积计算因使用目的不同而异，详见第 2 章
空气干燥器的选择	其结构类型的选择和容积计算因使用目的不同而异，详见第 2 章
管件的选择	管件包括管道与管接头。管道与管接头的类型及其适用场合参见第 2 章和第 6 章 管道直径（内径）（简称管径）是管路的主要规格参数，应按以下方法来确定 ①确定管道直径。各段管道的直径 d 可根据满足该段流量的要求及估取的管道流速，按第 2 章中给出的公式进行计算，同时考虑所确定的控制元件通径相一致的原则初步确定。初步确定管径后，要在验算压力损失后选定管径 ②验算压力损失。为使执行元件正常工作，压缩空气流过各种元件、辅件到执行元件的总压力损失，必须满足下式 $\sum\Delta p\leqslant[\sum\Delta p]$　　(1) 或　$\sum\Delta p_1+\sum\Delta p_\xi\leqslant[\sum\Delta p]$　　(2) 式中　$\sum\Delta p$——总压力损失，它包括所有的沿程压力损失和所有的局部压力损失 $\sum\Delta p_1$——沿程压力损失，其计算式为 $\sum\Delta p_1=\sum\lambda\dfrac{l}{d}\times\dfrac{\rho\nu^2}{2}$　(Pa)　　(3) $\sum\Delta p_\xi$——局部压力损失，其计算式为 $\sum\Delta p_\xi=\sum\xi\dfrac{\rho\nu^2}{2}$　(Pa)　　(4) 式中　l,d——管道长度和管径，m λ——管道沿程阻力系数，λ 值与气体流动状态和管道内壁的相对粗糙度 ε/d 有关 对于层流流动状态的空气 $\lambda=64/Re$　　(5) 式中　Re——雷诺数 ν——气体的运动黏度，m^2/s 对于紊流流动状态的空气，$\lambda=f(Re,\varepsilon/d)$，$\lambda$ 值可根据 Re 和 ε/d 的值从第 1 章有关沿程阻力系数的图线中查得 ρ——气体的密度，kg/m^3 ξ——局部阻力系数，其值可从第 2 章有关局部阻力系数表中查得 $[\sum\Delta p]$——允许压力损失，可根据供气情况来定，一般流水线，范围<0.01MPa；车间，范围<0.05MPa，工厂，范围<0.1MPa。验算时，车间内可近似取≤0.01～0.1MPa 实际计算总压力损失，如系统管道不特别长（一般 $l<100m$），管内的粗糙度不大，在经济流速的条件下，沿程压力损失 $\sum\Delta p_1$ 比局部压力损失 $\sum\Delta p_\xi$ 小得多，则沿程压力损失 $\sum\Delta p_1$ 可以不单独计入，只须将总压力损失值的安全系数 $K_{\Delta p}$ 稍予加大即可 局部压力损失 $\sum\Delta p_\xi$ 中包含的流经弯头、断面突然变化的损失 $\sum\Delta p_{\xi1}$ 往往又比气流通过气动元件、辅件的压力损失 $\sum\Delta p_{\xi2}$ 小得多，因此对不做严格计算的系统，式(2)可简化为 $K_{\Delta p}\sum\Delta p_{\xi2}\leqslant[\sum\Delta p]$　　(6) 式中　$K_{\Delta p}$——压力损失简化修正系数，$K_{\Delta p}=1.05～1.3$，管道较长，管道截面变化较复杂时取大值 $\sum\Delta p_{\xi2}$——气流通过气动元件、辅件的压力损失，总压力损失，可从表 21-8-37 查得 如果验算的总压力损失满足式(1)，则本节①中初步选定的管径 d 可确定为所需要的管径，否则必须加大管径或改进管道的布置，以降低总压力损失，直到满足式(1)为止，初选的管径即为最后确定的管径

续表

项目	方法要点
简捷粗略确定气动控制元件、三联件、管道等通径的方法	通常,气动系统是根据供气压力和推动(或拉动)负载力的大小确定气缸缸径的。当气缸选定后,可根据气缸供气口的接管螺纹尺寸按下表查得气缸供气口的通径。此通径即为控制该气缸的阀类、三联件、管道等的通径。由此通径及供气压力等因素可选定阀类、三联件等的具体型号,这种方法简单快捷,一般能够满足工程设计实际的需要
空压机的选择	空压机的选择依据气动系统所需要的流量和工作压力,其计算方法和选型步骤请参见第2章

表1　由气缸供气口接管螺纹确定阀类元件、三联件、管道的通径

公称通径/mm		3	4	5、6	8	10、12	15	20	25	32	40	50
气缸供气口接管螺纹	in			1/8	1/4	3/8	1/2	3/4	1	1¼	1½	2
	管接头螺纹/mm			M10×1	M14×1.5	M18×1.5	M22×1.5	M27×2	M33×2	M42×2	M48×2	M60×2

表 21-8-37　气流通过气动元件的压力损失 $\Delta p_{\xi 2}$　MPa

元件名称			公称通径/mm									
			φ3	φ6	φ8	φ10	φ15	φ20	φ25	φ32	φ40	φ50
方向阀	换向阀	截止阀	0.025		0.022	0.015		0.01		0.009		
		滑阀	0.025		0.022	0.015		0.01	0.009			
	单向型控制阀	单向阀、梭阀、双压阀	0.025	0.022	0.02	0.015	0.012	0.01		0.009		0.008
		快排阀 P→A		0.022	0.02	0.012		0.01		0.009		0.008
	脉冲阀、延时阀		0.025									
流量阀	节流阀		0.025	0.022	0.02	0.015	0.012	0.01		0.009		0.008
	单向节流阀 P→A		0.025					0.02				
	消声节流阀			0.02	0.012	0.01		0.009				
压力阀	单向压力顺序阀		0.025	0.022	0.02	0.015	0.012					
其他元件	分水滤气器过滤精度/μm	25		0.015		0.025						
		75		0.01		0.02						
	油雾器			0.015								
	消声器		0.022	0.02	0.012	0.01		0.009		0.008		0.007

注:未列入上表的其他元件可通过实验或按上表各件压力损失类比选定。

4.7　气动系统的施工设计

表 21-8-38　气动系统的施工设计

如果前述气动系统的功能原理设计结果可以接受,则可根据所选择或设计的气动元件、配管等,进行气动系统的施工设计(结构设计)

项目	方法要点
内容	包括气动装置[气动集成阀块(板)、管系装置等]的结构设计及电气控制装置的设计并编制技术文件等
目的	在于选择确定元、辅件的连接装配方案、具体结构,设计和绘制气动系统产品工作图样,并编制技术文件,为制造、组装和调试气动系统提供依据。电气控制装置是实现气动装置工作控制的重要部分,是气动系统设计中不可缺少的重要环节。电气控制装置设计在于根据气动系统的工作节拍或电磁铁动作顺序表,选择确定控制硬件并编制相应的软件
图样和技术文件的编制要求	所设计和绘制的气动系统产品工作图样包括气动装置及其部件的装配图、非标准零部件的工作图及气动系统原理图、行程程序框图、系统外形图、管道布置图、管道安装施工图、控制柜及控制面板元件安装位置图、电路原理图等 技术文件包括自制零部件明细表、标准气动元件及标准连接件、外购件明细表、备料清单、设计任务书、设计计算书、使用说明书、安装试车要求等 所有设计图样和技术文档的编制都应按照有关标准进行

续表

项目	方法要点
图样和技术文件的编制要求	气动系统的各种元件特别是阀类元件，除了必需管式连接的以外，建议采用公共阀板集成连接，阀板可以由元件厂购得，也可以自行设计，其设计可以参照液压油路块的方法（参见第9章）进行，不同的是由于气动系统压力较低，故气动阀块的材料和强度要求不像油路块那样高 在绘制管道安装施工图时，可根据使用要求及现场情况参照第2章等章节选择管网布置形式，并应注意表21-8-39所列事项 为了便于操作和维修，常将各种元件等集装在控制柜内，在设计和绘制控制柜及控制面板元件安装位置图时的注意事项见表21-8-40 气动系统的电气控制装置设计要点参见参考文献[3]第17章 在完成了系统和气动装置设计之后交付制造之前，要对所设计的气动装置及其各组成部分，从功能及结构型式上进行全面审查，找出失误和不当之处，并进行纠正，以完善设计

表 21-8-39　　绘制管道安装施工图的注意事项

序号	注意事项
1	供气管道应按现场实际情况布置，尽量与其他管线（如水管、煤气管、暖气管、电缆线等）统一协调布置
2	管道进入用气车间，应根据气动装置对空气质量的要求设置配气容器、截止阀、气动三联件等
3	车间内部压缩空气主干管道应沿墙或柱子架空铺设，其高度应不妨碍运行，又便于检修。管长超过5m，顺气流方向管道向下坡度为1%~3%。为避免长管道产生挠度，应在适当部位安装托架（见表1）。管道支撑不得与管道焊接 **表1　管道支撑间距表**　mm 管道外径：≤10 / 10~25 / >25 支撑间距：1.0 / 1.5 / 2.0
4	图1为压缩空气管道安装示意图。沿墙或柱子接出的分支管3必须在主干管1上部采用大角度拐弯后再向下引出（下倾）。分支管沿墙或柱子离地面1.2~1.5m处接一气源分配器4，并在分配器两侧接分支管或管接头2，以便用软管接至气动装置上使用。在主干管及支管的最低点，设置集水罐9，集水罐下部设置排水器，以排放污水 (a) 沿墙接出分支管　(b) 沿立柱接出分支管 图1　压缩空气管道安装示意图 1—主干管；2—管接头；3—分支管；4—气源分配器；5—排水管；6—阀门；7—过滤器；8—减压阀；9—集水罐；10—气动三联件
5	为便于调整、不停气维修和更换元件，应设置必要旁通回路和截止阀
6	使用钢管时，应选用表面镀锌的管子
7	压缩空气管道要涂以标记颜色（一般涂灰色或淡蓝色，精滤管道涂天蓝色）
8	有气液联动的管道，要有严格的密封措施并设置必要的回油装置
9	管道装配前，管道、接头和元件内的流道必须清洗干净，不得有毛刺、铁屑、氧化皮等异物

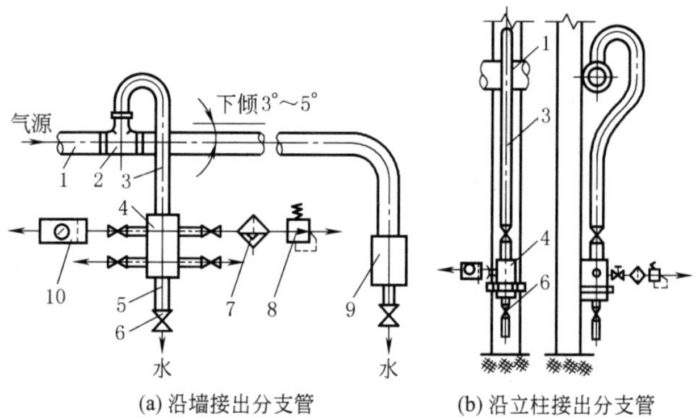

表 21-8-40　　设计和绘制气动控制柜及控制元件安装位置图时注意事项

序号	注意事项
1	应保证回路正常工作，管道阻力损失要小，布置应合理
2	面板及结构安排要考虑操作方便
3	控制柜的外壳、格子和门盖所构成的空间，除了安装元件外，应留有足够的维修空间
4	控制柜的外壳和门盖可选用≤2mm的金属板料或代用板料制成，外形要美观；门盖对操作维护人员无危险，易开闭，能钩住或锁住，且能用手动工具启闭
5	控制台上每个元件必须设置一块铭牌

5 气动系统的设计举例

5.1 鼓风炉钟罩式加料装置气动系统设计

(1) 技术要求

某厂鼓风炉钟罩式加料装置加料机构如图21-8-16所示，其中Z_A、Z_B分别为鼓风炉上、下部两个料钟（顶料钟、底料钟），W_A、W_B分别为顶、底料钟的配重，料钟平时均处于关闭状态。顶料钟和底料钟分别由气缸A与B操纵实现开、闭动作。工作要求及已知条件如表21-8-41所列，试设计其气动系统。

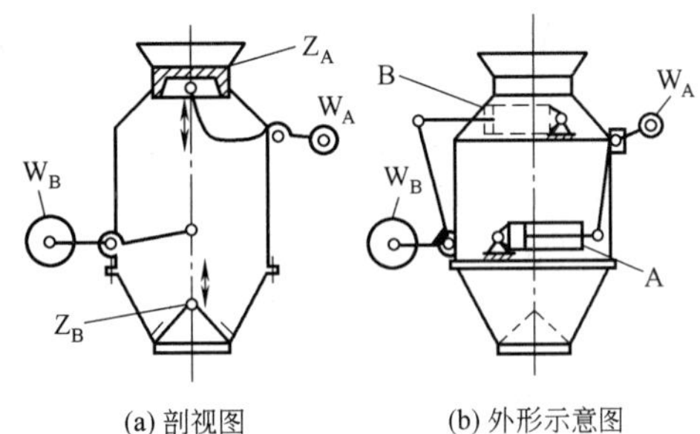

图21-8-16 鼓风炉加料装置气动机构示意图

(2) 执行元件的选择配置及动力和运动分析

由表21-8-41所列工作要求和已知条件可知，料钟开、闭(升降) 行程较小，且有炉体结构限制（料钟中心线上下方不宜安装气缸）及安全性要求（机械动力有故障时，两料钟处于封闭状态)，故采用重力封闭方案，如图21-8-16所示。同时，在炉体外部配上使料钟开启（即配重抬起）的传动装置，由于行程小，故采用摆块机构，即相应地采用尾部铰接式气缸作执行元件。

表21-8-41 **工作要求及已知条件**

工作要求	动力参数		运动参数		环境条件
具有自动与手动加料两种方式。自动加料时,吊车把物料运来,顶料钟Z_A开启,卸料于两料钟之间;然后延时发信,使顶料钟关闭;底料钟打开,卸料到炉内,再延时(卸完料)关闭底料钟,循环结束。顶、底料钟开闭动作必须联锁,可全部关闭但不许同时打开。气缸行程末端要平稳	料钟操作力		料钟开或闭一次的时间/s	≤6	环境温度30~40℃,灰尘较多
	料钟	操作力/kN	两料钟缸行程S/mm	600	
	顶料钟Z_A	推力$F_{ZA}\geqslant5.10$	两料钟缸平均速度v/mm·s^{-1}(m·s^{-1})	$v=S/t=600/6=100=(0.1)$	
	底料钟Z_B	拉力$F_{ZB}\geqslant24$	设备一次循环的时间T/s	24	

考虑到料钟的开启靠气动，关闭靠配重，故选用单作用气缸。又考虑开闭平稳，可采用两端缓冲的气缸。因此，初步选择执行元件为两只标准缓冲型、尾部铰接式气缸。

两只气缸的动作顺序、动作时间、动力参数和运动参数已在表21-8-41列出。

(3) 确定执行元件主要参数

1) 选取回路压力并计算与确定气缸缸径

① 选取回路压力。回路压力的选定应兼顾管线供气压力、可选的压缩机排气压力范围、执行元件所需压力等条件。根据表21-8-42所列空压机排气压力与回路压力的关系，选取回路压力$p=0.4$MPa。

表21-8-42 **空压机排气压力与回路压力的关系** MPa

空压机公称排气压力	回路压力	空压机公称排气压力	回路压力
0.5	0.3~0.4	1.0	0.55~0.75
0.7	0.4~0.55	1.4	0.75~1.0

② 计算料钟气缸A内径D_A并选择缸的型号。缸的工作推力为$F_1=F_{ZA}=5.10\times10^3$N；因$v=0.1\text{m/s}\leqslant0.2\text{m/s}$，故取负载率$\beta=0.8$；回路压力为$p=0.4\times10^6$Pa，则：

$$D_A=\sqrt{\frac{4F_1}{\pi p\beta}}=\sqrt{\frac{4\times 5.10\times 10^3}{3.14\times 0.4\times 10^6\times 0.8}}=0.142\ (\mathrm{m})$$

取标准缸径 $D_A=160\text{mm}$，行程 $L=600\text{mm}$。参考文献［10］表 4-3 所列气缸产品，选 JB 系列气缸。型号规格为：JB160×600，活塞杆直径 $d=90\text{mm}$。

③ 计算料钟气缸 B 内径 D_B 并选择缸的型号。工作拉力为 $F_2=F_{ZB}=24\times 10^3\text{N}$；因 $v=0.1\text{m/s}\leqslant 0.2\text{m/s}$，故取 $\beta=0.8$；回路压力为 $p=0.4\times 10^6\text{Pa}$，则：

$$D_B=(1.01\sim 1.09)\sqrt{\frac{4F_2}{\pi p\beta}}=1.03\times\sqrt{\frac{4\times 24\times 10^3}{3.14\times 0.4\times 10^6\times 0.8}}=0.318\ (\mathrm{m})$$

式中，由于缸径较大，故式中前边系数为 1.03。

参考文献［10］表 4-3 所列气缸产品，选 JB 系列气缸。型号规格为：JB320×600，活塞杆直径 $d=90\text{mm}$。

2）气缸耗气量的计算

按第 4 章公式计算两只气缸的自由空气耗气量（平均耗气量）如下。

① 顶部料钟气缸 A 的耗气量。缸 A 的内径 $D_A=160\text{mm}=16\times 10^{-3}\text{m}$；行程 $L=600\text{mm}=600\times 10^{-3}\text{m}$；全行程所需时间 $t_1=6\text{s}$，则压缩空气消耗量为：

$$q_A=\frac{\pi}{4}D^2\frac{L}{t_1}=\frac{3.14}{4}\times(160\times 10^{-3})^2\times\frac{600\times 10^{-3}}{6}=2.01\times 10^{-3}(\mathrm{m^3/s})$$

自由空气消耗量为：

$$q_{Az}=q_A\frac{p+0.1013}{0.1013}=2.01\times 10^{-3}\times\frac{0.4+0.1013}{0.1013}=9.95\times 10^{-3}(\mathrm{m^3/s})\text{(标准状态)}$$

② 底部料钟气缸 B 的耗气量。缸 B 的内径 $D_B=320\text{mm}=320\times 10^{-3}\text{m}$；活塞杆直径 $d=90\text{mm}=90\times 10^{-3}\text{m}$；行程 $L=600\text{mm}=60\text{cm}$；全行程所需时间 $t_2=6\text{s}$，则压缩空气消耗量为：

$$q_B=\frac{\pi}{4}(D^2-d^2)\frac{L}{t_2}=\frac{3.14}{4}\times[(320\times 10^{-3})^2-(90\times 10^{-3})^2]\times\frac{600\times 10^{-3}}{6}=7.40\times 10^{-3}(\mathrm{m^3/s})$$

自由空气消耗量为：

$$q_{Bz}=q_A\frac{p+0.1013}{0.1013}=7.40\times 10^{-3}\times\frac{0.4+0.1013}{0.1013}=36.6\times 10^{-3}(\mathrm{m^3/s})\text{(标准状态)}$$

（4）选择控制方式

由于设备的工作环境比较恶劣，选取全气动控制方式。

（5）设计与拟定气动系统原理图

1）绘制气动执行元件的工作行程程序图

工作行程顺序图用来表示气动系统在完成一个工作循环中，各执行元件的动作顺序，如图 21-8-17 所示。

2）绘制信号-动作状态线图（X-D 线图）

X-D 线图可以将各个控制信号的存在状态和气动执行元件的工作状态清楚地用图线表示出来，从图中还能分析出系统是否存在障碍（干扰）信号及其状态，以及消除信号障碍的各种可能性。本例的 X-D 线图见图 21-8-18。

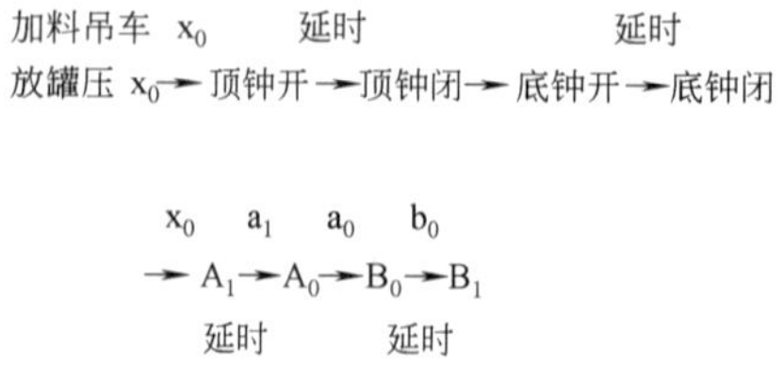

加料吊车 x_0 延时 延时

放罐压 x_0→顶钟开→顶钟闭→底钟开→底钟闭

x_0 a_1 a_0 b_0

→A_1→A_0→B_0→B_1

延时 延时

图 21-8-17 气动执行元件的工作程序图

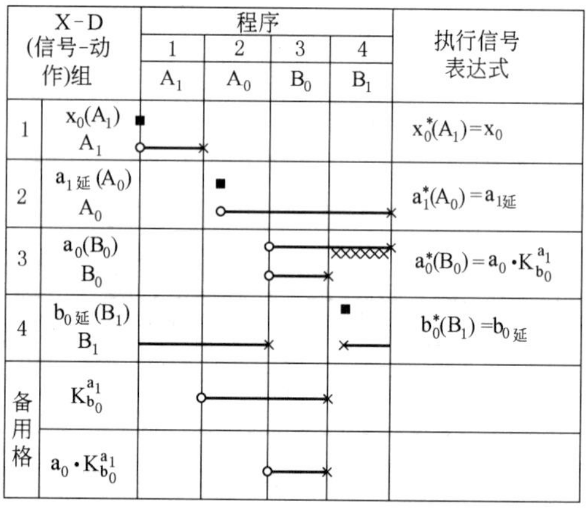

X-D (信号-动作)组		程序 1 A_1	2 A_0	3 B_0	4 B_1	执行信号表达式
1	$x_0(A_1)$ A_1					$x_0^*(A_1)=x_0$
2	$a_{1延}(A_0)$ A_0					$a_1^*(A_0)=a_{1延}$
3	$a_0(B_0)$ B_0					$a_0^*(B_0)=a_0\cdot K_{b_0}^{a_1}$
4	$b_{0延}(B_1)$ B_1					$b_0^*(B_1)=b_{0延}$
备用格	$K_{b_0}^{a_1}$					
	$a_0\cdot K_{b_0}^{a_1}$					

图 21-8-18 信号动作状态线图（X-D 线图）

3）绘制气控逻辑原理图

气控逻辑原理图是用气动逻辑符号来表示的控制原理图。它是根据 X-D 线图的执行信号表达式并考虑必要的其他回路要求（如手动、启动、复位等）所画出的控制原理图。由逻辑原理图可以方便快速地画出用阀类元件或逻辑元件组成的气控回路原理图，故逻辑原理图是由 X-D 线图绘制出气控回路原理图之“桥梁”。本例的气控逻辑原理图见图 21-8-19。

4）绘制回路原理图

气控回路原理图是用气动元件图形符号对逻辑控制原理图进行等效置换所表示的原理图。本例的回路原理图如图 21-8-20 的左半部分所示。回路图中 YA_1 和 YA_2 为延时换向阀（常断延时通型），由该阀延时经主控阀 QF_A、QF_B 放大去控制缸 A_1 和缸 B_0 状态。料钟的关闭靠自重。

在图 21-8-20 左半部分所示回路原理图基础上，再增设气源处理装置（图 21-8-20 右半部分）即构成整个气动系统。

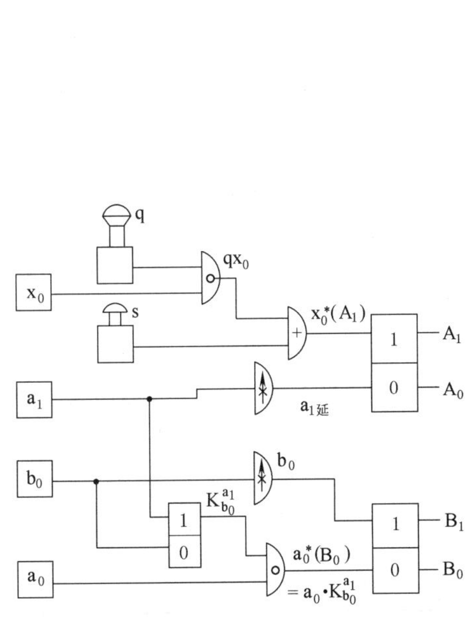

图 21-8-19　气控逻辑原理图

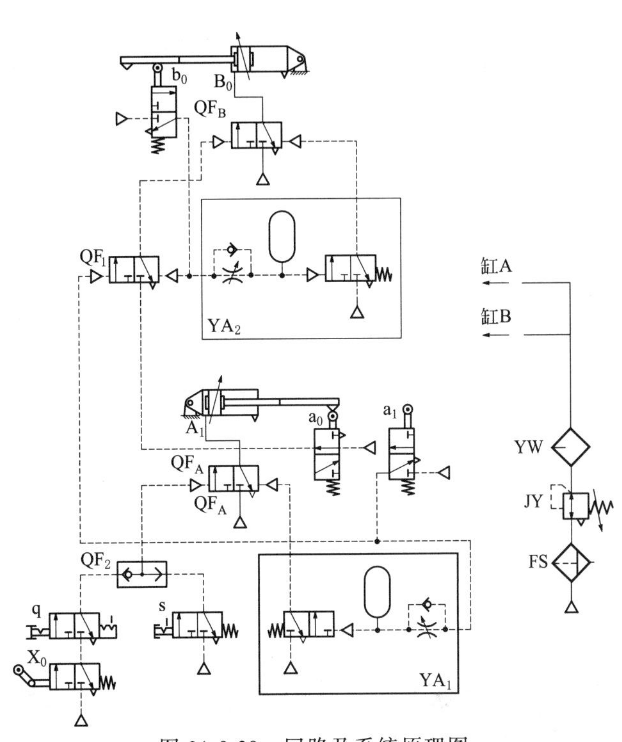

图 21-8-20　回路及系统原理图

（6）选择气动元件

1）选择控制元件

根据系统对控制元件工作压力及流量的要求，按照气动系统原理图（图 21-8-20）所选择的各控制阀如表 21-8-43 所列。

表 21-8-43　　　　气动元件选择表

名称编号		形式	型号规格	通径/mm	说明
控制元件	主控换向阀 QF_A	防尘的截止式阀	$K23JK_2$-15	$\phi15$	根据 A 缸要求压力 $p_A=0.4MPa$，流量 $q_A=2.01\times10^{-3}m^3/s$，由表 21-8-44 选择阀 QF_A 的通径为 $\phi15mm$，其额定流量 $q=2.778\times10^{-3}m^3/s$，故选其型号为 $K23JK_2$-15
	主控换向阀 QF_B	防尘的截止式阀	$K23JK_2$-25	$\phi25$	根据 B 缸要求压力 $p_B=0.4MPa$，流量 $q_A=7.40\times10^{-3}m/s$，由表 21-8-44 选择阀 QF_B 的通径为 $\phi25mm$，故选其型号为 $K23JK_2$-25
	延时换向阀 YA_1、YA_2	常断延时通型	K23Y-L6-J	$\phi6$	

续表

	名称编号	形式	型号规格	通径/mm	说明
控制元件	行程阀 x_0	可通过式	$Q23C_4C-L3$	$\phi3$	
	行程阀 a_0、a_1、b_0	杠杆滚轮式	$Q23C_3C-L3$	$\phi3$	
	逻辑阀 QF_1	二位三通双气控阀	$K23JK_2-6$	$\phi6$	
	梭阀 QF_2	或门阀	QS-L3	$\phi3$	
	手动阀 q	手柄推拉式	$Q23R_5C-L3$	$\phi3$	
	手动阀 s	按钮式	$Q23R_1C-L3$	$\phi3$	
	减压阀		AR5000-10	接管螺纹 G1	根据系统所要求的压力、流量，同时考虑 A、B 缸因联锁关系不会同时工作的特点，即按其中流量、压力消耗最大的一个气缸（B 缸）选择减压阀。由表 21-8-44，供气压力为 0～0.8MPa，额定流量为 $8.3333\times10^{-3}m^3/s$，选择减压阀型号为 AR5000-10
气动辅件	分水滤气器		AF5000-10		
	油雾器		AL5000-10		
	消声器		QXS-L15 QXS-L25	$\phi15$ $\phi25$	配于两主控阀排气口、气缸排气口处，起消声、滤尘作用。对于 A 缸及主控阀选 QXS-L15，对于 B 缸及主控阀选 QXS-L25
	管路			$\phi15$ $\phi25$ $\phi40$	图 21-8-21 所示为系统管道布置示意图 按各管径与气动元件通径相一致的原则，初定各段管径。与 A 缸直接连接的管段的管道直径选为 $\phi15mm$，与 B 缸直接连接的管道直径选为 $\phi25mm$。对于总气源管段，考虑到 A、B 缸不同时工作及两台炉子同时供气，由流量为供给两台炉子流量之和的关系：$d=\frac{\pi}{4}d_1^2v+\frac{\pi}{4}d_2^2v$，可导出管路直径为 $d=\sqrt{d_1^2+d_2^2}=\sqrt{25^2+25^2}=35.4(mm)$，取标准管径为 $\phi40mm$
气源	空压机	活塞式无油型	2Z-3/8-1		按供气压力 $p_s\geqslant0.5MPa$，流量 $q_s=2.23m^3/min$，查产品样本选用 2Z-3/8-1 型空压机，其额定排气压力为 0.8MPa，额定排气量（自由空气流量）为 $3m^3/min$

表 21-8-44　　标准控制阀的通径及其对应的额定流量

公称通径/mm		$\phi3$	$\phi6$	$\phi8$	$\phi10$	$\phi15$	$\phi20$	$\phi25$	$\phi32$	$\phi40$	$\phi50$
额定流量 q	$10^{-3}m^3\cdot s^{-1}$	0.1944	0.6944	1.3889	1.9444	2.7778	5.5555	8.3333	13.889	19.444	27.778
	$m^3\cdot h^{-1}$	0.7	2.5	5	7	10	20	30	50	70	100
	$L\cdot min^{-1}$	11.66	41.67	83.34	116.67	166.68	213.36	500	833.4	1166.7	1666.8

注：额定流量是限制流速在 15～25m/s 范围所测得国产阀的流量。

2）选择其他气动元件及空压机

① 其他气动元件的选择要与减压阀相适应（表 21-8-43）。

② 确定管路直径（表 21-8-43），验算压力损失。压力损失应按管路布置图（图 21-8-21）逐段进行计算，但考虑到本例中供气管 y 处到 A 缸进气口 x 处之间的管路较细，损失要比 B 缸管路的大，故只计算此段管路的压力损失是否在允许范围内，即是否满足

$$\sum\Delta p\leqslant[\sum\Delta p] \tag{21-8-1}$$

或

$$\sum\Delta p_1+\sum\Delta p_\xi\leqslant[\sum\Delta p] \tag{21-8-2}$$

式中　$\sum\Delta p$——总压力损失（包括所有的沿程压力损失和所有的局部压力损失）；

$[\sum\Delta p]$——允许的总压力损失；

$\sum\Delta p_1$——沿程压力损失，其计算式为：

$$\sum \Delta p_1 = \sum \lambda \frac{l}{d} \times \frac{\rho v^2}{2} \quad (\text{Pa}) \qquad (21\text{-}8\text{-}3)$$

$\sum \Delta p_\xi$——局部压力损失，其计算式为

$$\sum \Delta p_\xi = \sum \xi \frac{\rho v^2}{2} \quad (\text{Pa}) \qquad (21\text{-}8\text{-}4)$$

l，d——管路长度和管径，m；

λ——管路沿程阻力系数，λ 值与气体流动状态和管路内壁的相对粗糙度 ε/d 有关，对于层流流动状态的空气：

$$\lambda = 64/Re \qquad (21\text{-}8\text{-}5)$$

Re——雷诺数，$Re = vd/\nu$（无量纲）；

ν——气体的运动黏度，m^2/s。

对于紊流流动状态的空气，$\lambda = f(Re, \varepsilon/d)$，$\lambda$ 值可根据 Re 和 ε/d 的值从相关手册中查得。其中，ρ 为气体的密度，kg/m^3；ξ 为局部阻力系数，其值可从相关手册中查得。

按上述公式进行计算（详细过程略）并考虑阀产生的压力损失得出的总压力损失为

$$\sum \Delta p = 0.068\text{MPa} < [\sum \Delta p] = 0.1\text{MPa}$$

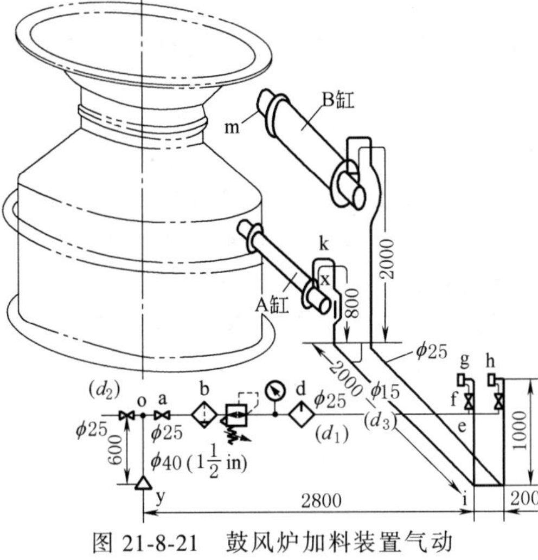

图 21-8-21　鼓风炉加料装置气动系统管路布置示意图

（图中 y、a、b 等字母为元件或管道位置代号）

执行元件需要的工作压力 $p = 0.4\text{MPa}$，压力损失为 $\sum \Delta p = 0.068\text{MPa}$。供气压力为 $0.5\text{MPa} > p + \sum \Delta p = 0.469\text{MPa}$，说明供气压力满足了执行元件所需的工作压力，故所选择的元件通径和管径（表 21-8-43）可行。

3）选择空压机

空压机的输出流量 q_s 与设备的理论用气量 $\sum_{i=1}^{n} q_i$ 有关，其计算公式为：$q_s = k_1 k_2 k_3 \sum_{i=1}^{n} q_i$，设备的理论用气量 $\sum_{i=1}^{n} q_i$ 由下式计算：

$$\sum_{i=1}^{n} q_i = \sum_{i=1}^{n} \left\{ \left[\sum_{j=1}^{m} (\alpha q_i t)_j \right] / T \right\} = 2 \times [(1 \times q_{Ai} t_A + 1 \times q_{Bi} t_B)/24]$$

$$= 2 \times [(1 \times 9.95 \times 10^{-3} \times 6 + 1 \times 36.6 \times 10^{-3} \times 6)/24] = 23.3 \times 10^{-3} (\text{m}^3/\text{s})$$

式中，n 为用气设备台数，在本例中考虑左右两台炉子有两组同样的气缸，故 $n=2$；m 为一台设备上的启动执行元件数目，本例中一台炉子上有 A 和 B 两个缸用气，故 $m=2$；α 为执行元件在一个周期内的单程作用次数，本例中每个气缸一个周期内单行程动作一次，$\alpha=1$；qz 为一台设备某一执行元件在一个周期内的平均耗气量，本例中 $q_{Ai} = 9.95 \times 10^{-3} \text{m}^3/\text{s}$，$q_{Bi} = 36.6 \times 10^{-3} \text{m}^3/\text{s}$（已在“3. 确定执行元件主要参数”节中算出）；$t$ 为某个执行元件一个单行程的时间，本例中 $t_A = t_B = 6\text{s}$；T 为某设备的一次工作循环时间，本例中 $T = 2t_A + 2t_B = 24\text{s}$。

取泄漏系数 $k_1 = 1.2$，备用系数 $k_2 = 1.4$，利用系数 $k_3 = 0.95$，则两台炉子的需求的空压机的输出流量为

$$q_s = k_1 k_2 k_3 \sum_{i=1}^{n} q_i = 1.2 \times 1.4 \times 0.95 \times 23.3 \times 10^{-3} = 37.2 \times 10^{-3} (\text{m}^3/\text{s}) = 2.23\ (\text{m}^3/\text{min})$$

按供气压力 $p_s \geqslant 0.5\text{MPa}$，流量 $q_s = 2.23\text{m}^3/\text{s}$，查产品样本选用 2Z-3/8-1 型空压机，其额定排气压力为 0.8MPa，额定排气量（自由空气流量）为 $3\text{m}^3/\text{min}$（一并列入表 21-8-43）。

（7）气动系统施工设计

在前述气动系统的功能原理设计结果可以接受的前提下，可绘制所选择或设计的气动元、辅件等，进行气动系统的施工设计（结构设计）。其内容包括气动装置［气动集成阀块（板）、管系装置等］的结构设计及电气控制装置的设计并编制技术文件等，目的在于选择确定元、辅件的连接装配方案、具体结构，设计和绘制气动系统产品工作图样，并编制技术文件，为制造、组装和调试气动系统提供依据。电气控制装置是实现气动装置工作控制的重要部分，是气动系统设计中不可缺少的重要环节。电气控制装置设计的重点在于根据气动系统的工作节拍或电磁铁动作顺序表，选择确定控制硬件并编制相应的软件。

因篇幅所限，气动系统施工设计的详细介绍此处从略，请参阅相关文献资料。

5.2 半自动落料机床气动系统设计

以半自动落料机床为例，其动作过程是：棒料放置在有滚轮的导轨上，用机械手抓料、送料至机床上，进行定长夹紧，然后切断。抓放料、送退料、夹紧及松夹、退刀等的时间不大于0.5s，进刀时间可以长些，每分钟要求切断8个工件，即切断每个工件的循环时间为7.5s。各气缸的行程及输出力要求见表21-8-45。半自动落料机床共10台。按以上要求，设计本气动系统。

表21-8-45　各气缸的行程及输出力要求

行程及输出力	抓料缸	送料缸	夹紧缸	切断缸
行程/mm	60	80	20	60
输出力/N	300	300	1200	1200

（1）设计工作程序、绘制工作循环图

为缩短循环周期，可将有些动作合并成一个节拍，最后确定的工作程序如图21-8-22所示。根据例题要求，绘出4个缸的工作循环图，如图21-8-23所示。

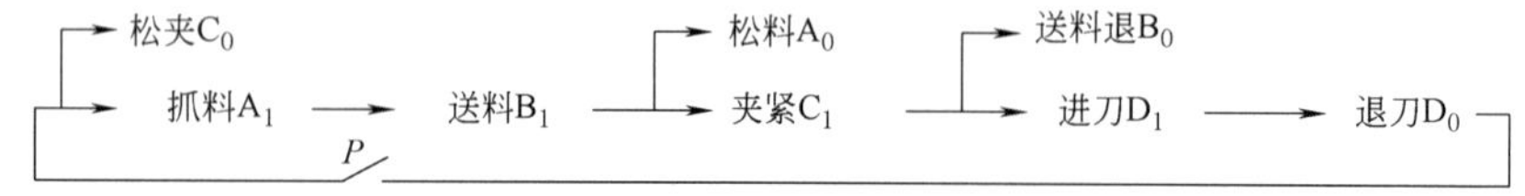

图21-8-22　工作程序

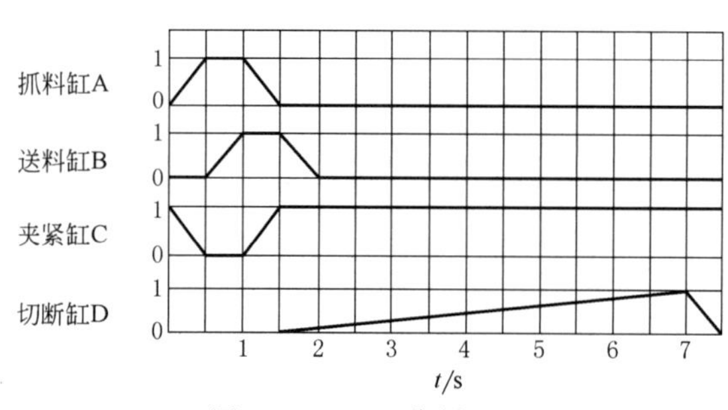

图21-8-23　工作循环图

（2）绘制X-D线图（见图21-8-24）

节拍	1	2	3	4	5	执行信号	
动作 程序 X-D	C_0 A_1	B_1	A_0 C_1	B_0 D_1	D_0	双控	单控
$d_0(C_0)$ C_0						$d_0^*(C_0)=d_0\cdot K_{a_1}^{d_1}$ $=d_0\cdot K_{b_1}^{d_1}$	$d_0^*(C_0)=d_0\cdot K_{b_1}^{d_1}$
$d_0(A_1)$ A_1							
$a_1(B_1)$ B_1						$a_1^*(B_1)=a_1$	$a_1^*(B_1)=K_{c_1}^{a_1}$
$b_1(A_0)$ A_0						$b_1^*(A_0)=b_1$	
$b_1(C_1)$ C_1						$b_1^*(C_1)=b_1$	
$c_1(B_0)$ B_0						$c_1^*(B_0)=c_1$或$c_1\cdot b_1$ 或$c_1\cdot K_{d_1}^{b_1}$	
$c_1(D_1)$ D_1						$c_1^*(D_1)=c_1\cdot K_{d_1}^{a_1}$或 或$c_1$、$b_1$或$c_1\cdot K_{d_1}^{b_1}$	$c_1^*(D_1)=\begin{matrix}c_1\cdot K_{d_1}^{b_1}\\ c_1\cdot K_{d_1}^{a_1}\end{matrix}$
$d_1(D_0)$ D_0						$d_1^*(D_0)=d_1$	

图21-8-24　信号-动作状态图

(3) 绘制全气动控制回路

根据 X-D 线图，便可绘制全气动控制回路。

画出 4 只气缸的原始状态。C 缸伸出，A、B 和 D 缸缩回。为了实现 D 缸的慢进快退、平稳切断，D 缸应选用气液阻尼缸。

从图 21-8-22 中的工作程序可知，不必设置信号阀 a_0、b_0 和 c_0。

画出控制 4 只气缸处于原始状态的 4 只主控阀（$F_A \sim F_D$）的控制位置。

控制 C_0、A_1 动作的信号若选 $d_0 \cdot K_{b_1}^{d_1}$，控制 D_1 动作的信号若选 $c_1K_{b_1}^{d_1}$，因其信号线与其动作线等长，故控制 A 缸、C 缸和 D 缸的主控阀可以选择单气控阀，且只需增设一个辅助阀 F_K，便可产生一对信号 $K_{b_1}^{d_1}$ 和 $K_{b_1}^{d_1}$。

控制 B_0、D_1 动作的信号若选 $c_1 \cdot b_1$，因 $c_1 \cdot b_1$ 是脉冲信号，若 B 缸先缩回（则信号 b_1 消失），D 缸后伸出，则因 $c_1 \cdot b_1$ 信号消失，会造成 D 缸不能伸出。考虑到 $c_1 \cdot b_1$ 控制 B_0、D_1 存在潜在的不安全性，故不宜选 $c_1 \cdot b_1$ 作为控制 B_0、D_1 的控制信号。

在 4 个主控阀上，注明最终选定的控制信号。画出辅助阀 F_K，注明其控制信号及输出信号 $K_{b_1}^{d_1}$ 和 $K_{d_1}^{b_1}$。

画出 5 个信号阀 a_1、b_1、c_1、d_0 及 d_1。撞块压住的信号阀 c_1 和 d_0，原始状态为上位连接。未压住的信号阀 a_1、b_1 和 d_1 为下位连接（复位侧）。a_1、b_1 和 d_1 应为有源信号阀。d_0 和 c_1 与 F_K 相连，因 F_K 为有源，故 d_0 和 c_1 应选为无源信号阀。

用虚线将各信号线画出。$K_{b_1}^{d_1}$ 与 d_0 串联后的信号即为 $d_0 \cdot K_{b_1}^{d_1}$，用于控制动作 A_1 和 C_0。$K_{b_1}^{d_1}$ 与 c_1 串联后的信号即为 $c_1 \cdot K_{b_1}^{d_1}$，用于控制动作 D_1 和 B_0。B_0 动作虽可选 c_1 作为控制信号，但因 c_1 已选为无源元件，故不能选 c_1 作为控制信号。

在信号 $d_0 \cdot K_{b_1}^{d_1}$ 的来路上，设置二位三通带定位功能的手动阀 P，调试时，可实现从 A_1 至 D_0 动作的一个循环。

若每个缸都要分别调试，则每个主控阀的控制信号处，都应设置一个梭阀，一侧为手动信号，另一侧为自动信号。

在进刀过程中，若要紧急退刀，可让信号 $c_1 \cdot K_{d_1}^{b_1}$ 与紧急退刀信号 T（使用一个二位三通带定位功能的手动阀）使用一个双压阀，由该双压阀的输出信号控制 D 缸动作。

因 C 缸行程很短，该缸运动速度低，不必调速。其他 3 个缸可设置速度控制阀用于调速。

为防止手动信号与自动信号同时出现，造成控制回路失控，可将手控气源与自控气源分开，使用手动控制阀 Z 实现手动-自动转换。

所有气缸、气阀均选为不给油润滑元件，则空气组合元件只需空气过滤器及减压阀。

按以上说明，绘制出的全气动控制回路如图 21-8-25 所示。

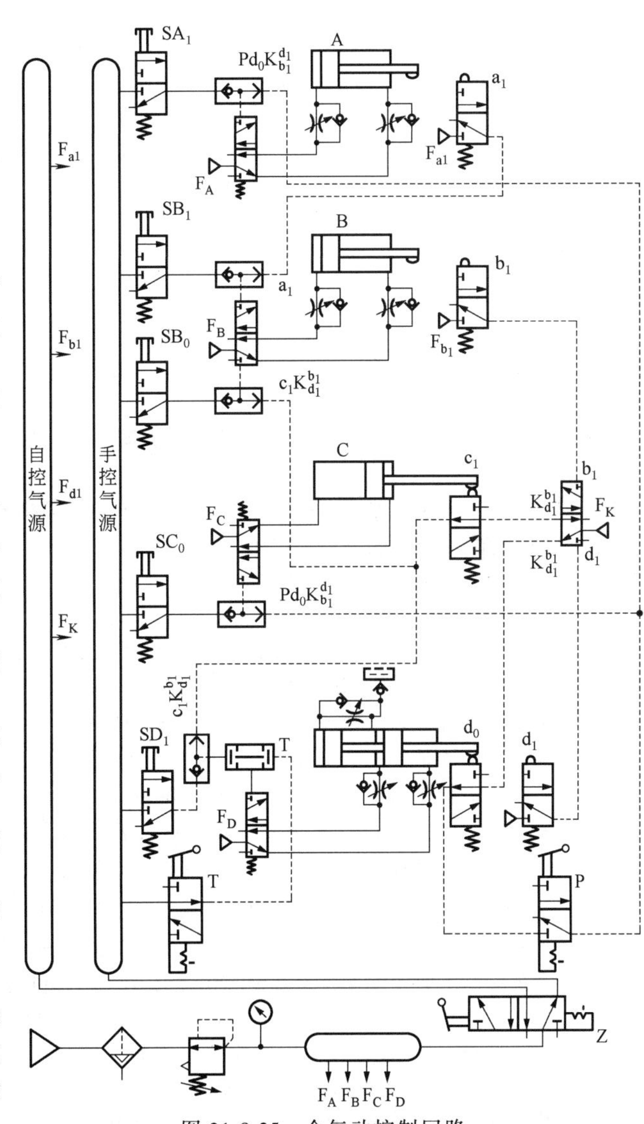

图 21-8-25　全气动控制回路

(4) 气缸选型及耗气量计算

已知每个缸的行程及要求的输出力，按工作循环图给出的每个缸的伸缩动作时间，便可计算出每个缸伸缩方向的平均速度，各缸的技术参数列于表 21-8-46。

表 21-8-46　　各气缸的技术参数

气缸号	A	B	C	D
行程/mm	60	80	20	60
输出力/N	300	300	1200	1200
平均速度(伸/缩)/mm·s^{-1}	120	160	40	10.9/120
负载率 η	0.5	0.5	0.5 或 0.7	0.5
缸径/mm	40	40	80	80
缓冲	垫缓冲	垫缓冲	无缓冲	返回方向垫缓冲
平均耗气量(ANR)/L·min^{-1}	7.2	9.7	9.7	29
最大速度/mm·s^{-1}	144	192	48	13.1/144
最大耗气量(ANR)/L·min^{-1}	63.7	85.1	85.1	23.3/255.3
合成有效截面面积 $S_合$/mm^2	1.03	1.37	1.37	4.12
预估主控阀的有效截面面积/mm^2	1.78	2.37	1.94	7.12

缸速为 50~500mm/s，可选负载率 $\eta=0.5$。C 缸负载率选 0.7 也可以。

令使用压力 $p=0.5$MPa，按公式计算各缸的缸径。对计算出的缸径数值进行标准化，选出各缸缸径列于表 21-8-46 中。

因 A、B 两缸速度不高，可选垫缓冲气缸。C 缸行程很短，可选无缓冲气缸。D 缸因是气液阻尼缸，故缩回方向可选垫缓冲。选出 4 个气缸的型号如下：

① A 缸：CM2L40-75。

② B 缸：CM2L40-100。

③ C 缸：MB1L80-25。

④ D 缸：MB1L80-75N-XC12。

气缸行程都选标准行程，比要求的行程长，可通过调节信号阀（全气控时）或磁性开关（电控气动时）的位置来满足给定行程的要求。

按公式，因气缸工作频度 $N=8$，使用压力可选 $p=0.5$MPa，配管容积先忽略不计，可算出各缸的平均耗气量，列于表 21-8-46 中。

设气缸的最大速度是平均速度的 1.2 倍，按公式可计算出各缸的最大耗气量，也列于表 21-8-46 中。

回路的总平均耗气量是各缸平均耗气量之和，故一台机床的总平均耗气量为 55.6L/min（ANR），10 台机床的总平均耗气量为 556L/min（ANR）。

由图 21-8-23 可知，此回路只有 2 个缸同时动作，其最大耗气量之和为 148.8L/min（ANR）（A 缸和 C 缸），但小于 D 缸缩回时的最大耗气量 255.3L/min（ANR），故此回路的最大耗气量应是 255.3L/min（ANR）。10 台机床的总最大耗气量为 2553L/min（ANR）。

（5）主控阀、辅助阀、流量控制阀、信号阀、消声器、配管等的选型

根据标准状态 F 的体积流量公式，令 q_a 为各缸的最大耗气量，$p_1=500$kPa，$T_1=273$K，则可预估出各缸的充排气回路的合成有效截面面积 $S_合$，列于表 21-8-46 中。

以 A 缸充排气回路为例，来预选主控阀等的有效截面面积。A 缸充排气回路的合成有效截面面积 $S_合=1.03mm^2$，它是由主控阀 F_A、流量控制阀、管路、管接头及消声器等构成。设主控阀、流量控制阀（单向节流阀）、管路及其他部分各占流动阻力的 1/4，可初步推算出主控阀的有效截面面积为 $2S_合=2\times1.03mm^2=2.06mm^2$。按此可预选主控阀为 SYA3140-01，其 S 值为 $5.5mm^2$。装在主控阀上的消声器选 AN101-01，其 S 值为 $20mm^2$。装在 A 缸上的速度控制阀选 AS2201F-02-08，其 S 值为 $7mm^2$。配管选 ϕ8mm/ϕ6mm（外径/内径），设管长在 3m 以内，则有效截面面积 S 大于 $14mm^2$。按公式计算出上述选型后的合成有效截面面积为 $4.05mm^2$。考虑到调节缸速时，流量控制阀的实际有效截面面积一定小于 $7mm^2$，故合成有效截面面积 $4.05mm^2$ 比预估值 $2.06mm^2$ 大，元件选型应是合理的。

用同样方法可选出 B 缸、C 缸和 D 缸的充排气回路中的各个元件型号，列于表 21-8-47 中。

表 21-8-47　　各缸充排气回路的各种元件型号

气缸	主控阀(气控)	消声器	流量控制阀	管接头	配管(长 3mm) (外径/内径)
A	SYA3140-01(5.5)	AN101-01(20)	AS2201F-02-08(7)	ϕ8×R⅛ ϕ6×R⅛ ϕ6×M5	TU0806(14)
B	SYA3240-01(5.5)	AN101-01(20)	AS2201F-02-08(7)	ϕ8×R⅛ ϕ6×R⅛ ϕ6×M5	TU0806(14)
C	SYA3140-01(5.5)	AN101-01(20)	—	ϕ8×R⅜ ϕ8×R⅛ ϕ6×R⅛ ϕ6×M5	TU0806(14)
D	SYA5140-02(14)	AN203-02(15)	AS3201F-03-08(12)	ϕ8×R¼ ϕ6×R⅛ ϕ6×M5	TU0806(14)

注：(　) 内数值为有效截面积。

辅助阀 F_K 选 SYA3240-01，与 F_B 相同。

滚轮式信号阀 a_1、b_1、c_1、d_0 及 d_1 选 VM130-01-06S。按钮式手动阀 SA_1、SB_1、SB_0、SC_0 和 SD_1 选 VM130-01-30□。带定位功能的手柄旋钮式手动阀 P 和 T 选 VM130-01-34□，Z 选 VZM550-01-34□。梭阀选 VR1210F-06，双压阀选 VR1211F-06。控制管外径选 ϕ6mm，主控管外径选 ϕ8mm。为连接方便，阀上是螺纹连接（含先导口），应安装管接头，变成快换接头连接。

下面估算一下 D 缸能否在 0.5s 内缩回。

当信号 d_1 出现后，切换了辅助阀 F_K，主控阀 F_D 控制腔内的压缩空气才能经 F_D 用的双压阀、梭阀、信号阀 c_1，从 F_K 排气口排出。因该控制腔容积很小，故这个排气时间很短（1ms 左右）。当 F_D 控制腔压力失去后，F_D 弹簧复位，D 缸的气缸部分右侧充气、左侧排气。左侧气缸容积 $V=\frac{\pi}{4}\times8^2\times6\text{cm}^3=301.5\text{cm}^3$（未计活塞杆）。在排气回路中，3m 长外径 ϕ8mm 管子的 $S=14\text{mm}^2$，流量控制阀 $S=12\text{mm}^2$，主控阀 F_D 的 $S=14\text{mm}^2$，消声器 $S=15\text{mm}^2$，则排气回路的 $S_合=6.82\text{mm}^2$。气缸左腔压力从 $p_1=0.5\text{MPa}$ 降至 $p_2=0\text{MPa}$，表示成与使用压力 0.5MPa 之比则是从 1 降至 1/6，由参考文献［13］图 3.5-2 曲线，设排气回路的临界压力比 $b=0.2$，则 $\frac{\sqrt{RT_{10}}St}{V}\left(\frac{p_2}{p_{10}}\right)^{\frac{1}{7}}$ 从 1.96 降至-0.157。已知 $T_{10}=288\text{K}$，$V=301.5\times10^{-6}\text{m}^3$，$S=6.82\times10^{-6}\text{m}^2$，$p_2=p_a=0.1\text{MPa}$，$p_{10}=0.6\text{MPa}$，因 $\frac{\sqrt{287\times288}\times6.82\times10^{-6}t}{301.5\times10^{-6}}\times\left(\frac{0.1}{0.6}\right)^{\frac{1}{7}}=1.96-(-0.157)$，所以 $t=0.42\text{s}<0.5\text{s}$。

D 缸缩回过程，虽不是定容积向大气排气，而是在右侧变动气压力作用下推动左侧排气，故实际气缸左侧排气时间是短于 0.42s，说明所选定的排气回路能满足 D 缸 0.5s 内缩回的要求。

用上述相同方法可以估算其他缸的动作时间，也都能满足要求。

(6) 选气源系统及气源处理系统

从节能方面考虑，应选吸入流量为 $1\text{m}^3/\text{min}$(ANR)，输出压力为 0.7MPa 的空压机便可。

按第 2 章选气罐容积。设 $p_1=0.7\text{MPa}$，$p_2=0.4\text{MPa}$，$q_{max}=2553\text{L/min(ANR)}$，$t=60\text{s}$，则 $V\geqslant\frac{0.1\times2553\times60}{60\times(0.7-0.4)}\text{L}=851\text{L}$。故遇到突然停电，让气动系统仍维持 1min 工作时，选 1m^3 气罐即可。

在压缩空气进入每台机床的气动系统之前，设置过滤减压阀便可。按最大耗气量，选 AW20-02BCE。因所选缸、阀均为不给油元件，故不必设油雾器。按参考文献［13］图 7.2-2 气源处理系统应选系统 C。

主管路为 1/4in，内径 $d=8\text{mm}$，计算管内流速时，应将标准状态下的最大消耗量 255.3L/min(ANR) 折算成有压（$p=0.5\text{MPa}$）状态下的流量，故流速为

$$u=\frac{q_{\max}}{\frac{\pi}{4}d^2}\times\frac{p_a}{p+p_a}=\frac{255.3\times10^{-3}/60}{0.785\times0.008^2}\times\frac{0.1}{0.5+0.1}\text{m/s}=14.1\text{m/s}$$

（7）绘制电控气动回路

若省去主控阀 F_A，用主控阀 F_C 的控制信号 $Pd_0K_{b_1}^{d_1}$ 使 FC 切换，利用主控阀 F_C 切换后的输出信号，一方面推动 C 缸缩回，同时通过 A 缸的流量控制阀再推动 A 缸伸出。从逻辑关系看，是可行的。但该输出信号能否保证在 0.5s 内让 C 缸缩回、A 缸伸出呢？

已知 C 缸缩回容积 $V_C=\frac{\pi}{4}\times82\times2\text{cm}^3=100.5\text{cm}^3$（未计及活塞杆），A 缸伸出容积 $V_A=\frac{\pi}{4}\times42\times6\text{cm}^3=75.4\text{cm}^3$。该输出信号经 C 缸管道（$S=14\text{mm}^2$）向 C 缸有杆腔充气，同时经 C 缸管道后，又经 A 缸管道（$S=14\text{mm}^2$）及 A 缸流量控制阀（$S=7\text{mm}^2$）向 A 缸无杆腔充气，如图 21-8-26 所示。对此充气回路，要算出 A 缸、C 缸内压力从 0MPa 充至 0.5MPa 的时间是很复杂的。但可把此难题简化成图 21-8-27（a），即假设成经 C 缸管道、A 缸管道和 A 缸速度控制阀，向 C 缸缩回容积和 A 缸伸出容积充气，且容积内压力从 0MPa 充至 0.5MPa 所需的时间。按公式计算出图 21-8-27（b）的充气回路的合成有效截面面积 $S_{合}=5.72\text{mm}^2$。设此充气回路的临界压力比 $b=0.2$。查参考文献［13］图 3.5-5 可知，容积 V_C+V_A 内压力比从 1/6 升至 1，$\frac{k\sqrt{RT_1}St}{V}$ 从 −0.042 升至 1.864。又 $k=1.4$，设 $T_1=288\text{K}$，$V=(100.5+75.4)\text{cm}^3=175.9\text{cm}^3$，$S=5.72\text{mm}^2$，故充气时间 $t=\{[1.864-(-0.042)]\times175.9\}/(1.4\times\sqrt{287\times288}\times5.72)\text{s}=0.146\text{s}$。很显然，图 21-8-27 比图 21-8-26 的充气时间要长，图 21-8-26 的充气时间都远小于 0.5s，故省去主控阀 F_A 的方案从性能上讲也是可行的。实际情况是，A 缸伸出过程存在弹簧阻力，C 缸缩回存在无杆腔气压力的阻力，但这都不会影响省去 F_A 的结论。

省去主控阀 F_A 后的电控气动回路如图 21-8-28 所示。各缸型号选为：A 缸 CDM2L40-75S-C73CS，B 缸 CDM2L40-100-C73CS，C 缸 MDB1L80-25N-Z73S，D 缸 MDB1L80-75N-Z73-XC12。

各电磁阀型号选为：FB 为 SY3240-5GZ-01，FC 为 SY3140-5GZ-01，FD 为 SY5140-5GZ-02，3 个阀的消耗功率为 0.55W。a_1 和 b_1 的磁性开关型号为 C73C，c_1、d_0 和 d_1 的磁性开关型号为 Z73。选择磁性开关时，要考虑应满足适合负载（继电器）、负载电压（DC 24V）、负载电流范围（5~40mA）等方面的要求。

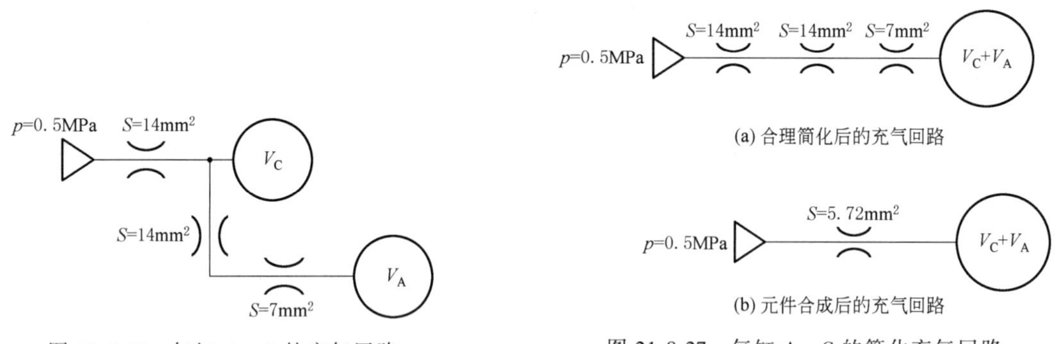

图 21-8-26　气缸 A、C 的充气回路

图 21-8-27　气缸 A、C 的简化充气回路

（8）画出电控气动回路所有缸及磁性开关的动作时序图

图 21-8-28 的动作时序图如图 21-8-29 所示。

从动作时序图上，任何节拍，各缸及各磁性开关的动作状态一目了然。例如，在第三节拍，A 缸在缩回过程中，B 缸处于伸出状态，C 缸在伸出过程中，D 缸处于缩回状态。磁性开关 b_1 和 d_0 处于接通状态，而 a_1、c_1 和 d_1 处于未接通状态。d_1 是脉冲信号。

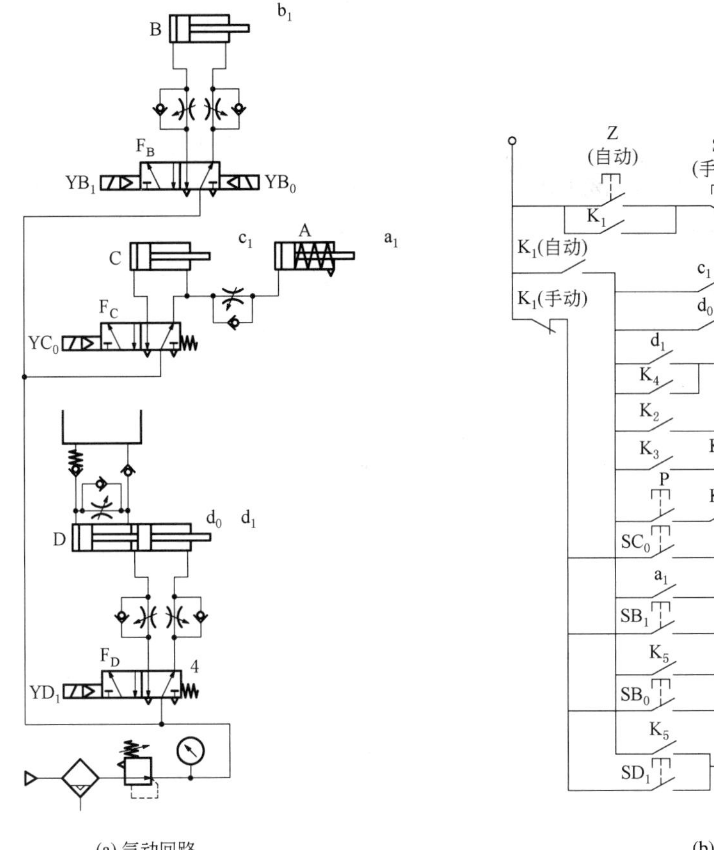

(a) 气动回路

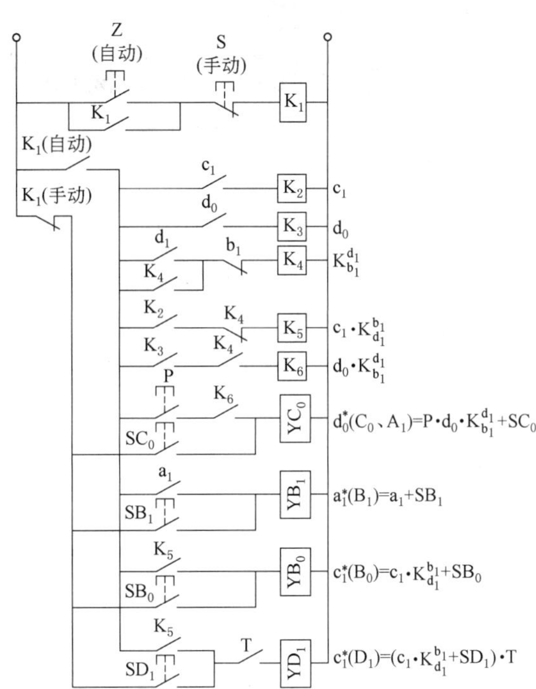

(b) 电气控制回路

图 21-8-28 电控气动回路

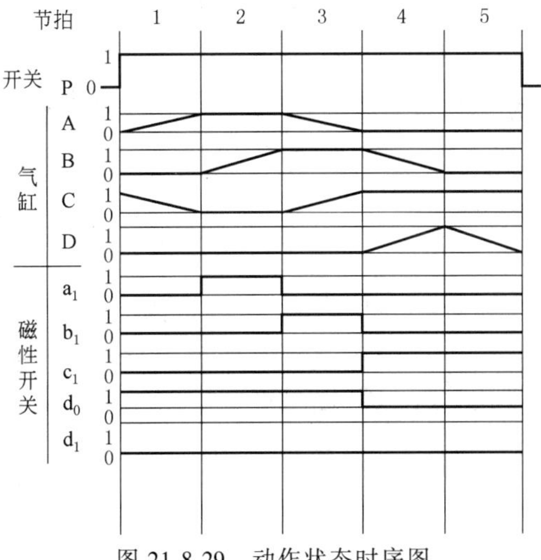

图 21-8-29 动作状态时序图

第9章 典型气动系统及应用

1 煤矿机械气动系统

1.1 防爆型矿用双锚索自动下料机气动系统

表 21-9-1 防爆型矿用双锚索自动下料机气动系统

主机功能结构介绍	防爆型矿用双锚索自动下料机用于矿山行业锚索的下料作业。该机由放线盘(2个)、牵引系统、切割系统、卸料系统以及放线盘制动器(2个)五部分组成。放线盘上装有锚索;放线盘制动器用于制动放线盘或限制放线盘的转速;牵引系统由液压减速马达驱动,用于牵引和输送待下料的锚索;切割系统通过连接高压水泵和磨料罐的水射流喷枪来完成对锚索的切割;卸料系统用于限定待下料锚索的长度(由防爆行程开关限定)、临时放置待下料锚索和将切断后的定长锚索卸料,卸料系统的挡板开启装置由气缸驱动 双锚索自动下料机通过液压系统、气动系统及PLC电控系统的有效配合,可实现锚索放线、牵引、切割和卸料的高度自动化。系统具有前单机、后单机及双机3种工作模式可选;在工人的操作控制面板上设有开始、总停、复位等按钮
气动系统	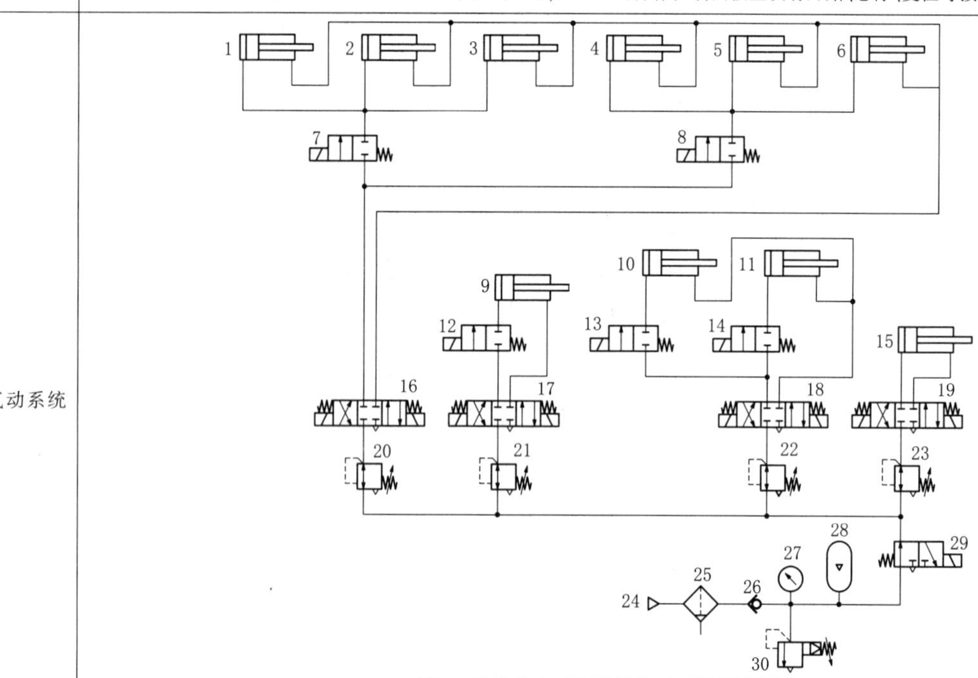 图1 双锚索自动下料机气动系统原理图 1~6,9~11,15—双作用活塞式单杆气缸;7,8,12~14—二位二通电磁换向阀;16~19—三位四通电磁换向阀;20~23—减压阀;24—气源;25—空气过滤器;26—单向阀;27—压力表;28—蓄能器(储气罐);29—二位三通电磁换向阀;30—溢流阀

续表

气动系统说明	双锚索自动下料机气动系统原理如图1所示，系统主要包括4部分：一是用于控制转盘制动器的气缸；二是用于控制牵引系统的气缸；三是用于控制喷枪工作台往复运动的气缸；四是用于卸料系统控制的6个气缸。由于煤矿区空气中含有较多粉尘，故用空气过滤器25对来自气源中压缩空气进行过滤；先导式溢流阀30用于过载安全保护；蓄能器(储气罐)28用作应急动力源，在气动系统正常运行中不工作，一旦气源发生紧急故障，蓄能器就开始工作，为气动系统提供气压能，使气动系统正常工作。4个支路上分别设有减压阀20~23，用于独立调节每个支路上的压力，以使每个气缸都能够无干扰地正常工作；三位四通电磁换向阀用于控制4组气缸的运动方向。安装在卸料架两侧的6个气缸1~6分为两个支路(每个支路3个气缸)，当前单机或后单机工作时，可以控制需要卸料的这侧的气缸工作，另一侧停止工作，两侧的切换由二位二通电磁换向阀7和8进行控制，可避免资源的浪费
技术特点	①锚索自动下料机通过机、电、液、气一体化控制，可以完成锚索的放线、牵引、切割及卸料所需的各种动作，提高了自动化程度和生产效率 ②锚索的压紧、喷枪工作台的进给运动和锚索的下料等采用气压传动，动作迅速可靠；切割采用水射流，节能环保，适用于井下作业，提高了锚索下料的安全性，克服了以往锚索下料机只能井上作业的缺陷 ③在系统中设有溢流阀、减压阀、卸荷阀及防爆行程开关等装置，提高了系统可靠性和安全性

1.2 WC8E型防爆胶轮车气动系统

表21-9-2 WC8E型防爆胶轮车气动系统

主机功能结构介绍	WC8E型防爆胶轮车是某单位研制的产品，因其工作环境具有瓦斯、煤尘，易燃、易爆，故要求其具有防爆性。根据WC8E型防爆胶轮车的使用要求，在启动、保护、换挡、换向及油门控制等方面均采用了环境适应性好及自动化程度高的气动技术
气动系统	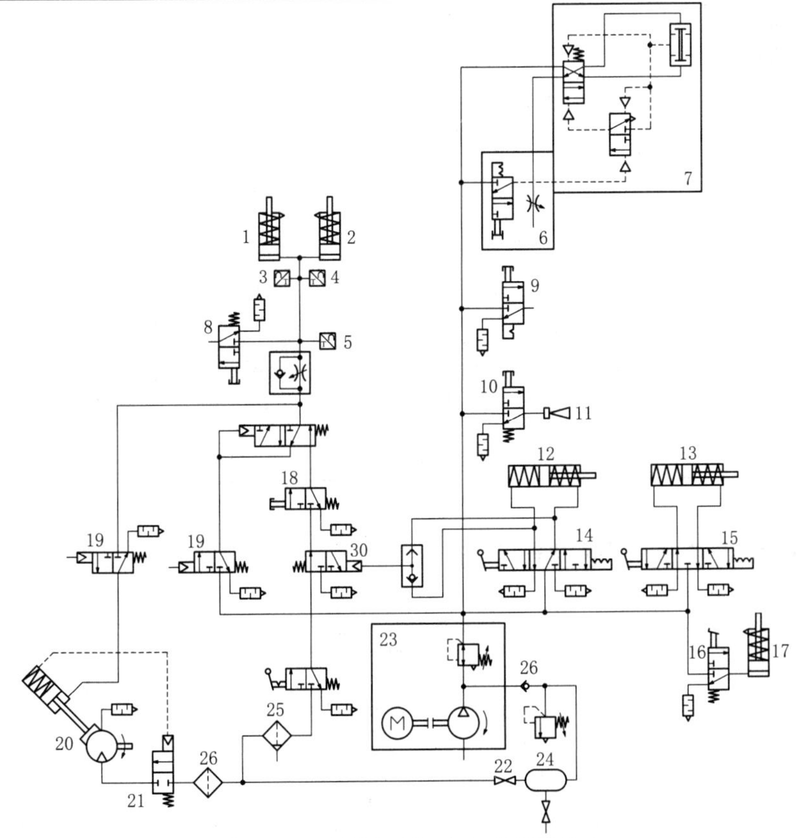 图1 WC8E型防爆胶轮车气动系统原理图 1—燃油控制气缸；2—柴油机风门气缸；3~5—温度传感器；6—雨刮开关阀；7—刮水器；8—水位控制阀；9—紧急制动按钮阀；10—喇叭按钮阀；11—气喇叭；12—换向气缸；13—换挡气缸；14—换向阀；15—换挡阀；16—脚踏调压阀；17—油门控制气缸；18—过载阀；19—启动阀；20—气动马达；21—延迟阀；22—总开关阀；23—空压机；24—储气罐；25,26—过滤器

续表

<table>
<tr><td rowspan="1">气动系统说明</td><td>
WC8E 型防爆胶轮车气动系统原理如图 1 所示，其气压源为柴油机驱动的空压机 23，压缩空气储存于储气罐 24 中。系统包括气启动及安全保护回路、气动换挡换向回路、气动油门控制回路及其他辅助回路等。气动系统执行元件及其功用如表 1 所示
表 1　气动系统执行元件及其功用
<table>
<tr><td>元件</td><td>功用</td><td>元件</td><td>功用</td></tr>
<tr><td>气缸 1</td><td>燃油控制</td><td>气缸 13</td><td>换挡控制</td></tr>
<tr><td>气缸 2</td><td>柴油机风门控制</td><td>气缸 17</td><td>油门控制</td></tr>
<tr><td>气喇叭 11</td><td>喇叭</td><td rowspan="2">气动马达 20</td><td rowspan="2">带动柴油机飞轮运转，产生发动机启动时所需的扭矩，完全启动过程</td></tr>
<tr><td>气缸 12</td><td>车辆的换向</td></tr>
</table>
①气启动及安全保护回路。分为主回路和控制回路两部分。前者经主管路与气动马达 20 连接，用于驱动气动马达旋转；后者由各控制元件通过管道连接构成一气动顺序控制回路，以实现各气动控制元件的顺序动作
在车辆启动前，先打开总开关阀 22。储气罐 24 中的压缩空气分为两路：一路经主管路进入延迟阀 21；另一路进入控制回路，此时所有控制阀均处于关闭状态。在启动时，首先打开过载阀（二位三通电磁换向阀）18，控制气路进入柴油机风门气缸 2 和燃油控制气缸 1，再按下启动阀 19，控制气流通过该阀进入气动马达 20 的控制口，打开通往气动马达的气路，主气路的压缩空气进入气动马达，驱动其运转，带动采油机飞轮运转完成启动过程。在启动后，先松开启动阀 19，待发动机机油压力达到 0.2MPa 后，松开过载阀 18，控制气路一直通往柴油机风门气缸 2 和燃油控制气缸 1，车辆正常运转
安全保护回路由温度传感器，水位保护阀等组成，各项指标正常的情况下，车辆正常行驶，当某项指标超标时，柴油机自动熄火停车
②气动换挡换向回路。在该回路中，换挡阀 15 与换挡气缸 13 控制车辆的进、退和挡位。换向阀中位为空挡，另两位分别为前进挡及后退挡；换挡阀中位为Ⅰ挡，另两位分别为Ⅱ挡及Ⅲ挡，即车辆共有进退各 3 个挡
为了车辆运行的安全，回路中增设了空挡启动保护，即只有在车辆处于空挡时，车辆才能启动，避免了在挂挡时启动，车辆突然进、退造成的事故
③气动油门控制回路。气动油门控制回路由脚踏调压阀 16、油门控制气缸 17 以及管路附件等组成。油门控制气缸 17 与柴油机油门相连，油门开启的大小由油门控制气缸 17 的行程大小决定，而油门控制气缸 17 的行程取决于控制气压的大小。进入油门控制气缸的气压大小由脚踏调压阀控制。当逐渐踩下脚踏板时，脚踏调压阀 16 输出的气压逐渐增大，并进入油门控制气缸 17，油门控制气缸 17 的行程，从而控制油门的大小，实现气动油门控制的目的。气动油门控制具有布置方便、操作灵敏、安全可靠性高等特点
④其他辅助回路。该胶轮车的许多辅助功能均采用气动元件组成的回路。例如，用喇叭按钮阀 10 控制气喇叭 11。紧急制动由紧急制动按钮阀 9 控制，当拉出按钮时，制动解除；当按下按钮时，车辆制动。车辆挡风玻璃的雨刮器由雨刮开关阀 6 及刮水器 7 组成，并能通过调节雨刮开关控制雨水刮得快慢
</td></tr>
<tr><td>技术特点</td><td>
①系统采用涡轮式气动马达，无须添加润滑油，简化了系统回路及维护点，而且与叶片式马达相比，具有重量轻、体积小、耗气量小等优点
②系统中的换向、换挡阀结构简单，体积小，操纵方便；脚踏调压阀及油门控制缸性能匹配，操纵性好，保证了车辆的加速可控性；换挡、换向缸根据变速箱的要求合理匹配，车辆换挡换向的灵活性和可靠性好
③在主回路和控制回路中均设置了过滤器（图 1 中件 25 和 26），保证了工作介质的清洁度，提高了气动元件乃至整车工作的可靠性
④尽量做大储气罐容积，保证了在条件恶劣的矿井中工作的车辆启动系统的要求
</td></tr>
</table>

1.3　煤矿气动单轨吊驱动部系统

表 21-9-3　　煤矿气动单轨吊驱动部系统

<table>
<tr><td>主机功能结构介绍</td><td>
单轨吊作为煤矿井下辅助运输的重要组成部分，气动单轨吊以井下气源管路提供压缩空气为动力，适用于运输距离 300m 以内、轨道坡度 20°以内的轻载运输。驱动部是气动单轨吊机车行驶的动力来源，其主要由机架 1、马达减速器 2、制动臂 4、制动弹簧 5、制动缸 6、驱动轮 7、制动闸块 8、气动马达（图中未画出）和连接组件等组成
气动马达由法兰连接于马达弯架，机架两侧马达弯架一端通过销轴固定于机架，另一端通过弹簧螺杆连接，可用来调节驱动轮的夹紧力。驱动轮由弹簧提供的夹紧力紧压于轨道上，由气动马达通过减速器带动驱动轮转动为机车提供动力。制动臂采用 1∶3∶3 的杠杆结构，以获得较大的制动力。机车通过制动闸块与导轨的摩擦力进行制动，由制动弹簧与制动缸通过制动臂控制制动闸块制动及解除制动。气动单轨吊驱动部系统原理如图 1 所示，在机车行走时，制动缸 6 有杆腔进气、活塞杆缩回，压缩制动弹簧 5，通过制动臂 4 的杠杆机构，使制动闸块 8 远离导轨 9，解除制动，机车行走。当机车制动时，制动缸 6 无杆腔进气，活塞杆伸出，制动弹簧 5 在自身弹力作用下展开，制动闸块 8 压紧导轨 9，由制动闸块与导轨的摩擦力实现机车的制动
</td></tr>
</table>

续表

气动系统	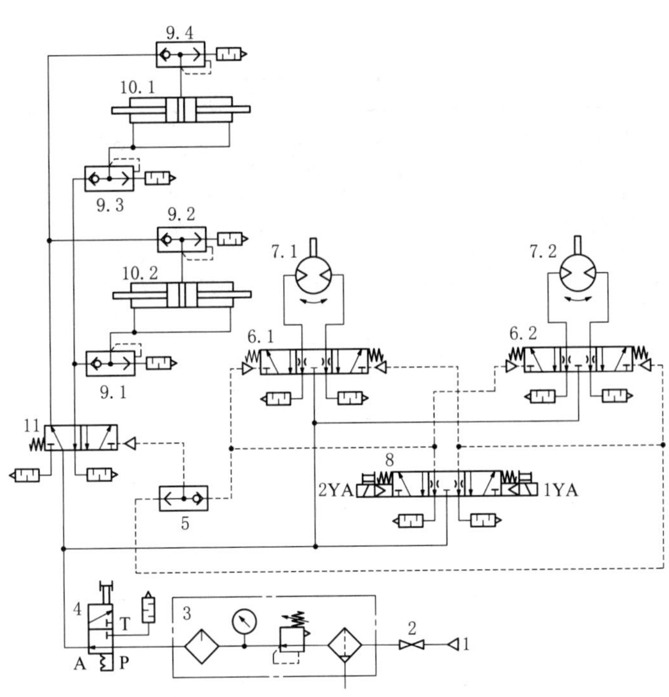 图1　气动单轨吊驱动部系统原理图 1—气源;2—截止阀;3—气动三联件(过滤器、减压阀、油雾器);4—二位三通手动紧急制动阀;5—梭阀;6—三位五通气控换向阀;7—行走气动马达;8—三位五通电磁换向阀;9—快速放气阀;10—制动气缸;11—二位五通气控换向阀
气动系统说明	气动单轨吊驱动部系统原理如图1所示。系统的执行元件为行走气动马达7和制动气缸10,前者采用三位五通气控换向阀6控制转向,后者则采用二位五通气控换向阀11控制其运动方向(制动及解除),阀6和11的控制气流方向共用三位五通电磁换向阀8先导控制 在机车行走时,压缩空气由气源1经气动三联件3,进入二位三通手动紧急制动阀4(非紧急制动时,此阀保持下位工作)和三位五通电磁换向阀8。机车前进时,电磁铁1YA通电使换向阀8切换至右位。压缩空气由阀8进入三位五通气控换向阀6的右侧控制腔(左侧控制腔经阀8及消声器排气),使阀6切换至右位,则行走气动马达7由右侧进气(左侧经阀6及消声器排气),实现正转,带动驱动轮旋转。同时,另一部分压缩空气经换向阀8和梭阀5进入二位五通气控换向阀11的右侧控制腔,将阀11切换至右位,则压缩空气经阀11、快速放气阀9,进入制动气缸10的活塞杆腔,制动缸活塞杆缩回,压缩制动弹簧,通过制动臂的杠杆机构使制动闸块远离轨道,解除机车制动,机车前进。机车反向行驶时,电磁铁2YA通电使换向阀8切换至左位,压缩空气进入气动马达左侧,驱动轮反转,制动系统同样处于解除状态,机车后退 在机车制动时,所有电磁铁断电使换向阀8处于中位,换向阀6由复位弹簧作用也复至中位,行走气动马达7停止转动。同时,换向阀11因弹簧作用复至左位,压缩空气进入制动缸无杆腔,活塞杆伸出,解除对于制动弹簧的压缩,制动弹簧伸开,由于制动臂杠杆作用,刹车片抱紧导轨,由刹车片与导轨间摩擦力实现刹车。在遇到危急状况时,可通过按紧急制动按钮将二位三通手动紧急制动阀4切换至上位,切断整个气控系统供气,以实现紧急制动
技术特点	①系统的行走气动马达和制动气缸均采用气控换向阀控制其运动状态,控制气流共用一只三位五通电磁换向阀进行先导控制,并用梭阀5实现压力气体和排气的隔离 ②通过二位三通手动换向阀实现断气紧急制动 ③在冲击气缸的进排气口分别设有快速排气阀,以提高制动及其解除的快速性 ④各换向阀的排气口均设有消声器,有利于减小系统工作时的高频排气噪声

2　电缆剥皮机气动系统

表 21-9-4　　电缆剥皮机气动系统

主机功能结构介绍

电缆剥皮机的功能是对电缆直径在 10~30mm 范围内等长圆形材料的外皮加工，快速高效地去除电缆外皮，达到较高的精度和粗糙度。该机采用了气动技术和 PLC 控制

机器工作时，电缆的一端固定，另一端则由气缸通过相对的多排 V 字形装置夹紧→夹紧后，切断缸前进，通过上下两个圆弧刀片组成的切割装置裹紧切断电缆→摆动气缸通过皮带轮带动夹紧装置扭转，被切断的电缆皮扭转，实现可靠剥除电缆外皮，同时不伤害金属导线→卸料气缸把被切断的电缆皮推下去→拉回气缸把安装有切断缸、扭转气缸、卸料气缸的装置拉回→拉回缸、卸料缸、夹紧缸、切断缸、扭转缸复位。切断不同直径的电缆时，需更换相应型号的圆弧切刀

气动系统

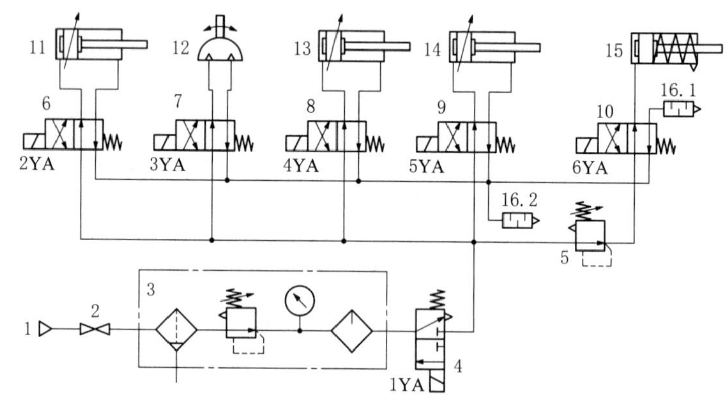

图 1　电缆剥皮机气动系统原理图

1—气源；2—截止阀（总开关）；3—气动三联件；4—二位五通电磁换向阀；5—减压阀；6~10—二位四通电磁换向阀；11—夹紧气缸；12—扭转气缸（气马达）；13—切断气缸；14—拉回气缸；15—卸料气缸；16—消声器

气动系统说明

电缆剥皮机气动系统原理如图 1 所示，系统有夹紧气缸 11、扭转气缸 12、切断气缸 13、拉回气缸 14 和卸料气缸 15 五个执行元件，缸 13 为摆动缸（摆动气动马达），缸 15 为弹簧复位的单作用缸，其余则为双作用活塞缸。上述气缸依次分别由二位四通电磁换向阀 6~10 控制其运动状态

系统的气源 1 经总开关（截止阀）2 和气动三联件 3 及二位三通电磁换向阀 4 向各气缸提供压缩空气。由于卸料气缸 15 支路所需的压力比其他支路的压力低，故在卸料缸支路装有减压阀 5，以便将主回路的压力降低到其支气动回路需要的压力大小

机器在对电缆剥皮时，其动作顺序为夹紧→切断→扭转→拉回→卸料→复位，其气动系统动作状态如表 1 所示

表 1　电缆剥皮机气动系统动作状态表

工况		电磁阀 4	夹紧气缸 11	扭转气缸 12	切断气缸 13	拉回气缸 14	卸料气缸 15
			电磁阀 6	电磁阀 7	电磁阀 8	电磁阀 9	电磁阀 10
序号	动作	1YA	2YA	3YA	4YA	5YA	6YA
1	夹紧	+	+	−	−	−	−
2	切断	+	+	−	+	−	−
3	扭转	+	+	+	+	−	−
4	拉回	+	+	+	+	+	−
5	卸料	+	+	+	+	+	+
6	复位	+	−	−	−	−	−

注：+为通电，-为断电。

夹紧时，电缆一端固定，另一端由夹紧气缸带动多排可交叉的 V 字形装置夹紧。切断时，切断缸伸出，由两个圆弧刀片组成的切割装置裹紧切割电缆。为保证可靠切割，进一步添加电缆扭转动作，由摆动气缸通过皮带轮带动夹紧装置整体旋转，此时被裹紧的电缆皮也跟着扭转。之后进行拉拔动作，拉回缸把装有切断缸、扭转缸、卸料缸的装置拉回，同时实现定长电缆剥皮工作，卸料缸把被切断的电缆皮推入收料盒，各气缸复位

续表

技术特点	①电缆剥皮机采用气压传动和 PLC 电气控制，可实现电缆自动定长剥皮，工作效率高，能耗少，绿色环保 ②机器的气动系统结构简明。由于5个气缸均采用二位四通电磁换向阀控制其运动状态，若采用气动阀岛，则可减少系统管路和电气接线的数量，更加便于实现集中控制和系统安装及使用维护

3 ZJ70/4500DB 钻机阀岛集成气动系统

表 21-9-5　　ZJ70/4500DB 钻机阀岛集成气动系统

主机功能结构介绍	ZJ70/4500DB 钻机采用了气动阀岛控制系统（图 1），以便提高钻机自动化程度，并节省因采用传统气动阀需大量的气路控制软管的连接时间。如图 1 中右上角所示，该阀岛为 FESTO 公司 10P-18-6A-MP-R-V-CHCH10 型，它安装在绞车底座的控制箱内，阀岛由 4 组功能阀片、气路板、多针插头和安装附件等组成。4 组功能阀片的每一片代表 2 个二位三通电控气阀，故该阀岛共有 8 个二位三通电控气阀。阀岛顶盖上的多针插头为 27 芯 EXA11T4，其作用是将控制信号通过多芯电缆传输到阀岛，控制阀岛完成各项设定的功能
气动系统	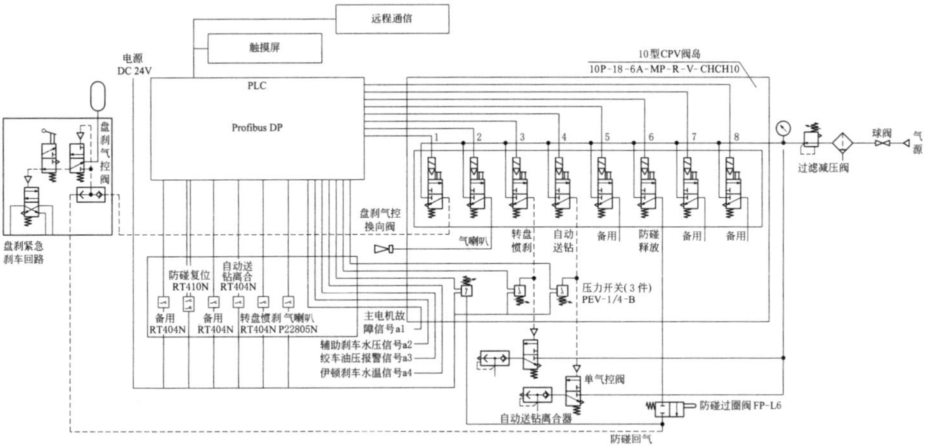 图 1　ZJ70/4500DB 钻机阀岛集成气动系统原理图 1～8—二位三通电控气阀
气动系统说明	①液压盘刹紧急刹车。该钻机配备液压盘式刹车，当系统处于正常工作状态，即无信号输入时，阀 1 无电控制信号，处于关闭状态，司钻通过操纵刹车手柄可完成盘刹刹车和释放。当系统出现下列状况时：a. 绞车油压过高或过低；b. 伊顿刹车水压过高或过低；c. 伊顿刹车水温过高；d. 系统采集到主电机故障，电控系统分别发出电信号 a_1（主电机故障，电控系统输入给 PLC）、a_2、a_3、a_4 给 PLC，PLC 则输出电信号到阀 1，阀 1 打开，主气通过梭阀到盘刹气控换向阀，实现紧急刹车。同时 PLC 把电信号传输给阀 4 或电控系统，实现自动送钻离合器的摘离或主电机停机。另外，若游车上升到限定高度时（距天车 6～7m），防碰过圈阀 FP-L6 的肘杆因受到钢丝绳的碰撞而打开，气压信号经过梭阀作用于盘刹气控换向阀，盘刹也可实现紧急刹车功能。待故障排除且故障信号消失后，再重新启动主电机 ②气喇叭开关。当司钻提醒井队工作人员注意时，按下面板上的气喇叭开关（P22805N），开关输入电信号到 PLC，PLC 则给阀 2 电信号，阀 2 打开，供气给气喇叭，使其鸣叫，松开气喇叭开关后，电信号消失，气喇叭停止鸣叫 ③转盘惯性刹车。当转盘惯刹开关（RT404N）处于刹车位置时，PLC 发出电信号给阀 3，阀 3 打开，输入气信号到转盘惯刹离合器，同时输入信号给转盘电机，使电机停转，实现转盘惯性刹车。只有当开关复位后，电机才可以再次启动 ④自动送钻。当面板上自动送钻开关（RT404N）处于离合位置时，输出电信号到 PLC，PLC 把电信号传给电控系统，使主电机停止运转，启动自动送钻电机，同时阀 4 受到电信号控制而打开，把气控制信号输入单气控阀，主压缩空气便通过气控阀到自动送钻离合器，实现自动送钻功能。自动送钻离合器与主电机互锁，可有效避免误操作 ⑤防碰释放。当游车上升到限定位置时，因过圈阀打开而使盘刹紧急刹车，这时，如果要下放游车，先将盘刹刹把拉至“刹”位，再操纵驻车制动阀，然后按下面板上防碰复位开关（RT410N），输出电信号给 PLC，PLC 把电信号传到阀 6，阀 6 打开放气，安全钳的紧急制动解除，此时司钻操作刹把，方可缓慢下放游车。待游车下放到安全高度时，将防碰过圈阀（FP-L6）和防碰释放开关（RT410N）复位，钻机回到正常工作状态

续表

技术特点	采用阀岛控制的钻机气控系统,其电控信号更易于实现钻机的数字化控制,控制精准;同时连接时只需一根多芯电缆,不用一一核查铭牌对接,连接简便,进一步提高了钻机的自动化程度和工作效率 因阀岛应用于石油钻机的控制系统,故在阀岛设计中,必须考虑阀岛箱的正压防爆,以防可燃性气体的侵入。同时预留备用开关(RT404N),当需要实现其他功能或某些阀出现故障时,打开备用开关输出电信号给PLC,PLC则打开阀5、阀7和阀8,这些备用阀可以完成其他功能或替换故障阀

4 冶金、铸造机械气动系统

4.1 导向翻板装置气动系统

表 21-9-6 导向翻板装置气动系统

主机功能结构介绍	导向翻板装置是热轧厂带钢表面质量检测系统的配套装置之一,用于对带钢头部通过此区域时进行导向,防止带钢头部落下,带钢头部通过后,导向翻板瞬间翻下,为下部检测单元提供一个检测视区,检测完毕后,导向翻板上翻,整个运行过程要求精准、快速,该装置采用了气压传动。导向翻板组件由翻板、支架、转动轴、轴承座和连接杆等部件组成。两个气缸通过连接杆与转动轴用键连接。在无带钢通过时,导向翻板处于水平状态;当带钢的头部通过导向翻板后第1个轨道时,气缸带动导向翻板快速自动翻下;当带钢的尾部通过导向翻板后第1个轨道时,气缸带动导向翻板自动复位水平状态
气动系统	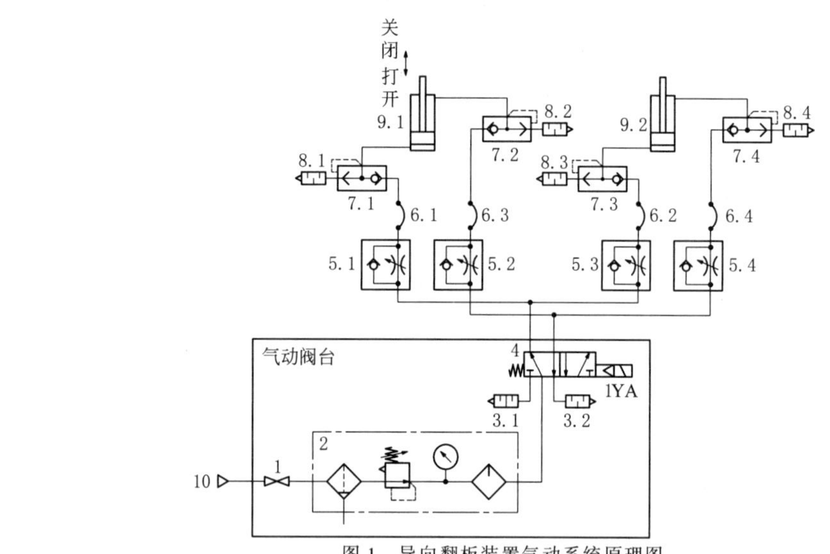 图1 导向翻板装置气动系统原理图 1—球阀;2—气动三联件;3,8—消声器;4—二位五通电磁换向阀;5—单向节流阀;6—软管;7—快速排气阀;9—气缸;10—气源
气动系统说明	导向翻板装置气动系统原理如图1所示。系统的气源10通过球阀1和气动三联件2向系统提供符合要求的压缩空气。系统的执行元件是2个并联的导向翻板气缸9,缸9的运动方向由二位五通电磁换向阀4控制,其运动速度由进出气口的单向节流阀双向排气节流调节,快速排气阀7可实现气缸非工作腔气体的快速排放,提高翻板速度。换向阀及各快排阀排气口分别装有消声器3和8,以降低排气噪声强度。电磁铁1YA通电使换向阀4切换至右位时,气源10的压缩空气经阀1、气动三联件2、阀4、阀5.2及5.4的节流阀和快速排气阀7.2及7.4进入气缸9.1和9.2的有杆腔,二气缸活塞杆缩回打开翻板;电磁铁1YA断电时,阀4复至图示左位,气缸9上行伸出关闭翻板 导向翻板装置气动系统部分技术参数及元器件型号规格如表1所示

续表

气动系统说明

表 1　导向翻板装置气动系统部分技术参数及元器件型号规格

技术参数				元器件型号规格			
序号	参数	数值	单位	元器件名称	型号	技术规格	
1	两侧气缸闭合翻板推力 F_1	1.5	kN	气缸	MDBT80TF-350-Z73	缸径 80mm	行程 350mm
2	两侧气缸打开翻板拉力 F_2	1.5	kN	电磁换向阀	VFR5141-5DZA-B06F	通径 20mm	额定流量 $5.5555\times10^{-3}m^3/s$
3	气缸工作行程 L	300	mm	单向节流阀	AS420-04		
4	翻板打开时间 t	≤0.4	s	快速排气阀	AQ5000-F01-L		
5	气缸速度 v	0.5	m/s	消声器	AN500-06		
6	系统气压	0.4	MPa				
7	单个气缸单行程耗气量	2.512×10^{-3}	m^2/s				
8	气缸进气口管径	15	mm				
9	气源入口管径	25	mm				

技术特点

①气动导向翻板装置原理简单、性能可靠、使用和更换维修方便

②气动系统采用快速排气阀，可提高气缸运行速度和翻板速度

③系统气源直接从车间钢带卷取机附近区域的压缩空气总管上引出，送至导向翻板装置，供其用气，无须另行增设独立动力源，节省了投资成本，经济性好

4.2　铸造车间水平分型覆膜砂制芯机气动系统

表 21-9-7　　水平分型覆膜砂制芯机气动系统

主机功能结构介绍

水平分型覆膜砂制芯机是铸造车间一种造型设备，它采用气压传动，可以实现开合模、射砂、打料等动作，其工艺过程框图如图 1 所示，其工况及动作说明如表 1 所示

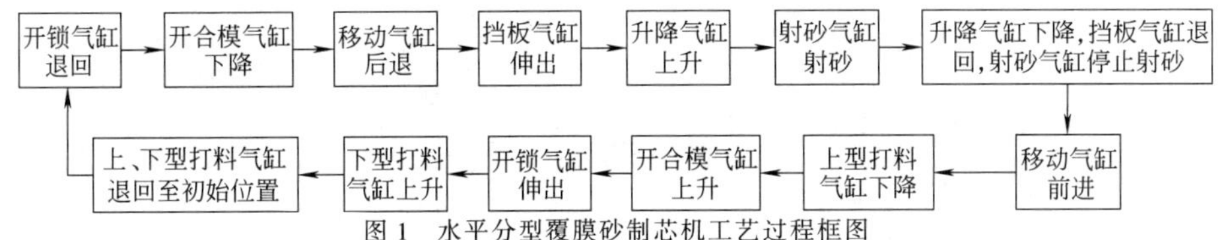

图 1　水平分型覆膜砂制芯机工艺过程框图

表 1　水平分型覆膜砂制芯机工况及动作说明

序号	工况	执行元件	动作说明
1	模具的解锁和锁紧	开锁气缸	当开锁气缸退回(伸出)时，将上型模具解锁(锁紧)。在工作状态应该处于解锁状态，当砂型加工完成后，将上型模具锁紧，或者当按下急停开关后，开锁气缸伸出处于锁紧状态
2	模具的开合	开合模气缸	当开合模气缸向下伸出(向上退回)时，将上、下型模具合模(开模)
3	小车前进后退	移动气缸	移动气缸带动小车上的模具实现前进和后退动作。当移动气缸向右(左)移动时，小车后退(前进)；当小车前进到位后，要求停留 20s，即砂子需要固化 20s，固化时间的长短依据砂型形状、大小来决定
4	挡砂板动作	挡板气缸	处于射砂状态时，挡砂板是伸出的，此时将储砂斗封住，关闭砂子出口。挡砂板的动作靠挡板气缸驱动。当挡板气缸伸出(退回)时，挡砂板处于关闭(打开)状态
5	整体模具的升降	升降气缸	当升降气缸伸出时，带动整体模具上升，使模具进砂口与射砂板紧密接触，同时压缩空气顶住，挡板气缸的挡板下端，封住储砂斗，为下一步的射砂动作做准备。射砂动作完成后，升降气缸退回，下降至初始状态

续表

主机功能结构介绍

续表

序号	工况	执行元件	动作说明
6	射砂动作	射砂气缸	射砂动作通过射砂气缸来完成,射砂时间为2~3s。射砂气缸根据工作需要自行设计。射砂气缸的进气口和储气罐相接,出气口与射砂头相接。处于射砂状态时,即左控制口通压缩空气,右控制口与大气相通。当左控制口通入压缩空气后,克服弹簧的作用,通过排气端膜片的变形与阀体贴紧,从而使出气口与大气不通;右控制口与大气相通,进气口上0.2~0.4MPa的压缩空气作用在进气端膜片上,进气端膜片变形向右运动,此时进气口中的0.2~0.4MPa的压缩空气与出气口相通,即进入射砂头,完成射砂动作。当右控制口通入压缩空气时,进气端膜片堵住进气口和出气口的通道;左控制口与大气相通,弹簧拉着排气端膜片变形向左移动,将出气口与大气接通,处于非射砂状态
7	砂型成型取料	打料气缸	成型后的砂型,通过上、下型打料气缸的动作将砂型顶出上、下型模具。当打料气缸下降(上升)时,将砂型与上(下)型模具脱开

气动系统

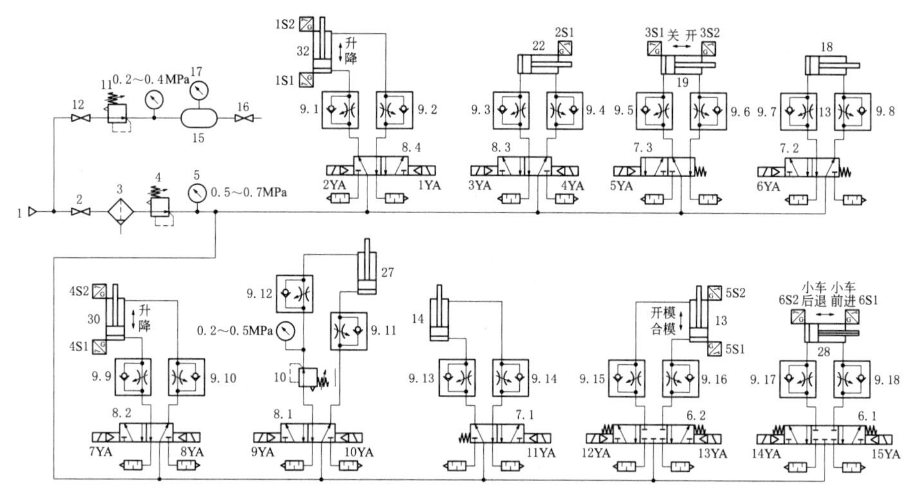

图2　水平分型覆膜射芯机气动系统工作原理图(20、21、23~27、29、31图中未示出)

1—气源;2,12,16—开关阀;3—分水滤气器;4,11—减压阀;5,17—压力表;6—三位四通先导式电磁换向阀;7—二位五通先导式单电控换向阀;8—二位五通先导式双电控换向阀;9—单向节流阀;10—二次减压阀;13—开合膜气缸;14—模具翻转气缸;15—储气罐;18—射砂气缸;19—开锁气缸;20—储砂斗;21—挡砂板;22—挡板气缸;23—射砂头;24—射砂板;25—模具上型固定板;26—流量计;27—上型打料气缸;28—移动气缸;29—液压缓冲装置;30—下型打料气缸;31—进水开关阀;32—升降气缸

气动系统说明

水平分型覆膜砂制芯机气动系统原理如图2所示,系统的执行元件有开锁气缸19、开合模气缸13、模具翻转气缸14、移动气缸28、挡板气缸22、升降气缸32、射砂气缸18和上型打料气缸27及下型打料气缸30九个气缸,其运动状态依次分别由电磁换向阀7.3、6.2、7.1、6.1、8.3、8.4、7.2、8.1、8.2控制,各缸依次分别采用单向节流阀9.5和9.6、9.15和9.16、9.13和9.14、9.17和9.18、9.3和9.4、9.1和9.2、9.7和9.8、9.11和9.12、9.9和9.10等进行双向排气节流调速

系统气源1分为两路向系统提供不同压力的压缩空气,一路是经减压阀4提供0.5~0.7MPa的压缩空气,通过电磁阀控制各气缸动作;另一路是经减压阀11提供0.2~0.4MPa的压缩空气给储气罐15,在此工作压力下完成射砂动作。该气动系统属典型的顺序控制,电磁换向阀的信号源主要来自各缸行程端点的行程开关,通过欧姆龙PLC实现砂型成型的手动和自动控制。系统工况及动作说明如表2所示

续表

气动系统说明

表 2　水平分型覆膜砂制芯机气动系统工况及动作说明

序号	工况动作	主控电磁阀		执行气缸编号	动作说明
		编号	电磁铁信号形式		
1	开锁	7.3	持续	19	开锁气缸 19 的初始位置为伸出位，即锁紧模具的位置 3S2，当电磁铁 5YA 通电使换向阀 7.3 切换至上位时，气缸 19 退回将上型模具打开解锁，当电磁铁 5YA 断电处于图示下位时，气缸 19 伸出将上型模具锁紧。解锁（锁紧）的速度由单向节流阀 9.5（9.4）的开度决定
2	开合模	6.2	持续	13	开合模气缸 13 的初始位置为退回的 5S2 位置，当电磁铁 12YA（13YA）通电时，气缸 13 实现向下合模（向上开模）运动，合模（开模）的速度由单向节流阀 9.16（9.15）的开度决定。当出现紧急状况断电时，气缸 13 立刻停在当前位置
3	小车进退	6.1	持续	28	移动气缸 28 的初始位置为前进位置（行程开关 6S1 位置），当电磁铁 14YA（15YA）通电使换向阀 6.1 切换至上位（下位）时，气缸 28 带动小车上的模具实现向右前进（向左后退）运动，小车进（退）速度由单向节流阀 9.18（9.17）的开度决定，若出现紧急状况断电时，气缸 28 立刻停在当前位置，通过液压缓冲装置 29 来实现对气缸 28 的缓冲
4	挡板移动	8.3	脉冲	22	挡板气缸 22 的初始位置为退回行程开关 2S1 位置，当电磁铁 3YA（4YA）通电使换向阀 8.3 切换至上位（下位）时，挡板气缸 22 带动挡砂板 21 向右（向左）移动，向右（向左）速度由单向节流阀 9.4（9.3）的开度决定，若出现紧急状况断电时，气缸 22 总是维持原有的运动状态（即气缸处于伸出时，继续伸出直至到端点停止）。当射砂气缸 18 处于射砂状态时，气缸 22 应处于伸出状态，即挡砂板 21 封住储砂斗 20；不射砂时，气缸 22 始终处于退回状态，即挡砂板 21 离开储砂斗 20
5	模具整体升降	8.4	脉冲	32	升降气缸 32 的初始位置为下端的行程开关 1S1 位置，当电磁铁 1YA（2YA）通电使换向阀 8.4 切换至下位（上位）时，气缸 32 带动模具整体上升（下降），上升（下降）速度由单向节流阀 9.1（9.2）的开度决定，当气缸 32 处于上升状态时，左路的压缩空气顶住挡砂板 21 的下部，从而封住储砂斗 20，若出现紧急状况断电时，升降气缸 32 总是维持原有的运动状态（即气缸处于上升时，继续上升直至到端点停止）
6	射砂	7.2	持续	18	射砂气缸 18 的动作见表 1，当电磁铁 6YA 通电使阀 7.2 切换至上位时，压缩空气经阀 7.2 和阀 9.7 的单向阀进入射砂气缸 18 的左侧控制口④，右侧控制口③经阀 9.8 的节流阀排气，此时完成射砂动作，进入射砂动作的快慢由单向节流阀 9.8 的开度决定，通过冷却装置对空芯射砂板 24 冷却，起到将模具降温的作用。当电磁铁 6YA 断电使阀 7.2 复至图示下位时，射砂动作结束
7	上型、下型打料	8.1（8.2）	脉冲	27（30）	当电磁铁 9YA（7YA）通电使换向阀 8.1（阀 8.2）切换至上位时，上型打料气缸 27（下型打料气缸 30）伸出向下（上）运动，将成型的砂型脱模，打料速度由单向节流阀 9.11（9.10）的开度决定。上型打料脱模时的供气压力通过二次减压阀 10 来设定（按产品不同一般调整为 0.2～0.5MPa）。当电磁铁 10YA（8YA）通电时，上型打料气缸 27（下型打料气缸 30）退回向上（下）运动，回到初始位置
8	模具翻转	7.1	持续	14	当电磁铁 11YA 通电使换向阀 7.1 切换至上位时，翻转气缸 14 带动模具翻转 45°，便于修理模具；模具翻转速度由单向节流阀 9.13 的开度决定。当电磁铁 11YA 断电使换向阀 7.1 复至下位时，气缸 14 回至初始状态

技术特点

①铸件砂模水平成型机气动系统采用 PLC 控制，实现了生产过程自动化

②执行气缸和储气罐分别采用独立的供气系统

③气路结构简单明了，多数为标准元件；射砂薄膜气缸自行设计，可生产形状复杂、尺寸精度高的多种覆膜砂砂型，提高了砂型的产品质量和生产效率

5　化工与橡塑机械气动系统

5.1　化工药浆浇注设备气动系统

表 21-9-8　　化工药浆浇注设备气动系统

主机功能结构介绍	浇注设备是化工药浆浇注工序的关键设备。此处介绍的浇注设备是一种适用于多种混合釜型号，气动控制自动升降和翻转的浇注设备，该设备由主机和气动控制系统组成。主机包括水平移动机构、升降机构及翻转机构等
气动系统	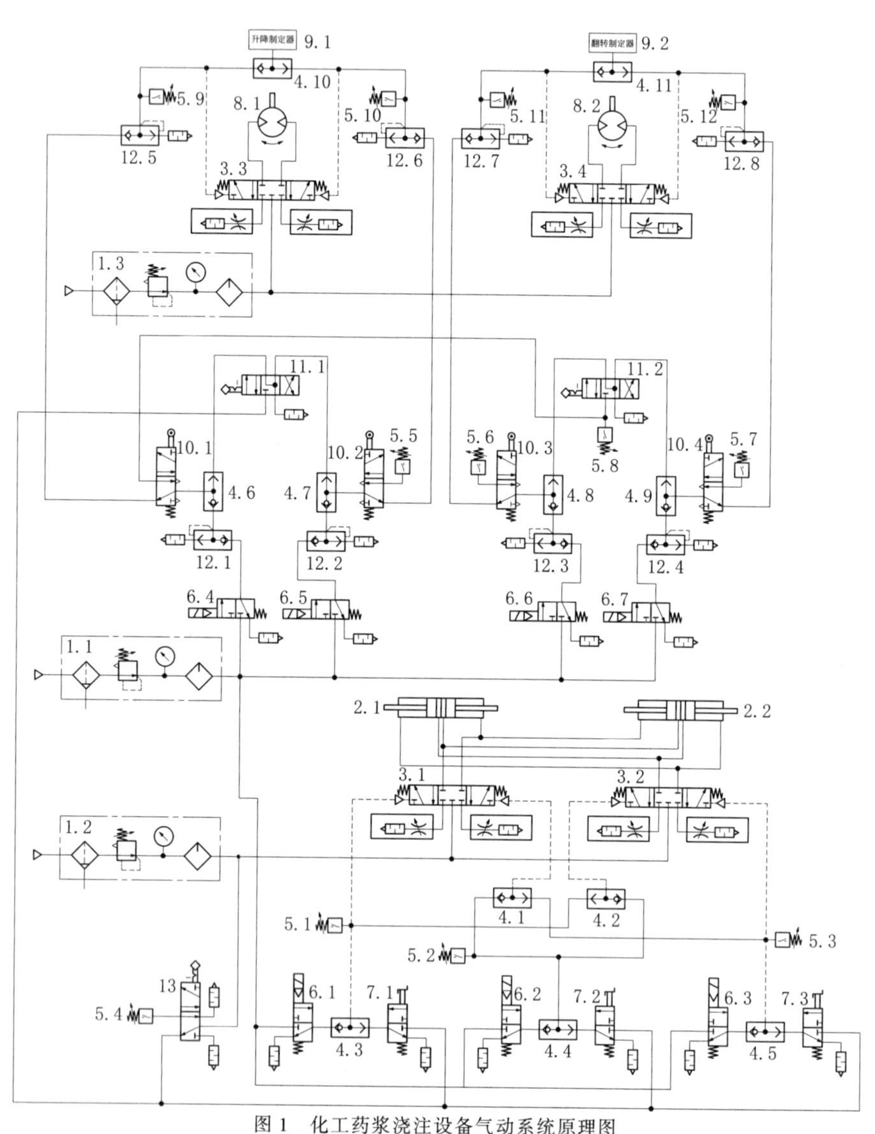 图 1　化工药浆浇注设备气动系统原理图 1—气动三联件（过滤器、减压阀、油雾器）；2—多位气缸；3—三位五通双气控换向阀；4—梭阀；5—压力继电器；6—二位三通电磁换向阀；7—二位三通旋钮手动换向阀；8—气动马达；9—气动制动式制动器；10—二位五通杠杆滚轮式换向阀；11—三位四通水平转柄式换向阀；12—快速排气阀；13—二位五通水平转柄式换向阀

续表

气动系统说明

化工药浆浇注设备气动系统原理如图1所示。该系统可切换现场操控(通过安装在现场操作柜面板上的手动操作阀控制浇注设备的相应动作,为全气动控制)和远程控制(通过PLC柜的电气按钮控制远程气动柜的电磁阀切换气路,从面控制现场浇注设备的相应动作,为现场全气动的电气动控制)。该气动系统的水平机构(多位气缸2.1和2.2)、升降机构(气动马达8.1及升降制动器9.1)和翻转机构(气动马达8.2及翻转制动器9.2)分别采用三位五通双气控换向阀3.1及3.2、3.3及3.4作为主控阀控制其运动方向,而水平机构、升降机构和翻转机构的运转速度则用主控阀出口的消声排气节流阀进行调节

①全气动控制。现场操作时为全气动控制方式,通过气控阀、气缸、气动马达及制动器组件控制浇注设备的正常工作。现场操作柜内布有气动三联件1.2、旋钮式手动换向阀7.1~7.3、水平转柄式换向阀11.1和11.2、梭阀4.1~4.11、双气控换向阀3.1~3.4。通过切换水平旋钮式手动换向阀7.1~7.3控制水平移动机构的3种位置,通过切换水平转柄式换向阀11.1~11.2控制混合釜的升降和停止。为了解决系统管路较长带来的系统响应较慢等问题,在相应的支路上增加了快速排气阀

a. 水平移动控制。压缩空气经气动三联件1.2、水平转柄式换向阀13、通过切换旋钮式手动换向阀7.1~7.3,可使多位气缸2.1和2.2获得3种位置,从而调节水平移动机构的位置,满足不同型号混合釜的浇注需求(阀7.1、7.2、7.3分别对应1号、2号和3号混合釜)。多位气缸的A、B、C、D 4个工作气口及其对应的工作腔进排气控制如表1所示。通过调节阀3.1和3.2中的排气节流消声器可以调控气缸的伸缩速度,从而控制水平移动机构的移动速度

表1　多位气缸进排气控制表

混合釜代号	多位气缸工作气口			
	A	B	C	D
1	−	+	+	−
2	−	+	−	+
3	+	−	−	+

注:+表示进气;-表示排气

b. 升降控制。压缩空气经气动三联件1.2、水平转柄式换向阀13、11.1和用于检测升降位置的杠杆滚轮式换向阀10.1与10.2控制双气控换向阀3.3和升降制动器9.1的动作。动力气源经过气动三联件1.3和双气控换向阀3.3为气动马达8.1提供压缩空气。升降速度可通过调节安装在双气控换向阀3.3上的排气节流消声器进行调节。通过操作水平转柄式换向阀11.1回到中位,可实现混合釜在任意位置停止。混合釜升降到杠杆阀调定位置后,可双气控换向阀3.3回到中位,升降自动停止

c. 翻转控制。为了保证浇注过程安全可靠,混合釜未上升到指定位置时不能翻转。当混合釜上升到指定位置时,位置检测用杠杆滚轮式换向阀10.1有效,翻转控制气源有效。控制气源经过水平转柄式换向阀11.2和用于检测翻转位置的杠杆滚轮式换向阀10.3与10.4控制双气控换向阀3.4和翻转制动器的动作。动力气源经过气动三联件1.3和双气控换向阀3.4为气动马达8.2提供压缩空气。切换水平转柄式换向阀11.2可分别控制混合釜从垂直位向两个方向翻转,并可控制混合釜在任意翻转位停止。混合釜翻转到两个方向指定位置时,阀10.3、10.4有效,翻转过程自动停止

②电气控制。远程操作时为电-气控制方式,采用单电控先导电磁阀作为驱动气缸、气动马达及制动器控制气源的主控阀,用PLC控制电磁阀实现上述动作。远程气动柜包含气动三联件1.1、电磁换向阀6.1~6.7、压力继电器5.1~5.12

a. 现场浇注设备各个位置的信号可通过压力继电器5.1~5.12反馈到PLC中,从而实现远程对浇注设备3种位置的监测

b. PLC通过检测PLC柜上的电气按钮输入信号,控制电磁换向阀6.1~6.7动作,从而控制压缩空气的流动,实现浇注设备气缸、气马达和制动器的所有动作

c. 由于远程控制管路较长,存在系统响应速度慢的问题,通过安装的快速排气阀12.5~12.8,可提高系统的响应速度

③现场控制(全气动控制)和远程控制(电气控制)方式的转换。两种控制方式的转换可通过安装气动柜的水平转柄式换向阀13进行切换。切换到现场控制时,PLC检测不到压力继电器5.4的信号。确定为现场控制方式,现场控制气源通过水平转柄式换向阀13提供。此时通过PLC软件程序控制远程操作方式失效,确保不会由于远程的误操作出现故障。切换到远程控制方式时,PLC检测到压力继电器的信号确定为远程控制方式。现场控制气源被水平转柄式换向阀13切断时,现场控制方式失效,保证不会由于现场的误操作而出现故障

技术特点

①该气动浇注系统适用于化工药浆的浇注,并能满足多种混合釜的浇注需求,实现了混合釜的自动升降和翻转

②系统有现场控制(全气动控制)和远程控制(PLC电-气控制)方式,并易于通过转柄式换向阀对这两种方式进行转换,采用现场全气动的控制方式也极大地提高了设备的安全性和自动化程度

③该气动系统的水平机构、升降机构和翻转机构的运动方向均采用三位五通气控换向阀作为主控阀进行控制;水平机构、升降机构和翻转机构的运转速度均可用主控阀出口的消声排气节流阀进行调节,提高了设备的使用性能。采用电-气控制方式时,采用单电控先导电磁阀作为驱动气缸、气动马达及制动器控制气源的主控阀,采用压力继电器实现各机构位置信号到PLC的反;通过快速排气阀减少因远程控制管路较长降低系统响应速度问题

5.2 防爆药柱包覆机气动系统

表 21-9-9　　防爆药柱包覆机气动系统

主机功能结构介绍	包覆机是对可燃性粉末药品挤压成型的药柱进行包覆(目的是提高燃烧渐增性)的机械设备。药柱端面包覆采用的工艺为贴片包覆,即在药柱端面粘贴阻燃片。其包覆流程为:药柱由辅助上料装置放在上件工位,随输送带运动到清洗工位;端面经过清洗装置清洗后干燥,由输送带将药柱运输到下一个工序对药柱端面涂胶,与此同时,卧式涂胶装置(整体安装在气动滑台上进行直线运动)为水平放置的阻燃片进行涂胶;涂胶后,退回到初始位置让出工位。药柱涂胶后输送到贴片工序,贴片机构(由贴片气缸和阻燃片支架组成的连杆机构)将阻燃片和药柱进行贴合。贴合后药柱由运输带运送到保压工序,保压后完成整个药柱端面包覆。采用上述生产工艺流程的包覆机由主机、气动系统、控制系统和辅助装置等部分组成
气动系统	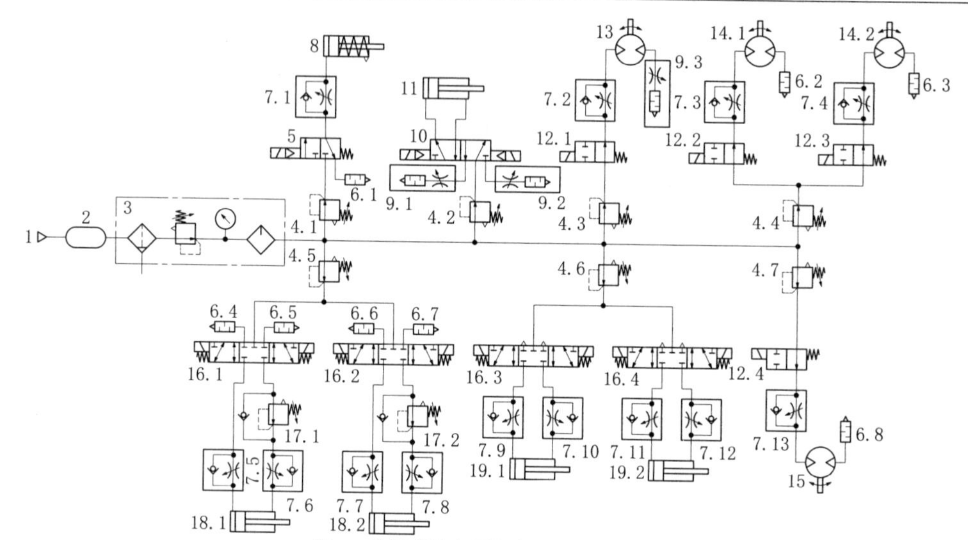 图1　防爆药柱包覆机气动系统原理图 1—气源;2—储气罐;3—气动三联件;4—溢流阀(减压阀);5—二位三通电磁换向阀;6—消声器;7—单向节流阀;8—定位气缸;9—排气节流阀;10—二位五通电磁换向阀;11—传动气缸;12—二位二通电磁换向阀;13—清洁气动马达;14—阻燃片涂胶气动马达;15—药柱涂胶气动马达;16—三位五通电磁换向阀;17—减压阀;18—气动滑台;19—阻燃片贴合气缸
气动系统说明	防爆药柱包覆机气动系统原理如图1所示,系统的功能是清洁、涂胶、阻燃片贴合、定位和传动等。执行元件有定位气缸(单作用气缸)8、传动气缸11、清洁气动马达13、阻燃片涂胶气动马达14(2个)、药柱涂胶气动马达15、气动滑台18(2个)、阻燃片贴合气缸19(2个)共7组,故包括压缩空气发生装置在内,包覆机气动系统共有以下8种回路。 ①压缩空气发生及处理装置。由气源1、储气罐2和气动三联件3组成,用于向系统提供洁净符合压力要求的压缩空气 ②定位回路。由溢流阀(减压阀)4.1、二位三通电磁换向阀5(附带消声器6.1)、单向节流阀7.1和定位气缸8等组成 ③排气节流调速传动回路。由溢流阀(减压阀)4.2、二位五通电磁换向阀10、传动气缸11和排气节流阀9.1和9.2等组成 ④药柱端面清洗回路。由溢流阀(减压阀)4.3、二位二通电磁换向阀12.1、单向节流阀7.2、气动马达13和排气节流阀9.3等组成 ⑤阻燃片涂胶回路。由溢流阀(减压阀)4.4、二位二通电磁换向阀12.2及12.3、单向节流阀7.3及7.4和气动马达14等组成 ⑥卧式涂胶机让位回路。由溢流阀(减压阀)4.5、三位五通电磁换向阀16(附带消声器)、减压阀17、单向节流阀7.5~7.8和气动滑台18等组成 ⑦药柱端面涂胶回路。由溢流阀(减压阀)4.7、二位二通电磁换向阀12.4、单向节流阀7.13和气动马达15组成 ⑧阻燃片贴合回路。由溢流阀(减压阀)4.6、三位五通电磁换向阀16.3及16.4、单向节流阀7.9~7.12和阻燃片贴合气缸19等组成 系统中的消声器6.1~6.8可消除与之相连的气动元件的排气噪声。系统中各电磁换向阀的通断电信号源主要是双作用气缸上安装的限位机械式行程开关

续表

技术特点	①药柱端面包覆机采用气压传动和PLC控制，与传统包覆方式相比，自动化水平高，在线生产人员少，消除了人为因素造成的隐患，提高生产人员安全度，降低事故危害性，降低了生产材料的浪费和生产成本，增加了经济效益 ②包覆机气动系统执行元件较多，故电磁换向阀的数量也相应较多，无疑导致气动系统管道和电磁铁线缆不仅用量大，而且布置较为复杂。若采用多只电磁换向阀组成的阀岛构成气动系统，再加上PLC控制，其技术经济优势就更为突出

5.3 卧式注塑机全自动送料机械手气动系统

表21-9-10　　卧式注塑机全自动送料机械手气动系统

主机功能结构介绍	全自动送料系统将卷绕在料盘上的料带剪成单个嵌片，通过机械手将嵌片送入卧式注塑机，并将注塑好的成品取出。系统由料架、导料槽、剪料机构和送料机构等组成，可在相互垂直的 X 轴、Y 轴、Z 轴3个方向自由运动，有 X 轴、Y 轴、X_2 轴、Z 轴、Y_2 轴5个滑台和1个可以90°旋转的手爪。滑台均采用伺服电动机驱动丝杆的传动方式，每个滑台上有上、下限传感器和零点传感器3个传感器
气动系统	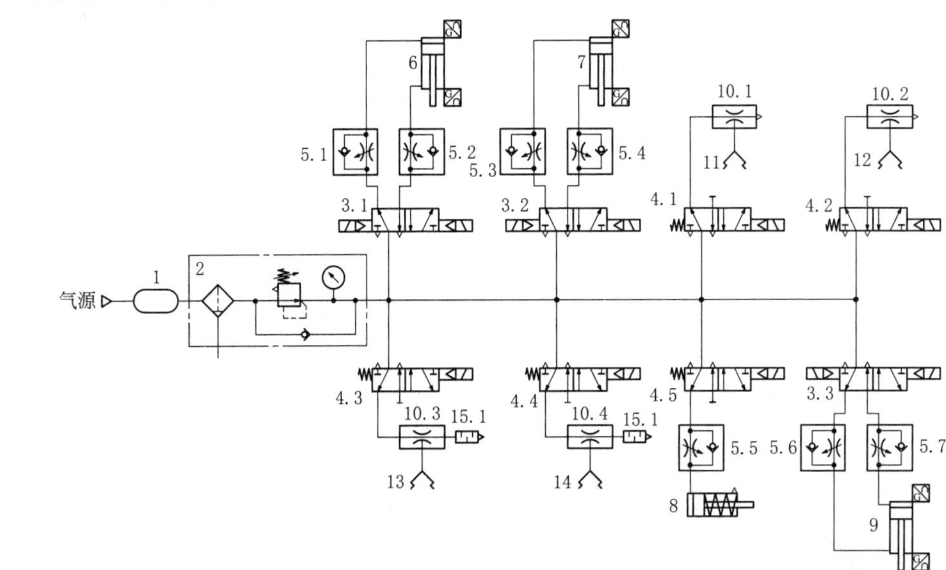 图1　卧式注塑机全自动送料机械手气动系统原理图 1—储气罐；2—过滤调压阀；3—二位五通双电控电磁换向阀；4—二位五通单电控电磁换向阀；5—单向节流阀；6—X_1 轴取料气缸；7—剪料气缸；8—夹爪夹紧气缸；9—成品抓料盘气缸；10—真空发生器；11—取料盘吸盘；12—接料盘吸盘；13—嵌片抓料盘吸盘；14—成品抓料盘吸盘；15—消声器
气动系统说明	卧式注塑机全自动送料机械手气动系统原理如图1所示。气源通过储气罐1和过滤调压阀2向系统提供清净的压缩空气。系统的执行元件有4个气缸和4个真空吸盘。气缸6~9的作用分别为驱动 X_1 轴取料盘上下运动、驱动剪料刀具上下运动、驱动抓料盘夹爪的夹紧（或松放）和驱动成品抓料盘运动。气缸6、7、9为双作用缸，气缸8为单作用缸。气缸均采用KOGANEI公司的二位五通脉冲式电磁换向阀3和4作为主控元件，其中换向阀3为双电控阀，换向阀4为单电控阀。单向节流阀5设置在各独立的气缸回路中，用于气缸的双向排气节流调速，并提高气缸运行平稳性、机械手的稳定性和工作效率。吸盘11~14的作用分别是取料盘吸附、接料盘吸附、嵌片抓料盘吸附和成品抓料盘吸附，其真空源依次是真空发生器10.1~10.4，产生的真空度为-86kPa的负压，吸盘的动作分别由二位五通单电控电磁换向阀4.1~4.4进行控制。上述所有气动回路的运动及动作顺序都由PLC来进行控制
技术特点	①卧式注塑机全自动送料机械手系统采用气压传动和PLC控制，控制6个单轴运动完成6个自由度机械手才能完成的一系列导料、剪料和送料动作，实现了全自动化送料 ②气动系统的执行元件有气缸和真空吸盘两大类，共用正压气源提供压缩空气，真空吸盘所需负压由真空发生器提供，比采用真空泵获取真空负压经济性要好；采用单向节流阀对气缸进行双向排气节流调速，其背压有利于提高气缸运行平稳性和机械手的稳定性及系统散热

6 机床设备气动系统

6.1 VMC1000 加工中心气动系统

表 21-9-11　　VMC1000 加工中心气动系统

主机功能结构介绍

VMC1000 加工中心自动换刀装置工作过程中的主轴定位、主轴松刀、拔刀插刀、主轴锥孔吹气等小负载辅助执行机构都采用了气压传动

气动系统

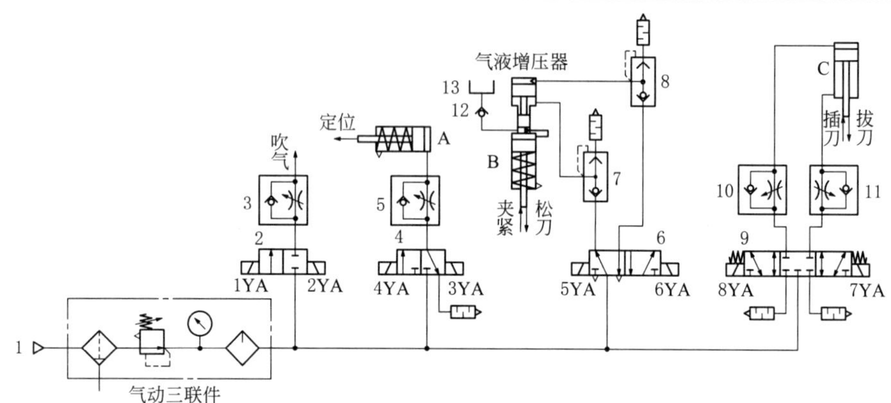

图 1　VMC1000 加工中心气动系统原理图

1—气源;2—二位二通电磁换向阀;3,5,10,11—单向节流阀;4—二位三通电磁换向阀;6—二位五通电磁换向阀;7,8—快速排气阀;9—三位五通电磁换向阀;12—油杯;13—单向阀

气动系统说明

VMC1000 加工中心气动系统原理如图 1 所示。系统的气源 1 经过滤、减压和油雾组成的气动三联件给系统提供工作介质。系统有主轴吹气锥孔、单作用主轴定位气缸、气液增压器驱动的夹紧缸 B、刀具插拔气缸 C 4 个执行机构。其通断或运动方向分别由二位二通电磁换向阀 2、二位三通电磁换向阀 4、二位五通电磁换向阀 6 和三位五通电磁换向阀 9 控制,吹气孔的气流量由单向节流阀 3 调控,缸 A 定位伸出的速度由单向节流阀 5 调控,缸 B 的快速进退速度分别由气液增压器气口上的快速排气阀(梭阀)决定,缸 C 的进退速度分别由单向节流阀 10 和 11 调控

结合系统的动作状态表(表 1)对换刀过程各工况下的气体流动路线说明如下

①主轴定位。当数控系统发出换刀指令时,主轴停止旋转,同时电磁铁 4YA 通电使换向阀 4 切换至右位。气源 1 的压缩空气经气动三联件、阀 4、阀 5 中的节流阀进入定位气缸 A 的无杆腔。活塞杆克服弹簧力左行(速度由阀 5 的开度决定)。主轴自动定位

表 1　加工中心气动系统换刀过程动作状态表

工况		电磁铁状态							
序号	动作	1YA	2YA	3YA	4YA	5YA	6YA	7YA	8YA
1	主轴定位			−	+				
2	主轴松刀					−	+		
3	拔刀							−	+
4	向主轴锥孔吹气	+	−						
5	插刀	−	+					+	
6	刀具夹紧					+	−		
7	复位			+	−				

②主轴松刀。主轴定位后压下无触点开关(图中未画出),使电磁铁 6YA 通电,换向阀 6 切换至右位,压缩空气经阀 6、快速排气阀 8 进入气液增压器的无杆腔(气体有杆腔经快速排气阀 7 排气),增压器油液下腔(即缸 B 的无杆腔)中的高压油使其夹紧缸 B 的活塞杆伸出,实现主轴松刀。缸 B 可通过油杯 12 充液补油

③拔刀。在主轴松刀的同时,电磁铁 8YA 通电使换向阀 9 切换至右位,压缩空气经阀 9、阀 11 中的单向阀进入缸 C 的无杆腔(有杆腔经阀 10 中的节流阀和阀 9 及消声器排气)。其活塞杆向下移动(下移速度由阀 10 的开度决定),实现拔刀动作

续表

气动系统说明	④向主轴锥孔吹气。为了保证换刀的精度，在插刀前要吹干净主轴锥孔的铁屑杂质，电磁铁1YA通电使换向阀2切换至左位，压缩空气经阀2和阀3中的节流阀向主轴锥孔吹气（吹气量由阀3的开度决定） ⑤插刀。吹气片刻，电磁铁2YA通电使换向阀切换至右位，停止吹气。电磁铁7YA通电使换向阀9切换至左位，压缩空气经阀9、阀10中的单向阀进入缸C的有杆腔（无杆腔经阀11中的节流阀和阀9及其消声器排气），其活塞杆上行（上行速度由阀11的开度决定），实现插刀动作 ⑥刀具夹紧。稍后，电磁铁5YA通电使换向阀6切换至左位，压缩空气经阀6和阀7进入气液增压器气体有杆腔（气体无杆腔经快逸排气阀8及其消声器排气），其活塞退回，主轴的机械机构使刀具夹紧 ⑦复位。电磁铁3YA通电使换向阀4切换至左位，缸A在有杆腔弹簧力的作用下复位（无杆腔经阀5中的单向阀和阀4及消声器排气），回复到初始状态，至此换刀过程结束
技术特点	①VMC1000加工中心气动系统换刀装置因负载较小，故采用了工作压力较低的气压传动；对于需要操作力较大的夹紧气缸，采用了气液增压器增压提供动力，油液的阻尼作用有利于提高刀具夹紧松开的平稳性 ②系统采用电磁换向阀对各执行机构换向，夹紧缸之外的执行机构采用单向节流阀排气节流调速，有利于提高工作的平稳性。气液增压器及夹紧缸利用快速排气阀提高其动作速度

6.2 钻床气动系统

表 21-9-12 **钻床气动系统**

主机功能结构介绍	钻床是利用钻头在工件上加工孔的一种常用机床。在钻孔加工过程中，工件夹紧固定不动，钻头旋转为主运动，钻头轴向移动为进给运动。钻床采用气压传动可实现钻床的自动化。钻床工作过程为：工件夹紧→钻头切削加工→卸料。上述工作用3组气缸作为执行元件完成：气缸A_1和A_2用于工件夹紧；气缸B用于钻头切削进给；气缸C用于工件加工完后，从钻床上推至成品箱中
气动系统	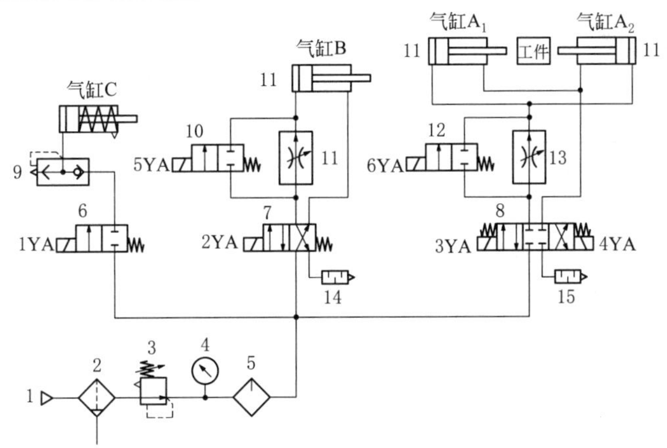 图1 钻床气动系统原理图 1—气源；2—分水滤气器；3—减压阀；4—压力表；5—油雾器；6,10,12—二位二通电磁换向阀；7—二位四通电磁换向阀；8—三位四通电磁换向阀；9—快速排气阀；11,13—调速阀；14,15—消声器 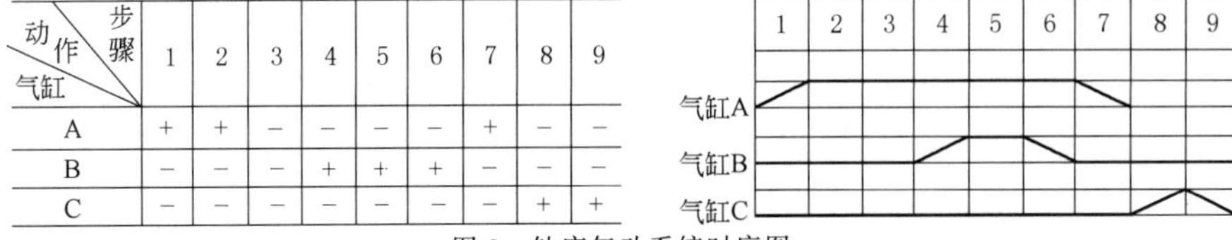 图2 钻床气动系统时序图
气动系统说明	钻床气动系统原理如图1所示。气源（中小型空压机）1经分水滤气器2、减压阀3和油雾器5给系统提供压缩空气，减压阀设定的系统压力通过压力表4观测。系统的执行元件有左右夹紧气缸A_1和A_2、钻头切削进给气缸B、卸料气缸C。气缸A_1和A_2的运动方向由三位四通电磁换向阀8控制，夹紧保压通过阀8的O型中位机能断气实现，其快慢速换接由二位二通电磁换向阀12控制，慢速夹紧速度由调速阀13调节。气缸B的运动方向由二位四通电磁换向阀7控制，缸B的快慢速换接由二位二通电磁换向阀10控制，慢速进给速度由调速阀11调节。气缸C为单作用缸，其伸出由二位二通电磁换向阀6控制，其回程靠有杆腔的复位弹簧力驱动。回程时无杆腔排气通过快速排气阀9实现

图2中动作表：

气缸＼步骤	1	2	3	4	5	6	7	8	9
A	+	+	−	−	−	−	+	−	−
B	−	−	−	+	+	+	−	−	−
C	−	−	−	−	−	−	−	+	+

续表

气动系统说明

由系统的时序图(图2)和动作状态表(表1)容易了解系统在各工况下的气体流动路线

表1　钻床气动系统动作状态表

步骤	工况动作	电磁铁状态					
		1YA	2YA	3YA	4YA	5YA	6YA
1	气缸 A_1 和 A_2 带动夹具快进	−	−	+	−	−	+
2	气缸 A_1 和 A_2 带动夹具慢速夹紧工件	−	−	+	−	−	−
3	气缸 A_1 和 A_2 保压	−	−	+	−	−	−
4	气缸 B 带动钻头快进	−	+	+	−	+	−
5	气缸 B 带动钻头工进(慢进)	−	+	+	−	−	−
6	气缸 B 带动钻头快退	−	−	+	−	−	−
7	气缸 A_1 和 A_2 带动夹具快退	−	−	−	+	−	+
8	气缸 C 伸出卸料	+	−	−	−	−	−
9	气缸 C 快退	−	−	−	−	−	−

技术特点

①钻床钻孔采用气动技术,有利于实现钻孔加工的自动化,有利于节能环保

②钻床气动系统采用中小型空压机供气,以适应常用钻床在工作时负载不大但转速较高的工况要求;液压缸采用电磁阀换向,准确简便;夹紧缸和进给缸采用调速阀节流调速,可以提高缸的速度负载特性,但进口节流不利于散热。卸料缸采用快排阀进行快速排气,实现活塞杆的快速退回,可节约生产时间

③由于钻床气动系统属于典型的开关控制,特别适合采用小型PLC实现气动系统的自动控制,方便通过软件编程实现工艺和动作顺序的变更

6.3　矿用全气动锯床系统

表21-9-13　　矿用全气动锯床系统

主机功能结构介绍

全气动锯床是对煤矿井下刮板输送机链条等金属部件切割的一种矿用切割设备。全气动锯床的结构组成主要由机架(设有带减速器的气动马达、曲柄、连杆Ⅰ和Ⅱ)、锯梁导轨、刀架和气缸等部件组成。气动马达输出轴通过键与曲柄相配合,连杆一端与曲柄上的一偏心孔相铰接,锯梁与支撑在机架上的芯轴相连接,可实现摆动。刀架上端整体骑在锯梁导轨上,下端铰接连杆Ⅰ另一端,实现动力的传递,而切割锯条则固定在刀架的底侧,与刀架一起移动

气动系统

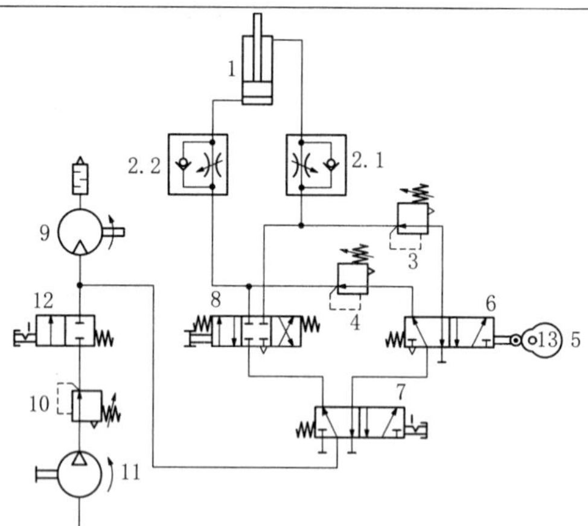

图1　全气动锯床气动系统原理图

1—气缸;2—单向节流阀;3,4,10—减压阀;5—凸轮;6—二位五通机动换向阀(行程阀);7—二位三(五)通换向阀(切换阀);8—三位四通换向阀(快速升降阀);9—气动马达;11—空压机;12—二位二通换向阀(开关阀);13—马达传动轴

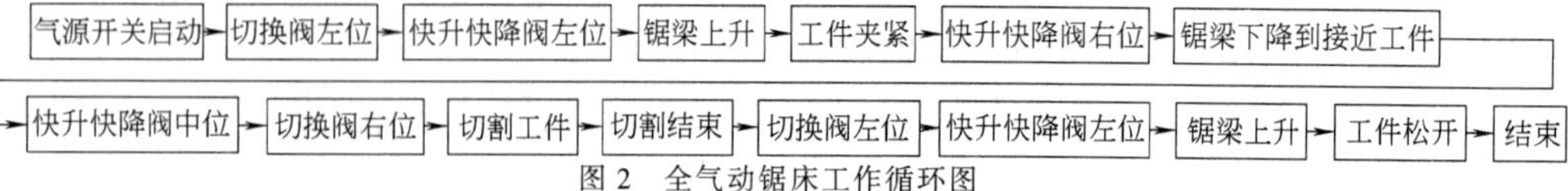

图2　全气动锯床工作循环图

续表

气动系统说明	图1为全气动锯床的气动系统原理图。系统的气源为空压机11,其输出的压缩空气压力由减压阀10设定(0.4~0.6MPa),气源开关是二位二通换向阀12。系统的执行元件为气缸Ⅰ和气动马达9,缸1的活塞杆与连杆Ⅱ相铰接,用于驱动锯梁的抬起和落下。马达9带动曲柄连杆机构实现锯条的往复运动,同时还通过马达传动轴13上键连接的凸轮5与气缸的机动换向阀6(二位五通机动换向阀)的弹性开关相接触,自动切换控制气缸两腔的进排气方向,从而实现与锯条往复主运动相匹配的气缸1的抬降动作。三位四通换向阀8控制气缸的快速升降,单向节流阀2.1和2.2用于调节缸1带动锯梁抬起和落下的速度(根据进给量大小调节),减压阀3和4用于调控切割压力(根据工件大小调定)。总之,气动系统的功能是配合锯条的主运动(往复运动),实现锯床"落下→向前锯切→拍起→往回"工作过程中的锯梁及钢条升降功能 在气动系统驱动下,锯床工作过程如下 ①工件安装。在工件装夹前,锯梁处于最高位置且被气缸无杆腔密闭气体支撑住,此时安装待切工件。安装完毕后,切换阀7处于左位,快速升降阀8处于中位 ②快速下降。当要快速下降(或锯梁靠重力不足以下降至工件上表面)时,将快速升降阀8置于右位,压缩空气经阀8、阀2.1中的单向阀进入气缸有杆腔(无杆腔经阀2.2中的节流阀和阀8排气),实现锯梁快速下降 ③锯切工件。当锯条快速下降至工件上表面时,阀8复至中位,将阀7切换至右位,压缩空气经行程阀6流出后分为两路,一路经减压阀4和阀2.2中的单向阀进入气缸1的无杆腔,另一路经减压阀3和阀2.1中的单向阀进入气缸1的有杆腔。实现锯条的进刀或抬刀运动。这样在锯弓往复运动的同时,行程阀6的弹性开关与凸轮相接触,实现行程换向,从而实现锯梁及锯条"落下→向前锯切→抬起→往回"的运动轨迹 ④快速升降。锯切完毕后,将切换阀7置于左位,快速升降阀8置于左位,压缩空气经阀2.2中的单向阀进入气缸无杆腔(有杆腔经阀2.1中的节流阀排气),实现锯梁快速上升。当要快速下降或锯梁靠重力不足以下降至工件上表面时,可将快速升降阀8置于右位,压缩空气经阀8、阀2.1中的单向阀进入气缸有杆腔(无杆腔经阀2.2中的节流阀和阀8排气),实现锯梁快速下降 ⑤卸件。锯梁升至最高处后,便可卸下锯好的工件,之后可安装新的工件继续工作,或者直接降下锯梁结束操作 按图2所示全气动锯床工作循环,按顺序分别按动操作面板上的按钮开关,即可完成切割工作
技术特点	①全气动锯床采用气动马达与气缸作为执行元件,通过气动系统与机械传动实现刀具的进刀、抬刀运动,可靠性高,可以最大限度地保护刀具,切割材料广,性能稳定,使用维修方便 ②会根据被锯切工件的材料、形状或截面尺寸发生变化而自动调节工作进给压力,且由于采用气动方式,可最大限度地避免由于过载产生的冲击或打刀等现象,使功率得到最大利用,提高切削效率 ③采用单向节流阀对气缸进行双向节流调速,工作平稳,有利于减小系统和温升

6.4 切割平板设备气动系统

表 21-9-14 切割平板设备气动系统

主机功能结构介绍	切割平板设备是一种采用气压传动和PLC自动控制的机械设备,用于平板的切割加工。整机由四大部分组成:一是运送平板部分,主要包括伺服电机、减速器、齿轮齿条、滑轨滑块及检测装置等;二是夹紧部分,主要包括夹紧气缸、对中齿轮、抱手及滑轨滑块等;三是切割部分,主要包括牵引气缸、切割电机及滑轨滑块等;四是辅助机械部分。该机能以手动、自动及单循环3种工作方式控制平板运送、夹紧、牵引电机动作及平板切割。其工作过程为:当检测装置检测到传送线上移动到指定位置的平板时,伺服电机驱动齿条执行运送平板动作,直至平板到达指定位置,伺服电机驱动齿条返回;当伺服电机返回原位时,夹紧气缸活塞杆伸出执行夹紧,牵引气缸活塞杆缩回执行牵引电机动作和切割动作,最终牵引气缸活塞杆伸出执行复位动作
气动系统	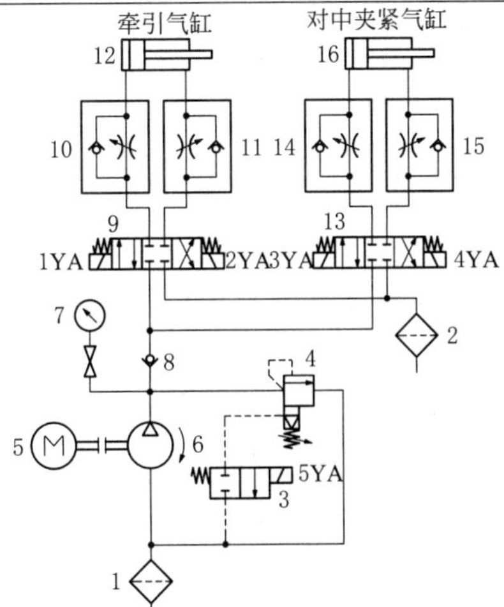 图1 自动切割平板设备气动系统原理图 1,2—过滤器;3—二位二通电磁换向阀;4—先导式溢流阀;5—电动机;6—气泵(空压机);7—电接点气压表;8—单向阀;9,13—三位四通电磁换向阀;10,11,14,15—单向节流阀;12—牵引气缸;16—对中夹紧气缸

续表

气动系统说明	图1所示为自动切割平板设备气动系统原理图。系统的执行元件是对中夹紧气缸16和牵引气缸12,其运动方向分别由三位四通电磁换向阀(34SM-BI0H-T/W型)9和13控制,其双向运动速度分别采用单向节流阀10及11和14及15排气节流调控。系统气源为电动机5驱动的气泵(空压机)6,供气压力由先导式溢流阀4设定,系统过压保护及欠压复压则通过阀4导控管路上的二位二通电磁换向阀(22E-10B型)3进行控制。系统中各电磁铁的通断电信号由气缸前后端的磁感应器(KJT-CS34型)发出。系统主要有以下几种控制状态 ①过压卸载保护。当系统启动后,电动机5带动空压机6运转向系统供气。当压缩空气的压力超过设定的压力值时,PLC通过控制电磁铁5YA通电使换向阀3切换至右位,经溢流阀4的遥控口迅速排气而降压;当系统压力在正常值范围之内时,PLC控制5YA断电。换向阀3复至图示左位,关闭溢流阀遥控口,气压恢复常态 ②回原点控制。当系统断电时,各电磁铁断电使换向阀处于图示关闭状态;系统来电之后,无论此时各气缸运行到何处,都将默认进入初始化状态——各气缸磁感应器、压力表以及电磁阀开关进行自检状态。当接近传感器未检测到位时,系统给伺服机构发送信号使送料机械手回到原点;当夹紧气缸16后端磁感应器未检测到位时,电磁铁4YA通电使换向阀13切换至左位,使缸16的活塞杆缩回;当牵引气缸12前端磁感应器未检测到位时,电磁铁1YA通电使换向阀9切换至左位,使缸12的活塞杆伸出 ③手动控制。在系统初始化后,系统将一直保持无动作状态。此时用户即可根据需求选择手动、单循环和自动3种模式之一。在手动模式下,当电磁铁2YA通电使换向阀9切换至右位时,牵引气缸12的活塞杆缩回执行牵引动作,同时切割电机执行切割动作;当电磁铁1YA通电使换向阀9切换至左位时,缸12的活塞杆伸出执行返回动作;当电磁铁3YA通电使换向阀13切换至左位时,夹紧气缸16的活塞杆伸出执行夹紧动作;当电磁铁4YA通电使换向阀13切换至右位时,夹紧气缸16的活塞杆缩回执行夹紧返回动作。当传感器检测到有平板时,伺服电机(HG-KR型,其驱动器为MR-J3B型)旋转,送料机械手移动实现送料动作,送料后自动返回;再次按下时,会执行二次送料及返回动作 ④单循环控制。单循环模式与自动循环模式的控制程序,唯一不同点是单循环模式下系统以第二次送料返回动作作为程序结束的标志,系统仅从初始化之后执行一个循环,随后所有气缸执行完成动作后,系统立即执行回原点动作等待下一次按钮命令,否则后面的控制动作将无法进行或者会发生误动作 ⑤信号报警控制。在系统处于正常状态工作中,若突然出现气压过低(或是过高的现象),气压表指针会立即碰触其微动开关,使开关闭合,报警灯立即报警,系统立即停止工作,电动机5立即启动,空压机工作补充气压,直到达到系统工作所需的正常气压值。系统接着执行未完成的动作。最终回复正常工作 ⑥自动循环控制。给系统上电执行初始化动作后,在自动循环控制模式下,设备一直处于检测是否有平板的状态;当系统收到检测到有箱体的信号时,设备立即有序执行送料、返回、夹紧、牵引及切制、牵引返回、夹紧返回、再次送料等动作。完成以上动作后,系统会根据检测到的信号判断是否执行下一个动作循环
技术特点	①自动切割平板设备采用气动技术和PLC控制,以PLC为控制核心,气动系统实现平板夹紧和伺服电机的牵引功能,利用电控系统实现切割平板设备运送、切割及其他信号的接收和处理功能。系统安全性高、稳定性好、方便实用。通过PLC软件编程容易实现工艺变更 ②气动系统采用二位二通电磁换向阀和先导式溢流阀对气压进行控制;采用单向节流阀对气缸进行双向节流调速,节流阀背压有利于提高气缸的运行平稳性和散热

6.5 气动打标机系统

表 21-9-15 气动打标机系统

主机功能结构介绍	打标机是在机械产品零部件上打印标记(如编号、名称、商标、生产日期等字符和图案)的机械设备,该机采用了气压传动和PLC控制技术。气动打标机工作过程为:当按下启动按钮,打印气缸A的活塞杆快速伸出,对欲打印的工件进行打印,当打印完毕后,打印气缸的活塞杆缩回;此时推料气缸B的活塞杆伸出把打印完毕的工件推出以进行下一道工序,当活塞杆缩回时,下一个待打印工件到位,进入下一循环,故两气缸的动作流程为:打印气缸伸出→打印气缸缩回→推料气缸伸出→推料气缸缩回
气动系统	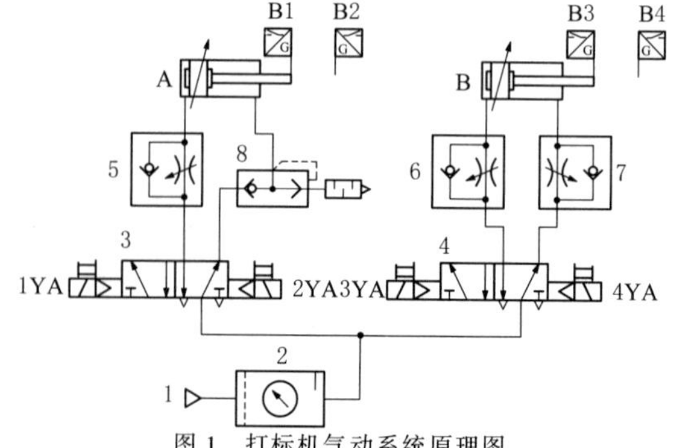 图1 打标机气动系统原理图 1—气源;2—气动三联件(分水滤气器、减压阀、油雾器);3,4—二位五通双电磁铁换向阀;5~7—单向节流阀;8—快速排气阀;A—打印气缸;B—推料气缸

续表

气动系统说明	图1所示为打标机气动系统原理图,气源1经气动三联件2向系统提供压缩空气。系统的执行元件为打印气缸A和推料气缸B,缸A和缸B的主控换向阀分别为二位五通双电磁铁换向阀3和4,缸A无杆腔接有快速排气阀8,用于加快其下行打印速度,以保证打印质量。气缸返回时,为了减少冲击,由阀5中的节流阀来排气节流调速。对于推料气缸而言,其双向调速均采用单向节流阀完成。系统的4个行程开关B1~B4作为2个换向阀电磁铁通断电的信号源,使2个气缸按照要求的动作顺序运动。整个动作过程通过PLC控制系统实现
技术特点	①本打标机同时具备气动技术和PLC控制的优点,具有工作介质经济易取,环保无污染,可控性好,能通过PLC程序实现自动供料及快速打印,抗干扰能力强,能够在较恶劣的环境下工作等特点,特别适合速度要求较快的流水线采用 ②气动系统气路结构简单。采用双电磁铁换向阀控制气缸运动方向,通过快速排气阀加快打印气缸排气速度,以保证打印质量,通过单向节流阀对推料气缸进行双向排气节流,运行稳定性好,有利于系统散热

6.6 铅酸蓄电池回收处理刀切分离器气动系统

表 21-9-16　　铅酸蓄电池回收处理刀切分离器气动系统

主机功能结构介绍	刀切分离器是对铅酸蓄电池进行回收的一种切割装置,它通过改变刀片高度、侧压、下压、推送刀切4步完成对多种规格蓄电池的切割,采用液压与气动实现自动化作业。铅酸蓄电池回收处理刀切分离器主体结构配置主要由刀片升降装置、下压装置、推送装置及侧压装置等部分组成 下压装置与侧压装置由单杆气缸驱动,推送装置与刀片升降装置分别采用单液压缸和双液压缸驱动。刀切时,下压装置与侧压装置始终压紧工作台上的蓄电池。该装置采用斜切的方式刀切蓄电池(刀片在水平面内倾斜安装在与液压缸活塞杆相连的升降块上),升降装置整体安装在刀切分离器的底板上,与后续的振动分离器衔接。为避免工作时,两个气缸的活塞杆及推送装置的液压缸的活塞杆因受径向作用力作用而过早损坏,气缸采用双导杆对气缸活塞杆进行保护,液压缸则采用立柱方形凹槽内的滑块机构对活塞杆进行保护 在刀切过程中,通过刀片升降装置中的液压缸调节刀片高度,使刀片与待切割蓄电池汇流条根部高度相适应。侧压装置的气缸活塞杆将蓄电池从辊子运输线上推入刀切分离装置中,并压紧蓄电池。气缸驱动的下压及侧压装置将蓄电池压紧后,由液压缸驱动的推送装置推送蓄电池经过刀片升降装置进行刀切,直至上盖与下槽体完全分离。此后,下槽体继续被推入回收预处理工艺的振动分离器中
气动系统	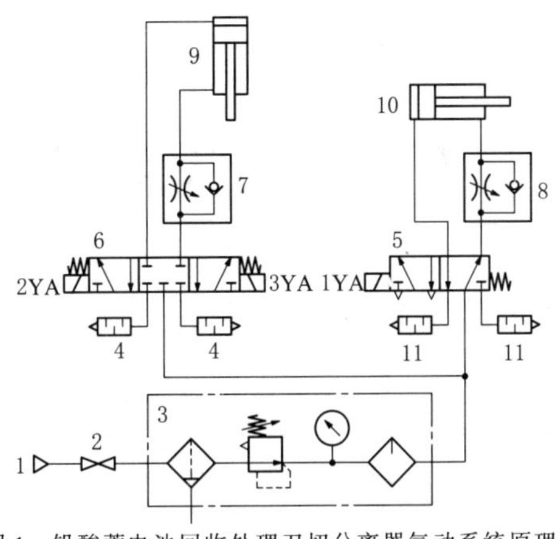 图1　铅酸蓄电池回收处理刀切分离器气动系统原理图 1—气源;2—截止阀;3—气动三联件;4,11—消声器;5—二位五通电磁换向阀; 6—三位五通电磁换向阀;7,8— 单向节流阀;9—下压气缸;10—侧压气缸
气动系统说明	从图1可以看到下压和测压装置的气动系统原理,系统的执行元件为下压气缸9和侧压气缸10,其运动方向分别由三位五通电磁换向阀6和二位五通电磁换向阀5控制,消声器4、11用于降低高速排气噪声;缸9下行加压与缸10右行侧压时的运动速度由单向节流阀7调控。气源1经截止阀2和气动三联件3向系统提供洁净、干燥、减压和润滑油雾化后的压缩空气

续表

气动系统说明

电磁铁2YA通电使换向阀6切换至左位时，压缩空气经阀6进入气缸9无杆腔（有杆腔经阀6排气）。活塞杆带动下压装置下行将蓄电池压紧（下行速度由阀7的开度决定），之后，电磁铁2YA和3YA断电使换向阀6复至图示中位，保证在刀切完成后，活塞杆不会因突然失去下压反作用力而产生向下冲击现象

铅酸蓄电池回收处理刀切分离器液压气动系统主要技术参数如表1所示

表1　铅酸蓄电池回收处理刀切分离器液压气动系统主要技术参数

序号	元件	参数	数值	单位	序号	元件	参数	数值	单位
1	推送液压缸	最大负载 F_1	13	kN	14	液压泵	泄漏系数 K	1.2	
2		行程 L_1	700	mm	15		大泵流量 q_m-Kq_1	56.52	L/min
3		工进速度	100	mm/s	16		小泵流量 q_m-Kq_2	4.5	
4		系统压力 p_1	2.2	MPa	17		驱动电机功率 P	4	kW
5		缸径 D_1	100	mm	18	下压气缸	最大负载 F_3	150	N
6		活塞杆直径 d_2	50	mm	19		行程	100	mm
7		流量 q_1	47.1	L/min	20		缸径 D_3	50	mm
8	升降液压缸	最大负载 F_2	250	N	21		工作压力 p_4	0.6	MPa
9		行程 L_2	75	mm	22	侧压气缸	最大负载 F_4	200	N
10		下降速度	10	mm/s	23		行程 L_4	500	mm
11		缸径 D_2	63	mm	24		缸径 D_4	50	mm
12		两腔面积比	2		25		工作压力 p_4	0.6	MPa
13		单缸流量 q_2	1.87	L/min	26	蓄电池	高差×宽度	46×42	mm

技术特点

①铅酸蓄电池刀切分离器按工作机构的负载大小分别采用液压传动和气压传动，二者有机配合，实现了刀切分离器对不同规格型号铅酸蓄电池的切割及作业自动化，结构简单，易于维护

②在液压系统中，按工作性质将双联泵中的小泵和大泵分别作为刀切升降液压回路和推送液压回路的油源，以避免负载和速度性质不同造成压力及流量干扰，影响系统的正常工作；通过电磁溢流阀进行调压与卸荷，有利于系统节能和减少发热；通过液压锁及三位四通换向阀的Y型中位机能实现升降液压缸在刀切过程中的锁紧；通过分流集流阀实现双缸同步

③在气动系统中，采用单向节流阀对气缸进行排气节流调速，有利于提高工作机构的运行平稳性

7　轻工机械气动系统

7.1　胶印机全自动换版装置气动控制系统

表21-9-17　　胶印机全自动换版装置气动控制系统

主机功能结构介绍

胶印机在印刷生产过程中的耗时较短，然而准备工作中的印版更换耗时较长。相对于传统的手动换版和半自动换版方式而言，全自动换版装置最为先进，它是胶印机中一种通过多气缸协调驱动控制实现印版更换的装置，它能够节约生产时间，减小劳动强度，同时降低生产成本

全自动换版装置的主要工作部件是气动版夹机构。全自动换版装置的工作流程为：启动换版程序，印版滚筒转动到换版位置，换版传感器启动→护罩气缸启动，护罩抬起→滚筒拖稍气囊充气，版夹松开印版，印版弹出→滚筒反转，印版在护罩轨道内滑出，旧印版拉出气缸前端吸盘吸住印版，咬口版夹气囊充气，印版咬口被松开，旧印版拉出气缸伸出，将印版拉出版夹，吸盘吸气保持；滚筒正转到换版位置，换版传感器启动→新印版送入气缸前端吸盘吸住新印版，气缸伸出，将新印版送入咬口版夹→咬口版夹传感器启动，版夹气囊放气，版夹夹紧印版，吸盘断气→印版滚筒压版气缸运动，压版杆顶住印版→滚筒正转，印版被卷在印版滚筒表面→印版滚筒转动到拖稍位置停止，顶版气缸将印版拖稍顶入拖稍版夹中，拖稍版夹传感器启动→拖稍版夹气囊放气，印版拖稍被夹紧，顶版气缸缩回→护罩气缸动作，关闭护罩，压版气缸返回，换版结束

续表

<table>
<tr><td>气动系统</td><td>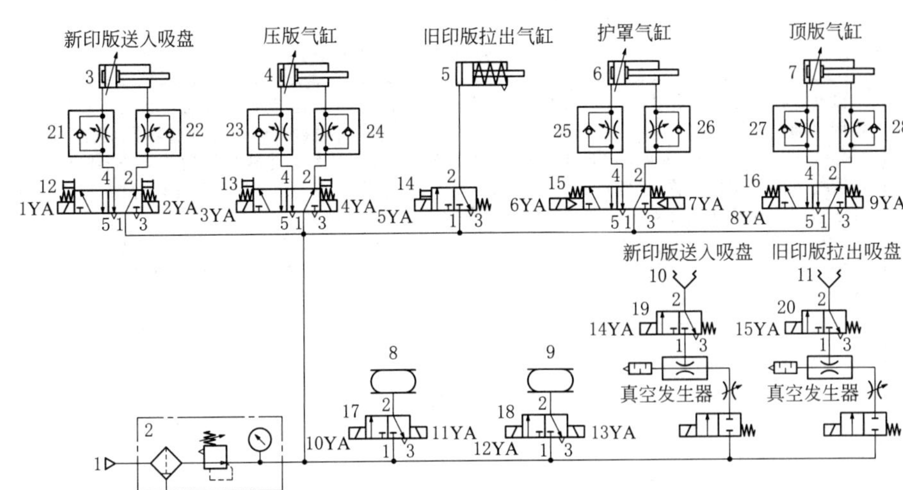

图1　全自动换版装置气动控制系统原理
1—气源；2—气压处理单元；3—新印版送入气缸；4—压版气缸；5—旧印版拉出气缸；6—护罩气缸；7—顶版气缸；8—叼口气囊；9—拖稍气囊；10—新印版送入吸盘；11—旧印版拉出吸盘；12，13，15，16—二位五通双电磁换向阀；14，19，20—二位三通单电磁换向阀；17，18—二位三通双电磁换向阀；21～28—单向节流阀</td></tr>
<tr><td>气动系统说明</td><td>全自动换版装置气动控制系统原理如图1。该系统的执行元件有新印版送入气缸3、压版气缸4、旧印版拉出气缸5、护罩气缸6和顶版气缸7(除缸6为弹簧复位单作用气缸外，其余4个缸均为DNC标准双作用气缸)、集成在印版滚筒上的气囊8和拖稍气囊9以及新版送入吸盘10和旧版拉出吸盘11。上述气缸3、4、6、7的动作依次由二位五通双电磁换向阀12、13、15、16控制，依次采用单向节流阀21～28进行排气节流调速；采用气缸5和吸盘10、11的动作依次由二位三通单电磁换向阀14、19、20控制，气囊8和9的动作依次由二位三通双电磁换向阀17、18控制，为了防止换版过程中由于印版弯曲造成的换版故障，在部分二位五通电磁换向阀上还选用手控复位。由于设备安装空间有限，电磁换向阀采用Festo紧凑型CPV10阀岛
系统工作原理为：启动换版按钮，护罩打开，电磁铁14YA通电使换向阀19切换至左位，新印版送入吸盘10动作，滚筒反转。滚筒位置传感器S0提供输入信号，滚筒反转停止，电磁铁12YA通电并保持使换向阀18切换至左位，拖稍气囊9动作，印版弹出，延时后滚筒反转。滚筒位置传感器S1提供输入信号，滚筒反转停止，电磁铁10YA通电并保持使换向阀17切换至左位，叼口气囊动作，延时后电磁铁I5YA和5YA先后通电分别使换向阀20和14切换至左位，吸盘11和气缸5动作，旧印版被拉出。滚筒正转，滚筒位置传感器S2提供信号，滚筒停止。电磁阀1YA通电使换向阀12切换至左位，气缸3伸出。新印版被送入叼口版夹。版夹传感器提供检测信号，印版安装到位。电磁铁11YA通电使换向阀17切换至图示右位，印版叼口被夹紧，延时后电磁铁I4YA和1YA分别断电使换向阀19复至图示右位。换向阀12切换至右位。吸盘10松开，新印版送入气缸3缩回，随后滚筒正转。滚筒位置传感器S4提供信号，滚筒转动停止，电磁铁8YA通电使换向阀16切换至左位，顶板气缸7外伸，印版拖稍被送入拖稍版夹。电磁铁3YA通电使换向阀13切换至左位，气缸4外伸，压版辊合压。拖稍传感器提供信号，电磁铁11YA通电使换向阀17切换至右位，气囊8放气。印版拖稍被夹紧，延时后电磁铁9YA通电使换向阀16切换至图示右位，气缸7缩回，滚筒正转，延时后电磁铁4YA通电使换向阀13切换至图示右位。气缸4缩回，印版安装完成，延时后电磁铁7YA通电使换向阀15切换至图示右位，护罩落下。护罩传感器提供信号，电磁铁15YA和5YA先后断电使换向阀20和14复至右位，吸盘11松开，缸5靠弹簧力复位缩回，换版结束</td></tr>
<tr><td>技术特点</td><td>①胶印机全自动换版装置通过采用气动系统的PLC控制，提高了系统电气性能的可靠性和稳定性，它能直接嵌入印刷机主控制系统中，可以方便地使用人机控制界面进行操作。减小了劳动强度和缩短了印件完成时间，提高了印刷设备的附加值和市场竞争力
②气动系统采用了紧凑型阀岛为主体的气路结构，不仅节省设备安装空间，而且便于气动管路和电控线缆布置与使用维护。通过采用单向节流阀对双作用液压缸进行双向排气节流调速，提高了气缸的运行平稳性和停位精度
③所选用的PLC具备极短的扫描周期和高速处理程序指令的能力。同时，配备有多端口的数字信号输入与输出，能够满足自动换版装置工作过程的控制要求</td></tr>
</table>

7.2 盘类瓷器磨底机气动系统

表 21-9-18　　盘类瓷器磨底机气动系统

主机功能结构介绍

该磨底机是以砂带作为工具对盘类瓷器的底部进行磨削加工，实现盘类瓷器产品底部平整的一种专用机械，该机采用气动技术。该磨底机工作时，针对瓷器工件的不同高度，通过旋转手轮调整砂带至合适高度；启动电机（Y90L-2-B5 型，功率 2.2kW、转速 $n=2840\text{r/min}$），驱动轮带动砂带旋转。运瓷气缸的活塞杆未伸出时，活塞杆端部连接的瓷器托盘处于初始位置，将瓷器底部向上放入托盘，对射传感器 3 感应到瓷器存在时，向运瓷气缸发信，运瓷气缸通过活塞杆把托盘连同瓷器工件一起推到运转的砂带下，运瓷气缸到位后，感应器向压带气缸 7 发信，压带气缸推动压磨板下降把砂带顶下，对瓷器进行磨削（时间可在 0.5~5s 内任意设定）；磨削结束后压带气缸动作，压磨板缩回，压带气缸感应器发信，运瓷气缸动作，活塞杆缩回，把放有瓷器的托盘拉回到初始位置，再把下一个瓷器放入瓷器托盘。重复以上过程，循环进行

气动系统

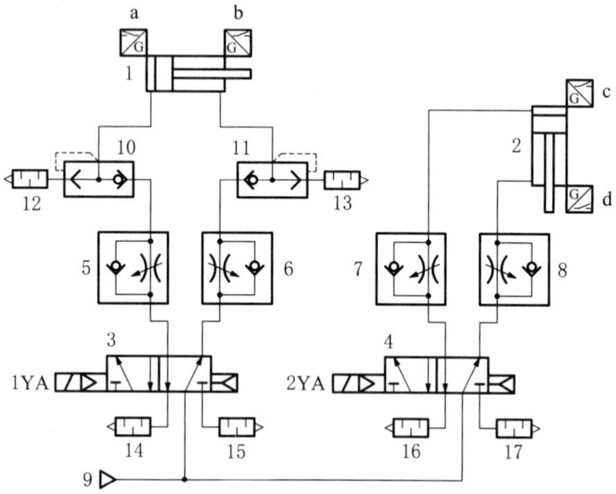

图 1　盘类瓷器磨底机气动系统原理图

1—运瓷气缸；2—压带气缸；3，4—二位五通电磁换向阀；5~8—单向节流阀；9—气源；10，11—快速排气阀；12~17—消声器

气动系统说明

盘类瓷器磨底机气动系统原理如图 1，系统主要功能是实现瓷器工件的进出及压磨板动作。系统的执行元件是运瓷气缸 1 和压带气缸 2，其运动方向分别由二位五通电磁换向阀 3（排气口带有消声器 14 和 15）和 4（排气口带有消声器 16 和 17）控制，缸 1 和缸 2 采用单向节流阀 5、6 和 7、8 进行双向节流调速，系统的压缩空气由气源 9 提供。阀 3 和阀 4 的电磁铁 1YA 和 2YA 的通断电信号源主要来自缸 1 和缸 2 端点布置的电磁感应器 a、b 和 c、d。系统的动作状态如表 1 所示

表 1　磨底机气动系统动作状态表

工况		运瓷气缸 1	压带气缸 2
		电磁阀 3	电磁阀 4
序号	动作	1YA	2YA
1	运瓷气缸伸出	+	−
2	压带气缸动作	+	+
3	压带气缸缩回	+	−
4	运瓷气缸缩回	−	−

注：+为通电，-为断电

系统工作过程为：电磁铁 1YA、2YA 均断电时，两气缸均处于回缩状态，当 1YA 通电使换向阀 3 切换至左位时，气源 9 的压缩空气经阀 3、阀 5 中的单向阀和快排阀 10 进入运瓷气缸 1 的无杆腔（有杆腔经快排阀 1 和消声器 13 排气），活塞杆伸出；伸到极限位置时，感应器 b 发信，电磁铁 2YA 通电使换向阀 4 切换至左位，压缩空气经阀 4 和阀 7 的单向阀进入压带气缸 2 的无杆腔（有杆腔经阀 8 的节流阀和阀 4 排气），缸 2 的活塞杆伸出，瓷器被磨削（磨削时间可设定）；磨削后 2YA 断电使换向阀 4 复至图示右位，压带气缸的活塞杆回缩，回缩到位后，感应器 c 发信号，1YA 断电使换向阀 3 复至图示右位，运瓷气缸活塞杆回缩。然后重复此过程

技术特点

①磨底机的主运动（砂带旋转磨削）采用电动机驱动，工件进出与按压采用气压传动

②采用快速排气阀的气缸推动瓷器托盘进出磨削工位，迅速可靠；压带气缸代替人工压按瓷器，避免了操作工伤手事故，改善了加工精度，提高了生产效率

③气动系统采用单向节流阀对气缸进行双向排气节流调速，有利于提高动作的平稳性

7.3 点火器自动传送气动系统

表 21-9-19　　点火器自动传送气动系统

主机功能结构介绍	该自动传送系统用于点火器的表面自动印刷(图文印刷在柱状塑料端部)和自动摆放,上料和传送过程不得出现零件表面的刮伤和磨损。该自动传送系统包括上料、传送和摆料等机构,其中上料机构完成点火器的自动定向、排序,将其输送至步进式传送机构。点火器在轨道内不断换位,在清洁工位时,清洁机构清洁点火器的待印表面;在印刷工位时完成表面图文印刷。传送机构上有一组限料装置保证点火器的步进传送,两组定位气缸对点火器在清洁工位和印刷工位时进行定位夹紧。完成表面印刷的点火器到落料位时,在摆料机构的配合下完成定点摆放,实现整个过程的全自动化 ①系统的上料机构采用在电动机驱动的旋转盘外圆周镶嵌柱状磁铁的吸力方式进行上料。摆料机构由两台步进电机通过滚珠丝杠分别驱动纵向工作装置和横向工作装置,实现点火器的定点摆放 ②气动传送机构主要由阻料装置、定位气缸和传送装置组成。阻料装置包含阻料气缸和限料气缸,它与清洁定位气缸、印刷定位气缸一起安装于行走导轨上,实现对点火器的步进控制和工作时清洁和印刷的定位夹紧,行走导轨可以保证点火器在上面滑行。滑板与纵向导轨滑块相连,并与纵向气缸的导杆连接,可在纵向导轨上移动,纵向导轨与底板及点火器的行走导轨为一个固定整体。传送板则通过升降气缸安装在滑板上,可在气缸作用下升降。因此,传送板在纵向气缸和升降气缸的作用下可以做纵向和升降运动,传送板上装有数个磁铁柱,其间距与纵向气缸的行程相等。工作时,传送板在纵向气缸作用下左行至接料位,升降气缸上升,传送板上左端第一个磁铁柱与点火器金属尾部吸附。阻料气缸上升,限料气缸下降,这时,后面的点火器被顶住限行。传送板与吸附的点火器右行一个行程,升降气缸下降,这时点火器被行走导轨限制,脱离与传送板的吸附(此时阻料气缸下降,限料气缸上升,机构又前进一个点火器)。不断重复上述的动作,可使点火器在行走导轨上步进移动。当点火器步进行至清洁位时,由清洁定位气缸夹紧,清洁机构下行对其表面进行清洁。步进行至印刷位时,被印刷定位气缸夹紧,移印机胶印头下行完成印刷。行至出料口时,落入专用盛料盘的定位孔中。为提高效率,系统的程序可以设计为传送两个以上点火器进行一次清洁和印刷 机构用两个短行程气缸控制点火器与传送板上磁铁的吸附与脱离,纵向气缸的行程与传送步距相同,点火器在行走导轨上是步进传送,与清洁机构和印刷机构的协同配合非常方便,而采用磁铁吸力控制又与上料方式的设计构成了一个整体。相比于其他方式的传送,所设计的传送机构结构更合理、更紧凑,能与其他机构协同动作,调整也比较方便、容易。此外,为保证点火器不被划伤,行走导轨要进行相应的表面处理来达到保护目的
气动系统	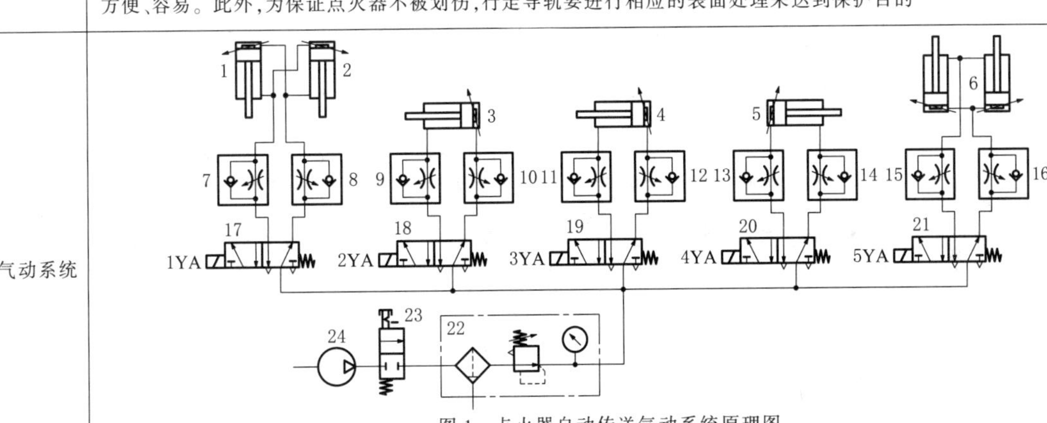 图1　点火器自动传送气动系统原理图 1—限料气缸;2—阻料气缸;3—清洁定位气缸;4—印刷定位气缸;5—纵向气缸;6—升降气缸; 7~16—单向节流阀;17~21二位五通电磁换向阀;22—气动二联件;23—二位二通开关阀;24—空压机
气动系统说明	气动系统的主要功能有3个:一是限料和阻料。保证点火器的步进移动;二是清洁工位和印刷工位的夹紧定位,保证对点火器的表面处理和印刷;三是传送机构的纵向和升降移动,保证点火器的步进传送。点火器自动传送气动系统原理如图1所示,系统的气源为空压机24,二位二通开关阀23为气源开关,气动二联件22用于气源压缩空气的净化和减压定压。系统的执行元件有限料气缸1、阻料气缸2、清洁定位气缸3、印刷定位气缸4纵向气缸5和升降气缸6(2个)6组,其中限料气缸1和阻料气缸2的无杆腔和有杆腔对调气路并联;送料机构的两个升降气缸6的气路并联以保证同步,各组气缸通过活塞杆运动带动相应的机械部件。气缸1及2、3~5和6的运动方向依次分别由二位五通电磁换向阀17~21控制,其运动速度依次分别由单向节流阀7~16双向排气节流调节,所有气缸的运动及先后顺序均通过PLC进行控制
技术特点	①点火器自动传送系统采用磁铁吸力、气压传动和PLC控制技术,其传送系统与清洁机构及印刷机配合工作,实现了点火器表明印刷中的自动上料、步进传送、印前表面处理、自动印刷、自动摆放等功能,劳动强度和生产成本低,提高了印刷效率和质量 ②气动系统采用单向节流阀对气缸进行双向排气节流调速,有利于提高气缸及其驱动的工作机构的平稳性

8 包装与物流机械气动系统

8.1 纸箱包装机气动系统

表 21-9-20　　纸箱包装机气动系统

主机功能结构介绍	纸箱包装机是一种采用气动技术、交流伺服驱动和PLC控制技术的新型包装机械，整机由纸板储存区、进瓶输送带、分瓶机构、降落式纸箱成型区、整型喷胶封箱区、热熔胶系统、机架、气动系统、电气及PLC控制板等部分组成。该纸箱包装机纸板的供送、被包装物品的分组排列、纸箱成型、黏合整型等包装动作由气动执行元件完成，各个执行元件的动作均由PLC控制电磁换向阀实现
气动系统	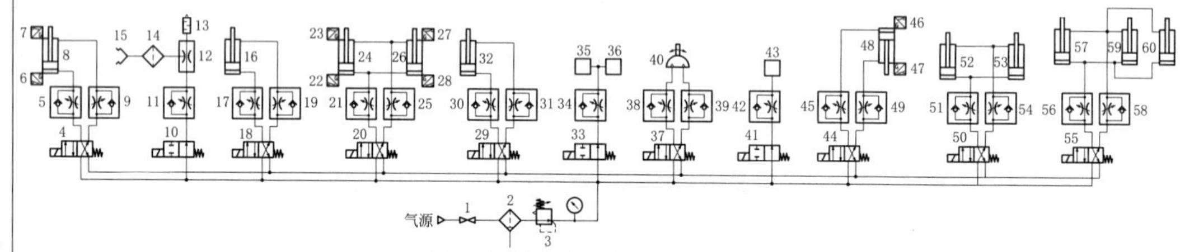 图1　纸箱包装机气动系统原理图 1—进气总阀门；2—空气过滤器；3—主压力调节减压阀(带压力表)；4,18,20,29,37,44,50,55—二位四通电磁阀；5,9,11,17,19,21,25,30,31,34,38,39,42,45,49,51,54,56,58—插入式节流调速阀；6—吸纸板装置升降气缸磁性开关1；7—吸纸板装置升降气缸磁性开关2；8—吸纸板装置升降气缸；10,33,41—二位二通电磁换向阀；12—真空发生器；13—消声器；14—真空过滤器；15—真空吸盘；16—打纸板气缸；22,28—托盘升降气缸磁性开关1；23,27—托盘升降气缸磁性开关2；24—托盘升降气缸(左)；26—托盘升降气缸(右)；32—分瓶气缸；35,36—左、右喷胶头；40—摆动气缸(带磁性开关)；43—前喷胶头；46—前封箱升降气缸磁性开关1；47—前封箱升降气缸磁性开关2；48—前封箱升降气缸；52,53—前封箱气缸；57,59,60—左、右侧封气缸和整形气缸
气动系统说明	箱包装机气动系统原理如图1所示。系统包括纸板供送作业、纸箱成型装箱和喷胶封箱整型3个气动回路。各回路的构成及工作原理如下 ①纸板供送作业回路。该回路的功能是完成纸板供送动作，包括吸纸板装置升降气缸8、真空吸盘15和打纸板气缸16三个执行元件，其运动方向分别由电磁阀4、10和18控制，其双向运动速度由节流调速阀5、9、11、17及19调控 当气路接通后，电磁阀4通电切换至左位，压缩空气由进气总阀门1→空气过滤器2→主压力调节减压阀3→电磁阀4(左位)→插入式节流调速阀5一吸纸板装置升降气缸8的无杆腔(有杆腔经阀9、阀4和消声器排气)，使缸8伸出，气缸8磁性活塞环达到磁性开关7，磁性开关7发生感应，PLC检测到该信号，使电磁阀10通电切换至左位，真空发生器12动作。其气体流动路线为：压缩空气由进气总阀门1→空气过滤器2→主压力调节减压阀3→电磁阀10→插入式节流调速阀11→真空发生器12(产生负压)→真空过滤器14→真空吸盘15(负压)，正压气体在真空发生器中经消声器13→大气中。当电磁阀4断电复至图示右位时，气体流动路线为：压缩空气由进气总阀门1→空气过滤器2→主压力调节减压阀3→电磁阀4(右位)→插入式节流调速阀9→吸纸板装置升降气缸8的有杆腔(无杆腔经阀5、阀4和消声器排气)，使气缸8缩回，气缸8磁性活塞环达到磁性开关6，磁性开关6发生感应，PLC检测到该信号，电磁阀10断电复至图示右位，空气经消声器13→真空发生器12→真空过滤器14→吸盘15，使吸盘与纸板分离，此时消声器起过滤器作用。纸板从纸板仓中被吸下，纸板检测接近开关光线被挡住，发生感应，PLC检测到该信号，电磁阀18通电切换至左位，打纸板气缸16动作。其气体流动路线为：气流由进气总阀门1→空气过滤器2→主压力调节减压阀3→电磁阀18(左位)→插入式节流调速阀17→气缸16的无杆腔(有杆腔经阀19、阀18和消声器排气)，纸板在过桥滚轮配合作用下被送往分瓶(罐)器；电磁阀18断电复至图示右位，气缸16返回原位。至此整个纸板供送循环完成 ②纸箱成型装箱回路。该回路的功能是完成纸箱成型装箱动作，包括托盘升降气缸24、26和分瓶气缸32等两组执行元件。缸24和26的运动方向合用电磁阀20控制，其双向运动速度分别由插入式节流调速阀21和25调控。缸32的运动方向则由电磁阀29控制，其双向运动速度分别由插入式节流调速阀30和31调控 分瓶机构处检测纸板、被包装物品接近开关光线同时发生感应，PLC检测到该信号，电磁阀20通电切换至左位，控制托盘升降气缸24、26动作。其气体流动路线为：压缩空气由进气总阀门1→空气过滤器2→主压力调节减压阀3→电磁阀20(左位)→插入式节流调速阀21→气缸24、26的无杆腔(有杆腔经阀25、阀20和消声器排气)，气缸24、26上升到位处于伸出状态。托盘升降气缸磁性活塞环达到磁性开关23、27，磁性开关23、27发生感应，PLC检测到该信号，控制电磁阀29通电切换至左位，使分瓶气缸32动作。其气体流动路线为：压缩空气由进气总阀门1→空

续表

气动系统说明	气过滤器 2→主压力调节减压阀 3→电磁阀 29(左位)→插入式节流调速阀 31→气缸 32 的有杆腔(无杆腔经阀 30、阀 29 和消声器排气),延时后,电磁阀 29 断电复至右位,气缸 32 返回原位,被包装物品进入分瓶器,等待下一包装循环。被包装物品与纸板在重力作用下随托盘升降气缸 24、26 下降。此时电磁阀 20 断电复至右位,控制托盘升降气缸 24、26 下降,其气体流动路线为:压缩空气经进气总阀门 1→空气过滤器 2→主压力调节减压阀 3→电磁阀 20(右位)→插入式节流调速阀 25→气缸 24、26 的有杆腔(无杆腔经阀 21、阀 20 和消声器排气),使气缸缩回。纸箱成型装箱工序完成 ③喷胶封箱整型回路。该回路的功能是纸箱的喷胶封箱整型,包括两侧喷胶头 35、36,摆动气缸 40,前喷胶头 43,前封箱升降气缸 48,前封箱气缸 52、53,左、右侧封和整型气缸 57、59、60 共 6 组气动执行元件。其运动方向依次由电磁阀 33、37、41、44、50、55 控制;运动速度由插入式节流调速阀 34、38 及 39、42、45 及 49,51 及 54、56 及 58 调控 在托盘升降气缸 24、26 达到磁性开关 22、28 并产生感应的同时,前封箱升降气缸 48 磁性活塞环达到磁性开关 46 并发生感应,PLC 同时检测到这 2 个信号,控制交流伺服电机动作,被包装物品向前移动一个工位,包装机重复纸板供送、纸箱成型装箱动作。当完成 3 个纸板供送、纸板成型装箱动作后,喷胶光电开关被已成型纸箱挡住发生感应,PLC 检测到该信号,使电磁阀 33 通电切换至左位,两侧喷胶头 35、36 同时工作,其气体流动路线为:压缩空气由进气总阀门 1→空气过滤器 2→主压力调节减压阀 3→电磁阀 33(左位)插入式节流调速阀 34→左、右喷胶头 35、36 喷胶,延时,电磁阀 33 断电复至图示右位,喷胶停止,延时,电磁阀 33 再次通电切换至左位,左、右喷胶头 35、36 喷胶,延时,电磁阀 33 断电复至有右位,喷胶停止,完成侧喷胶动作。完成侧喷胶动作后,电磁阀 37 通电切换至右位,前喷胶头由摆动气缸 40 带动旋转。其气体流动路线为:压缩空气由进气总阀门 1→空气过滤器 2→主压力调节减压阀 3→电磁阀 37(左位)→插入式节流调速阀 38→摆动气缸 40 下腔(上腔经阀 39、阀 37 和消声器排气)。摆动气缸 40 旋转的同时,电磁阀 41 通电切换至左位,前喷胶头 43 喷胶,其气路流动为:压缩空气由进气总阀门 1→空气过滤器 2→主压力调节减压阀 3→电磁阀 41(左位)→插入式节流调速阀 42→前喷胶头 43 喷胶,当摆动气缸 40 摆动到磁性开关发生感应时,PLC 检测到该信号,电磁阀 41 断电复至右位,前喷胶停止。同时电磁阀 44 通电切换至左位,前封箱升降气缸 48 下降,其气体流动路线为,压缩空气由进气总阀门 1→空气过滤器 2→主压力调节减压阀 3→电磁阀 44(左位)→ 插入式节流调速阀 45→气缸 48 的无杆腔(有杆腔经阀 49、阀 44 和消声器排气),气缸 48 磁性活塞环达到磁性开关 47 发生感应时,PLC 检测到该信号,使电磁阀 50 通电切换至左位,控制前封箱气缸 52、53 动作,其气体流动路线为,压缩空气由进气总阀门 1→空气过滤器 2→主压力调节减压阀 3→电磁阀 50(左位)→插入式节流调速阀 51→气缸 52、53 的无杆腔(有杆腔经阀 54、阀 50 和消声器排气),延时,前封箱动作完成,电磁阀 50 断电复至右位,前封箱气缸 52、53 返回原位。电磁阀 44 断电复至右位,气缸 52、53 上升,气缸 52、53 磁性活塞环达到磁性开关 46 并发生感应,当满足交流伺服电机工作条件时,交流伺服电机动作,被包装物向前移动一个工位,到达侧封工位,电磁阀 55 通电切换至左位,同时控制左、右侧封及整型气缸 57、59、60 动作,其气体流动路线为:压缩空气由进气总阀门 1→空气过滤器 2→主压力调节减压阀 3→电磁阀 55(左位)→插入式节流调速阀 56→左、有侧封气缸和整型气缸 57、59、60 的无杆腔(有杆腔经阀 58、阀 55 和消声器排气),延时,电磁阀 55 断电复至图示右位,气缸 57、59、60 回位,整个封箱过程完成,被包装物移出
技术特点	①采用气动系统及 PLC 控制的纸箱包装机能够可靠快速地实现自动化装箱包装过程,纸板供送机构位置精确,性能可靠,可避免产生双纸板。通过改变分瓶器装置,调整喷胶、封箱、整型气缸位置及 PLC 软件程序,可以改变包装规格,拓展性好 ②采用气动系统实现纸箱包装机的纸板供送、纸箱成型、喷胶、封箱整型过程,结构紧凑简捷、反应迅速、自动化程度高、绿色环保,不会对生产环境和产品造成污染 ③气动系统的执行元件包括直线气缸、摆动气缸、真空吸盘、喷胶头 4 类,并用电磁换向阀控制运动方向,用插入式节流调速阀进行调速。用多数气缸带有磁性开关,以作为系统多数电磁换向阀通断电切换及交流伺服电机动作的信号源 ④系统共用正压气源,真空吸盘所需负压通过真空发生器提供,较之采用真空泵,成本低、使用维护简便

8.2 微型瓶标志自动印刷气动系统

表 21-9-21　　微型瓶标志自动印刷气动系统

主机功能结构介绍	微型瓶标志自动印刷系统的功能是对直径为 4~8mm 的药丸包装用微型小圆锥、小圆柱瓶的图文标志进行自动印刷,以保证药品的质量安全与可追溯性。针对微型瓶的结构形状特点,系统采用移印方式,即把要印刷的图文进行照相、制版,而后蚀刻在钢模板上,印刷时将油墨刷涂在其表面,用刮墨刀把图文上多余的油墨刮去,由胶头将图文沾起,转印到承印物,形成与原稿一样的图文。微型瓶标志自动印刷系统由主机、气动及电制 3 部分组成。主机完成微型瓶的上料、理料、传送、印刷、烘干、下料;气动部分为机械部分的各动作提供动力;电控系统则以 PLC 为核心,通过气动系统控制各个动作的顺序和动作的协调,完成承印物的自动印刷 微型瓶标志自动印刷系统主机结构为:上料振动盘利用电磁铁产生的振动自动上料,完成微型瓶的自动定向、排序、输送,分 4 组将其同步连续送至理料机构。理料机构(由 2 个气缸和 2 组导向的直线导轨等组成)分 4 组同步梳理,将微型瓶置放于机构的凹槽内。传料机构(由 3 个传送气缸和 3 组导向导轨等组成)则将理料机构凹槽内的微型瓶成组步进传送至接料机构(由 2 个同步动作的气缸等组成)的凹槽。在传料机构的传送中,微型瓶在接料机构的凹槽内成组不断换位,至印刷工位时印刷机构(由 2 个执行气缸、上墨机构、胶头、钢模板等组成)在组合胶头、上墨辊、刮墨刀等的配合下完成标志印刷。在烘干工位,烘干器对完成印刷的图文进行烘干,到落料工位时,在脱料片、落料盘的配合下完成下料,实现印刷过程的全自动化

续表

<table>
<tr><td>气动系统</td><td>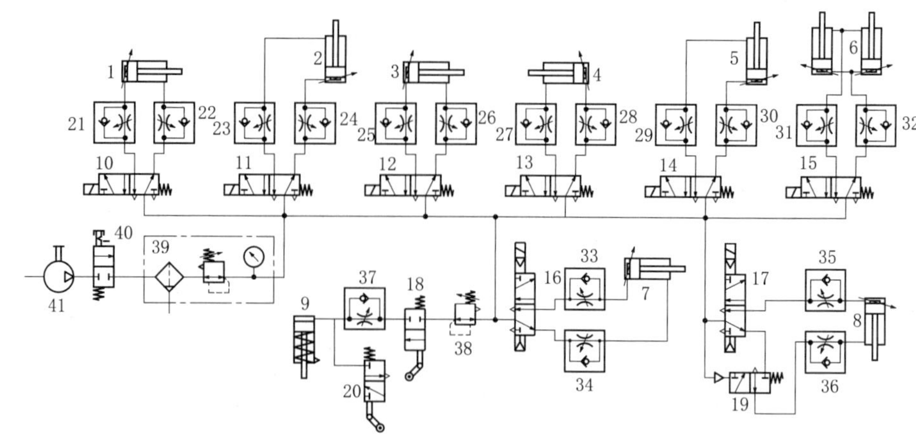
图 1　微型瓶标志自动印刷气动系统原理图
1—理料气缸（Ⅰ）；2—理料气缸（Ⅱ）；3—传送气缸（Ⅰ）；4—传送气缸（Ⅱ）；5—传送气缸（Ⅲ）；
6—限料气缸（2 个）；7—水平气缸；8—施印气缸；9—刮墨气缸；10～15—二位五通电磁换向阀；
16，17—二位五通先导电磁换向阀；18—二位二通行程换向阀；19—二位三通气控换向阀；
20—二位三通行程阀；21～37—单向节流阀；38—减压阀；39—气动二联件；
40—二位二通开关阀；41—空压机</td></tr>
<tr><td>气动系统说明</td><td>微型瓶标志自动印刷气动系统原理如图 1 所示。系统的气源为空压机 41，它经二位二通开关阀 40 和气动二联件 39 向系统提供洁净且符合压力要求的压缩空气。系统的执行元件有理料气缸(Ⅰ)1、理料气缸（Ⅱ）2、传送气缸(Ⅰ)3、传送气缸（Ⅱ）4、传送气缸（Ⅲ）5、限料气缸（2 个）6、水平气缸 7、施印气缸 8 和刮墨气缸 9。其中，为方便调整，印刷机构的刮墨气缸 9(弹簧复位的单作用缸)用二位二通行程换向阀 18 和二位三通气控换向阀 19 控制其运动方向；为保证同步，接料机构的 2 个限料气缸 6 气路并联，并用同一个二位五通电磁换向阀 15 控制其运动方向；其余气缸 1～5、7、8 则依次分别采用二位五通电磁换向阀 10～14、16、17 控制其运动方向。各气缸的运动速度依次分别采用单向节流阀 21 和 22、23 和 24、25 和 26、27 和 28、29 和 30、31 和 32、33 和 34、35～37 双向排气节流调速。电磁换向阀的通断电主要信号源是霍尔开关，机械部件的动作由各个相应的气缸通过活塞杆驱动来实现</td></tr>
<tr><td>技术特点</td><td>①微型瓶标志自动印刷系统采用气压传动和 PLC 自动控制，生产效率高。印刷速度可达 15000～20000 件/h；适用于直径为 4～8mm 的各种药丸包装的小圆锥、小圆柱瓶的印刷；自动化水平高，人工成本低，系统稳定性好，质量可靠。在保证上料效率的同时，通过对相关零件进行适当的保护处理，保证微型瓶传送时的表面质量要求
②气动系统中，除刮墨气缸为单作用缸并采用行程阀换向及单向节流阀单侧节流调速外，其余均为双作用缸，采用电磁换向阀控制其运动方向，并采用单向节流阀双向节流调速，有利于提高各缸及其驱动的工作机构的平稳性</td></tr>
</table>

8.3　方块地毯包装机自动包箱气动系统

表 21-9-22　　方块地毯包装机自动包箱气动系统

<table>
<tr><td>主机功能结构介绍</td><td>方块地毯（拼块地毯）是以弹性材料或高分子材料为背衬，机制地毯胚毯为表层面料的正方形地毯块，主要应用于商务领域。其形成包装由方块地毯包装机完成，机器的核心功能是自动包箱。包箱部分主要由纸箱定位纵向调整机构、压箱机构、侧沿折叠机构、下沿折叠机构、喷胶机构和上沿折叠机构等组成，这些机构均采用气压传动（气缸及气动滑台），包箱步骤为：侧沿折叠→下沿折叠→上沿折叠
包箱作业时，纵向调整气缸运动时可以带动纸箱定位气缸运动，进而带动纸箱定位气缸上的定位板，达到定位的目的。在纸箱定位好后，压箱气缸开始运动将地毯压紧，为后面的包装做准备。包箱从侧沿折叠开始，侧沿折叠气缸动作，带动侧沿折叠板转动，将两侧沿折叠。随后，升降平台上升，同时下沿折叠气缸动作，这时两个下沿折叠气缸带动的折叠板从下往上将下沿折叠。下沿折叠后，气动滑台和喷胶仪同时运动，在纸箱下沿上喷胶（点喷）。喷胶完成后，上沿气缸运动，带动上沿折叠板折叠</td></tr>
</table>

续表

<table>
<tr><td>气动系统</td><td>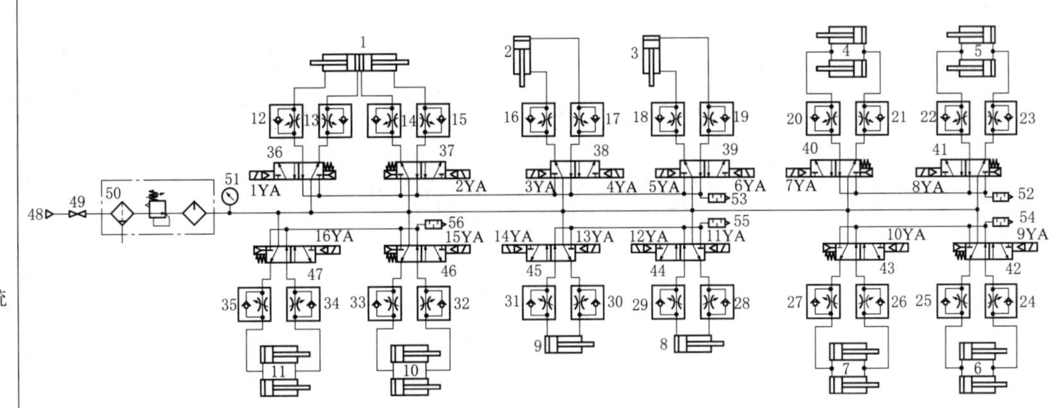

图 1　方块地毯包装机自动包箱气动系统原理图

1—纸箱定位纵向调整机构气缸；2—纸箱定位气缸；3—压箱气缸；4,5—侧沿折叠气缸；6,7—上沿折叠气缸；8—右喷胶滑台气缸；9—左喷胶滑台气缸；10,11—下沿折叠气缸；12～35—单向节流阀；36,37,40～43,46,47—二位五通单电控换向阀；38,39,44,45—二位五通双电控换向阀；48—气源；49—截止阀；50—气动三联件；51—压力表；52～56—消声器</td></tr>
<tr><td>气动系统说明</td><td>方块地毯包装机自动包箱气动系统原理如图 1 所示。系统的执行元件有纸箱定位纵向调整机构气缸 1、纸箱定位气缸 2、压箱气缸 3、侧沿折叠气缸 4 和 5(共 4 个)、上沿折叠气缸 6 和 7(共 4 个)、右喷胶滑台气缸 8、左喷胶滑台气缸 9、下沿折叠气缸 10 和 11(共 4 个)。其中缸 1 为双活塞气缸，其主控阀为二位五通单电控换向阀 36 和 37，采用单向节流阀 12～15 进行排气节流调速；缸 2～11 的主控阀依次分别为二位五通换向阀 38～47(其中，阀 38、39、44、45 为双电控阀，其余为单电控阀)，缸 2～11 中各缸的两个气口均设有单向节流阀对缸进行排气节流调速，这些阀分别为 16～35。12 个电磁换向阀安装在同一块汇流板(图中未画出)上，气源 48 经截止阀 49、气动三联件 50 和汇流板向系统提供压缩空气，供气压力通过压力表 51 观测，消声器 52～55 用于降低排气噪声
结合包箱的工作流程的描述，容易了解气动系统在各工况下的动作状态及气流路线</td></tr>
<tr><td>技术特点</td><td>①方块地毯包装机集机、电、光、气于一体，可提高包装的自动化水平和生产效率，减少了人力、物力需求，降低了包装成本。气压传动自洁性好，不会对产品造成污染
②系统各气动执行元件均采用排气节流调速，有利于提高工作部件的运行平稳性；根据工艺要求，合理调节各节流阀，可以改善包装质量，减少辅助时间。为了减少多缸同时动作对系统工作压力的影响，可在气动三联件之后增设储气罐(蓄能器)</td></tr>
</table>

8.4　自动物料（药品）装瓶系统气动系统

表 21-9-23　　自动物料（药品）装瓶系统气动系统

主机功能结构介绍	自动物料(药品)装瓶系统由机械、气动和 PLC 电控系统等部分组成，用于制药企业物料(药品)装瓶的自动化作业。机械系统为单元式模块结构，即由料瓶供应单元 1、物料供应单元 2、瓶盖供应单元 3、瓶盖拧紧单元 4 组成。其主要功能是料瓶、瓶盖和物料存储、定位和支撑，推送料瓶、瓶盖和物料过程中方向引导与定位，为传感器、直流电机和气动元件提供支承等。系统工作时的主要动作为：料瓶的推出与推送、物料装瓶、加盖、拧盖及入库。系统采用井式料仓(具有内、外圆柱面，便于物料存储和定位)分别存储料瓶、瓶盖和球形物料。料瓶的传送由直线气缸推送。工作过程中，料瓶、物料、瓶盖的有无以及位置检测由光电传感器完成，为了编程控制方便，气缸上安装磁性开关，以判断气缸伸出或缩回的状态。由于瓶盖的拧紧需要沿料瓶轴线方向直线运动和绕料瓶轴线回转运动，故采用直线气缸和低速直流电动机的组合结构 自动物料装瓶系统的工艺流程：操作者将料瓶、物料(球形药品)和瓶盖分别放入各自井式料仓中，井式料以内圆柱面定位，检测装置对井式料仓中的料瓶进行检测。系统启动后，当检测到料瓶供应单元 1 有料瓶时，推出料瓶到达物料供应单元 2(装药品)；当传感器检测到有药品且料瓶到位后，推出药片装入料瓶；装药品完成后推出料瓶到达瓶盖供应单元 3(供药瓶盖)，当检测到有盖且料瓶到位后，推出瓶盖至药瓶上方。装瓶盖完成后推出料瓶到达瓶盖拧紧单元 4(拧紧瓶盖)，当检测到料瓶到位后，执行拧盖动作。瓶盖拧紧后推瓶入库

续表

气动系统	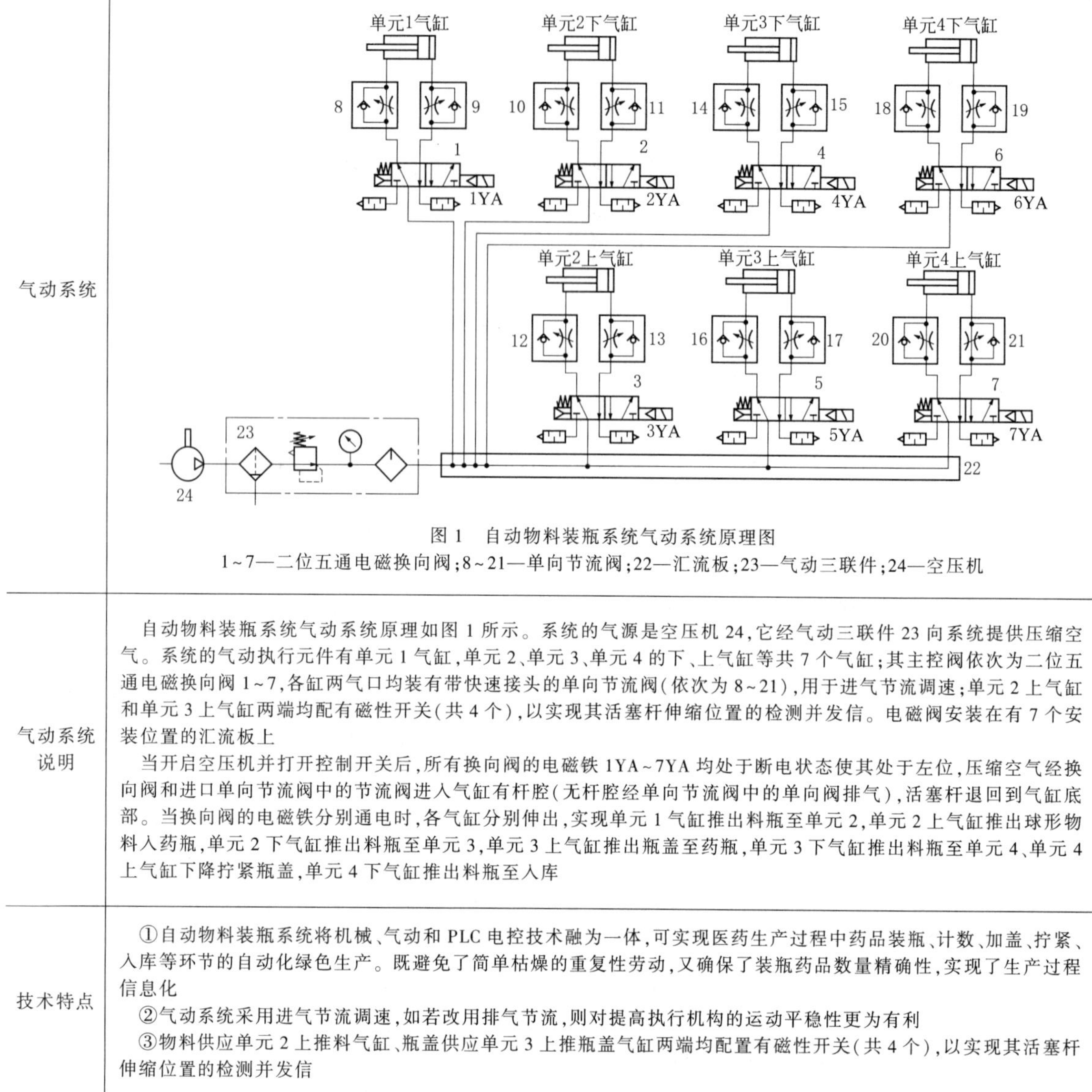 图1　自动物料装瓶系统气动系统原理图 1～7—二位五通电磁换向阀；8～21—单向节流阀；22—汇流板；23—气动三联件；24—空压机
气动系统说明	自动物料装瓶系统气动系统原理如图1所示。系统的气源是空压机24，它经气动三联件23向系统提供压缩空气。系统的气动执行元件有单元1气缸，单元2、单元3、单元4的下、上气缸等共7个气缸；其主控阀依次为二位五通电磁换向阀1～7，各缸两气口均装有带快速接头的单向节流阀（依次为8～21），用于进气节流调速；单元2上气缸和单元3上气缸两端均配有磁性开关（共4个），以实现其活塞杆伸缩位置的检测并发信。电磁阀安装在有7个安装位置的汇流板上 当开启空压机并打开控制开关后，所有换向阀的电磁铁1YA～7YA均处于断电状态使其处于左位，压缩空气经换向阀和进口单向节流阀中的节流阀进入气缸有杆腔（无杆腔经单向节流阀中的单向阀排气），活塞杆退回到气缸底部。当换向阀的电磁铁分别通电时，各气缸分别伸出，实现单元1气缸推出料瓶至单元2，单元2上气缸推出球形物料入药瓶，单元2下气缸推出料瓶至单元3，单元3上气缸推出瓶盖至药瓶，单元3下气缸推出料瓶至单元4、单元4上气缸下降拧紧瓶盖，单元4下气缸推出料瓶至入库
技术特点	①自动物料装瓶系统将机械、气动和PLC电控技术融为一体，可实现医药生产过程中药品装瓶、计数、加盖、拧紧、入库等环节的自动化绿色生产。既避免了简单枯燥的重复性劳动，又确保了装瓶药品数量精确性，实现了生产过程信息化 ②气动系统采用进气节流调速，如若改用排气节流，则对提高执行机构的运动平稳性更为有利 ③物料供应单元2上推料气缸、瓶盖供应单元3上推瓶盖气缸两端均配置有磁性开关（共4个），以实现其活塞杆伸缩位置的检测并发信

9　铁路、舰船、航空航天设备气动系统

9.1　电控气动塞拉门气动系统

表21-9-24　　电控气动塞拉门气动系统

主机功能结构介绍	25K、25T型铁路客车上广泛使用了电控气动塞拉门，以使客车在运行过程中空气阻力小、车内保持正压，能防止灰尘、雨雪等进入车内，使旅客有一个舒适的乘车环境。电控气动塞拉门由门控器（DCU）作为控制器，控制系统由门控器、电源保护、电源转换、接线端子等组成。每节车厢在Ⅰ位端、Ⅱ位端各设一套控制系统，每个控制单元分别控制Ⅰ位端或Ⅱ位端左、右两个车门，各控制按钮和开关信号分别接到控制箱的输入、输出信号端子排子

续表

<table>
<tr><td>气动系统</td><td>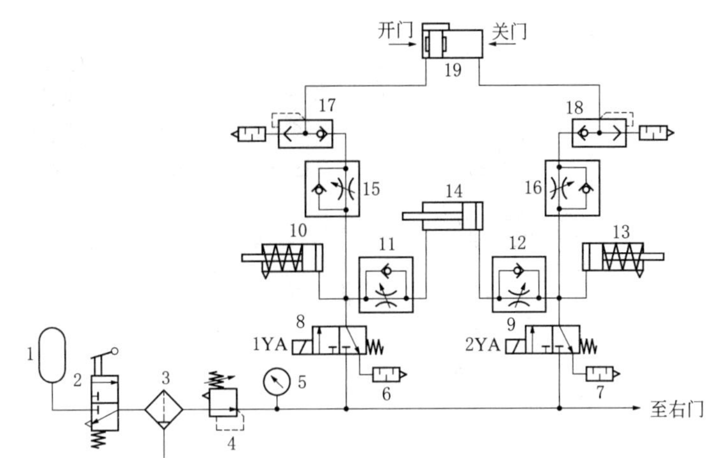

图1　电控气动塞拉门气动系统原理图
1—气源(0.45~0.9MPa);2—气源开关;3—水分滤气器;4—减压阀(0.45~0.6MPa);
5—压力表;6,7—消声器;8,9—二位三通电磁换向阀;10—开锁气缸(方形);
11,12,15,16—单向节流阀;13—关锁气缸(圆形);14—脚踏气缸;
17,18—快速排气阀;19—无杆气缸</td></tr>
<tr><td>气动系统说明</td><td>拉门左门气动系统(右门与左门同)原理如图1所示,Ⅰ位端(或Ⅱ位端)的左、右两扇门共用气源开关2、滤气器3和减压阀4。系统的执行元件有方形开锁气缸10、圆形关锁气缸13、脚蹬气缸14和无杆气缸19,分别用于门锁开锁、关锁、推动门扇、收放脚蹬
电控气动塞拉门的工作流程:当门控单元收到开门信号后,蜂鸣器报警提示,红色、橙色指示灯点亮,方形开锁缸通过门锁部件推动锁叉动作,实现门锁的开锁,二位三通关门电磁阀动作,无杆气缸通过气缸活塞的运动,推动门扇动作,使塞拉门打开,同时脚蹬气缸通过机械连杆机构将脚蹬放下。当门控单元收到关门信号后,蜂鸣器报警,同时脚蹬气缸通过机械连杆将脚蹬收起。为了防止在关门过程中挤压乘客,设置了防挤压功能,通过采用在门板关闭侧密封胶条内设置气囊以检测压力冲击信号来实现。关门时如遇障碍物,门板胶条受到挤压,气囊内产生突变压力,使压力波开关动作,输出防挤压信号,该开关与防挤压压力波开关采用串联连接,当车门关到98%位置时,98%开关断开,从而屏蔽了防挤压功能</td></tr>
<tr><td>技术特点</td><td>①塞拉门的左、右两扇门共用一个气源开关、过滤器和减压阀;左右门系统原理相同
②气动系统的开锁(关锁)气缸与门扇开关气缸和脚蹬气缸气路并联,通过两个二位三通电磁换向阀的交替动作控制这三组缸的动作换向
③开锁气缸与关锁气缸分别为方形和圆形的单作用缸;脚蹬气缸为双作用单杆缸并采用单向节流阀双向排气节流调速;门扇开关气缸为无杆气缸,通过单向节流阀双向进气节流调速,通过快速排气阀实现气缸的快速动作</td></tr>
</table>

9.2　气控式水下滑翔机气动系统

表21-9-25　　气控式水下滑翔机气动系统（比例阀）

<table>
<tr><td>主机功能结构介绍</td><td>气控式水下滑翔机是一种水下智能作业设备,主要用于民用浅海探测和海洋生物识别领域。该机以压缩空气作为动力源,通过PLC控制高压气体排挤设备自带液体改变滑翔机在水下重力与浮力的占比以及质心和浮心的占比,实现上浮、下潜、定位和姿态调整等水下滑翔动作功能
为了减小水下作业的黏性压差和摩擦阻力,气控式水下滑翔机采用仿生学原理,外形为仿鱼类梭形鱼体的旋转体结构,主要部件包括前、后姿态舱1、8,高、低压舱2、5,浮力舱3,机电舱4,螺旋桨10,尾鳍7和侧翼9等,工作时各舱室外部整体套一层流线型蒙皮。其中前、后姿态舱和浮力舱内配备有弹性皮囊,皮囊外部充入环境液体,通过改变皮囊内的充气量排挤皮囊外部的环境液体实现滑翔机重力和浮力的占比以及重心前后位置的改变,从而实现上、下潜及姿态翻转等动作。另外,机电舱内配备有PLC、各种电磁阀和传感器等。各舱室之间通过螺栓连接,增减和拆装各个部件都比较方便。滑翔机艏部装有水下摄像头和水下照明灯,以对水下环境进行监测</td></tr>
</table>

续表

气动系统	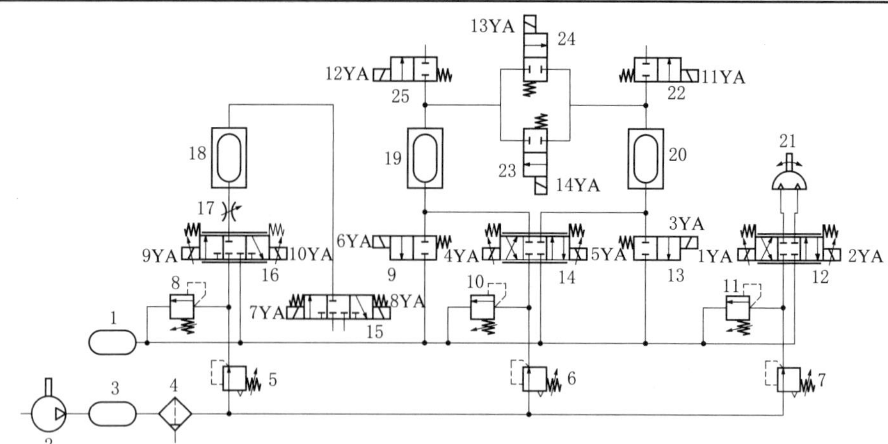图1　气控式水下滑翔机气动系统原理图 1—低压舱；2—空压机；3—高压舱；4—过滤器；5～7—减压阀；8，10，11—溢流阀； 9，13—二位二通电磁排气开关阀；12，14—三位四通电-气比例方向阀； 15—三位三通电磁充排液换向阀；16—三位三通电-气比例方向阀； 17—节流阀；18—浮力舱；19—前姿态舱；20—后姿态舱；21—摆动气缸； 22～25—二位二通电控充排液开关阀
气动系统说明	气控式水下滑翔机气动系统原理如图1所示，包括下潜、定位、巡游、姿态调整和上浮等控制回路。系统的执行器有带动尾鳍摆动实现滑翔机巡游动作功能的齿轮齿条式摆动气缸21，以及通过高压气体排挤液体改变滑翔机在水下重力与浮力的占比以及质心和浮心的占比，实现下潜、上浮、定位、姿态调整等水下滑翔动作功能的前浮力舱18、前姿态舱19和后姿态舱20。缸21的主控阀为三位四通电-气比例方向阀12；浮力舱18的主控阀为三位三通电-气比例方向阀16和三位三通电磁充排液换向阀15，前姿态舱19和后姿态舱20的主控阀为三位四通电-气比例方向阀14、二位二通排气电磁开关阀9及13和二位二通电控充排液开关阀22～25。系统的高压气体由空压机2充气的高压舱3分别向浮力舱18、前后姿态舱19及20和摆动气缸21提供，低压气体由低压舱1回收和排放，各支路工作气压由减压阀5～7设定，溢流阀8、10和11分别用于各气路的溢流定压和安全保护 系统的工作过程如下。 ①高压舱充气。在下潜前，首先使空压机2向高压舱3内充入规定压力的压缩空气 ②浮力舱充液。通过PLC控制注水泵和电磁铁7YA和10YA通电，使换向阀15和阀16分别切换至左位和右位。通过换向阀15向浮力舱18内注入规定量的环境液体。充液完成后，滑翔机整体重力大于浮力 ③滑翔机下潜。释放滑翔机，使其在总重力大于总浮力的状况下下潜 在下潜阶段，压力传感器（图中未画出）将压力信号反馈到PLC，当滑翔机下潜到预定的深度时，通过PLC控制电磁铁9YA和8YA通电使方向阀16和阀15分别切换至左位和右位，储存在高压舱3内的压缩空气经减压阀5、方向阀16和节流阀17被充入浮力舱18内的弹性皮囊中，通过皮囊膨胀排出浮力舱内的部分液体；当滑翔机整体重力等于浮力时，滑翔机悬浮于水下，此时通过PLC控制阀15、16所有电磁铁断电而关闭，同时控制电机驱动螺旋桨旋转，带动整个滑翔机前进，并通过PLC控制电磁铁1YA和2YA不同的通电状态，使阀12进行切换，高压舱3内的压缩空气经减压阀7和阀12进入摆动气缸21，从而带动尾鳍摆动起来，滑翔机进入巡游状态 巡游过程结束后，通过PLC控制使电磁铁13YA和4YA通电。开关阀24和方向阀14分别切换至上位和左位，高压舱3内的压缩空气经减压阀6、阀14被充入前姿态舱19内的弹性皮囊中，把前姿态舱19内的部分液体经阀24排入后姿态舱20中，使滑翔机重心逐渐向后偏移，滑翔机开始逐渐翻转，实现姿态的调整功能。姿态调整结束后，通过PLC控制使电磁铁6YA通电，开关阀9切换至左位，前姿态舱弹性皮囊内的气体经阀9排出，进入低压舱1，实现泄压 ④滑翔机上浮。姿态调整结束后，通过PLC控制电磁铁9YA和8YA通电，使方向阀16和阀15分别切换至左位和右位，再次把高压舱3内的压缩空气充入浮力舱18内的弹性皮囊中，排挤出浮力舱18内的部分液体，使滑翔机整体重力小于浮力。开始滑翔式上浮，直至浮出水面，实现滑翔机的上浮功能 ⑤重复循环。返回水面后的滑翔机，可通过各阀和空压机的操作，重新完成高压舱的补气到规定压力，低压舱排出舱内气体，其他各部件完成规定充液量后，滑翔机再一次循环上述过程
技术特点	①气控式水下滑翔机以压缩空气作为动力源，通过PLC控制高压气体排挤设备自带液体改变滑翔机在水下重力与浮力的占比以及质心和浮心的占比，实现上浮、下潜、定位和姿态调整等水下滑翔动作功能，可应用于民用浅海探测和海洋生物识别 ②滑翔机气动系统采用电-气比例方向阀实现浮力舱、前后姿态舱及摆动气缸的充气控制，采用开关式换向阀实现排气以及进排液控制

9.3 垂直起降火箭运载器着陆支架收放气动系统

表 21-9-26 垂直起降火箭运载器着陆支架收放气动系统

<table>
<tr><td>主机功能结构介绍</td><td>着陆支架系统是火箭运载器着陆时的缓冲和支撑系统。本运载器的腿式可收放着陆支架可以实现运载器的垂直缓冲着陆并可重复使用。运载器着陆支架收起和展开状态如文献[7]中图 9-15 所示(在此省略),图中 1 为筒体;2 为带锁定功能三级气动伸展机构;3 为着陆支架整流罩外壳,用于改善着陆支架收起后运载器飞行的气动性能;4 为缓冲器,主要用于吸收运载器返回级着陆时的动能和势能,保护运载器返回级;由筒体 1 和缓冲器 4 共同组成缓冲支柱,缓冲支柱和三级气动伸展机构的结构如文献[7]中图 9-16 所示(在此省略),该机构由三级同心套筒依次嵌套组成,各级间布置有机械锁定机构。机构伸出时,高压气体从该机构左端气孔进入左端气腔,背压腔气体从右端气孔排出,左右腔室间布置导向和密封装置。在高压气体的推动下,三级同心套筒依次伸出,到达指定位置后与前级锁定成一体</td></tr>
<tr><td>气动系统</td><td>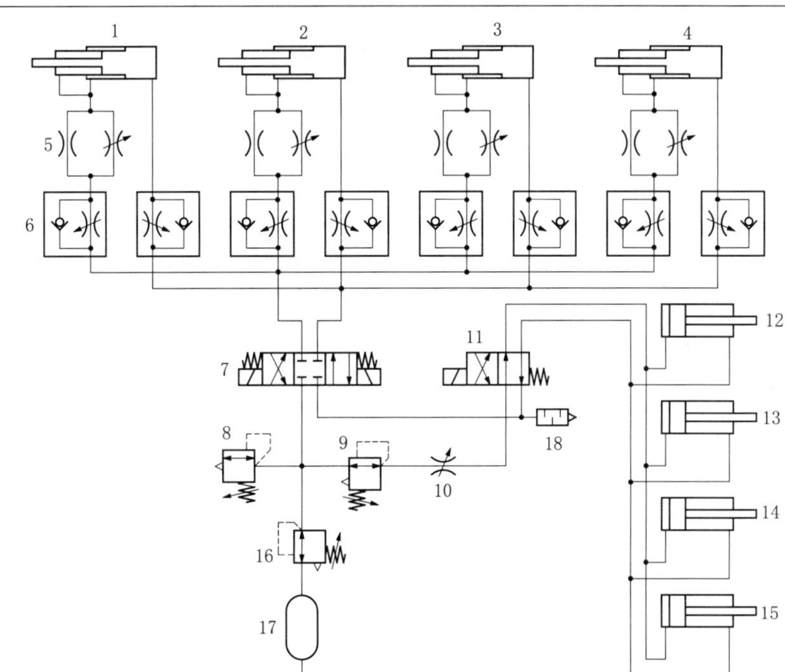

图 1 着陆支架收放气动系统原理图
1~4—三级伸展机构(伸缩气缸);5—缓冲针阀;6—单向节流阀;7—三位四通电磁换向阀;8—溢流阀;9,16—减压阀;10—九流阀;11—二位四通电磁换向阀;12~15—开锁气缸;17—高压气罐;18—消声排气装置</td></tr>
<tr><td>气动系统说明</td><td>着陆支架收放气动系统原理如图 1 所示。系统的两组执行元件分别为并联的三级伸展机构(类似于伸缩气缸)1~4 和并联的开锁气缸 12~15
伸展缸回路的主控阀为三位四通电磁换向阀 7,其各缸的运动速度采用单向节流阀 6 排气节流调节,溢流阀 8 用于回路压力设定安全保护;在三级伸展机构外部设有可变节流孔和固定节流孔并联组成的末端缓冲装置(缓冲针阀 5),在机构运动到行程末端前,进入缓冲状态,可变节流孔孔径变小,使背压腔产生阻尼作用,从而降低机构伸展速度
开锁缸回路的主控阀为二位四通电磁换向阀 11,设在回路总的进气路上的节流阀 10 对缸进行双向调速,其工作压力由节流阀 10 调控。系统的气源为高压气罐 17,供气压力由减压阀 16 设定
通过控制电磁换向阀 7 和 11 的通断电,可使气动系统驱动着陆支架完成以下工作:接入气源→开锁气缸解锁→展开机构放下→到位锁定,整个展开时间不大于 5s</td></tr>
<tr><td>技术特点</td><td>①该腿式着陆支架采用气压驱动。着陆支架采用三级伸展机构完成放下和收起,该机构为依次嵌套组成的三级同心圆筒,两端布置进气、排气孔,以伸长状态为例,结构包含高压腔、环形背压腔、环形背压腔这 3 个可变气体腔室和 1 个不变气体腔室——排气腔。高压气体经过各个气动回路之后,从左端进气口进入伸展机构推动第 2 级和第 3 级机构向右运动,环形背压腔和环形背压腔内的气体通过同心套筒上的气孔排出进入排气腔,最后由排气腔末端排气孔排出。各级套筒运动到位后,通过机械锁定机构与外套筒锁定形成整体。该机构能够在气动力作用下进行伸展和收缩,并驱动着陆支架平稳放下和收起
②伸展机构采用单向节流阀的双向排气节流调速方式及可变节流孔和固定节流孔并联组成的末端缓冲装置,有利于提高运行平稳性并避免端点冲击
③气动系统压力级为 0.8MPa</td></tr>
</table>

10 机械手、机器人气动系统

10.1 冲床上下料气动机械手系统

表 21-9-27 冲床上下料气动机械手系统

<table>
<tr><td>主机功能结构介绍</td><td>冲床是各种金属薄板的冲压成型机械。在冲床加工过程中，利用上料机械手可显著地提高生产效率，同时能有效地避免操作者的工伤事故。3个自由度的机械手的圆柱坐标形式，含腰部回转气缸（摆动气动马达）、垂直升降气缸、手臂伸缩气缸和末端夹持气缸及底座等
机械手末端执行机构（夹持器）有可换指端夹持器和真空吸盘两种形式，可视被抓工件形状选定。前者适用于立体形被抓工件，这种夹持方式柔性较好，用户可据被抓工件的不同形状结构，通过螺栓连接更换各种手指，如V形钳口手指、弧形手指等，从而扩大夹持器的使用范围。后者适用于平面板材被抓工件，真空吸盘体积小，吸力强，能广泛适用于各种规格不同形状和不同材料的平板冲件</td></tr>
<tr><td>气动系统</td><td>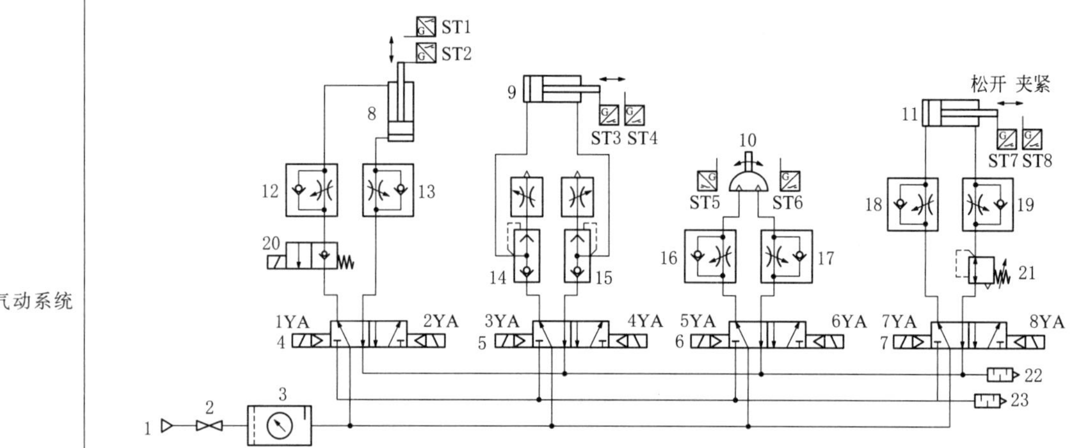
图1 上下料机械手气动系统原理图
1—气源；2—截止阀；3—三联件（分水滤气器、减压阀、油雾器）；4～7—二位五通电磁换向阀；
8—垂直升降气缸；9—手臂伸缩气缸；10—腰部回转气缸；11—末端夹持气缸；
12，13，16～19—单向节流阀；14，15—快速排气节流阀；20—二位二通电磁换向阀；
21—减压阀；22，23—消声器</td></tr>
<tr><td>气动系统说明</td><td>图1所示为上下料机械手气动系统原理图。三联件3（分水滤气器、减压阀、油雾器）将气源1经截止阀2提供的压缩空气进行净化、调压和润滑油的雾化，为系统提供洁净的工作介质。系统的4个执行元件为垂直升降气缸8、手臂伸缩气缸9、腰部回转气缸10和末端夹持气缸11。3个双作用气缸（缸8、9、11）与腰部回转缸10均采用二位五通脉冲式电磁换向阀作为运动方向的主控元件并无复位弹簧，电磁铁断电后，阀芯不会自动复位；行程开关ST1～ST8将作为各电磁铁的信号源，将机械位移转变为电信号，实现机械手的定位和行程控制。缸8和缸11的活塞杆伸、缩的速度及腰部回转气缸（摆动气马达）10的回转速度分别采用单向节流阀12、13，18、19和16、17进行排气节流调速，其排气背压有利于提高运动平稳性；在垂直升降气缸8的回路中，二位五通电磁换向阀4和二位二通电磁换向阀20的电路互锁，可防止气路突然失压时，垂直升降气缸8立即下落；手臂伸缩气缸9的回路中有两个快速排气节流阀，既可加快手臂伸缩气缸的启动速度，又可全程调速，快速排气阀安装在换向阀5和手臂伸缩气缸9之间，使手臂伸缩气缸的排气不用通过漫长的管道和换向阀而直接从快排阀排出，从而加快气缸往复运动的速度。为防止末端夹持气缸11手指夹紧力受系统压力波动影响，压力过高导致夹紧力过大损坏工件，压力过低则无法夹紧工件，在该回路上设有减压阀21进行减压稳压，保证手指夹紧时工作压力恒定。消声器22和23用于消除系统总的排气管路的高频噪声</td></tr>
<tr><td>技术特点</td><td>①PLC控制的冲床上下料气动机械手自动化程度高，安全防护性好
②气压传动，动作迅速，反应灵敏，能实现过载保护，便于自动控制，阻力损失和泄漏较小，绿色环保
③采用PLC对气动系统实施控制，结构简单、成本低，当被加工零件或工艺发生变更时，不需要改变硬件，只需重新编程调试控制系统指令即可，调试维护方便，效率高</td></tr>
</table>

续表

技术特点	④该机械手气动系统的执行元件(气缸)换向均采用无复位弹簧的二位五通脉冲式电磁换向阀进行控制;垂直升降气缸8采用电磁换向阀4和电磁换向阀20的电路互锁,以防气路突然失压致使垂直升降气缸8立即下落;除手臂伸缩气缸9采用快速排气节流阀快排调速外,其余3个气缸均采用单向节流阀的排气节流,不仅可利用背压提高缸的运动平稳性,而且有利于系统散热 ⑤机械手的末端夹持器既可采用夹持手指抓取一般形状结构的工件,也可更换真空吸盘吸附薄型或平板型工件,拓宽了机械手的使用范围

10.2 生产线工件搬运机械手气动系统

表 21-9-28　　生产线工件搬运机械手气动系统

主机功能结构介绍	生产线工件搬运机械手的主要功能是将生产线上上一工位的工件根据合格与否搬运到不同分支的流水线上,该机械手采用气压传动和PLC及触摸屏技术,机械手的动作顺序为:伸出→夹紧→上升→顺时针旋转(合格品)/逆时针旋转(不合格品)→下降→放松→缩回→逆时针旋转(合格品)/顺时针旋转(不合格品)
气动系统	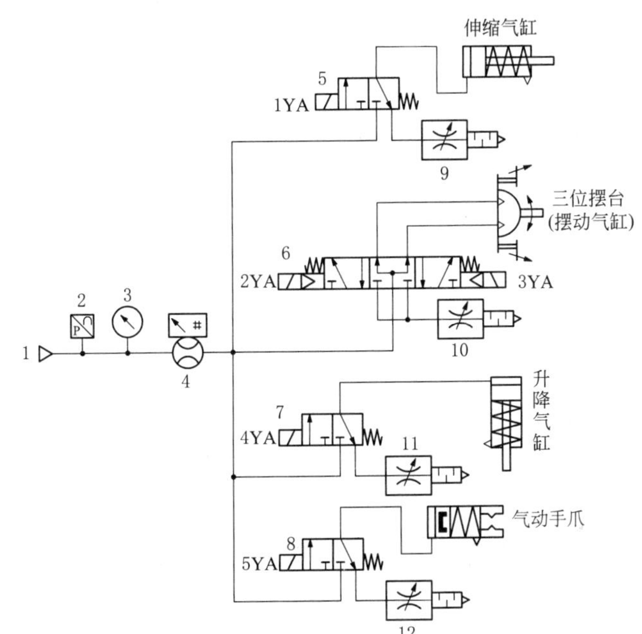 图1　生产线工件搬运机械手气动系统原理图 1—气源;2—压力变送器(控制器);3—压力表;4—数字流量计;5,7,8—二位三通电磁换向阀;6—三位五通电磁换向阀;9~12—排气节流阀
气动系统说明	生产线工件搬运机械手气动系统原理如图1所示,系统的执行元件有2个弹簧复位的单作用普通气缸、1个3位摆台(摆动气缸)和1个单作用气动手爪。2个普通气缸中,1个用于带动机械手升、降,另外1个带动机械手的伸、缩,3位摆台则用于带动机械手顺时针以及逆时针旋转运动,气动手爪用于工件的夹紧与松开。伸缩缸、升降缸和气动手爪的运动方向分别由二位三通电磁换向阀5、7、8控制,摆台的旋向则由三位五通电磁换向阀6控制,换向阀5~8的排气口依次设有排气节流阀,其中的消声器可以降低排气噪声。系统的压缩空气由气源1提供,其供气压力由控制器2调控和检测,并可通过压力表3显示,供气流量则由数字流量计检测
技术特点	①该气动搬运机械手是一个由机械、气动、电气、PLC和触摸屏等融为一体的机电一体化工业装备,既保证了机械手各种动作之间的严格的先后逻辑关系,也实现了操作过程的可视化和系统的安全性。提高了生产线的自动化和现代化水平,劳动强度低,生产效率高 ②机械手的气动系统采用3位转台实现机械手的旋转,采用3个弹簧复位的单作用气缸(含气爪)实现升降、伸缩和夹松动作;采用压力变送器和数字流量计对系统的气压和流量进行动态监控,保证了系统运转的可靠性和安全性

10.3 砖坯码垛机机械手爪气动系统

表 21-9-29　　砖坯码垛机机械手爪气动系统

主机功能结构介绍	砖坯码垛是砖瓦生产过程中的重要环节之一，采用机器人进行码坯是目前较为先进的码垛工艺。作为砖坯码垛机器人的末端执行器，气动砖坯码垛机械手爪通过连接法兰安装在工业机器人末端成为码垛机器人，它只需调整或者更换机械手爪，即可适应不同的砖型（标准砖及各种空心砖、多孔砖和建筑砌块等）的自动码垛作业。码坯机器人将待码的砖坯按规则逐层码放至窑车上，4个气缸两两相对安装，每对气缸之间连接有对中连杆，用于保证两气缸的伸缩量一致，它主要包括抓坯、卸坯、复位3个工作过程。抓坯时，机械手爪的固定挂板、浮动挂板分别插入待码砖坯的缝隙中，由气缸驱动两侧夹板带动砖坯同时向中间运动，左侧一列砖坯与固定挂板接触后被夹紧，右侧一列砖坯与浮动挂板接触后继续被推向左运动，直至浮动挂板带动中间一列砖坯向左运动与固定挂板接触，至此将3列砖坯夹紧。卸坯时，4个气缸同时泄气，机械手爪垂直抬升，由于泄气后手爪的夹紧力较小，砖坯受重力作用自行与机械手爪分离。复位时，4个气缸同时伸出，由限位装置及复位弹簧等保证气缸伸出后两侧夹板及浮动挂板回到原位置
气动系统	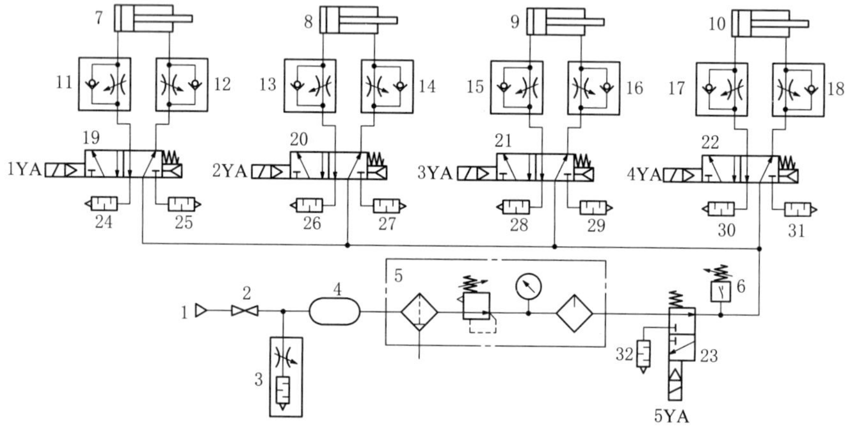 图1　砖坯码垛机械手爪气动系统原理图 1—气源；2—截止阀；3—泄气阀；4—储气罐；5—气动三联件；6—压力继电器；7~10—气缸；11~18—单向节流阀；19~22—二位五通电磁换向阀；23—二位三通电磁换向阀；24~32—消声器
气动系统说明	砖坯码垛机械手爪气动系统原理如图1所示，系统的执行元件是气缸7~10，其主控阀依次是二位五通电磁换向阀19~22，气缸的运动速度依次由单向节流阀11及12、13及14、15及16、17及18双向排气节流调控。气源1的压缩空气（0.8MPa）经截止阀2压入储气罐，再经气动三联件和二位三通电磁换向阀23供给各执行元件。换向阀19~23的排气口设有消声器24~32，用以降低排气噪声。压力继电器6用以检测抓坯和卸坯阶段的压力并发信控制机械手爪的升降。储气罐是系统的应急动力源，如系统因故突然停电时，储气罐可向执行元件短时供气，以保证失电状态下，可持续抓取砖坯一段时间，以便将砖坯全部人工卸下 整个气动系统的控制过程包括复位、抓坯、卸坯和保护4个部分 ①复位。接通气源，电磁铁1YA~4YA通电使换向阀19~22切换至左位，压缩空气分别经各主控阀和各缸进气口的单向节流阀中的单向阀，进入气缸7~9的无杆腔（有杆腔经各缸排气口的单向节流阀中的节流阀和主控阀及消声器排气），缸7~9的活塞杆伸出至机械极限位置 ②抓坯。电磁铁1YA~4YA断电使换向阀19~22复至图示右位，压缩空气分别经各主控阀和各缸排气口的单向节流阀中的单向阀，进入气缸7~9的有杆腔（无杆腔经各缸进气口的单向节流阀中的节流阀和主控阀及消声器排气），缸7~9的活塞杆缩回夹紧砖坯，当管路压力高于压力继电器6上临界值时，机械手爪延时等待0.5s后垂直抬升 ③卸坯。电磁铁1YA~4YA保持断电，换向阀19~22在右位，状态不变；电磁铁5YA通电使二位三通电磁换向阀切换下位，气源被切断，且各气缸泄气，机械手爪夹板松弛，当管路压力低于压力继电器6下临界值时，机械手爪延时等待0.5s后垂直抬升 ④保护。如遇因故突然断电时，则可手动关闭截止阀2。在机械手爪正下方放置托盘，手动调节泄气阀3，将气缸内气体泄去，随着气压不足，砖坯自由下落至托盘，在此过程中，储气罐可为气路持续提供一段时间的高压气体，而各气缸在电磁阀断电状态为缩回状态，此时若机械手爪上抓有砖坯，则在失电状态下，可持续抓取一段时间，直至将砖坯全部人工卸下

续表

技术特点	①机械手爪采用气压传动，作为砖坯码垛机器人的末端执行机构，安装更换便利，灵活性好；工件抓取安全可靠（实验表明，断电后未关闭截止阀2仍能继续夹紧约52s，断电持续至20s时，关闭截止阀后，则能继续夹紧659s左右，人工卸坯时间充足，能满足要求），故障率低，工作效率高 ②采用单向节流阀对气缸进行双向排气节流调速，有利于提高执行机构的运行平稳性 ③利用压力继电器作为砖坯抓取卸坯压力的检测发信元件；利用储气罐作为备用的应急动力源

10.4 升降电梯轿厢双开移门气动系统

表 21-9-30　　升降电梯轿厢双开移门气动系统

主机功能结构介绍	普通民用升降式电梯的移门控制系统大多采用气压传动与控制。升降式双开移门电梯在使用中要求运行平稳，轿厢开闭门柔和且安全可靠。当电梯按指令运行到某设定层时，平层停稳后自动打开轿厢门。当输入关门信号，指示前往某一层时，滞后片刻后会自动关门；然后电梯开始上升或下降运行。倘若在关门过程中，碰到障碍物（如人体或手、脚及货物），会自动将门重新开启，以确保人身和货物的安全和不损
气动系统	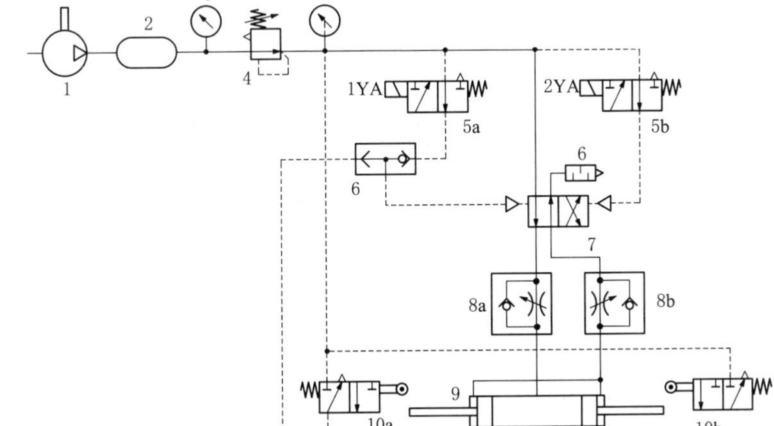 图1　升降式电梯轿厢双开移门气动系统原理图 1—气源（空压机）；2—储气罐；3—压力表；4—减压阀；5—二位三通电磁换向阀；6—或门式梭阀；7—二位四通气控换向阀；8—单向节流阀；9—双活塞气缸；10—二位三通滚轮式机控换向阀
气动系统说明	升降式电梯轿厢双开移门气动系统原理如图1所示。储气罐2中的压缩气体由空压机1供给，系统工作气压由减压阀4调定。系统的执行元件是双活塞气缸9，其主控阀为二位四通气控换向阀7，缸的伸缩速度由单向节流阀8a和8b排气节流调控。气控换向阀的导中控阀为二位三通电磁换向阀5a和5b。二位三通滚轮式机控换向阀10用于障碍的接触式检测，并通过或门式梭阀6对导控气流进行控制。系统典型工况有下述3种 ①轿厢正常关门。当乘客进入电梯轿厢内，需上行或下行时，只要在轿厢内的电梯控制板上分别按一下相应的选层按钮或关门按钮即可。这时微机系统就会根据输入的呼梯指令发信，电磁铁1YA通电使二位三通换向阀5a切换至左位，于是储气罐2控制气压源经减压阀4、换向阀5b进入二位四通气控换向阀7的右侧控制腔，使阀7切换至右位。此时，主气路的气流路线为：储气罐2的压缩空气经减压阀4、换向阀7、阀8b中的单向阀进入双活塞气缸9的左、右腔（中腔经阀8中的节流阀和阀7排气），使两推杆向气缸内缩入，于是电梯轿厢的两扇门被缓缓关闭 ②轿厢遇障开门。倘若电梯双门在关闭的过程中碰上障碍物，则此时二位三通滚轮式中机控换向阀10b、10a或10b和10a一起动作，切换至左位（阀10b）、右位（阀10a），于是由储气罐2供给的控制气源经减压阀4、换向阀10b或10a、或门式梭阀6的左腔进入二位四通气控换向阀7的左端控制腔，使该阀切换至左位。这时在主气路中，从储气罐2供给的压缩空气经减压阀4、换向阀7、阀8a中的单向阀进入双活塞气缸9的中腔，使两活塞杆向外伸出，于是轿厢的两扇门就被缓缓开启。但应指出，如果二位三通电磁换向阀5b仍然保持在压力状态下，则二位三通滚轮式机控换向阀10a或10b就起不到自动开启双门的安全保护作用 ③轿厢在关门中或已关门但尚未升降时的再次开门。倘若当电梯轿厢双门在关闭的过程中或刚关闭而轿厢还未来得及动作时，发现有人想进入轿厢或从轿厢中出去，而需要将双门开启时，这时只要在升降箱内的电梯控制板上按一下相应的开门按钮即可。此时，微机系统就会根据输入的指令发信，电磁铁2YA通电使二位三通换向阀5b切换至右位，于是控制气压源就会由储气罐2经减压阀4、换向阀5a、梭阀6的右腔进入气控换向阀7的左端控制腔，使其切换至左位。这时主气路由储气罐2供给的压缩空气经减压阀4、换向阀7、阀8a中的单向阀进入双活塞气缸9的中腔，使两活塞杆向外伸出，于是轿厢的两扇门即被缓缓开启

续表

气动系统说明	系统的空压机的工作压力范围可以调节，即可根据实际使用的需要对压力的上限值和下限值进行设定。当储气罐中的压力低于设定的下限值时，空压机就会自动启动，向储气罐中供气；而当储气罐中的压力达到设定的上限值时，会自动停机。显然，压力设定的范围越大，储气罐的容积越大，则空压机启动的次数就越少；此外，电梯轿和双门启闭次数越多，压缩气体的用量越大，则空压机启动就越频繁
技术特点	①电梯移门采用气动系统，结构原理简单，造价低，调节和控制易掌握，体积大（尤指储气罐）、使用寿命长、维修方便；但空压机在工作时，会发出噪声，但改用低噪声空压机产品，会改善噪声污染的情况 ②电梯轿厢双开移门采用双活塞双杆三腔气缸驱动，气控换向阀控制其动作；缸的双向伸缩速度通过单向节流阀排气节流调控，有利于提高气缸乃至电梯轿厢双门启闭的平稳性。电梯启闭障碍通过滚轮式机控换向阀接触式检测，并与或门式梭阀6配合对导控气流进行控制

10.5 连续行进式缆索维护机器人气动系统

表 21-9-31　　连续行进式缆索维护机器人气动系统

主机功能结构介绍	连续行进式缆索维护机器人是一种对斜拉桥缆索表面进行定期防腐喷涂（涂漆）施工作业的专用设备。机器人采用全气压驱动和PLC控制，在爬升过程中，以斜拉桥缆索为中心，沿缆索爬升至缆索顶点，在其返回时，将对缆索实施连续喷涂作业。该机器人整体分成上体、下体与喷涂机构3部分，并通过上、下移动机构将此3部分连接起来；上、下体均由支撑板、夹紧装置和导向装置组成，夹紧装置采用自动对中平行式夹紧的结构形式，结构简单、夹紧力大，对不同结构型式、不同直径尺寸的缆索具有较好的适应性；变刚度弹性导向机构，可使机器人在运动过程中保持良好的对中性及对缆索凸起的自适应性；喷涂作业单元由支撑板、回转喷涂机构等部分组成；上、下移动机构由导向轴及移动缸组构成，移动缸组由2个气缸和1个阻尼液压缸并联组成，2个液压阻尼缸和4个移动气缸构成同步定比速度分配回路，可实现机器人的连续升降；通过PLC控制可实现机器人的自动升降，当地面气源或导气管突发故障而无法正常供气时，储气罐作为备用能源可使机器人安全返回 机器人连续爬升行进工作原理为：机器人通过2个夹紧气缸驱动夹紧装置，为机器人依附在缆索上提供动力。作为机器人升降移动执行元件的两组移动气缸运动方向相反，其速度差值始终保持恒定
气动系统	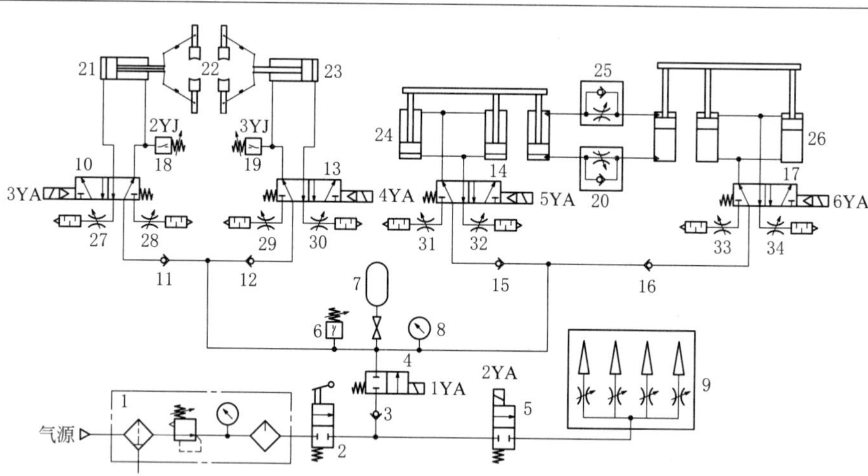 图1　连续行进式缆索维护机器人气动系统原理图 1—气动三联件；2—二位二通手动换向阀；3,11,12,15,16—单向阀；4,5—二位二通电磁换向阀；6,18,19—压力继电器；7—蓄能器；8—压力表；9—喷枪；10,13,14,17—二位五通电磁换向阀；20,25—液压单向节流阀；21—上夹紧气缸；22—夹紧爪；23—下夹紧气缸；24—下体移动气缸组；26—上体移动气缸组；27～34—排气节流阀
气动系统说明	连续行进式缆索维护机器人采用拖缆作业方式，气动系统主要完成机器人的夹紧、移动、喷涂及安全保护4部分工作，其原理如图1所示，系统的压缩空气由气源（地面泵站）通过输气管向布置在机器人本体上的气动元件提供；气动三联件1用于供气压力的过滤、调压和润滑油雾化，二位二通手动换向阀2用于系统供气的总开关。系统的执行元件有并联的上夹紧气缸21及下夹紧气缸23、上体移动气缸组26及下体移动气缸组24和喷枪9，上述各执行部分的主控阀依次分别为二位五通电磁换向阀10、13、14、17和二位二通电磁换向阀5，阀10、13、14、17的各排气口依次装有排气节流阀27～34，可以对执行机构的运行速度进行调节

续表

气动系统说明	该气动系统的技术重点是上、下两组移动缸构成的同步定比速度分配回路及机器人作业的安全保障措施 ①同步定比速度分配回路。为保证喷涂作业质量,机器人的移动速度的稳定性及连续性是一个很关键的技术指标。为此系统中采用由上、下两组移动缸构成的同步定比速度分配回路,上体移动气缸组26,下体移动气缸组24分别由规格相同的2个气缸与1个液压缸并联组成气-液阻尼回路,下液压阻尼缸与上液压阻尼缸行程比为2∶1,活塞杆和活塞的面积比均为1∶2,2个阻尼液压缸的有杆腔、无杆腔充满油液,用油管将其并联起来,在移动缸组实现伸缩动作时,2个阻尼液压缸起到阻尼限速和实时速度等比分配的作用。在2个阻尼缸的连接油管上分别安装了单向节流阀20、25,通过对两个节流阀口开度的调节与设定,既控制了机器人整体的移动速度,又有效地解决了2个移动缸组活塞杆在伸出和缩回行程中速度不匹配的问题 ②安全保障措施。由于机器人需沿缆索爬升到几十米的高空进行喷涂作业,为了保证其安全性,在气动系统中采取如下5条安全保障措施:a. 分别用压力继电器18和19检测2个夹紧执行气缸的锁紧压力,电控系统只有在接收到相应压力继电器发出可靠夹紧信号时,才控制实施下一动作指令。b. 用单向阀3、11、12、15、16将夹紧气缸回路、移动气缸组回路及喷枪9的喷涂回路进行了压力隔离,有效地避免了本系统不同回路分动作时相互间的干扰。c. 压力继电器6实时监测地面泵站对机器人本体的供气压力,在供气压力不足时,为电控系统采取安全措施提供启动信号。d. 在气动系统出现故障时,蓄能器7作为应急动力源,为机器人可靠夹紧缆索提供能量。e. 在夹紧缸回路中的电磁换向阀10、13和主回路中的电磁换向阀4,均采用断电有效的控制方式,以确保机器人在系统掉电情况下能够安全地依附在缆索上
技术特点	①连续行进式缆索维护机器人采用同步定比速度分配回路为核心的全气压系统驱动,并用PLC为核心元件的主从式电控系统实施监控控制,具有行进速度稳定、连续及对缆索适应能力强的特点,为提高机器人缆索防腐喷涂作业质量提供了技术保障 ②在气动系统中采取压力继电器检测夹紧气缸锁紧压力、单向阀压力隔离防回路间动作干扰、压力继电器实时监测地面泵站供气压力、蓄能器作应急动力源、在夹紧缸回路和主回路中的电磁换向阀采用断电有效的控制方式等安全保障措施,保证了机器人在高空喷涂作业的安全可靠性

11 真空设备气动系统

11.1 数控车床用真空夹具系统

表 21-9-32　　数控车床用真空夹具系统

主机功能结构介绍	数控车床真空夹具系统是采用真空吸附方式对低强度薄壁工件进行夹紧的工装。数控车床真空吸附夹具主要由金属吸盘、固定座和旋转式快换接头及尼龙软管等组成。尼龙软管从数控车床的主轴孔穿进,再和旋转式快换接头连接。通过数控车床的三爪卡盘将固定座定位并夹紧。在工件加工时,先用金属吸盘吸附工件,机床启动后,主轴带动真空吸附夹具工作。由于旋转式快换接头内置滑动轴承和旋转用密封圈,从而在机床旋转时,既能保持管路的真空度,又能保证尼龙软管不随着机床主轴旋转。由于旋转式快换接头是整个真空吸附夹具关键部件,故这里采用的是KX型高速旋转式快换接头,它可满足转速1200r/min、旋转力矩小于0.014N·m的要求
气动系统 	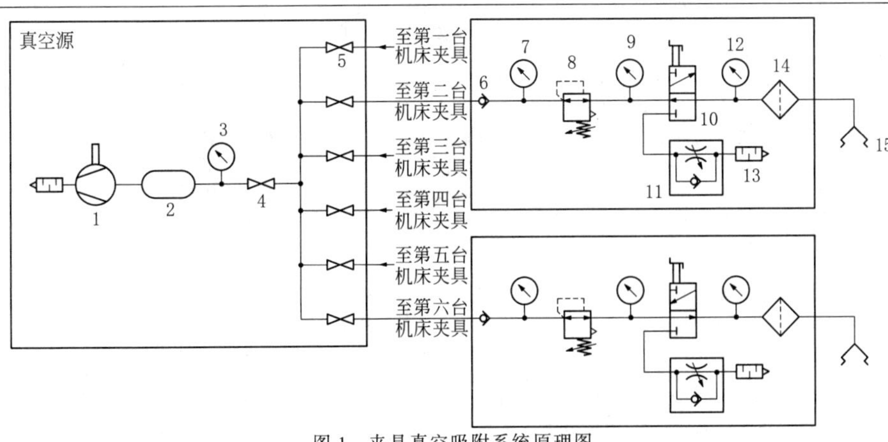 图1　夹具真空吸附系统原理图 1—真空泵;2—真空罐;3—真空源真空表;4,5—截止阀;6—带管接头单向阀;7—回路真空表;8—减压阀(附带压力表9);9—压力表;10—旋钮式二位三通换向阀;11—真空破坏节流阀;12—真空表;13—消声器;14—真空过滤器;15—真空吸盘(吸附夹具)

续表

气动系统说明	夹具的真空吸附系统原理如图1所示，根据车间的实际配置，该数控车床用夹具的真空源为真空泵1，泵吸入口形成负压，排气口直接通大气。系统的执行元件为真空吸盘（吸附夹具）15，在每一个吸盘的真空回路中，均设有监测真空回路的真空值的真空表7。当气源真空泵端因故突然停止抽气，真空下降时，带管接头的单向阀6可快速切断真空回路，保持夹具内的真空压力不变，延缓吸附工件脱落的时间，以便采取安全补救措施。由于吸力的大小会因半精加工及精加工不同而有所改变，可通过真空减压阀8实现对真空吸盘（吸附夹具）15内真空压力的调节。调节范围为0~0.1MPa，其调节方法为：预先设定被吸工件所需真空压力值，然后将开关（截止阀5）旋置于接通状态，将旋钮式二位三通换向阀10旋到"吸"的位置（图示下位），开始抽取真空。因机房真空罐2有足够大的容积，当真空吸盘（吸附夹具）15真空度达到减压阀8的设定值时，工件即可安全地被吸附加工。卸下工件时，将旋钮式二位三通换向阀10旋到"卸"的位置（上位），夹具端则与真空源端断开，关闭进气端，开启排气端，并根据需要调节真空破坏节流阀11的开度控制放气速度，从而控制卸下工件的快慢。真空破坏节流阀11的排气口处的消声器13用于降低排气噪声 真空吸附夹具15与真空源之间设置的真空过滤器14，用于对油污、粉尘进行过滤，以防止真空元件受污染出现故障。对真空泵1系统来说，真空管路上一条支路装一个真空吸附夹具15最为理想。但现在车间有6台数控机床，经常同时工作，这样由于吸着或未吸着工件的真空吸附夹具个数发生变化或出现泄漏，会引起管路的压力变动，使真空减压阀8的压力值不易设定，特别是对小工件小孔口吸着的场合影响更大。为了减少多个真空吸附夹具15吸取工件时相互间的影响，可在回路中增加真空罐和真空调压阀提高真空压力的稳定性；同时在每条支路上装真空切换阀，如果一个真空吸附夹具泄漏或未吸着工件，可降低影响其他真空吸附夹具工作的可能性
技术特点	①数控车床真空夹具采用真空吸附技术，总体布局紧凑、整洁、美观，工作安全可靠。较之通常的硬装卡方式，真空夹具能够平稳、可靠地夹紧脆弱工件而又不易损坏其表面 ②真空吸附系统采用真空泵作为真空源，在真空主管路上并联多台数控车床，实现多路真空吸附。为保证车床吸附口的真空稳定性，在机房集中配置两台流量为15L/s的真空泵，车床旁采用真空减压阀等一系列控制元件来提高真空的稳定性 ③每条真空吸盘支路通过带管接头单向阀保证真空源有故障时真空回路的切断；系统采用单向节流阀作为加工结束的真空破坏阀，并通过旋钮式二位三通阀控制该破坏阀与吸盘间气路通断的转换

11.2 码垛机器人多功能抓取装置气动系统

表21-9-33　　码垛机器人多功能抓取装置气动系统

主机功能结构介绍	多功能抓取装置是码垛机器人的一种末端执行机构，它综合了真空吸盘和托盘勾爪抓取方案，不仅能抓取箱类、袋类包装（包装材质致密不透气）、板材及桶类包装，还可通过不更换抓取装置实现自动码放托盘，以满足现代企业生产的高效通用性需求。该多功能抓取装置主要由主体框架、真空系统及其附件、托盘夹取系统及其附件等组成。铝型材主体框架可通过连接法兰与码垛机器人末端相连，使之成为码垛机器人末端执行器 两组真空波纹吸盘吸附装置（每组共有12个真空吸盘组件），均布安装在两个吸盘组件安装板上。吸盘组件安装板通过连接板固定在主体框架上，其中连接板上面设有4组安装孔，故可改变安装位置，以实现调节两组真空波纹吸盘吸附装置之间的距离，适应不同尺寸的包装物。2组真空波纹吸盘吸附装置共分为3个区域，相对应的安装于主体框架上的真空发生器及气动控制装置，由3个真空发生器（产生真空吸盘所需的负压）、3个压力开关（用于监控系统真空建立与否，确保真空系统的安全可靠工作。当真空系统存在泄漏，真空压力设定尚未实现时，开关处于关闭状态；当真空压力达到设定值时，开关工作，表示吸盘表面密封良好，码垛机器人可以动作），以及6个电磁阀组（用于控制真空吸盘吸放以及托盘夹取动作气缸的伸缩动作）组成。每个分区有8组吸盘组件，可根据待码包装物的尺寸选择真空吸盘启用区域 两组托盘勾爪组件10对称安装在主体框架上，每组托盘夹取装置由一对托盘勾爪、一个曲柄轴、一个连接轴以及一个动作气缸组成。动作气缸的活塞杆带动曲柄轴转动实现两个托盘勾爪的勾取和放松动作。另外，4个托盘勾爪上各附有尼龙护套，以提高托盘勾爪抓取码垛托盘时的摩擦力，并防止损坏托盘 为了在抓取码放托盘时保护真空吸盘不被托盘损坏，多功能抓取装置还设有托盘位置检测装置，由位置检测气缸、挡板组成。位置检测气缸内附磁石，外附感应开关，通过设置感应开关位置，以保证码垛托盘与真空吸盘之间存在安全距离 真空吸盘式多功能抓取装置在工作前，可先根据待吸取物尺寸调节两组真空波纹吸盘吸取装置之间距离，再根据码垛托盘尺，通过调节4个轴固定座以及4个胀紧套来调节托盘勾爪之间的距离。动作气缸驱动4个托盘勾爪张开，待位置检测气缸确定托盘与真空吸盘距离合适时，动作气缸驱动4个托盘勾爪夹取码垛托盘，之后码垛机器人将码垛托盘放置在预设的码垛区域，动作气缸驱动托盘勾爪收回，以防止托盘勾爪影响吸取包装物。在吸取待码包装物时，码垛机器人带动真空吸盘式多功能抓取装置下移，使真空吸盘接触待吸取物上表面并产生一定压缩量，吸盘与待码包装物表面密封，此时真空发生器工作产生负压。当压力开关检测气动回路压力达到预先设置值时，表明吸盘表面接触密封良好，真空吸盘紧紧吸住待码包装物，码垛机器人动作，将待码包装物转运到码垛托盘上并进行码垛。通过控制电磁阀换向可使正压气源连通所有真空吸盘破坏真空，令真空吸盘式多功能抓取装置放下被吸取物。往复动作，即可实现产品转运码垛

续表

气动系统	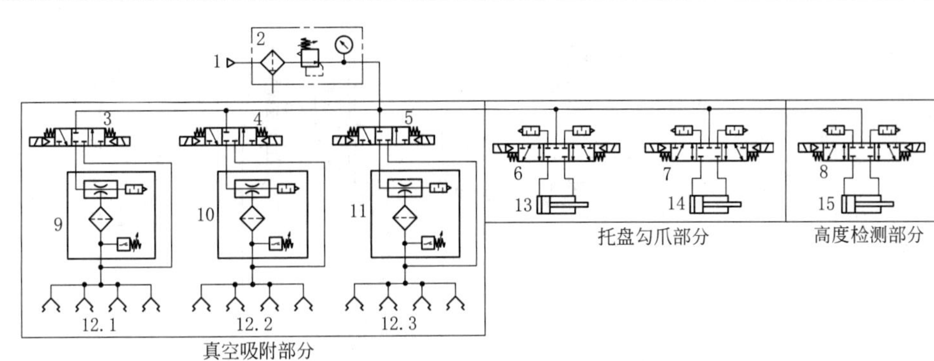 图1　多功能抓取装置气动系统原理图 1—气源；2—气动二联件；3~5—三位三通电磁换向阀（真空发生及破坏阀）；6~8—三位五通电磁换向阀（气缸动作换向阀）；9~11—真空控制组件；12—真空吸盘；13，14—托盘勾爪气缸；15—高度检测气缸
气动系统说明	多功能抓取装置气动系统原理如图1所示，它由3部分组成：一是真空吸附部分（3组），各组的执行元件是8个真空吸盘12.1、12.2和12.3，其真空产生及破坏分别由三位四（三）通电磁换向阀3~5控制，其真空产生及压力监测分别由真空发生器、过滤器和压力开关组成的真空控制组件9~11控制；二是托盘勾爪部分，托盘勾爪气缸13和14的运动状态分别由三位五通电磁换向阀（气缸动作换向阀）6和7控制；三是高度检测部分，高度检测气缸15的运动状态由换向阀8控制 气缸部分直接采用气源1通过气动二联件过滤减压后的压缩空气作为工作介质；真空吸附部分则是将气源1通过气动二联件过滤减压后的正压压缩空气，通过真空发生器产生的真空气体作为工作介质 在3组真空吸盘中，单组8个吸盘吸附的包装物重20kg，即每个吸盘需具有能吸起2.5kg质量物体的吸力。当取直径为50mm的真空吸盘时，真空发生器需产生的最大真空度为$p=78$kPa。系统实际采用Vuototecnica品牌的真空组件，即08 50 30 MA型真空吸盘、M18 SSX型真空发生器（在0.5MPa供给压力下，最大真空度可达85kPa）和12 20 10P型真空压力开关
技术特点	①多功能抓取装置采用真空吸盘和托盘抓取气缸两类执行元件，结构简单、可靠性高、绿色无污染，可作为码垛机器人的末端执行器，对纸箱类、纸盒类、袋类、桶类、板材、托盘等包装物进行吸附、搬运和码放作业。通用性强，不易损坏被抓取物料，转运效率高 ②真空吸附和气缸部分共用正压气源供气。前者通过真空发生器获取真空，与采用真空泵供气的独立真空设备相比，结构简单，经济便利

11.3　微型电子器件贴片机气动系统

表 21-9-34　　**微型电子器件贴片机气动系统**

主机功能结构介绍	表面贴装技术SMT（surface mounting technology），是一种无须对印制电路板（printed circuit board，PCB）进行钻孔（插装孔），直接将片式电子元器件或适合于表面组装的微型元器件贴装或焊接到印制或其他表面规定位置上的装联技术，贴片机是SMT技术的关键设备。贴片机主要由机架、元器件供料器、PCB板承载机构、贴装头、驱动系统和计算机控制系统等组成。作为贴片机的一个重要组成部分，气动系统主要用于完成PCB板定位、夹紧，贴片头的取料、贴片等动作 龙门框架式贴片机其运动过程为：PCB板沿轨道传输，导轨一侧固定、一侧活动，用以适应不同宽度的PCB板；PCB板进入贴片区后，气动升降台升起，PCB板被紧紧夹在金属压片和传送带之间，不能沿着U轴方向有任何位移；双作用气缸升起，PCB板被牢牢固定，开始贴片 总之，贴片机主要动作有PCB板的支撑、夹紧，贴片头的取料/贴片动作，贴片机真空破坏、完成贴片3个。其具体工作顺序为：①输送PCB板。PCB板沿U轴方向送至贴片区。②夹住PCB板。气动升降台在单作用气缸作用下伸出，夹住PCB板。③定位PCB板。双作用气缸升起，插入PCB板的孔中，起到定位作用。④取料。贴片头沿Z轴吸取元件。⑤贴片。贴片头放下元件，实现贴片。⑥破坏真空。按下操控按钮，破坏真空。⑦双作用气缸复位缩回。⑧单作用气缸复位缩回。⑨输送PCB板。输送带将PCB板输送至完成区

续表

气动系统	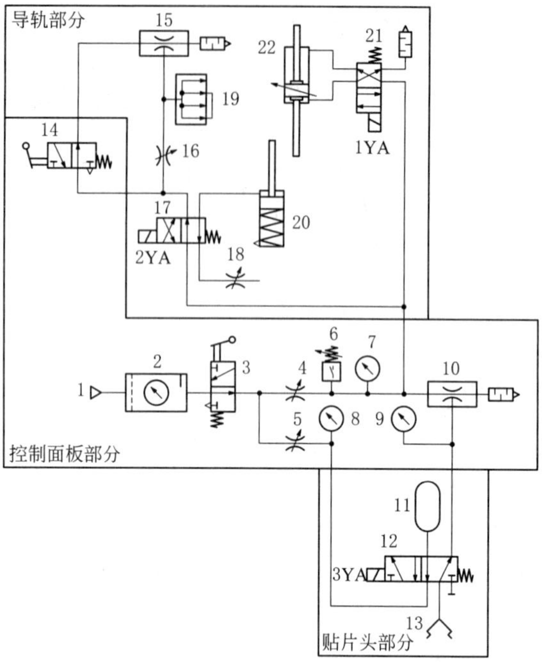 图1　贴片机气动系统原理图 1—气源;2—气动三联件;3,14—二位三通手动换向阀(总开关);4,5,16,18—节流阀; 6—压力继电器;7～9—压力表;10,15—真空发生器;11—蓄能器(储气罐); 12—二位五通电磁换向阀;13—真空吸盘;17,21—二位四通电磁换向阀; 19—分流器;20—单作用气缸;22—双作用气缸
气动系统说明	贴片机气动系统原理如图1所示,气源1经气动三联件2和总开关3向以下各功能回路提供压缩空气 ①贴片头回路。该回路的执行元件是真空吸盘13,用于完成贴片头的取/放料动作。该回路有两个支路:一个是正压支路,其气流路线为气源1→气动三联件2→总开关3→节流阀5→二位五通电磁换向阀12→蓄能器11;另一个是负压支路,其气流路线为真空发生器10→电磁阀12→真空吸盘13,该支路的气压值由压力表9进行监测 在电磁铁3YA不通电使二位五通电磁阀12处于图示右位时,吸盘13产生负压,将元件吸取;从总开关3流出的压缩空气经换向阀12向蓄能器11充气,为后续的贴片动作提供具有一定压力的压缩空气。当电磁铁3YA通电使换向阀12切换至左位时,真空吸盘13无负压,蓄能器经阀12与真空吸盘通路相通,其内部充满高压气体,将真空吸盘处的元件吹出,准确地将元件放至贴片位置,实现贴片动作。由此可见,只需控制电磁阀3的通断电,即可准确地控制真空吸盘处的气压,从而实现元件的吸取和释放。由于电磁阀3的响应时间为6ms,故吸盘处的气体的正负压可在10ms内完成切换 ②导轨支撑回路。气动系统另一功能是对*V*轴PCB板的支撑。当待贴片的PCB板就位后,由于*W*轴方向已经固定,传送带的摩擦力也使得在*U*轴方向固定,垂直于板的*V*轴方向上,金属压片紧压在PCB板上方,使得*V*轴向下固紧。*V*轴方向向上的支撑则是由输送带下方的单作用气缸20驱动升降台实现 实现*V*轴向上固紧的气动回路包括两个支路:一个是由二位四通电磁阀21控制的双作气缸22;另一个是由二位四通电磁阀17控制的单作用气缸20。双作用气缸22处于PCB板正下方,在系统中起“定位销”的作用。在初始状态,双作用气缸处于最低位置;当电磁铁1YA通电使阀21切换至下位之后,从气动三联件2供出的压缩空气进入缸22的下腔,活塞杆向上运动,顶入PCB板的基准点之中,起定位作用 单作用气缸20则是通过螺栓与升降平台固紧。在电磁铁2YA未通电使阀17处于图示右位时,升降台在弹簧力作用下处于最上端,升降台会带动PCB板传送导轨的皮带处于最上端,由于传送带与金属压片的摩擦力极大,PCB板处于运动到位被固定的状态;当电磁铁2YA通电使阀17切换至左位时,升降台落下,传送带与金属压片不接触,PCB板会跟随皮带沿*U*轴运动 通过两个气缸的动作状态(表1)容易了解各工况下气缸的进排气路线 ③控制面板上破坏真空回路。当扳动阀14手柄使其切换至左位时,压缩空气经二位四通电磁换向阀17右位进入二位三通手动换向阀14左位,切断真空发生器的进气路,破坏了回路上的真空气路

续表

气动系统说明

表1　双作用气缸和单作用气缸动作状态表

序号	电磁阀21	电磁阀17	工况动作	
	1YA	2YA	双作用气缸22	单作用气缸20
1	+	-	活塞杆处在最下端	活塞杆处在最下端
2	-	-	活塞杆处在最下端	活塞杆处在最上端
3	-	+	活塞杆上行	活塞杆不动
4	+	+	活塞杆处在最上端	活塞杆处在最下端

注：+为通电，-为断电

技术特点	贴片机采用气压传动，通过真空吸盘实现元件的吸取和放置，负压和正压分别由真空发生器和蓄能器提供。工件PCB板的定位与固紧分别通过两个气缸完成

11.4　禽蛋自动卸托机气动系统

表21-9-35　　禽蛋自动卸托机气动系统

主机功能结构介绍

卸托机是洁蛋（经清洗、消毒、干燥、分级、喷膜保鲜、包装、冷藏等工艺进行销售的带壳禽蛋）生产线的重要设备之一，该机的功能是将从养殖场（户）处运来的装在蛋托中的禽蛋卸至洁蛋生产线输送的线上，既要完成禽蛋卸托任务，又需与其他设备相连接组成生产线。卸托机的主机由上蛋平台、链条输送带和卸托机构三大部分组成。上蛋平台（输送带）将卸托机从蛋托内卸下的禽蛋输送到其他工序；链条输送带用于装蛋的蛋托输送及蛋托收集；卸托机构（包括机架、导向气缸、摆动气缸和吸蛋机构等）是该机的核心部分，通过气动系统完成禽蛋卸托。在气动系统和PLC控制下，该机可实现禽蛋自动卸托作业

气动系统

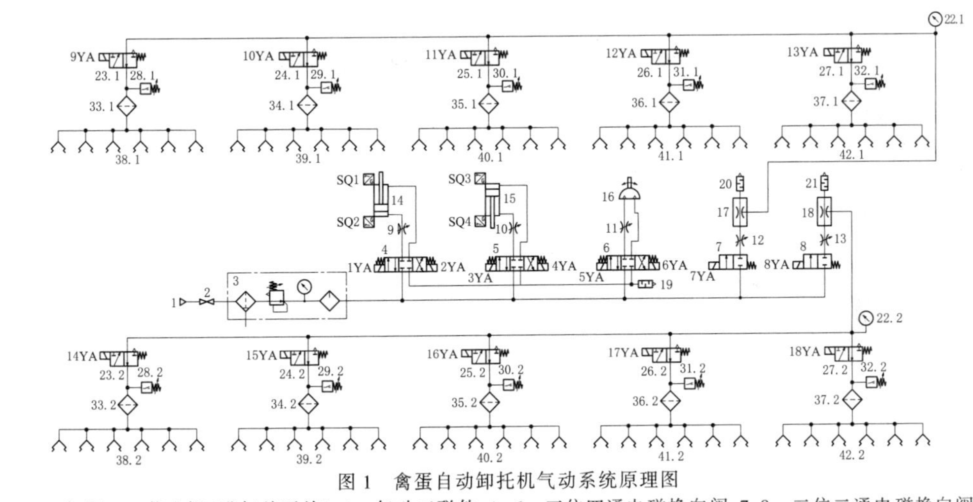

图1　禽蛋自动卸托机气动系统原理图

1—气源；2—截止阀（进气总开关）；3—气动三联件；4~6—三位四通电磁换向阀；7，8—二位二通电磁换向阀；9~13调速阀；14—导向气缸；15—压蛋托气缸；16—180°旋转气缸；17，18—真空发生器；19~21—消声器；22—真空表；23~27—二位三通电磁换向阀；28~32—真空压力开关（压力继电器）；33~37—真空过滤器；38~42—吸盘组件（1）~吸盘组件（5）；SQ1~SQ4—磁性开关

气动系统说明

禽蛋自动卸托机气动系统原理如图1所示。按功能系统可分为正压驱动回路和真空吸附回路两大部分，前者的功能是完成由导向气缸14带动吸蛋结构的上升和下降运动；由压蛋托气缸15按住蛋托，不使其在吸蛋时与禽蛋一起提升，由旋转气缸16带动真空吸盘做180°往复摆动。后者通过两个吸蛋机构（每个机构有5个吸盘组，每组6个吸盘）中的吸盘组件1至吸盘组件5完成将蛋托中的禽蛋从蛋托中吸起并放到上蛋平台上，气源1的压缩空气经截止阀2和气动三联件3供给正压回路，并通过真空发生器17和18产生负压供吸蛋真空回路1和2使用

①正压回路。正压回路的执行元件为气路并联的导向气缸14、压蛋托气缸15和180°旋转气缸16；缸14和15前后端点带有磁性开关。缸14、缸15和缸16的主控阀为三位四通电磁换向阀4~6，其运行速度依次分别由调速阀9~11控制。其工作过程为：当机器开始工作时，有禽蛋的蛋托输送到卸托工位，并由光电位置传感器检测到位后发信给PLC，电磁铁3YA通电使三位四通电磁换向阀5切换至左位，压缩空气经阀5和调速阀10进入压蛋托气缸15

续表

气动系统说明	的无杆腔(有杆腔经阀5和消声器19排气),其活塞杆向下运动,压紧蛋托。压紧后,磁性开关SQ4感应发信给PLC,电磁铁1YA通电使三位四通电磁换向阀4切换至左位,压缩空气经阀4和调速阀9进入导向气缸14的无杆腔(有杆腔经阀4和消声器19排气),其活塞杆向下运动,使吸盘组件中的吸盘与蛋托中的禽蛋接触,并有一定的接触力。磁性开关SQ2感应发信给PLC,电磁铁7YA通电使二位二通电磁阀7切换至左位,正压气体经阀7和调速阀12进入真空发生器17产生真空,使在链条输送带上的吸蛋机构(1)2上的禽蛋吸盘组件38.1~42.1在二位三通电磁换向阀23.1~27.1配合下接通真空,吸住禽蛋。同时在上蛋平台之上吸蛋机构(2)5上的禽蛋吸盘组件38.2~42.2接通大气破坏真空,松开禽蛋(为保证禽蛋不破裂,上蛋平台此时需停止运转,卸完蛋再运行)。设定时间到达时,电磁铁2YA通电使三位四通电磁换向阀4切换至右位,压缩空气经阀4进入导向气缸14的有杆腔(无杆腔经阀9、阀4和消声器19排气)。活塞杆向上运动,实现了禽蛋吸起和放下。导向气缸上行,其磁环到达磁性开关SQI位置时发信给PLC,电磁铁4YA通电使三位四通电磁换向阀5切换至右位,压缩空气经阀5进入压蛋托气缸15的有杆腔(无杆腔经阀10和阀5及消声器19排气)其活塞杆向上运动,松开蛋托。缸15上行到位时,磁性开关SQ3感应发信给PLC,使机器的链条输送带向前步进移动一个蛋托位置,同时PIC发信,电磁铁5YA通电使三位四通电磁换向阀6切换至左位,压缩空气经阀6和调速阀12进入180°旋转气缸16的左腔(右腔经阀6和消声器19排气)缸16旋转180°,进入下一个循环的吸放禽蛋过程,唯一的区别是,旋转气缸反向旋转180°,实现禽蛋的自动卸托 ②真空吸附回路。真空吸附回路用于完成禽蛋的吸起、放下,机器设两组吸蛋机构的目的是提高生产效率,吸蛋机构能满足5×6的蛋托卸蛋。在链条输送带上的吸蛋结构,当PLC发信号接通真空时,吸盘开始吸附禽蛋。以第一个吸蛋机构真空回路吸蛋为例,当到达检测时间后,分别通过真空压力开关(压力继电器)28.1~32.1检测其吸盘组件38.1~42.1的真空度是否达到设定要求,未达到设定要求的吸盘组件,则其电磁铁(9YA~13YA中的)通电,二位三通电磁阀(23.1~27.1中的)切换至左位,真空吸盘与真空气路断开,并与大气接通,破坏真空,既不吸起禽蛋,也确保其他真空回路的真空度。出现此种情况的原因一般是蛋托中某一蛋穴缺蛋,同时在上蛋平台上的吸蛋结构,PLC会发出卸蛋信号,电磁阀动作,真空吸盘与大气接通,在重力的作用下,禽蛋放置到卸蛋平台上,完成卸蛋工作
技术特点	①卸托机采用气动技术和PLC控制技术,实现了自动卸托及上蛋作业。应用两个卸蛋机构卸蛋,减少了辅助时间;可直接与现有生产线配套使用,劳动强度低,生产效率高 ②根据生产效率要求,可增加吸蛋组合数,以便实现多托蛋卸托;可调整吸盘相对距离,以便适应蛋托尺寸的变化 ③气动系统驱动气缸直接采用正压气源供气,真空吸附采用真空发生器提供真空,不需另行购置真空泵,经济性好,安装维护简便 ④根据气路结构,卸托机非常适合采用总线控制型气动阀岛系统,以减少管线数量,提高其集成化程度,便于安装调试和使用维护 ⑤可通过在蛋机构增加水平方向的运动,使禽蛋落到上蛋平台上时,具有与上蛋平台相同的水平速度,以实现上蛋平台不停机卸蛋,进一步提高其生产率

CHAPTER 10

第10章 气动产品的应用简介

1 防扭转气缸在叠板对齐工艺上的应用

表 21-10-1

<table>
<tr><td>应用原理</td><td>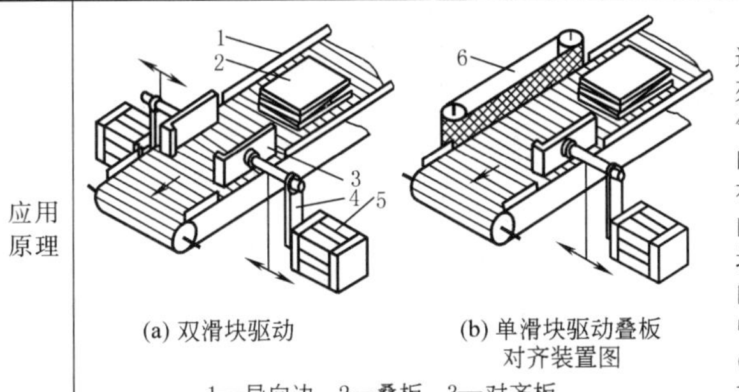

(a) 双滑块驱动 (b) 单滑块驱动叠板对齐装置图
1—导向边；2—叠板；3—对齐板；4—臂；5—活塞杆防旋转气缸；6—传送带</td><td>在板料工件包装、传送、打包之前，必须排列整齐。以前往往通过传送带上的阻挡滚轮来实现在连续输送过程中的工件的排列。然而，在该实例中，则采用了一对活塞杆防旋转气缸制成的气动滑块（对齐板），使工件不仅能对齐，而且能调整工件的纵向位置。防扭转气缸带角尺的前端形挡块（对齐板3），使工件在传送带运转时在此位置被停止，可以调整传送带上工件在横向位置之间的间距，由于采用活塞杆防扭转气缸制成的气动滑块，气缸在伸出运动时活塞杆不会旋转，因此对齐板在伸出作横向驱动对齐时，也不会做旋转而损坏输送。图b在单滑块驱动中，在常用的滚轮对齐中，则需要良好的工作条件，在对齐方向（纵向和横向）上工件必须光滑，以免工件损坏另一侧传送带。在此例中，对活塞杆防扭转气缸的用途做了很好的诠释。对齐操作由检测工件的传感器触发驱动（图中未显示）</td></tr>
<tr><td>适用组件</td><td colspan="2">①活塞杆防扭转气缸：扁平气缸或方活塞杆气缸，防扭转气缸或双活塞气缸；②单气控阀；③接近开关；④漫射式传感器；⑤气动增计数器</td></tr>
</table>

2 气动产品在装配工艺上的应用

2.1 带导轨气缸/中型导向单元在轴承衬套装配工艺上的应用

表 21-10-2

<table>
<tr><td>应用原理</td><td>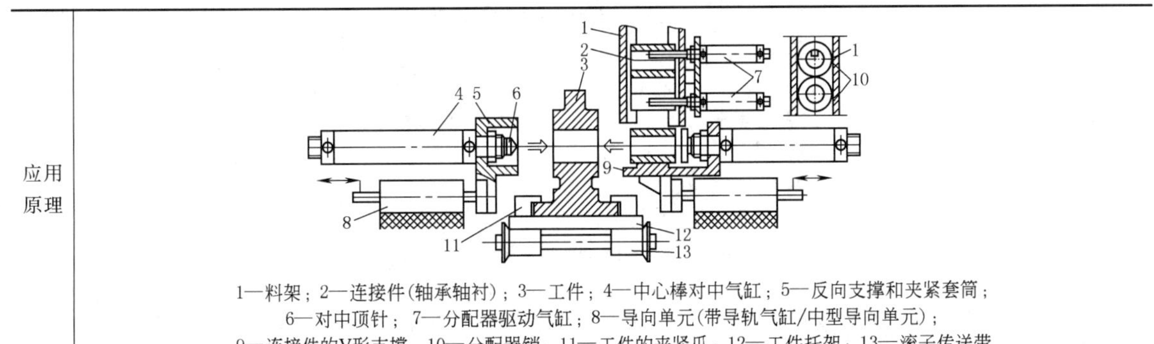

1—料架；2—连接件(轴承轴衬)；3—工件；4—中心棒对中气缸；5—反向支撑和夹紧套筒；6—对中顶针；7—分配器驱动气缸；8—导向单元(带导轨气缸/中型导向单元)；9—连接件的V形支撑；10—分配器销；11—工件的夹紧爪；12—工件托架；13—滚子传送带</td></tr>
</table>

续表

应用原理	在使用纵向施压的轴套装配中(把轴承轴衬2装配在工件3的内孔),两个被装配的组件必须保证同轴度要求,这一点相当重要。在这个例子中,为了达到这一点,采用了一个反支撑夹紧套筒5固定在气缸上,通过中心芯棒对中气缸进给,将对中顶针6(中心芯棒)定位在工件3另一边的内孔上,这个操作可提高装配同轴度,然后通过气缸将衬套压入轴承中。所有这些动作都是由气动完成的,包括衬套的分离、夹紧,安装完成后,对中机构和压紧机构退回,工件托架进入到下一道工序 带导轨气缸/中型导向单元可承受较大的径向负载,活塞杆伸出受载时,挠度变形小,能确保左、右两边的同轴度
适用组件	①标准圆形气缸;②中型导向驱动单元;③单气控阀;④接近开关;⑤管接头;⑥安装附件

2.2 三点式气爪/防扭转紧凑型气缸在轴类装配卡簧工艺上的应用

表 21-10-3

应用原理	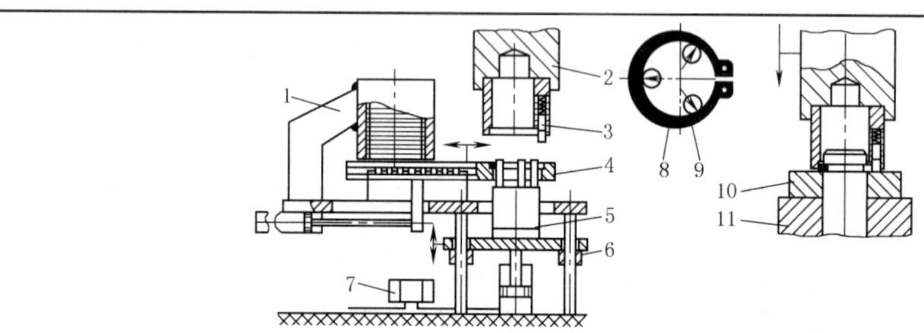 1—卡簧料架;2—装配头;3—带锥;4—供料滑;5—三点气爪;6—升降台;7—张紧力调压阀;8—卡簧;9—夹具手指;10—连接件;11—基本工件 在机械工程的设备当中,经常采用卡簧来固定组件,目前已有多种装置可安装卡簧。在上面的例子中,卡簧从物料架中分离出来,并被输送到平台上,一旦卡簧被分离出来后,就通过三点气爪将其撑开,然后通过带锥销夹住,输送到安装位置,松开带锥销,卡簧即可固定到需要的轴上。在这个操作中,要注意卡环不能被过分地拉伸,不然要导致塑料变形,三点气爪的张紧力通过一个调压阀调整,径向气爪的特点可十分精确地定位于轴的中心,与工件定位中心对齐。防扭转紧凑型气缸能确保卡簧与三点气爪的垂直精度。装配头采用气压驱动
适用组件	①三点气爪;②紧凑型气缸;③调压阀;④单气控阀;⑤防旋转紧凑型气缸或小型短行程滑块驱动器;⑥接近开关;⑦管接头;⑧安装附件

2.3 特殊轴向对中气缸/紧凑型气缸等在轴类套圈装配工艺上的应用

表 21-10-4

应用原理	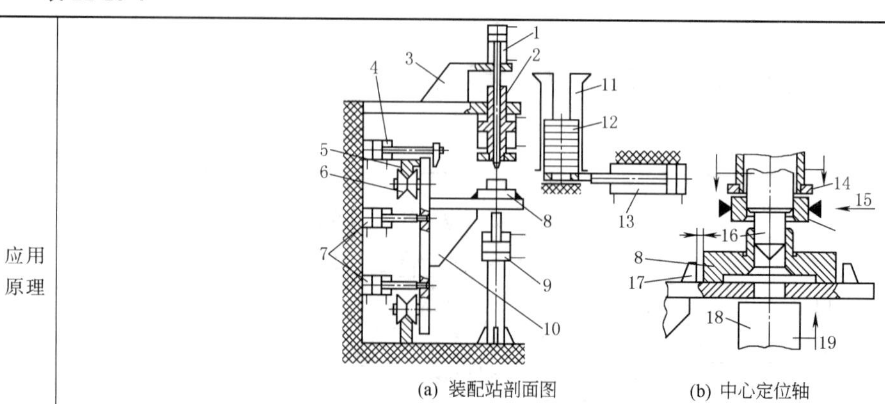 (a) 装配站剖面图　　(b) 中心定位轴 1—特殊轴向对中气缸;2—压紧气缸;3—支撑机架;4—紧凑型气缸(夹紧)或摆动夹紧气缸;5—导向架;6—支撑滚子;7—止动气缸;8—工件;9—支撑气缸;10—移动平台;11—料架;12—安装零件;13—分配器气缸;14—压力环;15—分配机运动方向;16—中心定位销;17—基本工件输送架;18—支撑气缸的活塞杆;19—支撑气缸的运动方向

续表

应用原理	这种装配设备的传送系统往往分布在循环导轨上，经过安装点位置时，通过气缸定位夹紧，然后完成零件的装配，在安装前通过特殊轴向对中气缸定位轴的对中，同时支撑气缸平衡压紧力，减轻装配平台的负荷，传送带没有在图中显示，可以通过链传动，也可以通过自带的单独电机驱动
适用组件	①标准圆形气缸；②紧凑型气缸；③紧凑型气缸或摆动夹紧气缸；④接近开关；⑤安装附件；⑥管接头

2.4 小型滑块驱动器/防扭转紧凑型气缸在内孔装配卡簧工艺上的应用

表 21-10-5

应用原理	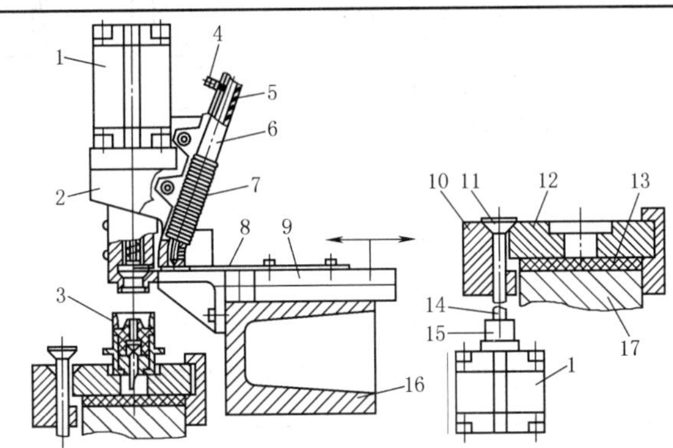 (a) 安装台的剖面图　(b) 工件输送架定位和夹紧 1—防扭转紧凑型气缸；2—支座；3—装配模块；4—压缩空气接口；5—空气出口；6—卡簧料架；7—卡簧；8—分配器滑块；9—小型滑块驱动器；10—导向块；11—定位和夹紧杆；12—工件输送架；13—传送带；14—连杆；15—气缸安装件；16—机架；17—传送带系统 卡簧料架为一管子状的芯棒，为了防止在移动时粘在一起，采用压缩空气喷入料架管，然后通过侧壁的小孔排出，从而保证卡簧和料架管间的低摩擦。分配器滑块在压力推杆作用下带动每个卡簧，由于往下运动，卡簧和平面互相接触，当卡簧到达定位后，卡簧分离进入工件的环形槽中，由小型滑块驱动器驱动分配器滑块移至装配模块上方。同时，工件输送架被定位夹紧(IF Werner 系统)，最后完成卡簧的装配。定位夹紧杆用于工件输送架的固定和释放，通过短行程气缸完成
适用组件	①防扭转紧凑型气缸；②接近开关；③单气控阀；④紧凑型气缸；⑤安装附件；⑥管接头

2.5 防扭转气缸/倍力气缸对需内芯插入部件进行预加工工艺装配上的应用

表 21-10-6

应用原理	一些工件在加工和夹紧的过程中很容易变形，为了防止变形、保证加工精确性，必须给工件装一个临时的芯棒以便进行加工处理，利用图示的系统可以达到这个目的。这个系统采用部分自动化。芯棒首先用人工方式放到送料器上，然后将工件移到夹紧位置，通过左、右边的气缸夹住，然后进行轴向气缸的定位加工操作。之后，轴向气缸退回，另一气缸(本图未画出)将加工好的工件输送到出料传送带上。夹套必须在加工完成以后去掉。通过手工将工件传送到下一工位 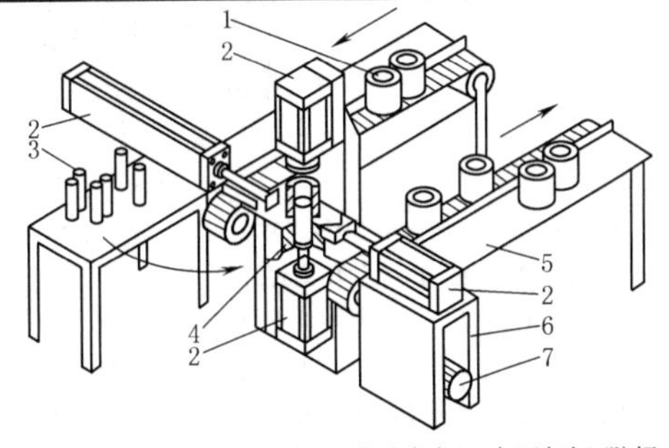 1—工件；2—轴向气缸：倍力气缸，水平气缸(防扭转紧凑型气缸或扁平气缸)；3—芯棒(安装)；4—支撑台；5—成品出料；6—传送带驱动；7—驱动马达
适用组件	①扁平气缸；②安装附件；③倍力气缸；④双手安全启动模块；⑤单气控阀；⑥接近开关；⑦管接头；⑧标准气缸；⑨安装脚架

2.6 标准气缸/倍力气缸在木梯横挡的装配工艺的应用

表 21-10-7

<table>
<tr><td>应用原理</td><td>虽然铝型材的梯子已变得越来越流行，但传统的木头梯子依然在生产。安装横挡条的工作可通过气缸实现，并能做到压力均衡。为了能较好地完成该工作，特别需要注意的是工件（横挡）必须被安装在一条直线上，支撑架由弹簧钢制成。完成这一操作的方法很简单，而且还可以将这一方法用于其他同类的操作。例如，多个气缸冲压能被用来制作家具。也可将此方法推广，例如，通过一个钻模用于安装气缸，或用于安装侧面托架
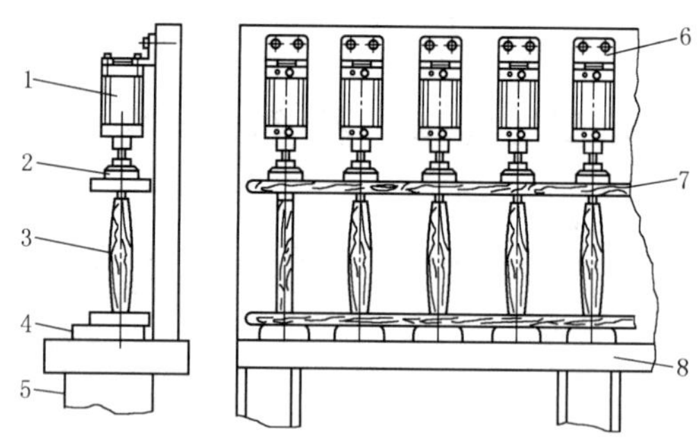
1—气缸或倍力气缸；2—压块；3—木制横挡；4—支撑；5—基架；6—安装脚架；7—梯子侧板；8—压合工作台</td></tr>
<tr><td>适用组件</td><td>①标准气缸或倍力气缸；②接近开关；③单气控阀；④安装脚架；⑤双手安全启动模块；⑥安装附件；⑦管接头</td></tr>
</table>

3 夹紧工艺应用

3.1 倍力气缸/放大曲柄机构对工件的夹紧工艺的应用

表 21-10-8

<table>
<tr><td>应用原理</td><td>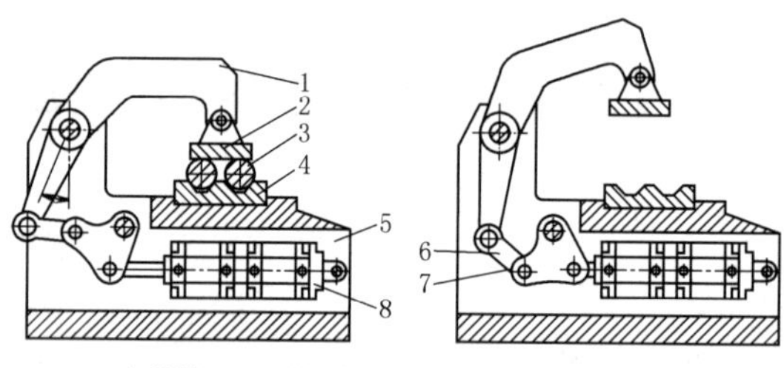
1—夹紧臂；2—压紧块；3—工件；4—V形夹具；5—设备体；6—杠杆；7—连杆；8—倍力气缸
在产品加工中，夹紧是一个基本的功能。正确的夹紧在保证高质量工件中扮演着很重要的角色。一个浮动压块保证把工件夹紧在 V 形夹具中的力是固定不变的，可以看到力传递路径中包含杠杆，该杆能在完全伸展的时候产生一个很大的面向夹具的压紧力 F，该力被两个工件分配，所以每个工件所受的力为 $F/2$。当夹紧装置打开的时候，必须要有足够的空间来放入工件，同时有必要用吹气清洁夹具，虽然如此，在加工完 5～20 个工件以后，夹紧点必须清理一下，必要时在无损伤的情况下把工件取出，为此目的，也可以使用直线摆动夹紧气缸。这些设备都有很好的保护措施，而且已经实现模块化，可大大简化系统的设计工作。夹紧臂的打开角可以在 15°～135°之间调节</td></tr>
<tr><td>适用组件</td><td>①倍力气缸；②接近开关；③单气控阀；④双耳环；⑤安装脚架；⑥安装附件；⑦管接头</td></tr>
</table>

3.2 膜片气缸对平面形工件的夹紧工艺的应用

表 21-10-9

应用原理	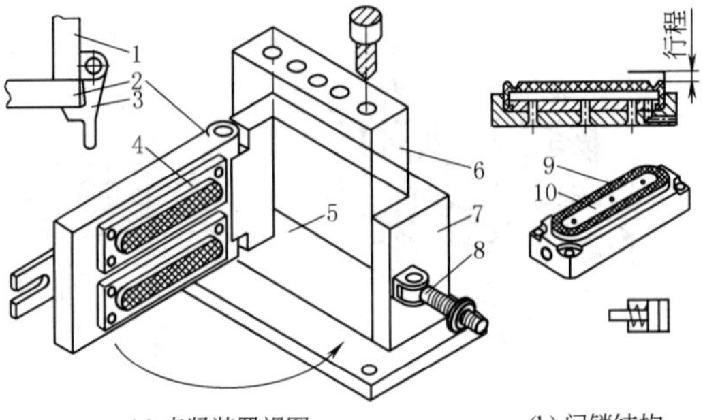 (a) 夹紧装置视图 (b) 门锁结构 1—侧壁；2—夹紧门；3—门锁；4—夹紧模块（膜片气缸）；5—清洁孔(未画出)；6—工件；7—夹具箱体；8—紧固螺栓；9—膜片式夹紧气缸；10—膜片式夹紧气缸的压紧面 夹紧装置不仅能很好地夹紧，而且也需要进出料方便。图 a 和图 b 展示了一个为 V 形工件钻孔的夹紧装置，夹紧力是由气动产生的，这些气动部件是和夹紧闸门连在一起的，闸门开得很大，这样就允许工件从闸门处送进或移出，而没有碰撞的危险。通过一个简单的紧固螺栓将门关闭或打开，如图所示，夹紧装置设备下面的支撑面的特点是应有一个易清除切屑的通口，它允许加工后的碎片很有效地被移除。膜片式夹紧气缸上带有金属压力盘来保护橡胶膜片过度变形并免受磨损(如图中的 10)。膜片式夹紧气缸的使用使夹具设计变得简单。这些气缸可以是圆形和矩形的，而且可以是不同的尺寸
适用组件	①膜片式夹紧气缸；②单气控阀；③安装附件；④管接头

3.3 防扭转紧凑气缸配合液压系统的多头夹紧系统的应用

表 21-10-10

应用原理	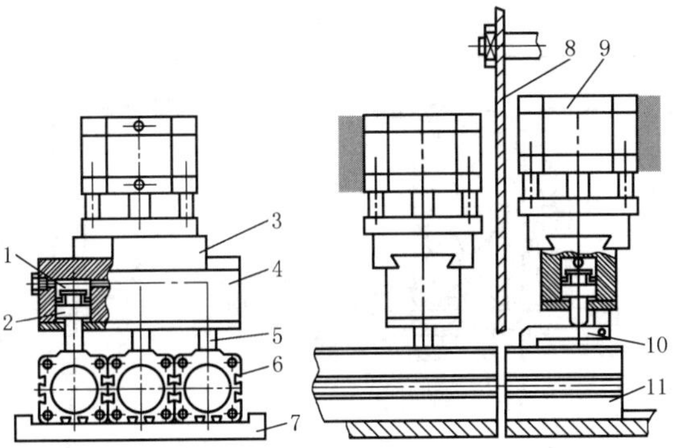 1—油腔；2—压力活塞；3—夹具体；4—适配器；5—压力活塞杆；6—工件(型材)；7—夹具支撑；8—圆形锯片；9—气缸；10—夹紧杠杆；11—锯开的工件 多头夹紧系统在切断加工中有一定优势。上图所示为将铝型材切断的示意图，每次三个。然而，平行夹紧要能弥补加工的型材尺寸上的轻微差异，例如，可采用一组碟形弹簧。图中采用的是一种液压的方法，也叫“液体弹簧”，是一种被动的液压系统。当给油腔加压时，由于存在一个空行程，必须考虑有足够的冲程容积，否则，小活塞就不能移动，从而也不能传递压力。如果适配器做成可互换的，就可以完成各种不同的轮廓尺寸材料的加工，这样就增加了夹紧设备的柔性
适用组件	①紧凑型气缸；②单气控阀；③接近开关；④安装附件；⑤管接头

3.4 摆动夹紧气缸对工件的夹紧工艺的应用

表 21-10-11

应用原理	1—工件；2—设备体；3—夹具臂； 4—杠杆夹具；5—中心销 多夹紧设备具有节省辅助加工时间的优点，可大大提高生产率。因此，多夹紧设备常被用在大批量生产的操作中。在上图中，摆动夹紧气缸被平行布置，这种装置由于采用了经过细长化设计的特殊夹具而实现，减少了夹紧设备的机械复杂性。夹具臂打开时呈90°，通过夹具气缸上面的工件很容易被送入，而在其他类型的设备中通常不是这样。夹具的打开角度大，也能很好地保护工件免受加工碎屑的破坏。由于夹紧臂能很好地从工件那里分开，这种装置也适于自动化供料，只要装上一个可抓放处理装置即可
适用组件	①摆动夹紧气缸；②接近开关；③单气控阀；④安装附件；⑤管接头

4 气动产品在送料（包括储存、蓄料）等工艺上的应用

4.1 多位气缸对多通道工件输入槽的分配送料应用

表 21-10-12

应用原理	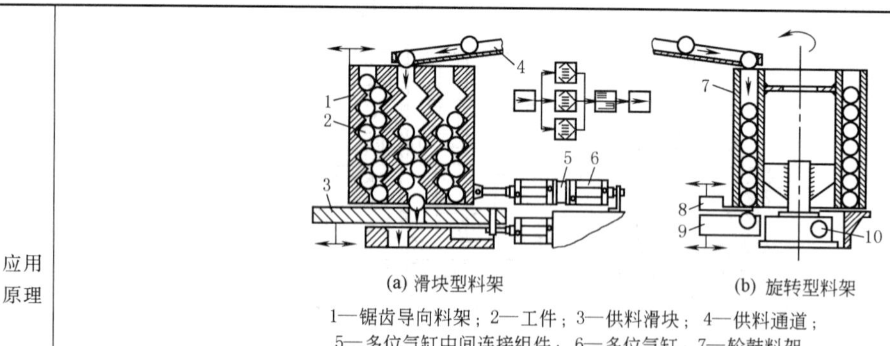 (a) 滑块型料架　(b) 旋转型料架 1—锯齿导向料架；2—工件；3—供料滑块；4—供料通道； 5—多位气缸中间连接组件；6—多位气缸；7—轮鼓料架； 8—挡块；9—供料设备；10—装有料架的旋转分度盘 缓冲存储在物流中是非常有用的，它可以缓解机器或工作站间步调的不匹配性。为了增加缓冲量，可平行地安装多个料架，如图 a 和图 b 所示。进料高度由传感器检测（未显示），料架由多位气缸或气动旋转分度盘驱动。工件在通过每一个锯齿形通道时，都被重新校直，这时允许空的料架进料而不会导致工件过度堆积。在图 b 所示的方法中，在轮鼓的周边上安装了 4 个料架
适用组件	①单气控阀；②单向流量阀；③双耳环；④旋转分度盘；⑤安装附件；⑥管接头

4.2 止动气缸对前一站储存站的缓冲蓄料应用

表 21-10-13

应用原理	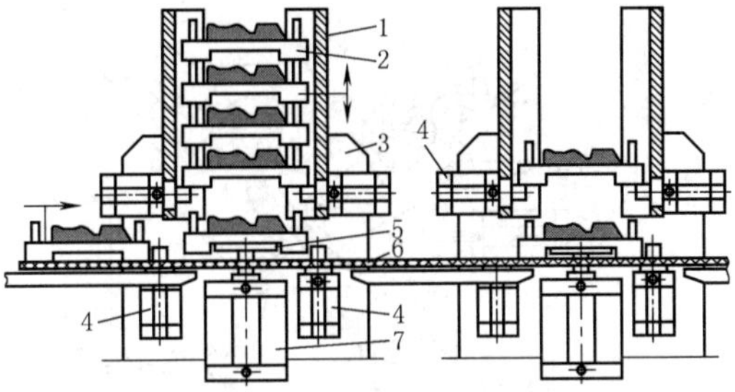 1—料架；2—工件托架；3—支架；4—制动气缸；5—升降台；6—传送带；7—气缸 现代化生产线上的工作站一般都是比较宽松地连在一起，因为这样比固定的连接能产出更多的产品。原因在于当一个工作站出现故障，其他的工作站一般能继续工作，至少在一定的时间内是可以的。为了达到这一点，必须在工作站之间装上物料堆放缓冲器。在正常情况下，工件托架是一直往前走的，然而，如果下一个工作站出现故障，工件托架就被从传送线上取下，缓冲起来，当缓冲器被填满以后，上位工作站必须停止工作，上图说明了这种功能的设计方法。为了保证缓冲器的堆料和出料操作顺利进行，上位的工件托架必须被暂时停住。气缸在上举、锁定和阻挡工件托架上可以起到很好的作用。缓冲存储的设计是不复杂的
适用组件	①制动气缸；②接近开关；③单气控阀；④紧凑型气缸或防扭转紧凑型气缸；⑤单向流量阀；⑥安装附件；⑦管接头

4.3 双活塞气缸对工件的抓取和输送

表 21-10-14

应用原理	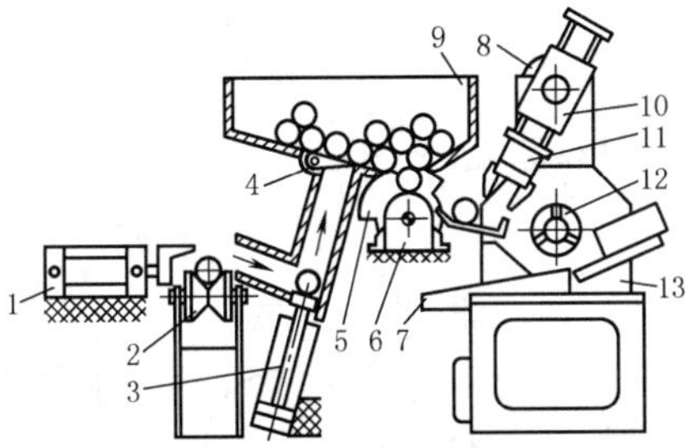 1—推进缸；2—滚子传送带(连接传送带)；3—插入气缸；4—装有弹簧的棘爪；5—进料器；6—摆动气缸；7—输出槽；8—直线摆动组合单元；9—堆料架；10—直线单元；11—夹具；12—夹紧装置；13—机床 缓冲存储的任务就是缓解生产线上机器和机器间的不协调，提供一种较为松弛的连接，这种连接在个别机器出现故障的情况下可发挥巨大的作用。上图所示为一个缓冲存储从传送带接取条状工件(例如，直径在10～30mm之间，长为150～600mm)，并暂时储存在中间料架中，在需要的时候，把工件输出到加工机器中。所有的动作可全部由气动组件完成。从滚子传送带推过来的工件通过插入气缸将其送入到堆料架中存储，当工件从堆料架中移出的时候，工件被一摆动供料设备分开，并通过一个三轴机械手输送到下一个机器中，系统的循环时间大约为5s
适用组件	①紧凑型气缸；②标准气缸；③安装脚架；④叶片式摆动气缸；⑤双活塞气缸；⑥平行气爪；⑦接近开关；⑧单气控阀；⑨安装附件；⑩管接头

4.4 中间耳轴型标准气缸在自动化车床的供料应用

表 21-10-15

应用原理	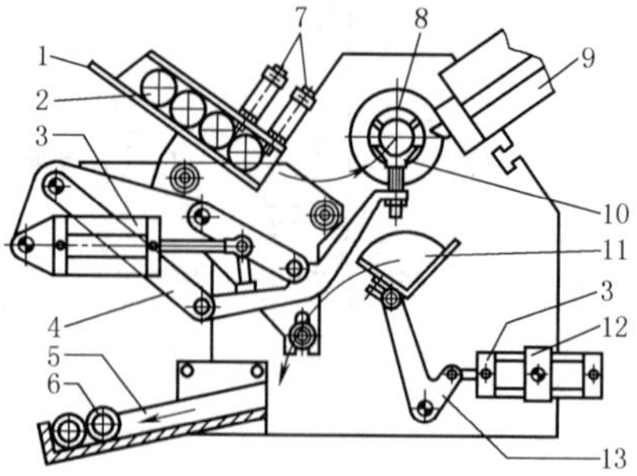 1—圆形工件的料架；2—工件(未加工)；3—气缸(尾部带耳轴型气缸)；4—四连杆机构(双摇杆)；5—出料斜槽；6—加工完的工件；7—供料用气缸；8—夹具；9—刀具滑块；10—供料设备；11—出料装置；12—摆动关节；13—杠杆 上图所示为自动车床的供料和出料机构。V形的高度可调，托架从料架中取出一个未加工的工件，并把工件输送到机床主轴的中心。为了实现这个目标，采用一个带尾部耳轴气缸，通过曲柄机构把工件从出料斜槽5中取出送入夹具8中，在这个位置被一个凸轮(未显示)推进到夹具中，加工完后，工件落入出料托盘中，通过一个带中间耳轴气缸，把托盘随后向输出斜槽倾斜。整个设备是装在一个基座上的，并与机器上工具的区域连接。在加工过程中，工件托架必须转到一个离开加工碎屑的位置
适用组件	①标准气缸(带尾部耳轴或带中间耳轴)；②接近开关；③安装脚架；④双耳环；⑤单向流量阀；⑥耳轴支座；⑦安装附件；⑧管接头

4.5 标准气缸在螺纹滚压机供料上的应用

表 21-10-16

应用原理	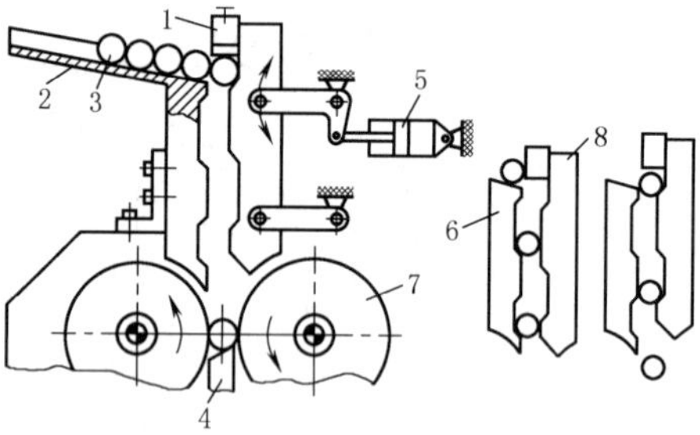 1—可调升降块；2—滚子传送机料架；3—工件(未加工)；4—硬质支撑臂；5—气缸；6—固定的导向块；7—螺纹滚压工具；8—供料可移动部件 滚压螺纹是一种很有效的无切削成形操作，整个加工过程通过自动化实现。图中显示了一个可行的方法，工件以很有序的方式从一供料系统传到机器的滚子传送机料架中，供料的可移动部件经过精巧设计，操作驱动一次，输送一个工件，当工件逐步地往下运动时，每一步都进行自定向，当工件到达支撑臂上的时候，已完全水平。通过螺纹机的螺纹方向进给，加工完毕的工件自动进入到成品收集箱中。这个装置的原理，也适合于带轴肩的或带头部的工件
适用组件	①标准气缸；②接近开关；③双耳环；④安装脚架；⑤单向流量阀；⑥安装附件；⑦管接头

4.6 带后耳轴的标准气缸在涂胶机供料上的应用

表 21-10-17

<table>
<tr><td>应用原理</td><td>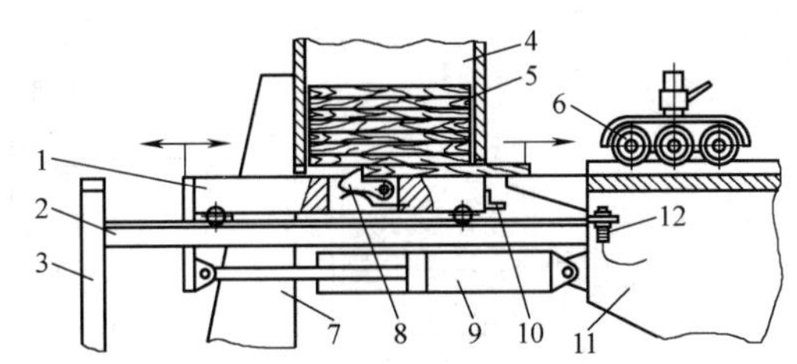
1—供料滑块；2—支撑导轨；3—支架；4—料架；5—工件；
6—滚子供料装置；7—料架支撑；8—驱动爪；9—带后耳轴气缸；
10—接近开关感应块；11—加工工具；12—接近开关

现代供料技术所追求的目标是减少产品对操作人员的伤害或至少允许一个操作人员控制好几台机器，更进一步的目标是提高供料速度，并提供更好的监测，更好地利用机器的性能。图中所示为一个平的细长条或板料的供料设备，将板料送到机器上去加工。工件通过一驱动爪(在宽度方向装有好几个爪)将板料从料架中移走，并被推进到滚子供料设备中，并把工件推到工具下面(未显示)或涂胶传送带上。供料滚子外包一层橡胶，驱动爪只要将板料推进几个毫米即可实现驱动。供料滑块沿着 V 或 U 形的导轨运动直到感应传感器动作，并使其反向运动。也可以采用接近开关实现返回操作</td></tr>
<tr><td>适用组件</td><td>①标准气缸；②双耳环；③安装脚架；④接近开关；⑤单向流量阀；⑥安装附件；⑦管接头</td></tr>
</table>

4.7 标准气缸在圆杆供料装置上的应用

表 21-10-18

<table>
<tr><td>应用原理</td><td>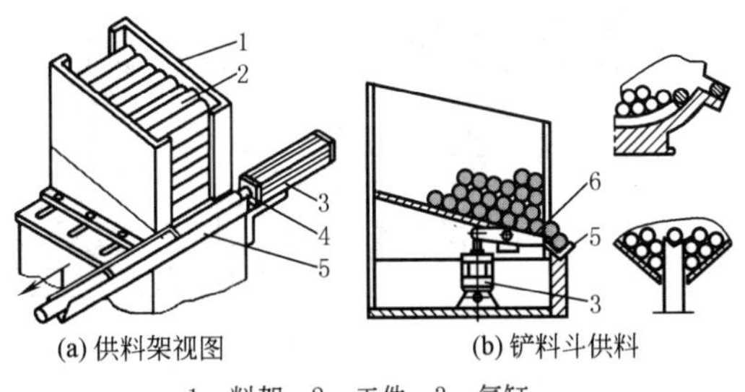
(a) 供料架视图　　(b) 铲料斗供料
1—料架；2—工件；3—气缸；
4—带推压头的活塞杆；5—斜槽；6—杠杆

装配机械和加工机械中，经常需要对圆杆或管子进行供料，而且最好是用自动化实现的。图中所示为一堆料架供料装置，每操作一次取一件工件。料架宽度可以调整以适应不同长度的工件。料架出口处装有一个振动器(摇杆)，以防止工件堵塞，否则，由于摩擦力和重力的作用，工件间会出现“桥”接现象，从而阻止进一步的前进。这种供料设备可用于无芯磨床的供料。堆料架也可通过铲料斗(图 b)进行供料，铲子从料架中上下一次输出一个工件</td></tr>
<tr><td>适用组件</td><td>①标准气缸；②安装脚架；③接近开关；④单气控阀；⑤单向流量阀；⑥紧凑型气缸；⑦旋转法兰；⑧双耳环；⑨安装附件；⑩管接头</td></tr>
</table>

4.8 无杆缸/双活塞缸/平行气爪/阻挡气缸在底部凹陷工件上抓取供料的应用

表 21-10-19

<table>
<tr><td>应用原理</td><td>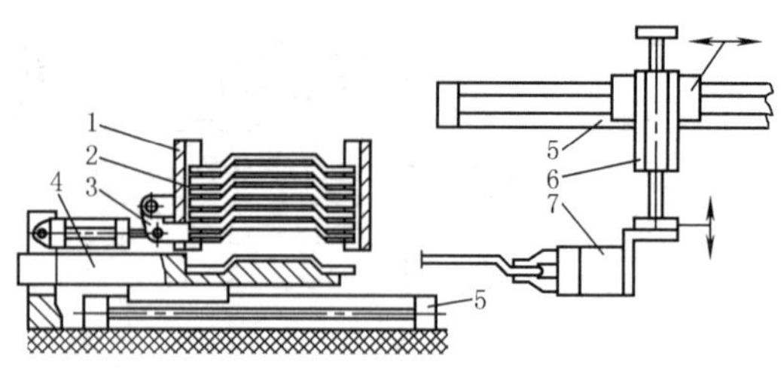

1—料架；2—工件(如片状金属冲压件)；3—阻挡杠杆；4—供料滑块；5—无杆缸；6—升降机构；7—气爪

底部有槽的工件不能用滑块简单地从料架中推出,因为它们的形状不允许这样做,图中所示的方法中,这个问题是通过一根阻挡杠杆来解决的。当供料滑块已经伸出供料的时候,将阻挡杠杆打开,允许料架中的物料向下移动并和供料滑块的平面区域接触,然后关闭阻挡杠杆重新夹住料架中的堆积物料,只有最下面的物料没有被夹住,当供料滑块退回时,工件才能掉到滑块成形的托架上,现在滑块又往前移动,把工件送往机器供料的处理设备中去</td></tr>
<tr><td>适用组件</td><td>①无杆气缸(带导轨的无杆气缸或双活塞气缸);②接近开关;③单气控阀;④单向流量阀;⑤平行气爪;⑥连接适配器;⑦紧凑型气缸;⑧旋转法兰;⑨双耳环;⑩安装附件;⑪管接头</td></tr>
</table>

4.9 叶片式摆动气缸在供料分配送料上的应用

表 21-10-20

<table>
<tr><td>应用原理</td><td>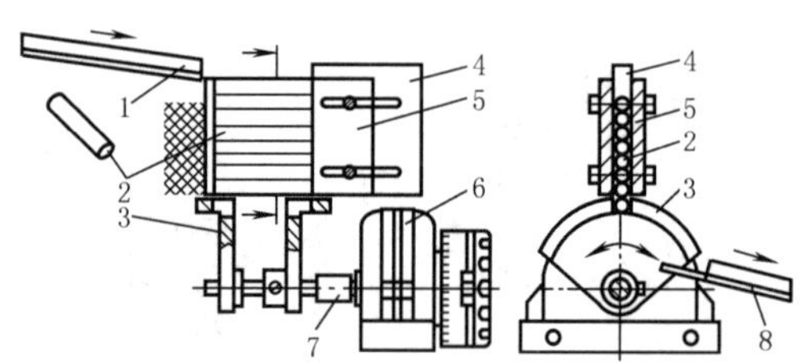

1—输入通道；2—工件；3—旋转供料机构；4—纵向调节板；5—堆料架；6—叶片式摆动气缸；7—联轴器；8—输出通道

如图所示是为小工件使用而设计的装置,这些小工件纵向地从上位机上传送过来,通过该装置,将工件传送到下一步的测量设备中去。这个装置能存储一定数量的工件,可起到工序间的缓冲作用。在必要的时候,料架也可以毫不费力地用手工填满。当工件从料架中出去的时候,需要被分开,在这个例子中,是通过一个摆动气缸旋转机构实现的。料架和旋转机构的宽度可通过纵向调节板 4 进行调整,从而可适应各种长度的工件。对于不同直径的工件,自然就需配装不同的料架和旋转机构</td></tr>
<tr><td>适用组件</td><td>①摆动气缸;②安装脚架;③接近开关;④单气控阀或阀岛;⑤安装附件;⑥管接头</td></tr>
</table>

4.10 抗扭转紧凑型气缸实现步进送料

表 21-10-21

应用原理	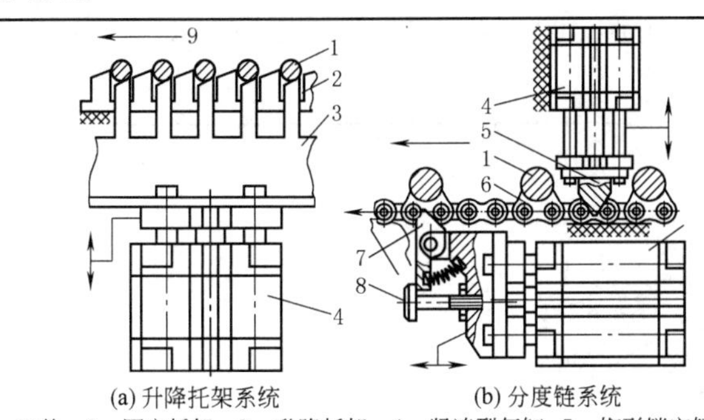 (a) 升降托架系统　(b) 分度链系统 1—工件；2—固定托架；3—升降托架；4—紧凑型气缸；5—楔形锁定销；6—工件托架的特殊连杆；7—可移动的棘爪；8—可调螺母(阻挡)；9—工件的运动方向 无论在堆料或其他场合，都需要用到工件的有序供料，如：装配、测试、加工或其他生产操作。图 a 所示的上升支架推进系统是很简单的，只需短行程气缸作为驱动就已经足够了。当工件被提升时，它们就会向传送机方向滚动，每一个都向前移动一个位置。用链条也很容易得到分度运动(图 b)，在这种情况下，驱动的是一只气缸，当气缸返回时，链条被保持在原位上，而楔形定位销能很好地保持工件的位置。这种装置已被制成标准的商业设备，配上工件输送架即可
适用组件	①抗扭转紧凑型气缸；②接近开关；③单气控阀；④单向流量阀；⑤安装附件；⑥管接头

4.11 叶片式摆动气缸（180°）对片状工件的正反面翻转工艺的应用

表 21-10-22

应用原理	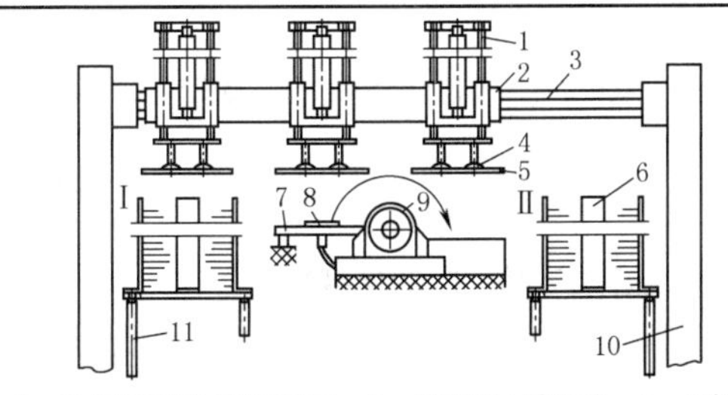 1—导向机构(含标准气缸)；2—无杆缸上的滑块；3—无杆缸；4—吸盘；5—工件；6—堆料架；7—翻转台；8—椭圆吸盘；9—摆动气缸；10—机架；11—料架支撑 有时由于工艺或包装的需要，需将片状工件的上下面交换。在这个例子中，是通过一个逐步传输的操作实现的。第一步，将工件从料架Ⅰ中取出，并放置在翻转台 7 上。第二步，放置在翻转台 7 上的工件通过叶片式摆动气缸被翻转，放到工作台面上，工件完成正反面交换。第三步，将工件放入料架Ⅱ中。在工件翻转过程中，为了防止工件从翻转叶片上掉下来，可通过真空吸住。所有必要的运动都可通过使用标准气动组件来得到。此设备对工件的处理过程可防止对工件的破坏。垂直升降气缸的行程应能保证工件到达料架的底部
适用组件	①无杆气缸；②标准气缸和导向装置或导杆止动气缸；③真空安全阀或真空发生器；④单气控阀或阀岛；⑤接近开关；⑥摆动气缸；⑦吸盘或椭圆吸盘；⑧安装附件；⑨管接头

4.12 平行气爪的应用

表 21-10-23

应用原理	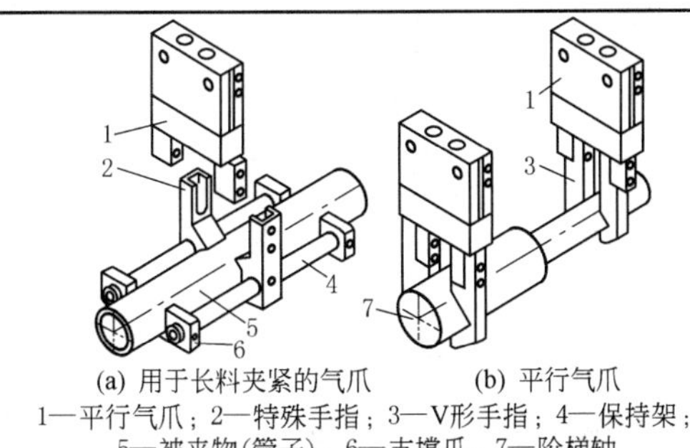 (a) 用于长料夹紧的气爪　(b) 平行气爪 1—平行气爪；2—特殊手指；3—V形手指；4—保持架；5—被夹物(管子)；6—支撑爪；7—阶梯轴 气动手爪夹具有机械刚性好、结构相对简单等特点，它们被广泛应用于许多领域中。由于工件的特殊形状，往往需要对基本手爪机构进行扩展延伸，使手爪能夹得更紧、更可靠。例如，对于长臂工件，最好采用带 V 形爪的平行气爪夹具结构(圆形工件)，如图 b 所示。图 a 所示的是用于抓取管状工件的特殊手指。在操作过程当中，这两者都提供了很好的防意外转矩力的保护，并消除了在夹具中的定位误差。当然，如果需要长时间的运行，必须详细观察夹具的负载曲线。如果有必要，可选择一个更大的气爪
适用组件	①平行气爪；②单气控阀；③接近开关；④连接适配器(气爪过渡连接板)；⑤管接头；⑥安装附件

5　气动产品在冲压工艺上的应用

双齿轮齿条摆动气缸/导杆止动气缸在铸件去毛刺冲压工艺上的应用如表 21-10-24 所示。

表 21-10-24

应用原理	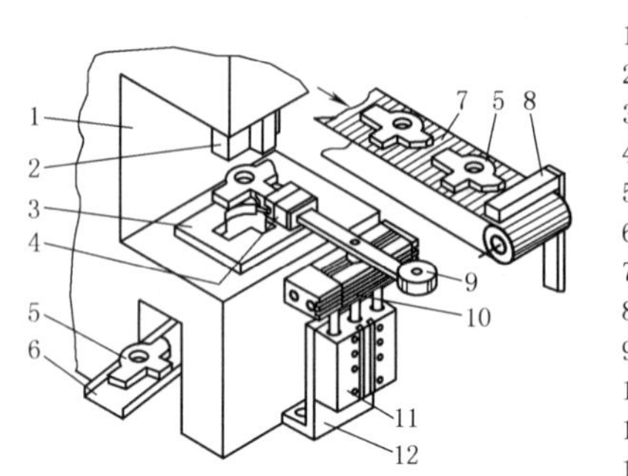 1—冲床； 2—去毛边冲压上模； 3—带孔板； 4—气爪； 5—带毛边的铸件； 6—出料斜槽； 7—传送带； 8—挡块； 9—配重； 10—摆动气缸； 11—升降滑块气缸(导杆止动气缸)； 12—安装托架 图中展示的是为铸件去毛边提供进料。操作设备利用气爪将铸件从传送机上取出,90°旋转摆动后,定位于料板孔和去毛边冲压上模之间。在去完毛边以后,工件在重力作用下,输送至出料箱中。摆动臂上装有配重块以防止超载而导致导轨的磨损。在末端位置上装有可调液压缓冲器。该工序也可以通过其他的气动驱动结构来实现,如采用直线轴的多轴控制装置
适用组件	①摆动气缸和适配连接板;②平行气爪;③接近开关;④单气控阀或阀岛;⑤导杆止动气缸或小型滑块气缸;⑥安装附件;⑦管接头

6　气动产品在钻孔/切刻工艺上的应用

6.1　无杆缸/直线坐标气缸在钻孔机上的应用

表 21-10-25

应用原理	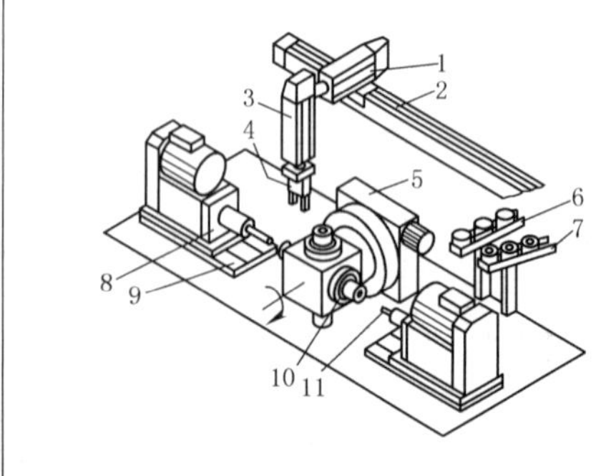 1,3—直线坐标气缸； 2—无杆缸； 4—平行气爪； 5—气动旋转分度工作台； 6—进料斜槽； 7—出料斜槽； 8—丝杠单元； 9—直线供料单元； 10—气动夹头； 11—切削或钻孔工具 对中、大批量的小工件进行钻孔、埋头钻和车倒角是机械加工中的典型操作。为了这些操作而设计特殊的装置是必要的。在这个例子当中,工件的运输工具包括大功率的气动夹头,此夹头在旋转分度工作台的帮助下,对水平轴进行分度,气动的抓放单元用来装载和卸载。如果该装置用在带有垂直工作丝杠的钻/磨机械中,在装载位置上,可进行进一步的工序操作。平行安装的液压缓冲器可以缓冲供料动作
适用组件	①气动夹头;②单气控阀或阀岛;③组合滑台驱动器;④液压缓冲器;⑤直线坐标气缸;⑥平行气爪或 3 点气爪;⑦带导轨的无杆气缸;⑧接近开关;⑨气动旋转分度工作台

6.2 液压缓冲器等气动组件在钻孔机上的应用

表 21-10-26

<table>
<tr><td>应用原理</td><td>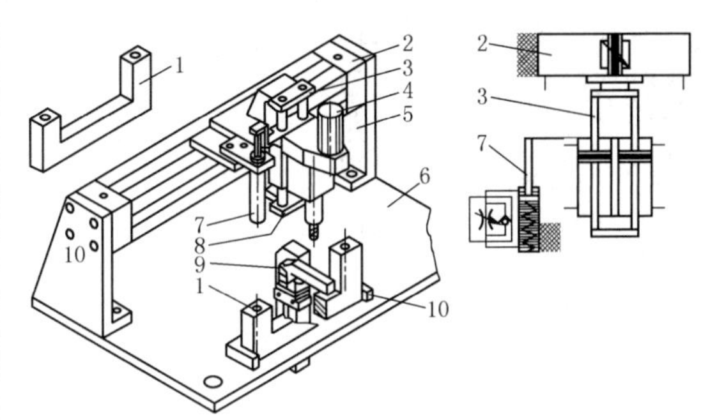

1—工件；2—无杆缸；3—带安装架的连接件；4—钻机马达；5—固定脚架；6—基座；7—液压缓冲器；8—垂直导向单元（双活塞缸）；9—摆动夹紧气缸；10—工件挡块

在这类钻孔设备中，工件的插入和移去是靠人工来进行的，通过一个摆动夹紧气缸9将工件固定，在第一个孔钻完后，钻孔设备由无杆气缸移到第二个孔的位置钻孔。钻头供给装置通过一个液压缓冲器进行缓冲，这种设备的特色在于大多数部件采用了通用标准部件，因此，能够在没有详细设计图纸的情况下进行安装。一个工人能够同时操作这样的或同类型的多台机器，这种装置还可以用来进行测试或标号操作</td></tr>
<tr><td>适用组件</td><td>①带导轨的无杆气缸；②安装附件；③单气控阀；④摆动夹紧气缸；⑤液压缓冲器；⑥接近开关；⑦双活塞气缸；⑧双手操作安全启动模块</td></tr>
</table>

6.3 带液压缓冲器的直线单元在管子端面倒角机上的应用

表 21-10-27

<table>
<tr><td>应用原理</td><td>1—夹紧气缸；2—机架；3—加工工件；4—输出传送带；5—送料分配器；6—直线驱动单元（小型短行程滑块驱动器）；7—滚子传送料架；8—气缸；9—送料臂；10—旋转驱动单元（叶片式摆动气缸）；11—出料单元；12—切削头；13—电动机；14—传动轴部分；15—挡块；16—液压缓冲器

经常有不同长度的管件需要倒角，此机两端带有可调装置以适应不同长度的管件。气缸8通过送料分配器5将工件送入送料臂9，送料臂9中的工件在叶片式摆动气缸做旋转运动后将工件送入待加工位置。并由夹紧气缸夹紧后，由直线驱动单元6作进给倒角切削，它的进给速度可通过直线驱动单元6上的单向节流阀和液压缓冲器16来完成。从例子中可以看出，工件从一个滚子传送带取出，经过加工以后被送到另一个滚子传送带。工件在加工的时候必须夹紧，以防切削加工时工件移动。通过一个液压缓冲器被与工作平台平行运动，可保证工作平台的平滑进给</td></tr>
<tr><td>适用组件</td><td>①小型滑块或导杆止动气缸；②无杆气缸或重载导轨；③单气控阀；④摆动气缸；⑤接近开关；⑥液压缓冲器；⑦紧凑型气缸；⑧圆形气缸；⑨安装附件</td></tr>
</table>

6.4 倍力气缸在薄壁管切割机上的应用

表 21-10-28

<table>
<tr><td>应用原理</td><td>(a) 工作原理　　(b) 简化视图
1—切割轮轴承；2—切割轮；3—倍力气缸；4—管子；
5—切割轮杠杆；6—导向；7—空心轴驱动；8—可调挡块；
9—加工后的管子；10—传送带；11—楔形件

薄壁管子可以通过切割轮切割而减少浪费，工作原理为通过 3 个切割轮沿管壁向管子中心切割，可实现无碎屑切割。三个切割轮中的两个是装在通过边缘驱动的杠杆上的，它们的动作是由气缸的主运动得到的，这三个切割轮通过纯机械方式被连在一起。供料速度是通过排气节流来控制的，管子进给是由夹头处被推向阻挡块处，切割完之后，管子被输出到一个滚子传送带上。本装置所需的动力由一个合适的气缸提供，如图所示，采用了一个倍力气缸</td></tr>
<tr><td>适用组件</td><td>①倍力气缸；②单向节流阀；③接近开关；④单气控阀；⑤安装附件；⑥管接头</td></tr>
</table>

6.5 无杆缸在薄膜流水线上高速切割工艺的应用

表 21-10-29

<table>
<tr><td>应用原理</td><td>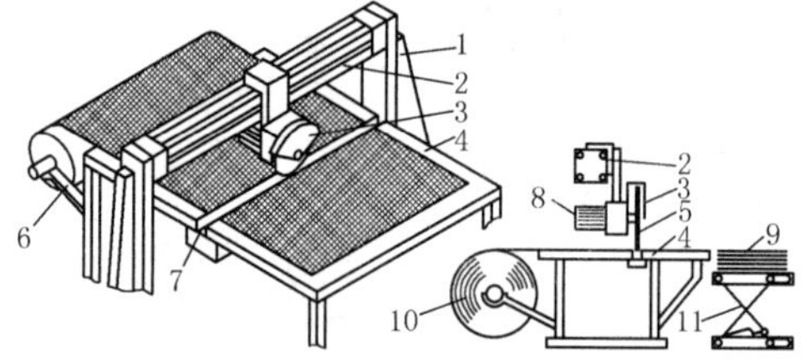
1—支撑；2—无杆缸；3—裁剪机构；4—工作台；
5—圆形切割机；6—织物卷的支撑臂；7—连接器；
8—电机；9—切下工件的安放台；10—织物卷；11—升降桌

在纺织工业和机械工业中都需要用到切割，如切割纺织布、地毯、工艺织物等。在这个例子中，展示了为此目的而设计的一台相当简单的设备。切割刀具在带导轨的无杆气缸的驱动下，做侧向(横向)高速移动，其速度可通过对排气节流控制来调节，由于背压的作用使气缸的运行更加平稳，改善了它的运动特性。织物卷是悬在支撑臂上的，出料一般通过手工完成，但在需要大批量切割的时候也可以自动完成。滚子传送带或进给装置都可用于这个目的。注意：当选用无杆气缸时，其滑块需进行力、转矩、速度分析，是选择滑动型导轨还是循环滚珠轴承型导轨的无杆气缸，如果不选择带导轨的无杆气缸，应自行设计增加辅助导向机构</td></tr>
<tr><td>适用组件</td><td>①带导轨的无杆气缸或电动伺服缸；②接近开关；③单向流量阀；④单气控阀；⑤安装附件；⑥管接头</td></tr>
</table>

7 气动产品在专用设备工艺上的应用

7.1 紧凑型气缸/倍力气缸在金属板材弯曲成形上的应用

表 21-10-30

应用原理	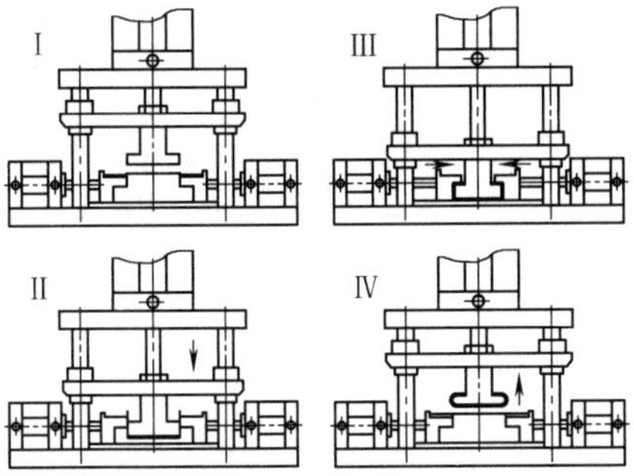 气动弯曲工具 如图所示，Ⅰ～Ⅳ为弯曲工序，带2个或4个导向柱的模架和直线导向件都是标准件 在无需复杂的冲压机或液压冲压机的情况下，应用气缸在几个方向动作及标准的商业化模架，小的弯曲工作也能生产出来，而且也有很好的性能。左图显示了一个弯曲加工的工序。只有在垂直动作已经完成的情况下，横向弯曲爪才能动作，因此顺序控制器需要用接近开关来保证位置检测，完成加工的工件必须从弯曲加工滑枕中取走。在全自动操作的情况下，新的加工工件的放入与已完成工件的取走是同步的。如果单气缸的力不够，可使用倍力气缸
适用组件	①紧凑型气缸或倍力气缸；②自对中连接件（用于气缸活塞杆连接）；③标准气缸；④接近开关；⑤单气控阀；⑥安装附件

7.2 抽吸率升降可调整的合金焊接机上的应用

表 21-10-31

应用原理	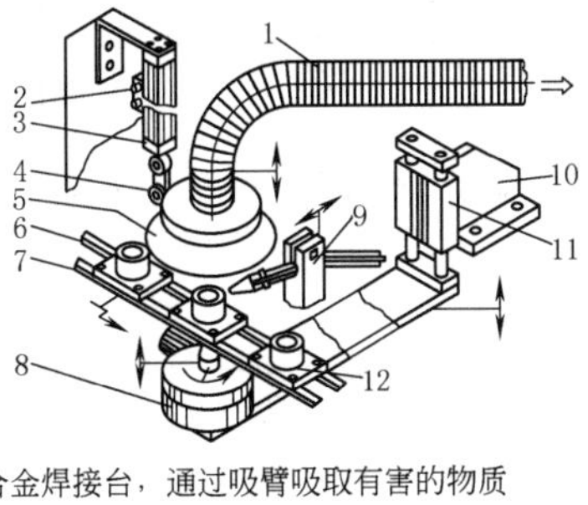 合金焊接台，通过吸臂吸取有害的物质 1—吸管；2—三位五通换向阀；3—气缸；4—连接铰；5—护罩；6—传送系统；7—基本工件；8—旋转单元；9—焊枪支座；10—机架；11—直线驱动单元(双活塞滑台)；12—焊接装配 气体吸臂的任务就是尽可能在最接近释放有害物质（烟气、水蒸气、灰尘或油漆飞溅物）的地方，把有害物质吸除。此例对轴衬进行焊接，当工作台被输送到旋转单元位置时，双活塞滑台把装有旋转单元的工作台面提升，焊枪固定，旋转单元以一定速度旋转360°，同时，抽吸护罩通过气动装置下降靠近有害物产生点，焊接完成后，吸取护罩上升，工件移动至下一工位 抽吸护罩的位置由一个三位五通阀控制，考虑抽吸臂的尺寸和重量，作用在活塞杆上的侧向力是否在允许的范围之内，是否有必要采用辅助直线导轨
适用组件	①标准气缸；②三位五通电磁换向阀；③双耳环；④安装附件；⑤接近开关；⑥双活塞滑台

7.3 双齿轮齿条/扁平气缸在涂胶设备上的应用

表 21-10-32

应用原理	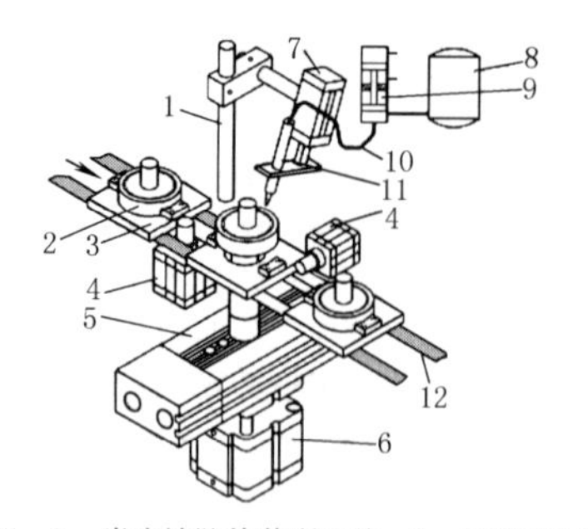 1—支架；2—尚未涂胶的装配工件；3—工件输送架；4—止动气缸；5—旋转单元(齿轮齿条式摆动气缸)；6—升降气缸；7—气缸(活塞杆防扭转气缸)；8—盛胶容器；9—计量泵；10—供胶管；11—涂胶头；12—双带传送系统 涂胶工艺的应用在工业上越来越广泛，这归功于高性能特殊胶料的发展。图中展示了胶水是怎样被输送到待处理涂胶点上的。首先将工件从工件输送架上举起，然后通过气缸将涂胶头移动到工件的涂胶点上，转动工件即可完成涂胶。旋转单元必须能方便精细地调节旋转速度，当然，也可采用电机驱动的转台实现旋转
适用组件	①活塞杆防扭转紧凑型气缸；②单气控阀；③接近开关；④摆动气缸；⑤扁平气缸或标准气缸或小型滑块；⑥管接头；⑦安装附件；⑧止动气缸

7.4 普通气缸配置滑轮的平衡吊应用

表 21-10-33

应用原理	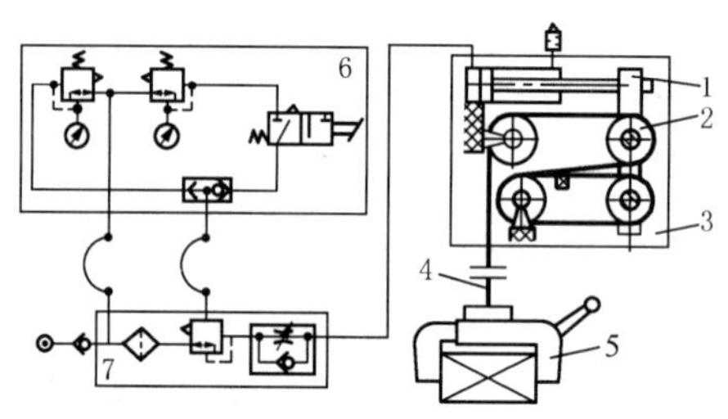 平衡吊 1—滚轴臂；2—滚子；3—提升单元；4—钢索、链条、带或金属带；5—机械夹具或气动手爪；6—气动控制回路；7—气源处理单元 平衡吊是手工操作的提升设备，可克服工件的重力而悬挂移动，这避免了剧烈体力劳动，由于平衡吊的动作不是预先编好程序的，这就需要由气动产生的平衡力，通常由气缸产生。气缸活塞杆伸出前端与滚轴臂固定，气缸活塞杆伸出运动，则钢索将工件吊起。也可以采用气动肌肉，其重量更轻，提升力更大。图中的气动回路是为单负载设计的，也可以用于多负载的设计。为了使能够适应工件重量的变化(在安全工作范围内)，必须在负载和提升设备之间安装重量检测装置，所检测的重量用于控制气动的平衡力。平衡吊在最近几年使用得非常普遍
适用组件	①标准气缸；②单气控阀；③接近开关；④单向流量阀；⑤减压阀；⑥单向阀；⑦“或”门；⑧安装附件；⑨管接头

8　气动肌肉的应用

8.1　气动肌肉作为专用夹具的应用

表 21-10-34

应用原理	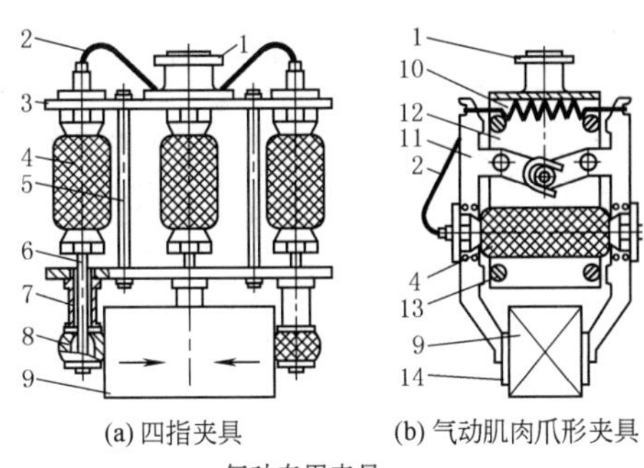 (a) 四指夹具　(b) 气动肌肉爪形夹具 气动专用夹具 1—夹具法兰；2—压缩空气供给；3—基座；4—气动肌肉；5—连接柱；6—张紧柱；7—导向套筒；8—橡胶体(厚壁管)；9—工件；10—复回弹簧；11—夹具手指；12—基座；13—定位销；14—夹具爪 对于大体积物体的夹紧经常需要特殊的解决办法，这要求夹紧行程也必须很大。气动肌肉的采用为这种夹紧提供了新的办法。在图 a 中，这些肌肉通过张紧柱使橡胶体变形，这样就产生了预期的夹紧效果。图中显示的夹具结构简单，具有模型化的手指效果，而且比采用气缸或液压缸的夹具要轻。抓住物被轻轻地夹住，这样能防止损坏工件表面，如油漆、抛光或印刷面 在图 b 中，当气动肌肉张紧时，肌肉的张力转化为夹具指头的运动。气动肌肉的使用寿命至少在1000 万次以上，更突出的优点是：比气缸能耗要低，同时不受灰尘、水和沙子的影响
适用组件	①气动肌肉；②单气控阀；③管接头；④安装附件

8.2　气动肌肉在机械提升设备上的应用

表 21-10-35

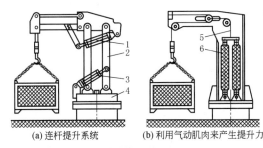

应用原理	(a) 连杆提升系统　(b) 利用气动肌肉来产生提升力 机械提升单元 1—驱动下臂气缸；2—偶合齿轮单元；3—驱动上臂气缸；4—底座(360° 转盘)；5—钢索、链、带；6—气动肌肉 在每个工厂车间中，都需要提升工件、托板、材料或装置，有许多现成的商业设备可选用。然而，在许多特殊场合中，客户往往需要自制一些提升设备，例如气缸被接在平行四边形臂上，从而形成类似于起重机的设备。通过采用气动肌肉，也很容易实现，如图 b 所示的例子中，通过滑轮放大机构，使有效行程比气动肌肉产生的行程大一倍，气动肌肉的行程大约为肌肉长度的 20%，如果两个肌肉被平行放置，那么上举力也将翻倍。上面所示的各种设备都装在旋转台上，这样就允许进行 360°的操作。对于行程较大的场合，这种类型的提升机构就不能显示其优势。然而，在许多应用中，小行程就足够了。上述两种系统都能被设计成安装在天花板上
适用组件	①标准气缸；②双耳环；③安装脚架；④单气控阀；⑤接近开关；⑥气动肌肉；⑦安装附件；⑧管接头

8.3 气动肌肉在轴承装/卸工艺上的应用

表 21-10-36

<table>
<tr><td>应用原理</td><td>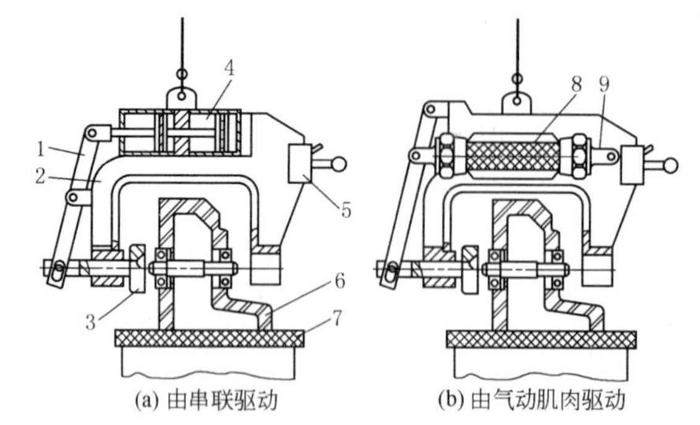
移动式气动压紧装置
1—杠杆；2—C形框架；3—压力盘；4—气缸(倍力气缸)；5—手动控制和导向组件；6—基本工件；7—支撑台；8—气动肌肉；9—气动肌肉固定件</td><td>在大型工件的装配工作中，例如各种各样的轴承压装，经常需要工件在现场的情况下执行装配操作，也就是说，不在装配线上。在修理操作中也经常是这样。因此，压紧装置必须是移动和悬挂式的，以便到达工件附近。压力缸和压紧装置的杠杆连在一起，通过杠杆把力施加到压力盘上。也可以用气动肌肉来代替普通的气缸，由于气动肌肉产生拉力是同缸径气缸拉力的10倍，这就减轻了压紧装置的重量，并只需施加较小的力就可使它在三维空间内移动。图b中，安装了两条气动肌肉，由于和第一条在视图上重合，因此在图中不能看见。如果安上合适的工具，用这个装置也能实现拆除设备的操作</td></tr>
<tr><td>适用组件</td><td colspan="2">①止动气缸；②带传感感测功能的二位三通阀；③安装附件；④管接头；⑤“与”门；⑥接近开关</td></tr>
</table>

9 真空/比例伺服/测量工艺的应用

9.1 止动气缸在输送线上的应用

表 21-10-37

<table>
<tr><td>应用原理</td><td>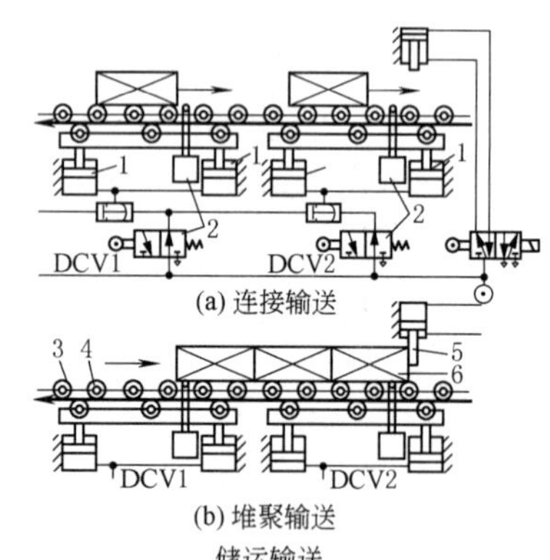
储运输送
1—气缸；2—带传感感测功能的二位三通阀；3—驱动带；4—支撑滚轴；5—止动气缸；6—输送工件</td><td>储运机主要用于对堆积物料的传送，对于滚子传送机而言，还应具有驱动传送和等待排列(装有物料的工件)两种机能。当气缸压紧驱动带3并使它紧贴支撑滚轴4时，工件被不断输送。反之，气缸没有压紧驱动带3，并使它与支撑滚轴4脱开时，工件就失去输送动力源而被停止输送。传送带装有止动气缸和若干带传感感测功能的二位三通阀(DCV1和DCV2…)，一旦带传感感测功能的二位三通阀得到工件到达信号，立即切换二位三通阀使其排气，使气缸1退回，气缸没有压紧驱动带3，并使它与支撑滚轴4脱开时，工件就失去输送动力源而被停止输送，同时发信号给控制止动气缸电磁阀使其伸出挡住工件(见图b)</td></tr>
<tr><td>适用组件</td><td colspan="2">①止动气缸；②带传感感测功能的二位三通阀；③安装附件；④管接头；⑤“与”门；⑥接近开关</td></tr>
</table>

9.2 多位气缸/电动伺服轴完成二维工件的抓取应用

表 21-10-38

应用原理	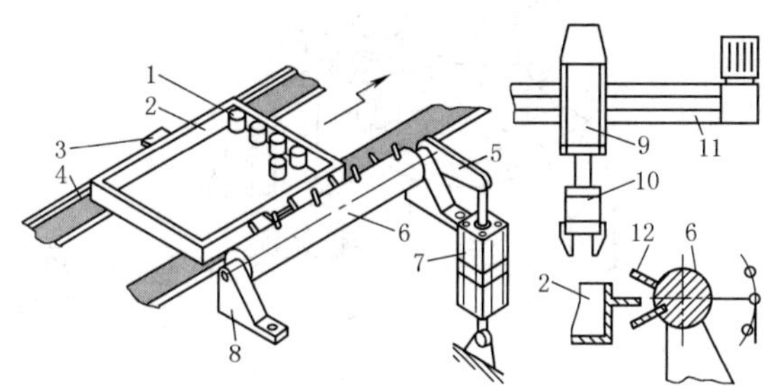 分度工件输送架的轮鼓控制设备 1—工件；2—工件输送架；3—定位耳；4—传送带；5—驱动臂；6—轮鼓控制器；7—三位气缸；8—安装脚架；9—升降单元（直线坐标气缸）；10—气爪；11—伺服定位轴；12—凸轮销 为了完成工件的卸料或堆料，经常需要有两个独立的伺服定位轴组成的机械手才能实现。如果将其中的一个定位轴换成由带凸轮销的轮鼓控制，则系统的花费会相应减少。这些凸轮销是以一定的间隔排列的，间隔距离与工件输送架中的工件间隔距离相同。当轮鼓前后摆动时，输送架就向前移动一个工件的行距。为了有时能让输送架没有阻挡地通过，轮鼓控制必须具有一个中间位置，在本系统中，采用了一个三位气缸来完成轮鼓的前、后和中间定位。如果工件不是一排一排，而是一个个被抓取，当然最好采用伺服定位轴，也有采用扁平气缸组成的系统，对于更大的距离，则可使用定位气缸
适用组件	①多位气缸；②平行气爪；③接近开关；④单气控阀；⑤直线坐标气缸或电动伺服轴；⑥安装附件；⑦管接头

9.3 直线坐标气缸（多位功能）/带棘轮分度摆动气缸在二维工件的抓取应用

表 21-10-39

应用原理	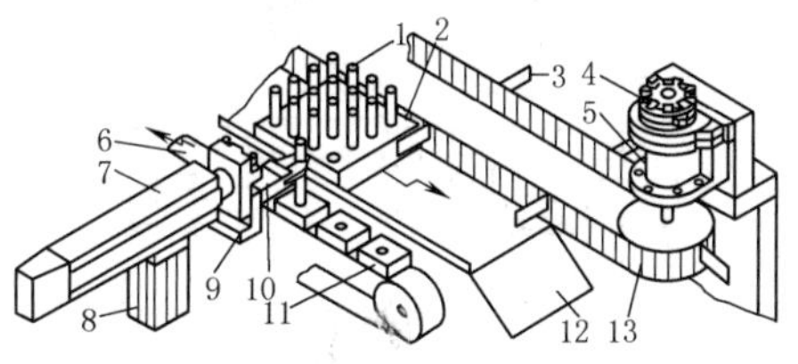 带传统部件的基本工件的装配 1—连接件；2—工件料架；3—驱动；4—摆动气缸；5—棘轮单元；6—传动系统；7—带中间定位坐标气缸；8—支撑；9—小型滑块；10—气爪；11—基本工件或工件架；12—空料架出口；13—传送链 该图显示了在装配过程中经常碰到的问题——将销插入到孔中。带孔的物体可能是工件架或是一个基本工件。为了能一排一排地抓取销，水平坐标气缸必须具备中间定位功能，工件料架的步进运动由叶片式摆动气缸与棘轮装置组成的步进机构来完成。虽然整个过程包括好几个工序，但通过采用简单的气动组件即可实现。通过具有中间定位功能的坐标气缸，可达到很高的重复精度
适用组件	①小型滑块；②直线坐标气缸；③连接适配器；④平行气爪；⑤叶片式摆动气缸；⑥接近开关；⑦单气控阀或常用阀岛；⑧安装脚架；⑨棘轮单元；⑩安装附件；⑪管接头

9.4 直线组合摆动气缸/伺服定位轴在光盘机供料系统上的应用

表 21-10-40

<table>
<tr><td>应用原理</td><td>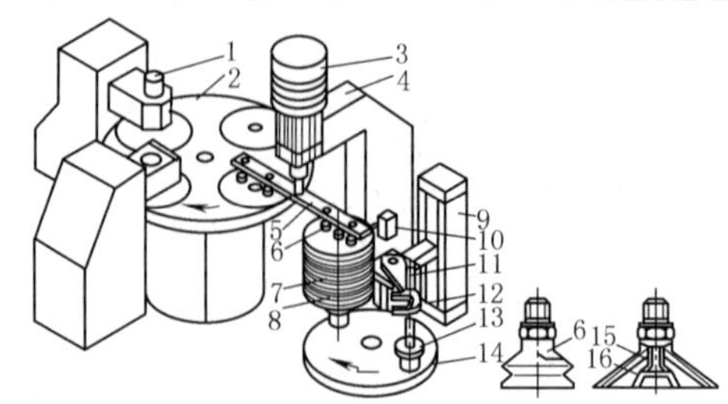
光盘供料系统
1—加工；2—旋转分度盘；3—直线摆动组合气缸；4—框架；
5—旋转臂；6—波纹管吸盘；7—堆积光盘；8—旋转单元；
9—伺服定位轴；10—接近开关；11—料架杆；
12—升降摇臂；13—支撑盘；14—料架；15—吸盘；
16—将光盘中心与真空区域分隔开
这个例子展示了光盘是怎样从料架输送到机器中的工装。升降臂可将料架 14 上的光盘提升，通过接近开关检测，保证最上面的光盘在接近开关检测的位置。当转动臂将光盘传送到旋转分度盘上进行加工，取料和卸料同时进行。对没有中心孔的光盘采用普通的吸盘即可，而对那些有中心孔的光盘，需采用复合吸盘将光盘中心与真空区域分隔开（见右图底部）。伺服定位轴跟踪补偿料架 14 上被不断取走的高度，以确保吸盘能吸得到光盘</td></tr>
<tr><td>适用组件</td><td>①直线摆动组合气缸；②吸盘或波纹管吸盘；③电动缸；④步进电机或位置控制器；⑤接近开关；⑥叶片式摆动气缸/棘轮装置（用于旋转分度盘）；⑦单气控阀；⑧漫射式传感器；⑨安装附件；⑩管接头</td></tr>
</table>

9.5 气动软停止在生产线上快速喂料的应用

表 21-10-41

<table>
<tr><td>应用原理</td><td>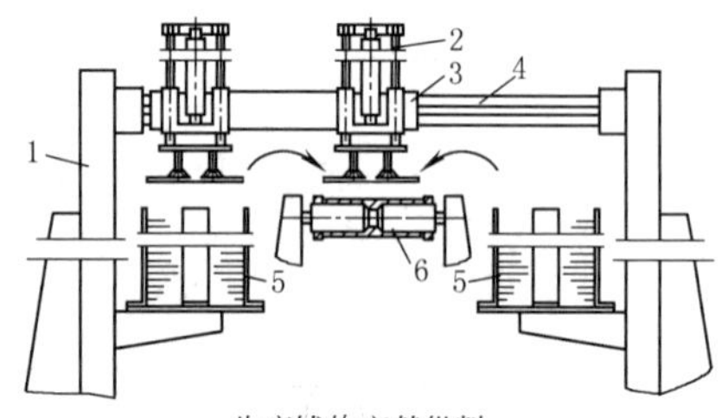
生产线的交替供料
1—框架；2—气动直线单元（气缸与导向装置）；
3—滑块；4—无杆气缸；5—料架；
6—到生产线的传送供料装置
对工件需进行表面处理的装置来说，如印刷或胶黏，工件必须快速连续被安放到传送带上。一个普通的抓放系统往往不能达到预期的效果。尤其是从料架取出料后快速放置在生产线的传送带，采用“智能软停止系统”，它能使工作时间比使用普通气动驱动节省高达 30%。这个例子是通过快速地从两个料架中交替进行放置/取料的形式，很好地解决了这一问题，它依靠一个带导轨无杆气缸的加长型滑块一送一放地巧妙取料思路来同步实现。两个气动直线单元（气缸与导向装置）的主要功能是真空吸盘的抓取与放置。如果传送带上安装了工件运输工具，工件是被精确地安装在这些运输工具中的，那么供给系统的动作必须和运输带的动作同步进行</td></tr>
<tr><td>适用组件</td><td>①有导向装置标准气缸或导杆止动气缸；②带导轨无杆气缸或“智能软停止系统”：无杆气缸、位移传感器、流量比例伺服阀、智能软停止控制器单气控阀或阀岛；③接近开关；④吸盘；⑤真空发生器；⑥真空安全阀</td></tr>
</table>

9.6 真空吸盘在板料分列输送装置上的应用

表 21-10-42

应用原理	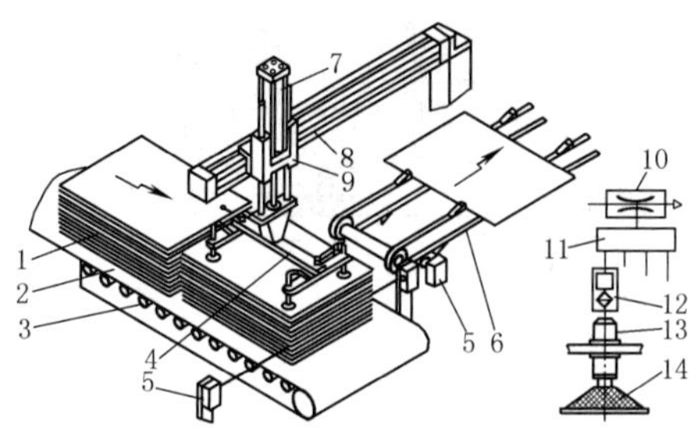 板料的分列输送装置 1—叠板；2—传送带；3—支撑滚；4—吸盘臂；5—传感器；6—分列传送带；7—气缸；8—无杆缸；9—导向机构；10—真空发生器；11—分配器；12—真空安全阀；13—高度补偿器；14—真空吸盘 在生产线上，例如家具生产线，需要将硬纸板、塑料板、三夹板和硬纤维板从堆垛中提起，放到传送带上。只要板料表面没有太多的孔，就可以通过真空吸盘进行有效的操作。在这个例子中，连续输送机把堆着的板料输送到分列传送带上，通过传感器进行定位控制。真空吸盘的数量和尺寸取决于工件的重量。吸盘通过安装的弹簧以弥补高度误差（最大约5mm）
适用组件	①标准气缸与带导向装置或小型滑块；②真空发生器；③单气控阀或阀岛；④分气块；⑤带导轨的无杆气缸；⑥高度补偿器；⑦接近开关；⑧光电传感器；⑨装配附件；⑩吸盘；⑪传感器；⑫真空安全阀

9.7 真空吸盘/摆动气缸/无杆缸对板料旋转输送上的应用

表 21-10-43

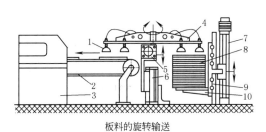

应用原理	板料的旋转输送 1—吸盘；2—传送带；3—加工机械；4—旋转手臂；5—旋转驱动（摆动气缸）；6—升降驱动；7—丝杠驱动单元；8—叠板；9—直线导向；10—升降平台 在这个例子中，加工机械的工作材料为板料，吸盘安装于对称臂上，吸料和放料同时进行。这种平行操作能节省时间。堆放的板料一步一步上升，使每次吸取板料的高度相同，吸盘上装有补偿弹簧。当板料取完后，升降平台必须复位和装料，在这段时间内，加工机械无法供料，这是对操作不利的方面。如果要利用这一段时间，则需要提供两套升降工作平台
适用组件	①带导轨的无杆气缸或小型滑块；②单气控阀；③丝杠驱动单元；④传感器；⑤安装附件；⑥摆动气缸

9.8 特殊吸盘/直线组合摆动气缸缓冲压机供料上的应用

表 21-10-44

应用原理	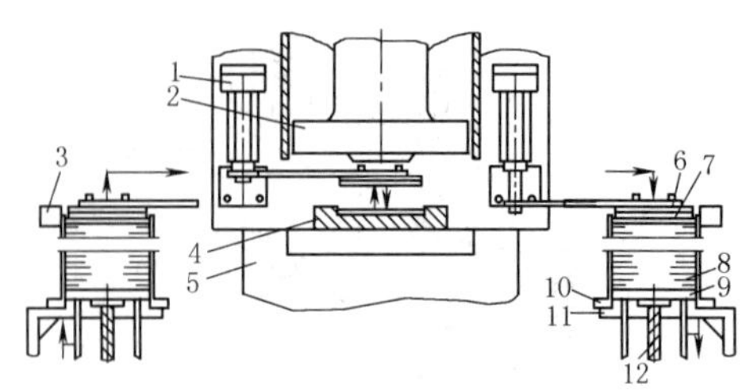 给冲压机供料 1—直线/摆动组合气缸；2—冲压锤；3—接近开关；4—冲模；5—冲压机架；6—旋转手臂；7—吸盘；8—工件(平)；9—升降盘；10，11—料架；12—升降轴 经常会遇到对较小的、平的工件进行供料，例如在冲压床上进一步加工(印章、弯曲、切割一定的尺寸等)。为了能使工件精确地被放到模具上去，在这一例子当中，使用的不是一个普通的吸盘，而是一个能保证工件精密定位的吸盘，这一点对柔性工件来说尤为重要。送料和去料操作由两个摆动臂执行，每个摆动臂的执行部件都为一个直线/摆动组合气缸。料架是活动设计的，工件由丝杠上下驱动，接近开关检测料架的工件的位置，并按一定的时间控制步进。进料机构和出料机构设计相同。如果进料和出料操作由同一个处理单元执行，就会减少产品的产量，因为之后的同步操作会变得不可能。由于需求量大，相同操作单元的使用，可大大缩减成本
适用组件	①直线摆动组合气缸；②液压缓冲器；③单气控阀或阀岛；④接近开关；⑤漫射式传感器；⑥真空发生器；⑦真空安全阀；⑧安装附件

9.9 气障（气动传感器）/摆动气缸在气动钻头断裂监测系统上的应用

表 21-10-45

应用原理	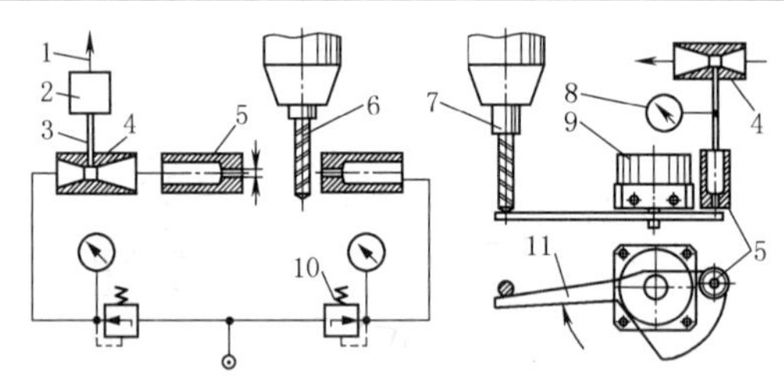 (a) 带射流的非接触型检测　(b) 通过触头杆检测 气动的钻头断裂检测系统 1—电信号；2—真空开关；3—真空气管；4—文丘里喷管；5—喷嘴；6—被测物(钻头)；7—夹头；8—真空表；9—摆动气缸；10—调压阀；11—触头杆 工具破损的检测是自动化生产中一个重要的部分，已有许多的设备可以实现这种检测。图 a 所示的是一种非接触式的通过气障检测钻头存在的方法，如果钻头损坏了，它就不再反射气流，这可以通过检测压力得到，喷嘴直径为 1mm，标定长度大约是 4mm。图 b 中，钻头由触头杠杆检测，如果钻头损坏，触头杠杆就会顺时针旋转，这样就会把喷嘴打开，同样系统压力的改变暗示着工具已损坏。这些装置的优点是检测位置能以 0.1mm 的位置精度调整。当然，在测量进行之前，钻头必须用空气或冷却剂喷枪清洗。同时可以通过装在摆动气缸上的接近开关检测钻头的损坏程度
适用组件	①间隙传感器；②摆动气缸；③真空发生器；④安装件；⑤接近开关；⑥调压阀；⑦真空开关；⑧安装附件；⑨管接头

9.10 利用喷嘴挡板感测工件位置的应用

表 21-10-46

应用原理	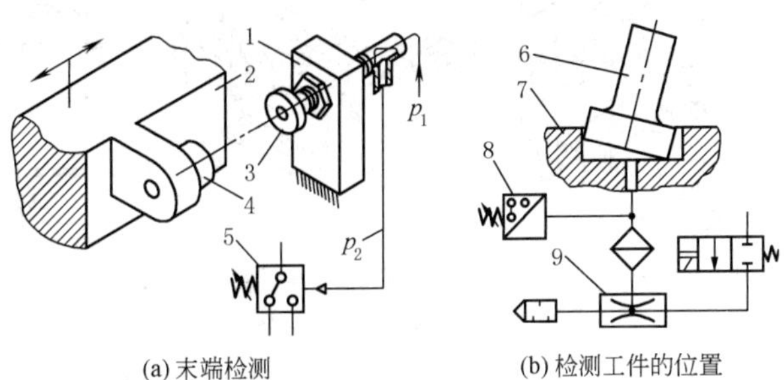 (a) 末端检测　(b) 检测工件的位置 用压缩空气检测 1—挡块；2—滑块或机器运动部件；3—阻挡螺栓； 4—缓冲器或吸振器；5—压力开关；6—工件； 7—真空夹盘；8—真空开关；9—文丘里喷管； p_1—供压；p_2—背压 用户在使用压缩空气作为动力的操作过程中，经常要求能利用压缩空气来达到检测的目的，这是完全可行的。图 a 介绍了一种简单的方法，将钻头阻挡螺栓换成射流喷嘴，即可实现钻头的自动检测并发出停止信号。当滑块接到上面的时候，背压就会改变，这可通过压力开关检测，这种结构组成了一个复合功能的组件，可提供了位置调整和传感器实现的功能。在图 b 的例子中，工件通过吸盘夹紧，如果夹紧点没有到位或由于碎屑或工件倾斜，正常的真空就不能建立，通过真空开关可以检测真空是否建立。如果由真空发生器产生的真空不足，就要使用高性能的真空泵
适用组件	①真空发生器；②压力开关；③二位二通阀；④真空开关；⑤安装附件；⑥管接头

9.11 带导轨无杆气缸在滚珠直径测量设备上的应用

表 21-10-47

应用原理	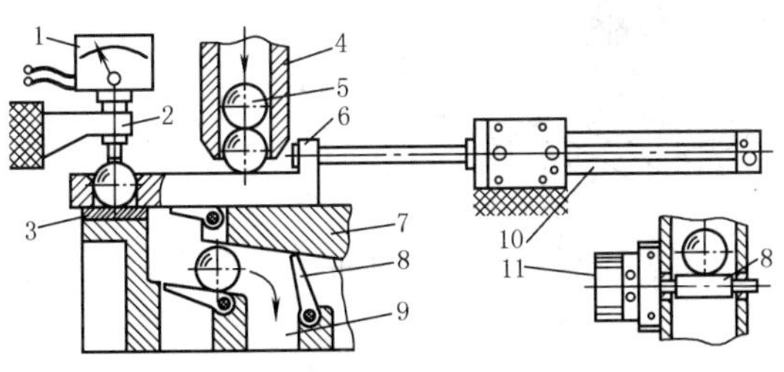 检测直径的设备 1—千分表；2—千分表托架；3—硬质测量面；4—供料管； 5—工件(球或滚子)；6—供料滑块；7—旋转模块； 8—分类挡板；9—分类通道；10—气缸；11—摆动气缸 在选择性装配操作中，工件要根据公差的一致性被选出来并配对。在实际中，这就意味着装配的工件必须预先分成公差组，图中显示了圆形对称工件的直径检验装置，供料滑块把工件分开并把它们插入到测试装置中，这个装置也可以是通过无接触方式操作的那一种，当供料滑块退回时，根据测试结果分别进入各自的分类通道。每个分类通道闸门将由叶片式摆动气缸来驱动。无杆气缸有一个连接导向块(即供料滑块)，这意味着不需要采用带导向的无杆气缸，在这个应用中，也可使用其他的带不含旋转的活塞杆的气缸
适用组件	①高精度导向气缸或防扭转紧凑型气缸；②叶片式摆动气缸；③接近开关；④单气控阀；⑤管接头；⑥安装附件

9.12 倍力气缸在传送带上的张紧/跑偏工艺上的应用

表 21-10-48

应用原理	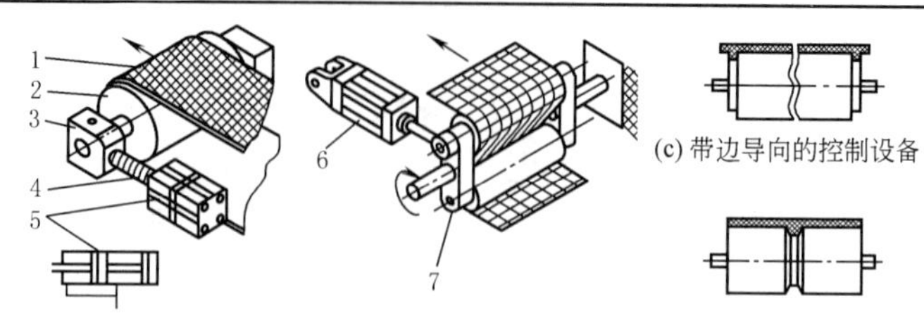 (a) 带调整滚的传送带控制　(b) 传送带张紧器　(c) 带边导向的控制设备　(d) 带中间导向的控制设备 传送带上的张紧功能 1—传送带；2—辊轴；3—旋转轴承；4—压力弹簧； 5—倍力气缸；6—气缸；7—辊轴张紧臂 传送带系统一般都装有驱动、导向、张紧和调整滚子。为了保证传送带的正常工作，必须保证两个功能，即笔直的路线传送和正确的传送带拉紧力。笔直的路线可以通过调整微呈凹形的辊轴，有 30~40mm 的调整范围就足够了。机械的边缘导向也可用作保证传送带的笔直线路，在这个系统中，传送带在边缘或中心提供了合适的缩颈，如图 c 和图 d 所示。对于传送带的拉紧也有许多办法，在这个例子中，传送带空的侧面是以 S 形的方式通过一对拉紧滚子（如图 b 所示），所需的张力可以通过调节气缸的压力调整。拉紧和控制功能也可以组合到一个单滚子的结构中
适用组件	①倍力气缸；②调压阀；③接近开关；④标准气缸；⑤安装脚架；⑥双耳环；⑦单气控阀；⑧安装附件、管接头

10　带导轨无杆气缸/叶片摆动气缸在包装上的应用

表 21-10-49

应用原理	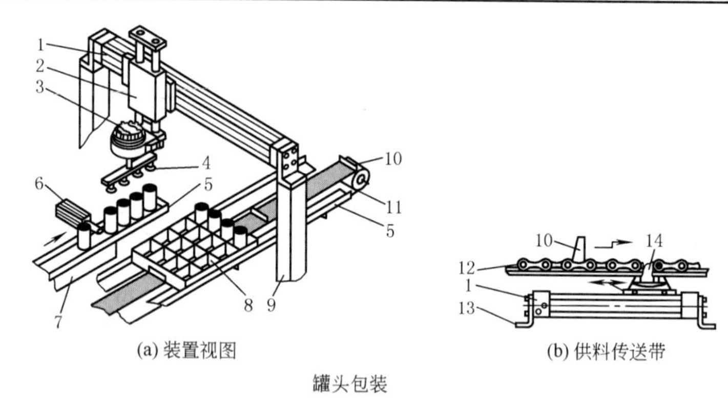 (a) 装置视图　(b) 供料传送带 罐头包装 1—带导轨无杆缸；2—升降滑块（小型滑台气缸）；3—叶片式摆动气缸； 4—吸盘；5—侧面导向；6—止动气缸；7—直线振动传送机； 8—包装的产品；9—支撑框架；10—驱动块；11—输送带； 12—链；13—脚架；14—供料棘爪 图中所示的是四个成一组的包装罐头或同类物体的包装设备，四个产品被同时抓取移动，这个动作只需要采用具有两端定位的直线驱动单元。从流水线输送过来四个一组的产品由四个真空吸盘收住，通过叶片式摆动气缸旋转 90°被送入包装箱内，包装箱的步进移动（被放入的两排产品的节距）如示意图所示，可以通过采用气缸带动一个棘爪机构来实现。如果摆动气缸能够产生足够的转矩，也可以用它来完成步进操作。类似动作也可以用于打开包装的工序中。机械夹具也可以用来代替吸盘的操作
适用组件	①带导轨无杆缸；②止动气缸；③叶片式摆动气缸或齿轮齿条式摆动气缸；④真空吸盘；⑤管接头；⑥气爪；⑦接近开关；⑧单气控阀；⑨小型滑块气缸；⑩标准气缸；⑪真空发生器；⑫真空安全阀；⑬安装附件

11 导向驱动装置上的应用

11.1 模块化驱动上的应用

双活塞气缸/双缸滑台驱动器组成二维驱动；组合型直线驱动/组合型滑台驱动/组合型长行程滑台驱动组成二维或三维驱动。

表 21-10-50 **模块化驱动运动简图及说明**

简图	说明
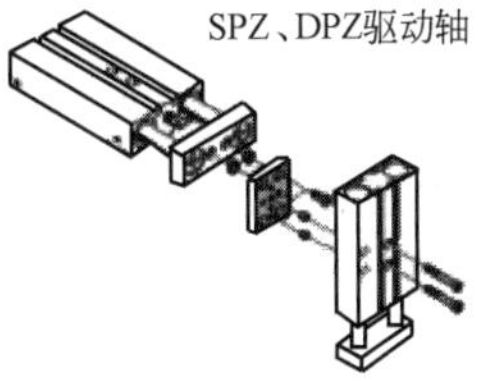 SPZ、DPZ驱动轴 (a)	双活塞气缸的最大行程为 100mm，它前端法兰板能承受最大径向力（对于滑动轴承：行程 50mm 为 108N，行程 100mm 为 102N；对于循环滚珠轴承：行程 50mm 为 35N，行程 100mm 为 27N）。另外，双活塞气缸前端法兰板能承受最大转矩（对于滑动轴承：行程 100mm 为 28N · m；对于循环滚珠轴承：行程 100mm 为 0.85 N · m）
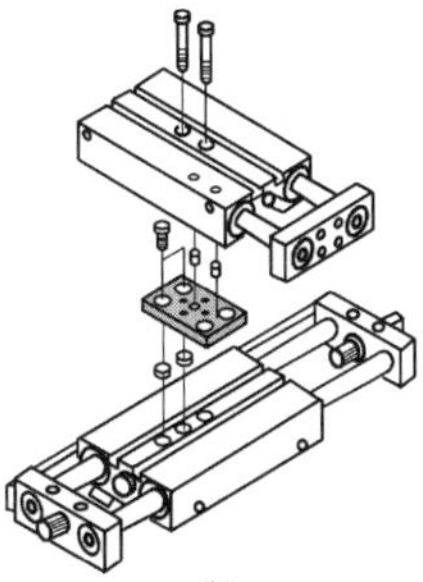 (b)	双缸滑台驱动器的最大行程为 100mm，滑台能承受最大径向力（对于滑动轴承：行程 50mm 为 280N，行程 100mm 为 180N；对于循环滚珠轴承：行程 50mm 为 92N，行程 100mm 为 55N）。另外，双缸滑台驱动器上滑台能承受最大转矩（对于滑动轴承：行程 100mm 为 7.2N · m；对于循环滚珠轴承：行程 100mm 为 1.5 N · m）
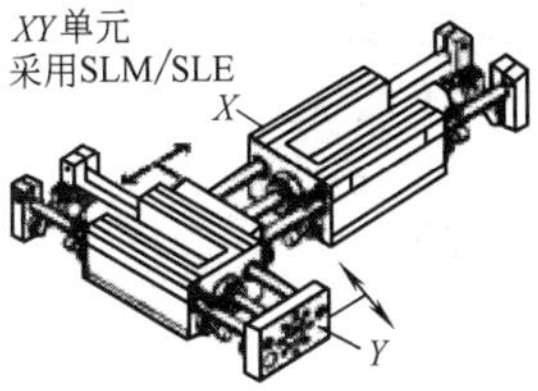 XY单元 采用SLM/SLE X Y (c)	组合型直线驱动与组合型滑台驱动所组合的二维运动如图 c 所示 组合型直线驱动为活塞杆带动前端法兰板运动，最大行程为 500mm，最大推力为 1178N。组合型滑台驱动（圆形气缸为驱动）为活塞杆带动滑台运动，最大行程为 500mm，最大推力为 1148N
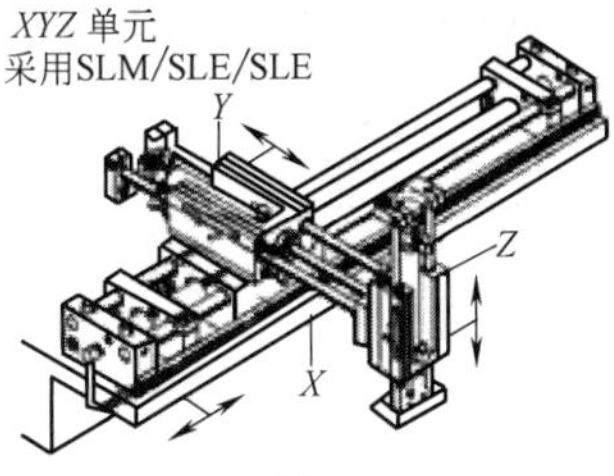 XYZ 单元 采用SLM/SLE/SLE Y Z X (d)	组合型直线驱动与组合型长行程滑台驱动组成的三维运动如图 d 所示。组合型长行程滑台内置磁耦合无杆气缸，磁耦合无杆气缸带动滑台运动，因此行程较长，最大行程为 1500mm，最大推力为 754N

注：1. 图 a 与图 b 参考 FESTO 公司产品，其中双活塞气缸（FESTO 产品为双活塞气缸 DPZ），双缸滑台驱动器（FESTO 产品为滑块驱单元、双活塞 SPZ）。

2. 图 c 和图 d 参考 FESTO 公司产品：其中组合型直线驱动与组合型直线驱动所组合的二维运动（FESTO 产品为直线驱动单元 SLE）；组合型直线驱动与组合型长行程滑台驱动所组合的二维运动（FESTO 产品为直线驱动单元 SLE、带导向滑块 SLM）。

11.2 抓取和放置驱动上的应用

抓取和放置驱动原应归类于气动机械手范畴，由于抓取和放置驱动在气动自动化领域中的应用越来越广泛，也越来越细分，随着大量、模块化带导轨驱动器的诞生，各国气动制造厂商纷纷开发符合抓取和放置驱动的自动化要求产品，根据它模块化、结构紧凑、组合方便等特征，已形成一个抓取和放置驱动体系。当然，它还能与其他普通气缸、导向驱动单元以及电缸等组成完美的自动化体系，本手册把它归类于导向驱动装置来叙述。

该导向驱动装置主要用于抓放、分拣、托盘传送等自动流水线上，在中、小规模自动流水线上应用十分广泛。尤其适合结构紧凑、循环周期短、灵活、精度要求高的场合。随着工业化的不断发展，新产品、新技术将不断补充到气动机械手系统中，已出现的气驱动与电驱动混合模块化组合驱动系统将成为新的发展趋势。从运动结构形式上可分为抓放驱动、线性门架驱动、悬臂驱动三大类。

该导向驱动装置在设计或选用上可根据工作负载、期望工作节拍、实际行程、是否需要中间定位（几个定位点）、位置定位精度及重复精度、现场环境（如多粉尘、局部高温、洁净等级高等）等参数进行选择。

表 21-10-51　　导向驱动装置按运动形式、驱动方式、控制方式分类

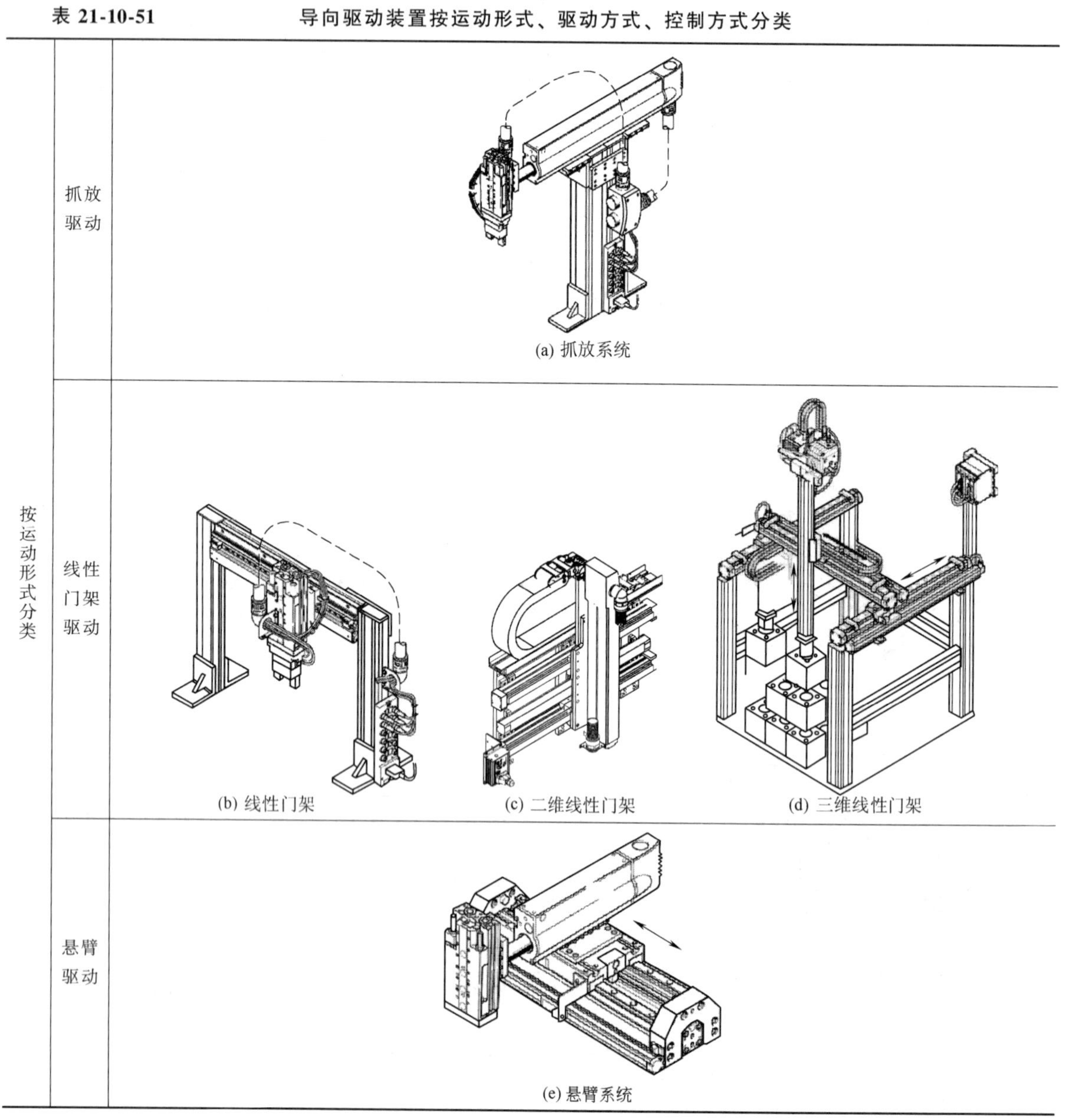

(a) 抓放系统

(b) 线性门架　(c) 二维线性门架　(d) 三维线性门架

(e) 悬臂系统

续表

按驱动方式分类	气驱动(气动轴)	气驱动可以选择直线坐标气缸、无杆气缸、短行程滑块驱动器、高速抓取单元、齿轮齿条摆动气缸、气爪、吸盘及框架构件等元器件
	电驱动(电动轴)	电驱动可以选择电驱动轴(齿带式驱动轴或丝杠式驱动轴),它们分别可与步进马达、步进马达控制器、连接组件组合成一种方式,也可与伺服马达、伺服马达控制器、连接组件等组合成另一种方式
	气驱动/电驱动混合形式	
按控制方式分类	一般气动控制	
	气动伺服控制	气动伺服系统是气动任意位置定位的控制技术,从理论上讲,它可完成 99 个程序模式,512 个中间停止(定位)位置,它的最高定位精度为±0. 2mm
	气动软停止控制	气动软停止控制是气动伺服控制机理下的一种派生定位控制,采用气动软停止控制形式,能使运动节拍提高 20%~30%,并使被移动工件运动到终点时平稳、无冲击,某些气动制造厂商提供的气动软停止控制还可以有两次停止(定位精度±0. 1~0. 2mm)
	电控制	电驱动轴可分齿带和丝杠型两种结构,丝杠型电驱动轴重复定位精度高,为 0. 02mm,而齿带电驱动轴的重复精度一般为 0. 1mm(垂直方向重复精度为 0. 4mm)

11. 2. 1 二维小型抓取放置驱动上的应用

表 21-10-52

Z / Y					二维小型抓取放置驱动装置主要以小型工件、短行程的精确抓取放置(或装配)为主,一般工件的最高负载为 3kg,行程通常在 20~200mm。循环周期短、速度高、要求机械刚性强。如采用高速抓取单元:它的工作负载为 0. 7~1. 6kg,最小工作循环周期为 0. 6~1. 0s,Y 轴的行程范围为 52~170mm,Z 轴的行程范围为 20~70mm。常见采用两个小型短行程滑块驱动器相互组合方式,或两个轻型直线坐标气缸相组合的方式
驱动系统		气动	气动	气动	
最大工作负载/kg		0~1. 6	0~3	0~3	
工件负载/kg		0~0. 1	0~0. 5	0~2	
行程范围/mm	Y 轴(水平)	52~170	0~200	0~200	
	Z 轴(垂直)	20~70	0~200	0~200	
中间位置/mm	Y	—	—	1	
	Z	—	—	1	
重复精度/mm	Y	±0. 01	0. 02	0. 02	
	Z	±0. 01	0. 02	0. 02	
标准型实例		高速抓取单元	小型短行程滑块式驱动器/小型短行程滑块式驱动器	轻型直线坐标气缸/轻型直线坐标气缸	

11.2.2 二维中型/大型抓取放置驱动上的应用

表 21-10-53

驱动系统	气动	气动	气动
最大工作负载/kg	0~6	0~6	0~10
工件负载/kg	0~1	0~3	0~5
Y 轴行程范围(水平)/mm	0~400	0~400	0~400
Z 轴行程范围(垂直)/mm	0~200	0~200	0~400
Y 中间位置/mm	1	1	1
Z 中间位置/mm	—	1	1
Y 重复精度/mm	0.02	0.02	0.02
Z 重复精度/mm	0.02	0.02	0.01
标准型实例	直线坐标气缸/小型短行程滑块式驱动器	直线坐标气缸/轻型直线坐标气缸	直线坐标气缸/直线坐标气缸

中型抓取和放置驱动装置的抓取工件的最高负载为6kg,它的水平方向(Y 轴)行程在50~400mm,垂直方向(Z 轴)行程在20~200mm。一般可采用一个直线坐标气缸(水平方向)与一个小型短行程滑块驱动器相互组合的方式,或采用一个直线坐标气缸(水平方向)与一个轻型直线坐标气缸(垂直方向)相互组合的方式。该类系统装置机械刚性好,可靠性和精度高;模块化组合结构使部件更换、添置十分容易;可采用气爪或真空吸盘抓取和放置工件

大型抓取和放置驱动装置抓取工件的最高负载为10kg,它的水平方向(Y 轴)行程在50~400mm,垂直方向(Z 轴)行程也在50~400mm。由于工件负载高,运动速度较高,对系统结构上要求刚性好,可采用一个直线坐标气缸(水平方向)与另一个直线坐标气缸(垂直方向)相互组合的方式。该类系统装置机械刚性好,可靠性和精度高;模块化组合结构使部件更换、添置十分容易;可采用气爪或真空吸盘抓取和放置工件

11.2.3 二维线性门架驱动上的应用

表 21-10-54

驱动系统	气动	气动软停止	伺服气动	丝杠电驱动	齿带电驱动
最大工作负载/kg	0~2	0~6			
工件负载/kg	0~1	0~2			
Y 轴行程范围(水平)/mm	0~900	0~3000	100~1600	100~1000	100~2000
Z 轴行程范围(垂直)/mm	0~200	0~200	0~200	0~200	0~200
Y 中间位置/mm	1~4	—	任意		
Z 中间位置/mm	—	—			
Y 重复精度/mm	0.02	0.02	0.4	±0.02	±0.1
Z 重复精度/mm	0.02	0.02			
标准型实例	扁平型无杆直线驱动器/小型短行程滑块式驱动器	无杆气缸/小型短行程滑块式驱动器		电驱动/小型短行程滑块式驱动器	

线性门架驱动是一个主要提供长距离的工件搬运、插放、加载、卸载,工件加工、测量、检测等功能的系统。根据工作负载、期望的工作节拍、实际行程、是否需要中间定位(几个定位点)、位置定位精度及重复精度、现场环境等方面,可采用气动控制、气动软停止控制、气动伺服控制和电控制四大主要方式。气动软停止控制在运动终点时平稳、无冲击力,速度比气动驱动提高30%。气动伺服价格便宜、操作方便、无过载损毁现象,定位精度为±0.2mm(垂直方向定位精度在0.4mm);电伺服比气伺服贵,定位精度为±0.1~±0.02mm。对于较小工作负载2kg,可采用扁平型无杆气缸与小型短行程滑块驱动器相组合的驱动结构,其水平方向的工作行程在900mm之内。对于工作负载6kg,其线性门架的水平方向的工作行程有四种:第一种,应用气动元器件以气动软停止作为驱动的最长工作行程为3000mm;第二种,以气动元器件作为驱动的气动伺服运动的最长工作行程为1600mm;第三种,以电丝杠驱动轴作为驱动的电伺服运动的最长工作行程为1000mm;第四种,以电齿带驱动轴作为驱动的电伺服运动的最长工作行程为2100mm

续表

Z↑ →Y												
驱动系统	气动软停止	伺服气动	丝杠电驱动	齿带电驱动	气动软停止	伺服气动	丝杠电驱动	齿带电驱动	气动软停止	伺服气动	丝杠电驱动	齿带电驱动
最大工作负载/kg	0~4				0~10				0~10			
工件负载/kg	0~3				0~5				0~5			
Y 轴行程范围(水平)/mm	0~3000	100~1600	100~1000	100~2000	0~3000	100~1600	100~1000	100~2000	0~3000	100~1600	100~1000	100~2000
Z 轴行程范围(垂直)/mm	0~200	0~200	0~200	0~400	0~400	0~400	0~400	0~400	0~800	0~800	0~800	0~800
Y 中间位置/mm	—	任意			—	任意			—	任意		
Z 中间位置/mm	1				1				—	任意		
Y 重复精度/mm	0.02	0.4	±0.02	±0.1	0.02	0.4	±0.02	±0.1	0.02	0.4	±0.02	±0.1
Z 重复精度/mm	0.02				0.01				±0.05			
标准型实例	无杆气缸/轻型坐标气缸		电驱动/轻型坐标气缸		无杆气缸/坐标气缸		电驱动/无杆气缸		无杆气缸/电驱动		电驱动/电驱动	

线性门架驱动是一个主要提供长距离的工件搬运、插放、加载、卸载，工件加工、测量、检测等功能的系统。根据工作负载、期望的工作节拍、实际行程、是否需要中间定位（几个定位点）、位置定位精度及重复精度、现场环境等方面，可采用气动控制、气动软停止控制、气动伺服控制和电控制四大主要方式。气动软停止控制在运动终点时平稳、无冲击力，速度比气动驱动提高30%。气动伺服价格便宜、操作方便、无过载损毁现象，定位精度为±0.2mm（垂直方向定位精度在0.4mm）；电伺服比气伺服贵，定位精度为±0.1~±0.02mm。对于较小工作负载2kg，可采用扁平型无杆气缸与小型短行程滑块驱动器相组合的驱动结构，其水平方向的工作行程在900mm之内。对于工作负载6kg，其线性门架的水平方向的工作行程有四种：第一种，应用气动元器件以气动软停止作为驱动的最长工作行程为3000mm；第二种，以气动元器件作为驱动的气动伺服运动的最长工作行程为1600mm；第三种，以电丝杠驱动轴作为驱动的电伺服运动的最长工作行程为1000mm；第四种，以电齿带驱动轴作为驱动的电伺服运动的最长工作行程为2100mm

11.2.4 三维悬臂轴驱动上的应用

表 21-10-55

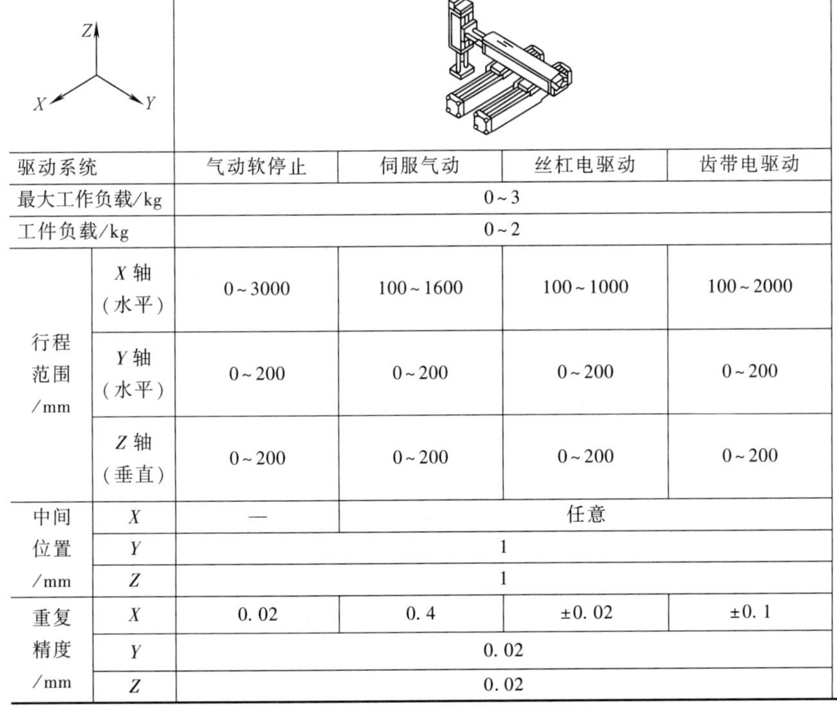

Z、X、Y					
驱动系统		气动软停止	伺服气动	丝杠电驱动	齿带电驱动
最大工作负载/kg		0~3			
工件负载/kg		0~2			
行程范围/mm	*X* 轴(水平)	0~3000	100~1600	100~1000	100~2000
	Y 轴(水平)	0~200	0~200	0~200	0~200
	Z 轴(垂直)	0~200	0~200	0~200	0~200
中间位置/mm	*X*	—	任意		
	Y	1			
	Z	1			
重复精度/mm	*X*	0.02	0.4	±0.02	±0.1
	Y	0.02			
	Z	0.02			

三维悬臂轴驱动是一种三维运动的结构模式，当其中有二维运动方向的工作行程在较小的状况（*Y* 轴、*Z* 轴的工作行程在200~400mm时），为了减少空间，可采用三维悬臂结构。三维悬臂结构的工件负载比三维门架结构能力小，一般工件负载在3~6kg

续表

Z / X / Y										
驱动系统		气动软停止	伺服气动	丝杠电驱动	齿带电驱动	气动软停止	伺服气动	丝杠电驱动	齿带电驱动	三维悬臂轴驱动是一种三维运动的结构模式，当其中有二维运动方向的工作行程在较小的状况（*Y*轴、*Z*轴的工作行程在200~400mm时），为了减少空间，可采用三维悬臂结构。三维悬臂结构的工件负载比三维门架结构能力小，一般工件负载在3~6kg
最大工作负载/kg		0~6				0~6				
工件负载/kg		0~1				0~2				
行程范围/mm	*X*轴（水平）	0~3000	100~1600	100~1000	100~2000	0~3000	100~1600	100~1000	100~2000	
	*Y*轴（水平）	0~400	0~400	0~400	0~400	0~3000	0~1600	100~1000	100~2000	
	*Z*轴（垂直）	0~200	0~200	0~200	0~200	0~200	0~200	0~200	0~200	
中间位置/mm	*X*	—	任意			—	任意			
	Y	1				—	任意			
	Z	—				—				
重复精度/mm	*X*	0.02	0.4	±0.02	±0.1	0.02	0.4	±0.02	±0.1	
	Y	0.01				0.01				
	Z	0.02				0.02				
标准型实例		无杆气缸/直线坐标/短行程滑块式驱动器		电驱动/直线坐标气缸/短行程滑块式驱动器		无杆气缸/无杆气缸/短行程滑块式驱动器		电驱动/电驱动短行程滑块式驱动器		

11.2.5 三维门架驱动上的应用

表 21-10-56

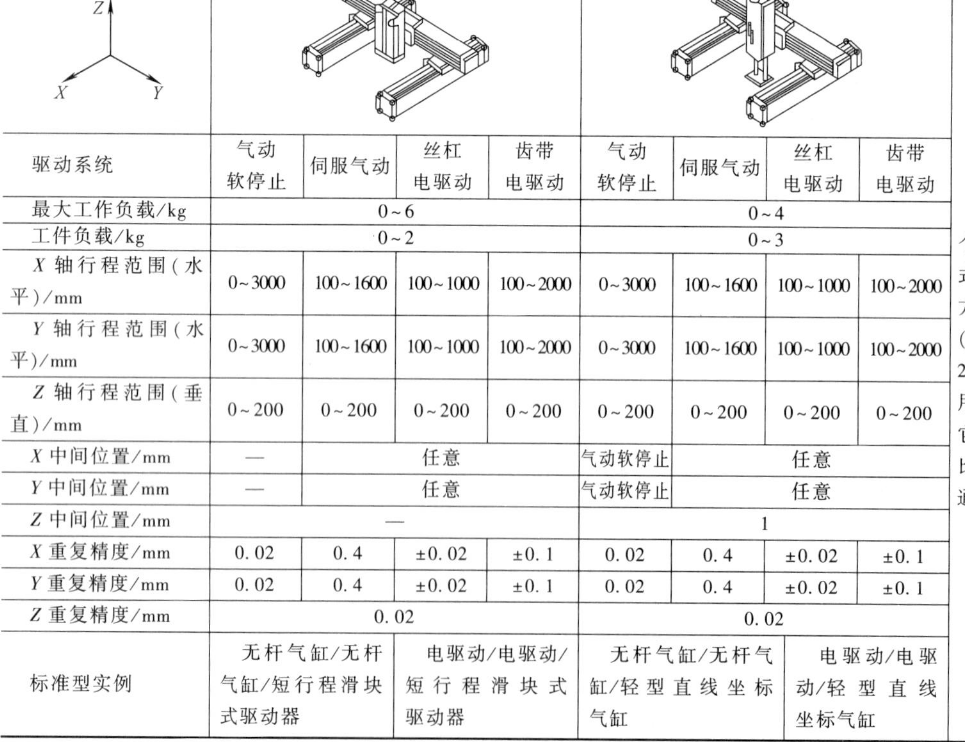

Z / X / Y									
驱动系统	气动软停止	伺服气动	丝杠电驱动	齿带电驱动	气动软停止	伺服气动	丝杠电驱动	齿带电驱动	三维门架驱动是一个三维运动的结构模式，当其中有一维运动方向的工作行程较小（*Z*轴的工作行程在200~400mm）时，可采用三维门架驱动结构，它的工作负载能力要比三维悬臂轴驱动强，通常在6~10kg
最大工作负载/kg	0~6				0~4				
工件负载/kg	0~2				0~3				
*X*轴行程范围（水平）/mm	0~3000	100~1600	100~1000	100~2000	0~3000	100~1600	100~1000	100~2000	
*Y*轴行程范围（水平）/mm	0~3000	100~1600	100~1000	100~2000	0~3000	100~1600	100~1000	100~2000	
*Z*轴行程范围（垂直）/mm	0~200	0~200	0~200	0~200	0~200	0~200	0~200	0~200	
*X*中间位置/mm	—	任意			气动软停止	任意			
*Y*中间位置/mm	—	任意			气动软停止	任意			
*Z*中间位置/mm	—				1				
*X*重复精度/mm	0.02	0.4	±0.02	±0.1	0.02	0.4	±0.02	±0.1	
*Y*重复精度/mm	0.02	0.4	±0.02	±0.1	0.02	0.4	±0.02	±0.1	
*Z*重复精度/mm	0.02				0.02				
标准型实例	无杆气缸/无杆气缸/短行程滑块式驱动器		电驱动/电驱动/短行程滑块式驱动器		无杆气缸/无杆气缸/轻型直线坐标气缸		电驱动/电驱动/轻型直线坐标气缸		

续表

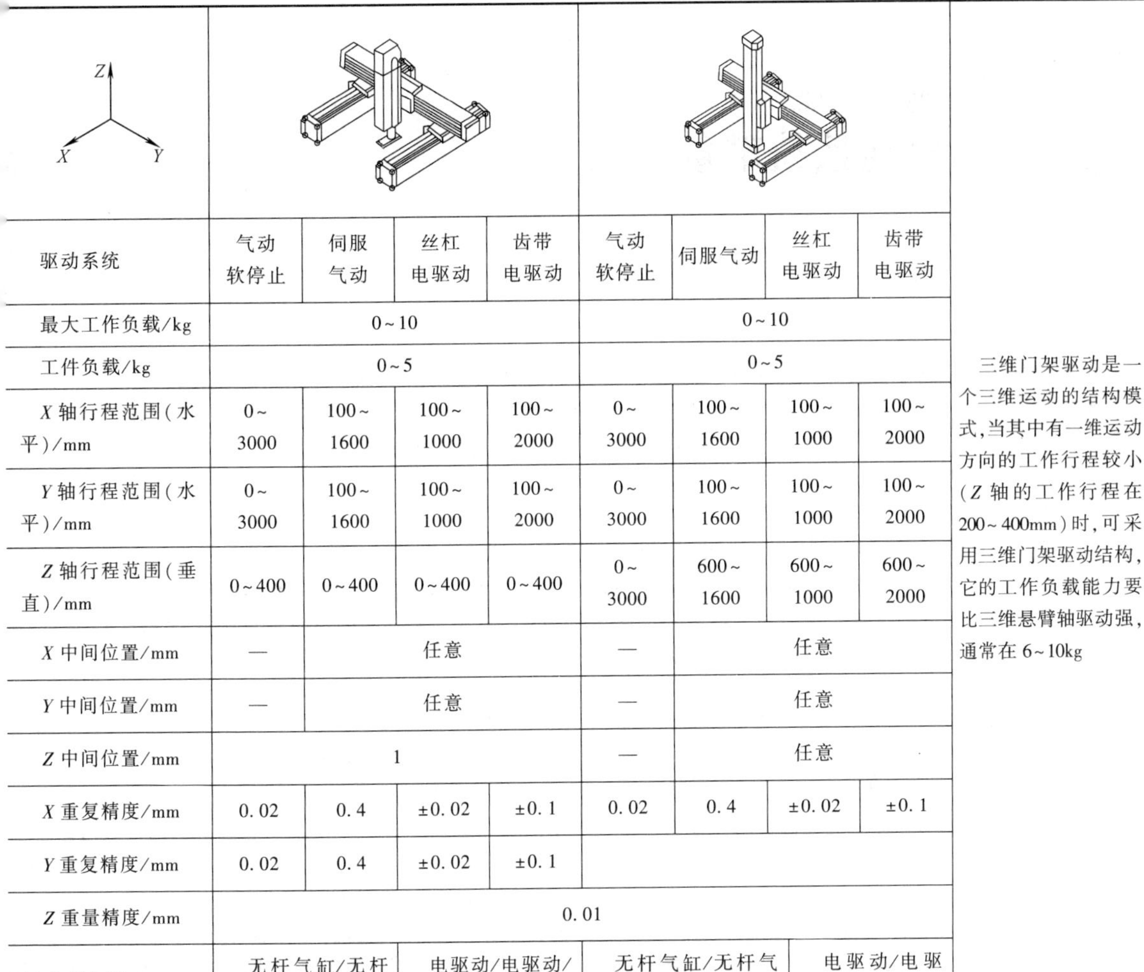

驱动系统	气动软停止	伺服气动	丝杠电驱动	齿带电驱动	气动软停止	伺服气动	丝杠电驱动	齿带电驱动	
最大工作负载/kg	0~10				0~10				三维门架驱动是一个三维运动的结构模式,当其中有一维运动方向的工作行程较小(*Z* 轴的工作行程在 200~400mm)时,可采用三维门架驱动结构,它的工作负载能力要比三维悬臂轴驱动强,通常在 6~10kg
工件负载/kg	0~5				0~5				
X 轴行程范围(水平)/mm	0~3000	100~1600	100~1000	100~2000	0~3000	100~1600	100~1000	100~2000	
Y 轴行程范围(水平)/mm	0~3000	100~1600	100~1000	100~2000	0~3000	100~1600	100~1000	100~2000	
Z 轴行程范围(垂直)/mm	0~400	0~400	0~400	0~400	0~3000	600~1600	600~1000	600~2000	
X 中间位置/mm	—	任意			—	任意			
Y 中间位置/mm	—	任意			—	任意			
Z 中间位置/mm	1				—	任意			
X 重复精度/mm	0.02	0.4	±0.02	±0.1	0.02	0.4	±0.02	±0.1	
Y 重复精度/mm	0.02	0.4	±0.02	±0.1					
Z 重量精度/mm	0.01								
标准型实例	无杆气缸/无杆气缸/直线坐标气缸		电驱动/电驱动/直线坐标气缸		无杆气缸/无杆气缸/无杆气缸		电驱动/电驱动/电驱动		

CHAPTER 11

第11章 气动系统节能

压缩空气作为一种清洁、环保、方便的能源，广泛应用于工业生产中的各个领域，已成为工业生产所不可或缺的重要二次能源，尤其是随着气动技术应用越来越普及，压缩空气的消耗量也越来越大，据美国能源部（US Department of Energy）统计资料，压缩空气的电能消耗平均占企业总电能消耗的15%~30%，这一比例超出了很多人的想象，引起人们及各国政府的极大关注。

注：参考文献［13］指出，空气压缩机的耗电量约占工厂总耗电量的10%~20%，有些工厂甚至高达35%。我国空气压缩机每年耗电量为1000亿~1200亿千瓦时，约占全国总发电量的6%。

压缩空气的能耗引起技术人员对气动技术的反思，曾经对压缩空气系统认识方面存有一些误区：主要是认为压缩空气制造方便，只要一插上空压机电源就会产生压缩空气，只是添置一台空压机是很昂贵的。还有一个误区是空气免费的，取之不尽、用之不竭，或成本非常低廉，对电的消耗毫不在乎，其实压缩空气是昂贵的。作为二次能源，压缩空气是通过空压机产生的，其电能的消耗巨大，根据理论计算，只有19%的压缩机功率转化成可供使用的功，其他81%的压缩功率作为热量被消耗浪费掉，压缩空气的制造成本是很高的。压缩空气系统中，最大成本来自产生压缩空气的运行成本，根据Fraunhofer ISI研究所（欧盟压缩空气系统，2000）的研究，见图21-11-1，从图中可知，维持一个压缩空气系统运行的总成本中，购买压缩机以及空气预处理只占9%，每年维护费占14%，超过3/4的费用是运行费用。长期以来，技术人员从来没有真正计算过产生1m³压缩空气需花多少钱，也没有真正检查整个气动系统漏气会有多大损失，在这种错误观念下，造成的浪费是非常巨大的。近几年，各国政府和企业认识到压缩空气节能有着巨大潜力可挖，根据Fraunhofer ISI研究所（欧盟压缩空气系统，2000）的研究，见图21-11-2，针对压缩空气的节能，总结了五大方面：气动回路优化，热能回收，采用变频空压机，检漏与除漏及其他各种积极措施。仅“检漏与除漏”这一项，约占42%的节能潜力。上述这些现象，在我国使用压缩空气的工厂中普遍地存在。例如：技术设计不合理，管理人员的管理意识淡薄，操作人员操作不当及维修人员维修不力等。尽管我们明白，只要应用气动技术，泄漏的存在是不可避免的，但现场的泄漏调查，还是出乎意料。随着系统装配误差及零部件的老化、破损，对于一个刚调试安装的气动系统或生产设备，会产生5%~10%的泄漏；当使用期在1~4年期间，其泄漏会在10%~30%不等；当使用期超过5年以上，其泄漏明显上升至30%~70%，压缩空气泄漏非常大。据美国能源部（US Department of Energy）统计资料，大多数企业泄漏率为30%~50%，管理上较好的企业泄漏为10%~30%。由此可见，压缩空气节能是一个系统工程，值得引起重视。压缩空气节能系统工程分为气源系统配置合理；气动系统设计优化，合理地选择元件；压缩气质量的检测；常见的泄漏部位；操作人员正确的操作方法；空气管理体系。

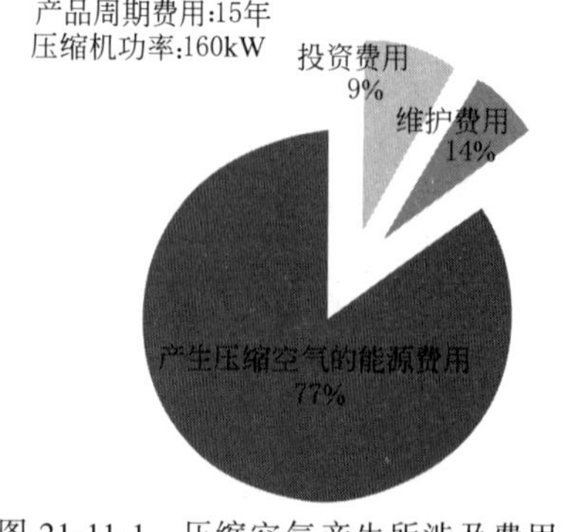

图21-11-1　压缩空气产生所涉及费用

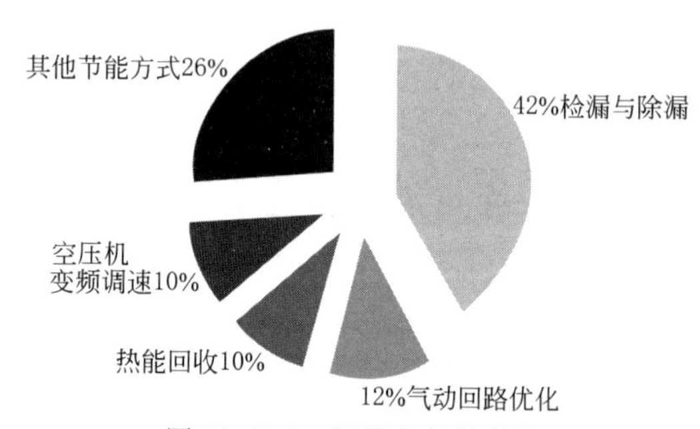

图21-11-2　压缩空气的节能

根据我国节能减排的政策要求，针对压缩空气的功率，即压缩空气在单位时间内通过状态变化所能做的最大机械功，提出了一种标准化的方法来表示和测量，确立了一种气动系统内能量的分配、损失及利用的评价体系。详见 GB/T 30833—2014《气压传动　设备消耗的可压缩流体　压缩空气功率的表示及测量》。

GB/T 30833—2014 的应用将使气动系统及元件消耗的能量得以量化，从而正确认识气动系统中的能耗分配，采取正确的节能技术路线，促使制造商和用户提高气动系统及元件的能量利用效率，减少浪费。

1　气动系统节能理论

1.1　空气消耗量

空气消耗量是指气动设备单位时间或一个动作循环下所耗空气的体积。该体积通常换算成标准状态（100kPa、20℃、相对湿度 65%）下的体积来表示。空气消耗量是当前评价气动设备耗气的主要指标，在工业现场被广泛采用。

由于空气消耗量表示的是体积而不是能量，所以用它来表示能量消耗时需通过压缩机的比功率或比能量指标来换算。比功率表示的是输出单位体积流量压缩空气所需的平均消耗电力，单位通常为 $kW/(m^3/min)$；比能量表示的是输出单位体积压缩空气所需的平均耗电量，单位通常为 $kW\cdot h/m^3$。从以上定义可以看出，两者虽名称不同，但表示的是同一概念，在单位上可以相互换算。例如，某压缩机额定功率为 75kW，额定输出流量为 $12m^3/min$，其比功率 a_1 为：

$$a_1=\frac{75kW}{12m^3/min}=6.25kW/(m^3/min)$$

其比能量 a_2 为：

$$a_2=\frac{75kW\times 1h}{12m^3/min\times 60min}=0.104kW\cdot h/m^3$$

注意：以上计算中用的额定输出流量通常是指换算成压缩机吸入口附近大气状态的体积流量。比功率、比能量因压缩机类型、厂家、型号和输出压力而异。

这样，通过比功率或比能量就可进行空气消耗量的能耗换算。比如某设备的空气消耗量（ANR）$q_a=1.0m^3/min$，其所在工厂压缩机的比功率 $a_1=6.25kW/(m^3/min)$，压缩机进口处的大气压力 $p=101.3kPa$，大气温度 $T=30℃$，该设备的实际用气能耗可按以下步骤计算：

① 将设备耗气转换成压缩机进口处大气状态下的体积流量为：

$$q=q_a\frac{P_a}{P}\times\frac{T}{T_a}=1.0\times\frac{100}{101.3}\times\frac{273+30}{273+20}m^3/min=1.02m^3/min$$

② 用比功率进行能耗计算为：

$$W=qa_1=1.02\times 6.25kW=6.375kW$$

这样的能耗换算关系如图 21-11-3 所示。

上述这种能耗评价体系尽管可以评价设备最终的用气能耗，但具有以下两个不足：

① 表示设备特性之一的空气消耗量不具有能量单位，不能独立地表示设备能耗，设备能耗还依赖于所用气源的比功率或比能量。

② 无法对气源输出端到设备使用端的中间环节的能量损失做出量化，比如管道压力损失导致的能量损失无法计算，即无法对气动系统中存在的能量损失做出分析。

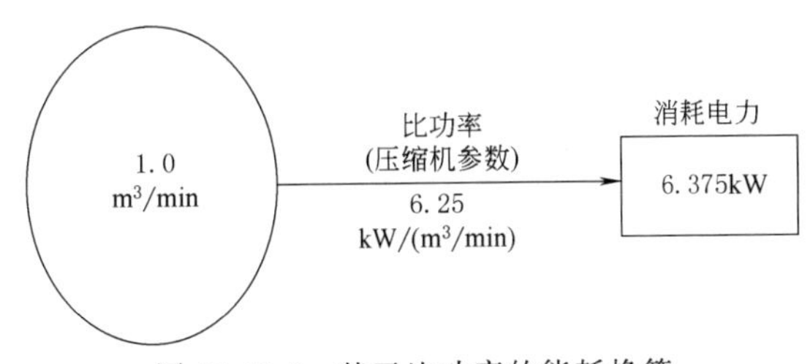

图 21-11-3　基于比功率的能耗换算

要克服以上缺点，必须使用具有能量单位的评价指标，该指标既独立于气源，同时又与流量及压力变化相关，如同电能不仅取决于电流，还取决于电压一样。

1.2 压缩空气的有效能

根据热力学理论，流动空气的绝对能量由焓、运动能和势能组成。对闭口系统，运动能和势能比较小，基本可以忽略不计，而焓由内能 I 与推动功 pV 组成，可表示为

$$H=I+pV=mc_{\mathrm{p}}T$$

式中 m——空气质量；

c_{p}——质量定压热容；

T——空气绝对温度。

空气的绝对能量取决于空气的质量和温度。即使是大气状态的空气，也含有大量的焓。

对于气动系统内的能量转换，可直观地考虑为压缩机电动机先做功将空气压缩，做功能量储存到压缩空气中，随后压缩后的空气在气缸等执行器处将该能量释放输出机械能，实现动力传递的目的。该能量伴随空气的压缩或膨胀而增减，为了表示气动系统中储存在压缩空气中用于动力传动的能量，引出“有效能”的概念。

（1）气动系统中的能量转换

气动系统通常工作在大气环境中，在压缩机处消耗电能，通过电动机输出机械动力做功，将该部分机械能储存于压缩空气中。随后，通过管路将压缩空气输送到终端设备，在终端设备的气缸等执行元件处对外做功，将储存于压缩空气中的能量还原成机械能。另外。由于管路摩擦、接头等的存在，压缩空气在输送过程中压力会逐渐下降，损失一部分能量。在以上过程中，压缩空气量如下状态变化循环：大气状态→压缩状态→压缩状态（压力略降）→大气状态。因此，气动系统中能量的转换、损失在压缩空气的状态变化中得到反映，用空气的状态量来表示储存于压缩空气中的能量是可行的。

为了验证这点，以下分别讨论对应于大气状态→压缩状态的压缩过程和对应于压缩状态→大气状态的做功过程，分析这两个过程中的能量转换与空气状态变化间的关系。

（2）空气的压缩与做功

空气压缩与做功过程因压缩机与执行器种类而不同。为了讨论方便，以构造最为简单的往复活塞式容积压缩机和气缸为对象，并忽略摩擦力等因素，讨论压缩与做功的理想过程。

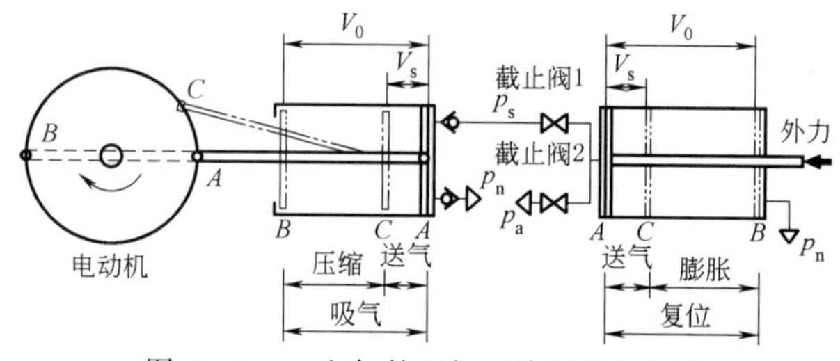

图 21-11-4 空气的理想压缩和理想做功

一般而言，压缩机输出的压缩空气都是高温空气，经过冷却干燥处理后以常温状态再输送给终端设备。为制造这样的压缩空气，从大气吸入空气后进行等温压缩所需要的功最小。理想的空气压缩过程按如下步骤进行，如图 21-11-4 所示。

① 吸气过程：将活塞从位置 A 拉到位置 B，从大气环境中缓慢地、准静态地吸入大气。

$$W_{A\to B}=0$$

② 压缩过程：将活塞从位置 B 推到位置 C，将密闭大气以等温变化压缩到供气压力 p_{s}。

$$W_{B\to C}=\int_{V_0}^{V_{\mathrm{s}}}(p-p_0)(-\mathrm{d}V)=p_{\mathrm{s}}V_{\mathrm{s}}\ln\frac{p_{\mathrm{s}}}{p_{\mathrm{a}}}-p_{\mathrm{a}}(V_0-V_{\mathrm{s}})$$

③ 送气过程：将截止阀 1 打开，活塞从位置 C 推到位置 A，将压缩好的空气完全推送出去，此时，出口压力始终保持为供气压力 p_{s}。

$$W_{C\to A}=(p_{\mathrm{s}}-p_{\mathrm{a}})V_{\mathrm{s}}$$

因为是等温压缩，所以 $p_{\mathrm{a}}V_0=p_{\mathrm{s}}V_{\mathrm{s}}$ 成立。以上三个步骤中压缩机做的总功为：

$$W_{\mathrm{ideal\_compress}}=W_{A\to B}+W_{B\to C}+W_{C\to A}=p_{\mathrm{s}}V_{\mathrm{s}}\ln\frac{p_{\mathrm{s}}}{p_{\mathrm{a}}}$$

以上做功获得的压力 p_{s}、体积 V_{s} 的压缩空气被输送到右侧的气缸，在气缸处对外做功。此时同样，等温膨胀可使压缩空气做功最大。压缩空气的理想做功过程按如下步骤进行：

① 送气过程：以上压缩过程中的送气过程是将活塞从位置 A 推到位置 C，缓慢地、准静态地将压力 p_{s} 的压

缩空气推入气缸。

$$W_{A\to C}=(p_s-p_a)V_s$$

② 膨胀过程：关闭截止阀 1，使推入的压缩空气以等温变化膨胀，其压力从 p_s 变到大气压 p_a，活塞从位置 C 移动到位置 B。

$$W_{C\to B}=\int_{V_s}^{V_0}(p-p_a)\mathrm{d}V=p_sV_s\ln\frac{p_a}{p_s}-p_a(V_0-V_a)$$

③ 复位过程：打开截止阀 2 让活塞两侧向大气开放，使活塞从位置 B 复位到位置 A。

$$W_{B\to A}=0$$

因为是等温膨胀，所以 $p_aV_0=p_sV_s$ 成立。以上三个步骤中压缩空气对外做的总功为：

$$W_{\text{ideal\_work}}=W_{A\to C}+W_{C\to B}+W_{B\to A}=p_sV_s\ln\frac{p_s}{p_a}$$

以上讨论的都是理想过程，而实际上由于各种损失的存在，以下不等式成立。

$$W_{\text{compress}}>p_sV_s\ln\frac{p_s}{p_a}>W_{\text{work}} \tag{21-11-1}$$

由式（21-11-1）可以看出，$p_sV_s\ln\frac{p_s}{p_a}$是空气理想压缩和空气理想做功过程中的能量转换量，是一个仅取决于空气状态的物理量。

（3）有效能的定义

压缩空气有效能 E 的定义为：以大气温度和压力状态为外界基准，压缩空气具有的对外做功的能力。该有效能是一个相对于大气状态基准的相对量，是建立在气动系统都工作在大气环境下这样一个事实基础上。有效能在大气温度下为：

$$E=pV\ln\frac{p}{p_a} \tag{21-11-2}$$

式中 p——空气绝对压力；

V——空气体积；

p_a——大气绝对压力。

根据式（21-11-2），有效能相当于压缩空气在执行器处能做的最大功，在压缩机处制造同样空气所需的最小功。

根据式（21-11-2），有效能取决于空气的压力和体积，在空气压力等于大气压力时有效能为零，压力越高有效能值越大。

1.3 气动功率

（1）气动功率的定义

空气流动时，空气流束所含的有效能表现为动力形式，称之为气动功率。其表达式为：

$$P=\frac{\mathrm{d}E}{\mathrm{d}t}=pq\ln\frac{p}{p_a}=p_aq_a\ln\frac{p}{p_a} \tag{21-11-3}$$

式中 q——压缩状态下的体积流量；

q_a——换算到大气状态下的体积流量。

气动功率计算见表 21-11-1。

表 21-11-1 **气动功率计算**

绝对压力 p/MPa	体积流量 q_s(ANH)/L·min^{-1}		
	气动功率 P/kW		
	100	500	1000
0.1013	0.00	0.00	0.00
0.2	0.11	0.57	1.15
0.3	0.18	0.92	1.83

续表

绝对压力 p/MPa	体积流量 q_s(ANH)/L · min^{-1}		
	气动功率 P/kW		
	100	500	1000
0.4	0.23	1.16	2.32
0.5	0.27	1.35	2.70
0.6	0.30	1.50	3.00
0.7	0.33	1.63	3.26
0.8	0.35	1.74	3.49
0.9	0.37	1.84	3.69
1.0	0.39	1.93	3.87
1.1	0.40	2.01	4.03

例如，绝对压力0.8MPa、流量1000L/min（ANR）的压缩空气的气动功率为3.49kW。从单位kW可以看出，气动功率使工厂中的压缩空气可以与电能一样，在kW单位下统一来进行能量消耗管理。

这样，气动设备的用气能耗可以不再依赖于气源，直接用其气动功率值来表示。此时的用气能耗将区别于用比功率计算的能耗，不再包含气源及输送管道的损失，是供给到设备的纯能量。

此外，气源、输送管道等各个环节的损失可以分别用气动功率计算出来。例如，流量100/min（ANR）的输送管道压力从0.8MPa降到0.6MPa时，其气动功率从3.49kW降到3.00kW，能量损失为0.49kW。压缩机的效率也可以用气源输出的气动功率与所耗电能的比值来评价。

运用气动功率的量化方法，将区别于传统的基于空气消耗量的评价体系，可以将气动系统中各个环节的损失计算出来，这对明确节能目标有着非常重要的意义。

（2）气动功率的构成

在液压系统中，工作油从液压泵输出后流向下游，对流动压力 p、体积 V 的工作油，就向下游传送 pV 的机械能。这个能量与内能不同，不是流体固有的能量，而是流体流动过程中从上游向下游传送的能量。压缩空气在压缩状态下流动时，与液体一样传送该能量，我们称该能量为压缩空气的传送能。

压缩空气与液体不同，在传送能的同时，如前所述还具有利用其膨胀性进行对外做功的能力，我们称利用膨胀对外做功的能量为压缩空气的膨胀能。

压缩空气的有效能由这两部分构成：

（1）传送能

由于有效能是以大气状态为基准的相对能量，传送能中对大气做功的部分必须减去。这样，压缩空气的传送能可表示为：

$$E_t=(p-p_a)V \tag{21-11-4}$$

对时间进行微分得压缩空气的传送功率为：

$$P_t=(p-p_a)q \tag{21-11-5}$$

（2）膨胀能

压缩空气的膨胀能可用它的最大膨胀功来表示，采用等温膨胀可求得该膨胀功。与传送能一样，膨胀功中减去对大气做功的部分，就是有效能：

$$E_e=pV\ln\frac{p}{p_a}-(p-p_a)V \tag{21-11-6}$$

对时间进行微分得压缩空气的膨胀功率为：

$$P_e=pq\ln\frac{p}{p_a}-(p-p_a)q \tag{21-11-7}$$

储存在固定容器中的压缩空气没有传送能，有效能仅为膨胀能，可用式（21-11-7）算出。

图21-11-5表示的是体积流量为1.0m^3/min（ANR）的压缩空气的气动功率。其中，灰色部分表示的是传送功率，网格部分表示的是膨胀功率。可以看出，随着压力的上升，两个功率都在上升。在大气压附近，膨胀功率很小，传送功率占据支配地位。但随着压力上升到0.52MPa时，两个功率变为相等。压力再向上升，膨胀功率超过50%继续上升。

由此可见，由于空气的压缩性而产生的膨胀功率在气动功率中占很大的比例，在评价和利用空气的能量时，必须考虑这部分能量。在当前气缸的驱动回路中，膨胀能基本没有得到利用，这也是将来提高气缸效率必须面对的一个问题。

（3）温度的影响

式（21-11-3）中表示的是大气温度状态下的压缩空气的气动功率。在偏离大气温度时，其气动功率可表示为

$$P=p_a q_a\left[\ln\frac{p}{p_a}+\frac{\kappa}{\kappa-1}\left(\frac{T-T_a}{T_a}-\ln\frac{T}{T_a}\right)\right] \qquad (21\text{-}11\text{-}8)$$

式中，T 是空气的绝对温度；T_a 是大气温度；κ 是空气的等熵指数。图 21-11-6 表示的是气动功率受温度影响的情况。空气温度越偏离大气温度，其气动功率越高。这是因为气动功率表示的相对于基准——大气状态的一个相对量，越偏离基准，其值就越高。

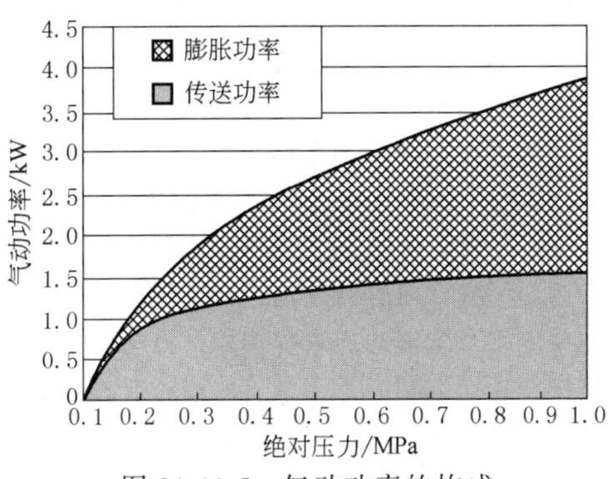

图 21-11-5　气动功率的构成

通常，压缩机输出的压缩空气温度比大气温度高 10~50℃，见图 21-11-6，其气动功率要增加几个百分点。由于压缩空气从压缩机到终端设备的输送过程中，会在干燥器或管路中自然冷却成大气温度，所以在温度的处理上需要谨慎。通常，是将高温压缩空气按等压变化换算成大气温度，然后用式（21-11-3）进行计算。

（4）动能的考虑

压缩空气的动能与有效能一样可以转换为机械能。严格来说，动能也应包括在压缩空气的有效能中。

空气密度很小，但其动能能否忽略不计取决于其速度。如图 21-11-7 所示，平均流速在 100m/s 以下时，动能在有效能中的比率低于 5%，可以忽略不计。通常，工厂管道中的空气流速远低于 100m/s，所以一般可以不用考虑。但是，在处理流速很快的气动元器件内部的能量收支时，就必须考虑动能，否则，能量收支无法平衡。

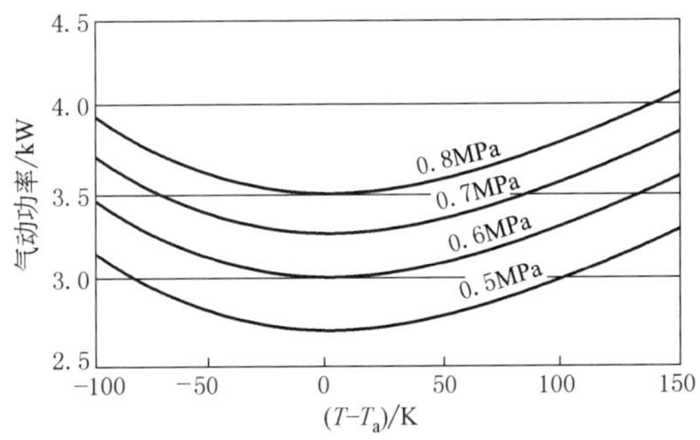

图 21-11-6　气动功率随温度的变化

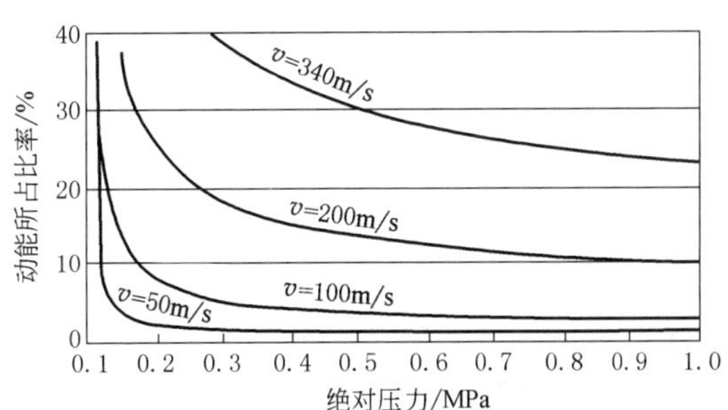

图 21-11-7　动能在有效能中所占比率

1.4　能量损失分析

（1）气动功率的损失因素

气动系统中的能量损失实际上是气动功率的损失。因此，有必要分析导致气动功率损失的因素。

气动功率的有效能实际也是热力学中的有效能，其损失将遵守热力学中有效能的损失法则。这个法则就是热力学第二定律。根据这个法则，不可逆变化将导致有效能减少，熵增加。因此，不可逆变化将导致气动功率损失。

气动系统中的不可逆变化大致可区分为机械不可逆变化和热不可逆变化。

1）机械不可逆变化

外部摩擦：空气在管路中流动时，与管路内壁发生摩擦产生阻力。空气流经管路的压力损失就是这部分摩擦引起的。

内部因素：空气在管路中流动时，空气分子之间的黏性摩擦力尽管可以不计，但流动的紊乱及漩涡引起的损失却无法忽略。压缩空气流经接头或节流孔时产生的损失主要就是由这部分因素造成的。

2）热不可逆变化

外部热交换：气动系统中空气温度随着空气压缩或膨胀极易变化，因而与外界的热交换较多。气动系统中热交换量最大的地方就是空气被压缩后从压缩机输出后的冷却处理。另外，容器的充放气以及空气流经节流孔后的温度恢复过程等处都存在热交换。

现以空气绝热压缩后再冷却到室温的等压过程为例，压缩到绝对压力 0.6MPa 后的冷却处理过程将导致 23.4%的有效能损失。

内部因素：对容器充气是把高压空气充入低压空气中的过程，相当于内部混合。这样的混合是不可逆的，所以也将导致有效能的损失。例如，将绝对压力 0.6MPa、体积 1L 的压缩空气充入绝对压力 0.3MPa，体积 10L 的容器中，将损失相当于充入有效能三成的 359J 的能量。

以上气动功率损失因素的明确将有助于深入分析和理解气动系统中的能量损失。

(2) 气动系统的系统损失

考虑气动系统中的能量转换，可得如图 21-11-8 所示的流程。这样的变化用 p-V 线图来表示，如图 21-11-9 所示。

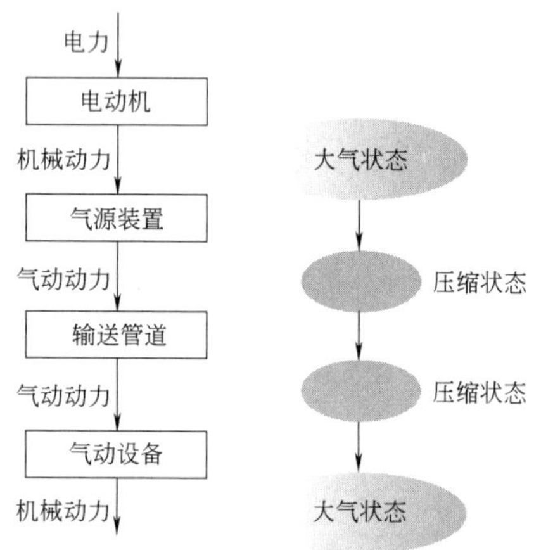

图 21-11-8　气动系统中的能量流程及空气状态变化

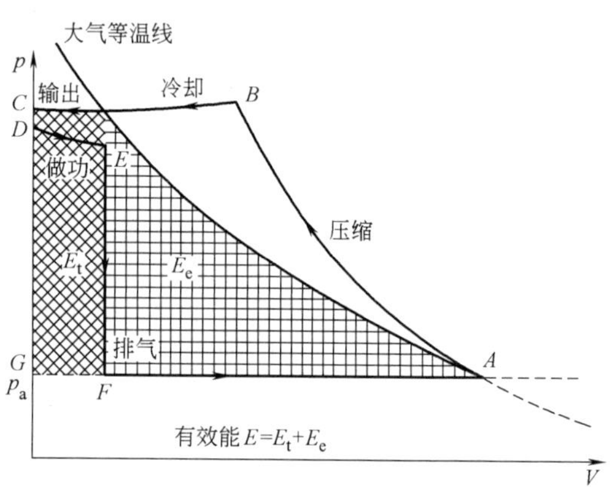

图 21-11-9　气动系统中的空气状态变化及系统损失

气源处的空气压缩及输出可用 $A \to B \to C$ 来表示。在这个过程中，空气从电动机做功得到的能量为：

$$W_{in} = S_{ABCGA}$$

输出的压缩空气供给气缸做功可用 $D \to E \to F \to A$ 来表示，对外做功量为：

$$W_{out} = S_{DEFGD}$$

两者的差就是系统的损失

$$\Delta W = W_{in} - W_{out} = S_{ABCDEFA}$$

在图 21-11-9 中，气动系统中的状态变化的方向是 $A \to B \to C \to D \to E \to F$，与内燃机正好相反，是将机械能转换为热能，热能释放到大气的系统。如要释放热量，即系统损失为零，则需使状态循环线 $A \to B \to C \to D \to E \to F$ 围起的面积为零。这样就要使状态变化在图 21-11-9 所示的虚线上，即大气等温线上进行，也就意味着压缩和做功都必须是等温过程，但是，在实际的气动系统中，实现等温压缩是不现实的，而且，还存在节流孔及排气等不可逆因素，很多损失不可避免。

从图 21-11-9 中还可以看到，空气有效能实际上就是图上两部分阴影面积之和。E_t 代表压缩空气流动所伴随的传递能，而 E_e 代表压缩空气的膨胀能。

(3) 气动系统中的主要损失

这里运用气动功率的分析手法，对损失主要发生的以下三个环节中的能量损失情况进行了分析，结果如下。

1）气源压缩机环节

工业中常用的压缩机有活塞式、螺杆式和离心式。其驱动主要是电动机驱动，即直接能是电能。工业电动机效率通常为 80%~96%，功率小的电动机效率可能还会再低一些。

电动机轴将动力输出给压缩装置后，冷却不足、气动泄漏、机械摩擦将导致 20%~40%的损失。具体损失大小将由压缩机类型、功率大小和冷却条件决定。这部分损失导致压缩机效率低下。

压缩机效率如前所述，建议用气动功率来评价。压缩机全效率定义如下

$$\eta_{cp}=(P_{air}/P_{ele})\times100\% \tag{21-11-9}$$

式中　P_{air}——输出压缩空气的有效气动功率；

P_{ele}——消耗电能。

这里“有效”是指将高温输出的压缩空气冷却到室温后的气动功率。因为，对气动设备而言，压缩机的有效输出是室温压缩空气，而不是高温压缩空气。

全效率定义简单，易于理解，并区别于压缩机中常用的绝热效率，将热交换损失和电动机损失也包含了进来，是评价压缩机整体效率的非常重要的指标。这样，用全效率指标就可以评价市场上一些压缩机的效率。功率10kW以下的压缩机的全效率为35%～50%，10～100kW压缩机的全效率为40%～60%，100kW以上压缩机的全效率为50%～70%，如图21-11-10所示。

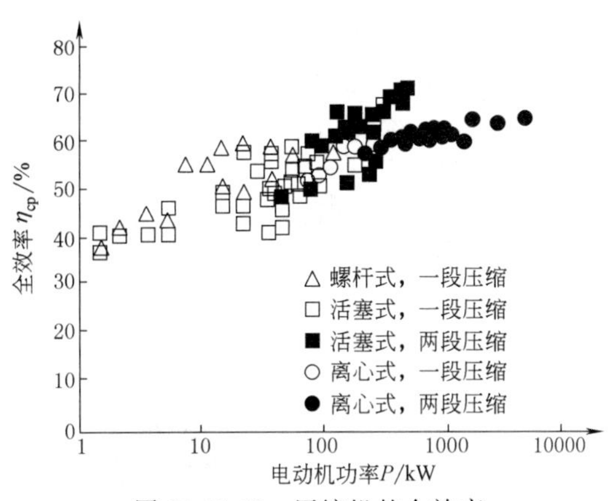

图21-11-10　压缩机的全效率

此外，根据“ISO 1217——容积式压缩机验收试验”中定义的比能量指标，也可估算出对各类压缩机的全效率许可值，见表21-11-2。这里，电动机的效率假设为90%。

表21-11-2　全效率的许可值

类型	输出流量(0.8MPa) q_a(ANR)/$m^3\cdot min^{-1}$	比能量 a(ANR)/$kW\cdot h\cdot m^{-3}$	压缩机全效率 η_{cp}/%
活塞式	<1.2	0.133	39.6
	1.2～12	0.095	55.4
	12～120	0.072	73.1
螺杆式	<1.2	0.116	45.4
	1.2～12	0.100	52.7
	12～120	0.092	57.2
离心式	24～60	0.091	57.9
	60～120	0.063	63.4

2) 管路输送环节

管路输送环节的损失由两部分构成：管路压力损失和泄漏。

例如，绝对压力0.8MPa、流量100L/min（ANR）的压缩空气流经直径20mm、长100m的内壁光滑圆管时，压力损失约为0.05MPa。折合成气动功率损失是3.1%。只要理想地进行配管，这部分损失可以控制得较小。但在实际的工业现场，一是配管复杂，二是为考虑某些设备的瞬态大流量消耗，通常这部分压力损失在设计时留有较大的余地。很多工厂气源输出压力是0.8MPa，而终端设备供给压力只有或通过减压阀减到0.6MPa。这0.2MPa的系统压力损失折合成气动功率损失是13.9%。由此可见，合理配置管道，降低压缩机输出压力是减少气源耗电的一个非常有效的途径。在日本工厂的节能应用中，都采用这一措施。

工厂设备不工作，供气管路中仍有流量时，说明供气管路或设备回路存在泄漏。尽管安装时的泄漏标准大多低于5%，但很多工厂的管路和设备回路的泄漏量实际高达10%～40%。这些泄漏主要发生在接头、气缸和电磁阀等处。泄漏很难察觉，其造成的能源浪费十分严重，见表21-11-3。要减少泄漏，最简单有效的方法就是设备停止时，关断气源。其次，就是用超声波泄漏探测器等检测出泄漏位置，进行补救。

表21-11-3　泄漏导致的损失

泄漏孔径 D/mm	绝对压力0.7MPa下的泄漏量 q_1(ANR)/$L\cdot min^{-1}$	气动功率损失 P/W	气源的年电力损失(运转2500h，气源效率50%) E/$kW\cdot h$
0.5	18	59	295
1.0	75	246	1230
2.0	375	1232	6160
4.0	1260	4140	20700

3）驱动元件环节

气动系统的驱动元件主要是气缸。气缸一个动作循环的能耗为：

$$E_{\text{cycle}}=p_{\text{a}}V_{\text{a}}\ln\frac{p_{\text{s}}}{p_{\text{a}}} \tag{21-11-10}$$

式中 V_a——气缸一个动作循环的空气消耗量；

p_a——大气绝对压力；

p_s——供气压力。

式（21-11-10）的能耗在气缸内部的能量分配如图 21-11-11 所示。其中，对外做功和用于节流速度控制的能量消耗约占到 60%，剩下的 40% 主要是排气损失。由此可见，要提高气缸的效率，必须减少排气损失。另外，还需认识到气缸的出口和进口节流速度控制回路中的速度控制是要消耗能量的。这部分能量尽管没有转化为功，但对于气缸的驱动是必要的。

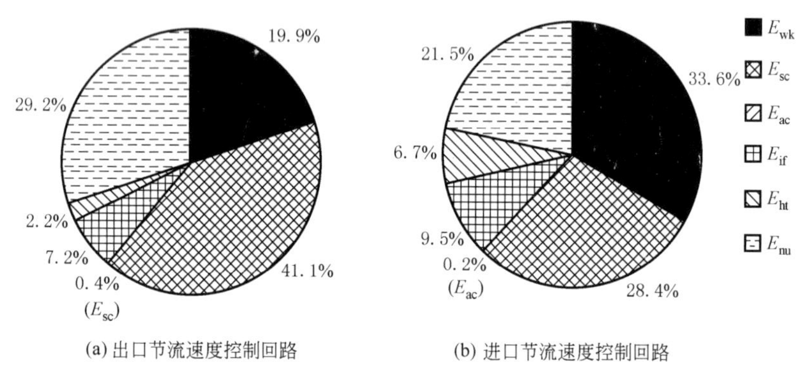

图 21-11-11 气缸内部的能量分配

E_{wk}—对外做功；E_{sc}—节流速度控制；E_{ac}—加速；E_{if}—克服内部摩擦做功；E_{ht}—热交换损失；E_{nu}—排气

2 气动系统节能技术

2.1 节能技术路线

（1）压缩空气的成本

压缩空气的成本主要体现在压缩机的耗电量。工业压缩机的能耗指标通常用比能量来表示，压缩机的比能量因压缩机类型和输出压力而异。输出压力为 0.7MPa 的压缩机的比能量为 0.08～0.12kW·h/m^3（ANR），一般取 0.10kW·h/m^3（ANR），我国工业用电平均电费约为 0.8 元/kW·h，制造 1m^3 压缩空气所需电费约为 0.08 元。

除电费外，压缩空气成本中还有压缩机润滑油、定期保养费及设备折旧费等。对于工厂而言，空气压缩机在整个生命周期中的成本绝大部分为电费成本，占整个生命周期总成本的 84% 左右，如图 21-11-12 所示。由此估计，在我国工厂中，压缩空气综合成本约为 0.10 元/m^3。

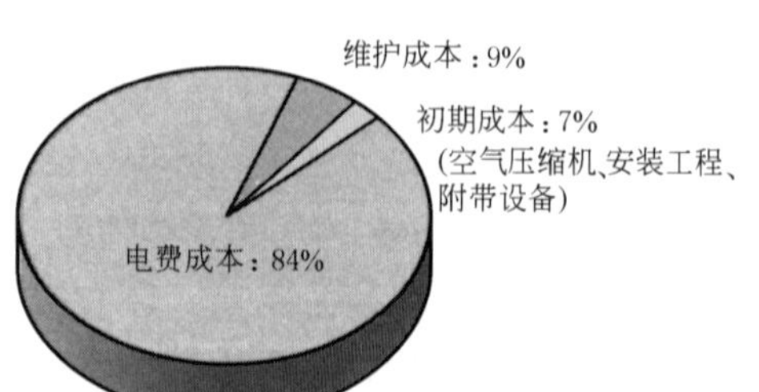

图 21-11-12 空气压缩机生命周期总成本

（2）气动节能技术路线

根据气动功率概念，当空气流动时，空气流束所含的有效能表现为动力形式，所用压缩空气的能耗依据式（21-11-11）为：

$$E=\int p_{\text{a}}q_{\text{a}}\ln\frac{p}{p_{\text{a}}}\text{d}t \tag{21-11-11}$$

式中　p——压缩空气的绝对压力；

p_a——大气压绝对压力；

q_a——换算到大气状态下的体积流量；

t——消耗压缩空气的时间。

由此可见，只要降低流量 q_a、压力 p、时间 t 中的任何一个值，都可降低压缩空气的能耗，如图 21-11-13 所示。

因此，气动系统节能的主要技术路线可以归纳如下：

① 削减流量：减少泄漏，改善喷嘴，尽可能地避免搅拌用气等。

② 降低压力：降低系统供气压力，对于个别高压设备采用局部增压方式供气，降低配管压损等。

③ 缩短时间：停机断气，将连续吹气改为间歇吹气，缩缩短吹气距离等。

基于上述三条技术路线，针对工厂气动系统提出 8 项节能课题，如图 21-11-14 所示。

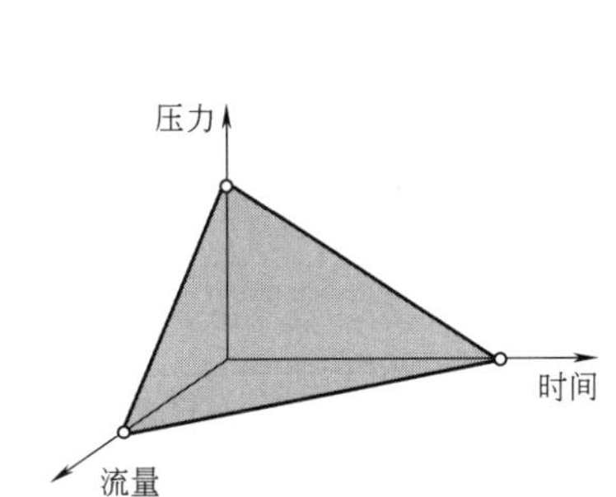

图 21-11-13　气动系统节能技术要素

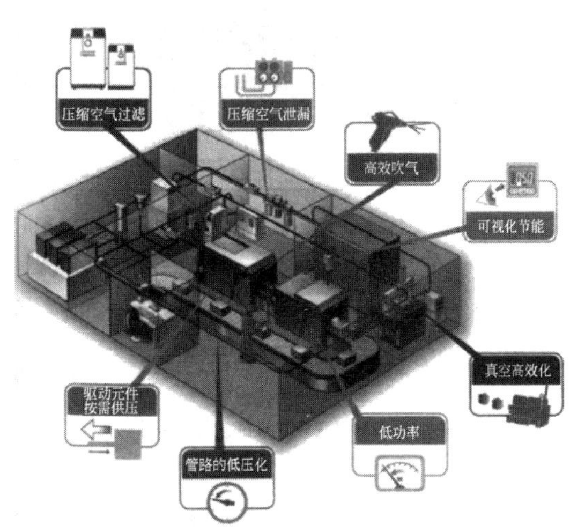

图 21-11-14　气动系统 8 项节能课题

2.2　压缩空气泄漏

压缩空气泄漏是工厂最常见、最直接的能源浪费现象，在很多工厂中，泄漏量通常占供气量的 10%～30%，管理不善的工厂甚至可能高达 40%。有的现场管理人员由于对压缩空气成本没有意识，远远低估泄漏造成的损失。在图 21-11-15 中，一个焊渣导致气管上产生一个直径 1mm 的小孔，在管内气压为 0.7MPa 的条件下，此小孔一年泄漏的能量损失折合约 3525kW · h，几乎相当于两个三口之家的全年家庭用电。

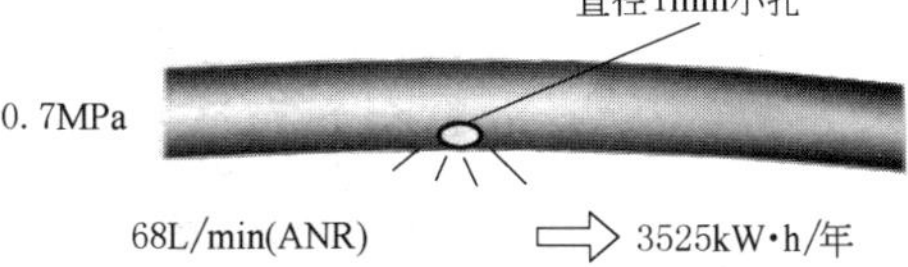

图 21-11-15　直径 1mm 小孔的泄漏损失

压缩空气管壁小孔泄漏量为

$$Q=120\times\frac{\pi}{4}d^2\times0.9\times(p+0.1) \tag{21-11-12}$$

式中　d——泄漏孔径，mm；

p——管道供气压力，MPa。

表 21-11-4 为在供给压力 0.7MPa 的条件下，管壁上几种不同直径小孔的泄漏量及其折算成耗电量的估计数据。

表 21-11-4　管壁小孔泄漏损失估计

泄漏孔径 /mm	泄漏量 (压力:0.7MPa)(ANR)/L · min^{-1}	折算成压缩机年耗电量 (时间:24h/天×360 天)/kW · h
0.5	17	881
1	68	3525

续表

泄漏孔径 /mm	泄漏量 (压力:0.7MPa)(ANR)/L·min^{-1}	折算成压缩机年耗电量 (时间:24h/天×360天)/kW·h
2	272	14100
4	1088	56402

工厂的实践经验表明，通过以下步骤查漏、补漏，可以在很大程度上减少气动系统发生泄漏。

(1) 确定泄漏位置

通过实地考察表明，气动系统泄漏在工业现场广泛存在，在一个汽车焊装车间的泄漏点就可能达到数千个之多。当发生泄漏时，气体通过裂纹或小孔向外喷射形成声源，通过和管道相互作用，声源向外辐射能量形成声波，这就是管道泄漏声发射现象。对由泄漏引起的声发射现象进行信号采集和分析处理，可以对泄漏量以及泄漏位置进行判断。很多泄漏检测设备利用上述原理来对泄漏点进行定位。图 21-11-16 所示为一种泄漏扫描枪，可以准确定位 5m 外的微小泄漏点的位置，定位精度可达到±1cm。

图 21-11-16　泄漏扫描枪

漏气检查可以在白天车间休息的空闲时间或下班后进行。在气动装置停止工作时，车间内噪声小，只要管道内还有一定的空气压力，就可以根据漏气的声音确认泄漏的位置。

(2) 核算泄漏损失

确定泄漏位置之后，通过检测泄漏整改前后的流量差异，可以核算泄漏整改措施实现的节省金额。表 21-11-5 中是泄漏量测量常用的 2 种流量测试仪。

表 21-11-5　　**流量测试仪**

测试仪	外形	特点	应用场合
流量计 FF3A 系列		可检测瞬时流量，累计流量并反馈	需串联接入设备主管路才能测量需外接电源
便携流量测试仪 PR-DNS2081		内置充电电池组，充电一次工作 4～6h，实时显示压力、流量数据	测试前需要设备短暂停机，将测试仪串联接入设备主管路之后，才能测量

(3) 剖析泄漏原因，提供解决方案

产生泄漏的原因有很多，在确认原因后，提供针对性改善方案，防止之后因同样原因导致泄漏再次发生。以下介绍四种常见的泄漏原因及解决方法。

① 气管裁切不规范　使用美工刀、剪刀等去裁切气管时，切断面很容易发生歪斜，插入快换接头中会产生密封不完全的情况，从而引起泄漏，如图 21-11-17 所示。针对此类问题，使用专用的管剪（TK 系列）裁切气管，并确保气管截面为垂直于气管轴线的断面，避免泄漏发生。

② 现场环境粉尘多　气缸缩回时，附着在活塞杆上的粉尘易导致活塞杆端密封圈漏气，如图 21-11-18 所示。针对此类问题，应当采用在活塞杆侧的缸盖处配备强力刮尘圈的气缸，以防止粉尘进入气缸内部。

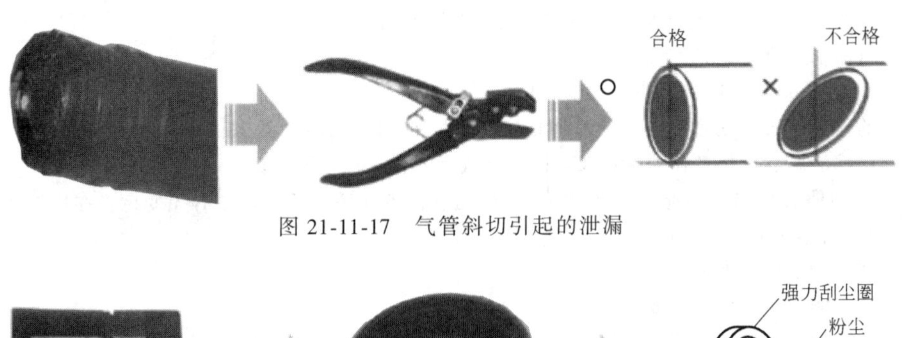

图 21-11-17　气管斜切引起的泄漏

图 21-11-18　环境粉尘引起泄漏

③ 焊接场合焊渣飞溅　高温焊渣掉落在气管上会导致气管破损。为解决此类问题，可选用双层（TRBU 系列）或三层（TRTU 系列）耐燃材质气管，如图 21-11-19 所示。

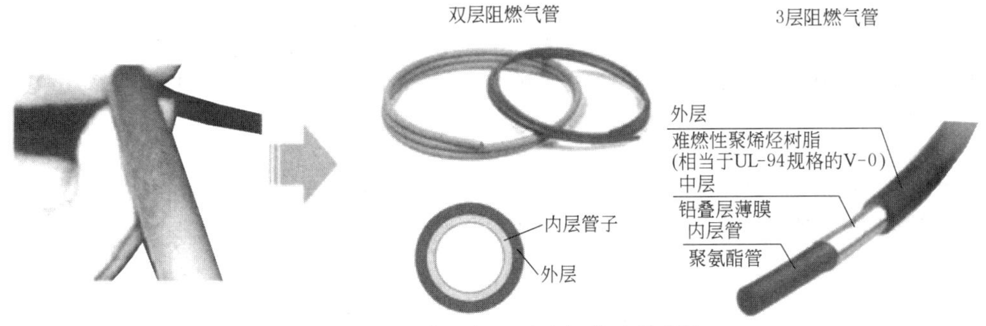

图 21-11-19　高温焊渣导致气管破损泄漏

④ 压缩空气湿度过大　气源空气湿度较大时，进入阀或气缸内部的压缩空气中的水蒸气析出为液态水之后，可能会冲刷掉内部的润滑脂，导致密封部件和缸筒内壁之间摩擦力增大，从而引起密封件破损，导致压缩空气泄漏，如图 21-11-20 所示。为防止压缩空气析出水分，建议在车间管路上游配置冷干机（IDF/U 系列），或在设备上游追加除水元件（ID/IDC 系列）。

图 21-11-20　压缩空气水分过多引起泄漏

确认泄漏原因后，依据原因进行泄漏修补，如紧固接头连接、更换气管、更换过滤器杯体等。

泄漏的存在要求气动系统维护人员对泄漏有正确的认识，以及对设备进行定期检查和维护。在工厂中，试图通过采取一次性的全面堵漏运动，完全堵死泄漏是不现实的，因为一段时间之后仍会出现泄漏。所以，对企业而言，堵漏工作应该常态化，必须将其作为一项日常维护工作来实施，这样才能将泄漏动态地控制在最低水平。一般而言，将压缩空气管路泄漏量控制在系统总供气量 10% 以下为必须达到的目标。

对于泄漏管理维护，可遵循以下经验：

1）配合：必须整个工厂一起参与改善活动（明确泄漏点位置）。

① 定期进行泄漏检查（2次/年）。

② 以各部门为单位定期开展泄漏点检查和泄漏感知培训。

③ 泄漏点的常见位置：软管（约75%）、过滤器（约15%）、阀门（约10%）。

④ 设备的内部泄漏、连接部位泄漏以及电磁阀等气动元件处的少量泄漏。

2）方法：在节假日期间，检查有无泄漏声音，管道、设备安装场所的墙壁有无变色；在压缩机运转时，通过负载率变化来掌握泄漏状况。

① 发出声音的泄漏要立即处理。

② 用手遮挡时能感觉到的泄漏要引起注意。

③ 在无负荷状态下，压缩机间隔性的短时间发生加载运转时，肯定有泄漏。

④ 在无负荷状态下，根据储气罐在一定时间内的压力下降程度，可以推算泄漏量。

3）注意点：泄漏的改善需要各部门单位一起努力，否则难以见效。

① 埋设的管道难以检查其是否泄漏，因此尽量不要埋设管道。

② 用肥皂水才能检查到的泄漏量很小，可暂时不采取措施。

③ 所有系统、设备都不开机时，应当利用主管路上安装的主控阀停止供气。

2.3 吹气合理化

在很多工厂中，吹气是消耗供气量中最大的一部分。在吹气过程中经常存在管道过长、压力过高、用直管做喷嘴等问题。现场人员为了追求大冲击力而随意扩大喷嘴喷口、提高供气压力，为了消除这些情况造成的巨大浪费，实现吹气合理化，提出下述四项改善课题。

（1）喷口合理化

直管和喷嘴的喷吹试验可以说明安装喷嘴的必要性，如图21-11-21所示。通过安装喷嘴，可减小吹气过程中的压损，在同样吹扫效果的情况下，可降低前端供给压力，见表21-11-6。

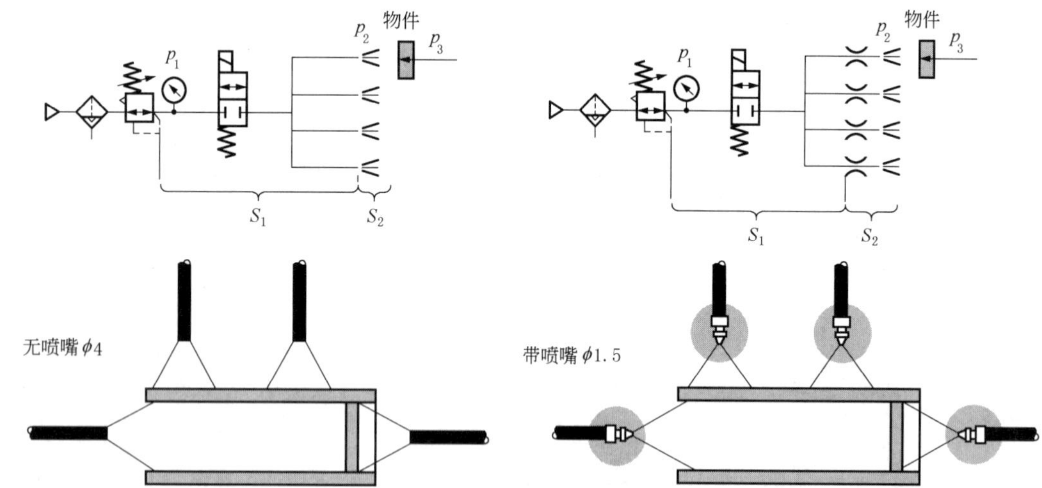

图21-11-21　有无喷嘴喷吹对比试验

表21-11-6　　**有无喷嘴喷吹对比试验结果**

气路参数	无喷嘴气路	有喷嘴气路
上游侧有效截面面积 S_1/mm^2	22.6	22.6
喷吹侧有效截面面积 S_2/mm^2	45.2	6.4
有效截面面积比 S_1/S_2	0.5~1	3.5~1
直管口径/mm	$\phi4$	—
直管数量/个	4	—

续表

气路参数	无喷嘴气路	有喷嘴气路
喷嘴直径/mm	—	ϕ1.5
喷嘴数量/个	—	4
减压阀出口压力 p_1/MPa	0.4	0.25
吹出压力 p_2/MPa	0.08	0.225
冲击压力 p_3/MPa	0.002	0.002

SMC 提供多种节能型喷嘴以及吹气特性参数计算软件，喷嘴外形如图 21-11-22 所示。

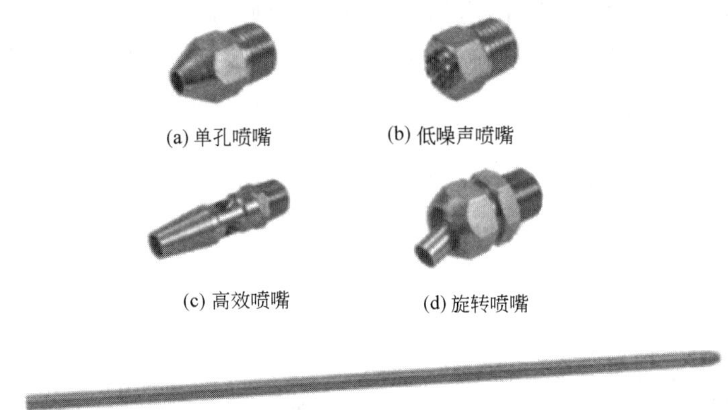

(a) 单孔喷嘴　(b) 低噪声喷嘴

(c) 高效喷嘴　(d) 旋转喷嘴

(e) 长管喷嘴

图 21-11-22　几种不同功能的喷嘴

图 21-11-22c 所示的高效喷嘴利用了科恩达空气放大效应，作为动力的少量压缩空气在通过高效喷嘴内 1~2mm 的喷口喷出时，形成高速气流，产生负压效应，周围环境中的大量空气通过喷嘴主体上的吸气孔进入喷嘴内部流道，并与高速流动的压缩空气一起从喷嘴出口吹出。

其特点如下：

① 产品内部没有运动部件，因此使用更加安全，且免于维护。

② 材质为铝或不锈钢，结构紧凑、体积小、操作简单、便于安装。

③ 有气流增强功能，耗气量小，可节约用气，产品性价比高。

④ 采用压缩空气作为动力，不用电，没有电气干扰，无电气隐患。

(2) 节能气枪（VMG 系列）

气枪能喷射出高速空气束，可用于吹除工件表面异物、吹扫工作等。图 21-11-23 所示为气枪的外形及结构原理图。喷嘴保持座通过螺纹连接不同功能的喷嘴。扣压扳机时，扳机绕销轴旋转，带动力臂克服弹簧力，推动阀芯导座向左移动，当主阀芯处于阀芯导座扩大腔的中间位置时，流道阻力最小，由喷嘴射出高速气流。

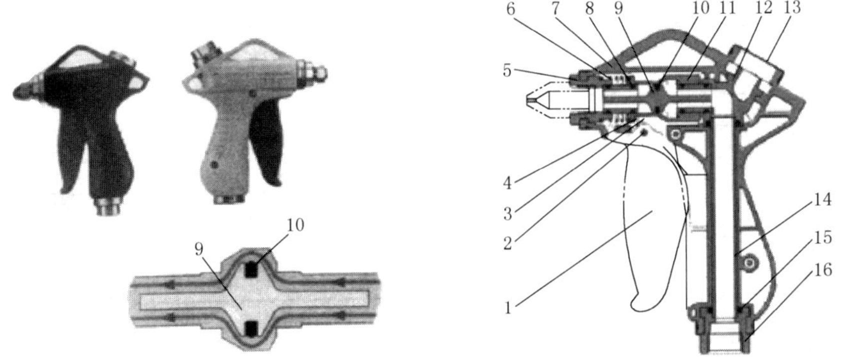

图 21-11-23　气枪的外形及结构原理图

1—扳机；2—销轴；3—力臂；4—导座盖；5—喷嘴保持座；6—弹簧；7—枪体；8,15—O 形圈；9—主阀芯；10—主阀芯密封圈；11—阀芯导座；12—弯头；13—盖；14—管子；16—通口接头

VMG 系列喷枪的有效截面面积为 $30mm^2$，在入口压力 0.5MPa 时，压力损失在 0.005MPa 以下，与以前产品相比，压力损失大大减少，如图 21-11-24 所示。

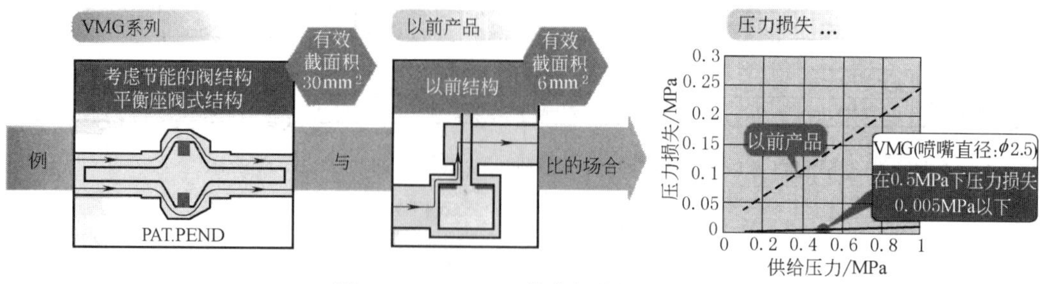

图 21-11-24　VMG 节能气枪阀芯结构

某集团客户现场 CNC 机床使用普通型气枪（见图 21-11-25），耗气量较大，气枪进气螺纹接口为树脂材质，由于使用频率较高，螺纹接口经常破裂漏气，需要经常更换。改换为 VMG 气枪之后，依据表 21-11-7 和表 21-11-8，每把气枪每年可节省金额 602 元。另外 VMG 进气接口为金属螺纹接头，有效避免了以前气枪因拉扯导致树脂材质的进气接口发生破裂的现象。

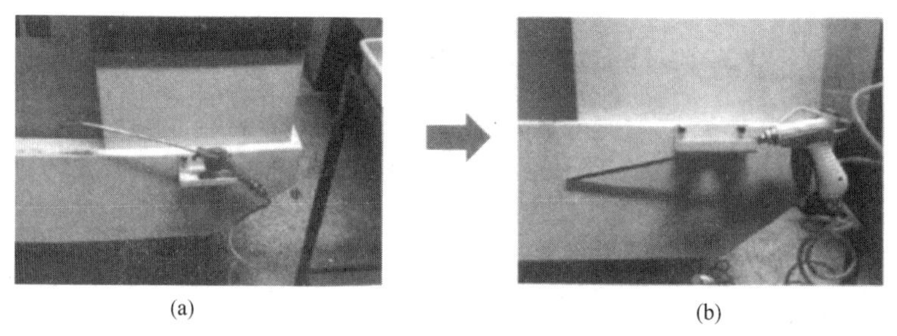

(a)　(b)

图 21-11-25　气枪改善案例

表 21-11-7　气枪耗气量对比

被测项	气枪供气压力/kPa	吹气时压力/kPa	压力降/kPa	喷嘴冲击压力/kPa	瞬时耗气量/$L \cdot min^{-1}$	气耗气量/m^3	年运行费用/元	年削减费用/元	削减率/%
普通气枪	670	600	70	5~15	355	17040	1704	—	—
	550	456	44	3~6	285	13680	1368	336	19.7
VMG节能气枪	670	205	40	5~15	205	9840	984	720	42.3
	500	158	40	3~8	158	7584	758	946	55.5
	400	130	30	3~6	130	6240	624	1080	63.4

注：吹气时间按照 1 次/min，每次 20s，工作时间按照 8h/天×300 天/年计算。

表 21-11-8　改善效果　元

项目	硬件成本	运行成本	总使用成本	年节约
现状	8	1368	1376	—
改善方案	150	624	774	602

（3）新型节能喷枪（IBG 系列）

新型节能喷枪 IBG 系列采用内置气囊，可瞬间吹出高峰值压力，在短时间内达到吹扫效果，尤其适用于去除附着了切削液的切屑或剥离由于油分等粘连在一起的工件。喷枪内置节流阀，通过调节喷枪外部的节流旋钮可以控制吹气的峰值压力。

图 21-11-26 表明，在 SMC 公司试验条件下，与 VMG 气枪相比，IBC 系列喷枪吹出的高峰值压力是 VMG 系列的 3 倍，空气消耗量削减了 85%，作业时间削减 90%。IBG 喷枪由于内置气囊，其喷出压力基本不受供给压力的影响。IBC 系列喷枪配套使用的喷嘴有三种，如图 21-11-27 所示。

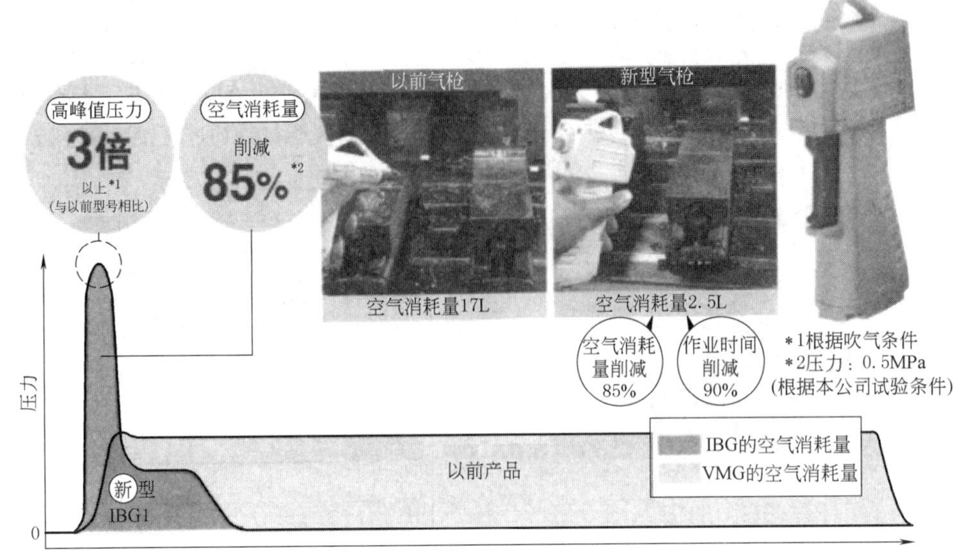

图 21-11-26　IBG 与 VMG 工作过程对比示意图

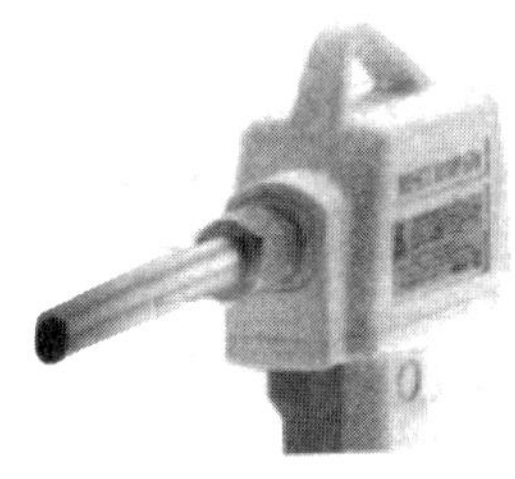

(a) 长管喷嘴

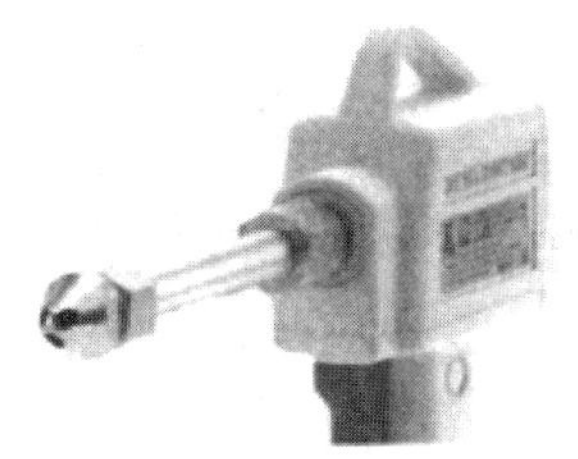

(b) 带消声器喷嘴

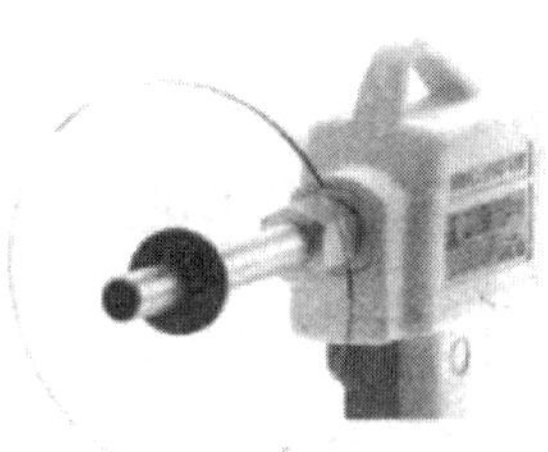

(c) 带防护罩喷嘴

图 21-11-27　IBG 喷枪配套喷嘴

在使用 IBG 喷枪之前，请用手拉拽喷嘴，确认喷嘴无松动、无间隙后再使用；由于 IBC 喷枪吹气压力极大，因此勿将喷枪口对准人体；务必使用洁净压缩空气。

IBG 系列喷枪可在短时间内除去使用以往吹气方式难以去除的灰尘等，如图 21-11-28 所示。

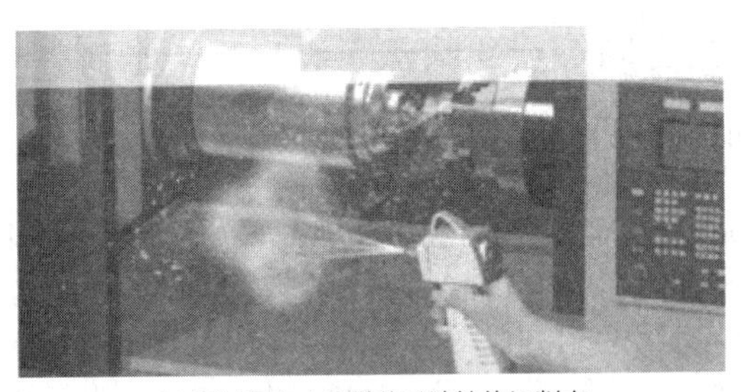

(a) 短时间内去除附着了油性的切削末

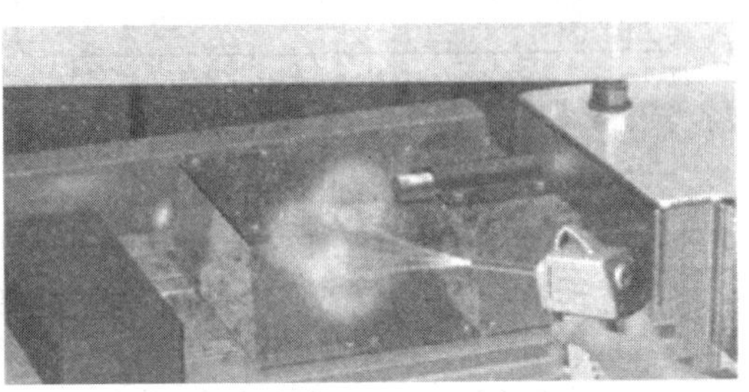

(b) 即使距离稍远，通过一次吹扫即可消除杂质

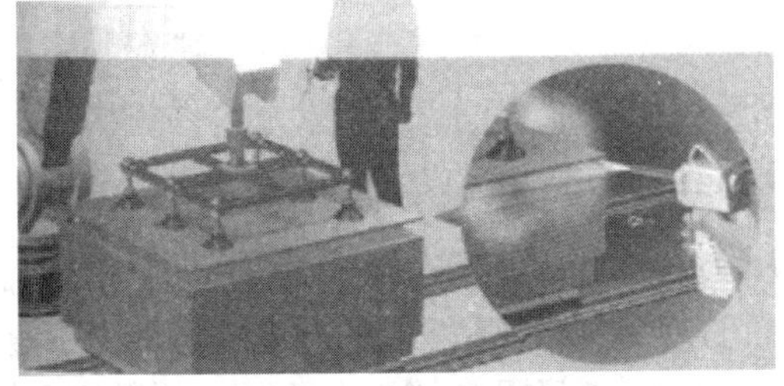

(c) 进而剥离由于油分等粘连在一起的工件

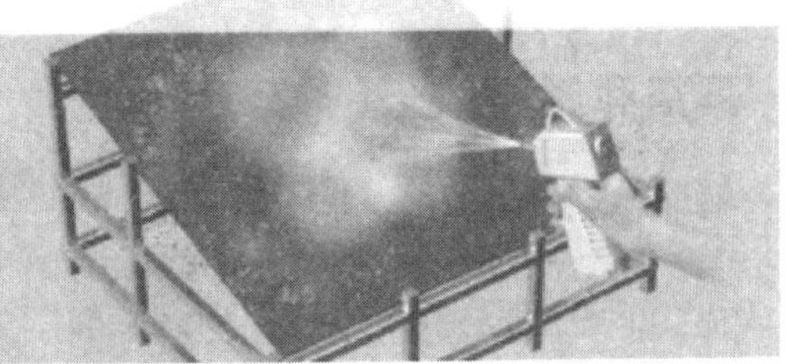

(d) 可短时间内去除水滴

图 21-11-28　IBG 喷枪应用示例

(4) 脉冲吹气阀（AXTS系列）

传统的气枪吹扫常采用连续吹扫，耗气量较大，SMC结合一些客户的实际吹气用途，设计了一款可实现间歇吹气的脉冲吹气阀，该阀将连续吹扫变为间歇吹扫，可节省约50%的空气消耗量。使用脉冲吹气阀时无需另外配备脉冲发生装置，仅需供给压缩空气即可进行吹扫，由于内部使用金属密封，可以在低压下稳定动作，寿命可达2亿次以上，如图21-11-29和图21-11-30所示。

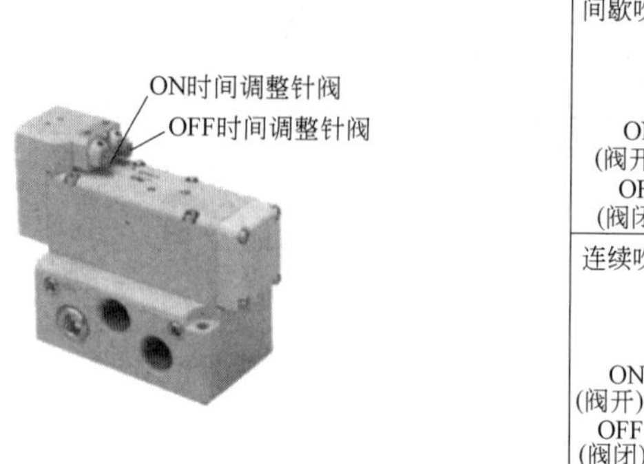

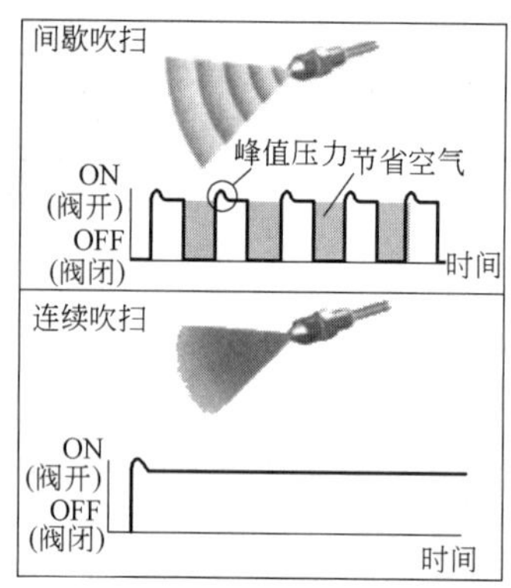

图21-11-29 脉冲吹气阀外观及节气效果

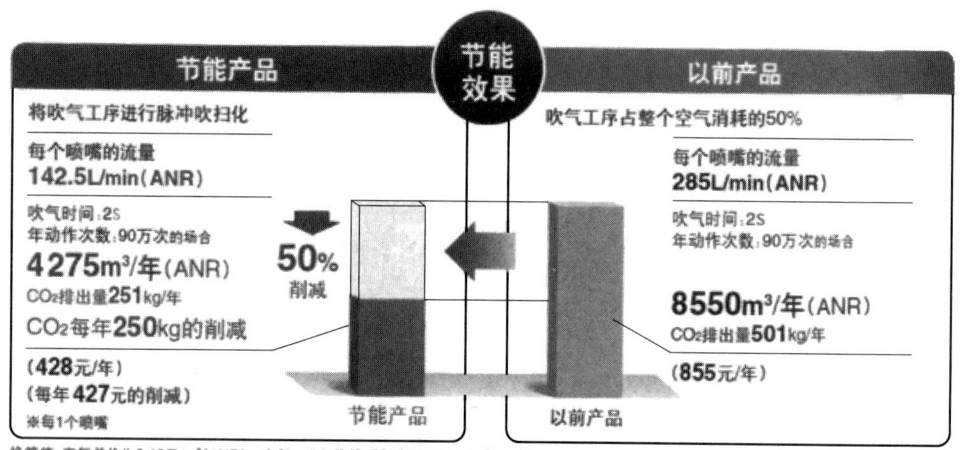

图21-11-30 脉冲吹气阀节能效果

AXTS系列脉冲吹气阀主体尺寸有Re1/4和Re1/2两项可选，根据先导气供应方式可分为内部先导型和外部先导型两种。内部先导型动作频率为1~5Hz，外部先导型为1~8Hz选用内部先导型时，吹气阀的一次侧需要设置具有同等或更大流量特性的二通阀作为ON/OFF阀；选用外部先导型时，先导气路使用小型三通阀控制脉冲吹气阀的动作，一次侧不需要再安装二通阀。注意：当二次侧配管较长时，脉冲峰值压力会减小，吹扫效果会减弱。

2.4 真空吸附高效化

真空吸附是实现自动化的一种手段，在电子、半导体元件组装、汽车组装、包装机械等许多方面得到广泛的应用，例如：真空包装机械中，包装纸的吸附、送标、贴标，包装袋的开启，电视机的显像管、电子枪的加工、运输、装配，电视机的组装；玻璃的搬运和装箱等。总之，对具有光滑表面的物体，尤其是对于非铁、非金属等不适合夹紧的物体，如薄的柔软的纸张、塑料膜、铝箔、集成电路等微型精密零件，可使用真空吸附来完成拾放等操作。

(1) 节能型真空发生器组件

真空发生器在工作时，为保持真空度，排气口会持续排气，消耗大量压缩空气。基于此种情况，SMC开发了节能型ZK2真空发生器组件。图21-11-31所示节能型真空发生器使用带节能功能的真空压力开关，当真空度达到设定的最大真空度时自动切断压缩空气，真空管路通过单向阀密闭保压，真空发生器停止耗气；当真空度降低到设定的最小真空度时，真空供给阀自动打开，真空发生器工作，使真空度提升，达到上限值时又自动切断压缩空气；如此循环，在吸附时间段内真空发生器间歇耗气，对于泄漏量小的工件，可实现90%的节能效果。

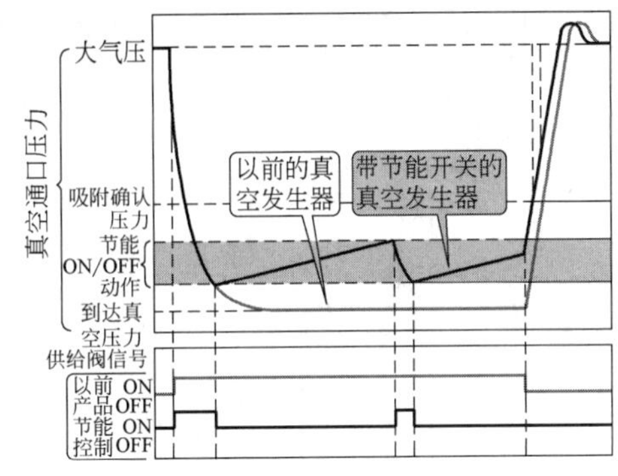

图21-11-31 节能型真空发生器外观及工作时序图

某电子产品工厂的CNC机械手需要完成吸附手机后盖的工序，其吸附时间为390~510s。在使用普通真空发生器时，现场存在以下问题：由于吸附时间较长，导致车间耗气量较大；同时吸附时，管网压力会出现下降的现象，导致个别真空发生器出现掉件；由于真空发生器数量较多，现场噪声较大。

由于吸附时间较长，且工件表面较为平整，泄漏量较小，可以使用节能型真空发生器组件替代普通真空发生器，经过现场实测对比，数据见表21-11-9。

表21-11-9 真空发生器测试数据对比

项目	测试序数	工作压力/MPa	真空度/kPa	吸附时间/s	累计耗气量/L	瞬时耗气量/L·min^{-1}	年运行成本/元
改善前	1	0.5	-86	505	470	55.8	2410.6
	2			425	450	63.5	2743.2
	3			430	450	62.8	2712
	平均值				456.7	60.7	2622
节能型ZK2	1	0.5	-86~-70	425	50	7	302.4
	2			425	40	5.6	242
	3			390	50	7.7	332.6
	平均值				46.7	6.8	293.8

注：工作时间按每天工作24h，每年工作300天计算。

改善之后每个真空发生器每年可节省2328.2元，压缩空气运行成本削减88%。另外由于节能型ZK2是间歇供气，改善后现场管道压降及噪声问题有明显改善，提升了真空吸附及设备运行稳定性，有效地避免了掉件情况的发生。

(2) 磁力吸盘MHM系列

磁力吸盘依靠磁石吸附工件，其动作原理如图21-11-32所示，活塞带动磁铁上下移动，移动过程中吸附工件的磁力发生变化从而实现工件吸附和工件释放的动作。采用磁力吸附时，即使吸附到位后关断气源，工件也可保持吸紧状态。相较于传统真空吸附，磁石吸盘不使用真空，耗气量较少，适用于多孔、不平整的铁磁类工件。

MHM系列磁力吸盘最大吸附力可达1000N，且磁力大小可调节，释放工件时残余吸附力为0.3N，在吸附状态下，耗气量为零。

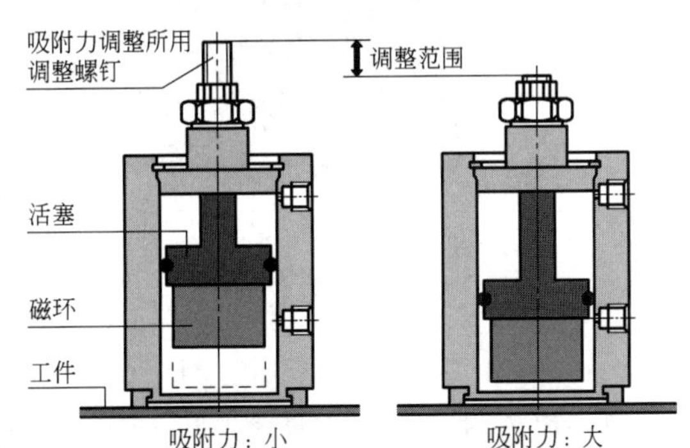

图21-11-32 磁力吸盘动作原理

2.5 局部增压

对于工厂各设备压力需求不一的场合，为了满足少数高压设备的压力需求，往往使空压机输出较高的压力，这种粗放式供气方式使空压机能耗过高。一般来说，以螺杆式空压机为例，输出压力降低 0.1MPa，可使空压机节电 7%~10%，反之，能耗会相应增加。增压阀适用场合如图 21-11-33 所示，在低压需求占主导地位，仅少量设备需要高压的场合，降低空压机输出压力，对于高压设备使用增压阀进行局部增压，可显著降低空压机运行费用。

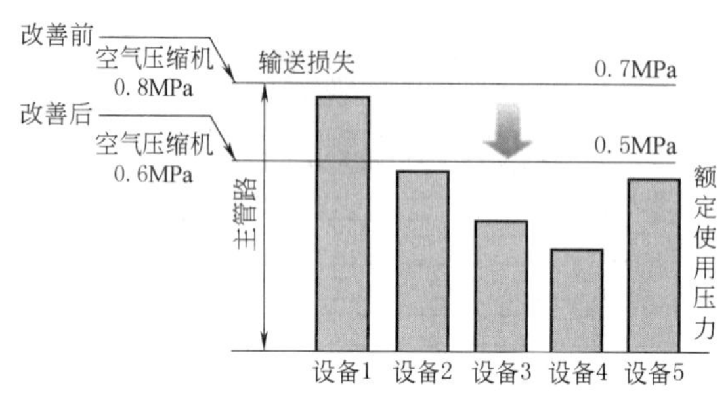

图 21-11-33 增压阀适用场合

（1）VBA 系列增压阀

VBA 系列增压阀是将低压空气转换成高压空气的元件，它不需要连接电源，而是以压缩空气作为动力源，可将空气压力提高一倍以上。通过调压手轮，可以设定所需要的压力，当输出气压达到设定压力值时，增压阀自动停止工作，节省能源。现有 VBA 系列提供手轮操控型和气控型，增压比最高可达 4 倍，出口最高可调压力 2MPa，输出流量最大 1900L/min。

（2）带排气回收回路的增压阀

VBA 系列增压阀耗气量较大，要求进气量为二次侧消耗量的 2.2 倍以上。新型节能增压阀 VBA-X3145 采用排气回收技术，其内部三个活塞分别处于主体内的三个独立密封的容腔内，其工作原理如图 21-11-34 所示。活塞向右移动时，主气源通过内部回路进入驱动腔体 A 及增压腔体 A，驱动活塞向右移动，增压腔体 B 内的气体得到进一步压缩，从而压力增大；在活塞向右移动的过程中，腔体 D 内的压缩空气一部分排向大气，另一部分通过内部流道流向驱动腔体 C。活塞向左移动时，驱动腔体 A 内的压缩空气一部分通过内部流道流向驱动腔体 B 做驱动使用。将完成驱动作用的压缩空气向驱动腔体 B 中转移，再次发挥驱动活塞的作用。VBA-X3145 相比于现有 VBA10 系列增压阀可以减少 40%的空气消耗量。

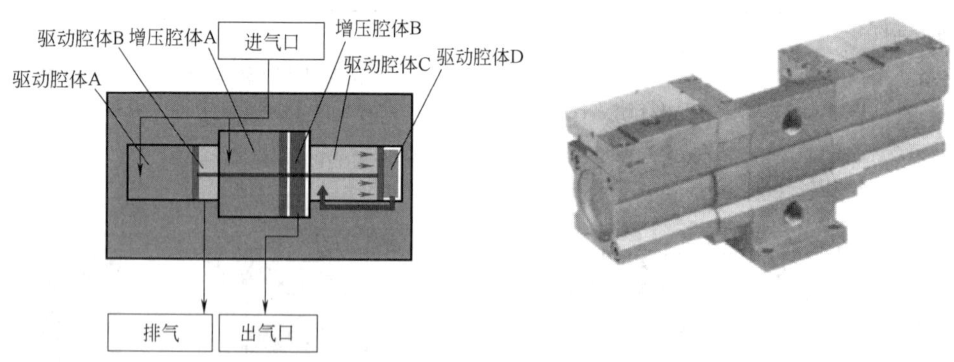

图 21-11-34 排气回收原理

新型节能增压阀 VBA-X3145 系列取消了压力调节手轮，固定 1.7 倍增压比，输出流量最大为 1000L/min，与现有增压阀相比，内部采用了橡胶密封，可竖直安装，因内部增加了排气回收回路，排气噪声有较大的改善。

2.6 驱动元件节能

（1）非做功行程低压化

多数工厂最常见的气动元件是气缸，目前很多气缸使用时只是伸出方向有负载，但在使用时伸出方向与缩回方向供给压力相同。使用节能型调速阀，降低气缸缩回方向的供气压力，以削减回程耗气量，是实现气缸节能的简单且有效的方式。

使用节能型调速阀的气动回路如图21-11-35所示。在方向阀与气缸之间，无杆侧设置了ASQ阀（先导式方向阀与双向速度控制阀一体化结构），有杆侧设置了ASR阀（可逆流减压阀与流量控制阀一体化结构）。电磁方向阀通电，无杆侧利用双向速度控制阀进行进气节流，气缸不会出现始动时的急速伸出。当无杆侧腔内压力超过先导方向阀的设定压力时，该先导式方向阀接通，向无杆腔快速供气。当电磁方向阀复位时，ASR中的减压阀的设置力限制在0.1~0.3MPa（指可调型，固定型为0.2MPa），无杆侧的气控阀仍处于接通状态可快速排气，大大缩短返回的时间。当无杆腔内压力低于气控阀的设定压力时，气控阀关闭，只能通过双向速度控制阀节流排气，实现低压驱动平稳返回，达到节气的目的。

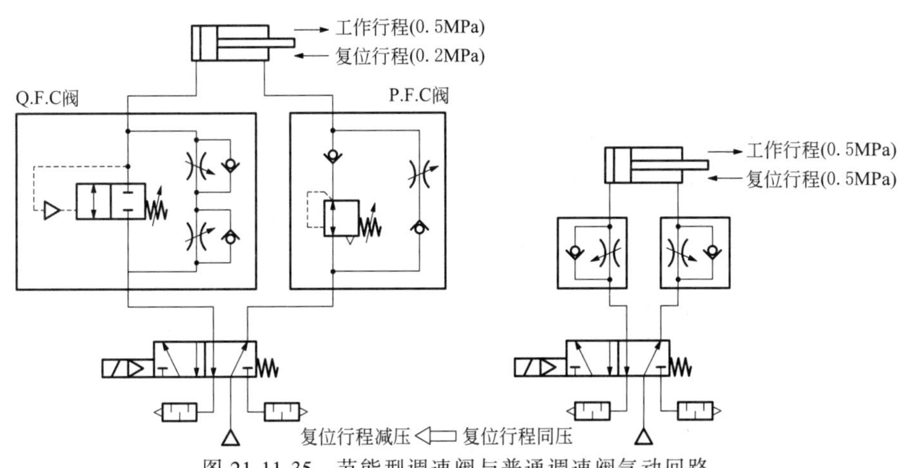

图21-11-35 节能型调速阀与普通调速阀气动回路

某成型车间内有17台成型机使用气缸进行托举、搬运动作，伸出行程存在负载，缩回行程空载。通过在气缸驱动回路中加装ASR-ASQ节能型调速阀，将缩回行程的供给压力由0.5MPa降低至0.2MPa。单台成型机节能改善前后测试数据对比见表21-11-10，改善效果为车间17台成型机每年可节约17×1914=32538（元）。

表21-11-10　　单台成型机节能改善前后测试数据对比

基本情况						改善前		改善后		
序号	气缸型号	数量/个	缸径/mm	行程/mm	动作周期/次·min^{-1}	往复行程使用压力/MPa	年运营成本/元	非做功侧使用压力/MPa	年运营成本/元	年节约/元
1	CP95SDB 100~200	4	100	200	1	0.5	2755	0.2	2030	325
2	MDBB 100~1000	1	100	1000	1	0.5	3346	0.2	2469	877
3	CP95SDB 100~350	1	100	350	1	0.5	1147	0.2	875	312
总计	—	6	—	—	—	—	7288	—	5374	1914

注：工作时间按每年300天每天工作10h计算。

（2）倍力气缸省能

与普通气缸相比，倍力气缸MGZ系列采用独特结构，使气缸伸出方向和缩回方向相比，受压面积增大一倍，所以伸出方向输出力比缩回方向的输出力增大一倍，适合举升和冲压作业。倍力气缸的工作原理如图21-11-36

所示。

通过表 21-11-11 中的数据，在输出力同为 1500N 以上时，倍力气缸比普通气缸缸径小，供气压力小，耗气量少。

表 21-11-11　普通气缸与倍力气缸比较数据

参数	普通气缸	倍力气缸
缸径/mm	ϕ80	ϕ63
行程/mm	500	500
供气压力/MPa	0.3	0.26
一次往复耗气量/L	19.1	14.8

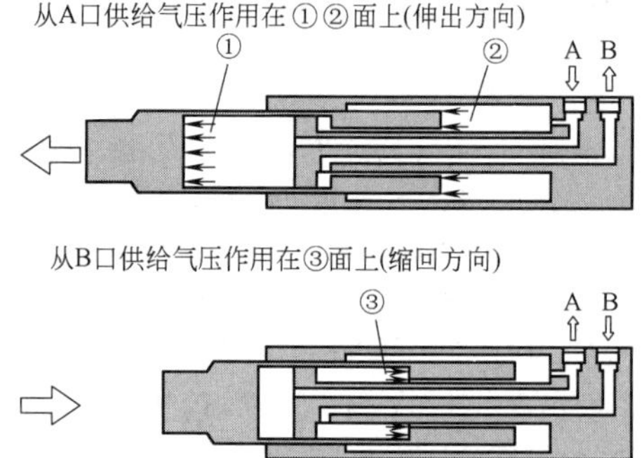

图 21-11-36　倍力气缸的工作原理

(3) 排气回收气缸

普通双作用气缸在缩回或伸出时，无杆腔或有杆腔内的气体会通过电磁阀排放到大气中。为削减气缸耗气量，对于杆缩回行程为轻载的工况可以考虑采用排气回收气缸。所谓排气回收气缸是指将无杆腔内气体作为动力源进入气缸的有杆腔，驱动气缸缩回。相比于普通双作用气缸，排气回收气缸可节省接近 50% 的耗气量。其原理如图 21-11-37 所示，气缸伸出时，气源压力驱动气缸正常伸出；气缸缩回时，无杆腔压缩空气一部分通过电磁阀、节流阀排入大气，另一部分气体通过单向阀、电磁阀返回至有杆腔，驱动气缸缩回。

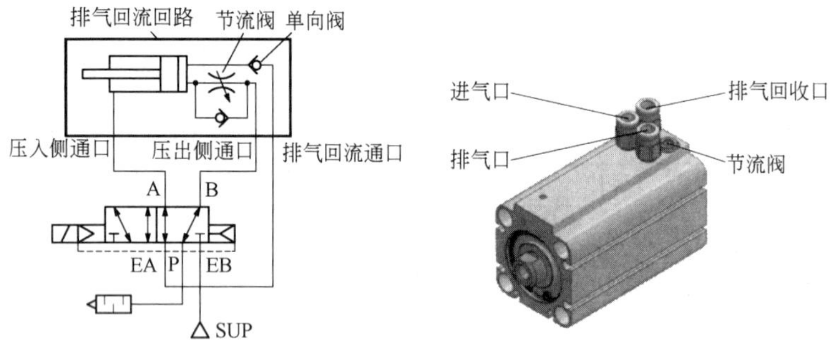

图 21-11-37　排气回收气缸原理

排气回收气缸 CDQ2B-X3150 内置单向阀及节流阀，使用时，电磁阀的 A、B 口接入气缸的进气口和排气口，电磁阀的 EA 口接入气缸的排气回收口，气源接入到 EB 口。气缸本身自带的调速阀可以控制气缸的缩回速度，可在气缸伸出时通过外置进气节流阀控制气缸的伸出速度。因为该回路中气源未接入到电磁阀 P 口，所以该气缸必须配合外先导二位五通阀使用。

2.7　低功率元件

对于气动系统中的耗电元件，如冷干机、电磁阀、传感器等，在满足使用要求的条件下，采用低功率的产品可直接减少电费。低功率元件在节省耗电量的同时，其温升较小，产品发热量少，有利于延长产品的使用寿命。对于晶体管输出类型的 PLC，其负载电流较小，当驱动功率较大的元件时，只能通过中间继电器与 PLC 连接。使用低功率元件可直接省去中间继电器的成本，节省安装空间。

(1) 带节电功能五通电磁阀

标准五通电磁阀 SY 系列工作时功率为 0.35W，带节电回路的五通电磁阀启动电流与标准品相同，如图 21-11-38 所示，在 67ms 后，内部阀芯移动完成，通过节电回路降低保持时的消耗电流，保持功率仅为 0.1W，消耗功率约为标准五通电磁阀的 1/3。功率降低后，不仅耗电减少，而且电磁线圈

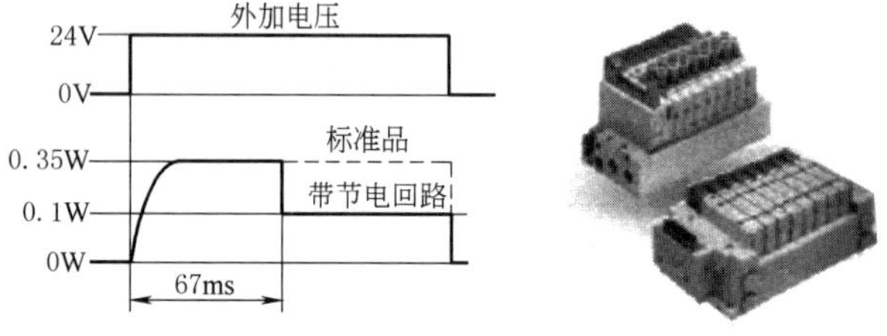

图 21-11-38　带节电回路的电磁阀 SY

发热减少。

（2）省功率型二通电磁阀

VXE 系列二通电磁阀内置省功率回路，其省电原理与五通电磁阀 SY 系列类似，保持时的消耗功率大约降低至 1/3。VXE 系列可流通空气、水、油（VXE21/22/23 系列），其起动保持消耗功率及温升值见表 21-11-12。VXE 系列的安装尺寸与基本规格与 VX2 系列相同，因此具有安装互换性。现有 VX2、VXD、VXZ 系列的电磁线圈组件也可变换成省功率型线圈（额定电压限于 DC12V、24V）。

表 21-11-12　　VXE 系列功耗及温升

型号	消耗功率（保持时）/W	启动电流（启动时间：200ms）/A		温升值/℃
		DC 24V	DC 12V	
VXE□21 （VXED21030）	1.5 （1.8）	0.19 （0.23）	0.38 （0.46）	25 （30）
VXE□22	2.3	0.29	0.58	25
VXE□23	3	0.44	0.88	30

2.8　过滤元件规范化管理

空压机制造的压缩空气及压缩空气传输过程中，会含有大量的水分、油分和粉尘等杂质，为避免它们对气动系统的正常工作造成危害，必须使用过滤器清除这些杂质。滤芯是空气过滤器的关键，当滤芯已达使用寿命却未更换时，则会造成进出口压力差，空压机为此需要输出更高的压力，能耗也相应增加。

空气过滤器滤芯应当定期检查并规范化管理，以避免压差过大造成能耗高。对于大型过滤器，建议使用一年或者进出口压降高于 0.1MPa 时更换滤芯；对于小型过滤器，建议使用两年或者进出口压降高于 0.1MPa 时更换滤芯。滤芯的更换管理可以采用下述方法。

（1）滤芯更换指示牌

在过滤器附近悬挂滤芯更换指示牌，可以在指示牌上记录滤芯安装日期、下次更换日期、滤芯备件型号等信息，如图 21-11-39 所示。根据记录信息按时更换滤芯，防止因滤芯堵塞造成的压力损失。

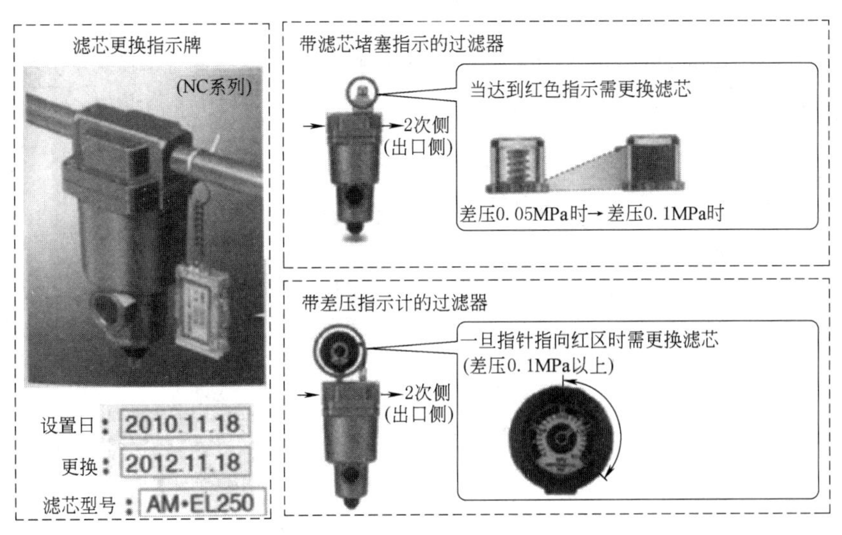

图 21-11-39　滤芯更换指标

（2）滤芯堵塞指示器、差压指示计

滤芯堵塞指示器依据过滤器进出口的压力差改变指示器的颜色。过滤器初始安装时，进出口压力差较小，指示器处于透明状态，随着使用过程中滤芯表面附着杂质逐渐增多，进出口压差逐渐增大，当压差达到 0.1MPa

时，内部红色指示器自动弹出，提醒现场人员更换滤芯，如图 21-11-39 所示。

差压指示计需要同时连接在过滤器一次侧与二次侧，表盘中数值为进出口的压力差，当表盘指针达到红色指示环内，即进出口压力差超过 0.1MPa 时，应及时更换滤芯，如图 21-11-39 所示。

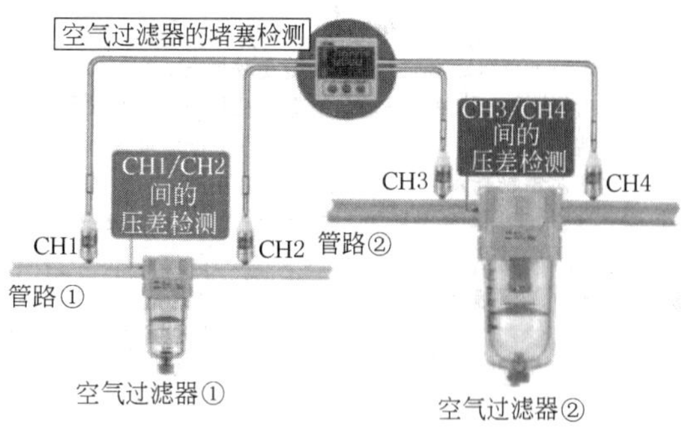

图 21-11-40　空气过滤器压力降监测报警

(3) 压力降监测报警

前述方法适用于过滤器安装在易观察的位置，当过滤器安装在较高、较低或设备内部等不易观察的位置时，可采用电子式压力传感器进行压力降监测报警，见图 21-11-40，在过滤器进出口分别安装压力传感器（PSE530 系列），两个传感器检测的数据显示在 PSE200A 系列显示器上。每个 PSE200A 系列显示器可连接四个传感器，可同时测量两个过滤器的进出口压差。在压差检测模式下，当过滤器进出口压力差超过 0.1MPa 时，PSE200A 可以输出开关量信号进行报警。

2.9　能源可视化

压缩空气作为生产现场的动力来源或工作介质被广泛使用。对于气动系统中的压力、流量、露点的实时监测及管理是保证企业高效率生产、避免浪费、提高经济效益的重要手段之一。

可视化节能措施通过监测管路中的压缩空气参数，协助现场工作人员进行能耗分析，及时发现工作现场中存在的问题，并采取相应的措施减少浪费。以图 21-11-41 为例，通过各支路安装流量和压力传感器，可及时发现泄漏问题。现场设备停机时若有流量消耗，流量传感器可输出开关量信号，该信号可通过与设备报警灯连接，实现自动泄漏报警，提醒现场人员及时进行堵漏。压力传感器可监测设备超压使用问题，避免超压使用造成能耗过大及安全隐患。

(1) 模块式流量传感器

为检测气路流量，需安装流量传感器，流量传感器通过串接方式接入管路时，对于硬管气路极为不便。新型模块式流量传感器与 AC30/40 系列三联件实现模块化，使用三联件隔板进行安装，简化了配管问题。与两端螺纹口的流量传感器相比，模块式流量传感器的检查、清洁、更换维护更为简单，如图 21-11-42 所示。新型模块式流量传感器的检测范围有 10～1000L/min 和 20～2000L/min 两种规格，流通方向可选择从左至右或从右至左，且支持 IO-Link 通信等。

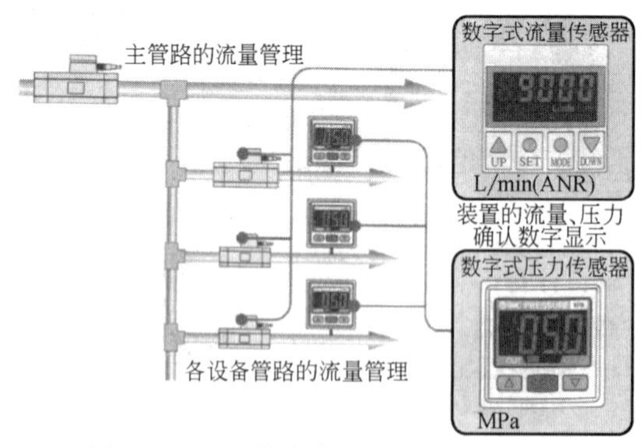

图 21-11-41　管路中的流量压力传感器

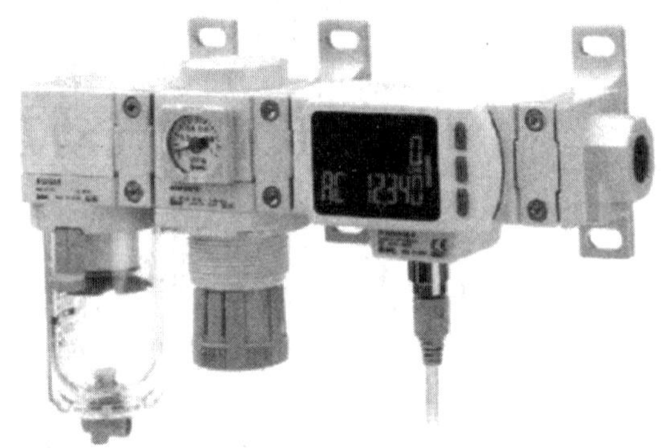

图 21-11-42　模块式流量传感器

(2) 无线监控系统

无线监控系统通过流量传感器、压力传感器实时采集设备、管路中压缩空气的压力、流量数据，在显示屏界面可实时显示流量、压力参数，并记录保存历史数据。无线监控系统可以为能耗分析提供量化数据，可以及时发现异常情况并输出报警信号，可以实时监控工厂压缩空气使用情况，有助于企业建立智能工厂，如图 21-11-43 所示。

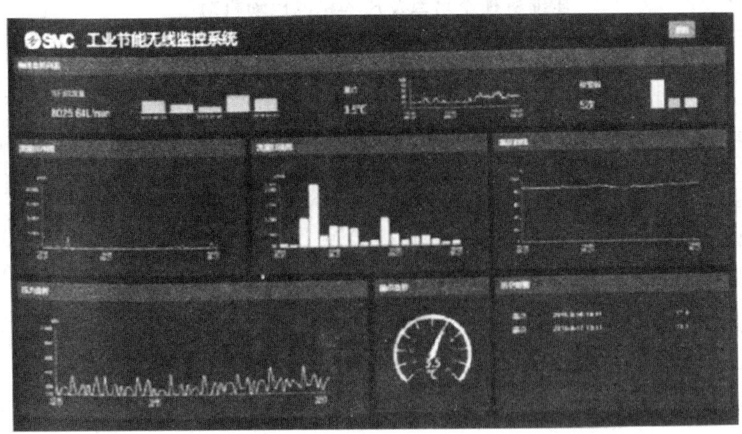

图 21-11-43　工业节能无线监控系统的软件界面

2.10　工厂的节能计算

在气动系统节能优化软件的工厂节能计算模块中，提供以下 9 种常见气动计算功能：压缩空气的成本、空气压缩机的功率、能量换算、主管路的压降、主管路的最大推荐流量、供气管路、空气泄漏造成的成本损失、喷嘴的选定和特性参数、吹气管路的选定与特性参数。

(1) 压缩空气的成本

压缩空气的成本对于考虑气动系统的运行成本或气动系统的能量转换效率是非常必要的。压缩空气的成本通常用生产可转化为标准状态下 1m^3 的空气的压缩空气所需要的成本来表示，符号为元/m^3（ANR），其计算公式见表 21-11-13。

表 21-11-13　　　　压缩空气的成本

计算公式			
$U=\dfrac{E_a+E_b+E_c+E_d}{q}$			
名称	符号	单位	注释
压缩空气成本	U	元/m^3(ANR)	产生可转化为标准状态下 1m^3 的空气的压缩空气所需要的成本
运行时间	H	h/年	每年的压缩机运行时间
电费	E_a	元	空压机、冷却水泵等设备耗电费用
运行费用	E_b	元	润滑油和冷却液的成本
维护费	E_c	元	维护及检修费用
设备折旧费	E_d	元	空压机和辅助设备的设备折旧费
耗气量	q	m^3(ANR)	流量计实测值或按下列公式所得计算值，$q=60HQ$
空压机输出流量	Q	m^3/min(ANR)	空压机的额定输出流量

(2) 空气压缩机的功率

在“空气压缩机的功率”选项中，压缩机的理论功率和压缩机的电机功率均可以计算得出。在“空气压缩机的功率”选项中，可以计算由于降低压缩机的出口压力而减小的功率，用于选定压缩机大小。压缩机理论功率及压缩机电动机功率的计算公式见表 21-11-14。

表 21-11-14　　**压缩机理论功率及压缩机的电动机功率**

名称	符号	单位	等式	输入项目	符号	单位
压缩机理论功率	L_a	kW	$L_a=\frac{m\kappa}{k-1}\times\frac{(p_c+0.1)Q_a}{0.06}\times\left[\left(\frac{p_d+0.1}{p_c+0.1}\right)^{\frac{s-1}{m\kappa}}-1\right]$	比热容(空气=1.4)	κ	—
				实际吸入流量	Q_n	m^3/min(ANR)
				压缩机吸入压力	P_c	MPa
				压缩机输出压力	P_d	MPa
				压缩极数	m	—
压缩机的电动机功率	L_a	kW	$L_x=\frac{L_a}{\eta_a}$	压缩机理论功率	L_a	kW
				压缩机效率	η_a	—

(3) 能量换算

在“能量换算”选项中，输入压缩空气量或耗电量即可换算出相应的热量、原油量和 CO_2 释放量，换算结果可以作为衡量压缩空气或电力消耗量对环境影响程度的指标。本节能系统中的换算因数因电力供应商或时间不同而变化。精确数值请联系当地电力供应商或政府环境部门。在本节能系统中，各换算因数的缺省值见表 21-11-15。

表 21-11-15　　**能量换算因数**

因数	单位	缺省值	引用
比功率	$kW/m^3\cdot min^{-1}$(ANR)	6.5	
电能-热量换算因数	$MJ\cdot(kW\cdot h)^{-1}$	3.6	
电能-原油换算因数	$kL\cdot(kW\cdot h)^{-1}$	2.65×10^{-4}	
电能-CO_2 释放量换算因数	$kg\cdot(kW\cdot h)^{-1}$	0.32	东京电力公司 2001 年实测值

(4) 主管路的压降

在“主管路的压降”选项中，可以计算出主管路在将压缩空气传输到工厂中的各设备处过程中所产生的压降。这个压降将作为选择管径的标准。

表 21-11-16 列出了压降的计算公式，本式仅适用于有微小压力损失的亚声速流 $\Delta p>0.5(p+0.1)$，适用管路为 SGP 管（碳钢管）。

表 21-11-16　　**主管路的压降**

计算公式	项目	变量	单位
$\Delta p=\frac{2.466\times10^3L}{d^{5.31}(p_1+0.1)}q^2$	流量	q	m^3/min(ANR)
	上游压力	p_1	MPa
	下游压力	p_1	MPa
	压力降	$\Delta p(=p_1-p_2)$	MPa
	管内径	d	mm
	管长	L	m

(5) 主管路的最大推荐流量

美国 CAGI 组织建议按照以下标准来选定供气管路的尺寸：压力损失限制在进口压力的 10%以内，包含因泄漏导致的 10%的流量损失。当两种配管规格都适用时，选择较大的尺寸。最大推荐流量的计算公式见表 21-11-17。当使用 SPG 管时，每 30.5m 管的压力损失为进口压力的 10%（管径为⅛～½in-B 系列、6～15mm-A 系列）或进口压力的 5%（管径为¾～2in-B 系列、20～50mm-A 系列）时的流量为最大推荐流量。

表 21-11-17　　最大推荐流量的计算公式

计算公式	输入项目	符号	单位
当 $6.5 \leqslant d \leqslant 16.1$ $Q=\sqrt{\dfrac{d^{5.33}(p_1+0.1)^2 \times 0.1}{2.466 \times 10^3 \times 30.5}}$ 当 $21.6 \leqslant d \leqslant 52.9$ $Q=\sqrt{\dfrac{d^{5.33}(p_1+0.1)^2 \times 0.05}{2.466 \times 10^3 \times 30.5}}$	压缩空气流量	q	m^3/min(ANR)
	管路内径	d	mm
	供气压力	P_1	MPa

(6) 供气管路

在“供气管路”选项中，可以进行供气管路内的压力分布计算。计算出的气路压力分布有助于我们检查当前管路的压力损失，评估因流量增加引起的压力损失以及评估增加支路和增大管径对减少压力损失的效果。

1) 使用注意事项

进行此项计算时应注意以下事项：

① 本系统计算的压力损失指的是流体由于黏性，在流动过程中与管道内壁的摩擦所造成的能量损失，不包括由于管路弯曲、管径变化导致的压力损失。

② 管路的弯曲未被纳入导致压力损失的原因，但在计算压力损失时，管路长度应包括由于管路弯曲而增加的连接件的等效管路长度。

③ 本计算仅面向主管路和微小压力降的低速流情况。当管路中存在壅塞流时，计算结果会有较大差异。

④ 由于流量特性参数的不同，主管路压力损失的计算结果可能会不同。

2) 计算方法

在气动回路压力计算中，通常用来分析电气回路的基尔霍夫第一定律、第二定律也被扩展并加以应用。

第一定律：管路中某一节点的进出流量总和 q 为 0，如图 21-11-44 所示。

$$q_1+q_2+q_3-q_4=0$$

第二定律：当流体在闭合回路内单向流动时，回路各段的压力损失总和为 0，如图 21-11-45 所示。

$$\Delta p_1+\Delta p_2+\Delta p_3+\Delta p_4=0$$

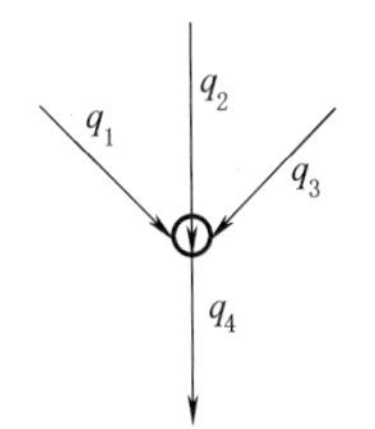

图 21-11-44　第一定律

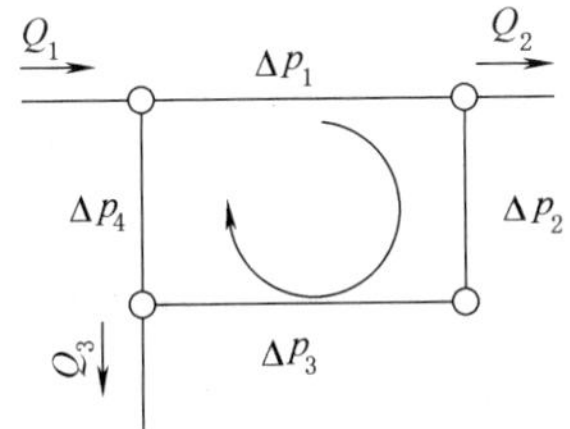

图 21-11-45　第二定律

3) 管路接头和阀门的等效管路长度

当在管路的特定位置安装了管路接头及阀门时，管路长度应包括管路接头及阀门的等效管路长度。管路接头及阀门的等效管路长度如图 21-11-46 所示。

(7) 空气泄漏造成的成本损失

在“空气泄漏造成的成本损失”选项中，可以计算空气泄漏造成的成本损失，计算结果包括每天和每年的空气泄漏量以及由此造成的成本损失，具体计算方法见表 21-11-18。

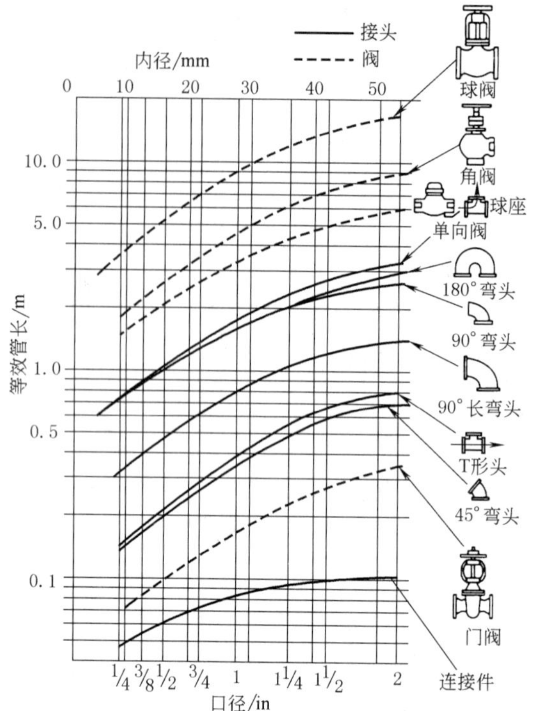

图 21-11-46　管路接头及阀门的等效管路长度

表 21-11-18　　空气泄漏造成的成本损失

参数	公式	项目	变量	单位
泄漏流量	当$\frac{0.1}{p_1+0.1}\leqslant b$时，$q=600C(p_1+0.1)\sqrt{\frac{293}{273+T}}$ 当$\frac{0.1}{p_1+0.1}>b$时，$q=600C(p_1+0.1)\sqrt{1-\left(\frac{\frac{0.1}{p_1+0.1}-b}{1-b}\right)^2}\sqrt{\frac{293}{273+T}}$	泄漏流量	q	$dm^3/min(ANR)$
		声速流导	C	$dm^3/(s\cdot bar)$
		临界压力	b	—
		供给压力	p_1	MPa
		温度	T	℃
日泄漏量	$q_d=\frac{60qT_d}{1000}$	日泄漏量	q_d	$m^3(ANR)$/天
		泄漏流量	q	$dm^3/min(ANR)$
		日运行时间	T_d	h/天
年泄漏量	$q_y=\frac{60qT_dT_y}{1000}$	年泄漏量	q_y	$m^3(ANR)$/年
		泄漏流量	q	$dm^3/min(ANR)$
		日运行时间	T_d	h/天
		年运行天数	T_y	天/年
日损失成本	$Y_d=\frac{60qT_ye}{1000}$	日损失成本	Y_d	元/天
		泄漏流量	q	$dm^3/min(ANR)$
		运行时间	T_d	h/天
		压缩空气成本	e	元/$m^3(ANR)$
年损失成本	$Y_y=\frac{60qT_dT_ye}{1000}$	年损失成本	Y_y	元/年
		泄漏流量	q	$dm^3/min(ANR)$
		日运行时间	T_d	h/天
		年运行时间	T_y	天/年
		压缩空气成本	e	元/$m^3(ANR)$

（8）喷嘴的选定和特性参数

在“喷嘴的选定和特性参数”选项中，可以计算出吹气气流的未知特性参数和消耗流量，还可以对计算结果进行记录、编辑和删除。吹气气流的压力分布、流速分布和消耗流量可以用喷嘴的特性参数计算出来。根据试验结果计算的单孔喷嘴的吹气特性参数也被应用到该计算中。

1）喷嘴的选定

在“喷嘴的选定”选项中，可以计算出4个吹气参数（喷嘴口径、喷嘴进口压力、工作距离、吹击压力）中的1个未知参数，同时，可以算出消耗流量。每次计算时的输入条件和计算结果都会记录并显示在计算结果列表中。通过比较每次的计算结果，可以选择更优的设计方案。

2）喷嘴的特性参数计算

在“喷嘴的特性参数计算”选项中，通过输入喷嘴口径、喷嘴进口压力和工作距离，计算得出的图表中可显示出吹气气流横截面上和轴芯线上的压力分布，横截面和轴芯线上的流速分布。另外，该图表还可以显示距喷嘴距离为工作距离的1/3和2/3处，横截面上的压力分布和流速分布情况。这些特性参数为评估当前吹气气路性能及设计改进提供了便利。

3）单孔喷嘴的特性参数

从单孔喷嘴向大气自由吹气的情况如图21-11-47所示。吹气时，在距喷嘴出口距离为5倍喷嘴口径之内的范围内会形成一个势能核，势能核内的气体流速、动压力和喷嘴出口形成动能都保持不变。在势能核外部为加速区，此处气流会对周围气体产生强吸引力。

势能核前端会出现一个扩展区，扩展区不断从周围吸入空气以保持其吹气压力，最终会形成一个截面为内角约14°的扇形区域。

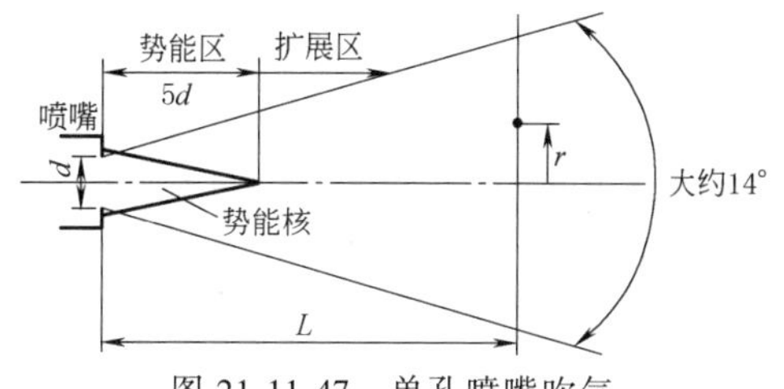

图21-11-47　单孔喷嘴吹气

① 消耗流量　喷嘴吹气时的消耗流量计算公式如下：

当 $p_0 \geqslant 0.1$ 时，壅塞流：

$$q=600C(p_0+0.1)\sqrt{\frac{293}{273+T}}=600\times\frac{\pi}{20}\times 0.9d^2(p_0+0.1)\sqrt{\frac{293}{273+T}}$$

当 $p_0<0.1$ 时，亚声速流：

$$q=600C(p_0+0.1)\sqrt{1-\left(\frac{\frac{0.1}{p_1+0.1}-0.5}{1-0.5}\right)^2}\times\sqrt{\frac{293}{273+T}}=600\times\frac{\pi}{40}\times 0.9d^2\sqrt{0.1p_0}\times\sqrt{\frac{293}{273+T}}$$

式中　q——消耗流量，dm^3/min（ANR）；

C——声速流导，$dm^3/(s\cdot bar)$；

d——喷嘴口径，mm^2；

p_0——喷嘴进口压力，MPa；

T——温度，℃。

喷嘴声速流导值由公式 $C=S/5$ 求出，S 为有效截面面积（实际截面面积乘流通系数0.9）。

② 压力分布　自由喷射气流的横截面上的压力分布见图21-11-48，横轴表示吹出压力与进口压力的比值，纵轴表示放射气流距轴芯线距离 r 与喷嘴口径 d 的比值。同时图21-11-48中的参数表示沿喷射方向距喷嘴口距离 L 与喷嘴口径 d 的比值。

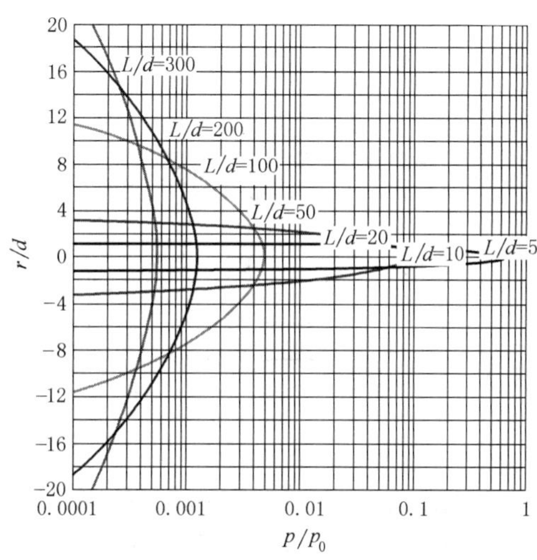

图21-11-48　吹气压力分布

③ 流速分布　临界压力比为 $b=0.5$ 时，喷嘴出口的流速 u_0 计算公式如下：

当 $p_0 \geqslant 0.1$ 时，壅塞流：

$$u_0=331\times\sqrt{\frac{273+t}{273}}$$

当 $p_0<0.1$ 时，亚声速流：

$$u_0=740\times\sqrt{1-\left(\frac{0.1}{p_0+0.1}\right)^{0.286}}\times\sqrt{\frac{273+t}{273}}$$

在扩展区的自由吹气流速为：

$$u=u_0\sqrt{\frac{p}{p_0}}$$

式中　u_0——喷嘴出口流速，m/s；

u——扩展区流速，m/s；

p_0——喷嘴进口压力，MPa；

p——吹击压力，MPa；

t——温度，℃。

p/p_0 可以通过图 21-11-48 得出。

(9) 吹气管路的选定与特性参数

在“吹气管路的选定与特性参数”选项中，可以对处于减压阀和喷嘴间的配管进行选定和特性参数计算。节能优化软件可以进行树状吹气管路以及更加复杂回路的选定和特性参数计算。

1) 吹气管路的选定

在“吹气管路的选定”选项中，需要输入管路长度、喷嘴口径、喷嘴进口压力等，还要按照选型索引输入声速流导比或回路构建后的压力降，本系统会在计算结果中列出符合输入条件的元件系列和型号以供选择；同时也会给出压力分布图和特性参数的计算结果。

2) 吹气管路的特性参数计算

在“吹气管路的特性参数计算”选项中，需要输入已选定的管路元件的声速流导和临界压力比。计算结果中会给出压力分布图和特性参数值。根据压力分布图和特性参数值可以对气路进行分析、修正和改进。

3) 关于“构建管路”的解释

典型的吹气管路如图 21-11-49 所示。吹气管路的选定和特性参数计算可以按气源、主管路、中间管路、末端管路和喷嘴分别进行。构建回路时，减压阀的有无、电磁阀的安装位置、回路的种类和末端管路与喷嘴的数量均可在本系统中进行设定和更改。

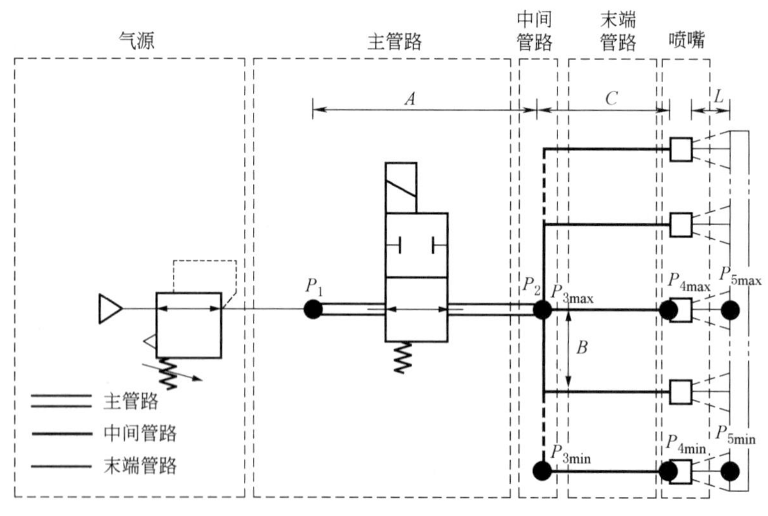

图 21-11-49　吹气管路

① 气源：本选项中气源是指减压阀，构建回路时可以在此部分选择减压阀的有无。

② 主管路：连接气源和中间管路的部分称为主管路。构建回路时可以选择电磁阀安装位置。

③ 中间管路：连接主管路和末端管路的部分称为中间管路。即使有多个末端管路，只需将中间管路管长或一段中间管路声速流导和临界压力比输入到本系统中，这些值将被应用到所有中间管路。构建回路时可在此部分

选择不同末端管路数量和管路类型（对称或非对称）。

④ 末端管路：从中间管路分支点到喷嘴的管路称为末端管路。即使有多个末端管路，只需将一个末端管路管长或声速流导和临界压力比输入到本系统中，这些值将被应用到所有末端管路上。

⑤ 喷嘴：吹气管路末端是喷嘴。即使有很多喷嘴，只需将连接到某个末端管路的喷嘴内径、喷嘴数量、喷嘴输入压力和工作距离输入本系统，这些值将应用到所有末端管路中。

4）压力分布曲线

压力分布曲线能够显示吹气管路中各个部分的压力，可以用来判断整个回路的压降。当有两个或两个以上的末端回路时，由于喷嘴距中间管路分支点的距离不同，每个末端管路的输入压力、喷嘴进口压力和吹击压力是不同的，如图 21-11-50 所示。

5）压降和声速流导比

当管路内压降非常大时，喷嘴进口压力可能会过小并由此导致耗气量成倍增加，此时必须采取措施减小压降以保证喷嘴处的压力。声速流导比可以作为选择具有合适压降元件的一项指标。图 21-11-51 所示为声速流导比和压力比。

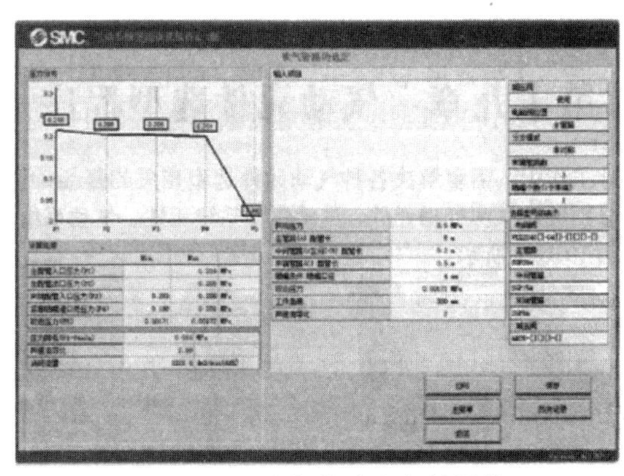

图 21-11-50　吹气管路选定结果截面

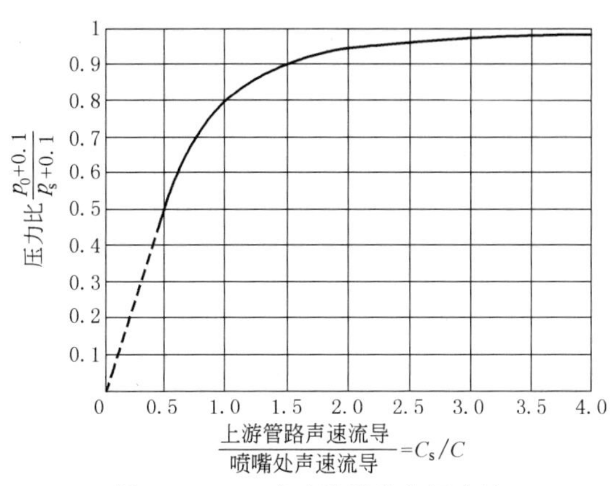

图 21-11-51　声速流导比和压力比

当压力比为 0.8 时，声速流导比为 1，0.9 对应 1.5，0.95 对应 2.2。这就表示：当管路声速流导值是喷嘴声速流导值 1.5 倍时，压降占总压力的 10%；当声速流导比为 2 时，压降占总压力的 5%，因此，我们推荐选用的管路合成声速流导应为喷嘴声速流导的 2 倍。本系统会根据输入的声速流导比自动选定适用的吹气管路元件，可以将输入流量特性参数自动代入特性参数计算公式得出声速流导比。

第12章 气动系统安装、调试、维护及故障处理

1 气动系统的安装

对于重型机械产品的装配应遵守 GB/T 37400.10—2019《重型机械通用技术条件　第10部分：装配》的要求；对于重型机械产品本体上的气动配管应遵守 GB/T 37400.11—2019《重型机械通用技术条件　第11部分：配管》的要求。

1.1 气动系统的安装内容与准备工作

表 21-12-1　　气动系统的安装内容与准备工作

项目	说明
安装内容	气动系统的安装包括气源装置、气动控制装置[阀及其辅助连接件(公共底板等)]、气动管道和管接头、气动执行元件(气缸、气动马达)等部分的安装。安装质量的优劣,是能否保证系统可靠工作的关键,因此必须合理完成安装过程中的每一个细节
准备工作	与液压系统安装类同,在安装气动系统之前,安装人员首先要了解主机的气动系统各组成部分的安装要求,明确安装现场的施工程序和施工方案。其次要熟悉有关技术文件和资料[如气动系统原理图、管路布置图、气动元件、辅件清单和有关产品样本等],落实安装所需人员并按气动元、辅件清单,准备好有关物料(包括元附件,机械及工具),对气动元附件的规格、质量按有关规定进行细致检查,检查不合格的元件,不得装入系统

1.2 气动元件和配管安装总则

表 21-12-2　　气动元件和配管安装总则

项目		要求	
安装	序号	气动元件的安装	气动管路的安装
	1	安装前应对元件进行清洗,必要时要进行密封试验	安装前要检查管路内壁是否光滑,并进行除锈和清洗
	2	气动控制阀体上的箭头方向或标记,要符合气流流动方向	管路支架要牢固,工作时不得产生振动
	3	气动逻辑元件应按控制回路的需要,将其成组的装于底板上,并在底板上引出气路,用软管接出	拧紧各处接头,管路不允许漏气
	4	密封圈不宜装的过紧,特别是V形密封圈,由于阻力特别大,故松紧要适当	管路加工(锯切、坡口、弯曲等)及焊接应符合规定的标准条件

续表

项目		要求	
安装	5	气缸的中心线与负载作用力的中心线要同心，以免引起侧向力，使活塞杆弯曲，加速密封件磨损	软管安装时，其长度应有一定余量；在弯曲时，不能从端部接头处开始弯曲；在安装直线段时，不要使端部接头和软管间受拉伸；应尽可能远离热源或安装隔热板
	6	各种自动控制仪表、自动控制器、压力继电器等，在安装前应进行校验	管路系统中任何一段管道均应能拆装；管路安装的倾斜度、弯曲半径、间距和坡向均要符合有关规定
吹污		管路系统安装后，要用压力为 0.6MPa 的干燥空气吹除系统中一切污物（可用白布检查，以 5min 内无污物为合格）。吹污后还要将阀芯、滤芯及活塞（杆）等零件拆下清洗	
试压		用气密试验检查系统的密封性是否符合标准：一般是使系统处于 1.2～1.5 倍的额定压力下保压一段时间（如 2h）。除去环境温度变化引起的误差外，其压力变化量不得超过设计图样及相关技术文件的规定值。试验时要把安全阀调整到试验压力。试压过程中最好采用分级试验法，并随时注意安全。若发现系统异常，应立即停止试验，并查出原因，清除故障后再进行试验	
说明		①气源及气动辅件的安装要求（参见第 2 章 1.4 节） ②气动执行元件的安装要求大多与液压执行元件的安装要求相似，可参照生产厂样本进行。 ③气动控制元件安装的要求见表 21-12-3 ④气动系统配管的安装要求见表 21-12-4	

1.3 气动控制元件的安装要求

表 21-12-3 **气动控制元件的安装要求**

项目		要求
压力阀的安装	减压阀	减压阀（或气动三联件）必须安装在靠近其后部需要减压的系统，阀的安装部位应方便操作，压力表应便于观察。减压阀的安装方向不能搞错，阀体上的箭头为气体的流动方向。在环境恶劣粉尘多的场合，需要在减压阀之前安装过滤器。油雾器必须安装在减压阀的后面。安装减压阀之前的管路系统必须经过清洗。减压阀要垂直安装，手柄朝向须视减压阀的具体结构而定。为延长减压阀的使用寿命，减压阀不用时应旋松调压手柄，以免膜片长期受压引起塑性变形。由外部先导式减压阀构成遥控调压系统时，为避免信号损失及滞后，其遥控管路要短，最长不得超过 30m；精密减压阀的遥控距离一般不得超过 10m
	顺序阀	顺序阀的安装位置应便于操作。在有些不便于安装机控行程阀的场合，可安装单向顺序阀
流量控制阀的安装		用流量控制阀控制执行元件的运动速度时，流量控制阀原则上应装设在气缸接管口附近
方向控制阀的安装	滑阀式方向阀	须水平安装，以保证阀芯换向时所受阻力相等，使方向可靠工作
	人力控制阀	人力控制阀应安装在便于操作的地方，操作力不宜过大。脚踏阀的踏板位置不宜太高，行程不能太长，脚踏板上应有防护罩。在有激烈振动的场合，为安全起见，人控阀应附加锁紧装置

项目		要求
方向控制阀的安装	机械控制阀	机械控制阀操纵时，其压下量不能超过规定行程。用凸轮操纵滚子或杠杆时，应使凸轮具有合适的接触角度。如图 1 所示，操纵滚子时，$\theta \leqslant 15°$；操纵杠杆时，在超过杠杆角度使用时，$\theta \leqslant 10°$。机械控制阀的安装板应加工安装长孔，以便能调整阀的安装位置 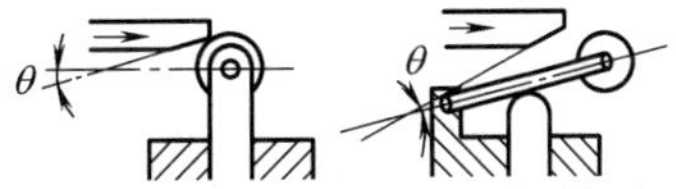 图 1 操纵滚子、杠杆时的凸轮接触角 θ
	电磁阀	多联式电磁阀是在公共底板上安装很多电磁阀的结构。因此种结构是由一个供气口向各个电磁阀供气，故若同时操纵多个电磁阀就有可能出现气体供应不足之情况，所以需要适当确定在一块公共底板上能够同时安装阀的数量。各电磁阀的排气管有时也合成一个，在排气管处设置消声器时，应注意不使消声器产生过大的排气阻力，以免消声器在长时间使用后，引起堵塞，使阻力增大，从而使各电磁阀的排气口发生气体倒流的现象，甚至使执行元件产生误动作
逻辑控制元件的安装		逻辑控制元件在安装前，应试验每个元件的功能是否正常。逻辑元件可采用安装底板安装，在底板下面有管接头，元件之间用塑料管连接。也可用集成气路板安装

1.4 气动系统配管的安装要求

表 21-12-4　　气动系统配管的安装要求

序号	内容与要求
1	安装前要逐段检查管路。硬管中不得有切屑、锈皮及其他杂物,否则应清洗后才能安装。管路外表面及两端接头应完好无损,加工后的几何形状应符合要求,经检查合格的管路须吹风后才能安装
2	管路连接前平管嘴表面和螺纹应涂密封胶或黄油。为防止它们进入导管内;螺纹前端 2~3 扣处不涂或拧入 2~3 扣后涂(见图 1a)、如用密封带矿应在螺纹前端 2~3 扣后再卷绕
3	管路扩口部分的几何轴线必须与管接头的几何轴线重合。以免当外套螺母拧紧时,扩口部分的一边压紧过度而另一边则压得不紧,产生安装应力或密封不良(见图 1b) 直线段不小于 $\frac{1}{2}D_0$ 润滑　正确的装配　不正确的装配 (a)　(b) 图 1　管路连接
4	软管的抗弯曲刚度小,在软管接头的接触区内产生的摩擦力又不足以消除接头的转动,故在安装后有可能出现软管的扭曲变形。检查方法是在安装前给软管表面涂一条纵向色带,安装后以色带判断软管是否被扭曲。防止软管被扭曲的方法是在最后拧紧外套螺母以前将软管接头向拧紧外套螺母相反的方向转动 1/6~1/8 圈 软管不允许急剧弯曲,通常弯曲半径应大于其外径的 9~10 倍。为防止软管挠性部分的过度弯曲和在自重作用下发生变形,往往采用能防止软管过度弯曲的接头
5	一般情况下,硬管弯曲半径应不小于管于外径的 2.5~3 倍。在管子弯曲过程中,为避免管子圆截面产生变形,常给管子内部装入起支承管壁的作用
6	为保证焊缝质量,零件上应加工焊缝坡口;焊缝部位要清理干净(除去氧化皮,油污,镀锌层等)。焊接管路的装配间隙最好保持在 0.5mm 左右。应尽量采用平焊位置,焊接时可以边焊边转动,一次焊完整条焊缝
7	管路的走向要合理。一般来说,管路越短越好。弯曲部分越少越好,并避免急剧弯曲。短软管只允许作平面弯曲,长软管可以做复合弯曲
8	安装工作的质量检查可按分系统作分段检查或整个系统安装完毕后进行总检查。检查归纳为:①对管路及其连接件、紧固件全部作划伤、碰伤、压扁及磨损现象等直观检查。②检查软管有无扭曲、损伤及急剧弯曲的情况。在外套螺母拧紧的情况下,若软管接头处用手能拧动,应重新紧固安装。③对扩口连接的管道,应检查其外表面是否有超过允许限度的挤压。④管路系统内部清洁度的检查方法是用清洁的细白布擦拭导管的内壁或让吹出的风通过细白布,观察细白布上有无灰尘或其他杂物,以此判别系统内部的清洁程度
9	管路安装后应进行吹风,以除去安装过程中带入管路系统内部的灰尘及其他杂质。吹风前应将系统的有些气动元件(如单向阀、减压阀、电磁阀、气缸等)用工艺附件或导管替换。整个系统吹干净后,再把全部气动元件还原安装
10	压缩空气管道要涂标记颜色,一般涂灰色或淡蓝色,精滤管道涂天蓝色

2 气动系统的调试

表 21-12-5　　气动系统的调试

项目	说明
主要内容	气动系统的调试的主要内容包括气密性试验及总体调试(空载试验和带载试验)等
调试准备	调试前的准备工作如下 ①熟悉气动系统原理图、安装图样及使用说明书等有关技术文件资料,力求全面了解系统的原理、结构、性能及操纵方法 ②落实安装人员并按说明书的要求准备好调试工具、仪表、补接测试管路等物料 ③了解需要调整的元件在设备上的实际安装位置、操纵方法及调节旋钮的旋向等

续表

项目	说明
气密性试验	气密性试验的目的在于检查管路系统全部连接点的外部密封性。气密性试验通常在管路系统安装清洗完毕后进行。试验前要熟悉管路系统的功用及工作性能指标和调试方法 试验用压力源可采用高压气瓶，压力由系统的安全阀调节。气瓶的输出气体压力应不低于试验压力，用皂液涂敷法或压降法检查气密性。试验中如发现有外部泄漏时，必须将压力降到零，方可拧动外套螺母或作其他的拆卸及调整工作。系统应保压 2h
总体调试	气密性试验合格后，即可进行系统总体调试。这时被试系统应具有明确的被试对象或传动控制对象，调试中重点检查被试对象或传动控制对象的输出工作参数 首先进行空载试验。空载试验运转不得少于 2h，观察压力、流量、温度的变化，发现异常现象立即停车检查，排除故障后才能恢复试运转 带负载试运转时，应分段加载，运转不得少于 4h，要注意油雾器内的油位变化和摩擦部位的温升等，分别测出有关数据并记入调试记录

3　气动系统的维护

3.1　维护与检修

表 21-12-6　**维护管理的考虑方法**

维护的中心任务	保证气动系统清洁干燥的压缩空气；保证气动系统的气密性；保证油雾润滑元件得到必要的润滑；保证气动系统及元件得到规定的工作条件（如使用压力、电压等），以保证气动执行机构按预定的要求进行工作 维护工作可以分为日常性的维护工作及定期的维护工作。前者是指每天必须进行的维护工作，后者可以是每周、每月或每季度进行的维护工作。维护工作应有记录，以利于今后的故障诊断与处理		
维护管理的考虑方法	维护管理时首先应充分了解元件的功能、性能、构造 在购入元件设备时，首先应根据厂家的样本等对元件的性能、功能进行调查。样本上所表示的元件性能一般是根据厂家的试验条件而测试得到的，厂家的试验条件与用户的实际使用条件一般是不同的，因此，不应忽视两者之间的不同对产品性能的影响 在选用元件的时候，必须考虑下述事项 ①理解决定元件型号而进行的实验条件及其理论基础，尽可能根据确实的数据来掌握元件的性能 ②调查、研究各种实际使用条件对气动元件使用场合、性能的影响 ③从前面所述的①及②中，了解在最恶劣的使用条件下，元件性能上有无裕度		
气动元件选定注意事项	选定元件	检查项目	摘　　要
	气动系统全体	使用温度范围 流量（ANR）/L·min^{-1} 压力	标准 5～50℃ 一般 0.4～0.6MPa
	过滤器	最大流量（ANR）/L·min^{-1} 供给压力 过滤度 排水方式 外壳类型	一般 1.0MPa 一般 5μm、10μm、40～70μm 手动还是自动 一般耐压外壳、耐有机溶剂外壳、金属外壳
	减压阀	压力调整范围 流量（ANR）/L·min^{-1}	一般 0.1～0.8MPa（压力变动 0.05MPa 程度）
	油雾器	流量范围 给油距离 补油间隔（油槽大小） 外壳种类	无流量传感器 油雾（约 5m 以内），微雾（约 10m 以内） 通常按 10m^3 空气对应 1mL 油计算 一般耐压外壳、耐有机溶剂外壳、金属外壳
	电磁阀	控制方法 流量（有效截面积、C_V 值）（ANR）/L·min^{-1} 动作方式 电压 给油式或无给油式	单电磁铁、双电磁铁、二通阀、三通阀、四通阀、五通阀、二位式、三位式、直动式、先导式、交流直流、电压大小、频率等
	气缸	安装方式 输出力大小 有无缓冲 要不要防尘套 使用温度 给油、无给油	脚座式、耳轴式、法兰式 使用压力、气缸内径 速度 100mm 以上，行程 100mm 以上时使用，一般 50～500mm/s 有无粉尘 一般 5～60℃，耐热型 60～120℃

表 21-12-7　　维护检修原则和项目

<table>
<tr><td colspan="2">维修前注意事项</td><td colspan="3">①在元件的维护检修中，必须事前搞清楚元件在停止、运转时的正常状态及不正常状态的现象。仅从数据资料及相关人员的说明等获得的知识还不够，除此之外，应在实际操作中获取经验，这是非常重要的
②气动系统中各类元件的使用寿命差别较大，像换向阀、气缸等有相对滑动部件的元件，其使用寿命较短。而许多辅助元件，由于可动部件少，相对寿命就长些。各种过滤器的使用寿命，主要取决于滤芯寿命，这与气源处理后空气的质量关系很大
③像急停开关这种不经常动作的阀，要保证其动作可靠性，就必须定期进行维护，因此，气动系统的维护周期，只能根据系统的使用频度、气动装置的重要性和日常维护、定期维护的状况来确定，一般是每年大修一次
④维修之前，应根据产品样本和使用说明书预先了解该元件的作用、工作原理和内部零件的运动状况。必要时，应参考维修手册
⑤根据故障的类型，在拆卸之前，对哪一部分问题较多应有所估计
⑥维修时，对日常工作中经常出问题的地方要彻底解决
⑦对重要部位的元件、经常出问题的元件和接近其使用寿命的元件，宜按原样换成一个新元件
⑧新元件通气口的保护塞，在使用时才应取下来
⑨许多元件内仅仅是少量零件损伤，如密封圈、弹簧等，为了节省经费，可只更换这些零件
⑩必须制定一套适当的制度，使元件或装置一直保持在最好的状态。尽量减少故障的发生，在故障发生时能尽快尽好地得到迅速处理</td></tr>
<tr><td colspan="2">维修保养原则</td><td colspan="3">①理解元件的原理、构造、性能、特征
②检查元件的使用条件是否合适
③事先掌握元件的使用方法及其注意事项
④事先掌握元件的寿命及其相关的使用条件
⑤事先了解故障易发的场所、发现故障的方法和预防方法
⑥准备好管理手册，定期进行检修，预防故障发生
⑦做好能正确、迅速修理并且费用最低的备件</td></tr>
<tr><td rowspan="9">元件定期检修项目</td><td>日常维护</td><td colspan="3">在设备开始运转及结束时，应养成排水的习惯。在气罐、竖管的最下端及配管端部、过滤器等需要排污的地方必须进行排水</td></tr>
<tr><td>每周一次的维护</td><td colspan="3">日常检修由操作工进行，而每周的检修最好由专责检修人员进行。此时的重点是补充油雾器的油量及检查有无漏气
空气泄漏是由于部件之间的磨损及部件变质而引起的，是元件开始损坏的初期阶段，此时应进行元件修理的准备计划，及时做好元件修理的准备工作，防止故障的突然发生</td></tr>
<tr><td rowspan="6">三个月到一年的定期维修</td><td>装　置</td><td>维 护 内 容</td><td>说　　明</td></tr>
<tr><td>过滤器</td><td>杯内有无污物
滤芯是否堵塞
自动排水器能否正常动作</td><td rowspan="5">表中所列为各种元件的定期检修内容，随着装置的重要性及使用频度的不同，详细的检修时间及项目也不同，应综合考虑各种情况后，决定定期检修的时间</td></tr>
<tr><td>减压阀</td><td>调压功能正常否，压力表有无窜动现象</td></tr>
<tr><td>油雾器</td><td>油杯内有无杂质等污物，油滴是否正常</td></tr>
<tr><td>电磁阀</td><td>电磁阀电磁铁处有无振动噪声
排气口是否有漏气
手动操作是否正常</td></tr>
<tr><td>气缸</td><td>活塞杆出杆处有无漏气
活塞杆有无伤痕
运动是否平稳</td></tr>
<tr><td>大修</td><td colspan="3">一般来说，一年到两年间大修。在清洗元件时，必须使用优质的煤油，清洗后上润滑油（黄油或透平油）后组装。用汽油、柴油等有机溶剂进行清洗时，对由橡胶材料及塑料构成的部件有损坏，应尽量不要使用</td></tr>
</table>

3.2　维护工作内容

表 21-12-8　　维护工作内容

<table>
<tr><td colspan="2">日常性维护工作</td><td colspan="4">日常维护工作的主要任务是冷凝水排放、检查润滑油和空压机系统的管理。冷凝水排放涉及整个气动系统，如空压机、后冷却器、气罐、管道系统及空气过滤器、干燥机和自动排水器等。在作业结束时，应将各处冷凝水排放掉，以防夜间温度低于零度，导致冷凝水结冰。由于夜间管道内温度下降，会进一步析出冷凝水，故气动装置在每天运转前，也应将冷凝水排出，注意查看自动排水器是否工作正常，水杯内不应存水过量
在气动装置运转时，应检查油雾器的滴油量是否符合要求，油色是否正常，即油中不应混入灰尘和水分等
空压机系统的日常管理工作是：是否向后冷却器供给冷却水（指水冷式）；空压机是否有异常声音和异常发热，润滑油位是否正常</td></tr>
<tr><td rowspan="12">定期的维护工作</td><td rowspan="12">每周的维护工作</td><td colspan="4">每周维护工作的主要内容是漏气检查和油雾器管理。漏气检查应在白天车间休息的空闲时间或下班后进行。这时气动装置已停止工作，车间内噪声小，但管道内还有一定的空气压力，根据漏气的声音便可知何处存在泄漏。泄漏的原因见下表。严重泄漏处必须立即处理，如软管破裂、连接处严重松动等。其他泄漏应做好记录</td></tr>
<tr><td>泄 漏 部 位</td><td>泄 漏 原 因</td><td>泄 漏 部 位</td><td>泄 漏 原 因</td></tr>
<tr><td>管子连接部位</td><td>连接部位松动</td><td rowspan="2">减压阀的溢流孔</td><td rowspan="2">灰尘嵌入溢流阀座，阀杆动作不良，膜片破裂。但恒量排气式减压阀有微漏是正常的</td></tr>
<tr><td>管接头连接部位</td><td>接头松动</td></tr>
<tr><td>软管</td><td>软管破裂或被拉脱</td><td>油雾器调节针阀</td><td>针阀阀座损伤，针阀未紧固</td></tr>
<tr><td>空气过滤器的排水阀</td><td>灰尘嵌入</td><td>换向阀阀体</td><td>密封不良，螺钉松动，压铸件不合格</td></tr>
<tr><td>空气过滤器的水杯</td><td>水杯龟裂</td><td rowspan="2">换向阀排气口</td><td rowspan="2">密封不良，弹簧折断或损伤，灰尘嵌入，气缸的活塞密封圈密封不良，气压不足</td></tr>
<tr><td>减压阀阀体</td><td>紧固螺钉松动</td></tr>
<tr><td>油雾器器体</td><td>密封垫不良</td><td rowspan="2">安全阀出口侧</td><td rowspan="2">压力调整不符合要求，弹簧折断，灰尘嵌入，密封圈损坏</td></tr>
<tr><td>油雾器油杯</td><td>油杯龟裂</td></tr>
<tr><td>快排阀漏气</td><td>密封圈损坏，灰尘嵌入</td><td>气缸本体</td><td>密封圈磨损，螺钉松动，活塞杆损伤</td></tr>
<tr><td colspan="4">油雾器最好选用一周补油一次的规格。补油时要注意油量减少情况。若耗油量太少，应重新调整滴油量。调整后的油量仍少或不滴油，应检查油雾器进出口是否装反，油道是否堵塞，所选油雾器的规格是否合适</td></tr>
</table>

续表

<table>
<tr><td rowspan="9">定期的维护工作</td><td rowspan="9">每月或每季度的维护工作</td><td colspan="4">每月或每季度的维护工作应比每日每周的工作更仔细，但仍只限于外部能检查的范围。其主要内容是仔细检查各处泄漏情况，紧固松动的螺钉和管接头，检查换向阀排出空气的质量，检查各调节部分的灵活性，检查各指示仪表的正确性，检查电磁换向阀切换动作的可靠性，检查气缸活塞杆的质量以及一切从外部能够检查的内容</td></tr>
<tr><td>元　件</td><td>维 护 内 容</td><td>元　件</td><td>维 护 内 容</td></tr>
<tr><td>自动排水器</td><td>能否自动排水，手动操作装置能否正常动作</td><td rowspan="2">气缸</td><td rowspan="2">查气缸运动是否平稳，速度及循环周期有否明显变化，气缸安装架有否松动和异常变形，活塞杆连接有无松动，活塞杆部位有无漏气，活塞杆表面有无锈蚀、划伤和偏磨</td></tr>
<tr><td>过滤器</td><td>过滤器两侧压差是否超过允许压降</td></tr>
<tr><td>减压阀</td><td>旋转手柄，压力可否调节。当系统压力为零时，观察压力表的指针能否回零</td><td>空压机</td><td>入口过滤网眼是否有堵塞</td></tr>
<tr><td>换向阀的排气口</td><td>查油雾喷出量，查有无冷凝水排出，查有无漏气</td><td>压力表</td><td>观察各处压力表指示值是否在规定范围内</td></tr>
<tr><td>电磁阀</td><td>查电磁线圈的温升，查阀的切换动作是否正常</td><td>安全阀</td><td>使压力高于设定压力，观察安全阀能否溢流</td></tr>
<tr><td>速度控制阀</td><td>调节节流阀开度，查能否对气缸进行速度控制或对其他元件进行流量控制</td><td>压力开关</td><td>在最高和最低的设定压力，观察压力开关能否正常接通与断开</td></tr>
<tr><td colspan="4">检查漏气时应采用在各检查点涂肥皂液等办法，因其显示漏气的效果比听声音更灵敏。检查换向阀排出空气的质量时应注意如下几个方面：一是了解排气阀中所含润滑油量是否适度，其方法是将一张清洁的白纸放在换向阀的排气口附近，阀在工作三至四个循环后，若白纸上只有很轻的斑点，表明润滑良好；二是了解排气中是否含有冷凝水；三是了解不该排气的排气口是否有漏气。少量漏气预示着元件的早期损伤（间隙密封阀存在微漏是正常的）。若润滑不良，应考虑油雾器的安装位置是否合适，所选规格是否恰当，滴油量调节是否合理，管理方法是否符合要求。如有冷凝水排出，应考虑过滤器的位置是否合适，各类除水元件设计和选用是否合理，冷凝水管理是否符合要求。泄漏的主要原因是阀内或缸内的密封不良、复位弹簧生锈或折断、气压不足等。间隙密封阀的泄漏较大时，可能是阀芯、阀套磨损所致
像安全阀、紧急开关阀等，平时很少使用，定期检查时，必须确认它们的动作可靠性
让电磁换向阀反复切换，从切换声音可判断阀的工作是否正常。对交流电磁阀，如有蜂鸣声，应考虑动铁芯与静铁芯没有完全吸合，吸合面有灰尘，分磁环脱落或损坏等原因
气缸活塞杆常露在外面。观察活塞杆是否被划伤、腐蚀和存在偏磨。根据有无漏气，可判断活塞杆与端盖内的导向套、密封圈的接触情况，压缩空气的处理质量，气缸是否存在横向载荷等</td></tr>
</table>

4　气动系统故障诊断与排除

4.1　气动系统故障类型及特点

表 21-12-9　　气动系统故障类型及特点

<table>
<tr><td>类型</td><td colspan="2">特点</td></tr>
<tr><td colspan="3">按故障发生时间，气动系统的故障可分为初期故障、中期故障（突发故障）和后期故障（老化故障）等三类</td></tr>
<tr><td rowspan="5">初期故障</td><td colspan="2">它是指调试阶段和开始运转的二三个月内发生的故障，其产生的可能原因有四个方面</td></tr>
<tr><td>设计方面</td><td>设计气动元件时对元件的材料选用不当，加工工艺要求不合理等。对元件的功能、性能了解不够，造成回路及系统设计时元件选择不当。设计的空气处理系统不能满足要求，回路设计出现错误</td></tr>
<tr><td>制造方面</td><td>如元件内孔的研磨不合要求，零件毛刺未清除干净，不清洁安装，零件装反、装错，装配时对中不良，零件材质不符合要求，外购零件（如电磁铁、弹簧、密封圈）质量差等</td></tr>
<tr><td>装配方面</td><td>装配时，气动元件及管道内吹洗不干净，使灰尘、密封材料碎末等杂质混入，造成气动系统的故障；装配气缸时存在偏心。管路的固定、防振等未采取有效措施</td></tr>
<tr><td>维护保养方面</td><td>如未及时排除冷凝水、没及时给油雾器补油等</td></tr>
</table>

续表

类型	特点
中期故障（突发故障）	它是指系统在稳定运行期间突然发生的故障。如空气或管路中，残留的杂质混入元件内部，突然使相对运动件卡死；弹簧突然折断、电磁线圈突然烧毁；软管突然破裂；气动三联件中的油杯和水杯都是用工程塑料（聚碳酯）制成，当它们接触了有机溶剂后强度会降低，使用时可能突然破裂；突然停电造成的回路误动作等 突发故障有些是有先兆的。例如电磁铁线圈过热，预示电磁阀有烧毁的可能；换向阀排出的空气中出现水分和杂质，反映过滤器已失效，应及时查明原因，予以排除，不要酿成突发故障。但有些突发故障是无法预测的，例如管路突然爆裂等，只能准备一些易损件以备及时更换失效元件，或采取安全措施加以防范
后期故障（老化故障）	也称寿命故障。它是指个别或少数元件已达到使用寿命后发生的故障。可通过参考各元件的生产日期，开始使用日期，使用的频度和已经出现的某些预兆（如泄漏越来越大、气缸运行不平稳、反常声音等），大致预测老化故障的发生期限。此类故障较易处理

4.2 气动系统故障诊断策略与方法

表 21-12-10　　气动系统故障诊断策略与方法

<table>
<tr><th colspan="3">项目</th><th>说明</th></tr>
<tr><td colspan="3">故障诊断策略</td><td>气动系统故障诊断策略是，弄清整个气动系统的工作原理和结构特点；根据故障现象利用知识和经验进行判断；逐步深入、有目的、有方向地逐步缩小范围，确定区域、部位，以至某个气动元件</td></tr>
<tr><td rowspan="7">故障的诊断方法</td><td colspan="3">在气动系统故障分析诊断中，常用方法有观察诊断法和逻辑推理分析法等</td></tr>
<tr><td colspan="2">观察诊断法（简易故障诊断法）</td><td>此法主要依靠实际经验，借助简单的仪表，诊断故障发生的部位，找出故障产生原因。与液压系统故障诊断排除方法类同，经验法可客观地按所谓“望→闻→问→切”的流程来进行
①望（眼看）：看执行元件运动速度有无异常变化。各压力表的显示的压力是否符合要求，有无大的波动；润滑油的质量和滴油量是否符合要求，冷凝水能否正常排出；换向阀排气口排出空气是否干净，电磁阀的指示灯显示是否正常；管接头、紧固螺钉有无松动；管路有无扭曲和压扁；有无明显振动现象等。通过查阅气动系统的技术档案，了解系统的工作程序、动作要求；查阅产品样本，了解各元件的作用、结构、性能，查阅日常维护记录
②闻（耳听和鼻闻）：耳听气缸、换向阀换向时有无异常声音；系统停止工作但尚未泄压时，各处有无漏气声音等；闻一闻电磁线圈和密封圈有无过热发出特殊的气味等
③问：访问现场操作人员，了解故障发生前和发生时的状况，了解曾出现过的故障及排除方法
④切（手摸）：如手摸允许摸的相对运动件外部的温度、电磁线圈处的温升等，手摸 2s 感到烫手，应查明原因：气缸、管路等处有无振动，活塞杆有无爬行感，各接头及元件处有无漏气等
此法简单易行，但因每个人的实际经验、感觉、判断能力的差别，诊断故障会产生一定的局限性</td></tr>
<tr><td rowspan="5">逻辑推理分析法</td><td colspan="2">此法指利用逻辑推理，一步步查找出故障的真实原因。推理的原理是：由易到难、由表及里地逐一分析，排除掉不可能的和次要的故障原因，优先查故障概率高的常见原因，故障发生前曾调整或更换过的元件也应先查。在工程实际中，具体又有以下几种做法</td></tr>
<tr><td>仪表分析法</td><td>此法是使用监测仪器仪表，如压力表、差压计、电压表、温度计、电秒表、声级计及其他电子仪器等，检查系统中元件的参数是否符合要求</td></tr>
<tr><td>试探反证法</td><td>此法是试探性地改变气动系统中的部分工作条件，观察对故障的影响。如阀控气缸不动作时，除去气缸的外负载，察看气缸能否动作，便可反证出是否由于负载过大造成气缸不动作</td></tr>
<tr><td>部分停止法</td><td>此法是暂时停止气动系统某部分的工作，观察对故障的影响</td></tr>
<tr><td>比较替换法</td><td>此法是用标准的或合格的元件代替系统中可疑的相同元件，通过对比较，判断被更换的元件是否失效</td></tr>
</table>

4.3 气动系统常见故障与排除方法

表 21-12-11　　气路、空气过滤器、减压阀、油雾器等的故障及排除方法

现象	故障原因	排除方法
(1)气路没有气压	气动回路中的开关阀、速度控制阀等未打开	予以开启
	换向阀未换向	查明原因后排除
	管路扭曲、压扁	纠正或更换管路
	滤芯堵塞或冻结	更换滤芯
	介质或环境温度太低，造成管路冻结	及时清除冷凝水，增设除水设备
(2)供气不足	耗气量太大，空压机输出流量不足	选用输出流量更大的空压机
	空压机活塞环磨损	更换零件。在适当部位装单向阀，维持执行元件内压力，以保证安全
	漏气严重	更换损坏的密封件或软管。紧固管接头及螺钉
	减压阀输出压力低	调节减压阀至使用压力
	速度控制阀开度太小	将速度控制阀打开到合适开度
	管路细长或管接头选用不当，压力损失大	重新设计管路，加粗管径，选用流通能力大的管接头及气阀
	各支路流量匹配不合理	改善各支路流量匹配性能。采用环形管道供气
(3)异常高压	因外部振动冲击产生了冲击压力	在适当部位安装安全阀或压力继电器
	减压阀破坏	更换
(4)油泥过多	压缩机油选用不当	选用高温下不易氧化的润滑油
	压缩机的给油量不当	给油量过多，在排出阀上滞留时间长，助长炭化；给油量过少，造成活塞烧伤等。应注意给油量适当
	空压机连续运行时间过长	温度高，机油易炭化。应选用大流量空压机，实现不连续运转。气路中加油雾分离器，清除油泥
	压缩机运动件动作不良	当排出阀动作不良时，温度上升，机油易炭化。气路中加油雾分离
(5)空气过滤器　漏气	密封不良	更换密封件
	排水阀、自动排水器失灵	修理或更换
压力降太大	通过流量太大	选更大规格过滤器
	滤芯堵塞	更换或清洗
	滤芯过滤精度过高	选合适过滤器
水杯破裂	在有机溶剂中使用	选用金属杯
	空压机输出某种焦油	更换空压机润滑油，使用金属杯
(5)空气过滤器　从输出端流出冷凝水	未及时排放冷凝水	每天排水或安装自动排水器
	自动排水器有故障	修理或更换
	超过使用流量范围	在允许的流量范围内使用
输出端出现异物	滤芯破损	更换滤芯
	滤芯密封不严	更换滤芯密封垫
	错用有机溶剂清洗滤芯	改用清洁热水或煤油清洗
(6)减压阀　阀体漏气	密封件损伤	更换
	紧固螺钉受力不均	均匀紧固
输出压力波动大于10%	减压阀通径或进出口配管通径选小了，当输出流量变动大时，输出压力波动大	根据最大输出流量选用减压阀通径
	输入气量供应不足	查明原因
	进气阀芯导向不良	更换
溢流口总是漏气	进出口方向接反了	改正
	输出侧压力意外升高	查输出侧回路
	膜片破裂，溢流阀座有损伤	更换
压力调不高	膜片撕裂	更换
	弹簧断裂	更换
压力调不低输出压力升高	阀座处有异物、有伤痕，阀芯上密封垫剥离	更换
	阀杆变形	更换
	复位弹簧损坏	更换
不能溢流	溢流孔堵塞	更换
	溢流孔座橡胶太软	更换
(7)油雾器　不滴油或滴油量太少	油雾器装反了	改正
	油道堵塞，节流阀未开启或开度不够	修理或更换。调节节流阀开度
	通过油量小，压差不足以形成油滴	更换合适规格的油雾器
	气通道堵塞，油杯上腔未加压	修理或更换
	油黏度太大	换油
	气流短时间间隙流动，来不及滴油	使用强制给油方式
耗油过多	节流阀开度太大	调至合理开度
	节流阀失效	更换
油杯破损	在有机溶剂的环境中使用	选用金属杯
	空压机输出某种焦油	换空压机润滑油，使用金属杯
漏气	油杯或观察窗破损	更换
	密封不良	更换

表 21-12-12　　气缸、气液联用缸和摆动气缸故障及对策

现象		故障原因	排除方法
(1)外泄漏	活塞杆处	导向套、杆密封圈磨损,活塞杆偏磨	更换。改善润滑状况。使用导轨
		活塞杆有伤痕、腐蚀	更换。及时清除冷凝水
		活塞杆与导向套间有杂质	除去杂质。安装防尘圈
	缸体与端盖处缓冲阀处	密封圈损坏	更换
		固定螺钉松动	紧固
(2)内泄漏(即活塞两侧窜气)		活塞密封圈损坏	更换
		活塞配合面有缺陷	更换
		杂质挤入密封面	除去杂质
		活塞被卡住	重新安装,消除活塞杆的偏载
(3)气缸不动作		漏气严重	见本表(1)
		没有气压或供压不足	见本表(1)、(2)
		外负载太大	提高使用压力,加大缸径
		有横向负载	使用导轨消除
		安装不同轴	保证导向装置的滑动面与气缸轴线平行
		活塞杆或缸筒锈蚀、损伤而卡住	更换并检查排污装置及润滑状况
		混入冷凝水、灰尘、油泥,使运动阻力增大	检查气源处理系统是否符合要求
		润滑不良	检查给油量、油雾器规格和安装位置
(4)气缸偶尔不动作		混入灰尘造成气缸卡住	注意防尘
		电磁换向阀未换向	见本表(3)、(4)
(5)气缸动作不平稳		外负载变动大	提高使用压力或增大缸径
		气压不足	见本表(2)
		空气中含有杂质	检查气源处理系统是否符合要求
		润滑不良	检查油雾器是否正常工作
(6)气缸爬行		使用最低使用压力	提高使用压力
		气缸内泄漏大	见本表(1)
		回路中耗气量变化大	增设气罐
		负载太大	增大缸径
(7)气缸走走停停		限位开关失控	更换
		继电器节点寿命已到	更换
		接线不良	检查并拧紧接线螺钉
		电插头接触不良	插紧或更换
		电磁阀换向动作不良	更换
		气液缸的油中混入空气	除去油中空气
(8)气缸动作速度过快		没有速度控制阀	增设
		速度控制阀尺寸不合适	速度控制阀有一定流量控制范围,用大通径阀调节微流量是困难的
		回路设计不合适	对低速控制,应使用气液阻尼缸,或利用气液转换器来控制油缸作低速运动
(9)气缸动作速度过慢		气压不足	提高压力
		负载过大	提高使用压力或增大缸径
		速度控制阀开度太小	调整速度控制阀的开度
		供气量不足	查明气源至气缸之间哪个元件节流太大,将其换成更大通径的元件或使用快排阀让气缸迅速排气
		气缸摩擦力增大	改善润滑条件
		缸筒或活塞密封圈损伤	更换

续表

现　象	故障原因	排除方法
(10)气缸不能实现低速运动	速度控制阀的节流阀不良	阀针与阀座不吻合,不能将流量调至很小,更换
	速度控制阀的通径太大	通径大的速度控制阀调节小流量困难,更换通径小的阀
	缸径太小	更换较大缸径的气缸
(11)气缸行程终端存在冲击现象	无缓冲措施	增设合适的缓冲措施
	缓冲密封圈密封性能差	更换
	缓冲节流阀松动	调整好后锁定
	缓冲节流阀损伤	更换
	缓冲能力不足	重新设计缓冲机构
	活塞密封圈损伤,形不成很高背压	更换活塞密封圈
(12)端盖损伤	气缸缓冲能力不足	加外部油压缓冲器或缓冲回路
(13)活塞杆折断	活塞杆受到冲击载荷	应避免
	缸速太快	设缓冲装置
	轴销摆动缸的摆动面与负载摆动面不一致,摆动缸的摆动角过大	重新安装和设计
	负载大,摆动速度快	重新设计
(14)每天首次启动或长时间停止工作后,气动装置动作不正常	因密封圈始动摩擦力大于动摩擦力,造成回路中部分气阀、气缸及负载滑动部分的动作不正常	注意气源净化,及时排除油污及水分,改善润滑条件
(15)气缸处于中止状态仍有缓动	气缸存在内漏或外漏	更换密封圈或气缸,使用中止式三位阀
	由于负载过大,使用中止式三位阀仍不行	改用气液联用缸或锁紧气缸
	气液联用缸的油中混入了空气	除去油中空气
(16)气液联用缸内产生气泡	气液转换器、气液联用缸及油路存在漏油,造成气液转换器内油量不足	解决漏油,补足漏油
	气液转换器中的油面移动速度太快,油从电磁磁气阀溢出	合理选择气液转换器的容量
	开始加油时气泡未彻底排出	使气液联用缸走慢行程以彻底排除气泡
	油路中节流最大处出现气蚀	防止节流过大
	油中未加消泡剂	加消泡剂
(17)气液联用缸速度调节不灵	流量阀内混入杂质,使流量调节失灵	清洗
	换向阀动作失灵	见本表(4)
	漏油	检查油路并修理
	气液联用缸内有气泡	见本表(16)
(18)摆动气缸轴损坏或齿轮损坏	惯性能量过大	减小摆动速度,减轻负载,设外部缓冲,加大缸径
	轴上承受异常的负载力	设外部轴承
	外部缓冲机构安装位置不合适	安装在摆动起点和终点的范围内
(19)摆动气缸动作终了回跳	负载过大	设外部缓冲
	压力不足	增大压力
	摆动速度过快	设外部缓冲,调节调速阀
(20)摆动气缸振动(带呼吸的动作)	超出摆动时间范围	调整摆动时间
	运动部位的异常摩擦	修理更换
	内泄增加	更换密封件
	使用压力不足	增大使用压力

表 21-12-13　　　　磁性开关、阀类故障原因及对策

现　象		故障原因	排除方法
(1)磁性开关故障	开关不能闭合或有时不闭合	电源故障	查电源
		接线不良	查接线部位
		开关安装位置发生偏移	移至正确位置
		气缸周围有强磁场	加隔磁板,将强磁场或两平行气缸隔开
		两气缸平行使用,两缸筒间距小于 40mm	
		缸内温度太高(高于 70℃)	降温
		开关受到过大冲击,开关灵敏度降低	更换
		开关部位温度高于 70℃	降温
		开关内瞬时通过了大电流,而断线	更换
	开关不能断开或有时不能断开	电压高于 200V AC,负载容量高于 AC 2.5V·A,DC 2.5W,使舌簧触点粘接	更换
		开关受过大冲击,触点粘接	更换
		气缸周围有强磁场,或两平行缸的缸筒间距小于 40mm	加隔磁板
	开关闭合的时间推迟	缓冲能力太强	调节缓冲阀
(2)换向阀主阀漏气	从主阀排气口漏气	气缸活塞密封圈损伤	更换
		异物卡入滑动部位,换向不到位	清洗
		气压不足造成密封不良	提高压力
		气压过高,使密封件变形太大	使用正常压力
		润滑不良,换向不到位	改善润滑
		密封件损伤	更换
		滤芯阀套磨损	更换
	阀体漏气	密封垫损伤	更换
		阀体压铸件不合格	更换
(3)电磁先导阀的排气口漏气		异物卡住动铁芯,换向不到位	清洗
		动铁芯锈蚀,换向不到位	注意排除冷凝水
		弹簧锈蚀	
		电压太低,动铁芯吸合不到位	提高电压

现　象		故障原因	排除方法
(4)换向阀的主阀不换向或换向不到位		压力低于最低使用压力	找出压力低的原因
		接错管口	更正
		控制信号是短脉冲信号	找出原因,更正或使用延时阀,将短脉冲信号变成长脉冲信号
		润滑不良,滑动阻力大	改善润滑条件
		异物或油泥侵入滑动部位	清洗查气源处理系统
		弹簧损伤	更换
		密封件损伤	更换
		阀芯与阀套损伤	更换
(5)电磁先导阀不换向	无电信号	电源未接通	接通
		接线断了	接好
		电气线路的继电器故障	排除
	动铁芯不动作(无声)或动作时间过长	电压太低,吸力不够	提高电压
		异物卡住动铁芯	清洗,查气源处理状况是否符合要求
		动铁芯被油泥粘连	
		动铁芯锈蚀	
		环境温度过低	
	动铁芯不能复位	弹簧被腐蚀而折断	查气源处理状况是否符合要求
		异物卡住动铁芯	清理异物
		动铁芯被油泥粘连	清理油泥
	线圈烧毁(有过热预兆)	环境温度过高(包括日晒)	改用高温线圈
		工作频率过高	改用高频阀
		交流线圈的动铁芯被卡住	清洗,改善气源质量
		接错电源或接线头	改正
		瞬时电压过高,击穿线圈的绝缘材料,造成短路	将电磁线圈电路与电源电路隔离,设计过压保护电路
		电压过低,吸力减少,交流电磁线圈通过的电流过大	使用电压不得比额定电压低 15%以上
		继电器触点接触不良	更换触点
		直动双电控阀,两个电磁铁同时通电	应设互锁电路避免同时通电
		直流线圈铁芯剩磁大	更换铁芯材料
(6)交流电磁阀振动		电磁铁的吸合面不平,有异物或生锈	修平,清除异物,除锈
		分磁环损坏	更换静铁芯
		使用电压过低,吸力不够	提高电压
		固定电磁铁的螺栓松动	紧固,加防松垫圈

表 21-12-14　　排气口、消声器、密封圈和液压缓冲器的故障和对策

现　象		故障原因	排除方法
(1)排气口和消声器有冷凝水排出		忘记排放各处的冷凝水	坚持每天排放各处冷凝水，确认自动排水器能正常工作
		后冷却器能力不足	加大冷却水量。重新选型，提高后冷却器的冷却能力
		空压机进气口处于潮湿处或淋入雨水	将空压机安置在低温、温度小的地方，避免雨水淋入
		缺少除水设备	气路中增设必要的除水设备，如后冷却器、干燥器、过滤器
		除水设备太靠近空压机	为保证大量水分呈液态，以便清除，除水设备应远离空压机
		压缩机油不当	使用了低黏度油，则冷凝水多。应选用合适的压缩机油
		环境温度低于干燥器的露点	提高环境温度或重新选择干燥器
		瞬时耗气量太大	节流处温度下降太大，水分冷凝成冰，对此应提高除水装置的能力
(2)排气口和消声器有灰尘排出		从空压机入口和排气口混入灰尘等	在空压机吸气口装过滤器。在排气口装消声器或排气洁净器。灰尘多的环境中元件应加保护罩
		系统内部产生锈屑、金属末和密封材料粉末	元件及配管应使用不生锈、耐腐蚀的材料。保证良好的润滑条件
		安装维修时混入灰尘等	安装维修时应防止混入铁屑、灰尘和密封材料碎片等。安装完应用压缩空气充分吹洗干净
(3)排气口和消声器有油雾喷出		油雾器离气缸太远，油雾到达不了气缸，待阀换向油雾便排出	油雾器尽量靠近需润滑的元件。提高油雾器的安装位置。选用微雾型油雾器
		油雾器的规格、品种选用不当，油雾送不到气缸	选用与气量相适应的油雾器规格
		一个油雾器供应两个以上气缸，由于缸径大小、配管长短不一，油雾很难均等输入各气缸，待阀换向，多出油雾便排出	改用一个油雾器只供应一个气缸。使用油箱加压的遥控式油雾器供油雾
(4)密封圈损坏	挤出	压力过高	避免高压
		间隙过大	重新设计
		沟槽不合适	重新设计
		装入的状态不良	重新装配
	老化	温度过高	更换密封圈材质
		低温硬化	更换密封圈材质
		自然老化	更换
	扭转	有横向载荷	消除横向载荷
	表面损伤	摩擦损耗	查空气质量、密封圈质量、表面加工精度
		润滑不良	查明原因，改善润滑条件
	膨胀	与润滑油不相容	换润滑油或更换密封圈材质
	损坏、黏着、变形	压力过高	检查使用条件、安装尺寸和安装方法、密封圈材质
		润滑不良	
		安装不良	
(5)吸收冲击不充分。活塞杆有反冲或限位器上有相当强的冲击		内部加入油量不足	从活塞补入指定油
		混入空气	
		实际能量大于计算能量	再按说明书重新验算
		可调式缓冲器的吸收能量大小与刻度指示不符	调节到正确位置
		活塞密封破损	更换
(6)不能吸收冲击。如在行程途中停止，冲击物弹回		实际负载与计算负载差别太大	按说明书重新验算
		油中混入杂质，缸内表面有伤痕，正常机能不能发挥	与厂商联系
		可调式缓冲器的吸收能量大小与刻度指示不符	调节到正确位置
(7)活塞杆完全不能复位		活塞杆上受到偏载，杆被弯曲	更换活塞杆组件
		复位弹簧破损	更换
		外部贮能器的配管故障	查损坏的密封处
(8)漏油		杆密封破损	更换
		O形圈破损	

参考文献

[1] 陈东宁，姚成玉，赵静一，等. 液压气动系统可靠性与维修性工程［M］. 北京：化学工业出版社，2014.
[2] 成大先. 机械设计手册［M］. 6版. 北京：化学工业出版社，2016.
[3] 闻邦椿. 机械设计手册［M］. 6版. 北京：机械工业出版社，2017.
[4] 石岩，蔡茂林，许未晴. 压缩空气节能增压技术［M］. 北京：机械工业出版社，2017.
[5] 秦大同，谢里阳. 现代机械设计手册［M］. 2版. 北京：化学工业出版社，2019.
[6] 张利平. 气动系统典型应用120例［M］. 北京：化学工业出版社，2019.
[7] 孟德远. 气动伺服位置控制［M］. 北京：科学出版社，2020.
[8] 李耀文. 高端液气密元件［M］. 北京：机械工业出版社，2021.
[9] 张利平. 气动元件与系统从入门到提高［M］. 北京：化学工业出版社，2021.
[10] 张利平. 气动阀原理、使用与维护［M］. 北京：化学工业出版社，2022.
[11] 许未晴，蔡茂林，石岩. 气动系统的基础特性与计算［M］. 北京：机械工业出版社，2022.
[12] SMC（中国）有限公司. 现代实用气动技术［M］. 4版. 北京：机械工业出版社，2022.
[13] 徐文灿. 管路气体力学与气动技术［M］. 北京：机械工业出版社，2023.
[14] 周德繁，于晓东. 液压与气压传动［M］. 4版. 哈尔滨：哈尔滨工业大学出版社，2023.
[15] 许仰曾. 现代液压气动手册［M］. 北京：机械工业出版社，2023.

HANDBOOK OF

第22篇
机器人构型与结构设计

篇主编	撰稿	审稿
高 峰	高 峰	蔡桂喜
	郑 浩	
	齐臣坤	

MECHANICAL DESIGN

编写说明

与第六版相比，本篇为新增篇。机器人技术已成为现代工业和社会生活中不可或缺的重要组成部分。传统的机械设计目前已得到了较大程度的发展和完善，并已奠定坚实的基础，而机器人领域的独特需求——如多自由度运动、复杂的任务执行能力以及对动态环境的适应性，已超出了传统机械系统的设计范畴。因此，在第七版中新增“机器人构型与结构设计”篇章，旨在帮助读者深入了解机器人领域的关键技术和设计方法，进一步扩展机械设计理论的应用范围，助力新时代的智能制造和自动化发展。

机器人技术涉及领域众多，具有多学科交叉和融合的特点。机器人的设计主要包括机器人的构型设计、结构设计等方面。本篇主要从以下几个方面介绍了一般机器人的通用设计理论和方法：机器人构型设计理论、机器人运动副与基础部件、工业机器人构型与结构、并联机器人构型与结构、实用新型并联机器人构型与结构、足式机器人构型与结构、机器人机构性能评价与尺度优化设计、机器人型装备设计案例等。全篇遵循从理论到方法，再到案例的路线，结合不同类型的机器人介绍其构型与结构设计的一般流程和方法，方便读者在设计各类机器人时参考。

参与本篇编写的有上海交通大学高峰、郑浩、齐臣坤、梁辰博、高岳、陈先宝、孙竞、刘仁强、陈志军、周松林、胡延、杨加伦、孟祥敦等。

本篇由中国科学院金属研究所蔡桂喜审稿。

第1章 机器人构型综合与设计的G_F集设计理论

1 概　　述

自1959年世界上第一台工业机器人问世以来，机器人发展取得了巨大成就，在制造业、服务业、医疗保健、国防和太空等多个领域被广泛应用。机器人技术涉及领域众多，具有多学科交叉和融合的特点。机器人正在逐步发展成为具有感知、认知和自主行动能力的智能化装备，是数学、力学、机构学、材料、自动控制、计算机、人工智能、光电、通信、传感、仿生等多学科和技术综合的成果。

一般来说，机器人根据使用需求进行不同的分类，具体分类见表22-1-1。

表22-1-1　　机器人分类汇总（摘自GB/T 39405—2020）

分类维度	一级分类	二级分类
应用领域	工业机器人	搬运作业/上下料机器人
		焊接机器人
		喷涂机器人
		加工机器人
		装配机器人
		洁净机器人
		其他工业机器人
	个人/家用服务机器人	家务机器人
		教育机器人
		娱乐机器人
		养老助残机器人
		家用安监机器人
		个人运输机器人
		其他个人/家用机器人
	公共服务机器人	餐饮机器人
		讲解导引机器人
		多媒体机器人
		公共游乐机器人
		公共代步机器人
		其他公共服务机器人
	特种机器人	检查维修机器人
		专业检测机器人
		搜救机器人
		专业巡检机器人
		侦察机器人
		排爆机器人
		专业安装机器人
		采掘机器人

续表

分类维度	一级分类	二级分类
应用领域	特种机器人	专业运输机器人
		手术机器人
		康复机器人
		其他特种机器人
	其他应用领域机器人	其他应用领域机器人
运动方式	轮式机器人	双轮驱动机器人
		三轮驱动机器人
		全方位驱动机器人
		其他轮式机器人
	足/腿式机器人	双足机器人
		三足机器人
		四足机器人
		六足机器人
		其他足腿式机器人
	履带式机器人	单节双履机器人
		双节双履机器人
		多节多履机器人
		其他履带式机器人
	蠕动式机器人	上下蠕动机器人
		左右蠕动机器人
		其他蠕动式机器人
	浮游式机器人	螺旋桨浮游机器人
		平旋推进浮游机器人
		喷水浮游机器人
		喷气浮游机器人
		其他浮游式机器人
	潜游式机器人	拖曳潜游机器人
		自主潜游机器人
		其他潜游式机器人
	飞行式机器人	直升飞行机器人
		滑行飞行机器人
		手抛飞行机器人
		其他飞行式机器人
	其他运动方式机器人	固定式机器人
		复合式机器人
		穿戴式机器人
		喷射式机器人
		其他运动方式机器人
使用空间	地面/地下机器人	室内地面机器人
		室外地面机器人
		井下机器人
		其他地下机器人
	水面/水下机器人	内河水面机器人
		海洋水面机器人
		浅水机器人
		深水机器人
		其他水下机器人
	空中机器人	中低空机器人
		高空机器人
		其他空中机器人

续表

分类维度	一级分类	二级分类
使用空间	空间机器人	空间站机器人
		星球探测机器人
		其他空间机器人
	其他使用空间机器人	其他使用空间机器人
机械结构	垂直(多)关节型机器人	四轴关节机器人
		五轴关节机器人
		六轴关节机器人
		其他垂直关节型机器人
	平面关节型机器人(SCARA)	单臂 SCARA 机器人
		双臂 SCARA 机器人
		其他平面关节型机器人
	直角坐标型机器人	三自由度机器人
		四自由度机器人
		五自由度机器人
		其他直角坐标型机器人
	并联机器人	平面并联机器人
		球面并联机器人
		空间并联机器人
		其他并联机器人
	其他机械结构机器人	其他机械结构机器人
编程和控制方式	编程型机器人	示教编程机器人
		离线编程机器人
		其他编程型机器人
	主从机器人	单向主从机器人
		双向主从机器人
		其他主从机器人
	协作机器人	人机协作机器人
		其他协作机器人

机器人系统主要包含以下子系统：机构系统、驱动系统、传动系统、控制决策系统、通信系统、传感与感知系统、人机交互系统、执行系统。机器人作为仿人类这种智能个体设计的机器系统，其各大组成系统与人体系统有着本质联系和类比，见表 22-1-2。

表 22-1-2　　机器人系统与人体系统类比关系

机器人系统	人体系统	机器人系统	人体系统
机构系统	骨骼、骨架	通信系统	神经
驱动系统	心脏	传感与感知系统	眼、耳、鼻、口、皮肤等
传动系统	骨骼肌、关节等	人机交互系统	嘴巴、肢体(表达)等
控制决策系统	脑	执行系统	四肢等

由于机构是现代机械装备和机器人设备的“骨架”，因此机构的创新设计决定了机械产品的创新性。现代机构正向高速度、高加速度、高精度、高刚度、高承载、极端服役等方向发展，因此，应用现代数学、力学、信息与控制等理论，解决系统设计机构构型、拓扑和尺度设计问题是开发具有优良性能的现代机械装备和机器人产品的重要基础。机构设计是机器人“从零到一”的设计过程的第一步，也是决定机器人所具备的功能特性的关键一步。

为方便后面描述，表 22-1-3 给出了一些在机器人及其设计领域中常用的机构与机器科学专业词汇。

表 22-1-3　　机构与机器科学专业词汇表（摘自 GB/T 10853—2008）

词汇类别	词汇	解释
总则	机构与机器科学	研究机器、机构及其元件和系统的几何学、运动学、动力学和控制的理论及其在工业和其他方面（如：生物力学和环境）应用的学科，包括对能量和信息的转化和传递过程的研究
	机器	完成特定任务（如材料成型）、实现运动和力的传递和转换的机械系统
	机构	(1)设计用以将一个或多个物体的运动和力转化为其他物体上的约束运动和力的物体系统 (2)有一个构件被固定为机架的运动链
	机电一体化	机械工程、电气工程和信息技术的有机结合，用于智能技术系统特别是机构和机器的集成设计
机器与机构的结构	机构元件	机构的固体或流体组成元件
	构件	(1)携带运动副元素的机构元件 (2)低副运动链的单元
	主动构件	输入构件，机构中输入运动和动力的构件
	从动构件	输出构件，所需的力和运动从其中获得的构件
	机架	被视为固定的机构元件
组件	组件	形成机器一个部分的可确认元组件
	关节	(1)运动副的物理实现，包括通过中间机构元件的连接 (2)运动副
	运动副	运动副元素连接的机械模型，具有某种相对运动和自由度，参见同义词"关节"
	运动副元素	固体上可能与其他固体接触的面、线或点的集合
	运动副的自由度	描述运动副元素相对位置所需的独立坐标的数目
	低副	运动副元素面接触形成的运动副
	高副	运动副元素点或线接触形成的运动副
	转动副（R）	两构件之间只允许旋转运动的运动副
	移动副（P）	两构件之间只允许直线移动的运动副
	螺旋副（H）	两构件之间只允许螺旋运动的运动副
	圆柱副（C）	允许绕一特定轴线转动及沿该轴线独立移动的两自由度运动副
	球面副（S）	允许绕相互垂直的三轴线独立相对转动的三自由度运动副
	平面副（E）	允许平行面内相对运动的三自由度运动副
	万向铰/胡克铰（U）	连接两相交轴的运动副
	驱动	使机器或机构中一个或几个构件产生运动的相互连接装置的系统
	驱动器	按照信号使其所安装的构件之间产生相对运动的组件
机构	机构的结构	机构中元素（构件和运动副）的数量和类型及其接触的顺序
	同构	关于构件和运动副数量及其相互连接顺序的结构等同性
	等效机构	结构不同，运动性质在某些方面等效的机构
	同源机构	几何上不同，但具有相同传递函数的机构
	运动链	构件和运动副的装配
	闭式运动链	每个构件至少与其他两个构件连接的运动链
	开式运动链	至少有一个构件只有一个运动副元素的运动链
	运动关节	运动特性在某些方面等同运动副的运动链
	环	形成封闭环路的构件子集
	机构或运动链的自由度	确定机构或运动链的构形所需独立坐标的数目
	约束	减少系统自由度的各种限制条件
	机构的极限位置	机构某一构件处于极限位置时的机构位置
	构件的极限位置	描述构件相对相邻构件位置的坐标达到最大或最小时构件的位置
	平面机构	机构中构件上各点的轨迹均位于平行平面上的机构
	球面机构	机构中各运动构件上所有点都在同心球面上运动的机构
	空间机构	机构中某些构件的某些点具有非平面轨迹，或其轨迹不在平行平面内的机构
	差动机构	具有两个自由度的机构：可接受两个独立的输入运动而产生一个输出运动，或将一个输入运动分解为两个输出运动

续表

词汇类别	词汇	解释
运动学	运动学	不考虑产生运动的原因，研究运动几何学的理论力学分支
	转角	固结在转动物体上且垂直于转动轴线的任一直线转过的角度
	平面运动	各点的轨迹均位于平行平面上的刚体运动
	空间运动	至少一个点的轨迹为空间曲线的刚体运动
	螺旋运动	转动与平行于转动轴线的移动组合而成的运动
	球面运动	物体上所有点在同心球面上运动的空间运动
	死点/奇异点	不辅助其他构件运动，输入构件就不能运动的机构构形
	轨迹	动点在给定参考系描绘的路线
动力学	动力学	研究在力作用下物体及机械系统的运动与平衡的理论力学分支
	静力学	研究在力作用下物体平衡的理论力学分支
	力臂	从给定点到力作用线的最短距离
	力偶	(1)一对大小相等但方向相反的平行力偶 (2)两大小相等但方向相反的平行力之向量
	转矩	作用于杆件横截面上的力对其质心之矩在横截面法线上的分量
	力偶矩	在一给定力偶构成的力空间内，对任意点之矩的向量和
	载荷	施加在物体或系统上的作用力系
	虚功	力在其作用点处沿虚位移所做的功
	虚功原理	系统平衡的充要条件是作用于系统上的力在任意虚位移上所做的虚功为零
	刚度	物体或结构抵抗因外力作用而产生变形之能力的度量
	各向异性	物体内各方向上物理属性的差异
	各向同性	物体的物理属性与方向无关
	刚体	无论受到任何力的作用，质点间距离都保持常量的固体理论模型
	机械系统的自由度	在任意时间完全确定系统位形所需的独立广义坐标数
	几何约束	其约束等式仅与系统内各点的坐标有关(也可能与时间有关)的约束
机器控制与测量	传感器	用作控制目的的感知、选择和传输信号的装置
	伺服系统	基准输入是时间函数的反馈控制系统
机器人学	机器人学	研究机器人设计、构造及应用的科学与工程领域
	机器人	完成诸如操作和移动等作业的自动控制的机械系统
	人形机器人	外表像人的机器人
	仿人机器人	带有包含与人类手臂关节类似的转动关节的机械手的机器人
	移动机器人	安装于自动控制的移动平台上的机器人
	机械手	用于抓放物体并进行可控运动的装置
	机器人系统	机器人的软硬件，包括操作和移动装置、末端执行器、动力源、控制器，以及任何与机器人直接相关的设备
	并联机构	在末端执行器与机架之间至少采用两条运动链来控制末端执行器运动的机械手
	末端执行器	连接在机器人臂末端的用以抓取或操作物体的装置
	夹持器	用以抓取、夹持和释放物体的末端执行器
	世界坐标系	与地球相对静止的坐标系
	相对坐标系	与地球具有相对运动的坐标系
	基座坐标系	与基座固结的坐标系
	关节坐标系	与关节的某一构件相固结的坐标系
	笛卡儿坐标机器人	其主轴构成笛卡儿坐标系的机器人。类似的定义有：圆柱坐标机器人和球坐标机器人
	方位角	视线与水平参考线之间夹角的水平投影
	位姿	位置和姿态的总称
	(机器人的)冗余自由度	机器人自由度超出定义所需完成任务的独立变量数的数量
	可操纵性	具有冗余自由度的机器人采用不同的构件运动组合完成任务的能力
	关节空间	由关节变量构成的向量所定义的空间
	关节变量	描述机械手相邻两构件之间相对运动的量
	工作空间	机器人臂参考点所能到达的所有点的集合，根据需求可分为不同种类
	理论工作空间	在不考虑结构干涉和奇异性下，各驱动运动整周后末端的运动区域

续表

词汇类别	词汇	解释
机器人学	可用工作空间	内部没有奇异点,并且以奇异点作为边界的最大连续工作空间
	方向工作空间	机构末端在给定方位角的最大摆动范围,通常由极坐标图表示
	定向工作空间	机构末端在摆动方向保持恒定时,机构末端的可达范围
	可达工作空间	机构末端至少能以一个摆动方向运动到达的区域
	奇异位形	引起末端执行器自由度减少的机器人构件的特殊位置
	正向计算	给定驱动器力、位移、速度及加速度,计算机器人臂末端执行器的位姿、运动及力,包括正运动学和正动力学
	逆向计算	给定机器人末端执行器的力、位姿和运动,计算驱动器力、位移、速度及加速度,包括逆运动学和逆动力学
机构与机器科学的一般词汇	系统	作为一个整体运作的部件的总和
	模型	系统的理想化的、通常是简化的表达
	物理模型	考虑物理特性的模型
	数学模型	描述系统物理特性的一组数学方程
	机械模型	只考虑机械特性的物理模型
机电一体化	控制	使一个变量值或一组变量值符合预设的规则(以获得预设值或补偿干扰)的方法

注：此表参考 GB/T 10853—2008，此处列举了机构设计时常用的机构与机器科学词汇，更详细的内容可以参考 GB/T 10853—2008。

机器人机构设计，需要以构型综合理论为指导和依据。机器人构型综合理论经过几十年的发展逐步得到完善，典型的机器人构型综合理论和方法见表 22-1-4。

表 22-1-4　　典型的机器人构型综合理论和方法

构型综合理论	代表性方法	特点
自由度计算公式	Grübler-Kutzbach 自由度公式	构型方法简单,从机构环路、构件、运动副等基本条件出发
群论	Lie 群代数综合	可以描述连续运动,是机构构型分析和综合的有效方法
	微分几何综合	可以研究包含 Lie 子群和子流形运动类型在内的并联机构
	笛卡儿特征自由度矩阵	可以深入研究正交并联机器人构型
图论	矩阵-图论、图论-超图论	对平面机构构型综合具有独特优势
螺旋理论	约束力-反螺旋、虚拟支链	对少自由度构型综合有优势,能够分析机构瞬时运动特性
线性变换	雅可比矩阵-线性变换	利用雅可比矩阵特性,对不同构型的解耦特性、奇异特性有更多考虑
单开链	单开链、混合单开链	考虑机构中构件对运动副轴线方位的约束类型
G_F 集	G_F 集求交、求并法则	具备机构的型综合与数综合,考虑机构中运动副的相对关系和布置

机构的型综合是指研究满足某种运动需求的机构的构型的种类与数量的一般过程。机构的数综合是指研究一定数量的构件和运动副可以组成的机构性质的一般过程。目前，大部分的型综合方法是通过把机构的分析过程逆转作为机构型综合的过程，而不是从设计的角度，针对设计的目标自上而下地进行机构的型综合。此外，几种各有特色的方法虽然为并联机构的型综合提供了不同的解决途径，但也仍然存在一些问题，例如不同的方法使用的工具、讨论的目标等都不同，缺少交流的统一平台和途径；对支链分析的研究较多，而对支链设计的讨论较少，尤其是缺乏对支链设计时转动轴线的布置，转动与移动的相对位置对末端特征的影响的研究；缺乏对机构的基本拓扑元素间的关系的研究；能够根据给定的末端特征目标进行逆向求解获得并联机构的方法较少，大多数方法都是在分析的过程中做设计。故而，在本篇中采用 G_F 集理论作为构型综合的理论和方法，以尽量解决上述机器人构型综合和设计过程中的一定弊端。

2　G_F 集的定义

如何描述机器人型固有的特性是机器人机构型设计的关键问题，与其他性能指标如工作空间、速度、加速度、承载、刚度等不同，机器人固有的特性指标应该是无量纲的、非代数的，与坐标系无关。工作空间、速度、加速度、承载、刚度等各种性能指标具有量纲和代数特征，显然不能用来描述机器人构型的固有的特性。由于上述常用的机器人的性能指标具有共同的维数（六维），该维数可以分为两部分，即三维移动和三维转动，所以将用机器人末端一般特征的集合来描述机器人机构末端特征，称为 G_F 集（generalized function set）。G_F 集由 6 个元素构成，即

$$G_F(T_a,T_b,T_c,R_\alpha,R_\beta,R_\gamma) \tag{22-1-1}$$

式中，T_i，$i=a$，b，c 描述了机器人末端的移动特征；R_j，$j=\alpha$，β，γ 描述了机器人末端的转动特征。

如图 22-1-1 所示，G_F 集的三个移动项 T_i，$i=a$，b，c 不同时共面，任意两个移动项不共线；三个转动项 R_j，$j=\alpha$，β，γ 永远交于一点，不同时共面，且任意两个转动项不共线。如图 22-1-1b 中所示，R_α、R_β 和 R_γ 分别代表三个转动的轴线，而且 R_α 是第一转动轴线，绕 R_β 的转动是相对于第一转动轴线 R_α 的，绕最后一个转动轴线 R_γ 的转动是相对于前两个转动轴线 R_α 和 R_β 的，也就是说机器人末端的转动特征是基于欧拉角描述的。图 22-1-1c 分别通过三个移动和三个转动描述机器人的末端特征。

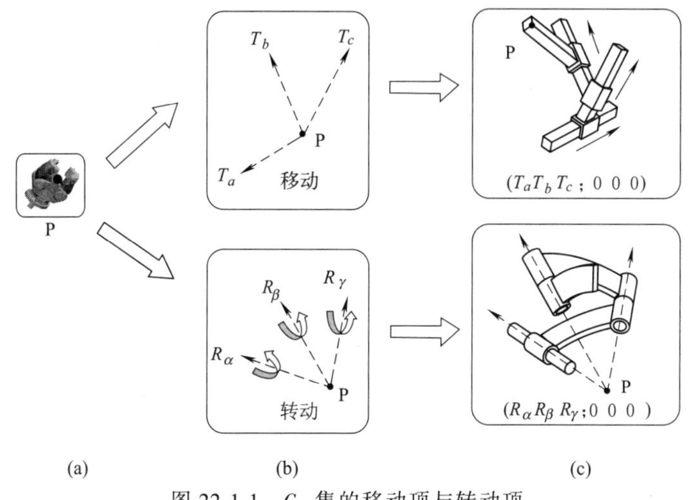

图 22-1-1　G_F 集的移动项与转动项

G_F 集是一种描述机构末端一般特征的集合表达，这种集合表达的数学本质在于，从描述机构末端输出特征的特征元素集合（T_a，T_b，T_c，R_α，R_β，R_γ）中，选择 1~6 个元素，按一定顺序构成描述一般机构末端输出特征的种类和有无的有序（有向）集合。G_F 集具有典型的非代数性、无坐标性、无量纲性和有序性。为区别于一般无序集合的记作方法“{}”，规定用类比于集合论中有序对（ordered pair）和 n 元组（n-tuple）的记作方法“()”来表示这种特殊的有序集合。

根据集合的特点，规定当机器人末端具有某些运动特征时，G_F 集中的相关元素不为零，用相应的符号表示；当机器人末端不具有某些运动特征时，G_F 集中的相关元素不予表示。机器人末端特征的大小可以通过尺度综合等方式进行设计与优化。

3　完整运动定理

机构输出运动特征包含移动特征和转动特征，其中转动特征具有两个要素：转动轴线和转动角度。转动角度一般以其可转范围作为评价指标，转动轴线则以其任意移动性为评价指标，即当机构输出转动特征的转动轴线，可以在空间内任意平行地移动，并且在任意位置下转动时，不产生超过移动特征维度的其他衍生移动，机构满足任意可转性条件。

机构输出转动特征的完整性：对于机构输出的某转动特征，其满足任意可转性条件，即在任意运动条件下机构具有完整的该维转动特征。

完整运动：机构末端的所有转动特征均满足任意可转性条件。

非完整运动：机构末端的所有转动特征均不满足任意可转性条件。

部分完整运动：机构末端的转动特征中仅存在一维转动特征满足任意可转性条件，其他转动特征均不满足任意可转性条件。

定律 1（机构完整运动定理）：对于机构输出的转动特征，若存在输出的二维移动特征，且该二维移动特征平面与转动特征轴线垂直，则该机构输出的运动为完整运动；进一步地，当机构末端输出存在三维移动特征（不共面）时，则该机构输出的运动必然为完整运动。

4　G_F 集的数量

由于 G_F 集表达的是特征元素集合中的若干个相异元素的有序组合，而不同组合中存在一些元素种类和数量相同而排列顺序不同的 G_F 集表达，其表达的机构末端特征具有等效性。因此，有必要确定等效 G_F 集的判定，从而在所有可能的末端特征排列组合得到的集合中，对任一确定的机构末端输出特征，剔除其他等效 G_F 集表达而仅保留其中一种表达。

等效 G_F 集判定条件 1：两 G_F 集中所含有的转动特征与移动特征的个数对应相同、转动特征与移动特征的相对顺序对应一致时，两 G_F 集所表达的机构末端特征等效。

显然，等效 G_F 集允许集合内部转动特征或移动特征自身顺序的任意排布。例如，(R_α, R_β) 与 (R_β, R_α) 为等效 G_F 集，(R_α, R_β, T_a) 与 (R_β, R_α, T_a) 为等效 G_F 集。

等效 G_F 集判定条件 2：两 G_F 集中含有两维移动特征和一维转动特征，当转动特征垂直于移动特征平面时，无论三个运动特征顺序如何，两 G_F 集所表达的机构末端特征等效。

例如，当 $R_\alpha \perp \square T_a T_b$ 时，(T_a, T_b, R_α) 与 (T_a, R_α, T_b) 为等效 G_F 集。

等效 G_F 集判定条件 3：两 G_F 集中均含有三维移动特征，且含有同样数量的转动特征时，无论两 G_F 集内部运动特征顺序如何，两 G_F 集所表达的机构末端特征等效。

例如，$(T_a, T_b, T_c, R_\alpha)$ 与 (T_a, T_b, R_β, T_c) 为等效 G_F 集。

两 G_F 集等效和两 G_F 集相等是不同的概念。显然，两 G_F 集相等对其表达的末端特征元素一致性要求更高，其前提是二者等效。但两等效 G_F 集不一定相等，当且仅当等效 G_F 集元素特征方向、位置一致时，才可满足相等条件。

在明确等效 G_F 集的判定条件后，可以对特征元素集合 $\{T_a, T_b, T_c, R_\alpha, R_\beta, R_\gamma\}$ 中的若干个元素进行排列组合，再从中剔除并保留等效 G_F 集中的唯一表达，进而明确 G_F 集所合理表达出的机构末端输出特征集合的个数。

当 G_F 集表达的机构末端输出特征维数为 1 时，此时该有序集合内所含有的非零元素个数为 1。具体有 2 个，分别为：(T_a)、(R_α)。

当 G_F 集表达的机构末端输出特征维数为 2 时，此时该有序集合内所含有的非零元素个数为 2。具体有 4 个，分别为：(T_a, R_α)、(R_α, T_a)、(T_a, T_b)、(R_α, R_β)。

当 G_F 集表达的机构末端输出特征维数为 3 时，此时该有序集合内所含有的非零元素个数为 3。具体有 9 个，分别为：$(T_a, T_b, R_\alpha)_{R_\alpha \not\perp \square T_a T_b}$、$(T_a, R_\alpha, T_b)_{R_\alpha \not\perp \square T_a T_b}$、$(R_\alpha, T_a, T_b)_{R_\alpha \not\perp \square T_a T_b}$、$(T_a, T_b, R_\alpha)_{R_\alpha \perp \square T_a T_b}$、$(T_a, R_\alpha, R_\beta)$、$(R_\alpha, T_a, R_\beta)$、$(R_\alpha, R_\beta, T_a)$、$(T_a, T_b, T_c)$、$(R_\alpha, R_\beta, R_\gamma)$。

当 G_F 集表达的机构末端输出特征维数为 4 时，此时该有序集合内所含有的非零元素个数为 4。具体有 13 个，分别为：$(T_a, T_b, T_c, R_\alpha)$、$(R_\alpha, R_\beta, R_\gamma, T_a)$、$(R_\alpha, R_\beta, T_a, R_\gamma)$、$(R_\alpha, T_a, R_\beta, R_\gamma)$、$(T_a, R_\alpha, R_\beta, R_\gamma)$、$(T_a, T_b, R_\alpha, R_\beta)_{R_\alpha, R_\beta \not\perp \square T_a T_b}$、$(R_\alpha, R_\beta, T_a, T_b)_{R_\alpha, R_\beta \not\perp \square T_a T_b}$、$(T_a, R_\alpha, T_b, R_\beta)_{R_\alpha, R_\beta \not\perp \square T_a T_b}$、$(T_a, R_\alpha, R_\beta, T_b)_{R_\alpha, R_\beta \not\perp \square T_a T_b}$、$(R_\alpha, T_a, R_\beta, T_b)_{R_\alpha, R_\beta \not\perp \square T_a T_b}$、$(T_a, T_b, R_\alpha, R_\beta)_{R_\alpha \perp \square T_a T_b}$、$(R_\alpha, T_a, T_b, R_\beta)_{R_\beta \perp \square T_a T_b}$、$(T_a, R_\alpha, T_b, R_\beta)_{R_\beta \perp \square T_a T_b}$。

当 G_F 集表达的机构末端输出特征维数为 5 时，此时该有序集合内所含有的非零元素个数为 5。具体有 7 个，分别为：$(T_a, T_b, T_c, R_\alpha, R_\beta)$、$(T_a, T_b, R_\alpha, R_\beta, R_\gamma)_{R_\alpha \perp \square T_a T_b}$、$(R_\alpha, T_a, T_b, R_\beta, R_\gamma)_{R_\beta \perp \square T_a T_b}$、$(R_\alpha, R_\beta, T_a, T_b, R_\gamma)_{R_\gamma \perp \square T_a T_b}$、$(R_\alpha, T_a, R_\beta, T_b, R_\gamma)_{R_\gamma \perp \square T_a T_b}$、$(T_a, R_\alpha, T_b, R_\beta, R_\gamma)_{R_\beta \perp \square T_a T_b}$、$(T_a, R_\alpha, R_\beta, T_b, R_\gamma)_{R_\gamma \perp \square T_a T_b}$。

当 G_F 集表达的机构末端输出特征维数为 6 时，此时该有序集合内所含有的非零元素个数为 6。具体有 1 个，为：$(T_a, T_b, T_c, R_\alpha, R_\beta, R_\gamma)$。

表 22-1-5　　　　机构末端输出特征的 G_F 集具体表达

数量	机构末端输出特征维数	G_F 集具体表达
2	1	(T_a)
		(R_α)
4	2	(T_a, R_α)
		(R_α, T_a)
		(T_a, T_b)
		(R_α, R_β)
9	3	$(T_a, T_b, R_\alpha)_{R_\alpha \not\perp \square T_a T_b}$
		$(T_a, R_\alpha, T_b)_{R_\alpha \not\perp \square T_a T_b}$
		$(R_\alpha, T_a, T_b)_{R_\alpha \not\perp \square T_a T_b}$
		$(T_a, T_b, R_\alpha)_{R_\alpha \perp \square T_a T_b}$
		(T_a, R_α, R_β)
		(R_α, T_a, R_β)
		(R_α, R_β, T_a)
		(T_a, T_b, T_c)
		$(R_\alpha, R_\beta, R_\gamma)$
13	4	$(T_a, T_b, T_c, R_\alpha)$
		$(R_\alpha, R_\beta, R_\gamma, T_a)$
		$(R_\alpha, R_\beta, T_a, R_\gamma)$
		$(R_\alpha, T_a, R_\beta, R_\gamma)$
		$(T_a, R_\alpha, R_\beta, R_\gamma)$
		$(T_a, T_b, R_\alpha, R_\beta)_{R_\alpha, R_\beta \not\perp \square T_a T_b}$
		$(R_\alpha, R_\beta, T_a, T_b)_{R_\alpha, R_\beta \not\perp \square T_a T_b}$
		$(T_a, R_\alpha, T_b, R_\beta)_{R_\alpha, R_\beta \not\perp \square T_a T_b}$
		$(T_a, R_\alpha, R_\beta, T_b)_{R_\alpha, R_\beta \not\perp \square T_a T_b}$
		$(R_\alpha, T_a, R_\beta, T_b)_{R_\alpha, R_\beta \not\perp \square T_a T_b}$
		$(T_a, T_b, R_\alpha, R_\beta)_{R_\alpha \perp \square T_a T_b}$
		$(R_\alpha, T_a, T_b, R_\beta)_{R_\beta \perp \square T_a T_b}$
		$(T_a, R_\alpha, T_b, R_\beta)_{R_\beta \perp \square T_a T_b}$
7	5	$(T_a, T_b, T_c, R_\alpha, R_\beta)$
		$(T_a, T_b, R_\alpha, R_\beta, R_\gamma)_{R_\alpha \perp \square T_a T_b}$
		$(R_\alpha, T_a, T_b, R_\beta, R_\gamma)_{R_\beta \perp \square T_a T_b}$
		$(R_\alpha, R_\beta, T_a, T_b, R_\gamma)_{R_\gamma \perp \square T_a T_b}$
		$(R_\alpha, T_a, R_\beta, T_b, R_\gamma)_{R_\gamma \perp \square T_a T_b}$
		$(T_a, R_\alpha, T_b, R_\beta, R_\gamma)_{R_\beta \perp \square T_a T_b}$
		$(T_a, R_\alpha, R_\beta, T_b, R_\gamma)_{R_\gamma \perp \square T_a T_b}$
1	6	$(T_a, T_b, T_c, R_\alpha, R_\beta, R_\gamma)$

注：表格中 $R_\alpha \perp \square T_a T_b$ 表示转动特征 R_α 的轴线垂直于 $T_a T_b$ 构成的移动平面，后文同上。

综上所述，机构末端输出特征从一维到六维以特定的 G_F 集表达一共能够得到 36 种有序集合的表示形式。

5　G_F 集的分类

当 G_F 集表达的机构末端输出特征中含有多维（不低于二维）转动特征时，不同的 G_F 集表达呈现出两种特点，即为转动轴线是否恒交于一点。例如，$(T_a, T_b, T_c, R_\alpha, R_\beta)$ 的两个转动轴线恒交于一点，而 $(R_\alpha, T_a, T_b, R_\beta, R_\gamma)_{R_\beta \perp \square T_a T_b}$ 的三个转动轴线不恒交于一点。

此外，不同的 G_F 集表达的机构末端输出特征是否能够在运动过程中，始终保持其末端特征的 G_F 集表达式不变，也需要进行具体甄别，即 G_F 集表达的输出特征是否满足全域一致性。例如，$(T_a, T_b, R_\alpha)_{R_\alpha \perp \square T_a T_b}$ 所表达的机构无论如何运动，其末端特征表达均保持 $(T_a, T_b, R_\alpha)_{R_\alpha \perp \square T_a T_b}$ 不变。因此，$(T_a, T_b, R_\alpha)_{R_\alpha \perp \square T_a T_b}$ 所表达的机构末端特征满足全域一致性，而 $(T_a, R_\alpha, T_b, R_\beta)_{R_\beta \perp \square T_a T_b}$ 所表达的机构则可以因为 R_α 的转动使 R_β 从不垂直于 $\square T_a T_b$ 变为垂直于 $\square T_a T_b$，从而该机构的末端输出特征的 G_F 集表达改变为 $(T_a, R_\alpha, T_b, R_\beta)_{R_\alpha, R_\beta \not\perp \square T_a T_b}$，因此 $(T_a, R_\alpha, T_b, R_\beta)_{R_\beta \perp \square T_a T_b}$ 所表达的机构末端特征不满足全域一致性。

根据对机构输出运动的完整性进行分类，确定了三种输出运动特征的定义，从而对 G_F 集进行相应的分类，同时根据机构完整运动定理，可以确定出每种分类下 G_F 集表达的数量。

第一类 G_F 集：末端输出特征为完整运动的 G_F 集表达；

第二类 G_F 集：末端输出特征为非完整运动的 G_F 集表达；

第三类 G_F 集：末端输出特征为部分完整运动的 G_F 集表达。

对于第一类完整运动 G_F 集，其所包含的所有 G_F 集表达中，不含有转动特征，或含有转动特征时，所有转动特征均满足任意可转性条件；对于第二类非完整运动 G_F 集，其所包含的所有 G_F 集表达中，均含有转动特征，且所有转动特征均不满足任意可转性条件；对于第三类部分完整运动 G_F 集，其所包含的所有 G_F 集表达中，均含有至少二维转动特征，且有且仅有一维转动特征满足任意可转性条件。

图 22-1-2 所示三个具有不同类型 G_F 集的支链。其中图 22-1-2a 所示的机器人支链的转动轴心 O 在三个移动副的作用下可以在三维空间内移动；图 22-1-2b 所示的支链的移动副的作用对转动中心 O 的空间位置没有影响，导致任一维度的转动轴线均不能移动；图 22-1-2c 所示的支链存在一维移动可以在两个转动副的作用下在三维空间内移动。根据 G_F 集所属类别以及其表达的维数的不同，剔除一些少数的末端特征具有复杂变化性，不具有全域一致性且为非典型不常用的 G_F 集后，总结得到典型常用的三类 26 种 G_F 集，归纳分类如表 22-1-6 所示，其余 10 种非典型不常用的 G_F 集表达则不再列出。G_F 集与通常利用转动自由度数和移动自由度数描述机器人的末端特征不同，表 22-1-6 中的各种末端特征明确，不仅包含了末端特征的维数性质，还包含了转动特征与移动特征之间的非代数性、无坐标性、无量刚性、多元素无关联性和有序性。

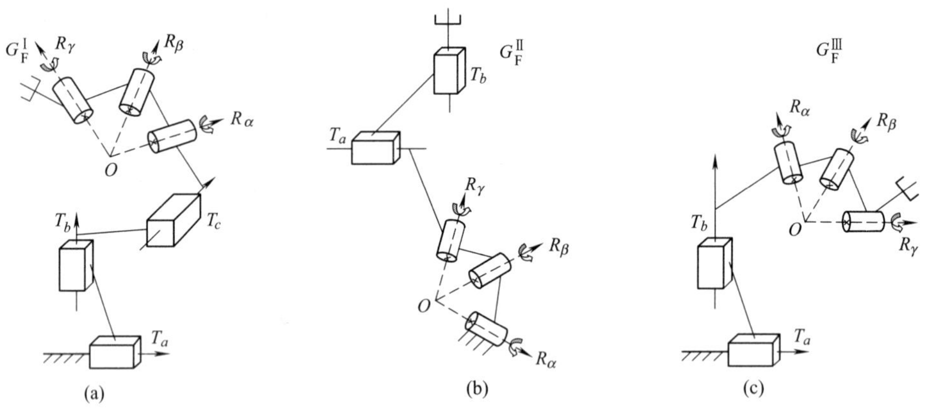

图 22-1-2　具有不同类型 G_F 集的支链

表 22-1-6　　G_F 集的分类

分类	序号	维数	移动维数	转动维数	G_F 集表达	条件
Ⅰ	1	6	3	3	$G_F^{\mathrm{I}1}(T_a, T_b, T_c, R_\alpha, R_\beta, R_\gamma)$	无要求
	2	5	3	2	$G_F^{\mathrm{I}2}(T_a, T_b, T_c, R_\alpha, R_\beta)$	
	3	4	3	1	$G_F^{\mathrm{I}3}(T_a, T_b, T_c, R_\alpha)$	
	4	3	3	0	$G_F^{\mathrm{I}4}(T_a, T_b, T_c)$	
	5	3	2	1	$G_F^{\mathrm{I}5}(T_a, T_b, R_\alpha)$	$R_\alpha \perp \square T_a T_b$

续表

分类	序号	维数	移动维数	转动维数	G_F 集表达	条件
Ⅰ	6	2	2	0	$G_F^{\mathrm{I}6}(T_a,T_b)$	无要求
	7	1	1	0	$G_F^{\mathrm{I}7}(T_a)$	
Ⅱ	8	4	1	3	$G_F^{\mathrm{II}8}(R_\alpha,R_\beta,R_\gamma,T_a)$	
	9	4	1	3	$G_F^{\mathrm{II}9}(T_a,R_\alpha,R_\beta,R_\gamma)$	
	10	4	2	2	$G_F^{\mathrm{II}10}(R_\alpha,R_\beta,T_a,T_b)$	$R_\alpha,R_\beta \not\perp \square T_aT_b$
	11	4	2	2	$G_F^{\mathrm{II}11}(T_a,T_b,R_\alpha,R_\beta)$	$R_\alpha,R_\beta \not\perp \square T_aT_b$
	12	3	0	3	$G_F^{\mathrm{II}12}(R_\alpha,R_\beta,R_\gamma)$	无要求
	13	3	1	2	$G_F^{\mathrm{II}13}(T_a,R_\alpha,R_\beta)$	
	14	3	1	2	$G_F^{\mathrm{II}14}(R_\alpha,R_\beta,T_a)$	
	15	3	2	1	$G_F^{\mathrm{II}15}(T_a,T_b,R_\alpha)$	$R_\alpha \not\perp \square T_aT_b$
	16	3	2	1	$G_F^{\mathrm{II}16}(R_\alpha,T_a,T_b)$	$R_\alpha \not\perp \square T_aT_b$
	17	3	2	1	$G_F^{\mathrm{II}17}(T_a,R_\alpha,T_b)$	$R_\alpha \not\perp \square T_aT_b$
	18	2	0	2	$G_F^{\mathrm{II}18}(R_\alpha,R_\beta)$	无要求
	19	2	1	1	$G_F^{\mathrm{II}19}(R_\alpha,T_a)$	
	20	2	1	1	$G_F^{\mathrm{II}20}(T_a,R_\alpha)$	
	21	1	0	1	$G_F^{\mathrm{II}21}(R_\alpha)$	
Ⅲ	22	5	2	3	$G_F^{\mathrm{III}22}(T_a,T_b,R_\alpha,R_\beta,R_\gamma)$	$R_\alpha \perp \square T_aT_b$
	23	5	2	3	$G_F^{\mathrm{III}23}(R_\alpha,T_a,T_b,R_\beta,R_\gamma)$	$R_\beta \perp \square T_aT_b$
	24	5	2	3	$G_F^{\mathrm{III}24}(R_\alpha,R_\beta,T_a,T_b,R_\gamma)$	$R_\gamma \perp \square T_aT_b$
	25	4	2	2	$G_F^{\mathrm{III}25}(T_a,T_b,R_\alpha,R_\beta)$	$R_\alpha \perp \square T_aT_b$
	26	4	2	2	$G_F^{\mathrm{III}26}(R_\alpha,T_a,T_b,R_\beta)$	$R_\beta \perp \square T_aT_b$

显然，根据对 G_F 集的定义和分类可知，当两 G_F 集表达式相等时，则两个 G_F 集类型（第一、第二或第三类）和元素以及顺序相同。

6　G_F 集中的包含关系

以 G_F 集表达和描述机构末端输出特征时，在所确定的 G_F 集表达中，存在一些包含关系。当不同的集合之间存在包含关系时，则其分属于子集与母集。G_F 集的包含关系，在求交和求并运算中具有直观意义。集合中的包含关系具体表现为：

$A\subseteq B$，当且仅当 $A\cap B=A$，$A\cup B=B$

对于三类 26 种 G_F 集表达，内在的一些包含关系主要分为两种：第一种是不存在限制条件的包含关系，即两 G_F 集内的特征元素在任意位置、方向等条件下，均满足包含关系；第二种则是存在限制条件的包含关系，即当两 G_F 集内的特征元素满足特定的几何位姿条件时，才存在这种包含关系，反之则不满足包含关系。以下将进行详细的分类分析和介绍。

（1）表 22-1-7 为无条件的包含关系

表 22-1-7　　**无条件的包含关系**

母集	子集	条件	母集	子集	条件
$G_F^{\mathrm{I}1}$	任意 G_{Fj}	无	$G_F^{\mathrm{I}3}$	$G_F^{\mathrm{I}4}$、$G_F^{\mathrm{I}6}$、$G_F^{\mathrm{I}7}$	无
$G_F^{\mathrm{I}2}$	$G_F^{\mathrm{I}4}$、$G_F^{\mathrm{I}6}$、$G_F^{\mathrm{I}7}$	无	$G_F^{\mathrm{I}4}$	$G_F^{\mathrm{I}6}$、$G_F^{\mathrm{I}7}$	无

（2）表 22-1-8 为有条件的包含关系

表 22-1-8　　有条件的包含关系

母集	子集	条件
$G_F^{\mathrm{I}2}$	$G_F^{\mathrm{I}3}$、$G_F^{\mathrm{I}5}$、$G_F^{\mathrm{II}15}$、$G_F^{\mathrm{II}16}$、$G_F^{\mathrm{II}17}$、$G_F^{\mathrm{II}19}$、$G_F^{\mathrm{II}20}$、$G_F^{\mathrm{II}21}$	$R_{\alpha j} \parallel R_{\alpha i}$ 或 $R_{\beta i}$
	$G_F^{\mathrm{II}10}$、$G_F^{\mathrm{II}11}$、$G_F^{\mathrm{II}13}$、$G_F^{\mathrm{II}14}$、$G_F^{\mathrm{II}18}$、$G_F^{\mathrm{III}25}$、$G_F^{\mathrm{III}26}$	$R_{\alpha j} \parallel R_{\alpha i}, R_{\beta j} \parallel R_{\beta i}$
$G_F^{\mathrm{I}3}$	$G_F^{\mathrm{I}5}$、$G_F^{\mathrm{II}15}$、$G_F^{\mathrm{II}16}$、$G_F^{\mathrm{II}17}$、$G_F^{\mathrm{II}19}$、$G_F^{\mathrm{II}20}$、$G_F^{\mathrm{II}21}$	$R_{\alpha j} \parallel R_{\alpha i}$
$G_F^{\mathrm{I}5}$	$G_F^{\mathrm{I}7}$	$T_{aj} \parallel$ ▱$T_{ai}T_{bi}$
	$G_F^{\mathrm{I}6}$	▱$T_{aj}T_{bj} \parallel$ ▱$T_{ai}T_{bi}$
	$G_F^{\mathrm{II}19}$、$G_F^{\mathrm{II}20}$	$R_{\alpha j} \parallel R_{\alpha i}, T_{aj} \parallel$ ▱$T_{ai}T_{bi}$
	$G_F^{\mathrm{II}21}$	$R_{\alpha j} \parallel R_{\alpha i}$
$G_F^{\mathrm{I}6}$	$G_F^{\mathrm{I}7}$	$T_{aj} \parallel$ ▱$T_{ai}T_{bi}$
$G_F^{\mathrm{II}8}$	$G_F^{\mathrm{I}7}$	$T_{aj} \parallel T_{ai}$
	$G_F^{\mathrm{II}12}$、$G_F^{\mathrm{II}18}$	$O_j = O_i$
	$G_F^{\mathrm{II}14}$	$O_j = O_i, T_{aj} \parallel T_{ai}$
	$G_F^{\mathrm{II}19}$	$R_{\alpha j}$ 过 $O_i, T_{aj} \parallel T_{ai}$
	$G_F^{\mathrm{II}21}$	$R_{\alpha j}$ 过 O_i
$G_F^{\mathrm{II}9}$	$G_F^{\mathrm{I}7}$	$T_{aj} \parallel T_{ai}$
	$G_F^{\mathrm{II}12}$、$G_F^{\mathrm{II}18}$	$O_j = O_i$
	$G_F^{\mathrm{II}13}$	$O_j = O_i, T_{aj} \parallel T_{ai}$
	$G_F^{\mathrm{II}20}$	$R_{\alpha j}$ 过 $O_i, T_{aj} \parallel T_{ai}$
	$G_F^{\mathrm{II}21}$	$R_{\alpha j}$ 过 O_i
$G_F^{\mathrm{II}10}$	$G_F^{\mathrm{I}6}$	▱$T_{aj}T_{bj} \parallel$ ▱$T_{ai}T_{bi}$
	$G_F^{\mathrm{I}7}$	$T_{aj} \parallel$ ▱$T_{ai}T_{bi}$
	$G_F^{\mathrm{II}14}$	$R_{\alpha j} = R_{\alpha i}, R_{\beta j} = R_{\beta i}, T_{aj} \parallel$ ▱$T_{ai}T_{bi}$
	$G_F^{\mathrm{II}16}$	$R_{\alpha j} = R_{\beta i}$, ▱$T_{aj}T_{bj} \parallel$ ▱$T_{ai}T_{bi}$
	$G_F^{\mathrm{II}18}$	$R_{\alpha j} = R_{\alpha i}, R_{\beta j} = R_{\beta i}$
	$G_F^{\mathrm{II}19}$	$R_{\alpha j} = R_{\beta i}, T_{aj} \parallel$ ▱$T_{ai}T_{bi}$
	$G_F^{\mathrm{II}21}$	$R_{\alpha j} = R_{\beta i}$ 或 $R_{\alpha i}$
$G_F^{\mathrm{II}11}$	$G_F^{\mathrm{I}6}$	▱$T_{aj}T_{bj} \parallel$ ▱$T_{ai}T_{bi}$
	$G_F^{\mathrm{I}7}$	$T_{aj} \parallel$ ▱$T_{ai}T_{bi}$
	$G_F^{\mathrm{II}13}$	$R_{\alpha j} = R_{\alpha i}, R_{\beta j} = R_{\beta i}, T_{aj} \parallel$ ▱$T_{ai}T_{bi}$
	$G_F^{\mathrm{II}15}$	$R_{\alpha j} = R_{\alpha i}$, ▱$T_{aj}T_{bj} \parallel$ ▱$T_{ai}T_{bi}$
	$G_F^{\mathrm{II}18}$	$R_{\alpha j} = R_{\alpha i}, R_{\beta j} = R_{\beta i}$
	$G_F^{\mathrm{II}20}$	$R_{\alpha j} = R_{\alpha i}, T_{aj} \parallel$ ▱$T_{ai}T_{bi}$
	$G_F^{\mathrm{II}21}$	$R_{\alpha j} = R_{\beta i}$ 或 $R_{\alpha i}$
$G_F^{\mathrm{II}12}$	$G_F^{\mathrm{II}18}$	$O_j = O_i$
	$G_F^{\mathrm{II}21}$	$R_{\alpha j}$ 过 O_i
$G_F^{\mathrm{II}13}$	$G_F^{\mathrm{I}7}$	$T_{aj} \parallel T_{ai}$
	$G_F^{\mathrm{II}18}$	$R_{\alpha j} = R_{\alpha i}, R_{\beta j} = R_{\beta i}$

续表

母集	子集	条件
$G_{\mathrm{F}}^{\mathrm{II}13}$	$G_{\mathrm{F}}^{\mathrm{II}20}$	$R_{\alpha j}=R_{\alpha i},T_{aj}\parallel T_{ai}$
	$G_{\mathrm{F}}^{\mathrm{II}21}$	$R_{\alpha j}=R_{\beta i}$ 或 $R_{\alpha i}$
$G_{\mathrm{F}}^{\mathrm{II}14}$	$G_{\mathrm{F}}^{\mathrm{I}7}$	$T_{aj}\parallel T_{ai}$
	$G_{\mathrm{F}}^{\mathrm{II}18}$	$R_{\alpha j}=R_{\alpha i},R_{\beta j}=R_{\beta i}$
	$G_{\mathrm{F}}^{\mathrm{II}19}$	$R_{\alpha j}=R_{\beta i},T_{aj}\parallel T_{ai}$
	$G_{\mathrm{F}}^{\mathrm{II}21}$	$R_{\alpha j}=R_{\beta i}$ 或 $R_{\alpha i}$
$G_{\mathrm{F}}^{\mathrm{II}15}$	$G_{\mathrm{F}}^{\mathrm{I}6}$	$\square T_{aj}T_{bj}\parallel\square T_{ai}T_{bi}$
	$G_{\mathrm{F}}^{\mathrm{I}7}$	$T_{aj}\parallel\square T_{ai}T_{bi}$
	$G_{\mathrm{F}}^{\mathrm{II}20}$	$R_{\alpha j}=R_{\alpha i},T_{aj}\parallel\square T_{ai}T_{bi}$
	$G_{\mathrm{F}}^{\mathrm{II}21}$	$R_{\alpha j}=R_{\alpha i}$
$G_{\mathrm{F}}^{\mathrm{II}16}$	$G_{\mathrm{F}}^{\mathrm{I}6}$	$\square T_{aj}T_{bj}\parallel\square T_{ai}T_{bi}$
	$G_{\mathrm{F}}^{\mathrm{I}7}$	$T_{aj}\parallel\square T_{ai}T_{bi}$
	$G_{\mathrm{F}}^{\mathrm{II}19}$	$R_{\alpha j}=R_{\alpha i},T_{aj}\parallel\square T_{ai}T_{bi}$
	$G_{\mathrm{F}}^{\mathrm{II}21}$	$R_{\alpha j}=R_{\alpha i}$
$G_{\mathrm{F}}^{\mathrm{II}17}$	$G_{\mathrm{F}}^{\mathrm{I}6}$	$\square T_{aj}T_{bj}\parallel\square T_{ai}T_{bi}$
	$G_{\mathrm{F}}^{\mathrm{I}7}$	$T_{aj}\parallel\square T_{ai}T_{bi}$
	$G_{\mathrm{F}}^{\mathrm{II}19}$	$R_{\alpha j}=R_{\alpha i},T_{aj}\parallel T_{bi}$
	$G_{\mathrm{F}}^{\mathrm{II}20}$	$R_{\alpha j}=R_{\alpha i},T_{aj}\parallel T_{ai}$
	$G_{\mathrm{F}}^{\mathrm{II}21}$	$R_{\alpha j}=R_{\alpha i}$
$G_{\mathrm{F}}^{\mathrm{II}18}$	$G_{\mathrm{F}}^{\mathrm{II}21}$	$R_{\alpha j}=R_{\beta i}$ 或 $R_{\alpha i}$
$G_{\mathrm{F}}^{\mathrm{II}19}$	$G_{\mathrm{F}}^{\mathrm{I}7}$	$T_{aj}\parallel T_{ai}$
	$G_{\mathrm{F}}^{\mathrm{II}21}$	$R_{\alpha j}=R_{\alpha i}$
$G_{\mathrm{F}}^{\mathrm{II}20}$	$G_{\mathrm{F}}^{\mathrm{I}7}$	$T_{aj}\parallel T_{ai}$
	$G_{\mathrm{F}}^{\mathrm{II}21}$	$R_{\alpha j}=R_{\alpha i}$
$G_{\mathrm{F}}^{\mathrm{III}22}$	$G_{\mathrm{F}}^{\mathrm{I}5}$、$G_{\mathrm{F}}^{\mathrm{I}6}$	$\square T_{aj}T_{bj}\parallel\square T_{ai}T_{bi}$
	$G_{\mathrm{F}}^{\mathrm{I}7}$	$T_{aj}\parallel\square T_{ai}T_{bi}$
	$G_{\mathrm{F}}^{\mathrm{II}9}$、$G_{\mathrm{F}}^{\mathrm{II}13}$	$O_j=O_i,T_{aj}\parallel\square T_{ai}T_{bi}$
	$G_{\mathrm{F}}^{\mathrm{II}11}$、$G_{\mathrm{F}}^{\mathrm{III}25}$	$O_j=O_i,\square T_{aj}T_{bj}\parallel\square T_{ai}T_{bi}$
	$G_{\mathrm{F}}^{\mathrm{II}12}$、$G_{\mathrm{F}}^{\mathrm{II}18}$	$O_j=O_i$
	$G_{\mathrm{F}}^{\mathrm{II}15}$	$R_{\alpha j}$ 过 $O_i,\square T_{aj}T_{bj}\parallel\square T_{ai}T_{bi}$
	$G_{\mathrm{F}}^{\mathrm{II}20}$	$R_{\alpha j}$ 过 $O_i,T_{aj}\parallel\square T_{ai}T_{bi}$
	$G_{\mathrm{F}}^{\mathrm{II}21}$	$R_{\alpha j}$ 过 O_i
$G_{\mathrm{F}}^{\mathrm{III}23}$	$G_{\mathrm{F}}^{\mathrm{I}5}$、$G_{\mathrm{F}}^{\mathrm{I}6}$	$\square T_{aj}T_{bj}\parallel\square T_{ai}T_{bi}$
	$G_{\mathrm{F}}^{\mathrm{I}7}$	$T_{aj}\parallel\square T_{ai}T_{bi}$
	$G_{\mathrm{F}}^{\mathrm{II}13}$	$R_{\alpha j}\parallel R_{\beta i},R_{\beta j}=R_{\gamma i},T_{aj}\parallel\square T_{ai}T_{bi}$
	$G_{\mathrm{F}}^{\mathrm{II}15}$	$R_{\alpha j}=R_{\gamma i},\square T_{aj}T_{bj}\parallel\square T_{ai}T_{bi}$
	$G_{\mathrm{F}}^{\mathrm{II}18}$	$R_{\alpha j}\parallel R_{\beta i},R_{\beta j}=R_{\gamma i}$
	$G_{\mathrm{F}}^{\mathrm{II}20}$	$R_{\alpha j}\parallel R_{\beta i}$ 或 $R_{\alpha j}=R_{\gamma i},T_{aj}\parallel\square T_{ai}T_{bi}$

续表

母集	子集	条件
$G_{\mathrm{F}}^{\mathrm{III}23}$	$G_{\mathrm{F}}^{\mathrm{II}21}$	$R_{\alpha j} \parallel R_{\beta i}$ 或 $R_{\alpha j}=R_{\alpha i}$ 或 $R_{\alpha j}=R_{\gamma i}$
	$G_{\mathrm{F}}^{\mathrm{III}25}$	$R_{\beta j}=R_{\gamma i}$，$▱T_{aj}T_{bj} \parallel ▱T_{ai}T_{bi}$
	$G_{\mathrm{F}}^{\mathrm{III}26}$	$R_{\alpha j}=R_{\alpha i}$，$▱T_{aj}T_{bj} \parallel ▱T_{ai}T_{bi}$
$G_{\mathrm{F}}^{\mathrm{III}24}$	$G_{\mathrm{F}}^{\mathrm{I}5}$、$G_{\mathrm{F}}^{\mathrm{I}6}$	$▱T_{aj}T_{bj} \parallel ▱T_{ai}T_{bi}$
	$G_{\mathrm{F}}^{\mathrm{I}7}$	$T_{aj} \parallel ▱T_{ai}T_{bi}$
	$G_{\mathrm{F}}^{\mathrm{II}14}$	$R_{\alpha j}=R_{\alpha i}$，$R_{\beta j}=R_{\beta i}$，$T_{aj} \parallel ▱T_{ai}T_{bi}$
	$G_{\mathrm{F}}^{\mathrm{II}16}$	$R_{\alpha j}=R_{\beta i}$，$▱T_{aj}T_{bj} \parallel ▱T_{ai}T_{bi}$
	$G_{\mathrm{F}}^{\mathrm{II}18}$	$R_{\alpha j}=R_{\alpha i}$，$R_{\beta j}=R_{\beta i}$
	$G_{\mathrm{F}}^{\mathrm{II}19}$	$R_{\alpha j}=R_{\beta i}$，$T_{aj} \parallel ▱T_{ai}T_{bi}$
	$G_{\mathrm{F}}^{\mathrm{II}20}$	$R_{\alpha j} \parallel R_{\gamma i}$，$T_{aj} \parallel ▱T_{ai}T_{bi}$
	$G_{\mathrm{F}}^{\mathrm{II}21}$	$R_{\alpha j} \parallel R_{\gamma i}$ 或 $R_{\alpha j}=R_{\alpha i}$ 或 $R_{\alpha j}=R_{\beta i}$
	$G_{\mathrm{F}}^{\mathrm{III}26}$	$R_{\alpha j}=R_{\beta i}$，$▱T_{aj}T_{bj} \parallel ▱T_{ai}T_{bi}$
$G_{\mathrm{F}}^{\mathrm{III}25}$	$G_{\mathrm{F}}^{\mathrm{I}5}$、$G_{\mathrm{F}}^{\mathrm{I}6}$	$▱T_{aj}T_{bj} \parallel ▱T_{ai}T_{bi}$
	$G_{\mathrm{F}}^{\mathrm{I}7}$	$T_{aj} \parallel ▱T_{ai}T_{bi}$
	$G_{\mathrm{F}}^{\mathrm{II}13}$	$R_{\alpha j} \parallel R_{\alpha i}$，$R_{\beta j}=R_{\beta i}$，$T_{aj} \parallel ▱T_{ai}T_{bi}$
	$G_{\mathrm{F}}^{\mathrm{II}15}$	$R_{\alpha j}=R_{\beta i}$，$▱T_{aj}T_{bj} \parallel ▱T_{ai}T_{bi}$
	$G_{\mathrm{F}}^{\mathrm{II}18}$	$R_{\alpha j}=R_{\alpha i}$，$R_{\beta j}=R_{\beta i}$
	$G_{\mathrm{F}}^{\mathrm{II}20}$	$R_{\alpha j} \parallel R_{\alpha i}$ 或 $R_{\alpha j}=R_{\beta i}$，$T_{aj} \parallel ▱T_{ai}T_{bi}$
	$G_{\mathrm{F}}^{\mathrm{II}21}$	$R_{\alpha j} \parallel R_{\alpha i}$ 或 $R_{\alpha j}=R_{\beta i}$
$G_{\mathrm{F}}^{\mathrm{III}26}$	$G_{\mathrm{F}}^{\mathrm{I}5}$、$G_{\mathrm{F}}^{\mathrm{I}6}$	$▱T_{aj}T_{bj} \parallel ▱T_{ai}T_{bi}$
	$G_{\mathrm{F}}^{\mathrm{I}7}$	$T_{aj} \parallel ▱T_{ai}T_{bi}$
	$G_{\mathrm{F}}^{\mathrm{II}16}$	$R_{\alpha j}=R_{\alpha i}$，$▱T_{aj}T_{bj} \parallel ▱T_{ai}T_{bi}$
	$G_{\mathrm{F}}^{\mathrm{II}19}$	$R_{\alpha j}=R_{\alpha i}$，$T_{aj} \parallel ▱T_{ai}T_{bi}$
	$G_{\mathrm{F}}^{\mathrm{II}20}$	$R_{\alpha j} \parallel R_{\beta i}$，$T_{aj} \parallel ▱T_{ai}T_{bi}$
	$G_{\mathrm{F}}^{\mathrm{II}21}$	$R_{\alpha j} \parallel R_{\beta i}$ 或 $R_{\alpha j}=R_{\alpha i}$

注：下标 j 为子集编号，下标 i 为母集编号。

（3）表 22-1-9 为所有的包含关系

表 22-1-9　　所有的包含关系

母集	子集	条件
$G_{\mathrm{F}}^{\mathrm{I}1}$	任意 $G_{\mathrm{F}j}$	无
$G_{\mathrm{F}}^{\mathrm{I}2}$	$G_{\mathrm{F}}^{\mathrm{I}3}$、$G_{\mathrm{F}}^{\mathrm{I}5}$、$G_{\mathrm{F}}^{\mathrm{II}15}$、$G_{\mathrm{F}}^{\mathrm{II}16}$、$G_{\mathrm{F}}^{\mathrm{II}17}$、$G_{\mathrm{F}}^{\mathrm{II}19}$、$G_{\mathrm{F}}^{\mathrm{II}20}$、$G_{\mathrm{F}}^{\mathrm{II}21}$	$R_{\alpha j} \parallel R_{\alpha i}$ 或 $R_{\beta i}$
	$G_{\mathrm{F}}^{\mathrm{I}4}$、$G_{\mathrm{F}}^{\mathrm{I}6}$、$G_{\mathrm{F}}^{\mathrm{I}7}$	无
	$G_{\mathrm{F}}^{\mathrm{II}10}$、$G_{\mathrm{F}}^{\mathrm{II}11}$、$G_{\mathrm{F}}^{\mathrm{II}13}$、$G_{\mathrm{F}}^{\mathrm{II}14}$、$G_{\mathrm{F}}^{\mathrm{II}18}$、$G_{\mathrm{F}}^{\mathrm{III}25}$、$G_{\mathrm{F}}^{\mathrm{III}26}$	$R_{\alpha j} \parallel R_{\alpha i}$，$R_{\beta j} \parallel R_{\beta i}$
$G_{\mathrm{F}}^{\mathrm{I}3}$	$G_{\mathrm{F}}^{\mathrm{I}4}$、$G_{\mathrm{F}}^{\mathrm{I}6}$、$G_{\mathrm{F}}^{\mathrm{I}7}$	无
	$G_{\mathrm{F}}^{\mathrm{I}5}$、$G_{\mathrm{F}}^{\mathrm{II}15}$、$G_{\mathrm{F}}^{\mathrm{II}16}$、$G_{\mathrm{F}}^{\mathrm{II}17}$、$G_{\mathrm{F}}^{\mathrm{II}19}$、$G_{\mathrm{F}}^{\mathrm{II}20}$、$G_{\mathrm{F}}^{\mathrm{II}21}$	$R_{\alpha j} \parallel R_{\alpha i}$
$G_{\mathrm{F}}^{\mathrm{I}4}$	$G_{\mathrm{F}}^{\mathrm{I}6}$、$G_{\mathrm{F}}^{\mathrm{I}7}$	无
$G_{\mathrm{F}}^{\mathrm{I}5}$	$G_{\mathrm{F}}^{\mathrm{I}7}$	$T_{aj} \parallel ▱T_{ai}T_{bi}$
	$G_{\mathrm{F}}^{\mathrm{I}6}$	$▱T_{aj}T_{bj} \parallel ▱T_{ai}T_{bi}$

续表

母集	子集	条件
$G_F^{\mathrm{I}_5}$	$G_F^{\mathrm{II}_{19}}$、$G_F^{\mathrm{II}_{20}}$	$R_{\alpha j} \parallel R_{\alpha i}$，$T_{aj} \parallel \square T_{ai}T_{bi}$
	$G_F^{\mathrm{II}_{21}}$	$R_{\alpha j} \parallel R_{\alpha i}$
$G_F^{\mathrm{I}_6}$	$G_F^{\mathrm{I}_7}$	$T_{aj} \parallel \square T_{ai}T_{bi}$
$G_F^{\mathrm{I}_7}$	—	—
$G_F^{\mathrm{II}_8}$	$G_F^{\mathrm{I}_7}$	$T_{aj} \parallel T_{ai}$
	$G_F^{\mathrm{II}_{12}}$、$G_F^{\mathrm{II}_{18}}$	$O_j = O_i$
	$G_F^{\mathrm{II}_{14}}$	$O_j = O_i$，$T_{aj} \parallel T_{ai}$
	$G_F^{\mathrm{II}_{19}}$	$R_{\alpha j}$ 过 O_i，$T_{aj} \parallel T_{ai}$
	$G_F^{\mathrm{II}_{21}}$	$R_{\alpha j}$ 过 O_i
$G_F^{\mathrm{II}_9}$	$G_F^{\mathrm{I}_7}$	$T_{aj} \parallel T_{ai}$
	$G_F^{\mathrm{II}_{12}}$、$G_F^{\mathrm{II}_{18}}$	$O_j = O_i$
	$G_F^{\mathrm{II}_{13}}$	$O_j = O_i$，$T_{aj} \parallel T_{ai}$
	$G_F^{\mathrm{II}_{20}}$	$R_{\alpha j}$ 过 O_i，$T_{aj} \parallel T_{ai}$
	$G_F^{\mathrm{II}_{21}}$	$R_{\alpha j}$ 过 O_i
$G_F^{\mathrm{II}_{10}}$	$G_F^{\mathrm{I}_6}$	$\square T_{aj}T_{bj} \parallel \square T_{ai}T_{bi}$
	$G_F^{\mathrm{I}_7}$	$T_{aj} \parallel \square T_{ai}T_{bi}$
	$G_F^{\mathrm{II}_{14}}$	$R_{\alpha j} = R_{\alpha i}$，$R_{\beta j} = R_{\beta i}$，$T_{aj} \parallel \square T_{ai}T_{bi}$
	$G_F^{\mathrm{II}_{16}}$	$R_{\alpha j} = R_{\beta i}$，$\square T_{aj}T_{bj} \parallel \square T_{ai}T_{bi}$
	$G_F^{\mathrm{II}_{18}}$	$R_{\alpha j} = R_{\alpha i}$，$R_{\beta j} = R_{\beta i}$
	$G_F^{\mathrm{II}_{19}}$	$R_{\alpha j} = R_{\beta i}$，$T_{aj} \parallel \square T_{ai}T_{bi}$
	$G_F^{\mathrm{II}_{21}}$	$R_{\alpha j} = R_{\beta i}$ 或 $R_{\alpha i}$
$G_F^{\mathrm{II}_{11}}$	$G_F^{\mathrm{I}_6}$	$\square T_{aj}T_{bj} \parallel \square T_{ai}T_{bi}$
	$G_F^{\mathrm{I}_7}$	$T_{aj} \parallel \square T_{ai}T_{bi}$
	$G_F^{\mathrm{II}_{13}}$	$R_{\alpha j} = R_{\alpha i}$，$R_{\beta j} = R_{\beta i}$，$T_{aj} \parallel \square T_{ai}T_{bi}$
	$G_F^{\mathrm{II}_{15}}$	$R_{\alpha j} = R_{\alpha i}$，$\square T_{aj}T_{bj} \parallel \square T_{ai}T_{bi}$
	$G_F^{\mathrm{II}_{18}}$	$R_{\alpha j} = R_{\alpha i}$，$R_{\beta j} = R_{\beta i}$
	$G_F^{\mathrm{II}_{20}}$	$R_{\alpha j} = R_{\alpha i}$，$T_{aj} \parallel \square T_{ai}T_{bi}$
	$G_F^{\mathrm{II}_{21}}$	$R_{\alpha j} = R_{\beta i}$ 或 $R_{\alpha i}$
$G_F^{\mathrm{II}_{12}}$	$G_F^{\mathrm{II}_{18}}$	$O_j = O_i$
	$G_F^{\mathrm{II}_{21}}$	$R_{\alpha j}$ 过 O_i
$G_F^{\mathrm{II}_{13}}$	$G_F^{\mathrm{I}_7}$	$T_{aj} \parallel T_{ai}$
	$G_F^{\mathrm{II}_{18}}$	$R_{\alpha j} = R_{\alpha i}$，$R_{\beta j} = R_{\beta i}$
	$G_F^{\mathrm{II}_{20}}$	$R_{\alpha j} = R_{\alpha i}$，$T_{aj} \parallel T_{ai}$
	$G_F^{\mathrm{II}_{21}}$	$R_{\alpha j} = R_{\beta i}$ 或 $R_{\alpha i}$
$G_F^{\mathrm{II}_{14}}$	$G_F^{\mathrm{I}_7}$	$T_{aj} \parallel T_{ai}$
	$G_F^{\mathrm{II}_{18}}$	$R_{\alpha j} = R_{\alpha i}$，$R_{\beta j} = R_{\beta i}$
	$G_F^{\mathrm{II}_{19}}$	$R_{\alpha j} = R_{\beta i}$，$T_{aj} \parallel T_{ai}$
	$G_F^{\mathrm{II}_{21}}$	$R_{\alpha j} = R_{\beta i}$ 或 $R_{\alpha i}$

续表

母集	子集	条件
$G_{\mathrm{F}}^{\mathrm{II}15}$	$G_{\mathrm{F}}^{\mathrm{I}6}$	$▱T_{aj}T_{bj} \parallel ▱T_{ai}T_{bi}$
	$G_{\mathrm{F}}^{\mathrm{I}7}$	$T_{aj} \parallel ▱T_{ai}T_{bi}$
	$G_{\mathrm{F}}^{\mathrm{II}20}$	$R_{\alpha j}=R_{\alpha i}, T_{aj} \parallel ▱T_{ai}T_{bi}$
	$G_{\mathrm{F}}^{\mathrm{II}21}$	$R_{\alpha j}=R_{\alpha i}$
$G_{\mathrm{F}}^{\mathrm{II}16}$	$G_{\mathrm{F}}^{\mathrm{I}6}$	$▱T_{aj}T_{bj} \parallel ▱T_{ai}T_{bi}$
	$G_{\mathrm{F}}^{\mathrm{I}7}$	$T_{aj} \parallel ▱T_{ai}T_{bi}$
	$G_{\mathrm{F}}^{\mathrm{II}19}$	$R_{\alpha j}=R_{\alpha i}, T_{aj} \parallel ▱T_{ai}T_{bi}$
	$G_{\mathrm{F}}^{\mathrm{II}21}$	$R_{\alpha j}=R_{\alpha i}$
$G_{\mathrm{F}}^{\mathrm{II}17}$	$G_{\mathrm{F}}^{\mathrm{I}6}$	$▱T_{aj}T_{bj} \parallel ▱T_{ai}T_{bi}$
	$G_{\mathrm{F}}^{\mathrm{I}7}$	$T_{aj} \parallel ▱T_{ai}T_{bi}$
	$G_{\mathrm{F}}^{\mathrm{II}19}$	$R_{\alpha j}=R_{\alpha i}, T_{aj} \parallel T_{bi}$
	$G_{\mathrm{F}}^{\mathrm{II}20}$	$R_{\alpha j}=R_{\alpha i}, T_{aj} \parallel T_{ai}$
	$G_{\mathrm{F}}^{\mathrm{II}21}$	$R_{\alpha j}=R_{\alpha i}$
$G_{\mathrm{F}}^{\mathrm{II}18}$	$G_{\mathrm{F}}^{\mathrm{II}21}$	$R_{\alpha j}=R_{\beta i}$ 或 $R_{\alpha i}$
$G_{\mathrm{F}}^{\mathrm{II}19}$	$G_{\mathrm{F}}^{\mathrm{I}7}$	$T_{aj} \parallel T_{ai}$
	$G_{\mathrm{F}}^{\mathrm{II}21}$	$R_{\alpha j}=R_{\alpha i}$
$G_{\mathrm{F}}^{\mathrm{II}20}$	$G_{\mathrm{F}}^{\mathrm{I}7}$	$T_{aj} \parallel T_{ai}$
	$G_{\mathrm{F}}^{\mathrm{II}21}$	$R_{\alpha j}=R_{\alpha i}$
$G_{\mathrm{F}}^{\mathrm{II}21}$	—	—
$G_{\mathrm{F}}^{\mathrm{III}22}$	$G_{\mathrm{F}}^{\mathrm{I}5}$、$G_{\mathrm{F}}^{\mathrm{I}6}$	$▱T_{aj}T_{bj} \parallel ▱T_{ai}T_{bi}$
	$G_{\mathrm{F}}^{\mathrm{I}7}$	$T_{aj} \parallel ▱T_{ai}T_{bi}$
	$G_{\mathrm{F}}^{\mathrm{II}9}$、$G_{\mathrm{F}}^{\mathrm{II}13}$	$O_j=O_i, T_{aj} \parallel ▱T_{ai}T_{bi}$
	$G_{\mathrm{F}}^{\mathrm{II}11}$、$G_{\mathrm{F}}^{\mathrm{III}25}$	$O_j=O_i, ▱T_{aj}T_{bj} \parallel ▱T_{ai}T_{bi}$
	$G_{\mathrm{F}}^{\mathrm{II}12}$、$G_{\mathrm{F}}^{\mathrm{II}18}$	$O_j=O_i$
	$G_{\mathrm{F}}^{\mathrm{II}15}$	$R_{\alpha j}$ 过 O_i, $▱T_{aj}T_{bj} \parallel ▱T_{ai}T_{bi}$
	$G_{\mathrm{F}}^{\mathrm{II}20}$	$R_{\alpha j}$ 过 O_i, $T_{aj} \parallel ▱T_{ai}T_{bi}$
	$G_{\mathrm{F}}^{\mathrm{II}21}$	$R_{\alpha j}$ 过 O_i
$G_{\mathrm{F}}^{\mathrm{III}23}$	$G_{\mathrm{F}}^{\mathrm{I}5}$、$G_{\mathrm{F}}^{\mathrm{I}6}$	$▱T_{aj}T_{bj} \parallel ▱T_{ai}T_{bi}$
	$G_{\mathrm{F}}^{\mathrm{I}7}$	$T_{aj} \parallel ▱T_{ai}T_{bi}$
	$G_{\mathrm{F}}^{\mathrm{II}13}$	$R_{\alpha j} \parallel R_{\beta i}, R_{\beta j}=R_{\gamma i}, T_{aj} \parallel ▱T_{ai}T_{bi}$
	$G_{\mathrm{F}}^{\mathrm{II}15}$	$R_{\alpha j}=R_{\gamma i}, ▱T_{aj}T_{bj} \parallel ▱T_{ai}T_{bi}$
	$G_{\mathrm{F}}^{\mathrm{II}18}$	$R_{\alpha j} \parallel R_{\beta i}, R_{\beta j}=R_{\gamma i}$
	$G_{\mathrm{F}}^{\mathrm{II}20}$	$R_{\alpha j} \parallel R_{\beta i}$ 或 $R_{\alpha j}=R_{\gamma i}, T_{aj} \parallel ▱T_{ai}T_{bi}$
	$G_{\mathrm{F}}^{\mathrm{II}21}$	$R_{\alpha j} \parallel R_{\beta i}$ 或 $R_{\alpha j}=R_{\alpha i}$ 或 $R_{\alpha j}=R_{\gamma i}$
	$G_{\mathrm{F}}^{\mathrm{III}25}$	$R_{\beta j}=R_{\gamma i}, ▱T_{aj}T_{bj} \parallel ▱T_{ai}T_{bi}$
	$G_{\mathrm{F}}^{\mathrm{III}26}$	$R_{\alpha j}=R_{\alpha i}, ▱T_{aj}T_{bj} \parallel ▱T_{ai}T_{bi}$

续表

母集	子集	条件
$G_F^{\mathrm{III}_{24}}$	$G_F^{\mathrm{I}_5}$、$G_F^{\mathrm{I}_6}$	$\square T_{aj}T_{bj} \parallel \square T_{ai}T_{bi}$
	$G_F^{\mathrm{I}_7}$	$T_{aj} \parallel \square T_{ai}T_{bi}$
	$G_F^{\mathrm{II}_{14}}$	$R_{\alpha j}=R_{\alpha i}, R_{\beta j}=R_{\beta i}, T_{aj} \parallel \square T_{ai}T_{bi}$
	$G_F^{\mathrm{II}_{16}}$	$R_{\alpha j}=R_{\beta i}, \square T_{aj}T_{bj} \parallel \square T_{ai}T_{bi}$
	$G_F^{\mathrm{II}_{18}}$	$R_{\alpha j}=R_{\alpha i}, R_{\beta j}=R_{\beta i}$
	$G_F^{\mathrm{II}_{19}}$	$R_{\alpha j}=R_{\beta i}, T_{aj} \parallel \square T_{ai}T_{bi}$
	$G_F^{\mathrm{II}_{20}}$	$R_{\alpha j} \parallel R_{\gamma i}, T_{aj} \parallel \square T_{ai}T_{bi}$
	$G_F^{\mathrm{II}_{21}}$	$R_{\alpha j} \parallel R_{\gamma i}$ 或 $R_{\alpha j}=R_{\alpha i}$ 或 $R_{\alpha j}=R_{\beta i}$
	$G_F^{\mathrm{III}_{26}}$	$R_{\alpha j}=R_{\beta i}, \square T_{aj}T_{bj} \parallel \square T_{ai}T_{bi}$
$G_F^{\mathrm{III}_{25}}$	$G_F^{\mathrm{I}_5}$、$G_F^{\mathrm{I}_6}$	$\square T_{aj}T_{bj} \parallel \square T_{ai}T_{bi}$
	$G_F^{\mathrm{I}_7}$	$T_{aj} \parallel \square T_{ai}T_{bi}$
	$G_F^{\mathrm{II}_{13}}$	$R_{\alpha j} \parallel R_{\alpha i}, R_{\beta j}=R_{\beta i}, T_{aj} \parallel \square T_{ai}T_{bi}$
	$G_F^{\mathrm{II}_{15}}$	$R_{\alpha j}=R_{\beta i}, \square T_{aj}T_{bj} \parallel \square T_{ai}T_{bi}$
	$G_F^{\mathrm{II}_{18}}$	$R_{\alpha j}=R_{\alpha i}, R_{\beta j}=R_{\beta i}$
	$G_F^{\mathrm{II}_{20}}$	$R_{\alpha j} \parallel R_{\alpha i}$ 或 $R_{\alpha j}=R_{\beta i}, T_{aj} \parallel \square T_{ai}T_{bi}$
	$G_F^{\mathrm{II}_{21}}$	$R_{\alpha j} \parallel R_{\alpha i}$ 或 $R_{\alpha j}=R_{\beta i}$
$G_F^{\mathrm{III}_{26}}$	$G_F^{\mathrm{I}_5}$、$G_F^{\mathrm{I}_6}$	$\square T_{aj}T_{bj} \parallel \square T_{ai}T_{bi}$
	$G_F^{\mathrm{I}_7}$	$T_{aj} \parallel \square T_{ai}T_{bi}$
	$G_F^{\mathrm{II}_{16}}$	$R_{\alpha j}=R_{\alpha i}, \square T_{aj}T_{bj} \parallel \square T_{ai}T_{bi}$
	$G_F^{\mathrm{II}_{19}}$	$R_{\alpha j}=R_{\alpha i}, T_{aj} \parallel \square T_{ai}T_{bi}$
	$G_F^{\mathrm{II}_{20}}$	$R_{\alpha j} \parallel R_{\beta i}, T_{aj} \parallel \square T_{ai}T_{bi}$
	$G_F^{\mathrm{II}_{21}}$	$R_{\alpha j} \parallel R_{\beta i}$ 或 $R_{\alpha j}=R_{\alpha i}$

注：下标 j 为子集编号，下标 i 为母集编号。

7 G_F 集的合成定律

G_F 集的求交运算是并联机构拓扑综合的基础，而移动合成定律和转动合成定律是 G_F 集的求交运算法则的基本依据。

7.1 移动特征合成定律

对于一个运动刚体，两个 G_F 集的求交结果是否存在移动项，需要用移动合成定律判断。

定律 2（移动特征合成定律）：当刚体上点 A 具有移动特征时，刚体上任意一点 B 应具有与点 A 相同的移动特征。

如图 22-1-3 移动特征的存在条件所示，如果刚体上除了 A 点以外的任意一点不存在约束，显然刚体具有与 A 点的移动方向平行的移动特征。根据移动合成定律可知，如果刚体上的 B 点与其他支链相连或者说受到某些支链的约束，在约束支链的末端，也就是 B 点仍然具有与刚体上 A 点的移动方向平行的移动特征时，刚体才具有上述的移动特征。

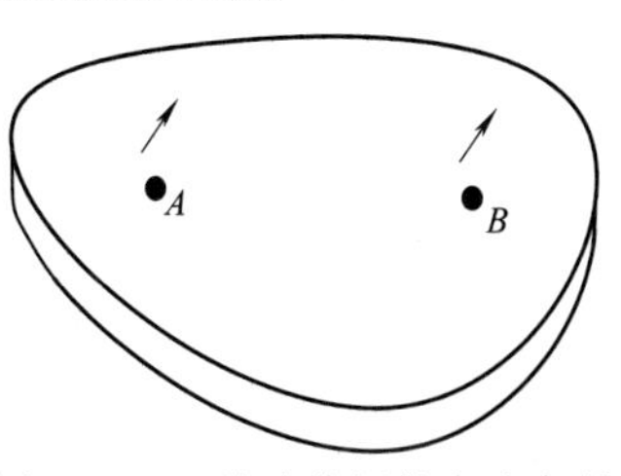

图 22-1-3　移动特征的存在条件

7.2 转动特征合成定律

对于一个运动刚体，两个 G_F 集的求交结果是否存在转动项，需要建立转动合成定律来判断。与移动特征合成定律不同，转动合成结果比较复杂。

定律 3（转动特征合成定律）：当刚体绕点 A 任意轴旋转时，刚体上任意一点 B 不仅具有与点 A 相同的转动特征，而且还具有相对于 A 点转动产生的伴随移动特征，如图 22-1-4 转动特征的存在条件所示。

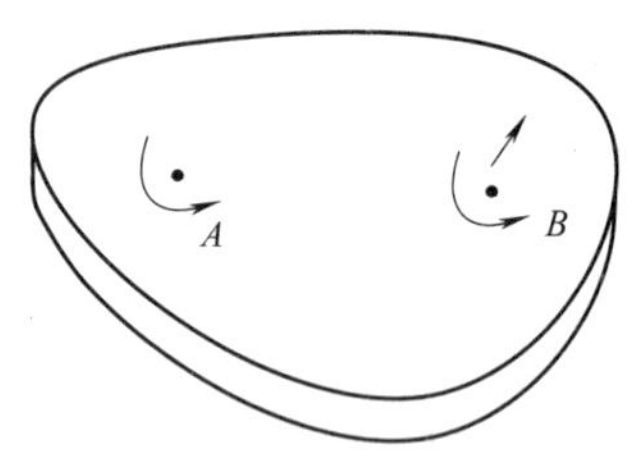

图 22-1-4 转动特征的存在条件

实际上，当 B 点不被其他支链约束时，显然满足转动合成定律的要求。但是，当 B 点被其他支链约束时，约束支链的末端必须具有转动合成定律要求的转动特征和移动特征才能保证 A 点具有相应的转动特征。根据转动合成定律，针对不同维数的转动，有以下三个推论。

推论 1：当刚体绕过点 A 的一个轴旋转时，固定在刚体上任意一点 B 的向量具有与固定于 A 点的向量同样的转动，而且 B 点还具有垂直于转动轴线的平面二维伴随移动特征。

由图 22-1-5 可知，某一时刻，B 点相对于 A 点的运动轨迹是一个以 A 点为圆心，以 AB 间距离为半径圆的切线方向的移动。由于 A 点运动的非瞬时性，不难发现固定于 B 点的向量 $\boldsymbol{V}_{B_0}$ 不仅与固定于 A 点的向量 $\boldsymbol{V}_{A_0}$ 具有相同的绕 A 点的转动特征，而且具有垂直于转动轴线的平面上的二维移动特征。例如，当刚体上 A 点的转动特征为 $G_{FA}^{\text{II}_{21}}$（R_α）时，则刚体上任意 B 点的特征为 $G_{FB}^{\text{I}_5}$（T_a，T_b，R_α），T_aT_b 构成的平面与 R_α 垂直。

由坐标变化的位移矩阵可知：

$$\begin{cases} \boldsymbol{B}-\boldsymbol{A}=[R_\alpha](\boldsymbol{B}_0-\boldsymbol{A}_0) \\ \boldsymbol{B}=[R_\alpha](\boldsymbol{B}_0-\boldsymbol{A}_0)+\boldsymbol{A} \\ \begin{pmatrix}\boldsymbol{B}\\1\end{pmatrix}=\begin{bmatrix}[R_\alpha] & [R_\alpha](-\boldsymbol{A}_0)+\boldsymbol{A}\\ 000 & 1\end{bmatrix}\begin{pmatrix}\boldsymbol{B}_0\\1\end{pmatrix}\end{cases} \tag{22-1-2}$$

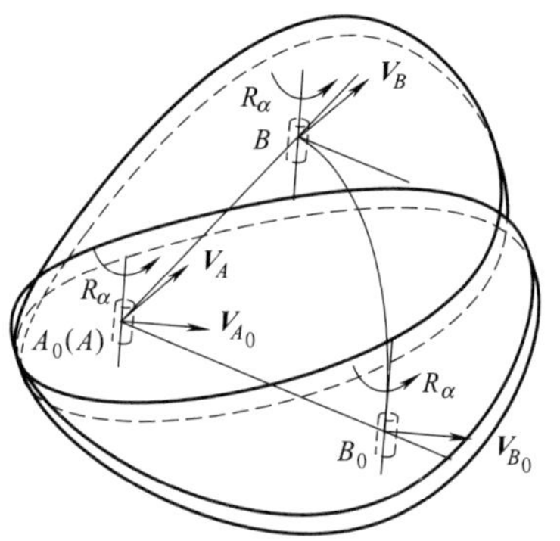

图 22-1-5 两点间一维相对转动的关系

式中，$\boldsymbol{A}_0$、$\boldsymbol{B}_0$ 分别表示刚体上两个点的起始位置矢量；$\boldsymbol{A}$、$\boldsymbol{B}$ 分别表示刚体上两个点的任意位置矢量；$[R_\alpha]$ 为刚体绕 A 点的转动变换矩阵，也是 B 点的转动；该方程表示 B 点的位移。式（22-1-2）说明向量 $\boldsymbol{V}_{B_0}$ 不仅有与向量 $\boldsymbol{V}_{A_0}$ 相同的转动，而且 B 点必须产生因转动带来的伴随二维移动。

推论 2：当刚体绕过点 A 的两个轴旋转时，固定于刚体上任意一点 B 的向量不仅具有与固定于 A 点的向量相同的转动特征，即转动轴线分别平行于过点 A 的两个轴的转动特征，而且 B 点还具有三维伴随移动特征，如图 22-1-6 所示。

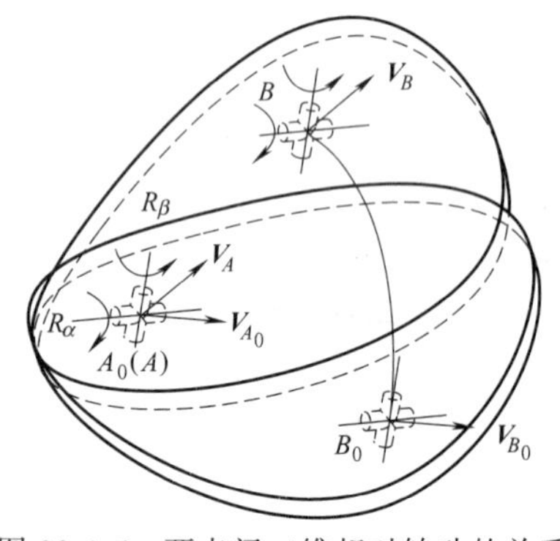

图 22-1-6 两点间二维相对转动的关系

由坐标变换的位移矩阵可知：

$$\begin{cases} \boldsymbol{B}-\boldsymbol{A}=[R_{\alpha,\beta}](\boldsymbol{B}_0-\boldsymbol{A}_0) \\ \boldsymbol{B}=[R_{\alpha,\beta}](\boldsymbol{B}_0-\boldsymbol{A}_0)+\boldsymbol{A} \\ \begin{pmatrix}\boldsymbol{B}\\1\end{pmatrix}=\begin{bmatrix}[R_{\alpha,\beta}] & [R_{\alpha,\beta}](-\boldsymbol{A}_0)+\boldsymbol{A}\\ 000 & 1\end{bmatrix}\begin{pmatrix}\boldsymbol{B}_0\\1\end{pmatrix}\end{cases} \tag{22-1-3}$$

式中，$\boldsymbol{A}_0$、$\boldsymbol{B}_0$ 分别表示刚体上两个点的起始位置矢量；$\boldsymbol{A}$、$\boldsymbol{B}$ 分别表示刚体上两个点的任意位置矢量；$[R_{\alpha,\beta}]$ 为刚体绕 A 点的二维转动变换矩阵，也是 B 点的转动。该方程表示 B 点的位移。式（22-1-3）说明向量 $\boldsymbol{V}_{B_0}$ 不仅有与向量 $\boldsymbol{V}_{A_0}$ 相同的转动，而且 B 点必须产生因转动带来的伴随三维移动。例如，当刚体上 A 点的转动特征为 $G_{FA}^{\text{II}_{18}}(R_\alpha, R_\beta)$ 时，则该刚体上任意 B 点的特征为 $G_{FB}^{\text{I}_5}(T_a, T_b, R_\alpha)$。

推论 3：当刚体绕过点 A 的三个轴旋转时，固定于刚体上任意一点 B 的向量不仅具有与固定于 A 点的向量相同的三维转动特征，而且 B 点还具有伴随三维移动特征，如图 22-1-7 所示。

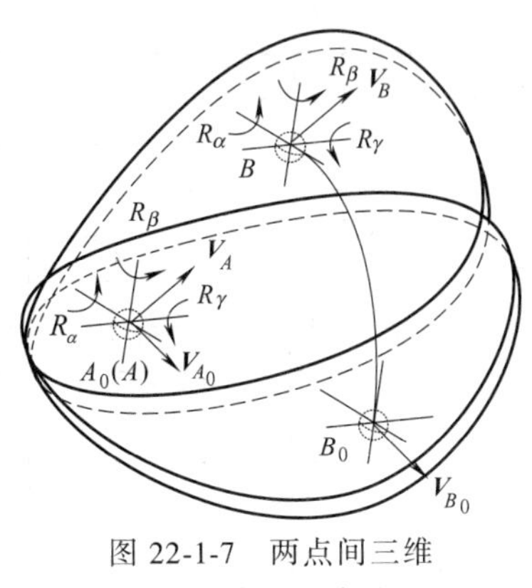

图 22-1-7 两点间三维相对转动的关系

由坐标变换的位移矩阵可知：

$$\begin{cases} \boldsymbol{B}-\boldsymbol{A}=[R_{\alpha,\beta,\gamma}](\boldsymbol{B}_0-\boldsymbol{A}_0) \\ \boldsymbol{B}=[R_{\alpha,\beta,\gamma}](\boldsymbol{B}_0-\boldsymbol{A}_0)+\boldsymbol{A} \\ \begin{pmatrix}\boldsymbol{B}\\1\end{pmatrix}=\begin{bmatrix}[R_{\alpha,\beta,\gamma}] & [R_{\alpha,\beta,\gamma}](-\boldsymbol{A}_0)+\boldsymbol{A}\\ 000 & 1\end{bmatrix}\begin{pmatrix}\boldsymbol{B}_0\\1\end{pmatrix} \end{cases} \tag{22-1-4}$$

式中，$\boldsymbol{A}_0$、$\boldsymbol{B}_0$ 分别表示刚体上两个点的起始位置矢量；$\boldsymbol{A}$、$\boldsymbol{B}$ 分别表示刚体上两个点的任意位置矢量；$[R_{\alpha,\beta,\gamma}]$ 为刚体绕 A 点的三维转动变换矩阵，也是 B 点的转动。该方程表示 B 点的位移。式（22-1-4）说明向量 $\boldsymbol{V}_{B_0}$ 不仅有与向量 $\boldsymbol{V}_{A_0}$ 相同的转动，而且 B 点必须产生因转动带来的伴随三维移动。例如，当刚体上 A 点的转动特征为 $G_{\mathrm{FA}}^{\mathrm{II}^{12}}$（$R_\alpha$，$R_\beta$，$R_\gamma$）时，则该刚体上任意 B 点的特征为 $G_{\mathrm{F}B}^{\mathrm{I}_1}$（$T_a$，$T_b$，$T_c$，$R_\alpha$，$R_\beta$，$R_\gamma$）。

8 并联机构数综合

并联机器人是由两条或两条以上的支链连接动平台与静平台组成的机构，且通过各条支链的约束使并联机器人末端获得期望的运动特性。并联机器人的末端特征是组成机器人的各条支链的末端特征的交集，即：

$$G_{\mathrm{F}}^{N}=G_{\mathrm{F1}}^{N}\cap G_{\mathrm{F2}}^{N}\cap\cdots\cap G_{\mathrm{F}n}^{N},\ N=\mathrm{I},\mathrm{II},\mathrm{III} \tag{22-1-5}$$

式中，G_{F}^{N} 表示并联机器人动平台的末端特征；$G_{\mathrm{F}i}^{N}$ 描述的是并联机器人第 i 个支链的末端特征。

由式（22-1-5）可知，若综合具有特定末端特征的并联机器人，则需找到具有特定末端特征的支链并按照一定方式连接在动平台和静平台之间即可。由于并联机器人驱动器可以布置在不同的支链上，同时还可以具有无驱动器的被动支链，因此，有必要建立并联机器人末端特征维数、支链数、主动支链数、主动支链上的驱动器数和被动支链数的关系模型，即并联机器人机构数综合方程如下：

$$\begin{cases} F_D-\sum\limits_{i=1}^{n}q_i=0 \\ N=F_D-\sum\limits_{i=1}^{n}(q_i-1)+p \\ N=n+p \\ n\leqslant F_D \\ q_i\leqslant F_D\quad(i=1,2,\cdots,n) \end{cases} \tag{22-1-6}$$

式中，F_D 为并联机器人末端特征 G_{F} 集的维数；N 为支链数；n 为具有主动驱动的支链数；q_i 为主动支链 i 上的驱动器数；p 为被动支链数。式（22-1-6）可以用于并联机器人机构数综合。式（22-1-6）不包括冗余输入情况，即 $q_i\leqslant F_D$。

由式（22-1-6）可得表 22-1-10 所示的一至六维 G_{F} 集并联机器人数综合。根据表 22-1-10 所示的结果可以方便地得到具有特定末端特征维数的并联机器人各个参数间的关联关系。

表 22-1-10　一至六维 G_{F} 集并联机器人数综合

F_D	n	$q_i=1$	$q_i=2$	$q_i=3$	$q_i=4$	$q_i=5$	$q_i=6$	N
6	6	6	0	0	0	0	0	6+p
	5	4	1	0	0	0	0	5+p
	4	3	0	1	0	0	0	4+p
	4	2	2	0	0	0	0	4+p
	3	0	3	0	0	0	0	3+p
	3	1	1	1	0	0	0	3+p

续表

F_D	n	$q_i=1$	$q_i=2$	$q_i=3$	$q_i=4$	$q_i=5$	$q_i=6$	N
6	3	2	0	0	1	0	0	$3+p$
	2	0	0	2	0	0	0	$2+p$
	2	0	1	0	1	0	0	$2+p$
	2	1	0	0	0	1	0	$2+p$
	1	0	0	0	0	0	1	$1+p$
5	5	5	0	0	0	0		$5+p$
	4	3	1	0	0	0		$4+p$
	3	1	2	0	0	0		$3+p$
	3	2	0	1	0	0		$3+p$
	2	1	0	0	1	0		$2+p$
	1	0	0	0	0	1		$1+p$
4	4	4	0	0	0			$4+p$
	3	2	1	0	0			$3+p$
	2	0	2	0	0			$2+p$
	2	1	0	1	0			$2+p$
	1	0	0	0	1			$1+p$
3	3	3	0	0				$3+p$
	2	1	1	0				$2+p$
	1	0	0	1				$1+p$
2	2	2	0					$2+p$
	1	0	1					$1+p$
1	1	1	0					$1+p$

第2章 G_F集运算法则

1 G_F 集求交运算

G_F 集表达了机器人末端特征的性质。当以第一类、第二类和第三类 G_F 集给定机器人末端特征时，如何根据并联机器人末端特征维数-主动支链数-主动支链上的驱动器数-被动支链数间的关系模型、移动合成定律与转动合成定律，建立 G_F 集求交运算法则，是并联机器人型综合的重要理论基础。

1.1 G_F 集求交运算的性质

性质 1：G_F 集的求交满足交换律，即

$$G_{Fi}^{N}\cap G_{Fj}^{N}=G_{Fj}^{N}\cap G_{Fi}^{N},\ N=\mathrm{I},\mathrm{II},\mathrm{III}$$

性质 2：G_F 集的求交满足结合律，即

$$(G_{Fi}^{N}\cap G_{Fj}^{N})\cap G_{Fk}^{N}=G_{Fi}^{N}\cap(G_{Fj}^{N}\cap G_{Fk}^{N}),\ N=\mathrm{I},\mathrm{II},\mathrm{III}$$

性质 3：第一类六维全集 G_F 集与任何其他 G_F 集求交时不改变其他 G_F 集的特征，即

$$G_{Fi}^{\mathrm{I}_1}(T_{ai},T_{bi},T_{ci},R_{\alpha i},R_{\beta i},R_{\gamma i})\cap G_{Fi}^{N}=G_{Fj}^{N},\ N=\mathrm{I},\mathrm{II},\mathrm{III}$$

性质 4：移动全集 G_F 集与任何其他 G_F 集求交时不改变其他 G_F 集的移动特征，如

$$G_{Fi}^{\mathrm{I}_4}(T_{ai},T_{bi},T_{ci})\cap G_{Fj}^{\mathrm{I}_5}(T_{aj},T_{bj},R_{\alpha j})=G_{F}^{\mathrm{I}_6}(T_{aj},T_{bj})$$

性质 5：转动全集 G_F 集与任何其他 G_F 集求交时，当两个转动中心重合时，不改变其他 G_F 集的转动特征，如

$$G_{Fi}^{\mathrm{I}_1}(T_{ai},T_{bi},T_{ci},R_{\alpha i},R_{\beta i},R_{\gamma i})\cap G_{Fj}^{\mathrm{I}_2}(T_{aj},T_{bj},T_{cj},R_{\alpha j},R_{\beta j})$$
$$=G_{F}^{\mathrm{I}_2}(T_{a},T_{b},T_{c},R_{\alpha j},R_{\beta j}),\text{条件}:O_i=O_j$$

式中，$O_i=O_j$ 表示转动中心 O_i 与转动轴心 O_j 重合。

1.2 G_F 集的求交运算法则

1.2.1 以求交对象分类的 G_F 集求交运算法则

表 22-2-1　G_F 集 $G_{Fi}^{\mathrm{I}_1}$（T_{ai}，T_{bi}，T_{ci}，$R_{\alpha i}$，$R_{\beta i}$，$R_{\gamma i}$）与其他 G_F 集的求交运算法则

序号	结果类别	G_{Fj} 表达	求交运算结果	条件
1-1	Ⅰ1	$G_{Fj}^{\mathrm{I}_1}(T_{aj},T_{bj},T_{cj},R_{\alpha j},R_{\beta j},R_{\gamma j})$	$G_{F}^{\mathrm{I}_1}(T_{a},T_{b},T_{c},R_{\alpha},R_{\beta},R_{\gamma})$	无要求
1-2	Ⅰ2	$G_{Fj}^{\mathrm{I}_2}(T_{aj},T_{bj},T_{cj},R_{\alpha j},R_{\beta j})$	$G_{F}^{\mathrm{I}_2}(T_{a},T_{b},T_{c},R_{\alpha},R_{\beta})$	
1-3	Ⅰ3	$G_{Fj}^{\mathrm{I}_3}(T_{aj},T_{bj},T_{cj},R_{\alpha j})$	$G_{F}^{\mathrm{I}_3}(T_{a},T_{b},T_{c},R_{\alpha})$	

续表

序号	结果类别	G_{Fj} 表达	求交运算结果	条件
1-4	Ⅰ4	$G_{Fj}^{\mathrm{I}4}(T_{aj},T_{bj},T_{cj})$	$G_{F}^{\mathrm{I}4}(T_a,T_b,T_c)$	无要求
1-5	Ⅰ5	$G_{Fj}^{\mathrm{I}5}(T_{aj},T_{bj},R_{\alpha j})$	$G_{F}^{\mathrm{I}5}(T_a,T_b,R_\alpha)$	
1-6	Ⅰ6	$G_{Fj}^{\mathrm{I}6}(T_{aj},T_{bj})$	$G_{F}^{\mathrm{I}6}(T_a,T_b)$	
1-7	Ⅰ7	$G_{Fj}^{\mathrm{I}7}(T_{aj})$	$G_{F}^{\mathrm{I}7}(T_a)$	
1-8	Ⅱ8	$G_{Fj}^{\mathrm{II}8}(R_{\alpha j},R_{\beta j},R_{\gamma j},T_{aj})$	$G_{F}^{\mathrm{II}8}(R_\alpha,R_\beta,R_\gamma,T_a)$	
1-9	Ⅱ9	$G_{Fj}^{\mathrm{II}9}(T_{aj},R_{\alpha j},R_{\beta j},R_{\gamma j})$	$G_{F}^{\mathrm{II}9}(T_a,R_\alpha,R_\beta,R_\gamma)$	
1-10	Ⅱ10	$G_{Fj}^{\mathrm{II}10}(R_{\alpha j},R_{\beta j},T_{aj},T_{bj})$	$G_{F}^{\mathrm{II}10}(R_\alpha,R_\beta,T_a,T_b)$	
1-11	Ⅱ11	$G_{Fj}^{\mathrm{II}11}(T_{aj},T_{bj},R_{\alpha j},R_{\beta j})$	$G_{F}^{\mathrm{II}11}(T_a,T_b,R_\alpha,R_\beta)$	
1-12	Ⅱ12	$G_{Fj}^{\mathrm{II}12}(R_{\alpha j},R_{\beta j},R_{\gamma j})$	$G_{F}^{\mathrm{II}12}(R_\alpha,R_\beta,R_\gamma)$	
1-13	Ⅱ13	$G_{Fj}^{\mathrm{II}13}(T_{aj},R_{\alpha j},R_{\beta j})$	$G_{F}^{\mathrm{II}13}(T_a,R_\alpha,R_\beta)$	
1-14	Ⅱ14	$G_{Fj}^{\mathrm{II}14}(R_{\alpha j},R_{\beta j},T_{aj})$	$G_{F}^{\mathrm{II}14}(R_\alpha,R_\beta,T_a)$	
1-15	Ⅱ15	$G_{Fj}^{\mathrm{II}15}(T_{aj},T_{bj},R_{\alpha j})$	$G_{F}^{\mathrm{II}15}(T_a,T_b,R_\alpha)$	
1-16	Ⅱ16	$G_{Fj}^{\mathrm{II}16}(R_{\alpha j},T_{aj},T_{bj})$	$G_{F}^{\mathrm{II}16}(R_\alpha,T_a,T_b)$	
1-17	Ⅱ17	$G_{Fj}^{\mathrm{II}17}(T_{aj},R_{\alpha j},T_{bj})$	$G_{F}^{\mathrm{II}17}(T_a,R_\alpha,T_b)$	
1-18	Ⅱ18	$G_{Fj}^{\mathrm{II}18}(R_{\alpha j},R_{\beta j})$	$G_{F}^{\mathrm{II}18}(R_\alpha,R_\beta)$	
1-19	Ⅱ19	$G_{Fj}^{\mathrm{II}19}(R_{\alpha j},T_{aj})$	$G_{F}^{\mathrm{II}19}(R_\alpha,T_a)$	
1-20	Ⅱ20	$G_{Fj}^{\mathrm{II}20}(T_{aj},R_{\alpha j})$	$G_{F}^{\mathrm{II}20}(T_a,R_\alpha)$	
1-21	Ⅱ21	$G_{Fj}^{\mathrm{II}21}(R_{\alpha j})$	$G_{F}^{\mathrm{II}21}(R_\alpha)$	
1-22	Ⅲ22	$G_{Fj}^{\mathrm{III}22}(T_{aj},T_{bj},R_{\alpha j},R_{\beta j},R_{\gamma j})$	$G_{F}^{\mathrm{III}22}(T_a,T_b,R_\alpha,R_\beta,R_\gamma)$	
1-23	Ⅲ23	$G_{Fj}^{\mathrm{III}23}(R_{\alpha j},T_{aj},T_{bj},R_{\beta j},R_{\gamma j})$	$G_{F}^{\mathrm{III}23}(R_\alpha,T_a,T_b,R_\beta,R_\gamma)$	
1-24	Ⅲ24	$G_{Fj}^{\mathrm{III}24}(R_{\alpha j},R_{\beta j},T_{aj},T_{bj},R_{\gamma j})$	$G_{F}^{\mathrm{III}24}(R_\alpha,R_\beta,T_a,T_b,R_\gamma)$	
1-25	Ⅲ25	$G_{Fj}^{\mathrm{III}25}(T_{aj},T_{bj},R_{\alpha j},R_{\beta j})$	$G_{F}^{\mathrm{III}25}(T_a,T_b,R_\alpha,R_\beta)$	
1-26	Ⅲ26	$G_{Fj}^{\mathrm{III}26}(R_{\alpha j},T_{aj},T_{bj},R_{\beta j})$	$G_{F}^{\mathrm{III}26}(R_\alpha,T_a,T_b,R_\beta)$	

表 22-2-2　G_F 集 $G_{Fi}^{\mathrm{I}2}$（T_{ai}，T_{bi}，T_{ci}，$R_{\alpha i}$，$R_{\beta i}$）与其他 G_F 集的求交运算法则

序号	结果类别	G_{Fj} 表达	求交运算结果	条件
2-1	Ⅰ2	$G_{Fj}^{\mathrm{I}1}(T_{aj},T_{bj},T_{cj},R_{\alpha j},R_{\beta j},R_{\gamma j})$	$G_{F}^{\mathrm{I}2}(T_a,T_b,T_c,R_\alpha,R_\beta)$	无要求
2-2	Ⅰ2	$G_{Fj}^{\mathrm{I}2}(T_{aj},T_{bj},T_{cj},R_{\alpha j},R_{\beta j})$	$G_{F}^{\mathrm{I}2}(T_a,T_b,T_c,R_\alpha,R_\beta)$	$R_{\alpha i}\parallel R_{\alpha j},R_{\beta i}\parallel R_{\beta j}$
	Ⅰ3		$G_{F}^{\mathrm{I}3}(T_a,T_b,T_c,R_\alpha)$	$R_{\alpha i}\parallel R_{\alpha j},R_{\beta i}\nparallel R_{\beta j}$
	Ⅰ4		$G_{F}^{\mathrm{I}4}(T_a,T_b,T_c)$	$R_{\alpha i}\nparallel R_{\alpha j},R_{\beta i}\nparallel R_{\beta j}$
2-3	Ⅰ3	$G_{Fj}^{\mathrm{I}3}(T_{aj},T_{bj},T_{cj},R_{\alpha j})$	$G_{F}^{\mathrm{I}3}(T_a,T_b,T_c,R_\alpha)$	$R_{\alpha i}\parallel R_{\alpha j}$
	Ⅰ4		$G_{F}^{\mathrm{I}4}(T_a,T_b,T_c)$	$R_{\alpha i}\nparallel R_{\alpha j},R_{\beta i}\nparallel R_{\alpha j}$
2-4	Ⅰ4	$G_{Fj}^{\mathrm{I}4}(T_{aj},T_{bj},T_{cj})$	$G_{F}^{\mathrm{I}4}(T_a,T_b,T_c)$	无要求
2-5	Ⅰ5	$G_{Fj}^{\mathrm{I}5}(T_{aj},T_{bj},R_{\alpha j})$	$G_{F}^{\mathrm{I}5}(T_a,T_b,R_\alpha)$	$R_{\alpha i}\parallel R_{\alpha j}$
	Ⅰ6		$G_{F}^{\mathrm{I}6}(T_a,T_b)$	$R_{\alpha i}\nparallel R_{\alpha j},R_{\beta i}\nparallel R_{\alpha j}$
2-6	Ⅰ6	$G_{Fj}^{\mathrm{I}6}(T_{aj},T_{bj})$	$G_{F}^{\mathrm{I}6}(T_a,T_b)$	无要求
2-7	Ⅰ7	$G_{Fj}^{\mathrm{I}7}(T_{aj})$	$G_{F}^{\mathrm{I}7}(T_a)$	
2-8	Ⅱ14	$G_{Fj}^{\mathrm{II}8}(R_{\alpha j},R_{\beta j},R_{\gamma j},T_{aj})$	$G_{F}^{\mathrm{II}14}(R_\alpha,R_\beta,T_a)$	

续表

序号	结果类别	$G_{\mathrm{F}j}$ 表达	求交运算结果	条件
2-9	Ⅱ13	$G_{\mathrm{F}j}^{\mathrm{II}9}(T_{aj},R_{\alpha j},R_{\beta j},R_{\gamma j})$	$G_{\mathrm{F}}^{\mathrm{II}13}(T_a,R_\alpha,R_\beta)$	无要求
2-10	Ⅰ6	$G_{\mathrm{F}j}^{\mathrm{II}10}(R_{\alpha j},R_{\beta j},T_{aj},T_{bj})$	$G_{\mathrm{F}}^{\mathrm{I}6}(T_a,T_b)$	$R_{\alpha i}\nparallel R_{\alpha j},R_{\beta i}\nparallel R_{\beta j}$
	Ⅱ10		$G_{\mathrm{F}}^{\mathrm{II}10}(R_\alpha,R_\beta,T_a,T_b)$	$R_{\alpha i}\parallel R_{\alpha j},R_{\beta i}\parallel R_{\beta j}$
	Ⅱ16		$G_{\mathrm{F}}^{\mathrm{II}16}(R_\alpha,T_a,T_b)$	$R_{\alpha i}\parallel R_{\alpha j},R_{\beta i}\nparallel R_{\beta j}$
2-11	Ⅱ11	$G_{\mathrm{F}j}^{\mathrm{II}11}(T_{aj},T_{bj},R_{\alpha j},R_{\beta j})$	$G_{\mathrm{F}}^{\mathrm{II}11}(T_a,T_b,R_\alpha,R_\beta)$	$R_{\alpha i}\parallel R_{\alpha j},R_{\beta i}\parallel R_{\beta j}$
	Ⅱ15		$G_{\mathrm{F}}^{\mathrm{II}15}(T_a,T_b,R_\alpha)$	$R_{\alpha i}\parallel R_{\alpha j},R_{\beta i}\nparallel R_{\beta j}$
2-12	Ⅱ18	$G_{\mathrm{F}j}^{\mathrm{II}12}(R_{\alpha j},R_{\beta j},R_{\gamma j})$	$G_{\mathrm{F}}^{\mathrm{II}18}(R_\alpha,R_\beta)$	无要求
2-13	Ⅱ13	$G_{\mathrm{F}j}^{\mathrm{II}13}(T_{aj},R_{\alpha j},R_{\beta j})$	$G_{\mathrm{F}}^{\mathrm{II}13}(T_a,R_\alpha,R_\beta)$	$R_{\alpha i}\parallel R_{\alpha j},R_{\beta i}\parallel R_{\beta j}$
2-14	Ⅱ14	$G_{\mathrm{F}j}^{\mathrm{II}14}(R_{\alpha j},R_{\beta j},T_{aj})$	$G_{\mathrm{F}}^{\mathrm{II}14}(R_\alpha,R_\beta,T_a)$	$R_{\alpha i}\parallel R_{\alpha j},R_{\beta i}\parallel R_{\beta j}$
	Ⅱ19		$G_{\mathrm{F}}^{\mathrm{II}19}(R_\alpha,T_a)$	$R_{\alpha i}\parallel R_{\alpha j},R_{\beta i}\nparallel R_{\beta j}$
2-15	Ⅰ6	$G_{\mathrm{F}j}^{\mathrm{II}15}(T_{aj},T_{bj},R_{\alpha j})$	$G_{\mathrm{F}}^{\mathrm{I}6}(T_a,T_b)$	$R_{\alpha i}\nparallel R_{\alpha j},R_{\beta i}\nparallel R_{\alpha j}$
	Ⅱ15		$G_{\mathrm{F}}^{\mathrm{II}15}(T_a,T_b,R_\alpha)$	$R_{\alpha i}\parallel R_{\alpha j}$
2-16	Ⅱ16	$G_{\mathrm{F}j}^{\mathrm{II}16}(R_{\alpha j},T_{aj},T_{bj})$	$G_{\mathrm{F}}^{\mathrm{II}16}(R_\alpha,T_a,T_b)$	$R_{\alpha i}\parallel R_{\alpha j}$
2-17	Ⅱ17	$G_{\mathrm{F}j}^{\mathrm{II}17}(T_{aj},R_{\alpha j},T_{bj})$	$G_{\mathrm{F}}^{\mathrm{II}17}(T_a,R_\alpha,T_b)$	$R_{\alpha i}\parallel R_{\alpha j}$
2-18	Ⅱ18	$G_{\mathrm{F}j}^{\mathrm{II}18}(R_{\alpha j},R_{\beta j})$	$G_{\mathrm{F}}^{\mathrm{II}18}(R_\alpha,R_\beta)$	$R_{\alpha i}\parallel R_{\alpha j},R_{\beta i}\parallel R_{\beta j}$
2-19	Ⅱ19	$G_{\mathrm{F}j}^{\mathrm{II}19}(R_{\alpha j},T_{aj})$	$G_{\mathrm{F}}^{\mathrm{II}19}(R_\alpha,T_a)$	$R_{\alpha i}\parallel R_{\alpha j}$
2-20	Ⅱ20	$G_{\mathrm{F}j}^{\mathrm{II}20}(T_{aj},R_{\alpha j})$	$G_{\mathrm{F}}^{\mathrm{II}20}(T_a,R_\alpha)$	$R_{\alpha i}\parallel R_{\alpha j}$
2-21	Ⅱ21	$G_{\mathrm{F}j}^{\mathrm{II}21}(R_{\alpha j})$	$G_{\mathrm{F}}^{\mathrm{II}21}(R_\alpha)$	$R_{\alpha i}\parallel R_{\alpha j}$
2-22	Ⅱ11	$G_{\mathrm{F}j}^{\mathrm{III}22}(T_{aj},T_{bj},R_{\alpha j},R_{\beta j},R_{\gamma j})$	$G_{\mathrm{F}}^{\mathrm{II}11}(T_a,T_b,R_\alpha,R_\beta)$	$R_{\alpha i}\not\perp\square T_{aj}T_{bj}$
	Ⅲ25		$G_{\mathrm{F}}^{\mathrm{III}25}(T_a,T_b,R_\alpha,R_\beta)$	$R_{\alpha i}\perp\square T_{aj}T_{bj}$
2-23	Ⅱ11	$G_{\mathrm{F}j}^{\mathrm{III}23}(R_{\alpha j},T_{aj},T_{bj},R_{\beta j},R_{\gamma j})$	$G_{\mathrm{F}}^{\mathrm{II}11}(T_a,T_b,R_\alpha,R_\beta)$	$R_{\alpha i}\not\perp\square T_{aj}T_{bj}$
	Ⅲ25		$G_{\mathrm{F}}^{\mathrm{III}25}(T_a,T_b,R_\alpha,R_\beta)$	$R_{\alpha i}\perp\square T_{aj}T_{bj}$
2-24	Ⅰ5	$G_{\mathrm{F}j}^{\mathrm{III}24}(R_{\alpha j},R_{\beta j},T_{aj},T_{bj},R_{\gamma j})$	$G_{\mathrm{F}}^{\mathrm{I}5}(T_a,T_b,R_\alpha)$	$R_{\alpha i}\perp\square T_{aj}T_{bj}$
	Ⅰ6		$G_{\mathrm{F}}^{\mathrm{I}6}(T_a,T_b)$	$R_{\alpha i}\not\perp\square T_{aj}T_{bj}$
2-25	Ⅰ5	$G_{\mathrm{F}j}^{\mathrm{III}25}(T_{aj},T_{bj},R_{\alpha j},R_{\beta j})$	$G_{\mathrm{F}}^{\mathrm{I}5}(T_a,T_b,R_\alpha)$	$R_{\alpha i}\parallel R_{\alpha j},R_{\beta i}\nparallel R_{\beta j}$
	Ⅲ25		$G_{\mathrm{F}}^{\mathrm{III}25}(T_a,T_b,R_\alpha,R_\beta)$	$R_{\alpha i}\parallel R_{\alpha j},R_{\beta i}\parallel R_{\beta j}$
2-26	Ⅰ5	$G_{\mathrm{F}j}^{\mathrm{III}26}(R_{\alpha j},T_{aj},T_{bj},R_{\beta j})$	$G_{\mathrm{F}}^{\mathrm{I}5}(T_a,T_b,R_\alpha)$	$R_{\alpha i}\nparallel R_{\alpha j},R_{\beta i}\parallel R_{\beta j}$
	Ⅲ26		$G_{\mathrm{F}}^{\mathrm{III}26}(R_\alpha,T_a,T_b,R_\beta)$	$R_{\alpha i}\parallel R_{\alpha j},R_{\beta i}\parallel R_{\beta j}$

表 22-2-3　G_{F} 集 $G_{\mathrm{F}i}^{\mathrm{I}3}$（$T_{ai}$，$T_{bi}$，$T_{ci}$，$R_{\alpha i}$）与其他 G_{F} 集的求交运算法则

序号	结果类别	$G_{\mathrm{F}j}$ 表达	求交运算结果	条件
3-1	Ⅰ3	$G_{\mathrm{F}j}^{\mathrm{I}1}(T_{aj},T_{bj},T_{cj},R_{\alpha j},R_{\beta j},R_{\gamma j})$	$G_{\mathrm{F}}^{\mathrm{I}3}(T_a,T_b,T_c,R_\alpha)$	无要求
3-2	Ⅰ3	$G_{\mathrm{F}j}^{\mathrm{I}2}(T_{aj},T_{bj},T_{cj},R_{\alpha j},R_{\beta j})$	$G_{\mathrm{F}}^{\mathrm{I}3}(T_a,T_b,T_c,R_\alpha)$	$R_{\alpha i}\parallel R_{\alpha j}$
	Ⅰ4		$G_{\mathrm{F}}^{\mathrm{I}4}(T_a,T_b,T_c)$	$R_{\alpha i}\nparallel R_{\alpha j},R_{\alpha i}\nparallel R_{\beta j}$

续表

序号	结果类别	$G_{\mathrm{F}j}$ 表达	求交运算结果	条件
3-3	Ⅰ3	$G_{\mathrm{F}j}^{\mathrm{I}3}(T_{aj},T_{bj},T_{cj},R_{\alpha j})$	$G_{\mathrm{F}}^{\mathrm{I}3}(T_a,T_b,T_c,R_\alpha)$	$R_{\alpha i}\parallel R_{\alpha j}$
	Ⅰ4		$G_{\mathrm{F}}^{\mathrm{I}4}(T_a,T_b,T_c)$	$R_{\alpha i}\nparallel R_{\alpha j}$
3-4	Ⅰ4	$G_{\mathrm{F}j}^{\mathrm{I}4}(T_{aj},T_{bj},T_{cj})$	$G_{\mathrm{F}}^{\mathrm{I}4}(T_a,T_b,T_c)$	无要求
3-5	Ⅰ5	$G_{\mathrm{F}j}^{\mathrm{I}5}(T_{aj},T_{bj},R_{\alpha j})$	$G_{\mathrm{F}}^{\mathrm{I}5}(T_a,T_b,R_\alpha)$	$R_{\alpha i}\parallel R_{\alpha j}$
	Ⅰ6		$G_{\mathrm{F}}^{\mathrm{I}6}(T_a,T_b)$	$R_{\alpha i}\nparallel R_{\alpha j}$
3-6	Ⅰ6	$G_{\mathrm{F}j}^{\mathrm{I}6}(T_{aj},T_{bj})$	$G_{\mathrm{F}}^{\mathrm{I}6}(T_a,T_b)$	无要求
3-7	Ⅰ7	$G_{\mathrm{F}j}^{\mathrm{I}7}(T_{aj})$	$G_{\mathrm{F}}^{\mathrm{I}7}(T_a)$	
3-8	Ⅱ19	$G_{\mathrm{F}j}^{\mathrm{II}8}(R_{\alpha j},R_{\beta j},R_{\gamma j},T_{aj})$	$G_{\mathrm{F}}^{\mathrm{II}19}(R_\alpha,T_a)$	
3-9	Ⅱ20	$G_{\mathrm{F}j}^{\mathrm{II}9}(T_{aj},R_{\alpha j},R_{\beta j},R_{\gamma j})$	$G_{\mathrm{F}}^{\mathrm{II}20}(T_a,R_\alpha)$	
3-10	Ⅰ6	$G_{\mathrm{F}j}^{\mathrm{II}10}(R_{\alpha j},R_{\beta j},T_{aj},T_{bj})$	$G_{\mathrm{F}}^{\mathrm{I}6}(T_a,T_b)$	$R_{\alpha i}\nparallel R_{\alpha j},R_{\alpha i}\nparallel R_{\beta j}$
	Ⅱ16		$G_{\mathrm{F}}^{\mathrm{II}16}(R_\alpha,T_a,T_b)$	$R_{\alpha i}\parallel R_{\alpha j}$ 或 $R_{\alpha i}\parallel R_{\beta j}$
3-11	Ⅰ6	$G_{\mathrm{F}j}^{\mathrm{II}11}(T_{aj},T_{bj},R_{\alpha j},R_{\beta j})$	$G_{\mathrm{F}}^{\mathrm{I}6}(T_a,T_b)$	$R_{\alpha i}\nparallel R_{\alpha j},R_{\alpha i}\nparallel R_{\beta j}$
	Ⅱ15		$G_{\mathrm{F}}^{\mathrm{II}15}(T_a,T_b,R_\alpha)$	$R_{\alpha i}\parallel R_{\alpha j}$ 或 $R_{\alpha i}\parallel R_{\beta j}$
3-12	Ⅱ21	$G_{\mathrm{F}j}^{\mathrm{II}12}(R_{\alpha j},R_{\beta j},R_{\gamma j})$	$G_{\mathrm{F}}^{\mathrm{II}21}(R_\alpha)$	无要求
3-13	Ⅰ7	$G_{\mathrm{F}j}^{\mathrm{II}13}(T_{aj},R_{\alpha j},R_{\beta j})$	$G_{\mathrm{F}}^{\mathrm{I}7}(T_a)$	$R_{\alpha i}\nparallel R_{\alpha j},R_{\alpha i}\nparallel R_{\beta j}$
	Ⅱ20		$G_{\mathrm{F}}^{\mathrm{II}20}(T_a,R_\alpha)$	$R_{\alpha i}\parallel R_{\alpha j}$ 或 $R_{\alpha i}\parallel R_{\beta j}$
3-14	Ⅰ7	$G_{\mathrm{F}j}^{\mathrm{II}14}(R_{\alpha j},R_{\beta j},T_{aj})$	$G_{\mathrm{F}}^{\mathrm{I}7}(T_a)$	$R_{\alpha i}\nparallel R_{\alpha j},R_{\alpha i}\nparallel R_{\beta j}$
	Ⅱ19		$G_{\mathrm{F}}^{\mathrm{II}19}(R_\alpha,T_a)$	$R_{\alpha i}\parallel R_{\alpha j}$ 或 $R_{\alpha i}\parallel R_{\beta j}$
3-15	Ⅰ6	$G_{\mathrm{F}j}^{\mathrm{II}15}(T_{aj},T_{bj},R_{\alpha j})$	$G_{\mathrm{F}}^{\mathrm{I}6}(T_a,T_b)$	$R_{\alpha i}\nparallel R_{\alpha j}$
	Ⅱ15		$G_{\mathrm{F}}^{\mathrm{II}15}(T_a,T_b,R_\alpha)$	$R_{\alpha i}\parallel R_{\alpha j}$
3-16	Ⅰ6	$G_{\mathrm{F}j}^{\mathrm{II}16}(R_{\alpha j},T_{aj},T_{bj})$	$G_{\mathrm{F}}^{\mathrm{I}6}(T_a,T_b)$	$R_{\alpha i}\nparallel R_{\alpha j}$
	Ⅱ16		$G_{\mathrm{F}}^{\mathrm{II}16}(R_\alpha,T_a,T_b)$	$R_{\alpha i}\parallel R_{\alpha j}$
3-17	Ⅰ6	$G_{\mathrm{F}j}^{\mathrm{II}17}(T_{aj},R_{\alpha j},T_{bj})$	$G_{\mathrm{F}}^{\mathrm{I}6}(T_a,T_b)$	$R_{\alpha i}\nparallel R_{\alpha j}$
	Ⅱ17		$G_{\mathrm{F}}^{\mathrm{II}17}(T_a,R_\alpha,T_b)$	$R_{\alpha i}\parallel R_{\alpha j}$
3-18	Ⅱ21	$G_{\mathrm{F}j}^{\mathrm{II}18}(R_{\alpha j},R_{\beta j})$	$G_{\mathrm{F}}^{\mathrm{II}21}(R_\alpha)$	$R_{\alpha i}\parallel R_{\alpha j}$ 或 $R_{\alpha i}\parallel R_{\beta j}$
3-19	Ⅰ7	$G_{\mathrm{F}j}^{\mathrm{II}19}(R_{\alpha j},T_{aj})$	$G_{\mathrm{F}}^{\mathrm{I}7}(T_a)$	$R_{\alpha i}\nparallel R_{\alpha j}$
	Ⅱ19		$G_{\mathrm{F}}^{\mathrm{II}19}(R_\alpha,T_a)$	$R_{\alpha i}\parallel R_{\alpha j}$
3-20	Ⅰ7	$G_{\mathrm{F}j}^{\mathrm{II}20}(T_{aj},R_{\alpha j})$	$G_{\mathrm{F}}^{\mathrm{I}7}(T_a)$	$R_{\alpha i}\nparallel R_{\alpha j}$
	Ⅱ20		$G_{\mathrm{F}}^{\mathrm{II}20}(T_a,R_\alpha)$	$R_{\alpha i}\parallel R_{\alpha j}$
3-21	Ⅱ21	$G_{\mathrm{F}j}^{\mathrm{II}21}(R_{\alpha j})$	$G_{\mathrm{F}}^{\mathrm{II}21}(R_\alpha)$	$R_{\alpha i}\parallel R_{\alpha j}$
3-22	Ⅰ5	$G_{\mathrm{F}j}^{\mathrm{III}22}(T_{aj},T_{bj},R_{\alpha j},R_{\beta j},R_{\gamma j})$	$G_{\mathrm{F}}^{\mathrm{I}5}(T_a,T_b,R_\alpha)$	$R_{\alpha i}\parallel R_{\alpha j}$
	Ⅱ15		$G_{\mathrm{F}}^{\mathrm{II}15}(T_a,T_b,R_\alpha)$	$R_{\alpha i}\nparallel R_{\alpha j}$
3-23	Ⅰ5	$G_{\mathrm{F}j}^{\mathrm{III}23}(R_{\alpha j},T_{aj},T_{bj},R_{\beta j},R_{\gamma j})$	$G_{\mathrm{F}}^{\mathrm{I}5}(T_a,T_b,R_\alpha)$	$R_{\alpha i}\parallel R_{\beta j}$
	Ⅱ15		$G_{\mathrm{F}}^{\mathrm{II}15}(T_a,T_b,R_\alpha)$	$R_{\alpha i}\nparallel R_{\beta j},R_{\alpha i}\parallel R_{\gamma j}$
3-24	Ⅰ5	$G_{\mathrm{F}j}^{\mathrm{III}24}(R_{\alpha j},R_{\beta j},T_{aj},T_{bj},R_{\gamma j})$	$G_{\mathrm{F}}^{\mathrm{I}5}(T_a,T_b,R_\alpha)$	$R_{\alpha i}\parallel R_{\gamma j}$
	Ⅱ16		$G_{\mathrm{F}}^{\mathrm{II}16}(R_\alpha,T_a,T_b)$	$R_{\alpha i}\nparallel R_{\gamma j}$

续表

序号	结果类别	G_{Fj} 表达	求交运算结果	条件
3-25	Ⅰ5	$G_{Fj}^{Ⅲ25}(T_{aj},T_{bj},R_{\alpha j},R_{\beta j})$	$G_F^{Ⅰ5}(T_a,T_b,R_\alpha)$	$R_{\alpha i} \parallel R_{\alpha j}$
	Ⅰ6		$G_F^{Ⅰ6}(T_a,T_b)$	$R_{\alpha i} \nparallel R_{\alpha j},R_{\alpha i} \nparallel R_{\beta j}$
	Ⅱ15		$G_F^{Ⅱ15}(T_a,T_b,R_\alpha)$	$R_{\alpha i} \nparallel R_{\alpha j},R_{\alpha i} \parallel R_{\beta j}$
3-26	Ⅰ5	$G_{Fj}^{Ⅲ26}(R_{\alpha j},T_{aj},T_{bj},R_{\beta j})$	$G_F^{Ⅰ5}(T_a,T_b,R_\alpha)$	$R_{\alpha i} \parallel R_{\beta j}$
	Ⅰ6		$G_F^{Ⅰ6}(T_a,T_b)$	$R_{\alpha i} \nparallel R_{\alpha j},R_{\alpha i} \nparallel R_{\beta j}$
	Ⅱ16		$G_F^{Ⅱ16}(R_\alpha,T_a,T_b)$	$R_{\alpha i} \parallel R_{\alpha j},R_{\alpha i} \nparallel R_{\beta j}$

表 22-2-4　G_F 集 $G_{Fi}^{Ⅰ4}$（T_{ai}，T_{bi}，T_{ci}）与其他 G_F 集的求交运算法则

序号	结果类别	G_{Fj} 表达	求交运算结果	条件
4-1	Ⅰ4	$G_{Fj}^{Ⅰ1}(T_{aj},T_{bj},T_{cj},R_{\alpha j},R_{\beta j},R_{\gamma j})$	$G_F^{Ⅰ4}(T_a,T_b,T_c)$	无要求
4-2	Ⅰ4	$G_{Fj}^{Ⅰ2}(T_{aj},T_{bj},T_{cj},R_{\alpha j},R_{\beta j})$	$G_F^{Ⅰ4}(T_a,T_b,T_c)$	
4-3	Ⅰ4	$G_{Fj}^{Ⅰ3}(T_{aj},T_{bj},T_{cj},R_{\alpha j})$	$G_F^{Ⅰ4}(T_a,T_b,T_c)$	
4-4	Ⅰ4	$G_{Fj}^{Ⅰ4}(T_{aj},T_{bj},T_{cj})$	$G_F^{Ⅰ4}(T_a,T_b,T_c)$	
4-5	Ⅰ6	$G_{Fj}^{Ⅰ5}(T_{aj},T_{bj},R_{\alpha j})$	$G_F^{Ⅰ6}(T_a,T_b)$	
4-6	Ⅰ6	$G_{Fj}^{Ⅰ6}(T_{aj},T_{bj})$	$G_F^{Ⅰ6}(T_a,T_b)$	
4-7	Ⅰ7	$G_{Fj}^{Ⅰ7}(T_{aj})$	$G_F^{Ⅰ7}(T_a)$	
4-8	Ⅰ7	$G_{Fj}^{Ⅱ8}(R_{\alpha j},R_{\beta j},R_{\gamma j},T_{aj})$	$G_F^{Ⅰ7}(T_a)$	
4-9	Ⅰ7	$G_{Fj}^{Ⅱ9}(T_{aj},R_{\alpha j},R_{\beta j},R_{\gamma j})$	$G_F^{Ⅰ7}(T_a)$	
4-10	Ⅰ6	$G_{Fj}^{Ⅱ10}(R_{\alpha j},R_{\beta j},T_{aj},T_{bj})$	$G_F^{Ⅰ6}(T_a,T_b)$	
4-11	Ⅰ6	$G_{Fj}^{Ⅱ11}(T_{aj},T_{bj},R_{\alpha j},R_{\beta j})$	$G_F^{Ⅰ6}(T_a,T_b)$	
4-12		$G_{Fj}^{Ⅱ12}(R_{\alpha j},R_{\beta j},R_{\gamma j})$	空集	
4-13	Ⅰ7	$G_{Fj}^{Ⅱ13}(T_{aj},R_{\alpha j},R_{\beta j})$	$G_F^{Ⅰ7}(T_a)$	
4-14	Ⅰ7	$G_{Fj}^{Ⅱ14}(R_{\alpha j},R_{\beta j},T_{aj})$	$G_F^{Ⅰ7}(T_a)$	
4-15	Ⅰ6	$G_{Fj}^{Ⅱ15}(T_{aj},T_{bj},R_{\alpha j})$	$G_F^{Ⅰ6}(T_a,T_b)$	
4-16	Ⅰ6	$G_{Fj}^{Ⅱ16}(R_{\alpha j},T_{aj},T_{bj})$	$G_F^{Ⅰ6}(T_a,T_b)$	
4-17	Ⅰ6	$G_{Fj}^{Ⅱ17}(T_{aj},R_{\alpha j},T_{bj})$	$G_F^{Ⅰ6}(T_a,T_b)$	
4-18		$G_{Fj}^{Ⅱ18}(R_{\alpha j},R_{\beta j})$	空集	
4-19	Ⅰ7	$G_{Fj}^{Ⅱ19}(R_{\alpha j},T_{aj})$	$G_F^{Ⅰ7}(T_a)$	
4-20	Ⅰ7	$G_{Fj}^{Ⅱ20}(T_{aj},R_{\alpha j})$	$G_F^{Ⅰ7}(T_a)$	
4-21		$G_{Fj}^{Ⅱ21}(R_{\alpha j})$	空集	
4-22	Ⅰ6	$G_{Fj}^{Ⅲ22}(T_{aj},T_{bj},R_{\alpha j},R_{\beta j},R_{\gamma j})$	$G_F^{Ⅰ6}(T_a,T_b)$	
4-23	Ⅰ6	$G_{Fj}^{Ⅲ23}(R_{\alpha j},T_{aj},T_{bj},R_{\beta j},R_{\gamma j})$	$G_F^{Ⅰ6}(T_a,T_b)$	
4-24	Ⅰ6	$G_{Fj}^{Ⅲ24}(R_{\alpha j},R_{\beta j},T_{aj},T_{bj},R_{\gamma j})$	$G_F^{Ⅰ6}(T_a,T_b)$	
4-25	Ⅰ6	$G_{Fj}^{Ⅲ25}(T_{aj},T_{bj},R_{\alpha j},R_{\beta j})$	$G_F^{Ⅰ6}(T_a,T_b)$	
4-26	Ⅰ6	$G_{Fj}^{Ⅲ26}(R_{\alpha j},T_{aj},T_{bj},R_{\beta j})$	$G_F^{Ⅰ6}(T_a,T_b)$	

表 22-2-5　G_F 集 $G_{Fi}^{\mathrm{I}5}$（T_{ai}，T_{bi}，$R_{\alpha i}$）与其他 G_F 集的求交运算法则

序号	结果类别	G_{Fj} 表达	求交运算结果	条件
5-1	Ⅰ5	$G_{Fj}^{\mathrm{I}1}(T_{aj},T_{bj},T_{cj},R_{\alpha j},R_{\beta j},R_{\gamma j})$	$G_F^{\mathrm{I}5}(T_a,T_b,R_\alpha)$	无要求
5-2	Ⅰ5	$G_{Fj}^{\mathrm{I}2}(T_{aj},T_{bj},T_{cj},R_{\alpha j},R_{\beta j})$	$G_F^{\mathrm{I}5}(T_a,T_b,R_\alpha)$	$R_{\alpha i}\parallel R_{\alpha j}$
	Ⅰ6		$G_F^{\mathrm{I}6}(T_a,T_b)$	$R_{\alpha i}\nparallel R_{\alpha j},R_{\alpha i}\nparallel R_{\beta j}$
5-3	Ⅰ5	$G_{Fj}^{\mathrm{I}3}(T_{aj},T_{bj},T_{cj},R_{\alpha j})$	$G_F^{\mathrm{I}5}(T_a,T_b,R_\alpha)$	$R_{\alpha i}\parallel R_{\alpha j}$
	Ⅰ6		$G_F^{\mathrm{I}6}(T_a,T_b)$	$R_{\alpha i}\nparallel R_{\alpha j}$
5-4	Ⅰ6	$G_{Fj}^{\mathrm{I}4}(T_{aj},T_{bj},T_{cj})$	$G_F^{\mathrm{I}6}(T_a,T_b)$	无要求
5-5	Ⅰ5	$G_{Fj}^{\mathrm{I}5}(T_{aj},T_{bj},R_{\alpha j})$	$G_F^{\mathrm{I}5}(T_a,T_b,R_\alpha)$	$R_{\alpha i}\parallel R_{\alpha j}$
5-6	Ⅰ6	$G_{Fj}^{\mathrm{I}6}(T_{aj},T_{bj})$	$G_F^{\mathrm{I}6}(T_a,T_b)$	▱$T_{ai}T_{bi}\parallel$▱$T_{aj}T_{bj}$
5-7	Ⅰ7	$G_{Fj}^{\mathrm{I}7}(T_{aj})$	$G_F^{\mathrm{I}7}(T_a)$	$T_{aj}\parallel$▱$T_{ai}T_{bi}$
5-8	Ⅱ19	$G_{Fj}^{\mathrm{II}8}(R_{\alpha j},R_{\beta j},R_{\gamma j},T_{aj})$	$G_F^{\mathrm{II}19}(R_\alpha,T_a)$	$T_{aj}\parallel$▱$T_{ai}T_{bi},R_{\alpha i}-O_j$
	Ⅱ21		$G_F^{\mathrm{II}21}(R_\alpha)$	$T_{aj}\nparallel$▱$T_{ai}T_{bi},R_{\alpha i}-O_j$
5-9	Ⅱ20	$G_{Fj}^{\mathrm{II}9}(T_{aj},R_{\alpha j},R_{\beta j},R_{\gamma j})$	$G_F^{\mathrm{II}20}(T_a,R_\alpha)$	$T_{aj}\parallel$▱$T_{ai}T_{bi}$
5-10	Ⅰ6	$G_{Fj}^{\mathrm{II}10}(R_{\alpha j},R_{\beta j},T_{aj},T_{bj})$	$G_F^{\mathrm{I}6}(T_a,T_b)$	▱$T_{ai}T_{bi}\parallel$▱$T_{aj}T_{bj}$
	Ⅱ19		$G_F^{\mathrm{II}19}(R_\alpha,T_a)$	$R_{\alpha i}\parallel R_{\alpha j}$,▱$T_{ai}T_{bi}\nparallel$▱$T_{aj}T_{bj}$
5-11	Ⅰ6	$G_{Fj}^{\mathrm{II}11}(T_{aj},T_{bj},R_{\alpha j},R_{\beta j})$	$G_F^{\mathrm{I}6}(T_a,T_b)$	▱$T_{ai}T_{bi}\parallel$▱$T_{aj}T_{bj}$
	Ⅱ20		$G_F^{\mathrm{II}20}(T_a,R_\alpha)$	$R_{\alpha i}\parallel R_{\alpha j}$
5-12	Ⅱ21	$G_{Fj}^{\mathrm{II}12}(R_{\alpha j},R_{\beta j},R_{\gamma j})$	$G_F^{\mathrm{II}21}(R_\alpha)$	无要求
5-13	Ⅱ20	$G_{Fj}^{\mathrm{II}13}(T_{aj},R_{\alpha j},R_{\beta j})$	$G_F^{\mathrm{II}20}(T_a,R_\alpha)$	$T_{aj}\parallel$▱$T_{ai}T_{bi},R_{\alpha i}\parallel R_{\alpha j}$
5-14	Ⅱ19	$G_{Fj}^{\mathrm{II}14}(R_{\alpha j},R_{\beta j},T_{aj})$	$G_F^{\mathrm{II}19}(R_\alpha,T_a)$	$T_{aj}\parallel$▱$T_{ai}T_{bi},R_{\alpha i}\parallel R_{\alpha j}$
5-15	Ⅰ6	$G_{Fj}^{\mathrm{II}15}(T_{aj},T_{bj},R_{\alpha j})$	$G_F^{\mathrm{I}6}(T_a,T_b)$	▱$T_{ai}T_{bi}\parallel$▱$T_{aj}T_{bj}$
	Ⅱ20		$G_F^{\mathrm{II}20}(T_a,R_\alpha)$	$R_{\alpha i}\parallel R_{\alpha j}$
5-16	Ⅰ6	$G_{Fj}^{\mathrm{II}16}(R_{\alpha j},T_{aj},T_{bj})$	$G_F^{\mathrm{I}6}(T_a,T_b)$	▱$T_{ai}T_{bi}\parallel$▱$T_{aj}T_{bj}$
	Ⅱ19		$G_F^{\mathrm{II}19}(R_\alpha,T_a)$	$R_{\alpha i}\parallel R_{\alpha j}$
5-17	Ⅰ6	$G_{Fj}^{\mathrm{II}17}(T_{aj},R_{\alpha j},T_{bj})$	$G_F^{\mathrm{I}6}(T_a,T_b)$	▱$T_{ai}T_{bi}\parallel$▱$T_{aj}T_{bj}$
	Ⅱ20		$G_F^{\mathrm{II}20}(T_a,R_\alpha)$	$T_{aj}\parallel$▱$T_{ai}T_{bi},R_{\alpha i}\parallel R_{\alpha j}$
5-18	Ⅱ21	$G_{Fj}^{\mathrm{II}18}(R_{\alpha j},R_{\beta j})$	$G_F^{\mathrm{II}21}(R_\alpha)$	$R_{ai}\parallel R_{\alpha j}$ 或 $R_{ai}\parallel R_{\beta j}$
5-19	Ⅱ19	$G_{Fj}^{\mathrm{II}19}(R_{\alpha j},T_{aj})$	$G_F^{\mathrm{II}19}(R_\alpha,T_a)$	$R_{\alpha i}\parallel R_{\alpha j},T_{aj}\parallel$▱$T_{ai}T_{bi}$
5-20	Ⅱ20	$G_{Fj}^{\mathrm{II}20}(T_{aj},R_{\alpha j})$	$G_F^{\mathrm{II}20}(T_a,R_\alpha)$	$T_{aj}\parallel$▱$T_{ai}T_{bi},R_{\alpha i}\parallel R_{\alpha j}$
5-21	Ⅱ21	$G_{Fj}^{\mathrm{II}21}(R_{\alpha j})$	$G_F^{\mathrm{II}21}(R_\alpha)$	$R_{\alpha i}\parallel R_{\alpha j}$
5-22	Ⅰ5	$G_{Fj}^{\mathrm{III}22}(T_{aj},T_{bj},R_{\alpha j},R_{\beta j},R_{\gamma j})$	$G_F^{\mathrm{I}5}(T_a,T_b,R_\alpha)$	▱$T_{ai}T_{bi}\parallel$▱$T_{aj}T_{bj}$
5-23	Ⅰ5	$G_{Fj}^{\mathrm{III}23}(R_{\alpha j},T_{aj},T_{bj},R_{\beta j},R_{\gamma j})$	$G_F^{\mathrm{I}5}(T_a,T_b,R_\alpha)$	▱$T_{ai}T_{bi}\parallel$▱$T_{aj}T_{bj}$
	Ⅱ19		$G_F^{\mathrm{II}19}(R_\alpha,T_a)$	▱$T_{ai}T_{bi}\nparallel$▱$T_{aj}T_{bj},R_{\alpha i}\parallel R_{\alpha j}$
	Ⅱ20		$G_F^{\mathrm{II}20}(T_a,R_\alpha)$	▱$T_{ai}T_{bi}\nparallel$▱$T_{aj}T_{bj},R_{\alpha i}\parallel R_{\gamma j}$
5-24	Ⅰ5	$G_{Fj}^{\mathrm{III}24}(R_{\alpha j},R_{\beta j},T_{aj},T_{bj},R_{\gamma j})$	$G_F^{\mathrm{I}5}(T_a,T_b,R_\alpha)$	▱$T_{ai}T_{bi}\parallel$▱$T_{aj}T_{bj}$
	Ⅱ19		$G_F^{\mathrm{II}19}(R_\alpha,T_a)$	▱$T_{ai}T_{bi}\nparallel$▱$T_{aj}T_{bj}$
5-25	Ⅰ5	$G_{Fj}^{\mathrm{III}25}(T_{aj},T_{bj},R_{\alpha j},R_{\beta j})$	$G_F^{\mathrm{I}5}(T_a,T_b,R_\alpha)$	$R_{\alpha i}\parallel R_{\alpha j}$
	Ⅱ20		$G_F^{\mathrm{II}20}(T_a,R_\alpha)$	▱$T_{ai}T_{bi}\nparallel$▱$T_{aj}T_{bj},R_{\alpha i}\parallel R_{\beta j}$

续表

序号	结果类别	G_{Fj} 表达	求交运算结果	条件
5-26	Ⅰ5	$G_{Fj}^{\mathrm{III}26}(R_{\alpha j},T_{aj},T_{bj},R_{\beta j})$	$G_F^{\mathrm{I}5}(T_a,T_b,R_\alpha)$	$R_{\alpha i} \parallel R_{\beta j}$
	Ⅱ19		$G_F^{\mathrm{II}19}(R_\alpha,T_a)$	$\square T_{ai}T_{bi} \nparallel \square T_{aj}T_{bj},R_{\alpha i} \parallel R_{\alpha j}$

表 22-2-6　G_F 集 $G_{Fi}^{\mathrm{I}6}$（T_{ai}，T_{bi}）与其他 G_F 集的求交运算法则

序号	结果类别	G_{Fj} 表达	求交运算结果	条件
6-1	Ⅰ6	$G_{Fj}^{\mathrm{I}1}(T_{aj},T_{bj},T_{cj},R_{\alpha j},R_{\beta j},R_{\gamma j})$	$G_F^{\mathrm{I}6}(T_a,T_b)$	无要求
6-2	Ⅰ6	$G_{Fj}^{\mathrm{I}2}(T_{aj},T_{bj},T_{cj},R_{\alpha j},R_{\beta j})$	$G_F^{\mathrm{I}6}(T_a,T_b)$	
6-3	Ⅰ6	$G_{Fj}^{\mathrm{I}3}(T_{aj},T_{bj},T_{cj},R_{\alpha j})$	$G_F^{\mathrm{I}6}(T_a,T_b)$	
6-4	Ⅰ6	$G_{Fj}^{\mathrm{I}4}(T_{aj},T_{bj},T_{cj})$	$G_F^{\mathrm{I}6}(T_a,T_b)$	
6-5	Ⅰ6	$G_{Fj}^{\mathrm{I}5}(T_{aj},T_{bj},R_{\alpha j})$	$G_F^{\mathrm{I}6}(T_a,T_b)$	$\square T_{ai}T_{bi} \parallel \square T_{aj}T_{bj}$
6-6	Ⅰ6	$G_{Fj}^{\mathrm{I}6}(T_{aj},T_{bj})$	$G_F^{\mathrm{I}6}(T_a,T_b)$	$\square T_{ai}T_{bi} \parallel \square T_{aj}T_{bj}$
6-7	Ⅰ7	$G_{Fj}^{\mathrm{I}7}(T_{aj})$	$G_F^{\mathrm{I}7}(T_a)$	$T_{aj} \parallel \square T_{ai}T_{bi}$
6-8	Ⅰ7	$G_{Fj}^{\mathrm{II}8}(R_{\alpha j},R_{\beta j},R_{\gamma j},T_{aj})$	$G_F^{\mathrm{I}7}(T_a)$	$T_{aj} \parallel \square T_{ai}T_{bi}$
6-9	Ⅰ7	$G_{Fj}^{\mathrm{II}9}(T_{aj},R_{\alpha j},R_{\beta j},R_{\gamma j})$	$G_F^{\mathrm{I}7}(T_a)$	$T_{aj} \parallel \square T_{ai}T_{bi}$
6-10	Ⅰ6	$G_{Fj}^{\mathrm{II}10}(R_{\alpha j},R_{\beta j},T_{aj},T_{bj})$	$G_F^{\mathrm{I}6}(T_a,T_b)$	$\square T_{ai}T_{bi} \parallel \square T_{aj}T_{bj}$
6-11	Ⅰ6	$G_{Fj}^{\mathrm{II}11}(T_{aj},T_{bj},R_{\alpha j},R_{\beta j})$	$G_F^{\mathrm{I}6}(T_a,T_b)$	$\square T_{ai}T_{bi} \parallel \square T_{aj}T_{bj}$
6-12		$G_{Fj}^{\mathrm{II}12}(R_{\alpha j},R_{\beta j},R_{\gamma j})$	空集	无要求
6-13	Ⅰ7	$G_{Fj}^{\mathrm{II}13}(T_{aj},R_{\alpha j},R_{\beta j})$	$G_F^{\mathrm{I}7}(T_a)$	$T_{aj} \parallel \square T_{ai}T_{bi}$
6-14	Ⅰ7	$G_{Fj}^{\mathrm{II}14}(R_{\alpha j},R_{\beta j},T_{aj})$	$G_F^{\mathrm{I}7}(T_a)$	$T_{aj} \parallel \square T_{ai}T_{bi}$
6-15	Ⅰ6	$G_{Fj}^{\mathrm{II}15}(T_{aj},T_{bj},R_{\alpha j})$	$G_F^{\mathrm{I}6}(T_a,T_b)$	$\square T_{ai}T_{bi} \parallel \square T_{aj}T_{bj}$
6-16	Ⅰ6	$G_{Fj}^{\mathrm{II}16}(R_{\alpha j},T_{aj},T_{bj})$	$G_F^{\mathrm{I}6}(T_a,T_b)$	$\square T_{ai}T_{bi} \parallel \square T_{aj}T_{bj}$
6-17	Ⅰ6	$G_{Fj}^{\mathrm{II}17}(T_{aj},R_{\alpha j},T_{bj})$	$G_F^{\mathrm{I}6}(T_a,T_b)$	$\square T_{ai}T_{bi} \parallel \square T_{aj}T_{bj}$
6-18		$G_{Fj}^{\mathrm{II}18}(R_{\alpha j},R_{\beta j})$	空集	无要求
6-19	Ⅰ7	$G_{Fj}^{\mathrm{II}19}(R_{\alpha j},T_{aj})$	$G_F^{\mathrm{I}7}(T_a)$	$T_{aj} \parallel \square T_{ai}T_{bi}$
6-20	Ⅰ7	$G_{Fj}^{\mathrm{II}20}(T_{aj},R_{\alpha j})$	$G_F^{\mathrm{I}7}(T_a)$	$T_{aj} \parallel \square T_{ai}T_{bi}$
6-21		$G_{Fj}^{\mathrm{II}21}(R_{\alpha j})$	空集	无要求
6-22	Ⅰ6	$G_{Fj}^{\mathrm{III}22}(T_{aj},T_{bj},R_{\alpha j},R_{\beta j},R_{\gamma j})$	$G_F^{\mathrm{I}6}(T_a,T_b)$	$\square T_{ai}T_{bi} \parallel \square T_{aj}T_{bj}$
6-23	Ⅰ6	$G_{Fj}^{\mathrm{III}23}(R_{\alpha j},T_{aj},T_{bj},R_{\beta j},R_{\gamma j})$	$G_F^{\mathrm{I}6}(T_a,T_b)$	$\square T_{ai}T_{bi} \parallel \square T_{aj}T_{bj}$
6-24	Ⅰ6	$G_{Fj}^{\mathrm{III}24}(R_{\alpha j},R_{\beta j},T_{aj},T_{bj},R_{\gamma j})$	$G_F^{\mathrm{I}6}(T_a,T_b)$	$\square T_{ai}T_{bi} \parallel \square T_{aj}T_{bj}$
6-25	Ⅰ6	$G_{Fj}^{\mathrm{III}25}(T_{aj},T_{bj},R_{\alpha j},R_{\beta j})$	$G_F^{\mathrm{I}6}(T_a,T_b)$	$\square T_{ai}T_{bi} \parallel \square T_{aj}T_{bj}$
6-26	Ⅰ6	$G_{Fj}^{\mathrm{III}26}(R_{\alpha j},T_{aj},T_{bj},R_{\beta j})$	$G_F^{\mathrm{I}6}(T_a,T_b)$	$\square T_{ai}T_{bi} \parallel \square T_{aj}T_{bj}$

表 22-2-7　G_F 集 $G_{Fi}^{\mathrm{I}7}$（T_{ai}）与其他 G_F 集的求交运算法则

序号	结果类别	G_{Fj} 表达	求交运算结果	条件
7-1	Ⅰ7	$G_{Fj}^{\mathrm{I}1}(T_{aj},T_{bj},T_{cj},R_{\alpha j},R_{\beta j},R_{\gamma j})$	$G_F^{\mathrm{I}7}(T_a)$	无要求
7-2	Ⅰ7	$G_{Fj}^{\mathrm{I}2}(T_{aj},T_{bj},T_{cj},R_{\alpha j},R_{\beta j})$	$G_F^{\mathrm{I}7}(T_a)$	
7-3	Ⅰ7	$G_{Fj}^{\mathrm{I}3}(T_{aj},T_{bj},T_{cj},R_{\alpha j})$	$G_F^{\mathrm{I}7}(T_a)$	
7-4	Ⅰ7	$G_{Fj}^{\mathrm{I}4}(T_{aj},T_{bj},T_{cj})$	$G_F^{\mathrm{I}7}(T_a)$	

续表

序号	结果类别	$G_{\mathrm{F}j}$ 表达	求交运算结果	条件
7-5	Ⅰ7	$G_{\mathrm{F}j}^{\mathrm{I}5}(T_{aj},T_{bj},R_{\alpha j})$	$G_{\mathrm{F}}^{\mathrm{I}7}(T_{a})$	$T_{ai}\parallel$ ▱$T_{aj}T_{bj}$
7-6	Ⅰ7	$G_{\mathrm{F}j}^{\mathrm{I}6}(T_{aj},T_{bj})$	$G_{\mathrm{F}}^{\mathrm{I}7}(T_{a})$	$T_{ai}\parallel$ ▱$T_{aj}T_{bj}$
7-7	Ⅰ7	$G_{\mathrm{F}j}^{\mathrm{I}7}(T_{aj})$	$G_{\mathrm{F}}^{\mathrm{I}7}(T_{a})$	$T_{ai}\parallel T_{aj}$
7-8	Ⅰ7	$G_{\mathrm{F}j}^{\mathrm{II}8}(R_{\alpha j},R_{\beta j},R_{\gamma j},T_{aj})$	$G_{\mathrm{F}}^{\mathrm{I}7}(T_{a})$	$T_{ai}\parallel T_{aj}$
7-9	Ⅰ7	$G_{\mathrm{F}j}^{\mathrm{II}9}(T_{aj},R_{\alpha j},R_{\beta j},R_{\gamma j})$	$G_{\mathrm{F}}^{\mathrm{I}7}(T_{a})$	$T_{ai}\parallel T_{aj}$
7-10	Ⅰ7	$G_{\mathrm{F}j}^{\mathrm{II}10}(R_{\alpha j},R_{\beta j},T_{aj},T_{bj})$	$G_{\mathrm{F}}^{\mathrm{I}7}(T_{a})$	$T_{ai}\parallel$ ▱$T_{aj}T_{bj}$
7-11	Ⅰ7	$G_{\mathrm{F}j}^{\mathrm{II}11}(T_{aj},T_{bj},R_{\alpha j},R_{\beta j})$	$G_{\mathrm{F}}^{\mathrm{I}7}(T_{a})$	$T_{ai}\parallel$ ▱$T_{aj}T_{bj}$
7-12		$G_{\mathrm{F}j}^{\mathrm{II}12}(R_{\alpha j},R_{\beta j},R_{\gamma j})$	空集	无要求
7-13	Ⅰ7	$G_{\mathrm{F}j}^{\mathrm{II}13}(T_{aj},R_{\alpha j},R_{\beta j})$	$G_{\mathrm{F}}^{\mathrm{I}7}(T_{a})$	$T_{ai}\parallel T_{aj}$
7-14	Ⅰ7	$G_{\mathrm{F}j}^{\mathrm{II}14}(R_{\alpha j},R_{\beta j},T_{aj})$	$G_{\mathrm{F}}^{\mathrm{I}7}(T_{a})$	$T_{ai}\parallel T_{aj}$
7-15	Ⅰ7	$G_{\mathrm{F}j}^{\mathrm{II}15}(T_{aj},T_{bj},R_{\alpha j})$	$G_{\mathrm{F}}^{\mathrm{I}7}(T_{a})$	$T_{ai}\parallel$ ▱$T_{aj}T_{bj}$
7-16	Ⅰ7	$G_{\mathrm{F}j}^{\mathrm{II}16}(R_{\alpha j},T_{aj},T_{bj})$	$G_{\mathrm{F}}^{\mathrm{I}7}(T_{a})$	$T_{ai}\parallel$ ▱$T_{aj}T_{bj}$
7-17	Ⅰ7	$G_{\mathrm{F}j}^{\mathrm{II}17}(T_{aj},R_{\alpha j},T_{bj})$	$G_{\mathrm{F}}^{\mathrm{I}7}(T_{a})$	$T_{ai}\parallel$ ▱$T_{aj}T_{bj}$
7-18		$G_{\mathrm{F}j}^{\mathrm{II}18}(R_{\alpha j},R_{\beta j})$	空集	无要求
7-19	Ⅰ7	$G_{\mathrm{F}j}^{\mathrm{II}19}(R_{\alpha j},T_{aj})$	$G_{\mathrm{F}}^{\mathrm{I}7}(T_{a})$	$T_{ai}\parallel T_{aj}$
7-20	Ⅰ7	$G_{\mathrm{F}j}^{\mathrm{II}20}(T_{aj},R_{\alpha j})$	$G_{\mathrm{F}}^{\mathrm{I}7}(T_{a})$	$T_{ai}\parallel T_{aj}$
7-21		$G_{\mathrm{F}j}^{\mathrm{II}21}(R_{\alpha j})$	空集	无要求
7-22	Ⅰ7	$G_{\mathrm{F}j}^{\mathrm{III}22}(T_{aj},T_{bj},R_{\alpha j},R_{\beta j},R_{\gamma j})$	$G_{\mathrm{F}}^{\mathrm{I}7}(T_{a})$	$T_{ai}\parallel$ ▱$T_{aj}T_{bj}$
7-23	Ⅰ7	$G_{\mathrm{F}j}^{\mathrm{III}23}(R_{\alpha j},T_{aj},T_{bj},R_{\beta j},R_{\gamma j})$	$G_{\mathrm{F}}^{\mathrm{I}7}(T_{a})$	$T_{ai}\parallel$ ▱$T_{aj}T_{bj}$
7-24	Ⅰ7	$G_{\mathrm{F}j}^{\mathrm{III}24}(R_{\alpha j},R_{\beta j},T_{aj},T_{bj},R_{\gamma j})$	$G_{\mathrm{F}}^{\mathrm{I}7}(T_{a})$	$T_{ai}\parallel$ ▱$T_{aj}T_{bj}$
7-25	Ⅰ7	$G_{\mathrm{F}j}^{\mathrm{III}25}(T_{aj},T_{bj},R_{\alpha j},R_{\beta j})$	$G_{\mathrm{F}}^{\mathrm{I}7}(T_{a})$	$T_{ai}\parallel$ ▱$T_{aj}T_{bj}$
7-26	Ⅰ7	$G_{\mathrm{F}j}^{\mathrm{III}26}(R_{\alpha j},T_{aj},T_{bj},R_{\beta j})$	$G_{\mathrm{F}}^{\mathrm{I}7}(T_{a})$	$T_{ai}\parallel$ ▱$T_{aj}T_{bj}$

表 22-2-8　G_{F} 集 $G_{\mathrm{F}i}^{\mathrm{II}8}$（$R_{\alpha i}$，$R_{\beta i}$，$R_{\gamma i}$，$T_{ai}$）与其他 G_{F} 集的求交运算法则

序号	结果类别	$G_{\mathrm{F}j}$ 表达	求交运算结果	条件
8-1	Ⅱ8	$G_{\mathrm{F}j}^{\mathrm{I}1}(T_{aj},T_{bj},T_{cj},R_{\alpha j},R_{\beta j},R_{\gamma j})$	$G_{\mathrm{F}}^{\mathrm{II}8}(R_{\alpha},R_{\beta},R_{\gamma},T_{a})$	无要求
8-2	Ⅱ14	$G_{\mathrm{F}j}^{\mathrm{I}2}(T_{aj},T_{bj},T_{cj},R_{\alpha j},R_{\beta j})$	$G_{\mathrm{F}}^{\mathrm{II}14}(R_{\alpha},R_{\beta},T_{a})$	
8-3	Ⅱ19	$G_{\mathrm{F}j}^{\mathrm{I}3}(T_{aj},T_{bj},T_{cj},R_{\alpha j})$	$G_{\mathrm{F}}^{\mathrm{II}19}(R_{\alpha},T_{a})$	
8-4	Ⅰ7	$G_{\mathrm{F}j}^{\mathrm{I}4}(T_{aj},T_{bj},T_{cj})$	$G_{\mathrm{F}}^{\mathrm{I}7}(T_{a})$	
8-5	Ⅱ19	$G_{\mathrm{F}j}^{\mathrm{I}5}(T_{aj},T_{bj},R_{\alpha j})$	$G_{\mathrm{F}}^{\mathrm{II}19}(R_{\alpha},T_{a})$	$T_{ai}\parallel$ ▱$T_{aj}T_{bj},R_{\alpha j}-O_{i}$
	Ⅱ21		$G_{\mathrm{F}}^{\mathrm{II}21}(R_{\alpha})$	$T_{ai}\nparallel$ ▱$T_{aj}T_{bj},R_{\alpha j}-O_{i}$
8-6	Ⅰ7	$G_{\mathrm{F}j}^{\mathrm{I}6}(T_{aj},T_{bj})$	$G_{\mathrm{F}}^{\mathrm{I}7}(T_{a})$	$T_{ai}\parallel$ ▱$T_{aj}T_{bj}$
8-7	Ⅰ7	$G_{\mathrm{F}j}^{\mathrm{I}7}(T_{aj})$	$G_{\mathrm{F}}^{\mathrm{I}7}(T_{a})$	$T_{ai}\parallel T_{aj}$
8-8	Ⅱ8	$G_{\mathrm{F}j}^{\mathrm{II}8}(R_{\alpha j},R_{\beta j},R_{\gamma j},T_{aj})$	$G_{\mathrm{F}}^{\mathrm{II}8}(R_{\alpha},R_{\beta},R_{\gamma},T_{a})$	$O_{i}=O_{j},T_{ai}\parallel T_{aj}$
	Ⅱ12		$G_{\mathrm{F}}^{\mathrm{II}12}(R_{\alpha},R_{\beta},R_{\gamma})$	$O_{i}=O_{j},T_{ai}\nparallel T_{aj}$
	Ⅱ19		$G_{\mathrm{F}}^{\mathrm{II}19}(R_{\alpha},T_{a})$	$O_{i}\neq O_{j},T_{ai}\parallel T_{aj}$
8-9	Ⅱ12	$G_{\mathrm{F}j}^{\mathrm{II}9}(T_{aj},R_{\alpha j},R_{\beta j},R_{\gamma j})$	$G_{\mathrm{F}}^{\mathrm{II}12}(R_{\alpha},R_{\beta},R_{\gamma})$	$O_{i}=O_{j},T_{ai}\nparallel T_{aj}$
8-10	Ⅱ14	$G_{\mathrm{F}j}^{\mathrm{II}10}(R_{\alpha j},R_{\beta j},T_{aj},T_{bj})$	$G_{\mathrm{F}}^{\mathrm{II}14}(R_{\alpha},R_{\beta},T_{a})$	$O_{i}=O_{j},T_{ai}\parallel$ ▱$T_{aj}T_{bj}$

续表

序号	结果类别	G_{Fj} 表达	求交运算结果	条件
8-11	Ⅱ18	$G_{Fj}^{\text{Ⅱ}11}(T_{aj},T_{bj},R_{\alpha j},R_{\beta j})$	$G_{F}^{\text{Ⅱ}18}(R_{\alpha},R_{\beta})$	$O_i=O_j,T_{ai}\nparallel\square T_{aj}T_{bj}$
8-12	Ⅱ12	$G_{Fj}^{\text{Ⅱ}12}(R_{\alpha j},R_{\beta j},R_{\gamma j})$	$G_{F}^{\text{Ⅱ}12}(R_{\alpha},R_{\beta},R_{\gamma})$	$O_i=O_j$
8-13	Ⅱ18	$G_{Fj}^{\text{Ⅱ}13}(T_{aj},R_{\alpha j},R_{\beta j})$	$G_{F}^{\text{Ⅱ}18}(R_{\alpha},R_{\beta})$	$O_i=O_j,T_{ai}\nparallel T_{aj}$
8-14	Ⅱ14	$G_{Fj}^{\text{Ⅱ}14}(R_{\alpha j},R_{\beta j},T_{aj})$	$G_{F}^{\text{Ⅱ}14}(R_{\alpha},R_{\beta},T_{a})$	$O_i=O_j,T_{ai}\parallel T_{aj}$
	Ⅱ18		$G_{F}^{\text{Ⅱ}18}(R_{\alpha},R_{\beta})$	$O_i=O_j,T_{ai}\nparallel T_{aj}$
	Ⅱ19		$G_{F}^{\text{Ⅱ}19}(R_{\alpha},T_{a})$	$R_{\alpha j}-O_i,O_i\neq O_j,T_{ai}\parallel T_{aj}$
8-15	Ⅱ21	$G_{Fj}^{\text{Ⅱ}15}(T_{aj},T_{bj},R_{\alpha j})$	$G_{F}^{\text{Ⅱ}21}(R_{\alpha})$	$T_{ai}\nparallel\square T_{aj}T_{bj},R_{\alpha j}-O_i$
8-16	Ⅱ19	$G_{Fj}^{\text{Ⅱ}16}(R_{\alpha j},T_{aj},T_{bj})$	$G_{F}^{\text{Ⅱ}19}(R_{\alpha},T_{a})$	$T_{ai}\parallel\square T_{aj}T_{bj},R_{\alpha j}-O_i$
8-17	Ⅱ19	$G_{Fj}^{\text{Ⅱ}17}(T_{aj},R_{\alpha j},T_{bj})$	$G_{F}^{\text{Ⅱ}19}(R_{\alpha},T_{a})$	$T_{ai}\parallel\square T_{bj},R_{\alpha j}-O_i$
8-18	Ⅱ18	$G_{Fj}^{\text{Ⅱ}18}(R_{\alpha j},R_{\beta j})$	$G_{F}^{\text{Ⅱ}18}(R_{\alpha},R_{\beta})$	$O_i=O_j$
8-19	Ⅱ19	$G_{Fj}^{\text{Ⅱ}19}(R_{\alpha j},T_{aj})$	$G_{F}^{\text{Ⅱ}19}(R_{\alpha},T_{a})$	$R_{\alpha j}-O_i,T_{ai}\parallel T_{aj}$
8-20	Ⅱ21	$G_{Fj}^{\text{Ⅱ}20}(T_{aj},R_{\alpha j})$	$G_{F}^{\text{Ⅱ}21}(R_{\alpha})$	$R_{\alpha j}-O_i$
8-21	Ⅱ21	$G_{Fj}^{\text{Ⅱ}21}(R_{\alpha j})$	$G_{F}^{\text{Ⅱ}21}(R_{\alpha})$	$R_{\alpha j}-O_i$
8-22	Ⅱ12	$G_{Fj}^{\text{Ⅲ}22}(T_{aj},T_{bj},R_{\alpha j},R_{\beta j},R_{\gamma j})$	$G_{F}^{\text{Ⅱ}12}(R_{\alpha},R_{\beta},R_{\gamma})$	$O_i=O_j,T_{ai}\nparallel\square T_{aj}T_{bj}$
	Ⅱ19		$G_{F}^{\text{Ⅱ}19}(R_{\alpha},T_{a})$	$R_{\alpha j}-O_i,T_{ai}\parallel\square T_{aj}T_{bj}$
8-23	Ⅱ14	$G_{Fj}^{\text{Ⅲ}23}(R_{\alpha j},T_{aj},T_{bj},R_{\beta j},R_{\gamma j})$	$G_{F}^{\text{Ⅱ}14}(R_{\alpha},R_{\beta},T_{a})$	$O_j-O_i,T_{ai}\parallel\square T_{aj}T_{bj}$
	Ⅱ19		$G_{F}^{\text{Ⅱ}19}(R_{\alpha},T_{a})$	$R_{\alpha j}-O_i,T_{ai}\parallel\square T_{aj}T_{bj}$
8-24	Ⅱ8	$G_{Fj}^{\text{Ⅲ}24}(R_{\alpha j},R_{\beta j},T_{aj},T_{bj},R_{\gamma j})$	$G_{F}^{\text{Ⅱ}8}(R_{\alpha},R_{\beta},R_{\gamma},T_{a})$	$O_i=O_j,T_{ai}\parallel\square T_{aj}T_{bj}$
	Ⅱ12		$G_{F}^{\text{Ⅱ}12}(R_{\alpha},R_{\beta},R_{\gamma})$	$O_i=O_j,T_{ai}\nparallel\square T_{aj}T_{bj}$
8-25	Ⅱ18	$G_{Fj}^{\text{Ⅲ}25}(T_{aj},T_{bj},R_{\alpha j},R_{\beta j})$	$G_{F}^{\text{Ⅱ}18}(R_{\alpha},R_{\beta})$	$O_i=O_j,T_{ai}\nparallel\square T_{aj}T_{bj}$
	Ⅱ19		$G_{F}^{\text{Ⅱ}19}(R_{\alpha},T_{a})$	$R_{\alpha j}-O_i,T_{ai}\parallel\square T_{aj}T_{bj}$
8-26	Ⅱ14	$G_{Fj}^{\text{Ⅲ}26}(R_{\alpha j},T_{aj},T_{bj},R_{\beta j})$	$G_{F}^{\text{Ⅱ}14}(R_{\alpha},R_{\beta},T_{a})$	$R_{\alpha j}-O_i,R_{\beta j}-O_i,T_{ai}\parallel\square T_{aj}T_{bj}$
	Ⅱ18		$G_{F}^{\text{Ⅱ}18}(R_{\alpha},R_{\beta})$	$O_i=O_j,T_{ai}\nparallel\square T_{aj}T_{bj}$
	Ⅱ19		$G_{F}^{\text{Ⅱ}19}(R_{\alpha},T_{a})$	$R_{\alpha j}-O_i,T_{ai}\parallel\square T_{aj}T_{bj}$

表 22-2-9　　G_F 集 $G_{Fi}^{\text{Ⅱ}9}(T_{ai},R_{\alpha i},R_{\beta i},R_{\gamma i})$ 与其他 G_F 集的求交运算法则

序号	结果类别	G_{Fj} 表达	求交运算结果	条件
9-1	Ⅱ9	$G_{Fj}^{\text{Ⅰ}1}(T_{aj},T_{bj},T_{cj},R_{\alpha j},R_{\beta j},R_{\gamma j})$	$G_{F}^{\text{Ⅱ}9}(T_{a},R_{\alpha},R_{\beta},R_{\gamma})$	无要求
9-2	Ⅱ13	$G_{Fj}^{\text{Ⅰ}2}(T_{aj},T_{bj},T_{cj},R_{\alpha j},R_{\beta j})$	$G_{F}^{\text{Ⅱ}13}(T_{a},R_{\alpha},R_{\beta})$	
9-3	Ⅱ20	$G_{Fj}^{\text{Ⅰ}3}(T_{aj},T_{bj},T_{cj},R_{\alpha j})$	$G_{F}^{\text{Ⅱ}20}(T_{a},R_{\alpha})$	
9-4	Ⅰ7	$G_{Fj}^{\text{Ⅰ}4}(T_{aj},T_{bj},T_{cj})$	$G_{F}^{\text{Ⅰ}7}(T_{a})$	
9-5	Ⅱ20	$G_{Fj}^{\text{Ⅰ}5}(T_{aj},T_{bj},R_{\alpha j})$	$G_{F}^{\text{Ⅱ}20}(T_{a},R_{\alpha})$	$T_{ai}\parallel\square T_{aj}T_{bj}$
9-6	Ⅰ7	$G_{Fj}^{\text{Ⅰ}6}(T_{aj},T_{bj})$	$G_{F}^{\text{Ⅰ}7}(T_{a})$	$T_{ai}\parallel\square T_{aj}T_{bj}$
9-7	Ⅰ7	$G_{Fj}^{\text{Ⅰ}7}(T_{aj})$	$G_{F}^{\text{Ⅰ}7}(T_{a})$	$T_{ai}\parallel T_{aj}$
9-8	Ⅱ12	$G_{Fj}^{\text{Ⅱ}8}(R_{\alpha j},R_{\beta j},R_{\gamma j},T_{aj})$	$G_{F}^{\text{Ⅱ}12}(R_{\alpha},R_{\beta},R_{\gamma})$	$O_i=O_j,T_{ai}\nparallel T_{aj}$
9-9	Ⅱ9	$G_{Fj}^{\text{Ⅱ}9}(T_{aj},R_{\alpha j},R_{\beta j},R_{\gamma j})$	$G_{F}^{\text{Ⅱ}9}(T_{a},R_{\alpha},R_{\beta},R_{\gamma})$	$T_{ai}\parallel T_{aj},O_i=O_j$
	Ⅱ12		$G_{F}^{\text{Ⅱ}12}(R_{\alpha},R_{\beta},R_{\gamma})$	$T_{ai}\nparallel T_{aj},O_i=O_j$
	Ⅱ20		$G_{F}^{\text{Ⅱ}20}(T_{a},R_{\alpha})$	$T_{ai}\parallel T_{aj},O_i\neq O_j$

续表

序号	结果类别	$G_{\mathrm{F}j}$ 表达	求交运算结果	条件
9-10	Ⅰ7	$G_{\mathrm{F}j}^{\mathrm{II}10}(R_{\alpha j},R_{\beta j},T_{aj},T_{bj})$	$G_{\mathrm{F}}^{\mathrm{I}7}(T_a)$	$O_i\neq O_j,T_{ai}\parallel\square T_{aj}T_{bj}$
	Ⅱ18		$G_{\mathrm{F}}^{\mathrm{II}18}(R_\alpha,R_\beta)$	$O_i=O_j,T_{ai}\nparallel\square T_{aj}T_{bj}$
9-11	Ⅱ13	$G_{\mathrm{F}j}^{\mathrm{II}11}(T_{aj},T_{bj},R_{\alpha j},R_{\beta j})$	$G_{\mathrm{F}}^{\mathrm{II}13}(T_a,R_\alpha,R_\beta)$	$O_i=O_j,T_{ai}\parallel\square T_{aj}T_{bj}$
	Ⅱ18		$G_{\mathrm{F}}^{\mathrm{II}18}(R_\alpha,R_\beta)$	$O_i=O_j,T_{ai}\nparallel\square T_{aj}T_{bj}$
	Ⅱ20		$G_{\mathrm{F}}^{\mathrm{II}20}(T_a,R_\alpha)$	$T_{ai}\parallel\square T_{aj}T_{bj},O_i\neq O_j,R_{\alpha j}-O_i$
9-12	Ⅱ12	$G_{\mathrm{F}j}^{\mathrm{II}12}(R_{\alpha j},R_{\beta j},R_{\gamma j})$	$G_{\mathrm{F}}^{\mathrm{II}12}(R_\alpha,R_\beta,R_\gamma)$	$O_i=O_j$
9-13	Ⅱ13	$G_{\mathrm{F}j}^{\mathrm{II}13}(T_{aj},R_{\alpha j},R_{\beta j})$	$G_{\mathrm{F}}^{\mathrm{II}13}(T_a,R_\alpha,R_\beta)$	$O_i=O_j,T_{ai}\parallel T_{aj}$
	Ⅱ18		$G_{\mathrm{F}}^{\mathrm{II}18}(R_\alpha,R_\beta)$	$O_i=O_j,T_{ai}\nparallel T_{aj}$
	Ⅱ20		$G_{\mathrm{F}}^{\mathrm{II}20}(T_a,R_\alpha)$	$T_{ai}\parallel T_{aj},O_i\neq O_j,R_{\alpha j}-O_i$
9-14	Ⅰ7	$G_{\mathrm{F}j}^{\mathrm{II}14}(R_{\alpha j},R_{\beta j},T_{aj})$	$G_{\mathrm{F}}^{\mathrm{I}7}(T_a)$	$T_{ai}\parallel T_{aj},O_i\neq O_j$
	Ⅱ18		$G_{\mathrm{F}}^{\mathrm{II}18}(R_\alpha,R_\beta)$	$O_i=O_j,T_{ai}\nparallel T_{aj}$
9-15	Ⅱ20	$G_{\mathrm{F}j}^{\mathrm{II}15}(T_{aj},T_{bj},R_{\alpha j})$	$G_{\mathrm{F}}^{\mathrm{II}20}(T_a,R_\alpha)$	$T_{ai}\parallel\square T_{aj}T_{bj},R_{\alpha j}-O_i$
9-16	Ⅰ7	$G_{\mathrm{F}j}^{\mathrm{II}16}(R_{\alpha j},T_{aj},T_{bj})$	$G_{\mathrm{F}}^{\mathrm{I}7}(T_a)$	$T_{ai}\parallel\square T_{aj}T_{bj}$
	Ⅱ21		$G_{\mathrm{F}}^{\mathrm{II}21}(R_\alpha)$	$R_{\alpha j}-O_i$
9-17	Ⅱ20	$G_{\mathrm{F}j}^{\mathrm{II}17}(T_{aj},R_{\alpha j},T_{bj})$	$G_{\mathrm{F}}^{\mathrm{II}20}(T_a,R_\alpha)$	$T_{ai}\parallel\square T_{aj},R_{\alpha j}-O_i$
9-18	Ⅱ18	$G_{\mathrm{F}j}^{\mathrm{II}18}(R_{\alpha j},R_{\beta j})$	$G_{\mathrm{F}}^{\mathrm{II}18}(R_\alpha,R_\beta)$	$O_i=O_j$
9-19	Ⅰ7	$G_{\mathrm{F}j}^{\mathrm{II}19}(R_{\alpha j},T_{aj})$	$G_{\mathrm{F}}^{\mathrm{I}7}(T_a)$	$T_{ai}\parallel T_{aj}$
	Ⅱ21		$G_{\mathrm{F}}^{\mathrm{II}21}(R_\alpha)$	$R_{\alpha j}-O_i$
9-20	Ⅱ20	$G_{\mathrm{F}j}^{\mathrm{II}20}(T_{aj},R_{\alpha j})$	$G_{\mathrm{F}}^{\mathrm{II}20}(T_a,R_\alpha)$	$T_{ai}\parallel T_{aj},R_{\alpha j}-O_i$
9-21	Ⅱ21	$G_{\mathrm{F}j}^{\mathrm{II}21}(R_{\alpha j})$	$G_{\mathrm{F}}^{\mathrm{II}21}(R_\alpha)$	$R_{\alpha j}-O_i$
9-22	Ⅱ9	$G_{\mathrm{F}j}^{\mathrm{III}22}(T_{aj},T_{bj},R_{\alpha j},R_{\beta j},R_{\gamma j})$	$G_{\mathrm{F}}^{\mathrm{II}9}(T_a,R_\alpha,R_\beta,R_\gamma)$	$T_{ai}\parallel\square T_{aj}T_{bj},O_i=O_j$
	Ⅱ12		$G_{\mathrm{F}}^{\mathrm{II}12}(R_\alpha,R_\beta,R_\gamma)$	$T_{ai}\nparallel\square T_{aj}T_{bj},O_i=O_j$
9-23	Ⅱ13	$G_{\mathrm{F}j}^{\mathrm{III}23}(R_{\alpha j},T_{aj},T_{bj},R_{\beta j},R_{\gamma j})$	$G_{\mathrm{F}}^{\mathrm{II}13}(T_a,R_\alpha,R_\beta)$	$T_{ai}\parallel\square T_{aj}T_{bj},R_{\gamma j}-O_i$
	Ⅱ20		$G_{\mathrm{F}}^{\mathrm{II}20}(T_a,R_\alpha)$	$T_{ai}\parallel\square T_{aj}T_{bj},R_{\gamma j}\otimes O_i$
9-24	Ⅱ12	$G_{\mathrm{F}j}^{\mathrm{III}24}(R_{\alpha j},R_{\beta j},T_{aj},T_{bj},R_{\gamma j})$	$G_{\mathrm{F}}^{\mathrm{II}12}(R_\alpha,R_\beta,R_\gamma)$	$R_{\alpha j}-O_i,R_{\beta j}-O_i,T_{ai}\nparallel\square T_{aj}T_{bj}$
	Ⅱ20		$G_{\mathrm{F}}^{\mathrm{II}20}(T_a,R_\alpha)$	$R_{\alpha j}\otimes O_i,R_{\beta j}\otimes O_i,T_{ai}\parallel\square T_{aj}T_{bj}$
9-25	Ⅱ13	$G_{\mathrm{F}j}^{\mathrm{III}25}(T_{aj},T_{bj},R_{\alpha j},R_{\beta j})$	$G_{\mathrm{F}}^{\mathrm{II}13}(T_a,R_\alpha,R_\beta)$	$O_i=O_j,T_{ai}\parallel\square T_{aj}T_{bj}$
	Ⅱ18		$G_{\mathrm{F}}^{\mathrm{II}18}(R_\alpha,R_\beta)$	$O_i=O_j,T_{ai}\nparallel\square T_{aj}T_{bj}$
9-26	Ⅱ18	$G_{\mathrm{F}j}^{\mathrm{III}26}(R_{\alpha j},T_{aj},T_{bj},R_{\beta j})$	$G_{\mathrm{F}}^{\mathrm{II}18}(R_\alpha,R_\beta)$	$T_{ai}\nparallel\square T_{aj}T_{bj},O_i=O_j$
	Ⅱ20		$G_{\mathrm{F}}^{\mathrm{II}20}(T_a,R_\alpha)$	$T_{ai}\parallel\square T_{aj}T_{bj}$
	Ⅱ21		$G_{\mathrm{F}}^{\mathrm{II}21}(R_\alpha)$	$T_{ai}\nparallel\square T_{aj}T_{bj},O_i\neq O_j$

表 22-2-10　G_{F} 集 $G_{\mathrm{F}i}^{\mathrm{II}10}$（$R_{\alpha i}$，$R_{\beta i}$，$T_{ai}$，$T_{bi}$）与其他 G_{F} 集的求交运算法则

序号	结果类别	$G_{\mathrm{F}j}$ 表达	求交运算结果	条件
10-1	Ⅱ10	$G_{\mathrm{F}j}^{\mathrm{I}1}(T_{aj},T_{bj},T_{cj},R_{\alpha j},R_{\beta j},R_{\gamma j})$	$G_{\mathrm{F}}^{\mathrm{II}10}(R_\alpha,R_\beta,T_a,T_b)$	无要求
10-2	Ⅰ6	$G_{\mathrm{F}j}^{\mathrm{I}2}(T_{aj},T_{bj},T_{cj},R_{\alpha j},R_{\beta j})$	$G_{\mathrm{F}}^{\mathrm{I}6}(T_a,T_b)$	$R_{\alpha i}\nparallel R_{\alpha j},R_{\beta i}\nparallel R_{\beta j}$
	Ⅱ10		$G_{\mathrm{F}}^{\mathrm{II}10}(R_\alpha,R_\beta,T_a,T_b)$	$R_{\alpha i}\parallel R_{\alpha j},R_{\beta i}\parallel R_{\beta j}$
	Ⅱ16		$G_{\mathrm{F}}^{\mathrm{II}16}(R_\alpha,T_a,T_b)$	$R_{\alpha i}\parallel R_{\alpha j},R_{\beta i}\nparallel R_{\beta j}$

续表

序号	结果类别	$G_{\mathrm{F}j}$ 表达	求交运算结果	条件
10-3	Ⅰ6	$G_{\mathrm{F}j}^{\mathrm{I}3}(T_{aj},T_{bj},T_{cj},R_{\alpha j})$	$G_{\mathrm{F}}^{\mathrm{I}6}(T_a,T_b)$	$R_{\alpha i}\nparallel R_{\alpha j},R_{\beta i}\nparallel R_{\alpha j}$
	Ⅱ16		$G_{\mathrm{F}}^{\mathrm{II}16}(R_\alpha,T_a,T_b)$	$R_{\alpha i}\parallel R_{\alpha j}$ 或 $R_{\beta i}\parallel R_{\alpha j}$
10-4	Ⅰ6	$G_{\mathrm{F}j}^{\mathrm{I}4}(T_{aj},T_{bj},T_{cj})$	$G_{\mathrm{F}}^{\mathrm{I}6}(T_a,T_b)$	无要求
10-5	Ⅰ6	$G_{\mathrm{F}j}^{\mathrm{I}5}(T_{aj},T_{bj},R_{\alpha j})$	$G_{\mathrm{F}}^{\mathrm{I}6}(T_a,T_b)$	$\square T_{ai}T_{bi}\parallel\square T_{aj}T_{bj}$
	Ⅱ19		$G_{\mathrm{F}}^{\mathrm{II}19}(R_\alpha,T_a)$	$R_{\alpha i}\parallel R_{\alpha j},\square T_{ai}T_{bi}\nparallel\square T_{aj}T_{bj}$
10-6	Ⅰ6	$G_{\mathrm{F}j}^{\mathrm{I}6}(T_{aj},T_{bj})$	$G_{\mathrm{F}}^{\mathrm{I}6}(T_a,T_b)$	$\square T_{ai}T_{bi}\parallel\square T_{aj}T_{bj}$
10-7	Ⅰ7	$G_{\mathrm{F}j}^{\mathrm{I}7}(T_{aj})$	$G_{\mathrm{F}}^{\mathrm{I}7}(T_a)$	$T_{aj}\parallel\square T_{ai}T_{bi}$
10-8	Ⅱ14	$G_{\mathrm{F}j}^{\mathrm{II}8}(R_{\alpha j},R_{\beta j},R_{\gamma j},T_{aj})$	$G_{\mathrm{F}}^{\mathrm{II}14}(R_\alpha,R_\beta,T_a)$	$O_i=O_j,T_{aj}\parallel\square T_{ai}T_{bi}$
10-9	Ⅰ7	$G_{\mathrm{F}j}^{\mathrm{II}9}(T_{aj},R_{\alpha j},R_{\beta j},R_{\gamma j})$	$G_{\mathrm{F}}^{\mathrm{I}7}(T_a)$	$O_i\neq O_j,T_{aj}\parallel\square T_{ai}T_{bi}$
	Ⅱ18		$G_{\mathrm{F}}^{\mathrm{II}18}(R_\alpha,R_\beta)$	$O_i=O_j,T_{aj}\nparallel\square T_{ai}T_{bi}$
10-10	Ⅰ6	$G_{\mathrm{F}j}^{\mathrm{II}10}(R_{\alpha j},R_{\beta j},T_{aj},T_{bj})$	$G_{\mathrm{F}}^{\mathrm{I}6}(T_a,T_b)$	$R_{\alpha i}\neq R_{\alpha j},R_{\beta i}\neq R_{\beta j},\square T_{ai}T_{bi}\parallel\square T_{aj}T_{bj}$
	Ⅱ10		$G_{\mathrm{F}}^{\mathrm{II}10}(R_\alpha,R_\beta,T_a,T_b)$	$R_{\alpha i}=R_{\alpha j},R_{\beta i}=R_{\beta j},\square T_{ai}T_{bi}\parallel\square T_{aj}T_{bj}$
	Ⅱ14		$G_{\mathrm{F}}^{\mathrm{II}14}(R_\alpha,R_\beta,T_a)$	$R_{\alpha i}=R_{\alpha j},R_{\beta i}=R_{\beta j},\square T_{ai}T_{bi}\nparallel\square T_{aj}T_{bj}$
	Ⅱ16		$G_{\mathrm{F}}^{\mathrm{II}16}(R_\alpha,T_a,T_b)$	$R_{\alpha i}=R_{\alpha j},R_{\beta i}\neq R_{\beta j},\square T_{ai}T_{bi}\parallel\square T_{aj}T_{bj}$
	Ⅱ19		$G_{\mathrm{F}}^{\mathrm{II}19}(R_\alpha,T_a)$	$R_{\alpha i}=R_{\alpha j},R_{\beta i}\neq R_{\beta j},\square T_{ai}T_{bi}\nparallel\square T_{aj}T_{bj}$
10-11	Ⅰ6	$G_{\mathrm{F}j}^{\mathrm{II}11}(T_{aj},T_{bj},R_{\alpha j},R_{\beta j})$	$G_{\mathrm{F}}^{\mathrm{I}6}(T_a,T_b)$	$R_{\alpha i}\neq R_{\alpha j},R_{\beta i}\neq R_{\beta j},\square T_{ai}T_{bi}\parallel\square T_{aj}T_{bj}$
	Ⅱ18		$G_{\mathrm{F}}^{\mathrm{II}18}(R_\alpha,R_\beta)$	$R_{\alpha i}=R_{\alpha j},R_{\beta i}=R_{\beta j},\square T_{ai}T_{bi}\nparallel\square T_{aj}T_{bj}$
10-12	Ⅱ18	$G_{\mathrm{F}j}^{\mathrm{II}12}(R_{\alpha j},R_{\beta j},R_{\gamma j})$	$G_{\mathrm{F}}^{\mathrm{II}18}(R_\alpha,R_\beta)$	$O_i=O_j$
10-13	Ⅰ7	$G_{\mathrm{F}j}^{\mathrm{II}13}(T_{aj},R_{\alpha j},R_{\beta j})$	$G_{\mathrm{F}}^{\mathrm{I}7}(T_a)$	$R_{\alpha i}\neq R_{\alpha j},R_{\beta i}\neq R_{\beta j},T_{aj}\parallel\square T_{ai}T_{bi}$
	Ⅱ18		$G_{\mathrm{F}}^{\mathrm{II}18}(R_\alpha,R_\beta)$	$R_{\alpha i}=R_{\alpha j},R_{\beta i}=R_{\beta j},T_{aj}\nparallel\square T_{ai}T_{bi}$
10-14	Ⅱ14	$G_{\mathrm{F}j}^{\mathrm{II}14}(R_{\alpha j},R_{\beta j},T_{aj})$	$G_{\mathrm{F}}^{\mathrm{II}14}(R_\alpha,R_\beta,T_a)$	$R_{\alpha i}=R_{\alpha j},R_{\beta i}=R_{\beta j},T_{aj}\parallel\square T_{ai}T_{bi}$
	Ⅱ18		$G_{\mathrm{F}}^{\mathrm{II}18}(R_\alpha,R_\beta)$	$R_{\alpha i}=R_{\alpha j},R_{\beta i}=R_{\beta j},T_{aj}\nparallel\square T_{ai}T_{bi}$
10-15	Ⅰ6	$G_{\mathrm{F}j}^{\mathrm{II}15}(T_{aj},T_{bj},R_{\alpha j})$	$G_{\mathrm{F}}^{\mathrm{I}6}(T_a,T_b)$	$R_{\alpha i}\neq R_{\alpha j},R_{\beta i}\neq R_{\alpha j},\square T_{ai}T_{bi}\parallel\square T_{aj}T_{bj}$
	Ⅱ21		$G_{\mathrm{F}}^{\mathrm{II}21}(R_\alpha)$	$R_{\alpha i}=R_{\alpha j}$ 或 $R_{\beta i}=R_{\alpha j},\square T_{ai}T_{bi}\nparallel\square T_{aj}T_{bj}$
10-16	Ⅰ6	$G_{\mathrm{F}j}^{\mathrm{II}16}(R_{\alpha j},T_{aj},T_{bj})$	$G_{\mathrm{F}}^{\mathrm{I}6}(T_a,T_b)$	$R_{\alpha i}\neq R_{\alpha j},R_{\beta i}\neq R_{\alpha j},\square T_{ai}T_{bi}\parallel\square T_{aj}T_{bj}$
	Ⅱ16		$G_{\mathrm{F}}^{\mathrm{II}16}(R_\alpha,T_a,T_b)$	$R_{\alpha i}=R_{\alpha j}$ 或 $R_{\beta i}=R_{\alpha j},\square T_{ai}T_{bi}\parallel\square T_{aj}T_{bj}$
	Ⅱ19		$G_{\mathrm{F}}^{\mathrm{II}19}(R_\alpha,T_a)$	$R_{\alpha i}=R_{\alpha j}$ 或 $R_{\beta i}=R_{\alpha j},\square T_{ai}T_{bi}\nparallel\square T_{aj}T_{bj}$
10-17	Ⅱ19	$G_{\mathrm{F}j}^{\mathrm{II}17}(T_{aj},R_{\alpha j},T_{bj})$	$G_{\mathrm{F}}^{\mathrm{II}19}(R_\alpha,T_a)$	$R_{\alpha i}=R_{\alpha j}$ 或 $R_{\beta i}=R_{\alpha j},T_{bj}\parallel\square T_{ai}T_{bi}$
10-18	Ⅱ18	$G_{\mathrm{F}j}^{\mathrm{II}18}(R_{\alpha j},R_{\beta j})$	$G_{\mathrm{F}}^{\mathrm{II}18}(R_\alpha,R_\beta)$	$R_{\alpha i}=R_{\alpha j},R_{\beta i}=R_{\beta j}$
10-19	Ⅱ19	$G_{\mathrm{F}j}^{\mathrm{II}19}(R_{\alpha j},T_{aj})$	$G_{\mathrm{F}}^{\mathrm{II}19}(R_\alpha,T_a)$	$R_{\alpha i}=R_{\alpha j}$ 或 $R_{\beta i}=R_{\alpha j},T_{aj}\parallel\square T_{ai}T_{bi}$
10-20	Ⅰ7	$G_{\mathrm{F}j}^{\mathrm{II}20}(T_{aj},R_{\alpha j})$	$G_{\mathrm{F}}^{\mathrm{I}7}(T_a)$	$R_{\alpha i}\neq R_{\alpha j},R_{\beta i}\neq R_{\alpha j},T_{aj}\parallel\square T_{ai}T_{bi}$
	Ⅱ21		$G_{\mathrm{F}}^{\mathrm{II}21}(R_\alpha)$	$R_{\alpha i}=R_{\alpha j}$ 或 $R_{\beta i}=R_{\alpha j},T_{aj}\nparallel\square T_{ai}T_{bi}$
10-21	Ⅱ21	$G_{\mathrm{F}j}^{\mathrm{II}20}(T_{aj},R_{\alpha j})$	$G_{\mathrm{F}}^{\mathrm{II}21}(R_\alpha)$	$R_{\alpha i}=R_{\alpha j}$ 或 $R_{\beta i}=R_{\alpha j}$
10-22	Ⅰ6	$G_{\mathrm{F}j}^{\mathrm{III}22}(T_{aj},T_{bj},R_{\alpha j},R_{\beta j},R_{\gamma j})$	$G_{\mathrm{F}}^{\mathrm{I}6}(T_a,T_b)$	$\square T_{ai}T_{bi}\parallel\square T_{aj}T_{bj},O_i\neq O_j$
	Ⅱ18		$G_{\mathrm{F}}^{\mathrm{II}18}(R_\alpha,R_\beta)$	$\square T_{ai}T_{bi}\nparallel\square T_{aj}T_{bj},O_i=O_j$
10-23	Ⅰ6	$G_{\mathrm{F}j}^{\mathrm{III}23}(R_{\alpha j},T_{aj},T_{bj},R_{\beta j},R_{\gamma j})$	$G_{\mathrm{F}}^{\mathrm{I}6}(T_a,T_b)$	$\square T_{ai}T_{bi}\parallel\square T_{aj}T_{bj},R_{\alpha i}\neq R_{\alpha j},R_{\alpha i}\neq R_{\gamma j},R_{\beta i}\neq R_{\alpha j},R_{\beta i}\neq R_{\gamma j}$
	Ⅱ18		$G_{\mathrm{F}}^{\mathrm{II}18}(R_\alpha,R_\beta)$	$\square T_{ai}T_{bi}\nparallel\square T_{aj}T_{bj},R_{\alpha i}=R_{\alpha j},R_{\beta i}=R_{\beta j}$

续表

序号	结果类别	$G_{\mathrm{F}j}$ 表达	求交运算结果	条件
10-24	Ⅱ10	$G_{\mathrm{F}j}^{\mathrm{III}24}(R_{\alpha j},R_{\beta j},T_{aj},T_{bj},R_{\gamma j})$	$G_{\mathrm{F}}^{\mathrm{II}10}(R_{\alpha},R_{\beta},T_{a},T_{b})$	$O_i=O_j,\square T_{ai}T_{bi}\parallel\square T_{aj}T_{bj}$
	Ⅱ14		$G_{\mathrm{F}}^{\mathrm{II}14}(R_{\alpha},R_{\beta},T_{a})$	$O_i=O_j,\square T_{ai}T_{bi}\nparallel\square T_{aj}T_{bj}$
	Ⅱ16		$G_{\mathrm{F}}^{\mathrm{II}16}(R_{\alpha},T_{a},T_{b})$	$O_i\neq O_j,\square T_{ai}T_{bi}\parallel\square T_{aj}T_{bj},R_{\alpha i}-O_j$
10-25	Ⅰ6	$G_{\mathrm{F}j}^{\mathrm{III}25}(T_{aj},T_{bj},R_{\alpha j},R_{\beta j})$	$G_{\mathrm{F}}^{\mathrm{I}6}(T_{a},T_{b})$	$\square T_{ai}T_{bi}\parallel\square T_{aj}T_{bj},R_{\alpha i}\nparallel R_{\alpha j},R_{\beta i}\neq R_{\beta j}$
	Ⅱ18		$G_{\mathrm{F}}^{\mathrm{II}18}(R_{\alpha},R_{\beta})$	$\square T_{ai}T_{bi}\nparallel\square T_{aj}T_{bj},R_{\alpha i}\parallel R_{\alpha j},R_{\beta i}=R_{\beta j}$
10-26	Ⅰ6	$G_{\mathrm{F}j}^{\mathrm{III}26}(R_{\alpha j},T_{aj},T_{bj},R_{\beta j})$	$G_{\mathrm{F}}^{\mathrm{I}6}(T_{a},T_{b})$	$R_{\alpha i}\neq R_{\alpha j},\square T_{ai}T_{bi}\parallel\square T_{aj}T_{bj}$
	Ⅱ16		$G_{\mathrm{F}}^{\mathrm{II}16}(R_{\alpha},T_{a},T_{b})$	$R_{\alpha i}=R_{\alpha j},\square T_{ai}T_{bi}\parallel\square T_{aj}T_{bj}$

表 22-2-11　G_{F} 集 $G_{\mathrm{F}i}^{\mathrm{II}11}$（$T_{ai}$，$T_{bi}$，$R_{\alpha i}$，$R_{\beta i}$）与其他 G_{F} 集的求交运算法则

序号	结果类别	$G_{\mathrm{F}j}$ 表达	求交运算结果	条件
11-1	Ⅱ11	$G_{\mathrm{F}j}^{\mathrm{I}1}(T_{aj},T_{bj},T_{cj},R_{\alpha j},R_{\beta j},R_{\gamma j})$	$G_{\mathrm{F}}^{\mathrm{II}11}(T_{a},T_{b},R_{\alpha},R_{\beta})$	无要求
11-2	Ⅱ11	$G_{\mathrm{F}j}^{\mathrm{I}2}(T_{aj},T_{bj},T_{cj},R_{\alpha j},R_{\beta j})$	$G_{\mathrm{F}}^{\mathrm{II}11}(T_{a},T_{b},R_{\alpha},R_{\beta})$	$R_{\alpha i}\parallel R_{\alpha j},R_{\beta i}\parallel R_{\beta j}$
	Ⅱ15		$G_{\mathrm{F}}^{\mathrm{II}15}(T_{a},T_{b},R_{\alpha})$	$R_{\alpha i}\parallel R_{\alpha j},R_{\beta i}\nparallel R_{\beta j}$
11-3	Ⅰ6	$G_{\mathrm{F}j}^{\mathrm{I}3}(T_{aj},T_{bj},T_{cj},R_{\alpha j})$	$G_{\mathrm{F}}^{\mathrm{I}6}(T_{a},T_{b})$	$R_{\alpha i}\nparallel R_{\alpha j},R_{\beta i}\nparallel R_{\alpha j}$
	Ⅱ15		$G_{\mathrm{F}}^{\mathrm{II}15}(T_{a},T_{b},R_{\alpha})$	$R_{\alpha i}\parallel R_{\alpha j}$ 或 $R_{\beta i}\parallel R_{\alpha j}$
11-4	Ⅰ6	$G_{\mathrm{F}j}^{\mathrm{I}4}(T_{aj},T_{bj},T_{cj})$	$G_{\mathrm{F}}^{\mathrm{I}6}(T_{a},T_{b})$	无要求
11-5	Ⅰ6	$G_{\mathrm{F}j}^{\mathrm{I}5}(T_{aj},T_{bj},R_{\alpha j})$	$G_{\mathrm{F}}^{\mathrm{I}6}(T_{a},T_{b})$	$\square T_{ai}T_{bi}\parallel\square T_{aj}T_{bj}$
	Ⅱ20		$G_{\mathrm{F}}^{\mathrm{II}20}(T_{a},R_{\alpha})$	$R_{\alpha i}\parallel R_{\alpha j}$
11-6	Ⅰ6	$G_{\mathrm{F}j}^{\mathrm{I}6}(T_{aj},T_{bj})$	$G_{\mathrm{F}}^{\mathrm{I}6}(T_{a},T_{b})$	$\square T_{ai}T_{bi}\parallel\square T_{aj}T_{bj}$
11-7	Ⅰ7	$G_{\mathrm{F}j}^{\mathrm{I}7}(T_{aj})$	$G_{\mathrm{F}}^{\mathrm{I}7}(T_{a})$	$T_{aj}\parallel\square T_{ai}T_{bi}$
11-8	Ⅱ18	$G_{\mathrm{F}j}^{\mathrm{II}8}(R_{\alpha j},R_{\beta j},R_{\gamma j},T_{aj})$	$G_{\mathrm{F}}^{\mathrm{II}18}(R_{\alpha},R_{\beta})$	$O_i=O_j,T_{aj}\nparallel\square T_{ai}T_{bi}$
11-9	Ⅱ13	$G_{\mathrm{F}j}^{\mathrm{II}9}(T_{aj},R_{\alpha j},R_{\beta j},R_{\gamma j})$	$G_{\mathrm{F}}^{\mathrm{II}13}(T_{a},R_{\alpha},R_{\beta})$	$O_i=O_j,T_{aj}\parallel\square T_{ai}T_{bi}$
	Ⅱ18		$G_{\mathrm{F}}^{\mathrm{II}18}(R_{\alpha},R_{\beta})$	$O_i=O_j,T_{aj}\nparallel\square T_{ai}T_{bi}$
	Ⅱ20		$G_{\mathrm{F}}^{\mathrm{II}20}(T_{a},R_{\alpha})$	$T_{aj}\parallel\square T_{ai}T_{bi},O_i\neq O_j,R_{\alpha i}-O_j$
11-10	Ⅰ6	$G_{\mathrm{F}j}^{\mathrm{II}10}(R_{\alpha j},R_{\beta j},T_{aj},T_{bj})$	$G_{\mathrm{F}}^{\mathrm{I}6}(T_{a},T_{b})$	$R_{\alpha i}\neq R_{\alpha j},R_{\beta i}\neq R_{\beta j},\square T_{ai}T_{bi}\parallel\square T_{aj}T_{bj}$
	Ⅱ18		$G_{\mathrm{F}}^{\mathrm{II}18}(R_{\alpha},R_{\beta})$	$R_{ai}=R_{\alpha j},R_{\beta i}=R_{\beta j},\square T_{ai}T_{bi}\nparallel\square T_{aj}T_{bj}$
11-11	Ⅰ6	$G_{\mathrm{F}j}^{\mathrm{II}11}(T_{aj},T_{bj},R_{\alpha j},R_{\beta j})$	$G_{\mathrm{F}}^{\mathrm{I}6}(T_{a},T_{b})$	$\square T_{ai}T_{bi}\parallel\square T_{aj}T_{bj},O_i\neq O_j$，无平行轴线
	Ⅱ11		$G_{\mathrm{F}}^{\mathrm{II}11}(T_{a},T_{b},R_{\alpha},R_{\beta})$	$\square T_{ai}T_{bi}\parallel\square T_{aj}T_{bj},R_{\alpha i}=R_{\alpha j},R_{\beta i}=R_{\beta j}$
	Ⅱ13		$G_{\mathrm{F}}^{\mathrm{II}13}(T_{a},R_{\alpha},R_{\beta})$	$\square T_{ai}T_{bi}\nparallel\square T_{aj}T_{bj},R_{\alpha i}=R_{\alpha j},R_{\beta i}=R_{\beta j}$
	Ⅱ15		$G_{\mathrm{F}}^{\mathrm{II}15}(T_{a},T_{b},R_{\alpha})$	$R_{\alpha i}=R_{\alpha j},\square T_{ai}T_{bi}\parallel\square T_{aj}T_{bj}$
11-12	Ⅱ18	$G_{\mathrm{F}j}^{\mathrm{II}12}(R_{\alpha j},R_{\beta j},R_{\gamma j})$	$G_{\mathrm{F}}^{\mathrm{II}18}(R_{\alpha},R_{\beta})$	$O_i=O_j$
11-13	Ⅱ13	$G_{\mathrm{F}j}^{\mathrm{II}13}(T_{aj},R_{\alpha j},R_{\beta j})$	$G_{\mathrm{F}}^{\mathrm{II}13}(T_{a},R_{\alpha},R_{\beta})$	$R_{\alpha i}=R_{\alpha j},R_{\beta i}=R_{\beta j},T_{aj}\parallel\square T_{ai}T_{bi}$
	Ⅱ18		$G_{\mathrm{F}}^{\mathrm{II}18}(R_{\alpha},R_{\beta})$	$R_{\alpha i}=R_{\alpha j},R_{\beta i}=R_{\beta j},T_{aj}\nparallel\square T_{ai}T_{bi}$
11-14	Ⅰ7	$G_{\mathrm{F}j}^{\mathrm{II}14}(R_{\alpha j},R_{\beta j},T_{aj})$	$G_{\mathrm{F}}^{\mathrm{I}7}(T_{a})$	$R_{\alpha i}\neq R_{\alpha j},R_{\beta i}\neq R_{\beta j},T_{aj}\parallel\square T_{ai}T_{bi}$
	Ⅱ18		$G_{\mathrm{F}}^{\mathrm{II}18}(R_{\alpha},R_{\beta})$	$R_{\alpha i}=R_{\alpha j},R_{\beta i}=R_{\beta j},T_{aj}\nparallel\square T_{ai}T_{bi}$

续表

序号	结果类别	$G_{\mathrm{F}j}$ 表达	求交运算结果	条件
11-15	Ⅰ6	$G_{\mathrm{F}j}^{\mathrm{II}15}(T_{aj},T_{bj},R_{\alpha j})$	$G_{\mathrm{F}}^{\mathrm{I}6}(T_a,T_b)$	$\square T_{ai}T_{bi}\parallel\square T_{aj}T_{bj},R_{\alpha i}\neq R_{\alpha j},R_{\beta i}\neq R_{\alpha j}$
	Ⅱ15		$G_{\mathrm{F}}^{\mathrm{II}15}(T_a,T_b,R_\alpha)$	$\square T_{ai}T_{bi}\parallel\square T_{aj}T_{bj},R_{\alpha i}=R_{\alpha j}$ 或 $R_{\beta i}=R_{\alpha j}$
	Ⅱ20		$G_{\mathrm{F}}^{\mathrm{II}20}(T_a,R_\alpha)$	$\square T_{ai}T_{bi}\nparallel\square T_{aj}T_{bj},R_{\alpha i}=R_{\alpha j}$ 或 $R_{\beta i}=R_{\alpha j}$
11-16	Ⅰ6	$G_{\mathrm{F}j}^{\mathrm{II}16}(R_{\alpha j},T_{aj},T_{bj})$	$G_{\mathrm{F}}^{\mathrm{I}6}(T_a,T_b)$	$\square T_{ai}T_{bi}\parallel\square T_{aj}T_{bj},R_{\alpha i}\neq R_{\alpha j},R_{\beta i}\neq R_{\alpha j}$
	Ⅱ21		$G_{\mathrm{F}}^{\mathrm{II}21}(R_\alpha)$	$\square T_{ai}T_{bi}\nparallel\square T_{aj}T_{bj},R_{\alpha i}=R_{\alpha j}$ 或 $R_{\beta i}=R_{\alpha j}$
11-17	Ⅱ20	$G_{\mathrm{F}j}^{\mathrm{II}17}(T_{aj},R_{\alpha j},T_{bj})$	$G_{\mathrm{F}}^{\mathrm{II}20}(T_a,R_\alpha)$	$T_{aj}\parallel\square T_{ai}T_{bi},R_{\alpha i}=R_{\alpha j}$ 或$R_{\beta i}=R_{\alpha j}$
11-18	Ⅱ18	$G_{\mathrm{F}j}^{\mathrm{II}18}(R_{\alpha j},R_{\beta j})$	$G_{\mathrm{F}}^{\mathrm{II}18}(R_\alpha,R_\beta)$	$R_{\alpha i}=R_{\alpha j},R_{\beta i}=R_{\beta j}$
11-19	Ⅰ7	$G_{\mathrm{F}j}^{\mathrm{II}19}(R_{\alpha j},T_{aj})$	$G_{\mathrm{F}}^{\mathrm{I}7}(T_a)$	$R_{\alpha i}\neq R_{\alpha j},R_{\beta i}\neq R_{\alpha j},T_{aj}\parallel\square T_{ai}T_{bi}$
	Ⅱ21		$G_{\mathrm{F}}^{\mathrm{II}21}(R_\alpha)$	$R_{\alpha i}=R_{\alpha j}$ 或 $R_{\beta i}=R_{\alpha j},T_{aj}\nparallel\square T_{ai}T_{bi}$
11-20	Ⅱ20	$G_{\mathrm{F}j}^{\mathrm{II}20}(T_{aj},R_{\alpha j})$	$G_{\mathrm{F}}^{\mathrm{II}20}(T_a,R_\alpha)$	$T_{aj}\parallel\square T_{ai}T_{bi},R_{\alpha i}=R_{\alpha j}$ 或$R_{\beta i}=R_{\alpha j}$
11-21	Ⅱ21	$G_{\mathrm{F}j}^{\mathrm{II}21}(R_{\alpha j})$	$G_{\mathrm{F}}^{\mathrm{II}21}(R_\alpha)$	$R_{\alpha i}=R_{\alpha j}$ 或 $R_{\beta i}=R_{\alpha j}$
11-22	Ⅱ11	$G_{\mathrm{F}j}^{\mathrm{III}22}(T_{aj},T_{bj},R_{\alpha j},R_{\beta j},R_{\gamma j})$	$G_{\mathrm{F}}^{\mathrm{II}11}(T_a,T_b,R_\alpha,R_\beta)$	$\square T_{ai}T_{bi}\parallel\square T_{aj}T_{bj},O_i=O_j$
	Ⅱ13		$G_{\mathrm{F}}^{\mathrm{II}13}(T_a,R_\alpha,R_\beta)$	$\square T_{ai}T_{bi}\nparallel\square T_{aj}T_{bj},O_i=O_j$
	Ⅱ15		$G_{\mathrm{F}}^{\mathrm{II}15}(T_a,T_b,R_\alpha)$	$\square T_{ai}T_{bi}\parallel\square T_{aj}T_{bj},O_i\neq O_j,R_{\alpha i}-O_j$
11-23	Ⅰ6	$G_{\mathrm{F}j}^{\mathrm{III}23}(R_{\alpha j},T_{aj},T_{bj},R_{\beta j},R_{\gamma j})$	$G_{\mathrm{F}}^{\mathrm{I}6}(T_a,T_b)$	$\square T_{ai}T_{bi}\parallel\square T_{aj}T_{bj},R_{\alpha i}\neq R_{\gamma j},R_{\beta i}\neq R_{\gamma j}$
	Ⅱ15		$G_{\mathrm{F}}^{\mathrm{II}15}(T_a,T_b,R_\alpha)$	$\square T_{ai}T_{bi}\parallel\square T_{aj}T_{bj},R_{\alpha i}=R_{\gamma j}$ 或 $R_{\beta i}=R_{\gamma j}$
11-24	Ⅰ6	$G_{\mathrm{F}j}^{\mathrm{III}24}(R_{\alpha j},R_{\beta j},T_{aj},T_{bj},R_{\gamma j})$	$G_{\mathrm{F}}^{\mathrm{I}6}(T_a,T_b)$	$\square T_{ai}T_{bi}\parallel\square T_{aj}T_{bj},O_i\neq O_j$
	Ⅱ18		$G_{\mathrm{F}}^{\mathrm{II}18}(R_\alpha,R_\beta)$	$\square T_{ai}T_{bi}\nparallel\square T_{aj}T_{bj},R_{\alpha i}=R_{\alpha j},R_{\beta i}=R_{\beta j}$
11-25	Ⅰ6	$G_{\mathrm{F}j}^{\mathrm{III}25}(T_{aj},T_{bj},R_{\alpha j},R_{\beta j})$	$G_{\mathrm{F}}^{\mathrm{I}6}(T_a,T_b)$	$\square T_{ai}T_{bi}\parallel\square T_{aj}T_{bj},R_{\beta i}\neq R_{\beta j}$
	Ⅱ13		$G_{\mathrm{F}}^{\mathrm{II}13}(T_a,R_\alpha,R_\beta)$	$R_{\alpha i}\parallel R_{\alpha j},R_{\beta i}=R_{\beta j}$
	Ⅱ15		$G_{\mathrm{F}}^{\mathrm{II}15}(T_a,T_b,R_\alpha)$	$\square T_{ai}T_{bi}\parallel\square T_{aj}T_{bj},R_{\beta i}=R_{\beta j}$
11-26	Ⅰ6	$G_{\mathrm{F}j}^{\mathrm{III}26}(R_{\alpha j},T_{aj},T_{bj},R_{\beta j})$	$G_{\mathrm{F}}^{\mathrm{I}6}(T_a,T_b)$	$\square T_{ai}T_{bi}\parallel\square T_{aj}T_{bj}$

表 22-2-12　G_{F} 集 $G_{\mathrm{F}i}^{\mathrm{II}12}$（$R_{\alpha i}$，$R_{\beta i}$，$R_{\gamma i}$）与其他 G_{F} 集的求交运算法则

序号	结果类别	$G_{\mathrm{F}j}$ 表达	求交运算结果	条件
12-1	Ⅱ12	$G_{\mathrm{F}j}^{\mathrm{I}1}(T_{aj},T_{bj},T_{cj},R_{\alpha j},R_{\beta j},R_{\gamma j})$	$G_{\mathrm{F}}^{\mathrm{II}12}(R_\alpha,R_\beta,R_\gamma)$	无要求
12-2	Ⅱ18	$G_{\mathrm{F}j}^{\mathrm{I}2}(T_{aj},T_{bj},T_{cj},R_{\alpha j},R_{\beta j})$	$G_{\mathrm{F}}^{\mathrm{II}18}(R_\alpha,R_\beta)$	
12-3	Ⅱ21	$G_{\mathrm{F}j}^{\mathrm{I}3}(T_{aj},T_{bj},T_{cj},R_{\alpha j})$	$G_{\mathrm{F}}^{\mathrm{II}21}(R_\alpha)$	
12-4		$G_{\mathrm{F}j}^{\mathrm{I}4}(T_{aj},T_{bj},T_{cj})$	空集	
12-5	Ⅱ21	$G_{\mathrm{F}j}^{\mathrm{I}5}(T_{aj},T_{bj},R_{\alpha j})$	$G_{\mathrm{F}}^{\mathrm{II}21}(R_\alpha)$	
12-6		$G_{\mathrm{F}j}^{\mathrm{I}6}(T_{aj},T_{bj})$	空集	
12-7		$G_{\mathrm{F}j}^{\mathrm{I}7}(T_{aj})$	空集	
12-8	Ⅱ12	$G_{\mathrm{F}j}^{\mathrm{II}8}(R_{\alpha j},R_{\beta j},R_{\gamma j},T_{aj})$	$G_{\mathrm{F}}^{\mathrm{II}12}(R_\alpha,R_\beta,R_\gamma)$	$O_i=O_j$
12-9	Ⅱ12	$G_{\mathrm{F}j}^{\mathrm{II}9}(T_{aj},R_{\alpha j},R_{\beta j},R_{\gamma j})$	$G_{\mathrm{F}}^{\mathrm{II}12}(R_\alpha,R_\beta,R_\gamma)$	$O_i=O_j$
12-10	Ⅱ18	$G_{\mathrm{F}j}^{\mathrm{II}10}(R_{\alpha j},R_{\beta j},T_{aj},T_{bj})$	$G_{\mathrm{F}}^{\mathrm{II}18}(R_\alpha,R_\beta)$	$O_i=O_j$
12-11	Ⅱ18	$G_{\mathrm{F}j}^{\mathrm{II}11}(T_{aj},T_{bj},R_{\alpha j},R_{\beta j})$	$G_{\mathrm{F}}^{\mathrm{II}18}(R_\alpha,R_\beta)$	$O_i=O_j$
12-12	Ⅱ12	$G_{\mathrm{F}j}^{\mathrm{II}12}(R_{\alpha j},R_{\beta j},R_{\gamma j})$	$G_{\mathrm{F}}^{\mathrm{II}12}(R_\alpha,R_\beta,R_\gamma)$	$O_i=O_j$
12-13	Ⅱ18	$G_{\mathrm{F}j}^{\mathrm{II}13}(T_{aj},R_{\alpha j},R_{\beta j})$	$G_{\mathrm{F}}^{\mathrm{II}18}(R_\alpha,R_\beta)$	$O_i=O_j$

续表

序号	结果类别	$G_{\mathrm{F}j}$ 表达	求交运算结果	条件
12-14	Ⅱ18	$G_{\mathrm{F}j}^{\mathrm{II}14}(R_{\alpha j},R_{\beta j},T_{aj})$	$G_{\mathrm{F}}^{\mathrm{II}18}(R_{\alpha},R_{\beta})$	$O_i=O_j$
12-15	Ⅱ21	$G_{\mathrm{F}j}^{\mathrm{II}15}(T_{aj},T_{bj},R_{\alpha j})$	$G_{\mathrm{F}}^{\mathrm{II}21}(R_{\alpha})$	$R_{\alpha j}-O_i$
12-16	Ⅱ21	$G_{\mathrm{F}j}^{\mathrm{II}16}(R_{\alpha j},T_{aj},T_{bj})$	$G_{\mathrm{F}}^{\mathrm{II}21}(R_{\alpha})$	$R_{\alpha j}-O_i$
12-17	Ⅱ21	$G_{\mathrm{F}j}^{\mathrm{II}17}(T_{aj},R_{\alpha j},T_{bj})$	$G_{\mathrm{F}}^{\mathrm{II}21}(R_{\alpha})$	$R_{\alpha j}-O_i$
12-18	Ⅱ18	$G_{\mathrm{F}j}^{\mathrm{II}18}(R_{\alpha j},R_{\beta j})$	$G_{\mathrm{F}}^{\mathrm{II}18}(R_{\alpha},R_{\beta})$	$O_i=O_j$
12-19	Ⅱ21	$G_{\mathrm{F}j}^{\mathrm{II}19}(R_{\alpha j},T_{aj})$	$G_{\mathrm{F}}^{\mathrm{II}21}(R_{\alpha})$	$R_{\alpha j}-O_i$
12-20	Ⅱ21	$G_{\mathrm{F}j}^{\mathrm{II}20}(T_{aj},R_{\alpha j})$	$G_{\mathrm{F}}^{\mathrm{II}21}(R_{\alpha})$	$R_{\alpha j}-O_i$
12-21	Ⅱ21	$G_{\mathrm{F}j}^{\mathrm{II}21}(R_{\alpha j})$	$G_{\mathrm{F}}^{\mathrm{II}21}(R_{\alpha})$	$R_{\alpha j}-O_i$
12-22	Ⅱ12	$G_{\mathrm{F}j}^{\mathrm{III}22}(T_{aj},T_{bj},R_{\alpha j},R_{\beta j},R_{\gamma j})$	$G_{\mathrm{F}}^{\mathrm{II}12}(R_{\alpha},R_{\beta},R_{\gamma})$	$O_i=O_j$
12-23	Ⅱ18	$G_{\mathrm{F}j}^{\mathrm{III}23}(R_{\alpha j},T_{aj},T_{bj},R_{\beta j},R_{\gamma j})$	$G_{\mathrm{F}}^{\mathrm{II}18}(R_{\alpha},R_{\beta})$	$O_i=O_j$
12-24	Ⅱ12	$G_{\mathrm{F}j}^{\mathrm{III}24}(R_{\alpha j},R_{\beta j},T_{aj},T_{bj},R_{\gamma j})$	$G_{\mathrm{F}}^{\mathrm{II}12}(R_{\alpha},R_{\beta},R_{\gamma})$	$O_i=O_j$
12-25	Ⅱ18	$G_{\mathrm{F}j}^{\mathrm{III}25}(T_{aj},T_{bj},R_{\alpha j},R_{\beta j})$	$G_{\mathrm{F}}^{\mathrm{II}18}(R_{\alpha},R_{\beta})$	$O_i=O_j$
12-26	Ⅱ18	$G_{\mathrm{F}j}^{\mathrm{III}26}(R_{\alpha j},T_{aj},T_{bj},R_{\beta j})$	$G_{\mathrm{F}}^{\mathrm{II}18}(R_{\alpha},R_{\beta})$	$O_i=O_j$

表 22-2-13　G_{F} 集 $G_{\mathrm{F}i}^{\mathrm{II}13}$（$T_{ai}$，$R_{\alpha i}$，$R_{\beta i}$）与其他 G_{F} 集的求交运算法则

序号	结果类别	$G_{\mathrm{F}j}$ 表达	求交运算结果	条件
13-1	Ⅱ13	$G_{\mathrm{F}j}^{\mathrm{I}1}(T_{aj},T_{bj},T_{cj},R_{\alpha j},R_{\beta j},R_{\gamma j})$	$G_{\mathrm{F}}^{\mathrm{II}13}(T_{a},R_{\alpha},R_{\beta})$	无要求
13-2	Ⅱ13	$G_{\mathrm{F}j}^{\mathrm{I}2}(T_{aj},T_{bj},T_{cj},R_{\alpha j},R_{\beta j})$	$G_{\mathrm{F}}^{\mathrm{II}13}(T_{a},R_{\alpha},R_{\beta})$	$R_{\alpha i}\parallel R_{\alpha j},R_{\beta i}\parallel R_{\beta j}$
13-3	Ⅰ7	$G_{\mathrm{F}j}^{\mathrm{I}3}(T_{aj},T_{bj},T_{cj},R_{\alpha j})$	$G_{\mathrm{F}}^{\mathrm{I}7}(T_{a})$	$R_{\alpha i}\nparallel R_{\alpha j},R_{\beta i}\nparallel R_{\alpha j}$
	Ⅱ20		$G_{\mathrm{F}}^{\mathrm{II}20}(T_{a},R_{\alpha})$	$R_{\alpha i}\parallel R_{\alpha j}$ 或 $R_{\beta i}\parallel R_{\alpha j}$
13-4	Ⅰ7	$G_{\mathrm{F}j}^{\mathrm{I}4}(T_{aj},T_{bj},T_{cj})$	$G_{\mathrm{F}}^{\mathrm{I}7}(T_{a})$	无要求
13-5	Ⅱ20	$G_{\mathrm{F}j}^{\mathrm{I}5}(T_{aj},T_{bj},R_{\alpha j})$	$G_{\mathrm{F}}^{\mathrm{II}20}(T_{a},R_{\alpha})$	$T_{ai}\parallel\square T_{aj}T_{bj},R_{\alpha i}\parallel R_{\alpha j}$
13-6	Ⅰ7	$G_{\mathrm{F}j}^{\mathrm{I}6}(T_{aj},T_{bj})$	$G_{\mathrm{F}}^{\mathrm{I}7}(T_{a})$	$T_{ai}\parallel\square T_{aj}T_{bj}$
13-7	Ⅰ7	$G_{\mathrm{F}j}^{\mathrm{I}7}(T_{aj})$	$G_{\mathrm{F}}^{\mathrm{I}7}(T_{a})$	$T_{ai}\parallel T_{aj}$
13-8	Ⅱ18	$G_{\mathrm{F}j}^{\mathrm{II}8}(R_{\alpha j},R_{\beta j},R_{\gamma j},T_{aj})$	$G_{\mathrm{F}}^{\mathrm{II}18}(R_{\alpha},R_{\beta})$	$O_i=O_j,T_{ai}\nparallel T_{aj}$
13-9	Ⅱ13	$G_{\mathrm{F}j}^{\mathrm{II}9}(T_{aj},R_{\alpha j},R_{\beta j},R_{\gamma j})$	$G_{\mathrm{F}}^{\mathrm{II}13}(T_{a},R_{\alpha},R_{\beta})$	$O_i=O_j,T_{ai}\parallel T_{aj}$
	Ⅱ18		$G_{\mathrm{F}}^{\mathrm{II}18}(R_{\alpha},R_{\beta})$	$O_i=O_j,T_{ai}\nparallel T_{aj}$
	Ⅱ20		$G_{\mathrm{F}}^{\mathrm{II}20}(T_{a},R_{\alpha})$	$T_{ai}\parallel T_{aj},O_i\neq O_j,R_{\alpha i}-O_j$
13-10	Ⅰ7	$G_{\mathrm{F}j}^{\mathrm{II}10}(R_{\alpha j},R_{\beta j},T_{aj},T_{bj})$	$G_{\mathrm{F}}^{\mathrm{I}7}(T_{a})$	$R_{\alpha i}\neq R_{\alpha j},R_{\beta i}\neq R_{\beta j},T_{ai}\parallel\square T_{aj}T_{bj}$
	Ⅱ18		$G_{\mathrm{F}}^{\mathrm{II}18}(R_{\alpha},R_{\beta})$	$R_{\alpha i}=R_{\alpha j},R_{\beta i}=R_{\beta j},T_{ai}\nparallel\square T_{aj}T_{bj}$
13-11	Ⅱ13	$G_{\mathrm{F}j}^{\mathrm{II}11}(T_{aj},T_{bj},R_{\alpha j},R_{\beta j})$	$G_{\mathrm{F}}^{\mathrm{II}13}(T_{a},R_{\alpha},R_{\beta})$	$R_{\alpha i}=R_{\alpha j},R_{\beta i}=R_{\beta j},T_{ai}\parallel\square T_{aj}T_{bj}$
	Ⅱ18		$G_{\mathrm{F}}^{\mathrm{II}18}(R_{\alpha},R_{\beta})$	$R_{\alpha i}=R_{\alpha j},R_{\beta i}=R_{\beta j},T_{ai}\nparallel\square T_{aj}T_{bj}$
13-12	Ⅱ18	$G_{\mathrm{F}j}^{\mathrm{II}12}(R_{\alpha j},R_{\beta j},R_{\gamma j})$	$G_{\mathrm{F}}^{\mathrm{II}18}(R_{\alpha},R_{\beta})$	$O_i=O_j$
13-13	Ⅱ13	$G_{\mathrm{F}j}^{\mathrm{II}13}(T_{aj},R_{\alpha j},R_{\beta j})$	$G_{\mathrm{F}}^{\mathrm{II}13}(T_{a},R_{\alpha},R_{\beta})$	$R_{\alpha i}=R_{\alpha j},R_{\beta i}=R_{\beta j},T_{ai}\parallel T_{aj}$
	Ⅱ18		$G_{\mathrm{F}}^{\mathrm{II}18}(R_{\alpha},R_{\beta})$	$R_{\alpha i}=R_{\alpha j},R_{\beta i}=R_{\beta j},T_{ai}\nparallel T_{aj}$
13-14	Ⅱ18	$G_{\mathrm{F}j}^{\mathrm{II}14}(R_{\alpha j},R_{\beta j},T_{aj})$	$G_{\mathrm{F}}^{\mathrm{II}18}(R_{\alpha},R_{\beta})$	$R_{\alpha i}=R_{\alpha j},R_{\beta i}=R_{\beta j},T_{ai}\nparallel T_{aj}$
13-15	Ⅱ20	$G_{\mathrm{F}j}^{\mathrm{II}15}(T_{aj},T_{bj},R_{\alpha j})$	$G_{\mathrm{F}}^{\mathrm{II}20}(T_{a},R_{\alpha})$	$T_{ai}\parallel\square T_{aj}T_{bj},R_{\alpha i}=R_{\alpha j}$

续表

序号	结果类别	G_{Fj} 表达	求交运算结果	条件
13-16	Ⅰ7	$G_{Fj}^{\text{II}16}(R_{\alpha j},T_{aj},T_{bj})$	$G_F^{\text{I}7}(T_a)$	$R_{\alpha i}\neq R_{\alpha j},R_{\beta i}\neq R_{\alpha j},T_{ai}\parallel\square T_{aj}T_{bj}$
	Ⅱ21		$G_F^{\text{II}21}(R_\alpha)$	$R_{\alpha i}=R_{\alpha j}$ 或 $R_{\beta i}=R_{\alpha j},T_{ai}\nparallel\square T_{aj}T_{bj}$
13-17	Ⅱ20	$G_{Fj}^{\text{II}17}(T_{aj},R_{\alpha j},T_{bj})$	$G_F^{\text{II}20}(T_a,R_\alpha)$	$T_{ai}\parallel T_{aj},R_{\alpha i}=R_{\alpha j}$ 或 $R_{\beta i}=R_{\alpha j}$
13-18	Ⅱ18	$G_{Fj}^{\text{II}18}(R_{\alpha j},R_{\beta j})$	$G_F^{\text{II}18}(R_\alpha,R_\beta)$	$R_{\alpha i}=R_{\alpha j},R_{\beta i}=R_{\beta j}$
13-19	Ⅱ21	$G_{Fj}^{\text{II}19}(R_{\alpha j},T_{aj})$	$G_F^{\text{II}21}(R_\alpha)$	$R_{\alpha i}=R_{\alpha j}$ 或 $R_{\beta i}=R_{\alpha j},T_{ai}\nparallel T_{aj}$
13-20	Ⅱ20	$G_{Fj}^{\text{II}20}(T_{aj},R_{\alpha j})$	$G_F^{\text{II}20}(T_a,R_\alpha)$	$T_{ai}\parallel T_{aj},R_{\alpha i}=R_{\alpha j}$ 或 $R_{\beta i}=R_{\alpha j}$
13-21	Ⅱ21	$G_{Fj}^{\text{II}21}(R_{\alpha j})$	$G_F^{\text{II}21}(R_\alpha)$	$R_{\alpha i}=R_{\alpha j}$ 或 $R_{\beta i}=R_{\alpha j}$
13-22	Ⅱ13	$G_{Fj}^{\text{III}22}(T_{aj},T_{bj},R_{\alpha j},R_{\beta j},R_{\gamma j})$	$G_F^{\text{II}13}(T_a,R_\alpha,R_\beta)$	$T_{ai}\parallel\square T_{aj}T_{bj},O_i=O_j$
	Ⅱ18		$G_F^{\text{II}18}(R_\alpha,R_\beta)$	$T_{ai}\nparallel\square T_{aj}T_{bj},O_i=O_j$
	Ⅱ20		$G_F^{\text{II}20}(T_a,R_\alpha)$	$T_{ai}\parallel\square T_{aj}T_{bj},O_i\neq O_j,R_{\alpha i}-O_j$
13-23	Ⅱ13	$G_{Fj}^{\text{III}23}(R_{\alpha j},T_{aj},T_{bj},R_{\beta j},R_{\gamma j})$	$G_F^{\text{II}13}(T_a,R_\alpha,R_\beta)$	$T_{ai}\parallel\square T_{aj}T_{bj},R_{\alpha i}\parallel R_{\beta j},R_{\beta i}=R_{\gamma j}$
	Ⅱ18		$G_F^{\text{II}18}(R_\alpha,R_\beta)$	$T_{ai}\nparallel\square T_{aj}T_{bj},R_{\alpha i}\parallel R_{\beta j},R_{\beta i}=R_{\gamma j}$
	Ⅱ20		$G_F^{\text{II}20}(T_a,R_\alpha)$	$T_{ai}\parallel\square T_{aj}T_{bj},R_{\alpha i}\parallel R_{\beta j}$ 或 $R_{\beta i}=R_{\gamma j}$
13-24	Ⅱ18	$G_{Fj}^{\text{III}24}(R_{\alpha j},R_{\beta j},T_{aj},T_{bj},R_{\gamma j})$	$G_F^{\text{II}18}(R_\alpha,R_\beta)$	$O_i=O_j,T_{ai}\nparallel\square T_{aj}T_{bj}$
	Ⅱ20		$G_F^{\text{II}20}(T_a,R_\alpha)$	$T_{ai}\parallel\square T_{aj}T_{bj},R_{\alpha i}\parallel R_{\gamma j}$ 或 $R_{\beta i}\parallel R_{\gamma j}$
13-25	Ⅱ13	$G_{Fj}^{\text{III}25}(T_{aj},T_{bj},R_{\alpha j},R_{\beta j})$	$G_F^{\text{II}13}(T_a,R_\alpha,R_\beta)$	$R_{\alpha i}\parallel R_{\alpha j},R_{\beta i}=R_{\beta j},T_{ai}\parallel\square T_{aj}T_{bj}$
	Ⅱ18		$G_F^{\text{II}18}(R_\alpha,R_\beta)$	$R_{\alpha i}\parallel R_{\alpha j},R_{\beta i}=R_{\beta j},T_{ai}\nparallel\square T_{aj}T_{bj}$
13-26	Ⅱ20	$G_{Fj}^{\text{III}26}(R_{\alpha j},T_{aj},T_{bj},R_{\beta j})$	$G_F^{\text{II}20}(T_a,R_\alpha)$	$T_{ai}\parallel\square T_{aj}T_{bj},R_{\alpha i}\parallel R_{\beta j}$ 或 $R_{\beta i}\parallel R_{\beta j}$

表 22-2-14　G_F 集 $G_{Fi}^{\text{II}14}$（$R_{\alpha i}$，$R_{\beta i}$，T_{ai}）与其他 G_F 集的求交运算法则

序号	结果类别	G_{Fj} 表达	求交运算结果	条件
14-1	Ⅱ14	$G_{Fj}^{\text{I}1}(T_{aj},T_{bj},T_{cj},R_{\alpha j},R_{\beta j},R_{\gamma j})$	$G_F^{\text{II}14}(R_\alpha,R_\beta,T_a)$	无要求
14-2	Ⅱ14	$G_{Fj}^{\text{I}2}(T_{aj},T_{bj},T_{cj},R_{\alpha j},R_{\beta j})$	$G_F^{\text{II}14}(R_\alpha,R_\beta,T_a)$	$R_{\alpha i}\parallel R_{\alpha j},R_{\beta i}\parallel R_{\beta j}$
	Ⅱ19		$G_F^{\text{II}19}(R_\alpha,T_a)$	$R_{\alpha i}\parallel R_{\alpha j},R_{\beta i}\nparallel R_{\beta j}$
14-3	Ⅰ7	$G_{Fj}^{\text{I}3}(T_{aj},T_{bj},T_{cj},R_{\alpha j})$	$G_F^{\text{I}7}(T_a)$	$R_{\alpha i}\nparallel R_{\alpha j},R_{\beta i}\nparallel R_{\alpha j}$
	Ⅱ19		$G_F^{\text{II}19}(R_\alpha,T_a)$	$R_{\alpha i}\parallel R_{\alpha j}$ 或 $R_{\beta i}\parallel R_{\alpha j}$
14-4	Ⅰ7	$G_{Fj}^{\text{I}4}(T_{aj},T_{bj},T_{cj})$	$G_F^{\text{I}7}(T_a)$	无要求
14-5	Ⅱ19	$G_{Fj}^{\text{I}5}(T_{aj},T_{bj},R_{\alpha j})$	$G_F^{\text{II}19}(R_\alpha,T_a)$	$T_{ai}\parallel\square T_{aj}T_{bj},R_{\alpha i}\parallel R_{\alpha j}$
14-6	Ⅰ7	$G_{Fj}^{\text{I}6}(T_{aj},T_{bj})$	$G_F^{\text{I}7}(T_a)$	$T_{ai}\parallel\square T_{aj}T_{bj}$
14-7	Ⅰ7	$G_{Fj}^{\text{I}7}(T_{aj})$	$G_F^{\text{I}7}(T_a)$	$T_{ai}\parallel T_{aj}$
14-8	Ⅱ14	$G_{Fj}^{\text{II}8}(R_{\alpha j},R_{\beta j},R_{\gamma j},T_{aj})$	$G_F^{\text{II}14}(R_\alpha,R_\beta,T_a)$	$O_i=O_j,T_{ai}\parallel T_{aj}$
	Ⅱ18		$G_F^{\text{II}18}(R_\alpha,R_\beta)$	$O_i=O_j,T_{ai}\nparallel T_{aj}$
	Ⅱ19		$G_F^{\text{II}19}(R_\alpha,T_a)$	$R_{\alpha i}-O_j,O_i\neq O_j,T_{ai}\parallel T_{aj}$
14-9	Ⅰ7	$G_{Fj}^{\text{II}9}(T_{aj},R_{\alpha j},R_{\beta j},R_{\gamma j})$	$G_F^{\text{I}7}(T_a)$	$T_{ai}\parallel T_{aj},O_i\neq O_j$
	Ⅱ18		$G_F^{\text{II}18}(R_\alpha,R_\beta)$	$O_i=O_j,T_{ai}\nparallel T_{aj}$
14-10	Ⅱ14	$G_{Fj}^{\text{II}10}(R_{\alpha j},R_{\beta j},T_{aj},T_{bj})$	$G_F^{\text{II}14}(R_\alpha,R_\beta,T_a)$	$R_{\alpha i}=R_{\alpha j},R_{\beta i}=R_{\beta j},T_{ai}\parallel\square T_{aj}T_{bj}$
	Ⅱ18		$G_F^{\text{II}18}(R_\alpha,R_\beta)$	$R_{\alpha i}=R_{\alpha j},R_{\beta i}=R_{\beta j},T_{ai}\nparallel\square T_{aj}T_{bj}$

续表

序号	结果类别	$G_{\mathrm{F}j}$ 表达	求交运算结果	条件
14-11	Ⅰ7	$G_{\mathrm{F}j}^{\mathrm{II}11}(T_{aj},T_{bj},R_{\alpha j},R_{\beta j})$	$G_{\mathrm{F}}^{\mathrm{I}7}(T_a)$	$R_{\alpha i}=R_{\alpha j},R_{\beta i}=R_{\beta j},T_{ai}\parallel\square T_{aj}T_{bj}$
	Ⅱ18		$G_{\mathrm{F}}^{\mathrm{II}18}(R_\alpha,R_\beta)$	$R_{\alpha i}=R_{\alpha j},R_{\beta i}=R_{\beta j},T_{ai}\nparallel\square T_{aj}T_{bj}$
14-12	Ⅱ18	$G_{\mathrm{F}j}^{\mathrm{II}12}(R_{\alpha j},R_{\beta j},R_{\gamma j})$	$G_{\mathrm{F}}^{\mathrm{II}18}(R_\alpha,R_\beta)$	$O_i=O_j$
14-13	Ⅱ18	$G_{\mathrm{F}j}^{\mathrm{II}13}(T_{aj},R_{\alpha j},R_{\beta j})$	$G_{\mathrm{F}}^{\mathrm{II}18}(R_\alpha,R_\beta)$	$R_{\alpha i}=R_{\alpha j},R_{\beta i}=R_{\beta j},T_{ai}\nparallel T_{aj}$
14-14	Ⅱ14	$G_{\mathrm{F}j}^{\mathrm{II}14}(R_{\alpha j},R_{\beta j},T_{aj})$	$G_{\mathrm{F}}^{\mathrm{II}14}(R_\alpha,R_\beta,T_a)$	$R_{\alpha i}=R_{\alpha j},R_{\beta i}=R_{\beta j},T_{ai}\parallel T_{aj}$
	Ⅱ18		$G_{\mathrm{F}}^{\mathrm{II}18}(R_\alpha,R_\beta)$	$R_{\alpha i}=R_{\alpha j},R_{\beta i}=R_{\beta j},T_{ai}\nparallel T_{aj}$
	Ⅱ19		$G_{\mathrm{F}}^{\mathrm{II}19}(R_\alpha,T_a)$	$R_{\alpha i}=R_{\alpha j},T_{ai}\parallel T_{aj},O_i\neq O_j,R_{\beta i}\neq R_{\beta j}$
14-15	Ⅰ7	$G_{\mathrm{F}j}^{\mathrm{II}15}(T_{aj},T_{bj},R_{\alpha j})$	$G_{\mathrm{F}}^{\mathrm{I}7}(T_a)$	$R_{\alpha i}\neq R_{\alpha j},R_{\beta i}\neq R_{\alpha j},T_{ai}\parallel\square T_{aj}T_{bj}$
	Ⅱ21		$G_{\mathrm{F}}^{\mathrm{II}21}(R_\alpha)$	$R_{\alpha i}=R_{\alpha j}$ 或 $R_{\beta i}=R_{\alpha j},T_{ai}\nparallel\square T_{aj}T_{bj}$
14-16	Ⅱ19	$G_{\mathrm{F}j}^{\mathrm{II}16}(R_{\alpha j},T_{aj},T_{bj})$	$G_{\mathrm{F}}^{\mathrm{II}19}(R_\alpha,T_a)$	$R_{\alpha i}=R_{\alpha j}$ 或 $R_{\beta i}=R_{\alpha j},T_{ai}\parallel\square T_{aj}T_{bj}$
14-17	Ⅱ19	$G_{\mathrm{F}j}^{\mathrm{II}17}(T_{aj},R_{\alpha j},T_{bj})$	$G_{\mathrm{F}}^{\mathrm{II}19}(R_\alpha,T_a)$	$R_{\alpha i}=R_{\alpha j}$ 或 $R_{\beta i}=R_{\alpha j},T_{ai}\parallel T_{bj}$
14-18	Ⅱ18	$G_{\mathrm{F}j}^{\mathrm{II}18}(R_{\alpha j},R_{\beta j})$	$G_{\mathrm{F}}^{\mathrm{II}18}(R_\alpha,R_\beta)$	$R_{\alpha i}=R_{\alpha j},R_{\beta i}=R_{\beta j}$
14-19	Ⅱ19	$G_{\mathrm{F}j}^{\mathrm{II}19}(R_{\alpha j},T_{aj})$	$G_{\mathrm{F}}^{\mathrm{II}19}(R_\alpha,T_a)$	$R_{\alpha i}=R_{\alpha j}$ 或 $R_{\beta i}=R_{\alpha j},T_{ai}\parallel T_{aj}$
14-20	Ⅰ7	$G_{\mathrm{F}j}^{\mathrm{II}20}(T_{aj},R_{\alpha j})$	$G_{\mathrm{F}}^{\mathrm{I}7}(T_a)$	$R_{\alpha i}\neq R_{\alpha j},R_{\beta i}\neq R_{\alpha j},T_{ai}\parallel T_{aj}$
	Ⅱ21		$G_{\mathrm{F}}^{\mathrm{II}21}(R_\alpha)$	$R_{\alpha i}=R_{\alpha j}$ 或 $R_{\beta i}=R_{\alpha j},T_{ai}\nparallel T_{aj}$
14-21	Ⅱ21	$G_{\mathrm{F}j}^{\mathrm{II}21}(R_{\alpha j})$	$G_{\mathrm{F}}^{\mathrm{II}21}(R_\alpha)$	$R_{\alpha i}=R_{\alpha j}$ 或 $R_{\beta i}=R_{\alpha j}$
14-22	Ⅰ7	$G_{\mathrm{F}j}^{\mathrm{III}22}(T_{aj},T_{bj},R_{\alpha j},R_{\beta j},R_{\gamma j})$	$G_{\mathrm{F}}^{\mathrm{I}7}(T_a)$	$O_i\neq O_j,T_{ai}\parallel\square T_{aj}T_{bj}$
	Ⅱ18		$G_{\mathrm{F}}^{\mathrm{II}18}(R_\alpha,R_\beta)$	$O_i=O_j,T_{ai}\nparallel\square T_{aj}T_{bj}$
14-23	Ⅱ18	$G_{\mathrm{F}j}^{\mathrm{III}23}(R_{\alpha j},T_{aj},T_{bj},R_{\beta j},R_{\gamma j})$	$G_{\mathrm{F}}^{\mathrm{II}18}(R_\alpha,R_\beta)$	$R_{\alpha i}\parallel R_{\beta j},R_{\beta i}=R_{\gamma j},T_{ai}\nparallel\square T_{aj}T_{bj}$
	Ⅱ19		$G_{\mathrm{F}}^{\mathrm{II}19}(R_\alpha,T_a)$	$R_{\alpha i}=R_{\alpha j}$ 或 $R_{\beta i}=R_{\alpha j},T_{ai}\parallel\square T_{aj}T_{bj}$
14-24	Ⅱ14	$G_{\mathrm{F}j}^{\mathrm{III}24}(R_{\alpha j},R_{\beta j},T_{aj},T_{bj},R_{\gamma j})$	$G_{\mathrm{F}}^{\mathrm{II}14}(R_\alpha,R_\beta,T_a)$	$O_i=O_j,T_{ai}\parallel\square T_{aj}T_{bj}$
	Ⅱ18		$G_{\mathrm{F}}^{\mathrm{II}18}(R_\alpha,R_\beta)$	$O_i=O_j,T_{ai}\nparallel\square T_{aj}T_{bj}$
14-25	Ⅰ7	$G_{\mathrm{F}j}^{\mathrm{III}25}(T_{aj},T_{bj},R_{\alpha j},R_{\beta j})$	$G_{\mathrm{F}}^{\mathrm{I}7}(T_a)$	$R_{\alpha i}\nparallel R_{\alpha j},R_{\beta i}\neq R_{\beta j},T_{ai}\parallel\square T_{aj}T_{bj}$
	Ⅱ18		$G_{\mathrm{F}}^{\mathrm{II}18}(R_\alpha,R_\beta)$	$R_{\alpha i}\parallel R_{\alpha j},R_{\beta i}=R_{\beta j},T_{ai}\nparallel\square T_{aj}T_{bj}$
14-26	Ⅱ14	$G_{\mathrm{F}j}^{\mathrm{III}26}(R_{\alpha j},T_{aj},T_{bj},R_{\beta j})$	$G_{\mathrm{F}}^{\mathrm{II}14}(R_\alpha,R_\beta,T_a)$	$R_{\alpha i}=R_{\alpha j},R_{\beta i}\parallel R_{\beta j},T_{ai}\parallel\square T_{aj}T_{bj}$

表 22-2-15　G_{F} 集 $G_{\mathrm{F}i}^{\mathrm{II}15}$（$T_{ai}$，$T_{bi}$，$R_{\alpha i}$）与其他 G_{F} 集的求交运算法则

序号	结果类别	$G_{\mathrm{F}j}$ 表达	求交运算结果	条件
15-1	Ⅱ15	$G_{\mathrm{F}j}^{\mathrm{I}1}(T_{aj},T_{bj},T_{cj},R_{\alpha j},R_{\beta j},R_{\gamma j})$	$G_{\mathrm{F}}^{\mathrm{II}15}(T_a,T_b,R_\alpha)$	无要求
15-2	Ⅰ6	$G_{\mathrm{F}j}^{\mathrm{I}2}(T_{aj},T_{bj},T_{cj},R_{\alpha j},R_{\beta j})$	$G_{\mathrm{F}}^{\mathrm{I}6}(T_a,T_b)$	$R_{\alpha i}\nparallel R_{\alpha j},R_{\alpha i}\nparallel R_{\beta j}$
	Ⅱ15		$G_{\mathrm{F}}^{\mathrm{II}15}(T_a,T_b,R_\alpha)$	$R_{\alpha i}\parallel R_{\alpha j}$
15-3	Ⅰ6	$G_{\mathrm{F}j}^{\mathrm{I}3}(T_{aj},T_{bj},T_{cj},R_{\alpha j})$	$G_{\mathrm{F}}^{\mathrm{I}6}(T_a,T_b)$	$R_{\alpha i}\nparallel R_{\alpha j}$
	Ⅱ15		$G_{\mathrm{F}}^{\mathrm{II}15}(T_a,T_b,R_\alpha)$	$R_{\alpha i}\parallel R_{\alpha j}$
15-4	Ⅰ6	$G_{\mathrm{F}j}^{\mathrm{I}4}(T_{aj},T_{bj},T_{cj})$	$G_{\mathrm{F}}^{\mathrm{I}6}(T_a,T_b)$	无要求
15-5	Ⅰ6	$G_{\mathrm{F}j}^{\mathrm{I}5}(T_{aj},T_{bj},R_{\alpha j})$	$G_{\mathrm{F}}^{\mathrm{I}6}(T_a,T_b)$	$\square T_{ai}T_{bi}\parallel\square T_{aj}T_{bj}$
	Ⅱ20		$G_{\mathrm{F}}^{\mathrm{II}20}(T_a,R_\alpha)$	$R_{\alpha i}\parallel R_{\alpha j}$
15-6	Ⅰ6	$G_{\mathrm{F}j}^{\mathrm{I}6}(T_{aj},T_{bj})$	$G_{\mathrm{F}}^{\mathrm{I}6}(T_a,T_b)$	$\square T_{ai}T_{bi}\parallel\square T_{aj}T_{bj}$
15-7	Ⅰ7	$G_{\mathrm{F}j}^{\mathrm{I}7}(T_{aj})$	$G_{\mathrm{F}}^{\mathrm{I}7}(T_a)$	$T_{aj}\parallel\square T_{ai}T_{bi}$

续表

序号	结果类别	G_{Fj} 表达	求交运算结果	条件
15-8	Ⅱ21	$G_{Fj}^{\text{Ⅱ}8}(R_{\alpha j},R_{\beta j},R_{\gamma j},T_{aj})$	$G_{F}^{\text{Ⅱ}21}(R_{\alpha})$	$T_{aj}\nparallel\square T_{ai}T_{bi},R_{\alpha i}-O_j$
15-9	Ⅱ20	$G_{Fj}^{\text{Ⅱ}9}(T_{aj},R_{\alpha j},R_{\beta j},R_{\gamma j})$	$G_{F}^{\text{Ⅱ}20}(T_{a},R_{\alpha})$	$T_{aj}\parallel\square T_{ai}T_{bi},R_{\alpha i}-O_j$
15-10	Ⅰ6	$G_{Fj}^{\text{Ⅱ}10}(R_{\alpha j},R_{\beta j},T_{aj},T_{bj})$	$G_{F}^{\text{Ⅰ}6}(T_{a},T_{b})$	$R_{\alpha i}\neq R_{\alpha j},R_{\alpha i}\neq R_{\beta j},\square T_{ai}T_{bi}\parallel\square T_{aj}T_{bj}$
	Ⅱ21		$G_{F}^{\text{Ⅱ}21}(R_{\alpha})$	$R_{\alpha i}=R_{\alpha j}$ 或 $R_{\alpha i}=R_{\beta j},\square T_{ai}T_{bi}\nparallel\square T_{aj}T_{bj}$
15-11	Ⅰ6	$G_{Fj}^{\text{Ⅱ}11}(T_{aj},T_{bj},R_{\alpha j},R_{\beta j})$	$G_{F}^{\text{Ⅰ}6}(T_{a},T_{b})$	$\square T_{ai}T_{bi}\parallel\square T_{aj}T_{bj},R_{\alpha i}\neq R_{\alpha j},R_{\alpha i}\neq R_{\beta j}$
	Ⅱ15		$G_{F}^{\text{Ⅱ}15}(T_{a},T_{b},R_{\alpha})$	$\square T_{ai}T_{bi}\parallel\square T_{aj}T_{bj},R_{\alpha i}=R_{\alpha j}$ 或 $R_{\alpha i}=R_{\beta j}$
	Ⅱ20		$G_{F}^{\text{Ⅱ}20}(T_{a},R_{\alpha})$	$\square T_{ai}T_{bi}\nparallel\square T_{aj}T_{bj},R_{\alpha i}=R_{\alpha j}$ 或 $R_{\alpha i}=R_{\beta j}$
15-12	Ⅱ21	$G_{Fj}^{\text{Ⅱ}12}(R_{\alpha j},R_{\beta j},R_{\gamma j})$	$G_{F}^{\text{Ⅱ}21}(R_{\alpha})$	$R_{\alpha i}-O_j$
15-13	Ⅱ20	$G_{Fj}^{\text{Ⅱ}13}(T_{aj},R_{\alpha j},R_{\beta j})$	$G_{F}^{\text{Ⅱ}20}(T_{a},R_{\alpha})$	$T_{aj}\parallel\square T_{ai}T_{bi},R_{\alpha i}=R_{\alpha j}$
15-14	Ⅰ7	$G_{Fj}^{\text{Ⅱ}14}(R_{\alpha j},R_{\beta j},T_{aj})$	$G_{F}^{\text{Ⅰ}7}(T_{a})$	$R_{\alpha i}\neq R_{\alpha j},R_{\alpha i}\neq R_{\beta j},T_{aj}\parallel\square T_{ai}T_{bi}$
	Ⅱ21		$G_{F}^{\text{Ⅱ}21}(R_{\alpha})$	$R_{\alpha i}=R_{\alpha j}$ 或 $R_{\alpha i}=R_{\beta j},T_{aj}\nparallel\square T_{ai}T_{bi}$
15-15	Ⅰ6	$G_{Fj}^{\text{Ⅱ}15}(T_{aj},T_{bj},R_{\alpha j})$	$G_{F}^{\text{Ⅰ}6}(T_{a},T_{b})$	$\square T_{ai}T_{bi}\parallel\square T_{aj}T_{bj},R_{\alpha i}\nparallel R_{\alpha j}$
	Ⅱ15		$G_{F}^{\text{Ⅱ}15}(T_{a},T_{b},R_{\alpha})$	$\square T_{ai}T_{bi}\parallel\square T_{aj}T_{bj},R_{\alpha i}=R_{\alpha j}$
	Ⅱ20		$G_{F}^{\text{Ⅱ}20}(T_{a},R_{\alpha})$	$\square T_{ai}T_{bi}\nparallel\square T_{aj}T_{bj},R_{\alpha i}=R_{\alpha j}$
15-16	Ⅰ6	$G_{Fj}^{\text{Ⅱ}16}(R_{\alpha j},T_{aj},T_{bj})$	$G_{F}^{\text{Ⅰ}6}(T_{a},T_{b})$	$\square T_{ai}T_{bi}\parallel\square T_{aj}T_{bj}$
15-17	Ⅱ20	$G_{Fj}^{\text{Ⅱ}17}(T_{aj},R_{\alpha j},T_{bj})$	$G_{F}^{\text{Ⅱ}20}(T_{a},R_{\alpha})$	$T_{aj}\parallel\square T_{ai}T_{bi},R_{\alpha i}=R_{\alpha j}$
15-18	Ⅱ21	$G_{Fj}^{\text{Ⅱ}18}(R_{\alpha j},R_{\beta j})$	$G_{F}^{\text{Ⅱ}21}(R_{\alpha})$	$R_{\alpha i}=R_{\alpha j}$ 或 $R_{\alpha i}=R_{\beta j}$
15-19	Ⅰ7	$G_{Fj}^{\text{Ⅱ}19}(R_{\alpha j},T_{aj})$	$G_{F}^{\text{Ⅰ}7}(T_{a})$	$R_{\alpha i}\neq R_{\alpha j},T_{aj}\parallel\square T_{ai}T_{bi}$
	Ⅱ21		$G_{F}^{\text{Ⅱ}21}(R_{\alpha})$	$R_{\alpha i}=R_{\alpha j},T_{aj}\nparallel\square T_{ai}T_{bi}$
15-20	Ⅱ20	$G_{Fj}^{\text{Ⅱ}20}(T_{aj},R_{\alpha j})$	$G_{F}^{\text{Ⅱ}20}(T_{a},R_{\alpha})$	$T_{aj}\parallel\square T_{ai}T_{bi},R_{\alpha i}=R_{\alpha j}$
15-21	Ⅱ21	$G_{Fj}^{\text{Ⅱ}21}(R_{\alpha j})$	$G_{F}^{\text{Ⅱ}21}(R_{\alpha})$	$R_{\alpha i}=R_{\alpha j}$
15-22	Ⅱ15	$G_{Fj}^{\text{Ⅲ}22}(T_{aj},T_{bj},R_{\alpha j},R_{\beta j},R_{\gamma j})$	$G_{F}^{\text{Ⅱ}15}(T_{a},T_{b},R_{\alpha})$	$\square T_{ai}T_{bi}\parallel\square T_{aj}T_{bj},R_{\alpha i}-O_j$
	Ⅱ20		$G_{F}^{\text{Ⅱ}20}(T_{a},R_{\alpha})$	$\square T_{ai}T_{bi}\nparallel\square T_{aj}T_{bj},R_{\alpha i}-O_j$
15-23	Ⅰ6	$G_{Fj}^{\text{Ⅲ}23}(R_{\alpha j},T_{aj},T_{bj},R_{\beta j},R_{\gamma j})$	$G_{F}^{\text{Ⅰ}6}(T_{a},T_{b})$	$\square T_{ai}T_{bi}\parallel\square T_{aj}T_{bj},R_{\alpha i}\neq R_{\gamma j}$
	Ⅱ15		$G_{F}^{\text{Ⅱ}15}(T_{a},T_{b},R_{\alpha})$	$\square T_{ai}T_{bi}\parallel\square T_{aj}T_{bj},R_{\alpha i}=R_{\gamma j}$
	Ⅱ20		$G_{F}^{\text{Ⅱ}20}(T_{a},R_{\alpha})$	$\square T_{ai}T_{bi}\nparallel\square T_{aj}T_{bj},R_{\alpha i}=R_{\gamma j}$
15-24	Ⅰ6	$G_{Fj}^{\text{Ⅲ}24}(R_{\alpha j},R_{\beta j},T_{aj},T_{bj},R_{\gamma j})$	$G_{F}^{\text{Ⅰ}6}(T_{a},T_{b})$	$\square T_{ai}T_{bi}\parallel\square T_{aj}T_{bj}$
15-25	Ⅰ6	$G_{Fj}^{\text{Ⅲ}25}(T_{aj},T_{bj},R_{\alpha j},R_{\beta j})$	$G_{F}^{\text{Ⅰ}6}(T_{a},T_{b})$	$\square T_{ai}T_{bi}\parallel\square T_{aj}T_{bj},R_{\alpha i}\nparallel R_{\beta j}$
	Ⅱ15		$G_{F}^{\text{Ⅱ}15}(T_{a},T_{b},R_{\alpha})$	$\square T_{ai}T_{bi}\parallel\square T_{aj}T_{bj},R_{\alpha i}=R_{\beta j}$
	Ⅱ20		$G_{F}^{\text{Ⅱ}20}(T_{a},R_{\alpha})$	$\square T_{ai}T_{bi}\nparallel\square T_{aj}T_{bj},R_{\alpha i}=R_{\alpha j}$
15-26	Ⅰ6	$G_{Fj}^{\text{Ⅲ}26}(R_{\alpha j},T_{aj},T_{bj},R_{\beta j})$	$G_{F}^{\text{Ⅰ}6}(T_{a},T_{b})$	$\square T_{ai}T_{bi}\parallel\square T_{aj}T_{bj}$

表 22-2-16　　G_F 集 $G_{Fi}^{\text{Ⅱ}16}$（$R_{\alpha i}$，T_{ai}，T_{bi}）与其他 G_F 集的求交运算法则

序号	结果类别	G_{Fj} 表达	求交运算结果	条件
16-1	Ⅱ16	$G_{Fj}^{\text{Ⅰ}1}(T_{aj},T_{bj},T_{cj},R_{\alpha j},R_{\beta j},R_{\gamma j})$	$G_{F}^{\text{Ⅱ}16}(R_{\alpha},T_{a},T_{b})$	无要求
16-2	Ⅱ16	$G_{Fj}^{\text{Ⅰ}2}(T_{aj},T_{bj},T_{cj},R_{\alpha j},R_{\beta j})$	$G_{F}^{\text{Ⅱ}16}(R_{\alpha},T_{a},T_{b})$	$R_{\alpha i}\parallel R_{\alpha j}$
16-3	Ⅰ6	$G_{Fj}^{\text{Ⅰ}3}(T_{aj},T_{bj},T_{cj},R_{\alpha j})$	$G_{F}^{\text{Ⅰ}6}(T_{a},T_{b})$	$R_{\alpha i}\nparallel R_{\alpha j}$
	Ⅱ16		$G_{F}^{\text{Ⅱ}16}(R_{\alpha},T_{a},T_{b})$	$R_{\alpha i}\parallel R_{\alpha j}$

续表

序号	结果类别	$G_{\mathrm{F}j}$ 表达	求交运算结果	条件
16-4	Ⅰ6	$G_{\mathrm{F}j}^{\mathrm{I}4}(T_{aj},T_{bj},T_{cj})$	$G_{\mathrm{F}}^{\mathrm{I}6}(T_a,T_b)$	无要求
16-5	Ⅰ6	$G_{\mathrm{F}j}^{\mathrm{I}5}(T_{aj},T_{bj},R_{\alpha j})$	$G_{\mathrm{F}}^{\mathrm{I}6}(T_a,T_b)$	$\square T_{ai}T_{bi} \parallel \square T_{aj}T_{bj}$
	Ⅱ19		$G_{\mathrm{F}}^{\mathrm{II}19}(R_\alpha,T_a)$	$R_{\alpha i} \parallel R_{\alpha j}$
16-6	Ⅰ6	$G_{\mathrm{F}j}^{\mathrm{I}6}(T_{aj},T_{bj})$	$G_{\mathrm{F}}^{\mathrm{I}6}(T_a,T_b)$	$\square T_{ai}T_{bi} \parallel \square T_{aj}T_{bj}$
16-7	Ⅰ7	$G_{\mathrm{F}j}^{\mathrm{I}7}(T_{aj})$	$G_{\mathrm{F}}^{\mathrm{I}7}(T_a)$	$T_{aj} \parallel \square T_{ai}T_{bi}$
16-8	Ⅱ19	$G_{\mathrm{F}j}^{\mathrm{II}8}(R_{\alpha j},R_{\beta j},R_{\gamma j},T_{aj})$	$G_{\mathrm{F}}^{\mathrm{II}19}(R_\alpha,T_a)$	$T_{aj} \parallel \square T_{ai}T_{bi},R_{\alpha i}-O_j$
16-9	Ⅰ7	$G_{\mathrm{F}j}^{\mathrm{II}9}(T_{aj},R_{\alpha j},R_{\beta j},R_{\gamma j})$	$G_{\mathrm{F}}^{\mathrm{I}7}(T_a)$	$T_{aj} \parallel \square T_{ai}T_{bi}$
	Ⅱ21		$G_{\mathrm{F}}^{\mathrm{II}21}(R_\alpha)$	$R_{\alpha i}-O_j$
16-10	Ⅰ6	$G_{\mathrm{F}j}^{\mathrm{II}10}(R_{\alpha j},R_{\beta j},T_{aj},T_{bj})$	$G_{\mathrm{F}}^{\mathrm{I}6}(T_a,T_b)$	$R_{\alpha i} \neq R_{\alpha j},R_{\alpha i} \neq R_{\beta j},\square T_{ai}T_{bi} \parallel \square T_{aj}T_{bj}$
	Ⅱ16		$G_{\mathrm{F}}^{\mathrm{II}16}(R_\alpha,T_a,T_b)$	$R_{\alpha i}=R_{\alpha j}$ 或 $R_{\alpha i}=R_{\beta j},\square T_{ai}T_{bi} \parallel \square T_{aj}T_{bj}$
	Ⅱ19		$G_{\mathrm{F}}^{\mathrm{II}19}(R_\alpha,T_a)$	$R_{\alpha i}=R_{\alpha j}$ 或 $R_{\alpha i}=R_{\beta j},\square T_{ai}T_{bi} \nparallel \square T_{aj}T_{bj}$
16-11	Ⅰ6	$G_{\mathrm{F}j}^{\mathrm{II}11}(T_{aj},T_{bj},R_{\alpha j},R_{\beta j})$	$G_{\mathrm{F}}^{\mathrm{I}6}(T_a,T_b)$	$\square T_{ai}T_{bi} \parallel \square T_{aj}T_{bj},R_{\alpha i} \neq R_{\alpha j},R_{\alpha i} \neq R_{\beta j}$
	Ⅱ21		$G_{\mathrm{F}}^{\mathrm{II}21}(R_\alpha)$	$\square T_{ai}T_{bi} \nparallel \square T_{aj}T_{bj},R_{\alpha i}=R_{\alpha j}$ 或 $R_{\alpha i}=R_{\beta j}$
16-12	Ⅱ21	$G_{\mathrm{F}j}^{\mathrm{II}12}(R_{\alpha j},R_{\beta j},R_{\gamma j})$	$G_{\mathrm{F}}^{\mathrm{II}21}(R_\alpha)$	$R_{\alpha i}-O_j$
16-13	Ⅰ7	$G_{\mathrm{F}j}^{\mathrm{II}13}(T_{aj},R_{\alpha j},R_{\beta j})$	$G_{\mathrm{F}}^{\mathrm{I}7}(T_a)$	$R_{\alpha i} \neq R_{\alpha j},R_{\alpha i} \neq R_{\beta j},T_{aj} \parallel \square T_{ai}T_{bi}$
	Ⅱ21		$G_{\mathrm{F}}^{\mathrm{II}21}(R_\alpha)$	$R_{\alpha i}=R_{\alpha j}$ 或 $R_{\alpha i}=R_{\beta j},T_{aj} \nparallel \square T_{ai}T_{bi}$
16-14	Ⅱ19	$G_{\mathrm{F}j}^{\mathrm{II}14}(R_{\alpha j},R_{\beta j},T_{aj})$	$G_{\mathrm{F}}^{\mathrm{II}19}(R_\alpha,T_a)$	$R_{\alpha i}=R_{\alpha j}$ 或 $R_{\alpha i}=R_{\beta j},T_{aj} \parallel \square T_{ai}T_{bi}$
16-15	Ⅰ6	$G_{\mathrm{F}j}^{\mathrm{II}15}(T_{aj},T_{bj},R_{\alpha j})$	$G_{\mathrm{F}}^{\mathrm{I}6}(T_a,T_b)$	$\square T_{ai}T_{bi} \parallel \square T_{aj}T_{bj}$
16-16	Ⅰ6	$G_{\mathrm{F}j}^{\mathrm{II}16}(R_{\alpha j},T_{aj},T_{bj})$	$G_{\mathrm{F}}^{\mathrm{I}6}(T_a,T_b)$	$\square T_{ai}T_{bi} \parallel \square T_{aj}T_{bj},R_{\alpha i} \neq R_{\alpha j}$
	Ⅱ16		$G_{\mathrm{F}}^{\mathrm{II}16}(R_\alpha,T_a,T_b)$	$R_{\alpha i}=R_{\alpha j},\square T_{ai}T_{bi} \parallel \square T_{aj}T_{bj}$
	Ⅱ19		$G_{\mathrm{F}}^{\mathrm{II}19}(R_\alpha,T_a)$	$R_{\alpha i}=R_{\alpha j},\square T_{ai}T_{bi} \nparallel \square T_{aj}T_{bj}$
16-17	Ⅱ19	$G_{\mathrm{F}j}^{\mathrm{II}17}(T_{aj},R_{\alpha j},T_{bj})$	$G_{\mathrm{F}}^{\mathrm{II}19}(R_\alpha,T_a)$	$R_{\alpha i}=R_{\alpha j},T_{bj} \parallel \square T_{ai}T_{bi}$
16-18	Ⅱ21	$G_{\mathrm{F}j}^{\mathrm{II}18}(R_{\alpha j},R_{\beta j})$	$G_{\mathrm{F}}^{\mathrm{II}21}(R_\alpha)$	$R_{\alpha i}=R_{\alpha j}$ 或 $R_{\alpha i}=R_{\beta j}$
16-19	Ⅱ19	$G_{\mathrm{F}j}^{\mathrm{II}19}(R_{\alpha j},T_{aj})$	$G_{\mathrm{F}}^{\mathrm{II}19}(R_\alpha,T_a)$	$R_{\alpha i}=R_{\alpha j},T_{aj} \parallel \square T_{ai}T_{bi}$
16-20	Ⅰ7	$G_{\mathrm{F}j}^{\mathrm{II}20}(T_{aj},R_{\alpha j})$	$G_{\mathrm{F}}^{\mathrm{I}7}(T_a)$	$R_{\alpha i} \neq R_{\alpha j},T_{aj} \parallel \square T_{ai}T_{bi}$
	Ⅱ21		$G_{\mathrm{F}}^{\mathrm{II}21}(R_\alpha)$	$R_{\alpha i}=R_{\alpha j},T_{aj} \nparallel \square T_{ai}T_{bi}$
16-21	Ⅱ21	$G_{\mathrm{F}j}^{\mathrm{II}21}(R_{\alpha j})$	$G_{\mathrm{F}}^{\mathrm{II}21}(R_\alpha)$	$R_{\alpha i}=R_{\alpha j}$
16-22	Ⅰ6	$G_{\mathrm{F}j}^{\mathrm{III}22}(T_{aj},T_{bj},R_{\alpha j},R_{\beta j},R_{\gamma j})$	$G_{\mathrm{F}}^{\mathrm{I}6}(T_a,T_b)$	$\square T_{ai}T_{bi} \parallel \square T_{aj}T_{bj},R_{\alpha i} \otimes O_j$
16-23	Ⅰ6	$G_{\mathrm{F}j}^{\mathrm{III}23}(R_{\alpha j},T_{aj},T_{bj},R_{\beta j},R_{\gamma j})$	$G_{\mathrm{F}}^{\mathrm{I}6}(T_a,T_b)$	$\square T_{ai}T_{bi} \parallel \square T_{aj}T_{bj},R_{\alpha i} \neq R_{\alpha j}$
	Ⅱ16		$G_{\mathrm{F}}^{\mathrm{II}16}(R_\alpha,T_a,T_b)$	$\square T_{ai}T_{bi} \parallel \square T_{aj}T_{bj},R_{\alpha i}=R_{\alpha j}$
	Ⅱ19		$G_{\mathrm{F}}^{\mathrm{II}19}(R_\alpha,T_a)$	$\square T_{ai}T_{bi} \nparallel \square T_{aj}T_{bj},R_{\alpha i}=R_{\alpha j}$
16-24	Ⅰ6	$G_{\mathrm{F}j}^{\mathrm{III}24}(R_{\alpha j},R_{\beta j},T_{aj},T_{bj},R_{\gamma j})$	$G_{\mathrm{F}}^{\mathrm{I}6}(T_a,T_b)$	$\square T_{ai}T_{bi} \parallel \square T_{aj}T_{bj},R_{\alpha i} \otimes O_j$
	Ⅱ16		$G_{\mathrm{F}}^{\mathrm{II}16}(R_\alpha,T_a,T_b)$	$\square T_{ai}T_{bi} \parallel \square T_{aj}T_{bj},R_{\alpha i}-O_j$
	Ⅱ19		$G_{\mathrm{F}}^{\mathrm{II}19}(R_\alpha,T_a)$	$\square T_{ai}T_{bi} \nparallel \square T_{aj}T_{bj},R_{\alpha i}-O_j$
16-25	Ⅰ6	$G_{\mathrm{F}j}^{\mathrm{III}25}(T_{aj},T_{bj},R_{\alpha j},R_{\beta j})$	$G_{\mathrm{F}}^{\mathrm{I}6}(T_a,T_b)$	$\square T_{ai}T_{bi} \parallel \square T_{aj}T_{bj}$
16-26	Ⅱ16	$G_{\mathrm{F}j}^{\mathrm{III}26}(R_{\alpha j},T_{aj},T_{bj},R_{\beta j})$	$G_{\mathrm{F}}^{\mathrm{II}16}(R_\alpha,T_a,T_b)$	$\square T_{ai}T_{bi} \parallel \square T_{aj}T_{bj},R_{\alpha i}=R_{\alpha j}$

表 22-2-17　G_F 集 $G_{Fi}^{\mathrm{II}17}$（T_{ai}，$R_{\alpha i}$，T_{bi}）与其他 G_F 集的求交运算法则

序号	结果类别	G_{Fj} 表达	求交运算结果	条件
17-1	Ⅱ17	$G_{Fj}^{\mathrm{I}1}(T_{aj},T_{bj},T_{cj},R_{\alpha j},R_{\beta j},R_{\gamma j})$	$G_F^{\mathrm{II}17}(T_a,R_\alpha,T_b)$	无要求
17-2	Ⅱ17	$G_{Fj}^{\mathrm{I}2}(T_{aj},T_{bj},T_{cj},R_{\alpha j},R_{\beta j})$	$G_F^{\mathrm{II}17}(T_a,R_\alpha,T_b)$	$R_{\alpha i}\parallel R_{\alpha j}$
17-3	Ⅰ6	$G_{Fj}^{\mathrm{I}3}(T_{aj},T_{bj},T_{cj},R_{\alpha j})$	$G_F^{\mathrm{I}6}(T_a,T_b)$	$R_{\alpha i}\nparallel R_{\alpha j}$
	Ⅱ17		$G_F^{\mathrm{II}17}(T_a,R_\alpha,T_b)$	$R_{\alpha i}\parallel R_{\alpha j}$
17-4	Ⅰ6	$G_{Fj}^{\mathrm{I}4}(T_{aj},T_{bj},T_{cj})$	$G_F^{\mathrm{I}6}(T_a,T_b)$	无要求
17-5	Ⅰ6	$G_{Fj}^{\mathrm{I}5}(T_{aj},T_{bj},R_{\alpha j})$	$G_F^{\mathrm{I}6}(T_a,T_b)$	$\square T_{ai}T_{bi}\parallel\square T_{aj}T_{bj}$
	Ⅱ20		$G_F^{\mathrm{II}20}(T_a,R_\alpha)$	$T_{ai}\parallel\square T_{aj}T_{bj},R_{\alpha i}\parallel R_{\alpha j}$
17-6	Ⅰ6	$G_{Fj}^{\mathrm{I}6}(T_{aj},T_{bj})$	$G_F^{\mathrm{I}6}(T_a,T_b)$	$\square T_{ai}T_{bi}\parallel\square T_{aj}T_{bj}$
17-7	Ⅰ7	$G_{Fj}^{\mathrm{I}7}(T_{aj})$	$G_F^{\mathrm{I}7}(T_a)$	$T_{aj}\parallel\square T_{ai}T_{bi}$
17-8	Ⅱ19	$G_{Fj}^{\mathrm{II}8}(R_{\alpha j},R_{\beta j},R_{\gamma j},T_{aj})$	$G_F^{\mathrm{II}19}(R_\alpha,T_a)$	$T_{aj}\parallel\square T_{bi},R_{\alpha i}-O_j$
17-9	Ⅱ20	$G_{Fj}^{\mathrm{II}9}(T_{aj},R_{\alpha j},R_{\beta j},R_{\gamma j})$	$G_F^{\mathrm{II}20}(T_a,R_\alpha)$	$T_{ai}\parallel\square T_{aj},R_{\alpha i}-O_j$
17-10	Ⅱ19	$G_{Fj}^{\mathrm{II}10}(R_{\alpha j},R_{\beta j},T_{aj},T_{bj})$	$G_F^{\mathrm{II}19}(R_\alpha,T_a)$	$R_{\alpha i}=R_{\alpha j}$ 或 $R_{\alpha i}=R_{\beta j},T_{bi}\parallel\square T_{aj}T_{bj}$
17-11	Ⅱ20	$G_{Fj}^{\mathrm{II}11}(T_{aj},T_{bj},R_{\alpha j},R_{\beta j})$	$G_F^{\mathrm{II}20}(T_a,R_\alpha)$	$T_{ai}\parallel\square T_{aj}T_{bj},R_{\alpha i}=R_{\alpha j}$ 或 $R_{\alpha i}=R_{\beta j}$
17-12	Ⅱ21	$G_{Fj}^{\mathrm{II}12}(R_{\alpha j},R_{\beta j},R_{\gamma j})$	$G_F^{\mathrm{II}21}(R_\alpha)$	$R_{\alpha i}-O_j$
17-13	Ⅱ20	$G_{Fj}^{\mathrm{II}13}(T_{aj},R_{\alpha j},R_{\beta j})$	$G_F^{\mathrm{II}20}(T_a,R_\alpha)$	$T_{ai}\parallel T_{aj},R_{\alpha i}=R_{\alpha j}$ 或 $R_{\alpha i}=R_{\beta j}$
17-14	Ⅱ19	$G_{Fj}^{\mathrm{II}14}(R_{\alpha j},R_{\beta j},T_{aj})$	$G_F^{\mathrm{II}19}(R_\alpha,T_a)$	$R_{\alpha i}=R_{\alpha j}$ 或 $R_{\alpha i}=R_{\beta j},T_{bi}\parallel T_{aj}$
17-15	Ⅱ20	$G_{Fj}^{\mathrm{II}15}(T_{aj},T_{bj},R_{\alpha j})$	$G_F^{\mathrm{II}20}(T_a,R_\alpha)$	$T_{ai}\parallel\square T_{aj}T_{bj},R_{\alpha i}=R_{\alpha j}$
17-16	Ⅱ19	$G_{Fj}^{\mathrm{II}16}(R_{\alpha j},T_{aj},T_{bj})$	$G_F^{\mathrm{II}19}(R_\alpha,T_a)$	$R_{\alpha i}=R_{\alpha j},T_{bi}\parallel\square T_{aj}T_{bj}$
17-17	Ⅱ17	$G_{Fj}^{\mathrm{II}17}(T_{aj},R_{\alpha j},T_{bj})$	$G_F^{\mathrm{II}17}(T_a,R_\alpha,T_b)$	$T_{ai}\parallel T_{aj},R_{\alpha i}=R_{\alpha j},T_{bi}\parallel T_{bj}$
	Ⅱ19		$G_F^{\mathrm{II}19}(R_\alpha,T_a)$	$T_{ai}\nparallel T_{aj},R_{\alpha i}=R_{\alpha j},T_{bi}\parallel T_{bj}$
	Ⅱ20		$G_F^{\mathrm{II}20}(T_a,R_\alpha)$	$T_{ai}\parallel T_{aj},R_{\alpha i}=R_{\alpha j},T_{bi}\nparallel T_{bj}$
17-18	Ⅱ21	$G_{Fj}^{\mathrm{II}18}(R_{\alpha j},R_{\beta j})$	$G_F^{\mathrm{II}21}(R_\alpha)$	$R_{\alpha i}=R_{\alpha j}$ 或 $R_{\alpha i}=R_{\beta j}$
17-19	Ⅱ19	$G_{Fj}^{\mathrm{II}19}(R_{\alpha j},T_{aj})$	$G_F^{\mathrm{II}19}(R_\alpha,T_a)$	$R_{\alpha i}=R_{\alpha j},T_{bi}\parallel T_{aj}$
17-20	Ⅱ20	$G_{Fj}^{\mathrm{II}20}(T_{aj},R_{\alpha j})$	$G_F^{\mathrm{II}20}(T_a,R_\alpha)$	$T_{ai}\parallel T_{aj},R_{\alpha i}=R_{\alpha j}$
17-21	Ⅱ21	$G_{Fj}^{\mathrm{II}21}(R_{\alpha j})$	$G_F^{\mathrm{II}21}(R_\alpha)$	$R_{\alpha i}=R_{\alpha j}$
17-22	Ⅱ20	$G_{Fj}^{\mathrm{III}22}(T_{aj},T_{bj},R_{\alpha j},R_{\beta j},R_{\gamma j})$	$G_F^{\mathrm{II}20}(T_a,R_\alpha)$	$T_{ai}\parallel\square T_{aj}T_{bj},R_{\alpha i}-O_j$
17-23	Ⅱ19	$G_{Fj}^{\mathrm{III}23}(R_{\alpha j},T_{aj},T_{bj},R_{\beta j},R_{\gamma j})$	$G_F^{\mathrm{II}19}(R_\alpha,T_a)$	$R_{\alpha i}=R_{\alpha j},T_{bi}\parallel\square T_{aj}T_{bj}$
	Ⅱ20		$G_F^{\mathrm{II}20}(T_a,R_\alpha)$	$T_{ai}\parallel\square T_{aj}T_{bj},R_{\alpha i}=R_{\gamma j}$
17-24	Ⅱ19	$G_{Fj}^{\mathrm{III}24}(R_{\alpha j},R_{\beta j},T_{aj},T_{bj},R_{\gamma j})$	$G_F^{\mathrm{II}19}(R_\alpha,T_a)$	$R_{\alpha i}=R_{\alpha j}$ 或 $R_{\alpha i}=R_{\beta j},T_{bi}\parallel\square T_{aj}T_{bj}$
17-25	Ⅱ20	$G_{Fj}^{\mathrm{III}25}(T_{aj},T_{bj},R_{\alpha j},R_{\beta j})$	$G_F^{\mathrm{II}20}(T_a,R_\alpha)$	$T_{ai}\parallel\square T_{aj}T_{bj},R_{\alpha i}=R_{\beta j}$
17-26	Ⅱ19	$G_{Fj}^{\mathrm{III}26}(R_{\alpha j},T_{aj},T_{bj},R_{\beta j})$	$G_F^{\mathrm{II}19}(R_\alpha,T_a)$	$R_{\alpha i}=R_{\alpha j},T_{bi}\parallel\square T_{aj}T_{bj}$

表 22-2-18　G_F 集 $G_{Fi}^{\mathrm{II}18}$（$R_{\alpha i}$，$R_{\beta i}$）与其他 G_F 集的求交运算法则

序号	结果类别	G_{Fj} 表达	求交运算结果	条件
18-1	Ⅱ18	$G_{Fj}^{\mathrm{I}1}(T_{aj},T_{bj},T_{cj},R_{\alpha j},R_{\beta j},R_{\gamma j})$	$G_F^{\mathrm{II}18}(R_\alpha,R_\beta)$	无要求
18-2	Ⅱ18	$G_{Fj}^{\mathrm{I}2}(T_{aj},T_{bj},T_{cj},R_{\alpha j},R_{\beta j})$	$G_F^{\mathrm{II}18}(R_\alpha,R_\beta)$	$R_{\alpha i}\parallel R_{\alpha j},R_{\beta i}\parallel R_{\beta j}$
18-3	Ⅱ21	$G_{Fj}^{\mathrm{I}3}(T_{aj},T_{bj},T_{cj},R_{\alpha j})$	$G_F^{\mathrm{II}21}(R_\alpha)$	$R_{\alpha i}\parallel R_{\alpha j}$ 或 $R_{\beta i}\parallel R_{\alpha j}$

续表

序号	结果类别	G_{Fj} 表达	求交运算结果	条件
18-4		$G_{Fj}^{\mathrm{I}4}(T_{aj},T_{bj},T_{cj})$	空集	无要求
18-5	Ⅱ21	$G_{Fj}^{\mathrm{I}5}(T_{aj},T_{bj},R_{\alpha j})$	$G_{F}^{\mathrm{II}21}(R_{\alpha})$	$R_{\alpha i} \parallel R_{\alpha j}$ 或 $R_{\beta i} \parallel R_{\alpha j}$
18-6		$G_{Fj}^{\mathrm{I}6}(T_{aj},T_{bj})$	空集	无要求
18-7		$G_{Fj}^{\mathrm{I}7}(T_{aj})$	空集	无要求
18-8	Ⅱ18	$G_{Fj}^{\mathrm{II}8}(R_{\alpha j},R_{\beta j},R_{\gamma j},T_{aj})$	$G_{F}^{\mathrm{II}18}(R_{\alpha},R_{\beta})$	$O_i=O_j$
18-9	Ⅱ18	$G_{Fj}^{\mathrm{II}9}(T_{aj},R_{\alpha j},R_{\beta j},R_{\gamma j})$	$G_{F}^{\mathrm{II}18}(R_{\alpha},R_{\beta})$	$O_i=O_j$
18-10	Ⅱ18	$G_{Fj}^{\mathrm{II}10}(R_{\alpha j},R_{\beta j},T_{aj},T_{bj})$	$G_{F}^{\mathrm{II}18}(R_{\alpha},R_{\beta})$	$R_{\alpha i}=R_{\alpha j},R_{\beta i}=R_{\beta j}$
18-11	Ⅱ18	$G_{Fj}^{\mathrm{II}11}(T_{aj},T_{bj},R_{\alpha j},R_{\beta j})$	$G_{F}^{\mathrm{II}18}(R_{\alpha},R_{\beta})$	$R_{\alpha i}=R_{\alpha j},R_{\beta i}=R_{\beta j}$
18-12	Ⅱ18	$G_{Fj}^{\mathrm{II}12}(R_{\alpha j},R_{\beta j},R_{\gamma j})$	$G_{F}^{\mathrm{II}18}(R_{\alpha},R_{\beta})$	$O_i=O_j$
18-13	Ⅱ18	$G_{Fj}^{\mathrm{II}13}(T_{aj},R_{\alpha j},R_{\beta j})$	$G_{F}^{\mathrm{II}18}(R_{\alpha},R_{\beta})$	$R_{\alpha i}=R_{\alpha j},R_{\beta i}=R_{\beta j}$
18-14	Ⅱ18	$G_{Fj}^{\mathrm{II}14}(R_{\alpha j},R_{\beta j},T_{aj})$	$G_{F}^{\mathrm{II}18}(R_{\alpha},R_{\beta})$	$R_{\alpha i}=R_{\alpha j},R_{\beta i}=R_{\beta j}$
18-15	Ⅱ21	$G_{Fj}^{\mathrm{II}15}(T_{aj},T_{bj},R_{\alpha j})$	$G_{F}^{\mathrm{II}21}(R_{\alpha})$	$R_{\alpha i}=R_{\alpha j}$ 或 $R_{\beta i}=R_{\alpha j}$
18-16	Ⅱ21	$G_{Fj}^{\mathrm{II}16}(R_{\alpha j},T_{aj},T_{bj})$	$G_{F}^{\mathrm{II}21}(R_{\alpha})$	$R_{\alpha i}=R_{\alpha j}$ 或 $R_{\beta i}=R_{\alpha j}$
18-17	Ⅱ21	$G_{Fj}^{\mathrm{II}17}(T_{aj},R_{\alpha j},T_{bj})$	$G_{F}^{\mathrm{II}21}(R_{\alpha})$	$R_{\alpha i}=R_{\alpha j}$ 或 $R_{\beta i}=R_{\alpha j}$
18-18	Ⅱ18	$G_{Fj}^{\mathrm{II}18}(R_{\alpha j},R_{\beta j})$	$G_{F}^{\mathrm{II}18}(R_{\alpha},R_{\beta})$	$R_{\alpha i}=R_{\alpha j},R_{\beta i}=R_{\beta j}$
18-19	Ⅱ21	$G_{Fj}^{\mathrm{II}19}(R_{\alpha j},T_{aj})$	$G_{F}^{\mathrm{II}21}(R_{\alpha})$	$R_{\alpha i}=R_{\alpha j}$ 或 $R_{\beta i}=R_{\alpha j}$
18-20	Ⅱ21	$G_{Fj}^{\mathrm{II}20}(T_{aj},R_{\alpha j})$	$G_{F}^{\mathrm{II}21}(R_{\alpha})$	$R_{\alpha i}=R_{\alpha j}$ 或 $R_{\beta i}=R_{\alpha j}$
18-21	Ⅱ21	$G_{Fj}^{\mathrm{II}21}(R_{\alpha j})$	$G_{F}^{\mathrm{II}21}(R_{\alpha})$	$R_{\alpha i}=R_{\alpha j}$ 或 $R_{\beta i}=R_{\alpha j}$
18-22	Ⅱ18	$G_{Fj}^{\mathrm{III}22}(T_{aj},T_{bj},R_{\alpha j},R_{\beta j},R_{\gamma j})$	$G_{F}^{\mathrm{II}18}(R_{\alpha},R_{\beta})$	$O_i=O_j$
18-23	Ⅱ21	$G_{Fj}^{\mathrm{III}23}(R_{\alpha j},T_{aj},T_{bj},R_{\beta j},R_{\gamma j})$	$G_{F}^{\mathrm{II}21}(R_{\alpha})$	$R_{\alpha i} \parallel R_{\beta j},R_{\beta i}=R_{\gamma j}$
18-24	Ⅱ18	$G_{Fj}^{\mathrm{III}24}(R_{\alpha j},R_{\beta j},T_{aj},T_{bj},R_{\gamma j})$	$G_{F}^{\mathrm{II}18}(R_{\alpha},R_{\beta})$	$O_i=O_j$
	Ⅱ18		$G_{F}^{\mathrm{II}18}(R_{\alpha},R_{\beta})$	$R_{\alpha i}-O_j,R_{\beta i}\perp \square T_{aj}T_{bj}$
18-25	Ⅱ18	$G_{Fj}^{\mathrm{III}25}(T_{aj},T_{bj},R_{\alpha j},R_{\beta j})$	$G_{F}^{\mathrm{II}18}(R_{\alpha},R_{\beta})$	$R_{\alpha i}=R_{\alpha j},R_{\beta i}=R_{\beta j}$
18-26	Ⅱ18	$G_{Fj}^{\mathrm{III}26}(R_{\alpha j},T_{aj},T_{bj},R_{\beta j})$	$G_{F}^{\mathrm{II}18}(R_{\alpha},R_{\beta})$	$R_{\alpha i}=R_{\alpha j},R_{\beta i} \parallel R_{\beta j}$

表 22-2-19　G_F 集 $G_{Fi}^{\mathrm{II}19}$（$R_{\alpha i}$，T_{ai}）与其他 G_F 集的求交运算法则

序号	结果类别	G_{Fj} 表达	求交运算结果	条件
19-1	Ⅱ19	$G_{Fj}^{\mathrm{I}1}(T_{aj},T_{bj},T_{cj},R_{\alpha j},R_{\beta j},R_{\gamma j})$	$G_{F}^{\mathrm{II}19}(R_{\alpha},T_{a})$	无要求
19-2	Ⅱ19	$G_{Fj}^{\mathrm{I}2}(T_{aj},T_{bj},T_{cj},R_{\alpha j},R_{\beta j})$	$G_{F}^{\mathrm{II}19}(R_{\alpha},T_{a})$	$R_{\alpha i} \parallel R_{\alpha j}$
19-3	Ⅰ7	$G_{Fj}^{\mathrm{I}3}(T_{aj},T_{bj},T_{cj},R_{\alpha j})$	$G_{F}^{\mathrm{I}7}(T_{a})$	$R_{\alpha i} \nparallel R_{\alpha j}$
	Ⅱ19		$G_{F}^{\mathrm{II}19}(R_{\alpha},T_{a})$	$R_{\alpha i} \parallel R_{\alpha j}$
19-4	Ⅰ7	$G_{Fj}^{\mathrm{I}4}(T_{aj},T_{bj},T_{cj})$	$G_{F}^{\mathrm{I}7}(T_{a})$	无要求
19-5	Ⅱ19	$G_{Fj}^{\mathrm{I}5}(T_{aj},T_{bj},R_{\alpha j})$	$G_{F}^{\mathrm{II}19}(R_{\alpha},T_{a})$	$R_{\alpha i} \parallel R_{\alpha j},T_{ai} \parallel \square T_{aj}T_{bj}$
19-6	Ⅰ7	$G_{Fj}^{\mathrm{I}6}(T_{aj},T_{bj})$	$G_{F}^{\mathrm{I}7}(T_{a})$	$T_{ai} \parallel \square T_{aj}T_{bj}$
19-7	Ⅰ7	$G_{Fj}^{\mathrm{I}7}(T_{aj})$	$G_{F}^{\mathrm{I}7}(T_{a})$	$T_{ai} \parallel T_{aj}$
19-8	Ⅱ19	$G_{Fj}^{\mathrm{II}8}(R_{\alpha j},R_{\beta j},R_{\gamma j},T_{aj})$	$G_{F}^{\mathrm{II}19}(R_{\alpha},T_{a})$	$R_{\alpha i}-O_j,T_{ai} \parallel T_{aj}$
19-9	Ⅰ7	$G_{Fj}^{\mathrm{II}9}(T_{aj},R_{\alpha j},R_{\beta j},R_{\gamma j})$	$G_{F}^{\mathrm{I}7}(T_{a})$	$T_{ai} \parallel T_{aj}$
	Ⅱ21		$G_{F}^{\mathrm{II}21}(R_{\alpha})$	$R_{\alpha i}-O_j$

续表

序号	结果类别	$G_{\mathrm{F}j}$ 表达	求交运算结果	条件
19-10	Ⅱ19	$G_{\mathrm{F}j}^{\mathrm{II}10}(R_{\alpha j},R_{\beta j},T_{aj},T_{bj})$	$G_{\mathrm{F}}^{\mathrm{II}19}(R_{\alpha},T_{a})$	$R_{\alpha i}=R_{\alpha j}$ 或 $R_{\alpha i}=R_{\beta j},T_{ai}\parallel\square T_{aj}T_{bj}$
19-11	Ⅰ7	$G_{\mathrm{F}j}^{\mathrm{II}11}(T_{aj},T_{bj},R_{\alpha j},R_{\beta j})$	$G_{\mathrm{F}}^{\mathrm{I}7}(T_{a})$	$R_{\alpha i}\neq R_{\alpha j},R_{\alpha i}\neq R_{\beta j},T_{ai}\parallel\square T_{aj}T_{bj}$
	Ⅱ21		$G_{\mathrm{F}}^{\mathrm{II}21}(R_{\alpha})$	$R_{\alpha i}=R_{\alpha j}$ 或 $R_{\alpha i}=R_{\beta j},T_{ai}\nparallel\square T_{aj}T_{bj}$
19-12	Ⅱ21	$G_{\mathrm{F}j}^{\mathrm{II}12}(R_{\alpha j},R_{\beta j},R_{\gamma j})$	$G_{\mathrm{F}}^{\mathrm{II}21}(R_{\alpha})$	$R_{\alpha i}-O_{j}$
19-13	Ⅱ21	$G_{\mathrm{F}j}^{\mathrm{II}13}(T_{aj},R_{\alpha j},R_{\beta j})$	$G_{\mathrm{F}}^{\mathrm{II}21}(R_{\alpha})$	$R_{\alpha i}=R_{\alpha j}$ 或 $R_{\alpha i}=R_{\beta j},T_{ai}\nparallel T_{aj}$
19-14	Ⅱ19	$G_{\mathrm{F}j}^{\mathrm{II}14}(R_{\alpha j},R_{\beta j},T_{aj})$	$G_{\mathrm{F}}^{\mathrm{II}19}(R_{\alpha},T_{a})$	$R_{\alpha i}=R_{\alpha j}$ 或 $R_{\alpha i}=R_{\beta j},T_{ai}\parallel T_{aj}$
19-15	Ⅰ7	$G_{\mathrm{F}j}^{\mathrm{II}15}(T_{aj},T_{bj},R_{\alpha j})$	$G_{\mathrm{F}}^{\mathrm{I}7}(T_{a})$	$R_{\alpha i}\neq R_{\alpha j},T_{ai}\parallel\square T_{aj}T_{bj}$
	Ⅱ21		$G_{\mathrm{F}}^{\mathrm{II}21}(R_{\alpha})$	$R_{\alpha i}=R_{\alpha j},T_{ai}\nparallel\square T_{aj}T_{bj}$
19-16	Ⅱ19	$G_{\mathrm{F}j}^{\mathrm{II}16}(R_{\alpha j},T_{aj},T_{bj})$	$G_{\mathrm{F}}^{\mathrm{II}19}(R_{\alpha},T_{a})$	$R_{\alpha i}=R_{\alpha j},T_{ai}\parallel\square T_{aj}T_{bj}$
19-17	Ⅱ19	$G_{\mathrm{F}j}^{\mathrm{II}17}(T_{aj},R_{\alpha j},T_{bj})$	$G_{\mathrm{F}}^{\mathrm{II}19}(R_{\alpha},T_{a})$	$R_{\alpha i}=R_{\alpha j},T_{ai}\parallel T_{bj}$
19-18	Ⅱ21	$G_{\mathrm{F}j}^{\mathrm{II}18}(R_{\alpha j},R_{\beta j})$	$G_{\mathrm{F}}^{\mathrm{II}21}(R_{\alpha})$	$R_{\alpha i}=R_{\alpha j}$ 或 $R_{\alpha i}=R_{\beta j}$
19-19	Ⅱ19	$G_{\mathrm{F}j}^{\mathrm{II}19}(R_{\alpha j},T_{aj})$	$G_{\mathrm{F}}^{\mathrm{II}19}(R_{\alpha},T_{a})$	$R_{\alpha i}=R_{\alpha j},T_{ai}\parallel T_{aj}$
19-20	Ⅰ7	$G_{\mathrm{F}j}^{\mathrm{II}20}(T_{aj},R_{\alpha j})$	$G_{\mathrm{F}}^{\mathrm{I}7}(T_{a})$	$T_{ai}\parallel T_{aj}$
	Ⅱ21		$G_{\mathrm{F}}^{\mathrm{II}21}(R_{\alpha})$	$R_{\alpha i}=R_{\alpha j}$
19-21	Ⅱ21	$G_{\mathrm{F}j}^{\mathrm{II}21}(R_{\alpha j})$	$G_{\mathrm{F}}^{\mathrm{II}21}(R_{\alpha})$	$R_{\alpha i}=R_{\alpha j}$
19-22	Ⅰ7	$G_{\mathrm{F}j}^{\mathrm{III}22}(T_{aj},T_{bj},R_{\alpha j},R_{\beta j},R_{\gamma j})$	$G_{\mathrm{F}}^{\mathrm{I}7}(T_{a})$	$T_{ai}\parallel\square T_{aj}T_{bj},R_{\alpha i}\otimes O_{j}$
	Ⅱ21		$G_{\mathrm{F}}^{\mathrm{II}21}(R_{\alpha})$	$T_{ai}\nparallel\square T_{aj}T_{bj},R_{\alpha i}-O_{j}$
19-23	Ⅱ19	$G_{\mathrm{F}j}^{\mathrm{III}23}(R_{\alpha j},T_{aj},T_{bj},R_{\beta j},R_{\gamma j})$	$G_{\mathrm{F}}^{\mathrm{II}19}(R_{\alpha},T_{a})$	$R_{\alpha i}=R_{\alpha j},T_{ai}\parallel\square T_{aj}T_{bj}$
19-24	Ⅱ19	$G_{\mathrm{F}j}^{\mathrm{III}24}(R_{\alpha j},R_{\beta j},T_{aj},T_{bj},R_{\gamma j})$	$G_{\mathrm{F}}^{\mathrm{II}19}(R_{\alpha},T_{a})$	$R_{\alpha i}-O_{j},T_{ai}\parallel\square T_{aj}T_{bj}$
19-25	Ⅰ7	$G_{\mathrm{F}j}^{\mathrm{III}25}(T_{aj},T_{bj},R_{\alpha j},R_{\beta j})$	$G_{\mathrm{F}}^{\mathrm{I}7}(T_{a})$	$T_{ai}\parallel\square T_{aj}T_{bj},R_{\alpha i}\nparallel R_{\alpha j},R_{\alpha i}\neq R_{\beta j}$
	Ⅱ21		$G_{\mathrm{F}}^{\mathrm{II}21}(R_{\alpha})$	$T_{ai}\nparallel\square T_{aj}T_{bj},R_{\alpha i}\parallel R_{\alpha j}$ 或 $R_{\alpha i}=R_{\beta j}$
19-26	Ⅱ19	$G_{\mathrm{F}j}^{\mathrm{III}26}(R_{\alpha j},T_{aj},T_{bj},R_{\beta j})$	$G_{\mathrm{F}}^{\mathrm{II}19}(R_{\alpha},T_{a})$	$R_{\alpha i}\parallel R_{\alpha j},T_{ai}\parallel\square T_{aj}T_{bj}$

表 22-2-20　G_{F} 集 $G_{\mathrm{F}i}^{\mathrm{II}20}$（$T_{ai}$，$R_{\alpha i}$）与其他 G_{F} 集的求交运算法则

序号	结果类别	$G_{\mathrm{F}j}$ 表达	求交运算结果	条件
20-1	Ⅱ20	$G_{\mathrm{F}j}^{\mathrm{I}1}(T_{aj},T_{bj},T_{cj},R_{\alpha j},R_{\beta j},R_{\gamma j})$	$G_{\mathrm{F}}^{\mathrm{II}20}(T_{a},R_{\alpha})$	无要求
20-2	Ⅱ20	$G_{\mathrm{F}j}^{\mathrm{I}2}(T_{aj},T_{bj},T_{cj},R_{\alpha j},R_{\beta j})$	$G_{\mathrm{F}}^{\mathrm{II}20}(T_{a},R_{\alpha})$	$R_{\alpha i}\parallel R_{\alpha j}$
20-3	Ⅰ7	$G_{\mathrm{F}j}^{\mathrm{I}3}(T_{aj},T_{bj},T_{cj},R_{\alpha j})$	$G_{\mathrm{F}}^{\mathrm{I}7}(T_{a})$	$R_{\alpha i}\nparallel R_{\alpha j}$
	Ⅱ20		$G_{\mathrm{F}}^{\mathrm{II}20}(T_{a},R_{\alpha})$	$R_{\alpha i}\parallel R_{\alpha j}$
20-4	Ⅰ7	$G_{\mathrm{F}j}^{\mathrm{I}4}(T_{aj},T_{bj},T_{cj})$	$G_{\mathrm{F}}^{\mathrm{I}7}(T_{a})$	无要求
20-5	Ⅱ20	$G_{\mathrm{F}j}^{\mathrm{I}5}(T_{aj},T_{bj},R_{\alpha j})$	$G_{\mathrm{F}}^{\mathrm{II}20}(T_{a},R_{\alpha})$	$T_{ai}\parallel\square T_{aj}T_{bj},R_{\alpha i}\parallel R_{\alpha j}$
20-6	Ⅰ7	$G_{\mathrm{F}j}^{\mathrm{I}6}(T_{aj},T_{bj})$	$G_{\mathrm{F}}^{\mathrm{I}7}(T_{a})$	$T_{ai}\parallel\square T_{aj}T_{bj}$
20-7	Ⅰ7	$G_{\mathrm{F}j}^{\mathrm{I}7}(T_{aj})$	$G_{\mathrm{F}}^{\mathrm{I}7}(T_{a})$	$T_{ai}\parallel T_{aj}$
20-8	Ⅱ21	$G_{\mathrm{F}j}^{\mathrm{II}8}(R_{\alpha j},R_{\beta j},R_{\gamma j},T_{aj})$	$G_{\mathrm{F}}^{\mathrm{II}21}(R_{\alpha})$	$R_{\alpha i}-O_{j}$
20-9	Ⅱ20	$G_{\mathrm{F}j}^{\mathrm{II}9}(T_{aj},R_{\alpha j},R_{\beta j},R_{\gamma j})$	$G_{\mathrm{F}}^{\mathrm{II}20}(T_{a},R_{\alpha})$	$T_{ai}\parallel T_{aj},R_{\alpha i}-O_{j}$
20-10	Ⅰ7	$G_{\mathrm{F}j}^{\mathrm{II}10}(R_{\alpha j},R_{\beta j},T_{aj},T_{bj})$	$G_{\mathrm{F}}^{\mathrm{I}7}(T_{a})$	$R_{ai}\neq R_{\alpha j},R_{\alpha i}\neq R_{\beta j},T_{ai}\parallel\square T_{aj}T_{bj}$
	Ⅱ21		$G_{\mathrm{F}}^{\mathrm{II}21}(R_{\alpha})$	$R_{ai}=R_{\alpha j}$ 或 $R_{\alpha i}=R_{\beta j},T_{ai}\nparallel\square T_{aj}T_{bj}$
20-11	Ⅱ20	$G_{\mathrm{F}j}^{\mathrm{II}11}(T_{aj},T_{bj},R_{\alpha j},R_{\beta j})$	$G_{\mathrm{F}}^{\mathrm{II}20}(T_{a},R_{\alpha})$	$T_{ai}\parallel\square T_{aj}T_{bj},R_{\alpha i}=R_{\alpha j}$ 或 $R_{\alpha i}=R_{\beta j}$

续表

序号	结果类别	$G_{\mathrm{F}j}$ 表达	求交运算结果	条件
20-12	Ⅱ21	$G_{\mathrm{F}j}^{\mathrm{II}12}(R_{\alpha j},R_{\beta j},R_{\gamma j})$	$G_{\mathrm{F}}^{\mathrm{II}21}(R_{\alpha})$	$R_{\alpha i}-O_j$
20-13	Ⅱ20	$G_{\mathrm{F}j}^{\mathrm{II}13}(T_{aj},R_{\alpha j},R_{\beta j})$	$G_{\mathrm{F}}^{\mathrm{II}20}(T_a,R_{\alpha})$	$T_{ai}\parallel T_{aj},R_{\alpha i}=R_{\alpha j}$ 或 $R_{\alpha i}=R_{\beta j}$
20-14	Ⅰ7	$G_{\mathrm{F}j}^{\mathrm{II}14}(R_{\alpha j},R_{\beta j},T_{aj})$	$G_{\mathrm{F}}^{\mathrm{I}7}(T_a)$	$R_{\alpha i}\neq R_{\alpha j},R_{\alpha i}\neq R_{\beta j},T_{ai}\parallel T_{aj}$
	Ⅱ21		$G_{\mathrm{F}}^{\mathrm{II}21}(R_{\alpha})$	$R_{\alpha i}=R_{\alpha j}$ 或 $R_{\alpha i}=R_{\beta j},T_{ai}\nparallel T_{aj}$
20-15	Ⅱ20	$G_{\mathrm{F}j}^{\mathrm{II}15}(T_{aj},T_{bj},R_{\alpha j})$	$G_{\mathrm{F}}^{\mathrm{II}20}(T_a,R_{\alpha})$	$T_{ai}\parallel\square T_{aj}T_{bj},R_{\alpha i}=R_{\alpha j}$
20-16	Ⅰ7	$G_{\mathrm{F}j}^{\mathrm{II}16}(R_{\alpha j},T_{aj},T_{bj})$	$G_{\mathrm{F}}^{\mathrm{I}7}(T_a)$	$R_{\alpha i}\neq R_{\alpha j},T_{ai}\parallel\square T_{aj}T_{bj}$
	Ⅱ21		$G_{\mathrm{F}}^{\mathrm{II}21}(R_{\alpha})$	$R_{\alpha i}=R_{\alpha j},T_{ai}\nparallel\square T_{aj}T_{bj}$
20-17	Ⅱ20	$G_{\mathrm{F}j}^{\mathrm{II}17}(T_{aj},R_{\alpha j},T_{bj})$	$G_{\mathrm{F}}^{\mathrm{II}20}(T_a,R_{\alpha})$	$T_{ai}\parallel T_{aj},R_{\alpha i}=R_{\alpha j}$
20-18	Ⅱ21	$G_{\mathrm{F}j}^{\mathrm{II}18}(R_{\alpha j},R_{\beta j})$	$G_{\mathrm{F}}^{\mathrm{II}21}(R_{\alpha})$	$R_{\alpha i}=R_{\alpha j}$ 或 $R_{\alpha i}=R_{\beta j}$
20-19	Ⅰ7	$G_{\mathrm{F}j}^{\mathrm{II}19}(R_{\alpha j},T_{aj})$	$G_{\mathrm{F}}^{\mathrm{I}7}(T_a)$	$T_{ai}\parallel T_{aj}$
	Ⅱ21		$G_{\mathrm{F}}^{\mathrm{II}21}(R_{\alpha})$	$R_{\alpha i}=R_{\alpha j}$
20-20	Ⅱ20	$G_{\mathrm{F}j}^{\mathrm{II}20}(T_{aj},R_{\alpha j})$	$G_{\mathrm{F}}^{\mathrm{II}20}(T_a,R_{\alpha})$	$T_{ai}\parallel T_{aj},R_{\alpha i}=R_{\alpha j}$
20-21	Ⅱ21	$G_{\mathrm{F}j}^{\mathrm{II}21}(R_{\alpha j})$	$G_{\mathrm{F}}^{\mathrm{II}21}(R_{\alpha})$	$R_{\alpha i}=R_{\alpha j}$
20-22	Ⅱ20	$G_{\mathrm{F}j}^{\mathrm{III}22}(T_{aj},T_{bj},R_{\alpha j},R_{\beta j},R_{\gamma j})$	$G_{\mathrm{F}}^{\mathrm{II}20}(T_a,R_{\alpha})$	$T_{ai}\parallel\square T_{aj}T_{bj},R_{\alpha i}\nparallel R_{\alpha j},R_{\alpha i}-O_j$
	Ⅱ20		$G_{\mathrm{F}}^{\mathrm{II}20}(T_a,R_{\alpha})$	$T_{ai}\parallel\square T_{aj}T_{bj},R_{\alpha i}\parallel R_{\alpha j}$
20-23	Ⅱ20	$G_{\mathrm{F}j}^{\mathrm{III}23}(R_{\alpha j},T_{aj},T_{bj},R_{\beta j},R_{\gamma j})$	$G_{\mathrm{F}}^{\mathrm{II}20}(T_a,R_{\alpha})$	$T_{ai}\parallel\square T_{aj}T_{bj},R_{\alpha i}\parallel R_{\beta j}$ 或 $R_{\alpha i}=R_{\gamma j}$
20-24	Ⅱ20	$G_{\mathrm{F}j}^{\mathrm{III}24}(R_{\alpha j},R_{\beta j},T_{aj},T_{bj},R_{\gamma j})$	$G_{\mathrm{F}}^{\mathrm{II}20}(T_a,R_{\alpha})$	$T_{ai}\parallel\square T_{aj}T_{bj},R_{\alpha i}\parallel R_{\gamma j}$
20-25	Ⅱ20	$G_{\mathrm{F}j}^{\mathrm{III}25}(T_{aj},T_{bj},R_{\alpha j},R_{\beta j})$	$G_{\mathrm{F}}^{\mathrm{II}20}(T_a,R_{\alpha})$	$T_{ai}\parallel\square T_{aj}T_{bj},R_{\alpha i}\parallel R_{\alpha j}$ 或 $R_{\alpha i}=R_{\beta j}$
20-26	Ⅱ20	$G_{\mathrm{F}j}^{\mathrm{III}26}(R_{\alpha j},T_{aj},T_{bj},R_{\beta j})$	$G_{\mathrm{F}}^{\mathrm{II}20}(T_a,R_{\alpha})$	$T_{ai}\parallel\square T_{aj}T_{bj},R_{\alpha i}\parallel R_{\beta j}$

表 22-2-21　G_{F} 集 $G_{\mathrm{F}i}^{\mathrm{II}21}$（$R_{\alpha i}$）与其他 G_{F} 集的求交运算法则

序号	结果类别	$G_{\mathrm{F}j}$ 表达	求交运算结果	条件
21-1	Ⅱ21	$G_{\mathrm{F}j}^{\mathrm{I}1}(T_{aj},T_{bj},T_{cj},R_{\alpha j},R_{\beta j},R_{\gamma j})$	$G_{\mathrm{F}}^{\mathrm{II}21}(R_{\alpha})$	无要求
21-2	Ⅱ21	$G_{\mathrm{F}j}^{\mathrm{I}2}(T_{aj},T_{bj},T_{cj},R_{\alpha j},R_{\beta j})$	$G_{\mathrm{F}}^{\mathrm{II}21}(R_{\alpha})$	$R_{\alpha i}\parallel R_{\alpha j}$
21-3	Ⅱ21	$G_{\mathrm{F}j}^{\mathrm{I}3}(T_{aj},T_{bj},T_{cj},R_{\alpha j})$	$G_{\mathrm{F}}^{\mathrm{II}21}(R_{\alpha})$	$R_{\alpha i}\parallel R_{\alpha j}$
21-4		$G_{\mathrm{F}j}^{\mathrm{I}4}(T_{aj},T_{bj},T_{cj})$	空集	无要求
21-5	Ⅱ21	$G_{\mathrm{F}j}^{\mathrm{I}5}(T_{aj},T_{bj},R_{\alpha j})$	$G_{\mathrm{F}}^{\mathrm{II}21}(R_{\alpha})$	$R_{\alpha i}\parallel R_{\alpha j}$
21-6		$G_{\mathrm{F}j}^{\mathrm{I}6}(T_{aj},T_{bj})$	空集	无要求
21-7		$G_{\mathrm{F}j}^{\mathrm{I}7}(T_{aj})$	空集	
21-8	Ⅱ21	$G_{\mathrm{F}j}^{\mathrm{II}8}(R_{\alpha j},R_{\beta j},R_{\gamma j},T_{aj})$	$G_{\mathrm{F}}^{\mathrm{II}21}(R_{\alpha})$	$R_{\alpha i}-O_j$
21-9	Ⅱ21	$G_{\mathrm{F}j}^{\mathrm{II}9}(T_{aj},R_{\alpha j},R_{\beta j},R_{\gamma j})$	$G_{\mathrm{F}}^{\mathrm{II}21}(R_{\alpha})$	$R_{\alpha i}-O_j$
21-10	Ⅱ21	$G_{\mathrm{F}j}^{\mathrm{II}10}(R_{\alpha j},R_{\beta j},T_{aj},T_{bj})$	$G_{\mathrm{F}}^{\mathrm{II}21}(R_{\alpha})$	$R_{\alpha i}=R_{\alpha j}$ 或 $R_{\alpha i}=R_{\beta j}$
21-11	Ⅱ21	$G_{\mathrm{F}j}^{\mathrm{II}11}(T_{aj},T_{bj},R_{\alpha j},R_{\beta j})$	$G_{\mathrm{F}}^{\mathrm{II}21}(R_{\alpha})$	$R_{\alpha i}=R_{\alpha j}$ 或 $R_{\alpha i}=R_{\beta j}$
21-12	Ⅱ21	$G_{\mathrm{F}j}^{\mathrm{II}12}(R_{\alpha j},R_{\beta j},R_{\gamma j})$	$G_{\mathrm{F}}^{\mathrm{II}21}(R_{\alpha})$	$R_{\alpha i}-O_j$
21-13	Ⅱ21	$G_{\mathrm{F}j}^{\mathrm{II}13}(T_{aj},R_{\alpha j},R_{\beta j})$	$G_{\mathrm{F}}^{\mathrm{II}21}(R_{\alpha})$	$R_{\alpha i}=R_{\alpha j}$ 或 $R_{\alpha i}=R_{\beta j}$
21-14	Ⅱ21	$G_{\mathrm{F}j}^{\mathrm{II}14}(R_{\alpha j},R_{\beta j},T_{aj})$	$G_{\mathrm{F}}^{\mathrm{II}21}(R_{\alpha})$	$R_{\alpha i}=R_{\alpha j}$ 或 $R_{\alpha i}=R_{\beta j}$
21-15	Ⅱ21	$G_{\mathrm{F}j}^{\mathrm{II}15}(T_{aj},T_{bj},R_{\alpha j})$	$G_{\mathrm{F}}^{\mathrm{II}21}(R_{\alpha})$	$R_{\alpha i}=R_{\alpha j}$
21-16	Ⅱ21	$G_{\mathrm{F}j}^{\mathrm{II}16}(R_{\alpha j},T_{aj},T_{bj})$	$G_{\mathrm{F}}^{\mathrm{II}21}(R_{\alpha})$	$R_{\alpha i}=R_{\alpha j}$

续表

序号	结果类别	G_{Fj} 表达	求交运算结果	条件
21-17	Ⅱ21	$G_{Fj}^{\mathrm{II}17}(T_{aj},R_{\alpha j},T_{bj})$	$G_{F}^{\mathrm{II}21}(R_{\alpha})$	$R_{\alpha i}=R_{\alpha j}$
21-18	Ⅱ21	$G_{Fj}^{\mathrm{II}18}(R_{\alpha j},R_{\beta j})$	$G_{F}^{\mathrm{II}21}(R_{\alpha})$	$R_{\alpha i}=R_{\alpha j}$ 或 $R_{\alpha i}=R_{\beta j}$
21-19	Ⅱ21	$G_{Fj}^{\mathrm{II}19}(R_{\alpha j},T_{aj})$	$G_{F}^{\mathrm{II}21}(R_{\alpha})$	$R_{\alpha i}=R_{\alpha j}$
21-20	Ⅱ21	$G_{Fj}^{\mathrm{II}20}(T_{aj},R_{\alpha j})$	$G_{F}^{\mathrm{II}21}(R_{\alpha})$	$R_{\alpha i}=R_{\alpha j}$
21-21	Ⅱ21	$G_{Fj}^{\mathrm{II}21}(R_{\alpha j})$	$G_{F}^{\mathrm{II}21}(R_{\alpha})$	$R_{\alpha i}=R_{\alpha j}$
21-22	Ⅱ21	$G_{Fj}^{\mathrm{III}22}(T_{aj},T_{bj},R_{\alpha j},R_{\beta j},R_{\gamma j})$	$G_{F}^{\mathrm{II}21}(R_{\alpha})$	$R_{\alpha i}-O_{j}$
21-23	Ⅱ21	$G_{Fj}^{\mathrm{III}23}(R_{\alpha j},T_{aj},T_{bj},R_{\beta j},R_{\gamma j})$	$G_{F}^{\mathrm{II}21}(R_{\alpha})$	$R_{\alpha i}=R_{\alpha j}$ 或 $R_{\alpha i}\parallel R_{\beta j}$ 或 $R_{\alpha i}=R_{\gamma j}$
21-24	Ⅱ21	$G_{Fj}^{\mathrm{III}24}(R_{\alpha j},R_{\beta j},T_{aj},T_{bj},R_{\gamma j})$	$G_{F}^{\mathrm{II}21}(R_{\alpha})$	$R_{\alpha i}=R_{\alpha j}$ 或 $R_{\alpha i}=R_{\beta j}$ 或 $R_{\alpha i}\parallel R_{\gamma j}$
21-25	Ⅱ21	$G_{Fj}^{\mathrm{III}25}(T_{aj},T_{bj},R_{\alpha j},R_{\beta j})$	$G_{F}^{\mathrm{II}21}(R_{\alpha})$	$R_{\alpha i}\parallel R_{\alpha j}$ 或 $R_{\alpha i}=R_{\beta j}$
21-26	Ⅱ21	$G_{Fj}^{\mathrm{III}26}(R_{\alpha j},T_{aj},T_{bj},R_{\beta j})$	$G_{F}^{\mathrm{II}21}(R_{\alpha})$	$R_{\alpha i}=R_{\alpha j}$ 或 $R_{\alpha i}\parallel R_{\beta j}$

表 22-2-22　G_F 集 $G_{Fi}^{\mathrm{III}22}$（T_{ai}，T_{bi}，$R_{\alpha i}$，$R_{\beta i}$，$R_{\gamma i}$）与其他 G_F 集的求交运算法则

序号	结果类别	G_{Fj} 表达	求交运算结果	条件
22-1	Ⅲ22	$G_{Fj}^{\mathrm{I}1}(T_{aj},T_{bj},T_{cj},R_{\alpha j},R_{\beta j},R_{\gamma j})$	$G_{F}^{\mathrm{III}22}(T_{a},T_{b},R_{\alpha},R_{\beta},R_{\gamma})$	无要求
22-2	Ⅱ11	$G_{Fj}^{\mathrm{I}2}(T_{aj},T_{bj},T_{cj},R_{\alpha j},R_{\beta j})$	$G_{F}^{\mathrm{II}11}(T_{a},T_{b},R_{\alpha},R_{\beta})$	$R_{\alpha j}\not\perp\square T_{ai}T_{bi}$
	Ⅲ25		$G_{F}^{\mathrm{III}25}(T_{a},T_{b},R_{\alpha},R_{\beta})$	$R_{\alpha j}\perp\square T_{ai}T_{bi}$
22-3	Ⅰ5	$G_{Fj}^{\mathrm{I}3}(T_{aj},T_{bj},T_{cj},R_{\alpha j})$	$G_{F}^{\mathrm{I}5}(T_{a},T_{b},R_{\alpha})$	$R_{\alpha i}\parallel R_{\alpha j}$
	Ⅱ15		$G_{F}^{\mathrm{II}15}(T_{a},T_{b},R_{\alpha})$	$R_{\alpha i}\nparallel R_{\alpha j}$
22-4	Ⅰ6	$G_{Fj}^{\mathrm{I}4}(T_{aj},T_{bj},T_{cj})$	$G_{F}^{\mathrm{I}6}(T_{a},T_{b})$	无要求
22-5	Ⅰ5	$G_{Fj}^{\mathrm{I}5}(T_{aj},T_{bj},R_{\alpha j})$	$G_{F}^{\mathrm{I}5}(T_{a},T_{b},R_{\alpha})$	$\square T_{ai}T_{bi}\parallel\square T_{aj}T_{bj}$
22-6	Ⅰ6	$G_{Fj}^{\mathrm{I}6}(T_{aj},T_{bj})$	$G_{F}^{\mathrm{I}6}(T_{a},T_{b})$	$\square T_{ai}T_{bi}\parallel\square T_{aj}T_{bj}$
22-7	Ⅰ7	$G_{Fj}^{\mathrm{I}7}(T_{aj})$	$G_{F}^{\mathrm{I}7}(T_{a})$	$T_{aj}\parallel\square T_{ai}T_{bi}$
22-8	Ⅱ12	$G_{Fj}^{\mathrm{II}8}(R_{\alpha j},R_{\beta j},R_{\gamma j},T_{aj})$	$G_{F}^{\mathrm{II}12}(R_{\alpha},R_{\beta},R_{\gamma})$	$O_{i}=O_{j},T_{aj}\nparallel\square T_{ai}T_{bi}$
	Ⅱ19		$G_{F}^{\mathrm{II}19}(R_{\alpha},T_{a})$	$R_{\alpha i}-O_{j},T_{aj}\parallel\square T_{ai}T_{bi}$
22-9	Ⅱ9	$G_{Fj}^{\mathrm{II}9}(T_{aj},R_{\alpha j},R_{\beta j},R_{\gamma j})$	$G_{F}^{\mathrm{II}9}(T_{a},R_{\alpha},R_{\beta},R_{\gamma})$	$T_{aj}\parallel\square T_{ai}T_{bi},O_{i}=O_{j}$
	Ⅱ12		$G_{F}^{\mathrm{II}12}(R_{\alpha},R_{\beta},R_{\gamma})$	$T_{aj}\nparallel\square T_{ai}T_{bi},O_{i}=O_{j}$
22-10	Ⅰ6	$G_{Fj}^{\mathrm{II}10}(R_{\alpha j},R_{\beta j},T_{aj},T_{bj})$	$G_{F}^{\mathrm{I}6}(T_{a},T_{b})$	$\square T_{ai}T_{bi}\parallel\square T_{aj}T_{bj},O_{i}\neq O_{j}$
	Ⅱ18		$G_{F}^{\mathrm{II}18}(R_{\alpha},R_{\beta})$	$\square T_{ai}T_{bi}\nparallel\square T_{aj}T_{bj},O_{i}=O_{j}$
22-11	Ⅱ11	$G_{Fj}^{\mathrm{II}11}(T_{aj},T_{bj},R_{\alpha j},R_{\beta j})$	$G_{F}^{\mathrm{II}11}(T_{a},T_{b},R_{\alpha},R_{\beta})$	$\square T_{ai}T_{bi}\parallel\square T_{aj}T_{bj},O_{i}=O_{j}$
	Ⅱ13		$G_{F}^{\mathrm{II}13}(T_{a},T_{b},R_{\alpha})$	$\square T_{ai}T_{bi}\nparallel\square T_{aj}T_{bj},O_{i}=O_{j}$
	Ⅱ15		$G_{F}^{\mathrm{II}15}(T_{a},T_{b},R_{\alpha})$	$\square T_{ai}T_{bi}\parallel\square T_{aj}T_{bj},O_{i}\neq O_{j},R_{\alpha j}-O_{i}$
22-12	Ⅱ12	$G_{Fj}^{\mathrm{II}12}(R_{\alpha j},R_{\beta j},R_{\gamma j})$	$G_{F}^{\mathrm{II}12}(R_{\alpha},R_{\beta},R_{\gamma})$	$O_{i}=O_{j}$
22-13	Ⅱ13	$G_{Fj}^{\mathrm{II}13}(T_{aj},R_{\alpha j},R_{\beta j})$	$G_{F}^{\mathrm{II}13}(T_{a},T_{b},R_{\alpha})$	$T_{aj}\parallel\square T_{ai}T_{bi},O_{i}=O_{j}$
	Ⅱ18		$G_{F}^{\mathrm{II}18}(R_{\alpha},R_{\beta})$	$T_{aj}\nparallel\square T_{ai}T_{bi},O_{i}=O_{j}$
	Ⅱ20		$G_{F}^{\mathrm{II}20}(T_{a},R_{\alpha})$	$T_{aj}\parallel\square T_{ai}T_{bi},O_{i}\neq O_{j},R_{\alpha j}-O_{i}$
22-14	Ⅰ7	$G_{Fj}^{\mathrm{II}14}(R_{\alpha j},R_{\beta j},T_{aj})$	$G_{F}^{\mathrm{I}7}(T_{a})$	$O_{i}\neq O_{j},T_{aj}\parallel\square T_{ai}T_{bi}$
	Ⅱ18		$G_{F}^{\mathrm{II}18}(R_{\alpha},R_{\beta})$	$O_{i}=O_{j},T_{aj}\nparallel\square T_{ai}T_{bi}$

续表

序号	结果类别	G_{Fj} 表达	求交运算结果	条件
22-15	Ⅱ15	$G_{Fj}^{\mathrm{II}15}(T_{aj},T_{bj},R_{\alpha j})$	$G_{F}^{\mathrm{II}15}(T_{a},T_{b},R_{\alpha})$	$\square T_{ai}T_{bi}\parallel\square T_{aj}T_{bj},R_{\alpha j}-O_{i}$
	Ⅱ20		$G_{F}^{\mathrm{II}20}(T_{a},R_{\alpha})$	$\square T_{ai}T_{bi}\nparallel\square T_{aj}T_{bj},R_{\alpha j}-O_{i}$
22-16	Ⅰ6	$G_{Fj}^{\mathrm{II}16}(R_{\alpha j},T_{aj},T_{bj})$	$G_{F}^{\mathrm{I}6}(T_{a},T_{b})$	$\square T_{ai}T_{bi}\parallel\square T_{aj}T_{bj},R_{\alpha j}\otimes O_{i}$
22-17	Ⅱ20	$G_{Fj}^{\mathrm{II}17}(T_{aj},R_{\alpha j},T_{bj})$	$G_{F}^{\mathrm{II}20}(T_{a},R_{\alpha})$	$T_{aj}\parallel\square T_{ai}T_{bi},R_{\alpha j}-O_{i}$
22-18	Ⅱ18	$G_{Fj}^{\mathrm{II}18}(R_{\alpha j},R_{\beta j})$	$G_{F}^{\mathrm{II}18}(R_{\alpha},R_{\beta})$	$O_{i}=O_{j}$
22-19	Ⅰ7	$G_{Fj}^{\mathrm{II}19}(R_{\alpha j},T_{aj})$	$G_{F}^{\mathrm{I}7}(T_{a})$	$T_{aj}\parallel\square T_{ai}T_{bi},R_{\alpha j}\otimes O_{i}$
	Ⅱ21		$G_{F}^{\mathrm{II}21}(R_{\alpha})$	$T_{aj}\nparallel\square T_{ai}T_{bi},R_{\alpha j}-O_{i}$
22-20	Ⅱ20	$G_{Fj}^{\mathrm{II}20}(T_{aj},R_{\alpha j})$	$G_{F}^{\mathrm{II}20}(T_{a},R_{\alpha})$	$T_{aj}\parallel\square T_{ai}T_{bi},R_{\alpha i}\nparallel R_{\alpha j},R_{\alpha j}-O_{i}$
	Ⅱ20		$G_{F}^{\mathrm{II}20}(T_{a},R_{\alpha})$	$T_{aj}\parallel\square T_{ai}T_{bi},R_{\alpha i}\parallel R_{\alpha j}$
22-21	Ⅱ21	$G_{Fj}^{\mathrm{II}21}(R_{\alpha j})$	$G_{F}^{\mathrm{II}21}(R_{\alpha})$	$R_{\alpha j}-O_{i}$
22-22	Ⅰ5	$G_{Fj}^{\mathrm{III}22}(T_{aj},T_{bj},R_{\alpha j},R_{\beta j},R_{\gamma j})$	$G_{F}^{\mathrm{I}5}(T_{a},T_{b},R_{\alpha})$	$\square T_{ai}T_{bi}\parallel\square T_{aj}T_{bj},R_{\beta i}\neq R_{\beta j},R_{\gamma i}\neq R_{\gamma j}$
	Ⅱ9		$G_{F}^{\mathrm{II}9}(T_{a},R_{\alpha},R_{\beta},R_{\gamma})$	$\square T_{ai}T_{bi}\nparallel\square T_{aj}T_{bj},O_{i}=O_{j}$
	Ⅲ22		$G_{F}^{\mathrm{III}22}(T_{a},T_{b},R_{\alpha},R_{\beta},R_{\gamma})$	$\square T_{ai}T_{bi}\parallel\square T_{aj}T_{bj},O_{i}=O_{j}$
	Ⅲ25		$G_{F}^{\mathrm{III}25}(T_{a},T_{b},R_{\alpha},R_{\beta})$	$\square T_{ai}T_{bi}\parallel\square T_{aj}T_{bj},O_{i}\neq O_{j},O_{i}O_{j}\not\perp\square T_{ai}T_{bi}$
22-23	Ⅰ5	$G_{Fj}^{\mathrm{III}23}(R_{\alpha j},T_{aj},T_{bj},R_{\beta j},R_{\gamma j})$	$G_{F}^{\mathrm{I}5}(T_{a},T_{b},R_{\alpha})$	$\square T_{ai}T_{bi}\parallel\square T_{aj}T_{bj},R_{\beta i}\neq R_{\gamma j},R_{\gamma i}\neq R_{\gamma j}$
	Ⅲ25		$G_{F}^{\mathrm{III}25}(T_{a},T_{b},R_{\alpha},R_{\beta})$	$\square T_{ai}T_{bi}\parallel\square T_{aj}T_{bj},R_{\beta i}=R_{\gamma j}$ 或 $R_{\gamma i}=R_{\gamma j}$
22-24	Ⅰ5	$G_{Fj}^{\mathrm{III}24}(R_{\alpha j},R_{\beta j},T_{aj},T_{bj},R_{\gamma j})$	$G_{F}^{\mathrm{I}5}(T_{a},T_{b},R_{\alpha})$	$\square T_{ai}T_{bi}\parallel\square T_{aj}T_{bj}$
22-25	Ⅰ5	$G_{Fj}^{\mathrm{III}25}(T_{aj},T_{bj},R_{\alpha j},R_{\beta j})$	$G_{F}^{\mathrm{I}5}(T_{a},T_{b},R_{\alpha})$	$\square T_{ai}T_{bi}\parallel\square T_{aj}T_{bj},O_{i}\neq O_{j}$
	Ⅲ25		$G_{F}^{\mathrm{III}25}(T_{a},T_{b},R_{\alpha},R_{\beta})$	$\square T_{ai}T_{bi}\parallel\square T_{aj}T_{bj},O_{i}=O_{j}$
22-26	Ⅰ5	$G_{Fj}^{\mathrm{III}26}(R_{\alpha j},T_{aj},T_{bj},R_{\beta j})$	$G_{F}^{\mathrm{I}5}(T_{a},T_{b},R_{\alpha})$	$\square T_{ai}T_{bi}\parallel\square T_{aj}T_{bj}$

表 22-2-23　G_F 集 $G_{Fi}^{\mathrm{III}23}$（$R_{\alpha i}$，T_{ai}，T_{bi}，$R_{\beta i}$，$R_{\gamma i}$）与其他 G_F 集的求交运算法则

序号	结果类别	G_{Fj} 表达	求交运算结果	条件
23-1	Ⅲ23	$G_{Fj}^{\mathrm{I}1}(T_{aj},T_{bj},T_{cj},R_{\alpha j},R_{\beta j},R_{\gamma j})$	$G_{F}^{\mathrm{III}23}(R_{\alpha},T_{a},T_{b},R_{\beta},R_{\gamma})$	无要求
23-2	Ⅱ11	$G_{Fj}^{\mathrm{I}2}(T_{aj},T_{bj},T_{cj},R_{\alpha j},R_{\beta j})$	$G_{F}^{\mathrm{II}11}(T_{a},T_{b},R_{\alpha},R_{\beta})$	$R_{\alpha j}\not\perp\square T_{ai}T_{bi}$
	Ⅲ25		$G_{F}^{\mathrm{III}25}(T_{a},T_{b},R_{\alpha},R_{\beta})$	$R_{\alpha j}\perp\square T_{ai}T_{bi}$
23-3	Ⅰ5	$G_{Fj}^{\mathrm{I}3}(T_{aj},T_{bj},T_{cj},R_{\alpha j})$	$G_{F}^{\mathrm{I}5}(T_{a},T_{b},R_{\alpha})$	$R_{\beta i}\parallel R_{\alpha j}$
	Ⅱ15		$G_{F}^{\mathrm{II}15}(T_{a},T_{b},R_{\alpha})$	$R_{\beta i}\nparallel R_{\alpha j},R_{\gamma i}\parallel R_{\alpha j}$
23-4	Ⅰ6	$G_{Fj}^{\mathrm{I}4}(T_{aj},T_{bj},T_{cj})$	$G_{F}^{\mathrm{I}6}(T_{a},T_{b})$	无要求
23-5	Ⅰ5	$G_{Fj}^{\mathrm{I}5}(T_{aj},T_{bj},R_{\alpha j})$	$G_{F}^{\mathrm{I}5}(T_{a},T_{b},R_{\alpha})$	$\square T_{ai}T_{bi}\parallel\square T_{aj}T_{bj}$
	Ⅱ19		$G_{F}^{\mathrm{II}19}(R_{\alpha},T_{a})$	$\square T_{ai}T_{bi}\nparallel\square T_{aj}T_{bj},R_{\alpha i}\parallel R_{\alpha j}$
	Ⅱ20		$G_{F}^{\mathrm{II}20}(T_{a},R_{\alpha})$	$\square T_{ai}T_{bi}\nparallel\square T_{aj}T_{bj},R_{\gamma i}\parallel R_{\alpha j}$
23-6	Ⅰ6	$G_{Fj}^{\mathrm{I}6}(T_{aj},T_{bj})$	$G_{F}^{\mathrm{I}6}(T_{a},T_{b})$	$\square T_{ai}T_{bi}\parallel\square T_{aj}T_{bj}$
23-7	Ⅰ7	$G_{Fj}^{\mathrm{I}7}(T_{aj})$	$G_{F}^{\mathrm{I}7}(T_{a})$	$T_{aj}\parallel\square T_{ai}T_{bi}$
23-8	Ⅱ14	$G_{Fj}^{\mathrm{II}8}(R_{\alpha j},R_{\beta j},R_{\gamma j},T_{aj})$	$G_{F}^{\mathrm{II}14}(R_{\alpha},R_{\beta},T_{a})$	$O_{i}-O_{j},T_{aj}\parallel\square T_{ai}T_{bi}$
	Ⅱ19		$G_{F}^{\mathrm{II}19}(R_{\alpha},T_{a})$	$R_{\alpha i}-O_{j},T_{aj}\parallel\square T_{ai}T_{bi}$
23-9	Ⅱ13	$G_{Fj}^{\mathrm{II}9}(T_{aj},R_{\alpha j},R_{\beta j},R_{\gamma j})$	$G_{F}^{\mathrm{II}13}(T_{a},R_{\alpha},R_{\beta})$	$T_{aj}\parallel\square T_{ai}T_{bi},R_{\gamma i}-O_{j}$
	Ⅱ20		$G_{F}^{\mathrm{II}20}(T_{a},R_{\alpha})$	$T_{aj}\parallel\square T_{ai}T_{bi},R_{\gamma i}\otimes O_{j}$

续表

序号	结果类别	$G_{\mathrm{F}j}$ 表达	求交运算结果	条件
23-10	Ⅰ6	$G_{\mathrm{F}j}^{\mathrm{II}10}(R_{\alpha j},R_{\beta j},T_{aj},T_{bj})$	$G_{\mathrm{F}}^{\mathrm{I}6}(T_a,T_b)$	$\square T_{ai}T_{bi}\parallel\square T_{aj}T_{bj},R_{\alpha i}\neq R_{\alpha j},R_{\gamma i}\neq R_{\alpha j},R_{\alpha i}\neq R_{\beta j},R_{\gamma i}\neq R_{\beta j}$
	Ⅱ18		$G_{\mathrm{F}}^{\mathrm{II}18}(R_\alpha,R_\beta)$	$\square T_{ai}T_{bi}\nparallel\square T_{aj}T_{bj},R_{\alpha i}=R_{\alpha j},R_{\beta i}=R_{\beta j}$
23-11	Ⅰ6	$G_{\mathrm{F}j}^{\mathrm{II}11}(T_{aj},T_{bj},R_{\alpha j},R_{\beta j})$	$G_{\mathrm{F}}^{\mathrm{I}6}(T_a,T_b)$	$\square T_{ai}T_{bi}\parallel\square T_{aj}T_{bj},R_{\gamma i}\neq R_{\alpha j},R_{\gamma i}\neq R_{\beta j}$
	Ⅱ15		$G_{\mathrm{F}}^{\mathrm{II}15}(T_a,T_b,R_\alpha)$	$\square T_{ai}T_{bi}\parallel\square T_{aj}T_{bj},R_{\gamma i}=R_{\alpha j}$ 或 $R_{\gamma i}=R_{\beta j}$
23-12	Ⅱ18	$G_{\mathrm{F}j}^{\mathrm{II}12}(R_{\alpha j},R_{\beta j},R_{\gamma j})$	$G_{\mathrm{F}}^{\mathrm{II}18}(R_\alpha,R_\beta)$	$O_i=O_j$
23-13	Ⅱ13	$G_{\mathrm{F}j}^{\mathrm{II}13}(T_{aj},R_{\alpha j},R_{\beta j})$	$G_{\mathrm{F}}^{\mathrm{II}13}(T_a,R_\alpha,R_\beta)$	$T_{aj}\parallel\square T_{ai}T_{bi},R_{\beta i}\parallel R_{\alpha j},R_{\gamma i}=R_{\beta j}$
	Ⅱ18		$G_{\mathrm{F}}^{\mathrm{II}18}(R_\alpha,R_\beta)$	$T_{aj}\nparallel\square T_{ai}T_{bi},R_{\beta i}\parallel R_{\alpha j},R_{\gamma i}=R_{\beta j}$
	Ⅱ20		$G_{\mathrm{F}}^{\mathrm{II}20}(T_a,R_\alpha)$	$T_{aj}\parallel\square T_{ai}T_{bi},R_{\beta i}\parallel R_{\alpha j}$ 或 $R_{\gamma i}=R_{\beta j}$
23-14	Ⅱ18	$G_{\mathrm{F}j}^{\mathrm{II}14}(R_{\alpha j},R_{\beta j},T_{aj})$	$G_{\mathrm{F}}^{\mathrm{II}18}(R_\alpha,R_\beta)$	$R_{\beta i}\parallel R_{\alpha j},R_{\gamma i}=R_{\beta j},T_{aj}\nparallel\square T_{ai}T_{bi}$
	Ⅱ19		$G_{\mathrm{F}}^{\mathrm{II}19}(R_\alpha,T_a)$	$T_{aj}\parallel\square T_{ai}T_{bi},R_{\alpha i}=R_{\alpha j}$ 或 $R_{\alpha i}=R_{\beta j}$
23-15	Ⅰ6	$G_{\mathrm{F}j}^{\mathrm{II}15}(T_{aj},T_{bj},R_{\alpha j})$	$G_{\mathrm{F}}^{\mathrm{I}6}(T_a,T_b)$	$\square T_{ai}T_{bi}\parallel\square T_{aj}T_{bj},R_{\gamma i}\neq R_{\alpha j}$
	Ⅱ15		$G_{\mathrm{F}}^{\mathrm{II}15}(T_a,T_b,R_\alpha)$	$\square T_{ai}T_{bi}\parallel\square T_{aj}T_{bj},R_{\gamma i}=R_{\alpha j}$
	Ⅱ20		$G_{\mathrm{F}}^{\mathrm{II}20}(T_a,R_\alpha)$	$\square T_{ai}T_{bi}\nparallel\square T_{aj}T_{bj},R_{\gamma i}=R_{\alpha j}$
23-16	Ⅰ6	$G_{\mathrm{F}j}^{\mathrm{II}16}(R_{\alpha j},T_{aj},T_{bj})$	$G_{\mathrm{F}}^{\mathrm{I}6}(T_a,T_b)$	$\square T_{ai}T_{bi}\parallel\square T_{aj}T_{bj},R_{\alpha i}\neq R_{\alpha j}$
	Ⅱ16		$G_{\mathrm{F}}^{\mathrm{II}16}(R_\alpha,T_a,T_b)$	$\square T_{ai}T_{bi}\parallel\square T_{aj}T_{bj},R_{\alpha i}=R_{\alpha j}$
	Ⅱ19		$G_{\mathrm{F}}^{\mathrm{II}19}(R_\alpha,T_a)$	$\square T_{ai}T_{bi}\nparallel\square T_{aj}T_{bj},R_{\alpha i}=R_{\alpha j}$
23-17	Ⅱ19	$G_{\mathrm{F}j}^{\mathrm{II}17}(T_{aj},R_{\alpha j},T_{bj})$	$G_{\mathrm{F}}^{\mathrm{II}19}(R_\alpha,T_a)$	$R_{\alpha i}=R_{\alpha j},T_{bj}\parallel\square T_{ai}T_{bi}$
	Ⅱ20		$G_{\mathrm{F}}^{\mathrm{II}20}(T_a,R_\alpha)$	$T_{aj}\parallel\square T_{ai}T_{bi},R_{\alpha j}=R_{\gamma i}$
23-18	Ⅱ21	$G_{\mathrm{F}j}^{\mathrm{II}18}(R_{\alpha j},R_{\beta j})$	$G_{\mathrm{F}}^{\mathrm{II}21}(R_\alpha)$	$R_{\beta i}\parallel R_{\alpha j},R_{\gamma i}=R_{\beta j}$
23-19	Ⅱ19	$G_{\mathrm{F}j}^{\mathrm{II}19}(R_{\alpha j},T_{aj})$	$G_{\mathrm{F}}^{\mathrm{II}19}(R_\alpha,T_a)$	$R_{\alpha i}=R_{\alpha j},T_{aj}\parallel\square T_{ai}T_{bi}$
23-20	Ⅱ20	$G_{\mathrm{F}j}^{\mathrm{II}20}(T_{aj},R_{\alpha j})$	$G_{\mathrm{F}}^{\mathrm{II}20}(T_a,R_\alpha)$	$T_{aj}\parallel\square T_{ai}T_{bi},R_{\beta i}\parallel R_{\alpha j}$ 或 $R_{\gamma i}=R_{\alpha j}$
23-21	Ⅱ21	$G_{\mathrm{F}j}^{\mathrm{II}21}(R_{\alpha j})$	$G_{\mathrm{F}}^{\mathrm{II}21}(R_\alpha)$	$R_{\alpha i}=R_{\alpha j}$ 或 $R_{\beta i}\parallel R_{\alpha j}$ 或 $R_{\gamma i}=R_{\alpha j}$
23-22	Ⅰ5	$G_{\mathrm{F}j}^{\mathrm{III}22}(T_{aj},T_{bj},R_{\alpha j},R_{\beta j},R_{\gamma j})$	$G_{\mathrm{F}}^{\mathrm{I}5}(T_a,T_b,R_\alpha)$	$\square T_{ai}T_{bi}\parallel\square T_{aj}T_{bj},R_{\gamma i}\neq R_{\beta j},R_{\gamma i}\neq R_{\gamma j}$
	Ⅲ25		$G_{\mathrm{F}}^{\mathrm{III}25}(T_a,T_b,R_\alpha,R_\beta)$	$\square T_{ai}T_{bi}\parallel\square T_{aj}T_{bj},R_{\gamma i}=R_{\beta j}$ 或 $R_{\gamma i}=R_{\gamma j}$
23-23	Ⅰ5	$G_{\mathrm{F}j}^{\mathrm{III}23}(R_{\alpha j},T_{aj},T_{bj},R_{\beta j},R_{\gamma j})$	$G_{\mathrm{F}}^{\mathrm{I}5}(T_a,T_b,R_\alpha)$	$\square T_{ai}T_{bi}\parallel\square T_{aj}T_{bj},R_{\alpha i}\neq R_{\alpha j},R_{\gamma i}\neq R_{\gamma j}$
	Ⅲ23		$G_{\mathrm{F}}^{\mathrm{III}23}(R_\alpha,T_a,T_b,R_\beta,R_\gamma)$	$\square T_{ai}T_{bi}\parallel\square T_{aj}T_{bj},R_{\alpha i}=R_{\alpha j},R_{\gamma i}=R_{\gamma j}$
	Ⅲ25		$G_{\mathrm{F}}^{\mathrm{III}25}(T_a,T_b,R_\alpha,R_\beta)$	$\square T_{ai}T_{bi}\parallel\square T_{aj}T_{bj},R_{\alpha i}\neq R_{\alpha j},R_{\gamma i}=R_{\gamma j}$
	Ⅲ26		$G_{\mathrm{F}}^{\mathrm{III}26}(R_\alpha,T_a,T_b,R_\beta)$	$\square T_{ai}T_{bi}\parallel\square T_{aj}T_{bj},R_{\alpha i}=R_{\alpha j},R_{\gamma i}\neq R_{\gamma j}$
23-24	Ⅰ5	$G_{\mathrm{F}j}^{\mathrm{III}24}(R_{\alpha j},R_{\beta j},T_{aj},T_{bj},R_{\gamma j})$	$G_{\mathrm{F}}^{\mathrm{I}5}(T_a,T_b,R_\alpha)$	$\square T_{ai}T_{bi}\parallel\square T_{aj}T_{bj},R_{\alpha i}\neq R_{\alpha j},R_{\alpha i}\neq R_{\beta j}$
	Ⅲ26		$G_{\mathrm{F}}^{\mathrm{III}26}(R_\alpha,T_a,T_b,R_\beta)$	$\square T_{ai}T_{bi}\parallel\square T_{aj}T_{bj},R_{\alpha i}=R_{\alpha j}$ 或 $R_{\alpha i}=R_{\beta j}$
23-25	Ⅰ5	$G_{\mathrm{F}j}^{\mathrm{III}25}(T_{aj},T_{bj},R_{\alpha j},R_{\beta j})$	$G_{\mathrm{F}}^{\mathrm{I}5}(T_a,T_b,R_\alpha)$	$\square T_{ai}T_{bi}\parallel\square T_{aj}T_{bj},R_{\gamma i}\neq R_{\beta j}$
	Ⅲ25		$G_{\mathrm{F}}^{\mathrm{III}25}(T_a,T_b,R_\alpha,R_\beta)$	$\square T_{ai}T_{bi}\parallel\square T_{aj}T_{bj},R_{\gamma i}=R_{\beta j}$
23-26	Ⅰ5	$G_{\mathrm{F}j}^{\mathrm{III}26}(R_{\alpha j},T_{aj},T_{bj},R_{\beta j})$	$G_{\mathrm{F}}^{\mathrm{I}5}(T_a,T_b,R_\alpha)$	$\square T_{ai}T_{bi}\parallel\square T_{aj}T_{bj},R_{\alpha i}\neq R_{\alpha j}$
	Ⅲ26		$G_{\mathrm{F}}^{\mathrm{III}26}(R_\alpha,T_a,T_b,R_\beta)$	$\square T_{ai}T_{bi}\parallel\square T_{aj}T_{bj},R_{\alpha i}=R_{\alpha j}$

表 22-2-24　G_F 集 $G_{Fi}^{\mathrm{III}24}$（$R_{\alpha i}$，$R_{\beta i}$，T_{ai}，T_{bi}，$R_{\gamma i}$）与其他 G_F 集的求交运算法则

序号	结果类别	G_{Fj} 表达	求交运算结果	条件
24-1	Ⅲ24	$G_{Fj}^{\mathrm{I}1}(T_{aj},T_{bj},T_{cj},R_{\alpha j},R_{\beta j},R_{\gamma j})$	$G_F^{\mathrm{III}24}(R_\alpha,R_\beta,T_a,T_b,R_\gamma)$	无要求
24-2	Ⅰ5	$G_{Fj}^{\mathrm{I}2}(T_{aj},T_{bj},T_{cj},R_{\alpha j},R_{\beta j})$	$G_F^{\mathrm{I}5}(T_a,T_b,R_\alpha)$	$R_{\alpha j}\perp\square T_{ai}T_{bi}$
	Ⅰ6		$G_F^{\mathrm{I}6}(T_a,T_b)$	$R_{\alpha j}\not\perp\square T_{ai}T_{bi}$
24-3	Ⅰ5	$G_{Fj}^{\mathrm{I}3}(T_{aj},T_{bj},T_{cj},R_{\alpha j})$	$G_F^{\mathrm{I}5}(T_a,T_b,R_\alpha)$	$R_{\gamma i}\parallel R_{\alpha j}$
	Ⅱ16		$G_F^{\mathrm{II}16}(R_\alpha,T_a,T_b)$	$R_{\gamma i}\nparallel R_{\alpha j}$
24-4	Ⅰ6	$G_{Fj}^{\mathrm{I}4}(T_{aj},T_{bj},T_{cj})$	$G_F^{\mathrm{I}6}(T_a,T_b)$	无要求
24-5	Ⅰ5	$G_{Fj}^{\mathrm{I}5}(T_{aj},T_{bj},R_{\alpha j})$	$G_F^{\mathrm{I}5}(T_a,T_b,R_\alpha)$	$\square T_{ai}T_{bi}\parallel\square T_{aj}T_{bj}$
	Ⅱ19		$G_F^{\mathrm{II}19}(R_\alpha,T_a)$	$\square T_{ai}T_{bi}\nparallel\square T_{aj}T_{bj}$
24-6	Ⅰ6	$G_{Fj}^{\mathrm{I}6}(T_{aj},T_{bj})$	$G_F^{\mathrm{I}6}(T_a,T_b)$	$\square T_{ai}T_{bi}\parallel\square T_{aj}T_{bj}$
24-7	Ⅰ7	$G_{Fj}^{\mathrm{I}7}(T_{aj})$	$G_F^{\mathrm{I}7}(T_a)$	$T_{aj}\parallel\square T_{ai}T_{bi}$
24-8	Ⅱ8	$G_{Fj}^{\mathrm{II}8}(R_{\alpha j},R_{\beta j},R_{\gamma j},T_{aj})$	$G_F^{\mathrm{II}8}(R_\alpha,R_\beta,R_\gamma,T_a)$	$O_i=O_j,T_{aj}\parallel\square T_{ai}T_{bi}$
	Ⅱ12		$G_F^{\mathrm{II}12}(R_\alpha,R_\beta,R_\gamma)$	$O_i=O_j,T_{aj}\nparallel\square T_{ai}T_{bi}$
24-9	Ⅱ12	$G_{Fj}^{\mathrm{II}9}(T_{aj},R_{\alpha j},R_{\beta j},R_{\gamma j})$	$G_F^{\mathrm{II}12}(R_\alpha,R_\beta,R_\gamma)$	$R_{\alpha i}-O_j,R_{\beta i}-O_j,T_{aj}\nparallel\square T_{ai}T_{bi}$
	Ⅱ20		$G_F^{\mathrm{II}20}(T_a,R_\alpha)$	$R_{\alpha i}\otimes O_j,R_{\beta i}\otimes O_j,T_{aj}\parallel\square T_{ai}T_{bi}$
24-10	Ⅱ10	$G_{Fj}^{\mathrm{II}10}(R_{\alpha j},R_{\beta j},T_{aj},T_{bj})$	$G_F^{\mathrm{II}10}(R_\alpha,R_\beta,T_a,T_b)$	$O_i=O_j,\square T_{ai}T_{bi}\parallel\square T_{aj}T_{bj}$
	Ⅱ14		$G_F^{\mathrm{II}14}(R_\alpha,R_\beta,T_a)$	$O_i=O_j,\square T_{ai}T_{bi}\nparallel\square T_{aj}T_{bj}$
	Ⅱ16		$G_F^{\mathrm{II}16}(R_\alpha,T_a,T_b)$	$\square T_{ai}T_{bi}\parallel\square T_{aj}T_{bj},O_i\neq O_j,R_{\alpha j}-O_i$
24-11	Ⅰ6	$G_{Fj}^{\mathrm{II}11}(T_{aj},T_{bj},R_{\alpha j},R_{\beta j})$	$G_F^{\mathrm{I}6}(T_a,T_b)$	$\square T_{ai}T_{bi}\parallel\square T_{aj}T_{bj},O_i\neq O_j$
	Ⅱ18		$G_F^{\mathrm{II}18}(R_\alpha,R_\beta)$	$\square T_{ai}T_{bi}\nparallel\square T_{aj}T_{bj},R_{\alpha i}=R_{\alpha j},R_{\beta i}=R_{\beta j}$
24-12	Ⅱ12	$G_{Fj}^{\mathrm{II}12}(R_{\alpha j},R_{\beta j},R_{\gamma j})$	$G_F^{\mathrm{II}12}(R_\alpha,R_\beta,R_\gamma)$	$O_i=O_j$
24-13	Ⅱ18	$G_{Fj}^{\mathrm{II}13}(T_{aj},R_{\alpha j},R_{\beta j})$	$G_F^{\mathrm{II}18}(R_\alpha,R_\beta)$	$O_i=O_j,T_{aj}\nparallel\square T_{ai}T_{bi}$
	Ⅱ20		$G_F^{\mathrm{II}20}(T_a,R_\alpha)$	$T_{aj}\parallel\square T_{ai}T_{bi},R_{\gamma i}\parallel R_{\alpha j}$ 或 $R_{\gamma i}\parallel R_{\beta j}$
24-14	Ⅱ14	$G_{Fj}^{\mathrm{II}14}(R_{\alpha j},R_{\beta j},T_{aj})$	$G_F^{\mathrm{II}14}(R_\alpha,R_\beta,T_a)$	$O_i=O_j,T_{aj}\parallel\square T_{ai}T_{bi}$
	Ⅱ18		$G_F^{\mathrm{II}18}(R_\alpha,R_\beta)$	$O_i=O_j,T_{aj}\nparallel\square T_{ai}T_{bi}$
24-15	Ⅰ6	$G_{Fj}^{\mathrm{II}15}(T_{aj},T_{bj},R_{\alpha j})$	$G_F^{\mathrm{I}6}(T_a,T_b)$	$\square T_{ai}T_{bi}\parallel\square T_{aj}T_{bj}$
24-16	Ⅰ6	$G_{Fj}^{\mathrm{II}16}(R_{\alpha j},T_{aj},T_{bj})$	$G_F^{\mathrm{I}6}(T_a,T_b)$	$\square T_{ai}T_{bi}\parallel\square T_{aj}T_{bj},R_{\alpha j}\otimes O_i$
	Ⅱ16		$G_F^{\mathrm{II}16}(R_\alpha,T_a,T_b)$	$\square T_{ai}T_{bi}\parallel\square T_{aj}T_{bj},R_{\alpha j}-O_i$
	Ⅱ19		$G_F^{\mathrm{II}19}(R_\alpha,T_a)$	$\square T_{ai}T_{bi}\nparallel\square T_{aj}T_{bj},R_{\alpha j}-O_i$
24-17	Ⅱ19	$G_{Fj}^{\mathrm{II}17}(T_{aj},R_{\alpha j},T_{bj})$	$G_F^{\mathrm{II}19}(R_\alpha,T_a)$	$T_{bj}\parallel\square T_{ai}T_{bi},R_{\alpha i}=R_{\alpha j}$ 或 $R_{\beta i}=R_{\alpha j}$
24-18	Ⅱ18	$G_{Fj}^{\mathrm{II}18}(R_{\alpha j},R_{\beta j})$	$G_F^{\mathrm{II}18}(R_\alpha,R_\beta)$	$O_i=O_j$
	Ⅱ18		$G_F^{\mathrm{II}18}(R_\alpha,R_\beta)$	$R_{\alpha j}-O_i,R_{\beta j}\perp\square T_{ai}T_{bi}$
24-19	Ⅱ19	$G_{Fj}^{\mathrm{II}19}(R_{\alpha j},T_{aj})$	$G_F^{\mathrm{II}19}(R_\alpha,T_a)$	$R_{\alpha j}-O_i,T_{aj}\parallel\square T_{ai}T_{bi}$
24-20	Ⅱ20	$G_{Fj}^{\mathrm{II}20}(T_{aj},R_{\alpha j})$	$G_F^{\mathrm{II}20}(T_a,R_\alpha)$	$T_{aj}\parallel\square T_{ai}T_{bi},R_{\gamma i}\parallel R_{\alpha j}$
24-21	Ⅱ21	$G_{Fj}^{\mathrm{II}21}(R_{\alpha j})$	$G_F^{\mathrm{II}21}(R_\alpha)$	$R_{\alpha i}=R_{\alpha j}$ 或 $R_{\beta i}=R_{\alpha j}$ 或 $R_{\gamma i}\parallel R_{\alpha j}$
24-22	Ⅰ5	$G_{Fj}^{\mathrm{III}22}(T_{aj},T_{bj},R_{\alpha j},R_{\beta j},R_{\gamma j})$	$G_F^{\mathrm{I}5}(T_a,T_b,R_\alpha)$	$\square T_{ai}T_{bi}\parallel\square T_{aj}T_{bj}$
24-23	Ⅰ5	$G_{Fj}^{\mathrm{III}23}(R_{\alpha j},T_{aj},T_{bj},R_{\beta j},R_{\gamma j})$	$G_F^{\mathrm{I}5}(T_a,T_b,R_\alpha)$	$\square T_{ai}T_{bi}\parallel\square T_{aj}T_{bj},R_{\alpha i}\neq R_{\alpha j},R_{\beta i}\neq R_{\alpha j}$
	Ⅲ26		$G_F^{\mathrm{III}26}(R_\alpha,T_a,T_b,R_\beta)$	$\square T_{ai}T_{bi}\parallel\square T_{aj}T_{bj},R_{\alpha i}=R_{\alpha j}$ 或 $R_{\beta i}=R_{\alpha j}$

续表

序号	结果类别	G_{Fj} 表达	求交运算结果	条件
24-24	Ⅱ14	$G_{Fj}^{Ⅲ24}(R_{\alpha j},R_{\beta j},T_{aj},T_{bj},R_{\gamma j})$	$G_F^{Ⅱ14}(R_\alpha,R_\beta,T_a)$	$\square T_{ai}T_{bi}\nparallel\square T_{aj}T_{bj},R_{\alpha i}=R_{\alpha j},R_{\beta i}=R_{\beta j}$
	Ⅲ24		$G_F^{Ⅲ24}(R_\alpha,R_\beta,T_a,T_b,R_\gamma)$	$\square T_{ai}T_{bi}\parallel\square T_{aj}T_{bj},R_{\alpha i}=R_{\alpha j},R_{\beta i}=R_{\beta j}$
	Ⅲ26		$G_F^{Ⅲ26}(R_\alpha,T_a,T_b,R_\beta)$	$\square T_{ai}T_{bi}\parallel\square T_{aj}T_{bj},R_{\alpha i}=R_{\alpha j}$ 或 $R_{\beta i}=R_{\beta j}$
24-25	Ⅰ5	$G_{Fj}^{Ⅲ25}(T_{aj},T_{bj},R_{\alpha j},R_{\beta j})$	$G_F^{Ⅰ5}(T_a,T_b,R_\alpha)$	$\square T_{ai}T_{bi}\parallel\square T_{aj}T_{bj}$
	Ⅱ20		$G_F^{Ⅱ20}(T_a,R_\alpha)$	$\square T_{ai}T_{bi}\nparallel\square T_{aj}T_{bj},R_{\gamma i}\parallel R_{\beta j}$
24-26	Ⅰ5	$G_{Fj}^{Ⅲ26}(R_{\alpha j},T_{aj},T_{bj},R_{\beta j})$	$G_F^{Ⅰ5}(T_a,T_b,R_\alpha)$	$\square T_{ai}T_{bi}\parallel\square T_{aj}T_{bj},R_{\alpha i}\neq R_{\alpha j},R_{\beta i}\neq R_{\alpha j}$
	Ⅲ26		$G_F^{Ⅲ26}(R_\alpha,T_a,T_b,R_\beta)$	$\square T_{ai}T_{bi}\parallel\square T_{aj}T_{bj},R_{\alpha i}=R_{\alpha j}$ 或 $R_{\beta i}=R_{\alpha j}$

表 22-2-25　G_F 集 $G_{Fi}^{Ⅲ25}$（T_{ai}，T_{bi}，$R_{\alpha i}$，$R_{\beta i}$）与其他 G_F 集的求交运算法则

序号	结果类别	G_{Fj} 表达	求交运算结果	条件
25-1	Ⅲ25	$G_{Fj}^{Ⅰ1}(T_{aj},T_{bj},T_{cj},R_{\alpha j},R_{\beta j},R_{\gamma j})$	$G_F^{Ⅲ25}(T_a,T_b,R_\alpha,R_\beta)$	无要求
25-2	Ⅰ5	$G_{Fj}^{Ⅰ2}(T_{aj},T_{bj},T_{cj},R_{\alpha j},R_{\beta j})$	$G_F^{Ⅰ5}(T_a,T_b,R_\alpha)$	$R_{\alpha i}\parallel R_{\alpha j},R_{\beta i}\nparallel R_{\beta j}$
	Ⅲ25		$G_F^{Ⅲ25}(T_a,T_b,R_\alpha,R_\beta)$	$R_{\alpha i}\parallel R_{\alpha j},R_{\beta i}\parallel R_{\beta j}$
25-3	Ⅰ5	$G_{Fj}^{Ⅰ3}(T_{aj},T_{bj},T_{cj},R_{\alpha j})$	$G_F^{Ⅰ5}(T_a,T_b,R_\alpha)$	$R_{\alpha i}\parallel R_{\alpha j}$
	Ⅰ6		$G_F^{Ⅰ6}(T_a,T_b)$	$R_{\alpha i}\nparallel R_{\alpha j},R_{\beta i}\nparallel R_{\alpha j}$
	Ⅱ15		$G_F^{Ⅱ15}(T_a,T_b,R_\alpha)$	$R_{\alpha i}\nparallel R_{\alpha j},R_{\beta i}\parallel R_{\alpha j}$
25-4	Ⅰ6	$G_{Fj}^{Ⅰ4}(T_{aj},T_{bj},T_{cj})$	$G_F^{Ⅰ6}(T_a,T_b)$	无要求
25-5	Ⅰ5	$G_{Fj}^{Ⅰ5}(T_{aj},T_{bj},R_{\alpha j})$	$G_F^{Ⅰ5}(T_a,T_b,R_\alpha)$	$R_{\alpha i}\parallel R_{\alpha j}$
	Ⅱ20		$G_F^{Ⅱ20}(T_a,R_\alpha)$	$\square T_{ai}T_{bi}\nparallel\square T_{aj}T_{bj},R_{\beta i}\parallel R_{\alpha j}$
25-6	Ⅰ6	$G_{Fj}^{Ⅰ6}(T_{aj},T_{bj})$	$G_F^{Ⅰ6}(T_a,T_b)$	$\square T_{ai}T_{bi}\parallel\square T_{aj}T_{bj}$
25-7	Ⅰ7	$G_{Fj}^{Ⅰ7}(T_{aj})$	$G_F^{Ⅰ7}(T_a)$	$T_{aj}\parallel\square T_{ai}T_{bi}$
25-8	Ⅱ18	$G_{Fj}^{Ⅱ8}(R_{\alpha j},R_{\beta j},R_{\gamma j},T_{aj})$	$G_F^{Ⅱ18}(R_\alpha,R_\beta)$	$O_i=O_j,T_{aj}\nparallel\square T_{ai}T_{bi}$
	Ⅱ19		$G_F^{Ⅱ19}(R_\alpha,T_a)$	$R_{\alpha i}-O_j,T_{aj}\parallel\square T_{ai}T_{bi}$
25-9	Ⅱ13	$G_{Fj}^{Ⅱ9}(T_{aj},R_{\alpha j},R_{\beta j},R_{\gamma j})$	$G_F^{Ⅱ13}(T_a,R_\alpha,R_\beta)$	$O_i=O_j,T_{aj}\parallel\square T_{ai}T_{bi}$
	Ⅱ18		$G_F^{Ⅱ18}(R_\alpha,R_\beta)$	$O_i=O_j,T_{aj}\nparallel\square T_{ai}T_{bi}$
25-10	Ⅰ6	$G_{Fj}^{Ⅱ10}(R_{\alpha j},R_{\beta j},T_{aj},T_{bj})$	$G_F^{Ⅰ6}(T_a,T_b)$	$\square T_{ai}T_{bi}\parallel\square T_{aj}T_{bj},R_{\alpha i}\nparallel R_{\alpha j},R_{\beta i}\neq R_{\beta j}$
	Ⅱ18		$G_F^{Ⅱ18}(R_\alpha,R_\beta)$	$\square T_{ai}T_{bi}\nparallel\square T_{aj}T_{bj},R_{\alpha i}\parallel R_{\alpha j},R_{\beta i}=R_{\beta j}$
25-11	Ⅰ6	$G_{Fj}^{Ⅱ11}(T_{aj},T_{bj},R_{\alpha j},R_{\beta j})$	$G_F^{Ⅰ6}(T_a,T_b)$	$\square T_{ai}T_{bi}\parallel\square T_{aj}T_{bj},R_{\beta i}\neq R_{\beta j}$
	Ⅱ13		$G_F^{Ⅱ13}(T_a,R_\alpha,R_\beta)$	$R_{\alpha i}\parallel R_{\alpha j},R_{\beta i}=R_{\beta j}$
	Ⅱ15		$G_F^{Ⅱ15}(T_a,T_b,R_\alpha)$	$\square T_{ai}T_{bi}\parallel\square T_{aj}T_{bj},R_{\beta i}=R_{\beta j}$
25-12	Ⅱ18	$G_{Fj}^{Ⅱ12}(R_{\alpha j},R_{\beta j},R_{\gamma j})$	$G_F^{Ⅱ18}(R_\alpha,R_\beta)$	$O_i=O_j$
25-13	Ⅱ13	$G_{Fj}^{Ⅱ13}(T_{aj},R_{\alpha j},R_{\beta j})$	$G_F^{Ⅱ13}(T_a,R_\alpha,R_\beta)$	$R_{\alpha i}\parallel R_{\alpha j},R_{\beta i}=R_{\beta j},T_{aj}\parallel\square T_{ai}T_{bi}$
	Ⅱ18		$G_F^{Ⅱ18}(R_\alpha,R_\beta)$	$R_{\alpha i}\parallel R_{\alpha j},R_{\beta i}=R_{\beta j},T_{aj}\nparallel\square T_{ai}T_{bi}$
25-14	Ⅰ7	$G_{Fj}^{Ⅱ14}(R_{\alpha j},R_{\beta j},T_{aj})$	$G_F^{Ⅰ7}(T_a)$	$R_{\alpha i}\nparallel R_{\alpha j},R_{\beta i}\neq R_{\beta j},T_{aj}\parallel\square T_{ai}T_{bi}$
	Ⅱ18		$G_F^{Ⅱ18}(R_\alpha,R_\beta)$	$R_{\alpha i}\parallel R_{\alpha j},R_{\beta i}=R_{\beta j},T_{aj}\nparallel\square T_{ai}T_{bi}$
25-15	Ⅰ6	$G_{Fj}^{Ⅱ15}(T_{aj},T_{bj},R_{\alpha j})$	$G_F^{Ⅰ6}(T_a,T_b)$	$\square T_{ai}T_{bi}\parallel\square T_{aj}T_{bj},R_{\beta i}\nparallel R_{\alpha j}$
	Ⅱ15		$G_F^{Ⅱ15}(T_a,T_b,R_\alpha)$	$\square T_{ai}T_{bi}\parallel\square T_{aj}T_{bj},R_{\beta i}=R_{\alpha j}$
	Ⅱ20		$G_F^{Ⅱ20}(T_a,R_\alpha)$	$\square T_{ai}T_{bi}\nparallel\square T_{aj}T_{bj},R_{\alpha i}=R_{\alpha j}$

续表

序号	结果类别	$G_{\mathrm{F}j}$ 表达	求交运算结果	条件
25-16	Ⅰ6	$G_{\mathrm{F}j}^{\mathrm{II}16}(R_{\alpha j},T_{aj},T_{bj})$	$G_{\mathrm{F}}^{\mathrm{I}6}(T_a,T_b)$	$▱T_{ai}T_{bi}\parallel▱T_{aj}T_{bj}$
25-17	Ⅱ20	$G_{\mathrm{F}j}^{\mathrm{II}17}(T_{aj},R_{\alpha j},T_{bj})$	$G_{\mathrm{F}}^{\mathrm{II}20}(T_a,R_\alpha)$	$T_{aj}\parallel▱T_{ai}T_{bi},R_{\beta i}=R_{\alpha j}$
25-18	Ⅱ18	$G_{\mathrm{F}j}^{\mathrm{II}18}(R_{\alpha j},R_{\beta j})$	$G_{\mathrm{F}}^{\mathrm{II}18}(R_\alpha,R_\beta)$	$R_{\alpha i}=R_{\alpha j},R_{\beta i}=R_{\beta j}$
25-19	Ⅰ7	$G_{\mathrm{F}j}^{\mathrm{II}19}(R_{\alpha j},T_{aj})$	$G_{\mathrm{F}}^{\mathrm{I}7}(T_a)$	$T_{aj}\parallel▱T_{ai}T_{bi},R_{\alpha i}\nparallel R_{\alpha j},R_{\beta i}\neq R_{\alpha j}$
	Ⅱ21		$G_{\mathrm{F}}^{\mathrm{II}21}(R_\alpha)$	$T_{aj}\nparallel▱T_{ai}T_{bi},R_{\alpha i}\parallel R_{\alpha j}$ 或 $R_{\beta i}=R_{\alpha j}$
25-20	Ⅱ20	$G_{\mathrm{F}j}^{\mathrm{II}20}(T_{aj},R_{\alpha j})$	$G_{\mathrm{F}}^{\mathrm{II}20}(T_a,R_\alpha)$	$T_{aj}\parallel▱T_{ai}T_{bi},R_{\alpha i}\parallel R_{\alpha j}$ 或 $R_{\beta i}=R_{\alpha j}$
25-21	Ⅱ21	$G_{\mathrm{F}j}^{\mathrm{II}21}(R_{\alpha j})$	$G_{\mathrm{F}}^{\mathrm{II}21}(R_\alpha)$	$R_{\alpha i}\parallel R_{\alpha j}$ 或 $R_{\beta i}=R_{\alpha j}$
25-22	Ⅰ5	$G_{\mathrm{F}j}^{\mathrm{III}22}(T_{aj},T_{bj},R_{\alpha j},R_{\beta j},R_{\gamma j})$	$G_{\mathrm{F}}^{\mathrm{I}5}(T_a,T_b,R_\alpha)$	$▱T_{ai}T_{bi}\parallel▱T_{aj}T_{bj},O_i\neq O_j$
	Ⅲ25		$G_{\mathrm{F}}^{\mathrm{III}25}(T_a,T_b,R_\alpha,R_\beta)$	$▱T_{ai}T_{bi}\parallel▱T_{aj}T_{bj},O_i=O_j$
25-23	Ⅰ5	$G_{\mathrm{F}j}^{\mathrm{III}23}(R_{\alpha j},T_{aj},T_{bj},R_{\beta j},R_{\gamma j})$	$G_{\mathrm{F}}^{\mathrm{I}5}(T_a,T_b,R_\alpha)$	$▱T_{ai}T_{bi}\parallel▱T_{aj}T_{bj},R_{\beta i}\neq R_{\gamma j}$
	Ⅲ25		$G_{\mathrm{F}}^{\mathrm{III}25}(T_a,T_b,R_\alpha,R_\beta)$	$▱T_{ai}T_{bi}\parallel▱T_{aj}T_{bj},R_{\beta i}=R_{\gamma j}$
25-24	Ⅰ5	$G_{\mathrm{F}j}^{\mathrm{III}24}(R_{\alpha j},R_{\beta j},T_{aj},T_{bj},R_{\gamma j})$	$G_{\mathrm{F}}^{\mathrm{I}5}(T_a,T_b,R_\alpha)$	$▱T_{ai}T_{bi}\parallel▱T_{aj}T_{bj}$
	Ⅱ20		$G_{\mathrm{F}}^{\mathrm{II}20}(T_a,R_\alpha)$	$▱T_{ai}T_{bi}\nparallel▱T_{aj}T_{bj},R_{\beta i}\parallel R_{\gamma j}$
25-25	Ⅰ5	$G_{\mathrm{F}j}^{\mathrm{III}25}(T_{aj},T_{bj},R_{\alpha j},R_{\beta j})$	$G_{\mathrm{F}}^{\mathrm{I}5}(T_a,T_b,R_\alpha)$	$▱T_{ai}T_{bi}\parallel▱T_{aj}T_{bj},R_{\beta i}\nparallel R_{\beta j}$
	Ⅲ25		$G_{\mathrm{F}}^{\mathrm{III}25}(T_a,T_b,R_\alpha,R_\beta)$	$▱T_{ai}T_{bi}\parallel▱T_{aj}T_{bj},R_{\beta i}=R_{\beta j}$
25-26	Ⅰ5	$G_{\mathrm{F}j}^{\mathrm{III}26}(R_{\alpha j},T_{aj},T_{bj},R_{\beta j})$	$G_{\mathrm{F}}^{\mathrm{I}5}(T_a,T_b,R_\alpha)$	$▱T_{ai}T_{bi}\parallel▱T_{aj}T_{bj}$
	Ⅱ20		$G_{\mathrm{F}}^{\mathrm{II}20}(T_a,R_\alpha)$	$▱T_{ai}T_{bi}\nparallel▱T_{aj}T_{bj},R_{\beta i}\parallel R_{\beta j}$

表 22-2-26　G_{F} 集 $G_{\mathrm{F}i}^{\mathrm{III}26}$（$R_{\alpha i}$，$T_{ai}$，$T_{bi}$，$R_{\beta i}$）与其他 G_{F} 集的求交运算法则

序号	结果类别	$G_{\mathrm{F}j}$ 表达	求交运算结果	条件
26-1	Ⅲ26	$G_{\mathrm{F}j}^{\mathrm{I}1}(T_{aj},T_{bj},T_{cj},R_{\alpha j},R_{\beta j},R_{\gamma j})$	$G_{\mathrm{F}}^{\mathrm{III}26}(R_\alpha,T_a,T_b,R_\beta)$	无要求
26-2	Ⅰ5	$G_{\mathrm{F}j}^{\mathrm{I}2}(T_{aj},T_{bj},T_{cj},R_{\alpha j},R_{\beta j})$	$G_{\mathrm{F}}^{\mathrm{I}5}(T_a,T_b,R_\alpha)$	$R_{\alpha i}\nparallel R_{\alpha j},R_{\beta i}\parallel R_{\beta j}$
	Ⅲ26		$G_{\mathrm{F}}^{\mathrm{III}26}(R_\alpha,T_a,T_b,R_\beta)$	$R_{\alpha i}\parallel R_{\alpha j},R_{\beta i}\parallel R_{\beta j}$
26-3	Ⅰ5	$G_{\mathrm{F}j}^{\mathrm{I}3}(T_{aj},T_{bj},T_{cj},R_{\alpha j})$	$G_{\mathrm{F}}^{\mathrm{I}5}(T_a,T_b,R_\alpha)$	$R_{\beta i}\parallel R_{\alpha j}$
	Ⅰ6		$G_{\mathrm{F}}^{\mathrm{I}6}(T_a,T_b)$	$R_{\alpha i}\nparallel R_{\alpha j},R_{\beta i}\nparallel R_{\alpha j}$
	Ⅱ16		$G_{\mathrm{F}}^{\mathrm{II}16}(R_\alpha,T_a,T_b)$	$R_{\alpha i}\parallel R_{\alpha j},R_{\beta i}\nparallel R_{\alpha j}$
26-4	Ⅰ6	$G_{\mathrm{F}j}^{\mathrm{I}4}(T_{aj},T_{bj},T_{cj})$	$G_{\mathrm{F}}^{\mathrm{I}6}(T_a,T_b)$	无要求
26-5	Ⅰ5	$G_{\mathrm{F}j}^{\mathrm{I}5}(T_{aj},T_{bj},R_{\alpha j})$	$G_{\mathrm{F}}^{\mathrm{I}5}(T_a,T_b,R_\alpha)$	$R_{\beta i}\parallel R_{\alpha j}$
	Ⅱ19		$G_{\mathrm{F}}^{\mathrm{II}19}(R_\alpha,T_a)$	$▱T_{ai}T_{bi}\nparallel▱T_{aj}T_{bj},R_{\alpha i}\parallel R_{\alpha j}$
26-6	Ⅰ6	$G_{\mathrm{F}j}^{\mathrm{I}6}(T_{aj},T_{bj})$	$G_{\mathrm{F}}^{\mathrm{I}6}(T_a,T_b)$	$▱T_{ai}T_{bi}\parallel▱T_{aj}T_{bj}$
26-7	Ⅰ7	$G_{\mathrm{F}j}^{\mathrm{I}7}(T_{aj})$	$G_{\mathrm{F}}^{\mathrm{I}7}(T_a)$	$T_{aj}\parallel▱T_{ai}T_{bi}$
26-8	Ⅱ14	$G_{\mathrm{F}j}^{\mathrm{II}8}(R_{\alpha j},R_{\beta j},R_{\gamma j},T_{aj})$	$G_{\mathrm{F}}^{\mathrm{II}14}(R_\alpha,R_\beta,T_a)$	$R_{\alpha i}-O_j,R_{\beta i}-O_j,T_{aj}\parallel▱T_{ai}T_{bi}$
	Ⅱ18		$G_{\mathrm{F}}^{\mathrm{II}18}(R_\alpha,R_\beta)$	$O_i=O_j,T_{aj}\nparallel▱T_{ai}T_{bi}$
	Ⅱ19		$G_{\mathrm{F}}^{\mathrm{II}19}(R_\alpha,T_a)$	$R_{\alpha i}-O_j,T_{aj}\parallel▱T_{ai}T_{bi}$
26-9	Ⅱ18	$G_{\mathrm{F}j}^{\mathrm{II}9}(T_{aj},R_{\alpha j},R_{\beta j},R_{\gamma j})$	$G_{\mathrm{F}}^{\mathrm{II}18}(R_\alpha,R_\beta)$	$T_{aj}\nparallel▱T_{ai}T_{bi},O_i=O_j$
	Ⅱ20		$G_{\mathrm{F}}^{\mathrm{II}20}(T_a,R_\alpha)$	$T_{aj}\parallel▱T_{ai}T_{bi}$
	Ⅱ21		$G_{\mathrm{F}}^{\mathrm{II}21}(R_\alpha)$	$T_{aj}\nparallel▱T_{ai}T_{bi},O_i\neq O_j$

续表

序号	结果类别	G_{Fj} 表达	求交运算结果	条件
26-10	Ⅰ6	$G_{Fj}^{\text{Ⅱ}10}(R_{\alpha j},R_{\beta j},T_{aj},T_{bj})$	$G_{F}^{\text{Ⅰ}6}(T_a,T_b)$	$R_{\alpha i}\neq R_{\alpha j}$,▱$T_{ai}T_{bi}\parallel$▱$T_{aj}T_{bj}$
	Ⅱ16		$G_{F}^{\text{Ⅱ}16}(R_\alpha,T_a,T_b)$	$R_{\alpha i}=R_{\alpha j}$,▱$T_{ai}T_{bi}\parallel$▱$T_{aj}T_{bj}$
26-11	Ⅰ6	$G_{Fj}^{\text{Ⅱ}11}(T_{aj},T_{bj},R_{\alpha j},R_{\beta j})$	$G_{F}^{\text{Ⅰ}6}(T_a,T_b)$	▱$T_{ai}T_{bi}\parallel$▱$T_{aj}T_{bj}$
26-12	Ⅱ18	$G_{Fj}^{\text{Ⅱ}12}(R_{\alpha j},R_{\beta j},R_{\gamma j})$	$G_{F}^{\text{Ⅱ}18}(R_\alpha,R_\beta)$	$O_i=O_j$
26-13	Ⅱ20	$G_{Fj}^{\text{Ⅱ}13}(T_{aj},R_{\alpha j},R_{\beta j})$	$G_{F}^{\text{Ⅱ}20}(T_a,R_\alpha)$	$T_{aj}\parallel$▱$T_{ai}T_{bi}$,$R_{\beta i}\parallel R_{\alpha j}$ 或 $R_{\beta i}\parallel R_{\beta j}$
26-14	Ⅱ14	$G_{Fj}^{\text{Ⅱ}14}(R_{\alpha j},R_{\beta j},T_{aj})$	$G_{F}^{\text{Ⅱ}14}(R_\alpha,R_\beta,T_a)$	$R_{\alpha i}=R_{\alpha j}$,$R_{\beta i}\parallel R_{\beta j}$,$T_{aj}\parallel$▱$T_{ai}T_{bi}$
26-15	Ⅰ6	$G_{Fj}^{\text{Ⅱ}15}(T_{aj},T_{bj},R_{\alpha j})$	$G_{F}^{\text{Ⅰ}6}(T_a,T_b)$	▱$T_{ai}T_{bi}\parallel$▱$T_{aj}T_{bj}$
26-16	Ⅱ16	$G_{Fj}^{\text{Ⅱ}16}(R_{\alpha j},T_{aj},T_{bj})$	$G_{F}^{\text{Ⅱ}16}(R_\alpha,T_a,T_b)$	▱$T_{ai}T_{bi}\parallel$▱$T_{aj}T_{bj}$,$R_{\alpha i}=R_{\alpha j}$
26-17	Ⅱ19	$G_{Fj}^{\text{Ⅱ}17}(T_{aj},R_{\alpha j},T_{bj})$	$G_{F}^{\text{Ⅱ}19}(R_\alpha,T_a)$	$R_{\alpha i}=R_{\alpha j}$,$T_{bj}\parallel$▱$T_{ai}T_{bi}$
26-18	Ⅱ18	$G_{Fj}^{\text{Ⅱ}18}(R_{\alpha j},R_{\beta j})$	$G_{F}^{\text{Ⅱ}18}(R_\alpha,R_\beta)$	$R_{\alpha i}=R_{\alpha j}$,$R_{\beta i}\parallel R_{\beta j}$
26-19	Ⅱ19	$G_{Fj}^{\text{Ⅱ}19}(R_{\alpha j},T_{aj})$	$G_{F}^{\text{Ⅱ}19}(R_\alpha,T_a)$	$R_{\alpha i}\parallel R_{\alpha j}$,$T_{aj}\parallel$▱$T_{ai}T_{bi}$
26-20	Ⅱ20	$G_{Fj}^{\text{Ⅱ}20}(T_{aj},R_{\alpha j})$	$G_{F}^{\text{Ⅱ}20}(T_a,R_\alpha)$	$T_{aj}\parallel$▱$T_{ai}T_{bi}$,$R_{\beta i}\parallel R_{\alpha j}$
26-21	Ⅱ21	$G_{Fj}^{\text{Ⅱ}21}(R_{\alpha j})$	$G_{F}^{\text{Ⅱ}21}(R_\alpha)$	$R_{\alpha i}=R_{\alpha j}$ 或 $R_{\beta i}\parallel R_{\alpha j}$
26-22	Ⅰ5	$G_{Fj}^{\text{Ⅲ}22}(T_{aj},T_{bj},R_{\alpha j},R_{\beta j},R_{\gamma j})$	$G_{F}^{\text{Ⅰ}5}(T_a,T_b,R_\alpha)$	▱$T_{ai}T_{bi}\parallel$▱$T_{aj}T_{bj}$
26-23	Ⅰ5	$G_{Fj}^{\text{Ⅲ}23}(R_{\alpha j},T_{aj},T_{bj},R_{\beta j},R_{\gamma j})$	$G_{F}^{\text{Ⅰ}5}(T_a,T_b,R_\alpha)$	$R_{\alpha i}\neq R_{\alpha j}$,▱$T_{ai}T_{bi}\parallel$▱$T_{aj}T_{bj}$
	Ⅲ26		$G_{F}^{\text{Ⅲ}26}(R_\alpha,T_a,T_b,R_\beta)$	$R_{\alpha i}=R_{\alpha j}$,▱$T_{ai}T_{bi}\parallel$▱$T_{aj}T_{bj}$
26-24	Ⅰ5	$G_{Fj}^{\text{Ⅲ}24}(R_{\alpha j},R_{\beta j},T_{aj},T_{bj},R_{\gamma j})$	$G_{F}^{\text{Ⅰ}5}(T_a,T_b,R_\alpha)$	$R_{\alpha i}\neq R_{\alpha j}$,$R_{\alpha i}\neq R_{\beta j}$,▱$T_{ai}T_{bi}\parallel$▱$T_{aj}T_{bj}$
	Ⅲ26		$G_{F}^{\text{Ⅲ}26}(R_\alpha,T_a,T_b,R_\beta)$	▱$T_{ai}T_{bi}\parallel$▱$T_{aj}T_{bj}$,$R_{\alpha i}=R_{\alpha j}$ 或 $R_{\alpha i}=R_{\beta j}$
26-25	Ⅰ5	$G_{Fj}^{\text{Ⅲ}25}(T_{aj},T_{bj},R_{\alpha j},R_{\beta j})$	$G_{F}^{\text{Ⅰ}5}(T_a,T_b,R_\alpha)$	▱$T_{ai}T_{bi}\parallel$▱$T_{aj}T_{bj}$
	Ⅱ20		$G_{F}^{\text{Ⅱ}20}(T_a,R_\alpha)$	▱$T_{ai}T_{bi}\nparallel$▱$T_{aj}T_{bj}$,$R_{\beta i}\parallel R_{\beta j}$
26-26	Ⅱ19	$G_{Fj}^{\text{Ⅲ}26}(R_{\alpha j},T_{aj},T_{bj},R_{\beta j})$	$G_{F}^{\text{Ⅱ}19}(R_\alpha,T_a)$	$R_{\alpha i}=R_{\alpha j}$,▱$T_{ai}T_{bi}\nparallel$▱$T_{aj}T_{bj}$
	Ⅲ26		$G_{F}^{\text{Ⅲ}26}(R_\alpha,T_a,T_b,R_\beta)$	$R_{\alpha i}=R_{\alpha j}$,▱$T_{ai}T_{bi}\parallel$▱$T_{aj}T_{bj}$

1.2.2 按求交结果分类的 G_F 集求交运算法则

表 22-2-27　求交运算结果 G_F 集为 $G_F^{\text{Ⅰ}1}$（T_a，T_b，T_c，R_α，R_β，R_γ）的求交运算法则

序号	G_{Fi} 表达	G_{Fj} 表达	条件
27-1	$G_{Fi}^{\text{Ⅰ}1}(T_{ai},T_{bi},T_{ci},R_{\alpha i},R_{\beta i},R_{\gamma i})$	$G_{Fj}^{\text{Ⅰ}1}(T_{aj},T_{bj},T_{cj},R_{\alpha j},R_{\beta j},R_{\gamma j})$	无要求

表 22-2-28　求交运算结果 G_F 集为 $G_F^{\text{Ⅰ}2}$（T_a，T_b，T_c，R_α，R_β）的求交运算法则

序号	G_{Fi} 表达	G_{Fj} 表达	条件
28-1	$G_{Fi}^{\text{Ⅰ}1}(T_{ai},T_{bi},T_{ci},R_{\alpha i},R_{\beta i},R_{\gamma i})$	$G_{Fj}^{\text{Ⅰ}2}(T_{aj},T_{bj},T_{cj},R_{\alpha j},R_{\beta j})$	无要求
28-2	$G_{Fi}^{\text{Ⅰ}2}(T_{ai},T_{bi},T_{ci},R_{\alpha i},R_{\beta i})$	$G_{Fj}^{\text{Ⅰ}2}(T_{aj},T_{bj},T_{cj},R_{\alpha j},R_{\beta j})$	$R_{\alpha i}\parallel R_{\alpha j}$,$R_{\beta i}\parallel R_{\beta j}$

表 22-2-29　求交运算结果 G_F 集为 $G_F^{\text{Ⅰ}3}$（T_a，T_b，T_c，R_α）的求交运算法则

序号	G_{Fi} 表达	G_{Fj} 表达	条件
29-1	$G_{Fi}^{\text{Ⅰ}1}(T_{ai},T_{bi},T_{ci},R_{\alpha i},R_{\beta i},R_{\gamma i})$	$G_{Fj}^{\text{Ⅰ}3}(T_{aj},T_{bj},T_{cj},R_{\alpha j})$	无要求
29-2	$G_{Fi}^{\text{Ⅰ}2}(T_{ai},T_{bi},T_{ci},R_{\alpha i},R_{\beta i})$	$G_{Fj}^{\text{Ⅰ}2}(T_{aj},T_{bj},T_{cj},R_{\alpha j},R_{\beta j})$	$R_{\alpha i}\parallel R_{\alpha j}$,$R_{\beta i}\nparallel R_{\beta j}$
29-3	$G_{Fi}^{\text{Ⅰ}2}(T_{ai},T_{bi},T_{ci},R_{\alpha i},R_{\beta i})$	$G_{Fj}^{\text{Ⅰ}3}(T_{aj},T_{bj},T_{cj},R_{\alpha j})$	$R_{\alpha i}\parallel R_{\alpha j}$
29-4	$G_{Fi}^{\text{Ⅰ}3}(T_{ai},T_{bi},T_{ci},R_{\alpha i})$	$G_{Fj}^{\text{Ⅰ}3}(T_{aj},T_{bj},T_{cj},R_{\alpha j})$	$R_{\alpha i}\parallel R_{\alpha j}$

表 22-2-30　　求交运算结果 G_F 集为 $G_F^{\mathrm{I}4}$（T_a，T_b，T_c）的求交运算法则

序号	G_{Fi} 表达	G_{Fj} 表达	条件
30-1	$G_{Fi}^{\mathrm{I}1}(T_{ai},T_{bi},T_{ci},R_{\alpha i},R_{\beta i},R_{\gamma i})$	$G_{Fj}^{\mathrm{I}4}(T_{aj},T_{bj},T_{cj})$	无要求
30-2	$G_{Fi}^{\mathrm{I}2}(T_{ai},T_{bi},T_{ci},R_{\alpha i},R_{\beta i})$	$G_{Fj}^{\mathrm{I}2}(T_{aj},T_{bj},T_{cj},R_{\alpha j},R_{\beta j})$	$R_{\alpha i}\nparallel R_{\alpha j},R_{\beta i}\nparallel R_{\beta j}$
30-3	$G_{Fi}^{\mathrm{I}2}(T_{ai},T_{bi},T_{ci},R_{\alpha i},R_{\beta i})$	$G_{Fj}^{\mathrm{I}3}(T_{aj},T_{bj},T_{cj},R_{\alpha j})$	$R_{\alpha i}\nparallel R_{\alpha j},R_{\beta i}\nparallel R_{\alpha j}$
30-4	$G_{Fi}^{\mathrm{I}2}(T_{ai},T_{bi},T_{ci},R_{\alpha i},R_{\beta i})$	$G_{Fj}^{\mathrm{I}4}(T_{aj},T_{bj},T_{cj})$	无要求
30-5	$G_{Fi}^{\mathrm{I}3}(T_{ai},T_{bi},T_{ci},R_{\alpha i})$	$G_{Fj}^{\mathrm{I}3}(T_{aj},T_{bj},T_{cj},R_{\alpha j})$	$R_{\alpha i}\nparallel R_{\alpha j}$
30-6	$G_{Fi}^{\mathrm{I}3}(T_{ai},T_{bi},T_{ci},R_{\alpha i})$	$G_{Fj}^{\mathrm{I}4}(T_{aj},T_{bj},T_{cj})$	无要求
30-7	$G_{Fi}^{\mathrm{I}4}(T_{ai},T_{bi},T_{ci})$	$G_{Fj}^{\mathrm{I}4}(T_{aj},T_{bj},T_{cj})$	

表 22-2-31　　求交运算结果 G_F 集为 $G_F^{\mathrm{I}5}$（T_a，T_b，R_α）的求交运算法则

序号	G_{Fi} 表达	G_{Fj} 表达	条件
31-1	$G_{Fi}^{\mathrm{I}1}(T_{ai},T_{bi},T_{ci},R_{\alpha i},R_{\beta i},R_{\gamma i})$	$G_{Fj}^{\mathrm{I}5}(T_{aj},T_{bj},R_{\alpha j})$	无要求
31-2	$G_{Fi}^{\mathrm{I}2}(T_{ai},T_{bi},T_{ci},R_{\alpha i},R_{\beta i})$	$G_{Fj}^{\mathrm{I}5}(T_{aj},T_{bj},R_{\alpha j})$	$R_{\alpha i}\parallel R_{\alpha j}$
31-3	$G_{Fi}^{\mathrm{I}2}(T_{ai},T_{bi},T_{ci},R_{\alpha i},R_{\beta i})$	$G_{Fj}^{\mathrm{III}24}(R_{\alpha j},R_{\beta j},T_{aj},T_{bj},R_{\gamma j})$	$R_{\alpha i}\perp\square T_{aj}T_{bj}$
31-4	$G_{Fi}^{\mathrm{I}2}(T_{ai},T_{bi},T_{ci},R_{\alpha i},R_{\beta i})$	$G_{Fj}^{\mathrm{III}25}(T_{aj},T_{bj},R_{\alpha j},R_{\beta j})$	$R_{\alpha i}\parallel R_{\alpha j},R_{\beta i}\nparallel R_{\beta j}$
31-5	$G_{Fi}^{\mathrm{I}2}(T_{ai},T_{bi},T_{ci},R_{\alpha i},R_{\beta i})$	$G_{Fj}^{\mathrm{III}26}(R_{\alpha j},T_{aj},T_{bj},R_{\beta j})$	$R_{\alpha i}\nparallel R_{\alpha j},R_{\beta i}\parallel R_{\beta j}$
31-6	$G_{Fi}^{\mathrm{I}3}(T_{ai},T_{bi},T_{ci},R_{\alpha i})$	$G_{Fj}^{\mathrm{I}5}(T_{aj},T_{bj},R_{\alpha j})$	$R_{\alpha i}\parallel R_{\alpha j}$
31-7	$G_{Fi}^{\mathrm{I}3}(T_{ai},T_{bi},T_{ci},R_{\alpha i})$	$G_{Fj}^{\mathrm{III}22}(T_{aj},T_{bj},R_{\alpha j},R_{\beta j},R_{\gamma j})$	$R_{\alpha i}\parallel R_{\alpha j}$
31-8	$G_{Fi}^{\mathrm{I}3}(T_{ai},T_{bi},T_{ci},R_{\alpha i})$	$G_{Fj}^{\mathrm{III}23}(R_{\alpha j},T_{aj},T_{bj},R_{\beta j},R_{\gamma j})$	$R_{\alpha i}\parallel R_{\beta j}$
31-9	$G_{Fi}^{\mathrm{I}3}(T_{ai},T_{bi},T_{ci},R_{\alpha i})$	$G_{Fj}^{\mathrm{III}24}(R_{\alpha j},R_{\beta j},T_{aj},T_{bj},R_{\gamma j})$	$R_{\alpha i}\parallel R_{\gamma j}$
31-10	$G_{Fi}^{\mathrm{I}3}(T_{ai},T_{bi},T_{ci},R_{\alpha i})$	$G_{Fj}^{\mathrm{III}25}(T_{aj},T_{bj},R_{\alpha j},R_{\beta j})$	$R_{\alpha i}\parallel R_{\alpha j}$
31-11	$G_{Fi}^{\mathrm{I}3}(T_{ai},T_{bi},T_{ci},R_{\alpha i})$	$G_{Fj}^{\mathrm{III}26}(R_{\alpha j},T_{aj},T_{bj},R_{\beta j})$	$R_{\alpha i}\parallel R_{\beta j}$
31-12	$G_{Fi}^{\mathrm{I}5}(T_{ai},T_{bi},R_{\alpha i})$	$G_{Fj}^{\mathrm{I}5}(T_{aj},T_{bj},R_{\alpha j})$	$R_{\alpha i}\parallel R_{\alpha j}$
31-13	$G_{Fi}^{\mathrm{I}5}(T_{ai},T_{bi},R_{\alpha i})$	$G_{Fj}^{\mathrm{III}22}(T_{aj},T_{bj},R_{\alpha j},R_{\beta j},R_{\gamma j})$	$\square T_{ai}T_{bi}\parallel\square T_{aj}T_{bj}$
31-14	$G_{Fi}^{\mathrm{I}5}(T_{ai},T_{bi},R_{\alpha i})$	$G_{Fj}^{\mathrm{III}23}(R_{\alpha j},T_{aj},T_{bj},R_{\beta j},R_{\gamma j})$	$\square T_{ai}T_{bi}\parallel\square T_{aj}T_{bj}$
31-15	$G_{Fi}^{\mathrm{I}5}(T_{ai},T_{bi},R_{\alpha i})$	$G_{Fj}^{\mathrm{III}24}(R_{\alpha j},R_{\beta j},T_{aj},T_{bj},R_{\gamma j})$	$\square T_{ai}T_{bi}\parallel\square T_{aj}T_{bj}$
31-16	$G_{Fi}^{\mathrm{I}5}(T_{ai},T_{bi},R_{\alpha i})$	$G_{Fj}^{\mathrm{III}25}(T_{aj},T_{bj},R_{\alpha j},R_{\beta j})$	$R_{\alpha i}\parallel R_{\alpha j}$
31-17	$G_{Fi}^{\mathrm{I}5}(T_{ai},T_{bi},R_{\alpha i})$	$G_{Fj}^{\mathrm{III}26}(R_{\alpha j},T_{aj},T_{bj},R_{\beta j})$	$R_{\alpha i}\parallel R_{\beta j}$
31-18	$G_{Fi}^{\mathrm{III}22}(T_{ai},T_{bi},R_{\alpha i},R_{\beta i},R_{\gamma i})$	$G_{Fj}^{\mathrm{III}24}(R_{\alpha j},R_{\beta j},T_{aj},T_{bj},R_{\gamma j})$	$\square T_{ai}T_{bi}\parallel\square T_{aj}T_{bj}$
31-19	$G_{Fi}^{\mathrm{III}22}(T_{ai},T_{bi},R_{\alpha i},R_{\beta i},R_{\gamma i})$	$G_{Fj}^{\mathrm{III}26}(R_{\alpha j},T_{aj},T_{bj},R_{\beta j})$	$\square T_{ai}T_{bi}\parallel\square T_{aj}T_{bj}$
31-20	$G_{Fi}^{\mathrm{III}22}(T_{ai},T_{bi},R_{\alpha i},R_{\beta i},R_{\gamma i})$	$G_{Fj}^{\mathrm{III}22}(T_{aj},T_{bj},R_{\alpha j},R_{\beta j},R_{\gamma j})$	$\square T_{ai}T_{bi}\parallel\square T_{aj}T_{bj},R_{\beta i}\neq R_{\beta j},R_{\gamma i}\neq R_{\gamma j}$
31-21	$G_{Fi}^{\mathrm{III}22}(T_{ai},T_{bi},R_{\alpha i},R_{\beta i},R_{\gamma i})$	$G_{Fj}^{\mathrm{III}23}(R_{\alpha j},T_{aj},T_{bj},R_{\beta j},R_{\gamma j})$	$\square T_{ai}T_{bi}\parallel\square T_{aj}T_{bj},R_{\beta i}\neq R_{\gamma j},R_{\gamma i}\neq R_{\gamma j}$
31-22	$G_{Fi}^{\mathrm{III}22}(T_{ai},T_{bi},R_{\alpha i},R_{\beta i},R_{\gamma i})$	$G_{Fj}^{\mathrm{III}25}(T_{aj},T_{bj},R_{\alpha j},R_{\beta j})$	$\square T_{ai}T_{bi}\parallel\square T_{aj}T_{bj},O_i\neq O_j$
31-23	$G_{Fi}^{\mathrm{III}23}(R_{\alpha i},T_{ai},T_{bi},R_{\beta i},R_{\gamma i})$	$G_{Fj}^{\mathrm{III}23}(R_{\alpha j},T_{aj},T_{bj},R_{\beta j},R_{\gamma j})$	$\square T_{ai}T_{bi}\parallel\square T_{aj}T_{bj},R_{\alpha i}\neq R_{\alpha j},R_{\gamma i}\neq R_{\gamma j}$

续表

序号	$G_{\mathrm{F}i}$ 表达	$G_{\mathrm{F}j}$ 表达	条件
31-24	$G_{\mathrm{F}i}^{\mathrm{III}23}(R_{\alpha i},T_{ai},T_{bi},R_{\beta i},R_{\gamma i})$	$G_{\mathrm{F}j}^{\mathrm{III}24}(R_{\alpha j},R_{\beta j},T_{aj},T_{bj},R_{\gamma j})$	$\square T_{ai}T_{bi}\parallel\square T_{aj}T_{bj},R_{\alpha i}\neq R_{\alpha j},R_{\alpha i}\neq R_{\beta j}$
31-25	$G_{\mathrm{F}i}^{\mathrm{III}23}(R_{\alpha i},T_{ai},T_{bi},R_{\beta i},R_{\gamma i})$	$G_{\mathrm{F}j}^{\mathrm{III}25}(T_{aj},T_{bj},R_{\alpha j},R_{\beta j})$	$\square T_{ai}T_{bi}\parallel\square T_{aj}T_{bj},R_{\gamma i}\neq R_{\beta j}$
31-26	$G_{\mathrm{F}i}^{\mathrm{III}23}(R_{\alpha i},T_{ai},T_{bi},R_{\beta i},R_{\gamma i})$	$G_{\mathrm{F}j}^{\mathrm{III}26}(R_{\alpha j},T_{aj},T_{bj},R_{\beta j})$	$R_{\alpha i}\neq R_{\alpha j},\square T_{ai}T_{bi}\parallel\square T_{aj}T_{bj}$
31-27	$G_{\mathrm{F}i}^{\mathrm{III}24}(R_{\alpha i},R_{\beta i},T_{ai},T_{bi},R_{\gamma i})$	$G_{\mathrm{F}j}^{\mathrm{III}25}(T_{aj},T_{bj},R_{\alpha j},R_{\beta j})$	$\square T_{ai}T_{bi}\parallel\square T_{aj}T_{bj}$
31-28	$G_{\mathrm{F}i}^{\mathrm{III}24}(R_{\alpha i},R_{\beta i},T_{ai},T_{bi},R_{\gamma i})$	$G_{\mathrm{F}j}^{\mathrm{III}26}(R_{\alpha j},T_{aj},T_{bj},R_{\beta j})$	$\square T_{ai}T_{bi}\parallel\square T_{aj}T_{bj},R_{\alpha i}\neq R_{\alpha j},R_{\beta i}\neq R_{\alpha j}$
31-29	$G_{\mathrm{F}i}^{\mathrm{III}25}(T_{ai},T_{bi},R_{\alpha i},R_{\beta i})$	$G_{\mathrm{F}j}^{\mathrm{III}25}(T_{aj},T_{bj},R_{\alpha j},R_{\beta j})$	$\square T_{ai}T_{bi}\parallel\square T_{aj}T_{bj},R_{\beta i}\nparallel R_{\beta j}$
31-30	$G_{\mathrm{F}i}^{\mathrm{III}25}(T_{ai},T_{bi},R_{\alpha i},R_{\beta i})$	$G_{\mathrm{F}j}^{\mathrm{III}26}(R_{\alpha j},T_{aj},T_{bj},R_{\beta j})$	$\square T_{ai}T_{bi}\parallel\square T_{aj}T_{bj}$

表 22-2-32　求交运算结果 G_{F} 集为 $G_{\mathrm{F}}^{\mathrm{I}6}(T_a,T_b)$ 的求交运算法则

序号	$G_{\mathrm{F}i}$ 表达	$G_{\mathrm{F}j}$ 表达	条件
32-1	$G_{\mathrm{F}i}^{\mathrm{I}1}(T_{ai},T_{bi},T_{ci},R_{\alpha i},R_{\beta i},R_{\gamma i})$	$G_{\mathrm{F}j}^{\mathrm{I}6}(T_{aj},T_{bj})$	无要求
32-2	$G_{\mathrm{F}i}^{\mathrm{I}2}(T_{ai},T_{bi},T_{ci},R_{\alpha i},R_{\beta i})$	$G_{\mathrm{F}j}^{\mathrm{I}5}(T_{aj},T_{bj},R_{\alpha j})$	$R_{\alpha i}\nparallel R_{\alpha j},R_{\beta i}\nparallel R_{\alpha j}$
32-3	$G_{\mathrm{F}i}^{\mathrm{I}2}(T_{ai},T_{bi},T_{ci},R_{\alpha i},R_{\beta i})$	$G_{\mathrm{F}j}^{\mathrm{I}6}(T_{aj},T_{bj})$	无要求
32-4	$G_{\mathrm{F}i}^{\mathrm{I}2}(T_{ai},T_{bi},T_{ci},R_{\alpha i},R_{\beta i})$	$G_{\mathrm{F}j}^{\mathrm{II}10}(R_{\alpha j},R_{\beta j},T_{aj},T_{bj})$	$R_{\alpha i}\nparallel R_{\alpha j},R_{\beta i}\nparallel R_{\beta j}$
32-5	$G_{\mathrm{F}i}^{\mathrm{I}2}(T_{ai},T_{bi},T_{ci},R_{\alpha i},R_{\beta i})$	$G_{\mathrm{F}j}^{\mathrm{II}15}(T_{aj},T_{bj},R_{\alpha j})$	$R_{\alpha i}\nparallel R_{\alpha j},R_{\beta i}\nparallel R_{\alpha j}$
32-6	$G_{\mathrm{F}i}^{\mathrm{I}2}(T_{ai},T_{bi},T_{ci},R_{\alpha i},R_{\beta i})$	$G_{\mathrm{F}j}^{\mathrm{III}24}(R_{\alpha j},R_{\beta j},T_{aj},T_{bj},R_{\gamma j})$	$R_{\alpha i}\not\angle\square T_{aj}T_{bj}$
32-7	$G_{\mathrm{F}i}^{\mathrm{I}3}(T_{ai},T_{bi},T_{ci},R_{\alpha i})$	$G_{\mathrm{F}j}^{\mathrm{I}5}(T_{aj},T_{bj},R_{\alpha j})$	$R_{\alpha i}\nparallel R_{\alpha j}$
32-8	$G_{\mathrm{F}i}^{\mathrm{I}3}(T_{ai},T_{bi},T_{ci},R_{\alpha i})$	$G_{\mathrm{F}j}^{\mathrm{I}6}(T_{aj},T_{bj})$	无要求
32-9	$G_{\mathrm{F}i}^{\mathrm{I}3}(T_{ai},T_{bi},T_{ci},R_{\alpha i})$	$G_{\mathrm{F}j}^{\mathrm{II}10}(R_{\alpha j},R_{\beta j},T_{aj},T_{bj})$	$R_{\alpha i}\nparallel R_{\alpha j},R_{\alpha i}\nparallel R_{\beta j}$
32-10	$G_{\mathrm{F}i}^{\mathrm{I}3}(T_{ai},T_{bi},T_{ci},R_{\alpha i})$	$G_{\mathrm{F}j}^{\mathrm{II}15}(T_{aj},T_{bj},R_{\alpha j})$	$R_{\alpha i}\nparallel R_{\alpha j}$
32-11	$G_{\mathrm{F}i}^{\mathrm{I}3}(T_{ai},T_{bi},T_{ci},R_{\alpha i})$	$G_{\mathrm{F}j}^{\mathrm{II}16}(R_{\alpha j},T_{aj},T_{bj})$	$R_{\alpha i}\nparallel R_{\alpha j}$
32-12	$G_{\mathrm{F}i}^{\mathrm{I}3}(T_{ai},T_{bi},T_{ci},R_{\alpha i})$	$G_{\mathrm{F}j}^{\mathrm{II}17}(T_{aj},R_{\alpha j},T_{bj})$	$R_{\alpha i}\nparallel R_{\alpha j}$
32-13	$G_{\mathrm{F}i}^{\mathrm{I}3}(T_{ai},T_{bi},T_{ci},R_{\alpha i})$	$G_{\mathrm{F}j}^{\mathrm{III}25}(T_{aj},T_{bj},R_{\alpha j},R_{\beta j})$	$R_{\alpha i}\nparallel R_{\alpha j},R_{\alpha i}\nparallel R_{\beta j}$
32-14	$G_{\mathrm{F}i}^{\mathrm{I}3}(T_{ai},T_{bi},T_{ci},R_{\alpha i})$	$G_{\mathrm{F}j}^{\mathrm{III}26}(R_{\alpha j},T_{aj},T_{bj},R_{\beta j})$	$R_{\alpha i}\nparallel R_{\alpha j},R_{\alpha i}\nparallel R_{\beta j}$
32-15	$G_{\mathrm{F}i}^{\mathrm{I}4}(T_{ai},T_{bi},T_{ci})$	$G_{\mathrm{F}j}^{\mathrm{I}5}(T_{aj},T_{bj},R_{\alpha j})$	
32-16	$G_{\mathrm{F}i}^{\mathrm{I}4}(T_{ai},T_{bi},T_{ci})$	$G_{\mathrm{F}j}^{\mathrm{I}6}(T_{aj},T_{bj})$	
32-17	$G_{\mathrm{F}i}^{\mathrm{I}4}(T_{ai},T_{bi},T_{ci})$	$G_{\mathrm{F}j}^{\mathrm{II}10}(R_{\alpha j},R_{\beta j},T_{aj},T_{bj})$	
32-18	$G_{\mathrm{F}i}^{\mathrm{I}4}(T_{ai},T_{bi},T_{ci})$	$G_{\mathrm{F}j}^{\mathrm{II}11}(T_{aj},T_{bj},R_{\alpha j},R_{\beta j})$	
32-19	$G_{\mathrm{F}i}^{\mathrm{I}4}(T_{ai},T_{bi},T_{ci})$	$G_{\mathrm{F}j}^{\mathrm{II}15}(T_{aj},T_{bj},R_{\alpha j})$	无要求
32-20	$G_{\mathrm{F}i}^{\mathrm{I}4}(T_{ai},T_{bi},T_{ci})$	$G_{\mathrm{F}j}^{\mathrm{II}16}(R_{\alpha j},T_{aj},T_{bj})$	
32-21	$G_{\mathrm{F}i}^{\mathrm{I}4}(T_{ai},T_{bi},T_{ci})$	$G_{\mathrm{F}j}^{\mathrm{II}17}(T_{aj},R_{\alpha j},T_{bj})$	
32-22	$G_{\mathrm{F}i}^{\mathrm{I}4}(T_{ai},T_{bi},T_{ci})$	$G_{\mathrm{F}j}^{\mathrm{III}22}(T_{aj},T_{bj},R_{\alpha j},R_{\beta j},R_{\gamma j})$	
32-23	$G_{\mathrm{F}i}^{\mathrm{I}4}(T_{ai},T_{bi},T_{ci})$	$G_{\mathrm{F}j}^{\mathrm{III}23}(R_{\alpha j},T_{aj},T_{bj},R_{\beta j},R_{\gamma j})$	

续表

序号	$G_{\mathrm{F}i}$ 表达	$G_{\mathrm{F}j}$ 表达	条件
32-24	$G_{\mathrm{F}i}^{\mathrm{I}4}(T_{ai},T_{bi},T_{ci})$	$G_{\mathrm{F}j}^{\mathrm{III}24}(R_{\alpha j},R_{\beta j},T_{aj},T_{bj},R_{\gamma j})$	无要求
32-25	$G_{\mathrm{F}i}^{\mathrm{I}4}(T_{ai},T_{bi},T_{ci})$	$G_{\mathrm{F}j}^{\mathrm{III}25}(T_{aj},T_{bj},R_{\alpha j},R_{\beta j})$	
32-26	$G_{\mathrm{F}i}^{\mathrm{I}4}(T_{ai},T_{bi},T_{ci})$	$G_{\mathrm{F}j}^{\mathrm{III}26}(R_{\alpha j},T_{aj},T_{bj},R_{\beta j})$	
32-27	$G_{\mathrm{F}i}^{\mathrm{I}5}(T_{ai},T_{bi},R_{\alpha i})$	$G_{\mathrm{F}j}^{\mathrm{I}6}(T_{aj},T_{bj})$	$\square T_{ai}T_{bi} \parallel \square T_{aj}T_{bj}$
32-28	$G_{\mathrm{F}i}^{\mathrm{I}5}(T_{ai},T_{bi},R_{\alpha i})$	$G_{\mathrm{F}j}^{\mathrm{II}10}(R_{\alpha j},R_{\beta j},T_{aj},T_{bj})$	$\square T_{ai}T_{bi} \parallel \square T_{aj}T_{bj}$
32-29	$G_{\mathrm{F}i}^{\mathrm{I}5}(T_{ai},T_{bi},R_{\alpha i})$	$G_{\mathrm{F}j}^{\mathrm{II}11}(T_{aj},T_{bj},R_{\alpha j},R_{\beta j})$	$\square T_{ai}T_{bi} \parallel \square T_{aj}T_{bj}$
32-30	$G_{\mathrm{F}i}^{\mathrm{I}5}(T_{ai},T_{bi},R_{\alpha i})$	$G_{\mathrm{F}j}^{\mathrm{II}15}(T_{aj},T_{bj},R_{\alpha j})$	$\square T_{ai}T_{bi} \parallel \square T_{aj}T_{bj}$
32-31	$G_{\mathrm{F}i}^{\mathrm{I}5}(T_{ai},T_{bi},R_{\alpha i})$	$G_{\mathrm{F}j}^{\mathrm{II}16}(R_{\alpha j},T_{aj},T_{bj})$	$\square T_{ai}T_{bi} \parallel \square T_{aj}T_{bj}$
32-32	$G_{\mathrm{F}i}^{\mathrm{I}5}(T_{ai},T_{bi},R_{\alpha i})$	$G_{\mathrm{F}j}^{\mathrm{II}17}(T_{aj},R_{\alpha j},T_{bj})$	$\square T_{ai}T_{bi} \parallel \square T_{aj}T_{bj}$
32-33	$G_{\mathrm{F}i}^{\mathrm{I}6}(T_{ai},T_{bi})$	$G_{\mathrm{F}j}^{\mathrm{I}6}(T_{aj},T_{bj})$	$\square T_{ai}T_{bi} \parallel \square T_{aj}T_{bj}$
32-34	$G_{\mathrm{F}i}^{\mathrm{I}6}(T_{ai},T_{bi})$	$G_{\mathrm{F}j}^{\mathrm{II}10}(R_{\alpha j},R_{\beta j},T_{aj},T_{bj})$	$\square T_{ai}T_{bi} \parallel \square T_{aj}T_{bj}$
32-35	$G_{\mathrm{F}i}^{\mathrm{I}6}(T_{ai},T_{bi})$	$G_{\mathrm{F}j}^{\mathrm{II}11}(T_{aj},T_{bj},R_{\alpha j},R_{\beta j})$	$\square T_{ai}T_{bi} \parallel \square T_{aj}T_{bj}$
32-36	$G_{\mathrm{F}i}^{\mathrm{I}6}(T_{ai},T_{bi})$	$G_{\mathrm{F}j}^{\mathrm{II}15}(T_{aj},T_{bj},R_{\alpha j})$	$\square T_{ai}T_{bi} \parallel \square T_{aj}T_{bj}$
32-37	$G_{\mathrm{F}i}^{\mathrm{I}6}(T_{ai},T_{bi})$	$G_{\mathrm{F}j}^{\mathrm{II}16}(R_{\alpha j},T_{aj},T_{bj})$	$\square T_{ai}T_{bi} \parallel \square T_{aj}T_{bj}$
32-38	$G_{\mathrm{F}i}^{\mathrm{I}6}(T_{ai},T_{bi})$	$G_{\mathrm{F}j}^{\mathrm{II}17}(T_{aj},R_{\alpha j},T_{bj})$	$\square T_{ai}T_{bi} \parallel \square T_{aj}T_{bj}$
32-39	$G_{\mathrm{F}i}^{\mathrm{I}6}(T_{ai},T_{bi})$	$G_{\mathrm{F}j}^{\mathrm{III}22}(T_{aj},T_{bj},R_{\alpha j},R_{\beta j},R_{\gamma j})$	$\square T_{ai}T_{bi} \parallel \square T_{aj}T_{bj}$
32-40	$G_{\mathrm{F}i}^{\mathrm{I}6}(T_{ai},T_{bi})$	$G_{\mathrm{F}j}^{\mathrm{III}23}(R_{\alpha j},T_{aj},T_{bj},R_{\beta j},R_{\gamma j})$	$\square T_{ai}T_{bi} \parallel \square T_{aj}T_{bj}$
32-41	$G_{\mathrm{F}i}^{\mathrm{I}6}(T_{ai},T_{bi})$	$G_{\mathrm{F}j}^{\mathrm{III}24}(R_{\alpha j},R_{\beta j},T_{aj},T_{bj},R_{\gamma j})$	$\square T_{ai}T_{bi} \parallel \square T_{aj}T_{bj}$
32-42	$G_{\mathrm{F}i}^{\mathrm{I}6}(T_{ai},T_{bi})$	$G_{\mathrm{F}j}^{\mathrm{III}25}(T_{aj},T_{bj},R_{\alpha j},R_{\beta j})$	$\square T_{ai}T_{bi} \parallel \square T_{aj}T_{bj}$
32-43	$G_{\mathrm{F}i}^{\mathrm{I}6}(T_{ai},T_{bi})$	$G_{\mathrm{F}j}^{\mathrm{III}26}(R_{\alpha j},T_{aj},T_{bj},R_{\beta j})$	$\square T_{ai}T_{bi} \parallel \square T_{aj}T_{bj}$
32-44	$G_{\mathrm{F}i}^{\mathrm{II}10}(R_{\alpha i},R_{\beta i},T_{ai},T_{bi})$	$G_{\mathrm{F}j}^{\mathrm{II}10}(R_{\alpha j},R_{\beta j},T_{aj},T_{bj})$	$R_{\alpha i} \neq R_{\alpha j},R_{\beta i} \neq R_{\beta j},\square T_{ai}T_{bi} \parallel \square T_{aj}T_{bj}$
32-45	$G_{\mathrm{F}i}^{\mathrm{II}10}(R_{\alpha i},R_{\beta i},T_{ai},T_{bi})$	$G_{\mathrm{F}j}^{\mathrm{II}11}(T_{aj},T_{bj},R_{\alpha j},R_{\beta j})$	$R_{\alpha i} \neq R_{\alpha j},R_{\beta i} \neq R_{\beta j},\square T_{ai}T_{bi} \parallel \square T_{aj}T_{bj}$
32-46	$G_{\mathrm{F}i}^{\mathrm{II}10}(R_{\alpha i},R_{\beta i},T_{ai},T_{bi})$	$G_{\mathrm{F}j}^{\mathrm{II}15}(T_{aj},T_{bj},R_{\alpha j})$	$R_{\alpha i} \neq R_{\alpha j},R_{\beta i} \neq R_{\alpha j},\square T_{ai}T_{bi} \parallel \square T_{aj}T_{bj}$
32-47	$G_{\mathrm{F}i}^{\mathrm{II}10}(R_{\alpha i},R_{\beta i},T_{ai},T_{bi})$	$G_{\mathrm{F}j}^{\mathrm{II}16}(R_{\alpha j},T_{aj},T_{bj})$	$R_{\alpha i} \neq R_{\alpha j},R_{\beta i} \neq R_{\alpha j},\square T_{ai}T_{bi} \parallel \square T_{aj}T_{bj}$
32-48	$G_{\mathrm{F}i}^{\mathrm{II}10}(R_{\alpha i},R_{\beta i},T_{ai},T_{bi})$	$G_{\mathrm{F}j}^{\mathrm{III}22}(T_{aj},T_{bj},R_{\alpha j},R_{\beta j},R_{\gamma j})$	$\square T_{ai}T_{bi} \parallel \square T_{aj}T_{bj},O_i \neq O_j$
32-49	$G_{\mathrm{F}i}^{\mathrm{II}10}(R_{\alpha i},R_{\beta i},T_{ai},T_{bi})$	$G_{\mathrm{F}j}^{\mathrm{III}23}(R_{\alpha j},T_{aj},T_{bj},R_{\beta j},R_{\gamma j})$	$\square T_{ai}T_{bi} \parallel \square T_{aj}T_{bj},R_{\alpha i} \neq R_{\alpha j},R_{\alpha i} \neq R_{\gamma j},R_{\beta i} \neq R_{\alpha j},R_{\beta i} \neq R_{\gamma j}$
32-50	$G_{\mathrm{F}i}^{\mathrm{II}10}(R_{\alpha i},R_{\beta i},T_{ai},T_{bi})$	$G_{\mathrm{F}j}^{\mathrm{III}25}(T_{aj},T_{bj},R_{\alpha j},R_{\beta j})$	$\square T_{ai}T_{bi} \parallel \square T_{aj}T_{bj},R_{\alpha i} \nparallel R_{\alpha j},R_{\beta i} \neq R_{\beta j}$
32-51	$G_{\mathrm{F}i}^{\mathrm{II}10}(R_{\alpha i},R_{\beta i},T_{ai},T_{bi})$	$G_{\mathrm{F}j}^{\mathrm{III}26}(R_{\alpha j},T_{aj},T_{bj},R_{\beta j})$	$R_{\alpha i} \neq R_{\alpha j},\square T_{ai}T_{bi} \parallel \square T_{aj}T_{bj}$
32-52	$G_{\mathrm{F}i}^{\mathrm{II}11}(T_{ai},T_{bi},R_{\alpha i},R_{\beta i})$	$G_{\mathrm{F}j}^{\mathrm{II}11}(T_{aj},T_{bj},R_{\alpha j},R_{\beta j})$	$\square T_{ai}T_{bi} \parallel \square T_{aj}T_{bj},O_i \neq O_j$,无平行轴线
32-53	$G_{\mathrm{F}i}^{\mathrm{II}11}(T_{ai},T_{bi},R_{\alpha i},R_{\beta i})$	$G_{\mathrm{F}j}^{\mathrm{II}15}(T_{aj},T_{bj},R_{\alpha j})$	$\square T_{ai}T_{bi} \parallel \square T_{aj}T_{bj},R_{\alpha i} \neq R_{\alpha j},R_{\beta i} \neq R_{\alpha j}$
32-54	$G_{\mathrm{F}i}^{\mathrm{II}11}(T_{ai},T_{bi},R_{\alpha i},R_{\beta i})$	$G_{\mathrm{F}j}^{\mathrm{II}16}(R_{\alpha j},T_{aj},T_{bj})$	$\square T_{ai}T_{bi} \parallel \square T_{aj}T_{bj},R_{\alpha i} \neq R_{\alpha j},R_{\beta i} \neq R_{\alpha j}$

续表

序号	G_{Fi} 表达	G_{Fj} 表达	条件
32-55	$G_{Fi}^{\text{II}11}(T_{ai},T_{bi},R_{\alpha i},R_{\beta i})$	$G_{Fj}^{\text{III}23}(R_{\alpha j},T_{aj},T_{bj},R_{\beta j},R_{\gamma j})$	$\square T_{ai}T_{bi} \parallel \square T_{aj}T_{bj},R_{\alpha i}\neq R_{\gamma j},R_{\beta i}\neq R_{\gamma j}$
32-56	$G_{Fi}^{\text{II}11}(T_{ai},T_{bi},R_{\alpha i},R_{\beta i})$	$G_{Fj}^{\text{III}24}(R_{\alpha j},R_{\beta j},T_{aj},T_{bj},R_{\gamma j})$	$\square T_{ai}T_{bi} \parallel \square T_{aj}T_{bj},O_i\neq O_j$
32-57	$G_{Fi}^{\text{II}11}(T_{ai},T_{bi},R_{\alpha i},R_{\beta i})$	$G_{Fj}^{\text{III}25}(T_{aj},T_{bj},R_{\alpha j},R_{\beta j})$	$\square T_{ai}T_{bi} \parallel \square T_{aj}T_{bj},R_{\beta i}\neq R_{\beta j}$
32-58	$G_{Fi}^{\text{II}11}(T_{ai},T_{bi},R_{\alpha i},R_{\beta i})$	$G_{Fj}^{\text{III}26}(R_{\alpha j},T_{aj},T_{bj},R_{\beta j})$	$\square T_{ai}T_{bi} \parallel \square T_{aj}T_{bj}$
32-59	$G_{Fi}^{\text{II}15}(T_{ai},T_{bi},R_{\alpha i})$	$G_{Fj}^{\text{II}15}(T_{aj},T_{bj},R_{\alpha j})$	$\square T_{ai}T_{bi} \parallel \square T_{aj}T_{bj},R_{\alpha i}\nparallel R_{\alpha j}$
32-60	$G_{Fi}^{\text{II}15}(T_{ai},T_{bi},R_{\alpha i})$	$G_{Fj}^{\text{II}16}(R_{\alpha j},T_{aj},T_{bj})$	$\square T_{ai}T_{bi} \parallel \square T_{aj}T_{bj}$
32-61	$G_{Fi}^{\text{II}15}(T_{ai},T_{bi},R_{\alpha i})$	$G_{Fj}^{\text{III}23}(R_{\alpha j},T_{aj},T_{bj},R_{\beta j},R_{\gamma j})$	$\square T_{ai}T_{bi} \parallel \square T_{aj}T_{bj},R_{\alpha i}\neq R_{\gamma j}$
32-62	$G_{Fi}^{\text{II}15}(T_{ai},T_{bi},R_{\alpha i})$	$G_{Fj}^{\text{III}24}(R_{\alpha j},R_{\beta j},T_{aj},T_{bj},R_{\gamma j})$	$\square T_{ai}T_{bi} \parallel \square T_{aj}T_{bj}$
32-63	$G_{Fi}^{\text{II}15}(T_{ai},T_{bi},R_{\alpha i})$	$G_{Fj}^{\text{III}25}(T_{aj},T_{bj},R_{\alpha j},R_{\beta j})$	$\square T_{ai}T_{bi} \parallel \square T_{aj}T_{bj},R_{\alpha i}\nparallel R_{\beta j}$
32-64	$G_{Fi}^{\text{II}15}(T_{ai},T_{bi},R_{\alpha i})$	$G_{Fj}^{\text{III}26}(R_{\alpha j},T_{aj},T_{bj},R_{\beta j})$	$\square T_{ai}T_{bi} \parallel \square T_{aj}T_{bj}$
32-65	$G_{Fi}^{\text{II}16}(R_{\alpha i},T_{ai},T_{bi})$	$G_{Fj}^{\text{II}16}(R_{\alpha j},T_{aj},T_{bj})$	$\square T_{ai}T_{bi} \parallel \square T_{aj}T_{bj},R_{\alpha i}\neq R_{\alpha j}$
32-66	$G_{Fi}^{\text{II}16}(R_{\alpha i},T_{ai},T_{bi})$	$G_{Fj}^{\text{III}22}(T_{aj},T_{bj},R_{\alpha j},R_{\beta j},R_{\gamma j})$	$\square T_{ai}T_{bi} \parallel \square T_{aj}T_{bj},R_{\alpha i}\otimes O_j$
32-67	$G_{Fi}^{\text{II}16}(R_{\alpha i},T_{ai},T_{bi})$	$G_{Fj}^{\text{III}23}(R_{\alpha j},T_{aj},T_{bj},R_{\beta j},R_{\gamma j})$	$\square T_{ai}T_{bi} \parallel \square T_{aj}T_{bj},R_{\alpha i}\neq R_{\alpha j}$
32-68	$G_{Fi}^{\text{II}16}(R_{\alpha i},T_{ai},T_{bi})$	$G_{Fj}^{\text{III}24}(R_{\alpha j},R_{\beta j},T_{aj},T_{bj},R_{\gamma j})$	$\square T_{ai}T_{bi} \parallel \square T_{aj}T_{bj},R_{\alpha i}\otimes O_j$
32-69	$G_{Fi}^{\text{II}16}(R_{\alpha i},T_{ai},T_{bi})$	$G_{Fj}^{\text{III}25}(T_{aj},T_{bj},R_{\alpha j},R_{\beta j})$	$\square T_{ai}T_{bi} \parallel \square T_{aj}T_{bj}$
32-70	$G_{Fi}^{\text{III}25}(T_{ai},T_{bi},R_{\alpha i},R_{\beta i})$	$G_{Fj}^{\text{III}25}(T_{aj},T_{bj},R_{\alpha j},R_{\beta j})$	$\square T_{ai}T_{bi} \parallel \square T_{aj}T_{bj},R_{\beta i}\nparallel R_{\alpha j}$

表 22-2-33　　求交运算结果 G_F 集为 $G_F^{\text{I}7}(T_a)$ 的求交运算法则

序号	G_{Fi} 表达	G_{Fj} 表达	条件
33-1	$G_{Fi}^{\text{I}1}(T_{ai},T_{bi},T_{ci},R_{\alpha i},R_{\beta i},R_{\gamma i})$	$G_{Fj}^{\text{I}7}(T_{aj})$	无要求
33-2	$G_{Fi}^{\text{I}2}(T_{ai},T_{bi},T_{ci},R_{\alpha i},R_{\beta i})$	$G_{Fj}^{\text{I}7}(T_{aj})$	
33-3	$G_{Fi}^{\text{I}3}(T_{ai},T_{bi},T_{ci},R_{\alpha i})$	$G_{Fj}^{\text{I}7}(T_{aj})$	
33-4	$G_{Fi}^{\text{I}3}(T_{ai},T_{bi},T_{ci},R_{\alpha i})$	$G_{Fj}^{\text{II}13}(T_{aj},R_{\alpha j},R_{\beta j})$	$R_{\alpha i}\nparallel R_{\alpha j},R_{\alpha i}\nparallel R_{\beta j}$
33-5	$G_{Fi}^{\text{I}3}(T_{ai},T_{bi},T_{ci},R_{\alpha i})$	$G_{Fj}^{\text{II}14}(R_{\alpha j},R_{\beta j},T_{aj})$	$R_{\alpha i}\nparallel R_{\alpha j},R_{\alpha i}\nparallel R_{\beta j}$
33-6	$G_{Fi}^{\text{I}3}(T_{ai},T_{bi},T_{ci},R_{\alpha i})$	$G_{Fj}^{\text{II}19}(R_{\alpha j},T_{aj})$	$R_{\alpha i}\nparallel R_{\alpha j}$
33-7	$G_{Fi}^{\text{I}3}(T_{ai},T_{bi},T_{ci},R_{\alpha i})$	$G_{Fj}^{\text{II}20}(T_{aj},R_{\alpha j})$	$R_{\alpha i}\nparallel R_{\alpha j}$
33-8	$G_{Fi}^{\text{I}4}(T_{ai},T_{bi},T_{ci})$	$G_{Fj}^{\text{I}7}(T_{aj})$	无要求
33-9	$G_{Fi}^{\text{I}4}(T_{ai},T_{bi},T_{ci})$	$G_{Fj}^{\text{II}8}(R_{\alpha j},R_{\beta j},R_{\gamma j},T_{aj})$	
33-10	$G_{Fi}^{\text{I}4}(T_{ai},T_{bi},T_{ci})$	$G_{Fj}^{\text{II}9}(T_{aj},R_{\alpha j},R_{\beta j},R_{\gamma j})$	
33-11	$G_{Fi}^{\text{I}4}(T_{ai},T_{bi},T_{ci})$	$G_{Fj}^{\text{II}13}(T_{aj},R_{\alpha j},R_{\beta j})$	
33-12	$G_{Fi}^{\text{I}4}(T_{ai},T_{bi},T_{ci})$	$G_{Fj}^{\text{II}14}(R_{\alpha j},R_{\beta j},T_{aj})$	
33-13	$G_{Fi}^{\text{I}4}(T_{ai},T_{bi},T_{ci})$	$G_{Fj}^{\text{II}19}(R_{\alpha j},T_{aj})$	
33-14	$G_{Fi}^{\text{I}4}(T_{ai},T_{bi},T_{ci})$	$G_{Fj}^{\text{II}20}(T_{aj},R_{\alpha j})$	

续表

序号	G_{Fi} 表达	G_{Fj} 表达	条件
33-15	$G_{Fi}^{I5}(T_{ai},T_{bi},R_{\alpha i})$	$G_{Fj}^{I7}(T_{aj})$	$T_{aj}\parallel\Box T_{ai}T_{bi}$
33-16	$G_{Fi}^{I6}(T_{ai},T_{bi})$	$G_{Fj}^{I7}(T_{aj})$	$T_{aj}\parallel\Box T_{ai}T_{bi}$
33-17	$G_{Fi}^{I6}(T_{ai},T_{bi})$	$G_{Fj}^{II8}(R_{\alpha j},R_{\beta j},R_{\gamma j},T_{aj})$	$T_{aj}\parallel\Box T_{ai}T_{bi}$
33-18	$G_{Fi}^{I6}(T_{ai},T_{bi})$	$G_{Fj}^{II9}(T_{aj},R_{\alpha j},R_{\beta j},R_{\gamma j})$	$T_{aj}\parallel\Box T_{ai}T_{bi}$
33-19	$G_{Fi}^{I6}(T_{ai},T_{bi})$	$G_{Fj}^{II13}(T_{aj},R_{\alpha j},R_{\beta j})$	$T_{aj}\parallel\Box T_{ai}T_{bi}$
33-20	$G_{Fi}^{I6}(T_{ai},T_{bi})$	$G_{Fj}^{II14}(R_{\alpha j},R_{\beta j},T_{aj})$	$T_{aj}\parallel\Box T_{ai}T_{bi}$
33-21	$G_{Fi}^{I6}(T_{ai},T_{bi})$	$G_{Fj}^{II19}(R_{\alpha j},T_{aj})$	$T_{aj}\parallel\Box T_{ai}T_{bi}$
33-22	$G_{Fi}^{I6}(T_{ai},T_{bi})$	$G_{Fj}^{II20}(T_{aj},R_{\alpha j})$	$T_{aj}\parallel\Box T_{ai}T_{bi}$
33-23	$G_{Fi}^{I7}(T_{ai})$	$G_{Fj}^{I7}(T_{aj})$	$T_{ai}\parallel T_{aj}$
33-24	$G_{Fi}^{I7}(T_{ai})$	$G_{Fj}^{II8}(R_{\alpha j},R_{\beta j},R_{\gamma j},T_{aj})$	$T_{ai}\parallel T_{aj}$
33-25	$G_{Fi}^{I7}(T_{ai})$	$G_{Fj}^{II9}(T_{aj},R_{\alpha j},R_{\beta j},R_{\gamma j})$	$T_{ai}\parallel T_{aj}$
33-26	$G_{Fi}^{I7}(T_{ai})$	$G_{Fj}^{II10}(R_{\alpha j},R_{\beta j},T_{aj},T_{bj})$	$T_{ai}\parallel\Box T_{aj}T_{bj}$
33-27	$G_{Fi}^{I7}(T_{ai})$	$G_{Fj}^{II11}(T_{aj},T_{bj},R_{\alpha j},R_{\beta j})$	$T_{ai}\parallel\Box T_{aj}T_{bj}$
33-28	$G_{Fi}^{I7}(T_{ai})$	$G_{Fj}^{II13}(T_{aj},R_{\alpha j},R_{\beta j})$	$T_{ai}\parallel T_{aj}$
33-29	$G_{Fi}^{I7}(T_{ai})$	$G_{Fj}^{II14}(R_{\alpha j},R_{\beta j},T_{aj})$	$T_{ai}\parallel T_{aj}$
33-30	$G_{Fi}^{I7}(T_{ai})$	$G_{Fj}^{II15}(T_{aj},T_{bj},R_{\alpha j})$	$T_{ai}\parallel\Box T_{aj}T_{bj}$
33-31	$G_{Fi}^{I7}(T_{ai})$	$G_{Fj}^{II16}(R_{\alpha j},T_{aj},T_{bj})$	$T_{ai}\parallel\Box T_{aj}T_{bj}$
33-32	$G_{Fi}^{I7}(T_{ai})$	$G_{Fj}^{II17}(T_{aj},R_{\alpha j},T_{bj})$	$T_{ai}\parallel\Box T_{aj}T_{bj}$
33-33	$G_{Fi}^{I7}(T_{ai})$	$G_{Fj}^{II19}(R_{\alpha j},T_{aj})$	$T_{ai}\parallel T_{aj}$
33-34	$G_{Fi}^{I7}(T_{ai})$	$G_{Fj}^{II20}(T_{aj},R_{\alpha j})$	$T_{ai}\parallel T_{aj}$
33-35	$G_{Fi}^{I7}(T_{ai})$	$G_{Fj}^{III22}(T_{aj},T_{bj},R_{\alpha j},R_{\beta j},R_{\gamma j})$	$T_{ai}\parallel\Box T_{aj}T_{bj}$
33-36	$G_{Fi}^{I7}(T_{ai})$	$G_{Fj}^{III23}(R_{\alpha j},T_{aj},T_{bj},R_{\beta j},R_{\gamma j})$	$T_{ai}\parallel\Box T_{aj}T_{bj}$
33-37	$G_{Fi}^{I7}(T_{ai})$	$G_{Fj}^{III24}(R_{\alpha j},R_{\beta j},T_{aj},T_{bj},R_{\gamma j})$	$T_{ai}\parallel\Box T_{aj}T_{bj}$
33-38	$G_{Fi}^{I7}(T_{ai})$	$G_{Fj}^{III25}(T_{aj},T_{bj},R_{\alpha j},R_{\beta j})$	$T_{ai}\parallel\Box T_{aj}T_{bj}$
33-39	$G_{Fi}^{I7}(T_{ai})$	$G_{Fj}^{III26}(R_{\alpha j},T_{aj},T_{bj},R_{\beta j})$	$T_{ai}\parallel\Box T_{aj}T_{bj}$
33-40	$G_{Fi}^{II9}(T_{ai},R_{\alpha i},R_{\beta i},R_{\gamma i})$	$G_{Fj}^{II10}(R_{\alpha j},R_{\beta j},T_{aj},T_{bj})$	$O_i\neq O_j,T_{ai}\parallel\Box T_{aj}T_{bj}$
33-41	$G_{Fi}^{II9}(T_{ai},R_{\alpha i},R_{\beta i},R_{\gamma i})$	$G_{Fj}^{II14}(R_{\alpha j},R_{\beta j},T_{aj})$	$T_{ai}\parallel T_{aj},O_i\neq O_j$
33-42	$G_{Fi}^{II9}(T_{ai},R_{\alpha i},R_{\beta i},R_{\gamma i})$	$G_{Fj}^{II16}(R_{\alpha j},T_{aj},T_{bj})$	$T_{ai}\parallel\Box T_{aj}T_{bj}$
33-43	$G_{Fi}^{II9}(T_{ai},R_{\alpha i},R_{\beta i},R_{\gamma i})$	$G_{Fj}^{II19}(R_{\alpha j},T_{aj})$	$T_{ai}\parallel T_{aj}$
33-44	$G_{Fi}^{II10}(R_{\alpha i},R_{\beta i},T_{ai},T_{bi})$	$G_{Fj}^{II13}(T_{aj},R_{\alpha j},R_{\beta j})$	$R_{\alpha i}\neq R_{\alpha j},R_{\beta i}\neq R_{\beta j},T_{aj}\parallel\Box T_{ai}T_{bi}$
33-45	$G_{Fi}^{II10}(R_{\alpha i},R_{\beta i},T_{ai},T_{bi})$	$G_{Fj}^{II20}(T_{aj},R_{\alpha j})$	$R_{\alpha i}\neq R_{\alpha j},R_{\beta i}\neq R_{\alpha j},T_{aj}\parallel\Box T_{ai}T_{bi}$
33-46	$G_{Fi}^{II11}(T_{ai},T_{bi},R_{\alpha i},R_{\beta i})$	$G_{Fj}^{II14}(R_{\alpha j},R_{\beta j},T_{aj})$	$R_{\alpha i}\neq R_{\alpha j},R_{\beta i}\neq R_{\beta j},T_{aj}\parallel\Box T_{ai}T_{bi}$
33-47	$G_{Fi}^{II11}(T_{ai},T_{bi},R_{\alpha i},R_{\beta i})$	$G_{Fj}^{II19}(R_{\alpha j},T_{aj})$	$R_{\alpha i}\neq R_{\alpha j},R_{\beta i}\neq R_{\alpha j},T_{aj}\parallel\Box T_{ai}T_{bi}$
33-48	$G_{Fi}^{II13}(T_{ai},R_{\alpha i},R_{\beta i})$	$G_{Fj}^{II16}(R_{\alpha j},T_{aj},T_{bj})$	$R_{\alpha i}\neq R_{\alpha j},R_{\beta i}\neq R_{\alpha j},T_{ai}\parallel\Box T_{aj}T_{bj}$
33-49	$G_{Fi}^{II14}(R_{\alpha i},R_{\beta i},T_{ai})$	$G_{Fj}^{II15}(T_{aj},T_{bj},R_{\alpha j})$	$R_{\alpha i}\neq R_{\alpha j},R_{\beta i}\neq R_{\alpha j},T_{ai}\parallel\Box T_{aj}T_{bj}$
33-50	$G_{Fi}^{II14}(R_{\alpha i},R_{\beta i},T_{ai})$	$G_{Fj}^{II20}(T_{aj},R_{\alpha j})$	$R_{\alpha i}\neq R_{\alpha j},R_{\beta i}\neq R_{\alpha j},T_{ai}\parallel T_{aj}$
33-51	$G_{Fi}^{II14}(R_{\alpha i},R_{\beta i},T_{ai})$	$G_{Fj}^{III22}(T_{aj},T_{bj},R_{\alpha j},R_{\beta j},R_{\gamma j})$	$O_i\neq O_j,T_{ai}\parallel\Box T_{aj}T_{bj}$

续表

序号	G_{Fi} 表达	G_{Fj} 表达	条件
33-52	$G_{Fi}^{\mathrm{II}14}(R_{\alpha i},R_{\beta i},T_{ai})$	$G_{Fj}^{\mathrm{III}25}(T_{aj},T_{bj},R_{\alpha j},R_{\beta j})$	$R_{\alpha i}\nparallel R_{\alpha j},R_{\beta i}\neq R_{\beta j},T_{ai}\parallel\square T_{aj}T_{bj}$
33-53	$G_{Fi}^{\mathrm{II}15}(T_{ai},T_{bi},R_{\alpha i})$	$G_{Fj}^{\mathrm{II}19}(R_{\alpha j},T_{aj})$	$R_{\alpha i}\neq R_{\alpha j},T_{aj}\parallel\square T_{ai}T_{bi}$
33-54	$G_{Fi}^{\mathrm{II}16}(R_{\alpha i},T_{ai},T_{bi})$	$G_{Fj}^{\mathrm{II}20}(T_{aj},R_{\alpha j})$	$R_{\alpha i}\neq R_{\alpha j},T_{aj}\parallel\square T_{ai}T_{bi}$
33-55	$G_{Fi}^{\mathrm{II}19}(R_{\alpha i},T_{ai})$	$G_{Fj}^{\mathrm{II}20}(T_{aj},R_{\alpha j})$	$T_{ai}\parallel T_{aj}$
33-56	$G_{Fi}^{\mathrm{II}19}(R_{\alpha i},T_{ai})$	$G_{Fj}^{\mathrm{III}22}(T_{aj},T_{bj},R_{\alpha j},R_{\beta j},R_{\gamma j})$	$T_{ai}\parallel\square T_{aj}T_{bj},R_{\alpha i}\otimes O_j$

表 22-2-34　求交运算结果 G_F 集为 $G_F^{\mathrm{II}8}(R_\alpha,\ R_\beta,\ R_\gamma,\ T_a)$ 的求交运算法则

序号	G_{Fi} 表达	G_{Fj} 表达	条件
34-1	$G_{Fi}^{\mathrm{I}1}(T_{ai},T_{bi},T_{ci},R_{\alpha i},R_{\beta i},R_{\gamma i})$	$G_{Fj}^{\mathrm{II}8}(R_{\alpha j},R_{\beta j},R_{\gamma j},T_{aj})$	无要求
34-2	$G_{Fi}^{\mathrm{II}8}(R_{\alpha i},R_{\beta i},R_{\gamma i},T_{ai})$	$G_{Fj}^{\mathrm{II}8}(R_{\alpha j},R_{\beta j},R_{\gamma j},T_{aj})$	$O_i=O_j,T_{ai}\parallel T_{aj}$
34-3	$G_{Fi}^{\mathrm{II}8}(R_{\alpha i},R_{\beta i},R_{\gamma i},T_{ai})$	$G_{Fj}^{\mathrm{III}24}(R_{\alpha j},R_{\beta j},T_{aj},T_{bj},R_{\gamma j})$	$O_i=O_j,T_{ai}\parallel\square T_{aj}T_{bj}$

表 22-2-35　求交运算结果 G_F 集为 $G_F^{\mathrm{II}9}(T_a,\ R_\alpha,\ R_\beta,\ R_\gamma)$ 的求交运算法则

序号	G_{Fi} 表达	G_{Fj} 表达	条件
35-1	$G_{Fi}^{\mathrm{I}1}(T_{ai},T_{bi},T_{ci},R_{\alpha i},R_{\beta i},R_{\gamma i})$	$G_{Fj}^{\mathrm{II}9}(T_{aj},R_{\alpha j},R_{\beta j},R_{\gamma j})$	无要求
35-2	$G_{Fi}^{\mathrm{II}9}(T_{ai},R_{\alpha i},R_{\beta i},R_{\gamma i})$	$G_{Fj}^{\mathrm{II}9}(T_{aj},R_{\alpha j},R_{\beta j},R_{\gamma j})$	$T_{ai}\parallel T_{aj},O_i=O_j$
35-3	$G_{Fi}^{\mathrm{II}9}(T_{ai},R_{\alpha i},R_{\beta i},R_{\gamma i})$	$G_{Fj}^{\mathrm{III}22}(T_{aj},T_{bj},R_{\alpha j},R_{\beta j},R_{\gamma j})$	$T_{ai}\parallel\square T_{aj}T_{bj},O_i=O_j$
35-4	$G_{Fi}^{\mathrm{III}22}(T_{ai},T_{bi},R_{\alpha i},R_{\beta i},R_{\gamma i})$	$G_{Fj}^{\mathrm{III}22}(T_{aj},T_{bj},R_{\alpha j},R_{\beta j},R_{\gamma j})$	$\square T_{ai}T_{bi}\nparallel\square T_{aj}T_{bj},O_i=O_j$

表 22-2-36　求交运算结果 G_F 集为 $G_F^{\mathrm{II}10}(R_\alpha,\ R_\beta,\ T_a,\ T_b)$ 的求交运算法则

序号	G_{Fi} 表达	G_{Fj} 表达	条件
36-1	$G_{Fi}^{\mathrm{I}1}(T_{ai},T_{bi},T_{ci},R_{\alpha i},R_{\beta i},R_{\gamma i})$	$G_{Fj}^{\mathrm{II}10}(R_{\alpha j},R_{\beta j},T_{aj},T_{bj})$	无要求
36-2	$G_{Fi}^{\mathrm{I}2}(T_{ai},T_{bi},T_{ci},R_{\alpha i},R_{\beta i})$	$G_{Fj}^{\mathrm{II}10}(R_{\alpha j},R_{\beta j},T_{aj},T_{bj})$	$R_{\alpha i}\parallel R_{\alpha j},R_{\beta i}\parallel R_{\beta j}$
36-3	$G_{Fi}^{\mathrm{II}10}(R_{\alpha i},R_{\beta i},T_{ai},T_{bi})$	$G_{Fj}^{\mathrm{II}10}(R_{\alpha j},R_{\beta j},T_{aj},T_{bj})$	$R_{\alpha i}=R_{\alpha j},R_{\beta i}=R_{\beta j},\square T_{ai}T_{bi}\parallel\square T_{aj}T_{bj}$
36-4	$G_{Fi}^{\mathrm{II}10}(R_{\alpha i},R_{\beta i},T_{ai},T_{bi})$	$G_{Fj}^{\mathrm{III}24}(R_{\alpha j},R_{\beta j},T_{aj},T_{bj},R_{\gamma j})$	$O_i=O_j,\square T_{ai}T_{bi}\parallel\square T_{aj}T_{bj}$

表 22-2-37　求交运算结果 G_F 集为 $G_F^{\mathrm{II}11}(T_a,\ T_b,\ R_\alpha,\ R_\beta)$ 的求交运算法则

序号	G_{Fi} 表达	G_{Fj} 表达	条件
37-1	$G_{Fi}^{\mathrm{I}1}(T_{ai},T_{bi},T_{ci},R_{\alpha i},R_{\beta i},R_{\gamma i})$	$G_{Fj}^{\mathrm{II}11}(T_{aj},T_{bj},R_{\alpha j},R_{\beta j})$	无要求
37-2	$G_{Fi}^{\mathrm{I}2}(T_{ai},T_{bi},T_{ci},R_{\alpha i},R_{\beta i})$	$G_{Fj}^{\mathrm{II}11}(T_{aj},T_{bj},R_{\alpha j},R_{\beta j})$	$R_{\alpha i}\parallel R_{\alpha j},R_{\beta i}\parallel R_{\beta j}$
37-3	$G_{Fi}^{\mathrm{I}2}(T_{ai},T_{bi},T_{ci},R_{\alpha i},R_{\beta i})$	$G_{Fj}^{\mathrm{III}22}(T_{aj},T_{bj},R_{\alpha j},R_{\beta j},R_{\gamma j})$	$R_{\alpha i}\not\perp\square T_{aj}T_{bj}$
37-4	$G_{Fi}^{\mathrm{I}2}(T_{ai},T_{bi},T_{ci},R_{\alpha i},R_{\beta i})$	$G_{Fj}^{\mathrm{III}23}(R_{\alpha j},T_{aj},T_{bj},R_{\beta j},R_{\gamma j})$	$R_{\alpha i}\not\perp\square T_{aj}T_{bj}$
37-5	$G_{Fi}^{\mathrm{II}11}(T_{ai},T_{bi},R_{\alpha i},R_{\beta i})$	$G_{Fj}^{\mathrm{II}11}(T_{aj},T_{bj},R_{\alpha j},R_{\beta j})$	$\square T_{ai}T_{bi}\parallel\square T_{aj}T_{bj},R_{\alpha i}=R_{\alpha j},R_{\beta i}=R_{\beta j}$
37-6	$G_{Fi}^{\mathrm{II}11}(T_{ai},T_{bi},R_{\alpha i},R_{\beta i})$	$G_{Fj}^{\mathrm{III}22}(T_{aj},T_{bj},R_{\alpha j},R_{\beta j},R_{\gamma j})$	$\square T_{ai}T_{bi}\parallel\square T_{aj}T_{bj},O_i=O_j$

表 22-2-38　求交运算结果 G_F 集为 $G_F^{\mathrm{II}12}(R_\alpha,\ R_\beta,\ R_\gamma)$ 的求交运算法则

序号	G_{Fi} 表达	G_{Fj} 表达	条件
38-1	$G_{Fi}^{\mathrm{I}1}(T_{ai},T_{bi},T_{ci},R_{\alpha i},R_{\beta i},R_{\gamma i})$	$G_{Fj}^{\mathrm{II}12}(R_{\alpha j},R_{\beta j},R_{\gamma j})$	无要求

续表

序号	$G_{\mathrm{F}i}$ 表达	$G_{\mathrm{F}j}$ 表达	条件
38-2	$G_{\mathrm{F}i}^{\mathrm{II}8}(R_{\alpha i},R_{\beta i},R_{\gamma i},T_{ai})$	$G_{\mathrm{F}j}^{\mathrm{II}8}(R_{\alpha j},R_{\beta j},R_{\gamma j},T_{aj})$	$O_i=O_j,T_{ai}\nparallel T_{aj}$
38-3	$G_{\mathrm{F}i}^{\mathrm{II}8}(R_{\alpha i},R_{\beta i},R_{\gamma i},T_{ai})$	$G_{\mathrm{F}j}^{\mathrm{II}9}(T_{aj},R_{\alpha j},R_{\beta j},R_{\gamma j})$	$O_i=O_j,T_{ai}\nparallel T_{aj}$
38-4	$G_{\mathrm{F}i}^{\mathrm{II}8}(R_{\alpha i},R_{\beta i},R_{\gamma i},T_{ai})$	$G_{\mathrm{F}j}^{\mathrm{II}12}(R_{\alpha j},R_{\beta j},R_{\gamma j})$	$O_i=O_j$
38-5	$G_{\mathrm{F}i}^{\mathrm{II}8}(R_{\alpha i},R_{\beta i},R_{\gamma i},T_{ai})$	$G_{\mathrm{F}j}^{\mathrm{III}22}(T_{aj},T_{bj},R_{\alpha j},R_{\beta j},R_{\gamma j})$	$O_i=O_j,T_{ai}\nparallel\square T_{aj}T_{bj}$
38-6	$G_{\mathrm{F}i}^{\mathrm{II}8}(R_{\alpha i},R_{\beta i},R_{\gamma i},T_{ai})$	$G_{\mathrm{F}j}^{\mathrm{III}24}(R_{\alpha j},R_{\beta j},T_{aj},T_{bj},R_{\gamma j})$	$O_i=O_j,T_{ai}\nparallel\square T_{aj}T_{bj}$
38-7	$G_{\mathrm{F}i}^{\mathrm{II}9}(T_{ai},R_{\alpha i},R_{\beta i},R_{\gamma i})$	$G_{\mathrm{F}j}^{\mathrm{II}9}(T_{aj},R_{\alpha j},R_{\beta j},R_{\gamma j})$	$T_{ai}\nparallel T_{aj},O_i=O_j$
38-8	$G_{\mathrm{F}i}^{\mathrm{II}9}(T_{ai},R_{\alpha i},R_{\beta i},R_{\gamma i})$	$G_{\mathrm{F}j}^{\mathrm{II}12}(R_{\alpha j},R_{\beta j},R_{\gamma j})$	$O_i=O_j$
38-9	$G_{\mathrm{F}i}^{\mathrm{II}9}(T_{ai},R_{\alpha i},R_{\beta i},R_{\gamma i})$	$G_{\mathrm{F}j}^{\mathrm{III}22}(T_{aj},T_{bj},R_{\alpha j},R_{\beta j},R_{\gamma j})$	$T_{ai}\nparallel\square T_{aj}T_{bj},O_i=O_j$
38-10	$G_{\mathrm{F}i}^{\mathrm{II}9}(T_{ai},R_{\alpha i},R_{\beta i},R_{\gamma i})$	$G_{\mathrm{F}j}^{\mathrm{III}24}(R_{\alpha j},R_{\beta j},T_{aj},T_{bj},R_{\gamma j})$	$R_{\alpha j}-O_i,R_{\beta j}-O_i,T_{ai}\nparallel\square T_{aj}T_{bj}$
38-11	$G_{\mathrm{F}i}^{\mathrm{II}12}(R_{\alpha i},R_{\beta i},R_{\gamma i})$	$G_{\mathrm{F}j}^{\mathrm{II}12}(R_{\alpha j},R_{\beta j},R_{\gamma j})$	$O_i=O_j$
38-12	$G_{\mathrm{F}i}^{\mathrm{II}12}(R_{\alpha i},R_{\beta i},R_{\gamma i})$	$G_{\mathrm{F}j}^{\mathrm{III}22}(T_{aj},T_{bj},R_{\alpha j},R_{\beta j},R_{\gamma j})$	$O_i=O_j$
38-13	$G_{\mathrm{F}i}^{\mathrm{II}12}(R_{\alpha i},R_{\beta i},R_{\gamma i})$	$G_{\mathrm{F}j}^{\mathrm{III}24}(R_{\alpha j},R_{\beta j},T_{aj},T_{bj},R_{\gamma j})$	$O_i=O_j$

表 22-2-39　　求交运算结果 G_F 集为 $G_\mathrm{F}^{\mathrm{II}13}(T_a,R_\alpha,R_\beta)$ 的求交运算法则

序号	$G_{\mathrm{F}i}$ 表达	$G_{\mathrm{F}j}$ 表达	条件
39-1	$G_{\mathrm{F}i}^{\mathrm{I}1}(T_{ai},T_{bi},T_{ci},R_{\alpha i},R_{\beta i},R_{\gamma i})$	$G_{\mathrm{F}j}^{\mathrm{II}13}(T_{aj},R_{\alpha j},R_{\beta j})$	无要求
39-2	$G_{\mathrm{F}i}^{\mathrm{I}2}(T_{ai},T_{bi},T_{ci},R_{\alpha i},R_{\beta i})$	$G_{\mathrm{F}j}^{\mathrm{II}13}(T_{aj},R_{\alpha j},R_{\beta j})$	$R_{\alpha i}\parallel R_{\alpha j},R_{\beta i}\parallel R_{\beta j}$
39-3	$G_{\mathrm{F}i}^{\mathrm{I}2}(T_{ai},T_{bi},T_{ci},R_{\alpha i},R_{\beta i})$	$G_{\mathrm{F}j}^{\mathrm{II}9}(T_{aj},R_{\alpha j},R_{\beta j},R_{\gamma j})$	无要求
39-4	$G_{\mathrm{F}i}^{\mathrm{II}9}(T_{ai},R_{\alpha i},R_{\beta i},R_{\gamma i})$	$G_{\mathrm{F}j}^{\mathrm{II}11}(T_{aj},T_{bj},R_{\alpha j},R_{\beta j})$	$O_i=O_j,T_{ai}\parallel\square T_{aj}T_{bj}$
39-5	$G_{\mathrm{F}i}^{\mathrm{II}9}(T_{ai},R_{\alpha i},R_{\beta i},R_{\gamma i})$	$G_{\mathrm{F}j}^{\mathrm{II}13}(T_{aj},R_{\alpha j},R_{\beta j})$	$O_i=O_j,T_{ai}\parallel T_{aj}$
39-6	$G_{\mathrm{F}i}^{\mathrm{II}9}(T_{ai},R_{\alpha i},R_{\beta i},R_{\gamma i})$	$G_{\mathrm{F}j}^{\mathrm{III}23}(R_{\alpha j},T_{aj},T_{bj},R_{\beta j},R_{\gamma j})$	$T_{ai}\parallel\square T_{aj}T_{bj},R_{\gamma j}-O_i$
39-7	$G_{\mathrm{F}i}^{\mathrm{II}9}(T_{ai},R_{\alpha i},R_{\beta i},R_{\gamma i})$	$G_{\mathrm{F}j}^{\mathrm{III}25}(T_{aj},T_{bj},R_{\alpha j},R_{\beta j})$	$O_i=O_j,T_{ai}\parallel\square T_{aj}T_{bj}$
39-8	$G_{\mathrm{F}i}^{\mathrm{II}11}(T_{ai},T_{bi},R_{\alpha i},R_{\beta i})$	$G_{\mathrm{F}j}^{\mathrm{II}11}(T_{aj},T_{bj},R_{\alpha j},R_{\beta j})$	$\square T_{ai}T_{bi}\nparallel\square T_{aj}T_{bj},R_{\alpha i}=R_{\alpha j},R_{\beta i}=R_{\beta j}$
39-9	$G_{\mathrm{F}i}^{\mathrm{II}11}(T_{ai},T_{bi},R_{\alpha i},R_{\beta i})$	$G_{\mathrm{F}j}^{\mathrm{II}13}(T_{aj},R_{\alpha j},R_{\beta j})$	$R_{\alpha i}=R_{\alpha j},R_{\beta i}=R_{\beta j},T_{aj}\parallel\square T_{ai}T_{bi}$
39-10	$G_{\mathrm{F}i}^{\mathrm{II}11}(T_{ai},T_{bi},R_{\alpha i},R_{\beta i})$	$G_{\mathrm{F}j}^{\mathrm{III}22}(T_{aj},T_{bj},R_{\alpha j},R_{\beta j},R_{\gamma j})$	$\square T_{ai}T_{bi}\nparallel\square T_{aj}T_{bj},O_i=O_j$
39-11	$G_{\mathrm{F}i}^{\mathrm{II}11}(T_{ai},T_{bi},R_{\alpha i},R_{\beta i})$	$G_{\mathrm{F}j}^{\mathrm{III}25}(T_{aj},T_{bj},R_{\alpha j},R_{\beta j})$	$R_{\alpha i}\parallel R_{\alpha j},R_{\beta i}=R_{\beta j}$
39-12	$G_{\mathrm{F}i}^{\mathrm{II}13}(T_{ai},R_{\alpha i},R_{\beta i})$	$G_{\mathrm{F}j}^{\mathrm{II}13}(T_{aj},R_{\alpha j},R_{\beta j})$	$R_{\alpha i}=R_{\alpha j},R_{\beta i}=R_{\beta j},T_{ai}\parallel T_{aj}$
39-13	$G_{\mathrm{F}i}^{\mathrm{II}13}(T_{ai},R_{\alpha i},R_{\beta i})$	$G_{\mathrm{F}j}^{\mathrm{III}22}(T_{aj},T_{bj},R_{\alpha j},R_{\beta j},R_{\gamma j})$	$T_{ai}\parallel\square T_{aj}T_{bj},O_i=O_j$
39-14	$G_{\mathrm{F}i}^{\mathrm{II}13}(T_{ai},R_{\alpha i},R_{\beta i})$	$G_{\mathrm{F}j}^{\mathrm{III}23}(R_{\alpha j},T_{aj},T_{bj},R_{\beta j},R_{\gamma j})$	$T_{ai}\parallel\square T_{aj}T_{bj},R_{\alpha i}\parallel R_{\beta j},R_{\beta i}=R_{\gamma j}$
39-15	$G_{\mathrm{F}i}^{\mathrm{II}13}(T_{ai},R_{\alpha i},R_{\beta i})$	$G_{\mathrm{F}j}^{\mathrm{III}25}(T_{aj},T_{bj},R_{\alpha j},R_{\beta j})$	$R_{\alpha i}\parallel R_{\alpha j},R_{\beta i}=R_{\beta j},T_{ai}\parallel\square T_{aj}T_{bj}$

表 22-2-40　　求交运算结果 G_F 集为 $G_\mathrm{F}^{\mathrm{II}14}(R_\alpha,R_\beta,T_a)$ 的求交运算法则

序号	$G_{\mathrm{F}i}$ 表达	$G_{\mathrm{F}j}$ 表达	条件
40-1	$G_{\mathrm{F}i}^{\mathrm{I}1}(T_{ai},T_{bi},T_{ci},R_{\alpha i},R_{\beta i},R_{\gamma i})$	$G_{\mathrm{F}j}^{\mathrm{II}14}(R_{\alpha j},R_{\beta j},T_{aj})$	无要求
40-2	$G_{\mathrm{F}i}^{\mathrm{I}2}(T_{ai},T_{bi},T_{ci},R_{\alpha i},R_{\beta i})$	$G_{\mathrm{F}j}^{\mathrm{II}8}(R_{\alpha j},R_{\beta j},R_{\gamma j},T_{aj})$	
40-3	$G_{\mathrm{F}i}^{\mathrm{I}2}(T_{ai},T_{bi},T_{ci},R_{\alpha i},R_{\beta i})$	$G_{\mathrm{F}j}^{\mathrm{II}14}(R_{\alpha j},R_{\beta j},T_{aj})$	$R_{ai}\parallel R_{aj},R_{\beta i}\parallel R_{\beta j}$
40-4	$G_{\mathrm{F}i}^{\mathrm{II}8}(R_{\alpha i},R_{\beta i},R_{\gamma i},T_{ai})$	$G_{\mathrm{F}j}^{\mathrm{II}10}(R_{\alpha j},R_{\beta j},T_{aj},T_{bj})$	$O_i=O_j,T_{ai}\parallel\square T_{aj}T_{bj}$
40-5	$G_{\mathrm{F}i}^{\mathrm{II}8}(R_{\alpha i},R_{\beta i},R_{\gamma i},T_{ai})$	$G_{\mathrm{F}j}^{\mathrm{II}14}(R_{\alpha j},R_{\beta j},T_{aj})$	$O_i=O_j,T_{ai}\parallel T_{aj}$

续表

序号	$G_{\mathrm{F}i}$ 表达	$G_{\mathrm{F}j}$ 表达	条件
40-6	$G_{\mathrm{F}i}^{\mathrm{II}\,8}(R_{\alpha i},R_{\beta i},R_{\gamma i},T_{ai})$	$G_{\mathrm{F}j}^{\mathrm{III}\,23}(R_{\alpha j},T_{aj},T_{bj},R_{\beta j},R_{\gamma j})$	$O_j-O_i,T_{ai}\parallel\Box T_{aj}T_{bj}$
40-7	$G_{\mathrm{F}i}^{\mathrm{II}\,8}(R_{\alpha i},R_{\beta i},R_{\gamma i},T_{ai})$	$G_{\mathrm{F}j}^{\mathrm{III}\,26}(R_{\alpha j},T_{aj},T_{bj},R_{\beta j})$	$R_{\alpha j}-O_i,R_{\beta j}-O_i,T_{ai}\parallel\Box T_{aj}T_{bj}$
40-8	$G_{\mathrm{F}i}^{\mathrm{II}\,10}(R_{\alpha i},R_{\beta i},T_{ai},T_{bi})$	$G_{\mathrm{F}j}^{\mathrm{II}\,10}(R_{\alpha j},R_{\beta j},T_{aj},T_{bj})$	$R_{\alpha i}=R_{\alpha j},R_{\beta i}=R_{\beta j},\Box T_{ai}T_{bi}\nparallel\Box T_{aj}T_{bj}$
40-9	$G_{\mathrm{F}i}^{\mathrm{II}\,10}(R_{\alpha i},R_{\beta i},T_{ai},T_{bi})$	$G_{\mathrm{F}j}^{\mathrm{II}\,14}(R_{\alpha j},R_{\beta j},T_{aj})$	$R_{\alpha i}=R_{\alpha j},R_{\beta i}=R_{\beta j},T_{aj}\parallel\Box T_{ai}T_{bi}$
40-10	$G_{\mathrm{F}i}^{\mathrm{II}\,8}(R_{\alpha i},R_{\beta i},R_{\gamma i},T_{ai})$	$G_{\mathrm{F}j}^{\mathrm{III}\,24}(R_{\alpha j},R_{\beta j},T_{aj},T_{bj},R_{\gamma j})$	$O_i=O_j,\Box T_{ai}T_{bi}\nparallel\Box T_{aj}T_{bj}$
40-11	$G_{\mathrm{F}i}^{\mathrm{II}\,14}(R_{\alpha i},R_{\beta i},T_{ai})$	$G_{\mathrm{F}j}^{\mathrm{II}\,14}(R_{\alpha j},R_{\beta j},T_{aj})$	$R_{\alpha i}=R_{\alpha j},R_{\beta i}=R_{\beta j},T_{ai}\parallel T_{aj}$
40-12	$G_{\mathrm{F}i}^{\mathrm{II}\,14}(R_{\alpha i},R_{\beta i},T_{ai})$	$G_{\mathrm{F}j}^{\mathrm{III}\,24}(R_{\alpha j},R_{\beta j},T_{aj},T_{bj},R_{\gamma j})$	$O_i=O_j,T_{ai}\parallel\Box T_{aj}T_{bj}$
40-13	$G_{\mathrm{F}i}^{\mathrm{II}\,14}(R_{\alpha i},R_{\beta i},T_{ai})$	$G_{\mathrm{F}j}^{\mathrm{III}\,26}(R_{\alpha j},T_{aj},T_{bj},R_{\beta j})$	$R_{\alpha i}=R_{\alpha j},R_{\beta i}\parallel R_{\beta j},T_{ai}\parallel\Box T_{aj}T_{bj}$
40-14	$G_{\mathrm{F}i}^{\mathrm{III}\,24}(R_{\alpha i},R_{\beta i},T_{ai},T_{bi},R_{\gamma i})$	$G_{\mathrm{F}j}^{\mathrm{III}\,24}(R_{\alpha j},R_{\beta j},T_{aj},T_{bj},R_{\gamma j})$	$\Box T_{ai}T_{bi}\nparallel\Box T_{aj}T_{bj},R_{\alpha i}=R_{\alpha j},R_{\beta i}=R_{\beta j}$

表 22-2-41　求交运算结果 G_F 集为 $G_F^{\mathrm{II}\,15}(T_a,T_b,R_\alpha)$ 的求交运算法则

序号	$G_{\mathrm{F}i}$ 表达	$G_{\mathrm{F}j}$ 表达	条件
41-1	$G_{\mathrm{F}i}^{\mathrm{I}\,1}(T_{ai},T_{bi},T_{ci},R_{\alpha i},R_{\beta i},R_{\gamma i})$	$G_{\mathrm{F}j}^{\mathrm{II}\,15}(T_{aj},T_{bj},R_{\alpha j})$	无要求
41-2	$G_{\mathrm{F}i}^{\mathrm{I}\,2}(T_{ai},T_{bi},T_{ci},R_{\alpha i},R_{\beta i})$	$G_{\mathrm{F}j}^{\mathrm{II}\,11}(T_{aj},T_{bj},R_{\alpha j},R_{\beta j})$	$R_{\alpha i}\parallel R_{\alpha j},R_{\beta i}\nparallel R_{\beta j}$
41-3	$G_{\mathrm{F}i}^{\mathrm{I}\,2}(T_{ai},T_{bi},T_{ci},R_{\alpha i},R_{\beta i})$	$G_{\mathrm{F}j}^{\mathrm{II}\,15}(T_{aj},T_{bj},R_{\alpha j})$	$R_{\alpha i}\parallel R_{\alpha j}$
41-4	$G_{\mathrm{F}i}^{\mathrm{I}\,3}(T_{ai},T_{bi},T_{ci},R_{\alpha i})$	$G_{\mathrm{F}j}^{\mathrm{II}\,11}(T_{aj},T_{bj},R_{\alpha j},R_{\beta j})$	$R_{\alpha i}\parallel R_{\alpha j}$ 或 $R_{\alpha i}\parallel R_{\beta j}$
41-5	$G_{\mathrm{F}i}^{\mathrm{I}\,3}(T_{ai},T_{bi},T_{ci},R_{\alpha i})$	$G_{\mathrm{F}j}^{\mathrm{II}\,15}(T_{aj},T_{bj},R_{\alpha j})$	$R_{\alpha i}\parallel R_{\alpha j}$
41-6	$G_{\mathrm{F}i}^{\mathrm{I}\,3}(T_{ai},T_{bi},T_{ci},R_{\alpha i})$	$G_{\mathrm{F}j}^{\mathrm{III}\,22}(T_{aj},T_{bj},R_{\alpha j},R_{\beta j},R_{\gamma j})$	$R_{\alpha i}\nparallel R_{\alpha j}$
41-7	$G_{\mathrm{F}i}^{\mathrm{I}\,3}(T_{ai},T_{bi},T_{ci},R_{\alpha i})$	$G_{\mathrm{F}j}^{\mathrm{III}\,23}(R_{\alpha j},T_{aj},T_{bj},R_{\beta j},R_{\gamma j})$	$R_{\alpha i}\nparallel R_{\beta j},R_{\alpha i}\parallel R_{\gamma j}$
41-8	$G_{\mathrm{F}i}^{\mathrm{I}\,3}(T_{ai},T_{bi},T_{ci},R_{\alpha i})$	$G_{\mathrm{F}j}^{\mathrm{III}\,25}(T_{aj},T_{bj},R_{\alpha j},R_{\beta j})$	$R_{\alpha i}\nparallel R_{\alpha j},R_{\alpha i}\parallel R_{\beta j}$
41-9	$G_{\mathrm{F}i}^{\mathrm{II}\,11}(T_{ai},T_{bi},R_{\alpha i},R_{\beta i})$	$G_{\mathrm{F}j}^{\mathrm{II}\,11}(T_{aj},T_{bj},R_{\alpha j},R_{\beta j})$	$R_{\alpha i}=R_{\alpha j},\Box T_{ai}T_{bi}\parallel\Box T_{aj}T_{bj}$
41-10	$G_{\mathrm{F}i}^{\mathrm{II}\,11}(T_{ai},T_{bi},R_{\alpha i},R_{\beta i})$	$G_{\mathrm{F}j}^{\mathrm{II}\,15}(T_{aj},T_{bj},R_{\alpha j})$	$\Box T_{ai}T_{bi}\parallel\Box T_{aj}T_{bj},R_{\alpha i}=R_{\alpha j}$ 或 $R_{\beta i}=R_{\alpha j}$
41-11	$G_{\mathrm{F}i}^{\mathrm{II}\,11}(T_{ai},T_{bi},R_{\alpha i},R_{\beta i})$	$G_{\mathrm{F}j}^{\mathrm{III}\,22}(T_{aj},T_{bj},R_{\alpha j},R_{\beta j},R_{\gamma j})$	$\Box T_{ai}T_{bi}\parallel\Box T_{aj}T_{bj},O_i\neq O_j,R_{\alpha i}-O_j$
41-12	$G_{\mathrm{F}i}^{\mathrm{II}\,11}(T_{ai},T_{bi},R_{\alpha i},R_{\beta i})$	$G_{\mathrm{F}j}^{\mathrm{III}\,23}(R_{\alpha j},T_{aj},T_{bj},R_{\beta j},R_{\gamma j})$	$\Box T_{ai}T_{bi}\parallel\Box T_{aj}T_{bj},R_{\alpha i}=R_{\gamma j}$ 或 $R_{\beta i}=R_{\gamma j}$
41-13	$G_{\mathrm{F}i}^{\mathrm{II}\,11}(T_{ai},T_{bi},R_{\alpha i},R_{\beta i})$	$G_{\mathrm{F}j}^{\mathrm{III}\,25}(T_{aj},T_{bj},R_{\alpha j},R_{\beta j})$	$\Box T_{ai}T_{bi}\parallel\Box T_{aj}T_{bj},R_{\beta i}=R_{\beta j}$
41-14	$G_{\mathrm{F}i}^{\mathrm{II}\,15}(T_{ai},T_{bi},R_{\alpha i})$	$G_{\mathrm{F}j}^{\mathrm{II}\,15}(T_{aj},T_{bj},R_{\alpha j})$	$\Box T_{ai}T_{bi}\parallel\Box T_{aj}T_{bj},R_{\alpha i}=R_{\alpha j}$
41-15	$G_{\mathrm{F}i}^{\mathrm{II}\,15}(T_{ai},T_{bi},R_{\alpha i})$	$G_{\mathrm{F}j}^{\mathrm{III}\,22}(T_{aj},T_{bj},R_{\alpha j},R_{\beta j},R_{\gamma j})$	$\Box T_{ai}T_{bi}\parallel\Box T_{aj}T_{bj},R_{\alpha i}-O_j$
41-16	$G_{\mathrm{F}i}^{\mathrm{II}\,15}(T_{ai},T_{bi},R_{\alpha i})$	$G_{\mathrm{F}j}^{\mathrm{III}\,23}(R_{\alpha j},T_{aj},T_{bj},R_{\beta j},R_{\gamma j})$	$\Box T_{ai}T_{bi}\parallel\Box T_{aj}T_{bj},R_{\alpha i}=R_{\gamma j}$
41-17	$G_{\mathrm{F}i}^{\mathrm{II}\,15}(T_{ai},T_{bi},R_{\alpha i})$	$G_{\mathrm{F}j}^{\mathrm{III}\,25}(T_{aj},T_{bj},R_{\alpha j},R_{\beta j})$	$\Box T_{ai}T_{bi}\parallel\Box T_{aj}T_{bj},R_{\alpha i}=R_{\beta j}$

表 22-2-42　求交运算结果 G_F 集为 $G_F^{\mathrm{II}\,16}(R_\alpha,T_a,T_b)$ 的求交运算法则

序号	$G_{\mathrm{F}i}$ 表达	$G_{\mathrm{F}j}$ 表达	条件
42-1	$G_{\mathrm{F}i}^{\mathrm{I}\,1}(T_{ai},T_{bi},T_{ci},R_{\alpha i},R_{\beta i},R_{\gamma i})$	$G_{\mathrm{F}j}^{\mathrm{II}\,16}(R_{\alpha j},T_{aj},T_{bj})$	无要求
42-2	$G_{\mathrm{F}i}^{\mathrm{I}\,2}(T_{ai},T_{bi},T_{ci},R_{\alpha i},R_{\beta i})$	$G_{\mathrm{F}j}^{\mathrm{II}\,16}(R_{\alpha j},T_{aj},T_{bj})$	$R_{\alpha i}\parallel R_{\alpha j}$
42-3	$G_{\mathrm{F}i}^{\mathrm{I}\,2}(T_{ai},T_{bi},T_{ci},R_{\alpha i},R_{\beta i})$	$G_{\mathrm{F}j}^{\mathrm{II}\,10}(R_{\alpha j},R_{\beta j},T_{aj},T_{bj})$	$R_{\alpha i}\parallel R_{\alpha j},R_{\beta i}\nparallel R_{\beta j}$
42-4	$G_{\mathrm{F}i}^{\mathrm{I}\,3}(T_{ai},T_{bi},T_{ci},R_{\alpha i})$	$G_{\mathrm{F}j}^{\mathrm{II}\,10}(R_{\alpha j},R_{\beta j},T_{aj},T_{bj})$	$R_{\alpha i}\parallel R_{\alpha j}$ 或 $R_{\alpha i}\parallel R_{\beta j}$
42-5	$G_{\mathrm{F}i}^{\mathrm{I}\,3}(T_{ai},T_{bi},T_{ci},R_{\alpha i})$	$G_{\mathrm{F}j}^{\mathrm{II}\,16}(R_{\alpha j},T_{aj},T_{bj})$	$R_{\alpha i}\parallel R_{\alpha j}$
42-6	$G_{\mathrm{F}i}^{\mathrm{I}\,3}(T_{ai},T_{bi},T_{ci},R_{\alpha i})$	$G_{\mathrm{F}j}^{\mathrm{III}\,24}(R_{\alpha j},R_{\beta j},T_{aj},T_{bj},R_{\gamma j})$	$R_{\alpha i}\nparallel R_{\gamma j}$

续表

序号	$G_{\mathrm{F}i}$ 表达	$G_{\mathrm{F}j}$ 表达	条件
42-7	$G_{\mathrm{F}i}^{\mathrm{I}\,3}(T_{ai},T_{bi},T_{ci},R_{\alpha i})$	$G_{\mathrm{F}j}^{\mathrm{III}\,26}(R_{\alpha j},T_{aj},T_{bj},R_{\beta j})$	$R_{\alpha i}\parallel R_{\alpha j},R_{\alpha i}\nparallel R_{\beta j}$
42-8	$G_{\mathrm{F}i}^{\mathrm{II}\,10}(R_{\alpha i},R_{\beta i},T_{ai},T_{bi})$	$G_{\mathrm{F}j}^{\mathrm{II}\,10}(R_{\alpha j},R_{\beta j},T_{aj},T_{bj})$	$R_{\alpha i}=R_{\alpha j},R_{\beta i}\neq R_{\beta j},\square T_{ai}T_{bi}\parallel\square T_{aj}T_{bj}$
42-9	$G_{\mathrm{F}i}^{\mathrm{II}\,10}(R_{\alpha i},R_{\beta i},T_{ai},T_{bi})$	$G_{\mathrm{F}j}^{\mathrm{II}\,16}(R_{\alpha j},T_{aj},T_{bj})$	$R_{\alpha i}=R_{\alpha j}$ 或 $R_{\beta i}=R_{\alpha j},\square T_{ai}T_{bi}\parallel\square T_{aj}T_{bj}$
42-10	$G_{\mathrm{F}i}^{\mathrm{II}\,10}(R_{\alpha i},R_{\beta i},T_{ai},T_{bi})$	$G_{\mathrm{F}j}^{\mathrm{III}\,24}(R_{\alpha j},R_{\beta j},T_{aj},T_{bj},R_{\gamma j})$	$\square T_{ai}T_{bi}\parallel\square T_{aj}T_{bj},O_i\neq O_j,R_{\alpha i}-O_j$
42-11	$G_{\mathrm{F}i}^{\mathrm{II}\,10}(R_{\alpha i},R_{\beta i},T_{ai},T_{bi})$	$G_{\mathrm{F}j}^{\mathrm{III}\,26}(R_{\alpha j},T_{aj},T_{bj},R_{\beta j})$	$R_{\alpha i}=R_{\alpha j},\square T_{ai}T_{bi}\parallel\square T_{aj}T_{bj}$
42-12	$G_{\mathrm{F}i}^{\mathrm{II}\,16}(R_{\alpha i},T_{ai},T_{bi})$	$G_{\mathrm{F}j}^{\mathrm{II}\,16}(R_{\alpha j},T_{aj},T_{bj})$	$R_{\alpha i}=R_{\alpha j},\square T_{ai}T_{bi}\parallel\square T_{aj}T_{bj}$
42-13	$G_{\mathrm{F}i}^{\mathrm{II}\,16}(R_{\alpha i},T_{ai},T_{bi})$	$G_{\mathrm{F}j}^{\mathrm{III}\,23}(R_{\alpha j},T_{aj},T_{bj},R_{\beta j},R_{\gamma j})$	$\square T_{ai}T_{bi}\parallel\square T_{aj}T_{bj},R_{\alpha i}=R_{\alpha j}$
42-14	$G_{\mathrm{F}i}^{\mathrm{II}\,16}(R_{\alpha i},T_{ai},T_{bi})$	$G_{\mathrm{F}j}^{\mathrm{III}\,24}(R_{\alpha j},R_{\beta j},T_{aj},T_{bj},R_{\gamma j})$	$\square T_{ai}T_{bi}\parallel\square T_{aj}T_{bj},R_{\alpha i}-O_j$
42-15	$G_{\mathrm{F}i}^{\mathrm{II}\,16}(R_{\alpha i},T_{ai},T_{bi})$	$G_{\mathrm{F}j}^{\mathrm{III}\,26}(R_{\alpha j},T_{aj},T_{bj},R_{\beta j})$	$\square T_{ai}T_{bi}\parallel\square T_{aj}T_{bj},R_{\alpha i}=R_{\alpha j}$

表 22-2-43　求交运算结果 G_F 集为 $G_\mathrm{F}^{\mathrm{II}\,17}(T_a,R_\alpha,T_b)$ 的求交运算法则

序号	$G_{\mathrm{F}i}$ 表达	$G_{\mathrm{F}j}$ 表达	条件
43-1	$G_{\mathrm{F}i}^{\mathrm{I}\,1}(T_{ai},T_{bi},T_{ci},R_{\alpha i},R_{\beta i},R_{\gamma i})$	$G_{\mathrm{F}j}^{\mathrm{II}\,17}(T_{aj},R_{\alpha j},T_{bj})$	无要求
43-2	$G_{\mathrm{F}i}^{\mathrm{I}\,2}(T_{ai},T_{bi},T_{ci},R_{\alpha i},R_{\beta i})$	$G_{\mathrm{F}j}^{\mathrm{II}\,17}(T_{aj},R_{\alpha j},T_{bj})$	$R_{\alpha i}\parallel R_{\alpha j}$
43-3	$G_{\mathrm{F}i}^{\mathrm{I}\,3}(T_{ai},T_{bi},T_{ci},R_{\alpha i})$	$G_{\mathrm{F}j}^{\mathrm{II}\,17}(T_{aj},R_{\alpha j},T_{bj})$	$R_{\alpha i}\parallel R_{\alpha j}$
43-4	$G_{\mathrm{F}i}^{\mathrm{II}\,17}(T_{ai},R_{\alpha i},T_{bi})$	$G_{\mathrm{F}j}^{\mathrm{II}\,17}(T_{aj},R_{\alpha j},T_{bj})$	$T_{ai}\parallel T_{aj},R_{\alpha i}=R_{\alpha j},T_{bi}\parallel T_{bj}$

表 22-2-44　求交运算结果 G_F 集为 $G_\mathrm{F}^{\mathrm{II}\,18}(R_\alpha,R_\beta)$ 的求交运算法则

序号	$G_{\mathrm{F}i}$ 表达	$G_{\mathrm{F}j}$ 表达	条件
44-1	$G_{\mathrm{F}i}^{\mathrm{I}\,1}(T_{ai},T_{bi},T_{ci},R_{\alpha i},R_{\beta i},R_{\gamma i})$	$G_{\mathrm{F}j}^{\mathrm{II}\,18}(R_{\alpha j},R_{\beta j})$	无要求
44-2	$G_{\mathrm{F}i}^{\mathrm{I}\,2}(T_{ai},T_{bi},T_{ci},R_{\alpha i},R_{\beta i})$	$G_{\mathrm{F}j}^{\mathrm{II}\,12}(R_{\alpha j},R_{\beta j},R_{\gamma j})$	
44-3	$G_{\mathrm{F}i}^{\mathrm{I}\,2}(T_{ai},T_{bi},T_{ci},R_{\alpha i},R_{\beta i})$	$G_{\mathrm{F}j}^{\mathrm{II}\,18}(R_{\alpha j},R_{\beta j})$	$R_{\alpha i}\parallel R_{\alpha j},R_{\beta i}\parallel R_{\beta j}$
44-4	$G_{\mathrm{F}i}^{\mathrm{II}\,8}(R_{\alpha i},R_{\beta i},R_{\gamma i},T_{ai})$	$G_{\mathrm{F}j}^{\mathrm{II}\,11}(T_{aj},T_{bj},R_{\alpha j},R_{\beta j})$	$O_i=O_j,T_{ai}\nparallel\square T_{aj}T_{bj}$
44-5	$G_{\mathrm{F}i}^{\mathrm{II}\,8}(R_{\alpha i},R_{\beta i},R_{\gamma i},T_{ai})$	$G_{\mathrm{F}j}^{\mathrm{II}\,13}(T_{aj},R_{\alpha j},R_{\beta j})$	$O_i=O_j,T_{ai}\nparallel T_{aj}$
44-6	$G_{\mathrm{F}i}^{\mathrm{II}\,8}(R_{\alpha i},R_{\beta i},R_{\gamma i},T_{ai})$	$G_{\mathrm{F}j}^{\mathrm{II}\,14}(R_{\alpha j},R_{\beta j},T_{aj})$	$O_i=O_j,T_{ai}\nparallel T_{aj}$
44-7	$G_{\mathrm{F}i}^{\mathrm{II}\,8}(R_{\alpha i},R_{\beta i},R_{\gamma i},T_{ai})$	$G_{\mathrm{F}j}^{\mathrm{II}\,18}(R_{\alpha j},R_{\beta j})$	$O_i=O_j$
44-8	$G_{\mathrm{F}i}^{\mathrm{II}\,8}(R_{\alpha i},R_{\beta i},R_{\gamma i},T_{ai})$	$G_{\mathrm{F}j}^{\mathrm{III}\,25}(T_{aj},T_{bj},R_{\alpha j},R_{\beta j})$	$O_i=O_j,T_{ai}\nparallel\square T_{aj}T_{bj}$
44-9	$G_{\mathrm{F}i}^{\mathrm{II}\,8}(R_{\alpha i},R_{\beta i},R_{\gamma i},T_{ai})$	$G_{\mathrm{F}j}^{\mathrm{III}\,26}(R_{\alpha j},T_{aj},T_{bj},R_{\beta j})$	$O_i=O_j,T_{ai}\nparallel\square T_{aj}T_{bj}$
44-10	$G_{\mathrm{F}i}^{\mathrm{II}\,9}(T_{ai},R_{\alpha i},R_{\beta i},R_{\gamma i})$	$G_{\mathrm{F}j}^{\mathrm{II}\,10}(R_{\alpha j},R_{\beta j},T_{aj},T_{bj})$	$O_i=O_j,T_{ai}\nparallel\square T_{aj}T_{bj}$
44-11	$G_{\mathrm{F}i}^{\mathrm{II}\,9}(T_{ai},R_{\alpha i},R_{\beta i},R_{\gamma i})$	$G_{\mathrm{F}j}^{\mathrm{II}\,11}(T_{aj},T_{bj},R_{\alpha j},R_{\beta j})$	$O_i=O_j,T_{ai}\nparallel\square T_{aj}T_{bj}$
44-12	$G_{\mathrm{F}i}^{\mathrm{II}\,9}(T_{ai},R_{\alpha i},R_{\beta i},R_{\gamma i})$	$G_{\mathrm{F}j}^{\mathrm{II}\,13}(T_{aj},R_{\alpha j},R_{\beta j})$	$O_i=O_j,T_{ai}\nparallel T_{aj}$
44-13	$G_{\mathrm{F}i}^{\mathrm{II}\,9}(T_{ai},R_{\alpha i},R_{\beta i},R_{\gamma i})$	$G_{\mathrm{F}j}^{\mathrm{II}\,14}(R_{\alpha j},R_{\beta j},T_{aj})$	$O_i=O_j,T_{ai}\nparallel T_{aj}$
44-14	$G_{\mathrm{F}i}^{\mathrm{II}\,9}(T_{ai},R_{\alpha i},R_{\beta i},R_{\gamma i})$	$G_{\mathrm{F}j}^{\mathrm{II}\,18}(R_{\alpha j},R_{\beta j})$	$O_i=O_j$
44-15	$G_{\mathrm{F}i}^{\mathrm{II}\,9}(T_{ai},R_{\alpha i},R_{\beta i},R_{\gamma i})$	$G_{\mathrm{F}j}^{\mathrm{III}\,25}(T_{aj},T_{bj},R_{\alpha j},R_{\beta j})$	$O_i=O_j,T_{ai}\nparallel\square T_{aj}T_{bj}$
44-16	$G_{\mathrm{F}i}^{\mathrm{II}\,9}(T_{ai},R_{\alpha i},R_{\beta i},R_{\gamma i})$	$G_{\mathrm{F}j}^{\mathrm{III}\,26}(R_{\alpha j},T_{aj},T_{bj},R_{\beta j})$	$T_{ai}\nparallel\square T_{aj}T_{bj},O_i=O_j$
44-17	$G_{\mathrm{F}i}^{\mathrm{II}\,10}(R_{\alpha i},R_{\beta i},T_{ai},T_{bi})$	$G_{\mathrm{F}j}^{\mathrm{II}\,12}(R_{\alpha j},R_{\beta j},R_{\gamma j})$	$O_i=O_j$
44-18	$G_{\mathrm{F}i}^{\mathrm{II}\,10}(R_{\alpha i},R_{\beta i},T_{ai},T_{bi})$	$G_{\mathrm{F}j}^{\mathrm{II}\,11}(T_{aj},T_{bj},R_{\alpha j},R_{\beta j})$	$R_{\alpha i}=R_{\alpha j},R_{\beta i}=R_{\beta j},\square T_{ai}T_{bi}\nparallel\square T_{aj}T_{bj}$
44-19	$G_{\mathrm{F}i}^{\mathrm{II}\,10}(R_{\alpha i},R_{\beta i},T_{ai},T_{bi})$	$G_{\mathrm{F}j}^{\mathrm{II}\,13}(T_{aj},R_{\alpha j},R_{\beta j})$	$R_{\alpha i}=R_{\alpha j},R_{\beta i}=R_{\beta j},T_{aj}\nparallel\square T_{ai}T_{bi}$

续表

序号	G_{Fi} 表达	G_{Fj} 表达	条件
44-20	$G_{Fi}^{\mathrm{II}10}(R_{\alpha i},R_{\beta i},T_{ai},T_{bi})$	$G_{Fj}^{\mathrm{II}14}(R_{\alpha j},R_{\beta j},T_{aj})$	$R_{\alpha i}=R_{\alpha j},R_{\beta i}=R_{\beta j},T_{aj}\nparallel\square T_{ai}T_{bi}$
44-21	$G_{Fi}^{\mathrm{II}10}(R_{\alpha i},R_{\beta i},T_{ai},T_{bi})$	$G_{Fj}^{\mathrm{II}18}(R_{\alpha j},R_{\beta j})$	$R_{\alpha i}=R_{\alpha j},R_{\beta i}=R_{\beta j}$
44-22	$G_{Fi}^{\mathrm{II}10}(R_{\alpha i},R_{\beta i},T_{ai},T_{bi})$	$G_{Fj}^{\mathrm{III}22}(T_{aj},T_{bj},R_{\alpha j},R_{\beta j},R_{\gamma j})$	$\square T_{ai}T_{bi}\nparallel\square T_{aj}T_{bj},O_i=O_j$
44-23	$G_{Fi}^{\mathrm{II}10}(R_{\alpha i},R_{\beta i},T_{ai},T_{bi})$	$G_{Fj}^{\mathrm{III}23}(R_{\alpha j},T_{aj},T_{bj},R_{\beta j},R_{\gamma j})$	$\square T_{ai}T_{bi}\nparallel\square T_{aj}T_{bj},R_{\alpha i}=R_{\alpha j},R_{\beta i}=R_{\beta j}$
44-24	$G_{Fi}^{\mathrm{II}10}(R_{\alpha i},R_{\beta i},T_{ai},T_{bi})$	$G_{Fj}^{\mathrm{III}25}(T_{aj},T_{bj},R_{\alpha j},R_{\beta j})$	$\square T_{ai}T_{bi}\nparallel\square T_{aj}T_{bj},R_{\alpha i}\parallel R_{\alpha j},R_{\beta i}=R_{\beta j}$
44-25	$G_{Fi}^{\mathrm{II}11}(T_{ai},T_{bi},R_{\alpha i},R_{\beta i})$	$G_{Fj}^{\mathrm{II}12}(R_{\alpha j},R_{\beta j},R_{\gamma j})$	$O_i=O_j$
44-26	$G_{Fi}^{\mathrm{II}11}(T_{ai},T_{bi},R_{\alpha i},R_{\beta i})$	$G_{Fj}^{\mathrm{II}13}(T_{aj},R_{\alpha j},R_{\beta j})$	$R_{\alpha i}=R_{\alpha j},R_{\beta i}=R_{\beta j},T_{aj}\nparallel\square T_{ai}T_{bi}$
44-27	$G_{Fi}^{\mathrm{II}11}(T_{ai},T_{bi},R_{\alpha i},R_{\beta i})$	$G_{Fj}^{\mathrm{II}14}(R_{\alpha j},R_{\beta j},T_{aj})$	$R_{\alpha i}=R_{\alpha j},R_{\beta i}=R_{\beta j},T_{aj}\nparallel\square T_{ai}T_{bi}$
44-28	$G_{Fi}^{\mathrm{II}11}(T_{ai},T_{bi},R_{\alpha i},R_{\beta i})$	$G_{Fj}^{\mathrm{II}18}(R_{\alpha j},R_{\beta j})$	$R_{\alpha i}=R_{\alpha j},R_{\beta i}=R_{\beta j}$
44-29	$G_{Fi}^{\mathrm{II}11}(T_{ai},T_{bi},R_{\alpha i},R_{\beta i})$	$G_{Fj}^{\mathrm{III}24}(R_{\alpha j},R_{\beta j},T_{aj},T_{bj},R_{\gamma j})$	$\square T_{ai}T_{bi}\nparallel\square T_{aj}T_{bj},R_{\alpha i}=R_{\alpha j},R_{\beta i}=R_{\beta j}$
44-30	$G_{Fi}^{\mathrm{II}12}(R_{\alpha i},R_{\beta i},R_{\gamma i})$	$G_{Fj}^{\mathrm{II}13}(T_{aj},R_{\alpha j},R_{\beta j})$	$O_i=O_j$
44-31	$G_{Fi}^{\mathrm{II}12}(R_{\alpha i},R_{\beta i},R_{\gamma i})$	$G_{Fj}^{\mathrm{II}14}(R_{\alpha j},R_{\beta j},T_{aj})$	$O_i=O_j$
44-32	$G_{Fi}^{\mathrm{II}12}(R_{\alpha i},R_{\beta i},R_{\gamma i})$	$G_{Fj}^{\mathrm{II}18}(R_{\alpha j},R_{\beta j})$	$O_i=O_j$
44-33	$G_{Fi}^{\mathrm{II}12}(R_{\alpha i},R_{\beta i},R_{\gamma i})$	$G_{Fj}^{\mathrm{III}23}(R_{\alpha j},T_{aj},T_{bj},R_{\beta j},R_{\gamma j})$	$O_i=O_j$
44-34	$G_{Fi}^{\mathrm{II}12}(R_{\alpha i},R_{\beta i},R_{\gamma i})$	$G_{Fj}^{\mathrm{III}25}(T_{aj},T_{bj},R_{\alpha j},R_{\beta j})$	$O_i=O_j$
44-35	$G_{Fi}^{\mathrm{II}12}(R_{\alpha i},R_{\beta i},R_{\gamma i})$	$G_{Fj}^{\mathrm{III}26}(R_{\alpha j},T_{aj},T_{bj},R_{\beta j})$	$O_i=O_j$
44-36	$G_{Fi}^{\mathrm{II}13}(T_{ai},R_{\alpha i},R_{\beta i})$	$G_{Fj}^{\mathrm{II}13}(T_{aj},R_{\alpha j},R_{\beta j})$	$R_{\alpha i}=R_{\alpha j},R_{\beta i}=R_{\beta j},T_{ai}\nparallel T_{aj}$
44-37	$G_{Fi}^{\mathrm{II}13}(T_{ai},R_{\alpha i},R_{\beta i})$	$G_{Fj}^{\mathrm{II}14}(R_{\alpha j},R_{\beta j},T_{aj})$	$R_{\alpha i}=R_{\alpha j},R_{\beta i}=R_{\beta j},T_{ai}\nparallel T_{aj}$
44-38	$G_{Fi}^{\mathrm{II}13}(T_{ai},R_{\alpha i},R_{\beta i})$	$G_{Fj}^{\mathrm{II}18}(R_{\alpha j},R_{\beta j})$	$R_{\alpha i}=R_{\alpha j},R_{\beta i}=R_{\beta j}$
44-39	$G_{Fi}^{\mathrm{II}13}(T_{ai},R_{\alpha i},R_{\beta i})$	$G_{Fj}^{\mathrm{III}22}(T_{aj},T_{bj},R_{\alpha j},R_{\beta j},R_{\gamma j})$	$T_{ai}\nparallel\square T_{aj}T_{bj},O_i=O_j$
44-40	$G_{Fi}^{\mathrm{II}13}(T_{ai},R_{\alpha i},R_{\beta i})$	$G_{Fj}^{\mathrm{III}23}(R_{\alpha j},T_{aj},T_{bj},R_{\beta j},R_{\gamma j})$	$T_{ai}\nparallel\square T_{aj}T_{bj},R_{\alpha i}\parallel R_{\beta j},R_{\beta i}=R_{\gamma j}$
44-41	$G_{Fi}^{\mathrm{II}13}(T_{ai},R_{\alpha i},R_{\beta i})$	$G_{Fj}^{\mathrm{III}24}(R_{\alpha j},R_{\beta j},T_{aj},T_{bj},R_{\gamma j})$	$O_i=O_j,T_{ai}\nparallel\square T_{aj}T_{bj}$
44-42	$G_{Fi}^{\mathrm{II}13}(T_{ai},R_{\alpha i},R_{\beta i})$	$G_{Fj}^{\mathrm{III}25}(T_{aj},T_{bj},R_{\alpha j},R_{\beta j})$	$R_{\alpha i}\parallel R_{\alpha j},R_{\beta i}=R_{\beta j},T_{ai}\nparallel\square T_{aj}T_{bj}$
44-43	$G_{Fi}^{\mathrm{II}14}(R_{\alpha i},R_{\beta i},T_{ai})$	$G_{Fj}^{\mathrm{II}14}(R_{\alpha j},R_{\beta j},T_{aj})$	$R_{\alpha i}=R_{\alpha j},R_{\beta i}=R_{\beta j},T_{ai}\nparallel T_{aj}$
44-44	$G_{Fi}^{\mathrm{II}14}(R_{\alpha i},R_{\beta i},T_{ai})$	$G_{Fj}^{\mathrm{II}18}(R_{\alpha j},R_{\beta j})$	$R_{\alpha i}=R_{\alpha j},R_{\beta i}=R_{\beta j}$
44-45	$G_{Fi}^{\mathrm{II}14}(R_{\alpha i},R_{\beta i},T_{ai})$	$G_{Fj}^{\mathrm{III}22}(T_{aj},T_{bj},R_{\alpha j},R_{\beta j},R_{\gamma j})$	$O_i=O_j,T_{ai}\nparallel\square T_{aj}T_{bj}$
44-46	$G_{Fi}^{\mathrm{II}14}(R_{\alpha i},R_{\beta i},T_{ai})$	$G_{Fj}^{\mathrm{III}23}(R_{\alpha j},T_{aj},T_{bj},R_{\beta j},R_{\gamma j})$	$R_{\alpha i}\parallel R_{\beta j},R_{\beta i}=R_{\gamma j},T_{ai}\nparallel\square T_{aj}T_{bj}$
44-47	$G_{Fi}^{\mathrm{II}14}(R_{\alpha i},R_{\beta i},T_{ai})$	$G_{Fj}^{\mathrm{III}24}(R_{\alpha j},R_{\beta j},T_{aj},T_{bj},R_{\gamma j})$	$O_i=O_j,T_{ai}\nparallel\square T_{aj}T_{bj}$
44-48	$G_{Fi}^{\mathrm{II}14}(R_{\alpha i},R_{\beta i},T_{ai})$	$G_{Fj}^{\mathrm{III}25}(T_{aj},T_{bj},R_{\alpha j},R_{\beta j})$	$R_{\alpha i}\parallel R_{\alpha j},R_{\beta i}=R_{\beta j},T_{ai}\nparallel\square T_{aj}T_{bj}$
44-49	$G_{Fi}^{\mathrm{II}18}(R_{\alpha i},R_{\beta i})$	$G_{Fj}^{\mathrm{II}18}(R_{\alpha j},R_{\beta j})$	$R_{\alpha i}=R_{\alpha j},R_{\beta i}=R_{\beta j}$
44-50	$G_{Fi}^{\mathrm{II}18}(R_{\alpha i},R_{\beta i})$	$G_{Fj}^{\mathrm{III}22}(T_{aj},T_{bj},R_{\alpha j},R_{\beta j},R_{\gamma j})$	$O_i=O_j$
44-51	$G_{Fi}^{\mathrm{II}18}(R_{\alpha i},R_{\beta i})$	$G_{Fj}^{\mathrm{III}24}(R_{\alpha j},R_{\beta j},T_{aj},T_{bj},R_{\gamma j})$	$O_i=O_j$ 或 $R_{\alpha i}-O_j,R_{\beta i}\perp\square T_{aj}T_{bj}$
44-52	$G_{Fi}^{\mathrm{II}18}(R_{\alpha i},R_{\beta i})$	$G_{Fj}^{\mathrm{III}25}(T_{aj},T_{bj},R_{\alpha j},R_{\beta j})$	$R_{\alpha i}=R_{\alpha j},R_{\beta i}=R_{\beta j}$
44-53	$G_{Fi}^{\mathrm{II}18}(R_{\alpha i},R_{\beta i})$	$G_{Fj}^{\mathrm{III}26}(R_{\alpha j},T_{aj},T_{bj},R_{\beta j})$	$R_{\alpha i}=R_{\alpha j},R_{\beta i}\parallel R_{\beta j}$

表 22-2-45　求交运算结果 G_F 集为 $G_F^{\mathrm{II}19}(R_\alpha,\ T_a)$ 的求交运算法则

序号	G_{Fi} 表达	G_{Fj} 表达	条件
45-1	$G_{Fi}^{\mathrm{I}1}(T_{ai},T_{bi},T_{ci},R_{\alpha i},R_{\beta i},R_{\gamma i})$	$G_{Fj}^{\mathrm{II}19}(R_{\alpha j},T_{aj})$	无要求

续表

序号	$G_{\mathrm{F}i}$ 表达	$G_{\mathrm{F}j}$ 表达	条件
45-2	$G_{\mathrm{F}i}^{\mathrm{I}2}(T_{ai},T_{bi},T_{ci},R_{\alpha i},R_{\beta i})$	$G_{\mathrm{F}j}^{\mathrm{II}14}(R_{\alpha j},R_{\beta j},T_{aj})$	$R_{\alpha i}\parallel R_{\alpha j},R_{\beta i}\nparallel R_{\beta j}$
45-3	$G_{\mathrm{F}i}^{\mathrm{I}2}(T_{ai},T_{bi},T_{ci},R_{\alpha i},R_{\beta i})$	$G_{\mathrm{F}j}^{\mathrm{II}19}(R_{\alpha j},T_{aj})$	$R_{\alpha i}\parallel R_{\alpha j}$
45-4	$G_{\mathrm{F}i}^{\mathrm{I}3}(T_{ai},T_{bi},T_{ci},R_{\alpha i})$	$G_{\mathrm{F}j}^{\mathrm{II}8}(R_{\alpha j},R_{\beta j},R_{\gamma j},T_{aj})$	无要求
45-5	$G_{\mathrm{F}i}^{\mathrm{I}3}(T_{ai},T_{bi},T_{ci},R_{\alpha i})$	$G_{\mathrm{F}j}^{\mathrm{II}14}(R_{\alpha j},R_{\beta j},T_{aj})$	$R_{\alpha i}\parallel R_{\alpha j}$ 或 $R_{\alpha i}\parallel R_{\beta j}$
45-6	$G_{\mathrm{F}i}^{\mathrm{I}3}(T_{ai},T_{bi},T_{ci},R_{\alpha i})$	$G_{\mathrm{F}j}^{\mathrm{II}19}(R_{\alpha j},T_{aj})$	$R_{\alpha i}\parallel R_{\alpha j}$
45-7	$G_{\mathrm{F}i}^{\mathrm{I}5}(T_{ai},T_{bi},R_{\alpha i})$	$G_{\mathrm{F}j}^{\mathrm{II}8}(R_{\alpha j},R_{\beta j},R_{\gamma j},T_{aj})$	$T_{aj}\parallel\square T_{ai}T_{bi},R_{\alpha i}-O_j$
45-8	$G_{\mathrm{F}i}^{\mathrm{I}5}(T_{ai},T_{bi},R_{\alpha i})$	$G_{\mathrm{F}j}^{\mathrm{II}10}(R_{\alpha j},R_{\beta j},T_{aj},T_{bj})$	$R_{\alpha i}\parallel R_{\alpha j},\square T_{ai}T_{bi}\nparallel\square T_{aj}T_{bj}$
45-9	$G_{\mathrm{F}i}^{\mathrm{I}5}(T_{ai},T_{bi},R_{\alpha i})$	$G_{\mathrm{F}j}^{\mathrm{II}14}(R_{\alpha j},R_{\beta j},T_{aj})$	$T_{aj}\parallel\square T_{ai}T_{bi},R_{\alpha i}\parallel R_{\alpha j}$
45-10	$G_{\mathrm{F}i}^{\mathrm{I}5}(T_{ai},T_{bi},R_{\alpha i})$	$G_{\mathrm{F}j}^{\mathrm{II}16}(R_{\alpha j},T_{aj},T_{bj})$	$R_{\alpha i}\parallel R_{\alpha j}$
45-11	$G_{\mathrm{F}i}^{\mathrm{I}5}(T_{ai},T_{bi},R_{\alpha i})$	$G_{\mathrm{F}j}^{\mathrm{II}19}(R_{\alpha j},T_{aj})$	$R_{\alpha i}\parallel R_{\alpha j},T_{aj}\parallel\square T_{ai}T_{bi}$
45-12	$G_{\mathrm{F}i}^{\mathrm{I}5}(T_{ai},T_{bi},R_{\alpha i})$	$G_{\mathrm{F}j}^{\mathrm{III}23}(R_{\alpha j},T_{aj},T_{bj},R_{\beta j},R_{\gamma j})$	$\square T_{ai}T_{bi}\nparallel\square T_{aj}T_{bj},R_{\alpha i}\parallel R_{\alpha j}$
45-13	$G_{\mathrm{F}i}^{\mathrm{I}5}(T_{ai},T_{bi},R_{\alpha i})$	$G_{\mathrm{F}j}^{\mathrm{III}24}(R_{\alpha j},R_{\beta j},T_{aj},T_{bj},R_{\gamma j})$	$\square T_{ai}T_{bi}\nparallel\square T_{aj}T_{bj}$
45-14	$G_{\mathrm{F}i}^{\mathrm{I}5}(T_{ai},T_{bi},R_{\alpha i})$	$G_{\mathrm{F}j}^{\mathrm{III}26}(R_{\alpha j},T_{aj},T_{bj},R_{\beta j})$	$\square T_{ai}T_{bi}\nparallel\square T_{aj}T_{bj},R_{\alpha i}\parallel R_{\alpha j}$
45-15	$G_{\mathrm{F}i}^{\mathrm{II}8}(R_{\alpha i},R_{\beta i},R_{\gamma i},T_{ai})$	$G_{\mathrm{F}j}^{\mathrm{II}8}(R_{\alpha j},R_{\beta j},R_{\gamma j},T_{aj})$	$O_i\neq O_j,T_{ai}\parallel T_{aj}$
45-16	$G_{\mathrm{F}i}^{\mathrm{II}8}(R_{\alpha i},R_{\beta i},R_{\gamma i},T_{ai})$	$G_{\mathrm{F}j}^{\mathrm{II}14}(R_{\alpha j},R_{\beta j},T_{aj})$	$R_{\alpha j}-O_i,O_i\neq O_j,T_{ai}\parallel T_{aj}$
45-17	$G_{\mathrm{F}i}^{\mathrm{II}8}(R_{\alpha i},R_{\beta i},R_{\gamma i},T_{ai})$	$G_{\mathrm{F}j}^{\mathrm{II}16}(R_{\alpha j},T_{aj},T_{bj})$	$T_{ai}\parallel\square T_{aj}T_{bj},R_{\alpha j}-O_i$
45-18	$G_{\mathrm{F}i}^{\mathrm{II}8}(R_{\alpha i},R_{\beta i},R_{\gamma i},T_{ai})$	$G_{\mathrm{F}j}^{\mathrm{II}17}(T_{aj},R_{\alpha j},T_{bj})$	$T_{ai}\parallel\square T_{bj},R_{\alpha j}-O_i$
45-19	$G_{\mathrm{F}i}^{\mathrm{II}8}(R_{\alpha i},R_{\beta i},R_{\gamma i},T_{ai})$	$G_{\mathrm{F}j}^{\mathrm{II}19}(R_{\alpha j},T_{aj})$	$R_{\alpha j}-O_i,T_{ai}\parallel T_{aj}$
45-20	$G_{\mathrm{F}i}^{\mathrm{II}8}(R_{\alpha i},R_{\beta i},R_{\gamma i},T_{ai})$	$G_{\mathrm{F}j}^{\mathrm{III}22}(T_{aj},T_{bj},R_{\alpha j},R_{\beta j},R_{\gamma j})$	$R_{\alpha j}-O_i,T_{ai}\parallel\square T_{aj}T_{bj}$
45-21	$G_{\mathrm{F}i}^{\mathrm{II}8}(R_{\alpha i},R_{\beta i},R_{\gamma i},T_{ai})$	$G_{\mathrm{F}j}^{\mathrm{III}23}(R_{\alpha j},T_{aj},T_{bj},R_{\beta j},R_{\gamma j})$	$R_{\alpha j}-O_i,T_{ai}\parallel\square T_{aj}T_{bj}$
45-22	$G_{\mathrm{F}i}^{\mathrm{II}8}(R_{\alpha i},R_{\beta i},R_{\gamma i},T_{ai})$	$G_{\mathrm{F}j}^{\mathrm{III}25}(T_{aj},T_{bj},R_{\alpha j},R_{\beta j})$	$R_{\alpha j}-O_i,T_{ai}\parallel\square T_{aj}T_{bj}$
45-23	$G_{\mathrm{F}i}^{\mathrm{II}8}(R_{\alpha i},R_{\beta i},R_{\gamma i},T_{ai})$	$G_{\mathrm{F}j}^{\mathrm{III}26}(R_{\alpha j},T_{aj},T_{bj},R_{\beta j})$	$R_{\alpha j}-O_i,T_{ai}\parallel\square T_{aj}T_{bj}$
45-24	$G_{\mathrm{F}i}^{\mathrm{II}10}(R_{\alpha i},R_{\beta i},T_{ai},T_{bi})$	$G_{\mathrm{F}j}^{\mathrm{II}10}(R_{\alpha j},R_{\beta j},T_{aj},T_{bj})$	$R_{\alpha i}=R_{\alpha j},R_{\beta i}\neq R_{\beta j},\square T_{ai}T_{bi}\nparallel\square T_{aj}T_{bj}$
45-25	$G_{\mathrm{F}i}^{\mathrm{II}10}(R_{\alpha i},R_{\beta i},T_{ai},T_{bi})$	$G_{\mathrm{F}j}^{\mathrm{II}16}(R_{\alpha j},T_{aj},T_{bj})$	$R_{\alpha i}=R_{\alpha j}$ 或 $R_{\beta i}=R_{\alpha j},\square T_{ai}T_{bi}\nparallel\square T_{aj}T_{bj}$
45-26	$G_{\mathrm{F}i}^{\mathrm{II}10}(R_{\alpha i},R_{\beta i},T_{ai},T_{bi})$	$G_{\mathrm{F}j}^{\mathrm{II}17}(T_{aj},R_{\alpha j},T_{bj})$	$R_{\alpha i}=R_{\alpha j}$ 或 $R_{\beta i}=R_{\alpha j},T_{bj}\parallel\square T_{ai}T_{bi}$
45-27	$G_{\mathrm{F}i}^{\mathrm{II}10}(R_{\alpha i},R_{\beta i},T_{ai},T_{bi})$	$G_{\mathrm{F}j}^{\mathrm{II}19}(R_{\alpha j},T_{aj})$	$R_{\alpha i}=R_{\alpha j}$ 或 $R_{\beta i}=R_{\alpha j},T_{aj}\parallel\square T_{ai}T_{bi}$
45-28	$G_{\mathrm{F}i}^{\mathrm{II}14}(R_{\alpha i},R_{\beta i},T_{ai})$	$G_{\mathrm{F}j}^{\mathrm{II}14}(R_{\alpha j},R_{\beta j},T_{aj})$	$R_{\alpha i}=R_{\alpha j},T_{ai}\parallel T_{aj},O_i\neq O_j,R_{\beta i}\neq R_{\beta j}$
45-29	$G_{\mathrm{F}i}^{\mathrm{II}14}(R_{\alpha i},R_{\beta i},T_{ai})$	$G_{\mathrm{F}j}^{\mathrm{II}16}(R_{\alpha j},T_{aj},T_{bj})$	$R_{\alpha i}=R_{\alpha j}$ 或 $R_{\beta i}=R_{\alpha j},T_{ai}\parallel\square T_{aj}T_{bj}$
45-30	$G_{\mathrm{F}i}^{\mathrm{II}14}(R_{\alpha i},R_{\beta i},T_{ai})$	$G_{\mathrm{F}j}^{\mathrm{II}17}(T_{aj},R_{\alpha j},T_{bj})$	$R_{\alpha i}=R_{\alpha j}$ 或 $R_{\beta i}=R_{\alpha j},T_{ai}\parallel T_{bj}$
45-31	$G_{\mathrm{F}i}^{\mathrm{II}14}(R_{\alpha i},R_{\beta i},T_{ai})$	$G_{\mathrm{F}j}^{\mathrm{II}19}(R_{\alpha j},T_{aj})$	$R_{\alpha i}=R_{\alpha j}$ 或 $R_{\beta i}=R_{\alpha j},T_{ai}\parallel T_{aj}$
45-32	$G_{\mathrm{F}i}^{\mathrm{II}14}(R_{\alpha i},R_{\beta i},T_{ai})$	$G_{\mathrm{F}j}^{\mathrm{III}23}(R_{\alpha j},T_{aj},T_{bj},R_{\beta j},R_{\gamma j})$	$R_{\alpha i}=R_{\alpha j}$ 或 $R_{\beta i}=R_{\alpha j},T_{ai}\parallel\square T_{aj}T_{bj}$
45-33	$G_{\mathrm{F}i}^{\mathrm{II}16}(R_{\alpha i},T_{ai},T_{bi})$	$G_{\mathrm{F}j}^{\mathrm{II}16}(R_{\alpha j},T_{aj},T_{bj})$	$R_{\alpha i}=R_{\alpha j},\square T_{ai}T_{bi}\nparallel\square T_{aj}T_{bj}$
45-34	$G_{\mathrm{F}i}^{\mathrm{II}16}(R_{\alpha i},T_{ai},T_{bi})$	$G_{\mathrm{F}j}^{\mathrm{II}17}(T_{aj},R_{\alpha j},T_{bj})$	$R_{\alpha i}=R_{\alpha j},T_{bj}\parallel\square T_{ai}T_{bi}$
45-35	$G_{\mathrm{F}i}^{\mathrm{II}16}(R_{\alpha i},T_{ai},T_{bi})$	$G_{\mathrm{F}j}^{\mathrm{II}19}(R_{\alpha j},T_{aj})$	$R_{\alpha i}=R_{\alpha j},T_{aj}\parallel\square T_{ai}T_{bi}$
45-36	$G_{\mathrm{F}i}^{\mathrm{II}16}(R_{\alpha i},T_{ai},T_{bi})$	$G_{\mathrm{F}j}^{\mathrm{III}23}(R_{\alpha j},T_{aj},T_{bj},R_{\beta j},R_{\gamma j})$	$\square T_{ai}T_{bi}\nparallel\square T_{aj}T_{bj},R_{\alpha i}=R_{\alpha j}$
45-37	$G_{\mathrm{F}i}^{\mathrm{II}16}(R_{\alpha i},T_{ai},T_{bi})$	$G_{\mathrm{F}j}^{\mathrm{III}24}(R_{\alpha j},R_{\beta j},T_{aj},T_{bj},R_{\gamma j})$	$\square T_{ai}T_{bi}\nparallel\square T_{aj}T_{bj},R_{\alpha i}-O_j$
45-38	$G_{\mathrm{F}i}^{\mathrm{II}17}(T_{ai},R_{\alpha i},T_{bi})$	$G_{\mathrm{F}j}^{\mathrm{II}17}(T_{aj},R_{\alpha j},T_{bj})$	$T_{ai}\nparallel T_{aj},R_{\alpha i}=R_{\alpha j},T_{bi}\parallel T_{bj}$

续表

序号	$G_{\mathrm{F}i}$ 表达	$G_{\mathrm{F}j}$ 表达	条件
45-39	$G_{\mathrm{F}i}^{\mathrm{II}17}(T_{ai},R_{\alpha i},T_{bi})$	$G_{\mathrm{F}j}^{\mathrm{II}19}(R_{\alpha j},T_{aj})$	$R_{\alpha i}=R_{\alpha j},T_{bi}\parallel T_{aj}$
45-40	$G_{\mathrm{F}i}^{\mathrm{II}17}(T_{ai},R_{\alpha i},T_{bi})$	$G_{\mathrm{F}j}^{\mathrm{III}23}(R_{\alpha j},T_{aj},T_{bj},R_{\beta j},R_{\gamma j})$	$R_{\alpha i}=R_{\alpha j},T_{bi}\parallel \square T_{aj}T_{bj}$
45-41	$G_{\mathrm{F}i}^{\mathrm{II}17}(T_{ai},R_{\alpha i},T_{bi})$	$G_{\mathrm{F}j}^{\mathrm{III}24}(R_{\alpha j},R_{\beta j},T_{aj},T_{bj},R_{\gamma j})$	$R_{\alpha i}=R_{\alpha j}$ 或 $R_{\alpha i}=R_{\beta j},T_{bi}\parallel \square T_{aj}T_{bj}$
45-42	$G_{\mathrm{F}i}^{\mathrm{II}17}(T_{ai},R_{\alpha i},T_{bi})$	$G_{\mathrm{F}j}^{\mathrm{III}26}(R_{\alpha j},T_{aj},T_{bj},R_{\beta j})$	$R_{\alpha i}=R_{\alpha j},T_{bi}\parallel \square T_{aj}T_{bj}$
45-43	$G_{\mathrm{F}i}^{\mathrm{II}19}(R_{\alpha i},T_{ai})$	$G_{\mathrm{F}j}^{\mathrm{II}19}(R_{\alpha j},T_{aj})$	$R_{\alpha i}=R_{\alpha j},T_{ai}\parallel T_{aj}$
45-44	$G_{\mathrm{F}i}^{\mathrm{II}19}(R_{\alpha i},T_{ai})$	$G_{\mathrm{F}j}^{\mathrm{III}23}(R_{\alpha j},T_{aj},T_{bj},R_{\beta j},R_{\gamma j})$	$R_{\alpha i}=R_{\alpha j},T_{ai}\parallel \square T_{aj}T_{bj}$
45-45	$G_{\mathrm{F}i}^{\mathrm{II}19}(R_{\alpha i},T_{ai})$	$G_{\mathrm{F}j}^{\mathrm{III}24}(R_{\alpha j},R_{\beta j},T_{aj},T_{bj},R_{\gamma j})$	$R_{\alpha i}-O_j,T_{ai}\parallel \square T_{aj}T_{bj}$
45-46	$G_{\mathrm{F}i}^{\mathrm{II}19}(R_{\alpha i},T_{ai})$	$G_{\mathrm{F}j}^{\mathrm{III}26}(R_{\alpha j},T_{aj},T_{bj},R_{\beta j})$	$R_{\alpha i}\parallel R_{\alpha j},T_{ai}\parallel \square T_{aj}T_{bj}$
45-47	$G_{\mathrm{F}i}^{\mathrm{III}26}(R_{\alpha i},T_{ai},T_{bi},R_{\beta i})$	$G_{\mathrm{F}j}^{\mathrm{III}26}(R_{\alpha j},T_{aj},T_{bj},R_{\beta j})$	$R_{\alpha i}=R_{\alpha j},\square T_{ai}T_{bi}\nparallel \square T_{aj}T_{bj}$

表 22-2-46　　求交运算结果 G_F 集为 $G_\mathrm{F}^{\mathrm{II}20}(T_a,R_\alpha)$ 的求交运算法则

序号	$G_{\mathrm{F}i}$ 表达	$G_{\mathrm{F}j}$ 表达	条件
46-1	$G_{\mathrm{F}i}^{\mathrm{I}1}(T_{ai},T_{bi},T_{ci},R_{\alpha i},R_{\beta i},R_{\gamma i})$	$G_{\mathrm{F}j}^{\mathrm{II}20}(T_{aj},R_{\alpha j})$	无要求
46-2	$G_{\mathrm{F}i}^{\mathrm{I}2}(T_{ai},T_{bi},T_{ci},R_{\alpha i},R_{\beta i})$	$G_{\mathrm{F}j}^{\mathrm{II}20}(T_{aj},R_{\alpha j})$	$R_{\alpha i}\parallel R_{\alpha j}$
46-3	$G_{\mathrm{F}i}^{\mathrm{I}3}(T_{ai},T_{bi},T_{ci},R_{\alpha i})$	$G_{\mathrm{F}j}^{\mathrm{II}9}(T_{aj},R_{\alpha j},R_{\beta j},R_{\gamma j})$	无要求
46-4	$G_{\mathrm{F}i}^{\mathrm{I}3}(T_{ai},T_{bi},T_{ci},R_{\alpha i})$	$G_{\mathrm{F}j}^{\mathrm{II}13}(T_{aj},R_{\alpha j},R_{\beta j})$	$R_{\alpha i}\parallel R_{\alpha j}$ 或 $R_{\alpha i}\parallel R_{\beta j}$
46-5	$G_{\mathrm{F}i}^{\mathrm{I}3}(T_{ai},T_{bi},T_{ci},R_{\alpha i})$	$G_{\mathrm{F}j}^{\mathrm{II}20}(T_{aj},R_{\alpha j})$	$R_{\alpha i}\parallel R_{\alpha j}$
46-6	$G_{\mathrm{F}i}^{\mathrm{I}5}(T_{ai},T_{bi},R_{\alpha i})$	$G_{\mathrm{F}j}^{\mathrm{II}9}(T_{aj},R_{\alpha j},R_{\beta j},R_{\gamma j})$	$T_{aj}\parallel \square T_{ai}T_{bi}$
46-7	$G_{\mathrm{F}i}^{\mathrm{I}5}(T_{ai},T_{bi},R_{\alpha i})$	$G_{\mathrm{F}j}^{\mathrm{II}11}(T_{aj},T_{bj},R_{\alpha j},R_{\beta j})$	$R_{\alpha i}\parallel R_{\alpha j}$
46-8	$G_{\mathrm{F}i}^{\mathrm{I}5}(T_{ai},T_{bi},R_{\alpha i})$	$G_{\mathrm{F}j}^{\mathrm{II}13}(T_{aj},R_{\alpha j},R_{\beta j})$	$T_{aj}\parallel \square T_{ai}T_{bi},R_{\alpha i}\parallel R_{\alpha j}$
46-9	$G_{\mathrm{F}i}^{\mathrm{I}5}(T_{ai},T_{bi},R_{\alpha i})$	$G_{\mathrm{F}j}^{\mathrm{II}15}(T_{aj},T_{bj},R_{\alpha j})$	$R_{\alpha i}\parallel R_{\alpha j}$
46-10	$G_{\mathrm{F}i}^{\mathrm{I}5}(T_{ai},T_{bi},R_{\alpha i})$	$G_{\mathrm{F}j}^{\mathrm{II}17}(T_{aj},R_{\alpha j},T_{bj})$	$T_{aj}\parallel \square T_{ai}T_{bi},R_{\alpha i}\parallel R_{\alpha j}$
46-11	$G_{\mathrm{F}i}^{\mathrm{I}5}(T_{ai},T_{bi},R_{\alpha i})$	$G_{\mathrm{F}j}^{\mathrm{II}20}(T_{aj},R_{\alpha j})$	$T_{aj}\parallel \square T_{ai}T_{bi},R_{\alpha i}\parallel R_{\alpha j}$
46-12	$G_{\mathrm{F}i}^{\mathrm{I}5}(T_{ai},T_{bi},R_{\alpha i})$	$G_{\mathrm{F}j}^{\mathrm{III}23}(R_{\alpha j},T_{aj},T_{bj},R_{\beta j},R_{\gamma j})$	$\square T_{ai}T_{bi}\nparallel \square T_{aj}T_{bj},R_{\alpha i}\parallel R_{\gamma j}$
46-13	$G_{\mathrm{F}i}^{\mathrm{I}5}(T_{ai},T_{bi},R_{\alpha i})$	$G_{\mathrm{F}j}^{\mathrm{III}25}(T_{aj},T_{bj},R_{\alpha j},R_{\beta j})$	$\square T_{ai}T_{bi}\nparallel \square T_{aj}T_{bj},R_{\alpha i}\parallel R_{\beta j}$
46-14	$G_{\mathrm{F}i}^{\mathrm{II}9}(T_{ai},R_{\alpha i},R_{\beta i},R_{\gamma i})$	$G_{\mathrm{F}j}^{\mathrm{II}9}(T_{aj},R_{\alpha j},R_{\beta j},R_{\gamma j})$	$T_{ai}\parallel T_{aj},O_i\neq O_j$
46-15	$G_{\mathrm{F}i}^{\mathrm{II}9}(T_{ai},R_{\alpha i},R_{\beta i},R_{\gamma i})$	$G_{\mathrm{F}j}^{\mathrm{II}11}(T_{aj},T_{bj},R_{\alpha j},R_{\beta j})$	$T_{ai}\parallel \square T_{aj}T_{bj},O_i\neq O_j,R_{\alpha j}-O_i$
46-16	$G_{\mathrm{F}i}^{\mathrm{II}9}(T_{ai},R_{\alpha i},R_{\beta i},R_{\gamma i})$	$G_{\mathrm{F}j}^{\mathrm{II}13}(T_{aj},R_{\alpha j},R_{\beta j})$	$T_{ai}\parallel T_{aj},O_i\neq O_j,R_{\alpha j}-O_i$
46-17	$G_{\mathrm{F}i}^{\mathrm{II}9}(T_{ai},R_{\alpha i},R_{\beta i},R_{\gamma i})$	$G_{\mathrm{F}j}^{\mathrm{II}15}(T_{aj},T_{bj},R_{\alpha j})$	$T_{ai}\parallel T_{aj},O_i\neq O_j,R_{\alpha j}-O_i$
46-18	$G_{\mathrm{F}i}^{\mathrm{II}9}(T_{ai},R_{\alpha i},R_{\beta i},R_{\gamma i})$	$G_{\mathrm{F}j}^{\mathrm{II}17}(T_{aj},R_{\alpha j},T_{bj})$	$T_{ai}\parallel \square T_{aj},R_{\alpha j}-O_i$
46-19	$G_{\mathrm{F}i}^{\mathrm{II}9}(T_{ai},R_{\alpha i},R_{\beta i},R_{\gamma i})$	$G_{\mathrm{F}j}^{\mathrm{II}20}(T_{aj},R_{\alpha j})$	$T_{ai}\parallel T_{aj},R_{\alpha j}-O_i$
46-20	$G_{\mathrm{F}i}^{\mathrm{II}9}(T_{ai},R_{\alpha i},R_{\beta i},R_{\gamma i})$	$G_{\mathrm{F}j}^{\mathrm{III}23}(R_{\alpha j},T_{aj},T_{bj},R_{\beta j},R_{\gamma j})$	$T_{ai}\parallel \square T_{aj}T_{bj},R_{\gamma j}\otimes O_i$
46-21	$G_{\mathrm{F}i}^{\mathrm{II}9}(T_{ai},R_{\alpha i},R_{\beta i},R_{\gamma i})$	$G_{\mathrm{F}j}^{\mathrm{III}24}(R_{\alpha j},R_{\beta j},T_{aj},T_{bj},R_{\gamma j})$	$R_{\alpha j}\otimes O_i,R_{\beta j}\otimes O_i,T_{ai}\parallel \square T_{aj}T_{bj}$
46-22	$G_{\mathrm{F}i}^{\mathrm{II}9}(T_{ai},R_{\alpha i},R_{\beta i},R_{\gamma i})$	$G_{\mathrm{F}j}^{\mathrm{III}26}(R_{\alpha j},T_{aj},T_{bj},R_{\beta j})$	$T_{ai}\parallel \square T_{aj}T_{bj}$
46-23	$G_{\mathrm{F}i}^{\mathrm{II}11}(T_{ai},T_{bi},R_{\alpha i},R_{\beta i})$	$G_{\mathrm{F}j}^{\mathrm{II}15}(T_{aj},T_{bj},R_{\alpha j})$	$\square T_{ai}T_{bi}\nparallel \square T_{aj}T_{bj},R_{\alpha i}=R_{\alpha j}$ 或 $R_{\beta i}=R_{\alpha j}$
46-24	$G_{\mathrm{F}i}^{\mathrm{II}11}(T_{ai},T_{bi},R_{\alpha i},R_{\beta i})$	$G_{\mathrm{F}j}^{\mathrm{II}17}(T_{aj},R_{\alpha j},T_{bj})$	$T_{aj}\parallel \square T_{ai}T_{bi},R_{\alpha i}=R_{\alpha j}$ 或 $R_{\beta i}=R_{\alpha j}$
46-25	$G_{\mathrm{F}i}^{\mathrm{II}11}(T_{ai},T_{bi},R_{\alpha i},R_{\beta i})$	$G_{\mathrm{F}j}^{\mathrm{II}20}(T_{aj},R_{\alpha j})$	$T_{aj}\parallel \square T_{ai}T_{bi},R_{\alpha i}=R_{\alpha j}$ 或 $R_{\beta i}=R_{\alpha j}$
46-26	$G_{\mathrm{F}i}^{\mathrm{II}13}(T_{ai},R_{\alpha i},R_{\beta i})$	$G_{\mathrm{F}j}^{\mathrm{II}15}(T_{aj},T_{bj},R_{\alpha j})$	$T_{ai}\parallel \square T_{aj}T_{bj},R_{\alpha i}=R_{\alpha j}$

续表

序号	$G_{\mathrm{F}i}$ 表达	$G_{\mathrm{F}j}$ 表达	条件
46-27	$G_{\mathrm{F}i}^{\mathrm{II}\,13}(T_{ai},R_{\alpha i},R_{\beta i})$	$G_{\mathrm{F}j}^{\mathrm{II}\,17}(T_{aj},R_{\alpha j},T_{bj})$	$T_{ai} \parallel T_{aj},R_{\alpha i}=R_{\alpha j}$ 或 $R_{\beta i}=R_{\alpha j}$
46-28	$G_{\mathrm{F}i}^{\mathrm{II}\,13}(T_{ai},R_{\alpha i},R_{\beta i})$	$G_{\mathrm{F}j}^{\mathrm{II}\,20}(T_{aj},R_{\alpha j})$	$T_{ai} \parallel T_{aj},R_{\alpha i}=R_{\alpha j}$ 或 $R_{\beta i}=R_{\alpha j}$
46-29	$G_{\mathrm{F}i}^{\mathrm{II}\,13}(T_{ai},R_{\alpha i},R_{\beta i})$	$G_{\mathrm{F}j}^{\mathrm{III}\,22}(T_{aj},T_{bj},R_{\alpha j},R_{\beta j},R_{\gamma j})$	$T_{ai} \parallel \square T_{aj}T_{bj},O_i \neq O_j,R_{\alpha i}-O_j$
46-30	$G_{\mathrm{F}i}^{\mathrm{II}\,13}(T_{ai},R_{\alpha i},R_{\beta i})$	$G_{\mathrm{F}j}^{\mathrm{III}\,23}(R_{\alpha j},T_{aj},T_{bj},R_{\beta j},R_{\gamma j})$	$T_{ai} \parallel \square T_{aj}T_{bj},R_{\alpha i} \parallel R_{\beta j}$ 或 $R_{\beta i}=R_{\gamma j}$
46-31	$G_{\mathrm{F}i}^{\mathrm{II}\,13}(T_{ai},R_{\alpha i},R_{\beta i})$	$G_{\mathrm{F}j}^{\mathrm{III}\,24}(R_{\alpha j},R_{\beta j},T_{aj},T_{bj},R_{\gamma j})$	$T_{ai} \parallel \square T_{aj}T_{bj},R_{\alpha i} \parallel R_{\gamma j}$ 或 $R_{\beta i} \parallel R_{\gamma j}$
46-32	$G_{\mathrm{F}i}^{\mathrm{II}\,13}(T_{ai},R_{\alpha i},R_{\beta i})$	$G_{\mathrm{F}j}^{\mathrm{III}\,26}(R_{\alpha j},T_{aj},T_{bj},R_{\beta j})$	$T_{ai} \parallel \square T_{aj}T_{bj},R_{\alpha i} \parallel R_{\beta j}$ 或 $R_{\beta i} \parallel R_{\beta j}$
46-33	$G_{\mathrm{F}i}^{\mathrm{II}\,15}(T_{ai},T_{bi},R_{\alpha i})$	$G_{\mathrm{F}j}^{\mathrm{II}\,15}(T_{aj},T_{bj},R_{\alpha j})$	$\square T_{ai}T_{bi} \nparallel \square T_{aj}T_{bj},R_{\alpha i}=R_{\alpha j}$
46-34	$G_{\mathrm{F}i}^{\mathrm{II}\,15}(T_{ai},T_{bi},R_{\alpha i})$	$G_{\mathrm{F}j}^{\mathrm{II}\,17}(T_{aj},R_{\alpha j},T_{bj})$	$T_{aj} \parallel \square T_{ai}T_{bi},R_{\alpha i}=R_{\alpha j}$
46-35	$G_{\mathrm{F}i}^{\mathrm{II}\,15}(T_{ai},T_{bi},R_{\alpha i})$	$G_{\mathrm{F}j}^{\mathrm{II}\,20}(T_{aj},R_{\alpha j})$	$T_{aj} \parallel \square T_{ai}T_{bi},R_{\alpha i}=R_{\alpha j}$
46-36	$G_{\mathrm{F}i}^{\mathrm{II}\,15}(T_{ai},T_{bi},R_{\alpha i})$	$G_{\mathrm{F}j}^{\mathrm{III}\,22}(T_{aj},T_{bj},R_{\alpha j},R_{\beta j},R_{\gamma j})$	$\square T_{ai}T_{bi} \nparallel \square T_{aj}T_{bj},R_{\alpha i}-O_j$
46-37	$G_{\mathrm{F}i}^{\mathrm{II}\,15}(T_{ai},T_{bi},R_{\alpha i})$	$G_{\mathrm{F}j}^{\mathrm{III}\,23}(R_{\alpha j},T_{aj},T_{bj},R_{\beta j},R_{\gamma j})$	$\square T_{ai}T_{bi} \nparallel \square T_{aj}T_{bj},R_{\alpha i}=R_{\gamma j}$
46-38	$G_{\mathrm{F}i}^{\mathrm{II}\,15}(T_{ai},T_{bi},R_{\alpha i})$	$G_{\mathrm{F}j}^{\mathrm{III}\,25}(T_{aj},T_{bj},R_{\alpha j},R_{\beta j})$	$\square T_{ai}T_{bi} \nparallel \square T_{aj}T_{bj},R_{\alpha i}=R_{\alpha j}$
46-39	$G_{\mathrm{F}i}^{\mathrm{II}\,17}(T_{ai},R_{\alpha i},T_{bi})$	$G_{\mathrm{F}j}^{\mathrm{II}\,17}(T_{aj},R_{\alpha j},T_{bj})$	$T_{ai} \parallel T_{aj},R_{\alpha i}=R_{\alpha j},T_{bi} \nparallel T_{bj}$
46-40	$G_{\mathrm{F}i}^{\mathrm{II}\,17}(T_{ai},R_{\alpha i},T_{bi})$	$G_{\mathrm{F}j}^{\mathrm{II}\,20}(T_{aj},R_{\alpha j})$	$T_{ai} \parallel T_{aj},R_{\alpha i}=R_{\alpha j}$
46-41	$G_{\mathrm{F}i}^{\mathrm{II}\,17}(T_{ai},R_{\alpha i},T_{bi})$	$G_{\mathrm{F}j}^{\mathrm{III}\,22}(T_{aj},T_{bj},R_{\alpha j},R_{\beta j},R_{\gamma j})$	$T_{ai} \parallel \square T_{aj}T_{bj},R_{\alpha i}-O_j$
46-42	$G_{\mathrm{F}i}^{\mathrm{II}\,17}(T_{ai},R_{\alpha i},T_{bi})$	$G_{\mathrm{F}j}^{\mathrm{III}\,23}(R_{\alpha j},T_{aj},T_{bj},R_{\beta j},R_{\gamma j})$	$T_{ai} \parallel \square T_{aj}T_{bj},R_{\alpha i}=R_{\gamma j}$
46-43	$G_{\mathrm{F}i}^{\mathrm{II}\,17}(T_{ai},R_{\alpha i},T_{bi})$	$G_{\mathrm{F}j}^{\mathrm{III}\,25}(T_{aj},T_{bj},R_{\alpha j},R_{\beta j})$	$T_{ai} \parallel \square T_{aj}T_{bj},R_{\alpha i}=R_{\beta j}$
46-44	$G_{\mathrm{F}i}^{\mathrm{II}\,20}(T_{ai},R_{\alpha i})$	$G_{\mathrm{F}j}^{\mathrm{II}\,20}(T_{aj},R_{\alpha j})$	$T_{ai} \parallel T_{aj},R_{\alpha i}=R_{\alpha j}$
46-45	$G_{\mathrm{F}i}^{\mathrm{II}\,20}(T_{ai},R_{\alpha i})$	$G_{\mathrm{F}j}^{\mathrm{III}\,22}(T_{aj},T_{bj},R_{\alpha j},R_{\beta j},R_{\gamma j})$	$T_{ai} \parallel \square T_{aj}T_{bj},R_{\alpha i} \nparallel R_{\alpha j},R_{\alpha i}-O_j$ 或 $T_{ai} \parallel \square T_{aj}T_{bj},R_{\alpha i} \parallel R_{\alpha j}$
46-46	$G_{\mathrm{F}i}^{\mathrm{II}\,20}(T_{ai},R_{\alpha i})$	$G_{\mathrm{F}j}^{\mathrm{III}\,23}(R_{\alpha j},T_{aj},T_{bj},R_{\beta j},R_{\gamma j})$	$T_{ai} \parallel \square T_{aj}T_{bj},R_{\alpha i} \parallel R_{\beta j}$ 或 $R_{\alpha i}=R_{\gamma j}$
46-47	$G_{\mathrm{F}i}^{\mathrm{II}\,20}(T_{ai},R_{\alpha i})$	$G_{\mathrm{F}j}^{\mathrm{III}\,24}(R_{\alpha j},R_{\beta j},T_{aj},T_{bj},R_{\gamma j})$	$T_{ai} \parallel \square T_{aj}T_{bj},R_{\alpha i} \parallel R_{\gamma j}$
46-48	$G_{\mathrm{F}i}^{\mathrm{II}\,20}(T_{ai},R_{\alpha i})$	$G_{\mathrm{F}j}^{\mathrm{III}\,25}(T_{aj},T_{bj},R_{\alpha j},R_{\beta j})$	$T_{ai} \parallel \square T_{aj}T_{bj},R_{\alpha i} \parallel R_{\alpha j}$ 或 $R_{\alpha i}=R_{\beta j}$
46-49	$G_{\mathrm{F}i}^{\mathrm{II}\,20}(T_{ai},R_{\alpha i})$	$G_{\mathrm{F}j}^{\mathrm{III}\,26}(R_{\alpha j},T_{aj},T_{bj},R_{\beta j})$	$T_{ai} \parallel \square T_{aj}T_{bj},R_{\alpha i} \parallel R_{\beta j}$
46-50	$G_{\mathrm{F}i}^{\mathrm{III}\,24}(R_{\alpha i},R_{\beta i},T_{ai},T_{bi},R_{\gamma i})$	$G_{\mathrm{F}j}^{\mathrm{III}\,25}(T_{aj},T_{bj},R_{\alpha j},R_{\beta j})$	$\square T_{ai}T_{bi} \nparallel \square T_{aj}T_{bj},R_{\gamma i} \parallel R_{\beta j}$
46-51	$G_{\mathrm{F}i}^{\mathrm{III}\,25}(T_{ai},T_{bi},R_{\alpha i},R_{\beta i})$	$G_{\mathrm{F}j}^{\mathrm{III}\,26}(R_{\alpha j},T_{aj},T_{bj},R_{\beta j})$	$\square T_{ai}T_{bi} \nparallel \square T_{aj}T_{bj},R_{\beta i} \parallel R_{\beta j}$

表 22-2-47　求交运算结果 G_{F} 集为 $G_{\mathrm{F}}^{\mathrm{II}\,21}(R_{\alpha})$ 的求交运算法则

序号	$G_{\mathrm{F}i}$ 表达	$G_{\mathrm{F}j}$ 表达	条件
47-1	$G_{\mathrm{F}i}^{\mathrm{I}\,1}(T_{ai},T_{bi},T_{ci},R_{\alpha i},R_{\beta i},R_{\gamma i})$	$G_{\mathrm{F}j}^{\mathrm{II}\,21}(R_{\alpha j})$	无要求
47-2	$G_{\mathrm{F}i}^{\mathrm{I}\,2}(T_{ai},T_{bi},T_{ci},R_{\alpha i},R_{\beta i})$	$G_{\mathrm{F}j}^{\mathrm{II}\,21}(R_{\alpha j})$	$R_{\alpha i} \parallel R_{\alpha j}$
47-3	$G_{\mathrm{F}i}^{\mathrm{I}\,3}(T_{ai},T_{bi},T_{ci},R_{\alpha i})$	$G_{\mathrm{F}j}^{\mathrm{II}\,12}(R_{\alpha j},R_{\beta j},R_{\gamma j})$	无要求
47-4	$G_{\mathrm{F}i}^{\mathrm{I}\,3}(T_{ai},T_{bi},T_{ci},R_{\alpha i})$	$G_{\mathrm{F}j}^{\mathrm{II}\,18}(R_{\alpha j},R_{\beta j})$	$R_{\alpha i} \parallel R_{\alpha j}$ 或 $R_{\alpha i} \parallel R_{\beta j}$
47-5	$G_{\mathrm{F}i}^{\mathrm{I}\,3}(T_{ai},T_{bi},T_{ci},R_{\alpha i})$	$G_{\mathrm{F}j}^{\mathrm{II}\,21}(R_{\alpha j})$	$R_{\alpha i} \parallel R_{\alpha j}$
47-6	$G_{\mathrm{F}i}^{\mathrm{I}\,5}(T_{ai},T_{bi},R_{\alpha i})$	$G_{\mathrm{F}j}^{\mathrm{II}\,8}(R_{\alpha j},R_{\beta j},R_{\gamma j},T_{aj})$	$T_{aj} \nparallel \square T_{ai}T_{bi},R_{\alpha i}-O_j$
47-7	$G_{\mathrm{F}i}^{\mathrm{I}\,5}(T_{ai},T_{bi},R_{\alpha i})$	$G_{\mathrm{F}j}^{\mathrm{II}\,12}(R_{\alpha j},R_{\beta j},R_{\gamma j})$	无要求
47-8	$G_{\mathrm{F}i}^{\mathrm{I}\,5}(T_{ai},T_{bi},R_{\alpha i})$	$G_{\mathrm{F}j}^{\mathrm{II}\,18}(R_{\alpha j},R_{\beta j})$	$R_{\alpha i} \parallel R_{\alpha j}$ 或 $R_{\alpha i} \parallel R_{\beta j}$
47-9	$G_{\mathrm{F}i}^{\mathrm{I}\,5}(T_{ai},T_{bi},R_{\alpha i})$	$G_{\mathrm{F}j}^{\mathrm{II}\,21}(R_{\alpha j})$	$R_{\alpha i} \parallel R_{\alpha j}$ 或 $R_{\alpha i} \parallel R_{\beta j}$

续表

序号	$G_{\mathrm{F}i}$ 表达	$G_{\mathrm{F}j}$ 表达	条件
47-10	$G_{\mathrm{F}i}^{\mathrm{II}8}(R_{\alpha i},R_{\beta i},R_{\gamma i},T_{ai})$	$G_{\mathrm{F}j}^{\mathrm{II}15}(T_{aj},T_{bj},R_{\alpha j})$	$T_{ai}\nparallel\square T_{aj}T_{bj},R_{\alpha j}-O_i$
47-11	$G_{\mathrm{F}i}^{\mathrm{II}8}(R_{\alpha i},R_{\beta i},R_{\gamma i},T_{ai})$	$G_{\mathrm{F}j}^{\mathrm{II}20}(T_{aj},R_{\alpha j})$	$R_{\alpha j}-O_i$
47-12	$G_{\mathrm{F}i}^{\mathrm{II}8}(R_{\alpha i},R_{\beta i},R_{\gamma i},T_{ai})$	$G_{\mathrm{F}j}^{\mathrm{II}21}(R_{\alpha j})$	$R_{\alpha j}-O_i$
47-13	$G_{\mathrm{F}i}^{\mathrm{II}9}(T_{ai},R_{\alpha i},R_{\beta i},R_{\gamma i})$	$G_{\mathrm{F}j}^{\mathrm{II}16}(R_{\alpha j},T_{aj},T_{bj})$	$R_{\alpha j}-O_i$
47-14	$G_{\mathrm{F}i}^{\mathrm{II}9}(T_{ai},R_{\alpha i},R_{\beta i},R_{\gamma i})$	$G_{\mathrm{F}j}^{\mathrm{II}19}(R_{\alpha j},T_{aj})$	$R_{\alpha j}-O_i$
47-15	$G_{\mathrm{F}i}^{\mathrm{II}9}(T_{ai},R_{\alpha i},R_{\beta i},R_{\gamma i})$	$G_{\mathrm{F}j}^{\mathrm{II}21}(R_{\alpha j})$	$R_{\alpha j}-O_i$
47-16	$G_{\mathrm{F}i}^{\mathrm{II}9}(T_{ai},R_{\alpha i},R_{\beta i},R_{\gamma i})$	$G_{\mathrm{F}j}^{\mathrm{III}26}(R_{\alpha j},T_{aj},T_{bj},R_{\beta j})$	$T_{ai}\nparallel\square T_{aj}T_{bj},O_i\neq O_j$
47-17	$G_{\mathrm{F}i}^{\mathrm{II}10}(R_{\alpha i},R_{\beta i},T_{ai},T_{bi})$	$G_{\mathrm{F}j}^{\mathrm{II}15}(T_{aj},T_{bj},R_{\alpha j})$	$R_{\alpha i}=R_{\alpha j}$ 或 $R_{\beta i}=R_{\alpha j},\square T_{ai}T_{bi}\nparallel\square T_{aj}T_{bj}$
47-18	$G_{\mathrm{F}i}^{\mathrm{II}10}(R_{\alpha i},R_{\beta i},T_{ai},T_{bi})$	$G_{\mathrm{F}j}^{\mathrm{II}20}(T_{aj},R_{\alpha j})$	$R_{\alpha i}=R_{\alpha j}$ 或 $R_{\beta i}=R_{\alpha j},T_{aj}\nparallel\square T_{ai}T_{bi}$
47-19	$G_{\mathrm{F}i}^{\mathrm{II}10}(R_{\alpha i},R_{\beta i},T_{ai},T_{bi})$	$G_{\mathrm{F}j}^{\mathrm{II}21}(R_{\alpha j})$	$R_{\alpha i}=R_{\alpha j}$ 或 $R_{\beta i}=R_{\alpha j}$
47-20	$G_{\mathrm{F}i}^{\mathrm{II}11}(T_{ai},T_{bi},R_{\alpha i},R_{\beta i})$	$G_{\mathrm{F}j}^{\mathrm{II}16}(R_{\alpha j},T_{aj},T_{bj})$	$\square T_{ai}T_{bi}\nparallel\square T_{aj}T_{bj},R_{\alpha i}=R_{\alpha j}$ 或 $R_{\beta i}=R_{\alpha j}$
47-21	$G_{\mathrm{F}i}^{\mathrm{II}11}(T_{ai},T_{bi},R_{\alpha i},R_{\beta i})$	$G_{\mathrm{F}j}^{\mathrm{II}19}(R_{\alpha j},T_{aj})$	$R_{\alpha i}=R_{\alpha j}$ 或 $R_{\beta i}=R_{\alpha j},T_{aj}\nparallel\square T_{ai}T_{bi}$
47-22	$G_{\mathrm{F}i}^{\mathrm{II}11}(T_{ai},T_{bi},R_{\alpha i},R_{\beta i})$	$G_{\mathrm{F}j}^{\mathrm{II}21}(R_{\alpha j})$	$R_{\alpha i}=R_{\alpha j}$ 或 $R_{\beta i}=R_{\alpha j}$
47-23	$G_{\mathrm{F}i}^{\mathrm{II}12}(R_{\alpha i},R_{\beta i},R_{\gamma i})$	$G_{\mathrm{F}j}^{\mathrm{II}15}(T_{aj},T_{bj},R_{\alpha j})$	$R_{\alpha j}-O_i$
47-24	$G_{\mathrm{F}i}^{\mathrm{II}12}(R_{\alpha i},R_{\beta i},R_{\gamma i})$	$G_{\mathrm{F}j}^{\mathrm{II}16}(R_{\alpha j},T_{aj},T_{bj})$	$R_{\alpha j}-O_i$
47-25	$G_{\mathrm{F}i}^{\mathrm{II}12}(R_{\alpha i},R_{\beta i},R_{\gamma i})$	$G_{\mathrm{F}j}^{\mathrm{II}17}(T_{aj},R_{\alpha j},T_{bj})$	$R_{\alpha j}-O_i$
47-26	$G_{\mathrm{F}i}^{\mathrm{II}12}(R_{\alpha i},R_{\beta i},R_{\gamma i})$	$G_{\mathrm{F}j}^{\mathrm{II}19}(R_{\alpha j},T_{aj})$	$R_{\alpha j}-O_i$
47-27	$G_{\mathrm{F}i}^{\mathrm{II}12}(R_{\alpha i},R_{\beta i},R_{\gamma i})$	$G_{\mathrm{F}j}^{\mathrm{II}20}(T_{aj},R_{\alpha j})$	$R_{\alpha j}-O_i$
47-28	$G_{\mathrm{F}i}^{\mathrm{II}12}(R_{\alpha i},R_{\beta i},R_{\gamma i})$	$G_{\mathrm{F}j}^{\mathrm{II}21}(R_{\alpha j})$	$R_{\alpha j}-O_i$
47-29	$G_{\mathrm{F}i}^{\mathrm{II}13}(T_{ai},R_{\alpha i},R_{\beta i})$	$G_{\mathrm{F}j}^{\mathrm{II}16}(R_{\alpha j},T_{aj},T_{bj})$	$R_{\alpha i}=R_{\alpha j}$ 或 $R_{\beta i}=R_{\alpha j},T_{ai}\nparallel\square T_{aj}T_{bj}$
47-30	$G_{\mathrm{F}i}^{\mathrm{II}13}(T_{ai},R_{\alpha i},R_{\beta i})$	$G_{\mathrm{F}j}^{\mathrm{II}19}(R_{\alpha j},T_{aj})$	$R_{\alpha i}=R_{\alpha j}$ 或 $R_{\beta i}=R_{\alpha j},T_{ai}\nparallel T_{aj}$
47-31	$G_{\mathrm{F}i}^{\mathrm{II}13}(T_{ai},R_{\alpha i},R_{\beta i})$	$G_{\mathrm{F}j}^{\mathrm{II}21}(R_{\alpha j})$	$R_{\alpha i}=R_{\alpha j}$ 或 $R_{\beta i}=R_{\alpha j}$
47-32	$G_{\mathrm{F}i}^{\mathrm{II}14}(R_{\alpha i},R_{\beta i},T_{ai})$	$G_{\mathrm{F}j}^{\mathrm{II}15}(T_{aj},T_{bj},R_{\alpha j})$	$R_{\alpha i}=R_{\alpha j}$ 或 $R_{\beta i}=R_{\alpha j},T_{ai}\nparallel\square T_{aj}T_{bj}$
47-33	$G_{\mathrm{F}i}^{\mathrm{II}14}(R_{\alpha i},R_{\beta i},T_{ai})$	$G_{\mathrm{F}j}^{\mathrm{II}20}(T_{aj},R_{\alpha j})$	$R_{\alpha i}=R_{\alpha j}$ 或 $R_{\beta i}=R_{\alpha j},T_{ai}\nparallel T_{aj}$
47-34	$G_{\mathrm{F}i}^{\mathrm{II}14}(R_{\alpha i},R_{\beta i},T_{ai})$	$G_{\mathrm{F}j}^{\mathrm{II}21}(R_{\alpha j})$	$R_{\alpha i}=R_{\alpha j}$ 或 $R_{\beta i}=R_{\alpha j}$
47-35	$G_{\mathrm{F}i}^{\mathrm{II}15}(T_{ai},T_{bi},R_{\alpha i})$	$G_{\mathrm{F}j}^{\mathrm{II}18}(R_{\alpha j},R_{\beta j})$	$R_{\alpha i}=R_{\alpha j}$ 或 $R_{\alpha i}=R_{\beta j}$
47-36	$G_{\mathrm{F}i}^{\mathrm{II}15}(T_{ai},T_{bi},R_{\alpha i})$	$G_{\mathrm{F}j}^{\mathrm{II}19}(R_{\alpha j},T_{aj})$	$R_{\alpha i}=R_{\alpha j},T_{aj}\nparallel\square T_{ai}T_{bi}$
47-37	$G_{\mathrm{F}i}^{\mathrm{II}15}(T_{ai},T_{bi},R_{\alpha i})$	$G_{\mathrm{F}j}^{\mathrm{II}21}(R_{\alpha j})$	$R_{\alpha i}=R_{\alpha j}$
47-38	$G_{\mathrm{F}i}^{\mathrm{II}16}(R_{\alpha i},T_{ai},T_{bi})$	$G_{\mathrm{F}j}^{\mathrm{II}18}(R_{\alpha j},R_{\beta j})$	$R_{\alpha i}=R_{\alpha j}$ 或 $R_{\alpha i}=R_{\beta j}$
47-39	$G_{\mathrm{F}i}^{\mathrm{II}16}(R_{\alpha i},T_{ai},T_{bi})$	$G_{\mathrm{F}j}^{\mathrm{II}20}(T_{aj},R_{\alpha j})$	$R_{\alpha i}=R_{\alpha j},T_{aj}\nparallel\square T_{ai}T_{bi}$
47-40	$G_{\mathrm{F}i}^{\mathrm{II}16}(R_{\alpha i},T_{ai},T_{bi})$	$G_{\mathrm{F}j}^{\mathrm{II}21}(R_{\alpha j})$	$R_{\alpha i}=R_{\alpha j}$
47-41	$G_{\mathrm{F}i}^{\mathrm{II}17}(T_{ai},R_{\alpha i},T_{bi})$	$G_{\mathrm{F}j}^{\mathrm{II}21}(R_{\alpha j})$	$R_{\alpha i}=R_{\alpha j}$
47-42	$G_{\mathrm{F}i}^{\mathrm{II}18}(R_{\alpha i},R_{\beta i})$	$G_{\mathrm{F}j}^{\mathrm{II}19}(R_{\alpha j},T_{aj})$	$R_{\alpha i}=R_{\alpha j}$ 或 $R_{\beta i}=R_{\alpha j}$
47-43	$G_{\mathrm{F}i}^{\mathrm{II}18}(R_{\alpha i},R_{\beta i})$	$G_{\mathrm{F}j}^{\mathrm{II}20}(T_{aj},R_{\alpha j})$	$R_{\alpha i}=R_{\alpha j}$ 或 $R_{\beta i}=R_{\alpha j}$
47-44	$G_{\mathrm{F}i}^{\mathrm{II}18}(R_{\alpha i},R_{\beta i})$	$G_{\mathrm{F}j}^{\mathrm{II}21}(R_{\alpha j})$	$R_{\alpha i}=R_{\alpha j}$ 或 $R_{\beta i}=R_{\alpha j}$
47-45	$G_{\mathrm{F}i}^{\mathrm{II}18}(R_{\alpha i},R_{\beta i})$	$G_{\mathrm{F}j}^{\mathrm{III}23}(R_{\alpha j},T_{aj},T_{bj},R_{\beta j},R_{\gamma j})$	$R_{\alpha i}\parallel R_{\beta j},R_{\beta i}=R_{\gamma j}$
47-46	$G_{\mathrm{F}i}^{\mathrm{II}19}(R_{\alpha i},T_{ai})$	$G_{\mathrm{F}j}^{\mathrm{II}20}(T_{aj},R_{\alpha j})$	$R_{\alpha i}=R_{\alpha j}$

续表

序号	G_{Fi} 表达	G_{Fj} 表达	条件
47-47	$G_{Fi}^{II19}(R_{\alpha i},T_{ai})$	$G_{Fj}^{II21}(R_{\alpha j})$	$R_{\alpha i}=R_{\alpha j}$
47-48	$G_{Fi}^{II19}(R_{\alpha i},T_{ai})$	$G_{Fj}^{III22}(T_{aj},T_{bj},R_{\alpha j},R_{\beta j},R_{\gamma j})$	$T_{ai}\nparallel\square T_{aj}T_{bj},R_{\alpha i}-O_j$
47-49	$G_{Fi}^{II19}(R_{\alpha i},T_{ai})$	$G_{Fj}^{III25}(T_{aj},T_{bj},R_{\alpha j},R_{\beta j})$	$T_{ai}\nparallel\square T_{aj}T_{bj},R_{\alpha i}\parallel R_{\alpha j}$ 或 $R_{\alpha i}=R_{\beta j}$
47-50	$G_{Fi}^{II20}(T_{ai},R_{\alpha i})$	$G_{Fj}^{II21}(R_{\alpha j})$	$R_{\alpha i}=R_{\alpha j}$
47-51	$G_{Fi}^{II21}(R_{\alpha i})$	$G_{Fj}^{II21}(R_{\alpha j})$	$R_{\alpha i}=R_{\alpha j}$
47-52	$G_{Fi}^{II21}(R_{\alpha i})$	$G_{Fj}^{III22}(T_{aj},T_{bj},R_{\alpha j},R_{\beta j},R_{\gamma j})$	$R_{\alpha i}-O_j$
47-53	$G_{Fi}^{II21}(R_{\alpha i})$	$G_{Fj}^{III23}(R_{\alpha j},T_{aj},T_{bj},R_{\beta j},R_{\gamma j})$	$R_{\alpha i}=R_{\alpha j}$ 或 $R_{\alpha i}\parallel R_{\beta j}$ 或 $R_{\alpha i}=R_{\gamma j}$
47-54	$G_{Fi}^{II21}(R_{\alpha i})$	$G_{Fj}^{III24}(R_{\alpha j},R_{\beta j},T_{aj},T_{bj},R_{\gamma j})$	$R_{\alpha i}=R_{\alpha j}$ 或 $R_{\alpha i}=R_{\beta j}$ 或 $R_{\alpha i}\parallel R_{\gamma j}$
47-55	$G_{Fi}^{II21}(R_{\alpha i})$	$G_{Fj}^{III25}(T_{aj},T_{bj},R_{\alpha j},R_{\beta j})$	$R_{\alpha i}\parallel R_{\alpha j}$ 或 $R_{\alpha i}=R_{\beta j}$
47-56	$G_{Fi}^{II21}(R_{\alpha i})$	$G_{Fj}^{III26}(R_{\alpha j},T_{aj},T_{bj},R_{\beta j})$	$R_{\alpha i}=R_{\alpha j}$ 或 $R_{\alpha i}\parallel R_{\beta j}$

表 22-2-48　求交运算结果 G_F 集为 $G_F^{III22}(T_a,T_b,R_\alpha,R_\beta,R_\gamma)$ 的求交运算法则

序号	G_{Fi} 表达	G_{Fj} 表达	条件
48-1	$G_{Fi}^{I1}(T_{ai},T_{bi},T_{ci},R_{\alpha i},R_{\beta i},R_{\gamma i})$	$G_{Fj}^{III22}(T_{aj},T_{bj},R_{\alpha j},R_{\beta j},R_{\gamma j})$	无要求
48-2	$G_{Fi}^{III22}(T_{ai},T_{bi},R_{\alpha i},R_{\beta i},R_{\gamma i})$	$G_{Fj}^{III22}(T_{aj},T_{bj},R_{\alpha j},R_{\beta j},R_{\gamma j})$	$\square T_{ai}T_{bi}\parallel\square T_{aj}T_{bj},O_i=O_j$

表 22-2-49　求交运算结果 G_F 集为 $G_F^{III23}(R_\alpha,T_a,T_b,R_\beta,R_\gamma)$ 的求交运算法则

序号	G_{Fi} 表达	G_{Fj} 表达	条件
49-1	$G_{Fi}^{I1}(T_{ai},T_{bi},T_{ci},R_{\alpha i},R_{\beta i},R_{\gamma i})$	$G_{Fj}^{III23}(R_{\alpha j},T_{aj},T_{bj},R_{\beta j},R_{\gamma j})$	无要求
49-2	$G_{Fi}^{III23}(R_{\alpha i},T_{ai},T_{bi},R_{\beta i},R_{\gamma i})$	$G_{Fj}^{III23}(R_{\alpha j},T_{aj},T_{bj},R_{\beta j},R_{\gamma j})$	$\square T_{ai}T_{bi}\parallel\square T_{aj}T_{bj},R_{\alpha i}=R_{\alpha j},R_{\gamma i}=R_{\gamma j}$

表 22-2-50　求交运算结果 G_F 集为 $G_F^{III24}(R_\alpha,R_\beta,T_a,T_b,R_\gamma)$ 的求交运算法则

序号	G_{Fi} 表达	G_{Fj} 表达	条件
50-1	$G_{Fi}^{I1}(T_{ai},T_{bi},T_{ci},R_{\alpha i},R_{\beta i},R_{\gamma i})$	$G_{Fj}^{III24}(R_{\alpha j},R_{\beta j},T_{aj},T_{bj},R_{\gamma j})$	无要求
50-2	$G_{Fi}^{III24}(R_{\alpha i},R_{\beta i},T_{ai},T_{bi},R_{\gamma i},0)$	$G_{Fj}^{III24}(R_{\alpha j},R_{\beta j},T_{aj},T_{bj},R_{\gamma j})$	$\square T_{ai}T_{bi}\parallel\square T_{aj}T_{bj},R_{\alpha i}=R_{\alpha j},R_{\beta i}=R_{\beta j}$

表 22-2-51　求交运算结果 G_F 集为 $G_F^{III25}(T_a,T_b,R_\alpha,R_\beta)$ 的求交运算法则

序号	G_{Fi} 表达	G_{Fj} 表达	条件
51-1	$G_{Fi}^{I1}(T_{ai},T_{bi},T_{ci},R_{\alpha i},R_{\beta i},R_{\gamma i})$	$G_{Fj}^{III25}(T_{aj},T_{bj},R_{\alpha j},R_{\beta j})$	无要求
51-2	$G_{Fi}^{I2}(T_{ai},T_{bi},T_{ci},R_{\alpha i},R_{\beta i})$	$G_{Fj}^{III22}(T_{aj},T_{bj},R_{\alpha j},R_{\beta j},R_{\gamma j})$	$R_{\alpha i}\perp\square T_{aj}T_{bj}$
51-3	$G_{Fi}^{I2}(T_{ai},T_{bi},T_{ci},R_{\alpha i},R_{\beta i})$	$G_{Fj}^{III23}(R_{\alpha j},T_{aj},T_{bj},R_{\beta j},R_{\gamma j})$	$R_{\alpha i}\perp\square T_{aj}T_{bj}$
51-4	$G_{Fi}^{I2}(T_{ai},T_{bi},T_{ci},R_{\alpha i},R_{\beta i})$	$G_{Fj}^{III25}(T_{aj},T_{bj},R_{\alpha j},R_{\beta j})$	$R_{\alpha i}\parallel R_{\alpha j},R_{\beta i}\parallel R_{\beta j}$
51-5	$G_{Fi}^{III22}(T_{ai},T_{bi},R_{\alpha i},R_{\beta i},R_{\gamma i})$	$G_{Fj}^{III22}(T_{aj},T_{bj},R_{\alpha j},R_{\beta j},R_{\gamma j})$	$\square T_{ai}T_{bi}\parallel\square T_{aj}T_{bj},O_i\neq O_j$，$O_iO_j\not\subset\square T_{ai}T_{bi}$
51-6	$G_{Fi}^{III22}(T_{ai},T_{bi},R_{\alpha i},R_{\beta i},R_{\gamma i})$	$G_{Fj}^{III23}(R_{\alpha j},T_{aj},T_{bj},R_{\beta j},R_{\gamma j})$	$\square T_{ai}T_{bi}\parallel\square T_{aj}T_{bj},R_{\beta i}=R_{\gamma j}$ 或 $R_{\gamma i}=R_{\gamma j}$
51-7	$G_{Fi}^{III22}(T_{ai},T_{bi},R_{\alpha i},R_{\beta i},R_{\gamma i})$	$G_{Fj}^{III25}(T_{aj},T_{bj},R_{\alpha j},R_{\beta j})$	$\square T_{ai}T_{bi}\parallel\square T_{aj}T_{bj},O_i=O_j$
51-8	$G_{Fi}^{III23}(R_{\alpha i},T_{ai},T_{bi},R_{\beta i},R_{\gamma i})$	$G_{Fj}^{III23}(R_{\alpha j},T_{aj},T_{bj},R_{\beta j},R_{\gamma j})$	$\square T_{ai}T_{bi}\parallel\square T_{aj}T_{bj},R_{\alpha i}\neq R_{\alpha j},R_{\gamma i}=R_{\gamma j}$
51-9	$G_{Fi}^{III23}(R_{\alpha i},T_{ai},T_{bi},R_{\beta i},R_{\gamma i})$	$G_{Fj}^{III25}(T_{aj},T_{bj},R_{\alpha j},R_{\beta j})$	$\square T_{ai}T_{bi}\parallel\square T_{aj}T_{bj},R_{\gamma i}=R_{\beta j}$
51-10	$G_{Fi}^{III25}(T_{ai},T_{bi},R_{\alpha i},R_{\beta i})$	$G_{Fj}^{III25}(T_{aj},T_{bj},R_{\alpha j},R_{\beta j})$	$\square T_{ai}T_{bi}\parallel\square T_{aj}T_{bj},R_{\beta i}=R_{\beta j}$

第22篇

表 22-2-52　　求交运算结果 G_F 集为 $G_F^{\text{Ⅲ}26}(R_\alpha, T_a, T_b, R_\beta)$ 的求交运算法则

序号	G_{Fi} 表达	G_{Fj} 表达	条件
52-1	$G_{Fi}^{\text{Ⅰ}1}(T_{ai},T_{bi},T_{ci},R_{\alpha i},R_{\beta i},R_{\gamma i})$	$G_{Fj}^{\text{Ⅲ}26}(R_{\alpha j},T_{aj},T_{bj},R_{\beta j})$	无要求
52-2	$G_{Fi}^{\text{Ⅰ}2}(T_{ai},T_{bi},T_{ci},R_{\alpha i},R_{\beta i})$	$G_{Fj}^{\text{Ⅲ}26}(R_{\alpha j},T_{aj},T_{bj},R_{\beta j})$	$R_{\alpha i}\parallel R_{\alpha j},R_{\beta i}\parallel R_{\beta j}$
52-3	$G_{Fi}^{\text{Ⅲ}23}(R_{\alpha i},T_{ai},T_{bi},R_{\beta i},R_{\gamma i})$	$G_{Fj}^{\text{Ⅲ}23}(R_{\alpha j},T_{aj},T_{bj},R_{\beta j},R_{\gamma j})$	$\square T_{ai}T_{bi}\parallel\square T_{aj}T_{bj},R_{\alpha i}=R_{\alpha j},R_{\gamma i}\neq R_{\gamma j}$
52-4	$G_{Fi}^{\text{Ⅲ}23}(R_{\alpha i},T_{ai},T_{bi},R_{\beta i},R_{\gamma i})$	$G_{Fj}^{\text{Ⅲ}24}(R_{\alpha j},R_{\beta j},T_{aj},T_{bj},R_{\gamma j})$	$R_{\alpha i}=R_{\alpha j}$ 或 $R_{\alpha i}=R_{\beta j},\square T_{ai}T_{bi}\parallel\square T_{aj}T_{bj}$
52-5	$G_{Fi}^{\text{Ⅲ}23}(R_{\alpha i},T_{ai},T_{bi},R_{\beta i},R_{\gamma i})$	$G_{Fj}^{\text{Ⅲ}26}(R_{\alpha j},T_{aj},T_{bj},R_{\beta j})$	$R_{\alpha i}=R_{\alpha j},\square T_{ai}T_{bi}\parallel\square T_{aj}T_{bj}$
52-6	$G_{Fi}^{\text{Ⅲ}24}(R_{\alpha i},R_{\beta i},T_{ai},T_{bi},R_{\gamma i})$	$G_{Fj}^{\text{Ⅲ}24}(R_{\alpha j},R_{\beta j},T_{aj},T_{bj},R_{\gamma j})$	$\square T_{ai}T_{bi}\parallel\square T_{aj}T_{bj},R_{\alpha i}=R_{\alpha j}$ 或 $R_{\beta i}=R_{\beta j}$
52-7	$G_{Fi}^{\text{Ⅲ}24}(R_{\alpha i},R_{\beta i},T_{ai},T_{bi},R_{\gamma i})$	$G_{Fj}^{\text{Ⅲ}26}(R_{\alpha j},T_{aj},T_{bj},R_{\beta j})$	$R_{\alpha i}=R_{\alpha j}$ 或 $R_{\beta i}=R_{\alpha j},\square T_{ai}T_{bi}\parallel\square T_{aj}T_{bj}$
52-8	$G_{Fi}^{\text{Ⅲ}26}(R_{\alpha i},T_{ai},T_{bi},R_{\beta i})$	$G_{Fj}^{\text{Ⅲ}26}(R_{\alpha j},T_{aj},T_{bj},R_{\beta j})$	$R_{\alpha i}=R_{\alpha j},\square T_{ai}T_{bi}\parallel\square T_{aj}T_{bj}$

2　G_F 集求并运算

G_F 集求并运算，表达的是两个具有不同末端特征的机构，以串联形式连接后其末端输出的运动特征。因此，建立 G_F 集的求并运算法则，是进行串联机构构型综合、设计和分析的基础。

2.1　求并运算性质

性质 1：G_F 集的求并一般不满足交换律，即：

$$G_{Fi}^N\cup G_{Fj}^N\neq G_{Fj}^N\cup G_{Fi}^N,\ N=\text{Ⅰ},\text{Ⅱ},\text{Ⅲ}$$

性质 2：G_F 集的求并满足结合律，即：

$$(G_{Fi}^N\cup G_{Fj}^N)\cup G_{Fk}^N=G_{Fi}^N\cup(G_{Fj}^N\cup G_{Fk}^N),\ N=\text{Ⅰ},\text{Ⅱ},\text{Ⅲ}$$

性质 3：第一类六维全集 G_F 集与任何其他 G_F 集求并结果均为第一类六维全集 G_F 集，即：

$$G_{Fi}^{\text{Ⅰ}1}(T_{ai},T_{bi},T_{ci},R_{\alpha i},R_{\beta i},R_{\gamma i})\cup G_{Fi}^N=G_{Fi}^{\text{Ⅰ}1}(T_{ai},T_{bi},T_{ci},R_{\alpha i},R_{\beta i},R_{\gamma i}),\ N=\text{Ⅰ},\text{Ⅱ},\text{Ⅲ}$$

性质 4：当两 G_F 集求并结果为完整运动特征时，两 G_F 集各自运动特征无顺序要求，如：

$$G_F^{\text{Ⅱ}19}(R_{\alpha i},T_{ai})\cup G_F^{\text{Ⅱ}11}(T_{aj},T_{bj},R_{\alpha j},R_{\beta j})=G_F^{\text{Ⅱ}20}(T_{ai},R_{\alpha i})\cup G_F^{\text{Ⅱ}10}(R_{\alpha j},R_{\beta j},T_{aj},T_{bj})$$
$$=G_F^{\text{Ⅰ}1}(T_a,T_b,T_c,R_\alpha,R_\beta,R_\gamma),T_{ai}\nparallel\square T_{aj}T_{bj},R_{\alpha i}\nparallel\square R_{\alpha j}R_{\beta j}$$

性质 5：当两 G_F 集求并结果为完整运动特征时，求并时满足交换律，如：

$$G_F^{\text{Ⅰ}7}(T_{ai})\cup G_F^{\text{Ⅲ}22}(T_{aj},T_{bj},R_{\alpha j},R_{\beta j},R_{\gamma j})=G_F^{\text{Ⅲ}22}(T_{aj},T_{bj},R_{\alpha j},R_{\beta j},R_{\gamma j})\cup G_F^{\text{Ⅰ}7}(T_{ai})$$
$$=G_F^{\text{Ⅰ}1}(T_a,T_b,T_c,R_\alpha,R_\beta,R_\gamma),T_{ai}\nparallel\square T_{aj}T_{bj}$$

2.2　以求并结果为第一类完整运动 G_F 集的分类求并法则

表 22-2-53　　求并运算结果 G_F 集为 $G_F^{\text{Ⅰ}1}(T_a, T_b, T_c, R_\alpha, R_\beta, R_\gamma)$ 的求并运算法则

序号	输入冗余性	G_{Fi} 表达	G_{Fj} 表达	条件
53-1	非冗余6维输入	$G_{Fi}^{\text{Ⅰ}7}(T_{ai})$	$G_{Fj}^{\text{Ⅲ}22}(T_{aj},T_{bj},R_{\alpha j},R_{\beta j},R_{\gamma j})$	$T_{ai}\nparallel\square T_{aj}T_{bj}$
53-2		$G_{Fi}^{\text{Ⅰ}7}(T_{ai})$	$G_{Fj}^{\text{Ⅲ}23}(R_{\alpha j},T_{aj},T_{bj},R_{\beta j},R_{\gamma j})$	$T_{ai}\nparallel\square T_{aj}T_{bj}$
53-3		$G_{Fi}^{\text{Ⅰ}7}(T_{ai})$	$G_{Fj}^{\text{Ⅲ}24}(R_{\alpha j},R_{\beta j},T_{aj},T_{bj},R_{\gamma j})$	$T_{ai}\nparallel\square T_{aj}T_{bj}$
53-4		$G_{Fi}^{\text{Ⅱ}21}(R_{\alpha i})$	$G_{Fj}^{\text{Ⅰ}2}(T_{aj},T_{bj},T_{cj},R_{\alpha j},R_{\beta j})$	$R_{\alpha i}\nparallel\square R_{\alpha j}R_{\beta j}$

续表

序号	输入冗余性	G_{Fi} 表达	G_{Fj} 表达	条件
53-5	非冗余6维输入	$G_{Fi}^{\mathrm{I}6}(T_{ai},T_{bi})$	$G_{Fj}^{\mathrm{II}8}(R_{\alpha j},R_{\beta j},R_{\gamma j},T_{aj})$	$T_{aj}\nparallel\Box T_{ai}T_{bi}$
53-6		$G_{Fi}^{\mathrm{I}6}(T_{ai},T_{bi})$	$G_{Fj}^{\mathrm{II}9}(T_{aj},R_{\alpha j},R_{\beta j},R_{\gamma j})$	$T_{aj}\nparallel\Box T_{ai}T_{bi}$
53-7		$G_{Fi}^{\mathrm{II}19}(R_{\alpha i},T_{ai})$	$G_{Fj}^{\mathrm{II}10}(R_{\alpha j},R_{\beta j},T_{aj},T_{bj})$	$T_{ai}\nparallel\Box T_{aj}T_{bj},R_{\alpha i}\nparallel\Box R_{\alpha j}R_{\beta j}$
53-8		$G_{Fi}^{\mathrm{II}19}(R_{\alpha i},T_{ai})$	$G_{Fj}^{\mathrm{II}11}(T_{aj},T_{bj},R_{\alpha j},R_{\beta j})$	$T_{ai}\nparallel\Box T_{aj}T_{bj},R_{\alpha i}\nparallel\Box R_{\alpha j}R_{\beta j}$
53-9		$G_{Fi}^{\mathrm{II}19}(R_{\alpha i},T_{ai})$	$G_{Fj}^{\mathrm{III}25}(T_{aj},T_{bj},R_{\alpha j},R_{\beta j})$	$T_{ai}\nparallel\Box T_{aj}T_{bj},R_{\alpha i}\nparallel\Box R_{\alpha j}R_{\beta j}$
53-10		$G_{Fi}^{\mathrm{II}19}(R_{\alpha i},T_{ai})$	$G_{Fj}^{\mathrm{III}26}(R_{\alpha j},T_{aj},T_{bj},R_{\beta j})$	$T_{ai}\nparallel\Box T_{aj}T_{bj},R_{\alpha i}\nparallel\Box R_{\alpha j}R_{\beta j}$
53-11		$G_{Fi}^{\mathrm{II}20}(T_{ai},R_{\alpha i})$	$G_{Fj}^{\mathrm{II}10}(R_{\alpha j},R_{\beta j},T_{aj},T_{bj})$	$T_{ai}\nparallel\Box T_{aj}T_{bj},R_{\alpha i}\nparallel\Box R_{\alpha j}R_{\beta j}$
53-12		$G_{Fi}^{\mathrm{II}20}(T_{ai},R_{\alpha i})$	$G_{Fj}^{\mathrm{II}11}(T_{aj},T_{bj},R_{\alpha j},R_{\beta j})$	$T_{ai}\nparallel\Box T_{aj}T_{bj},R_{\alpha i}\nparallel\Box R_{\alpha j}R_{\beta j}$
53-13		$G_{Fi}^{\mathrm{II}20}(T_{ai},R_{\alpha i})$	$G_{Fj}^{\mathrm{III}25}(T_{aj},T_{bj},R_{\alpha j},R_{\beta j})$	$T_{ai}\nparallel\Box T_{aj}T_{bj},R_{\alpha i}\nparallel\Box R_{\alpha j}R_{\beta j}$
53-14		$G_{Fi}^{\mathrm{II}20}(T_{ai},R_{\alpha i})$	$G_{Fj}^{\mathrm{III}26}(R_{\alpha j},T_{aj},T_{bj},R_{\beta j})$	$T_{ai}\nparallel\Box T_{aj}T_{bj},R_{\alpha i}\nparallel\Box R_{\alpha j}R_{\beta j}$
53-15		$G_{Fi}^{\mathrm{II}18}(R_{\alpha i},R_{\beta i})$	$G_{Fj}^{\mathrm{I}3}(T_{aj},T_{bj},T_{cj},R_{\alpha j})$	$R_{\alpha j}\nparallel\Box R_{\alpha i}R_{\beta i}$
53-16		$G_{Fi}^{\mathrm{I}4}(T_{ai},T_{bi},T_{ci})$	$G_{Fj}^{\mathrm{II}12}(R_{\alpha j},R_{\beta j},R_{\gamma j})$	无要求
53-17		$G_{Fi}^{\mathrm{I}5}(T_{ai},T_{bi},R_{\alpha i})$	$G_{Fj}^{\mathrm{II}13}(T_{aj},R_{\alpha j},R_{\beta j})$	$T_{aj}\nparallel\Box T_{ai}T_{bi},R_{\alpha i}\nparallel\Box R_{\alpha j}R_{\beta j}$
53-18		$G_{Fi}^{\mathrm{I}5}(T_{ai},T_{bi},R_{\alpha i})$	$G_{Fj}^{\mathrm{II}14}(R_{\alpha j},R_{\beta j},T_{aj})$	$T_{aj}\nparallel\Box T_{ai}T_{bi},R_{\alpha i}\nparallel\Box R_{\alpha j}R_{\beta j}$
53-19		$G_{Fi}^{\mathrm{II}15}(T_{ai},T_{bi},R_{\alpha i})$	$G_{Fj}^{\mathrm{II}13}(T_{aj},R_{\alpha j},R_{\beta j})$	$T_{aj}\nparallel\Box T_{ai}T_{bi},R_{\alpha i}\nparallel\Box R_{\alpha j}R_{\beta j}$
53-20		$G_{Fi}^{\mathrm{II}15}(T_{ai},T_{bi},R_{\alpha i})$	$G_{Fj}^{\mathrm{II}14}(R_{\alpha j},R_{\beta j},T_{aj})$	$T_{aj}\nparallel\Box T_{ai}T_{bi},R_{\alpha i}\nparallel\Box R_{\alpha j}R_{\beta j}$
53-21		$G_{Fi}^{\mathrm{II}16}(R_{\alpha i},T_{ai},T_{bi})$	$G_{Fj}^{\mathrm{II}13}(T_{aj},R_{\alpha j},R_{\beta j})$	$T_{aj}\nparallel\Box T_{ai}T_{bi},R_{\alpha i}\nparallel\Box R_{\alpha j}R_{\beta j}$
53-22		$G_{Fi}^{\mathrm{II}16}(R_{\alpha i},T_{ai},T_{bi})$	$G_{Fj}^{\mathrm{II}14}(R_{\alpha j},R_{\beta j},T_{aj})$	$T_{aj}\nparallel\Box T_{ai}T_{bi},R_{\alpha i}\nparallel\Box R_{\alpha j}R_{\beta j}$
53-23		$G_{Fi}^{\mathrm{II}17}(T_{ai},R_{\alpha i},T_{bi})$	$G_{Fj}^{\mathrm{II}13}(T_{aj},R_{\alpha j},R_{\beta j})$	$T_{aj}\nparallel\Box T_{ai}T_{bi},R_{\alpha i}\nparallel\Box R_{\alpha j}R_{\beta j}$
53-24		$G_{Fi}^{\mathrm{II}17}(T_{ai},R_{\alpha i},T_{bi})$	$G_{Fj}^{\mathrm{II}14}(R_{\alpha j},R_{\beta j},T_{aj})$	$T_{aj}\nparallel\Box T_{ai}T_{bi},R_{\alpha i}\nparallel\Box R_{\alpha j}R_{\beta j}$
53-25	冗余7维输入	$G_{Fi}^{\mathrm{I}7}(T_{ai})$	$G_{Fj}^{\mathrm{I}1}(T_{aj},T_{bj},T_{cj},R_{\alpha j},R_{\beta j},R_{\gamma j})$	无要求
53-26		$G_{Fi}^{\mathrm{II}21}(R_{\alpha i})$	$G_{Fj}^{\mathrm{I}1}(T_{aj},T_{bj},T_{cj},R_{\alpha j},R_{\beta j},R_{\gamma j})$	
53-27		$G_{Fi}^{\mathrm{I}6}(T_{ai},T_{bi})$	$G_{Fj}^{\mathrm{III}22}(T_{aj},T_{bj},R_{\alpha j},R_{\beta j},R_{\gamma j})$	$\Box T_{ai}T_{bi}\nparallel\Box T_{aj}T_{bj}$
53-28		$G_{Fi}^{\mathrm{I}6}(T_{ai},T_{bi})$	$G_{Fj}^{\mathrm{III}23}(R_{\alpha j},T_{aj},T_{bj},R_{\beta j},R_{\gamma j})$	$\Box T_{ai}T_{bi}\nparallel\Box T_{aj}T_{bj}$
53-29		$G_{Fi}^{\mathrm{I}6}(T_{ai},T_{bi})$	$G_{Fj}^{\mathrm{III}24}(R_{\alpha j},R_{\beta j},T_{aj},T_{bj},R_{\gamma j})$	$\Box T_{ai}T_{bi}\nparallel\Box T_{aj}T_{bj}$
53-30		$G_{Fi}^{\mathrm{II}19}(R_{\alpha i},T_{ai})$	$G_{Fj}^{\mathrm{I}2}(T_{aj},T_{bj},T_{cj},R_{\alpha j},R_{\beta j})$	$R_{\alpha i}\nparallel\Box R_{\alpha j}R_{\beta j}$
53-31		$G_{Fi}^{\mathrm{II}19}(R_{\alpha i},T_{ai})$	$G_{Fj}^{\mathrm{III}22}(T_{aj},T_{bj},R_{\alpha j},R_{\beta j},R_{\gamma j})$	$T_{ai}\nparallel\Box T_{aj}T_{bj}$
53-32		$G_{Fi}^{\mathrm{II}19}(R_{\alpha i},T_{ai})$	$G_{Fj}^{\mathrm{III}23}(R_{\alpha j},T_{aj},T_{bj},R_{\beta j},R_{\gamma j})$	$T_{ai}\nparallel\Box T_{aj}T_{bj}$
53-33		$G_{Fi}^{\mathrm{II}19}(R_{\alpha i},T_{ai})$	$G_{Fj}^{\mathrm{III}24}(R_{\alpha j},R_{\beta j},T_{aj},T_{bj},R_{\gamma j})$	$T_{ai}\nparallel\Box T_{aj}T_{bj}$
53-34		$G_{Fi}^{\mathrm{II}20}(T_{ai},R_{\alpha i})$	$G_{Fj}^{\mathrm{I}2}(T_{aj},T_{bj},T_{cj},R_{\alpha j},R_{\beta j})$	$R_{\alpha i}\nparallel\Box R_{\alpha j}R_{\beta j}$
53-35		$G_{Fi}^{\mathrm{II}20}(T_{ai},R_{\alpha i})$	$G_{Fj}^{\mathrm{III}22}(T_{aj},T_{bj},R_{\alpha j},R_{\beta j},R_{\gamma j})$	$T_{ai}\nparallel\Box T_{aj}T_{bj}$
53-36		$G_{Fi}^{\mathrm{II}20}(T_{ai},R_{\alpha i})$	$G_{Fj}^{\mathrm{III}23}(R_{\alpha j},T_{aj},T_{bj},R_{\beta j},R_{\gamma j})$	$T_{ai}\nparallel\Box T_{aj}T_{bj}$
53-37		$G_{Fi}^{\mathrm{II}20}(T_{ai},R_{\alpha i})$	$G_{Fj}^{\mathrm{III}24}(R_{\alpha j},R_{\beta j},T_{aj},T_{bj},R_{\gamma j})$	$T_{ai}\nparallel\Box T_{aj}T_{bj}$
53-38		$G_{Fi}^{\mathrm{II}18}(R_{\alpha i},R_{\beta i})$	$G_{Fj}^{\mathrm{I}2}(T_{aj},T_{bj},T_{cj},R_{\alpha j},R_{\beta j})$	$\Box R_{\alpha i}R_{\beta i}\nparallel\Box R_{\alpha j}R_{\beta j}$
53-39		$G_{Fi}^{\mathrm{I}4}(T_{ai},T_{bi},T_{ci})$	$G_{Fj}^{\mathrm{II}8}(R_{\alpha j},R_{\beta j},R_{\gamma j},T_{aj})$	无要求
53-40		$G_{Fi}^{\mathrm{I}4}(T_{ai},T_{bi},T_{ci})$	$G_{Fj}^{\mathrm{II}9}(T_{aj},R_{\alpha j},R_{\beta j},R_{\gamma j})$	
53-41		$G_{Fi}^{\mathrm{I}5}(T_{ai},T_{bi},R_{\alpha i})$	$G_{Fj}^{\mathrm{II}8}(R_{\alpha j},R_{\beta j},R_{\gamma j},T_{aj})$	$T_{aj}\nparallel\Box T_{ai}T_{bi}$

续表

序号	输入冗余性	$G_{\mathrm{F}i}$ 表达	$G_{\mathrm{F}j}$ 表达	条件
53-42	冗余 7维输入	$G_{\mathrm{F}i}^{\mathrm{I}5}(T_{ai},T_{bi},R_{\alpha i})$	$G_{\mathrm{F}j}^{\mathrm{II}9}(T_{aj},R_{\alpha j},R_{\beta j},R_{\gamma j})$	$T_{aj}\nparallel\square T_{ai}T_{bi}$
53-43		$G_{\mathrm{F}i}^{\mathrm{I}5}(T_{ai},T_{bi},R_{\alpha i})$	$G_{\mathrm{F}j}^{\mathrm{II}10}(R_{\alpha j},R_{\beta j},T_{aj},T_{bj})$	$\square T_{ai}T_{bi}\nparallel\square T_{aj}T_{bj},R_{\alpha i}\nparallel\square R_{\alpha j}R_{\beta j}$
53-44		$G_{\mathrm{F}i}^{\mathrm{I}5}(T_{ai},T_{bi},R_{\alpha i})$	$G_{\mathrm{F}j}^{\mathrm{II}11}(T_{aj},T_{bj},R_{\alpha j},R_{\beta j})$	$\square T_{ai}T_{bi}\nparallel\square T_{aj}T_{bj},R_{\alpha i}\nparallel\square R_{\alpha j}R_{\beta j}$
53-45		$G_{\mathrm{F}i}^{\mathrm{I}5}(T_{ai},T_{bi},R_{\alpha i})$	$G_{\mathrm{F}j}^{\mathrm{III}25}(T_{aj},T_{bj},R_{\alpha j},R_{\beta j})$	$\square T_{ai}T_{bi}\nparallel\square T_{aj}T_{bj},R_{\alpha i}\nparallel\square R_{\alpha j}R_{\beta j}$
53-46		$G_{\mathrm{F}i}^{\mathrm{I}5}(T_{ai},T_{bi},R_{\alpha i})$	$G_{\mathrm{F}j}^{\mathrm{III}26}(R_{\alpha j},T_{aj},T_{bj},R_{\beta j})$	$\square T_{ai}T_{bi}\nparallel\square T_{aj}T_{bj},R_{\alpha i}\nparallel\square R_{\alpha j}R_{\beta j}$
53-47		$G_{\mathrm{F}i}^{\mathrm{II}15}(T_{ai},T_{bi},R_{\alpha i})$	$G_{\mathrm{F}j}^{\mathrm{II}8}(R_{\alpha j},R_{\beta j},R_{\gamma j},T_{aj})$	$T_{aj}\nparallel\square T_{ai}T_{bi}$
53-48		$G_{\mathrm{F}i}^{\mathrm{II}15}(T_{ai},T_{bi},R_{\alpha i})$	$G_{\mathrm{F}j}^{\mathrm{II}9}(T_{aj},R_{\alpha j},R_{\beta j},R_{\gamma j})$	$T_{aj}\nparallel\square T_{ai}T_{bi}$
53-49		$G_{\mathrm{F}i}^{\mathrm{II}15}(T_{ai},T_{bi},R_{\alpha i})$	$G_{\mathrm{F}j}^{\mathrm{II}10}(R_{\alpha j},R_{\beta j},T_{aj},T_{bj})$	$\square T_{ai}T_{bi}\nparallel\square T_{aj}T_{bj},R_{\alpha i}\nparallel\square R_{\alpha j}R_{\beta j}$
53-50		$G_{\mathrm{F}i}^{\mathrm{II}15}(T_{ai},T_{bi},R_{\alpha i})$	$G_{\mathrm{F}j}^{\mathrm{II}11}(T_{aj},T_{bj},R_{\alpha j},R_{\beta j})$	$\square T_{ai}T_{bi}\nparallel\square T_{aj}T_{bj},R_{\alpha i}\nparallel\square R_{\alpha j}R_{\beta j}$
53-51		$G_{\mathrm{F}i}^{\mathrm{II}15}(T_{ai},T_{bi},R_{\alpha i})$	$G_{\mathrm{F}j}^{\mathrm{III}25}(T_{aj},T_{bj},R_{\alpha j},R_{\beta j})$	$\square T_{ai}T_{bi}\nparallel\square T_{aj}T_{bj},R_{\alpha i}\nparallel\square R_{\alpha j}R_{\beta j}$
53-52		$G_{\mathrm{F}i}^{\mathrm{II}15}(T_{ai},T_{bi},R_{\alpha i})$	$G_{\mathrm{F}j}^{\mathrm{III}26}(R_{\alpha j},T_{aj},T_{bj},R_{\beta j})$	$\square T_{ai}T_{bi}\nparallel\square T_{aj}T_{bj},R_{\alpha i}\nparallel\square R_{\alpha j}R_{\beta j}$
53-53		$G_{\mathrm{F}i}^{\mathrm{II}16}(R_{\alpha i},T_{ai},T_{bi})$	$G_{\mathrm{F}j}^{\mathrm{II}8}(R_{\alpha j},R_{\beta j},R_{\gamma j},T_{aj})$	$T_{aj}\nparallel\square T_{ai}T_{bi}$
53-54		$G_{\mathrm{F}i}^{\mathrm{II}16}(R_{\alpha i},T_{ai},T_{bi})$	$G_{\mathrm{F}j}^{\mathrm{II}9}(T_{aj},R_{\alpha j},R_{\beta j},R_{\gamma j})$	$T_{aj}\nparallel\square T_{ai}T_{bi}$
53-55		$G_{\mathrm{F}i}^{\mathrm{II}16}(R_{\alpha i},T_{ai},T_{bi})$	$G_{\mathrm{F}j}^{\mathrm{II}10}(R_{\alpha j},R_{\beta j},T_{aj},T_{bj})$	$\square T_{ai}T_{bi}\nparallel\square T_{aj}T_{bj},R_{\alpha i}\nparallel\square R_{\alpha j}R_{\beta j}$
53-56		$G_{\mathrm{F}i}^{\mathrm{II}16}(R_{\alpha i},T_{ai},T_{bi})$	$G_{\mathrm{F}j}^{\mathrm{II}11}(T_{aj},T_{bj},R_{\alpha j},R_{\beta j})$	$\square T_{ai}T_{bi}\nparallel\square T_{aj}T_{bj},R_{\alpha i}\nparallel\square R_{\alpha j}R_{\beta j}$
53-57		$G_{\mathrm{F}i}^{\mathrm{II}16}(R_{\alpha i},T_{ai},T_{bi})$	$G_{\mathrm{F}j}^{\mathrm{III}25}(T_{aj},T_{bj},R_{\alpha j},R_{\beta j})$	$\square T_{ai}T_{bi}\nparallel\square T_{aj}T_{bj},R_{\alpha i}\nparallel\square R_{\alpha j}R_{\beta j}$
53-58		$G_{\mathrm{F}i}^{\mathrm{II}16}(R_{\alpha i},T_{ai},T_{bi})$	$G_{\mathrm{F}j}^{\mathrm{III}26}(R_{\alpha j},T_{aj},T_{bj},R_{\beta j})$	$\square T_{ai}T_{bi}\nparallel\square T_{aj}T_{bj},R_{\alpha i}\nparallel\square R_{\alpha j}R_{\beta j}$
53-59		$G_{\mathrm{F}i}^{\mathrm{II}17}(T_{ai},R_{\alpha i},T_{bi})$	$G_{\mathrm{F}j}^{\mathrm{II}8}(R_{\alpha j},R_{\beta j},R_{\gamma j},T_{aj})$	$T_{aj}\nparallel\square T_{ai}T_{bi}$
53-60		$G_{\mathrm{F}i}^{\mathrm{II}17}(T_{ai},R_{\alpha i},T_{bi})$	$G_{\mathrm{F}j}^{\mathrm{II}9}(T_{aj},R_{\alpha j},R_{\beta j},R_{\gamma j})$	$T_{aj}\nparallel\square T_{ai}T_{bi}$
53-61		$G_{\mathrm{F}i}^{\mathrm{II}17}(T_{ai},R_{\alpha i},T_{bi})$	$G_{\mathrm{F}j}^{\mathrm{II}10}(R_{\alpha j},R_{\beta j},T_{aj},T_{bj})$	$\square T_{ai}T_{bi}\nparallel\square T_{aj}T_{bj},R_{\alpha i}\nparallel\square R_{\alpha j}R_{\beta j}$
53-62		$G_{\mathrm{F}i}^{\mathrm{II}17}(T_{ai},R_{\alpha i},T_{bi})$	$G_{\mathrm{F}j}^{\mathrm{II}11}(T_{aj},T_{bj},R_{\alpha j},R_{\beta j})$	$\square T_{ai}T_{bi}\nparallel\square T_{aj}T_{bj},R_{\alpha i}\nparallel\square R_{\alpha j}R_{\beta j}$
53-63		$G_{\mathrm{F}i}^{\mathrm{II}17}(T_{ai},R_{\alpha i},T_{bi})$	$G_{\mathrm{F}j}^{\mathrm{III}25}(T_{aj},T_{bj},R_{\alpha j},R_{\beta j})$	$\square T_{ai}T_{bi}\nparallel\square T_{aj}T_{bj},R_{\alpha i}\nparallel\square R_{\alpha j}R_{\beta j}$
53-64		$G_{\mathrm{F}i}^{\mathrm{II}17}(T_{ai},R_{\alpha i},T_{bi})$	$G_{\mathrm{F}j}^{\mathrm{III}26}(R_{\alpha j},T_{aj},T_{bj},R_{\beta j})$	$\square T_{ai}T_{bi}\nparallel\square T_{aj}T_{bj},R_{\alpha i}\nparallel\square R_{\alpha j}R_{\beta j}$
53-65		$G_{\mathrm{F}i}^{\mathrm{II}13}(T_{ai},R_{\alpha i},R_{\beta i})$	$G_{\mathrm{F}j}^{\mathrm{I}3}(T_{aj},T_{bj},T_{cj},R_{\alpha j})$	$R_{\alpha j}\nparallel\square R_{\alpha i}R_{\beta i}$
53-66		$G_{\mathrm{F}i}^{\mathrm{II}13}(T_{ai},R_{\alpha i},R_{\beta i})$	$G_{\mathrm{F}j}^{\mathrm{II}10}(R_{\alpha j},R_{\beta j},T_{aj},T_{bj})$	$T_{ai}\nparallel\square T_{aj}T_{bj},\square R_{\alpha i}R_{\beta i}\nparallel\square R_{\alpha j}R_{\beta j}$
53-67		$G_{\mathrm{F}i}^{\mathrm{II}13}(T_{ai},R_{\alpha i},R_{\beta i})$	$G_{\mathrm{F}j}^{\mathrm{II}11}(T_{aj},T_{bj},R_{\alpha j},R_{\beta j})$	$T_{ai}\nparallel\square T_{aj}T_{bj},\square R_{\alpha i}R_{\beta i}\nparallel\square R_{\alpha j}R_{\beta j}$
53-68		$G_{\mathrm{F}i}^{\mathrm{II}13}(T_{ai},R_{\alpha i},R_{\beta i})$	$G_{\mathrm{F}j}^{\mathrm{III}25}(T_{aj},T_{bj},R_{\alpha j},R_{\beta j})$	$T_{ai}\nparallel\square T_{aj}T_{bj},\square R_{\alpha i}R_{\beta i}\nparallel\square R_{\alpha j}R_{\beta j}$
53-69		$G_{\mathrm{F}i}^{\mathrm{II}13}(T_{ai},R_{\alpha i},R_{\beta i})$	$G_{\mathrm{F}j}^{\mathrm{III}26}(R_{\alpha j},T_{aj},T_{bj},R_{\beta j})$	$T_{ai}\nparallel\square T_{aj}T_{bj},\square R_{\alpha i}R_{\beta i}\nparallel\square R_{\alpha j}R_{\beta j}$
53-70		$G_{\mathrm{F}i}^{\mathrm{II}14}(R_{\alpha i},R_{\beta i},T_{ai})$	$G_{\mathrm{F}j}^{\mathrm{I}3}(T_{aj},T_{bj},T_{cj},R_{\alpha j})$	$R_{\alpha j}\nparallel\square R_{\alpha i}R_{\beta i}$
53-71		$G_{\mathrm{F}i}^{\mathrm{II}14}(R_{\alpha i},R_{\beta i},T_{ai})$	$G_{\mathrm{F}j}^{\mathrm{II}10}(R_{\alpha j},R_{\beta j},T_{aj},T_{bj})$	$T_{ai}\nparallel\square T_{aj}T_{bj},\square R_{\alpha i}R_{\beta i}\nparallel\square R_{\alpha j}R_{\beta j}$
53-72		$G_{\mathrm{F}i}^{\mathrm{II}14}(R_{\alpha i},R_{\beta i},T_{ai})$	$G_{\mathrm{F}j}^{\mathrm{II}11}(T_{aj},T_{bj},R_{\alpha j},R_{\beta j})$	$T_{ai}\nparallel\square T_{aj}T_{bj},\square R_{\alpha i}R_{\beta i}\nparallel\square R_{\alpha j}R_{\beta j}$
53-73		$G_{\mathrm{F}i}^{\mathrm{II}14}(R_{\alpha i},R_{\beta i},T_{ai})$	$G_{\mathrm{F}j}^{\mathrm{III}25}(T_{aj},T_{bj},R_{\alpha j},R_{\beta j})$	$T_{ai}\nparallel\square T_{aj}T_{bj},\square R_{\alpha i}R_{\beta i}\nparallel\square R_{\alpha j}R_{\beta j}$
53-74		$G_{\mathrm{F}i}^{\mathrm{II}14}(R_{\alpha i},R_{\beta i},T_{ai})$	$G_{\mathrm{F}j}^{\mathrm{III}26}(R_{\alpha j},T_{aj},T_{bj},R_{\beta j})$	$T_{ai}\nparallel\square T_{aj}T_{bj},\square R_{\alpha i}R_{\beta i}\nparallel\square R_{\alpha j}R_{\beta j}$
53-75		$G_{\mathrm{F}i}^{\mathrm{II}12}(R_{\alpha i},R_{\beta i},R_{\gamma i})$	$G_{\mathrm{F}j}^{\mathrm{I}3}(T_{aj},T_{bj},T_{cj},R_{\alpha j})$	无要求

续表

序号	输入冗余性	$G_{\mathrm{F}i}$ 表达	$G_{\mathrm{F}j}$ 表达	条件
53-76	冗余8维输入	$G_{\mathrm{F}i}^{\mathrm{I}6}(T_{ai},T_{bi})$	$G_{\mathrm{F}j}^{\mathrm{I}1}(T_{aj},T_{bj},T_{cj},R_{\alpha j},R_{\beta j},R_{\gamma j})$	无要求
53-77		$G_{\mathrm{F}i}^{\mathrm{II}19}(R_{\alpha i},T_{ai})$	$G_{\mathrm{F}j}^{\mathrm{I}1}(T_{aj},T_{bj},T_{cj},R_{\alpha j},R_{\beta j},R_{\gamma j})$	
53-78		$G_{\mathrm{F}i}^{\mathrm{II}20}(T_{ai},R_{\alpha i})$	$G_{\mathrm{F}j}^{\mathrm{I}1}(T_{aj},T_{bj},T_{cj},R_{\alpha j},R_{\beta j},R_{\gamma j})$	
53-79		$G_{\mathrm{F}i}^{\mathrm{II}18}(R_{\alpha i},R_{\beta i})$	$G_{\mathrm{F}j}^{\mathrm{I}1}(T_{aj},T_{bj},T_{cj},R_{\alpha j},R_{\beta j},R_{\gamma j})$	
53-80		$G_{\mathrm{F}i}^{\mathrm{I}4}(T_{ai},T_{bi},T_{ci})$	$G_{\mathrm{F}j}^{\mathrm{III}22}(T_{aj},T_{bj},R_{\alpha j},R_{\beta j},R_{\gamma j})$	
53-81		$G_{\mathrm{F}i}^{\mathrm{I}4}(T_{ai},T_{bi},T_{ci})$	$G_{\mathrm{F}j}^{\mathrm{III}23}(R_{\alpha j},T_{aj},T_{bj},R_{\beta j},R_{\gamma j})$	
53-82		$G_{\mathrm{F}i}^{\mathrm{I}4}(T_{ai},T_{bi},T_{ci})$	$G_{\mathrm{F}j}^{\mathrm{III}24}(R_{\alpha j},R_{\beta j},T_{aj},T_{bj},R_{\gamma j})$	
53-83		$G_{\mathrm{F}i}^{\mathrm{I}5}(T_{ai},T_{bi},R_{\alpha i})$	$G_{\mathrm{F}j}^{\mathrm{I}2}(T_{aj},T_{bj},T_{cj},R_{\alpha j},R_{\beta j})$	$R_{\alpha i}\nparallel\square R_{\alpha j}R_{\beta j}$
53-84		$G_{\mathrm{F}i}^{\mathrm{I}5}(T_{ai},T_{bi},R_{\alpha i})$	$G_{\mathrm{F}j}^{\mathrm{III}22}(T_{aj},T_{bj},R_{\alpha j},R_{\beta j},R_{\gamma j})$	$\square T_{ai}T_{bi}\nparallel\square T_{aj}T_{bj}$
53-85		$G_{\mathrm{F}i}^{\mathrm{I}5}(T_{ai},T_{bi},R_{\alpha i})$	$G_{\mathrm{F}j}^{\mathrm{III}23}(R_{\alpha j},T_{aj},T_{bj},R_{\beta j},R_{\gamma j})$	$\square T_{ai}T_{bi}\nparallel\square T_{aj}T_{bj}$
53-86		$G_{\mathrm{F}i}^{\mathrm{II}15}(T_{ai},T_{bi},R_{\alpha i})$	$G_{\mathrm{F}j}^{\mathrm{I}2}(T_{aj},T_{bj},T_{cj},R_{\alpha j},R_{\beta j})$	$R_{\alpha i}\nparallel\square R_{\alpha j}R_{\beta j}$
53-87		$G_{\mathrm{F}i}^{\mathrm{II}15}(T_{ai},T_{bi},R_{\alpha i})$	$G_{\mathrm{F}j}^{\mathrm{III}22}(T_{aj},T_{bj},R_{\alpha j},R_{\beta j},R_{\gamma j})$	$\square T_{ai}T_{bi}\nparallel\square T_{aj}T_{bj}$
53-88		$G_{\mathrm{F}i}^{\mathrm{II}15}(T_{ai},T_{bi},R_{\alpha i})$	$G_{\mathrm{F}j}^{\mathrm{III}23}(R_{\alpha j},T_{aj},T_{bj},R_{\beta j},R_{\gamma j})$	$\square T_{ai}T_{bi}\nparallel\square T_{aj}T_{bj}$
53-89		$G_{\mathrm{F}i}^{\mathrm{II}15}(T_{ai},T_{bi},R_{\alpha i})$	$G_{\mathrm{F}j}^{\mathrm{III}24}(R_{\alpha j},R_{\beta j},T_{aj},T_{bj},R_{\gamma j})$	$\square T_{ai}T_{bi}\nparallel\square T_{aj}T_{bj}$
53-90		$G_{\mathrm{F}i}^{\mathrm{II}16}(R_{\alpha i},T_{ai},T_{bi})$	$G_{\mathrm{F}j}^{\mathrm{I}2}(T_{aj},T_{bj},T_{cj},R_{\alpha j},R_{\beta j})$	$R_{\alpha i}\nparallel\square R_{\alpha j}R_{\beta j}$
53-91		$G_{\mathrm{F}i}^{\mathrm{II}16}(R_{\alpha i},T_{ai},T_{bi})$	$G_{\mathrm{F}j}^{\mathrm{III}22}(T_{aj},T_{bj},R_{\alpha j},R_{\beta j},R_{\gamma j})$	$\square T_{ai}T_{bi}\nparallel\square T_{aj}T_{bj}$
53-92		$G_{\mathrm{F}i}^{\mathrm{II}16}(R_{\alpha i},T_{ai},T_{bi})$	$G_{\mathrm{F}j}^{\mathrm{III}23}(R_{\alpha j},T_{aj},T_{bj},R_{\beta j},R_{\gamma j})$	$\square T_{ai}T_{bi}\nparallel\square T_{aj}T_{bj}$
53-93		$G_{\mathrm{F}i}^{\mathrm{II}16}(R_{\alpha i},T_{ai},T_{bi})$	$G_{\mathrm{F}j}^{\mathrm{III}24}(R_{\alpha j},R_{\beta j},T_{aj},T_{bj},R_{\gamma j})$	$\square T_{ai}T_{bi}\nparallel\square T_{aj}T_{bj}$
53-94		$G_{\mathrm{F}i}^{\mathrm{II}17}(T_{ai},R_{\alpha i},T_{bi})$	$G_{\mathrm{F}j}^{\mathrm{I}2}(T_{aj},T_{bj},T_{cj},R_{\alpha j},R_{\beta j})$	$R_{\alpha i}\nparallel\square R_{\alpha j}R_{\beta j}$
53-95		$G_{\mathrm{F}i}^{\mathrm{II}17}(T_{ai},R_{\alpha i},T_{bi})$	$G_{\mathrm{F}j}^{\mathrm{III}22}(T_{aj},T_{bj},R_{\alpha j},R_{\beta j},R_{\gamma j})$	$\square T_{ai}T_{bi}\nparallel\square T_{aj}T_{bj}$
53-96		$G_{\mathrm{F}i}^{\mathrm{II}17}(T_{ai},R_{\alpha i},T_{bi})$	$G_{\mathrm{F}j}^{\mathrm{III}23}(R_{\alpha j},T_{aj},T_{bj},R_{\beta j},R_{\gamma j})$	$\square T_{ai}T_{bi}\nparallel\square T_{aj}T_{bj}$
53-97		$G_{\mathrm{F}i}^{\mathrm{II}17}(T_{ai},R_{\alpha i},T_{bi})$	$G_{\mathrm{F}j}^{\mathrm{III}24}(R_{\alpha j},R_{\beta j},T_{aj},T_{bj},R_{\gamma j})$	$\square T_{ai}T_{bi}\nparallel\square T_{aj}T_{bj}$
53-98		$G_{\mathrm{F}i}^{\mathrm{II}13}(T_{ai},R_{\alpha i},R_{\beta i})$	$G_{\mathrm{F}j}^{\mathrm{I}2}(T_{aj},T_{bj},T_{cj},R_{\alpha j},R_{\beta j})$	$\square R_{\alpha i}R_{\beta i}\nparallel\square R_{\alpha j}R_{\beta j}$
53-99		$G_{\mathrm{F}i}^{\mathrm{II}13}(T_{ai},R_{\alpha i},R_{\beta i})$	$G_{\mathrm{F}j}^{\mathrm{III}22}(T_{aj},T_{bj},R_{\alpha j},R_{\beta j},R_{\gamma j})$	$T_{ai}\nparallel\square T_{aj}T_{bj}$
53-100		$G_{\mathrm{F}i}^{\mathrm{II}13}(T_{ai},R_{\alpha i},R_{\beta i})$	$G_{\mathrm{F}j}^{\mathrm{III}23}(R_{\alpha j},T_{aj},T_{bj},R_{\beta j},R_{\gamma j})$	$T_{ai}\nparallel\square T_{aj}T_{bj}$
53-101		$G_{\mathrm{F}i}^{\mathrm{II}13}(T_{ai},R_{\alpha i},R_{\beta i})$	$G_{\mathrm{F}j}^{\mathrm{III}24}(R_{\alpha j},R_{\beta j},T_{aj},T_{bj},R_{\gamma j})$	$T_{ai}\nparallel\square T_{aj}T_{bj}$
53-102		$G_{\mathrm{F}i}^{\mathrm{II}14}(R_{\alpha i},R_{\beta i},T_{ai})$	$G_{\mathrm{F}j}^{\mathrm{I}2}(T_{aj},T_{bj},T_{cj},R_{\alpha j},R_{\beta j})$	$\square R_{\alpha i}R_{\beta i}\nparallel\square R_{\alpha j}R_{\beta j}$
53-103		$G_{\mathrm{F}i}^{\mathrm{II}14}(R_{\alpha i},R_{\beta i},T_{ai})$	$G_{\mathrm{F}j}^{\mathrm{III}22}(T_{aj},T_{bj},R_{\alpha j},R_{\beta j},R_{\gamma j})$	$T_{ai}\nparallel\square T_{aj}T_{bj}$
53-104		$G_{\mathrm{F}i}^{\mathrm{II}14}(R_{\alpha i},R_{\beta i},T_{ai})$	$G_{\mathrm{F}j}^{\mathrm{III}23}(R_{\alpha j},T_{aj},T_{bj},R_{\beta j},R_{\gamma j})$	$T_{ai}\nparallel\square T_{aj}T_{bj}$
53-105		$G_{\mathrm{F}i}^{\mathrm{II}14}(R_{\alpha i},R_{\beta i},T_{ai})$	$G_{\mathrm{F}j}^{\mathrm{III}24}(R_{\alpha j},R_{\beta j},T_{aj},T_{bj},R_{\gamma j})$	$T_{ai}\nparallel\square T_{aj}T_{bj}$
53-106		$G_{\mathrm{F}i}^{\mathrm{II}12}(R_{\alpha i},R_{\beta i},R_{\gamma i})$	$G_{\mathrm{F}j}^{\mathrm{I}2}(T_{aj},T_{bj},T_{cj},R_{\alpha j},R_{\beta j})$	无要求
53-107		$G_{\mathrm{F}i}^{\mathrm{I}3}(T_{ai},T_{bi},T_{ci},R_{\alpha i})$	$G_{\mathrm{F}j}^{\mathrm{II}10}(R_{\alpha j},R_{\beta j},T_{aj},T_{bj})$	$R_{\alpha i}\nparallel\square R_{\alpha j}R_{\beta j}$
53-108		$G_{\mathrm{F}i}^{\mathrm{I}3}(T_{ai},T_{bi},T_{ci},R_{\alpha i})$	$G_{\mathrm{F}j}^{\mathrm{II}11}(T_{aj},T_{bj},R_{\alpha j},R_{\beta j})$	$R_{\alpha i}\nparallel\square R_{\alpha j}R_{\beta j}$
53-109		$G_{\mathrm{F}i}^{\mathrm{I}3}(T_{ai},T_{bi},T_{ci},R_{\alpha i})$	$G_{\mathrm{F}j}^{\mathrm{III}25}(T_{aj},T_{bj},R_{\alpha j},R_{\beta j})$	$R_{\alpha i}\nparallel\square R_{\alpha j}R_{\beta j}$
53-110		$G_{\mathrm{F}i}^{\mathrm{I}3}(T_{ai},T_{bi},T_{ci},R_{\alpha i})$	$G_{\mathrm{F}j}^{\mathrm{III}26}(R_{\alpha j},T_{aj},T_{bj},R_{\beta j})$	$R_{\alpha i}\nparallel\square R_{\alpha j}R_{\beta j}$
53-111		$G_{\mathrm{F}i}^{\mathrm{I}3}(T_{ai},T_{bi},T_{ci},R_{\alpha i})$	$G_{\mathrm{F}j}^{\mathrm{II}8}(R_{\alpha j},R_{\beta j},R_{\gamma j},T_{aj})$	无要求
53-112		$G_{\mathrm{F}i}^{\mathrm{I}3}(T_{ai},T_{bi},T_{ci},R_{\alpha i})$	$G_{\mathrm{F}j}^{\mathrm{II}9}(T_{aj},R_{\alpha j},R_{\beta j},R_{\gamma j})$	

续表

序号	输入冗余性	$G_{\mathrm{F}i}$ 表达	$G_{\mathrm{F}j}$ 表达	条件
53-113	冗余8维输入	$G_{\mathrm{F}i}^{\mathrm{II}10}(R_{\alpha i},R_{\beta i},T_{ai},T_{bi})$	$G_{\mathrm{F}j}^{\mathrm{II}10}(R_{\alpha j},R_{\beta j},T_{aj},T_{bj})$	$\square T_{ai}T_{bi}\nparallel\square T_{aj}T_{bj},\square R_{\alpha i}R_{\beta i}\nparallel\square R_{\alpha j}R_{\beta j}$
53-114		$G_{\mathrm{F}i}^{\mathrm{II}10}(R_{\alpha i},R_{\beta i},T_{ai},T_{bi})$	$G_{\mathrm{F}j}^{\mathrm{II}11}(T_{aj},T_{bj},R_{\alpha j},R_{\beta j})$	$\square T_{ai}T_{bi}\nparallel\square T_{aj}T_{bj},\square R_{\alpha i}R_{\beta i}\nparallel\square R_{\alpha j}R_{\beta j}$
53-115		$G_{\mathrm{F}i}^{\mathrm{II}10}(R_{\alpha i},R_{\beta i},T_{ai},T_{bi})$	$G_{\mathrm{F}j}^{\mathrm{III}25}(T_{aj},T_{bj},R_{\alpha j},R_{\beta j})$	$\square T_{ai}T_{bi}\nparallel\square T_{aj}T_{bj},\square R_{\alpha i}R_{\beta i}\nparallel\square R_{\alpha j}R_{\beta j}$
53-116		$G_{\mathrm{F}i}^{\mathrm{II}10}(R_{\alpha i},R_{\beta i},T_{ai},T_{bi})$	$G_{\mathrm{F}j}^{\mathrm{III}26}(R_{\alpha j},T_{aj},T_{bj},R_{\beta j})$	$\square T_{ai}T_{bi}\nparallel\square T_{aj}T_{bj},\square R_{\alpha i}R_{\beta i}\nparallel\square R_{\alpha j}R_{\beta j}$
53-117		$G_{\mathrm{F}i}^{\mathrm{II}10}(R_{\alpha i},R_{\beta i},T_{ai},T_{bi})$	$G_{\mathrm{F}j}^{\mathrm{II}8}(R_{\alpha j},R_{\beta j},R_{\gamma j},T_{aj})$	$T_{aj}\nparallel\square T_{ai}T_{bi}$
53-118		$G_{\mathrm{F}i}^{\mathrm{II}10}(R_{\alpha i},R_{\beta i},T_{ai},T_{bi})$	$G_{\mathrm{F}j}^{\mathrm{II}9}(T_{aj},R_{\alpha j},R_{\beta j},R_{\gamma j})$	$T_{aj}\nparallel\square T_{ai}T_{bi}$
53-119		$G_{\mathrm{F}i}^{\mathrm{II}11}(T_{ai},T_{bi},R_{\alpha i},R_{\beta i})$	$G_{\mathrm{F}j}^{\mathrm{II}11}(T_{aj},T_{bj},R_{\alpha j},R_{\beta j})$	$\square T_{ai}T_{bi}\nparallel\square T_{aj}T_{bj},\square R_{\alpha i}R_{\beta i}\nparallel\square R_{\alpha j}R_{\beta j}$
53-120		$G_{\mathrm{F}i}^{\mathrm{II}11}(T_{ai},T_{bi},R_{\alpha i},R_{\beta i})$	$G_{\mathrm{F}j}^{\mathrm{III}25}(T_{aj},T_{bj},R_{\alpha j},R_{\beta j})$	$\square T_{ai}T_{bi}\nparallel\square T_{aj}T_{bj},\square R_{\alpha i}R_{\beta i}\nparallel\square R_{\alpha j}R_{\beta j}$
53-121		$G_{\mathrm{F}i}^{\mathrm{II}11}(T_{ai},T_{bi},R_{\alpha i},R_{\beta i})$	$G_{\mathrm{F}j}^{\mathrm{III}26}(R_{\alpha j},T_{aj},T_{bj},R_{\beta j})$	$\square T_{ai}T_{bi}\nparallel\square T_{aj}T_{bj},\square R_{\alpha i}R_{\beta i}\nparallel\square R_{\alpha j}R_{\beta j}$
53-122		$G_{\mathrm{F}i}^{\mathrm{II}11}(T_{ai},T_{bi},R_{\alpha i},R_{\beta i})$	$G_{\mathrm{F}j}^{\mathrm{II}8}(R_{\alpha j},R_{\beta j},R_{\gamma j},T_{aj})$	$T_{aj}\nparallel\square T_{ai}T_{bi}$
53-123		$G_{\mathrm{F}i}^{\mathrm{II}11}(T_{ai},T_{bi},R_{\alpha i},R_{\beta i})$	$G_{\mathrm{F}j}^{\mathrm{II}9}(T_{aj},R_{\alpha j},R_{\beta j},R_{\gamma j})$	$T_{aj}\nparallel\square T_{ai}T_{bi}$
53-124		$G_{\mathrm{F}i}^{\mathrm{III}25}(T_{ai},T_{bi},R_{\alpha i},R_{\beta i})$	$G_{\mathrm{F}j}^{\mathrm{III}25}(T_{aj},T_{bj},R_{\alpha j},R_{\beta j})$	$\square T_{ai}T_{bi}\nparallel\square T_{aj}T_{bj},\square R_{\alpha i}R_{\beta i}\nparallel\square R_{\alpha j}R_{\beta j}$
53-125		$G_{\mathrm{F}i}^{\mathrm{III}25}(T_{ai},T_{bi},R_{\alpha i},R_{\beta i})$	$G_{\mathrm{F}j}^{\mathrm{III}26}(R_{\alpha j},T_{aj},T_{bj},R_{\beta j})$	$\square T_{ai}T_{bi}\nparallel\square T_{aj}T_{bj},\square R_{\alpha i}R_{\beta i}\nparallel\square R_{\alpha j}R_{\beta j}$
53-126		$G_{\mathrm{F}i}^{\mathrm{III}25}(T_{ai},T_{bi},R_{\alpha i},R_{\beta i})$	$G_{\mathrm{F}j}^{\mathrm{II}8}(R_{\alpha j},R_{\beta j},R_{\gamma j},T_{aj})$	$T_{aj}\nparallel\square T_{ai}T_{bi}$
53-127		$G_{\mathrm{F}i}^{\mathrm{III}25}(T_{ai},T_{bi},R_{\alpha i},R_{\beta i})$	$G_{\mathrm{F}j}^{\mathrm{II}9}(T_{aj},R_{\alpha j},R_{\beta j},R_{\gamma j})$	$T_{aj}\nparallel\square T_{ai}T_{bi}$
53-128		$G_{\mathrm{F}i}^{\mathrm{III}26}(R_{\alpha i},T_{ai},T_{bi},R_{\beta i})$	$G_{\mathrm{F}j}^{\mathrm{III}26}(R_{\alpha j},T_{aj},T_{bj},R_{\beta j})$	$\square T_{ai}T_{bi}\nparallel\square T_{aj}T_{bj},\square R_{\alpha i}R_{\beta i}\nparallel\square R_{\alpha j}R_{\beta j}$
53-129		$G_{\mathrm{F}i}^{\mathrm{III}26}(R_{\alpha i},T_{ai},T_{bi},R_{\beta i})$	$G_{\mathrm{F}j}^{\mathrm{II}8}(R_{\alpha j},R_{\beta j},R_{\gamma j},T_{aj})$	$T_{aj}\nparallel\square T_{ai}T_{bi}$
53-130		$G_{\mathrm{F}i}^{\mathrm{III}26}(R_{\alpha i},T_{ai},T_{bi},R_{\beta i})$	$G_{\mathrm{F}j}^{\mathrm{II}9}(T_{aj},R_{\alpha j},R_{\beta j},R_{\gamma j})$	$T_{aj}\nparallel\square T_{ai}T_{bi}$
53-131	冗余9维输入	$G_{\mathrm{F}i}^{\mathrm{I}4}(T_{ai},T_{bi},T_{ci})$	$G_{\mathrm{F}j}^{\mathrm{I}1}(T_{aj},T_{bj},T_{cj},R_{\alpha j},R_{\beta j},R_{\gamma j})$	无要求
53-132		$G_{\mathrm{F}i}^{\mathrm{I}5}(T_{ai},T_{bi},R_{\alpha i})$	$G_{\mathrm{F}j}^{\mathrm{I}1}(T_{aj},T_{bj},T_{cj},R_{\alpha j},R_{\beta j},R_{\gamma j})$	
53-133		$G_{\mathrm{F}i}^{\mathrm{II}15}(T_{ai},T_{bi},R_{\alpha i})$	$G_{\mathrm{F}j}^{\mathrm{I}1}(T_{aj},T_{bj},T_{cj},R_{\alpha j},R_{\beta j},R_{\gamma j})$	
53-134		$G_{\mathrm{F}i}^{\mathrm{II}16}(R_{\alpha i},T_{ai},T_{bi})$	$G_{\mathrm{F}j}^{\mathrm{I}1}(T_{aj},T_{bj},T_{cj},R_{\alpha j},R_{\beta j},R_{\gamma j})$	
53-135		$G_{\mathrm{F}i}^{\mathrm{II}17}(T_{ai},R_{\alpha i},T_{bi})$	$G_{\mathrm{F}j}^{\mathrm{I}1}(T_{aj},T_{bj},T_{cj},R_{\alpha j},R_{\beta j},R_{\gamma j})$	
53-136		$G_{\mathrm{F}i}^{\mathrm{II}13}(T_{ai},R_{\alpha i},R_{\beta i})$	$G_{\mathrm{F}j}^{\mathrm{I}1}(T_{aj},T_{bj},T_{cj},R_{\alpha j},R_{\beta j},R_{\gamma j})$	
53-137		$G_{\mathrm{F}i}^{\mathrm{II}14}(R_{\alpha i},R_{\beta i},T_{ai})$	$G_{\mathrm{F}j}^{\mathrm{I}1}(T_{aj},T_{bj},T_{cj},R_{\alpha j},R_{\beta j},R_{\gamma j})$	
53-138		$G_{\mathrm{F}i}^{\mathrm{I}3}(T_{ai},T_{bi},T_{ci},R_{\alpha i})$	$G_{\mathrm{F}j}^{\mathrm{I}2}(T_{aj},T_{bj},T_{cj},R_{\alpha j},R_{\beta j})$	$R_{\alpha i}\nparallel\square R_{\alpha j}R_{\beta j}$
53-139		$G_{\mathrm{F}i}^{\mathrm{I}3}(T_{ai},T_{bi},T_{ci},R_{\alpha i})$	$G_{\mathrm{F}j}^{\mathrm{III}22}(T_{aj},T_{bj},R_{\alpha j},R_{\beta j},R_{\gamma j})$	无要求
53-140		$G_{\mathrm{F}i}^{\mathrm{I}3}(T_{ai},T_{bi},T_{ci},R_{\alpha i})$	$G_{\mathrm{F}j}^{\mathrm{III}23}(R_{\alpha j},T_{aj},T_{bj},R_{\beta j},R_{\gamma j})$	
53-141		$G_{\mathrm{F}i}^{\mathrm{I}3}(T_{ai},T_{bi},T_{ci},R_{\alpha i})$	$G_{\mathrm{F}j}^{\mathrm{III}24}(R_{\alpha j},R_{\beta j},T_{aj},T_{bj},R_{\gamma j})$	
53-142		$G_{\mathrm{F}i}^{\mathrm{II}10}(R_{\alpha i},R_{\beta i},T_{ai},T_{bi})$	$G_{\mathrm{F}j}^{\mathrm{I}2}(T_{aj},T_{bj},T_{cj},R_{\alpha j},R_{\beta j})$	$\square R_{\alpha i}R_{\beta i}\nparallel\square R_{\alpha j}R_{\beta j}$
53-143		$G_{\mathrm{F}i}^{\mathrm{II}10}(R_{\alpha i},R_{\beta i},T_{ai},T_{bi})$	$G_{\mathrm{F}j}^{\mathrm{III}22}(T_{aj},T_{bj},R_{\alpha j},R_{\beta j},R_{\gamma j})$	$\square T_{ai}T_{bi}\nparallel\square T_{aj}T_{bj}$
53-144		$G_{\mathrm{F}i}^{\mathrm{II}10}(R_{\alpha i},R_{\beta i},T_{ai},T_{bi})$	$G_{\mathrm{F}j}^{\mathrm{III}23}(R_{\alpha j},T_{aj},T_{bj},R_{\beta j},R_{\gamma j})$	$\square T_{ai}T_{bi}\nparallel\square T_{aj}T_{bj}$

续表

序号	输入冗余性	G_{Fi} 表达	G_{Fj} 表达	条件
53-145	冗余9维输入	$G_{Fi}^{\text{II}10}(R_{\alpha i},R_{\beta i},T_{ai},T_{bi})$	$G_{Fj}^{\text{III}24}(R_{\alpha j},R_{\beta j},T_{aj},T_{bj},R_{\gamma j})$	$\square T_{ai}T_{bi}\nparallel\square T_{aj}T_{bj}$
53-146		$G_{Fi}^{\text{II}11}(T_{ai},T_{bi},R_{\alpha i},R_{\beta i})$	$G_{Fj}^{\text{I}2}(T_{aj},T_{bj},T_{cj},R_{\alpha j},R_{\beta j})$	$\square R_{\alpha i}R_{\beta i}\nparallel\square R_{\alpha j}R_{\beta j}$
53-147		$G_{Fi}^{\text{II}11}(T_{ai},T_{bi},R_{\alpha i},R_{\beta i})$	$G_{Fj}^{\text{III}22}(T_{aj},T_{bj},R_{\alpha j},R_{\beta j},R_{\gamma j})$	$\square T_{ai}T_{bi}\nparallel\square T_{aj}T_{bj}$
53-148		$G_{Fi}^{\text{II}11}(T_{ai},T_{bi},R_{\alpha i},R_{\beta i})$	$G_{Fj}^{\text{III}23}(R_{\alpha j},T_{aj},T_{bj},R_{\beta j},R_{\gamma j})$	$\square T_{ai}T_{bi}\nparallel\square T_{aj}T_{bj}$
53-149		$G_{Fi}^{\text{II}11}(T_{ai},T_{bi},R_{\alpha i},R_{\beta i})$	$G_{Fj}^{\text{III}24}(R_{\alpha j},R_{\beta j},T_{aj},T_{bj},R_{\gamma j})$	$\square T_{ai}T_{bi}\nparallel\square T_{aj}T_{bj}$
53-150		$G_{Fi}^{\text{III}25}(T_{ai},T_{bi},R_{\alpha i},R_{\beta i})$	$G_{Fj}^{\text{I}2}(T_{aj},T_{bj},T_{cj},R_{\alpha j},R_{\beta j})$	$\square R_{\alpha i}R_{\beta i}\nparallel\square R_{\alpha j}R_{\beta j}$
53-151		$G_{Fi}^{\text{III}25}(T_{ai},T_{bi},R_{\alpha i},R_{\beta i})$	$G_{Fj}^{\text{III}22}(T_{aj},T_{bj},R_{\alpha j},R_{\beta j},R_{\gamma j})$	$\square T_{ai}T_{bi}\nparallel\square T_{aj}T_{bj}$
53-152		$G_{Fi}^{\text{III}25}(T_{ai},T_{bi},R_{\alpha i},R_{\beta i})$	$G_{Fj}^{\text{III}23}(R_{\alpha j},T_{aj},T_{bj},R_{\beta j},R_{\gamma j})$	$\square T_{ai}T_{bi}\nparallel\square T_{aj}T_{bj}$
53-153		$G_{Fi}^{\text{III}25}(T_{ai},T_{bi},R_{\alpha i},R_{\beta i})$	$G_{Fj}^{\text{III}24}(R_{\alpha j},R_{\beta j},T_{aj},T_{bj},R_{\gamma j})$	$\square T_{ai}T_{bi}\nparallel\square T_{aj}T_{bj}$
53-154		$G_{Fi}^{\text{III}26}(R_{\alpha i},T_{ai},T_{bi},R_{\beta i})$	$G_{Fj}^{\text{I}2}(T_{aj},T_{bj},T_{cj},R_{\alpha j},R_{\beta j})$	$\square R_{\alpha i}R_{\beta i}\nparallel\square R_{\alpha j}R_{\beta j}$
53-155		$G_{Fi}^{\text{III}26}(R_{\alpha i},T_{ai},T_{bi},R_{\beta i})$	$G_{Fj}^{\text{III}22}(T_{aj},T_{bj},R_{\alpha j},R_{\beta j},R_{\gamma j})$	$\square T_{ai}T_{bi}\nparallel\square T_{aj}T_{bj}$
53-156		$G_{Fi}^{\text{III}26}(R_{\alpha i},T_{ai},T_{bi},R_{\beta i})$	$G_{Fj}^{\text{III}23}(R_{\alpha j},T_{aj},T_{bj},R_{\beta j},R_{\gamma j})$	$\square T_{ai}T_{bi}\nparallel\square T_{aj}T_{bj}$
53-157		$G_{Fi}^{\text{III}26}(R_{\alpha i},T_{ai},T_{bi},R_{\beta i})$	$G_{Fj}^{\text{III}24}(R_{\alpha j},R_{\beta j},T_{aj},T_{bj},R_{\gamma j})$	$\square T_{ai}T_{bi}\nparallel\square T_{aj}T_{bj}$
53-158		$G_{Fi}^{\text{II}8}(R_{\alpha i},R_{\beta i},R_{\gamma i},T_{ai})$	$G_{Fj}^{\text{I}2}(T_{aj},T_{bj},T_{cj},R_{\alpha j},R_{\beta j})$	无要求
53-159		$G_{Fi}^{\text{II}8}(R_{\alpha i},R_{\beta i},R_{\gamma i},T_{ai})$	$G_{Fj}^{\text{III}22}(T_{aj},T_{bj},R_{\alpha j},R_{\beta j},R_{\gamma j})$	$T_{ai}\nparallel\square T_{aj}T_{bj}$
53-160		$G_{Fi}^{\text{II}8}(R_{\alpha i},R_{\beta i},R_{\gamma i},T_{ai})$	$G_{Fj}^{\text{III}23}(R_{\alpha j},T_{aj},T_{bj},R_{\beta j},R_{\gamma j})$	$T_{ai}\nparallel\square T_{aj}T_{bj}$
53-161		$G_{Fi}^{\text{II}8}(R_{\alpha i},R_{\beta i},R_{\gamma i},T_{ai})$	$G_{Fj}^{\text{III}24}(R_{\alpha j},R_{\beta j},T_{aj},T_{bj},R_{\gamma j})$	$T_{ai}\nparallel\square T_{aj}T_{bj}$
53-162		$G_{Fi}^{\text{II}9}(T_{ai},R_{\alpha i},R_{\beta i},R_{\gamma i})$	$G_{Fj}^{\text{I}2}(T_{aj},T_{bj},T_{cj},R_{\alpha j},R_{\beta j})$	无要求
53-163		$G_{Fi}^{\text{II}9}(T_{ai},R_{\alpha i},R_{\beta i},R_{\gamma i})$	$G_{Fj}^{\text{III}22}(T_{aj},T_{bj},R_{\alpha j},R_{\beta j},R_{\gamma j})$	$T_{ai}\nparallel\square T_{aj}T_{bj}$
53-164		$G_{Fi}^{\text{II}9}(T_{ai},R_{\alpha i},R_{\beta i},R_{\gamma i})$	$G_{Fj}^{\text{III}23}(R_{\alpha j},T_{aj},T_{bj},R_{\beta j},R_{\gamma j})$	$T_{ai}\nparallel\square T_{aj}T_{bj}$
53-165		$G_{Fi}^{\text{II}9}(T_{ai},R_{\alpha i},R_{\beta i},R_{\gamma i})$	$G_{Fj}^{\text{III}24}(R_{\alpha j},R_{\beta j},T_{aj},T_{bj},R_{\gamma j})$	$T_{ai}\nparallel\square T_{aj}T_{bj}$
53-166	冗余10维输入	$G_{Fi}^{\text{I}3}(T_{ai},T_{bi},T_{ci},R_{\alpha i})$	$G_{Fj}^{\text{I}1}(T_{aj},T_{bj},T_{cj},R_{\alpha j},R_{\beta j},R_{\gamma j})$	无要求
53-167		$G_{Fi}^{\text{II}10}(R_{\alpha i},R_{\beta i},T_{ai},T_{bi})$	$G_{Fj}^{\text{I}1}(T_{aj},T_{bj},T_{cj},R_{\alpha j},R_{\beta j},R_{\gamma j})$	
53-168		$G_{Fi}^{\text{II}11}(T_{ai},T_{bi},R_{\alpha i},R_{\beta i})$	$G_{Fj}^{\text{I}1}(T_{aj},T_{bj},T_{cj},R_{\alpha j},R_{\beta j},R_{\gamma j})$	
53-169		$G_{Fi}^{\text{III}25}(T_{ai},T_{bi},R_{\alpha i},R_{\beta i})$	$G_{Fj}^{\text{I}1}(T_{aj},T_{bj},T_{cj},R_{\alpha j},R_{\beta j},R_{\gamma j})$	
53-170		$G_{Fi}^{\text{III}26}(R_{\alpha i},T_{ai},T_{bi},R_{\beta i})$	$G_{Fj}^{\text{I}1}(T_{aj},T_{bj},T_{cj},R_{\alpha j},R_{\beta j},R_{\gamma j})$	
53-171		$G_{Fi}^{\text{II}8}(R_{\alpha i},R_{\beta i},R_{\gamma i},T_{ai})$	$G_{Fj}^{\text{I}1}(T_{aj},T_{bj},T_{cj},R_{\alpha j},R_{\beta j},R_{\gamma j})$	
53-172		$G_{Fi}^{\text{II}9}(T_{ai},R_{\alpha i},R_{\beta i},R_{\gamma i})$	$G_{Fj}^{\text{I}1}(T_{aj},T_{bj},T_{cj},R_{\alpha j},R_{\beta j},R_{\gamma j})$	
53-173		$G_{Fi}^{\text{I}2}(T_{ai},T_{bi},T_{ci},R_{\alpha i},R_{\beta i})$	$G_{Fj}^{\text{I}2}(T_{aj},T_{bj},T_{cj},R_{\alpha j},R_{\beta j})$	$\square R_{\alpha i}R_{\beta i}\nparallel\square R_{\alpha j}R_{\beta j}$
53-174		$G_{Fi}^{\text{I}2}(T_{ai},T_{bi},T_{ci},R_{\alpha i},R_{\beta i})$	$G_{Fj}^{\text{III}22}(T_{aj},T_{bj},R_{\alpha j},R_{\beta j},R_{\gamma j})$	无要求
53-175		$G_{Fi}^{\text{I}2}(T_{ai},T_{bi},T_{ci},R_{\alpha i},R_{\beta i})$	$G_{Fj}^{\text{III}23}(R_{\alpha j},T_{aj},T_{bj},R_{\beta j},R_{\gamma j})$	
53-176		$G_{Fi}^{\text{I}2}(T_{ai},T_{bi},T_{ci},R_{\alpha i},R_{\beta i})$	$G_{Fj}^{\text{III}24}(R_{\alpha j},R_{\beta j},T_{aj},T_{bj},R_{\gamma j})$	
53-177		$G_{Fi}^{\text{III}22}(T_{ai},T_{bi},R_{\alpha i},R_{\beta i},R_{\gamma i})$	$G_{Fj}^{\text{III}22}(T_{aj},T_{bj},R_{\alpha j},R_{\beta j},R_{\gamma j})$	$\square T_{ai}T_{bi}\nparallel\square T_{aj}T_{bj}$
53-178		$G_{Fi}^{\text{III}22}(T_{ai},T_{bi},R_{\alpha i},R_{\beta i},R_{\gamma i})$	$G_{Fj}^{\text{III}23}(R_{\alpha j},T_{aj},T_{bj},R_{\beta j},R_{\gamma j})$	$\square T_{ai}T_{bi}\nparallel\square T_{aj}T_{bj}$
53-179		$G_{Fi}^{\text{III}22}(T_{ai},T_{bi},R_{\alpha i},R_{\beta i},R_{\gamma i})$	$G_{Fj}^{\text{III}24}(R_{\alpha j},R_{\beta j},T_{aj},T_{bj},R_{\gamma j})$	$\square T_{ai}T_{bi}\nparallel\square T_{aj}T_{bj}$
53-180		$G_{Fi}^{\text{III}23}(R_{\alpha i},T_{ai},T_{bi},R_{\beta i},R_{\gamma i})$	$G_{Fj}^{\text{III}23}(R_{\alpha j},T_{aj},T_{bj},R_{\beta j},R_{\gamma j})$	$\square T_{ai}T_{bi}\nparallel\square T_{aj}T_{bj}$
53-181		$G_{Fi}^{\text{III}23}(R_{\alpha i},T_{ai},T_{bi},R_{\beta i},R_{\gamma i})$	$G_{Fj}^{\text{III}24}(R_{\alpha j},R_{\beta j},T_{aj},T_{bj},R_{\gamma j})$	$\square T_{ai}T_{bi}\nparallel\square T_{aj}T_{bj}$
53-182		$G_{Fi}^{\text{III}24}(R_{\alpha i},R_{\beta i},T_{ai},T_{bi},R_{\gamma i})$	$G_{Fj}^{\text{III}24}(R_{\alpha j},R_{\beta j},T_{aj},T_{bj},R_{\gamma j})$	$\square T_{ai}T_{bi}\nparallel\square T_{aj}T_{bj}$

第22篇

续表

序号	输入冗余性	$G_{\mathrm{F}i}$ 表达	$G_{\mathrm{F}j}$ 表达	条件
53-183	冗余11维输入	$G_{\mathrm{F}i}^{\mathrm{I}2}(T_{ai},T_{bi},T_{ci},R_{\alpha i},R_{\beta i})$	$G_{\mathrm{F}j}^{\mathrm{I}1}(T_{aj},T_{bj},T_{cj},R_{\alpha j},R_{\beta j},R_{\gamma j})$	无要求
53-184		$G_{\mathrm{F}i}^{\mathrm{III}22}(T_{ai},T_{bi},R_{\alpha i},R_{\beta i},R_{\gamma i})$	$G_{\mathrm{F}j}^{\mathrm{I}1}(T_{aj},T_{bj},T_{cj},R_{\alpha j},R_{\beta j},R_{\gamma j})$	
53-185		$G_{\mathrm{F}i}^{\mathrm{III}23}(R_{\alpha i},T_{ai},T_{bi},R_{\beta i},R_{\gamma i})$	$G_{\mathrm{F}j}^{\mathrm{I}1}(T_{aj},T_{bj},T_{cj},R_{\alpha j},R_{\beta j},R_{\gamma j})$	
53-186		$G_{\mathrm{F}i}^{\mathrm{III}24}(R_{\alpha i},R_{\beta i},T_{ai},T_{bi},R_{\gamma i})$	$G_{\mathrm{F}j}^{\mathrm{I}1}(T_{aj},T_{bj},T_{cj},R_{\alpha j},R_{\beta j},R_{\gamma j})$	
53-187	冗余12维输入	$G_{\mathrm{F}i}^{\mathrm{I}1}(T_{ai},T_{bi},T_{ci},R_{\alpha i},R_{\beta i},R_{\gamma i})$	$G_{\mathrm{F}j}^{\mathrm{I}1}(T_{aj},T_{bj},T_{cj},R_{\alpha j},R_{\beta j},R_{\gamma j})$	

表 22-2-54　求并运算结果 G_F 集为 $G_\mathrm{F}^{\mathrm{I}2}(T_a,T_b,T_c,R_\alpha,R_\beta)$ 的求并运算法则

序号	输入冗余性	$G_{\mathrm{F}i}$ 表达	$G_{\mathrm{F}j}$ 表达	条件
54-1	非冗余5维输入	$G_{\mathrm{F}i}^{\mathrm{I}7}(T_{ai})$	$G_{\mathrm{F}j}^{\mathrm{II}10}(R_{\alpha j},R_{\beta j},T_{aj},T_{bj})$	$T_{ai}\nparallel\square T_{aj}T_{bj}$
54-2		$G_{\mathrm{F}i}^{\mathrm{I}7}(T_{ai})$	$G_{\mathrm{F}j}^{\mathrm{II}11}(T_{aj},T_{bj},R_{\alpha j},R_{\beta j})$	$T_{ai}\nparallel\square T_{aj}T_{bj}$
54-3		$G_{\mathrm{F}i}^{\mathrm{I}7}(T_{ai})$	$G_{\mathrm{F}j}^{\mathrm{III}25}(T_{aj},T_{bj},R_{\alpha j},R_{\beta j})$	$T_{ai}\nparallel\square T_{aj}T_{bj}$
54-4		$G_{\mathrm{F}i}^{\mathrm{I}7}(T_{ai})$	$G_{\mathrm{F}j}^{\mathrm{III}26}(R_{\alpha j},T_{aj},T_{bj},R_{\beta j})$	$T_{ai}\nparallel\square T_{aj}T_{bj}$
54-5		$G_{\mathrm{F}i}^{\mathrm{II}21}(R_{\alpha i})$	$G_{\mathrm{F}j}^{\mathrm{I}3}(T_{aj},T_{bj},T_{cj},R_{\alpha j})$	$R_{\alpha i}\nparallel R_{\alpha j}$
54-6		$G_{\mathrm{F}i}^{\mathrm{I}6}(T_{ai},T_{bi})$	$G_{\mathrm{F}j}^{\mathrm{II}13}(T_{aj},R_{\alpha j},R_{\beta j})$	$T_{aj}\nparallel\square T_{ai}T_{bi}$
54-7		$G_{\mathrm{F}i}^{\mathrm{I}6}(T_{ai},T_{bi})$	$G_{\mathrm{F}j}^{\mathrm{II}14}(R_{\alpha j},R_{\beta j},T_{aj})$	$T_{aj}\nparallel\square T_{ai}T_{bi}$
54-8		$G_{\mathrm{F}i}^{\mathrm{II}19}(R_{\alpha i},T_{ai})$	$G_{\mathrm{F}j}^{\mathrm{I}5}(T_{aj},T_{bj},R_{\alpha j})$	$T_{ai}\nparallel\square T_{aj}T_{bj},R_{\alpha i}\nparallel R_{\alpha j}$
54-9		$G_{\mathrm{F}i}^{\mathrm{II}19}(R_{\alpha i},T_{ai})$	$G_{\mathrm{F}j}^{\mathrm{II}15}(T_{aj},T_{bj},R_{\alpha j})$	$T_{ai}\nparallel\square T_{aj}T_{bj},R_{\alpha i}\nparallel R_{\alpha j}$
54-10		$G_{\mathrm{F}i}^{\mathrm{II}19}(R_{\alpha i},T_{ai})$	$G_{\mathrm{F}j}^{\mathrm{II}16}(R_{\alpha j},T_{aj},T_{bj})$	$T_{ai}\nparallel\square T_{aj}T_{bj},R_{\alpha i}\nparallel R_{\alpha j}$
54-11		$G_{\mathrm{F}i}^{\mathrm{II}19}(R_{\alpha i},T_{ai})$	$G_{\mathrm{F}j}^{\mathrm{II}17}(T_{aj},R_{\alpha j},T_{bj})$	$T_{ai}\nparallel\square T_{aj}T_{bj},R_{\alpha i}\nparallel R_{\alpha j}$
54-12		$G_{\mathrm{F}i}^{\mathrm{II}20}(T_{ai},R_{\alpha i})$	$G_{\mathrm{F}j}^{\mathrm{I}5}(T_{aj},T_{bj},R_{\alpha j})$	$T_{ai}\nparallel\square T_{aj}T_{bj},R_{\alpha i}\nparallel R_{\alpha j}$
54-13		$G_{\mathrm{F}i}^{\mathrm{II}20}(T_{ai},R_{\alpha i})$	$G_{\mathrm{F}j}^{\mathrm{II}15}(T_{aj},T_{bj},R_{\alpha j})$	$T_{ai}\nparallel\square T_{aj}T_{bj},R_{\alpha i}\nparallel R_{\alpha j}$
54-14		$G_{\mathrm{F}i}^{\mathrm{II}20}(T_{ai},R_{\alpha i})$	$G_{\mathrm{F}j}^{\mathrm{II}16}(R_{\alpha j},T_{aj},T_{bj})$	$T_{ai}\nparallel\square T_{aj}T_{bj},R_{\alpha i}\nparallel R_{\alpha j}$
54-15		$G_{\mathrm{F}i}^{\mathrm{II}20}(T_{ai},R_{\alpha i})$	$G_{\mathrm{F}j}^{\mathrm{II}17}(T_{aj},R_{\alpha j},T_{bj})$	$T_{ai}\nparallel\square T_{aj}T_{bj},R_{\alpha i}\nparallel R_{\alpha j}$
54-16		$G_{\mathrm{F}i}^{\mathrm{II}18}(R_{\alpha j},R_{\beta j})$	$G_{\mathrm{F}j}^{\mathrm{I}4}(T_{ai},T_{bi},T_{ci})$	无要求
54-17	冗余6维输入	$G_{\mathrm{F}i}^{\mathrm{I}7}(T_{ai})$	$G_{\mathrm{F}j}^{\mathrm{I}2}(T_{aj},T_{bj},T_{cj},R_{\alpha j},R_{\beta j})$	
54-18		$G_{\mathrm{F}i}^{\mathrm{II}21}(R_{\alpha i})$	$G_{\mathrm{F}j}^{\mathrm{I}2}(T_{aj},T_{bj},T_{cj},R_{\alpha j},R_{\beta j})$	$R_{\alpha i}\parallel\square R_{\alpha j}R_{\beta j}$
54-19		$G_{\mathrm{F}i}^{\mathrm{I}6}(T_{ai},T_{bi})$	$G_{\mathrm{F}j}^{\mathrm{II}10}(R_{\alpha j},R_{\beta j},T_{aj},T_{bj})$	$\square T_{ai}T_{bi}\nparallel\square T_{aj}T_{bj}$
54-20		$G_{\mathrm{F}i}^{\mathrm{I}6}(T_{ai},T_{bi})$	$G_{\mathrm{F}j}^{\mathrm{II}11}(T_{aj},T_{bj},R_{\alpha j},R_{\beta j})$	$\square T_{ai}T_{bi}\nparallel\square T_{aj}T_{bj}$
54-21		$G_{\mathrm{F}i}^{\mathrm{I}6}(T_{ai},T_{bi})$	$G_{\mathrm{F}j}^{\mathrm{III}25}(T_{aj},T_{bj},R_{\alpha j},R_{\beta j})$	$\square T_{ai}T_{bi}\nparallel\square T_{aj}T_{bj}$
54-22		$G_{\mathrm{F}i}^{\mathrm{I}6}(T_{ai},T_{bi})$	$G_{\mathrm{F}j}^{\mathrm{III}26}(R_{\alpha j},T_{aj},T_{bj},R_{\beta j})$	$\square T_{ai}T_{bi}\nparallel\square T_{aj}T_{bj}$
54-23		$G_{\mathrm{F}i}^{\mathrm{II}19}(R_{\alpha i},T_{ai})$	$G_{\mathrm{F}j}^{\mathrm{I}3}(T_{aj},T_{bj},T_{cj},R_{\alpha j})$	$R_{\alpha i}\nparallel R_{\alpha j}$
54-24		$G_{\mathrm{F}i}^{\mathrm{II}19}(R_{\alpha i},T_{ai})$	$G_{\mathrm{F}j}^{\mathrm{II}10}(R_{\alpha j},R_{\beta j},T_{aj},T_{bj})$	$T_{ai}\nparallel\square T_{aj}T_{bj},R_{\alpha i}\parallel\square R_{\alpha j}R_{\beta j}$
54-25		$G_{\mathrm{F}i}^{\mathrm{II}19}(R_{\alpha i},T_{ai})$	$G_{\mathrm{F}j}^{\mathrm{II}11}(T_{aj},T_{bj},R_{\alpha j},R_{\beta j})$	$T_{ai}\nparallel\square T_{aj}T_{bj},R_{\alpha i}\parallel\square R_{\alpha j}R_{\beta j}$
54-26		$G_{\mathrm{F}i}^{\mathrm{II}19}(R_{\alpha i},T_{ai})$	$G_{\mathrm{F}j}^{\mathrm{III}25}(T_{aj},T_{bj},R_{\alpha j},R_{\beta j})$	$T_{ai}\nparallel\square T_{aj}T_{bj},R_{\alpha i}\parallel\square R_{\alpha j}R_{\beta j}$
54-27		$G_{\mathrm{F}i}^{\mathrm{II}19}(R_{\alpha i},T_{ai})$	$G_{\mathrm{F}j}^{\mathrm{III}26}(R_{\alpha j},T_{aj},T_{bj},R_{\beta j})$	$T_{ai}\nparallel\square T_{aj}T_{bj},R_{\alpha i}\parallel\square R_{\alpha j}R_{\beta j}$
54-28		$G_{\mathrm{F}i}^{\mathrm{II}20}(T_{ai},R_{\alpha i})$	$G_{\mathrm{F}j}^{\mathrm{I}3}(T_{aj},T_{bj},T_{cj},R_{\alpha j})$	$R_{\alpha i}\nparallel R_{\alpha j}$

续表

序号	输入冗余性	G_{Fi} 表达	G_{Fj} 表达	条件
54-29	冗余6维输入	$G_{Fi}^{\text{II}20}(T_{ai},R_{\alpha i})$	$G_{Fj}^{\text{II}10}(R_{\alpha j},R_{\beta j},T_{aj},T_{bj})$	$T_{ai}\nparallel\square T_{aj}T_{bj},R_{\alpha i}\parallel\square R_{\alpha j}R_{\beta j}$
54-30		$G_{Fi}^{\text{II}20}(T_{ai},R_{\alpha i})$	$G_{Fj}^{\text{II}11}(T_{aj},T_{bj},R_{\alpha j},R_{\beta j})$	$T_{ai}\nparallel\square T_{aj}T_{bj},R_{\alpha i}\parallel\square R_{\alpha j}R_{\beta j}$
54-31		$G_{Fi}^{\text{II}20}(T_{ai},R_{\alpha i})$	$G_{Fj}^{\text{III}25}(T_{aj},T_{bj},R_{\alpha j},R_{\beta j})$	$T_{ai}\nparallel\square T_{aj}T_{bj},R_{\alpha i}\parallel\square R_{\alpha j}R_{\beta j}$
54-32		$G_{Fi}^{\text{II}20}(T_{ai},R_{\alpha i})$	$G_{Fj}^{\text{III}26}(R_{\alpha j},T_{aj},T_{bj},R_{\beta j})$	$T_{ai}\nparallel\square T_{aj}T_{bj},R_{\alpha i}\parallel\square R_{\alpha j}R_{\beta j}$
54-33		$G_{Fi}^{\text{II}18}(R_{\alpha i},R_{\beta i})$	$G_{Fj}^{\text{I}3}(T_{aj},T_{bj},T_{cj},R_{\alpha j})$	$R_{\alpha j}\parallel\square R_{\alpha i}R_{\beta i}$
54-34		$G_{Fi}^{\text{I}4}(T_{ai},T_{bi},T_{ci})$	$G_{Fj}^{\text{II}13}(T_{aj},R_{\alpha j},R_{\beta j})$	无要求
54-35		$G_{Fi}^{\text{I}4}(T_{ai},T_{bi},T_{ci})$	$G_{Fj}^{\text{II}14}(R_{\alpha j},R_{\beta j},T_{aj})$	
54-36		$G_{Fi}^{\text{I}5}(T_{ai},T_{bi},R_{\alpha i})$	$G_{Fj}^{\text{II}13}(T_{aj},R_{\alpha j},R_{\beta j})$	$T_{aj}\nparallel\square T_{ai}T_{bi},R_{\alpha i}\parallel\square R_{\alpha j}R_{\beta j}$
54-37		$G_{Fi}^{\text{I}5}(T_{ai},T_{bi},R_{\alpha i})$	$G_{Fj}^{\text{II}14}(R_{\alpha j},R_{\beta j},T_{aj})$	$T_{aj}\nparallel\square T_{ai}T_{bi},R_{\alpha i}\parallel\square R_{\alpha j}R_{\beta j}$
54-38		$G_{Fi}^{\text{I}5}(T_{ai},T_{bi},R_{\alpha i})$	$G_{Fj}^{\text{I}5}(T_{aj},T_{bj},R_{\alpha j})$	$\square T_{ai}T_{bi}\nparallel\square T_{aj}T_{bj},R_{\alpha i}\nparallel R_{\alpha j}$
54-39		$G_{Fi}^{\text{I}5}(T_{ai},T_{bi},R_{\alpha i})$	$G_{Fj}^{\text{II}15}(T_{aj},T_{bj},R_{\alpha j})$	$\square T_{ai}T_{bi}\nparallel\square T_{aj}T_{bj},R_{\alpha i}\nparallel R_{\alpha j}$
54-40		$G_{Fi}^{\text{I}5}(T_{ai},T_{bi},R_{\alpha i})$	$G_{Fj}^{\text{II}16}(R_{\alpha j},T_{aj},T_{bj})$	$\square T_{ai}T_{bi}\nparallel\square T_{aj}T_{bj},R_{\alpha i}\nparallel R_{\alpha j}$
54-41		$G_{Fi}^{\text{I}5}(T_{ai},T_{bi},R_{\alpha i})$	$G_{Fj}^{\text{II}17}(T_{aj},R_{\alpha j},T_{bj})$	$\square T_{ai}T_{bi}\nparallel\square T_{aj}T_{bj},R_{\alpha i}\nparallel R_{\alpha j}$
54-42		$G_{Fi}^{\text{II}15}(T_{ai},T_{bi},R_{\alpha i})$	$G_{Fj}^{\text{II}13}(T_{aj},R_{\alpha j},R_{\beta j})$	$T_{aj}\nparallel\square T_{ai}T_{bi},R_{\alpha i}\parallel\square R_{\alpha j}R_{\beta j}$
54-43		$G_{Fi}^{\text{II}15}(T_{ai},T_{bi},R_{\alpha i})$	$G_{Fj}^{\text{II}14}(R_{\alpha j},R_{\beta j},T_{aj})$	$T_{aj}\nparallel\square T_{ai}T_{bi},R_{\alpha i}\parallel\square R_{\alpha j}R_{\beta j}$
54-44		$G_{Fi}^{\text{II}15}(T_{ai},T_{bi},R_{\alpha i})$	$G_{Fj}^{\text{II}15}(T_{aj},T_{bj},R_{\alpha j})$	$\square T_{ai}T_{bi}\nparallel\square T_{aj}T_{bj},R_{\alpha i}\nparallel R_{\alpha j}$
54-45		$G_{Fi}^{\text{II}15}(T_{ai},T_{bi},R_{\alpha i})$	$G_{Fj}^{\text{II}16}(R_{\alpha j},T_{aj},T_{bj})$	$\square T_{ai}T_{bi}\nparallel\square T_{aj}T_{bj},R_{\alpha i}\nparallel R_{\alpha j}$
54-46		$G_{Fi}^{\text{II}15}(T_{ai},T_{bi},R_{\alpha i})$	$G_{Fj}^{\text{II}17}(T_{aj},R_{\alpha j},T_{bj})$	$\square T_{ai}T_{bi}\nparallel\square T_{aj}T_{bj},R_{\alpha i}\nparallel R_{\alpha j}$
54-47		$G_{Fi}^{\text{II}16}(R_{\alpha i},T_{ai},T_{bi})$	$G_{Fj}^{\text{II}13}(T_{aj},R_{\alpha j},R_{\beta j})$	$T_{aj}\nparallel\square T_{ai}T_{bi},R_{\alpha i}\parallel\square R_{\alpha j}R_{\beta j}$
54-48		$G_{Fi}^{\text{II}16}(R_{\alpha i},T_{ai},T_{bi})$	$G_{Fj}^{\text{II}14}(R_{\alpha j},R_{\beta j},T_{aj})$	$T_{aj}\nparallel\square T_{ai}T_{bi},R_{\alpha i}\parallel\square R_{\alpha j}R_{\beta j}$
54-49		$G_{Fi}^{\text{II}16}(R_{\alpha i},T_{ai},T_{bi})$	$G_{Fj}^{\text{II}16}(R_{\alpha j},T_{aj},T_{bj})$	$\square T_{ai}T_{bi}\nparallel\square T_{aj}T_{bj},R_{\alpha i}\nparallel R_{\alpha j}$
54-50		$G_{Fi}^{\text{II}16}(R_{\alpha i},T_{ai},T_{bi})$	$G_{Fj}^{\text{II}17}(T_{aj},R_{\alpha j},T_{bj})$	$\square T_{ai}T_{bi}\nparallel\square T_{aj}T_{bj},R_{\alpha i}\nparallel R_{\alpha j}$
54-51		$G_{Fi}^{\text{II}17}(T_{ai},R_{\alpha i},T_{bi})$	$G_{Fj}^{\text{II}13}(T_{aj},R_{\alpha j},R_{\beta j})$	$T_{aj}\nparallel\square T_{ai}T_{bi},R_{\alpha i}\parallel\square R_{\alpha j}R_{\beta j}$
54-52		$G_{Fi}^{\text{II}17}(T_{ai},R_{\alpha i},T_{bi})$	$G_{Fj}^{\text{II}14}(R_{\alpha j},R_{\beta j},T_{aj})$	$T_{aj}\nparallel\square T_{ai}T_{bi},R_{\alpha i}\parallel\square R_{\alpha j}R_{\beta j}$
54-53		$G_{Fi}^{\text{II}17}(T_{ai},R_{\alpha i},T_{bi})$	$G_{Fj}^{\text{II}17}(T_{aj},R_{\alpha j},T_{bj})$	$\square T_{ai}T_{bi}\nparallel\square T_{aj}T_{bj},R_{\alpha i}\nparallel R_{\alpha j}$
54-54	冗余7维输入	$G_{Fi}^{\text{I}6}(T_{ai},T_{bi})$	$G_{Fj}^{\text{I}2}(T_{aj},T_{bj},T_{cj},R_{\alpha j},R_{\beta j})$	无要求
54-55		$G_{Fi}^{\text{II}19}(R_{\alpha i},T_{ai})$	$G_{Fj}^{\text{I}2}(T_{aj},T_{bj},T_{cj},R_{\alpha j},R_{\beta j})$	$R_{\alpha i}\parallel\square R_{\alpha j}R_{\beta j}$
54-56		$G_{Fi}^{\text{II}20}(T_{ai},R_{\alpha i})$	$G_{Fj}^{\text{I}2}(T_{aj},T_{bj},T_{cj},R_{\alpha j},R_{\beta j})$	$R_{\alpha i}\parallel\square R_{\alpha j}R_{\beta j}$
54-57		$G_{Fi}^{\text{II}18}(R_{\alpha i},R_{\beta i})$	$G_{Fj}^{\text{I}2}(T_{aj},T_{bj},T_{cj},R_{\alpha j},R_{\beta j})$	$\square R_{\alpha i}R_{\beta i}\parallel\square R_{\alpha j}R_{\beta j}$
54-58		$G_{Fi}^{\text{I}4}(T_{ai},T_{bi},T_{ci})$	$G_{Fj}^{\text{II}10}(R_{\alpha j},R_{\beta j},T_{aj},T_{bj})$	无要求
54-59		$G_{Fi}^{\text{I}4}(T_{ai},T_{bi},T_{ci})$	$G_{Fj}^{\text{II}11}(T_{aj},T_{bj},R_{\alpha j},R_{\beta j})$	
54-60		$G_{Fi}^{\text{I}4}(T_{ai},T_{bi},T_{ci})$	$G_{Fj}^{\text{III}25}(T_{aj},T_{bj},R_{\alpha j},R_{\beta j})$	
54-61		$G_{Fi}^{\text{I}4}(T_{ai},T_{bi},T_{ci})$	$G_{Fj}^{\text{III}26}(R_{\alpha j},T_{aj},T_{bj},R_{\beta j})$	
54-62		$G_{Fi}^{\text{I}5}(T_{ai},T_{bi},R_{\alpha i})$	$G_{Fj}^{\text{I}3}(T_{aj},T_{bj},T_{cj},R_{\alpha j})$	$R_{\alpha i}\nparallel R_{\alpha j}$
54-63		$G_{Fi}^{\text{I}5}(T_{ai},T_{bi},R_{\alpha i})$	$G_{Fj}^{\text{II}10}(R_{\alpha j},R_{\beta j},T_{aj},T_{bj})$	$\square T_{ai}T_{bi}\nparallel\square T_{aj}T_{bj},R_{\alpha i}\parallel\square R_{\alpha j}R_{\beta j}$
54-64		$G_{Fi}^{\text{I}5}(T_{ai},T_{bi},R_{\alpha i})$	$G_{Fj}^{\text{II}11}(T_{aj},T_{bj},R_{\alpha j},R_{\beta j})$	$\square T_{ai}T_{bi}\nparallel\square T_{aj}T_{bj},R_{\alpha i}\parallel\square R_{\alpha j}R_{\beta j}$
54-65		$G_{Fi}^{\text{I}5}(T_{ai},T_{bi},R_{\alpha i})$	$G_{Fj}^{\text{III}25}(T_{aj},T_{bj},R_{\alpha j},R_{\beta j})$	$\square T_{ai}T_{bi}\nparallel\square T_{aj}T_{bj},R_{\alpha i}\parallel\square R_{\alpha j}R_{\beta j}$

续表

序号	输入冗余性	$G_{\mathrm{F}i}$ 表达	$G_{\mathrm{F}j}$ 表达	条件
54-66	冗余7维输入	$G_{\mathrm{F}i}^{\mathrm{I}5}(T_{ai},T_{bi},R_{\alpha i})$	$G_{\mathrm{F}j}^{\mathrm{III}26}(R_{\alpha j},T_{aj},T_{bj},R_{\beta j})$	$\square T_{ai}T_{bi} \nparallel \square T_{aj}T_{bj}, R_{\alpha i} \parallel \square R_{\alpha j}R_{\beta j}$
54-67		$G_{\mathrm{F}i}^{\mathrm{II}15}(T_{ai},T_{bi},R_{\alpha i})$	$G_{\mathrm{F}j}^{\mathrm{I}3}(T_{aj},T_{bj},T_{cj},R_{\alpha j})$	$R_{\alpha i} \nparallel R_{\alpha j}$
54-68		$G_{\mathrm{F}i}^{\mathrm{II}15}(T_{ai},T_{bi},R_{\alpha i})$	$G_{\mathrm{F}j}^{\mathrm{II}10}(R_{\alpha j},R_{\beta j},T_{aj},T_{bj})$	$\square T_{ai}T_{bi} \nparallel \square T_{aj}T_{bj}, R_{\alpha i} \parallel \square R_{\alpha j}R_{\beta j}$
54-69		$G_{\mathrm{F}i}^{\mathrm{II}15}(T_{ai},T_{bi},R_{\alpha i})$	$G_{\mathrm{F}j}^{\mathrm{II}11}(T_{aj},T_{bj},R_{\alpha j},R_{\beta j})$	$\square T_{ai}T_{bi} \nparallel \square T_{aj}T_{bj}, R_{\alpha i} \parallel \square R_{\alpha j}R_{\beta j}$
54-70		$G_{\mathrm{F}i}^{\mathrm{II}15}(T_{ai},T_{bi},R_{\alpha i})$	$G_{\mathrm{F}j}^{\mathrm{III}25}(T_{aj},T_{bj},R_{\alpha j},R_{\beta j})$	$\square T_{ai}T_{bi} \nparallel \square T_{aj}T_{bj}, R_{\alpha i} \parallel \square R_{\alpha j}R_{\beta j}$
54-71		$G_{\mathrm{F}i}^{\mathrm{II}15}(T_{ai},T_{bi},R_{\alpha i})$	$G_{\mathrm{F}j}^{\mathrm{III}26}(R_{\alpha j},T_{aj},T_{bj},R_{\beta j})$	$\square T_{ai}T_{bi} \nparallel \square T_{aj}T_{bj}, R_{\alpha i} \parallel \square R_{\alpha j}R_{\beta j}$
54-72		$G_{\mathrm{F}i}^{\mathrm{II}16}(R_{\alpha i},T_{ai},T_{bi})$	$G_{\mathrm{F}j}^{\mathrm{I}3}(T_{aj},T_{bj},T_{cj},R_{\alpha j})$	$R_{\alpha i} \nparallel R_{\alpha j}$
54-73		$G_{\mathrm{F}i}^{\mathrm{II}16}(R_{\alpha i},T_{ai},T_{bi})$	$G_{\mathrm{F}j}^{\mathrm{II}10}(R_{\alpha j},R_{\beta j},T_{aj},T_{bj})$	$\square T_{ai}T_{bi} \nparallel \square T_{aj}T_{bj}, R_{\alpha i} \parallel \square R_{\alpha j}R_{\beta j}$
54-74		$G_{\mathrm{F}i}^{\mathrm{II}16}(R_{\alpha i},T_{ai},T_{bi})$	$G_{\mathrm{F}j}^{\mathrm{II}11}(T_{aj},T_{bj},R_{\alpha j},R_{\beta j})$	$\square T_{ai}T_{bi} \nparallel \square T_{aj}T_{bj}, R_{\alpha i} \parallel \square R_{\alpha j}R_{\beta j}$
54-75		$G_{\mathrm{F}i}^{\mathrm{II}16}(R_{\alpha i},T_{ai},T_{bi})$	$G_{\mathrm{F}j}^{\mathrm{III}25}(T_{aj},T_{bj},R_{\alpha j},R_{\beta j})$	$\square T_{ai}T_{bi} \nparallel \square T_{aj}T_{bj}, R_{\alpha i} \parallel \square R_{\alpha j}R_{\beta j}$
54-76		$G_{\mathrm{F}i}^{\mathrm{II}16}(R_{\alpha i},T_{ai},T_{bi})$	$G_{\mathrm{F}j}^{\mathrm{III}26}(R_{\alpha j},T_{aj},T_{bj},R_{\beta j})$	$\square T_{ai}T_{bi} \nparallel \square T_{aj}T_{bj}, R_{\alpha i} \parallel \square R_{\alpha j}R_{\beta j}$
54-77		$G_{\mathrm{F}i}^{\mathrm{II}17}(T_{ai},R_{\alpha i},T_{bi})$	$G_{\mathrm{F}j}^{\mathrm{I}3}(T_{aj},T_{bj},T_{cj},R_{\alpha j})$	$R_{\alpha i} \nparallel R_{\alpha j}$
54-78		$G_{\mathrm{F}i}^{\mathrm{II}17}(T_{ai},R_{\alpha i},T_{bi})$	$G_{\mathrm{F}j}^{\mathrm{II}10}(R_{\alpha j},R_{\beta j},T_{aj},T_{bj})$	$\square T_{ai}T_{bi} \nparallel \square T_{aj}T_{bj}, R_{\alpha i} \parallel \square R_{\alpha j}R_{\beta j}$
54-79		$G_{\mathrm{F}i}^{\mathrm{II}17}(T_{ai},R_{\alpha i},T_{bi})$	$G_{\mathrm{F}j}^{\mathrm{II}11}(T_{aj},T_{bj},R_{\alpha j},R_{\beta j})$	$\square T_{ai}T_{bi} \nparallel \square T_{aj}T_{bj}, R_{\alpha i} \parallel \square R_{\alpha j}R_{\beta j}$
54-80		$G_{\mathrm{F}i}^{\mathrm{II}17}(T_{ai},R_{\alpha i},T_{bi})$	$G_{\mathrm{F}j}^{\mathrm{III}25}(T_{aj},T_{bj},R_{\alpha j},R_{\beta j})$	$\square T_{ai}T_{bi} \nparallel \square T_{aj}T_{bj}, R_{\alpha i} \parallel \square R_{\alpha j}R_{\beta j}$
54-81		$G_{\mathrm{F}i}^{\mathrm{II}17}(T_{ai},R_{\alpha i},T_{bi})$	$G_{\mathrm{F}j}^{\mathrm{III}26}(R_{\alpha j},T_{aj},T_{bj},R_{\beta j})$	$\square T_{ai}T_{bi} \nparallel \square T_{aj}T_{bj}, R_{\alpha i} \parallel \square R_{\alpha j}R_{\beta j}$
54-82		$G_{\mathrm{F}i}^{\mathrm{II}13}(T_{ai},R_{\alpha i},R_{\beta i})$	$G_{\mathrm{F}j}^{\mathrm{I}3}(T_{aj},T_{bj},T_{cj},R_{\alpha j})$	$R_{\alpha j} \parallel \square R_{\alpha i}R_{\beta i}$
54-83		$G_{\mathrm{F}i}^{\mathrm{II}13}(T_{ai},R_{\alpha i},R_{\beta i})$	$G_{\mathrm{F}j}^{\mathrm{II}10}(R_{\alpha j},R_{\beta j},T_{aj},T_{bj})$	$T_{ai} \nparallel \square T_{aj}T_{bj}, \square R_{\alpha i}R_{\beta i} \parallel \square R_{\alpha j}R_{\beta j}$
54-84		$G_{\mathrm{F}i}^{\mathrm{II}13}(T_{ai},R_{\alpha i},R_{\beta i})$	$G_{\mathrm{F}j}^{\mathrm{II}11}(T_{aj},T_{bj},R_{\alpha j},R_{\beta j})$	$T_{ai} \nparallel \square T_{aj}T_{bj}, \square R_{\alpha i}R_{\beta i} \parallel \square R_{\alpha j}R_{\beta j}$
54-85		$G_{\mathrm{F}i}^{\mathrm{II}13}(T_{ai},R_{\alpha i},R_{\beta i})$	$G_{\mathrm{F}j}^{\mathrm{III}25}(T_{aj},T_{bj},R_{\alpha j},R_{\beta j})$	$T_{ai} \nparallel \square T_{aj}T_{bj}, \square R_{\alpha i}R_{\beta i} \parallel \square R_{\alpha j}R_{\beta j}$
54-86		$G_{\mathrm{F}i}^{\mathrm{II}13}(T_{ai},R_{\alpha i},R_{\beta i})$	$G_{\mathrm{F}j}^{\mathrm{III}26}(R_{\alpha j},T_{aj},T_{bj},R_{\beta j})$	$T_{ai} \nparallel \square T_{aj}T_{bj}, \square R_{\alpha i}R_{\beta i} \parallel \square R_{\alpha j}R_{\beta j}$
54-87		$G_{\mathrm{F}i}^{\mathrm{II}14}(R_{\alpha i},R_{\beta i},T_{ai})$	$G_{\mathrm{F}j}^{\mathrm{I}3}(T_{aj},T_{bj},T_{cj},R_{\alpha j})$	$R_{\alpha j} \parallel \square R_{\alpha i}R_{\beta i}$
54-88		$G_{\mathrm{F}i}^{\mathrm{II}14}(R_{\alpha i},R_{\beta i},T_{ai})$	$G_{\mathrm{F}j}^{\mathrm{II}10}(R_{\alpha j},R_{\beta j},T_{aj},T_{bj})$	$T_{ai} \nparallel \square T_{aj}T_{bj}, \square R_{\alpha i}R_{\beta i} \parallel \square R_{\alpha j}R_{\beta j}$
54-89		$G_{\mathrm{F}i}^{\mathrm{II}14}(R_{\alpha i},R_{\beta i},T_{ai})$	$G_{\mathrm{F}j}^{\mathrm{II}11}(T_{aj},T_{bj},R_{\alpha j},R_{\beta j})$	$T_{ai} \nparallel \square T_{aj}T_{bj}, \square R_{\alpha i}R_{\beta i} \parallel \square R_{\alpha j}R_{\beta j}$
54-90		$G_{\mathrm{F}i}^{\mathrm{II}14}(R_{\alpha i},R_{\beta i},T_{ai})$	$G_{\mathrm{F}j}^{\mathrm{III}25}(T_{aj},T_{bj},R_{\alpha j},R_{\beta j})$	$T_{ai} \nparallel \square T_{aj}T_{bj}, \square R_{\alpha i}R_{\beta i} \parallel \square R_{\alpha j}R_{\beta j}$
54-91		$G_{\mathrm{F}i}^{\mathrm{II}14}(R_{\alpha i},R_{\beta i},T_{ai})$	$G_{\mathrm{F}j}^{\mathrm{III}26}(R_{\alpha j},T_{aj},T_{bj},R_{\beta j})$	$T_{ai} \nparallel \square T_{aj}T_{bj}, \square R_{\alpha i}R_{\beta i} \parallel \square R_{\alpha j}R_{\beta j}$
54-92	冗余8维输入	$G_{\mathrm{F}i}^{\mathrm{I}4}(T_{ai},T_{bi},T_{ci})$	$G_{\mathrm{F}j}^{\mathrm{I}2}(T_{aj},T_{bj},T_{cj},R_{\alpha j},R_{\beta j})$	无要求
54-93		$G_{\mathrm{F}i}^{\mathrm{I}5}(T_{ai},T_{bi},R_{\alpha i})$	$G_{\mathrm{F}j}^{\mathrm{I}2}(T_{aj},T_{bj},T_{cj},R_{\alpha j},R_{\beta j})$	$R_{\alpha i} \parallel \square R_{\alpha j}R_{\beta j}$
54-94		$G_{\mathrm{F}i}^{\mathrm{II}15}(T_{ai},T_{bi},R_{\alpha i})$	$G_{\mathrm{F}j}^{\mathrm{I}2}(T_{aj},T_{bj},T_{cj},R_{\alpha j},R_{\beta j})$	$R_{\alpha i} \parallel \square R_{\alpha j}R_{\beta j}$
54-95		$G_{\mathrm{F}i}^{\mathrm{II}16}(R_{\alpha i},T_{ai},T_{bi})$	$G_{\mathrm{F}j}^{\mathrm{I}2}(T_{aj},T_{bj},T_{cj},R_{\alpha j},R_{\beta j})$	$R_{\alpha i} \parallel \square R_{\alpha j}R_{\beta j}$
54-96		$G_{\mathrm{F}i}^{\mathrm{II}17}(T_{ai},R_{\alpha i},T_{bi})$	$G_{\mathrm{F}j}^{\mathrm{I}2}(T_{aj},T_{bj},T_{cj},R_{\alpha j},R_{\beta j})$	$R_{\alpha i} \parallel \square R_{\alpha j}R_{\beta j}$
54-97		$G_{\mathrm{F}i}^{\mathrm{II}13}(T_{ai},R_{\alpha i},R_{\beta i})$	$G_{\mathrm{F}j}^{\mathrm{I}2}(T_{aj},T_{bj},T_{cj},R_{\alpha j},R_{\beta j})$	$\square R_{\alpha i}R_{\beta i} \parallel \square R_{\alpha j}R_{\beta j}$
54-98		$G_{\mathrm{F}i}^{\mathrm{II}14}(R_{\alpha i},R_{\beta i},T_{ai})$	$G_{\mathrm{F}j}^{\mathrm{I}2}(T_{aj},T_{bj},T_{cj},R_{\alpha j},R_{\beta j})$	$\square R_{\alpha i}R_{\beta i} \parallel \square R_{\alpha j}R_{\beta j}$
54-99		$G_{\mathrm{F}i}^{\mathrm{I}3}(T_{ai},T_{bi},T_{ci},R_{\alpha i})$	$G_{\mathrm{F}j}^{\mathrm{I}3}(T_{aj},T_{bj},T_{cj},R_{\alpha j})$	$R_{\alpha i} \nparallel R_{\alpha j}$
54-100		$G_{\mathrm{F}i}^{\mathrm{I}3}(T_{ai},T_{bi},T_{ci},R_{\alpha i})$	$G_{\mathrm{F}j}^{\mathrm{II}10}(R_{\alpha j},R_{\beta j},T_{aj},T_{bj})$	$R_{\alpha i} \parallel \square R_{\alpha j}R_{\beta j}$
54-101		$G_{\mathrm{F}i}^{\mathrm{I}3}(T_{ai},T_{bi},T_{ci},R_{\alpha i})$	$G_{\mathrm{F}j}^{\mathrm{II}11}(T_{aj},T_{bj},R_{\alpha j},R_{\beta j})$	$R_{\alpha i} \parallel \square R_{\alpha j}R_{\beta j}$
54-102		$G_{\mathrm{F}i}^{\mathrm{I}3}(T_{ai},T_{bi},T_{ci},R_{\alpha i})$	$G_{\mathrm{F}j}^{\mathrm{III}25}(T_{aj},T_{bj},R_{\alpha j},R_{\beta j})$	$R_{\alpha i} \parallel \square R_{\alpha j}R_{\beta j}$

续表

序号	输入冗余性	G_{Fi} 表达	G_{Fj} 表达	条件
54-103	冗余 8 维输入	$G_{Fi}^{\mathrm{I}3}(T_{ai},T_{bi},T_{ci},R_{\alpha i})$	$G_{Fj}^{\mathrm{III}26}(R_{\alpha j},T_{aj},T_{bj},R_{\beta j})$	$R_{\alpha i}\parallel\square R_{\alpha j}R_{\beta j}$
54-104		$G_{Fi}^{\mathrm{II}10}(R_{\alpha i},R_{\beta i},T_{ai},T_{bi})$	$G_{Fj}^{\mathrm{II}10}(R_{\alpha j},R_{\beta j},T_{aj},T_{bj})$	$\square T_{ai}T_{bi}\nparallel\square T_{aj}T_{bj},\square R_{\alpha i}R_{\beta i}\parallel\square R_{\alpha j}R_{\beta j}$
54-105		$G_{Fi}^{\mathrm{II}10}(R_{\alpha i},R_{\beta i},T_{ai},T_{bi})$	$G_{Fj}^{\mathrm{II}11}(T_{aj},T_{bj},R_{\alpha j},R_{\beta j})$	$\square T_{ai}T_{bi}\nparallel\square T_{aj}T_{bj},\square R_{\alpha i}R_{\beta i}\parallel\square R_{\alpha j}R_{\beta j}$
54-106		$G_{Fi}^{\mathrm{II}10}(R_{\alpha i},R_{\beta i},T_{ai},T_{bi})$	$G_{Fj}^{\mathrm{III}25}(T_{aj},T_{bj},R_{\alpha j},R_{\beta j})$	$\square T_{ai}T_{bi}\nparallel\square T_{aj}T_{bj},\square R_{\alpha i}R_{\beta i}\parallel\square R_{\alpha j}R_{\beta j}$
54-107		$G_{Fi}^{\mathrm{II}10}(R_{\alpha i},R_{\beta i},T_{ai},T_{bi})$	$G_{Fj}^{\mathrm{III}26}(R_{\alpha j},T_{aj},T_{bj},R_{\beta j})$	$\square T_{ai}T_{bi}\nparallel\square T_{aj}T_{bj},\square R_{\alpha i}R_{\beta i}\parallel\square R_{\alpha j}R_{\beta j}$
54-108		$G_{Fi}^{\mathrm{II}11}(T_{ai},T_{bi},R_{\alpha i},R_{\beta i})$	$G_{Fj}^{\mathrm{II}11}(T_{aj},T_{bj},R_{\alpha j},R_{\beta j})$	$\square T_{ai}T_{bi}\nparallel\square T_{aj}T_{bj},\square R_{\alpha i}R_{\beta i}\parallel\square R_{\alpha j}R_{\beta j}$
54-109		$G_{Fi}^{\mathrm{II}11}(T_{ai},T_{bi},R_{\alpha i},R_{\beta i})$	$G_{Fj}^{\mathrm{III}25}(T_{aj},T_{bj},R_{\alpha j},R_{\beta j})$	$\square T_{ai}T_{bi}\nparallel\square T_{aj}T_{bj},\square R_{\alpha i}R_{\beta i}\parallel\square R_{\alpha j}R_{\beta j}$
54-110		$G_{Fi}^{\mathrm{II}11}(T_{ai},T_{bi},R_{\alpha i},R_{\beta i})$	$G_{Fj}^{\mathrm{III}26}(R_{\alpha j},T_{aj},T_{bj},R_{\beta j})$	$\square T_{ai}T_{bi}\nparallel\square T_{aj}T_{bj},\square R_{\alpha i}R_{\beta i}\parallel\square R_{\alpha j}R_{\beta j}$
54-111		$G_{Fi}^{\mathrm{III}25}(T_{ai},T_{bi},R_{\alpha i},R_{\beta i})$	$G_{Fj}^{\mathrm{III}25}(T_{aj},T_{bj},R_{\alpha j},R_{\beta j})$	$\square T_{ai}T_{bi}\nparallel\square T_{aj}T_{bj},\square R_{\alpha i}R_{\beta i}\parallel\square R_{\alpha j}R_{\beta j}$
54-112		$G_{Fi}^{\mathrm{III}25}(T_{ai},T_{bi},R_{\alpha i},R_{\beta i})$	$G_{Fj}^{\mathrm{III}26}(R_{\alpha j},T_{aj},T_{bj},R_{\beta j})$	$\square T_{ai}T_{bi}\nparallel\square T_{aj}T_{bj},\square R_{\alpha i}R_{\beta i}\parallel\square R_{\alpha j}R_{\beta j}$
54-113		$G_{Fi}^{\mathrm{III}26}(R_{\alpha i},T_{ai},T_{bi},R_{\beta i})$	$G_{Fj}^{\mathrm{III}26}(R_{\alpha j},T_{aj},T_{bj},R_{\beta j})$	$\square T_{ai}T_{bi}\nparallel\square T_{aj}T_{bj},\square R_{\alpha i}R_{\beta i}\parallel\square R_{\alpha j}R_{\beta j}$
54-114	冗余 9 维输入	$G_{Fi}^{\mathrm{I}3}(T_{ai},T_{bi},T_{ci},R_{\alpha i})$	$G_{Fj}^{\mathrm{I}2}(T_{aj},T_{bj},T_{cj},R_{\alpha j},R_{\beta j})$	$R_{\alpha i}\parallel\square R_{\alpha j}R_{\beta j}$
54-115		$G_{Fi}^{\mathrm{II}10}(R_{\alpha i},R_{\beta i},T_{ai},T_{bi})$	$G_{Fj}^{\mathrm{I}2}(T_{aj},T_{bj},T_{cj},R_{\alpha j},R_{\beta j})$	$\square R_{\alpha i}R_{\beta i}\parallel\square R_{\alpha j}R_{\beta j}$
54-116		$G_{Fi}^{\mathrm{II}11}(T_{ai},T_{bi},R_{\alpha i},R_{\beta i})$	$G_{Fj}^{\mathrm{I}2}(T_{aj},T_{bj},T_{cj},R_{\alpha j},R_{\beta j})$	$\square R_{\alpha i}R_{\beta i}\parallel\square R_{\alpha j}R_{\beta j}$
54-117		$G_{Fi}^{\mathrm{III}25}(T_{ai},T_{bi},R_{\alpha i},R_{\beta i})$	$G_{Fj}^{\mathrm{I}2}(T_{aj},T_{bj},T_{cj},R_{\alpha j},R_{\beta j})$	$\square R_{\alpha i}R_{\beta i}\parallel\square R_{\alpha j}R_{\beta j}$
54-118		$G_{Fi}^{\mathrm{III}26}(R_{\alpha i},T_{ai},T_{bi},R_{\beta i})$	$G_{Fj}^{\mathrm{I}2}(T_{aj},T_{bj},T_{cj},R_{\alpha j},R_{\beta j})$	$\square R_{\alpha i}R_{\beta i}\parallel\square R_{\alpha j}R_{\beta j}$
54-119	冗余 10 维输入	$G_{Fi}^{\mathrm{I}2}(T_{ai},T_{bi},T_{ci},R_{\alpha i},R_{\beta i})$	$G_{Fj}^{\mathrm{I}2}(T_{aj},T_{bj},T_{cj},R_{\alpha j},R_{\beta j})$	$\square R_{\alpha i}R_{\beta i}\parallel\square R_{\alpha j}R_{\beta j}$

表 22-2-55　　求并运算结果 G_F 集为 $G_F^{\mathrm{I}3}(T_a,\ T_b,\ T_c,\ R_\alpha)$ 的求并运算法则

序号	输入冗余性	G_{Fi} 表达	G_{Fj} 表达	条件
55-1	非冗余 4 维输入	$G_{Fi}^{\mathrm{I}7}(T_{ai})$	$G_{Fj}^{\mathrm{I}5}(T_{aj},T_{bj},R_{\alpha j})$	$T_{ai}\nparallel\square T_{aj}T_{bj}$
55-2		$G_{Fi}^{\mathrm{I}7}(T_{ai})$	$G_{Fj}^{\mathrm{II}15}(T_{aj},T_{bj},R_{\alpha j})$	$T_{ai}\nparallel\square T_{aj}T_{bj}$
55-3		$G_{Fi}^{\mathrm{I}7}(T_{ai})$	$G_{Fj}^{\mathrm{II}16}(R_{\alpha j},T_{aj},T_{bj})$	$T_{ai}\nparallel\square T_{aj}T_{bj}$
55-4		$G_{Fi}^{\mathrm{I}7}(T_{ai})$	$G_{Fj}^{\mathrm{II}17}(T_{aj},R_{\alpha j},T_{bj})$	$T_{ai}\nparallel\square T_{aj}T_{bj}$
55-5		$G_{Fi}^{\mathrm{II}21}(R_{\alpha i})$	$G_{Fj}^{\mathrm{I}4}(T_{aj},T_{bj},T_{cj})$	无要求
55-6		$G_{Fi}^{\mathrm{I}6}(T_{ai},T_{bi})$	$G_{Fj}^{\mathrm{II}19}(R_{\alpha j},T_{aj})$	$T_{aj}\nparallel\square T_{ai}T_{bi}$
55-7		$G_{Fi}^{\mathrm{I}6}(T_{ai},T_{bi})$	$G_{Fj}^{\mathrm{II}20}(T_{aj},R_{\alpha j})$	$T_{aj}\nparallel\square T_{ai}T_{bi}$
55-8	冗余 5 维输入	$G_{Fi}^{\mathrm{I}7}(T_{ai})$	$G_{Fj}^{\mathrm{I}3}(T_{aj},T_{bj},T_{cj},R_{\alpha j})$	无要求
55-9		$G_{Fi}^{\mathrm{II}21}(R_{\alpha i})$	$G_{Fj}^{\mathrm{I}3}(T_{aj},T_{bj},T_{cj},R_{\alpha j})$	$R_{\alpha i}\parallel R_{\alpha j}$
55-10		$G_{Fi}^{\mathrm{I}6}(T_{ai},T_{bi})$	$G_{Fj}^{\mathrm{I}5}(T_{aj},T_{bj},R_{\alpha j})$	$\square T_{ai}T_{bi}\nparallel\square T_{aj}T_{bj}$
55-11		$G_{Fi}^{\mathrm{I}6}(T_{ai},T_{bi})$	$G_{Fj}^{\mathrm{II}15}(T_{aj},T_{bj},R_{\alpha j})$	$\square T_{ai}T_{bi}\nparallel\square T_{aj}T_{bj}$

第22篇

续表

序号	输入冗余性	$G_{\mathrm{F}i}$ 表达	$G_{\mathrm{F}j}$ 表达	条件
55-12	冗余5维输入	$G_{\mathrm{F}i}^{\mathrm{I}\,6}(T_{ai},T_{bi})$	$G_{\mathrm{F}j}^{\mathrm{II}\,16}(R_{\alpha j},T_{aj},T_{bj})$	$\square T_{ai}T_{bi} \nparallel \square T_{aj}T_{bj}$
55-13		$G_{\mathrm{F}i}^{\mathrm{I}\,6}(T_{ai},T_{bi})$	$G_{\mathrm{F}j}^{\mathrm{II}\,17}(T_{aj},R_{\alpha j},T_{bj})$	$\square T_{ai}T_{bi} \nparallel \square T_{aj}T_{bj}$
55-14		$G_{\mathrm{F}i}^{\mathrm{II}\,19}(R_{\alpha i},T_{ai})$	$G_{\mathrm{F}j}^{\mathrm{I}\,4}(T_{aj},T_{bj},T_{cj})$	无要求
55-15		$G_{\mathrm{F}i}^{\mathrm{II}\,20}(T_{ai},R_{\alpha i})$	$G_{\mathrm{F}j}^{\mathrm{I}\,4}(T_{aj},T_{bj},T_{cj})$	
55-16		$G_{\mathrm{F}i}^{\mathrm{II}\,20}(T_{ai},R_{\alpha i})$	$G_{\mathrm{F}j}^{\mathrm{I}\,5}(T_{aj},T_{bj},R_{\alpha j})$	$T_{ai} \nparallel \square T_{aj}T_{bj}, R_{\alpha i} \parallel R_{\alpha j}$
55-17		$G_{\mathrm{F}i}^{\mathrm{II}\,20}(T_{ai},R_{\alpha i})$	$G_{\mathrm{F}j}^{\mathrm{II}\,15}(T_{aj},T_{bj},R_{\alpha j})$	$T_{ai} \nparallel \square T_{aj}T_{bj}, R_{\alpha i} \parallel R_{\alpha j}$
55-18		$G_{\mathrm{F}i}^{\mathrm{II}\,20}(T_{ai},R_{\alpha i})$	$G_{\mathrm{F}j}^{\mathrm{II}\,16}(R_{\alpha j},T_{aj},T_{bj})$	$T_{ai} \nparallel \square T_{aj}T_{bj}, R_{\alpha i} \parallel R_{\alpha j}$
55-19		$G_{\mathrm{F}i}^{\mathrm{II}\,20}(T_{ai},R_{\alpha i})$	$G_{\mathrm{F}j}^{\mathrm{II}\,17}(T_{aj},R_{\alpha j},T_{bj})$	$T_{ai} \nparallel \square T_{aj}T_{bj}, R_{\alpha i} \parallel R_{\alpha j}$
55-20		$G_{\mathrm{F}i}^{\mathrm{II}\,19}(R_{\alpha i},T_{ai})$	$G_{\mathrm{F}j}^{\mathrm{I}\,5}(T_{aj},T_{bj},R_{\alpha j})$	$T_{ai} \nparallel \square T_{aj}T_{bj}, R_{\alpha i} \parallel R_{\alpha j}$
55-21		$G_{\mathrm{F}i}^{\mathrm{II}\,19}(R_{\alpha i},T_{ai})$	$G_{\mathrm{F}j}^{\mathrm{II}\,15}(T_{aj},T_{bj},R_{\alpha j})$	$T_{ai} \nparallel \square T_{aj}T_{bj}, R_{\alpha i} \parallel R_{\alpha j}$
55-22		$G_{\mathrm{F}i}^{\mathrm{II}\,19}(R_{\alpha i},T_{ai})$	$G_{\mathrm{F}j}^{\mathrm{II}\,16}(R_{\alpha j},T_{aj},T_{bj})$	$T_{ai} \nparallel \square T_{aj}T_{bj}, R_{\alpha i} \parallel R_{\alpha j}$
55-23		$G_{\mathrm{F}i}^{\mathrm{II}\,19}(R_{\alpha i},T_{ai})$	$G_{\mathrm{F}j}^{\mathrm{II}\,17}(T_{aj},R_{\alpha j},T_{bj})$	$T_{ai} \nparallel \square T_{aj}T_{bj}, R_{\alpha i} \parallel R_{\alpha j}$
55-24	冗余6维输入	$G_{\mathrm{F}i}^{\mathrm{I}\,6}(T_{ai},T_{bi})$	$G_{\mathrm{F}j}^{\mathrm{I}\,3}(T_{aj},T_{bj},T_{cj},R_{\alpha j})$	无要求
55-25		$G_{\mathrm{F}i}^{\mathrm{II}\,19}(R_{\alpha i},T_{ai})$	$G_{\mathrm{F}j}^{\mathrm{I}\,3}(T_{aj},T_{bj},T_{cj},R_{\alpha j})$	$R_{\alpha i} \parallel R_{\alpha j}$
55-26		$G_{\mathrm{F}i}^{\mathrm{II}\,20}(T_{ai},R_{\alpha i})$	$G_{\mathrm{F}j}^{\mathrm{I}\,3}(T_{aj},T_{bj},T_{cj},R_{\alpha j})$	$R_{\alpha i} \parallel R_{\alpha j}$
55-27		$G_{\mathrm{F}i}^{\mathrm{I}\,4}(T_{ai},T_{bi},T_{ci})$	$G_{\mathrm{F}j}^{\mathrm{I}\,5}(T_{aj},T_{bj},R_{\alpha j})$	无要求
55-28		$G_{\mathrm{F}i}^{\mathrm{I}\,4}(T_{ai},T_{bi},T_{ci})$	$G_{\mathrm{F}j}^{\mathrm{II}\,15}(T_{aj},T_{bj},R_{\alpha j})$	
55-29		$G_{\mathrm{F}i}^{\mathrm{I}\,4}(T_{ai},T_{bi},T_{ci})$	$G_{\mathrm{F}j}^{\mathrm{II}\,16}(R_{\alpha j},T_{aj},T_{bj})$	
55-30		$G_{\mathrm{F}i}^{\mathrm{I}\,4}(T_{ai},T_{bi},T_{ci})$	$G_{\mathrm{F}j}^{\mathrm{II}\,17}(T_{aj},R_{\alpha j},T_{bj})$	
55-31		$G_{\mathrm{F}i}^{\mathrm{I}\,5}(T_{ai},T_{bi},R_{\alpha i})$	$G_{\mathrm{F}j}^{\mathrm{I}\,5}(T_{aj},T_{bj},R_{\alpha j})$	$\square T_{ai}T_{bi} \nparallel \square T_{aj}T_{bj}, R_{\alpha i} \parallel R_{\alpha j}$
55-32		$G_{\mathrm{F}i}^{\mathrm{I}\,5}(T_{ai},T_{bi},R_{\alpha i})$	$G_{\mathrm{F}j}^{\mathrm{II}\,15}(T_{aj},T_{bj},R_{\alpha j})$	$\square T_{ai}T_{bi} \nparallel \square T_{aj}T_{bj}, R_{\alpha i} \parallel R_{\alpha j}$
55-33		$G_{\mathrm{F}i}^{\mathrm{I}\,5}(T_{ai},T_{bi},R_{\alpha i})$	$G_{\mathrm{F}j}^{\mathrm{II}\,16}(R_{\alpha j},T_{aj},T_{bj})$	$\square T_{ai}T_{bi} \nparallel \square T_{aj}T_{bj}, R_{\alpha i} \parallel R_{\alpha j}$
55-34		$G_{\mathrm{F}i}^{\mathrm{I}\,5}(T_{ai},T_{bi},R_{\alpha i})$	$G_{\mathrm{F}j}^{\mathrm{II}\,17}(T_{aj},R_{\alpha j},T_{bj})$	$\square T_{ai}T_{bi} \nparallel \square T_{aj}T_{bj}, R_{\alpha i} \parallel R_{\alpha j}$
55-35		$G_{\mathrm{F}i}^{\mathrm{II}\,15}(T_{ai},T_{bi},R_{\alpha i})$	$G_{\mathrm{F}j}^{\mathrm{II}\,15}(T_{aj},T_{bj},R_{\alpha j})$	$\square T_{ai}T_{bi} \nparallel \square T_{aj}T_{bj}, R_{\alpha i} \parallel R_{\alpha j}$
55-36		$G_{\mathrm{F}i}^{\mathrm{II}\,15}(T_{ai},T_{bi},R_{\alpha i})$	$G_{\mathrm{F}j}^{\mathrm{II}\,16}(R_{\alpha j},T_{aj},T_{bj})$	$\square T_{ai}T_{bi} \nparallel \square T_{aj}T_{bj}, R_{\alpha i} \parallel R_{\alpha j}$
55-37		$G_{\mathrm{F}i}^{\mathrm{II}\,15}(T_{ai},T_{bi},R_{\alpha i})$	$G_{\mathrm{F}j}^{\mathrm{II}\,17}(T_{aj},R_{\alpha j},T_{bj})$	$\square T_{ai}T_{bi} \nparallel \square T_{aj}T_{bj}, R_{\alpha i} \parallel R_{\alpha j}$
55-38		$G_{\mathrm{F}i}^{\mathrm{II}\,16}(R_{\alpha i},T_{ai},T_{bi})$	$G_{\mathrm{F}j}^{\mathrm{II}\,16}(R_{\alpha j},T_{aj},T_{bj})$	$\square T_{ai}T_{bi} \nparallel \square T_{aj}T_{bj}, R_{\alpha i} \parallel R_{\alpha j}$
55-39		$G_{\mathrm{F}i}^{\mathrm{II}\,16}(R_{\alpha i},T_{ai},T_{bi})$	$G_{\mathrm{F}j}^{\mathrm{II}\,17}(T_{aj},R_{\alpha j},T_{bj})$	$\square T_{ai}T_{bi} \nparallel \square T_{aj}T_{bj}, R_{\alpha i} \parallel R_{\alpha j}$
55-40		$G_{\mathrm{F}i}^{\mathrm{II}\,17}(T_{ai},R_{\alpha i},T_{bi})$	$G_{\mathrm{F}j}^{\mathrm{II}\,17}(T_{aj},R_{\alpha j},T_{bj})$	$\square T_{ai}T_{bi} \nparallel \square T_{aj}T_{bj}, R_{\alpha i} \parallel R_{\alpha j}$
55-41	冗余7维输入	$G_{\mathrm{F}i}^{\mathrm{I}\,4}(T_{ai},T_{bi},T_{ci})$	$G_{\mathrm{F}j}^{\mathrm{I}\,3}(T_{aj},T_{bj},T_{cj},R_{\alpha j})$	无要求
55-42		$G_{\mathrm{F}i}^{\mathrm{I}\,5}(T_{ai},T_{bi},R_{\alpha i})$	$G_{\mathrm{F}j}^{\mathrm{I}\,3}(T_{aj},T_{bj},T_{cj},R_{\alpha j})$	$R_{\alpha i} \parallel R_{\alpha j}$
55-43		$G_{\mathrm{F}i}^{\mathrm{II}\,15}(T_{ai},T_{bi},R_{\alpha i})$	$G_{\mathrm{F}j}^{\mathrm{I}\,3}(T_{aj},T_{bj},T_{cj},R_{\alpha j})$	$R_{\alpha i} \parallel R_{\alpha j}$
55-44		$G_{\mathrm{F}i}^{\mathrm{II}\,16}(R_{\alpha i},T_{ai},T_{bi})$	$G_{\mathrm{F}j}^{\mathrm{I}\,3}(T_{aj},T_{bj},T_{cj},R_{\alpha j})$	$R_{\alpha i} \parallel R_{\alpha j}$
55-45		$G_{\mathrm{F}i}^{\mathrm{II}\,17}(T_{ai},R_{\alpha i},T_{bi})$	$G_{\mathrm{F}j}^{\mathrm{I}\,3}(T_{aj},T_{bj},T_{cj},R_{\alpha j})$	$R_{\alpha i} \parallel R_{\alpha j}$
55-46	冗余8维输入	$G_{\mathrm{F}i}^{\mathrm{I}\,3}(T_{ai},T_{bi},T_{ci},R_{\alpha i})$	$G_{\mathrm{F}j}^{\mathrm{I}\,3}(T_{aj},T_{bj},T_{cj},R_{\alpha j})$	$R_{\alpha i} \parallel R_{\alpha j}$

表 22-2-56　　求并运算结果 G_{F} 集为 $G_{\mathrm{F}}^{\mathrm{I}4}(T_a,\ T_b,\ T_c)$ 的求并运算法则

序号	输入冗余性	$G_{\mathrm{F}i}$ 表达	$G_{\mathrm{F}j}$ 表达	条件
56-1	非冗余3维输入	$G_{\mathrm{F}i}^{\mathrm{I}7}(T_{ai})$	$G_{\mathrm{F}j}^{\mathrm{I}6}(T_{aj},T_{bj})$	$T_{ai}\nparallel\square T_{aj}T_{bj}$
56-2	冗余4维输入	$G_{\mathrm{F}i}^{\mathrm{I}7}(T_{ai})$	$G_{\mathrm{F}j}^{\mathrm{I}4}(T_{aj},T_{bj},T_{cj})$	无要求
56-3		$G_{\mathrm{F}i}^{\mathrm{I}6}(T_{ai},T_{bi})$	$G_{\mathrm{F}j}^{\mathrm{I}6}(T_{aj},T_{bj})$	$\square T_{ai}T_{bi}\nparallel\square T_{aj}T_{bj}$
56-4	冗余5维输入	$G_{\mathrm{F}i}^{\mathrm{I}6}(T_{ai},T_{bi})$	$G_{\mathrm{F}j}^{\mathrm{I}4}(T_{aj},T_{bj},T_{cj})$	无要求
56-5	冗余6维输入	$G_{\mathrm{F}i}^{\mathrm{I}4}(T_{ai},T_{bi},T_{ci})$	$G_{\mathrm{F}j}^{\mathrm{I}4}(T_{aj},T_{bj},T_{cj})$	

表 22-2-57　　求并运算结果 G_{F} 集为 $G_{\mathrm{F}}^{\mathrm{I}5}(T_a,\ T_b,\ R_\alpha)$ 的求并运算法则

序号	输入冗余性	$G_{\mathrm{F}i}$ 表达	$G_{\mathrm{F}j}$ 表达	条件
57-1	非冗余3维输入	$G_{\mathrm{F}i}^{\mathrm{I}7}(T_{ai})$	$G_{\mathrm{F}j}^{\mathrm{II}20}(T_{aj},R_{\alpha j})$	$T_{ai}\nparallel T_{aj},R_{\alpha j}\perp\square T_{ai}T_{aj}$
57-2		$G_{\mathrm{F}i}^{\mathrm{I}7}(T_{ai})$	$G_{\mathrm{F}j}^{\mathrm{II}19}(R_{\alpha j},T_{aj})$	$T_{ai}\nparallel T_{aj},R_{\alpha j}\perp\square T_{ai}T_{aj}$
57-3		$G_{\mathrm{F}i}^{\mathrm{II}21}(R_{\alpha i})$	$G_{\mathrm{F}j}^{\mathrm{I}6}(T_{aj},T_{bj})$	$R_{\alpha i}\perp\square T_{aj}T_{bj}$
57-4	冗余4维输入	$G_{\mathrm{F}i}^{\mathrm{I}7}(T_{ai})$	$G_{\mathrm{F}j}^{\mathrm{I}5}(T_{aj},T_{bj},R_{\alpha j})$	$T_{ai}\parallel\square T_{aj}T_{bj}$
57-5		$G_{\mathrm{F}i}^{\mathrm{II}21}(R_{\alpha i})$	$G_{\mathrm{F}j}^{\mathrm{I}5}(T_{aj},T_{bj},R_{\alpha j})$	$R_{\alpha i}\parallel R_{\alpha j}$
57-6		$G_{\mathrm{F}i}^{\mathrm{I}6}(T_{ai},T_{bi})$	$G_{\mathrm{F}j}^{\mathrm{II}19}(R_{\alpha j},T_{aj})$	$T_{aj}\parallel\square T_{ai}T_{bi},R_{\alpha j}\perp\square T_{ai}T_{bi}$
57-7		$G_{\mathrm{F}i}^{\mathrm{I}6}(T_{ai},T_{bi})$	$G_{\mathrm{F}j}^{\mathrm{II}20}(T_{aj},R_{\alpha j})$	$T_{aj}\parallel\square T_{ai}T_{bi},R_{\alpha j}\perp\square T_{ai}T_{bi}$
57-8		$G_{\mathrm{F}i}^{\mathrm{II}19}(R_{\alpha i},T_{ai})$	$G_{\mathrm{F}j}^{\mathrm{II}19}(R_{\alpha j},T_{aj})$	$T_{ai}\nparallel T_{aj},R_{\alpha i}\parallel R_{\alpha j}\perp\square T_{ai}T_{aj}$
57-9		$G_{\mathrm{F}i}^{\mathrm{II}19}(R_{\alpha i},T_{ai})$	$G_{\mathrm{F}j}^{\mathrm{II}20}(T_{aj},R_{\alpha j})$	$T_{ai}\nparallel T_{aj},R_{\alpha i}\parallel R_{\alpha j}\perp\square T_{ai}T_{aj}$
57-10		$G_{\mathrm{F}i}^{\mathrm{II}20}(T_{ai},R_{\alpha i})$	$G_{\mathrm{F}j}^{\mathrm{II}20}(T_{aj},R_{\alpha j})$	$T_{ai}\nparallel T_{aj},R_{\alpha i}\parallel R_{\alpha j}\perp\square T_{ai}T_{aj}$
57-11	冗余5维输入	$G_{\mathrm{F}i}^{\mathrm{I}6}(T_{ai},T_{bi})$	$G_{\mathrm{F}j}^{\mathrm{I}5}(T_{aj},T_{bj},R_{\alpha j})$	$\square T_{ai}T_{bi}\parallel\square T_{aj}T_{bj}$
57-12		$G_{\mathrm{F}i}^{\mathrm{II}19}(R_{\alpha i},T_{ai})$	$G_{\mathrm{F}j}^{\mathrm{I}5}(T_{aj},T_{bj},R_{\alpha j})$	$T_{ai}\parallel\square T_{aj}T_{bj},R_{\alpha i}\parallel R_{\alpha j}$
57-13		$G_{\mathrm{F}i}^{\mathrm{II}20}(T_{ai},R_{\alpha i})$	$G_{\mathrm{F}j}^{\mathrm{I}5}(T_{aj},T_{bj},R_{\alpha j})$	$T_{ai}\parallel\square T_{aj}T_{bj},R_{\alpha i}\parallel R_{\alpha j}$
57-14	冗余6维输入	$G_{\mathrm{F}i}^{\mathrm{I}5}(T_{ai},T_{bi},R_{\alpha i})$	$G_{\mathrm{F}j}^{\mathrm{I}5}(T_{aj},T_{bj},R_{\alpha j})$	$\square T_{ai}T_{bi}\parallel\square T_{aj}T_{bj},R_{\alpha i}\parallel R_{\alpha j}$

表 22-2-58　　求并运算结果 G_{F} 集为 $G_{\mathrm{F}}^{\mathrm{I}6}(T_a,\ T_b)$ 的求并运算法则

序号	输入冗余性	$G_{\mathrm{F}i}$ 表达	$G_{\mathrm{F}j}$ 表达	条件
58-1	非冗余2维输入	$G_{\mathrm{F}i}^{\mathrm{I}7}(T_{ai})$	$G_{\mathrm{F}j}^{\mathrm{II}20}(T_{aj})$	$T_{ai}\nparallel T_{aj}$
58-2	冗余3维输入	$G_{\mathrm{F}i}^{\mathrm{I}7}(T_{ai})$	$G_{\mathrm{F}j}^{\mathrm{I}6}(T_{aj},T_{bj})$	$T_{ai}\parallel\square T_{aj}T_{bj}$
58-3	冗余4维输入	$G_{\mathrm{F}i}^{\mathrm{I}6}(T_{ai},T_{bi})$	$G_{\mathrm{F}j}^{\mathrm{I}6}(T_{aj},T_{bj})$	$\square T_{ai}T_{bi}\parallel\square T_{aj}T_{bj}$

表 22-2-59　　求并运算结果 G_{F} 集为 $G_{\mathrm{F}}^{\mathrm{I}7}(T_a)$ 的求并运算法则

序号	输入冗余性	$G_{\mathrm{F}i}$ 表达	$G_{\mathrm{F}j}$ 表达	条件
59-1	非冗余2维输入	$G_{\mathrm{F}i}^{\mathrm{I}7}(T_{ai})$	$G_{\mathrm{F}j}^{\mathrm{I}7}(T_{aj})$	$T_{ai}\parallel T_{aj}$

3 G_F 集转置运算

G_F 集的转置运算，或称求逆运算，旨在描述当机构的固定端变为运动端，运动端变为固定端时，机构输出特征的 G_F 集表达为原 G_F 集的转置，或为原 G_F 集的逆。G_F 集的转置运算对描述机器人与环境接触的拓扑结构状态改变具有重要意义，其在足式机器人接触拓扑分析和描述中具有广泛应用。

3.1 转置运算性质

性质 1：G_F 集在求并后的转置，等于各 G_F 集转置后按倒序再求并，即：

$$(G_{F1}\cup G_{F2}\cup\cdots\cup G_{Fn})^{R}=G_{Fn}^{R}\cup G_{F(n-1)}^{R}\cup\cdots\cup G_{F1}^{R}$$

性质 2：当 G_F 集的求并结果为完整运动时，各子 G_F 集具有任意可转置性，即：

$$\bigcup_{i=1}^{n}G_{Fi}=\bigcup_{i=1}^{n}G_{Fi}^{R}=\bigcup_{i=1}^{n}G_{Fi}\bigcup_{i=j+1}^{n}G_{Fi}^{R},\ i,j\text{ 任意}$$

性质 3：第一类具有完整运动特征的 G_F 集的转置与其本身相等。

性质 4：纯转动 G_F 集的转置与其本身相等。

3.2 转置运算法则

表 22-2-60　　三类 26 种 G_F 集转置运算法则

序号	原 G_F 集表达式	转置后 G_F 集表达式
60-1	$G_F^{\mathrm{I}1}(T_a,T_b,T_c,R_\alpha,R_\beta,R_\gamma)$	$G_F^{\mathrm{I}1}(T_c,T_b,T_a,R_\gamma,R_\beta,R_\alpha)$
60-2	$G_F^{\mathrm{I}2}(T_a,T_b,T_c,R_\alpha,R_\beta)$	$G_F^{\mathrm{I}2}(T_c,T_b,T_a,R_\beta,R_\alpha)$
60-3	$G_F^{\mathrm{I}3}(T_a,T_b,T_c,R_\alpha)$	$G_F^{\mathrm{I}3}(T_c,T_b,T_a,R_\alpha)$
60-4	$G_F^{\mathrm{I}4}(T_a,T_b,T_c)$	$G_F^{\mathrm{I}4}(T_c,T_b,T_a)$
60-5	$G_F^{\mathrm{I}5}(T_a,T_b,R_\alpha)$	$G_F^{\mathrm{I}5}(T_b,T_a,R_\alpha)$
60-6	$G_F^{\mathrm{I}6}(T_a,T_b)$	$G_F^{\mathrm{I}6}(T_b,T_a)$
60-7	$G_F^{\mathrm{I}7}(T_a)$	$G_F^{\mathrm{I}7}(T_a)$
60-8	$G_F^{\mathrm{II}8}(R_\alpha,R_\beta,R_\gamma,T_a)$	$G_F^{\mathrm{II}9}(T_a,R_\gamma,R_\beta,R_\alpha)$
60-9	$G_F^{\mathrm{II}9}(T_a,R_\alpha,R_\beta,R_\gamma)$	$G_F^{\mathrm{II}8}(R_\gamma,R_\beta,R_\alpha,T_a)$
60-10	$G_F^{\mathrm{II}10}(R_\alpha,R_\beta,T_a,T_b)$	$G_F^{\mathrm{II}11}(T_b,T_a,R_\beta,R_\alpha)$
60-11	$G_F^{\mathrm{II}11}(T_a,T_b,R_\alpha,R_\beta)$	$G_F^{\mathrm{II}10}(R_\beta,R_\alpha,T_b,T_a)$
60-12	$G_F^{\mathrm{II}12}(R_\alpha,R_\beta,R_\gamma)$	$G_F^{\mathrm{II}12}(R_\gamma,R_\beta,R_\alpha)$
60-13	$G_F^{\mathrm{II}13}(T_a,R_\alpha,R_\beta)$	$G_F^{\mathrm{II}14}(R_\beta,R_\alpha,T_a)$
60-14	$G_F^{\mathrm{II}14}(R_\alpha,R_\beta,T_a)$	$G_F^{\mathrm{II}13}(T_a,R_\beta,R_\alpha)$
60-15	$G_F^{\mathrm{II}15}(T_a,T_b,R_\alpha)$	$G_F^{\mathrm{II}16}(R_\alpha,T_b,T_a)$
60-16	$G_F^{\mathrm{II}16}(R_\alpha,T_a,T_b)$	$G_F^{\mathrm{II}15}(T_b,T_a,R_\alpha)$
60-17	$G_F^{\mathrm{II}17}(T_a,R_\alpha,T_b)$	$G_F^{\mathrm{II}17}(T_b,R_\alpha,T_a)$

续表

序号	原 G_F 集表达式	转置后 G_F 集表达式
60-18	$G_F^{\mathrm{II}18}(R_\alpha,R_\beta)$	$G_F^{\mathrm{II}18}(R_\beta,R_\alpha)$
60-19	$G_F^{\mathrm{II}19}(R_\alpha,T_a)$	$G_F^{\mathrm{II}20}(T_a,R_\alpha)$
60-20	$G_F^{\mathrm{II}20}(T_a,R_\alpha)$	$G_F^{\mathrm{II}19}(R_\alpha,T_a)$
60-21	$G_F^{\mathrm{II}21}(R_\alpha)$	$G_F^{\mathrm{II}21}(R_\alpha)$
60-22	$G_F^{\mathrm{III}22}(T_a,T_b,R_\alpha,R_\beta,R_\gamma)$	$G_F^{\mathrm{III}24}(R_\gamma,R_\beta,T_b,T_a,R_\alpha)$
60-23	$G_F^{\mathrm{III}23}(R_\alpha,T_a,T_b,R_\beta,R_\gamma)$	$G_F^{\mathrm{III}23}(R_\gamma,T_b,T_a,R_\beta,R_\alpha)$
60-24	$G_F^{\mathrm{III}24}(R_\alpha,R_\beta,T_a,T_b,R_\gamma)$	$G_F^{\mathrm{III}22}(T_b,T_a,R_\gamma,R_\beta,R_\alpha)$
60-25	$G_F^{\mathrm{III}25}(T_a,T_b,R_\alpha,R_\beta)$	$G_F^{\mathrm{III}26}(R_\beta,T_b,T_a,R_\alpha)$
60-26	$G_F^{\mathrm{III}26}(R_\alpha,T_a,T_b,R_\beta)$	$G_F^{\mathrm{III}25}(T_b,T_a,R_\beta,R_\alpha)$

第3章 机器人运动副与基础部件

1 概　　述

1.1 运动副的基本作用

运动副是指用于连接和传递运动的机械装置，是机械系统中一个重要的组成部分。运动副通过多种方式实现运动传递，包括旋转、平移、滑动等。在实际应用中根据需要选择适合的运动副可以实现不同的运动方式。运动副在机械系统中发挥以下基本作用：

① 传递运动和力：运动副将系统输入的运动和力传递到输出，从而实现机器人的各种功能和运动任务。

② 提供刚性支撑：运动副为基础部件之间提供了刚性支撑，确保机械系统在运动过程中保持平稳，提高系统的工作精度和可靠性。

③ 实现机构自由度：根据所配置的运动副类型和数量，可以确定机器人的运动范围和姿态，使机器人适应和满足不同的应用需求。

④ 提高机械系统的效率和灵活性：为机械系统选择合适的运动副类型，可以降低整个系统的复杂度，实现快速精准的运动控制，提高工作效率和系统灵活性。

运动副是连接和传递运动的关键组成部分，它们决定了机械系统的运动方式、工作能力和性能特征，对整个系统的功能和性能有着直接的影响。在机械设计中，通过合理设计和配置运动副，可以实现机器人的各种运动和动作，提高机器人的操作效率、灵活性和精度，从而满足不同应用场景下的需求。

1.2 基础部件的作用与意义

机械系统中的基础部件是构成机械结构的基本组成部分，它们负责支撑和连接各个部件，传递运动和力量，并承载机械系统的载荷和负载。其作用和意义主要包括以下几个方面：

① 提供支撑和承载：为各部件的运动和各部件的连接提供支撑，可以承受整个系统的重量，确保机械系统在运动和操作过程中保持平衡，提高系统的安全稳定和可靠性。

② 便于安装定位：机械部件或高精密仪器安装时有一定的定位精度，基础部件通常有安装位置参考，便于定位和安装。

③ 提供合适的工作空间：通过设计合适的基础部件，可以满足系统的运动范围需求，从而使系统适应不同的应用环境和工作需求。

④ 减小振动和噪声，保护关键部件：机械系统在工作中不可避免地会产生振动和冲击，基础部件可以起到保护关键重要部件和设备的作用，它可以吸收和减少振动冲击和噪声，使系统免受外部环境和工作过程中的干扰，提高系统的稳定性。

基础部件在机器人和机械系统中扮演着重要的角色，其设计和选择直接关系和影响到整个机械系统的性能、功能、可靠性、适用性和使用寿命。

2　简单与复合运动副

机器人支链是由运动副连接连杆构成的。机器人机构中常用的简单运动副包括：转动副（R）、移动副（P）、螺旋副（H）、圆柱副（C）、万向铰（U）和球副（S），如图 22-3-1 所示。

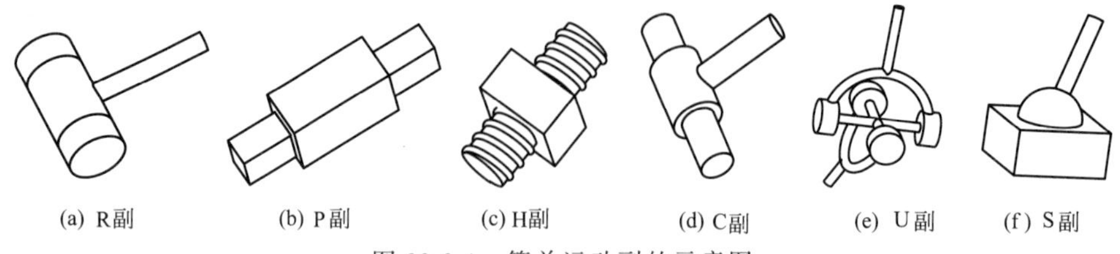

图 22-3-1　简单运动副的示意图

除了上述简单运动副外，还有一些复合运动副。复合运动副的引入不仅能丰富并联机器人的构型，在某些情况下还能提高并联机器人的刚度及其转动能力。为了设计具有特定末端特征的机器人支链，我们定义一些新型复合运动副（见图 22-3-2），如纯平动万向铰 U^*（puretranslational universal joint）、转-平动万向铰$^\wedge U$ 和 $U^\wedge$（translation and rotation universal joint）、平面移动万向铰$^P U$ 和 U^P（pure-planar-translation universal joint）。另外，常用的复合运动副还包括平行四边形铰链（P_a），平行四边形万向铰（2−UU）（见图 22-3-2）。

各个复合运动副应满足的几何条件如下：

① 图 22-3-2a 中的 $U^\wedge$副的输出定义为连杆 5 相对于连杆 1 的相对运动。连杆 1 与连杆 4 平行且等长，连杆 2 与连杆 3 平行且等长。转动副 a、b、c、d 轴线互相平行。连杆 5 与连杆 4 间通过转动副 e 相连。转动副 e 的轴线与转动副 c、d 轴线的公垂线平行。

② 图 22-3-2b 中的$^\wedge U$ 副的输出定义为连杆 5 相对于连杆 1 的相对运动。连杆 1 与连杆 2 通过转动副 e 相连。转动副 e 的轴线与转动副 a、b 轴线的公垂线平行。连杆 2 与连杆 5 平行且等长。连杆 3 与连杆 4 平行且等长。转动副 a、b、c、d 轴线互相平行。

③ 图 22-3-2c 中的 U^P副的输出定义为连杆 5 相对于连杆 1 的相对运动。连杆 1 与连杆 4 平行且等长。连杆 2 与连杆 3 平行且等长。转动副 a、b、c、d 轴线互相平行。连杆 5 与连杆 4 通过移动副 e 相连，且移动副 e 的移动方向与转动副轴线 c、d 的公垂线垂直。

④ 图 22-3-2d 中的$^P U$ 副的输出定义为连杆 5 相对于连杆 1 的相对运动。连杆 1 与连杆 2 通过移动副 e 连接。移动副 e 的移动方向与转动副 a、b 轴线的公垂线垂直。连杆 2 与连杆 5 平行且等长。连杆 3 与连杆 4 平行且等长。转动副轴线 a、b、c、d 轴线互相平行。

⑤ 图 22-3-2e 中的 U^*副的输出定义为连杆 5 相对于连杆 1 的相对运动。连杆 5 与连杆 1 由三条 UU 支链连接。以其中一条包含连杆 3 的支链为例进行说明：与连杆 3 相连的转动副 a_3 与 c_3 轴线相互平行，与连杆 1、连杆 5 分别相连的转动副 b_3 与 d_3 轴线相互平行。另外，转动副 b_2、b_3 与 b_4 的轴线互相平行（为简化，图中部分转动副未标出），转动副 d_2、d_3 与 d_4 的轴线也互相平行。连杆 2、连杆 3 与连杆 4 平行且等长。

⑥ 图 22-3-2f 中的 2−UU 副的输出定义为连杆 4 相对于连杆 1 的相对运动。连杆 4 与连杆 1 通过两条 UU 支链连接。与连杆 1 连接的转动副 a_1、b_1 的轴线重合，与连杆 4 连接的转动副 c_1 与 d_1 的轴线重合。连杆 2 与连杆 3 平行且等长。转动副 a_2、b_2、c_2 与 d_2 的轴线互相平行。

各种复合运动副所具有的运动特性如表 22-3-1 所示。需要指出的是，表 22-3-1 给出的各个复合运动副除平面移动万向铰 U^P 与$^P U$ 外，其他复合运动副的末端特征并不是确定的。因此，部分复合运动副要和其他简单运动副或者复合运动副配合后构成的支链才有可能具有确定的末端特征，从而可以构造具有确定末端特征的并联机器人构型。

部分简单运动副和复合运动副可以由转动副或移动副的组合替换：圆柱副相当于共轴的转动副和移动副；万向铰等效两个轴线相交的转动副；球副相当于三个汇交而不共面的转动副；如图 22-3-2a 所示，$U^\wedge$副等效于转动副 e 的轴线与平行四边形铰链的转动副 c、d 轴线的公垂线平行的组合；如图 22-3-2b 所示，$^\wedge U$ 副等效于转动副 e 的轴线与平行四边形铰链的转动副 a、b 轴线的公垂线平行的组合；如图 22-3-2c 所示，U^P 副相当于移动副 e 的

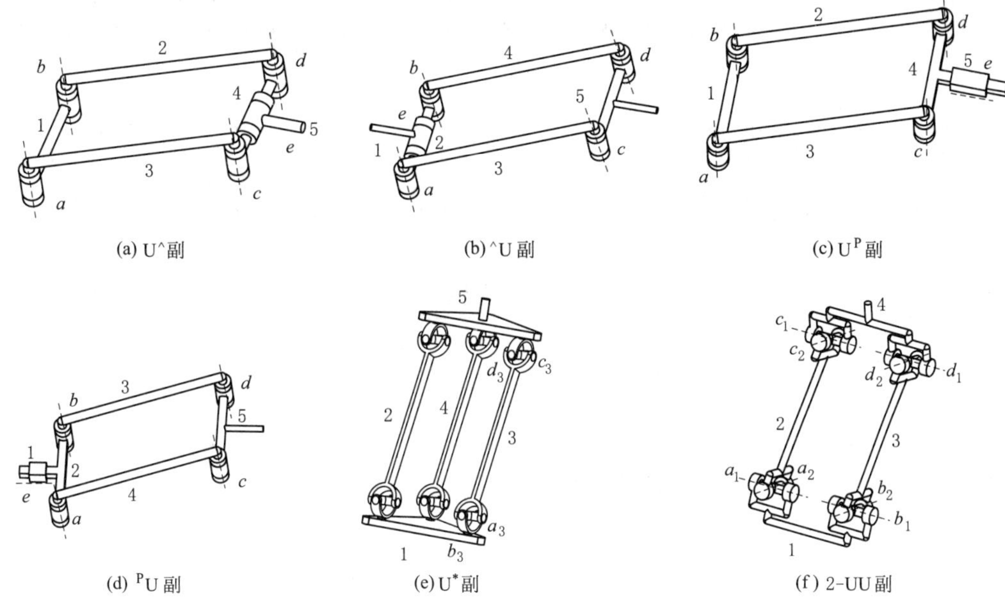

(a) U^副　(b) ^U副　(c) U^P副

(d) ^{P}U副　(e) U^*副　(f) 2-UU副

图 22-3-2　复合运动副的示意图

移动方向与平行四边形铰链的转动副 c、d 轴线的公垂线垂直的组合；如图 22-3-2d 所示，^{P}U 副相当于移动副 e 的移动方向与平行四边形铰链的转动副 a、b 轴线的公垂线垂直的组合。

表 22-3-1　　复合运动副及其末端特征

名称	符号	自由度数	相对运动	
			移动	转动
转-平动万向铰	U^	2	1	1
	^U	2	1	1
平面移动万向铰	U^P	2	2	0
	^{P}U	2	2	0
纯平动万向铰	U^*	2	2	0
平行四边形铰链	P_a	1	1	0
平行四边形万向铰	2-UU	3	2	1

3　机器人驱动系统

机器人的驱动与传动基础部件的设计和选择直接决定了机器人的性能、精度和可靠性。驱动与传动部件的协同，为机器人系统提供以下支撑：

① 提供力与速度，保证机器人能够执行任务的动力来源。

② 实现精确控制：传动装置和传感器协助机器人实现高度精确的位置和速度或力控制。这对机器人完成准确定位的任务至关重要，如精密加工、医疗手术等。

③ 支持多轴联合运动，驱动装置和传动装置使机器人能够实现多轴运动，包括线性和旋转运动。这增加了机器人的运动自由度，使其能够适应多样的任务。

④ 增加系统可靠性：这些部件的设计和质量直接关系到机器人系统的可靠性和稳定性。高质量的驱动与传动部件有助于降低故障率，延长机器人的使用寿命。

驱动与传动基础部件的协调作用使机器人能够适应各种应用领域，它们决定了机器人的性能极限，因此在机器人系统的设计和维护中，这些部件的选择和配置至关重要。机器人的成功运行和任务的完成取决于这些部件在机器人系统中的整体协同作用。

3.1 机器人一般驱动方式

表 22-3-2~表 22-3-4 给出了现代机器人系统采用的主要驱动方式和形式，并给出了常规伺服驱动型机器人系统的驱动系统硬件组成。

表 22-3-2　　机器人驱动形式

传统、经典驱动	液压驱动	气压驱动	电机驱动
新型驱动方式	磁驱	压电驱动	光驱动
复合驱动	电液复合驱动		

表 22-3-3　　伺服电机输出的运动形式分类

转动	旋转伺服电机、旋转伺服电机+齿轮、旋转伺服电机+齿形带
直线移动	直线电机、旋转伺服电机+丝杠

表 22-3-4　　典型旋转伺服控制系统硬件组成

组件	类型	作用
电机	内转子、外转子等	提供运动输出
抱闸	摩擦片式、拨叉式等	制动、抱死
编码器	磁栅/光栅、绝对值式、相对值式等	电机实际位置的监测与反馈
减速器	RV 减速器、谐波减速器、行星齿轮减速器等	增大输出扭矩、降低输出速度等

3.2 新型现代机器人驱动与传动单元

表 22-3-5 给出了应用于现代机器人系统设计的部分新型驱动和传动单元，包括伺服电机驱动型的力位一体复合驱动单元模组、电力驱动的液压作动器 EHA 和双丝杠差速驱动系统、采用剪叉机构的增速传动部件以及利用气动弹簧设计的驱动载荷平衡机构。

表 22-3-5　　部分新型驱动与传动系统/部件

名称	特点	示意图
力位一体复合驱动单元模组	集成驱动单元内部谐波减速器前后采用密封措施，防止润滑脂飞溅对电机、驱动器等器件的影响，延长谐波减速器润滑维护的周期，提高各器件可靠性；采用集成有双编码器的驱动器，减少单元从中心孔走线的数量，提高系统的可靠性；根据扭矩变化适配扭矩传感器和摩擦片式抱闸，提高抱闸的位置锁定精度，在失电后无扭转间隙，对扭矩传感器的传感和输出采用一体化结构设计，减小单元尺寸和重量，提高系统集成度	编码器 后盖板 伺服电机 抱闸拨叉 谐波固定座 关节外壳 滚子轴承 抱闸组件 谐波减速器 滚子轴承 扭矩传感器 联轴器

续表

<table>
<tr><th>名称</th><th colspan="2">特点</th><th>示意图</th></tr>
<tr><td rowspan="2">双丝杠驱动</td><td colspan="2">通过特殊的连接装置，实现多电机的联合驱动，具有高动态响应特性、无低速爬行、大负载、高刚度、高精度等优点。它由双电机、双丝杠螺母副、两个协调齿轮和内嵌有双轴承的滑块组成，两个螺母均通过轴承与滑块连接，两个协调齿轮刚性固定在两螺母上。当其中一个螺母转动时，可以通过两协调齿轮的啮合带动另一个螺母反向旋转，从而达到两个螺母沿丝杠方向的同步移动。当电机有速度差时，双电机驱动可以实现以下功能
（1）当两侧电机均高速运行且速度方向相反大小相近时，差动输出速度为低速，滑块处于低速运行状态，此运行方式可以避免电机的低速爬行
（2）两侧电机的输入速度通过某种组合还可以实现输出滑块换向而电机运行不换向的运行方式，此运行方式可以避免电机反向间隙产生的误差和冲击
（3）两侧电机输入速度反向时，可以通过一侧加速另一侧减速的速度组合方式实现快速响应</td><td>
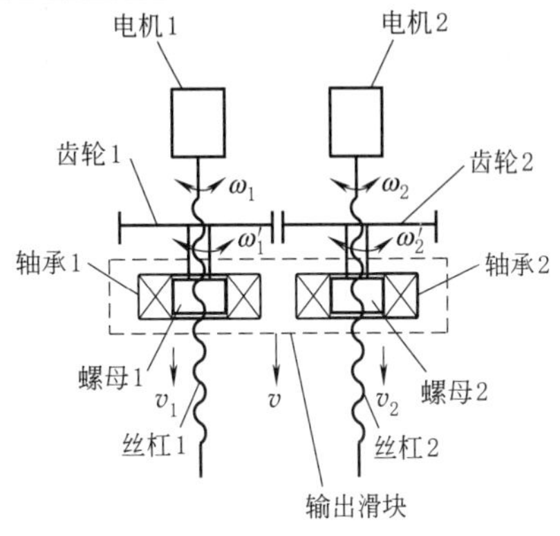</td></tr>
<tr><td>双驱动模组运动学与工作模式</td><td colspan="2">由于齿轮副的协调作用，两个螺母始终同步，从而使得输出滑块和两个螺母的进给速度相同，即
$$v_1=v_2=v$$
此处，v_1、v_2、v 分别表示两个螺母的线速度和输出滑块的线速度
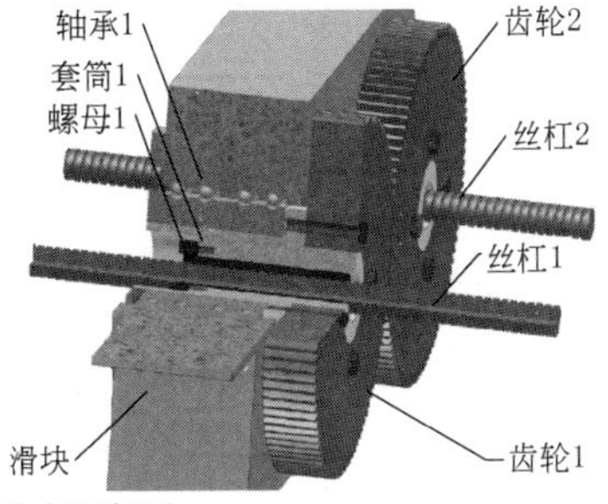
上图所示的双丝杠副的运动学方程如下
$$v_1=(\omega_1+\omega_1')n_{t1}l_{l1}$$
$$v_2=(\omega_2+\omega_2')n_{t2}l_{l2}$$
式中，ω_i、ω_i'、n_{ti} 和 $l_{li}(i=1,2)$ 分别表示第 i 个丝杠的角速度，第 i 个螺母的角速度，第 i 个丝杠的头数，第 i 个丝杠的螺距
根据上述三式，有
$$(\omega_1+\omega_1')n_{t1}l_{l1}=(\omega_2+\omega_2')n_{t2}l_{l2}$$
由于两个协调齿轮总是啮合，所以它们总是有大小相等方向相反的角速度，即
$$\omega_1'z_1=-\omega_2'z_2$$
此处 z_1 和 z_2 分别表示两个协调齿轮的齿数
进一步可得两电机的输入速度与滑块的输出速度之间的关系
$$v=v_1=v_2=\frac{(\omega_1z_1+\omega_2z_2)n_{t1}l_{l1}n_{t2}l_{l2}}{z_2n_{t1}l_{l1}+z_1n_{t2}l_{l2}}$$
如果丝杠和齿轮的参数被确定，则输出的线速度是两个输入线速度的线性组合。这样只要两个输入速度和一个输出速度中的任意两个被单独确定，那么第三个速度也是确定的。进而可以得到双驱动如下操作规则</td></tr>
</table>

续表

<table>
<tr><th>名称</th><th colspan="3">特点</th><th>示意图</th></tr>
<tr><td rowspan="5">双丝杠驱动</td><td rowspan="5">双驱动模组运动学与工作模式</td><td colspan="3">双驱动操作规则</td></tr>
<tr><td colspan="2">不同输入速度下的工作模式</td><td>物理意义</td></tr>
<tr><td colspan="2">$\omega_1>0$；$g_1\omega_1=g_2\omega_2$；$\omega_2>0$；$v_o>0$ 输出
(a)
$\omega_1<0$；$g_1\omega_1=g_2\omega_2$；$\omega_2<0$；$v_o<0$ 输出
(b)</td><td>(Ⅰ)
两个输入速度大小和方向都相同，无衍生故障所导致的不同步误差，为理想工作模式。此工作模式主要体现冗余驱动</td></tr>
<tr><td colspan="2">$\omega_1>0$；$|g_1\omega_1|>|g_2\omega_2|$；$\omega_2<0$；$v_o>0$ 输出
(c)
$\omega_1<0$；$|g_1\omega_1|>|g_2\omega_2|$；$\omega_2>0$；$v_o<0$ 输出
(d)
$\omega_1>0$；$|g_1\omega_1|<|g_2\omega_2|$；$\omega_2<0$；$v_o<0$ 输出
(e)
$\omega_1<0$；$|g_1\omega_1|<|g_2\omega_2|$；$\omega_2>0$；$v_o>0$ 输出
(f)</td><td>(Ⅱ)
两个输入速度具有完全不同的大小和方向，有因为不同步误差产生衍生故障的趋势，双驱动能够消除衍生故障并得到正常的输出速度。此工作模式为典型的差动输出模式，可以实现低速无爬行、输出换向而电机不换向、快速响应等特殊功能</td></tr>
<tr><td colspan="2">$\omega_1>0$；$|g_1\omega_1|=|g_2\omega_2|$；$\omega_2<0$；$v_o=0$ 输出
(g)
$\omega_1<0$；$|g_1\omega_1|=|g_2\omega_2|$；$\omega_2>0$；$v_o=0$ 输出
(h)</td><td>(Ⅲ)
两个输入速度有相同的大小但是方向相反。有因为不同步误差产生衍生故障的趋势，双驱动能够消除衍生故障并得到零速度</td></tr>
</table>

续表

名称	特点		示意图
双丝杠驱动	双驱动模组运动学与工作模式	续表 **不同输入速度下的工作模式**： (i) $\omega_1=0$，$\omega_2<0$，$v_o<0$ 输出 (j) $\omega_1=0$，$\omega_2>0$，$v_o>0$ 输出 (k) $\omega_1<0$，$\omega_2=0$，$v_o<0$ 输出 (l) $\omega_1>0$，$\omega_2=0$，$v_o>0$ 输出 **物理意义**： (Ⅳ) 其中一个输入速度为零，有因为不同步误差产生衍生故障的趋势，双驱动能够消除衍生故障并得到一个输出速度。这种工作模式可以视为单输入单输出系统，但是输出速度的大小为输入速度的二分之一 在此要特别介绍工作模式(Ⅱ)中的几种特殊的工作方式以及各自实现其特殊功能的原理 ①低速输出而电机无爬行运行方式。此运行方式的实现方法是，让两侧电机均高速运行且速度方向相反大小相近，那么所得到的差动输出速度为低速，滑块处于低速运行状态 ②输出换向而电机转动不换向运行方式。此运行方式的实现方法是，让两侧电机均高速运行，但二者方向相反大小不等，此时输出滑块沿速度大的电机所主导的方向运行，当速度大的电机减速直到比速度小的电机的输入速度还要小时，输出滑块反向运动 ③快速响应运行方式。此运行方式的实现方法是，让两侧电机输入速度反向，通过一侧加速一侧减速的速度组合方式实现快速响应	
	双驱动机械传递特性	双驱动的机械传递特性中，其机械传递效率是其他机械传递特性的基础，在此首先对双驱动的机械传递效率进行介绍，为了便于分析，规定螺母沿丝杠向前运动为正，反之为负。丝杠正向的传递效率为 $$\eta=\frac{\tan\beta}{\tan(\beta+\rho)}$$ 丝杠负向的传递效率为 $$\eta^T=\frac{\tan(\beta-\rho)}{\tan\beta}$$ 此处，β 为螺旋升角；ρ 为当量摩擦角。β 和 ρ 由下式给出 $$\beta=\arctan\frac{l_l}{\pi d_p}$$ $$\rho=\arctan\frac{\mu}{\sin\theta}=\arctan\mu_\theta$$ 其中，d_p 为丝杠的节圆直径；μ 为丝杠的滚动摩擦系数；l_l 为丝杠的螺距；θ 为接触角（滚珠所受的合力与垂直于丝杠轴线的平面之间的夹角，一般为45°）；μ_θ 是考虑接触角影响的滚动摩擦系数（一般取值范围为0.003~0.01） 当由于不同步而导致两丝杠轴向力不同时，在协调齿轮的作用下，承载力大的螺母将产生反向转动，而另一个螺母产生正向转动。假设双驱动滚动轴承的总效率为 η_B，那么此时双驱动的整体传递效率 η_E 为	

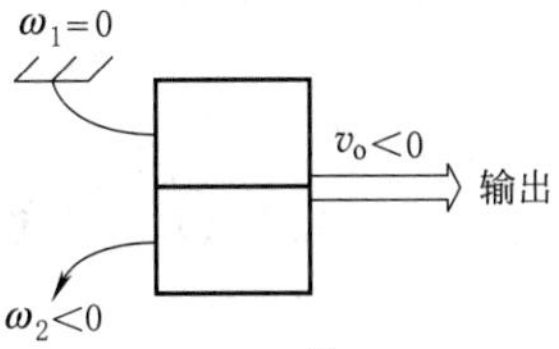

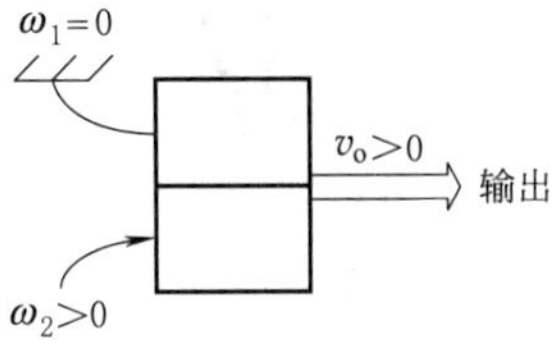

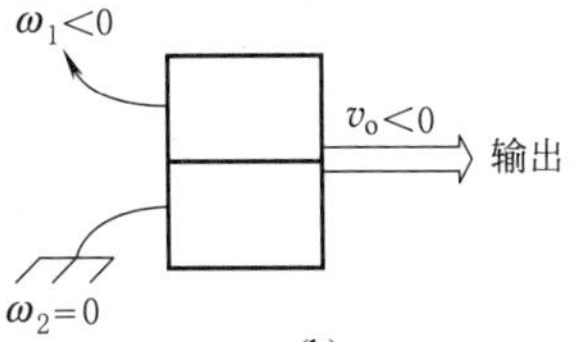

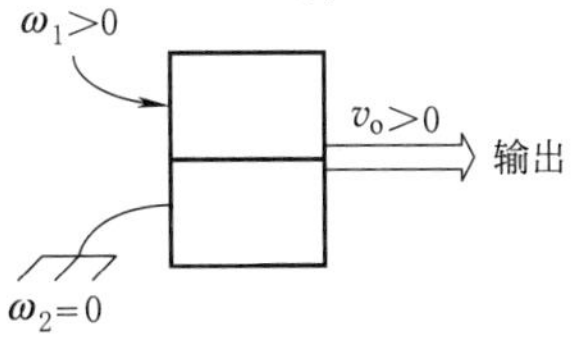

续表

名称	特点	示意图
双丝杠驱动	双驱动机械传递特性	$\eta_E=\eta\eta^T\eta_B=\dfrac{\eta_B\tan(\beta-\rho)}{\tan(\beta+\rho)}$ 取 $\eta_B=0.98$,双驱动在不同螺旋升角和当量摩擦角下的整体传递效率如图所示 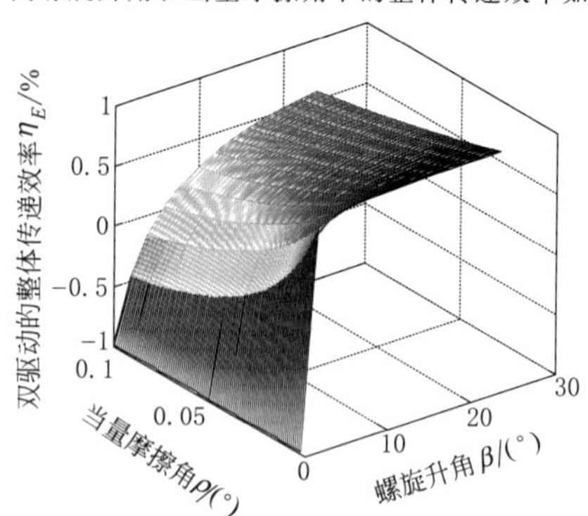 双驱动的整体传递效率 η_E 和设计参数之间的关系 由图可知,双驱动的整体传递效率随螺旋升角 β 的增大而增大,随当量摩擦角 ρ 的减小而增大。此外,ρ 是 μ_θ 的增函数,所以双驱动的整体传递效率 η_E 随考虑接触角影响的滚动摩擦系数 μ_θ 减小而增大 最大自均力误差反映了在双驱动两输入不同步时,协调齿轮进行自调整前,两丝杠轴向力的最大差值,是双驱动的一个重要传递特性 当两输入不同步时,假定两个丝杠上轴向力分别为 F_{a1} 和 F_{a2},且 $F_{a1}>F_{a2}$,两力之差足以使螺母产生转动,那么经过协调齿轮自协调后,应有 $F_{a2}=F_{a1}\eta_E$ 如果总轴向力定义为 F_a,则由方程 $F_{a1}+F_{a2}=F_a$ 可知受力较大的螺母轴向力为 $F_{a1}=\dfrac{F_a}{1+\eta_E}$ 无不同步误差时,丝杠轴向力为 $F_a/2$,所以最大自均力误差为 $\Delta F_a=F_{a1}-F_a/2=\dfrac{(1-\eta_E)F_a}{2(1+\eta_E)}$ 最大相对自均力误差为 $\varepsilon=\dfrac{\Delta F_a}{F_a/2}=\dfrac{1-\eta_E}{1+\eta_E}$ 将其写成最大相对自均力误差和双驱动设计参数之间的显式关系式为 $\varepsilon=\dfrac{\tan(\beta+\arctan\mu_\theta)-\eta_B\tan(\beta-\arctan\mu_\theta)}{\tan(\beta+\arctan\mu_\theta)+\eta_B\tan(\beta-\arctan\mu_\theta)}$ 取 $\eta_B=0.98$,双驱动在不同螺旋升角和考虑接触角影响的当量摩擦系数下的最大相对自均力误差如图所示 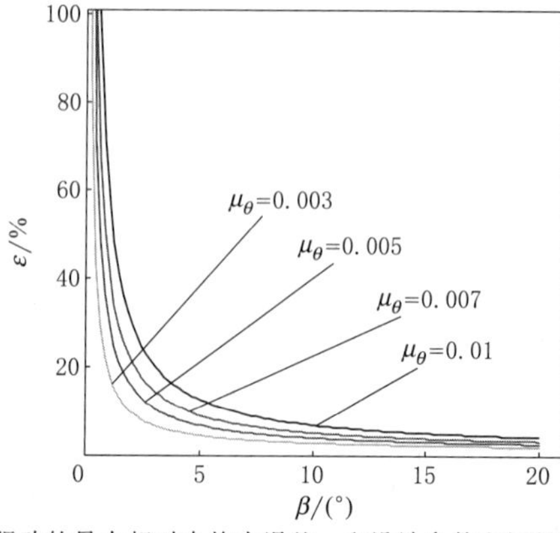 双驱动的最大相对自均力误差 ε 和设计参数之间的关系

续表

名称		特点	示意图
双丝杠驱动	双驱动机械传递特性	由图可知最大自均力误差随考虑接触角影响的当量摩擦系数 μ_θ 的增大而增大,随丝杠螺旋升角 β 的增大而减小。同时,我们也注意到当螺旋升角 $\beta>10°$ 且考虑接触角影响的滚动摩擦系数 $\mu_\theta<0.005$ 时,最大相对自均力误差 $\varepsilon<5\%$。螺旋升角 β 和考虑接触角影响的滚动摩擦系数 μ_θ 分别是丝杠螺距 l_l 和当量摩擦角 ρ 的增函数。因此,为了减小最大相对自均力误差,应该采用具有大螺距和小当量摩擦角的丝杠 当双驱动的两输入不同步时,协调齿轮总要通过相互作用使负载被两个输入均匀地分担,这个过程中,两齿轮之间有相互作用的啮合力 P,啮合力 P 过大不但会降低双驱动传递的有效功率,也会导致系统不稳定,因此研究两齿轮之间的相互作用的啮合力 P 对双驱动模块的设计具有非常重要的作用 在总轴向作用力 F_a 作用下,当双驱动两输入不同步时,受力大的螺母的力矩为 $$T=\frac{F_{a1}l_l\eta^T}{2\pi}$$ 若与此螺母固连的齿轮的有效半径为 r,那么存在于两协调齿轮之间的啮合力可以表示为 $$Pr=T$$ 即 $$P=\frac{F_{a1}l_l\eta^T}{2\pi r}=\frac{F_a l_1\eta^T}{2\pi r(1+\eta_E)}$$ 那么最大啮合力占总轴向力的比例为 $$\psi=\frac{P}{F_a}=\frac{l_l\eta^T}{2\pi r(1+\eta_E)}$$ 可以将其写为设计参数与啮合力比例之间的显式形式 $$\psi=\frac{l_l\tan(\beta-\arctan\mu_\theta)\tan(\beta+\arctan\mu_\theta)}{2\pi r\tan\beta[\tan(\beta+\arctan\mu_\theta)+\eta_B\tan(\beta-\arctan\mu_\theta)]}$$ 取 $\eta_B=0398$ 和 $\mu_\theta=0.005$,双驱动在不同设计参数(螺旋升角 β,齿轮有效半径 r 和丝杠的螺距 l_l)下协调齿轮的啮合力及其所占总轴向力的比例如下两图所示 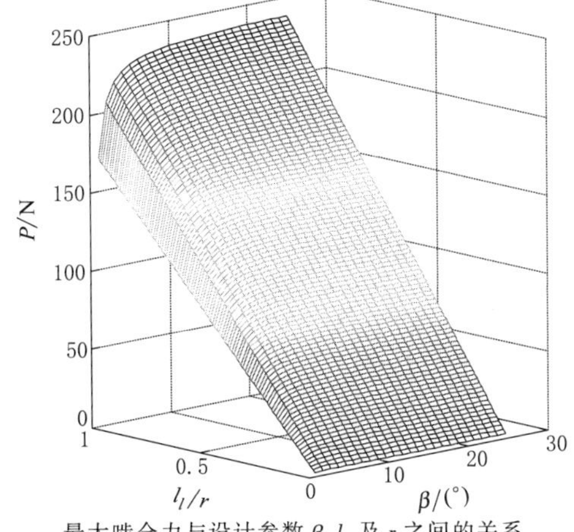 最大啮合力与设计参数 β、l_l 及 r 之间的关系 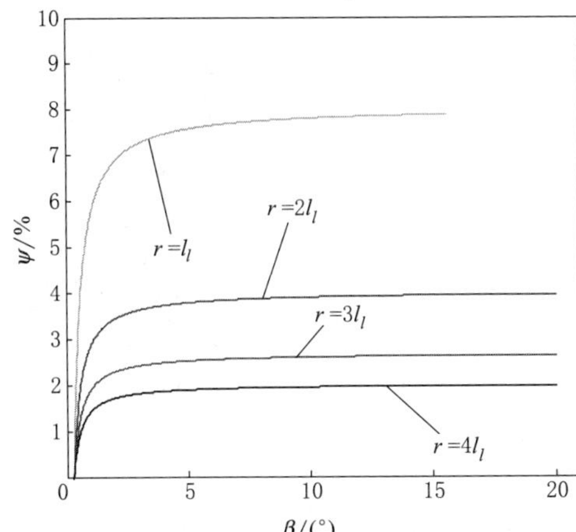 最大啮合力占轴向力的百分比 ψ 与设计参数 β、l_l 及 r 之间的关系	

续表

<table>
<tr><th>名称</th><th colspan="2">特点</th><th>示意图</th></tr>
<tr><td>双丝杠驱动</td><td>双驱动机械传递特性</td><td colspan="2">由图可知当丝杠螺距为定值时，最大啮合力所占总的轴向力比例随齿轮有效半径的增大而减小。同时，也可以发现，当丝杠的螺旋升角 $\beta>4°$ 时，最大啮合力所占总轴向力的比例几乎与丝杠的螺旋升角无关，此时啮合齿轮副也进入了相对稳定的工作状态区域。因此，为了减小协调齿轮啮合力所占总轴向力的比例并使协调齿轮有一个稳定的工作状态，应当选择具有大螺旋升角的丝杠，同时也应该尽量减少丝杠螺距与协调齿轮有效半径的比例
根据上述分析可以得到双驱动设计的三准则
①在双驱动的设计中，为了提高整体的传递效率，螺旋升角应尽量取大值，而考虑接触角影响的当量摩擦系数应当尽量小
②在双驱动的设计中，为了尽量减少最大相对自均力误差（$\varepsilon<5\%$），应当选择具有大螺距（螺旋升角 $\beta>10°$）和小当量摩擦角（滚动摩擦系数 $\mu_\theta<0.005$）的丝杠
③在双驱动的设计中，为了减小最大啮合力所占总轴向力的比例（$\psi<3\%$）并得到稳定的工作状态，应选用具有大螺旋升角（$\beta>4°$）的丝杠，同时应尽量降低丝杠的螺距和啮合齿轮的有效半径的比例 [$r>(3\sim4)l_l$]</td></tr>
<tr><td>电静压作动系统（electro-hydrostatic actuator，EHA）</td><td colspan="2">基本原理是“容积控制”，是以电力为驱动形式的液压作动器，工作腔与双向旋转定量液压泵的输出油口相连，液压泵由伺服电机驱动，伺服电机由伺服驱动器实现驱动和速度伺服控制，活塞（杆）的位置闭环控制由伺服控制器实现。EHA 还包括自增压油箱、连接和集成安全阀、单向阀、压力/温度传感器等元组件的液压集成块、活塞（杆）位置测量的位移传感器等。EHA 优势在于：节能；便于实现余度功能。EHA 系统的高比功率、可靠度和使用维护方便性契合了电动化、智能化及节能环保的社会需求和技术发展的趋势，近年来蓬勃发展</td><td> 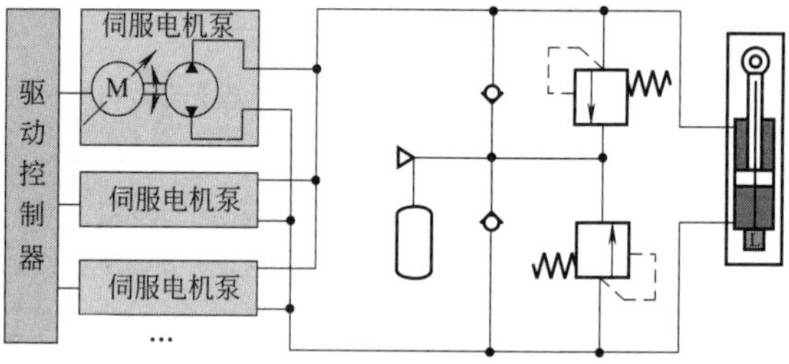</td></tr>
<tr><td rowspan="2">剪叉机构传动</td><td colspan="2">该构型通过驱动剪叉式机构底部的移动，使剪叉式构型顶部上下移动，其可以通过输入较小的位移和速度，使末端获得较大的位移和速度，是一种增速传动装置</td><td> 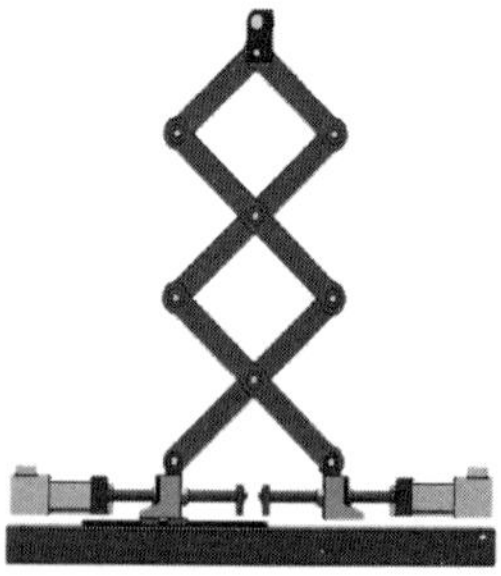</td></tr>
<tr><td>运动学及速度、力关系</td><td colspan="2"> 
根据剪叉式构型的结构，可以建立以下公式
$$q=l(\cos\alpha_s-\cos\alpha_e)$$
$$S=kl(\sin\alpha_e-\sin\alpha_s)$$
式中，q 为驱动输入位移；S 为剪叉式构型输出位移；l 为剪叉杆的长度；α_s 为 α 的初始速度；α_e 为 α 的当前位置；k 为剪叉式构型的节数。由上式可以建立剪叉式构型输入与输出的位移关系为</td></tr>
</table>

续表

<table>
<tr><th>名称</th><th colspan="2">特点</th><th>示意图</th></tr>
<tr><td>剪叉机构传动</td><td>运动学及速度、力关系</td><td colspan="2">

$$S=kl\left[\sqrt{1-\left(\cos\alpha_s-\frac{q}{l}\right)^2}-\sin\alpha_s\right]$$

进一步对上式两边求导，可以得到剪叉式构型输入与输出的速度关系为

$$\dot{S}=k\dot{q}\frac{\cos\alpha_s-\frac{q}{l}}{\sqrt{1-\left(\cos\alpha_s-\frac{q}{l}\right)^2}}$$

根据虚功原理可以建立剪叉式构型输入与输出的力关系为

$$F=\frac{2f\sqrt{1-(\cos\alpha_s-q/l)^2}}{k(\cos\alpha_s-q/l)}$$

以剪叉式机构的参数值 $l=1\text{m}$，$k=5$，$\alpha_s=22°$，$\alpha_e=76°$ 为例，下图所示分别为剪叉式构型的位移、速度和力曲线，从图中可以看到该剪叉式构型在设计的参数内具有较大的位移和速度放大能力，但有一定的力缩小现象 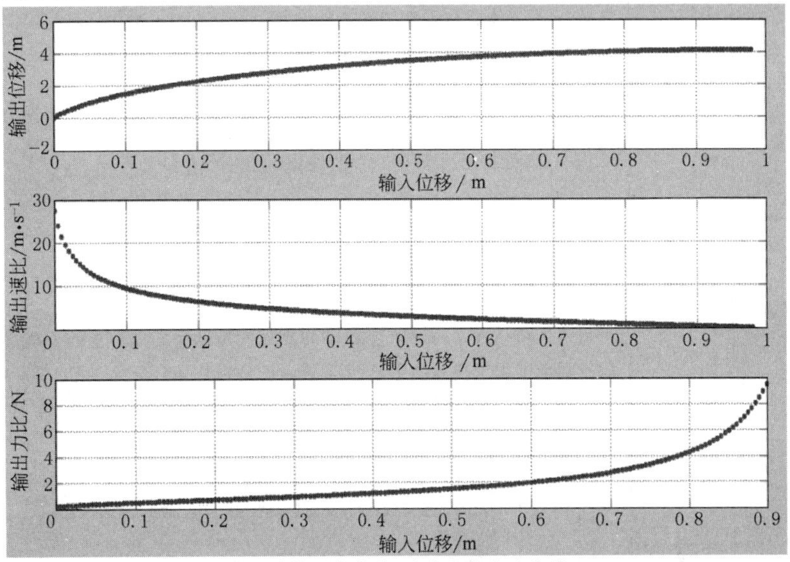

剪叉式构型的位移、速度比和力比曲线

</td></tr>
<tr><td>驱动载荷平衡机构：气动弹簧</td><td>结构组成</td><td colspan="2">

气动弹簧如下图所示，主要包括液压油缸、蓄能器、电控单向阀、增压气泵、补油泵 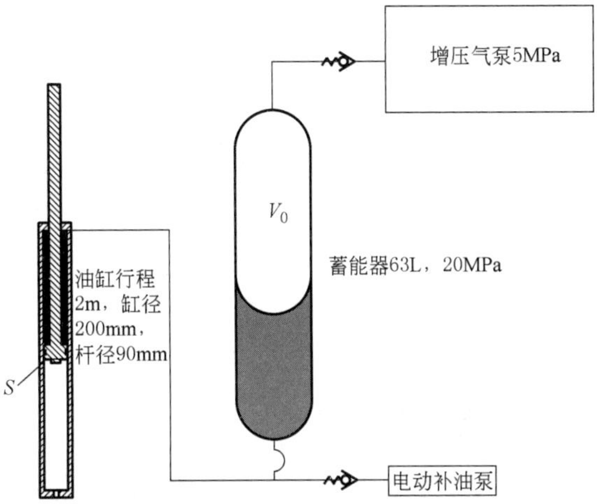

</td></tr>
</table>

续表

<table>
<tr><th>名称</th><th colspan="2">特点</th><th>示意图</th></tr>
<tr><td>驱动载荷平衡机构:气动弹簧</td><td>工作原理</td><td colspan="2">其工作原理是当活塞杆向上运动时,液压油被压到蓄能器里使蓄能器的气囊收缩,气囊被压缩的同时气囊的压力增大,使作用在活塞上的油压压力增大,进而增大活塞杆上的力,当活塞杆向下运动时,蓄能器的油被压到油缸内使蓄能器的气囊膨胀,气囊膨胀的同时气囊的压力降低,使作用在活塞上的油压压力减小,进而降低活塞杆上的力,通过增压气泵调节气囊的初始压力,可以调节气动弹簧的输出力范围,以适应不同的负载及工况。正常情况下,系统里面的液压油处于封闭腔内不会发生泄漏,但当系统里的液压油由于长时间的工作出现油膜泄漏时,可以通过补油泵进行补油
气动弹簧的平衡是依据克拉伯龙原理,如下式表示
$$P_0V_0^k/T_0=P_1V_1^k/T_1=nR$$
式中,P_0 为蓄能器初始压强;V_0 为蓄能器气体的初始体积;T_0 为蓄能器气体的初始温度;P_1 为蓄能器最高压强;V_1 为对应最高压强的蓄能器气体体积;T_1 为对应最高压力的蓄能器气体温度;k 为多变指数;n 为气体的物质量;R 为气体常数
根据上式,可以得到气动弹簧的运行后的压力
$$P_1=\frac{P_0V_0^kT_1}{T_0V_1^k}$$
进一步,可以得到液压缸行程、作用面积与出力的关系
$$F=\frac{P_0V_0^kT_1S}{T_0(V_0-Sq)^k}$$
式中,S 为液压缸液压油有效作用面积;q 为液压缸行程;k 为多变指数,取值为 1.4,即假定蓄能器工作过程为绝热过程
通过调节公式中的设计参数,可以得到满足设计指标需求的平衡力,由于设备单次运动时间较短,假定运动前后气体温度不变,气动弹簧的行程为 2m,在行程为 1.5m 时,最大承载为 25t,则气动弹簧的设计参数为:液压缸无杆腔直径 200mm,活塞杆的直径 90mm,蓄能器的初始体积为 63L,初始压力最大值为 5MPa(压力针对不同负载可调)。气动弹簧的力与位移曲线如下图所示
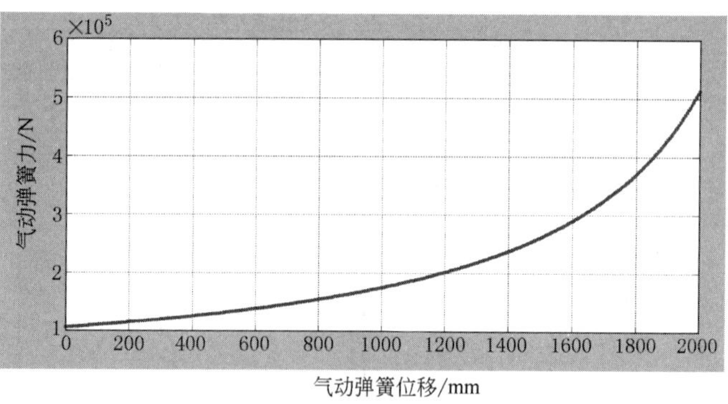

气动弹簧位移-力曲线</td></tr>
</table>

3.3 机器人驱动系统常用电机

电机为机器人系统提供了动力源，是机器人系统不可或缺的一部分。根据工作原理和应用需求，电机可以分为几种不同类型，见表 22-3-6。

表 22-3-6 典型机器人系统常用电机

类型		工作方式与特点	选型方式	规格	代表电机型号
直流电机	直流有刷电机	主要由永磁体定子、转子线圈和电刷组成。其结构简单、制造成本低,常用于对精度要求不高的机器人,如小型移动机器人、玩具机器人等	根据负载要求、转速、扭矩要求和工作环境等进行选择	额定电压、额定电流、额定功率、额定转速、额定扭矩、外形尺寸、防护等级、绝缘等级、重量等	Maxon RE 系列电机
	直流无刷电机	由定子、转子和电子换相器等构成,具有高效率、低噪声和长寿命等特点。常用于需要高性能和低维护的应用,例如机器人的移动平台和驱动轮	根据机器人的负载要求、功率需求、运动范围、速度和加速度等参数进行选择		Maxon EC 系列电机
步进电机		通过控制脉冲的个数来控制电机的角位移量以实现精确的位置控制。具有结构简单、控制方便、无需反馈系统、适用性强等特点,在许多自动化和精密控制中都有着广泛的应用	根据系统的动态性能和精度要求,以及负载特性、步距角度、扭矩要求和驱动电流等参数进行选择	步距角、相数、额定电流、额定电压、保持扭矩、步进角精度、外形尺寸、防护等级、绝缘等级、重量等	NEMA 17 高精度步进电机
交流电机	交流异步电机	也称为感应电机,是通过感应电流在转子中产生的磁场与定子磁场相互作用,从而产生转矩和运动	根据负载特性、转速要求、功率需求等参数进行选择	额定电压、额定电流、额定功率、额定转速、额定扭矩、外形尺寸、防护等级、绝缘等级、重量等	Siemens SIMOTICS 1LE0 三相异步电机
	交流同步电机	同步电机的转子与旋转磁场同步运动,转子的旋转速度与交流电源的频率同步,因此称为同步电机。同步电机通常使用永磁体或者外加磁场来产生转矩	根据转速、负载类型、功率需求和环境条件等因素进行选择		ABB SynRM 同步电机
伺服电机		是一种闭环控制电机,可以精确控制位置、速度和扭矩。通常是交流同步电机或直流无刷电机。适用于高精度、高动态响应运动和控制的应用,例如机械臂和夹持装置	根据系统的动态性能、控制精度要求、负载要求、反馈系统要求、功率需求等	额定电压、额定电流、额定功率、额定转速、额定扭矩、编码器分辨率、外形尺寸、防护等级、绝缘等级、重量等	FANUC 的 αi 系列电机

3.4 机器人驱动系统常用减速器

减速器的主要功能是降低驱动装置的转速，并增大输出扭矩，使之适应特定的工作要求，满足不同设备和机械系统对转速和扭矩的需求。根据工作原理和应用场景的不同，减速器可以分为多种类型，见表 22-3-7。

表 22-3-7　　典型机器人系统常用减速器

类型	工作方式与特点	选型方式	规格	代表电机型号
行星减速器	采用行星齿轮机构，由中心太阳轮、围绕太阳轮旋转的行星轮和与行星轮相嵌的内齿圈组成。结构紧凑，传动比大，具有高扭矩密度和高精度特点，适用于需要高精度和高效率的场景	根据负载要求、传动比、精度要求、寿命、空间限制和工作环境等进行选择	传动比、额定转速、额定扭矩、额定功率等	纽卡特 PLN 行星减速器
谐波减速器	包括三个主要组成部分：柔性轮、刚性轮和波发生器。利用柔性齿轮和刚性齿轮之间的变形来实现减速。具有体积小、传动比高、精密度高、零背隙和高效率等特点	根据负载要求、传动比、精度要求、寿命、空间限制和工作环境等进行选择	传动比、额定转速、额定扭矩、额定功率等	绿的谐波 LHS-Ⅰ谐波减速器
RV 减速器	RV 减速器是在摆线针轮和行星齿轮这两种减速器的基础上发展起来的一种新型传动机构。具有传动比范围大、负载能力强、结构刚度高、寿命长、传动平稳等特点	根据负载要求、传动比、精度要求、寿命、空间限制和工作环境等进行选择	传动比、额定转速、额定扭矩、额定功率等	日本纳博特斯克 RV-N 紧凑型减速器

4　机器人系统传感器

4.1　视觉传感器

在机械系统中，视觉传感器是一种重要的感知设备，它能够获取环境中的视觉信息并进行处理和分析。用于质量控制、自动化装配、物体跟踪和机器视觉导航等任务。根据不同的工作原理和应用场景，视觉传感器可以分为多种类型，见表 22-3-8。

表 22-3-8　　典型机器人系统视觉传感器

类型		特点	代表传感器型号
摄像头	CCD（电荷耦合器件）相机	使用电荷耦合器件作为图像传感器，适用于静态图像采集和高分辨率要求	Allied Vision Prosilica 的 GT 系列
	CMOS（互补金属氧化物半导体）相机	使用互补金属氧化物半导体作为图像传感器，具有低功耗、集成度高等优点，适用于实时图像处理和动态环境下的应用	Basler Ace 系列 CMOS 相机

续表

类型	特点	代表传感器型号
深度相机	能够获取场景中每个像素点的深度信息，适用于三维物体识别、跟踪和定位	 Intel RealSense 深度相机
激光雷达	通过发射激光束并测量其在空间中的反射时间和方向来获取物体的位置和距离信息。具有高精度、高分辨率、远距离探测等特点，适用于地图绘制、环境感知、导航定位等领域	 速腾聚创 RoboSense LiDAR
红外传感器	使用红外传感器来捕获红外光谱范围内的图像，适用于夜间视觉、热成像等特定应用	 Allied Goldey 红外相机
光电传感器	通过接收或发射光信号来检测物体的特定属性，如距离、颜色、形状等。具有灵敏、精准、快速响应等特点，广泛应用于机械系统中的位置检测、计数、速度测量等方面	 OMRON EE-SX 光电传感器

4.2 力觉传感器

力觉传感器是一种用于测量物体受力情况的传感器，能够感知和反馈物体所受到的力和力矩大小，提供精确的力反馈信息，帮助控制和调节机械系统的运动、负载和压力。力传感器广泛应用于汽车制造、航空航天、机械加工、医疗设备等领域。根据其工作原理和结构特点的不同，力觉传感器可以分为几种不同类型，见表 22-3-9。

表 22-3-9　　典型机器人系统力觉传感器

类型	作用	代表力传感器型号
压(拉)力传感器	获得单维的力数据	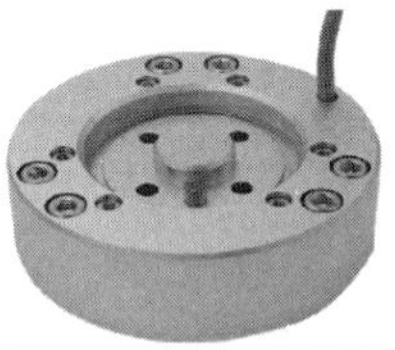 宇立 SRI 单轴力传感器
单维力矩传感器	获得单维的力矩数据	 德国 HBM T40B 扭矩传感器

续表

类型	作用	代表力传感器型号
三维力传感器	获得作用于物体的三维力数据	 FUTEK MTA400 三轴力传感器
六维力传感器	获得三维力以及三维力矩的数据,根据敏感元件的种类,可分为电阻应变式、压电式、电容式、光学式等几类	 宇立 SRI 六轴力传感器

4.3 位移传感器

位移传感器用于测量物体的位置、位移或运动状态。它们能够提供精准的位置反馈，帮助监控、记录和控制机械系统的运动、定位和姿态，从而优化生产流程、实现自动化生产和高精密加工。根据其工作原理和测量方式的不同，可以分为多种类型，见表 22-3-10。

表 22-3-10　　典型机器人系统位移传感器

类型	作用	代表位移传感器型号
磁电式传感器	通过被测物体与传感器之间的磁场变化,获得物体的运动信息,适用于物体高速运动情况	 Balluff BTL 磁致伸缩式传感器
光电式传感器	通过物体与传感器之间的交互,形成间断性的光照,以此获得物体的运动信息,适用于物体高速运动的情况	 Omron E3Z 光电式传感器
激光位移传感器	通过激光的反射获得物体运动信息,适用于测量高精度信息场景	 Micro-Epsilon optoNCDT 激光位移传感器
霍尔式速度传感器	利用霍尔元件测量线速度或角速度,适用于物体低速运动情况	 Honeywell SS411A 霍尔传感器

续表

类型	作用	代表位移传感器型号
惯性传感器	基于牛顿第二定律，获得物体的运动信息	XSens MTI 惯性传感器
编码器	把码盘中的转轴位置转换输出，精度较高，可以测量物体的位置和角速度	RLS 雷尼绍绝对式磁旋转编码器

5　机器人通信与控制系统

5.1　机器人控制系统

如图 22-3-3 所示，机器人控制系统主要包括五部分：轨迹规划模块、运动学模块、力控算法模块、前馈动力学模块和状态估计模块。

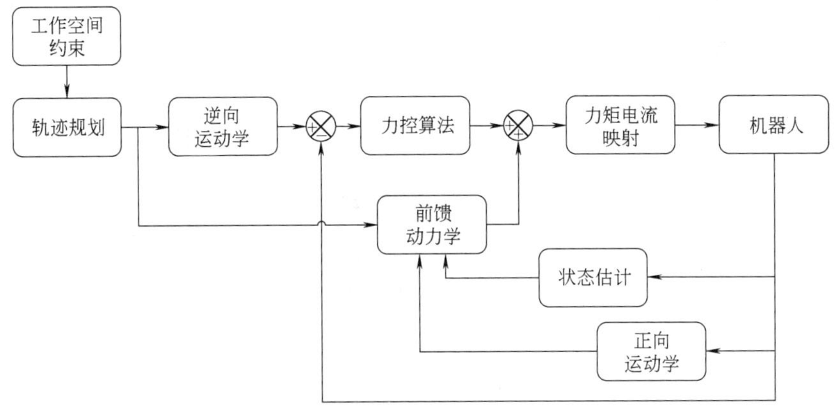

图 22-3-3　机器人控制系统框图

首先，轨迹规划模块接收来自操作人员或上层视觉导航计算机下发的运动控制指令，该指令一般为机器人末端的目标运动位置和速度，需要满足机器人末端和关节的工作空间约束。其次，机器人末端目标位置和速度经过逆向运动学模块后生成机器人各个关节的目标转角和转速，与机器人反馈的由关节编码器检测到的关节实际转角与转速、由关节力矩传感器检测到的关节实际扭矩一起输入力控算法模块中，力控算法模块负责计算机器人末端执行目标轨迹所需的关节参考转矩。而前馈动力学模块将实时计算维持机器人自身运动或平衡稳定所需的关节前馈转矩。同时，前馈动力学模块接收来自状态估计模块和正向运动学模块得到的数据，包括机器人末端的实际位置和转速、机器人本体的姿态角、位置和速度等信息。最后，将用于跟踪目标轨迹的关节参考转矩与用于维持机器人自身平衡稳定的关节前馈转矩叠加，通过力矩电流映射模块下发到机器人驱动系统中，驱动机器人运动，完成控制任务。

5.2 机器人通信与控制系统硬件

机器人的通信与控制系统硬件组成如图 22-3-4 所示。机器人的运动控制部分由一台工业控制计算机（工控机）负责。该工控机安装实时 PLC 或 Linux 或其他实时系统，并运行由编程语言编写的实时机器人控制程序。通过 EtherCAT 总线等通信方式，运动控制工控机与多个集成驱动单元的伺服驱动器通信，机器人关节驱动单元一般由电机、减速器、力传感器和编码器组成，通过编码器和力矩传感器检测的各个电机的位置、速度和力矩等信息反馈到运动控制工控机，然后运动控制工控机实时运行控制程序后向驱动单元下达各种控制指令。惯性传感器 IMU 负责检测机器人躯干或目标物体的姿态、角速度和加速器等信息。该工控机与惯性传感器 IMU 间采用 RS232 或其他通信协议进行通信。

另一方面，机器人的图像处理和视觉导航部分由一台视觉计算机负责。该视觉工控机一般安装 ROS 操作系统，通过以太网（Ethernet）采集激光雷达的点云数据，通过 USB 总线采集深度相机数据。运动控制计算机与视觉工控机间采用 ADS 或其他通信方式进行交互数据。该机器人的外部通信手段可以选择 WiFi、微波无线电台或 5G 通信等。控制人员可以在上位计算机上看到机器人的各种运行状态和传感器等数据信息，并下达操作指令进行远程无线控制。人机交互方面，可以选择图形用户界面（GUI）操作，或采用手柄、语音等更加便捷的方式操作，大大提高了机器人使用便捷性，降低使用难度。

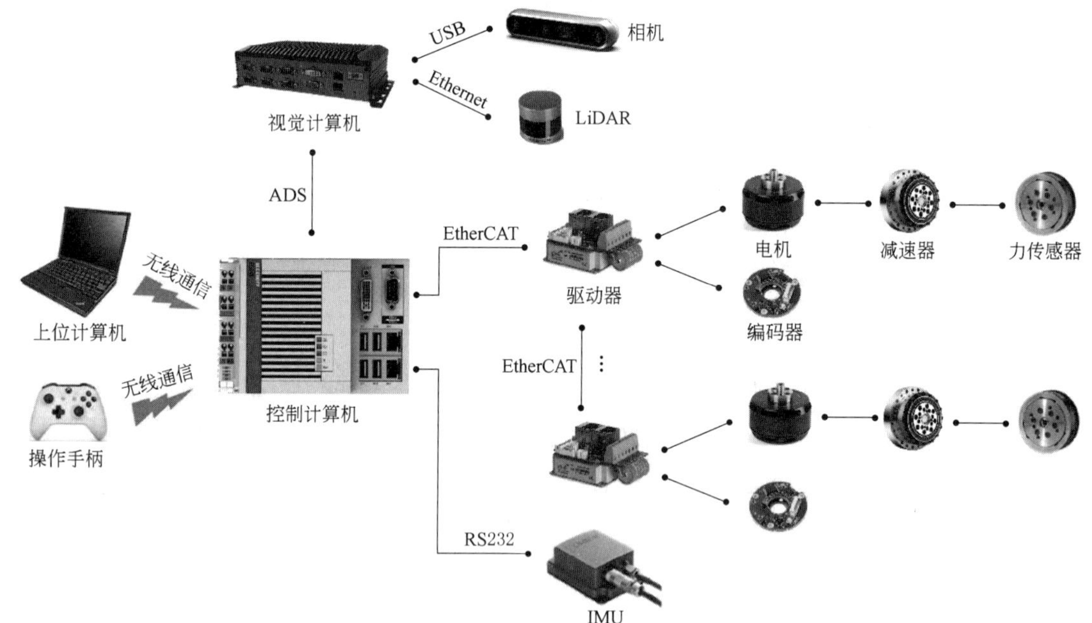

图 22-3-4　一般机器人系统的通信与系统硬件图

第 4 章 工业机器人构型与结构

1 概　　述

目前工业上使用的机器人大多以机械臂的形式为主，机械臂又以各种形状与大小而有所不同，常见的形式有线性臂、SCARA 臂、关节多轴机械臂等。从关节构造方面，可分为三轴（含）以下（简称三轴）与四轴（含）以上（简称多轴）两大类。从机械手臂行走运动原理方面，可分为直角坐标型、圆柱坐标型、极坐标型、关节坐标型。目前，工业机械臂广泛应用于汽车工业、模具制造、电子等相关产业，在装配、加工、熔接、切削、加压、货物搬运、检测等领域发挥作用。近年来，机械臂在医疗、餐饮、服务等领域的应用也有所发展。未来机械臂的研究将针对高精度、智能化、人机协作等方面进一步深化，设计上也将与高精度的传感器、执行器以及视觉、力觉等感知设备高度结合。

2 工业串联机器人构型

表 22-4-1　　典型串联机器人分类及特点

分类	所属 G_F 集	结构图	机构简图	特点
直角坐标机器人	$G_F^{\mathrm{I}4}(T_a,T_b,T_c)$			①三个移动关节的运动相互独立,因此运动学建模和求解简单 ②运动速度快、定位精度高 ③结构简单,控制容易 ④移动副可两端支撑,结构刚性大 ⑤占据空间大
圆柱坐标机器人	$G_F^{\mathrm{II}16}(R_\alpha,T_a,T_b)$			①三个关节的运动耦合性较弱,运动学建模及反解较简单 ②运动灵活性较好,能够伸入型腔式结构内部 ③手臂可达空间受限,不能到达靠近立柱或地面的空间 ④结构较大,自身占据空间也较大

续表

分类	所属 G_F 集	结构图	机构简图	特点
球/极坐标机器人	$G_F^{\text{II}14}(R_\alpha,R_\beta,T_a)$	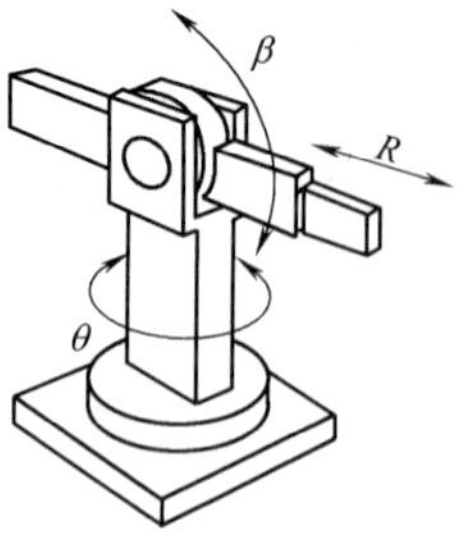	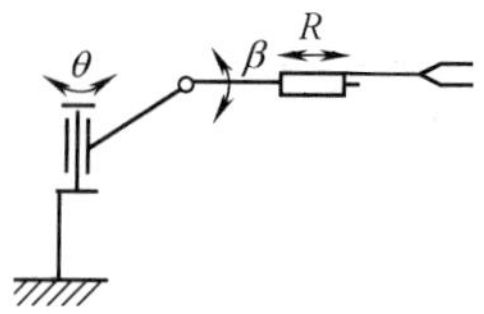	①三个关节的运动耦合性强，运动学建模和逆解复杂 ②工作空间较大 ③运动灵活性好，自身占据空间小 ④存在工作死区，控制复杂
SCARA类机器人	$G_F^{\text{I}3}(T_a,T_b,T_c,R_\alpha)$	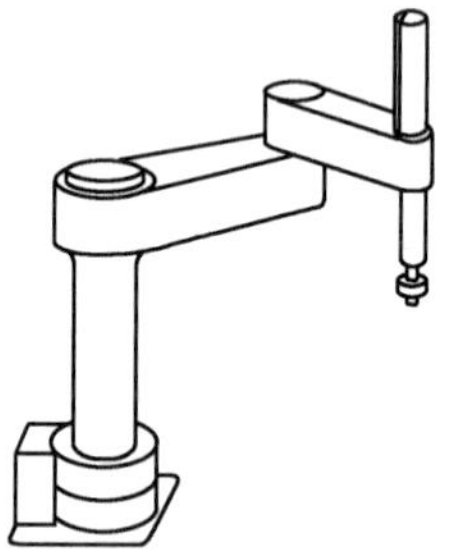	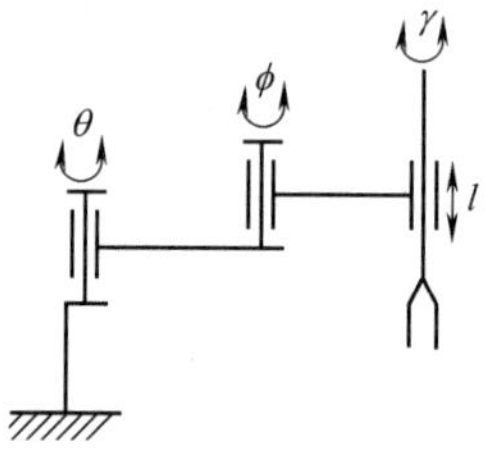	①在 X、Y 方向上具有柔顺性，在 Z 轴方向上具有良好刚度，特别适合平面定位、垂直方向装配作业 ②运动灵活，速度快 ③采用串联的两杆结构，类似人的手臂，可伸进受限空间中作业 ④三个转动关节相互平行，具有耦合性，运动学建模与控制较复杂
多关节型机器人	自由度数/轴数	代表图例		结构特点
	4	$G_F^{\text{III}26}(R_\alpha,T_a,T_b,R_\beta)$	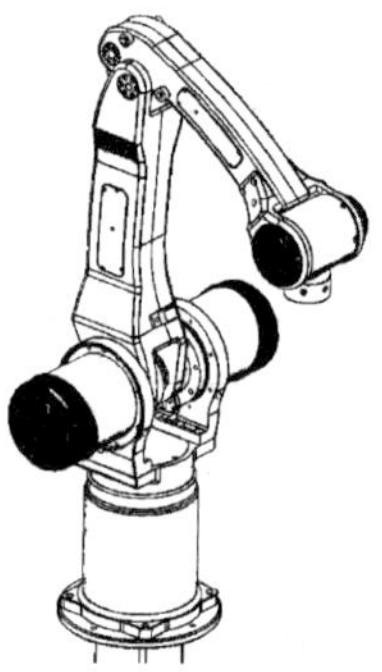	运动副构成及连接形式为 $R_1R_2R_3R_4$，其中 $R_1\perp R_2 \parallel R_3 \parallel R_4$
		$G_F^{\text{III}25}(T_a,T_b,R_\alpha,R_\beta)$	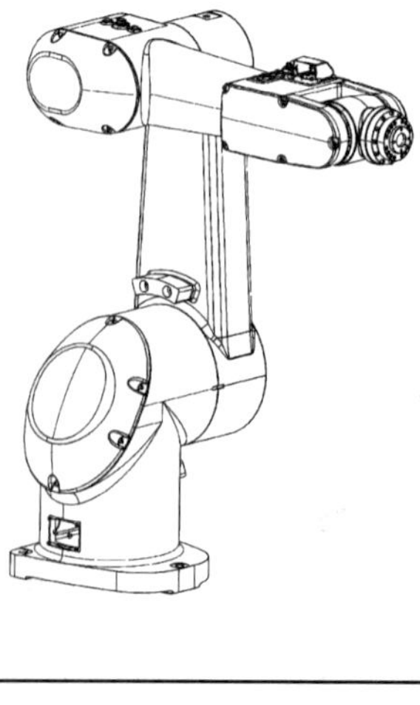	运动副构成及连接形式为 $R_1R_2R_3R_4$，其中 $R_1 \parallel R_2 \parallel R_3 \perp R_4$

续表

分类	所属 G_{F} 集		结构图	机构简图	特点
	自由度数/轴数	代表图例			结构特点
多关节型机器人	5	$G_{\mathrm{F}}^{\mathrm{III}\,23}$ $(R_\alpha, T_a, T_b, R_\beta, R_\gamma)$	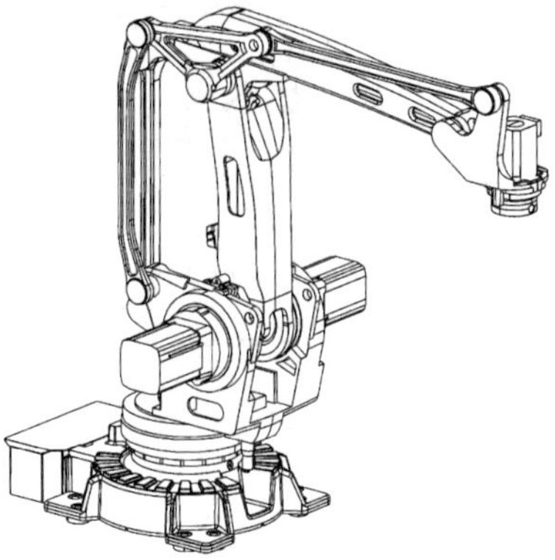		运动副构成及连接形式为 $R_1R_2R_3R_4R_5$，其中 R_1、R_2、R_3、R_5 作为驱动轴，R_4 作为被动轴做随动运动，且有 $R_1 \perp R_2 \parallel R_3$，$R_3 \perp R_5$
		$G_{\mathrm{F}}^{\mathrm{III}\,23}$ $(R_\alpha, T_a, T_b, R_\beta, R_\gamma)$	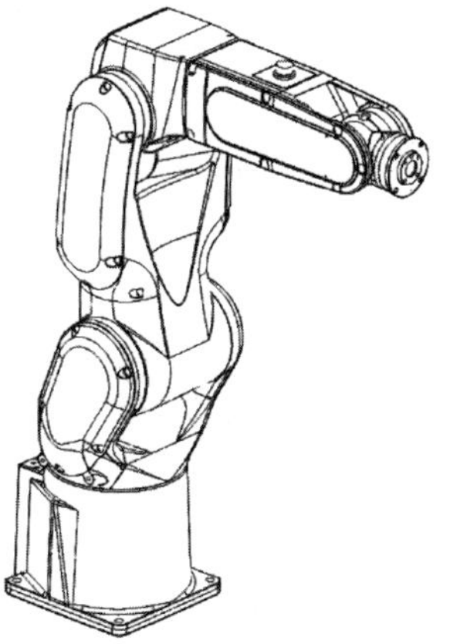		运动副构成及连接形式为 $R_1R_2R_3R_4R_5$，其中 $R_1 \perp R_2 \parallel R_3$，$R_3$、$R_4$ 垂直相交，R_4、R_5 垂直相交
		$G_{\mathrm{F}}^{\mathrm{III}\,23}$ $(R_\alpha, T_a, T_b, R_\beta, R_\gamma)$	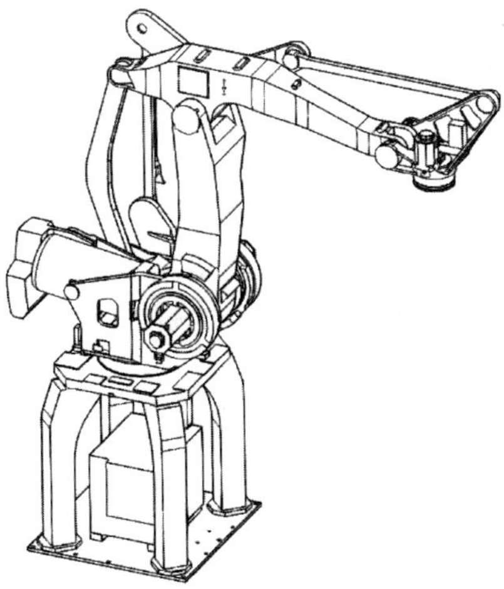		运动副构成及连接形式为 $R_1R_2R_3R_4R_5$，其中 $R_1 \perp R_2 \parallel R_3 \parallel R_4$，$R_4$、$R_5$ 垂直相交

续表

分类	所属 G_F 集		结构图 / 机构简图	特点
	自由度数/轴数		代表图例	结构特点
多关节型机器人	6	$G_F^{I_1}$ $(T_a,T_b,T_c,R_\alpha,R_\beta,R_\gamma)$	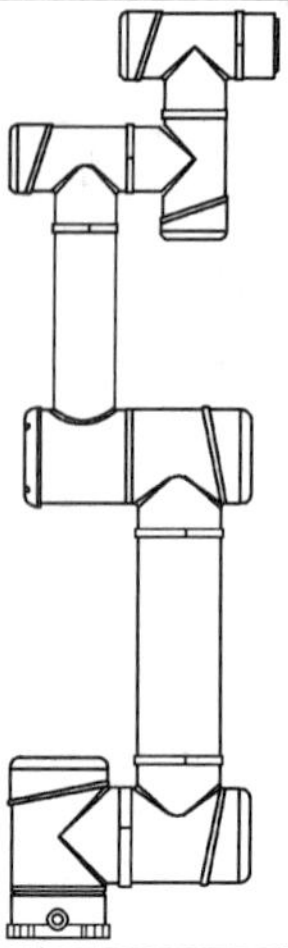	运动副构成及连接形式为 $R_1R_2R_3R_4R_5R_6$，其中 $R_1 \perp R_2 \parallel R_3 \parallel R_4$，$R_4$、$R_5$ 垂直相交，R_5、R_6 垂直相交
		$G_F^{I_1}$ $(T_a,T_b,T_c,R_\alpha,R_\beta,R_\gamma)$	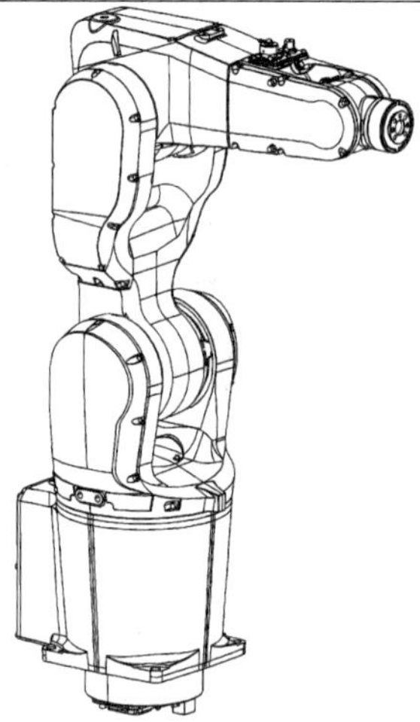	运动副构成及连接形式为 $R_1R_2R_3R_4R_5R_6$，其中 $R_1 \perp R_2 \parallel R_3$，$R_3$、$R_4$ 垂直相交，R_4、R_5 垂直相交，R_5、R_6 垂直相交
	7	$G_F^{I_1}$ $(T_a,T_b,T_c,R_\alpha,R_\beta,R_\gamma)$		运动副构成及连接形式为 $R_1R_2R_3R_4R_5R_6R_7$，七自由度冗余机械臂的构型多采用仿人手臂关节的“3-1-3”形式，即 R_1、R_2、R_3 交于一点，R_5、R_6、R_7 交于一点

表 22-4-2　　各类型串联机械臂特点总结

形式	运动特点	工作空间	结构	定位精度	所占空间
直角坐标	机器人臂部由 X、Y、Z 三个直线运动组成	小	简单	高	大
圆柱坐标	机器人臂部具有回转、伸缩与升降三个自由度	较大	简单紧凑	较高	较小
球坐标	机器人臂部由一个直线运动与两个回转组成，即一个伸缩、一个俯仰与一个回转运动	大	复杂	较低	极小
多关节式	多个旋转关节组成，具有多个自由度	很大	复杂	高	较大
SCARA	在 X、Y 方向上具有顺从性，而在 Z 轴方向具有良好的刚度，速度快	较小	简单	很高	较小

3　串联机器人构型设计基本原理

3.1　运动学逆解

机器人的逆向运动学是，已知末端的位置和姿态，以及所有连杆的几何参数，求解关节的位置。逆运动学求解通常有两大类方法：解析法和数值法。解析法运算速度快（达到微秒级），但是通用性差，不同构型的机械臂需要单独求解，解析法求解可以分为代数法与几何法。数值法通用性高，但是求解速度较慢（毫秒级），除了一些特殊的机械臂构型外，机械臂逆运动学问题很难用解析法求解，在这种情况下也会使用数值法求解。大多数商品化的工业机器人在设计构型时，会尽可能采用有逆运动学解析解的构型，因为解析法求解算力消耗小，使用较低成本的控制器就能快速求解。因此，一般串联机器人在构型设计过程中，会优选地设计出具备解析形式的逆运动学的串联机构，以此来降低规划控制时的复杂度。

3.1.1　解析法

串联机械臂有逆运动学解析解的充分条件是满足 Pieper 准则，即如果机器人满足两个充分条件中的一个，就会得到封闭解，这两个条件是：

(1) 3 个相邻关节轴相交于一点；

(2) 3 个相邻关节轴相互平行。

以 PUMA560 机器人为例，它的最后 3 个关节轴相交于一点（图 22-4-1）。对于 UR5 机械臂，其第 2、第 3、第 4 关节轴平行（图 22-4-2），满足 Pieper 准则其中的一条，即 3 个相邻的关节轴两两平行。

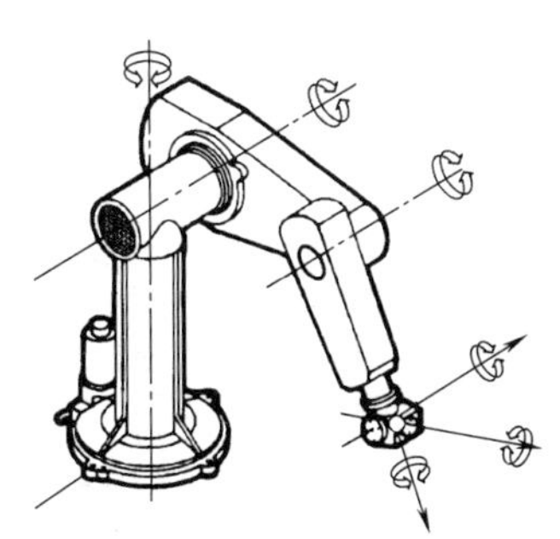

图 22-4-1　PUMA560 3 个相邻关节轴相交于一点

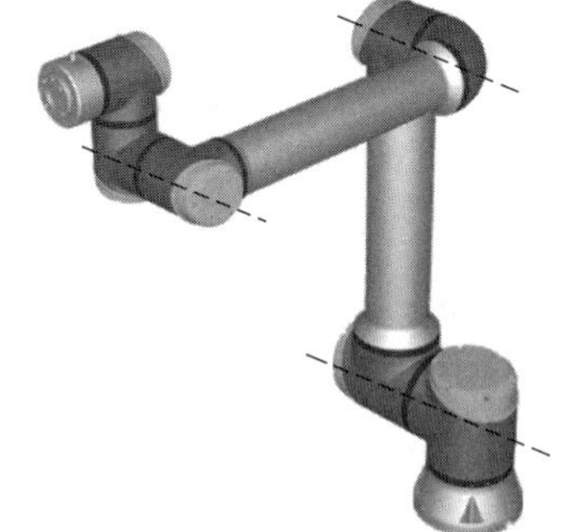

图 22-4-2　UR5 3 个相邻关节轴相互平行

3.1.2　数值法

数值法求运动学逆解通常设定一个优化目标函数，是把逆解求解问题转化为一个优化问题求数值解。常用的数值求解方法有：雅可比矩阵求逆法、阻尼最小二乘法。针对冗余自由度的机械臂，主要演化出了梯度投影法、构型控制法和加权最小范数法三种优化方法。

3.2 三动杆理论

人类的手和灵长类动物的前脚视为具有三个活动连杆的机构。人类、动物和昆虫的四肢也可以建模为具有三个活动连杆的机构。由于灵巧的机器人手、工业机器人和步行机通常具有三个连杆，目前商品化的工业机械臂的机构设计中，通常也遵循三动杆原则，即主要通过 3 个自由度确定末端执行器的大致位置，其余自由度主要用于旋转姿态，见图 22-4-3。

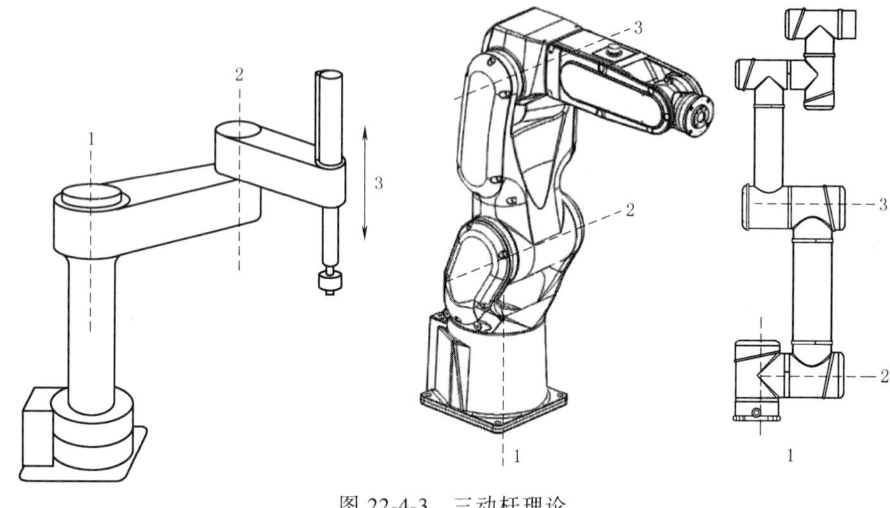

图 22-4-3　三动杆理论

4　工业串联机器人的基本结构

表 22-4-3　　**工业串联机器人结构**

基本结构	一般组成形式	设计方法
驱动系统	电机驱动：是目前工业机器人领域所应用的最常用的驱动方式。随着电机制造相关技术的发展，电机的功率密度比不断上升，许多过去使用液压驱动的系统逐渐转为使用电机驱动	(1)明确机器人的负载情况。既需要考虑机器人的结构自重，也需要考虑外界施加在机器人结构上的外力 (2)遍历机器人工作过程中的所有姿态，计算每个关节所需要的驱动静力/静力矩的范围 (3)根据理论计算结果，考虑一定的安全系数，进行电机、减速器、液压泵、气泵等结构的具体选型
	液压与气压驱动：在高功率要求场景下(如飞机起落架的驱动)，液压驱动仍然应用广泛	
基座	基座是整个工业机器人的支撑部分，有固定式和移动式两种。其中，移动式机构是工业机器人用来扩大活动范围的机构，有的采用专门的行走装置，有的采用轨道、滚轮机构	基座支撑整个工业机器人，除本身具有较高的结构刚度外，需要与上层结构有足够的连接强度，也需要固定地面或基座行走装置有足够的连接强度，以避免机器人在工作过程中出现不必要的晃动
腰部	腰部是连接臂部和基座，并安装驱动装置及其他装置的部件	(1)工业机器人腰部要承担机器人本体的小臂、腕部和末端负载，所受力及力矩最大，要求其具有较高的结构强度 (2)机身结构在满足结构强度的前提下应尽量减小自重，以减小驱动结构的负载
臂部	臂部是工业机器人用来支撑腕部和手部，实现较大运动范围的部件	(1)刚度大，为防止臂部在运动过程中产生过大的变形，臂部的截面形状选择要合理，尽量采用工字形、空心管结构 (2)在保证结构强度的前提下，尽量减小臂部运动部分的重量，以减小偏重力矩和整个手臂对回转轴的转动惯量

续表

<table>
<tr><th>基本结构</th><th>一般组成形式</th><th colspan="2">设计方法</th></tr>
<tr><td>腕部</td><td>腕部是用来连接工业机器人的手部与臂部,确定手部工作位置并扩大臂部动作范围的部件。有些专用机器人没有手腕部件,而是直接将手部安装在手臂部件的端部</td><td colspan="2">(1)结构尽量紧凑,重量尽量轻,结构强度高
(2)对于自由度数目较多以及驱动力要求较大的腕部,结构设计更为复杂,因为腕部的每一个自由度都要相应配置驱动和执行件,在腕部较小的空间内同时配置几套元件,困难较大
(3)转动灵活,密封性好
(4)注意腕部与手部、臂部的连接,各个自由度的位置检测、管线布置以及润滑、维修、安装和调整等问题
(5)要适应工作环境的需要,特别是在高温作业和腐蚀性介质中工作的工业机器人,要注意工业机器人本体的安全性防护</td></tr>
<tr><td rowspan="2">执行器</td><td>钳爪式执行器
外卡式和内撑式</td><td>(1)适用于夹持形状比较固定、不易形变的工件
(2)钳爪式执行器应具有足够的夹紧力。抓取工件的方式有外卡式和内撑式两种,提供夹持力的动力源可为电驱、气压或液压驱动,一般要求夹紧力为工件重量的2~3倍
(3)钳爪式执行器应具有足够的夹持运动行程。根据所夹持工件的尺寸(或尺寸范围)、在执行夹持动作时与工业机器人执行器的相对位置(或相对位置范围)设计夹持运动行程,应保证对前述的尺寸与相对位置有一定容错
(4)钳爪式执行器应具有足够的结构强度和刚度。钳爪在运动过程中要受到夹持工件的反作用力、惯性力和振动等影响,因此一般需要对手爪进行相应的强度、刚度校核计算,但也存在钳爪为柔性结构的情况
(5)钳爪式执行器应对夹持对象有一定适应性。手爪设计必须适应工件的形状、抓取部位的尺寸、夹持工件的材料特性,避免工件损伤等</td><td rowspan="2">若以设计通用性执行器产品为目的,在考虑前述设计要素时应留出适当冗余,在不影响性能的前提下使产品对某个范围内的应用场景具有一定的通用性。此外,考虑到产品零件的更换,应按照预计的应用场景设计强度足够且便于拆装的连接方式,便于用户对产品进行应用</td></tr>
<tr><td>磁吸式执行器</td><td>(1)该机构是在手腕部安装电磁铁,通过磁场吸力夹持工件,一般采用电磁吸盘。电磁吸盘只能吸住铁磁性材料,不能用于有色金属或非金属材料工件。适用于对工件剩磁无要求和非高温的工件搬运和夹持操作。
(2)磁吸式执行器应具有足够的电磁吸力。电磁吸力应根据工件重量确定,电磁吸盘的形状、尺寸及线圈必须根据吸力设计,吸力可以通过施加电压进行微调
(3)夹持对象的适应性。应根据被吸附工件的形状、抓取部位的尺寸设计电磁吸盘,并且保证吸附面与工件的被吸附面形状保持一致</td></tr>
</table>

续表

<table>
<tr><th>基本结构</th><th>一般组成形式</th><th colspan="2">设计方法</th></tr>
<tr><td rowspan="2">执行器</td><td>气吸式执行器 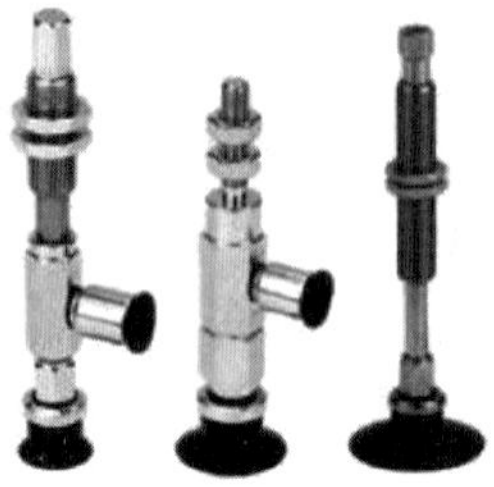</td><td>（1）气吸式执行器适用于要求不损伤工件表面（如已经成型完毕的轿车车门）、希望拿取轻软物体（如塑料薄膜、薄铁皮）的应用场景
（2）气吸式执行器应具有足够的吸力。吸力大小与设计的吸盘直径大小、吸盘内的真空度（负压大小）以及吸盘的吸附面积大小有关。同时还与工件被吸附表面的形状和表面平整度有关。若工件质量较大，还应避免吸力方向垂直于重力方向的设计方式
（3）夹持对象的适应性。应根据被抓取工件的形状、抓取部位的尺寸等要求设计吸盘，由于气吸式手爪多吸附薄片状工件，故可用耐油橡胶压制不同尺寸的盘状吸头。若对适应性要求高，还可使用多层风琴吸盘</td><td rowspan="2">若以设计通用性执行器产品为目的，在考虑前述设计要素时应留出适当冗余，在不影响性能的前提下使产品对某个范围内的应用场景具有一定的通用性。此外，考虑到产品零件的更换，应按照预计的应用场景设计强度足够且便于拆装的连接方式，便于用户对产品进行应用</td></tr>
<tr><td>其他执行器</td><td>适用于特定场景的执行器，如焊接机器人的执行器为焊枪，农业剪果机器人的执行器为剪刀</td></tr>
<tr><td>其他结构</td><td>电气线路 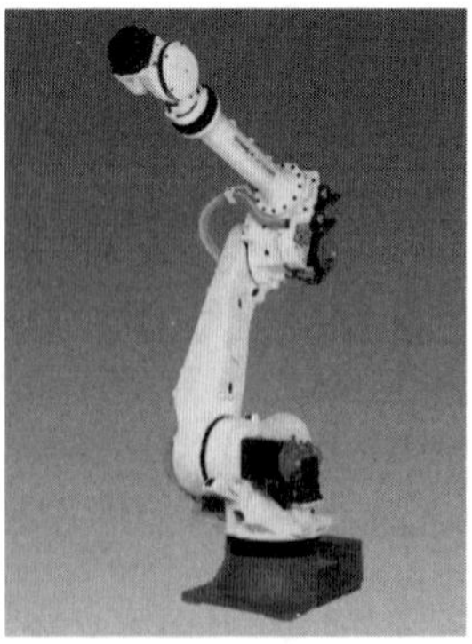</td><td colspan="2">工业机器人应合理保护其电线、气管、油管等电气元件结构，常用的设计方式有
（1）基于中空关节的内走线方式。若机器人的减速器、电机为中空，或从驱动结构到实际关节之间存在传动而使实际关节为中空结构，则可将线材直接穿过中空关节，在机器人内部走线。由于线材是直接通过关节轴线的，这种走线形式需要的线材冗余长度最小，且比较安全。若希望某些关节能够多圈运动，可以考虑使用电/气滑环
（2）受波纹管、风琴箱等保护的外走线方式。考虑机器人的最大运动范围，对电线、气管、油管等设计长度冗余，布置在机体外，并用波纹管、风琴箱等保护装置进行保护，随机器人运动而运动。布线时，波纹管、风琴箱的端面需要固定在机器人的刚性结构上，保证其不易被摩擦、剐蹭或过度牵拉
（3）有刚性保护罩的外走线方式。考虑机器人的最大运动范围，对电线、气管、油管等设计长度冗余，布置在机体外，并在机体上设置相应的安装孔，直接用一个刚性保护罩将线材与外界隔离开来。由于线材会随机器人运动而运动，可能与保护罩内部和边缘发生摩擦，因此应选择与线材之间摩擦系数较小的保护罩材质，并在设计上避免尖锐拐角</td></tr>
</table>

表 22-4-4　　典型工业机械臂结构

基座与腰部结构	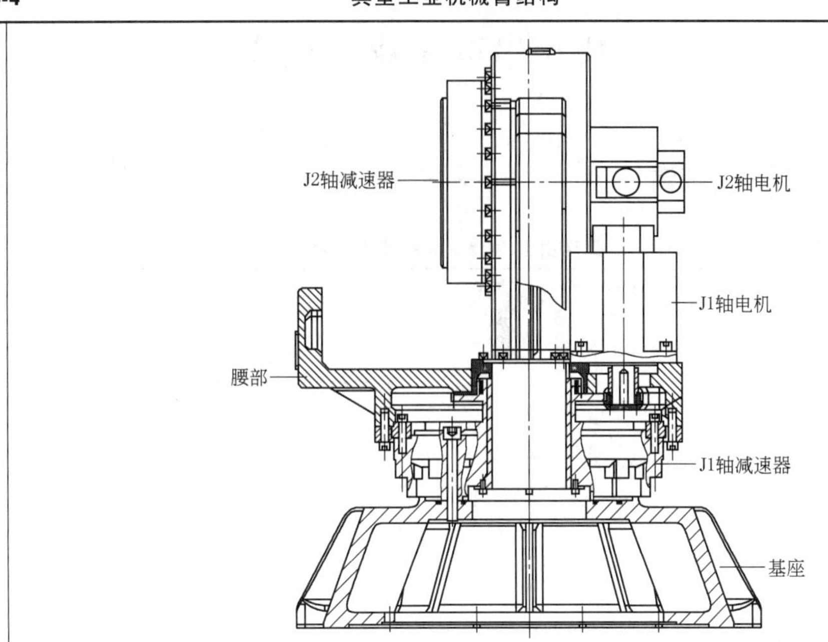
臂部结构	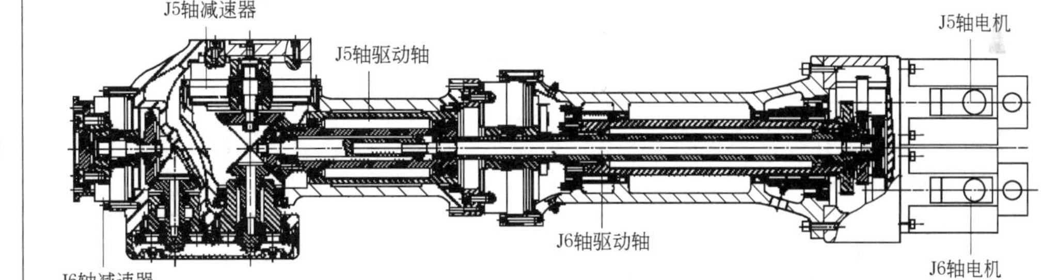
腕部结构	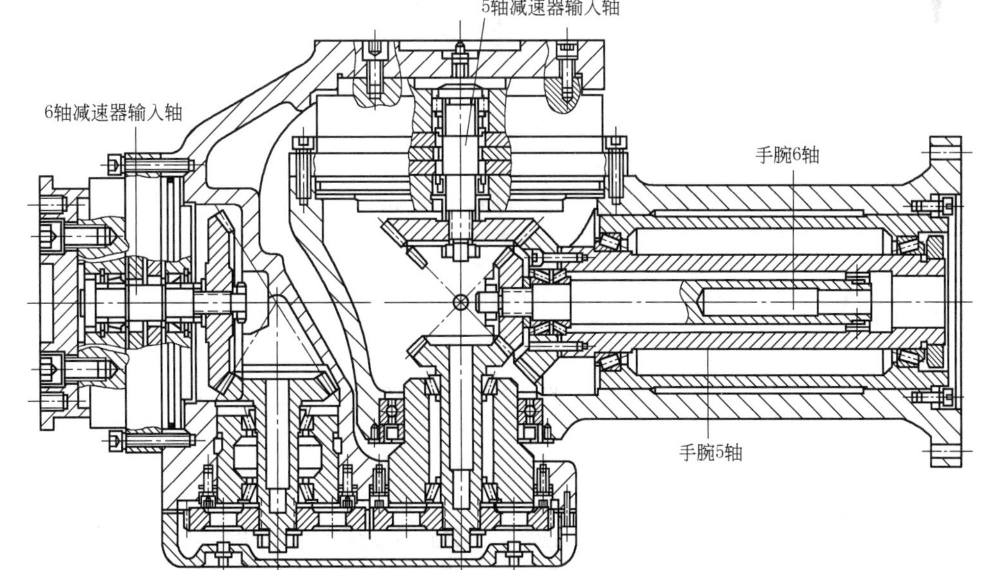

5 典型串联工业机械臂

5.1 少自由度串联机械臂

表 22-4-5 四自由度 SCARA 机器人介绍

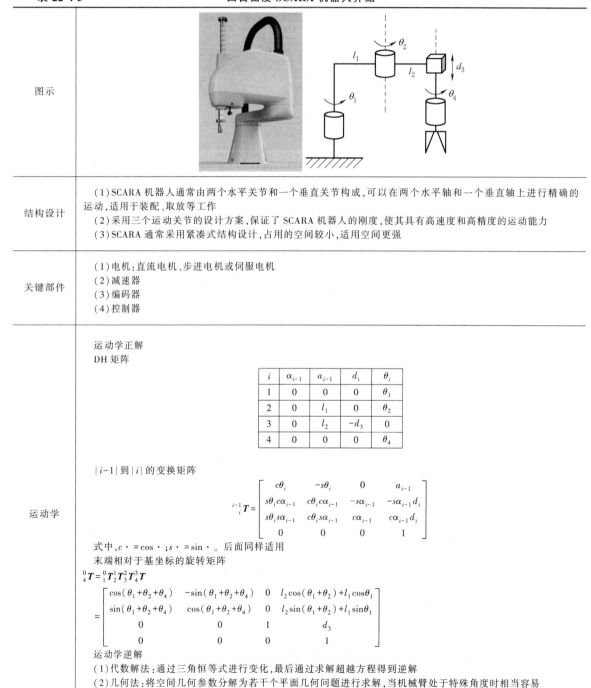

图示	
结构设计	(1)SCARA 机器人通常由两个水平关节和一个垂直关节构成,可以在两个水平轴和一个垂直轴上进行精确的运动,适用于装配、取放等工作 (2)采用三个运动关节的设计方案,保证了 SCARA 机器人的刚度,使其具有高速度和高精度的运动能力 (3)SCARA 通常采用紧凑式结构设计,占用的空间较小,适用空间更强
关键部件	(1)电机:直流电机、步进电机或伺服电机 (2)减速器 (3)编码器 (4)控制器

运动学

运动学正解

DH 矩阵

i	α_{i-1}	a_{i-1}	d_i	θ_i
1	0	0	0	θ_1
2	0	l_1	0	θ_2
3	0	l_2	$-d_3$	0
4	0	0	0	θ_4

$\{i-1\}$到$\{i\}$的变换矩阵

$$
{}^{i-1}_{i}\boldsymbol{T}=\begin{bmatrix} c\theta_i & -s\theta_i & 0 & a_{i-1} \\ s\theta_i c\alpha_{i-1} & c\theta_i c\alpha_{i-1} & -s\alpha_{i-1} & -s\alpha_{i-1}d_i \\ s\theta_i s\alpha_{i-1} & c\theta_i s\alpha_{i-1} & c\alpha_{i-1} & c\alpha_{i-1}d_i \\ 0 & 0 & 0 & 1 \end{bmatrix}
$$

式中,$c\cdot=\cos\cdot$;$s\cdot=\sin\cdot$。后面同样适用

末端相对于基坐标的旋转矩阵

$$
{}^{0}_{4}\boldsymbol{T}={}^{0}_{1}\boldsymbol{T}{}^{1}_{2}\boldsymbol{T}{}^{2}_{3}\boldsymbol{T}{}^{3}_{4}\boldsymbol{T}
=\begin{bmatrix} \cos(\theta_1+\theta_2+\theta_4) & -\sin(\theta_1+\theta_2+\theta_4) & 0 & l_2\cos(\theta_1+\theta_2)+l_1\cos\theta_1 \\ \sin(\theta_1+\theta_2+\theta_4) & \cos(\theta_1+\theta_2+\theta_4) & 0 & l_2\sin(\theta_1+\theta_2)+l_1\sin\theta_1 \\ 0 & 0 & 1 & d_3 \\ 0 & 0 & 0 & 1 \end{bmatrix}
$$

运动学逆解

(1)代数解法:通过三角恒等式进行变化,最后通过求解超越方程得到逆解

(2)几何法:将空间几何参数分解为若干个平面几何问题进行求解,当机械臂处于特殊角度时相当容易

5.2 六自由度串联机械臂

表 22-4-6 六自由度串联机械臂介绍

图示

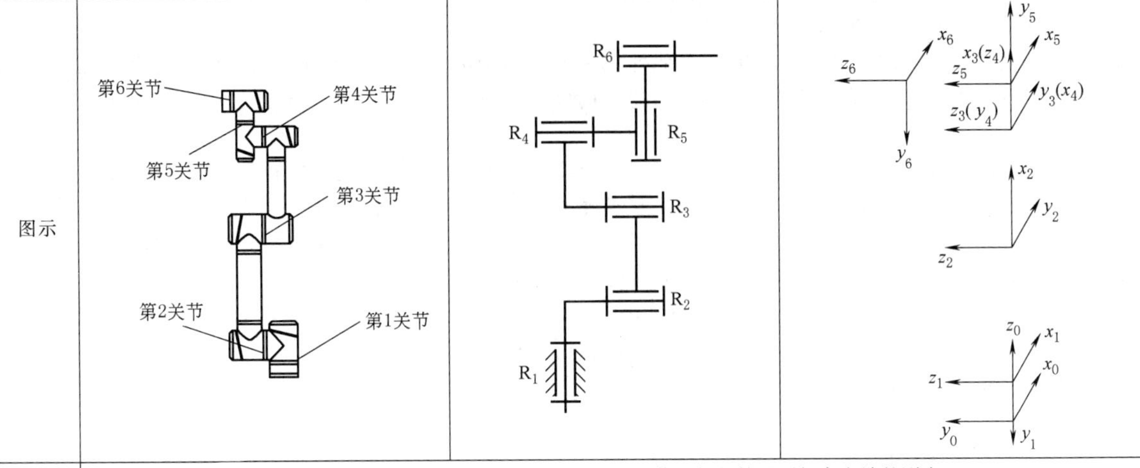

结构设计

(1)由基座到末端的各杆件杆长逐级减短,从而在保证足够工作空间的情况下提高末端的刚度
(2)各杆件材料采用铸铝制造,减轻自身重量,从而减小自身对驱动电机的压力,提高末端负载能力
(3)各杆件采用圆柱形设计,且互相错位,便于机械臂的收放,减少占用的空间

关键部件

(1)直流电机
(2)谐波减速器
(3)单圈绝对值编码器
(4)驱动器
(5)六维力/力矩传感器

运动学

运动学正解
DH 矩阵

i	α_{i-1}	a_{i-1}	d_i	θ_i
1	$-\pi/2$	0	d_1	θ_1
2	0	a_2	d_2	$\theta_2-\pi/2$
3	0	a_3	0	θ_3
4	$\pi/2$	0	0	$\theta_4+\pi/2$
5	$-\pi/2$	0	d_5	θ_5
6	0	0	d_6	θ_6

$\{i-1\}$到$\{i\}$的变换矩阵

$${}^{i-1}_{\ \ i}\boldsymbol{T}=\begin{bmatrix} c\theta_i & -s\theta_i & 0 & a_{i-1} \\ s\theta_i c\alpha_{i-1} & c\theta_i c\alpha_{i-1} & -s\alpha_{i-1} & -s\alpha_{i-1}d_i \\ s\theta_i s\alpha_{i-1} & c\theta_i s\alpha_{i-1} & c\alpha_{i-1} & c\alpha_{i-1}d_i \\ 0 & 0 & 0 & 1 \end{bmatrix}$$

末端相对于基坐标的旋转矩阵

$${}^0_6\boldsymbol{T}={}^0_1\boldsymbol{T}\,{}^1_2\boldsymbol{T}\,{}^2_3\boldsymbol{T}\,{}^3_4\boldsymbol{T}\,{}^4_5\boldsymbol{T}\,{}^5_6\boldsymbol{T}$$

运动学逆解

根据等式${}^0_1\boldsymbol{T}^{-1}\,{}^0_6\boldsymbol{T}={}^1_2\boldsymbol{T}\,{}^2_3\boldsymbol{T}\,{}^3_4\boldsymbol{T}\,{}^4_5\boldsymbol{T}\,{}^5_6\boldsymbol{T}$两边矩阵对应位置的元素值相等,可以对各关节角度进行求解

在该六自由度串联机械臂的运动学逆解中,对于同一末端位姿,可能有多组逆解,即多种关节形态。在实际运动控制过程中,需要对此八组运动学逆解进行选择

5.3 冗余串联机械臂

由于冗余的特点，该类机械臂的运动学逆解有无穷多组解。

求解方法分为两大类：迭代法和解析法。

(1) 迭代法：逆运动学问题通常是通过线性化一个点周围的构型空间来解决的。即首先利用由雅可比矩阵表示的线性化的一阶瞬时运动学关系，将逆解问题映射到速度域上，然后在线性化的速度域上寻找瞬时逆解。

(2) 解析法：需要采用一个待定参数来描述其冗余性，并基于该待定参数解出有限组有效解。通过增加操作空间数或者减少关节自由度数，最终达到操作空间数和关节自由度数相等的情况，从而避免无穷解的情况。

① 关节角参数化：减少关节待求数，是将其中一个关节变量作为给定参数来代表冗余性，而其他六个关节变量作为待定参数来进行求解，相当于变成了六自由度机械臂运动学逆解问题。

② 臂型角参数化：通过增加操作空间数目来达到消除冗余的效果，是把冗余机械臂的冗余度也看作一个描述机械臂的自由度。臂型角定义为目标平面和参考平面的夹角。臂角是衡量机械臂整臂姿态的一个很好的参变量，且由于臂角函数是各个关节角度为自变量，其可以结合机械臂的 T 矩阵进行位置级别的逆向运动学求解，进而求得其解析解。

表 22-4-7 为 KUKA iiwa 七自由度冗余机械臂介绍。

表 22-4-7　　KUKA iiwa 七自由度冗余机械臂介绍

图示	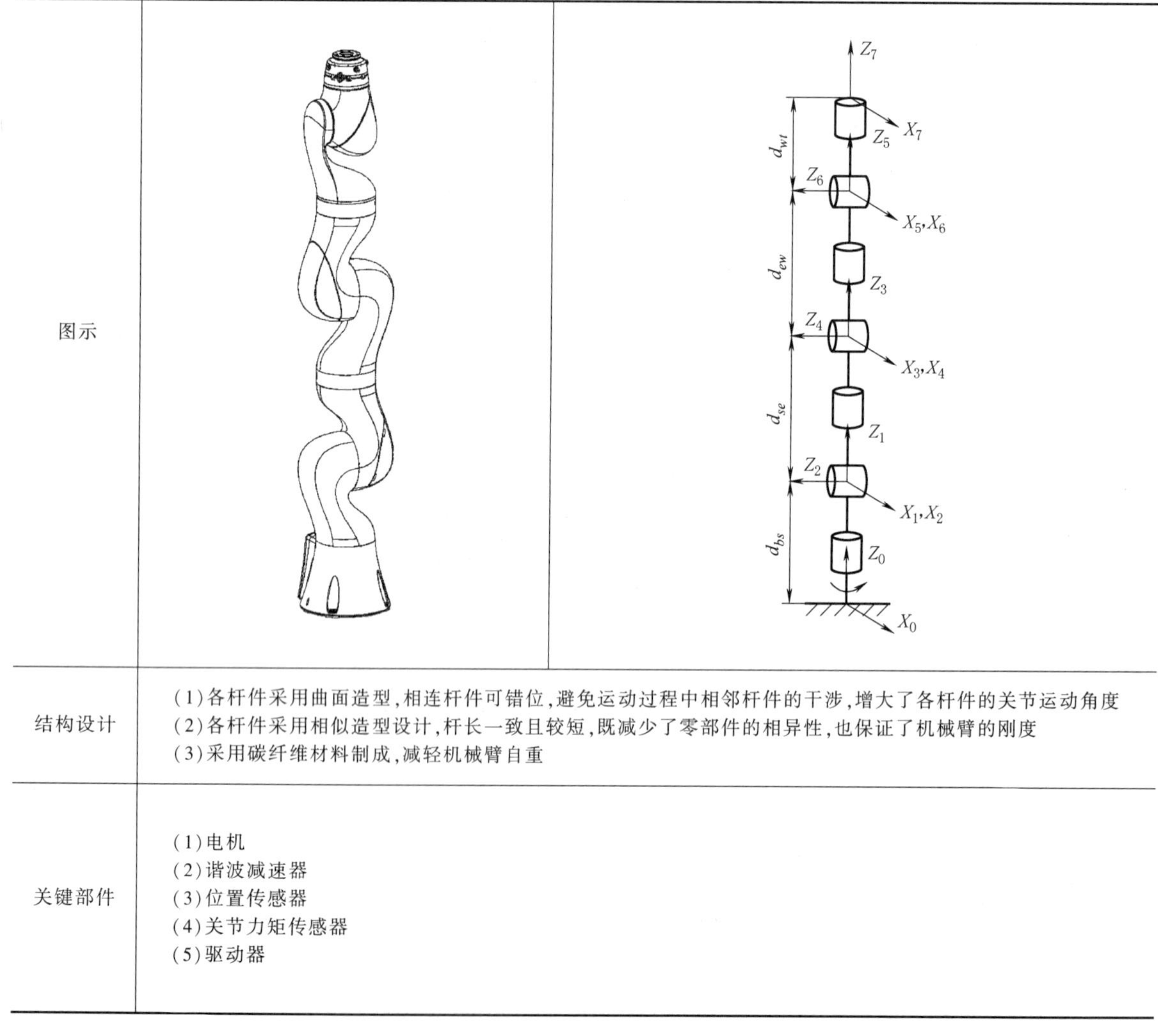
结构设计	(1)各杆件采用曲面造型，相连杆件可错位，避免运动过程中相邻杆件的干涉，增大了各杆件的关节运动角度 (2)各杆件采用相似造型设计，杆长一致且较短，既减少了零部件的相异性，也保证了机械臂的刚度 (3)采用碳纤维材料制成，减轻机械臂自重
关键部件	(1)电机 (2)谐波减速器 (3)位置传感器 (4)关节力矩传感器 (5)驱动器

运动学

运动学正解

DH 矩阵

i	α_{i-1}	a_{i-1}	d_i	θ_i
1	$-\pi/2$	0	d_1	θ_1
2	$\pi/2$	0	0	θ_2
3	$-\pi/2$	0	d_3	θ_3
4	$\pi/2$	0	0	θ_4
5	$-\pi/2$	0	d_5	θ_5
6	$\pi/2$	0	0	θ_6
7	0	0	d_7	θ_7

$\{i-1\}$到$\{i\}$的变换矩阵

$$ {}^{i-1}_{\ \ i}\boldsymbol{T}=\begin{bmatrix} c\theta_i & -s\theta_i & 0 & a_{i-1} \\ s\theta_i c\alpha_{i-1} & c\theta_i c\alpha_{i-1} & -s\alpha_{i-1} & -s\alpha_{i-1}d_i \\ s\theta_i s\alpha_{i-1} & c\theta_i s\alpha_{i-1} & c\alpha_{i-1} & c\alpha_{i-1}d_i \\ 0 & 0 & 0 & 1 \end{bmatrix} $$

末端相对于基坐标的旋转矩阵

$$ {}^0_7\boldsymbol{T}={}^0_1\boldsymbol{T}{}^1_2\boldsymbol{T}{}^2_3\boldsymbol{T}{}^3_4\boldsymbol{T}{}^4_5\boldsymbol{T}{}^5_6\boldsymbol{T}{}^6_7\boldsymbol{T} $$

运动学逆解(臂型角参数化)

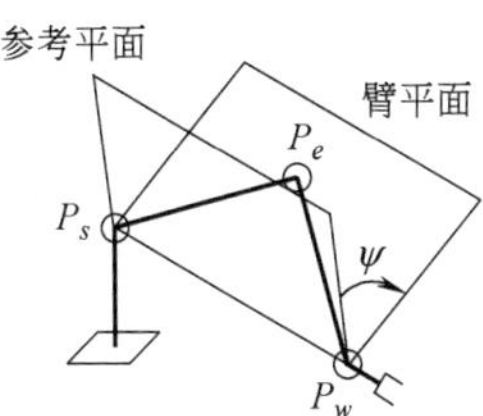

参考平面:固定机械臂的关节轴 3,当关节轴 2 和关节轴 4 平行时,指定末端执行器的姿态,则臂平面是唯一确定的

由角度 ψ 的旋转引起的方向变化可由罗德里格斯公式确定

$$ {}^0\boldsymbol{R}_\psi=\boldsymbol{I}_3+\sin\psi[{}^0u_{sw}\times]+(1-\cos\psi)[{}^0u_{sw}\times]^2 $$

其中,$\boldsymbol{I}_3\in\boldsymbol{R}^{3\times3}$ 为单位矩阵,${}^0\boldsymbol{u}_{sw}\in\boldsymbol{R}^3$ 为 ${}^0x_{sw}$ 的单位向量,$[{}^0u_{sw}\times]$表示向量${}^0\boldsymbol{u}_{sw}$ 的反对称矩阵

从基座坐标系中观察到的手腕方向可描述为

$$ {}^0\boldsymbol{R}_4={}^0\boldsymbol{R}_\psi{}^0\boldsymbol{R}_4^o $$

其中,${}^0\boldsymbol{R}_4^o$ 为臂平面与参考平面重合时的手腕方向

肘关节角度与参考平面的位置无关,可由下式计算

$$ \cos\theta_4=\frac{\|{}^0x_{sw}\|^2-d_{se}^2-d_{ew}^2}{2d_{se}d_{ew}} $$

${}^0\boldsymbol{R}_3$ 的矩阵为

$$ {}^0\boldsymbol{R}_3={}^0\boldsymbol{R}_\psi{}^0\boldsymbol{R}_3^o $$

通过等式可以求解 θ_1、θ_2 和 θ_3

${}^4\boldsymbol{R}_7$ 的矩阵为

$$ {}^4\boldsymbol{R}_7=\boldsymbol{A}_\omega\sin\psi+\boldsymbol{B}_\omega\cos\psi+\boldsymbol{C}_\omega $$

通过等式可以求解 θ_5、θ_6 和 θ_7。一般存在八组逆解,需要通过筛选求出最优的一组解

5.4 协作机械臂

表 22-4-8 协作机械臂介绍

分类	结构图	特点
单臂协作		(1)轻量化设计,便于控制,有利于提高工作时的安全性 (2)机器人表面和关节光滑且平整,无尖锐的转角或易夹伤操作人员的缝隙 (3)机身能缩小到可放置在工作台上的尺寸,可安装于任何地方 (4)具有力反馈能力,可感知周围的环境,使人和机器人能协同工作
双臂协作		(1)运动副构成及连接形式为 $R_1R_2R_3R_4R_5R_6R_7$,双臂 14 轴 (2)机身小巧,重量轻,非常灵活,在协作型机器人中的运动速度很快 (3)增加了接触力控制函数,可以通过关节力矩估算环境接触力 (4)单臂 500g 的标准负载,适用于轻量级的工作
		(1)运动副构成及连接形式为 $R_1R_2R_3R_4R_5R_6R_7$,双臂 14 轴 (2)运用串联弹性驱动器 SEA,减少发生碰撞时的力量,让协作更安全和柔顺 (3)关节配置力传感器,头部安装环绕式声呐,腕部配置红外测距仪等传感器 (4)单臂展 1210mm,载荷 2.2kg

协作臂的主体一般为前述的各种机械臂或其组合，不同的是协作臂通常采用柔性化设计（柔性关节设计或外观设计），并配置各种传感器（如力觉传感器、视觉传感器等）用于感知外部环境及人类操作员的位置和动作，以此确保机械臂与人类共同工作时的安全性和效率。协作臂的运动学可参考前述各种机械臂的运动学模型。

第5章 并联机器人构型与结构

1 概 述

并联机构是一种闭环机构，一般由动平台和静平台两部分构成，两者之间经由至少两个独立的运动链相连，通过协同驱动，实现动平台2个或者2个以上的自由度。相较于串联机构，并联机构具有以下特点：结构紧凑，刚度高，承载能力大；无累积误差，动平台运动精度高；占用空间小；速度快，运动性能佳，部件磨损小，寿命长。

并联机构多用于需要高刚度、高精度、高速度，无需大空间的场合，具体应用包括：工业生产，如食品、医药、电子、化工行业的分拣、搬运、装箱等；模拟运动平台，如飞行员训练模拟器、船用摇摆台、娱乐运动模拟台等；并联机床；对接动作，如航天器对接；测量，如多维力传感器；微小操作，如微动机构、微型机构等；机器人关节，如爬行机构、医疗手术器械、假肢手等。

2 并联机构支链转动轴线迁移定理

并联机构的特性是由其构成的每条支链末端特征决定的，因此并联机构的支链设计是并联机构设计的基础。

支链的末端特征和运动副的种类、支链中运动副排列位置和顺序密切相关。如果要构造具有特定末端特征的支链，尤其是具有转动特征的支链，则确定支链末端转动轴线的位置至关重要。因此，有必要研究运动副排列位置和顺序对支链转动特征的影响规律。将定律1，即完整运动定理拓展到对并联机器人的支链设计上，可以得到并联机构的支链转动轴线迁移定理如下：

平面转动轴线迁移定理：如果一个支链末端特征为 $G_F^{I_5}$（T_a，T_b，R_α），其中 R_α 垂直于 T_a 与 T_b 构成的移动平面，那么该支链上的转动副排列位置和顺序的变化不影响支链的末端特征。

如图22-5-1所示，7种转动副分布位置不同的支链末端特征均为 $G_F^{I_5}$（T_a，T_b，R_α）。不难发现，这7种支链不仅能绕转动副所在轴线旋转，也能在末端任何一点绕与转动副轴线平行的轴线旋转。

空间转动轴线迁移定理：如果一个支链末端特征存在三维移动，那么支链的转动副排列位置和顺序可以任意布置而不改变其末端特征。

如图22-5-2所示，支链PPPS、PPSP、PSPP与SPPP具有相同的末端特征。支链PPPRR、PPRRP、PRPRP与RPPRP等具有相同的末端特征，条件是各支链间两个转动副的轴线平行；支链PPPR、PPRP、PRPP与RPPP等具有相同的末端特征，条件是各支链间转动副的轴线平行。

实际上，空间转动轴线迁移定理，是平面转动轴线迁移定理在三维空间内的拓展。平面转动轴线和空间转动轴线迁移定理为设计具有转动末端特征的支链提供了理论依据。根据上述两个定理，设计者可以方便地由基本的支链演化出大量满足要求的支链。

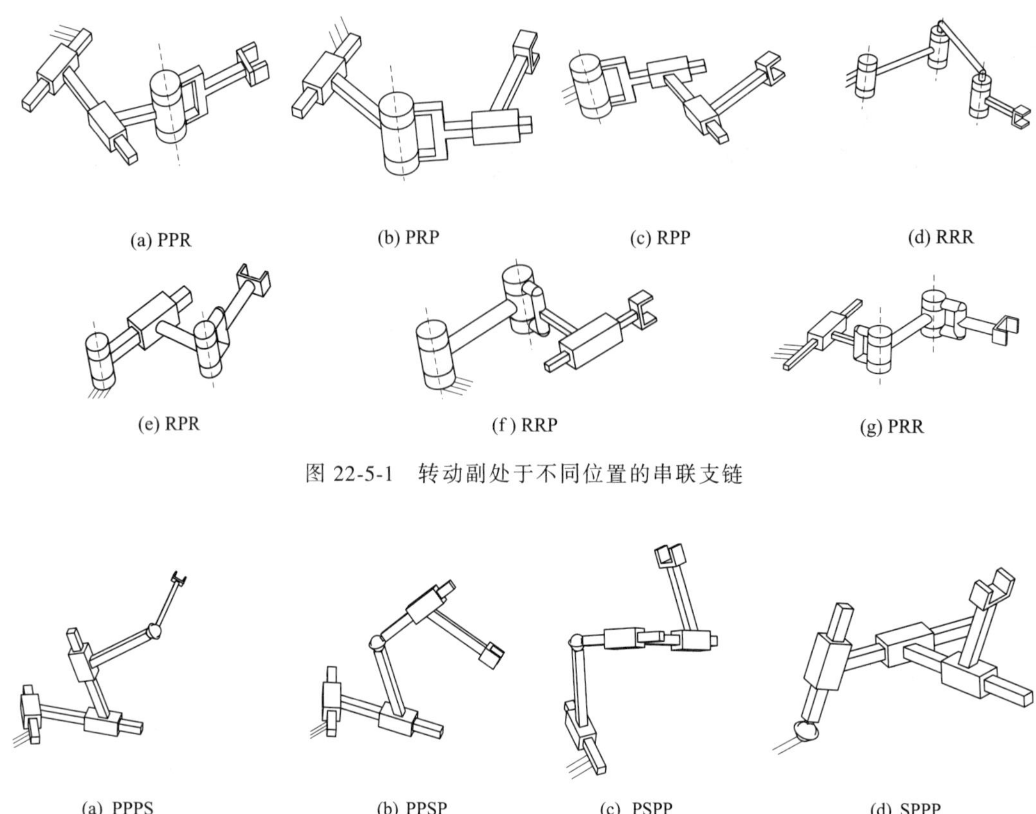

图 22-5-1　转动副处于不同位置的串联支链

图 22-5-2　三维移动对支链末端转动能力的影响

3　并联机构支链构型设计

3.1　具有纯移动末端特征的机器人支链

多关节纯移动末端特征包括 $G_{\mathrm{F}}^{\mathrm{I}_6}$（$T_a$，$T_b$）和 $G_{\mathrm{F}}^{\mathrm{I}_4}$（$T_a$，$T_b$，$T_c$）两种。其中，末端特征为 $G_{\mathrm{F}}^{\mathrm{I}_6}$（$T_a$，$T_b$）的支链可以在平面内做二维移动；末端特征为 $G_{\mathrm{F}}^{\mathrm{I}_4}$（$T_a$，$T_b$，$T_c$）的支链可以在空间内做三维移动。

3.1.1　$G_{\mathrm{F}}^{\mathrm{I}_6}$（$T_a$，$T_b$）类支链设计

该类支链末端具有二维移动特征。具体的支链名称以及相应的图例列于表 22-5-1 中，表中列出的 PP 支链是该类支链中结构最简单的。其他的支链是通过平行四边形铰链 $\mathrm{P_a}$ 替换移动副 P 得到的。替换后的支链中，$\mathrm{P_a}$ 与 P 的移动方向必须平行于同一平面，即$\square T_aT_b$。类似地，由两个 $\mathrm{P_a}$ 副构成的支链中，两个 $\mathrm{P_a}$ 的移动方向必须平行于$\square T_aT_b$。

事实上，由于运动副间相对空间位置的不同，同样的运动副可以构造出末端特征相同、结构形式不同的支链。例如，表中的运动链都是由移动副 e 和平行四边形铰链 $\mathrm{P_a}$ 组成的。在图 22-5-3a 和图 22-5-3c 中，移动副 e 的移动方向与平行四边形铰链的转动副 a、b 的转动副轴线的公垂线平行。图 22-5-3b 和图 22-5-3d 所示的支链中，移动副 e 的移动方向与平行四边形铰链的转动副 a、b 的转动副轴线的公垂线垂直。图 22-5-3b 和图 22-5-3d 所示的机器人支链被分别命名为^{P}U 支链和 U^{P}支链。

表 22-5-1　　具有 $G_{\mathrm{F}}^{\mathrm{I}_6}$（$T_a$，$T_b$）型末端特征的支链类型

运动副	支链类型	机构简图	运动副	支链类型	机构简图
P	PP		P，P_a	PP_a	
P_a	P_aP_a			P_aP	

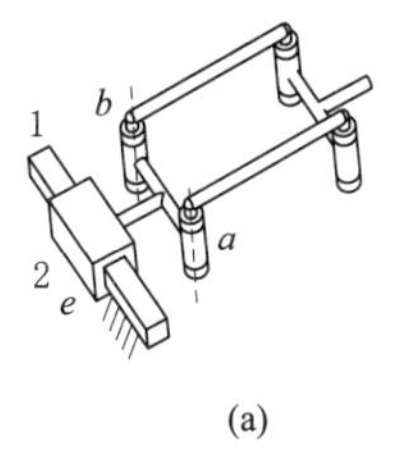

(a)

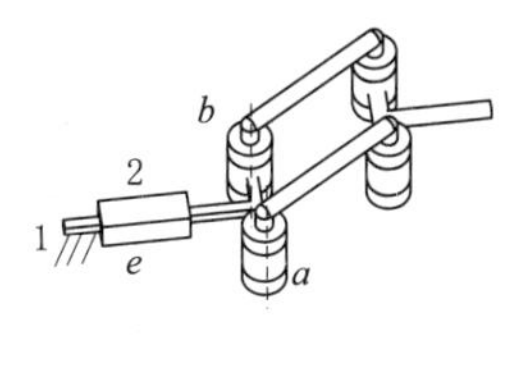

(b)

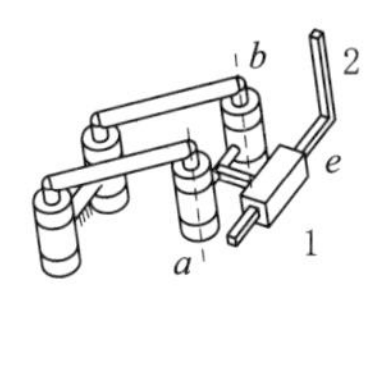

(c)

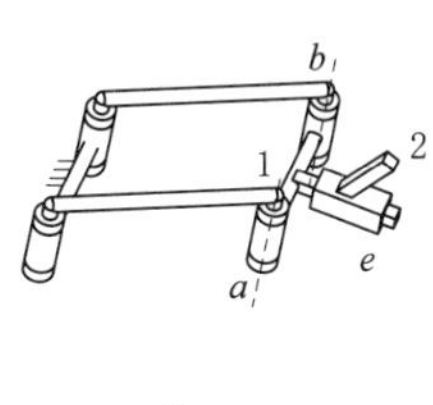

(d)

图 22-5-3　运动副类型相同的支链

3.1.2　$G_{\mathrm{F}}^{\mathrm{I}_4}$（$T_a$，$T_b$，$T_c$）类支链设计

具有 $G_{\mathrm{F}}^{\mathrm{I}_4}$（$T_a$，$T_b$，$T_c$）型末端特征的支链具有三维独立移动。表 22-5-2 所示为这种三移动支链的典型构造方法，即由三个移动方向不共面的移动副 PPP 构成。

表 22-5-2　　具有末端特征为 $G_{\mathrm{F}}^{\mathrm{I}_4}$（$T_a$，$T_b$，$T_c$）的典型支链

运动副	支链类型	图例	条件
P	PPP		三移动方向不共面

类似于 $G_{\mathrm{F}}^{\mathrm{I}_6}$（$T_a$，$T_b$）类支链的设计，在后续列出的相关支链设计中，可以合理地用平行四边形铰链 P_a 替换 P 副，或合理地用纯平动向铰 U^* 替换构成两移动的 P-P 结构，从而构造出更多合理的支链类型。此外，P 副、P_a 副与 U^* 副间的相对几何关系也可以衍生构造出不同的支链，可以根据需要合理配置其相对几何关系。

3.2　具有一维转动末端特征的机器人支链设计

具有一维转动末端特征的 G_{F} 集表达形式共有 7 种，分别为属于第一类 G_{F} 集的 $G_{\mathrm{F}}^{\mathrm{I}_3}$（$T_a$，$T_b$，$T_c$，$R_\alpha$）和 $G_{\mathrm{F}}^{\mathrm{I}_5}$（$T_a$，$T_b$，$R_\alpha$），以及属于第二类 G_{F} 集的 $G_{\mathrm{F}}^{\mathrm{II}_{15}}$（$T_a$，$T_b$，$R_\alpha$）、$G_{\mathrm{F}}^{\mathrm{II}_{16}}$（$R_\alpha$，$T_a$，$T_b$）、$G_{\mathrm{F}}^{\mathrm{II}_{17}}$（$T_a$，$R_\alpha$，$T_b$）、$G_{\mathrm{F}}^{\mathrm{II}_{19}}$（$R_\alpha$，$T_a$）和 $G_{\mathrm{F}}^{\mathrm{II}_{20}}$（$T_a$，$R_\alpha$）。下面将分别讨论 7 种具有一维转动末端特征的机器人支链设计问题。此外，$G_{\mathrm{F}}^{\mathrm{II}_{21}}$（$R_\alpha$）型支链为单关节构成的支链，其构型较为简单，不做过多介绍。

3.2.1 $G_{\mathrm{F}}^{\mathrm{I}_3}$（$T_a$，$T_b$，$T_c$，$R_\alpha$）类支链设计

$G_{\mathrm{F}}^{\mathrm{I}_3}$（$T_a$，$T_b$，$T_c$，$R_\alpha$）类支链具有三维移动特征和一维转动特征。其中的转动特征可以由一个转动副 R 生成，也可以通过 2 个或者 3 个相互平行的转动副 R 产生。根据空间转动轴线迁移定理，转动副 R 在支链中的位置并不影响 $G_{\mathrm{F}}^{\mathrm{I}_3}$（$T_a$，$T_b$，$T_c$，$R_\alpha$）类支链的末端特征。各类典型支链的名称及图例列于表 22-5-3 中。

表 22-5-3　　具有 $G_{\mathrm{F}}^{\mathrm{I}_3}$（$T_a$，$T_b$，$T_c$，$R_\alpha$）型末端特征的典型支链

运动副	P 副数量	R 副数量	支链	典型图例	条件
P,R	3	1	PPPR	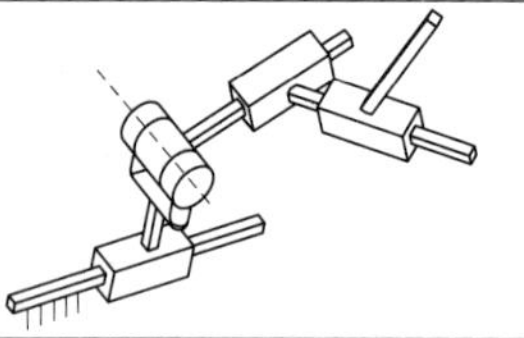	三个 P 副方向不共面
			PPRP		
			PRPP		
			RPPP		
	2	2	PPRR	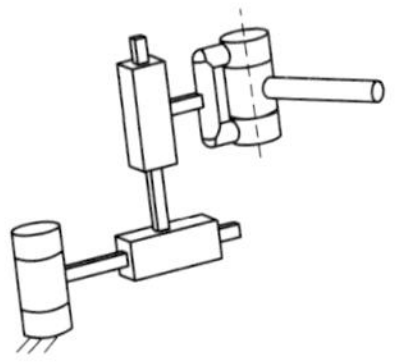	两个 R 副方向平行，两 P 副方向不平行且不同时垂直于 R 副方向
			PRRP		
			RRPP		
			PRPR		
			RPRP		
			RPPR		
	1	3	PRRR	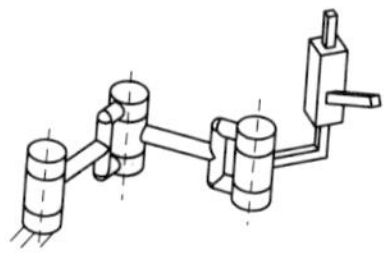	三个 R 副互相平行，P 副方向不垂直于 R 副方向
			RPRR		
			RRPR		
			RRRP		

3.2.2 $G_{\mathrm{F}}^{\mathrm{I}_5}$（$T_a$，$T_b$，$R_\alpha$）类支链设计

根据平面转动轴线迁移定理，$G_{\mathrm{F}}^{\mathrm{I}_5}$（$T_a$，$T_b$，$R_\alpha$）支链的转动副位置不影响转动特征 R_α 的位置。也就是说无论转动副处于支链中的任何位置，只要符合转动副轴线方向与移动特征 $\square T_aT_b$ 垂直的条件，支链末端则具有垂直于移动特征 $\square T_aT_b$ 的转动特征。据此，构建 $G_{\mathrm{F}}^{\mathrm{I}_5}$（$T_a$，$T_b$，$R_\alpha$）支链列于表 22-5-4 中。

表 22-5-4　　具有末端特征为 $G_{\mathrm{F}}^{\mathrm{I}_5}$（$T_a$，$T_b$，$R_\alpha$）的典型支链

运动副	P 副数量	R 副数量	支链	图例	条件
R	0	3	RRR	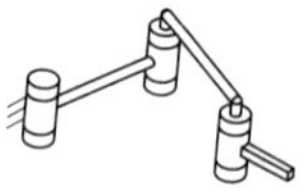	三个 R 副互相平行
P,R	2	1	PPR	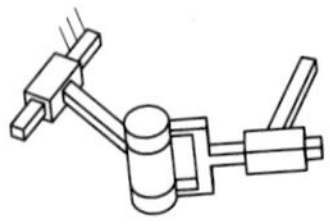	R 副方向垂直于两个 P 副构成的移动平面
			PRP		
			RPP		
	1	2	RRP	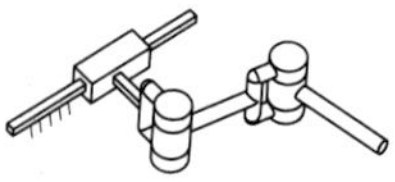	两个 R 副方向平行，且同时垂直于 P 副方向
			RPR		
			PRR		

3.2.3 $G_F^{\text{II}_{15}}$（T_a，T_b，R_α）类支链设计

$G_F^{\text{II}_{15}}$（T_a，T_b，R_α）类支链的转动特征 R_α 与移动特征 $\square T_aT_b$ 不垂直。根据这个特点，几种典型的支链及图例列于表 22-5-5 中。

表 22-5-5　　具有末端特征为 $G_F^{\text{II}_{15}}$（T_a，T_b，R_α）的典型支链

运动副	支链	图例	条件
P,R	PPR	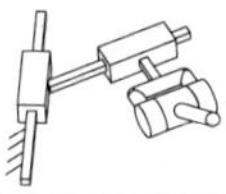	R 副方向不垂直于两 P 副构成的移动平面
P,C	PC	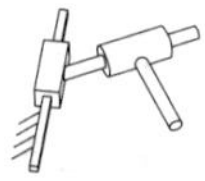	P 副与 C 副轴线不平行

3.2.4 $G_F^{\text{II}_{16}}$（R_α，T_a，T_b）类支链设计

$G_F^{\text{II}_{16}}$（R_α，T_a，T_b）类支链具有一个转动特征和两个移动特征。移动特征的存在不影响转动特征的位置。具有 $G_F^{\text{II}_{16}}$（R_α，T_a，T_b）型末端特征的支链及其简图列于表 22-5-6 中。要指出的是，所有该类型支链的转动轴线方向均不垂直于移动特征所在的平面。

表 22-5-6　　具有 $G_F^{\text{II}_{16}}$（R_α，T_a，T_b）型末端特征的支链

运动副	支链类型	图例	条件
R,P	RPP	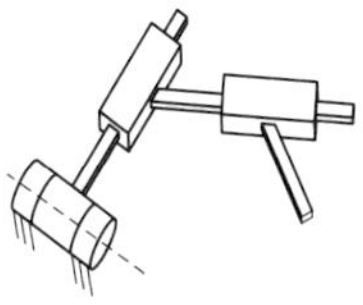	R 副方向不垂直于两 P 副构成的移动平面
C,P	CP	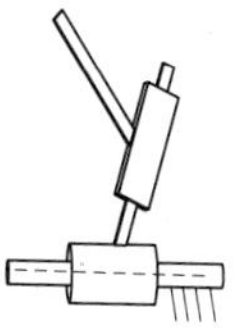	P 副与 C 副轴线不平行

3.2.5 $G_F^{\text{II}_{17}}$（T_a，R_α，T_b）类支链设计

$G_F^{\text{II}_{17}}$（T_a，R_α，T_b）类支链具有一个转动特征和两个移动特征。移动特征的存在不影响转动特征的位置，且转动特征位于两移动特征之间。具有 $G_F^{\text{II}_{17}}$（T_a，R_α，T_b）型末端特征的支链及其图例列于表 22-5-7 中。要指出的是，所有该类型支链的转动轴线方向均不垂直于移动特征所在的平面。

表 22-5-7　　具有 $G_F^{\text{II}_{17}}$（T_a，R_α，T_b）型末端特征的支链

运动副	支链类型	图例	条件
R,P	PRP	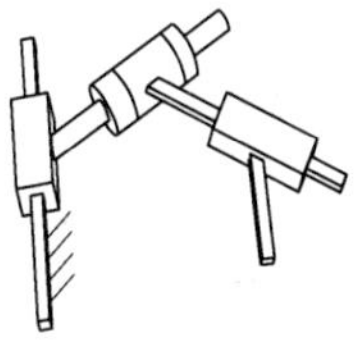	R 副方向不垂直于两 P 副构成的移动平面

续表

运动副	支链类型	图例	条件
C,P	PC	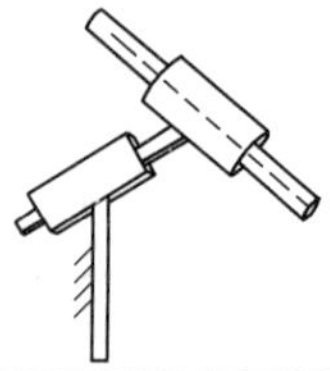	P 副与 C 副轴线不平行

3.2.6 $G_F^{Ⅱ_{19}}$（R_α，T_a）类支链设计

$G_F^{Ⅱ_{19}}$（R_α，T_a）类支链具有一个转动特征和一个移动特征。其中，转动特征所在轴线的位置不受移动特征的影响。$G_F^{Ⅱ_{19}}$（R_α，T_a）类支链及其图例列于表 22-5-8 中。当转动特征的轴线与移动特征的移动方向平行时，可以由圆柱副 C 构成该类支链。

表 22-5-8　　具有 $G_F^{Ⅱ_{19}}$（R_α，T_a）型末端特征的支链

运动副	支链类型	图例
R,P	RP	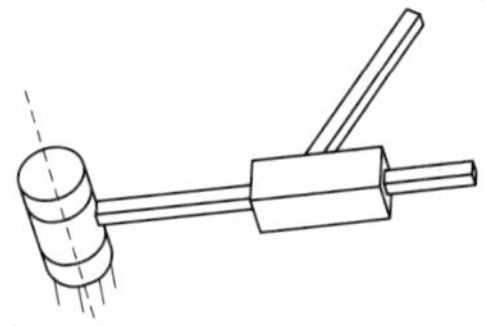
C	C	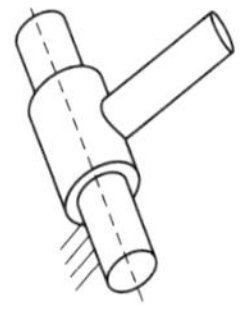

3.2.7 $G_F^{Ⅱ_{20}}$（T_a，R_α）类支链设计

具有 $G_F^{Ⅱ_{20}}$（T_a，R_α）型末端特征的支链具有一个移动特征和一个转动特征。该类支链的转动轴线在移动副 P 的作用下可以沿移动方向移动。具体的支链结构形式如表 22-5-9 所示。

表 22-5-9　　具有 $G_F^{Ⅱ_{20}}$（T_a，R_α）型末端特征的典型支链类型

运动副	支链类型	图例
P,R	PR	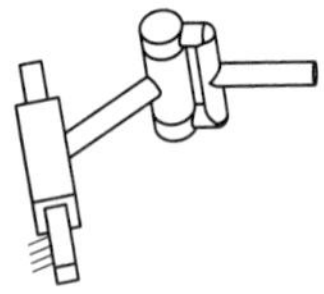

3.3 具有二维转动末端特征的机器人支链设计

具有二维转动末端特征的 G_F 集表达共有 8 种，分别为属于第一类 G_F 集的 $G_F^{Ⅰ_2}$（T_a，T_b，T_c，R_α，R_β）、属于第二类 G_F 集的 $G_F^{Ⅱ_{10}}$（R_α，R_β，T_a，T_b）、$G_F^{Ⅱ_{11}}$（T_a，T_b，R_α，R_β）、$G_F^{Ⅱ_{13}}$（T_a，R_α，R_β）、$G_F^{Ⅱ_{14}}$（R_α，R_β，T_a）和 $G_F^{Ⅱ_{18}}$（R_α，R_β），以及属于第三类 G_F 集的 $G_F^{Ⅲ_{25}}$（T_a，T_b，R_α，R_β）和 $G_F^{Ⅲ_{26}}$（R_α，T_a，T_b，R_β）。下面将分别讨论此 8 种具有二维转动末端特征的机器人支链设计问题。

3.3.1 $G_F^{I_2}$（T_a，T_b，T_c，R_α，R_β）类支链设计

$G_F^{I_2}$（T_a，T_b，T_c，R_α，R_β）型末端特征具有三维移动特征和两维转动特征。根据空间转动轴线迁移定理，该类支链中转动副的位置不影响支链末端的转动特征。因此，可以在保证支链具有两个转动特征的情况下，任意布置转动副的位置。按照转动副的个数，该类支链可分为 4 类，分别是具有 2、3、4 和 5 个转动副的支链。具有 $G_F^{I_2}$（T_a，T_b，T_c，R_α，R_β）型末端特征的支链及其图例列于表 22-5-10 中。

表 22-5-10　　具有 $G_F^{I_2}$（T_a，T_b，T_c，R_α，R_β）型末端特征的典型支链类型

运动副	P 副数量	R 副数量	支链		典型图例	条件
P,R	3	2	PPPRR	PPRPR	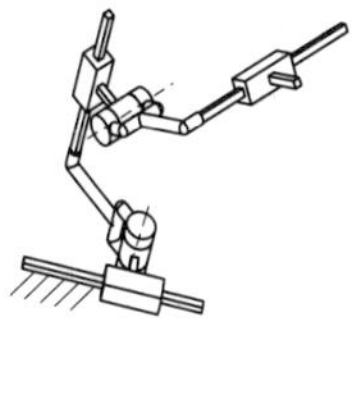	两个转动副轴线不平行
			PPRRP	RPPPR		
			PRPRP	PRRPP		
			RPPPR	RPPRP		
			RPRPP	RRPPP		
	2	3	PPRRR	PRRPR	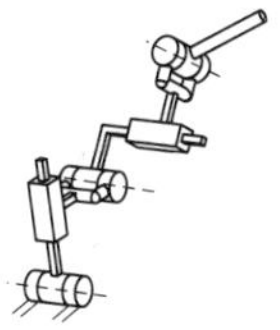	两个转动副轴线时刻平行并与另外一个转动副轴线不平行,两个平行的转动副间不能存在另外一个转动副
			PRPRR	PRRRP		
			RRRPP	RRPRP		
			RPPRR	RPRPR		
			RRPPR	RPRRP		
	1	4	PRRRR	RPRRR	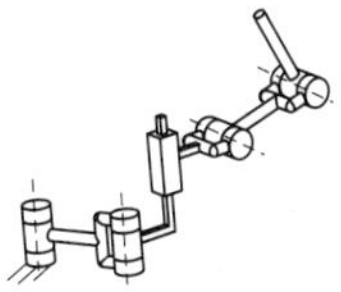	每两个转动副为一组。每组中的两个转动副轴线相互平行,不同组的转动副轴线相互不平行
			RRRPR	RRRRP		
			RRPRR			
			RRRPR	PRRRR	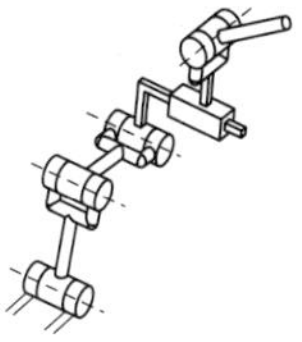	三个连续互相平行的转动副,且不平行于另外一个转动副
			RRPRR	RPRRR		
			RRRRP			
R	0	5	RRRRR		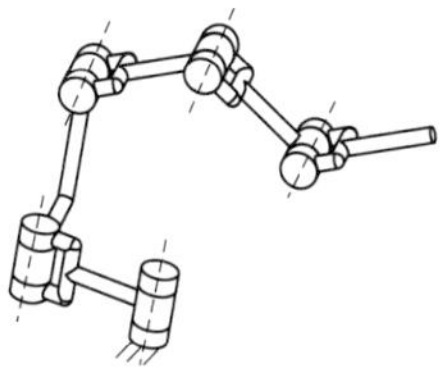	连续三个转动副轴线相互平行,且与另外两个连续平行的转动副不平行

3.3.2 $G_F^{II_{10}}$（R_α，R_β，T_a，T_b）类支链设计

$G_F^{II_{10}}$（R_α，R_β，T_a，T_b）型末端特征具有二维转动特征与二维移动特征。其转动特征的转动中心不能在二维移动特征平面内做二维移动，即二维转动特征的转动轴线均不垂直于二维移动特征构成的平面。典型的 $G_F^{II_{10}}$（R_α，R_β，T_a，T_b）型支链及其图例列于表 22-5-11 中。

表 22-5-11　　具有 $G_F^{\mathrm{II}_{10}}$（R_α，R_β，T_a，T_b）型末端特征的支链

运动副	支链	图例	条件
R,P	RRPP	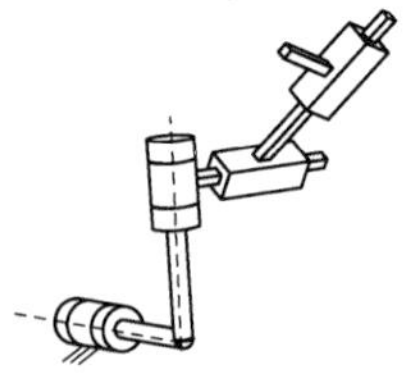	两个转动副轴线均不垂直于移动平面
R,C,P	RCP	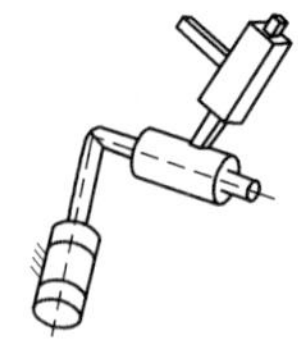	转动副轴线不垂直于 C 和 P 构成的移动平面

3.3.3　$G_F^{\mathrm{II}_{11}}$（T_a，T_b，R_α，R_β）类支链设计

$G_F^{\mathrm{II}_{11}}$（T_a，T_b，R_α，R_β）型末端特征具有二维转动特征与二维移动特征。其转动特征的转动中心不能在二维移动特征平面内做二维移动，即二维转动特征的转动轴线不垂直于二维移动特征构成的平面。典型的 $G_F^{\mathrm{II}_{11}}$（T_a，T_b，R_α，R_β）型支链及其图例列表 22-5-12 中。

表 22-5-12　　具有 $G_F^{\mathrm{II}_{11}}$（T_a，T_b，R_α，R_β）型末端特征的典型支链

运动副	支链	图例	条件
R,P	PPRR	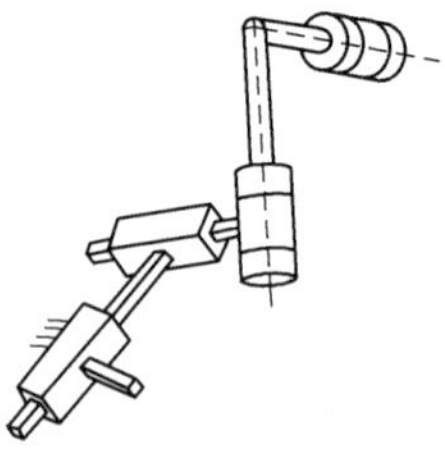	两个转动副轴线均不垂直于移动平面
R,C,P	PCR	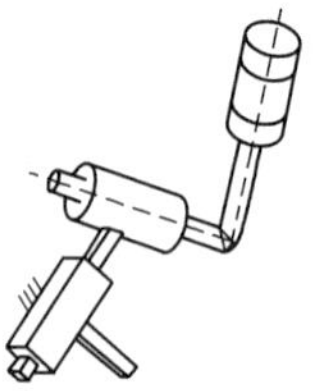	转动副轴线不垂直于 C 和 P 构成的移动平面

3.3.4　$G_F^{\mathrm{II}_{13}}$（T_a，R_α，R_β）类支链设计

$G_F^{\mathrm{II}_{13}}$（T_a，R_α，R_β）类支链具有一维移动特征和二维转动特征，且转动特征的转动中心的位置在移动特征的影响下会变化。通过转动副 R、移动副 P 以及圆柱副 C 的合理组合可构成该类支链。表 22-5-13 列出了具有 $G_F^{\mathrm{II}_{13}}$（T_a，R_α，R_β）型末端特征的典型支链及其图例。

表 22-5-13　　具有 $G_F^{\mathrm{II}13}$（T_a，R_α，R_β）型末端特征的支链

运动副	支链类型	图例
R,P	PRR	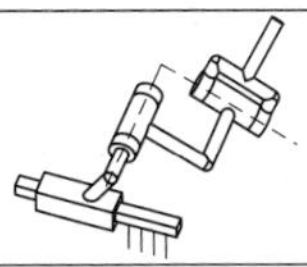
R,C	CR	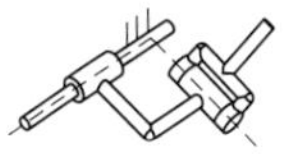

3.3.5　$G_F^{\mathrm{II}14}$（R_α，R_β，T_a）类支链设计

$G_F^{\mathrm{II}14}$（R_α，R_β，T_a）型末端特征具有二维转动特征和一维移动特征。其中二维转动特征的轴线交于转动中心。典型的支链类型及其图例列于表 22-5-14 中。

表 22-5-14　　具有 $G_F^{\mathrm{II}14}$（R_α，R_β，T_a）型末端特征的支链

运动副	支链类型	图例
R,P	RRP	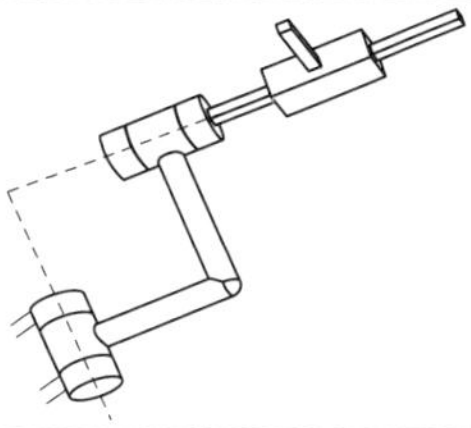
R,C	RC	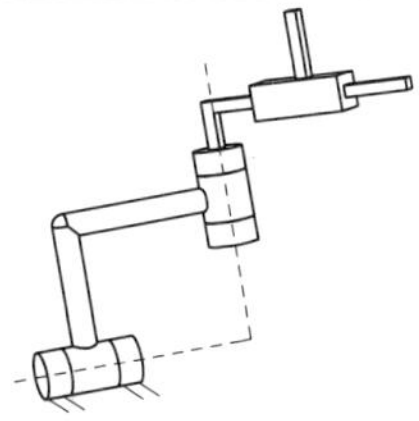

3.3.6　$G_F^{\mathrm{II}18}$（R_α，R_β）类支链设计

如表 22-5-15 所示，具有 $G_F^{\mathrm{II}18}$（R_α，R_β）型末端特征的支链仅有一种。RR 支链由两个轴线方向不同的转动副构成。需要指出的是，该支链也可以看作是一个由万向铰运动副构成的支链。

表 22-5-15　　具有 $G_F^{\mathrm{II}18}$（R_α，R_β）型末端特征的典型支链

运动副	支链类型	图例
R	RR	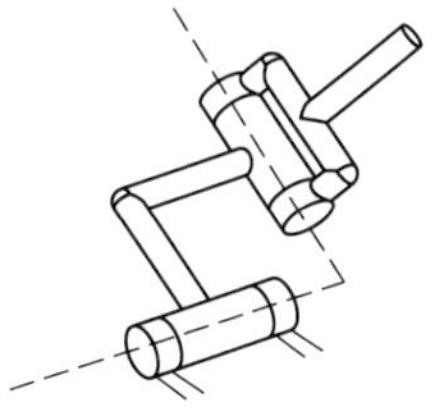

3.3.7　$G_F^{\mathrm{III}25}$（T_a，T_b，R_α，R_β）类支链设计

$G_F^{\mathrm{III}25}$（T_a，T_b，R_α，R_β）型末端特征具有二维转动特征和一维移动特征。第一个转动轴线垂直于前两个移动特征构成的移动平面。具体的支链类型及机构简图列于表 22-5-16 中。

表 22-5-16　　具有 $G_{\mathrm{F}}^{\mathrm{III}_{25}}$（$T_a$，$T_b$，$R_\alpha$，$R_\beta$）型末端特征的支链

运动副	P 副数量	R 副数量	支链	图例	条件
R,P	2	2	PPRR	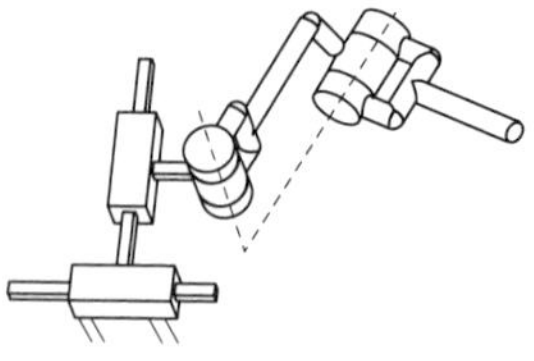	第一个转动副垂直于移动平面
	1	3	RRPR	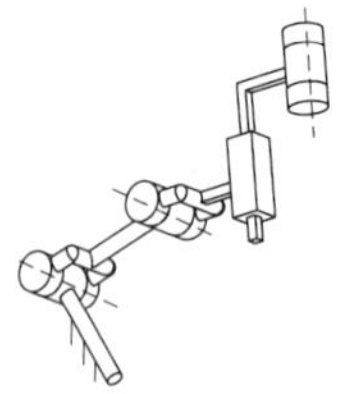	前两个 R 副平行，且垂直于 P 副，与第三个 R 副不平行
			RPRR		
			PRRR		
R	0	4	RRRR	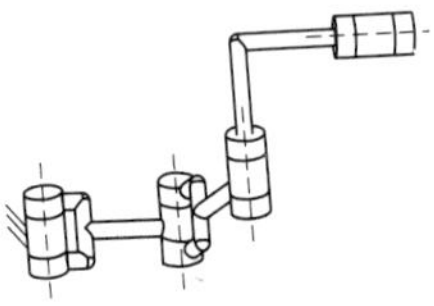	前三个转动副连续互相平行，且不平行于第四个转动副
R,P,C			PRC	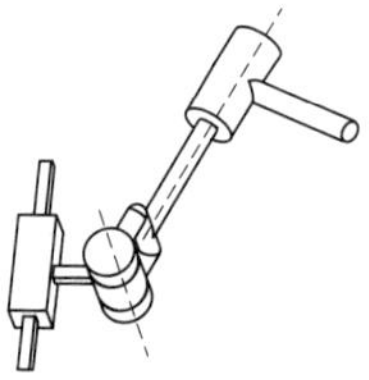	第一个 R 副垂直于 P 副和 C 副构成的移动平面

3.3.8　$G_{\mathrm{F}}^{\mathrm{III}_{26}}$（$R_\alpha$，$T_a$，$T_b$，$R_\beta$）类支链设计

$G_{\mathrm{F}}^{\mathrm{III}_{26}}$（$R_\alpha$，$T_a$，$T_b$，$R_\beta$）型末端特征具有二维转动特征和一维移动特征。后一个转动副轴线垂直于前两个移动特征构成的移动平面。具有 $G_{\mathrm{F}}^{\mathrm{III}_{26}}$（$R_\alpha$，$T_a$，$T_b$，$R_\beta$）型末端特征的典型支链及图例列于表 22-5-17 中。

表 22-5-17　　具有 $G_{\mathrm{F}}^{\mathrm{III}_{26}}$（$R_\alpha$，$T_a$，$T_b$，$R_\beta$）型末端特征的支链

运动副	P 副数量	R 副数量	支链	图例	条件
R,P	2	2	RPPR	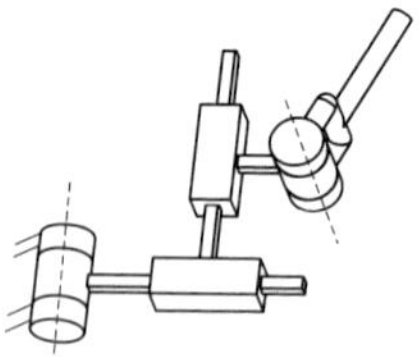	第二个转动副垂直于移动平面
	1	3	RRRP	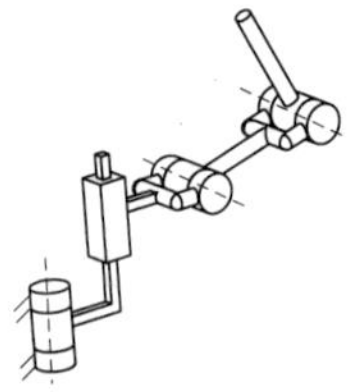	后两个 R 副平行，且垂直于 P 副，与第一个 R 副不平行
			RRPR		
			RPRR		

续表

运动副	P副数量	R副数量	支链	图例	条件
R	0	4	RRRR		后三个转动副连续互相平行，且不平行于第一个转动副
	R,P,C		CPR		第一个R副垂直于P副和C副构成的移动平面

3.4 具有三维转动末端特征的机器人支链设计

三维转动末端特征包括7种，分别为属于第一类 G_F 集的 $G_F^{I_1}$（T_a，T_b，T_c，R_α，R_β，R_γ），属于第二类 G_F 集的 $G_F^{II_8}$（R_α，R_β，R_γ，T_a）、$G_F^{II_9}$（T_a，R_α，R_β，R_γ）和 $G_F^{II_{12}}$（R_α，R_β，R_γ），以及属于第三类 G_F 集的 $G_F^{III_{22}}$（T_a，T_b，R_α，R_β，R_γ）、$G_F^{III_{23}}$（R_α，T_a，T_b，R_β，R_γ）和 $G_F^{III_{24}}$（R_α，R_β，T_a，T_b，R_γ）。这里将讨论上述7种类型的支链设计过程。

3.4.1 $G_F^{I_1}$（T_a，T_b，T_c，R_α，R_β，R_γ）类支链设计

$G_F^{I_1}$（T_a，T_b，T_c，R_α，R_β，R_γ）类支链非常多，三个转动副转动中心交于一点可以用S副代替三个R副。为简化表达，表22-5-18所给出的支链形式均采用S副替换转动轴线交于一点的三个R副，因此，以三个R副替换所给出的支链形式中的S副也为合理构造。此外，根据空间转动轴线迁移定理，S副可以在支链中的任意位置。表22-5-18仅列出了部分常用的支链形式，上述支链相应的机构简图显示在相应图例中。

表22-5-18　具有 $G_F^{I_1}$（T_a，T_b，T_c，R_α，R_β，R_γ）型末端特征的支链

运动副	支链类型	图例	运动副	支链类型	图例
P,S	PPPS		U,P,S	UPS	
				PUS	
	SPS		R,S	SRS	
	PSS			RSS	

3.4.2 $G_F^{II_8}$（R_α，R_β，R_γ，T_a）类支链设计

$G_F^{II_8}$（R_α，R_β，R_γ，T_a）型末端特征具有三维转动特征和一维移动特征，且移动特征的存在不影响转动特征的转动中心位置。具有 $G_F^{II_8}$（R_α，R_β，R_γ，T_a）型末端特征的典型支链及相关的机构简图列于表22-5-19中。

表 22-5-19　　具有 $G_F^{\mathrm{II}_8}$（R_α，R_β，R_γ，T_a）型末端特征的支链

运动副	支链	图例	条件
R,P	RRRP	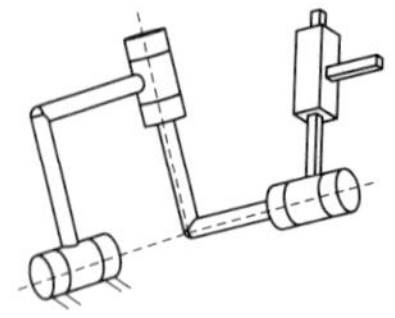	三个 R 副转动轴线方向不共面
R,C	RRC	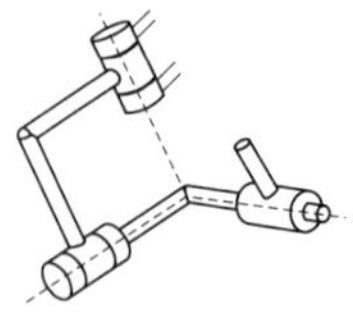	
S,P	SP		

3.4.3　$G_F^{\mathrm{II}_9}$（T_a，R_α，R_β，R_γ）类支链设计

$G_F^{\mathrm{II}_9}$（T_a，R_α，R_β，R_γ）型末端特征具有一维移动特征与三维转动特征，且转动特征的转动中心位置可受移动特征的影响而变化。具有 $G_F^{\mathrm{II}_9}$（T_a，R_α，R_β，R_γ）型末端特征的典型支链及其图例列于表 22-5-20 中。

表 22-5-20　　具有 $G_F^{\mathrm{II}_9}$（T_a，R_α，R_β，R_γ）型末端特征的支链

运动副	支链	图例	条件
P,R	PRRR	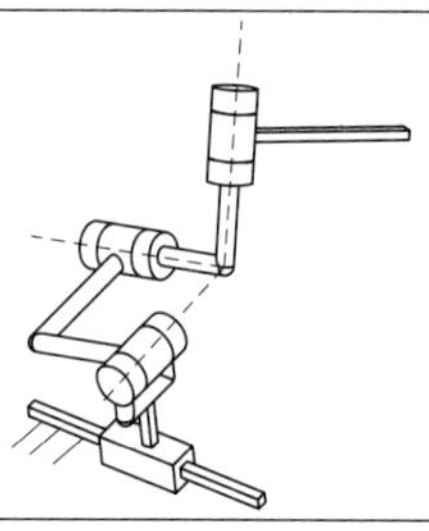	三个 R 副转动轴线不共面
P,S	PS		
C,R	CRR	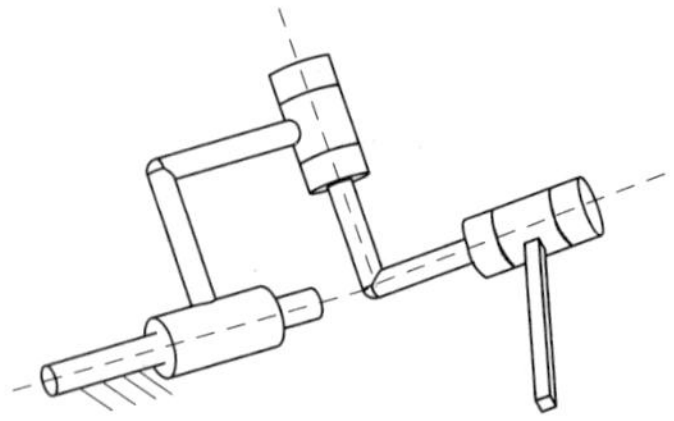	

3.4.4 $G_F^{\mathrm{II}_{12}}$（R_α，R_β，R_γ）类支链设计

$G_F^{\mathrm{II}_{12}}$（R_α，R_β，R_γ）型末端特征的（RRR）$_0$❶ 支链由三个转动轴线交于转动中心的转动副 R 构成（图 22-5-4a），或由一个 S 副构成（图 22-5-4b）。（RRR）$_0$ 支链的具体结构形式见图 22-5-4。

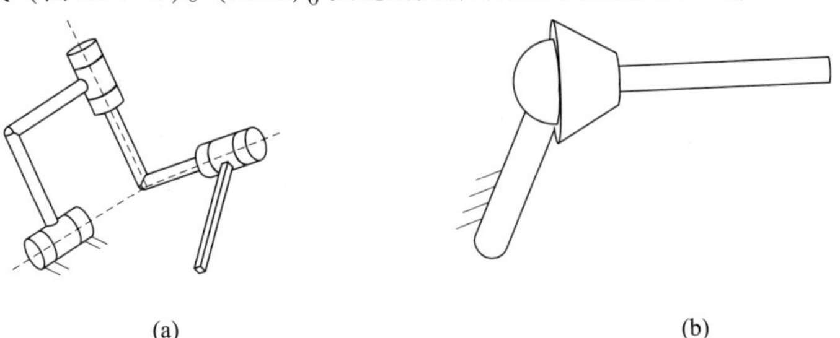

(a) (b)

图 22-5-4 具有 $G_F^{\mathrm{II}_{12}}$（R_α，R_β，R_γ）型末端特征的支链示意图

3.4.5 $G_F^{\mathrm{III}_{22}}$（T_a，T_b，R_α，R_β，R_γ）类支链设计

$G_F^{\mathrm{III}_{22}}$（T_a，T_b，R_α，R_β，R_γ）型末端特征具有二维移动特征和三维转动特征，且转动特征的转动中心可在移动特征的作用下在移动特征所在平面内做二维移动。表 22-5-21 列出了具有 $G_F^{\mathrm{III}_{22}}$（T_a，T_b，R_α，R_β，R_γ）型末端特征的典型支链类型。

表 22-5-21　　具有 $G_F^{\mathrm{III}_{22}}$（T_a，T_b，R_α，R_β，R_γ）型末端特征的支链

运动副	P 副数量	R 副数量	支链	典型图例	条件
P,R	2	3	PPRRR		第一个 R 副垂直于移动平面，三个 R 副方向不共面
			PRPRR		
			RPPRR		
	1	4	PRRRR		前两个 R 副平行且均垂直于 P 副，后两个 R 副互相不平行且均不平行于前两个 R 副的方向
			RRPRR		
			RPRRR		
			PRRRR		
R	0	5	RRRRR		前三个 R 副方向平行，后两个 R 副方向不平行且与前三个 R 副不平行

3.4.6 $G_F^{\mathrm{III}_{23}}$（R_α，T_a，T_b，R_β，R_γ）类支链设计

$G_F^{\mathrm{III}_{23}}$（R_α，T_a，T_b，R_β，R_γ）型末端特征具有二维移动特征和三维转动特征，且转动特征的转动轴线受移

❶（ ）$_0$ 表示运动副轴线共点；后续出现的（ ）$_\parallel$ 表示运动副轴线平行。

动特征的影响。表 22-5-22 列出了具有 $G_F^{Ⅲ_{23}}$（R_α，T_a，T_b，R_β，R_γ）型末端特征的典型支链类型。

表 22-5-22　　具有 $G_F^{Ⅲ_{23}}$（R_α，T_a，T_b，R_β，R_γ）型末端特征的支链

运动副	P 副数量	R 副数量	支链	典型图例	条件
P,R	2	3	RPPRR	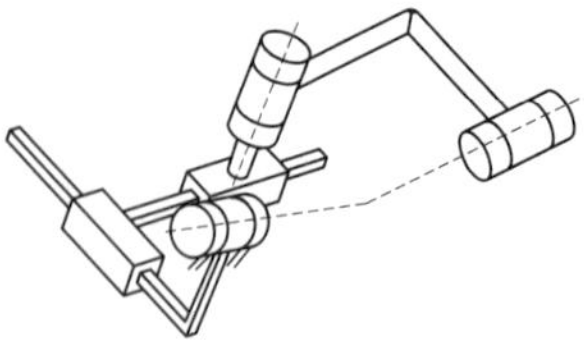	第二个 R 副方向垂直于移动平面,三个 R 副方向不共面
			RPRPR		
			RRPPR		
	1	4	RRRPR	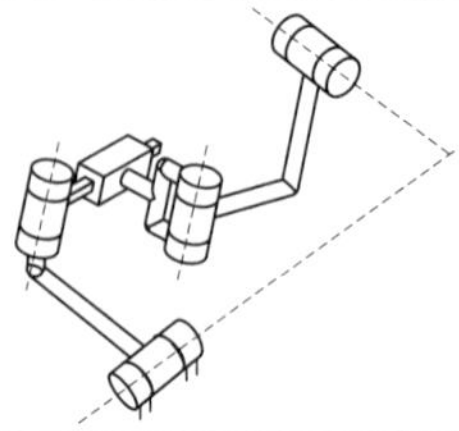	中间两个 R 副平行且均垂直于 P 副,第一个与最后一个 R 副互相不平行且均不平行于中间两个 R 副的方向
			RRPRR		
			RPRRR		
R	0	5	RRRRR	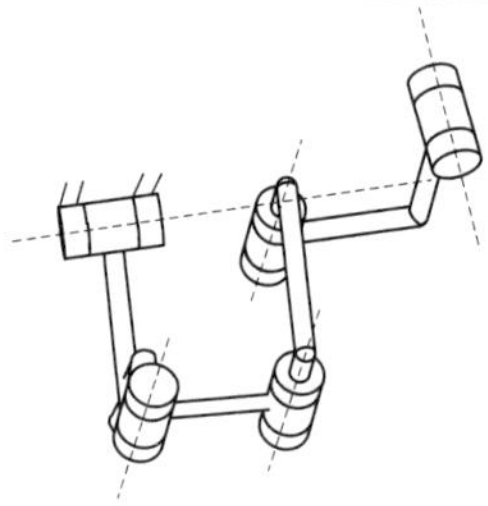	中间三个 R 副方向平行,第一与第五个 R 副方向互不平行且不平行于中间三个 R 副方向
R,C,P			CPRR	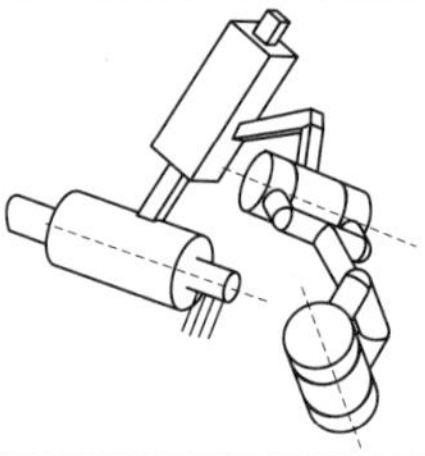	第一个 R 副垂直于 P 副与 C 副构成的移动平面,且与 C 副和第二个 R 副的转动方向均不平行或共面

3.4.7　$G_F^{Ⅲ_{24}}$（R_α，R_β，T_a，T_b，R_γ）类支链设计

$G_F^{Ⅲ_{24}}$（R_α，R_β，T_a，T_b，R_γ）型末端特征具有二维移动特征和三维转动特征，且转动特征轴线受移动特征的影响。表 22-5-23 列出了具有 $G_F^{Ⅲ_{24}}$（R_α，R_β，T_a，T_b，R_γ）型末端特征的典型支链类型。

表 22-5-23　　具有 $G_F^{Ⅲ_{24}}$（R_α，R_β，T_a，T_b，R_γ）型末端特征的支链

运动副	P 副数量	R 副数量	支链	典型图例	条件
P,R	2	3	RRPPR	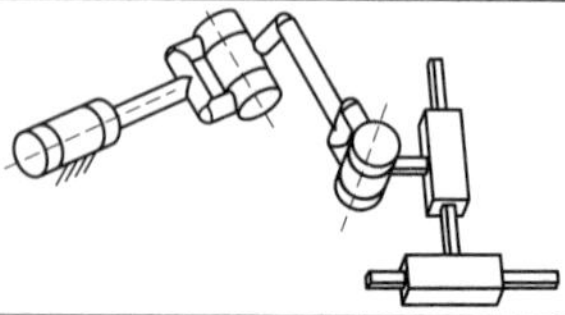	第三个 R 副方向垂直于移动平面,三个 R 副方向不共面
			RRPRP		
			RRRPP		
	1	4	RRRPR	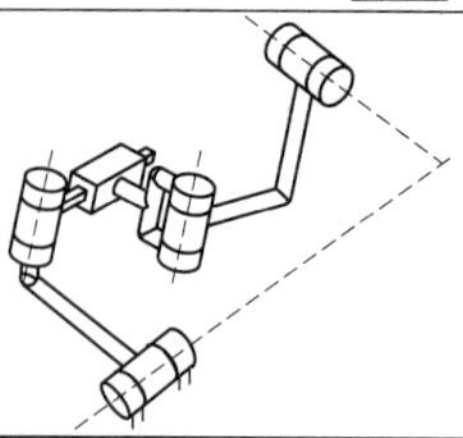	后两个 R 副平行且均垂直于 P 副,前个 R 副互相不平行且均不平行于后两个 R 副的方向
			RRPRR		
			RRRRP		

续表

运动副	P副数量	R副数量	支链	典型图例	条件
R	0	5	RRRRR	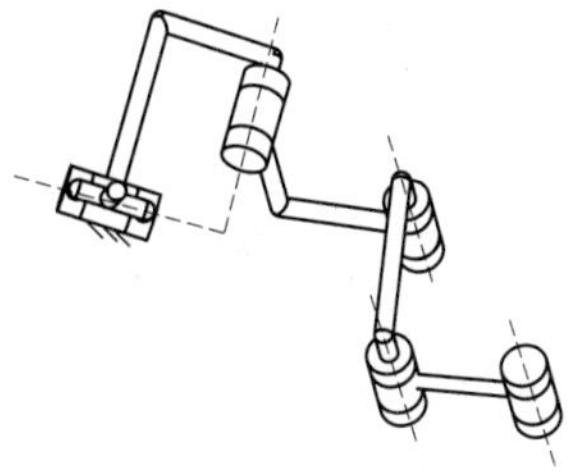	后三个R副方向平行,且与前两个R副均不平行或共面
R,C,P			RCPR	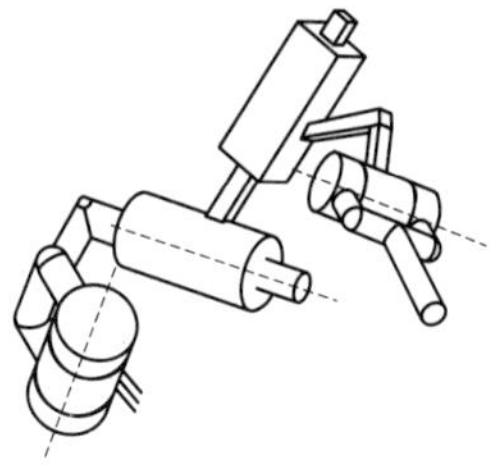	最后一个R副垂直于P副与C副构成的移动平面,且与C副和第一个R副的转动方向均不平行或共面

4 并联机构整体构型设计

4.1 纯移动并联机构

4.1.1 二维移动并联机构

表 22-5-24 **并联 $2\text{-}PP_a$ 机构**

图例	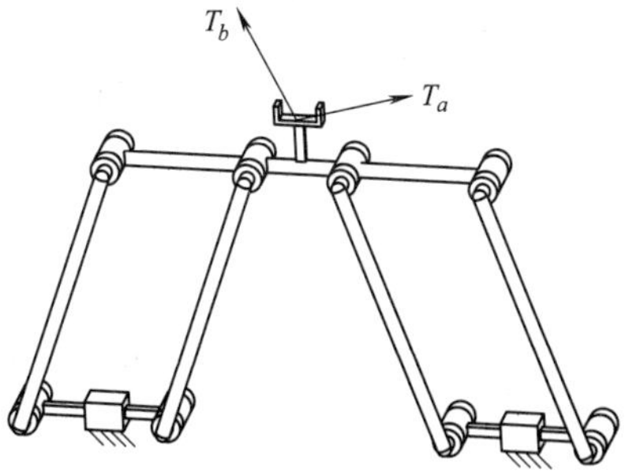 T_b T_a
求交构型	$\bigcap_{i=1}^{2} G_{Fi}^{I_6}(T_{ai}, T_{bi}) = G_F^{I_6}(T_a, T_b)$ $\square T_{a1}T_{b1} \parallel \square T_{a2}T_{b2}$
结构特点	存在2个平行四边形机构
运动副	2个P副、8个R副
驱动形式	2个P副
特点	2个驱动耦合;负载由2个驱动共同承担

表 22-5-25　　并联 2-PP 机构

图例	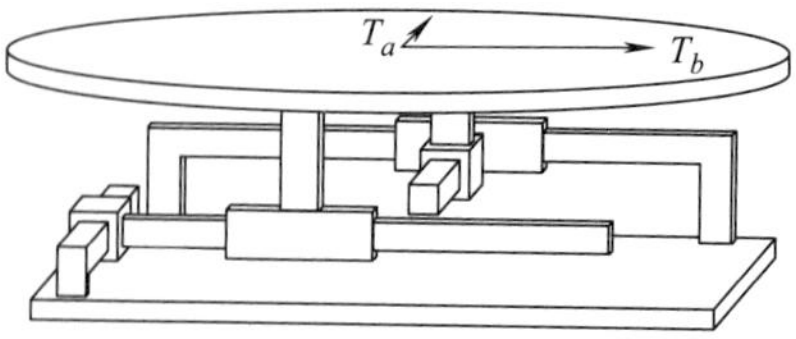
求交构型	$\bigcap_{i=1}^{2} G_{Fi}^{I_6}(T_{ai},T_{bi})=G_F^{I_6}(T_a,T_b)$
结构特点	2 个 P 副相互垂直
运动副	4 个 P 副
驱动形式	2 个 P 副
特点	2 个驱动解耦,且驱动量与动平台运动恒等映射;2 个方向的负载分别由对应驱动独立承担

4.1.2　三维移动并联机构

表 22-5-26　　并联 3-PU* 机构

图例	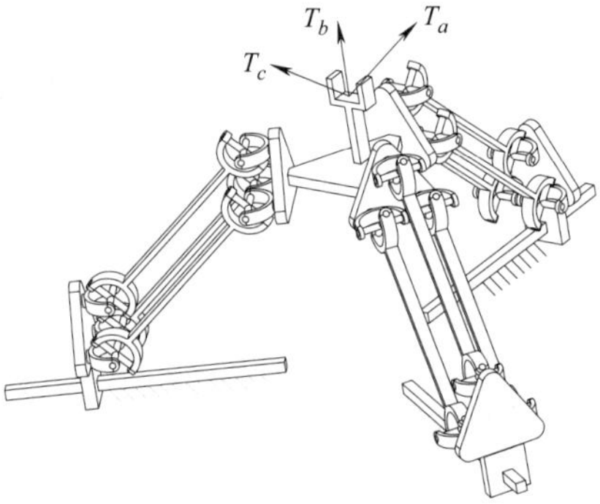
求交构型	$\bigcap_{i=1}^{3} G_{Fi}^{I_4}(T_{ai},T_{bi},T_{ci})=G_F^{I_4}(T_a,T_b,T_c)$
结构特点	3 条支链由复合运动副 U* 构成,由静平台上的 P 副驱动
运动副	3 个 P 副,18 个 U 副
驱动形式	3 个 P 副
特点	3 个驱动耦合

表 22-5-27　　并联 3-R（2-UU）机构

图例	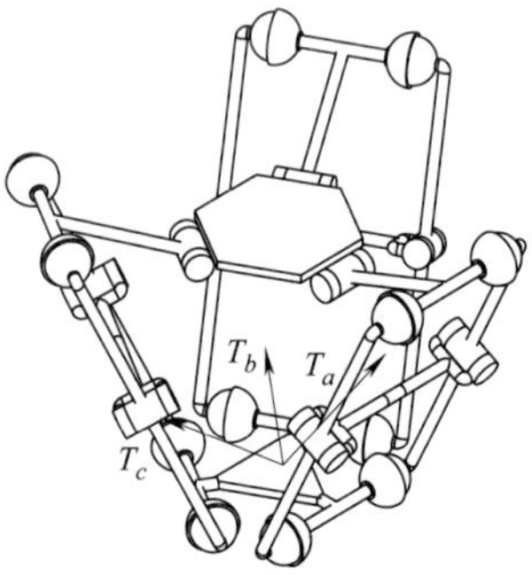

续表

求交构型	$\bigcap_{i=1}^{3} G_{\mathrm{F}i}^{\mathrm{I}3}(T_{ai},T_{bi},T_{ci},R_{\alpha})=G_{\mathrm{F}}^{\mathrm{I}4}(T_a,T_b,T_c)$
结构特点	每条支链中都包含一个由 4 个 S 副形成的闭环结构，通过 2 个 R 副令该闭环结构中各杆件始终处于同一平面，由静平台上的 R 副带动整个支链运动
运动副	9 个 R 副，12 个 S 副
驱动形式	静平台上 3 个 R 副
特点	3 个驱动耦合

4.2 纯转动并联机构

4.2.1 二维转动并联机构

表 22-5-28　　并联 $(\mathrm{RR})_{\mathrm{O}}$-$(\mathrm{RRR})_{\mathrm{O}}$ 机构

图例	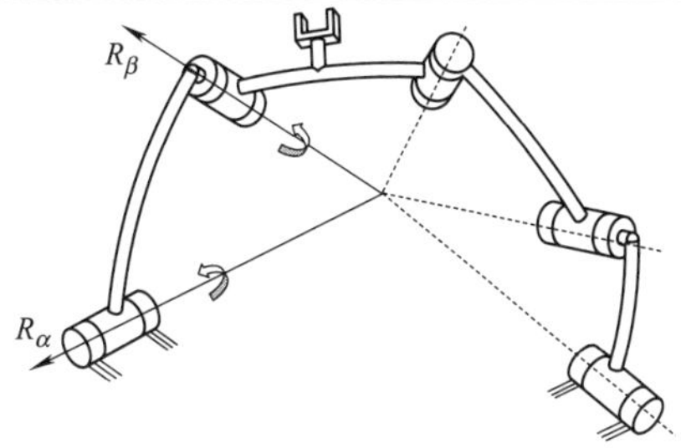
求交构型	$G_{\mathrm{F1}}^{\mathrm{II}18}(R_{\alpha1},R_{\beta1})\cap G_{\mathrm{F2}}^{\mathrm{II}12}(R_{\alpha2},R_{\beta2},R_{\gamma2})=G_{\mathrm{F}}^{\mathrm{II}18}(R_{\alpha},R_{\beta})$ $O_1=O_2$
结构特点	两条支链不同，所有 R 副的轴线始终汇交于同一点；两条支链分别包含 2 个和 3 个 R 副
运动副	5 个 R 副
驱动形式	静平台上的 2 个 R 副
特点	2 个驱动耦合，动平台始终围绕汇交点转动

4.2.2 三维转动并联机构

表 22-5-29　　并联 3-$(\mathrm{RRR})_{\mathrm{O}}$ 机构

图例	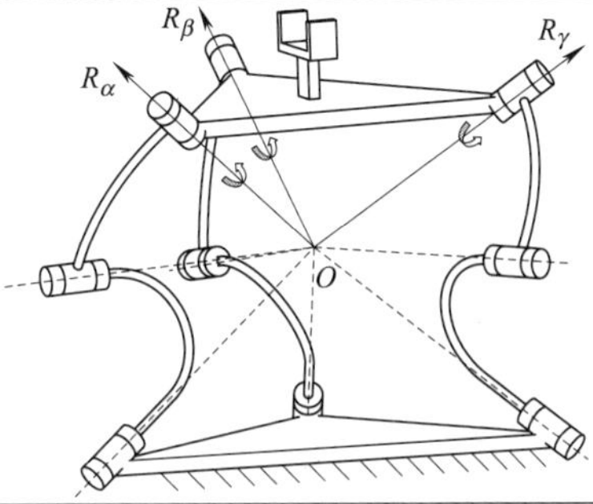
求交构型	$\bigcap_{i=1}^{3} G_{\mathrm{F}i}^{\mathrm{II}12}(R_{\alpha i},R_{\beta i},R_{\gamma i})=G_{\mathrm{F}}^{\mathrm{II}12}(R_{\alpha},R_{\beta},R_{\gamma})$ O_i 均重合
结构特点	所有 R 副的轴线始终汇交于同一点
运动副	9 个 R 副
驱动形式	静平台上的 3 个 R 副
特点	3 个驱动耦合，动平台始终围绕汇交点转动

4.3 少自由度并联机构

4.3.1 一移一转并联机构

表 22-5-30　　并联 PR-RP$_a$R 机构

图例	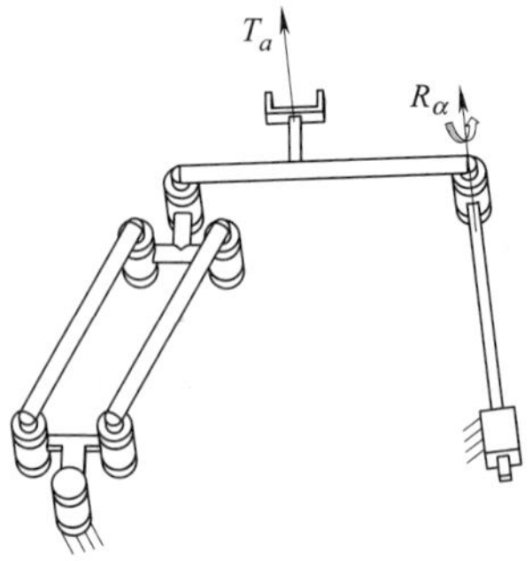 T_a R_α
求交构型	$G_{F1}^{I_5}(T_{a1},T_{b1},R_{\alpha1})\cap G_{F2}^{II_{20}}(T_{a2},R_{\alpha2})=G_F^{II_{20}}(T_a,R_\alpha)$ $T_{a2}\parallel\square T_{a1}T_{b1},R_{\alpha1}\parallel R_{\alpha2}$
结构特点	两条支链不同,P 副支链的末端平移运动特征平行于平行四边形支链的运动平面,两条支链的末端旋转运动特征平行
运动副	7 个 R 副 和 1 个 P 副
驱动形式	静平台上的 1 个 R 副和 1 个 P 副
特点	2 个驱动耦合,动平台可沿 P 副轴线方向平移,以及绕垂直纸面的方向转动

4.3.2 二移一转并联机构

表 22-5-31　　并联 3-(RRR)$_{\parallel}$ 机构

图例	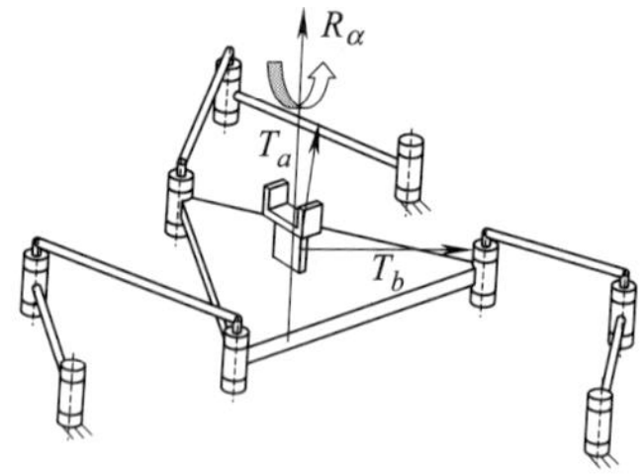 R_α T_a T_b
求交构型	$\bigcap_{i=1}^{3}G_{Fi}^{I_5}(T_{ai},T_{bi},R_{\alpha i})=G_F^{I_5}(T_a,T_b,R_\alpha)$ $R_{\alpha1}\parallel R_{\alpha2}\parallel R_{\alpha3}$
结构特点	所有的 R 副轴线平行
运动副	9 个 R 副
驱动形式	静平台上的 3 个 R 副
特点	3 个驱动耦合,动平台可绕 R 副轴线方向旋转,以及在垂直于 R 副轴线的平面内平移

4.3.3 三移一转并联机构

表 22-5-32　　并联 4-PU* R 机构

图例	
求交构型	$\bigcap_{i=1}^{4} G_{Fi}^{\mathrm{I}_3}(T_{ai},T_{bi},T_{ci},R_{\alpha i}) = G_{F}^{\mathrm{I}_3}(T_a,T_b,T_c,R_\alpha)$ $R_{\alpha 1} \parallel R_{\alpha 2} \parallel R_{\alpha 3} \parallel R_{\alpha 4}$
结构特点	所有支链的末端旋转运动特征平行
运动副	4 个 P 副,24 个 U 副,4 个 R 副
驱动形式	4 个 P 副
特点	4 个驱动耦合

4.3.4 一移二转并联机构

表 22-5-33　　并联 3-PP$_a$RRR 机构

图例	
求交构型	$\bigcap_{i=1}^{3} G_{Fi}^{\mathrm{III}_{22}}(T_{ai},T_{bi},R_{\alpha i},R_{\beta i},R_{\gamma i}) = G_{F}^{\mathrm{II}_{13}}(T_a,R_\alpha,R_\beta)$ $\square T_{a1}T_{b1} \parallel \square T_{a2}T_{b2}, \square T_{a3}T_{b3} \perp \square T_{a1}T_{b1}, O_i$ 共线不重合
结构特点	三条支链结构相同,但是与动平台和静平台的连接非均布
运动副	3 个 P 副,21 个 R 副
驱动形式	3 个 P 副
特点	3 个驱动耦合,动平台可沿 P 副轴线方向平移,以及绕垂直于 P 副轴线的两个方向旋转

4.3.5 二移二转并联机构

表 22-5-34　　并联 4-(RRR)$_{\parallel}$ RR 机构

图例	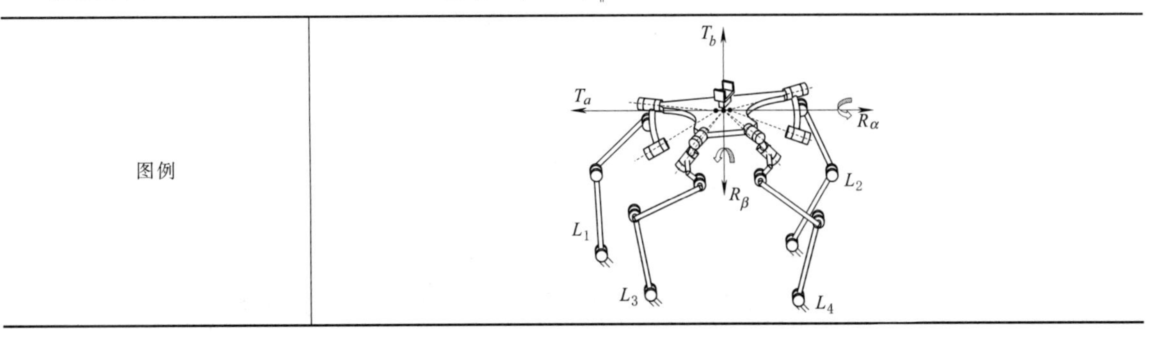

续表

求交构型	$\bigcap_{i=1}^{4} G_{\mathrm{F}i}^{\mathrm{III}22}(T_{ai},T_{bi},R_{\alpha i},R_{\beta i},R_{\gamma i})=G_{\mathrm{F}}^{\mathrm{III}25}(T_a,T_b,R_\alpha,R_\beta)$ $\square T_{a1}T_{b1}\parallel\square T_{a2}T_{b2}\parallel\square T_{a3}T_{b3}\parallel\square T_{a4}T_{b4}$,$O_i$ 共线,O_3O_4 重合,O_3 与 O_1O_2 不重合
结构特点	四条支链结构相同,但是与动平台和静平台的连接非均布,而是左右对称;对多个 R 副轴线汇交点有共线、重合或者非重合要求
运动副	20 个 R 副
驱动形式	静平台上的 4 个 R 副
特点	4 个驱动耦合,动平台可在垂直于驱动关节轴线的平面内平移运动,以及产生两自由度旋转,旋转轴线位于动平台上 R 副轴线形成的平面内

4.3.6 三移二转并联机构

表 22-5-35　　并联 5-SPS&PU*RR 机构

图例	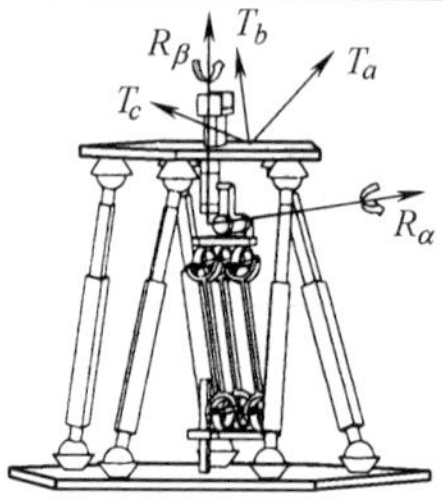
求交构型	$\bigcap_{i=1}^{5} G_{\mathrm{F}i}^{\mathrm{I}_1}(T_{ai},T_{bi},T_{ci},R_{\alpha i},R_{\beta i},R_{\gamma i})\cap G_{\mathrm{F}6}^{\mathrm{I}_2}(T_{a6},T_{b6},T_{c6},R_{\alpha 6},R_{\beta 6})=G_{\mathrm{F}}^{\mathrm{I}_2}(T_a,T_b,T_c,R_\alpha,R_\beta)$
结构特点	本 5-SPS&PU*RR 并联机构含有 6 条支链,支链不完全相同,SPS 支链在平台间均匀分布,并在中央存在约束支链 PU*RR,该支链两个转动副交于一点但不同轴
运动副	6 个 P 副,10 个 S 副,2 个 R 副,1 个 U* 副
驱动形式	5 个 SPS 支链中的 P 副为主动关节,其余为被动关节,支链 PU*RR 为被动支链
特点	5 个驱动耦合,动平台可以产生三维移动,以及绕两个转动副轴线的二维旋转

4.3.7 一移三转并联机构

表 22-5-36　　并联 4-P(RRR)$_{\mathrm{O}}$ 机构

图例	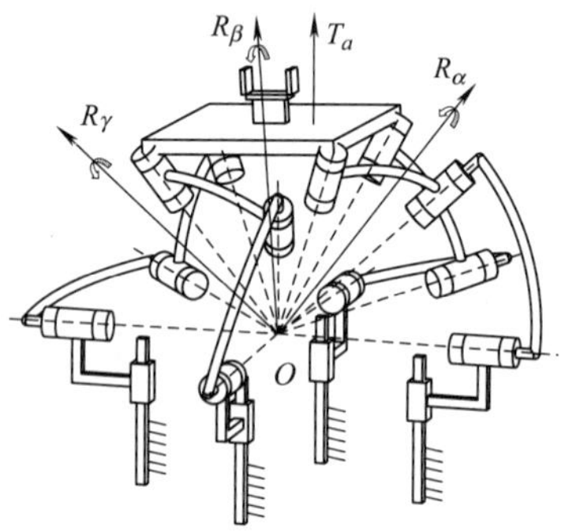
求交构型	$\bigcap_{i=1}^{4} G_{\mathrm{F}i}^{\mathrm{II}9}(T_{ai},R_{\alpha i},R_{\beta i},R_{\gamma i})=G_{\mathrm{F}}^{\mathrm{II}9}(T_a,R_\alpha,R_\beta,R_\gamma)$　$T_{a1}\parallel T_{a2}\parallel T_{a3}\parallel T_{a4}$,$O_i$ 均重合
结构特点	4 条支链结构相同,且均匀布置;4 个 P 副平行,所有 R 副轴线汇交于一点
运动副	4 个 P 副,16 个 R 副
驱动形式	4 个 P 副
特点	4 个驱动耦合,动平台可产生三维旋转,以及沿 P 副轴线方向的平移

4.3.8 二移三转并联机构

表 22-5-37　　并联 5-（RRR）$_{\parallel}$（RR）$_{O}$ 机构

图例	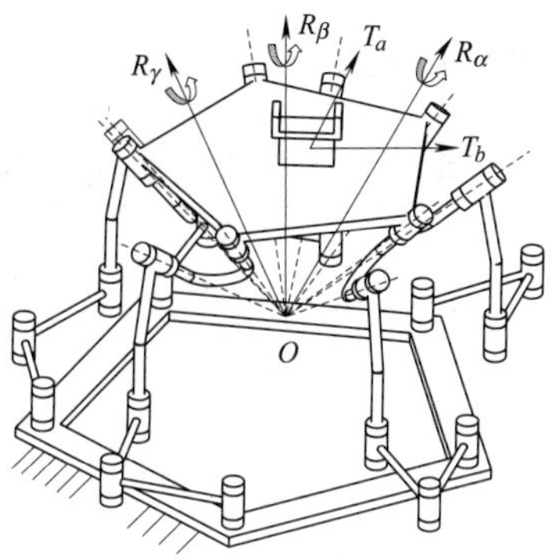
求交构型	$\bigcap_{i=1}^{5} G_{Fi}^{Ⅲ22}(T_{ai},T_{bi},R_{\alpha i},R_{\beta i},R_{\gamma i})=G_{F}^{Ⅲ22}(T_a,T_b,R_\alpha,R_\beta,R_\gamma)$　▱$T_{ai}T_{bi}$ 均平行，O_i 均重合
结构特点	5 条支链结构相同，且均匀布置；所有支链靠近动平台的 2 个 R 副的轴线均汇交于一点
运动副	25 个 R 副
驱动形式	静平台上的 5 个 R 副
特点	5 个驱动耦合，动平台可产生三维旋转，以及在垂直于驱动 R 副轴线的平面内的平移

4.4 六自由度并联机构

表 22-5-38　　并联 6-SPS 机构

图例	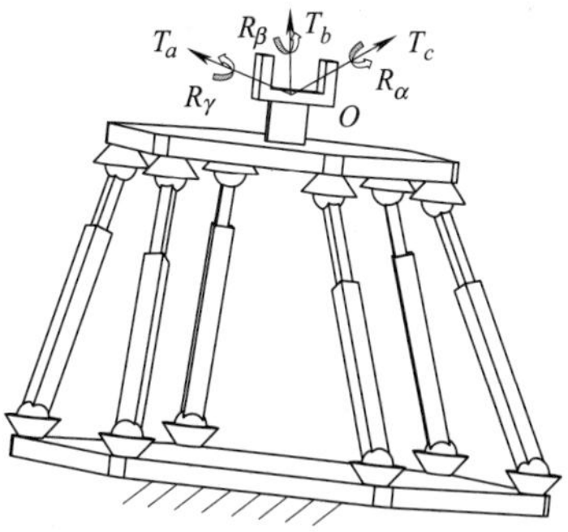
求交构型	$\bigcap_{i=1}^{6} G_{Fi}^{Ⅰ1}(T_{ai},T_{bi},T_{ci},R_{\alpha i},R_{\beta i},R_{\gamma i})=G_{F}^{Ⅰ1}(T_a,T_b,T_c,R_\alpha,R_\beta,R_\gamma)$
结构特点	6 条支链结构相同
运动副	6 个 P 副，12 个 S 副
驱动形式	6 个 P 副
特点	6 个驱动耦合，动平台可实现空间中全维移动和转动

5 典型并联机构案例分析

5.1 纯移动并联机构案例

表 22-5-39 **Delta 三移动并联机构案例**（参考表 22-5-27 的构型设计）

结构及原理图	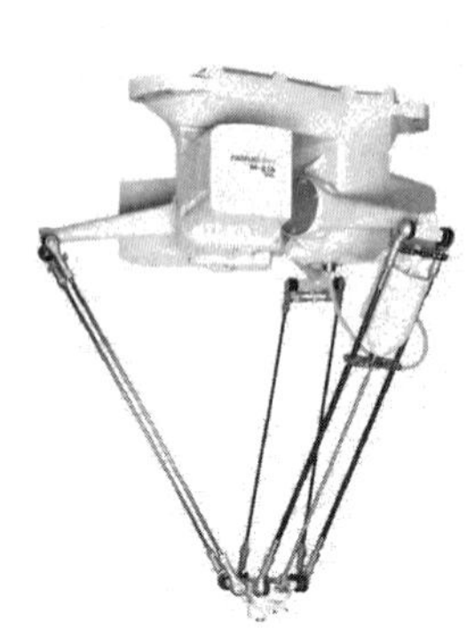 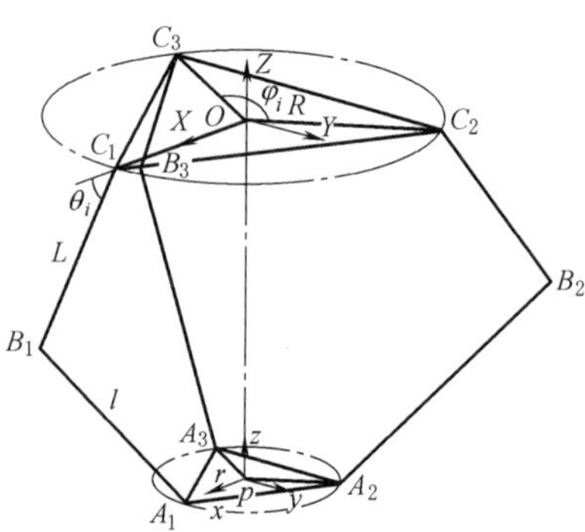 Delta 机构样机与原理图
结构特点	(1)空间对称并联机构 (2)由伺服电机、机架、动平台和运动支链构成 (3)定平台和动平台之间由 3 个结构完全相同的支链连接，支链可复制性高
运动学	建立 Delta 机构简化数学模型如原理图所示，其中圆 O 所在平面为定平台，圆 p 所在平面为动平台，$\Delta C_1C_2C_3$ 和 $\Delta A_1A_2A_3$ 为等边三角形，点 C_1、C_2、C_3、A_1、A_2、A_3 分别为三个主动臂和三个从动臂与静、动两个平台的连接点 以静平台中心 O 建立坐标系 $O-XYZ$，以动平台中心 p 建立坐标系 $p-xyz$。由 Delta 机构的设计原理可知三条支链完全对称，因此不妨设第 $i(i=1,2,3)$ 条支链的主动臂 $\|B_iC_i\|$ 长度为 L，从动臂 $\|A_iB_i\|$ 长度为 l，主动臂与静平台夹角为 θ_i，三条支链与 X 轴的夹角为 $\varphi_i=2(i-1)\pi/3, i=1,2,3$，静止平台半径为 R，动平台半径为 r 当给定末端 p 点位置 (x,y,z) 时，可根据杆长约束求解主动臂转角 θ_i 如下： $$\theta_i=2\arctan\frac{-B_i-\sqrt{B_i^2-4A_iC_i}}{2A_i}\quad i=1,2,3$$ 其中 $A_1=\dfrac{x^2+y^2+z^2+(R-r)^2+L^2-l^2-2x(R-r)}{2L}-(R-r-x)$ $B_1=2z$ $C_1=\dfrac{x^2+y^2+z^2+(R-r)^2+L^2-l^2-2x(R-r)}{2L}+(R-r-x)$ $A_2=\dfrac{x^2+y^2+z^2+(R-r)^2+L^2-l^2+(x-\sqrt{3}y)(R-r)}{L}-2(R-r)-(x-\sqrt{3}y)$ $B_2=4z$ $C_2=\dfrac{x^2+y^2+z^2+(R-r)^2+L^2-l^2+(x-\sqrt{3}y)(R-r)}{L}+2(R-r)+(x-\sqrt{3}y)$ $A_3=\dfrac{x^2+y^2+z^2+(R-r)^2+L^2-l^2+(x+\sqrt{3}y)(R-r)}{L}-2(R-r)-(x+\sqrt{3}y)$ $B_3=4z$ $C_3=\dfrac{x^2+y^2+z^2+(R-r)^2+L^2-l^2+(x+\sqrt{3}y)(R-r)}{L}+2(R-r)+(x+\sqrt{3}y)$

续表

机械结构设计	(1) Delta 机构的主动关节为静平台上的 3 个 R 副，为保证主动关节兼具较高的力矩输出和角度精度，主动关节一般采用高精度伺服电机，结合行星减速器或者谐波减速器，与主动连杆直连。可根据动平台定位精度需求，在减速器输出轴上可选地增加角度编码器，以提高驱动精度 (2) 从重量以及结构刚度的角度出发，较多厂商倾向于将主动臂和从动臂的两端设计为金属零件，而在中间以碳纤维管相连接。设计重点在于杆件上的球铰设计，以及杆件名义长度的保证 (3) 主动臂与从动臂之间有不同的连接方式。最常见的是采用球铰连接，如图 a 所示  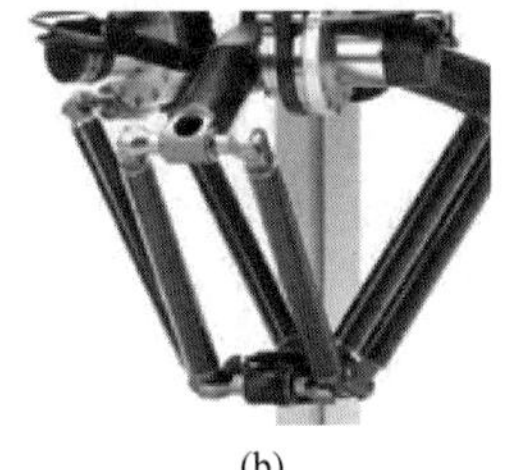 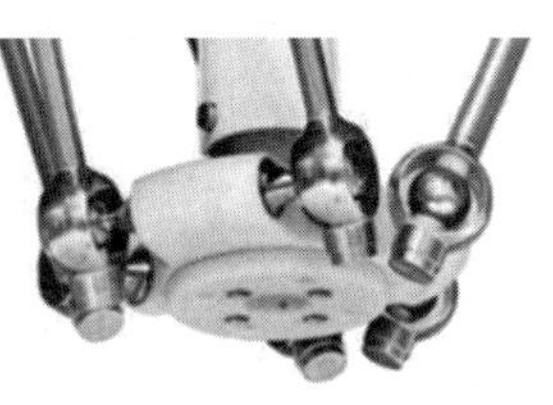 (a) (b) (c) 主动连杆与被动连杆之间的连接 也可使用虎克铰替代球铰，优点是关节刚性更好、精度更高，如图 b 所示。也有采用鱼眼轴承作为连接的案例，如图 c 所示。在采用球铰的 Delta 机器人中，一般会使用弹簧将从动杆拉紧，目的在于防止球头脱出，以及降低振动噪声。但是在负载或者碰撞力足够大时，球头仍旧会脱出，所以可以进一步增加设计球头防脱机构。一般而言，Delta 机构较多应用于轻量化、快速化的分拣场景，因而主动臂和从动臂较多采用轻量化设计，由此也希望在机构遭遇较大外力时，能通过球头脱出来避免结构破坏，因此防脱机构并非十分必要

5.2 少自由度并联机构案例

表 22-5-40　　两移一转的并联 3-(RRR)$_{\parallel}$ 机构案例（参考表 22-5-31 的构型设计）

结构及原理图	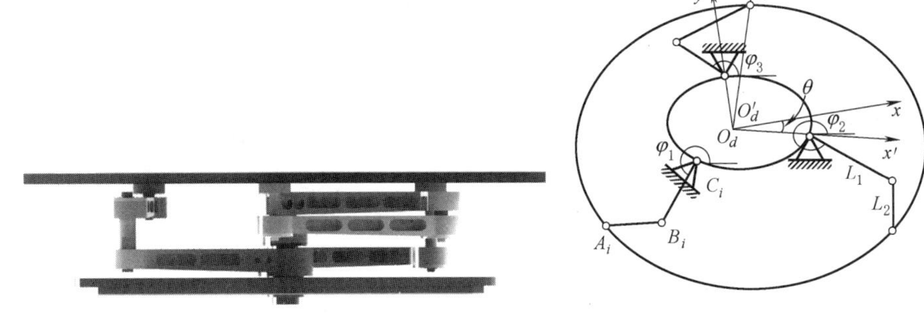 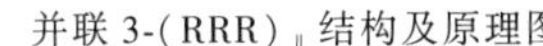 并联 3-(RRR)$_{\parallel}$ 结构及原理图
结构特点	(1) 平面对称并联机构，其构型为 3-RRR（运动副下加下划线代表该运动副为主动副，提供主动驱动力） (2) 由伺服电机、机架、动平台和运动支链构成 (3) 定平台和动平台之间由 3 个结构完全相同的 RRR 型输入支链连接，每条支链末端具有 2 个移动特征和 1 个转动特征，转动特征的轴线相互平行 (4) 该机构只采用单自由度的转动副，在工程设计中容易实现且具有较高的精度

续表

运动学与工作空间优化设计	运动学	为求解机构的运动学模型，在原理图中建立平面基坐标系 O_d-xy，并在动平台上建立末端平面随动坐标系 $O_d'-x'y'$ 设末端平台在基坐标系 O_d-xy 下的位姿为 $\boldsymbol{X}=[x\ y\ \theta]$，末端平台上由三个均匀分布转动副组成的圆形半径为 a，基座上由三个均匀分布转动副组成的圆形半径为 b，驱动输入的转角分别为 φ_1、φ_2、φ_3，则末端平面随动坐标系 $O_d'-x'y'$下 A_i 的坐标为 $A_1'\left[-\frac{\sqrt{3}}{2}a \quad -\frac{1}{2}a\right]^{\mathrm{T}} \qquad A_2'\left[\frac{\sqrt{3}}{2}a \quad -\frac{1}{2}a\right]^{\mathrm{T}} \qquad A_3'[0 \quad a]^{\mathrm{T}}$ 则平面基坐标系 O_d-xy 下 C_i、B_i 与 A_i 的坐标为 $\begin{cases} C_1\left[-\frac{\sqrt{3}}{2}b \quad -\frac{1}{2}b\right]^{\mathrm{T}} \qquad C_2\left[\frac{\sqrt{3}}{2}b \quad -\frac{1}{2}b\right]^{\mathrm{T}} \qquad C_3[0 \quad b]^{\mathrm{T}} \\ B_i=C_i+L_1[\cos\varphi_i \quad \sin\varphi_i]^{\mathrm{T}} \\ A_i=\begin{bmatrix}\cos\theta & -\sin\theta \\ \sin\theta & \cos\theta\end{bmatrix}A_i'+\begin{bmatrix}x \\ y\end{bmatrix} \end{cases}$ $(i=1,2,3)$ 根据机构的几何关系，可知每条支链满足 $\lvert A_iB_i\rvert=\lvert L_2\rvert$，得 $\begin{cases}(D_1-L_1\cos\varphi_1)^2+(E_1-L_1\sin\varphi_1)^2=L_2{}^2 \\ (D_2-L_1\cos\varphi_2)^2+(E_2-L_1\sin\varphi_2)^2=L_2{}^2 \\ (D_3-L_1\cos\varphi_3)^2+(E_3-L_1\sin\varphi_3)^2=L_2{}^2\end{cases}$ 其中 $D_1=x-\frac{\sqrt{3}}{2}(a\cos\theta-b)+\frac{1}{2}a\sin\theta$ $D_2=x+\frac{\sqrt{3}}{2}(a\cos\theta-b)+\frac{1}{2}a\sin\theta$ $D_3=x-a\sin\theta$ $E_1=y-\frac{\sqrt{3}}{2}a\sin\theta-\frac{1}{2}(a\cos\theta-b)$ $E_2=y+\frac{\sqrt{3}}{2}a\sin\theta-\frac{1}{2}(a\cos\theta-b)$ $E_3=y+a\cos\theta-b$ 令 $F_1=\frac{D_1{}^2+E_1{}^2+L_1{}^2-L_2{}^2}{2L_1}$ $F_2=\frac{D_2{}^2+E_2{}^2+L_1{}^2-L_2{}^2}{2L_1}$ $F_3=\frac{D_3{}^2+E_3{}^2+L_1{}^2-L_2{}^2}{2L_1}$ 化简上式可得 φ_i 的闭环解 $\varphi_i=\operatorname{atan2}\left(\frac{D_i}{E_i}\right)+\operatorname{atan2}\left(\frac{\pm\sqrt{D_i{}^2+E_i{}^2-F_i{}^2}}{F_i}\right)$ 由上式知 3-RRR 机构在某一确定位姿下每条支链的输入具有双解，分别分布于原理图中 A_iC_i 连线的两侧，具体求解取值时需根据连杆的初始状态确定。至此，通过几何关系计算得到了机构任意末端位姿对应的唯一驱动输入解

续表

运动学与工作空间优化设计	工作空间优化设计	工作空间计算	对 3-(RRR)$_{\parallel}$ 并联机构工作空间的求解采用数值方法。3-RRR 机构由 3 条支链组成，每条支链由 2 根连杆构成，影响其工作空间大小的因素主要来源于各转动副转角限制连杆间的干涉限制以及奇异性，总结如下 (1)R 副转角限制 每条支链中，靠近静平台的 R 副为主动关节，一般由电机驱动，无转角限制；假定连接驱动杆与从动杆的从动副为第一从动副，连接从动杆与末端平台的从动副为第二从动副。由于结构上的限制，第一从动副的转动范围为[φ_{min}，φ_{max}]，该转角为从动杆与驱动杆间的夹角；第二从动副直接与末端平台连接，周边无其他构件，可实现整周旋转，故无转角限制 (2)连杆干涉限制 机构在运动过程中连杆之间可能发生干涉导致末端位姿无法到达，故工作空间的计算需要考虑连杆干涉问题。本 3-(RRR)$_{\parallel}$ 机构的每条支链的驱动杆与从动杆在第一从动副的轴线方向存在高度差，如下图，其中不同图线形式代表不同支链，同一图线形式代表同支链的主动杆或者从动杆 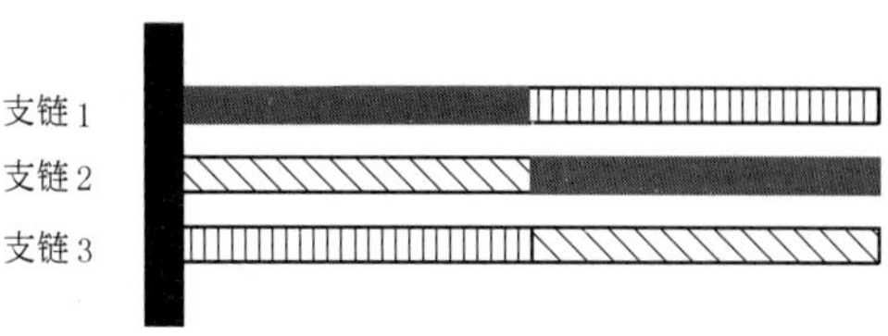 3-(RRR)$_{\parallel}$ 机构各支链连杆分布(三个驱动轴共轴) 下图为连杆间干涉的几类情况，实际物理结构中可能发生从动杆与另一从动杆的干涉、从动杆与另一主动杆的干涉，而主动杆与主动杆间由于共轴且间隔分布在轴上的不同空间内，故不存在干涉 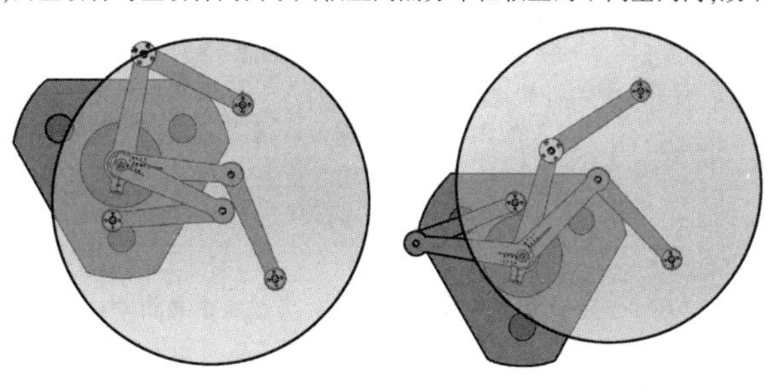 (a) 从动杆件干涉　　(b)从动杆与主动杆干涉 3-(RRR)$_{\parallel}$ 机构连杆干涉类型 连杆干涉问题可转换为几何空间中两条线段之间的最短距离限制问题，当两线段之间最短距离小于物理不干涉距离时，认为连杆干涉。空间线段的最短距离求解需分为构成最短距离的两个点都在线段上与最短距离点不都在线段上两种情况考虑。设空间中两条线段的分布示意图如下图 a 所示，可先求解最短距离的垂足是否在线段内区分图中 b、c 所示情况。若为情况 b，则直接求两线段所在直线间的最短距离，设为 d_1；若为情况 c，则求解线段两端点距离另一线段的最短距离，设一条线段相对另一条线段的最短距离为 d_2、d_3。假设连杆间最小物理不干涉距离为 d_{min}，则支链连杆干涉限制条件为 $$\begin{cases} d_{min}<d_{1i} \\ d_{min}<d_{2i} \quad (i=1,2,3) \\ d_{min}<d_{3i} \end{cases}$$ 其中 i 表示第 i 条支链 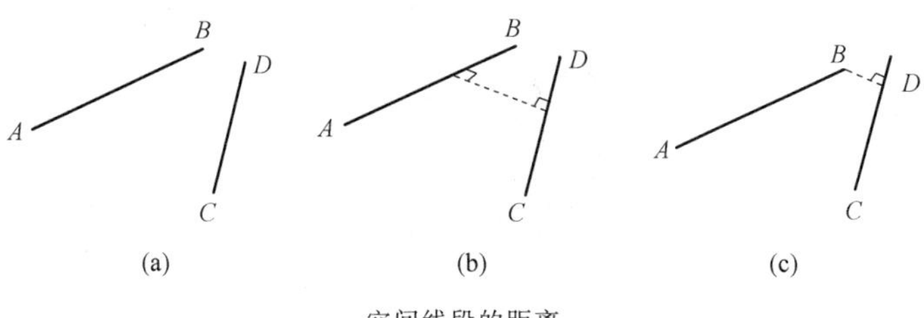 (a)　(b)　(c) 空间线段的距离

续表

运动学与工作空间优化设计	工作空间优化设计	工作空间计算	(3)奇异点限制 当 3-(RRR)$_{\parallel}$ 机构某一支链中的驱动杆与从动杆共线,则机构处于极限与死点状态,机构在此时将失稳。实际情况中,当接近共线奇异状态时,机构已经处于弱失稳状态,末端平台受轻微力影响情况下将发生较大的位置变动,表现为弱刚度状态。机构应避免接近其奇异状态,以保证其高刚性。共线奇异状态分为两类,如下图所示,由于物理结构的限制,分图 a 所示奇异状态不存在,分图 b 所示奇异状态可通过驱动杆与从动杆间的夹角大小描述,当两者夹角大小接近 180°时,认为接近共线奇异状态。若设定 2°的奇异避免裕度,由奇异带来的限制条件可描述为 $\varphi_i \leqslant 178°\quad (i=1,2,3)$ (a)重叠共线(一)　　(b) 重叠共线(二) 共线奇异状态 采用工作空间遍历边界搜索方法,3-(RRR)$_{\parallel}$ 具有 x、y 方向的移动与绕 z 轴的转动,对此三个空间参数进行遍历求解
		尺寸优化	给定并联机构的基座尺寸 b 和动平台尺寸 a,以及杆长约束 $L_1+L_2=$常数。以一定精度,遍历杆长 L_1 和 L_2 的取值,探索杆长与工作空间之间的关系 每一组杆长取值,均对应工作空间 x、y 和 φ 中一个不规则的几何体。一般根据设计要求,指定 $\varphi_{\min}$ 和 $\varphi_{\max}$,以两者分别为上下极限,在该不规则几何体中截取最大的规则几何体,有 $V_{xy}(L_1, L_2)$。规则几何体根据设计需求,有球形、方形或圆柱形等选取方式 至此,尺寸优化问题转变为寻找一组合适的杆长 L_{1*} 和 L_{2*},最大化规则几何体 $V_{xy}(L_1, L_2)$
	机械结构设计	(1)为保证主动关节兼具较高的力矩输出和角度精度,主动关节一般采用高精度伺服电机,结合行星减速器或者谐波减速器,与主动连杆直连。可根据动平台定位精度和力控需求,在减速器输出轴上可选地增加角度编码器和力矩传感器,以实现位置闭环和力控 (2)考虑到各 R 副在承受径向负载的同时,还需抵抗重力产生的轴向负载,因此 R 副一般需采用交叉滚子轴承,或者双列角接触球轴承	

5.3 六自由度并联机构

表 22-5-41　　并联 6-PUS 机构案例（参考表 22-5-38 的构型设计）

样机与原理图	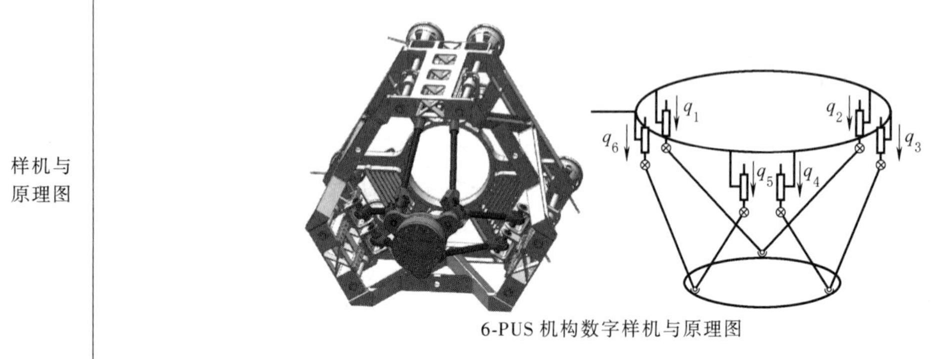 6-PUS 机构数字样机与原理图

续表

<table>
<tr>
<td>结构特点</td>
<td colspan="2">
(1)空间对称并联机构，其构型为 6-PUS❶
(2)由六台伺服电机、丝杠滑台、机架、动平台和运动支链构成
(3)定平台和动平台之间由 6 个结构完全相同的支链连接，其中平移副是驱动副，其轴线相互平行
(4)为了精简机构，减小动平台体积，本案例的 6-PUS 并联平台每两条支链共用一个复合球铰，机构整体的结构简图如原理图所示，其中复合球铰的实现方式如下图所示
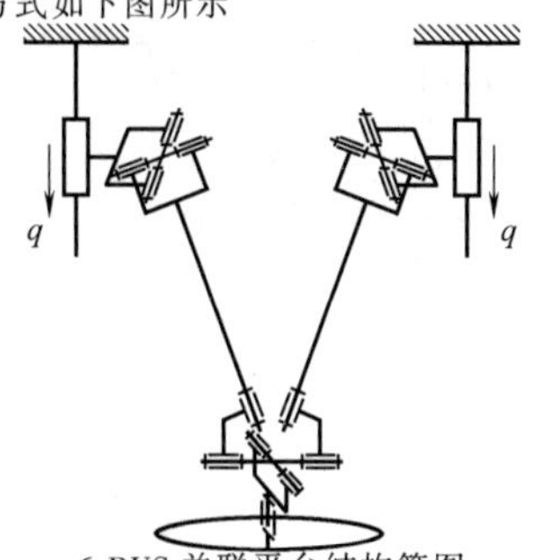

6-PUS 并联平台结构简图
</td>
</tr>
<tr>
<td>工作空间优化设计</td>
<td>运动学</td>
<td>
坐标系定义
首先建立坐标系，如上图所示，在基座上建立机构的基坐标系 $O\text{-}xyz$，在动平台上建立机构的动坐标系 $O'\text{-}x'y'z'$
在该机构的反解模型中，输入变量为动坐标系 $O'\text{-}x'y'z'$ 相对于基坐标系 $O\text{-}xyz$ 的平移和旋转量，输出为 6 个移动副的变化量
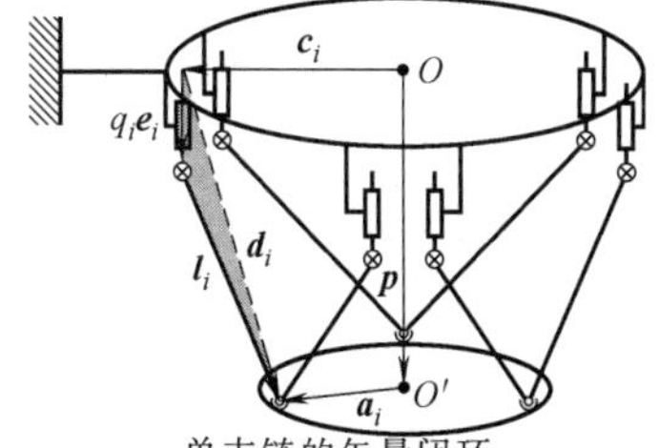

单支链的矢量闭环
分析其中一条支链，如上图，取基坐标系中心 O 到基座上 C_i 点的矢量为 $\boldsymbol{c}_i$，移动副的运动方向的单位向量为 $\boldsymbol{e}_i$，万向联轴器到基座上 C_i 点的距离为 q_i，也就是机构的驱动变量，万向联轴器到球铰 A_i 的杆长为 L_i，矢量为 $\boldsymbol{l}_i$，基坐标系中心 O 到动坐标系中心 O' 的矢量为 $\boldsymbol{p}$。动坐标系中心 O' 到动平台上球副中心 A_i 的矢量在动坐标系下表示为 $\boldsymbol{a}'_i$，这里将 3 个球副中心扩充为 6 个，是为了方便表达与计算，在进行理论计算时对计算结果没有影响。另外，记基坐标系到动坐标系的旋转矩阵为 $\boldsymbol{R}$
由图中的闭环可以得到矢量闭环方程
$$\boldsymbol{p}+\boldsymbol{R}\boldsymbol{a}'_i=\boldsymbol{c}_i+q_i\boldsymbol{e}_i+\boldsymbol{l}_i$$
因为 l_i 的长度不变且方向不方便表示，可令 $\boldsymbol{d}_i=\boldsymbol{p}+\boldsymbol{R}\boldsymbol{a}'_i-\boldsymbol{c}_i$，则矢量闭环方程可以被整理为
$$\boldsymbol{l}_i=\boldsymbol{d}_i-q_i\boldsymbol{e}_i$$
两边同时平方，可得
$$q_i^2-2q_i\boldsymbol{d}_i\cdot\boldsymbol{e}_i+\boldsymbol{d}_i\cdot\boldsymbol{d}_i-L_i^2=0$$
求解一元二次方程可得
$$q_i=\boldsymbol{d}_i\cdot\boldsymbol{e}_i\pm\sqrt{(\boldsymbol{d}_i\cdot\boldsymbol{e}_i)^2-\boldsymbol{d}_i\cdot\boldsymbol{d}_i+L_i^2}$$
由上式可知，每一个末端位姿都对应两个不同的位移量，这是机构存在奇异特性导致的。当 $\sqrt{(\boldsymbol{d}_i\cdot\boldsymbol{e}_i)^2-\boldsymbol{d}_i\cdot\boldsymbol{d}_i+L_i^2}=0$ 时，该支链处于奇异点，代入闭环矢量方程，得 $\boldsymbol{l}_i\cdot\boldsymbol{e}_i=0$，即连杆矢量与移动副运动方向垂直时该支链处于奇异位置。该六自由度并联机构由于设计参数、装配方式等因素限制，各个支链无法到达奇异位置，因此只需要考虑基于机构初始状态的一组解即可。代入机构的尺寸参数，以及末端姿态：$\boldsymbol{x}=[0\quad 0\quad 0\quad 0\quad 0\quad 0]^{\mathrm{T}}$，可得
$$q_i=\boldsymbol{d}_i\cdot\boldsymbol{e}_i-\sqrt{(\boldsymbol{d}_i\cdot\boldsymbol{e}_i)^2-\boldsymbol{d}_i\cdot\boldsymbol{d}_i+L_i^2}$$
</td>
</tr>
</table>

❶ 运动副下加下划线，代表此运动副为驱动副。

续表

<table>
<tr>
<td>工作空间优化设计</td>
<td>工作空间优化设计</td>
<td>工作空间计算</td>
<td>

一、运动限制

首先分析驱动的运动范围限制，本例中 6-<u>P</u>US 并联机器人使用的是滚珠丝杠，在求取运动空间时要保证各个移动副的位移不能超过滚珠丝杠的行程。只需要将待判断的末端位置和姿态代入机器人的运动学反解求出各个移动副的位移量即可判断该点是否符合该限制条件

然后分析机器人运行过程中的干涉情况。下面将从连杆的干涉限制、万向联轴器的干涉限制以及复合球铰的干涉限制等几个部分进行分析

(1)连杆间干涉限制

机器人在运动过程中，连杆与连杆之间会发生干涉，对该干涉条件的分析本质上是对线段之间最短距离的分析，若两条线段之间的最短距离小于产生干涉的临界值，则认为连杆发生了干涉，若大于，则认为没有发生干涉

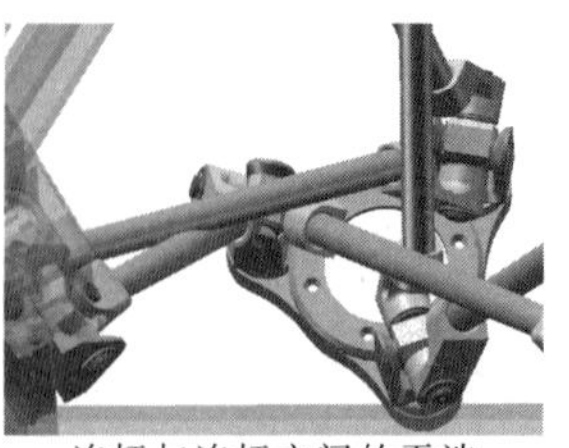

连杆与连杆之间的干涉

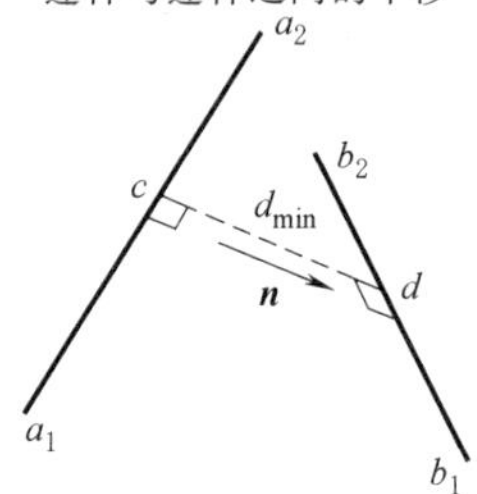

两连杆之间的最短距离

设两条连杆的半径之和为产生干涉的临界距离，如上图所示，线段 a_1a_2 和线段 b_1b_2 分别代表两根连杆

根据空间中两直线间最短距离的公式可得

$$d_{\min}=\frac{|\boldsymbol{n}\times\overrightarrow{a_1b_1}|}{|\boldsymbol{n}|}$$

其中，$\boldsymbol{n}$ 是两直线的公法线向量；$\overrightarrow{a_1b_1}$ 是两直线上任意点 a_1 与 b_1 构成的向量。若直线间最小距离大于临界距离，则包含于两条直线内的任意线段之间的最小距离也大于临界距离，即连杆不发生干涉。若直线间最小距离小于临界距离，则需进一步分析。如下图三种情况分类讨论之后，判定连杆间干涉

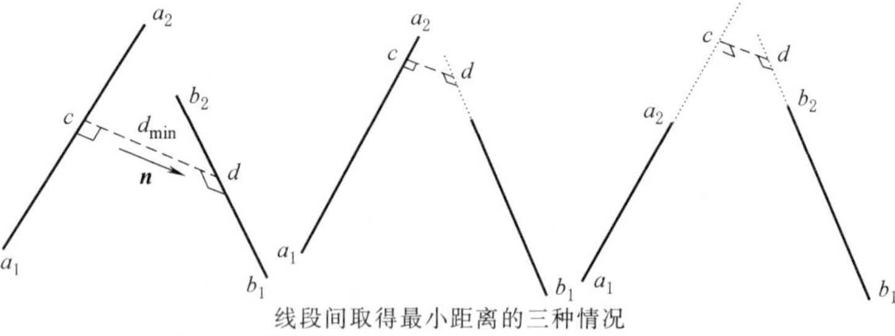

线段间取得最小距离的三种情况

(2)机器人内部与框架间的干涉条件

本案例使用的 6-<u>P</u>US 框架呈六边形，在机器人运动过程中末端平台或连杆可能与机架发生干涉，对两种情形分别讨论如下

当末端平台的位置在 z 方向未超出框架时，主要考虑的是末端平台与框架的干涉，如下图所示。可将末端平台简化为圆形，将六边形向内偏移圆的半径，即为 xoy 平面的无碰撞范围，只要确保动平台的位置处于缩小后的六边形之内即可确保无末端平台与框架的干涉

末端平台与平台框架干涉

</td>
</tr>
</table>

续表

工作空间优化设计	工作空间优化设计	工作空间计算	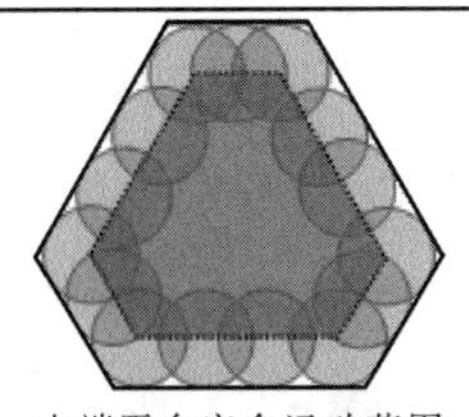 末端平台安全运动范围 当末端平台在 z 方向超出框架时，主要考虑的是支链连杆与框架的干涉，如下图所示。可将六边形向内偏移连杆的半径，即可获得连杆的无碰撞范围。由此，只需判别连杆与缩小后的六边形平面的交点是否处在多边形内部即可，判别方法可采用面积判别法 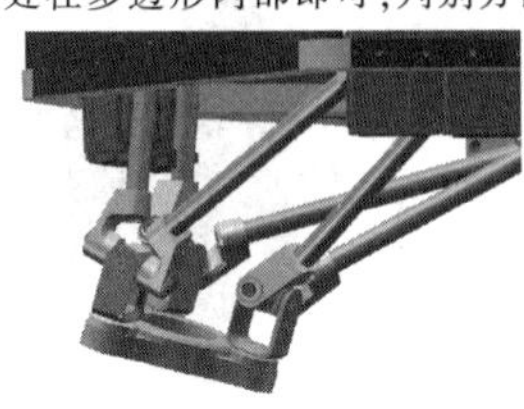 支链连杆与平台框架干涉 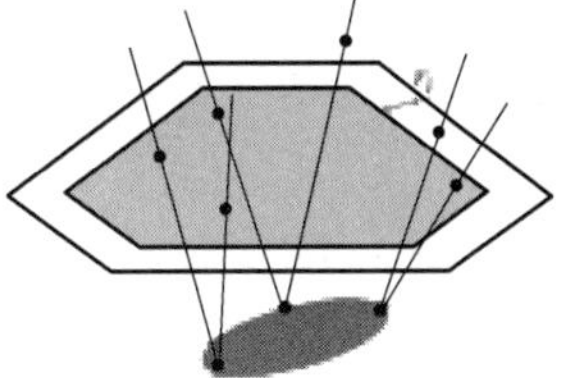 连杆安全运动范围 (3)万向联轴器的干涉限制 在实际应用中，R副的转动范围也是限制机器人运动能力的重要因素。本案例使用的万向联轴器如下图所示。当给定末端平台位置和姿态时，可根据逆运动学获得各平移副的驱动量，并由此确认各杆件的空间位置，最终获得各万向联轴器的角度，判别是否符合万向联轴器的物理限制即可  万向联轴器模型 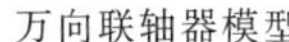  万向联轴器中的十字轴 (4)复合球铰的干涉限制 理论中的复合球铰在实际中难以直接实现，本案例中使用如下图所示的结构替代球铰。在这种结构中，两条支链共用了一个与末端相连的转动自由度，为了不影响机器人的整体自由度，在连杆末端也保留了一个绕杆轴线转动的自由度。与万向联轴器相似，在计算获取到球铰的角度之后，判别是否到达物理极限即可 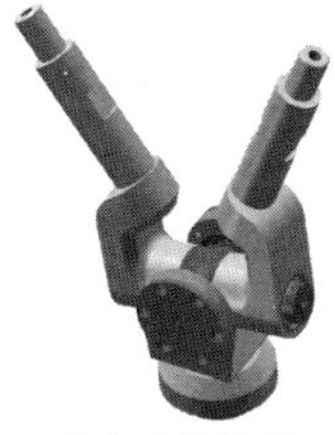 复合球铰模型 二、工作空间 在上述的6-PUS机构的运动限制条件下，可以判别任意空间位姿的可达性。只要在机器人自身尺寸的尺度范围内遍历空间中的离散点，判断每个点是否在工作空间内，舍弃不符合限制条件的位姿点，剩下的就是工作空间的离散点点云。画出该点云的包络面，包络面所包围的就是机器人的工作空间
		尺寸优化	(1)基于结构的优化 针对连杆间的干涉情形，可以基于末端负载大小，选取合适的材料，在满足应力应变条件的情形下，最小化连杆直径，以尽可能降低连杆间碰撞的可能性 针对机器人内部与框架间的干涉情形，除了可以缩减连杆直径以及动平台大小外，还可以外扩机架 针对万向联轴器和球铰的转动范围限制，同样可以优化结构设计和选材，增大转角范围 (2)基于运动学的优化 给定并联机构的基座分布半径尺寸、动平台分布半径尺寸，P副运动范围和杆长的上下限约束，以一定精度，遍历各量的取值范围，探索各量取值与工作空间之间的关系 工作空间大小的衡量指标既可以是位置工作空间的大小，也可以是姿态工作空间的大小，取决于具体的设计任务要求。通过遍历结构设计参数，选取出最符合要求的设计参数即可

续表

<table>
<tr><td>机械结构设计</td><td>(1)为保证P副关节具有较高的轴向力输出，一般采用高精度伺服电机作为作动器，结合行星减速器或者谐波减速器，在不过多损失运动精度的前提下，提高力矩输出能力
(2)为保证P副具有较高的运动精度和刚度，可采用带预紧的滚珠丝杠滑台。同时，可在P副安装额外的光栅尺，以实现对P副位移量的闭环控制
(3)构成U副和S副的各R副受力情况较为复杂，一般需采用交叉滚子轴承或者双列角接触球轴承，以提高回转精度
(4)本案例中为增大球铰的转动范围，提出了一种功能等价的球铰替代机构。但是不足之处在于该等价球铰由多个R副串联而成，且要求其轴线汇交于一点，这对零部件的加工和装配提出了极高的需求，造成了回转精度下降。在对球铰转动范围要求不高时，可以采用传统的球铰，如下图所示

滚珠球铰</td></tr>
</table>

第6章 实用新型并联机器人构型与结构

1 概　　述

并联机构的实际应用较多，其在医疗、物流、3C装配、码垛、包装、3D打印等方面都发挥着重要作用。本部分将主要介绍两类实用新型并联机器人的设计，即并联协作机器人和并联微纳机器人。

协作机器人按其机器人本体的机构表现和作用形式可分为串联协作机器人和并联协作机器人两大类。相较于串联协作机器人，并联协作机器人可以更多地应用于重载、高精度、高可靠性等场景。并联协作机器人的各驱动关节可固定安装在机架上，进而提高设备的可靠性和稳定性，同时降低运动部件的质量和惯量，增加协作机器人系统的动态响应能力。并联协作机器人一般含有两个（或更多）输出末端，通过一定的构型理论将多种并联机构设计为单元化的并联机器人，再将其进行构型组合，从而搭配形成具有双输出末端的双机（或多机）协作型机器人。协作型并联机器人具有更高的工作效率，并且可以根据实际应用需求针对性选择并联单元，具有设计灵活、应用多变的优点。

微纳机器人是实现精细操作和精密加工的关键装备，是指其运动行程在微米量级，分辨率、定位精度以及重复定位精度在亚微米至纳米级（0.1μm~100nm）的机器人。其主要的功能是采用较高的精度来对末端工具进行操控。根据不同的应用场景，需要改变微米、纳米量级物体的位置或姿态。微纳机器人大大拓展了传统机器人的应用范围，在精密制造、微机电系统装配、生物医学、光学定位和精密测量等方面都具有广阔的应用前景。现代的微机电产品不断地向着微型化、精细化的方向发展，传统的机器人很难完成微型产品的加工、封装及装配。微型产品的装配要求为亚微米级甚至纳米级，能够实现齿轮装配、轴-孔装配等。此外，微纳机器人在纳米材料测试、光学调整、超精密加工以及测量等领域也具有广泛的应用。并联机构具有高精度、高刚度、高响应速度以及结构稳定的特点，因此其非常适合应用于微纳机器人的设计。

2 协作机器人构型与结构设计

2.1 并联机构单元化构型设计

表 22-6-1　并联协作机器人的典型构型单元

自由度数	输出特征	构型	G_F 集表达末端特征
2	2移	2-PP	$G_F^{\mathrm{I}6}(T_a,T_b)$
	1移1转	PR-PH	$G_F^{\mathrm{II}20}(T_a,R_\alpha)$
3	1移2转	3-PRS	$G_F^{\mathrm{II}13}(T_a,R_\alpha,R_\beta)$
	2移1转	$3\text{-}(RRR)_{\parallel}$	$G_F^{\mathrm{I}5}(T_a,T_b,R_\alpha)$

续表

自由度数	输出特征	构型	G_{F} 集表达末端特征
3	3 移	3-PU*	$G_{\mathrm{F}}^{\mathrm{I}4}(T_a,T_b,T_c)$
	3 转	3-(RRR)$_0$	$G_{\mathrm{F}}^{\mathrm{II}12}(R_\alpha,R_\beta,R_\gamma)$
4	3 移 1 转	4-PU* R	$G_{\mathrm{F}}^{\mathrm{I}3}(T_a,T_b,T_c,R_\alpha)$
5	3 移 2 转	4UCU-UCR	$G_{\mathrm{F}}^{\mathrm{I}2}(T_a,T_b,T_c,R_\alpha,R_\beta)$
6	3 移 3 转	6-PUS	$G_{\mathrm{F}}^{\mathrm{I}1}(T_a,T_b,T_c,R_\alpha,R_\beta,R_\gamma)$

2.2 单元化并联机构的单输出组合设计

采用一些典型的单元化并联机器人，可以将其通过串行连接的方式，利用 G_{F} 集求并法则，设计出一些具有更高维度的或冗余的复杂混联机器人结构，此类混联机器人串行连接仅具有一个输出末端。表 22-6-2 总结了以表 22-6-1 中所示的典型单元化并联机构进行组合得到的混联机构类型及对应的求并法则的应用示例。

表 22-6-2　　基于典型构型单元设计的单输出混联机器人构型

求并顺序前 / 求并顺序后	2-PP	3-PU*	3-(RRR)$_{\parallel}$
PR-PH	$G_{\mathrm{F1}}^{\mathrm{I}6}(T_{a1},T_{b1})\cup$ $G_{\mathrm{F2}}^{\mathrm{II}20}(T_{a2},R_{\alpha2})$ $=G_{\mathrm{F}}^{\mathrm{I}3}(T_a,T_b,T_c,R_\alpha)$ 输出维度:3 移 1 转	$G_{\mathrm{F1}}^{\mathrm{I}4}(T_{a1},T_{b1},T_{c1})\cup$ $G_{\mathrm{F2}}^{\mathrm{II}20}(T_{a2},R_{\alpha2})$ $=G_{\mathrm{F}}^{\mathrm{I}3}(T_a,T_b,T_c,R_\alpha)$ 输出维度:3 移 1 转	$G_{\mathrm{F1}}^{\mathrm{I}5}(T_{a1},T_{b1},R_{\alpha1})\cup$ $G_{\mathrm{F2}}^{\mathrm{II}20}(T_{a2},R_{\alpha2})$ $=G_{\mathrm{F}}^{\mathrm{I}3}(T_a,T_b,T_c,R_\alpha)$ 条件:$R_{\alpha1}\parallel R_{\alpha2}$ 输出维度:3 移 1 转
3-PRS	$G_{\mathrm{F1}}^{\mathrm{I}6}(T_{a1},T_{b1})\cup$ $G_{\mathrm{F2}}^{\mathrm{II}13}(T_{a2},R_{\alpha2},R_{\beta2})$ $=G_{\mathrm{F}}^{\mathrm{I}2}(T_a,T_b,T_c,R_\alpha,R_\beta)$ 条件:$T_{a2}\nparallel\square T_{a1}T_{b1}$ 输出维度:3 移 2 转	$G_{\mathrm{F1}}^{\mathrm{I}4}(T_{a1},T_{b1},T_{c1})\cup$ $G_{\mathrm{F2}}^{\mathrm{II}13}(T_{a2},R_{\alpha2},R_{\beta2})$ $=G_{\mathrm{F}}^{\mathrm{I}2}(T_a,T_b,T_c,R_\alpha,R_\beta)$ 输出维度:3 移 2 转	$G_{\mathrm{F1}}^{\mathrm{I}5}(T_{a1},T_{b1},R_{\alpha1})\cup$ $G_{\mathrm{F2}}^{\mathrm{II}13}(T_{a2},R_{\alpha2},R_{\beta2})$ $=G_{\mathrm{F}}^{\mathrm{I}1}(T_a,T_b,T_c,R_\alpha,R_\beta,R_\gamma)$ 条件:$R_{\alpha1}$ 与 $R_{\alpha2},R_{\beta2}$ 不共面 $T_{a2}\nparallel\square T_{a1}T_{b1}$ 输出维度:3 移 3 转
3-(RRR)$_0$	$G_{\mathrm{F1}}^{\mathrm{I}6}(T_{a1},T_{b1})\cup$ $G_{\mathrm{F2}}^{\mathrm{II}12}(R_{\alpha2},R_{\beta2},R_{\gamma2})$ $=G_{\mathrm{F}}^{\mathrm{III}22}(T_a,T_b,R_\alpha,R_\beta,R_\gamma)$ 输出维度:2 移 3 转	$G_{\mathrm{F1}}^{\mathrm{I}4}(T_{a1},T_{b1},T_{c1})\cup$ $G_{\mathrm{F2}}^{\mathrm{II}12}(R_{\alpha2},R_{\beta2},R_{\gamma2})$ $=G_{\mathrm{F}}^{\mathrm{I}1}(T_a,T_b,T_c,R_\alpha,R_\beta,R_\gamma)$ 输出维度:3 移 3 转	$G_{\mathrm{F1}}^{\mathrm{I}5}(T_{a1},T_{b1},R_{\alpha1})\cup$ $G_{\mathrm{F2}}^{\mathrm{II}12}(R_{\alpha1},R_{\beta2},R_{\gamma2})$ $=G_{\mathrm{F}}^{\mathrm{III}22}(T_a,T_b,R_\alpha,R_\beta,R_\gamma)$ 输出维度:2 移 3 转
4-PU* R	$G_{\mathrm{F1}}^{\mathrm{I}6}(T_{a1},T_{b1})\cup$ $G_{\mathrm{F2}}^{\mathrm{I}3}(T_{a2},T_{b2},T_{c2},R_{\alpha2})$ $=G_{\mathrm{F}}^{\mathrm{I}3}(T_a,T_b,T_c,R_\alpha)$ 输出维度:3 移 1 转	$G_{\mathrm{F1}}^{\mathrm{I}4}(T_{a1},T_{b1},T_{c1})\cup$ $G_{\mathrm{F2}}^{\mathrm{I}3}(T_{a2},T_{b2},T_{c2},R_{\alpha2})$ $=G_{\mathrm{F}}^{\mathrm{I}3}(T_a,T_b,T_c,R_\alpha)$ 输出维度:3 移 1 转	$G_{\mathrm{F1}}^{\mathrm{I}5}(T_{a1},T_{b1},R_{\alpha1})\cup$ $G_{\mathrm{F2}}^{\mathrm{I}3}(T_{a2},T_{b2},T_{c2},R_{\alpha2})$ $=G_{\mathrm{F}}^{\mathrm{I}3}(T_a,T_b,T_c,R_\alpha)$ 条件:$R_{\alpha1}\parallel R_{\alpha2}$ 输出维度:3 移 1 转
4UCU-UCR	$G_{\mathrm{F1}}^{\mathrm{I}6}(T_{a1},T_{b1})\cup$ $G_{\mathrm{F2}}^{\mathrm{I}2}(T_{a2},T_{b2},T_{c2},R_{\alpha2},R_{\beta2})$ $=G_{\mathrm{F}}^{\mathrm{I}2}(T_a,T_b,T_c,R_\alpha,R_\beta)$ 输出维度:3 移 2 转	$G_{\mathrm{F1}}^{\mathrm{I}4}(T_{a1},T_{b1},T_{c1})\cup$ $G_{\mathrm{F2}}^{\mathrm{I}2}(T_{a2},T_{b2},T_{c2},R_{\alpha2},R_{\beta2})$ $=G_{\mathrm{F}}^{\mathrm{I}2}(T_a,T_b,T_c,R_\alpha,R_\beta)$ 输出维度:3 移 2 转	$G_{\mathrm{F1}}^{\mathrm{I}5}(T_{a1},T_{b1},R_{\alpha1})\cup$ $G_{\mathrm{F2}}^{\mathrm{I}2}(T_{a2},T_{b2},T_{c2},R_{\alpha2},R_{\beta2})$ $=G_{\mathrm{F}}^{\mathrm{I}1}(T_a,T_b,T_c,R_\alpha,R_\beta,R_\gamma)$ 条件:$R_{\alpha1}$ 与 $R_{\alpha2},R_{\beta2}$ 不共面

续表

求并顺序前 / 求并顺序后	2-PP	3-PU*	3-(RRR)$_{\parallel}$
6-PUS	$G_{F1}^{I_6}(T_{a1},T_{b1})\cup$ $G_{F2}^{I_1}(T_{a2},T_{b2},T_{c2},R_{\alpha2},R_{\beta2},R_{\gamma2})=G_{F}^{I_1}(T_a,T_b,T_c,R_\alpha,R_\beta,R_\gamma)$ 输出维度:3 移 3 转	$G_{F1}^{I_4}(T_{a1},T_{b1},T_{c1})\cup$ $G_{F2}^{I_1}(T_{a2},T_{b2},T_{c2},R_{\alpha2},R_{\beta2},R_{\gamma2})=G_{F}^{I_1}(T_a,T_b,T_c,R_\alpha,R_\beta,R_\gamma)$ 输出维度:3 移 3 转	$G_{F1}^{I_5}(T_{a1},T_{b1},R_{\alpha1})\cup$ $G_{F2}^{I_1}(T_{a2},T_{b2},T_{c2},R_{\alpha2},R_{\beta2},R_{\gamma2})=G_{F}^{I_1}(T_a,T_b,T_c,R_\alpha,R_\beta,R_\gamma)$ 输出维度:3 移 3 转

2.3 单元化并联机构的双输出组合设计

类似于采用典型的单元化并联机器人设计复杂混联机器人结构的流程和方法，还可以将其按双末端的方式进行配置，从而设计具有双运动输出端的并联协作机器人。表 22-6-3 总结了采用部分典型单元化并联机构设计出的系列化并联协作机器人及其对应的求并法则。

表 22-6-3　　基于典型构型单元设计的并联协作机器人案例

输出维度	输入维度	组合构型	样机图例
4	2+2	2-PP∪PR-PH $G_{F1}^{I_6}(T_{a1},T_{b1})\cup[G_{F2}^{II_{20}}(T_{a2},R_{\alpha2})]^R$ $=G_{F1}^{I_6}(T_{a1},T_{b1})\cup G_{F2}^{II_{19}}(R_{\alpha2},T_{a2})$ $=G_{F}^{I_3}(T_a,T_b,T_c,R_\alpha)$	
5	3+2	3-(RRR)$_{\parallel}$∪PR-PH $G_{F1}^{I_5}(T_{a1},T_{b1},R_{\alpha1})\cup[G_{F2}^{II_{20}}(T_{a2},R_{\alpha2})]^R$ $=G_{F1}^{I_5}(T_{a1},T_{b1},R_{\alpha1})\cup G_{F2}^{II_{19}}(R_{\alpha2},T_{a2})$ $=G_{F}^{I_3}(T_a,T_b,T_c,R_\alpha)$ $R_{\alpha1}\parallel R_{\alpha2}$	
	2+3	2-PP∪3-PRS $G_{F1}^{I_6}(T_{a1},T_{b1})\cup[G_{F2}^{II_{13}}(T_{a2},R_{\alpha2},R_{\beta2})]^R$ $=G_{F1}^{I_6}(T_{a1},T_{b1})\cup G_{F2}^{II_{14}}(R_{\beta2},R_{\alpha2},T_{a2})$ $=G_{F}^{I_2}(T_a,T_b,T_c,R_\alpha,R_\beta)$ $T_{a2}\perp\square T_{a1}T_{b1}$	
6	3+3	3-(RRR)$_{\parallel}$∪3-PRS $G_{F1}^{I_5}(T_{a1},T_{b1},R_{\alpha1})\cup[G_{F2}^{II_{13}}(T_{a2},R_{\alpha2},R_{\beta2})]^R$ $=G_{F1}^{I_5}(T_{a1},T_{b1},R_{\alpha1})\cup G_{F2}^{II_{14}}(R_{\beta2},R_{\alpha2},T_{a2})$ $=G_{F}^{I_1}(T_a,T_b,T_c,R_\alpha,R_\beta,R_\gamma)$ $R_{\alpha1}$ 与 $R_{\alpha2},R_{\beta2}$ 不共面 $T_{a2}\perp\square T_{a1}T_{b1}$	

续表

输出维度	输入维度	组合构型	样机图例
6	2+6	2-PP∪6-PUS $G_{F1}^{I_6}(T_{a1},T_{b1})\cup[G_{F2}^{I_1}(T_{a2},T_{b2},T_{c2},R_{\alpha2},R_{\beta2},R_{\gamma2})]^{R}$ $=G_{F1}^{I_6}(T_{a1},T_{b1})\cup G_{F2}^{I_1}(T_{a2},T_{b2},T_{c2},R_{\alpha2},R_{\beta2},R_{\gamma2})$ $=G_{F}^{I_1}(T_a,T_b,T_c,R_\alpha,R_\beta,R_\gamma)$	
	3+6	3-(RRR)$_{\parallel}$∪6-PUS $G_{F1}^{I_5}(T_{a1},T_{b1},R_{\alpha1})\cup[G_{F2}^{I_1}(T_{a2},T_{b2},T_{c2},R_{\alpha2},R_{\beta2},R_{\gamma2})]^{R}=G_{F1}^{I_5}(T_{a1},T_{b1},R_{\alpha1})\cup G_{F2}^{I_1}(T_{a2},T_{b2},T_{c2},R_{\alpha2},R_{\beta2},R_{\gamma2})=G_{F}^{I_1}(T_a,T_b,T_c,R_\alpha,R_\beta,R_\gamma)$	

2.4 具有双输出末端的并联协作机器人案例

表 22-6-4　　3-(RRR)$_{\parallel}$∪3-PRS 型并联协作机器人设计案例

<table>
<tr><td>结构与设计</td><td>

如图 a 所示,3-(RRR)$_{\parallel}$∪3-PRS 协作机器人从结构上可分为上平台和下平台两部分,其中,3-PRS 机构作为操作装置,放置于上端,3-RRR 机构作为工作平台,放置于下端,两者上下布置,组成一个并联联合工作平台

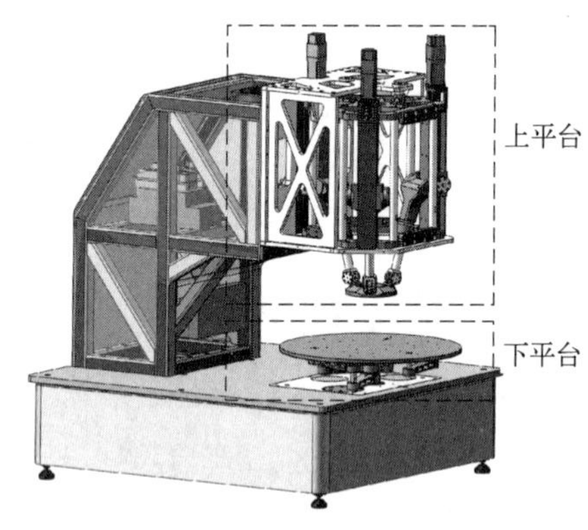

(a) 3-(RRR)$_{\parallel}$∪3-PRS 样机模型图

3-PRS 机构具有支链数目少、结构对称、驱动器易于布置、能实现三维操作等特点。该机构是一种三自由度三支链并联机构,由三条完全相同的支链、动平台、静平台组成,如图 b 所示。每条支链分别由导轨、滑块、连杆组成。导轨与静平台固定连接,导轨与滑块以移动副(P)的形式连接,每个滑块可以沿各自的导轨作垂直运动,滑块与连杆以转动副(R)的形式连接,连杆与动平台以球面副(S)的形式连接。三根导轨以 120°夹角均匀分布在静平台半径为 R 的外接圆上,连杆与动平台的连接点同样以 120°的夹角均匀分布在动平台半径为 r 的外接圆上。实际的设计过程中,球面副 S 由 U 副与 R 副复合构成。电机集中布置在基座附近,减小运动惯量

</td></tr>
</table>

续表

<table>
<tr><td>结构与设计</td><td>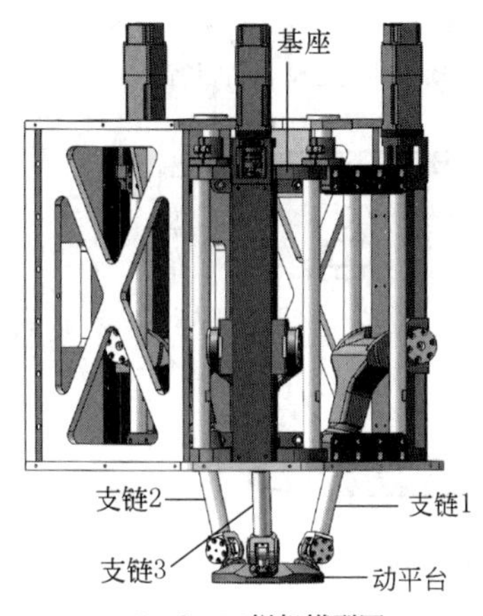

(b) 3-PRS样机模型图

3-RRR 机构具有圆周均布、对称性好、主动副同轴、承载能力大、结构紧凑等特点。如图 c 所示,该机构是一种三自由度三支链并联机构,由三条完全相同的支链、动平台、静平台组成。每条支链由近端连杆和远端连杆组成。近端连杆通过转动副(R)与基座相连,通过转动副(R)与远端连杆相连。远端连杆亦通过转动副(R)与动平台相连。第一个转动副为主动副。三个主动副同轴布置,并通过同步带与电机相连。三个电机均布在基座下方。整体结构紧凑

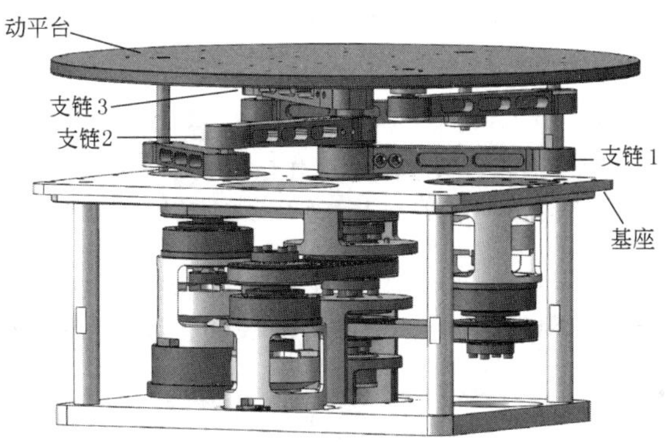

(c) 3-RRR样机模型图</td></tr>
<tr><td>零部件/组件分析</td><td>3-PRS 机构由机架、线性模组、连杆、末端平台等组成,由于构型中存在几何约束,为保证机构刚度,机器主体采用钢制作而成,为保证三个滑块导轨安装面间的几何关系,采用装配机架后一次装夹铣削三个导轨安装面的加工方法。由于 3-PRS 的姿态工作空间受 P 副移动范围影响较大,故选择了可工作范围 300mm 的线性模组。移动副的运动由松下伺服电机驱动滚珠丝杠实现,松下电机的额定转速为 3000r/min,额定扭矩 0.32N·m,内置 23 位多圈绝对式编码器,可实现高精度的位置反馈。滚珠丝杠单圈行程 6mm,发挥实际意义上的减速作用,同时提供高精度的位置运动。在机构精密控制中,所有轴承选用精密轴承,并通过装配消除安装间隙,为了实现对末端动平台的精准控制
3-RRR 机构由机架、共轴驱动轴、驱动杆、从动杆、末端圆台组成,为获得尽可能大的工作空间,驱动轴采用共轴设计,连杆及与末端平台连接点尺寸皆经过尺寸优化特殊设计。为减少连杆间的干涉,采用上下分层分布连杆。为实现末端较高速的运动,要求末端惯量较小,故采用铝材制作运动部件连杆与末端圆台。各轴由 TMOTOR 老虎电机驱动,电机额定转速 4500r/min,额定扭矩 1.2N·m,具有 14 位绝对式编码器。电机与减速比为 1∶39 的摆线减速器相连,摆线减速器通过同步带与驱动轴相连</td></tr>
</table>

续表

逆运动学

(1)3-PRS

该机构是一种少自由度三支链并联机构，其每个支链均由一个 P 副、R 副和 S 副串联构成，该机构末端输出为两个转动和一个移动特征，另三个维度的运动为伴随运动，其机构简图及坐标系定义如下图所示

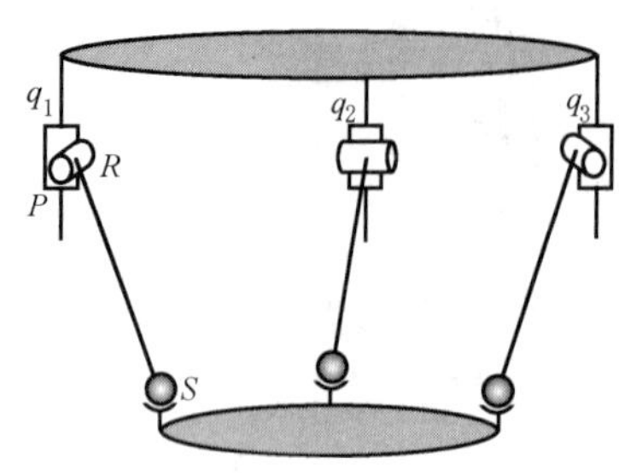

(a) 3-PRS并联机构简图

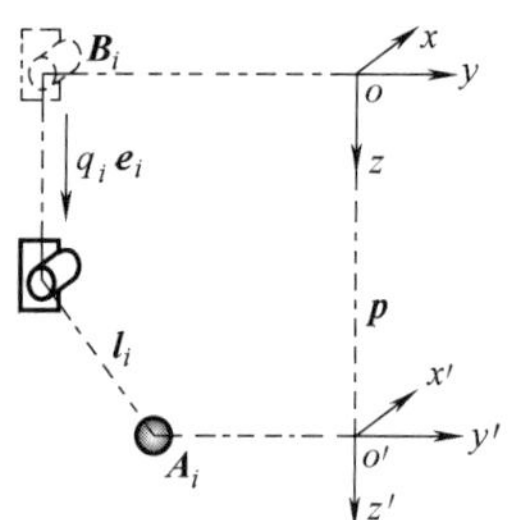

(b) 坐标系与闭环矢量定义

3-PRS 并联机构简图与坐标系定义

该机构的逆运动学可通过闭环矢量法得到。各支链的闭环矢量方程为

$$\boldsymbol{p}+\boldsymbol{R}\boldsymbol{a}_i=\boldsymbol{B}_i+q_i\boldsymbol{e}_i+\boldsymbol{l}_i$$

杆长向量的模长为确定值 L，$\boldsymbol{l}_i$ 的长度不变且方向不方便表示，可令 $\boldsymbol{d}_i=\boldsymbol{p}+\boldsymbol{R}\boldsymbol{a}_i-\boldsymbol{B}_i$，则矢量闭环方程可以被整理为

$$\boldsymbol{l}_i=\boldsymbol{d}_i-q_i\boldsymbol{e}_i$$

两边同时平方，可得

$$q_i^2-2q_i\boldsymbol{d}_i\cdot\boldsymbol{e}_i+\boldsymbol{d}_i\cdot\boldsymbol{d}_i-L^2=0$$

故逆运动学求解转化为一个一元二次方程的求解问题，进一步求解该方程可得到此 3-PRS 并联机构的逆运动学解为

$$q_i=\boldsymbol{d}_i\cdot\boldsymbol{e}_i\pm\sqrt{(\boldsymbol{d}_i\cdot\boldsymbol{e}_i)^2-\boldsymbol{d}_i\cdot\boldsymbol{d}_i+L^2}$$

显然，逆运动学具有双解，可根据机构的初始位姿分布情况进行选择

(2)3-RRR

该机构是一种典型的三支链平面并联机构，其输出特征为平面中的二维移动和一维转动。每个支链含有三个串联的 R 副，其中第一 R 副被设置为主动副。该 3-RRR 平面机构的机构简图及坐标系定义如下图所示

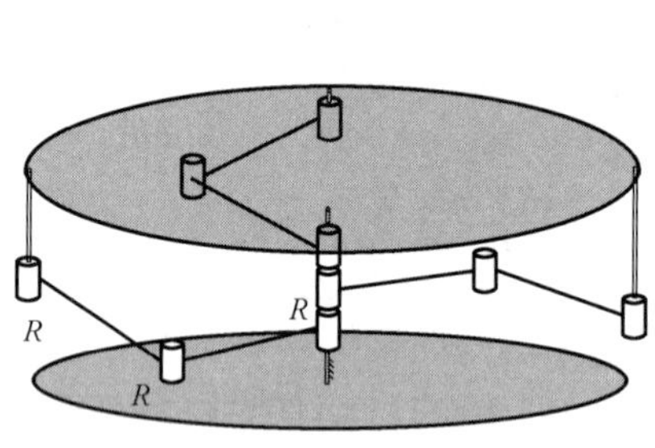

(a) 3-RRR并联机构简图

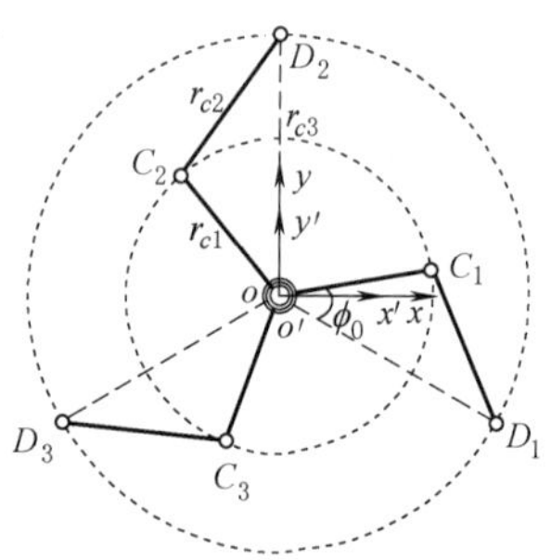

(b) 机构坐标系定义

3-RRR 并联机构简图与坐标系定义

3-RRR 机构的逆运动学可参考表 22-5-40

续表

逆运动学	联合平台 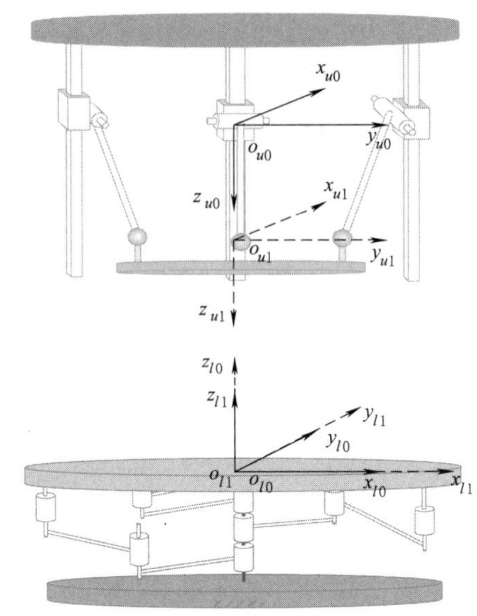 3-RRR∪3-PRS组合平台坐标系定义 如上图所示，对于 3-RRR∪3-PRS 组合构成的六自由度平台，在确定 $o_{l1}-x_{l1}y_{l1}z_{l1}$ 为整体基坐标系时，在该坐标系下上平台末端位姿参数记为$[x,y,z,\alpha,\beta,\gamma]_{l1}^{\mathrm{T}}$。位姿参数分别向上下两个平台进行分配，从而得到 3-PRS 机构和 3-RRR 机构的各自末端位姿参数为 $$\begin{cases} {}^{3\mathrm{RRR}}[x,y,z,\alpha,\beta,\gamma]_{l1}^{\mathrm{T}}=\mathrm{diag}(1,1,0,0,0,1)[x,y,z,\alpha,\beta,\gamma]_{l1}^{\mathrm{T}} \\ {}^{3\mathrm{PRS}}[x,y,z,\alpha,\beta,\gamma]_{l1}^{\mathrm{T}}=\mathrm{diag}(0,0,1,1,1,0)[x,y,z,\alpha,\beta,\gamma]_{l1}^{\mathrm{T}} \end{cases}$$ 上式中的第一项和第二项分别为 3-RRR 机构和 3-PRS 机构在 $o_{l1}-x_{l1}y_{l1}z_{l1}$ 坐标系下分配到的位姿。根据第一项，可求解 3-RRR 机构的逆向运动学，同时可将此第一项等效表达为齐次坐标变换矩阵 $\boldsymbol{T}_{l0}^{l1}$。第二项则可以等效表达为齐次坐标变换矩阵 $\boldsymbol{T}_{l1}^{u1}$，进而根据后文中式(1)可以得到 3-PRS 机构的位姿表达 $\boldsymbol{T}_{u0}^{u1}$，最终可根据此位姿表达求解 3-PRS 机构的逆向运动学解
正运动学	运动学正解是已知驱动量求解动平台的位姿，关节移动量与动平台位姿之间的函数关系表示为 $\boldsymbol{q}=F(\boldsymbol{X})$，进而可以构造出求解正向运动学的非线性方程组为 $$f(\boldsymbol{X})=F(\boldsymbol{X})-\boldsymbol{q}=\boldsymbol{0}$$ 利用 Newton-Raphson 公式进行迭代求解时，迭代公式为 $$\boldsymbol{X}_n=\boldsymbol{X}_{n-1}-\frac{f(\boldsymbol{X}_{n-1})}{f'(\boldsymbol{X}_{n-1})}=\boldsymbol{X}_{n-1}-\frac{F(\boldsymbol{X}_{n-1})-\boldsymbol{q}}{F'(\boldsymbol{X}_{n-1})}$$ 上式等效为 $$\boldsymbol{X}_n=\boldsymbol{X}_{n-1}-\boldsymbol{J}(\boldsymbol{X}_{n-1})(\boldsymbol{q}_{n-1}-\boldsymbol{q})$$ 式中，$\boldsymbol{J}$ 为机构的速度雅可比矩阵。上式为一般并联机构的正向运动学迭代求解算法。在实际求解应用中，迭代初值采用顺延给定的方式，即在连续计算中，上一次计算的结果被用作下一次迭代的初值，从而使得正运动学迭代收敛速度较快、精度较高 联合平台正向运动学：当上平台与下平台组合时，采用下平台的动坐标系作为新的基坐标系，进而推导出上平台的动坐标系在新的基坐标系下的位姿变换关系，即求解和分析这种坐标系间的相对关系

续表

正运动学	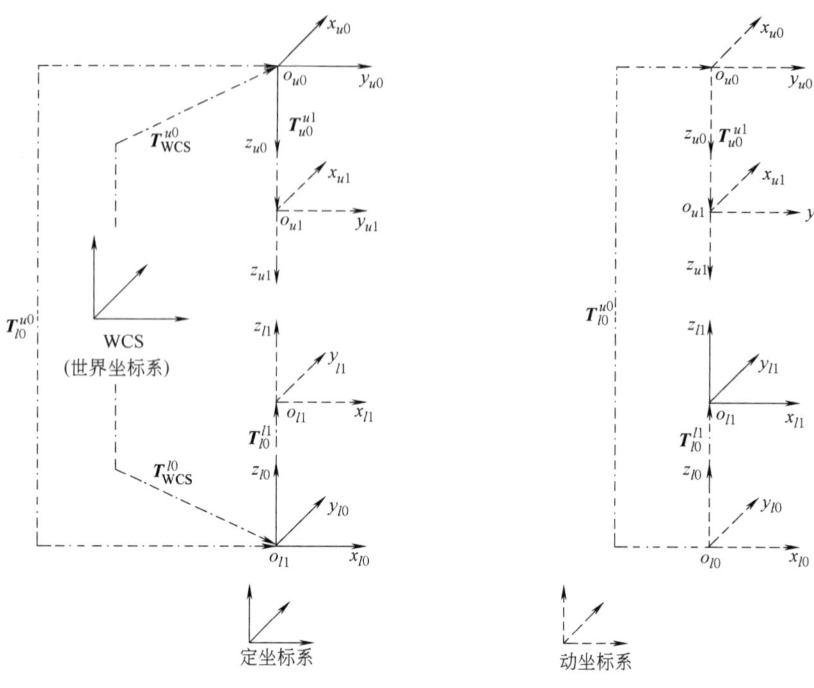 上下双平台双输出下的坐标系定义变换 在上图所示的坐标系中，上平台基坐标系和动坐标系分别为 $o_{u0}-x_{u0}y_{u0}z_{u0}$、$o_{u1}-x_{u1}y_{u1}z_{u1}$，下平台的基坐标系和动坐标系分别为 $o_{l0}-x_{l0}y_{l0}z_{l0}$、$o_{l1}-x_{l1}y_{l1}z_{l1}$，世界坐标系为 WCS。世界坐标系到上平台基坐标系的变换矩阵为 $\boldsymbol{T}_{\mathrm{WCS}}^{u0}$，世界坐标系到下平台基坐标系的变换矩阵为 $\boldsymbol{T}_{\mathrm{WCS}}^{l0}$，据此得到上、下机构基坐标系间的变换矩阵 $\boldsymbol{T}_{l0}^{u0}$ 为 $$\boldsymbol{T}_{l0}^{u0}=[\boldsymbol{T}_{\mathrm{WCS}}^{l0}]^{-1}\boldsymbol{T}_{\mathrm{WCS}}^{u0}$$ 此外，上平台正运动学表示的末端位姿表示为 $\boldsymbol{T}_{u0}^{u1}$，下平台正运动学表示的末端位姿表示为 $\boldsymbol{T}_{l0}^{l1}$，上平台动坐标系在联合平台基坐标系下的变换矩阵 $\boldsymbol{T}_{l1}^{u1}$ 为 $$\boldsymbol{T}_{l1}^{u1}=[\boldsymbol{T}_{l0}^{l1}]^{-1}\boldsymbol{T}_{l0}^{u0}\boldsymbol{T}_{u0}^{u1}$$ 上式给出了将多末端多输出组合式平台转换为单输出平台时的正向运动学

3　微纳操作机器人构型设计

3.1　机构输入输出关联关系

并联微操作机器人最多有六维输出 $\boldsymbol{O}_{\mathrm{out}}=(\Delta x,\ \Delta y,\ \Delta z,\ \Delta\alpha,\ \Delta\beta,\ \Delta\gamma)^{\mathrm{T}}$，相应地有六维输入 $\boldsymbol{I}_{\mathrm{in}}=(\Delta q_1,\ \cdots,\ \Delta q_6)^{\mathrm{T}}$，其输入和输出关联关系可以描述为

$$\boldsymbol{O}_{\mathrm{out}}\Leftrightarrow\boldsymbol{A}\Leftrightarrow\boldsymbol{I}_{\mathrm{in}}$$

式中，$\boldsymbol{A}$ 是描述输入与输出之间关联关系的矩阵，即

$$
\boldsymbol{A}=\begin{bmatrix}\boldsymbol{a}_1\\\boldsymbol{a}_2\\\boldsymbol{a}_3\\\boldsymbol{a}_4\\\boldsymbol{a}_5\\\boldsymbol{a}_6\end{bmatrix}=\begin{bmatrix}a_{11}&a_{12}&a_{13}&a_{14}&a_{15}&a_{16}\\a_{21}&a_{22}&a_{23}&a_{24}&a_{25}&a_{26}\\a_{31}&a_{32}&a_{33}&a_{34}&a_{35}&a_{36}\\a_{41}&a_{42}&a_{43}&a_{44}&a_{45}&a_{46}\\a_{51}&a_{52}&a_{53}&a_{54}&a_{55}&a_{56}\\a_{61}&a_{62}&a_{63}&a_{64}&a_{65}&a_{66}\end{bmatrix}
$$

Δx、Δy、Δz 为沿 x 轴、y 轴、z 轴的微移动，$\Delta\alpha$、$\Delta\beta$、$\Delta\gamma$ 分别表示绕 x 轴、y 轴、z 轴的微转动。Δq_i 是第 i 个支链的微输入；$\boldsymbol{a}_i(i=1,\ \cdots,\ 6)$ 是描述第 i 个输出和全部输入之间关联关系的行向量；$O\text{-}xyz$ 是并联微操作机器人的固定坐标系。

对于任意一个输出向量 $\boldsymbol{O}_{\text{out}}$ 中的元素，在输入向量 $\boldsymbol{I}_{\text{in}}$ 中至少有一个与其相对应。a_{ij} 只能取值 1 或 0。如果 $a_{ij}=1$，它表示第 i 个输出与第 j 个输入量相关联；如果 $a_{ij}=0$，它表示第 i 个输出量与第 j 个输入量无关联。

如果一个六自由度微操作机器人输入与输出关联关系如图 22-6-1 所示，输出量 Δx 只与输入量 Δq_1 有关，则相关的行向量 $\boldsymbol{a}_1$ 为

$$
\boldsymbol{a}_1=(a_{11},a_{12},a_{13},a_{14},a_{15},a_{16})=(1,0,0,0,0,0)
$$

同理，可以得到描述图 22-6-1 所示的输入与输出关联矩阵 $\boldsymbol{A}$ 如下：

$$
\begin{bmatrix}\Delta x\\\Delta y\\\Delta z\\\Delta\alpha\\\Delta\beta\\\Delta\gamma\end{bmatrix}\Leftarrow\begin{bmatrix}\boldsymbol{a}_1\\\boldsymbol{a}_2\\\boldsymbol{a}_3\\\boldsymbol{a}_4\\\boldsymbol{a}_5\\\boldsymbol{a}_6\end{bmatrix}=\begin{bmatrix}1&0&0&0&0&0\\0&1&1&0&0&0\\0&0&0&1&1&1\\0&0&0&0&1&1\\0&0&0&1&1&1\\0&1&1&0&0&0\end{bmatrix}\Rightarrow\begin{bmatrix}\Delta q_1\\\Delta q_2\\\Delta q_3\\\Delta q_4\\\Delta q_5\\\Delta q_6\end{bmatrix}
$$

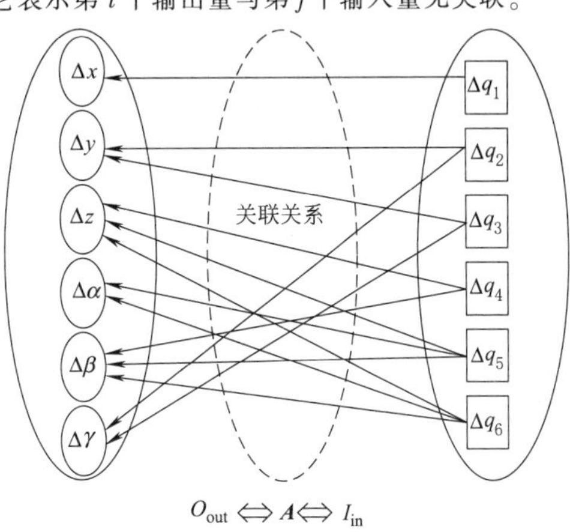

图 22-6-1　驱动输入量与动平台输出向量关联关系

式中，$\boldsymbol{a}_1$、$\boldsymbol{a}_2$、$\boldsymbol{a}_3$、$\boldsymbol{a}_4$、$\boldsymbol{a}_5$ 和 $\boldsymbol{a}_6$ 分别表示 Δx 与所有输入、Δy 与所有输入、Δz 与所有输入、$\Delta\alpha$ 与所有输入、$\Delta\beta$ 与所有输入、$\Delta\gamma$ 与所有输入之间的关联关系。如表 22-6-5 所示为经典的 Stewart、Delta 和平面 3-RRR 并联机构的关联矩阵。

表 22-6-5　　Stewart、Delta 和平面 3-RRR 并联机构的关联矩阵

类型	Stewart 并联机构	Delta 并联机构	平面 3-RRR 并联机构
关联矩阵	$\begin{bmatrix}1&1&1&1&1&1\\1&1&1&1&1&1\\1&1&1&1&1&1\\1&1&1&1&1&1\\1&1&1&1&1&1\\1&1&1&1&1&1\end{bmatrix}$	$\begin{bmatrix}1&1&1\\1&1&1\\1&1&1\end{bmatrix}$	$\begin{bmatrix}1&1&1\\1&1&1\\1&1&1\end{bmatrix}$
图例	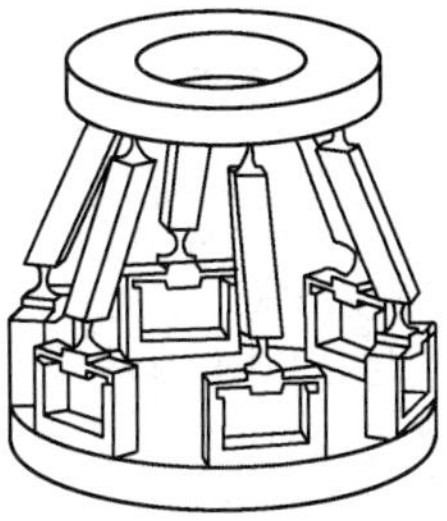		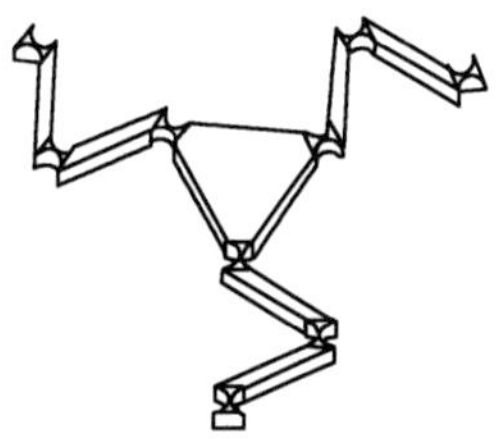

3.2 并联微纳机器人构型

表 22-6-6 总结了不同类型的二至六自由度并联微操作机器人的设计关联矩阵与构型。

表 22-6-6 **并联微纳机器人构型设计**

自由度	关联类型	关联矩阵	构型图例
2	1-1-0 xy 型	$\begin{bmatrix}\Delta x\\\Delta y\end{bmatrix}\Leftarrow\begin{bmatrix}\boldsymbol{a}_1\\\boldsymbol{a}_2\end{bmatrix}=\begin{bmatrix}0&1\\1&0\end{bmatrix}\Rightarrow\begin{bmatrix}\Delta q_1\\\Delta q_2\end{bmatrix}$	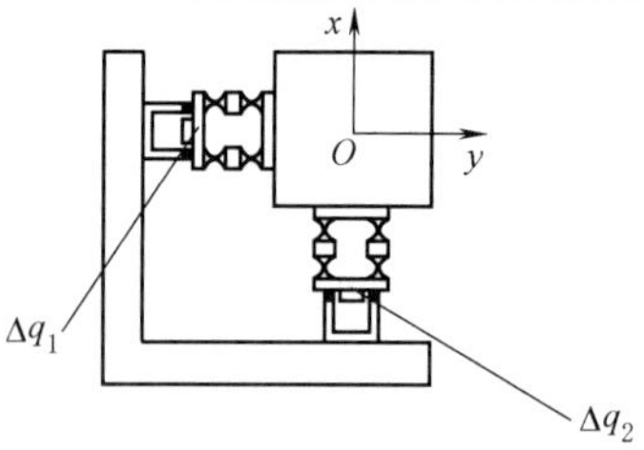
	0-0-2 $z\alpha$ 型	$\begin{bmatrix}\Delta z\\\Delta \alpha\end{bmatrix}\Leftarrow\begin{bmatrix}\boldsymbol{a}_3\\\boldsymbol{a}_4\end{bmatrix}=\begin{bmatrix}1&1\\1&1\end{bmatrix}\Rightarrow\begin{bmatrix}\Delta q_1\\\Delta q_2\end{bmatrix}$	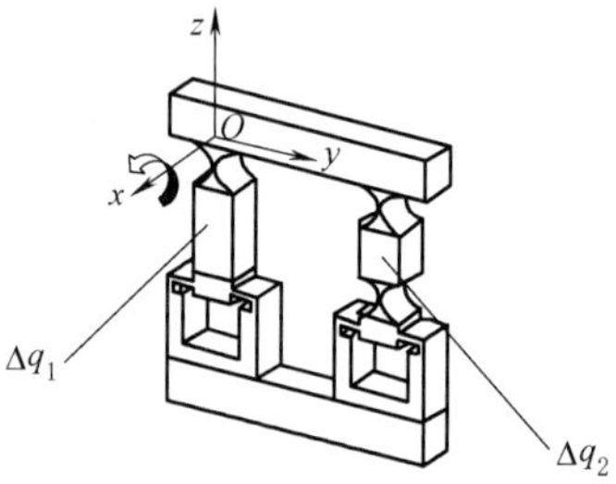
3	1-1-1 xyz 型	$\begin{bmatrix}\Delta x\\\Delta y\\\Delta z\end{bmatrix}\Leftarrow\begin{bmatrix}\boldsymbol{a}_1\\\boldsymbol{a}_2\\\boldsymbol{a}_3\end{bmatrix}=\begin{bmatrix}1&0&0\\0&1&0\\0&0&1\end{bmatrix}\Rightarrow\begin{bmatrix}\Delta q_1\\\Delta q_2\\\Delta q_3\end{bmatrix}$	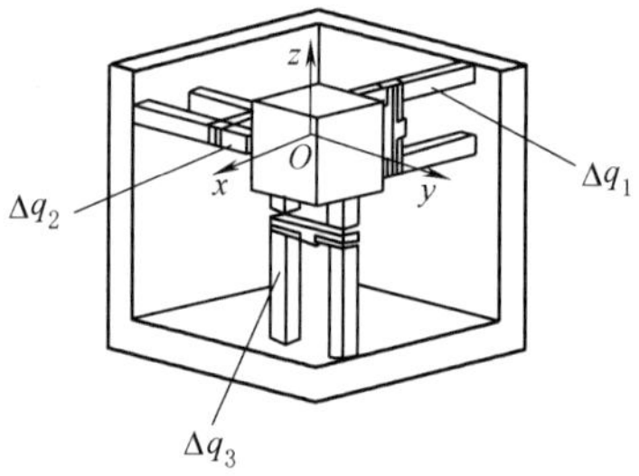
	1-2-0 $xy\gamma$ 型	$\begin{bmatrix}\Delta x\\\Delta y\\\Delta \gamma\end{bmatrix}\Leftarrow\begin{bmatrix}\boldsymbol{a}_1\\\boldsymbol{a}_2\\\boldsymbol{a}_6\end{bmatrix}=\begin{bmatrix}1&0&0\\0&1&1\\0&1&1\end{bmatrix}\Rightarrow\begin{bmatrix}\Delta q_1\\\Delta q_2\\\Delta q_3\end{bmatrix}$	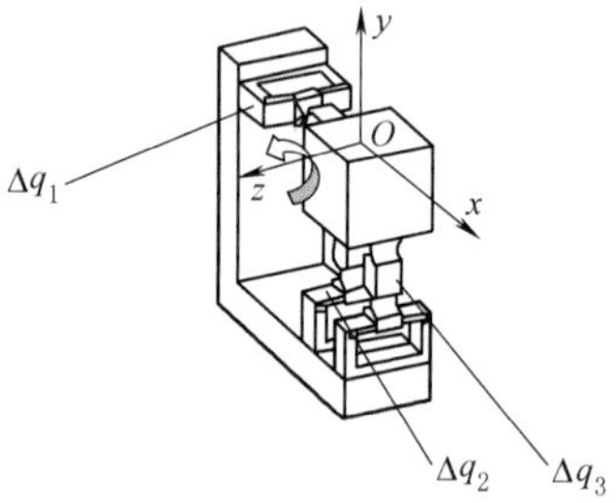
	0-0-3 $z\alpha\beta$ 型	$\begin{bmatrix}\Delta z\\\Delta \alpha\\\Delta \beta\end{bmatrix}\Leftarrow\begin{bmatrix}\boldsymbol{a}_3\\\boldsymbol{a}_4\\\boldsymbol{a}_5\end{bmatrix}=\begin{bmatrix}1&0&0\\1&1&1\\1&1&1\end{bmatrix}\Rightarrow\begin{bmatrix}\Delta q_1\\\Delta q_2\\\Delta q_3\end{bmatrix}$	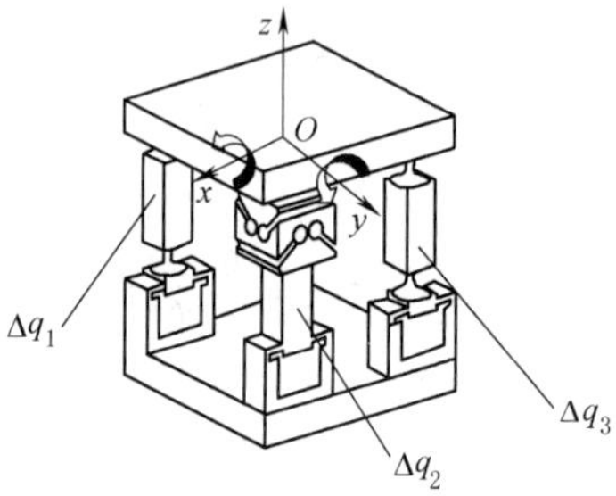

续表

自由度	关联类型	关联矩阵	构型图例
3	0-1-2 $z\alpha\beta$ 型	$\begin{bmatrix}\Delta z\\ \Delta\alpha\\ \Delta\beta\end{bmatrix} \Leftarrow \begin{bmatrix}\boldsymbol{a}_3\\ \boldsymbol{a}_4\\ \boldsymbol{a}_5\end{bmatrix} = \begin{bmatrix}1&0&0\\1&1&0\\0&0&1\end{bmatrix} \Rightarrow \begin{bmatrix}\Delta q_1\\ \Delta q_2\\ \Delta q_3\end{bmatrix}$	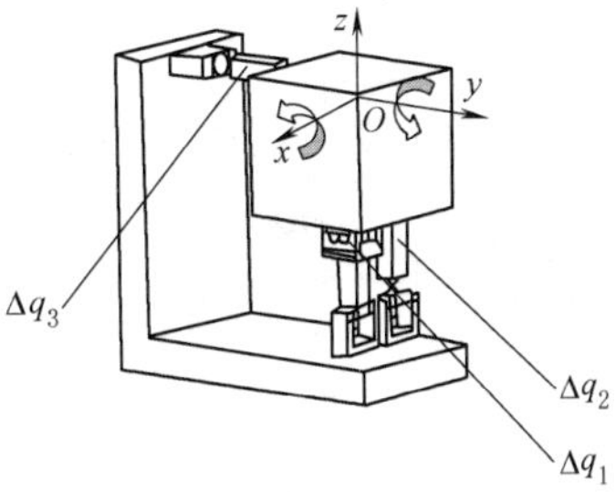 z, y, x, O, Δq_3, Δq_2, Δq_1
4	1-1-2 $xyz\alpha$ 型	$\begin{bmatrix}\Delta x\\ \Delta y\\ \Delta z\\ \Delta\alpha\end{bmatrix} \Leftarrow \begin{bmatrix}\boldsymbol{a}_1\\ \boldsymbol{a}_2\\ \boldsymbol{a}_3\\ \boldsymbol{a}_4\end{bmatrix} = \begin{bmatrix}1&0&0&0\\0&1&0&0\\0&0&1&1\\0&0&1&1\end{bmatrix} \Rightarrow \begin{bmatrix}\Delta q_1\\ \Delta q_2\\ \Delta q_3\\ \Delta q_4\end{bmatrix}$	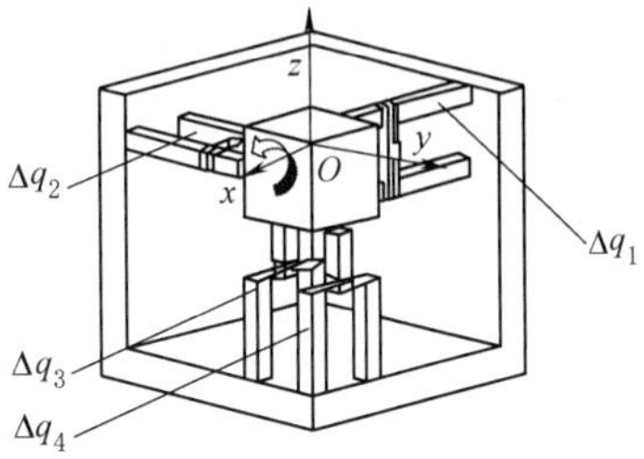 z, y, x, O, Δq_2, Δq_1, Δq_3, Δq_4
	0-1-3 $yz\alpha\beta$ 型	$\begin{bmatrix}\Delta y\\ \Delta z\\ \Delta\alpha\\ \Delta\beta\end{bmatrix} \Leftarrow \begin{bmatrix}\boldsymbol{a}_2\\ \boldsymbol{a}_3\\ \boldsymbol{a}_4\\ \boldsymbol{a}_5\end{bmatrix} = \begin{bmatrix}1&0&0&0\\0&1&0&0\\0&1&0&1\\0&1&1&0\end{bmatrix} \Rightarrow \begin{bmatrix}\Delta q_1\\ \Delta q_2\\ \Delta q_3\\ \Delta q_4\end{bmatrix}$	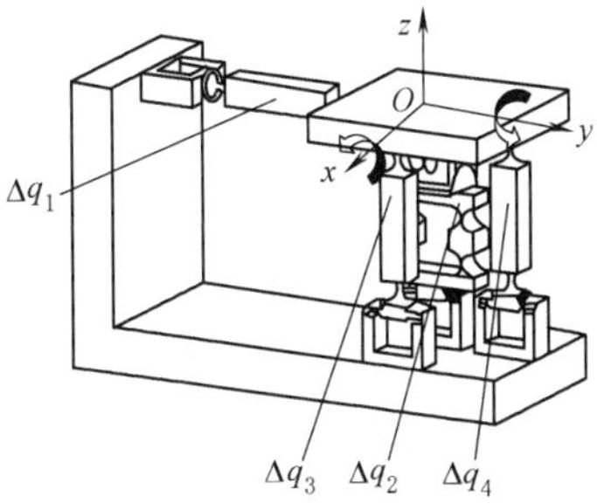 z, O, y, x, Δq_1, Δq_3, Δq_2, Δq_4
	1-2-1 $yz\alpha\beta$ 型	$\begin{bmatrix}\Delta y\\ \Delta z\\ \Delta\alpha\\ \Delta\beta\end{bmatrix} \Leftarrow \begin{bmatrix}\boldsymbol{a}_2\\ \boldsymbol{a}_3\\ \boldsymbol{a}_4\\ \boldsymbol{a}_5\end{bmatrix} = \begin{bmatrix}1&0&0&0\\0&1&0&0\\0&1&1&0\\0&0&0&1\end{bmatrix} \Rightarrow \begin{bmatrix}\Delta q_1\\ \Delta q_2\\ \Delta q_3\\ \Delta q_4\end{bmatrix}$	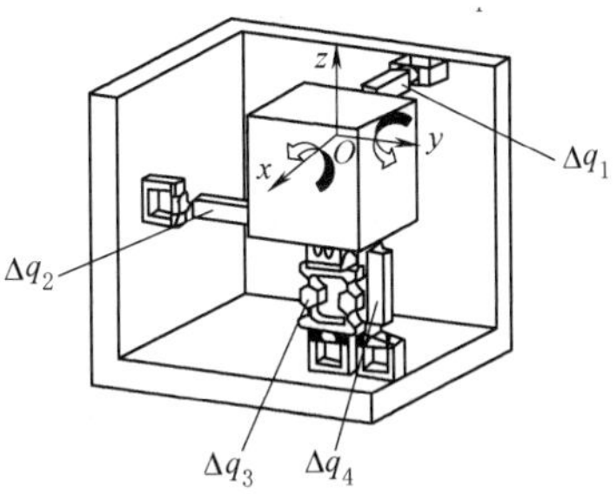 z, y, x, O, Δq_1, Δq_2, Δq_3, Δq_4
	2-1-1 $z\alpha\beta\gamma$ 型	$\begin{bmatrix}\Delta z\\ \Delta\alpha\\ \Delta\beta\\ \Delta\gamma\end{bmatrix} \Leftarrow \begin{bmatrix}\boldsymbol{a}_3\\ \boldsymbol{a}_4\\ \boldsymbol{a}_5\\ \boldsymbol{a}_6\end{bmatrix} = \begin{bmatrix}1&0&0&0\\1&1&0&0\\0&0&1&0\\0&0&0&1\end{bmatrix} \Rightarrow \begin{bmatrix}\Delta q_1\\ \Delta q_2\\ \Delta q_3\\ \Delta q_4\end{bmatrix}$	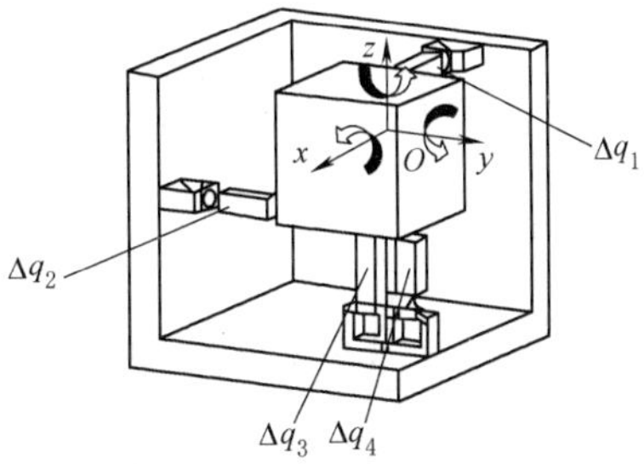 z, x, O, y, Δq_1, Δq_2, Δq_3, Δq_4

续表

自由度	关联类型	关联矩阵	构型图例
5	1-2-2 $xyz\beta\gamma$ 型	$\begin{bmatrix}\Delta z\\\Delta x\\\Delta\beta\\\Delta y\\\Delta\gamma\end{bmatrix}\Leftarrow\begin{bmatrix}1&0&0&0&0\\0&1&1&0&0\\0&1&1&0&0\\0&0&0&1&1\\0&0&0&1&1\end{bmatrix}\Rightarrow\begin{bmatrix}\Delta q_1\\\Delta q_2\\\Delta q_3\\\Delta q_4\\\Delta q_5\end{bmatrix}$	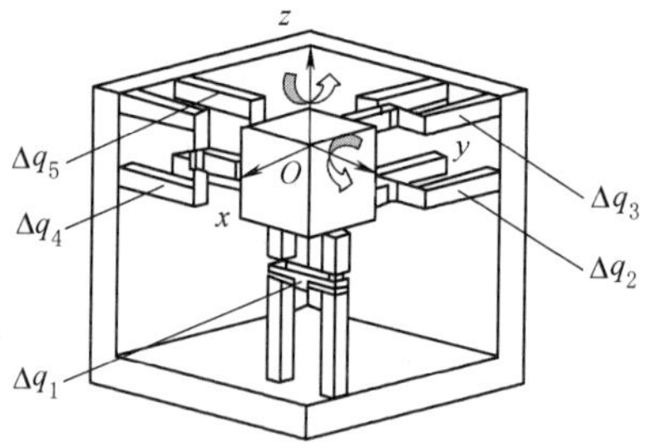
	1-1-3 $xyz\beta\gamma$ 型	$\begin{bmatrix}\Delta x\\\Delta y\\\Delta z\\\Delta\alpha\\\Delta\beta\end{bmatrix}\Leftarrow\begin{bmatrix}1&0&0&0&0\\0&1&0&0&0\\0&0&1&1&1\\0&0&1&1&1\\0&0&1&1&1\end{bmatrix}\Rightarrow\begin{bmatrix}\Delta q_1\\\Delta q_2\\\Delta q_3\\\Delta q_4\\\Delta q_5\end{bmatrix}$	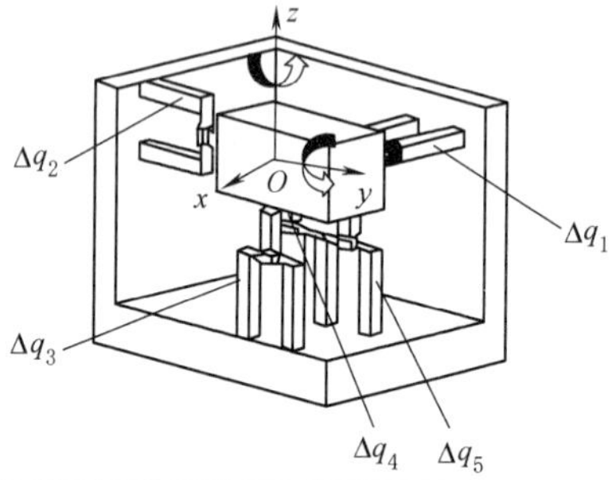
	1-2-2 $yz\alpha\beta\gamma$ 型	$\begin{bmatrix}\Delta\beta\\\Delta y\\\Delta\gamma\\\Delta z\\\Delta\alpha\end{bmatrix}\Leftarrow\begin{bmatrix}1&0&0&0&0\\0&1&1&0&0\\0&1&1&0&0\\0&0&0&1&1\\0&0&0&1&1\end{bmatrix}\Rightarrow\begin{bmatrix}\Delta q_1\\\Delta q_2\\\Delta q_3\\\Delta q_4\\\Delta q_5\end{bmatrix}$	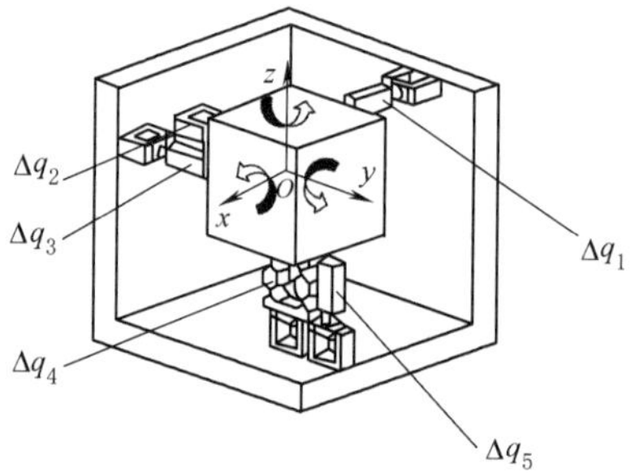
6	1-2-3	$\begin{bmatrix}\Delta x\\\Delta y\\\Delta\gamma\\\Delta z\\\Delta\alpha\\\Delta\beta\end{bmatrix}\Leftarrow\begin{bmatrix}1&0&0&0&0&0\\0&1&1&0&0&0\\0&1&1&0&0&0\\0&0&0&1&1&1\\0&0&0&0&1&1\\0&0&0&1&1&1\end{bmatrix}\Rightarrow\begin{bmatrix}\Delta q_1\\\Delta q_2\\\Delta q_3\\\Delta q_4\\\Delta q_5\\\Delta q_6\end{bmatrix}$	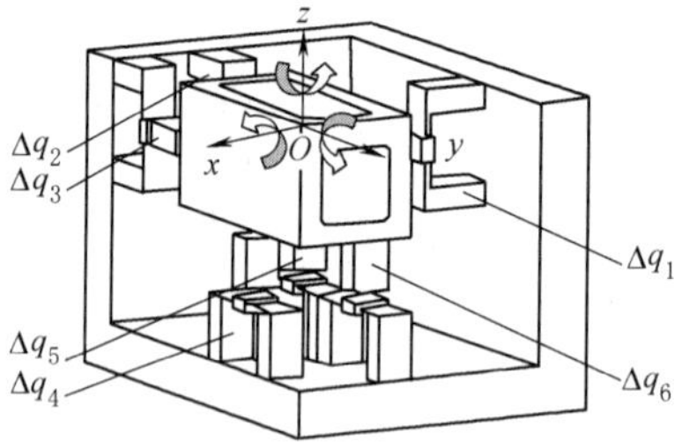
	2-2-2	$\begin{bmatrix}\Delta x\\\Delta\beta\\\Delta y\\\Delta\gamma\\\Delta z\\\Delta\alpha\end{bmatrix}\Leftarrow\begin{bmatrix}1&0&0&0&0&0\\1&1&0&0&0&0\\0&0&1&1&0&0\\0&0&1&1&0&0\\0&0&0&0&1&1\\0&0&0&0&1&1\end{bmatrix}\Rightarrow\begin{bmatrix}\Delta q_1\\\Delta q_2\\\Delta q_3\\\Delta q_4\\\Delta q_5\\\Delta q_6\end{bmatrix}$	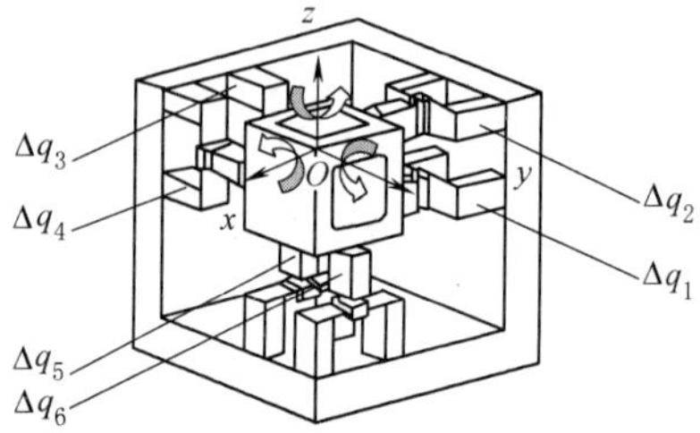

3.3 典型并联微纳机器人案例

表 22-6-7 空间六自由度的 6-SPS 微纳机器人

<table>
<tr><td>结构特性</td><td>6-SPS 微纳机器人具有并联机构构型、支链正交布置的结构特点，可以实现空间中的三自由度平移（xyz）和三自由度旋转（$\alpha\beta\gamma$）
从结构上可以分为三个部分：上平台（末端执行器）、下平台（基座）和六条连接上下平台的运动支链
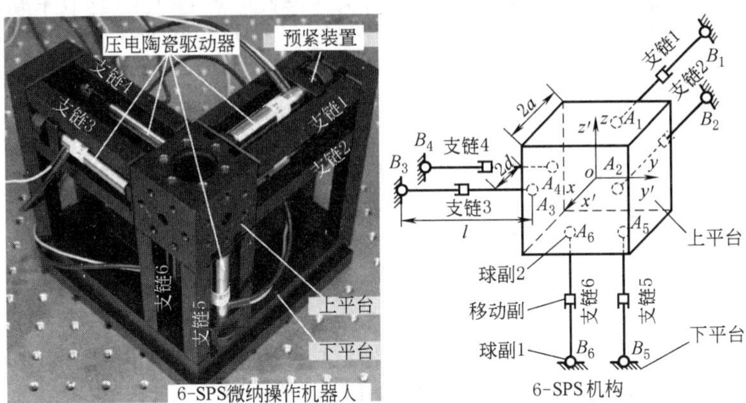
6-SPS 微纳机器人样机与机构简图
连接上下平台的六条运动支链中，同方向的两条支链驱动轴线平行分为一组，共分为三组，分别布置在三个相互正交的方向上，同时三组支链轴线所在平面也互相垂直。这种正交布置结构使微纳机器人具有良好的对称性、运动性能和承载能力。该微纳机器人将 P 副置于两个球铰之间，以自身充当了连杆，且可以同时向两端伸长，位移输出大，整体结构较为紧凑，且具有较大的工作空间</td></tr>
<tr><td>设计分析</td><td>6-SPS 微纳机器人采用整体柔性结构设计、一体化加工和压电陶瓷驱动等特点。采用整体化设计和加工的方法，使用电火花线切割工艺对一整块 65Mn 弹簧钢进行切割，在加工过程中，自然而然生成了一体化结构，较薄的部分形成可变形的柔性铰链，依靠其弹性变形实现微纳运动。主体结构不需要装配，消除了传统铰链存在的间隙、机械摩擦和爬行现象，提高了运动精度，能够充分发挥并联机构高精度的优势
下平台通过压板和螺栓固定在隔振平台上，以减少外界振动对机器人末端运动的影响；上平台预制有螺纹孔和减重孔，既可以为安装合适的操作工具提供条件，也降低了运动部件的质量和转动惯量，有助于提高机器人动态响应能力
6-SPS 微纳机器人主动副皆为移动副，采用压电陶瓷直接驱动，该驱动方式虽然末端输出位移较小，但具有以下优点
(1)结构紧凑简单，加工方便，体积小
(2)刚度较高，提高了机器人的动态性能
(3)建模简单，准确性高
(4)杆件数目少，运动链长度短，带来误差的参数较少
(5)驱动误差不会被放大，精度高
6-SPS 微纳机器人的 6 个支链都可以独立地自由驱动，这样上平台相对于下平台就有 6 个自由度，即上平台上任意一点都可以通过调节 6 个支链的长度来达到空间的任意位姿</td></tr>
<tr><td>零部件/组件分析</td><td>微纳操作机器人样机采用 PI 公司的 P841.30 压电陶瓷驱动器驱动，通过预紧装置固定于柔性移动副中。P841.30 驱动器具有亚纳米级分辨率和亚毫秒级响应速度，内置高精度应变传感器（SGS），可提供压电闭环反馈控制，能有效补偿压电陶瓷磁滞效应带来的误差。其主要特性如下
开环行程：45μm
加载电压：0～100V
闭环行程：45μm
集成反馈传感器：SGS
开/闭环分辨率：0.45/0.9nm
大信号静刚度：19N/μm±20%
最大推/拉力：1000/50N</td></tr>
</table>

续表

零部件/组件分析	在6-SPS微纳机器人中,柔性铰链是实现高精度、高分辨率的理想元件。在驱动力作用下,柔性铰链产生弹性变形作为微纳位移。柔性铰链消除了传统运动副间隙、摩擦和爬行现象,而且结构紧凑、力学性能平顺、抗干扰能力强,在微纳操作机器人中具有广泛的应用。6-SPS微纳机器人主要采用了三种柔性铰链,分别为:双端单层柔性移动铰链,正圆柔性球形铰链和正圆柔性转动铰链。单层柔性移动铰链主要由中间的移动位移输出端、两边对称的薄板和连杆组成,移动端内侧受到驱动力作用,外侧输出功能方向的线性微位移。单层平板型柔性移动铰链结构简单、紧凑,加工方便,相比于复合平移铰链大大降低了制造难度,减小了机器人体积。正圆转动柔性铰链由两个垂直于 XY 平面的对称圆柱截面切割方形界面柱体而成,这种柔性铰链在设计、制造和建模上都较为简单。正圆柔性球形铰链轮廓由半圆弧绕轴线旋转一周围成,与传统的球铰相同,它具有三个功能方向,可分别绕 x、y 和 z 轴转动。这种铰链结构紧凑,加工制造和建模方法简单,相对于组合式球铰也具有较高精度
逆运动学	对于6-SPS微纳机器人而言,其位置反解较容易获得。在6-SPS机构上建立两个参考坐标系,$o\text{-}xyz$ 为固定坐标系,原点位于上平台的中心,三个坐标轴分别与三组运动支链轴线平行;$o\text{-}x'y'z'$ 为上平台的连体坐标系,固连于上平台上并随之运动。在初始位置,两个坐标系重合 由于该机构具有三平移、三转动共六个自由度,因此可以用向量 $$\boldsymbol{X}=[x\quad y\quad z\quad \alpha\quad \beta\quad \gamma]^{\mathrm{T}}$$ 来表示机器人的末端位姿,该向量中的转角为上平台位姿的RPY角表示方法。根据杆长条件,容易得出 $$(l+q_i)^2=\lvert A_iB_i\rvert^2=({}^0\boldsymbol{A}_i-{}^0\boldsymbol{B}_i)^{\mathrm{T}}({}^0\boldsymbol{A}_i-{}^0B_i),i=1,2,\cdots,6$$ 其中,q_i 为第 i 条运动支链移动副的位移量,${}^0\boldsymbol{A}_i$ 和 ${}^0\boldsymbol{B}_i$ 分别为第 i 条支链中两个转动副的转动中心点 A_i 和 B_i 在固定坐标系 $o\text{-}xyz$ 中的广义坐标。B_i 点为固定点,容易根据机构几何尺寸,得出连接上平台的各个球铰在动坐标系 $o\text{-}x'y'z'$ 中的广义坐标 $${}^0\boldsymbol{B}_1=[-a-l\quad 0\quad d\quad 1]^{\mathrm{T}}$$ $${}^0\boldsymbol{B}_2=[-a-l\quad 0\quad -d\quad 1]^{\mathrm{T}}$$ $${}^0\boldsymbol{B}_3=[d\quad -a-l\quad 0\quad 1]^{\mathrm{T}}$$ $${}^0\boldsymbol{B}_4=[-d\quad -a-l\quad 0\quad 1]^{\mathrm{T}}$$ $${}^0\boldsymbol{B}_5=[0\quad d\quad -a-l\quad 1]^{\mathrm{T}}$$ $${}^0\boldsymbol{B}_6=[0\quad -d\quad -a-l\quad 1]^{\mathrm{T}}$$ 其中 l 为连杆长度,等于两个球铰转动中心之间的长度,a 为上平台中心到连接上平台的球铰中心连线的距离,d 同组两支链轴线间距离的一半 移动点 A_i 在固定坐标系 $o\text{-}xyz$ 中的广义坐标为 $${}^0\boldsymbol{A}_i={}^0_l\boldsymbol{T}\,{}^l\boldsymbol{A}_i,i=1,2,\cdots,6$$ 其中,${}^0_l\boldsymbol{T}$ 为从坐标系 $o\text{-}xyz$ 到 $o\text{-}x'y'z'$ 的齐次变换矩阵,而 ${}^l\boldsymbol{A}_i$ 为点 A_i 在动坐标系 $o\text{-}x'y'z'$ 中的广义坐标,分别为 $${}^l\boldsymbol{A}_1=[-a\quad 0\quad d\quad 1]^{\mathrm{T}}$$ $${}^l\boldsymbol{A}_2=[-a\quad 0\quad -d\quad 1]^{\mathrm{T}}$$ $${}^l\boldsymbol{A}_3=[d\quad -a\quad 0\quad 1]^{\mathrm{T}}$$ $${}^l\boldsymbol{A}_4=[-d\quad -a\quad 0\quad 1]^{\mathrm{T}}$$ $${}^l\boldsymbol{A}_5=[0\quad d\quad -a\quad 1]^{\mathrm{T}}$$ $${}^l\boldsymbol{A}_6=[0\quad -d\quad -a\quad 1]^{\mathrm{T}}$$ 齐次变换矩阵 ${}^0_l\boldsymbol{T}$ 可以根据上平台的位姿表示为 $${}^0_l\boldsymbol{T}=\begin{bmatrix} c\beta c\gamma & s\alpha s\beta c\gamma-c\alpha s\gamma & c\alpha s\beta c\gamma+s\alpha s\gamma & x \\ c\beta s\gamma & s\alpha s\beta s\gamma+c\alpha c\gamma & c\alpha s\beta s\gamma-s\alpha c\gamma & y \\ -s\beta & s\alpha c\beta & c\alpha c\beta & z \\ 0 & 0 & 0 & 1 \end{bmatrix}$$ 其中,x、y 和 z 分别为末端线位移,α、β 和 γ 分别为上平台的RPY角。可以得到6-SPS机构的主动铰链——移动副的位移与末端位姿之间的关系式,即位置反解方程为 $$q_1=\sqrt{[x+a+l-ac\beta c\gamma+d(s\alpha s\gamma+c\alpha s\beta c\gamma)]^2+[y-ac\beta s\gamma+d(c\alpha s\beta s\gamma-s\alpha c\gamma)]^2+[z-d+dc\alpha c\beta+as\beta]^2}-l$$ $$q_2=\sqrt{[x+a+l-ac\beta c\gamma-d(s\alpha s\gamma+c\alpha s\beta c\gamma)]^2+[y-ac\beta s\gamma-d(c\alpha s\beta s\gamma-s\alpha c\gamma)]^2+[z+d-dc\alpha c\beta+as\beta]^2}-l$$

续表

<table>
<tr>
<td>逆运动学</td>
<td>

$$q_3=\sqrt{[x-d+dc\beta c\gamma-a(s\alpha s\beta c\gamma-c\alpha s\gamma)]^2+(z-ds\beta-as\alpha c\beta)^2+[y+a+l-a(c\alpha c\gamma+s\alpha s\beta s\gamma)+dc\beta s\gamma]^2}-l$$

$$q_4=\sqrt{[x+d-dc\beta c\gamma-a(s\alpha s\beta c\gamma-c\alpha s\gamma)]^2+(z+ds\beta-as\alpha c\beta)^2+[y+a+l-a(c\alpha c\gamma+s\alpha s\beta s\gamma)-dc\beta s\gamma]^2}-l$$

$$q_5=\sqrt{\begin{aligned}&[d(s\alpha s\beta c\gamma-c\alpha s\gamma)-a(c\alpha s\beta c\gamma+s\alpha s\gamma)+x]^2+\\&[d(c\alpha c\gamma+s\alpha s\beta s\gamma)-d-a(c\alpha s\beta s\gamma-s\alpha c\gamma)+y]^2+(z+a+l-ac\alpha c\beta-ds\alpha c\beta)^2\end{aligned}}-l$$

$$q_6=\sqrt{\begin{aligned}&[x-d(s\alpha s\beta c\gamma-c\alpha s\gamma)-a(c\alpha s\beta c\gamma+s\alpha s\gamma)]^2+\\&[y+d-d(c\alpha c\gamma+s\alpha s\beta s\gamma)-a(c\alpha s\beta s\gamma-s\alpha c\gamma)]^2+(z+a+l-ac\alpha c\beta-ds\alpha c\beta)^2\end{aligned}}-l$$

重写为简洁表达形式，可以得到 6-SPS 机构位置反解的矢量形式

$$\boldsymbol{Q}=\mathrm{InvKin}(\boldsymbol{X})$$

其中：

$$\boldsymbol{Q}=[q_1\quad q_2\quad q_3\quad q_4\quad q_5\quad q_6]^{\mathrm{T}}$$

微纳尺度下，大量高阶小量的存在增加了计算复杂程度，因此可以在计算中做以下近似而不影响计算精度

$$\sin\alpha\doteq\alpha$$

$$\cos\alpha-1\doteq0$$

$$\sin\alpha\sin\beta=0$$

可以得到微动状态下，简化的齐次变换矩阵为

$$\boldsymbol{T}=\begin{bmatrix}1&-\gamma&\beta&x\\\gamma&1&-\alpha&y\\-\beta&\alpha&1&z\\0&0&0&1\end{bmatrix}$$

6-SPS 机构的位置反解可以简化为

$$\begin{cases}q_1=\sqrt{(l+x+d\beta)^2+(y-d\alpha-a\gamma)^2+(z+a\beta)^2}-l\\q_2=\sqrt{(l+x-d\beta)^2+(y+d\alpha-a\gamma)^2+(z+a\beta)^2}-l\\q_3=\sqrt{(x+a\gamma)^2+(l+y+d\gamma)^2+(z-a\alpha-d\beta)^2}-l\\q_4=\sqrt{(x+a\gamma)^2+(l+y-d\gamma)^2+(z-a\alpha+d\beta)^2}-l\\q_5=\sqrt{(x-a\beta-d\gamma)^2+(y+a\alpha)^2+(l+z+d\alpha)^2}-l\\q_6=\sqrt{(x-a\beta+d\gamma)^2+(y+a\alpha)^2+(l+z-d\alpha)^2}-l\end{cases}$$

</td>
</tr>
<tr>
<td>雅可比矩阵</td>
<td>

对支链 1 移动副的位移与末端位姿之间的关系式两边求关于时间的导数，可以得到支链 1 的驱动速度与末端输出速度之间的关系

$$\begin{aligned}\dot{q}_1=\frac{1}{q_1+l}\{&[x+a+l-ac\beta c\gamma+d(s\alpha s\gamma+c\alpha s\beta c\gamma)]\dot{x}+[y-ac\beta s\gamma+d(c\alpha s\beta s\gamma-s\alpha c\gamma)]\dot{y}\\&+(z-d+dc\alpha c\beta+as\beta)\dot{z}+[(a+l+x)dc\alpha s\gamma-ydc\alpha c\gamma+(d-z)s\alpha c\beta-s\alpha s\beta((a+l+x)c\gamma+ys\gamma)]\dot{\alpha}+\\&[s\beta(d(d-z)c\alpha+a((a+l+x)c\gamma+ys\gamma))+c\beta(a(z-d)+dc\alpha((a+l+x)c\gamma+ys\gamma))]\dot{\beta}+\\&[ac\beta((a+l+x)s\gamma-yc\gamma)+d(c\gamma((a+l+x)s\alpha+yc\alpha s\beta)+(ys\alpha-(a+l+x)c\alpha s\beta)s\gamma)]\dot{\gamma}\}\end{aligned}$$

同理，可以得到支链 2~6 中各个移动副驱动速度与末端输出速度之间的关系

$$\dot{q}_i=\boldsymbol{A}_i\dot{\boldsymbol{X}},i=1,2,\cdots,6$$

将 6 个支链的输入-输出速度关系综合写成矩阵形式，就可以得到广义输出速度与广义输入速度的关系表达式

$$\dot{\boldsymbol{Q}}=\boldsymbol{A}\dot{\boldsymbol{X}}$$

其中：

$$\dot{\boldsymbol{Q}}=[\dot{q}_1\quad\dot{q}_2\quad\dot{q}_3\quad\dot{q}_4\quad\dot{q}_5\quad\dot{q}_6]^{\mathrm{T}}$$

$$\dot{\boldsymbol{X}}=[\dot{x}\quad\dot{y}\quad\dot{z}\quad\dot{\alpha}\quad\dot{\beta}\quad\dot{\gamma}]^{\mathrm{T}}$$

$\boldsymbol{A}$ 即 6-SPS 机构的逆雅可比矩阵。因此，可以计算出 6-SPS 机构的雅可比矩阵

$$\boldsymbol{J}=\boldsymbol{A}^{-1}$$

</td>
</tr>
</table>

续表

正向运动学	6-SPS 微纳机器人的运动学正解模型可以通过迭代求解的方式得出。迭代求解需要用到反解及雅可比矩阵。迭代正解的输入条件有两项，一为移动副位移为已知，二是人为给定一个末端位姿作为迭代初始值。其迭代求解过程可以表示为 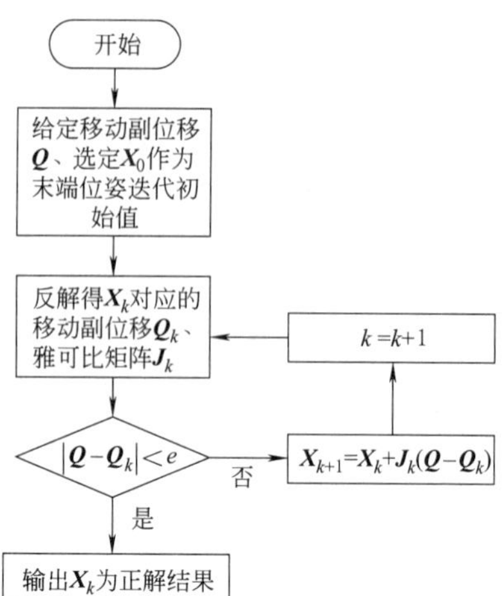

第7章 足式机器人构型与结构

1 概　　述

在自然界中，陆地上的动物大多都具有双足、四足或者六足的结构以适应复杂陆地环境上的移动，而在众多构型的机器人中，足式机器人被认为天然具有更好的复杂地形下的穿越能力。人形机器人是智能机器人科学问题和关键技术的高度集成研究平台。与其他类型的移动机器人相比，人形机器人具有自由度高、运动参数多、系统复杂、适应环境多变、运动多样等特点。因此，人形机器人是机械、材料、电子、控制、智能、仿生等多学科交叉的产物，人形机器人的关键技术突破对智能机器人感知、驱动、传动、控制等技术发展起到推动和引领作用。

多足步行机器人被广泛应用在复杂崎岖的地形环境中。其足式结构使得机器人身体的运动与足部的运动相分离。多足机器人因其可以通过分散独立的腿优化机器人整体的支撑与受力，在复杂地面上具有更好的移动性，因而在对人类过于危险的灾难场景如地震、核爆炸、毒气爆炸现场，足式机器人有望替代人执行探测及救援任务。设计机械腿和机身的构型是足式机器人的研发关键。设计精巧的适用于步行机器人的腿部结构和机身承载方式，能够与相应的控制方式相匹配，实现高效的机器人作业能力。

2 人形（双足）机器人构型与结构

2.1 人形（双足）机器人肢体构型

人在直立行走或操作时，很容易接近目标，人体的特定的关节、肢体的构成形式起到关键作用。肢体运动空间与关节的简化结果如表22-7-1所示。表22-7-2为人体的简化构型，在本章内容中，R、P、Y下标代表Roll、Pitch和Yaw方向的转动，例如U_{P+R}表示二自由度并联转动，R_PR_R表示Pitch、Roll组成的二自由度串联转动构件。

人体的构型为单自由度运动副，二、三自由度并联运动副相串接的混联构型。其特点是：结构全对称构型；所有的关节均为肌肉并联驱动；总体上人体为超冗余输入运动系统；上肢承载力较小、运动最灵活，下肢承载力大、稳定可靠；结构上每个关节处均有软骨组织，特别是脊柱中的椎间盘，使人体具有柔性、弹性和变刚度特性；人体中冗余自由度只出现在躯干和上肢中。

表22-7-1　关节的简化与肢体运动空间

人体部位	运动肢体	动作方向	关节简化	肢体运动空间	
				旋转轴	转动范围/(°)
头	颈椎	向右、左转 屈曲、极度伸展 侧向摆动	第二颈椎：R_Y 第一颈椎：U_{P+R} 三～七颈椎：5S	Y轴旋转 平行P轴转动 平行R轴转动	±55 +40/-50 ±40

续表

人体部位	运动肢体	动作方向	关节简化	肢体运动空间	
				旋转轴	转动范围/(°)
肩胛骨	胸、腰椎	向左、右转 前后弯曲 左右侧摆	胸椎 12 节:$12R_Y$ 腰椎 5 节:$5U_{P+R}$	Y 轴旋转 P 轴转动 R 轴转动	±40 +45/−30 ±30
手臂		冠状面外展、抬高 矢状面内屈曲 矢状向前抬高 矢状向后极限伸展 水平内收、极限后展 绕大臂外展、内展	肩关节:S	平行 R 轴转动 平行 P 轴转动 平行 P 轴转动 平行 P 轴转动 平行 Y 轴转动 Y′轴旋转	130 90 90 45 +140/−40 ±90
		屈曲	肘关节:R_P	平行 P 轴转动	135
		手背、掌屈曲 手内收、外展 掌心向上、下翻转	小臂:R_Y 腕关节:U	P 轴转动 Y 轴旋转 R 轴转动	−65/+75 +15/−30 +80/−90
腿		冠状面内收、外展 矢状面屈曲、伸展 屈曲绕大腿外、内转	髋关节:S	平行 R 轴转动 平行 P 轴转动 Y 轴旋转	+40/−45 +120/−45 +40/−45
		屈曲	膝关节:R_P	平行 P 轴转动	135
		绕小腿内收、外展 内曲、外展 侧向滚动	踝关节:$R_P R_R$ 或 U_{P+R}	Y 轴旋转 平行 P 轴转动 R 轴转动	+45/−45 +15/−40 +45/−50

表 22-7-2　　人体的简化构型

肢体	简化构型	末端有效运动
头及颈	U_{P+R}-R_Y-5S	2 移动、3 转动,(P_P、P_R)R_Y、R_P、R_R
腰或腰椎	$5U_{P+R}$-12R	2 移动、3 转动,(P_P、P_R)R_Y、R_P、R_R
手臂	S-R_P-R_Y-U_{P+R}	3 移动、3 转动,P_P、P_R、P_Y、R_P、R_R、R_Y
腿	S-R_P-$R_P R_R$	3 移动、3 转动,P_P、P_R、P_Y、R_P、R_R、R_Y

注：1. 简单运动单元——转动副为一自由度，用 R 表示；移动副为一自由度，用 P 表示。球面副为 3 转动自由度，用 S 表示；球销副为 2 转动自由度，用 S^* 表示。

2. 复合运动单元——虎克铰链用 U 表示；二自由度并联球面机构用 U_{P+R} 表示；三自由度并联球面机构用 S_{P+R+Y} 表示；四自由度并联机构等，见表 22-7-3。

表 22-7-3　　复合基本运动单元

基本运动单元	代号	图例	运动		自由度
			移动	转动	
虎克铰	U		0	2	2
并联球面机构	U^P_{P+R}		0	2	2
	S^P_{P+R+Y}		0	3	3

续表

基本运动单元	代号	图例	运动		自由度
			移动	转动	
四自由度并联机构	4-RRR-RR		1	3	4

注：右上角标 P 表示此单元为并联结构。

参考关节简化的结果设计关节替代机构。根据表 22-7-1、表 22-7-2 所列的人体中的关节简化的结果，人体的肩、腕、髋、颈为三自由度转动关节，可用 3 个单转动副串联 RRR、三自由度并联球面机构 S_{P+R+Y}、二自由度并联球面机构 U_{P+R} 与单转动副 R 串联机构替代；踝关节为二自由度（也可用三自由度而引入 1 个冗余自由度），当自由度为 2 时，用并联球面机构 U_{P+R} 替代；当自由度为 3 时，与肩关节的替代机构相同；肘、膝关节为单自由度转动关节，可以用单转动副 R 或移动副 P 替代；腰为三（或四）自由度关节，当自由度为 3 时，与肩关节的替代机构相同；当自由度为 4 时，用 3 个单转动副 RRR 与 1 个移动副 P 串联、三自由度并联球面机构 S_{P+R+Y} 与 1 个移动副 P 串联、二自由度 U_{P+R} 并联机构与 1 个单转动副 R 及 1 个移动副 P 串联、4-UPS/PS 机构替代，或用组合并联机构替代，如 4-UPS/PS 等。

以基本运动单元符号的排列（从前至后）次序表示肢体替代机构的排列顺序，前端为与机体相连处，后端为肢体的末端。如 S^{P}_{P+R+Y}-R_P-U^{P}_{P+R} 表示人的手臂，S^{P}_{P+R+Y} 为肩关节与人的躯干相连处，U^{P}_{P+R} 为手臂的末端即腕关节处。

在本章中，肢体由下面符号代号表示：A 表示人形机器人手臂 arm；L 表示人形机器人腿 leg；W 表示人形机器人腰 waist；N 表示人形机器人的颈 neck。

从相关肢体的各关节替代机构集合中，任取一组机构进行串联组合，形成相应的肢体构型。构建过程如图 22-7-1 所示。

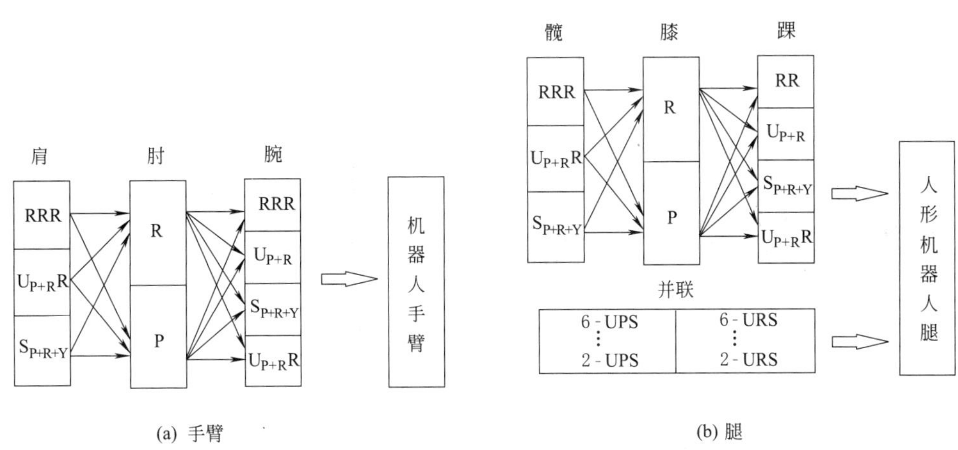

(a) 手臂　　(b) 腿

图 22-7-1　肢体组合逻辑图

构建的结果为：两种、三类人形机器人肢体的构型，即基本自由度、冗余自由度的串联、混联、并联构型，如表 22-7-4 所列。

表 22-7-4　　**人形机器人肢体构型**

肢体	类型	自由度	构型
手臂	串联	6	$A_1:R_{P\text{-}R\text{-}Y}\text{-}R_P\text{-}R_{P\text{-}R}, A_2:R_{P\text{-}R\text{-}Y}\text{-}P_Y\text{-}R_{P\text{-}R}$
		7	$A_3:R_{P\text{-}R\text{-}Y}\text{-}R_P\text{-}R_{P\text{-}R}R_Y, A_4:R_{P\text{-}R\text{-}Y}\text{-}P_Y\text{-}R_{P\text{-}R}R_Y$
	并联	6	$A_5:S^P_{P+R+Y}\text{-}R_P\text{-}U^P_{P+R}, A_6:S^P_{P+R+Y}\text{-}P_Y\text{-}U^P_{P+R}$
		7	$A_7:S^P_{P+R+Y}\text{-}R_P\text{-}S^P_{P+R+Y}, A_8:S^P_{P+R+Y}\text{-}P_Y\text{-}S^P_{P+R+Y}, A_9:S^P_{P+R+Y}\text{-}R_P\text{-}U^P_{P+R}R_Y$
		7	$A_{10}:S^P_{P+R+Y}\text{-}P_Y\text{-}U^P_{P+R}R_Y, A_{11}:U^P_{P+R}R_Y\text{-}R_P\text{-}U^P_{P+R}R, A_{12}:U^P_{P+R}R_Y\text{-}P_Y\text{-}U^P_{P+R}R_Y$

续表

肢体	类型	自由度	构型
腰	串联	3	$W_1:R_{P-R-Y}, W_2:R_{P-Y-R}, W_3:R_{R-Y-P}$
		4	$W_4:R_{P-Y-R}-P_Y, W_5:R_{P-R-Y}-P_Y, W_6:R_{R-Y-P}-P_Y$
	混联	3	$W_7:U^P_{P+R}-R_Y$
		4	$W_8:U^P_{P+R}-R_Y-P_Y, W_9:S^P_{P+R+Y}-P_Y$
	并联	3	$W_{10}:S^P_{P+R+Y}$
		4	W_{11}:4-UPS/PS, W_{12}:4-RRR-RR
颈	串联	3	$N_1:R_{P-R-Y}, N_2:R_{R-P-Y}, N_3:R_{R-Y-P}, N_4:R_{Y-R-P}, N_5:R_{P-Y-R}, N_6:R_{P-Y-R}$
	混联	3	$N_7:U^P_{P+R}-R_Y, N_8:U^P_{P+R}-R_Y-P_Y$
	并联	3	$N_9:S^P_{P+R+Y}$
腿	串联	6	$L_1:R_{P-R-Y}-R_P-R_P, L_2:R_{P-R-Y}-P_Y-R_{P-R}$
	混联	6	$L_3:S^P_{P+R+Y}-R_P-U^P_{P+R}, L_4:S^P_{P+R+Y}-P_Y-U^P_{P+R}$
			$L_5:U^P_{P+R}R_Y-R_P-U^P_{P+R}, L_6:U^P_{P+R}R_Y-P_Y-U^P_{P+R}$
		7	$L_7:S^P_{P+R+Y}-R_P-S^P_{P+R+Y}, L_8:S^P_{P+R+Y}-P_Y-S^P_{P+R+Y}$
			$L_9:U^P_{P+R}R_Y-R_P-R_YU^P_{P+R}, L_{10}:U^P_{P+R}R_Y-P_Y-R_YU^P_{P+R}$
	并联	6	L_{11}:6-UPS, L_{12}:6-URS
		6	L_{13}:3-UPS, L_{14}:3-URS, L_{15}:3-$U^P_{P+R}R_PS$, L_{16}:3-$U^P_{P+R}P_YS$
		6	L_{17}:2-UPS, L_{18}:2-URS, L_{19}:2-$S^P_{P+R+Y}R_YU^P_{P+R}$, L_{20}:2-$S^P_{P+R+Y}PU^P_{P+R}$

在表 22-7-4 中，串联构型目前已为大多数现有的人形机器人所采用；而混联构型（即并联机构关节与单自由度关节串联）也在某些对负载、速度有特殊要求的机器人上应用。并联的手臂构型如表 22-7-5 所示。

表 22-7-5　　并联型手臂构型

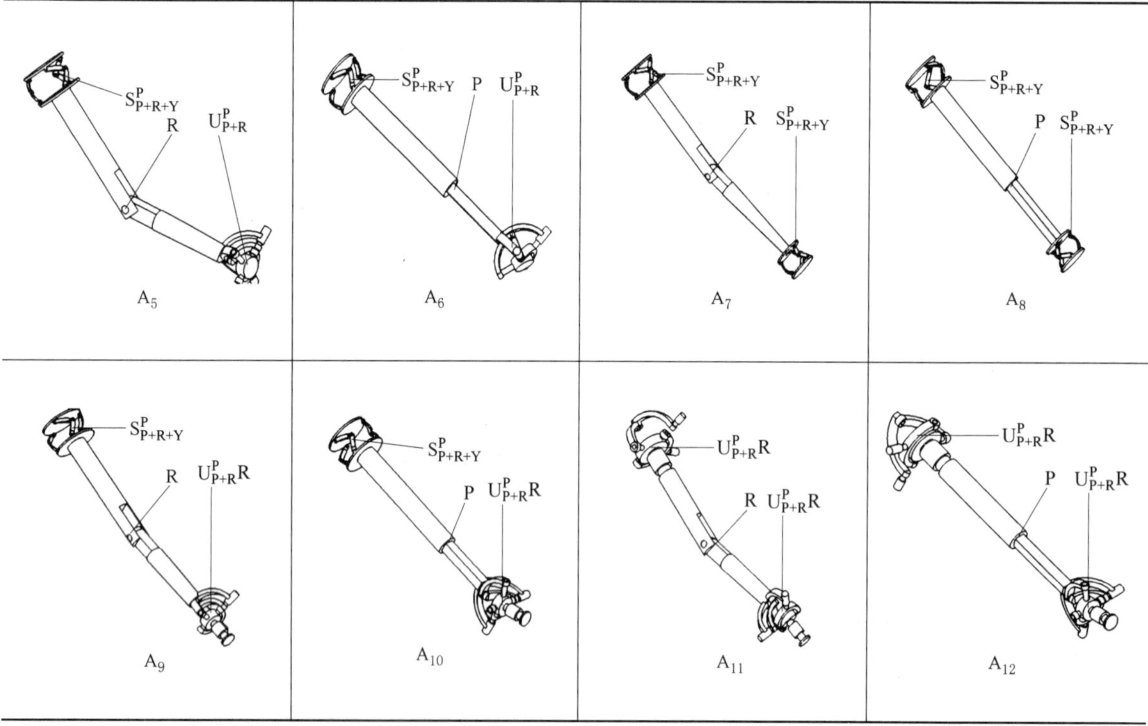

腰部对人类执行各种肢体协调相关的动作具有重要意义，因此对于涉及全身协调运动的机器人，腰部机构往往被重点设计。例如让人形机器人进行后空翻、走平衡木，往往需要更精巧的腰部设计以维持平衡。腰部的构型见表 22-7-6。

表 22-7-6　　**腰部构型**

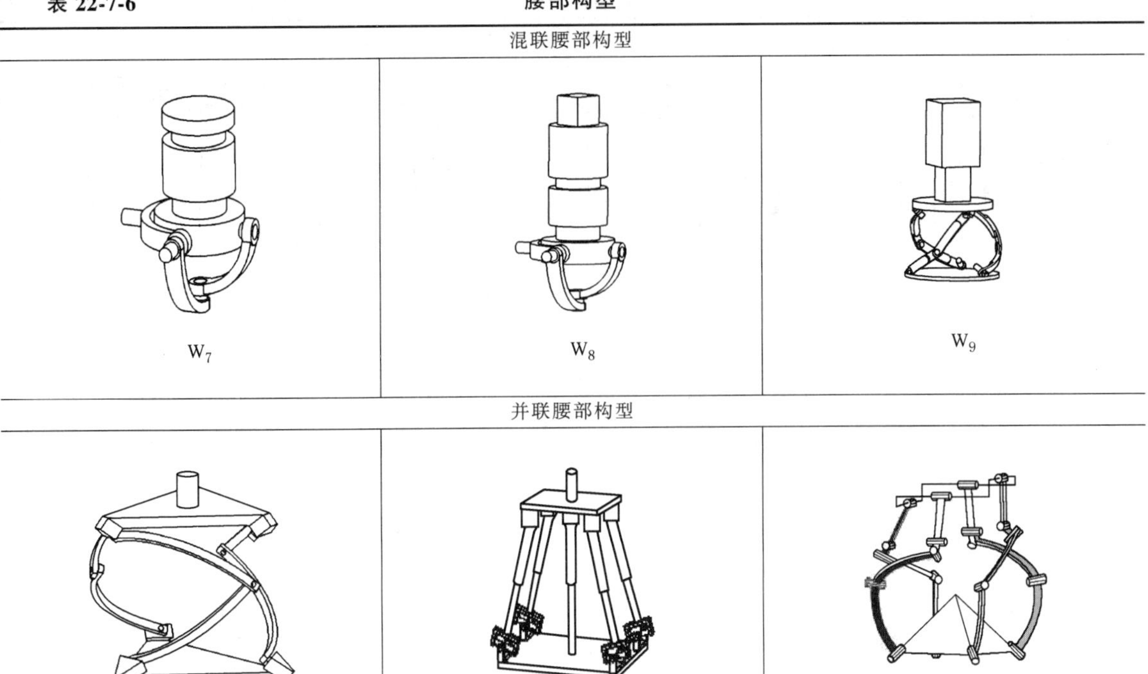

W_7　W_8　W_9　W_{10}　W_{11}　W_{12}

机器人的腿部构型设计是足式机器人的关键，关系到机器人的越障性能。腿部构型的设计见表 22-7-7。

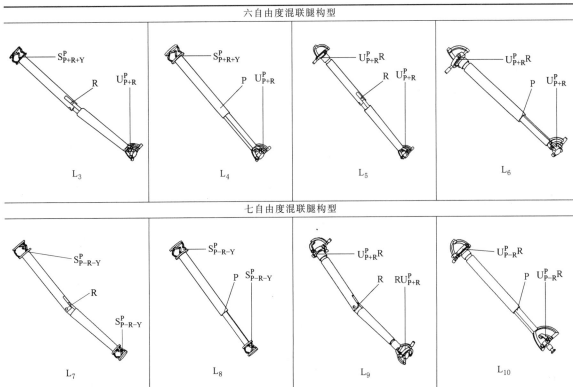

表 22-7-7　　**腿部构型**

六自由度混联腿构型			
S^P_{P+R+Y}　R　U^P_{P+R} L_3	S^P_{P+R+Y}　P　U^P_{P+R} L_4	$U^P_{P+R}R$　R　U^P_{P+R} L_5	$U^P_{P+R}R$　P　U^P_{P+R} L_6
七自由度混联腿构型			
S^P_{P-R-Y}　R　S^P_{P-R-Y} L_7	S^P_{P-R-Y}　P　S^P_{P-R-Y} L_8	$U^P_{P+R}R$　R　RU^P_{P+R} L_9	$U^P_{P-R}R$　P　$U^P_{P-R}R$ L_{10}

续表

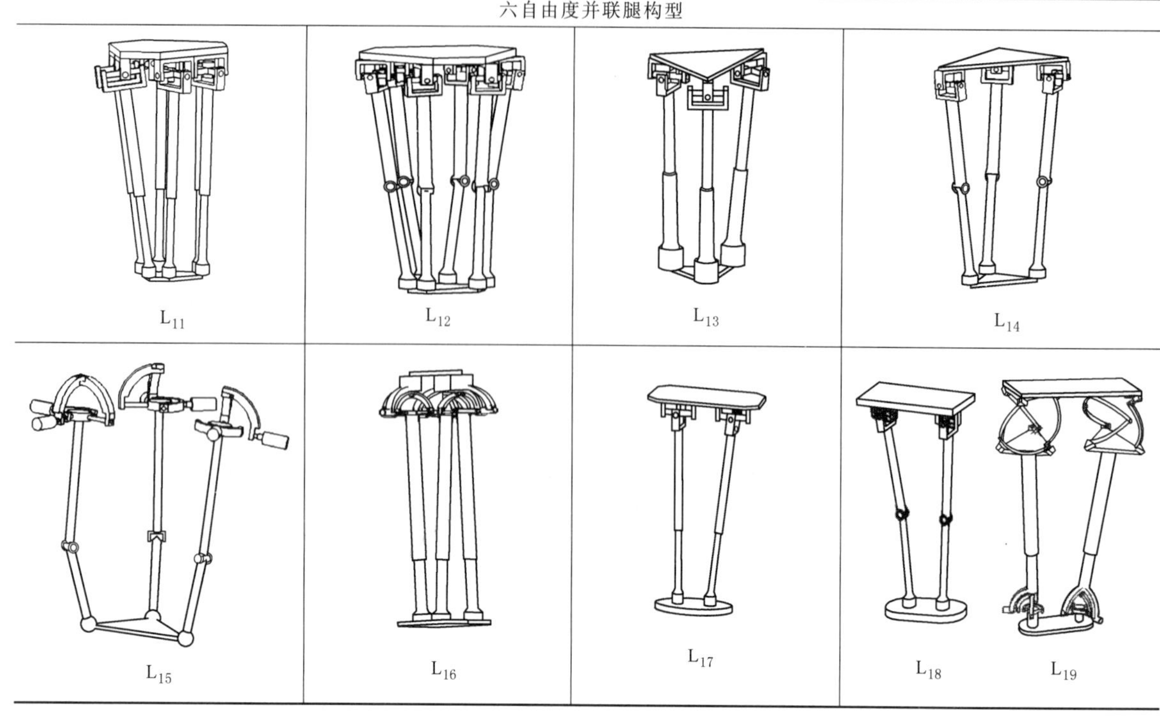

2.2 人形（双足）机器人的系统构型

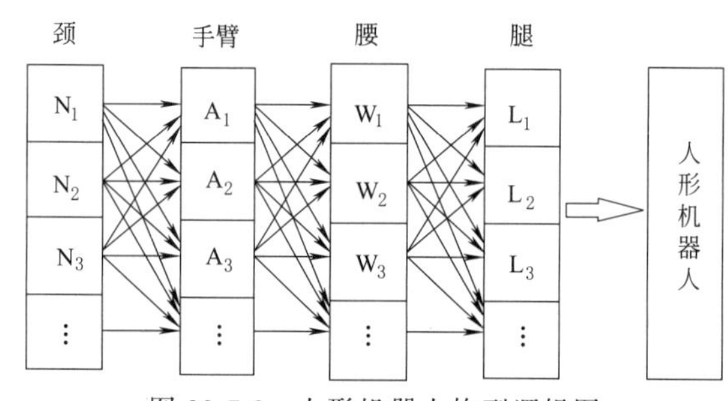

图 22-7-2　人形机器人构型逻辑图

将人形机器人肢体构型（见表 22-7-4）按照需求进行组合，构成人形机器人的系统构型。人体的整体简化构型见表 22-7-2，以全对称、肢体间串联的方式组合人形机器人整体构型。构建过程如图 22-7-2 所示。

人形机器人整体构型通式为：$N_iA_jW_lA_jL_mL_m$。其中 N_i 为第 i 颈的构型；A_j 为第 j 手臂构型；W_l 为第 l 个腰的构型；L_m 为第 m 腿的构型。构建的结果列于表 22-7-8。

其中：全对称结构、纯串联的具有基本、冗余自由度的构型，目前已被现有人形机器人所采用。

全对称结构的混联构型，包括基本、冗余自由度的混联构型，最大限度地模仿人的结构和运动功能，有利于改进人形机器人的机动能力、操作能力、运动稳定性、肢体运动的协调能力及姿态变化能力。

表 22-7-8　人形机器人的整体构型

结构	类型	自由度配置	构建条件	数量	人形机器人构型
全对称结构	纯串联	基本自由度构型	$i=1,2,\cdots,6$; $j=1,2;l=1,2,3;m=1,2$	72	$N_1A_1W_1A_1L_1L_1$, $N_1A_1W_2A_1L_1L_1$, $N_1A_1W_2A_1L_2L_2$, $N_3A_3W_3A_3L_1L_1,\cdots$
		多冗余自由度构型	$i=1,2,\cdots,6;j=3,4;l=4,5,6$; $m=1,2$	72	$N_1A_3W_4A_3L_1L_1$, $N_1A_3W_5A_3L_1L_1$, $N_3A_4W_6A_4L_2L_2$, $N_6A_3W_4A_3L_1L_1,\cdots$

续表

结构	类型	自由度配置	构建条件	数量	人形机器人构型
全对称结构	混联	基本自由度构型	$i=1,2,\cdots,9;j=1,2,5,6;l=1,2,3,7,10;m=1,2,\cdots,6,11,\cdots,20$ 串联条件不同时存在	2808	$N_1A_1W_1A_1L_3L_3$，$N_1A_2W_1A_2L_3L_3$，$N_2A_1W_1A_1L_5L_5$，$N_3A_5W_1A_5L_1L_1$，…
		多冗余自由度构型	$i=1,2,\cdots,9;j=3,4,7,\cdots,12;l=4,5,6,8,9,11,\cdots,16;m=7,8,9,10$ 串联条件不同时存在	3096	$N_1A_3W_4A_3L_7L_7$，$N_2A_4W_4A_4L_8L_8$，$N_3A_3W_4A_3L_7L_7$，$N_3A_4W_4A_4L_9L_9$，…

图 22-7-3 为混联人形机器人整体构型的随机实例。在 $N_9A_{11}W_{11}A_{11}L_5L_5$ 构型中：颈（N_9）、腰（W_{11}）部采用三自由度并联球面机构；手臂（A_{11}）——在肩、腕关节处引入二自由度并联球面机构与 R_Y 串联，整个手臂为七自由度冗余混联构型；腿（L_5）——髋关节 U_{P+R}^{P} 与 R_Y 串联、踝关节为 U_{P+R}^{P}，腿为六自由度混联构型。该机器人共 32 个自由度。

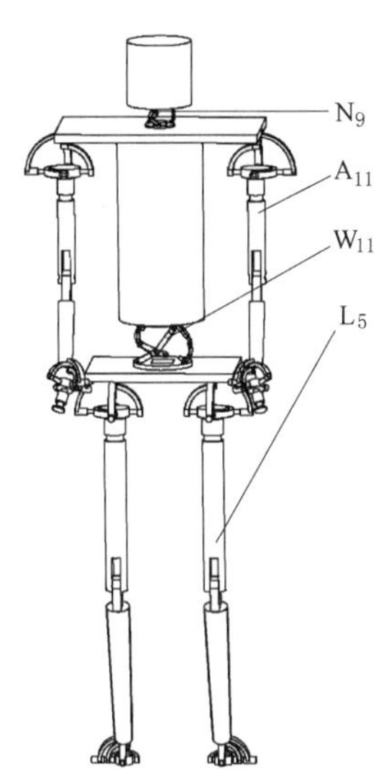

图 22-7-3　人形机器人混联构型

2.3　人形（双足）机器人设计思路

人形机器人的设计更多可以采用仿生思维。自然界中有很多的双足行走的动物，它们的下身的两个肢体（双腿）和上身的两个肢体在生存中所占的地位并不相同。按照两者重要性的比例，可以建立一个坐标轴，如图 22-7-4 所示。

坐标轴越向左，下肢在生存中的作用往往越重要，例如恐龙、鸡、鸵鸟等，其下肢肌肉群发达，结构能耗较低，往往具有载重能力较强、速度较快、能耗较低、跳跃能力较强等较强的移动性能。

坐标轴越向右，上肢在生存中的作用往往越重要，例如猿、猴、飞鸟等。它们的上肢肌群更加发达，和并不发达的下肢进行配合即可适应特殊的环境。例如鸟的翅膀可以提供巨大升力使鸟类具有飞翔的能力，和具有较强钩握能力的鸟腿配合，在树林中自由生存。而猿猴则具有强壮的手臂，可以在树上摆荡生存。

图 22-7-4　双足不同的仿生方向

坐标轴在中间时，上肢和下肢往往取得了平衡，同等地重要，协同配合完成更多复杂的任务。例如我们人类，在下肢依然具有可观的负载、速度以及能耗的情况下，上肢也足够发达灵活，可以进行各种复杂操作。这也是人类在劳动中逐渐产生智慧的重要原因之一。

分别对头颈、腰部、肢体从自由度、机构、机械设计等角度进行不同程度的模拟，并结合控制的难易程度以及其他需求，有机组合成人形机器人整体。

2.4 人形（双足）机器人典型案例

下面以日本的 Wabian-R2 人形机器人为例进行设计思路介绍。本机器人的头颈、手臂、腰部和腿部均采用了串联的构型，见表 22-7-9。

表 22-7-9　　Wabian-R2 人形机器人典型案例

基本特性	高度为 1.5m，重 64kg。后备厢上搭载 QNX Neutrino 操作系统的计算机用来进行运动控制。该机器人的驱动系统由一个直流伺服电机、一个连接到电机轴的增量编码器和一个用于检测底座角度的光电传感器组成。此外，每个脚踝都有一个六轴力/扭矩传感器，用于测量地面反作用力（GRF）和零力矩点（ZMP）		
整机构型特点	此人形机器人的构型具有典型性和代表性。当下人形机器人在机构设计上，主要采用简化模式进行设计，即不考虑复杂关节，统一将手部和腿部设计为“3-1-3”布置的“S-R-S”七自由度冗余串联机构。此类设计可以完全表征各肢体的运动维度和能力，同时降低关节的复杂度（并联构型设计会相对复杂）。此人形机器人的颈部、手臂、腰部、腿部构型分别为表 22-7-4 中的 N_1、A_3、W_3、L_7		
机器人部位	自由度	机构或机械设计示意	相应部位设计思路
全身	41	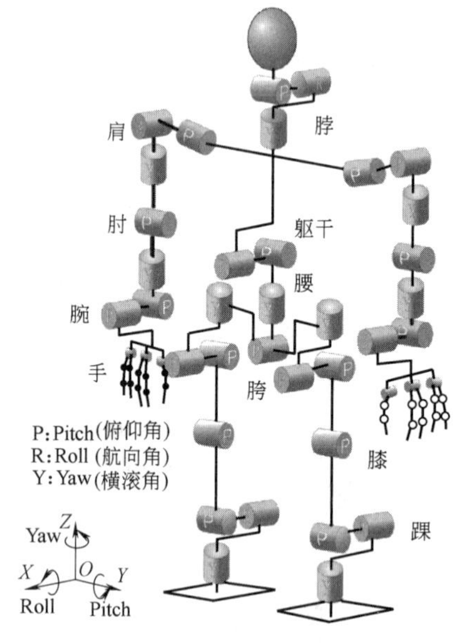 肩 脖 肘 躯干 腰 腕 手 胯 膝 踝 P:Pitch(俯仰角) R:Roll(航向角) Y:Yaw(横滚角) Yaw Z X O Y Roll Pitch	根据机器人的目标功能，合理选择各部位的自由度以设计机构
头颈	3	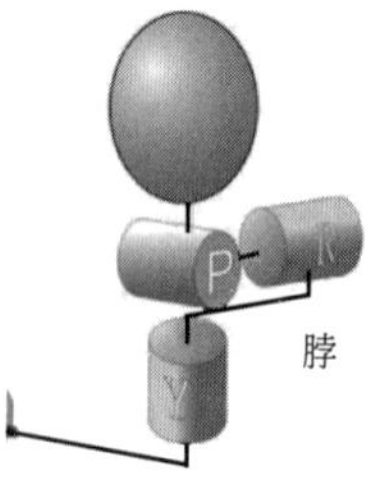 脖	头部往往用来放置摄像头等视觉元件，如对视觉元件的观察姿态有要求，可设置头颈自由度；Wabian-R2 机器人选择了 3 轴交于一点的串联机构，是较为常见的实现 Roll、Pitch、Yaw 三个旋转自由度的设计方法

续表

机器人部位	自由度	机构或机械设计示意	相应部位设计思路
臂	7×2	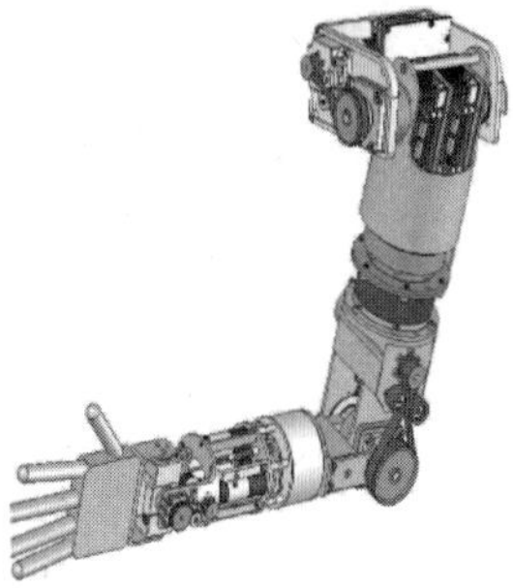 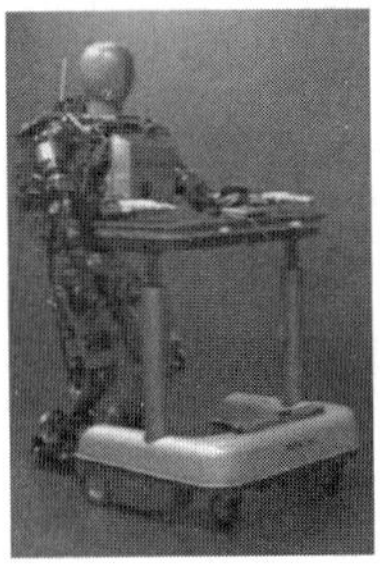	手臂与手部承担操作功能，根据所操作的对象选择合适的手臂自由度和末端执行器类型。如左图，Wabian-R2机器人的设计目标是操纵老年人辅助设备以进行设备测试，需要精确模拟人操作的情况，因此采用了和人手臂一样的七自由度SRS结构
手部	3×2	 	根据不同操作需求，可以选用不同自由度的末端执行器。执行器可以是仅仅只有几个自由度的简单夹爪（例如左图Wabian-R2的三自由度夹爪），甚至吸盘等各种执行器。若操作对象非常复杂，也可以采用多自由度灵巧手等机构
腰部	3	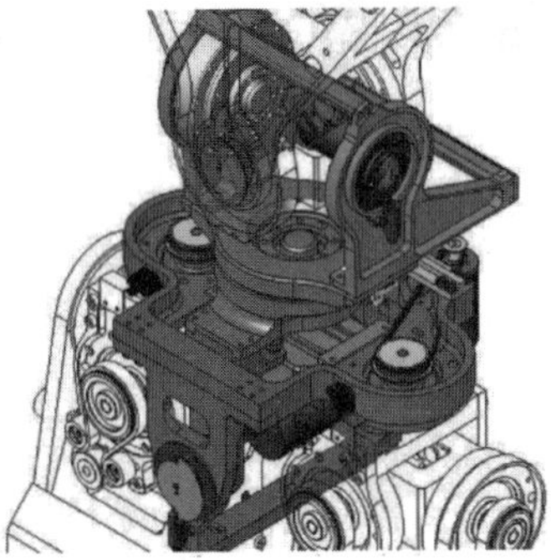	腰部在人类的跑步、跳跃、翻跟头等高级动作的协调与平衡方面起到非常大的作用。人类的腰部往往可以理解为拥有Roll、Pitch、Yaw三个旋转自由度。可以根据人形机器人所行走的环境以及所需完成的动作的复杂性选择是否设计腰部以及配置腰部自由度。当前很多人形机器人完成的任务并不复杂，因此并没有设置腰部。而Wabian-R2机器人由于需要更好地模拟人类使用老年助力设备，因此采用了三自由度的腰部结构
骨盆	2	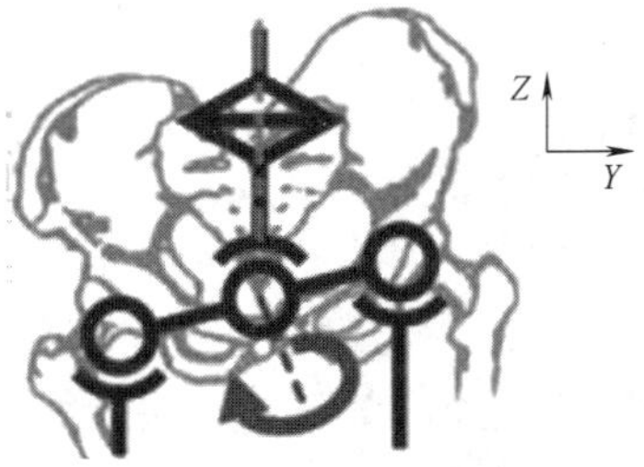 Z Y	人类的骨盆也存在自由度。为了更好地模拟人类直立行走，Wabian-R2机器人设置了二自由度的骨盆机构。这不同于大部分弯曲膝盖行走的人形机器人

续表

机器人部位	自由度	机构或机械设计示意	相应部位设计思路
腿	6×2	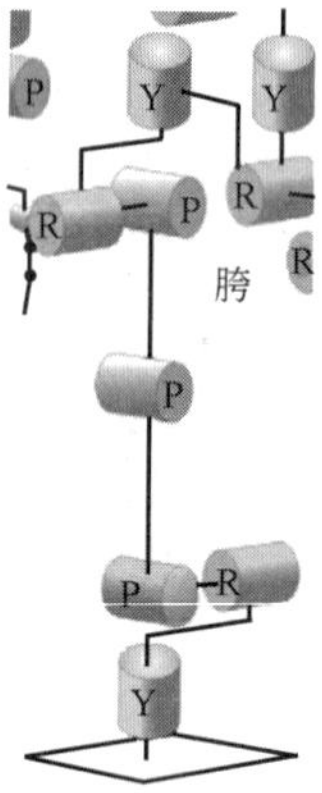 P Y Y R P R R 胯 P P R Y	腿部的设计是双足机器人的重点，关系到能否站稳并稳定行走。Wabian-R2 机器人从仿生的角度出发，模仿人类的腿设置七自由度 SRS 机构。这种腿部在空间中存在一个冗余自由度，可以更好地适应复杂地形。但自由度增多带来的问题就是建模和控制较复杂，因此需要根据任务需求合理配置腿部自由度
脚部	1×2 （被动）		脚部的设计一般分为点脚（无姿态自由度）、线脚（仅有 Pitch 与 Yaw）以及板脚（拥有 Roll、Pitch、Yaw 三个自由度）。自由度越少，运动学表达越简单，但越难维持肢体稳定。自由度越多，稳定性越强，但运动学和基础模型复杂度会相应提高，增加控制难度。可以采用仿生思路或根据地形情况设置被动自由度，并加入弹性或者阻尼装置以更好模拟人类行走性能。Wabian-R2 机器人模拟人类的脚板设计了一个脚部被动自由度

在确定人形机器人自由度后，可以进行驱动方式的选择。表 22-7-10 展示了三种驱动方式的优缺点。针对对卫生要求不高而对负载性能要求较高的环境，应采用液压驱动。对柔顺性要求较高且无需重载的环境，可以采用气动。而电机驱动性能折中，是大部分机器人的选择，但不适于过度重载。

表 22-7-10　不同驱动方式的选择

驱动方式	液压驱动	电机驱动	气体驱动
机器人示例	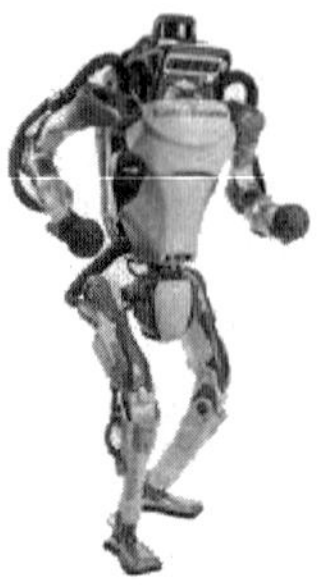	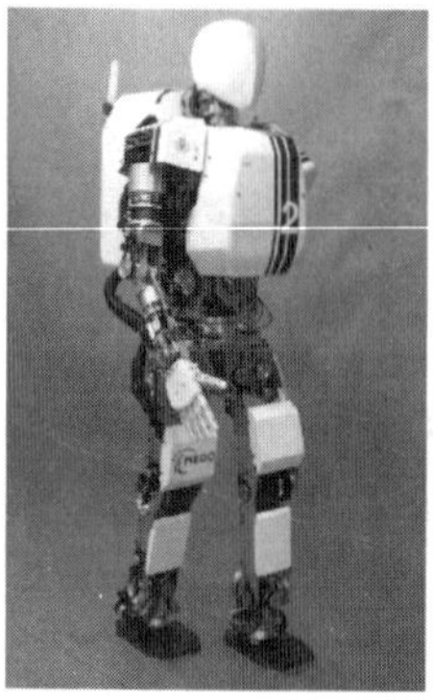	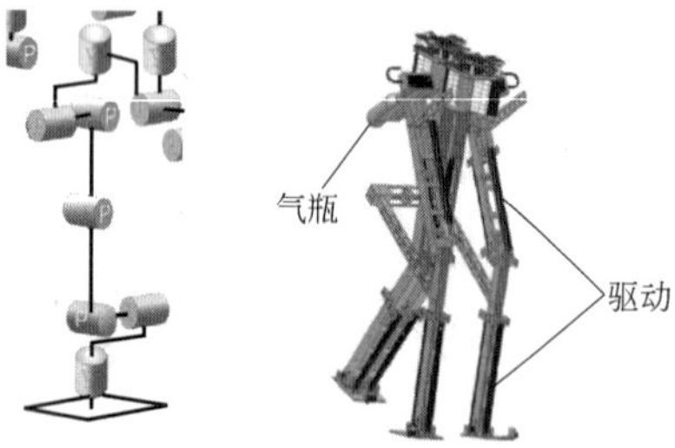 气瓶 驱动

续表

驱动方式	液压驱动	电机驱动	气体驱动
优缺点	优点 ①输出力最大,适合做高强度、高难度动作 ②控制线性度高,相对较简单 缺点 ①噪声大 ②容易发生液体泄漏,卫生情况差 ③设备相对电机驱动更加庞大	优点 ①结构紧凑 ②清洁环保 ③精度较高 ④噪声小 缺点 ①输出力一般,容易因为过载而超出额定功率导致故障 ②电子器件相对可靠性差,维护麻烦	优点 ①柔顺性较好,往往和软体结构结合,更加适应复杂外部力条件,不会产生因为过载而烧坏电机的现象 ②控制相对方便 ③简约环保 ④和软体配合往往重量小,且稳定可靠 缺点 ①配合软体,输出力较小 ②控制精度低,难以实现伺服控制 ③气泵有较大噪声

在确定驱动方式后，利用 DH 矩阵方式构建其运动学解析模型，从而进行位置、速度以及力的正反解计算，方式类似于六自由度机械臂的建模方式，这里不再详细介绍。

3　多足机器人构型与结构

3.1　多足机器人腿部构型

多足机器人主要分为四足以及六足，但两者对于腿部的设计区别不大，故而统一进行介绍。表 22-7-11 介绍了目前常见的四足/六足机器人腿部的设计构型。值得注意的是，为了减少腿部惯量，常将驱动装置安装在腿的根部。

表 22-7-11　　**多足机器人的腿部设计构型**

机构类别	自由度	机构类型	机构拓扑简图	代表机器人
串联	1	R	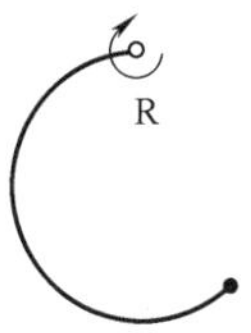 R	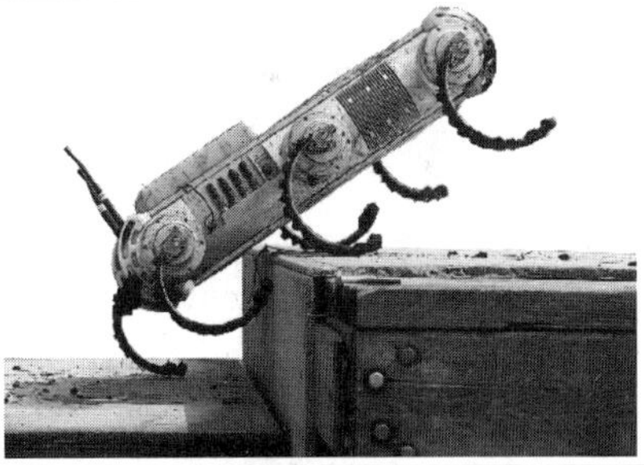
	2	RP	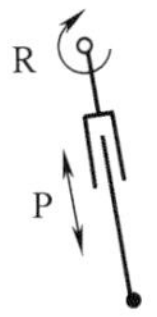 R P	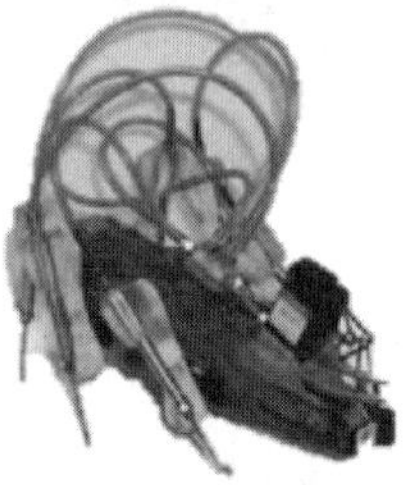 

续表

机构类别	自由度	机构类型	机构拓扑简图	代表机器人
串联	2	RR	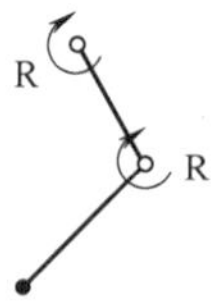 R R	
		RR (U)	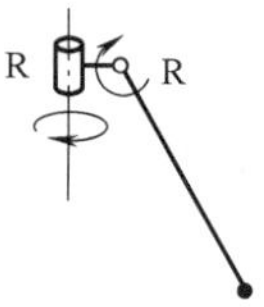 R R	
	3	RRP (SCARA)	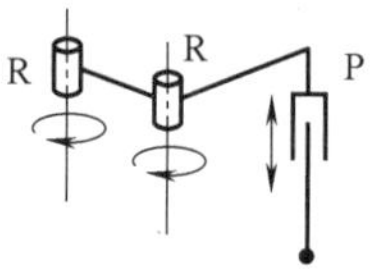 R R P	
		RRR	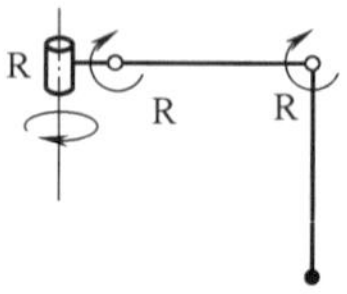 R R R	 

续表

机构类别	自由度	机构类型	机构拓扑简图	代表机器人
串联	4	RRRR (URR)	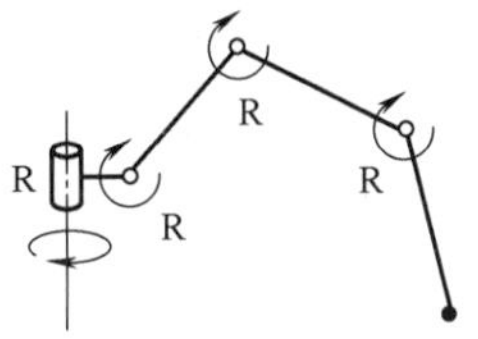 R R R R	
		RRRR (SR)	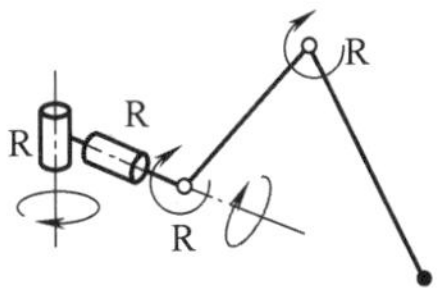 R R R R	
	5	RRRRR(SRR)	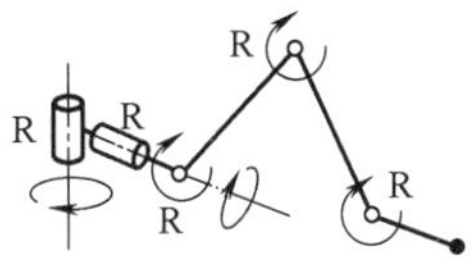 R R R R R	
	6	RRRRRR (UUU)	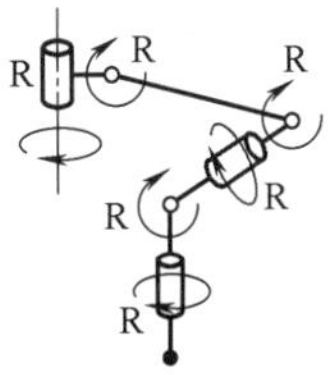 R R R R R R	
并联	3	2UPS-1UP	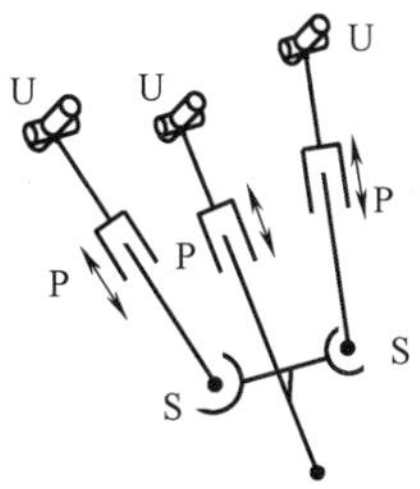 U U U P P P S S	

续表

机构类别	自由度	机构类型	机构拓扑简图	代表机器人
并联	3	2RUS-1RU-1URS	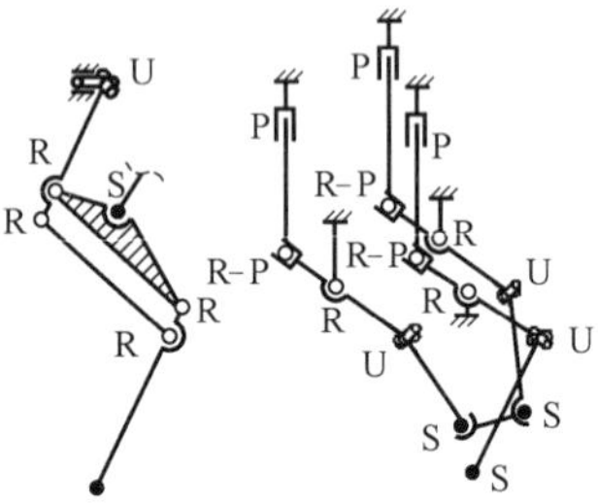	 
混联	3	转动副连接剪叉机构	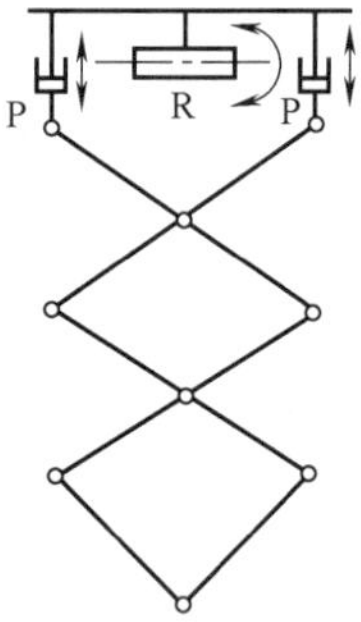	
		R(2PRR)	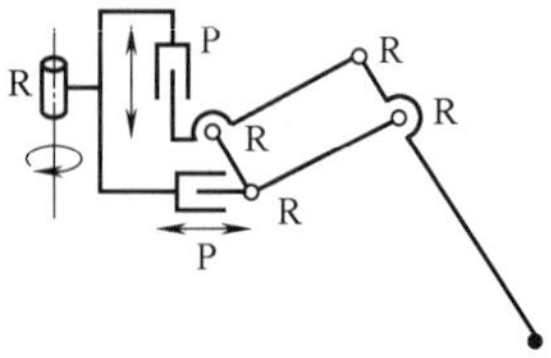	

3.2 典型六足机器人案例

表 22-7-12　　六足冰壶机器人设计案例

<table>
<tr><td>功能特性</td><td>六足冰壶机器人是一款旨在实现机器人模仿人进行冰壶运动的智能机器人。该机器人可以实现仿人的掷壶进营和击打目标冰壶功能,同时具有不同地形的行走能力和构态变换的功能</td></tr>
<tr><td>六足冰壶机器人结构</td><td> 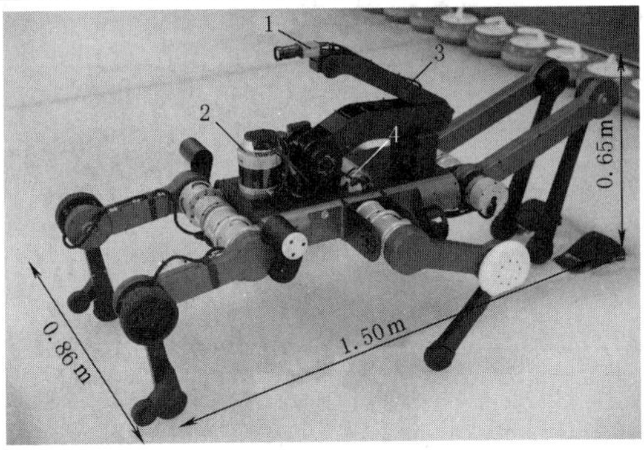1—相机; 2—激光雷达;3—单自由度机械臂;4—锂电池</td></tr>
<tr><td>构型与结构特点</td><td>(1)工作时具有两种不同的构态:投掷冰壶构态和站立构态
(2)后部双腿可实现蹬踏起踏器推动机器人加速滑行的功能
(3)前部双腿可实现对冰壶的控制功能,例如:持壶、转壶和投壶
(4)中部双腿可实现机器人滑行过程的支撑和减速功能
(5)背部单自由度机械臂可升降调整相机高度,调整过程中相机俯仰角不变</td></tr>
<tr><td>后腿设计</td><td>由于机器人自身和冰壶重量较大,因此导致机器人滑行时的摩擦力过大,故要求机器人具有很高的负载能力,即腿部机构的末端承载能力要很高。而串联机构的末端承载能力较弱,因此六足冰壶机器人的腿部机构采用并联机构设计。此外,由于机器人的负重较大,因此对机器人的刚性要求也较高,故腿部并联机构应采用连杆方案设计。同时为了解决连杆机构运动中的死点问题,在腿部运动机构中加入一个平行四边形机构,通过90°的相位差辅助连杆机构通过死点位置 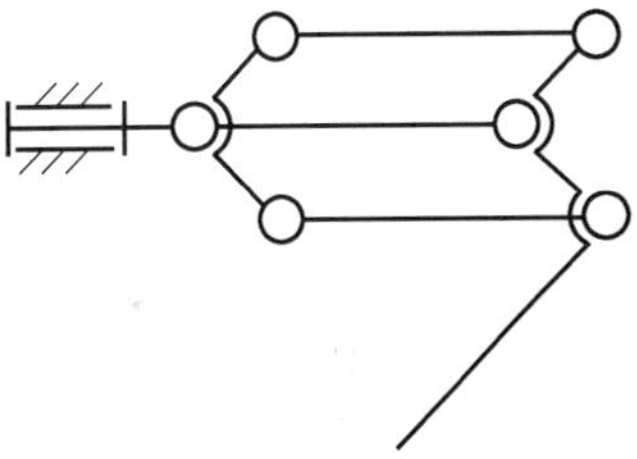
单腿由三个电机驱动,三个电机均安装于髋关节位置,根据各腿承载需求设计了串联和并联两种驱动方式。串联方式的腿结构载荷较小,三个电机依次安装在上一个电机的输出端。并联方式的腿结构载荷较大,后两个电机均安装于髋关节电机之后,两个电机分别独立控制大腿和小腿的转动</td></tr>
<tr><td>前腿设计</td><td>机器人的前部双腿需对冰壶进行持壶、旋转壶和投壶的动作。而对冰壶的二次加速便可放在前部双腿投壶的动作中。同时,为了实现旋转冰壶的目标,在前部双腿的膝关节处各增设一个主动旋转轮。该主动轮通过安装在膝关节处的电机驱动,该电机输出点配置一个 1 : 9 的行星减速器。通过轮传动,主动旋转轮可将直径约为 291mm 的冰壶角速度提升至 145r/min。同时在前部双腿的小腿末端各增设一个被动旋转轮,用于保持冰壶的稳定旋转。通过前部双腿的旋转冰壶和二次投掷冰壶动作,机器人的冰壶出手线速度和角速度方能达到运动员的冰壶出手时的参数要求 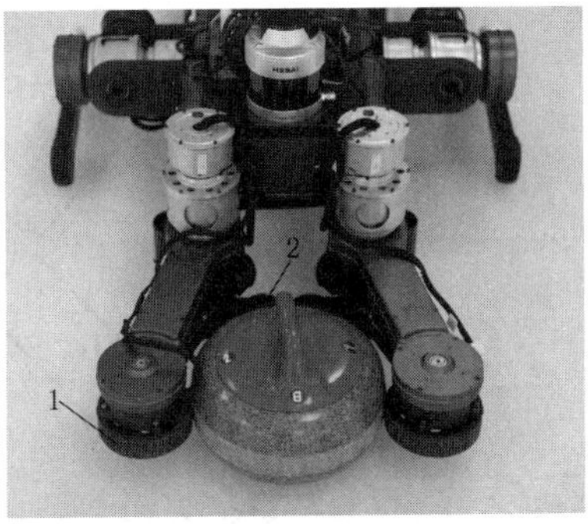
六足冰壶机器人抱壶
1—主动轮;2—被动轮</td></tr>
</table>

续表

<table>
<tr><td>中腿设计</td><td>机器人滑行过程中的支撑应由中部双腿来实现,然而中部双腿仅能提供两个支撑点,无法稳定机器人的平衡。因此需要从另外四条腿中寻找 1~2 个支撑点,从而形成一个支撑平面。考虑到后部双腿要在起踏器上进行蹬踏动作,以及机器人和冰壶的整体重心靠前,因此后部双腿不是一个良好的支撑点选择。故在前部双腿的髋关节部位各增设一个支撑点,加上在中部双腿膝关节处设计的支撑件,形成了机器人滑行阶段的支撑平面。同时,为了降低机器人与冰面的摩擦系数,选用聚四氟乙烯材料来制作支撑件。而机器人滑行过程的减速则通过中部双腿的足尖来进行制动

六足冰壶机器人滑行
1—中腿支撑点;2—前腿支撑点</td></tr>
<tr><td>驱动模组设计</td><td>机器人上的驱动单元如图所示,电机峰值扭矩约为 1.5N · m,转速为 3000r/min,搭配 1 : 50 的谐波减速器,能将电机输出轴的输出扭矩提升到 75N · m,转速降低至 60r/min
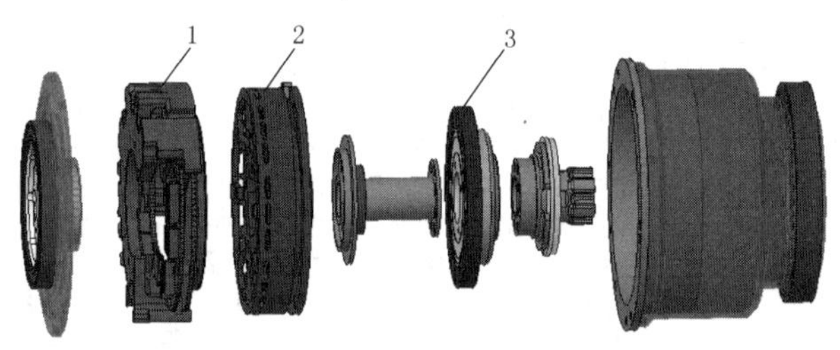

驱动单元
1—驱动器 ;2—电机;3—1 : 50 谐波减速器</td></tr>
<tr><td>单自由度机械臂设计</td><td>冰壶机器人采用彩色相机观测远处冰壶分布情况,为了获得更好的观测视野,在冰壶机器人背部设计单自由度机械臂,用以辅助调整相机高度。该机械臂由三个平行四杆机构构成,其中两个平行四杆机构分别实现大臂和小臂旋转运动,第三个平行四杆机构用于限制小臂旋转自由度,使小臂只能沿着以大臂长度为半径的圆弧轨迹进行平移运动。机械臂由安装于大臂底座的电机驱动。相机安装于平行四杆机构末端,其俯仰角始终保持与背部平行
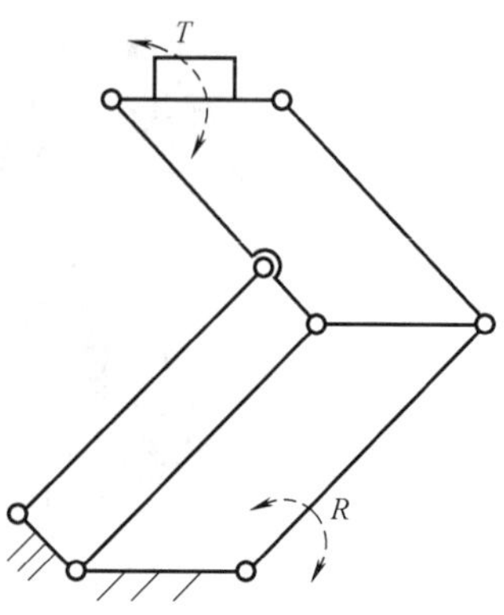
</td></tr>
</table>

运动学模型推导

机器人的运动学建模需要先对单腿进行运动学建模

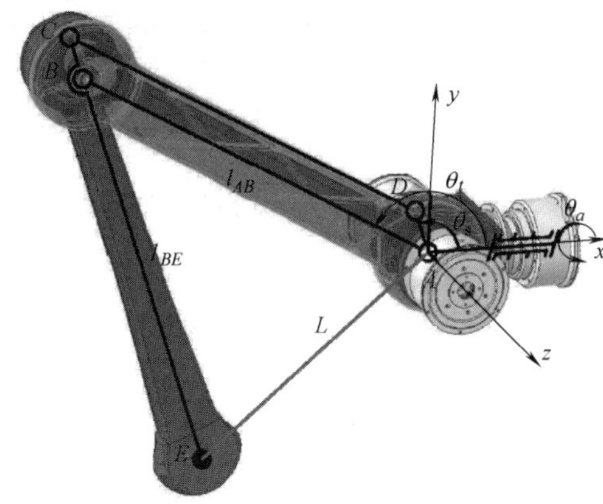

机器人后部双腿的结构和结构简图如图所示，其中，大腿杆长 l_{AB}，小腿杆长 l_{BE}。在髋关节上建立坐标系(hip coordinate system，HCS)进行单腿运动学模型推导。该腿部机构共有三个关节转角，记为 $\boldsymbol{q}=(\theta_a,\theta_t,\theta_s)^{\mathrm{T}}$，其中 θ_a 为髋关节转动角，θ_t 为大腿摆动角，θ_s 为小腿摆动角，而足尖在髋关节坐标系 HCS 下的位置记为 ${}^{\mathrm{H}}\boldsymbol{p}_{\mathrm{tip}}=[x,y,z]^{\mathrm{T}}$

根据机构运动学可推导得单腿运动学正解和反解，分别为

$${}^{\mathrm{H}}\boldsymbol{p}_{\mathrm{tip}}={}^{\mathrm{Leg}}\boldsymbol{FK}(\boldsymbol{q})$$

$$\boldsymbol{q}={}^{\mathrm{Leg}}\boldsymbol{IK}({}^{\mathrm{H}}\boldsymbol{p}_{\mathrm{tip}})$$

其速度雅可比矩阵 ${}^{\mathrm{H}}\boldsymbol{J}_v$ 可以通过对运动学正解 ${}^{\mathrm{H}}\boldsymbol{p}_{\mathrm{tip}}={}^{\mathrm{Leg}}\boldsymbol{FK}(\boldsymbol{q})$ 直接求导的方法获得，即

$${}^{\mathrm{H}}\boldsymbol{J}_v=\frac{\partial[{}^{\mathrm{Leg}}\boldsymbol{FK}(\boldsymbol{q})]}{\partial\boldsymbol{q}}$$

而其力雅可比矩阵 ${}^{\mathrm{H}}\boldsymbol{J}_F$ 则可以通过对速度雅可比矩阵 ${}^{\mathrm{H}}\boldsymbol{J}_v$ 进行转置获得，即

$${}^{\mathrm{H}}\boldsymbol{J}_F={}^{\mathrm{H}}\boldsymbol{J}_v^{\mathrm{T}}$$

在求得单腿运动学模型后，可以通过空间坐标变化推导全身的运动学模型。如下图所示，以六个髋关节坐标系 HCS 的中心建立六足冰壶机器人的身体坐标系(body coordinate system，BCS)，其 x 轴朝向为机器人身体前方，y 轴垂直于机器人身体向上，z 轴朝向由右手法则确定。同时将全局坐标系(global coordinate system，GCS)设置在机器人启动时的身体坐标系 BCS 的原点，其坐标轴方向与身体坐标系 BCS 的坐标轴方向一致。机器人机身在全局坐标系(GCS)中的位置向量记为 ${}^{\mathrm{G}}\boldsymbol{p}_b=[{}^{\mathrm{G}}x_b,{}^{\mathrm{G}}y_b,{}^{\mathrm{G}}z_b]^{\mathrm{T}}$，姿态角为 ${}^{\mathrm{G}}\boldsymbol{\theta}_b=[\alpha,\beta,\gamma]^{\mathrm{T}}$，其中 β 为身体绕 GCS 的 y 轴旋转的偏航角，γ 为身体绕 GCS 的 z 轴旋转的俯仰角，α 为身体绕 GCS 的 x 轴旋转的横滚角，其方向根据右手法则确定。各条腿足尖在全局坐标系(GCS)中的位置向量记为 ${}^{\mathrm{G}}\boldsymbol{p}_i=[{}^{\mathrm{G}}x_i,{}^{\mathrm{G}}y_i,{}^{\mathrm{G}}z_i]^{\mathrm{T}}$ $(i=1,2,3,4,5,6)$，在机器人身体坐标系(BCS)中的位置向量记为 ${}^{\mathrm{B}}\boldsymbol{p}_i=[{}^{\mathrm{B}}x_i,{}^{\mathrm{B}}y_i,{}^{\mathrm{B}}z_i]^{\mathrm{T}}$ $(i=1,2,3,4,5,6)$，在对应的髋关节坐标系(HCS)中的位置向量记为 ${}^{\mathrm{H}}\boldsymbol{p}_i=[{}^{\mathrm{H}}x_i,{}^{\mathrm{H}}y_i,{}^{\mathrm{H}}z_i]^{\mathrm{T}}$ $(i=1,2,3,4,5,6)$

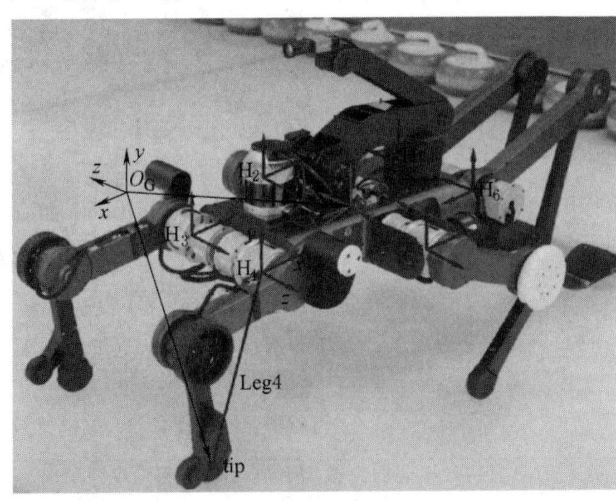

身体坐标系(BCS)、全局坐标系(GCS)和髋关节坐标系(HCS)

续表

运动学模型推导	对机器人进行全身的运动学反解，即已知全局坐标系(GCS)中的机器人的身体位姿${}^{G}\boldsymbol{C}=({}^{G}\boldsymbol{p}_b;{}^{G}\boldsymbol{\theta}_b)$以及六个腿的足尖位置向量${}^{G}\boldsymbol{p}_{\text{tip}}=({}^{G}\boldsymbol{p}_1;{}^{G}\boldsymbol{p}_2;{}^{G}\boldsymbol{p}_3;{}^{G}\boldsymbol{p}_4;{}^{G}\boldsymbol{p}_5;{}^{G}\boldsymbol{p}_6)$求解出18个关节转角$\boldsymbol{Q}=(\boldsymbol{q}_1;\boldsymbol{q}_2;\boldsymbol{q}_3;\boldsymbol{q}_4;\boldsymbol{q}_5;\boldsymbol{q}_6)$。首先，通过从GCS到BCS的齐次变换矩阵${}^{G}_{B}\boldsymbol{T}$将全局坐标系的身体位置向量和足尖位置向量转换到BCS下，即 $${}^{B}\boldsymbol{p}_{b(4\times1)}=({}^{G}_{B}\boldsymbol{T})^{-1}\,{}^{G}\boldsymbol{p}_{b(4\times1)}$$ $${}^{B}\boldsymbol{p}_{i(4\times1)}=({}^{G}_{B}\boldsymbol{T})^{-1}\,{}^{G}\boldsymbol{p}_{i(4\times1)}\ (i=1,2,3,4,5,6)$$ 其中 $${}^{G}_{B}\boldsymbol{T}=\begin{bmatrix}{}^{G}_{B}\boldsymbol{R}_{3\times3} & {}^{G}\boldsymbol{p}_{b(3\times1)}\\ (0,0,0) & 1\end{bmatrix}$$ ${}^{G}_{B}\boldsymbol{R}_{3\times3}=\boldsymbol{R}_x(\alpha)\boldsymbol{R}_z(\gamma)\boldsymbol{R}_y(\beta)$，位置向量$\boldsymbol{p}_{b(4\times1)}$和$\boldsymbol{p}_{i(4\times1)}$为同名向量的齐次向量形式 同样，通过从BCS到$\mathrm{H}_i$CS的齐次变换矩阵${}^{B}_{H_i}\boldsymbol{T}$将机身坐标系下的足尖位置变换到对应的$\mathrm{H}_i$CS下，即 $${}^{H}\boldsymbol{p}_{i(4\times1)}=({}^{B}_{H_i}\boldsymbol{T})^{-1}\,{}^{B}\boldsymbol{p}_{i(4\times1)}\ (i=1,2,3,4,5,6)$$ 其中，齐次变换矩阵${}^{B}_{H_i}\boldsymbol{T}$由$\mathrm{H}_i$CS在BCS中的位置和角度确定 最后，在对应的髋关节坐标系H_iCS中通过单腿运动学反解$\boldsymbol{q}_i={}^{Leg}\boldsymbol{IK}({}^{H}\boldsymbol{p}_i)$便可获得18个关节转角$\boldsymbol{Q}=(\boldsymbol{q}_1;\boldsymbol{q}_2;\boldsymbol{q}_3;\boldsymbol{q}_4;\boldsymbol{q}_5;\boldsymbol{q}_6)$ 对机器人进行全身运动学正解，即是在已知全局坐标系(GCS)中的机器人的身体位姿${}^{G}\boldsymbol{C}=({}^{Gx}\boldsymbol{p}_b;{}^{G}\boldsymbol{\theta}_b)$以及18个输入关节转角$\boldsymbol{Q}=(\boldsymbol{q}_1;\boldsymbol{q}_2;\boldsymbol{q}_3;\boldsymbol{q}_4;\boldsymbol{q}_5;\boldsymbol{q}_6)$求解出六个腿的足尖位置向量${}^{G}\boldsymbol{p}_{\text{tip}}=({}^{G}p_1;{}^{G}p_2;{}^{G}p_3;{}^{G}p_4;{}^{G}p_5;{}^{G}p_6)$。首先，将各条腿的关节转角$q_i$代入对应的髋关节坐标系$\mathrm{H}_i$CS的单腿运动学正解${}^{H}\boldsymbol{p}_i={}^{Leg}\boldsymbol{FK}(\boldsymbol{q}_i)$中，便可得到各个腿足尖在对应$\mathrm{H}_i$CS中的足尖位置${}^{H}\boldsymbol{p}_i$。如图所示，通过齐次变换矩阵${}^{G}_{B}\boldsymbol{T}$和${}^{B}_{H_i}\boldsymbol{T}$便能解出六个腿的足尖在GCS中位置向量${}^{G}\boldsymbol{p}_{\text{tip}}=({}^{G}\boldsymbol{p}_1;{}^{G}\boldsymbol{p}_2;{}^{G}\boldsymbol{p}_3;{}^{G}\boldsymbol{p}_4;{}^{G}\boldsymbol{p}_5;{}^{G}\boldsymbol{p}_6)$，即 $${}^{G}\boldsymbol{p}_{i(4\times1)}={}^{G}_{B}\boldsymbol{T}\,{}^{B}_{H_i}\boldsymbol{T}\,{}^{H}\boldsymbol{p}_{i(4\times1)}\ (i=1,2,3,4,5,6)$$

表 22-7-13　　六足滑雪机器人设计案例

功能特性	六足滑雪机器人是一款旨在实现机器人模仿人进行滑雪运动的智能机器人。该机器人可以实现在雪道上的滑雪变向和制动控速功能，以及缓坡地形的平地移动功能
六足双板滑雪机器人结构	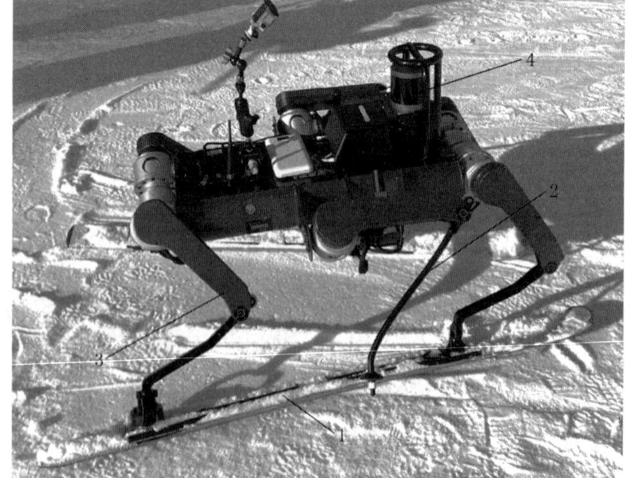 1—滑雪板；2—雪杖腿；3—支撑腿；4—激光雷达
构型与结构特点	(1)工作时具有两种不同的构态：滑行移动构态和踏步移动构态 (2)每个雪板通过前后两条支撑腿控制，形成单环并联结构，可实现雪板在滑雪运动中所需的运动特征 (3)中部双腿既能作为滑雪运动中的雪杖，又能作为踏步移动的支撑腿

续表

<table>
<tr>
<td>单腿结构设计</td>
<td>机器人腿机构采用三关节驱动方案：髋关节、大腿关节、小腿关节，为减少腿的转动惯量，将三个驱动电机集中在靠近身体的髋关节处，其中髋关节和大腿关节分别由两个电机直接驱动，小腿关节由第三个电机通过四杆机构驱动。关节电机安装位置和传动方式如图所示，图中所示为机器人的右前腿，其他腿的电机排布方式与该腿关于身体中轴面对称
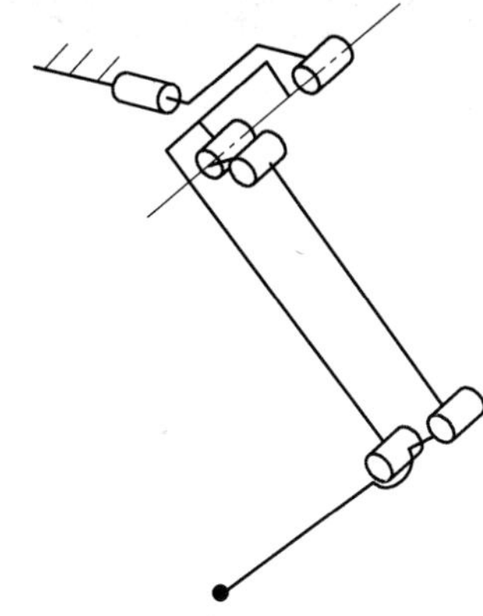</td>
</tr>
<tr>
<td>单环雪板并联机构设计</td>
<td>在进行滑雪板运动机构设计时，选用两条上文所述腿机构，并分别在其足端加入虎克铰（U 副）和球铰链（S 副），使两条腿的 G_F 集分别变为 $G_{F_{\text{R-Ls}}}^{\mathrm{I}_1}(T_a,T_b,T_c,R_\alpha,R_\beta,R_\gamma)$ 和 $G_{F_{\text{R-Ls}}}^{\mathrm{III}_{23}}(R_\alpha,T_a,T_b,R_\beta,R_\gamma)$，此时滑雪板与机器人身体之间的连接方式为并联，且它相对于机器人身体的运动特征可以通过两 G_F 集求交算得，即
$G_{F_{\text{R-Ls}}}^{\mathrm{I}_1}(T_a,T_b,T_c,R_\alpha,R_\beta,R_\gamma)\cap G_{F_{\text{R-Ls}}}^{\mathrm{III}_{23}}(R_\alpha,T_a,T_b,R_\beta,R_\gamma)=G_{F_{\text{R-Ls}}}^{\mathrm{III}_{23}}(R_\alpha,T_a,T_b,R_\beta,R_\gamma)$
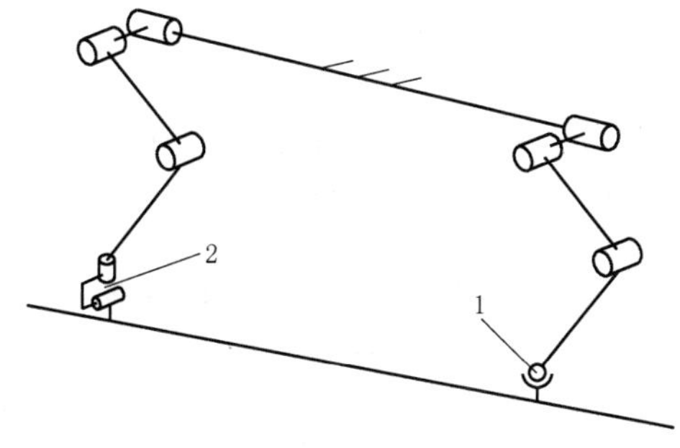

单环雪板并联机构
1—S 副；2—U 副
综上所述，通过使用 S-U 副的并联方式安装滑雪板，使滑雪板相对于机器人身体的运动特征为五维，各运动特征分别为雪板的滚转角、俯仰角和偏航角三个转动特征，以及上下和前后两个方向的移动特征，这种滑雪板连接方式可以使机器人的滑雪板实现满足滑雪需求的运动特征</td>
</tr>
</table>

注：滑雪机器人的驱动设计与运动学模型与冰壶机器人相似，在此不再赘述。

CHAPTER 8

第 8 章 机器人机构性能评价与尺度优化设计

第22篇

1 概 述

机器人机构性能评价是指对机器人机构进行系统化的评估和分析，以确定其在特定任务或应用中的能力，是优化设计的基础。由于并联机构具有多闭环的特性，其雅可比矩阵的量纲具有不一致性，故传统的基于雅可比矩阵的性能评价指标（如矩阵条件数和可操作性）不再适用。对于并联机构，建立与工作空间、奇异性、运动/力交互特性和误差传递特性相关的评价指标，对其性能分析与评价具有重要意义。

工作空间可分为许多种类，比如理论工作空间、可达工作空间、定向工作空间、灵巧工作空间和可用工作空间，但上述工作空间内部或边界上存在奇异点。因此，上述工作空间不能用于指导无奇异点的机构工作空间设计。综合考虑理论工作空间和可用工作空间，可为工作空间优选奠定基础。

奇异性是机构的固有性质，由于并联机构的多闭环强耦合特性，其奇异性出现的位姿更加多变，辨识更加困难。当并联机构处于奇异位形时，将出现局部自由度失控的现象，具体可分为两种情况：①机构获得额外的自由度，导致其在该自由度方向上的刚度和承载能力大大降低；②机构失去若干自由度，使得末端执行器在失去的自由度方向上出现运动不可控的情况。因此，并联机构在工作中应避开或远离奇异位形。并联机构的本质特性蕴含了并联机构的奇异机理，对于不同的奇异类型，均具有辨识方法和物理意义。

运动/力传递和约束特性反映了并联机构的本质特性，即机构的输入端（支链驱动端）和输出端（动平台、末端执行器）之间传递、约束相关的运动和力，是影响并联机器人系统最终工作性能的最重要因素之一。传动角理论是评价闭环机构运动/力传递的一种可行方案，基于正传动角和逆传动角，在自由度空间定义运动/力传递特性指标，可定性和定量地评价其运动/力传递。

机器人运动学精度是机器人工作精度的主要影响因素之一，其主要可通过三种方案来提升：①在并联机器人机构设计阶段，建立误差模型和定义精度评价指标，以指导机器人尺度参数优化和工作空间优选；②在并联机器人样机研制阶段，开展灵敏度分析和公差分配，以指导机器人样机的制造和装配；③在并联机器人样机应用阶段，通过运动学标定对机器人末端误差进行测量、辨识和补偿，以提高机器人实际定位精度。相较于②和③，①更具有灵活性和可调整性，在提高机器人初始精度的同时，对机器人运动学标定也产生有利影响，该过程通常将运动/力传递特性和机器人约束特性纳入误差模型的建立中，并以独立误差源和最差工况为假设提出误差评价指标。

机器人机构尺度优化设计是指综合考虑机器人机构的结构、尺寸和参数等因素，以达到最佳性能和效率的设计过程。其中常用的方法可分为两类。一类是基于目标函数的优化设计方法，该方法先建立特定约束条件下的目标函数，然后采用优化算法寻找最优结果，但由于每一个设计参数都没有明确的范围限制，理论上可以是零到正无穷之间的任意数值，并且多个优化目标之间通常是相互矛盾的，导致该方法非常耗时，且很难找到全局范围内的最优解。另一类是性能图谱法，该方法可以在一个有限的设计空间内直观地表达出设计指标和相关设计参数之间的关系，并且还能表达出所涉及的性能指标之间的相互关系。相比基于目标函数的优化设计方法，基于性能图谱的优化设计方法其优化结果比较灵活，对于一个特定的优化设计任务，该方法可以得到不止一个优化结果，因此设计人员可以根据自己的设计条件灵活地对优化结果进行调整。

性能图谱法的本质是在一个有限的区域内表达出机构的性能与尺寸之间的关系，局部设计指标（运动/力传递特性指标)、优质工作空间、误差特性等均可作为性能评价指标进行基于性能图谱法的机器人机构尺度优化。

2 并联机器人机构性能评价

2.1 机器人工作空间

工作空间是评价机器人工作性能的重要指标。如何确定工作空间是机构设计中最重要的问题之一，尤其是对于工作空间相对较小的并联机构。

机器人的工作空间有几类，包括理论工作空间、可用工作空间、方向工作空间、定向工作空间和可达工作空间（表 22-8-1）。这些工作空间在某种程度上都是最大的工作空间。然而，对于上述任一工作空间，在工作空间的边界内或边界上都或多或少有着奇点。因此，这些工作空间通常不能直接应用于机器人的机构设计中。

表 22-8-1　　机器人工作空间的分类

名称	定义	案例	说明
理论工作空间	理论工作空间是在不考虑结构干涉和奇异性下，各输入电机转动整周后，末端的运动区域。C_{1o} 和 C_{2o} 表示支链 1 和支链 2 的最大工作空间，C_{Col} 表示非奇异情况下机构的最小工作空间	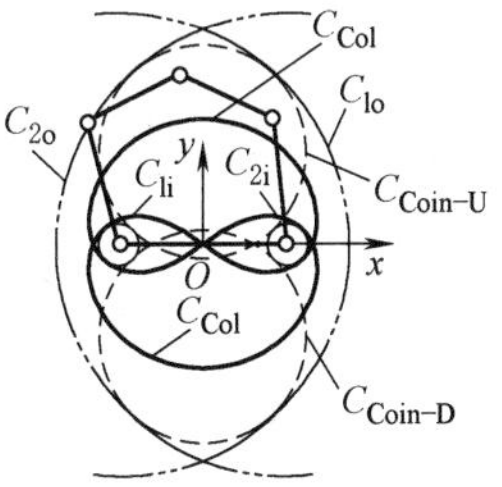 平面 5R 机构的理论工作空间	平面 5R 机构有多种工作模式 理论工作空间包含平面 5R 机构在全部工作模式下的末端位置
可用工作空间	可用工作空间是内部没有奇异点，并且以奇异点作为边界的最大连续工作空间	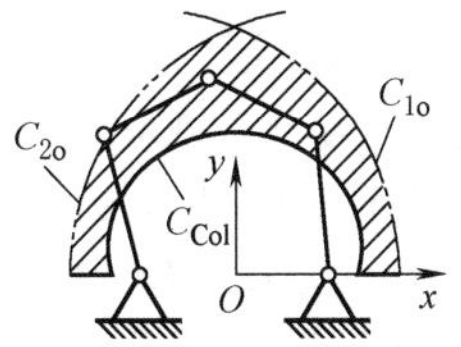 平面 5R 机构的可用工作空间	平面 5R 机构有多种工作模式 可用工作空间仅包含平面 5R 机构的一种工作模式
方向工作空间	方向工作空间是机构末端在给定方位角下的最大摆动范围，通常由极坐标图表示	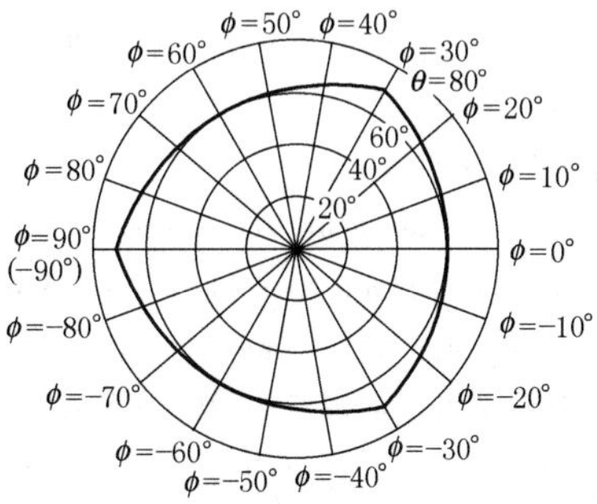 3-PRS 机构的方向工作空间	3-PRS 机构末端有 1 个平动自由度和 2 个转动自由度 方向工作空间描述了末端在各个方位上的摆动范围

续表

名称	定义	案例	说明
定向工作空间	定向工作空间是机构末端在摆动方向保持恒定时，动平台上参考点的可达范围	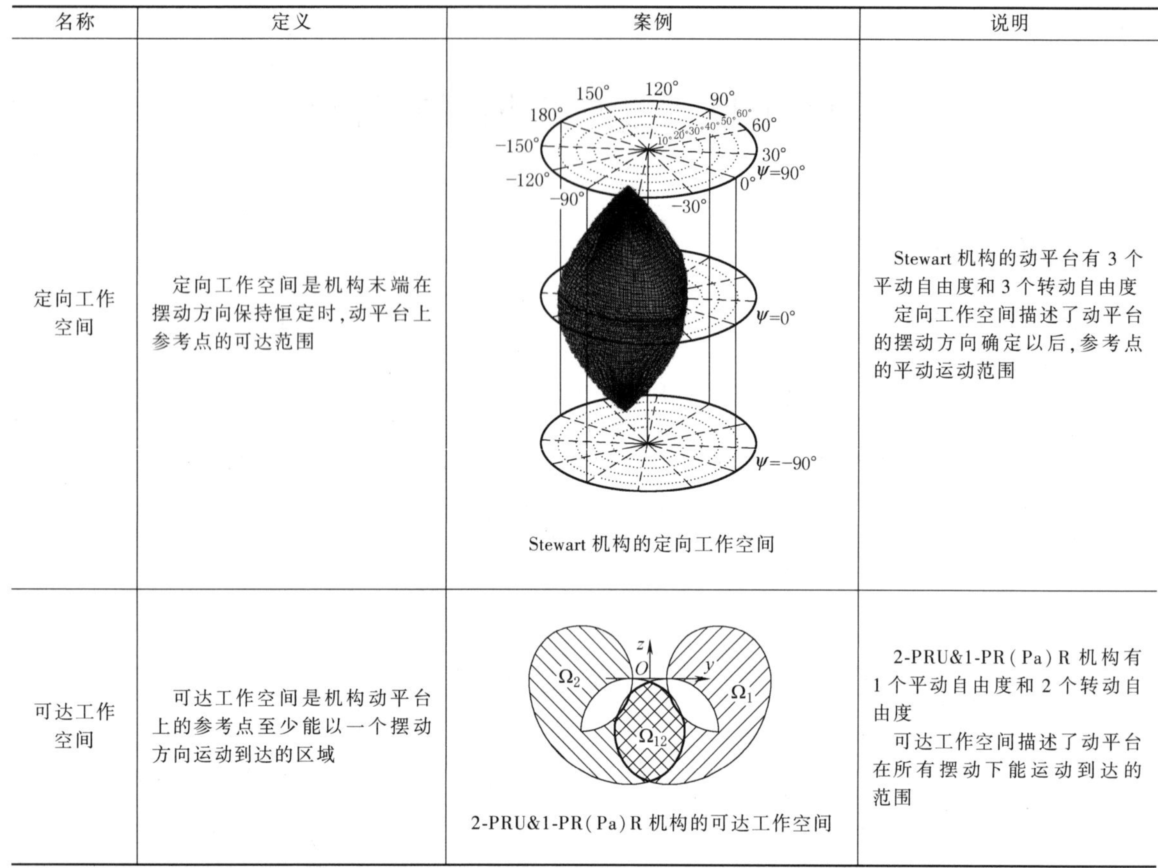 Stewart 机构的定向工作空间	Stewart 机构的动平台有 3 个平动自由度和 3 个转动自由度 定向工作空间描述了动平台的摆动方向确定以后，参考点的平动运动范围
可达工作空间	可达工作空间是机构动平台上的参考点至少能以一个摆动方向运动到达的区域	 2-PRU&1-PR(Pa)R 机构的可达工作空间	2-PRU&1-PR(Pa)R 机构有 1 个平动自由度和 2 个转动自由度 可达工作空间描述了动平台在所有摆动下能运动到达的范围

2.2　并联机器人奇异性

（1）旋量

任何物体从一个位姿到另一个位姿的运动都可以用绕某直线的转动和沿该直线的移动经过复合实现，通常称这种复合运动为螺旋运动，而螺旋运动的无穷小量即为运动旋量。运动旋量是将平动和转动合并一起进行计算，对于一个刚体上一点，若线速度为$\boldsymbol{v}$，角速度为 $\boldsymbol{\omega}$，称六维向量 $\boldsymbol{\xi}=(\boldsymbol{v},\ \boldsymbol{\omega})$ 为运动旋量。相应地，称三维力与三维力矩拼接而成的六维向量 $\boldsymbol{F}=(\boldsymbol{f},\ \boldsymbol{\tau})$ 为力旋量，并令 ρ_F 和 ρ_ζ 分别为力旋量和运动旋量的模，h_F 和 h_ζ 分别为力旋量和运动旋量的节距，r_F 和 r_ζ 分别为力旋量和运动旋量的作用点，具体定义请参考参考文献中的《高等空间机构学》。

（2）旋量辨识

在并联机构中，对机构奇异性进行分析的前提是对支链和机构的力旋量 $\boldsymbol{F}$ 和运动旋量 $\boldsymbol{\zeta}$ 进行辨识。

旋量互易积：

$$
\begin{aligned}
\boldsymbol{F}\circ\boldsymbol{\zeta} &= \rho_F\rho_\zeta(\boldsymbol{f}\cdot\boldsymbol{v}+\boldsymbol{\tau}\cdot\boldsymbol{\omega})\\
&= \rho_F\rho_\zeta[\boldsymbol{f}\cdot(\boldsymbol{r}_\zeta\times\boldsymbol{\omega}+h_\zeta\boldsymbol{\omega})+\boldsymbol{\omega}\cdot(\boldsymbol{r}_F\times\boldsymbol{f}+h_F\boldsymbol{f})]\\
&= \rho_F\rho_\zeta[(h_\zeta+h_F)(\boldsymbol{\omega}\cdot\boldsymbol{f})+(\boldsymbol{r}_F-\boldsymbol{r}_\zeta)\cdot(\boldsymbol{f}\times\boldsymbol{\omega})]\\
&= \rho_F\rho_\zeta[(h_\zeta+h_F)\cos\theta-d\sin\theta]
\end{aligned}
\tag{22-8-1}
$$

当 $\boldsymbol{F}$ 与 $\boldsymbol{\zeta}$ 的互易积为零时，力旋量与运动旋量的瞬时功率为零，两者互为反旋量。

（3）力旋量

假设某条支链中含有 m 个运动副，第 i（$i=1,\ 2,\ \cdots,\ m$）个运动副具有 K_i 个自由度，于是可得该条支链中的运动副旋量集为

$$\boldsymbol{U}=\{\$_1,\$_2,\cdots,\$_t\} \tag{22-8-2}$$

式中，$t=\sum_{i=1}^{m}\kappa_i$，表示该支链中运动副旋量的数目总和。

可从旋量系 $\boldsymbol{U}$ 中选取 n 个相互线性无关的运动副旋量来组成一个 n 阶的旋量系 $\boldsymbol{U}_n$，表示如下：

$$\boldsymbol{U}_n=\{\$_1,\$_2,\cdots,\$_n\} \tag{22-8-3}$$

这 n 个运动副旋量便可作为该 n 阶旋量系的一组基。

不同自由度下的力旋量分析见表 22-8-2。

表 22-8-2　　不同自由度下的力旋量分析

支链自由度	说明
$n<6$	$\$_i(i=1,2,\cdots,n)$ 为支链运动副旋量系 $\boldsymbol{U}_n$ 中的旋量 约束力旋量： $\$_i\circ\$_j^r=0(i=1,2,\cdots,n;\ j=1,2,\cdots,6-n)$　　(22-8-4) 将 $\$_j^r$ 称作该支链的约束力旋量，用 $\$_C$ 来表示 传递力旋量： $\$_T\circ\$_i=0(i=1,2,\cdots,n,i\neq k)$　　(22-8-5) 将 $\$_T$ 称作该支链的传递力旋量
$n=6$	当支链的自由度数等于 6 时，则称该支链为全自由度（或六自由度）支链，不存在约束力，无法对机构的末端执行器提供约束力，传递力旋量的数目与输入关节的数目相等

下面举例说明计算过程，见表 22-8-3。

表 22-8-3　　C$\underline{P}$U 支链旋量辨识示例

C$\underline{P}$U 支链示意图	参数说明
	以 C$\underline{P}$U 支链为例来分析少自由度支链中的力旋量

旋量类别	公式与说明
各运动副旋量	$\begin{cases}\$_1=(0,0,0;1,0,0)\\\$_2=(1,0,0;0,0,0)\\\$_3=(0,0,0;0,\cos\alpha_1,\sin\alpha_1)\\\$_4=(1,0,0;0,l_1\sin\alpha_1,-l_1\cos\alpha_1)\\\$_5=(0,\cos\alpha_2,\sin\alpha_2;l_2,0,0)\end{cases}$　　(22-8-6) 式中，l_1 和 l_2 分别表示旋量 $\$_4$ 和 $\$_5$ 的轴线与 x 轴之间的距离，α_1 和 α_2 分别表示旋量 $\$_3$ 和 $\$_5$ 的轴线与 x 轴之间的夹角
约束力旋量	基于式(22-8-6)，可求得该支链的约束力旋量为 $\$_C=(0,0,0;0,\sin\alpha_2,-\cos\alpha_2)$　　(22-8-7)
传递力旋量	根据传递力旋量的定义可得该 C$\underline{P}$U 支链的传递力旋量为 $\$_T=(0,\cos\alpha_1,\sin\alpha_1;0,0,0)$　　(22-8-8)

下面举例说明计算过程，见表 22-8-4。

表 22-8-4　**CPS（S 表示球副）支链旋量辨识示例**

CPS 或(PR)PS(S 表示球副)支链示意图	参数说明
$\$_6$ U $\$_5$ $\$_4$ P $\$_3$ z C O y $\$_2$ $\$_1$ x	由于 S 副为三自由度运动副,其余均为单自由度运动副,那么该支链含有 6 个运动副旋量

旋量类别	公式与说明
各运动副旋量	$\$_1=(0,0,0;1,0,0)$ (22-8-9) $\$_2=(1,0,0;0,0,0)$ (22-8-10) $\$_3=(0,0,0;0,\cos\alpha_3,\sin\alpha_3)$ (22-8-11) $\$_4=(1,0,0;0,l_3\sin\alpha_3,-l_3\cos\alpha_3)$ (22-8-12) $\$_5=(0,1,0;-l_3\sin\alpha_3,0,0)$ (22-8-13) $\$_6=(0,0,1;l_3\cos\alpha_3,0,0)$ (22-8-14) 式中,l_3 表示球副中心到 x 轴的距离;α_3 表示旋量 $\$_3$的轴线与 y 轴的夹角。该(PR)PS 支链为一个六自由度支链,其运动副旋量系表示如下 $\boldsymbol{U}_6=\{\$_1,\$_2,\cdots,\$_6\}$ (22-8-15) 式中,两个 P 副分别对应于 $\$_1$和 $\$_3$
传递力旋量	假定对应于 $\$_1$的输入移动副被锁住,则将 $\$_1$从 $\boldsymbol{U}_6$ 中除去,可得与 $\boldsymbol{U}_6$ 中其余 5 个运动副旋量均互易的传递力旋量为 $\$_{T1}=(1,0,0;0,l_3\sin\alpha_3,-l_3\cos\alpha_3)$ (22-8-16) 此传递力旋量表示的是沿 x 轴方向且经过球副中心的一个纯力 类似地,当对应于 $\$_3$的输入移动副被锁住,可计算出与其对应的传递力旋量为 $\$_{T2}=(0,\cos\alpha_3,\sin\alpha_3;0,0,0)$ (22-8-17) 此传递力旋量表示沿旋量 $\$_3$轴线方向且经过球副中心的一个纯力

（4）运动旋量

对于并联机构的运动传递而言，需要确定的运动旋量有两种（表 22-8-5）：一种是输入运动旋量，另一种则是输出运动旋量。

表 22-8-5　**运动旋量种类**

运动旋量	说明
输入运动旋量	并联机构的输入关节一般是单自由度,因此当输入关节选定之后,机构的输入运动旋量较易得到
输出运动旋量	$\$_{Ti}$表示第 i 个传递力旋量 $\$_{Tj}\circ\$_{Oi}=0(j=1,2,\cdots,n,j\neq i)$ 对应于机构的 n 个输入关节,可求得 n 个单位输出运动旋量 $\$_{O1},\$_{O2},\cdots,\$_{On}$

n 自由度并联机构末端执行器的任意瞬时运动都可表示为这组旋量基的一个线性组合，记作

$$\$_{\forall}=l_1\$_{O1}+l_2\$_{O2}+\cdots+l_n\$_{On} \tag{22-8-18}$$

下面举例说明运动旋量计算过程，见表 22-8-6。

表 22-8-6　　Stewart 平台运动旋量计算

<table>
<tr><td colspan="2">Stewart 平台示意图</td><td>参数说明</td></tr>
<tr><td colspan="2">(a) 3D模型　　(b) 机构示意图</td><td>以 Stewart 平台为例,其机构模型和示意图分别如图 a 和图 b 所示。球铰和万向铰的分布满足以下几何关系
$|S_iS_{i+1}|=|U_iU_{i+1}|=r_3\quad(i=1,3,5)$
定坐标系 O-xyz 和动坐标系 O'-$x'y'z'$ 分别固结在定平台和动平台上,它们的原点分别位于定平台和动平台的中心,x 轴和 x' 轴则分别垂直于 U_1U_2 和 S_1S_2。相对于定坐标系 O-xyz,机构动平台中心 O' 的位置坐标可表示为 $(x_{O'},y_{O'},z_{O'})$,动平台的姿态则由 T&T 角(Bonev 2002)(φ,θ,σ)①来表示</td></tr>
<tr><td>旋量类别</td><td colspan="2">公式与说明</td></tr>
<tr><td>第 i 条支链中的单位传递力旋量</td><td colspan="2">相对于定坐标系 O-xyz,第 i 条支链中的单位传递力旋量可表示成
$$\boldsymbol{\$}_{Ti}=(\overrightarrow{U_iS_i}/|\overrightarrow{U_iS_i}|;\overrightarrow{OS_i}\times\overrightarrow{U_iS_i}/|\overrightarrow{U_iS_i}|)=(L_{Ti},M_{Ti},N_{Ti};P_{Ti},Q_{Ti},R_{Ti})\qquad(22\text{-}8\text{-}19)$$
式中,$\overrightarrow{U_iS_i}$ 表示从 U_i 到 S_i 的向量;$\overrightarrow{OS_i}$ 则表示从定坐标系原点 O 到 S_i 的向量;L_{Ti},M_{Ti},N_{Ti} 为 $\boldsymbol{\$}_{Ti}$ 的原部矢量的三个分量;而 P_{Ti},Q_{Ti},R_{Ti} 为 $\boldsymbol{\$}_{Ti}$ 的对偶部矢量的三个分量
该 UPS 支链为一个六自由度支链,其运动副旋量系表示如下
$$\boldsymbol{U}_6=\{\boldsymbol{\$}_1,\boldsymbol{\$}_2,\cdots,\boldsymbol{\$}_6\}\qquad(22\text{-}8\text{-}20)$$
式中,两个 P 副分别对应于 $\boldsymbol{\$}_1$ 和 $\boldsymbol{\$}_3$</td></tr>
<tr><td>单位输出运动旋量 $\boldsymbol{\$}_{Oi}$</td><td colspan="2">首先,由 $\boldsymbol{\$}_{Tj}(j=2,3,\cdots,6)$ 可组成一个 5×6 维的矩阵,表示如下
$$\boldsymbol{S}_{5\times6}=\begin{bmatrix}L_{T2}&M_{T2}&N_{T2}&P_{T2}&Q_{T2}&R_{T2}\\L_{T3}&M_{T3}&N_{T3}&P_{T3}&Q_{T3}&R_{T3}\\L_{T4}&M_{T4}&N_{T4}&P_{T4}&Q_{T4}&R_{T4}\\L_{T5}&M_{T5}&N_{T5}&P_{T5}&Q_{T5}&R_{T5}\\L_{T6}&M_{T6}&N_{T6}&P_{T6}&Q_{T6}&R_{T6}\end{bmatrix}\qquad(22\text{-}8\text{-}21)$$
令　$$\boldsymbol{\$}_{O1}=(\boldsymbol{\omega}_1;\boldsymbol{v}_1)=(L_{O1}\quad M_{O1}\quad N_{O1};P_{O1}\quad Q_{O1}\quad R_{O1})\qquad(22\text{-}8\text{-}22)$$
由于 $\boldsymbol{\$}_{O1}$ 与 $\boldsymbol{\$}_{T2},\cdots,\boldsymbol{\$}_{T6}$ 的互易积都等于零,于是可得
$$\boldsymbol{S}_{5\times6}\cdot[\boldsymbol{v}_1\quad\boldsymbol{\omega}_1]^{T}=0\qquad(22\text{-}8\text{-}23)$$
然后通过增加一个旋量将矩阵 $\boldsymbol{S}_{5\times6}$ 构造成一个 6×6 维矩阵,如下所示
$$\boldsymbol{S}=\begin{bmatrix}P_{O1}&Q_{O1}&R_{O1}&-L_{O1}&-M_{O1}&-N_{O1}\\L_{T2}&M_{T2}&N_{T2}&P_{T2}&Q_{T2}&R_{T2}\\L_{T3}&M_{T3}&N_{T3}&P_{T3}&Q_{T3}&R_{T3}\\L_{T4}&M_{T4}&N_{T4}&P_{T4}&Q_{T4}&R_{T4}\\L_{T5}&M_{T5}&N_{T5}&P_{T5}&Q_{T5}&R_{T5}\\L_{T6}&M_{T6}&N_{T6}&P_{T6}&Q_{T6}&R_{T6}\end{bmatrix}\qquad(22\text{-}8\text{-}24)$$
输出运动旋量可表示为
$$\boldsymbol{\$}_{O1}=\rho[\det(\boldsymbol{S}_{11}),-\det(\boldsymbol{S}_{12}),\det(\boldsymbol{S}_{13});-\det(\boldsymbol{S}_{14}),\det(\boldsymbol{S}_{15}),-\det(\boldsymbol{S}_{16})]\qquad(22\text{-}8\text{-}25)$$
式中,ρ 为任意一个常数。将式中的 $\boldsymbol{\$}_{O1}$ 单位化,即可得到动平台的单位输出运动旋量。同理,可求解其余 5 个单位输出运动旋量</td></tr>
</table>

① T&T 角 (tilt-and-torsion angles) 由三个参数 φ、θ 和 σ 构成,其中 φ 称作方位角 (azimuth),θ 称作倾摆角 (tilt angle),σ 称作扭转角 (torsion angle)。

(5) 奇异机理及分类 (表 22-8-7)

表 22-8-7　　奇异机理及分类

机构类型	分类	说明
少自由度并联机构	输入约束奇异	发生在并联机构输入端的奇异,即支链的约束力旋量未能约束住支链的受限运动旋量

续表

机构类型	分类	说明
少自由度并联机构	输出约束奇异	发生在并联机构输出端的奇异，即输出受限运动未能被约束
	输入传递奇异	并联机构运动支链中输入端的运动和力不能有效地被传递力旋量传递出去导致机构不可控
	输出传递奇异	并联机构中，由于动平台上的传递力旋量不能有效地将运动和力传递出去，导致机构不可控
六自由度并联机构	始终不会发生约束奇异，只可能发生传递奇异	当末端执行器在某一方向上的输出运动无法由传递力旋量传递运动而实现，机构将发生输出传递奇异

适用于非冗余并联机构的奇异分析方法，其流程如图 22-8-1 所示。具体步骤如下：

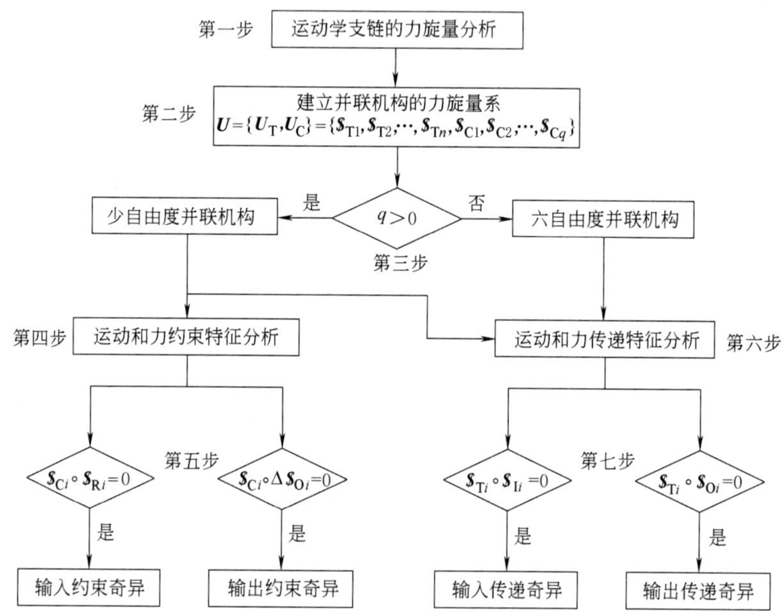

图 22-8-1　并联机构奇异分析流程图

第一步：求出机构所有运动学支链中存在的传递力旋量与约束力旋量。

第二步：将机构中所有的力旋量组合成力旋量系。

假定 n 自由度非冗余并联机构含有 p 条支链，该机构中共有 q 个约束力旋量。由于该机构为非冗余机构，故其中的传递力旋量的数目应与自由度数目相等，同为 n。机构的力旋量系可表示如下：

$$U=\{U_T,U_C\}=\{\$_{T1},\$_{T2},\cdots,\$_{Tn},\$_{C1},\$_{C2},\cdots,\$_{Cq}\} \tag{22-8-26}$$

式中，U_T 和 U_C 分别表示传递力旋量系和约束力旋量系。

第三步：根据判断条件 $q>0$，将并联机构分为两类（即少自由度机构和六自由度机构）来分别进行奇异分析，如表 22-8-8 所示。

表 22-8-8　约束奇异初步分析

约束力旋量	说明
$q>0$	机构将失去至少 1 个自由度，属于少自由度机构。如果机构中约束力旋量数大于或等于 2，将有可能发生约束奇异。一旦出现约束奇异，锁住机构中所有的输入关节，末端执行器的某个自由度也将不可控。进入第四步
$q=0$	机构中不存在约束力旋量，即所有支链都不会对机构的末端执行器产生约束作用。此时，机构具有 6 个自由度，始终不会发生约束奇异。进入第六步

第四步：对少自由度并联机构进行运动/力约束特性分析，如表 22-8-9 所示。

表 22-8-9　约束奇异详细分析

约束力旋量系 $\boldsymbol{U}_{\mathrm{C}}$ 的阶数 q_m	说明
$q_m<6-n$	表示 q 个约束力旋量无法限制末端执行器的 $6-n$ 个自由度，机构将获得额外的不可控自由度。此时，机构将发生约束奇异 更改机构支链中关键运动副的装配方式或改变机构支链类型来避免约束奇异的发生。确保机构不会在其实际的工作空间内发生约束奇异之后，方可进入下一步
$q_m \geqslant 6-n$	不发生约束奇异，进入第六步

第五步：根据条件 $\$_{\mathrm{C}i}\circ\$_{\mathrm{R}i}=0$ 和 $\$_{\mathrm{C}i}\circ\Delta\$_{\mathrm{O}i}=0$ 来判断机构的约束奇异类别，如表 22-8-10 所示。

表 22-8-10　约束奇异类别分析

判决条件	说明
$\$_{\mathrm{C}i}\circ\$_{\mathrm{R}i}=0$	表示该约束力旋量 $\$_{\mathrm{C}i}$ 无法约束输入受限运动旋量 $\$_{\mathrm{R}i}$，此时，机构发生输入约束奇异
$\$_{\mathrm{C}i}\circ\Delta\$_{\mathrm{O}i}=0$	表示该约束力旋量 $\$_{\mathrm{C}i}$ 无法约束输出受限运动旋量 $\$_{\mathrm{O}i}$，将导致机构获得额外的不可控自由度。机构发生输出约束奇异

第六步：对并联机构进行运动/力传递特性分析，据条件 $\$_{\mathrm{T}i}\circ\$_{\mathrm{I}i}=0$ 和 $\$_{\mathrm{T}i}\circ\$_{\mathrm{O}i}=0$ 来判断机构是否发生传递奇异，如表 22-8-11 所示。

表 22-8-11　传递奇异分析

判决条件	说明
$\$_{\mathrm{T}i}\circ\$_{\mathrm{I}i}=0$	表示该传递力旋量 $\$_{\mathrm{T}i}$ 无法对输入运动旋量 $\$_{\mathrm{I}i}$ 做功，无法将该输入关节的运动传递出去。末端执行器将失去一个自由度，机构发生输入传递奇异
$\$_{\mathrm{T}i}\circ\$_{\mathrm{O}i}=0$	表示该传递力旋量无法对该输出运动旋量做功。$\$_{\mathrm{T}i}$ 无法对其他的输出运动旋量做功并将运动和力传递到机构的末端执行器，将导致机构的某个自由度不可控（或者在某个方向上的刚度极差）。机构发生输出传递奇异

下面举例说明奇异性分析流程，见表 22-8-12。

表 22-8-12　传递奇异分析

3-RUU 并联机构示意图	参数说明
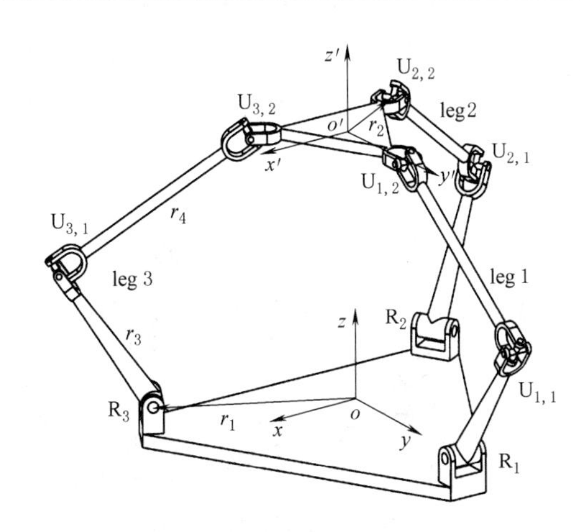	首先，在 3-RUU 机构中定义相应的参考坐标系：定坐标系 o-xyz 和动坐标系 o'-$x'y'z'$ 分别固结在定平台和动平台上，它们的原点 o 和 o' 分别位于定平台和动平台的中心。动平台通过三个相同的 RUU 支链与定平台相连接。其中，与定平台相连的三个转动副为该机构的驱动关节，呈 120°分布在半径为 r_1 的圆上。该圆位于平面 oxy 内，圆心与点 o 重合。转动副 R_1 的轴线与 x 轴平行。与动平台相连的三个虎克铰 $\mathrm{U}_{i,2}$（$i=1,2,3$）则呈 120°分布在半径为 r_2 的圆上。该圆位于平面 $o'x'y'$ 内，圆心与点 o' 重合。驱动杆 $\mathrm{RU}_{i,1}$（$i=1,2,3$）和随动杆 $\mathrm{U}_{i,1}\mathrm{U}_{i,2}$（$i=1,2,3$）的长度分别由 r_3 和 r_4 表示。值得注意的是，RUU 支链中的虎克铰 $\mathrm{U}_{i,1}$ 和 $\mathrm{U}_{i,2}$ 的两个转动轴线分别互相平行

续表

步骤	公式与说明
求出传递力旋量与约束力旋量	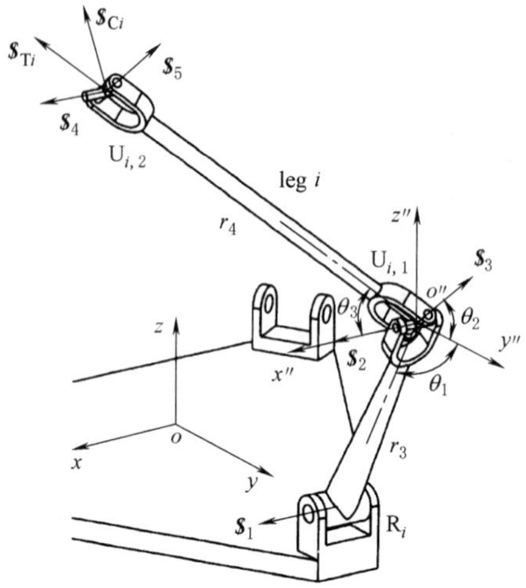 相对于坐标系 o''-$x''y''z''$，RUU 支链的各运动副旋量可表示如下 $\$_{1i}=\$_1=(1,0,0;0,-r_3\sin\theta_1,-r_3\cos\theta_1)$ (22-8-27) $\$_2=(1,0,0;0,0,0)$ (22-8-28) $\$_3=(0,\cos\theta_2,\sin\theta_2;0,0,0)$ (22-8-29) $\$_4=(1,0,0;0,r_4\sin\theta_3\cos\theta_2,r_4\sin\theta_3\sin\theta_2)$ (22-8-30) $\$_5=(0,\cos\theta_2,\sin\theta_2;-r_4\sin\theta_3,-r_4\cos\theta_3\sin\theta_2,r_4\cos\theta_3\cos\theta_2)$ (22-8-31) 式中，θ_1 表示 y''轴与驱动杆的轴线之间的夹角；θ_2 表示 y''轴与旋量 $\$_3$的轴线之间的夹角；而 x''轴与随动杆 $U_{i,1}U_{i,2}$ 的轴线之间的夹角用 θ_3 表示 根据反旋量的定义，可求得上述 5 个运动副旋量的公共单位反旋量，表示如下 $\$_{Ci}=(\mathbf{0};\boldsymbol{\tau}_i)=(0,0,0;0,-\sin\theta_2,\cos\theta_2)$ (22-8-32) 此旋量即为 RUU 支链的单位约束力旋量，表示的是轴线经过虎克铰中心且与虎克铰平面垂直的一个力偶 可得到除 $\$_{Ci}$之外与 4 个运动副旋量 $\$_i(i=2,3,4,5)$ 的公共反旋量，表示如下 $\$_{Ti}=(\boldsymbol{f}_i;\mathbf{0})=(\cos\theta_3,-\sin\theta_3\sin\theta_2,\sin\theta_3\cos\theta_2;0,0,0)$ (22-8-33) 此旋量即为 RUU 支链的单位传递力旋量，表示的是轴线同时经过两个虎克铰中心的一个纯力。若相对于定坐标系 o-xyz，则单位传递力旋量可表示为 $\$_{Ti}=(\boldsymbol{f}_i;\boldsymbol{r}_{U_i}\times\boldsymbol{f}_i)=(\cos\theta_3,-\sin\theta_3\sin\theta_2,\sin\theta_3\cos\theta_2;\ \boldsymbol{r}_{U_i}\times\boldsymbol{f}_i)$ (22-8-34) 式中，$\boldsymbol{r}_{U_i}$ 表示从原点 o 到虎克铰 $U_{i,1}$ 中心的向量
约束奇异分析和运动/力约束特性分析	由于 3-RUU 机构的三个约束力旋量均为力偶，且一般情况下属于空间任意分布，故动平台的三个转动自由度被其约束力矩所约束，该机构可认为是三维平动并联机构。因此，当约束力旋量系 $\boldsymbol{U}_C$ 的阶数 q_m 小于 3 时，机构将至少有一个转动自由度失去控制，发生了约束奇异
判断约束奇异类别	图中所示即为 3-RUU 机构的约束奇异位形之一。在该位形下，机构的三个随动杆 $U_{i,1}U_{i,2}(i=1,2,3)$ 共面，这意味着三个约束力偶的轴线位于同一平面内。于是可得 $\boldsymbol{\tau}_1\cdot(\boldsymbol{\tau}_2\times\boldsymbol{\tau}_3)=0$，机构发生约束奇异 进一步分析发现，上述情况下 $\$_{Ci}\circ\Delta\$_{Oi}=0$，即此约束奇异为输出约束奇异 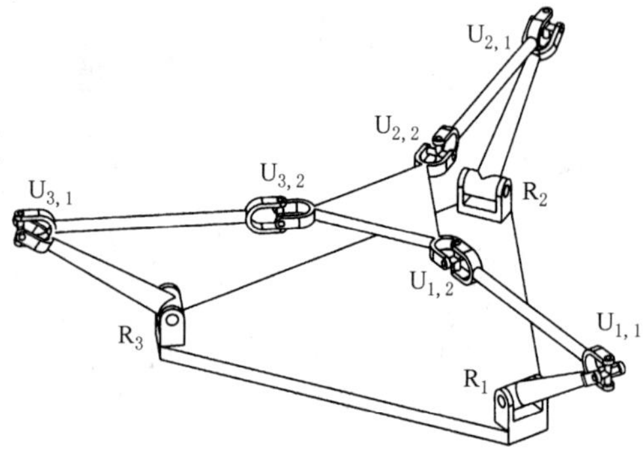 3-RUU 机构的约束奇异位形

续表

<table>
<tr><th>步骤</th><th>公式与说明</th></tr>
<tr><td>运动/力传递特性分析</td><td>当 $\$_{Ti}\circ\$_{Ii}=0(i=1,2,3)$ 中至少有一个成立时,机构将发生输入传递奇异
基于式(22-8-27)和式(22-8-33),可得 $\$_{Ti}$ 与 $\$_{Ii}$ 的互易积为
$$\$_{Ti}\circ\$_{Ii}=r_3\sin\theta_1\sin\theta_3\sin\theta_2-r_3\cos\theta_1\sin\theta_3\cos\theta_2=-r_3\sin\theta_3\cos(\theta_1+\theta_2) \quad (22\text{-}8\text{-}35)$$
由上式可知,机构发生输入传递奇异的条件存在两种情况:(1) $\sin\theta_3=0$,这表示 $\theta_3=0°$ 或 180°(即 x''轴与随动杆 $U_{i,1}U_{i,2}$ 的轴线之间的夹角等于 0°或 180°),意味着随动杆 $U_{i,1}U_{i,2}$ 的轴线与 x''轴重合;(2) $\cos(\theta_1+\theta_2)=0$,这表示 $\theta_1+\theta_2=90°$ 或 270°,意味着旋量 $\$_3$ 的轴线与驱动杆 $R_iU_{i,2}$ 的轴线互相垂直
当随动杆 $U_{i,1}U_{i,2}$ 的轴线位于驱动杆 $R_iU_{i,2}$ 所在平面(即由转动副 R_i 的轴线与驱动杆 $R_iU_{i,2}$ 的轴线所确定的平面)内时,条件 $\$_{Ti}\circ\$_{Ii}=0$ 成立,机构发生输入传递奇异。下图所示即为 3-RUU 机构的一个输入传递奇异位形
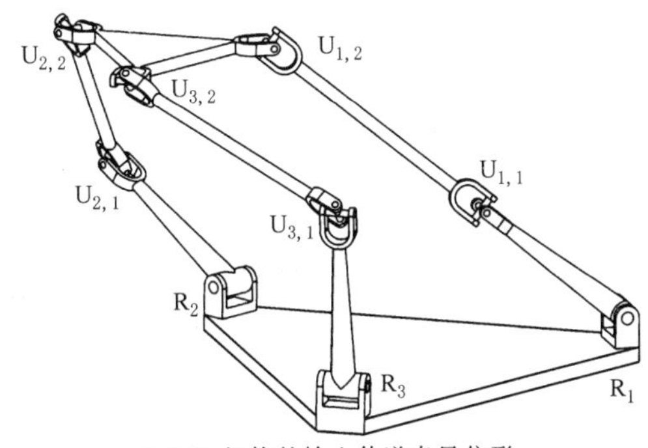

3-RUU 机构的输入传递奇异位形

当 $\$_{Ti}\circ\$_{Oi}=0(i=1,2,3)$ 中至少有一个成立时,机构将发生输出传递奇异
由于 3-RUU 机构为一个三移动机构,那么当驱动副 R_2 和 R_3 被锁住时,其将变成一个单自由度的平动机构。此时,传递力旋量 $\$_{T2}$ 和 $\$_{T3}$ 可看作是约束力旋量,于是机构动平台的瞬时运动旋量可表示为
$$\$_{O1}=(\mathbf{0};\boldsymbol{f}_2\times\boldsymbol{f}_3/|\boldsymbol{f}_2\times\boldsymbol{f}_3|) \quad (22\text{-}8\text{-}36)$$
$\$_{T1}$ 与 $\$_{O1}$ 的互易积为
$$\$_{T1}\circ\$_{O1}=\boldsymbol{f}_1\cdot(\boldsymbol{f}_2\times\boldsymbol{f}_3)/|\boldsymbol{f}_2\times\boldsymbol{f}_3| \quad (22\text{-}8\text{-}37)$$
类似地,可得 $\$_{Ti}$ 与 $\$_{Oi}(i=2,3)$ 的互易积为
$$\$_{T2}\circ\$_{O2}=\boldsymbol{f}_2\cdot(\boldsymbol{f}_1\times\boldsymbol{f}_3)/|\boldsymbol{f}_1\times\boldsymbol{f}_3| \quad (22\text{-}8\text{-}38)$$
$$\$_{T3}\circ\$_{O3}=\boldsymbol{f}_3\cdot(\boldsymbol{f}_1\times\boldsymbol{f}_2)/|\boldsymbol{f}_1\times\boldsymbol{f}_2| \quad (22\text{-}8\text{-}39)$$
用 $\boldsymbol{f}_i(i=1,2,3)$ 的混合积[即 $\boldsymbol{f}_1\cdot(\boldsymbol{f}_2\times\boldsymbol{f}_3)$,或 $\boldsymbol{f}_2\cdot(\boldsymbol{f}_1\times\boldsymbol{f}_3)$,或 $\boldsymbol{f}_3\cdot(\boldsymbol{f}_1\times\boldsymbol{f}_2)$]来判断机构是否发生输出传递奇异
当 $\boldsymbol{f}_1\cdot(\boldsymbol{f}_2\times\boldsymbol{f}_3)=\boldsymbol{f}_2\cdot(\boldsymbol{f}_1\times\boldsymbol{f}_3)=\boldsymbol{f}_3\cdot(\boldsymbol{f}_1\times\boldsymbol{f}_2)=0$ 时,可得 $\$_{Ti}\circ\$_{Oi}=0(i=1,2,3)$,机构发生输出传递奇异。此时,机构的三个传递力位于同一平面内,动平台无法实现此平面法线方向的移动,或者说机构中的力旋量无法平衡那些轴线与此平面垂直的外力
如上图所示,由于随动杆 $U_{i,1}U_{i,2}(i=1,2,3)$ 的轴线共面,于是三个传递力旋量的轴线也处于共面状态,可得 $\boldsymbol{f}_i(i=1,2,3)$ 的混合积等于零,说明机构处于输出传递奇异位形。因此,机构在上图所示位形下不仅发生了输出约束奇异,也发生了输出传递奇异</td></tr>
</table>

2.3 并联机器人的运动/力交互特性

2.3.1 非冗余并联机构的性能指标

(1) 运动/力传递性能指标

首先给出能效系数的概念来评价力旋量和运动旋量之间的能量传递效率。对于给定的单位运动旋量 $\$_1$ 和单

位力旋量 $\$_2$，$\$_1$ 和 $\$_2$ 之间的能效系数的定义和计算方法如表 22-8-13 所示。能效系数是坐标系不变量，取值范围是［0，1］。

表 22-8-13　　能效系数的定义和计算公式

物理意义	一般情况的计算公式	参数说明
能效系数 ζ，代表单位运动旋量 $\$_1$ 和单位力旋量 $\$_2$ 之间的能量传递效率	$\zeta=\dfrac{\lvert \$_1\circ\$_2\rvert}{\lvert \$_1\circ\$_2\rvert_{\max}}=\dfrac{\lvert(h_1+h_2)\cos\theta-d\sin\theta\rvert}{\sqrt{(h_1+h_2)^2+d_{\max}^2}}$	h_1——$\$_1$ 的截距 h_2——$\$_2$ 的截距 θ——$\$_1$ 和 $\$_2$ 轴线间的夹角 d——$\$_1$ 和 $\$_2$ 间公垂线的长度 $d_{\max}$——d 的潜在最大值
特殊情况	特殊情况的含义	特殊情况的计算公式
$h_1\to\infty$ $\$_1=(\mathbf{0},\boldsymbol{v}_1)$	$\$_1$ 表示纯移动	$\zeta=\dfrac{\lvert \boldsymbol{f}_2\cdot\boldsymbol{v}_1\rvert}{\lvert \boldsymbol{f}_2\cdot\boldsymbol{v}_1\rvert_{\max}}$ 式中，$\boldsymbol{f}_2$ 表示 $\$_2$ 的原部矢量
$h_2\to\infty$ $\$_2=(\mathbf{0},\boldsymbol{\tau}_2)$	$\$_2$ 表示纯力矩	$\zeta=\dfrac{\lvert \boldsymbol{\tau}_2\cdot\boldsymbol{\omega}_1\rvert}{\lvert \boldsymbol{\tau}_2\cdot\boldsymbol{\omega}_1\rvert_{\max}}$ 式中，$\boldsymbol{\omega}_1$ 表示 $\$_1$ 的原部矢量
$h_1\to\infty$ $h_2\to\infty$	$\$_1$ 表示纯移动，且 $\$_2$ 表示纯力矩；纯力矩无法对做纯移动运动的物体做功	$\zeta=0$

基于上述能效系数的概念，并联机构的运动/力传递性能评价指标的定义和计算公式如表 22-8-14 所示。这些指标均为坐标系不变量且取值范围是［0，1］，指标的数值越大，代表机构对应的传递性能越好。

表 22-8-14　　运动/力传递性能指标的定义和计算公式

指标	符号	含义	计算公式	参数说明
输入传递指标（ITI）	λ_i	传递力旋量对应的输入传递指标，表示第 i 个输入关节运动和第 i 个传递力间的能效系数，体现两者间的运动/力传递效率	$\lambda_i=\dfrac{\lvert \$_{\mathrm{T}i}\circ\$_{\mathrm{I}i}\rvert}{\lvert \$_{\mathrm{T}i}\circ\$_{\mathrm{I}i}\rvert_{\max}}$	$\$_{\mathrm{T}i}(i=1,2,\cdots,n)$——第 i 个单位传递力旋量 $\$_{\mathrm{I}i}(i=1,2,\cdots,n)$——第 i 个单位传递力旋量对应的单位输入运动旋量 $\$_{\mathrm{O}i}(i=1,2,\cdots,n)$——第 i 个单位传递力旋量对应的单位输出运动旋量
	γ_{I}	机构的输入传递指标	$\gamma_{\mathrm{I}}=\min\limits_i\{\lambda_i\}$	
输出传递指标（OTI）	η_i	传递力旋量对应的输出传递指标，表示动平台输出运动和第 i 个传递力间的能效系数，体现两者间的运动/力传递效率	$\eta_i=\dfrac{\lvert \$_{\mathrm{T}i}\circ\$_{\mathrm{O}i}\rvert}{\lvert \$_{\mathrm{T}i}\circ\$_{\mathrm{O}i}\rvert_{\max}}$	
	γ_{o}	机构的输出传递指标	$\gamma_{\mathrm{o}}=\min\limits_i\{\eta_i\}$	
局部传递指标（LTI）	λ_i	机构的局部传递指标	$\lambda_i=\min\{\gamma_{\mathrm{I}},\gamma_{\mathrm{o}}\}$	

下面举例说明这些指标的计算过程，见表 22-8-15。

表 22-8-15　　平面 5R 机构局部传递指标 LTI 的计算

平面 5R 机构示意图	参数说明
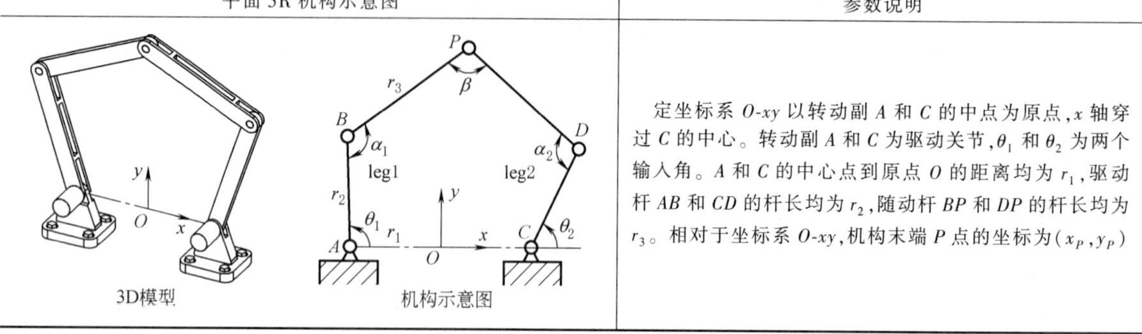 3D模型　　机构示意图	定坐标系 O-xy 以转动副 A 和 C 的中点为原点，x 轴穿过 C 的中心。转动副 A 和 C 为驱动关节，θ_1 和 θ_2 为两个输入角。A 和 C 的中心点到原点 O 的距离均为 r_1，驱动杆 AB 和 CD 的杆长均为 r_2，随动杆 BP 和 DP 的杆长均为 r_3。相对于坐标系 O-xy，机构末端 P 点的坐标为 (x_P,y_P)

续表

步骤	公式与说明
计算机构的传递力旋量	易证，平面RRR支链的传递力旋量为沿着随动杆杆长方向且经过转动副R中心的一个纯力。于是，相对于坐标系O-xy，这一平面5R机构的两个传递力旋量可表示为 $\$_{T1}=(\boldsymbol{f}_1;\boldsymbol{f}_1\times\boldsymbol{b})=[\cos(\alpha_1+\theta_1),\sin(\alpha_1+\theta_1),0;0,0,r_2\sin\alpha_1-r_1\sin(\alpha_1+\theta_1)]$ (22-8-40) $\$_{T2}=(\boldsymbol{f}_2;\boldsymbol{f}_2\times\boldsymbol{d})=[-\cos(\alpha_2-\theta_2),\sin(\alpha_2-\theta_2),0;0,0,r_2\sin\alpha_2+r_1\sin(\alpha_2-\theta_2)]$ (22-8-41) 式中，$\boldsymbol{f}_1$和$\boldsymbol{f}_2$分别表示沿着杆BP和DP的杆长方向的单位向量，$\boldsymbol{b}$和$\boldsymbol{d}$分别表示从原点O到转动副B和D的中心点的向量
计算机构的输入运动旋量	机构的输入关节为转动副A和C，该机构的两个单位输入运动旋量在坐标系O-xy下可表示为 $\$_{I1}=(0,0,1;0,r_1,0)$ (22-8-42) $\$_{I2}=(0,0,1;0,-r_1,0)$ (22-8-43)
计算机构的输入传递指标	利用表22-8-14中的计算公式，可得机构对应于支链1为 $\lambda_1=\dfrac{\vert\$_{T1}\circ\$_{I1}\vert}{\vert\$_{T1}\circ\$_{I1}\vert_{max}}=\dfrac{\vert r_2\sin\alpha_1\vert}{\vert r_2\sin\alpha_1\vert_{max}}=\dfrac{\vert r_2\sin\alpha_1\vert}{r_2}=\vert\sin\alpha_1\vert$ (22-8-44) 对应于支链2的输入传递指标为 $\lambda_2=\dfrac{\vert\$_{T2}\circ\$_{I2}\vert}{\vert\$_{T2}\circ\$_{I2}\vert_{max}}=\dfrac{\vert r_2\sin\alpha_2\vert}{\vert r_2\sin\alpha_2\vert_{max}}=\dfrac{\vert r_2\sin\alpha_2\vert}{r_2}=\vert\sin\alpha_2\vert$ (22-8-45)
计算机构的输出运动旋量	锁住转动副C而只驱动转动副A时，机构可看作单自由度四杆机构ABPD。此时，末端P点只能绕着转动副D的中心点做旋转运动，瞬时运动的方向与随动杆DP垂直。转动副D的中心点在坐标系O-xy下的位置向量为 $\overrightarrow{OD}=\begin{bmatrix}D_x\\D_y\\D_z\end{bmatrix}=\begin{bmatrix}-r_1+r_2\cos\theta_1-r_3\cos(\theta_1+\alpha_1)+r_3\cos(\theta_1+\alpha_1+\beta)\\r_2\sin\theta_1-r_3\sin(\theta_1+\alpha_1)+r_3\sin(\theta_1+\alpha_1+\beta)\\0\end{bmatrix}$ (22-8-46) 此时，P点的瞬时运动旋量可表示为 $\$_{O1}=(0,0,1;D_y,-D_x,0)$ (22-8-47)
计算机构的输出传递指标	代入表22-8-14中的计算公式，可得机构对应于支链1的输出传递指标为 $\eta_1=\dfrac{\vert\$_{T1}\circ\$_{O1}\vert}{\vert\$_{T1}\circ\$_{O1}\vert_{max}}=\dfrac{\vert r_3\sin\beta\vert}{\vert r_3\sin\beta\vert_{max}}=\dfrac{\vert r_3\sin\beta\vert}{r_3}=\vert\sin\beta\vert$ (22-8-48) 类似地，支链2的输出传递指标为 $\eta_2=\eta_1=\vert\sin\beta\vert$ (22-8-49)
计算机构的局部传递指标	综上，该平面对称5R机构的局部传递指标为 $\gamma=\min\{\lambda_1,\lambda_2,\eta_1,\eta_2\}=\min\{\vert\sin\alpha_1\vert,\vert\sin\alpha_2\vert,\vert\sin\beta\vert\}$ (22-8-50)

（2）运动/力约束性能指标

为了定量地描述并联机构在工作空间内任意位姿下的约束特性，并评价并联机构距离约束奇异（或完全约束）位姿的远近，给出了并联机构的运动/力约束性能评价指标的定义和计算公式，如表22-8-16所示。与运动/力传递性能评价指标类似，这些指标均为坐标系不变量且取值范围是［0，1］，指标的数值越大，代表机构对应的约束性能越好。相反，若指标值为0，说明机构发生了约束奇异状态。

表22-8-16　运动/力约束性能指标的定义和计算公式

指标	符号	含义	计算公式	参数说明
输入端运动/力约束特性指标(ICI)	ζ_{ij}	约束力旋量对应的输入端运动/力约束特性指标，表示第i个受限运动和第j个约束力间的能效系数，体现约束运动/力的效果	$\zeta_{ij}=\dfrac{\vert\$_{Cij}\circ\$_{Rij}\vert}{\vert\$_{Cij}\circ\$_{Rij}\vert_{max}}$	$\$_{Ci}(i=1,2,\cdots,n)$——第i个单位约束力旋量 $\$_{Ri}(i=1,2,\cdots,n)$——第i个单位约束力旋量对应的单位受限运动旋量 $\Delta\$_{Oi}(i=1,2,\cdots,n)$——第i个单位传递力旋量对应的单位输出受限运动旋量，这一旋量满足 $\begin{cases}\$_{Tk}\circ\Delta\$_{Oi}=0\\\$_{Cj}\circ\Delta\$_{Oi}=0\end{cases}$ $k=1,2,\cdots,n;i,j=1,2,\cdots,6-n;\ i\neq j$
	κ_I	机构的输入端运动/力约束特性指标	$\kappa_I=\min\limits_{i,j}\{\zeta_{ij}\}$	
输出端运动/力约束特性指标(OCI)	υ_i	约束力旋量对应的输出端运动/力约束特性指标，表示第i个输入受限运动和第i个约束力间的能效系数，体现约束力在受限运动方向上做虚功的效果	$\upsilon_i=\dfrac{\vert\$_{Ci}\circ\Delta\$_{Oi}\vert}{\vert\$_{Ci}\circ\Delta\$_{Oi}\vert_{max}}$	
	κ_O	机构的输出端运动/力约束特性指标	$\kappa_O=\min\limits_{i}\{\upsilon_i\}$	
整体运动/力约束特性指标(TCI)	κ	机构的整体运动/力约束特性指标	$\kappa=\min\{\kappa_I,\kappa_O\}$	

下面举例说明这些指标的计算过程，见表 22-8-17。

表 22-8-17　Tricept 并联机构（5-UPS&1-UP）的整体运动/力约束特性指标 TCI

Tricept 并联机构示意图	参数说明
Tricept 并联机构　UP 支链	Tricept 并联机构由一个定平台、一个动平台、连接两者的三个主动驱动的 U$\underline{P}$S 支链和一个被动 UP 支链组成 假设定平台半径和动平台半径分别为 $L_1=350\text{mm}$ 和 $L_2=225\text{mm}$。在定平台上建立定坐标系 $O\text{-}XYZ$，动平台上建立动坐标系 $o\text{-}xyz$。该机构动平台可以绕着 UP 支链的 U 副中的两个角度 ϕ 和 θ 转动

步骤	公式与说明
分析支链的四个子空间	根据运动和力旋量子空间基底的求解方法，对该支链进行旋量分析可得 · 许动运动旋量子空间基底 $$\{\boldsymbol{T}_{\mathrm{p}}\}=\begin{Bmatrix}\$_{\mathrm{Tp1}}=(1,0,0;0,0,0)\\ \$_{Tp2}=(0,1,0;0,0,0)\\ \$_{Tp3}=(0,0,0;\cos\gamma,0,\sin\gamma)\end{Bmatrix}\quad(22\text{-}8\text{-}51)$$ · 驱动力旋量子空间基底 $$\{\boldsymbol{W}_{\mathrm{n}}\}=\begin{Bmatrix}\$_{\mathrm{Wu1}}=(0,0,0;\ 1,0,0)\\ \$_{\mathrm{Wu2}}=(0,0,0;\ 0,1,0)\\ \$_{\mathrm{Wu3}}=(\sin\gamma,0,\cos\gamma;\ 0,0,0)\end{Bmatrix}\quad(22\text{-}8\text{-}52)$$ · 约束力旋量子空间基底 $$\{\boldsymbol{W}_{\mathrm{c}}\}=\begin{Bmatrix}\$_{\mathrm{Wc1}}=(0,0,0;\ 0,0,1)\\ \$_{\mathrm{Wc2}}=(0,1,0;\ 0,0,0)\\ \$_{\mathrm{Wc3}}=(\sin\gamma,0,-\cos\gamma;0,0,0)\end{Bmatrix}\quad(22\text{-}8\text{-}53)$$ · 受限运动旋量子空间基底 $$\{\boldsymbol{T}_{\mathrm{r}}\}=\begin{Bmatrix}\$_{\mathrm{Tr1}}=(0,0,1;\ 0,0,0)\\ \$_{\mathrm{Tr2}}=(0,0,0;0,-1,0)\\ \$_{\mathrm{Tr3}}=(0,0,0;\ \sin\gamma,0,-\cos\gamma)\end{Bmatrix}\quad(22\text{-}8\text{-}54)$$
分析该机构的输入端运动/力约束特性	将约束力旋量表示为 $\$_{\mathrm{C}}$，受限运动旋量表示为 $\$_{\mathrm{R}}$。则该支链的第 j 个约束力旋量对应的输入约束特性指标为 $$\zeta_{1j}=\frac{\mid \$_{\mathrm{C}1j}\circ\$_{\mathrm{R}1j}\mid}{\mid \$_{\mathrm{C}1j}\circ\$_{\mathrm{R}1j}\mid_{\max}}=1,j=1,2,3\quad(22\text{-}8\text{-}55)$$ 因此 Tricept 机构的输入端运动/力约束特性指标为 $$\kappa_{\mathrm{I}}=\min_{j}\{\zeta_{1j}\}=1\quad(22\text{-}8\text{-}56)$$
分析该机构的输出端运动/力约束特性	分析该机构，其中 UP 支链提供了 3 个约束力旋量 $\$_{\mathrm{C}i}(i=1,2,3)$，三个 UPS 支链分别提供 1 个传递力旋量 $\$_{\mathrm{T}j}(j=1,2,3)$。为了定量地描述并联机构在工作空间内任意位姿下的约束特性，并评价并联机构距离约束奇异（或完全约束）位姿的远近，给出了并联机构的运动/力约束性能评价指标的定义和计算公式，如表 22-8-16 所示。与运动/力传递性能评价指标类似，这些指标均为坐标系不变量且取值范围是[0,1]，指标的数值越大，代表机构对应的约束性能越好。相反，若指标值为 0，说明机构发生了约束奇异状态 表 22-8-16 中输出受限运动旋量的求解方法，可以求出该机构的 3 个约束力旋量对应的 3 个输出受限运动旋量 $\Delta\$_{\mathrm{O}i}(i=1,2,3)$ 表 22-8-16 中的计算公式可得输出约束指标 OCI。机构的 OCI 在 $x\text{-}y$ 工作空间内（$z=40\text{mm}$）描述其性能分布情况如图所示

续表

步骤	公式与说明
分析该机构的输出端运动/力约束特性	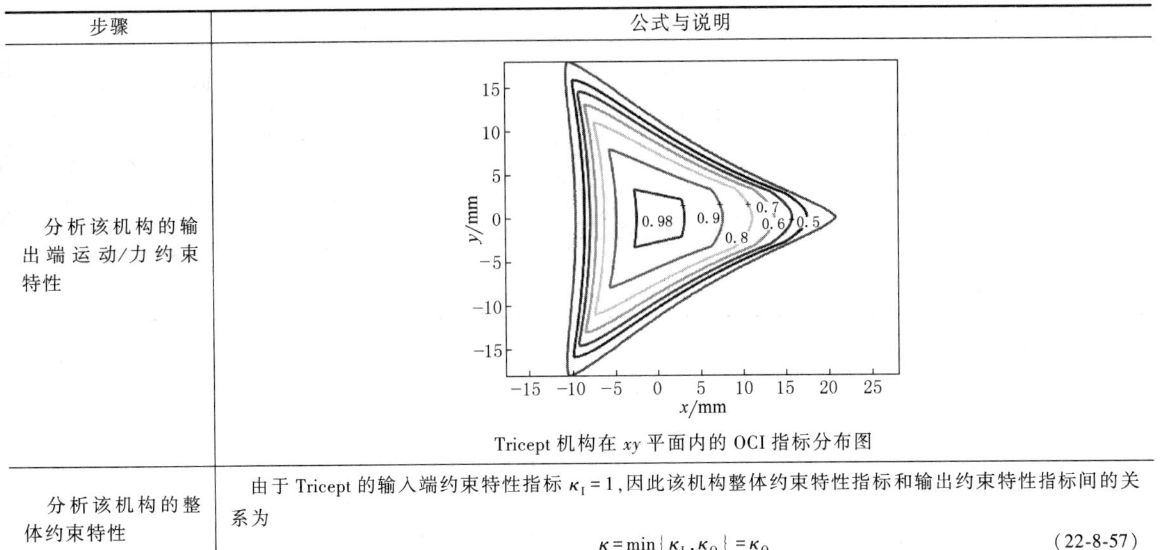 Tricept 机构在 xy 平面内的 OCI 指标分布图
分析该机构的整体约束特性	由于 Tricept 的输入端约束特性指标 $\kappa_I=1$，因此该机构整体约束特性指标和输出约束特性指标间的关系为 $$\kappa=\min\{\kappa_I,\kappa_O\}=\kappa_O \quad (22\text{-}8\text{-}57)$$

2.3.2 冗余并联机构的性能指标

不同冗余机理的并联机构，其运动/力传递性能的评价方法也不相同，因此需要首先确定机构的冗余类型。冗余包含三种：驱动冗余、运动学冗余和混合冗余。上述类别的划分以及机构示例见表 22-8-18。

表 22-8-18 **冗余类别的划分**

类别	成立条件	示例		参数说明
驱动冗余	$n-m>0$ 且 $m=f$	随动副驱动冗余	$n=3;m=2;f=2;k=3$	n——机构的输入驱动数目 m——机构的活动度 f——动平台的自由度 k——相互干涉的驱动数目(即当其余的驱动全部锁死时，这 k 个驱动的任何一个都不能自由运动) r——驱动冗余的输入驱动数目($r=n-m$)
		支链驱动冗余	$n=3;m=2;f=2;k=3$	
运动学冗余	$n=m>f$		$n=3;m=3;f=2;k=0$	

续表

类别	成立条件	示例	参数说明
混合冗余	$n>m>f$	$n=4;m=3;f=2;k=4$	n——机构的输入驱动数目 m——机构的活动度 f——动平台的自由度 k——相互干涉的驱动数目(即当其余的驱动全部锁死时，这 k 个驱动的任何一个都不能自由运动) r——驱动冗余的输入驱动数目($r=n-m$)

由于很难同时规避驱动冗余和运动学冗余的固有缺点，因此在实际中很少用到混合冗余。针对驱动冗余和运动学冗余类型的机构分别定义了相应的运动/力传递性能评价指标。

(1) 驱动冗余并联机构

对于驱动冗余并联机构 $r=n-m>0$，在 k 个输入驱动之间存在相互干涉。从 k 个相互干涉的输入驱动中移除 r 个驱动冗余的输入驱动，则可得 q 个非冗余并联机构，且 $q=C_k^r$。在任意给定的终端姿态下均可以得到每个机构的 LTI 值，用 $\kappa_i(i=1,2,\cdots,q)$ 表示。在 q 个非冗余并联机构中，存在一个机构其运动/力传递性能优于其他机构，取该机构的 LTI 值作为该驱动冗余并联机构的局部最小化传递指标（LMTI），可表示为

$$M=\max\{\kappa_1,\kappa_2,\cdots,\kappa_q\},\ q=C_k^r \tag{22-8-58}$$

该指标反映了驱动冗余并联机构在指定位姿下的最小的运动/力传递性能。LMTI 值越大表示该机构的运动/力传递效率越高。根据 LTI 的定义，LMTI 与坐标系的选取无关且 $M\in[0,1]$。为了实现高速运动及良好的运动/力的传递，广泛采用的 LTI 的取值范围为 $M\geqslant\sin45°$ 或 $M\geqslant\sin40°$。

(2) 运动学冗余并联机构

对于运动学冗余的并联机构 $n-m>0$ 且 $k=0$，该类机构不存在相互干涉的输入驱动，但对于给定的终端位姿存在满足机构约束的多个输入。将这多个输入记为其逆解解集 $\boldsymbol{G}$。当逆解解集 $\boldsymbol{G}$ 中任意的机构输入，都可以得到该机构的一个 LTI 值 κ，其中存在一个最大值 κ_g $(g\in\boldsymbol{G})$，将该最大值作为运动学冗余并联机构的局部最优传递指标（LOTI），可表示为

$$\Theta=\kappa_g,\ g\in\boldsymbol{G} \tag{22-8-59}$$

该指标反映了运动学冗余并联机构在给定位姿下的最优的运动/力传递性能。与 LMTI 类似，这里的 LOTI 值越大表示机构的运动/力传递效率越高，LOTI 与坐标系的选取无关且 $\Theta\in[0,1]$。为了实现运动学冗余并联机构良好的运动/力传递性能，LOTI 应满足 $\Theta\geqslant\sin45°$ 或 $\Theta\geqslant\sin40°$。

2.4 并联机器人机构的误差特性

2.4.1 纯平动并联机器人机构误差评价

(1) 考虑运动/力传递特性的并联机器人误差建模方法

对于纯平动并联机器人机构，其运动和力可采用几何方式分析，基于矢量环法和“锁定”驱动策略，提出了一种考虑运动/传递特性的误差建模方法，其流程如图 22-8-2 所示。关键步骤如下：

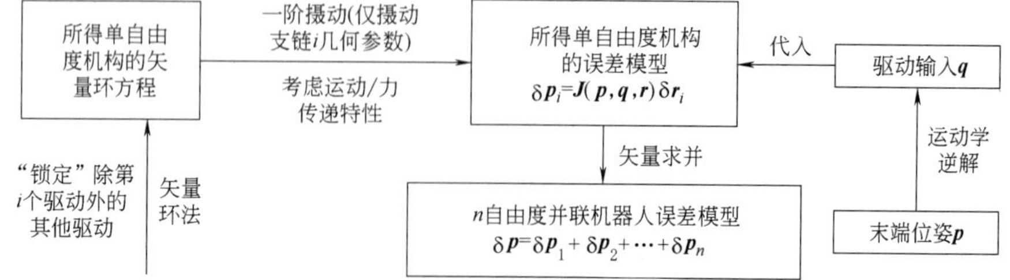

图 22-8-2 考虑运动/力传递特性的并联机器人误差建模方法流程图

第一步："锁定"除第 i 个驱动外的其他驱动，以获得如图 22-8-3a 所示的第 i 个单自由度闭环机构，并建立其矢量环方程。

第二步：对方程中的支链 i 几何参数进行一阶摄动，并考虑支链 i 的运动/力传递特性，得到第 i 个单自由度闭环机构的误差模型 $\delta \boldsymbol{p}_i=\boldsymbol{J}_i(\boldsymbol{p},\boldsymbol{q},\boldsymbol{r})\delta \boldsymbol{r}_i$，再把通过逆解计算得到的驱动输入 $\boldsymbol{q}$ 代入所建误差模型，以求得由支链 i 误差源单独引起的末端误差向量 $\delta \boldsymbol{p}_i$。

第三步：对所得 n 个误差向量进行矢量求和，从而获得并联机器人整体的误差模型，即 $\delta \boldsymbol{p}$ 与 $\delta \boldsymbol{r}_i$ 之间的映射关系，如图 22-8-3b 所示。

值得注意的是，并联机器人的运动/力传递特性仅影响动平台在自由度方向上的误差，因此，对于纯平动并联机器人，仅分析其末端动平台的位置误差。

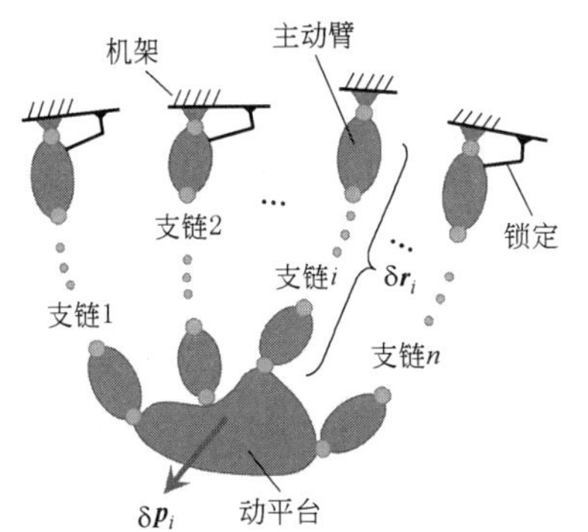

(a) 基于"锁定"驱动策略得到的第i个单自由度闭环机构

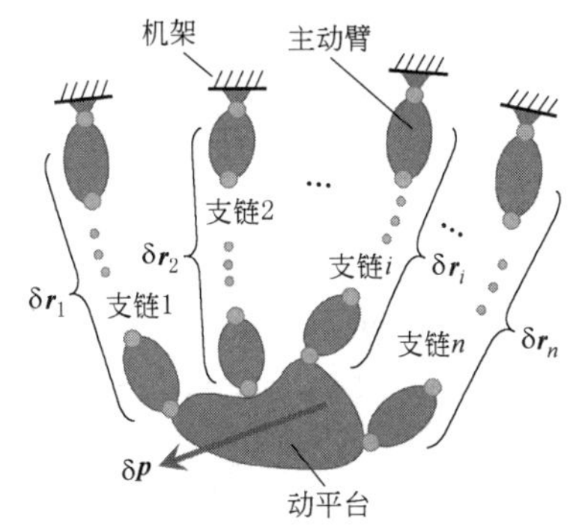

(b) n自由度并联机器人

图 22-8-3　并联机器人各支链误差源向量与末端误差向量示意图

以平面 5R 并联机器人机构为例，介绍误差建模方法的具体过程，如表 22-8-19 所示。

表 22-8-19　　平面 5R 并联机器人的误差建模具体过程

<table>
<tr><th colspan="2">各单自由度闭环机构和并联机器人整体误差建模</th><th>符号说明</th></tr>
<tr><td>第1个单自由度闭环机构误差建模</td><td>平面 5R 并联机器人的机构简图如图 a 所示。
(a) 平面5R并联机器人的机构简图
如图 b 所示，当"锁定"支链 2 的驱动时，平面 5R 并联机器人可视为单自由度平面四杆机构 $A_1B_1CD_1$，建立其矢量环方程为
$$\overrightarrow{OA}_1+[L_1\cos\theta_1, L_1\sin\theta_1]^{\mathrm{T}}+L_2\boldsymbol{f}_1=\overrightarrow{OD}_1+[L_{31}\cos\mu_1, L_{31}\sin\mu_1]^{\mathrm{T}} \quad (22\text{-}8\text{-}60)$$
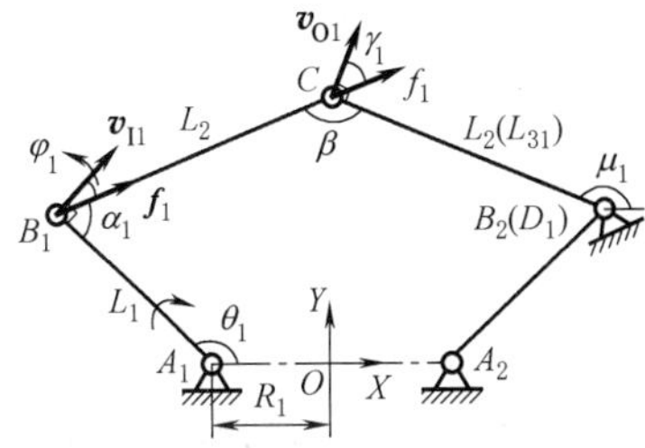

(b) "锁定"支链2的驱动时的平面5R并联机器人</td><td>$\delta\mu_1$——支链 1 的广义输出角度误差
$[\delta x_1\ \delta y_1]^{\mathrm{T}}$——支链 1 的输出位置误差向量
$\delta R_{11}, \delta L_{11}, \delta L_{21}$——支链 1 的各连杆长度误差
δl_1——支链 1 的输入误差
$a_{11}, a_{21}, a_{31}, a_{41}, a_{51}$——支链 1 的各误差系数
ITI_1——支链 1 的输入传递指标
OTI_1——支链 1 的输出传递指标</td></tr>
</table>

续表

	各单自由度闭环机构和并联机器人整体误差建模	符号说明
第1个单自由度闭环机构误差建模	对式(22-8-60)进行一阶摄动,且仅摄动支链1的几何参数,并在方程两端同时点乘$\boldsymbol{f}_1$,得平面四杆机构$A_1B_1CD_1$的误差模型为 $\boldsymbol{f}_1\cdot[1\ 0]^{\mathrm{T}}\delta R_{11}-\boldsymbol{f}_1\cdot[\cos\theta_1\ \sin\theta_1]^{\mathrm{T}}\delta L_{11}-\delta L_{21}+\boldsymbol{f}_1\cdot(L_1[\sin\theta_1\ \ -\cos\theta_1]^{\mathrm{T}})\delta\theta_1=\boldsymbol{f}_1\cdot(L_{31}[\sin\mu_1\ \ -\cos\mu_1]^{\mathrm{T}})\delta\mu_1$ (22-8-61) 为了统一各误差源的量纲,选择长度误差$\delta l_1=L_1\delta\theta_1$代替角度误差$\delta\theta_1$作为支链1的输入误差,则广义输出角度误差$\delta\mu_1$可表示为 $\delta\mu_1=\dfrac{a_{11}\delta R_{11}+a_{21}\delta L_{11}+a_{31}\delta L_{21}+a_{41}\delta l_1}{a_{51}}$ (22-8-62) 其中 $\begin{cases}a_{11}=\boldsymbol{f}_1\cdot\overrightarrow{A_1O}/R_1\\a_{21}=\boldsymbol{f}_1\cdot\overrightarrow{B_1A_1}/L_1=\pm\sqrt{1-\mathrm{ITI}_1^2}\\a_{31}=-1\\a_{41}=\boldsymbol{f}_1\cdot\boldsymbol{v}_{I1}/L_1=\cos\varphi_1=\pm(\mathrm{ITI}_1)\\a_{51}=\boldsymbol{f}_1\cdot\boldsymbol{v}_{O1}=L_{31}\cos\gamma_1=\pm L_{31}(\mathrm{OTI}_1)\end{cases}$ (22-8-63) 进一步可得输出位置误差向量$[\delta x_1\ \delta y_1]^{\mathrm{T}}$为 $[\delta x_1\ \delta y_1]^{\mathrm{T}}=L_{31}[-\sin\mu_1\ \cos\mu_1]^{\mathrm{T}}\delta\mu_1$ (22-8-64)	$\delta\mu_1$——支链1的广义输出角度误差 $[\delta x_1\ \delta y_1]^{\mathrm{T}}$——支链1的输出位置误差向量 δR_{11},δL_{11},δL_{21}——支链1的各连杆长度误差 δl_1——支链1的输入误差 a_{11},a_{21},a_{31},a_{41},a_{51}——支链1的各误差系数 ITI_1——支链1的输入传递指标 OTI_1——支链1的输出传递指标
第2个单自由度闭环机构误差建模	如图所示,当"锁定"支链1的驱动时,平面5R并联机器人可视为单自由度平面四杆机构$A_2B_2CD_2$。类似地,可得广义输出角度误差$\delta\mu_2$为 $\delta\mu_2=\dfrac{a_{12}\delta R_{12}+a_{22}\delta L_{12}+a_{32}\delta L_{22}+a_{42}\delta l_2}{a_{52}}$ (22-8-65) 其中 $\begin{cases}a_{12}=\boldsymbol{f}_2\cdot\overrightarrow{A_2O}/R_1\\a_{22}=\boldsymbol{f}_2\cdot\overrightarrow{B_2A_2}/L_1=\pm\sqrt{1-\mathrm{ITI}_2^2}\\a_{32}=-1\\a_{42}=\boldsymbol{f}_2\cdot\boldsymbol{v}_{I2}/L_1=-\cos\varphi_2=\pm(\mathrm{ITI}_2)\\a_{52}=\boldsymbol{f}_2\cdot\boldsymbol{v}_{O2}=-L_{32}\cos\gamma_2=\pm L_{32}(\mathrm{OTI}_2)\end{cases}$ (22-8-66) 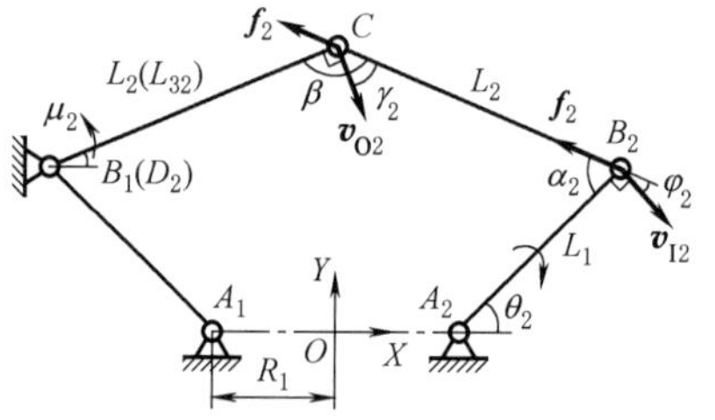 "锁定"支链1的驱动时的平面5R并联机器人 进一步可得输出位置误差向量$[\delta x_2\ \delta y_2]^{\mathrm{T}}$为 $[\delta x_2\ \delta y_2]^{\mathrm{T}}=L_{32}[-\sin\mu_2\ \cos\mu_2]^{\mathrm{T}}\delta\mu_2$ (22-8-67)	$\delta\mu_2$——支链2的广义输出角度误差 $[\delta x_2\ \delta y_2]^{\mathrm{T}}$——支链2的输出位置误差向量 δR_{12},δL_{12},δL_{22}——支链2的各连杆长度误差 δl_2——支链2的输入误差 a_{12},a_{22},a_{32},a_{42},a_{52}——支链2的各误差系数 ITI_2——支链2的输入传递指标 OTI_2——支链2的输出传递指标
并联机器人整体误差建模	根据矢量求和原理,可得平面5R并联机器人的输出位置误差向量$[\delta x,\delta y]^{\mathrm{T}}$为 $[\delta x\ \delta y]^{\mathrm{T}}=[\delta x_1+\delta x_2\ \ \delta y_1+\delta y_2]^{\mathrm{T}}$ (22-8-68) 向量$[\delta x\ \delta y]^{\mathrm{T}}$的长度$\delta$即为平面5R并联机器人的末端位置误差,可表示为 $\delta=\sqrt{\delta x^2+\delta y^2}=\sqrt{\left(\sum\limits_{i=1}^{2}v_{Oix}\delta\mu_i\right)^2+\left(\sum\limits_{i=1}^{2}v_{Oiy}\delta\mu_i\right)^2}$ (22-8-69) 其中$\boldsymbol{v}_{Oi}=[v_{Oix}\ v_{Oiy}]^{\mathrm{T}}=L_{3i}[\sin\mu_i\ \ -\cos\mu_i]^{\mathrm{T}}$	$[\delta x\ \delta y]^{\mathrm{T}}$——平面5R并联机器人的输出位置误差向量 δ——平面5R并联机器人的末端位置误差

(2) 基于误差模型的纯平动并联机器人误差评价

根据所建立的考虑运动/力传递特性的并联机器人误差模型,可定义纯平动并联机器人误差评价指标,同样以平面5R并联机器人为例,介绍基于误差模型定义误差评价指标的过程。由表22-8-19中的式(22-8-62)和式(22-8-65)可知,广义输出角度误差$\delta\mu_i$可视为误差源系数向量$\boldsymbol{a}_i=[a_{1i}/a_{5i}\ a_{2i}/a_{5i}\ a_{3i}/a_{5i}\ a_{4i}/a_{5i}]$与误差源向

量 $\delta \boldsymbol{r}_i = [\delta R_{1i} \quad \delta L_{1i} \quad \delta L_{2i} \quad \delta l_i]^{\mathrm{T}}$ 的点积，由于误差源向量 $\delta \boldsymbol{r}_i$ 通常具有不确定性与随机性，故可利用误差源系数向量模长 $|\boldsymbol{a}_i|$ 来评价广义输出角度误差 $\delta\mu_i$ 的大小。据此可定义局部误差指标（LEI）来评价平面 5R 并联机器人的末端位置误差 δ，其表达式如下：

$$\mathrm{LEI} = \sqrt{\sum_{i=1}^{2}(v_{\mathrm{O}ix}\lambda_i)^2 + \sum_{i=1}^{2}(v_{\mathrm{O}iy}\lambda_i)^2} \tag{22-8-70}$$

其中

$$\begin{cases} \boldsymbol{v}_{\mathrm{O}i} = [v_{\mathrm{O}ix} \; v_{\mathrm{O}iy}]^{\mathrm{T}} = L_{3i}[\sin\mu_i \quad -\cos\mu_i]^{\mathrm{T}} \\ \lambda_i = |\boldsymbol{a}_i| = \sqrt{\dfrac{(\boldsymbol{f}_i \cdot \overrightarrow{A_iO}/R_1)^2 + (\boldsymbol{f}_i \cdot \overrightarrow{B_iA_i}/L_1)^2 + 1^2 + (\mathrm{ITI}_i)^2}{(L_{3i}\mathrm{OTI}_i)^2}} \end{cases} \tag{22-8-71}$$

由于 LEI 的值随机器人位姿的变化而变化，因此将该指标称为局部误差指标，LEI 表示各误差源系数对末端位置误差 δ 的综合影响，可用于评价并联机器人的理论精度，LEI 越小，表明机器人的理论精度越高。LEI 的取值范围为 $[t, \infty)$，其中 t 的取值与机器人相关。选择归一化函数 $y=1-2/\pi\times\arctan[(x-t)/5]$ 将 LEI 取值范围归一化为 [0, 1]，归一化后的指标可定义为局部精度指标（LAI）。LAI 越大，表明机器人的理论精度越高，LEI 和 LAI 均没有量纲。为了评价并联机器人的全局理论精度，将 LAI 不小于极限值的机器人位姿集合定义为高精度工作空间（HAW）。与 LTI 的极限值类似，将 LAI 的极限值定义为 0.7。

基于局部误差指标 LEI 和局部精度指标 LAI，开展平面 5R 并联机器人误差评价。绘制了两组给定尺度参数下机器人工作空间内的 LEI 和 LAI 分布，如图 22-8-4 和图 22-8-5 所示，由图可知，LEI 和 LAI 在工作空间内的分布关于 $x=0$ 对称，此外，机器人在工作空间内越接近输出传递奇异位形，其局部误差指标 LEI 越大，局部精度指标 LAI 越小。

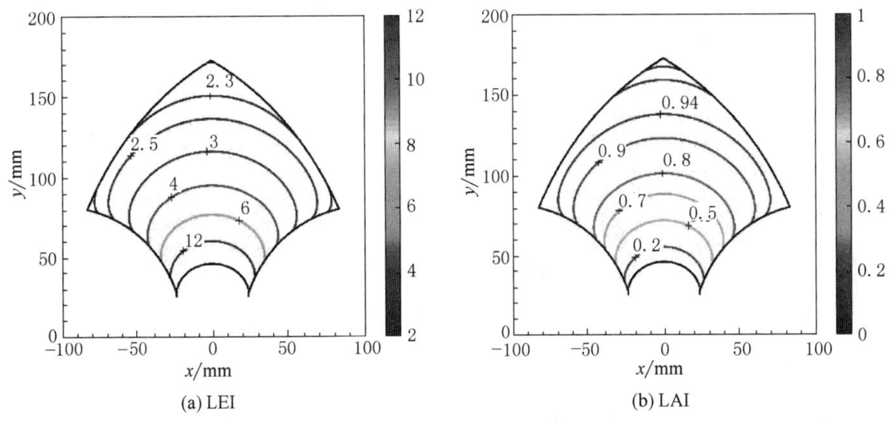

图 22-8-4　当 $L_1=60\mathrm{mm}$，$L_2=140\mathrm{mm}$，$R_1=100\mathrm{mm}$ 时平面 5R 并联机器人工作空间内的局部误差指标 LEI 和局部精度指标 LAI 分布

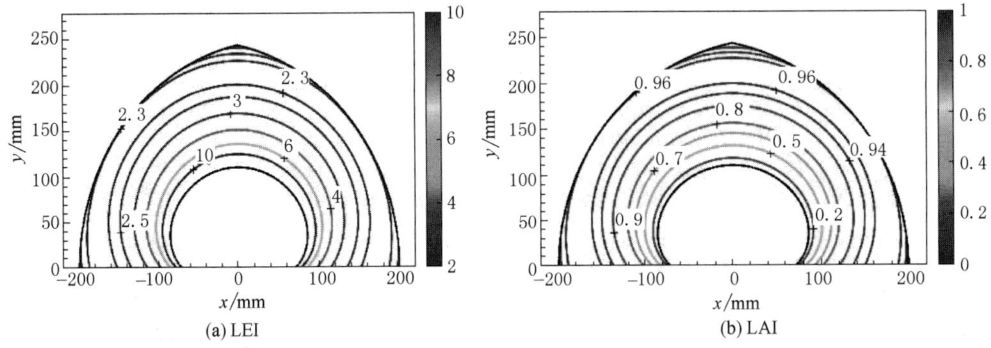

图 22-8-5　当 $L_1=130\mathrm{mm}$，$L_2=120\mathrm{mm}$，$R_1=50\mathrm{mm}$ 时平面 5R 并联机器人工作空间内的局部误差指标 LEI 和局部精度指标 LAI 分布

2.4.2 空间混合自由度并联机器人机构误差评价

（1）考虑运动/力传递与约束特性的并联机器人误差建模方法

对于空间混合自由度并联机器人机构，借助螺旋理论数学工具和互易积运算，基于“锁定”驱动和“释放”约束策略，提出了一种考虑运动/力传递与约束特性的误差建模方法，其流程如图 22-8-6 所示。关键步骤如下：

第一步：建立并联机器人的第 i 个矢量环方程和第 j 个约束方程。

第二步：“锁定”除第 i 个驱动外的其他驱动，并对第 i 个矢量环方程进行一阶摄动，得第 i 个矢量环摄动方程；锁定所有驱动时“释放”第 j 个约束，并对第 j 个约束方程进行一阶摄动，得第 j 个约束摄动方程。

第三步：通过分别考虑支链 i 的运动/力传递特性和支链 j 的运动/力约束特性，求解出第 i 个自由度方向位姿误差向量和第 j 个约束方向位姿误差向量。

第四步：将 n 个自由度方向位姿误差向量和 6−n 个约束方向位姿误差向量进行矢量求和，得 n 自由度并联机器人误差模型。

详细的各支链和并联机器人整体误差建模过程如表 22-8-20 所示。

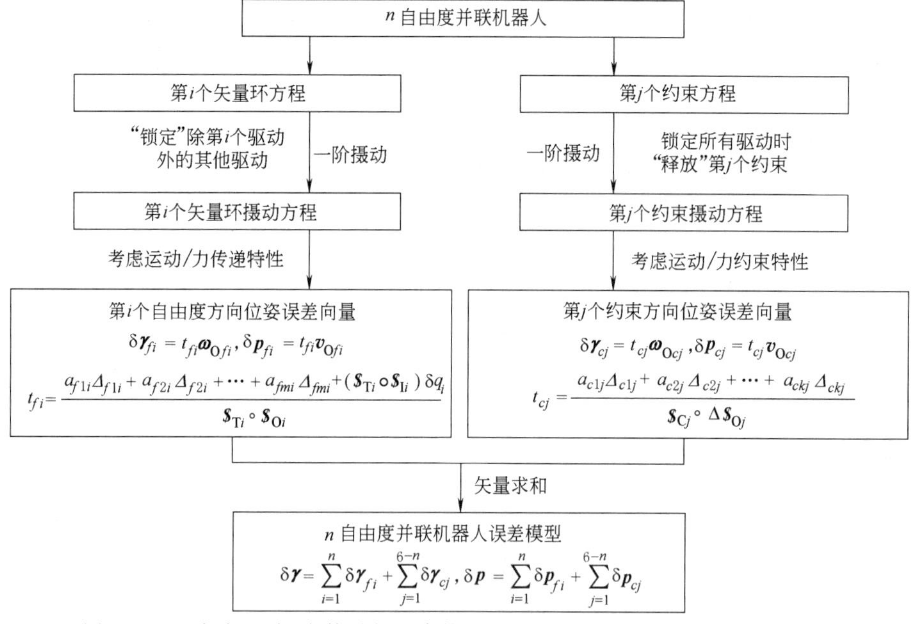

图 22-8-6 考虑运动/力传递与约束特性的并联机器人误差建模方法流程图

表 22-8-20 各支链和并联机器人整体的误差建模具体过程

各支链和并联机器人整体误差建模		符号说明
支链 i 自由度方向误差建模	并联机器人支链的主动副通常为移动副或转动副，传递力旋量通常为纯力。如下页图所示，以支链 i 的主动副为移动副为例，可建立第 i 个矢量环方程为 $\overrightarrow{OA}_i+\boldsymbol{l}_{A_iB_i}q_i+\boldsymbol{f}_ir_2=\boldsymbol{p}+\boldsymbol{R}(\overrightarrow{O'M}_i)$ （22-8-72） “锁定”除第 i 个驱动外的其他驱动，对式（22-8-72）进行一阶摄动，并用 $\boldsymbol{\Delta}_{fi}=[\Delta_{f1i},\Delta_{f2i},\cdots,\Delta_{fmi},\delta q_i]$ 表示式中的误差源向量，可得第 i 个矢量环摄动方程为 $a_{f1i}\Delta_{f1i}+a_{f2i}\Delta_{f2i}+\cdots+a_{fmi}\Delta_{fmi}+(\boldsymbol{f}_i\cdot\boldsymbol{l}_{A_iB_i})\delta\boldsymbol{q}_i=\boldsymbol{f}_i\cdot\delta\boldsymbol{p}_{fi}+\boldsymbol{f}_i\cdot[\delta\boldsymbol{\gamma}_{fi}\times\boldsymbol{R}(\overrightarrow{O'M}_i)]$ （22-8-73）	$\delta\boldsymbol{\gamma}_{fi}$——第 i 个动平台自由度方向的姿态误差向量 $\delta\boldsymbol{p}_{fi}$——第 i 个动平台自由度方向的位置误差向量 $\Delta_{f1i},\Delta_{f2i},\cdots,\Delta_{fmi}$——支链 i 自由度相关几何误差 $a_{f1i},a_{f2i},\cdots,a_{fmi}$——支链 i 自由度相关几何误差系数 δq_i——支链 i 输入误差 $\boldsymbol{\$}_{Ti}\circ\boldsymbol{\$}_{Ii}$——传递力旋量 $\boldsymbol{\$}_{Ti}$ 和输入许让运动旋量 $\boldsymbol{\$}_{Ii}$ 间的互易积 $\boldsymbol{\$}_{Ti}\circ\boldsymbol{\$}_{Oi}$——传递力旋量 $\boldsymbol{\$}_{Ti}$ 和输出许让运动旋量 $\boldsymbol{\$}_{Oi}$ 间的互易积 $\boldsymbol{\omega}_{Ofi}$——输出许让运动旋量 $\boldsymbol{\$}_{Oi}$ 的轴线方向单位矢量 h_{fi}——输出许让运动旋量 $\boldsymbol{\$}_{Oi}$ 的节距

续表

	各支链和并联机器人整体误差建模	符号说明
支链 i 自由度方向误差建模	机架 z y O x A_i r_1 q_i 主动臂 B_i r_2 虚约束 z' M_i r_3 y' x' O' G_i 动平台 $\$_{\mathrm{I}i}=(0^{\mathrm{T}};\boldsymbol{v}_{\mathrm{I}i}^{\mathrm{T}})$ $\$_{\mathrm{T}i}=(\boldsymbol{f}_i^{\mathrm{T}};\overrightarrow{OM}_i^{\mathrm{T}}\times\boldsymbol{f}_i^{\mathrm{T}})$ $\$_{\mathrm{O}i}=(\boldsymbol{\omega}_{\mathrm{O}fi}^{\mathrm{T}};\overrightarrow{OG}_i^{\mathrm{T}}\times\boldsymbol{\omega}_{\mathrm{O}fi}^{\mathrm{T}}+h_{fi}\boldsymbol{\omega}_{\mathrm{O}fi}^{\mathrm{T}})$ "锁定"除第 i 个驱动外的其他驱动时的并联机器人示意图 通过考虑支链 i 的运动/力传递特性,可求解出第 i 个动平台自由度方向的姿态和位置误差向量分别为 $$\delta\boldsymbol{\gamma}_{fi}=\frac{a_{f1i}\Delta_{f1i}+a_{f2i}\Delta_{f2i}+\cdots+a_{fmi}\Delta_{fmi}+(\$_{\mathrm{T}i}\circ\$_{\mathrm{I}i})\delta q_i}{\$_{\mathrm{T}i}\circ\$_{\mathrm{O}i}}\boldsymbol{\omega}_{\mathrm{O}fi}\quad(22\text{-}8\text{-}74)$$ $$\delta\boldsymbol{p}_{fi}=\frac{a_{f1i}\Delta_{f1i}+a_{f2i}\Delta_{f2i}+\cdots+a_{fmi}\Delta_{fmi}+(\$_{\mathrm{T}i}\circ\$_{\mathrm{I}i})\delta q_i}{\$_{\mathrm{T}i}\circ\$_{\mathrm{O}i}}\boldsymbol{v}_{\mathrm{O}fi}\quad(22\text{-}8\text{-}75)$$ 其中 $\boldsymbol{v}_{\mathrm{O}fi}=\boldsymbol{\omega}_{\mathrm{O}fi}\times\overrightarrow{G_iO'}+h_{fi}\boldsymbol{\omega}_{\mathrm{O}fi}$	$\delta\boldsymbol{\gamma}_{fi}$——第 i 个动平台自由度方向的姿态误差向量 $\delta\boldsymbol{p}_{fi}$——第 i 个动平台自由度方向的位置误差向量 $\Delta_{f1i},\Delta_{f2i},\cdots,\Delta_{fmi}$——支链 i 自由度相关几何误差 $a_{f1i},a_{f2i},\cdots,a_{fmi}$——支链 i 自由度相关几何误差系数 δq_i——支链 i 输入误差 $\$_{\mathrm{T}i}\circ\$_{\mathrm{I}i}$——传递力旋量 $\$_{\mathrm{T}i}$ 和输入许让运动旋量 $\$_{\mathrm{I}i}$ 间的互易积 $\$_{\mathrm{T}i}\circ\$_{\mathrm{O}i}$——传递力旋量 $\$_{\mathrm{T}i}$ 和输出许让运动旋量 $\$_{\mathrm{O}i}$ 间的互易积 $\boldsymbol{\omega}_{\mathrm{O}fi}$——输出许让运动旋量 $\$_{\mathrm{O}i}$ 的轴线方向单位矢量 h_{fi}——输出许让运动旋量 $\$_{\mathrm{O}i}$ 的节距
支链 j 约束方向误差建模	在少自由度并联机器人($n<6$)中,至少存在一条能提供约束的支链,并联机器人支链的约束力旋量通常为纯力或纯力矩。如图所示,假设支链 j 的约束力旋量为过点 M_j 的纯力,可建立第 j 个约束方程为 $$\boldsymbol{u}_j\cdot\overrightarrow{B_jM_j}=\boldsymbol{u}_j\cdot(\overrightarrow{OO'}+\boldsymbol{R}\cdot\overrightarrow{O'M}_j-\boldsymbol{OA}_j-\overrightarrow{A_jB}_j)=0\quad(22\text{-}8\text{-}76)$$ 锁定所有驱动且"释放"第 j 个约束,对式(22-8-76)进行一阶摄动,并用 $\boldsymbol{\Delta}_{cj}=[\Delta_{c1j},\Delta_{c2j},\cdots,\Delta_{ckj}]$ 表示式中的误差源向量,可得第 j 个约束摄动方程为 $$a_{c1j}\Delta_{c1j}+a_{c2j}\Delta_{c2j}+\cdots+a_{ckj}\Delta_{ckj}=\boldsymbol{u}_j\cdot\delta\boldsymbol{p}_{cj}+\boldsymbol{u}_j\cdot[\delta\boldsymbol{\gamma}_{cj}\times\boldsymbol{R}(\overrightarrow{O'M}_j)]\quad(22\text{-}8\text{-}77)$$ 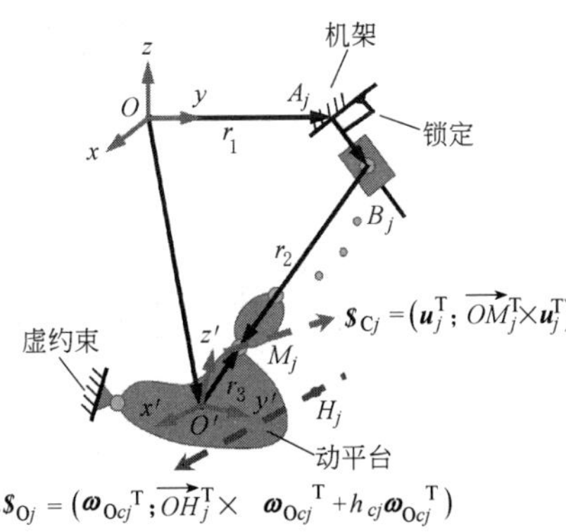 锁定所有驱动并"释放"第 j 个约束时的并联机器人示意图 通过考虑支链 j 的运动/力约束特性,可求解出第 j 个动平台约束方向的姿态和位置误差向量分别为 $$\delta\boldsymbol{\gamma}_{cj}=\frac{a_{c1j}\Delta_{c1j}+a_{c2j}\Delta_{c2j}+\cdots+a_{ckj}\Delta_{ckj}}{\$_{\mathrm{C}j}\circ\Delta\$_{\mathrm{O}j}}\boldsymbol{\omega}_{\mathrm{O}cj}\quad(22\text{-}8\text{-}78)$$ $$\delta\boldsymbol{p}_{cj}=\frac{a_{c1j}\Delta_{c1j}+a_{c2j}\Delta_{c2j}+\cdots+a_{ckj}\Delta_{ckj}}{\$_{\mathrm{C}j}\circ\Delta\$_{\mathrm{O}j}}\boldsymbol{v}_{\mathrm{O}cj}\quad(22\text{-}8\text{-}79)$$ 其中 $\boldsymbol{v}_{\mathrm{O}cj}=\boldsymbol{\omega}_{\mathrm{O}cj}\times\overrightarrow{H_jO'}+h_{cj}\boldsymbol{\omega}_{\mathrm{O}cj}$	$\delta\boldsymbol{\gamma}_{cj}$——第 j 个动平台约束方向的姿态误差向量 $\delta\boldsymbol{p}_{cj}$——第 j 个动平台约束方向的位置误差向量 $\Delta_{c1j},\Delta_{c2j},\cdots,\Delta_{ckj}$——支链 j 约束相关几何误差 $a_{c1j},a_{c2j},\cdots,a_{ckj}$——支链 j 约束相关几何误差系数 $\$_{\mathrm{C}j}\circ\Delta\$_{\mathrm{O}j}$——约束力旋量 $\$_{\mathrm{C}j}$ 和输出受限运动旋量 $\Delta\$_{\mathrm{O}j}$ 间的互易积 $\boldsymbol{\omega}_{\mathrm{O}cj}$——输出受限运动旋量 $\Delta\$_{\mathrm{O}j}$ 的轴线方向单位矢量 h_{cj}——输出受限运动旋量 $\Delta\$_{\mathrm{O}j}$ 的节距

续表

<table>
<tr><th colspan="2">各支链和并联机器人整体误差建模</th><th>符号说明</th></tr>
<tr><td>并联机器人整体误差建模</td><td>对于六自由度并联机器人($n=6$),将 n 个动平台自由度方向的位姿误差向量进行矢量求和,可得机器人整体的姿态和位置误差向量分别为
$$\delta\boldsymbol{\gamma}=\sum_{i=1}^{n}\delta\boldsymbol{\gamma}_{fi} \tag{22-8-80}$$
$$\delta\boldsymbol{p}=\sum_{i=1}^{n}\delta\boldsymbol{p}_{fi} \tag{22-8-81}$$
对于少自由度并联机器人($n<6$),将 n 个动平台自由度方向的位姿误差向量与 $6-n$ 个动平台约束方向的位姿误差向量进行矢量求和,可得机器人整体的姿态和位置误差向量分别为
$$\delta\boldsymbol{\gamma}=\sum_{i=1}^{n}\delta\boldsymbol{\gamma}_{fi}+\sum_{j=1}^{6-n}\delta\boldsymbol{\gamma}_{cj} \tag{22-8-82}$$
$$\delta\boldsymbol{p}=\sum_{i=1}^{n}\delta\boldsymbol{p}_{fi}+\sum_{j=1}^{6-n}\delta\boldsymbol{p}_{cj} \tag{22-8-83}$$</td><td>$\delta\boldsymbol{\gamma}$——$n$ 自由度并联机器人的姿态误差向量
$\delta\boldsymbol{p}$——n 自由度并联机器人的位置误差向量</td></tr>
</table>

(2) 基于误差模型的空间混合自由度并联机器人误差评价

根据所建立的考虑运动/力传递与约束特性的并联机器人误差模型，基于独立误差源假设和最差工况原则，可定义空间混合自由度并联机器人误差评价指标。

假设机器人零部件制造过程中各几何误差源均服从均值为0的正态分布，且各误差源相互独立。若已知各误差源的标准差（由各零部件制造公差以及 3σ 准则求得)，可根据独立变量的方差求和性质和 3σ 准则求得机器人末端 x、y、z 方向的姿态和位置误差最大值，将三个方向误差的矢量求和结果定义为机器人的局部姿态误差指标（LOEI）和局部位置误差指标（LPEI)，LOEI 和 LPEI 的计算表达式如下：

$$\text{LOEI}=\delta\gamma_{\max}=\sqrt{\delta\gamma_{x\max}^2+\delta\gamma_{y\max}^2+\delta\gamma_{z\max}^2}=\sqrt{(3\sigma_{\gamma_x})^2+(3\sigma_{\gamma_y})^2+(3\sigma_{\gamma_z})^2}=3\sqrt{D(\delta\gamma_x)+D(\delta\gamma_y)+D(\delta\gamma_z)} \tag{22-8-84}$$

$$\text{LPEI}=\delta p_{\max}=\sqrt{\delta x_{\max}^2+\delta y_{\max}^2+\delta z_{\max}^2}=\sqrt{(3\sigma_x)^2+(3\sigma_y)^2+(3\sigma_z)^2}=3\sqrt{D(\delta x)+D(\delta y)+D(\delta z)} \tag{22-8-85}$$

其中

$$\begin{aligned}D(\delta\gamma_x)&=D\left[\sum_{i=1}^{n}\frac{\sum_{s=1}^{m}a_{fsi}\Delta_{fsi}+(\$_{\mathrm{T}i}\circ\$_{\mathrm{I}i})\delta q_i}{\$_{\mathrm{T}i}\circ\$_{\mathrm{O}i}}\omega_{\mathrm{O}fix}+\sum_{j=1}^{6-n}\frac{\sum_{t=1}^{k}a_{ctj}\Delta_{ctj}}{\$_{\mathrm{C}j}\circ\Delta\$_{\mathrm{O}j}}\omega_{\mathrm{O}cjx}\right]\\&=\sum_{i=1}^{n}\left\{\sum_{s=1}^{m}\left(\frac{\omega_{\mathrm{O}fix}a_{fsi}}{\$_{\mathrm{T}i}\circ\$_{\mathrm{O}i}}\right)^2\sigma^2(\Delta_{fsi})+\left[\frac{\omega_{\mathrm{O}fix}(\$_{\mathrm{T}i}\circ\$_{\mathrm{I}i})}{\$_{\mathrm{T}i}\circ\$_{\mathrm{O}i}}\right]^2\sigma^2(\delta q_i)\right\}\\&\quad+\sum_{j=1}^{6-n}\sum_{t=1}^{k}\left(\frac{\omega_{\mathrm{O}cjx}a_{ctj}}{\$_{\mathrm{C}j}\circ\Delta\$_{\mathrm{O}j}}\right)^2\sigma^2(\Delta_{ctj})\end{aligned} \tag{22-8-86}$$

$$\begin{aligned}D(\delta x)&=D\left[\sum_{i=1}^{n}\frac{\sum_{s=1}^{m}a_{fsi}\Delta_{fsi}+(\$_{\mathrm{T}i}\circ\$_{\mathrm{I}i})\delta q_i}{\$_{\mathrm{T}i}\circ\$_{\mathrm{O}i}}v_{\mathrm{O}fix}+\sum_{j=1}^{6-n}\frac{\sum_{t=1}^{k}a_{ctj}\Delta_{ctj}}{\$_{\mathrm{C}j}\circ\Delta\$_{\mathrm{O}j}}v_{\mathrm{O}cjx}\right]\\&=\sum_{i=1}^{n}\left\{\sum_{s=1}^{m}\left(\frac{v_{\mathrm{O}fix}a_{fsi}}{\$_{\mathrm{T}i}\circ\$_{\mathrm{O}i}}\right)^2\sigma^2(\Delta_{fsi})+\left[\frac{v_{\mathrm{O}fix}(\$_{\mathrm{T}i}\circ\$_{\mathrm{I}i})}{\$_{\mathrm{T}i}\circ\$_{\mathrm{O}i}}\right]^2\sigma^2(\delta q_i)\right\}\\&\quad+\sum_{j=1}^{6-n}\sum_{t=1}^{k}\left(\frac{v_{\mathrm{O}cjx}a_{ctj}}{\$_{\mathrm{C}j}\circ\Delta\$_{\mathrm{O}j}}\right)^2\sigma^2(\Delta_{ctj})\end{aligned} \tag{22-8-87}$$

$D(\delta\gamma_y)$ 和 $D(\delta\gamma_z)$ 的表达式与 $D(\delta\gamma_x)$ 类似，$D(\delta y)$ 和 $D(\delta z)$ 的表达式与 $D(\delta x)$ 类似。式（22-8-86)

和式（22-8-87）中各几何误差源标准差的值，即 $\sigma(\Delta_{fsi})$、$\sigma(\delta q_i)$ 和 $\sigma(\Delta_{ctj})$，取决于加工过程中的零部件制造公差，通常可根据设计要求进行调整。LOEI 和 LPEI 表示给定并联机器人各零部件制造公差时的机器人末端理论姿态和位置误差最大值。LOEI 和 LPEI 越小，表明机器人的理论精度越高。基于最差工况原则，将 LOEI 和 LPEI 在机器人工作空间内的最大值定义为全局姿态误差指标（GOEI）和全局位置误差指标（GPEI），以评价并联机器人的全局理论精度。

（3）典型案例

应用案例 1：6-PUS 并联机器人。

6-PUS 并联机器人机构可以实现空间三维移动和三维转动，是一款典型的六自由度并联机器人机构。采用误差建模方法建立的 6-PUS 并联机器人误差模型如表 22-8-21 所示。

表 22-8-21　　6-PUS 并联机器人误差模型

<table>
<tr><th>误差模型</th><th>符号说明</th></tr>
<tr><td>
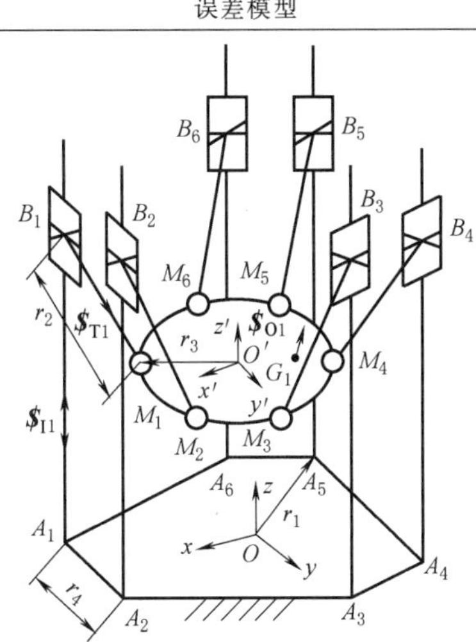

6-PUS 并联机器人的机构简图

由 6-PUS 并联机器人的机构简图可知，机器人中的 6 条支链均由移动副驱动，各支链的传递力旋量均为沿 B_iM_i 方向的纯力，且各支链均不提供约束。将机构简图中支链 i 的自由度相关几何误差源 $\delta\overrightarrow{OA_i}$、$\boldsymbol{\theta}_{A_i}$、$\delta r_{2i}$、$\delta\overrightarrow{O'M_i}$ 和 δq_i 代入表 22-8-20 中的支链 i 自由度方向误差模型中，可得 6-PUS 并联机器人的第 i 个动平台自由度方向位姿误差向量为

$$\delta\boldsymbol{\gamma}_{fi}=\frac{\boldsymbol{f}_i\cdot\delta\overrightarrow{OA_i}+\boldsymbol{f}_i\cdot(\boldsymbol{\theta}_{A_i}\times\overrightarrow{A_iB_i})+\delta r_{2i}-\boldsymbol{f}_i\cdot[\boldsymbol{R}(\delta\overrightarrow{O'M_i})]+(\$_{Ti}\circ\$_{Ii})\delta q_i}{\$_{Ti}\circ\$_{Oi}}\boldsymbol{\omega}_{Ofi} \tag{22-8-88}$$

$$\delta\boldsymbol{p}_{fi}=\frac{\boldsymbol{f}_i\cdot\delta\overrightarrow{OA_i}+\boldsymbol{f}_i\cdot(\boldsymbol{\theta}_{A_i}\times\overrightarrow{A_iB_i})+\delta r_{2i}-\boldsymbol{f}_i\cdot[\boldsymbol{R}(\delta\overrightarrow{O'M_i})]+(\$_{Ti}\circ\$_{Ii})\delta q_i}{\$_{Ti}\circ\$_{Oi}}\boldsymbol{v}_{Ofi} \tag{22-8-89}$$

将 6 个动平台自由度方向的位姿误差向量进行矢量求和，可得 6-PUS 并联机器人的动平台位姿误差向量为

$$\delta\boldsymbol{\gamma}=\sum_{i=1}^{6}\delta\boldsymbol{\gamma}_{fi},\ \delta\boldsymbol{p}=\sum_{i=1}^{6}\delta\boldsymbol{p}_{fi} \tag{22-8-90}$$
</td><td>
$\delta\overrightarrow{OA_i}$——全局坐标系 O-xyz 下点 A_i 的位置误差向量
$\boldsymbol{\theta}_{A_i}$——$\boldsymbol{l}_{A_iB_i}$ 的姿态误差向量
δr_{2i}——点 B_i 与点 M_i 间距离的误差
$\delta O'M_i$——动坐标系 O'-$x'y'z'$ 下点 M_i 的位置误差向量
</td></tr>
</table>

基于局部姿态误差指标 LOEI 和局部位置误差指标 LPEI，开展 6-PUS 并联机器人误差评价。绘制了给定尺度参数和初始姿态下机器人在 $z=100$mm 平面的 LOEI 和 LPEI 分布，如图 22-8-7 所示，由图可知，当机器人处于初始姿态时，LOEI 和 LPEI 在 x-y 平面内关于机构简图中的 A_1A_2、A_3A_4、A_5A_6 呈对称分布，此外，机器人在工作空间内越接近输出传递奇异位形，其局部位姿误差指标越大。

应用案例 2：3-PRS 并联机器人。

3-PRS 并联机器人机构具有一维移动自由度和二维转动自由度，是一款典型的移转耦合的空间少自由度并联机器人机构，它是并联主轴头 Sprint Z3 的拓扑结构。采用误差建模方法建立的 3-PRS 并联机器人误差模型如表 22-8-22 所示。

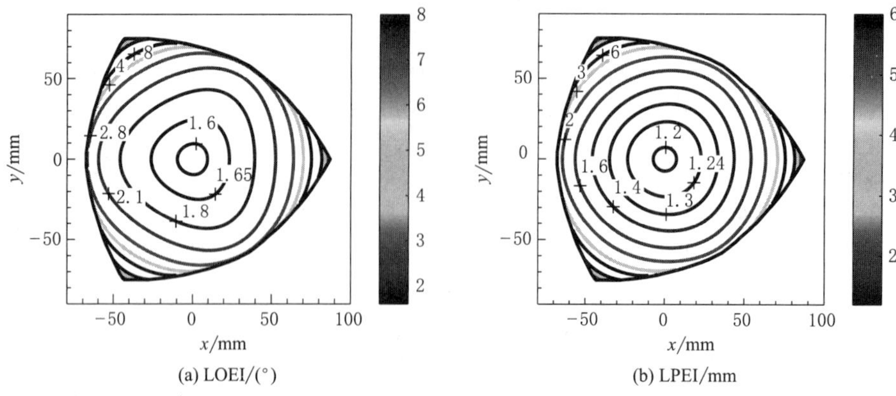

(a) LOEI/(°) (b) LPEI/mm

图 22-8-7 当 $r_1=150\text{mm}$，$r_2=180\text{mm}$，$r_3=40\text{mm}$，$r_4=75\text{mm}$，$\varphi=\theta=\sigma=0°$时，3-PRS 并联机器人在 $z=100\text{mm}$ 平面的局部位姿误差指标分布

表 22-8-22　　3-PRS 并联机器人误差模型

误差模型	符号说明
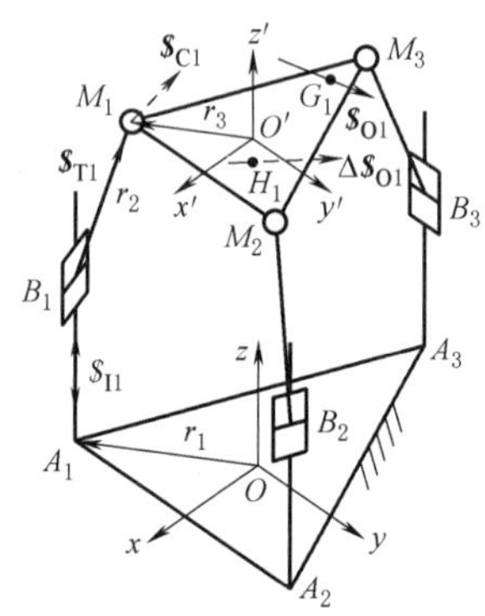 3-PRS 并联机器人的机构简图 由 3-PRS 并联机器人的机构简图可知，机器人中 3 条支链的主动副均为移动副，且传递力旋量均为沿 B_iM_i 方向的纯力，约束力旋量均为过球铰中心点 M_i 且垂直于约束平面 Π_i（即过点 O、点 A_i 和点 B_i 的平面）的纯力。将机构简图中支链 i 的自由度相关几何误差源 $\delta\overrightarrow{OA_i}$、$\boldsymbol{\theta}_{A_i}$、$\delta r_{2i}$、$\delta\overrightarrow{O'M_i}$ 和 δq_i 代入表 22-8-20 中的支链 i 自由度方向误差模型中，可得 3-PRS 并联机器人的第 i 个动平台自由度方向位姿误差向量为 $$\delta\boldsymbol{\gamma}_{fi}=\frac{\boldsymbol{f}_i\cdot\delta\overrightarrow{OA_i}+\boldsymbol{f}_i\cdot(\boldsymbol{\theta}_{A_i}\times\overrightarrow{A_iB_i})+\delta r_{2i}-\boldsymbol{f}_i\cdot[\boldsymbol{R}(\delta\overrightarrow{O'M_i})]+(\$_{\mathrm{T}i}\circ\$_{\mathrm{I}i})\delta q_i}{\$_{\mathrm{T}i}\circ\$_{\mathrm{O}i}}\boldsymbol{\omega}_{\mathrm{O}fi}\qquad(22\text{-}8\text{-}91)$$ $$\delta\boldsymbol{p}_{fi}=\frac{\boldsymbol{f}_i\cdot\delta\overrightarrow{OA_i}+\boldsymbol{f}_i\cdot(\boldsymbol{\theta}_{A_i}\times\overrightarrow{A_iB_i})+\delta r_{2i}-\boldsymbol{f}_i\cdot[\boldsymbol{R}(\delta\overrightarrow{O'M_i})]+(\$_{\mathrm{T}i}\circ\$_{\mathrm{I}i})\delta q_i}{\$_{\mathrm{T}i}\circ\$_{\mathrm{O}i}}\boldsymbol{v}_{\mathrm{O}fi}\qquad(22\text{-}8\text{-}92)$$ 将机构简图中支链 j 的约束相关几何误差源 $\delta\overrightarrow{OA_j}$、$\boldsymbol{\theta}_{A_j}$、$\delta\overrightarrow{O'M_j}$ 和 $\boldsymbol{\theta}_{B_j}$ 代入表 22-8-20 中的支链 j 约束方向误差模型中，可得 3-PRS 并联机器人的第 j 个动平台约束方向位姿误差向量为 $$\delta\boldsymbol{\gamma}_{cj}=\frac{\boldsymbol{u}_j\cdot[\delta\overrightarrow{OA_j}+\boldsymbol{R}_j\boldsymbol{\theta}_{A_j}\times\overrightarrow{A_jB_j}-\boldsymbol{R}(\delta\overrightarrow{O'M_j})]-r_2\boldsymbol{f}_j\cdot[\boldsymbol{R}_j(\boldsymbol{\theta}_{A_j}\times\boldsymbol{e}_1+\boldsymbol{\theta}_{B_j}\times\boldsymbol{e}_1)]}{\$_{\mathrm{C}j}\circ\Delta\$_{\mathrm{O}j}}\boldsymbol{\omega}_{\mathrm{O}cj}\qquad(22\text{-}8\text{-}93)$$ $$\delta\boldsymbol{p}_{cj}=\frac{\boldsymbol{u}_j\cdot[\delta\overrightarrow{OA_j}+\boldsymbol{R}_j\boldsymbol{\theta}_{A_j}\times\overrightarrow{A_jB_j}-\boldsymbol{R}(\delta\overrightarrow{O'M_j})]-r_2\boldsymbol{f}_j\cdot[\boldsymbol{R}_j(\boldsymbol{\theta}_{A_j}\times\boldsymbol{e}_1+\boldsymbol{\theta}_{B_j}\times\boldsymbol{e}_1)]}{\$_{\mathrm{C}j}\circ\Delta\$_{\mathrm{O}j}}\boldsymbol{v}_{\mathrm{O}cj}\qquad(22\text{-}8\text{-}94)$$ 其中，$\boldsymbol{u}_j=\boldsymbol{R}_j\boldsymbol{R}_{A_j}\boldsymbol{R}_{B_j}\boldsymbol{e}_1$，$\boldsymbol{R}_j=\mathrm{Rot}\left(z,\frac{2\pi}{3}j-\frac{\pi}{2}\right)$，$\boldsymbol{e}_1=[1,0,0]^{\mathrm{T}}$ 将 3 个动平台自由度方向的位姿误差向量和 3 个动平台约束方向的位姿误差向量进行矢量求并，可得 3-PRS 并联机器人的动平台位姿误差向量为 $$\delta\boldsymbol{\gamma}=\sum_{i=1}^{3}\delta\boldsymbol{\gamma}_{fi}+\sum_{j=1}^{3}\delta\boldsymbol{\gamma}_{cj},\delta\boldsymbol{p}=\sum_{i=1}^{3}\delta\boldsymbol{p}_{fi}+\sum_{j=1}^{3}\delta\boldsymbol{p}_{cj}\qquad(22\text{-}8\text{-}95)$$	$\delta\overrightarrow{OA_j}$——全局坐标系 $O\text{-}xyz$ 下点 A_j 的位置误差向量 $\delta\overrightarrow{O'M_j}$——动坐标系 $O'\text{-}x'y'z'$ 下点 M_j 的位置误差向量 $\boldsymbol{R}_j$——过渡坐标系，即支链 j 局部坐标系相对于全局坐标系 $O\text{-}xyz$ 的旋转矩阵 $\boldsymbol{R}_{A_j}$——点 A_j 处局部坐标系相对于过渡坐标系的旋转矩阵 $\boldsymbol{R}_{B_j}$——点 B_j 处局部坐标系相对于点 A_j 处局部坐标系的旋转矩阵 $\boldsymbol{\theta}_{A_j}$——$\boldsymbol{R}_{A_j}$ 的姿态误差向量 $\boldsymbol{\theta}_{B_j}$——$\boldsymbol{R}_{B_j}$ 的姿态误差向量

基于局部姿态误差指标 LOEI 和局部位置误差指标 LPEI，开展 3-PRS 并联机器人误差评价。绘制了在给定尺度参数下，$z=100$mm 时机器人在姿态工作空间$-180°\leqslant\varphi\leqslant180°$，$0°\leqslant\theta\leqslant90°$内的 LOEI 和 LPEI 分布，如图 22-8-8 所示，由图可知，LOEI 和 LPEI 在机器人姿态工作空间内关于三条支链呈对称分布，此外，机器人在工作空间内越接近输出传递奇异位形，其局部位姿误差指标越大。

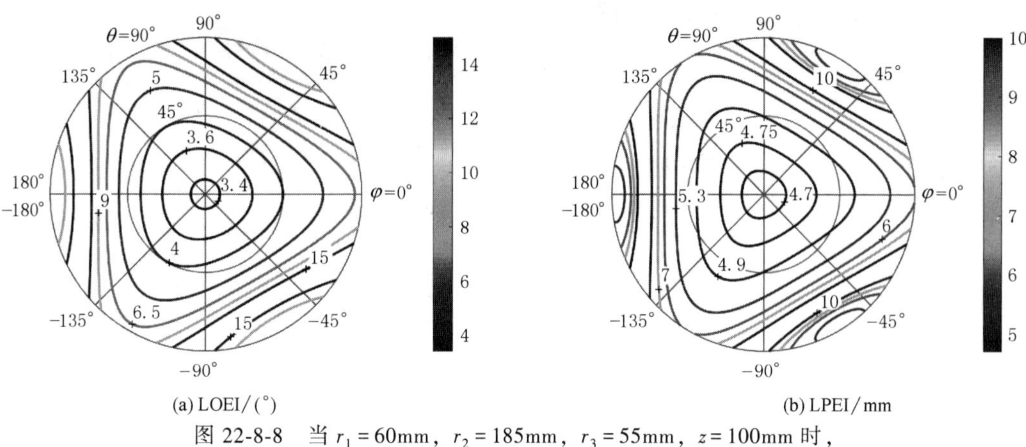

(a) LOEI/(°)　　(b) LPEI/mm

图 22-8-8　当 $r_1=60$mm，$r_2=185$mm，$r_3=55$mm，$z=100$mm 时，3-PRS 并联机器人在姿态工作空间内的局部位姿误差指标分布

应用案例 3：五自由度并联加工机器人 DiaRoM。

五自由度并联加工机器人 DiaRoM 采用“4-UCU&UCR”构型，通过 5 个电动滚珠丝杠驱动末端动平台实现三维空间中的高效定位以及灵活姿态调整。采用误差建模方法建立的五自由度并联加工机器人 DiaRoM 误差模型如表 22-8-23 所示。

表 22-8-23　　五自由度并联加工机器人 DiaRoM 误差模型

误差模型	符号说明
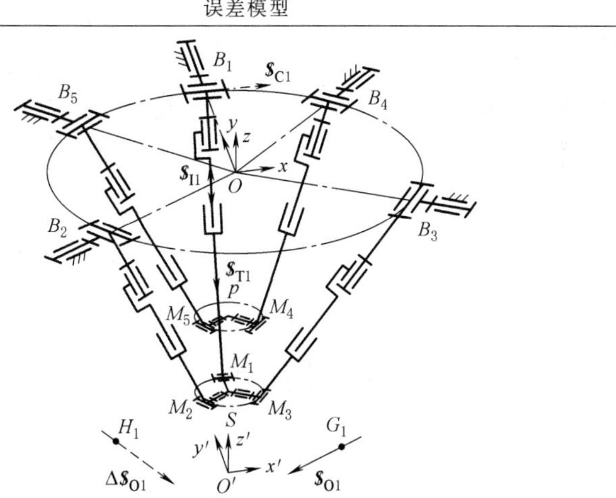 五自由度并联加工机器人 DiaRoM 的机构简图 由 DiaRoM 机器人的机构简图可知，机器人具有 5 条主动副为移动副的支链，各支链的传递力旋量为沿 B_iM_i 方向的纯力，其中支链 1 提供约束力旋量，为过点 B_1 处的虎克铰中心且平行于点 M_1 处的转动副轴线的纯力。将机构简图中支链 i 的自由度相关几何误差源 $\delta\overrightarrow{OB_i}$、$\delta\overrightarrow{O'M_i}$ 和 δq_i 代入表 22-8-20 中的支链 i 自由度方向误差模型中，可得 DiaRoM 机器人的第 i 个动平台自由度方向位姿误差向量为 $\delta\boldsymbol{\gamma}_{fi}=\dfrac{\boldsymbol{f}_i\cdot\delta\overrightarrow{OB_i}-\boldsymbol{f}_i\cdot[\boldsymbol{R}(\delta\overrightarrow{O'M_i})]+(\$_{Ti}\circ\$_{Ii})\delta q_i}{\$_{Ti}\circ\$_{Oi}}\boldsymbol{\omega}_{Ofi}$　　(22-8-96) $\delta\boldsymbol{p}_{fi}=\dfrac{\boldsymbol{f}_i\cdot\delta\overrightarrow{OB_i}-\boldsymbol{f}_i\cdot[\boldsymbol{R}(\delta\overrightarrow{O'M_i})]+(\$_{Ti}\circ\$_{Ii})\delta q_i}{\$_{Ti}\circ\$_{Oi}}\boldsymbol{v}_{Ofi}$　　(22-8-97)	$\delta\overrightarrow{OB_i}$——全局坐标系 O-xyz 下点 B_i 的位置误差向量 $\boldsymbol{R}_{M_1}$——点 M_1 处局部坐标系相对于动坐标系 O'-$x'y'z'$的旋转矩阵 $\boldsymbol{\theta}_{M_1}$——$\boldsymbol{R}_{M_1}$ 的姿态误差向量

续表

<table>
<tr><th>误差模型</th><th>符号说明</th></tr>
<tr><td>
由机构简图可知，支链 1 的约束力旋量 $\$_{C1}$ 与表 22-8-20 中过点 M_1 的纯力不同，其为过点 B_1 的纯力，即 $\$_{C1}=(\boldsymbol{u}_1^{T};\overrightarrow{OB}_1^{T}\times\boldsymbol{u}_1^{T})$，可建立支链 1 的约束方程为

$$\boldsymbol{u}_1\cdot\overrightarrow{B_1M_1}=(\boldsymbol{R}\boldsymbol{R}_{M_1}\boldsymbol{e}_1)\cdot[\overrightarrow{OO'}+\boldsymbol{R}(\overrightarrow{O'M_1})-\overrightarrow{OB_1}]=0 \tag{22-8-98}$$

经过推导和验证，支链 1 的约束方向误差模型表达式仍符合表 22-8-20 中的误差建模结果。将机构简图中支链 1 的约束相关几何误差源代入该支链的约束方向误差模型中，可得 DiaRoM 机器人的动平台约束方向位姿误差向量为

$$\delta\boldsymbol{\gamma}_{c1}=\frac{\boldsymbol{u}_1\cdot\delta\overrightarrow{OB_1}-\boldsymbol{u}_1\cdot[\boldsymbol{R}(\delta\overrightarrow{O'M_1})]-\overrightarrow{B_1M_1}\cdot[\boldsymbol{R}(\boldsymbol{\theta}_{M_1}\times\boldsymbol{e}_1)]}{\$_{C1}\circ\Delta\$_{O1}}\boldsymbol{\omega}_{Oc1} \tag{22-8-99}$$

$$\delta\boldsymbol{p}_{c1}=\frac{\boldsymbol{u}_1\cdot\delta\overrightarrow{OB_1}-\boldsymbol{u}_1\cdot[\boldsymbol{R}(\delta\overrightarrow{O'M_1})]-\overrightarrow{B_1M_1}\cdot[\boldsymbol{R}(\boldsymbol{\theta}_{M_1}\times\boldsymbol{e}_1)]}{\$_{C1}\circ\Delta\$_{O1}}\boldsymbol{v}_{Oc1} \tag{22-9-100}$$

将 5 个动平台自由度方向的位姿误差向量和 1 个动平台约束方向的位姿误差向量进行矢量求并，可得 DiaRoM 机器人的动平台位姿误差向量为

$$\delta\boldsymbol{\gamma}=\sum_{i=1}^{5}\delta\boldsymbol{\gamma}_{fi}+\delta\boldsymbol{\gamma}_{c1},\delta\boldsymbol{p}=\sum_{i=1}^{5}\delta\boldsymbol{p}_{fi}+\delta\boldsymbol{p}_{c1} \tag{22-8-101}$$
</td><td>
$\delta\overrightarrow{OB_i}$——全局坐标系 O-xyz 下点 B_i 的位置误差向量
$\boldsymbol{R}_{M_1}$——点 M_1 处局部坐标系相对于动坐标系 O'-$x'y'z'$的旋转矩阵
$\boldsymbol{\theta}_{M_1}$——$\boldsymbol{R}_{M_1}$ 的姿态误差向量
</td></tr>
</table>

基于局部姿态误差指标 LOEI 和局部位置误差指标 LPEI，开展五自由度并联加工机器人 DiaRoM 误差评价。绘制了给定尺度参数下 LOEI 和 LPEI 在机器人位置工作空间（$-150\text{mm}\leqslant x\leqslant 150\text{mm}$，$-150\text{mm}\leqslant y\leqslant 150\text{mm}$，$-900\text{mm}\leqslant z\leqslant -700\text{mm}$）内的分布如图 22-8-9 所示，其中 LOEI 和 LPEI 均为遍历姿态工作空间（$0°\leqslant\varphi\leqslant 360°$，$0°\leqslant\theta\leqslant 20°$）后的最大值。由图可知，LOEI 和 LPEI 在位置工作空间内随 z 值的增大而减小，且在 x-y 平面内关于$x=0$ 对称分布，此外，机器人在工作空间内越接近输出传递奇异位形，其局部位姿误差指标越大。

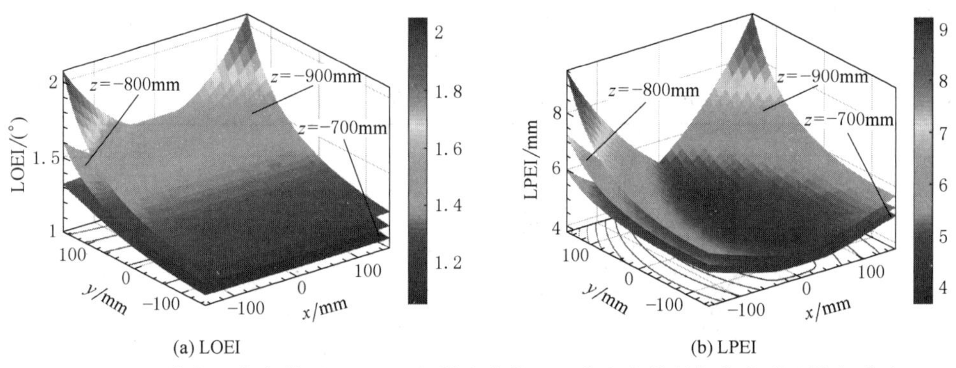

图 22-8-9　给定尺度参数下 DiaRoM 机器人在位置工作空间的局部位姿误差指标分布

3　机器人机构尺度优化设计

3.1　机器人机构参数设计空间

每个并联机构有多个特征参数，每个特征参数可以是从零到正无穷之间的任意数值，机构的性能评价指标会随着参数的变化而变化。为了使并联机构能够执行既定任务，必须对其尺寸参数进行优化设计，选出合理的尺寸参数。假设一个机构有 n 个特征参数，用 $L_i(1\leqslant i\leqslant n)$ 表示，那么这 n 个参数与机构的运动学、动力学相关，故机构的工作空间、动态性能和其他性能评价指标也与这 n 个参数密切相关。机构优化设计就是根据给定任务与需要机构表现出的性能来选取参数设计空间。

3.1.1　机器人机构参数设计空间的定义

假设一个机构有 n 个特征参数，用 L_i（$i=1$，2，…，n）表示。令

$$D = \sum_{i=1}^{n} L_i / d \tag{22-8-102}$$

式中，d 可以是任意正数。此处 D 是机构的无量纲化因子，从而可以将 n 个特征参数表示为

$$l_i = L_i / D \tag{22-8-103}$$

因此

$$\sum_{i=1}^{n} l_i = d \tag{22-8-104}$$

该公式不仅将参数数量从 n 减少到 $n-1$，而且给每一个参数增加了一个限制范围约束，即

$$l_n = d - \sum_{i=1}^{n-1} l_i \tag{22-8-105}$$

和

$$0 \leqslant l_i \leqslant d \tag{22-8-106}$$

需要注意的是，在实际情况中还会有其他参数约束条件。式（22-8-103）、式（22-8-106）和实际情况中的其他约束条件共同定义了一个 $n-1$ 维的参数设计空间。

3.1.2　不同特征参数数量的参数空间

表 22-8-24　　不同特征参数数量的参数设计空间举例

特征参数数量	案例	参数设计空间	说明
$n=1$	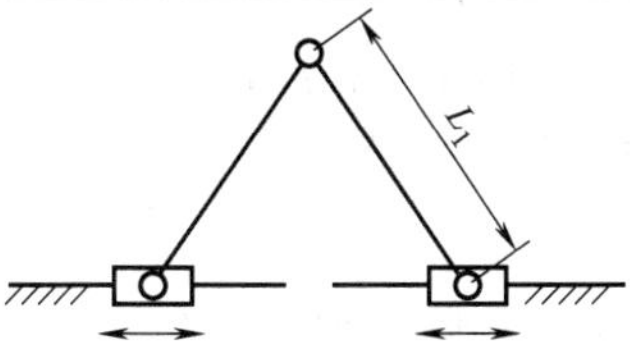 PRRRP 机构	$l_1=1$ PRRRP 机构的参数设计空间	PRRRP 机构只有一个特征参数 L_1，无量纲化参数 $l_1=1$，此时参数设计空间为一个点
$n=2$	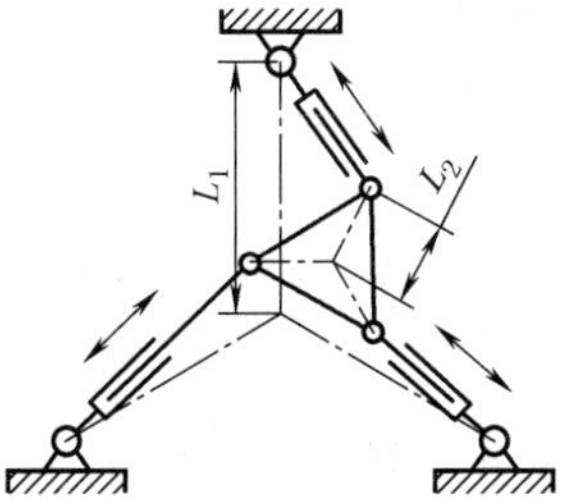 3-RPR 机构	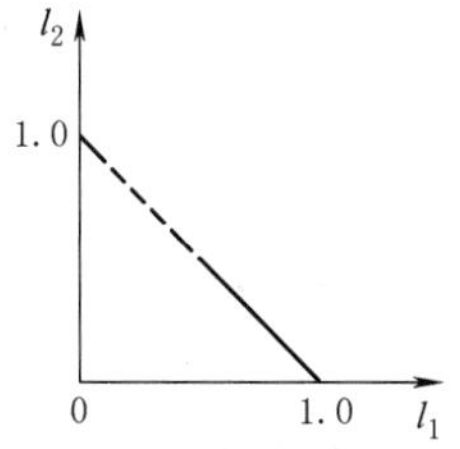 3-RPR 机构的参数设计空间	3-RPR 机构有两个特征参数 L_1 和 L_2。若选取无量纲因子 $D=L_1+L_2$，此时 $l_1+l_2=1$，并且有 $l_1>l_2$，参数设计空间为一条线段
$n=3$	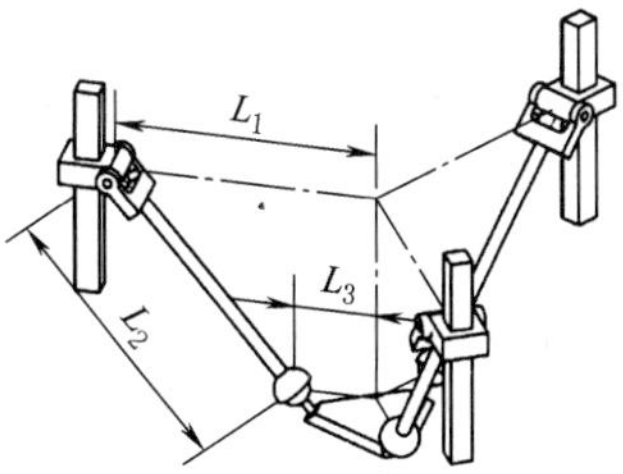 3-PRS 机构	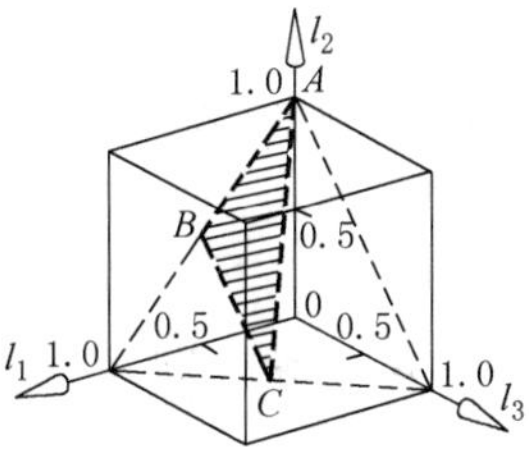 3-PRS 机构的参数设计空间	3-PRS 机构有三个特征参数 L_1、L_2 和 L_3。若选取无量纲因子 $D=L_1+L_2+L_3$，此时 $l_1+l_2+l_3=1$，并且有 $l_2 \geqslant \lvert l_1-l_3 \rvert$ 和 $l_1>l_3$，参数设计空间为一个封闭的平面空间
$n=4$	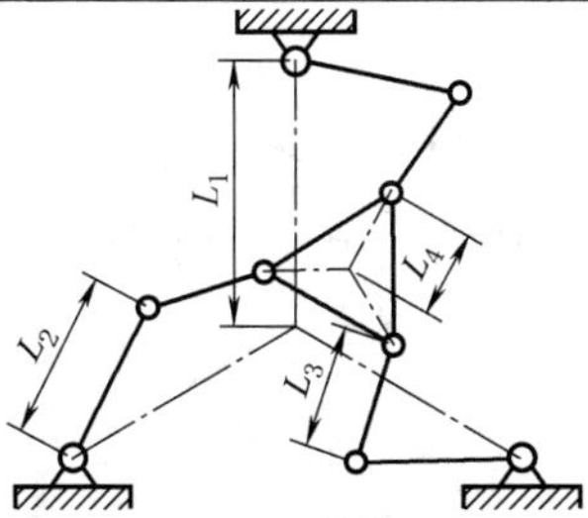 3-RRR 机构	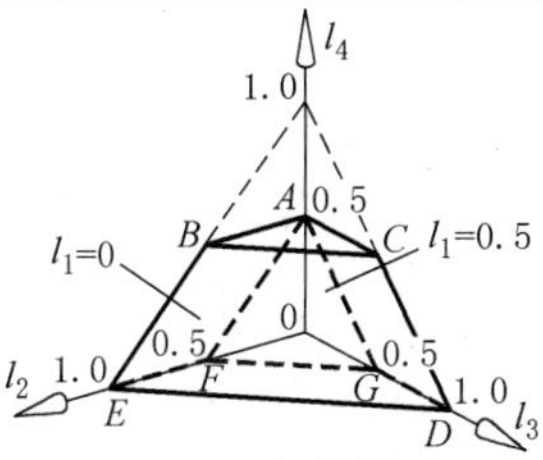 3-RRR 机构的参数设计空间	3-RRR 机构有四个特征参数 L_1、L_2、L_3 和 L_4。若选取无量纲因子 $D=L_1+L_2+L_3+L_4$，此时 $l_1+l_2+l_3+l_4=1$，并且有 $l_2+l_3+l_4 \geqslant l_1$ ($l_1 \leqslant 0.5$) 以及 $l_1+l_2+l_3 \geqslant l_4$ ($l_4 \leqslant 0.5$)，参数设计空间为一个封闭的多面体空间

大多数 k 自由度并联机构包括 k 条支链，每条支链由三个关节和两个连杆组成。对于并联机构，如 Delta 机构、Tsai 机构、星型机构、CaPaMan 机构、HALF 机构等，其支链包含简单机构，每个简单机构包括一个特征连杆和一个运动副，此外并联机构通常具有运动学对称性，这意味着每个支链上的特征参数都相同，因此全并联机构的特征参数一般不会超过 4。

当并联机构不是运动学对称机构，此时特征参数的数量可能会超过 5。例如二自由度 5R 非对称并联机构有 5 个特征参数，3-RRR 非对称并联机构的特征参数可以达到 12 个。无论有多少个特征参数，采用无量纲化方法可以将特征参数的数量从 n 减小到 $n-1$，并且 $n-1$ 个无量纲特征参数是有界的。但是，由于参数维度大于 4，故参数设计空间不能在三维空间中表示出来。

3.2 并联机器人运动/力传递特性、优质工作空间与机构尺度关系

以三自由度姿态精调并联机构（3-SPS-1-S）的尺度优化过程为例，介绍并联机器人运动/力传递特性与机构尺度关系，见表 22-8-25。

表 22-8-25　　3-SPS-1-S 机构的尺度优化过程

<table>
<tr><td>3-SPS-1-S 机构示意图</td><td>参数说明</td></tr>
<tr><td>(a) 3D模型　　(b) 机构示意图</td><td>A_i 和 $B_i(i=1,2,3)$ 分别表示与定、动平台相连的球铰的中心点，定平台 $A_1A_2A_3$ 和动平台 $B_1B_2B_3$ 均为正三角形。将被动球铰中心点 O 的轴线称作机构的转动中心。在该转动中心点 O 建立分别与定、动平台固结的定坐标系 $O\text{-}xyz$ 和动坐标系 $O\text{-}x'y'z'$。z' 轴经过动平台的几何中心且与动平台平面 $B_1B_2B_3$ 垂直，两个球铰的中心 A_1 和 B_1 分别位于平面 $O\text{-}xz$ 和平面 $O\text{-}x'z'$ 内。r_1 和 r_2 分别表示定、动平台的外接圆半径，h_1 和 h_2 分别表示转动中心 O 到平面 $A_1A_2A_3$ 和 $B_1B_2B_3$ 的距离</td></tr>
<tr><td>步骤</td><td>公式与说明</td></tr>
<tr><td>建立参数设计空间</td><td>机构中需要被优化的无量纲几何参数有 r_1、r_2、h_1 和 h_2，故该机构的尺度优化是一个四维的优化问题。为了简化该问题，定义

$$r_3=h_1+h_2 \tag{22-8-107}$$

而 h_1 和 h_2 之间的关系将在后文中给出定义。因此，一个四维的优化问题就简化为了一个三维的问题，即只需对参数 r_1、r_2 和 r_3 进行优化。令

$$r_1+r_2+r_3=3 \tag{22-8-108}$$

可使该机构的优化问题进一步降为二维

一般情况下，该机构动平台的外接圆半径要小于其定平台的外接圆半径，那么，三个几何设计参数应满足以下关系

$$\begin{cases}0<r_1,r_2,r_3<3\\ r_2<r_1\end{cases} \tag{22-8-109}$$

根据式(22-8-108)和式(22-8-109)，可建立该机构的参数设计空间为图 c 中三角形 LMN。通过以下线性变换可将空间三角形 LMN 转换至图 d 中的平面内

$$\begin{cases}p=r_2\\ q=\sqrt{3}+r_1/\sqrt{3}-r_3/\sqrt{3}\end{cases} \tag{22-8-110}$$

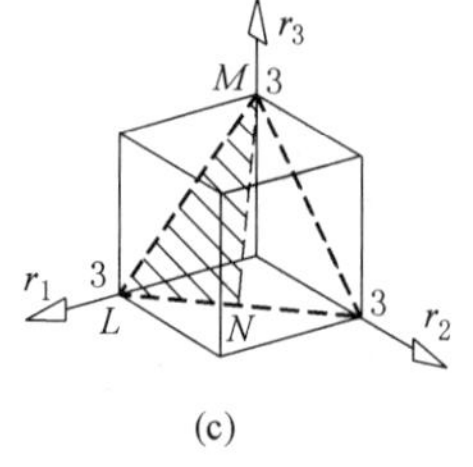

(c)

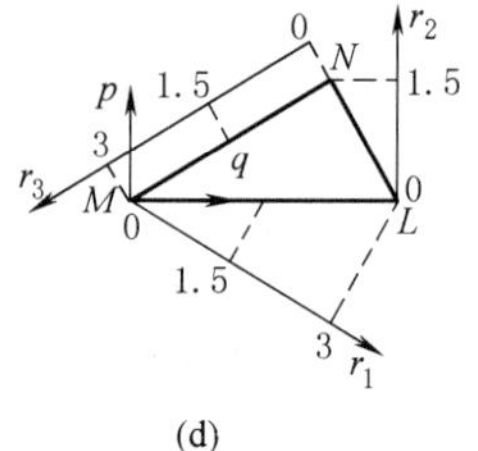

(d)</td></tr>
</table>

续表

步骤	公式与说明
定义优质传递姿态工作空间	为了围绕运动/力交互特性开展尺度优化，第一步需要定义相应的局部设计指标（LDI），进而确定该机构的动平台优质传递姿态工作空间（GTOW）。分析该机构的运动/力约束特性，可以发现三个 S$\underline{P}$S 支链均不对动平台提供其他约束，该机构中不存在约束奇异，应主要关注该机构的运动/力传递特性。又由于 S$\underline{P}$S 支链的输入传递指标值始终为 1，于是该三自由度姿态精调机构的 LDI 等于其输出传递指标。因此该机构的 LDI 可以表示为 $$\Lambda=\min\{\gamma_{\mathrm{I}},\gamma_{\mathrm{O}}\}=\gamma_{\mathrm{O}} \quad (22\text{-}8\text{-}111)$$ 根据前面运动/力交互特性指标的求解方法可求出 Λ，此处从略 第二步是基于局部设计指标来确定动平台的初始姿态。这里用 T&T 角来描述该机构动平台的姿态，假定初始状态下动平台与定平台相互平行，于是方位角和摆动角 $\varphi_0=\theta_0=0°$，接下来只需确定初始姿态下扭转角 σ_0 的大小 此处定义机构在 $\varphi_0=\theta_0=0°$ 下 Λ 达到最大值时所对应的扭转角为初始扭转角 σ_0。不同几何参数的机构具有不同的初始扭转角。若取该机构的几何参数为：$r_1=1.2$、$r_2=0.6$、$h_1=1.0$、$h_2=0.5$。通过数值计算可得出，若 $\varphi_0=\theta_0=0°$，当 $\sigma=49°$时 Λ 达到其最大值 0.8624，如图 e 所示。因此，$\sigma=49°$即为该组参数下的最优初始扭转角 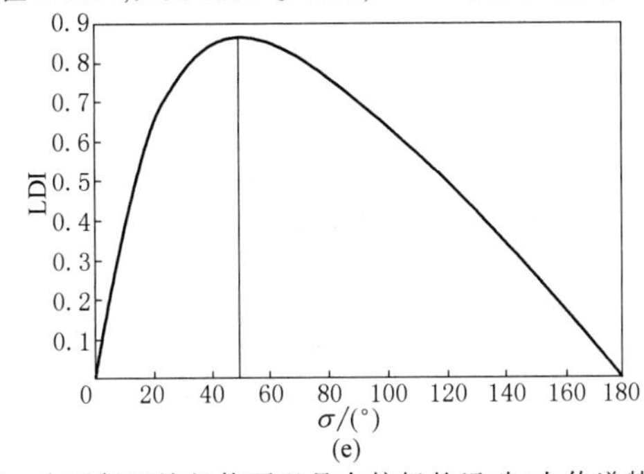 (e) 第三步是定义机构的 GTOW。为了保证该机构可以具有较好的运动/力传递特性，取 LDI 的标准值为 0.7，则 GTOW 可定义如下：若该机构在其姿态工作空间 $\varphi\in(-180°,180°]$、$\theta\in[-\mu,\mu]$、$\sigma\in[\sigma_0-\mu,\sigma_0+\mu]$内均能满足 $\Lambda\geqslant0.7$，则定义 μ 的最大值 $\mu_{\max}$ 为该机构的优质传递姿态角（GTOA），其所对应的姿态工作空间即为 GTOW
定义全局设计指标	由于不同几何参数的 3-SPS-1-S 机构可能具有相同的 GTOA，因此还需要定义其他设计指标以完成机构的尺度优化。为了考察该机构在整个 GTOW 内的性能，定义其优质传递指标（GTI）为 $$\Gamma=\frac{\int_\sigma\int_\varphi\int_\theta\Lambda\mathrm{d}\theta\mathrm{d}\varphi\mathrm{d}\sigma}{\int_\sigma\int_\varphi\int_\theta\mathrm{d}\theta\mathrm{d}\varphi\mathrm{d}\sigma} \quad (22\text{-}8\text{-}112)$$ 式中，$\varphi\in(-180°,180°]$、$\theta\in[-\mu_{\max},\mu_{\max}]$、$\sigma\in[\sigma_0-\mu_{\max},\sigma_0+\mu_{\max}]$。GTI 代表了 LDI 在优质传递姿态工作空间的平均值
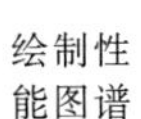 绘制性能图谱	选取 GTOA 与 GTI 作为 3-S$\underline{P}$S-1-S 机构的尺度优化设计指标。由此可绘制该机构的 GTOA 和 GTI 在设计空间内的分布曲线 在前面提到，需要定义 h_1 和 h_2 之间的关系。令 $k=h_2/h_1$，$k\in[0,\infty)$，为了简化设计问题，这里只研究两种情况下的尺度优化：(1) $h_2=0$，即动平台的转动中心位于动平台所在平面 $B_1B_2B_3$ 内；(2) $k=h_2/h_1=r_2/r_1$。该机构在上述两种情况下的性能图谱如图 f~i 所示 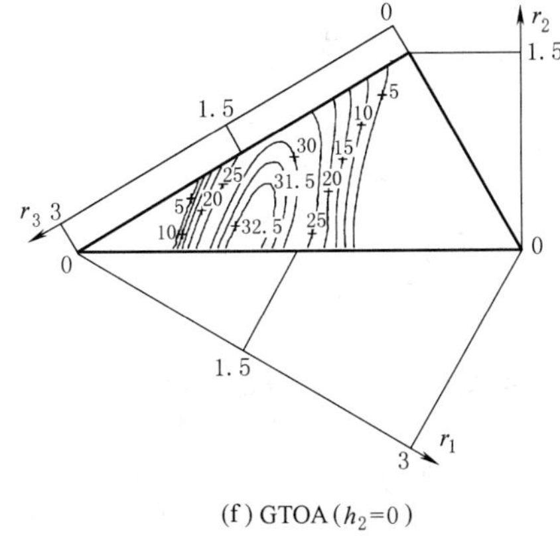 (f) GTOA(h_2=0) 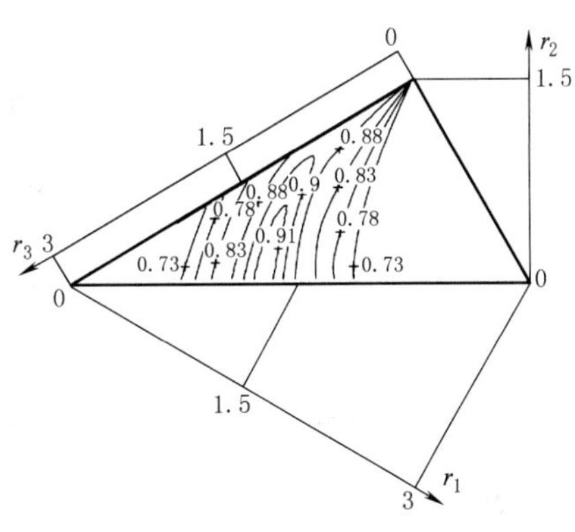 (g) GTI(h_2=0)

续表

<table>
<tr><th>步骤</th><th>公式与说明</th></tr>
<tr><td>绘制性能图谱</td><td>

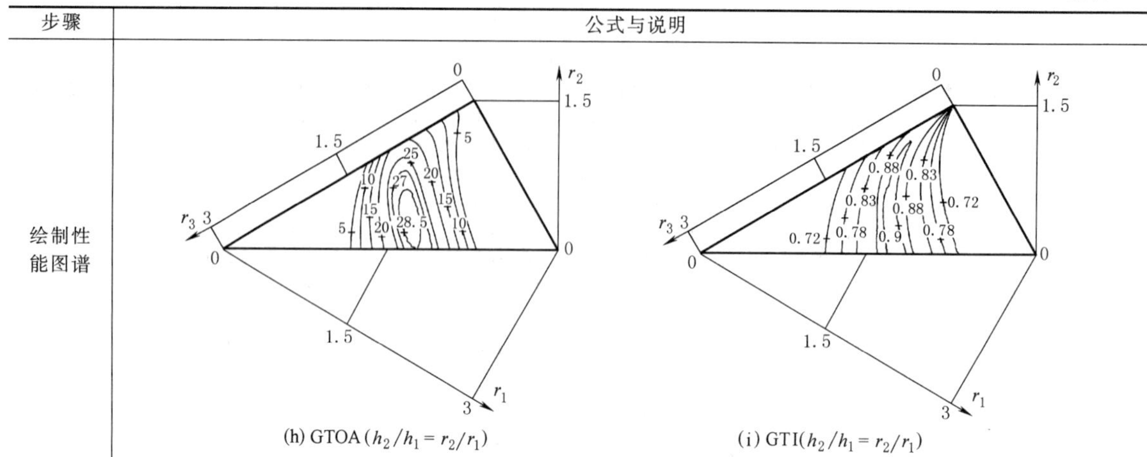

(h) GTOA ($h_2/h_1=r_2/r_1$) (i) GTI($h_2/h_1=r_2/r_1$)

</td></tr>
<tr><td>完成尺度综合</td><td>

基于性能图谱可完成对3-SPS-1-S机构的尺度综合。这里只给出 $h_2=0$ 时的机构尺度综合。假定设计要求为GTOA≥32.5°和GTI≥0.91，由性能图谱可得机构的优化区域为图j所示的阴影部分

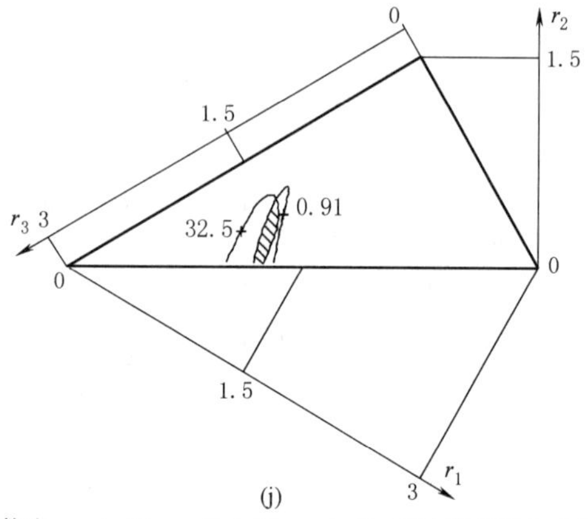

(j)

取优化区域中的一组优化参数为 $r_1=1.12$、$r_2=0.4$ 和 $r_3=1.48$，可计算出机构在该组参数下的 σ_0、GTOA和GTI的值分别为69.1°、32.7°和0.9129，该机构在 $\sigma_0=69.1°$ 时的LDI分布情况如图k所示

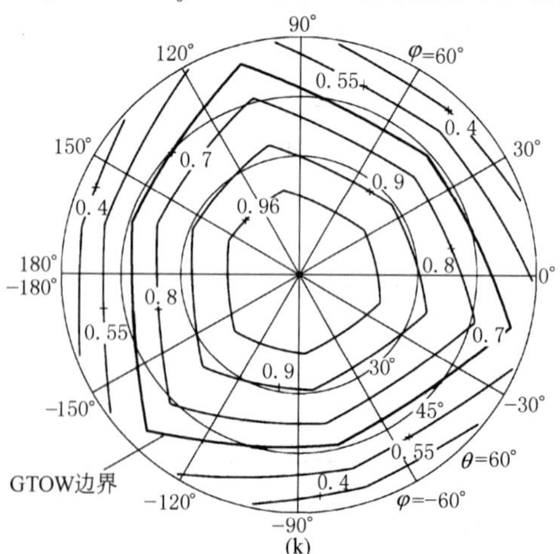

(k)

根据实际工况确定比例系数 D，并求出有量纲的几何参数 R_1、R_2 和 R_3。假定实际工况要求 $R_3=500\text{mm}$，由此可得 $D=R_3/r_3=500\text{mm}/1.48\approx337.84\text{mm}$，进而可求得 $R_1=Dr_1\approx378.38\text{mm}$，$R_2=Dr_2\approx135.14\text{mm}$，$H_1=500\text{mm}$，$H_2=0\text{mm}$。此时，机构杆长 $|A_iB_i|(i=1,2,3)$ 的输入范围是[491.9mm，762.2mm]

最后，验证该组优选尺寸参数下的机构是否满足设计制造要求，若无法满足，则重新在优化区域中选择一组角度参数；若满足，则完成机构的尺度综合

</td></tr>
</table>

3.3 并联机器人机构误差特性与尺度参数关系

在并联机器人机构设计阶段，选择合适的优化方法开展基于性能评价指标的尺度参数优化设计，是提升并联机器人性能的常用方法和有效途径，其中较为经典的尺度参数优化设计方法主要为性能图谱法和目标函数法。

基于前面提出的并联机器人全局精度评价指标，分别选用性能图谱法和目标函数法开展平面 5R 并联机器人尺度综合和五自由度并联加工机器人 DiaRoM 尺度优化。

3.3.1 基于性能图谱法的平面 5R 并联机器人尺度综合

以高精度工作空间 HAW 为指标，采用性能图谱法开展平面 5R 并联机器人尺度综合，具体过程如表 22-8-26 所示。

表 22-8-26　基于性能图谱法的平面 5R 并联机器人尺度综合

步骤	结果
第一步：根据平面 5R 并联机器人的机构简图确定机器人尺度参数，对尺度参数进行归一化，并建立机器人的参数设计空间	平面 5R 并联机器人的归一化尺度参数为：$l_1=L_1/D$，$l_2=L_2/D$，$r_1=R_1/D$，其中 D 为归一化因子，机器人的参数设计空间如下图所示 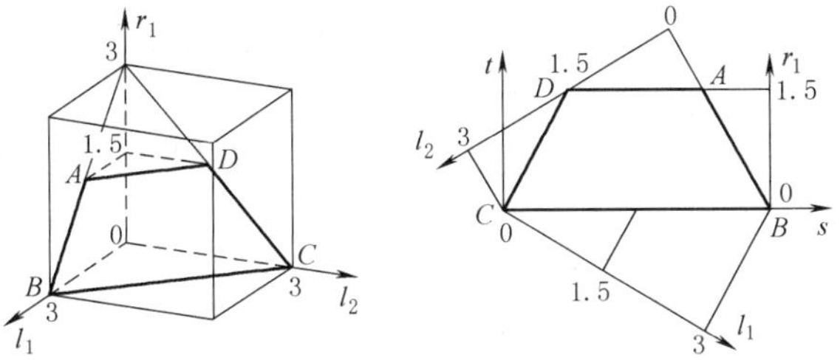 (a)三维参数设计空间　(b)二维参数设计空间 平面 5R 并联机器人参数设计空间 其中平面坐标系(s,t)与空间坐标系(l_1,l_2,r_1)间的转换关系为 $$\begin{cases} s=\frac{\sqrt{3}}{3}r_1+\frac{2\sqrt{3}}{3}l_1 \\ t=r_1 \end{cases} \text{或} \begin{cases} l_1=0.5\sqrt{3}s-0.5t \\ l_2=-0.5\sqrt{3}s-0.5t+3 \\ r_1=t \end{cases} \quad (22\text{-}8\text{-}113)$$
第二步：在平面 5R 并联机器人的二维参数设计空间中绘制全局精度评价指标（高精度工作空间 HAW）的图谱	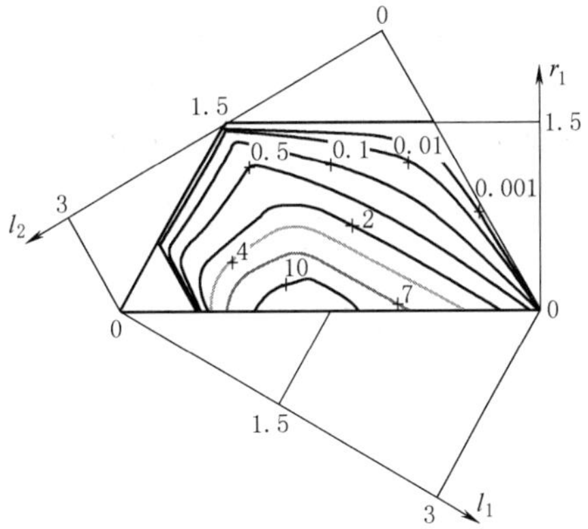 平面 5R 并联机器人的 HAW 性能图谱
第三步：基于所绘制的性能图谱，结合实际设计要求确定机器人的优质尺度域，并从优质尺度域中为机器人选取一组优质尺度参数	将满足 HAW≥10 的区域定义为平面 5R 并联机器人的优质尺度域，从优质尺度域中任意选择一组归一化尺度参数 $l_1=1.2$，$l_2=1.6$，$r_1=0.2$（下图中的点 O）作为平面 5R 并联机器人的优质尺度参数，其 HAW 值为 10.74

续表

步骤	结果
第三步：基于所绘制的性能图谱，结合实际设计要求确定机器人的优质尺度域，并从优质尺度域中为机器人选取一组优质尺度参数	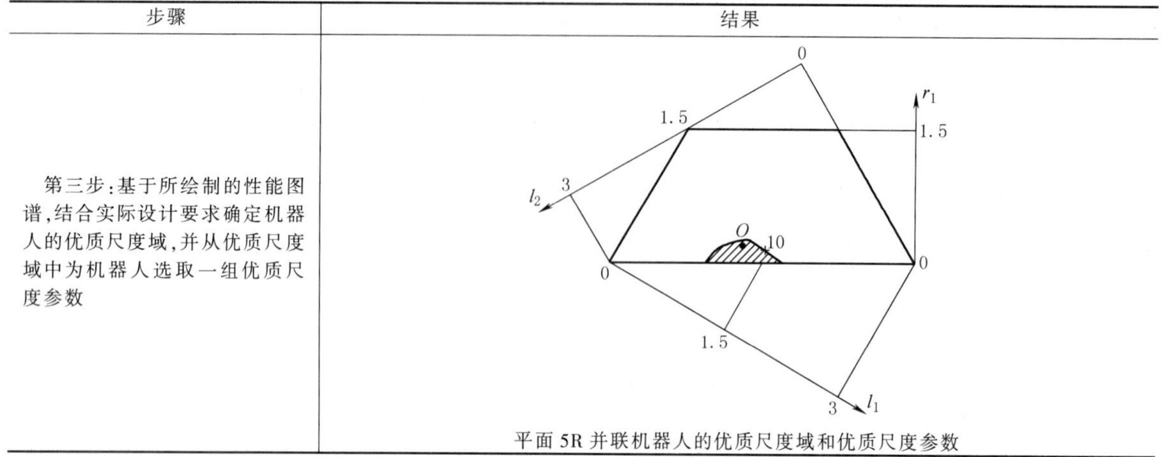 平面 5R 并联机器人的优质尺度域和优质尺度参数

3.3.2 基于目标函数法的五自由度并联加工机器人 DiaRoM 尺度优化

依据全局姿态误差指标 GOEI 和全局位置误差指标 GPEI，采用目标函数法开展了五自由度并联加工机器人 DiaRoM 尺度优化，具体的优化步骤如下：

第一步：根据 DiaRoM 机器人的机构简图确定待优化尺度参数，并依据实际加工需求确定机器人的尺度参数设计范围和工作空间。

由表 22-8-23 可知，DiaRoM 机器人的待优化尺度参数包括：$|\overrightarrow{OB_i}|=R_b(i=1\sim5)$、$|\overrightarrow{sM_i}|=R_s(i=1\sim3)$、$|\overrightarrow{pM_i}|=R_{s2}(i=4,5)$、$|\overrightarrow{sp}|=H$、$\angle B_4OB_5=\alpha_1$、$\angle M_4pM_5=\alpha_2$。根据样机的体积、重量限制以及主轴的半径、高度限制，设定 DiaRoM 机器人的尺度参数设计范围如表 22-8-27 所示。加工刀具的刀长为 $|\overrightarrow{sO'}|=190\text{mm}$，适合加工需求的 DiaRoM 机器人的工作空间如表 22-8-28 所示。

表 22-8-27　　DiaRoM 机器人的尺度参数设计范围

R_b/mm	R_s/mm	R_{s2}/mm	H/mm	α_1/(°)	α_2/(°)
[550,650]	[150,250]	[80,120]	[250,350]	[80,120]	[100,140]

表 22-8-28　　DiaRoM 机器人的工作空间

x/mm	y/mm	z/mm	φ/(°)	θ/(°)
[-150,150]	[-150,150]	[-900,-700]	[0,360]	[0,20]

第二步：将全局姿态误差指标 GOEI 和全局位置误差指标 GPEI 作为目标函数，采用遗传算法求解基于这两个目标函数的多目标优化问题，从而获得优化问题的 Pareto 前沿和优化解集及对应的目标函数值。基于 GOEI 和 GPEI 的 Pareto 前沿曲线如图 22-8-10 所示。

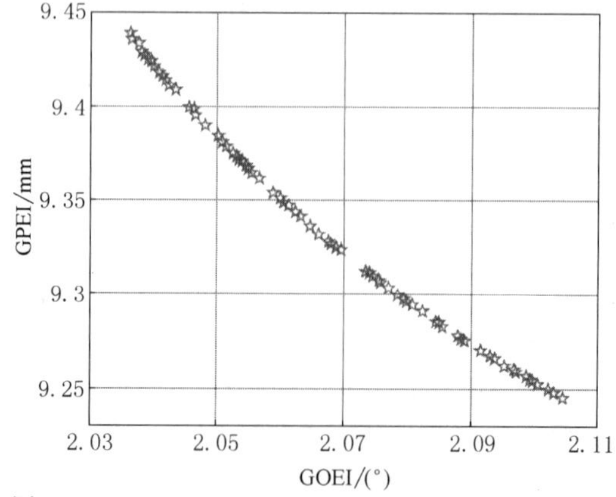

图 22-8-10　基于 GOEI 和 GPEI 的 Pareto 前沿曲线

第三步：基于所绘制的 Pareto 前沿曲线，并结合实际设计要求，从优化解集中为机器人选取一组优化尺度参数。选取的 DiaRoM 机器人优化尺度参数如表 22-8-29 所示，根据所得优化结果，设计并绘制了优化后 DiaRoM 机器人的 CAD 模型，如图 22-8-11 所示。

表 22-8-29　DiaRoM 机器人的优化尺度参数

R_b/mm	R_s/mm	R_{s2}/mm	H/mm	α_1/(°)	α_2/(°)
650	220	110	300	80	100

图 22-8-11　优化后 DiaRoM 机器人的 CAD 模型

3.4　并联机器人性能设计典型案例

表 22-8-30　并联机器人性能设计应用实例

<table>
<tr><th colspan="2">4UCU&UCR 空间五自由度并联机器人性能设计应用实例</th><th>符号说明</th></tr>
<tr><td>机构描述与自由度分析</td><td>4UCU&UCR 空间五自由度并联机构的机构简图如图 a 所示，该机构具有三个转动自由度和两个移动自由度

(a)4UCU&UCR 空间五自由度并联机构简图

为方便描述，定义该机构的尺寸参数为 $|\overrightarrow{oB_i}|=R_1$，$|\overrightarrow{o'P_i}|=R_2(i=1,2,3)$；$|\overrightarrow{o'p'}|=L$，$|\overrightarrow{B_2B_4}|=|\overrightarrow{B_2B_5}|=|\overrightarrow{B_3B_6}|=|\overrightarrow{B_3B_7}|=W$；$\overrightarrow{B_4B_5}$ 和 $\overrightarrow{B_6B_7}$ 关于水平面 o-xy 的倾斜角表示为 α，$\alpha\in\left(0,\frac{\pi}{2}\right)$（即 $\angle oB_2B_4=\angle oB_3B_6=\alpha$）</td><td>$f$——机构所受约束力
$\boldsymbol{\omega}_{p-i}(i=1,2,3)$——机构具有的三个转动自由度
$\boldsymbol{v}_{p-i}(i=1,2)$——机构具有的两个移动自由度</td></tr>
<tr><td>确定参数设计空间</td><td>令 $|\overrightarrow{C_2P_2}|=|\overrightarrow{C_3P_3}|=0$，三个参数 (R_1,R_2,L) 需要进行优化求解。设 $D=(R_1+R_2+L)/3$，且 $r_1=R_1/D$，$r_2=R_2/D$，$l=L/D$，可得
$$\overrightarrow{OA_i}+\boldsymbol{l}_{A_iB_i}q_i+\boldsymbol{f}_ir_2=\boldsymbol{p}+\boldsymbol{R}(\overrightarrow{O'M_i})\qquad(22\text{-}8\text{-}114)$$假设 $w=W/D$，由 $R_1/W=1.618$，可得 $w=0.618r_1$。对于该机构，有
$$r_1>r_2\qquad(22\text{-}8\text{-}115)$$根据式(22-8-114)和式(22-8-115)可求得如图 b 所示的参数设计空间(PDS)，其中，(s,t) 与 (r_1,r_2,l) 之间的映射函数为
$$\begin{cases}s=l\\t=\sqrt{3}-\dfrac{\sqrt{3}}{3}l-\dfrac{2\sqrt{3}}{3}r_2\end{cases}\text{或}\begin{cases}l=s\\r_1=\dfrac{3+\sqrt{3}t-s}{2}\\r_2=\dfrac{3-\sqrt{3}t-s}{2}\end{cases}\qquad(22\text{-}8\text{-}116)$$</td><td>R_1，R_2，L——三个待优化的参数</td></tr>
</table>

续表

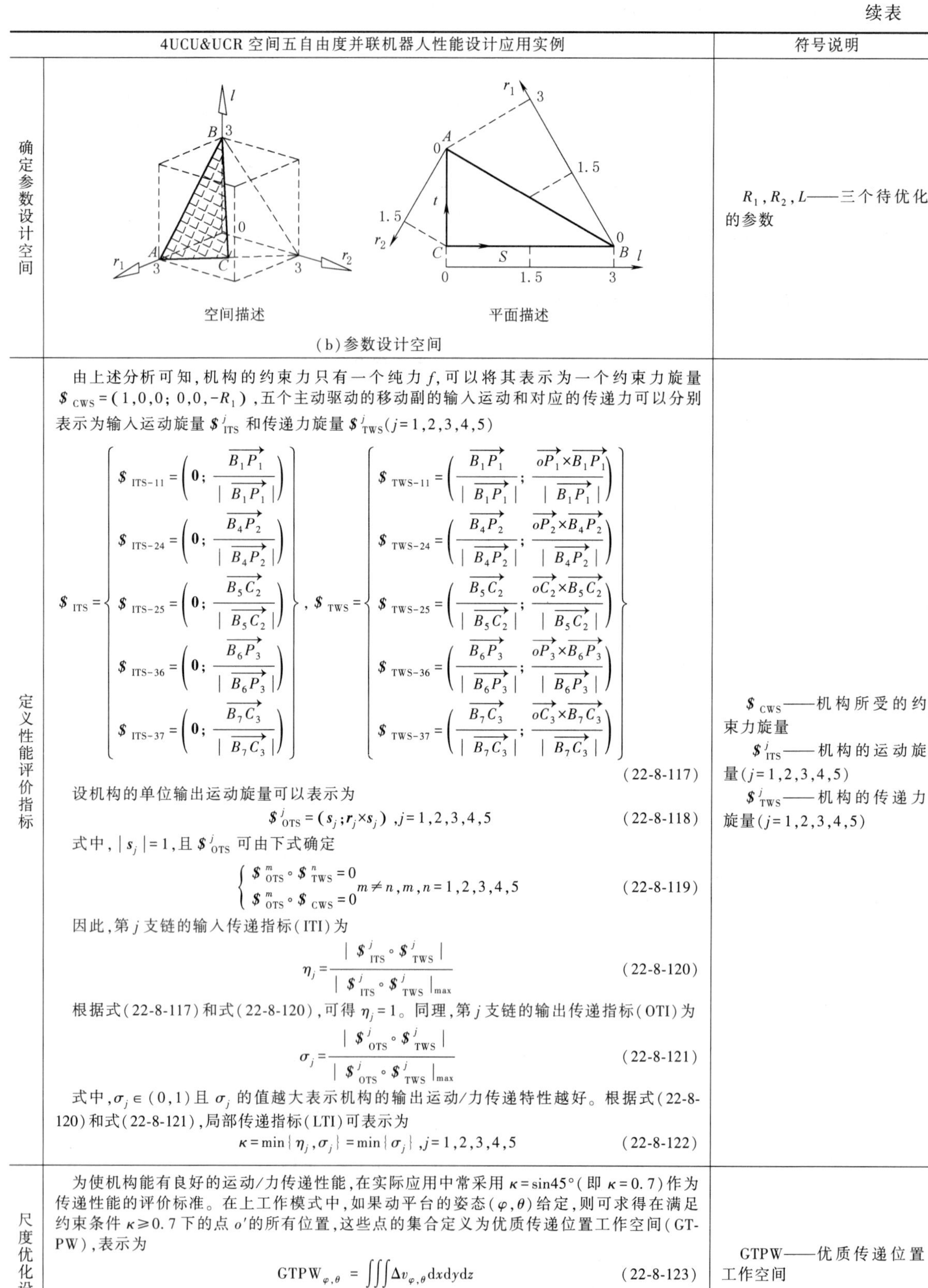

<table>
<tr><th colspan="2">4UCU&UCR 空间五自由度并联机器人性能设计应用实例</th><th>符号说明</th></tr>
<tr><td>确定参数设计空间</td><td>

空间描述　　平面描述
(b)参数设计空间
</td><td>R_1,R_2,L——三个待优化的参数</td></tr>
<tr><td>定义性能评价指标</td><td>
由上述分析可知,机构的约束力只有一个纯力 f,可以将其表示为一个约束力旋量 $\$_{CWS}=(1,0,0;\ 0,0,-R_1)$,五个主动驱动的移动副的输入运动和对应的传递力可以分别表示为输入运动旋量 $\$^{j}_{ITS}$ 和传递力旋量 $\$^{j}_{TWS}(j=1,2,3,4,5)$

$$\$_{ITS}=\left\{\begin{array}{l}\$_{ITS-11}=\left(\mathbf{0};\ \frac{\overrightarrow{B_1P_1}}{|\overrightarrow{B_1P_1}|}\right)\\ \$_{ITS-24}=\left(\mathbf{0};\ \frac{\overrightarrow{B_4P_2}}{|\overrightarrow{B_4P_2}|}\right)\\ \$_{ITS-25}=\left(\mathbf{0};\ \frac{\overrightarrow{B_5C_2}}{|\overrightarrow{B_5C_2}|}\right)\\ \$_{ITS-36}=\left(\mathbf{0};\ \frac{\overrightarrow{B_6P_3}}{|\overrightarrow{B_6P_3}|}\right)\\ \$_{ITS-37}=\left(\mathbf{0};\ \frac{\overrightarrow{B_7C_3}}{|\overrightarrow{B_7C_3}|}\right)\end{array}\right\},\ \$_{TWS}=\left\{\begin{array}{l}\$_{TWS-11}=\left(\frac{\overrightarrow{B_1P_1}}{|\overrightarrow{B_1P_1}|};\ \frac{\overrightarrow{oP_1}\times\overrightarrow{B_1P_1}}{|\overrightarrow{B_1P_1}|}\right)\\ \$_{TWS-24}=\left(\frac{\overrightarrow{B_4P_2}}{|\overrightarrow{B_4P_2}|};\ \frac{\overrightarrow{oP_2}\times\overrightarrow{B_4P_2}}{|\overrightarrow{B_4P_2}|}\right)\\ \$_{TWS-25}=\left(\frac{\overrightarrow{B_5C_2}}{|\overrightarrow{B_5C_2}|};\ \frac{\overrightarrow{oC_2}\times\overrightarrow{B_5C_2}}{|\overrightarrow{B_5C_2}|}\right)\\ \$_{TWS-36}=\left(\frac{\overrightarrow{B_6P_3}}{|\overrightarrow{B_6P_3}|};\ \frac{\overrightarrow{oP_3}\times\overrightarrow{B_6P_3}}{|\overrightarrow{B_6P_3}|}\right)\\ \$_{TWS-37}=\left(\frac{\overrightarrow{B_7C_3}}{|\overrightarrow{B_7C_3}|};\ \frac{\overrightarrow{oC_3}\times\overrightarrow{B_7C_3}}{|\overrightarrow{B_7C_3}|}\right)\end{array}\right\}\quad(22\text{-}8\text{-}117)$$

设机构的单位输出运动旋量可以表示为

$$\$^{j}_{OTS}=(\boldsymbol{s}_j;\boldsymbol{r}_j\times\boldsymbol{s}_j)\ ,j=1,2,3,4,5\quad(22\text{-}8\text{-}118)$$

式中,$|\boldsymbol{s}_j|=1$,且 $\$^{j}_{OTS}$ 可由下式确定

$$\left\{\begin{array}{l}\$^{m}_{OTS}\circ\$^{n}_{TWS}=0\\ \$^{m}_{OTS}\circ\$_{CWS}=0\end{array}\right.m\neq n,m,n=1,2,3,4,5\quad(22\text{-}8\text{-}119)$$

因此,第 j 支链的输入传递指标(ITI)为

$$\eta_j=\frac{|\$^{j}_{ITS}\circ\$^{j}_{TWS}|}{|\$^{j}_{ITS}\circ\$^{j}_{TWS}|_{max}}\quad(22\text{-}8\text{-}120)$$

根据式(22-8-117)和式(22-8-120),可得 $\eta_j=1$。同理,第 j 支链的输出传递指标(OTI)为

$$\sigma_j=\frac{|\$^{j}_{OTS}\circ\$^{j}_{TWS}|}{|\$^{j}_{OTS}\circ\$^{j}_{TWS}|_{max}}\quad(22\text{-}8\text{-}121)$$

式中,$\sigma_j\in(0,1)$ 且 σ_j 的值越大表示机构的输出运动/力传递特性越好。根据式(22-8-120)和式(22-8-121),局部传递指标(LTI)可表示为

$$\kappa=\min\{\eta_j,\sigma_j\}=\min\{\sigma_j\}\ ,j=1,2,3,4,5\quad(22\text{-}8\text{-}122)$$
</td><td>$\$_{CWS}$——机构所受的约束力旋量
$\$^{j}_{ITS}$——机构的运动旋量($j=1,2,3,4,5$)
$\$^{j}_{TWS}$——机构的传递力旋量($j=1,2,3,4,5$)</td></tr>
<tr><td>尺度优化设计</td><td>
为使机构能有良好的运动/力传递性能,在实际应用中常采用 $\kappa=\sin45°$(即 $\kappa=0.7$)作为传递性能的评价标准。在上工作模式中,如果动平台的姿态(φ,θ)给定,则可求得在满足约束条件 $\kappa\geqslant0.7$ 下的点 o' 的所有位置,这些点的集合定义为优质传递位置工作空间(GTPW),表示为

$$\mathrm{GTPW}_{\varphi,\theta}=\iiint\Delta v_{\varphi,\theta}\mathrm{d}x\mathrm{d}y\mathrm{d}z\quad(22\text{-}8\text{-}123)$$

对于该机构,在立式($\theta=0°$)和卧式模式($\varphi=270°,\theta=90°$)以及在这两种模式之间[即 $\varphi=270°$ 不变、$\theta\in(0°,90°)$]的优质传递位置工作空间是至关重要的(θ 表示绕 x 轴的摆角,φ 表示绕 z 轴的自转角)
</td><td>GTPW——优质传递位置工作空间</td></tr>
</table>

续表

4UCU&UCR 空间五自由度并联机器人性能设计应用实例	符号说明

尺度优化设计

首先重点探讨 $\varphi=270°$ 及 $\theta=0°,30°,60°,90°$ 时的 GTPW，它们在参数设计空间上的分布如图 c 所示。显然，对于相同的尺寸参数 r_1，r_2 和 l，在 $\theta=30°,60°$ 时，GTPW 值明显比 $\theta=0°,90°$ 时更大。

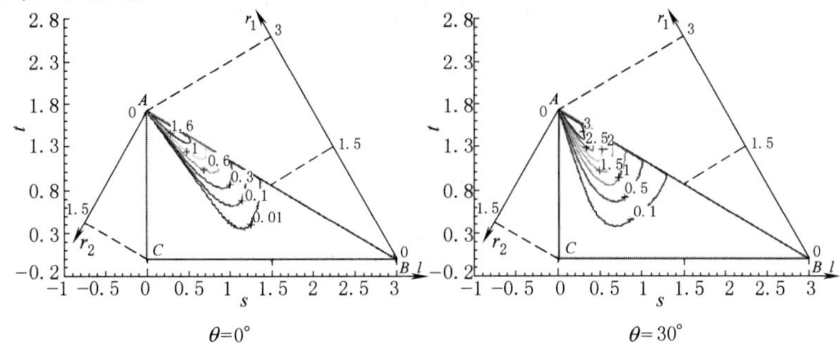

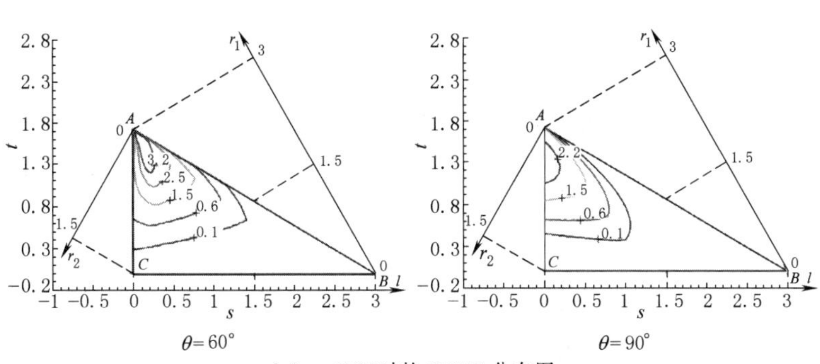

(c) $\varphi=270°$ 时的 GTPW 分布图

GTPW——优质传递位置工作空间

同时考虑上图中四种姿态下的 GTPW 分布情况，确定如下约束条件

$$\mathrm{GTPW}_{\varphi=270°,\theta}\geqslant 0.6 \tag{22-8-124}$$

则可得图 d 所示的优化区域。在此区域内选取如下一组参数：$l=0.62$，$r_1=2.16$，$r_2=0.22$，可知 $w\approx 1.335$。此时，$\varphi=270°$ 且 $\theta=0°,30°,60°,90°$ 时的 GTPW 值如表 1 所示

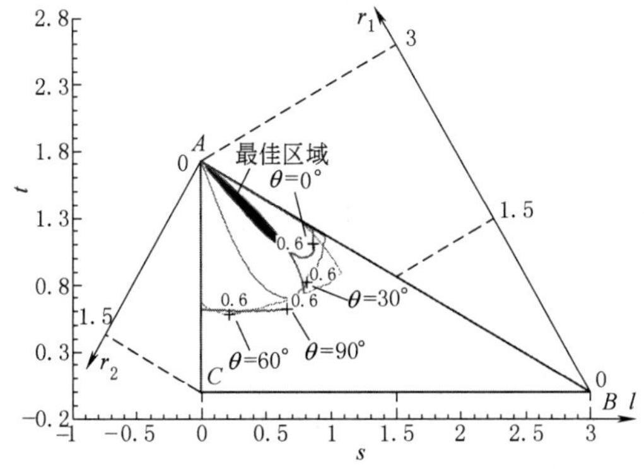

(d) $\mathrm{GTPW}_{\varphi=270°,\theta}\geqslant 0.6$ 时的优化区域

表 1　给定姿态下的 GTPW

$\varphi=270°,\theta$	$\theta=0°$	$\theta=30°$	$\theta=60°$	$\theta=90°$
$\mathrm{GTPW}_{\varphi=270°,\theta}$	0.7511	1.5281	1.8475	0.6817

对于给定的动平台姿态 $(\varphi=270°,\theta)$ 和位置 (x,y) 时，可以得到满足约束 $\kappa\geqslant 0.7$ 的 z 值的范围 $z\in(z_{\min},z_{\max})$。在 $\theta=0°,30°,60°,90°$ 时，$z_{\max}$，$z_{\min}$，$z_{\mathrm{abs}}=z_{\max}-z_{\min}$ 在平面 $o\text{-}xy$ 上的分布如表 2 所示

续表

	4UCU&UCR空间五自由度并联机器人性能设计应用实例	符号说明
尺度优化设计	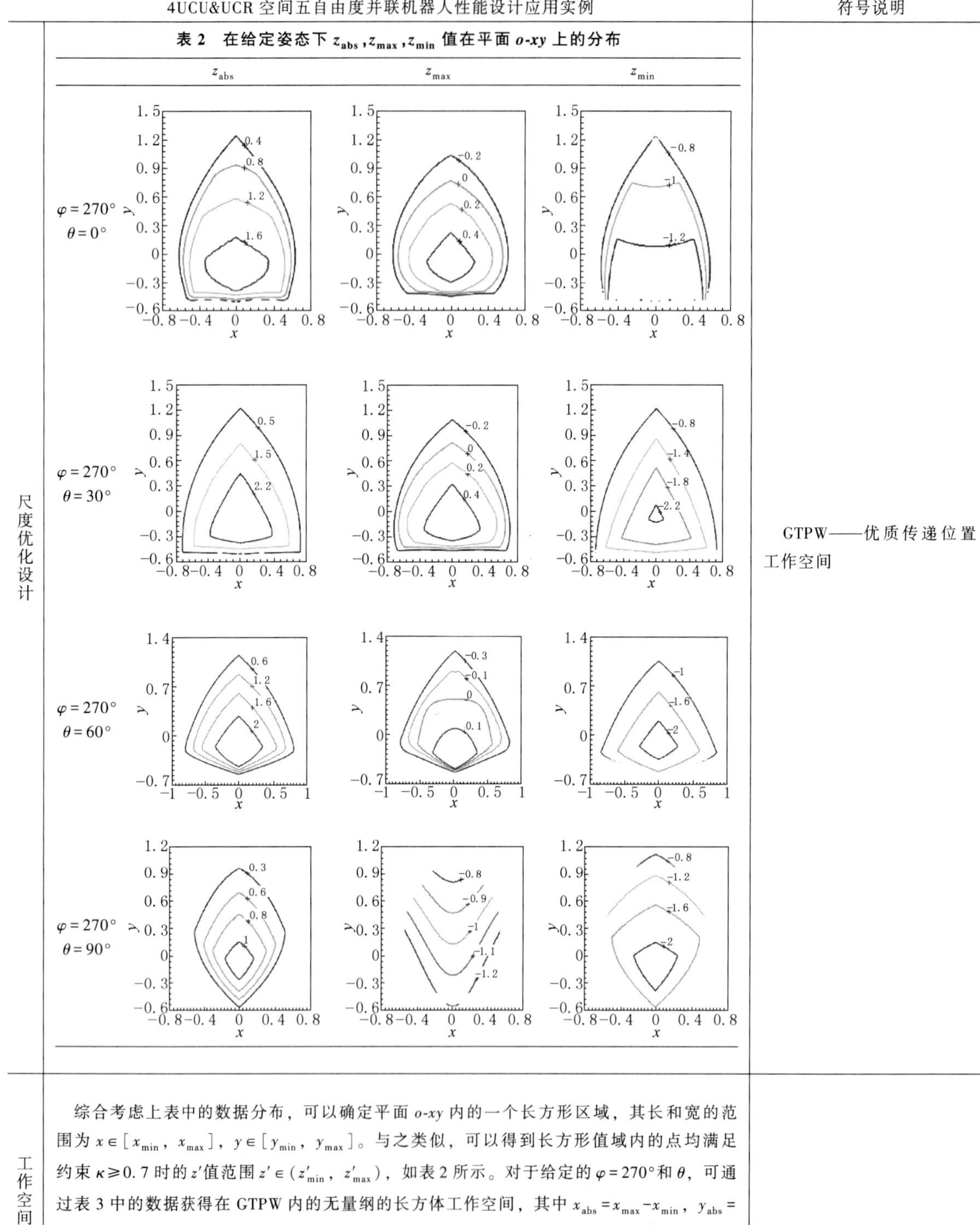	GTPW——优质传递位置工作空间
工作空间确定与校核	综合考虑上表中的数据分布，可以确定平面 o-xy 内的一个长方形区域，其长和宽的范围为 $x\in[x_{min},x_{max}]$，$y\in[y_{min},y_{max}]$。与之类似，可以得到长方形值域内的点均满足约束 $\kappa\geqslant 0.7$ 时的 z' 值范围 $z'\in(z'_{min},z'_{max})$，如表 2 所示。对于给定的 $\varphi=270°$ 和 θ，可通过表 3 中的数据获得在 GTPW 内的无量纲的长方体工作空间，其中 $x_{abs}=x_{max}-x_{min}$，$y_{abs}=y_{max}-y_{min}$，$z'_{abs}=z'_{max}-z'_{min}$ 在表 3 中，最小的无量纲长方体为 $0.52\times0.5\times0.53$。考虑到所需实际工作空间是 200mm×200mm×200mm，选择 D 为 $D=200/0.5=400$mm。则 $L=D\times l=248$mm，$R_1=D\times r_1=864$mm，$R_2=D\times r_2=88$mm，$W=D\times w=534$mm。由此可得，在 GTPW 内的长方体位置空间的实际长宽高值，如表 4 所示。工作空间在绝对坐标系中的分布如图 e 所示。	

续表

4UCU&UCR 空间五自由度并联机器人性能设计应用实例	符号说明

工作空间确定与校核

表 3　GTPW 内的无量纲长方体工作空间

$\varphi=270°,\theta$	$\theta=0°$	$\theta=30°$	$\theta=60°$	$\theta=90°$
x_{min}	-0.5	-0.5	-0.5	-0.26
x_{max}	0.5	0.5	0.5	0.26
x_{abs}	1	1	1	0.52
y_{min}	-0.3	-0.4	-0.3	-0.2
y_{max}	0.4	0.4	0.45	0.3
y_{abs}	0.7	0.8	0.75	0.5
z'_{min}	-0.79	-0.95	-1.01	-1.71
z'_{max}	-0.11	-0.05	-0.25	-1.18
z'_{abs}	0.68	0.9	0.76	0.53

表 4　GTPW 内的长方体工作空间的实际值　mm

$\varphi=270°,\theta$	$\theta=0°$	$\theta=30°$	$\theta=60°$	$\theta=80°$	$\theta=90°$
x_{min}	-200	-200	-200	-130	-104
x_{max}	200	200	200	130	104
x_{abs}	400	400	400	260	208
y_{min}	-120	-160	-120	-120	-80
y_{max}	160	160	180	150	120
y_{abs}	280	320	300	270	200
z'_{min}	-316	-380	-404	-608	-684
z'_{max}	-44	-20	-100	-308	-472
z'_{abs}	272	360	304	300	212

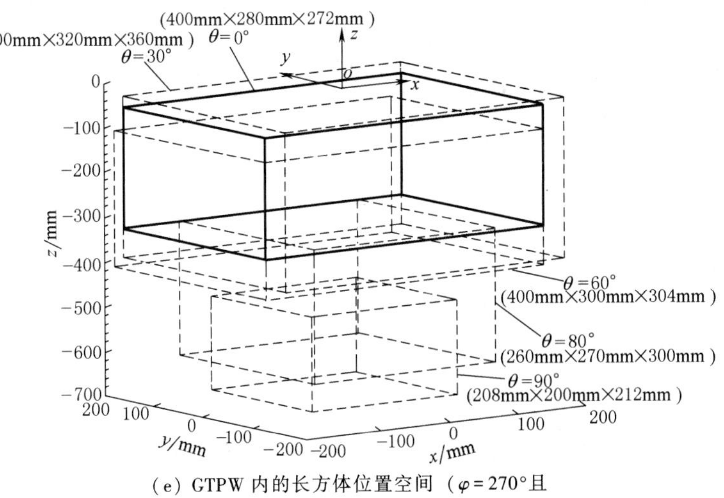

(e) GTPW 内的长方体位置空间（$\varphi=270°$且 $\theta=0°$，30°，60°，80°，90°）

表 4 和图 e 出了 $\varphi=270°$且 $\theta=0°$，30°，60°，80°，90°时的长方体工作空间。实际上，当动平台在 $\varphi=270°$，$\theta\in(0°, 90°)$ 的范围内自由转动时，对于任意给定姿态，均可获得体积大于 200mm×200mm×200mm 的长方体工作空间

为进一步探讨在长方体工作空间内给定位置（x，y，z）的转动能力，定义所有满足 $\kappa\geqslant0.7$ 的（φ，θ）的集合为给定位置下的优质传递转动工作空间（GTOW）。以两个具体点（x=0mm，y=0mm，z=−440mm）和（x=0mm，y=0mm，z=−120mm）为例来说明 GTOW 的分布，结果见图 f。当 $\varphi=270°$，z=−440mm 时，θ 值为 91.4°（点 a）；当 φ=90°，z=−120mm 时，θ 值为 23.55°（点 b）

续表

4UCU&UCR 空间五自由度并联机器人性能设计应用实例	符号说明
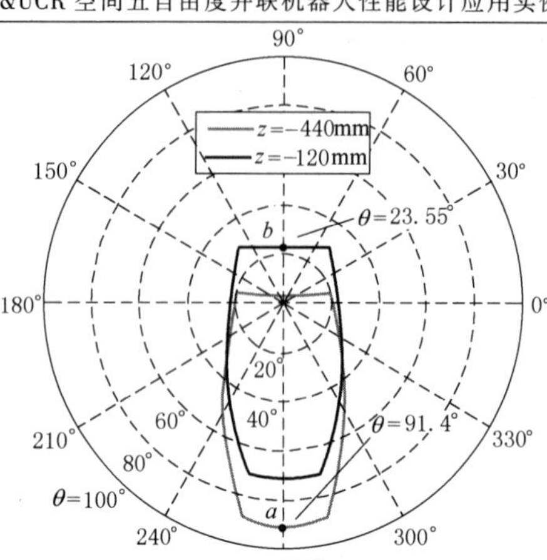 (f)当 x=0mm,y=0mm,z=-440mm &z=-120mm 时 GTOW 的分布 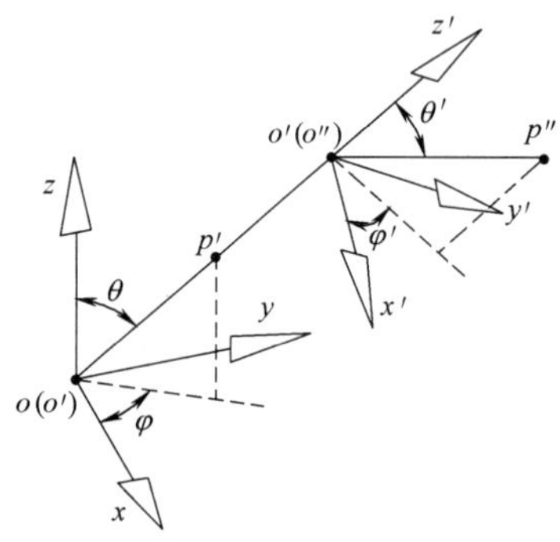 (g) 参数(φ',θ')的定义 对于该机构,绕给定轴(φ=270°,θ)的转动能力对于实际应用来说非常重要,这可以直接地反映出其转动能力ψ。基于此,定义参数(φ',θ')如图 g 所示,其中,z'轴与$o'p'$轴共线,当角度(φ,θ)确定了固定参考轴$o'p'$时,$o''p''$绕$o'p'$的转动能力可以用(φ',θ')描述。这里,所有满足$\kappa \geqslant 0.7$的(φ',θ')的集合被称作相对于给定参考姿态(φ,θ)下的优质传递摆动工作空间(GTSC) 以点(x=0mm,y=0mm,z=-440mm)为例,可得关于参考轴(φ=270°,θ=60°)的 GTSC,即(φ',θ')的分布如图 h 所示,图中θ'的最小值为 31.2°。因此,θ'_{min}可作为对所需转动ψ变化范围的评价指标 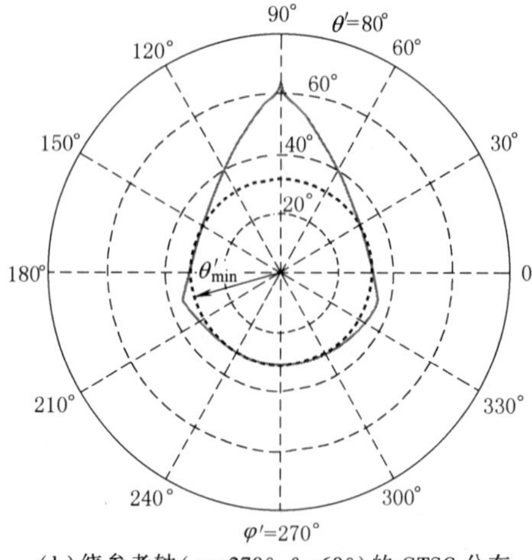 (h)绕参考轴(φ=270°,θ=60°)的 GTSC 分布	

续表

<table>
<tr><th colspan="2">4UCU&UCR 空间五自由度并联机器人性能设计应用实例</th><th>符号说明</th></tr>
<tr><td>工作空间确定与校核</td><td>当参考姿态改变时，即 $\varphi=270°$，θ 变化时，θ'_{min} 值的变化如图 i 所示。其中，当 $\varphi=270°$，$\theta\in(20°,60°)$ 时，θ'_{min} 值相对较大。图 i 中 θ'_{min} 的分布说明，在任意旋转参考下，在点 $x=0$mm，$y=0$mm，$z=-440$mm 处总有旋转角度 $\psi>0°$。实际上，在给定任意参考姿态 $\varphi=270°$，θ [$\theta\in(0°, 90°)$] 下，总可以找到 $\theta'_{min}>0°$，即 $\psi>0°$
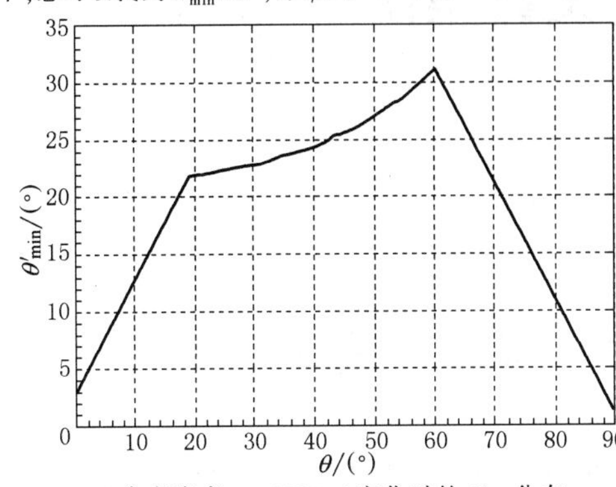

(i) 参考姿态 $\varphi=270°$，θ 变化时的 θ'_{min} 分布

根据以上分析，机构的运动学优化结果可以满足应用要求</td><td></td></tr>
</table>

第9章 机器人型装备设计案例

1 概　　述

机器人型装备具有自动化程度高、运动灵活性好、定位精度高等特点，在工业、军事、科学研究等领域具备相当的应用前景。本章就四种机器人型装备案例介绍其详细设计流程和步骤，它们分别是重载锻造操作机、伺服压力机、六自由度微调与定位平台和电机型重载灵巧摇摆台。通过此四种机器人型装备的设计案例，展示一般复杂机器人机械、结构以及整体方案设计的基本原理和原则。

2 重载锻造操作机设计

表 22-9-1　　重载锻造操作机设计

功能特性	重载锻造操作机在极端恶劣的环境下工作,经常要夹持几十到上百吨的大型锻件完成六自由度的复杂运动
一种典型锻造操作机结构模型	 (a) 1—大车;2—后提升缸;3—后偏移缸;4—后提升臂;5—前提升缸;6—前提升臂;7—缓冲缸;8—前偏移缸;9—夹钳;10—导轨
构型与结构特点	(1)复杂的台架即支撑机构(图 a 中的 2~8 部分)、大的自重、大的刚度和运动中巨大的能量损耗 (2)真正的驱动数量大于六个驱动,机构具有冗余驱动和容错性 (3)末端夹钳具有绕自身轴线(上图中的 Z 轴)整周旋转的能力 (4)末端夹钳具有水平方向的小角度偏转(绕上图中的 X 轴),此运动在工作中很少用到 (5)机构在上图所示的初始位置为奇异位置,机构末端有沿 Y 轴移动的自由。但是对于重载操作机来说,当夹持几十上百吨锻件的时候,自身重力的作用导致这种运动很难发生。而且这种自由度的释放在锻造过程中是非常有用的,可以很好地缓冲受力不均的情况 (6)机构的受力具有各向异性,其主要运动集中在 XOZ 面内,该面是主要的受力面,要承受巨大的外力

续表

末端夹钳	锻造操作机末端具有六自由度的运动，其工作中的运动特点如图 b 所示。其中，T_a 表示末端的前后侧移运动，其轨迹为一条直线；T_b 表示末端的左右移动运动，其轨迹为一条弧线；T_c 表示末端的升降移动运动，其轨迹也为一条弧线；R_α 表示末端的绕夹钳杆的整周旋转运动；R_β 表示末端的水平偏转运动；R_γ 表示末端的垂直方向的偏转运动。R_β 和 R_γ 的旋转轴线与台架的位姿有关 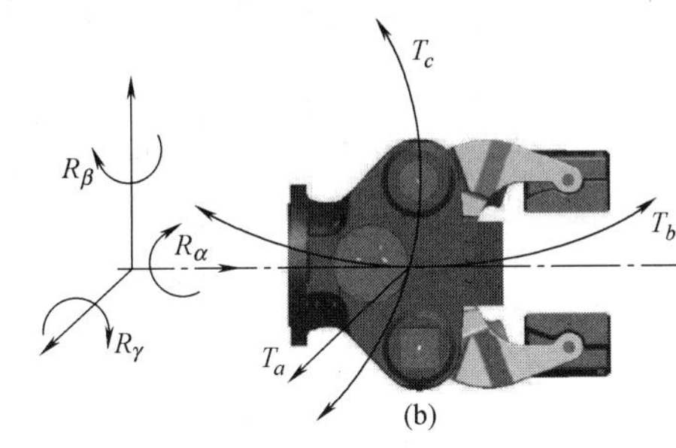 (b)
基于可约特性的锻造操作机机构设计流程	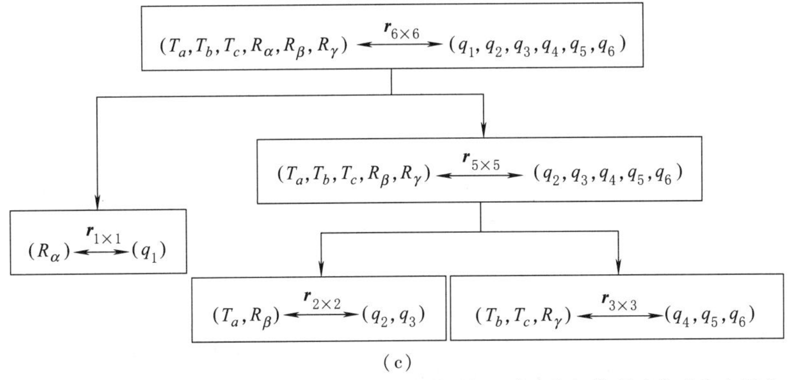 (c) 因为末端夹钳具有绕自身轴线整周旋转的特点，完全并联的六自由度机构很难实现这个要求，因此把旋转 R_α 和相应的驱动 q_1 分离开，即在机构的末端串联一个旋转副以实现整周的旋转。操作机工作中的主要运动是升降运动 T_c，左右移动 T_b 和垂直方向上的偏转运动 R_γ。而且，垂直平面为主要承受力的平面。前后平移运动和水平面内的偏转运动及其驱动 q_2 和 q_3 被单独分离出来，虽然在偏转运动时同时伴随非常微量的升降运动（可以忽略）。这样机构的类型设计可以分为如下三部分 $R_\alpha \leftarrow [\alpha_{q1}] \rightarrow q_1$ $(T_a,R_\beta)\leftarrow \begin{bmatrix} a_{q2} & \beta_{q2} \\ a_{q3} & \beta_{q3} \end{bmatrix} \rightarrow (q_2,q_3)$ $(T_b,T_c,R_\gamma)\leftarrow \begin{bmatrix} b_{q4} & c_{q4} & \gamma_{q4} \\ b_{q5} & c_{q5} & \gamma_{q5} \\ b_{q6} & c_{q6} & \gamma_{q6} \end{bmatrix} \rightarrow (q_4,q_5,q_6)$ 旋转 R_α 现在是确定的，水平偏转 R_γ 和前后平移运动 T_a 在锻造工作中很少用到，因此垂直平面内的主运动成为锻造操作机机构设计的关键。同时，从图 c 中可以看到机构的可约过程就是一个从上到下一级一级简化的过程，每下一级，机构的关联数 e 就会减少，这样输入和输出的关联关系就会变得简单，关联矩阵也被以分块的形式简化，当然此流程图是专对锻造操作机的特点设计的，对于不同的机构应该指定不同的可约流程图
一种典型锻造操作机设计步骤案例	(1)首先从最上层的 $\boldsymbol{r}_{6\times6}$ 开始，这层输入和输出的关联关系很复杂，很难找到满足功能要求的六自由度并联机构，Stewart 及其变异机构具有六自由度重载要求，但是机构不能满足整周旋转的要求，这样就需要在机构末端再增加一个旋转副和驱动以满足要求，机构具有更多的冗余驱动。图 d 为其中一种机构简图

续表

一种典型锻造操作机设计步骤案例

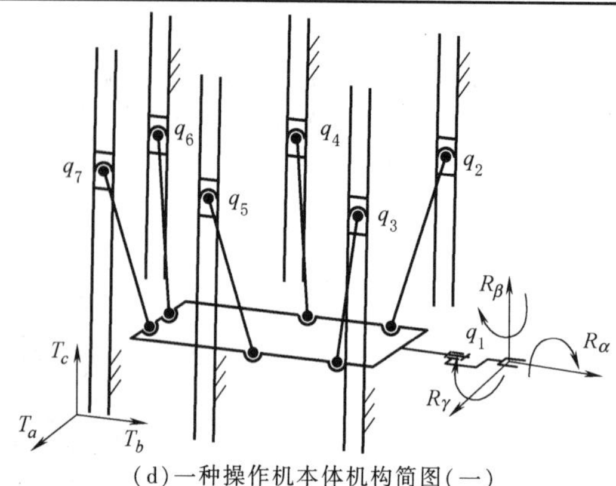

(d)一种操作机本体机构简图(一)

图 d 中机构输入和输出变为$(T_a, T_b, T_c, R_\beta, R_\gamma) \leftrightarrow (q_1, q_2, q_3, q_4, q_5, q_6, q_7)$，其关联矩阵不再是方阵，方程如下所示

$$
\begin{array}{c}
\\
\boldsymbol{r}_{7\times6}=
\end{array}
\begin{array}{c}
\begin{array}{cccccc} R_\alpha & T_a & T_b & T_c & R_\beta & R_\gamma \end{array} \\
\begin{bmatrix}
1 & 0 & 0 & 0 & 0 & 0 \\
1 & 1 & 1 & 1 & 1 & 1 \\
1 & 1 & 1 & 1 & 1 & 1 \\
1 & 1 & 1 & 1 & 1 & 1 \\
1 & 1 & 1 & 1 & 1 & 1 \\
1 & 1 & 1 & 1 & 1 & 1 \\
1 & 1 & 1 & 1 & 1 & 1
\end{bmatrix}
\end{array}
\begin{array}{c} \\ q_1 \\ q_2 \\ q_3 \\ q_4 \\ q_5 \\ q_6 \\ q_7 \end{array}
$$

(2)把末端绕轴线的旋转运动单独分离开，即$(R_\alpha) \leftrightarrow (q_1)$，这样再寻找满足要求的五自由度机构，即$(T_a, T_b, T_c, R_\beta, R_\gamma) \leftrightarrow (q_2, q_3, q_4, q_5, q_6)$，然后在末端串联一旋转副就可以实现机构六自由度的要求，图 e 就是满足要求的一种机构

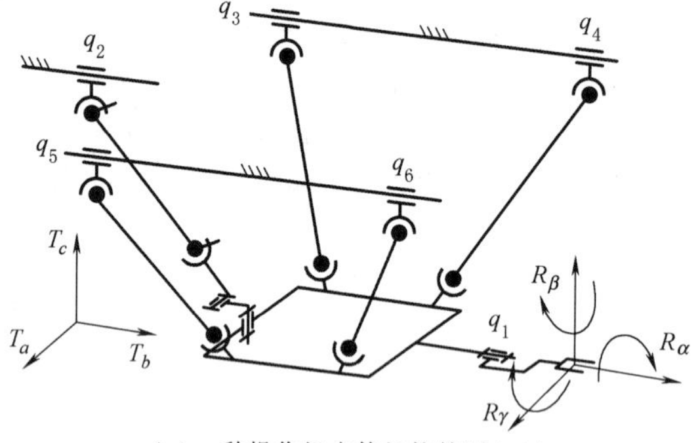

(e)一种操作机本体机构简图(二)

图 e 中 q_1 为旋转驱动，$(q_2, q_3, q_4, q_5, q_6)$为移动驱动，其关联矩阵如下

$$
\begin{array}{c}
\\
\boldsymbol{r}_{6\times6}=
\end{array}
\begin{array}{c}
\begin{array}{cccccc} R_\alpha & T_a & T_b & T_c & R_\beta & R_\gamma \end{array} \\
\begin{bmatrix}
1 & 0 & 0 & 0 & 0 & 0 \\
0 & 1 & 1 & 1 & 1 & 1 \\
0 & 1 & 1 & 1 & 1 & 1 \\
0 & 1 & 1 & 1 & 1 & 1 \\
0 & 1 & 1 & 1 & 1 & 1 \\
0 & 1 & 1 & 1 & 1 & 1
\end{bmatrix}
\end{array}
\begin{array}{c} \\ q_1 \\ q_2 \\ q_3 \\ q_4 \\ q_5 \\ q_6 \end{array}
$$

从关联矩阵 $\boldsymbol{r}$ 可以得到如下公式

$$e = \sum_{i=1}^{6} \sum_{j=1}^{6} a_{i,j} = 26$$

续表

<table>
<tr><td>一种典型锻造操作机设计步骤案例</td><td>

$$S(6)=\sum_{i=1}^{6}\alpha_{i,j}=(1\ 5\ 5\ 5\ 5\ 5)$$

(3)再进一步把水平偏转和前后移动，$(T_a,R_\beta)\leftarrow\begin{bmatrix}a_{q2} & \beta_{q2}\\ a_{q3} & \beta_{q3}\end{bmatrix}\rightarrow(q_2,q_3)$单独分离出来，这样机构本体设计就分成三个部分，而主平面的三自由度机构设计对操作机的性能影响最大，因此其设计为操作机本体机构设计的关键因素

</td></tr>
<tr><td>主运动机构设计</td><td>

根据主运动的输入和输出关联关系可得到三种最基本的模式，方程如下所示

$$\boldsymbol{r}_1=\begin{bmatrix}r_{q1} & r_{q1} & r_{q1}\\ r_{q2} & r_{q2} & r_{q2}\\ r_{q3} & r_{q3} & r_{q3}\end{bmatrix} \tag{22-9-1}$$

$$\boldsymbol{r}_2=\begin{bmatrix}r_{q1} & 0 & 0\\ 0 & r_{q2} & r_{q2}\\ 0 & r_{q3} & r_{q3}\end{bmatrix} \tag{22-9-2}$$

$$\boldsymbol{r}_3=\begin{bmatrix}r_{q1} & 0 & 0\\ 0 & r_{q2} & 0\\ 0 & 0 & r_{q3}\end{bmatrix} \tag{22-9-3}$$

(1)对于式(22-9-1)所示的关联矩阵，输入和输出的关联关系是耦合的，关联度 e 的值可为6~9。从已知的机构中可以选择3-RRR(图 f)作为初始的机构原型，通过增加驱动支链或者改变机构的拓扑结构获得新的更加满足要求的新机构。图 g 就是一种新的三自由度机构，图 g 中考虑到重载特点，其驱动都选择液压移动驱动，同时把图 f 中的支链 GH 的 H 点连接到 D 点，以更好地实现缓冲的要求

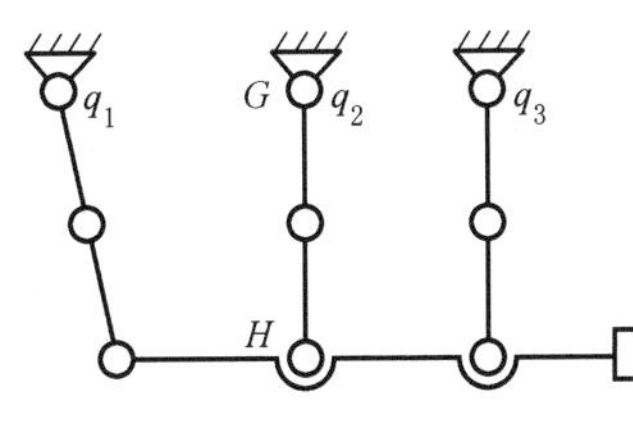

(f) 3-RRR机构　　(g) 一种主运动机构(一)

(2)对于式(22-9-2)，有一组输出特征及其驱动输入被单独分离出来，机构的关联度 e 为 4 或者 5。这就表示有其中一个输出特征被一个输入驱动单独实现，同时这个驱动输入不会对其他输出特征产生影响。对于重载机构来说，找到满足要求的完全并联机构是很困难的，但是可以通过尺度综合把缓冲驱动(图 g 中的 q_2)直接连在末端的夹钳杆上，如图 h 所示

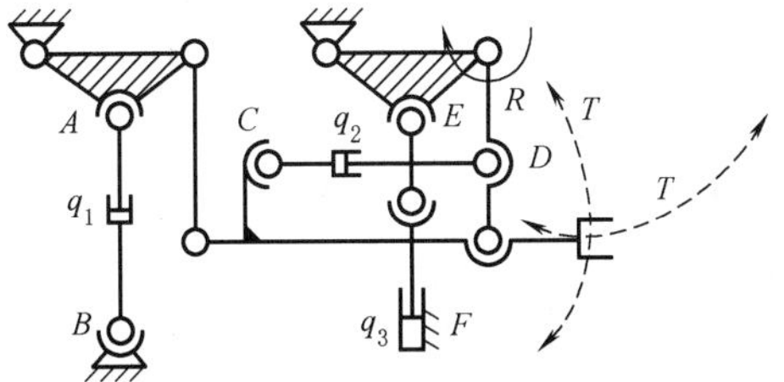

(h) 一种主运动机构(二)

(3)对于式(22-9-3)，每对输出特征和输入驱动都是独立的，也就是说每一种末端运动特征都只有一个驱动实现，这样控制就会变得更加简单。可以应用相同的办法得到需要的机构，图 i 就是一种满足要求的机构

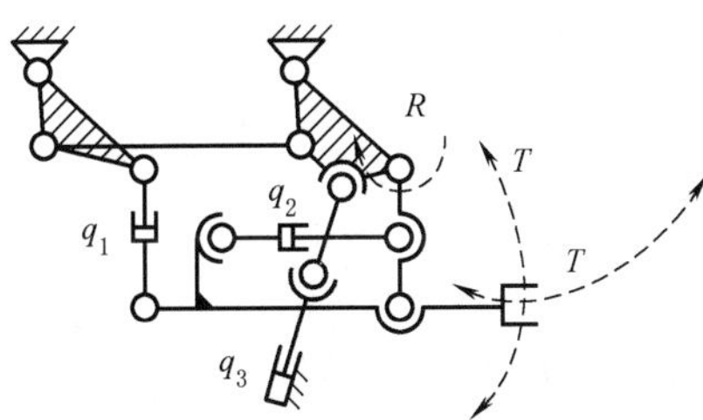

(i) 一种主运动机构(三)

</td></tr>
</table>

表 22-9-2　　基于可约特性的锻造操作机类型综合

类型	可约特性	可约矩阵 **r**
Ⅰ	$R_\alpha \leftarrow [\alpha_{q1}] \rightarrow q_1$ $(T_a, R_\beta) \leftarrow \begin{bmatrix} a_{q2} & \beta_{q2} \\ a_{q3} & \beta_{q3} \end{bmatrix} \rightarrow (q_2, q_3)$ $(R_\gamma, T_b, T_c) \leftarrow \begin{bmatrix} \gamma_{q4} & b_{q4} & c_{q4} \\ \gamma_{q5} & b_{q5} & c_{q5} \\ \gamma_{q6} & b_{q6} & c_{q6} \end{bmatrix} \rightarrow (q_4, q_5, q_6)$	$\begin{bmatrix} \boldsymbol{\alpha}_{qi} & \boldsymbol{a}_{qi} & \boldsymbol{\beta}_{qi} & \boldsymbol{\gamma}_{qi} & \boldsymbol{b}_{qi} & \boldsymbol{c}_{qi} \end{bmatrix} = \begin{bmatrix} 1 & 0 & 0 & 0 & 0 & 0 \\ 0 & 1 & 1 & 0 & 0 & 0 \\ 0 & 1 & 1 & 0 & 0 & 0 \\ 0 & 0 & 0 & 1 & 1 & 1 \\ 0 & 0 & 0 & 0 & 1 & 1 \\ 0 & 0 & 0 & 0 & 0 & 1 \end{bmatrix}$
Ⅱ	$R_\alpha \leftarrow [\alpha_{q1}] \rightarrow q_1$ $(T_a, R_\beta) \leftarrow \begin{bmatrix} a_{q2} & \beta_{q2} \\ a_{q3} & \beta_{q3} \end{bmatrix} \rightarrow (q_2, q_3)$ $(R_\gamma, T_b, T_c) \leftarrow \begin{bmatrix} \gamma_{q4} & b_{q4} & c_{q4} \\ \gamma_{q5} & b_{q5} & c_{q5} \\ \gamma_{q6} & b_{q6} & c_{q6} \end{bmatrix} \rightarrow (q_4, q_5, q_6)$	$\begin{bmatrix} \boldsymbol{\alpha}_{qi} & \boldsymbol{a}_{qi} & \boldsymbol{\beta}_{qi} & \boldsymbol{\gamma}_{qi} & \boldsymbol{b}_{qi} & \boldsymbol{c}_{qi} \end{bmatrix} = \begin{bmatrix} 1 & 0 & 0 & 0 & 0 & 0 \\ 0 & 1 & 1 & 0 & 0 & 0 \\ 0 & 1 & 1 & 0 & 0 & 0 \\ 0 & 0 & 0 & 1 & 0 & 1 \\ 0 & 0 & 0 & 0 & 1 & 1 \\ 0 & 0 & 0 & 0 & 0 & 1 \end{bmatrix}$
Ⅲ	$R_\alpha \leftarrow [\alpha_{q1}] \rightarrow q_1$ $(T_a, R_\beta) \leftarrow \begin{bmatrix} a_{q2} & \beta_{q2} \\ a_{q3} & \beta_{q3} \end{bmatrix} \rightarrow (q_2, q_3)$ $(R_\gamma, T_b, T_c) \leftarrow \begin{bmatrix} \gamma_{q4} & b_{q4} & c_{q4} \\ \gamma_{q5} & b_{q5} & c_{q5} \\ \gamma_{q6} & b_{q6} & c_{q6} \end{bmatrix} \rightarrow (q_4, q_5, q_6)$	$\begin{bmatrix} \boldsymbol{\alpha}_{qi} & \boldsymbol{a}_{qi} & \boldsymbol{\beta}_{qi} & \boldsymbol{\gamma}_{qi} & \boldsymbol{b}_{qi} & \boldsymbol{c}_{qi} \end{bmatrix} = \begin{bmatrix} 1 & 0 & 0 & 0 & 0 & 0 \\ 0 & 1 & 1 & 0 & 0 & 0 \\ 0 & 1 & 1 & 0 & 0 & 0 \\ 0 & 0 & 0 & 1 & 0 & 0 \\ 0 & 0 & 0 & 1 & 1 & 1 \\ 0 & 0 & 0 & 0 & 0 & 1 \end{bmatrix}$
	$R_\alpha \leftarrow [\alpha_{q1}] \rightarrow q_1$ $(T_a, R_\beta) \leftarrow \begin{bmatrix} a_{q2} & \beta_{q2} \\ a_{q3} & \beta_{q3} \end{bmatrix} \rightarrow (q_2, q_3)$ $R_\gamma \leftarrow [\gamma_{q4}] \rightarrow q_4$ $(T_b, T_c) \leftarrow \begin{bmatrix} b_{q5} & c_{q6} \\ b_{q6} & c_{q6} \end{bmatrix} \rightarrow (q_5, q_6)$	$\begin{bmatrix} \boldsymbol{\alpha}_{qi} & \boldsymbol{a}_{qi} & \boldsymbol{\beta}_{qi} & \boldsymbol{\gamma}_{qi} & \boldsymbol{b}_{qi} & \boldsymbol{c}_{qi} \end{bmatrix} = \begin{bmatrix} 1 & 0 & 0 & 0 & 0 & 0 \\ 0 & 1 & 1 & 0 & 0 & 0 \\ 0 & 1 & 1 & 0 & 0 & 0 \\ 0 & 0 & 0 & 1 & 0 & 0 \\ 0 & 0 & 0 & 0 & 1 & 1 \\ 0 & 0 & 0 & 0 & 1 & 1 \end{bmatrix}$
Ⅳ	$R_\alpha \leftarrow [\alpha_{q1}] \rightarrow q_1$ $(T_a, R_\beta) \leftarrow \begin{bmatrix} a_{q2} & \beta_{q2} \\ a_{q3} & \beta_{q3} \end{bmatrix} \rightarrow (q_2, q_3)$ $T_b \leftarrow [b_{q4}] \rightarrow q_4$ $(T_c, R_\gamma) \leftarrow \begin{bmatrix} c_{q5} & \gamma_{q5} \\ c_{q6} & \gamma_{q6} \end{bmatrix} \rightarrow (q_5, q_6)$	$\begin{bmatrix} \boldsymbol{\alpha}_{qi} & \boldsymbol{a}_{qi} & \boldsymbol{\beta}_{qi} & \boldsymbol{\gamma}_{qi} & \boldsymbol{b}_{qi} & \boldsymbol{c}_{qi} \end{bmatrix} = \begin{bmatrix} 1 & 0 & 0 & 0 & 0 & 0 \\ 0 & 1 & 1 & 0 & 0 & 0 \\ 0 & 1 & 1 & 0 & 0 & 0 \\ 0 & 0 & 0 & 1 & 0 & 0 \\ 0 & 0 & 0 & 0 & 1 & 1 \\ 0 & 0 & 0 & 0 & 0 & 1 \end{bmatrix}$
	$R_\alpha \leftarrow [\alpha_{q1}] \rightarrow q_1$ $(T_a, R_\beta) \leftarrow \begin{bmatrix} a_{q2} & \beta_{q2} \\ a_{q3} & \beta_{q3} \end{bmatrix} \rightarrow (q_2, q_3)$ $R_\gamma \leftarrow [\gamma_{q4}] \rightarrow q_4$ $(T_b, T_c) \leftarrow \begin{bmatrix} b_{q5} & c_{q5} \\ b_{q6} & c_{q6} \end{bmatrix} \rightarrow (q_5, q_6)$	$\begin{bmatrix} \boldsymbol{\alpha}_{qi} & \boldsymbol{a}_{qi} & \boldsymbol{\beta}_{qi} & \boldsymbol{\gamma}_{qi} & \boldsymbol{b}_{qi} & \boldsymbol{c}_{qi} \end{bmatrix} = \begin{bmatrix} 1 & 0 & 0 & 0 & 0 & 0 \\ 0 & 1 & 1 & 0 & 0 & 0 \\ 0 & 1 & 1 & 0 & 0 & 0 \\ 0 & 0 & 0 & 1 & 0 & 0 \\ 0 & 0 & 0 & 0 & 1 & 1 \\ 0 & 0 & 0 & 0 & 0 & 1 \end{bmatrix}$
Ⅴ	$R_\alpha \leftarrow [\alpha_{q1}] \rightarrow q_1$ $(T_a, R_\beta) \leftarrow \begin{bmatrix} a_{q2} & \beta_{q2} \\ a_{q3} & \beta_{q3} \end{bmatrix} \rightarrow (q_2, q_3)$ $R_\gamma \leftarrow [\gamma_{q4}] \rightarrow q_4$ $T_b \leftarrow [b_{q5}] \rightarrow q_5$ $T_c \leftarrow [c_{q6}] \rightarrow q_6$	$\begin{bmatrix} \boldsymbol{\alpha}_{qi} & \boldsymbol{a}_{qi} & \boldsymbol{\beta}_{qi} & \boldsymbol{\gamma}_{qi} & \boldsymbol{b}_{qi} & \boldsymbol{c}_{qi} \end{bmatrix} = \begin{bmatrix} 1 & 0 & 0 & 0 & 0 & 0 \\ 0 & 1 & 1 & 0 & 0 & 0 \\ 0 & 1 & 1 & 0 & 0 & 0 \\ 0 & 0 & 0 & 1 & 0 & 0 \\ 0 & 0 & 0 & 0 & 1 & 0 \\ 0 & 0 & 0 & 0 & 0 & 1 \end{bmatrix}$

表 22-9-3　　　　　　　　典型锻造操作机机构构型

可约类型	主运动机构	锻造操作机机构
Ⅰ	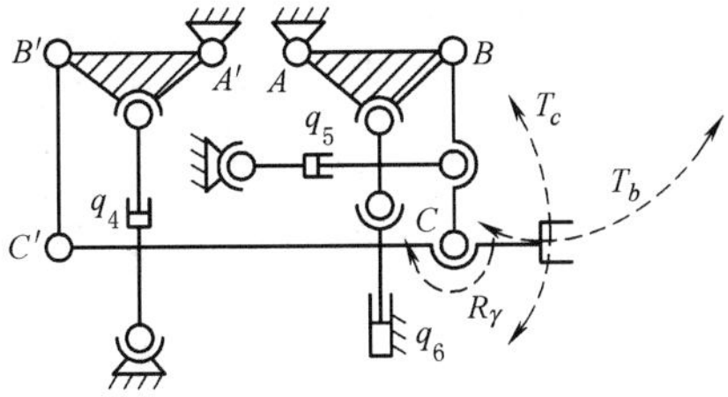	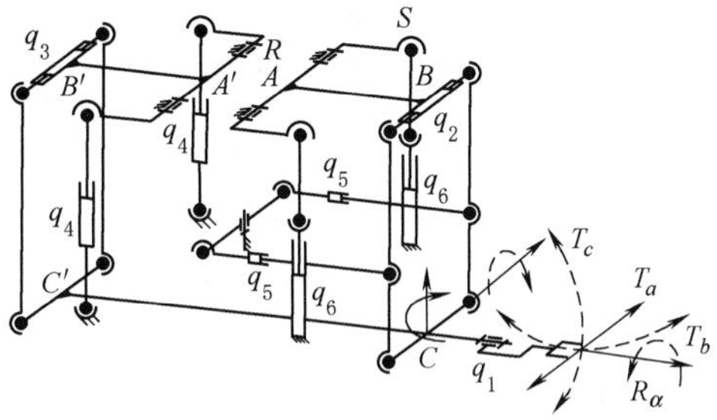
Ⅱ	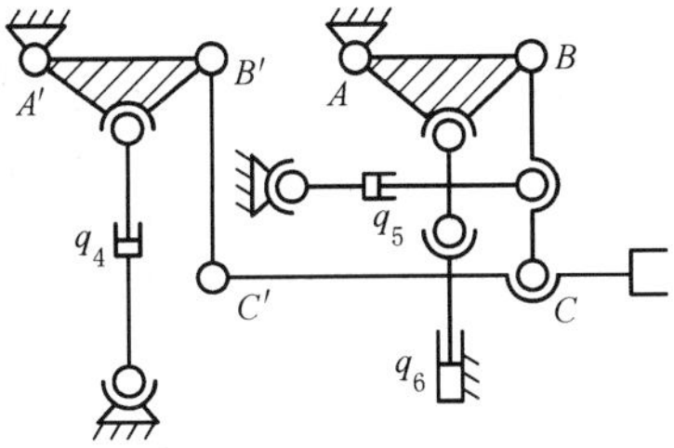 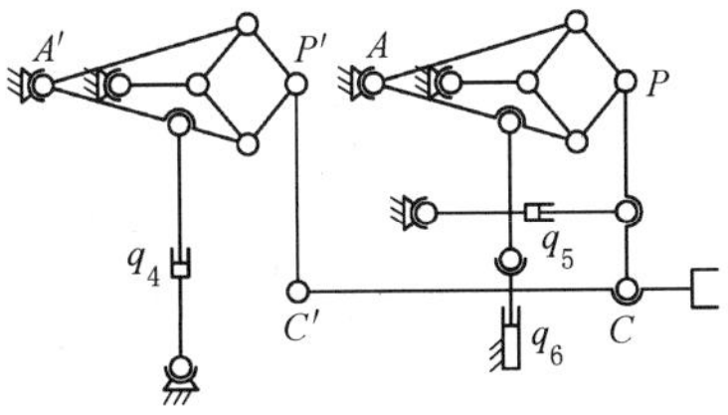	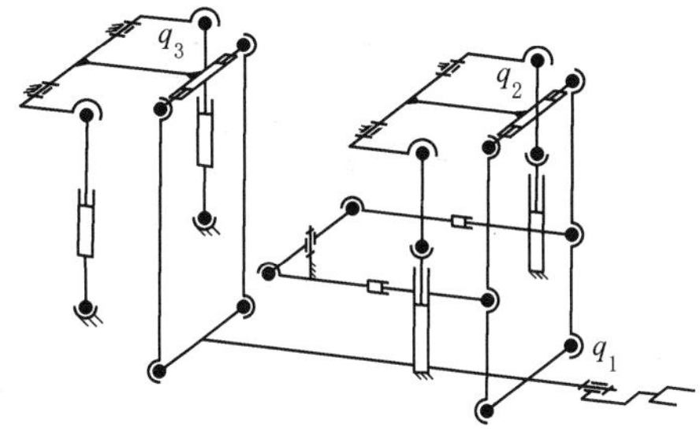 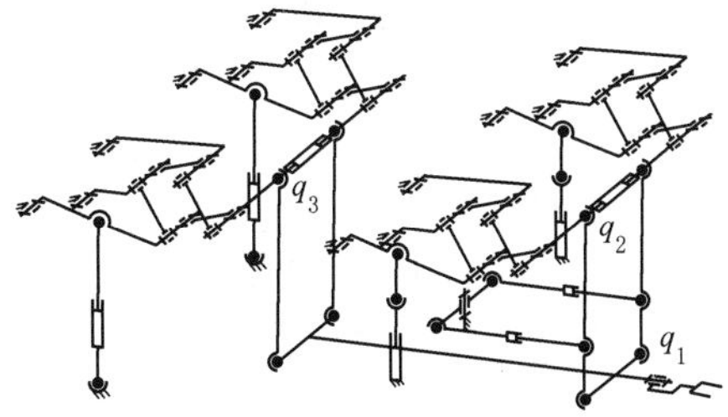
	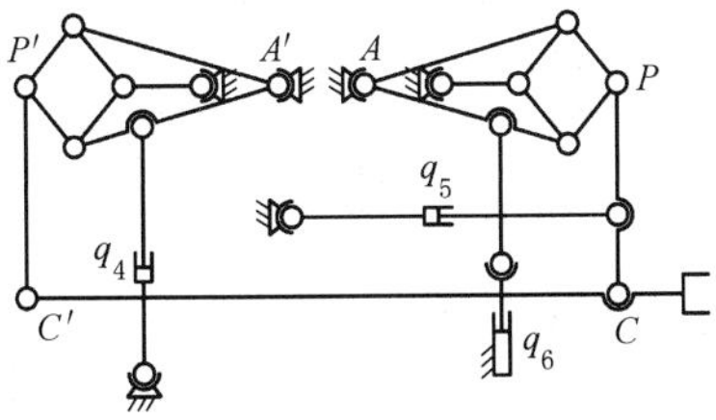	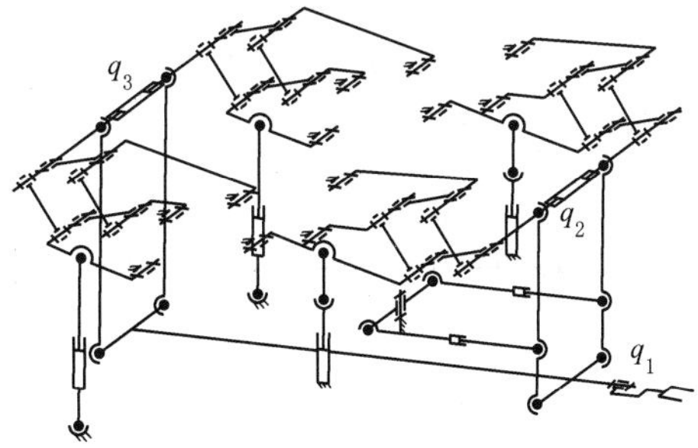
Ⅲ	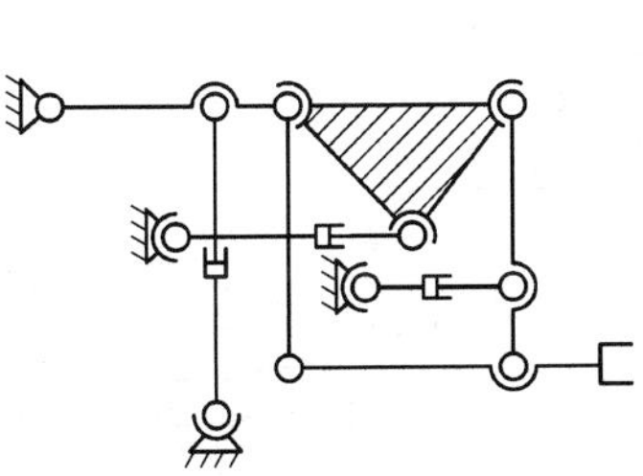	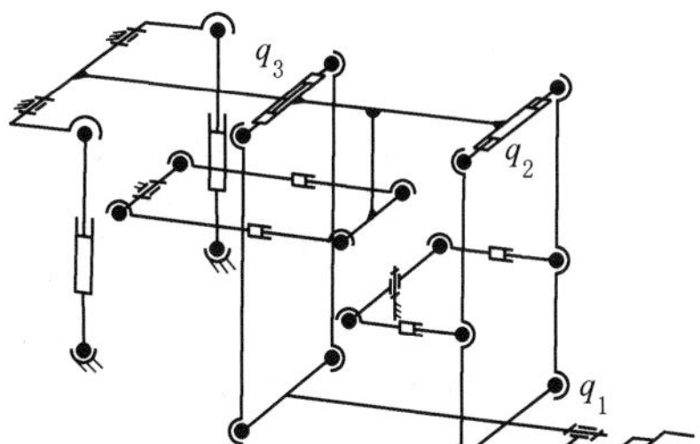

续表

可约类型	主运动机构	锻造操作机机构
Ⅲ	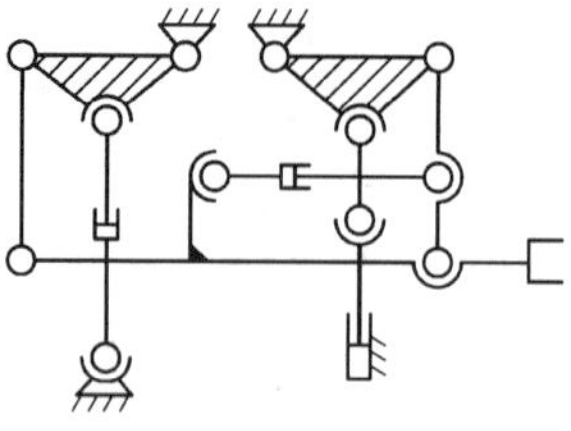	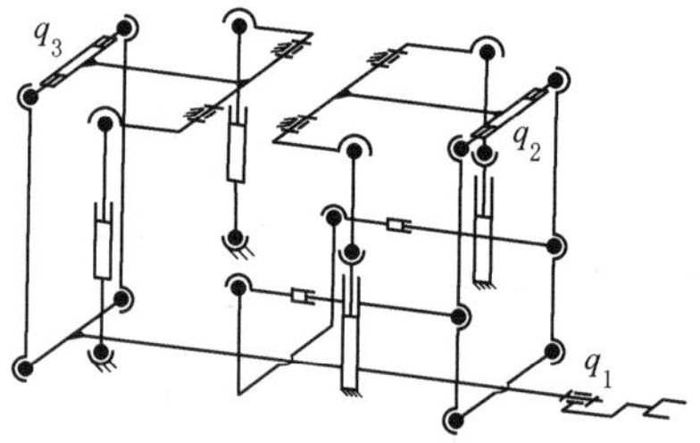
Ⅳ	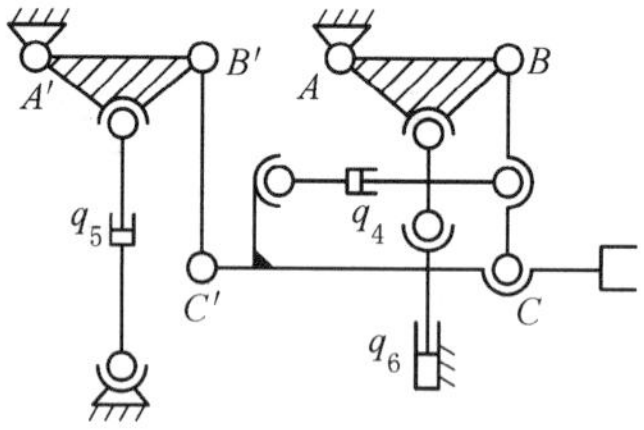	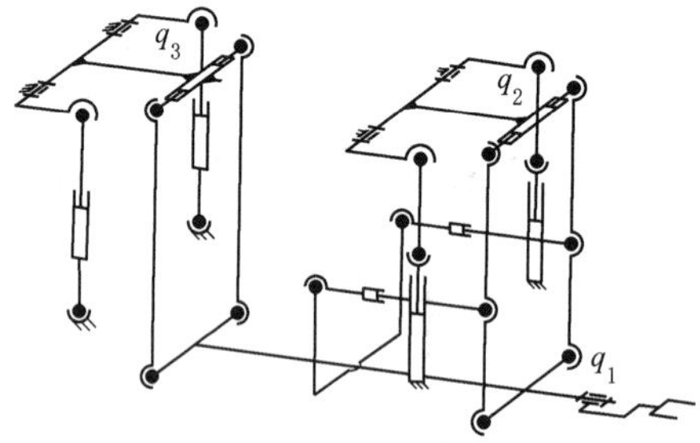
	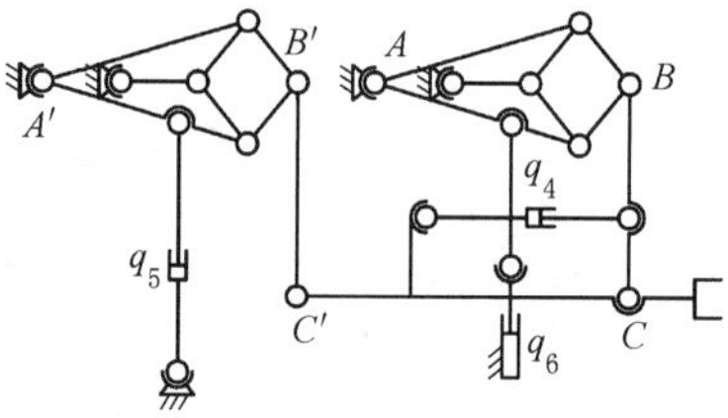	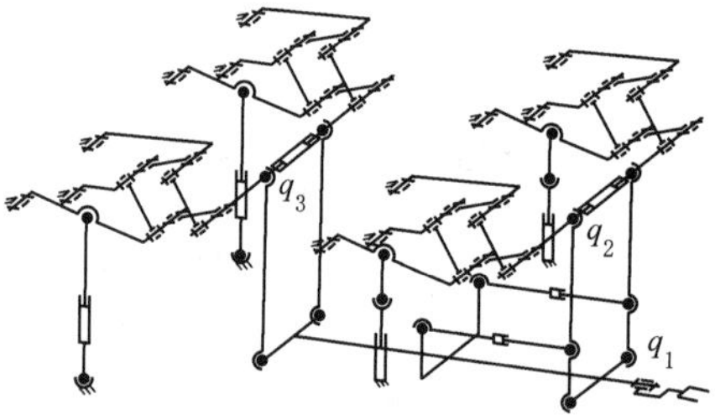
	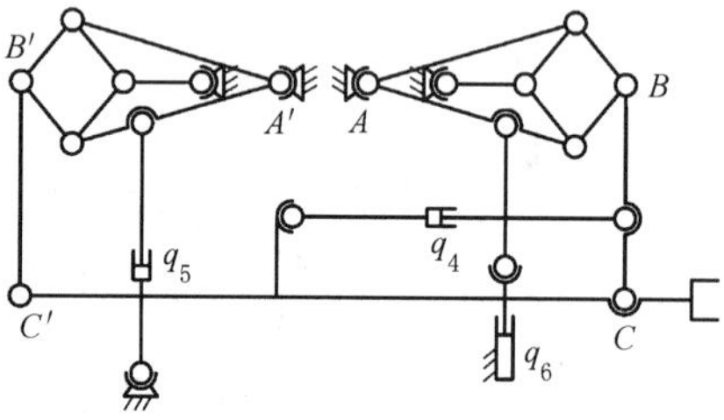	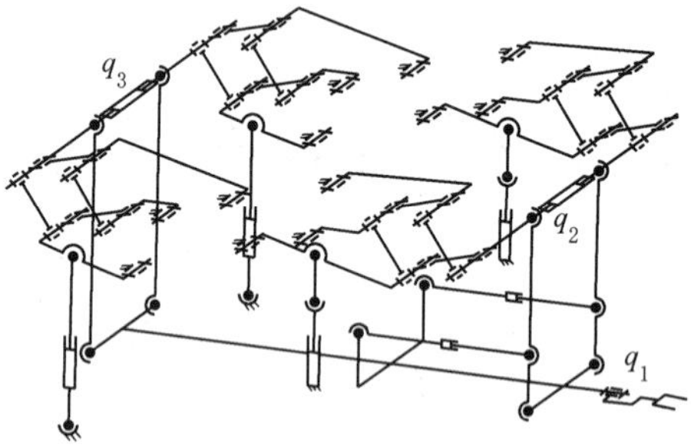
	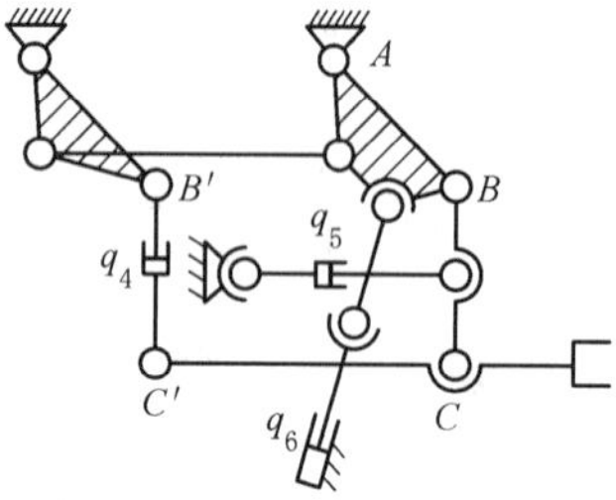	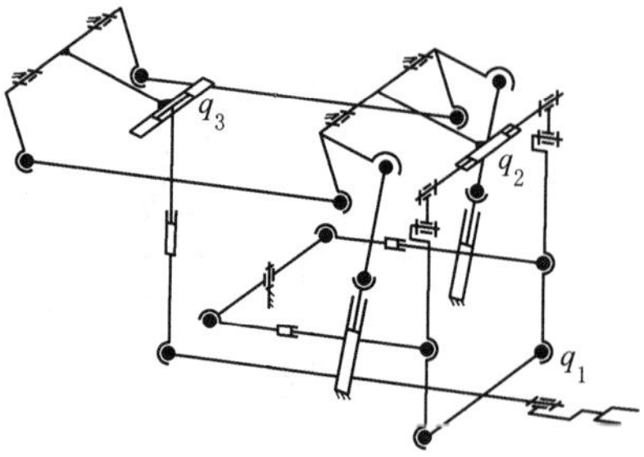

续表

可约类型	主运动机构	锻造操作机机构
Ⅳ	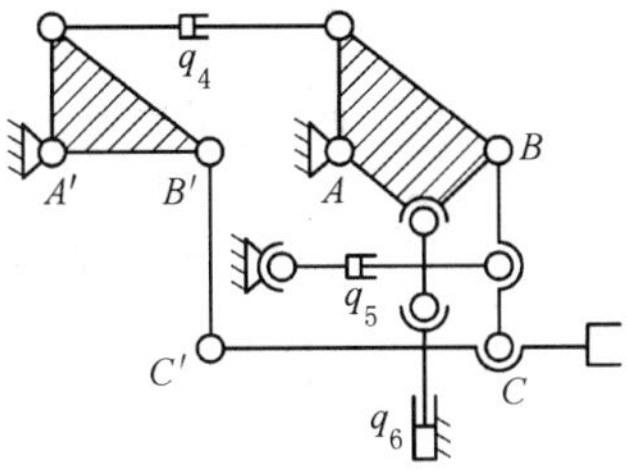	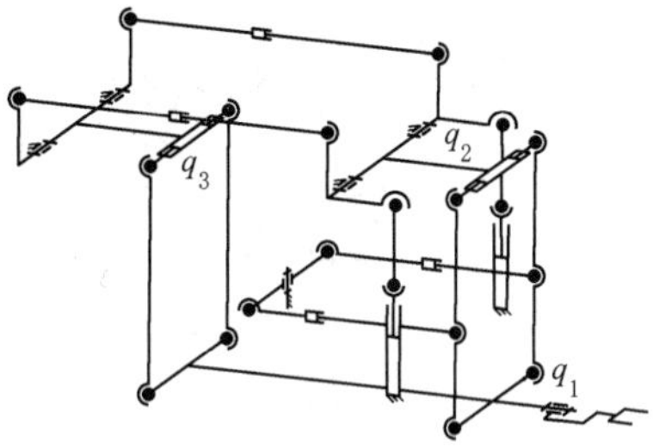
	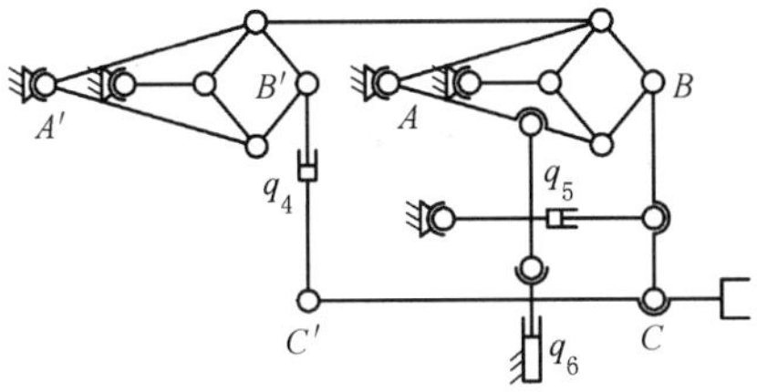	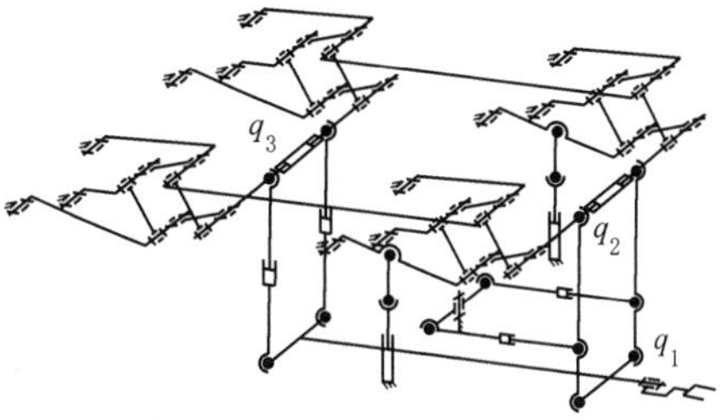
Ⅴ	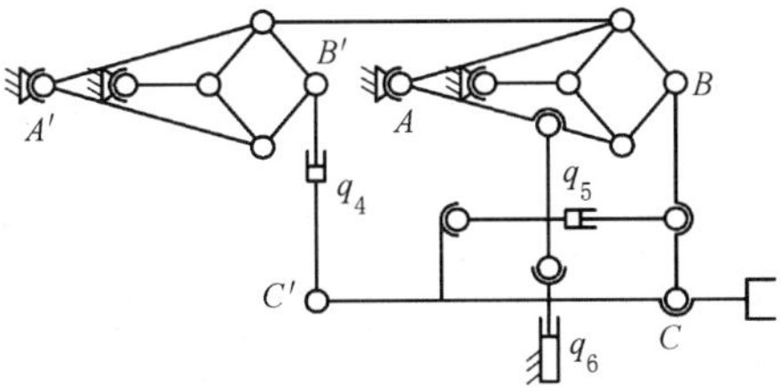	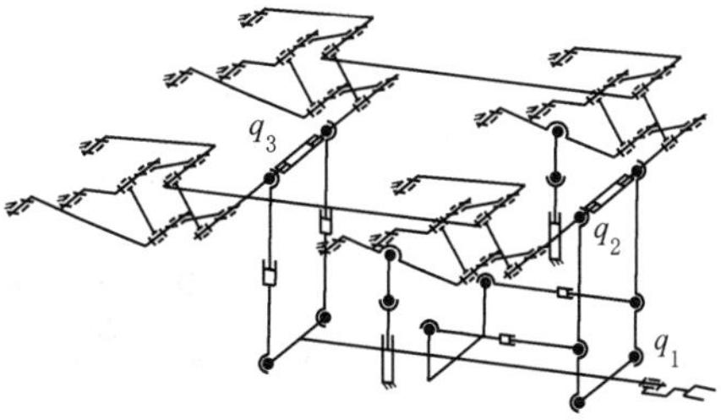
	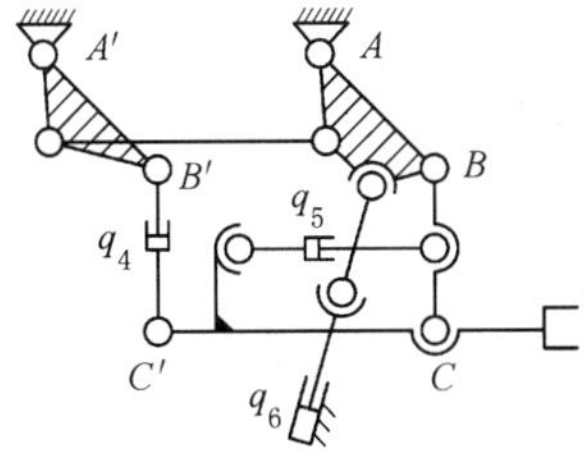	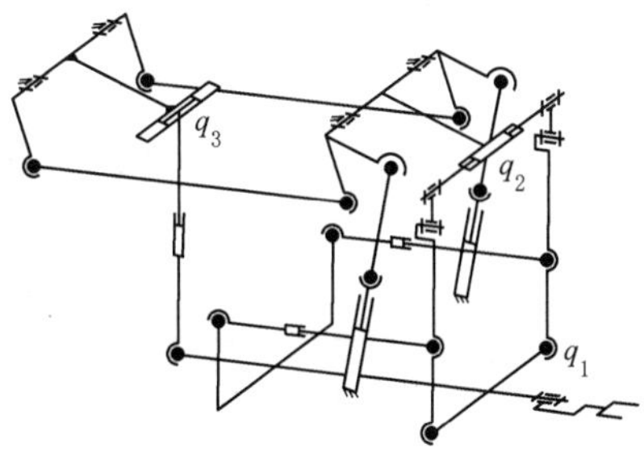
	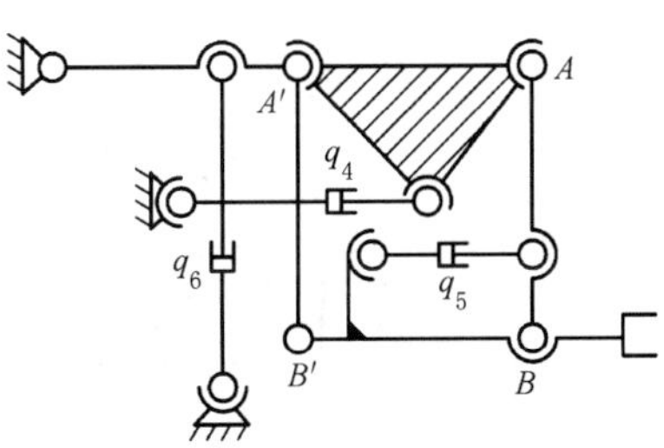	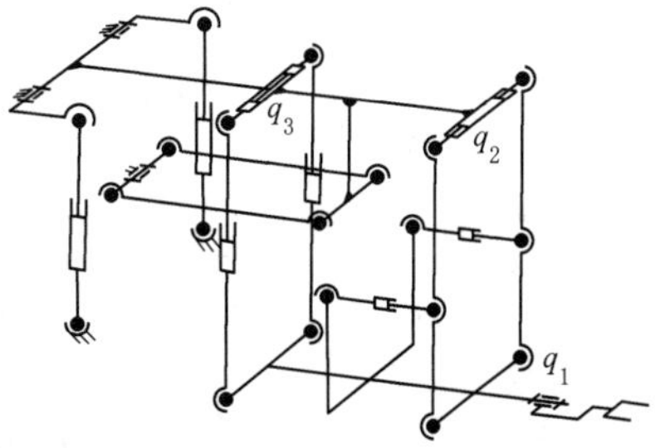

续表

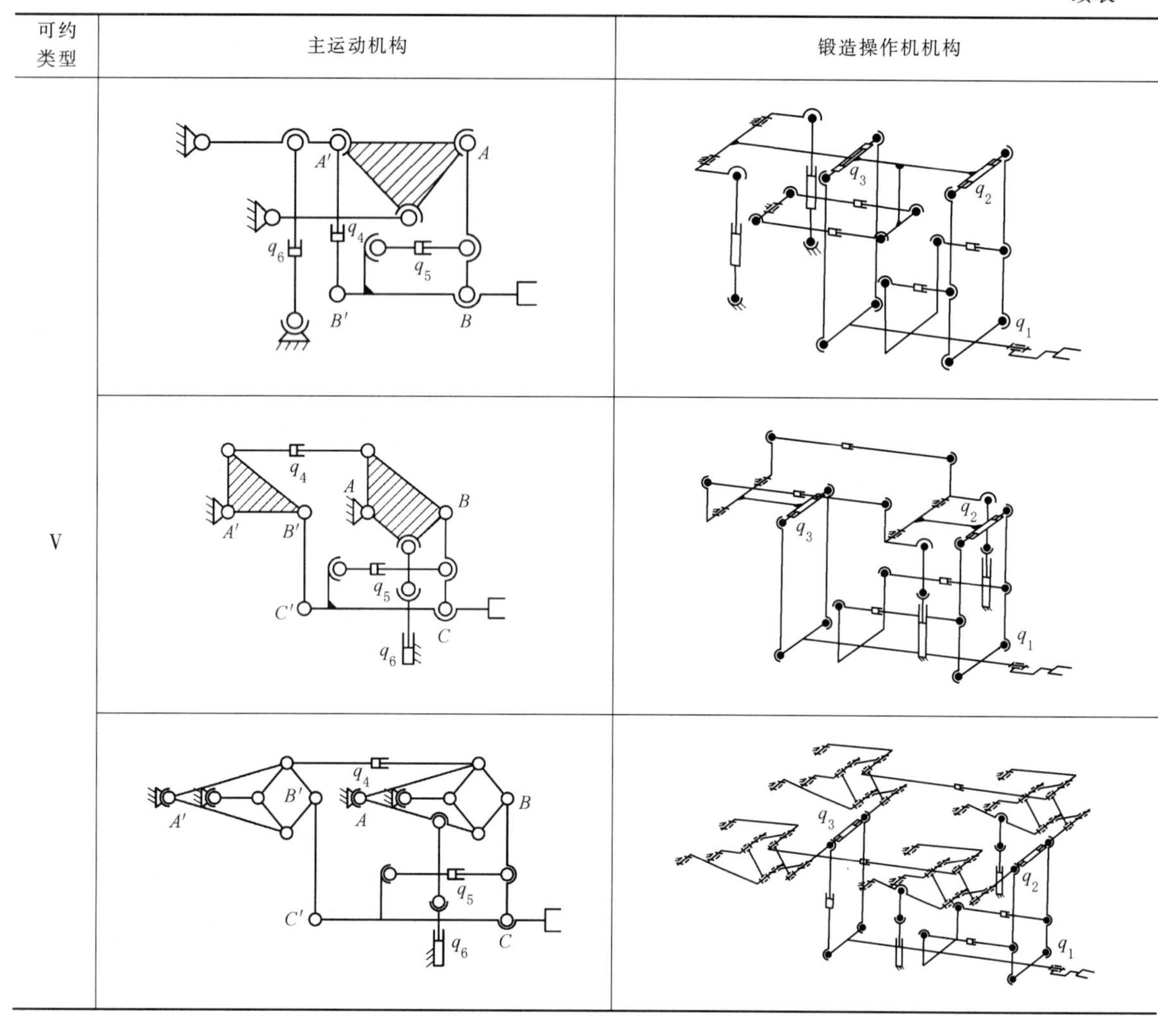

3 伺服压力机设计

表 22-9-4 典型伺服压力机构型设计

驱动数	综合条件	机构图例	
双驱动	$N=3$, $n=2$, $q_i=1$, $p=1$, $i=1,2$	主动支链 T_{ai} $R_{\alpha i}$ T_{bi} $G_{\mathrm{F}i}^{\mathrm{I}_5}(T_{ai},T_{bi},R_{\alpha i}),i=1,2$	被动支链 T_{a3} $R_{\alpha 3}$ $G_{\mathrm{F3}}^{\mathrm{II}_{20}}(T_{a3},R_{\alpha 3})$

续表

驱动数	综合条件	机构图例	
双驱动	$N=3$, $n=2$, $q_i=1$, $p=1$, $i=1,2$	构型 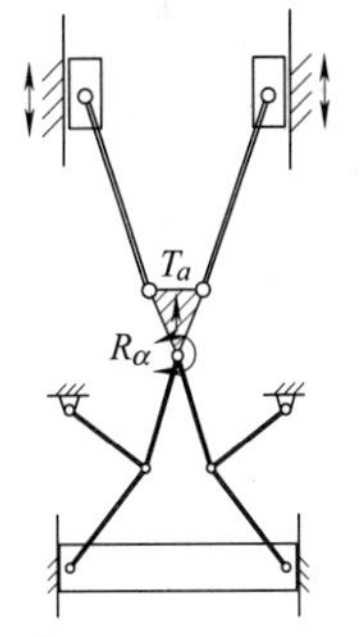 T_a R_α $\bigcap_{i=1}^{3} G_{Fi}=G_F^{II_{20}}(T_a, R_\alpha)$	样机 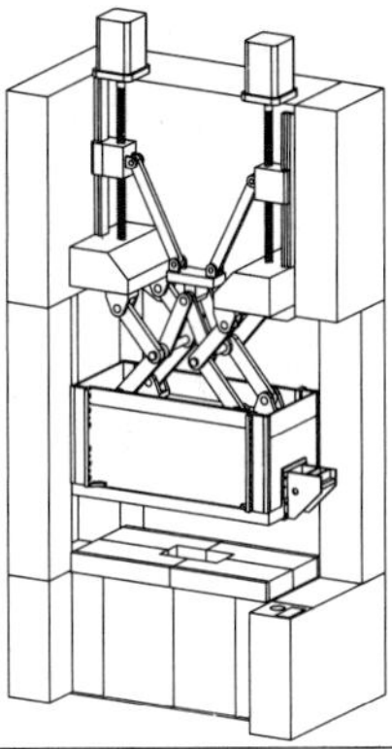
三驱动	$N=4$, $n=3$, $q_i=1$, $p=1$, $i=1,2,3$	主动支链 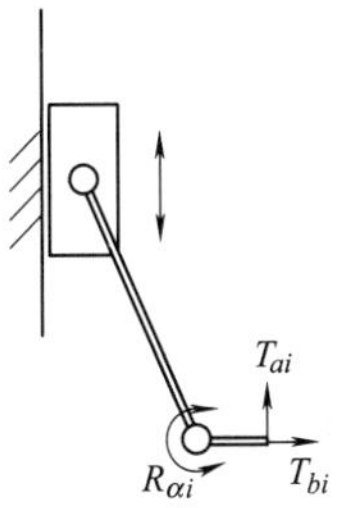 T_{ai} $R_{\alpha i}$ T_{bi} $G_{Fi}^{I_5}(T_{ai}, T_{bi}, R_{\alpha i}), i=1,2,3$	被动支链 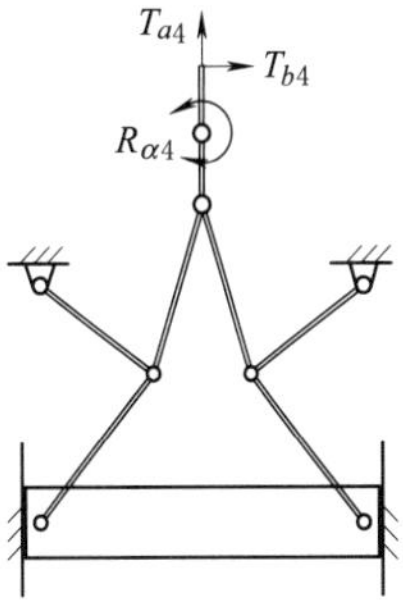 T_{a4} T_{b4} $R_{\alpha 4}$ $G_{F4}^{I_5}(T_{a4}, T_{b4}, R_{\alpha 4})$
		构型 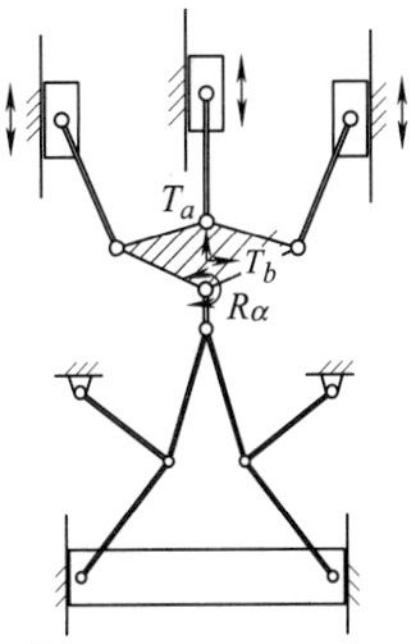 T_a T_b R_α $\bigcap_{i=1}^{4} G_{Fi}=G_F^{I_5}(T_a, T_b, R_\alpha)$	样机 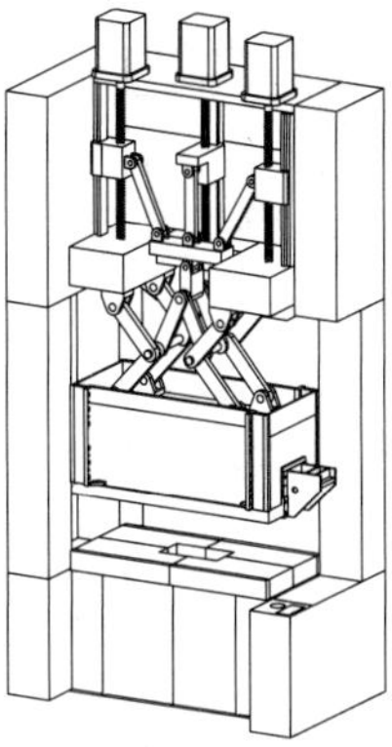
四驱动	$N=5$, $n=4$, $q_i=1$, $p=1$, $i=1,\cdots,4$	主动支链 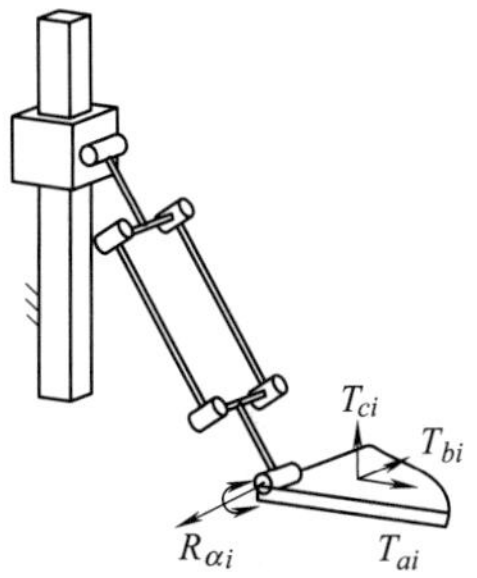 T_{ci} T_{bi} $R_{\alpha i}$ T_{ai} $G_{Fi}^{I_3}(T_{ai}, T_{bi}, T_{ci}, R_{\alpha i}), i=1,\cdots,4$	被动支链 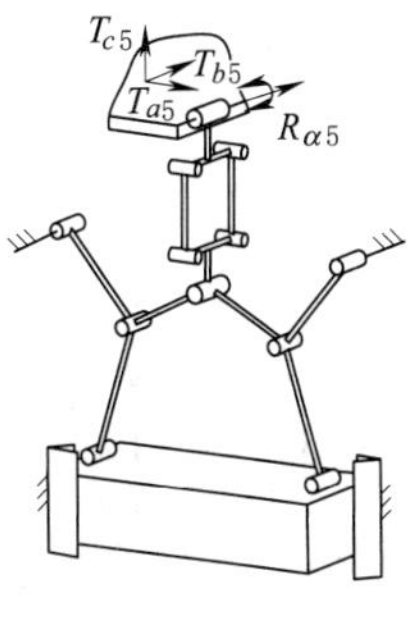 T_{c5} T_{b5} T_{a5} $R_{\alpha 5}$ $G_{F5}^{I_3}(T_{a5}, T_{b5}, T_{c5}, R_{\alpha 5})$

续表

驱动数	综合条件	机构图例	
四驱动	$N=5$, $n=4$, $q_i=1$, $p=1$, $i=1,\cdots,4$	构型 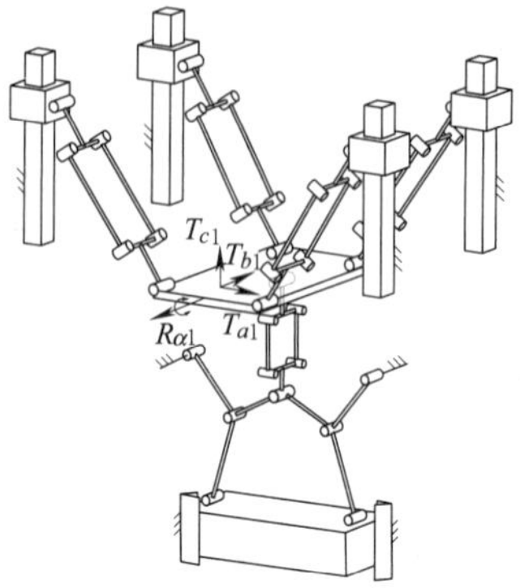 T_{c1} T_{b1} $R_{\alpha 1}$ T_{a1} $\bigcap_{i=1}^{5} G_{Fi}=G_F^{I_3}(T_a, T_b, T_c, R_\alpha)$	样机 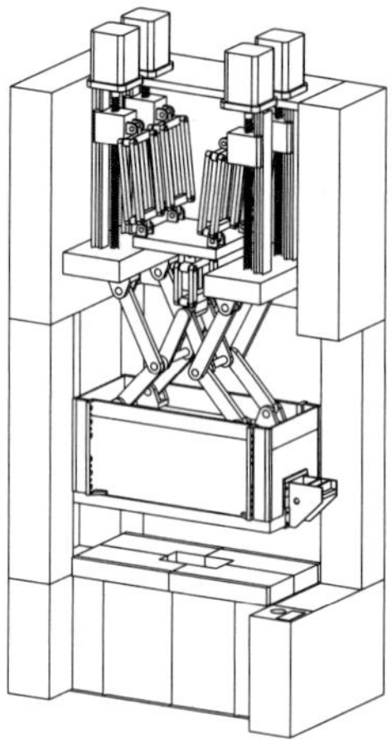
五驱动	$N=6$, $n=5$, $q_i=1$, $p=1$, $i=1,\cdots,5$	主动支链 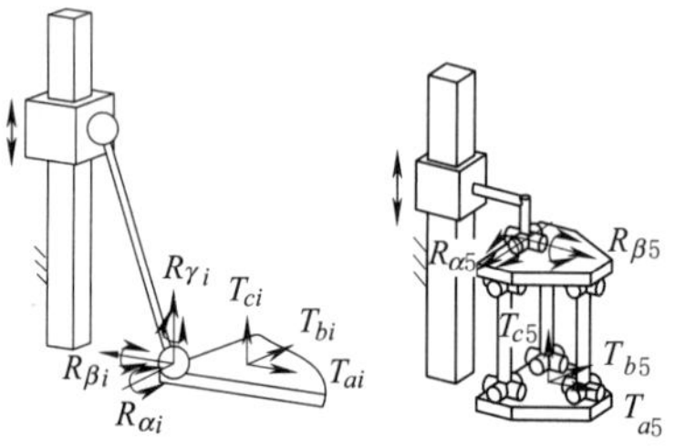 $R_{\gamma i}$ T_{ci} T_{bi} $R_{\beta i}$ T_{ai} $R_{\alpha i}$ $R_{\alpha 5}$ $R_{\beta 5}$ T_{c5} T_{b5} T_{a5} $G_{Fi}^{I_1}(T_{ai}, T_{bi}, T_{ci}, R_{\alpha i}, R_{\beta i}, R_{\gamma i})$, $i=1,\cdots,4$ $G_{F5}^{I_2}(T_{a5}, T_{b5}, T_{c5}, R_{\alpha 5}, R_{\beta 5})$	被动支链 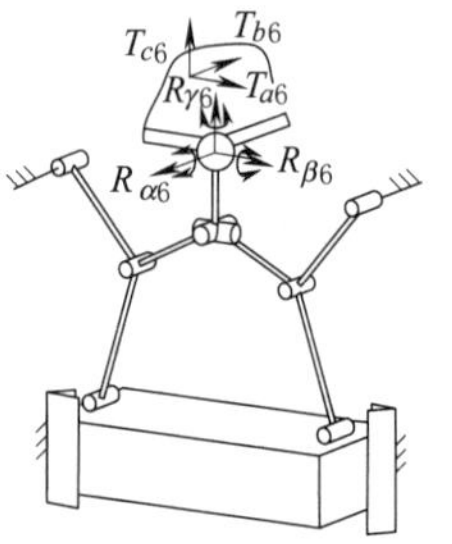 T_{c6} T_{b6} $R_{\gamma 6}$ T_{a6} $R_{\alpha 6}$ $R_{\beta 6}$ $G_{F6}^{I_1}(T_{a6}, T_{b6}, T_{c6}, R_{\alpha 6}, R_{\beta 6}, R_{\gamma 6})$
		构型 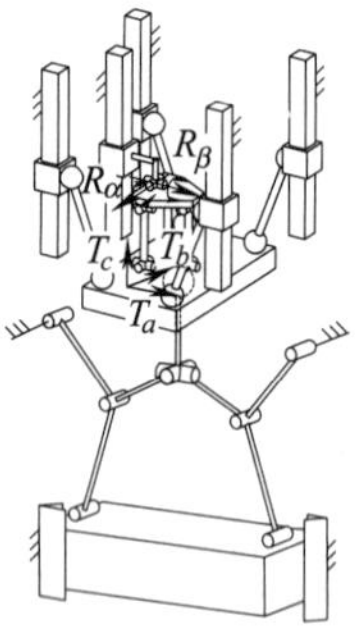 R_α R_β T_c T_b T_a $\bigcap_{i=1}^{6} G_{Fi}=G_F^{I_2}(T_a, T_b, T_c, R_\alpha, R_\beta)$	样机 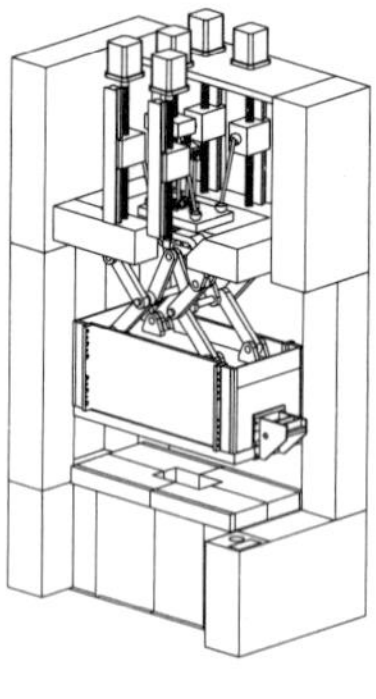
六驱动	$N=7$, $n=6$, $q_i=1$, $p=1$, $i=1,\cdots,6$	主动支链 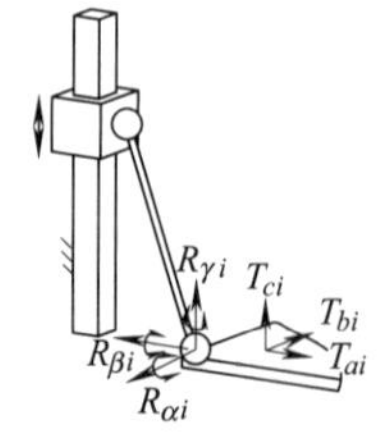 $R_{\gamma i}$ T_{ci} T_{bi} $R_{\beta i}$ T_{ai} $R_{\alpha i}$ $G_{Fi}^{I_1}(T_{ai}, T_{bi}, T_{ci}, R_{\alpha i}, R_{\beta i}, R_{\gamma i})$, $i=1,\cdots,6$	被动支链 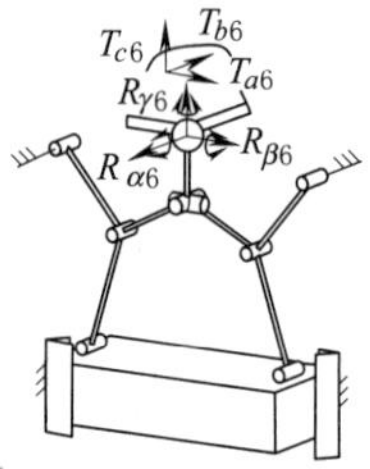 T_{c6} T_{b6} $R_{\gamma 6}$ T_{a6} $R_{\alpha 6}$ $R_{\beta 6}$ $G_{F7}^{I_1}(T_{a7}, T_{b7}, T_{c7}, R_{\alpha 7}, R_{\beta 7}, R_{\gamma 7})$

续表

驱动数	综合条件	机构图例	
		构型	样机
六驱动	$N=7$, $n=6$, $q_i=1$, $p=1$, $i=1,\cdots,6$	T_c, T_b, R_γ, T_a, R_α, R_β $\bigcap_{i=1}^{7} G_{\mathrm{F}i}=G_{\mathrm{F}}^{1_1}(T_a, T_b, T_c, R_\alpha, R_\beta, R_\gamma)$	

表 22-9-5　　典型伺服压力机设计案例

<table>
<tr><td colspan="3">具有对称结构四驱动伺服压力机设计</td></tr>
<tr><td>机械模型与数学模型</td><td colspan="2">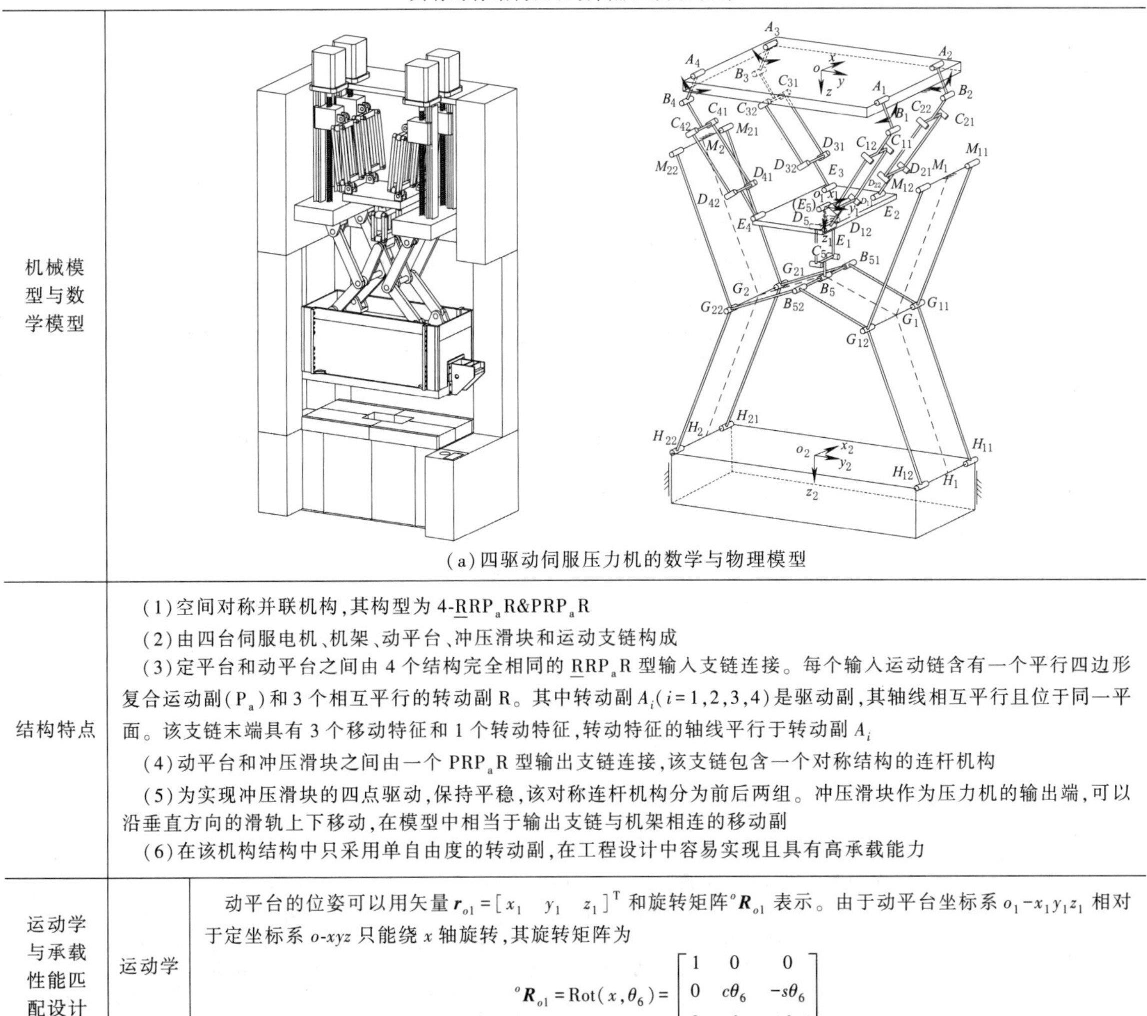

(a) 四驱动伺服压力机的数学与物理模型</td></tr>
<tr><td>结构特点</td><td colspan="2">(1) 空间对称并联机构，其构型为 4-$\underline{R}$RP$_a$R&PRP$_a$R
(2) 由四台伺服电机、机架、动平台、冲压滑块和运动支链构成
(3) 定平台和动平台之间由 4 个结构完全相同的 $\underline{R}$RP$_a$R 型输入支链连接。每个输入运动链含有一个平行四边形复合运动副(P$_a$)和 3 个相互平行的转动副 R。其中转动副 A_i($i=1,2,3,4$)是驱动副，其轴线相互平行且位于同一平面。该支链末端具有 3 个移动特征和 1 个转动特征，转动特征的轴线平行于转动副 A_i
(4) 动平台和冲压滑块之间由一个 PRP$_a$R 型输出支链连接，该支链包含一个对称结构的连杆机构
(5) 为实现冲压滑块的四点驱动，保持平稳，该对称连杆机构分为前后两组。冲压滑块作为压力机的输出端，可以沿垂直方向的滑轨上下移动，在模型中相当于输出支链与机架相连的移动副
(6) 在该机构结构中只采用单自由度的转动副，在工程设计中容易实现且具有高承载能力</td></tr>
<tr><td>运动学与承载性能匹配设计</td><td>运动学</td><td>动平台的位姿可以用矢量 $\boldsymbol{r}_{o1}=[x_1\quad y_1\quad z_1]^{\mathrm{T}}$ 和旋转矩阵 $^o\boldsymbol{R}_{o1}$ 表示。由于动平台坐标系 o_1-$x_1y_1z_1$ 相对于定坐标系 o-xyz 只能绕 x 轴旋转，其旋转矩阵为
$$^o\boldsymbol{R}_{o1}=\mathrm{Rot}(x,\theta_6)=\begin{bmatrix}1&0&0\\0&c\theta_6&-s\theta_6\\0&s\theta_6&c\theta_6\end{bmatrix}$$</td></tr>
</table>

续表

运动学与承载性能匹配设计 — 运动学

故动平台的位姿矢量表示为$[x_1\quad y_1\quad z_1\quad \theta_6]^{\mathrm{T}}$。冲压滑块只有竖直方向移动，其位置矢量用坐标系原点表示为$[0\quad 0\quad z_2]^{\mathrm{T}}$。各个连杆的姿态可用其相对于定坐标系 $o\text{-}xyz$ 中的旋转矩阵表示。除构成平行四边形的4个转动副，各个连杆均采用平行于 x 轴的转动副连接，其姿态用一个绕 x 轴的旋转矩阵${}^{o}\boldsymbol{R}_{\text{link}}$ 表示

$$
{}^{o}\boldsymbol{R}_{\text{link}}=\mathrm{Rot}(x,\theta_{\text{link}})=\begin{bmatrix}1 & 0 & 0\\ 0 & c\theta_{\text{link}} & -s\theta_{\text{link}}\\ 0 & s\theta_{\text{link}} & c\theta_{\text{link}}\end{bmatrix}
$$

由于平行四边形中的连杆 $C_{i1}D_{i1}$ 和 $C_{i2}D_{i2}$ 具有相同的运动特征，可表示为等效的连杆 C_iD_i，其姿态可以表示为先绕 z 轴旋转 θ_{i3}，然后绕 x 轴旋转 θ_{i2} 的旋转矩阵

$$
{}^{o}\boldsymbol{R}_{ci}=\mathrm{Rot}(x,\theta_{i2})\mathrm{Rot}(z,\theta_{i3})=\begin{bmatrix}c\theta_{i3} & -s\theta_{i3} & 0\\ s\theta_{i3}c\theta_{i2} & c\theta_{i3}c\theta_{i2} & -s\theta_{i2}\\ s\theta_{i3}s\theta_{i2} & c\theta_{i3}s\theta_{i2} & c\theta_{i2}\end{bmatrix}
$$

在本机构中，一个空间并联机构的动平台通过一个含有平面对称连杆机构的输出支链连接冲压滑块。动平台并不作为实际输出执行端，而是作为一个运动和力的协调传递装置，与机构的输入和输出变量有映射关系。由于单一的输出滑块位置变量无法确定整个机构的位形，这里选取动平台的末端运动特征，即位姿变量（3个平动变量和1个转动变量），其相对于定坐标系 $o\text{-}xyz$ 表示为 x_1,y_1,z_1,θ_6，作为描述整个系统位形的独立变量。故其位置分析包括两部分：（1）输出支链位置分析，研究机构输出端（冲压滑块）与动平台之间的位置关系；（2）输入支链位置分析，讨论动平台与机构输入变量之间的位置关系

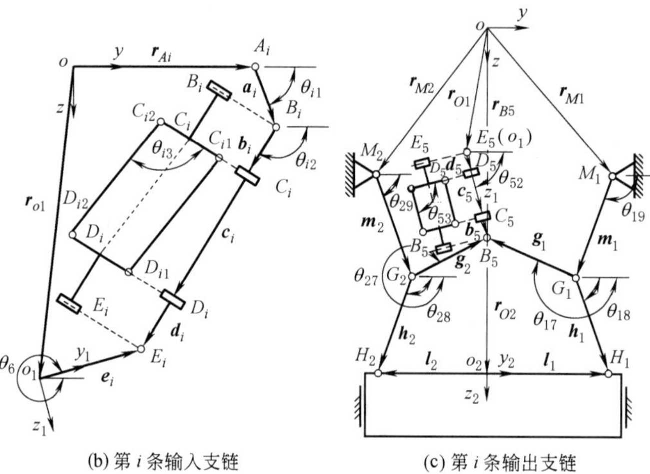

(b) 第 i 条输入支链　　(c) 第 i 条输出支链

包含输入支链的封闭的矢量方程表达式为

$$
\boldsymbol{r}_{Ai}+\boldsymbol{a}_i+\boldsymbol{b}_i+\boldsymbol{c}_i+\boldsymbol{d}_i=\boldsymbol{r}_{o1}+\boldsymbol{e}_i,\ i=1,2,3,4
$$

包含输出支链的矢量方程为

$$
\begin{gathered}
\boldsymbol{r}_{o1}+\boldsymbol{d}_5+\boldsymbol{c}_5+\boldsymbol{b}_5=\boldsymbol{r}_{M1}+\boldsymbol{m}_1+\boldsymbol{g}_1\\
\boldsymbol{r}_{M1}+\boldsymbol{m}_1+\boldsymbol{h}_1=\boldsymbol{r}_{o2}+\boldsymbol{l}_1\\
\boldsymbol{r}_{M2}+\boldsymbol{m}_2+\boldsymbol{h}_2=\boldsymbol{r}_{o2}+\boldsymbol{l}_2\\
\boldsymbol{r}_{M1}+\boldsymbol{m}_1+\boldsymbol{g}_1=\boldsymbol{r}_{M2}+\boldsymbol{m}_2+\boldsymbol{g}_2
\end{gathered}
$$

式中，$\boldsymbol{a}_i$、$\boldsymbol{b}_i$、$\boldsymbol{c}_i$、$\boldsymbol{d}_i$ 分别代表矢量$\overrightarrow{A_iB_i}$、$\overrightarrow{B_iC_i}$、$\overrightarrow{C_iD_i}$ 和 $\overrightarrow{D_iE_i}$；$\boldsymbol{b}_5$、$\boldsymbol{c}_5$、$\boldsymbol{d}_5$、l_b、l_c、l_d 分别是矢量$\overrightarrow{B_5C_5}$、$\overrightarrow{C_5D_5}$ 和$\overrightarrow{D_5E_5}$ 及其长度；$\boldsymbol{m}_j$、$\boldsymbol{g}_j$、$\boldsymbol{h}_j$ 代表矢量$\overrightarrow{M_jG_j}$、$\overrightarrow{G_jB_j}$ 和$\overrightarrow{G_jH_j}$

（1）输出支链位置分析

计算可得动平台和冲压滑块之间的位置关系式为

$$
\{[y_1-r_y(z_2)]^2+[z_1-r_z(z_2)]^2-(l_b+l_d)^2-(l_c{}^2-x_1{}^2)\}^2=4(l_b+l_d)^2(l_c{}^2-x_1{}^2)
$$

由上式可知，动平台的姿态变量 θ_6 不影响冲压滑块位置变化。当动平台位置变量(x_1,y_1,z_1)已知时，冲压滑块的位置变量 z_2 由上式确定。由于只存在一个约束方程，对应于冲压滑块的任一确定位置 z_2，动平台的位置变量(x_1,y_1,z_1)存在无穷组解。对于这种多解问题，往往可引入约束条件通过优化算法来确定解。由于该机构用于重载压力机，它的力传递性对于各连杆的结构设计有很大影响，不适当的动平台位姿会影响输出支链中力的传递质量，造成力在输出支链的两个对称部分中的不均分配，使得冲压滑块对导轨的横向作用力过大，同时在结构内部产生附加的内力/力矩，因此可以从分析动平台位姿对输出支链中各连杆以及滑动平台的力传递性能入手，确定动平台的相对应位姿变量

续表

运动学与承载性能匹配设计　运动学

(2)输入支链位置分析

根据输入支链的矢量方程可得其坐标形式

$$x_1+x_{Ei}=x_{Ai}+c_i\cos\theta_{i3}$$

$$y_1+y_{Ei}\cos\theta_6=y_{Ai}+a_i\cos\theta_{i1}+(b_i+c_i\sin\theta_{i3}+d_i)\cos\theta_{i2}$$

$$z_1+y_{Ei}\sin\theta_6=a_i\sin\theta_{i1}+(b_i+c_i\sin\theta_{i3}+d_i)\sin\theta_{i2}$$

当动平台位姿变量(x_1,y_1,z_1,θ_6)已知时，可以得到输入支链各关节变量与动平台位姿变量关系为

$$\theta_{i1}=2\arctan\frac{k_{20}+\mu_{i1}\sqrt{k_{19}^2+k_{20}^2-k_{21}^2}}{k_{19}-k_{21}}$$

$$\theta_{i2}=2\arctan\frac{k_{23}+\mu_{i2}\sqrt{k_{22}^2+k_{23}^2-k_{24}^2}}{k_{22}-k_{24}}$$

$$\theta_{i3}=\mu_{i3}\arccos\frac{x_1+{}^{1}x_{Ei}-x_{Ai}}{c_i}$$

式中，

$k_{19}=2a(y_1+{}^{1}y_{Ei}\cos\theta_6-y_{Ai})$

$k_{20}=2a(z_1+{}^{1}y_{Ei}\sin\theta_6)$

$k_{21}=(b+c\sin\theta_{i3}+d)^2-(y_1+{}^{1}y_{Ei}\cos\theta_6-y_{Ai})^2-(z_1+{}^{1}y_{Ei}\sin\theta_6)^2-a^2$

$k_{22}=2(b+c\sin\theta_{i3}+d)(y_1+{}^{1}y_{Ei}\cos\theta_6-y_{Ai})$

$k_{23}=2(b+c\sin\theta_{i3}+d)(z_1+{}^{1}y_{Ei}\sin\theta_6)$

$k_{24}=a^2-(y_1+{}^{1}y_{Ei}\cos\theta_6-y_{Ai})^2-(z_1+{}^{1}y_{Ei}\sin\theta_6)^2-(b+c\sin\theta_{i3}+d)^2$

式中，$\mu_{i1}=\pm1$ 和 $\mu_{i2}=-\mu_{i1}$，其中 μ_{i1} 与驱动连杆 A_iB_i 的装配模式有关，其决定支链的位形。$\mu_{i3}=\pm1$ 则由输入支链中平行四边形复合运动副(P_a)的 $D_{i1}D_{i2}$ 相对于 $C_{i1}C_{i2}$ 的上下位置而定，当 $D_{i1}D_{i2}$ 位于 $C_{i1}C_{i2}$ 下方时，$\mu_{i3}=1$，反之则 $\mu_{i3}=-1$

输入支链装配模式对应的机构位形

输入支链装配模式	输入支链位形	输入支链装配模式	输入支链位形
(1,1,-1,-1)	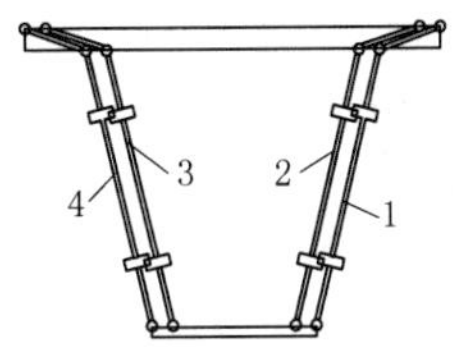	(-1,-1,1,1)	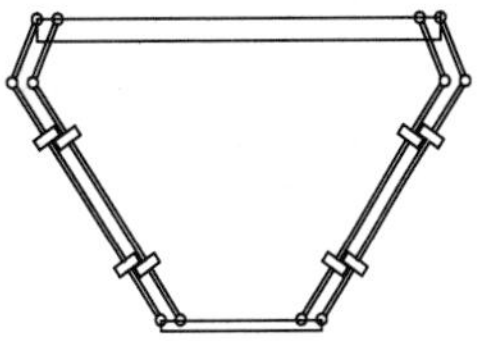
(-1,1,-1,1)	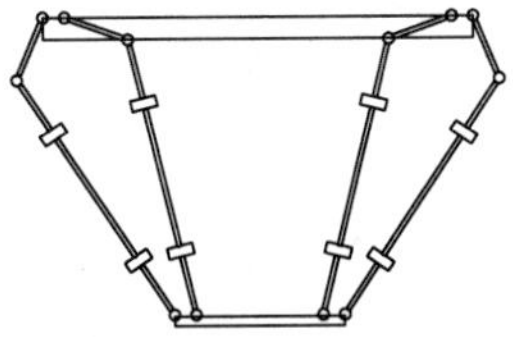	(1,-1,1,-1)	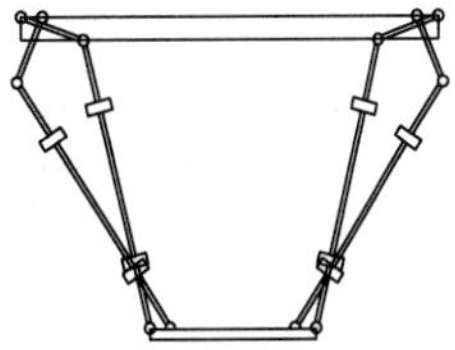
(-1,-1,-1,-1)	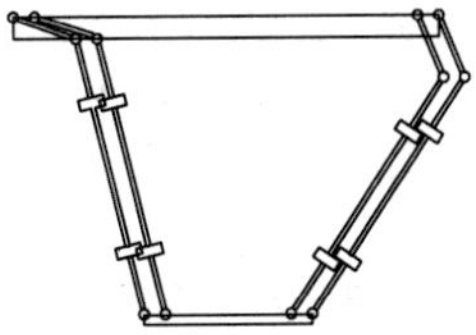	(1,1,1,1)	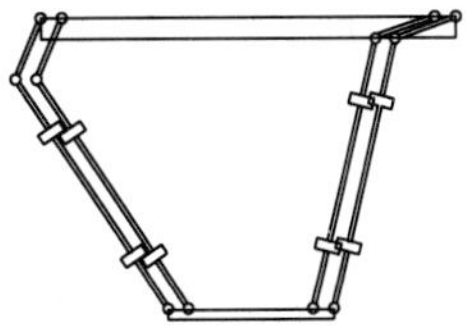
(-1,-1,1,-1)	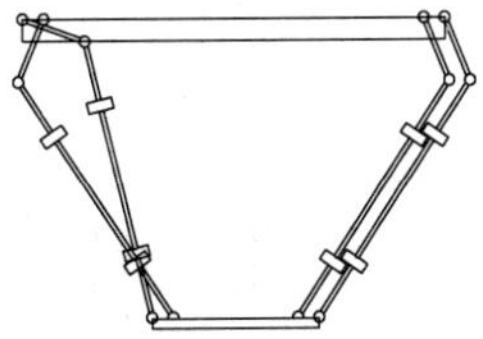	(1,1,-1,1)	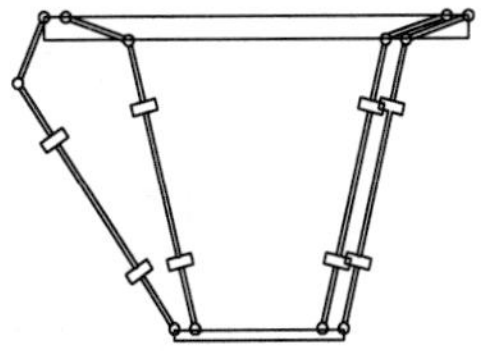

续表

<table>
<tr><td rowspan="2">运动学与承载性能匹配设计</td><td>运动学</td><td>

续表

<table>
<tr><th colspan="4">输入支链装配模式对应的机构位形</th></tr>
<tr><th>输入支链装配模式</th><th>输入支链位形</th><th>输入支链装配模式</th><th>输入支链位形</th></tr>
<tr><td>(-1,-1,-1,1)</td><td>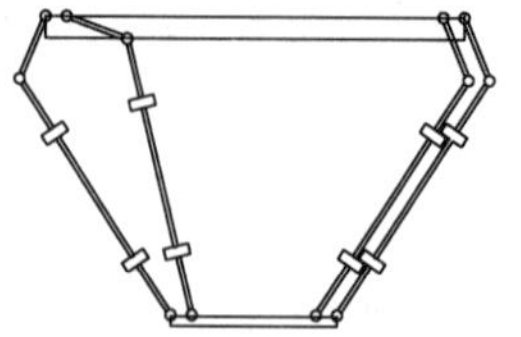</td><td>(1,1,1,-1)</td><td>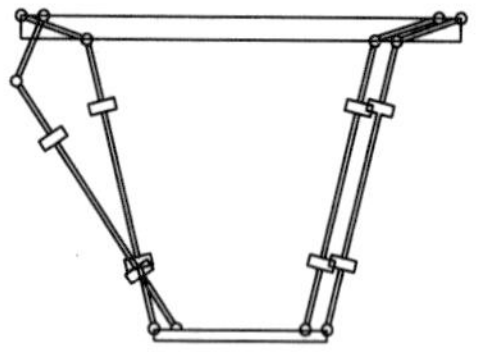</td></tr>
<tr><td>(1,-1,1,1)</td><td>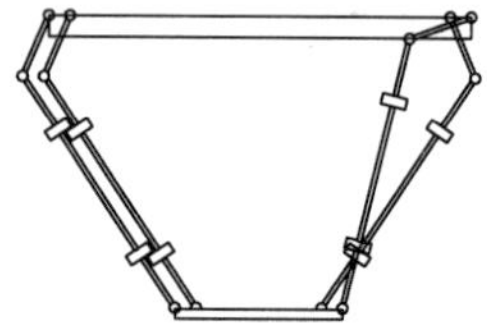</td><td>(-1,1,-1,-1)</td><td>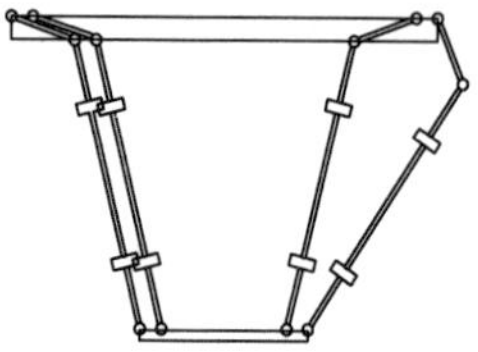</td></tr>
<tr><td>(1,-1,-1,1)</td><td>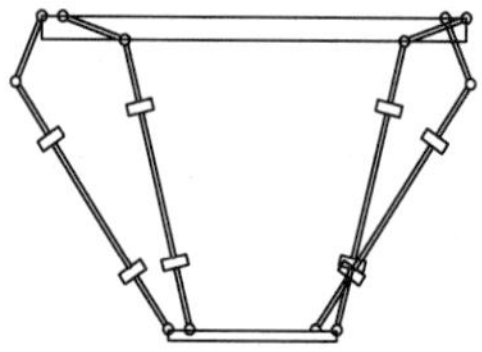</td><td>(-1,1,1,-1)</td><td>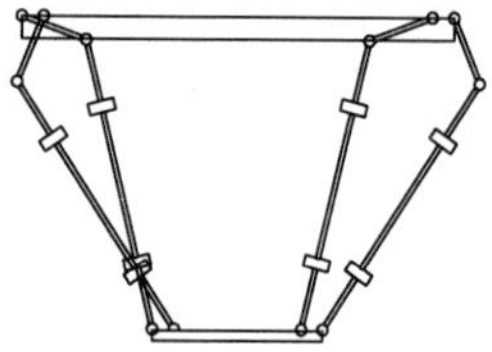</td></tr>
<tr><td>(-1,1,1,1)</td><td>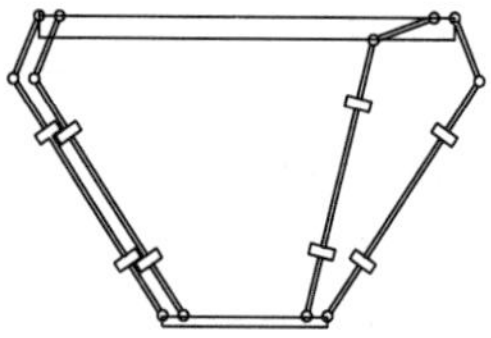</td><td>(1,-1,-1,-1)</td><td>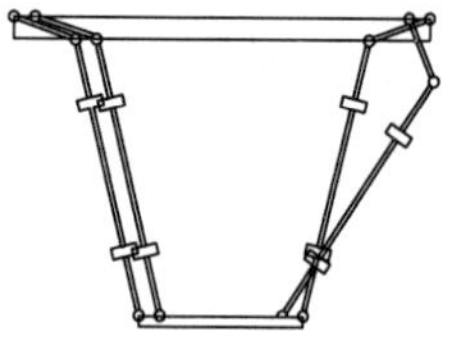</td></tr>
</table>

</td></tr>
<tr><td>承载性能</td><td>

对于压力机而言,冲压滑块只在其整个运动行程中某些位置进行冲压工件,这时承受外负荷作用,而在其他位置则无外负荷作用。因此在设计过程中,更关心冲压滑块在某一工作位置时的承载能力。这里首先讨论对应于输出滑块在某一位置承受负荷时,四个驱动器所需驱动力矩与冲压滑块所承受负荷之间的对应关系

根据虚功原理,对于该四驱动压力机可写成

$$\sum_{i=1}^{4} \delta\theta_i \tau_i + \delta q F = 0$$

式中,τ_i 表示作用在连杆 A_iB_i 上的驱动力矩;F 为作用于冲压滑块的外力;$\delta\theta_i$ 表示曲柄连杆 A_iB_i 的虚角位移;δq 表示输出冲压滑块虚位移。两者虚位移之间有如下关系式

$$\delta \boldsymbol{q} = \boldsymbol{J}_q \delta \boldsymbol{\theta}$$

其中,$\delta\boldsymbol{\theta} = [\delta\theta_1 \quad \delta\theta_2 \quad \delta\theta_3 \quad \delta\theta_4]^{\mathrm{T}}$,$\boldsymbol{J}_q = \boldsymbol{J}_5 \boldsymbol{J}_{i1}^{-1}$ 是一个 1×4 矩阵,设为$[j_{q1} \quad j_{q2} \quad j_{q3} \quad j_{q4}]$。代入上式得

$$\delta\boldsymbol{\theta}^{\mathrm{T}} T + \delta\boldsymbol{\theta}^{\mathrm{T}} \boldsymbol{J}_q^{\mathrm{T}} \boldsymbol{F} = 0$$

式中,$\boldsymbol{T} = [\tau_1 \quad \tau_2 \quad \tau_3 \quad \tau_4]^{\mathrm{T}}$。由于上等式对于任意 $\delta\theta$ 都成立,此可得该机构驱动力矩和外负荷之间映射关系

$$\boldsymbol{T} = -\boldsymbol{J}_q^{\mathrm{T}} \boldsymbol{F}$$

即

$$\begin{cases} \tau_1 = -j_{q1} F \\ \tau_2 = -j_{q2} F \\ \tau_3 = -j_{q3} F \\ \tau_4 = -j_{q4} F \end{cases}$$

</td></tr>
</table>

续表

运动学与承载性能匹配设计	承载性能		由于 j_{qi} 是机构位形参数的函数，上式表明各个驱动器施加的驱动力矩不仅由外负荷决定，而且还随机构位形变化而变化。同时根据前面运动学分析可知，对于冲压滑块的一个确定位置，输入组合有无限个可能，其对应的机构位形参数也有无穷种可能。可以根据四驱动压力机的均负荷条件 $\|\tau_1\|=\|\tau_2\|=\|\tau_3\|=\|\tau_4\|$ 得到它成立的充分条件为机构位形要满足 $$\|j_{q1}\|=\|j_{q2}\|=\|j_{q3}\|=\|j_{q4}\|$$ 这表明机构的各输入端所需的驱动力矩和输出末端承载之间的传递性能是与其运动性能相关的 这里采用考虑驱动器实际驱动能力的最大承载力指标衡量机构的承载性能 当已知输出端所受外载荷 F 时，各输入端所需保持机构静平衡状态的驱动力矩 $\tau_i(i=1,2,3,4)$ 与外载荷有如下关系 $$s_i=\frac{\tau_i}{F}=j_{qi}$$ 把 s_i 定义为驱动-承载传递系数，是一个量纲为 N · m/N 的值，它反映在机构的某一位姿下外载荷和各个驱动力矩之间的传递系数。对于同一负荷，其值越大表示对应输入端所需的驱动力矩也越大 考虑到各个驱动器的驱动能力为 τ_i^0，以每个驱动器承受的载荷不超过自身驱动能力为条件，即 $\|\tau_i\|\leqslant\|\tau_i^0\|$，由驱动-承载传递系数可以得到并联机构在某一位姿时映射到各个驱动器达到驱动能力 τ_i^0 时可承受的最大外载荷 $$F_i=\left\|\frac{\tau_i}{s_i}\right\|\leqslant\left\|\frac{\tau_i^0}{s_i}\right\|$$ 在保证所有驱动器不发生过载条件下，在机构的某一位姿下，此时机构末端所能承受的最大载荷为映射到各个驱动器所能承受载荷的最小值 $$F_{\max}=\min\left\{\left\|\frac{\tau_1^0}{s_1}\right\|,\left\|\frac{\tau_2^0}{s_2}\right\|,\left\|\frac{\tau_3^0}{s_3}\right\|,\left\|\frac{\tau_4^0}{s_4}\right\|\right\}$$ 它表明满足每个驱动器不发生过载条件时所能达到的最大承载力不仅由驱动器本身驱动能力决定，而且还由机构位形决定
	均负荷驱动		对这种多电机驱动的重载压力机设备实施“均负荷驱动”是一种能降低对单个伺服电机的输出要求，同时又能有利于提高其冲压能力的有效方法。所谓“均负荷驱动”的概念，就是让外加载荷“平均”分摊到每个伺服电机，实现“无零载”“无过载”的等负载传动，这不仅有利于伺服电机的选型设计，还能充分利用各伺服电机的驱动能力。由于该机构对于输出滑块的任一位置，动平台的位姿变量存在无穷组解，对应的输入支链位形也有无穷组解。对于这类问题通常采用优化法，通过设定一设计目标如最小驱动力、最小驱动功率、最小运动速度、避免奇异位形等进行运动规划 这里从输出支链中力的传递性分析入手，研究动平台位姿对冲压滑块水平横向力和垂直力的影响，以输出支链左右两部分均匀加载，不产生冲压滑块水平横向力为目标来确定动平台的相关位置变量，然后基于最大承载能力原则对驱动力矩配置进行优化以确定动平台的姿态变量，从而解决运动反解问题，同时对不同输入支链安装方式进行比较，以确定最佳的输入支链驱动方式，实现运动与承载能力的协调匹配
		输出支链的力传递性能	当输出支链在铰链 E_5 受到驱动力 F_{E5} 作用时，输出支链中各连杆受力情况见图 d。对于有平行四边形复合运动副的连杆 $E_5D_5C_5B_5$，其受力分析见图 e，其中 F'_{B5} 与 F_{B5} 互为反作用力 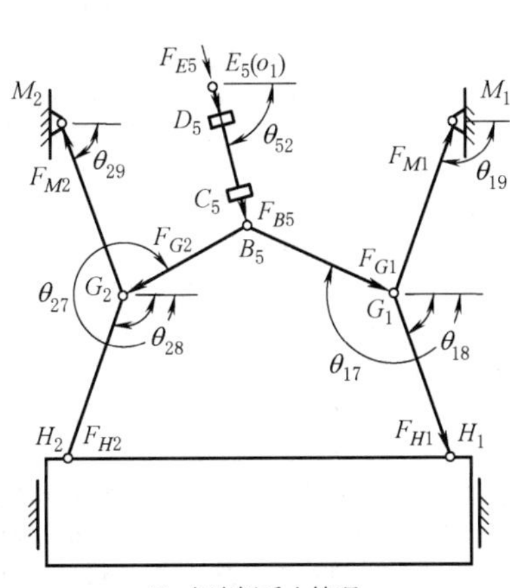 (d) 各连杆受力情况 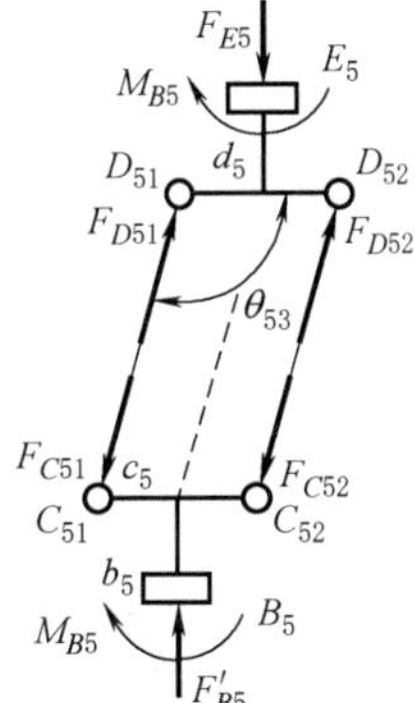 (e) 复合运动副受力分析

续表

<table>
<tr>
<td rowspan="2">运动学与承载性能匹配设计</td>
<td rowspan="2">均负荷驱动</td>
<td>输出支链的力传递性能</td>
<td>
根据静力平衡条件有

$$\begin{cases}F_{C51}=F_{C52}=-F_{D51}=-F_{D52}=\dfrac{F_{E5}}{2\sin\theta_{53}}\\F_{E5}=-F'_{B5}\\M_{E5}=\dfrac{F_{E5}d_5\cos\theta_{53}}{\sin\theta_{53}}\\M_{B5}=\dfrac{F_{B5}b_5\cos\theta_{53}}{\sin\theta_{53}}\end{cases}$$

此时,铰链 E_5 和 B_5 都受到由连杆 $D_{51}C_{51}$ 和 $D_{52}C_{52}$ 内力产生的垂直于铰链转动轴线的附加力矩作用,其大小与杆长 d_5 和 b_5 成正比,且与转角 θ_{53} 相关。由于此力矩由铰链 E_5 和 B_5 自身结构承担,不利于铰链的受力状况,其期望值越小越好。由于结构需要,$d_5\neq0$ 和 $b_5\neq0$。只有当 $\theta_{53}=\pi/2$ 时,该附加力矩为零

根据 B_5、G_1 和 G_2 点力平衡条件,可以解得连杆 G_1H_1 和 G_2H_2 对冲压滑块 H_1 和 H_2 点分别所施的作用力

$$\begin{cases}F_{H1}=\dfrac{-F_{E5}\sin(\theta_{52}-\theta_{27})\sin(\theta_{19}-\theta_{17})}{\sin(\theta_{17}-\theta_{27})\sin(\theta_{19}-\theta_{18})}\\F_{H2}=\dfrac{-F_{E5}\sin(\theta_{52}-\theta_{17})\sin(\theta_{29}-\theta_{27})}{\sin(\theta_{27}-\theta_{17})\sin(\theta_{29}-\theta_{28})}\end{cases}$$

这时,冲压滑块受到的水平横向力由滑轨承担,其值为

$$F_h=F_{H1}\cos\theta_{18}+F_{H2}\cos\theta_{28}$$

冲压滑块 H_1 和 H_2 点受到竖直方向作用力的不均匀程度用它们之间的差值表示

$$F_v=F_{H1}\sin\theta_{18}-F_{H2}\sin\theta_{28}$$

根据输出支链的安装方式,各连杆转角的工作范围

$$\pi\leqslant\theta_{17}\leqslant\frac{3}{2}\pi,\quad 0\leqslant\theta_{18}\leqslant\frac{1}{2}\pi,$$
$$\frac{1}{2}\pi\leqslant\theta_{19}\leqslant\pi,\quad \frac{3}{2}\pi\leqslant\theta_{27}\leqslant2\pi,$$
$$\frac{1}{2}\pi\leqslant\theta_{28}\leqslant\pi,\quad 0\leqslant\theta_{29}\leqslant\frac{1}{2}\pi$$

由于连杆的对称安装,各连杆转角有以下关系

$$\begin{cases}\theta_{19}-\theta_{18}=-(\theta_{29}-\theta_{28})\\\theta_{19}-\theta_{17}=-2\pi-(\theta_{29}-\theta_{27})\\\theta_{18}=\pi-\theta_{28}\\\theta_{17}=3\pi-\theta_{27}\end{cases}$$

整理得冲压滑块受到的水平横向力和竖直方向作用力差值分别为

$$F_h=\frac{2F_{E5}\cos\theta_{52}\sin\theta_{17}\cos\theta_{18}\sin(\theta_{19}-\theta_{17})}{\sin(\theta_{17}-\theta_{27})\sin(\theta_{19}-\theta_{18})}$$
$$F_v=\frac{2F_{E5}\cos\theta_{52}\sin\theta_{17}\sin\theta_{18}\sin(\theta_{19}-\theta_{17})}{\sin(\theta_{17}-\theta_{27})\sin(\theta_{19}-\theta_{18})}$$

当 $\theta_{52}=\pi/2$ 时,无论冲压滑块的位置,都有 $F_h=0$ 和 $F_v=0$。这时,驱动力 F_{E5} 被平均分配到左右两个连杆机构中,对冲压滑块均匀驱动

由以上分析可知,当 $\theta_{53}=\pi/2$,且 $\theta_{52}=\pi/2$ 时,动平台对具有对称结构的输出支链可实现均匀加载,同时又改善铰链 E_5 和 B_5 的受力状况。此时,动平台相对于转动副 B_5 位置没有发生 x 轴和 y 轴方向的位移,其坐标原点 O_1 坐标值为 $(0,y_{B5},z_1)$。在本模型中由于采用具有对称结构的输出支链,有 $y_{B5}=0$,故动平台的坐标原点 O_1 坐标值为 $(0,0,z_1)$
</td>
</tr>
<tr>
<td>运动与承载性能的协调匹配</td>
<td>四驱动压力机的承载性能分析中已知各个驱动器施加的驱动力矩不仅由外负荷决定,而且还随机构位形的变化而变化。当满足输出支链左右两部分均匀加载,不产生冲压滑块水平横向力后,动平台的位置参数可确定,其姿态参数 θ_6 则可通过对驱动力矩的优化配置以获得最大承载能力来确定,遵循的两个性能指标是最大承载力指标和均负荷指标</td>
</tr>
</table>

第22篇

续表

<table>
<tr>
<td>运动学与承载性能匹配设计</td>
<td>均负荷驱动</td>
<td>运动与承载性能的协调匹配</td>
<td>

该四驱动压力机有四个驱动器，其驱动力矩可写成如下形式 $\boldsymbol{T}=[\tau_1 \quad \tau_2 \quad \tau_3 \quad \tau_4]^{\mathrm{T}}$，这里设定所有驱动器具有相同的驱动能力且为单位值，即 $|\tau_i^0|=1$。其最大承载力为

$$F_{\max}=\min\left\{\frac{1}{|s_1|},\frac{1}{|s_2|},\frac{1}{|s_3|},\frac{1}{|s_4|}\right\}$$

为衡量均负荷程度，这里定义均负荷指标为

$$D\tau_i=\frac{|\tau_i|}{\sum_{i=1}^{4}|\tau_i|}$$

它代表各个驱动器所输出的力矩在总驱动力矩中所占的比率，当 $D\tau_1=D\tau_2=D\tau_3=D\tau_4$ 时，所有驱动器均匀负载

此处基于最大承载能力原则分析机构的承载性能和姿态参数 θ_6 的相互关系，并讨论不同驱动输入方式下驱动力矩的配置，确定最佳的输入支链驱动方式实现运动与承载性能的协调匹配，实现各驱动器的均负荷驱动

此处以某一组结构参数作为算例，规定冲压滑块的上、下极限位置为其工作行程的上、下死点，这时输入连杆 A_iB_i 和复合连杆 $B_iC_iD_iE_i$ 共线，压力机的机构位形如图 f 所示

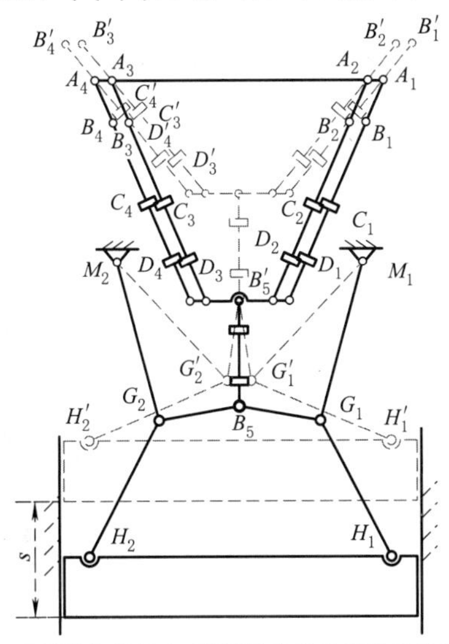

(f) 冲压滑块位于上、下极限位置对应的机构位形

对于最大承载力指标，当所有驱动器具有相同的驱动能力并为单位值时，通过在 θ_6 取值区间内搜索，可得到在不同输入支链装配模式下最大承载力与姿态 θ_6 的关系。当输入支链处于(1,1,-1,-1)、(-1,-1,1,1)、(-1,1,-1,1)、(1,-1,1,-1)四种位形时，其最大承载力都发生在 $\theta_6=0$，即整个行程中动平台姿态保持不变。而当输入支链处于其他位形时，随着冲压滑块位置的变化，最大承载力发生在不同的 θ_6 值

根据机构达到最大承载能力时的动平台姿态参数，可以得到不同输入支链装配模式下均负荷指标，当输入支链处于(1,1,-1,-1)、(-1,-1,1,1)、(-1,1,-1,1)、(1,-1,1,-1)四种位形时，在满足最大承载力条件下，四个驱动器的均负荷指标为 $D\tau_1=D\tau_2=D\tau_3=D\tau_4=0.25$，即完全实现均负荷驱动。而在其他位形时，各个驱动器的输出驱动力矩是不相同的。由于压力机只在冲压阶段施加压力，通过比较上述四种输入支链位形下的最大承载能力指标，可以选择具有最大承载力的输入支链安装模式为(1,1,-1,-1)作为其冲压阶段的驱动模式，此时动平台姿态参数 $\theta_6=0$。当经过下极限位置时，连杆 A_iB_i 和 $B_iC_iD_iE_i$ 共线，驱动连杆 A_iB_i 继续单向转动，此时回程阶段输入支链安装模式变为(-1,-1,1,1)

由以上分析，可以得知：要满足(1)输出支链左右两部分均匀加载，不产生冲压滑块水平横向力；(2)输入支链的驱动器均负荷实现最大承载能力时，该数学模型的动平台位姿参数(x_1 y_1 z_1 θ_6)中 $x_1=0,y_1=0,\theta_6=0$。同时输入支链安装模式(1,1,-1,-1)作为其冲压阶段的驱动模式，回程阶段输入支链安装模式变为(-1,-1,1,1)

</td>
</tr>
</table>

4　六自由度微调与定位平台设计

表 22-9-6　　六自由度微调与定位平台设计

<table>
<tr><td>功能需求</td><td colspan="2">六自由度微调与定位平台用于承载大口径空间光学载荷及工装、测试设备，能满足实验室和真空罐内使用的环境要求，实现空间光学载荷地面试验的六自由度精密调整、定位和位姿信息反馈。定位平台具有重载、超高精度测量、微-纳量级驱动、真空低温工作环境和高度-重量限制等多项极限指标要求。具体功能需求如下
(1)承载大口径空间光学载荷及工装设备
(2)实现大口径空间光学载荷及工装设备三维平移和三维旋转调整功能
(3)实现大口径空间光学载荷及工装、测试设备定位并反馈位置信息
(4)构型要求：六自由度微调与定位平台采用并联机构
该平台设计指标如下
(1)x 向、y 向、z 向平移行程：≥±150mm
(2)x 向、y 向、z 向平移分辨率：≤1μm
(3)θ_x、θ_y、θ_z 向转角行程：≥±2°
(4)θ_x、θ_y、θ_z 向转角分辨率(最小步进角)：≤0.04″
(5)θ_x、θ_y、θ_z 向测角精度：≤0.5″(3σ)
(6)θ_x、θ_y、θ_z 向绝对定位精度：≤6.5″
(7)x 向、y 向、z 向平移重复定位精度：≤6.85μm(3σ)
(8)θ_x、θ_y、θ_z 向转角重复定位精度：≤0.5″(3σ)
(9)6 轴极限耦合行程：±60mm±1°
(10)平台运动速度：平移≥0.3mm/s；旋转：≥21″/s</td></tr>
<tr><td>系统组成</td><td colspan="2">六自由度微调与定位平台结构主要包括测量平台、宏动平台、微动平台三部分，以及负载平衡系统、驱动控制、电控系统、热控系统、辅助系统(运输、吊装、安装、工序标定等)等。上图所示为六自由度微调与定位平台的总体结构图，主要包括定平台、动平台、双驱动电机丝杠模组、负载平衡弹簧、微纳驱动器、中间平台、测量平台
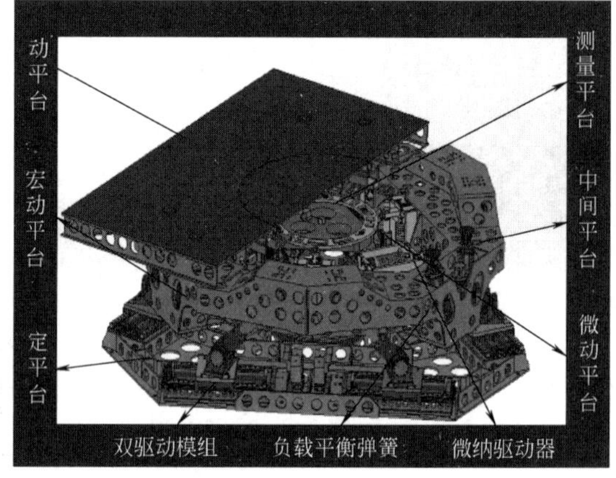
</td></tr>
<tr><td>宏动平台设计</td><td>宏动平台基本构型</td><td>本方案设计的 6-PUS 构型如图 a 所示，驱动部件水平固定安装。图中 A 点表示连杆与动平台的连接球副，B 表示驱动滑块与连杆的连接球副，C 表示初始位置时驱动滑块与连杆的连接球副，e 表示驱动方向向量，o-xyz 表示固接于动平台的坐标系，O-XYZ 表示固接于固定平台的坐标系
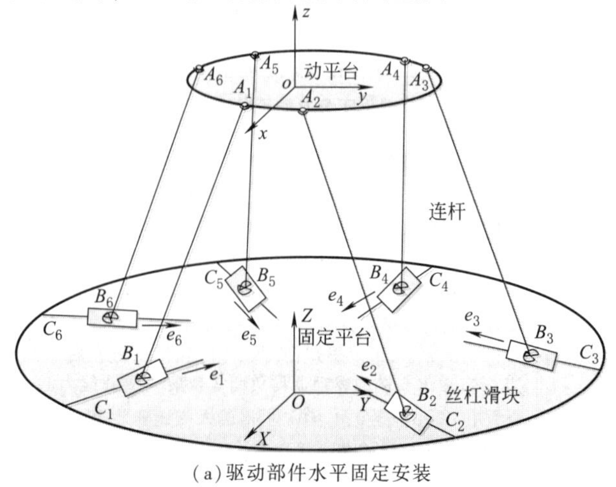

(a)驱动部件水平固定安装</td></tr>
</table>

续表

宏动平台设计

基于优化驱动力的机构尺寸与拓扑布置设计

根据运动平台的技术指标，可以发现运动平台要求具有较高控制精度的同时能够承受较大的负载，而高精度与大负载往往是相互矛盾的，大负载导致的机械系统内的摩擦力是影响运动平台实现高精度控制的主要原因。由于本方案运动平台的高精度控制虽然是由微纳驱动控制实现的，但为了降低微动平台的设计难度，需要尽可能提高宏动平台的分辨率，降低连杆两端轴承的摩擦力，以提高控制精度。为了降低连杆轴承两端的摩擦力，本设计方案以连杆受力最大值最小化为优化目标，优化出连杆受力最大值最小的构型，在优化设计中，以运动平台的高度、上下平台的尺寸为约束条件，优化出连杆受力最小的构型。优化时选取运动平台位姿较差的姿态，负载重心沿最大偏心圆循环加载

加载外力及力矩的表达式如下式所示

$$\boldsymbol{F}=[0 \quad 0 \quad -G \quad -rG\sin a \quad -rG\cos a \quad 0]^{\mathrm{T}}$$

式中，G 表示负载重力[包括载荷重量(10t)和上平台自重(暂定 5t)]，取 15t；r 表示偏心半径；a 表示偏心角度

考虑到铰链摩擦力可能对机构运动分辨率的影响，通过以连杆受力最小为优化目标的机构尺寸设计，得到如下表所示各构型连杆最大受力分析比较

各构型连杆最大受力分析比较

构型	R_a/mm	R_b/mm	L /mm	θ_1 /rad	θ_2 /rad	f_{max} /N	q_{max} /N
驱动水平平行正交	1790	1590	951	0.747	0.96	89040	75641
驱动水平平行非正交	1800	1700	984	0.67	0.958	89599	72251
驱动水平星型	1751	1368	1108	0.524	0.96	89047	71047
驱动水平三角形	1800	1700	953	0.564	0.856	87719	66840
驱动水平任意角度	1800	1700	951	0.56	0.86	87901	68780

表中：R_a 为下平台铰链布置圆的半径；R_b 为上平台铰链布置圆的半径；L 为支链连杆长度；θ_1 为下平台铰链点相对于中心夹角；θ_2 为上平台铰链点相对于中心夹角；f_{max} 为连杆最大受力；q_{max} 为需要的模组最大驱动力

根据上表可以发现驱动水平三角形构型连杆受力和驱动受力最小。在分析时同时发现，驱动水平任意角度构型最优结果的驱动布置接近于驱动水平三角形构型，因此本方案选取驱动水平放置构成三角形的构型作为运动平台构型

宏动平台驱动系统结构

如图 b 所示，机构的动坐标系和固定坐标系重合且位于动平台中心。图中驱动两两一组并沿圆周均布，动平台点 A 所在圆的半径为 $R_a=1700$mm，点 B 的初始位置所在圆的半径为 $R_b=1800$mm，连杆长度 $L=953$mm，球铰点 A_1 与点 A_2 之间的夹角为 $\theta_1=49°$，球铰点 C_1 与 C_2 之间的夹角为 $\theta_2=31°$，驱动向量 e_1 与 e_6 共线且方向相反，同理 e_2 与 e_3，e_4 与 e_5 方向同样共线且方向相反，六个驱动向量共同组成一个正三角形

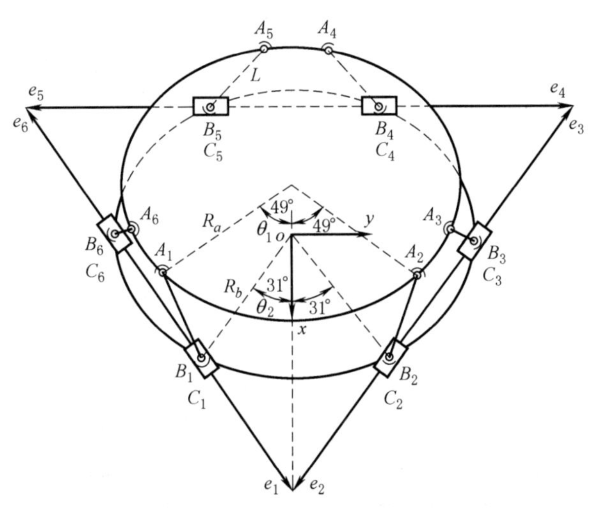

(b)驱动水平布置三角形构型

续表

宏动平台设计	宏动平台驱动系统结构	(c)宏驱动结构示意图 虽然高分辨率驱动由微动平台实现，但微动平台的运动空间较小，宏动平台的分辨率需要覆盖微动平台的行程，因此希望尽可能提高宏动平台分辨率，以减轻微动平台设计难度。而影响宏动平台分辨率的主要原因是低速爬行，为了提高平台分辨率，需要避免驱动的低速爬行，本方案采用双驱动结构以避免系统的低速爬行。双驱动设计原理可参考表 22-3-5
微动平台设计	微动平台结构示意图	 (d)微动平台结构示意图
	微动平台基本构型	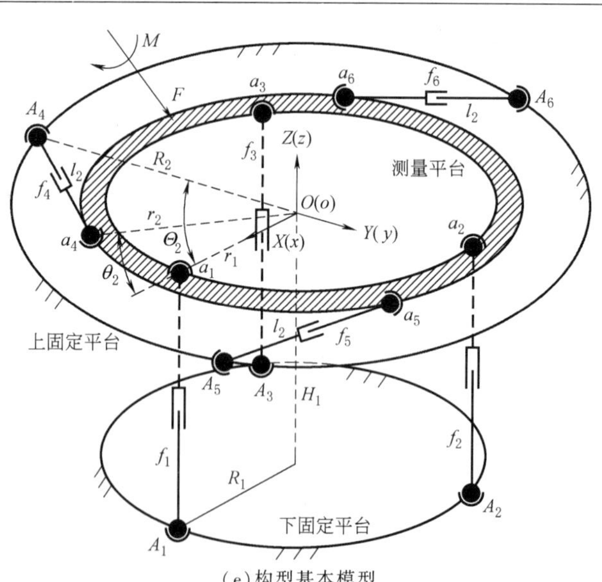 (e)构型基本模型
	微动平台驱动系统结构	在许多需要精细微纳操控的场合，传统传动机构和电机驱动已不相适应，通常由压电或磁致伸缩等物理原理实现，但驱动力较小。本方案设计提出了如图 f 所示的液压控制机构变形的重载微纳驱动器方案 重载微纳驱动主要部件有弹性体、填充体、活塞和电动推杆等。液压油被完全封闭在容腔内，当环形油腔压力上升时，弹性体向外膨胀，通过变形量控制设计，在径向方向产生对称变形，并且控制在可接受的量级；在轴向方向，克服了负载外力后，得到预期的伸长驱动输出，其输出伸长量与油压增加量有确定的关系

续表

微动平台设计	微动平台驱动系统结构	当需要压力上升时，电动推杆的输出杆伸入容腔，压缩封闭容腔，使容腔容积减少，腔内油压上升；反之，当需要压力下降时，电动推杆的输出杆退出容腔，使容腔容积增加，腔内油压下降。电动推杆通过压力传感器信号反馈实现对容腔内油压的精确控制 填充体用于减少油腔体积，有利于用少量的容积增减量，得到更多的油压升降量 弹性隔离罩用于防止推杆动密封挥发性泄漏污染真空环境 如图 f 所示弹性体形状是一个圆柱形桶的外圆壁，壁上有若干节圆弧，圆弧内拱，其厚度相比直筒壁薄，当内腔油压升高时，圆弧更易被拉直，产生更大的轴向伸长变形 填充体与弹性体焊接成一体，形成不会泄漏的环形油腔 由于弹性体可能不能承载弯矩和侧向力，所以在构型设计时，需要把驱动单元放在二连杆形式的杆件上 压力传感器螺纹口用于安装压力传感器，也用于向容腔内灌油，压力传感器组合密封圈涂密封胶，防止油液挥发性泄漏 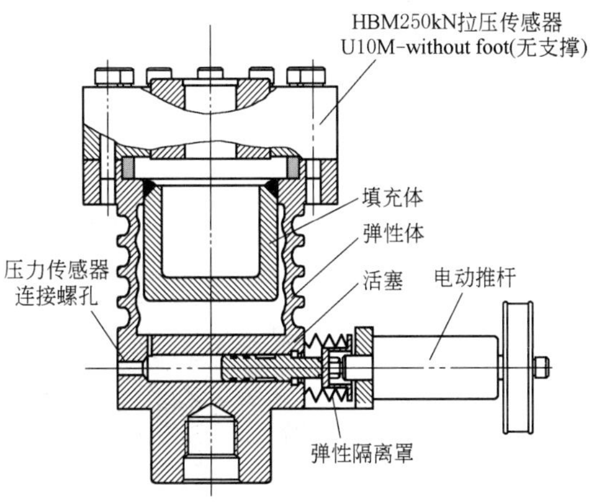 (f) 重载微纳驱动器结构原理 已知微纳驱动最大计算承载为 8800kg，驱动分辨率为 0.1μm (1) 取最大承载力 $F_{驱动}=9000\text{kg}$，拟设最高承载油压 $P=8\text{MPa}$，则微纳驱动器弹性体内腔直径 $$D=\sqrt{\frac{4F}{\pi P}}=\sqrt{\frac{4\times9000}{\pi\times80}}=11.97\text{cm}\approx120\text{mm}$$ (2) 取微纳驱动器结构承载 $F_{结构}=25000\text{kg}$ (3) 考虑宏驱动控制系统易设计性，拟设微纳驱动器行程为 100μm，分辨率指标为行程的 0.1%，即 0.1μm，可满足定位平台微纳驱动操作的需要 设微纳驱动器输入/输出行程放大倍数为 400；取工作行程为 40mm；拟设活塞直径为 20mm；最高工作压力为 16MPa。则最大压缩容积为 $1.257\times10^{-5}\text{m}^3$，活塞最大推力为 502kg。取伺服推杆额定推力 $f=600\text{kg}$ (4) 拟取工作介质弹性模量 $\beta=400\text{MPa}$，根据容积压缩公式 $$V_0=\frac{\Delta V}{P_{\max}}\times\beta$$ 得油腔初始容积 V_0 为 $31.43\times10^{-5}\text{m}^3$ (5) 初步设计如图 g 所示，微纳操作器主要容腔包括 活塞腔（ϕ20mm×60mm）剩余容积 $$\frac{\pi}{4}\times0.02^2\times0.06=1.89\times10^{-5}\text{m}^3$$ 弹性变形体（ϕ120mm×L）容积 $$\frac{\pi}{4}\times0.118^2\times L=29.54\times10^{-5}\text{m}^3$$ 则 $$L=\frac{29.54\times10^{-5}\times4}{0.118^2\pi}=27\text{mm}$$

续表

<table>
<tr><td rowspan="3">微动平台设计</td><td>微动平台驱动系统结构</td><td>

(g)微纳驱动系统单元</td></tr>
<tr><td></td><td>本方案微动平台柔性运动副主要包括柔性球副与柔性移动副,柔性铰链是实现高精度、高分辨率的理想元件。在驱动力作用下,柔性铰链产生弹性变形作为微纳位移。柔性铰链消除了传统运动副间隙、摩擦和爬行现象,而且结构紧凑、力学性能平顺、抗干扰能力强。本方案主要采用了两种柔性结构分别为双端双层柔性移动副、正圆形柔性球副。图 h 所示为微纳驱动支链
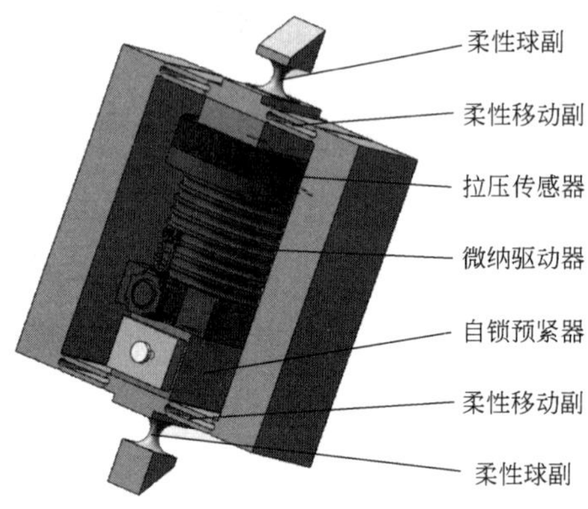

(h)微纳驱动支链</td></tr>
<tr><td>微动平台柔性运动副设计</td><td>(1)双端双层柔性移动副
双层柔性移动副主要由中间的移动位移输出端、两边对称的薄板和连杆组成,移动端内侧受到驱动力作用,外侧输出功能方向的线性微位移
在计算中,由于铰链不同部分刚度悬殊较大,因此中间较厚的移动位移输出端和两侧的连杆可视为刚性部件,而仅把双层薄板作为柔性体,提供弹性形变。单侧的双层薄板的受力示意图如图 i 所示,假设移动端对薄板接触端截面的作用为力 F 和力矩 M,根据材料力学可以得到板件在力和力矩作用下的各处截面转角表达方程为
$$\theta(y) = \int_0^y \frac{F(m-y)+M}{EI_x}\mathrm{d}y \tag{22-9-4}$$
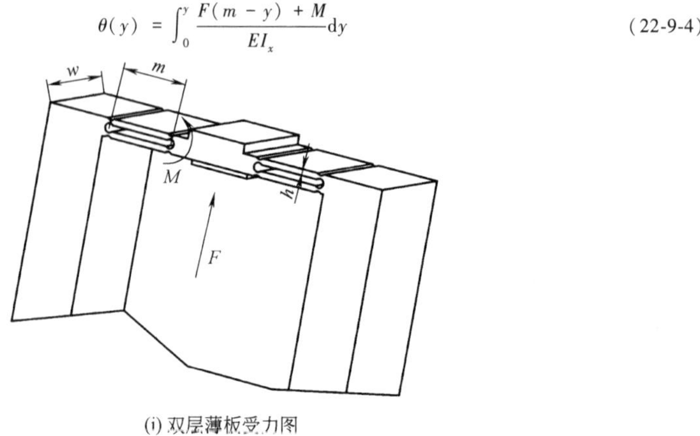

(i)双层薄板受力图</td></tr>
</table>

续表

微动平台设计	微动平台柔性运动副设计	（续）

其中，E 为材料的弹性模量，I_x 为薄板横截面绕 x 轴的惯性矩

$$I_x = \frac{1}{12}wh^3$$

根据对称性，可以得到薄板边缘的边界条件，薄板与移动端连接截面的转角为 0

$$\theta(m) = 0$$

因此可以得到

$$M = -\frac{1}{2}Fm$$

对式(22-9-4)继续积分，并且考虑剪切变形，可以得到薄板截面的变形方程为

$$\delta z(y) = \int_0^y \theta(y)\,\mathrm{d}y + \int_0^y \frac{F}{GA}\mathrm{d}y = \frac{\frac{1}{4}Fmy^2 - \frac{1}{6}Fy^3}{EI_x} + \frac{Fy}{Gwh} \tag{22-9-5}$$

其中，G 为材料的剪切模量。当 $y = m$，即薄板端面处，弹性位移量为

$$\delta z(m) = \frac{Fm^3}{Ewh^3} + \frac{Fm}{Gwh} \tag{22-9-6}$$

在驱动力 F_y 作用下，输出端两边的薄板平均分担载荷，根据对称性可知作用到两侧薄板的力相同，因此有

$$F = \frac{1}{2}F_y$$

根据方程式(22-9-5)和式(22-9-6)，可以得到单层柔性铰链的柔度系数

$$C_{p1} = \frac{\delta z}{F_q} = \frac{1}{2}\left(\frac{m^3}{Ewh^3} + \frac{m}{Gwh}\right)$$

在 SPS 支链中，采用了双端双层柔性型铰链，可以往两侧伸长，其总体柔度相对于单个铰链翻倍，为

$$C_p = \frac{m^3}{Ewh^3} + \frac{m}{Gwh}$$

由此可以看出，双端柔性铰链的柔度较大，可以提供更大的输出能力。其输入-输出关系可以表示为

$$\delta q = C_p F_q$$

(2)正圆形柔性球副

微动平台所采用的正圆柔性球形铰链如图 j 所示，该柔性铰链轮廓由半圆弧绕轴线旋转一周围成，与传统的球铰相同，它具有三个功能方向，可分别绕 x、y 和 z 轴转动。这种铰链结构紧凑，加工制造和建模方法简单，相对于组合式球铰也具有较高精度

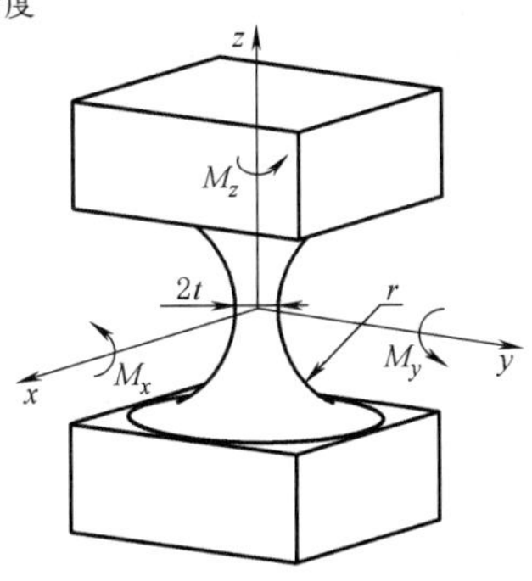

(j) 正圆柔性球形铰链

为了计算铰链输出变形与末端施加力的关系，假设作用在铰链上的有效载荷为力矩向量

$$\boldsymbol{M} = (M_x \quad M_y \quad M_z)^{\mathrm{T}}$$

其对应的广义变形向量为

$$\boldsymbol{\Delta} = (\delta\alpha \quad \delta\beta \quad \delta\gamma)^{\mathrm{T}}$$

$$\delta\alpha = \int_{-r}^{r} \frac{M_x}{EI_x(z)}\mathrm{d}z$$

$$\delta\beta = \int_{-r}^{r} \frac{M_y}{EI_y(z)}\mathrm{d}z$$

$$\delta\gamma = \int_{-r}^{r} \frac{M_z}{GI_z(z)}\mathrm{d}z$$

续表

<table>
<tr><td>微动平台设计</td><td>微动平台柔性运动副设计</td><td>其中 I_x、I_y、I_z 分别为横截面关于 x、y、z 轴的惯性矩
$$I_x(z)=I_y(z)=\frac{\pi}{4}(t+r-\sqrt{r^2-z^2})^4$$
$$I_z(z)=\frac{\pi}{2}(t+r-\sqrt{r^2-z^2})^4$$
根据以上方程可以得到，正圆柔性球铰的输入输出关系：
$$\boldsymbol{\Delta}=\boldsymbol{C}_S\boldsymbol{M}$$
$$\boldsymbol{C}_S=\mathrm{diag}(C_x\quad C_y\quad C_z)$$
其中 $\boldsymbol{C}_S$ 为该柔性球铰的柔度矩阵，其元素如下：
$$C_x=C_y=\frac{4r}{\pi E}\int_{-\frac{\pi}{2}}^{\frac{\pi}{2}}\frac{\cos\theta}{(t+r-r\cos\theta)^4}\mathrm{d}\theta$$
$$C_z=\frac{2r}{\pi G}\int_{-\frac{\pi}{2}}^{\frac{\pi}{2}}\frac{\cos\theta}{(t+r-r\cos\theta)^4}\mathrm{d}\theta$$</td></tr>
<tr><td>测量平台设计</td><td>测量平台基本结构</td><td>位置姿态内部测量的精度和稳定性是实现动平台控制精度的前提，根据测量精度的指标要求已找不到直接测量平台位姿的有效技术手段，构建如图 k 所示的用于测量的 Stewart 并联机构，通过测量支链长度解算获得动平台的位置姿态，为一种有效的方法
测量系统的精度取决于测量基准精度，支链测量传感器的测量精度及传感器安装精度、铰链精度和机构解算模型的精度，要实现平台 0.5″测角精度和建立基准都是极其困难的
该关键技术的解决方案主要体现在采取了以下几个技术措施
定平台和动平台分别建立测量基准平台。测量基准平台选用 000 级大理石平板，表面粗糙度可达 0.012μm，具备足够的刚度和尺寸稳定性。在定平台测量基准平台和动平台测量基准平台上各安装一个基准立方棱镜，前者用于联络外部测量设备，作为统一坐标系关系的对标基准；后者作为动平台输出测量基准用于标定和检验；测量支链的长度和上下大理石平台铰链点尺寸单独标定，可以得到测量并联机构的解算模型
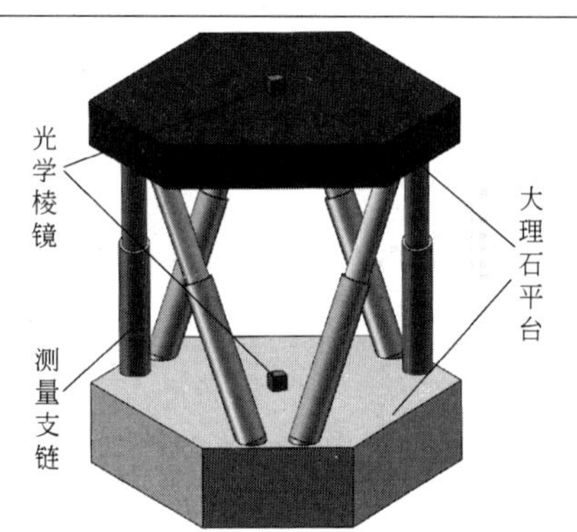

(k) 测量并联机构
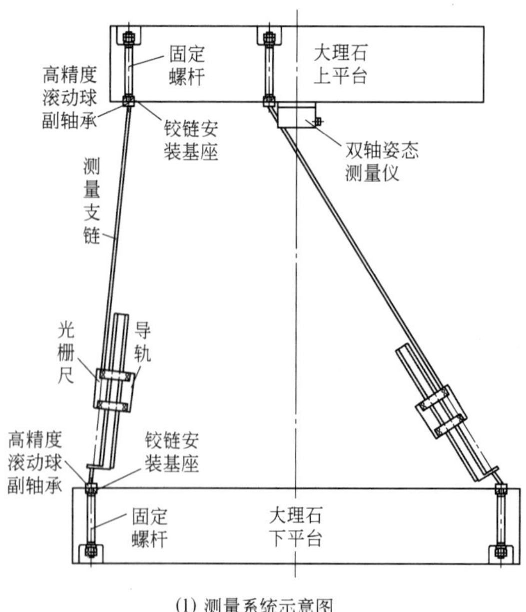

(l) 测量系统示意图</td></tr>
</table>

续表

测量平台设计	测量平台基本结构	 (m)高精度滚动球副轴承 图1所示的是测量系统示意图，支链测量选用最高精度等级（0.5μm）的光栅尺组成测量杆；铰链采用如图m所示的高精度滚动球副轴承，该轴承转动中心在转动工作角度范围内变动误差不大于1μm，球副轴承的实际中心位置通过三坐标测量仪测量得到；上平台加装高精度双轴姿态测量仪，用于提高绕X和Y轴转动姿态的测量精度，量程为5°的规格，通过标定后测量精度可达2″，二轴耦合精度可达3.6″
	测量平台尺寸设计	根据技术指标中测量机构要达到0.5″的姿态测量精度指标，该测量精度要求极高。串联测量臂采用角度测量换算的原理，并联机构测量采用长度测量换算的原理。由于通过角度测量换算得到空间位置的测量方法没有直接测量长度尺寸精度高，因此本方案采用并联机构测量方案。由于并联构型上下平台铰链点分布圆半径尺寸越大，姿态角测量精度越高，所以在大理石加工工艺和订购允许的条件下，本方案初步设定测量机构上下平台铰链点分布圆的半径尺寸为500mm，本方案以条件数最小为优化目标，优化出测量平台的尺寸如图n所示 (n)测量平台构型参数 图中上下平台半径为500mm，A_1与A_6之间的夹角为10°，B_1与B_6之间夹角为110°，连杆的长度为1200mm 根据平台运动空间可以计算出直线光栅尺测量所需要的行程为142mm，直线光栅与上下平台台面的空间夹角变化范围为62°～77°

5　电机型重载灵巧摇摆台设计

表22-9-7　　电机型重载灵巧摇摆台设计

功能需求	（1）六自由度运动：能进行纵向、横向、升沉、横摇、纵摇、航向的单自由度运动或多自由度复合运动 （2）负载及运动：负载10t情况下，完成±30°/3s等高速周期摇摆运动

续表

总体方案	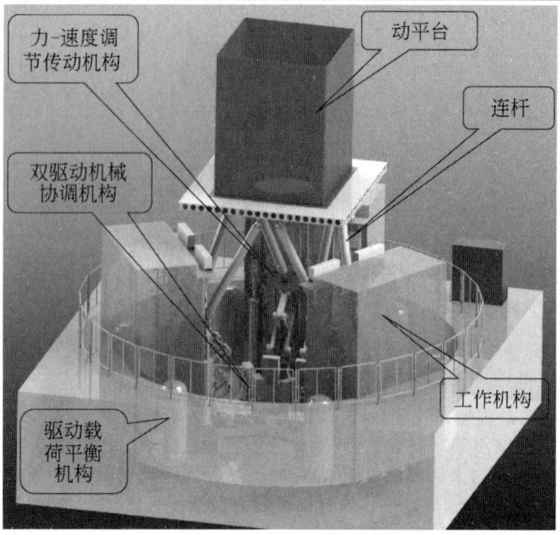 (a)
结构特点	摇摆装置主要包括力-速度调节传动机构、双驱动机械协调机构、驱动载荷平衡机构、动平台、连杆等,上述部件通过6-PUS构型进行组合得到摇摆装置的总体结构 结构中固定在地面的双驱动机械协调机构通过力-速度调节传动机构与连杆连接,六个连杆同时与动平台相连,驱动载荷平衡机构作用于力-速度调节传动机构末端
设计思路与流程	 数据指标 机构构型 尺寸设计 结构设计 (b)
机构构型设计	并联机构的承载能力较大、刚度高、结构稳定、动态响应性能好、运动精度高。分析摇摆装置的需求,大承载以及大工作空间特性是保证试验任务的核心需求,因此摇摆装置必须采用并联机构 并联机构的末端输出运动特征 G_F 是其各个支链运动特征 $G_{Fi}(i=1,2,\cdots,n)$ 的交集 $$G_F=G_{F1}\cap G_{F2}\cap\cdots\cap G_{Fn}$$ 显然,要设计满足运动特征要求的并联机构,需要设计具有特定末端运动特征的支链并让这些支链以一定的方式将运动平台和固定机架连接,且这些支链的运动特征 G_{Fi} 的交集应满足设计需求的末端输出运动特征 第一部分的摇摆装置需要空间六维的运动特征,显然每个支链都应该为 $G_F^1(T_x,T_y,T_z;R_x,R_y,R_z)$ 类支链。满足此要求的支链有很多,可参见构型理论,此处不进行列举,典型的如UPS型支链,这样的支链即可组成6-UPS机构,也就是经典的Stewart并联机构,这是目前摇摆装置领域所广泛采用的机构。但是这种机构的驱动部件在中间的连杆上,机构运动时,驱动系统也要随着一起摆动,使得摇摆装置运行时摆动惯量很大,严重影响机构的快速动态响应,而这与摇摆装置的要求相悖。而PUS型支链,可以组成6-PUS机构,该机构的驱动固定在基座上可以减轻摇摆装置的运行惯量,且支链的刚度和精度较高,此机构支链中的滑动副为驱动元件,所有的驱动部件都固定在机架上,不随着机构末端一起运动,因此大大降低了运行时的惯量,有利于提升机构的动态响应特性。这种6-PUS机构构型对比6-UPS构型具有四个典型优点:①有效工作空间更大;②承载能力更好;③动态响应特性更好;④稳定性更高 针对6-PUS构型,驱动的布置主要有两种,一种是水平布置,另一种是竖直布置。驱动水平布置在水平方向的运动空间较大,竖直方向较小,而驱动竖直布置在水平方向的运动空间较小,竖直方向较大,根据技术指标要求在竖直方向要求有较大的运动空间,本方案选用驱动竖直布置的构型作为摇摆装置构型 综合上述分析,在本设计中,选择了驱动竖直布置的6-PUS并联构型作为摇摆装置的工作机构构型
尺寸优化设计	(1)运动学 并联6-PUS机构的运动学是尺寸优化的基础,由于此机构运动学在本篇前文并联机构设计中有过介绍,此处不再赘述 (2)优化问题 由于摇摆装置对于运动空间和承载能力要求较高,本装置以运动空间作为约束条件,以驱动受力最小作为优化目标对模型的几何参数进行优化 尺寸优化模型的建立如下 输入条件:该摇摆装置的运动指标 约束条件:运动位姿及工作空间

续表

<table>
<tr><td>尺寸优化设计</td><td colspan="2">优化目标:各关节驱动力最小(纳入动力学模型表达驱动力)
此优化模型的建立,需要联合该机构的运动学和动力学方程
(3)尺寸验证
对于优化求解得到的基本尺寸参数,需要纳入该摇摆装置的各种运动工况中进行仿真验证,以保证所设计的最优尺寸能够切实满足实际工况(且包含一定的设计裕量),此过程即对设计的装置的运动能力进行确定和校核</td></tr>
<tr><td rowspan="2">结构设计</td><td>驱动单元构型设计</td><td>目前限制驱动单元设计的主要因素是其行程与速度,输出力可以通过多驱动组合使用以提升最大输出力,但驱动速度很难提升,因此本部分采用一种新型的剪叉式增速构型以解决上述问题。该构型通过驱动剪叉式构型底部,以使剪叉式构型顶部上下移动,可以通过输入较小的位移和速度,使末端获得较大的位移和速度,具体设计可参考表 22-3-5 中剪叉机构的参数模型和设计流程
图 c 为 6-PUS+剪叉式构型,该构型采用电机丝杠模组+剪叉式构型实现驱动的大行程和高速度,解决了传统电机丝杠模组无法实现高速输出的问题

(c)6-PUS+剪叉式并联构型</td></tr>
<tr><td>驱动机械协调机构设计</td><td>由于剪叉式构型在启动阶段具有力缩小的问题,在本设备设计方案中,采用多驱动机械协调系统作为剪叉式构型的动力单元,如图 d 所示为电机丝杠双驱动机械协调模组,该模组通过特殊的连接装置,实现了多电机的联合驱动,具有高动态响应特性、无低速爬行、大负载、高刚度、高精度等优点

(d)电机丝杠双驱动模组
根据表 22-3-5 中双丝杠驱动参数、模型和设计流程,在本设备中采用其作为驱动协调装置,如图 e 所示
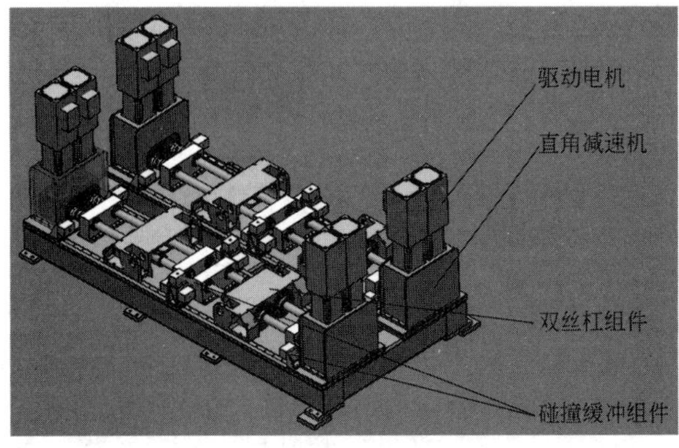

(e)</td></tr>
</table>

结构设计	驱动载荷平衡机构设计	剪叉式构型虽然可以提升驱动速度，但剪叉式构型在低点运动时，力却有缩小的现象，这种现象导致驱动的输出力变大。为了减少驱动的输出力，降低选型难度，本方案设计了气动弹簧用于平衡一定的负载力，该气动弹簧可以输出弹性变化的力，在剪叉式机构处于低点时，输出较大的平衡力，处于高点时输出较小的平衡力，弥补剪叉式构型的缺点。在本机构中采用驱动载荷平衡机构——气动弹簧，其结构安装示意如图 f 所示  (f) 基于表 22-3-5 中的气动弹簧参数设计，将其受力曲线代入本摇摆台，使其绕 x 轴旋转±20°、绕 y 轴旋转±15°、绕 z 轴旋转±8°以平衡竖直滑块的受力，可以得到丝杠模组驱动的受力图，通过对比加入气动弹簧前和加入气动弹簧后的受力图 g 与图 h 可以发现，驱动的最大受力由 360kN 变为 120kN 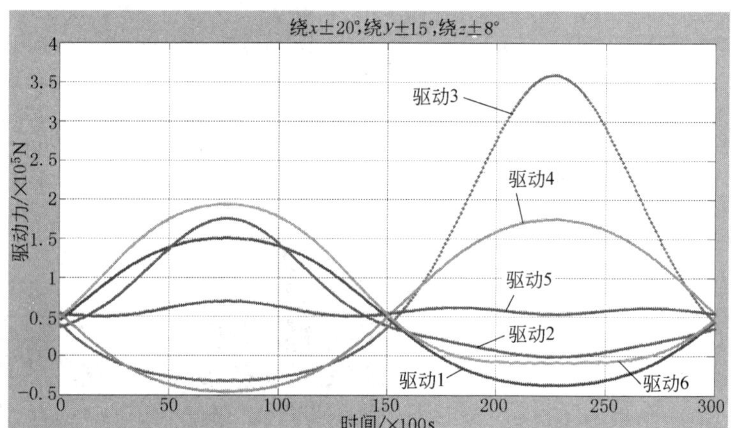 (g) 加入气动弹簧前电机丝杠受力曲线 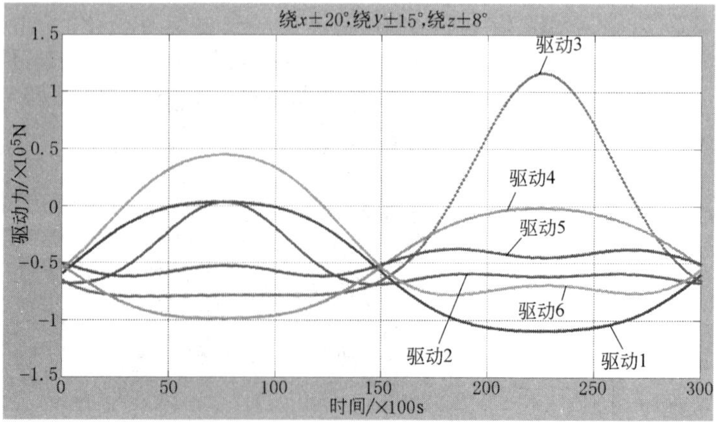 (h)加入气动弹簧后电机丝杠受力曲线

第 22 篇

参考文献

[1] 李瑞峰，葛连正. 工业机器人技术[M]. 北京：清华大学出版社，2019.

[2] 王积伟. 液压与气压传动[M]. 北京：机械工业出版社，2000.

[3] 高峰，杨加伦，葛巧德. 并联机器人型综合的 G_F 集理论[M]. 北京：科学出版社，2010.

[4] 白勇军. 大型重载伺服机械压力机的关键技术及实验研究[D]. 上海：上海交通大学，2013.

[5] 葛浩. 锻造操作机构型设计与动力学性能研究[D]. 上海：上海交通大学，2012.

[6] 孟祥敦. 并联机器人机构的数综合与型综合方法[D]. 上海：上海交通大学，2016.

[7] 岳义. 并联微操作机器人构型与性能研究[D]. 上海：上海交通大学，2010.

[8] 周玉林，高峰. 仿人机器人构型[J]. 机械工程学报，2006 (11)：66-74.

[9] 杨廷力. 机器人机构拓扑结构学[M]. 北京：机械工业出版社，2004.

[10] 陈祥，谢福贵，刘辛军. 并联机构中运动/力传递功率最大值的评价[J]. 机械工程学报，2014，50 (3)，1-9.

[11] 郑浩，高峰. 一种新型串联机械臂工作空间与运动规划分析[J]. 机械设计，2022 (3)：1-9.

[12] Yang T., Liu A., Jin Q., et al. Position and orientation characteristic equation for topological design of robot mechanisms[J]. ASME Journal of Mechanical Design, 2009, 131 (2), 021001.

[13] Pieper D L, Roth B. The kinematics of manipulators under computer control[J]. Phd Thesis Stanford University, 1968.

[14] Gao F, Guy F, Gruver W A. Criteria based analysis and design of three degree of freedom planar robotic manipulators[C] //Proceedings of International Conference on Robotics and Automation. IEEE, 1997, 1: 468-473.

[15] Liu X J, Wang J, Zheng H J. Optimum design of the 5R symmetrical parallel manipulator with a surrounded and good-condition workspace[J]. Robotics and Autonomous Systems, 2006, 54 (3), 221-233.

[16] Liu X J, Wu C, Wang J. A new index for the performance evaluation of parallel manipulators: A study on planar parallel manipulators[J]. In 2008 7th World Congress on Intelligent Control and Automation. 2008: 353-357.

[17] Wang J, Wu C, Liu X. J, Performance evaluation of parallel manipulators: Motion/force transmissibility and its index[J]. Mechanism and Machine Theory, 2010, 45 (10), 1462-1476.

[18] He J, Gao F. Mechanism, actuation, perception, and control of highly dynamic multilegged robots: a review[J]. Chinese Journal of Mechanical Engineering, 2020, 33 (5): 79.

[19] Liu X J, Xie Z, Xie F, et al. Design and development of a portable machining robot with parallel kinematics[C]. 2019 16th international conference on ubiquitous robots (UR), Jeju, Korea (South), 2019, 133-136.

[20] Silva M F, Tenreiro Machado J A. A historical perspective of legged robots[J]. Journal of Vibration and Control, 2007, 13 (9-10): 1447-1486.

[21] Xie F G, Liu X J, Wang J S. Performance evaluation of redundant parallel manipulators assimilating motion/force transmissibility [J]. International Journal of Advanced Robotic Systems, 2011, 8 (5), 113-124.

[22] Wang J S, Wu C, Liu X J. Performance evaluation of parallel manipulators: Motion/force transmissibility and its index[J]. Mechanism and Machine Theory, 2010, 45 (10), 1462-1476.

[23] Tsai L W. Robot analysis: The mechanics of serial and parallel manipulators[M]. Wiley-Interscience: 1999.

[24] Hervé J M. Analyse structurelle des méanismes par groupe des délacements[J]. Mechanism and Machine Theory, 1978, 13 (4), 437-450.

[25] Meng J, Liu G, Li Z. A geometric theory for analysis and synthesis of sub-6 DoF parallel manipulators[J]. IEEE Transactions on Robotics, 2007, 23 (4), 625-649.

[26] Earl C F. Some kinematics structures for robot manipulator designs[J]. Journal of Mechanisms, Transmissions and Automation in Design, 1983, 105 (1), 15-22.

[27] Yu J, Dai J, Bi S, et al.. Type synthesis of a class of spatial lower-mobility parallel mechanisms with orthogonal arrangement based on Lie group enumeration[J]. Science China Technological Sciences, 2010, 53 (2), 388-404.

[28] Yu J, Dai J, Bi S, et al.. Numeration and type synthesis of 3-DOF orthogonal translational parallel manipulators[J]. Progress in Natural Science, 2008, 18 (5), 563-574.

[29] Yan H. Creative design of mechanical devices[M]. Springer: New York, 1998.

[30] Ball R S. A treatise on the theory of screws[M]. Cambridge University Press: Cambridge, 1900.

[31] Huang Z, Li Q. General methodology for type synthesis of symmetrical lower-mobility parallel manipulators and several novel manipulators[J]. The International Journal of Robotics Research, 2002, 21 (2), 131-146.

[32] Huang Z, Li Q. Type synthesis of symmetrical lower-mobility parallel mechanisms using the constraint-synthesis method[J]. The

International Journal of Robotics Research, 2003, 22 (1), 59-79.

[33] Gogu G. Structural synthesis of fully-isotropic translational parallel robots via theory of linear transformations[J]. European Journal of Mechanics/A Solids, 2004, 23 (6), 1021-1039.

[34] Kong X, Gosselin C M. Type synthesis of 3-DOF spherical parallel manipulators based on screw theory[J]. ASME Journal of Mechanical Design, 2004, 126 (1), 101-108.

[35] Liu X J, Jin Z L, Gao F.. Optimum design of 3-DOF spherical parallel manipulators with respect to the conditioning and stiffness indices[J]. Mechanism and Machine Theory, 2000, 35 (9), 1257-1267.

[36] 黄真，赵永生，赵铁石，等. 高等空间机构学[M]. 2版. 北京：高等教育出版社，2014.

HANDBOOK

OF

第23篇
智能制造系统与装备

篇主编	撰稿		审稿
张建富	张建富	王丽斌	蔡桂喜
方　强	方　强	杨　锋	
王　迪	王　迪	王新峰	
王健健	王健健	周琬婷	
	郑中鹏	郑晨瑞	
	冀寒松		
	迟　萌		

MECHANICAL

DESIGN

编写说明

智能制造技术的发展为机械设计提供了新的机遇和挑战，要求机械设计必须适应新的设计理念，采用先进的设计方法，并利用最新的技术手段。本篇正是为了适应这一变革需要而编写的，以期为智能制造领域的设计人员、工程技术人员和研究人员提供一个全面的参考资料。

本篇共6章。第1章内容包括智能制造系统架构、术语定义、安全、可靠性、检测和评价等智能制造基础共性技术；第2章内容包括传感器与仪器仪表、自动识别设备、人机协作系统、控制系统、增材制造装备、工业机器人、数控机床、工艺装备、检验检测装备等智能装备通用技术；第3章内容包括智能工厂概念与内涵、智能工厂设计与交付、智能设计、智能生产、智能管理、工厂智能物流、业务集成优化等技术；第4章内容包括智能服务概念与内涵、大规模个性化定制、网络化协同制造、远程运维保障、共享制造、智慧供应链框架及应用案例；第5章内容包括工业无线网络、工业有线网络、工业网络融合、工业网络资源管理的架构及应用案例；第6章内容包括人工智能、工业大数据、工业软件、工业云、边缘计算、数字孪生、区块链等新兴智能赋能技术。

本篇由清华大学张建富、浙江大学方强、北京邮电大学王迪、清华大学王健健主编。参加本篇编写的还有：清华大学郑中鹏、冀寒松，浙江大学迟萌、王丽斌，中航西安飞机工业集团股份有限公司杨锋、王新峰，北京邮电大学周琬婷、郑晨瑞等。

本篇由中国科学院金属研究所蔡桂喜审稿。

本篇在编写过程中，参考了智能制造相关国家标准、行业标准、白皮书、行业报告、案例等220余项，力求做到内容准确、逻辑清晰、具有良好的可读性和实用性。限于编者水平，书中难免有不妥之处，恳请专家和读者批评指正。

CHAPTER 1

第 1 章 智能制造基础体系

1　智能制造系统与装备概述

智能制造的概念最早是由美国学者赖特教授（P. K. Wright）和布恩教授（D. A. Bourne）于 20 世纪 80 年代提出的，主要目标是实现无人干预的小批量自动化生产，目前已成为现代制造业的主要发展方向。

智能制造装备是先进制造技术、信息技术和人工智能技术的高度集成，也是智能制造产业的核心载体。智能制造装备通常包含装备本体与相关的智能使能技术，装备本体需要具备优异的性能指标，如精度、效率及可靠性，而相关的使能技术则是使装备本体具有自感知、自适应、自诊断、自决策等智能特征的关键途径。智能制造装备单体虽然具备智能特征，但其功能和效率始终是有限的，无法满足现代制造业规模化发展的要求，因此，需要基于智能制造装备，进一步发展和建立智能制造系统。智能制造系统（intelligent manufacturing system，IMS）是一种由智能机器和人类相互协作构成的人机一体化制造系统。

本篇第 1 章介绍智能制造基础体系，包括系统架构、基本概念、参考模型、安全要求、可靠性、检测系统及评价体系；第 2 章介绍典型的智能装备，包括传感器与仪器仪表、自动识别设备、人机协作系统、控制系统、增材制造装备、工业机器人、数控系统、工艺装备以及检验检测装备；第 3 章介绍智能工厂，包括工厂设计与交付、智能设计、智能生产、智能管理、智能物流以及业务集成优化；第 4 章介绍智能服务，包括大规模个性化定制、网络化协同制造、远程运维保障、共享制造以及智慧供应链；第 5 章介绍工业网络，包括工业无线网络、有线网络、网络融合以及网络资源管理；第 6 章介绍典型的智能赋能技术，包括人工智能、大数据、工业软件、工业云、边缘计算、数字孪生以及区块链。

2　智能制造系统架构

智能制造系统架构从生命周期、系统层级和智能特征三个维度给出智能制造的对象及其之间的关系，每个维度包含 5 个主要组成部分，如图 23-1-1 所示。

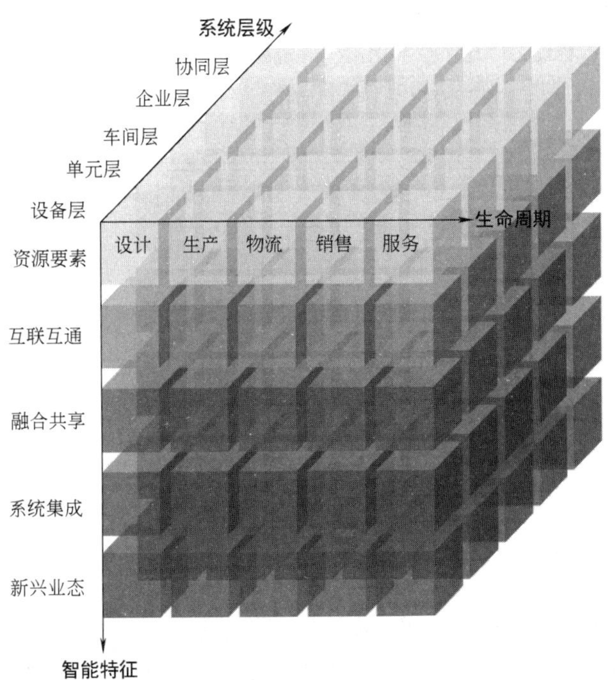

图 23-1-1　智能制造系统架构

3 智能制造基本概念及各系统模型

3.1 智能制造常用基础术语

智能制造常用基础术语如表 23-1-1 所示。

表 23-1-1 智能制造常用基础术语

术语	定义
智能制造	通过综合和智能地利用空间信息、物理空间的过程和资源,贯穿于设计、生产、物流、销售、服务等活动的各个环节,具有自感知、自决策、自执行、自学习、自优化等功能,创造、交付产品和服务的新型制造
数字化制造	一种利用数字化定量表述、存储、处理和控制方法,支持产品生命周期和企业的全局优化的制造技术
网络化制造	企业利用网络技术开展产品设计、制造、销售、采购、管理等一系列制造活动的总称
云制造	一种基于网络的、面向服务的智能制造新模式。它融合发展了现有信息化制造技术与云计算、互联网、服务计算、人工智能等新兴信息技术,将各类制造资源和制造能力虚拟化、服务化,构成制造资源和制造能力的服务池,并进行统一的、集中的优化管理和经营,从而用户只要通过网络和终端就能随时随地地按需获取制造资源与制造能力的服务,进而智能地完成其产品全生命周期各类活动
数字孪生	基于传感器更新、运行历史、物理模型等孪生数据,完成从物理实体到信息虚体的模型映射,以及从信息虚体反馈至物理实体的过程

3.2 智能制造参考模型

典型的智能制造参考模型包括智能工厂参考模型、虚拟工厂信息模型、数字化车间参考模型以及云制造参考模型。

3.2.1 智能工厂参考模型

智能工厂是在数字化工厂的基础上，利用物联网技术和监控技术加强信息管理和服务，提高生产过程可控性、减少生产线人工干预，以及合理计划排程。同时集智能手段和智能系统于一体，构建高效、节能、绿色、环保、舒适的人性化工厂。

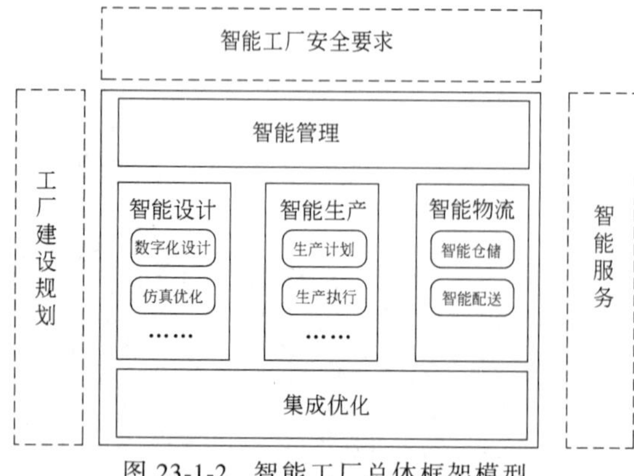

图 23-1-2 智能工厂总体框架模型

智能工厂总体框架如图 23-1-2 所示，主要涵盖了智能设计、智能生产、智能管理、智能物流、集成优化等关键技术。

3.2.2 虚拟工厂信息模型

虚拟工厂是将实体工厂映射过来，具备仿真、管理和控制实体工厂关键要素功能的模型化平台。

虚拟工厂信息模型的建立应以实现虚拟工厂业务功能为目标，按照信息模型建立方法及模型属性信息要求进行。虚拟工厂信息模型库应包括以人员、设备设施、物料材料、场地环境等信息为主要内容的对象模型库和以生产工艺、生产管理、产品信息、生产物流、技术知识为主要内容的规则模型库，如图 23-1-3 所示。

对象模型元素的属性信息可划分为静态信息和动态信息两部分，其中静态信息应包括身份信息、属性信息、计划信息和静态关系信息；动态信息应包括状态信息、位置信息、过程信息及动态关系信息。规则模型库中的生产工艺规则模型库可包含工艺基础信息、工艺清单、工艺路线、工艺要求、工艺参数、生产节拍、标准作业等规则模型信息及其相关逻辑规则。生产管理规则模型库可包含生产计划、排产规则、生产班组、生产线产能、生产进度、生产排程约束、生产设备效率等规则模型信息及其相关逻辑规则。产品信息规则模型库可包含产品主数据、物料清单、产品生产规则、资源清单等规则模型信息。生产物流规则模型库可包含物料需求、物流路径、输送方式、配送节拍、在制品转运方式、入库、出库等与生产物流相关的规则。技术知识规则模型库可包含工艺原理、操作经验、仿真模型、软件算法等。

3.2.3 数字化车间参考模型

数字化车间是以生产对象所要求的工艺和设备为基础，以信息技术、自动化、测控技术等为手段，用数据连接车间不同单元，对生产运行过程进行规划、管理、诊断和优化的实施单元。

数字化车间重点涵盖产品生产制造过程，其体系结构如图 23-1-4 所示，分为基础层、管理层和执行层。基础层包括数字化车间生产制造所必需的各种制造设备及生产资源，执行层包括车间计划与调度、生产物流管理、工艺执行与管理、生产过程质量管理、车间设备管理五个功能模块。

3.2.4 云制造参考模型

云制造是一种基于网络，面向服务的智能制造新模式。

云制造服务分类模型由服务分类树和服务分类标签组成，如图 23-1-5 所示。

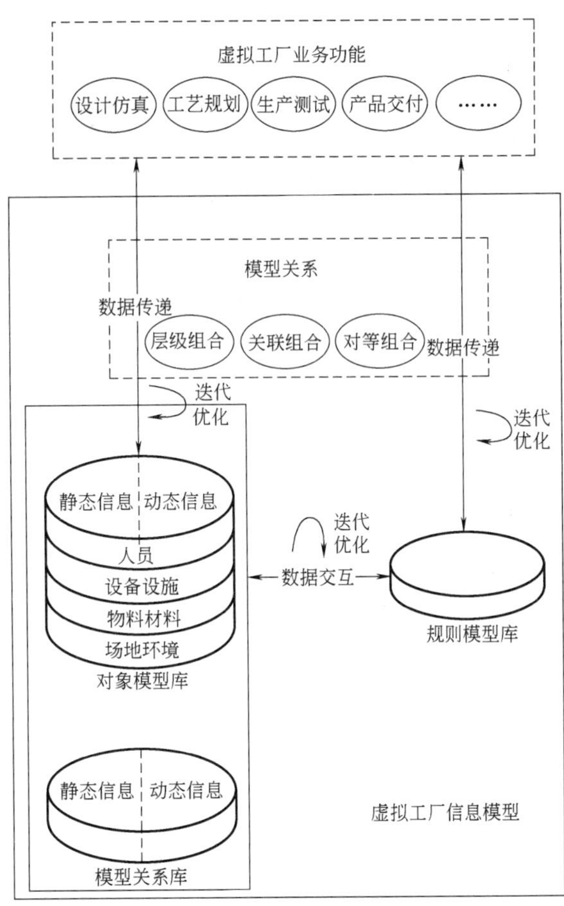

图 23-1-3 虚拟工厂信息模型

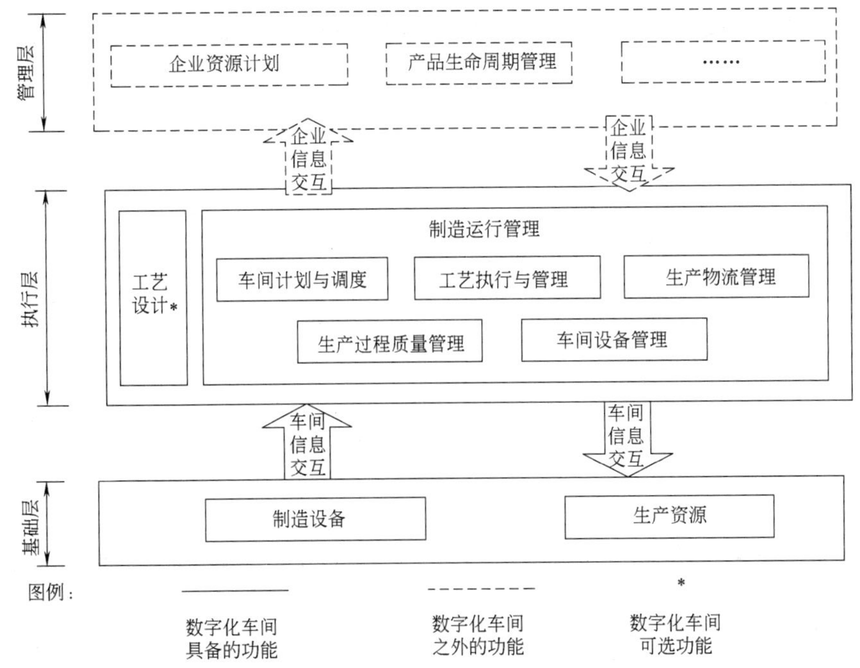

图 23-1-4 数字化车间体系结构图

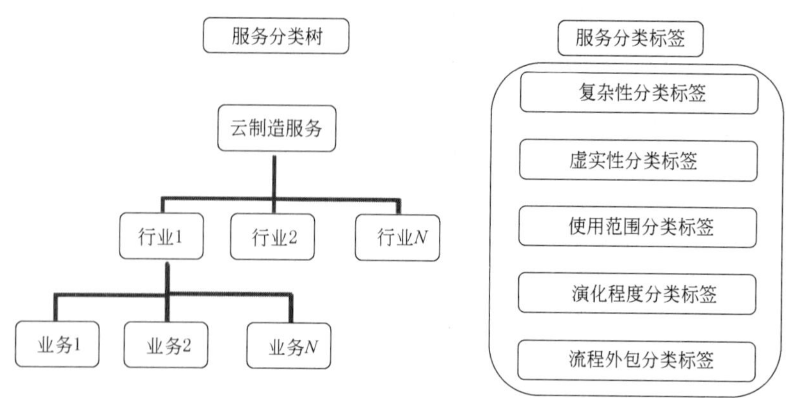

图 23-1-5　云制造服务分类模型

3.3　元数据与数据字典

在智能制造的过程中，大量制造数据和信息需要交换和共享，无障碍、无媒介断点的信息流是以数据驱动并控制无间断生产的必要前提。因此，按已定义的规则构建跨系统、跨企业，甚至跨行业使用的标准化数据结构，是实现智能制造协同要求的先决条件，代表性数据结构包括元数据和数据字典。

3.3.1　元数据

元数据（metadata），又称中介数据、中继数据，为描述数据的数据，主要是描述数据属性的信息，用来支持如指示存储位置、历史数据、资源查找、文件记录等功能。

（1）定义

①元数据：定义和描述其他数据的数据。②通用元数据：描述一类数据使用的最基本元数据。③元数据元素：元数据的基本单元。④元文档：元文档描述了某一类过程测量设备的通用结构和数据元素（项）。

（2）基础零部件及基础制造工艺通用元数据包的框架

1）基础零部件通用元数据包框架。基础零部件通用元数据包框架如图 23-1-6 所示，包括基本信息、采购信息、制造信息，采购信息又包括供应商信息和采购价格，制造信息又包括制造商信息。

2）基础制造工艺通用元数据包。基础制造工艺通用元数据包模型如图 23-1-7 所示，包括物料信息、制造资源、工艺路线、组织和文档信息。

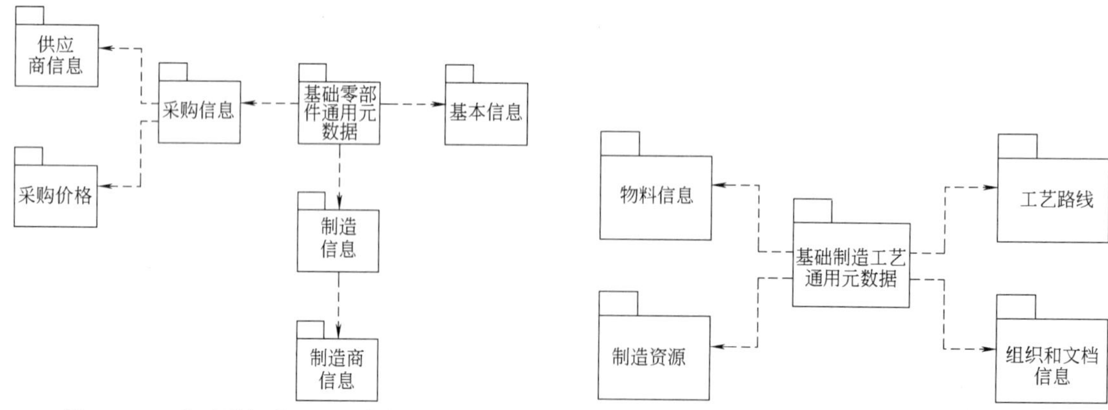

图 23-1-6　基础零部件通用元数据包框架

图 23-1-7　基础制造工艺通用元数据包模型

3.3.2　数据字典

数据字典（data dictionary），是指对数据的数据项、数据结构、数据流、数据存储、处理逻辑等进行定义和描述的信息数据集合。

(1) 定义

①数据字典：产品数据字典用于创建零件库，把与产品全生命周期有关的描述定义产品的各个特性，按照一定的逻辑关系进行分类，形成树状的结构，并按标准规定的格式，对树状结构的内容进行描述，该零件库可用于零件数据的存储、传输与技术管理。②字典数据：描述零件族层次结构和这些零件特性的数据集。③维护机构：负责对某个（或某类）产品数据字典标准实施连续性维护的组织。

(2) 编写要求

数据字典编写要求如表 23-1-2 所示。

表 23-1-2　　数据字典编写要求

要求	描述
正确性	保证数据字典内容的正确性
真实性	保证数据字典内容真实,无虚假或夸张
易读性	凡以“自由文本”填写的内容,其语言应精练、易懂
权威性	数据字典应由数据库或数据文件的所有者认可的作者编写完成,必要时需经过有关部门认可或专家论证
完整性	凡必选内容必须填写,可选内容宜尽可能多地填写,以帮助数据管理者和数据使用者更充分地了解数据
扩充	允许针对具体数据集的特点,在数据字典中添加未列出的内容
更新	随着数据库内容的更新,数据字典内容也应及时更新

(3) 维护规范

数据字典的生命周期包括草案阶段、试用阶段、实施阶段及废止阶段，其维护规范如表 23-1-3 所示。

表 23-1-3　　数据字典维护规范

操作	描述
添加	当数据字典进入实施阶段后,数据字典维护机构便应正式添加此数据字典,其步骤如下:①进行数据字典的正式维护,包括赋予数据字典的内部标识符、填写数据字典状态及生效日期等;②将数据字典呈报上级管理部门备案;③并对外发布添加通知
删除	当数据字典进入废止阶段后,数据字典维护机构应在一定时限内完成数据字典的删除工作,包括:①将所要删除的数据字典进行备份;②将数据字典呈报上级管理部门备案;③并对外发布删除通知
更新	只有处在实施阶段的数据字典内容才能进行更新。更新时应遵循以下步骤:①保留当前版本的数据字典,对后续版本的数据字典进行正式维护,除版本标识符和欲更新的属性外,后续版本数据字典的其他属性应继承当前版本数据字典的属性;②将当前版本及后续版本的数据字典呈报上级管理部门备案;③并对外发布更新通知

3.4 对象标识

为方便把任何物体或对象与互联网相连接进行信息交换和通信，国际上建立了兼容性强、技术成熟的对象标识体系。

(1) 定义

对象标识符：用于无歧义地标识对象的全局唯一值，object identifier，简称 OID。OID 是网络通信环境中标识对象唯一身份的标识符，因此 OID 具有“唯一标识”和“注册”两个特性。某个对象的 OID 一旦注册，它在世界范围内永久有效。OID 可广泛地标识某个组织、通信协议、标准中的某个模块、密码算法、数字证书以及文档格式等。OID 已广泛应用于 RFID、生物识别、网络管理、移动通信、医学影像等技术中。

(2) 体系结构

智能制造对象标识符的体系结构如图 23-1-8 所示，由对象编码、对象元数据和注册解析系统三部分组成。对象编码是针对对象的唯一标识，通过与对象规范的元数据进行关联，依托注册解析系统，得到对象编码所关联的规范的信息。

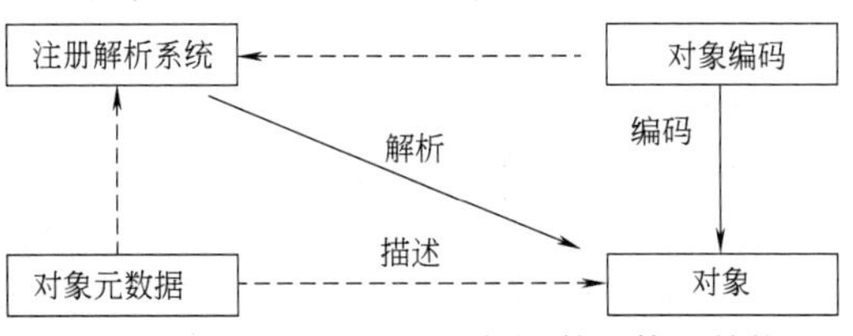

图 23-1-8　智能制造对象标识符的体系结构

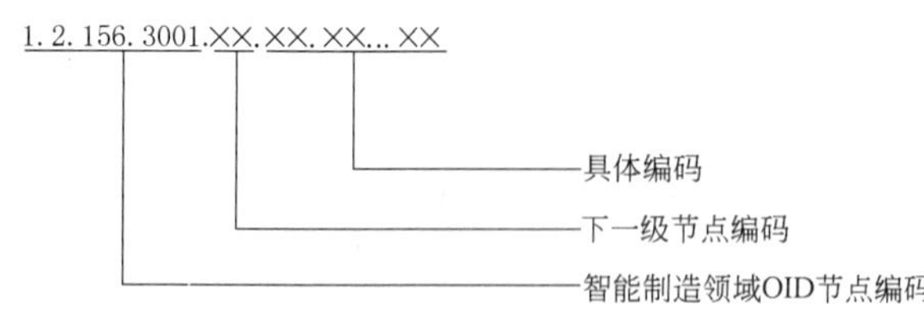

图 23-1-9 智能制造对象的编码规则

(3) 编码规则

智能制造领域对象编码规则采用 OID 标识体系，具有分层结构，如图 23-1-9 所示。

1）智能制造领域 OID 节点编码。智能制造领域 OID 节点编码是由智能制造对象标识顶级运营机构向国家 OID 注册中心注册，由国家 OID 注册中心统一分配，其数值为 1.2.156.3001，其业务范围是为智能制造领域的各类对象进行规范的标识解析，统一管理。

2）下一级节点编码。下一级节点编码由智能制造标识运营机构规划，如表 23-1-4 所示。具体编码规则由各级节点运营机构自行制定，编码规则需向智能制造标识运营机构备案。

表 23-1-4　　下一级节点的分配方案

智能制造领域 OID 节点	下一级节点	分配对象
1.2.156.3001	1~100	基础共性技术
	101~10000	行业标识管理机构
	10001~11000	现有标识体系
	11001~100000	第三方机构
	100001~	企业

① 基础共性技术节点编码规则。基础共性技术节点编码由智能制造领域标识顶级运营机构负责分配，其业务范围是为智能制造领域的各类基础共性进行标识解析。具体编码规则由智能制造领域顶级标识运营机构制定，分配方案如表 23-1-5 所示。

表 23-1-5　　智能制造领域基础共性技术节点的分配方案

智能制造领域 OID 节点	基础共性技术节点(1~100)	分配对象
1.2.156.3001	1	元数据
	2~100	预留

② 行业标识管理机构节点编码规则。行业标识管理机构节点可由行业主管部门、协会或行业研究机构和具有行业代表性的企业向智能制造标识运营机构申请注册，其业务范围是为智能制造领域各行业的对象提供标识解析服务。行业标识管理机构节点分配方案由智能制造领域顶级标识运营机构制定，分配方案如表 23-1-6 所示。具体编码规则由各行业标识管理节点运营机构自行制定，编码规则需向智能制造标识运营机构备案。

表 23-1-6　　智能制造领域行业标识管理机构节点的分配方案

智能制造领域 OID 节点	行业标识管理机构节点(101~10000)	分配对象
1.2.156.3001	依据 GB/T 4754—2017 小类划分	工业领域各行业

③ 现有标识体系节点编码规则。现有标识体系节点由现有标识体系运营机构向智能制造标识运营机构申请注册。其业务范围是针对现有标识体系中的对象，提供基于 OID 的标识解析服务。现有标识体系分配方案由智能制造标识运营机构制定，分配方案如表 23-1-7 所示。具体编码规则由现有标识体系节点运营机构自行制定，编码规则需向智能制造标识运营机构备案。

表 23-1-7　　智能制造领域现有标识体系节点的分配方案

智能制造领域 OID 节点	现有标识体系节点(10001~11000)	分配对象
1.2.156.3001	10001	Handle
	10002	Ecode
	10003	统一社会信用代码

④ 第三方机构节点编码规则。第三方机构节点编码可由为企业服务的机构（包含企业或研究机构等）向智能制造标识运营机构注册申请，其业务范围是智能制造领域中向其他企业提供标识解析服务。第三方机构节点编码分配方案由智能制造标识运营机构制定，分配方案如表 23-1-8 所示。具体编码规则由第三方机构节点的运营机构自行制定，编码规则需向智能制造标识运营机构备案。

表 23-1-8 **智能制造领域第三方机构节点的分配方案**

智能制造领域 OID 节点	第三方机构节点	分配对象
1. 2. 156. 3001	11001～100000(顺序发放)	各第三方机构

⑤ 企业节点编码规则。企业节点编码可由企业直接向智能制造标识运营机构注册申请，其业务范围是智能制造领域中企业向其内部的产品提供标识解析服务。企业节点编码分配由智能制造标识运营机构制定。已有统一社会信用代码的，宜采用统一社会信用代码作为节点编码。具体编码规则由企业自行制定，需向智能制造标识运营机构备案。

(4) 申请与注册

OID 的申请与注册规程如图 23-1-10 和表 23-1-9 所示：

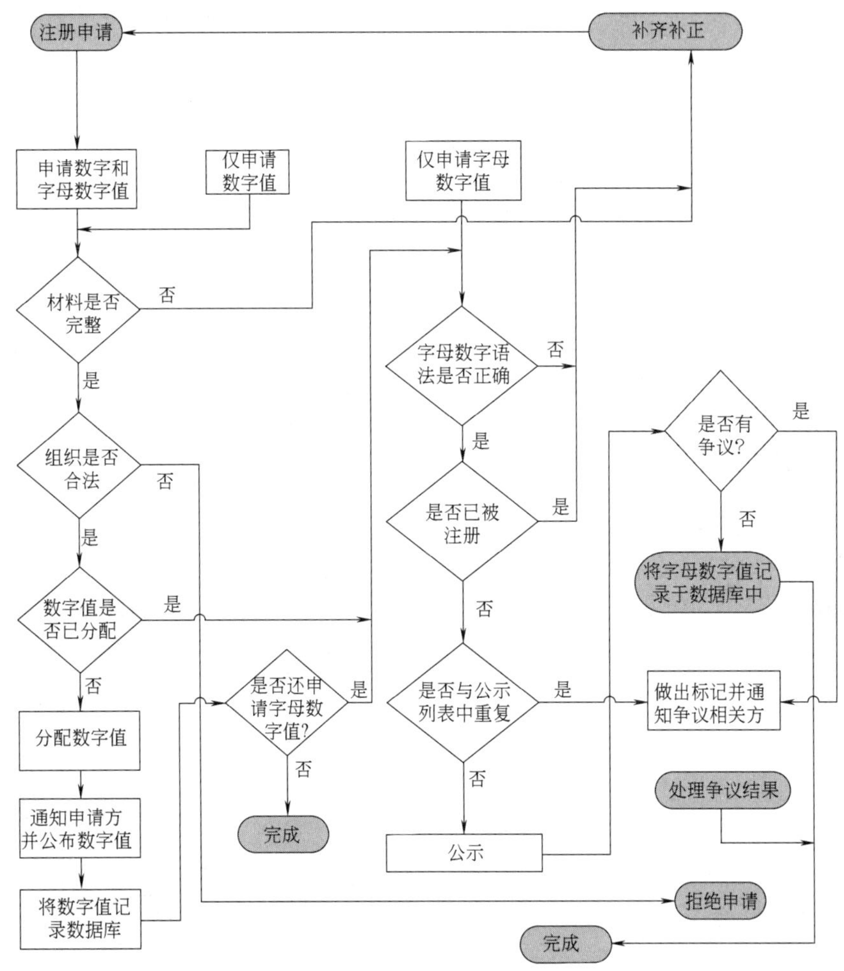

图 23-1-10 OID 注册流程示意图

表 23-1-9 **OID 的申请与注册规程**

操作	描述
申请	①申请注册 OID 时，申请者应通过注册机构的网站(www. china-oid. org. cn)提交网上注册申请，同时把相关纸质材料提交到注册机构； ②数字 OID 由注册机构分配，字母数字 OID 的申请是可选的，若需要，应由申请者提供字母数字 OID 的建议； ③申请者可以同时申请上述两种类型的 OID； ④申请者可以只申请数字 OID； ⑤已分配了数字 OID 的申请者可以申请关联的字母数字 OID。申请者应提交已申请的数字 OID 信息和希望注册的字母数字 OID 的注册请求； ⑥通常只允许申请者申请注册一个 OID，在特殊情况下，允许申请注册多个 OID，但应提交多个申请

第 23 篇

续表

操作	描述
注册数字OID	①申请者无需提供 OID,应由注册机构制定。该号码是唯一的,不应分配给其他申请者; ②申请者的注册信息以及分配的数字 OID 应记录在注册数据库内; ③注册信息应在审查完毕后 10 个工作日内向申请者发出
注册字母OID	①申请者应提供需要注册的字母数字 OID,如果这是后续申请(即先前已申请注册了数字 OID),申请人应同时提供已注册的数字 OID; ②如果字母数字 OID 值不符合规定,申请应被退回修改; ③提供的值应与数据库中记录的其他字母数字 OID 比对,如果重复,申请应被拒绝; ④如果申请由于上述②、③两条被拒绝,应及时通知申请人; ⑤申请者提供的字母数字 OID 应在审核通过后,被公示 20 个工作日。在公示期内,如果字母数字 OID 名字无争议,把申请者的注册信息以及分配的字母数字 OID 记录在注册数据库中; ⑥字母数字 OID 的发布通知应在 10 个工作日内发送给申请者

(5) 维护

OID 的维护操作如表 23-1-10 所示:

表 23-1-10　　OID 的维护操作

操作	描述
记录	注册机构应维护本机构的注册组织(或个人)OID 的数据库,包括数字 OID 和字母数字 OID,以及相关注册信息
更改	在与一个注册的组织相联系的所有信息中,数字 OID、初始申请组织名称和地址,以及注册的初始日期不得更新。初始申请组织可提交字母数字 OID 的更改要求。初始申请组织如对注册的其他信息如联系人等相关信息更改,应及时通知注册机构
注销	注册信息状态应在条目有效或删除时及时更新。注册机构应对注册信息定期核实,如果不期望在某一注册弧下进一步分配 OID 时,应把该 OID 标记为删除(但仍保留)。标记为删除的弧的 OID 应不再用于新弧
备案	已申请 OID 的组织可在其业务范围内分配子号码,如有需要,应把分配的子号码向 OID 注册中心备案。OID 备案信息可通过 OID 公共服务平台网站查询

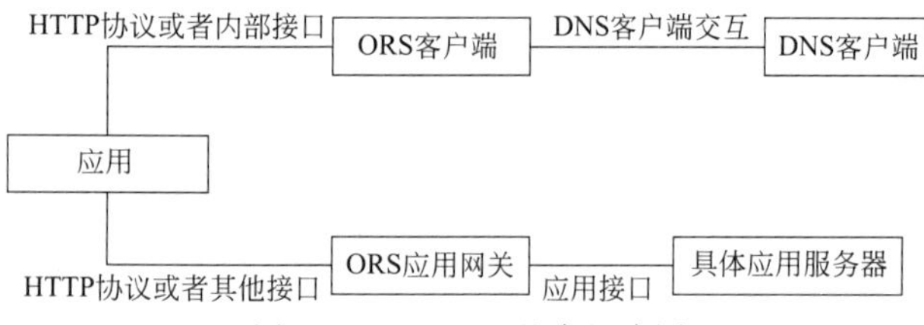

图 23-1-11　ORS 基本组成图

(6) 解析

采用 OID 解析系统(OID resolution system,ORS)进行 OID 的解析。ORS 由应用、ORS 客户端、DNS 服务器、ORS 应用网关、具体应用服务器等功能实体构成,如图 23-1-11 所示。OID 解析过程通常包括两个过程:通用 OID 解析过程和特定-应用 OID 解析过程,如图 23-1-12 所

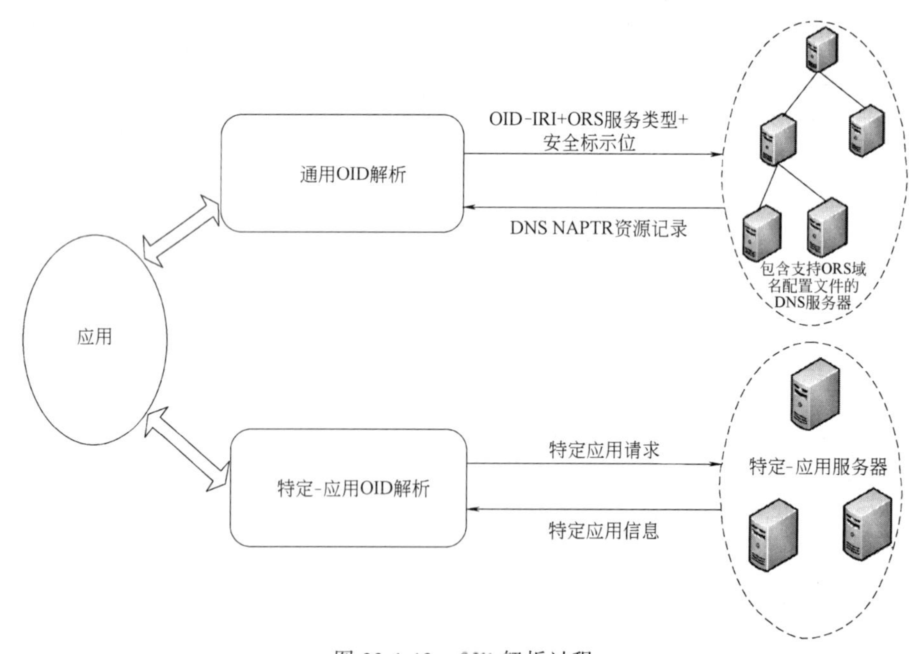

图 23-1-12　OID 解析过程

示。制造企业内部标识解析系统转换为全球唯一标识解析系统的业务流程如图 23-1-13 所示。

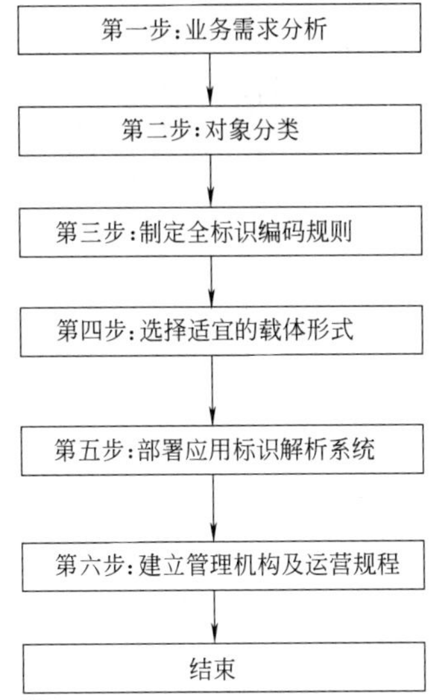

图 23-1-13　制造企业内部标识解析系统转换为全球唯一标识解析系统的业务流程

4　智能制造系统安全

智能制造系统涉及的安全问题有两类：功能安全和网络安全。

4.1　功能安全

智能制造系统功能安全是指整体安全中与受控设备和受控设备控制系统相关的部分，取决于电气/电子/可编程电子安全相关系统和其他风险降低措施正确执行其功能。

（1）定义

①安全需求：功能安全系统为了降低风险到可容忍级别，而需要满足的功能安全完整性等级要求。②危害辨识：受控设备、工艺过程、运行环境及功能安全系统本身潜在危险的发生风险，通过理论推导和经验总结等方法分辨并标识风险的可接受程度。③安全完整性：在规定的时间段内和规定的条件下，安全相关系统成功执行规定的安全功能的概率。④安全完整性等级：一种离散的等级（四个可能等级之一），对应安全完整性量值的范围。

（2）要求

1）智能工厂功能安全。智能工厂的安全控制，涵盖智能工厂的三个层级，即基础层、执行层和管理层。智能工厂的安全控制模型如图 23-1-14 所示。

2）数字化车间功能安全。数字化车间的功能安全示意图如图 23-1-15 所示。

（3）应用指南

1）危害辨识和需求分析。危害辨识和需求分析是指在功能安全系统研发设计前，基于系统的预期用途和工作环境对系统失效可能造成的危害情况进行充分的辨识，从而获得系统预期要实现的安全功能需求。危害辨识从分析自然环境和工艺过程开始，到获得风险记录为止，一般过程如图 23-1-16 所示。

2）设计和实现。功能安全系统的研发设计过程需要按照相关功能安全基础标准的要求开展功能安全系统研发和验证工作。功能安全系统的安全生命周期见图 23-1-17。

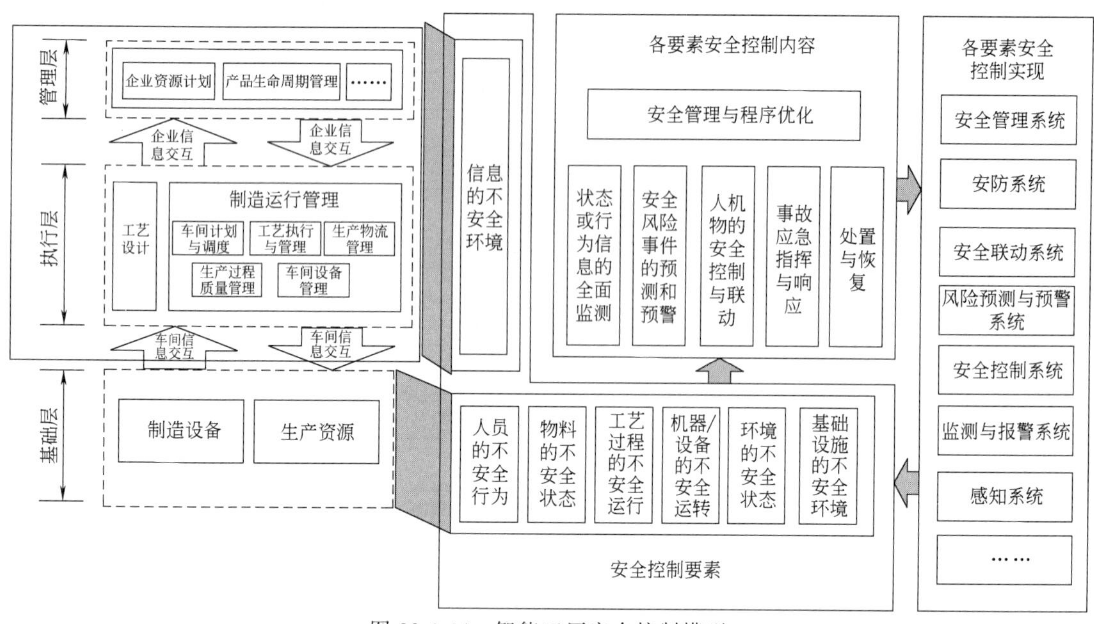

图 23-1-14 智能工厂安全控制模型

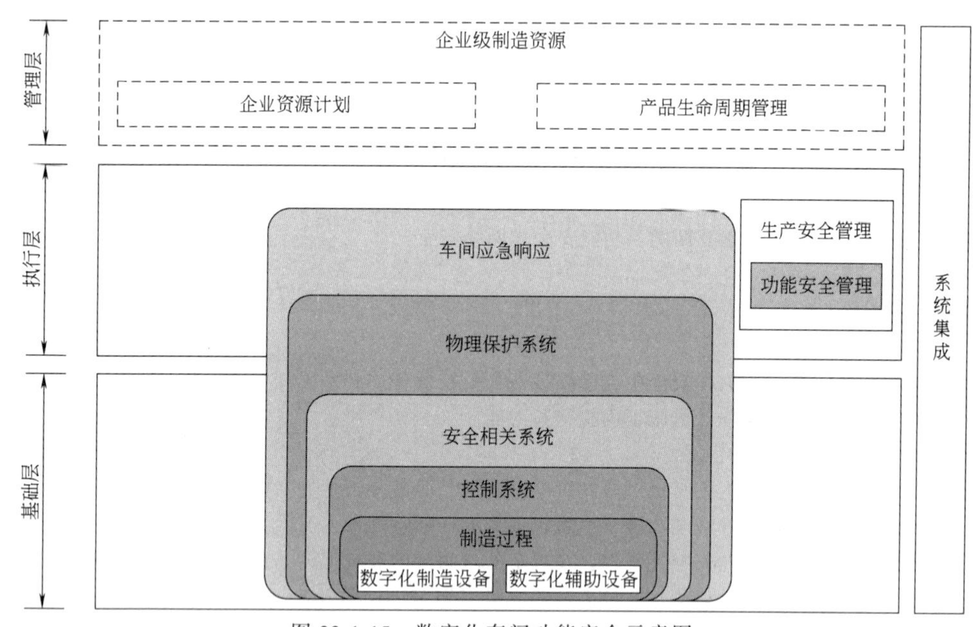

图 23-1-15 数字化车间功能安全示意图

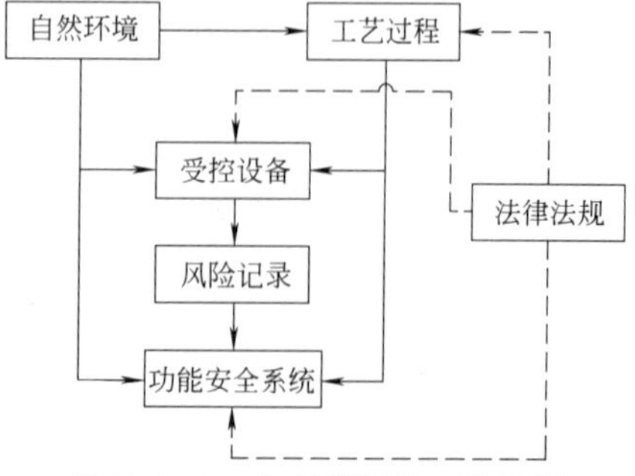

图 23-1-16 危害辨识的一般过程

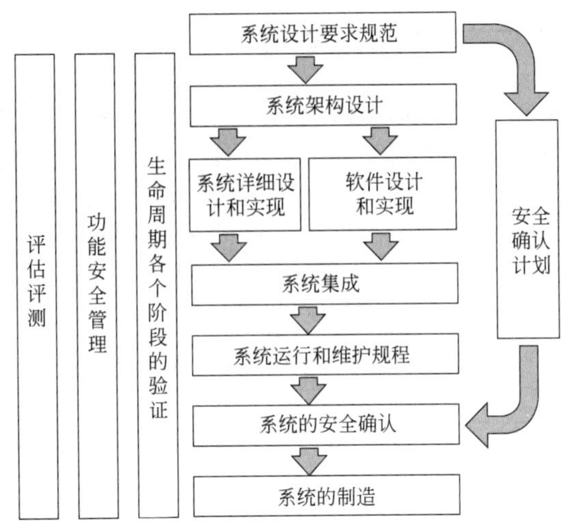

图 23-1-17　系统实现过程的安全生命周期

3）测试验证。需考虑在功能安全系统研发安全生命周期的适当阶段开展测试，以证明所确立的安全功能和安全完整性得以实现，基于安全生命周期典型阶段的测试如图 23-1-18 所示。对测试的总体考虑如表 23-1-11 所示。

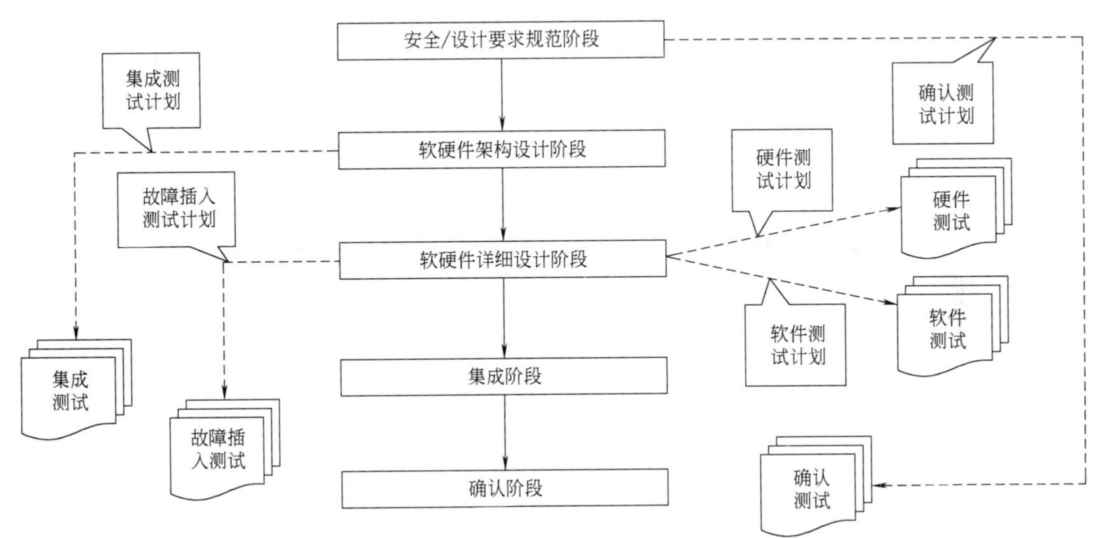

图 23-1-18　基于安全生命周期典型阶段的测试

表 23-1-11　　**各个测试的总体考虑**

测试类型	输入文件	测试计划	测试输出	测试不通过的处理
硬件测试	硬件详细设计相关文件(设计规范、原理图、降额分析等)	硬件测试计划	硬件测试记录/报告	对硬件详细设计进行修改,并重新执行硬件测试
软件测试	软件详细设计相关文件(设计规范、编码规则等)	软件测试计划	软件测试记录/报告(静态测试报告、单元动态测试报告、单元集成测试报告等)	对软件详细设计进行修改,并重新执行软件测试
集成测试	软硬件架构设计相关文件	集成测试计划(在架构设计完成之后编制)	集成测试记录/报告	对设计进行修改,开展影响分析和适当的重新测试

续表

测试类型	输入文件	测试计划	测试输出	测试不通过的处理
故障插入测试	软硬件相关设计相关文件(设计规范、原理图、失效分析报告等)	故障插入测试计划	故障插入测试记录/报告	对设计进行修改,开展影响分析和适当的重新测试
确认测试	安全/设计需求规范	确认测试计划	确认测试记录/报告	对设计进行修改,开展影响分析和适当的重新测试

4）管理和维护。功能安全维护管理的核心目标是保证功能安全系统在现场运行过程中要求的安全完整性等级能力不会降低。导致安全完整性等级能力降低的可能原因如表 23-1-12 所示。

表 23-1-12　导致安全完整性等级能力降低的可能原因

原因	描述
系统性能力不满足	由于人为的安装、试运行不当,导致功能安全系统从运行开始就存在潜在的缺陷,无法实现预期的所有安全功能
维护活动不当	由于人为的维护活动不当,导致没有按照系统的要求执行故障处理和维修更换等;或者维护过程中没有执行适当的检验测试,包括检验测试周期过长或检验测试的内容不充分
硬件安全完整性不满足	系统的硬件(包括数据传输和软错误)由于环境或人为因素导致比预期的失效率高

5）监测。智能工厂中的安全监测系统是由火焰、可燃气体、有毒气体检测器、警报器、控制系统构成，具有报警、联锁保护功能，实现降低工厂安全风险的系统。安全监测有效性评估流程可参见图 23-3-4。

4.2　网络安全

智能制造系统网络安全是用于防止关键系统或者信息类资产的非授权使用，拒绝服务、修改、泄露、财政损失和系统损害的行为。

（1）定义

①工业控制网络：一种利用各种通信设备将所有工业生产设备和自动控制系统连接起来的通信网络。②信息安全：一种描述系统特性的术语，满足：a. 保护系统所采取的措施；b. 由建立和维护保护系统的措施而产生的系统状态；c. 能够免于非授权访问和非授权或意外的变更、破坏或者损失的系统资源的状态；d. 基于计算机系统的能力，能够提供充分的把握使非授权人员和系统既无法修改软件及其数据也无法访问系统，却保证授权人员和系统不被阻止；e. 防止对工业自动化和控制系统的非法或有害的入侵，或者干扰其正确和计划的操作。③信息安全风险：人为或自然的威胁利用信息系统及其管理体系中存在的脆弱性导致安全事件的发生及其对组织造成的影响。

（2）要求

1）数字化车间信息安全基本要求。如图 23-1-4 所示，数字化车间信息安全的范围包括基础层和执行层全部与信息安全相关的系统/活动，数字化车间信息安全保护的对象包括数字化车间的物理资产、逻辑资产（如工艺配方等）。数字化车间信息安全的基本要求见表 23-1-13。

2）重要工业控制系统网络安全防护体系。重要工业控制系统网络安全防护体系应从安全防护技术、应急备用措施、安全管理等三维空间坐标和一维时间坐标形成安全防护体系的立体结构，几个维度相互支撑、相互融合、动态关联，形成动态的四维时空立体结构，示意图见图 23-1-19。体系结构安全是重要工业控制系统网络安全防护体系的基础框架，也是所有其他安全防护措施的重要基础。重要工业控制系统体系结构安全应采用“安全分区、网络专用、横向隔离、纵向认证”的基本防护策略，示意图见图 23-1-20。

① 系统自身安全。在重要工业控制系统网络安全防护体系架构中，构成体系的各个模块应实现自身的安全，依次分为重要工业控制系统软件的安全、操作系统和基础软件的安全、计算机和网络设备及专用测控设备的安全、核心处理器芯片的安全，均应采用安全可靠的软硬件产品，并通过国家有关机构的安全检测认证。自身安全的相关要求主要适用于新建或新开发的重要工业控制系统，在系统具备升级改造条件时可参照执行，不具备升级改造条件的应强化安全管理和安全应急措施。重要工业控制系统网络安全防护体系各模块自身安全的具体要求见表 23-1-14。

表 23-1-13　　　　数字化车间信息安全的基本要求

要求	描述
保障生产安全要求	信息安全措施应有利于增强安全相关系统对内部攻击、外部攻击和误操作的防御。信息安全措施不应对生产紧急事件处理产生妨碍，或者虽有影响但经过充分评估后可以实施
保障连续生产要求	信息安全技术措施不应对自动控制装备的通信端口、控制网络产生连续或阶段性的网络冲击，对控制实时性和连续性的不利影响应控制在允许范围。对控制设备和操作站点采取信息安全技术措施前，应充分测试和验证该技术措施是否影响控制设备和工业软件的运行
不影响控制装备互联互通要求	采取信息安全管理和技术措施前应考虑到事实上多种工业控制协议设备间的互联互通，对于采用私有协议或国际现场总线标准的控制和通信设备可考虑采取网段隔离等措施，不宜更改相关通信标准协议
适用性要求	应考虑数字化车间重要程度以及系统脆弱性、威胁和安全风险现状，平衡经济性和安全性，结合系统架构和技术情况，采用适宜的安全防护措施/补偿对抗措施
动态性要求	应考虑数字化车间全生命周期内风险与信息安全需求的变化，及时采取相应措施
内生安全与纵深防御相结合要求	应结合内生安全技术与多层次纵深防御措施来有效保障信息安全，宜优先采用具备内生安全技术的控制装备，从而抵御相关技术和管理措施失效或过失情况下的风险
管理和技术相结合要求	数字化车间的信息安全应综合考虑管理和技术措施，技术措施应通过必要的管理措施来保障落实和执行

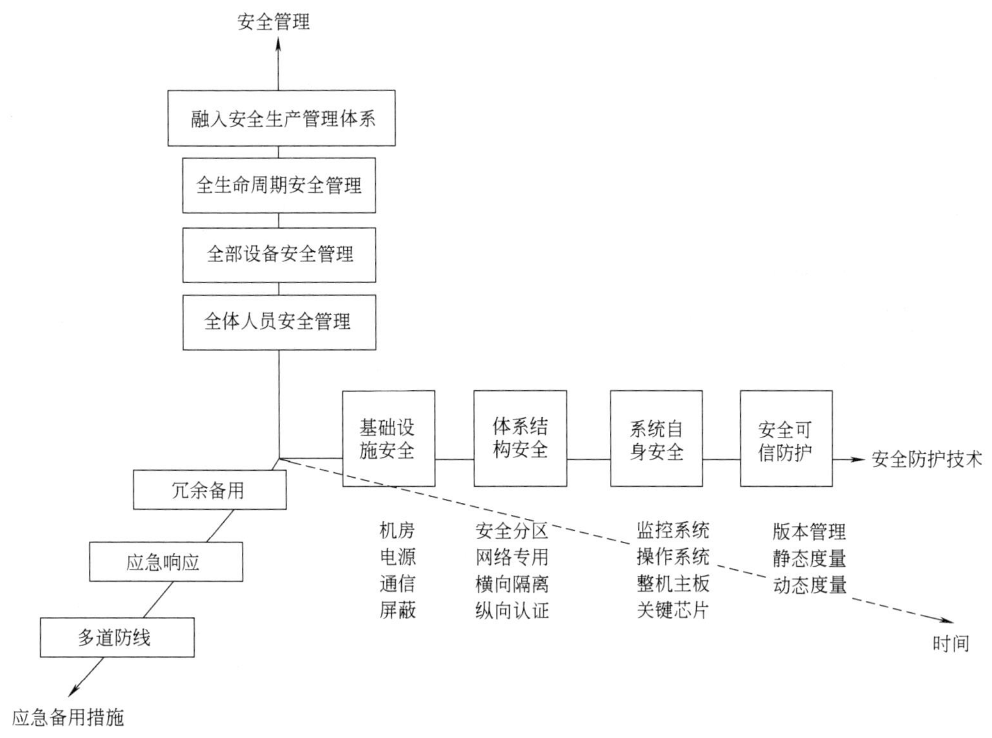

图 23-1-19　重要工业控制系统网络安全防护体系结构示意图

② 安全可信防护。在构成重要工业控制系统网络安全防护体系的各个模块内部，可采用基于可信计算的安全可信防护技术，形成对病毒木马等恶意代码的自动免疫。重要工业控制系统可在有条件时逐步推广应用以密码硬件为核心的可信计算技术，用于实现计算环境和网络环境安全可信防护，免疫未知恶意代码，防范有组织的、高级别的恶意攻击。安全可信的相关要求主要适用于新建或新开发的重要工业控制系统，在系统具备升级改造条件时可参照执行，不具备升级改造条件的应强化安全管理和安全应急措施。安全可信防护的具体要求见表 23-1-15。

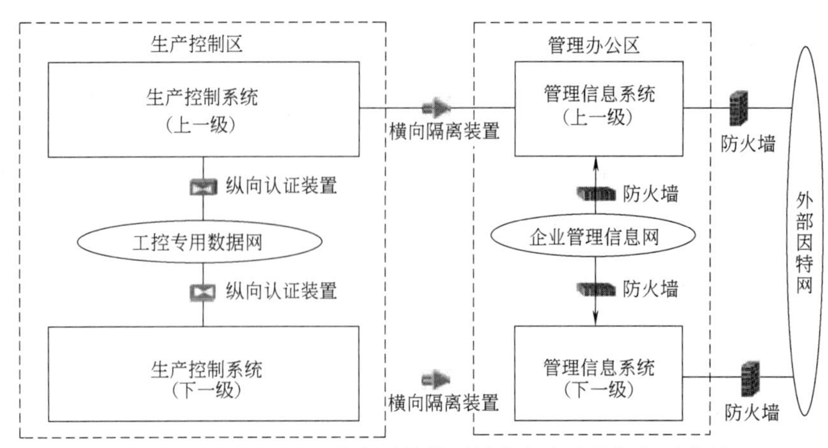

图 23-1-20　重要工业控制系统体系结构安全总体框架示意图

表 23-1-14　　重要工业控制系统网络安全防护体系各模块自身安全的具体要求

类型	描述
重要工业控制系统软件安全	重要工业控制系统中的控制软件，在部署前应通过国家有关机构的功能安全检测认证、网络安全检测认证、代码安全审计，防范恶意软件或恶意代码的植入 重要工业控制系统软件应在设计时融入安全防护理念和内生安全措施，业务系统软件应采用模块化总体设计，合理划分各业务模块，并部署于不同等级安全区域，重点保障实时闭环控制核心模块安全 集中型的重要工业控制系统可通过内部专用设施进行维护，采用身份认证和安全审计实施全程监控，保障维护行为可追溯。分布型重要工业控制系统可通过拨号认证设施主要用于必要的远程维护，该设施平时应断电关机，需要时临时开机，仅允许单用户登录并严格监管审计，用完应及时关机。拨号认证设施，如RAS，应使用安全加固的操作系统，先行数字证书进行登录认证和访问认证，并通过国家有关机构安全检测认证。不应直接通过因特网进行重要工业控制系统的远程维护
操作系统和基础软件的安全	重要工业控制系统的操作系统、数据库、中间件等基础软件应通过国家有关机构的安全检测认证，防范基础软件存在恶意后门和恶意代码 重要工业控制系统应采用满足安全可靠要求的操作系统、数据库、中间件等基础软件，符合 GB/T 20272 的相关规定，使用时应合理配置、安全加固、启用安全策略；操作系统和基础软件应仅安装运行需要的组件和应用程序，并及时升级安全补丁，补丁更新前应进行充分的测试，不应直接通过因特网在线更新
计算机和网络及监控设备的安全	重要工业控制系统中的计算机和网络设备以及各类测控设备等，应通过国家有关机构的安全检测认证，防范设备主板存在恶意芯片或恶意元件模块 重要工业控制系统应采用符合国家相关要求的计算机和网络设备，符合 GB/T 39680、GB/T 21050、GB/T 18336.2 的相关要求，使用时应合理配置、启用安全策略；应封闭网络设备和计算机设备的空闲网络端口和其他不用端口，拆除或封闭不必要的移动存储设备接口（包括光驱、USB 接口等），仅保留有限且必需的 USB 端口。PLC 等测控类专用设备还应符合相关标准
核心处理器芯片的安全	重要工业控制系统中的核心处理器芯片应符合国家相关要求，重要工业控制系统中的加密设备应符合 GB/T 37092 的相关要求，保证密钥对的安全

表 23-1-15　　重要工业控制系统网络安全防护体系安全可信防护的具体要求

类型	描述
关键控制软件的强制版本管理	重要工业控制系统的关键控制软件可采用基于可信计算的强制版本管理措施。操作系统和监控软件的全部可执行代码，在开发或升级后可由生产厂商采用数字证书对其签名并送检，通过检测的控制软件程序应由检测机构用其数字证书对其签名，生产控制区不宜允许未包含生产厂商和检测机构签名版本的可执行代码启动运行
软件运行环境管控	重要工业控制系统可采用基于可信计算的运行环境管控机制。操作系统引导及内核文件加载前可对其执行静态度量，业务应用、动态库、系统内核模块在启动时可对其执行静态度量，确保被度量对象未被篡改且不存在未知代码，未经度量的对象可主动阻断其启动或执行；可逐步实现对关键业务的动态度量，业务连接请求与接收端的主机设备可向对端证明当前本机身份和状态的可信性，不可在无法证明任意一端身份和状态可信的情况下建立业务连接

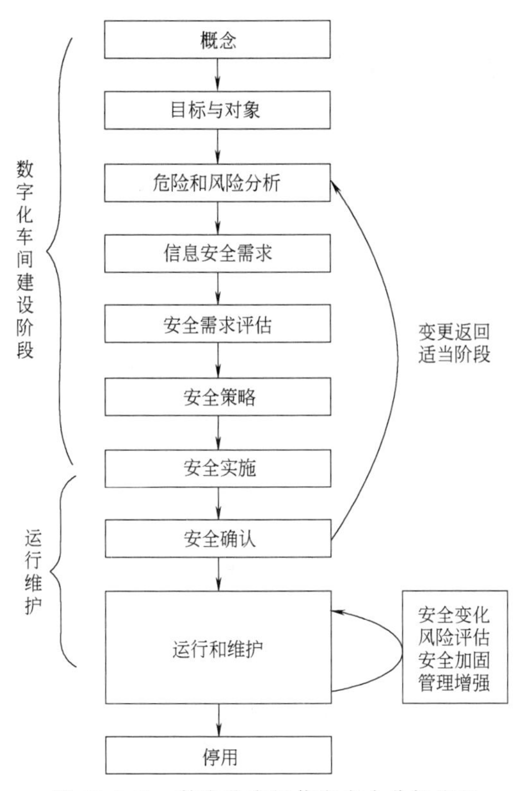

图 23-1-21　数字化车间信息安全分析流程

（3）应用指南

如图 23-1-21 所示，对于一个数字化车间在建设阶段应充分考虑安全需求，安全需求的前提是基于目标对象的确定，进而进行必要的危险和风险分析之后得出的，对于安全需求要进行评估，进而制定安全策略和安全措施，在数字化车间实际投入运行之前应对安全措施进行评估和确认。

（4）主动防御

工控系统动态重构主动防御体系架构是在工业控制系统（ICS）的运营技术（OT）网络内部构建一个具有内生安全功能的动态重构主动防御机制，能在保证 ICS 对实时性和可控性要求的前提下，有效增强 ICS 防御未知威胁的能力。

（5）风险评估

工业控制网络的安全风险评估，是为了保护控制系统的硬件、软件及相关数据，使之不因为偶然或者恶意侵犯而遭受破坏、更改及泄露，保证控制网络系统能够连续、正常、可靠地运行。因此，工业控制网络的安全风险评估对象，包括了网络中的各种关键信息资产、应用系统、实物资产、设施和环境，以及人员、管理规程等。工业控制网络安全评估原则见表 23-1-16。常见的评估项目见表 23-1-17。

表 23-1-16　　工业控制网络安全评估原则

原则	描述
可控性原则	包括人员可控性、工具可控性和项目过程可控性。所有参与工业控制网络安全风险评估的人员均应进行严格的资格审查和备案，明确其职责分工，并对人员工作岗位的变更执行严格的审批手续，确保人员可控 相关评估人员必须持有国际、国家认证注册的信息安全从业人员资质证书，确保具备可靠的职业道德素质 如果根据项目的具体情况，需要进行人员调整时，必须经过项目变更程序，得到双方的正式认可和签署 所有使用的安全风险评估工具均应通过多方综合性能对比、挑选，并取得有关专家论证和相关部门的认证
完整性原则	严格按照委托单位的评估要求和指定的范围进行全面的评估服务
最小影响原则	从管理层面和工具技术层面，力求将风险评估对工业控制网络正常运行的可能影响降低到最低限度。一般采用分析法（和）或比较法进行安全风险评估。在采用试验法进行风险评估时，在备份网络上，或是分部门、分段在非生产周期/生产低峰期实施

表 23-1-17　　常见的评估项目

项目	描述
物理安全评估	评估工业控制系统基础设施的物理安全对整个系统安全的影响。具体从车间场地、车间防火、车间供配电、车间防静电、车间接地与防雷、电磁防护、环境与人身安全、通信线路的保护、设备本身安全、设备管理、监控系统等物理安全相关技术措施方面进行测试
体系结构安全评估	评估系统网络体系结构是否合理、是否符合安全目标的要求。具体包括通信协议、操作系统、网络隔离与边界控制策略、网络层次结构等
安全管理评估	从管理的角度，判断与信息控制、处理相关的各种技术活动是否处于有效安全监控之下。包括：安全方针、人员安全、安全组织、接入控制、系统管理、运行维护管理、业务连续性、符合性等
安全运行评估	基于控制系统的业务应用，对控制系统实际运行的安全性进行测试。应具体有业务运行逻辑安全、业务交往的不可抵赖性、操作权限管理、故障排除与恢复、系统维护与变更、网络流量监控与分析、系统软件和协议栈软件、应用软件安全、数据库安全等
信息保护评估	基于工业控制网络业务信息流分析，对信息处理的功能、性能和安全机制进行测试；具体有访问控制、数据保护、通信保密、识别与鉴别、网络和服务设置、审计机制等测试内容

5 智能制造系统可靠性

智能制造系统可靠性涉及两个层面：工程管理和技术方法。

5.1 工程管理

智能制造系统可靠性工程管理层面的要求是指在规定条件下，规定时间内，完成规定生产任务的能力。

（1）定义

①可靠性相关功能：数字化车间为满足生产可靠性要求而提供的有关可靠性管理或控制的功能。②可靠性设计评审：对现有的或建议的设计所作的正式的和独立的检查，用以找出可能影响可靠性、可维修性的设计薄弱环节以及提出可能的改进措施，以加速设计成熟的一种审核。

（2）要求

1）数字化车间可靠性要求。数字化车间可靠性要求包括设计可靠性要求和运行可靠性要求。数字化车间设计可靠性要求是指数字化车间设计和工程部署时需达到的可靠性要求，包括可靠性定性要求和可靠性定量要求。数字化车间在设计之初宜考虑其可靠性要求及实现方法，并在其建设过程中贯彻实施。

① 数字化车间设计可靠性定性要求。可靠性定性要求是为获得可靠的数字化车间，对其设计、工程部署及其他方面提出的非量化要求，如简化、冗余和系统恢复等。可选用的数字化车间设计可靠性定性要求如表 23-1-18 所示，也可根据数字化车间不同生产线或关键数字化设备提出特有的可靠性定性要求。

② 数字化车间设计可靠性定量要求。可靠性定量要求是数字化车间应具备的可靠性水平，可选用的可靠性指标如表 23-1-19 所示。

表 23-1-18　　数字化车间设计可靠性定性要求

名称	主要内容
余度设计	通过使软件、设备、零部件等运行在工作极限范围内并有一定余度，或选择质量等级较高的设备，或提高数字化车间产能设计余度等措施以提高数字化车间基本任务可靠性和安全性
环境防护设计	选择能抵消或影响环境作用（如温度、振动、静电、防尘等）的设计方案和设备，或提出能改变环境的方案，把环境应力控制在可接受范围内，提高生产可靠性
信息保护与诊断技术	通过利用物理隔离、数据备份与恢复、检错码、自校验、监视定时器、一致校验与权限校验等技术，使正在处理、传输或存储的信息不被破坏和泄露，提高数字化车间信息可靠性
软件可靠性设计	通过贯彻软件工程规范、采用软件避错和容错技术、N 版本编程法、模块化法设计等手段，提高数字化车间软件可靠性
人因工程设计	根据人因要素及作业习惯，通过合理的生产工艺布局和物流设计，以及防错、避错、纠错、可观测、可维修等工艺方法，使数字化车间便于操作和维修保养，提高运行可靠性
简化设计	通过减少数字化车间物流环节、规范信息流程、简化管理要素等手段，以及提高工艺通用化、设备互换性等要求，提高数字化车间基本可靠性
确定关键子系统与设备	根据子系统或设备的重要性和复杂性，确定关键子系统或设备的可靠性要求，并将有限资源用于提高关键子系统或设备的可靠性，以提高数字化车间的费效比
关键子系统或设备状态监控及故障预测	通过对数字化车间关键子系统或设备健康管理，实现故障监测、预警、报警等管理功能，并视情况采取应急处理预案，提高数字化车间运行可靠性
系统重组与恢复技术	在检测、诊断出故障后，用后援备份模块替换失效模块，或者切除失效模块，改变拓扑结构，实现系统重组；用重试、检测点、记日志、恢复块等技术实现系统恢复，提高数字化车间运行可靠性
冗余技术	用多于一种的途径来完成规定的功能，以提高数字化车间的任务可靠性和安全性，如硬件冗余、软件冗余、信息冗余、时间冗余等，提高数字化车间运行可靠性
制定和实施外购软件或设备可靠性管理大纲	对关键外购、外协软件或设备进行可靠性控制与管理，降低保障费用，提高数字化车间设计可靠性

续表

名称	主要内容
制定和贯彻可靠性设计准则	将可靠性要求及使用中的约束条件转换为设计边界，给设计人员规定专门的技术要求和设计原则，以提高数字化车间设计可靠性
设备系统软件和资料管控	对设备控制器软件和操作系统等进行在线备份，对设备资料如图纸等进行电子化存储和查阅。以便在设备故障时能快速准确地获取系统备份数据和设备资料，快速解决设备故障

表 23-1-19　　数字化车间设计可靠性特征量

系统层次	可靠性定量要求指标
系统子系统	MTTF、平均致命故障间隔时间、误操作率、平均维修间隔时间、平均修复时间、平均不能工作时间、维修度、平均连续无故障时间、可用度
设备	MTBF、可靠度、MTTR 或 A、MTTF、任务准备时间、任务可靠度、平均致命故障间隔时间、误操作率、平均维修间隔时间、平均修复时间、平均不能工作时间、维修度、设备使用率、平均替换间隔时间、设备综合效率、μ
软件	失效密度、失效解决率、故障密度、潜在故障率、故障排除率、测试覆盖率、测试通过率、平均失效间隔时间、有效服务时间差、累计有效服务时间、避免宕机率、避免失效率、抵御误操作率、平均宕机时间、平均恢复时间、易修复性、修复有效率
部件	MTBF、可靠度、MTTR 或 A
元件	λ

注：MTBF—平均故障间隔时间；A—可用度；λ—故障率；MTTF—平均故障前时间；MTTR—平均故障维修时间；μ—维修率。

③ 数字化车间运行可靠性要求。数字化车间投产运行时应根据其运行环境、操作人员、维护条件及人员水平等综合因素，提出其运维可靠性要求。数字化车间运行可靠性定性要求如人员的培训、系统故障应急处理及备品备件储备要求等，如表 23-1-20 所示。数字化车间运行可靠性定量要求可根据数字化车间可靠性设计定量要求确定，其可靠性特征量的选择可参考表 23-1-19。

表 23-1-20　　数字化车间运行可靠性定性要求

名称	主要内容
操作要求	数字化车间各操作工位段的设计及操作要求、作业指导书
人员技能要求	数字化车间工种设计及操作技能培训要求、培训材料、考核要求等
维护要求	数字化车间的设计图纸、设计说明书、工艺说明书；关键制造设备的维护要求、维护手册、备件准备要求等
应急处理说明	数字化车间运行故障分类、故障模式及纠正措施说明
环境要求	数字化车间运行环境要求
可靠性信息要求	数字化车间有关制造装备、产品的故障信息的收集、分析和处理要求

2）数字化车间可靠性工作项目要求。

① 可靠性工作项目范围与选择。可靠性工作项目包括可靠性管理、可靠性设计、可靠性验证等，可选择的可靠性工作项目见表 23-1-21。数字化车间可靠性工作项目的选择取决于其可靠性要求、采用的技术及具体工程部署，考虑的主要因素有：数字化车间可靠性定性、定量要求，制造产品的复杂度和质量要求，数字化车间的新技术含量，数字化车间工程部署技术复杂程度和可靠性水平，费用、进度及所处的阶段，等等。

表 23-1-21　　可选择的可靠性工作项目

项目	内容
可靠性管理	制定可靠性工作计划；对承建方与外协/外购方的监督与控制；可靠性评审；故障审查及组织；等等
可靠性设计	可靠性建模、分配、预计；可靠性设计准则；故障模式、影响及危害性分析；故障树分析；耐久性分析；采购件及设备的选择与控制；确定可靠性关键分系统及设备；潜在回路分析；系统维修保障性分析；信息一致性分析；冗余设计分析；软件容错设计；等等
可靠性验证	可靠性鉴定验收试验；仿真分析；可靠性验证与评价；等等

② 可靠性工作项目的确定要求。应优先选择经济有效的可靠性工作项目，确定可靠性工作项目的因素包括：人员要求、可靠性策略、维护策略、数字化车间工程部署过程管理与控制策略和数字化车间运行可靠性管理策略

等。具体见表 23-1-22。

表 23-1-22 可靠性工作项目的确定要求

要求	描述
人员要求	管理人员主导成立项目推进小组;创建数字化车间可靠性管理计划,并设定各控制目标;针对管理人员、技术人员、操作人员、维护人员的技能要求和培训;变更管理模式,建立人员之间的沟通;等等
可靠性策略	数字化车间可靠性模型及分配研究;数字化车间可靠性维护规划与定期检修设计;等等
维护策略	对设计缺陷采用重新设计;对不满足可靠性要求的设备重新选型;等等
数字化车间工程部署过程管理与控制策略	采购满足可靠性要求的设备及子系统;核心关键设备应具备精确技能,能遵从、平衡和紧跟;对设备精准操作应有标准操作规程;对设备的维护要有准确的措施;等等
数字化车间运行可靠性管理策略	对制造系统能够进行失效原因分析;跟踪关键性能指标(KPI)等

③ 可靠性工作与其他相关工作的协调。可靠性工作应与其他相关工作相协调，主要包括：a. 可靠性工作应与安全性等相关工作相协调，结合开展以减少重复；b. 从可靠性工作获得的信息应能够满足有关安全性等工作的输入要求，在设计过程中，应明确这些接口关系，例如与安全性规定的各项工作的关系。

④ 可靠性工作项目的评审。需对选择的可靠性工作项目进行评审，并确保其实施能使得数字化车间的可靠性要求实现。

3）数字化车间可靠性管理要求。可靠性管理工作的重点是影响数字化车间可靠性水平的关键子系统和设备，以及影响产品生产可靠性的关键工艺流程及设备。数字化车间的可靠性管理技术有：制定可靠性工作计划、对承建方与外协/外购方的监督和控制、可靠性评审、故障管理等。具体见表 23-1-23。

表 23-1-23 数字化车间可靠性管理要求

要求	描述
制定可靠性工作计划	制定可靠性工作计划是为了有计划地组织、协调、实施和检查数字化车间的可靠性工作,以实现规定的可靠性要求。可靠性工作计划的内容可包括: 数字化车间合同计划开展的可靠性工作项目,包括承建方自行安排的可靠性工作项目;每一项可靠性工作的实施细则,如实施目的、要求、内容、方法、效果和责任人员等;可靠性工作的管理机构、组织职能和权限;可靠性工作相互协调和共用与传递信息的说明;数字化车间可靠性工作的进度安排;相应的保证条件与资源;等等
对承建方与外协/外购方的监督和控制	对承建方与外协/外购方的监督和控制的目的是通过各种工作途径和工作方式,对承建方与外协/外购方的可靠性工作进行及时、有效的监督和控制,确保数字化车间的设计、设备采购、工程部署均能满足可靠性要求。监督与控制的主要内容是可靠性相关工作的实施及效果,内容可包括:可靠性定量与定性要求及验证方法、可靠性工作项目的要求、可靠性工作实施效果、对外协/外购设备与软件的管理和控制、参加承建方设计评审/工程部署效果评审的规定等
可靠性评审	可靠性评审的目的是通过评审及早发现数字化车间设计和工程部署中存在的问题并采取有效措施,以确保可靠性工作按预定的技术与管理要求进行,并能够达到规定的可靠性要求。数字化车间可靠性评审分为可靠性工作项目评审、可靠性工作计划评审、设计评审、外协/外购设备与软件的可靠性评审、工程部署可靠性评审、运行初期可靠性评审等。各评审工作的设计和实施可参考有关标准进行
故障管理	故障管理的目的是通过建立有关故障处理机制,防止故障重复出现,从而保证数字化车间可靠性。故障管理包括建立故障管理组织,故障的收集、分析、纠正方法和流程,并纳入数字化车间的信息管理

4）数字化车间可靠性设计要求。数字化车间可靠性设计技术包括：可靠性相关功能设计、制定并实施可靠性设计准则、可靠性建模、可靠性预计、可靠性分配、FME(C)A（故障模式、影响和危害性）分析、FTA（故障树）分析等。

① 可靠性相关功能设计。可靠性相关功能设计主要包括生产工序数字化可靠性设计、工艺流程数字化可靠性设计和关键数字化设备健康管理设计等。生产工序数字化可靠性设计应分析人、机、料、法、环、测等因素对生产工序质量的影响，并建立数字化模型。数字化车间工序可靠性参考模型如图 23-1-22 所示。

② 可靠性设计方法选择。数字化车间可靠性设计方法选择基本要求见表 23-1-24。

5）数字化车间可靠性验证要求。数字化车间在设计、工程部署过程中，应结合其可靠性要求及验证要求，开展相应可靠性验证工作，以验证数字化车间是否满足可靠性要求。可用于数字化车间的可靠性验证技术有软件可靠性测试、设备鉴定验收试验、现场运行试验、系统仿真分析等。试验的开展可参考相关标准。

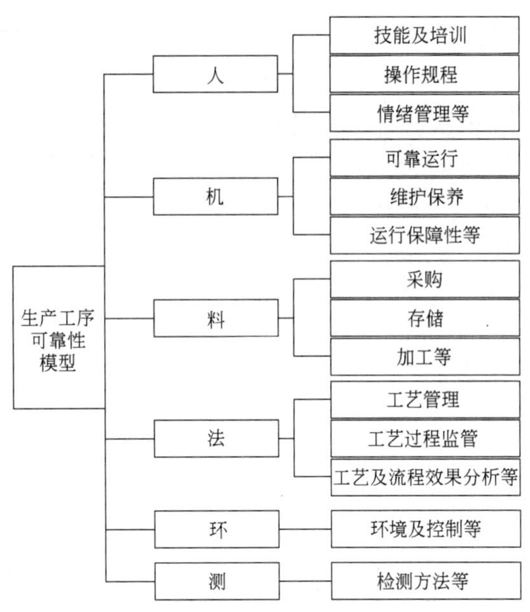

图 23-1-22　数字化车间工序可靠性参考模型

表 23-1-24　　数字化车间可靠性设计方法选择基本要求

阶段	要求
需求分析阶段	根据生产工艺要求和可靠性管理要求,提出数字化车间可靠性相关功能设计要求
方案论证阶段	结合现有技术及数据,综合利用可靠性框图分析、可靠性建模、可靠性预计、可靠性分配等技术,以论证数字化车间可靠性要求是否可实现
设计之初	制定数字化车间可靠性设计准则,以指导其可靠性设计,如:生产环境要求、信息存储要求、软件及关键设备选型要求、系统重组与恢复要求等
设计过程中	根据数字化车间可靠性相关功能设计要求开展可靠性相关功能设计;应贯彻实施数字化车间可靠性设计准则,并综合利用可靠性建模、可靠性分配、可靠性预计等技术,以分析数字化车间的设计是否满足可靠性要求;对关键子系统和设备可选择 FME(C)A 分析、FTA 分析等技术开展可靠性设计分析

6）数字化车间运行可靠性要求。数字化车间投入使用后，应开展运行可靠性跟踪和评估相关工作，包括可靠性信息收集、运行可靠性评估和可靠性改进等，确保数字化车间的运行满足可靠性要求。

5.2　技术方法

智能制造系统可靠性技术方法层面主要包括可靠性设计评审和可靠性评估。

5.2.1　可靠性设计评审

可靠性设计评审是指在智能传感器产品设计的各阶段，尤其是在设计决策的关键时刻，组织非直接参加设计的各方面专家，对设计进行及时的、详细的论证过程。目的是进行设计质量控制，在设计阶段及时发现和纠正潜在的设计缺陷以实现智能传感器的可靠性。

（1）评审目标

设计评审的主要目标是通过对设计依据、设计方法和设计结果的分析、审查，从而揭露可靠性和维修性设计上的不足和薄弱环节，以便为设计改进提示方向。设计评审的具体目标是：检查可靠性设计的正确性，提出产品设计中存在的薄弱环节，提出改进可靠性、可维修性的建议，评审智能传感器结构工艺降低成本的可能性。

（2）评审组织机构

设计评审通常由一个独立的评审组来执行，评审组成员的组成及职责见表 23-1-25。

表 23-1-25　　　　评审组成员的组成及职责

评审组成员的专业	职责	设计评审类型		
		方案设计	详细设计	定型设计
组长	召集、主持会议、发布中期报告和定型设计报告	√	√	√
秘书	收集、分发资料和文件,准备报告,协助组长	√	√	√
产品设计师	通过试验和计算的数据介绍设计和决策的理由	√	√	√
独立设计师	建设性地评审设计和结构是否完全满足客户需求	√	√	√
可靠性	评估和验证设计的可靠性已达到要求	√	√	√
维修性及维修	确保在设计中已考虑安装、维修和操作人员需要考虑的事项	√	√	√
质量	提供质量计划,确保检测、控制和试验能有效实施	√	√	√
计量测试	对计量器具和测试仪表选择的正确性和使用合理性进行审查			
后勤保障	提供综合后勤保障计划	√	√	√
环境影响	评估产品制造、使用和处理对环境产生的影响	√		
产品的安全性	关注有关规章、警告、数据收集、纠正措施和试验结论	√	√	√
人因	根据人的能力和局限性评估设计的方便实用性	√	√	√
合法性	评估设计是否与合同和法律条款相符,以及设计妥协和由产品使用与处理产生的问题的法律影响	√		√
制造	确保设计是可以按最低成本和进度生产的	√	√	√
生产工艺	对设计是否能经济合理地进行加工生产提出意见			
采购(供方、可选)	确保可获得满足费用和交付时间要求的有用的产品、部件和材料	√	√	
材料	确保挑选的材料能符合要求	√	√	
加工	根据要满足的容限和要求的功能所需的加工成本来评估设计	√	√	√
包装和运输	确保产品是能不受损地搬运和运输的			√
市场/销售	确保客户要求是符合实际并被所有人都充分理解的	√		√
客户(可选)	能对设计是否可接受表达意见,并能在某些细节问题上要求开展进一步研究	√		√

注:√表示该阶段应有该专业成员的意见。

(3) 硬件可靠性设计评审

可分别选择方案论证阶段、技术设计阶段、详细设计阶段、试生产(生产定型)阶段参照表 23-1-26 设置评审点、选择评审项目。

表 23-1-26　　　　设计阶段与设计评审类型的示例

设计阶段	工作	评审类型	评审时机示例
方案论证阶段	确定产品的可靠性指标要求,采取的可靠性设计措施,及产品的使用环境	设计输入评审	a. 收到设计合同或授权后 b. 方案论证完成后
技术设计阶段	建立产品的可靠性模型,完成产品的可靠性分配,初步完成产品的可靠性预计以及关键件的失效分析	方案设计评审	a. 在完成方案设计后 b. 为了给计划和成本评估提供足够详细的信息时
详细设计阶段	在产品的设计中采用可靠性设计措施,完成可靠性预计,以及失效模式、影响和后果分析	详细设计评审	a. 在完成详细设计后 b. 通过原型试验来验证设计
生产定型阶段	应编制关键件明细表,规定重点控制元器件、零部件;对选用的元器件、外协件的质量控制;批试产品经过各种环境试验、可靠性试验和现场使用已证明符合规定要求	生产定型设计评审	完成整个产品设计后

注:在不同的节点进行的设计评审要设定不同的名称,如"方案论证评审"和"详细设计评审"。这些名称对于不同的组织机构是不相同的。在表中给出的名称只是举例并非权威性的,在使用时按实际设计项目来确定名称。

(4) 软件可靠性设计评审

可分别选择产品需求分析阶段、软件需求分析阶段、软件概要设计阶段、软件详细设计阶段、软件实现阶段参照表 23-1-26 设置评审点、选择评审项目。对数据通信的评审可放在软件可靠性设计评审中。

(5) 设计评审程序

可靠性设计评审的基本程序见表 23-1-27。

表 23-1-27 **可靠性设计评审的基本程序**

程序	内容
制定设计评审计划	应明确哪个或哪几个节点要开展设计评审。开展设计评审可以避免作出费钱、费时、难以挽回的决定。这样,任何由设计评审引起的变化对进度或成本造成的影响都会较小一些。如果在设计过程中的重要节点上进行评审,成本、进度和性能改进都会更容易被接受。在设计评审进程中设计主管应考虑具体项目要求的条件和限制,并应确定最佳评审次数,以从花费的时间中得到最大的回报。召开预审会议,确定设计阶段和评审类型的设置,制定评审进度和各设计阶段的评审项目,重点应放在新的设计特性、新采用的材料和元器件、新的计算和试验方法上。完成各设计阶段评审项目清单(见表 23-1-28)。明确评审组成员分工
选择设计评审人员	设计评审通常由一个独立的评审组来执行,该组从负责设计的人员那里获得信息。设计评审人员通常包括设计评审组、设计主管和设计组成员。设计评审组应包括不同领域的有专业知识和经验的人,其成员应能覆盖涉及产品各方面足够宽和足够细的知识领域。应注意将评审组的规模控制在一个可运转的范围内。设计评审组包括:组长、秘书、能说明白那些会影响产品或过程质量和性能但又不直接参与设计的人、不参与受审产品开发的相关专家、有实际经验的消费者/用户
准备评审材料	设计主管负责汇总与即将进行的设计评审有关的信息。根据评审计划,负责研制的主要设计人员,填写阶段设计评审计划表(见表 23-1-29)报组织实施部门,并将本阶段评审所需的资料汇总整理后,在评审会议之前,应考虑一个提前期,送交评审小组成员,以便他们充分掌握内容。根据不同的设计阶段,评审材料应包括以下全部或部分内容:设计计划(包括技术协议书或技术任务书);原始要求(可包括用户提出的对报价、规范、标准和管理的要求);关于设计设想的文档;对设计的权衡研究和分析(包括方案论证和技术先进性分析);设计评审组对受审设计的提问清单;可靠性、可用性以及维修性分配、预计和失效模式及效应分析;后勤保障计划(包括关键原材料、元器件、外协质量控制和质量保证以及产品质量保证大纲);设计者的建议和可选事项,包括图纸和计算;类似产品的信息和数据;竞争产品的数据;成本估计及其权衡原则;技术规范和图纸;制造、加工和可生产性研究;性能要求、测试报告及其分析;现场失效和故障报告;供货和工艺质量控制分析;检验报告;寿命周期目标和费用数据
会议通知和议程	秘书应协助组长准备会议通知和议程(包括要讨论的主题),并发送给参会者,使参会者在设计评审前做好充分的准备。在通知和议程中应说明:会议日期、时间和地点;设计评审的目的和范围;项目名称和编号;参加者及其职责;设计评审的类型和持续时间;如果合适的话,说明项目中受审的部分;要讨论的主题,如对设计项目目标的评审、对产品设计特性和性能参数的描述、对当前的设计和技术进展情况以及遇到的问题的评审、对尚未完成和以后的工作以及所有相关事项的评审;对照设计评审检查清单,对设计的各有关方面的全面评估;由评审组所做决定的概要;发言人员名单;相关文件和所有附上的评审材料目录
主持设计评审会议	评审组长应审查会议的目标,并将其与设计评审过程的所有目标和程序联系起来,并应着重考虑提问的必要性,避免一些负面的,有个人倾向的意见。避免提出含有过早判断的问题。评审组成员可自由地对与会代表提问,在任何时候,应确保所有提出的问题、要求的后续调查以及发表的看法都不会影响任何参加评审人员的人格、能力和威信。评审组应在组长领导下确保设计评审过程不会变成组员之间或与设计小组之间的个人争辩。评审组的成员应牢记他们的顾问身份,他们的主要目的是协助产品设计达到最优效果,而不是为已确认的缺陷提供解决方法
设计主管对措施与建议做出反馈	设计主管对会议中提出的措施与建设性建议应及时做出回应,进行合理改进,并将结果反馈给有关部门

表 23-1-28 **设计评审清单**

评审项目	评审阶段			
	方案论证	技术设计	详细设计	定型
设计合同、技术协议书或技术任务书	☆			
产品设计要求和产品使用环境分析	☆			
可行性分析: (1)指标的合理性; (2)实现的可能性		☆		
产品功能图、可靠性框图、可靠性分配		☆		
初样的设计准则		☆		
拟采用的新技术、新工艺、新材料及解决情况		√		
安全性和维修性设计		√		
质量保证大纲及其工作计划			√	☆
可靠性预计			☆	

续表

评审项目	评审阶段			
	方案论证	技术设计	详细设计	定型
关键零部件的失效模式、效应分析			☆	
产品的失效模式、效应分析或故障树分析			☆	
关键元器件降额和冗余设计的评定			☆	
对寿命有限的部件检查和更换方针			☆	
当可靠性预计结果低于目标值时，拟采取的措施			☆	
可靠性验证试验或可靠性增长试验计划				
环境适应性设计			☆	
对可靠性验证试验或可靠性增长试验中已出现的失效分析及防止失效再可靠性验证试验或可靠性增长试验发生的措施			☆	
元器件、零部件、原材料的优选，标准化、系列化、通用化的评定			√	☆
影响产品质量的关键工艺			√	☆
机械和电子部件的连接			√	☆
工业用户现场使用试验： (1)试验方案； (2)失效记录； (3)统计计算方法			☆	☆
定型产品规范、试验规范、验收规范和使用维护规范			☆	
质量管理： (1)管理机构和人员的配备； (2)制造过程中的质量保证要求； (3)外协件的质量控制和监督				☆

注：☆表示该评审阶段必须完成的审查项目；√表示可以根据具体情况选取审查项目，由评审小组决定。

表 23-1-29　　设计评审计划表

产品名称		规格型号	
产品类型		评审阶段	
参加设计人员		主管设计师	

本阶段目标及达到水平概述：

本阶段设计方案及质量保证措施：

提交审查的设计、试验资料清单：

序号	名称	编写人

上级主管部门审批意见：

5.2.2 可靠性评估

对于单个产品而言，可靠性不是一种可分配和量度的属性，而是一种随机或概率的参数，因此不能被精确和重复地量度，需要根据大量的累计使用情况（如工作时间、运行周期等）和观测到的失效数进行估计，它应用如“在 X 和 Y 之间成功完成任务的概率是 80%”或“在某个特定时间区间内不发生失效的概率在 0.963 和 0.995 之间”这样的置信语句描述。

(1) 恒定失效率可靠性指标

可靠度 $R(t)$ 的通用表达式为：

$$R(t)=\exp\left[-\int\lambda(t)\,\mathrm{d}t\right] \tag{23-1-1}$$

式中 $\lambda(t)$——瞬时失效率。

另一个非常有用的（通用的）表达式是：

$$f(t)=-\frac{\mathrm{d}R(t)}{\mathrm{d}t} \tag{23-1-2}$$

式中 $f(t)$——失效概率密度函数。

利用以上方程，瞬时失效率可以用下式表示：

$$\lambda(t)=\frac{f(t)}{R(t)} \tag{23-1-3}$$

此外，指标 MTTF 也经常使用，其值为：

$$\mathrm{MTTF}=\int_0^{\infty}R(t)\,\mathrm{d}t \tag{23-1-4}$$

当 $\lambda(t)$ 是一个不随时间变化的常数时，则写成 λ。此时，产品失效前时间服从指数分布，则使得以下关系成立：

$$R(t)=\exp(-\lambda t) \tag{23-1-5}$$

$$f(t)=\lambda\exp(-\lambda t) \tag{23-1-6}$$

$$\lambda(t)=\lambda \tag{23-1-7}$$

$$\mathrm{MTTF}=\frac{1}{\lambda}\quad（常用符号\ \theta\ 表示） \tag{23-1-8}$$

式（23-1-8）仅在 λ 是恒定值时成立。

(2) 可靠性评估方法

用来评估可靠性的通用方法主要有：相似性分析、耐久性分析、数据手册预计法。一种产品可能不仅仅只有一种适用方法。实际上，要建立具有代表性的可靠性评估，对单个产品采取一种以上的方法更有优势。图 23-1-23 表示可靠性评估过程和可靠性评估改进过程。

1) 相似性分析。相似性分析法利用已有设备使用数据来比较用途和承受环境相似的新研设备和在役设备，进而评估新研产品的可靠性。表 23-1-30 给出了建议在使用相似性分析法的产品可靠性评估报告中包含的条款。

2) 耐久性分析。耐久性评估用于估计有寿件的寿命（失效率随时间变化）。耐久性评估可能包括分析和试验或两者的结合。耐久性评估是一个系统过程，必要时可以按表 23-1-31 中的步骤进行。

表 23-1-32 给出了建议在使用耐久性分析法的产品可靠性评估报告中包含的条款。

3) 敏感性试验和分析。如果产品失效率是由几个容易了解的失效模式主导的，则可用加速试验来开展可靠性评估。步进应力试验是将被试单元暴露在较低应力环境下，以步进的方式有计划地逐渐提高应力，直至至少出现下列任意一种情况：a. 应力水平已经远远超出预期的工作应力；b. 所有的被试单元失效都不可逆或不能被修复；c. 强应力条件会诱发新的失效机理，致使非关联失效发生或成为主导失效类型。非关联失效是与受试产品的设计不相关的失效，如试验设备失效、人员误操作或被试单元的生产缺陷。步进应力试验不一定能提供量化的数据，但能确定失效模式，预计设计裕度。当步进应力试验表明失效模式已与产品设计不关联，或者已经获得了足够的设计裕度时，可以从可靠性评估中排除该失效模式。表 23-1-33 给出了建议在使用敏感性分析试验和分析方法的产品可靠性评估报告中包含的条款。

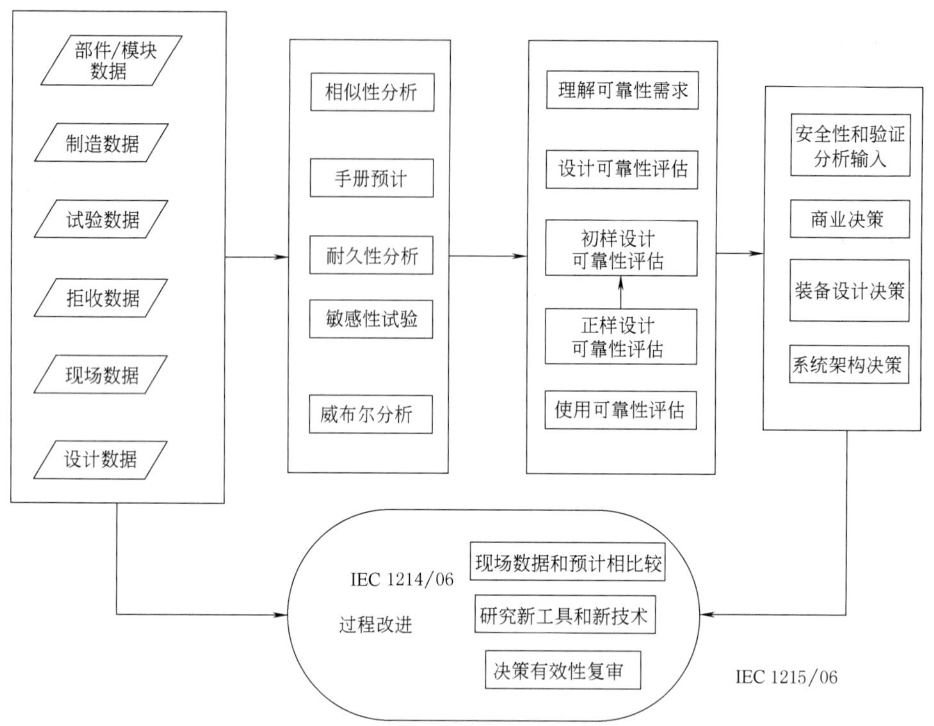

图 23-1-23 可靠性评估和改进过程

表 23-1-30 相似性分析法检查单的可靠性评估报告建议

类型	描述
通用信息	分析日期；分析者姓名；分析授权——根据需要；项目阶段；结果应用
参考信息	适用的可靠性评估计划文件；可靠性评估过程文件（可选，过程可能包含在报告文件的分析部分）；已有的归档数据
产品标识	新产品名称；新产品部件号；已有产品名称；已有产品部件号
分析	分析级别；已有的产品数据汇总；属性对比——考虑用途和运行剖面；属性差异的量化依据；算法或计算方法；在新研产品中，确定无类似已有设备的组成单元及其评估方法
结果	可靠性评估指标（MTTF、失效率等）；可靠性指标的精度；可靠性指标（如果有适用的）

表 23-1-31 耐久性评估过程

步骤	内容
确定载荷	确定设备在其寿命期间将会经受的运行和环境载荷，包括运输、装卸、存储、使用和维修（应当确定载荷的极限值、典型值或平均值）
确定传递关系	确定施加的载荷和失效物理边界之间的传递关系，如电路板安装关系、振动响应和阻尼
确定主应力	利用 FEA（有限元分析）等方法确定主要应力的量级和位置
确定失效模式	利用 FEA 等方法确定可能的失效位置、失效机理和失效模式
确定关键应力持续时间	利用合理的失效物理损伤模型确定能承受的关键应力持续时间，如利用阿伦尼斯方程、逆幂率法等
报告结果	失效位置、失效机理和失效模式的结果报告清单，按预计失效时间排序

表 23-1-32 耐久性分析法检查单的可靠性评估报告建议

类型	描述
通用信息	分析日期；分析者姓名；分析授权——根据需要；项目阶段；结果应用
参考信息	适用的可靠性评估计划文件；耐久性评估过程文件（可选，过程可能包含在报告文件的分析部分）
产品标识	用于评估的产品名称；用于评估的产品零部件号
分析	确定合适的工作用途和环境应力；确定转化方程及其来源（试验分析或两者兼具）；确定施加应力的量级和位置；确定可能出现的失效位置、失效机理和失效模式；使用合适的损伤模型来预期寿命
结果	确定分析的失效模式是如何影响整体可靠性指标的；评估结果的精度

表 23-1-33　　敏感性分析试验和分析方法检查单的可靠性评估报告建议

类型	描述
通用信息	分析日期;分析者姓名;分析授权——根据需要;项目阶段;结果用途
参考信息	适用的可靠性评估计划文件;敏感性试验和分析过程文件(可选,过程可能包含在报告文件的分析部分)
产品标识	新产品名称;用于评估的产品零部件号
试验/分析	研究的失效模式;确定产品的工作和使用剖面;试验方法及其依据;试验结果;将试验结果转换成可靠性指标考核的统计方法
结果	对可靠性指标结果的影响;可靠性指标的精度

4）数据手册预计法。如果不能获取其他更好的数据，数据手册预计可以作为其他方式收集的数据补充。数据手册预计是根据选定手册的指导说明或通过进行手册预计的软件实施的，最好能为每个应用都选择合适的手册，手册用户应保证手册适用性和当前应用优先。表 23-1-34 给出了有助于实施有效的手册预计和简明结果报告的检查单。

表 23-1-34　　手册预计方法检查单的可靠性评估报告建议

类型	描述
通用信息	分析日期;分析者姓名;分析授权——根据需要;项目阶段;结果用途
参考信息	适用的可靠性评估计划文件;可靠性预计手册;可靠性预计程序文件;适用性、通用性、手册方法的改变(适用的条件下)(可选,过程可能包含在报告文件的分析部分);用于实施手册预计的工具(适用的条件下)
产品标识	新产品名称;新产品零部件号
分析	预计级别;手册方法中适用的输入数据;产品的用途和操作
结果	可靠性预计指标(MTTF、失效率等);可靠性指标的精度;可靠性指标(如果有适用的);预计的假设条件检查单(等级、环境参数、占空比和质量参数等)

5）可靠性评估方法的选择依据。输入数据是选择可靠性评估方法的重要依据。其他可能影响选择结果的因素见表 23-1-35。

表 23-1-35　　可靠性评估方法的选择依据

依据	描述
技术	技术可能会以一些方式影响可靠性评估方法的选择。如果产品技术与先前使用的产品技术相似,基于历史使用数据的可靠性评估方法可能会更合适;如果是新技术产品,有必要建立新的模型
系统失效的影响	可靠性评估精度是系统失效的社会和商业影响的函数。通常风险越高,越想要得到准确的可靠性预计。风险包括商业风险、技术风险和社会风险。风险涉及接收延迟引起的财政损失、调整需求产生的罚款、上市时间延迟、用户信心丢失、诉讼成本和后果、安全性、信息保密和安全社会风险,还涉及对人体的潜在伤害和对环境的潜在破坏
失效危害性	系统中某产品故障不一定会引起系统失效。根据情况的不同,每种产品的失效模式影响变化很大,大到引发系统失效,小到可被忽略。花费更多的资源去评估那些产生严峻后果的失效模式和最有可能出现的失效模式是很重要的
可用的资源	可用的资源也有可能会影响可靠性预计方法的选择,这些资源包括时间、预算和资料信息,这些可靠性预计方法可能需要一些不可获得的工程信息和数据,如历史数据和试验数据。时间和预算有限可能会影响必要信息的收集,试验人员对某些预计方法的熟悉程度和技术水平也会影响可靠性预计方法的选择
外部影响	外部因素可能会影响可靠性预计方法的选择。某个行业可能会有一种用于所有产品或某种类型的所有产品的可靠性预计方法。消费者和评审者可能会指定使用的可靠性预计方法的种类,或者提出使用某些方法才能达到的精度要求。此外,消费者和研发组织对于某些预计方法的偏见或反对也会影响可靠性预计方法的选择。运行环境的可用信息也会影响可靠性预计方法的适用性。由于一些方法只对某些种类的指标有用,如恒定失效率,因此可靠性指标的选择也会影响可靠性预计方法的选择。供应商提供的工程信息可能只能用于某些类型的可靠性预计方法,或者供应商只能执行某些类型的可靠性预计方法
数据质量和可用性	可靠性数据不够精确往往是由历史信息的不准确造成的,或者是因为从某个系统或设备收集的信息不适用于另一些情况,这是因为使用环境、工艺质量、失效定义、其他一些因素及其组合的不同。在可靠性预计方法的选择中应当意识并考虑到这种不准确性
合同要求	合同中的可靠性要求往往会规定未能满足目标时的处罚。可信度高的设备供应商只需设计和制造上很小的努力便可满足合同要求,但其向用户验证可靠性要求会存在困难且费用昂贵。往往不太可能设计一个双方认为风险和试验时间都合理的可靠性验证试验。在这些情况下可以根据以往安装类似系统的累计使用效果和保质期内由供应商承担的失效成本和重新设计成本来确定可靠性验收试验。可靠性评估通常是这类验证的一部分,数据源和可靠性评估方法最好都是经过双方的同意,否则各种失效率谈判会接踵而至,每一方都寻求有利于自己的结果

(3) 可靠性评估结果的置信限

条件允许时应当量化置信限和不确定度。在可靠性评估结果中，应基于数据源总体和置信区间对统计显著性进行详细描述，来强调可靠性评估结果的不确定度和置信限。如果确实不能量化置信限和不确定度，则应对其进行简要描述，并通过足够的细节使得用户能够正确地理解和使用产品。

(4) 可靠性评估过程改进

要利用可靠性评估结果改进可靠性评估过程，应考虑：改进数据收集过程；给定评估的应用时，对其适用的数据源和方法的选择过程进行改善；修改公式、算法和计算方法；采纳来自工业研究与学术界的适用于该产品的可靠性评估方法；确定用于相似性分析建模的已有设备；改进对评估结果的解释说明，这些结果被用来辅助制定有效决策。

6 智能制造检测系统

智能制造检测系统涉及三个层面：检测要求、检测方法及检测技术。

6.1 检测要求

智能制造检测系统要求包括功能要求和性能要求两类。

(1) 系统功能要求

智能制造检测系统功能要求包括远程控制、操作模式、系统配置、系统自诊断、远程维护、互联互通等方面，如表 23-1-36 所示。

表 23-1-36　　智能制造检测系统功能要求

要求	描述
远程控制	应实现以下功能的远程控制：开始、停止、自动/手动切换、关机
操作模式	应具备通过命令、设置菜单或操作按钮更改操作模式的功能
系统配置	应提供配置管理菜单或编程工具，供用户按照各类用途配置系统功能或更改系统性能
系统自诊断	应具备系统自诊断的功能，自诊断方法可包括开机诊断和实时诊断
远程维护	应具备远程维护的功能，包括如下功能要求：应支持远程基于实时和历史系统故障数据的实时系统状态监测、故障警报和故障预测；应具备远程系统更新功能
互联互通	应直接或间接与其他现场设备、控制系统、车间管理系统等进行通信，应适配两种以上的工业以太网接口，所有接口数据格式和接口方式应符合国家或者行业内相关接口标准要求

(2) 系统性能要求

智能制造检测系统性能要求包括设备性能、过程性能、制造管理性能、检测性能等方面，如表 23-1-37 所示。

表 23-1-37　　智能制造检测系统性能要求

要求	描述
设备性能	主要包括：能够输入信号并输出处理结果；外观应满足设备要求；应符合设备安全性和信息安全性的要求；应具备可靠性；应具备可维护性：在特定条件下经指定程序和资源执行系统修复后，可维持或恢复到指定功能
过程性能	主要包括：精度、速度、稳定性、灵活性、学习能力
制造管理性能	主要包括：质量保证、维护支持、兼容性、物理特性
检测性能	主要包括：准确性、一致性、实时性

6.2 检测方法

智能制造系统功能性特性的测试方法有如下几种：视觉检查、实际实验、测量、分析相关设计图纸、仿真测试、硬件在环仿真。

1) 易用性测试评价。易用性测试评价应考虑智能制造系统使用中的实用性功能，如离线编程功能、应用程序导入导出功能等。

2）维护性测试评价。维护性测试评价应考虑连杆参数（DH）修正、关节轴校准、减速比修正等。

3）功能性测试评价。功能性测试评价内容包括功能完备性、准确性、平顺性等。

4）实时性测试评价。实时性测试评价内容包括周期性响应测试和非周期响应测试。周期性响应测试包括插补周期响应和通信周期响应等。非周期响应测试通过硬件在环仿真的方式进行，测试项目包括控制稳定性、制动控制装置意外操作防护响应时间、急停响应时间、保护性停止响应时间、开机自检时间和故障检测时间等。

5）扩展性与开放性测试评价。

6）可靠性测试评价。可靠性测试评价内容主要包括容错性和可恢复性。

7）安全性测试评价。安全性测试评价内容包括故障采集与防护、限位保护、空间监控、保护性停止等。

6.3 检测技术

（1）软件测试技术

如图 23-1-24 所示，软件测试设计技术包括了基于规格说明的测试设计技术、基于结构的测试设计技术和基

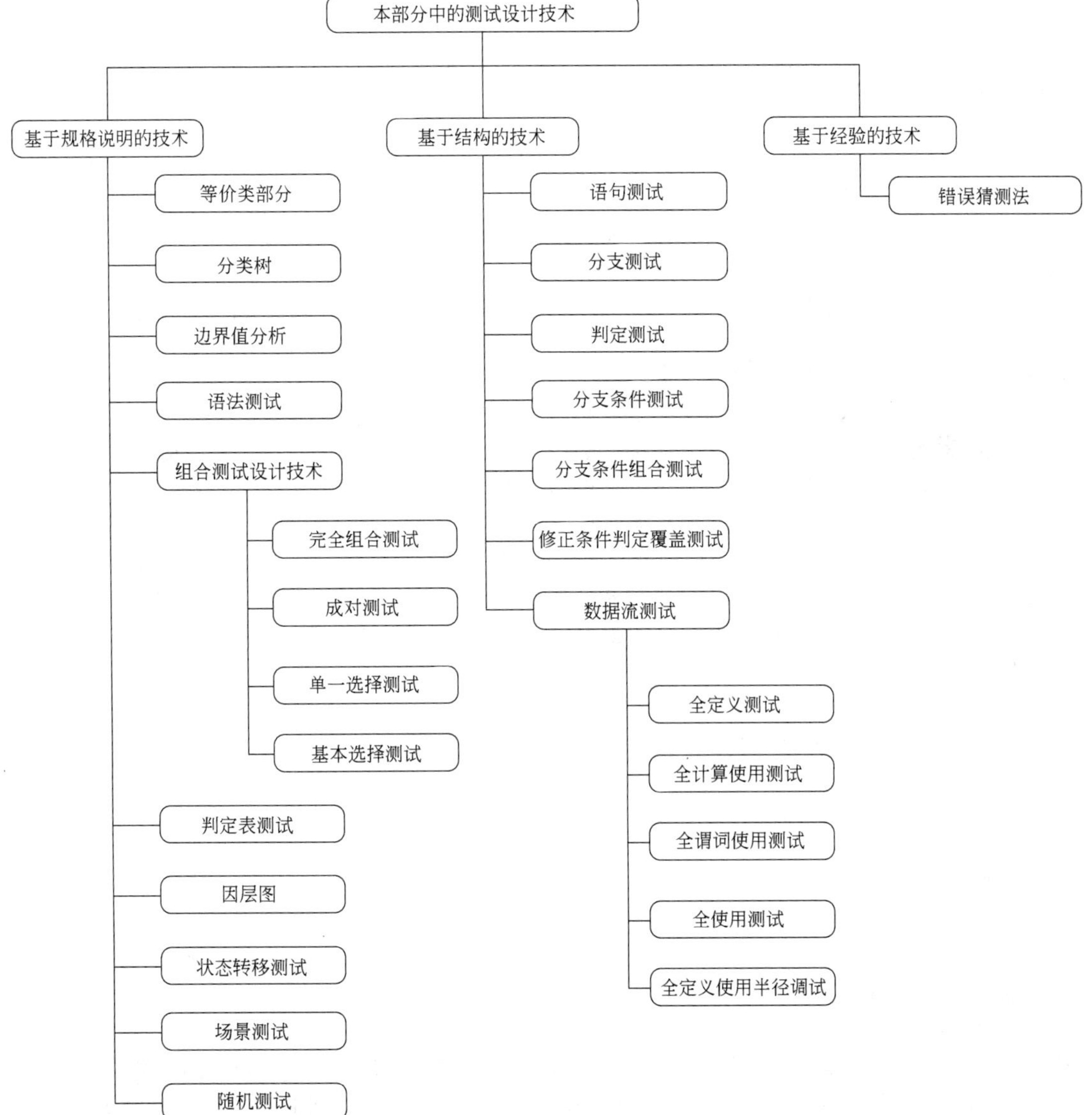

图 23-1-24　软件测试设计技术

于经验的测试设计技术。上述测试设计技术是互补的，组合使用这些技术会使测试更加有效。

(2) 硬件测试技术

硬件测试的主要内容如表 23-1-38 所示。

表 23-1-38　　硬件测试的主要内容

类型	描述
抽样	如果用户和制造厂达成协议,可按约定的方法进行抽样试验
通用检查	如外观检查、绝缘检查等
功能检查	功能检查的依据之一是制造商提供的样本、使用说明书、操作手册、组态说明书等文件所述的功能
性能试验	制造商可根据硬件具体特性选择例行试验项目。并不推荐每件产品出厂都进行影响量试验。试验的顺序应使试验的结果不受前一个试验的影响

7　智能制造系统评价

智能制造系统的评价主要是对制造业信息化和智能制造能力成熟度的评估。

7.1　制造业信息化评估体系

制造业信息化评估体系包括：制造业信息化评估指标体系、制造业信息化评估指标体系相关指标的说明、制造业信息化水平评估实施与计算方法。

制造业信息化评估体系的应用应按照评估指标选择、企业调查、评估计算的过程进行。针对制造业信息化评估体系的制造企业、区域和行业三类应用对象，进行系统评估。

如图 23-1-25 所示，制造业信息化评估体系由相关的四个维度指标组成，即制造业信息化建设、制造业信息化应用水平、制造业信息化效益、制造业信息化环境四个方面，从企业内部、外部两方面构成了制造业信息化投入—应用—融合—企业效益、能力提升的因果数据链。以信息化普及度、信息化融合度、信息化效能度和信息化环境 4 个一级指标进行描述。制造业信息化普及度通过对企业信息化重视程度、信息化投入、基础设施建设等方面数据的评测，反映制造企业在信息资源和基础信息技术方面的综合水平，它由 4 个二级指标及 11 个三级指标构成。制造业信息化融合度通过企业信息系统在企业业务流程上的应用广度、深度、集成化水平、企业战略支持程度等方面的评测，反映制造企业信息系统与企业业务、管理融合的综合水平，它由 3 个二级指标及 11 个三级指标构成。制造业信息化效能度反映企业信息化发展对企业产品创新、管理创新、业务创新等方面的效率、效益和能力促进作用，它由 3 个二级指标及 10 个三级指标构成。制造业信息化环境主要是指经济社会中与企业信息化应用发展息息相关的各种宏微观因素的集合，包括信息技术开发、信息咨询培训服务、技术转让、政府资金政策支持等方面，涉及 3 个二级指标及 5 个三级指标。

7.2　智能制造能力成熟度

智能制造能力是指为实现智能制造的目标，企业对人员、技术、资源、制造等进行管理提升和综合应用的程度。

(1) 成熟度等级

成熟度等级规定了智能制造在不同阶段应达到的水平。成熟度等级分为五个，自低向高分别为一级（规划级）、二级（规范级）、三级（集成级）、四级（优化级）和五级（引领级），如图 23-1-26 所示。较高的成熟度等级要求涵盖了低成熟度等级的要求。

(2) 能力要素

能力要素给出了智能制造能力提升的关键方面，包括人员、技术、资源和制造。人员包括组织战略、人员技能 2 个能力域。技术包括数据、集成和信息安全 3 个能力域。资源包括装备、网络 2 个能力域。制造包括设计、生产、物流、销售和服务 5 个能力域。设计包括产品设计和工艺设计 2 个能力子域，生产包括采购、计划与调

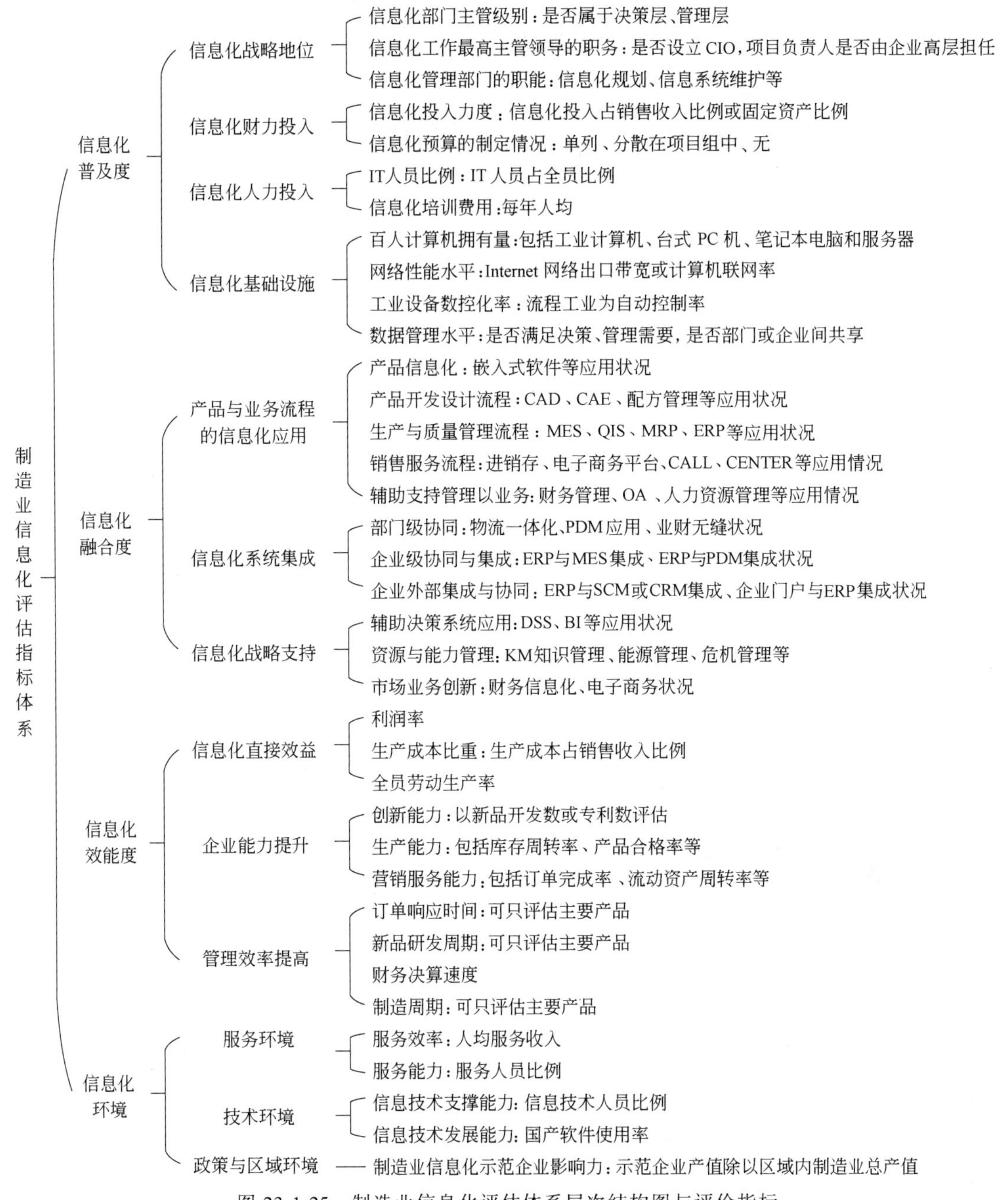

图 23-1-25　制造业信息化评估体系层次结构图与评价指标

度、生产作业、设备管理、仓储配送、安全环保、能源管理 7 个能力子域，物流包括物流 1 个能力子域，销售包括销售 1 个能力子域，服务包括客户服务和产品服务 2 个能力子域。企业可根据自身业务活动特点对能力域进行裁剪。

（3）成熟度要求

成熟度要求规定了能力要素在不同成熟度等级下应满足的具体条件。

1）人员。人员能力要素包括组织战略、人员技能 2 个能力域。人员能力要素按成熟度等级可划分为不同等级要求，见表 23-1-39。

2）技术。技术能力要素包括数据、集成、信息安全 3 个能力域。技术能力要求按成熟度等级可划分为不同等级要求，见表 23-1-40。

图 23-1-26 能力成熟度等级

3）资源。资源能力要素包括装备、网络 2 个能力域。资源能力要求按成熟度等级可划分为不同等级要求，见表 23-1-41。

表 23-1-39　　人员的成熟度要求

<table>
<tr><th>能力域</th><th>一级</th><th>二级</th><th>三级</th><th>四级</th><th>五级</th></tr>
<tr><td>组织战略</td><td>a. 应制定智能制造的发展规划；
b. 应对发展智能制造所需的资源进行投资</td><td>a. 应制定智能制造的发展战略，对智能制造的组织结构、技术架构、资源投入、人员配备等进行规划，形成具体的实施计划；
b. 应明确智能制造责任部门和各关键岗位的责任人，并且明确各岗位的岗位职责</td><td colspan="3">a. 应对智能制造战略的执行情况进行监控与评测，并持续优化战略；
b. 应建立优化岗位结构的机制，并定期对岗位结构和岗位职责的适宜性进行评估，基于评估结果实施岗位结构优化和岗位调整</td></tr>
<tr><td>人员技能</td><td>a. 应充分意识到智能制造的重要性；
b. 应培养或引进智能制造发展需要的人员</td><td>a. 应具有智能制造统筹规划能力的个人或团队；
b. 应具有掌握 IT 基础、数据分析，信息安全、系统运维、设备维护、编程调试等技术的人员；
c. 应制定适宜的智能制造人才培训体系、绩效考核机制等，及时有效地使员工获取新的技能和资格，以适应企业智能制造发展需要</td><td>a. 应具有创新管理机制，持续开展智能制造相关技术创新和管理创新；
b. 应建立知识管理体系，通过信息技术手段管理人员贡献的知识和经验，并结合智能制造需求，开展分析和应用</td><td colspan="2">a. 应建立知识管理平台，实现人员知识、技能、经验的沉淀与传播；
b. 应将人员知识、技能和经验进行数字化与软件化</td></tr>
</table>

表 23-1-40　　技术的成熟度要求

能力域	一级	二级	三级	四级	五级
数据	a. 应采集业务活动所需的数据； b. 应基于经验开展数据分析	a. 应基于二维码、条形码、RFID、PLC 等，实现数据采集； b. 应基于信息系统数据和人工经验开展数据分析，满足特定范围的数据使用需求； c. 应实现数据及分析结果在部门内在线共享	a. 应采用传感技术，实现制造关键环节数据的自动采集； b. 应建立统一的数据编码、数据交换格式和规则等，整合数据资源，支持跨部门的业务协调； c. 应实现数据及分析结果的跨部门在线共享	a. 应建立企业级的统一数据中心； b. 应建立常用数据分析模型库，支持业务人员快速进行数据分析； c. 应采用大数据技术，应用各类型算法模型，预测制造环节状态，为制造活动提供优化建议和决策支持	应对数据分析模型实时优化，实现基于模型的精准执行

续表

能力域	一级	二级	三级	四级	五级
集成	应具有系统集成的意识	a. 应开展系统集成规划,包括网络、硬件、软件等内容; b. 应实现关键业务活动设备、系统间的集成	a. 应形成完整的系统集成架构; b. 应具有设备、控制系统与软件系统间集成的技术规范,包括异构协议的集成规范、工业软件的接口规范等; c. 应通过中间件工具、数据接口、集成平台等方式,实现跨业务活动设备、系统间的集成	应通过 ESB 和 ODS 等方式,实现全业务活动的集成	
信息安全	a. 应制定信息安全管理规范,并有效执行; b. 应成立信息安全协调小组	a. 应定期对关键工业控制系统开展信息安全风险评估; b. 应在工业主机上安装正规的工业防病毒软件; c. 应在工业主机上进行安全配置和补丁管理	a. 工业控制网络边界应具有边界防护能力; b. 工业控制设备的远程访问应进行安全管理和加固	a. 工业网络应部署具有深度包解析功能的安全设备; b. 应自建离线测试环境,对工业现场使用的设备进行安全性测试; c. 在工业企业管理网中,应采用具备自学习、自优化功能的安全防护措施	

表 23-1-41　　资源的成熟度要求

能力域	一级	二级	三级	四级	五级
装备	a. 应在关键工序应用自动化设备; b. 应对关键工序设备形成技改方案	a. 应在关键工序应用数字化设备; b. 关键工序设备应具有标准通信接口,包括 RJ45、RS232、RS485 等,并支持主流通信协议,包括 OPC/OPC UA、Modbus、Profibus 等	a. 关键工序设备应具有数据管理、模拟加工、图形化编程等人机交互功能; b. 应建立关键工序设备的三维模型库	a. 关键工序设备应具有预测性维护功能; b. 关键工序设备应具有远程监测和远程诊断功能,可实现故障预警	a. 关键工序设备三维模型应集成设备实时运行参数,实现设备与模型间的信息实时互联; b. 关键工序设备、单元、产线等应实现基于工业数据分析的自适应、自优化、自控制等,并与其他系统进行数据分享
网络	应实现办公网络覆盖	应实现工业控制网络和生产网络覆盖	a. 应建立工业控制网络、生产网络和办公网络的防护措施,包括不限于网络安全隔离、授权访问等手段; b. 网络应具有远程配置功能,应具备带宽、规模、关键节点的扩展和升级功能; c. 网络应能够保障关键业务数据传输的完整性	应建立分布式工业控制网络,基于 SDN 的敏捷网络,实现网络资源优化配置	

(4) 制造

①设计。设计能力域包括产品设计和工艺设计 2 个能力子域。设计能力域按成熟度等级可划分为不同等级要

求，见表 23-1-42。②生产。生产能力域包括采购、计划与调度、生产作业、设备管理、仓储配送、安全环保、能源管理 7 个能力子域。生产能力域按成熟度等级可划分为不同等级要求，见表 23-1-43。③物流。物流能力域包括 1 个能力子域。物流能力域按成熟度等级可划分为不同等级要求，见表 23-1-44。④销售。销售能力域包括 1 个能子域。销售能力域按成熟度等级可划分为不同等级要求，见表 23-1-45。⑤服务。服务能力域包括客户服务、产品服务 2 个能子域。服务能力域按成熟度等级可划分为不同等级要求，见表 23-1-46。

表 23-1-42　　设计的成熟度要求

能力子域	一级	二级	三级	四级	五级
产品设计	a. 应基于计算机辅助开展二维产品设计； b. 应根据用户需求，按照设计经验进行产品设计方案的策划； c. 应制定产品设计过程相关规范，并有效执行	a. 应基于计算机辅助开展三维产品设计； b. 应通过产品数据管理系统实现产品设计数据或文档的结构化管理及数据共享，实现产品设计的流程、结构的统一管理，以及版本管理、权限控制、电子审批等； c. 应实现产品不同专业或者组件之间的并行设计	a. 应建立典型产品组件的标准库及典型产品设计知识库，在产品设计时进行匹配和引用； b. 三维模型应集成产品设计信息，确保产品研发过程中数据源的唯一性，如尺寸、公差、工程说明、材料需求等； c. 应基于三维模型实现对外观、结构、性能等关键要素的设计仿真及迭代优化； d. 应实现产品设计与工艺设计间的信息交互、并行协同	a. 应基于产品组件的标准库、产品设计知识库的集成和应用，实现产品参数化、模块化设计； b. 应将产品的设计信息、生产信息、检验信息、运维信息等集成于产品的数字化模型中，实现基于模型的产品数据归档和管理； c. 应构建完整的产品设计仿真分析和试验验证平台，并对产品外观、结构、性能、工艺等进行仿真分析、试验验证与迭代优化； d. 应通过产品设计、生产、物流、销售或服务等系统的集成，实现产品全生命周期跨业务之间的协同	a. 应基于参数化、模块化设计，建立产品个性化定制平台，具备个性化定制的接口与能力； b. 应基于统一的三维模型，实现产品全生命周期动态管理，满足设计、生产、物流、销售、服务等应用需求； c. 应基于产品标准库和设计知识库的集成和应用，实现产品高效设计； d. 应建立产品设计云平台，实现用户、供应商等多方信息交互、协同设计和产品创新
工艺设计	a. 应基于产品设计数据开展工艺设计和优化； b. 应制定工艺设计过程相关规范，并有效执行； c. 应建立工艺文档或数据的管理机制，能够对工艺信息进行记录、查阅和执行	a. 应基于计算机辅助开展工艺设计和优化； b. 应基于典型产品或特征建立工艺模板，实现关键工艺设计信息的重用； c. 应实现工艺不同专业之间的并行设计	a. 应通过工艺设计管理系统，实现工艺设计文档或数据的结构化管理、数据共享、版本管理、权限控制和电子审批； b. 应建立典型制造工艺流程、参数、资源等关键要素的知识库，并能以结构化的形式展现、查询与更新； c. 应基于数字化模型实现制造工艺关键环节的仿真分析及迭代优化； d. 应实现工艺设计与产品设计之间的信息交互、并行协同	a. 应实现基于模型的三维工艺设计和优化，并将完整的工艺信息集成于三维工艺模型中，如工装、工具、设备等； b. 应基于工艺知识库的集成应用，实现工艺流程、工序内容、工艺资源等知识的实时调用，为工艺规划与设计提供决策支持； c. 应实现基于三维模型的制造工艺全要素的仿真分析及迭代优化； d. 应基于工艺设计、生产、检验等系统的集成，通过工艺信息下发、执行、反馈、监控的闭环管控，实现工艺设计与制造协同	a. 应基于工艺知识库的集成应用，辅助工艺优化； b. 应基于设计、工艺、生产、检验、运维等数据分析，构建实时优化模型，实现工艺设计动态优化； c. 应建立工艺设计云平台，实现产业链跨区域、跨平台的协同工艺设计

表 23-1-43　　生产的成熟度要求

能力子域	一级	二级	三级	四级	五级
采购	a. 应根据产品、物料需求和库存等信息制定采购计划； b. 应实现对采购订单、采购合同和供应商等信息的管理； c. 应建立合格供应商机制，并有效执行	a. 应通过信息系统制定物料需求计划，生成采购计划，并管理和追踪采购执行全过程； b. 应通过信息技术手段，实现供应商的寻源、评价和确认	a. 应将采购、生产和仓储等信息系统集成，自动生成采购计划，并实现出入库、库存和单据的同步； b. 应通过信息系统开展供应商管理，对供应商的供货质量、技术、响应、交付、成本等要素进行量化评价	a. 通过与供应商的销售系统集成，实现协同供应链； b. 应基于采购执行、生产消耗和库存等数据，建立采购模型，实时监控采购风险并及时预警，自动提供优化方案； c. 应基于信息系统的数据，优化供应商评价模型	a. 应实现企业与供应商在设计、生产、质量、库存、物流的协同，并实时监控采购变化及风险，自动做出反馈和调整； b. 应实现采购模型和供应商评价模型的自优化
计划与调度	a. 应基于销售订单和销售预测等信息，编制主生产计划； b. 应基于主生产计划进行排产，形成详细生产作业计划并开展生产调度	a. 应通过信息系统，依据生产数量、交期等约束条件自动生成主生产计划； b. 应基于企业的安全库存、采购提前期、生产提前期等制约要素实现物料需求计划的运算； c. 应基于信息技术手段编制详细生产作业计划，基于人工经验开展生产调度	a. 应基于安全库存、采购提前期、生产提前期、生产过程数据等要素开展生产能力运算，自动生成有限能力主生产计划； b. 应基于约束理论的有限产能算法开展排产，自动生成详细生产作业计划； c. 应实时监控各生产环节的投入和产出进度，系统实现异常情况自动预警，并支持人工对异常的调整，如生产延时、产能不足等	a. 应基于先进排产调度的算法模型，系统自动给出满足多种约束条件的优化排产方案，形成优化的详细生产作业计划； b. 应实时监控各生产要素，系统实现对异常情况的自动决策和优化调度	a. 应通过工业大数据分析，构建生产运行实时模型，提前处理生产过程中的波动和风险，实现动态实时的生产排产和调度； b. 应通过统一平台，基于产能模型、供应商评价模型等，自动生成产业链上下游企业的生产作业计划，并支持企业间生产作业计划异常情况的统一调度
生产作业	a. 应制定生产作业相关规范，并有效执行； b. 应记录关键工序的生产过程信息	a. 应通过信息技术手段，将工艺文件下发到生产单元； b. 应基于信息技术手段，实现生产过程关键物料、设备、人员等的数据采集，并上传到信息系统； c. 应在关键工序采用数字化质量检测设备，实现产品质量检测和分析； d. 应通过信息系统记录生产过程产品信息，每个批次实现生产过程追溯	a. 应根据生产作业计划，自动将工艺文件下发到各生产单元； b. 应实现对生产作业计划、生产资源、质量信息等关键数据的动态监测； c. 应通过数字化检验设备及系统的集成，实现关键工序质量在线检测和在线分析，自动对检验结果判断和报警，实现检测数据共享，并建立产品质量问题知识库； d. 应实现生产过程中原材料、半成品、产成品等质量信息可追溯	a. 应根据生产作业计划，自动将生产程序、运行参数或生产指令下发到数字化设备； b. 应构建模型实现生产作业数据的在线分析，优化生产工艺参数、设备参数、生产资源配置等； c. 应基于在线监测的质量数据，建立质量数据算法模型预测生产过程异常，并实时预警； d. 应实时采集产品原料、生产过程、客户使用的质量信息，实现产品质量的精准追溯，并通过数据分析和知识库的运用，进行产品的缺陷分析，提出改善方案	a. 宜实现生产资源自组织、自优化，满足柔性化、个性化生产的需求； b. 应基于人工智能、大数据等技术，实现生产过程非预见性异常的自动调整； c. 应基于模型实现质量知识库自优化

续表

能力子域	一级	二级	三级	四级	五级
设备管理	应通过人工或手持仪器开展设备点巡检，并依据人工经验实现检修维护过程管理和故障处理	a. 应通过信息技术手段制定设备维护计划，实现对设备设施维护保养的预警； b. 应通过设备状态检测结果，合理调整设备维护计划； c. 应采用设备管理系统实现设备点巡检、维护保养等状态和过程管理	a. 应实现设备关键运行参数数据的实时采集、故障分析和远程诊断，如温度、电压、电流等； b. 应依据设备关键运行参数等，实现设备综合效率(OEE)统计； c. 应建立设备故障知识库，并与设备管理系统集成； d. 应依据设备运行状态，自动生成检修工单，实现基于设备运行状态的检修维护闭环管理	a. 应基于设备运行模型和设备故障知识库，自动给出预测性维护解决方案； b. 应基于设备综合效率的分析，自动驱动工艺优化和生产作业计划优化	应采用机器学习、神经网络等，实现设备运行模型的自学习、自优化
仓储配送	a. 应制定仓储(罐区)管理规范，实现出入库、盘点和安全库存等管理； b. 应基于管理分类和规范要求，实现仓储合规管理； c. 应基于生产计划制定配送计划，实现原材料、半成品等定时定量配送	a. 应基于条形码、二维码、RFID 等，实现出入库管理； b. 应建立仓储管理系统，实现货物库位分配、出入库和移库等管理； c. 应基于生产单元物料消耗情况发起配送请求，并提示及时配送； d. 使用时，应建立罐区管理系统，实现储罐中介质相关数据的实时采集和分析	a. 应基于仓储管理系统与制造执行系统集成，依据实际生产作业计划实现半自动或自动出入库管理； b. 应采用射频遥控数据终端、声控或按灯拣货等手段进行入库和拣货； c. 应通过配送设备和信息系统集成，实现关键件及时配送，如AGV、桁车、手持终端等； d. 使用时，应基于工业无线网，通过无线传感器，将罐区相关信息自动采集至罐区管理系统，对储罐状态进行实时监测，储罐状态异常时可自动报警，避免冒罐事故发生	a. 应通过数字化仓储设备、配送设备与信息系统集成，依据实际生产状态实时拉动物料配送； b. 应建立仓储模型和配送模型，实现库存和路径的优化； c. 使用时，应根据储罐状态实时数据进行趋势预测，结合知识库自动给出纠正和预防措施	a. 应基于分拣和配送模型，满足个性化、柔性化生产实时配送需求； b. 通过企业与上游供应链的集成优化，实现最优库存或即时供货； c. 使用时，应通过智能仪表、互联网、云计算和大数据技术，实现罐区阀门自动控制，实现无人罐区
安全环保	应制定企业安全管理机制和环保管理机制，具备安全和环保操作规程	a. 应通过信息技术手段实现员工职业健康和安全作业管理； b. 应通过信息技术手段实现环保管理，环保数据可采集并记录	a. 应建立安全培训、风险管理等知识库，在现场作业端应用定位跟踪等方法，强化现场安全管控； b. 应实现从清洁生产到末端治理的全过程环保数据的采集，实时监控及报警，并开展可视化分析； c. 应建立应急指挥中心，基于应急预案库自动给出管理建议，缩短突发事件应急响应时间	a. 应基于安全作业、风险管控等数据的分析，实现危险源的动态识别、评审和治理； b. 应实现环保监测数据和生产作业数据的集成应用，建立数据分析模型，开展排放分析及预测预警	a. 应综合应用知识库及大数据分析技术，实现生产安全一体化管理； b. 应实现环保、生产、设备等数据的全面实时监控，应用数据分析模型，预测生产排放并自动提供生产优化方案并执行

续表

能力子域	一级	二级	三级	四级	五级
能源管理	应建立企业能源管理制度，开展主要能源的数据采集和计量	a. 应通过信息技术手段，对主要能源的产生、消耗点开展数据采集和计量； b. 应建立水电气等重点能源消耗的动态监控和计量； c. 应实现重点高能耗设备、系统等的动态运行监控； d. 应对有节能优化需求的设备开展实时计量，并基于计量结果进行节能改造	a. 应对高能耗设备能耗数据进行统计与分析，制定合理的能耗评价指标； b. 应建立能源管理信息系统，对能源输送、存储、转化、使用等各环节进行全面监控，进行能源使用和生产活动匹配，并实现能源调度； c. 应实现能源数据与其他系统数据共享，为业务管理系统和决策支持系统提供能源数据	a. 应建立节能模型，实现能流的精细化和可视化管理； b. 应根据能效评估结果及时对空压机、锅炉、工业窑炉等高耗能设备进行技术改造和更新	应实现能源的动态预测和平衡，并指导生产

表 23-1-44　　物流的成熟度要求

能力子域	一级	二级	三级	四级	五级
物流	a. 应根据运输订单和经验，制定运输计划并配置调度； b. 应对车辆和驾驶员进行统一管理； c. 应对物流信息进行简单跟踪	a. 应通过运输管理系统实现订单、运输计划、运力资源、调度等的管理； b. 应通过电话、短信等形式反馈运输配送关键节点信息给管理人员	a. 应通过仓储（罐区）管理系统和运输管理系统的集成，整合出库和运输过程； b. 应实现运输配送关键节点信息跟踪，并通过信息系统将信息反馈给客户； c. 应通过运输管理系统，实现拼单、拆单等功能	a. 应实现生产、仓储配送（管道运输）、运输管理多系统的集成优化； b. 应实现运输配送全过程信息跟踪，对轨迹异常进行报警； c. 应基于模型，实现装载能力优化以及运输配送线路优化	应通过物联网和数据模型分析，实现物、车、路、用户的最佳方案自主匹配

表 23-1-45　　销售的成熟度要求

能力子域	一级	二级	三级	四级	五级
销售	a. 应基于市场信息和销售历史数据，通过人工方式进行市场预测，制定销售计划，如区域、型号、产品定位、数量等； b. 应对销售订单、销售合同、分销商、客户等信息进行统计和管理	a. 应通过信息系统编制销售计划，实现销售计划、订单、销售历史数据的管理； b. 应通过信息技术手段实现分销商、客户静态信息和动态信息的管理	a. 应根据数据模型进行市场预测，生成销售计划； b. 应与采购、生产、物流等业务集成，实现客户实际需求拉动采购、生产和物流计划	a. 应通过对客户信息的挖掘、分析，优化客户需求预测模型，制定精准的销售计划； b. 应综合运用各种渠道，实现线上线下协同，统一管理所有销售方式； c. 应根据客户需求变化情况，动态调整设计、采购、生产、物流等方案	a. 应采用大数据、云计算和机器学习等技术，通过数据挖掘、建模分析，全方位分析客户特征，实现满足客户需求的精准营销，并挖掘客户新的需求，促进产品创新； b. 宜通过虚拟现实技术，满足销售过程中客户对产品使用场景及使用方式的虚拟体验； c. 应实现产品从接单、答复交期、生产、发货到回款全过程自动管理的销售模式

表 23-1-46　　服务的成熟度要求

能力子域	一级	二级	三级	四级	五级
客户服务	a. 应制定客户服务规范，并有效执行； b. 应对客户服务信息进行统计，并反馈给设计、生产、销售部门	a. 应建立包含客户反馈渠道和服务满意度评价制度的规范化服务体系，实现客户服务闭环管理； b. 应通过信息系统实现客户服务管理，对客户服务信息进行统计并反馈给相关部门	a. 应通过客户服务平台或移动客户端等实时提供在线客服； b. 应具有客户服务信息数据库及客户服务知识库，实现与客户关系管理系统的集成	a. 应实现面向客户的精细化管理，提供主动式客户服务； b. 应建立客户服务数据模型，实现满足客户需求的精准服务	应采用服务机器人实现自然语言交互、智能客户管理，并通过多维度的数据挖掘，进行自学习、自优化
产品服务	a. 应制定产品服务规范，并有效开展现场运维及远程运维指导服务； b. 应对产品故障信息进行统计，并反馈给设计、生产、销售部门	a. 应具有产品故障知识库和维护方法知识库，为服务人员提供现场运维和远程运维操作指导； b. 应通过信息技术手段对产品使用信息进行统计，并反馈相关部门	a. 产品应具有数据采集、存储、网络通信等功能； b. 产品服务系统应具有产品运行信息管理、维修计划和执行管理、维修物料及寿命管理等功能，并实现与设计、生产、销售等系统的集成	a. 产品应具有数据传输、故障预警、预测性维护等功能； b. 应建立远程运维服务平台，提供远程监测、故障预警、预测性维护等服务； c. 远程运维平台应对装备/产品上传的运行参数、维保、用户使用等数据进行挖掘分析，并与产品全生命周期管理系统、产品研发管理系统集成，实现产品性能优化与创新	a. 产品应具有自感知、自适应、自优化等功能； b. 应通过云平台，整合跨区域、跨界服务资源，构建服务生态

7.3　智能制造能力成熟度评价方法

智能制造能力成熟度评价过程为：确定评估域、开展评估、判定等级。

(1) 评估域

流程型制造企业与离散型制造企业的评估域如表 23-1-47 和表 23-1-48 所示。

表 23-1-47　　流程型制造企业评估域

要素	人员		技术			资源		制造										
能力域	组织战略	人员技能	数据	集成	信息安全	装备	网络	设计	生产							物流	销售	服务
评估域	组织战略	人员技能	数据	集成	信息安全	装备	网络	工艺设计	采购	计划与调度	生产作业	设备管理	仓储送	安全环保	能源管理	物流	销售	客户服务

表 23-1-48　　离散型制造企业评估域

要素	人员		技术			资源		制造											
能力域	组织战略	人员技能	数据	集成	信息安全	装备	网络	设计		生产							物流	销售	服务	
评估域	组织战略	人员技能	数据	集成	信息安全	装备	网络	产品设计	工艺设计	采购	计划与调度	生产作业	设备管理	仓储配送	安全环保	能源管理	物流	销售	客户服务	产品服务

(2) 评估过程

智能制造能力成熟度评估流程包括预评估、正式评估、发布现场评估结果和改进提升，如图 23-1-27 所示。

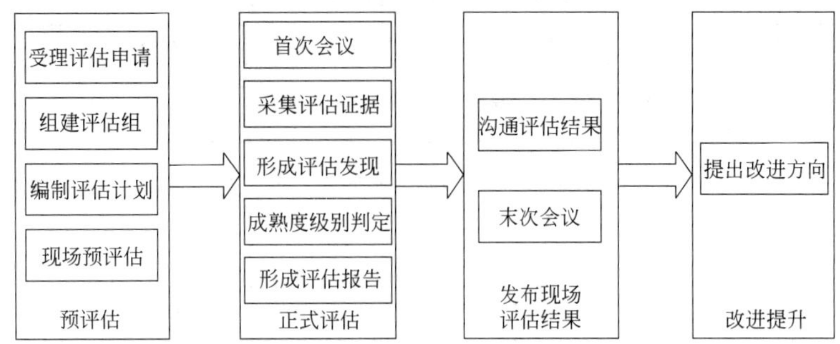

图 23-1-27　智能制造能力成熟度评估流程

1）预评估。①受理评估申请。评估方对受评估方所提交的申请材料进行评审，确认受评估方所从事的活动符合相关法律法规规定，实施了智能制造相关活动，并根据受评估方所申请的评估范围、申请评估等级及其他影响评估活动的因素，综合确定是否受理评估申请。受评估方应选择与自身业务活动相匹配的评估域。②组建评估组。应组建一个有经验、经过培训、具备评估能力的评估组实施现场评估活动，应确认一名评估组长及多名评估组员，评估人员数量应为奇数。评估组员和组长的职责如表 23-1-49 所示。③编制评估计划。智能制造能力成熟度评估分为现场预评估和正式评估两个阶段，评估前应编制预评估计划和正式评估计划，并与受评估方确认。评估计划至少包括评估目的、评估范围、评估任务、评估时间、评估人员、评估日程安排等。④现场预评估。评估组应围绕受评估方的需求，了解受评估方智能制造基本情况，了解受评估方可提供的直接或间接证据，确定受评估方的评估域及权重，确定正式评估实施的可行性。

表 23-1-49　　评估组员和组长的职责

类型	职责
组员	应遵守相应的评估要求；应掌握运用评估原则、评估程序和方法；应按计划的时间进行评估；应优先关注重要问题；应通过有效的访谈、观察、文件与记录评审、数据采集等获取评估证据；应确认评估证据的充分性和适宜性，以支持评估发现和评估结论；应将评估发现形成文件，并编制适宜的评估报告；应维护信息、数据、文件和记录的保密性和安全性；应识别与评估有关的各类风险
组长	负责编制评估计划；负责整个评估活动的实施；实施正式评估前对评估组员进行评估方法的培训；对评估组员进行客观评价；对评估结果做最后决定；向受评估方报告评估发现，包括强项、弱项和改进项；评估活动结束时发布现场评估结论

2）正式评估。①首次会议。首次会议的目的：确认相关方对评估计划的安排达成一致，介绍评估人员，确保策划的评估活动可执行。会议内容至少应说明评估目的、介绍评估方法、确定评估日程以及明确其他需要提前沟通的事项。②采集评估证据。在实施评估的过程中，应通过适当的方法收集并验证与评估目标、评估范围、评估准则有关的证据，包括与智能制造相关的职能、活动和过程有关的信息。采集的证据应予以记录，采集方式可包括访谈观察、现场巡视、文件与记录评审、信息系统演示、数据采集等。③形成评估发现。应对照评估准则，将采集的证据与其满足程度进行对比形成评估发现。具体的评估发现应包括具有证据支持的符合事项和良好实践、改进方向以及弱项。评估组应对评估发现达成一致意见，必要时进行组内评审。④成熟度级别判定。依据每一项打分结果，结合各能力域权重值，计算企业得分，并最终判定成熟度等级。⑤形成评估报告。评估组应形成评估报告，评估报告至少应包括评估活动总结、评估结论、评估强项、评估弱项及改进方向。

3）发布现场评估结果。①沟通评估结果。在完成现场评估活动后，评估组应将评估结果与受评估方代表进行通报，给予受评估方再次论证的机会，并由评估组确定最终结果。②末次会议。末次会议的目的：a. 总结评估过程；b. 发布评估发现和评估结论。末次会议内容至少应包括评估总结、评估结果、评估强项、评估弱项、改进方向以及后续相关活动介绍等。

4）改进提升。受评估方应基于现场评估结果，提出智能制造改进方向，并制定相应措施，开展智能制造能力提升活动。

(3) 成熟度等级判定

1）评分方法。评估组应将采集的证据与成熟度要求进行对照，按照满足程度对评估域的每一条要求进行打分，成熟度要求满足程度与得分对应表如表 23-1-50 所示。

表 23-1-50　　成熟度要求满足程度与得分对应

成熟度要求满足程度	得分	成熟度要求满足程度	得分
全部满足	1	部分满足	0.5
大部分满足	0.8	不满足	0

2）评估域权重。根据制造企业的业务特点，给出流程型制造企业主要评估域及推荐权重如表 23-1-51 所示，离散型制造企业的主要评估域及推荐权重如表 23-1-52 所示。

表 23-1-51　　流程型制造企业主要评估域及推荐权重

能力要素	能力要素权重	能力域	能力域权重	能力子域	能力子域权重
人员	6%	组织战略	50%	组织战略	100%
		人员技能	50%	人员技能	100%
技术	11%	数据应用	46%	数据应用	100%
		集成	27%	集成	100%
		信息安全	27%	信息安全	100%
资源	15%	装备	67%	装备	100%
		网络	33%	网络	100%
制造	68%	设计	4%	工艺设计	100%
		生产	63%	采购	12%
				计划与调度	14%
				生产作业	23%
				设备管理	15%
				安全环保	12%
				仓储配送	12%
				能源管理	12%
		物流	15%	物流	100%
		销售	15%	销售	100%
		服务	3%	客户服务	100%

表 23-1-52　　离散型制造企业主要评估域及推荐权重

能力要素	能力要素权重	能力域	能力域权重	能力子域	能力子域权重
人员	6%	组织战略	50%	组织战略	100%
		人员技能	50%	人员技能	100%
技术	11%	数据应用	46%	数据应用	100%
		集成	27%	集成	100%
		信息安全	27%	信息安全	100%
资源	6%	装备	50%	装备	100%
		网络	50%	网络	100%
制造	77%	设计	13%	产品设计	50%
				工艺设计	50%
		生产	48%	采购	14%
				计划与调度	16%
				生产作业	16%
				设备管理	14%
				仓储配送	14%
				安全环保	13%
				能源管理	13%
		物流	13%	物流	100%
		销售	13%	销售	100%
		服务	13%	产品服务	50%
				客户服务	50%

3）计算方法

能力子域得分为该子域每条要求得分的算术平均值，能力子域得分按式（23-1-9）计算：

$$D = \frac{1}{n}\sum_{i}^{n} X \tag{23-1-9}$$

式中　D——能力子域得分；

X——能力子域要求得分；

n——能力子域的要求个数。

能力域的得分为该域下能力子域得分的加权求和，能力域得分按式（23-1-10）计算：

$$C = \sum (D \times \gamma) \tag{23-1-10}$$

式中　C——能力域得分；

D——能力子域得分；

γ——能力子域权重。

能力要素的得分为该要素下能力域的加权求和，能力要素的得分按式（23-1-11）计算：

$$B = \sum (C \times \beta) \tag{23-1-11}$$

式中　B——能力要素得分；

C——能力域得分；

β——能力域权重。

成熟度等级的得分为该等级下能力要素的加权求和，成熟度等级的得分按式（23-1-12）计算：

$$A = \sum (B \times \alpha) \tag{23-1-12}$$

式中　A——成熟度等级得分；

B——能力要素得分；

α——能力要素权重。

4）成熟度等级判定方法。当被评估对象在某一等级下的成熟度得分超过评分区间的最低分视为满足该等级要求，反之，则视为不满足。在计算总体分数时，已满足的等级的成熟度得分取值为1，不满足的等级的成熟度得分取值为该等级的实际得分。智能制造能力成熟度总分为各等级评分结果的累计求和。评分结果与能力成熟度对应关系如表23-1-53所示。根据该表给出的分数与等级的对应关系，结合实际得分 S，可以直接判断出企业当前所处的成熟度等级。

第23篇

表 23-1-53　　分数与等级的对应关系

成熟度等级	对应评分区间	成熟度等级	对应评分区间
五级（引领级）	$4.8 \leqslant S \leqslant 5$	二级（规范级）	$1.8 \leqslant S < 2.8$
四级（优化级）	$3.8 \leqslant S < 4.8$	一级（规划级）	$0.8 \leqslant S < 1.8$
三级（集成级）	$2.8 \leqslant S < 3.8$		

7.4　制造业信息化评估实施指南

制造业信息评估对象具体包括企业、行业和区域（省、市）三类。

（1）制造业信息化评估实施步骤

制造业信息化评估实施应按企业、行业、区域等不同对象采取相应评估方法，其中制造企业评估具有基础作用。其基本步骤如表23-1-54所示。

表 23-1-54　　制造业信息化评估实施步骤

步骤	描述
选择评估指标	制造企业进行信息化应用自评估时，具体评估从信息化建设、信息化应用水平、信息化效益三个方面开展，以信息化普及度、信息化融合度、信息化效能度等3个一级指标进行描述。行业信息化水平评估的指标，以本行业多企业样本为对象，从信息化建设、信息化应用水平、信息化效益三个方面开展，以信息化普及度、信息化融合度、信息化效能度等3个一级指标进行汇总分析描述，并可针对行业特点，添加或删除部分评测指标。区域（省、市）进行制造业信息化水平评估，以区域内多企业样本及环境因素为对象进行综合分析

续表

步骤	描述
设计企业调查表	调查表是依据制造业信息化指标体系进行企业信息化状况数据获取的工具。企业调查表的设计原则是术语标准化、结构规范化、易于填写。其中,对于企业不熟悉或有歧义的术语,在调查项下应添加注释;调查项一般按企业职能部门划分,方便企业多部门组织数据;调查项问题宜采用填空或选择方式,以方便用户填写。调查表中的调查项是评估指标估算的原始计算项,为方便电子化处理,宜进行统一编码
数据采集	制造企业进行信息化水平自评估,可由企业自主组织开展,直接由企业内部相关部门填报数据。对于集团企业,由各制造分公司分别进行填写,形成汇总数据后进行评估。在进行行业和区域(省、市)制造业信息化水平评估时,宜由主管部门组织一定数量的企业进行调查表数据填报
数据预处理	制造企业进行信息化水平自评估,数据不需预处理。在开展行业和区域(省、市)信息化水平评估时,需进行数据处理
确定评估指标权重	进行信息化水平评估计算制造业信息化水平评估指标权重对信息化工作主要起引导作用,在不同的信息化主体、信息化阶段、信息化环境下,权重应有所不同。企业自评估和行业信息化水平评估时,评估指标权重不宜包含信息化环境指标;区域(省、市)进行信息化水平评估,评估指标权重应包含信息化环境指标
计算结果分析,形成信息化评估报告	区域(省、市)统计和行业统计样本量一般较大,经计算可获得分生产类型、分企业规模的评估指标基准值,是进行企业自评估的基础。制造业信息化水平评估除利用区域或行业的基准值进行标杆评价外,还可进行连续年度评价

(2) 制造业信息化评估实施与计算方法

1) 企业自评估实施过程。制造企业信息化水平评估指标体系可采用信息化普及度、信息化融合度、信息化效能度 3 个一级指标。企业信息化水平评估直接由企业内相关部门填写数据。对于集团企业,由各制造分公司分别进行填写,再汇总。调查数据如无缺失数据和错误数据,不需预处理。制造企业的自评估,可进行自身连续年度发展纵向评价,也可开展利用区域或行业的标杆基准值进行横向比较分析。

2) 评估计算过程。企业信息化评估指标权重不宜包含信息化环境指标,推荐权重参见表 23-1-55,所有权重合计为 100%。制造企业信息化评估指标合成计算:

$$EH_i = \sum(WI_j \times VI_j)$$

式中 WI_j——企业信息化各指标权重;

VI_j——企业信息化各指标的分值。

表 23-1-55　制造业信息化评估指标推荐权重

一级指标	二级指标	三级指标	区域(省、市)评估权重	行业和企业评估权重
信息化普及度 30(30)	信息化战略地位	信息化主管部门级别	3	3
		信息化工作最高主管领导的职务	2	2
		信息化管理部门的职能	3	3
	信息化财力投入	信息化投入力度	3	3
		信息化预算的制定情况	2	2
	信息化大力投入	IT 人员比例	3	3
		信息化培训费用	2	2
	信息化基础设施	百人计算机拥有量	3	3
		网络性能水平	3	3
		工业设备数控化率	3	3
		数据管理水平	3	3
信息化融合度 40(50)	产品与业务流程的信息化应用	产品信息化	3	4
		产品与设计流程	3	4
		生产与质量管理流程	3	4
		销售服务流程	3	4
		辅助支持管理业务	3	4
	信息化协同集成	部门级协同	4	5
		企业级协同与集成	5	5
		企业外部集成与协同	4	5

续表

一级指标	二级指标	三级指标	区域(省、市)评估权重	行业和企业评估权重
信息化融合度 40(50)	信息化战略支持	辅助决策系统应用	4	5
		资源与能力管理	4	5
		市场业务创新	4	5
信息化效能度 20(20)	信息化直接效益	利润率	2	2
		生产成本比重	2	2
		全员劳动生产率	2	2
	企业能力提升	创新能力	2	2
		生产能力	2	2
		营销服务能力	2	2
	管理效率提高	订单响应时间	2	2
		新品研发周期	2	2
		财务决算速度	2	2
		制造周期	2	2
信息化环境 10(0)	服务环境	服务效率	2	0
		服务能力	2	0
	技术环境	信息技术支撑能力	2	0
		信息技术发展能力	2	0
	政策与区域环境	制造业信息化示范企业影响力	2	0
合计	13 项	37 项	100	100

(3) 行业对象

1) 行业评估实施过程。行业信息化水平评估的指标体系可采用信息化普及度、信息化融合度、信息化效能度 3 个一级指标，可针对行业特点，添加部分评测指标。行业信息化水平评估应组织 30 家以上企业进行调查，以符合统计样本数量要求。调查宜采用网上调查，以便于数据电子处理。

2) 行业评估计算过程。行业信息化评估指标权重不宜包含信息化环境指标，推荐权重参见表 23-1-55，所有权重合计为 100%。评估行业制造业信息化水平，需要按照指标层次关系，通过赋以权重，计算相应的合成指数。

(4) 区域信息化评估实施与计算方法

1) 区域评估实施过程。制造业信息化区域水平评估的指标体系可采用全部指标。为方便企业填写，应将评估指标按标准术语和规范格式设计成调查表。调查表应包括调查项、调查说明、调查项注释、指标合成计算方法等内容。为准确反映区域信息化发展状况，制造业信息化区域水平评估应组织 100 家以上企业进行调查以获得较大统计样本，便于分行业、规模进行数据分析。应组织调查说明会，向填报企业详细解释调查项的含义和填写注意事项。调查宜采用网上调查，以便于数据电子处理。调查组织单位应注意填报跟催，对企业填报内容进行初步审核。

2) 区域评估计算过程。区域（省、市）统计的制造业信息化评估指标权重宜包含信息化环境指标，推荐权重参见表 23-1-55，所有权重合计为 100%。评估区域制造业信息化水平，需要按照指标层次关系，通过赋以权重，计算相应的合成指数。

(5) 数据预处理

填报数据在计算过程中需按照行业进行划分，即按照行业的不同将所采集的数据分类进行预处理。数据预处理包括定性指标定量化、离群值处理、缺失值填补、无量纲化处理和信度检验。

1) 定性指标定量化。制造业信息化评估体系中所采集的数据若为定性指标，则应该在预处理过程中转化为定量指标后再参与计算。

2) 离群值处理。数据异常情况可以分为观测值过大或过小、关联数据处理结果异常两种情况，离群值可按下面方法进行处理：①基于统计学的离群值处理；②基于管理经验的离群值处理。基于管理学基本规律，利用调查项之间的关联性，设置样本检验规则，甄别出样本中的离群值并剔除。

3) 缺失值填补。统计调查数据缺失的主要原因包括调查中的无应答、经离群值处理造成数据缺失等。缺失数据应使用插补法回填，即给每一个缺失数据一个替代值，从而得到相对完整的数据集，然后使用标准的完全数据统计方法进行数据分析。制造企业信息化评估调查数据的填补可采用分层均值插补法或分层热卡插补，也可利用用户已填报的其他数据估算出该缺失数据项。

4）无量纲化处理。为了尽可能地反映实际情况，排除由于各项指标的量纲不同以及其数值间的悬殊差别所带来的影响，避免不合理现象的发生，需要对评价指标作无量纲化处理。

5）信度检验。利用 cronbach α 系数对预处理后的数据进行信度检验，系数越接近于 1 说明量表的可信度越高。当 α 系数大于 0.7，认为量表数据通过信度检验。无量纲可以采用如下公式进行：

$$\text{无量纲处理后的值}=\frac{\text{指标当前值}-\text{基期最小值}}{\text{基期最大值}-\text{基期最小值}}\times 100\%$$

式中　基期——所规定的具有一定参考意义的时期；

基期最大值——基期数据库中该指标字段值中同行业最大者；

基期最小值——基期数据库中该指标字段值中同行业最小者。

CHAPTER 2

第2章 智能装备

1 传感器与仪器仪表

1.1 通用技术

1.1.1 特性与分类

不同类别传感器有着不同的特性，下面主要分析其通用特性、智能特性和物联网特性。

(1) 通用特性

如表 23-2-1 所示，传感器通用特性分为静态特性与动态特性。静态特性是输入为不随时间变化的恒定信号时，传感器的输出量与输入量之间的关系；动态特性是输入为随时间变化的信号时，传感器的输出量与输入量之间的关系。

表 23-2-1　　传感器通用特性分类

类别	特性	含义与解释
静态特性	测量范围	在允许误差限内由被测量的两个值确定的区间，被测量的最高、最低值分别称为测量范围的"上限值""下限值"
	准确度	测量结果与被测量的真值之间的一致程度
	分辨率	传感器能够检测和测量的最小变化量或最小区分度，表示了传感器在检测信号中能够区分的最小细微变化，通常以数字或物理单位表示
	重复性	在一段短时间间隔内，在相同的工作条件下，输入量从同一方向做满量程变化，多次趋近并达到同一校准点时所测量的一组输出量之间的分散程度
	稳定性	传感器在一个较长的时间内保持其性能参数的能力
动态特性	频率响应	在规定的被测量频率范围内，对加在传感器上的正弦变化的被测量来说，输出量与被测量振幅之比及输出量和被测量之间相差随频率的变化。频率响应应当以在规定的被测量频率范围内的频率和某一规定的被测量为基准
	响应时间	由被测量的阶跃变化引起的传感器输出上升到其最终规定百分率时所需要的时间。为注明这种百分率，可将其置于响应时间前面。例如：98%响应时间

(2) 智能特性

智能传感器的智能特性体现在工作过程中，利用数据处理子系统对其内部行为进行调节，减少外部因素的不利影响，得到最佳结果。智能传感器在信号采集、数据处理、信息交互、逻辑判断等过程中表现出如表 23-2-2 所示一种或多种智能特性。

表 23-2-2　　传感器智能特性分类

特性	含义与解释
数据处理	智能传感器对数字化的数据进行分析、计算，实现自动调校、自动平衡、自动补偿、自选量程等功能

续表

特性	含义与解释
自动校准	智能传感器可根据操作者输入的零值或某一标准量,调用自动校准软件对传感器进行调零和校准
自动诊断	智能传感器在工作过程中可进行自检,判断传感器各部分是否正常运行,并进行故障定位
自适应	智能传感器在工作过程中能够通过对自身模型和/或参数的调节主动适应外部环境的变化,从而保证其基本功能和性能
双向通信	智能传感器采用双向通信接口,向外部设备发送测量、状态信息,并能接收和处理外部设备发出的指令
智能组态	智能传感器设有多种模块化的硬件和软件,根据不同的应用需求,操作者可改变其模块的组合状态,实现多传感单元、多参量的复合测量
信息储存和记忆	智能传感器可存储传感器的特征数据和组态信息,如装置历史信息、校正数据、测量参数、状态参数等,在断电重连后能够自动恢复到原来的工作状态,也能根据应用需要随时调整其工作状态
自推演	智能传感器可根据数据处理得到的结果或其他途径得到的信息进行多级推理和预测,获得的结果可进行输出
自学习	智能传感器可根据外部环境的变化和历史经验,主动改进/优化自身模型、算法和参数

(3) 物联网特性

智能传感器在物联网条件下应具有即联即用的能力，主要表现在具有自动描述、自动识别、自动组织（包括自动组网）等特性，如表 23-2-3 所示。

表 23-2-3　传感器物联网特性分类

特性	含义与解释
自动描述	智能传感器在物联网中应能自动向外部设备发出信息,描述自身的位置、功能、状态等
自动识别	智能传感器在物联网中应能自动识别自身在网络中的位置、外部设备发出的指令和信号以及网络中的其他信息
自动组织	网络的布设和展开无需依赖于任何预设的网络设施,智能传感器启动后通过协调各自的行为,即可快速、自动地组成一个独立的网络,实现即联即用
互操作性	智能传感器可与物联网内其他智能传感器或外部设备进行相互操控 示例:某一传感器侦测到异常数据,它可以要求周围传感器的测量数据,以辅助判断是自身测量出现错误,还是被测量本身出现异常。同时,它也能根据情况要求周围传感器进行加大采样频率等调节
数据安全性	智能传感器应具有数据传输安全和数据处理安全特性,确保数据的机密性、完整性和真实性

智能传感器可以根据不同的分类方式进行细分和归类，如表 23-2-4~表 23-2-6 所示。其中，通用分类主要基于传感器的工作原理和应用范围，智能化分类侧重于传感器所具备的智能功能和处理能力，而物联网相关分类则是针对传感器在物联网系统中的特定角色和应用。通过这些不同的分类方式，可以更全面地理解和评估智能传感器的特性和应用场景，从而更好地满足各种实际需求。

1) 通用分类

表 23-2-4　智能传感器通用分类

分类方式	类型
材料分类	按照材料类别分类有金属、聚合物、陶瓷、混合物;按照材料物理特性分类有导体、绝缘体、半导体、磁性材料;按照材料晶体结构分类有单晶体、多晶体、非晶体
工作原理	传感器的工作方式多样,主要有电容式、电阻式、电感式、电化学式、光伏式、磁电式、谐振式、压电式、磁阻式、隧道效应式、声表面波、核辐射、磁致伸缩式、电位器式、电磁式、电离式、光导式、热电式、伺服式、应变(计)式、压阻式、差动变压器式、霍尔式、光纤、生物等传感器
输出信号	传感器的输出信号类型有数字式、模拟式、开关量等
工作机理	传感器按照工作机理不同分为结构性传感器和物性型传感器
检测对象	传感器的检测对象有物理量、化学量、生物量等,物理量主要检测力学量、热学量、光学量、磁学量、电学量、声学量;化学量主要检测离子、气体、湿度;生物量主要从检测生化量和生理量
制作工艺	传感器根据制作工艺不同分为集成传感器、薄膜传感器、厚膜传感器、陶瓷传感器等

2）智能化分类

表 23-2-5　　传感器智能化分类

分类方式	类型
传感器结构	按照智能传感器结构分类可以分为模块式智能传感器、集成式智能传感器和混合式智能传感器 模块式智能传感器是将传统传感器、信号调理电路、带总线接口的微处理器组合为一个整体而构成的智能传感器系统，在传统传感器的信号处理电路后连接具有数据总线接口的微处理器，以此实现传感器智能化，使之具备信号调理电路、微处理器及应用软件、显示电路、D/A 转换输出接口等配套模块 集成式智能传感器采用微机械加工技术和大规模集成电路工艺技术，将传感器敏感元件、信号调理电路、接口电路和微处理器等集成在同一块芯片上 混合式智能传感器是将传感器的各个环节以不同的组合方式集成在数块芯片上，并封装在一个外壳中组成的智能传感器
智能化技术	根据智能化技术的不同，传感器可分为采集储存型、筛选型、控制型等智能传感器
信号处理硬件	按照信号处理硬件分类，主要有基于系统 IC 和基于 SoC 两大类

3）物联网相关分类

表 23-2-6　　智能传感器物联网相关分类

分类方式	类型
通信接口类型	智能传感器的通信接口有基于工业以太网、现场总线和无线网络三类
传感器网络节点类型	按智能传感器在传感器网络中的角色类型进行分类。传感器网络一般按平面结构和分簇结构来构建。在平面结构的传感器网络中，节点监测到的数据通过其他传感器逐条地进行传输，监测数据将传输到汇聚节点，再统一进行后续传输。分簇结构是将传感器网络划分为多个簇，每个簇由一个或多个簇头节点和多个簇成员节点组成，其中各个簇头又形成了高一级的网络
采用的物联网安全机制	为保障物联网的安全性，可采用高效冗余的密码算法、安全有效的密钥管理、轻量级的安全协议等策略或机制来实现基于节点的安全，为数据提供安全基础设施。根据采用的安全机制，智能传感器可分为：采用访问控制机制的智能传感器、采用鉴别机制的智能传感器、采用路由安全机制的智能传感器、采用数据融合安全机制的智能传感器及采用其他机制的智能传感器

1.1.2　可靠性设计

智能传感器在产品需求分析阶段及研制过程中，需要对硬件和软件分别进行可靠性设计和评审。可靠性设计与评审贯穿于硬件方案论证、技术设计、详细设计、试生产等阶段，及软件需求分析阶段、软件概要设计阶段、软件详细设计阶段和软件实现阶段。

以物联网智能传感器为例，其产品由硬件和软件构成，完整的物联网可靠性设计包括硬件可靠性设计、软件可靠性设计和通信的可靠性设计。

（1）硬件可靠性设计

产品在研制任务书中应明确规定可靠性的定性或定量要求。可靠性设计的定性要求包括成熟设计、简化设计、模块化设计、抗环境干扰设计、EMC（电磁兼容性）设计、测试性和维护性设计等。产品可靠性的定量要求包括可靠度、失效率、平均故障间隔时间、可用度。可靠性设计是产品设计的一部分，应与产品设计同时进行。

可靠性各阶段有着不同设计要求：

① 方案论证阶段。在该阶段要求建立可靠性数学模型，完成产品的可靠性分配，将产品的可靠性指标值逐层分解，初步完成产品的可靠性预计，可采用元器件计数法或相似设备法，完成关键件的失效判据、失效模式和效应分析，确立薄弱环节。

需要提交的资料有可靠性分配方案、初步可靠性预计报告和关键件可靠性分析报告。

② 技术设计阶段。该阶段要求建立可靠性数学模型；完成产品的可靠性分配，将产品的可靠性指标值逐层分解；初步完成产品的可靠性预计，可采用元器件计数法或相似设备法；完成关键件的失效判据、失效模式和效应分析，确立薄弱环节。

需提交可靠性分配方案、初步可靠性预计报告、关键件可靠性分析报告。

③ 详细设计阶段。该阶段要求在产品的可靠性设计中可采用简化设计、模块化设计、冗余设计、热设计、

环境防护设计、抗冲击、振动设计等；电路的可靠性设计中可采用简化方案，避免片面追求高性能指标和过多的功能，合理划分软硬件功能和合理的元器件使用；亦可综合热设计、容差与漂移设计、电气互连的可靠性设计、电磁兼容设计、故障诊断设计等；元器件级的可靠性设计应关注器件的选择与使用，可采用降额设计、器件面向使用电应力设计和失效机理分析；应完成产品的可靠性预计；应完成产品的失效模式、影响和危害度分析。

应提交产品设计说明、产品可靠性预计报告、产品失效模式、影响和危害度分析报告。

④ 试生产阶段。该阶段下要求应编制关键件明细表，规定重点控制元器件、零部件；对选用的原材料、元器件、外协件的质量控制；解决影响产品可靠性所有薄弱环节；批试的产品应经过各种环境试验、可靠性试验和工业现场使用的评定。

最终提交试生产暴露的问题和解决的措施，环境试验、可靠性试验的试验记录和试验报告，工业用户现场使用工作报告、失效分析和失效记录使用和维护说明书。

(2) 软件可靠性设计

产品在研制任务书中应明确规定软件可靠性设计的定性要求，若有软件可靠性指标，应规定软件可靠性指标的要求。软件可靠性设计的定性要求包括可靠性设计方法，如结构设计、模块化设计、冗余设计、接口设计、健壮设计、简化设计、余量设计、防错程序设计、编程要求、更改要求。

软件可靠性设计的各阶段设计要求如下：

① 产品需求分析阶段。对具有高可靠性和安全性要求的功能，应分析用硬件实现还是软件实现的利弊，作出决策；分配的软件可靠性指标应与硬件的可靠性指标大体相当；应自动记录产品故障；应规定防止越权或意外地存取或修改软件的保密性设计；对可靠性要求高的功能应考虑软件的容错设计。

② 软件需求分析阶段。软件需求规格说明应无歧义性、完整性、可验证性、一致性、可修改性、可追踪性；对关键软件，应列出可能的不期望事件，分析导致这些不期望事件的可能原因，提出相应的软件处理要求；对有可靠性指标的软件，在确定了软件的功能性需求之后，应考虑软件的可靠性指标是否能够达到以及是否能够验证，还应与用户密切配合，确定软件使用的功能剖面，并制订软件可靠性测试计划；对安全关键软件，在软件开发的各个阶段进行有关的软件危险分析；应规定接口设计，包括硬件接口的软件设计、人机界面设计、报警设计、软件接口设计；应规定在哪个方面进行软件健壮性设计，如电源失效防护、加电检测、电磁干扰、错误操作等；应考虑资源分配和时序安排的余量设计；应规定数据要求。

③ 软件概要设计阶段。对安全关键软件，应进行软件危险分析；对安全关键软件的设计应遵循规定的原则；若需冗余设计，概要设计冗余；概要设计接口设计；概要设计软件健壮性设计；设计模块的简化设计；实现余量设计；实现数据要求；在软件设计中应实现防错程序设计；应规定并执行软件更改的要求。

④ 软件详细设计阶段。对安全关键软件，应进行软件危险分析；对安全关键软件应遵循规定的原则进行详细设计；进行详细的冗余设计；进行详细的接口设计；进行详细的软件健壮性设计；模块的简化设计原则进行详细的模块设计；在软件详细设计中应满足数据要求；在软件详细设计中应实现防错程序设计；在软件详细设计中应满足编程要求；在软件详细设计中应满足多余物的处理的要求；应执行软件更改的要求。

⑤ 软件实现阶段。应进行软件的检查和测试，采取自检、互检和专检的软件检查，并按规定的要求进行软件测试；若存在软件可靠性指标，应确定软件可靠性模型，执行软件可靠性评估和预计程序。

(3) 通信的可靠性设计

应估算通信过程中的失效量（例如残余错误率），包括传输错误、重复、删除、插入、重新排序、误用延时和伪装。在估算由于随机硬件失效时应该考虑上述的失效量。

数据通信应提交的技术文件资料包括：接口数据通信设计详细说明书、数据通信概率测试计划、数据通信概率测试报告。

传感器还需要进行可靠性的评审，智能传感器产品在设计的各阶段，尤其是在设计决策的关键时刻，组织非直接参加设计的各有关方面专家，对设计进行及时的、详细的论证和设计质量控制，在设计阶段及时发现和纠正潜在的设计缺陷实现智能传感器的可靠性。

设计评审的主要目标是通过对设计依据、设计方法和设计结果的分析、审查，从而揭露可靠性和维修性设计上的不足和薄弱环节，以便为设计改进提示方向。

设计评审的具体目标是：检查可靠性设计的正确性；提出产品设计中存在的薄弱环节；提出改进可靠性、可维修性的建议；评审智能传感器结构工艺，降低成本的可能性。

1.1.3 智能传感器寿命预测

智能传感器的寿命预测是一个复杂的任务，它受许多因素的影响，包括传感器类型、制造质量、工作环境、使用条件等。以下是一些常见的预测传感器寿命方法和影响传感器寿命因素，可以用于进行传感器寿命的预测和评估：

① 制造商建议寿命。传感器制造商通常会在产品规格中提供有关其预期寿命的信息。这些数据可以作为评估传感器寿命的起点，但实际工作条件可能会对寿命产生影响。

② 使用环境和应用条件。传感器所处的工作环境和使用条件对其寿命具有重要影响。例如，高温、湿度、振动、腐蚀性物质等因素可能会缩短传感器的寿命。评估这些因素对传感器的影响，可以提供更准确的寿命预测。

③ 信号质量和干扰。传感器所测量的信号质量和接收到的干扰对其寿命也有影响。例如，频繁的信号干扰可能会导致传感器性能下降和故障。评估信号质量和存在的干扰，可以提供关于传感器寿命的信息。

④ 日常维护和保养。传感器的日常维护和保养可以延长其寿命。正常的清洁、校准和及时更换磨损部件可以减少故障风险并延长寿命。

⑤ 数据记录和分析。实际使用过程中的数据记录和分析也可以用于预测传感器寿命。通过监测传感器参数、故障记录，可以对寿命进行评估并预测潜在的故障。

1.1.4 智能传感器的性能评估

传感器的好坏需要进行性能评估，以智能传感器为例，确定智能传感器性能试验的指导原则是用户的应用，这是确定智能传感器的测量功能、特性和工作环境等相关要求的基础。通过对这些要求和选出接受评定样机的研究，确定性能试验所需的试验程序和设备。根据被测样机的数量、运行原理和所述要求，智能传感器的全性能试验可能既困难又昂贵，因此还需要从技术和成本上判断试验的合理性。

被评智能传感器能力包括测量功能和支撑功能，如组态、本地控制、自测试和自诊断等方面。当智能传感器具有广泛的功能时，由于成本和时间方面的原因，可能会不提交所列的全部功能做性能试验。可能会同意在影响条件下做部分试验时考查一项或一些功能。某些情况下，当采用标准化的或能准确描述的传感器［如热电偶和热电阻温度计（resistance temperature detector，RTD）］时，有关各方可以同意用合适的仿真器来代替实际的被测物理量。

功能评定是指采取结构化方式将评定智能传感器的功能和能力鲜明地展示出来。智能传感器的功能表现出多样性，通过功能评定来解释功能结构的细节。评定之前需要了解通用智能传感器模型，如图 23-2-1 所示。

从功能上看，智能传感器是一种信息转换器。数据通过不同（外部）域，沿着清晰的数据流路径进出智能

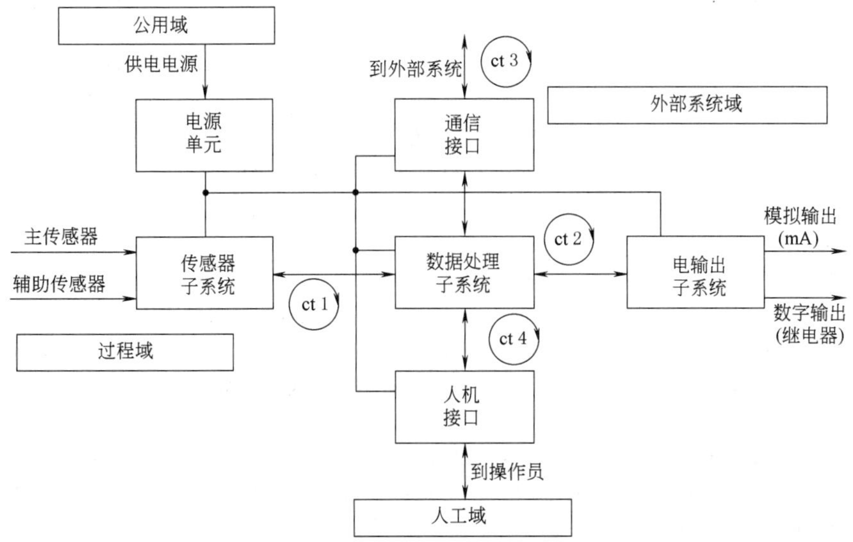

图 23-2-1 智能传感器的模型

传感器。下列路径（虽然并不一定常驻被评定智能传感器）需要详细阐释：

① 传感器（过程域）到外部系统（远程数据处理系统）；

② 传感器（过程域）到操作员显示（人工域）；

③ 传感器（过程域）到外部系统（电输出）；

④ 操作面板命令经由本地键盘（人工域）到数据处理子系统，从而使上述数据流向外部系统（远程数据处理系统和电输出）；

⑤ 远程命令（来自外部远程数据处理系统）到智能传感器的数据处理子系统，从而使上述数据流向外部系统（电输出）和本地面板显示（人工域）。

评定报告应包括框图及说明，对重要细节还可以增加照片或图纸。下面对上述所列进行详细阐释：

1）数据处理子系统。数据处理子系统是智能传感器的核心。它的主要功能是为人、通信接口和（或）电输出子系统的实时应用提供并处理被测量。除主要测量功能外，不同的智能传感器还可以配备许多不同的附加功能。其中，智能传感器常备的附加功能有：组态，调整和整定，自测试、诊断、环境条件监测，外部过程控制功能，趋势记录和数据存储。部分功能可置于临时或连续连接到通信网络上的外部设备内（如：组态、趋势记录）。

2）传感器子系统。传感器子系统将被测的物理量或化学量转变成电信号，经调理和数字化后供数据处理单元使用，该子系统也可装备感知二进制信号的电路（如：按外部命令改变测量范围），或装备不同类型的辅助传感器（如：用于补偿、内部诊断和环境条件监测的）。

传感器和传感器子系统可与其他模块整合在一个外壳内。传感器也可位于远端（如：密度计、热电偶变送器）。某些智能传感器［如：热电偶和热电阻温度计（RTD）］利用提供标准化电信号的（第三方）传感器。这种情况下，可以同意用可接受的合适仿真器代替施加实际量进行评定。

依据所用的测量原理，传感器可能不需要辅助（外部）电源（如：热电偶），也可能需要辅助电源（如：应变仪），还可能需要特殊特性的电源（如：电磁流量计和科氏流量计）。

作为功能评定的一部分，应列出智能传感器所配备传感器的类型和测量范围。

3）人机界面。人机界面是智能传感器的可选单元，是用于直接与操作者交互和通信的重要工具。它由读出数据（本地显示）、输入数据和发出请求（本地按钮）的集成功能模块组成。智能传感器不配备人机界面时，可通过通信接口、外部系统或手持终端访问内部数据。

应制表列出可以在显示器上显示的测量数据和刷新速率，以及既可以自动也可以按要求提供给操作者的状态数据。此外，应编写一个功能、存取设施和数据表达方式的摘要。

4）通信接口。通信接口是连接智能传感器和外部系统的桥梁，是实现智能功能的必要条件。通过接口（数字通信链路）传递测量和控制数据，也提供了智能传感器组态数据的存取。还有一些混合式智能传感器，其数字数据是叠加在模拟数据信号线上的。有些智能传感器通信接口是可选的，这时可通过人机界面实现组态和数据读取。

应制表列出可向主机传送的测量数据及刷新率、列出能自动或按要求传送给主机的状态数据。还应说明功能、存取设备和数据表达方式。

5）电输出子系统。电输出子系统是智能传感器的可选单元，可以将数据处理子系统提供的数字信息转换成一个或多个模拟电信号，也可以装备一个或多个二进制的（数字）电输出设备。

应制表列出电输出端口能提供的被测变量，包括信号的类型和范围（如 4~20mA 或 1~5V DC 等）。应汇总二进制（数字）输出端口能提供的状态数据。

6）电源单元。一些智能传感器需要一个分离的交流或直流主电源，也有采用光伏、振动等新型能量获取装置的。当前主流的智能传感器是“回路供电”的，即通过信号传输线或电信号输出线接收电力。

7）外部功能。智能传感器通过数据通信接口与主机设备通信。通过这些设备，智能传感器的部分功能可以配置在主机设备里。下列功能可适合远程配置：（远程）组态工具、数据存储（组态、趋势、智能传感器状态）、部分校准和整定的步骤。

外部功能（如果存在）应作为智能传感器的一个组成部分进行处理。

8）循环时间（ct）。智能传感器实时运行性能很大程度上依赖于：执行测量和向外部传送数据所需要的时间；在线诊断测试的循环时间（ctd）。

根据智能传感器的功能和能力确定检查内容，检查之前，应先确认智能传感器正确运行，且应无差错、无故障，这可通过本地显示器或通信接口连接的远程设备（手持终端、PC 或主计算机）来指示。通用功能检查要求如表 23-2-7 所示。

表 23-2-7　　　　通用功能检查表

功能/能力	评定需考虑的内容
主要功能	简述测量原理，描述智能传感器在人机界面、通信接口及电输出子系统可获得的状态信息和测量信息 描述功能架构（功能块及其组织方式）和应用软件的准则
辅助功能	简述辅助模拟/数字输入/输出功能
匹配	智能传感器的新版本应在软件和硬件方面都与老版本兼容
功能块	列出可用的标准化功能块，如果是专有功能块，按以下方面做描述和分类： ①时间相关功能块（滤波器、计算器、控制器、定时器、超前/滞后单元） ②时间无关功能块，分为：计算块（如：智能传感器线性化、平方根、指数）；逻辑块（与、或等） 给出每个功能块的：名称；调整范围（如果用户可调）；缺省值（如果适用）；无效值的确认和剔除
信号切除	检查信号切除的有效性。信号切除通常在特性曲线的低端，以回避无效或噪声信号，但信号切除也会出现在高端。指出哪个选项是可用的，信号切除值是否可由用户组态 检查激活和释放之间是否存在死区，是否可由用户调整
滤波器	如果提供滤波器，需要考虑是模拟的（硬件）还是数字的（软件），类型（1 阶、2 阶）及时间常数是否可调等

性能评定应测量被评仪表的全部特性，即应执行多区间段的测量以充分证明仪表符合自身的规范，然而如果用户与制造商协商同意，也可评定包括参比条件下的全性能测量和各种简化的影响量性能测量组合。

对于线性特性的智能传感器，输入信号最好以不超过 20%步长无过冲地从 0%缓慢增大到 100%，然后回到 0%。每变化一步后，应使变送器达到稳定状态，然后记录每步输入输出信号的相应值。测量循环至少执行 3 次。上行和下行方向的测量应分别求平均，并应绘制成图。此外，应从测量值计算出最大回差和最大重复性误差，还应说明重复性计算的依据。

有关各方协商的简化测量组合由以下测量组成：

零点和量程迁移（如果预计影响量会影响线性度，可增加一些中间点），或在 0%、10%、50%、90%、100%点的测量。

当零点或 100%点是不能超越的固定值时，零点和量程迁移可在如 2%和 98%处测量。

对非线性函数，应选择输入间隔使其充分覆盖规定的特性曲线。除非另有约定，一致性误差应由规定特性曲线分别与上行、下行测量平均值之间的差确定。应将其绘制成图。此外，应从测量值计算出最大回差和最大重复性误差，还应说明重复性计算的依据。

1.2　接口与通信

通信接口包括不同的物理接口及通信协议，不同的通信协议之间应基于协议网关达到互操作和数据一致性的要求。

1.2.1　有线通信接口

用于物联网的智能传感器宜采用以太网接口，也可采用且不限于 RS232、RS485 等接口。

1）RJ45 接口。对于采用屏蔽双绞线的通信系统，宜采用支持 RJ45 的物理接口。RJ45 接口采用模块化的八芯插座，RJ45 接口采用的常见接线标准是 T568A 和 T568B，这两种标准对于同一个网络都是一致的，只是接线顺序上有所不同。RJ45 接口可支持多种以太网传输速率，包括 10Mb/s、100Mb/s、1Gb/s（千兆）和更高速率的以太网。RJ45 接口常用于直连（straight-through）和交叉（crossover）连接。直连线用于连接计算机到交换机、路由器等设备，而交叉线用于直接连接两台计算机或两个网络设备。RJ45 接口一般使用双绞线（twisted pair）作为传输介质，其中最常见的是 Cat5e 和 Cat6 类别的双绞线，它们具有较好的传输性能和抗干扰能力。

2）光纤接口。智能传感器根据自身技术特点、使用环境和通信协议等条件，可采用且不限于 MPO 型光纤连接器作为通信物理接口。SC 接口是一种常见的光纤接口，它使用圆形连接器，容易插拔并固定连接。SC 接口通常用于单模光纤连接，可以支持数据传输速率高达 1000Mb/s。LC（lucent connector）接口：LC 接口是一种小型的光纤接口，它比 SC 接口更小，适用于高密度光纤连接。LC 接口也通常用于单模光纤连接，支持高速数据传输。ST（straight tip）接口：ST 接口是一种较早期的光纤接口，它使用圆形连接器并带有螺纹固定装置。ST 接口通常用于多模光纤连接。FC（fiber connector）接口：FC 接口是一种用于单模光纤连接的标准接口，它使用螺纹连接器，并带有一个金属外壳进行固定。MPO/MTP（multi-fiber push-on/pull-off）接口：MPO/MTP 接口是一种多芯光纤接口，它可以在一个连接器中同时连接多个光纤。MPO/MTP 接口通常用于高密度的光纤连接，如数据中心和光纤通信系统。

3）RS232 接口。RS232 接口宜采用 DB9 插针连接器，RS232 接口使用正负电平表示逻辑 1 和逻辑 0。通常，负电平表示逻辑 1，正电平表示逻辑 0。标准的电平范围为-15V 至+15V，但实际上，常见的电平范围是-3V 至+3V。RS232 接口定义了一种基于异步通信的串行通信协议，其中数据以字节为单位进行传输，每个字节由起始位、数据位、奇偶校验位和停止位组成。通信速率可以根据需要设置，常见的速率有 9.6kb/s、19.2kb/s、38.4kb/s 等。RS232 接口广泛应用于许多领域，如计算机串口（COM 口）、打印机、调制解调器、终端、条码扫描器、数传设备等。它为设备间的数据交换提供了一种方便可靠的通信方式。

4）RS485 接口。RS485 接口宜采用 DB9 插针连接器，RS485 接口使用两根数据线（A 线和 B 线）进行数据传输，以及一个共地线（GND）作为参考电压。数据线使用平衡传输方式，可以减小信号受到的噪声干扰。使用差分信号传输，即数据线上的电压正态（Vd）为+（voltage high）或-（voltage low），表示逻辑 1 和逻辑 0。差分信号使得 RS485 接口具有良好的抗干扰能力，适用于长距离、高噪声环境的数据通信。接口支持多点通信，可以连接多个设备组成一个总线（Bus）结构，并且可以同时进行双向数据传输。每个设备在数据传输中需要进行地址编址，以便正确地识别和接收数据。

5）IEEE1394 接口。对于智能传感器所采用的 IEEE1394 接口，使用具有电源和数据传输功能的 4 针或 6 针（小型）或 9 针（大型）连接器。这些连接器具有热插拔特性，可以在设备运行中插拔，并提供稳定的电源供应。具备高速数据传输能力，标准的传输速率包括 400Mb/s、800Mb/s 和 3200Mb/s（IEEE1394b）。较高的传输速率使得它适用于高清视频、音频和大数据传输等要求较高的应用。

1.2.2 无线通信接口

智能传感器宜采用基于 TCP/IP 的以太网，推荐工业以太网，例如 PROFINET、EtherCAT、POW-ERLINK、SEROS Ⅲ、Ethernet/IP 和 EPA，也可采用且不限于以下现场总线，包括 CANOpen、Modbus、Profibus 和 HART。

智能传感器宜采用的无线通信接口包括：

1）ZigBee。ZigBee 是一种低功耗无线通信协议，特别适用于传感器网络。支持 ZigBee 接口的传感器可以创建自组织自愈的网络，用于智能家居、物联网等应用。ZigBee 网络是一种网状结构，由一个或多个设备形成一个网状拓扑，通过自主组网和自动路由的方式进行通信。这种灵活的网状网络结构使得 ZigBee 在覆盖范围较广、设备数量较多的场景中表现出色。ZigBee 协议广泛应用于物联网领域，例如智能家居、智能照明、工业自动化、楼宇自动化、智能电表等。ZigBee 还可以用于传感器网络、远程监控、无线传输等需要低功耗、低数据速率和大规模部署的应用场景。

2）蓝牙。支持蓝牙接口的智能传感器通常使用蓝牙模块或内置蓝牙接口，蓝牙模块是一个集成了蓝牙芯片和相应电路的独立模块。它可以通过串口、SPI（串行外围接口）或 I2C（二线式接口）等方式与微控制器、单片机等设备进行通信。这种接口常用于嵌入式系统和物联网设备中。这些蓝牙接口可以通过蓝牙协议与其他支持蓝牙的设备进行通信和数据传输。

3）RFID。RFID（radio frequency identification）是一种无线通信技术，用于识别和跟踪物体。传感器可以与 RFID 技术结合，以实现物体的识别、监测和数据采集。RFID 传感器通常由 RFID 读写器（RFID reader）和 RFID 标签（RFID tag）组成，它们通过特定的传感器接口进行数据的读取和写入。

4）无线 HART。无线 HART（highway addressable remote transducer，高速可寻址远程传感器）是指在 HART 通信协议基础上，采用无线技术进行数据传输的一种应用，其用于工业自动化领域的数字通信协议，允许智能仪表（如传感器和执行器）与控制系统进行双向通信，从而实现对过程变量的监测、控制和调节，极大地简化了布线和安装工作，提高了监测系统的灵活性和可扩展性。

1.3 应用案例

传感器作为反映一个系统状态的核心元器件，其在工业自动化和智能化生产过程中承担着极其重要的作用。

本节以直升机升力系统装配中的高精度同轴测量传感器选项为案例，就典型工业场景下的传感器决策做一个简要的步骤说明。

（1）背景及需求

旋翼系统是直升机用于改变传动方向、传递发动机功率、产生升力的核心部件，而旋翼系统的高精度数字化装配是提高直升机装配质量和效率的关键手段之一。旋翼系统主要包括主减速器、自动倾斜器和主桨毂，三者通过主减速器旋翼轴同轴安装。然而当前装配主要以手工操作为主，存在精度不可控、零部件易擦碰、装配周期长等问题。因此，研究一种大尺度空间同轴度测量及同轴装配技术是实现旋翼系统高质量数字化装配重要条件之一，而实现该技术的核心是要寻找一种能精确测量部件同轴度的距离传感器，其需具备如下条件：

① 在复杂油脂涂层情况下，精确反馈测量距离的能力；

② 非接触测量能力；

③ 几何外形可满足在 200mm×200mm×200mm 空间内工作；

④ 测距传感器反馈精度不低于 0.01mm；

⑤ 由于测量环境多变，传感器精度不得受环境光影响。

（2）传感器选型

考虑到旋翼系统装配面具有复杂油脂涂层、测量空间狭小、环境光复杂且测量精度要求较高，激光、相机等非接触测量工具不再适用，考虑采用电涡流位移传感器。该传感器属非接触式金属感应位移传感器，具有结构简单、灵敏度高、测量精度高、对测量环境适应性强等优势，即便在有水、油污、灰尘及电磁场干扰的情况下，仍能准确测量。针对以上需求考虑，可选择米铱 DT3001-U6-A-SA 型或基恩士 EX-416V 型电涡流测距传感器，二者外观及几何尺寸见图 23-2-2 和图 23-2-3。

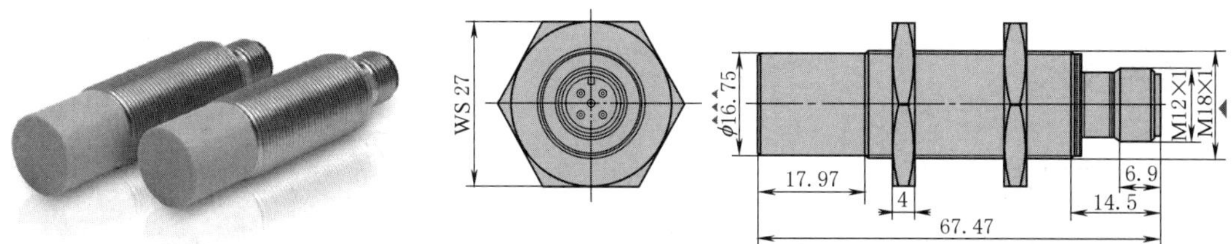

图 23-2-2　米铱 DT3001-U6-A-SA 型电涡流测距传感器

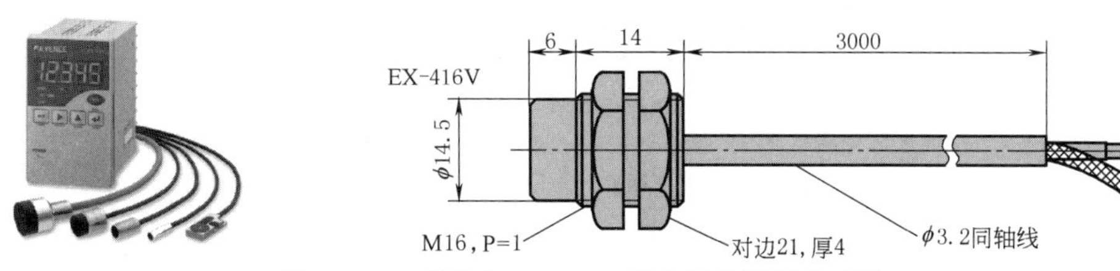

图 23-2-3　基恩士 EX-416V 型电涡流测距传感器

米铱 DT3001-U6-A-SA 型和基恩士 EX-416V 型电涡流测距传感器详细参数见表 23-2-8，可见，二者的分辨率和线性度所决定的精度都在微米级，满足精度需求 0.01mm，基恩士量程较米铱小 1mm，分辨率相对较高。信号输出形式上，米铱包含 RS485 数字量输出和模拟量电压输出，而基恩士 EX-416V 仅支持模拟量电压输出，且米铱将控制器与探头集成为了一体，而基恩士需额外配备方形控制器。考虑到本案例要求工作空间小，且信号反馈需具备较好的抗干扰能力，米铱 DT3001-U6-A-SA 带有集成式控制器，降低了安装部署要求，且具备 RS485 数字量输出，较模拟量电压输出抗干扰性更强，更符合本案例的需求。

表 23-2-8　　米铱 DT3001-U6-A-SA 型和基恩士 EX-416V 型电涡流测距传感器参数

品牌	米铱	基恩士
型号	DT3001-U6-A-SA	EX-416V
量程	6mm	5mm
分辨率	≤3μm	≤1μm
线性度	≤±15μm	≤±15μm

续表

品牌	米铱	基恩士
输出形式	数字输出：RS485 模拟输出：0.5~9.5V	模拟输出：±5V
电源	12~32V DC	24V
推荐被测物体几何尺寸	ϕ64mm	—
探头尺寸	M18×1(长度 67.5mm)	M16×1(长度 20mm)
探头设计	非屏蔽	—
控制器类型	集成控制器	EX-V05 方形控制器 (80mm×48mm×74mm)

2 自动识别设备

自动识别技术（automatic identification and data capture）就是应用一定的识别装置，通过被识别物品和识别装置之间的接近活动，自动地获取被识别物品的相关信息，并提供给后台的计算机处理系统来完成相关后续处理的一种技术。自动识别技术将计算机、光、电、通信和网络技术融为一体，与互联网、移动通信等技术相结合，实现了全球范围内物品的跟踪与信息的共享，从而给物体赋予智能，实现人与物体以及物体与物体之间的沟通和对话。

2.1 通用技术

2.1.1 自动识别技术分类

按照应用领域和具体特征的分类标准，自动识别技术可以分为如表 23-2-9 所示七种。

表 23-2-9 自动识别技术分类

条码识别技术	一维条码是由平行排列的宽窄不同的线条和间隔组成的二进制编码。比如：这些线条和间隔根据预定的模式进行排列并且表达相应记号系统的数据项。宽窄不同的线条和间隔的排列次序可以解释成数字或者字母。可以通过光学扫描对一维条码进行阅读，即根据黑色线条和白色间隔对激光的不同反射来识别。二维条码技术是在一维条码无法满足实际应用需求的前提下产生的。比如：由于受信息容量的限制，一维条码通常是对物品的标识，而不是对物品的描述。二维条码能够在横向和纵向两个方向同时表达信息，因此能在很小的面积内表达大量的信息
生物识别技术	指通过获取和分析人类的身体和行为特征来实现人的身份的自动鉴别。生物特征分为物理特征和行为特点两类。其中，物理特征包括指纹、掌形、眼睛（视网膜和虹膜）、人体气味、脸型、皮肤毛孔、手腕、手的血管纹理和DNA 等；行为特点包括签名、语音、行走的步态、击打键盘的力度等。如：声音识别技术、人脸识别技术、指纹识别技术
图像识别技术	在人类认知的过程中，图形识别指图形刺激作用于感觉器官，人们进而辨认出该图像是什么的过程，也叫图像再认。在信息化领域，图像识别是利用计算机对图像进行处理、分析和理解，以识别各种不同模式的目标和对象的技术。例如：地理学中指将遥感图像进行分类的技术。图像识别技术的关键信息，既要有当时进入感官（即输入计算机系统）的信息，也要有系统中存储的信息。只有通过存储的信息与当前的信息进行比较的加工过程，才能实现对图像的再认
磁卡识别技术	磁卡是一种磁记录介质卡片，由高强度、高耐温的塑料或纸质涂覆塑料制成，防潮、耐磨且有一定的柔韧性，携带方便、使用较为稳定可靠。磁条记录信息的方法是变化磁的极性，在磁性氧化的地方具有相反的极性，识别器才能够在磁条内分辨到这种磁性变化，这个过程被称作磁变。一部解码器可以识读到磁性变化，并将它们转换回字母或数字的形式，以便由一部计算机来处理。磁卡技术能够在小范围内存储较大数量的信息，在磁条上的信息可以被重写或更改

续表

IC 卡识别技术	IC 卡即集成电路卡,是继磁卡之后出现的又一种信息载体。IC 卡通过卡里的集成电路存储信息,采用射频技术与支持 IC 卡的读卡器进行通信。射频读写器向 IC 卡发一组固定频率的电磁波,卡片内有一个 LC 串联谐振电路,其频率与读写器发射的频率相同,这样在电磁波激励下,LC 串联谐振电路产生共振,从而使电容内有了电荷;在这个电容的另一端,接有一个单向导通的电子泵,将电容内的电荷送到另一个电容内存储,当所积累的电荷达到 2V 时,此电容可作为电源为其它电路提供工作电压,将卡内数据发射出去或接收读写器的数据。按读取界面将 IC 卡分为下面两种。接触式 IC 卡,该类卡通过 IC 卡读写设备的触点与 IC 卡的触点接触后进行数据的读写。国际标准 ISO 7816 对此类卡的机械特性、电气特性等进行了严格的规定。非接触式 IC 卡,该类卡与 IC 卡读取设备无电路接触,通过非接触式的读写技术进行读写(例如光或无线技术)。卡内所嵌芯片除了 CPU、逻辑单元、存储单元外,还增加了射频收发电路。国际标准 ISO 10536 系列阐述了对非接触式 IC 卡的规定。该类卡一般用在使用频繁、信息量相对较少、可靠性要求较高的场合
光学字符识别技术(OCR)	OCR(optical character recognition),是属于图形识别的一项技术 。其目的就是要让计算机知道它到底看到了什么,尤其是文字资料。针对印刷体字符(比如一本纸质的书),采用光学的方式将文档资料转换成为原始资料黑白点阵的图像文件,然后通过识别软件将图像中的文字转换成文本格式,以便文字处理软件进一步编辑加工的系统技术。一个 OCR 识别系统,从影像到结果输出,必须经过影像输入、影像预处理、文字特征抽取、比对识别,最后经人工校正将认错的文字更正,最后将结果输出
射频识别技术(RFID)	射频识别技术是通过无线电波进行数据传递的自动识别技术,是一种非接触式的自动识别技术。它通过射频信号自动识别目标对象并获取相关数据,识别工作无需人工干预,可工作于各种恶劣环境。与条码识别、磁卡识别技术和 IC 卡识别技术等相比,它以特有的无接触、抗干扰能力强、可同时识别多个物品等优点,逐渐成为自动识别中最优秀的和应用领域最广泛的技术之一,是最重要的自动识别技术

2.1.2 设计规范

通用技术设计规范和流程主要包括表 23-2-10 所示内容，在实际应用中，根据具体的场景和需求，可能需要进行进一步的定制和调整。

表 23-2-10　　自动识别通用技术设计规范

确定需求和目标	与相关部门和用户沟通,明确自动识别设备的需求和目标 确定需要识别的物体、数据采集频率、精度要求等
技术选择	根据需求,选择适合的自动识别技术,如条码识别技术、生物识别技术、RFID、IC 卡识别技术、OCR 等 考虑技术成熟度、适用性、成本等因素
设备选型	选择合适的自动识别设备,如条码扫描器、RFID 读写器、IC 卡读写器等 确保设备具备良好的性能、稳定性和可靠性
设备部署	根据实际情况,合理部署自动识别设备,以确保覆盖范围和识别效率 避免设备之间的干扰和冲突
数据采集和处理	设计数据采集和处理流程,确保数据的准确性和完整性 考虑数据存储、传输和分析等方面
安全性	对于涉及敏感信息的自动识别设备,加强数据加密和访问控制 防止数据泄露和未经授权的访问
测试和验证	进行设备的功能测试,确保设备满足预期的自动识别需求 进行实际场景下的验证,评估设备的性能和稳定性
用户培训	为使用自动识别设备的人员提供培训,确保他们能够正确操作设备 建立相关文档和指南,方便用户参考和使用
维护和优化	建立设备的维护计划,定期检查和维护设备,以确保其长期稳定运行 根据使用情况,对设备进行优化和改进
编写设计文档	将上述步骤和决策记录在设计文档中,方便后续管理和追溯

2.1.3 设备选型

根据自动识别设备选型指导，可以系统性地选择合适的自动识别设备，以满足应用需求，提高工作效率，实现自动化水平的提升。表 23-2-11 为设备选型的一般要求，根据技术分类展开描述。

表 23-2-11　　自动识别通用设备选型

条码识别技术设备选型	1)明确项目的需求。这包括确定需要识别的条码类型(一维码、二维码等)、识别速度的要求以及设备将在哪种环境下工作等 2)进行技术调研。了解市场上可用的不同条码识别设备,包括不同品牌、型号和技术规格。了解它们的特点和性能,以及是否能够满足需求 3)进行设备比较。将不同设备进行对比,考虑其识别准确度、扫描速度、连接方式等方面的特点。还要考虑到品牌声誉和用户评价等因素 4)在评估设备性能时,需要考虑其识别准确度和稳定性,确保所选设备能够在不同光照条件和角度下准确识别条码信息 5)成本效益分析也是重要的一步。综合考虑设备的购买成本、维护费用以及性能,判断投资回报是否合理
生物识别技术设备选型	1)需求分析。明确项目目标、使用场景和要识别的生物特征,例如指纹、虹膜、人脸等 2)技术调研。了解不同生物识别技术的原理、优势和局限性,以及市场上可用的设备 3)设备比较。比较不同设备的性能指标,如识别速度、准确度、稳定性,以及是否适应不同环境 4)性能评估。考虑设备在实际使用场景中的表现,包括光照条件、角度变化等因素 5)成本效益分析。综合考虑设备的购买成本、维护费用和性能,判断投资回报是否合理
图像识别技术设备选型	1)需求分析。明确项目的具体目标和需求,了解需要识别的物体或场景,以及对识别精度、速度和环境适应性的要求 2)技术调研。深入了解各种图像识别技术,如基于传统图像处理、机器学习和深度学习的方法。探索它们的优势、限制和适用领域 3)在设备比较阶段,考虑不同供应商和型号的图像识别设备。关注硬件规格,如图像传感器质量、分辨率、处理速度等,以及软件支持,如是否提供丰富的开发工具和算法库 4)性能评估。在实际应用场景中测试设备的性能,考察其在不同条件下的识别准确度、稳定性和响应速度,确保设备在实际环境中能够可靠工作 5)成本效益分析。综合考虑设备的购买成本、维护费用、技术支持等,权衡其性能与投资之间的关系,以确定最佳方案
磁卡识别技术设备选型	1)需求分析。明确识别的磁卡类型、识别速度、环境条件等需求 2)技术调研。了解不同磁卡识别技术,如磁头读取、IC 卡、射频识别等 3)设备比较。对比不同磁卡识别设备的性能和特点,包括读取精度、速度、适应性等 4)性能评估。在实际环境中测试设备性能,考察其读取准确度和对不同卡片的适应性 5)成本效益分析。综合考虑设备价格、维护成本和性能,评估投资回报 6)选型决策。综合各种信息,做出最终的设备选型决策
IC 卡识别技术设备选型	1)明确项目需求,包括使用场景、识别对象(IC 卡类型)、速度和环境条件等 2)进行技术调研,了解不同的 IC 卡识别技术和设备种类,深入了解其特点和适用范围 3)比较不同的 IC 卡识别设备,包括读卡器或读写器的不同型号和规格,考虑其读取速度、通信协议等特征 4)在实际应用环境中评估设备性能,测试其读取准确度、响应速度和适应性,以确保设备能够稳定工作 5)综合考虑设备的购买成本、维护费用以及性能,进行成本效益分析,以确保设备的投资回报合理 6)综合所有信息,做出最终的设备选型决策,选择最符合项目需求的 IC 设备
OCR 技术设备选型	1)需求分析。明确项目的目标和需求,了解需要识别的字符类型、识别精度要求、识别速度、环境条件等 2)进行技术调研,深入了解光学字符识别技术。了解不同供应商的设备,了解其原理、功能以及适用领域 3)对比不同的光学字符识别设备,考虑不同供应商的设备型号、特性、读取速度、软件支持等 4)在实际应用环境中评估设备性能,测试其识别准确度、对不同字体和布局的适应性 5)综合考虑设备的购买成本、维护费用以及性能,进行成本效益分析,以确定设备的投资回报 6)在综合所有信息的基础上,做出最终的设备选型决策,选择最适合项目需求的光学字符识别设备
RFID 技术设备选型	1)需求分析。明确项目的目标和需求,了解需要识别的对象、识别范围、速度、环境条件等 2)进行技术调研,深入了解射频识别技术。了解不同射频标签(RFID 标签)、读写器等设备,了解其工作原理、频率、通信协议等 3)对比不同的射频识别设备,考虑不同供应商的设备型号、特性、读取范围、通信距离、抗干扰能力等 4)在实际应用环境中评估设备性能,测试其识别准确度、读取速度、适应不同环境的能力 5)综合考虑设备的购买成本、维护费用以及性能,进行成本效益分析,以确定设备的投资回报 6)了解已使用过类似设备的用户的反馈,了解设备在实际使用中的稳定性、易用性和性能表现 7)在综合所有信息的基础上,做出最终的设备选型决策,选择最适合项目需求的射频识别设备

2.1.4　测试规范

自动识别设备的测试可以全面评估自动识别设备的性能、可靠性和安全性，发现潜在问题并进行优化和改进，以确保设备在实际应用中能够稳定可靠地工作。表 23-2-12 为一般的自动识别设备测试规范，具体的根据项目需求进行调整与细化。

表 23-2-12 自动识别通用技术测试规范

测试准备阶段	确定测试目标和范围:明确自动识别设备的测试目标,包括性能、精度、稳定性等方面 设计测试用例:根据测试目标,设计详细的测试用例,覆盖各种常见和特殊场景 搭建测试环境:准备自动识别设备、测试工具和测试样本,搭建测试环境,确保测试的可控性和准确性
功能测试	验证设备的基本功能,如读取条码、识别二维码、读取 RFID 标签等 确保设备在不同情况下都能正确识别物体
传感器性能测试	对于使用传感器的设备,测试传感器的性能,如感知距离、灵敏度、响应时间等 确保传感器能够准确地感知目标物体
识别精度测试	测试设备的识别精度,包括正确识别率和误识别率 使用不同样本进行测试,评估设备的识别准确性
读取速度测试	测试设备的读取速度,包括单次读取速度和连续读取速度 确保设备在不同情况下能够满足实际应用需求
多设备并发测试	在多设备并发的情况下,测试设备的性能和稳定性 确保设备在高负载情况下能够正常工作
环境适应性测试	在不同环境条件下,如温度、湿度等,测试设备的适应性和稳定性 确保设备能够在各种环境下可靠地工作
安全性测试	对于涉及敏感信息的设备,进行数据加密和访问控制等安全性测试 确保设备能够保护数据安全
耐久性测试	对设备进行长时间运行测试,以评估设备的耐久性和稳定性 确保设备在长时间使用后依然能够正常工作
编写测试报告	根据测试结果,编写详细的测试报告,包括测试目标、测试环境、测试用例、测试结果、问题和建议等 向相关团队或客户提供测试报告,帮助他们了解设备性能和质量

2.2 接口与通信

2.2.1 设计规范

自动识别设备接口与通信设计标准可以确保自动识别设备的接口和通信能够满足应用需求，保障设备之间的数据传输和控制命令交互的稳定性和可靠性。表 23-2-13 为一般的自动识别技术接口与通信设计标准，具体的根据项目需求进行调整与细化。

表 23-2-13 自动识别技术接口与通信设计规范

确定通信需求	确定自动识别设备与其他系统或设备之间的通信需求,如数据传输、控制命令等 明确通信的频率、速率和实时性要求
选择通信技术	根据通信需求,选择合适的通信技术,如串口通信、以太网、无线通信等 考虑设备之间的距离、数据传输量和传输速率等因素
设计通信接口	定义设备的通信接口,包括物理接口和通信协议 确定通信接口的接线规范和传输介质
数据格式和协议	确定数据格式,包括数据结构、编码方式等 选择通信协议,如 Modbus、TCP/IP、MQTT 等,确保设备之间能够正确解析和处理数据
安全性考虑	对于涉及敏感信息的通信,考虑数据加密和身份认证等安全措施 防止数据泄露和未经授权的访问
设计通信流程	设计设备之间通信的流程和交互规则,确保数据传输的可靠性和完整性 确定通信的启动和终止条件,以及异常情况下的处理方式
错误处理和重传机制	设计通信错误处理机制,包括错误检测、纠错和重传 确保通信过程中出现错误时能够进行相应处理,保证通信的稳定性
通信测试	进行通信测试,验证设备之间的通信是否正常,包括数据传输、命令执行等 确保设备在实际通信中能够正确地进行数据交换
通信优化和调试	对通信过程进行优化,提高通信速率和稳定性 进行调试和排错,解决通信中出现的问题
编写设计文档	将通信接口与通信设计规范和流程记录在设计文档中,方便后续管理和维护

2.2.2 测试规范

自动识别设备接口与通信测试可以全面评估自动识别设备接口与通信的性能、可靠性和安全性，发现潜在问题并进行优化和改进，以确保设备之间的数据传输和控制命令交互的稳定性和可靠性。表 23-2-14 为一般的自动识别技术接口与通信测试规范，具体的根据项目需求进行调整与细化。

表 23-2-14　　自动识别技术接口与通信测试规范

通信接口测试	物理接口测试：检查通信接口的连接和插拔是否稳定，确认物理连接是否正常 通信参数测试：测试通信接口的波特率、数据位数、停止位数、校验方式等参数是否正确设置
数据传输测试	数据发送测试：验证设备能够成功发送数据到目标设备 数据接收测试：确认设备能够正确接收来自其他设备的数据
数据解析测试	测试设备是否能够正确解析接收到的数据，按照通信协议和数据格式进行解析 针对各种情况（如正常数据、异常数据、不完整数据等），验证数据解析的准确性和鲁棒性
实时性测试	在不同网络条件下，测试通信的实时性和响应时间 确保通信在规定的时间范围内完成，满足实时性要求
异常处理测试	测试设备在通信异常情况下的处理能力，如数据丢失、通信中断等 确认设备能够通过重传或其他机制处理通信异常，保证通信的稳定性
大数据量测试	对于需要传输大数据量的场景，测试设备在高负载情况下的通信性能 确认设备能够稳定地处理大数据量的传输
并发连接测试	测试设备在同时处理多个连接的情况下的性能表现 确保设备能够稳定地处理并发连接，不影响通信质量和速度
安全性测试	对于涉及敏感信息的通信，进行数据加密和安全性测试 确认设备的通信过程中的数据安全性
可靠性测试	长时间稳定性测试：测试设备在长时间运行下的通信稳定性 确保设备能够长期稳定地进行通信
性能监测和报告	实时监测通信性能指标，如传输速率、延迟等 编写详细的测试报告，包括测试目标、测试环境、测试用例、测试结果、问题和建议等

2.3 应用案例

(1) 某零组件生产线的工件身份识别系统案例的需求及任务

1) 生产物料信息化与数据化：身份识别系统主要用于工件或工装身份识别，确保工件在生产线内的统一管理。将物料与唯一的身份标识关联，使物料关键信息可以在生产线、车间和工厂各级系统之间流通。通过读取物料上的身份标识，能够快捷检索和管理物料信息，包括生产信息、供应信息、规格、质量参数以及使用过程信息等。便于对物料的检索、管理及物料具体位置的跟踪。

2) 产品生产过程可追溯：身份识别系统为每个工件建立独立的生产履历，涵盖工件在加工过程中的关键环节和操作。当工件在加工和使用过程中出现异常，能够通过身份识别系统追溯其生产步骤，从而找出可能存在的问题源头。有助于提高产品质量管理，并加快问题排查和改进的效率。

(2) 身份识别系统的工作流程设计

工件在加工流程中，身份识别的方法有三种：通过识别工件物料箱来识别物料箱中的工件身份；直接读取工件上的二维码，获取工件身份信息；通过读取与工件绑定的夹具上的 RFID 标签，获取工件的身份信息。该案例的工作流程如表 23-2-15 所示。

表 23-2-15　　身份识别系统工作流程

流程	操作	信号传输	工件身份识别方法
工件入库	入库前工人通过扫码将工件和工件物料箱进行绑定		使用工件物料箱上的二维码识别身份（此时工件只分种类，不分身份）
	线外 AGV 小车运送工件物料箱到立库进行入库操作	物料箱在缓存平台上触发对射传感器；读码器读取物料箱二维码信息	
	立库给工件物料箱分配库位并更新库存信息		

续表

流程	操作	信号传输	工件身份识别方法
工件装夹	立库将工件物料箱和夹具物料箱出库到工件装夹及拆卸出入库平台，并自动扫码	物料箱在出入库平台上触发对射传感器，表示物料箱已到达，可以读码；读码器读取物料箱二维码信息	使用工件物料箱上的二维码识别身份（此时工件只分种类，不分身份）
	工人将夹具和工件搬运到装卸工作台上，读取夹具上的标签和工件上的二维码	RFID 读取夹具信息；读码器读取工件信息	
	工人装夹完成后，在终端上确认，系统将夹具和工件进行绑定，并将工件和工件物料箱进行解绑		读取夹具上的 RFID 标签信息，在系统中获取与之绑定的工件信息
	工人将工件放到夹具物料箱中，并进行入库操作		
工件加工	立库将工件出库，并自动扫码，在立库中更新库存信息	读码器读取夹具物料箱信息	
	机器人将工件抓取到机器人上下料缓存平台，并更新缓存平台上的工件信息	缓存平台上光电开关触发信号，表示工件已到达，可以读标签；RFID 读写器读取夹具信息	
	若目标机床正被占用，则机器人将工件暂存到边库，待机床可用后再取出；系统根据工件位置更新机器人缓存平台和边库的工件信息	机器人上下料缓存平台、边库处光电开关触发信号；机器人上下料缓存平台、边库处 RFID 读写器读取夹具信息	
	机器人将机床内加工完成的工件取出，放到缓存平台上，并将待加工工件放入机床加工。系统更新缓存平台上的工件信息	缓存平台上光电开关触发信号；系统收到光电开关信号后，触发 RFID 读写器读取夹具信息；系统将待加工工件信息下载到机床	
工件回库	工件加工完成后，机器人将其从机床内抓取到机器人上下料缓存平台处，并更新库位信息	机器人上下料缓存平台处光电开关触发信号；机器人上下料缓存平台处 RFID 读写器读取夹具信息	
	机器人将工件送回仓储库机器人出入库缓存平台的夹具物料箱处，边库将物料箱入库。系统更新机器人缓存平台和边库库存信息	仓储库机器人出入库缓存平台读码器读取夹具物料箱信息	
工件拆卸	立库将工件出库到人工装卸缓存平台，工人将工件搬运到工作台上，进行拆卸	缓存平台读码器读取物料箱信息；RFID 读写器读取夹具信息	
	工人在终端上报告拆卸完成后，终端询问工件上二维码是否完好，若完好，则完成拆卸，若二维码破损，则将工件搬运至打标工作台进行打标后，再确认完成拆卸	系统根据夹具信息获取与其绑定的工件信息，并将工件信息下载到打标机处进行打标	
	系统将夹具和工件解绑，工人将夹具放回物料箱并入库。边库更新库存信息		通过扫描工件上的二维码获取工件身份信息
	若工件需要继续在线内加工，则立库调度新的夹具再次进行装夹		
	若工件后续不需要加工，则调度工件物料箱，工人将工件放回并入库。系统将工件和物料箱进行绑定，立库更新库存信息	缓存平台读码器读取工件物料箱信息	通过读取工件物料箱获取工件身份信息（此时工件只分种类和状态，不分身份）

（3）关键硬件选型

1）RFID 读写器。RFID 读写器（radio frequency identification reader/writer）是一种用于与 RFID 标签通信的电子设备，通过射频信号与 RFID 标签进行无线通信，实现对标签的读取和写入操作。

本案例的 RFID 读写器选用东集 Seuic UF2C 固定式读写一体机（图 23-2-4），主要参数如表 23-2-16 所示。

2）RFID 标签。本案例的 RFID 标签选用锐驰 RichRfid RCP8002 超高频 PCB 抗金属标签，具体参数如表 23-2-17 所示。

3）读码器。本案例的固定读码器选用 LEUZE DCR 248i FIX-L1-102-R3-H 固定式二维码阅读器（图 23-2-5），具体参数如表 23-2-18 所示。

图 23-2-4　东集 Seuic UF2C 固定式 RFID 读写器

表 23-2-16　　东集 Seuic UF2C 主要参数

系统	STM32
RAM	192kB
ROM	1MB
接口/通信	默认网口（速率 10/100Mb/s 自适应） 选配 CAN 选配 RS232（速率 115.2kb/s） 选配 RS485（半双工）
电源	12～24V DC（推荐 12V）
功耗	<12W
接口	M12 工业接口×2 包含电源、GPIO、通信接口
输入输出	默认 2 入 2 出光耦隔离 GPIO，兼容 5～24V 电平 支持 GPIO 定制
通知方式	蜂鸣器、LED 灯指示
尺寸	95mm×95mm×36mm
质量	350g（依据不同配置有不同）
标签协议	EPC C1 GEN2 / ISO 18000-6C
工作频率	默认：920～925MHz（中国） 860～960MHz（可以按不同国家或地区要求调整）
工作方式	默认随机跳频，支持定频
输出功率	10～30dBm 可调，步进功率 1dBm
天线增益	3dBiC（圆极化）
读取距离	>2m（H47 标签），实际距离与标签和环境有关
写入距离	0～1m（H47 标签），实际距离与标签和环境有关
多标签速度	>50pcs/s（H47 标签），实际速度与标签和环境有关

表 23-2-17　　锐驰 RichRfid RCP8002 超高频 PCB 抗金属标签参数

型号		RCP8002
尺寸		95mm×25mm×3.7mm
芯片		Alien Higgs 3
存储器	EPC	96b
	User Memory	512b
	TID（不可改写）	64b

表 23-2-18　　LEUZE DCR 248i FIX-L1-102-R3-H 固定式二维码阅读器参数

基础数据	系列	DCR200i
	芯片	CMOS

续表

读取数据	可读条码类型	128 码、2/5 隔行扫描码、32 码、39 码、93 码、Aztec 码、Codabar、EAN 128 码、EAN 8/13 码、GS1 Databar QR 编码、GS1 Databar 全向、GS1 Databar 码、GS1 Databar 叠加、PDF417、Pharma 码、QR 编码、UPC 码、数据矩阵码
光学数据	读取距离	50～800mm
	光源	LED,红色
	传输信号波形	脉冲
	相机水平分辨率	1280px
	相机垂直分辨率	960px
	模块大小	0.35～1mm
	电子快门速度	0.068～5ms
	相机类型	单色
电气数据	保护电路	反极性保护、短路保护
	供电电压	18～30V DC
	平均功率消耗	12W
以太网	结构	客户/服务器模式(C/S 结构)
	地址分配	DHCP/手动地址分配
	传输速度	10/100Mb/s
	传输协议	TCP/IP,UDP
机械数据	设计	方形
	尺寸(宽×高×长)	43mm×61mm×44mm
	外壳材料	塑料/金属
	净重	120g
	紧固类型	安装螺纹

(4) 自动识别系统的应用价值

在本案例的身份识别系统中，自动识别设备应用了 RFID 读写器、条码扫描器等工具及技术，实现了以下功能及价值：

1) 自动化物料管理：自动识别设备能够快速准确地读取物料标签上的信息，可以实现跟踪采集入库、出库、库存管理等相关操作，降低人为错误和时间成本。

2) 实时追溯和溯源：自动识别设备能够记录工件在生产过程中的关键环节和操作记录，实现对加工过程的实时追溯。

3) 提高生产效率和产品质量：自动识别设备的应用有助于提高生产线的效率和精确性。通过自动采集和记录工件的身份及加工数据，实现了信息化的生产流程，使生产线能够更加精确地进行物料调配和质量管控，从而提高生产效率和产品质量的整体水平。

图 23-2-5 LEUZE DCR 248i FIX-L1-102-R3-H 固定式二维码阅读器

3 人机协作系统

3.1 人机协作系统模块组成和设计

人机协作系统是执行和/或支持执行人与机器之间进行交互的系统。面向智能制造的人机协作系统可以基于自然语言处理、语义理解、知识推理、语音识别和图片识别等技术，在智能制造过程中为企业内部人员提供服务，解决包括工控键盘、操作屏等问题。

人机协作系统功能结构如图 23-2-6 所示，系统模块包括：采集处理模块，提供信息采集和处理功能；交互决策模块，提供决策功能；应用处理模块提供数据调用和实际操作功能。

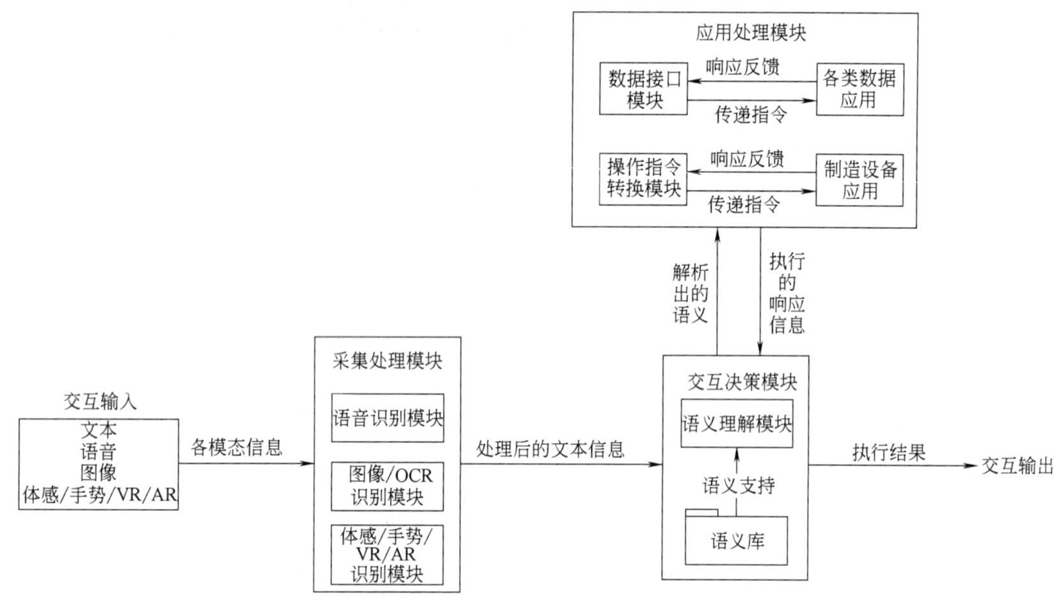

图 23-2-6　人机协作系统功能结构

3.1.1　人机协作系统采集处理模块设计

人机协作系统采集处理模块包括语音识别模块、图像识别模块、体感/手势/VR/AR 识别模块，各个模块的设计步骤如表 23-2-19 所示。

表 23-2-19　人机协作系统采集处理模块设计

设计模块	设计步骤
语音识别模块	信号处理：按照取样、数字化、声音增强、预加重、加窗分帧的流程处理信号
	特征提取：采用 MFCC 法进行特征提取
	语音解码：采用基于动态时间规整(DTW)算法、基于非参数模型的矢量量化(VQ)方法、基于参数模型的隐马尔可夫模型(HMM)的方法、基于人工神经元网络(ANN)和支持向量机的方法等主要算法进行语音解码
图像识别模块	信号采集：采用 CCD(电荷耦合)图像传感器或 CMOS(互补金属氧化物导体)图像传感器获取图像数据
	图像处理：使用增强、转化、滤波以及还原等图像处理手段对图像进行处理
	特征提取：使用卷积神经网络提取图像特征并选择
	分类器设计：进行分类器开发
	分类决策设计：将空间特征作为载体，根据特征的不同将识别对象划分到不同类别中
体感/手势/VR/AR 识别模块	图像序列获取：使用人体跟踪技术，包括 Meanshifl 跟踪技术、Kalman 跟踪技术、粒子滤波跟踪技术以及动态贝叶斯跟踪网络技术等获取图像序列
	运动人体获取：采用光流法、帧差法、背景减法等人体检测方法获取运动的人体
	特征提取和识别：通过体感识别算法，包括 SVM、神经网络等算法完成特征提取和识别

3.1.2　人机协作系统交互决策模块设计

人机协作系统交互决策模块设计的步骤为：设计语义库；设计语义理解模块。语义库由智能制造领域通用元数据、词库、对象库、知识库四部分组成，如表 23-2-20 所示。人机协作系统语义库框架如图 23-2-7 所示。

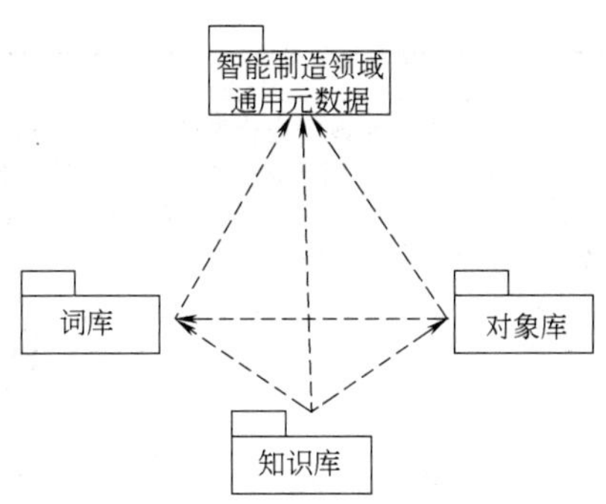

图 23-2-7　人机协作系统语义库框架

表 23-2-20　　人机协作系统语义库设计

设计模块	结构
智能制造领域通用元数据	智能制造领域通用元数据是构成人机协作系统中词库、对象库、知识库的基本信息单元 智能制造领域通用元数据主要有：计划类元数据、采购类元数据、生产类元数据、物流类元数据、服务类元数据
词库	构建词库的目的主要是为了分词、构造语义表达式以及使用词本身携带的语义信息进行语义相似度计算，词库是词的集合，包含一个或多个词类，每个词类又由下一级的词类组成。词库的内容主要取决于知识库要表达的语义信息，结构如下图所示： 1..* 被包含 1 词类 包含 词类名[1] 1 包含 1..* 被包含 词 同义词/同类词[1..*] 词库结构 图中上方的[1]和[1..＊]是指一个词类可以包含一个或多个词类， 图中下方的[1]和[1..＊]是指一个词类可以包含一个或多个词
对象库	构建对象库的目的主要是实例化对象类，从而快速创建制造领域的知识点。对象库由对象类及对象类属性组成。对象类中的子类会继承父类的所有对象类属性，对象类属性由属性名、标准问模板和一组属性语义表达式所构成。对象库的结构见下图。图中上方的三角箭头表示对象类之间有继承关系。图中的[1]和[1..＊]是指一个对象类可以包含一个或多个对象类属性 对象类 对象类名[1] 1 包含 1..* 被包含 对象类属性 属性名[1] 标准问模板[1] 属性语义表达式[1..*] 对象库结构

续表

<table>
<tr><th>设计模块</th><th>结构</th></tr>
<tr><td>知识库</td><td>知识库需要使用对象库、词库和元数据进行具体语义的表达和扩展。知识库由知识类、实例、知识点组成。知识类和实例是1对1或者1对多的关系。当实例为对象类实例时,该实例下所有的知识点都是属性知识点。实例语义在实例化对象的过程中替换属性语义表达式中的“对象符”,进而生成知识点的语义表达式,知识库的结构见下图
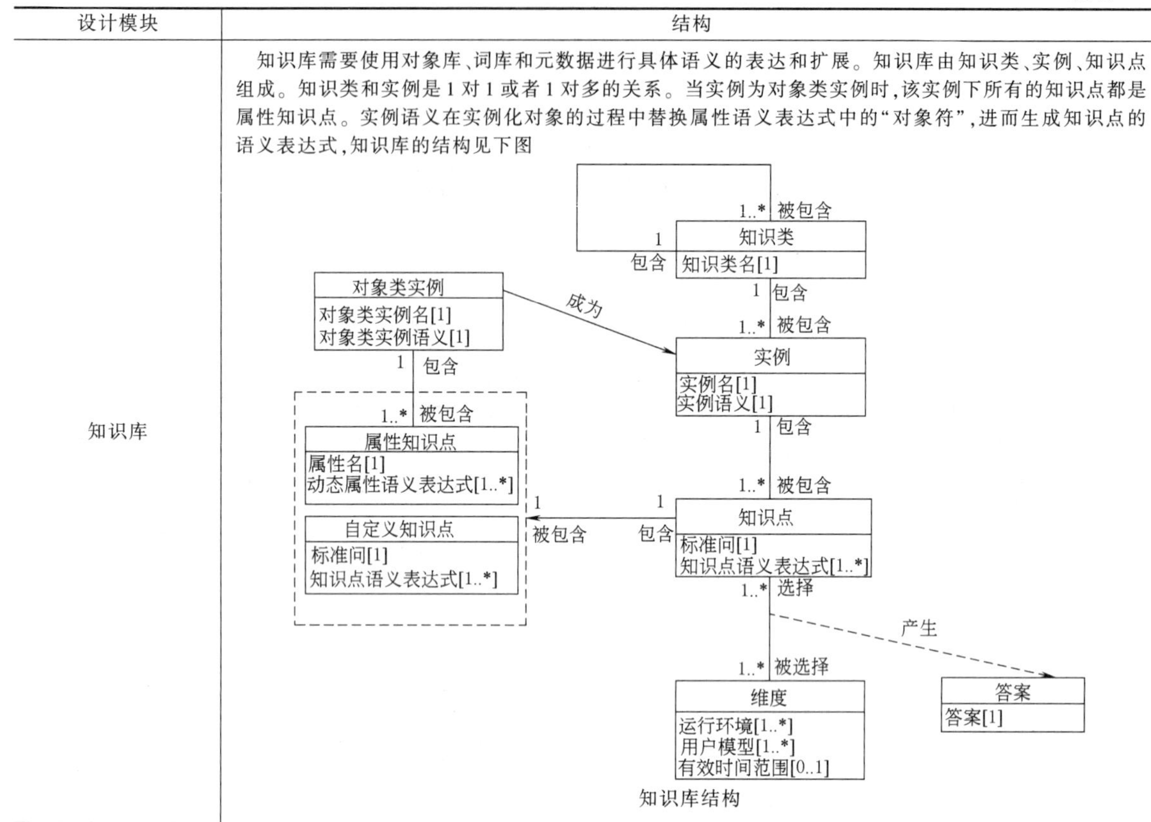

知识库结构</td></tr>
</table>

3.1.3 人机协作系统应用处理模块设计

应用处理模块提供数据调用和实际操作功能。人工智能应用处理模块设计步骤如表23-2-21所示，主要设计数据处理模块和推荐算法模块。

表23-2-21　人工智能应用处理模块设计步骤

设计模块	设计步骤
数据处理模块	设计数据库构建子模块,数据库构建要针对人工智能应用处理系统的使用需求,构建相应的数据库,以实现对系统重要信息数据的安全化、可靠化存储和管理
	设计数据更新子模块,数据更新子模块在具体的设计中,要根据用户实际情况,定期对数据库内的信息数据进行更新,如添加新用户信息等
	设计文本处理子模块。文本处理子模块在具体的设计中,要从文本信息处理、文本生成特征嵌入式处理两个环节出发,构建相应的模型,并对该模型进行训练和预测。同时,还要将文本处理划分为两个部分,一个是TF-IDF特征提取,另一个是文本嵌入向量表示
推荐算法模块	数据调用:借助数据爬虫模块,获取相关信息,并将其安全存储于指定的数据库中;利用数据调用模块,实现对用户特征信息和商品特征信息的精确化提取和收集,使得系统具有较高的模型学习能力
	特征嵌入
	模型预测
	生成推荐列表

3.2 接口与通信

3.2.1 人机协作接口

人机协作接口是指人与计算机系统之间建立联系、交换信息的输入/输出设备的接口，详见表23-2-22。

表 23-2-22　　人机协作接口

接口	含义与解释
图形用户界面(GUI)	图形用户界面是最常见和广泛使用的人机交互方式,利用图形元素、菜单、按钮、滑块等视觉元素,以及鼠标、键盘、触摸屏等输入设备,使用户通过交互操作与计算机进行通信和控制
声音和语音接口	通过声音和语音实现人机协作。语音命令和语音识别技术使用户能够通过口头指令与计算机进行交互,并能够听到计算机的音频反馈、语音提示和语音合成等
触摸界面	触摸界面利用触摸屏、触控板等输入设备,将用户的触摸动作转化为计算机可以理解的输入信号
手势控制	手势控制是利用摄像头、红外传感器或其他感知技术,识别和解释用户特定的手势动作,并将其转化为计算机指令或控制信号
脑机接口	脑机接口(brain-computer interface,BCI)通过测量和解读大脑活动,将人脑的意图转化为计算机指令或控制信号
虚拟现实(VR)和增强现实(AR)界面	虚拟现实和增强现实技术提供了更加沉浸式和直观的人机交互方式。用户通过头戴显示器、手柄、体感设备等硬件,可以身临其境地感受虚拟环境或将虚拟内容叠加到现实世界中的增强现实

3.2.2　人机协作通信技术

表 23-2-23　　人机协作通信

通信技术	含义与解释
无线通信技术	无线通信技术通过信道传输无线信号来实现数据传输和通信。常见的无线通信技术包括 Wi-Fi、蓝牙、ZigBee 等
有线通信技术	有线通信技术是一种相对稳定的通信方式,在一些对通信质量要求比较高的场景下非常适用。有线通信技术可以通过网线、USB 线等物理介质来实现数据传输
毫米波通信技术	毫米波通信技术是一种新兴的通信技术,多用于协同机器人系统。毫米波通信技术可以通过微波频段传输数据,能够实现高速传输和低延迟的通信,并且穿透性比较强

3.3　测试与评估

人机协作系统的测试与评估是确保系统性能和可靠性的关键步骤。这一过程包括对系统进行功能测试，以验证其是否符合设计规范和用户需求，以及进行性能评估，以确保系统在各种条件下的稳定运行和有效协作。测试与评估的方法可能涵盖实地测试、仿真模拟、用户体验调查等多种手段，旨在发现和解决潜在问题，提高系统的可信度和可用性。不同的人机协作系统的测试与评估内容不同，以下以虚拟现实应用软件的测试与评估为例。

3.3.1　虚拟现实应用软件性能测试指标

表 23-2-24　　测试指标

测试指标	计算公式
CPU 占用率	$$U_{\mathrm{CVR}}=\frac{T_{\mathrm{CVR}}}{T_{\mathrm{CPU}}}\times 100\% \quad (23\text{-}2\text{-}1)$$ 式中　U_{CVR}——VR 应用软件的 CPU 占用率; T_{CVR}——VR 应用软件占用 CPU 的时间,ms; T_{CPU}——CPU 总运行时间,ms
GPU 占用率	$$U_{\mathrm{GVR}}=\frac{T_{\mathrm{GVR}}}{T_{\mathrm{GPU}}}\times 100\% \quad (23\text{-}2\text{-}2)$$ 式中　U_{GVR}——VR 应用软件的 GPU 占用率; T_{GVR}——VR 应用软件占用 GPU 的时间,ms; T_{GPU}——GPU 总运行时间,ms
内存占用率	$$U_{\mathrm{men}}=\frac{M}{S}\times 100\% \quad (23\text{-}2\text{-}3)$$ 式中　U_{men}——VR 应用软件的内存占用率; M——VR 应用软件的内存使用量; S——系统总内存

续表

测试指标	计算公式
渲染帧率	应符合 GB/T 38258—2019 中 5.2.1.3 规定的要求
场景加载时间	测试从当前场景进入到下一场景所消耗的时间 $$T_{i2}=T_{i1}-T_{i0} \quad (23\text{-}2\text{-}4)$$ 式中　T_{i2}——第 i 次场景加载时间,ms; T_{i1}——第 i 次场景加载完成的时刻,ms; T_{i0}——第 i 次场景加载开始的时刻,ms
单一场景最大粒子数	测试单一场景中可以显示的最大粒子数量 $$N_{max}=\max\{n_1,n_2,\cdots,n_i,\cdots,n_k\} \quad (23\text{-}2\text{-}5)$$ 式中　N_{max}——单一场景最大粒子数; n_i——第 i 个粒子系统列表对象中显示的粒子数; k——粒子系统类型列表中对象的数量
最大纹理贴图加载时间	测试随着 VR 场景的切换,场景内 3D 模型表面加载纹理、图案和其他特殊视觉效果所需要的最大时间 $$T_{max}=\max\{T_{11}-T_{10},T_{21}-T_{20},\cdots,T_{i1}-T_{i0},\cdots,T_{k1}-T_{k0}\} \quad (23\text{-}2\text{-}6)$$ 式中　T_{max}——最大纹理贴图加载完成的时间,ms; T_{i1}——第 i 次纹理贴图加载完成的时刻,ms; T_{i0}——第 i 次纹理贴图加载开始的时刻,ms; k——纹理信息列表中对象的数量
动画剪辑资源峰值	测试动画系统中最大的可重用关键帧轨道集 $$P_{clip}=\max\{c_1,c_2,\cdots,c_n,\cdots,c_k\} \quad (23\text{-}2\text{-}7)$$ 式中　P_{clip}——动画剪辑资源的峰值; c_n——动画剪辑列表中第 n 个对象的资源大小; k——动画剪辑列表中对象的个数
陀螺仪数据转换时间	测试虚拟现实软件中陀螺仪将当前空间信息转换为虚拟摄像机空间信息所需要的时间 $$T_s=(T_{2vcam}-T_{1vcam})-(T_{2gyro}-T_{1gyro}) \quad (23\text{-}2\text{-}8)$$ 式中　T_s——陀螺仪数据转换时间,ms; T_{2vcam}——虚拟摄像机完成转动的时刻,ms; T_{1vcam}——虚拟摄像机开始转动的时刻,ms; T_{2gyro}——陀螺仪完成转动的时刻,ms; T_{1gyro}——陀螺仪开始转动的时刻,ms
VR 操作杆与软件交互的最大响应时间	测试从用户控制操作杆到虚拟现实软件做出响应的最大耗时 $$T_i=\max\{T_{12}-T_{11},T_{22}-T_{21},\cdots,T_{i2}-T_{i1}\} \quad (23\text{-}2\text{-}9)$$ 式中　T_i——VR 操作杆与软件交互的最大响应时间,ms; T_{i2}——第 i 次操作事件完成的时刻,ms; T_{i1}——第 i 次操作事件开始的时刻,ms; i——用户控制操作杆的次数

3.3.2　虚拟现实应用软件性能测试流程

表 23-2-25　　测试流程

测试指标	测试流程
CPU、GPU 和内存占用率测试流程	系统初始化,确保系统中无与虚拟现实应用软件运行无关的其他程序
	启动被测 VR 应用软件,获取虚拟现实应用软件的相关进程 ID
	在极限运算场景中稳定运行 5min 后,进入特定的测试场景
	根据进程 ID,每秒获取一次 VR 应用软件的 CPU、GPU 和内存占用率
渲染率测试流程	启动被测 VR 应用软件
	进入特定的测试场景
	确定显示设备的刷新频率
	锁帧并计算平均每秒渲染的帧数,染帧率不应低于显示设备的刷新率

续表

测试指标	测试流程
场景加载时间测试流程	启动被动 VR 应用软件,确定场景的加载类型(有或无加载进度条)
	运行进度加载读取程序
	在触发场景切换时获取场景的加载进度,插入时间戳 T_{i0},即场景加载的开始时刻
	等待加载完成,直到加载的进度值为 1 时,插入时间戳 T_{i1},即场景加载的结束时刻
	计算 T_{i0} 与 T_{i1} 之间的时间差,记为场景加载时间 T_{i2}
单一场景最大粒子数测试流程	启动被测 VR 应用软件,进入特定的测试场景
	声明对象变量并进行初始化,包括对象类型列表和粒子系统类型列表
	遍历每个场景,查找并保存场景中所有的物体对象到对象类型列表中
	遍历对象列表中的每个对象以获取每个对象的组件信息
	通过虚拟现实引擎接口判断对象是否挂载了粒子系统组件。若存在粒子系统,则将该对象存储到粒子系统类型列表中;否则,继续从列表中选取下一个对象进行判断
	遍历粒子系统类型列表以获取每个对象对应的粒子数,并确定当前场景的最大粒子数
最大纹理贴图加载时间测试流程	启动被测 VR 应用软件,进入特定测试场景
	声明对象变量并进行初始化,包括资源列表和纹理信息列表
	加载 VR 应用软件的场景资源包,通过分析资源之间的依赖关系来获取完整的测试资源列表
	筛选资源库中所有类型为纹理贴图的资源,提取其纹理贴图资源的格式、名称以及路径等信息,并将其存储到对应的纹理信息列表中
	利用虚拟现实引擎接口对纹理贴图对象绑定加载监听事件,包括加载初始化事件 OnLoad (callback)和加载完成事件 OnLoadDone (callback)。将纹理贴图加载开始的时间标记为 T_{i0},完成纹理贴图加载的结束时间标记为 T_{i1}
	确定最大纹理贴图的加载时间
动画剪辑资源峰值测试流程	启动被测 VR 应用软件,并进入特定的测试场景
	声明对象变量并进行初始化,包括动画剪辑列表和对象列表
	遍历每个场景,查找并保存场景中所有的物体对象到对象类型列表中
	遍历对象列表中的每个对象以获取每个对象的组件信息
	判断对象是否为动画系统组件类型,若是动画系统组件,则将该对象存储到动画剪辑类型列表中;否则,继续从列表中选取下一个对象进行判断
	遍历动画剪辑列表以获取动画剪辑资源的大小并计算当前场景中动画剪辑资源的峰值
VR 陀螺仪数据转换时间测试流程	启动被测 VR 应用软件,并进入特定的测试场景
	将头显放置于机械转盘上,开启陀螺仪调试模式
	以 0.5rad/s 顺时针匀速转动机械硬盘 360°
	同时加载陀螺仪监听 SDK,并将其绑定于虚拟摄像机对象上,记录虚拟摄像机开始转动时的时间戳 T_{1vcam}
	逐帧记录虚拟摄像机的欧拉角
	在虚拟摄像机欧拉角等于陀螺仪转动的欧拉角时,记录虚拟摄像机转动结束时的时间戳 T_{2vcam}
	从陀螺仪操作日志中获取陀螺仪转动的开始时间 T_{1gyro} 和停止时间 T_{2gyro}
	按式(23-2-8)计算陀螺仪和虚拟摄像机的数据转换时间差 T_s
VR 操作与软件交互的最大响应时间测试流程	启动被测 VR 应用软件,并进入特定的测试场景
	根据 VR 软件产品需求说明书,确定在软件运行过程中涉及的操作杆事件类型
	如果 VR 软件依赖的驱动支持记录操作日志,可直接从日志中查找事件发生的时间戳 T_1
	如果无法记录操作日志,只需手动触发事件发生,并通过高精度计时器记录事件发生时间戳 T_1(该过程会产生与特定 VR 设备硬件相关的操作时延,建议测试时优先通过可编程机械臂进行。若无该设备,也可以用手代替机械臂进行操作)
	监听事件触发函数,并记录事件完成时间戳 T_2
	按式(23-2-9)计算操作杆与软件交互的最大响应时间

3.4 应用案例

(1) 传统制造领域需求及痛点

1) 产品结构复杂性高，且工作场地环境复杂，安全与合规要求性高，容易出错，需要具有高技能水平的人员才能完成工作任务；

2）人员成长速度慢，隐性的一线工作知识与经验无法传承，传统师徒制学习时间长，企业整体技能差距加大；

3）大型工业产品方案展示难，产品工作原理复杂、体型大，传统纸质平面印刷品和展示形式的表达呈现能力有限。

（2）AR 技术在智能制造领域的应用实例

1）利用 AR 人机交互技术能够实现如下应用和功能：

① AR 培训指导：高端技术人员是制造业的根本，当技术人员新老更替，技术人员缺口短时间无法得到及时填补，培训成本是需要解决的关键问题。构建 AR 培训指导，用户仅需使用手机、平板电脑等移动终端或 AR 眼镜，即可依托虚实融合的培训课件进行高效培训与练习，优化培训流程，减少培训成本。能够将图文、音视频等指示内容叠加于真实设备之上，实现可视化指示指导，并通过与真实设备一一映射的虚拟模型，更直观引导现场人员快速完成培训，提高效率和培训质量。

② AR 智能巡检：生产巡检是制造业的重要环节，每一步都需要细致全面的检测，避免设备故障带来的不可估量的损失。构建 AR 智能巡检，数据信息与规程规范等虚拟内容能够叠加在真实工厂环境，指导巡检人员进行准确操作，巡检全程可追溯，最大限度地降低人员误操作带来的安全风险。通过虚拟巡检打卡，有效避免错检、漏检，并能进行巡检过程全程记录。

③ AR 远程协同指导/沟通：协助一线工人在远程及时获取专家协助，共享同一现场环境的实时视图，通过 AR 空间实时标注与引导，提高沟通效率，更快解决现场问题。该功能也可用于设计评审等企业跨部门沟通问题，各部门在不同地点、不同设备，共享同一实时视角，高效实现设计研发与评审环节的阶段性协同工作，以更低成本显著缩短设计研发周期。

④ AR 增强产品展示：基于 AR 的产品演示使独特的功能和产品创新更易于可视化和理解。可以为真实环境提供昂贵且笨重的设备的全面虚拟演示，交互式预览可以反映近乎无限的自定义，在同一实物上展示产品的不同配置。

2）基于上述功能，应用 AR 技术的企业案例如下：

① 应用案例 1：某钢铁企业采用 AR 眼镜与标准安全帽完美适配，通过移动式 5G 摄像头和智能 5G 安全帽，实现危险作业远程监管，提高了安全管理效率。

② 应用案例 2：某工程机械企业基于 AR 和语音识别技术开发智能仓储系统，利用深度学习端到端建模和无损离线解码器技术，攻克高噪声环境下的语音识别技术。经实测，即使在大于 90dB 噪声环境下，AR 眼镜的离线指令识别率也大于 92%，成功解决了语音识别在制造工厂落地应用的难题。

③ 应用案例 3：某电器企业在数字化、智能化转型阶段，引进合作研发的智慧 AR 眼镜来提升现场点检、巡检效率和准确率，并进行远程协作指导，降低维修等待时间，补齐员工技能短板。利用低代码工作流配置平台，实现了贯穿研发、制造、采购等方面的全价值链数字化运营。

（3）硬件选型

AR 技术应用的核心设备是 AR 眼镜，上述案例中选用全国产化的 Rokid X-Craft AR 眼镜（图 23-2-8），主要参数如表 23-2-26 所示。

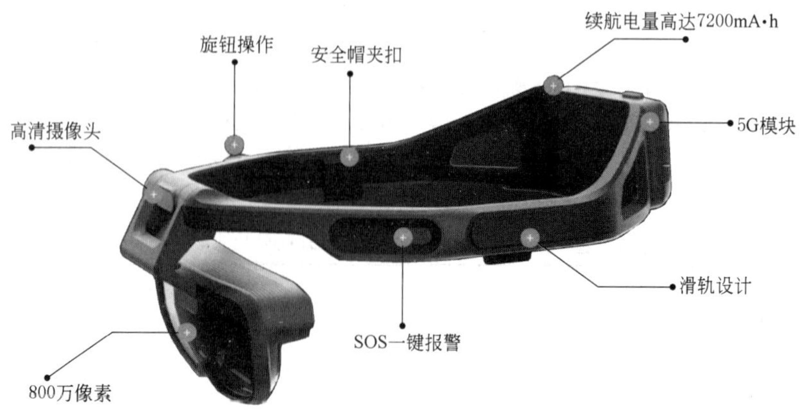

图 23-2-8　Rokid X-Craft AR 眼镜

表 23-2-26　Rokid X-Craft AR 主要参数

芯片	Amlogic A311D
内存/存储	4GB/128GB
操作系统	自研 Yoda OS-XR 操作系统,基于安卓深度定制
无线模组	支持 5G 模组、Wi-Fi 6 超高速率信息传输、BT 5.0
显示技术	双目衍射光波导显示,40°FOV,对比度 400：1,最大亮度 1600cd/m^2
传感器	增强型 9 轴惯性测量单元、光线传感器、距离传感器
防护等级	IP-66 防护等级,支持本安一区、Atex Zone 1 防爆,依据 MIL-STD 810G 标准设计
续航电量	7200mA · h

(4) VR/AR 技术的应用价值

人机协作系统采用 VR/AR 技术，通过融合现实世界和虚拟信息，能够为工业领域带来较大创新和价值。

1) AR/VR 技术提供了更直观、沉浸式的工作体验。在虚拟环境中能够进行培训、模拟和操作，使得学习和工作更加具有现实感，从而提高培训水平和工作效率，减少错误和事故的发生。

2) AR/VR 技术在生产过程中提供了更高效的可视化和协作方式。工人可实时获取虚拟信息，如 CAD 模型、装配指导和工艺要求，将其叠加在实际工作场景中。这种可视化能力使得工人能够更准确地理解和执行任务，减少操作错误和重复工作。

3) AR/VR 可以实现远程协作。即使分布在不同地点的团队成员，也可以通过共享虚拟环境进行实时交流和合作，提高工作效率和协同能力。

4) AR/VR 技术有助于质量控制和工程设计。通过 AR 技术，实际产品与理论模型可以进行对比和分析，检测出缺陷和偏差。在设计阶段，AR/VR 技术可以提供更直观的产品展示和评估，让设计师和客户能够更好地理解和决策。

4　控制系统

4.1　通用技术

4.1.1　控制方法

不同的控制系统可采用不同的控制方法达到目标控制需求，通用的控制方法有：开环控制、闭环控制、前馈-反馈控制、最优控制。

1) 开环控制 (open-loop control)。开环控制是一种信号单向传输控制方法，如图 23-2-9 所示，其主要由控制器和控制对象组成，输出信号不会被反馈到控制器进行比较和调整，控制器根据预先确定的输入信号和系统模型直接产生控制信号发给控制对象。开环控制没有修正因外界干扰或系统变化而引起的误差，适用于某些简单、可预测的系统。

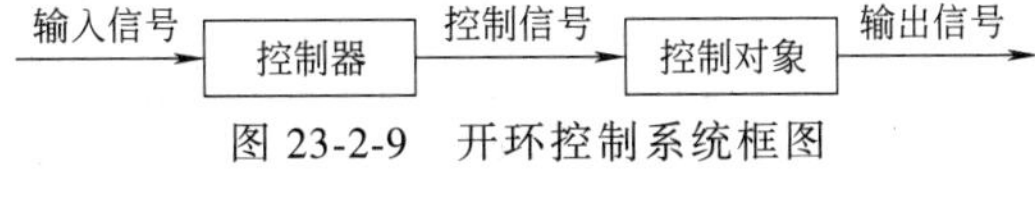

图 23-2-9　开环控制系统框图

2) 闭环控制 (closed-loop control)。闭环控制是一种基于反馈的控制方法，它通过将系统的输出与期望值在比较器中进行比较，并根据误差调整控制器输出信号来实现系统稳定性和精确性，如图 23-2-10 所示。闭环控制可对系统的内部和外部变化进行补偿，能够提高系统的鲁棒性和自适应性。常见的闭环控制方法包括比例-积分-微分控制 (PID 控制)、模糊逻辑控制 (FLC) 和自适应控制等。

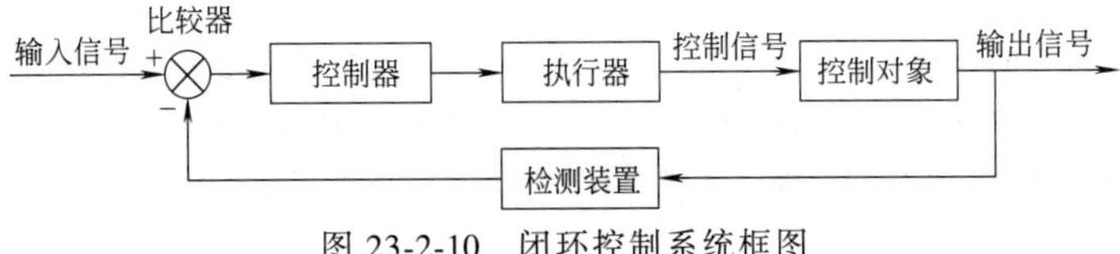

图 23-2-10　闭环控制系统框图

3）前馈-反馈控制（feedforward-feedback control）。如图 23-2-11 所示，前馈控制是一种在不需要反馈信号的情况下，根据预先确定的输入和系统模型直接生成控制器输出信号的控制方法。前馈控制可以在系统中引入补偿动作，以抵消已知的干扰和系统变化，并提高系统的鲁棒性。

反馈控制是一种常见的闭环控制方法，它通过测量系统输出并将其与期望值进行比较，从而得到误差信号。控制器根据误差信号调整输出信号，使系统输出趋近于期望值。反馈控制能够实时校正系统的误差，并对系统的稳定性和精确性起到关键作用。通常情况下，前馈控制与反馈控制结合使用，形成前馈-反馈控制系统，以实现更好的控制效果。

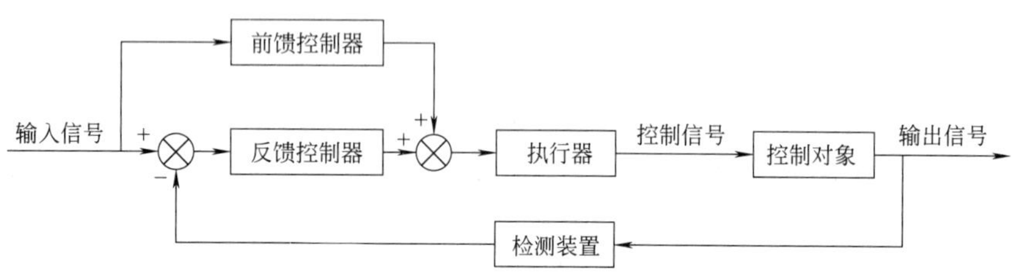

图 23-2-11　前馈-反馈控制系统框图

4）最优控制（optimal control）。最优控制是一种寻找系统状态或输出的最优控制策略的方法，以使定义的性能指标得到最大化或最小化。最优控制通常涉及对系统动态模型的数学建模、目标函数的定义和求解最优控制问题等方面。

4.1.2　数据采集和存储

控制系统的数据是保证系统稳定运行的关键，因此需要保证数据的稳定性、可靠性和可追溯性，在数据采集、数据存储等数据管理问题上，需要满足如表 23-2-27 所示的要求。

表 23-2-27　　控制系统中的数据处理要求

项目	描述
数据采集	1)精确定义需要采集的数据类型和参数,如温度、压力、湿度等 2)选择适合的传感器或仪器设备,并确保其质量和准确性 3)确定采样频率和采样周期,以满足实时性和数据精度的要求 4)实施数据采集过程中的校对验证,确保数据的完整性和准确性
数据存储	1)确定数据存储的格式和结构,常见的包括文本文件、数据库等 2)设定合理的存储周期和数据保留期限,根据实际需求进行调整 3)选择稳定可靠的存储介质,如硬盘、固态存储器等,并实施备份措施以防止数据丢失 4)对于敏感数据,采取加密措施,确保数据的机密性和安全性 5)设置合适的访问权限和权限管理机制,限制未授权人员对数据的访问
数据质量控制	1)进行数据清洗和校验,排除异常数据和错误数据 2)进行数据预处理和数据变换,以满足后续分析和应用的需求 3)建立数据质量评估指标和监控机制,及时发现和处理数据质量问题
数据备份和恢复	1)定期进行数据备份,并保存备份数据的多个副本 2)对于重要数据,使用冗余存储和容错技术,确保数据的可靠性和可恢复性 3)定期进行数据恢复测试,验证备份和恢复机制的有效性

4.1.3　人机界面及可视化

控制系统的人机界面（human-machine interface，HMI）是用户与控制系统进行交互的接口，通常以图形化形式展现，并提供对系统状态、参数设置和操作控制的功能。可视化是 HMI 的核心部分，它通过图形化的方式将系统的信息和操作呈现给用户，使用户能够直观地了解系统的运行状态和进行操作控制。良好的人机交互界面需满足如表 23-2-28 所示的基本要求。

表 23-2-28　人机界面设计要求

项目	描述
用户友好性	1)界面布局简洁明了,遵循直观易懂的设计原则,减少用户的认知负担 2)提供明确的指示和反馈,例如合适的文本标签、按钮样式等,使用户能够快速理解和操作 3)考虑用户的习惯和心理模型,保持一致性和可预测性,使用户能够轻松上手和使用
可视化设计	1)使用合适的颜色、图标和对比度,提高信息的可读性和识别性 2)采用合理的字体大小和字体样式,确保文字清晰可辨 3)合理利用图表、仪表盘等可视化元素,以清晰、直观的方式展示数据和状态
响应性和实时性	1)设计具有响应性的界面,能够及时响应用户的操作,给予实时的反馈 2)对于需要实时更新的数据,使用动态图表或实时刷新机制,确保数据的准确性和及时性
人机交互	1)考虑用户的任务流程和工作需求,提供合理的操作流程和导航 2)提供合适的输入控件,例如文本框、下拉菜单等,方便用户输入和选择操作 3)合理安排界面元素的位置和大小,以方便用户浏览和操作
可访问性	1)设计具有可访问性的界面,使得残障人士也能够方便地使用系统,遵循无障碍设计原则 2)提供辅助功能和键盘快捷键等支持,以增加用户的可操作性和可访问性
访问控制和身份验证	1)实施严格的访问控制机制,确保只有授权的用户可以访问系统 2)使用强密码策略,要求用户设置复杂的密码,并定期更换密码 3)提供多因素身份验证,如指纹、智能卡等,以增加身份验证的安全性
权限管理	1)设定用户的权限级别,根据不同角色和职责分配适当的权限 2)控制用户对数据和功能的访问权限,确保用户只能进行其所需的操作
安全审计和日志记录	1)记录用户操作和系统事件的日志,包括登录、权限变更、异常操作等 2)对日志进行定期审计和分析,检测异常行为和安全漏洞
加密与数据传输安全	1)对于敏感数据,在传输过程中采用加密技术,如 SSL/TLS 等,确保数据的机密性和完整性 2)确保控制系统与其他系统或网络之间的数据传输受到保护,防止未经授权的访问或篡改
界面安全设计	1)避免在界面上显示敏感信息,如密码、密钥等 2)对输入进行有效性验证和过滤,防止注入攻击和恶意代码的注入 3)使用权限控制机制,限制用户对界面元素的访问和操作
定期更新和漏洞修复	1)及时应用系统和软件的安全补丁和更新,以修复已知安全漏洞 2)建立安全漏洞管理流程,监测和及时响应新发现的漏洞
培训和意识提升	1)为系统用户提供安全培训,加强他们的安全意识和知识 2)提供安全操作指南和最佳实践,引导用户合理、安全使用系统

4.1.4　测试标准

为保障控制系统的稳定运行，在其投入使用前需要进行多方面的测试工作，以覆盖控制系统未来投入运行或长期运行时的稳定需要。测试内容主要包括功能测试、性能测试、可靠性测试、安全性测试、兼容性测试、可用性测试、冒烟测试和回归测试等，详细描述见表 23-2-29。

表 23-2-29　控制系统常用测试内容

测试项	测试内容
功能测试	1)验证系统的功能确保符合需求说明书中定义的功能要求 2)测试系统各个模块及其之间的交互功能,确保其正常运行和正确的数据处理
性能测试	1)测试系统在不同负载情况下的性能表现,包括响应时间、吞吐量和资源利用率等 2)进行压力测试、负载测试和性能调优,确保系统能够在预期范围内满足性能需求
可靠性测试	1)在长时间运行和各种异常情况下测试系统的可靠性和稳定性 2)模拟系统故障、网络中断和数据丢失等场景,验证系统的恢复能力和容错机制
安全性测试	1)验证系统的安全特性,防止潜在的安全漏洞和攻击 2)进行渗透测试、安全扫描和身份验证测试,评估系统的安全性和抵抗外部攻击的能力
兼容性测试	1)确认系统在不同硬件、操作系统和浏览器等环境下的兼容性 2)测试系统与第三方软件、设备或接口的集成兼容性,确保互操作性和数据交换的正常进行
可用性测试	1)测试系统的易用性和用户体验,确保界面友好、操作简单且符合用户期望 2)进行用户界面测试、工作流程测试和可访问性测试,评估系统对用户的可用性

续表

测试项	测试内容
冒烟测试	1)在每次系统更新或版本发布之前执行的简化测试,验证重要功能是否正常运行 2)确保系统的基本功能没有明显问题,以防止显著的错误进入生产环境
回归测试	1)在系统修改或升级后,重新执行的测试,确保已有功能没有受到影响 2)避免新的更改引入以前已修复的错误或导致其他功能失效

4.2 接口与通信

4.2.1 控制设备的信息模型

控制系统的控制信息模型描述了系统中信息的流动和处理方式。它主要由输入信号、输出信号、反馈信号、控制器、系统、传感器、执行器等基本组成部分组成，详细描述见表 23-2-30。

表 23-2-30　　控制系统信息模型的组成

名称	描述
输入信号(input signal)	输入信号是控制系统的外部信号,它激励系统并引起系统响应,其可以是基于传感器测量的系统状态或外部命令等
输出信号(output signal)	输出信号是控制系统的响应信号,它反映了系统对输入信号的响应,其可以是输出执行器以改变系统行为或控制器产生的控制指令等
反馈信号(feedback signal)	反馈信号是通过测量输出信号并与期望值进行比较得到的误差信号,用于调整控制器输出以校正系统的误差
控制器(controller)	控制器是控制系统的核心部分,它接收输入信号和反馈信号,产生适当的控制指令来调整系统行为,其可以根据预先确定的算法和策略来确定输出信号,如 PID 控制器、模糊控制器、自适应控制器等
系统(system)	系统是待控制的对象或过程,它接收控制器输出信号并对其作出响应,其可以是物理系统、工业过程或其他需要控制的系统
传感器(sensors)	传感器用于测量系统的状态或性能指标,并将其转换为电信号输入到控制器中,如温度传感器、压力传感器、位置传感器、距离传感器等
执行器(actuators)	执行器接收控制器的输出信号,并将其转换为适当的行动或调整,以改变系统的状态,其可以是电动机、阀门、蓄电池等

这些组成部分在控制系统中相互交互和协作，形成闭环控制或开环控制等不同的控制框架。通过合理设计和优化控制信息模型，可以实现对系统的稳定性、精确性和鲁棒性的有效控制。如图 23-2-12 所示，以加热炉温度自动控制系统为例，其输入信号为设定温度，输出信号为炉内实际温度，通过热电偶传感器将炉内实际温度作为负反馈信号输入比较器，比较器输出的误差信号输入控制器，控制器为电子或微机控制设备，控制器控制执行器（加热器）输出控制信号（模拟电压）至控制对象（加热炉），完成炉内温度的闭环自动控制。

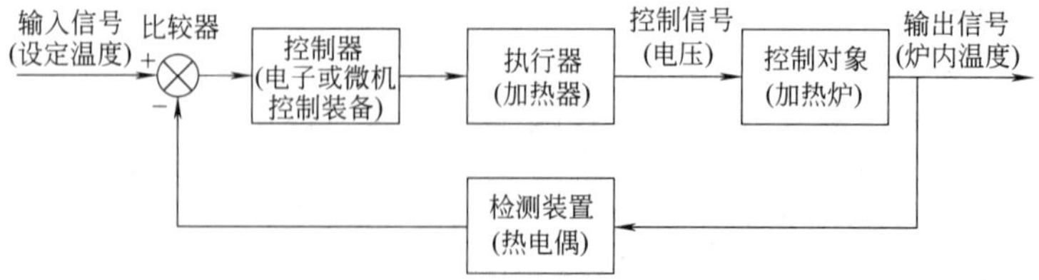

图 23-2-12　加热炉温度自动控制系统

4.2.2 控制系统的时钟同步

控制系统的时钟同步是指多个设备或系统中的时钟进行协调，以确保它们在时间上保持一致。时钟同步对于控制系统的正常运行非常重要，特别是涉及时间敏感的任务和协同操作时。在控制系统中，常见的时钟同步方法见表 23-2-31。

表 23-2-31　　常用时钟同步方法

名称	描述
硬件时钟同步	使用专门的硬件设备(如 GPS 接收器)来接收和同步全球定位系统(GPS)提供的统一时间信号。这种方法适用于需要高精度和全局统一的时钟同步要求
网络时间协议(NTP)	NTP 是一种用于互联网和局域网中实现时钟同步的协议。控制系统中的设备可以通过网络连接到一台具有稳定和准确时间的服务器,通过 NTP 协议进行时间同步。这种方法适用于需要相对较高的时钟同步精度,并且系统中存在网络连接的情况
主从同步(master-slave synchronization)	在主从同步方法中,一个设备被定义为主设备(master),其他设备作为从设备(slave),主设备的时钟被认为是参考时钟,从设备通过与主设备进行通信来同步其时钟。这种方法适用于小型控制系统或局部集群中的设备间时钟同步
时间戳同步(timestamp synchronization)	时间戳同步是一种在数据通信中使用的方法,通过在数据包中添加时间戳来确保设备间的时钟同步,设备接收到带有时间戳的数据包后,可以根据时间戳调整自己的时钟。这种方法适用于需要对数据进行时间标记和同步的控制系统

时钟同步是控制系统中的重要环节，它保证了不同设备间的时间一致性，有助于实现协同操作、事件顺序的准确记录以及故障诊断。可根据控制系统的需求和具体情况选择适合的时钟同步方法。

4.2.3　控制系统设备接口

控制系统的控制设备接口是用于与各种控制设备进行通信和交互的接口。这些接口提供了连接和数据传输的能力，使控制系统能够监测、控制和调整相关设备的状态和行为。表 23-2-32 中是常见的控制系统的控制设备接口类型。

表 23-2-32　　控制系统通用接口类型

名称	描述
数字输入/输出接口(digital I/O interface)	数字输入接口允许控制系统读取离散的数字输入信号,如开关状态、传感器信号等。同时可向外部设备发送离散的数字输出信号,如控制开关、执行器等
模拟输入/输出接口(analog I/O interface)	模拟输入接口允许控制系统读取连续变化的模拟输入信号,如温度、压力、流量等传感器信号。同时,控制系统可发送连续变化的模拟输出信号,如电压、电流等
通信接口(communication interface)	在主从同步方法中,一个设备被定义为主设备(master),其他设备作为从设备(slave),主设备的时钟被认为是参考时钟,从设备通过与主设备进行通信来同步其时钟。这种方法适用于小型控制系统或局部集群中的设备间时钟同步
总线接口(bus interface)	总线接口是一种多设备共享的通信接口,它允许多个设备连接到同一个总线上进行数据传输和通信。常见的总线接口包括工业以太网(如 Ethernet/IP、Profinet)、设备级总线(如 DeviceNet、AS-Interface)等
无线接口(wireless interface)	无线接口允许控制系统通过无线通信与其他设备或系统进行数据交换和通信。常见的无线接口包括 Wi-Fi、蓝牙、ZigBee、LoRa 等

这些控制设备接口提供了与传感器、执行器和其他外部设备进行数据交互的能力，使得控制系统能够实时获取数据、执行控制操作，并与其他系统进行通信。选择适当的控制设备接口取决于控制系统的需求、设备的兼容性和通信要求。

4.2.4　控制设备系统互联规则

复杂控制系统中存在多设备系统互联需求，控制设备之间进行连接和交互时需要遵循严格的规则和标准。这些规则旨在确保控制设备之间的可靠通信、数据传输和互操作性。以下是常见的控制设备系统互联规则：

1）通信协议和接口标准：控制设备之间的通信通常使用特定的通信协议和接口标准。例如，Modbus、Profibus、CAN 等常用的工业标准协议。控制设备应该符合相应的通信协议和接口标准，以确保设备之间可以正确地解析、传输和接收数据。

2）数据格式和报文结构：控制设备之间传输的数据需要遵循特定的数据格式和报文结构。例如，以字节、位或者其他特定形式组织数据，且应该按照规定的数据格式和报文结构进行数据的打包、解包和处理，以确保数据的有效性和正确性。

3）设备地址和识别：控制系统中的每个设备需要具有唯一的设备地址或标识符，以便其他设备可以准确地识别和寻址它们。控制设备应该具有独一无二的设备地址或标识符，并且能够正确解析和处理其他设备的地址信息。

4）数据传输速率和时序：控制设备之间的数据传输需要遵循一定的传输速率和时序要求，以确保数据能够按时传输并保持同步。控制设备应该根据通信协议和接口的要求，设置合适的数据传输速率和时序控制，以满足实时性和准确性的需求。

5）错误检测和纠正机制：控制设备之间的通信可能会出现错误、干扰或数据丢失等问题。因此，需要采用适当的错误检测和纠正机制，以确保数据的完整性和可靠性。控制设备应该支持相关的错误检测和纠正技术，如循环冗余校验（CRC）、奇偶校验等，以便检测和纠正数据传输中的错误。

以上是一些常见的控制设备系统互联规则，通过遵循这些规则，控制设备可以有效地进行连接和交互，实现控制系统的正常运行和协同操作。具体的规则和标准可以根据不同的控制系统和应用领域进行调整和扩展。

4.2.5 通信协议一致性

控制系统的协议一致性是指在控制系统中，不同控制设备之间使用的通信协议保持一致性。这种一致性确保了控制设备能够正确地交换和解释数据，实现互操作性和无缝的系统集成。要保证控制系统的一致性需注意：

1）互操作性：协议一致性可以确保来自不同厂商的控制设备能够相互通信和协同工作。如果所有设备都遵循统一的通信协议标准，它们可以更轻松地进行数据交换和共享，从而实现整体系统的互操作性。

2）易于集成：协议一致性简化了系统集成的过程。当不同的控制设备采用相同的通信协议时，集成人员可以更容易地进行设备的安装、配置和调试工作，减少了兼容性问题和集成难度。

3）简化开发和维护：通过采用一致的通信协议，开发人员可以更高效地编写控制系统软件，并方便地进行系统维护和升级。一致的协议减少了针对各种不同协议的开发和维护工作，提高了团队的生产效率。

4）选择标准化协议：选择被广泛采用和支持的通信协议，如 Modbus、Profibus、CAN 等。这些协议已经在工业领域得到广泛应用，并且拥有大量的厂商支持和设备兼容性。

5）遵循规范和标准：了解和遵守有关特定协议的规范和标准，包括数据格式、命令集、通信速率等方面的要求。这样可以确保设备的实现与协议规范一致，能够与其他兼容设备进行交互。

6）通信测试和验证：在集成和部署控制系统之前，进行充分的通信测试和验证。通过模拟实际工作环境下的通信场景，检查设备之间的通信是否正常工作，并确保数据的正确传输和解析。

7）厂商支持和认证：选择有良好声誉和可靠技术支持的设备厂商。厂商的技术支持团队可以提供协议相关问题的解答和支持，并确保设备的协议实现符合标准和规范要求。

控制系统的协议一致性对于实现系统的互操作性、简化集成和提高开发效率都非常重要。选择适当的通信协议，并遵循相关的规范和标准，可以确保控制设备之间的无缝通信和数据交换。

4.3 编程

4.3.1 工程数据交换

在控制系统中，工程数据交换是指在不同的控制系统组件之间传输和共享工程数据的过程。这些数据可以包括配置数据、参数设置、测量数据、报警信息等。有效的工程数据交换可以实现控制系统各个组件之间的协调和协作，提高系统的性能和可靠性。以下是控制系统中的工程数据交换的一些常见方式和标准：

1）数据通信协议：选择适当的数据通信协议是实现数据交换的关键。常见的数据通信协议包括 Modbus、OPC（OLE for Process Control）、Profibus、Ethernet/IP 等。这些协议定义了数据传输的格式、通信方式、错误检测等规范，保证数据的可靠传输和解析。

2）接口标准化：在控制系统设计中，需要定义各个组件之间的接口标准，确保数据的一致性和兼容性。接口标准化可以包括数据结构的定义、数据格式的约定、通信接口的规范等。通过统一的接口标准，不同厂家的控制系统组件可以互相交互和共享数据。

3）数据格式和编码：对于工程数据交换，需要明确定义数据的格式和编码方式。这样可以确保数据的正确解析和处理。常见的数据格式包括二进制格式、ASCII 码、JSON（JavaScript Object Notation）、XML（eXtensible Markup Language）等。根据应用需求和通信方式选择适当的数据格式。

4）安全性和加密：在进行工程数据交换时，需要考虑数据的安全性和保密性。采用合适的加密和认证机制，确保数据在传输过程中的机密性和完整性。常见的安全措施包括使用 SSL/TLS（secure sockets layer/transport layer security）协议、身份验证、数据加密等。

5）数据存储和备份：对于关键的工程数据，需要进行存储和备份，以防止数据丢失或损坏。可以使用数据库系统或文件存储系统来管理和存储数据。定期进行数据备份，以便在需要时进行恢复操作。

6）数据接口和集成：为了实现不同控制系统组件之间的数据交换，需要开发适当的数据接口和集成功能。这可能涉及编写数据接口程序、使用中间件或消息队列系统来实现数据传输和转换等。

在实际应用中，需要根据具体的控制系统和项目需求选择合适的工程数据交换方式与标准，并遵循相关的行业规范和最佳实践。同时，确保数据交换的稳定性、安全性和可靠性是至关重要的。

4.3.2 控制逻辑程序

在控制系统中，控制逻辑程序是实现系统的控制功能和行为的核心部分。控制逻辑程序描述了系统的运行规则、逻辑判断和动作执行等，它基于输入信号和系统状态进行计算和决策，从而产生输出信号以实现所需的控制目标。以下是一般控制系统中的控制逻辑程序的一些基本特点和常见实现方式：

1）输入信号处理：控制逻辑程序通常会接收来自传感器的输入信号。这些输入信号可能包括温度、压力、流量等参数值，以及开关、按钮等的状态信息。程序需要对输入信号进行处理、解析和转换，以便于后续的逻辑计算和判断。

2）逻辑计算和判断：控制逻辑程序根据输入信号和预设的规则进行逻辑计算和判断。它可以使用一系列的条件语句、循环结构、逻辑运算和数学运算来确定相应的控制行为。例如，根据温度信号是否超过设定值，程序可以决定是否执行加热操作。

3）输出信号生成：根据逻辑计算和判断的结果，控制逻辑程序会生成相应的输出信号。输出信号可以是控制执行器（如阀门、马达）的动作指令，也可以是报警信号或其他操作的触发信号。程序需要确保输出信号的正确性和及时性。

4）状态管理和转换：控制逻辑程序需要管理系统的状态，并根据状态的变化进行相应的行为转换。例如，在一个温度控制系统中，程序可能需要记录当前的工作模式（制冷、加热）和目标温度，根据当前状态进行相应的控制操作。

5）可编程性和可配置性：现代控制系统通常具有可编程和可配置的特性，使得控制逻辑程序可以根据具体需求进行定制。这样可以方便地修改、调整和扩展控制逻辑，以适应不同的场景和要求。常用的编程语言和开发工具包能够提供丰富的支持。

6）可靠性和安全性：控制逻辑程序需要具备可靠性和安全性，以确保系统的稳定运行和安全性。它应该经过充分的测试和验证，避免潜在的错误和异常。此外，需要采取相应的安全措施，如输入合法性检查、权限验证等，防止恶意访问和攻击。

控制逻辑程序的设计和实现需要根据具体的控制要求和系统架构进行，可以采用传统的结构化编程方法，也可以使用面向对象编程或函数式编程等现代开发技术。同时，合理的程序结构、模块化设计和良好的文档注释也是保证程序质量和可维护性的重要因素。常见的控制系统控制逻辑程序编程标准包括：

1）IEC 61131-3：IEC 61131-3 是国际电工委员会（IEC）发布的一个标准，用于可编程控制器（PLC）的编程规范。它定义了多种编程语言，如梯形图（ladder diagram）、指令列表（instruction list）、功能块图（function block diagram）等，为不同 PLC 的控制逻辑编程提供了一致性。

2）Structured Text（ST）：Structured Text 是一种文本化的编程语言，常用于基于 PLC 的控制系统。它类似于高级编程语言，具备数据结构、迭代控制和条件处理等特性，使得程序的开发和维护更加灵活和可扩展。

3）规范的命名和注释要求：良好的命名和注释规范有助于提高控制逻辑程序的可读性和可理解性。例如，采用有意义的变量、标签和函数命名，以及清晰的注释说明程序的功能和设计思路。

4）模块化编程：通过将控制逻辑程序分解为多个模块或函数，可以实现程序的可重用性和可测试性。模块化编程使得程序更易于维护和调试，并支持多人协作开发。

在应用控制系统的控制逻辑程序编程标准时，应根据具体的控制系统类型和项目需求选择合适的标准，并结合相关厂商和行业组织的建议实施。同时，培训和教育团队成员遵守编程标准是确保标准有效实施的关键。

4.3.3 控制程序架构

控制系统中的控制程序架构是指对控制逻辑程序进行组织和结构化的方式。一个好的控制程序架构可以提高控制系统的可靠性、可维护性和可扩展性。下面介绍几种常见的控制程序架构。

1）分层架构：分层架构将控制程序划分为不同的层次，每个层次负责不同的功能。常见的分层架构包括三层架构和五层架构。在三层架构中，通常有接口层、控制逻辑层和设备层；而五层架构在此基础上增加了数据管理层和用户界面层。分层架构能够实现逻辑的清晰分离，方便模块化设计和维护。

2）主从架构：主从架构是指将控制程序划分为主控制器和从控制器，并通过通信进行协作。主控制器负责整体的控制决策和任务分配，而从控制器负责具体的执行和反馈。主从架构可以实现分布式控制和并行处理，提高系统的响应速度和可靠性。

3）事件驱动架构：事件驱动架构是指基于事件和消息的控制程序设计方式。不同的事件触发不同的控制动作，通过事件的监听、处理和响应来实现控制逻辑。事件驱动架构具有灵活性和可扩展性，能够适应复杂的控制需求和变化。

4）状态机架构：状态机架构基于有限状态机的概念，将控制程序划分为一系列的状态和状态转换。每个状态代表系统的一个工作状态，状态之间的转换由外部触发条件或内部逻辑判断决定。状态机架构能够清晰描述系统的行为和状态转换规则，便于理解和调试。

5）模型-视图-控制器（MVC）架构：MVC 架构将控制程序划分为模型、视图和控制器三个组件。模型负责数据的存储和处理，视图负责用户界面的显示，控制器负责处理用户输入和控制逻辑的计算。MVC 架构实现了逻辑、界面和数据的分离，使得系统更加灵活、可维护和可扩展。

无论采用何种架构，都需要根据具体的控制要求、系统规模和性能需求进行选择。合理的控制程序架构应该满足系统的功能需求，具备良好的模块化和复用性，并易于测试、调试和维护。同时，合适的开发工具和技术可以加速程序架构的设计和实现过程。

4.3.4 控制标签与数据流

控制系统的控制标签和数据流是指在控制系统中用于传递和处理控制信息的标签和数据流动。

1）控制标签和数据流的一些基本概念如下。

① 控制标签（control tags）：控制标签是用于标识和表示控制系统中各个设备、变量或执行逻辑功能的符号或名称。例如，对于一个温度控制系统，可以使用控制标签来表示温度传感器、加热器、温度设定值等。控制标签通常在控制系统的编程和配置中使用，用于建立设备之间的关联和数据流的传递。

② 数据流（data flow）：数据流是指在控制系统中通过控制标签传递的实际数据。它代表了从一个设备或模块流向另一个设备或模块的信息。例如，在一个自动化生产线上，传感器可以采集到产品的相关数据，然后通过数据流将这些数据传递给控制器进行处理和决策。数据流可以是数字信号、模拟信号、状态信号等，根据具体的应用需求和系统设计来确定。

③ 标签绑定（tag binding）：标签绑定是指将控制标签与实际设备或变量进行关联的过程。通过标签绑定，控制系统可以识别并获取与某个标签相关联的设备或变量的数据。这通常需要在控制系统的配置或编程中进行设置。

④ 数据处理和逻辑控制：控制系统通过对接收到的数据流进行处理和逻辑控制来实现自动化控制功能。通过对数据流进行分析、比较、计算等操作，可以根据预设的规则和算法来判断控制系统应该采取的动作或响应。例如，在温度控制系统中，可以通过比较实际温度和设定温度的差异来决定是否开启或关闭加热器。

2）控制系统的控制标签和数据流编程标准的一些重要方面如下。

① 标签命名规范：定义一套统一的标签命名规则，包括命名约定、标签前缀和后缀的定义，以确保标签名称的一致性和可读性。例如，可以采用简明扼要的命名方式，并使用统一的命名规则，如驼峰命名法或下划线命名法。

② 标签定义和注释：为每个标签提供清晰的定义和注释，包括标签的功能、类型、单位等信息。注释应该足够详细，使其他开发人员能够理解标签的含义和使用方式。

③ 数据流传递规范：定义数据流在控制系统中的传递方式和规范。确定数据流的来源和目的地，以及数据流的路径和传递顺序。例如，可以通过定义数据流图或数据流表来描述和记录数据流的传递关系。

④ 标签绑定和数据流配置：规定标签绑定和数据流配置的方式和方法。明确如何将标签与实际设备或变量进行绑定，并定义数据流的输入和输出接口。这涉及控制系统的编程或配置工具的使用方法和技巧。

⑤ 错误处理和异常处理：定义标签和数据流在出现错误或异常情况时的处理方式。确定如何检测和处理数据流中的错误，以保证控制系统的稳定性和可靠性。例如，可以定义错误代码和异常处理程序，以及错误日志记录和报警机制。

⑥ 标签和数据流的管理与维护：制定标签和数据流的管理和维护策略，包括标签的命名规则和版本控制，数据流的更新和追踪，等等。确保标签和数据流的有效性和一致性，以及对其进行合理的版本管理和文档化。

4.3.5 功能块

在控制系统编程中，功能块是指实现特定功能的独立模块或子程序。功能块将相关的代码逻辑封装在一起，提供特定的输入和输出接口。通过组合不同的功能块，可以构建出复杂的控制逻辑和算法。以下是控制系统编程中常见的功能块：

1）传感器数据采集功能块：用于获取传感器的数据，如温度、压力、流量等。该功能块通常包括与传感器进行通信的代码，以及对传感器数据进行解析和转换的处理逻辑。

2）控制算法功能块：实现某种控制算法，根据输入信号进行计算并生成相应的控制策略。例如，PID 控制器、模糊控制器和模型预测控制器等。该功能块通常包括计算公式、参数调节和误差处理等代码逻辑。

3）执行器控制功能块：用于控制执行器，如开关、电机、阀门等。该功能块负责将控制信号转换为具体的执行器动作，如开关的打开和关闭、电机的转速和方向控制等。

4）状态机功能块：实现系统状态的管理和状态转换的控制逻辑。状态机功能块通常包括状态表示、状态转换条件和动作触发等代码，用于描述系统在不同状态下的行为和响应。

5）数据处理功能块：对输入信号进行预处理和滤波，以消除噪声和波动。该功能块可以包括滑动窗口平均、中值滤波、卡尔曼滤波等数据处理算法。

6）用户界面功能块：提供与用户进行交互的界面，包括显示系统状态、设置参数、调节控制策略等。该功能块通常集成了图形界面、按钮、输入框等组件，与其他功能块进行数据交互和通信。

7）日志记录功能块：用于记录系统运行过程中的关键事件和数据，以便后续的故障排查和分析。该功能块通常将事件和数据写入日志文件或数据库。

8）通信功能块：实现与其他设备或系统的通信接口，如与上位机、远程服务器或其他控制节点的数据交换。该功能块通常包括通信协议的实现和数据传输的处理逻辑。

这些功能块可以根据具体的控制系统需求进行组合和定制，形成一个完整的控制程序。不同的功能块之间通过输入输出接口进行数据传递和交互，共同协作实现系统的控制功能。编程中，可以使用面向对象编程、模块化设计等技术来实现这些功能块，并确保它们的可重用性和可扩展性。

4.4 应用案例

直驱作动器在飞机上的应用非常广泛，主要用于控制飞机的襟翼、副翼、升降舵、方向舵等飞行控制面，其工作的可靠性和稳定性十分之重要。因此在飞机下线首飞前，需要对飞机各舵面作动器进行离线测试，保证各作动器稳定可靠工作，而作动器的全闭环运动控制是控制系统在飞行控制中的一个典型案例。

（1）需求及任务

1）可全闭环驱动飞机直驱作动器；

2）可提供作动器所需的二次电源（电磁阀：28V±0.5V，传感器：7V±0.07V，1800Hz±1.8Hz）及控制驱动信号，能够给作动器发出两个方向的位置指令（精度 0.01V）；

3）对作动筒位移传感器输出信号进行解调、输出及显示，能够对作动筒位置传感器信号进行解调输出显示（精度 0.1°），读取舵面偏转角度；

4）对作动器控制阀内部运行状态具备监控功能。

（2）控制系统设计

为保证作动筒能快速、精准地到达指定位置，设计图 23-2-13 所示的双闭环控制系统，对于外闭环控制系统，也称为作动筒的位置环，作动筒当前位置通过基于线性可变差动变压器的位移传感器（linear variable differential transfermer，LVDT）获取后，将信号以差分的形式输入 LVDT 变送器，变送器对差分电压信号进行解调，将解调后的模拟电压信号与给定作动器位置指令之间的误差信号输入至 PLC 控制器，控制器算法对位置误差信号进行 PID 校正，并输出用于驱动直接驱动阀（direct drive valve，DDV）的模拟量电压，从而控制 DDV 阀芯运动至目标位置，液压系统根据 DDV 阀芯位置改变作动筒油腔内部液压分布，最终推动作动器到目标位置。对于内闭环控制系统，也称为作动筒的速度环，直驱阀阀芯当前位置通过 DDV LVDT 传感器获取后，将信号以差分的形式输入 LVDT 变送器，变送器对差分电压信号进行解调，将解调后的模拟电压信号与给定直驱阀阀芯位置指令之间的误差信号输入至 PLC 控制器，控制器算法对位置误差信号进行 PID 校正，并输出用于控制 DDV 的模拟量电压，从而控制 DDV 阀芯准确运动至目标位置。在这里，采用外闭环控制系统目的是让作动筒能够迅速准确地到达指定位置，采用内闭环控制系统目的则是使 DDV 阀芯迅速并准确地达到开口值，以提高整个控制系统的动态特性。

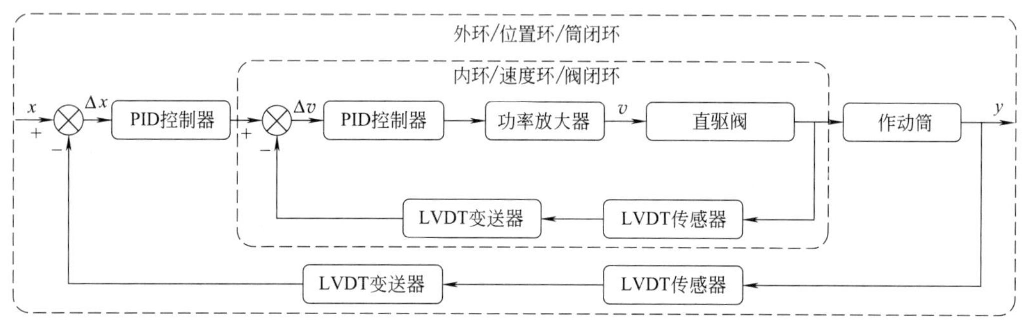

图 23-2-13　直驱作动器控制系统原理图

DDA 伺服系统的全闭环反馈主要任务在于 LVDT 传感器的信号处理，为读取 LVDT 传感器的输出信号，需要为传感器提供交变激励电压（项目中要求为：7V ± 0.07V，1800Hz ± 1.8Hz），并对输出的电压进行解调，从而获得作动器位置与 LVDT 传感器输出之间的线性关系。

如图 23-2-14 所示，本方案拟采用 LVDT 表源一体化变送器为传感器提供激励电压，并对传感器输出电压进行解调，保证解调后的电压与作动筒位移成线性关系。解调后的电压通过 AD 模块读取至 PLC 控制器，参与 PID 校正算法，经算法处理后输出用于 DDV 控制的数字量电压，并通过 DA 模块将数字量电压转化为伺服阀可处理的模拟量电压，最终实现 DDA 作动器伺服系统的全闭环控制。

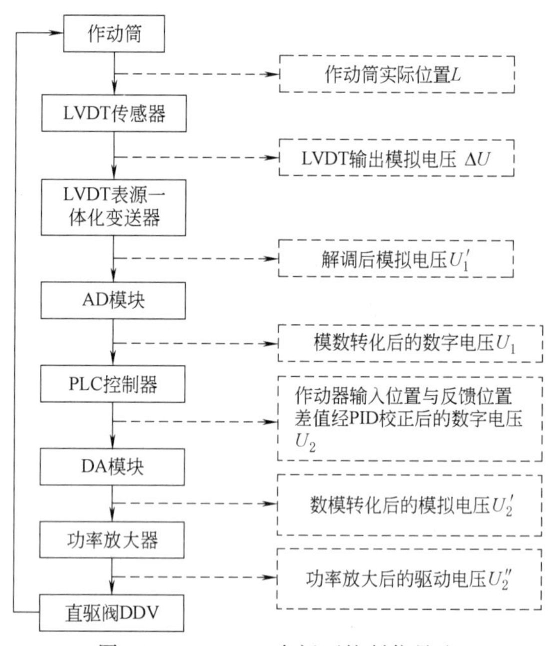

图 23-2-14　DDA 全闭环控制信号流

（3）关键硬件选型

1）嵌入式控制器。嵌入式控制器主要用于对 IO 模块采集到的信号进行逻辑处理，并实现全闭环控制下的输出信号 PID 校正算法；与上位机通过工业互联网进行通信，实现 DDA 作动器在线控制、在线监测以及系统信息可视化等人机交互功能。

鉴于以上需求考虑，可选用汇川 AM401 型 PLC 控制器（图 23-2-15），该控制器关键信息如下：

① 支持 EtherCAT 现场总线协议，可同时扩展分布式 IO；

② 支持 IL、LD、FBD、SFC、CFC、ST 等多种编程语言；

③ 程序容量 10MB，数据容量 8MB，支持 TF 扩展存储容量；

④ 内置通用以太网，可支持工程调试；

⑤ 采用 IEC 61131-3 标准编程模型，全球通用。

2）IO 模块。从系统模拟信号采样率、信号处理精度、设备可维护性等参考角度出发，选用汇川 GL20 系列高性能 IO 模块（图 23-2-16），详细参数参见表 23-2-33 和表 23-2-34。

图 23-2-15　汇川 AM401 型 PLC 控制器

图 23-2-16　汇川 GL20 系列 IO 模块

表 23-2-33　　汇川 GL20-4DA 和 GL20-4AD 模块技术参数

项目	GL20-4DA	GL20-4AD
供电电压	24V DC	24V DC
信号处理类型	模拟量输出	模拟量输入
通道数	4	4
分辨率	16 位	16 位
转换时间	60μs/通道	60μs/通道
电压处理范围	±10V,0~10V,±5V,0~5V,1~5V	±10V,0~10V,±5V,0~5V,1~5V
电压处理精度	±0.5%F.S.	±0.2%F.S.
电流处理范围	0~20mA,4~20mA	±20mA,0~20mA,4~20mA
电流处理精度	±0.5%F.S.	±0.2%F.S.
采样时间	4 通道 250μs	4 通道 250μs
采样刷新	按采样时间异步刷新	按采样时间异步刷新

表 23-2-34　　汇川 GL20-0016ETP 和 GL20-1600END 模块技术参数

项目	GL20-0016ETP	GL20-1600END
供电电压	24V DC	24V DC
信号处理类型	数字量输出,高电平输出	数字量输入
通道数	16	16
处理电压等级	24V DC	24V DC
硬件响应时间	100μs	100μs

3）LVDT 变送器。针对 LVDT 传感器的激励与输出信号处理，采用南京光盾 GDTG185 型 LVDT 表源一体化变送器（图 23-2-17），该变送器可为 LVDT 传感器提供定制化激励电压，同时对传感器输出信号进行解调生成 1~3 组标准模拟信号，该变送器详细参数见表 23-2-35。

表 23-2-35　南京光盾 GDTG185 型 LVDT 表源一体化变送器参数

项目	规格
供电电压	20~32V DC
控制信号	标准电流/电压、RS485、无输入
激励电压幅值	7Vrms(可定制)
激励电压频率	3Hz~30kHz
激励电压幅值可调细度	0.01%F.S.
激励电压频率可调细度	0.01%F.S.
解调信号	0/4~20mA,0/1~5V,0/2~10V
安装方式	35mm DIN 导轨安装

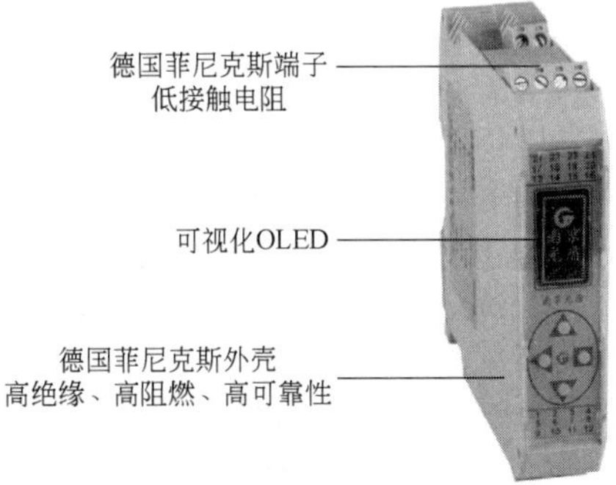

图 23-2-17　南京光盾 GDTG185 型 LVDT 表源一体化变送器

4）开关电源。考虑到控制箱内 PLC 控制器和 IO 模块等需要采用 24V DC 供电，而电磁阀需要 28V DC 供电，选用明纬 NDR-120-24 型开关电源（图 23-2-18），该电源额定输出功率为 120W，输出电压可调整区间为 24～28V；此外该电源可安装于标准 DIN 导轨上，符合控制柜简洁紧凑布局思想。

该飞机直驱作动器测试用控制系统设计案例利用嵌入式控制器的编程灵活性实现了直驱作动器的双闭环控制，具备优异的可扩展性、可维护性以及人机交互友好性，保证了飞机下线首飞前的舵面全功能测试，为飞机系统测试提供了一种独特的解决方案。

图 23-2-18　明纬 NDR 系列 24～28V 可调开关电源

5　增材制造装备

5.1　通用技术

增材制造是通过逐层叠加方式制造零件，其特性意味着制造零件不需要模具、工装、夹具等工具，能够实现个性化定制、结构轻量化设计以及简化零件，设计出质量更轻、性能更好的零件。

5.1.1　增材制造技术工艺分类

增材制造技术包含多种工艺类型，可以根据增材制造技术的成形原理分成七种基本的增材制造工艺。无论是增材制造的原型还是产品，都应该根据零件的类型、应用领域以及成本和交付周期等选择不同的工艺和原材料类型。

1）立体光固化。立体光固化是一种通过光致聚合作用选择性地固化液态光敏聚合物的增材制造工艺。

使用液态或糊状的光敏树脂作为原材料，可分为采用激光光源的光固化工艺和采用受控面光源的光固化工艺两种。

采用激光光源的光固化工艺通过扫描振镜控制能量光源作用在液体原材料液面上的位置完成成形工作；采用受控面光源的光固化工艺通过透明板和遮光板控制能量光源作用在液面上的区域，将该层需要成形的位置同时进行照射固化。

形成成形工件后二次处理，清理工件、去除支撑材料、通过能量光源照射进一步固化。

2）材料喷射。材料喷射是将材料以微滴的形式按需喷射沉积的增材制造工艺。

原材料要求为液态光敏树脂或熔融态的蜡。通过化学反应黏结或者通过将熔融材料固化黏结。形成成形工件后去除支撑材料，通过辐射光照射进行进一步固化。

3）黏结剂喷射。黏结剂喷射是一种选择性喷射沉积液态黏结剂粉末材料的增材制造工艺。

在需要成形的位置通过含有与黏结剂供给系统接口的分配装置选择性喷射黏结剂，将通过粉末供给系统布置好的粉末材料结合，完成增材制造。原材料为粉末、粉末混合物或特殊材料，以及液态黏结剂、交联剂。

通过化学反应和热反应固化黏结。目前已将蜡、环氧树脂和其他胶黏剂用于聚合物材料的浸渗和强化，而对于金属和陶瓷材料则通常使用烧结和浸渗熔融材料的方法来进行强化。

形成成形工件后去除工件表面残留粉末，根据所用粉末和用途选择合适的液态材料进行浸渍或渗透以强化，或者根据工艺要求进行高温强化。

4）粉末床熔融。粉末床熔融是一种通过热能选择性地熔化/烧结粉末床区域的增材制造工艺。

原材料为各种不同粉末、热塑性聚合物、纯金属或合金、陶瓷。根据具体成形工艺的不同，上述粉末在使用时可以添加填充物和黏结剂。粉末床熔融工艺通过激光、电子束或红外灯产生热能，造成热反应将粉末床中对应位置已经铺好的原材料粉末固结。

形成工件后去除工件表面残留粉末和支撑材料，并采用喷丸、精加工、打磨、抛光和热处理等工艺提高表面质量、尺寸精度和材料性能。

5）材料挤出。材料挤出是一种将材料通过喷嘴或孔口挤出的增材制造工艺。

使用线材或膏体作为原材料，典型材料包括热塑性材料和结构陶瓷材料。供料装置通过加热喷嘴在预定位置将熔化或其他状态的原材料挤出，通过热黏结或化学反应黏结后形成成形工件。完成成形后去除支撑结构。

6）定向能量沉积。定向能量沉积是一种利用聚焦热将材料同步熔化沉积的增材制造工艺。

使用粉材或丝材类型的原材料，典型类型是金属材料，为实现特定用途，可在基体材料中加入陶瓷颗粒。与粉末床熔融、黏结剂喷射工艺将粉材提前铺设好的方式不同，其在制造过程中，通过送粉器在需要进行增材制造的位置供粉，通过激光、电子束、电弧或等离子束实现热反应固结。

形成工件后采用降低表面粗糙度的工艺，例如机加工、喷丸、激光重熔、打磨或抛光，以及提高材料性能的工艺，例如热处理，对材料进行二次处理。

7）薄材叠层。薄材叠层是将薄层材料逐层粘接以形成实物的增材制造工艺。

原材料类型为片材，典型材料包括纸、金属箔、聚合物或主要由金属或陶瓷粉末材料通过黏结剂黏结而成的复合片材。通过局部或大范围加热、化学反应、超声换能器等实现热反应、化学反应结合、超声连接等材料结合方式。

通过送料装置将片材送至成形位置，经切割装置和压辊得到该层成形需要的部分片材并与已成形部分完成结合。

成形工件采用提高工件表面质量的处理工艺，如渗透、热处理、打磨、机加工等。

5.1.2 增材制造材料与工艺选择

1）增材制造材料分类。按照材料形态，用于增材制造的材料可以分为线材、板材、粉材，其使用不同的增材制造设备以及其不同的送料方式。

如表 23-2-36 所示，按照材料性质，用于增材制造的材料主要可以分为金属材料、塑料材料、陶瓷材料、其他材料。

表 23-2-36　　增材制造材料分类及特性

金属材料	常用材料有铜、钽、钼、铝、钛、铌等及其合金和增强合金材料
	金属粉末的主要性能指标包括：化学成分、粒度及粒度分布、流动性、氧含量、球形率、松装密度、空心率等
	金属丝材的主要性能指标包括：丝材直径、圆度、化学成分、表面质量、力学性能、氧含量等
塑料材料	常用材料由聚乳酸（PLA）、聚醚醚酮（PEEK）、丙烯腈-丁二烯-苯乙烯（ABS）、聚对苯二甲酸乙二醇酯（PETG）、聚酰胺（尼龙，PA）、热塑性聚氨酯（TPU）、聚碳酸酯（PC）等，以及其相应的增强、改性材料
	塑料材料的基本特性主要包括：玻璃化转变温度、熔融温度、热分解温度、熔融指数、收缩率、热变形温度、含水率
	塑料丝材的形态特性主要包括：公称直径及偏差、圆度、颜色
	塑料颗粒料的形态特性主要包括：尺寸及粒径分布、形状、颜色

2）材料特点和选择。材料的选择对确定合适的工艺是至关重要的，如果能确定合适的材料和工艺组合，则可以考虑表面要求、几何形状、静态力学性能和动态力学性能等其他设计要求。增材制造工艺选择如图 23-2-19 所示。

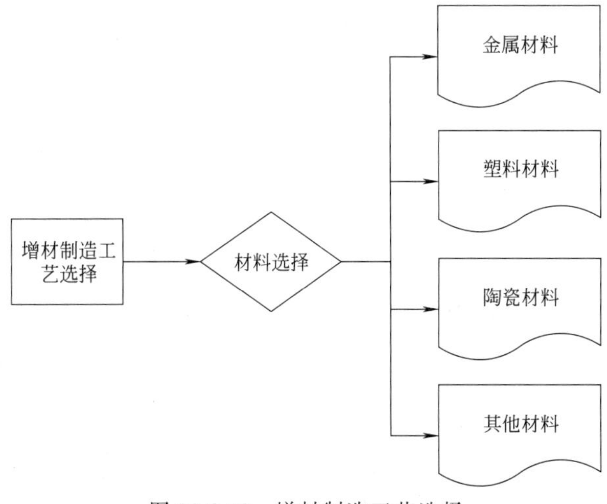

图 23-2-19　增材制造工艺选择

表 23-2-37　　增材制造材料特性及选择因素

增材制造工艺用粉末原材料主要包括的特性	粉末粒度及分布 形状和形态 比表面积 密度(振实密度、松装/表观密度) 流动性 灰分 氢、氧、氮、碳和硫含量等
对增材制造工艺用粉末原材料的测试应包括的信息	原材料使用或再利用过程 原材料化学成分 原材料存储环境条件 所使用的标准 所使用的方法,并描述所有使用的非处理方式或与标准处理方式的差异,或者两者都描述 测试结果、日期
选择增材制造材料和工艺类型需要考虑的一些因素	几何因素:精度和精密度、表面粗糙度、最小特征尺寸、最小特征间距
	热环境:包括产品的暴露温度、工作温度、热胀系数。应保证所选零件材料在使用寿命期间经历的温度范围内保持所需的物理性能、几何形状和材料性能
	化学物质接触:包括液体吸收、材料的降解/老化、腐蚀形式。有些材料可能吸收与其接触的液体,这有可能导致材料膨胀、降解或其他不良影响;确保材料在特定的使用环境中不会发生降解/老化;需了解与增材制造金属制品接触的周围材料和环境,以避免或减缓所有可能的腐蚀形式
	其他因素:生物接触造成材料降解或性能下降;电离辐射影响材料性能;存在多个复杂环境条件时材料性能会受到的影响

5.1.3　增材制造典型工艺流程

增材制造典型工艺流程如图 23-2-20 所示，具体工艺流程如表 23-2-38 所示。

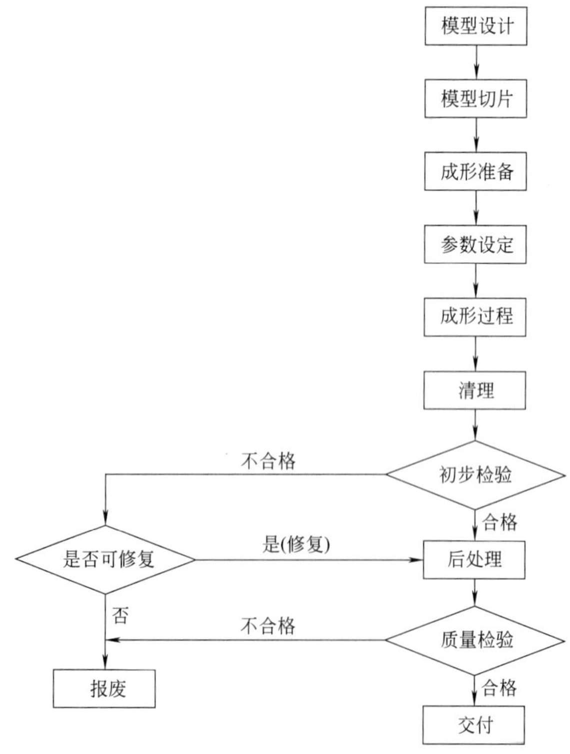

图 23-2-20　增材制造典型工艺流程图

表 23-2-38 增材制造工艺流程

模型设计	对实体进行扫描并输入三维建模软件实现模型建立或直接通过三维建模软件建立零件模型 模型设计时应包含加工余量,同时宜包含随炉样品、直接取样的取样位置、沉积路径等 沉积路径应根据零件的数量、结构、性能要求、成形时间等因素确定
模型切片	零件模型文件应能转换为定向能量沉积系统可读取的格式,如 STL、NC 或 AMF 格式等 应根据定向能量沉积工艺选取相应的切片厚度,切片数据转换为系统所能识别的运动和过程控制数据,通常包括轮廓和填充数据
成形准备	以使用金属粉末作为原材料为例,用于成形制造的金属粉末牌号和化学成分应符合相关标准要求,或者在制造前由供需双方协商确定 每次粉末更换时,需核对粉末质量证明文件,对粉末牌号、批号、粉末使用和保存状态及相关检测指标的检测结果进行记录。为保证粉末流动性,可对粉末进行烘干等操作,确认符合制造工艺要求
设备准备	设备状态确认:对定向能量沉积设备热源、原材料输送、运动控制、冷却等各系统状态和水、电、气进行确认,保证设备状态符合成形需求。原材料添加前应将成形设备及烘干设备内的粉末或丝材清理干净,避免不同牌号或批次的原材料混合造成污染
	程序检查:检查设备工作原点,运行加工程序进行空程检查,确保第一层或前数层运行轨迹落在基材幅面范围
	气氛控制:开启设备气氛保护或隔离程序,控制成形室气氛满足成形要求
参数设定	根据材料和零件结构性能要求设置相应参数,可参考设备制造商提供的工艺参数包,以定向能量沉积系统为例,不同能量源的主要成形工艺相关参数如下: 以激光为能量源:激光功率、扫描速率、送粉/送丝速率、束斑尺寸、搭接率、沉积道宽度、沉积层高度等 以电子束为能量源:加速电压、扫描速率、搭接率、沉积道宽度、沉积层高度、成形室真空度、预热温度等 以电弧为能量源:电流、电压、送丝速率、扫描速率、沉积道宽度、沉积层高度、搭接率等 以等离子束为能量源:电流、电压、送丝/送粉速率、扫描速率、沉积道宽度、沉积层高度、搭接率、喷嘴高度与规格、等离子气流量等
成形过程	成形过程由计算机辅助完成。应对主要工艺参数进行监控和记录,成形过程中允许通过手动控制或反馈控制对工艺参数进行适当调整,具体的工艺参数监控和记录由供需双方协商确定。成形过程中如果出现中断,应对中断状态进行记录和评估,并根据评估结果进行处置。对于有特殊要求的零件,可在成形过程中设定中断点,进行去应力退火
清理	成形完成后宜将零件在保护气氛或真空冷却到环境温度或者特定温度下再进行清理;粉末清理可采用防静电毛刷、防爆吸尘器、高压气等进行清理。粉末清理过程中不应损坏零件
初步检验	成形完成后对零件进行初步检验,包括但不限于外观缺陷、外形尺寸等检验。在不影响客户预期使用要求情况下,可以通过零件采用修补、变形校正、机械加工等补救方式来满足要求
后处理	零件移除:从基材上移除零件时不应破坏零件和影响零件性能。常用的零件移除方法有电火花切割、机械加工、手工去除等
	表面处理:成形后的零件表面是否需要处理由供需双方协商确定,常见的表面处理方法有喷砂、打磨、抛光、精磨、机械加工、电化学腐蚀等
	热处理:成形后的零件可根据需要进行去应力退火处理。根据零件的使用要求或供需双方的技术协议采用相应的热处理以改善组织性能

5.1.4 增材制造装备应用

1）金属材料粉末床熔融。粉末床熔融设备的组成通常包括但不限于能量源（激光或电子束源）、扫描系统、粉末供给系统、成形腔、气氛保护系统、循环过滤系统、预热系统、冷却系统、取件系统（非全自动）、真空系统（适用于电子束为能量源的设备）、控制系统等。粉末床熔融设备的推荐工作环境见表 23-2-39。

表 23-2-39 粉末床熔融设备推荐工作环境

推荐工作环境	环境温度:5~35℃
	相对湿度:小于等于 75%
	安装设备的场地应具备良好的通风和照明条件,地面承载力应符合设备厂商的要求
	以电子束为能量源的粉末床熔融设备对磁场有一定要求,其所处的环境的磁场强度应不影响电子束聚焦和扫描偏转控制

在成形过程中，各种工艺参数会影响零件成形质量，以激光类能量源金属粉末床熔融工艺为例，这些工艺参数及影响见表 23-2-40。

表 23-2-40　　工艺参数对零件成形质量的影响

工艺参数	描述	对成形过程和质量影响
成形平台预热温度	成形前对成形平台加热到达的温度	成形平台温度影响冷却速率、微观结构和性能
保护气体	成形腔体保护气体的类型和纯度	影响零件化学成分和性能
成形室氧气含量	成形腔和回收循环系统的氧气含量	高氧含量会导致材料一些元素氧化
铺粉速度	铺粉器在成形区域的移动速度	铺粉速度会影响粉末床初始密度、零件微观组织和表面质量等
铺粉层厚	熔融前铺展在成形平面上的粉末厚度	影响零件表面质量、强度和致密度等
激光功率	激光器的输出功率	影响零件表面质量等
扫描间距	相邻扫描线之间的距离	影响零件的密度和表面粗糙度
扫描速度	成形时，激光在成形平面移动的速度	影响零件密度、零件质量和成形效率等
光斑尺寸	激光在成形平面上的聚焦光斑大小	影响零件密度、零件质量和成形效率等
扫描策略	激光在成形平面移动的轨迹	影响零件成形质量和成形效率等

2）金属材料定向能量沉积。定向能量沉积是利用聚焦热能将材料同步熔化沉积的增材制造工艺。

根据不同的能量源，金属材料定向能量沉积工艺可分为激光定向能量沉积工艺、电子束定向能量沉积工艺、电弧定向能量沉积工艺、等离子定向能量沉积工艺。

根据原材料形态的不同可分为送粉定向能量沉积工艺和送丝定向能量沉积工艺。其中，以金属丝材为原材料的定向能量沉积工艺可以以上述全部四种能量源进行沉积，而以金属粉末为原材料的定向能量沉积工艺只能以激光、电子束、等离子束三种方式作为能量源。

金属材料定向能量沉积设备主要由能量源、沉积头、原材料输送系统、气氛控制系统、运动控制系统、除尘系统、循环过滤系统、过程监控系统等部分组成。可根据能量源的不同进行分类，包括以激光为能量源的定向能量沉积设备，以电子束为能量源的定向能量沉积设备和以电弧、等离子束为能量源的定向能量沉积设备。定向能量沉积设备组成系统及其关键参数见表 23-2-41～表 23-2-43，金属材料定向能量沉积设备要求见表 23-2-44。

表 23-2-41　　定向能量沉积设备组成系统及其关键参数：激光类

组成系统	类型	关键参数
激光器	能量源	激光器类型、激光功率、激光波长、调制方式、光斑模式、光束发散角
激光沉积头	沉积头	粉末/丝材输送方式、扫描速率、束斑尺寸
送粉器	原材料输送系统	粉末流量、载粉气流量、压力
送丝机构		惰性气体类型、纯度、气体流量
全域惰性气体保护	气氛控制系统	惰性气体类型、纯度、最低氧/水含量、密封性
局部惰性气体保护		惰性气体类型、纯度、气体流量
主运动系统（直线系统）	运动控制系统	定位精度、重复定位精度、最大行程
辅助运动系统（旋转、倾摆）		转速、倾摆角度、定位精度
循环过滤系统	除尘、纯化系统	过滤等级、使用寿命、风机压力
水冷系统	冷却系统	冷却温度、循环流量、冷却范围
过程监控装置	过程监控系统	工艺及设备参数实时记录/输出、过程异常记录

表 23-2-42 **定向能量沉积设备组成系统及其关键参数：电子束类**

组成系统	类型	关键参数
电子枪	能量源	功率、电压、束流
电子束丝材沉积头	沉积头	丝材输送方式、束斑尺寸
送丝机构	原材料输送系统	丝速率、角度
真空系统	气氛控制系统	真空度、密封性
主运动系统(直线系统)	运动控制系统	定位精度、重复定位精度、最大行程
辅助运动系统(旋转、倾摆)		转速、倾摆角度、定位精度
冷却系统	冷却系统	冷却温度、循环流量、冷却范围
过程监控装置	过程监控系统	工艺及设备参数实时记录/输出、过程异常记录

表 23-2-43 **定向能量沉积设备组成系统及其关键参数：电弧类**

组成系统	类型	关键参数
焊接电源	能量源	焊机类型、焊接工艺类型、焊接电流、焊接电压
焊枪	沉积头	焊枪类型
送丝机构	原材料输送系统	丝材输送方式、焊丝直径、送丝速率
全域惰性气体保护	气氛控制系统	惰性气体类型、纯度、最低氧/水含量、密封性
局部惰性气体保护		惰性气体类型、纯度、气体流量
主运动系统(直线运动)	运动控制系统	定位精度、重复定位精度
冷却系统	冷却系统	冷却温度、循环流量、冷却范围
过程监控装置	过程监控系统	工艺及设备参数实时记录/输出、过程异常记录

表 23-2-44 **金属材料定向能量沉积设备要求**

设备要求	金属材料定向能量沉积设备的检验、验收应符合设备厂商或相关标准要求
	金属材料定向能量沉积设备交付前应有合格证明文件，且各项技术指标参数符合工艺相关要求
	设备使用说明文件应包含定期检查的项目、周期和标准
	用于金属材料定向能量沉积工艺过程的仪器仪表应按国家或企业的有关规定定期计量检定、校准
工作环境要求	推荐的工作环境温度为 5~35℃，湿度小于等于 75%
	安装设备的场地应具备良好的通风和照明条件
	以电子束为能量源的定向能量沉积设备，其所处环境的磁场强度应不影响电子束聚焦和扫描偏转控制
安全要求	以激光为能量源的定向能量沉积设备需安装氧浓度检测仪。应安装在接近有潜在惰性气体泄漏的位置，例如阀门以及管道连接处，并应定期进行计量检定、校准或替换，并有校准或替换记录
	必要时，建议在使用保护气体的操作场所为操作人员配备呼吸保护装置
	以电子束为能量源的定向能量沉积设备应保持良好接地
	相关人员在使用以电子束为能量源的增材制造定向能量沉积设备时，应佩戴相应的 X 射线剂量计。在事故或应急情况下，根据情况应对有关人员进行个人检测

5.2 数据与接口

5.2.1 接口数据格式

零件完整的三维数据信息是增材制造的基础，通常由三维 CAD 建模或逆向工程生成。数据流基于体模型或者面模型通过多边形面片或三角形面片生成，并转换为 STL 或者 VRML 格式导入增材制造过程。

数据流中最常用的接口格式为 STL 和 VRML，STL 格式是数据传输的标准数据格式，一些系统可以读取和处理 VRML 格式的数据。如果由于没有接口模块（并非所有 CAD 软件都提供标准接口）而无法导出 STL 格式，则可以通过接口格式（如 STEP 或 IGES）将数据传输到其他 CAD 软件，然后输出 STL 格式文件。除了这两种接口格式外，还有其他几种常用接口。

1）STL。STL 是一种独立于系统的文件格式，仅能表示几何坐标，目前已成为常用的增材制造数据交换格式。体模型的边界曲面由三角形面片及其法向量描述。STL 数据集可以使用 ASCII 码或二进制表示来存储，前者可读性强，后者数据量小。由于几何图形面片化的不可逆性，STL 数据格式往往不适合在 CAD/CAM 系统之间交换数据。

2）VRML（WRL）。虚拟现实建模语言 VRML，文件扩展名为“wrl”或“wrz”，是一种由网络功能支持的独立于平台的三维图像格式。VRML 不限于列表形式的点或边缘数据的输入，它还是一种面向对象方式描述三维对象或者场景的计算机语言（纯文本 ASCII 或者 UTF-8）。VRML 的基本组成部分是“节点类型”和沟通渠道，形状节点（基本的几何形状，如长方体、圆柱体、圆锥体和球体）、外观节点（颜色、表达材料属性的纹理、几何转换）、光节点、相机节点（平行透视投影）和组节点，实现层次结构以及扩展现有节点类型范围的原型。近来，VRML 格式已经被 Web3D 联盟称为一种“可扩展 3D”的 XML 格式。

3）IGES。初始图形交换规范 IGES 是 CAD 数据交换格式的一种，用于产品几何和几何标注信息的交换。

4）STEP。产品模型数据交换标准 STEP 是一种用于描述和交换不同 CAD 系统之间的产品模型数据的通用接口格式，可用于交换几何数据（如 DXF 或 IGES）和产品数据（如颜色、文本或图层信息）。所有形式的 CAD 数据模型都可以通过 STEP 集成在线框模型、面模型或体模型中。

5）AMF。AMF 是一种基于 XML 的增材制造数据文件格式，包含三维表面几何描述，支持颜色、材料、网格、纹理、结构和元数据。

5.2.2 数据预处理

对基于 STL 数据集的几何模型进行数据质量检测和修复是确保使用增材制造技术顺利进行高质量的零件制造的先决条件。需要注意以下事项：

面模型的所有表面应通过修饰平滑地连接在一起，从而形成表面封闭的模型；所有表面应被调整到可以清晰地识别物体体积；进行三角形切面时，不应选择任何辅助工具（如图层、柱面、轴线、要素等）；对质量较差的数据应进行修复并确认，建议提供准确标注尺寸的图纸。

1）STL 输出参数。在输出 STL 数据集时，输出参数的设置决定多边形切面/三角形切面的精度，进而决定所获得几何模型的精度。分辨率太低会影响模型的精度和外观；分辨率太高则导致文件过大，并且会增加模型预处理时间。STL 数据集中可能的格式错误对制造工艺和零件的影响见表 23-2-45。

表 23-2-45　　STL 数据集中可能的格式错误对制造工艺和零件的影响

格式错误	对建模过程的影响	对零件的影响	可采取的措施
三角形切面分辨率太低	无	几何精度差	调整 STL 的分辨率参数
三角形切面分辨率太高	漫长的运算和建模时间，超大的数据量导致过程错误	建模过程中的错误导致零件缺陷	调整 STL 的分辨率参数
CAD 中不平滑的或未经修饰的表面	由不明确的零件定义引起的过程错误	几何失真缺陷	精确切割“封闭体积”
CAD 模型中曲面的错误定位	空图层或不明确的零件定义引起的过程错误	几何失真缺陷 z 向分层与强度相关	检查法向量“封闭体积”

可根据 CAD 程序设置各种导出参数：

① 弦高、长宽比和分辨率；

② 表面公差、表面绝对平滑度、面片绝对偏差、最大偏差距离、转换公差、相邻公差等；

③ 三角形公差、角度公差、角度控制、曲面平面角等。

对于一些不准许在导出过程中设置单独参数的程序，输出参数将调整为显示参数。在这种情况下，应注意确保程序中已通过事先调整选择了足够高的显示分辨率。通过增加面片数量来提高模型质量会导致文件尺寸过大增加预处理时间，在不会导致模型缺陷的条件下应尽量减少面片数量。

2）机械加工余量。根据零件要求或所选择的工艺方法，可能需要进行后处理。在这种情况下，在生成 CAD

模型时，应允许适当地对相关部位的尺寸进行调整。相关方应提前协商确定需加工的部位。

3）轻量化。一些增材制造技术在制造大尺寸实体零件时一般存在周期长、成本高的问题，因此，在这类产品的设计阶段，应对模型进行结构优化，减小体积和重量。

4）零件摆放和支撑设计。零件摆放的方向会直接影响零件的质量和制造时间。零件在增材制造时可能需要支撑结构。通常在开始制造之前就布置好支撑结构，并在制造完成后予以去除。用户可使用系统软件中的选项或单独的软件工具创建支撑结构。因为设计支撑结构可能会影响零件的表面质量，所以应标记那些不准许加支撑的部位。

5.3 测试与评估

5.3.1 成形零件性能测试

1）测试内容。通过增材制造工艺制备的零件特性见表 23-2-46。

表 23-2-46　增材制造成形零件特性

表面特性	外观、表面粗糙度和颜色等
几何特性	尺寸、长度及角度公差、几何公差等
力学性能	室温硬度、拉伸性能、冲击性能、压缩性能、弯曲性能、弹性、疲劳特性、蠕变性能、抗老化性能、摩擦性能、剪切性能、裂纹扩展等
其他特性	密度、耐热性、抗热震性、理化特性

对于金属、塑料、陶瓷三种增材制造材料来说，若零件的重要性程度等级为工程用重要零件，那么以上特性均应该满足。

若零件的重要性程度等级为非安全有限的功能零件，那么金属与塑料零件可以降低力学性能中自弯曲性能开始的特性要求，其他特性仍应满足条件，陶瓷材料零件可以降低除几何特性、密度外绝大多数特性的要求。

2）测试报告。每个增材制造工艺制备的零件特性具有独特性，因此测试报告中样品的制备、加工和后处理等描述信息非常关键。

增材制造工艺制备成形的零件的测试报告应至少包括以下信息：

试样的形状、尺寸和允许的公差；试样在成形室内的方向和位置；试样的制备加工和调节过程及各项工艺参数；试样测试方向；如果测试样品经过后处理过程，应记录后处理过程等信息，后处理包括但不限于去支撑、应力消除、零件组合、热处理和表面加工；所使用的标准；所使用的方法，并描述所有使用的非标准处理方式与标准处理方式的差异，或者两者都描述；测试结果、测试日期。

5.3.2 成形零件尺寸测试

1）测试件类型。主要有两种形式的测试件：鼓形测试件（图 23-2-21）和 S 形测试件。分别用于三维综合成形精度和动态成形精度，推荐在验收设备时选择鼓形测试件，在有特殊要求或与减材加工进行对比的情况下，可增加 S 形测试件，用于评判连续曲面的轮廓度。应在设备的各子系统完成调试检验和工艺参数确定后进行测试。

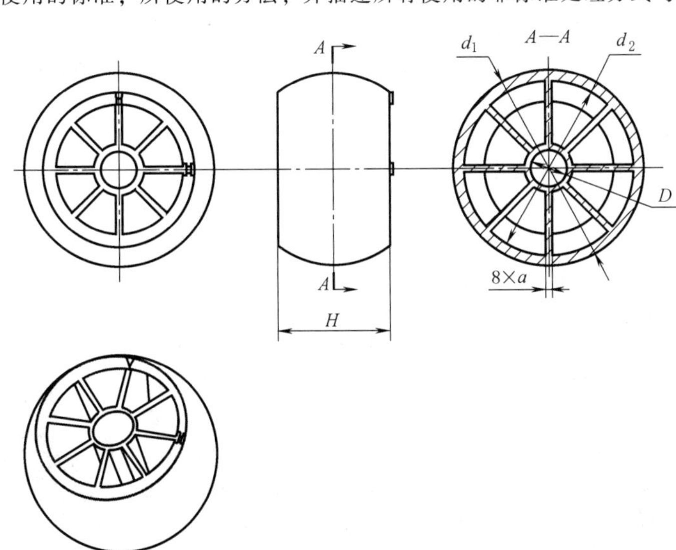

图 23-2-21　鼓形测试件

材料的选择需结合具体设备的功能与用户要求，对于可成形多种材料的设备，一般只选取其中一种有代表性的材料进行测试，为了确保结果的可重复性，应使用

第23篇

合格的材料。当用户有特殊要求时，应由设备供应商与用户根据实际情况商定。

2）数量和摆放。测试件的数量和摆放位置根据设备的成形能力和成形范围确定，应遵循以下原则：推荐选择摆放 5 个测试件的方式；选择覆盖率大的方案。

3）测量和数据统计分析。如图 23-2-22 所示的 4 个径向截面，每个径向截面分别选取相邻间隔为 30°～35°的 3 个角度位置测量球径。

4）检验报告。检验报告应包含但不限于以下信息：测试件的材料；支撑材料和去除方法；测试件在成形平台的位置和方向；试件型式、（缩小或放大的）比例或修正记录；设备型号、成形参数；检测工具。

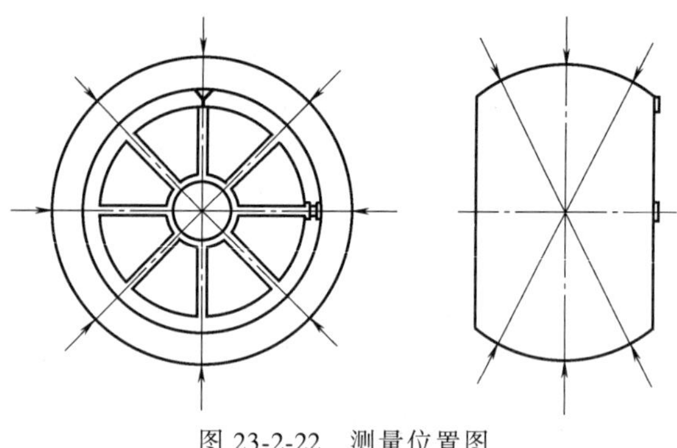

图 23-2-22　测量位置图

5.4　应用案例

（1）某民用飞机关键零部件整体化制造案例的需求及任务

民用飞机的经济性是实现商业化和市场竞争力的重要指标。除了制造成本，飞机的经济性还需考虑整个寿命周期的运营成本。控制飞机重量对降低运营成本、提升性能及减少碳排放至关重要。因此，减重是保持民机竞争力的必要条件。提高“结构轻量化”水平，实现轻量化结构的设计和整体化制造是关键需求。

增材制造技术通过近零制造方式，从数字模型直接成形复杂结构件，突破传统制造工艺限制，提供更大的设计自由度，具有制造周期短、材料利用率高、轻量化效果显著等优势。为实现民机产品的轻量化，通过拓扑优化和空间点阵结构等设计方法优化结构形式，合理分布零件应力，并采用激光选区熔化增材制造技术，实现传统工艺难以达到的减重效果。

（2）应用零部件——登机门铰链臂

登机门铰链臂是连接飞机舱门和门框的重要结构件，承受舱门重力、阵风以及舱门开启等载荷，并通过铰链臂将这些载荷传递到机身门框。传统构型的登机门铰链臂采用机加工制造，其重量为 9.2kg。

为了降低重量并满足设计要求，对登机门铰链臂进行拓扑优化设计，并对优化后的铰链结构在各个工况下进行强度和刚度的校核。优化后的零件设计重量为 6.4kg，相较于原始设计构型减轻了 30.4%。该构型为尺寸近 600mm 的单向结构，具有复杂的薄壁、大曲面和镂空等特征。本案例利用激光选区熔化技术成功实现了高强度铝合金铰链臂的一体化制造。相较于传统的机加工状态铰链臂，采用增材制造技术减重约 30%。此外，全生命周期的制造成本也降低了 30%以上。增材制造技术不仅能快速生产，而且具有显著的轻量化效果。

对于增材制造高强铝合金舱门铰链臂的性能评估表明其满足要求。此外，根据舱门铰链臂在飞机上的功能和使用环境，本案例已针对性地进行了全尺寸零件的静力和功能装机测试试验以及试飞考核，以确保其符合适航符合性的要求。试验结果表明，该零件的力学性能能够满足舱门在实际使用工况下所承受的载荷要求，试验结果符合通过条件。

（3）关键制造装备选型

大尺寸一直是金属增材制造装备发展的关注焦点。通过实现更大的成形尺寸，金属增材制造技术的应用范围可以显著扩大，解决大尺寸复杂构件传统制造过程中的难题和瓶颈，同时还可实现中小尺寸复杂构件的批量生产。然而，大尺寸增材制造面临着一些挑战，比如加工时间长、粉末一次填装量大、工艺难度高以及零件打印失败损失巨大等。因此，大尺寸金属增材制造设备选型的核心要素不仅在于成形尺寸的比较，更在于设备是否能够保证长时间稳定运行、高效连续生产，并能够提供具有优异内外部品质、可控的成形零件。

本案例的制造装备为铂力特 BLT-S600 型激光选区熔化成形装备（图 23-2-23），主要参数如表 23-2-47 所示。

图 23-2-23　铂力特 BLT-S600 型激光选区熔化成形装备

表 23-2-47　　铂力特 BLT-S600 型激光选区熔化成形装备主要参数

材料支持	钛合金、铝合金、高温合金、不锈钢、高强钢、模具钢
成形尺寸	600mm×600mm×600mm(W×D×H)
激光器功率	500～2000 类可选
激光波长	1060～1080nm
分层厚度	20～100μm
最大扫描速度	7m/s
成形效率	$100cm^3/h$;$150cm^3/h$
预热温度	RT+20～100℃
光束质量	$M^2<1.1$
光学结构	F-θ 镜头
铺粉机构	单/双向铺粉

(4) 增材制造技术的应用价值

本案例开展了高强铝合金增材制造零件的研制，建立了涉及结构设计、工艺控制、检测、适航符合性和航空典型件应用验证的完整技术体系。通过对铝合金零件的全流程验证以及国产设备和原材料的应用，首次在某大型客机上验证了基于增材制造技术的高强铝合金功能一体化零件，对于实现我国大型客机的减重和经济性提升目标具有重要意义。

6　工业机器人

6.1　通用技术

6.1.1　工业机器人电气设备及系统通用技术条件

GB/T 39463—2020 规定了工业机器人的电气设备及系统的环境条件，设计与制造、电磁兼容性，电气技术文件及试验条件与检验规则。适用于工业机器人的电气设备、电子设备和可编程序电子设备及系统（以下简称“电气设备及系统”）。

1) 设计与制造。在设计结构与外观时应满足如下要求：

① 电柜、示教盘等的结构及其布局应合理，造型应美观，色彩需和谐并符合人类工效学原则。

② 外观表面应平整匀称。不准许有明显的凹陷、划伤、裂缝、变形。外观表面涂（镀）层不应有气泡、龟裂、脱落或锈蚀等缺陷，面膜应平整、牢固。

③ 电气管道的外露部分，应布置紧凑，排列整齐，不应与相对的运动零部件产生干涉接触，能固定的应牢靠固定。

④ 外形尺寸应符合设计规定。

⑤ 包括“停止按钮”“停止按键”在内的停止操作的元件，其安装位置应分别位于“启动按钮”“启动按键”等安装位置的左边或下边。

2) 外壳与防护。置放电气设备及系统的电柜外壳防护等级应达到 IP54（即 IP 的第一位特征数字 5：防尘，虽不能完全防止尘埃进入，但进入的灰尘量不应影响控制装置的正常运行。不应影响安全；IP 的第二位特征数字 4：防溅水，向外壳各方向的溅水，无有害影响）。

有特殊要求的电柜外壳防护等级应达到 IP65 及以上。

内置在电柜内的机箱（内置机箱）的外壳防护等级应至少具有 IP2X（即防止直径不小于 12.5mm 的固体异物进入外壳内）。

注意：为使电柜满足 IP54 等级要求。在设计时保证电柜的密封性能尤为重要。具体设计及工艺措施包括，将电柜门边框采用密封条或密封圈（达到防尘、防水/防潮的目的），其材料选用经受侵蚀性液体、油、雾或气体的化学影响。

3）电击防护。应采取以下措施使电气设备及系统具备电击防护（基本防护及故障防护）的能力，保护人员免受电击：

① 采用保护特低电压（PELV）进行防护。在干燥环境（带电部分与人无大面积接触）的标称电压：AC≤25V（均方根值）或 DC≤60V（无纹波）；在其他情况下：AC≤6V（均方根值）或 DC≤15V。

② 电柜所设置的电源隔离开关（断路器）应加锁。

③ 电柜外壳应配置专门的锁紧装置或只能用钥匙或专用工具才能打开电柜。电柜内带电的元器件防止直接触电的防护等级应不低于 IP2X。

④ 在电器切断后带有残余电压的可带电部分，应在电源切断 5s 之内放电到 60V 或以下，否则需有警告标志（说明必要的延时），以免对维护人员造成危害。

⑤ 采用插头与插座组合的型式，在连接器插入或者拔出时，应能够防止人员与带电部分直接接触。

⑥ 电源的偶然中断与恢复不得导致安全事故。

⑦ 除了示教盒设置紧急急停外，其他控制站均应设置紧急急停器件。

⑧ 电柜的外表面应清晰可见防触电警告标志。

4）随电气设备及系统提供的文件及内容如下：

① 基本文件及内容：

a. 电气技术文件清单。

b. 电路图，电路图应能便于了解电路的功能、便于维修和便于故障位置测定（必要时应提供接口连接的端子图）。有些控制元器件有关的功能特性，若从它们的符号表示法不能充分表达出来，则应在其符号附近说明或加脚注。

c. 电气安装的位置图、布置图及说明，应清楚标明现场安装电源电缆的推荐位置、类型和截面积，各电气单元、部件（组件）的位置等，应详细说明由用户准备的地基中的管道尺寸、用途和位置。如必要，图上应标明移动或维修所需的空间。

d. 连接所需的互连接线图或互连接线表，这种图或表应给出所有外部连接的完整信息。

e. 电气设备及系统安装及电源连接方式的清晰描述。

f. 框图（概略图）和功能图，框图象征性地表示数字控制器及其功能关系，功能图可作为概略图的一部分或除了概略图之外还有功能图（必要时）。

g. 搬运和存储的资料（必要时）。

h. 实际环境（如照明振动、噪声级、大气污染）的要求（必要时）。

i. 编程方法（必要时）。

j. 遗留风险的资料，并指出是否需要任何特殊培训的信息（必要时）。

② 说明书及内容：

a. 电气说明书，应给出产品用途、主要电气性能、正确运输、安装、调试、维修、保养、储存与正确操作的使用方法，以及保护操作者和产品的安全措施；可编成一册，也可按项目分册编写。

b. 操作说明书，应给出电气设备及系统的正确使用方法，应特别注意规定的安全措施。如果能为受控设备编制程序，则应提供编程方法、所需的设备、程序检验和附加安全措施的详细资料。

c. 规格说明书，应给出电气设备及系统及各功能单元的技术规格、参数。

d. 维修说明书，应给出调整、维护、预防性检查和修理的正确方法，维修间隔和记录的建议。

e. 连接说明书，应给出电气设备及系统的 I/O 单元、接口信号等的标识和连接说明。

③ 元器件清单及内容包括订购组件、元器件（包括备用件）所需的信息（如组件、元件、器件、软件、测试设备等）。

6.1.2 工业机器人控制单元的信息安全通用要求

GB/T 39404—2020 规定了工业机器人控制单元的信息安全通用要求，以及 CU（control unit）与其他设备（包括示教器、主控、编码器）之间互联的信息安全通用要求，适用于工业机器人的设计、生产、集成以及评估等。

工业机器人控制单元通信架构，如图 23-2-24 所示。

其中，CU 本体主要包括机器人控制器和伺服驱动器。

主控与机器人控制器之间的通信方式包括但不限于以下方式：

① 同步串行通信；

② 异步串行通信；

③ 以太网；

④ 总线。

机器人控制器与伺服驱动器之间的通信方式组包括但不限于以下方式：

① 脉冲；

② 模拟量；

③ 同步串行通信；

④ 异步串行通信；

⑤ 以太网和总线。

伺服驱动器与编码器和伺服电机之间的通信方式包括但不限于以下方式：

① 脉冲；

② 模拟量；

③ 同步串行通信；

④ 异步串行通信；

⑤ 以太网和总线。

CU 应提供为以下事件生成审计记录的能力：

① 访问控制；

② 请求错误；

③ 系统事件；

④ 备份和存储事件；

⑤ 配置变更；

⑥ 潜在的侦查行为和审计日志事件。

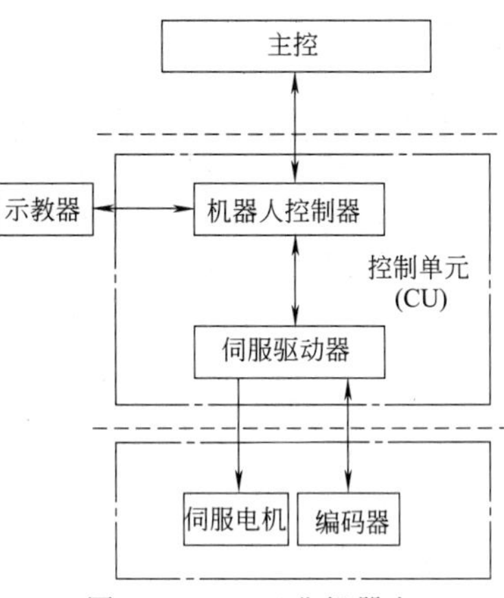

图 23-2-24 工业机器人控制单元通信架构

6.1.3 工业机器人电气安全

工业机器人的电气安全应包括：急停安全、保护性停止安全、限位安全、降速控制/限速运行安全、操作方式安全、示教控制安全、原点设置及故障诊断安全、同时运动控制及协同操作安全、奇异性保护安全、碰撞检测与处理安全、断电后关节自锁安全、非自锁关节延时去使能安全、操作权限及控制软件安全。

工业机器人的电源应满足以下要求：

① 电压：交流电源稳态电压值为 0.85~1.1 倍标称电压。

② 频率：0.99~1.01 倍标称频率（连续的）。

③ 0.98~1.02 倍标称频率（短时工作）。

④ 谐波：2~5 次畸变谐波总和不超过线电压均方根值的 10%；对于 6~30 次畸变谐波的总和允许最多附加线电压均方根值的 2%。

⑤ 不平衡电压：三相电源电压负序和零序成分都不应超过正序成分的 2%。

⑥ 电压中断：在电源周期的任意时间，电源中断或零电压持续时间不超过 3ms，相继中断间隔时间应大于 1s。

⑦ 电压降：电压降不应超过大于 1 周期的电源峰值电压的 20%，相继降落间隔时间应大于 1s。

6.1.4 工业机器人交流伺服电机技术条件

1）电机转动的惯量要小，具有低的机械时间常数和电磁时间常数以及高的品质因数，即单位时间内可给出更大的瞬时功率。

2）足够宽的调速范围，在零速度附近可控。低速运转平稳，力矩波动小。

3）高的功率/体积比和高的功率/质量比。因为这些伺服控制电机通常装在机器人运动的关节上，为机器人的负载，所以要求重量轻、体积小。

4）伺服状态特性好。机器人能稳定地进行操作，在伺服定位、电机堵转时仍能输出最大的力矩。

5）外形扁薄小巧美观。它是机器人外观的决定性因素之一，不仅要适应与机器人给定的小尺寸，而且伺服电机的外形越复杂，机器人外观结构设计越困难，同时外形复杂也使粉尘易于堆积。

6）全封闭式的构造。伺服电机做成封闭结构主要是为了适应多粉尘，还有腐蚀性物质的生产现场。环境适应性强，而且输出的电线、电缆要柔软。

7）易于维护，电机要有一定的容错性和相关保护设备。

6.1.5 工业机器人控制装置技术条件

1）工业机器人的控制技术特点。

① 工业机器人有若干个关节，典型工业机器人有五至六个关节，每个关节由一个伺服系统控制，多个关节的运动要求各个伺服系统协同工作。

② 工业机器人的工作任务是要求操作机的手部进行空间点位运动或连续轨迹运动，对工业机器人的运动控制，需要进行复杂的坐标变换运算，以及矩阵函数的逆运算。

③ 工业机器人的数学模型是一个多变量、非线性和变参数的复杂模型，各变量之间还存在着耦合。

④ 较高级的工业机器人要求对环境条件、控制指令进行测定和分析，采用计算机建立庞大的信息库，用人工智能的方法进行控制、决策、管理和操作，按照给定的要求，自动选择最佳控制规律。

2）工业机器人控制系统的基本要求。

① 实现对工业机器人的位姿、速度、加速度等的控制功能，对于连续轨迹运动的工业机器人还必须具有轨迹的规划与控制功能。

② 方便的人机交互功能，操作人员采用直接指令代码对工业机器人进行作业指示。使工业机器人具有作业知识的记忆、修正和工作程序的跳转功能。

③ 具有对外部环境（包括作业条件）的检测和感觉功能。

④ 具有诊断、故障监视等功能。

6.1.6 机器人模块化的分类原则

1）模块的划分不能影响系统的主要功能；

2）模块划分时应使各模块间相互作用最小，模块功能独立性最大，保持每个模块单元在功能及结构上有一定的独立性和完整性；

3）模块单元间的接合要素要便于连接和分离；

4）以尽可能少的模块组成尽可能多的产品，且模块结构尽量简单、规范；

5）相同模块在结构和功能上应具有互换性，性能和结构各异而功能相同的模块也应能互换使用；

6）注意模块在整个系统中的作用、可更换性与扩展性。

6.1.7 工业机器人安全要求

由于机器人系统始终是集成到一个特定的应用中，因此集成者应进行风险评估，以确定降低风险的措施，这些措施要能充分降低集成应用中存在的风险。需要特别注意的例子是：为了实现集成应用，个别机器去除了安全防护的情况。

风险评估可以进行系统性分析和对与机器人系统相关的、整个生命周期（即试运行、调整、生产、维护、检修、报废）的风险进行评估。

每逢需要时，风险评估后就采取措施降低风险。重复此过程是通过实施保护措施尽量消除危险与减少风险的迭代过程。

风险评估包括：

① 确定机器人系统的限制；

② 危险识别；

③ 风险估计；

④ 风险评价。

6.2 接口与通信

6.2.1 工业机器人对象字典

工业机器人对象字典是一个有序的数据组，对设备关键参数、状态、功能操作等属性进行定义，每个数据都具有清晰的描述和地址索引，装备之间的通信可依据对象字典相应的地址进行访问。根据信息模型与对象字典的通用建模规则及描述方法，构建在互联互通及互操作应用中的工业机器人对象字典，对工业机器人具体数据的属性进行描述，在通信协议中按约定的内容进行信息识别与操作。工业机器人的对象字典由机器人属性对象集和机器人组件对象集两部分组成。

工业机器人特性数据集分为静态对象属性集、过程对象属性集及配置对象属性集。根据需要工业机器人还可以包含扩展属性集。

工业机器人可由一个或多个组件构成，每个组件可包含若干组件。机器人对象字典数据项内容由各属性集、对象描述、对象数据项描述组成，对相应的内容进行索引和定义。工业机器人组件对象集包括控制器对象集、轴信息对象集、输入/输出对象集、传感器对象集、末端工具对象集以及辅助系统对象集等子对象集。每个子对象集又可拆分为若干对象。每个对象又有相应的属性等信息。

6.2.2 机床工业机器人数控系统编程语言

工业机器人编程语言由指令、寄存器、常量组成。指令包括运动指令、力控制指令、速度控制指令、坐标系设置指令、寄存器操作指令、数据处理指令。流程控制指令、位置补偿指令、运算指令、其他指令。寄存器包括位姿寄存器、数值数据寄存器、输入输出寄存器。常量包括位姿常量、数值常量、字符串常量。具体如图 23-2-25 所示。

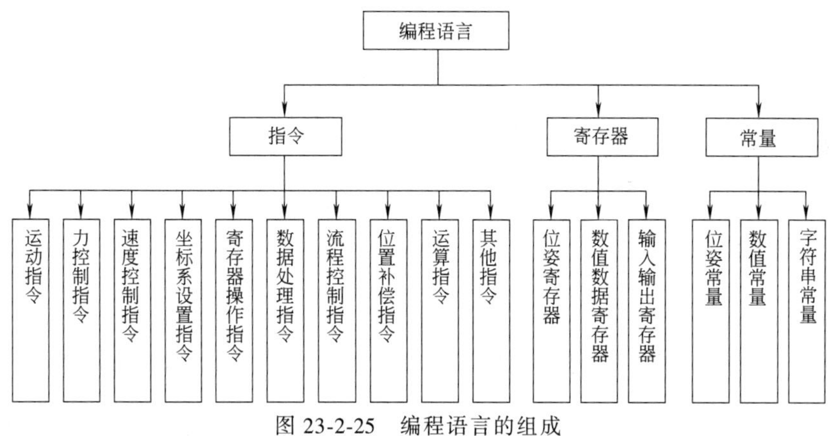

图 23-2-25　编程语言的组成

6.3 测试与评估

6.3.1 工业机器人能效评估导则

工业机器人能效评估流程如图 23-2-26 所示。

工业机器人能效评估具体操作步骤如下：

1）确定循环运动轨迹并编写循环运动程序；

2）测定确定的负载重心偏移参数、能效测试环境，并记录；

3）热机操作；

4）接入功率检测设备；

5）进行工业机器人上电状态测试、空载运行测试和额定负载运行测试，获取工业机器人上电状态功率曲

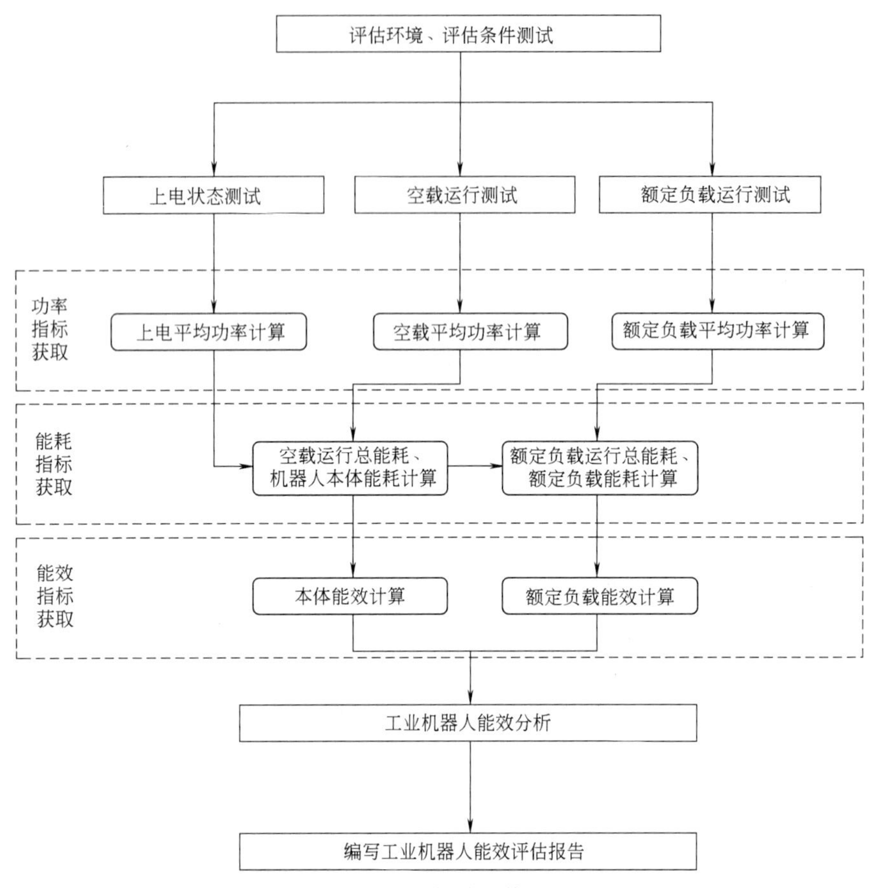

图 23-2-26　能效评估流程

线、空载运行功率曲线和额定负载运行功率曲线；

6）分别计算工业机器人上电平均功率、空载运行平均功率和额定负载运行平均功率等功率数据；

7）在功率数据的基础上，分别计算工业机器人空载运行总能耗、本体能耗、额定负载总能耗和额定负载能耗等功率数据；

8）在能耗数据的基础上，分别计算工业机器人本体能效和额定负载能效等能效数据；

9）围绕上电平均功率、空载平均功率、额定负载平均功率、本体能效和额定负载能效等指标，分析工业机器人能效水平；

10）编写工业机器人能效评估报告。

6.3.2　工业机器人运行效率评价方法

工业机器人运行效率评价流程如图 23-2-27 所示。

工业机器人运行效率评价具体步骤如下：

1）确定工业机器人运行任务、工艺方案，并编写工业机器人运行程序；

2）进行标准循环运行测试，获得标准循环运行测试功率曲线；

3）根据实际工况运行测试，获得实际工况运行测试功率曲线；

4）分别计算标准循环运行总能耗、实际工况运行总能耗、辅助能耗和异常能耗等数据；

5）在能耗数据的基础上，再分别计算运行能耗标称值、辅助能量比例系数、异常能量比例系数和运行能量效率系数等评价指标，分析工业机器人运行效率水平；

6）提出工业机器人运行效率优化建议；

7）编写工业机器人运行效率评价报告。

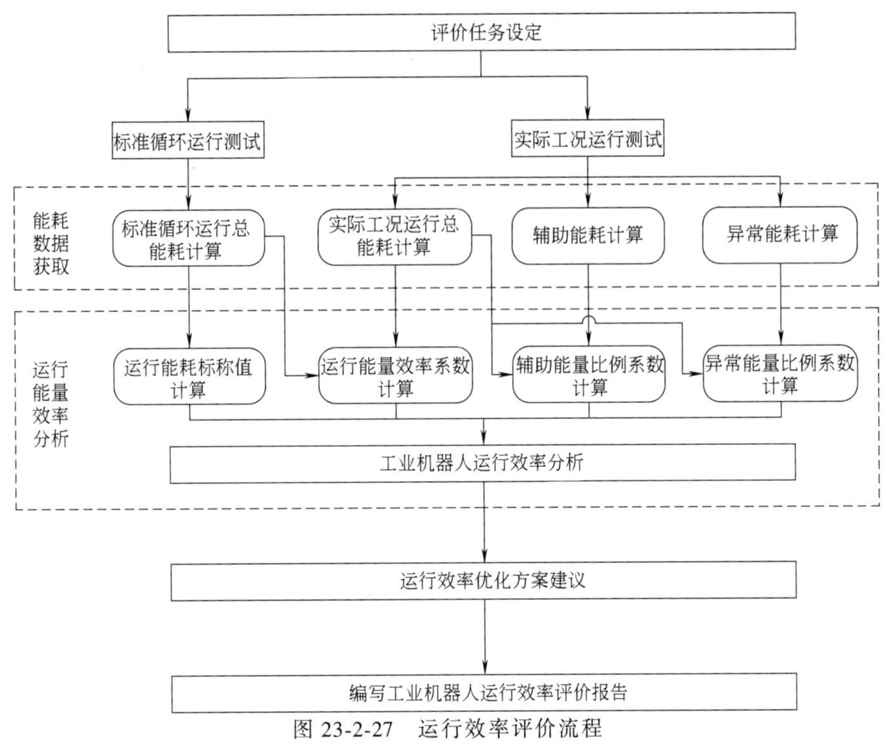

图 23-2-27　运行效率评价流程

6.3.3　双臂工业机器人性能及其试验方法

组合指令位姿是在双臂组合操作模式下，以示教编程、人工数据输入或离线编程所设定的由操作机 A 指令位姿指向操作机 B 指令位姿的向量。如图 23-2-28 所示。

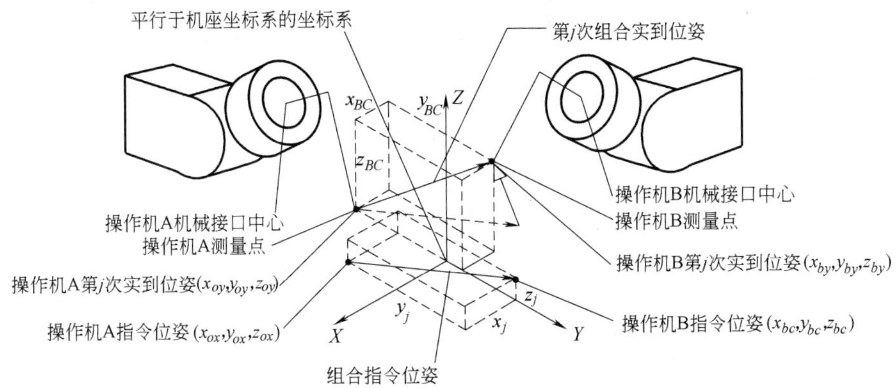

图 23-2-28　组合指令位姿和组合实到位姿的关系

组合实到位姿是在双臂组合操作模式下，操作机 A 和操作机 B 在自动方式下分别响应各自指令位姿而各自实际达到位姿时，由操作机 A 实到位姿指向操作机 B 实到位姿的向量。

组合位姿准确度和组合位姿重复性特性，由组合指令位姿和组合实到位姿间的偏差和重复接近组合指令位姿的一系列组合实到位姿的分布来确定。

组合位姿准确度和组合位姿重复性产生的原因，除了机器人位姿误差外，还包含操作机 A 与操作机 B 的相对位置标定。

如图 23-2-29 所示，当双臂工业机器人同时进行组合操作时，会使用两个测试立方体：操作机器 A 的测试立方体（称为立方体 A）和操作机器 B 的测试立方体（称为立方体 B）。这些测试立方体的定义涵盖了它们在工作空间中的位置、内部平面的位置以及所跟踪的轨迹（参考 GB/T 12642—2013 中 6.8）。但是，如果机器人的设计限制无法满足预先约定的条件，则制造厂有权重新规定立方体的定义。

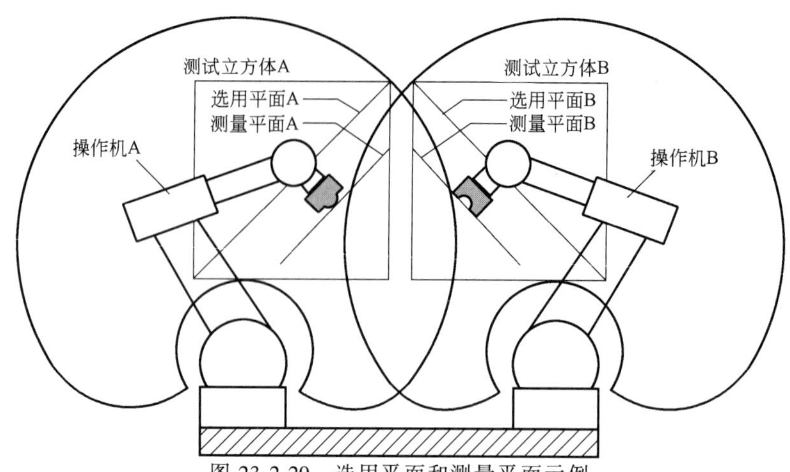

图 23-2-29　选用平面和测量平面示例

组合位姿准确度测试方法见表 23-2-48。操作机 A 从 C_{A0} 点开始，依次将机械接口移至 C_{A0}、C_{A1}、C_{A4}、C_{A7}、C_{A6}；操作机 B 从 C_{B0} 点开始，依次将机械接口移至 C_{B0}、C_{B2}、C_{B3}、C_{B8}、C_{B5}。操作机 A 和操作机 B 同步运动，操作机 A/操作机 B 同步从 C_{A0} 点/C_{B0} 点开始运动，同步运动到达 C_{A1} 点/C_{B2} 点、C_{A4} 点/C_{B3} 点、C_{A7} 点/C_{B8} 点、C_{A6} 点/C_{B5} 点，如此往复循环。

表 23-2-48　组合位姿准确度测试方法

负载	速度	位姿	循环次数
100%额定负载	100%额定速度 50%额定速度 10%额定速度	操作机 A：C_{A0}—C_{A1}—C_{A4}—C_{A7}—C_{A6} 操作机 B：C_{B0}—C_{B2}—C_{B3}—C_{B8}—C_{B5}	30
额定负载降至 10%（选用）	100%额定速度 50%额定速度 10%额定速度		

组合位姿重复性测试方法见表 23-2-49。操作机 A 从 C_{A0} 点开始，依次将机械接口移至 C_{A0}、C_{A1}、C_{A4}、C_{A7}、C_{A6}；操作机 B 从 C_{B0} 点开始，依次将机械接口移至 C_{B0}、C_{B2}、C_{B3}、C_{B8}、C_{B5}。操作机 A 和操作机 B 同步运动，操作机 A/操作机 B 同步从 C_{A0} 点/C_{B0} 点开始运动，同步运动到达 C_{A1} 点/C_{B2} 点、C_{A4} 点/C_{B3} 点、C_{A7} 点/C_{B8} 点、C_{A6} 点/C_{B5} 点，如此往复循环。

表 23-2-49　组合位姿重复性测试方法

负载	速度	位姿	循环次数
100%额定负载	100%额定速度 50%额定速度 10%额定速度	操作机 A：C_{A0}—C_{A1}—C_{A4}—C_{A7}—C_{A6} 操作机 B：C_{B0}—C_{B2}—C_{B3}—C_{B8}—C_{B5}	30
额定负载降至 10%（选用）	100%额定速度 50%额定速度 10%额定速度		

组合轨迹准确度测试方法见表 23-2-50。操作机 A 从 E_{A1} 点开始，依次将机械接口移至 E_{A1}、E_{A2}、E_{A3}、E_{A4}；操作机 B 从 E_{B1} 点开始，依次将机械接口移至 E_{B1}、E_{B2}、E_{B3}、E_{B4}。操作机 A 和操作机 B 同步运动，操作机 A/操作机 B 同步从 E_{A1} 点 E_{B1} 点开始运动，如此往复循环。

表 23-2-50　组合轨迹准确度测试方法

负载	速度	位姿	循环次数
100%额定负载	100%额定速度 50%额定速度 10%额定速度	操作机 A：圆 A 操作机 B：圆 B	10
额定负载降至 10%（选用）	100%额定速度 50%额定速度 10%额定速度		

6.3.4 工业机器人特殊气候环境可靠性要求

在工业机器人的使用（储存）过程中，温湿环境、盐雾环境和沙尘环境都对其可靠性提出了严格要求。具体如下：

① 温湿环境：要求机器人在低温、高温、温度变化和湿热环境中不产生外观、功能或性能异常。

② 盐雾环境：要求机器人在盐雾环境中不产生腐蚀损坏引起的异常。

③ 沙尘环境：要求机器人在沙尘环境中不受固体异物影响，不产生外观、功能或性能异常。

6.3.5 基于可编程控制器的工业机器人运动控制规范

1）总体要求。基于可编程控制器的工业机器人运动控制实现应以功能块为基本单元，以输入输出参数形式提供用户接口。功能块包含管理功能块和运动功能块。

功能块表达形式应符合图形表达方式或文本表达方式。

功能块应满足直角坐标机器人、Delta 机器人、SCARA 机器人、六轴机械臂机器人等不同类型的工业机器人的软件开发要求。

功能块设置的轴组运动范围、运行速度应在机器人工作空间的限位范围内，防止超限位引起机器人故障。

2）功能块参数

功能块参数数据类型应支持布尔、整数、无符号整数、位串、实数。

功能块参数应支持数组、枚举和结构化数据类型定义。

功能块参数应支持功能块实例化数据类型的定义，支持对实例化功能块数据的名称和成员的访问。

3）功能块的图形表达形式

功能块以矩形框或矩形框变形体为主体标识，功能块名字以“MC_ ”开头，后面紧跟功能块功能的英文单词，首字母大写。

功能块参数以横线的方式引出，一个参数一根引线。

功能块参数名称使用英文单词组合，可以是全名也可以是缩写，首字母大写。

功能块参数分布于矩形框两侧，输入参数在左侧，输出参数在右侧，参数名称在矩形框内部靠近引线的地方标识。

功能块参数按从上往下的顺序排列，轴和轴组参数应优先放置。参数名称在功能块内部应显示完整，不得重叠。规范功能块示例如图 23-2-30 所示；不规范功能块示例如图 23-2-31 所示。

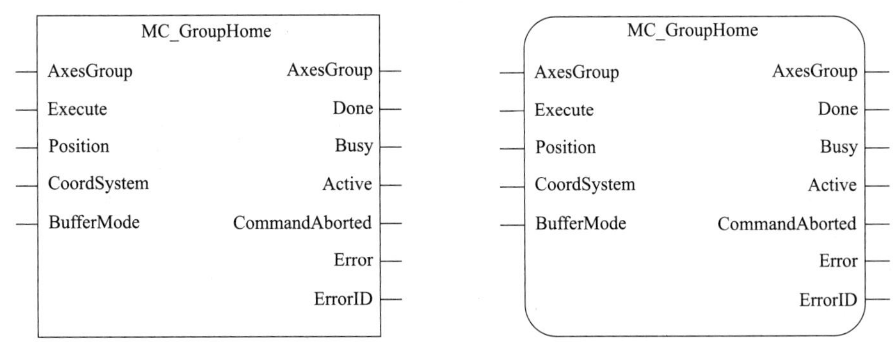

图 23-2-30 规范功能块示例

6.3.6 工业机器人安全实施规范

1）安全分析可按下述步骤进行：

① 对于考虑到的（包括估计需要出、入或接近危险区）应用，确定所要求的任务，即：机器人或机器人系统的用途是什么；是否需要操作；示教人员或其他相关人员出入安全防护空间，是否频繁出入，都去做什么，是否会产生可预料的误用（如意外的启动等）。

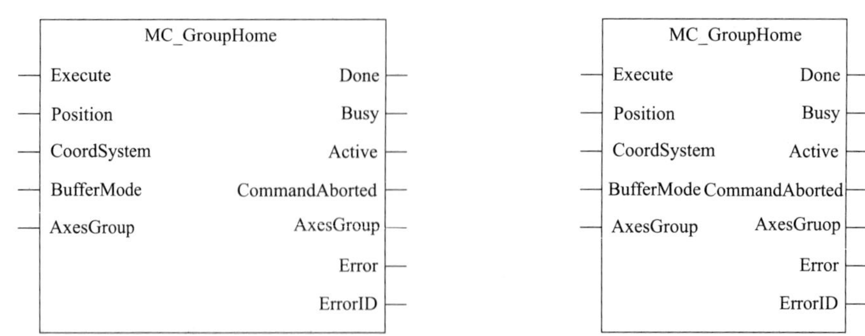

图 23-2-31　不规范功能块示例

② 识别（包括与每项任务有关的故障和失效方式等）危险源，即识别由于机器人的运动以及为完成作业所需的操作中会发生什么样的故障或失效，以及潜在的各种危险是什么。

③ 进行风险评价，确定属于哪类风险。

④ 根据风险评价，确定降低风险的对策。

⑤ 根据机器人及其系统的用途，采取一定的具体安全防护措施。

⑥ 评估是否达到了可接受的系统安全水平，确定安全等级。

2）识别危险源。识别可能由机器人系统本身或者外围设备产生或者由于人与机器人系统相互干扰而产生的危险或者危险状态，便于进行危险分析。

① 设备方面：机器人、安全防护设施、外围设备；

② 设备的构建和安装：设备之间的端点、安装的稳定性、定位的位置；

③ 相互关系方面：机器人系统本身、机器人系统与其他相关设备之间、人与机器人系统相互交叉干涉而形成的危险。

6.3.7　工业机器人性能规范及其试验方法

机器人应装配完毕，并可全面操作，所有必要的校平操作、调整步骤及功能试验均应圆满完成。

除位姿特性的漂移试验应由冷态开始外，不管制造商是否有规定，其余的试验在试验前机器人应进行适当的预热。

若机器人具有由用户使用的、会影响被测特性的设备，或如果只能用特殊函数来记录特性（如离线编程给出的位姿校准设施）的设备，则试验中的状态必须在试验报告中说明，并且（与某种特性有关时）每次试验中均应保持不变。

试验中所使用的正常操作条件，应由制造商说明。

正常操作条件包括（但不限于）：对电源、液压源和气压源的要求，电源波动和干扰，最大安全操作极限等。

测试温度：测试的环境温度应为 20℃。采用其他的环境温度应在试验报告中指明并加以解释。试验温度应保持在 20℃ ±2℃ 范围内。

为使机器人和测量仪器在试验前处于热稳定状态下，需将它们置于试验环境中足够长的时间（最好一昼夜）。还需防止通风和外部热辐射（如阳光、加热器）。

位移测量原则：被测位置和姿态数据应以机座坐标系来表示，或以测量设备所确定的坐标系来表示。

若机器人指令位姿和轨迹由另一坐标系（如在离线编程中使用）确定，而不是测量系统来确定，则必须把数据转换到一个公共坐标系中。用测量方法建立坐标系间的相互关系。在此情况下给出的测量位姿不能用作转换数据的参照位置。

对于性能规范的有向分量，机座坐标系和所选坐标系的关系应在试验结果中说明。

测量点应离制造商指明的机械接口一段距离，该点在机械接口坐标系的位置应予记录。

计算姿态偏差时所用的转动顺序，必须使姿态在数值上是连续的。绕动轴（导航角或欧拉角）旋转，或绕静止轴旋转是没有关系的。除非另有规定，应在实到位姿稳定后进行测量。

6.3.8 工业机器人电磁兼容性试验方法和性能评估准则指南

1）电磁兼容检测。在 EMC 测试中应保持空气条件满足下列值：

① 周围环境温度 15~35℃；

② 相对湿度 10%~75%（静电放电测试为 30%~60%）；

③ 空气压力 86~106kPa。

2）测试指标分析

① 静电放电抗扰性（模拟操作人员或物体在接触设备时的放电和人或物体对相邻近物体的放电，以试验单个设备或系统的抗静电干扰的能力）。

② 电快速瞬态脉冲抗扰性（是由切换感性负载而产生的）：脉冲群的持续时间主要由切换前存储在电感中的能量决定；单个瞬变的重复率；幅度变化的瞬间组成一个脉冲群；主要由切换接触点的机械和电特性决定（断开触点的速度，开路情况下触点的耐压能力）；电压瞬时跌落和短时中断抗扰性；浪涌抗扰性（是指由开关转换现象或电网故障以及雷击引起的感应电压浪涌）。

③ 开关瞬态。开关瞬态可分为与以下操作有关的瞬态：主要的电力系统切换骚扰，如电容器组的切换；配电系统中较小的局部开关动作或负载变化；与开关器件（如晶闸管）相关联的谐振现象；各种系统故障，例如设备组合对接地系统的短路和电弧故障。

3）测试工具

① 静电放电试验发生器；

② 脉冲群发生器；

③ 交流直流电源端口的耦合/去耦网络；

④ 容性耦合夹；

⑤ 电压瞬时跌落和短时中断抗扰性试验发生器；

⑥ 组合波发生器（专门针对防雷产品生产企业设计的可靠性雷击浪涌发生器，适用于电磁兼容试验——雷击浪涌抗扰度试验）。

4）机器人 EMC 测试——评价标准。在 EMC 测试期间，机器人被设置在几种“运行状态”，以便在机器人受到电磁影响时，尽可能获得关于机器人性能的大量信息。测试至少应在表 23-2-51 给出的状态下进行。

表 23-2-51　　测试状态

操作状态	说明
1	控制系统打开，机器人臂电源关闭
2	机器人臂电源打开，在自动方式下静止
3	机器人臂电源打开，在路径控制下运行，在示教编程模式下返回一个编程点
4	机器人臂电源打开，在路径控制下运行，在自动方式下返回一个编程点

因此，在机器人上述的每一种运行状态下进行 EMC 测试时，应检查机器人下列性能：

① 机器人动作检查；

② 机器人控制检查，如串行线、监视器和显示器、系统 I/O、用户 I/O 等。

在 IEC 标准中，有关抗扰性测试部分，给出了一些故障评价准则的定义。这些准则可以用已制定的机器人制造厂商的规范代替。与 IEC 分类一致，并适合于机器人的测试评价准则见表 23-2-52。

表 23-2-52　　机器人测试评价准则

故障级别	说明
A	在规范限度内正常运行（无故障）
B	暂时的、可接受的一个或几个功能的丧失（较小故障）
C	暂时的功能或性能的下降或丧失，但被测试机器人能自行恢复（较大故障）
D	暂时的功能或性能的下降或丧失，需要操作者干预，至少需要关闭并重新启动机器人（严重故障）
F	功能或性能的下降或永久丧失，因硬件和软件损坏机器人不能恢复（损坏）

6.4 应用案例

（1）某生产线站位自动上下料工业机器人系统案例需求及任务

1）由工业机器人结合地轨构建的生产线站位自动上下料系统，地轨配合机器人通过快速抓取机构将物料从工装物料箱中取出，配送至机床上下料缓存平台上，机器人将物料放置在机床工作台上完成上料。

2）物料完成加工后，由机器人将物料从机床上取出，搬运至机床上下料缓存平台完成下料，地轨配合机器人将物料配送至工装物料箱中。

3）站位自动上下料系统可以与生产线智能管控系统实现互联互通，可以将抓取、存放、到位、运行状态、故障及其代码等信息反馈至生产线智能管控系统。

（2）自动上下料机器人系统设计

站位自动上下料系统的机器人移动平台设计结构如图23-2-32所示，移动平台在第七轴上运动，行程为48m，机器人、控制柜等部分安装于缓存平台上，缓存平台带动这些部件在第七轴上移动。

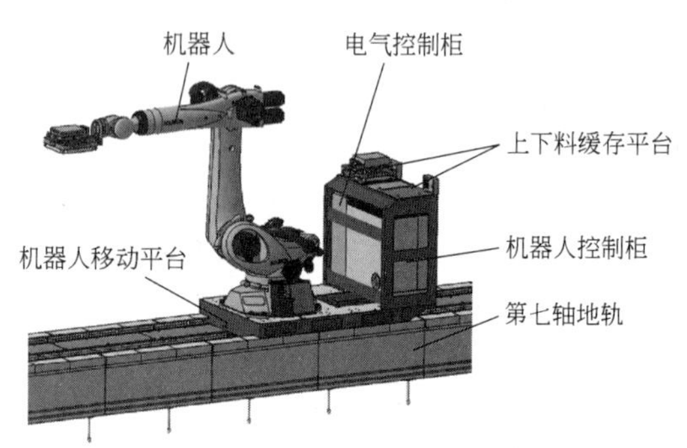

图 23-2-32 机器人移动平台

机器人移动平台的工作原理是管控系统下发命令给下层控制系统，下层控制系统控制伺服电机转动，并通过减速器降低转速、增大转矩，从而使啮合的齿轮在齿条上移动。第七轴设计为高精度的齿轮齿条结构，配有机械限位、软限位、零位开关等结构，第七轴移动平台单点运动设计精度，满足本案例需求。第七轴移动平台由一块上盖板和六块侧盖板将整个平台保护起来，具有防尘的作用。移动平台底部装有集中润滑系统，通过管路连接至滑块-滚柱导轨部位，提供持续不断的润滑源，提高使用性能并减小能量损耗。

第23篇

机器人上下料缓存平台位于机器人移动平台上，共有上料缓存位和下料缓存位两个库位，用于存放从立库或机床中取出的零件。机器人从立库中取出零件后，可先将零件放入上料缓存位，避免机器人携带零件在第七轴上行走，增大机器人使用寿命，提高第七轴运动平稳性。机器人从机床取出已加工零件后，可将零件存放于下料缓存位，再将提前放置在上料缓存位上的待加工零件取出放于机床上。机器人无须在第七轴上移动就可以完成整个上下料动作，大大提高作业效率。

本案例作业场景下的机器人可达性仿真验证结果如图23-2-33所示。仿真结果表明，机器人可以不发生干涉地在缓存位、立库或机床中上下料以及放置、抓取零件。由于生产线内其他结构自行设计，可以根据机器人工作空间来制定尺寸，所以在机器人选型时只需要机床尺寸。

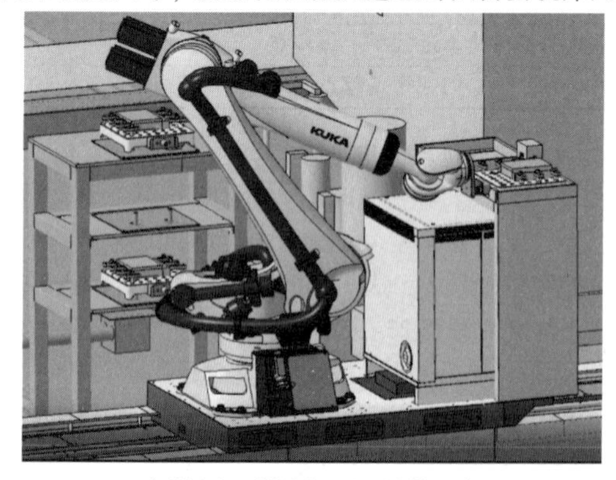

(a) 机器人上下料缓存平台可达性仿真

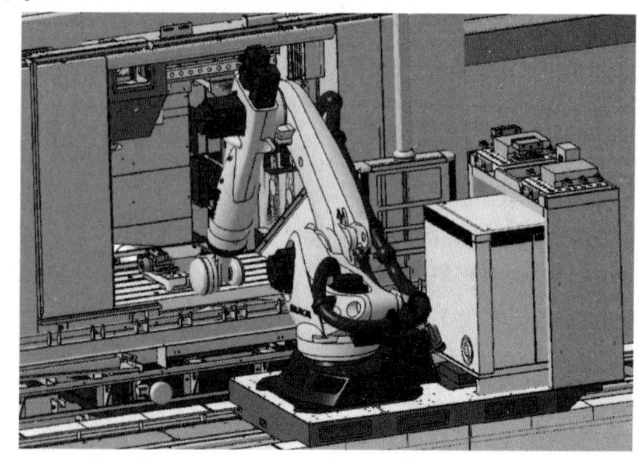

(b) 机器人工件抓取可达性仿真

图 23-2-33 机器人作业场景的仿真验证

（3）关键硬件选型

1）工业机器人选型。本案例采用一台机器人完成工件的上下料工作。由于机器人需要完成在机床空间内的上下料，通过使用六轴机械手，利用其高生产运动灵活性和高重复定位精度，完成生产线内的作业。机器人工作空间受限于机床尺寸，本案例场景中所考虑的参数要求包括：①机床工作台与机器人底面最小垂直距离在273~1254.5mm之间；②机床工作台中心与机器人最小水平距离在2200~2300mm之间；③机床门、机器人本体不与机床发生干涉。加工零件毛坯质量最大约为60kg，零点定位系统质量约50kg，应选择≥150kg负载的机器人才能满足上下料的需求。

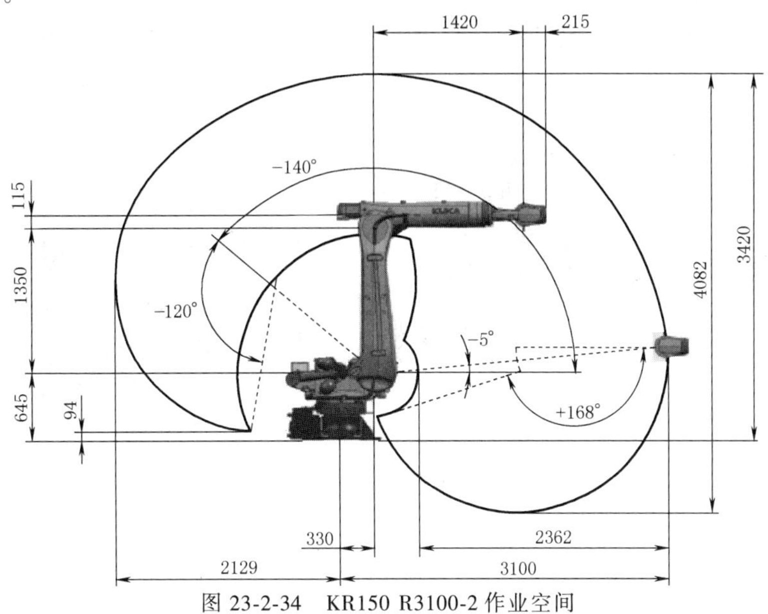

图 23-2-34　KR150 R3100-2 作业空间

根据机器人的负载需求和机器人的作业空间要求，选择KUKA KR150 R3100-2型号机器人执行作业任务。KUKA KR150 R3100-2最大载荷为215kg，额定载荷为150kg。机器人型号及相关参数如表23-2-53所示，作业空间如图23-2-34。

表 23-2-53　　机器人型号及相关参数

机器人型号	KR150 R3100-2	最大负载	220kg
轴数	6	最远可达距离	3100mm
工作空间	86.3m^3	防护等级	IP65
重复定位精度	±0.05mm	噪声	<75dB(A)
质量	1105kg	控制柜	KR C4
额定负载	150kg		

图23-2-35表示机器人抓取的物体重心距离机器人法兰中心越远，机器人的载荷越小。可以看出，在x、y方

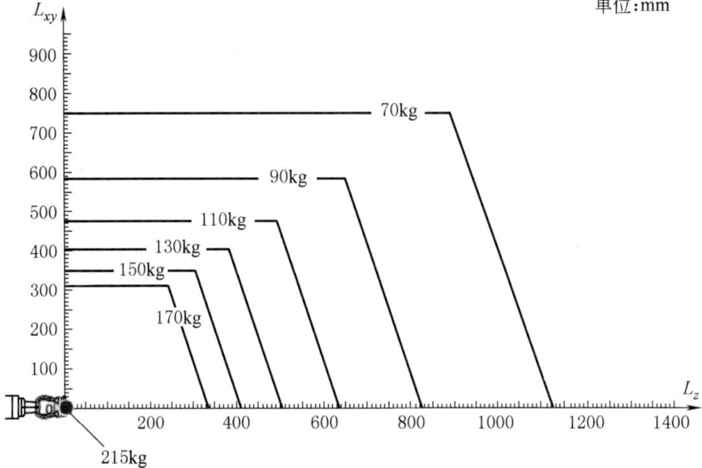

图 23-2-35　KR150 R3100-2 末端载荷分布

向小于 310mm，z 方向小于 350mm 时，机器人末端载荷为 150kg。由于工装夹具尺寸为 400mm×400mm，考虑零件重心的偏置，整个工装夹具重心距离法兰中心 z 方向不大于 300mm，可以满足需求。

2）末端执行机构选型及设计。本案例生产线零件的上下料全部由机器人来完成，因此，需要一套快速抓取机构来完成机器人的上下料。采用图 23-2-36 所示的末端执行机构完成机器人快速抓取。该机构在雄克 NSR 160 基础上做相应开发，与 PKL 托盘联轴器模块配合使用，用于快速夹持和松开夹具，配合机械手完成工件站位自动上下料。

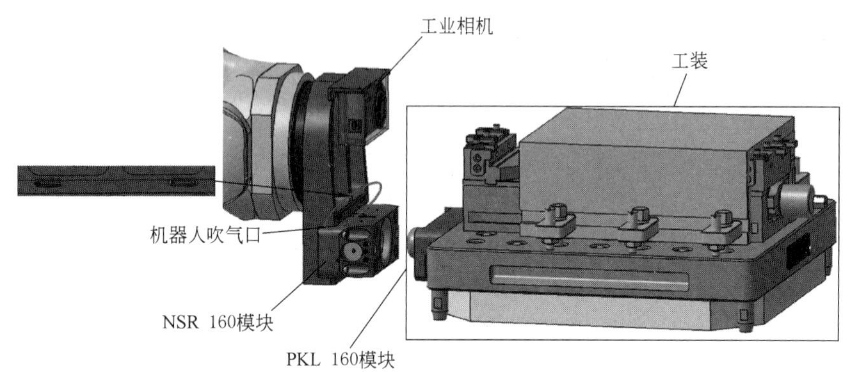

图 23-2-36 末端执行机构选型及设计

其中，NSR 机器人模块（如图 23-2-37 所示）与机器人末端法兰相连，能承受 M_x 600N·m 和 M_z 1600N·m 的力矩，满足零件的搬运要求。该模块需提供 6bar❶ 气源。

NSR 160 模块的夹紧过程是基于一个集成的弹簧组件进行的。力的传输是基于专用驱动模块，它将可用的弹簧力传输为夹紧销的最大拉力。夹紧能自保持，也可以持续通入 6bar 气源进行增压。夹紧销的锁紧/张开为气动，要求最大为 6bar 的气源。该模块的主要参数如表 23-2-54 所示。

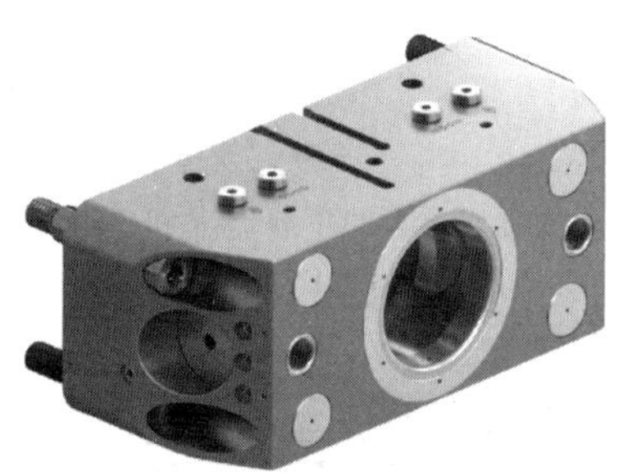
图 23-2-37 NSR 机器人模块

PKL 托盘联轴器模块（如图 23-2-38 所示）与零件夹具相连，在与 NSR 机器人模块相连时，对机器人的位置误差有一定自动校准能力。该模块的主要参数如表 23-2-55 所示。

表 23-2-54 NSR 160 模块主要参数

型号	NSR 160
长度/mm	159
宽度/mm	60
下拉力/kN	4
下拉力，带增压/kN	15
解锁压力/bar	6
重复精度/mm	<0.02
力矩 M_x max./N·m	600
力矩 M_z max./N·m	1600
质量/kg	1.6

图 23-2-38 PKL 托盘联轴器模块

表 23-2-55 PKL 160 模块主要参数

型号	PKL 160	材料	铝
长度/mm	159	质量/kg	1.5
宽度/mm	60		

❶ 1bar=0.1MPa。

(4) 工业机器人的应用价值

在生产线站位自动上下料案例中，工业机器人系统发挥了关键作用，完成了该项目的需求和任务，实现了以下功能及价值：

1) 自动化上下料：工业机器人通过与地轨结合，在生产线站位上实现了自动化的上下料操作。机器人利用快速抓取机构从工装物料箱中取出物料，并将其配送到机床的上下料缓存平台上，实现快速且准确的上料。同样，机器人也能够将加工完成的物料从机床上取下，并放置到缓存平台上，实现自动下料，不仅节省了人力资源，更提高了生产效率和产能。

2) 智能互联通信：工业机器人系统能够与生产线智能管控系统互联互通。机器人操作过程、运行状态、故障等信息能够及时反馈管控系统，从而实现实时监控和远程管理，有利于管理者溯源和迅速响应任何异常情况，极大提升了生产线的智能化水平和运营效能。

3) 提高生产效率和质量：工业机器人系统的应用使得生产线的上下料过程更加高效、精确，减少了传统人工操作中可能存在的误差和时间。同时，机器人系统能够实时监测和反馈物料的位置和状态，确保物料的正确配送和及时处理。

7 数控机床

7.1 通用技术

7.1.1 数控机床组成

数控机床组成框图如图 23-2-39 所示，数控机床组成部分如表 23-2-56 所示。

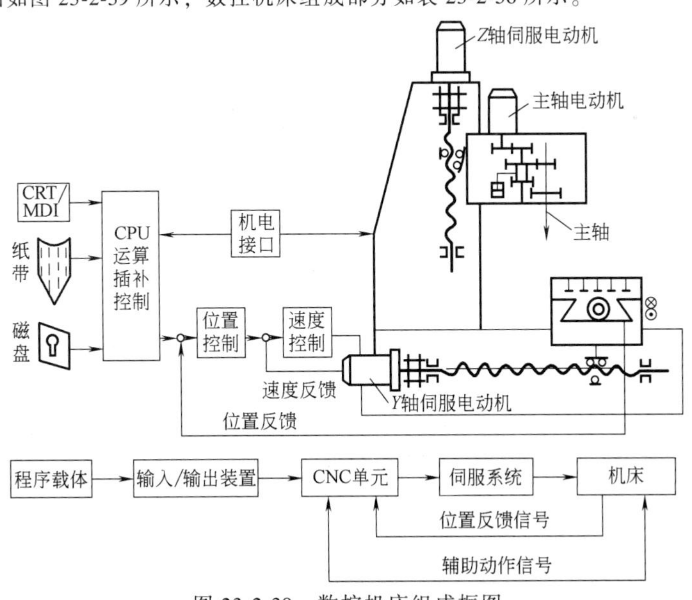

图 23-2-39 数控机床组成框图

表 23-2-56 数控机床组成部分

组成部分	简介
机床主体	包括床身、立柱、横梁等。提供了数控机床的稳定性和刚性支撑
运动系统	通常包括伺服电机、滚珠丝杠、直线导轨等。通过控制系统发送指令,驱动运动系统实现工件在不同方向上的运动
主轴系统	包括主轴电机、主轴箱、主轴头等。主轴系统提供切削动力和旋转运动,用于安装刀具和进行切削操作

续表

组成部分	简介
控制系统	包括数控装置、数控控制器、编程设备等。控制系统接收操作者输入的指令,根据预设的程序和参数控制机床进行工件加工
自动换刀系统	包括刀库、刀杆、刀具传感器等。自动换刀系统可以根据加工需要自动选择合适的刀具进行切削操作
冷却系统	通常包括冷却液供给装置、冷却液管路等
夹具和工作台	用于固定和支撑工件,保证工件在加工过程中的稳定性和精度
编程和操作界面	数控机床通常配备编程和操作界面,用于操作者进行机床的编程、设定参数和监控加工过程

以上是数控机床的一般组成部分，不同类型和型号的数控机床可能会有所差异。在选择和使用数控机床时，需要了解具体机床的构成和性能，以确保正确操作和高效加工。

7.1.2 数控机床分类

数控机床可以按照不同的标准进行分类。一些常见的数控机床分类方式如表 23-2-57 所示。

表 23-2-57　　数控机床分类

分类依据	类别	说明
加工方式	数控铣床	用于进行铣削加工,能够在工件上进行平面、曲面、螺纹等加工
	数控车床	用于进行车削加工,可以对工件进行外圆、内圆、螺纹等加工
	数控钻床	用于进行钻孔加工,能够对工件进行精确的钻孔操作
	数控磨床	用于进行精密磨削加工,常用于加工高精度的工件表面
机床结构	立式数控机床	工作台固定,刀具在垂直方向移动
	卧式数控机床	工作台水平放置,刀具在水平方向移动
	桥式数控机床	具有横梁和立柱,工作台在横梁上移动
加工精度	高精度数控机床	具有很高的定位精度和重复定位精度,适用于加工高精度要求的工件
	普通数控机床	具有较低的精度要求,适用于一般加工任务
控制系统	FANUC 系统	采用 FANUC 控制系统的数控机床
	Siemens 系统	采用西门子控制系统的数控机床
	Mitsubishi 系统	采用三菱控制系统的数控机床

选择数控机床时，根据加工需求和具体情况，结合上述分类方式进行选择。

7.1.3 可靠性设计与评定

1）可靠性设计。数控机床的可靠性设计是确保数控机床在长时间运行过程中保持高水平的可靠性和稳定性的一项重要任务。以下是数控机床可靠性设计的一些关键考虑因素：

① 结构设计和材料选择。数控机床的结构设计应考虑到工作负载、振动和冲击等因素，并选择高强度、高刚性的材料。合理的结构设计和材料选择可以提高机床的刚性、抗振性和耐久性。

② 系统可靠性设计。控制系统是数控机床的核心部分，因此在设计过程中应特别关注其可靠性。这包括选用可靠的电气元件和传感器，采用冗余设计和故障检测与容错技术，确保系统在故障时具有自我诊断和自我修复的能力。

③ 冷却和润滑系统设计。数控机床运行时会产生热量和摩擦，因此良好的冷却和润滑系统是确保机床可靠性的重要因素。合适的冷却系统可以保持机床各部件的温度在合理范围内，防止过热引起的故障；润滑系统则可减少零部件磨损、摩擦和腐蚀。

④ 人机工程设计。数控机床需要操作员进行编程、操作和维护，人机工程设计直接影响到机床的可靠性。合理布局控制面板、便于操作的操作界面和清晰的显示屏，能够降低误操作和操作失误的风险，提高机床的可靠性。

⑤ 定期维护和保养。定期的维护和保养是确保数控机床可靠性的重要手段。包括定期检查和更换易损件、清洁和润滑零部件、校准和校验系统、备份与更新控制程序等。通过合理的维护和保养，可以及时发现和解决潜在问题，延长机床的使用寿命。

⑥ 质量控制和严格测试。在制造过程中，应严格控制产品质量，遵循相关标准和规范。进行全面的性能测

试和可靠性测试，确保机床的功能正常、运行稳定，耐久性和可靠性达到设计要求。

综上所述，数控机床的可靠性设计需要综合考虑结构设计、系统设计、冷却和润滑系统设计、人机工程设计、定期维护和保养，以及质量控制和严格测试等方面，从而确保机床具有高水平的可靠性和稳定性，满足用户的使用需求。

2）可靠性评定。通过对数控机床在实际使用中故障率、可用性以及维修时间等指标进行评估来评定数控机床的可靠性。以下是一些常见的数控机床可靠性评定指标：

① 故障率。故障率是指数控机床在特定时间内发生故障的频率。通过统计机床的故障发生次数和使用时间，可以计算出故障率。较低的故障率代表机床的可靠性较高。

② 可用性。可用性是指数控机床在特定时间内处于正常工作状态的时间比例。可用性可以根据机床的故障时间、维修时间和预定维护时间来计算。较高的可用性意味着机床能够更长时间地正常运行。

③ 平均维修时间（MTTR）。平均维修时间是指修复数控机床故障所需的平均时间。通过记录故障发生时的维修开始时间和维修完成时间，可以计算出平均维修时间。较短的平均维修时间代表机床的可靠性较高。

④ 平均无故障时间（MTBF）。平均无故障时间是指数控机床连续工作而无故障发生的平均时间。通过统计机床连续工作的时间和故障发生的次数，可以计算出平均无故障时间。较长的平均无故障时间表示机床的可靠性较高。

⑤ 维修保养成本。维修保养成本是指维修和保养数控机床所需的费用。包括维修零件的成本、维修人员的工时费用以及停机带来的生产损失等。较低的维修保养成本可以降低使用成本和经营成本。

可以通过收集和分析机床的故障数据、维修记录以及用户反馈等信息评定数控机床的可靠性。同时，机床的设计质量、制造工艺和零部件选用等因素也对可靠性有一定影响。综合考虑上述指标可以评估数控机床的可靠性，并为用户选择合适的机床和制定维护策略提供参考。

7.1.4 性能评估设计

数控机床性能评估设计的步骤如表 23-2-58 所示。

表 23-2-58　　数控机床性能评估设计步骤

步骤序号	步骤名称	具体内容
1	明确评估目标	确定对数控机床性能进行评估的具体目标和指标。这可能涉及加工精度、加工效率、稳定性、可靠性、能耗等方面的评估
2	选择评估方法	根据评估目标和指标，选择合适的评估方法。评估方法可以包括实验测试、模拟仿真、理论分析等。具体选择的方法取决于评估的内容和可行性
3	设计评估方案	根据选择的评估方法，设计具体的评估方案。包括确定评估所需的测试设备、测量方法、实验参数设置等。同时，需要考虑评估的可重复性和可比性
4	进行实验测试或模拟仿真	按照评估方案进行实验测试或模拟仿真。对于实验测试，需要准备好相应的测试设备和工件样品，按照设定的实验参数进行测试。对于模拟仿真，需要使用相应的仿真软件进行建模和模拟
5	收集和分析数据	在实验测试或模拟仿真完成后，收集所得到的数据。对数据进行分析和处理，包括统计分析、图表绘制、数据对比等。根据评估目标和指标，进行相应的数据解读和评估
6	评估结果和结论	根据数据分析的结果，进行性能评估总结。评估结果可以表达为数值指标、图表展示或性能等级评定等形式。对于评估结果中存在的问题或不足，提出改进和优化的建议
7	报告撰写和沟通	将评估结果整理撰写成报告，并进行沟通和交流。报告中应包括评估目标、评估方法、实验过程、数据分析、评估结果和结论等内容。将评估结果与相关人员进行分享，以便于改进和决策

数控机床的性能评估是对其各项性能指标进行客观评价和测试，以确定其在实际应用中的性能水平。以下是一些常见的数控机床性能评估指标：

1）定位精度。定位精度是数控机床加工定位的准确程度。它可以通过测量加工件上实际加工位置与设定位置之间的误差来评估。常见的指标包括定位误差、重复定位精度和直线插补误差等。

2）运动精度。运动精度反映了数控机床在不同运动轴上的精度表现。它通常通过测量加工件上实际加工轨迹与设定轨迹之间的误差来评估。常见的指标包括轴向定位误差、循环误差和直线度等。

3）加工表面质量。加工表面质量是指数控机床加工得到的工件表面的光洁度和粗糙度。它可以通过测量工件表面的粗糙度参数来评估，如 *Ra* 值、*Rz* 值等。较低的表面粗糙度和更好的光洁度意味着更高的加工品质。

4）加工效率。加工效率是数控机床处理工件的速度和生产能力。它可以通过测量加工时间、切削速度、进给速度等指标来评估。较高的加工效率意味着更快的加工速度和更高的生产能力，提高生产效益。

5）系统稳定性。系统稳定性是指数控机床在长时间运行过程中的稳定性和可靠性。它可以通过测试机床在长时间运行、高负载运行和复杂加工条件下的性能来评估，包括稳定性、噪声水平、故障率等。

6）功能完整性。功能完整性是指数控机床是否满足预期的功能需求。它可以通过测试机床的不同功能模块和附加功能是否正常运作来评估，如刀具变换功能、自动换刀功能、自动测量功能等。

评估数控机床性能时，可以采用实验测试、精度检测、加工样品的测试和实际生产中的验证等方法。通过综合评估以上指标，可以客观地了解数控机床的性能表现，为用户选择合适的机床和优化加工过程提供参考。

7.1.5 数控机床选型

选择适合的数控机床需要考虑多个因素，如表 23-2-59 所示。

表 23-2-59　　数控机床选型考虑因素

考虑因素	说明
加工需求	包括加工材料、加工尺寸和加工精度等。不同的数控机床适用于不同的加工需求，例如铣床、车床、钻床等
加工材料	例如金属、塑料、复合材料等。某些数控机床可能更适合特定材料的加工，因此需要选择适合材料类型的机床
加工尺寸	包括零件的最大尺寸和重量。这将有助于确定所需的机床工作台尺寸和承载能力
加工精度	根据加工要求，确定所需的加工精度级别。不同的数控机床具有不同的加工精度，选择适合要求的机床
自动化需求	考虑是否需要自动化功能，如自动换刀、自动工件装夹等。这些功能可以提高生产效率和减少操作人员的工作量
可用空间	考虑工作场所可用的空间大小和布局。确保选择适合工作场所的机床，并留出足够的空间进行操作和维护
预算限制	数控机床的价格因型号、品牌和功能而异，确保选择符合预算范围的机床
品牌和服务支持	考虑选择知名品牌的数控机床，这通常意味着更可靠的性能和更好的售后服务支持

7.1.6 使用与维护规范

1）技术要求。如机床数控系统生产商无特殊要求，机床数控系统使用与维护应满足以下基本原则：

① 完整性：机床数控系统的零部件齐全，线缆、管道等完整；

② 洁净性：机床数控系统内外清洁，无污损、无腐蚀、无油垢、无碰伤，无加工垃圾，无油、电泄漏；

③ 灵活性：线缆无交错、干涉；摩擦部位润滑到位；各运动轴活动自如，无阻塞；

④ 安全性：电源接地良好，其他安全防护装置齐全可靠；

⑤ 一致性：同类同规格机床数控系统，使用与维护等内容应保持一致；使用与维护人员定人定机，使用与维护信息记录真实完整。

2）使用与维护规程。为了提高机床数控系统的使用效率、减少故障、防止事故发生，使用机床数控系统前，推荐制定机床数控系统使用与维护规程。使用与维护规程可以采用图表、文字、图片等形式，主要用于规范使用操作和维护过程。制定使用与维护规程应符合以下基本原则：

① 按机床数控系统操作顺序及使用维护前、中、后的注意事项分列，内容简明、适用；

② 按照机床数控系统类别分别列出结构特点、加工范围、操作注意事项等内容；

③ 各类机床数控系统有共性的内容，可编制统一标准通用规程；

④ 与重点设备、高精度、大重型等机床配套的高档型机床数控系统，可根据需要单独编制使用维护规程；

⑤ 重点、关键、危险、容易出意外的环节或部位应重点强调，并辅以标识牌贴；

⑥ 确定维护项目点，对维护点制定标准，明确维护目标、维护周期；制定维护方法和实施步骤；

⑦ 详细记录使用与维护的信息；

⑧ 明确使用与维护过程中问题处理方法。

3）使用与维护信息。机床数控系统使用信息记录表如表 23-2-60 所示。

表 23-2-60　　机床数控系统使用信息记录表示例

机床数控系统信息			
环境条件和工作条件			
使用起止时间		异常情况	(有无报警,有无突发情况等)
使用过程信息	(主要操作如编写程序、设置参数、数据备份/还原等运行的程序、加工的零件类型、加工的零件数量、有无不合格零件、各参数的设置及变动情况)		
使用人员		使用班次、日期	

机床数控系统维护信息记录表如表 23-2-61 所示。

表 23-2-61　　机床数控系统维护信息记录表示例

机床数控系统信息			
环境条件和工作条件			
使用起止时间		异常情况	
维护项目名称	维护内容及结果	上次维护时间	预计下次维护时间
	(主要含维护方法、备件更换记录、维护结果等)		
	(主要含维护方法、备件更换记录、维护结果等)		
维护人员		维护日期	

4）使用与维护规程示例

① 安全操作基本注意事项：

a. 进入车间时，要穿好工作服，袖口扎紧，衬衫系入裤内，发辫纳入安全帽内。不得穿凉鞋、拖鞋、高跟鞋、背心、裙子和戴围巾进入车间。不准许戴手套操作。

b. 不得移动或损坏安装在机床数控系统上的警告标牌。

c. 不得在机床数控系统周围放置障碍物。

d. 某一项工作如需要两人或多人共同完成时，应注意相互间的协调一致。

e. 不准许采用压缩空气清洗机床数控系统。

f. 应在指定的机床数控系统和计算机上进行操作。未经允许，不得乱动其他设备、工具或电器开关。

g. 出现故障时及时记录反馈，不得盲目处理故障。

② 工作前的准备：

a. 操作前应熟悉机床数控系统的一般性能、结构、传动原理及控制程序，掌握各操作按钮、指示灯的功能及操作程序。在熟悉整个操作过程前，不要进行机床数控系统的操作和调节。

b. 开动机床数控系统前，要确认电源的规格是否符合要求，检查数控系统与外界之间的连接电缆是否全部符合连接要求，检查电气控制系统是否正常，各操作手柄是否正确，工件、夹具及刀具是否已夹持牢固，检查配套冷却液是否充足。

c. 在接通电源的同时，做好按下紧急停止按钮的准备。

d. 确认机床数控系统的各种参数。

e. 开机后检查各传动部件是否正常，确认无故障后，才可正常使用。

f. 检查数控系统的常用功能。

g. 程序调试完成后，应经主管人员同意方可按步骤操作，不准许跳步骤执行。

③ 工作过程中的安全注意事项：

a. 加工零件时，应关上防护门，不准把头、手伸入防护门内，加工过程中不准许打开防护门。

b. 加工过程中，操作者不得擅自离开，应保持思想高度集中，观察机床数控系统的运行状态。若发生不正常现象或事故时，应立即终止程序运行，切断电源并及时报告车间领导，不得进行其他操作。

c. 严禁用力拍打控制面板、触摸显示屏。

d. 严禁私自打开数控系统控制柜进行观看和触摸。

e. 操作人员不得随意更改机床数控系统内部参数。不得调用、修改其他非自己所编的程序。

f. 机床数控系统控制计算机上，除进行程序操作和传输及程序复制外，不准许做其他操作。

g. 除工作台上安放工装和工件外，机床数控系统上严禁堆放任何工、夹、刃、量具、工件和其他杂物。

h. 禁止用手或其他任何方式接触正在旋转的主轴、工件或其他运动部位。

i. 禁止用手接触刀尖和加工碎屑，碎屑应用铁钩子或毛刷来清理。

j. 禁止在机床数控系统各轴运动时测量工件、手动变速，更不能用棉丝擦拭工件，也不能清扫机床数控系统。

k. 禁止进行尝试性操作。

l. 使用手轮或快速移动方式移动各轴位置时，一定要看清 X、Y、Z 轴各方向“+、-”号标牌后再移动。移动时先慢转手轮观察坐标轴移动方向，无误后方可加快移动速度。

m. 在加工过程中需测量工件尺寸时，要待机床数控系统各轴完全停止后方可进行测量，以免发生人身事故。

n. 关机时，要等主轴停转 3min 后方可关机。

④ 工作完成后的注意事项：

a. 清除加工碎屑、擦拭机床数控系统，使机床数控系统与环境保持清洁状态。各部件应调整到正常位置。

b. 检查润滑油、冷却液的状态，及时添加或更换。

c. 依次关掉操作面板上的电源和总电源。

d. 打扫现场卫生，填写设备使用记录。

7.2 接口与通信

7.2.1 数控机床接口设计

数控机床通常具有多种接口，用于与其他设备或系统进行数据交换和控制。一些常见的数控机床接口如表 23-2-62 所示。

表 23-2-62 数控机床接口类型

接口类型	说明
数字输入/输出接口 (digital input/output,DIO)	该接口用于与外部数字信号进行交互,例如传感器、按钮、开关等。通过 DIO 接口,数控机床可以接收外部信号并做出相应的动作或控制
通用串行接口 (universal serial interface,USI)	该接口用于串行通信,支持与其他设备或计算机进行数据传输。常见的串行接口有 RS232、RS485 等,通过这些接口,数控机床可以与上位机或外部设备进行数据交换和远程控制
以太网接口	许多现代数控机床配备以太网接口,支持通过局域网(LAN)或互联网进行数据传输和远程监控。通过以太网接口,可以实现数控机床之间的通信以及与其他计算机系统的集成
USB 接口	USB 接口广泛应用于各种设备中,包括数控机床。通过 USB 接口,可以连接数控机床与计算机、存储设备、打印机等进行数据传输和控制
无线接口	一些高级数控机床还可配备无线接口,如 Wi-Fi 或蓝牙。通过无线接口,可以无线传输数据、进行远程控制或监测数控机床的状态

这些接口提供了数控机床与外部设备、网络和系统进行数据交换和控制的方式。具体使用哪种接口取决于数控机床的型号和配置，以及用户的需求和应用场景。

数控机床的接口设计步骤如表 23-2-63 所示。

表 23-2-63　　数控机床接口设计步骤

步骤序号	步骤名称	具体内容
1	需求分析	在接口设计之前,需要进行需求分析,明确机床与外部系统之间需要进行的数据交互和控制功能。这包括确定输入和输出信号的类型、通信协议、数据传输速率等
2	接口定义	根据需求分析的结果,定义机床的接口规范。这包括确定接口类型(如数字接口、模拟接口、网络接口等)、接口的物理连接方式(如串口、并口、以太网等)、接口的电气特性(如电压、电流、阻抗等)等
3	信号定义	对于每个接口,需要明确定义每个输入和输出信号的含义和功能。这包括确定信号的名称、信号的数据格式(如模拟信号、数字信号)、信号的取值范围等
4	接口电路设计	根据信号定义,设计接口电路以实现信号的输入和输出。这可能涉及电路设计、电路板布局、信号调理和转换等
5	通信协议设计	如果涉及与外部系统的通信,需要设计相应的通信协议。这包括确定通信协议的格式、命令和数据的交互方式、错误处理机制等
6	接口测试	在接口设计完成后,进行接口测试以验证接口的功能和性能。这包括测试接口的输入和输出信号是否符合规范、测试接口的数据传输速率、稳定性和可靠性等
7	文档编写	最后,编写接口设计文档,记录接口的规范、信号定义、电路设计和测试结果等信息,以便于后续的使用和维护

7.2.2　数控机床信息模型

数控机床的信息模型是数控编程和控制系统的抽象表示。它包括几个主要组成部分，如表 23-2-64 所示。

表 23-2-64　　数控机床信息模型组成部分

接口类型	说明
几何模型(geometric model)	几何模型描述了加工零件的几何形状和相关的坐标系。它包括零件的尺寸、形状、轮廓等信息。几何模型可以使用计算机辅助设计(CAD)软件创建,并以某种标准格式(如 STL、STEP 等)进行存储和传输
工艺数据(process data)	工艺数据包含了实际的加工工艺参数和相关要求。它包括切削速度、进给速度、刀具半径补偿、切削深度、刀具路径等信息。工艺数据可以根据具体的加工要求和材料特性进行设定
数控指令(NC instructions)	数控指令是编写在数控程序中的指令序列,用于控制数控机床的运动和操作。这些指令可以使用通用编程语言(如 G 代码和 M 代码)表示,如前面提到的几何指令和辅助功能指令
数值控制器(numerical controller)	数值控制器是数控机床的控制系统,负责解释和执行数控指令。它接收来自上层的数控程序,解析其中的指令,并控制机床的各个轴进行精确的定位和运动控制。数值控制器通常由硬件和软件组成,可以包括计算单元、存储器、输入/输出接口、运动控制卡等
反馈系统(feedback system)	反馈系统用于监测数控机床的实际运动状态,并将反馈信息返回给数值控制器进行实时调整。它可以包括各种传感器(如编码器、位移传感器、力传感器等),用于测量机床轴的位置、速度、力等参数

整个信息模型呈现了数控机床的工作过程，从零件的几何形状和加工要求开始，经过编程生成数控指令，最终由数值控制器驱动机床进行准确的加工操作。这个模型使得数控编程和控制变得更加精确和可靠，提高了加工效率和产品质量。

7.2.3　数控机床的时钟同步设计

数控机床的时钟同步是确保数控系统中各个组件具有一致的时间基准，以实现协调和同步的运动控制。时钟同步对于数控机床非常重要，因为准确的时间信息对于实现高精度的加工操作至关重要。以下是一些常用的时钟同步方法：

1）硬件时钟同步。硬件时钟同步通过使用专用的硬件时钟模块或时钟信号发生器来分发和同步时间信号。这些硬件模块可以在数控系统中的各个组件之间发送时间同步信号，以确保它们以一致的基准计时。

2）网络时钟同步。在某些情况下，数控系统可能使用网络连接，例如以太网，以便实现数控机床之间或与其他计算机系统之间的通信和数据交换。在这种情况下，可以使用网络时钟同步协议，例如网络时间协议（NTP）或百纳秒网络协议（PTP），来实现时钟同步。

3）外部时钟源。有时，数控机床可能使用外部时钟源进行时钟同步。外部时钟源可以是基于原子钟的高精度时钟设备，或者是其他高精度时钟信号源。数控系统可以通过接收来自外部时钟源的时钟信号来同步本地时钟，以确保高精度的时间基准。

4）软件时钟同步。软件时钟同步方法使用软件算法来协调和调整内部时钟。这些算法可能包括时间戳同步、时间差同步和时间插值等技术，通过比较和调整本地时钟与其他参考时钟之间的时间差来实现同步。

时钟同步方法的选择取决于具体的数控系统和应用需求。重要的是确保数控系统中的各个组件使用相同的时间基准，并能够进行准确的时间测量和调整，以实现稳定、协调和精确的运动控制。

7.2.4 数控机床的通信协议设计

数控机床在与其他设备（如上位机、外部传感器）进行通信时，可以使用多种通信协议。一些常见的数控机床通信协议如表 23-2-65 所示。

表 23-2-65　　数控机床通信协议

通信协议	说明	应用
RS232	RS232 是一种串行通信协议，常用于短距离通信。它使用单个传输线进行数据传输，支持较低的数据传输速率	在数控机床中，RS232 常用于与上位机进行通信，例如通过终端连接或串口通信来发送和接收数据
Ethernet	以太网是一种广泛使用的局域网通信协议，支持高速数据传输	许多现代数控机床都配备了以太网接口，可以通过以太网与其他设备进行通信，如上位机和工厂局域网。常用的以太网协议包括 TCP/IP、UDP、ModbusTCP 等
Profibus	Profibus 是一种工业领域常用的串行通信协议，用于连接自动化设备和系统。它支持高速的实时数据传输和配置管理	在数控机床中，Profibus 常用于与外部传感器、I/O 模块和其他自动化设备进行通信
CAN（Controller Area Network）	CAN 是一种广泛应用于汽车和工业自动化领域的串行通信协议。它支持多节点通信和实时数据传输	在数控机床中，CAN 通常用于与分布式控制系统和外部设备（如传感器、执行器）进行通信
Modbus	Modbus 是一种常用的串行通信协议，广泛应用于工业自动控制系统。它具有简单、开放的特点，支持点对点和多节点通信	Modbus 协议通常用于数控机床与上位机、PLC（可编程逻辑控制器）和其他设备的数据交换

这些通信协议的选择取决于具体的数控系统和应用需求。数控机床通常具备多种通信接口，并支持多种协议，以实现与不同设备和系统的连接和数据交换。

数控机床通信协议的设计考虑因素如表 23-2-66 所示。

表 23-2-66　　数控机床通信协议设计考虑因素

考虑因素	说明
通信协议选择	选择适合数控机床通信的协议，常见的包括以太网协议（如 TCP/IP）、串行通信协议（如 RS232、RS485）等。选择协议时需考虑通信速率、可靠性、实时性等因素
通信格式定义	定义通信数据的格式，包括数据帧的结构、字段的含义和编码方式。常见的通信格式包括二进制格式、ASCII 码格式等。确保数据格式清晰、简洁，并考虑数据的可扩展性
命令和响应定义	定义通信中使用的命令和响应，明确每个命令的功能和参数，以及响应的格式和含义。可以使用预定义的命令和响应码，或自定义特定的命令和响应
错误处理机制	定义错误处理机制，包括错误码的定义和错误处理流程。确保在通信过程中出现错误时，能够及时检测和处理，并提供相应的错误信息
数据校验	为了保证通信数据的完整性和准确性，通常需要添加校验机制，如数据校验和循环冗余校验（CRC）等。校验机制可以在通信协议中定义，并在数据传输过程中进行校验
通信流程	定义通信的流程和顺序，包括建立连接、数据传输、命令执行和响应处理等步骤。确保通信流程清晰、可靠，并考虑异常情况的处理
通信性能优化	在设计通信协议时，需要考虑通信的性能优化，如减少通信延迟、提高数据传输速率等。可以采用压缩算法、数据缓存、并行处理等技术来优化通信性能
安全性考虑	对于涉及敏感数据或对机床进行远程控制的通信协议，需要考虑安全性。可以采用加密算法、身份验证机制等来确保通信的安全性

设计通信协议时，需要根据具体的数控机床类型、应用场景和需求进行调整和扩展。同时，建议进行充分的测试和验证，确保通信协议的稳定性和可靠性。

7.3 检测监控

7.3.1 数控机床的检测方法选择

数控机床的检测方法如表 23-2-67 所示。

表 23-2-67　　数控机床检测方法

检测方法		方法说明
几何精度检测	平直度检测	通过激光测量或对比尺进行平面的平直度检测,以评估机床工作台或导轨的平直度
	垂直度检测	使用角度测量仪或激光测量仪来检测机床工作台或刀头与参考面的垂直度
	平行度检测	通过比较工作台或导轨与参考面之间的平行度来评估机床的平行度
	圆度检测	使用圆度测量仪来检测机床主轴或工作台的圆度误差
位置精度检测	坐标位置检测	使用激光干涉仪或编码器等传感器测量机床工作台在各个坐标轴方向上的位置误差
	运动轨迹检测	通过测量机床工作台在实际加工过程中的运动轨迹,与设定的预定轨迹进行比较来评估位置精度
重复定位精度检测	连续加工测试	在机床上进行多次相同的加工操作,并测量加工后零件的尺寸和位置,评估加工结果的一致性和重复性
	反复定位测试	多次定位到同一位置,并测量实际位置与目标位置之间的差异,评估机床的重复定位精度
刚性检测	振动测量	使用加速度计或振动传感器测量机床在加工过程中的振动情况,评估刚性和稳定性
	切削试验	通过进行切削试验,测量切削力、切削振幅和加工表面质量等参数,以评估机床的刚性与稳定性

这些检测方法可以帮助评估数控机床的性能和精度，并及时发现潜在的问题。定期的检测和校准对于确保数控机床的加工质量和稳定性非常重要。

7.3.2 数控机床的监控方式选择

数控机床的监控方式如表 23-2-68 所示。

表 23-2-68　　数控机床监控方式

监控方式		说明
实时监控	温度监测	使用温度传感器监测机床各个部件的温度,以确保在安全范围内工作
	振动监测	利用振动传感器检测机床的振动情况,以判断是否存在异常或故障
	动力监测	通过电流传感器或功率传感器监测数控机床的电力消耗和主轴负载情况,用于分析加工状态和判断刀具磨损程度
数据采集与分析	数据记录	将机床参数、传感器数据等实时信息记录下来,用于后续分析和比较
	数据分析	借助数据分析工具和算法,对采集到的数据进行处理、统计和模式识别,以检测异常情况、预测故障和改进生产效率
远程监控	远程访问	利用网络技术,通过远程访问协议(如 VPN、远程桌面等),实时查看和控制数控机床的运行状态
	远程诊断	通过远程访问数控机床的数据和参数,进行远程诊断,提供故障分析和解决方案

这些监控方式可以帮助及时获取数控机床的运行状态和故障信息，提高生产的安全性、稳定性和效率。同时，监控数据的分析和挖掘也有助于进行预测性维护，避免机床故障和生产中断。

7.4 应用案例

高端机床具有精密加工、高效生产、灵活适应和智能决策等特点，为实现生产过程的高质量、高效率和高灵活性提供了坚实支撑。它们不仅能够提高生产效率和产品质量，还能够适应市场需求的快速变化。因此，将高端数控机床集成于智能制造生产线中，是提高企业生产水平乃至国家制造竞争力的关键所在。本案例面向国内高端机械制造，以 DMG MORI NHC 4000 型卧式加工中心（图 23-2-40）在国内某空气压缩机公司的大型箱体加工中的应用为例，展示高端机床在我国智能制造产业中的应用。

（1）应用背景

为满足空气压缩机箱体与轴承座高效和高质量生产，国内某空气压缩机公司投资购买了两套全自动化生产线，每条生产线由四台 NHC 4000 卧式加工中心和一台移动式机器人组成（图 23-2-41），机器人将工件装入托盘上并送入机床中，并进行成品件卸件。在机床加工的同时，机床操作员可准备新托盘。该生产线良好地满足了公司的自动化多品种小批量生产，大大提高了智能车间的柔性生产能力。

图 23-2-40 DMG MORI NHC 4000 型卧式加工中心

图 23-2-41 NHC 4000 卧式加工中心和移动式机器人组成的柔性生产线

第23篇

（2）机床特点

1）高精度——机床采用点对称结构的主轴，为机床高精度加工奠定了基础。

2）高动态性能——进给速度高达 60000mm/min，加速度高达 0.87g，标配大功率主轴，转速 12000r/min，扭矩 110N · m，直驱工作台，转速 100r/min。

3）高刚性——厚实的高刚性床身，阶梯式 X 轴导轨，大直径主轴轴承 80mm，大大提高了机床工作刚性。

4）结构紧凑——结构紧凑的卧式加工中心，占地面积仅 11.5m^2，托盘尺寸 400mm×400mm，三点支撑结构，确保用户快速和方便地安装。

（3）机床操作系统

标配 MAPPS IV 高性能操作系统，简单易用，带大型显示屏，易于使用的计算机键盘和垂直软键，可快速访问需要的界面。MAPPS IV 拥有大量用户友好的功能，操作更直观，维护功能更完善：

1）升级的硬件提供更优的操作舒适性；

2）CAM 软件提供更强功能；

3）方便设置和维护的新功能；

4）显示屏显示多种监测信息，包括内部监测。

（4）关键技术参数

表 23-2-69 DMG MORI NHC 4000 型卧式加工中心关键技术参数

参数项	参数值
最大工件直径/mm	630
最大工件高度/mm	900
工件最大质量/kg	400

续表

参数项	参数值
X 轴最大行程/mm	560
Y 轴最大行程/mm	560
Z 轴最大行程/mm	660
最大轴数	4
主轴	HSK-A63 主轴
数控系统	MAPPS FANUC
刀库容量(把)	240
自动化	托盘交换器 回转托盘库 托盘库
生产类型	小批量(50 个) 中等批量(50~1000 个) 大批量(1000~100000 个)
加工材料	铝合金、钢/铸造、钛/铬镍铁合金、塑料/CFK
机床占地面积/m^2	11.5

(5) 应用效果

1) 生产灵活性提升：适应不同产品类型和变化的市场需求，能够快速切换生产任务、适应新产品的生产要求，降低了产品转换时间和成本，良好地满足了自动化的多品种小批量生产。

2) 生产效率提高：采用自动化设备和智能化控制系统，能够实现生产过程的高度自动化和智能化，无人化操作、自动装配、自动检测等功能，提高了生产效率和生产线的运行稳定性。

3) 降低人力成本：大大减少了对人工劳动力的依赖，通过自动化设备和机器人的使用，可以减少人力资源的投入，并降低相关的人力成本。

4) 提高产品质量和一致性：生产过程中采用自动化和智能化控制，减少了人为因素对产品质量的影响，显著提高了加工效果和重复精度。模具的位置误差从原来的 0.04~0.06mm 减小到 0.01~0.02mm，同心度可达 0.01~0.02mm。

8 工艺装备

8.1 通用技术

8.1.1 通用制造工艺分类

制造工艺是为了有效完成制造活动所施行的各种制造方法和制造过程的总称。制造工艺可以按照多种不同的分类方法分为不同的种类。制造工艺有以下几种分类方法：基于成形方法分类、基于加工尺寸分类、基于加工精度分类、基于加工设备分类。

工艺装备（工装）是指产品制造过程中所用的各种工具总称，包括刀具、夹具、模具、量具、检具、钳工工具和工位器具等。基于加工过程中使用的工艺装备，制造工艺可以分为：切削加工工艺、特种加工工艺、压力加工工艺、铸造工艺、焊接工艺、其他加工设备的加工工艺。每种制造工艺又有如下具体分类：

1) 切削加工工艺。基于加工方式分为：车削、铣削、刨削、磨削、镗削、钻削、插削、拉削、锯削、其他切削加工工艺。

2) 特种加工工艺。基于特种加工设备所使用的能量特点分为：电物理加工、电化学加工、化学加工、复合加工、其他特种加工工艺。

3）压力加工工艺。基于压力机械加工方法分为：锻造、冲压、挤压、旋压、轧制、拉拔、摆碾、其他压力加工工艺。

4）铸造工艺。基于铸造工艺特点分为：砂型铸造、特种铸造、绿色铸造、其他铸造工艺。

5）焊接工艺。基于焊接工艺特点分为：电弧焊、电阻焊、气焊、压焊、特种焊接、钎焊、其他焊接工艺。

6）其他加工设备的加工工艺。基于其他加工设备的加工工艺包括：钳工、热处理、装配与包装、其他。

8.1.2 工艺装备设计选择规则

表 23-2-70　　工艺装备设计选择规则

工艺装备设计的选择依据	生产纲领、生产类型及生产组织形式 产品通用化程度及产品生命周期 工艺方案的特点 工艺装备使用环境 专业化分工的可能性 标准工艺装备的应用程度 现有设备符合的均衡情况 成组技术的应用 安全技术要求 生产周期
工艺装备设计的选择原则	提高产品质量和生产效率 节约资源，节能减排 降低工艺装备的制造费用及其使用维护费用 提高工艺装备的通用性 尽量采用标准工艺装备 具有良好的可拆卸性和易回收性

8.1.3 工艺装备设计选择程序

表 23-2-71　　工艺装备设计选择程序

调研分析内容	产品结构特点、精度要求 产品生产计划、生产组织形式和工艺条件 工艺工序分类情况 对工装的基本要求 采用标准工装结构的可行性 选择符合要求的用于设计和制造工装的基本计算资料 有关工装的合理化建议纳入工艺的可能性 考虑产品生命周期的环境因素和环境要求，选择适当的环境设计方法进行环境分析
确定采用最佳工艺装备系统：采用工艺装备时，优先考虑右侧工艺装备	标准工艺装备 通用工艺装备 组合工艺装备 可调工艺装备 成组工艺装备 专用工艺装备
确定总工作量	根据工艺工序的分类，考虑工艺装备的合理负荷，确定其总工作量
确定工艺装备结构原则的因素	毛坯类型 材料特点 结构特点和精度 定位基准 设备型号 生产批量 生产条件

8.1.4 工艺装备设计程序

1）工艺装备设计依据。工艺装备设计的依据通常包括：

工艺装备设计任务书；工艺规程；产品图样和技术条件有关国家标准、行业标准和企业标准；国内外典型工装图样和有关资料；相关设备手册；生产技术条件；等等。

2）工艺装备设计原则。工艺装备设计必须满足工艺要求，结构性能可靠，使用安全，操作方便，有利于实现优质、高效、低耗、环保，改善劳动条件，提高工艺装备标准化、通用化、系列化水平；工艺装备设计应尽量考虑采用组合化设计并引入环境因素；工艺装备设计要深入现场、联系实际，对重大、关键工装确定设计方案时，应广泛征求意见，并经方案评审批准后方可进行设计；工艺装备设计必须保证图样清晰、完整、正确、统一；对精密、重大、特殊的工艺装备应有使用说明书和设计计算书。

3）工艺装备设计程序

表 23-2-72　工艺装备设计流程

研究、分析工艺装备设计任务书,熟悉被加工件图样	熟悉被加工件在产品中的作用,被加工件的结构特点、主要精度和技术条件
	熟悉被加工件的材料、毛坯种类、质量和外形尺寸等
熟悉被加工件的工艺方案、工艺规程	熟悉被加工件的工艺路线
	熟悉被加工件的热处理情况
核对工装设计任务书、调查、试验	收集企业内外有关材料,并进行必要的工艺试验
	同时征求有关人员意见,根据需要组织调研
确定设计方案	提出借用工艺装备的建议和对现场工艺装备的利用
	绘制方案结构示意图,对已确定的基础件的几何尺寸进行必要的刚度、强度、夹紧力的计算
	对复杂工艺装备需绘制联系尺寸和刀具布置图
	选择定位元件、夹紧元件或机构,定位基准及夹紧点的选择应按工艺装备设计任务书进行
	对工艺装备轮廓尺寸、总质量、承载能力以及设备规格进行校核
	对设计方案进行全面分析讨论、评审,确定总体设计
绘制装配图	工艺装备应符合机械制图、技术制图标准的有关规定
	绘出被加工零件的外形轮廓、定位、夹紧部位及加工部位和余量
	装配图上应注明定位面(点)、夹紧面(点)、主要活动件的装配尺寸、配合代号以及外形(长、宽、高)尺寸
	注明被加工件在工艺装备中的相关尺寸和主要参数,以及工装总质量等
	需要时应绘出夹紧、装拆活动部位的轨迹
	标明工艺装备编号打印位置
	注明总装检验尺寸和验证技术要求
	填写标题栏和零件明细表
	按技术责任制履行签署手续
绘制零件图;审核、校对及标准化审查	装配图样、零件图样和有关资料需审核
	送审的图样按规定进行全面审核,并履行签署手续

8.1.5 工艺装备验证规则

1）工艺装备验证目的。保证被制造产品符合设计质量要求；保证工艺装备满足工艺规程要求；验证工艺装备的可靠性、合理性和安全性，以保证产品生产的顺利进行。

2）工艺装备的验证范围。工艺装备凡属于情况之一者均需验证：首次设计制造的工艺装备；经重大修改设计的工艺装备；复制的大型、复杂、精密工艺装备。

3）工艺装备验证依据。工艺装备验证依据通常包括：产品零部件图样及技术要求；工艺规程；工艺装备设计任务书、工艺装备图样、工艺装备制造工艺、通用技术条件及工艺装备使用说明书。

4）工艺装备验证内容如表 23-2-73 所示。

表 23-2-73　　工艺装备验证内容

工艺装备与设备的关系	工艺装备的总体尺寸、总质量
	连接部位的尺寸、精度,装夹位置
	装卸方便性、设备安全性等
工艺装备与被加工件的关系	工艺装备的精度、装夹、定位情况,影响被加工件质量的因素等
工艺装备与工艺的关系	测试基准,加工余量,切削用量等
工艺装备与人的关系	操作方便,使用安全

5）工艺装备验证程序如表 23-2-74 所示。

表 23-2-74　　工艺装备验证程序

工艺装备验证计划	工艺文件中有关工艺装备验证的要求
	工艺装备制造完工情况
	产品零件生产进度
	生产和生产准备计划内工艺装备验证计划
验证准备	工艺部门提供验证用工艺文件及有关资料,提出验证所需用的材料及其定额
	生产部门或规划部门负责验证计划的下达
	供应部门或生产部门负责验证计划用料的准备
	工艺装备制造部门负责验证工艺装备的准备以及工具的准备
	验证单位负责领取验证用料和验证设备,安排操作人员
	检验单位负责验证工艺装备检查的准备
验证过程	验证一般由生产部门或规划部门负责组织、协调、落实,由工艺、工艺装备设计、工艺装备制造、检验及使用等部门共同参加验证工作
验证判断	被验证的工艺装备在工艺工序中按实现规定的试用次数使用后,判断其可靠性、安全性和使用是否方便等
	产品零部件按规定的件数验证,判断其合格率
验证处理	验证合格的工艺装备,由检验员填写《工艺装备验证书》,经有关责任人签字后入库;验证不合格的,经有关负责人签字后返修,并需注明"返修后验证"或"返修后不验证"字样
验证结论	验证合格:完全符合设计、工艺文件的要求,工艺装备可以投产使用
	验证基本合格:工艺装备虽然不完全符合产品设计、工艺文件的要求,但不影响使用或待改进,仍允许投产使用
	验证不合格:工艺装备需返修,再经检验合格后方可投产使用
	验证报废:因工艺装备设计或制造问题不能保证产品质量,工艺装备不得投产使用

8.2 接口与监控

（1）概述

在离散制造系统中，互联互通的主体包括数控装备，将数控装备集成为生产线的集成控制系统，对数控装备进行数据采集和监控的 MDC、SCADA 等软件系统，对数控机床进行数控程序管理的 DNC 系统，以及车间层的制造过程管理软件系统 MES 等各种业务管理软件系统。

数控装备的互联互通采用客户端/服务器结构，其中被访问的数控装备作为服务器，访问的数控装备或 DNC、MDC 和 SCADA 等作为客户端，按照互联互通规定的数据字典及其对应的访问方式获得数控装备的信息，通常至少支持查询和发布/订阅等模式。

MES 等车间层管理软件可以直接与数控装备通信实现数据采集，也可通过 MDC、SCADA 等软件系统实现与数控装备的互联互通。

（2）基本要求

实现数控装备的互联互通及其互操作，其中数控装备的控制系统应具备网络接口，其他装备或软件系统可通过该接口实现对数控装备信息的获取和控制。

数控装备的互联互通互操作接口应满足数控装备控制系统、生产线控制系统等通过服务器软件接口提供本装备对外的信息访问和功能控制接口。

1）通信接口要求。数控装备互联互通及互操作接口的物理层介质可以支持电缆、光纤等有线方式，也可采用无线局域网等无线通信方式，宜采用有线通信方式。

数控装备互联互通及互操作接口的链路层应保持其数据帧传输延迟低于收发双方对延迟的最长允许时间要求，并具有适当的冗余。要实现数控装备互联互通及互操作，通信系统宜采用具有通信实时性保障能力的数据链路层通信协议，如采用 IEC 61784-2：2019 等的实时以太网协议。

数控装备应具备独立的 IP 地址，其互联网互通接口网络层和传输层应支持 TCP/IP 协议，可通过局域/广域网络进行远程访问。

2）数据格式要求。互联互通及互操作的数控装备数据应遵循确定的建模方法，并提供信息的语义，可实现软件的自动识别和集成，推荐采用元数据描述文件的方式提供。

3）系统性能要求。互联互通及互操作的数控装备在通信交互时，通信所产生的负荷不应导致控制系统自身显著变慢，出现停滞、失步等运行故障，影响正常功能的使用。

8.3 应用案例

工艺装备在制能制造中起着至关重要的作用。它们为产品加工、装配和生产提供了先进的、高效的解决方案，帮助企业提高生产效率、降低成本，同时保证产品质量和一致性。本案例面向飞机智能装配领域，以 ARJ21 机身壁板柔性预装配工装为例，展示先进柔性装配工装在飞机智能装配领域的应用。

（1）背景及需求

ARJ21 飞机是我国自主研发和制造的一款支线客机，是中国民航领域迈向自主创新的重要里程碑。飞机装配涉及的零件种类和数量繁多，装配精度要求高，工作量占飞机制造总工作量的 40%～50%，直接影响飞机的最终质量、制造成本和周期。传统飞机装配采用大量的专用工艺装备，设计周期长，通用性低，人力物力财力耗费巨大。而柔性化装配工艺装备是解决当前飞机研制时间耗时长、资金耗费巨大的重要途径，其通用性广、高度自动化、研发费用和周期低等优势让国内外航空航天产业取得了巨大的进步。因此，为提高我国 ARJ21 飞机装配效率和质量，并为生产管理带来更多优化和改进的机会，提升 ARJ21 装配产线的柔性化程度具有重大意义。机身壁板柔性装配是 ARJ21 飞机实现柔性装配的重要环节，然而由于自动钻铆机工作存在盲区，机身壁板需要在上架自动钻铆机前人工预铆盲区铆钉，对此，提出柔性预装配工装设计需求如下：

1）设计三套工装满足 ARJ21 前机身和中机身 10 块壁板的自动钻铆前预装配；

2）第一套工装负责前机身上部共计 4 块壁板的自动钻铆前预装配，第二套工装负责前机身下部共计 3 块壁板的自动钻铆前预装配，第三套工装负责中机身共计 3 块壁板的自动钻铆前预装配；

3）工装定位元件需具备自动找零、自动高精度多工位定位、自动夹紧等功能；

4）具有集中管控功能，工作人员只需通过操作面板即可完成所有定位元件的控制。

（2）工装设计

依据壁板装配要求以及蒙皮、长桁、角片等零件的布局特点（图 23-2-42），以蒙皮内形作为定位基准，提出以下柔性工装技术方案：

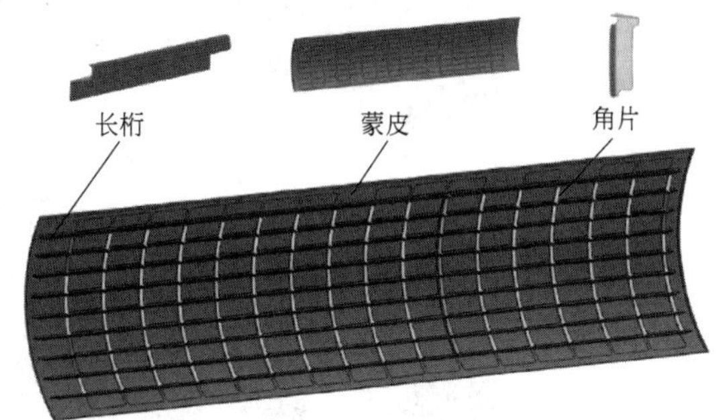

图 23-2-42 ARJ21 机身壁板结构示意图

1）航向定位可重构式卡板设计。设计驱动卡板航向平移的运动机构，使卡板在航向位置可调。在切换不同壁板进行装配时，通过卡板位置的调整，可适应不同壁板中角片零件的工作站位。同时也可通过卡板位置的调整，改变蒙皮支撑点位置，实现蒙皮的最优支撑。

2）多站式可重构角片卡板设计。传统工装通常在所有角片站位设置卡板，使工装不具备互换性且开敞性差。柔性工装设计思路区别于传统工装，放弃卡板对于角片零件的航向定位功能，设计可移式的角片卡板专用于角片零件定位。该方法使卡板位置不再受角片零件约束，布置更加灵活。通过角片卡板在航向及翼展方向的位置重构，用一块卡板即可完成所有站位角片的定位。

3）柔性定位器设计。通过设计位置可调式的柔性定位器，使其对于产品具有更好的适应能力。

基于上述技术方案，设计了如图 23-2-43 所示的飞机壁板预装配柔性工装方案，以实现对于蒙皮、长桁、角片零件的柔性定位，设计结果见图 23-2-44。工装整体采用包围式结构，工装框架起卡板支撑和电气设备集成作用。图 23-2-43 中序号 3 指向的虚线框内为长桁卡板组件，起长桁定位和蒙皮支撑的作用。该组件由上下一组伺服电机同步驱动，通过斜齿轮齿条传动，以及直线导轨导向，实现航向平移运动。在工装框架上同时安装光栅尺，可实现卡板运动的闭环控制。长桁卡板的导轨、齿条和光栅等元件集成在框架上梁的外部。卡板上安装长桁定位器，起长桁轴线定位作用，可满足尺寸在一定范围内变化的多种长桁的夹持。依据卡板的可重构特性，通过卡板布局设计及理论型面设计，可以实现多组蒙皮的定位支撑。图 23-2-43 中序号 4 指向的虚线框内为角片卡板组件，起角片定位和夹持作用。角片卡板沿航向的驱动和传动形式与长桁卡板相似，其导轨、齿条和光栅等元件集成在框架上梁的内侧。角片卡板航向运动范围可以覆盖壁板所有角片的装配站位。角片卡板同时具备展向（图 23-2-43 中 Z 向）平移的自由度，在航向运动前沿展向退回，使其在航向运动过程与长桁卡板互不干涉。

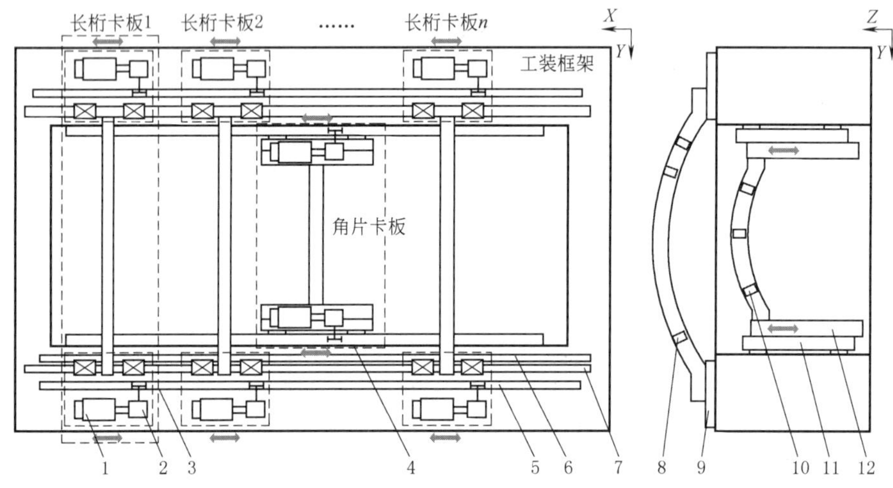

图 23-2-43 ARJ21 机身壁板预装配柔性工装方案图

1—伺服电机；2—减速机；3—长桁卡板组件；4—角片卡板组件；5—斜齿条；6—光栅；7—直线导轨；8—长桁定位器；9—长桁卡板移动托板；10—角片夹紧器；11—角片卡板航向移动托板；12—角片卡板展向移动托板

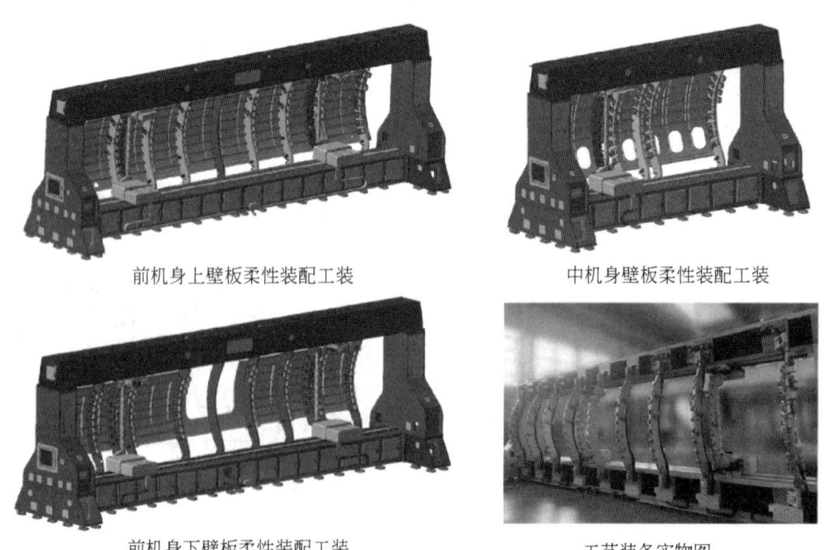

图 23-2-44 ARJ21 机身壁板预装配柔性工装

（3）应用效果

1）实现了 ARJ21 机身壁板“一对多”柔性高效生产，大大提高了壁板的预装配效率；

2）由于工装大量运用自动化技术，且定位元件定位精度高，重复性好，使得壁板装配质量得到了良好的控制；

3）工装采用 EtherCAT 现场总线集成，通过 HMI 可实现工装所有自动化控制，极大地降低了工人操作难度和工作强度，提高了工作效率；

4）相对于传统工装，此柔性工装减少了三分之二厂房占地，为 ARJ21 飞机装配产线柔性化做出了优异贡献。

9 检验检测装备

9.1 通用技术

9.1.1 工业数据源和采集方式

检验检测设备获取的工业数据的数据源主要来自工业现场感知与控制设备，包括传感器、控制器、执行器、监控系统等。该类数据源主要分布在智能制造系统的设备层和单元层。

1）位于设备层的数据源主要是传感器、条码标签、仪器仪表等，从生产装备、环境中采集基本信息、工作状态、运行环境参数、绩效能力等数据。

2）位于单元层的数据源主要是工业控制器和监控系统等，包含设备层上传的数据以及控制数据等，如分布式控制系统（DCS）、可编程逻辑控制器（PLC）、监控与数据采集（SCADA）监控数据等。

9.1.2 工业数据采集方式

智能制造领域，检验检测装备常见的工业数据采集方式有以下几种。

1）人工采集方式。通过手动方式录入的数据，如设备、工具、人员的基本信息，数据采集终端包括键盘、按键、触摸屏等。

2）半自动采集方式。通过人工操作数据采集终端获取数据，例如工人通过操作扫码枪、力矩扳手、X 射线探伤仪等设备获取生产数据，该采集方式通常适用于车间层管理系统数据的采集。

3）全自动采集方式。由设备获取数据，通过自动传输方式实时传输至数据中转站或数据中心，该采集方式通常适用于设备层和单元层。

4）智能采集方式。数据采集终端具有智能模式识别功能，能够从采集的实时数据中提高高级抽象特征，例如通过图像数据提取产品质量特征、通过振动数据提取设备运行状态特征、通过电流信号提取工艺与能耗特征等，该采集方式通常适用于设备层和单元层。

5）数据抽取。企业信息或业务管理系统等产生的数据通过超文本传输协议（HTTP）、文件传输协议（FTP）、Java 数据库连接（JDBC）等协议进行抽取，再通过超文本传输协议（HTTP）、消息队列遥测传输（MQTT）等协议抽取转换后，存储到结构化查询语言（SQL）、二进制大对象（BLOB）等数据库中，该类采集方式通常用于车间层、企业层、系统层。

9.1.3 机器视觉在线检测系统

机器视觉在线检测系统的整体架构如图 23-2-45 所示。

在车间的信息流中，机器视觉在线检测系统的实现流程为：

1）参数配置模块接收车间管理系统中的各项检测要求，并将相应参数配置入输入模块、处理模块和输出模块中。

2）输入模块从检测执行设备中获取被测对象的图像信息，将其转化为一组可被计算机处理的图像数据。

3）处理模块接收图像数据，通过机器学习方法对图像数据进行检测处理，输出判别结果。

4）输出模块按照特定形式和接口要求将判别结果及检测相关信息分别传输至检测执行设备和存储模块。

5）存储模块将判别结果和相关信息数据统一存储在本地或云端数据库中，满足检测数据管理、查询等需

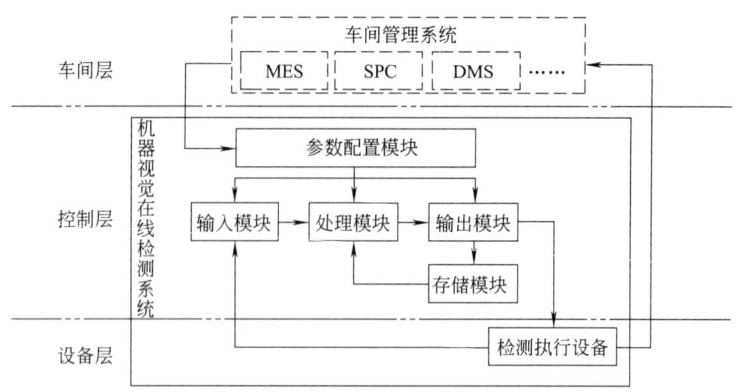

图 23-2-45 机器视觉在线检测系统整体架构

求，同时为处理模块提供样本数据。

6）检测执行设备根据判别结果执行检测任务，并反馈执行信息给车间管理系统，形成信息流闭环。

输入模块、处理模块、输出模块的组成与要求见表 23-2-75，系统性能要求见表 23-2-76。

表 23-2-75　输入模块、处理模块、输出模块的组成与要求

模块	组成与要求
输入模块	主要包括成像系统和图像采集卡两个部分： ①成像系统用于将被检测对象转换为图像信号，通常由照明光源、镜头和工业摄像机等组成 ②图像采集卡用于将图像信号采集到电脑中，以数据文件的形式保存在电脑上
	输入模块在采集被检测对象图像数据时应包括如下要求： ①环境要求：包括温度、湿度、清洁等级、照明等 ②检测要求：包括工作距离、生产线节拍时间、检测对象变化（尺寸、颜色、反射、粗糙度等）、机器视觉在线检测系统前工位状态等 ③采集要求：包括图像的质量和数量
处理模块	机器视觉在线检测系统的处理模块宜采用机器学习方法实现图像检测处理，主要包括图像预处理、模型训练和检测判别三个主要步骤 ①图像预处理：对采集的被检测对象图像以及存储模块中样本图像进行初步处理，优化和改善对检测有影响的图像质量指标，图像预处理中的优化和改善算法包括数字化、几何变化、归一化、平滑、修复和增强等 ②模型训练：将完成图像预处理的样本图像和对应判别结果标签组成训练样本集，输入到 CNN 等机器学习模型中进行参数训练，生成检测数学模型 ③检测判别：将完成图像预处理的检测对象图像输入到训练好的检测数学模型中进行判别，输出判别结果
	处理模块在图像检测处理时应该满足以下要求： ①处理速度应满足生产系统节拍要求，并与资源消耗和检测效果相适应 ②处理过程应满足硬件负载，并与图像采集、输入、输出的资源占用相适应 ③处理结果应满足用户设定的逃逸率和误报率限值的要求
输出模块	输出模块将处理模块输出的判别结果通过外部系统接口传输给其他系统进行数据交互和共享，传输的方式包括有线传输（串行接口、以太网、现场总线等）和无线传输（WLAN、蓝牙、4G、5G 等）
	输出模块应满足以下要求： ①输出数据：输出数据的格式应满足与车间管理系统和检测设备相适应的编码和存储要求 ②输出形式：输出形式应满足输出显示设备和相关生产管理系统接口的要求 ③输出文件：输出文件宜包含文件设置相关信息、设备相关信息、样品相关信息、检测相关信息（尺寸、位置、分类等）、报告相关信息等

表 23-2-76　　系统性能要求

检测性能要求	准确性：使用规定方法在指定时间检测一定数量产品样本的正确率应满足企业生产现场逃逸率、误报率等目标要求
	一致性：多次重复执行相同的检测任务，判别结果应一致
	实时性：系统应满足用户在循环时间内完成的检查任务，通常要求检测速度应比信号采集间隔速度快
设备性能要求	能够输入信号并输出处理结果
	外观应满足设备要求，应无瑕疵、无活动、无断裂、无机械损坏，且相关铭牌标识应清晰
	应符合设备安全性和信息安全性的要求，避免诱发危险
	应具备可靠性：衡量标准可包括平均故障间隔时间、平均修复时间、可用性和使用寿命
	应具备可维护性：在特定条件下经指定程序和资源执行系统修复后，可维持或恢复到指定功能
过程性能要求	精度：系统检测到的被检测对象特征值的邻近度应满足用户要求
	速度：系统对与输入对象相关的输入信号的反应速度应满足用户要求
	稳定性：系统可在检测各阶段和工作环境中对静态或动态的产品进行稳定的图像采集和图像处理分析，包括成像稳定性和软件稳定性
	灵活性：系统适应外部需求的变化
	学习能力：当被检测对象发生异常变化时，系统可自行学习并检测出异常情况
制造管理性能	质量保证：硬件与软件的开发、制造、集成等活动应严格符合质量保证体系的要求和程序
	维护支持：系统生命周期的所有阶段都应有维护系统支持，以确保其满足指定的工作质量
	兼容性：应满足内部兼容性和外部兼容性的要求
	物理特性：应考虑物理特性造成的约束，包括质量、体积、散热等因素

机器视觉在线检测系统的部分应用见表 23-2-77。

表 23-2-77　　机器视觉在线检测系统的应用

智能制造装备名称	工作原理	具体应用
焊接机器人	采用机器视觉技术对焊缝、焊点进行检测定位，同时可对焊接质量进行评估	汽车制造、电路板焊接、大型工件焊接等
加工件检测机器人	根据质量检测标准，采用机器视觉技术对加工件的质量进行测量	复杂加工件检测机器人、细微组件检测机器人等
精密组装机器人	采用机器视觉技术对组装位置进行测量，并且采用视觉引导技术进行装配	LED 光源组装、太阳能板组装、电子产品组装
自动化上下料机器人	采用视觉引导或视觉伺服技术对加工物料进行自适应运动控制	数控机床上下料机器人、工业伺服机器人等

机器视觉在线检测系统的互联互通：机器视觉在线检测系统应直接或间接与其他现场设备、控制系统、车间管理系统等进行通信，应适配两种以上的工业以太网接口，所有接口数据格式和接口方式应符合国家或者行业内相关接口标准要求，宜支持 OPC UA。

9.1.4　生产过程在线测量

包括在生产过程中对几何特征（尺寸、表面结构）的在线检测与验证要求。

1）一般要求

在线测量系统一般由信号测量单元（信号处理单元）、控制单元等构成。在线测量系统与加工系统构成闭环，加工过程中测量系统将测得的几何特征信息反馈给加工系统实现加工自动化。

测量方法的选取应考虑工件功能要求、结构形状、材料及加工环境等因素。根据是否接触被测要素，测量方法包括接触式测量方法和非接触式测量方法。接触式可采用触针式传感器等，非接触式可采用光电式传感器、图像传感器等。根据传感器类型测量方式包括：机械式、光学式、超声波式、电磁式和气动式。

在线测量条件见表 23-2-78。

表 23-2-78　　在线测量条件

在线测量条件	测量条件应在检验规范中规定。实际操作中，所有偏离规定条件并可能影响测量结果的因素均应在测量不确定度评估时考虑
	选择接触式传感器应考虑：测头的灵敏度及精度指标、测头的结构、探针形状及长度等；选择非接触式传感器应考虑：传感器结构、精度指标等
	测量力的条件为：对于非接触式测量不考虑该因素；对于接触式测量，测量力的实际值应在设计值的允许变化范围内。例如，内外圆磨削加工中，测量力的实际值应在推荐设计值的 15%范围内
	当温度在某一范围内变化时，测量值的变化量不应大于其允许值
	在线检验时，除非另有规定，表面粗糙度、划痕、擦伤、塌边等外观塌陷的影响应排除在外
	测量过程中考虑其他因素对信号示值和零位的影响，例如电压波动（接触式）、图像处理过程（非接触式）等。在线检验前需要进行系统校准，采用校准器确定系统输入和输出之间的对应关系

2）在线尺寸特征的提取操作。根据被测工件几何特征及测量方法确定其尺寸特征提取操作方案，并对提取方案可能产生的不确定度予以考虑。

在线尺寸接触式和非接触式测量方法如下：

接触式：接触式在线尺寸测量方式，通常分为单点测量和双点测量。单点测量装置可用于端面定位或者用两个单点测量装置组合起来测量大的直径等；双点测量装置用于测量外径、槽宽、台阶宽等。单点测量及双点测量的测量位置、提取方式不同、算式组合也不同。

非接触式：非接触式在线尺寸测量方式分为点、线阵、面阵测量。非接触式采集信息量与使用测量设备的类型和性能有关。

3）在线滤波操作。在线尺寸特征通过滤波操作分离并获取有效的尺寸特征信息。

滤波方法包括模拟滤波和数字滤波。模拟滤波采用模拟滤波器对初始采集信号进行滤波，如有源滤波器、无源滤波器。数字滤波采用数字方式进行测量值的滤波，如高斯滤波器等。

为了提高测量系统的抗干扰性能，提高其测量精度，在设计软件时采用数字滤波技术进行采样数据预处理。通过滤波消除或减弱干扰和噪声的影响，提高测量的可靠性和精度。考虑到加工系统自身的特点，可选用不同的滤波算法。

4）误差分离操作

表 23-2-79　　误差分离操作

粗糙度轮廓分离操作	采用带通滤波器滤掉高频和低频成分，提取获得粗糙度轮廓
波纹度轮廓分离操作	采用带通滤波器滤掉高频和低频成分，提取获得波纹度轮廓
原始轮廓分离操作	采用短波长滤波器滤掉高频成分，提取获得原始轮廓

5）测量数据预处理

表 23-2-80　　测量数据预处理步骤

粗大误差剔除	对于异常因素造成的测量数值超出正常测量误差范围，采用拉伊达准则、肖维纳准则等实现数据粗大误差的剔除
非连续工件表面测量数据处理	对于实际加工过程在常遇到测量如齿轮、带键槽轴等断续表面的情况，为了保证系统的测量精度和测量效率，测量断续表面时应进行相应的数据处理

6）表面质量评价

表 23-2-81　　表面质量评价参数

表面形状误差	原始轮廓的形状误差包括平面度误差、圆度误差、圆柱度误差、轮廓度误差等
表面粗糙度	表面粗糙度评价参数主要包括：轮廓参数、幅度参数、间距参数、曲线和相关参数
表面波纹度	表面波纹度评价参数主要包括：轮廓参数、幅度参数、间距参数、曲线和相关参数
表面缺陷	表面缺陷评价参数主要包括：表面缺陷长度、表面缺陷宽度、混合表面缺陷深度、表面缺陷总面积等。表面缺陷类型包括：凹缺陷、凸缺陷、混合表面缺陷、区域缺陷。在线表面缺陷评价还包括缺陷检出率、缺陷类型识别准确率等技术参数

7）在线数据传输。将在线测量得到的几何特征信息以某一特定的数据格式实时传输给加工设备或系统，数据格式主要有 BCD、二进制等。

9.2 接口与通信

9.2.1 交换信息的数据通信格式和方法

1）通信方法。可利用各种通信方法分配格式化的数据，采用的方法应符合应用程序的要求。

表 23-2-82　　数据通信方法

数据文件输入/输出的处理程序	数据通信的数据文件输出处理程序方法，需要数据提供者按照专用信息模式格式生成数据文件，此格式采用用户定义的一组过滤器和选项。如果采用文件描述信息模式格式，则无需附加文件语法规范。如果采用关系或对象信息模式，应对输出数据文件的语法做出规定。然后，需要数据文件输入处理程序把数据输入另一目标系统
远程数据库访问的客户/服务器模式	远程数据库访问是一个用于访问远程关系数据库或者访问和关系数据库相像的数据库的通信协议，用于访问在遍及网络的许多不同平台上分布的数据
结构化查询语言的客户/服务器模式	结构化查询语言（SQL）是一个关系数据库访问语言，SQL 把数据库构建为一组表。表就是数据的集合，数据在表中构成固定的数目的列和固定数目的行。SQL 标准定义了将 SQL 语句嵌入几种计算机程序语言的语法。数据源可以建立一个 SQL 服务器，允许客户应用程序用 SQL 语言查询
制造报文规范的客户/服务器模式	制造报文规范（MMS）为分布式计算机系统的实时监控提供了大量服务。它为从一台计算机向另一台计算机近实时地传输加工数据定义了编码规则、文法和语法。MMS 采用客户端监测或控制服务器的客户/服务器模式。服务器的行为由虚拟制造设备（VMD）来模拟。因为本标准与数据存取有关，因而就会提及 MMS 的可变存取服务和作为这些服务的基础的数据模型

2）通信方法的选择。在选择数据通信和数据存储准则时，需要考虑的问题有：网络通信对错误的检测与恢复、不活动定时器、再传输、校验、重排序和运行时限的要求；向较高层的通信块报告错误；进行分析所需的状态监测数据源扫描速度和时间分辨率；操作系统环境和网络平台。

3）表达和显示数据的格式。用户接口需要一个直观、易于理解和具备适应性的方式，存取来自分布式数据源的设备状态监测数据。分析人员需要使用用户接口，用户接口将增强他们的诊断分析能力，协助其确定设备未来的健全状况，并助其指定和传输推荐措施。

显示格式宜对应各个应用程序进行定制。对于许多用户来说，显示可分为 5 个不同的区域，以向最终用户快速提供状态概览。随后的屏幕可以详细显示更多的数据。5 个区域简述如下：

① 状态检测：此区域用来显示观测到的监测状况的相应信息。趋势数据（如飞机发动机的振幅与飞行时间的关系、过程性能与时间的关系，或锅炉的累积损坏与累计运行时间的关系）可以和相应的异常区域一同显示出来。所有信息的显示方式，均可以使观察者对每种情况的异常程度迅速做出评价。

② 健康评价：根据人工或自动分析的结果，这一显示区域概括了机械健康状态与诊断结果，可显示从 0（完全失效）到 10（如新机械一样）的健康指数。例如，对往复或旋转机械，可由振动分析来评价和显示偏移、不平衡、轴承损坏（如碎裂）等现象。对于压力容器，除了由锅炉损坏分析来评价传感器不精确程度外，还可检查蠕变疲劳损坏积累百分率及其速率。

③ 预后：这一显示区域包含特定的预后信息。如果设备在现有状态下连续运行，达到了预定的运行小时数，就有可能发生故障。但是，如果设备并非这样运行，拟定的安全运行小时数可能增加，对于其他设备，可提供若干运行方案（如：设置不同百分比的缓变率）。每一缓变率各有优缺点。例如，较高百分比的缓变率，会使设备承受最大的不利应力或出现不应有的损坏，这些因素由企业的维修和运行方案决定。同样，了解了运行条件，如触点受荷角度、润滑、每分钟转速、负荷循环，可以进行寿命统计分析（L10），以确定推力轴承的剩余寿命。如前所述，通过改变某些运行条件（如润滑或降低荷载水平），可延长剩余寿命。

④ 建议措施：这一显示区域列出推荐采用的措施。建议是根据设备部件的临界状态、运行费用、维护费、备件可用性和其他一些因素做出的。问题的严重性也会影响要采取的措施。这些建议包括“降低功率”和“更换或修复部件”，以及“换油”或“降低负荷”等。

⑤ 识别：这一显示区域是通过设备编号、部件编号和评定日期等历史记录对设备进行的识别，这些历史记录对将来具有参考价值。

9.2.2 工业数据采集要求

表 23-2-83　　工业数据采集要求

一般要求	数据质量应满足采集场景对数据规范性、一致性、实时性、准确性、完整性、可访问性的要求
	宜提供采集数据质量检查和分析手段
	宜采用相应的安全防护措施保证数据传输的安全性
	宜定期对采集设备进行校验
	可根据具体应用场景的需求,对采集的数据进行预处理
自动采集方式要求	按设定的采集周期自动采集数据
	采集参数可设定
	当定时自动数据采集失败时,进行记录和告警
智能采集方式要求	对于异常数据再采集时不予自动修复,并限制其发布,保证原始数据的唯一和真实性,可自动进行补采,记录详细信息
	统计数据集成交互成功率、采集数据完整率
	对数据进行存储、显示、打印或记录等
	提供采集对象全生命周期管理功能,包括采集对象的注册、发布、使用授权、变更、注销
	提供对采集对象的查询/检索功能,并能对采集频度、数量、类型进行管理
	数据采集对象管理框架可具备扩展能力,以便适应多种采集接入和信息存取方式
数据源要求	提供通信接口
	提供自描述、自诊断功能
数据通信协议要求	采用标准通信协议
	根据具体应用场景的要求,选择合适的通信协议
数据格式要求	支持结构化数据、非结构化数据、半结构化数据等形态的数据格式
	采集对象支持服务化,支持 XML、JSON 等数据格式
数据采集监控要求	应对采集任务执行情况进行监控,包括实时监控任务执行时间、采集数据量等
	应对数据采集异常情况进行预警,包括采集任务执行失败、采集节点状态异常、网络情况异常等
	应形成监控日志,对采集异常情况可以进行采集任务追溯
	宜对数据源进行监控,例如监控数据源自身健康状态等
	宜对数据的存储空间和内存的使用情况进行监控

9.3 设备管理

9.3.1 效能状态检测与校准

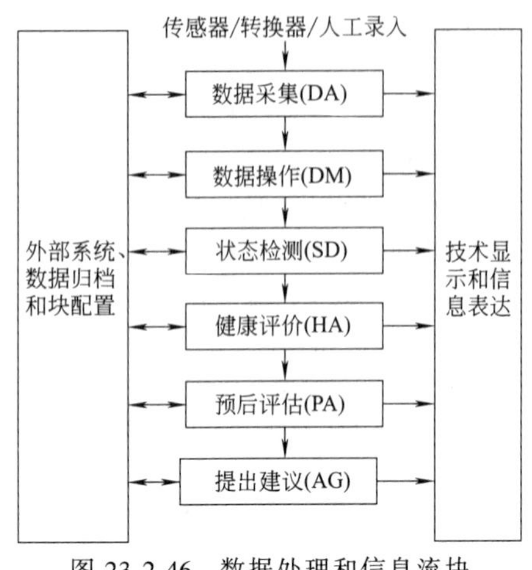

图 23-2-46　数据处理和信息流块

1）数据处理。为解释来自机器监测活动的数据，需要对有关数据进行处理和分析。应该综合利用各种技术确定可能出现故障的原因和严重性，并通过这些技术积极主动地为运行和维护活动的合理性提供证明。

为成功实施状态监测，按照图 23-2-46 所示进行人工或自动的数据处理过程和信息流。数据流自顶部开始，最终转换成为运行和维护人员采取的行动。在顶部的监测配置数据专门用于各种设备监测传感器。在从数据采集到提出建议这一信息流过程中，需要将数据从前一个处理块转向下一个处理块，并且还需要从外部系统采集或向外部系统送出补充信息。同样，随着数据演变为信息，需要有标准的显示技术和更为简化的图表说明格式。信息流过程从数据采集开始到复杂的预后任务，直到提出警示报告和推荐措施（这些报告和推荐措施可能包含对监测过程自身的改进）为止。

2）数据处理块。机器状态评价可以分成6个不同的分层处理块。前3个处理块与特定技术相关，需要基于特定技术的信号处理和数据分析功能。常用的机械状态监测和诊断技术包括轴位移监测、轴承振动监测、摩擦监测、红外热像监测、性能监测、声学监测、电机电流监测。采用特定技术的信息流块及其功能如表23-2-84和表23-2-85所示。

表 23-2-84　　信息流块（一）

数据采集(DA)块	将转换器的输出值转换为代表物理量和相关信息(如:时间、校准、数据质量、使用的收集装置、传感器配置)的数字参数
数据操作(DM)块	进行信号分析,计算重要的描述符,将原始测量值转换为有效的传感器读数
状态检测(SD)块	促使原始正常资料的生成和保持,无论何时得到新数据均搜索异常现象,并确定数据归属哪个异常区域(如:“警惕”或“报警”)

通常，后面3个块将利用各种监测技术对机械的健康现状进行评定，并预测今后的故障，为运行和维护人员推荐操作步骤。这3个块及其功能为：

表 23-2-85　　信息流块（二）

健康评价(HA)块	诊断任何故障;评定设备或过程当前的健康状况;考虑所有的状态信息
预后评估(PA)块	根据当前的健康评价以及设备和/或过程的设计使用荷载,确定今后的健康状态和故障模式,并预测有效寿命
提出建议(AG)块	提供可用信息,这些信息涉及为优化过程和增加设备寿命对维护或运行方面所做的改变

9.3.2　故障诊断

1）故障判据。故障判据是判断某事件是否为故障的依据。如无特别约定，一般认为在机床数控系统发生下列任何一项事件时，即判定发生故障：

在规定的工作条件下，不能进入工作状态；

在规定的工作条件下，不能完成规定的功能；

在规定的工作条件下，任一性能参数值偏离规定的范围；

在规定的工作条件下，对人员、环境、能源和物资等方面的影响超出了允许范围；

出现机械零部件、结构件或元器件的松动、断裂或损毁；

其他约定的和/或技术文件中规定的事件。

2）故障诊断流程。故障诊断主要包括故障检测、故障模式识别、故障定位、故障评价和故障决策五部分，故障诊断流程如图23-2-47和表23-2-86所示。

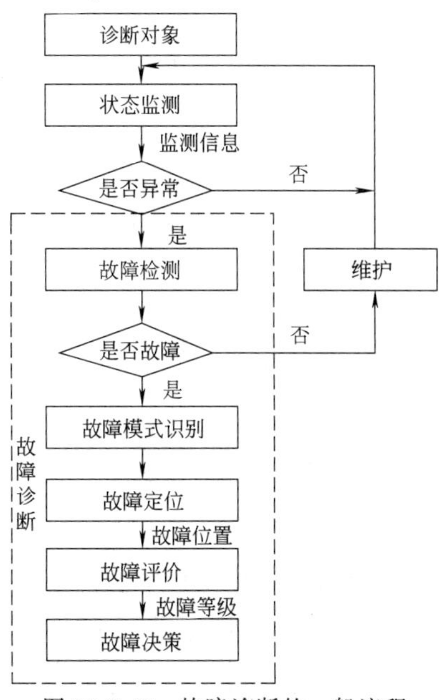

图 23-2-47　故障诊断的一般流程

表 23-2-86　　故障诊断流程

状态检测	通过监测手段监测系统或部件运行状态的信息与特征参数
故障检测	故障检测应对过程参数、过程状态及其特征量进行检测，通过不同传感器获取的信号表征系统的工作状态。当所检测信号的功能指标变化在允许的范围且波动幅度在正常范围，系统正常运行；当所检测信号的功能指标超出允许的范围或波动幅度超出正常范围，系统运行异常。常见的故障表征量包括但不限于以下内容：振动和噪声；材料裂纹及缺陷损伤；磨损与腐蚀；温度、压力、流量变化等
故障模式识别	故障模式识别技术结合计算机系统对设备运行状况采用短时信号处理技术，从信号中萃取有用的特征，通过模式分类器利用这些特征来识别故障类型
故障定位	应根据检测到的故障信息，定位故障源。故障定位需要将故障检测和模式识别获得的数据结合起来进行分析，主要手段包含试运行及软件检查
故障评价	根据故障源的部位、故障信息及系统结构，将故障对系统性能指标、功能的影响等做出判断或估计，确定故障严重等级
故障决策	根据对系统状态的判断和当前信号预测状态的趋势分析，决定应采取的对策和措施。故障决策应提供故障诊断报告，至少包括列出设备可能损坏的部件、列举与这些部件有关的故障、描述可观察到的故障症状等信息
维护	当发生异常且未发生故障时进入维护功能

9.4　应用案例

（1）AI 视觉+5G 工业解决方案案例的需求及任务痛点

近年来，作为传统神经网络的拓展，深度学习方法在语音、图像、自然语言等领域取得了巨大的进展，为解决视觉大数据的表示和理解问题提供了通用的框架。图像和视频内容复杂，包含多样的场景和物体种类。在非受控条件下，图像和视频的内容受光照、姿态、遮挡等因素的影响变化较大。同时，图像和视频的数据量大，特征维度高，部分应用需要实时处理。而深度学习方法的快速发展为解决上述问题提供了有效途径。目前，深度学习算法在行业中普遍达到 95%以上的判定准确率。通过平衡漏判率和误判率，可以更严格地控制漏判，将漏判率降至万分之一以下，而误判率降至 5%以下。

尽管基于深度学习的 AI 工业视觉应用越来越广泛，能够解决更复杂的工业场景问题，但仍存在以下制约发展的痛点：

1）端侧算力成本逐渐增加。随着工业相机像素的提高，深度学习在工业视觉检测中的应用对算力硬件性能的要求也越来越高，这直接导致了算力成本的快速上升。此外，一般视觉系统算力无法进行共享复用。

2）单点视觉系统维护成本过高。单点系统维护成本过高。固定工位单机的部署方式，使得每次对设备进行调试、软件更新维护、监控分析都需要在本地完成，在机器视觉被工厂大规模使用的情况下，这种维护方式成本极其高昂。

3）数据孤岛，数据不能有效共享。图像处理一般在本地完成，生产中有效数据未及时与各系统共享，制约生产进度。

4）工厂车间有线互联网建设成本过高、容量不足。典型的工厂车间网络容量不足以承载工业相机应用的上行数据需求，且整体有线扩容成本非常高。

5）通用性、智能性和同类应用快速复制性欠佳。机器视觉在通用性方面存在不足，在一些集成应用中无法搭载，一台设备可能只适用于一家厂商或一种行业，导致开发成本过高。

（2）基于 AI+5G 的工业视觉解决方案

在智能工业视觉检测领域中，引入端+5G 网络+边缘云+云服务的协作，能够建立面向未来智能化工厂标配解决方案，让工厂质量检查和缺陷识别、设备增加视觉提升灵活性和零部件高效测量变得简单和高效，如图 23-2-48 所示。

1）场景案例 1：产品在线外观质量检测。

以某 3C 产品供应链企业产品外观检测为例，每月人工视觉检测人力成本超过 200 万，质检员工占比为 20%~40%，且还存在漏检等质量问题。目前人工质检面临质量、成本、特殊场景应对、信息集成的问题，具体如下：

① 质量：人工质检的主观因素对判定结果的影响较大，基于视觉疲劳，会存在漏检问题；

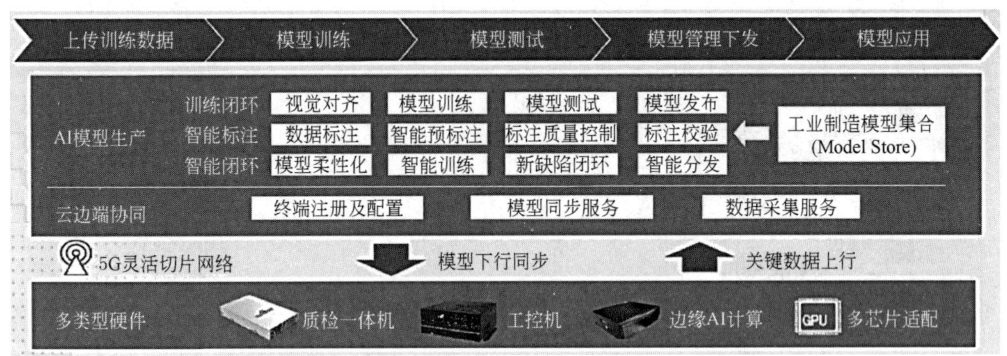

图 23-2-48　基于 AI+5G 的工业视觉解决方案框架

② 成本：人员流动较高，由此带来的培训和用工成本高，用工难招工难；

③ 信息集成：没有对生产数据进行有效积累和利用，无法后续推进流程再造和质量分析，对自动化生产流程适配较弱；

④ 效率：传统机器视觉通过程序化计算逻辑进行视觉检测，对复杂表面检测抗干扰能力差，误检过高，人员复判工作量大。

该企业建立 AI+5G 的外观质量检查方案，依托 AI 深度视觉检测技术和 5G 通信技术进行融合，可在复杂纹理图像分类和背景干扰的情况下大幅度减少漏检误检，缺陷率精确可控，同步实现检测结果数据实时同步，实现数据模型高效快速迭代闭环，不断提升现场模型准确率。

2）场景案例 2：产品组装后的防错检查。

某汽车主机厂总装车间，汽车生产的最后一道工序，需要依靠大量的人力对车身进行装配，针对车灯检测的场景，由于混线生产检测，检测人员完全依赖经验对车型的车灯进行检测，此外由于总装线上的灯光干扰严重，检测人员也需要避免外界光源对车灯检测的干扰，并且检测节拍较短，对于检测人员的检测速度也是有很高的要求。目前传统人工质检面临质量、特殊场景应对和信息集成的问题。

① 质量：人工质检中需要有经验的质检人员熟悉 20 多种类型的车，清楚知道什么零部件配什么车型，对人的经验要求高，新员工不熟悉车型会存在漏检问题；

② 长时间在强光源场景下，需要做相关的人因防护，避免眼睛长时间接触光源；

③ 信息集成：目前无法做到车型和车灯物料匹配，物料偏差后不可追溯。

该企业建立 AI+5G 的外观质量检查方案，依托 AI 深度视觉检测技术和 5G 通信技术进行融合，基于 MES 系统型号 BOM 数据自动识别不同车型，同一款车型支持不同配置，8s 内自动完成检测，检测准确率超过 99%，同时存储相应的过程数据，可追溯。

（3）解决方案架构

基于工业相机应用的 AI+5G 解决方案的逻辑架构，即系统间业务数据流如图 23-2-49 所示。

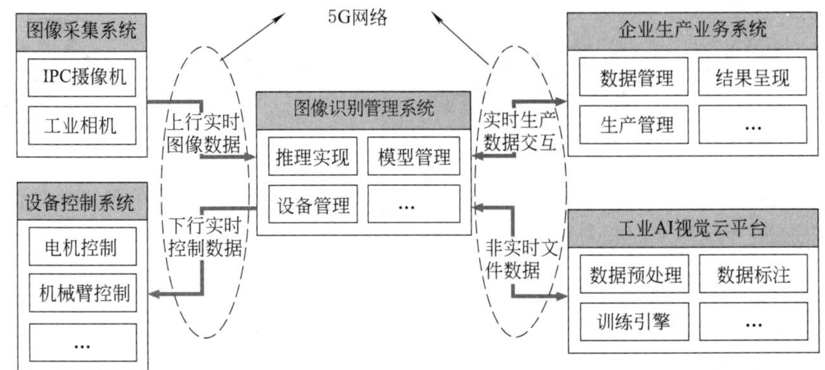

图 23-2-49　基于 5G+AI 的典型工业视觉业务逻辑架构

物理部署架构分为现场推理与闭环控制及边缘云训练，边缘云推理与闭环控制及边缘云训练两大类，示意图分别为图 23-2-50 和图 23-2-51。

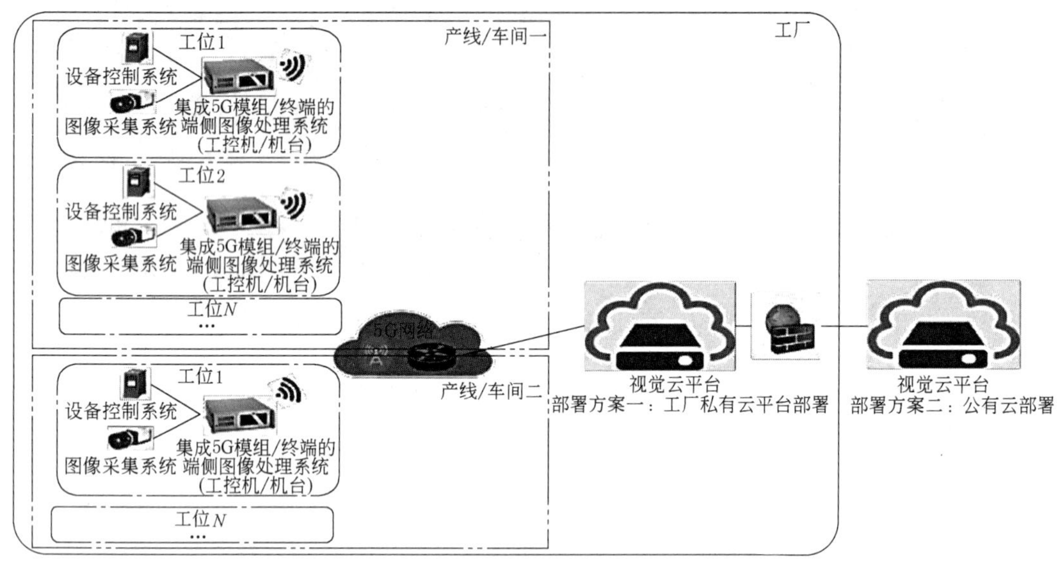

图 23-2-50　现场推理与闭环控制及边缘云训练架构示意

现场推理与闭环控制及边缘云训练：相机通过线缆连接到工控机（或其他处理设备），工控机和 AI 视觉云平台通过 5G 网络连接，实现设备状态和软件版本的在线可视化管理，同时将瑕疵、误差、疑似等图像上传到视觉 AI 云平台，快速迭代模型并自动下发，优化本地侧的设备模型。现场推理与闭环控制功能，能满足严苛的超低实时性要求。

边缘云推理与闭环控制及边缘云训练：现场仅实现图像采集，通过 5G 网络上传图像，边缘云视觉平台完成推理预测及设备控制指令下发等功能。利用 5G 网络大带宽、高可靠性的特性，实现现场部署的硬件简单、标准化和灵活部署，持不同应用需求，边缘云硬件及软件能力易扩容，资源可复用，更利于工业视觉应用的广泛推广。

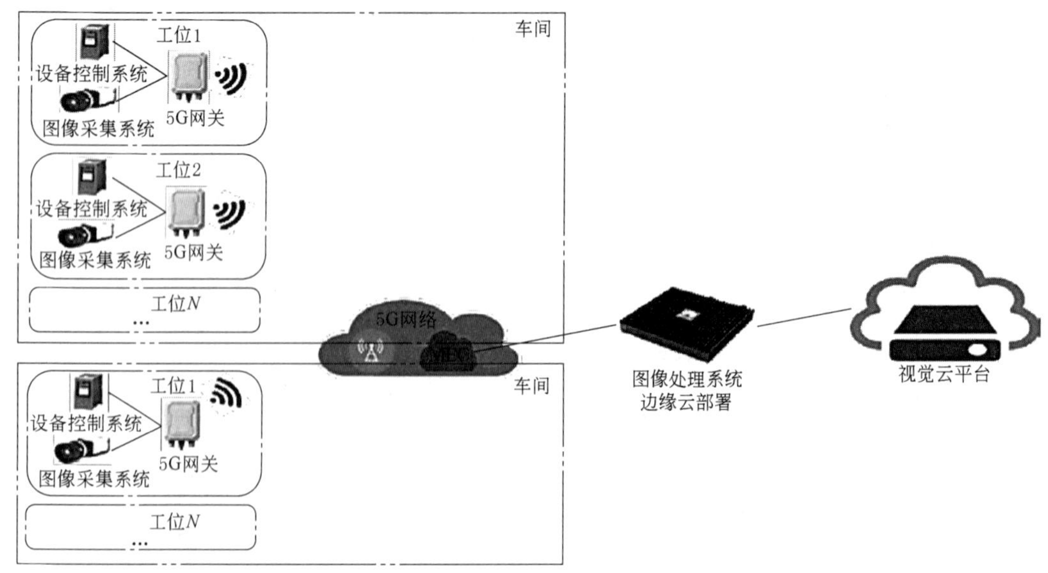

图 23-2-51　边缘云推理与闭环控制及边缘云训练架构示意

(4) 本案例解决方案的应用价值

工业机器视觉检测系统的应用有效提高了生产柔性和自动化程度，在不适合于人工作业的危险工作环境或人工视觉难以满足要求的场合，较人工视觉具有显著优势；同时在大批量工业生产过程中，用人工视觉检查产品质量效率低且精度不高，用机器视觉检测方法可以大大提高生产效率。机器视觉检测系统易于实现自动化集成与软件集成，是实现智能制造的关键装备。

本案例的 AI+5G 工业视觉解决方案以 5G 与云平台作为工厂基础设施，选取机器视觉作为上层应用，形成端到端的整体解决方案，实现了云化控制、算法快速自优化、企业数据不出园区的安全性保障，并突破传统机器视觉的成本高、效率上限和质量不稳定等瓶颈。算法上云让投资成本大幅节约，高速率、低时延的网络使得检测更灵活，作业效率明显提升，大数据处理与深度学习协同使质量有保障地提升，云化部署让调测、维护、扩展更便捷并让时间大幅缩短。

第 3 章 智能工厂

1　智能工厂概念与内涵

智能工厂是指通过引入先进的数字化技术和智能化系统，实现生产流程的自动化、灵活性、可持续性和效率的提升的现代化工厂。它利用物联网、大数据、人工智能等技术，将生产设备、机器人、传感器、通信网络等连接到一个集成的系统中，实现生产过程的自动化、协同化和智能化管理。

1.1　智能工厂概念

智能工厂实现了多个数字化车间的统一管理与协同生产，将车间的各类生产数据进行采集、分析与决策，并整合设计信息与物流信息，再次传送到数字化车间，实现车间的精准、柔性、高效、节能的生产模式。其中数字化车间要求见 GB/T 37393—2019。

智能工厂总体框架如图 23-3-1 所示。

数据在智能工厂的智能设计、生产、管理与物流环节中，承载工厂内各个层次之间以及同一层次的各个功能模块和系统之间的信息。数据的交互通过连接各个功能模块的通信网络完成，其内容服从于智能工厂系统集成建设和运营的需要。数据的格式和内容定义遵从通信网络和执行层、资源层的各应用功能模块的协议。数据的一致性和连贯性将产品的智能设计、生产管理、物流等环节组织成有机整体。智能工厂关键技术之间形成的数据流如图 23-3-2 所示。

图 23-3-1　智能工厂总体框架图

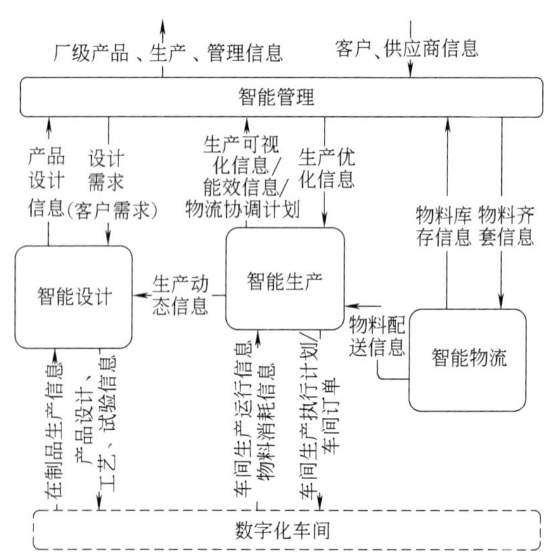

图 23-3-2　智能工厂关键技术和数据示意图

一直以来，自动化在某种程度上始终是工厂的一部分，甚至高水平的自动化也非新生事物。然而，“自动化”一词通常表示单一且独立的任务或流程的执行。过去，机器自行“决策”的情况往往是以自动化为基础的线性行为，如基于一套预定的规则打开阀门或开启或关闭水泵。

通过人工智能的应用，以及成熟度不断深化的信息物理系统将实体机器与业务流程相结合，自动化日益覆盖了通常由人类进行的复杂优化决策。最后，也是最为关键的，“智能工厂”一词亦表示通过互联互通的信息技术/运营技术格局，实现工厂车间决策及洞察与供应链以及整个企业其他部分的融合。这将从根本上改变生产流程，大大增强与供应商和客户之间的关系。

智能工厂并不仅仅是简单的自动化。智能工厂是一个柔性系统，能够自行优化整个网络的表现，自行适应并实时或近实时学习新的环境条件，并自动运行整个生产流程。智能工厂能够在工厂车间内自动运作，同时与具有类似生产系统的全球网络甚至整个数字化供应网络互联。需要注意的是，鉴于技术的快速发展，对智能工厂的定义和描述不应视为其“终极形态”，相反，其代表的是长期进行的演变，是打造并维持一个柔性学习系统的不断发展的历程，而非过去工厂所进行的一次性现代化方式。

智能工厂真正强大之处在于其根据企业不断变化的需要发展和成长的能力，无论这些需要是客户需求的转变、进入新市场的扩张、新产品或服务的开发，还是预测性更强响应度更高的运行和维护方法、新流程或技术的引入，或是生产流程的准实时变化。由于具备更为强大的计算和分析能力，并拥有更为广泛的智能互联资产生态系统，智能工厂能使企业以过去相对困难甚至不可能的方式适应变化。

智能工厂是一个柔性系统，能够自行优化整个网络的表现，自行适应并实时或近实时学习新的环境条件，并自动运行整个生产流程。

1.2 智能工厂内涵与特征

表 23-3-1　　智能工厂的基本要素与特征

基本要素	数字化	数字化是智能工厂的基础。对工厂所有资产建立数字化描述和数字化模型，使所有资产都可在整个生命周期中识别、交互、实施、验证和维护，同时能够实现数字化的产品开发和自动测试，以适应工厂内外部的不确定性（部门协调、客户需求、供应链变化等）
	网络化	在数字化的基础上，建有相互连接的计算机网络、数控设备网络、生产物联/物流网络和工厂网络，从而实现所有资产数据在整个生命周期上价值流的自由流动，打通物理世界与网络世界的连接，实现基于网络的互联互通
	智能化	具有能够感知和存储外部信息的能力，即整个制造系统在各种辅助设备的帮助下可以自动地监控生产流程，并能够及时捕捉到产品在整个生命周期中的各种状态信息，对信息进行分析、计算、比较、判断与联想，实现感知、执行与控制决策的闭环
主要特征	智能工厂主要特征：互联、优化、透明、前瞻和敏捷这些特征均有助于进行明智的决策，并协助企业改进生产流程。值得注意的是，世界上没有两个一模一样的智能工厂，制造企业可依据其特定需求，重点发展智能工厂的不同领域和特征	

2 智能工厂设计与交付

智能工厂的设计与交付是一个复杂而综合的过程，需要综合考虑设备、信息系统和工作流程等方面的因素。

2.1 智能工厂设计与交付概念

表 23-3-2　　智能工厂的设计标准和交付标准

智能工厂设计标准	主要包括智能工厂的设计要求、设计模型、设计验证、设计文件深度要求以及协同设计等总体规划标准；物理工厂数据采集、工厂布局、虚拟工厂参考架构、工艺流程及布局模型、生产过程模型和组织模型、仿真分析，实现物理工厂与虚拟工厂之间的信息交互等物理/虚拟工厂设计标准
智能工厂交付标准	主要包括设计、实施阶段数字化交付通用要求、内容要求、质量要求等数字化交付标准及智能工厂项目竣工验收要求标准

2.2 智能工厂设计

2.2.1 智能工厂生产过程控制数据传输协议（摘自 GB/T 38854—2020）

表 23-3-3　　生产过程控制数据传输协议

<table>
<tr><td>协议结构</td><td>该协议基于 OSI 参考模型,属于应用层协议,底层通信采用 TCP/IP 网络协议。协议在 OSI 参考模型中的位置如表 1 所示
表 1　本协议在 OSI 参考模型中的地位
<table>
<tr><td colspan="2">OSI 协议分层</td></tr>
<tr><td rowspan="2">应用层(第 7 层)</td><td>“智能工厂 生产过程控制数据传输协议”</td></tr>
<tr><td>User/TCP 接口(用户到 TCP 接口)</td></tr>
<tr><td>表示层(第 6 层)</td><td></td></tr>
<tr><td>会话层(第 5 层)</td><td></td></tr>
<tr><td>传输层(第 4 层)</td><td>TCP,UDP</td></tr>
<tr><td>网络层(第 3 层)</td><td>IP</td></tr>
<tr><td>链路层(第 2 层)</td><td rowspan="2">局域网、广域网</td></tr>
<tr><td>物理层(第 1 层)</td></tr>
<tr><td colspan="2">注:第 5 层、第 6 层不用</td></tr>
</table></td></tr>
<tr><td>实时数据及命令的报文格式</td><td>数据报文包括四种类型：数据帧、命令帧、信息帧和应答帧
数据帧用于终端设备或子系统（从站）向智能工厂集中监控系统（主站）传输实时数据；命令帧用于传输集中监控主站向终端设备或子系统下发控制命令和控制参数；信息帧以 ASCII 码方式描述从站量测配置信息；应答帧对接受的报文做出响应，回复数据接收情况或命令执行情况
图 1 描述了传输的帧结构，包括传输次序、字段的描述，同步字首先传送，校验字最后传送。表 2 给出了传输帧字节定义，多个字节的字传输时，先传送最高位字节，所有各帧都使用同样的次序和格式（ASCII 字符传送顺序和表示顺序一致）
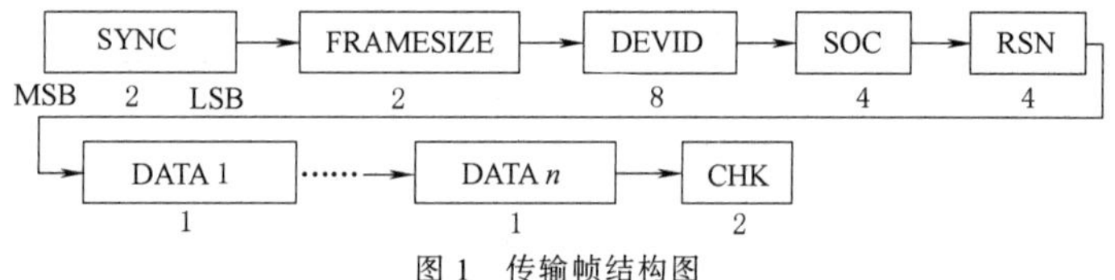

图 1　传输帧结构图
表 2　传输帧字节定义
<table>
<tr><th>编号</th><th>字段</th><th>长度/字节</th><th>说明</th></tr>
<tr><td>1</td><td>SYNC</td><td>2</td><td>帧同步字
第一字节:AAH
第二字节:帧类型和版本号
Bit 7:保留至将来定义
Bits 6~4:帧类型定义
SYNC
000:数据帧
001:命令帧
010:信息帧
011:应答帧
Bits 3~0:协议版本号,以二进制表示(1~15),本协议定义为 0001</td></tr>
<tr><td>2</td><td>FRAMESIZE</td><td>2</td><td>帧字节数,2 字节无符号整数(0~65535)</td></tr>
<tr><td>3</td><td>DEVID</td><td>8</td><td>设备标识代码</td></tr>
<tr><td>4</td><td>SOC</td><td>4</td><td>世纪秒,起始时间为 1970 年 1 月 1 日 00 时 00 分 00 秒</td></tr>
<tr><td>5</td><td>RSN</td><td>4</td><td>帧序列号</td></tr>
<tr><td>6</td><td>DATA 1</td><td>1</td><td>数据段字节 1</td></tr>
<tr><td>7</td><td>DATA 2</td><td>1</td><td>数据段字节 2</td></tr>
<tr><td></td><td colspan="3">……</td></tr>
<tr><td></td><td>DATA n</td><td>1</td><td>数据段字节 n</td></tr>
<tr><td></td><td>CHK</td><td>2</td><td>CRC16 校验码</td></tr>
</table></td></tr>
</table>

2.2.2 基于云制造的智能工厂架构要求（摘自 GB/T 39474—2020）

基于云制造的智能工厂是利用云制造服务平台，以制造资源层、现场控制层、车间执行层、企业管理层、平台应用层、企业协同的业务需求和集成协作为牵引，综合基于云制造服务平台的应用模式，同时考虑智能工厂整体安全，构建基于云制造的智能工厂总体架构，如图 23-3-3 所示。

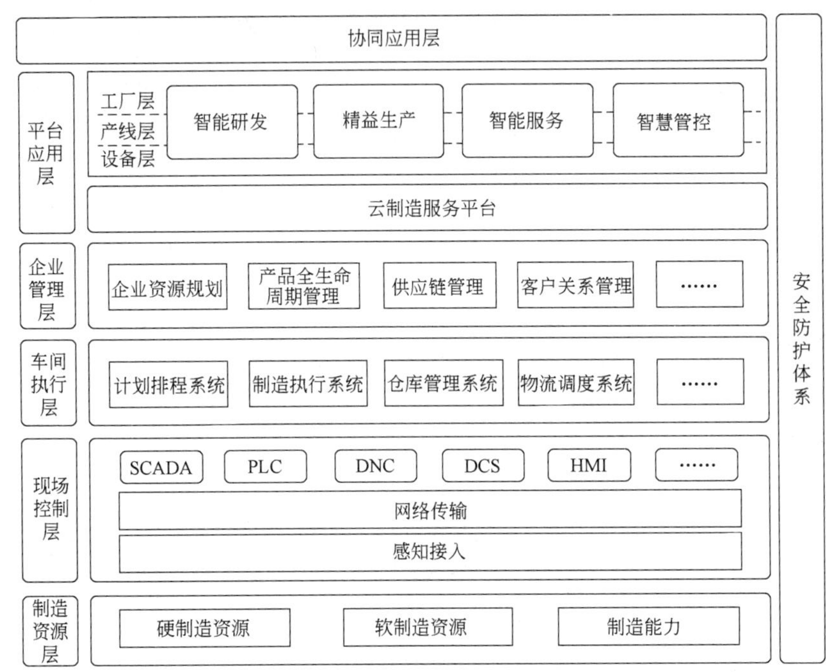

图 23-3-3 基于云制造的智能工厂架构

表 23-3-4 **各层要求**

制造资源层要求	硬制造资源	硬制造资源主要指产品全生命周期过程中制造设备、计算设备、物料等资源。硬制造资源应包括但不限于 IT 基础资源、制造设备、数字化生产线等
	软制造资源	软制造资源主要指以软件、数据、模型、知识为主的制造资源。软制造资源应包括但不限于企业信息系统、工具软件、知识模型库等。软制造资源内容应符合 GB/T 39471—2020 中 7.1 的要求
	制造能力	制造能力主要是指完成产品全生命周期活动中各项活动的能力，是人及组织、经营管理、技术三要素的有机结合。制造能力应包括但不限于人/组织以及相应的业务逻辑、研发能力、供应能力、生产能力、营销能力、服务能力等资源。制造能力内容应符合 GB/T 39471—2020 中 8.1 的要求
现场控制层要求	感知接入	通过 RFID 传感器、适配器、声光电等传感器/设备、条形码/二维码、温湿度传感器等智能感知单元和智能网关等接入设备，实现工业服务、工业设备、工业产品的感知和接入。应提供但不限于如下功能： a. 应能够对多类型异构传感器进行管理，实现资源的主动感知； b. 应能够通过工业物联网网关、Web Service API 接口等方式，实现制造资源的接入。具体接入方式应符合 GB/T 39471—2020 中 6.2 的要求； c. 应能够实现感知信息和接入数据的融合和边缘计算
	网络传输	网络传输应能够实现设备资源层、现场控制层、车间执行层、平台应用层的互联互通，实现人员、设备、物料、环境等制造资源的互联互通。网络传输应提供但不限于如下功能： a. 应包括光纤宽带、协议管理、虚拟路由、流量监控、负载均衡、业务编排等功能； b. 应提供但不限于专用网络、物联网、传感网络、以太网、智能网关等工业现场通信网络集成功能； c. 应能够提供标准的协议转换模块，支持但不限于 OPC-UA、Modbus、Profinet、Profibus 等工业通信协议和 MQTT、TCP/IP 等通信传输协议； d. 应能够实现工厂全覆盖，管理流程和控制业务全面互联，实现无缝信息传输； e. 应能够保证通信数据的实时性、准确性和稳定性

续表

现场控制层要求	工业控制	工业控制层应包括但不限于SCADA、PLC、DNC、DCS、HMI等软件和接口，实现对工业现场的数据采集、编程控制、人机交互等。应提供但不限于如下功能： a. 应能够对生产过程中的设备、物料、产品等进行监测、分析及优化控制； b. 应能够实现软硬件集成，对设备资源层的制造资源进行集中控制，并对运行状态进行监控和分析； c. 应能够接收设备资源车间执行层的数据和生产指令，并反馈处理结果
车间执行层要求	车间执行层应包括但不限于计划排程系统、制造执行系统、仓库管理系统、物流调度系统等执行控制系统	应能够通过计算机、智能仪器等，实现对制造资源的工况状态等信息的实时监测
		应能够通过自动化执行器、数字机床、智能机器人等实现对生产现场的精准控制
		应能够对生产现场的实时数据进行统计、分析、优化决策等
企业管理层要求	企业管理层应包含但不限于企业资源规划、产品全生命周期管理、供应链管理、客户关系管理等信息管理系统	应能够与仓储管理系统、产品数据管理系统、设备管理系统等信息系统实现实时数据同步
		应能够对生产资源的属性、状态、关系、能力等数据进行存储、处理、分析、应用
		应能够按照一定的关系和流程对制造资源进行组织和综合规划，并对执行情况进行动态跟踪
		应能够根据扰动因素对原有生产计划和执行过程进行自动调整和优化
		应能够实现产品全生命周期管理，贯穿产品设计、制造运行、售后服务过程
平台应用层要求	云制造服务平台	数据接入与管理 a. 应能够实现制造资源的虚拟化封装、存储、管理和应用等功能； b. 应能够实现多源异构数据接入与管理
		统一运行环境 a. 应能够实现存储资源管理、计算资源管理、网络资源管理等功能； b. 应能够提供微服务、中间件管理、弹性伸缩、容器化编排等功能； c. 应能够提供流程模型运行、仿真模型运行、大数据分析模型运行、人工智能模型运行环境
		模型及算法构建 a. 应能够提供机理模型、大数据算法工业知识和流程模板等功能； b. 应能够提供工业知识、案例专家库、机理模型库等功能
		应用开发工具 a. 应能够提供流程建模、大数据建模、仿真建模、知识图谱建模等应用开发工具和基于云平台的APP统一开发环境； b. 应能够提供模型类、服务类、数据类、应用管理类、标识类、事件类、运行类和安全类的开放API接口，支持各类工业应用快速开发与迭代
		应用服务 a. 应能够支撑智能工厂设备、产线、企业各层级的研发、生产、服务、管控应用； b. 应能够支持智能化生产、网络化协同、个性化定制、服务化延伸等协同应用模式
	基于云制造服务平台的应用服务	智慧研发：应包含但不限于个性化智能研发和协同研发服务。个性化智能研发服务应提供但不限于数字化样机类APP等应用服务集，协同研发应提供但不限于云协同研发、云仿真等应用服务集
		精益生产：应包含但不限于柔性化生产、基于MBD的协同制造和社会化协同制造服务。柔性化生产服务应提供但不限于设备控制与监控APP、物流APP等应用服务集，基于MBD的协同制造服务应包括但不限于产线规划与仿真APP等应用服务集，社会化协同制造应提供但不限于PLM等应用服务集
		智能服务：应包含但不限于设备智能管理与维护、智能工业运营服务、敏捷产品智能服务。设备智能管理与维护应提供但不限于数据驱动的设备运营类APP等应用服务集，智能工业运营服务应提供但不限于产线集成与测试类APP等应用服务集，敏捷产品智能服务应提供但不限于多专业/多学科的数字化应用类APP等应用服务集
	智慧管控	应包含但不限于云端工厂管理、智慧管理服务。云端工厂管理应提供但不限于PLM、ERP及价值链协同经营管理等应用服务集合，智慧管理提供但不限于基于数据驱动的智慧企业类APP等应用服务集

续表

协同应用层要求	智能化生产	智能化生产应能够利用先进制造、物联网、大数据集云计算等技术，实现生产过程的自动化可控制、智能化管理和定制化生产。智能化生产应提供但不限于设备智能感知和互联、流程集成、数据实时分析、制造控制等环节的创新应用
	网络化协同	网络化协同应能够贯穿产品设计、制造、销售等环节，实现供应链内和跨供应链间的协同，进行资源共享，提高制造效率。网络化协同应提供但不限于企业间商务协同、众包设计、供应链协同等云端协同应用服务
	个性化定制	个性化定制应能够实现以用户为中心的个性定制与按需生产，将用户需求直接转化为生产排单，实现产销动态平衡以及生产效率和需求满足的同时提升。个性化定制应提供但不限于大规模个性化定制、模块化定制、远程定制等服务模式
	服务化延伸	服务化延伸应能够利用云制造服务平台和工业融合的多种技术，延伸价值链条，增加附加价值，实现企业的服务化发展。服务化延伸应提供但不限于依托物联网、互联网、大数据等技术的在线服务、实时服务、远程服务以及智能服务升级

2.2.3 工业自动化系统时钟同步、管理与测量通用规范（摘自 GB/T 38844—2020）

表 23-3-5　工业自动化系统时钟同步、管理与测量通用规范

智能工厂组网

智能工厂组网如图 1 和表 1 所示，由企业层、管理层、控制层和设备层组成

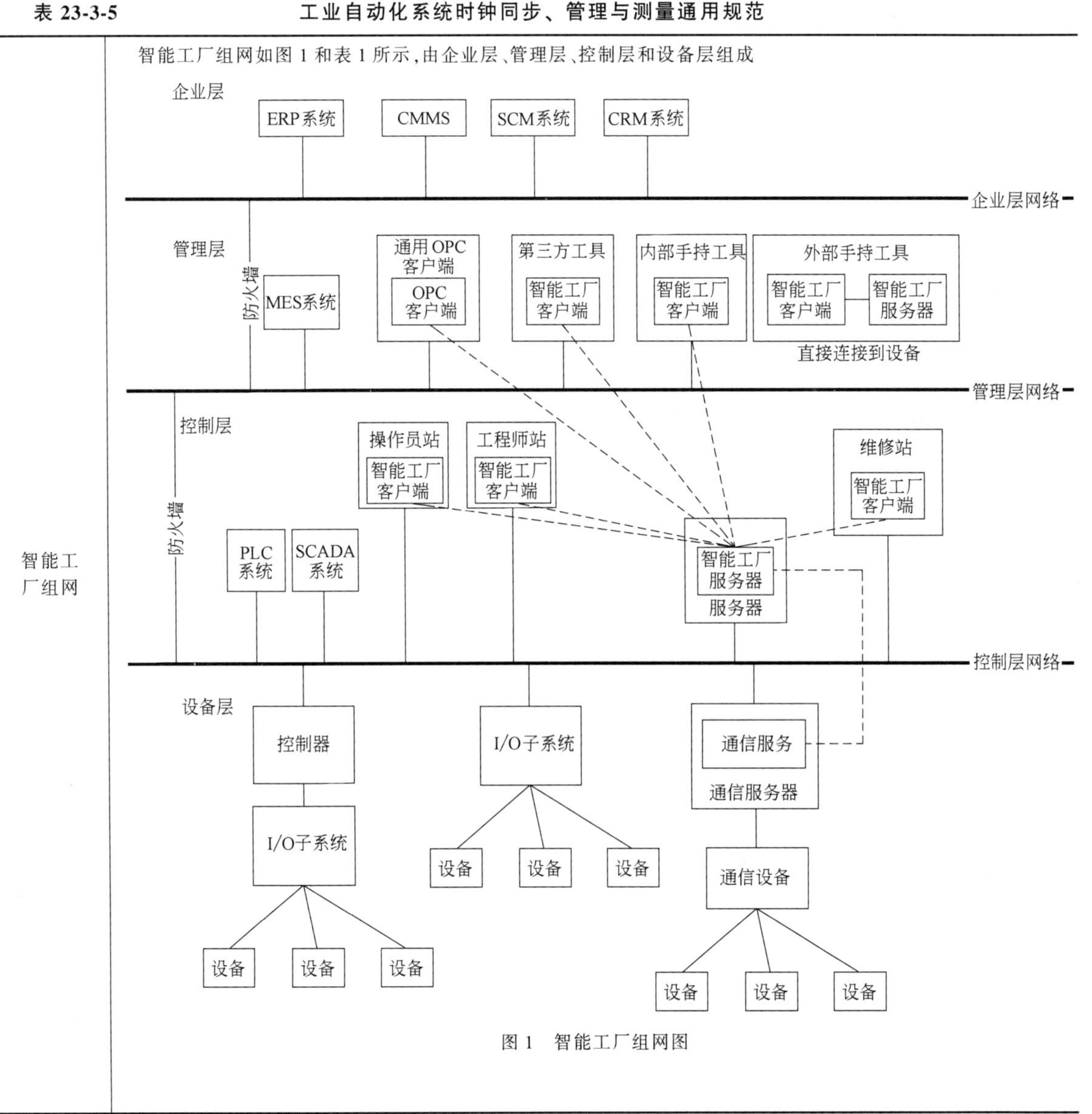

图 1　智能工厂组网图

续表

<table>
<tr>
<td>智能工厂组网</td>
<td>
<table>
<tr><th colspan="2">表 1　智能工厂组网各层</th></tr>
<tr><td>企业层</td><td>企业层是指实现面向企业经营管理的层级。由企业的生产计划、采购管理、销售管理、人员管理、财务管理等信息化系统所构成，实现企业生产的整体管控，主要包括企业资源计划（ERP）系统、供应链管理（SCM）系统和客户关系管理（CRM）系统等</td></tr>
<tr><td>管理层</td><td>管理层是指由控制车间/工厂进行生产的系统所构成，主要包括盖勒普制造执行系统（MES）、及产品生命周期管理软件（PLM）、通用 OPC 客户端、第三方工具手持工具等</td></tr>
<tr><td>控制层</td><td>控制层是指用于工厂内处理信息、实现监测和控制物理流程的层级，包括可编程逻辑控制器（PLC）系统，数据采集与监视控制（SCADA）系统，分布式控制系统（DCS），生产车间集中控制（SFC）系统，工业自动化无线网络（WIA）系统操作员站、工程师站、维修站等</td></tr>
<tr><td>设备层</td><td>设备层指的是企业利用传感器、仪器仪表、机器、装置等，实现实际物理流程并感知和操控物理流程的层级，涉及智能化加工设备、智能化机械手、分布式数控（DNC）、智能刀具管理等</td></tr>
</table>
</td>
</tr>
<tr>
<td>智能工厂时钟同步组网</td>
<td>
智能工厂主时钟柜的时钟信号接收单元接收外部时钟信号源，可以为北斗卫星信号、GPS 卫星信号或原子钟等，时间信号输出单元将该信号分别输出给外部手持工具，企业层网络，管理层网络、控制层网络，见图 2
接收端对时钟同步对时误差范围的要求在微秒级别时，可以采用 PTP、IRIG-B（DC）码、IRIG-B（AC）码（IRIG-B 码，简称“B 码”）对时方式；时钟同步对时误差范围的要求在毫秒级别时，可以采用 NTP/SNTP 对时方式
时钟信号输出的接口类型可以为以太网、光纤、TTL、静态空接点、RS422、RS485、RS232 等
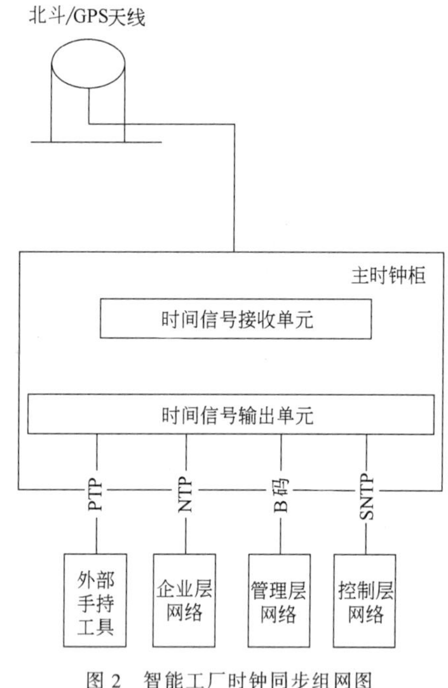

图 2　智能工厂时钟同步组网图
</td>
</tr>
<tr>
<td>企业层时钟同步</td>
<td>
时间服务器接收时钟同步信号，通过时间服务器将时钟同步信号输出给企业层的 ERP 系统、CMMS、SCM 系统、CRM 系统，接收端时钟同步方式可以为 NTP/SNTP，见图 3
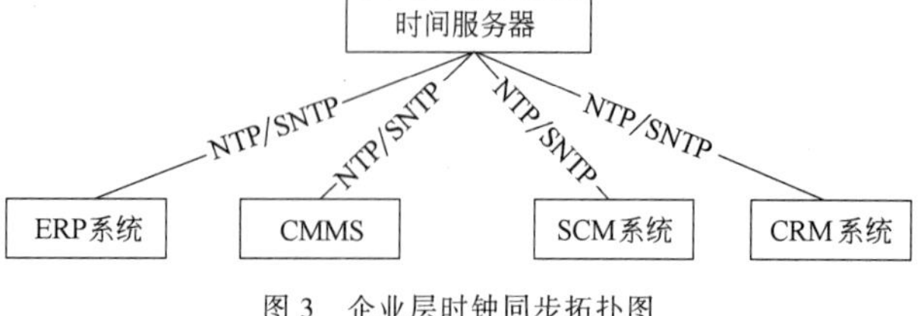

图 3　企业层时钟同步拓扑图
</td>
</tr>
</table>

续表

<table>
<tr>
<td>管理层
时钟同步</td>
<td>
时间服务器接收时钟同步信号作为主时钟，将时钟同步信号输出给管理层的 MES、第三方客户端手持工具、通用 OPC 客户端、设备、客户端和服务器；接收端的时钟同步方式可选的为 PTP、B 码、NTP 或 SNTP，见图 4

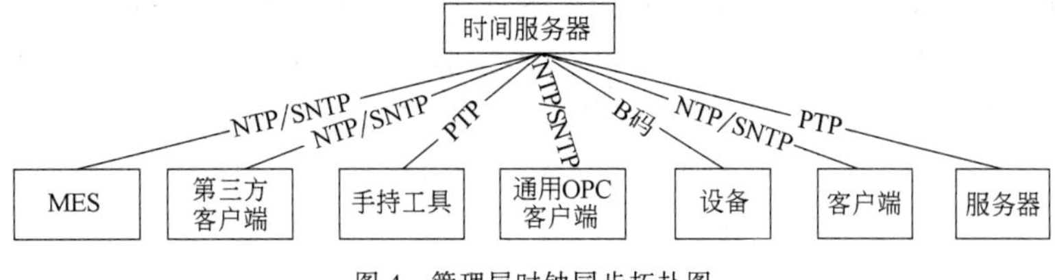

图 4　管理层时钟同步拓扑图
</td>
</tr>
<tr>
<td>控制层
时钟同步</td>
<td>
控制层网络接收时钟同步信号作为主时钟，将信号输出给 PLC 系统、SCADA 系统、从时钟、操作员站、工程师站、维修站；从时钟可以将时钟同步信号输出给操作员站、通信服务器、维修站和工程师站；接收端的时钟同步方式可选的为 PTP、NTP 或 SNTP 见图 5

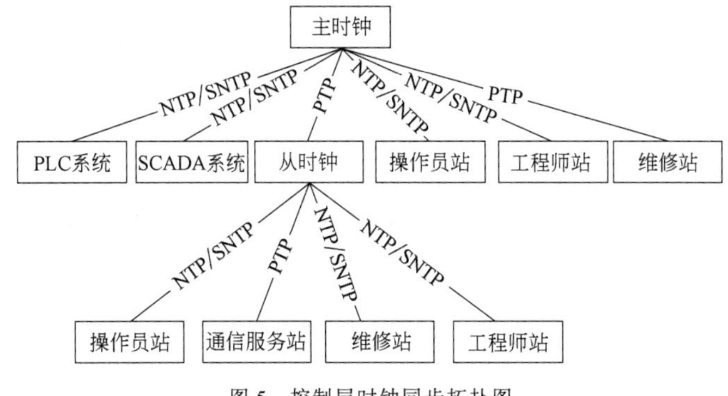

图 5　控制层时钟同步拓扑图
</td>
</tr>
<tr>
<td>设备层
时钟同步</td>
<td>
控制层网络作为主时钟将时钟同步信号通过有线方式输出给从时钟、I/O 子系统，或者通过无线方式输出给从时钟；从时钟可以再将时钟同步信号输出给 I/O 子系统，或者直接输出给设备；二级 I/O 子系统可以再将时钟同步信号输出给设备；从时钟通信设备可以将时钟同步信号输出给设备；接收端的时钟同步方式可选的为 PTP、B 码、NTP 或 SNTP，见图 6

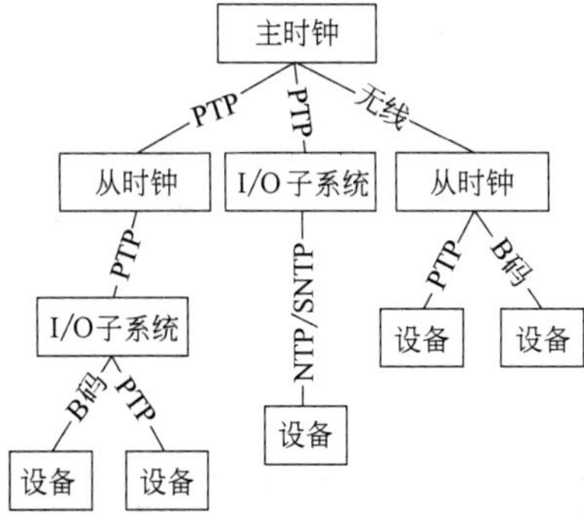

图 6　设备层时钟同步拓扑图
</td>
</tr>
</table>

2.3 智能工厂交付

2.3.1 智能工厂安全监测有效性评估方法（摘自 GB/T 39173—2020）

表 23-3-6 安全监测有效性评估方法

操作维度	安全监测有效性评估方法,需在适用阶段、人员、探测器选用、技术、流程、工具、数据收集和报告等方面提出要求,从而保证安全监测有效性评估的可操作性以及评估结果的真实有效、可追溯
应用阶段	新建工程安全监测有效性评估应在初步设计阶段或施工图阶段实施,并在投产前确认。其中有效性评估具体实施阶段受限于项目数据收集及输入条件。改扩建工程涉及安全监测对象或监测区域发生变化时,应进行安全监测有效性评估。每隔五年应至少进行一次定期复审,确保安全监测在整个生命周期内满足有效性要求
人员要求	有效性评估组成员应独立于项目组成员,项目设计的人员和运行人员应配合评估组参与评估活动。有效性评估组成员应掌握安全监测有效性评估方法,并按照本标准要求开展评估工作
探测器选用	结合智能工厂需求合理选用探测器,是安全监测有效性评估实施的前提。火焰探测器其选型及适用范围按照 GB 50116—2013 执行。可燃气体探测器(红外原理、催化燃烧原理、激光原理等)有毒气体探测器(电化学、金属氧化物半导体激光原理等),其选型及适用范围应按照 GB/T 50493—2019 执行。带压气体泄漏可采用超声探测器对声压等级变化进行监测,其选型应采用声学传感器
评估技术	安全监测有效性评估技术有空间分析法、场景分析法。空间分析法根据探测器参数或设计要求,采用计算机辅助方法确定探测器在工厂下的空间覆盖率。场景分析法应根据探测器参数,结合设备及建/构筑物布置、释放源的理化特性、泄漏频率和空气流动等特点,采用数值模拟及计算机辅助分析方法确定探测器在工厂下的场景覆盖率。火焰探测器、超声探测器应采用空间分析法进行有效性评估。可燃气体探测器、有毒气体探测器宜采用场景分析法进行有效性评估。空间分析法仅适用于需要保护区域或设备本身泄漏的覆盖率分析,不适用于扩散气体泄漏覆盖率分析

注：空间分析法在不深入考虑空气流动影响的场景下执行，适用于室内、设备密集的场所、装置内空间狭小的地方，结构简单的设备，但对存在空气流动的场景下完全用空间分析可能产生误导。

安全监测有效性评估流程参考图 23-3-4。

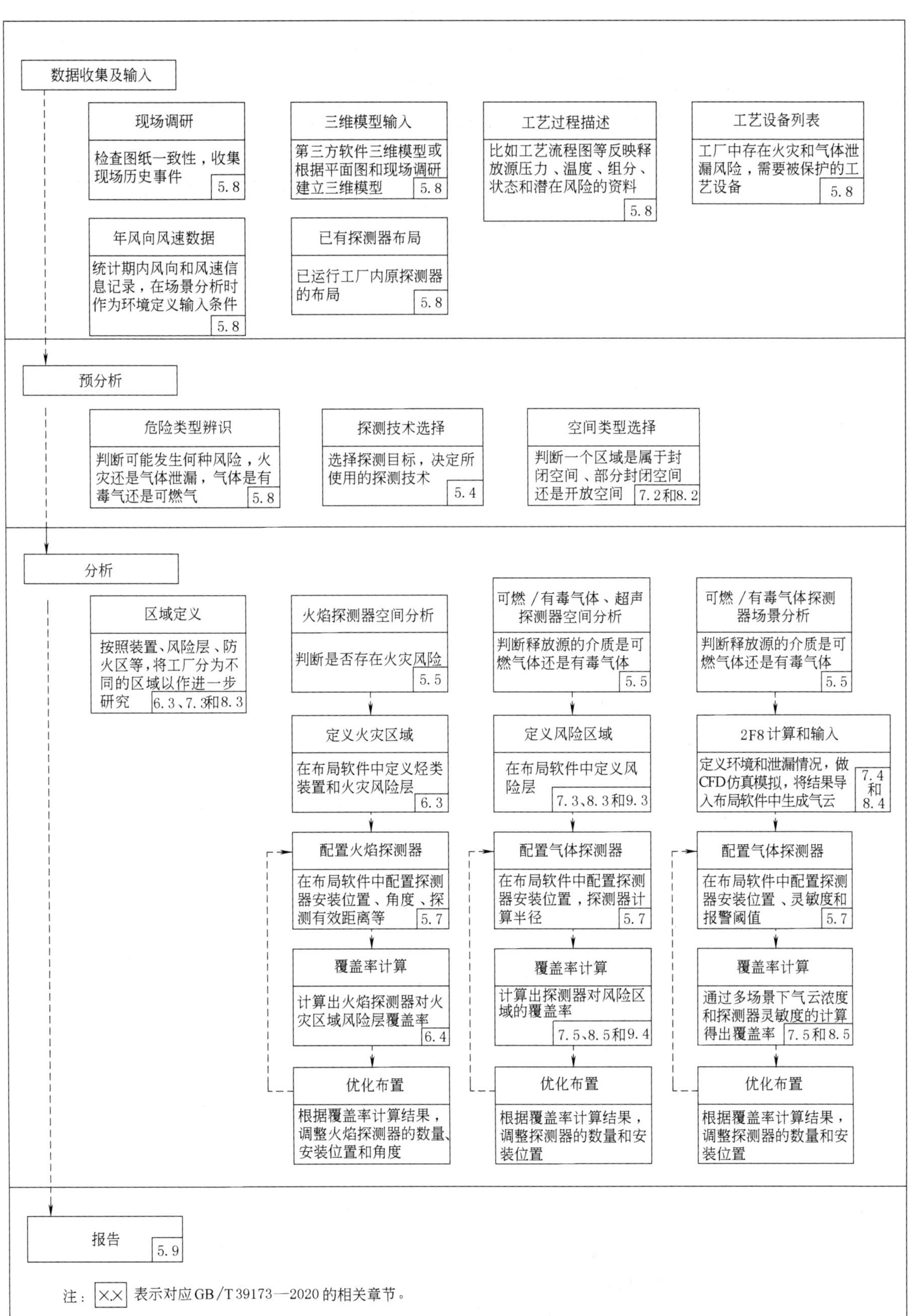

图 23-3-4 安全监测有效性评估流程

2.3.2 智能工厂通用技术要求（摘自 GB/T 41255—2022）

表 23-3-7　　通用技术要求

智能设计

智能设计基于数字技术和智能技术,对产品和工艺进行设计,用数字模型和文档描述和传递设计输出。智能设计内容见表 1

表 1　智能设计内容

智能设计	设计与仿真	产品的设计与仿真:产品的功能/性能定义、造型设计、功能设计、结构设计等
		工艺的设计与仿真:制造工艺设计、检验检测工艺设计等
		试验设计与仿真:产品试验仿真、试验测试工艺设计等
	关键要素	数字设计:应从概念设计阶段开始就采用协同数字设计平台,利用参数化对象建模等工具,进行产品的造型设计、功能设计、结构设计、工艺设计等。应采用标准数据格式,输出基于开放标准的设计品,便于产品生命周期各阶段的数据交互,实现信息的高效利用,满足产品生命周期各阶段对信息的不同需求
		虚拟设计:设计平台集成 VR、AR 等功能/工具,可实现沉浸式、交互式(如三维操作、语言指令、手势等)三维实体建模和装配建模,快速生成产品虚拟样机,进而还可在虚拟环境下进行产品虚拟样机的评审、优化、共享、应用培训,为虚拟制造创造条件
		仿真优化:在产品设计、工艺设计、试验设计等设计各阶段,结合产品生命周期各阶段反馈的信息,基于包含精准造型、结构、功能/性能和数据的计算机虚拟模型,在协同数字设计平台上利用仿真优化工具,针对不同目标开展计算机仿真优化,确保或提升产品对设计需求的符合性,产品的可靠性、可制造性、经济性。确保产品的适应性、可扩充性
		面向产品生命周期的设计:在设计阶段,应充分考虑产品制造、使用、服务、维修、退役等后续各阶段需求,实现产品设计的全局最优。在产品生命周期内,应采用同一计算机产品模型,各阶段发生的任何变更均应实时更新到同一计算机产品模型,以确保产品数据在产品全生命周期内的一致性和非冗余性
		大数据分析/知识工程:采集产品生命周期各阶段的数据,建立产品大数据,形成并丰富知识工程,在大数据分析和知识工程支撑下,实现对需求(如市场需求、功能需求等)的快速智能分析、对产品的精准设计和仿真优化,提供功能、性能、质量、可靠性与成本方面全局最优产品

智能设计示意图如图 1 所示

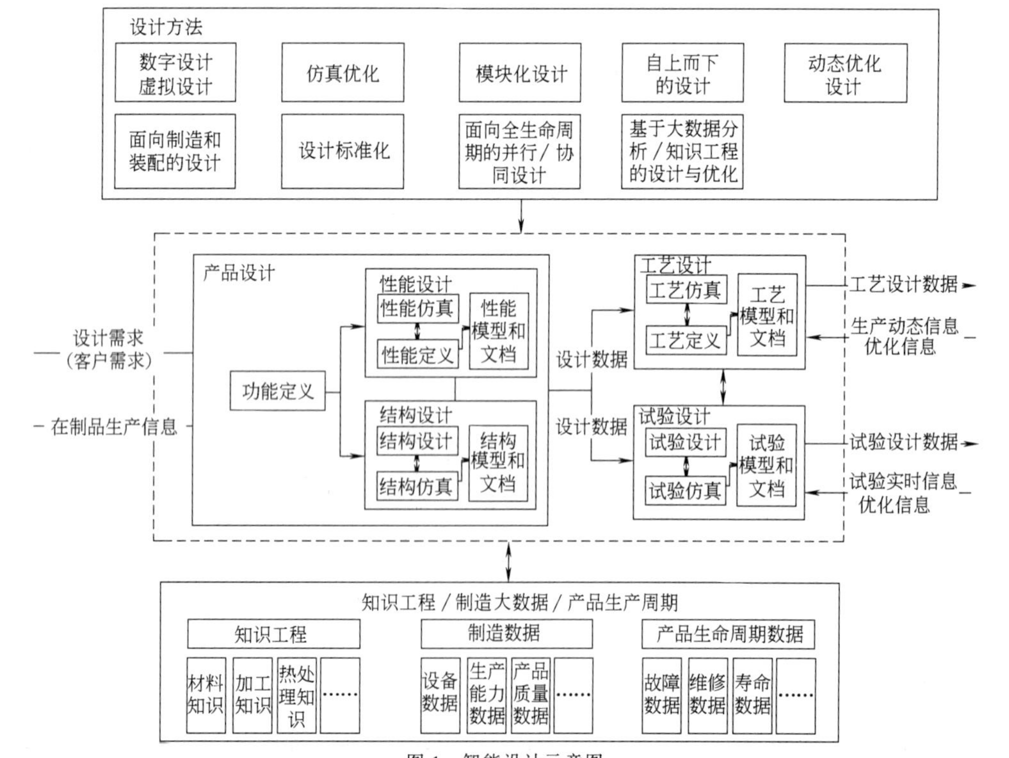

图 1　智能设计示意图

续表

<table>
<tr><td>智能生产</td><td>

智能生产是基于信息化、自动化、数据分析等技术和管理手段,实现柔性化、网络化、智能化、可预测、协同生产模式,对产品质量、成本、能效、交期等进行团环、持续的优化。提升智能生产关键要素如表 2 所示

表 2　提升智能生产关键要素

<table>
<tr><td>生产计划</td><td>计划仿真、多级计划协同、可视化排产、动态计划优化调度</td></tr>
<tr><td>生产执行</td><td>生产准备、作业调度、协同生产</td></tr>
<tr><td>质量管控</td><td>质量数据采集、质量档案和追测、分析与改进</td></tr>
<tr><td>设备管理</td><td>设备状态监测、设备运行分析设备运行维护设备故障管理</td></tr>
</table>

智能生产示意图如图 2 所示

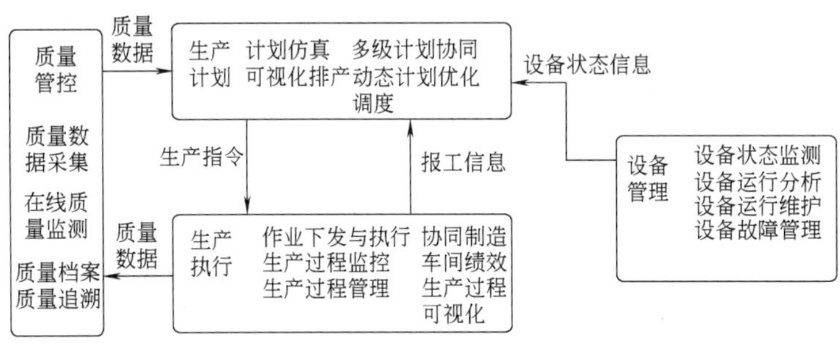

图 2　智能生产示意图

</td></tr>
<tr><td>智能物流</td><td>

智能物流是智能工厂中重要组成部分,其关键要素主要包括智能制造环境下厂内物流的智能仓储和智能配送。智能物流的关键要素如表 3 所示

表 3　智能物流的关键要素

<table>
<tr><td>智能仓储</td><td>智能物流应部署智能仓储系统,在 WMS 系统的基础上结合智能生产与智能管理系统,优化仓储布局和策略</td></tr>
<tr><td>智能配送</td><td>智能物流应充分利用自动化技术和路径优化方法,围绕物料智能分拣系统、配送路径规划、配送状态跟踪等方面提升物料配送效率</td></tr>
</table>

</td></tr>
<tr><td>智能配送</td><td>

表 4　智能工厂中的智能配送技术要求

<table>
<tr><td rowspan="4">技术要求</td><td>在智能工厂内,应用自动化配送设备,如自动导引车(AGV)、悬挂链、传输带等实现物料配送自动化</td></tr>
<tr><td>通过与智能管理、智能生产等业务的集成优化,根据生产计划实现智能配送降低工位库存</td></tr>
<tr><td>能结合生产线布局和物料需求,对物流配送路径和运输模式进行精益化规划,实现物流配送路径与装载优化</td></tr>
<tr><td>能实时监控物料和运输工具,利用传感器获取货物数据,实时定位和追踪原材料、半成品、成品、运输工具的位置与动向</td></tr>
</table>

</td></tr>
<tr><td>厂级物流协同</td><td>工厂内各个车间之间的工艺流程应具有关联性与交互性的特征,应建立智能化物料调配体系;ERP 采购来的原材料、配件、外购零部件等物料在工厂的各级仓库(工厂大库房、车间的原材料库、半成品、成品库等)里登记、检验、退货、入库、备料、发料、完工退库、销账、移库、包装、发货等。并建立智能工厂工作物流协同中心,遵从生产需求拉动的原则,并以精益化、零库存为目标,实现工厂-仓库-车间三者之间智能化的物流调配。车间内的数字化物流装备、生产物流管理、物流设备管理见 GB/T 37393—2019</td></tr>
<tr><td>智能管理</td><td>

在企业研发、生产、经营的数字化、信息化、网络化的基础上,应用虚拟仿真、人工智能、大数据分析云计算等技术,对企业的采购、销售、资产、能源、安全、环保和健康,以及产品设计、生产、物流等管理模块进行信息化提升、系统化集成及精益化协同,并形成可迭代、可优化、具有智能特征、面向全局的管理系统,以为企业各管理层的智能决策提供支撑

智能管理示意图如图 3 所示

</td></tr>
</table>

续表

智能管理

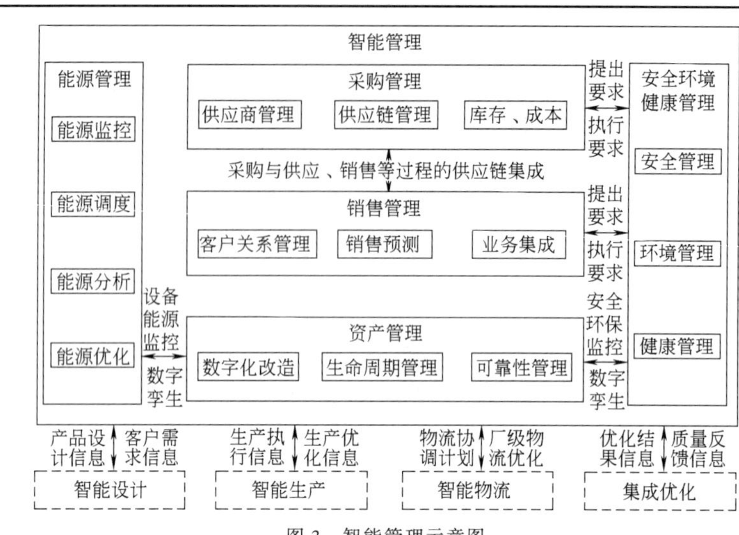

图 3　智能管理示意图

系统集成与优化

智能工厂的系统集成主要是实现车间与工厂、工厂与企业之间不同层次、不同类型的设备与系统间、系统与系统之间的网络连接，并且实现数据在不同层级、不同设备、不同系统间的传输，最终和各类产品信息、生产信息、管理信息和系统信息等的互联互通和系统间互操作，支撑智能工厂持续运营的各类业务流程的实现和优化的技术过程，车间层以下的系统集成参见 GB/T 37393—2019 系统集成部分。智能工厂系统集成关键要素见表 5

表 5　智能工厂系统集成关键要素

网络互联	实现连续的、相互连接的计算机网络、数控设备网络、生产物联/物流网络以及工厂网络
数据通信	在系统架构定义和网络互联的基础上，按照数据通信协议要求，定义数据类型和格式，实现从车间层到工厂层、集团层双边的传输、存储等
信息互通	定义系统间消息传输和内容解析，并基于数据通信实现系统间信息交互
集成优化与闭环操作	实现信息空间与物理空间之间基于数据自动流动的信息感知、实时分析、科学决策、优化执行的闭环体系

车间层到工厂层/集团层的网络架构可采用多种方式，如星形、环形、总线型、网状等多种方式。网络架构示意图如图 4 所示

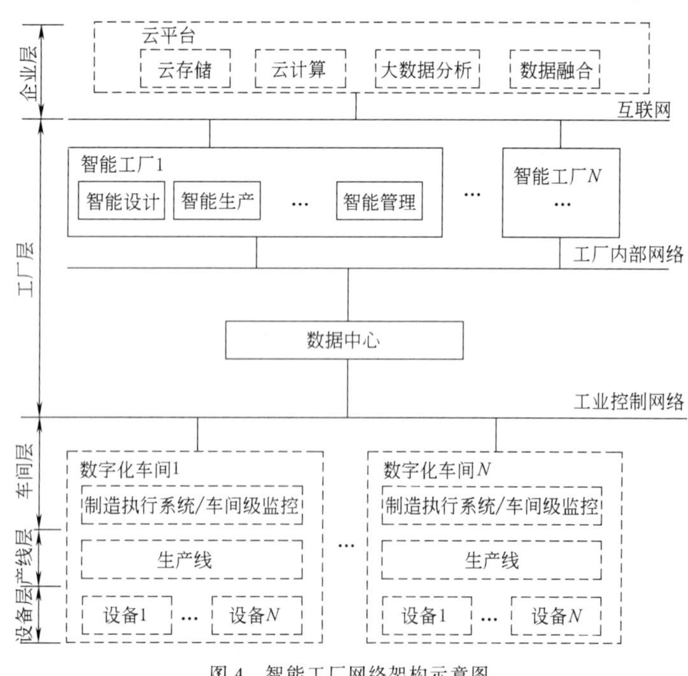

图 4　智能工厂网络架构示意图

2.3.3 智能工厂安全控制要求（摘自 GB/T 38129—2019）

表 23-3-8　　智能工厂两个模型

<table>
<tr><td>智能工厂层次模型</td><td>
智能工厂按照功能可分为三个层次：管理层、执行层、基础层。其中管理层是面向生产制造类工厂或企业的综合经营管理；执行层面向生产制造车间；基础层则包括车间内具体承担制造任务的设备及其附属设施。智能工厂的层次模型如图 1 所示，各层具体内容见表 1

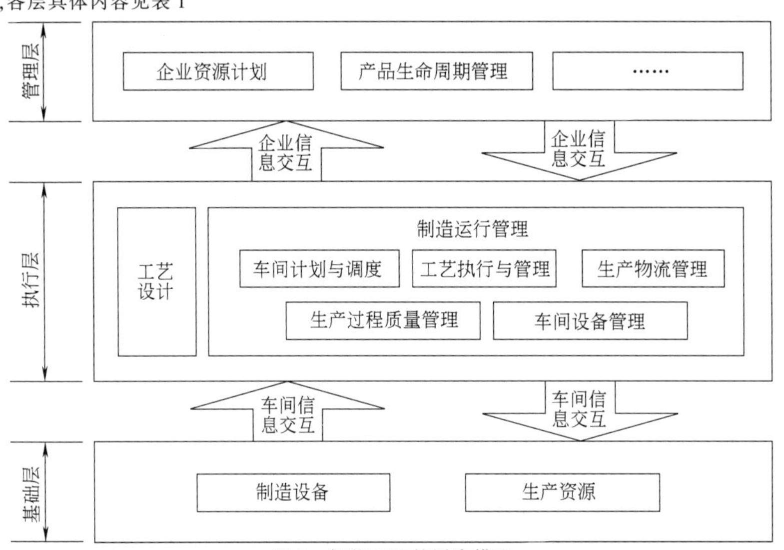

图 1　智能工厂的层次模型

表 1　智能工厂各层

<table>
<tr><td>基础层</td><td>包括数字化车间中生产制造所需要的各种制造设备及生产资源，其中制造设备承担执行生产、检验、物料运送等任务，大量采用数字化设备，可自动进行信息的采集或指令执行；生产资源是生产用到的物料、托盘、工装辅具、人、传感器等，本身不具备数字化通信能力，但可借助条形码、RFID 等技术进行标识，参与生产过程并通过其数字化标识与系统进行自动或半自动交互</td></tr>
<tr><td>执行层</td><td>介于管理层和基础层之间，定义了为了实现生产出最终产品的工作流的活动。包括记录维护和过程协调等活动。主要包括车间计划与调度、工艺执行与管理、生产物流管理、生产过程质量管理、车间设备管理等，对生产过程中的各类业务、活动或相关资产进行管理，实现车间生产制造过程的数字化、精益化及透明化。可以通过 MES 实现这些功能</td></tr>
<tr><td>管理层</td><td>定义了制造型企业管理所需要的相关业务类活动。包括管理企业中的各种资源、管理企业的销售和服务、制定生产计划、确定库存水平，以及确保物料能按时传送到正确的地点进行生产等。通常会选用 ERP（或 MRP II）、SCM、CRM 等系统</td></tr>
</table>
</td></tr>
<tr><td>智能工厂安全控制模型</td><td>
智能工厂的安全控制，涵盖智能工厂的三个层级，即基础层、执行层和管理层。其中，基础层的安全风险要素主要包括人员的不安全行为或状态，物料的不安全状态，工艺过程的不安全运行，机器或设备的不安全运转，环境的不安全状态，信息资源的不安全环境等几个方面；执行层和管理层的安全风险要素主要包括信息资源的不安全环境。每一类安全风险要素，又分别有各自的安全控制内容和实现的技术手段。最终实现人员、物料、过程、设备、环境、信息等六类安全风险要素的智能化管控，将智能工厂的风险控制在可接受范围，保障智能工厂的安全运行。智能工厂的安全控制模型，见图 2
应设立智能工厂安全管理机构，统一负责智能工厂的人员、物料、过程、设备、环境、信息安全的管控。应全面梳理生产运营过程中潜在的风险要素，面向对象进行风险界定、辨识、评估、控制和管理。应制定风险管理准则，针对不可接受的风险场景，制定风险控制的方法和手段。应制定风险管控流程，明确所有风险管控相关岗位职责和要求。完善各项安全管理制度，如生产责任制、安全操作规程、应急预案体系等。应合理利用物联网、计算机软硬件技术和数据挖掘智能分析技术的有机融合机制，对风险进行感知、传输、分析处理、预警响应、应急预案触发、善后处理、总结改进提高，实现生产过程中人员、物料、过程、设备、环境、信息等六类安全风险要素的智能化管控。应对用于智能工厂安全控制的装置和系统（含感知、监测与报警、安全控制、风险预测与预警、安全联动、安防和安全管理系统）进行评估和测试，验证其安全完整性水平和安全防护能力，以确定安全控制有效性
</td></tr>
</table>

续表

智能工厂安全控制模型	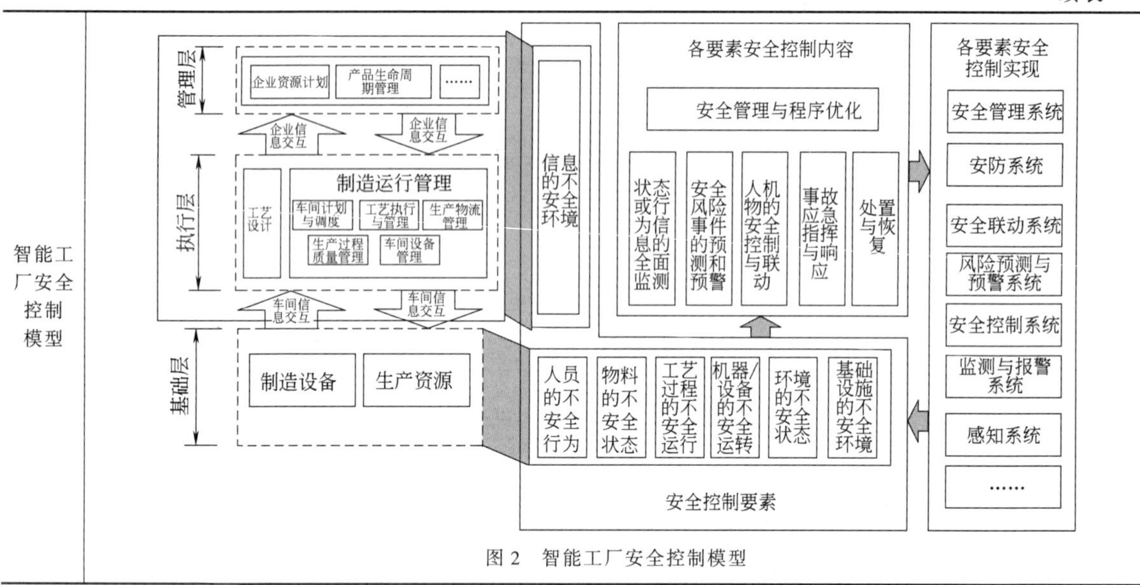 图 2 智能工厂安全控制模型

2.3.4 工业控制异常监测工具技术要求（摘自 GB/T 38847—2020）

监测工具是以旁路监测工业控制系统网络，抓取网络流量，发现异常行为并报警。图 23-3-5 是将监测工具旁路部署在工业网络交换机的镜像口上，工业控制系统业主根据工业网络交换机情况，酌情考虑部署。

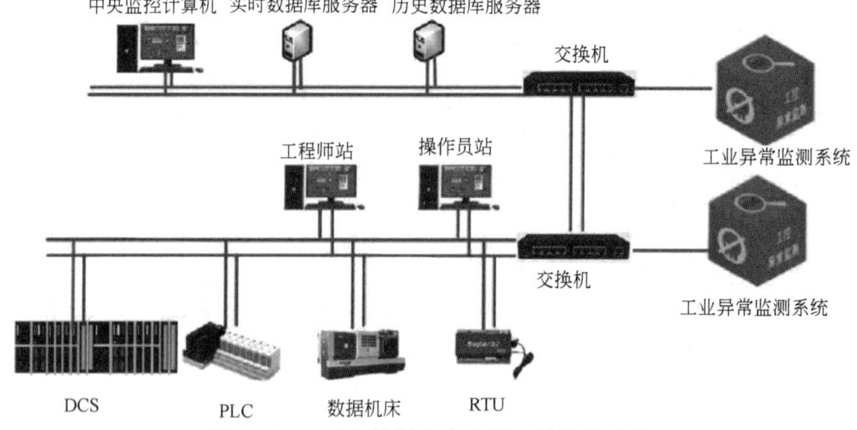

图 23-3-5 工业控制异常监测工具部署示例

按照 GB/T 20275—2021 有关要求，结合工业控制系统需求，将技术要求分为基本级和增强级。将技术要求分为功能要求、安全要求、保证要求、性能要求四个方面。其中产品保证要求采用 GB/T 20275—2021 中的安全保证要求，产品性能要求采用 GB/T 20275—2021 中的性能要求，产品功能要求、安全要求分别见表 23-3-9 和表 23-3-10。

表 23-3-9　　工业控制异常监测工具产品功能要求

产品功能要求	功能组件	基本级	增强级
数据探测功能要求	数据收集	√	√
	协议分析	√	√
	入侵行为监测	√	√
	工业协议异常行为监测	—	√
	网络流量监测	—	√
	病毒监测	—	√

续表

产品功能要求	功能组件	基本级	增强级
异常分析功能要求	数据分析	√	√
	分析方式	√	√
	防躲避能力	√	√
	网络违规行为分析	√	√
	网络异常行为分析	—	√
	网络拓扑自动梳理	—	√
	检测规则管理	—	√
	事件合并	—	√
	事件关联	—	√
	基于流量的高级分析	—	√
	异常行为溯源	—	√
	工控漏洞入侵行为检测	—	√
异常响应功能要求	安全告警	√	√
	告警方式	√	√
	排除响应	√	√
	定制响应	√	√
	全局预警	—	√
	异常管理	—	√
管理控制功能要求	图形界面	√	√
	事件数据库	√	√
	事件分级	√	√
	策略配置	√	√
	产品升级	√	√
	统一升级	√	√
	分布式部署	—	√
	集中管理	—	√
	端口分离	—	√
检测结果处理要求	事件记录	√	√
	事件可视化	√	√
	报告生成	√	√
	报告查阅	√	√
	报告输出	√	√
	安全运维管理	√	√
	安全审计	√	√
产品灵活性要求	报告制定	√	√
	窗口定义	—	√
	事件定义	—	√
	协议定义	—	√
	通用接口	—	√

注：“√”表示具有该要求；“—”表示对该项无要求。

表 23-3-10　　工业控制异常监测工具产品安全要求等级划分

安全要求	功能组件	基本级	增强级
身份鉴别	用户鉴别	√	√
	鉴别失败的处理	√	√
	多鉴别机制	—	√
	鉴别数据保护	—	√
用户管理	用户角色	√	√
	安全数据管理	√	√
	安全属性管理	—	√
数据保护	数据保护	√	√

续表

安全要求	功能组件	基本级	增强级
事件数据安全	数据存储告警	—	√
通信安全	通信完整性	√	√
	通信稳定性	√	√
	升级安全	√	√
产品自身安全	产品自身安全	√	√

注："√"表示具有该要求；"—"表示对该项无要求。

2.3.5 过程工业能源管控系统技术要求（摘自GB/T 38848—2020）

过程工业能源管控系统应实现对工业过程中主要消耗能源实时统计，应及时、准确、全面掌握能源相关信息。提供管控平台的基本技术要求，对能源介质进行统一监控与调度管理，并为实现能源工艺优化、合理利用资源提供基础。过程工业能源管控系统如图23-3-6所示。

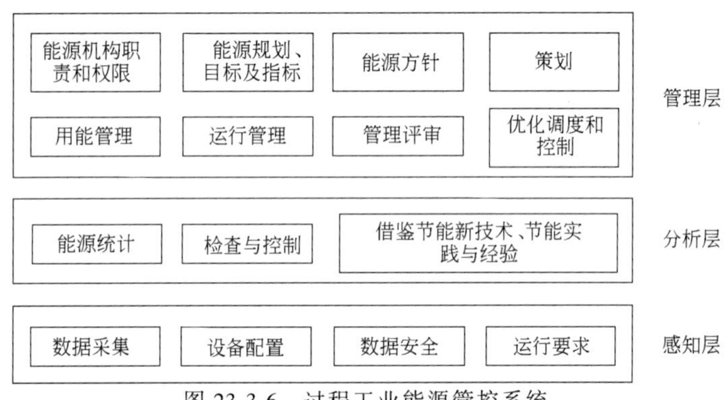

图23-3-6 过程工业能源管控系统

表23-3-11 过程工业能源管控系统架构

系统层次	管理层:主要完成过程工业企业能源目标、能源策划、能源基准的制定;完成能效估计、能源平衡、统计分析等;完成系统优化调度和优化控制
	分析层:主要实现过程工业企业能耗预测模型、能源管控系统的检查与控制及检查与控制借鉴节能新技术、节能实践与经验等
	感知层:主要实现过程工业企业能耗数据的采集、采集设备的配置、数据安全及运行要求等
基本要求	实现企业用能的平衡供应。过程工业能源管控系统的核心功能是平衡能源供应及企业使用的安全。装备制造企业的生成过程中始终伴随着能源产生、消耗和转化的动态过程。过程工业能源管控系统应通过监控所有的能源输入输出状态,以确保在生产过程中,优化平衡能源供需
	实现企业层面的能源管理。为了实现能源的科学高效管理,过程工业能源管控系统能够针对装备制造企业各种能源消耗的特点和转换关系,对能源介质数据进行采集、监控及自动归档处理,实时监控并调配能源和介质的使用。在此基础上,企业能对能源和介质的消耗趋势进行预测分析,实现"能量流、物料流、信息流"的三流合一,从战略层面上对能源实施系统的管理
	企业能源的经济运行。装备制造企业的副产能源多,存在着相互转化的过程并伴随着能源效率的转换,过程工业能源管控系统需要获取企业生产制造、设备检修等计划,优化制造流程,平衡能源供需,用科学的企业用能方案,促进能源梯级利用的效率和经济最大化
基本模型	能源预测模型。通过企业内部能源消费的趋势分析,找出影响能源消耗和能源需求之间的量化关系,并作为规划期内各阶段能源需求估计评价的依据
	能源平衡模型。对能源系统进行综合供需平衡及定量分析,在分析计算的过程中,保证系统在改变一次能源、转化方法、二次能源或负荷需求等条件时,应保持能量的平衡状态
	能源系统优化模型。能源系统优化模型是一个多目标规划模型,是进行全面能源计划、确定决策的重要保证,是妥善处理局部优化和全局优化之间关系的关键
系统内容	能源管控模式。对传统能源系统管理模式进行优化再造,变条块分割的能源监控和调度为集中的监控和调度,变分散能源管理为集中一贯制的扁平化能源管理
	信息系统。其有完整能源监控、管理、分析和优化功能的管控一体化计算机系统
	总体环境。企业与能源相关的设备、生产、运行、管理等

3 智能设计

智能设计是指利用人工智能和机器学习等技术，在设计过程中自动化生成和优化设计方案的方法和理念。

3.1 智能设计概念

智能设计可以一般性地理解为计算机化的人类设计智能，它是 CAD 的一个重要组成部分。因此，下面从 CAD 的发展历程入手，对智能设计的概念内涵加以说明。以依据算法的结构性能分析和计算机辅助绘图为主要特征的传统 CAD 技术在产品设计中成功地获得广泛应用，已成为提高产品设计质量、效率和水平的一种现代化工具，从而引起了设计领域内的一场深刻的变革。传统 CAD 技术在数值计算和图形绘制上扩展了人的能力，但难以胜任基于符号知识模型的推理型工作。

由于产品设计是人的创造力与环境条件交互作用的物化过程，是一种智能行为，所以在产品设计方案的确定、分析模型的建立、主要参数的决策、几何结构设计的评价选优等设计环节中，有相当多的工作是不能建立起精确的数学模型并用数值计算方法求解的，而是需要设计人员发挥自己的创造性，应用多学科知识和实践经验，进行分析推理、运筹决策、综合评价，才能取得合理的结果。为了对设计的全过程提供有效的计算机支持，传统 CAD 系统有必要扩展为智能 CAD 系统。通常我们把提供了诸如推理、知识库管理、查询机制等信息处理能力的系统定义为知识处理系统，例如，专家系统就是一种知识处理系统。具有传统计算机能力的 CAD 系统被这种知识处理技术加强后称为智能 CAD（intelligentCAD，ICAD）系统。ICAD 系统把专家系统等人工智能技术与优化设计、有限元分析、计算机绘图等各种数值计算技术结合起来，各取所长，相得益彰，其目的就是尽可能地使计算机参与方案决策、结构设计、性能分析、图形处理等设计全过程。ICAD 最明显的特征是拥有解决设计问题的知识库，具有选择知识、协调工程数据库和图形库等资源共同完成设计任务的推理决策机制。因此，ICAD 系统除了具有工程数据库、图形库等 CAD 功能部件外，还应具有知识库、推理机等智能模块。

虽然 ICAD 可以提供对整个设计过程的计算机支持，但其功能模块是彼此相间、松散耦合的，它们之间的连接仍然要由人类专家来集成。近年来，随着高新技术的发展和社会需求的多样化，小批量多品种生产方式的比重不断加大，这对提高产品性能和质量、缩短生产周期、降低生产成本提出了新的要求。从根本上讲，就是要使包括设计活动在内的广义制造系统具有更大的柔性，以便对市场进行快速响应，计算机集成制造系统（computer integrated manufacturing system，CIMS）就是在这种要求的推动下产生的。计算机集成制造（computer integrated manufacturing，CIM）作为一种新的制造理念正从体系结构、设计与制造方法论、信息处理模型等方面影响并决定着以小批量多品种占主导地位的现代制造业的生产模式，而 CIMS 则代表了制造业发展的方向和未来。

智能设计发展的不同阶段，解决的主要问题也不同。设计型专家系统解决的主要问题是模式设计，方案设计作为其典型代表，基本上属于常规设计的范畴，但同时也包含着一些革新设计的问题。与设计型专家系统不同，人机智能化设计系统要解决的主要问题是创造性设计，包括创新设计和革新设计。这是由于在大规模知识集成系统中，设计活动涉及多领域、多学科的知识，其影响因素错综复杂，当前引人注目的并行工程与并行设计就鲜明地反映出了面向集成的设计这一特点。CIMS 环境对设计活动的柔性提出了更高的要求，很难抽象提炼出有限的稳态模式，即设计模式千变万化且无穷无尽，这样的设计活动必定更多地带有创造性色彩。

表 23-3-12　　智能设计五个特点

以设计方法学为指导	智能设计的发展，从根本上取决于对设计本质的理解，设计方法学对设计本质、过程设计思维特征及其方法学的深入研究，是智能设计模拟人工设计的基本依据
以人工智能技术为实现手段	借助专家系统技术在知识处理上的强大功能，结合人工神经网络和机器学习技术，较好地支持设计过程自动化
以传统 CAD 技术为数值计算和图形处理的工具	提供对设计对象的优化设计、有限元分析和图形显示输出上的支持
面向集成智能化	不但支持设计的全过程，而且考虑到与 CIM 的集成，提供统一的数据模型和数据交换接口
提供强大的人机交互功能	使设计师对智能设计过程的干预，即与人工智能融合成为可能

3.2 产品设计与仿真

3.2.1 产品设计与仿真系统构建原则（摘自 CY/T 245—2021）

表 23-3-13 产品设计与仿真系统构建原则

	构建原则
数据共享	设计平台内置的各种设计软件之间，设计软件与数据库之间，设计平台与客户服务平台、材料采购平台、生产平台和物流配送平台之间的数据宜无缝衔接，可实现数据的共享与重复使用
具有数据库	宜具有结构数据库、材料数据库和工艺数据库
具有交互界面	宜具有简单、友好的设计交互界面，使用户可以便捷地通过人机交互方式完成印刷产品的设计工作
应用算法	宜能通过算法采集、筛选仿真数据，并通过新增数据扩充优化现有数据库
建立仿真模型	宜建立仿真数据库，构建数字仿真模型。可对模型进行各种必要的性能测试和功能分析，从而可实现利用数字仿真替代实物仿真进行验证

3.2.2 数字资源库构建（摘自 CY/T 245—2021）

表 23-3-14 数字资源库构建

结构数据库	数据来源宜为产品结构仿真数据信息，至少包括产品形态、规格、平面结构设计图、立体结构设计图、局部部件设计图和整体装配设计图等技术数据信息。可满足不同产品结构设计的检索、调用、数字仿真需求
材料数据库	数据来源宜为材料及相关辅助材料的仿真数据信息。数据信息宜包括材料的类型、印刷适性参数、功能性参数、唯一编码、效果展示图片等，可满足不同产品材料设计检索、调用、数字仿真需求
工艺数据库	数据来源宜为标准化生产工艺的数据信息，且数据来源应与生产设备唯一对应。数据信息宜包括工艺类型、工艺技术参数、设备参数等，可满足不同工艺设计的检索和调用需求
产品资源数据库	数据来源宜为真实产品的数据信息。数据信息宜包括产品的类型、结构特征、外观特征、材料类型、功能特征、数字仿真模型、唯一编码等，可满足不同产品设计的检索和调用需求

3.2.3 产品设计（摘自 CY/T 245—2021）

表 23-3-15 产品设计

结构设计	宜根据产品类型和材料需求，自主调用对应的数据库（含结构数据库、材料数据库等）资源，输入产品结构参数，形成产品的数字仿真结构模型，包括但不限于平面结构设计图、立体结构设计图、局部部件设计图和整体装配设计图等
功能设计	宜根据产品特征化的功能要求、使用材料的性能要求、产品使用的特征化条件，自主调用数据库资源中对应的功能性数据，形成符合产品功能设计要求的数字仿真模型，包括但不限于保护、美观、品牌宣传、环保和安全方面的功能
生产工艺设计	宜根据产品结构、表面装潢、功能设计结果，自主调用对应的工艺数据库资源，并调整对应的产品数字仿真模型，形成符合产品生产要求的印刷工艺数字仿真模型，包括但不限于产品加工工艺方法、生产流程图、设备与工艺参数等

3.3 工艺设计与仿真

3.3.1 智能工艺设计的基本概念

工艺设计是制造类企业技术部门的主要工作之一，其质量的优劣及设计效率的高低，对生产组织、产品质量、产品成本、生产效率、生产周期等有着极大的影响。工艺设计是典型的复杂问题，它包含了分析、选择、规划、优化等不同性质的各种功能要求，所涉及的知识和信息量相当庞大，与具体的生产环境，如空气湿度、环境温度、设备自动化程度等有着密切关联，而且还严重依赖经验知识。工艺设计的基本涵义（如图 23-3-7 所示）可以概括如下：①考虑制订工艺计划中所有条件/约束的决策过程，涉及各种不同的决策；②在车间或工厂内制造资源的限制下将制造工艺知识与具体设计相结合，准备其具体操作说明的活动；③连接产品设计与制造的桥梁。

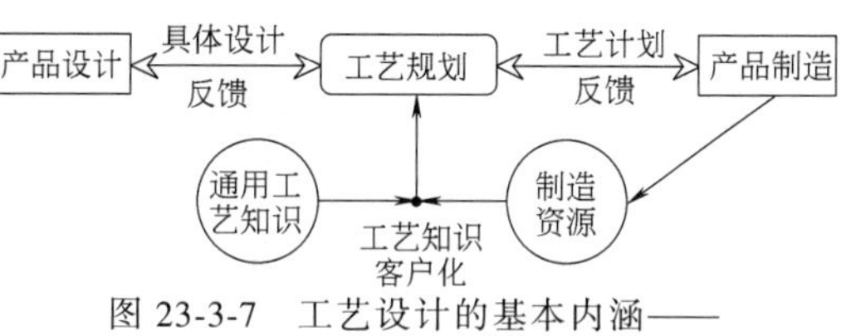

图 23-3-7　工艺设计的基本内涵——产品设计与制造的桥梁与纽带

CAPP 是工艺设计人员应用信息技术、计算机技术及智能化技术，把企业的产品设计数据转化为产品制造数据的一种技术。其主要特点有：能够帮助工艺设计人员减少大量繁琐的重复劳动，可以把主要精力放在新产品、新技术和新工艺的研发上面；能够增强工艺的继承性，可以实现现有资源利用的最大化，进而减少生产成本；能够让并没有很多工作经验的工艺规划师做出高质量的工艺方案，实现缓解制造业设计任务繁重的目的。

随着计算机软硬件技术的不断成熟，计算机辅助工艺规划的理论与方法已发生了质的飞跃。将人工智能理论应用于计算机辅助工艺规划是新近发展起来的研究热点之一，也是工艺设计现代化的发展趋势。它不仅把人工智能领域中的研究成果移植到了计算机辅助工艺规划中，而且还扩大了人工智能的应用领域，使两者得到完美结合和共同发展。

智能工艺设计在传统 CAPP 定义的基础上需完整包含两个方面的内容：一是工艺设计流程显性化、流程化和模块化；二是工艺设计活动智能化、闭环化。结合传统计算机辅助设计的概念，智能工艺设计的概念可以被概括为：以数字化方式创建工艺设计过程的虚拟实体，利用智能传感、云计算、大数据处理及物联网等技术来实现历史及实时工艺设计数据与知识的感知，借助于计算机软、硬件技术和支撑环境，通过数值计算、逻辑判断、仿真和推理等的功能来模拟、验证、预测、决策、控制设计过程，从而形成零件从毛坯到成品整个设计过程“数据感知—实时分析—智能决策—精准执行”的闭环，最终实现工艺设计的智能化、实时化、显性化、流程化、模块化和闭环化。

3.3.2　智能工艺设计的内涵

在机械制造领域中，计算机技术的运用非常普遍，在发展进步的过程中，原本互相独立存在的计算机辅助设计（computer aided design，CAD）与计算机辅助制造（computer aided manufacturing，CAM）逐渐融合，计算机辅助工艺规划就是在这两者进行有效融合的过程中出现的。传统的计算机辅助工艺规划技术具有以下功能：第一，在计算机中输入有效设计参数；第二，对机械制造过程中应用的工艺流程、基本工序和运用的相关器具等进行确定；第三，明确机械制造中的切削用量；第四，对机械制造资金投入量以及使用的时间进行计算；第五，对相关设计数据进行展现等。智能工艺设计是“传统的以经验为主的设计模式”向“基于建模和仿真的科学设计模式”的转变结果。虚拟样机技术与系统仿真方法相结合，既可以发挥仿真工具的预测能力，又可以将工艺人员的经验融合到仿真过程中，进行工艺设计过程中的各种仿真分析活动。

智能工艺设计以实现工艺数字化、生产柔性化、过程可视化、信息集成化、决策自主化为核心目标，围绕基于物联网的智能化设备、智能化设计、智能化制造与数据集成平台来进行工艺设计。

表 23-3-16　　智能工艺设计基本功能体系与技术

控制模块	控制模块即系统主控模块，负责整合系统其他模块，提供系统对外访问界面，完成信息在各个模块间的有效通信和传递
产品数据管理模块	零件信息的输入一般包括基本尺寸、几何拓扑信息、材料要素和技术要求信息等
工艺设计模块	工艺设计是系统的核心模块，主要完成基于实例推理的工艺设计，包括零件特征编码、工艺实例库检索、提取相似工艺修改和编辑的功能。在工艺设计过程中，系统可以随时调用资源库来查询机床设备、工装夹具、刀具、量具等数据库信息，便于结合企业现有资源情况快速得到符合加工要求和适应实际生产的工艺设计结果
工艺过程智能决策优化	工艺过程决策包括生成工序卡，对工序间尺寸进行计算，生成工序图；对工步内容进行设计，确定切削用量，提供形成 NC 加工控制指令所需的刀位文件；对工艺参数进行设计，基于智能算法，提供最优的工艺参数

续表

工艺过程管理模块	把编制好的工艺提交审阅是保证投入生产中的工艺信息恰当的有效机制,实现在线工艺审阅是智能工艺设计的重要部分之一。通常工艺审阅分为四个步骤:审核、标准化、会签和批准,分别由不同的用户完成
工艺文件管理和输出模块	智能工艺设计的最终目的是得到可以指导工业生产的工艺文件,因此,工艺文件输出是智能工艺设计不可缺少的部分。由于工艺文件主要是工艺流程卡、工序卡和工步卡,因此,选用或者定制合适的报表输出工具是工艺文件输出模块的功能

3.3.3 智能工艺设计需求分析

工艺设计是产品研发的重要环节,是连接产品设计与生产制造的纽带。它所生成的工艺文件是指导生产过程及制定生产计划的重要依据。工艺设计对企业协调生产、保证产品的质量、降低生产的成本、提高产品的生产率、缩短生产的时间等都有重要的影响,因此工艺设计是生产制造中的重要工作。

工艺设计需要分析及处理相当多的数据,不仅要考虑设计零件的结构形状、材料、尺寸、生产等数据,还要了解制造过程中的加工方法、加工设备、制造条件、加工成本等数据。这些工艺数据之间的关系错综复杂,在工艺人员设计工艺方案时,必须全面而周密地对这些工艺数据进行分析及处理。一直以来,工艺方案设计方法都是依靠工艺工程师常年在企业生产活动中积累的技术及经验,以手工设计的方式进行,工艺方案的好坏基本取决于工艺工程师的自身水平。工艺方案设计中普遍存在重复性和多样性的问题。随着制造业进入了信息化及知识经济的时代,现在机械零件产品的生产以多品种小批量生产为主导,所以传统的工艺设计方法已经远不能适应现在行业发展的需要,具体表现见表 23-3-17。

表 23-3-17 传统的工艺设计方法不能适应现在行业发展的需要具体表现

依靠手工进行工艺设计劳动强度非常大,效率极其低,主观灵活性大	据有关资料统计,机械零件有 70%~80%的相似性,相似零件的工艺路线也有一定的相同之处,工艺设计中有效的实际工作可能只占工作总时间的 8%左右,有很多的企业用在工艺数据的计算、抄写等重复性工作的时间大约占工艺准备的 55%。工艺工程师在工艺方案设计过程中,需要把大量的工作时间花费在工艺参数、工序内容、工艺数据的汇总等重复性抄写上,增加了工艺工程师的工作量,使他们缺少时间进行工艺方案的优化等创造性工作,延长了工艺设计的时间,从而影响了整个产品生产的周期。手工工艺设计难以做到方案最优化、标准化,容易造成人力、设备、能源等资源的浪费,增加产品的制造成本
产品的可制造性难以评估,工艺设计及验证手段落后	大部分制造企业依然应用文字性描述的二维工艺卡片来进行工艺方案设计,工艺方案设计时难以直观地了解现有工艺装备及设备的情况,工艺设计无法进行仿真分析,很难对现有工艺方案进行评价,工艺信息存储在纸质卡片上,纸质资料不易存储,并且容易丢失,难以在大范围内传播、重用
缺乏对工艺数据进行有效管理	传统的工艺设计采用纸质存档,很难对已有的工艺数据进行重用及有效管理,如何提炼原有工艺文件中的典型工艺,更有效地利用工艺数据资源,更好地传承公司常年积累的工艺经验,都是急需解决的重要问题。工艺工程师的知识和经验积累起来相对较慢,企业的技术人员又有较大的流动性,在他们离职或退休后,工程师在工艺制定工作中积累的知识及经验,不能很好地保存下来,企业新入职的工艺工程师需要重新开始学习工艺知识及经验,在一定程度上造成了企业知识资源的巨大损失
信息化程度低,不利于制造业信息化的建设	随着 CAD、CAM、计算机辅助夹具设计(computer aided fixture design,CAFD)、企业资源计划(enter priseresource planning,ERP)、制造执行系统(manufacturing execution system,MES)、计算机辅助质量(computer aided quality,CAQ)等计算机辅助软件的应用,企业之间的信息都通过计算机信息技术进行传递。然而工艺设计仍然采用落后的手工作业,工艺信息仍然存储在纸质文件上,这严重阻碍了企业各部门之间的信息交流,进而影响了企业信息化建设的进程及工作效率

随着 CAPP 的广泛应用,大量的实例表明,实施智能工艺设计可带来重大收益,在对使用生成型工艺设计系统的 22 个大小型公司进行的详细调查中发现,采用该系统可以减少 58%的工艺流程规划工作、10%的劳动者、4%的材料、10%的废料等,所以智能工艺设计逐渐成为人们研究的热门课题。

3.3.4 智能工艺设计模型分析

智能工艺设计应朝工具化、工程化、集成化、网络化、知识化、智能化、柔性化、规范化等方面进一步发展，以使企业信息化建设的基础打得更坚实、更牢靠。

表 23-3-18　　智能工艺设计发展简介

工具化和工程化	智能工艺设计系统强调工具化和工程化,以此提高系统在企业的通用性。将整体系统分解为多个相对独立的工具进行开发,面向制造和管理环境做系统二次开发,并将具有各专项功能的子系统集成在一个统一平台上
集成化和网络化	智能工艺设计系统实现 CAD/CAPP/CAM 的全面集成,设计数据双向信息交换与传送,实现与生产计划、调度系统的有效集成,建立与质量控制系统的内在联系。实现计算资源、存储资源、数据资源、信息资源、知识资源、专家资源的全面共享
知识化和智能化	基于复合智能系统、专家系统、人工神经网络技术和模糊推理技术的发展和应用,智能设计系统可以进行各种层次的自学习和自适应,将工艺设计数据进一步转变为先进制造知识,从而进一步实现工艺设计智能化
柔性化和规范化	现代智能工艺设计系统以交互式设计为基础,体现柔性设计;以工艺知识库为核心,面向产品实现工艺设计与管理的柔性化;以产品为核心,以工艺路线为依据,根据工艺路线安排工艺工作的流程,实现设计过程的规范化
交互式和渐进式	现代智能工艺设计面向工艺设计人员提供基于工艺知识和判断的交互式输入输出界面,同时为企业管理层提供可视化管理平台,渐进式地推进智能制造的发展进程

3.4 试验设计与仿真

3.4.1 数字仿真建模（摘自 CY/T 245—2021）

表 23-3-19　　数字仿真建模

仿真分类	根据是否需要制作实物进行试验验证,仿真分为实物仿真和数字仿真两类
选取数字仿真原则	没有数字仿真模型库的宜进行实物仿真,有数字仿真模型库的可考虑采用数字仿真
数字仿真模型构建	制作实物仿真模型
	对实物仿真模型进行试验验证,并进行数据采集
	以实物仿真数据为基础设定检索特征,分类构建用于数字仿真的结构性数据库和非结构性数据库
	根据数字仿真内容的技术特征,构建对应印刷产品的数字模型
	确定数字仿真时输入及输出数据组与数字模型相关特征的对应关系
	调用数据库的输入数据,逐一输入数字模型中,通过观察数字模型特定特征的变化情况和输出数据,对数字仿真的结果进行确认
	梳理数字仿真流程。从数据库支撑数字仿真建模,到仿真分析,以及进行实物仿真验证,以保证数字仿真的有效性
专家系统构建	宜以设计领域专业技术人员的知识或经验为基础,构建针对设计方案在实施过程中遇到的各类疑难问题,包括产品结构、使用材料、生产工艺等,以及解决这些问题的方法为主要内容的专家知识库
	宜以专家知识库为基础,建立基于产品设计问题和算法为核心的人机交互、问题推理、问题解析、问题应答、问题答案存储等功能的专家系统
设计系统自主进化	可根据特定客户的需求偏好,以大数据为基础,利用人工智能技术自动设计出可供参考或选择的产品方案
	可根据实物仿真的技术数据积累,以大数据为基础,优化设计合适的数字模型和算法
	可根据各个数据库数据的积累,完成产品检索特征数量的积累,自主产生新的检索关键字

3.4.2 试验设计需求的智能转化（摘自 CY/T 245—2021）

表 23-3-20 试验设计需求的智能转化

确定产品类型	宜明确客户所需产品的具体类别、关键参数、主要材料、质量期望等信息，并根据设计要求，将客户产品信息转化为智能设计系统中对应的具有鲜明特征性的模块化内容
确定产品结构	宜根据产品结构的技术参数、材料需求和具体形态，明确满足产品应用目标的结构属性、对应数据库中的产品结构模型及成形加工的技术参数
确定产品功能	宜根据产品的视觉传达、安全保护、信息交互及其他特定功能与结构要求，明确满足产品功能所需材料、工艺及其对应的数据库

4 智能生产

智能生产是指利用人工智能技术和自动化技术来改善和优化生产和制造过程的方法。通过智能化的设备和系统，能够实现更高效、精确和灵活的生产，提高生产效率和产品质量。

表 23-3-21 智能生产术语

名称	描述
智能化生产	通过智能化、自动化设备，利用物联网、云计算、大数据、机器视觉、仿真数字孪生、故障预测与健康管理(PHM)等新一代信息技术，提高生产过程可控性，减少生产线人工干预，以及合理计划排程，实现生产、管理和决策的智能优化的生产活动
工业互联网	以机器、原材料、控制系统、信息系统、产品以及人之间的网络互联为基础，通过对工业数据的全面深度感知、实时传输交换、快速计算处理和高级建模分析，实现智能控制、运营优化和生产组织方式变革，是互联网和新一代信息技术与工业系统全方位深度融合所形成的产业和应用生态
装备	实施和保障生产经营活动所配备的设备、设备系统及其配套技术器材等的统称
装备全生命周期	装备从规划研究，经历设计和制造到使用和处置的整个生命周期的时间
装备维护	为防止装备性能劣化或降低装备失效的概率，按事先规定好的计划或相应技术条件的规定进行的技术管理措施
组织	操作生产装备完成生产制造活动，并负责装备全生命周期管理的机构
预防性维护	为消除装备失效和非计划性生产中断的原因而策划的定期活动(基于装备工作时间的周期性检验和检修)
预测性维护	通过对装备状况实施周期性或持续监测来分析和评估在役装备状况的一种方法或一套技术
周期性检修	用于防止发生重大意外故障的维护方法
质量预防成本	为预防产品不能达到顾客满意的质量所支付的费用
质量鉴定成本	为评定产品是否达到所规定的质量要求，进行试验、检验和检查所支付的费用

4.1 智能生产概念

智能生产是指利用先进的技术和系统来优化和改进生产过程的方法。它综合了人工智能、物联网、大数据分析等技术，实现了生产设备和系统的智能化、自动化和灵活化。

4.1.1 智能化生产总体要求（摘自 T/TMAC 000.0—2020）

1）基本要求及要素条件。

互联互通和信息集成是智能化生产的核心所在，其基本要求涵盖设备交互、系统交互以及数据交互，应符合 T/TMAC 012.1—2019 中 4.1~4.4 规定的要求。

应用数字化三维设计与工艺技术进行产品、工艺设计及仿真，并通过物理检测与试验进行验证与优化。

制造装备数控化率超过 70%，并实现高档数控机床与工业机器人、智能传感与控制装备、智能检测与装配装备、智能物流与仓储装备等关键技术装备之间的信息互联互通与集成。

实现对物流、能流、物性、资产的全流程监控，生产工艺数据自动数采率达到 90%以上。

采用先进控制系统，工厂自控投用率达到 90%以上，关键生产环节实现基于模型的先进控制和在线优化。

生产计划、调度应建立模型，实现生产模型化分析决策，过程量化管理，成本和质量动态跟踪，以及从原材料到成品的一体化协同优化。

2）信息集成。应实现生产企业与供应方、外协方及用户之间的信息集成。

4.1.2 工业互联网架构（摘自 T/TMAC 000.0—2020）

工业互联网通过系统构建网络、平台、安全三大功能体系，打造人、机、物全面互联的新型网络基础设施，形成智能化发展的新兴业态和应用模式。工业互联网的架构组成如图 23-3-8 所示。

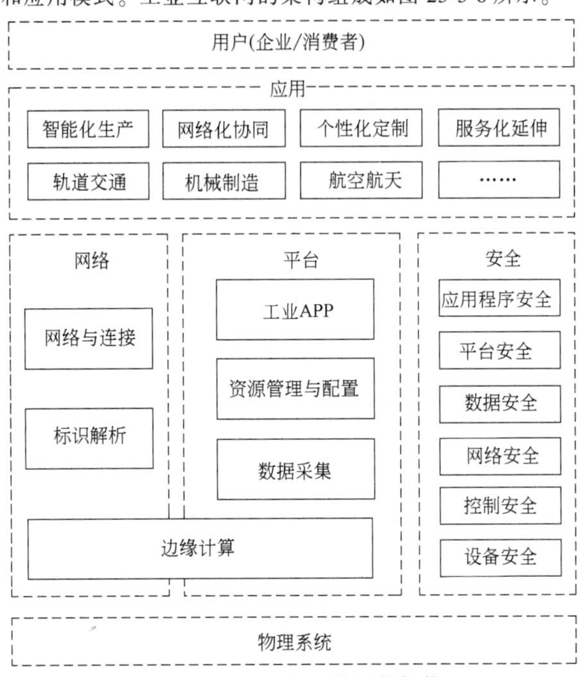

图 23-3-8 工业互联网的架构

4.1.3 智能化生产结构组成（摘自 T/TMAC 000.0—2020）

智能化生产结构组成如图 23-3-9 所示。

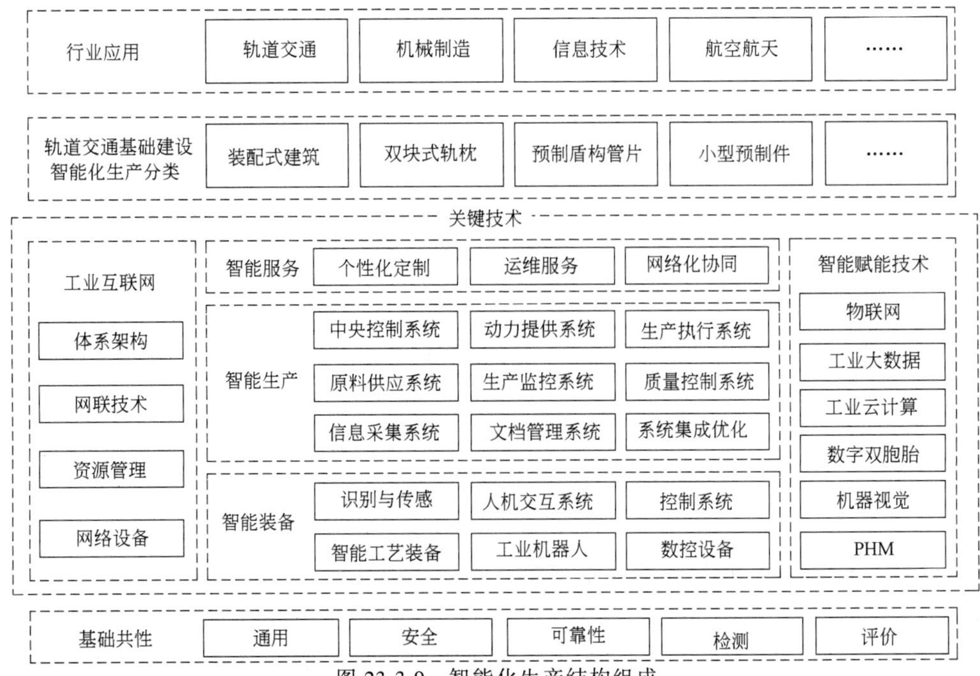

图 23-3-9 智能化生产结构组成

4.1.4　工业互联网智能化生产平台业务架构（摘自 T/TMAC 000.0—2020）

基于工业互联网的智能化生产平台的业务架构如图 23-3-10 所示。

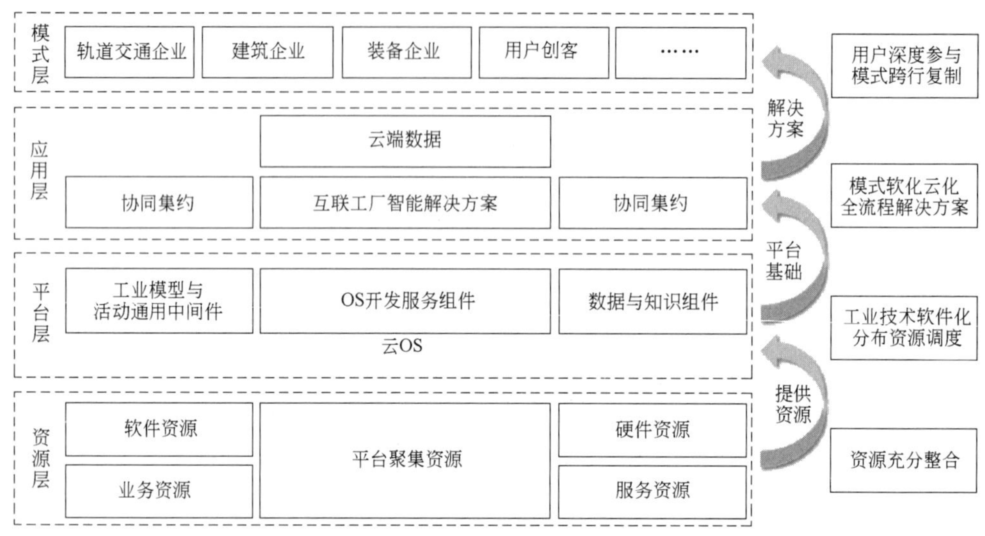

图 23-3-10　智能化生产平台业务架构

4.1.5　工业互联网智能化生产运行机制（摘自 T/TMAC 000.0—2020）

工业互联网智能化生产的运行机制要求为：在智能服务平台上建设智能生产系统，并构建智能产品、智能设备与用户间的互联互通。其运行机制如图 23-3-11 所示。

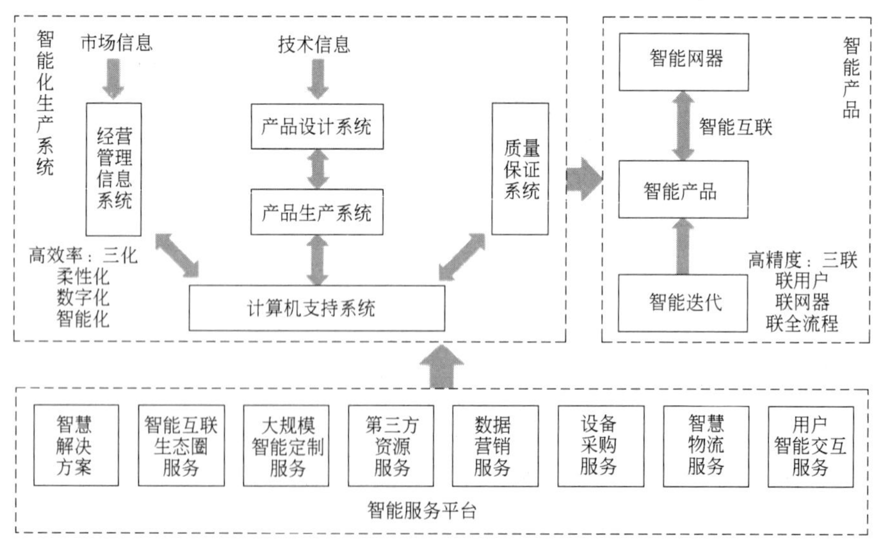

图 23-3-11　工业互联网智能化生产运行机制

4.1.6　智能化生产系统构成与关键技术要求（摘自 T/TMAC 000.0—2020）

1）智能化生产系统构成。智能化生产系统应由中央控制系统、动力提供系统、生产执行系统、原料供应系统、生产监控系统、质量控制系统、信息采集系统、文档管理系统组成。智能化生产系统构成见表 23-3-22。

表 23-3-22　　智能化生产系统构成

各部分构成	说明
中央控制系统	应包括制造企业生产过程执行系统(MES)、企业资源计划(ERP)系统、产品数据管理(PDM)系统、供应链管理(SCM)系统、经营管理信息系统、组态系统、仓库管理系统(WMS)
动力提供系统	应包括电力系统、热力系统、气动系统
生产执行系统	应包括产品设计系统、产品生产系统、物流系统、传输系统、焊接系统、组装系统
原料供应系统	应包括自动叫料系统
生产监控系统	应包括生产过程数据采集与监视控制(SCADA)系统、分布式控制系统(DCS)、全生命周期管理系统、故障预测与健康管理(PHM)系统
质量控制系统	应包括来料复检系统、半成品检测系统、成品检测系统、设备自检系统、质量保证系统
信息采集系统	应包括人员信息采集系统、设备信息采集系统、物料信息采集系统、检测记录采集系统、环境信息采集系统、工艺信息采集系统
文档管理系统	应包括操作指导管理系统、设备维护管理系统、技术文件管理系统

2）核心系统构成见表 23-3-23。

表 23-3-23　　核心系统构成

各部分构成	说明
制造企业生产过程执行系统(MES)	制造企业非常核心的生产过程执行管理系统,可为企业智能化生产提供协同管理
企业资源计划(ERP)系统	针对物资资源管理(物流)、人力资源管理(人流)、财务资源管理(财流)、信息资源管理(信息流)进行集成一体化,具有整合性、系统性、灵活性、实时控制性等特点
产品生命周期管理(PLM)系统	对产品整个生命周期进行全面管理,包括投入期、成长期、成熟期、衰退期、结束期管理,通过投入期的研发成本最小化和成长期至结束期的企业利润最大化来达到降低成本和增加利润的目标
供应链管理(SCM)系统	主要通过信息手段,对供应的各个环节中的各种物料、资金、信息等资源进行计划、调度、调配、控制与利用,形成用户、零售商、分销商、采购供应商的全部供应过程的功能整体

3）关键技术要求见表 23-3-24。

表 23-3-24　　关键技术要求

技术要求	说明
车间信息规范	智能化生产的各数字化车间所使用的设备通信接口必须使用标准化协议,应建立基于产品模型、制造模型的数据流
生产优化	包括仿真可视化、仿真优化、数据分析、能效管理
协同生产	包括生产动态反馈、厂级物流协同、车间协同生产

智能化生产关键技术的组成关系如图 23-3-12 所示。

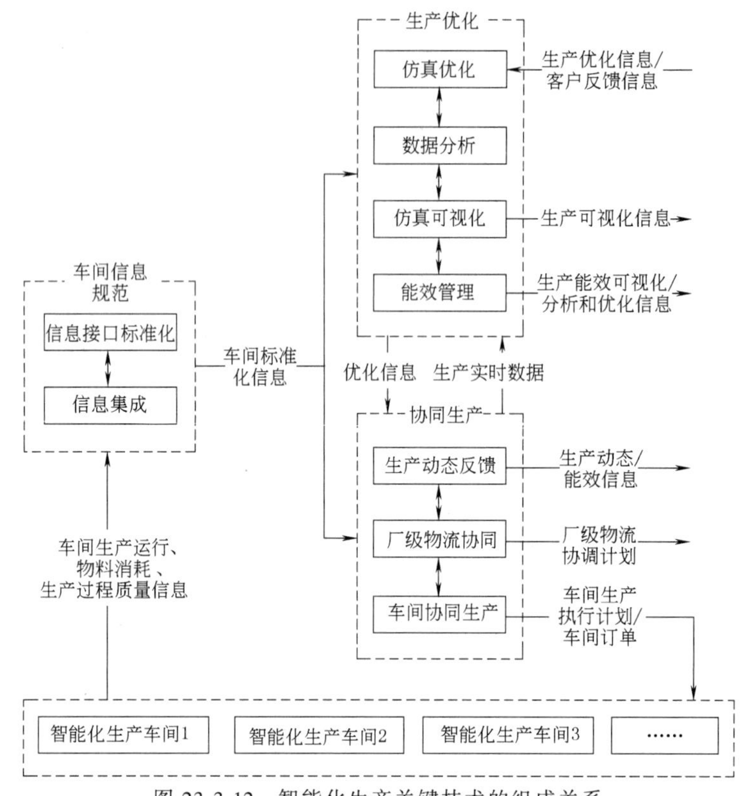

图 23-3-12 智能化生产关键技术的组成关系

4.1.7 智能化生产分阶段规划要求（摘自 T/TMAC 000.0—2020）

表 23-3-25 智能化生产分阶段规划要求

各阶段编号	各阶段标题	各阶段描述
第一阶段	全工厂数据采集与链接	以品质追溯和设备管理为核心，生产管理为纽带，实现设备互联和数据统一 建设 MES、SCADA、ERP 系统，实现数据采集、数据建模、工艺建模、系统集成 进行 MES 基本功能建设，包括基础信息、生产计划、质量管理、设备管理、系统管理、生产追溯等 进行信息化系统体系规划，统一规划工厂生产信息化实施蓝图、各信息系统数据流、服务器与存储方案、网络体系等
第二阶段	提升生产数据分析能力	以品质分析和成本管控为核心，实现生产的精益化管理 继续建设并优化 MES、SCADA、ERP、PLM 系统，实现数据接口标准化、数据链接优化、特征数据挖掘、管理建模等 进行 MES 核心功能建设，包括自动排程、质量分析、物流管理、设备效能、管理 KPI、系统管理、生产过程追溯等 进行信息化系统主干设计，理顺工厂的数据流，统一进行信息资源规划，通过集成平台实现系统应用的集成，建立数据自动化管理体系
第三阶段	构建基于数据的决策流程	以生产运营效益产出为核心，提升工厂生产投资的科学决策 继续建设并完善 MES、SCADA（数据采集与监视控制）、ERP、PLM、BI 系统，实现绩效管理 PDM 集成、SRM 集成等 建设包括生产预警、生产决策预测性维护的 PHM（故障预测与健康管理）系统 实现大数据系统建设、供—企—客数据链、数据自动挖掘、自动化管理模型等 进行信息化系统价值挖掘，实现物流自动调度、生产预警系统、KPI 自动管理、质量关键数据链等

4.1.8 智能化生产信息化规划要求（摘自 T/TMAC 000.0—2020）

1）信息化总体框架。智能化生产信息化总体要求应符合 T/TMAC 012.1—2019 中 6.2.1 规定的要求。

2）MES 管理系统要求。通过 MES 系统建设，实现生产运作部门在计划排产、生产调度、过程管控、产品工艺路线、设备、物料、质量和人员安排等各生产环节的全面管理与控制功能，为企业搭建一个可扩展的生产管理信息化平台，使得生产过程透明化、高效化、柔性化、可追溯化。

MES 管理系统信息化建设包括生产建模、生产计划、生产制度、生产物流管理、设备管理、质量管理、绩效管理等模块，见表 23-3-26。

表 23-3-26　　MES 管理系统信息化建设构成

各方面建设	各阶段描述
生产建模	应包括组织人员管理、产品数据、工艺建模、生产班组、系统管理等功能
生产计划	应包括主生产计划、作业计划编制、作业计划管理等功能
生产制度	应包括生产工序管理、生产进度管理等功能
生产物流管理	应包括基础配置、出入库管理、AGV 监控、物料防错、物料追溯、物料处置等功能
设备管理	应包括设备台账、基础设定、设备维护管理、设备维修管理、设备状态监控等功能
质量管理	应包括基础配置、过程品检、品质首检、品质巡检、成品检验、异常处理、质量追溯等功能
绩效管理	应包括生产绩效管理、质量绩效管理、维护绩效管理等功能

3）目视化管理系统要求。目视化管理系统信息化建设包括数据要求、生产调度室、看板管理、三维集成展示系统、安灯系统等模块。

4）能源管理系统要求。能源管理系统信息化建设包括能源信息采集、能源数据分析、能源数据使用及管控等模块。

表 23-3-27　　能源管理系统信息化建设

各方面建设	各阶段描述
能源信息采集	应包括电能计量、用水计量、用气计量、用热计量、采集系统指标等功能
能源数据分析	应包括能耗在线监测、能耗统计分析、能耗权限管理、对标分析管理等功能
能源数据使用	应包括节能目标考核监管、节能预测预警等功能

4.1.9 智能化生产数字化要求（摘自 T/TMAC 000.0—2020）

1）生产设备数字化要求见表 23-3-28。

表 23-3-28　　生产设备数字化要求

编号	要求
1	生产设备应具备完善的编号、描述、模型及参数的数字化描述等档案信息
2	应具备通信接口，能够与其他设备、装置及执行层实现信息互通
3	应能够接收执行层下达的活动定义信息，包括为了满足各项生产活动的参数定义和操作指令等
4	应能向执行层提供生产的活动反馈信息，包括产品的加工信息、设备状态信息及故障信息等
5	应具备一定的可视化能力和人机交互能力，能在车间现场显示设备的实时信息，并满足操作的授权和处理相关的人机交互

2）生产资源数字化要求如下：

生产资源在条码及电子标签等编码技术的基础上满足生产资源可识别性，包括生产资源编号、参数及使用对象等属性定义。

生产资源的上述信息应采用自动或半自动方式读取，并自动上传到相应设备或执行层，便于生产过程的控制与信息追溯。

生产资源的识别信息可具备一定的扩展性，如利用 RFID 进行设备及执行层的数据写入。

3）工艺设计数字化要求见表 23-3-29。

表 23-3-29　　工艺设计数字化要求

编号	要求
1	应采用数字化设计方法、采用三维工艺设计
2	应能进行工艺路线、工艺布局、加工过程、装配过程的仿真
3	应提供电子化的工艺文件,并可下达到生产现场指导生产
4	可向制造执行系统输出工艺 BOM(物料清单)
5	应建立工艺知识库,包括工艺相关规范、工艺设计案例、专家知识库等

4）信息交互要求。智能化生产车间应建立数据字典，具体要求如表 23-3-30 所示。

表 23-3-30　　数据字典具体要求

编号	具体要求
1	应涵盖车间制造过程中需要进行交互的所有信息,如设备信息、生产过程信息、物流与仓储信息、质检信息、生产计划调度信息等
2	需对各种数据的基本信息予以描述,如数据名称、来源、语义、结构及数据类型等
3	支持定制化,各行业可根据本身特点规范本行业的数据字典

4.1.10　智能化生产制造运行管理要求（摘自 T/TMAC 000.0—2020）

表 23-3-31　　智能化生产制造运行管理要求

管理要求	具体内容
运行管理基本要求	智能化生产制造运行管理各功能模块应能与数据中心进行信息双向交换 应具有信息集成模型,通过对所有相关信息进行集成,实现自决策 模块间应能进行数据直接调用 模块应能与 ERP、PDM 等企业其他管理系统实现信息双向交互
车间计划与调度要求	应根据产品生产工艺制定工序计划,考虑车间设备管理、生产物流管理中设备、人员、物料等资源的可用性进行计划排产,形成作业计划发送给生产调度 应能实时获取生产进度、各生产要素运行状态,以及生产现场各种异常信息,具备快速反应能力 及时处理详细排产中无法预知的各种情况,及时协调人员、设备和物料等生产资源,保证生产作业有序按计划完成 获取生产现场状况的方式包括设备实时数据,通过数字化工位、可视化管理系统获取的各种生产过程信息 车间的生产跟踪应能自动获取生产相关数据,统计产品生产中各种资源消耗,并反馈给相关功能、系统或部门 生产相关数据的获取来源包括从数字化设备或工位的数字化接口直接采集到的,或经过其他功能模块加工过的信息
工艺执行与管理要求	通过工艺数字化与车间系统的网络化,实现作业文件、作业程序的自动下发和标准工艺精准执行 通过生产和质检数据、现场求助信息采集,反馈工艺执行实时状态和现场求助信息,实现产品生产工艺的可追溯与现场求助的快速响应 包括物料清单生成、派工单生成、作业文件下发、标准工艺参数、作业程序下传、数据采集等 应实现以工艺信息数字化为基础,借助一体化网络与车间作业工位终端实现无纸化的工艺信息化管理 应以可视化工作流技术,实现制造流程再造、工序流转和调度的数字化管控及工艺纪律管理 包括工艺权限管理、工艺变更管理、可视化工艺流程管理、作业文件管理、作业程序管理、工艺优化管理、生产求助管理等

续表

管理要求	具体内容
车间设备管理要求	应能自动在线采集反映设备状态所需的关键数据 设备状态信息应采用图形化、可视化的展示方式 根据设备运行标准和要求，应能分析和判定指标参数的监控结果，对有异常变化的情况进行预警，对发生异常或故障的情况进行报警 应建立以设备维护维修计划制定、工单分配、下发、执行、反馈为流程的标准化维护维修体系，以计划工单为主要管理形式，利用智能移动终端完成维护维修的执行和反馈 应针对典型故障提供维护维修经验库，能够基于采集的设备状态进行自诊断 对于维修过程应能提供图文和视频等标准作业指导，确保设备安全稳定运行 设备维护维修应包括周期性维护、预测性维护和设备故障管理 基于设备实时状态采集和维护维修过程中搜集的过程数据，自动统计分析与设备相关的指标
生产物流管理要求	应对进入物流计划的物料进行编码，并在物料上添加数字化标识 物流规划应输出相应的信息文件 物流方案应使物流批量与工艺指令相匹配，合理安排转序时间间隔，用准确的物料流量来满足工艺执行操作需要 应建立事前调度、事中调度和事后调度的物流调度机制，充分利用物联感知技术，获取物流调度作业执行过程中的现场实时数据 应积累生产过程运行管理经验，逐步形成基于制造执行系统指令的最佳物流方案 车间物料请求应通过设备、现场执行层或制造执行系统提交给车间物流管理系统 借助于自动化物流设备和车间物流布局，车间物流管理系统产生相应的物流配送作业，并将指令发送给对应的车间物流设备，指导物流设备完成物流作业任务并反馈给车间物流管理系统。必要时应有一定的防错措施 应基于不同库存活动对车间物料形态、数量、状态等属性变化进行记录、追溯与分析等活动。可借助于信息化手段与自动化技术，使其变得更加精确和透明 车间库存管理应包括库存数据采集与追溯、库存分析等

4.1.11 智能化生产智能检测及质量控制要求（摘自 T/TMAC 000.0—2020）

表 23-3-32 智能化生产智能检测及质量控制要求

控制要求	具体内容
智能检测要求	智能化生产智能检测应符合 T/TMAC 012.1—2019 中 8.1 规定的要求
质量保证措施	应提供质量数据的全面采集，对质量控制所需的关键数据应能够自动在线采集，以保证产品质量档案的详细与完整，同时尽可能提高数据采集的实时性，为质量数据的实时分析创造条件 应对过程质量数据趋势进行监控，主要用于独立质量指标的原始数据监控 应对综合指标进行统计监控，主要用于基于原始数据的综合质量指标的统计监控 实时采集的海量质量数据所呈现出的总体趋势，利用以预防为主的质量预测和控制方法对潜在质量问题发出警告，以避免质量问题的发生 应以生产批号或唯一编码的产品标识作为追溯条件，以条码及电子标签为载体，基于产品质量档案，以文字、图片和视频等方式，追溯产品生产过程中的所有关键信息 针对生产过程中发现的质量缺陷，应基于 PDCA 循环原则构建质量持续改进机制，固化质量改进流程，提供质量异常原因分析工具，并不断积累形成完备的质量改进经验库 其他质量保证措施还应符合 T/TMAC 012.1—2019 中 8.2 规定的要求

4.1.12 智能化生产能效检测要求（摘自 T/TMAC 000.0—2020）

智能化生产能效检测包括智能设备层、数据采集层、能效数据处理层和系统能效分析层的能效检测，应符合 T/TMAC 012.1—2019 中 9 规定的要求。

4.1.13 智能化生产信息安全要求（摘自 T/TMAC 000.0—2020）

表 23-3-33 智能化生产信息安全要求

安全要求	具体内容
工业互联网平台安全防护要求	加强数据接入安全，防止数据泄露、被侦听或篡改，保障数据在源头和传输过程中的安全 通过建立统一的访问机制，限制用户的访问权限和所使用的计算资源与网络资源，实现对工业互联网平台重要资源的访问控制和管理，防止非法访问
智能化生产信息安全要求	应开展危险分析和风险评估，提出安全控制和数字化管理方案，并实施数字化生产安全管控 信息安全技术包括风险评估技术、漏洞检测技术、网络监测技术、访问控制技术，其他安全要求应符合 T/TMAC 012.1—2019 中 10.1~10.5 规定的要求 对于存在较高安全与环境风险的项目，应实现有毒有害物质排放和危险源自动检测与监控、安全生产的全方位监控，建立在线应急指挥联动系统

4.2 智能计划调度

智能计划调度是指利用人工智能技术来优化和自动计划与调度过程的方法。它可以应用于各个领域，包括制造业、物流运输、交通管理、项目管理等，以提高资源利用率、降低成本、提升效率和准确性。

4.2.1 智能制造生产计划与排程（摘自 GB/T 42200—2022）

生产计划与排程活动是指将定制产品的生产任务分配至企业生产资源的过程，宜在考虑能力、设备、工艺能源及产品模块/原材料供给的前提下，安排各生产任务的生产顺序，并进行生产顺序和工艺路径优化，以平衡供应链、生产线、生产设备、人员和生产负荷之间的关系，主要包括生产计划制定、生产排程和生产计划调整等功能，见表 23-3-34。

表 23-3-34 智能制造生产计划与排程主要功能

功能	具体内容
生产计划制定	生产计划与排程活动中生产计划制定功能的要求主要包括： 应建立基础资料库，建立生产工艺路线、物料、BOM、资源等信息以及订单产品的约束条件； 宜基于资源的齐套性、生产工艺、物料配送时间、产品交期、企业生产能力等因素制定生产计划； 宜以订单分配与时序计划为关键节点，通过对物料、产能分析与匹配，生成准确的交货日期； 宜建立计划排程反馈机制，计划排产完成后确定的交付日期、产品唯一识别码、生产进度等信息应同步至订单信息； 应支持物料追踪、追溯等业务应用； 多工厂产业链模式下，可对生态链下产能进行规划、统筹、分配、调度，以实现整体生态产能、成本、效率最优解
生产排程	生产计划与排程活动中生产排程功能的要求主要包括： 宜基于约束条件进行订单分配，并按约束条件的优先级优化排程顺序； 宜基于个性化订单预计总量、工厂个性化生产最大产能、瓶颈资源库存和供货周期等约束条件，以个性化定制、柔性生产、混线生产等目标进行生产排程； 宜基于个性化订单预计总量及企业生产能力设置生产排程频次； 应基于产能、工艺约束条件等因素确定工厂个性化定制产品生产的最大产能； 宜同步获取基础数据库中的人员编码与属性、班组能力、设备、物料与库存、生产进度、工作日历等信息； 应根据个性化订单的货期或协议协商日期，优先将已确认的定制产品订单列入生产计划； 宜根据个性化生产目标以及约束条件应用多种排程算法进行模拟排程，包括但不限于计划输入、目标设定、仿真运行、结果输出等过程，并对比评估排程结果，推荐较优的排程结果； 宜基于工艺顺序和约束条件调整生产线工位时间节拍，平衡生产线节拍以及人员、设备、物料等生产资料之间的关系； 宜基于工艺顺序和约束条件，交互式地调整生产线工位时间节拍，平衡生产线节拍； 宜实现生产订单、生产计划、采购计划、排程结果等核心信息的可视化

续表

功能	具体内容
生产计划调整	生产计划与排程活动中生产计划调整和管理功能的要求主要包括:宜根据瓶颈资源库存情况、工厂与协同制造商生产能力、生产成本、定制产品订单与常规产品订单数量调整生产计划; 应构建面向大规模个性化定制产品的柔性生产管理系统,具备自动(紧急)插单、退单、自动排产功能,并适应自动分派订单后可进行人工调整订单的需求; 宜支持生产计划变更,数量、交付日期和其他属性的调整,并具有审批及关联生产计划的自动调整功能; 应跟踪生产计划的现场执行情况并开展实时调度,能够具备调度策略优化功能,减少人为依赖,体现调度的精准、精益及高效; 宜结合分级调度模式及不同生产业务特性设计调度模型,并保障模型对象完整、属性定义清晰和合理

4.2.2 智能排程模块技术要求（摘自 GB/T 40655—2021）

智能排程模块主要包括约束条件识别、排程规则建立、智能排程优化模型、排程可视化与人工调整四项功能，用于在特定约束条件、排程规则和算法下将生产计划转化成排程计划。各功能之间的关系如图 23-3-13 所示，智能排程模块技术要求见表 23-3-35。

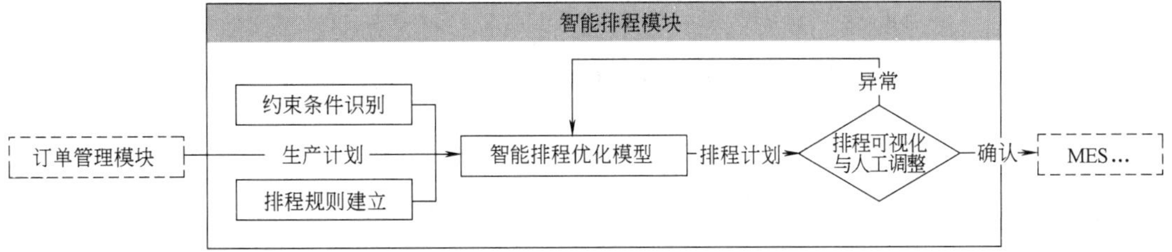

图 23-3-13　智能排程模块业务流程图

表 23-3-35　　**智能排程模块技术要求**

功能	具体内容
约束条件识别	智能排程模块应结合用户行业、企业的特点,分析和识别可能影响排程计算的约束条件,并作为智能排程优化模型的输入。约束条件可包括: a. 人员产能; b. 设备及模具产能; c. 关键物料; d. 工艺方法; e. 供货周期; f. 产品质量体系
排程规则建立	智能排程模块可建立多套不同的排程规则,以满足不同行业与场景的业务需求。排程规则可包括: a. 物料需求规则:包括订单优先序、工单优先序、型号优先序等; b. 物料供给规则:包括库存耗用顺序、单据供给排序、取替代料供给排序等; c. 优先排序规则:包括订单优先序、工单优先序、设备优先序、集批规则等; d. 排程连批规则:包括同模具优先、同品号优先、同品项属性优先等
智能排程优化模型	建立智能排程优化模型前应确定一个或多个指标要求作为优化目标,优化目标可包括: a. 最大化交货率:以订单在交期内出货和高客户满意度为优化目标; b. 最小化设备开机成本:以最少的满足生产需求的设备数量为优化目标; c. 最大化设备利用率:以设备负荷满载和较低的单位生产成本为优化目标; d. 最小化库存水平:以 JIT(准时制生产方式)原则为优化目标,降低存货成本; e. 最小化平均等候时间:以整个生产线的平衡为优化目标,降低现场等候的时间 根据确定的优化目标,智能排程模块可根据不同行业的特点和场景需求挑选合适的智能优化算法(如启发式算法、线性规划、约束理论、模拟仿真、遗传算法等),在特定的约束条件和排程规则下,建立智能排程优化模型,寻找最优的排程计划
排程可视化与人工调整	(1)排程可视化 智能排程模块应具备生产订单、生产计划、采购计划等关键信息的可视化功能,满足如下要求: a. 应汇总全部生产订单交期形成交期汇总报表,订单交期汇总报表应展示预计开工、完工日期,进度,以及此生产订单的预计交货日期等信息,并支持生产订单交货状况的快速查询; b. 交期汇总报表应以图形化呈现,支持颜色管理(如红、蓝、绿灯警示等),可呈现树状结构的甘特图; c. 应呈现订单延迟原因,并为决策人员提供处理订单延迟问题的辅助决策信息; d. 应提供以设备为主的甘特图检视生产计划,并定期检视和生成生产订单排程执行状况以及对应资源设备的预计负荷分析报表 (2)人工调整 当出现插单、延误或物料供应变化等异常情况时,应支持决策人员在当前排程可视化结果中对相关约束、规则等进行人工调整和修改(如增加生产订单、调整订单优先级、调整加工资源、调整优化目标等),并反馈给智能排程优化模型进行重新计划,生成符合当前生产状况的排程计划

4.3 智能生产执行

智能生产执行是指利用智能技术和自动化系统来执行和监控生产过程的方法。它涵盖了生产计划、生产操作、质量控制和跟踪等方面，以提高生产效率、精确性和可追溯性。

4.3.1 智能制造生产执行（摘自 GB/T 42200—2022）

生产执行活动是指根据生产计划完成定制产品的生产，并实现生产过程、生产物料的追溯，确保生产成品与订单要求一致，主要包括生产设备/工具/人员数据采集及监测、工艺数据/控制参数下达、生产工序防错、部件分拣与组装、标识指示、订单执行状态实时监控、生产信息实时反馈、成品包装、交付进度控制、能效管理及动态优化建议等功能，见表 23-3-36。

表 23-3-36　　智能制造生产执行活动的功能

功能	具体内容
生产设备/工具/人员数据采集及监测	生产执行活动中生产设备/工具/人员数据采集及监测功能的要求主要包括： a. 宜建立生产设备管理系统，在生产执行时刻实时采集数据，并对上层业务环节提供历史数据共享，实现设备监控的可视化； b. 可提高人员操作执行的数字化采集能力以及其实时效率/质量等生产数据的可视化、智能化管理和分析能力； c. 应统计设备运行时间、计划停机时间、故障时间、换模时间、产量等关键信息，并提供设备产能和效率基础数据； d. 应监控设备运转状态，统计和分析设备利用情况，降低设备运转效率损失，为生产计划排产提供实时基础数据； e. 宜根据现场设备数据采集需求确定 SCADA 软件内部包含的设备通信驱动程序类别； f. 宜通过 SCADA 系统对生产现场设备的生产过程数据、生产执行进度、生产异常报警进行监控和采集； g. 宜通过条码扫描、RFID 数据读取、触控一体机和个人计算机等终端录入生产过程数据； h. 应在纸质或电子媒介显示工艺信息，实现作业人员根据客户订单要求进行作业； i. 宜基于终端设备统计作业量，提示并管理任务进度； j. 宜实现终端设备的异常呼叫、需求帮助、报警及报警解除等功能
工艺数据/控制参数下达	生产执行活动中工艺数据/控制参数下达功能的要求主要包括： a. 应部署具备自匹配个性化及多样化订单需求能力的设备控制系统； b. 宜建立设备与企业信息网络的高速数据接口，实现设备个性化订单远程输入、设备状态远程诊断； c. 宜实现客户订单系统与制造执行系统的集成，并实现制造执行系统依据产品定制订单中的工艺要求下达指令（或图纸）至各生产单元； d. 宜在监控站屏幕上显示生产数据及设备故障信息，实现生产过程的动态监控与管理
生产工序防错	生产执行活动中生产工序防错功能的要求主要包括： a. 宜基于制造执行系统现场可视化显示，定制产品对应工序的防错信息； b. 应基于纸质或电子媒介，提示员工对应客户定制产品的工艺信息注意事项； c. 应基于产品大规模个性化定制模块/原材料类型及参数信息，建立现场看板布局、颜色设置及亮灯规则等防差错措施
部件分拣与组装	生产执行活动中部件分拣与组装（包装）功能的要求主要包括： a. 应基于定制产品部件的混线生产等生产模式，建立匹配的产线运行规则； b. 应实现制造执行系统、物料分拣系统与物流设备的集成，通过采用扫描条形码或 RFID 卡等形式实现定制产品部件的分拣运输； c. 宜基于生产计划自动匹配定制产品各部件到达指定组装（包装）工位的时间节点，同期完成个性化产品的组装
标识指示	生产执行活动中标识指示功能的要求主要包括： a. 应基于生产执行系统提供区别于非大规模个性化定制的标识指示信息； b. 宜在指示牌上清楚标识指示装配信息； c. 宜在目视可及区域标识指示大规模个性化定制的相关信息

续表

功能	具体内容
订单执行状态监控	生产执行活动中订单执行状态监控功能的要求主要包括： a. 宜将订单执行的每道工序中物料信息、工艺路径、经手人员、节点时间及订单状态等录入制造执行系统； b. 宜实现对定制产品实时原材料信息、工序信息、实施人员、实施时间、不良原因等信息的实时监控与追溯，以便公司人员及客户实时了解订单的处理信息
生产信息反馈	生产执行活动中生产信息反馈功能的要求主要包括： a. 应实现客户需求交互系统与生产管理系统的集成； b. 应准确反馈定制产品生产过程中的关键节点信息及进度信息至客户需求交互系统； c. 宜完成客户应用程序等终端与生产管理系统的集成，支持客户对订单状态及生产进度的查询
成品包装	生产执行活动中成品包装功能的要求主要包括： a. 应通过扫描 RFID 卡或条形码获取定制产品包装要求并依此进行包装，其中主要包括包装的要求、客户指定附带品的要求等，如收货人、时间、地址等； b. 宜通过扫描条形码或 RFID 卡等形式识别产品或同一套产品的不同部件，并进行包装发货； c. 宜按照产品订单收货地址信息将定制产品按区域位置暂存至仓库特定位置并记录位置信息； d. 应按照定制产品交付周期设置仓库暂存预警时间
交付进度控制	生产执行活动中交付进度控制功能的要求主要包括： a. 宜追踪定制产品所需原材料、部件/模块等物料的采购、运输、入库及交付情况； b. 宜追踪定制产品所需原材料、部件/模块等物料的位置信息、配送情况及进度； c. 宜追踪生产过程中定制产品半成品、部件/模块的生产进度及位置信息； d. 宜追踪生产过程中定制产品成品或同一套产品的不同部件的包装、入库、仓储信息及进度； e. 宜追踪定制产品成品或同一套产品的不同部件发货进度及运输车辆位置； f. 宜追踪定制产品成品或同一套产品的不同部件的签收、安装、服务进度
能效管理及动态优化	生产执行活动中能效管理及动态优化功能的要求主要包括： a. 宜基于集中管理模式对生产系统中能源的输配和消耗环节实施集中扁平化的动态监控和数字化管理，改进和优化能源平衡； b. 宜利用系统的思想和过程方法，结合管理流程、生产组织和工艺调整，对能源生产、输配、消耗等环节实施集中化、扁平化、全局化管理； c. 宜提供可被产线执行的能效优化建议方案

4.3.2 智能生产案例

1）基于装备智能化和全生命周期管理的高端轮式起重装备智能工厂。自主研发并应用于起重机行业的大型结构件焊接智能化生产线，通过改进优化转台拼焊工艺、结构焊接工艺和集成检测校形智能装备等手段，解决了转台结构件智能化焊接率低、占用人员多、焊后校形反复翻转等问题，实现工件自动周转、自动对接、自动焊接、自动检测，全过程无须人工干预。利用制造信息化系统和物联网平台对生产设备运行状态进行实时监控与数据采集，生产流程从“人机对话”转向“机器对话”，实现质量标准信息化、质量记录信息化、质量信息规范化、过程管控精细化、产品档案追溯化管理。围绕智能化产品，建立远程运维平台，在服务型制造的实践方面效果突出。

2）水泥生产全流程智能工厂。安徽海螺集团有限责任公司基于数据传感监测、信息交互集成及自适应控制等关键技术，创新应用了数字化矿山管理系统、专家自动操作系统、智能质量控制系统等，实现了水泥工厂运行自动化、管理可视化、故障预控化、全要素协同化和决策智慧化，形成了“以智能生产为核心”“以运行维护做保障”“以智慧管理促经营”的水泥生产智能制造模式，为传统产业的转型升级和高质量发展起到了良好的示范引领作用。

4.4 智能质量管理

智能质量管理是指利用智能技术和数据分析来优化和改进质量管理过程的方法。它包括了质量控制、质量检测、质量分析和质量改进等方面，以提高产品质量、降低质量风险和成本。

4.4.1 智能制造质量管控（摘自 GB/T 42200—2022）

表 23-3-37 智能制造质量管控

原则	具体内容
质量管控原则	质量管控活动是指确定质量方针、目标和职责，并通过监督定制产品质量形成过程，消除有可能引起不合格产品因素以保证产品质量的过程，主要包括采购物料质量管控、生产过程质量控制、产品检验等功能。开展本活动的原则主要包括： a. 开展面向大规模个性化定制生产阶段的质量策划； b. 编制和执行面向大规模个性化定制生产的专用质量控制程序； c. 实现生产质量基础数据与消费者需求的匹配； d. 基于客户视角建立面向定制产品各工艺要求的质量检验规则； e. 对生产过程采用统计方法进行过程分析
采购物料质量管控	企业在进行定制产品物料采购过程中的质量控制点包括供方管理、来料检验、来料确认等。采购物料质量管控的要求主要包括： a. 应制定供方管理办法，建立供应商评价体系； b. 应制定采购物料检验规则，对原辅料进行自检或第三方检验； c. 宜与供方进行原材料合格性确认
生产过程质量管控	企业在进行定制产品生产过程中的质量管控点包括在线质检工艺、质量管控职责分工、防错追溯管控等。生产过程质量管控的要求主要包括： a. 宜实现定制产品订单要求与工艺质检的无缝对接； b. 宜实现需求交互系统、研发设计系统与制造执行系统的集成，将产品定制需求转为匹配的质检工艺要求，并推送给生产和质量检测人员； c. 宜通过确定缺陷识别分离、过程阻断和源头预防等工序质量管理职责及产品需求识别、放行方案和工艺控制方案等产品设计职责，建立定制产品质量管控职责分工； d. 应建立定制产品关键零部件的防错追溯管控机制，对关键部件、定制产品差异化部件进行信息采集，可进行查询、追溯及防差错处理； e. 应进行定制产品的检验监督，针对产品加工过程中的特殊工序和关键工序设定质量数据采集点，形成质量控制记录，明确追溯源及责任信息；宜对数据及信息进行采集、查询、追溯、展示、预警、分析等； f. 应建立包括异常监测、异常报警、异常处理和异常评价的异常处理流程
产品检验	企业在进行定制产品检验过程中的质量控制点包括符合通用质量要求，建立质量检验体系、标准，符合法规等。产品检验管控的要求主要包括： a. 应确认定制产品成品符合一般产品通用质量和安全标准要求； b. 应针对产品定制需求建立产品尺寸、外观、工艺、功能和规格检验体系； c. 宜根据产品定制需求类型、技术与生产工序变动进行定制产品的测试，建立测试规划并部署所需的测试环境，可包含测试输入、环境约束、仪器工具及记录装置等； d. 宜确认产品的外观、破损情况、尺寸偏差等质量特性是否符合定制产品质量标准要求； e. 宜确认标签标识是否明示原材料的成分和含量、执行的标准、产品质量检验合格证明、可识别定制产品的订单序列号或型号信息； f. 应确认定制产品信息与订单信息、定制需求的一致，并符合法律法规要求(环保、安规等)； g. 应在国家法律法规下建立企业的个性化产品检验体系及标准

第23篇

4.4.2 生产装备全生命周期管理模型（摘自 GB/T 41251—2022）

生产装备全生命周期包括规划、设计制造、安装调试、运行维护、报废等五个阶段，见表 23-3-38。

表 23-3-38 全生命周期管理模型

阶段	具体内容
规划	该阶段基于企业生产过程需求，做好装备的能效分析，确定生产装备配置与布局的总体方案，确认装备能够起到最佳作用。规划阶段工作主要包括规划与选型、招投标和采购等工作
设计制造	该阶段基于前期规划和采购要求，开展装备制造商的监造和监理，以及出厂验收等工作
安装调试	该阶段应依据设备工艺平面布置图等技术资料开展装备的安装与调试和装备验收，并做好装备资料的管理工作
运行维护	该阶段重点是装备的正常使用，确保生产过程质量受控。本阶段主要工作以设备台账管理为基础，以设备定期工作管理、点检管理、技术监督等预防性、预警性管理为核心，开展装备运行、装备维护、装备老化管理、装备点检管理、装备状态监测、装备维修管理等工作
报废	该阶段主要以装备故障频次和生产过程质量状态为基础，开展装备改造和装备报废等工作

生产装备全生命周期管理模型见图 23-3-14。

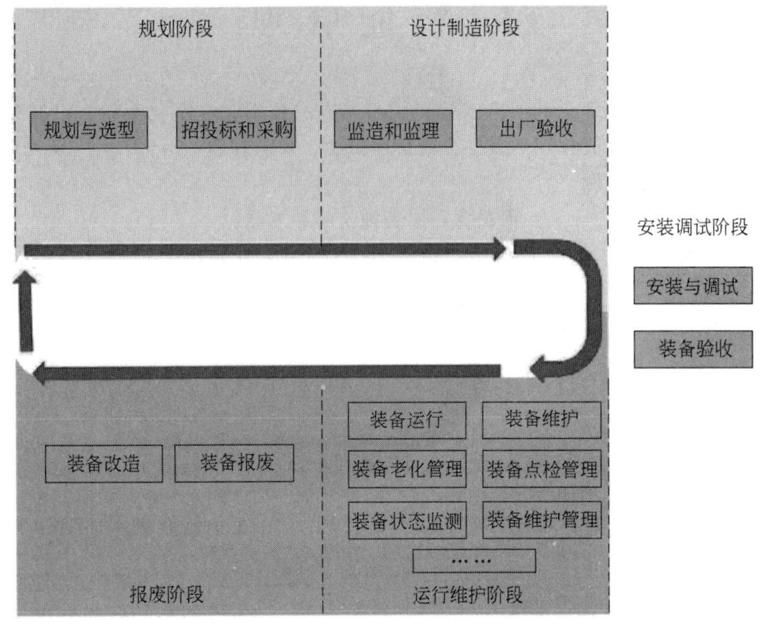

图 23-3-14　生产装备全生命周期管理模型

4.4.3　生产装备全生命周期管理信息化（摘自 GB/T 41251—2022）

结合组织内信息化建设整体规划思路和实施步骤，组织应建立装备管理信息化系统，以将装备全生命周期管理的各个方面集成为一个规范化的体系，形成科学高效的全生命周期管理机制，支撑装备全生命周期的质量信息管理。适用时，通过与 ERP、MES 等信息系统的对接，实现装备实物流、价值流、信息流等的融合，以基于适时分析评价对装备管理与维护做出精确的决策与指导。

生产装备质量信息管理的目的是充分开发和有效利用生产装备质量信息资源，为生产装备全生命周期管理提供决策依据和信息服务，从整体上提高生产装备的可靠性和维修性，降低装备使用过程的各种费用支出（包括质量预防成本和质量鉴定成本）。

全生命周期管理信息化的内容和任务见表 23-3-39。

表 23-3-39　　全生命周期管理信息化的内容和任务

职能	具体内容
内容	质量数据是信息化管理的对象，具体应符合 GB/T 41272—2022 的规定。根据生产过程质量控制的需要，生产装备全生命周期质量信息化管理的内容通常包括： a. 国内外同类装备有关质量特性指标及相应的使用环境、储存条件和维护条件等； b. 国内外同类装备的故障统计数据及重大质量问题案例； c. 装备规划和论证中提出的要求，包括使用要求和维护要求； d. 可靠性、维修性等质量特性设计准则与手册； e. 装备相关软件(包括嵌入式软件及装备运行和操作有关软件)的质量信息； f. 装备使用、储存和维护过程中时间、故障、维修、保障资源消耗等数据； g. 有关维修方式、周期和作业内容的重大更改及加、改装的技术情况； h. 装备全生命周期管理工作中积累的工程和实践经验； i. 可靠性数据集(手册)、装备故障模式集(手册)、重大故障案例集(手册)等数据集(手册)
任务	装备全生命周期的各方应开展适当阶段的装备质量信息化管理，主要任务包括： a. 确定质量信息管理职责，规划、计划和实施装备质量信息的管理； b. 进行质量信息需求分析，确定信息的来源和输出要求； c. 确定质量信息的获取、处理、使用的程序和要求； d. 将质量信息转换为对组织有用的知识； e. 利用数据、信息和知识来确定并实现组织的战略和目标； f. 开发与维护装备质量信息管理系统； g. 为设计、制造与使用过程中评价和提高装备质量提供决策依据和信息服务

5 智能管理

智能管理是一种综合性的管理理念和实践，旨在利用先进的技术和数字化系统，以实现高度自动化、智能化、数字化和优化的生产流程。智能管理涵盖了智能管理概念、采购管理、销售管理、资产管理、能源管理以及安全环境健康管理等方面的重要主题。

表 23-3-40　　商品售后服务评价体系术语

名称	英文名	描述
售后服务	after-sales service	向顾客售出商品或从顾客接受无形产品开始，所提供的有偿或无偿的服务 售后服务包括但不局限于以下方面： 1. 随合同签订而提供的活动，例如测量、规划、咨询、策划、设计等； 2. 在商品售出到投入正常使用期间所涉及的活动，例如送货、安装、技术咨询与培训等； 3. 商品质量涉及的活动，例如退换、召回、维修、保养、检测、配件供应等； 4. 为获得顾客反馈或维系顾客关系而开展的活动，例如满意度调查、顾客联谊、商品使用情况跟踪等； 5. 以商品为基础，为顾客提供相关信息的活动，例如商品使用知识宣传、商品或服务文化宣传、网站或短信传递服务、新品推荐等； 6. 在有形产品或设施基础上提供文化理念或相关服务的活动，例如景区、餐饮、酒店、商场的服务
售后服务管理师	after-sales service management professional	通过有培训资质的机构培训并考试合格，获得售后服务管理师职业资质的管理人员
评审员	auditor	从事评价审查的专业人员
评价	evaluation	对事物做出的性质、优劣等方面的判断
评价体系	evaluation system	以对事物进行评价为目的，由指标体系、评价方法等要素构成的整体系统
评价指标	evaluation index	具体的、可测量的评价内容

表 23-3-41　　资产管理术语

名称	英文名	描述
审核	audit	为获得审核证据并对其进行客观的评价，以确定满足审核准则的程度所进行的系统的、独立的并形成文件的过程
能力	capability	<资产管理>实体（体系、个人或组织）实现目标的本领
能力	competence	应用知识和技能来实现预期结果的本领
符合	conformity	满足要求
持续改进	continual improvement	增强绩效的循环活动
文件化信息	documented information	组织需要控制和维护的信息及其载体
有效性	effectiveness	完成策划的活动并得到策划结果的程度
事件	incident	导致损害或其他损失的意外事件
监视	monitoring	体系、过程或活动的状态的确定
测量	measurement	确定量值的过程
不符合	nonconformity	未满足要求
目标	objective	要实现的结果
组织	organization	具备职责、权限和相互关系等自身职能，以实现其目标的一个人或一组人
组织目标	organizational objective	用于设定组织活动的背景和方向的总目标
组织计划	organizational plan	规定实现组织目标的方案的文件化信息
外包	outsource	安排外部组织来行使组织的部分职能或过程
绩效	performance	可测量的结果
方针	policy	由最高管理者正式表达的组织的意图和方向
过程	process	一组将输入转化为输出的相互关联或相互作用的活动

续表

名称	英文名	描述
要求	requirement	明示的、通常隐含的或必须履行的需求或期望
风险	risk	不确定性对目标的影响
相关方	stakeholder	可以影响、被影响或自认为会被某一决策或行动影响的个人或组织
最高管理者	top management	在最高层指挥和控制组织的一个人或一组人
资产	asset	对组织有潜在价值或实际价值的物品、事物或实体
资产寿命	asset life	资产由创建到结束之间的时间
寿命周期	life cycle	资产管理所涉及的各个阶段
资产组合	asset portfolio	资产管理体系范围内的资产
资产系统	asset system	一组相互关联或相互作用的资产
资产类型	asset type	具有共同的特征能够区分为一组或一类资产的资产分类
关键资产	critical asset	可能对实现组织目标产生重大影响的资产
资产管理	asset management	组织利用资产实现价值的协作活动
战略资产管理计划	strategic asset management plan(SAMP)	用于规定如何将组织目标转化为资产管理目标，制定资产管理计划的方法以及资产管理体系在支持资产管理目标方面的作用的文件化信息
资产管理计划	asset management plan	规定单项资产或一组资产的活动、资源和进度的文件化信息，旨在实现组织的资产管理目标
预防措施	preventive action	为消除潜在不符合或其他潜在不期望情况的原因所采取的措施
预测措施	predictive action	用于监视资产状态并预测是否需要实施预防措施或纠正措施的措施
服务水平	level of service	用于反映组织所实现的社会、政治、环境和经济结果的指标或指标集
纠正措施	corrective action	为消除不符合并防止再发生所采取的措施
管理体系	management system	组织中用于建立方针、目标和过程来实现目标的一组相互关联或相互作用的要素
资产管理体系	asset management system	资产管理方面用于建立资产管理方针和资产管理目标的管理体系

表 23-3-42　　能源管理体系术语

名称	英文名	描述
边界	boundaries	组织确定的物理界限、场所界限或次级组织界限
持续改进	continual improvement	不断提升能源绩效和能源管理体系的循环过程
纠正	correction	为消除已发现的不符合所采取的措施
纠正措施	corrective action	为消除已发现的不符合的原因所采取的措施
能源	energy	电、燃料、蒸汽、热力、压缩空气以及其他相似介质
能源基准	energy baseline	用作比较能源绩效的定量参考依据
能源消耗	energy consumption	使用能源的量
能源效率	energy efficiency	输出的能源、产品、服务或绩效，与输入的能源之比或其他数量关系，如：转换效率，能源需求/能源实际使用，输出/输入，理论运行的能源量/实际运行的能源量
能源管理体系	energy management system(EnMS)	用于建立能源方针、能源目标、过程和程序以实现目标的一系列相互关联或相互作用的要素的集合
能源管理团队	energy management team	负责有效地实施能源管理体系活动并实现能源绩效持续改进的人员
能源目标	energy objective	为满足组织的能源方针而设定、与改进能源绩效相关的、明确的预期结果或成效
能源绩效	energy performance	与能源效率、能源使用和能源消耗有关的、可测量的结果
能源绩效参数	energy performance indicator(EnPI)	由组织确定，可量化能源绩效的数值或量度
能源方针	energy policy	最高管理者发布的有关能源绩效的宗旨和方向
能源评审	energy review	基于数据和其他信息，确定组织的能源绩效水平，以识别能源绩效改进的机会
能源服务	energy services	与能源供应、能源利用有关的活动及其结果
能源指标	energy target	由能源目标产生，为实现能源目标所需规定的具体、可量化的绩效要求，它们可适用于整个组织或其局部

续表

名称	英文名	描述
能源使用	energy use	使用能源的方式和种类，如通风、照明、加热、制冷、运输、加工、生产线等
相关方	interested party	与组织能源绩效有关的或可受到组织影响的个人或群体
内部审核	internal audit	获得证据并对其进行客观评价，考核能源管理体系要求执行程度的系统、独立、文件化的过程
不符合	nonconformity	不满足要求
组织	organization	具有自身职能和行政管理的公司、集团公司、商行、企事业单位、政府机构、社团或其结合体，或上述单位中具有自身职能和行政管理的一部分，无论其是否具有法人资格、公营或私营
预防措施	prevention action	为消除潜在的不符合的原因所采取的措施
程序	procedure	为进行某项活动或过程所规定的途径
记录	record	阐明所取得的结果或提供所从事活动证据的文件
范围	scope	组织通过能源管理体系来管理的活动、设施及决策的范畴，可包括多个边界
主要能源使用	significant energy use	在能源消耗中占有较大比例或在能源绩效改进方面有较大潜力的能源使用
最高管理者	top management	在最高管理层指挥和控制组织的人员

表 23-3-43　　能源基准和能源绩效参数术语

名称	英文名	描述
能源基准	energy baseline(EnB)	用作比较能源绩效的定量参考依据
基准期	baseline period	用于和报告期能源绩效进行对比的特定时间段
报告期	reporting period	用于计算和报告能源绩效所选择的特定时间段，该能源绩效的变化与基准期相关
归一化	normalization	通过解释相关变量的变化，以便在等同条件下比较能源绩效，从而不断修正能源数据的过程
相关变量	relevant variable	影响能源绩效且经常变化的、可量化的因素
静态因素	static factor	影响能源绩效的，且不经常变化的已知因素

5.1　智能管理概念（摘自 GB/T 41255—2022）

智能工厂指利用先进的技术和数字化系统来提高生产效率、质量和可持续性的制造工厂。智能管理是智能工厂的核心概念，涉及各个方面的管理和控制，以实现高度自动化和优化的生产流程。

表 23-3-44　　智能管理概念

关键要素	在企业研发、生产、经营的数字化、信息化、网络化的基础上，应用虚拟仿真、人工智能、大数据分析、云计算等技术，对企业的采购、销售、资产、能源、安全、环保和健康，以及产品设计、生产、物流等管理模块进行信息化提升、系统化集成及精益化协同，并形成可迭代、可优化、具有智能特征、面向全局的管理系统，以为企业各管理层的智能决策提供支撑	
技术要求	采购管理	应通过对供应链中的供应商、原材料质量、供货期、各类库存、生产及销售计划等流程中动态信息的感知和获取，结合物料预测与分析及高级计划排程等系统而自动形成物料采购计划，同时应对物流进行监控 应以信息化的方式来辅助采购业务。应实现企业级的供应商管理、比价采购、合同管理等，实现采购内部的数据共享。宜实现采购管理系统与生产、WMS(仓储管理系统)的集成，实现计划、流水、库存、单据的同步与优化
	销售管理	应建立客户管理系统，并与企业资源管理(如 ERP)实现数据集成，应建立详细的客户数字化档案，以及客户跟踪、关系(及变更)、商业机会、订单、产品维护、销售过程、回款、服务等记录，并做到实时的数据更新 应通过信息系统对企业内部的销售业务及销售过程进行管理并与财务等信息系统集成，形成对销售业务及过程中的费用、绩效、成本考核等动态的核算与管理。对经销商、销售渠道等应用共享信息系统的管理模式，形成对产品流向、产品串货、市场分配等进行远程管理的信息化系统，而经销商也可利用该系统进行下单、对账、结算等业务

续表

<table>
<tr><td rowspan="3">技术要求</td><td>资产管理</td><td>资产管理的对象为制造企业生产经营活动应具备的设备资源。应以数字化描述的方式建立设备的数字档案,并与企业资源管理、生产过程管理等信息化系统实现信息与数据的对接,实现资产的全生命周期管理
智能资产管理应包括:资产台账、资产状态在线监控、故障检测、资产使用效率实时统计与分析,以及设备点巡检、资产维护维修等。同时还应支持包括但不限于设备资产故障预测、在线故障诊断及原因分析、报废管理等,以及面向大规模个性化生产的资产动态优化调度</td></tr>
<tr><td>能源管理</td><td>智能工厂的能源管理应能够实现工厂内部协同、上下游协同。优化能源和资源的使用,降低能源消耗、提高能源利用效率
应建立面向内部的能源计量数据采集系统,实现能源的生产、消耗数据实时的自动采集、监控与预警。宜根据企业实际能源消耗的历史数据及趋势,建立对应的机理和统计模型,结合重点能耗设备的运行数据,在能源管理信息系统中形成基于本企业能源管控的专家模型
能源管理要求还应满足 GB/T 23331—2020 的要求</td></tr>
<tr><td>安全环境健康管理</td><td>安全管理应满足 GB/T 38129—2019,并应实现与企业资源管理、生产管理系统的信息集成
环境管理应满足 GB/T 24001—2016
健康管理应满足 GB/T 45001—2020,对其中涉及的资源要素应建立数字化档案,宜基于实时、动态的数据采集与监测,应用企业知识库、云计算等技术,完成分析、预测、预警及可优化的信息管理系统</td></tr>
</table>

智能管理示意图如图 23-3-15 所示。

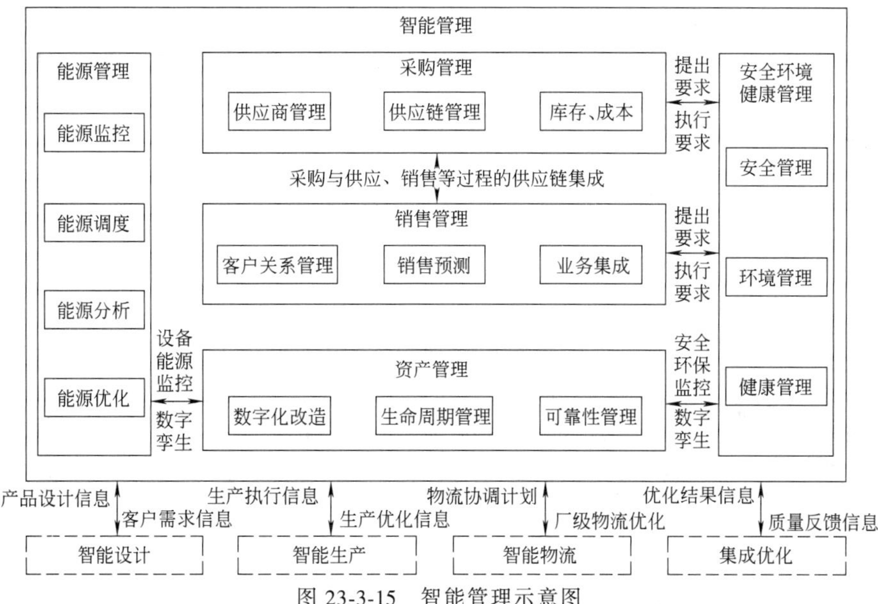

图 23-3-15 智能管理示意图

5.2 采购管理

智能工厂的采购管理应实现供应链的智能化管理，包括供应商选择、采购订单生成、库存管理等。采购战略应符合自身实际需求，减少库存成本和物料浪费。

5.2.1 采购组织架构（摘自 T/CFLP 0027—2020）

表 23-3-45 **采购组织架构**

<table>
<tr><td rowspan="3">基本原则</td><td colspan="2">采购实体应依据管理、执行、监督三分离的原则决定其职能分工,减少管理层级,兼顾公平和效率
采购实体应协调管理需求,整合管理供应商,引导企业供应链管理。采购实体选择和管理供应商的权利宜相对统一</td></tr>
<tr><td>对采购实体的要求</td><td>采购实体应管理企业采购工作,宜包括制定采购战略规划、采购管理制度,管理供应商、管理采购咨询专家、组织绩效评价等
采购实体应组织实施采购活动,宜包括确定采购需求,提出整合供应商计划、执行方案，确定采购组织形式和采购方式并组织实施等</td></tr>
<tr><td>对需求实体的要求</td><td>需求实体应协助采购实体完善采购文件,可依企业制度规定参加采购活动,参与采购物资验收、服务评价等</td></tr>
</table>

续表

采购咨询专家管理	采购实体应建立采购咨询专家管理制度	
	入库专家标准	应参照学历、不唯学历，重在对项目评审能力的考察
	入库专家程序	应采取自愿报名、基层组织推荐、咨询专家库管理部门审核的方式组建；对确有专长但不符合一般条件的专业人士，可采取其他专家联名推荐的方式入库
	入库专家信息	应包括专家的学历、专业职称、主要工作经历、现工作岗位、曾参与或评审的项目管理、运营管理业绩、主要近亲属名单等信息
	专家工作评价	采购实体应在采购结果评价中对咨询专家的评审能力进行回顾性评价；对优秀的咨询专家宜依据项目需要列入专家短名单
	短名单制度	采购实体可依据项目需要，从本企业在职或离退休专业人员中选拔聘用若干专业的常用咨询专家，建立专家短名单；本企业内部专家参与采购咨询服务的工作量，应纳入其工作绩效考核体系；专家短名单应保持稳定性，企业可根据项目需要和专家条件的变化，进行必要调整

5.2.2 采购战略管理（摘自 T/CFLP 0027—2020）

采购实体应依据企业发展战略与供应链战略目标，制定采购战略规划。

采购战略应响应国家政策和宏观发展战略，落实企业发展战略，履行社会责任。

企业的采购战略规划应涵盖采购资源战略管理、供应商战略管理和采购控制战略管理等内容。

5.3 销售管理（摘自 GB/T 17706—1999）

通过智能销售管理系统，智能工厂可以实时监控销售订单、库存和生产能力，以更好地满足客户需求。基于数据分析的销售预测有助于优化生产计划和资源分配。

标准 GB/T 17706—1999 提供了涉及行政商业和运输业的贸易参与方之间电子数据交换的销售预测报文的定义。销售预测报文段表内容格式见表 23-3-46。

表 23-3-46　销售预测报文段表内容格式

位置	标记名称	状态	次数
0010	UNH 报文头	M	1
0020	BGM 报文开始	M	1
0030	DTM 日期/时间/期限	M	5
0040	段组 1	M	5
0050	NAD 名称和地址	M	1
0060	段组 2	C	5
0070	CTA 联系信息	M	1
0080	COM 通信联系	C	5
0090	段组 3	C	5
0100	RFF 参考	M	1
0110	DTM 日期/时间/期限	C	5
0120	段组 4	C	5
0130	CUX 货币	M	1
0140	DTM 日期/时间/期限	C	5
0150	段组 5	M	200000
0160	LOC 地点/位置标识	M	1
0170	DTM 日期/时间/期限	C	5
0180	段组 6	C	200000
0190	LIN 分项	M	1
0200	PIA 附加产品信息	C	5
0210	IMD 项描述	C	5
0220	PAC 包装	C	5
0230	RFF 参考	C	5
0240	DOC 单证/报文细目	C	5

续表

位置	标记名称	状态	次数
0250	ALI 附加信息	C	5
0260	MOA 货币金额	C	5
0270	PRI 价格细目	C	5
0280	段组 7	C	999
0290	QTY 量	M	1
0300	MKS 市场/销售渠道信息	C	1
0310	NAD 名称和地址	C	1
0320	UNT 报文尾	M	1

5.4 资产管理

智能工厂利用物联网技术和传感器来监测和管理设备与资产的状态。预防性维护和故障诊断可帮助减少停机时间，提高生产效率。

5.4.1 资产管理综述（摘自 GB/T 33172—2016）

表 23-3-47　资产管理综述

综述	资产管理包括成本、机会和风险对于预期资产绩效的平衡，从而实现组织目标，且需在不同时间范围内考虑平衡
	资产管理能够使组织检验不同水平的资产及资产系统的需求和绩效。另外，资产管理有助于组织应用分析方法对资产寿命周期的不同阶段进行管理（资产的寿命周期可始于资产需求的产生阶段直至资产的处置阶段，其中包括管理所有潜在的后处置负债）

资产管理的关键术语之间的关系如图 23-3-16 所示。

资产管理体系中各要素之间的关系如图 23-3-17 所示。

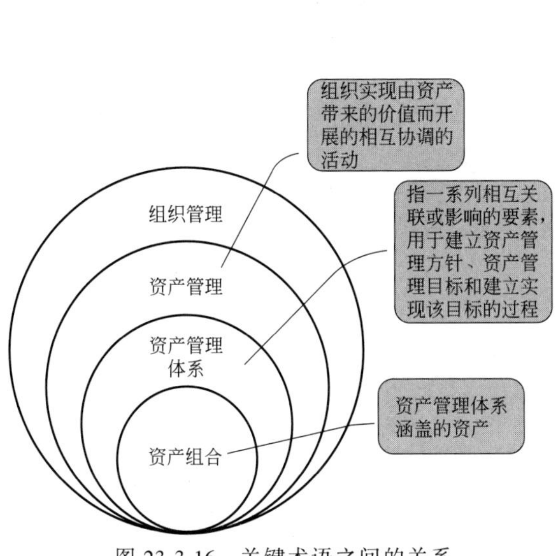

图 23-3-16　关键术语之间的关系

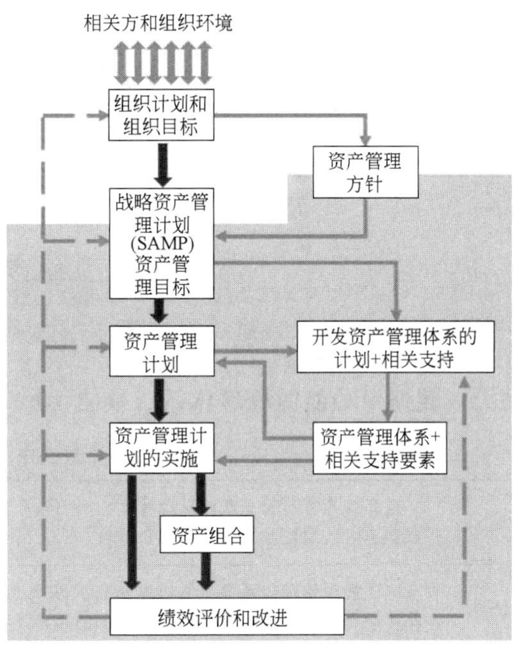

图 23-3-17　资产管理体系各要素之间的关系

5.4.2 设备可靠性评估（摘自 GB/T 37079—2018）

可靠性评估过程和可靠性评估改进过程可参见图 23-1-23。

5.5 能源管理

能源管理是智能管理的重要组成部分，智能工厂采用智能系统来优化能源使用，降低成本。

5.5.1 能源管理体系模式（摘自 GB/T 23331—2020）

标准 GB/T 23331—2020 描述的能源管理体系是以策划-实施-检查-改进（PDCA）的持续改进为基础，并将能源管理融入现有的组织实践中，如图 23-3-18 所示。能源管理体系的 PDCA 方法见表 23-3-48。

表 23-3-48 能源管理体系的 PDCA 方法

策划	理解组织所处的环境，建立能源方针和能源管理团队，考虑应对风险和机遇的措施，进行能源评审，识别主要能源使用并建立能源绩效参数、能源基准、目标和能源指标以及必要的措施计划，该计划与组织的能源方针一致，用以实现能源绩效改进的结果
实施	实施措施计划、运行和维护控制、信息交流，确保人员能力，并在设计和采购时考虑能源绩效
检查	对能源绩效和能源管理体系进行监视、测量、分析、评价、审核及管理评审
改进	采取措施处理不符合项，并持续改进能源绩效和能源管理体系

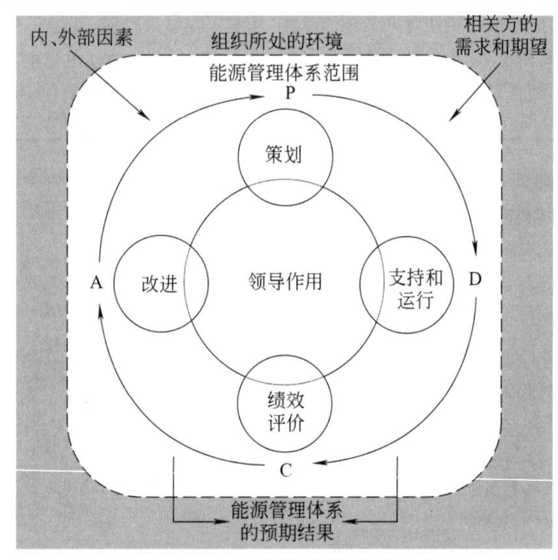

图 23-3-18 能源管理体系运行模式

5.5.2 数据中心能源管理体系（摘自 GB/T 37779—2019）

表 23-3-49 数据中心能源管理体系

建立	最高管理者对建立能源管理体系的必要性和紧迫性有充分的认识，了解 GB/T 23331—2020 的要求以及相关法律法规、标准；清楚数据中心的自身规模、能力、需求等状况
实施	确定能源管理体系覆盖的边界和范围，并形成文件。应明确数据中心所处的地理位置、气候带、数据中心面积以及功能等。在界定能源管理体系的范围和边界时应考虑数据中心的能源系统（如图 23-3-19 所示）
保持	开展能源评审，借助能源统计、能源监测、能源审计和检测等工具，了解数据中心能效水平，策划、实施可行的能源管理实施方案，以持续改进能源绩效
改进	策划可行的方法，确定适宜的管理方式，以满足 GB/T 23331—2020 的各项要求，持续改进能源绩效和能源管理体系

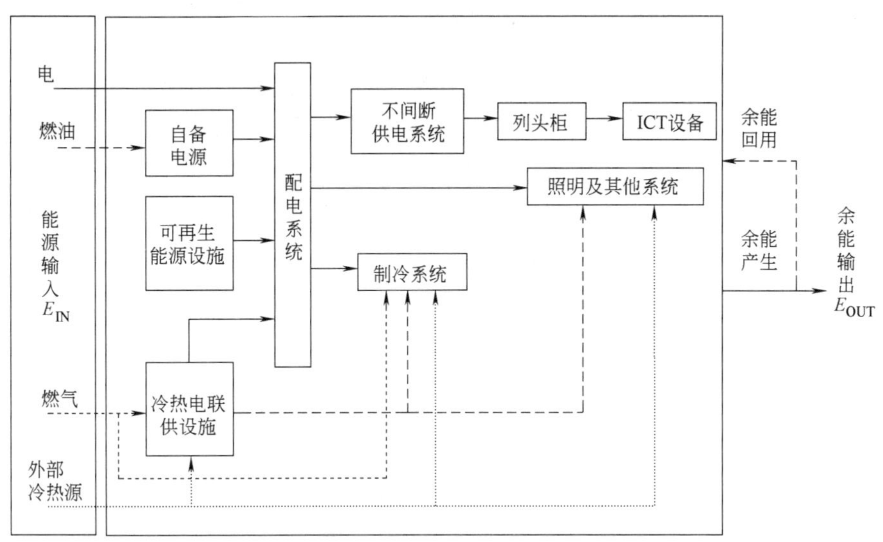

图 23-3-19　数据中心的能源系统示意图

5.6　安全环境健康管理

智能工厂应重视员工安全和环境保护，通过自动化和数据分析来监测和改进工厂的安全和健康状况。预警系统和智能监控有助于降低事故风险。

5.6.1　PDCA 与结构（摘自 GB/T 24001—2016）

构成环境管理体系的方法是基于策划、实施、检查与改进（PDCA）的概念。PDCA 模式为组织提供了一个循环渐进的过程，用以持续改进。该模式可应用于环境管理体系及其每个单独的要素。环境管理体系的 PDCA 方法见表 23-3-50。

表 23-3-50　　环境管理体系的 PDCA 方法

策划	建立所需的环境目标和过程，以实现与组织的环境方针相一致的结果
实施	实施所策划的过程
检查	依据环境方针（包括其承诺）、环境目标和运行准则，对过程进行监视和测量，并报告结果
改进	采取措施以持续改进

图 23-3-20 展示了 GB/T 24001—2016 采用的结构如何融入 PDCA 模式，它能够帮助新的和现有的使用者理解系统方法的重要性。

5.6.2　ICS 安全管理基本框架（摘自 GB/T 36323—2018）

工业控制系统（ICS）与传统的信息技术（IT）系统存在的诸多重要差异决定了应在规划和管理 ICS 信息安全过程中考虑 ICS 自身的特点。参考传统信息安全管理体系，结合 ICS 自身特点，将安全性需求整合到 ICS 中，形成了 ICS 安全管理基本框架（如图 23-3-21 所示）。

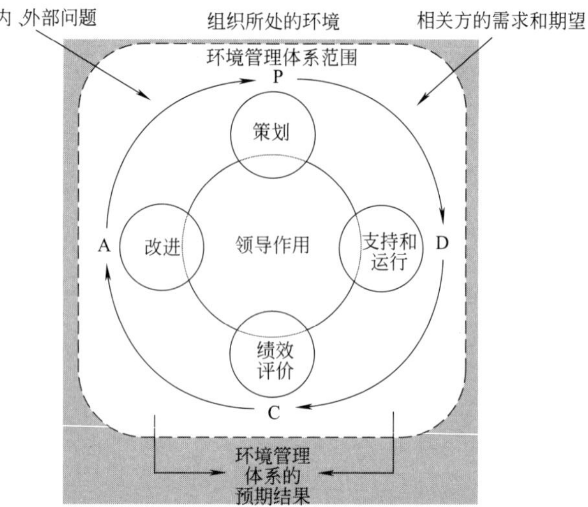

图 23-3-20 PDCA 与环境管理体系结构之间的关系

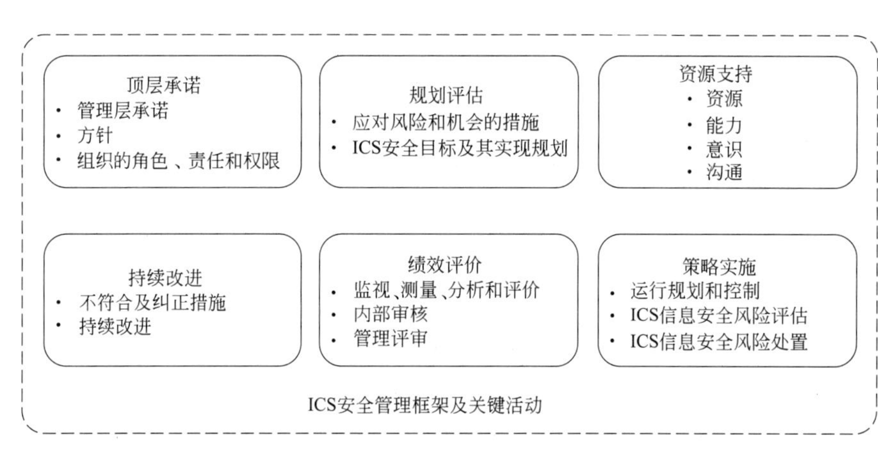

图 23-3-21 ICS 安全管理基本框架

第23篇

5.6.3 安全控制分类表（摘自 GB/T 36323—2018）

表 23-3-51 **安全控制分类表**

族标识符	安全控制族	安全控制类
CA	安全评估和授权(security assessment and authorization)	管理制度
SA	系统和服务获取(system and services acquisition)	管理制度
PL	规划(planning)	管理制度
RA	风险评估(risk assessment)	管理制度
PS	人员安全(personnel security)	运维管理
CP	应急规划(contingency planning)	运维管理
PE	物理和环境安全(physical and environmental protection)	运维管理
CM	配置管理(configuration management)	运维管理
SI	系统和信息完整性(system and information integrity)	运维管理
MP	介质保护(media protection)	运维管理

续表

族标识符	安全控制族	安全控制类
IR	事件响应(incident response)	运维管理
AT	意识和培训(awareness and training)	运维管理
MA	维护(maintenance)	运维管理
AC	访问控制(access control)	技术管理
AU	审计和可核查性(audit and accountability)	技术管理
IA	标识和鉴别(identification and authentication)	技术管理

5.6.4 PDCA 与职业健康安全管理体系（摘自 GB/T 45001—2020）

标准 GB/T 45001—2020 中所采用的职业健康安全管理体系的方法是基于“策划—实施—检查—改进（PDCA）”的概念。PDCA 概念是一个迭代过程，可被组织用于实现持续改进。它可应用于管理体系及其每个单独的要素，具体如表 23-3-52 所示。

表 23-3-52　职业健康安全管理体系的 PDCA 方法

策划	确定和评价职业健康安全风险、职业健康安全机遇以及其他风险和其他机遇,制定职业健康安全目标并建立所需的过程,以实现与组织职业健康安全方针相一致的结果
实施	实施所策划的过程
检查	依据职业健康安全方针和目标,对活动和过程进行监视与测量,并报告结果
改进	采取措施持续改进职业健康安全绩效,以实现预期结果

标准 GB/T 45001—2020 将 PDCA 概念融入一个新框架中，如图 23-3-22 所示。

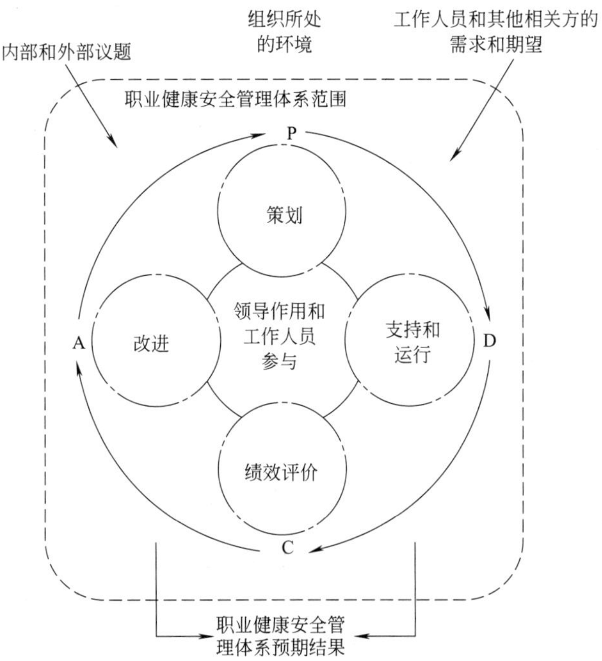

图 23-3-22　PDCA 与职业健康安全管理体系之间的关系

6　工厂智能物流

智能物流是随着技术的发展而逐渐兴起的一种高效、智能化的物流管理模式。它不仅包括了物流信息化、数字化的应用，还涵盖了人工智能、物联网等先进技术的运用。在工厂智能物流系统中，智能仓储和智能配送成了关键环节。通过引入智能仓储技术，工厂能够实现仓库的自动化管理、智能化操作，提高了仓储效率和准确性，同时降低了人力成本。而智能配送则能够通过物联网设备实现对运输车辆及货物的实时监控，提高了物流配送的准确性和效率。因此，智能仓储和智能配送的结合，为工厂物流管理提供了更加高效、智能的解决方案。

6.1 工厂智能物流概念

（1）术语

表 23-3-53　　工厂智能物流相关术语

名称	英文	术语解释	来源
智能技术	intelligent technology	使产品或事物具备类似人类智慧特征的技术 注:智能技术也可称为智能化技术;智能技术综合了大数据技术、云计算技术、物联网技术、移动通信技术及其他领域(包括边缘领域)的软硬件技术的部分或全部内容	GB/T 41834—2022,3.1
智能设备	intelligent device	融合智能技术,具有感知、分析、决策、控制、执行功能的设备	GB/T 41834—2022,3.2
智慧物流	smart logistics	以物联网技术为基础,综合运用大数据、云计算、区块链及相关信息技术,通过全面感知、识别、跟踪物流作业状态,实现实时应对、智能优化决策的物流服务系统	GB/T 18354—2021,3.34
智慧物流服务	smart logistics service	为满足客户物流需求所实施的一系列智慧物流活动过程及其产生的结果	GB/T 41834—2022,3.4
智能运输系统	intelligent transport system	在较完善的交通基础设施上,将先进的科学技术(信息技术、计算机技术、数据通信技术、传感器技术、电子控制技术、自动控制理论、运筹学、人工智能等)有效地综合运用于交通运输、服务控制和车辆制造,加强车辆、道路、使用者三者之间的联系,从而形成的一种保障安全、提高效率、改善环境、节约能源的综合运输系统	GB/T 37373—2019,3.1

（2）智慧物流的定义

智慧物流是指通过智能硬件、物联网、大数据等智慧化技术与手段，提高物流系统分析决策和智能执行的能力，提升整个物流系统的智能化、自动化水平。

智慧物流集多种服务功能于一体，体现了现代经济运作特点的需求，即强调信息流与物质流快速、高效、通畅地运转，从而实现降低社会成本、提高生产效率、整合社会资源的目的。

根据中国物流与采购联合会数据，当前物流企业对智慧物流的需求主要包括物流数据、物流云、物流设备三大领域，具体描述见表 23-3-54。

表 23-3-54　　物流数据、物流云、物流设备三大领域描述

需求领域	描述
智慧物流数据服务市场(形成层)	处于起步阶段,其中占比较大的是电商物流大数据,随数据量积累以及物流企业对数据的逐渐重视,未来物流行业对大数据的需求前景广阔
智慧物流云服务市场(运转层)	基于云计算应用模式的物流平台服务在云平台上,所有的物流公司、行业协会等都集中整合成资源池,各个资源相互展示和互动,按需交流,达成意向,从而降本增效,阿里、亚马逊等纷纷布局
智慧物流设备市场(执行层)	是智慧物流市场的重要细分领域,包括自动化分拣线、物流无人机、冷链车、二维码标签等各类智慧物流产品

（3）智慧物流应用框架

目前，智慧物流主要包括智慧化平台、数字化运营以及智能化作业三大应用框架。具体应用流程如图 23-3-23 所示。

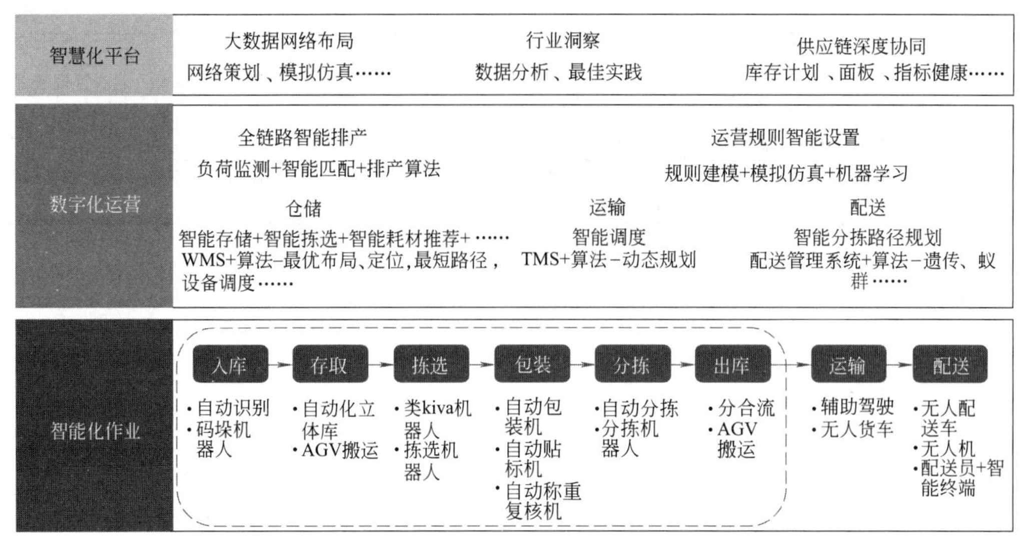

图 23-3-23　智慧物流应用框架

(4) 智慧物流服务能力保障（摘自 GB/T 41834—2022）

表 23-3-55　　智慧物流服务对不同方面的能力要求

服务提供方	拥有智慧物流服务所需的运营管理制度	
	拥有智慧物流服务相关技能的从业人员	
	拥有智慧物流服务所需的智能技术	
	拥有智慧物流服务所需的智能设备	
	拥有智慧物流服务所需的管理信息系统	
管理制度	数据管理制度	建立数据安全管理制度,通过分布式存储、数据备份等实现数据可靠存储和应急恢复,对关键数据制定保密制度,进行保密存储
	算法管理制度	综合考虑系统设备的任务执行次数、电能供应时间、工作与空闲时间等因素,制定算法开发及训练数据采集、算法测试、算法效果评估等管理制度
	设备管理制度	制定智能设备资产管理、操作使用、维修保养、技术改进、报废更新等管理制度
	系统管理制度	制定系统故障处理、系统恢复以及应急处置等制度
人员	从业人员包括物流服务方案设计人员、方案实施人员和系统维保人员等	
	方案设计人员能根据物流服务场景,优化算法,整合资源,为客户设计定制化智慧物流服务方案	
	方案实施人员能够熟练操作智能设备,完成相关物流服务指令	
	系统维保人员熟悉智能设备和智能技术系统性能,具备设备和系统维护与改进优化等能力	
技术	宜采用智能技术提供服务 a. 可实现物流服务全程数据采集和获取,并对数据进行清洗、加工、传输和输出等处理; b. 可根据智慧物流服务要求,设计相应算法,实现对数据的分析处理和对智能设备的管理驱动	
	智能技术包括底层数据采集技术、中间层数据处理技术、上层决策支撑技术 a. 底层数据采集技术宜包括物联网技术、条码技术、射频识别技术、传感器技术、无线传感器网络技术、跟踪定位技术、机器视觉技术、图像处理技术、语音识别技术、红外感知技术、生物识别技术等; b. 中间层数据处理技术宜包括大数据技术、云计算技术、机器学习技术、边缘计算技术等; c. 上层决策支撑技术宜包括人工智能技术、区块链技术、预测技术、仿真模拟技术、数字孪生技术、可视化技术、深度学习技术、增强现实技术、虚拟现实技术等 各类智能技术宜配备相应的突发事件处理预案和安全防范措施	
设备	宜采用智能设备提供服务	
	智慧物流服务过程中使用的智能设备包括智能识别类设备、智能分拣类设备、智能输送类设备、智能仓储类设备、智能包装类设备、智能装卸搬运类设备、智能运载类设备、智能配送类设备、智能交互类设备等	
	宜采用 GB/T 41834—2022,5.4 中给出的一种或多种智能技术	
	宜满足应用场景复杂、关联协作设备多样、运作要求高效的特性需求	
	宜标注设备的使用方法和与之关联协作设备的要求	

续表

系统	系统基于平台架构，宜具有感知、识别、预警、决策和反馈等能力
	系统包括智能设备调度子系统、智能设备监控子系统、订单管理子系统、仓储管理子系统、运输管理子系统、配送管理子系统、结算子系统、客户管理子系统等
	系统具有开放性，能通过预留接口实现与其他信息系统的集成
	系统能判定并解决各类预知和未知的异常场景，做出合适决策，以进行异常隔离。如系统无法自动处理故障和恢复，以声光报警或屏幕弹窗等方式通知系统维保人员进行处理

6.2 智能仓储

6.2.1 智能仓储体系

仓储是企业物资流通供应链的一个重要环节，是现代物流的核心环节。仓储链中产生的仓库订货、货物入库、货物管理、货物出库等仓储物流信息一般具有数据量大、数据操作频繁、信息内容复杂等特点。新一代物流行业中，物流仓储环节应具有网络协调化、管理系统化、操作信息化、决策智能化、全面自动化等特点，基于人工智能背景下新一代智能仓库管理系统应实现仓库信息的自动化与精细化管理，指导和规范作业流程，提升仓库货位利用率从而完善仓库管理并提高仓库整体运行质量的特点，这些特点的实现需要人工智能技术的推进。智能仓储系统分为识别、搬运、存储、分拣和管理系统。图 23-3-24 展示了智能仓储系统的五大组成部分及主要的人工智能技术应用场景。

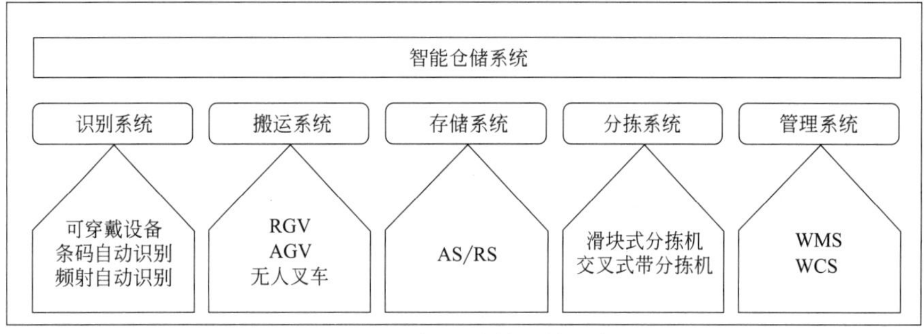

图 23-3-24 智能仓储系统示意图

1）识别系统。自动识别系统使用的技术主要为可穿戴设备、条码自动识别和 RFID 射频自动识别等。其中，可穿戴设备是传感器的载体，可实现人、机器、云端的高级无缝交互，非常适合 AI 与人机交互，当前仍然属于较为前沿的技术。应用到物流领域，可表现为免持扫描设备、AR 智能眼镜、外骨骼、喷气式背包等。其中，智能眼镜能凭借其实时的物品识别、条码阅读和库内导航等功能提升仓库工作效率；条码自动识别技术可同时识别多个标签并能应用于高速运动物体，操作快捷，便于快速查找、查询；RFID 射频识别技术俗称电子标签，是一种非接触式的自动识别技术，通过射频信号自动识别目标对象并获取相关数据，识别工作无需人工干预，可工作于各种恶劣环境。

2）搬运系统。搬运系统使用的技术主要包括穿梭车（RGV）、自动导引车（AGV）、无人叉车等。其中，穿梭车（RGV）又称为轨道式自动导引车，是伴随着自动化物流系统和自动化仓储而产生的设备，它既可以作为立体仓库的周边设备，也可以作为独立系统；自动导引车（AGV）是通过激光导引或电磁导引装置，指导小车自行运动，具有安全保护及各种移载功能，工业应用中无需驾驶员，可充电蓄电池为动力来源，目前广泛应用于仓储系统中货物的分拣和搬运；无人叉车是能够从仓库或工厂的某个地方把材料、托盘和其他物件运输到另一个地方的机器人；穿梭车可与其他物流设备实现自动连接，如出入库站台、各缓冲站台、输送机、升降机、机器人等；以上三个技术的共同特点为自动化程度高、搬运灵活，使用方便且支持自动充电等。目前，AGV 在仓储物流领域主要应用于货物的分拣和搬运。

3）存储系统。存储系统主要以自动化立体库（AS/RS）为主。自动化立体库又称高架库或高架仓库，以计算机控制技术为主要手段，自动化搬运设备进行出入库作业，从而提高仓储利用率，减少货物和信息处理差错。

除此之外，存储系统还包括高层货架、巷道堆垛机、输送机等，主要作用是支持自动化立体仓库的应用。

4）分拣系统。自动分拣是自动化仓储的核心，一般由控制装置、分类装置、输送装置及分拣道口组成。目前物流仓储系统主要应用的自动分拣设备有滑块式分拣机、交叉带式分拣机等，它们都具有稳定快速分拣货物的能力，与其他技术相比可以大大地降低运营成本。事实上，搬运系统中使用的 AGV 机器人也可以用于分拣。

5）管理系统。管理系统主要包括仓库管理系统（WMS）和仓库控制系统（WCS）。结合了人工智能算法的 WMS 和 WCS 能实现自动推荐存储货位、补货库存分布平衡、调度机器人搬运、驱动生产端配货等功能，是整个智能仓储的大脑，能最大程度地优化仓储运营。智能仓储是新一代物流行业中人工智能技术应用最为广泛的场景之一，其核心特色体现为数据感知、算法指导生产和机器人的融入。物流仓储的价值是整个供应链最大的一个节点，使用智能化仓储环境既能保障仓储安全，更能提高出库和入库的效率，全面地改善了仓储的运行模式。

6.2.2 仓储服务基本质量要求（摘自 GB/T 21071—2021）

仓储服务应贯彻以客户为中心的服务原则。

企业应有健全的服务质量管理体系。

企业应公开仓储服务质量关键指标及达到要求的指标率。

通用仓储作业与管理应符合 SB/T 10977 的要求，低温仓储作业与管理应符合 GB/T 31078、GB/T 24616 的要求。

6.2.3 智慧仓储服务提供（摘自 GB/T 41834—2022）

智慧仓储货物入库-出库过程中提供的服务内容见表 23-3-56。此外，仓储管理系统宜与客户的信息管理系统进行对接，仓储服务过程中出现异常情况时宜及时调整储存方案。

表 23-3-56　智慧仓储服务提供内容

货物入库（场）前	宜根据客户需求、仓储资源提供智能储存方案，包括储存位置、储存方式、养护方法等
	宜结合客户的要求，采用智能设备提供包装优化方案，并保护用户的数据隐私
货物在库（场）时	宜提供智能监控服务，包括对储存物状态及其相关作业内容的监控服务
	宜对货物装卸搬运的顺序、路径规划和堆放方式提供实时应对、智能优化和智能执行的方案
	宜提供实时库存使用率、库存数量、库存状态、库存环境、库存周转率等数据分析服务
	宜提供多仓库内商品的库存共享与调拨服务
货物出入库（场）时	宜采用智能识别类设备进行自动扫描和分拣
货物出库（场）后	宜根据合同约定保存服务数据，并维护数据安全

6.2.4 智慧物流仓内技术

智慧物流仓内技术主要有机器人与自动化分拣、可穿戴设备、无人驾驶叉车、货物识别四类技术，当前机器人与自动化分拣技术已相对成熟，得到广泛应用，可穿戴设备目前大部分处于研发阶段，其中智能眼镜技术进展较快。

1）机器人与自动化技术。仓内机器人包括 AGV（自动导引车）、无人叉车、货架穿梭车、分拣机器人等，主要用在搬运、上架、分拣等环节。国外领先企业应用较早，并且已经开始商业化，各企业将在机器人的应用场景深入推进。国外企业如亚马逊、DHL，国内企业京东、菜鸟、申通已经开始布局。

2）可穿戴设备。当前仍然属于较为前沿的技术，在物流领域可能应用的产品包括免持扫描设备、现实增强技术-智能眼镜、外骨骼、喷气式背包，国内无商用实例，免持设备与智能眼镜小范围由 UPS、DHL 应用外，其他多处于研发阶段。整体来说离大规模应用仍然有较远距离。智能眼镜凭借其实时的物品识别、条码阅读和库内导航等功能，提升仓库工作效率，未来有可能被广泛应用，京东及亚马逊等国内外电商企业已开始研发相关智能设备。

6.2.5 自动化仓储物流设备控制层的功能安全设计要求（摘自 GB/T 32828—2016）

针对自动化仓储物流设备控制层通过下列功能安全设计（但不限于）消除或减小不安全因素：

① 运行速度根据设计需求自动切换；

② 到达工作区域边界时运行自动停止；
③ 运行路径障碍自动检测；
④ 遇到障碍时运行自动停止；
⑤ 货物交接自动检测；
⑥ 故障自诊断和提示；
⑦ 故障时运行自动停止；
⑧ 故障解除后的复位；
⑨ 工作区域边界急停按钮。

6.2.6 智能仓储案例

1）京东 X 仓储大脑。京东无人仓投入运营以来，智能化生产模式发展迅速。然而物流机器人数量多、设备模型、接口、技术特点驳杂繁多，设备巡检和及时维护工作量大，要求无人仓做到“高效运维”。X 仓储大脑是为了实现无人仓“更有效率”这个目标的高度智能化产品，所属技术为工业互联网和人工智能两个领域。X 仓储大脑的主要功能包括：

① 订单生产数据的监控和预警，资源优化配置建议，数据统计与分析；
② 机器人重要数据监控和预警，诊断建议，数据统计与分析；
③ 规划算法建模参数输入与自动化建模流程；
④ 适配办公室场景的 PC 版，以及适配移动办公场景的移动版。

X 仓储大脑系统架构如图 23-3-25 所示。

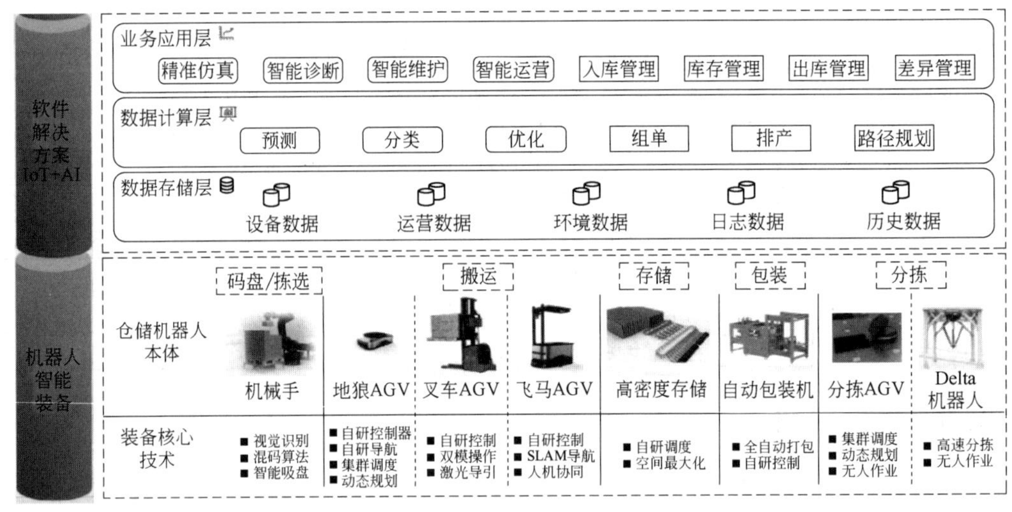

图 23-3-25 X 仓储大脑系统架构

其主要涉及的人工智能创新点及核心技术见表 23-3-57。

表 23-3-57　　京东 X 仓储大脑人工智能创新点及核心技术

算法创新	电池健康度算法	传统的下线检测电池健康度是一项耗时且造成资源浪费的方式。项目通过实时采集线上机器人电池充电数据，结合深度学习与全新电池数据分析比对充电效率，实现在无需下线的情况下计算线上机器人的电池健康度
	资源调配算法	工作站和 AGV 是智能仓储重要的生产资源。项目综合使用预测技术和运筹优化技术预测未来若干天的生产情况，计算多天的资源配置计划，给仓库管理人员提供多天的排班建议，实现按需生产
	自适应生产频率变化的订单量预测算法	准确预测订单量是仓库安排生产资源的重要依据之一。项目通过对新旧业务模式的共性数据进行建模，模型可根据新业务模式不断调整，顺应业务的变化，解决了新业务缺少数据难以建模的问题

续表

技术创新	多元化海量传感器数据实时采集系统	仓储物流的场景中,运营无人化是目前行业内急需攻克的难点。实现仓储运营无人化首先要解决的问题是如何能全方位地掌握无人运营仓储的实时状态用于决策。为应对挑战,X 仓储大脑项目组利用已有技术自主设计研发了多元化海量传感器数据实时采集系统,实现了无人仓储场景下海量传感器数据的实时采集功能
	基于中心化技术和大数据分布式相结合的数据存储	传统存储方式具有数据处理链路短,分析、开发应用周期短的优势。但是在自动化仓储的场景下多元数据结构、海量数据让传统存储架构变得难以承受。本项目使用企业级的数据同步工具,数据中心(IDC)进行同步数据加工,实现数据中心化存储;基于 Hadoop 集群的 HDFS 实现海量数据的存储;MapReduce 和 Spark 计算框架让海量历史数据的分析与计算成为可能;Strom、Flink 等流式计算框架结合 Kafka 的数据中间件将数据处理与分析的时效性从 T+1 进一步提升到 T+0,让当日内的数据分析、诊断和控制变得时效性更高更具有应用价值
	多时态数据统一计算框架	在无人仓储场景下要求计算框架满足多时态数据的计算需要。本项目借鉴了 Kappa 架构的思想,建立了以 T+0 流式处理系统结合消息队列系统为主要计算、存储框架,兼容历史批处理任务的多时态数据存储计算系统。将批处理任务转化为具有状态的流式时间窗数据,按照流式处理范式进行处理。突破性地解决了这一难题
	基于大数据技术的机器学习算法平台	算法平台为 X 仓储大脑提供基于业务需求的分类、预测等算法与数据处理支撑。创新性地实现了实时触发式任务执行功能,实时响应数据计算需求,调度资源完成计算任务并回传结果,改变以往只将离线大数据计算用于离线数据分析、数据建模的应用方式

2）快仓智能仓储机器人

① 国内首个医药智能仓储机器人系统。随着智能物流时代到来，智能仓储机器人已经被广泛应用在电商、3PL、零售、传统制造等行业。由快仓与国内知名系统集成商一同携手打造的某药企智能仓储机器人系统，将机器人引入传统医药行业。

该系统主要涉及了智能机器人箱拣区、输送系统、自动分拣区，示意图见图 23-3-26。机器人箱拣区的整箱货物来自高位货架区与零箱收货入库，主要负责整箱货物通过输送线至自动分拣区出库与补货至隔板货架拆零区；自动分拣区主要负责机器人区与拆零区货物进行自动分拣。

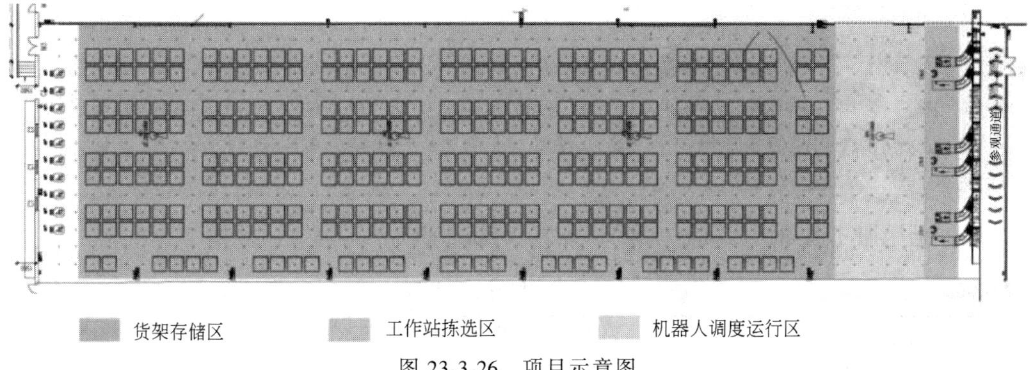

图 23-3-26 项目示意图

快仓打造的智能仓储系统以移动机器人实现"货到人"作业方式，在所有涉及分拣库区的业务流程中（包括上架、补货、拣货、盘点、退货等），员工都无需进入分拣库区内部，只需要在工作站等待，系统会自动指派移动机器人将目标货架运到工作站，待员工在系统指导下完成业务后，再将货架送回到分拣库区。这大幅提高了作业效率，有效降低了人工强度及成本。

快仓智能仓储机器人不仅完成包括上架、拣选、补货、退货、盘点等流程的完整订单智能履行，同时还与 AS/RS，各式流水线+滑道、升降机等自动化设备高效联动，提高整体作业效率。相比传统人工仓，机器人运作效率提升 2~3 倍，快仓系统单台工作站拣选效率可达 250 箱/h。相比传统货架，空间利用率明显提升。空间利用率提升 15%，仓库储量提升 1.5 倍多。

② 某服装企业智能仓储机器人。对于服装行业，在不断高速扩张的同时，提高物流效率才能使企业具备行业领先的竞争力。2018 年，快仓为某服装企业部署全智能的"货到人"机器人仓库，以提高仓储的作业效率，减少人工成本，并在短时间内得到投资回报。

该智能机器人拣选系统由一系列移动机器人、可移动货架、补货、拣货工作站、WCS 和 RCS 系统构成。以人工智能算法的软件系统为核心，来完成上架、拣选、补货、退货、盘点等库内全部作业流程，员工只需要在工作站完成扫码、装箱的动作即可。系统具有很高的柔性和扩展性，分拣效率可达到 14000 件/天。

快仓根据客户特殊应用场景需求，针对 AGV 的使用进行了定制化研发设计。本次共部署了 20 台 AGV，项目从前期沟通到规划、研发、实施，直至最终上线，历时数月，实现从原来的纯人工作业模式到拣选出库流程的智能化操作转变。月平均出库量由原先 400 万件增加至 600 万件，大幅提升了月出库作业效率。

6.3 智能配送

6.3.1 智能运输体系

物流与智能运输系统都是当今交通运输行业发展的热点，建立一个高效的运输系统可以大大降低物流成本，提升物流服务质量。高效的运输系统离不开人工智能技术的支持，主要为无人驾驶和智能化管理。图 23-3-27 展示了智能运输系统的组成及主要的人工智能技术应用场景。

1）无人驾驶。物流运输的全自动化控制依赖于无人驾驶技术，包括物流无人货车、物流车队编队行驶等。无人驾驶技术是电气自动化技术在交通运输行业的一个重要领域，具体实现是在物流运输过程中为物流车辆内置中央处理器，从而自主控制车辆进行加减速、转弯、临时制动等驾驶操作，以实现完全脱离驾驶员。

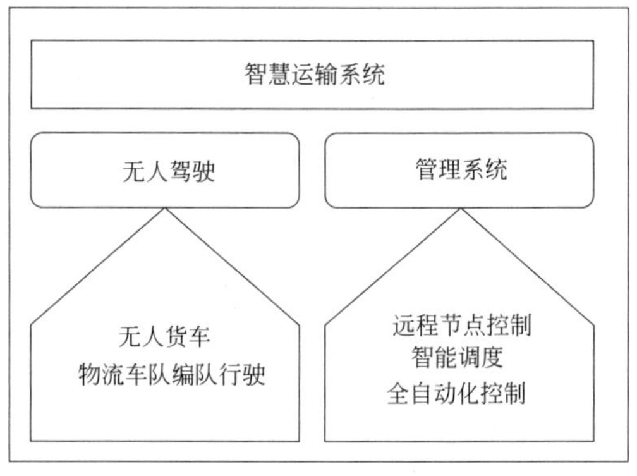

图 23-3-27 智能运输系统示意图

2）管理系统。无人驾驶技术所有的数据计算都是通过网络远程操控物流车辆的驾驶行为。管理系统所使用的技术主要为远程节点控制、利用人工智能算法对临时环境进行分析，完成运输路径的规划和决策，实现智能调度。相比传统运输，全自动化控制的物流运输能节约大量人力，显得更为安全和高效。

随着物流运输信息化程度的提高，运输系统必将向更智能化的方向发展，运用人工智能，神经网络、知识发现等技术，通过合理的技术平台，建立以智能物流运输系统为核心的智能物流系统，能使物流系统更高效、可靠、安全地处理复杂问题，节约大量人力，显得更为安全和高效，也能为人们提供方便、快捷的服务。

6.3.2 智慧配送服务提供（摘自 GB/T 41834—2022）

表 23-3-58 智慧配送服务提供内容

配送服务前	宜根据收货方需求进行配送预约，生成智能配送方案和变更预约解决方案，提供按约配送、临时变更和自主取消等服务
	宜结合客户的要求，采用智能设备提供包装优化方案，并保护用户的数据隐私
配送服务时	宜实现货物追踪，并进行智能监控，提供货物配送过程的可视化和可追溯服务
	宜提供安全配送服务，包括根据货物属性配置合适的设施设备
	宜提供智能暂存服务，用户可以选择是否暂存
	出现异常情况时宜及时调整配送路线或重新调配合适的智能运载类设备
配送服务后	宜收集收货方信息反馈，改进服务方案
	宜根据合同约定保存配送服务数据，并维护数据安全

6.3.3 运输与仓储概述（摘自 GB/T 26772—2011）

运输与仓储是物流过程中的两个关键业务环节，两个环节的主体可以是部门，也可以是企业。GB/T 26772—2011 中使用“运输企业”表示“运输企业或运输部门”，使用“仓储企业”表示“仓储企业或仓储部门”。

运输与仓储之间的业务衔接可分为两个方向：从运输到仓储；从仓储到运输。

GB/T 26772—2011 给出了运输与仓储之间业务衔接的通用性流程，见图 23-3-28。

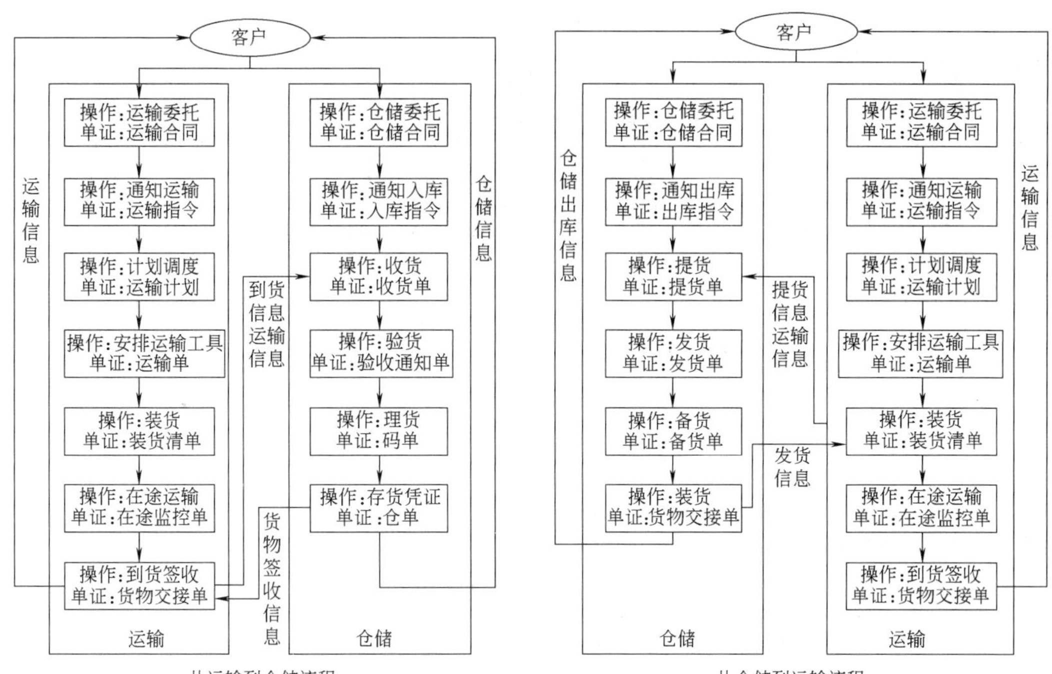

图 23-3-28　运输与仓储业务衔接流程示意图

1）从运输到仓储流程。如图 23-3-28 左半部分所示，客户与运输企业签订运输委托合同，与仓储企业签订仓储合同。客户向运输企业发出运输指令，运输企业按照合同编制运输计划、调度运输资源，按照运输指令安排运输工具，装货、运输、进行在途监控，货物运到后由仓储企业进行到货签收，并将货物运输情况反馈客户。运输到货后，进入仓储收货流程，仓储企业完成收货、验货、理货并生成仓单或存货凭证，将货物存储情况反馈客户。

2）从仓储到运输流程。如图 23-3-28 右半部分所示，客户与运输企业签订运输委托合同，与仓储企业签订仓储合同。客户用提货单到仓储企业提货，仓储企业准备发货、备货、装货、发运，将货物出库情况反馈客户。进入运输流程，客户向运输企业发出运输指令，运输企业按照合同编制运输计划、调度运输资源，按照运输指令安排运输工具、装货、运输，进行在途监控，货物运到后由仓储企业进行到货签收，并将货物运输情况反馈客户。

6.3.4　运输与仓储数据交换信息流程与信息内容（摘自 GB/T 26772—2011）

1）数据交换信息流程。运输与仓储两个环节之间的数据交换伴随着运输企业、仓储企业实际业务过程进行，由相关的电子数据交换平台来实现，例如：运输与仓储电子数据交换平台、物流电子数据交换平台、物流公共信息平台等。

运输与仓储数据交换的主要信息流程如图 23-3-29 所示。

在图 23-3-29 中，运输与仓储之间的数据交换，根据信息流转的起止点和顺序不同，可分为客户与运输之间、客户与仓储之间、运输到仓储之间和仓储到运输之间 4 种信息流程：

① 客户与运输之间的数据交换主要是：客户与运输企业签订运输合同，向运输企业下达运输指令；运输企业向客户提供运输相关信息。

② 客户与仓储之间的数据交换主要是：客户与仓储企业签订仓储合同，向仓储企业下达入库指令、出库指令；仓储企业向客户提供仓储信息、仓储收货信息、仓储发货信息。

③ 运输到仓储之间的数据交换主要是：运输企业向仓储企业提供到达货物信息、车辆信息、运输过程信息等运输信息；仓储企业向运输企业提供到达货物签收信息以及相关的仓储信息。

④ 仓储到运输之间的数据交换主要是：仓储企业向运输企业提供仓储货物的基本信息；运输企业向仓储企业提供运输货物装车信息、运输车辆信息。

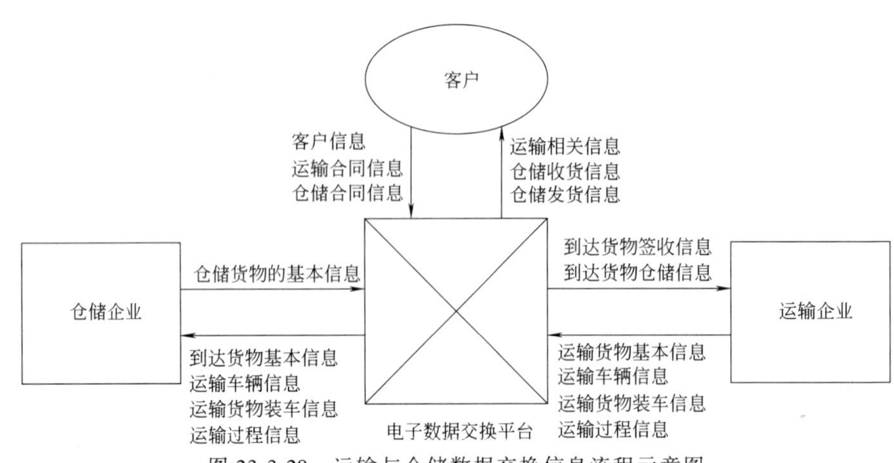

图 23-3-29　运输与仓储数据交换信息流程示意图

2）数据交换信息类别。运输与仓储之间的数据交换根据信息内容不同，可分为三种信息类别：业务单证类；辅助基础类；特定需求类。三种数据交换信息内容见表 23-3-59。

表 23-3-59　　三种数据交换信息内容

<table>
<tr><td rowspan="2">业务单证类信息内容</td><td>描述</td><td colspan="3">指由运输或仓储业务产生的,需要在客户、运输、仓储三者之间传递的业务单证</td></tr>
<tr><td>具体内容</td><td colspan="3">包括运输合同、运输指令、仓储合同、入库指令、出库指令、在途监控单、货物交接单等</td></tr>
<tr><td rowspan="13">辅助基础类信息内容</td><td>描述</td><td colspan="3">由运输或仓储业务产生的,为两者各自与外部交换的业务单证或业务信息提供辅助性支撑的基础信息。这类基础信息需要先于业务单证和其他业务信息进行交换,以便为业务单证和其他业务信息交换准备条件</td></tr>
<tr><td rowspan="12">具体内容</td><td rowspan="4">运输基础信息</td><td>描述</td><td>由运输业务产生的,涉及与仓储业务衔接的信息,包括:承运人信息、运输工具信息、运输设备信息以及基础地理信息(如道路、航线、地形等)等</td></tr>
<tr><td>发送方</td><td>运输企业</td></tr>
<tr><td>接收方</td><td>仓储企业</td></tr>
<tr><td>信息内容</td><td>a. 承运人数据项:承运人名称、承运人地址、联系电话、承运经办人姓名、经办人工号及岗位、经办人联系方式等;
b. 运输工具数据项:运输工具名称、运输工具类型、运输工具数量、运输工具编号(如汽车牌照号)、运输班次及航次等;
c. 运输设备数据项:运输设备名称、运输设备类型、运输设备数量、运输设备编号等,运输设备包括托盘、集装箱等;
d. 基础地理数据项:视实际业务需要而定,此处从略</td></tr>
<tr><td rowspan="4">仓储基础信息</td><td>描述</td><td>由仓储业务产生的,涉及与运输业务衔接的信息,包括:仓库信息、接货信息与仓储合同信息</td></tr>
<tr><td>发送方</td><td>仓储企业</td></tr>
<tr><td>接收方</td><td>运输企业</td></tr>
<tr><td>信息内容</td><td>a. 仓库信息:仓库名称、仓库类型、仓库地址、仓库代码、联系电话、仓储业务经办人姓名、经办人工号及岗位等;
b. 仓储设备数据项:仓储设备名称、仓储设备类型、仓储设备数量、仓储设备编号等,仓储设备包括叉车托盘升路机等</td></tr>
<tr><td rowspan="4">客户信息</td><td>描述</td><td>客户包括:存货人、提货人、托运人、收货人等类型。客户信息从业务角度分为存货人信息、提货人信息、托运人信息、收货人信息等</td></tr>
<tr><td>发送方</td><td>客户</td></tr>
<tr><td>接收方</td><td>仓储企业或运输企业</td></tr>
<tr><td>信息内容</td><td>客户类型、客户名称、客户地址、客户代码、联系人、联系电话、经办人姓名、经办人证件类型、经办人证件号码、经办人联系电话等</td></tr>
</table>

续表

辅助基础类信息内容	具体内容	代理信息	描述	代理是客户的一种,指提供运输、仓储等物流服务的具有法人资格的经济实体。代理包括:货运代理、仓储代理、第三方物流公司等
			发送方	客户
			接收方	仓储企业或运输企业
			信息内容	a. 代理人基本信息:代理人类型、代理人名称、代理人地址、联系人联系电话、代理经办人姓名、经办人证件类型、经办人证件号码、经办人联系电话等; b. 代理合同信息:合同编号、合同有效期限、业务范围、代理人与其他参加方权责划分等
		货物信息	描述	货物信息包括:一般货物信息、集装箱货物信息、有特殊要求货物信息和危险品信息
			发送方	仓储企业 运输企业
			接收方	运输企业(对应发送方为仓储企业) 仓储企业(对应发送方为运输企业)
			信息内容	a. 一般货物信息项:货物品名、商品名称、货物代码、全国产品与服务统一代码、规格型号、货物性质、产地、生产厂家、生产日期、批号、有效期、货物体积、单件质量、数量、计量单位、货物包装、包装件数等; b. 集装箱货物信息主要包括以下两方面信息: ● 集装箱箱体信息:集装箱类型、集装箱规格、集装箱编号、集装箱残损等; ● 集装箱出租公司信息:公司工商注册编号、名称、地址、联系电话等 c. 有特殊要求货物信息项:特殊要求种类(如冷鲜货物)、特殊要求内容(如温度、湿度)等; d. 危险品信息项:危险品名称、危险品代码、危险品等级、页号、联合国危险品代码、闪点等
特定需求类信息内容	描述	除了上述业务单证类和辅助基础类信息内容之外,在运输与仓储业务环节之间,有时出于某种特定的业务需求,还需要进行一些特定的数据交换,如货物特殊要求信息、保险与索赔信息等。针对其他不确定的数据交换信息,需要交换双方根据实际情况商定具体交换的格式		
	具体内容	货物特殊要求信息	描述	主要包括货物装卸、储存、运输方面的要求等
			发送方	客户 仓储企业 运输企业
			接收方	仓储企业或运输企业(对应发送方为客户) 运输企业(对应发送方为仓储企业) 仓储企业(对应发送方为运输企业)
			信息内容	a. 货物装卸要求:货物放置形态、装卸设备要求、搬运动作要求、搬运设备要求、装卸环境要求、图形化表示的货物装卸要求等; b. 货物储存要求:货物储存环境(如温度、湿度等)、储存设备、储存时间、储存损耗标准等; c. 货物运输要求:货物运输条件、运输设备、运输时间、运输损耗标准等
		保险与索赔信息	描述	主要包括:货物运输、仓储过程中的货物保险和损耗索赔信息等
			发送方	客户 仓储企业 运输企业
			接收方	仓储企业或运输企业(对应发送方为客户) 运输企业(对应发送方为仓储企业) 仓储企业(对应发送方为运输企业)
			信息内容	a. 货物保险信息:保险类型、保险公司名称、联系电话、保险起始期、保险金额、保险期、保险人名称、签订日期等; b. 损耗索赔信息:货物损耗标准、损耗程度、损耗记录、索赔费率、索赔金额等

7　业务集成优化

业务集成优化是指在一个组织或企业中，将不同的业务流程、高效系统和应用程序集成在一起，以实现更和谐、更灵活的业务运营方式。这涉及将不同的数据、流程和技术集成在一起，以提高业务效率和优化资源利用率。本节将从 MBSE 和数字主线两个方面介绍相关标准内容。

7.1　基于模型的系统工程 MBSE

基于模型的系统工程（model-based systems engineering，MBSE）支持以概念设计阶段开始，并持续贯穿于开发和后期的生命周期阶段的系统需求、设计、分析、验证和确认活动的正规化建模应用。就是开发一个产品、平台的时候，把产品、平台研发中涉及的各个方面用“计算机数据模型”方式建立起来，形成一个统一的“系统模型”。

7.1.1　术语和定义

表 23-3-60　　MBSE 术语

名称	英文名	描述
嵌入式系统	embedded system	置入应用对象内部起信息处理和控制作用的专业计算(机)系统
需方	acquirer	从供方获得或采购嵌入式系统、产品或服务的组织
自动化标记语言	automation markup language	基于 XML 的用于智能工厂工业自动化系统的工程数据交换格式
执行机构	actuator	由控制器的输出变量产生驱动最终控制单元所需的操纵变量的功能单元
传感器	sensor	在监控范围内检测物体、障碍或受被测对象影响的元件,用于提供探测或测量的电信号或数据

第23篇

7.1.2　应用于嵌入式系统的系统工程过程模型（摘自 GB/T 28173—2011）

表 23-3-61　　系统工程在嵌入式系统的应用框架

主要活动组成	特点
a. 需求分析 b. 功能分析和分配 c. 物理实现 d. 验证及评价	这些活动随具体的系统构成形式和所处的不同开发阶段而变化,且在系统整个生存周期的各个阶段迭代进行。但是这些活动有典型的运行原理,且贯穿嵌入式系统的整个生存周期,并不只限于生存周期的某个阶段发生,具体输入输出及执行步骤和系统所处的阶段有关系。应用于嵌入式系统的系统工程过程如图 23-3-30 所示。同时,在系统工程方法应用的过程中,应辅以必要的管理过程,以确保整个系统生存周期的可控性和可视性

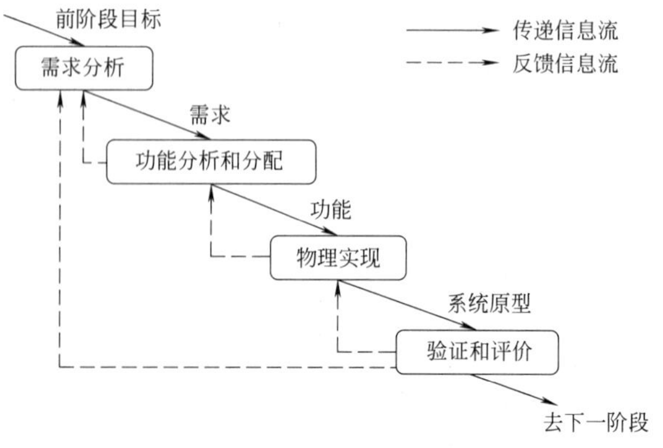

图 23-3-30　系统工程过程

7.1.3　系统工程过程的具体活动（摘自 GB/T 28173—2011）

表 23-3-62　　　　**系统工程过程的具体活动**

主要活动组成	活动概述	输入输出	具体活动
需求分析	需求分析在系统工程过程中特别重要。要解决任何问题,首先需要理解给定条件和要求,并给出完整、一致、无二义性的描述,如果有重要的假设条件,则应经过验证。需求分析工作就是彻底分析全部要求和规格说明,以理解和对比系统期望满足的基本需求,将客户或市场的概念性和粗略的需求转化为具体规格说明要求的过程,即确定目标系统的功能、性能、接口和其他要求(包括环境要求、设计约束、质量要求和可靠性要求等),明确系统"做什么",而不是给出具体的解决方案。需求分析的特定活动,随系统开发的进展在生存周期的不同阶段而变化。在早期侧重于了解系统运行环境、可应用技术的可用性和成熟度、设计方案的可行性等,而在后期,则侧重于实际开发环境、系统部件间的接口等	输入包括: a. 系统模型。它定义和描述了前阶段中经过验证的交付件,比如规格说明、设计方案、具体实现的软件、硬件、文档等; b. 定义下阶段待开发系统或系统单元的设计、性能和接口兼容性特点等要求或规格说明; c. 在下阶段中,需要由工程组织的各个小组达成的特定进度要求,包括确定规格说明、软硬件接口或外部供应条件准备就绪等里程碑点 输出包括: 系统规格说明(技术要求)	a. 任务和使用环境分析; b. 识别并确定功能性需求; c. 定义和优化性能参数; d. 确定设计环境约束,确定开发工具和环境; e. 定义项目约束和内外部接口; f. 分析功能要求间的相互影响及接口的一致性; g. 根据使用要求对系统规格说明和功能实现进行验证
功能分析和分配	在系统工程方法中,功能设计需要在产品设计或物理实现前进行,以确保用一种有序的方法来有效组织功能和选择实施系统期望特性的最优平衡方案(如性能、成本、易用性等)。嵌入式系统的功能分析和需求分配目的是通过功能体系结构对功能进行分解,得到整个系统架构各层级的功能框图,同时将系统级需求分配至各个子系统,并确定各子系统之间的接口和逻辑关系,确定所有层次的功能、性能及其他质量要素指标。嵌入式系统的功能分析和需求分配针对的是系统的逻辑架构,即面向功能的结构,而非面向解决方案,所以不涉及具体的实现方案,得到的是各子系统配置的规格说明及技术指标	输入包括: a. 经过确认和签核后的系统规格说明(技术要求); b. 前任系统或参考系统的设计; c. 可能重用的功能子系统或构建模块 输出包括: a. 功能框图分解; b. 各子系统的分配需求; c. 人机操作需求或模型; d. 系统和各子系统接口技术要求	a. 规格说明到功能的转换。对功能框图进行逐层分解(系统到子系统到模块或部件); b. 确定和优化系统的功能架构(逻辑结构),并将功能实现在子系统或模块间分配; c. 性能和边界条件在软硬件模块及子系统之间进行分配; d. 定义和优化功能接口(包括内部和外部接口、通信接口、子模块接口、需要特别定义和遵循的标准接口等); e. 功能设计方案的权衡分析及选择。在功能分析和分配中,需要选择合适的功能单元组合成一组可能实现需求的方案,系统工程方法依赖权衡分析来进行备选方案的评估和决策
物理实现	物理实现是将功能设计转换成硬件和软件的实现部件,并将这些部件集成为整个系统的过程	输入包括: a. 系统功能框图; b. 系统使用环境、设备要求及约束; c. 前任系统的构建模块或技术; d. 权衡准则 输出包括: a. 系统原型; b. 相关的技术文档	a. 功能架构(逻辑结构)到系统物理结构的转换,设计各子模块; b. 各子模块的设计实现; c. 各子模块的设计验证和集成; d. 设计优化,根据测试和验证的结果对设计和具体交付的配置项进行修订和优化,必要时对需求进行追溯和修订以满足实际实现的限制和要求

续表

主要活动组成	活动概述	输入输出	具体活动
验证和评价	在复杂系统的开发过程中,即使设计定义的先前各步骤已明显符合要求地进行,仍然需要在进入下一阶段工作前,对设计做明确的验证及对交付的结果进行评价,具体验证和评价的形式随系统开发所处的阶段和实现程度而不同	输入包括: a. 系统原型; b. 仿真或验证环境; c. 相关的设计文档; d. 相关的工具和方法 输出包括: a. 发现的设计缺陷及记录; b. 效果度量; c. 效能分析	a. 创建测试或仿真环境; b. 明确验证需求或评价标准; c. 实施验证及评价; d. 测试数据分析

7.1.4 贯穿嵌入式系统生存周期的系统工程应用（摘自 GB/T 28173—2011）

嵌入式系统项目应当在产品以及产品的生存周期过程中应用系统工程方法，在系统开发的各个层级（系统、子系统、部件）上应用系统工程方法都能够为前述过程中定义的产品增加附加值。而系统工程方法的应用适用于生存周期的各个阶段，有效应用系统工程方法可以对解决客户问题、提升产品性能或延长使用和服务寿命起到重要的作用。嵌入式系统的系统生存周期阶段如表 23-3-63 所示。贯穿嵌入式系统生存周期的系统工程应用见表 23-3-64。

表 23-3-63　　典型的嵌入式系统生存周期

系统概念阶段	系统开发阶段				系统验证及量产导入阶段	生产/维护/支持阶段	退役处置阶段
	系统定义	概要设计/子系统体系结构设计	详细设计	实现及子系统集成			

表 23-3-64　　贯穿嵌入式系统生存周期的系统工程应用

当嵌入式系统项目应用系统工程方法时,应满足下面所定义的系统生存周期的各个阶段的主要活动和要求,同时也应完成相应的系统工程任务。根据嵌入式系统应用环境和开发模式的差异,也可以根据需要对标准生存周期进行裁减,以构建适合产品和项目组织实际要求和限制条件的生存周期过程		
系统概念阶段	概述	概念阶段开始于对某种客户需要或产品概念的原始认识。这是一个原始需求调查、发现和策划的阶段。此时,通过需方/市场调查、可行性分析和权衡研究对产品概念进行评估,获得需方/用户对概念的反馈。在这个阶段,所识别的需要或概念,通过分析、可行性评价、估计(如成本、进度、市场情报和后勤)、权衡研究以及原理试验或原型的开发与演示获得的反馈等手段,开发一个或多个备选的解决方案。要识别目标系统在整个生存周期的要求,并且对备选进行评估,以达到一个平衡的生存周期解决方案。本阶段典型的输出是相关利益人(包括客户、股东等)需求、运行的概念、可行性评估、初步的系统需求,以图示、模型或原型等形式展示的备选设计解决方案,以及支持系统的概念计划,包括整个生存成本和人力资源需求估计以及初步的项目进度安排。本阶段的决策项是确定是进入下一步开发阶段以继续一个解决方案的实现,还是取消未来的工作,终止项目。实施概念阶段是为了评估新的商业机会和开发初步的系统需求以及确定备选的可行设计解决方案
	概念阶段的活动和输出	a. 对新概念的识别,新的嵌入式系统的概念提出的价值在于提供新的能力、增强系统的整体性能或降低整个生存周期所有相关利益人的总体成本; b. 系统概念和备选解决方案的可行性评估。确定嵌入式系统生存周期中所用到的技术的可行性,以及实现成本和产生的效益能够满足整个生存周期所有相关利益人的利益; c. 经过各方确认的系统技术规格说明及基线化; d. 针对系统生存周期模型各阶段的输出结果的准确定义; e. 针对系统生存周期模型各阶段的风险识别、评价和规避计划; f. 系统生存期中各支持系统所需服务的识别和初始规格说明; g. 下一步开发阶段的计划和退出准则; h. 阶段退出准则的满足; i. 是否批准进入开发阶段的评审结果

续表

系统定义阶段	概述	系统定义阶段主要目的是建立嵌入式系统的规格说明定义，主要包括系统规格说明、子系统接口规格说明的完成；建立系统基线；完成本阶段的技术评审，产生的文档用于指导子系统开发。技术评审须评价系统开发的成熟度以及进一步进行子系统定义的就绪程度
	建立系统定义	a. 评估备选产品概念，选取嵌入式系统； b. 建立初始的项目和技术计划； c. 评估并规避系统风险； d. 标识硬件和软件子系统与子系统接口； e. 标识人/机界面问题； f. 定义嵌入式系统的数据存放环境及生产和维护环境； g. 定义生存周期质量要素，各要素包括可生产性、可验证性、易分发性、易用性、可支持性、可培训性、可处置性和总的拥有成本
	系统技术规格说明文档内容	a. 完成系统和产品接口规格说明； b. 完成子系统接口规格说明； c. 完成初步的人/机界面； d. 完成初步的人员培训； e. 准备必要的技术平台和设计参考系统的文件
	建立基线内容	a. 建立系统需求和规格说明基线； b. 建立初步的硬件和软件子系统设计目标基线； c. 建立需求跟踪矩阵
	技术评审内容	a. 完成备选概念评审； b. 完成系统定义及规格说明文档评审
概要设计/子系统体系结构设计	概述	嵌入式系统项目在概要设计阶段开始启动相关子系统的设计活动，构建系统的体系结构，并创建子系统的技术规格说明和设计目标基线，从而指导各子系统部件的下一步设计开发。通过应用系统工程过程，嵌入式系统项目能够从整个生存周期考虑，将系统需求和技术规格说明分解至相应的子系统，并构建适当的系统架构，以满足系统设计目标和质量要素的实现。通过对嵌入式系统的功能分解和架构设计，在系统概要设计阶段能够得到主要的软硬件子系统的设计规格说明和设计目标基线以及各主要部件之间的接口规格说明定义。最后交付的设计文档应包括部件接口规格说明；子系统设计实现过程的风险标识和规避计划；面向质量要素达成的设计实现计划等主要内容
	硬件子系统体系结构设计内容	a. 系统对于硬件平台的需求转化为硬件的体系结构设计，并通过功能框图进行硬件功能的部件分解，该体系结构描述其顶层结构并标识各个硬件部件，并明确硬件子系统的规格说明； b. 开发关于硬件子系统的外部接口、硬件子系统各部件间的接口及硬件子系统和软件子系统需要协同设计的接口定义并形成文档； c. 应编制数据格式（输入输出）要求，并形成文档； d. 应编制系统生产及运行维护要求，并形成文档； e. 以上规格说明及设计要求文档需在硬件子系统开发团队内部经过技术评审，然后提交集成产品组（IPT）评审。评审内容包括：硬件子系统需求的可追踪性、与硬件子系统需求的外部一致性、硬件部件之间的内部一致性、与软件协同设计接口的内部一致性、所应用的设计方法和标准的适宜性、详细设计的可行性和运行与维护的可行性
	软件体系结构设计内容	a. 把对嵌入式软件子系统的需求转变为相应的软件体系结构，该体系结构描述其顶层结构并标识各个软件部件。应确保软件子系统的所有需求都被分配给了其软件部件且细化，嵌入式软件子系统的设计规格说明和体系结构设计应形成相应文档； b. 应开发关于嵌入式软件子系统的外部接口、各个软件部件间的接口及软硬件协同设计的接口，并形成文档； c. 应编制运行数据库的顶层设计，并形成文档； d. 应编制嵌入式软件系统的安装/维护/升级等运行方式要求，并形成文档； e. 以上规格说明及设计要求文档需在软件子系统开发团队内部经过技术评审，然后提交集成产品组（IPT）评审。评审内容包括：软件项需求的可追踪性、与软件项需求的外部一致性、软件部件之间的内部一致性、与硬件协同设计项之间的内部一致性、所应用的设计方法和标准的适宜性、详细设计的可行性和运行与维护的可行性

续表

概要设计/子系统体系结构设计	人机界面设计及操作规程的初步定义	a. 根据嵌入式系统的系统需求和技术规格说明要求，以及前期需求调研的模型和用户使用习惯调查结果，设计和确定人机操作界面的设计规格说明，以形成技术文档或操作原型； b. 根据用户使用习惯调查结果及对照系统（包括相似的产品或竞争替代产品）的实际操作感受，确定人机界面的相关性能指标； c. 确定异常处理及响应和服务信息，并形成操作文档的设计要求； d. 以上规格说明及设计要求文档应在用户文档开发团队内部进行技术评审，并提交集成产品组（IPT）评审，评审内容主要包括：人机界面需求规格说明和系统需求规格说明的一致性、人机界面内部信息的一致性、操作习惯的友好和相关行业标准及使用习惯的适用性、容错的考虑和帮助信息的友好性
	系统运行数据定义及数据库架构设计内容	a. 根据嵌入式系统的系统需求和技术规格说明要求，以及系统运行软硬件平台的实际情况，确定系统数据输入输出的接口，并形成初步的文档； b. 根据嵌入式系统数据存储和管理的要求，确定系统运行的数据库软件平台，并设计数据库的体系结构，形成设计文档和数据库的开发计划； c. 确定数据存储及备份性能指标及其他技术要求，并形成文档； d. 以上文档，应在系统开发的 IT 支持团队内部进行评审，并提交集成产品组（IPT）进行评审。评审内容主要包括：数据要求和系统需求规格说明的一致性、数据输入输出的容错性、数据存储的访问路径是否符合系统的环境要求和设计约束、数据存储的安全性和备份机制是否能够满足嵌入式系统运行维护保养的要求
	嵌入式系统生产维护的技术规范设计内容	a. 嵌入式系统应根据系统需求和规格说明定义时确定的生产使用环境，在概要设计阶段明确生产、测试、维护、保养的设备需求，并形成文档； b. 应根据嵌入式系统的设计和使用环境要求，确定生产、测试、维护、保养的质量目标，并形成文档； c. 调查并评估嵌入式系统的生产、测试、维护、保养对设备能力的要求，给出初步的设备需求清单和采购计划，形成计划文档； d. 根据组织的设备和生产管理能力，初步制定具体产品的生产及维护的作业规范或作业指导书
	概要设计阶段评审主要评审内容	a. 各子系统接口规范评审； b. 系统整体设计的一致性； c. 对标准和强制性要求的符合性； d. 各子系统的规格说明和质量目标实现是否能够在交付周期和交付成本的可控范围之内； e. 下一步开发计划的调整和评审； f. 需求跟踪矩阵的更新和评审
详细设计阶段	概述	在详细设计阶段，开发团队将完成整个嵌入式系统各子系统直至部件级的设计，并为每个部件确定规格说明及构建目标极限。这一阶段的输出文档和设计要求将直接用于指导开发原型的制作。通过运用系统工程方法，在概要设计阶段形成的子系统架构设计和规格说明将被分解到最底层的实现层面，并确定最小不可分解的部件的具体规格说明和性能及质量要素要求
	子系统的详细设计	a. 通过对硬件子系统的详细设计，硬件实现将细化到不可分解的最小部件，并确保所有硬件子系统需求和性能指标得以实现，最后的详细设计应包括设计原理图、设计文档、元器件清单及必要的仿真测试文档； b. 需要进行逻辑编程或微码编程的部分应在详细设计阶段形成详细设计文档，以指导下一步编码实现； c. 通过对软件子系统的详细设计，软件子系统将被细化分解至最小不可分解部件（一般指函数或编译后的子模块），并形成部件的接口定义和设计文档
	相关技术规格说明及作业规程相关内容	a. 软硬件子系统接口定义应分解落实到具体部件，并确保接口间的一致； b. 完成硬件部件的技术规格说明，并确保选用标准件的比例达到最初系统需求定义的要求； c. 完成软件重用及可重用部件的技术规格说明； d. 完成人机界面的技术规格说明，并确保和行业标准或其他强制性要求的符合性； e. 准备生产、测试、维护、保养的作业规程和工程计划
	系统仿真及测试环境准备内容	a. 系统的性能要求如时序等具体要求应确保分解到硬件平台得以落实，仿真结果应满足最初概要设计的规格说明定义要求； b. 建立软件测试环境，评估运行速度能否满足系统性能指标要求； c. 通过仿真和必要的测试手段，确保系统性能指标达到设计规格说明要求
	技术评审及建立基线内容	a. 更新系统基线和设计目标基线； b. 更新需求跟踪矩阵； c. 对详细设计文档及交付件进行开发团队内部评审； d. 在 IPT 内部进行详细设计阶段评审； e. 根据详细设计阶段评审结果，更新开发计划

续表

实现及子系统集成阶段	概述	嵌入式系统在这个阶段分别完成各个子系统的构建，项目在这个阶段应用系统工程方法和前述过程交付的文档及规格说明，以完成子系统内部部件的单元测试及集成，为系统级的验证测试及量产导入做准备
	硬件部件构建及组装调试具体内容	a. 硬件部件制作、采购、组装及调试； b. 硬件部件技术规格说明和参数确定； c. 编制材料清单； d. 修订硬件设计文档及原理图
	软件模块及子模块编码及单元测试具体内容	a. 软件最小不可分割模块的编码及单元测试； b. 软件功能组装部件的单元测试； c. 修订软件概要设计及详细设计文档
	软硬件集成测试具体内容	a. 软硬件组装运行调试； b. 软硬件子系统接口测试； c. 系统时序及控制流程分析； d. 软硬件各部件的缺陷修复及回归测试
	系统测试验证环境准备具体内容	a. 系统测试和验证环境的硬件平台准备； b. 系统集成测试环境及测试用例构建； c. 系统性能测试环境及测试用例构建
	生产环境准备及试量产前评审具体内容	a. 修订生产工艺制程计划； b. 生产设备技术规格说明确定并形成文档； c. 操作人员培训； d. 试量产物料采购
	子系统测试报告评审具体内容	a. 系统测试环境准备及测试用例评审； b. 试量产物料及生产计划评审； c. 生产工艺制程文件评审
实现及子系统集成阶段	概述	在嵌入式系统验证及试量产阶段，已完成各子系统的组装和集成活动，并搭建了系统测试验证的基本环境，此时应执行系统验证活动以确保满足系统需求和设计目标要求，同时根据产品交付的要求，对运行的数据存储装置和后台数据库系统、操作人员指导性规范及技术标准以及必要的安装、生产及维护保养设备进行组装测试验证，以确保系统运行有效性、易用性、可培训性、接口符合性、特定需求的符合性、可生产性以及可支持性
	系统规格说明测试及验证具体内容	a. 系统功能规格说明验证测试； b. 系统性能指标验证测试； c. 外部接口符合性验证测试； d. 系统需求规格说明修改； e. 需求跟踪矩阵更新
	系统可靠性及其他质量目标验证具体内容	a. 硬件可靠性试验及可靠性指标验证； b. 软件可靠性增长测试及评价； c. 环境受限材料测试分析； d. 其他特定技术标准符合性验证测试； e. 编制系统质量及可靠性控制计划
	系统运行数据存储及数据库规格说明验证及修订具体内容	a. 系统数据输入输出接口测试； b. 数据安全测试； c. 数据库接口及应用环境测试验证； d. 相关技术规格说明和标准修订
	小批量产品试产验证具体内容	a. 一致性验证； b. 可生产性可测试性验证； c. 生产工艺制程及生产作业指导书的验证修订

续表

实现及子系统集成阶段	人机界面测试及规格说明修订具体内容	a. 人机操作界面规格说明验证； b. 操作人员培训及技术标准修订
	设备能力及技术参数验证及修订具体内容	a. 生产、维护、保养设备清单及校准维护计划制定； b. 设备技术能力及过程能力分析； c. 生产工艺流程及控制计划修订
	量产前评审具体内容	a. 用户文档及技术标准验证及修订评审； b. 系统需求及规格说明修订后评审； c. 系统测试验证报告评审(包括功能验证、性能指标测试、可靠性验证、可生产性可测试性验证、可维护性验证及其他质量特性验证结果)； d. 生产及物料采购计划修订及评审； e. 试量产分析报告评审； f. 生产工艺及质量控制计划评审； g. 确定产品验收的技术和质量标准
生产/维护/支持阶段	概述	随着嵌入式系统的逐渐成熟,组织应有能力持续为客户和用户提供产品及按系统需求和规格说明中的约定提供售后服务。通过遵循系统工程方法和过程,嵌入式系统项目的相关组织持续对满足客户需求进行关注,并不断更新进化产品,对产品和服务持续改善,亦提升客户满意度
	本阶段主要活动	a. 生产并安装产品； b. 完成产品进化和升级； c. 按照设定的环境要求处置副产品和废弃物； d. 完成产品发布评审； e. 持续提供和改善产品配套服务
	产品进化和升级具体内容	a. 记录客户反馈并进行质量分析； b. 纠正产品设计及工艺缺陷； c. 完成产品升级及补丁发布； d. 根据硬件部件的供货和成本考虑修订物料清单； e. 适时发布产品变更通知到客户渠道
	产品发布评审具体内容	a. 确认系统及各子系统规格说明验证的完整性； b. 确认质量目标的达成； c. 确认运行数据平台的准备就绪及性能达到设计要求； d. 确认操作运行安装等用户界面达到设计规格说明要求； e. 确认生产、维护、保养设备能力达到设计要求； f. 项目计划完成情况总结及评审； g. 项目最佳实践总结及经验数据更新
	提供和改善产品配套服务具体内容	a. 优化用户人机界面； b. 持续提供用户或操作人员培训； c. 优化维护保养及维修流程,按照系统需求和市场竞争环境提供适当成本的服务； d. 持续优化产品结构及工艺流程,确保成本结构最优； e. 持续监控关键质量目标和过程能力指数,确保质量成本在设计范围内受控
退役处置阶段	概述	退役处置阶段(或者称为抛弃回收阶段)目的是结束一个系统实体的存在。在这个阶段,产品的管理组织采取必要的手段使系统无效,拆卸并撤除系统及废弃的产品或部件,并把环境恢复到它的初始状态或一个可接受的状态。该过程以一种对环境友好的方式,根据法律、协定、组织的约束和利益相关人需求,破坏、存储或回收系统实体和废弃产品或部件。在需要的情况下,它也维护记录,以便操作者的健康、环境的安全可得到监控。而嵌入式系统由于其产品和使用环境的特点,寿命周期跨度可能很大(例如某些航天或通信设备),其退役处置的良好规划,能够保护客户的投资,实现产品的最大价值

续表

退役处置阶段	成功完成退役处置阶段的结果	a. 制定了一个对环境友好和对相关利益人合理的处置策略； b. 提供了处置措施的约束条件； c. 销毁、恢复、回收或重复利用系统各部件； d. 将环境恢复到其初始状态或某个得到认可的状态； e. 有记录可用，这些记录允许对处置行动信息进行保留，并对长期危险进行分析
	本阶段主要活动	a. 制定针对系统的处置策略和计划，主要内容包括定义了处置活动的进度安排、行动和资源；定义废弃系统或部件的处理策略；确定系统相关物料和信息的长期健康、安全、安全保密和保密性等方面的约束； b. 归档嵌入式系统的相关设计和运行维护资料/数据，主要内容包括确定数据保存和维护的策略；确定容纳设备、存储位置、检查准则和存储期限；数据打包存储； c. 对客户发出产品变更通知； d. 对应拆除/废弃系统或部件的处置，主要内容包括永久废弃系统或部件的服务；使系统无效，以准备终止其运行；将废弃系统或部件转化为或维持在一个社会上和物质上可接受的状态，从而避免后继的对相关利益人、社会和环境的负面影响；从系统中撤回操作人员，并记录相关的操作知识；如果必要，对系统进行销毁，以减少废品处理量或使废品处理更容易

7.1.5 嵌入式系统应用系统工程的管理要求（摘自 GB/T 28173—2011）

为确保嵌入式系统项目能够满足成本、交期和质量的要求，在系统工程应用的过程中，还需要对相关的管理活动提出要求，管理活动主要包括：

a. 项目工程计划和管理；

b. 文档开发管理；

c. 配置管理；

d. 产品数据管理；

e. 质量保证；

f. 风险管理；

g. 过程度量。

各管理活动的主要内容见表 23-3-65。

表 23-3-65　　各管理活动的主要内容

项目工程计划和管理	由于嵌入式系统项目涉及多个技术团队，通常项目投入的工作量也比较大，所以非常有必要为合理分配工程资源而制定计划和进度表，以确保项目目标的实现和按时交付。它包括系统工程管理计划，主进度表和详细分解的进度表以及为确保主计划顺利实施而制定的各专业辅助计划 a. 系统工程管理计划。嵌入式系统项目组为应用系统工程方法，应制定系统工程管理计划，并在整个系统生存周期中进行更新以指导和控制项目的系统工程工作。系统工程管理计划反映的是在整个生存周期中所有涉及为满足系统工程过程而进行的活动的描述和要求。如果项目采取演化或增量式的开发策略，那么系统工程管理计划也应适当给出初始产品开发策略的定义以及对后续增量或技术升级要求的说明； b. 主进度表。嵌入式系统项目组应制定主进度表，并在整个系统生存周期中进行更新以建立关键事件、相关的重要任务以及确定重要任务完成的准则。一个正确设计的主进度表应考虑到调度与任务相关的活动、资源的分配、预算编制、人员分配、任务开始和结束日期的建立以及事件完成准则； c. 详细进度表。制定详细进度表的目的是提供基于最小任务单元（一般指个人）日程的活动、任务以及主进度表中关键事件的进度表，详细进度表还用于追踪技术工作的进展。详细进度表数据应用于构建事件、任务和活动的网络以确定工程工作的关键路径以及分析进度表的偏差； d. 专业技术保障计划。为确保工程计划的按期保质进行，应制定相关专业领域的技术保障计划以根据需要补充，涵盖的范围包括工程和技术专业领域，专业保障计划用于按照计划测量技术进度。技术保障计划一般用于风险管理、配置管理、技术评审、验证、计算机资源、生产、维护、培训、保密安全和人机系统工程等
文档开发管理	文档开发管理是嵌入式系统生存周期过程或活动产生的交付文档及记录的开发和管理过程，主要约束和规范所有有关人员（包括嵌入式系统或嵌入式硬/软件的计划、设计、开发、生产、编辑、分发、维护及使用等各类用户）需要的文档。具体包括下述活动： a. 文档需求及计划编制； b. 文档设计和开发。每一个已标识的文档应根据适用的文档编写标准进行设计，这些文档编写标准包括格式、内容叙述、页码编号、插图/表格安排、专利/安全保密性标志、封装以及其他描述项目； c. 文档生产。文档应按照计划生产和提供。文档的生产和发布可以使用纸张、电子或其他介质。主要资料应按照有关记录保存、安全保密性、维护和备份的要求妥善贮存； d. 文档管理维护。对于置于配置管理下的文档，修改工作应按照配置管理过程管理

续表

配置管理	配置管理是应用配置管理的技术和规范支持整个系统生存周期,它主要包括如下几个方面:标识、定义系统中的硬/软件项;控制硬/软件项的修改和发布;记录和报告硬/软件项的状态和修改请求;保证硬/软件项的完备性、一致性和正确性;以及控制硬/软件项的贮存、处理和交付。具体包括下述活动: a. 编制配置管理计划。应编制配置管理计划,该计划应描述:配置管理活动;实施这些活动的规程和进度安排;负责实施这些活动的组织;以及它们和其他组织(如开发和维护部门)的关系。该计划应形成文档并加以实施; b. 配置项标识。应制定一个方案,以便为该项目标识需要加以控制的硬/软件项及其版本。对于每一硬/软件项及其版本,应标识下述内容:建立基线的文档、版本引用号以及其他标识细节; c. 配置控制。应标识和记录变更请求;分析和评价变更;批准或否决请求;实现、验证和发布已修改的硬/软件项。在每次修改时应保存审核追踪,并可以追踪修改的原因和修改的授权。对处理安全性或安全保密性功能的受控软件项的所有访问均应进行控制和审核; d. 配置状态统计。应编制管理记录和状态报告,表明受控硬/软件项(包括基线)的状态和历史。状态报告应包括项目的变更次数、硬/软件项的最新版本、发布标识、发布数以及对这些发布的比较; e. 配置评价。应确定和保证硬/软件项针对其需求的功能完备性和硬/软件项的物理完备性(其设计、仿真和编码是否反映最新的技术描述); f. 发布管理和交付。应正式控制硬/软件项和文档的发布和交付。在硬/软件产品的生存期内应保存设计图、BOM 表、代码和文档的母拷贝。应按照有关组织的方针处理、储存、包装和交付包含安全性或安全保密性关键功能的设计图形、BOM、代码和文档
产品数据管理	项目应生成一个记载体系结构和设计信息的集成数据包以支持生存周期过程。集成数据包的初始内容应在系统生存周期的早期定义,根据项目需要进行定义,至少包括以下信息类型: a. 硬件集成数据包包括支持产品生产、装配和集成的技术设计信息; b. 软件集成数据包包括支持软件需求、设计、源代码、验证和确认、构建指令、操作和维护的技术设计信息; c. 生存周期过程集成数据包包括生存周期过程及特殊的装备规格说明和基线、软件代码清单、技术手册、技术计划、设施图以及与生产、验证、分发、运行、支持、培训和处置相关的特殊工具的技术设计信息; d. 人员集成数据包包括支持支撑系统生存周期的人的角色定义的信息
质量保证	质量保证的目的是保证嵌入式系统和过程在项目生存周期内符合规定的要求,并遵守已制定的计划。为了不产生偏见,相对于直接负责开发嵌入式硬/软件或实施该项目的过程的人员来说,质量保证需要有组织上的自由和权力。质量保证可以是内部的或外部的,这取决于证明产品质量或过程质量的证据是提交给供方的管理者,还是提交给需方。质量保证可以使用其他支持过程(如验证、确认、评审和审核等过程)的结果。本过程包括下述活动:质量保证计划、产品保证、过程保证、评审、过程审计、验证、确认和持续改善 ①产品保证具体内容包括: a. 应保证合同要求的所有计划形成文档,符合合同,相互协调并且按要求正在执行; b. 应保证硬/软件项和有关文档符合合同,并按照计划进行; c. 在准备交付硬/软件项时,应保证它们完全满足合同要求,并且需方可以接受 ②过程保证具体内容包括: a. 应保证一个项目应用的嵌入式系统生存周期过程(供应、开发、运作、维护以及包括质量保证在内的支持过程)符合合同,并按照计划进行; b. 应保证内部工程实践、开发环境、测试环境符合合同; c. 应保证适用的主合同要求传达到分包方,并且分包方的产品满足主合同的要求; d. 应保证需方和其他有关方按照合同、协商和计划获得需要的支持和合作; e. 宜保证产品和过程测量符合所制定的标准和规程; f. 应保证指定的工作人员具有为满足项目需求所需的技能和知识,并接受了必要的培训
风险管理	风险管理是为了识别、评估、处理和监视整个生存周期中的风险,按照适当的处理或接受方式对每个风险做出响应而定义的活动。具体包括风险识别及规划和风险管理实施 ①风险识别及规划包括下述任务: a. 为识别、评估和处理风险,建立一个系统性方法; b. 决定将对嵌入式系统、项目或组织造成负面影响的事件,或建立风险种类; c. 在质量、成本、进度或技术特征的范围内,以合适的术语定义表达风险的方法,包括尽可能多的测度 ②风险管理实施包括下述任务: a. 识别和定义风险,包括识别每一个风险种类中与每一个风险相关的启动事件,以及定义风险源之间的相互关系; b. 使用已建立的风险准则,确定风险发生的概率。准则可以包含相关的成本、法律法规的要求,社会经济与环境方面,相关利益人的利害关系,评估的优先级及其他输入; c. 利用已建立的准则,根据风险可能产生的后果对它们进行评价; d. 根据风险的发生概率和后果,区分其优先顺序; e. 决定风险处理策略; f. 针对每个已识别的风险定义接受阈值; g. 识别如果超出接受阈值则遵循的风险处理措施; h. 根据协定、策略和规程通报风险处理措施及其状态; i. 在整个生存周期中维护风险记录

续表

<table>
<tr><td>过程度量</td><td>过程度量是为了能够量化地管理整个嵌入式系统项目，对项目过程、质量、成本、进度等要素进行收集和度量并为项目管理者提供决策的数据依据而定义的活动。具体包括建立度量目标、识别和确定度量项、指定数据收集与存储程序、指定分析程序、数据搜集和整理、分析度量数据、存储数据与结果、分析报告
①建立度量目标包括以下任务：
a. 记录信息需要与目标；
b. 将信息需要与目标进行优先级排序；
c. 记录、评审并更新度量目标；
d. 必要时提供反馈，以精简和澄清信息需要与目标；
e. 保持度量目标和已识别的信息需要与目标之间的可跟踪性
②识别和确定度量项包括以下任务：
a. 根据书面化的度量目标，确定备选的度量项；
b. 识别已经存在的度量项，该度量项紧紧围绕度量的目标；
c. 指定度量的操作性定义；
d. 将度量进行优先级排序、评审与更新
③指定数据收集与存储程序包括以下任务：
a. 确定当前的数据来源，可能是由现有的工作产品、过程或事务产生的；
b. 识别目前没有可用数据，但确实需要数据的度量；
c. 针对要求的每个度量项，指定如何收集与存储数据；
d. 建立数据收集机制与过程指南；
e. 在适当且可行时，保障数据的自动化收集；
f. 对数据收集和存储程序进行优先级排序、评审与更新；
g. 必要时更新度量项与度量目标
④指定分析程序包括以下任务：
a. 指定将要实施的分析与准备的报告，并列出优先级；
b. 选择适当的数据分析方法和工具；
c. 指定分析数据和沟通结果的管理程序；
d. 有关指定的分析和报告，对所提议的内容和格式，进行评审与更新；
e. 必要时更新度量项和度量目标；
f. 指定评估标准，评估分析结果的效力，以及评估度量和分析活动的实施情况；
g. 提供度量结果
⑤数据搜集和整理包括下述任务：
a. 获得基本度量的数据；
b. 生成派生度量的数据；
c. 尽可能密切结合数据来源进行数据完整性检查
⑥分析度量数据包括下述任务：
a. 进行初步分析，解释结果，并做出初步结论；
b. 必要时进行补充的度量与分析，并准备报告结果；
c. 与相关干系人评审初步分析的结果；
d. 将准则进一步精确化，供今后的分析工作使用
⑦存储数据与结果包括下述任务：
a. 审查数据，确保其完备性、完整性、准确性与及时性；
b. 根据数据存储程序来储存数据；
c. 确定存储内容仅供适当的团队和个人使用；
d. 防止存储信息使用不当
⑧分析报告包括下述任务：
a. 及时告知相关干系人度量结果；
b. 提供改善建议；
c. 对流程能力进行评估</td></tr>
</table>

7.2 数字主线技术

数字主线（digital thread）是指利用先进建模和仿真工具构建的，覆盖产品全生命周期与全价值链，从基础材料、设计、工艺、制造以及使用维护全部环节，集成并驱动以统一的模型为核心的产品设计、制造和保障的数字化数据流。它将集成并驱动现代化的产品设计、制造和保障流程，以缩短研发周期并实现研制一次成功，它也是处理当今产品复杂性唯一可能的方法。

7.2.1 术语和定义

表 23-3-66　　数字主线术语

名称	英文名	描述
应用协议	application protocol(AP)	GB/T 16656 的一部分,它为具体的应用规定了能满足其范围和信息要求的应用解释模型
概念性数据模型	conceptual data model	ISO/TR 9007[1]定义的三层模式体系结构中的数据模型,其数据结构的表达形式与任何物理存储或外部表达格式无关
数据仓库	data warehouse	为了提供集成的、无重复信息或冗余信息的数据集,把相关数据合并后保存在其中并支持许多不同应用视图的数据存储器
交换文件	exchange file	用来存储、访问、传输和归档数据的计算机可解释的格式
流程工厂生命周期数据	process plant life-cycle data	用计算机可处理的形式表达一个或多个流程工厂信息的数据
参考数据	reference data	表达许多流程工厂所公用或许多用户所关心的类或个体信息的流程工厂生命周期数据

7.2.2 流程工厂体系结构（摘自 GB/T 18975.1—2003）

基本体系结构如图 23-3-31 所示。按照 ISO 15926-2 定义的数据模型构造流程工厂生命周期数据。该数据分成特定流程工厂数据和参考数据，前者表达特定流程工厂的信息，后者表达许多流程工厂公共的或许多用户关心的信息。

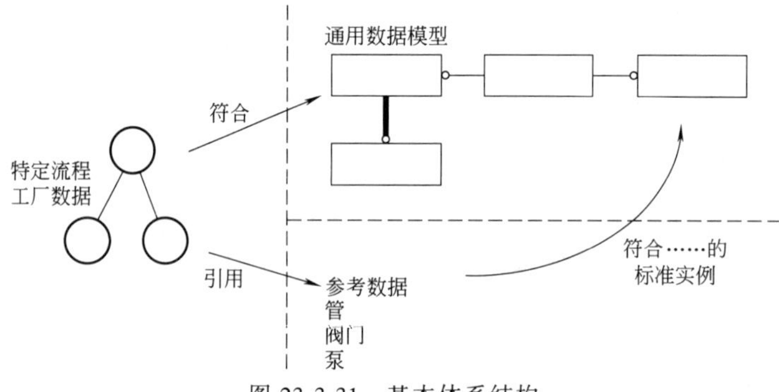

图 23-3-31　基本体系结构

参考数据在特定流程工厂数据间及多组特定设施数据间提供一致性的含义。ISO 15926-2 定义的数据模型支持把类和个体表达成带属性值的实例。首先把类成员公共的特征定义为计算机可处理的数据，然后通过参考适当类来规定特定项的特征。

7.2.3 概念数据模型（摘自 GB/T 18975.1—2003）

ISO 15926-2 规定的数据模型是三层模式结构中描述的概念数据模型，见表 23-3-67。

表 23-3-67　　概念数据模型结构

概念数据模型结构	外部模型	与特定目的数据视图相对应的数据结构包括适合特定目的的数据规则
	概念性数据模型	在其范围内,能支持任何有效视图的中性模型。这种模型仅包括适合于某种数据的规则,这种数据在模型的整个范围里始终是正确的。因此,大多数来源于特定业务活动数据的规则或约束不属于概念性数据模型
	物理模型	存储数据方法的定义。实体数据类型反映对存储和访问来说是很重要的,但不反映数据的含义

图 23-3-32 解释了这些概念。

7.2.4 参考数据（摘自 GB/T 18975.1—2003）

只有发送方和接收方使用同样的参考数据或使用公共参考数据，才能共享和交换特定流程工厂数据。参考数据将有效地保证双方之间的无二义性通信。ISO 15926-2 规定的数据模型支持数据交换，但不提供无二义性通信含义。

参考数据的最新分类如图 23-3-33 所示。

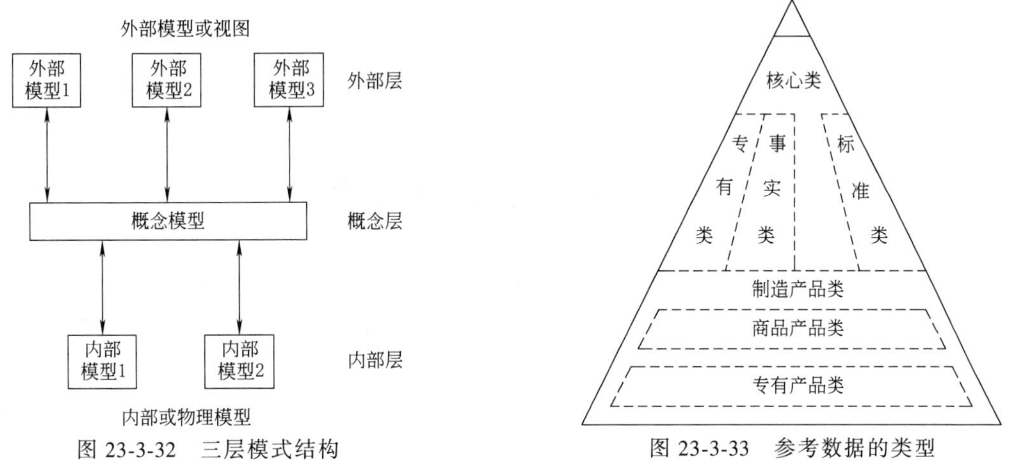

图 23-3-32　三层模式结构

图 23-3-33　参考数据的类型

类相对于三角形顶和底的位置显示了它的定义程度。顶上的类是通用的，并且对成员的约束很少，反之，底上的类更具体。三角形底上的类是其上层类的专门化，以此类推到整个三角形。

7.2.5 参考数据的注册和维护（摘自 GB/T 18975.1—2003）

参考数据的注册和维护需要概念数据模型和参考数据。ISO 15926-2 规定了概念数据模型。参考数据库可以不包括实现本部分所需要的所有参考数据。可以添加、删除或更新参考数据，并且可以重新修订已发布的参考数据库，如图 23-3-34 所示。

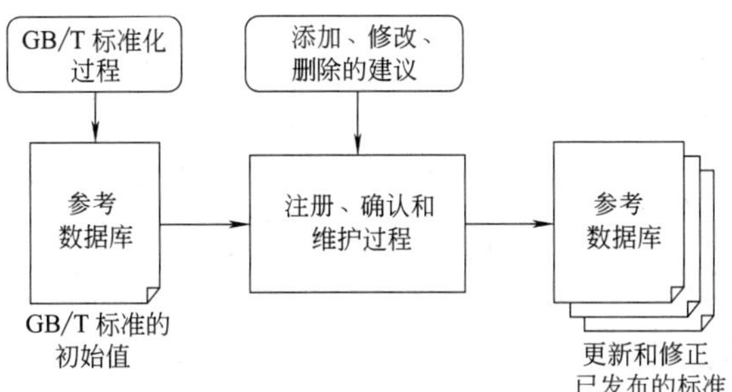

图 23-3-34　参考数据的维护

CHAPTER 4

第4章 智能服务

第23篇

1 智能服务概念与内涵

智能服务是指以现有产品和服务为基础，结合新技术，利用可互联的硬件设备收集环境数据并利用集中或分布式的计算资源实现智能计算，围绕客户的基本和潜在需求，为客户提供主动、高效、个性化、高质量的产品和附加服务，在客户与供应商之间创造新的价值。智能服务能够自动辨识用户的显性和隐性需求，并且主动、高效、安全、绿色地满足其需求的服务。结合相关学者研究及对智能服务的定义的理解，总结出智能服务的特征有以下5点，如表23-4-1所示。

表 23-4-1　　智能服务内涵与特征

特征	内涵
延异性	智能服务的内容会随着科技热点而改变,新的科技手段会催生新型的应用场景,导致用户基数、用户需求等发生巨变,从而对智能服务的内容甚至企业的商业模式带来影响。另一方面,新技术在逐渐应用过程中,也会经历量变到质变的变化过程,智能服务的最大特征就是其概念和内涵是随时间不断变化的,具有延异性
感知性、数据化和快速响应	智能的前提是及时地获取大量可靠的数据用于智能分析。训练模型的准确性取决于数据有多可靠,结果的时效性取决于数据的获取有多及时。智能服务必须有感知性强的硬件及软件算法配合,为系统适应环境变化打好基础。除此以外,系统要对环境的变化做出快速响应。最终做到提高终端感知部件覆盖率,提高快速响应能力
自动化和系统优化决策支持	智能服务的"智能"首先表现在对简单服务流程的自动化上,将人力从服务环节上的简单、重复工作中解放出来。建立在感知化和数据化上的系统仍需进一步解决大量的优化决策问题,便于系统高效运行和管理,需要有机器对服务系统有着良好的决策支持功能
大规模个性化和主动服务	大规模的个性化服务采用数据驱动方法,通过跟踪客户的行为来捕获其偏好、态度和支付意愿等有价值的信息,并结合合适的推送策略,增加用户黏性。在用户产生实质需求前,对其可能出现的需求进行预测和覆盖,降低用户的使用成本,创造服务的"包裹感"
在低利润空间内开发新的增值服务	共享经济就是一种低利润空间的新型增值服务,通过出售单次低利润的服务,吸引大量客户购买,凭借规模效应扩大业务范围,维持业务的生存和发展

2 大规模个性化定制

大规模定制（mass customization，MC）是一种集企业、客户、供应商、员工和环境于一体，在系统思想指导下，用整体优化的观点，充分利用企业已有的各种资源，在标准技术、现代设计方法、信息技术和先进制造技术的支持下，根据客户的个性化需求，以大批量生产的低成本、高质量和效率提供定制产品和服务的生产方式。

2.1 大规模个性化定制技术框架（摘自 GB/T 42202—2022）

GB/T 42202—2022规定了智能制造大规模个性化定制的业务流程、需求识别活动、需求评估活动、研发设计活动、物料采购活动、营销销售活动、生产制造活动、物流配送活动、售后服务活动和交互平台要求。

1）大规模个性化定制的业务流程。可包括需求识别、需求评估、研发设计、物料采购、营销销售、生产制造、物流配送、售后服务等主要活动，还可包括商务与财务管理、资源管理、知识库管理、质量管控、IT 开发等支撑大规模个性化定制模式开展的基础支撑活动，覆盖生命周期的各个环节。具体流程如图 23-4-1 和表 23-4-2 所示。

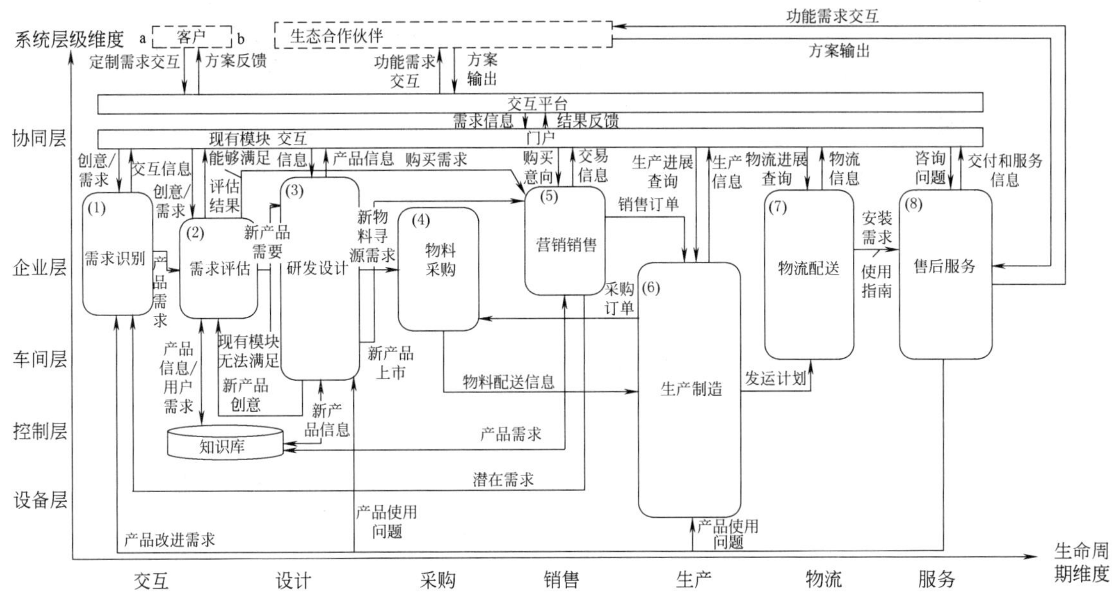

图 23-4-1 大规模个性化定制业务流程

表 23-4-2 **大规模个性化定制主要活动间的关系**

序号	功能
a	在大规模个性化定制业务开展前，企业宜基于已有大规模生产的经验与基础，完成产品和制造资源的模块化，并建立模块化产品/配方/方案/制造资源库
b	当通过与客户交互识别出客户需求时，宜首先在需求识别活动和需求评估活动中基于已建立的产品/配方/方案库对客户需求进行评估
c	当现有模块可以满足客户需求时，可直接触发营销销售活动并进行定制产品的销售与付款
d	当现有模块无法满足客户需求时，则通过需求评估活动可将评估出的新模块需求推送至研发设计活动，进行后续交互与研制，并在完成新模块的研发与验证后，触发新物料寻源采购及推广营销等活动
e	在客户付款后，宜通过销售订单触发定制产品的生产、物流和服务活动，并在此期间根据需求通过采购订单触发面向供应商的采购活动保障定制产品所需原材料/模块的供应
f	• 应对需求交互、需求评估、研发设计、物料采购、营销销售、生产制造、物流配送和售后服务等大规模个性化定制业务流程中各主要活动进行集成和协同优化以及制造资源的协同调度； • 应实现大规模个性化定制关键系统的基本功能和系统间的及时交互与集成，可在生产、物流、销售、服务等阶段准确地传递客户的个性化需求并在交互环节调用生产、物流、服务信息； • 应依据规程、标准等文件对定制产品的设计、采购、生产、物流、服务等过程进行监督，并对原材料、模块、半成品、成品进行测试/检测，确保产品的质量； • 大规模个性化定制业务流程中的功能组成框架宜主要包括需求收集、需求分析、需求分类、资源评估、方案研发设计、产品研发设计、产品验证、供应商寻源、模块/原材料采购、营销、销售、订单处理、生产排程、生产管控、物料与能源管控等

2）大规模个性化定制需求交互要求。大规模个性化定制以客户需求为核心，包括需求识别、需求评估、研发设计、采购、营销销售、生产、物流、服务等主要活动。其中，企业与客户间的需求交互贯穿整个业务流程，可分为需求获取阶段的需求交互与需求实现阶段的需求交互，如图 23-4-2 和表 23-4-3、表 23-4-4 所示。

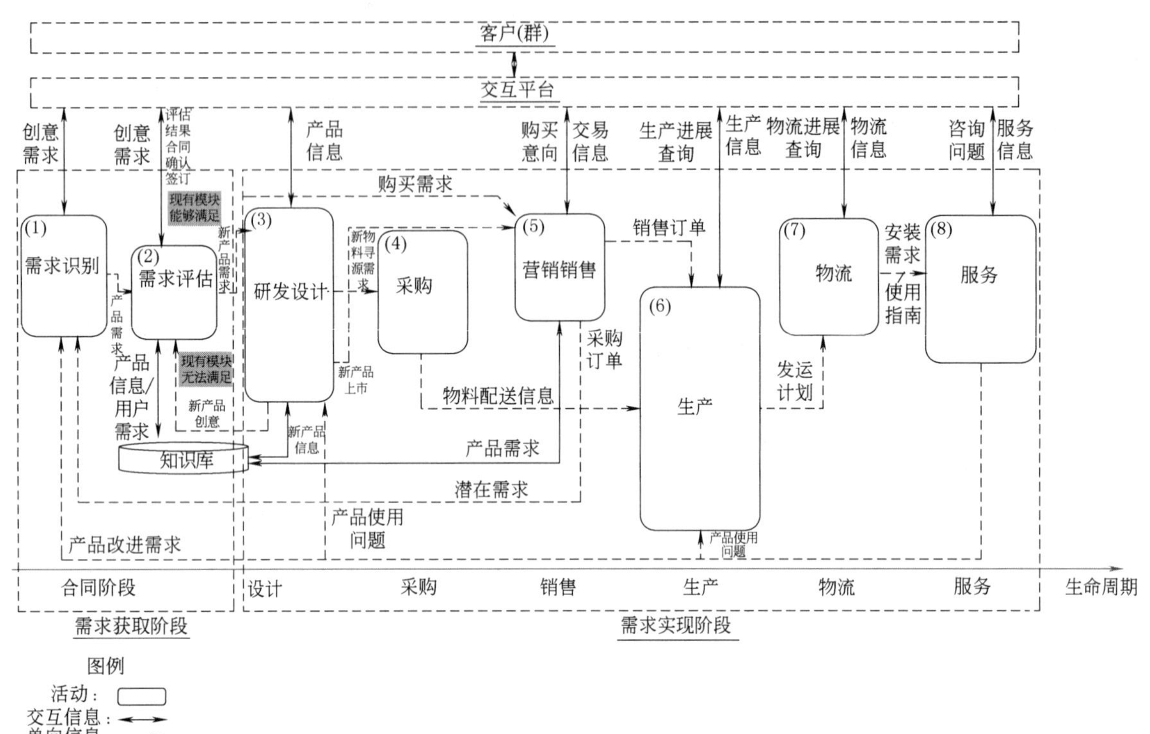

图 23-4-2 需求交互流程

表 23-4-3 大规模个性化定制需求获取阶段的需求交互流程

序号	功能
a	以客户(群)为中心,通过交互平台及增强现实/虚拟现实(AR/VR)等设备与客户进行交互
b	面向多种交互方式搭建交互平台,与后端的数据库相连接,并对客户需求的数据进行存储与智能清洗、挖掘和分析,及时和自动调取数据库信息对客户需求进行反馈
c	通过交互平台进行分析、判断客户(群)的需求是否为结构化需求数据和非结构化需求数据,并在满足客户个性化需求的前提下,进行归纳和分类,以满足模块化设计的要求
d	对非结构化客户需求数据进行处理,将客户非结构化需求转化为可用于设计、生产的产品参数、指标等其他技术要求

表 23-4-4 大规模个性化定制需求实现阶段的需求交互流程

序号	功能
a	通过匹配已有产品/方案/模块库自动判断输入的结构化客户个性化需求是否可得到全部满足,如果满足可直接进入定价子系统,如不满足需要根据产品约束关系等判断是否需要进入设计环节
b	对无法转换为已有模块组合的客户个性化定制需求进行设计评审,并判断是否存在需求矛盾,如果不存在可进入方案设计子系统并与客户反馈确认设计方案,如果存在则与客户确认需求
c	通过交互平台、企业服务中心及人工智能客服等渠道向客户随时提供生产、物流等环节信息的查询服务
d	推送客户使用产品的体验数据(包括客户的满意度、产品的修改意见等)到大规模个性化定制业务流程的各环节
e	对客户在交互过程中的各项信息进行存储,以备后期调用

注：1. 线上交互指客户与企业通过网络连接进行交互，交互平台包括呼叫中心、手机应用软件、公众号、官网、电商平台、微博、社会性网络服务社区等。线下交互指客户与企业通过线下体验店、卖场、社区活动、展会等方式交互，或通过客户指定地点进行面对面交流。

2. 交互平台能够提供已有产品（设计方案）选配检索、设计师交互、生成订单、生产订单信息/物流信息/售后服务信息反馈等功能。

2.2 大规模个性化定制设计（摘自 GB/T 42199—2022）

GB/T 42199—2022 规定了智能制造大规模个性化定制产品设计阶段基本要求和设计过程要求。GB/T 42199—2022 适用于制造业企业及为其提供咨询、培训及实施服务的人员和机构进行大规模个性化定制产品设计，见表 23-4-5。

表 23-4-5　　大规模个性化定制设计基本原则

分类	要求
产品主结构设计	为建立可以进一步开发和生产多种派生产品的共同结构而规划和发展的系统设计，称为产品主结构设计。从资产角度，产品主结构是一系列产品共享的资产组合，包括基础架构、基础构件、基础工艺、设计与生产知识、人员、管理流程和供应链等
模块化设计	在产品主结构基础上开发出满足技术和经济约束条件、实现特定功能并可以和其他单元进行组合形成完整产品功能的物理单元的设计，称为模块化设计
客户化设计	根据意向客户或合同客户的特定需求在产品主结构上进行的不同模块组合设计和/或进一步的定制化设计，称为客户化设计

（1）主要设计内容

1）产品基础架构。基础架构包括实现产品功能所应具备的机械、电气、信息化的系统结构，组成系统的单元模块类型和功能的定义，各单元模块组合成产品系统的要求与方法以及设计实例等。

2）通用模块。通用模块适用于多种产品，具有冗余性，即在一定程度上可基于现有的功能和尺寸按需求进行灵活地调整，在进行设计时优先考虑将已有模块转换为通用模块，具体设计原则见表 23-4-6。

表 23-4-6　　模块化设计的原则

序号	功能
a	模块独立性：使产品模块间的耦合度尽可能小，模块的互换性、可维护性、可重用性和可回收性等尽可能高
b	简单化：减少产品中的模块层次和模块品种
c	通用性：统一模块的各类接口，减少接口种类，针对一定范围的产品，设计即插即用的通用模块
d	整体优化：统筹考虑产品质量、交付时间、成本等因素，在利用已有模块的同时，设计出产品和产品制造相关参数（如，性能、成本、进度以及产品可靠性、安全性和可维护性等）指标要求均衡的总体方案
e	产品确认：设计形成的产品主结构、通用模块、生产工艺应经过相应的部门和程序认定与批准，使其具有权威性

（2）设计流程要求

设计阶段的主要流程如图 23-4-3 所示，包括产品方案设计、产品设计、产品验证、模块库交互更新等环节。其中，产品主结构设计包含在方案设计中，通用模块设计贯穿整个设计流程，通用生产工艺包含在产品设计中。

（3）产品方案设计

表 23-4-7　　产品方案设计要素

	内涵
基础架构	根据客户需求对应的基础功能和使用流程等选择产品设计的基础架构。基于基础架构可提供建议的产品设计方法、数学或物理模型、验证方法、应用限制和设计实例
设计规范	应制定设计规范，包括但不限于模块接口定义、产品名称定义、产品设计要求
设计模板	应制定设计模板，包括但不限于模块主模型、模块主文档、产品主结构、模块/文档分类树
产品工艺	产品工艺设计应形成产品制造工艺规程，并制定出产品的试制和正式生产所需要的全部工艺文件
实例产品文档	实例产品文档宜包括实例模块模型、实例模块文档、实例产品结构等

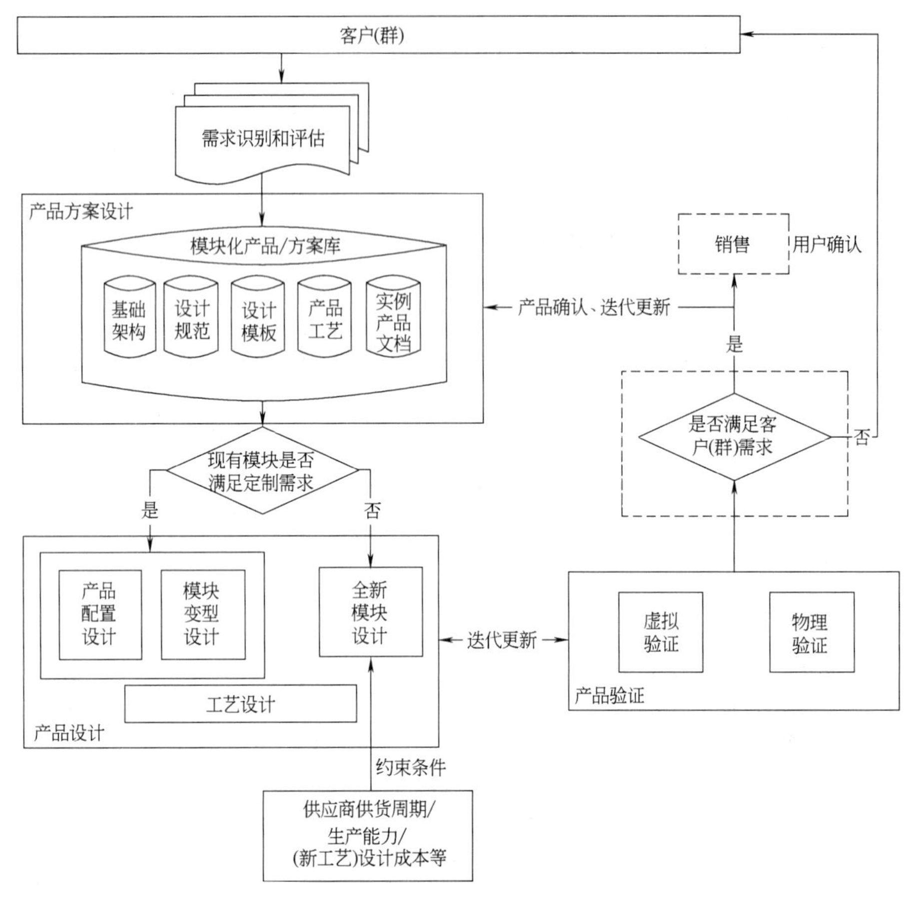

图 23-4-3　设计阶段流程图

(4) 产品设计

1) 产品配置。在产品工作原理、基本功能、技术结构不变的情况下，对现有模块进行组合，得到满足客户需求的个性化产品。宜满足的要求见表 23-4-8。

表 23-4-8　　产品配置要求

序号	功能
a	综合分析企业资源特点和客户需求,并满足产品设计性能和结构约束
b	根据产品主结构模型,对不同功能和结构的模块组合的可能性以及合理性进行评价,并配制出满足客户定制需求且成本低、交货期短、性能较好的模块组合
c	配置设计系统中的用户覆盖产品全生命周期各个阶段,包括产品客户、设计人员、制造和装配人员、销售人员、安装人员、维修人员等
d	在配置操作过程中更新并显示半成中间件的可适配模块库,并明确中间件的约束条件与现有成本性能,便于模块组合的后续实施

2) 模块变型设计。若已有产品模块的工作原理、基本功能可以完全继承，但该模块其他功能和结构不能满足用于构造顾客所需产品，可以在继承原模块工作原理和基本功能的基础上进行变型设计，见表 23-4-9。

表 23-4-9　　模块变型设计要求

序号	功能
a	建立具有固定、有效的问题分解机制,并对于问题的设计具有明确的标准步骤和方法
b	在保持模块原理不变和结构相似或相同的情况下,依据企业现有资源及客户定制需求,对模块主模型的部分结构或设计参数进行适当调整或局部改动
c	在不改变模块主模型的标准接口前提下,改变模块变型的数量和范围

3）全新模块设计。新模块设计过程主要包括设计策划、设计方案评审、模块设计、产品验证、模块库更新、BOM 输出等，具体设计要求见表 23-4-10。

表 23-4-10　　全新模块设计要求

	功能
宜考虑因素	a. 下游供应商供应能力； b. 自身生产能力； c. 新模块生产成本； d. 模块间的兼容性； e. 模块研制周期
设计方案评审	a. 是否满足客户（群）需求； b. 基于现有条件是否可生产； c. 稳定性、可靠性； d. 与现有模块的可组合性、兼容性； e. 是否可重复应用； f. 成本是否可控； g. 市场前景
设计过程要求	a. 根据现有模块间约束关系选择或设计模块接口； b. 根据现有原材料、零部件/配方/方案库及供应商情况选择可复用原材料、零部件、子配方或子方案； c. 根据现有产品生产工艺、生产线组成、供应商生产能力及客户（群）需求等，确定新模块所需满足的性能指标要求及所受约束； d. 根据性能指标要求及所受约束基于已有知识库完成模块设计； e. 基于模块初步设计结果与客户交互，完善模块设计要求并确认是否满足需求； f. 根据客户（群）需求、产品主结构、产品配置设计知识完成产品功能或结构配置设计； g. 根据模块设计文件，形成模块生产工艺及相关文档
产品工艺设计	a. 产品图纸的工艺性审查； b. 工艺方案设计； c. 工艺路线制定； d. 工艺规程设计； e. 工艺定额编制； f. 工艺管理等

（5）产品验证

1）虚拟验证。对使用计算机虚拟的设计结果进行模拟试验，即按设计结果构建出计算机描述的三维图形样机（样品），并在计算机上对其进行各种模拟测试，验证所设计的产品/模块是否达到预定的设计要求。

2）物理验证。按设计结果制作出原理样机（样品）或试验样机（样品），进行观察、测试，验证所设计的产品/模块是否达到预定功能和性能要求。注意：有新模块产生的情况需要进行物理验证，只有参数设计的情况不需要物理验证。

（6）模块库交互更新

表 23-4-11　　新模块入库宜满足的要求

序号	功能
a	性能经过严格验证并具备检验报告或测试报告
b	具备齐套的技术文档（含工艺指导书）
c	满足客户（群）需求
d	已经过评审
e	通过试生产或正式生产交付
f	无客户不良或缺陷反馈
g	分配新模块编号
h	设置最小量入库标准

2.3　大规模个性化定制制造（摘自 GB/T 42200—2022）

GB/T 42200—2022 规定了大规模个性化定制生产环节订单处理、生产计划与排程、物料管控、生产执行、质量管控、仓储配送等活动要求。GB/T 42200—2022 适用于制造业企业及为其提供大规模个性化定制模式建设咨询、培训及实施服务的人员和机构。

大规模个性化定制生产过程以低成本、满足交期和质量要求为约束条件，实现客户个性化需求与批量生产能力的有机结合，以批量的效益、柔性生产方式构建生产体系。与传统大规模生产相比，大规模个性化定制实现订单信息在生产过程中的贯通，主要包括订单处理、生产计划与排程、物料管控、生产执行、质量管控、仓储配送等活动。

（1）订单处理

表 23-4-12　　订单处理活动的要求

序号	要求
a	应建立统一的订单管理系统,汇总各渠道生成的订单
b	应根据个性化订单的特殊性和不确定性制定个性化订单生成原则,并与客户(或经销商等)确定定制产品的订单信息
c	宜基于产品结构、生产工艺、企业生产能力等对定制产品订单进行拆分和合并等
d	宜基于定制产品订单中原材料、通用模块、定制模块需求与企业现有库存中原材料、模块、半成品等物料进行匹配,并根据这些信息制定相应的采购、生产和库存计划
e	宜制定订单路由规则,对各个渠道订单进行分拆路由到相应的工厂进行生产排程
f	宜根据物料需求计划计算出的采购需求,推送至采购系统进行采购
g	宜建立大规模个性化定制订单价格逻辑规则,满足大规模个性化订单的价格需求
h	宜建立订单取消的逻辑规则,以适应客户取消订单或者工厂不能满足情况下的订单处理能力
i	应实现销售订单与生产订单之间的关联,跟踪订单的进展情况
j	订单信息在服务活动中的要求应符合 GB/T 42202—2022 中第 5 章相关条款

（2）生产计划与排程

生产计划与排程活动是指将定制产品的生产任务分配至企业生产资源的过程，宜在考虑能力、设备、工艺能源及产品模块/原材料供给的前提下，安排各生产任务的生产顺序，并进行生产顺序和工艺路径优化，以平衡供应链、生产线、生产设备、人员间的生产负荷之间的关系，主要包括生产计划制定、生产排程和生产计划调整等功能，各功能要求见表 23-4-13~表 23-4-15。

表 23-4-13　　生产计划与排程活动中生产计划制定功能的要求

序号	要求
a	应建立基础资料库,建立生产工艺路线、物料、BOM、资源等信息以及订单产品的约束条件
b	宜基于资源的齐套性、生产工艺、物料配送时间、产品交期、企业生产能力等因素制定生产计划
c	宜以订单分配与时序计划为关键节点,通过对物料、产能分析与匹配,生成准确的交货日期
d	宜建立计划排程反馈机制,计划排程完成后确定的交付日期、产品唯一识别码、生产进度等信息应同步至订单信息
e	应支持物料追踪、追溯等业务应用
f	多工厂产业链模式下,可对生态链下产能进行规划、统筹、分配、调度,以实现整体生态产能、成本、效率最优解

表 23-4-14　　生产计划与排程活动中生产排程功能的要求

序号	要求
a	宜基于约束条件进行订单分配,并按约束条件的优先级优化排程顺序
b	宜基于个性化订单预计总量、工厂个性化生产最大产能、瓶颈资源库存和供货周期等约束条件,以个性化定制、柔性生产、混线生产等目标进行生产排程
c	宜基于个性化订单预计总量及企业生产能力设置生产排程频次
d	应基于产能、工艺约束条件等因素确定工厂个性化定制产品生产的最大产能
e	宜同步获取基础数据库中的人员编码与属性、班组能力、设备、物料与库存、生产进度、工作日历等信息
f	应根据个性化订单的货期或协议协商日期,优先将已确认的定制产品订单列入生产计划
g	宜根据个性化生产目标以及约束条件应用多种排程算法进行模拟排程,包括但不限于计划输入、目标设定、仿真运行、结果输出等过程,并对比评估排程结果,推荐较优的排程结果
h	宜基于工艺顺序和约束条件调整生产线工位时间节拍,平衡生产线节拍以及人员、设备、物料等生产资料之间的关系
i	宜基丁工艺顺序和约束条件,交互式地调整生产线工位时间节拍,平衡生产线节拍
j	宜实现生产订单、生产计划、采购计划、排程结果等核心信息的可视化

表 23-4-15　生产计划与排程活动中生产计划调整和管理功能的要求

序号	要求
a	宜根据瓶颈资源库存情况、工厂与协同制造商生产能力、生产成本、定制产品订单与常规产品订单数量调整生产计划
b	应构建面向大规模个性化定制产品的柔性生产管理系统，具备自动(紧急)插单、退单、自动排产功能，并适应自动分派订单后可进行人工调整订单的需求
c	宜支持生产计划变更，数量、交付日期和其他属性的调整，并具有审批及关联生产计划的自动调整功能
d	应跟踪生产计划的现场执行情况并开展实时调度，能够具备调度策略优化功能，减少人为依赖，体现调度的精准、精益及高效
e	宜结合分级调度模式及不同生产业务特性设计调度模型，并保障模型对象完整、属性定义清晰和合理

（3）物料管控

物料管控活动是指根据定制产品生产所需的物料计划对物料的采购、收货、编码、发料、使用及追溯的监督、管理过程，主要包括物料编码、物料跟踪和追溯、物料采购、物料库存管理、采购预测、供应商协同等功能。物料管控要素见表 23-4-16。

表 23-4-16　物料管控要素

物料编码	a. 应根据产品定制需求类型及原材料种类建立物料编码体系； b. 应根据产品定制信息自动生成成品物料编码，用于 BOM 生成和生产计划排程； c. 应在物料编码规则中设置可识别物料状态的字段，如停用、暂停、客户提供、物料使用限制等信息
物料跟踪和追溯	a. 应对入库的物料配置 RFID 卡或条形码等身份标识； b. 应建立具备记录物料详尽信息能力的仓储管理系统； c. 应实现物料状态信息的识别； d. 宜实现对物料的出入库信息、库存信息及物料责任产线、班组、供应商的追溯和查询； e. 宜建立新物料封样或认证机制，便于物料出现质量问题时进行对比
物料采购	a. 应基于前期客户订单的情况，通过大数据分析等方式预测常用件、标准件及专用件的数量，并根据安全库存的要求进行物料采购； b. 应建立具备库存事务处理、库存状态控制、库存分析与评估等能力的库存管理系统； c. 宜通过销售预测、销售订单分解、新品试制等方式了解供应采购需求，提高工序匹配，降低库存，减少成本； d. 应根据物料代替关系，建立适宜的替代物料采购机制
物料库存管理	a. 宜根据定制产品订单需求进行零部件的采购，并调整计划性生产产品的库存； b. 宜与供应商建立信息共享的集成供应平台，实现快速响应快速备料； c. 应建立符合个性化定制产品储存要求的成品仓库和仓库运行机制，以实现交期的压缩及成品库存的降低； d. 可建立物料库存的数字化管理机制，实时保证账物一致性，实现物库存生命周期管理； e. 宜建立不同等级物料的仓储管控机制，确保物料在可控的环境条件下用于生产
采购预测	a. 宜基于大规模个性化定制业务数据，分析生产所需的部件/模块，形成预测采购趋势； b. 应基于前期客户订单的情况，通过大数据分析等方式预测常用件、标准件及专用件的数量，并根据安全库存的要求进行物料采购； c. 宜建立依据行业以及物料市场发展趋势的统计结果，分析物料的价格变化趋势与采购瓶颈的机制； d. 宜根据市场规划，建立预测物料采购的计划机制
供应商协同	a. 宜建立面向供应商的信息共享平台，实现供应商与生产商的协作生产，提升客户订单响应速度，并监控原材料/模块供给信息，如来料异常、价格变动、新品开发、质量改善等； b. 宜基于供应链协同调整企业采购部门的组织分工，如资源开发、成本管理、供应商改善、供应保障等职能模块，通过各职能模块分工协作，实现供应链协同的流畅、高效和专业； c. 宜根据大规模个性化定制物料采购的小批量、非标准、多频次等特点，建设整合供应商资源、快速响应客户需求的平台，并建立一套供应商参与交互、研发设计到供货的管理体系

（4）生产执行

生产执行活动是指根据生产计划完成定制产品的生产，并实现生产过程、生产物料的追溯，确保生产成品与订单要求一致，主要包括生产设备/工具/人员数据采集及监测、工艺数据/控制参数下达、生产工序防错、部件分拣与组装、标识指示、订单执行状态实时监控、生产信息实时反馈、成品包装、交付进度控制、能效管理及动态优化建议等功能。生产执行要素见表 23-4-17。

表 23-4-17　　生产执行要素

生产设备/工具/人员数据采集及监测	a. 宜建立生产设备管理系统，在生产执行时实时采集数据，并对上层业务环节提供历史数据共享，实现设备监控的可视化； b. 可提高人员操作执行的数字化采集能力以及其实时效率/质量等生产数据的可视化、智能化管理和分析能力； c. 应统计设备运行时间、计划停机时间、故障时间、换模时间、产量等关键信息，并提供设备产能和效率基础数据； d. 应监控设备运转状态，统计和分析设备利用情况，降低设备运转效率损失，为生产计划排产提供实时基础数据； e. 宜根据现场设备数据采集需求确定 SCADA 软件内部包含的设备通信驱动程序类别； f. 宜通过 SCADA 系统对生产现场设备的生产过程数据、生产执行进度、生产异常报警进行监控和采集； g. 宜通过条码扫描、RFID 数据读取、触控一体机和个人计算机等终端录入生产过程数据； h. 应在纸质或电子媒介显示工艺信息，实现作业人员根据客户订单要求进行作业； i. 宜基于终端设备统计作业量，提示并管理任务进度； j. 宜实现终端设备的异常呼叫、需求帮助、报警及报警解除等功能
工艺数据/控制参数下达	a. 应部署具备自匹配个性化及多样化订单需求能力的设备控制系统； b. 宜建立设备与企业信息网络的高速数据接口，实现设备个性化订单远程输入、设备状态远程诊断； c. 宜实现客户订单系统与制造执行系统的集成，并实现制造执行系统依据产品定制订单中的工艺要求下达指令(或图纸)至各生产单元； d. 宜在监控站屏幕上显示生产数据及设备故障信息，实现生产过程的动态监控与管理
生产工序防错	a. 宜基于制造执行系统现场可视化显示，定制产品对应工序的防错信息； b. 应基于纸质或电子媒介，提示员工对应客户定制产品的工艺信息注意事项； c. 应基于产品大规模个性化定制模块/原材料类型及参数信息，建立现场看板布局、颜色设置及亮灯规则等防差错措施
部件分拣与组装	a. 应基于定制产品部件的混线生产等生产模式，建立匹配的产线运行规则； b. 实现制造执行系统、物料分拣系统与物流设备的集成，通过采用扫描条形码或 RFID 卡等形式实现定制产品部件的分拣运输； c. 宜基于生产计划自动匹配定制产品各部件到达指定组装(包装)工位的时间节点，同期完成个性化产品的组装
标识指示	a. 应基于生产执行系统提供区别于非大规模个性化定制的标识指示信息； b. 宜在指示牌上清楚标识指示装配信息； c. 宜在目视可及区域标识指示大规模个性化定制的相关信息
订单执行状态监控	a. 宜将订单执行的每道工序中物料信息、工艺路径、经手人员、节点时间及订单状态等录入制造执行系统； b. 宜实现对定制产品实时原材料信息、工序信息、实施人员、实施时间、不良原因等信息的实时监控与追溯，以便公司人员及客户实时了解订单的处理信息
生产信息反馈	a. 应实现客户需求交互系统与生产管理系统的集成； b. 应准确反馈定制产品生产过程中的关键节点信息及进度信息至客户需求交互系统； c. 宜完成客户应用程序等终端与生产管理系统的集成，支持客户对订单状态及生产进度的查询
成品包装	a. 应通过扫描 RFID 卡或条形码获取定制产品包装要求并依此进行包装，其中主要包括包装的要求、客户指定附带品的要求，如收货人、时间、地址等； b. 宜通过扫描条形码或 RFID 卡等形式识别产品或同一套产品的不同部件，并进行包装发货； c. 宜按照产品订单收货地址信息将定制产品按区域位置暂存至仓库特定位置并记录位置信息； d. 应按照定制产品交付周期设置仓库暂存预警时间
交付进度控制	a. 宜追踪定制产品所需原材料、部件/模块等物料的采购、运输、入库及交付情况； b. 宜追踪定制产品所需原材料、部件/模块等物料的位置信息、配送情况及进度； c. 宜追踪生产过程中定制产品半成品、部件/模块的生产进度及位置信息； d. 宜追踪生产过程中定制产品成品或同一套产品的不同部件的包装、入库、仓储信息及进度； c. 宜追踪定制产品成品或同一套产品的不同部件发货进度及运输车辆位置； f. 宜追踪定制产品成品或同一套产品的不同部件的签收、安装、服务进度

续表

能效管理及动态优化	a. 宜基于集中管理模式对生产系统中能源的输配和消耗环节实施集中扁平化的动态监控和数字化管理,改进和优化能源平衡; b. 宜利用系统的思想和过程方法,结合管理流程、生产组织和工艺调整,对能源生产、输配、消耗等环节实施集中化、扁平化、全局化管理; c. 宜提供可被产线执行的能效优化建议方案

(5) 质量管控

质量管控活动是指确定质量方针、目标和职责，并通过监督定制产品质量形成过程，消除有可能引起不合格产品因素以保证产品质量的过程，主要包括采购物料质量管控、生产过程质量控制、产品检验等功能，质量管控要素见表 23-4-18。

表 23-4-18　　质量管控要素

质量管控原则	a. 开展面向大规模个性化定制生产阶段的质量策划; b. 编制和执行面向大规模个性化定制生产的专用质量控制程序; c. 实现生产质量基础数据与消费者需求的匹配; d. 基于客户视角建立面向定制产品各工艺要求的质量检验规则; e. 对生产过程采用统计方法进行过程分析
采购物料质量管控	a. 应制定供方管理办法,建立供应商评价体系; b. 应制定采购物料检验规则,对原辅料进行自检或第三方检验; c. 宜与供方进行原材料合格性确认
生产过程质量管控	a. 宜实现定制产品订单要求与工艺质检的无缝对接; b. 宜实现需求交互系统、研发设计系统与制造执行系统的集成,将产品定制需求转为匹配的质检工艺要求,并推送给生产和质量检测人员; c. 宜通过确定缺陷识别分离、过程阻断和源头预防等工序质量管理职责及产品需求识别、放行方案和工艺控制方案等产品设计职责,建立定制产品质量管控职责分工; d. 应建立定制产品关键零部件的防错追溯管控机制,对关键部件、定制产品差异化部件进行信息采集,可进行查询、追溯及防差错处理; e. 应进行定制产品的检验监督,针对产品加工过程中的特殊工序和关键工序设定质量数据采集点,形成质量控制记录,明确追溯源及责任信息;宜对数据及信息进行采集、查询、追溯、展示、预警、分析等; f. 应建立包括异常监测、异常报警、异常处理和异常评价的异常处理流程
产品检验	a. 应确认定制产品成品符合一般产品通用质量和安全标准要求; b. 应针对产品定制需求建立产品尺寸、外观、工艺、功能和规格检验体系; c. 宜根据产品定制需求类型、技术与生产工序变动进行定制产品的测试,建立测试规划并部署所需的测试环境,可包含测试输入、环境约束、仪器工具及记录装置等; d. 宜确认产品的外观、破损情况、尺寸偏差等质量特性是否符合定制产品质量标准要求; e. 宜确认标签标识是否明示原材料的成分和含量、执行的标准、产品质量检验合格证明、可识别定制产品的订单序列号或型号信息; f. 应确认定制产品信息与订单信息、定制需求的一致,并符合法律法规要求(环保、安规等); g. 应在国家法律法规下建立企业的个性化产品检验体系及标准

(6) 仓储配送

仓储配送活动是指依据定制产品的生产计划进行原材料、半成品与成品的仓储配送，涵盖了从原材料/模块供应到产品配送的全过程，主要包括原材料/模块配送、成品入库与配送等功能，仓储配送活动中原材料/模块配送功能的要求见表 23-4-19，仓储配送活动中成品包装、入库与配送功能的要求见表 23-4-20。

表 23-4-19　　仓储配送活动中原材料/模块配送功能的要求

序号	要求
a	宜建立精准配送物流系统,并实现生产规划排程系统和仓储管理系统的集成; 应根据订单各部件的生产计划,按时间节点下达原材料/模块配送指令至各生产车间及仓库,并可按时精准配送原材料/模块到需求车间
b	宜实现精准配送物流系统与制造执行系统的集成,实现协同的快速精准物流
c	宜针对通用或常用的原材料/零配件按照周期性备料至现场
d	宜针对个性化专用的原材料/零配件按照研发设计系统生产的产品零配件 BOM 与生产规划排程系统生成的生产计划提前备料至现场
e	宜通过工厂物流建模和仿真对生产车间物流系统进行定性和定量的分析

续表

序号	要求
f	宜基于物流仿真的结果检查与消除生产线瓶颈,并对车间生产流程及布局进行优化,缩短车间物流路径和减少物流回流
g	应采用自动识别技术和数据采集技术实现对库存货品的动态盘点和定期盘点

表 23-4-20　　仓储配送活动中成品包装、入库与配送功能的要求

序号	要求
a	应通过扫描 RFID 卡或条形码获取定制产品包装要求并依此进行包装,其中主要包括包装的要求、客户指定附带品的要求等,如收货人、时间、地址的要求等
b	宜通过扫描条形码或 RFID 卡等形式识别和追溯同一套产品的不同部件,并进行包装发货
c	宜按照产品订单信息将定制产品暂存至仓库特定位置并记录位置信息
d	宜对入库货品信息按照储存区域的划分原则及货品分配计划,生成入库物品货品分配信息
e	宜根据个性化订单地址对成品进行组合装车配运
f	宜在发运车辆装备全球定位系统的信息跟踪设备
g	宜定时反馈配送车辆的位置信息,并形成个性化订单的位置跟踪系统至订单系统

3　网络化协同制造

第23篇

网络协同设计是在计算机技术支持的环境下，由多个设计主体，通过一定的信息交换和互相协调机制，采用适当的流程，分别承担不同方面（范围或领域）的设计任务，共同完成一个设计目标的设计方式。利用数字化、网络化、智能化等信息技术手段，实现资源共享，在企业内部以及供应链上下游企业之间实现产品设计、生产、物流、销售、服务等活动并行工作的一种制造模式。

3.1　网络化协同制造技术框架（摘自 GB/T 43541—2023）

3.1.1　业务架构与信息模型

1）网络化协同制造业务架构。网络化协同制造业务架构主要由活动参与者、业务活动和信息模型构成。其中，活动参与者包括需求者、协作者和平台提供者；业务活动由任务提出、任务准备、任务执行和任务完成等四个阶段组成；信息模型主要包括活动参与者模型库、业务活动模型库、模型关系、支撑资源模型库、业务规则模型库、技术资源模型库等信息模型。网络化协同制造业务架构如图 23-4-4 所示。

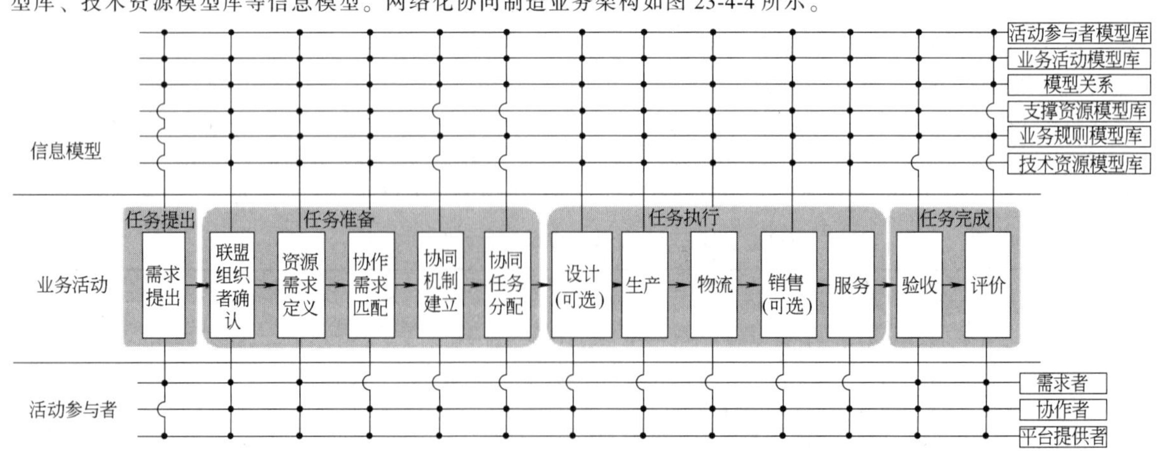

图 23-4-4　网络化协同制造业务架构

2）业务活动。业务活动各个阶段要求见表 23-4-21。

表 23-4-21　业务活动各个阶段要求

类型	要求
任务提出阶段	主要包含需求任务提出活动，需求者按平台提供者制定的业务规则模型库中的需求信息规范发布任务需求
任务准备阶段	a. 联盟组织者确认活动：平台提供者根据任务需求具体情况，为需求者推送符合要求的协作者，需求者在平台确认联盟组织者并授予联盟组织者权限，联盟组织者一般由需求者自己或者其指定的协作者担任； b. 资源需求定义活动：联盟组织者应用活动参与者模型、技术资源模型、业务规则模型等相关模型，完成任务所需的资源定义和任务类型拆分，并提出资源需求，包括设备、软件、产品、工艺等技术能力和人员、管理、物料、信誉等支撑能力； c. 协作需求匹配活动：应用活动参与者模型、技术资源模型、业务规则模型等相关模型，完成资源匹配，确定协作者达成合作意向，形成动态联盟雏形； d. 协同机制建立活动：联盟组织者与协作者应用业务规则模型，共同建立动态联盟运行所需的资源调度、任务分配、绩效反馈、事故处理、责任追溯等协同机制，形成动态联盟； e. 协同任务分配活动：联盟组织者应用活动参与者模型、技术资源模型、业务规则模型等相关模型，根据协作需求匹配活动结果，为动态联盟内的所有成员分配对应的协同任务，协同任务需按照技术资源模型要求规范转化为标准的制造活动产品定义文件、工艺文件及计划文件等，并通过平台通知到每个协作者
任务执行阶段	a. 设计活动：应用业务规则模型和技术资源模型完成任务需求中的产品和工艺设计，并形成标准的产品定义文件和工艺文件，当需求者已提供，本活动可裁剪； b. 生产活动：应用业务规则模型和技术资源模型，根据产品和工艺文件，调配协作者本地资源，完成生产任务； c. 物流活动：应用技术资源模型中的产品信息，结合生产情况，调配物流资源，完成物流任务； d. 销售活动：应用业务规则模型，结合订单、生产和物流情况，实现销售任务，如任务需求中不涉及，本活动可裁剪； e. 服务活动：应用业务规则模型和技术资源模型，实现对任务订单中的产品服务
任务结束阶段	任务结束阶段：主要包含验收和支付等业务活动，动态联盟在完成协同任务后，按照合同内容和协同机制通过平台完成任务验收、财务结算、活动参与者相互评价、过程记录提交等工作，过程记录主要包括任务需求分解记录、资源需求定义记录、协作需求匹配记录、协同机制建立记录、协同任务分配记录及协同任务执行记录等信息

3）信息模型框架。网络协同制造的信息模型以实现网络协同制造业务活动功能为目标，主要包含业务活动、活动参与者、技术资源、支撑资源、业务规则等五类模型库和模型关系库。网络化协同制造的信息模型框架如图 23-4-5 所示。

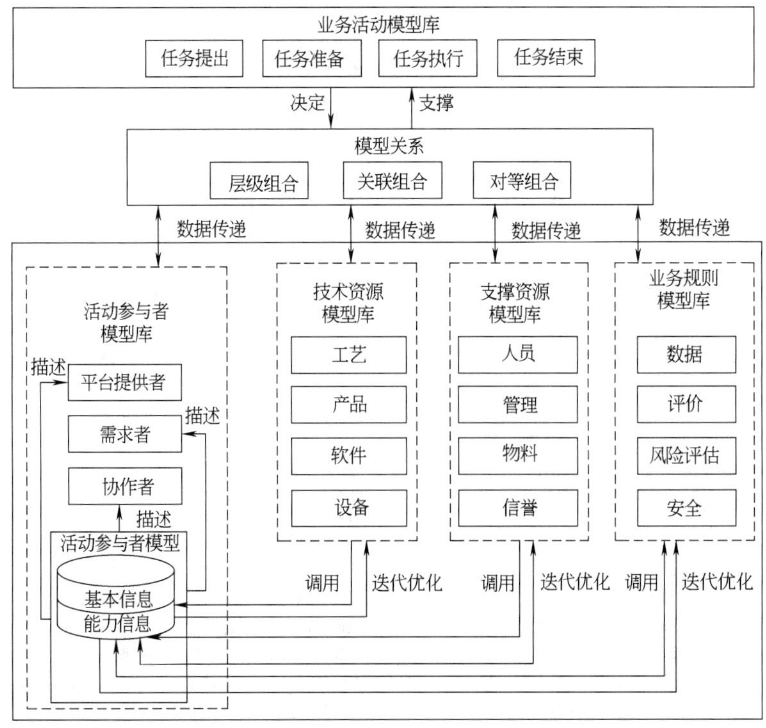

图 23-4-5　网络化协同制造信息模型框架

第23篇

3.1.2 网络协同设计框架（摘自 GB/T 42383.1—2003）

1）网络协同设计总则。网络协同设计按协作方式分为两种模式：①集中模式，协同设计人员共用相同的网络协同设计平台开展设计活动，协同设计平台为各协同设计人员提供远程数据共享、设计支持、协同管理等服务，如图 23-4-6a 所示；②分布式集成模式，协同设计人员利用各自的设计分系统开展设计，同时通过网络协同设计平台进行数据共享和协同管理，如图 23-4-6b 所示。网络协同设计流程见表 23-4-22。

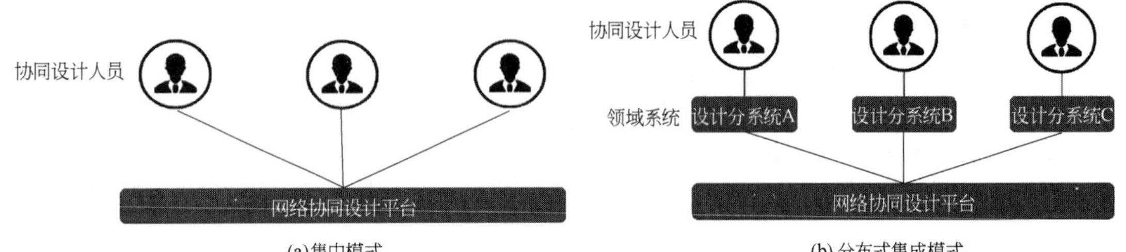

图 23-4-6　网络协同设计模式

表 23-4-22　网络协同设计流程

序号	步骤
a	各异地企业和场所的设计参与方（包括项目负责人、多学科设计人员、客户、供应商等），根据协同需要组建虚拟协同设计小组
b	项目负责人对任务进行自上而下的分解，并通过协同设计平台进行设计活动的工作流建模、任务分配和角色权限设置。各设计方登录协同设计平台，并在工作流引擎下进行协同设计
c	各设计方根据各自的权限和任务，运用 CAX（CAD、CAE、CAPP 等）及其他设计应用软件，以数据库、知识库作为支撑，进行数字化产品设计、工艺设计、实验设计和仿真分析
d	各设计方通过协同设计平台进行协作交互，进行任务成果共享、浏览和沟通，在线完成设计协同、设计审批和版本发布等流程
e	项目负责人通过协同设计平台，对设计流程进行监控、管理和调度，确保任务的完成

2）网络协同设计框架要求见表 23-4-23，协同要求见表 23-4-24。

表 23-4-23　网络协同设计框架要求

分类	设计要求
自上而下的设计	a. 性能定义由总体性能、部件性能到零件性能自上而下逐层分解，首先确定总体性能参数，再分解到部件性能参数，直到分解到零件的性能参数； b. 结构设计由总体布局、总体结构、部件结构到部件零件自上而下、逐步细化，首先确定整体基本参数，然后是整体总布置、部件总布置，最后是零件设计和绘图； c. 工艺设计由总体装配、部件装配到零件制造逐层分解，确定工艺分界面，逐级传递
数字化设计	a. 从设计源头开展数字化设计，进行数字化产品定义、产品设计、工艺设计、试验设计和仿真分析，设计应基于二维或三维数字化模型； b. 通过模型标注或（和）属性等方式附加协同信息，进行产品信息和协同信息在设计各阶段的传递和表达； c. 设计过程中应基于 BOM（bill of materials，物料清单）进行设计信息的传递； d. 根据协同需要，对模型进行轻量化处理和渐进传输； e. 数字化产品定义应符合 GB/T 24734（所有部分）的要求
基于知识的设计	a. 应建立并维护与设计阶段及其他产品生命周期阶段相关联的知识库； b. 宜针对不同的设计或业务过程形成专用知识库，例如实例/模板/创新知识库、设计/工艺知识库、多学科协同仿真知识库等； c. 设计过程中应能对知识进行快速查询、检索、对比和使用； d. 能基于知识模板或典型知识，实现快速设计和设计优化，包括： • 基于协同知识，例如协同方法和经验、协同成员资源库等，进行设计任务分配及设计管理； • 基于设计知识，例如构件库、模型库、设计模板、技术标准等，进行设计模型编辑和重用； • 基于经验知识，实现设计优化，开展设计决策，等等 e. 设计过程中可根据知识需求、设计目标、设计约束等条件，进行关联知识自动推送

第23篇

续表

分类	设计要求
面向全生命周期的设计	网络协同设计应面向产品全生命周期，即在产品设计阶段就考虑到产品全生命周期的所有阶段，包括概念阶段、开发阶段、生产阶段、使用阶段和退役阶段，将所有相关因素作为产品设计阶段的输入，进行综合规划和优化。面向全生命周期的设计应符合 GB/T 42383.4—2023 的要求
多学科协同仿真	网络协同设计针对的复杂产品，涉及跨行业、跨领域的多专业学科（包括材料学、力学、传热学、光学、电气技术、控制技术等）。为确保复杂产品符合设计需求，提高设计质量和设计效率，应在设计过程中开展多学科协同仿真，以验证产品的可靠性、可制造性和可用性。多学科协同仿真应符合 GB/T 42383.5—2023 的要求

表 23-4-24　　协同要求

分类	协同要求
数据协同	a. 数据一致性，包括： • 数据在其产生、发布、使用、更改和废止等全生命周期中保持一致性； • 确保数据源自单一数据源； • 数据具有唯一和统一的描述； • 有相同的产品信息体系结构； • 提供数据类型一致性检查 b. 数据完整性，包括： • 对数据进行修改保存时，要保证数据库的完整性； • 保证文件的成套性 c. 数据规范性，包括： • 保证数据表达的规范性； • 提供数据规范性检查手段 d. 数据及时性，包括： • 保证对协同数据、信息具有及时有效的访问手段； • 在相关部门及时传递； • 对数据进行及时更新、补充和修改 e. 数据安全性，包括： • 对数据的访问进行授权控制； • 提供对数据的备份、恢复机制； • 提供数据访问日志 f. 数据可追溯性，包括： • 对数据的产生和更改进行记录和有效控制，并能进行查询； • 对数据的版本进行控制，具有清晰的版本标识、版本状态及修改信息等
项目协同	a. 人员协同是以项目为单位，涉及的所有相关人员之间的协同，应满足下列要求： • 协同设计成员除项目负责人、设计、工艺人员外，还宜包括生产、制造、采购、销售、运维服务等部门的人员，以及客户、供应商及各协同成员代表，以促进全生命周期各阶段的信息协同； • 明确项目组织架构，包括组织单元、组织的分解方式、层次结构、隶属关系，以及人员分工、角色定位以及协作关系 b. 任务协同是项目之间、项目所包含的所有子任务之间的协同，应满足下列要求： • 采用自上而下的项目分解方式，按照不同学科、不同设计阶段进行任务划分； • 任务由适当的设计小组承担，并根据承担的设计任务进行设计资源的分配； • 任务相对独立、耦合度低； • 任务时序排列和衔接得当，不产生冲突
冲突管理	应采用有效的冲突管理机制，管理和消解协同设计过程中发生的冲突 协同设计中的冲突一般分为资源冲突、设计冲突和过程冲突 资源冲突一般指不同设计分团队之间人员/物料等的分配、资源就位情况产生的冲突，例如人员在各设计任务中承担角色不当、资源分配不合理/不充足、资源上下游衔接不当等。资源冲突的解决办法包括充分了解各设计分团队的人员和物料需求；资源情况能进行及时反馈、调度和调整；依赖于其他团队任务的资源能及时衔接 设计冲突一般指设计过程中出现的需求差异、设计上下游（如 CAD 和 CAPP）之间的不协调、不一致，数据文档多版本混乱、设计者之间存在沟通阻碍等。设计冲突的解决办法包括多人会审、统一数据源、特定及相关人员消息互通、即时通知等 过程冲突一般指开展协同设计时的流程冲突、各设计分团队/设计人员任务执行冲突。解决办法包括统一流程、统一时间节点等

续表

分类	协同要求
软件接口和数据交互	网络协同设计系统中涉及多种异构软件,从分布上包括各设计参与方的设计子系统和协同设计平台涉及的软件;从种类上包括各种异构的产品设计软件、管理软件和协同工具[CAD、CAE、CAPP、产品数据管理(PDM)、产品生命周期管理(PLM)、面向产品生命周期各环节的设计(DFx)等]。实现这些异构系统和软件的互联、数据互通,是实现网络协同设计的基础。同时,前述软件与其他相关领域应用软件,例如过程管理软件[业务流程重组(BPR)、工作流管理系统(WFMS)等]、企业资源管理软件[ERP、供应链管理(SCM)、客户关系管理(CRM)等]、制造执行系统(MES)等发生数据交互。软件接口和数据交互应符合 GB/T 42383.2—2023 的要求
安全	a. 信息安全,包括数据传输安全和数据存储安全。根据保密性、完整性和可用性需求,采取包括边界保护、访问控制、设备鉴别、密钥管理、审计等手段来保障信息安全 b. 网络协同设计平台安全,通过数据授权实现资源和操作的管控,精确控制每一个用户的权限和可以访问的数据,使整个平台有严格的认证、数据加密和权限控制

3）网络协同设计平台体系架构。网络协同设计平台是支持分布的设计参与方对复杂产品进行协作开发的集成工作环境。它基于设计企业的信息特征，在异构分布环境下，为设计提供统一的协同设计和管理、信息共享和交互手段，并支持与其他相关应用系统（ERP、MES 等）的集成。网络协同设计平台的体系结构分为五层。同时，平台具有与外部软件或系统进行集成的扩展接口，如图 23-4-7 所示。

第 23 篇

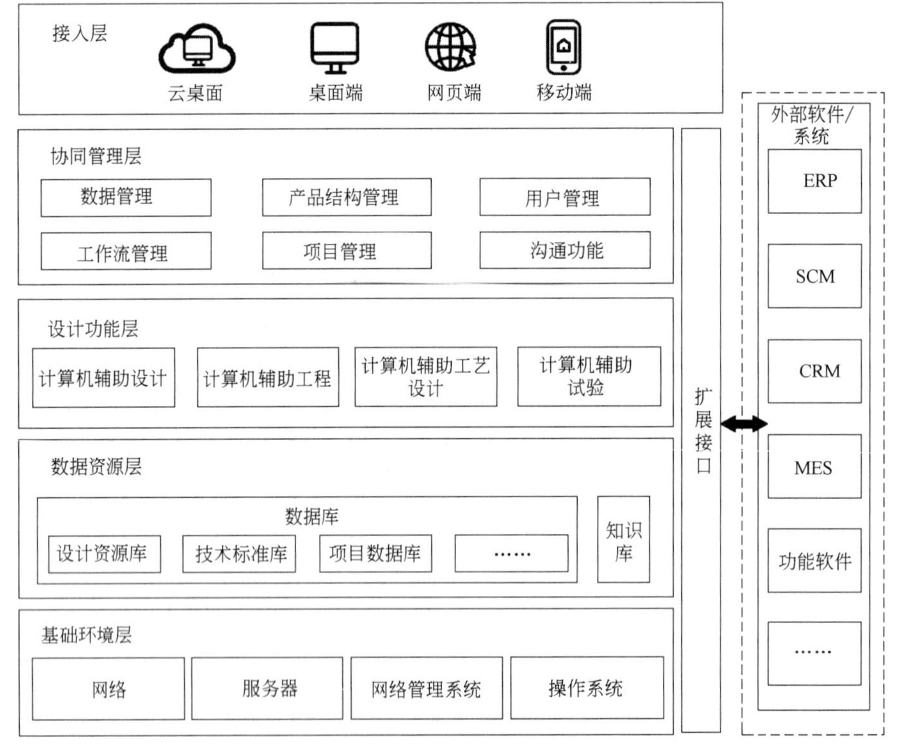

图 23-4-7　网络协同设计平台体系结构

3.1.3　软件接口和数据交互（摘自 GB/T 42383.2—2023）

GB/T 42383.2—2023 规定了智能制造领域网络协同设计平台中软件接口和数据交互设计中需满足的技术要求，并给出了软件接口类型和数据交互基础协议的说明。智能制造网络协同设计平台软件接口设计的目标是实现协同成员间的智能互联、资源共享和协同服务，软件结构类型与基础交互协议见表 23-4-25 和表 23-4-26。

表 23-4-25　　软件接口分类

分类	特征
模型类接口	a. 流程模型类接口： ● 流程运行类接口包含：流程实例启动、流程实例跳转、流程实例执行、流程实例结束、流程执行调度等； ● 流程定义类接口包含：流程实例创建、流程实例获取、流程参量设置、流程实例删除等； ● 流程监控类接口包含：流程实例状态获取、任务队列状态获取等 b. 仿真模型类接口： ● 仿真定义类接口包含：仿真模型实例创建、仿真模型实例删除等； ● 仿真运行类接口包含：仿真执行、仿真模型状态获取、仿真模型创建、仿真模型删除等； ● 仿真监控类接口包含：仿真模型实例状态获取等
数据类接口	a. 数据获取类接口包含：企业设备/产品/服务获取、设备/设备实例获取、实例网关获取、采集点获取、人机料法环质量数据获取等； b. 数据处理类接口包含：数据清洗、数据转换、数据整合等； c. 数据存储类接口包含：数据源获取、数据存储等； d. 数据分析类接口包含：综合效率分析、状态分析、质量管理数据分析等
服务类接口	a. 统一消息类接口包含：消息订阅、消息发布、消息监控、消息管理等； b. 统一缓存类接口包含：数据存储缓存、缓存数据获取、缓存数据过期设置等； c. 统一搜索类接口包含：数据源设置、索引创建、分类查询等； d. 分布式业务组件类接口包含：分布式事务、分布式一致性、分布式锁等； e. 消息推送类接口包含：即时消息(IM)推送、非 IM 类推送(例如手机短信推送、手机 APP 推送)等
应用管理类接口	a. 应用治理类接口包含：应用服务实例注册、实例发布、应用服务健康管理、应用服务负载均衡管理等； b. 部署发布类接口包含：应用创建、应用上传、服务绑定、服务解绑定、应用启动、应用实例数设置、应用动态伸缩设置、应用停止、获取域名详情、绑定域名、解绑域名、应用销毁等； c. 持续迭代类接口包含：版本库创建、代码上传、代码下载、获取代码分支、持续迭代设置、创建版本等； d. 中间件接入类接口包含：服务接入、创建服务实例、服务实例配置、获取环境变量、删除服务实例、获取服务实例状态等； e. 监控管理类接口包含：应用流量监控、应用访问量监控、应用内存监控、监控报警设置等
安全类接口	a. 身份认证类接口包含：认证信息获取、认证信息上传等； b. 权限管理类接口包含：权限获取、权限授予、权限删除等； c. 访问控制类接口包含：权限资源获取、访问监控等； d. 密钥管理类接口包含：密钥上传、密钥删除等； e. 数据加解密类接口包含：数据加密、数据解密等； f. 人员信息类接口包括：人员信息获取、人员信息的维护等； g. 敏感信息管理类接口包含：信息脱敏接口、内容审查接口等； h. 外部授权管理类接口包含：外部应用访问管理、外部应用认证管理等
资源管理类接口	a. 服务器资源类接口：服务器虚拟机的管理相关接口等； b. 网络资源类接口：虚拟网络管理相关接口等； c. 存储资源类接口：共享网盘的申请、共享存储的申请等

表 23-4-26　　基础交互协议

分类	特征
设备发现协议	定义了网络协同设计中数据交互设备信息的发布和发现机制。当网络协同设计中的设备需要进入网络时，通过设备发现协议向网络上发布及注册设备资源信息，也可发现网络中已有的其他数据交互技术要求及设备资源相关信息
服务发现协议	定义了网络协同设计中数据交互服务信息的发布和发现机制；设备中的服务可借助该协议发布自身服务相关信息，并发现网络中其他设备的服务信息
设备访问控制协议	定义了网络协同设计中设备间的数据交互和控制机制。设备可以借助该协议与其他设备组成设备群组进行设备集中管理，也可借助该协议实现对其他数据交互设备的配置管理

续表

分类	特征
服务访问控制协议	定义了网络协同设计中对服务的访问控制机制，包括对服务的访问方式、控制机制等协商过程，以及根据协商结果实现用户对服务的访问和服务状态变化的获取
设备管道协议	定义了网络协同化设计中设备间统一的通信框架及设备间的消息转发机制。通过该协议，具有不同网络介质的设备可通过通信协议直连或消息转发的方式实现相互通信
安全规范	定义了网络协同设计数据交互过程中的安全机制，包括设备间或服务间的身份认证、授权管理、资源访问管理、数据传输加密以及敏感信息脱敏等

3.1.4 面向全生命周期设计要求（摘自 GB/T 42383.4—2023）

GB/T 42383.4—2023 规定了面向全生命周期设计通用要求、面向全生命周期协同设计要求和面向产品生命周期各阶段的具体设计要求。GB/T 42383.4—2023 适用于智能制造领域复杂产品系统及其子系统的全生命周期网络协同设计与管理。面向全生命周期设计通用要求见表 23-4-27，面向全生命周期协同设计要求见表 23-4-28。

表 23-4-27　面向全生命周期设计通用要求

分类	通用要求
全生命周期阶段划分	产品全生命周期应包括概念阶段、开发阶段、生产阶段、使用阶段和退役阶段
全生命周期模型建立	产品全生命周期设计应建立一个由多阶段组成的生命周期模型，包括形状尺寸和装配模型、仿真分析模型、工艺模型以及需求、质量、维护等非几何信息模型
面向全生命周期设计方法	a. 在概念阶段和开发阶段的设计，以及生产阶段、使用阶段和退役阶段的设计改进或再设计，应采用系统工程设计方法，设计过程包括需求定义、功能分解、方案设计、详细设计、工艺设计； b. 复杂产品的系统技术过程可采用系统工程 V 模型； c. 面向全生命周期设计流程可采用工作分解结构，形成产品研发各阶段所应完成工作的自上而下逐级分解的层次体系。工作分解结构是以产品为中心，由产品（硬件和软件）项、服务项、资料项及其他反映项目成果的内容共同构成的体系。它确立了项目的工作范围，并反映了所需研制的产品以及工作任务之间、工作任务与最终产品之间的关系

表 23-4-28　面向全生命周期协同设计要求

分类	协同要求
需求定义	需求定义时，可与 CRM、SCM、ERP、MES、知识库协同，主要开展需求分析和定义工作，包括分析用户对产品的需求；分析产品上游供应商、下游经销商及产品服务商的成本，评估供应商生产能力等信息；分析产品实现过程的经济性和生产能力；分析与产品有关的法律、法规、行业规范、知识产权，以及社会伦理等需求；分析产品的支持配套性需求，关注销售模式和方案对产品的隐含需求
功能分解和方案设计	功能分解和方案设计时，可基于 PDM/PLM 平台，与 CRM、ERP、SCM 等协同，确定一个满足系统需求的架构设计方案，并建立架构设计方案对系统需求的可追溯性；开展方案设计，确保设计方案与需求、功能、架构的一致性以及方案的工艺性和经济性；确保各子系统技术指标可行性、子系统间接口协调性以及产品技术状态的一致性；与仿真系统协同，开展产品相关功能及性能验证，包括检查、分析、论证或相似性、运行或测试等验证方式，确保产品需求和架构设计方案符合性
详细设计	详细设计时，可基于 PDM/PLM 平台，开展详细的需求、功能、架构设计，确保详细设计方案满足系统和各子系统功能和架构需求；开展子系统各组件之间的协同设计，保证接口和设计指导规范的兼容性和一致性；开展零部组件设计，确保零部组件层级的需求符合性和下达给工艺设计环节的技术指标可行性；与仿真系统、MES 等协同，制定验证计划，利用检查、分析、论证或相似性、运行或测试等验证方式，确保需求、架构设计方案和产品方案的符合性
工艺设计	工艺设计时，可基于 PDM、PLM 中产品 BOM，与 ERP、MES 协同形成工艺 BOM，开展产品关键零部组件工艺设计和验证，实现基于模型的虚拟加工工艺性分析，虚拟装配及可装配性分析等，并提出设计改进要求

1）面向概念阶段协同设计要求。面向概念阶段的设计，应基于 PDM 平台，完成需求定义、功能分解及方案论证迭代优化设计工作，完成指标验算、功能指标分析、系统功能和性能仿真工作。概念阶段的设计工作，可与 CRM、ERP、SCM 等应用系统协同开展，需求定义协同要求见表 23-4-29，功能分解和方案设计协同要求见表 23-4-30。

表 23-4-29　　需求定义协同要求

分类	要求
a	与各产品相关方，包括但不限于用户（代表）、开发者、生产者、培训者、维护者、处置者、需方和供方组织等，共同识别并确定产品所具有的特性和需求
b	基于 CRM 收集的潜在用户（代表）数据，评估产品市场规模
c	收集产品硬件、软件等的供方供应能力和经济性，生产者生产能力和经济性，评估产品的潜在生产能力和经济性，形成对产品设计的工艺性、经济性要求
d	评估产品培训者、维护者、处置者等保障体系的规模和成本
e	评估产品与各项法律、法规、行业规范等的符合性，与社会伦理的符合性
f	与相关方充分沟通，定义现存协议、管理决策和技术决策对产品解决方案的约束
g	与相关方充分沟通，分析并定义有效需求，并经过各方评审确认，形成需求基线

表 23-4-30　　功能分解和方案设计协同要求

分类	要求
a	基于需求定义，定义产品系统和各子系统之间的基础架构和关系，将需求分解到方案设计工作能够完成的层级，形成一个或多个产品概念架构
b	与 CRM、SCM 协同，定义能使设计方案完成的生产需求、采购需求及其他方面的需求
c	在需求定义和功能分解的基础上，组织不同专业领域的人员，包括系统工程师、设计工程师、专业工程师、项目负责人、专家及用户等，完成方案的迭代优化论证工作
d	同步开展产品成本、进度、风险和可靠性等的评估论证

2）面向开发阶段协同设计要求。

表 23-4-31　　通用工作方法

分类	要求
a	基于 PDM/PLM 平台，开展面向开发阶段的设计，并与 CRM、ERP、MES、SCM、QMS（quality management system，质量管理系统）等进行跨部门、跨企业的协同，完成需求再定义、方案设计、详细设计及工艺设计和产品试制工作
b	可基于协同仿真系统，完成指标验算、功能指标分析、系统功能和性能仿真、单场仿真、多场仿真等仿真分析工作
c	在需求定义和功能分解的基础上，组织不同专业领域的人员，包括系统工程师、设计工程师、专业工程师、项目负责人、专家及用户等，完成方案的迭代优化论证工作
d	基于 PDM/PLM 平台，采用同步开发模式，产品系统设计人员、子系统设计人员、工艺人员、专业设计师等同步开展产品设计、分析、仿真验证和确认等设计工作

表 23-4-32　　需求定义协同要求

分类	要求
a	应与相关方，包括但不限于用户（代表）、开发者、生产者、培训者、维护者、处置者、需方和供方组织等，共同开展产品运行使用需求和产品详细需求定义，进行需求变更评估，确保任何变更的影响都已针对产品系统所有部分完成完整评估，按照正式变更控制流程维护需求的可追溯性
b	开展项目预算、进度基线和产品全生命周期成本再评估
c	应与产品用户（代表）、开发者、供方组织、生产者、维护者等各相关方协同，开展产品需求验证，以确保产品需求的符合性

表 23-4-33　　功能分解、方案设计和详细设计协同要求

分类	要求
a	基于 PDM 平台，完成产品系统、子系统及组件层级功能架构定义，确保功能与需求的一致性
b	基于 PDM 平台，开展系统方案设计，确定产品内部和外部接口，完成产品系统层设计方案评审，确保系统设计方案与功能架构、相关方需求的一致性

续表

分类	要求
c	基于 PDM 平台,完成适用于产品全生命周期的详细设计方案,与仿真系统协同,完成产品性能和功能的验证,确认设计方案满足相关方需求
d	确保产品设计的可生产性,包括原材料的选择、设计的简化、产品方案的灵活性、严格的容差需求等
e	确定为产品全生命周期运行使用提供支持的产品和服务,促成辅助产品的采购或开发
f	按照组件、子系统、系统顺序,完成产品工艺设计和试制,对产品试制、测试、运输和存储、使用、退役处置过程的工艺性进行验证,根据验证对设计的反馈,完成必要的设计更新
g	基于 PDM 平台,建立产品系统需求和规范、技术状态等技术控制基线
h	与 ERP、SCM 协同,建立产品研制进度、费用规划和管理计划等基线

3）面向生产阶段再设计协同要求见表 23-4-34。

表 23-4-34　　面向生产阶段再设计协同要求

分类	再设计协同要求
a	收集产品外购零件的技术状态一致性和供应商供应能力数据,必要时更改外购件设计选用状态
b	收集和总结产品加工、装配和集成过程中工艺数据,必要时改进设计,提高产品工艺稳定性和经济性
c	收集和总结产品验证活动中的各项测试和试验数据,验证产品满足需求的情况,必要时改进设计,覆盖产品全部需求或提高产品测试和试验的覆盖性、便利性
d	收集和总结与产品交付过程中包装、存储、处理、运输、安装和培训等活动相关的数据,必要时改进设计
e	基于 PDM 平台,根据产品更新后的需求,更新产品功能架构定义并保证产品技术状态的受控性
f	更新产品再设计进度、费用规划和管理计划等基线
g	基于 PDM 平台,更新系统设计方案和详细设计方案,确保产品设计方案满足相关方需求
h	基于 PDM 平台,与仿真系统协同,完成产品性能和功能的验证,确认设计方案满足相关方需求
i	与 ERP 系统、SCM 系统等协同,确保产品设计更改后的原料经济性及供应商供应能力符合需求
j	与 ERP 系统、MES 系统、QMS 系统等协同,完成更改后产品工艺设计和试制,对产品试制、测试、运输和存贮、使用、退役处置过程的工艺性进行验证

第23篇

4）面向使用阶段再设计协同要求。应基于 CRM 系统、售后系统等，收集产品在使用阶段的可靠性、维修性、安全性和测试性等各项相关数据，总结和更新对产品的设计要求，开展设计改进或再设计工作。面向使用阶段再设计协同要求见表 23-4-35。

表 23-4-35　　面向使用阶段再设计协同要求

分类	要求
a	收集产品用户(代表)及其他相关方的需求变更情况
b	收集和评估产品使用过程的故障数据、正常使用和非正常使用的安全案例数据、维修和保障数据、环境适应性和测试性相关数据
c	基于 PDM 平台,根据产品更新后的需求,更新产品功能架构定义并保证产品技术状态的受控性
d	更新产品再设计进度、费用规划和管理计划等基线
e	基于 PDM 平台,更新系统设计方案和详细设计方案,确保产品设计方案满足相关方需求
f	基于 PDM 平台,与仿真系统协同,完成产品性能和功能的验证,确认设计方案满足相关方需求
g	与 ERP 系统、SCM 系统协同,确保产品设计更改的可生产性
h	与 ERP 系统协同,完成更改后产品工艺设计和试制,对产品试制、测试、运输和存储、使用、退役处置过程的工艺性进行验证

5）面向退役阶段再设计协同要求。应基于 CRM、WMS（warehouse management system，仓库管理系统）和售后系统，收集产品退役处置的各项相关数据，汇总和更新对产品的设计要求，开展设计改进或再设计工作，面向退役阶段再设计协同要求见表 23-4-36。

表 23-4-36　　面向退役阶段再设计协同要求

分类	要求
a	收集法律法规、行业规范、标准要求等对产品退役处置的要求变更情况以及收集其他相关方对产品退役处置策略的变更情况
b	基于 PDM 平台，根据产品更新后的需求，更新产品功能架构定义并保证产品技术状态的受控性
c	更新产品再设计进度、费用规划和管理计划等基线
d	基于 PDM 平台，更新系统设计方案和详细设计方案，确保产品设计方案满足相关方需求
e	基于 PDM 平台，与仿真系统协同，完成产品性能和功能的验证，确认设计方案满足相关方需求
f	与 ERP 系统、SCM 系统协同，确保产品设计更改的可生产性
g	与 ERP、MES 系统协同，完成更改后产品工艺设计和试制，对产品试制、测试、运输和存储、使用、退役处置过程的工艺性进行验证

3.1.5　多学科协同仿真系统架构（摘自 GB/T 42383.5—2023）

GB/T 42383.5—2023 规定了网络协同设计过程中的多学科协同仿真系统架构要求、技术要求、功能要求、仿真系统建设、仿真流程建设和系统应用逻辑等内容。GB/T 42383.5—2023 适用于智能制造领域网络协同设计过程中的多学科协同仿真。根据系统分析的目的，在分析系统各要素性质及其相互关系的基础上，建立能描述系统结构或行为过程，且具有一定逻辑关系或数量关系的多个学科或专业协同的仿真模型和仿真流程，并进行多学科或专业的协同仿真分析。

1）多学科协同仿真系统架构要求。应围绕“协同设计”，综合集成协同仿真过程、软件工具和方法、规范、模型、知识和数据等多方面内容，作为复杂产品设计业务的有效支撑；应提供面向仿真人员的综合集成的“协同仿真工程环境”，使仿真人员快速完成协同仿真工作任务；可建立贯穿多个单位门户、多个部门、多个学科领域的协同仿真流程，且能够控制产品研发中的协同仿真过程、协同仿真数据传递和协同仿真数据管理；可支持本地计算也可支持远程、分布式计算，能够有效连接起来并进行同步和控制各仿真软件工具。多学科协同仿真系统架构见图 23-4-8。

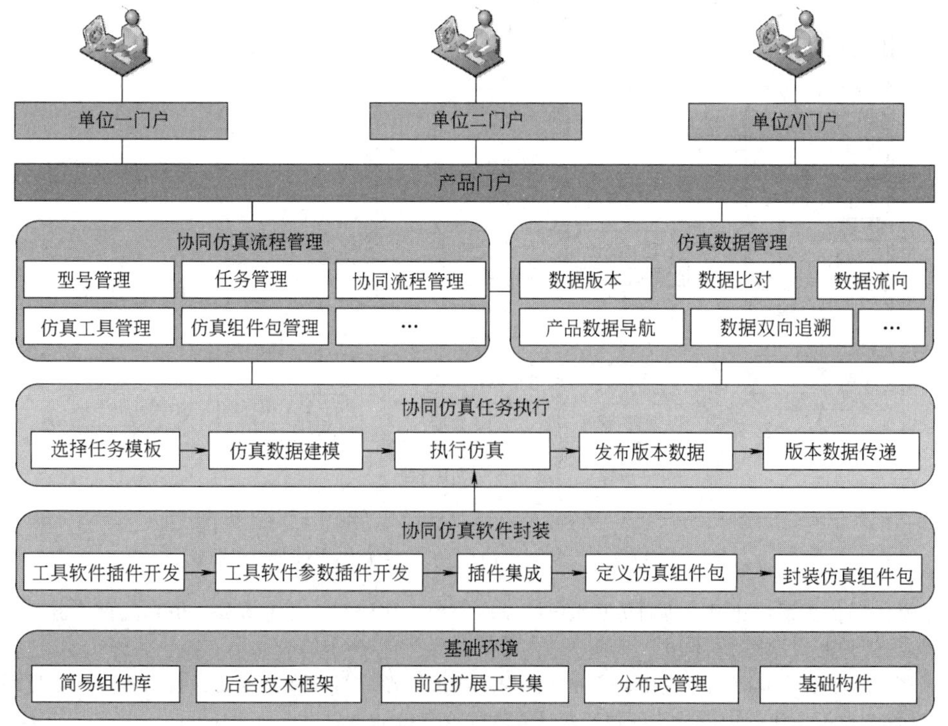

图 23-4-8　多学科协同仿真系统架构

2）多学科协同仿真系统技术要求见表 23-4-37。

表 23-4-37　　多学科协同仿真系统技术要求

分类	要求
a	能提供与多种仿真软件的封装接口，能够集成各种商业软件和自编软件，具备与产品数据管理（PDM，product data management）等系统的接口，具备与高性能计算（HPC，high performance computing）等远程计算系统或分布式计算的接口
b	各学科可模块式建设，宜采用子模块编制，多个子模块能够封装组成大的流程模块，子模块设计可与各专业设计人员协商确定
c	应具有协同仿真数据处理和管理功能，能够对各学科模块的输入数据、建模数据、中间数据、结果数据等信息进行存储和管理，能够实现多方案的协同仿真结果与试验数据及历史设计结果之间的数据对比功能
d	应具有数据加密机制，有效保护网络环境下的仿真数据安全，保护用户对分布式资源访问的安全性
e	应具有可视化操作界面，系统界面友好，使用方便，符合设计人员操作习惯
f	可具有多学科优化功能，优化界面应简洁方便

3）多学科协同仿真系统功能要求。工作流程管理应指定协同工作流程负责人对多学科协同仿真任务的先后顺序、逻辑关系、启动激活条件、过程状态等进行组织、管理、控制。仿真任务管理应能够管理流程任务和个人任务这两类不同的任务。流程任务指的是某个协同工作流程中分配给用户的仿真任务，仿真任务来源于协同工作流程，与协同工作流程中的其他学科的仿真任务有数据传递关系，数据传递关系可通过协同工作流程预先定义。个人任务是指用户自己创建的仿真任务，所得到的仿真数据仅限自己访问。具体的多学科协同仿真系统功能框架如图 23-4-9 所示。

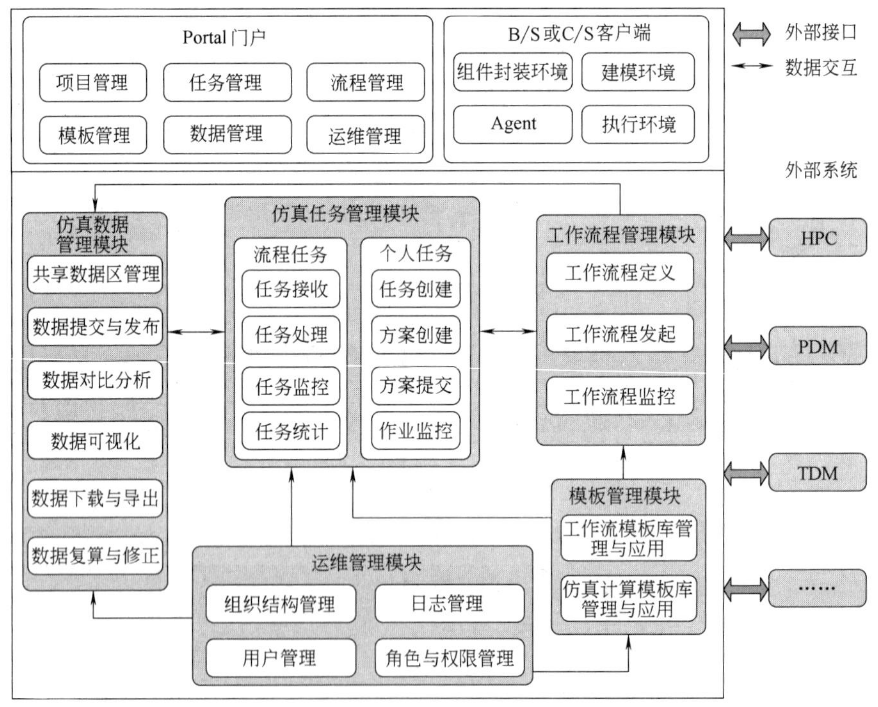

图 23-4-9　多学科协同仿真系统功能框架

4）多学科协同仿真系统建设。协同仿真系统建设应明确工作流程、任务流程、仿真流程等流程之间的逻辑关系。工作流程管理逻辑见图 23-4-10。

5）封装逻辑。系统应具有集成模型、商业软件程序或可以形成组件和流程的封装工具。可通过系统提供的集成工具，对各专业工作流程中涉及的各种商业计算软件或自编计算程序进行集成封装，并定义或解析计算程序相关的输入输出数据。封装后的组件可以发布到组件库中供其他人员共享重用。封装逻辑见图 23-4-11。

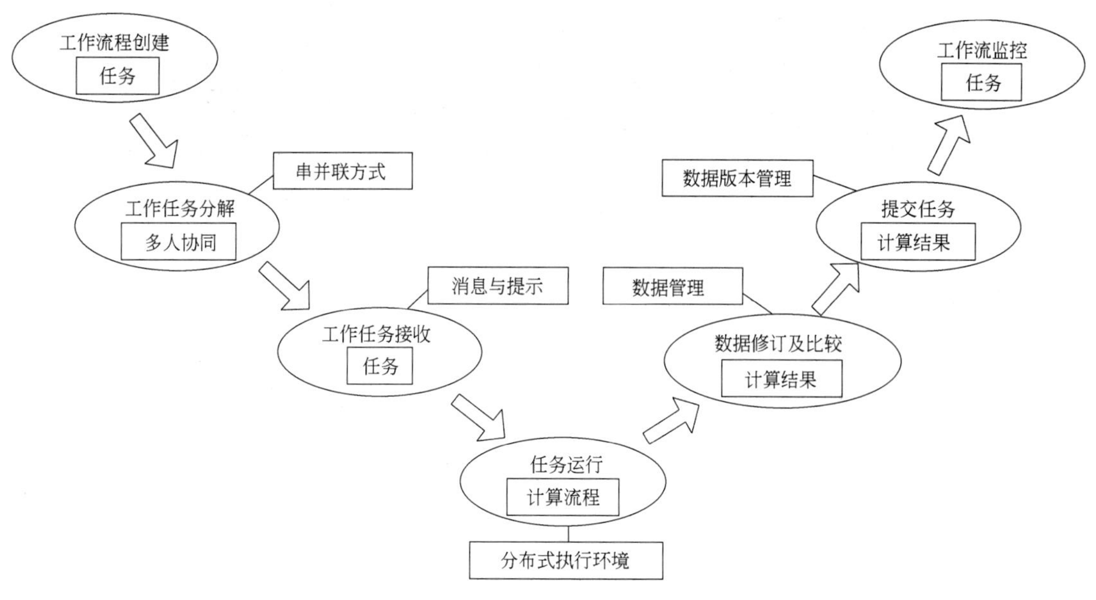

图 23-4-10　工作流程管理逻辑

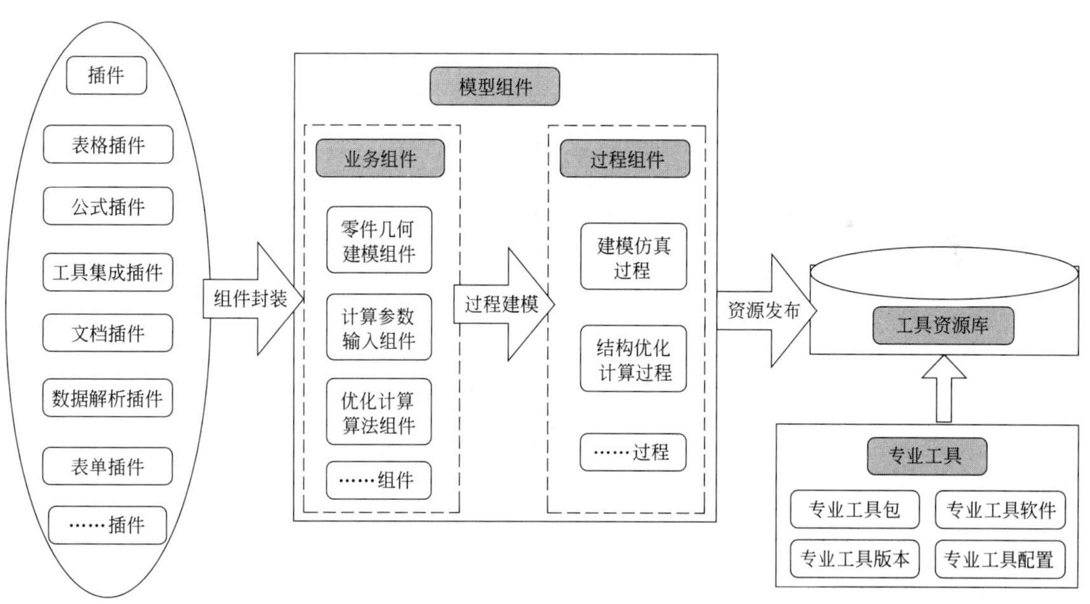

图 23-4-11　封装逻辑

6）多学科协同仿真流程建设。在多学科协同仿真系统搭建完成后，需要以仿真设计人员为主、系统建设方为辅进行多学科协同仿真流程的建设。可根据设计及仿真的需要，梳理多学科协同仿真流程的计算需求，明确协同仿真流程中所需的上下游协同仿真专业计算要求、计算程序、计算方法等。可根据多学科协同仿真流程的专业计算顺序，梳理上下游各协同仿真专业所需的输入、输出数据及其格式要求，明确数据传递关系。数据传递关系见图 23-4-12。

可根据多学科协同仿真流程的需求和数据传递要求，采用串行或者并行的形式，完成多学科协同仿真流程中各仿真模型、文件、数据、仿真软件等的集成和封装。封装后的仿真流程见图 23-4-13。流程建设后应通过测试验证多学科协同仿真流程的功能是否满足需求。再经工程实际应用测试，协同仿真流程应运行正常，协同

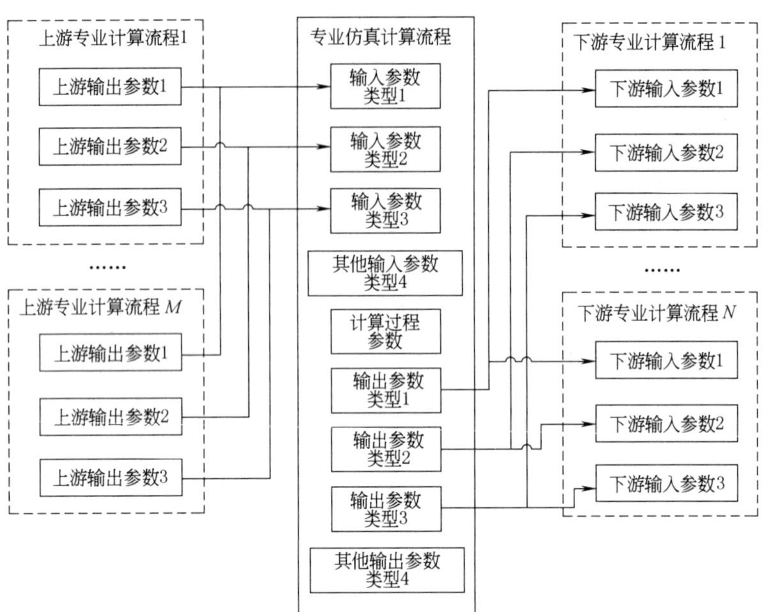

图 23-4-12　数据传递关系

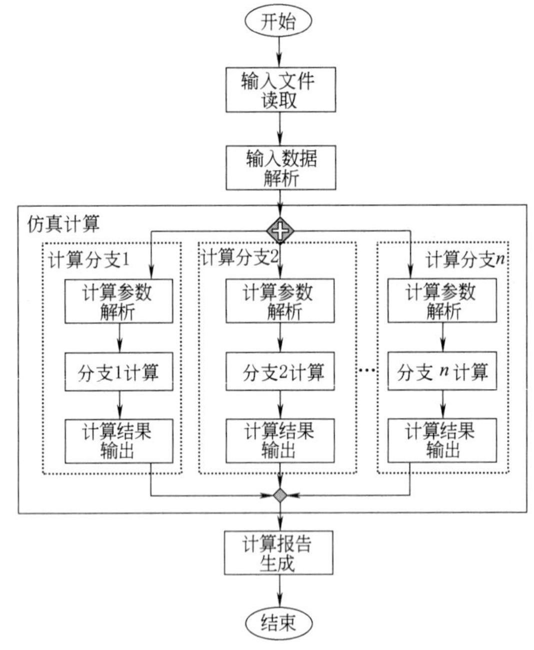

图 23-4-13　封装后的仿真流程图

仿真结果与各协同仿真专业在原有仿真方法下的计算结果应基本一致，误差在许可范围内，才可应用于工程实际。

7）多学科协同仿真系统应用逻辑。多学科协同仿真流程由协同工作流程负责人新建和发起，可指定企业内或者企业外的设计人员参与协同仿真，协同工作流程负责人和审核者均可对流程进行监控；设计人员可以新建个人任务，选择已封装好的单专业或者多专业计算模板进行多轮次的计算和比对分析，任务流程中的所有计算数据仅限个人访问；设计人员可以领取流程分配给自己的任务，并选用不同的仿真模板进行计算，计算后提交的数据可供下游任务设计人员使用。多学科协同仿真系统用户角色和应用逻辑见图 23-4-14。

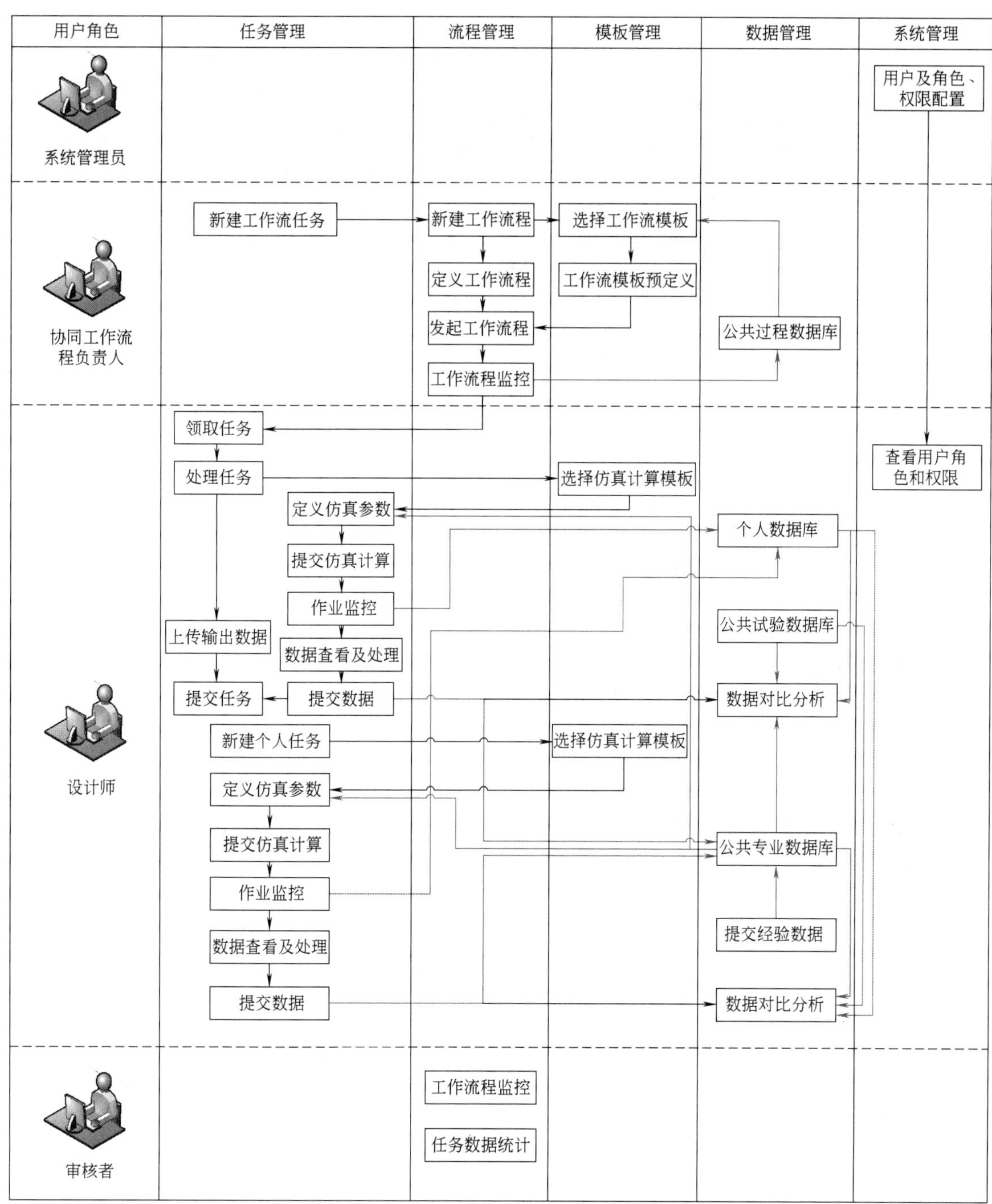

图 23-4-14　系统用户角色和应用逻辑

3.2　虚拟企业联盟

虚拟企业联盟是指两个以上的独立实体为迅速向市场提供产品或服务而在一定时间内结成的动态联盟。为了适应虚拟企业的动态联盟模式，引入网络化虚拟企业动态域的概念，即在计算机网络环境下，虚拟企业联盟将每个虚拟企业视作一个域，域之间相互独立。这个域是动态的，域内的成员彼此协作、互通，从而形成网络化联盟。因此利用动态域管理模式，企业之间可以采用不同的、可调节的合作方式进行耦合，同时每个企业还可以根据不同的市场需求加入多个域联盟。基于动态域的虚拟企业联盟运作机制如图 23-4-15 所示。

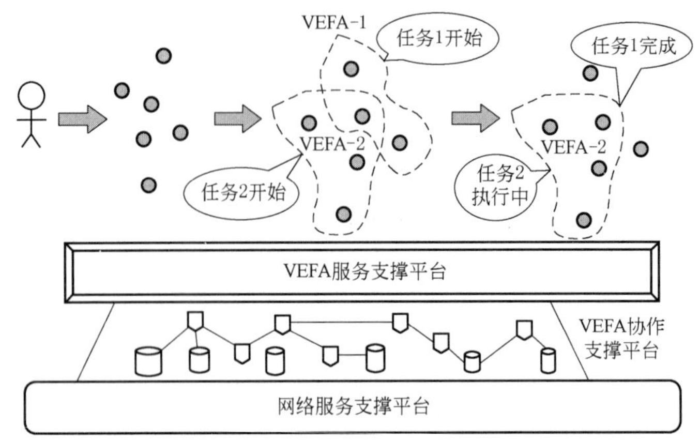

图 23-4-15　基于动态域的虚拟企业联盟运作机制

在虚拟企业联盟系统中，采用智能体来表示网络中自治的成员企业，以满足其对分布、异构环境的特殊要求。并将智能体与协同管理理论进行集成，形成协作智能体系统，以支持网络化虚拟企业的动态创建、协作和解散过程的要求。其协作智能体系的逻辑结构如图 23-4-16 所示。

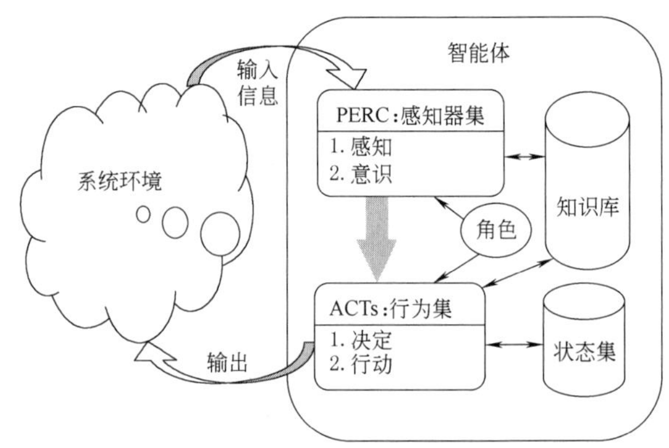

图 23-4-16　协作智能体系的逻辑结构

虚拟企业联盟信息生态系统还需要人为的设计和培育以具备复杂系统的适应性和进化性。虚拟企业联盟信息生态系统的结构由三个层次组成：网络基础架构层、信息生态系统技术层、虚拟企业联盟商业层。网络基础架构层：网络中的每个节点彼此互通连接，构成了虚拟企业联盟信息生态系统的网络架构层。虚拟企业联盟信息生态系统的分层结构如图 23-4-17 所示。

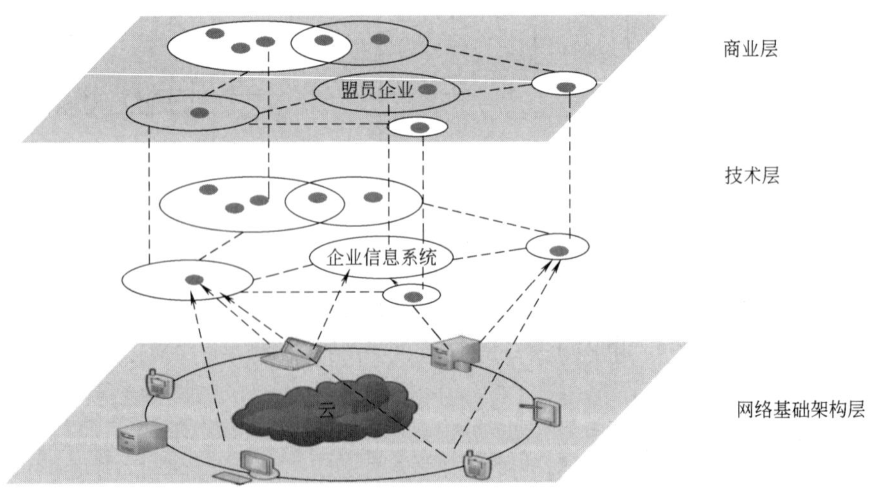

图 23-4-17　虚拟企业联盟信息生态系统的分层结构

设备物流供应链是由设备物流、信息流和资金流连接起来的由多个实体构成的供应网络。供应链管理一般是由多个实体组成，通过加强供应链中实体间的信息交流和协调使其中的物流和资金流保持通畅，实现供需平衡。其物流供应链企业联盟和管理方式如图 23-4-18 和图 23-4-19 所示。

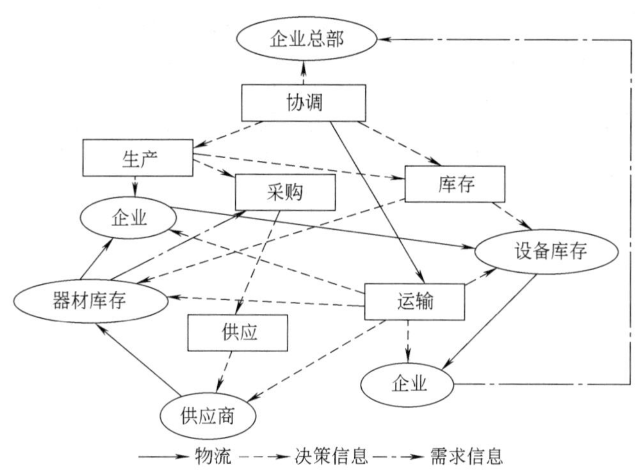

图 23-4-18　物流供应链企业联盟和管理方式示例

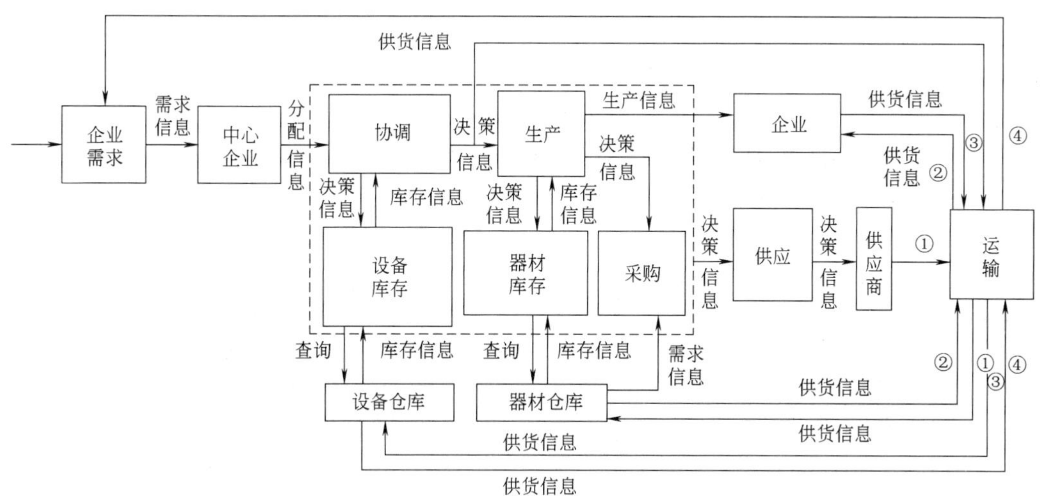

图 23-4-19　设备物流供应链智能管理方式（①、②、③、④是箭头路线编号）

3.3　云制造（摘自 GB/T 29826—2013，GB/T 39471—2020）

云制造是一种基于网络的、面向服务的智能制造新模式。它融合发展了现有信息化制造（信息化设计、生产、试验、仿真、管理、集成）技术与云计算、物联网、服务计算、智能科学等新兴信息技术，将各类制造资源和制造能力虚拟化、服务化，构成制造资源和制造能力的服务池，并进行统一的、集中的优化管理和经营，从而用户只要通过网络和终端就能随时随地地按需获取制造资源与制造能力的服务，进而智能地完成其产品全生命周期各类活动。

云制造服务平台制造资源接入集成架构如图 23-4-20 所示，应包括资源层、接入层、平台层。资源层包括产品全生命周期所涉及的硬制造资源、软制造资源及制造能力。在接入层，借助专用网络、物联网、传感网络、以太网等传输网络，以各自的接入方法将制造资源及制造能力集成接入到云制造服务平台。

制造设备可以分为直接接入云制造服务平台和间接接入云制造服务平台两种方法。在直接加入方面可将设备、控制计算机或智能采集终端，通过现场总线、工业以太网、工业无线等方法接入内置了 API（application programming interface，应用程序编程接口）的工业物联网网关，将设备的集成信息直接接入云制造服务平台，如图 23-4-21 所示。

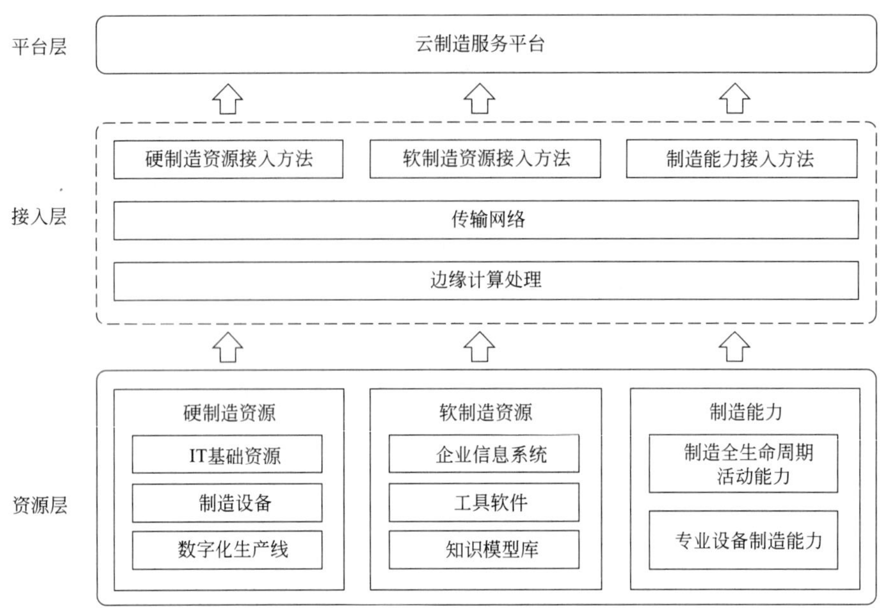

图 23-4-20　云制造服务平台制造资源接入集成架构

在间接接入方面，设备/设备组合在本地组成网络后，通过现场总线、工业以太网、工业无线等方法接入企业车间管理系统，并可从企业其他信息系统（如 ERP 等）获取信息支撑，然后通过 WebService 集成方法将设备/设备组合的集成信息间接接入云制造服务平台，如图 23-4-22 所示。

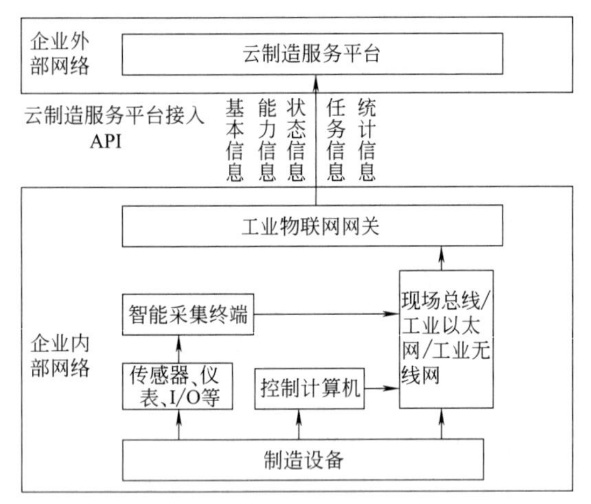

图 23-4-21　制造设备直接接入方法

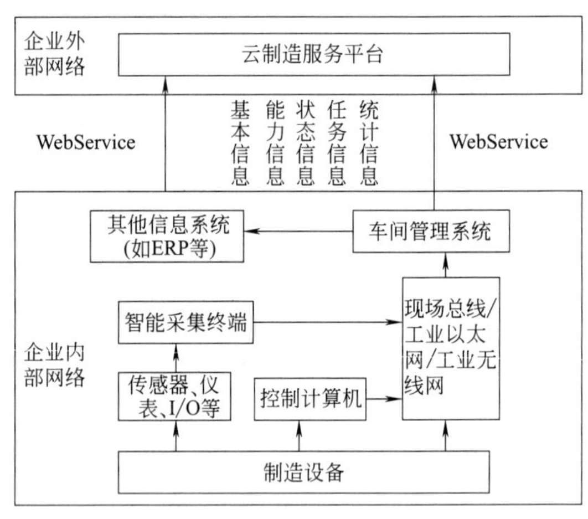

图 23-4-22　制造设备间接接入方法

云制造服务平台中接入集成的制造能力，应符合表 23-4-38 的要求。制造能力的分类有两种方法：①按照制造全生命周期活动划分，包括研发、供应、生产、营销、服务等制造能力，见图 23-4-23；②按照专业设备制造划分，包括通用设备制造、专用设备制造、交通运输设备制造、电气机械及器材制造、通信设备和计算机及其他电子设备制造、仪器仪表及其他机械制造等制造能力，见图 23-4-24。

表 23-4-38　　设备管理应用支撑

序号	要求
a	人/组织以及相应的业务逻辑：如仓库管理员的审批流程等，应在制造能力注册时进行定制实施并采用内置的流程调度/管理引擎的组织结构建模工具来完成
b	企业内部信息系统：宜采用基于电子数据交互(EDI)技术实现企业资源规划系统之间的互联以及云制造系统与企业内部信息系统之间的无缝集成

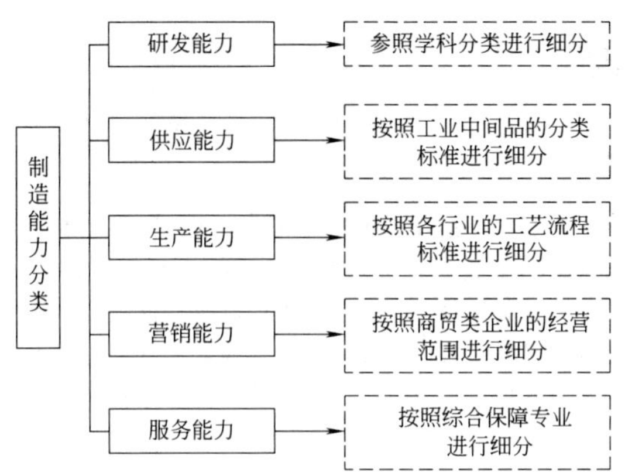

图 23-4-23　制造全生命周期活动能力分类

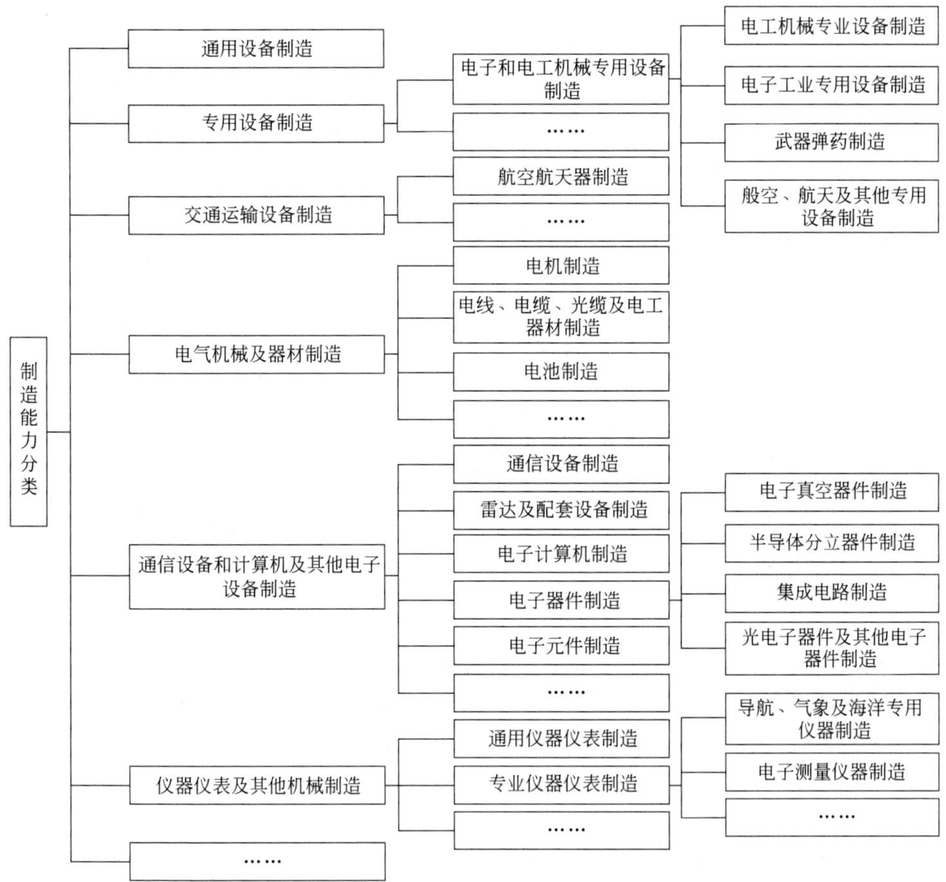

图 23-4-24　专业设备制造能力分类

4　远程运维保障

远程运维系统是远程实现运维对象状态监测、故障诊断、故障预警、故障告警、运维管理、设备管理、远程维护、预测性维护等功能的信息系统。通过信息技术对设备进行远程的数据采集、数据分析，判断设备的运行状态，并提供相应的运维服务。

4.1 运维保障技术框架

4.1.1 远程运维技术要求

远程运维技术参考模型包括两个层次要素和一个保障体系。横向层次要素的上层对其下层具有依赖关系；纵向保障体系对两个横向层次要素具有约束关系。①运维应用层：在运维支撑层的基础上建立的各种远程运维应用，包括设备管理、设备故障处理、设备保养等，为设备生产厂商、企业用户、设备专家等提供整体的运维应用和服务。②运维支撑层：通过平台、网络及数据支撑，保障远程运维业务的运转。③安全保障体系：为远程运维系统构建统一的安全平台，实现统一入口、统一认证、统一授权、运行跟踪、应急响应等安全机制，涉及各横向层次要素。远程运维技术参考模型如图 23-4-25 所示。

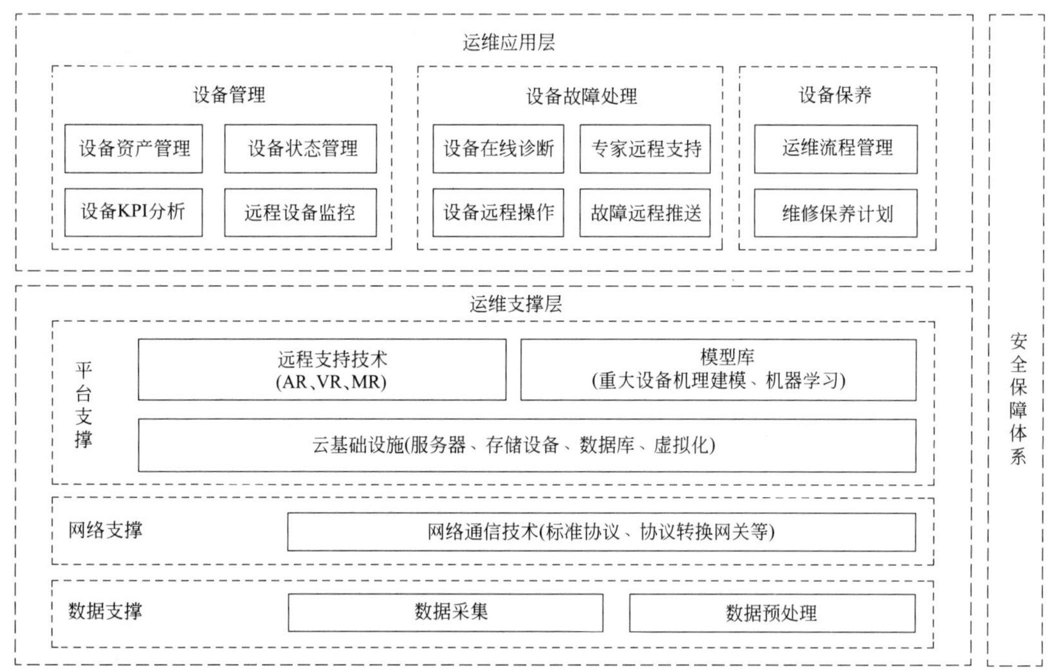

图 23-4-25 远程运维技术参考模型

1）设备管理。设备管理是以设备为研究对象，追求设备综合效率，应用一系列理论、方法，通过一系列措施，对设备的运行和维护进行全过程（从使用、保养、维修、更新直至报废）的管理。其应用支撑包括设备资产管理、设备状态可视化、运维报表、远程设备监控，具体设备管理应用支撑见表 23-4-39。

表 23-4-39 设备管理应用支撑

类型	要求
设备资产管理	设备资产管理通过对设备管理中各类数据的分析、判断，辅助企业把握故障的规律，提高故障预测、监控和处理能力，减少故障率，为设备管理人员和企业管理者提供决策依据。应满足以下要求： a. 建立设备台账信息，记录设备的图纸参数及设备履历信息； b. 保证固定资产的价值形态清楚、完整和正确无误，具备固定资产清理、核算和评估等功能； c. 提高设备利用率与设备资产经营效益，确保资产的保值增值
设备状态管理	设备状态管理通过实时监控设备，采集设备的各种运行数据，结合设备的地理位置等信息，提供设备的运行信息，及时把握设备的整体运行状况。应满足以下要求： a. 设备的运行信息包括但不限于设备状态、能耗、位置等信息； b. 应遵守相关领域标准
设备 KPI 分析	设备 KPI 分析针对设备维护管理记录的数据进行分析，用以记录设备发生的全部维护管理活动并且衡量关键指标。通过运维报表对故障进行分析验证

续表

类型	要求
远程设备监控	a. 通过对设备运行状况、备件磨损状况及耗材的使用状况的实时监测，从设备出厂开始进行全方位的生命周期管理； b. 具备预测备件的更换时间以及耗材的补充时间的能力，实现高效地维护保养计划，保持备件及耗材的最优库存

2）设备故障处理。设备故障处理是针对设备丧失规定的功能，作出的一系列恢复操作。其应用支撑包括但不限于设备在线诊断、专家远程支持、设备远程操作、故障远程推送等，具体设备故障处理见表 23-4-40。

表 23-4-40　设备故障处理

类型	要求
设备在线诊断	设备在线诊断是通过远程监控对设备运行状态和异常情况作出判断，并给出解决方案，为设备故障恢复实时提供依据，应满足以下要求： a. 具备对设备进行远程监测，发现设备故障的能力； b. 具备对故障类型、故障部位及原因进行诊断的能力； c. 具备给出解决方案，实现故障恢复的能力
专家远程支持	专家远程支持是对设备诊断、维修的专家在线指导
设备远程操作	设备远程操作是对设备进行的各种远程操作。应满足以下要求： a. 具备远程登录设备的能力； b. 具备远程输入操作指令的能力； c. 设备应具有响应远程操作的能力
故障远程推送	应满足以下要求： a. 故障告警及通知。支持 Email 或者短信、微信等警告的实时通知消息； b. 故障分析报表推送。可按照故障级别、事件类别出具故障的分析报表，便于改善服务

3）设备保养。设备保养是对设备在使用中或使用后的护理。其应用支撑包括但不限于运维流程管理、维修保养计划，见表 23-4-41。

表 23-4-41　设备保养

类型	要求
运维流程管理	运维流程管理从宏观上监控流程，确保运维流程正确执行。应满足以下要求： a. 总体上管理和监控流程，建立事件流程实施、评估和持续优化机制； b. 确定管理流程的衡量指标
维修保养计划	维修保养计划是基于设备监控履历及故障处理信息，在计划期内对设备进行维护保养和检查修理的计划。应满足以下要求： a. 具备设备保养记录的能力； b. 具备研究设备动态损伤规律的能力； c. 设计和实施预防保健、健康监测、平衡调整、动态养护维修对策和健康维保制度

4）平台支撑。平台应将主机、存储、网络及其他硬件基础设施，通过虚拟化等技术进行整合，形成一个逻辑整体，在统一安全的系统支撑下提供计算资源池和存储资源池，实施资源监控、管理和调度，并通过对运维数据模型的抽取，实现远程运维功能，见表 23-4-42。

表 23-4-42　平台支撑

类型	要求
远程支持技术	包括但不限于 AR（augmented reality，增强现实）、VR（virtual reality，虚拟现实）、MR（mix reality，混合现实）等技术
模型库	具备远程运维所需的重大设备机理建模、机器学习等模型库
云基础设施	云基础设施提供虚拟化的计算资源、存储资源和网络资源，以及基础框架、存储框架、计算框架、消息系统等支撑能力。平台及平台用户、远程运维应用可以调用这些资源和支撑能力。应满足以下要求： a. 具备计算、存储等资源的弹性扩容，并根据业务负载情况进行弹性的自动伸缩； b. 能够实现物理机、虚拟机的高可用，当单个的物理、虚拟节点发生故障，能够保持业务连续性； c. 采用分布式存储技术，具备数据容灾设计，能够实现对全平台存储数据的周期性全量、增量备份机制； d. 支持多种网络类型，提供灵活高效的组网能力

5）数据支撑。数据支撑包括数据采集和数据预处理两项内容，见表 23-4-43。

表 23-4-43　数据支撑

类型	要求
数据采集	应满足以下要求： a. 支持工业以太网,实现对工业专用设备/控制系统的数据连接;支持 HTTP(hyper text transfer protocol,超文本传输协议)、OPC/OPCUA(OPC unified architecture,统一架构)等接口协议,实现智能设备数据的采集; b. 提供设备感知、环境感知等不同类别数据的发现、获取、传输、接收、识别与存储能力; c. 支持结构化数据、半结构化数据、非结构化数据等不同类型的数据源; d. 提供数据的实时传输和处理能力; e. 提供采集对象和采集过程的监控管理功能
数据预处理	应满足以下要求: a. 提供结构化数据、半结构化数据的抽取、转换和加载功能; b. 支持对原始数据的清洗,将非标准的数据统一格式化为结构数据; c. 支持数据质量自动化监控,满足远程运维需求的数据质量要求

4.1.2　远程运维系统框架

远程运维系统通过数据采集、数据传输、数据存储、数据分析等技术，监测运维对象的运行状态，在安全机制的保障下提供可视化的远程运维服务，系统框架如图 23-4-26 所示。远程运维系统功能要求见表 23-4-44，远程运维系统安全要求见表 23-4-45。

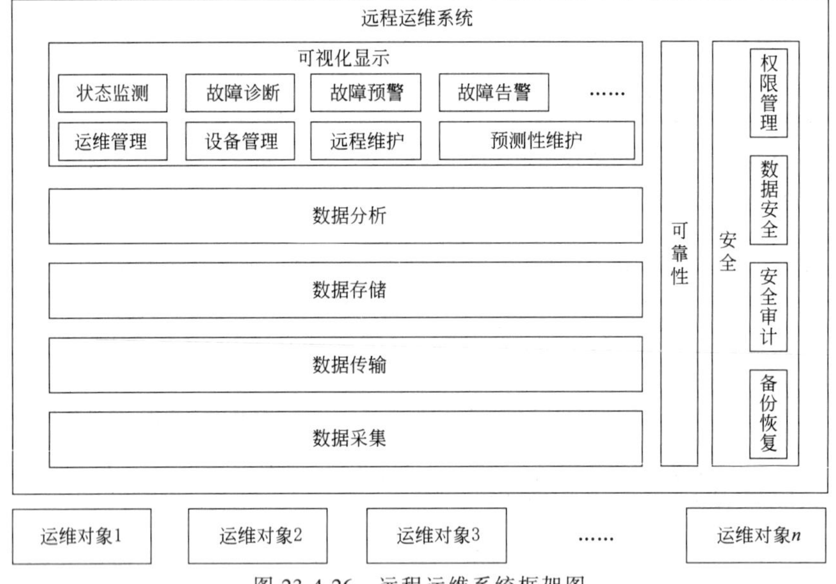

图 23-4-26　远程运维系统框架图

表 23-4-44　远程运维系统功能要求

类型	要求
状态监测	状态监测满足以下要求: a. 应支持运维对象运行状态的监测,如电流、电压、运行速率等; b. 应支持设置运维对象运行状态的监测周期; c. 可支持运维对象周围环境的监测,如温度、湿度等
故障诊断	故障诊断满足以下要求: a. 应支持设置故障类型及触发条件,如机械故障、电气故障、软件故障等; b. 应支持根据故障类型的触发条件识别故障类型; c. 应支持设置故障预警和故障告警的触发条件; d. 应支持识别故障预警和故障告警的故障诊断结果; e. 应支持兼容未知的故障类型; f. 对于未知的故障类型,应设置相应的故障诊断提示信息,并且及时通过 APP、短信、电话等形式推送至运维人员

续表

类型	要求
故障预警	故障预警满足以下要求： a. 应支持通过 APP、短信、电话等形式将故障预警信息及时推送至运维人员； b. 应支持设置巡检工单及触发条件； c. 应支持根据巡检工单的触发条件自动生成巡检工单
故障告警	故障告警满足以下要求： a. 应支持设置故障级别及触发条件，如紧急故障、非紧急故障等； b. 应支持根据故障级别设置相应的维修工单及触发条件； c. 应支持根据维修工单的触发条件自动生成维修工单； d. 应支持多种故障处理方式，如远程处理、现场处理等
运维管理	运维管理满足以下要求： a. 应支持设置多种类型的运维工单，如维修工单、巡检工单等； b. 应支持运维工单模板的自定义，如模板包括运维工单的类型、工单标题、工单内容、运维人员、处理时限等； c. 应支持多种运维工单的派发方式，如指定运维人员、运维人员主动认领的抢单模式等； d. 应支持运维工单的全流程记录和跟踪； e. 可支持运维人员处理运维工单的绩效评价
设备管理	设备管理满足以下要求： a. 应支持建立运维对象的台账信息，如运维对象的名称、类型、技术参数、技术手册、出厂信息、维保周期、过保日期、故障记录、维修记录等； b. 应支持浏览和查询运维对象历史数据，如根据时间、地点等关键字的查询和显示； c. 宜支持运维对象备件信息的管理，如编辑、添加、删除等； d. 可支持运维对象历史数据的导出或打印
远程维护	远程维护满足以下要求： a. 可支持运维对象的远程控制操作并反馈操作结果，如开机、关机、锁机和解锁等； b. 可支持运维对象参数的远程调试和修改； c. 可支持运维对象的远程固件升级
预测性维护	预测性维护满足以下要求： a. 可根据运维对象的状态监测数据、故障数据等设置预测性维护策略； b. 可支持对运维对象的使用寿命、保养时间或更换备件时间等进行预测； c. 可支持运维人员远程查看或确认运维对象的预测性维护信息

表 23-4-45　　远程运维系统安全要求

类型	要求
权限管理	权限管理满足以下要求： a. 应支持用户类型的设置，如管理人员、运维人员、普通用户等； b. 应支持根据用户类型设置不同的权限，如浏览信息的范围、操作的范围等； c. 应支持对远程运维系统的用户进行身份鉴别、证书鉴别或双因子认证等
数据安全	数据安全满足以下要求： a. 应支持信息完整性校验机制确保数据传输的完整性； b. 应支持密码技术对于鉴别信息、重要数据等敏感信息确保数据传输的保密性； c. 应采用标准化时间戳机制等技术确保数据传输的可用性
安全审计	安全审计满足以下要求： a. 审计范围应支持覆盖远程运维系统的所有用户； b. 审计范围应包括重要用户行为、系统操作异常和重要系统命令的使用等重要安全事件； c. 审计记录应得到保护，避免受到非系统授权的修改或删除等； d. 审计记录可根据系统使用的实际需求，按照指定的有效期保存
备份恢复	远程运维系统的备份恢复满足以下要求： a. 应支持对数据的手动备份和自动备份； b. 应支持对数据的全备份和增量备份； c. 应支持对数据的异步备份和同步备份； d. 应支持对数据的本地备份和异地备份； e. 宜支持卷镜像的方式提供数据的备份与恢复功能

此外，对设备远程运维系统中多源数据融合的技术科学性、可操作性进行评价，包括数据规范化程度、数据采集方式多样性、数据处理能力、数据调度和交换的性能等，具体远程运维系统多源融合流程如图 23-4-27 所示。

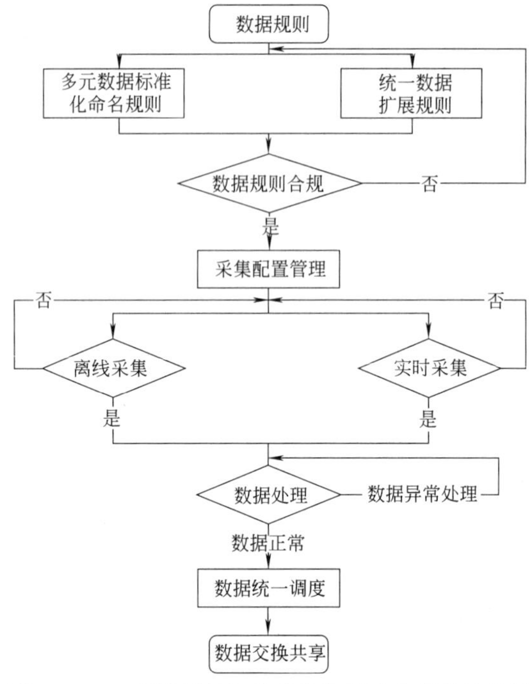

图 23-4-27　远程运维系统多源数据融合流程示意图

4.2　远程加工运维保障

4.2.1　数控机床远程运维保障

数控机床装备经历了手动驱动/机械驱动、电力驱动/数字驱动、计算机控制和云解决方案模型，如图 23-4-28 所示。其数控机床远程运维通过采集的数控机床状态数据，采用多传感融合、物联网、云平台和大数据等技术，实施数控机床状态信息采集、健康状态评估、故障模式识别及预测性维护等运维服务功能。数控机床远程运维包括运维服务功能及支撑功能实现的运维使能平台。针对运维服务功能，平台建立相应的软硬件模块，支撑数控机床远程运维服务的正常运行，层级架构如图 23-4-29 所示。

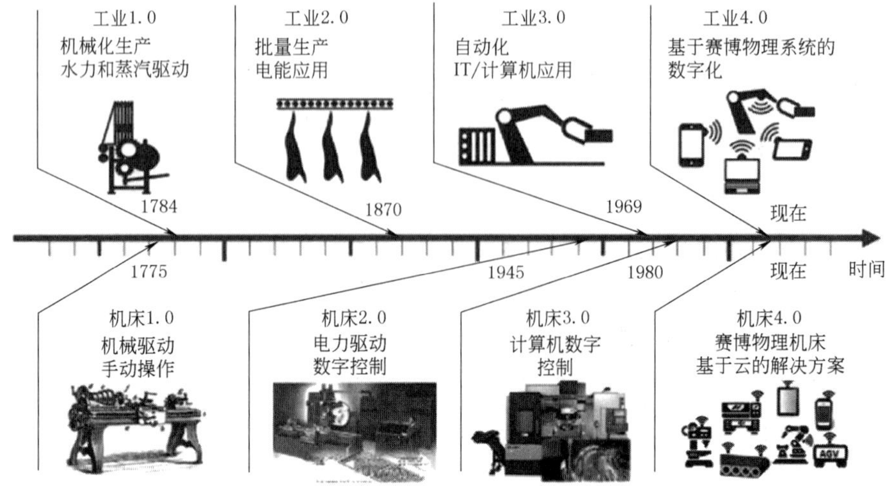

图 23-4-28　数控加工装备进化史

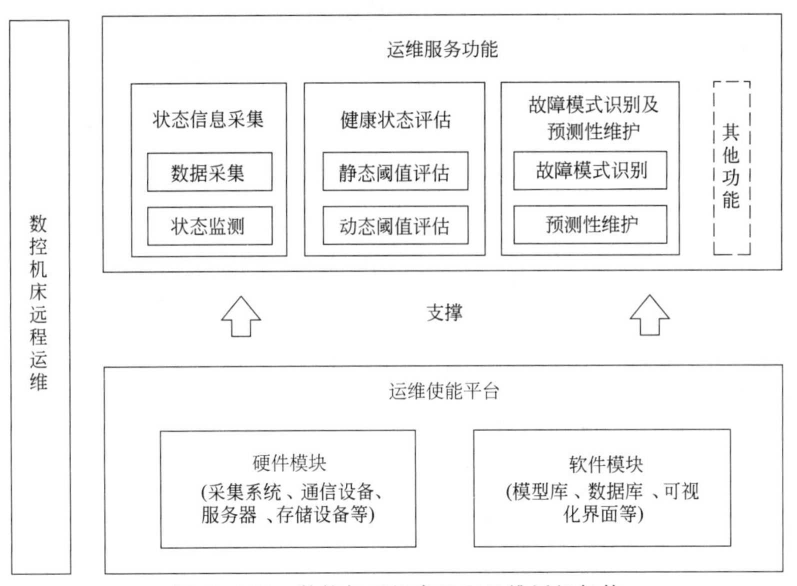

图 23-4-29　数控加工机床远程运维层级架构

数控机床远程运维使能平台架构示例如图 23-4-30 所示。状态信息采集系统布置在数控机床本地服务器，可将采集后的信息进行初步分析和处理，并在本地实现状态监测功能。状态信息采集系统将处理后的数据发送给云平台。健康状态评估、故障模式识别及预测性维护功能部署在云平台。通过云平台的大数据或人工智能技术，以及外部专家的远程协同，不断优化健康状态评估和故障诊断及预测性维护的算法。

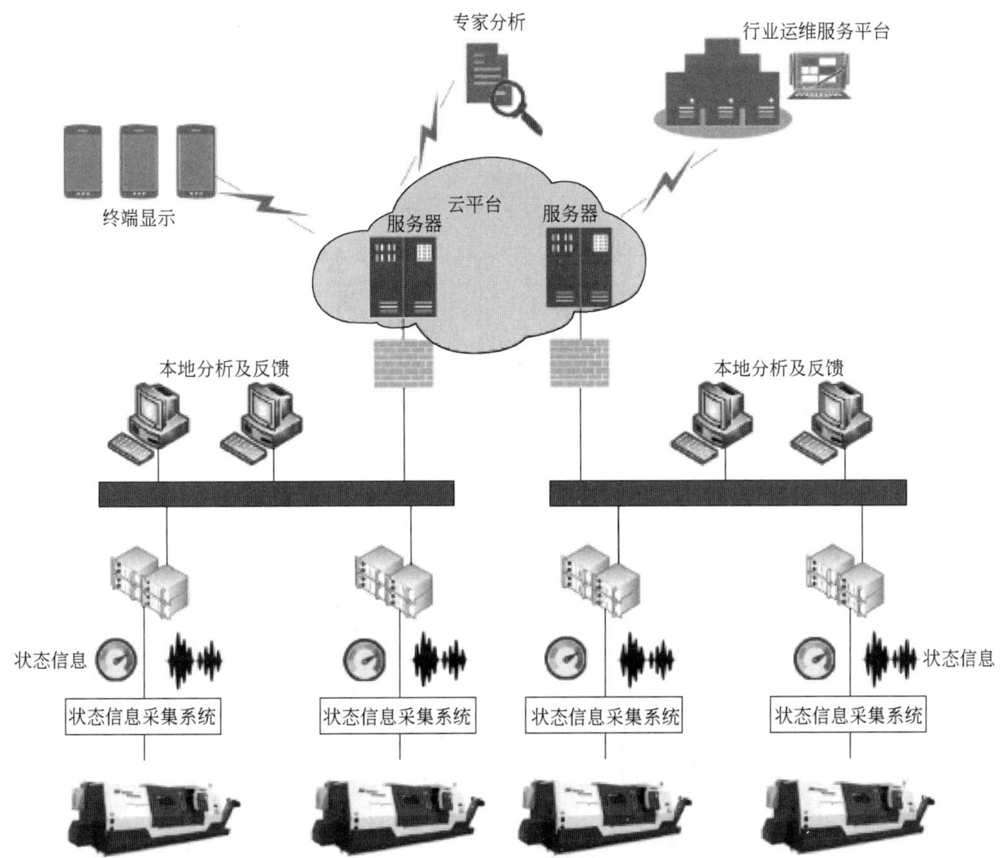

图 23-4-30　数控机床远程运维使能平台架构示例

运维服务功能包括状态信息采集、健康状态评估、故障模式识别及预测性维护等四个核心功能，功能之间的交互关系如图 23-4-31 所示。

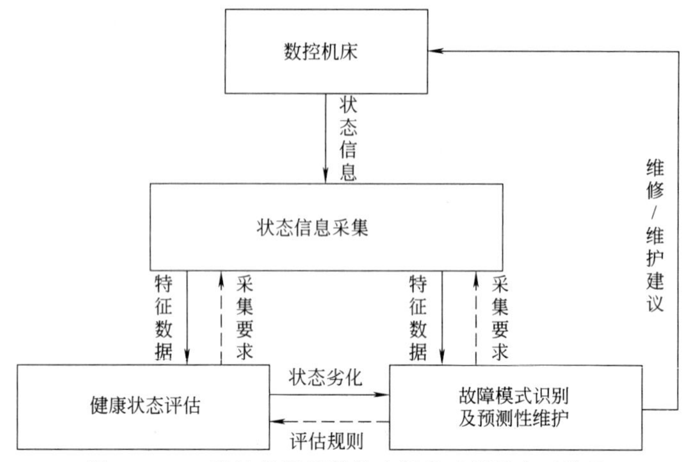

图 23-4-31　数控机床运维核心服务功能及交互关系

通过传感器和数控系统等，对数控机床的状态信息进行采集，在初步处理、分析之后，将数据上传至平台；启动健康状态评估功能，对数控机床的健康状态进行评估；执行故障模式识别及预测性维护功能。数控机床远程运维的一般流程如图 23-4-32 所示。

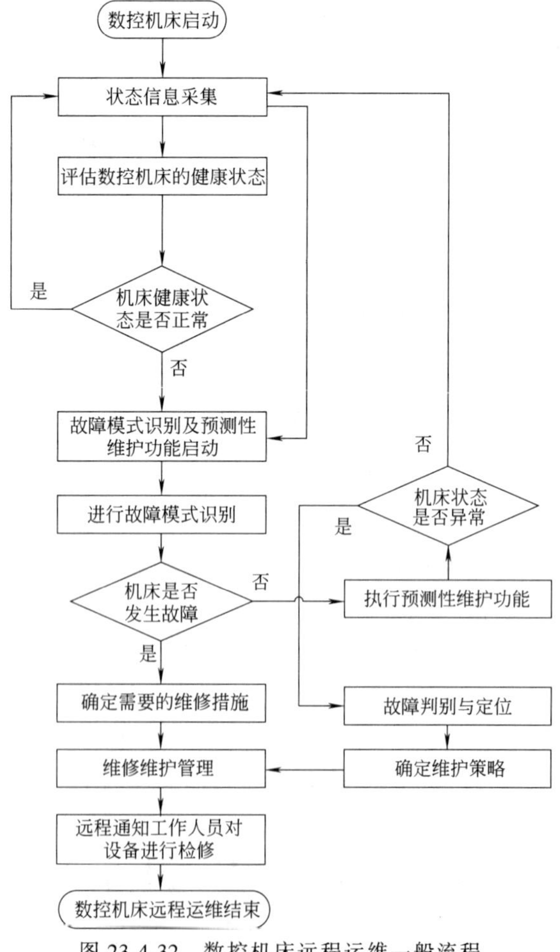

图 23-4-32　数控机床远程运维一般流程

4.2.2　数控加工故障模式识别与预测性维护

1）状态信息采集。状态信息采集为数控机床远程运维提供数据基础，包括确定采集参量、数据采集、数据预处理、数据存储和数据管理等。数控机床远程运维的状态信息采集基本流程如图 23-4-33 所示。

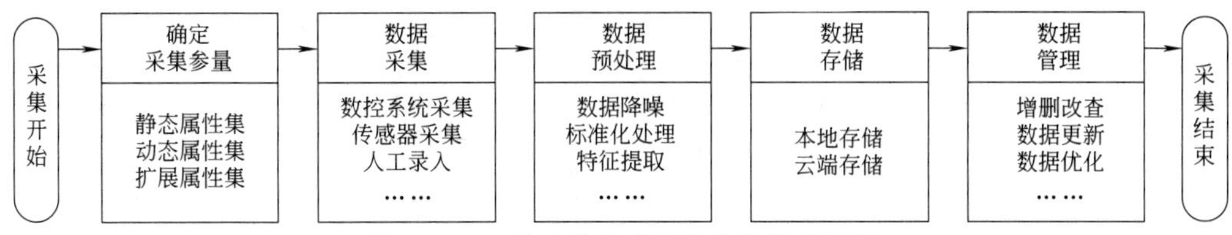

图 23-4-33　状态信息采集基本流程示意图

数控机床状态信息字典分为组件集和属性集两部分，层次结构如图 23-4-34 所示。组件集包括数控机床的主轴系统、进给系统、刀库系统等。属性集包括静态属性集、动态属性集和扩展属性集三个部分。

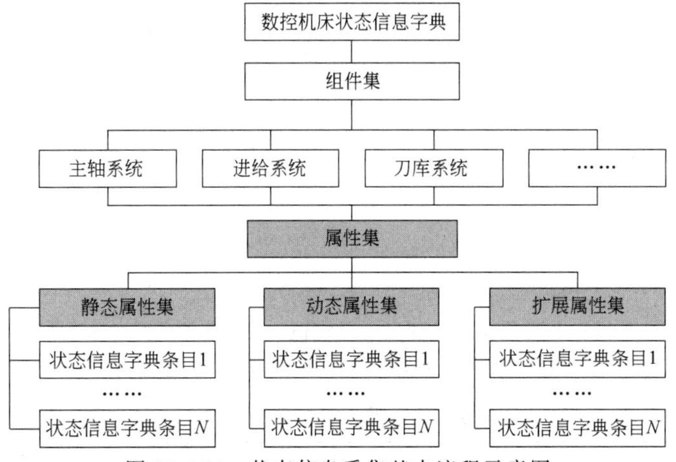

图 23-4-34　状态信息采集基本流程示意图

数控机床状态信息采集常用的方法有传感器采集、数控系统第三方接口采集、其他方式采集等三大类，如图 23-4-35 所示。

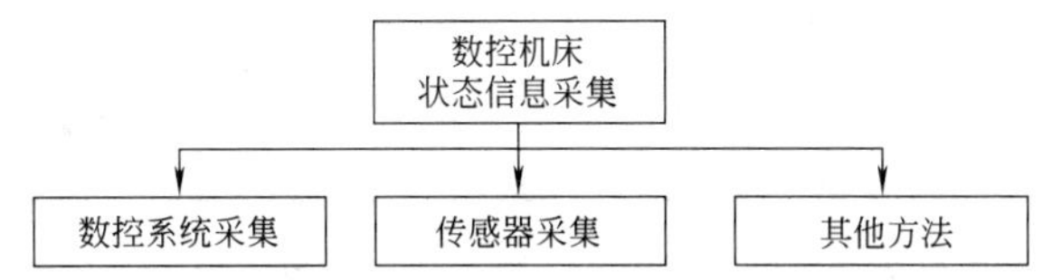

图 23-4-35　数控机床状态信息采集方法

2）健康状态评估。健康状态评估基于数控机床的状态信息，提取状态信息中的特征指标，通过综合各特征指标评估得到数控机床的健康状态，并给出可视化反馈。健康状态评估基本流程如图 23-4-36 所示。

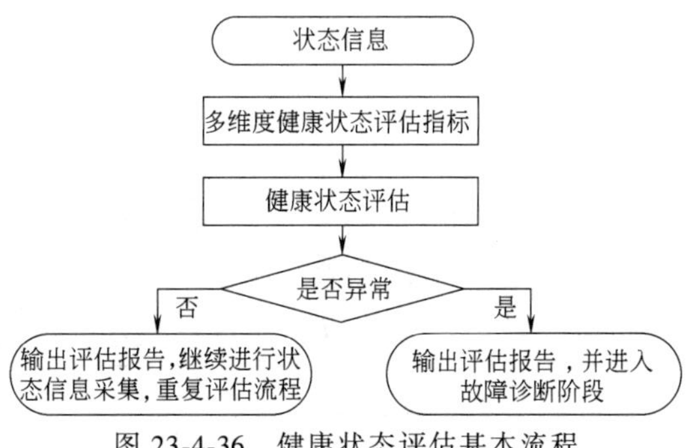

图 23-4-36　健康状态评估基本流程

健康状态评估包含以下三个层次：综合各特征指标对数控机床某关键功能部件的某个维度进行评估；综合各个维度评估结果对数控机床某关键功能部件的健康状态进行评估；综合各个关键功能部件健康状态对数控机床整体的健康状态进行评估。健康状态评估层次关系如图 23-4-37 所示。

第23篇

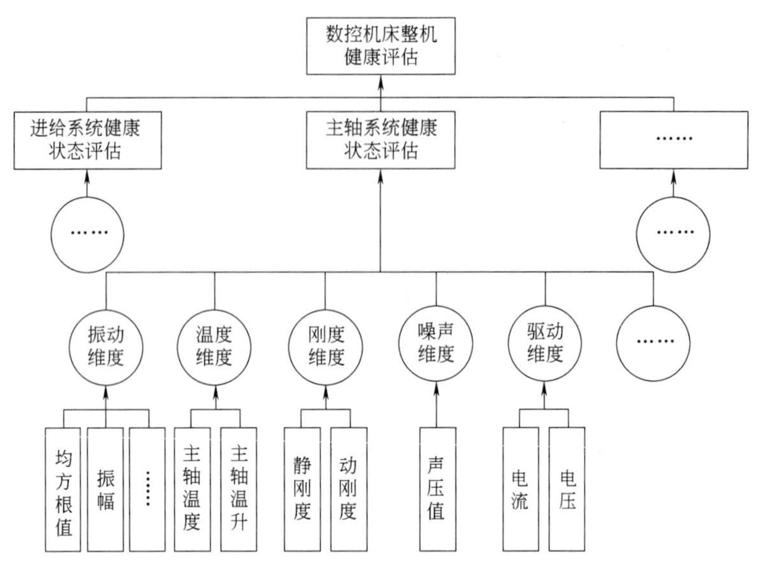

图 23-4-37 健康状态评估层次

单维度健康状态评估是根据各个维度的指标值判断该维度下数控机床的健康状态。

首先将各指标偏离健康阈值的程度归一化到统一量纲下，使偏差水平统一反映在区间为 0 至 100 的健康指数范围内，以 60 为状态异常临界点。健康指数计算方法如下式：

$$Mark=100-40\times\frac{\bar{\theta}}{\eta} \tag{23-4-1}$$

式中，$\bar{\theta}$ 为数控机床各个指标实时数据预处理后的平均值；η 为数控机床各个指标的阈值。

根据健康指数对数控机床进行健康评级，见表 23-4-46。

表 23-4-46　　数控机床健康状态等级划分

健康指数	健康等级	运行情况描述	危害度描述
$Mark\geqslant85$	优	运行情况好，设备运行状态好	发生故障的概率很小
$75\leqslant Mark<85$	良	各项指标合格，设备运行良好	发生故障的概率较小
$60\leqslant Mark<75$	中	指标不合格，设备运行异常	发生故障的概率较大，需要进行故障诊断
$Mark<60$	差	指标超过（不达）阈值要求，不能正常运行或加工不合格	发生故障的概率很大，需要进行故障诊断

3）故障诊断。故障诊断主要包括故障模式识别、故障定位、故障评价以及故障决策四个部分，故障诊断基本流程如图 23-4-38 所示。

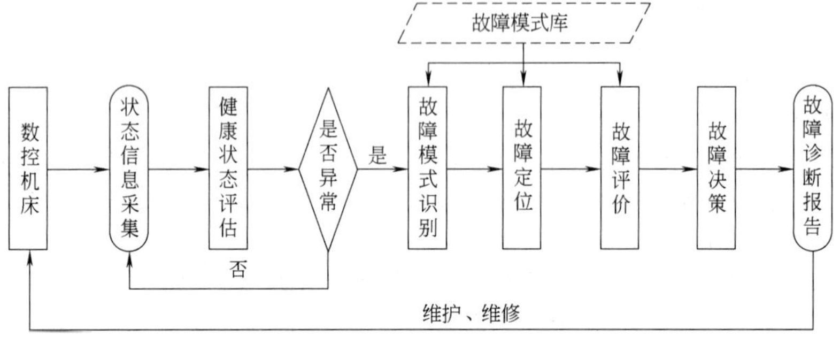

图 23-4-38 故障诊断基本流程

表 23-4-47　　故障诊断的基本流程主要要求

类型	要求
故障模式识别	依据数控机床的运行状态信息，结合故障模式库识别可能发生的故障类型
故障定位	依据数控机床的运行状态信息以及故障类型，结合故障模式库判断可能发生故障的位置
故障评价	依据数控机床的运行状态信息、故障类型以及故障位置，结合故障模式库，将故障对数控机床性能、功能的影响作出判断，确定故障严重等级
故障决策	根据对当前数控机床运行状态的判断，决定应采取的对策和措施
故障诊断报告	根据故障诊断获取的信息，编制诊断报告，并提供维护、维修建议

设数控机床故障标准模式为 $\{E_i\}$ $(i=1, \cdots, m)$，各模式所对应的故障为 $\{Y_i\}$ $(i=1, \cdots, m)$，待诊断特征指标向量为 R。模糊贴近度方法采用一种几何相似的识别方法，它通过计算 R 与 $\{E_i\}$ $(i=1, \cdots, m)$ 中各个状态模式 E_i 的相似程度，即模糊贴近度，来确定 E_i 所对应的故障 Y_i 发生的可能性 $N(R, E_i)$。使用最大最小法计算故障发生可能性，如下式所示：

$$N(R,E_i)=\frac{\sum_{j=1}^{n}[R(j)\wedge E_i(j)]}{\sum_{j=1}^{n}[R(j)\vee E_i(j)]} \tag{23-4-2}$$

式中，$\vee$代表取最大值，$\wedge$代表取最小值，$R(j)$ 表示待诊断特征指标向量中第 j 个特征指标的值；$E_i(j)$ 表示第 i 个故障模式中第 j 个特征指标的值。

若有 $1 \leqslant i \leqslant m$ 使：

$$N(R,E_i)=\max_{1\leqslant j\leqslant m}[N(R,E_j)] \tag{23-4-3}$$

则认为 R 与 E_i 最贴近，R 应归为模式 Y_i。

也可以使用以下其他方法（包括但不限于）建立故障诊断模型：

① 数据驱动方法，例如支持向量机、神经网络、决策树等；

② 解析模型方法，例如参数估计法、等价空间等；

③ 定性分析方法，例如专家系统、图搜索等。

4）故障状态预测。故障状态预测基于故障诊断的相关数据，对数控机床当前的运行状态进行分析，预测其未来的运行状态，基本流程如图 23-4-39 所示。故障状态预测的基本流程见表 23-4-48。

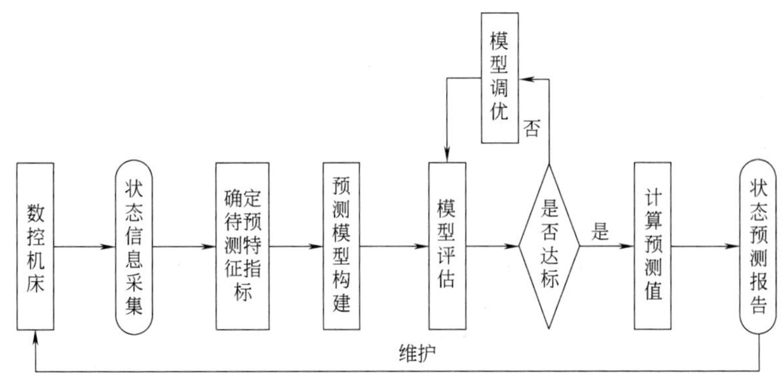

图 23-4-39　故障状态预测基本流程

表 23-4-48　　故障状态预测的基本流程

步骤	功能
确定待预测指标	依据数控机床的运行状态信息及健康状态评估结果，确定需要预测的故障特征指标
预测模型构建	依据数控机床的运行状态信息及数据量，选择合适的方法构建状态预测模型
模型评估	对构建的预测模型进行评估，判断其误差是否在合理范围内
计算预测值	利用状态预测模型对数控机床当前运行状态信息进行预测，得到预测值，并判断其置信区间

续表

步骤	功能
状态预测报告	根据故障状态预测获取的信息,编制诊断报告,并提供维护、维修建议。首先收集用于状态预测的相关信息,进一步明确预测过程的目标变量以及相关变量,并通过相关分析确保二者存在关系,构建预测模型;构建的预测模型要经过模型检验并进行反馈修改才可给出最终的预测目标预测值,并最终形成数控机床状态预测报告

明确预测的具体指标，即待预测特征指标。可通过故障模式库中的故障特征指标确定。除无量纲的特征指标外，可用于数控机床的典型状态预测特征指标见表 23-4-49。

表 23-4-49　　数控机床典型状态预测特征指标

数控机床功能部件	预测特征指标	数控机床功能部件	预测特征指标
主轴	振动均方根值	进给轴	轴承故障振动频率幅值
	振动基频幅值		丝杠磨损特征频率幅值
	振动二倍基频幅值		振动峭度值
	温升值		滚珠冲击频率幅值
	振动峭度值		

数控机床状态信息采集集数据实时采集、信号分析、特征信息提取和状态监测于一体，功能框图如图 23-4-40 所示。工作人员通过该系统对目标机床进行状态采集与监测，为数控机床健康状态评估、故障诊断、预测性维护等功能的实现奠定数据基础。

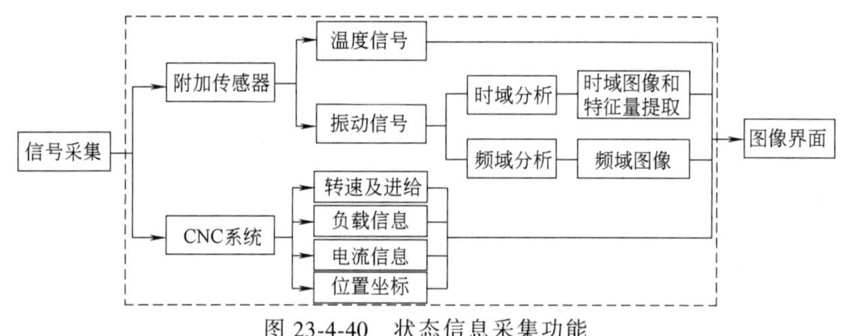

图 23-4-40　状态信息采集功能

4.3　远程服役运维保障

4.3.1　预测性维护要求

预测性维护：根据观测到的状况而决定的连续或间断进行的维护，以监测、诊断或预测构筑物、系统或部件的条件指标。预测性维护的实施应着重于识别和避免根原因的失效模式，其工作流程如图 23-4-41 所示，服役维护的功能与数据传输也应遵循该流程。

服役维护系统的功能模型如图 23-4-42 所示，其中仅包括了系统必备的功能，可根据实际情况增加其他功能模块，预测性维护的开展要求见表 23-4-50。

表 23-4-50　　预测性维护的开展要求

类型	要求
监测终端和数据采集设备	该类设备可以集成在设备本体,也可外置,其功能是对设备的运行状态参数进行监测,为数据的分析计算提供数据。但通常集成在设备本体的方案更适用于设备制造商,设备用户更推荐采用外置监测终端的方案
设备控制系统	对于不具备边缘计算、仅提供数据采集功能的控制系统,可将其视为数据采集设备,对于具备边缘计算能力的控制系统,能够将设备运行状态参数在边缘端进行分析和预测,并通过人机界面或其他手段显示结果。边缘计算技术的应用需综合考虑成本与预测的准确性
上层系统或平台	将采集的数据上传至系统或平台中进行分析和预测,并能够不断修正预测结果,为了更好地实现设备维护,该系统或平台应与 MES 或 ERP 提供信息交互。但该系统或平台对于通信协议与接口的一致性具有较高的需求,且需考虑信息安全

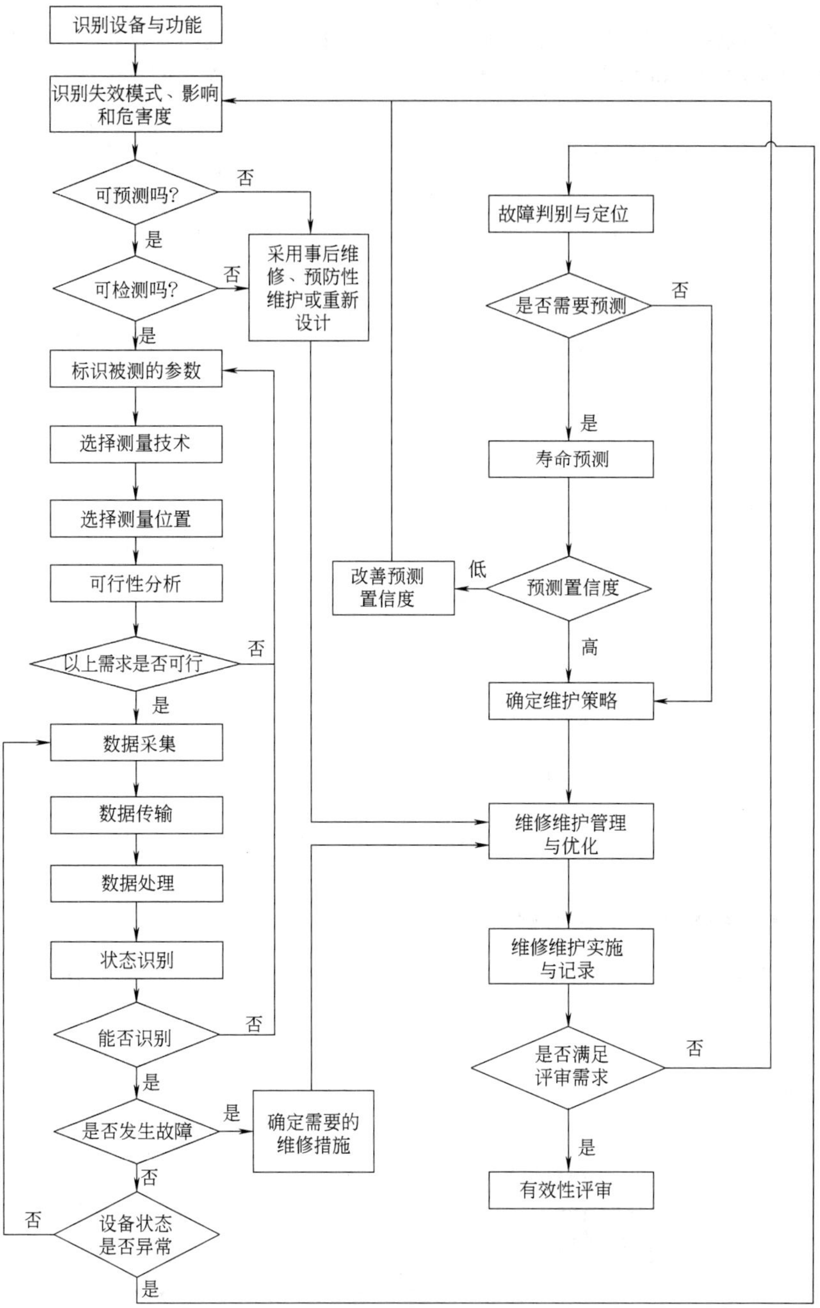

识别设备与功能

识别失效模式、影响和危害度

可预测吗?

否

是

可检测吗?

否

采用事后维修、预防性维护或重新设计

是

标识被测的参数

选择测量技术

选择测量位置

可行性分析

以上需求是否可行

否

是

数据采集

数据传输

数据处理

状态识别

能否识别

否

是

是否发生故障

是

确定需要的维修措施

否

设备状态是否异常

否

是

故障判别与定位

是否需要预测

否

是

寿命预测

改善预测置信度

低

预测置信度

高

确定维护策略

维修维护管理与优化

维修维护实施与记录

是否满足评审需求

否

是

有效性评审

图 23-4-41　服役维护系统工作流程图

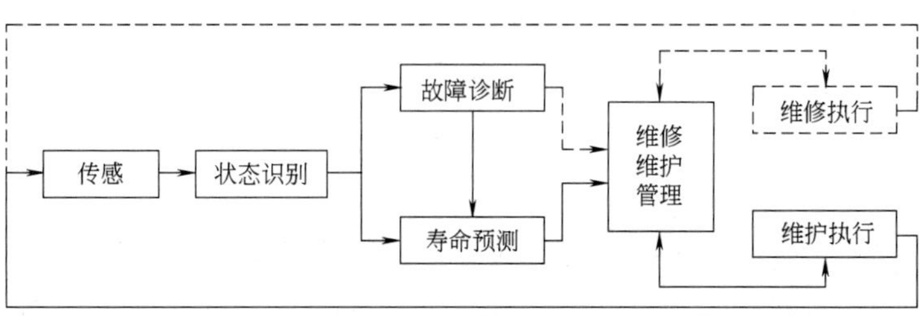

图 23-4-42　服役维护系统功能模型

状态监测主要包括数据采集、数据预处理、特征提取、特征分析和状态识别，在该阶段应实现数据质量和故障/异常的判断。设备的状态监测可以在设备层进行，也可以上传至系统层进行。设备状态监测的过程如图 23-4-43 所示，预测性维护功能要求如表 23-4-51。

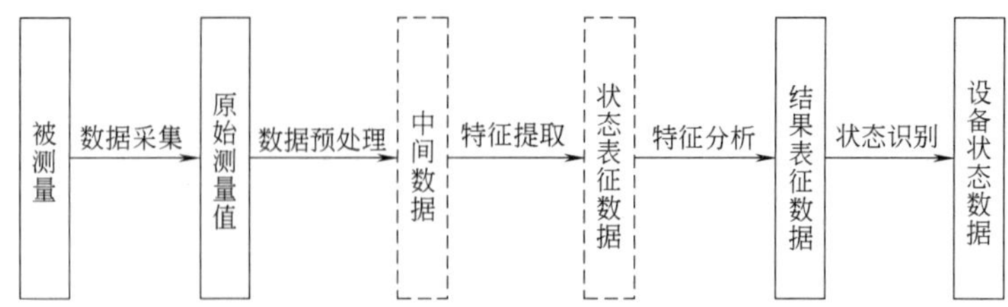

图 23-4-43　设备状态监测过程示意图

表 23-4-51　　预测性维护功能要求

类型	要求
故障诊断功能	设备的预测性维护应针对设备异常参数的分析判断，虽并未出现故障，但仍需要故障诊断技术的支持，如故障类型的判断、故障定位等。通常可采用基于数据驱动的方法、基于机理模型的方法和基于定性经验知识的方法等，实现上述功能，并为寿命预测提供决策依据。部分严重程度较高的异常可由故障诊断直接提供维护或维修策略
寿命预测功能	寿命预测应基于故障诊断提供的类型判断、故障定位等数据，对设备的 RUL（剩余使用寿命）进行评估。可采用的分析方法包括多参数分析、趋势分析和对比分析等，建模方法包括数据驱动、机理模型和混合模型等。在执行寿命预测过程时，还应对预测的置信度进行评估，置信度评估可以从数据质量、历史经验数据、模型准确性和过程控制等角度开展
维护管理功能	维护管理，应依据寿命预测结果，结合生产实际情况建立应急响应机制，同时在充分考虑安全和成本的基础上，将故障诊断和寿命预测的输出结果，与企业设备管理相结合，制定相应的维护维修策略，也可借助企业的管理信息系统，如 MES、ERP 等，实现维修维护管理的优化

4.3.2　离散制造预测性维护实施案例

机器人驱动系统的寿命预测实例如图 23-4-44 所示。主要通过建立动力学模型和控制模型，与实际响应进行对比的方法开展预测。

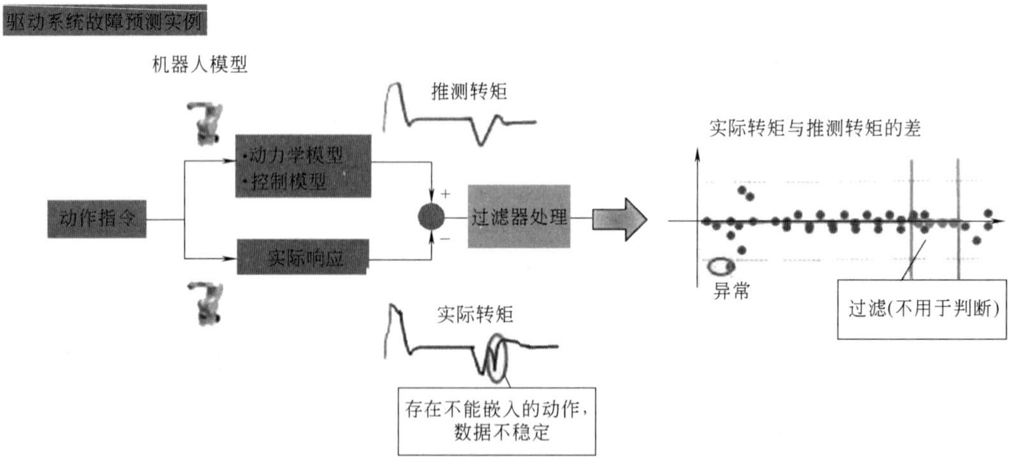

驱动系统故障预测实例
机器人模型
推测转矩
·动力学模型
·控制模型
动作指令
实际响应
过滤器处理
实际转矩与推测转矩的差
异常
过滤(不用于判断)
实际转矩
存在不能嵌入的动作，数据不稳定

图 23-4-44　机器人驱动系统寿命预测实施案例

滚珠丝杠的寿命可通过伺服系统中电机转矩、摩擦（齿隙等）及加速度传感器数据进行异常监测。滚珠丝杠异常诊断系统结构示意如图 23-4-45 所示。

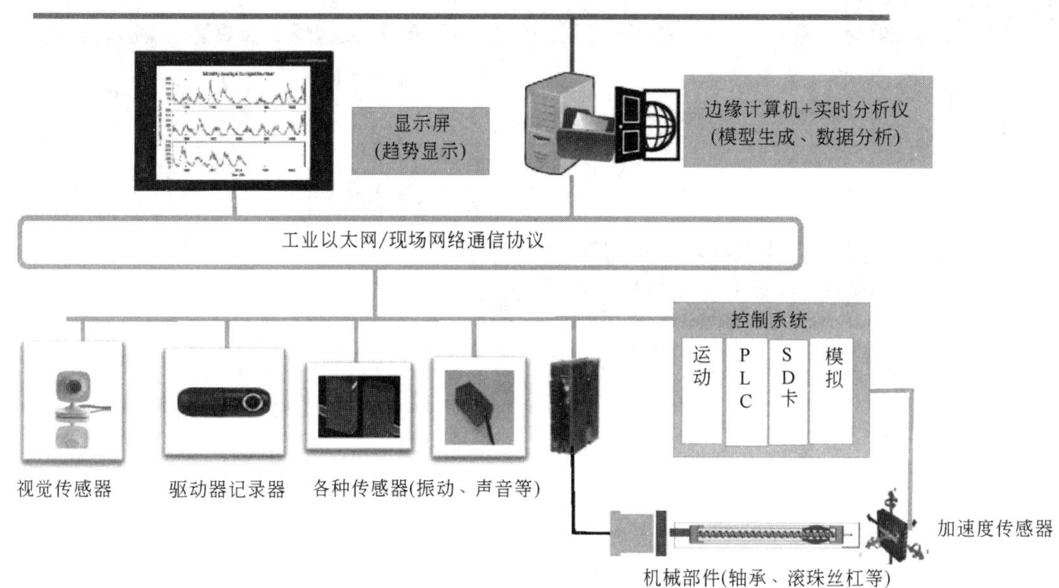

图 23-4-45 滚珠丝杠异常诊断系统结构示例

4.3.3 典型设备预测性维护实施案例

1）变压器油中气体组分在线监测。不同类型的变压器故障产生不同的特征气体，变压器故障类型的判断方式如表 23-4-52 所示。变压器发热和放电的程度不同，所产生的特征气体、气体含量、产气速率、各特征气体的比值关系也不相同。

表 23-4-52　　基于特征气体法的预测性维护

变压器故障类型	油中出现溶解气体的特点
一般性过热	固体绝缘材料过热会生成大量的 CO、CO_2，过热部位在 300℃以内时，以 CH_4、C_2H_6 为主要成分
严重过热	CH_4 和 C_2H_4 为主要成分，H_2 含量较高，总烃高但 C_2H_2 的含量不高
油纸绝缘局部放电	主要产生 H_2、CH_4，当涉及固体绝缘时产生 CO，以没有或极少产生 C_2H_4 为主要特征
油中火花放电	一般是间歇性的，以 C_2H_2 含量的增长相较其他组分较快，而总烃不高为主要特征
电弧放电	产生大量 H_2 和 C_2H_2，总烃高，以及相当数量的 CH_4 和 C_2H_4，涉及固体绝缘时，CO 显著增加

2）电机的预测性维护。电机的预测性维护可以对机械损伤和电气故障进行预测。基于对智能设备运行数据，特别是设备运行日志文件数据的分析，对设备的运行状态进行有效评估，进而动态、及时地发现设备运行的潜在异常情况，并生成具有针对性的维护方案。基于特征值和专家经验的分析分别见图 23-4-46 和图 23-4-47。

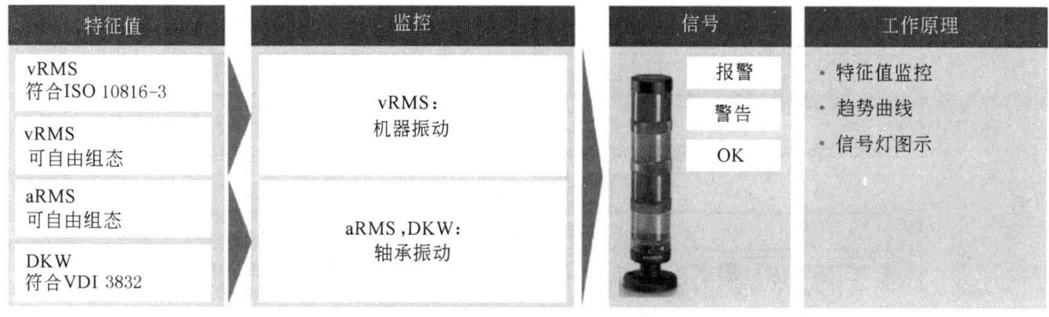

图 23-4-46 基于特征值的分析

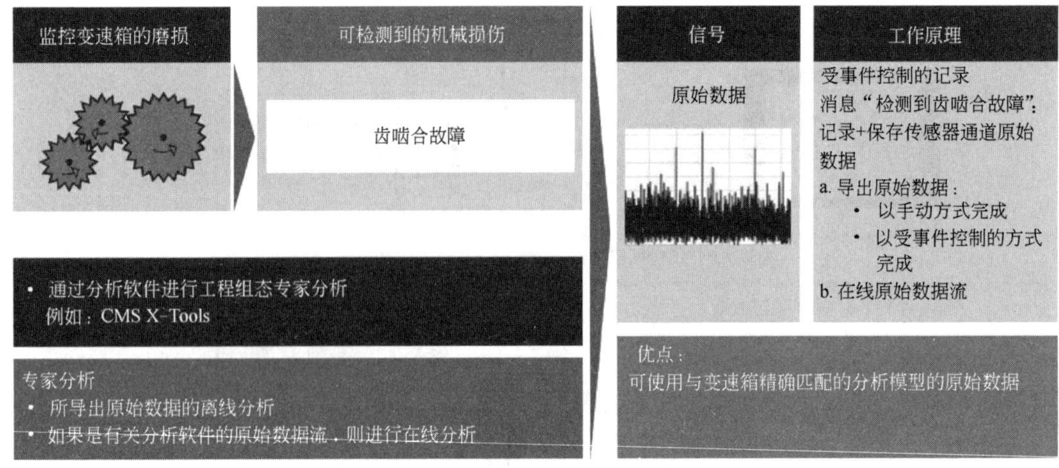

图 23-4-47　基于专家经验的分析

5　共享制造

共享制造是基于共享经济的制造模式。“共享制造”这一概念最早出现在艾伦·勃兰特1990年发表的《共享制造的愿景》一文中，指一些大型企业会进行一部分闲置设备和先进技术的共享，小型企业可以在此接受培训，学习如何运行和操作先进的制造系统，掌握更加灵活的集成制造技术。这些大型和小型企业的行为也就代表了最初的“共享制造”形式。

5.1　共享制造技术框架

(1) 共享制造服务的虚拟化封装

共享制造资源虚拟化就是通过物联网、CPS（cyber-physical system，信息物理系统）、计算系统虚拟化等技术实现物理制造资源（硬制造资源和软制造资源）的全面互联、感知与反馈控制，并将物理制造资源转化为逻辑制造资源，解除物理制造资源与制造应用之间的紧耦合依赖关系，以支持资源高利用率、高敏捷性、高可靠性、高安全性、高可用性的虚拟化共享制造服务系统。其虚拟资源虚拟化理论框架如图23-4-48所示。

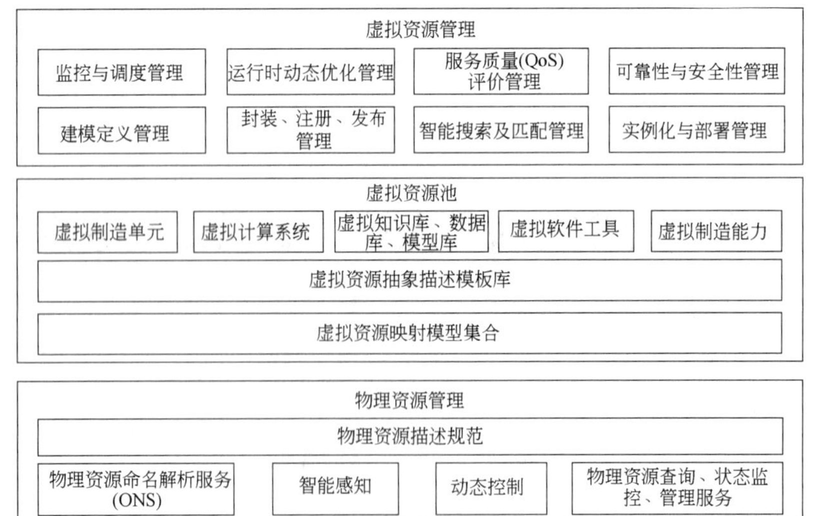

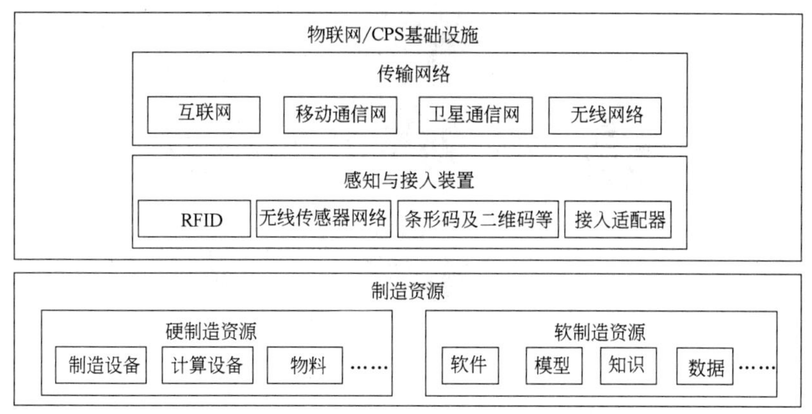

图 23-4-48　虚拟资源虚拟化理论框架图

促使共享制造平台变化、发展进而最终实现其价值目标的内外部力量被视为平台驱动机制的重要内容，如图 23-4-49 所示。

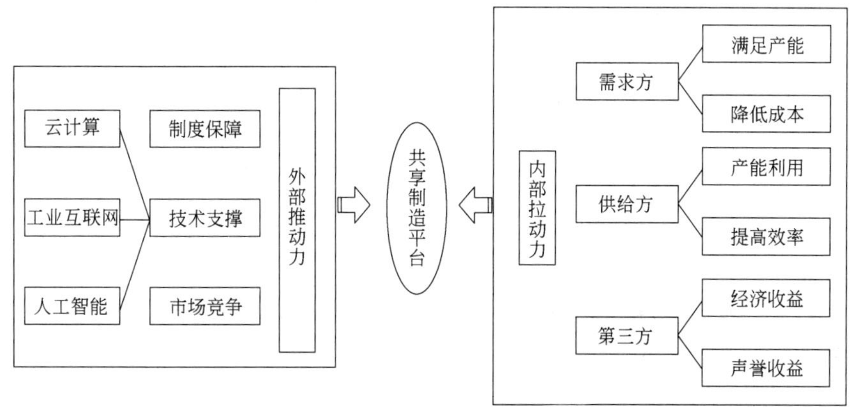

图 23-4-49　共享制造平台驱动机制

（2）共享制造模式扩散模型框架

同一行业或同一地区的企业之间竞争与合作等关系的存在促进了组织间的联结，企业之间的联系越来越紧密，关系变得日益复杂。企业之间的交流与互动日益频繁，企业日常经营活动受外部因素的影响也越来越大。其企业间信息的传递过程如图 23-4-50 所示。

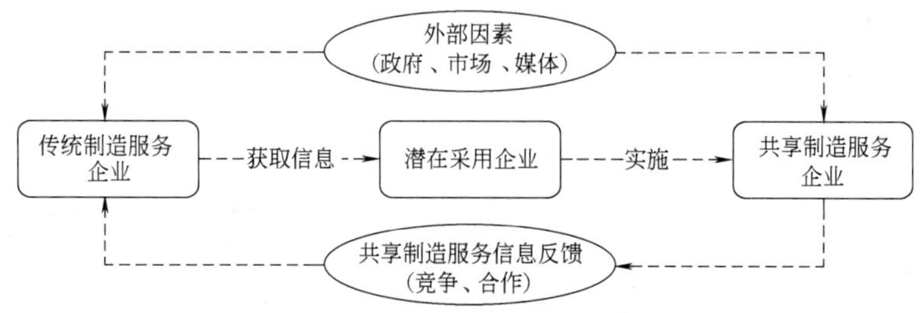

图 23-4-50　企业间信息的传递过程

（3）分布式制造服务共享框架

分布式制造服务共享是一种新型的制造资源管理模式，它不同于传统的集中式管理模式，是由独立的企业或个体之间进行服务共享的合作模式。分布式制造服务共享合作框架如图 23-4-51 所示。

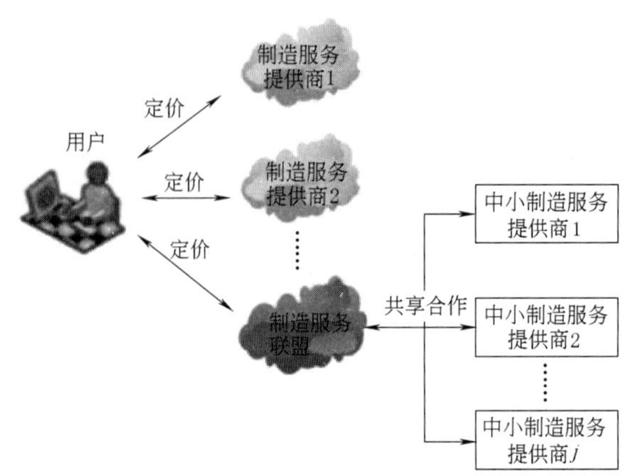

图 23-4-51　分布式制造服务共享合作框架

5.2　制造能力共享匹配

5.2.1　智能制造能力成熟度等级（摘自 GB/T 40814—2021）

能力成熟度等级定义了逐步提升的五个等级，分别为已规划级、规范级、集成级、优化级、引领级，如图 23-4-52 所示。个性化定制能力成熟度等级的具体要求见表 23-4-53，PA 包含的 BP 和 GP 见表 23-4-54。

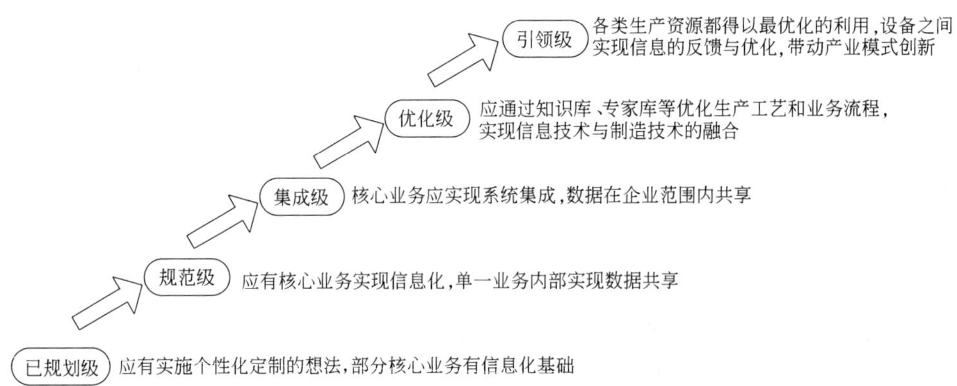

图 23-4-52　能力成熟度等级

表 23-4-53　　个性化定制能力成熟度等级的具体要求

分类	要求
已规划级	在此级别，企业应有实施个性化定制的想法，并开始进行规划和投资。部分核心的制造环节应实现业务流程信息化，具备部分满足未来通信和集成需求的基础设施，企业应开始基于信息技术进行制造活动
规范级	在此级别，企业应形成个性化定制的规划，对支撑核心业务的设备和系统进行投资，应通过技术改造，使主要设备具备数据采集和通信能力，实现覆盖核心业务环节的信息化升级。通过制度标准化接口和数据格式，部分支撑生产作业的信息系统应能实现内部集成，数据和信息在单一业务内部实现共享
集成级	在此级别，企业对个性化定制的投资重点应从对基础设施、生产设备和信息系统等的单项投入，向集成实施转变，重要的制造业务、生产设备、生产单元应完成数字化、网络化改造，应实现需求交互、设计研发、采购管理、生产管理、物流管理、售后服务等核心业务间的信息系统集成，应聚焦企业范围内的信息共享
优化级	在此级别，企业内生产系统、管理系统以及其他支撑系统应完成全面集成，实现企业级的数字建模，并将采集到的人员、装备、产品、环境数据以及生产过程中形成的数据进行分析，应通过知识库、专家库等优化生产工艺和业务流程，实现信息技术与制造技术的融合
引领级	在此级别，数据的分析与使用应贯穿企业的各方面，各类生产资源都得以最优化利用，设备之间实现信息的反馈与优化。通过个性化定制，带动产业模式创新

表 23-4-54　　PA 包含的 BP 和 GP

<table>
<tr><td colspan="16">PA</td></tr>
<tr><td colspan="6">BP</td><td colspan="10">GP</td></tr>
<tr><td colspan="2">PA01
组织管理</td><td colspan="2">PA02
资源管理</td><td colspan="2">PA03
生产保障</td><td>PA04
需求交互</td><td colspan="3">PA05
设计研发</td><td>PA06
采购管理</td><td colspan="2">PA07
生产管理</td><td colspan="2">PA08
物流管理</td><td>PA09
售后服务</td></tr>
<tr><td>BP01
组织战略</td><td>BP02
人力资源管理</td><td>BP03
设备管理</td><td>BP04
能源管理</td><td>BP05
质量控制</td><td>BP06
安全与环保</td><td>GP01
销售管理</td><td>GP02
产品设计</td><td>GP03
工艺设计</td><td>GP04
工艺优化</td><td>GP05
物料采购</td><td>GP06
计划与调度</td><td>GP07
生产作业</td><td>GP08
仓储配送</td><td>GP09
运输管理</td><td>GP10
产品服务</td></tr>
</table>

注：BP—basic practice，基本实践；GP—general practice，通用实践；PA—process area，过程域。

5.2.2　离散型智能制造能力

离散型智能制造能力建设总体方法，按照智能制造能力基础确认、明确目标和制定路线进行能力建设，其生命周期维度智能制造能力建设如表 23-4-55 所示。系统层级维度智能制造能力建设见表 23-4-56。

表 23-4-55　　生命周期维度智能制造能力建设

分类	要求
生命周期数据采集能力	a. 产品设计宜将设计信息和制造信息共同定义到产品三维数字化模型，确保设计、制造流程中数据的唯一性和产品定义信息的完整表达； b. 宜采用身份认证、RFID、指纹识别、面部识别等技术，实现人员信息的数字化采集； c. 宜采用 RFID、条形码等自动识别技术，实现物料及在制品的数字化追踪； d. 宜通过施行统一规划结构数据文件的方式，建立物流要素统一编码管理机制，其中，物流要素宜包含需求监控、订单处理、配送、存货控制、运输、仓库管理、工厂和仓库的布局与选址、搬运装卸、采购、包装、情报等； e. 宜建立统一的产品数据描述方法和信息系统，宜考虑市场环境、市场基本状况、销售可能性、消费者及消费需求、企业产品、产品价格、影响销售的社会和自然因素、销售渠道等因素； f. 宜采用产品运行数据实时采集并对应存储的方式，建立用户数据库； g. 宜采用对订单跟踪订单号、产品信息、收货信息、快递状态、订单信息、备注信息进行统一编码的方法，实现订单跟踪系统的建立； h. 宜建立运维数据管理系统，实现对运维对象的基本数据、工艺流程、状态检测、装配数据、采集位置、维修过程数据等状态类和事件类数据的采集
生命周期互联互通能力	a. 宜对设计准则、关联定义、二维制图、三维制图和制造信息等一致性的产品数据进行统一管理，实现产品数据管理系统建立； b. 宜使用终端交互装置辅助操作人员实现生产、设备、物料数据的巡视、检验、分析和应急处理； c. 宜通过集成车间层生产制造执行管理平台、企业资源管理平台的方式，实现采购计划与生产计划之间的实时优化； d. 宜通过统一物流系统网络环境架构及兼容不同网络的方式，实现工厂内部的网络环境规范建立； e. 宜通过整合订单管理、运输计划、调度管理、出入库和场外物流运输过程等方式，实现物流运输管理系统与仓储管理系统的信息共享； f. 业务活动之间的互联互通，采用上述做法，也宜采用数据集中管理实现数据的互联互通
生命周期数据可视化能力	a. 宜建立产品设计交互平台，通过 PLM 系统实现设计流程的可视化管理； b. 宜建立产线或装置、车间的虚拟模型，采用数字化建模的方法对离散型生产流程进行可视化管理； c. 宜建立企业综合数据可视化管理平台，通过数据集中管理实现对能耗、质量、生产订单、供应链、客户服务等数据的可视化
生命周期数据分析能力	a. 宜建立特征参数可变的参数化模型数据库，包括产品原型库和变型设计库，宜根据新产品设计情况动态更新，将原设计方案与变型设计方案进行集成、迭代积累； b. 宜使用数字化仿真软件进行仿真优化的方法，建立产品设计方案优化机制； c. 宜建立能源综合管理平台，通过收集和确认的能源数据，对全企业的能源运行数据进行归集和统计，形成统计报表，并与公司、集团、地方政府能源数据应用需求进行对比； d. 宜综合物流仓储和配送的实时状态，建立仓储配送知识库，实现仓储配送方案的迭代优化； e. 宜通过物流实时信息分析反馈的方式，辅助物流人员准确感知物流状态、精确分配物流任务、精确控制物流作业； f. 宜通过共享市场需求、市场数据和市场预测等数据的方法，实现离散型制造企业内部及企业间的协同共享； g. 宜采用客户信息数字化信息采集和大数据辅助用户习惯分析等技术，实现客户关系维护

续表

分类	要求
生命周期优化决策能力	a. 宜建立产品设计参数动态优化模型,实现参数实时优化调整等; b. 宜建立仓储管理和调度优化模型,实现状态实时监控和优化; c. 销售部门宜建立整体利益最大化的协同优化模型,采用对企业价值链各关键环节利益加权的方法实现整体利益最大化; d. 宜建立实时数据驱动的产品服务质量与成本、交付周期、资源综合利用率、生产效率等关键考核指标的决策优化模型,采用大数据建模和分析实现综合管控需求; e. 宜建立供应链物流优化机制,采用数据分析实现物流调度的智能决策以及供应链的动态优化。分析内容主要包含物流和供应链模型等; f. 宜建立市场产品联动决策机制,根据市场需求分析产品竞争力特性,引导企业开发更适应市场需求的新产品或优化排产

表 23-4-56　系统层级维度智能制造能力建设

分类	要求
系统层级数据采集能力	a. 设备层宜基于设备本身的上位机系统、设备支持的网络通信协议或通过加装传感器、数采装置等方式进行设备数据采集; b. 单元层宜采用 RFID、条形码、现场总线等技术进行产线及装置状态和运行等数据的采集; c. 车间层宜采用工业以太网、工业无线网、物联网(IoT)、制造执行系统(MES)等技术,实现对排产、生产加工、场内物流等生产制造相关数据的采集; d. 企业层宜搭建统一的数据中心,通过人机交互设备、软件系统等实现企业经营管理等相关数据的采集; e. 协同层宜建立符合工业互联网通信协议要求的数据格式规范和接口,通过工业互联网技术实现供应链、业务等相关数据的采集
系统层级互联互通能力	a. 设备层宜基于设备自身的通信端口或通过加装网络及数据传输模块来获得互联互通能力; b. 单元层宜建立可编程控制器(PLC)控制系统、应用工业通信协议技术实现产线及装置间的互联互通; c. 车间层宜应用工业以太网等工业通信协议技术实现车间内生产、设计及物流等环节的互联互通; d. 企业层宜通过应用软件系统集成或平台化软件实现企业内部数据的互联互通; e. 协同层宜应用工业互联网、云计算、大数据等新一代信息技术,在保障信息安全的前提下,实现企业内外协同业务数据的互联互通
系统层级数据可视化能力	a. 设备层宜通过设备自身的软件系统,实现设备模型及状态的可视化; b. 单元层宜建立过程监视系统,实现装置、产线、人及物料等生产要素的参数及过程数据的可视化; c. 车间层宜采用数字孪生、数据分析技术实现制造执行层的监控,主要面向车间管理的生产调度、设备管理、质量管理、物流跟踪、库存管理等应用场景; d. 企业层宜基于企业资源管理系统基础数据的各管理子系统,实现生产制造管理、资金流管理、人力资源管理、质量管理、物流管理等数据可视化,主要面向主生产计划管理、物料需求计划、能力需求计划、车间订单管理、车间作业管理、准时生产方式管理、生产统计和查询、网络计划、项目管理等应用场景; e. 协同层宜基于互联网、云平台等技术,实现采购、销售、物流、服务等协同业务流程及数据的可视化
系统层级数据分析能力	a. 设备层宜采用边缘计算方法实现数据分析; b. 单元层宜通过单元控制系统,实现产线运行参数、装置控制参数的数据分析; c. 车间层宜通过车间执行系统绩效分析功能,实现对生产周期、资源利用、设备使用、设备性能、程序效率、安全环保、质量管控以及生产可变性等数据的分析; d. 企业层宜基于供应链管理平台性能绩效衡量功能,实现供应链配送可靠性、反应性、柔性、成本、资产利用率、客户服务满意度、采购等数据分析; e. 协同层宜基于高级计划与高级排程(APS)、PLM 协同设计、供应链管理(SCM)等功能,实现供应链、生产、设计等协同数据分析
系统层级优化决策能力	a. 设备层宜采用边缘控制技术实现设备状态的动态优化调整; b. 单元层宜基于单元控制系统,应用先进过程控制技术等,实现对产线控制参数的决策优化; c. 车间层宜基于车间执行系统绩效分析结果,实现排产计划、质量监控等生产过程的控制优化; d. 企业层宜基于企业生产与管理数据信息分析结果,实现企业战略规划、生产计划和资源等方面的优化; e. 协同层宜基于供应链管理平台绩效分析结果,结合行业特性,实现原材料供给结构和供应库存的优化

5.2.3 智能制造能力成熟度模型（摘自 GB/T 39116—2020）

本模型由成熟度等级、能力要素和成熟度要求构成，其中，能力要素由能力域构成，能力域由能力子域构成，如图 23-4-53 所示。

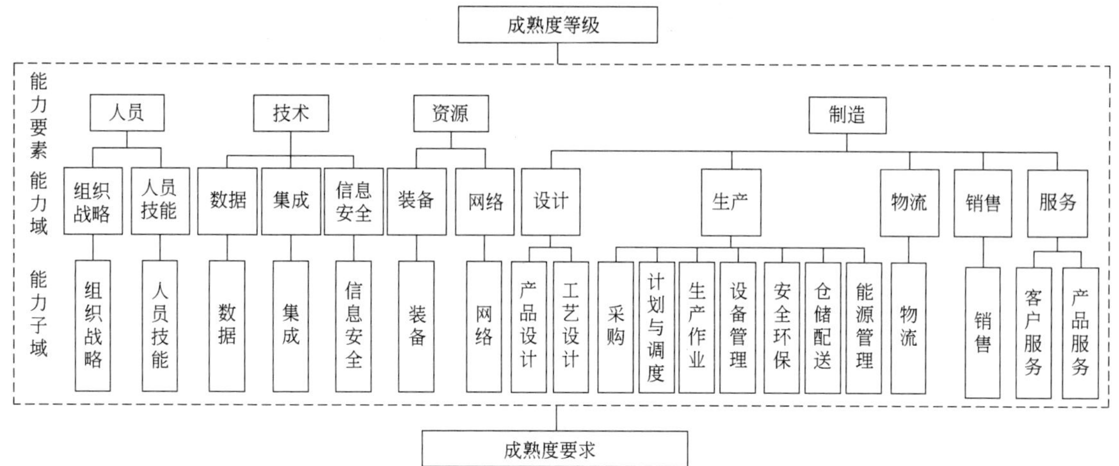

图 23-4-53　智能制造能力成熟度模型构成

5.3 共享制造过程管理

5.3.1 制造运行管理结构模型

对企业安全生产、精益生产和生产质量日益提高的要求使得智能工厂成为现代制造业企业应对激烈市场竞争的必然选择。智能工厂的核心支撑技术是企业系统和控制系统的集成，这需要制造执行系统（MES）及其相关系统具备定义清晰且复杂程度与生产活动相匹配的结构，其制造运行管理活动关系如图 23-4-54 所示。

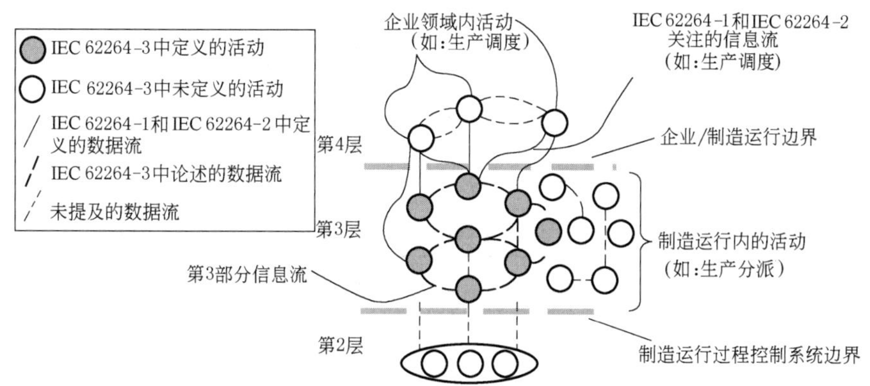

图 23-4-54　制造运行管理活动关系

运行管理的通用模型应作为模板用于定义制造运行管理、维护运行管理、质量运行管理和库存运行管理。该模型如图 23-4-55 所示。在下面的内容中，此通用模型将在各自的特定领域内扩展。

由于需在给定时间内在同一资源下的多项工作任务之间进行协调，所以活动模型之间有着许多与详细调度相关的交互。并且，不同运行管理类型中的工作任务的定义是紧密联系在一起的。详细生产调度、详细库存调度、详细维护调度和详细质量测试调度之间交互的准确定义应进行详细说明。对于与生产的交互，应定义以下三种交互，如图 23-4-56 所示。

计划应定义为一种活动，用于阐明为实现给定目标而采取的行动或运行，并保留足够数量的资源以达到最低

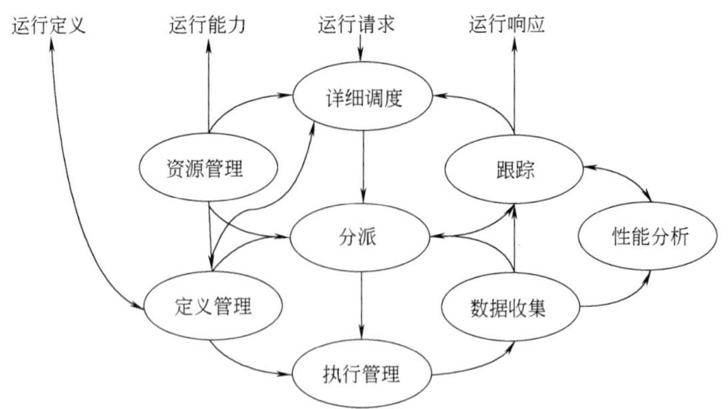

图 23-4-55 制造运行管理的通用活动模型

目标。调度应定义为在考虑到各种实际约束和若干评估参数最优值的情况下，在特定时间将行动和运行分配给特定资源的活动，其计划与调度关系如图 23-4-57 所示。

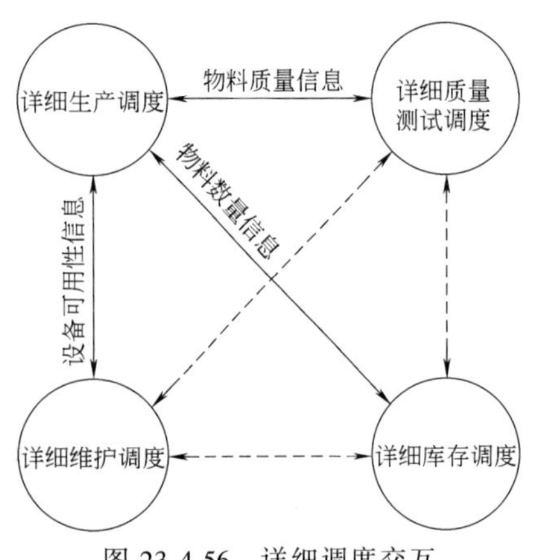

图 23-4-56 详细调度交互

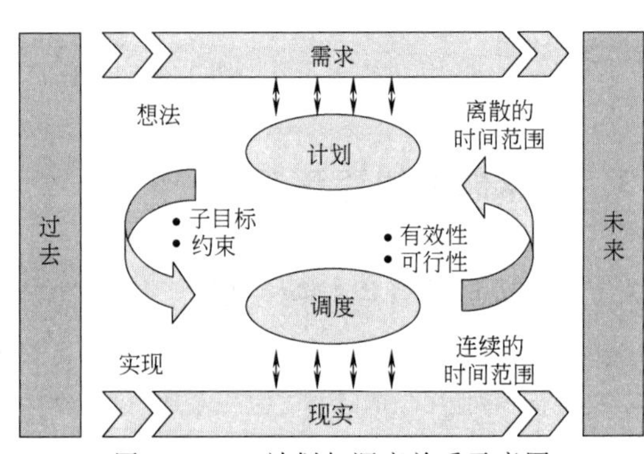

图 23-4-57 计划与调度关系示意图

5.3.2 制造生产运行管理

生产运行管理应定义为一组协调、指导、管理和跟踪某些功能的活动，包括在成本、质量、数量、安全性和时效性要求下使用原料、能源、设备、人员和信息来生产产品的诸多功能，生产运行管理中的一般性活动见表 23-4-57。

表 23-4-57　　生产运行管理中的一般性活动

项目	内容
a	含可变制造成本的生产报告
b	收集和保存关于产品、库存、人力、原料、零部件和能源使用的数据
c	按工程功能的要求进行数据收集和离线分析
d	实现所需的人员功能，如工时统计（如时间、任务）、休假时间表、劳动力调度、系列联合生产线、内部培训和人员资格认证
e	建立维护、运输和其他生产相关需求领域内部的即时工作调度
f	在完成第 4 层功能制定的生产调度的同时对个别生产领域进行本地成本优化
g	在职责范围内，修改生产调度来补偿可能发生的对工厂生产的干扰

IEC 62264-1 的制造运行管理模型中的生产运行管理模型被扩展为一个更加详细的生产运行活动模型，如图 23-4-58 所示。信息的 4 个元素（产品定义、生产能力、生产调度和生产绩效）与 IEC 62264-1 中定义的交换信息一致。椭圆形框内的第 1、2 生产层次功能表示第 1 层和第 2 层的传感和控制功能。

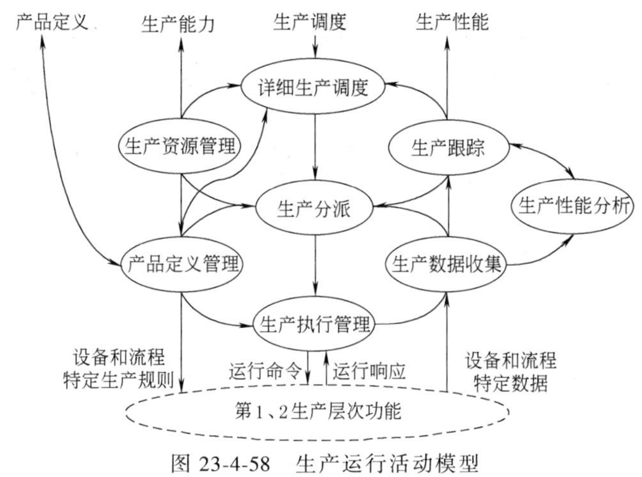

图 23-4-58　生产运行活动模型

生产资源管理应定义为一组生产运行、资源间的关系和工作日程所需资源信息的管理活动。这些资源包括 IEC 62264-1 给出的对象模型中定义的机器、工具、劳动力（拥有特定技能组）、物料和能源。为满足生产需求而对这些资源进行直接控制的是其他活动，如生产分派和生产执行管理。图 23-4-59 所示为与生产资源管理的一些交互。

资源可用性提供了调度和报告所需的某一资源在特定时间的定义。资源可用性通常会考虑到工作日程的某些元素，如工作时间、劳动制度、放假日程、工间休息、工厂关停和轮班调度。图 23-4-60 所示为资源管理可提供的关于某一种资源能力的信息类型。

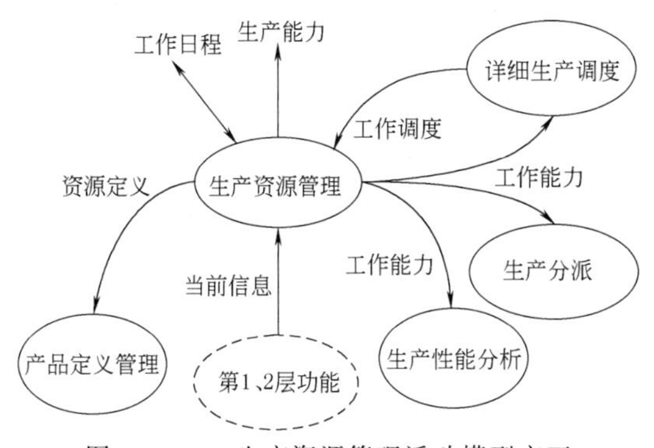

图 23-4-59　生产资源管理活动模型交互

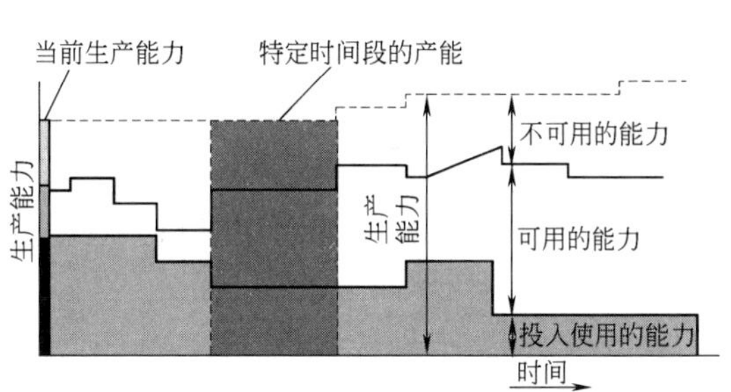

图 23-4-60　资源管理能力报告

6　智慧供应链

智慧供应链是结合物联网技术和现代供应链管理的理论、方法和技术，在企业中和企业间构建的，实现供应链的智能化、网络化和自动化的技术与管理综合集成系统。其核心是着眼于使供应链中的成员在信息流、物流、资金流等方面实现无缝对接，尽量消除信息不对称，最终从根本上解决供应链效率问题。与传统供应链相比，智慧供应链在信息化程度、协同程度、运作模式、管理特点等方面均具有明显优势，智慧供应链特点见表 23-4-58。

表 23-4-58　　智慧供应链特点

特点	内容
技术的渗透性更强	在智慧供应链的大环境下，供应链管理者和运营者会采取主动方式，系统地吸收包括物联网、互联网、人工智能等在内的各种现代技术，实现管理在技术变革中的革新
可视化、移动化特征更加明显	智慧供应链更倾向于使用图片、视频等可视化的形式来表现数据，采用智能化和移动化的手段来访问数据

续表

特点	内容
信息整合性更强	借助于智能化信息网络，智慧供应链能有效打破供应链内部成员的信息系统的异构性问题，更好地实现无缝对接，整合和共享供应链内部的信息
协作性更强	在高度整合的信息机制下，供应链内部企业能够更好地了解其他成员的信息，并及时掌握来自供应链内部和外部的信息，并针对变化，随时与上下游企业联系，做出适当调整，更好地协作，从而提高供应链的绩效
可延展性更强	在基于智慧信息网络的智慧供应链下，借助先进信息集成，信息共享变得可以实现，企业可以随时沟通，供应链的绩效也不会因供应链层级的递增而明显下降，延展性会大大增强

6.1 智慧供应链技术框架（摘自 GB/T 35121—2017）

GB/T 35121—2017 给出了全程供应链管理服务平台的业务模式、业务需求、核心服务流程、参考功能架构以及核心功能等框架。GB/T 35121—2017 适用于全程供应链管理服务平台的设计、开发、实施及管理。全程供应链是商品从原材料采购直至到达最终用户手中之前各相关活动的连接或业务的衔接。全程供应链管理是在满足一定的客户服务水平的条件下，为了使整个供应链系统实现优化运行而把供应商、制造商、仓库、配送中心和渠道商等有效地组织在一起来进行的产品制造、转运、分销及销售的管理方法。

（1）全程供应链服务的内容及服务流程

全程供应链服务业务范围已经从简单的运输、仓储等常规活动转变为更全面、更高级的供应链增值服务，如图 23-4-61 所示。常规服务包括：设计开发物流策略及系统，电子数据交换（EDI），提供管理和服务水平的监测报告，仓储服务与货物集运，选择和考核承运人、货运代理、海关代理，信息管理，运费清算、支付、谈判及费用监督等。增值服务包括：咨询服务，库存管理，组装、维修及包装，海外分销和采购，国际通信，进出口许可证协助、业务操作、海关通关，信用证审单和制单。

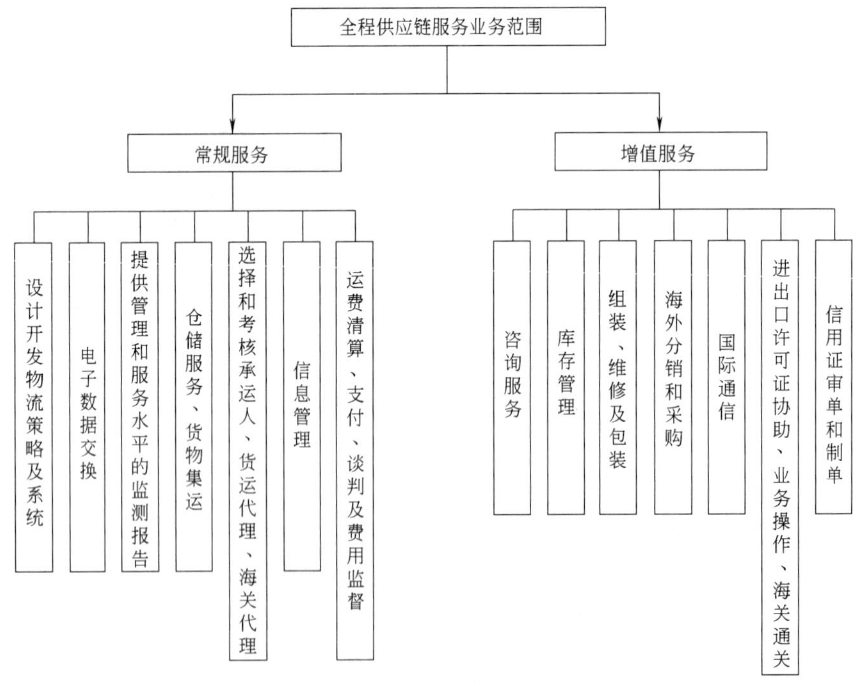

图 23-4-61　全程供应链服务业务范围

（2）全程供应链服务的内容

全程供应链管理主要由内向物流、外向物流和企业内物料管理三部分组成。内向物流主要涉及从供应商到制造企业的物流活动，具体包括原材料的采购、运输，原材料和零部件的库存管理、仓储管埋、包装、物料搬运以及相关的信息管理等。外向物流也称为实物分拨，包括将产成品由制造商配送至客户的物流活动，具体来说有订单处理、运输、产成品的库存管理和仓储管理、包装、物料搬运以及相关的信息管理等。全程供应链管理活动包括的内容如图 23-4-62 所示。

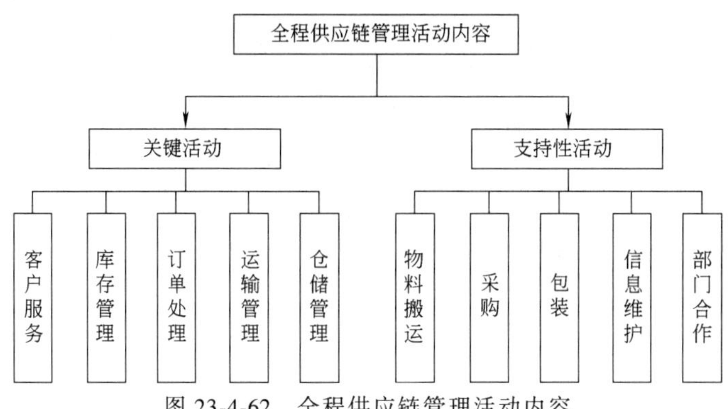

图 23-4-62　全程供应链管理活动内容

（3）全程供应链服务业务流程模型

1）全程供应链服务基本业务流程。全程供应链服务企业接受客户的服务请求后，进行订单审核、分类等处理，并根据订单安排货物的进出库，拟定配送计划，力求按照客户需求将货物准确、及时地从市场供应方运送到市场需求方手中，如图 23-4-63 所示。

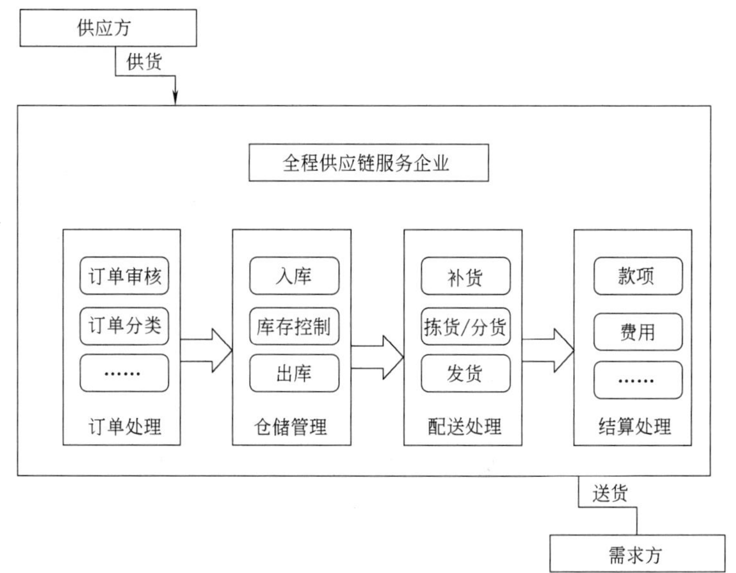

图 23-4-63　全程供应链服务基本业务流程模型

2）订单处理。订单处理贯穿于供应链服务的每个环节，当用户通过网络、电话、传真等方式下订单，系统接受后，对客户的身份以及信用额度进行验证，只有验证通过后，才对订单进行分类整理。订单确认后，系统将设定订单号码，并将订单的相关信息传递给仓储、配送、财务等部门，如图 23-4-64 所示。

3）仓储管理。仓储管理包括入库管理、出库管理、库存控制等功能。商品送到某仓库后，卸在指定的进货区，进货区装有激光条形码识别装置，经过激光扫描确认后，计算机自动分配入库库位，打印入库单，然后通过相应的输送系统送入指定的正品存放区的库位中，正品存放区的商品是可供配送的，这时总库存量增加。对验收不合格的商品，另行暂时存放，并登记在册，适时退给供货商调换合格商品。调换回的商品同样有收、验、入库的过程。当仓库收到配送中心的配货清单后，按清单要求备货，验证正确后出库待送。在库存的管理中计算机控制系统通过实时监控体系也会发现某些商品因储运、移位而发生损伤，有些商品因周转慢，保质期即将到期，需及时对这些商品进行处理，移至待处理区，然后做相应的退货、报废等操作，如图 23-4-65 所示。

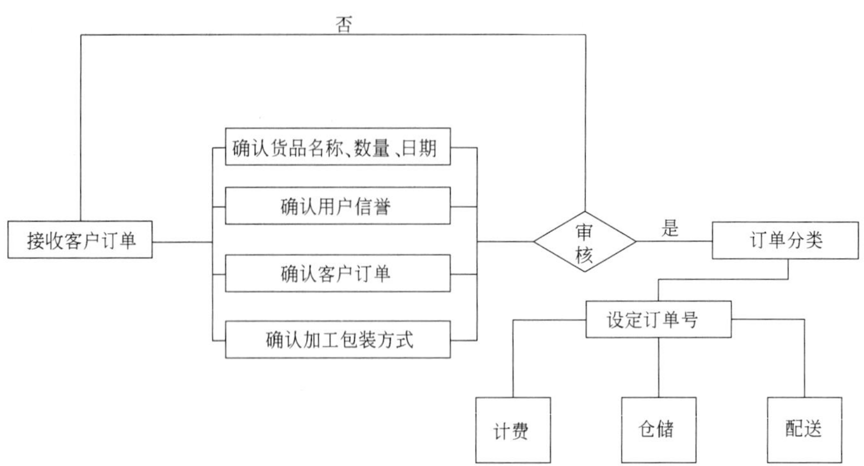

图 23-4-64　订单处理业务流程图

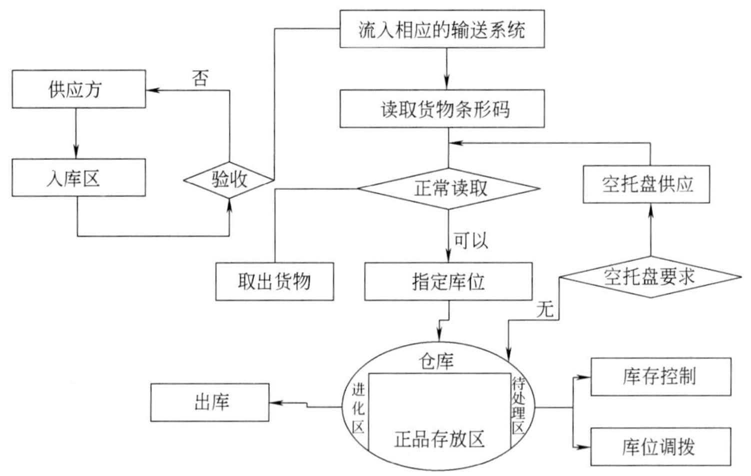

图 23-4-65　仓储管理业务流程图

4）配送处理。配送系统根据订单的要求，结合库存的情况，制定经济、可靠的配送计划，对货物进行相关的补货、拣货、分货、送货等作业，将货物及时、准确地送到客户手中，如图 23-4-66 所示。

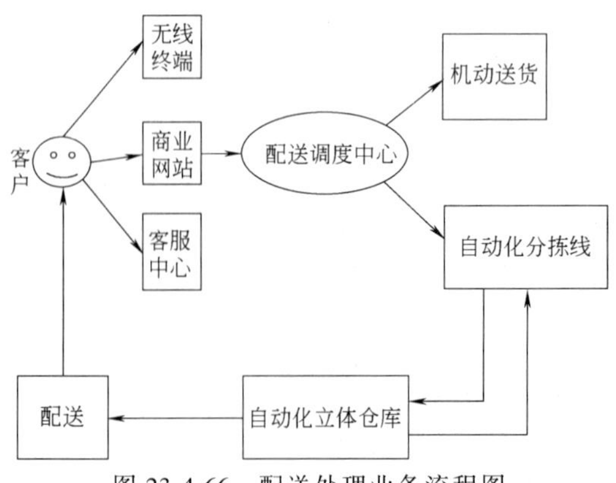

图 23-4-66　配送处理业务流程图

现代送货作业能够通过智能系统、专家系统的决策分析，自动生成最佳的配车计划、配送路线，降低运输的空驶率和运输成本。通过车载终端设备、GPS 卫星定位技术、GSM 无线通信技术、GIS 地理信息系统技术、互联网技术等形成一个完整的 GPS 车辆监控系统，实时获得监控车辆的地理位置、行驶方向、行驶速度以及各种状态信息，并实现对车辆的分层次监控、调度、信息交流、报警等功能，如图 23-4-67 所示。

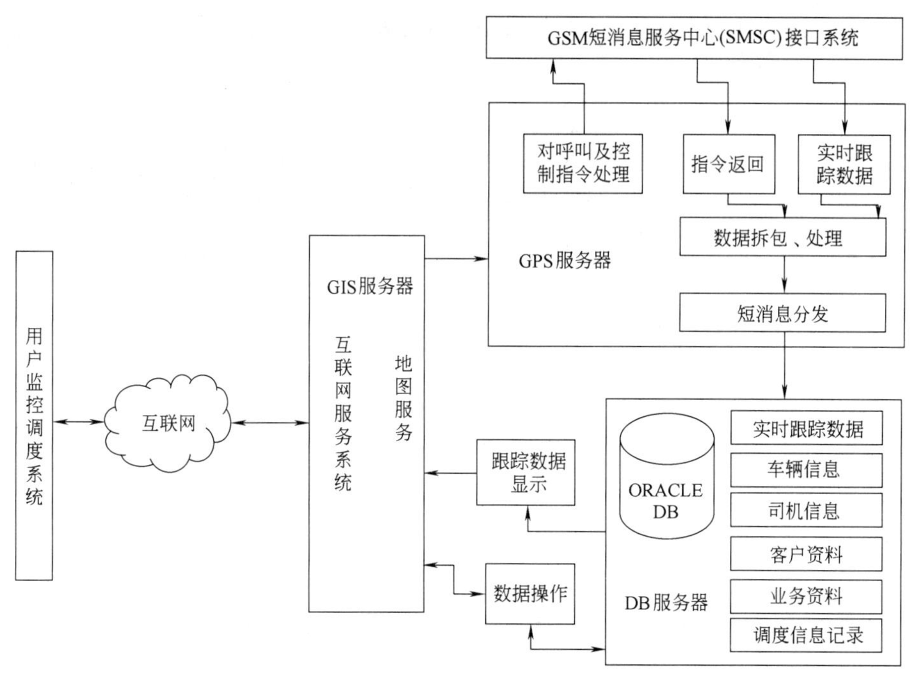

图 23-4-67　车辆监控系统业务流程图

5）财务结算。对企业所有的物流服务项目进行结算，包括仓储费用、运输费用、装卸费用、行政费用、办公费用的结算，与客户应收、应付款项的结算等，系统将根据合同、货币标准、收费标准并结合相关物流活动自动产生结算凭证，为客户提供完整的结算方案和各类统计分析报表。

因此，全程供应链物流管理信息系统提供对每一件产品从生产基地到最终零售商全过程（发运、到站、进仓、出仓、包装等）的跟踪信息，管理取货、集货、包装、仓储、装卸、分货、配货、加工、信息服务、送货等物流服务的各环节。全程供应链管理服务平台的功能包括：基本资料管理、原材料采购、销售、发货管理、库存管理、财务管理、统计分析、系统维护等，如图 23-4-68 所示。

（4）应用实例——基于 SaaS 的全程供应链管理服务平台参考架构

1）基于 SaaS 的全程供应链管理服务平台概念模型。基于 SaaS（software-as-a-service，软件即服务）的全程供应链管理服务平台的参与各方及其在业务逻辑上的相互关系如图 23-4-69 所示。企业 A、B、C、D 等可以作为单个企业同时使用该系统。基于 SaaS 的全程供应链服务平台是一个管理系统平台，支持众多企业同时定制化使用的企业内部业务管理系统［采用 SOA（service-oriented architecture，面向服务的体系结构）架构］，比如采购、销售、生产、财务等。其中企业 A、B、C 在平台上形成一条供应链，企业 C、D、E 也形成一条供应链，两条供应链之间可以拥有相同的企业，这样在平台上将出现供应链群或供应链网。

2）基于 SaaS 的全程供应链管理服务平台参考架构。图 23-4-70 描述了基于 SaaS 的全程供应链管理服务平台的参考架构。该框架共分四个层次：客户层、应用层、SaaS 服务平台及运营环境。

3）基于 SaaS 的全程供应链管理服务平台应用模式。基于 SaaS 的全程供应链管理服务平台有三种应用模式，分别是公共平台模式、政府主导模式和链主式模式。

① 公共平台模式是 SaaS 的基本应用模式，公共平台模式的 SaaS 的全程供应链管理服务平台包括电子商务、采购管理、库存管理、销售管理、客户关系管理（CRM）、供应链关系管理（SRM）、财务管理及报表分析等功能，如图 23-4-71 所示。

② 政府主导模式是一种由政府投资搭建，政府直接运营或交由专业的第三方提供运营，融合电子政务，公开面向本地企业使用的全程供应链服务的政务平台。利用实施电子政务，可实现 G2B 政务工作的电子化，实现

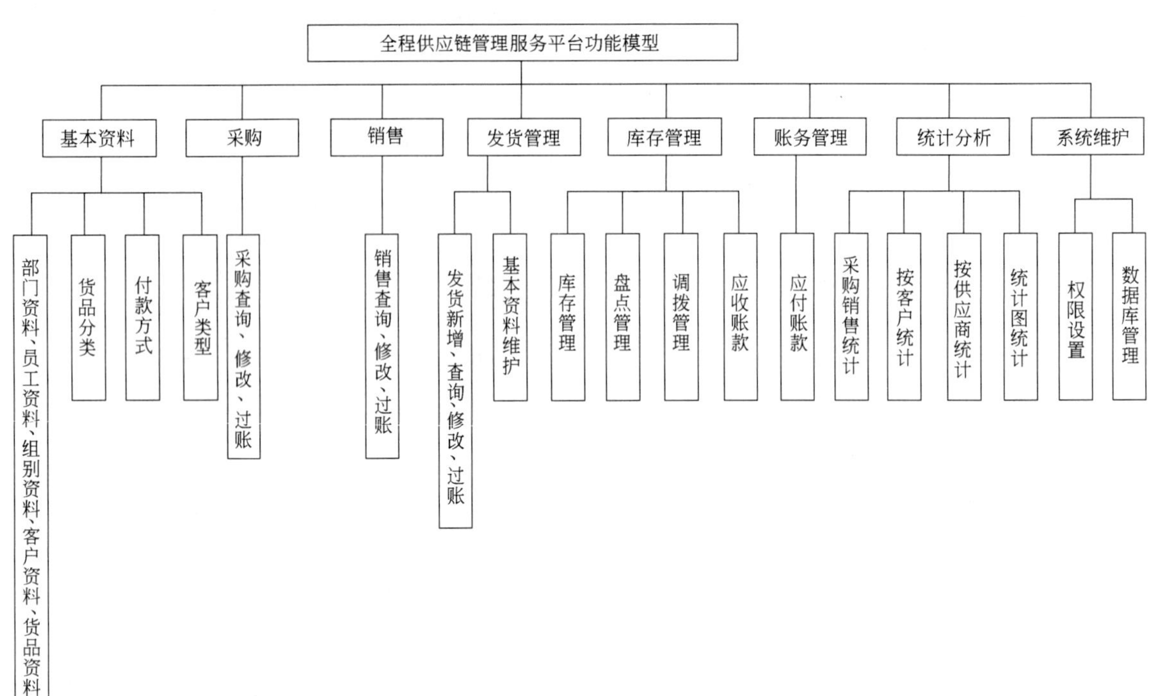

图 23-4-68　全程供应链管理服务平台功能模型

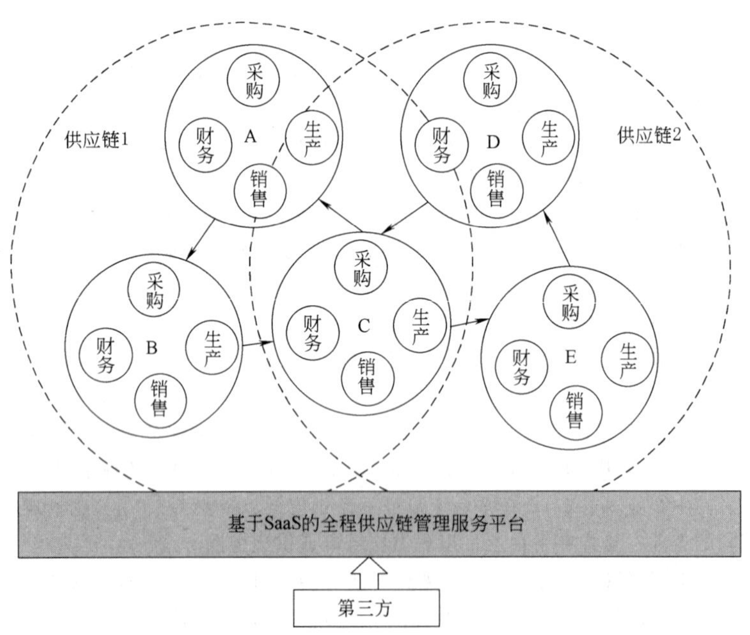

图 23-4-69　基于 SaaS 的全程供应链管理服务平台概念模型

工商、税务、海关等政府职能部门与企业的数据共享和业务协作，实现税务协同、报关协同等政企协同，如图 23-4-72 所示。

③ 链主式模式是由在供应链中具有控制力的核心企业搭建并运营，面向供应链参与的企业实体主要是第三方服务提供商、供应链核心企业、链主企业的内部企业和外部企业使用的供应链服务的商业平台，如图 23-4-73 所示。

图 23-4-70　基于 SaaS 的全程供应链管理服务平台参考架构

图 23-4-71　公共平台模式的全程供应链模型

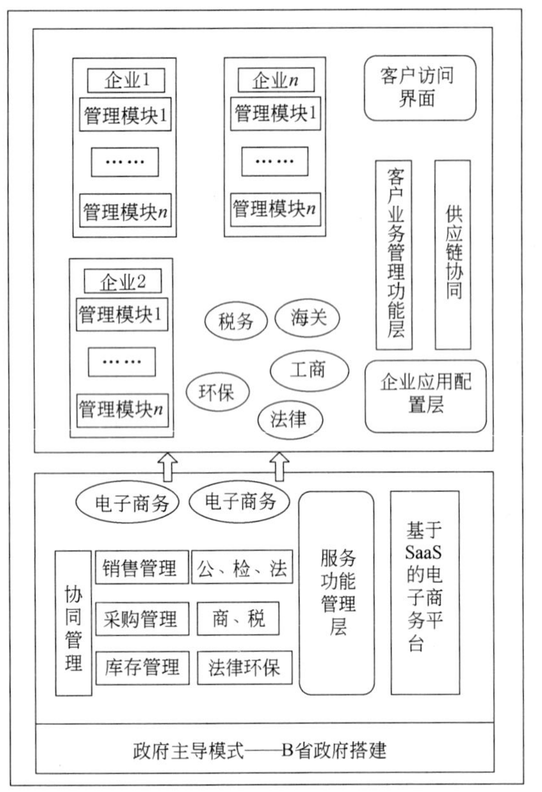

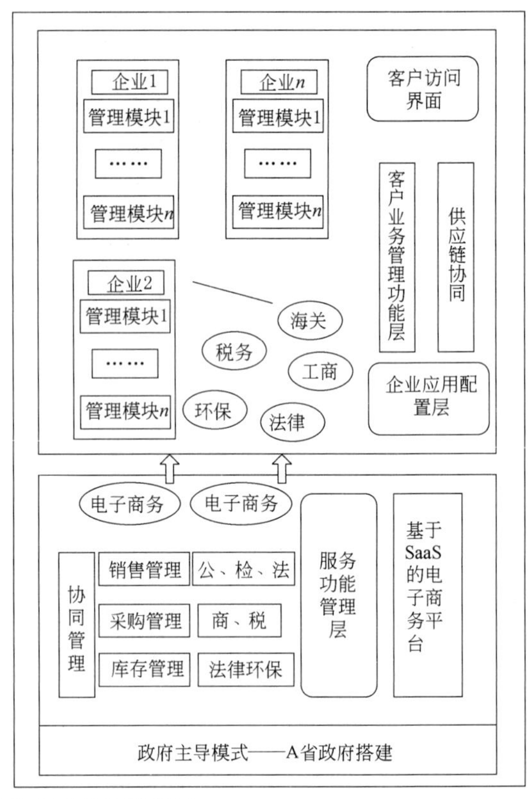

图 23-4-72 政府主导式的全程供应链模型

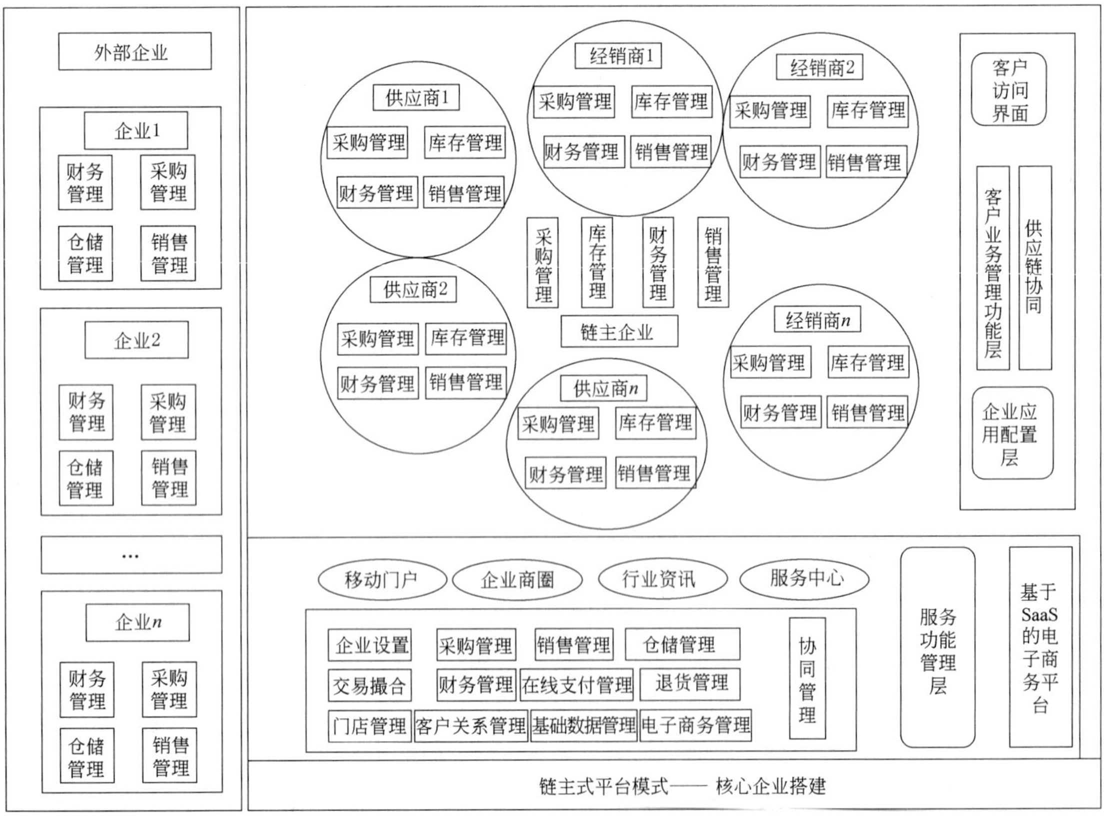

外部企业
企业1
财务管理 采购管理 仓储管理 销售管理
企业2
财务管理 采购管理 仓储管理 销售管理
…
企业n
财务管理 采购管理 仓储管理 销售管理

供应商1
采购管理 库存管理 财务管理 销售管理
经销商1
采购管理 库存管理 财务管理 销售管理
经销商2
采购管理 库存管理 财务管理 销售管理
采购管理 库存管理 财务管理 销售管理
链主企业
供应商2
采购管理 库存管理 财务管理 销售管理
供应商n
采购管理 库存管理 财务管理 销售管理
经销商n
采购管理 库存管理 财务管理 销售管理
客户访问界面
客户业务管理功能层
供应链协同
企业应用配置层

移动门户 企业商圈 行业资讯 服务中心
企业设置 采购管理 销售管理 仓储管理
交易撮合 财务管理 在线支付管理 退货管理
门店管理 客户关系管理 基础数据管理 电子商务管理
协同管理
服务功能管理层
基于SaaS的电子商务平台
链主式平台模式—— 核心企业搭建

图 23-4-73 链主式的全程供应链模型

6.2 智慧供应链构建评估

在供应链管理中，存在着成本控制、供应链可视性、风险管理、用户需求增加和全球化五个方面的挑战。构建智慧供应链具有高度整合供应链内部信息，增强供应链流程的可视性、透明性，实现供应链全球化管理和低企业运营风险四方面的重要意义，现有构建智慧供应链途径见表 23-4-59 所示。智慧供应链建设措施见表 23-4-60。

表 23-4-59　　构建智慧供应链途径

分类	要求
持续改进	企业获得利润依靠的是产品的持续改进。然而,在智慧供应链的大环境下,企业要实现产品持续改进,必须借助产品生命周期管理(PLM)方面的信息化技术,来增强产品的数据集成性和协同性
改善生产计划系统	作为供应链的成员,企业需要从整体出发,努力构建完整的生产计划管理系统,使不同产品能够与相适应的计划模式、物料需求及配送模式进行匹配,从而拉动物料需求计划。实现 ERP 系统与 SCM 系统完美对接,增强销售过程的可视化和规范化,营造涵盖客户交易执行流程与监控的平台,动态控制过程,及时掌握相关重要信息,以便对可能出现的问题进行预测
实现财务管理体系标准化和一体化	在现代企业管理制度中,标准化管理是提升企业核心竞争力的重要手段之一。财务管理工作历来是企业管理的核心,更需要标准化。处于供应链中的成员,迫切需要建立标准化的财务管理。在日常工作中,供应链中的企业可以通过查看财务数据来及时了解企业的运营信息。在具体实现过程中,企业需要利用 ERP 系统来实现企业的财务业务的一体化,从传统记账财务业务分析转向价值创造财务分析。在成功实施 ERP 后,可以构建基于数据仓库平台数据分析及商业智能应用。通过财务管理的标准化和统一化,增强供应链的可视性和共享性
定制化的供应链可靠性设计	供应链管理也被称为需求管理,要面对的一大难题是不断扩大的客户需求。在智慧供应链管理下,企业能够与客户保持紧密关系,形成良好的互动机制,客户将被视为供应链系统难以分割的一部分。供应链管理人员,以客户需求为根本,设身处地地站在客户角度来思考问题,融入供应链管理;客户可以参与供应链系统设计、运行和管理
借助标尺竞争,提升供应链可靠性	智慧供应链通过合理引入标尺竞争,供应链管理者就不用了解各成员企业的成本与投入具体信息。这样可以有效地减少监管机构对被监管成员企业的信息依赖问题,也解决了信息不对称情况下的监管问题。对价格实行价格上限监管方式,服务可靠性监管可从供应可靠度与产品合格率两方面进行控制,促使成员企业依据“标尺”提高各自的服务可靠性,提升供应链整体可靠性

表 23-4-60　　智慧供应链建设措施

步骤	要求
a	重构企业个性化的智能战略,规划实现战略的路径
b	建设智能物流系统,提高物流信息化水平
c	供应链上下游协同合作,打造智慧供应链平台
d	分析市场和产品流转趋势,提升智慧供应链差异化竞争能力
e	建立仿真能力,实现供应链预警
f	合理的过程可视化
g	引进和培养专业的供应链人才

6.3 智慧供应链运行监控

智慧供应链管理信息系统的体系结构可以用图 23-4-74 所示的金字塔来表示，该体系从整个供应链管理的视角对智慧物流系统进行协同、全面监控和管理。该金字塔的使用者是供应链物流服务的总包商。

6.3.1 供应链监控用集装箱电子箱封应用技术（摘自 GB/T 23678—2009）

GB/T 23678—2009 规定了电子箱封系统、电子箱封和读写器的技术要求，以及电子箱封系统作业要求。设置数据内容和格式见表 23-4-61，电子箱封系统作业要求见表 23-4-62。

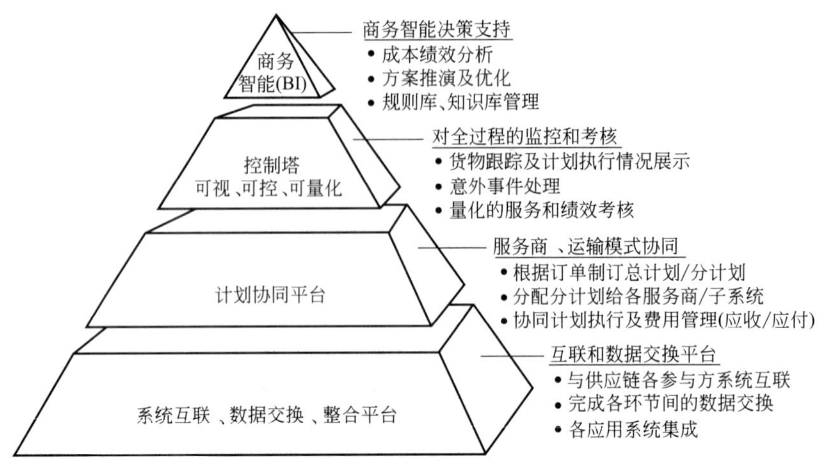

图 23-4-74　智慧供应链管理金字塔体系

表 23-4-61　数据内容及格式

内容	格式
必备数据	所含数据至少应包括： a. 强制的永久性数据(不可变的)：箱封自身的固有信息应固化在电子箱封中； b. 强制的非永久性数据(可变的)：集装箱信息和箱封安全信息，在集装箱被使用时自动加入箱封可变数据中，直至货运过程结束后箱封从集装箱上取下时删除
可选数据	应提供读写以下非永久性(可变的)数据的可能性： a. 箱内货物有关的货运信息，根据实际情况，在货物装箱时或进入码头道口时加入电子箱封可变数据域中，直到货运过程结束后删除； b. 与流程相关的信息在各作业点加载到箱封上； c. 电子箱封上的信息除有关箱封本身的基本信息是必备和永久的外，其余可根据所在集装箱及其内装货物的不同而更改。货运信息应设定安全码，只有得到安全授权的人员方可进行数据操作
信息和格式	电子标签所含信息至少应有以下几种之一或更多： a. 电子箱封信息见 GB/T 23678—2009 5.2.1 和 5.2.2； b. 电子箱封信息的数据格式见 GB/T 23678—2009 附录 A； c. 集装箱货运信息应按 ISO 17363 对货运专用信息的要求执行
作业频率	电子箱封对查询信号的响应波段应根据国家有关无线电使用方面的强制性规定的要求设定

表 23-4-62　电子箱封系统作业要求

内容	要求
作业流程的节点	一个典型的电子箱封系统作业流程包括以下主要节点：装箱点、进出场道口、查验、装卸箱、开箱点
装箱点	对装货完毕的集装箱挂上电子箱封，扫描并选中箱封，对箱封进行初始化，将集装箱和货运信息写入箱封，并上传到电子箱封系统
进/出场道口	运载挂有电子箱封的集装箱的卡车驶入进/出场道口时，安装在进出场道口的固定式读写器自动读取电子箱封信息，并上传至后台应用系统，同时将后台应用系统的相关数据记录到箱封中
查验	在查验点，操作人员经授权施封或解封，箱封自动记录开关箱门的时间和地理位置，并将动态信息上传至电子箱封系统
装/卸箱	当装有电子箱封的集装箱被装/卸时，读写器自动读取箱封信息，并将集装箱安全状态和流程节点等动态信息上传至电子箱封系统
开箱点	在开箱点，读写器读取箱封信息，并将集装箱物流动态信息上传至电子箱封系统，经授权的作业人员开启并取下箱封

6.3.2　供应链资产管理体系实施（摘自 GB/T 42109—2022）

GB/T 42109—2022 提供了供应链相关组织建立、实施、保持和改进供应链资产管理活动和资产管理体系的应用指南，包括组织环境、领导力、策划、支持、运行、绩效评价和改进等资产管理体系要素。GB/T 42109—

2022 适用于采购、制造、销售、仓储、物流等供应链相关组织实施供应链资产管理体系，供应链资产管理涵盖范围与管理体系见表 23-4-63。

表 23-4-63　　供应链资产管理涵盖范围与管理体系

内容	要求
供应链资产管理活动的范围	a. 计划:对供应链管理的战略或策略进行计划,以满足客户对产品和服务的需求; b. 采购:选择能为产品和服务提供恰当支持的供应商,与供应商建立一套有效的采购流程,包括定价、核实货单、提货、转送货物、付款等; c. 制造:安排制造、测试检验等环节所需的活动; d. 销售:具有交易的企业之间的销售、交易或任何活动,及时向客户提供产品和服务的过程; e. 物流:根据实际需要,将运输、储存、装卸、搬运、包装、流通加工、配送、信息处理等基本功能实施有机结合,使物品从供应地向接收地进行实体流动的过程
供应链资产管理体系的范围	a. 供应链资产管理的范围、类别及功能; b. 已识别的资产及资产组合; c. 组织层面的因素,包括组织的边界、职能和职责等; d. 资产管理体系与其他管理体系的协调一致(采用其他管理体系时)
供应链资产管理体系	a. 组织宜基于组织环境、相关方需求和期望、供应链资产管理体系范围,制定战略资产管理计划。战略资产管理计划可以是单独文档,也可以是组织战略规划或计划的一部分,并宜满足: • 与供应链资产管理方针一致,并与组织整体战略发展目标协调一致; • 指导组织建立、完善供应链资产管理体系架构、流程、支持等相关要素; • 有效指导组织制定资产管理计划,且与战略资产管理计划协调 b. 组织建立供应链资产管理体系时,宜对组织自身供应链资产管理业务的活动过程、资源、信息等进行分析,并与相关机构和员工进行沟通 c. 组织宜建立或完善适应供应链资产管理体系有效运作的组织架构和机制,制定管理体系文件。组织架构和机制宜: • 包含决策层、管理层、执行层在内的不同层级组织架构,并明确各层级职责; • 建立供应链资产全寿命周期管理活动流程,优化组织架构,实现跨业务活动的协调运作; • 涵盖规划、计划、采购、制造、交付、物流、零售的供应链各环节业务; • 若组织涉及供应链资产管理活动的外包,外包活动宜符合组织供应链资产管理体系要求

组织宜在各个层级发挥领导力，最高管理者宜确保其通过积极参与、促进、指导和支持、沟通和监视资产、资产管理及资产管理体系的绩效、有效性和持续改进方面发挥积极作用，证实其领导力和承诺。证实方式基于不同因素，如组织的规模和复杂度、组织的管理方式和文化。最高管理者宜通过其积极参与、促进、指导和支持资产管理体系的建立、实施、有效运行和持续改进，支持相关管理者，确保在组织各个层级展现领导力。供应链资产管理领导力见表 23-4-64 和表 23-4-65。

表 23-4-64　　供应链资产管理领导力

内容	要求
职责	a. 确保组织各个层级的内部相关方适当参与资产管理体系的策划、开发、实施和运行 b. 构建愿景、文化和价值观,指导资产管理体系方针和实践,并在组织内部和外部积极推广 c. 确保资产管理方针与组织的目标一致,与组织计划及组织的其他相关方针一致 d. 确保组织的各级管理者: • 促进对相关方价值期望的理解,并将组织目标融入资产管理目标; • 赋权支持资产管理体系,成为积极活跃、具有远见的资产管理拥护者和倡议者; • 通过采用适当的跨职能方法实现与组织内其他管理体系的一致性,实现对组织部门结构的设计; • 支持资产管理体系与业务过程的整合,实现资产管理体系的横向和纵向一致性; • 支持将相关方需求和要求融入组织的持续改进过程中; • 提供用于支持资产管理体系的适当资源(包括适当水平的资金、充足且能胜任的人力资源、信息技术支持及促进跨职能团队合作和持续改进的充足资源); • 识别并解决组织内部文化与资产管理和资产管理体系绩效间的冲突; • 向相关员工、顾客、供应商、外包方和其他相关方传达组织的资产管理目标和资产管理体系的重要性; • 采用双向方式沟通,并从组织各级部门、顾客、供应商、外包方和其他主要相关方获取旨在改进资产管理和资产管理体系的信息

续表

内容	要求
承诺	a. 在沟通时参考资产管理方针； b. 协助资产管理体系负责人制定目标并设定优先级； c. 为计划、采购、制造、流通等环节的供应链管理目标分配适当的资源； d. 建立致力于实现资产管理目标的强大的协同工作文化； e. 将公认的资产管理相关决策准则用于资产管理决策； f. 支持资产管理相关改进活动； g. 支持人员和职业发展路线，即鼓励和奖励资产管理和资产管理体系运行相关人员的付出； h. 监视资产管理体系绩效并确保纠正措施或预防措施的实施，包括持续改进的机会； i. 应对资产相关的风险，并将这些风险整合到组织的风险管理过程中； j. 使资产管理和资产管理体系与组织的其他职能和管理体系协调一致，如组织的风险管理方法； k. 确保组织各部门间开展合作以实现组织目标
方针	a. 资产管理方针宜与组织目标一致，并与组织计划及组织其他相关的方针一致 b. 资产管理方针宜由最高管理者建立并批准。资产管理方针宜在高层级运行，并与组织其他方针相协调 c. 方针宜阐述组织对资产、资产管理及资产管理体系进行持续改进的承诺和期望，且宜与组织目标一致并证实其支持组织目标 d. 资产管理方针宜包括但不限于： • 满足适用的法律法规要求； • 提供资源，以实现资产管理目标； • 报告和评估资产管理绩效； • 支持长期目标、可持续的结果和相关方要求； • 遵守所有相关的合同义务； • 持续改进资产管理和资产管理体系 e. 方针宜以文件化信息的形式保存，并在适当时可供组织的内外部相关方使用。单独制定文件阐述资产管理方针不是必要的，但资产管理方针在战略性文件化信息中宜是可识别的且置于优先地位的 f. 资产管理方针宜在组织内传达，并在适当时，使相关方可获取 g. 组织宜建立用于评审和更新资产管理方针的过程，尤其是在组织的内外部环境发生变化时
角色	a. 组织宜定义关键职能的职责与权限，包括内部和外包的角色和职责。组织宜明确各职能之间的接口。组织将资产管理活动外包时，明确的职责划分变得更为重要 b. 宜明确某项活动由某个角色负责。可通过制定资产管理活动的岗位说明书，或将资产管理职责写入现有的岗位说明书，明确角色与职责 c. 最高管理者宜向内部角色分配权限，从而： • 确保战略资产管理计划中所述的资产管理目标与资产管理方针和组织目标相一致； • 支持并确保资产管理体系的适宜性、充分性和有效性； • 确保授权的角色定期向最高管理者报告资产管理和资产管理体系绩效 d. 最高管理者宜为管理活动分配有能力的人员并赋予适当的职责，需要考虑： • 人员的经验和能力； • 通过正式和非正式的培训和指导对角色提供支持； • 其他工作负荷要求及其变化性，这可能影响其实现资产管理相关目标的能力； • 人员能证明其对自身角色和职责的理解 e. 外包方和外部服务提供商的职责和所需的能力宜在合同或协议中以文件化信息的形式予以规定

表 23-4-65　　供应链资产管理支持

内容	要求
资源	a. 供应链资产组合，可涉及： • 按资产管理计划确定的资产保全活动； • 按资产管理计划确定的资产保全损耗； • 资产组合发生的或对资产组合产生的任何变化，需要对资源要求进行评审； • 资产利用率的变化 b. 供应链资产管理信息化系统，可包括： • 沟通系统； • 文件管理系统； • 人力资源管理系统； • 信息技术系统

续表

内容	要求
资源	c. 供应链资产管理活动,可涉及: • 供应链资产管理活动的过程控制及结果; • 人员能力; • 设备设施; • 外包活动; • 投资和运行资金的及时可用性; • 供应链资产的安全性
能力	①组织宜实施能力评估,评估结果可用于制定人员发展和培训计划、提升能力水平、委任或聘用能胜任的人员等 ②组织宜保留适当的文件化信息作为能力证明 ③组织宜确保第三方资源提供商具备相应能力 ④在制定和实施供应链资产管理体系时,组织宜考虑下列事项所涉及的能力要求 a. 对于供应链资产或资产组合,宜考虑: • 资产类型; • 资产系统; • 资产配置; • 资产和资产系统的风险和机遇,包括财务和非财务影响; • 绩效评估和改进计划; • 变更管理 b. 对于供应链资产管理体系,宜考虑其运行所需的系统和工具的使用要求 c. 对于供应链资产管理活动,宜考虑: • 领导力要求; • 组织文化; • 变更管理; • 决策方法和准则; • 管理能力和领导力的适当且有效的过程
意识	①为实现供应链资产管理目标,资产管理相关人员宜在资产管理活动中作出恰当的、主动的反应。包括: a. 其对资产管理体系有效性的贡献,包括改善供应链资产管理绩效带来的收益; b. 对风险和机遇及与其角色有关的供应链资产管理目标的意识和理解; c. 识别对组织运行方式进行变更的影响; d. 承担不符合供应链资产管理体系要求的后果 ②在确定供应链资产组合范围内的资产、资产类型和资产系统方面的意识需求时,宜考虑: a. 当前状态和绩效; b. 未来发展和长期绩效; c. 当前的相关风险; d. 未来发展可能的风险; e. 资产组合的任何变更 ③在确定供应链资产管理体系方面的意识需求时,宜考虑: a. 现行的供应链资产管理体系; b. 所需的供应链资产管理体系的未来状态; c. 与现行供应链资产管理体系相关的风险; d. 与供应链资产管理体系所需的未来状态相关的风险; e. 现行供应链资产管理体系的任何变更; f. 供应链资产管理体系绩效指标在场所中心位置的直观显示; g. 组织如何运行才可实现以上指标 ④在确定供应链资产管理活动方面的意识需求时,宜考虑: a. 领导力要求; b. 预期的行为; c. 组织文化; d. 变更管理; e. 用于管理能力、文化和领导力的过程; f. 供应链资产管理方针和目标在场所适当位置的直观显示; g. 供应链资产管理绩效的直观显示
沟通	①组织宜依据 GB/T 42109—2022 4.1、4.2、6.1 的要求,分析并确定与供应链资产、资产管理和资产管理体系有关的内外部沟通的需求 ②组织宜明确沟通内容、沟通频次、沟通对象以及沟通如何实现 a. 沟通内容包括但不限于: • 供应链资产管理体系的益处和绩效; • 供应链资产组合的绩效;

续表

内容	要求
沟通	• 供应链资产管理体系改进或变更，及其对目标、风险和价值产生的预期影响； • 组织环境、资源的变化 b. 沟通频次可由以下因素确定： • 相关方要求和其他适用的要求（包括法律法规要求）； • 资产管理目标和资产管理计划； • 供应链资产管理体系发生变更； • 提升或恢复声誉 c. 沟通的对象可包括： • 受供应链资产管理和变更影响的相关方； • 可影响供应链资产管理并导致变更的相关方 d. 沟通的实现宜考虑： • 沟通方针； • 沟通形式； • 社交媒体的控制； • 相关方要求和其他适用的要求（包括法律法规要求）； • 语言，包括通用术语； • 语言的翻译
信息要求	①组织宜将信息作为所管理的资产以及供应链资产管理体系的一部分进行管理 ②信息系统宜提供应对当前和未来风险和机遇的信息，并就突发事件进行识别和策划 ③在确定供应链资产管理信息要求和信息质量时，组织宜考虑以下方面 a. 所需的结构和能实现交互的数据的格式； b. 信息的重要性和价值，基于收集、处理、管理和保持信息的成本和复杂度作出决策； c. 将信息要求与供应链资产、资产管理活动或资产管理体系的风险级别保持一致性的需求； d. 合同要求和其他适用要求（包括法律法规要求）所需的信息； e. 供应链资产组合有关的信息，包括： • 识别和描述（如资产 ID、位置、资产类型、功能、设计参数、购置和使用的日期）； • 资产利用率（包括现金周转时间、供应库存总天数和净资产周转次数）； • 重要性； • 绩效； • 特定风险； • 特定能力要求； • 商业信息（如供应商/外包方、服务提供商、法律和合同文件、许可证、保证书）； • 财务信息（如购置成本、置换成本、运行成本、维护成本、预期使用寿命、折旧 f. 供应链资产管理体系有关的信息，包括： • 组织目标和资产管理目标； • 制定战略资产管理计划和资产管理计划所需的信息，包括全寿命周期信息； • 识别、评估、衡量、控制和管理与资产、资产管理和资产管理体系相关的风险和机遇； • 与外包的服务提供商共享信息； • 确定角色、职责、能力要求和权限，包括外包的服务提供商的角色、职责、能力要求和权限； • 针对绩效评估和改进的信息要求； • 对数据和信息的需要进行优先排序； • 组织内不同角色绩效评估所需的充分的信息 g. 供应链资产管理活动有关的信息，包括： • 领导力要求； • 组织文化； • 供应链资产管理方针和目标在场所中心位置的直观显示； • 供应链资产管理绩效的直观显示
文件化信息	①创建和更新。组织宜确定用于确保资产管理体系和资产管理活动有效性所需的文件化信息。文件化信息宜与组织、与资产和资产管理活动的复杂程度相适应。创建与更新文件化信息，包括但不限于： a. 供应链资产属性识别； b. 风险识别及管理； c. 采购管理； d. 供应商管理及评价； e. 运输管理； f. 生产、使用、维护控制； g. 资产回收、再利用及报废处理； h. 绩效评价等 ②文件化信息的控制。组织宜使用适当的识别方法、格式和媒介，确保文件化信息在需要时可在适当的媒介中获取，并确保文件化信息得到评审、批准和保护

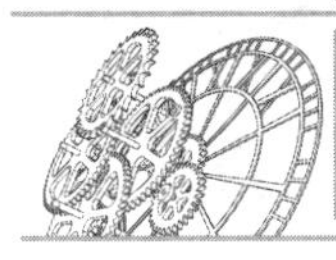

第5章 工业网络

1 工业无线网络

1.1 无线局域网（WLAN）

无线局域网（wireless local area network，WLAN）是一种无线通信技术，用于在局域网范围内实现无线设备之间的数据传输和通信。无线局域网标准是由IEEE（institute of electrical and electronics engineers）制定和管理的一系列技术标准，用于规范无线网络的物理层（PHY）和介质访问控制层（MAC）。其信源可以是计算机、手机、平板电脑等终端设备，这些设备将数据转换为适合通过无线信道传输的信号。WLAN通常在2.4GHz和5GHz频段工作，这些频段被划分为多个信道，以便多个设备可以同时通信而不互相干扰，其完成数据信号接收后，通过二进制相移键控（BPSK）、正交相移键控（QPSK）、正交振幅调制（QAM）等调制技术将数字信号转换为适合传输的模拟信号。Wi-Fi作为WLAN的具体实现是最常见的WLAN技术，其遵循IEEE 802.11系列标准。

（1）系统架构

1）主要组成。无线局域网基础架构是指用于建立和管理无线网络的基本组件和结构。表23-5-1是无线局域网系统架构的主要组成部分。

表23-5-1　无线局域网系统架构主要组成部分

无线终端设备	如笔记本电脑、智能手机、平板电脑等，用于连接到无线局域网并进行数据通信。这些设备通常配备了无线网卡，支持不同的Wi-Fi标准（例如，802.11a/b/g/n/ac/ax）
站点（STA）	无线网络的核心组件之一。它是一个无线设备，负责管理无线终端设备的连接，并将它们连接到有线局域网（LAN）中。站点通过创建无线信号覆盖区域来提供无线网络服务
控制器	对于大型无线局域网，通常会使用控制器来集中管理和控制多个访问点。控制器可以提供集中式配置、监视和安全管理。这种架构通常用于企业和大型组织的无线网络部署
接入点（AP）	任何一个具备站点功能，通过无线媒体为关联的站点提供访问分布式服务的能力的实体
无线网络接入设备	除了访问点之外，一些无线网络可能包括其他类型的无线网络接入设备，如无线网桥（wireless bridge）或无线中继器（wireless repeater），用于扩展覆盖范围或连接到其他网络
有线局域网（LAN）	无线局域网通常与有线局域网相结合，以便将无线设备连接到有线网络中，以便与互联网或其他网络通信。有线局域网提供了稳定的高速连接，而无线局域网则提供了灵活性和便携性
网络设备	无线局域网的基础架构还包括其他网络设备，如路由器、交换机和防火墙，以确保网络的安全性、性能和可靠性
安全协议和加密	为了保护无线局域网的安全，必须使用适当的安全协议和加密方法。常见的安全性选项包括WPA（Wi-Fi protected access）和WPA2/WPA3，以及使用预共享密钥（PSK）或企业级认证的选项
管理和监控工具	为了有效管理和监控无线网络，通常需要使用专门的管理和监控工具，以便配置、故障排除、性能优化和安全性管理

2）基础架构。WLAN有两种基本架构：一种是FAT AP架构（胖AP），如图23-5-1所示，又叫自治式网络架构；一种是AC FIT AP架构（瘦AP），又叫集中式网络架构。

FAT AP（FAT access point），又称胖接入点，其不仅可以发射射频提供无线信号供无线终端接入，还能独立完成安全加密、用户认证和用户管理等管控功能，图 23-5-1 是一个简单的基于 FAT AP 架构的组网应用。

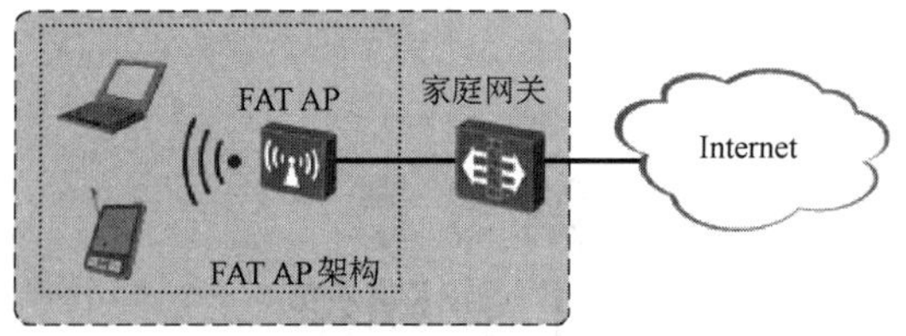

图 23-5-1　基于 FAT AP 架构的组网应用

FAT AP 功能强大，独立性强，具备自治能力，因此 FAT AP 架构人们又称为自治式网络架构。不需要介入专门的管控设备，独自就可以完成无线用户的接入，业务数据的加密和业务数据报文的转发等功能。

FIT AP（FIT access point），又称瘦接入点。与胖 AP 不同，瘦 AP 不具备管控功能。为实现 WLAN 功能，除 FIT AP 外还需管理控制设备——AC（access controller，无线接入控制器）。AC 负责对 WLAN 中的所有 FIT AP 进行管理和控制，不具备射频功能，不能发射无线信号。FIT AP 与 AC 配合，共同完成 WLAN 的功能，这种架构称为 AC FIT AP 架构。图 23-5-2 为某大型企业基于 AC FIT AP 架构部署的 WLAN 组网示意图。

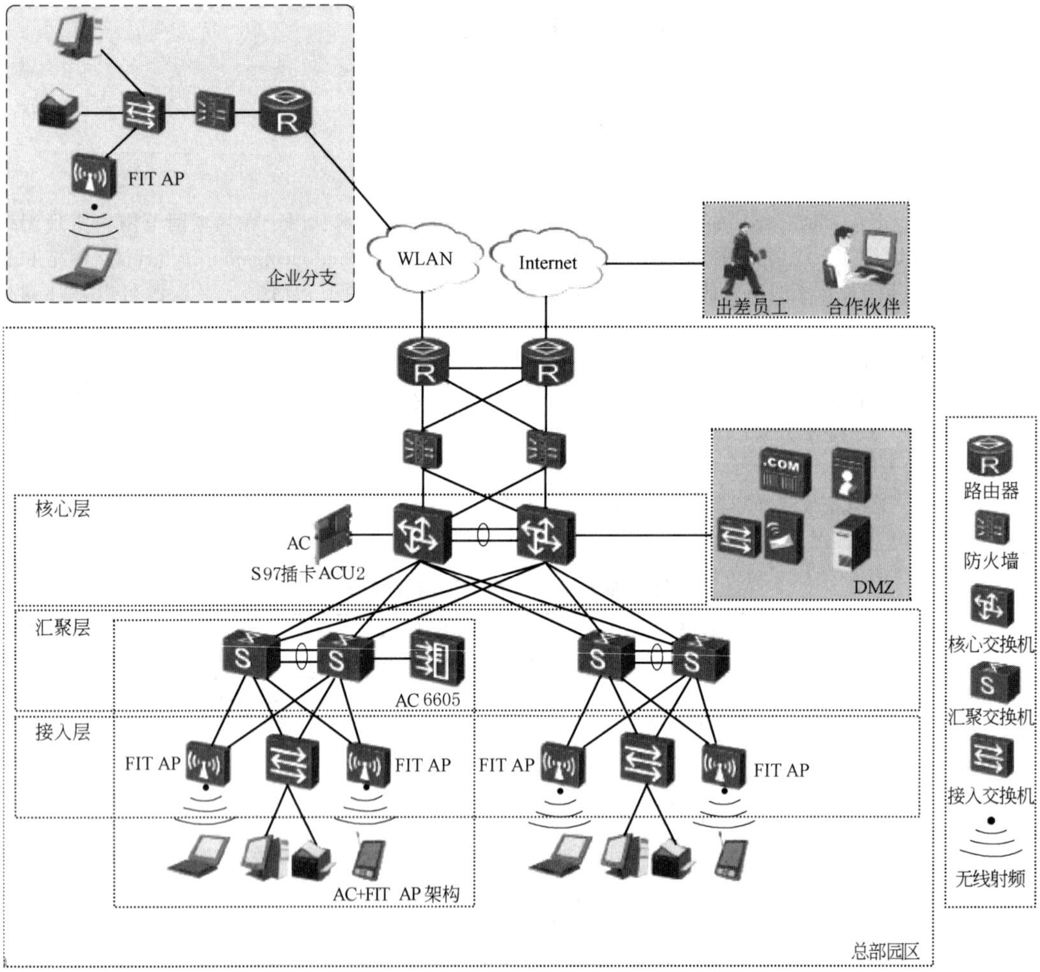

图 23-5-2　基于 AC FIT AP 架构部署的 WLAN 组网示意图

根据 AC 所管控的区域和吞吐量的不同，AC 可以出现在汇聚层，也可以出现在核心层。而 FIT AP 一般部署在接入层和企业分支。这种层级分明的协同分工，更能体现出 AC FIT AP 架构的集中控制的特点，这种架构又被大家称为集中式网络架构。

使用 AC FIT AP 架构为候车厅这种大型场所部署 WLAN 时，比使用 FAT AP 架构更经济、高效。在 AC FIT AP 架构下，可以统一为 FIT AP 下发配置，统一为 FIT AP 进行软件升级，还可以按照时段控制 FIT AP 的工作数量，等等，这些大大降低了 WLAN 的管控和维护的成本。而且，由于用户的接入认证可以由 AC 统一管理，解决用户漫游的问题就变得很容易。综上所述，AC FIT AP 架构适用于中大型使用场景，而 FAT AP 架构适用于小型使用场景。

(2) 测试规范

如图 23-5-3 所示，无线局域网系统建立在已有的通用布缆系统基础之上，测试规范中所涉及的无线局域网系统为图 23-5-3 中实线框内的部分，该系统组成包括三种设备类型，STA、AP 和 ASU。设备的功能要求在系统架构中已给出。此处主要结合具体系统要求给出了无线局域网系统的工程测试方法。

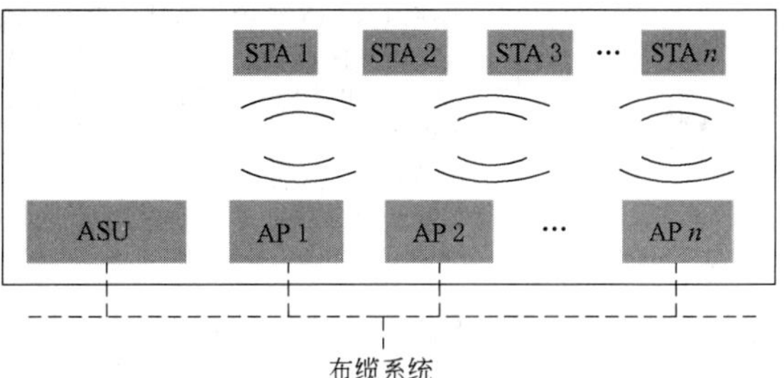

图 23-5-3　无线局域网系统组成

1) 测试条件。无线局域网的工程测试需在满足以下条件的前提下进行：

① 开始检测前，应根据设计、验收文件制定工程测试计划和测试文档；

② 被测方应至少提供相关设备的入网许可证明、产品合格证等资质文件；

③ 检测所使用的仪器仪表应通过相应的计量和校准；

④ 建筑物内无线 AP 布缆系统应符合布缆相关标准的规定；

⑤ 所抽样的 AP 和 STA 应尽可能最佳分布在整个网络中；

⑥ 抽样测试 AP 的比例应不低于 10%，被抽测 AP 的数量应不小于 10 个，如果总的 AP 数量小于 10 个，应全部测试。

2) 测试方法。无线局域网工程测试方法如表 23-5-2 所示：

表 23-5-2　无线局域网工程测试方法

网络功能测试	
关联测试	测试步骤和判定准则： ①配置关联测试信息及测试次数 ②每个 AP 测试次数不少于 50 次，自动进行关联 AP 的测试 ③关联成功率应符合系统设计、验收要求。被测区域内 AP 关联成功率宜达到 95%以上
切换测试	测试步骤： ①测试终端通过认证接入网络，并通过无线网卡 ping 本地网关 ②测试终端由目前接入 AP 的覆盖范围移动至相邻 AP 的覆盖范围后，一直进行的 ping 本地网关仍然成功 ③在此过程中使用另一台测试终端登录到源 AP 和目标 AP 管理页面确认测试终端由源 AP 切换到了目标 AP ④重复以上步骤，连续测试 10 次以上，测试包含待测 AP 及所有相邻 AP，记录切换是否成功 ⑤切换成功率及切换丢包率应符合系统设计、验收要求。切换成功率宜不小于 90%，切换丢包率宜不大于 5%
信号强度测试	
边缘场强	测试步骤和判定准则： ①采用专业的 WLAN 维护类测试仪表 ②在目标覆盖区域内进行打点测试 ③以热图形式得出测试区域的场强覆盖情况 ④测试路径的设计应合理，在有墙壁的房间，测试路径宜包含墙壁内外两侧 ⑤室内的测试路径应覆盖每个过道和工位 ⑥边缘场强应符合系统设计、验收的要求。在高校宿舍等用户密集区域，接收信号强度宜不低于-70dBm；在会议室茶餐厅等开阔区域边缘接收信号强度宜不低于-75dBm
信噪比	测试步骤和判定准则： ①使用 WLAN 维护类测试仪表进行测试 ②在测试目标区域内进行打点测试 ③以热图形式显示测试区域内全面的信噪比测试结果 ④信噪比应符合系统设计、验收的要求。信噪比在设计目标覆盖区域内宜达到 95%以上的位置，接收到的下行信号信噪比宜大于 10dB

续表

信号强度测试	
发射功率	测试步骤和判定准则： ①使用 WLAN 维护类测试仪表进行测试 ②将测试仪表主动关联到待测目标 AP ③在以 AP 为中心的 30m 半径区域内进行打点测试 ④以热图形式显示目标 AP 覆盖范围内不同位置的 AP 场强，同时显示以 30m 为半径的覆盖区域内的边缘场强 ⑤发射功率符合 GB 50339 无线局域网相关要求。在覆盖范围内接入点的信道信号强度宜不低于 -75dB
组播功能	测试步骤和判定准则： ①采用专业的 WLAN 维护类测试仪表 ②模拟生成组播流 ③组播流的发送和接收检测结果应符合系统设计、验收的要求
服务质量	测试步骤和判定准则： ①采用专业的 WLAN 维护类测试仪表 ②检测队列调度机制 ③边缘场强符合系统设计、验收的要求。宜能够区分业务流并保障关键业务数据优先发送
传输性测试	
网络连通性	测试步骤和判定准则： ①测试终端通过认证后接入指定无线局域网络 ②利用 ping 命令测试网络连通性 ③连续测试不小于 50 次，统计测试成功率 ④连通成功率应符合系统设计、验收要求。成功率宜大于 97%
传输速率	测试步骤和判定准则： ①使用 WLAN 维护类测试仪表关联到目标 AP/SSID ②在目标覆盖区域内，测试此 AP 与模拟成 STA 的测试仪表之间的上传/下载速率 ③传输速率应符合 GB 50339 无线局域网相关要求。传输速率宜不低于 5.5Mb/s
吞吐量	测试步骤和判定准则： ①使用 WLAN 维护类测试仪表关联到目标 AP/SSID ②对此 AP/SSID 进行系统吞吐量和带宽的测试 ③系统吞吐量和带宽值应符合系统设计、验收的要求。对于受传输带宽等条件限制的 AP，可根据传输带宽等确定下载速率要求
丢包率	测试步骤和判定准则： ①将 WLAN 维护类测试仪表接入网络 ②AP/AC 与 STA 之间的测试数据包应采用不少于 100 个 ICMP64Byte 帧长 ③记录丢包率等参数 ④丢包率应符合 GB 50339 无线局域网相关要求。宜满足，不少于 95% 路径的数据包丢失率小于 5%
往返时延	测试步骤和判定准则： ①访问指定 SSID 的 WLAN 网络 ②成功接入网络后，ping 指定测试网络地址的时延 ③记录时延，精确到毫秒 ④往返时延应符合系统设计、验收要求。平均时延宜小于 100ms
安全功能设置测试	
假冒 MAC 地址	测试步骤和判定准则： 使用 WLAN 安全监测仪表，通过厂商 OUI、无线媒体类型等进行假冒 MAC 地址测试。所获得的厂商 OUI 应符合厂商规范中的规定，AP 设备具备 MAC 地址相关管理功能
射频扫描	测试步骤和判定准则： 使用相应测试工具对空 SSID(Null SSID)探测进行检测。测试结果应符合系统安全功能设计验收要求，AP 设备具备射频相关管理功能。空 SSID 探测数宜小于 50 帧/s
接入认证	测试步骤和判定准则： ①在 AP 覆盖区域内不同地点使用"用户名+密码"方式进行 20 次 DHCP 页面认证，记录是否认证成功

续表

安全功能设置测试	
接入认证	②用户使用相应的测试终端,在网络覆盖区域内的不同地点进行 20 次 MAC 认证,记录是否认证成功 ③接入认证的控制策略应符合设计要求。认证失败次数宜小于或等于 1 次
非法接入测试	
未授权 AP	测试步骤和判定准则: 使用 WLAN 安全监测仪表通过 MAC 地址、生产商 ID、SSID、无媒体类型、射频信道等参数检测未授权 AP。测试结果应符合系统防攻击设计、验收的要求。检测到的未授权 AP 的信号强度宜低于 80dBm,或者其发送帧数小于 50 帧/s
未授权 STA	测试步骤和判定准则: WLAN 安全监测仪表与未授权 AP 使用相同的机制,对未授权 STA 进行检测。测试结果应符合系统防攻击设计、验收的要求。检测到的未授权 STA 的信号强度宜低于 0dBm,或者其发送帧数小于 50 帧/s 注:这些检测机制是通过 MAC 地址、生产商 ID、SSID、无线媒体类型、射频信道来实现的。另外,关联到未授权 AP 的终端同样会触发一个未授权终端告警
DoS 攻击测试	
针对基础架构的攻击	测试步骤和判定准则: 通过 WLAN 安全监测仪表监测攻击行为并对设备进行定位。测试结果应符合系统防攻击设计验收的要求。检测到的 RTS/CTS 数宜小于 500 帧/s
针对 AP 的 DoS 攻击	测试步骤和判定准则: 通过 WLAN 安全监测仪表监测客户端的鉴别过程,并识别出 DoS 攻击的特征。测试结果应符合系统防攻击设计、验收的要求。未完成的认证/关联业务占比宜小于 80%;未认证的关联请求数宜小于 100;活动的关联数宜小于 100;省电轮询(PS-Poll)数宜小于 100;探测请求帧数宜小于 500;重关联帧数宜小于 10
针对 STA 的 DoS 攻击	测试步骤和判定准则: 使用 WLAN 安全监测仪表监测客户端的鉴别过程,并识别出 DS 攻击的特征。测试结果应符合系统防攻击设计、验收的要求。认证失败次数宜小于 50;乱序的接触认证帧数宜小于 10;乱序的取消关联帧数宜小于 10;认证失败的帧数宜小于 50;探测应答帧数宜小于 60
系统文档检验	
检验内容	无线局域网系统的工程测试,应包含对以下文档的检验: ①布缆系统验收合格报告 ②无线局域网系统设计文件 ③无线局域网系统自测报告 ④无线局域网系统试运行记录 ⑤无线局域网工程竣工报告 ⑥无线局域网系统运行维护日志 ⑦无线局域网系统故障处理记录 ⑧无线局域网系统配置变更记录

注:SSID—服务集标识;OUI—组织唯一标识符;MAC—媒体访问控制;DHCP—动态主机配置协议。

1.2 无线传感器网络(WSN)

WSN 与 WLAN 在多个方面存在显著区别,WSN 的设计目的主要是监测和收集环境数据,其结构通常由大量分布式传感器结点组成,功能上注重数据采集和传输的效率和可靠性。此外,WSN 还面临一些特殊性问题,如能量消耗、结点自组织和数据融合等。下面将详细介绍 WSN。

(1) 体系架构

传感器网络的系统参考架构从物理实体角度描述了系统中主要物理实体之间的交换和通信连接关系。按照传感器网络部署和应用特点,图 23-5-4 给出了传感器网络系统参考体系结构。

1) 系统参考体系结构中的物理实体主要包括:

① 应用终端:使用传感器网络应用服务的主体,一般指提供传感器网络相关的数据、文本、音频、视频等信息服务的交换系统的总称,用于与传感器网络服务消费者交互信息;

② 服务平台:将传感器网络相关功能和信息以服务的形式提供给一个或多个应用终端的实体,其服务功能可以包括数据处理、数据存储、数据挖掘、设备管理、网络管理、安全管理等,服务平台一般指具有计算处理和

数据通信等功能的软硬件平台的总称；

③ 基础支撑网络：现有不同形态的广域基础通信网络，包括移动通信网、互联网、卫星网、广电网、行业专网等，用于传感器网络网关与服务平台间远距离信息传输；

④ 本地局域网络：现有不同形态的支持本地连接的通信网络，主要包括有线或无线局域网等，用于传感器网络网关与服务平台间近距离信息传输；

⑤ 传感器网络网关：连接由传感器网络结点组成的本地网络系统和其他网络系统的设备，具有协议转换、数据处理、网络管理等功能；

⑥ 传感结点：采集和测量物理世界对象数据的设备，具有数据采集、数据存储和计算能力，需要由电源供电，传感结点间可通过有线或无线方式构成通信网络，通过单跳或多跳路由将数据传输至其他传感结点、或者传感器网络网关或者应用终端。

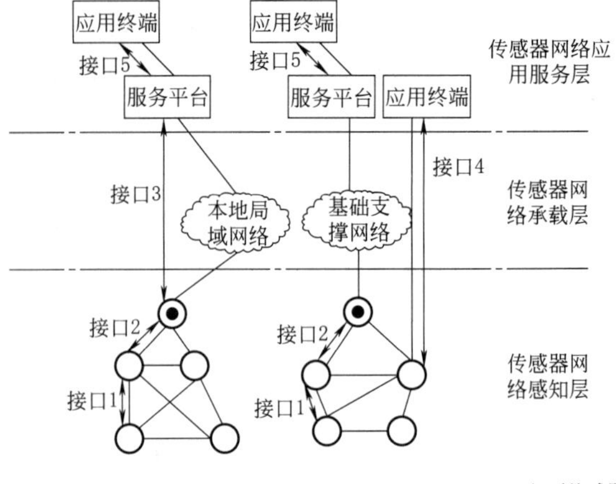

图 23-5-4 传感器网络系统参考体系结构

2）传感器网络系统参考体系结构中按照不同物理实体的功能和属性分类，可分为下列三层：

① 传感器网络感知层，主要是由传感结点和传感器网络网关等构成的、实现对物理世界的信息采集、汇聚、处理和反馈控制的逻辑域；

② 传感器网络承载层，主要是支撑感知数据和控制管理数据等在感知层和应用服务层之间交换的逻辑域，可包括有线或无线局域网、移动通信网、互联网、卫星网、广电网、行业专网及新型融合网络等；

③ 传感器网络应用服务层，指由服务平台实现对感知数据的处理、封装等，并以服务的方式提供给应用终端使用的逻辑域。

如图 23-5-4 所示，传感结点采集的数据经由传感器网络网关，可通过本地局域网络或基础支撑网络，传递到本地或远程的服务平台，经过服务平台处理按需到达不同的应用终端。部分应用中，应用终端亦可直接与某个传感结点连接获取数据。

（2）传感器网络接口

传感器网络参考体系结构中的接口分为物理实体间接口和传感器网络结点功能层次间接口两类。物理实体间接口用于实现不同实体间信息交互，功能层次间接口用于实现物理实体不同功能模块间信息交互。图 23-5-4 描述了传感器网络系统参考体系结构中主要物理实体接口，包括：

① 传感结点与传感结点之间的接口（接口 1）；

② 传感结点与传感器网络网关间接口（接口 2）；

③ 传感器网络网关与服务平台间接口（接口 3）；

④ 应用终端与传感结点间接口（接口 4）；

⑤ 应用终端与服务平台间接口（接口 5）。

物理实体间接口包含两个物理实体所有的对等层之间信息交互协议集合。传感器网络结点参考体系结构中定义了传感结点和传感器网络网关通用的分层结构，包含物理资源层、功能适配层、服务中间件层和应用层，其他物理实体（如服务平台和应用终端）采用传感器网络结点参考体系结构的分层结构，作为实现传感器网络对等信息交互协议的基础。

在图 23-5-5 至图 23-5-9 所描述的接口 1 至接口 5 中，物理实体各层之间的信息交互协议分别概括描述为协议 A、协议 B、协议 C 和协议 D。协议 A（物理资源层协议）实现物理实体间的数据通信，即规定与建立、维持及断开物理信道有关的特性，包括机械和电气特性以及功能性和规程性等。协议 B（功能适配层协议）实现链路建立和网络传输服务，可包含媒体访问控制层协议和网络层协议等。协议 C（服务中间件层协议）根据传感器网络端到端服务要求，对功能适配层提供的服务加以封装，满足应用层需求，可包含自定位服务协议、时间同步协议等。协议 D（应用层协议）实现应用信息交互和协同处理，可包含周期性数据读写服务、设备状态查询、协同处理交互协议等。

本部分主要根据各种传感器网络应用场景中不同物理实体间的信息交互要求，针对不同接口对应的不同功能层次信息交互协议给出参考性设计说明，后续可依据该参考性设计说明制定具体的交互协议。接口 1 到接口 5 简要说明如下。

1）传感结点间交互接口定义为接口 1，如图 23-5-5 所示。接口 1 中协议 1. A 主要控制传感结点物理通信信道之间的通信连接，实现传感结点间网络数据通信。协议 1. A 可采用 IEEE 802. 15. 4—2006、GB/T 15629. 15—2010 的物理层通信协议。协议 1. B 主要实现传感结点间信息网络传输服务，媒体访问控制层协议可采用 IEEE 802. 15. 4—2006、GB/T 15629. 15—2010 等媒体访问控制层协议，网络层协议可采用 ZigBee Specification 2005 的网络层协议或者 GB/T 30269. 301—2014。协议 1. C 实现传感结点间服务中间件功能实体交互，为应用层提供服务支撑，如自定位协议、时间同步协议等。协议 1. D 为实现传感结点间应用信息交互和协作的应用程序提供服务，如协同处理交互协议可采用 ISO/IEC 20005：2013。

2）传感结点和传感器网络网关南向交互接口定义为接口 2，如图 23-5-6 所示。接口 2 中协议 2. A 建立传感结点和传感器网络网关的通信连接，可采用 IEEE 802. 15. 4—2006、GB/T 15629. 15—2010 的物理层协议。协议 2. B 实现传感结点与网关间网络传输服务，可采用 IEEE 802. 15. 4—2006、GB/T 15629. 15—2010 的媒体访问控制层协议，网络层协议可采用 ZigBee Specification 2005 的网络层协议。为了实现互操作性，2. A、2. B 宜与 1. A、1. B 相同。协议 2. C 主要包括传感结点与传感器网络网关的服务中间件协议，如分组管理、路由管理、时间同步协议等。协议 2. D 主要实现传感器网络网关与传感结点间应用信息交互和协作，以及南北向应用协议转换。

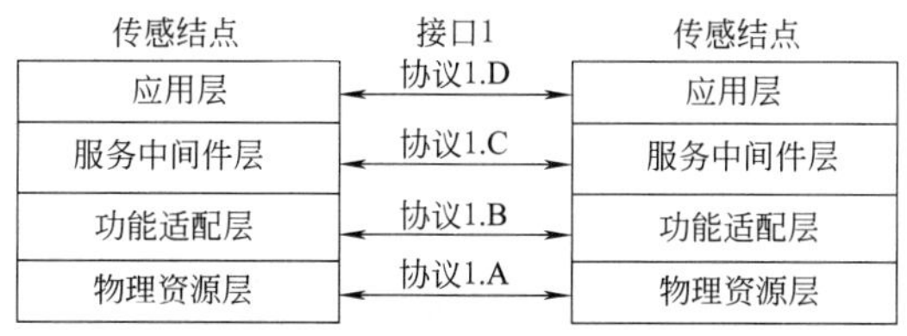

图 23-5-5　通过接口 1 的信息交互协议

图 23-5-6　通过接口 2 的信息交互协议

3）服务平台与传感器网络网关北向交互接口定义为接口 3，如图 23-5-7 所示。传感器网络网关与服务平台间的协议 3. A 和协议 3. B 宜使用已有标准完成信息通信，物理层和媒体访问控制层可采用 IEEE 802. 3—2005 的物理层和媒体访问控制层协议，网络层可采用 IETF IPv4 或 IETF IPv6 协议等。协议 3. C 主要实现服务平台与传感器网络网关间协同服务，为用户与传感器网络间的应用交互提供支撑，可包含代码管理、数据管理、安全管理等协议。协议 3. D 主要实现服务平台与传感器网络网关间应用信息交互和协作等。

4）应用终端与传感结点的交互接口定义为接口 4，如图 23-5-8 所示。接口 4 中协议 4. A 实现传感结点和应用终端的通信连接，可采用 IEEE 802. 15. 4—2006、GB/T 15629. 15—2010、IEEE 802. 11—2007 的物理层协议。协议 4. B 实现传感结点与应用终端间网络传输服务，可采用 IEEE 802. 15. 4—2006、GB/T 15629. 15—2010、IEEE 802. 11—2007 的媒体访问控制层协议，可采用 ZigBee Specification 2005 的网络层协议。为了实现互操作性，4. A 和 4. B 宜与 1. A、1. B 相同。协议 4. C 主要实现传感结点与应用终端的互操作服务，为应用层提供支撑。协议 4. D 主要实现应用终端与传感结点间应用信息交互和协作。

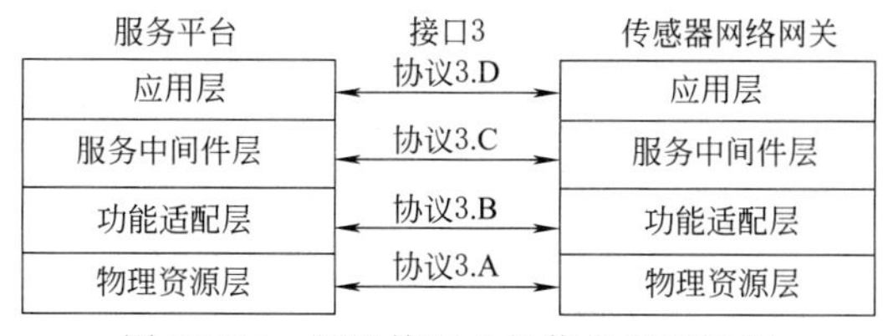

图 23-5-7　通过接口 3 的信息交互协议

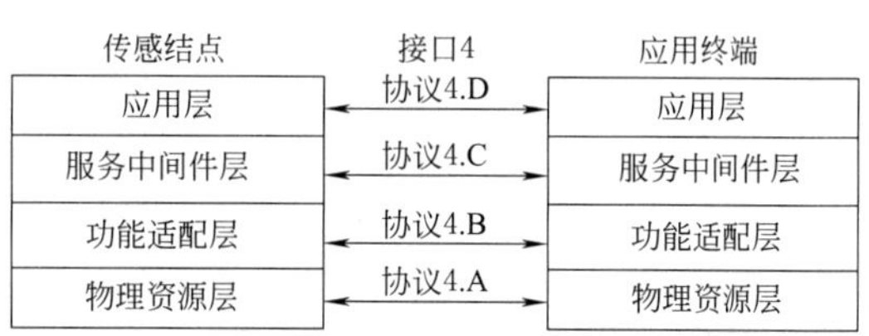

图 23-5-8　通过接口 4 的信息交互协议

5）应用终端与服务平台之间的交互接口定义为接口 5，如图 23-5-9 所示。其中协议 5. A 主要建立服务平台与应用终端间通信连接，实现两者间数据通信，可采用 IEEE 802. 3—2005 的物理层协议。协议 5. B 实现服务平台和应用终端网络传输，可采用 IEEE 802. 3—2005 的媒体访问控制层协议，可采用 IETF IPv4 或 IETF IPv6 的网络

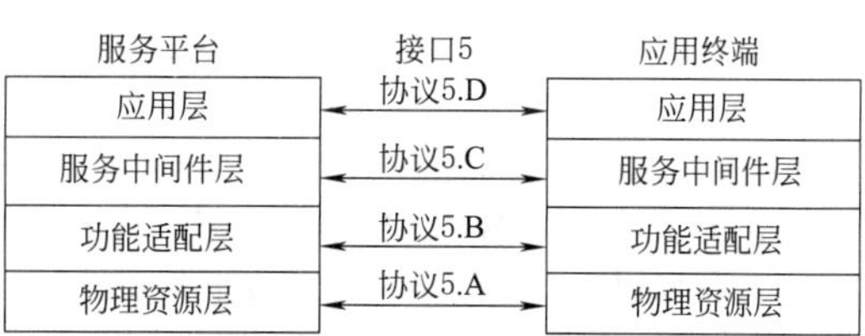

图 23-5-9　通过接口 5 的信息交互协议

层协议等。协议 5.C 主要实现服务平台与应用终端的交互服务，为应用层提供支撑，可包含数据融合、数据管理等协议。5.D 主要为服务平台与应用终端间应用信息交互和协作，可采用 HTTP 协议、FTP 等。

1.3 工厂自动化/过程自动化的工业无线网络（WIA-FA/PA）

在现代工业自动化中，无线通信技术扮演着至关重要的角色。WIA-FA（factory automation）和 WIA-PA（process automation）是两种专门为工业自动化设计的无线网络标准，分别针对工厂自动化和过程自动化应用。这些标准由中国的工业无线联盟制定，旨在提供高可靠性、低延迟和高安全性的无线通信解决方案，满足不同工业环境的特定需求。

（1）设备选型标准

WIA-FA 定义了以下五类设备：

① 主控计算机（HC，host computer）；

② 网关设备（GD，gateway device）；

③ 接入设备（AD，access device）；

④ 现场设备（FD，field device）；

⑤ 手持设备（HD，handheld device）。

为了提高网络的可靠性，WIA-FA/PA 网络中允许存在备用的网关设备作为运行网关设备的热备份，允许存在多个接入设备并行工作。

WIA-FA/PA 设备标准见表 23-5-3。

表 23-5-3　WIA-FA/PA 设备标准

主控计算机	主控计算机是操作人员、维护人员和管理人员执行组态、网络配置与数据显示等功能的接口，以及执行控制功能。主控计算机负责网络配置、组态和数据显示功能。主控计算机的具体实现不在本部分定义范围内
网关设备	网关设备是连接不同网络或通信协议的中介设备，起着转换、路由和连接不同网络之间数据流的作用。它们在信息交换的过程中将来自不同网络的数据进行转换和传递，以实现不同网络之间的通信和互操作性。根据媒介的不同，网关设备可分为基于物理设备实现的硬件网关和基于软件实现的软件网关
接入设备	接入设备安装在工业现场，负责将现场设备上的传感器数据、告警及网络管理相关信息转发到网关设备，或将网关设备的控制信号、管理信息和配置信息转发给现场设备。接入设备包括以下主要功能： ①接收现场设备采集到的数据并发送给网关设备 ②将网关设备的控制命令发送给现场设备中的执行器 ③将网关设备的管理、配置和组态信息发送给现场设备 ④接收现场设备的告警及网络管理相关信息并发送给网关设备 注：接入设备与网关设备之间以有线方式连接，两者之间的同步方式不在本部分范围内
现场设备	现场设备是安装在工业现场，连接传感器和执行器，负责发送现场数据和接收控制命令的 WIA-FA/PA 设备。现场设备的供电方式包括线路供电、电池供电及其他，具体供电方式不做定义
手持设备	手持设备是用于配置网络和固件更新的手持便携设备。手持设备与直连的设备通信，不参与 WIA-FA/PA 网络中其他设备的通信。手持设备采用有线方式预配置现场设备、接入设备和网关设备，为现场设备、接入设备和网关设备写入安全等级、加入密钥和共享密钥（当安全等级不为 0 时）、网络标识符（NetworkID） 注：手持设备采用的有线方式可包括 RS232、RS485、USB 等

（2）拓扑结构

1）WIA-FA 拓扑结构。如图 23-5-10 所示，WIA-FA 定义为增强星型拓扑结构（enhanced star topology），包括一个中心及若干现场设备。中心由一个网关设备（可存在冗余网关设备）及一或多个接入设备组成。

2）WIA-PA 拓扑结构。WIA-PA 网络支持星型和网状结合的两层网拓扑结构或者星型拓扑结构，通过网络管理者的属性“Network Topology”指示。

星型和网状结合的两层拓扑结构示例如图 23-5-11 所示，第一层是网状结构，由网关设备及路由设备构成；第二层是星型结构，由路由设备及现场设备或手持设备（若存在）构成。星型拓扑结构示例如图 23-5-12 所示，仅由网关设备和现场设备（或手持设备）构成。

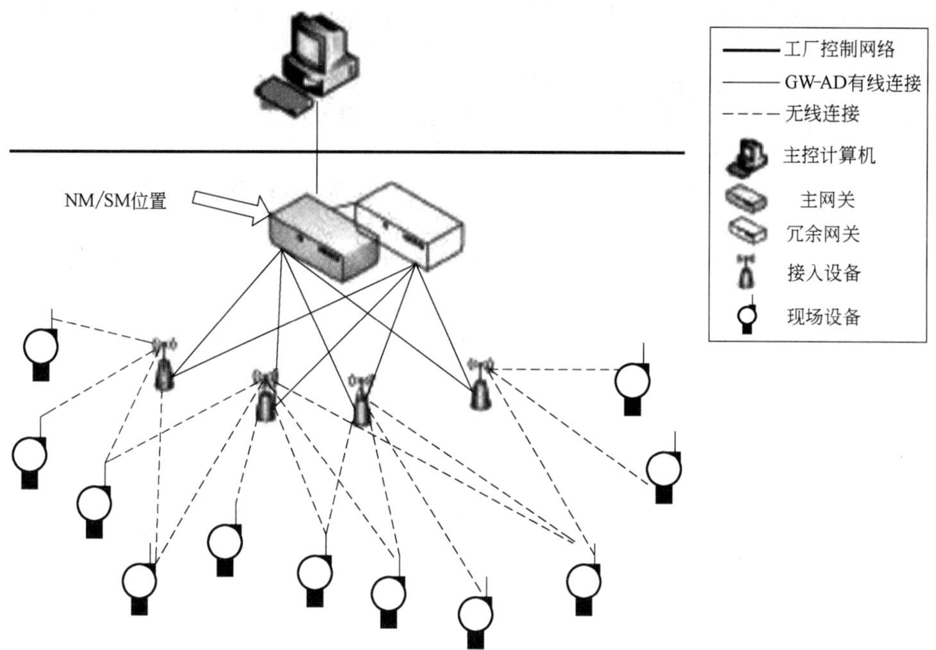

图 23-5-10　WIA-FA 网络增强星型拓扑结构

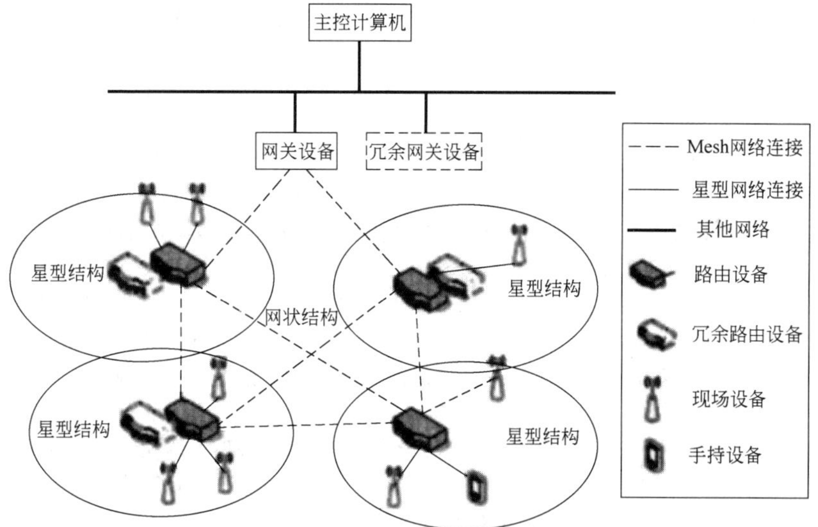

图 23-5-11　WIA-PA 网络星型和网状结合的两层拓扑结构

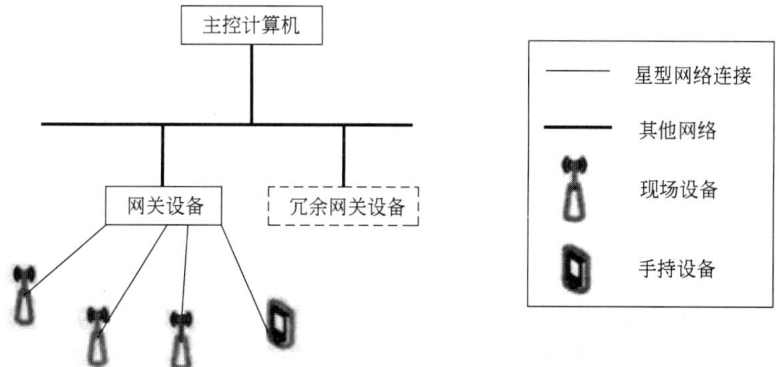

图 23-5-12　WIA-PA 网络星型拓扑结构

注：星型拓扑结构是星型和网状结合的两层拓扑结构的特例。在后续内容中，星型和网状结合的两层拓扑结构包含了星型拓扑结构，将不再对星型拓扑结构的具体实现过程做详细介绍。

为了便于实现管理功能，定义了以下 5 类逻辑角色：

① 网关：负责 WIA-PA 网络与工厂内的其他网络的协议转换与数据映射；

② 网络管理者（NM）：管理和监测全网；

③ 安全管理者（SM）：负责网关设备、路由设备、现场设备和手持设备（如果有）的密钥管理与安全认证；

④ 簇首：管理和监测现场设备和手持设备（如果有），负责安全地聚合及转发簇成员和其他簇首的数据；

⑤ 簇成员：负责获取现场数据并发送到簇首。

一种类型的物理设备可以担任多个逻辑角色。在星型和网状结合的两层拓扑结构中，网关设备可以担任网关、网络管理者、安全管理者和簇首的角色；路由设备可以担任簇首的角色；现场设备和手持设备只能担任簇成员的角色。在星型拓扑结构中，网关设备可以担任网关、网络管理者、安全管理者和簇首的角色。

（3）应用案例

以下根据设计规范给出一个工厂自动化/过程自动化的工业无线网络（WIA-FA/PA）设计案例。

1）网络需求分析。与工厂自动化部门和利益相关者合作，明确自动化系统的需求，包括实时数据传输、设备连接、控制要求等。需要监控 100 个设备，其中 30 个需要实时控制。

2）网络拓扑设计。设计星型拓扑结构，其中，中央无线控制器（WCC）位于中央位置，连接所有设备。设备分散在不同生产区域。

3）技术选择。选择 WirelessHART 作为无线通信技术，因其在工业环境下的稳定性和可靠性。对于特定区域，可能使用 Wi-Fi 或 ZigBee 等技术进行补充。

4）频谱分析。进行频谱分析，确定可用的频谱通道，避免与其他无线设备干扰。考虑到工厂内可能存在其他无线设备，频谱分析至关重要。

5）安全设计。设计加密通信、身份认证和访问控制机制，确保数据传输的机密性和网络的安全性。使用 WirelessHART 的内置安全特性加强通信安全。

6）设备选型。选用适用于工业环境的 WirelessHART 传感器和 WCC 设备。考虑设备的传输距离、传输速率和抗干扰能力。

7）实施和测试。进行设备部署和配置，配置 WCC 设备和传感器参数。对网络进行性能测试，确保数据传输和控制的稳定性。

8）网络覆盖和优化。测试网络的覆盖范围和信号强度，在需要时进行天线配置和设备调整，以确保全面的网络覆盖。

9）实时性和延迟测试。对实时控制应用进行测试，测量数据传输的延迟，确保控制操作的及时性和可控性。

10）故障恢复测试。测试网络设备的故障恢复能力，确保在设备故障时网络能够自动切换并恢复正常运行。

11）安全和故障管理。建立安全和故障管理机制，定期检查网络安全性和设备状态，及时处理潜在问题。

12）性能监控和优化。在运行期间，持续监控网络性能，对信号强度、延迟等进行调整和优化，以适应生产过程的变化和扩展需求。

1.4 物联网（IoT）

物联网（IoT）是通过无线连接技术将各种物理设备、传感器和其他物体连接起来，实现数据交换和智能化控制的网络。与传统的无线网络相比，物联网不仅仅是简单地将设备连接到互联网，而是通过数据的收集、分析和应用，实现了对物理世界的智能化监测和控制。因此，物联网不仅具有无线网络的连接功能，还具有数据处理和智能应用的特性。

（1）体系架构

物联网系统参考体系结构是基于物联网概念模型，从功能系统组成的角度，给出物联网系统各业务功能域中主要实体及实体之间接口关系，见图 23-5-13。

物联网系统参考体系结构中各个域包含的实体的描述见表 23-5-4。

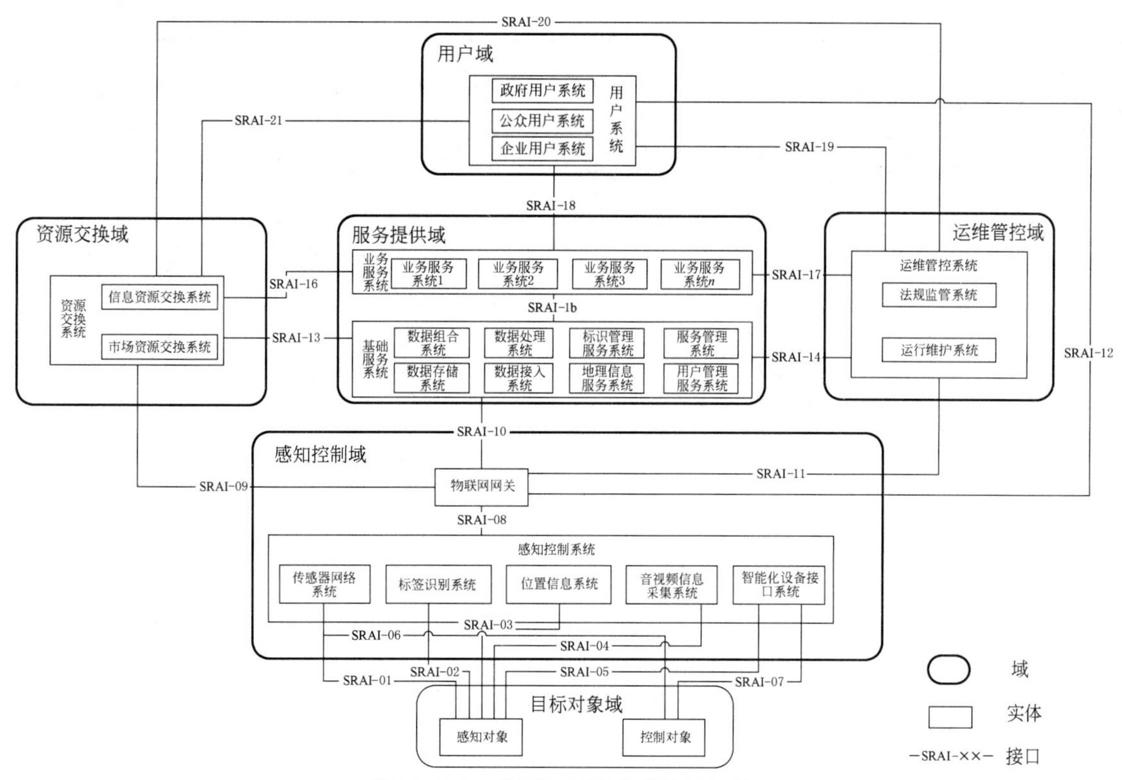

图 23-5-13　物联网系统参考体系结构

表 23-5-4　　物联网系统参考体系结构中的实体描述

域名称	实体	实体描述
用户域	用户系统	用户系统是支撑用户接入物联网，使用物联网服务的接口系统，从物联网用户总体类别来分，可包括政府用户系统、企业用户系统、公众用户系统等
目标对象域	感知对象	物联网用户期望获取信息的对象
	控制对象	物联网用户期望执行操控的对象
感知控制域	物联网网关	物联网网关是支撑感知控制系统与其他系统互联，并实现感知控制域本地管理的实体。物联网网关可提供协议转换、地址映射、数据处理、信息融合、安全认证、设备管理等功能。从设备定义的角度，物联网网关可以是独立工作的设备，也可以与其他感知控制设备集成为一个功能设备
	感知控制系统	感知控制系统通过不同的感知和执行功能单元实现对关联对象的信息采集和控制操作，可实现本地协同信息处理和融合的系统。感知控制系统可包括传感器网络系统、标签识别系统、位置信息系统、音视频信息采集系统和智能化设备接口系统等，根据物联网对象不同社会属性和感知控制需求，各系统可独立工作，也可通过相互协作，共同实现对物联网对象的感知和操作控制 当前技术状态下，感知控制系统主要包括： ①传感器网络系统：传感器网络系统通过与对象关联绑定的传感结点采集对象信息，或通过执行器对对象执行操作控制，传感结点间可支持自组网和协同信息处理； ②标签识别系统：标签识别系统通过读写设备对附加在对象上的 RFID、条形码(一维码、二维码)等标签进行识别和信息读写，以采集或修改对象相关的信息； ③位置信息系统：位置信息系统通过北斗、GPS、移动通信系统等定位系统采集对象的位置数据，定位系统终端一般与对象物理上绑定； ④音视频信息采集系统：音视频信息采集系统通过语音、图像、视频等设备采集对象的音视频等非结构化数据； ⑤智能化设备接口系统：智能化设备接口系统具有通信、数据处理、协议转换等功能，且提供与对象的通信接口，其对象包括电源开关、空调、大型仪器仪表等智能或数字设备。在实际应用中，智能化设备接口系统可以集成在对象中 注：随着技术的发展将出现新的感知控制系统类别，该系统应能采集对象信息或执行操作控制

续表

域名称	实体	实体描述
服务提供域	基础服务系统	基础服务系统是为业务服务系统提供物联网基础支撑服务的系统,包括数据接入、数据处理、数据融合、数据存储、标识管理服务、地理信息服务、用户管理服务、服务管理等
	业务服务系统	业务服务系统是面向某类特定用户需求,提供物联网业务服务的系统,业务服务类型可包括但不限于:对象信息统计查询、分析对比、告警预警、操作控制、协调联动等
运维管控域	运维管控系统	运维管控系统是管理和保障物联网中设备和系统可靠、安全运行,并保障物联网应用系统符合相关法律法规的系统,根据功能可分为运行维护系统和法规监管系统。运行维护系统可实现包括系统接入管理、系统安全认证管理、系统运行管理、系统维护管理等功能;法规监管系统可实现包括相关法律法规查询、监督、执行等功能
资源交换域	资源交换系统	资源交换系统实现物联网系统与外部系统间信息资源的共享与交换,以及实现物联网系统信息和服务集中交易的系统,根据功能可分为信息资源交换系统和市场资源交换系统。信息资源交换系统是为满足特定用户服务需求,需获取其他外部系统必要信息资源,或为其他外部系统提供信息资源前提下,实现系统间的信息资源交换和共享的系统。市场资源交换系统是为支撑有效提供物联网应用服务,实现物联网相关信息流、服务流和资金流的交换的系统

(2) 接口与通信

物联网系统参考体系结构接口描述见表 23-5-5。

表 23-5-5　　物联网系统参考体系结构接口

接口	实体 1	实体 2	接口描述
SRAI-01	感知对象	传感器网络系统	本接口规定传感器网络系统与感知对象间的关联关系。传感器网络系统的感知单元通过该接口获取感知对象的物理、化学、生物等属性。本接口为非数据通信类接口
SRAI-02	感知对象	标签识别系统	本接口规定标签识别系统与感知对象间的关联关系,通过标签附着在对象上,标签读写器可识别和写入与感知对象相关内容。本接口为非数据通信类接口,实现不同标签与感知对象的绑定关系。标签识别系统可包括 RFID、条形码、二维码等
SRAI-03	感知对象	位置信息系统	本接口规定位置信息系统与感知对象间的关联关系,通过位置信息终端与对象的绑定,可获取感知对象的空间位置信息。本接口为非数据通信类接口,主要实现位置信息终端与感知对象的绑定关系
SRAI-04	感知对象	音视频信息采集系统	本接口规定音视频采集系统与感知对象间的关联关系。音视频采集系统通过该接口获取感知对象的音频、图像和视频内容等非结构化数据。本接口为非数据通信类接口,主要实现音视频采集终端与感知对象空间的布设关系
SRAI-05	感知对象	智能化设备接口系统	本接口规定智能化设备接口系统与感知对象间的关联关系。智能化设备接口系统通过该接口获取感知对象的相关参数、状态、基础属性信息等。本接口为数据通信类接口
SRAI-06	控制对象	传感网系统	本接口规定传感器网络系统与控制对象间的关联关系。传感器网络系统的执行单元可通过该接口获取控制对象的运行状态,并实现对控制对象的操作控制。本接口为数据通信类接口
SRAI-07	控制对象	智能化设备接口系统	本接口规定智能化设备接口系统与控制对象间的关联关系。智能化设备接口系统通过该接口可获取控制对象的运行状态,并实现对控制对象的控制操作,本接口为数据通信类接口
SRAI-08	感知控制系统	物联网网关	本接口规定感知控制系统与物联网网关间的关联关系。物联网网关通过此接口适配、连接不同的感知控制系统,实现与感知控制系统间的信息交互以及系统管理控制等。本接口为数据通信类接口
SRAI-09	物联网网关	资源交换系统	本接口规定资源交换系统与物联网网关间的关联关系。资源交换系统通过该接口实现与物联网网关的通信连接,实现在权限允许下的信息共享交互。本接口为数据通信类接口

续表

接口	实体 1	实体 2	接口描述
SRAI-10	物联网网关	基础服务系统	本接口规定基础服务系统与物联网网关间的关联关系。基础服务系统通过该接口实现与物联网网关的通信连接,实现在权限允许下的信息交互,主要包括感知控制域所获取的感知信息和对控制对象的控制信息等。本接口为数据通信类接口
SRAI-11	物联网网关	运维管控系统	本接口规定运维管控系统与物联网网关间的关联关系。运维管控系统通过该接口实现与物联网网关的通信连接,实现在权限允许下的信息交互,主要包括感知控制域内系统运行维护状态信息以及系统和设备的管理控制指令等。本接口为数据通信类接口
SRAI-12	物联网网关	用户系统	本接口规定用户系统与物联网网关间的关联关系。用户系统通过此接口实现与物联网网关的信息交互,获取感知控制域本地化的相关服务。本接口为数据通信类接口
SRAI-13	基础服务系统	资源交换系统	本接口规定基础服务系统与资源交换系统间的关联关系。基础服务系统通过该接口实现同其他相关系统的信息资源交换,可包括提供用户物联网基础服务的必要信息资源。本接口为数据通信类接口
SRAI-14	基础服务系统	运维管控系统	本接口规定基础服务系统与运维管控系统间的关联关系。运维管控系统通过该接口实现对基础服务系统运行状态的监测和控制,同时实现对基础服务系统运行过程中法规符合性的监管。本接口为数据通信类接口
SRAI-15	基础服务系统	业务服务系统	本接口规定基础服务系统与业务服务系统间的关联关系。业务服务系统通过此接口调用基础服务系统提供的物联网基础服务,可包括数据存储管理、数据处理、标识解析服务、地理信息服务等。本接口为数据通信类接口
SRAI-16	业务服务系统	资源交换系统	本接口规定资源交换系统与业务服务系统间的关联关系。业务服务系统通过该接口实现同其他相关系统的信息和市场资源交换,例如支撑业务服务的市场资源信息,如支付金额信息等。本接口为数据通信类接口
SRAI-17	运维管控系统	业务服务系统	本接口规定业务服务系统与运维管控系统间的关联关系。运维管控系统通过该接口实现对业务服务系统运行状态的监测和控制,以及实现对业务服务所提供的相关物联网服务进行法规的监管。本接口为数据通信类接口
SRAI-18	业务服务系统	用户系统	本接口规定业务服务系统与用户系统间的关联关系。用户系统通过此接口获取相关物联网业务服务。本接口为数据通信类接口
SRAI-19	用户系统	运维管控系统	本接口规定用户系统与运维管控系统间的关联关系,运维管控系统通过该接口实现对用户系统运行状态的监测和控制,以及实现对用户系统相关感知和控制服务要求进行法规的监管和审核。本接口为数据通信类接口
SRAI-20	资源交换系统	运维管控系统	本接口规定资源交换系统与运维管控系统间的关联关系。运维管控系统通过该接口实现对资源交换系统状态的监测和控制,以及实现对资源交换过程中法规符合性的监管。运维管控系统可通过本接口从外部系统获取需要的信息资源。本接口为数据通信类接口
SRAI-21	资源交换系统	用户系统	本接口规定资源交换系统与用户系统间的关联关系,用户系统通过该接口实现同其他系统的资源交换,例如用户为消费物联网服务而所应支付资金信息等,本接口为数据通信类接口

1.5 应用案例

5G 技术在智能制造领域具有广泛的应用前景，可以提升生产效率、降低成本并支持创新的制造业解决方案。5G 应用设计规范可以帮助开发人员在设计 5G 应用程序时有一个系统性的方法，并确保应用程序能够最大程度地发挥 5G 网络的优势。以下给出某铝业企业 5G 智慧工厂应用案例。

（1）背景及需求

当前，有色金属行业客户建设智慧工厂所面临的痛点主要集中在工业组网和信息化建设两部分。针对典型的工业组网场景，客户所面临的困难主要在于信号差（线缆部署不便捷）、效率低（难以支撑柔性制造）、成本高（部署维护难度大）。同时，传统园区的信息化建设偏重垂直、孤立的烟囱式子系统，数据不互通，业务难融合，长期面临着三大痛点。其一，综合安防弱：园区安全、设施设备安全、环境安全隐患突出；其二，能耗高：节能降耗责任不清晰，缺乏有效的节能手段；其三，运营效率低、成本高：园区管理对象多而分散，生产车间管理严重依赖人。

综合以上传统无线技术的壁垒和诸多传统信息化系统的弊端，当前工业互联网以及智慧工厂急需技术创新的无线通信技术，助力企业节能、降耗、提质，同时可将园区的数据进行本地化卸载和私有化处理，助力传统有色金属制造业从“端管云”模式向“云边协同”的架构演进。

（2）解决方案

图 23-5-14 示出了该企业 5G 智慧工厂总体架构，通过 MEC 边缘环境完成以下创新应用的孵化：基于 5G 的光纤应变温度监测系统-电解槽漏液分析、基于 5G 的中频炉 1400℃高温精准分析、基于 5G 的天车传送带裂纹监测、基于 5G 的仪表视觉抄表、基于 5G 的天车远程集中管控、基于 5G 的高精度定位等、基于 5G 的环境监测。创新应用基于数据驱动的理念，解决有色金属冶炼过程中工艺控制的不稳定性、设备故障发生的复杂性等问题。运用自动化设备提高生产效率，减小人员劳动强度，防止安全事故发生，打造舒适的工作环境。

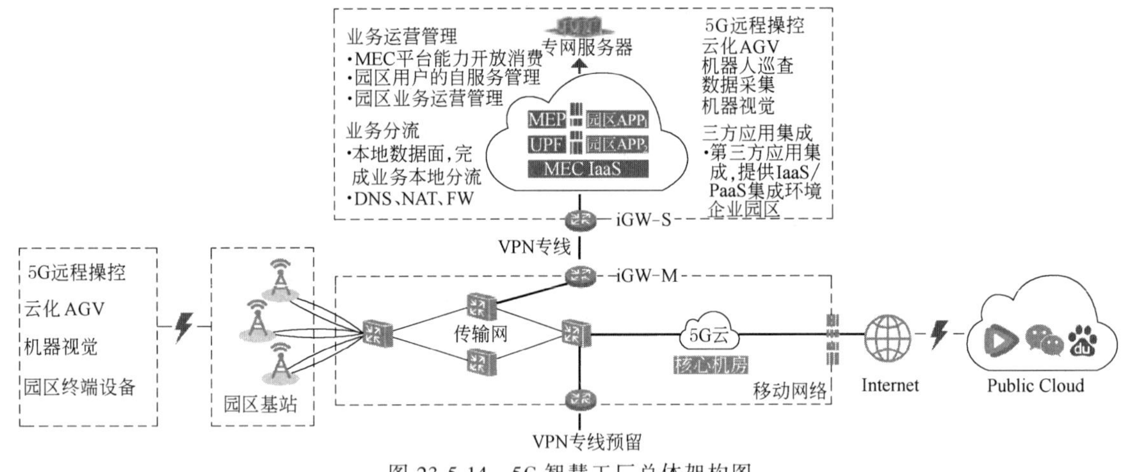

图 23-5-14 5G 智慧工厂总体架构图

1）园区监控中心：监控中心集成视频监控、电子沙盘等软硬件体系，具备安防监控、环境能耗监控、园区展示等功能，支持信息发布、应急指挥，综合地管理、控制和展示园区各层面的工作。后续园区监控中心将逐步完善，实现园区现有 27 套子系统接入及 3D 厂区实时动态仿真展示。

2）基于 5G 的光纤应变温度监测系统-电解槽漏液分析：通过光纤应变测温系统结合 5G 接入能力，实现超长时间-180~350℃高温、恶劣环境及超高密度终端传感器的接入。解决原有通信模式下无法实现的诸如超高密度终端接入、布线困难、数据直接园区卸载不出园区等难题。

3）基于 5G 的空压机房视觉抄表：利用 5G 网络实现机器视觉及时实现空压机仪表自动读表自动化读表操作。优化人员配比同时打造舒适工作环境，数字化集中监控，实时告警，提高工控管理效率，以创新保障企业安全生产。

4）基于 5G 的传送带跑偏裂纹视觉监测：在封闭传送管道中，安装视频采集设备（包括工业线扫相机/镜头/光源等），并协同自动清洗、灰尘铝屑处理，对传送带表面进行扫描分析，通过5G网络传送至机器视觉平台GPU运算及专业算法，当传送带出现裂纹，进行实时告警、防患未然。

5）基于5G的中频炉铁溶液1400℃精准分析：运用专业数字双色性高温摄像头，对熔炉进行非接触式高温测量。通过5G网络传送至部署于该企业机房内的机器视觉平台，通过机器视觉平台GPU运算及专业算法实时显示铁水温度，保障铁溶液在1400℃最佳温度出炉。

6）基于5G的天车远程集中操控：天车当前均采用人工控制方式，普遍存在人工成本高、效率低、危险性高、舒适度差以及天车资源争夺等管理问题。通过氧化铝仓库五台天车的PLC改造，将天车的控制信号以及安装在天车车身、墙壁的高清视频捕捉信息通过5G低时延能力进行实时回传，从而实现操作员在操作室进行实时控制，如图23-5-15所示。

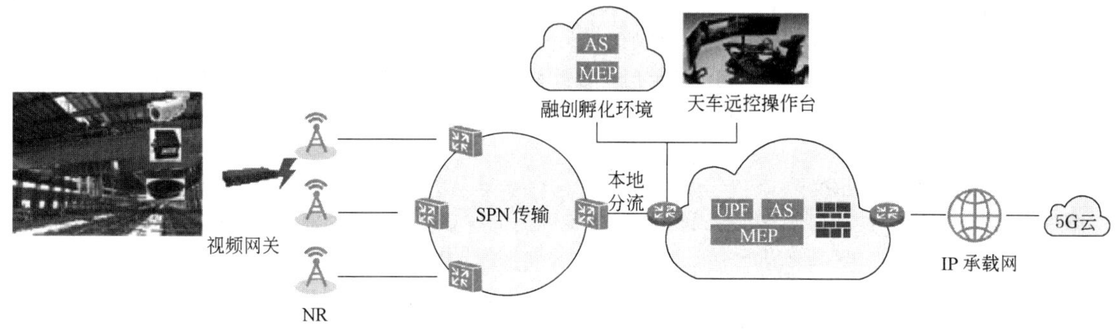

图23-5-15 氧化铝仓库天车远程操控方案

7）基于5G的人员、车辆、固定资产定位追踪：园区人员、车辆、固定资产等管理偏向粗放，园区人员动态分布、人车物的运行轨迹、高危区域的侵入告警以及人员频繁脱离工作区域等情况无法做到精细化管理。综合定位系统感知层由5G接入室分定位增强系统和定位标签组成，通过定位标签实现对标签的定位，并通过5G网关与定位标签的通信信道实现定位基站对定位标签的状态回传以及定位标签上下行的数据。通过本系统可实现人员轨迹查询、事故追溯及安全事故报告等。

（3）应用效益

该5G+MEC有色金属智慧工厂将是国内传统制造转型升级的典范，智慧工厂的建设对提升传统工业起到了积极的意义。

1）安全生产及产品质量方面有了大幅提升：5G电解槽漏液监测及能耗分析，强化企业精细化管理，投产后每年预计可节约直流电100~200kW·h/t-Al，满产投产后每年可节约直流电耗9千万千瓦时，可以减少90多名巡检人员；5G高温铁溶液视觉精准分析，提升电解阳极铸造工艺，阳极铸造品质提升15%；5G传送带跑偏裂纹分析，减少安全事故发生、优化生产效率，且减少安全巡检员2名；5G+MEC天车集中远程操控，减少天车资源争夺情况，并节约60%人力成本。

2）赋能企业生产，促进技术迭代：5G+MEC有色金属智慧工厂助力构筑高效、安全的生产现场，自动化生产、智能化管理，为企业与员工打造“零事故”的安全生产现场。机器换人，智能管理提高安全等级的同时，提升生产效率。发挥新技术动能，降低维护成本，优化流程工艺，提高产能。

3）模式利于复制、标杆效应明显：本方案的成功落地可复制推广到其他电解铝企业和有色金属冶炼企业，同时基于5G+智慧工厂平台构建了未来全产业融合联动的基础架构，5G的切片专网可实现企业间基于MEC的边缘云的汇聚和连接。

2 工业有线网络

2.1 现场总线

工业有线网络现场总线（industrial wired network fieldbus）是一种用于工业控制系统中的通信协议和网络架

构，它允许不同的工业设备和控制系统之间进行数据通信，以实现自动化、监控和控制工程过程。现场总线使用不同的通信协议，如 Profibus、Modbus、CAN（controller area network）、DeviceNet、以太网 EtherCAT 等。每个协议都有自己的特点和适用场景，受篇幅限制，以下给出 Profibus 与 EtherCAT 两类典型现场总线的设计规范。

（1）现场总线 Profibus 设计规范

1）结构规范。从概念上讲，现场总线 Profibus 是一种数字式、串行、多点的数据总线，用于工业控制和仪表设备，如（但不限于）传感器、执行机构和控制器之间的数据通信。

Profibus 协议类型按允许多个测量和控制设备在共享的媒体上进行通信的原则设计，在具有本协议类型的设备之间可直接通信。

注意：在较低层以兼容形式使用相同协议，但在其较高层使用不同协议的设备，它们可以共享一种低层媒体；在所有情况下，一种特定类型的数据链路层协议在与同类型的物理层和应用层相耦合时，或与在 IEC 61784 中规定的组合相耦合时可不加限制地使用，在其他组合中使用不同协议类型可能需要其版权所有者的许可。

本协议类型已被工程化，以支持任何工业部门及相关领域的信息处理、监控和控制系统。图 23-5-16 示出了在过程车间的传感器、执行机构、本地控制器之间，并与可编程控制器互连在一起的一个高完整性的低层通信应用实例。

Profibus 使用下列分解概念。

第一个概念：将复杂的通信任务分解到基于 GB/T 9387（ISO/OSI 基本参考模型）的适当的几个不同层，从而更便于构造功能和接口。这具有以下益处：

① 分解了复杂任务；

② 适应不同技术的模块化结构。

第二个概念：Profibus 现场总线由 3 个层规范组成。

Profibus 现场总线包括若干服务和协议选项，为了支持一个工作系统，要求对这些选项进行适当选择。在 Profibus 现场总线中兼容的选项和服务的集合被规定为 IEC 61784 中的标准化通信行规。

第三个概念：物理层、数据链路层以及应用层以互补的方式，按所提供的服务和提供这些服务的协议来描述。

图 23-5-17 阐明了数据链路层和应用层的服务与协议视点之间的差异。协议部分表示层实现者的视点，服务部分表示层用户的视点。

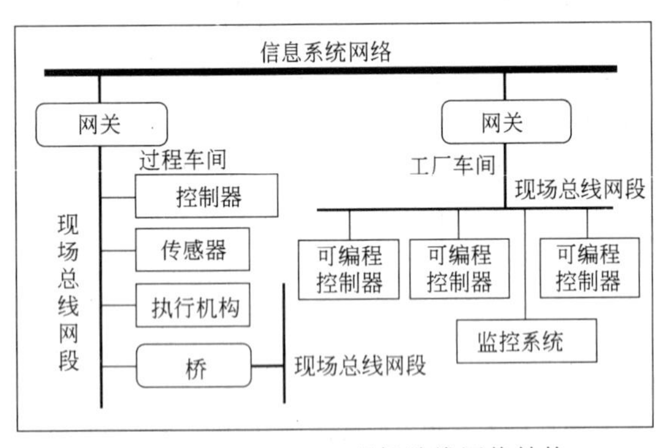

图 23-5-16 Profibus 现场总线网络结构

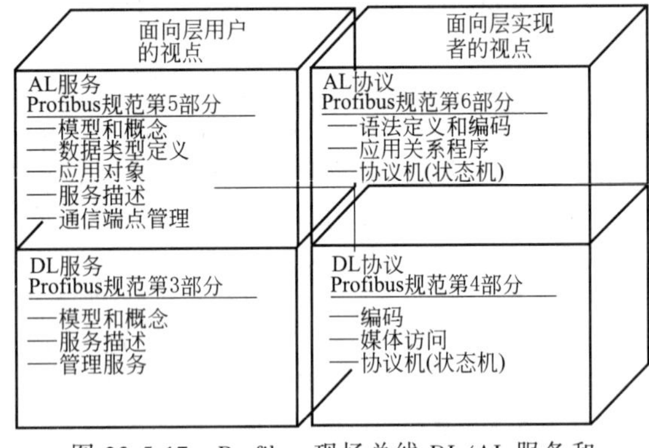

图 23-5-17 Profibus 现场总线 DL/AL 服务和协议的概念

应用层结构如下：

应用服务元素（ASE）描述“做什么”；应用关系（AR）描述“怎么做”。

数据链路层结构如下：

① 数据链路服务和模型描述“做什么”；

② 数据链路协议机以及媒体访问原理描述“怎么做”。

物理层的结构类似，但因其服务容易描述，因此这些服务定义与物理层协议规范出现在同一规范（见 GB/T 20540.2）中。

① PhL 服务和模型描述“做什么”；

② PhL 电磁和机械规范描述"怎么做"。

2）网络层级模型。Profibus 总线的层模型如图 23-5-18 所示。

Profibus 总线各层内容如表 23-5-6 所示。

（2）现场总线 EtherCAT 设计规范

1）结构规范。现场总线是一种数字式通信网络，用于将工业控制和仪表设备集成为一个系统。典型设备有变送器、传感器、执行机构和控制器。

EtherCAT 协议已被工程化，以支持任何工业部门及相关领域的信息处理、监视和控制系统。图 23-5-19 示出了在过程车间的传感器、执行机构、本地控制器之间，并与可编程控制器互连在一起的一个高完整性的低层通信应用示例。

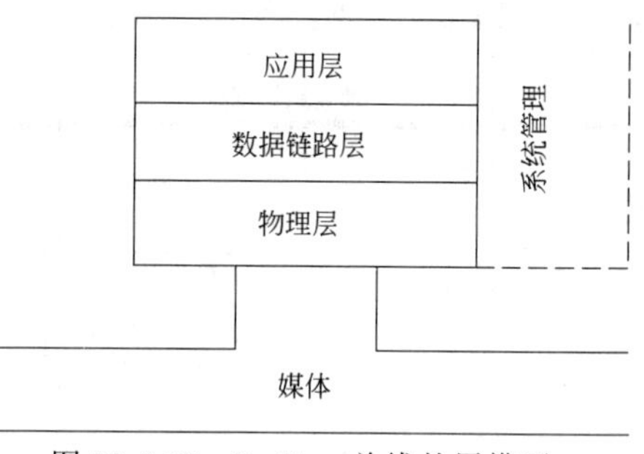

图 23-5-18　Profibus 总线的层模型

表 23-5-6　　**Profibus 总线各层设计内容**

Profibus 物理层	Profibus 物理层从数据链路层接收数据单元，必要时加上通信组帧信息予以封装，将比特及组帧信息编码成信号，再将所形成的物理信号发送给与发送节点相连接的传输媒体 然后，在 1 个或多个节点上接收信号并译码，在数据单元被传送到接收设备的数据链路层之前，检查任何通信组帧信息并去除之 GB/T 20540.2 包括物理层规范，以支持 Profibus 数据链路层所规定的 DL 协议类型。GB/T 20540.2 定义若干服务并提供给： ①现场总线参考模型的数据链路与物理层之间交界处的现场总线数据链路层 ②现场总线参考模型的物理层与系统管理之间交界处的系统管理 注：将物理层服务定义和物理层协议规范合并在一个文件中，是历史的异常情况，并非通用的标准习惯
Profibus 数据链路层	在不存在永久性差错的条件下，Profibus 数据链路层为自动化环境中设备之间的数据通信提供基本的严格时间要求的支持 术语"严格时间要求"用来描述具有一个时窗的应用，在此时窗内，必须按某些已定义的确定性等级完成所需的一个或多个规定的动作。在此时窗内没有完成所规定的动作，会导致需要这些动作的应用失败，甚至导致仪器、设备和可能的人身危险 GB/T 20540.3 依据以下的条款，以一种抽象的方式规定由现场总线数据链路层所提供的外部可视的服务： ①服务的原语动作和事件 ②与每个原语动作和事件相关联的各个参数，以及它们所采取的形式 ③这些动作和事件之间的相互关系，以及它们的有效顺序 ④GB/T 20540.3 定义若干服务并提供给：现场总线参考模型的应用层与数据链路层之间交界处的现场总线应用层；现场总线参考模型的数据链路层与系统管理之间交界处的系统管理 GB/T 20540.4 定义了现场总线数据链路层协议，它与 GB/T 20540.3 相应的服务紧密相关，并位于 GB/T 20540.3 相应服务的应用场合
Profibus 应用层	Profibus 应用层是为支持在自动化环境中的设备之间传输严格时间要求的应用请求和响应而设计的 GB/T 20540.5 依据以下条款来规定远程应用之间的交互作用： ①用于定义用户通过使用现场总线应用层(FAL)服务能控制管理的应用资源(对象)的一种抽象模型 ②与每个 FAL 服务相关的原语(FAL 与 FAL 用户之间的相互作用) ③与每个原语相关联的参数 ④每个服务的原语之间的相互关系和有效顺序 虽然这些服务从应用的视点规定了如何发出和传送请求与响应，但并未包括请求和响应的应用要用它们做些什么的规范。就是说，并未对应用的行为特性方面做出规定，仅仅是规定了它们能发送/接收什么请求和响应的定义。这就使 FAL 的用户在标准化这类对象的行为特性中具有更大的灵活性。除这些服务外，还定义了若干提供对 FAL 访问的支持服务，以控制其操作的某些方面 GB/T 20540.5 定义若干服务并提供给： ①现场总线参考模型的用户与应用层之间交界处的现场总线应用层的各种用户 ②现场总线参考模型的应用层与系统管理之间交界处的系统管理 GB/T 20540.6 定义了现场总线应用层协议，它与 GB/T 20540.5 相应的服务紧密相关，并位于 GB/T 20540.5 相应服务的应用场合

图 23-5-20 阐明了数据链路层和应用层的服务与协议视点之间的差异。协议部分表示层实现者的视点，服务部分表示层用户的视点。

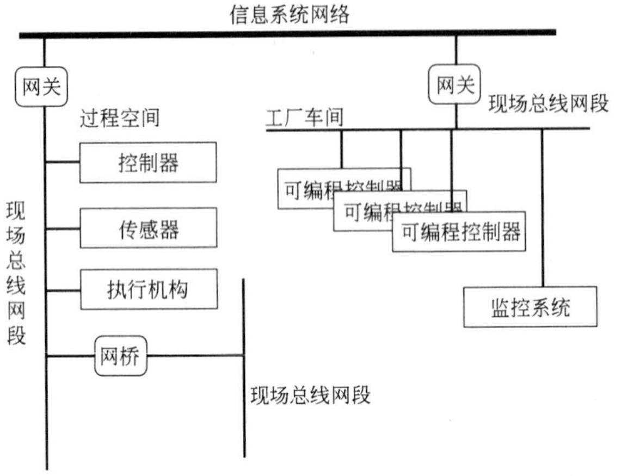

图 23-5-19　EtherCAT 现场总线网络结构

面向层用户的视点　　面向层实现者的视点

AL服务 EtherCAT的第5部分
-模型和概念
-数据类型定义
-应用对象
-服务描述
-通信端点管理

AL协议 EtherCAT的第6部分
-语法定义和编码
-应用关系程序
-协议机(状态机)

DL服务 EtherCAT的第3部分
-模型和概念
-服务描述
-管理服务

DL协议 EtherCAT的第4部分
-编码
-媒体访问
-协议机(状态机)

图 23-5-20　EtherCAT 现场总线 DL/AL 服务和协议的概念

应用层结构如下：

① GB/T 31230.5 的类型特定部分中的应用服务元素（ASE）描述“做什么”；

② GB/T 31230.6 的类型特定部分中的应用关系（AR）描述“怎么做”。

数据链路层结构如下：

① GB/T 31230.3 的类型特定部分中的数据链路层服务和模型描述“做什么”；

② GB/T 31230.4 的类型特定部分中的数据链路层协议机以及媒体访问原理描述“怎么做”。

物理层的结构类似，但因其服务容易描述，因此，这些服务定义与物理层协议规范在同一规范（GB/T 31230.2）中：

① 物理层服务和模型描述“做什么”；

② 物理层电磁和机械规范描述“怎么做”。

2）网络层级模型。EtherCAT 现场总线的各层特性与设计标准如表 23-5-7 所示。

表 23-5-7　　EtherCAT 现场总线层级特性

物理层服务和协议特性	EtherCAT 规定 ISO/IEC 8802-3 物理层及以下变型：导线媒体，100Mb/s，低压差分信号模式（平行耦合），符合 ANSITIA/EIA-644-A 规定
数据链路层服务和协议特性	EtherCAT 支持数据链路服务，其能提供 ISO/IEC 8886 中规定的服务中的无连接子集 EtherCAT 支持用于 EtherCAT DL 服务的 DL 协议。最大系统大小含不限个数的段，每个段含有 2^{16} 个节点。每个节点最大有 2^{16} 个对等端以及发布者/订阅者 DLCEP
应用层服务和协议特性	包含在应用过程中的 FAL 应用实体（AE）提供 FAL 服务和协议。FAL AE 是由一组面向对象的应用服务单元（ASE）和一个管理 AE 的管理实体（LME）组成。ASE 提供工作在一系列相关的应用过程对象（APO）类的通信服务。在 FAL ASE 中有一个管理 ASE，它提供一组用于管理 FAL 类实例的通用服务 虽然这些服务从应用的视点规定了如何发出和传送请求和响应，但并未包括请求和响应的应用要用它们做些什么的规范。就是说，并未对应用的行为特性方面做出规定，仅仅是规定了它们能发送/接收什么请求和响应。这就使 FAL 用户在标准化这类对象的行为特性中具有更大的灵活性 EtherCAT 支持提供无连接循环数据交换的应用服务和用于不同 ASE 的自发通信 现场总线应用层（FAL）是一种应用层通信标准，被设计用来支持自动化环境下的各设备间时间关键的应用请求和响应的传送。“时间关键”一词用来描述带时窗的应用，在此时窗内，必须按某些已定义的确定性等级完成一个或多个规定的动作。在此时窗内没有完成规定的动作，有可能造成需要该动作的应用的失败，甚至会影响设备、厂房及可能的人身安全 EtherCAT 支持规定 EtherCAT 应用服务元素的抽象语法、编码及行为的应用协议

2.2 工业无源光纤网络（PON）

（1）设计规范

工业无源光纤网络（PON）是一种基于光纤通信技术的网络架构，常用于提供宽带接入和传输数据的解决方案。表 23-5-8 是工业无源光纤网络设计的范式流程。

表 23-5-8　　工业无源光纤网络（PON）设计规范

确定需求	明确设计 PON 的具体需求。涉及需要覆盖的区域、用户数量、带宽要求、服务类型等方面的信息
规划网络拓扑	根据需求，设计 PON 的网络拓扑结构。通常情况下，PON 网络采用树状结构，其中一台 OLT（optical line terminal）作为中心节点，连接多个 ONU（optical network unit）作为终端节点
确定光纤布线	根据网络拓扑，确定光纤的布线方案。这包括确定 OLT 与 ONU 之间的光纤传输路径，以及中继点或分配点等其他连接点的位置
选择设备	根据需求和拓扑结构，选择合适的 PON 设备，包括 OLT、ONU 和光纤收发器等。这些设备应该具备适当的带宽能力、接口类型和其他功能特性
定义光纤参数	确定光纤的参数，如长度、损耗限制、分光比等。这些参数将影响信号传输的质量和距离限制
设计光纤连接	根据光纤参数和布线方案，设计光纤的连接方式。这可能涉及光纤的切割、连接和分配点的设置
配置设备	根据网络拓扑和设备规格，配置 OLT 和 ONU 设备。这包括 IP 地址的分配、服务质量（QoS）设置、VLAN 配置等
进行光纤测试	在安装和配置完成后，进行光纤测试以确保连接的质量和性能。这可能包括使用光功率计、OTDR（optical time-domain reflectometer）等设备进行光纤损耗和反射测试
调试和优化	根据测试结果，进行调试和优化工作。这可能包括重新布线、调整设备配置、解决信号传输问题等
网络管理和维护	一旦 PON 网络正常运行，需要进行网络管理和维护工作。这包括监控网络性能、故障排除、设备升级等

以上是一个大致的工业无源光纤网络（PON）设计流程，具体的设计过程可能会根据实际情况有所不同。在设计 PON 网络时，还应该考虑安全性、可扩展性和未来发展的需求。

（2）测试规范

表 23-5-9　　工业无源光纤网络（PON）测试规范

确认测试目标	明确测试的目标和要求。这可能包括验证网络连接性、测量信号质量、评估带宽性能等
准备测试设备	获取所需的测试设备，包括光功率计、OTDR、光谱分析仪等。确保设备的准确性和可靠性
测量光功率	使用光功率计测量光纤上的光功率水平。从 OLT 到 ONU 的每个连接点都应进行测量，以确保信号在传输过程中的衰减符合预期范围
检查信号质量	使用光功率计或光谱分析仪来评估信号质量。检查光纤上的信号损耗、波长稳定性、杂散和噪声等因素
进行 OTDR 测试	使用 OTDR 设备进行光纤的反射和衰减测试。这可以帮助确定光纤连接点的位置、检测光纤中的任何损坏或故障，并评估光纤长度和衰减情况
测试带宽性能	使用测试设备生成数据流，并测量 OLT 到 ONU 之间的带宽性能。这可以通过发送不同大小和类型的数据包，并测量延迟、丢包率和吞吐量来实现
进行业务测试	测试不同类型的业务流量，例如音频、视频和数据传输，以确保网络在不同应用场景下的性能和稳定性
确认服务质量（QoS）	验证 PON 网络的服务质量机制是否按预期工作。这可能涉及测量各个用户的带宽、延迟和抖动，以确保网络按照设定的 QoS 策略提供服务
记录和分析测试结果	记录每个测试的结果，包括测量数据、测试参数和观察结果。对测试结果进行分析，识别任何问题或异常，并提出改进建议
故障排除和优化	如果在测试过程中发现任何问题，进行故障排除和优化工作。这可能包括检查连接、调整设备配置、重新布线或更换故障设备等
生成测试报告	根据测试结果和分析，生成详细的测试报告。报告应包括测试目标、测试方法、结果总结、问题识别和建议解决方案等内容
进行验证测试	在进行任何更改或修复后，进行验证测试以确保问题已得到解决，并且网络性能和质量达到预期水平

以上是一个范式工业无源光纤网络（PON）测试流程，可以根据具体的情况进行适当的调整和补充。在测试期间，始终确保遵守相关的安全操作规程，并在需要时与供应商或专业人员合作。

（3）应用案例

以下结合设计规范，给出了一个工业无源光纤网络（PON）设计案例。

1）确定需求。在一个工业环境中，需要建立一个 PON 网络，为多个工作区提供高速稳定的数据传输。需求包括覆盖范围、用户数量、实时性要求等。

2）规划网络拓扑。设计 PON 的树状网络拓扑结构。选择一台 OLT 作为中心节点，连接多个 ONU 作为终端节点，每个 ONU 对应一个工作区。

3）确定光纤布线。根据拓扑结构，规划光纤布线方案。确定 OLT 到各个 ONU 的光纤传输路径，以及中继点的位置，确保信号质量。

4）选择设备。选择适当的 PON 设备，包括 OLT、ONU 以及光纤收发器等。确保设备具备足够的带宽、接口类型和可靠性。

5）定义光纤参数。定义光纤的参数，如光纤长度、损耗限制和分光比。确保光纤参数满足工作范围内的信号传输要求。

6）设计光纤连接。设计光纤连接方式，包括切割光纤、连接接口以及设置分配点。确保光纤连接可靠且保持较低的损耗。

7）配置设备。配置 OLT 和 ONU 设备，包括分配 IP 地址、设置服务质量（QoS）、配置 VLAN 等。确保不同工作区的数据流分隔和优先级设置。

8）进行光纤测试。在完成光纤连接后，进行光纤测试，使用光功率计和 OTDR 检测光纤损耗、延迟和反射情况，确保信号传输质量。

9）调试和优化。根据测试结果，对信号损耗较大的部分进行调试和优化。可能需要重新布线或调整连接接口，确保信号强度和质量。

10）网络管理和维护。一旦 PON 网络建立，实施网络监控和维护策略。使用网络管理工具监测网络性能，定期检查光纤连接状态，解决可能的故障。

11）安全性和数据隔离。确保数据隔离和安全性，通过合适的 VLAN 和网络隔离策略，避免不同工作区之间的数据干扰。

12）文件记录和培训。编写详细的网络设计文档，包括拓扑图、光纤布线图、设备配置等。为维护人员提供必要的培训，使其能够管理和维护 PON 网络。

13）迭代和扩展。随着工业环境的变化，可能需要对 PON 网络进行迭代和扩展。根据需求变化，进行网络升级和扩容，确保网络始终满足业务需求。

2.3 工业综合布线

（1）设计规范

规范的工业综合布线设计可以确保工业综合布线的稳定性、可靠性和安全性，满足工业应用的通信需求，并为后续的网络运维提供有力支持。表 23-5-10 为一般的工业综合布线设计规范，包括传输介质选择、设备选型等具体内容。在实际设计中，还应根据具体的应用场景和要求进行进一步的定制化设计和实施。

表 23-5-10　　工业综合布线设计规范

确定需求与规模	定义工业综合布线的具体需求，包括数据传输、通信、控制等方面的要求 确定工业综合布线的规模，包括涉及的设备数量、区域范围和通信带宽需求
选择传输介质	根据应用需求和距离要求，选择合适的传输介质，如铜缆（如 Cat 6a、Cat 7）或光纤 考虑未来扩展需求，选择适合未来技术升级和增加带宽的传输介质
网络拓扑结构设计	根据工业应用需求，确定合适的网络拓扑结构，如星型、总线型、环型等 考虑设备节点数量和位置分布，确保布线拓扑结构的灵活性和可靠性
网络地址规划	设计网络地址规划方案，包括 IP 地址分配、子网划分等 确保网络地址分配合理，避免冲突和浪费

续表

安全性考虑	考虑工业综合布线系统的安全性需求,采取必要的措施防止未经授权访问和数据泄露 在物理层面加密和认证措施,确保数据传输的安全性
设备选型	对比不同厂家的网络设备,重点考察设备的性能指标,如传输速率、端口数量、可靠性等 根据网络需求,选择合适的交换机、路由器、网关等设备
网络管理与监控	确保网络设备支持 SNMP(简单网络管理协议)等网络管理协议,方便网络监控和故障排除 部署合适的网络监控工具,实时监控网络状态和性能
错误处理与冗余设计	设计网络通信的错误处理和冗余机制,确保数据传输的可靠性 考虑网络设备的硬件冗余功能,降低设备故障带来的影响
网络测试与调试	在搭建完成后,进行网络测试和调试,确保网络设备和传输介质正常工作 解决网络测试过程中出现的问题,并进行优化和改进
文件和文档编写	编写详细的网络设计文档,包括网络拓扑图、地址规划、设备配置等 编写网络操作手册,方便后续管理和维护

(2) 测试规范

表 23-5-11　　工业综合布线测试规范

连通性测试	使用测试设备(如网络电缆测试仪)对整个布线系统进行连通性测试。这包括验证每个连接点的连通性,确保所有设备和线缆都正确连接
线缆测试	使用线缆测试仪对布线系统中的电缆进行测试。这可以确定电缆的长度、连通性、电阻、电容和电感等参数。确保电缆符合相关标准并能够传输所需的信号质量
信号质量测试	使用网络分析仪或网络性能测试工具,对布线系统进行信号质量测试。测试包括衡量延迟、抖动和丢包率等指标,以验证布线系统的传输性能
带宽测试	使用性能测试工具或网络负载发生器,在布线系统中模拟真实的网络流量,并测量系统的带宽性能。这可以评估布线系统的容量和性能是否满足需求
电磁干扰测试	在布线系统中进行电磁干扰测试,以确保电缆和设备能够抵御外部电磁干扰。测试可能包括近场和远场干扰测试,以及测试屏蔽性能和抗干扰能力
故障排除	如果在测试过程中发现任何问题,进行故障排除工作。这可能包括检查连接、重新安装插头、更换故障设备或线缆等
安全性测试	评估布线系统的安全性和防护措施。这包括检查物理安全措施(如锁定机柜)和网络安全设置(如访问控制和防火墙)
验证网络服务	测试布线系统中各个网络服务的功能和性能。这可以包括测试互联网连接、VoIP 通信、视频流和数据传输等
文件记录	记录测试过程和结果。记录包括测试设备使用情况、测试日期和时间、测试结果、问题和修复措施等
验收测试	与客户或利益相关者一起进行布线系统的验收测试。确认布线系统符合设计要求和预期性能,并满足项目的需求

以上仅为一个范式的工业有线网综合布线测试流程,具体的测试流程可能会根据实际情况有所不同。在测试过程中,应遵循相关的标准和规范,并使用可靠的测试设备和工具。如有需要,可以与专业人员合作进行测试工作。

(3) 应用案例

以下结合设计规范,给出了一个工业综合布线设计案例。

1) 确定需求与规模。在一个工业环境中,需要建立一个综合布线系统,以满足数据传输、通信和控制的需求。具体需求包括各类设备的连接、通信带宽、实时性要求等。规模涉及设备数量、区域范围和通信带宽需求的确定。

2) 选择传输介质。根据应用需求,选择合适的传输介质。考虑设备之间的距离和通信带宽要求,选择铜缆(如 Cat 6a、Cat 7) 或光纤。确保所选传输介质满足当前和未来的技术需求。

3) 网络拓扑结构设计。根据应用场景,确定合适的网络拓扑结构。考虑设备的分布和互连需求,选择适合的拓扑结构,如星型、总线型或环型,确保拓扑结构满足性能和可靠性要求。

4) 网络地址规划。设计网络地址规划方案,包括 IP 地址分配和子网划分,确保分配的 IP 地址唯一,避免冲突,同时考虑未来扩展需求。

5）安全性考虑。根据工业环境的特点，考虑网络的安全性需求。采取必要的物理和逻辑层面的措施，防止未经授权的访问和数据泄露。

6）设备选型。比较不同厂家的网络设备，关注性能、端口数量、可靠性等方面的指标。根据网络需求，选择合适的交换机、路由器、网关等设备。

7）网络管理与监控。确保网络设备支持适当的网络管理协议，如 SNMP（简单网络管理协议），以方便网络监控和故障排除。配置合适的网络监控工具，实时监测网络状态和性能。

8）错误处理与冗余设计。设计网络通信的错误处理和冗余机制，确保数据传输的可靠性。考虑在网络设计中加入冗余设备和链路，以降低设备故障的影响。

9）网络测试与调试。在布线完成后，进行网络测试和调试，确保设备和传输介质正常工作。识别并解决测试过程中的问题，并优化和改进网络配置。

10）文件和文档编写。撰写详细的网络设计文档，包括网络拓扑图、地址规划、设备配置等。编写操作手册，以供未来管理和维护。

11）迭代和扩展。随着工业环境的变化，可能需要对网络进行迭代和扩展。根据新的需求和技术变化，进行网络升级、新增设备和扩容。

2.4 应用案例

传统专用的控制信号和通信协议通常具有传输速率较低、扩展性差、设备兼容性低等问题，限制了工业自动化的进一步发展。随着以太网技术的引入和不断地改进，工业有线网络得以在工业环境中使用。以太网技术具有高速传输、大带宽和灵活性的优势，并且得到了广泛的标准化和产业支持。这使得工业有线网络能够满足工业自动化对高性能、实时性和可靠性的要求。本案例以一套飞机壁板柔性高效定位系统中的工业有线网络布置为例，简单分析工业系统中有线网拓扑结构的设计及关键元器件选型过程。

（1）背景及需求

根据柔性定位工装的结构形式和装配工艺流程方案，可将柔性定位工装分为蒙皮定位工装和框架定位工装两部分，蒙皮定位工装是由可重构的蒙皮真空吸附点阵组成，每个吸附点位置由一个伺服电机驱动的真空吸附伸缩柱（POGO）组成，可以在一定范围内调整工态，实现对不同曲率飞机蒙皮的无损伤吸附定位。框定位工装采用多组含双数控定位器的定位组件实现对多个壁板框的固持定位，同时定位组件在上下两个三坐标定位器的驱动下可实现产品空间六个自由度的精确运动，在一定范围内满足不同曲率不同型号的飞机壁板框的调姿要求。为实现柔性定位工装的智能化和自动化，需利用工业网络将各驱动单元、传感器单元和开关单元集成至一个统一网络中，由集成管理系统集中调控，因此，本案例中的工业网络需具备如下功能：

1）需驱动蒙皮定位工装和框定位工装内共计 48 个伺服电机；

2）可收发来自各限位开关、电磁阀、信号灯和按钮等开关量信号；

3）多曲率蒙皮吸附定位点阵一键成形，多工位框定位一步到位。

（2）拓扑方案设计

EtherCAT 现场总线是一种基于 EtherNet 的、适用于多轴控制领域的高效同步网络技术，与标准以太网相比，在保证了低实施成本的同时，有响应速度快、对设备数据要求低、系统控制性能高等优点。EtherCAT 使用 100BASE-TX 的以太网物理层，利用双绞线或光缆，在全双工模式下 100μs 可处理 100 个轴上的 1000 个分布式 IO 信号，这种高速数据传输使得 EtherCAT 具有很强的工业适用性。基于 EtherCAT 的全双工（双向轨道）工作模式，当检测到网络端头时，数据帧将自动从子站返回主站，形成固有环，故在环形拓扑中连接的网络还将具有冗余功能。因此，使用双绞线组成总线型网络拓扑结构即可保证 IO 数据、模拟信号的实时收发，完成整个蒙皮定位工装的实时、高效、稳定控制。

图 23-5-21 示出了柔性壁板数字化装配系统的蒙皮定位工装控制系统硬件组成，该工装采用 EtherCAT 现场总线技术实现工装智能吸附柱的运动控制及其他相关信号的采集传送。在 EtherCAT 总线网络中，每一个 IO 模块组或者每一个控制单元都相当于网络中的一个节点，信号从工业个人电脑（industrial personal computer，IPC）出发，经过交换机和嵌入式 PC 后将所有网络节点一一串联，形成了总线型网络拓扑结构。该拓扑结构具有网络结构简单、易于安装、易于扩展、布线容易、电缆用量小、网络稳定可靠等优点；其缺点在于故障隔离困难，网络中一个节点接口故障，整个网络将会瘫痪。

蒙皮定位工装控制系统中的EtherCAT现场总线节点在蒙皮定位工装中主要分为两类：一类是由“端子模块耦合器+信号输入模块+信号输出模块”组成的IO模块组；另一类是用以驱动智能吸附柱伸缩的一体化伺服电机。IO模块组用以采集急停开关、光电开关和气压开关等信号，并输出信号控制驱动器上下使能、三色灯状态切换等。而基本运动单元一体化伺服电机则是智能吸附柱实现伸缩功能的基本控制单元。

一体化伺服电机采用泰科RJSⅡ系列协作机器人关节模组电机，该伺服电机高度集成伺服驱动器、谐波减速机、无框直驱电机、反馈编码器和制动器等于一体，无需为各个电机配备单独的伺服驱动器，具有体积小、结构紧凑和驱动精度高等优点。其最大转速可达47.5r/min，定位精度和重复定位精度可达0.015°，采用绝对编码器进行全闭环位置反馈，保障机器人定位精度更准确，运行轨迹稳定性更好。通行方面，支持主流的EtherCAT和CANOpen通信协议，很好地适应了蒙皮定位工装的工作环境。

力传感器采用华创（HUATRAN）的LP系列轮辐式拉压力传感器，该传感器是一种可双向受力的传感器，输出的模拟量信号可直接通过模拟量IO模块进行信号采集分析。该传感器量程为250kg，输出灵敏度可达（1.5±20%）mV/V，可高保真地反映框架与蒙皮之间的接触应力情况，提高系统的安全性能。

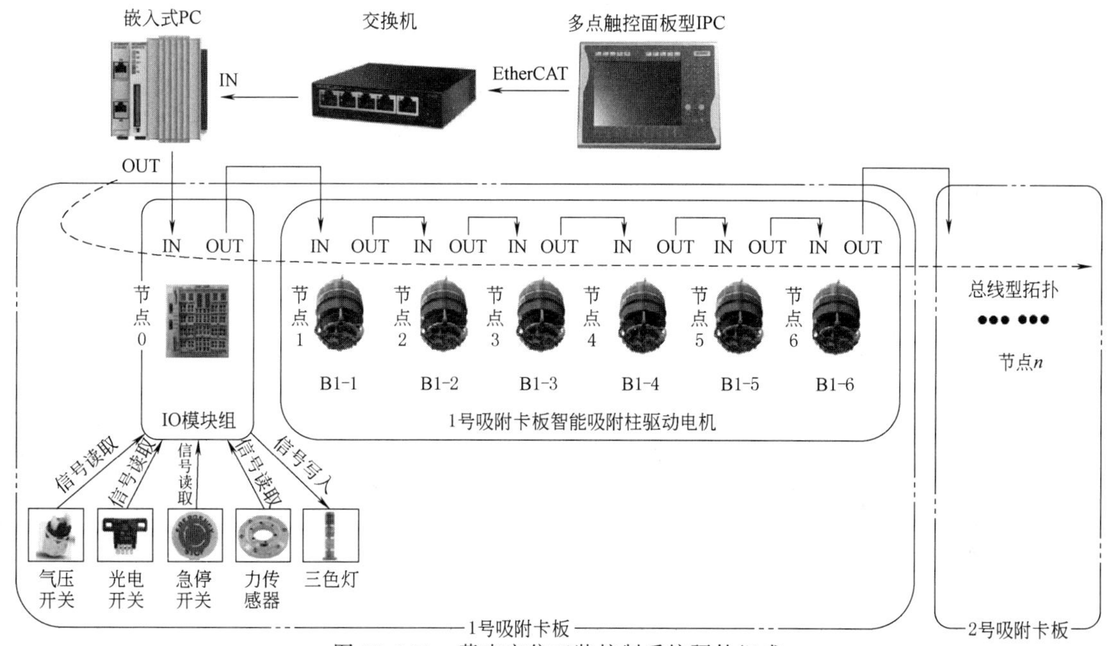

图 23-5-21 蒙皮定位工装控制系统硬件组成

如图23-5-22所示，柔性壁板数字化装配系统的框定位工装采用EtherCAT现场总线技术实现工装三坐标定位器的运动控制及其他相关信号的采集传送。同蒙皮定位工装，框定位工装也采用总线型网络拓扑结构。

EtherCAT现场总线节点在框定位工装中主要分为两类：一类是由“端子模块耦合器+信号输入模块+信号输出模块”组成的IO模块组；另一类是由“驱动器+电机+位置反馈元件”组成的一个基本运动单元。IO模块组用来采集急停开关等信号，并输出信号控制驱动器上下使能、三色灯状态切换等。而基本运动单元“驱动器+电机+位置反馈元件”则是三坐标定位器实现调姿功能的基本控制单元。

考虑到三坐标定位器Y向运动距离较大，8个三坐标定位器的Y向运动伺服电机采用光栅尺进行全闭环反馈控制，将光栅信号接入对应伺服驱动器的X9仿真编码器接入口。驱动器选用科尔摩根（Kollmorgen）AKD系列伺服驱动器，该驱动器是一种基于以太网的全数字化工业用伺服驱动器，其具有丰富的反馈装置拓展接口，在123μs的位置环刷新率，62.5μs的速度环刷新率，0.67μs的力矩环刷新率即高达27位分辨率的反馈数据通道加持下，该驱动器成为同类中速度最快的驱动器，极大地提高了设备的运动精度和生产能力。光栅尺选用海德汉（HEIDENHAIN）LC485系列封闭式直线光栅尺，其精度达±2μm，分辨率达0.001μm，具有较高的反馈精度、较强的抗污染能力。伺服电机选用科尔摩根（Kollmorgen）AKM系列伺服驱动器，其中8个Y向驱动的电机带有增量式编码器，其余16个带有绝对式编码器，该系列伺服电机可适应多种反馈装置，最大转速可达8000r/min。光栅尺与AKD伺服驱动器通过EnDat 2.2数据传输协议进行运动位置的传输和存储，该数据传输协议不仅对位置数据传输速度快、传输可靠性高，由于采用串行数据传输方式，其还能传输伺服驱动器参数和诊断信息等。

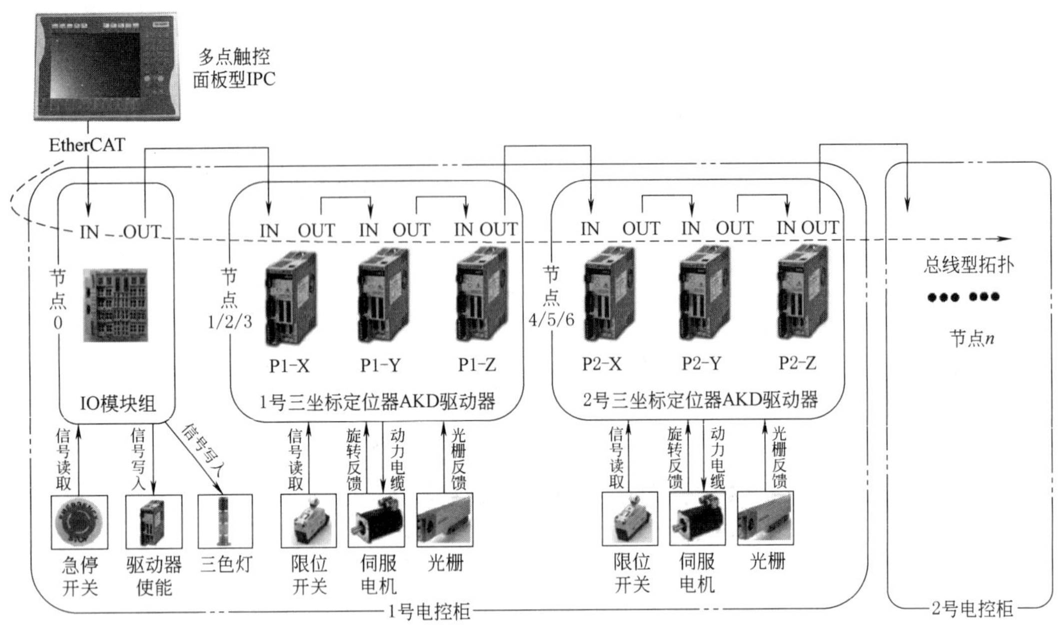

图 23-5-22　框定位工装控制系统硬件组成

3　工业网络融合

工业网络融合是将传统的工业控制系统与现代信息技术相结合，实现数据、通信和控制的统一化管理，以提高生产效率、降低成本并实现智能化生产。工业网络融合不仅仅是简单地将传统工业网络与互联网相连接，更重要的是通过整合传感器、数据采集、网络通信、数据分析等技术，构建起一个高效、灵活、安全的智能制造系统。

3.1　中间件

(1) 制造过程物联信息集成中间件概念及其平台要求

1) 制造过程物联信息集成中间件概念。制造过程物联信息集成中间件是一种面向消息的中间件（MOM），制造过程物联相关数据以消息的形式，从一个程序以异步的方式传送到另一个或多个程序。制造过程物联信息集成中间件包含的功能不仅是传递信息，还包括安全性、错误恢复、解译数据、数据级存、数据广播、定位网络资源等高级服务。

制造过程物联信息集成中间件是制造过程物联设备和应用程序之间的中介，如图 23-5-23 所示。

2) 中间件平台基本功能和设计原则。制造过程物联信息集成中间件平台是制造过程物联信息集成的枢纽，也是制造过程物联信息集成的核心设施，应包括的功能和应符合的设计原则如表 23-5-12 所示。

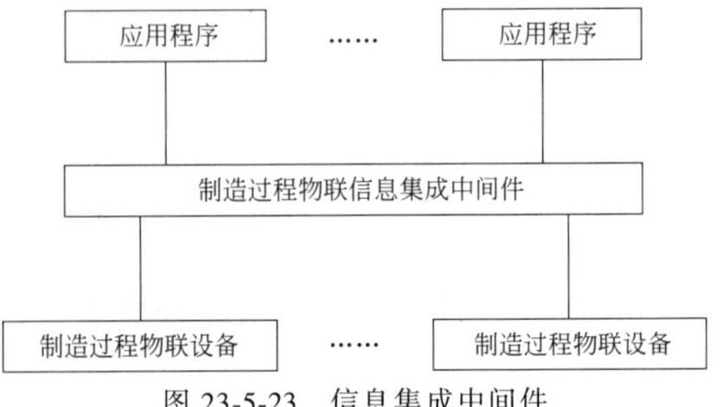

图 23-5-23　信息集成中间件

表 23-5-12　　**中间件平台基本功能和设计原则**

功能和原则	内容描述
基本功能	数据采集:从多种不同读写器和其他物联设备中采集数据,中间件应能兼容多种读写器和其他物联设备

续表

功能和原则	内容描述
基本功能	设备管理:对硬件设备应能进行统一管理。包括关闭、打开、获取设备参数、发出读取命令、缓存标签、定义逻辑阅读器等,使上层感觉不到设备的差异,提供透明服务
	数据处理:对大规模的数据流进行过滤和分组,采用一些算法和数据结构剔除掉用户不感兴趣的、重复的、无规则的数据
	数据传输:能进行数据接收和数据格式转换。中间件应接收来自物联设备的数据,数据编码方式多种多样且规范标准不统一,进行数据格式处理,并向上层传输
	数据共享:能实现数据的共享。随着部署 RFID 应用的企业增多,大量应用出现推动着数据共享的需求。高效快速地将物品信息共享给应用系统,提高数据利用的价值,是制造过程物联信息集成中间件的一个重要功能
	安全服务:数据采集、数据传输和数据共享时,应能实现安全机制。如中间件节点间的身份认证、中间件节点间的 SSL 安全连接、数据包在传输过程中的加密与压缩、应用程序连接到中间件的身份认证等,并根据授权提供给应用系统相应的数据
设计原则	实时性:应能实现数据的实时采集、传输和处理
	可靠性:应能实现数据的共享传输可靠性
	可扩展性:应能增加新应用,具备良好的可扩展性
	安全性:应提供基本的安全服务功能,提供安全可靠的服务
	其他要求:应遵循功能全面、易设计、易维护具有可移植性的原则

（2）过程物联信息集成中间件平台体系结构

1）中间件平台体系结构框架制造。制造过程物联信息集成中间件平台体系结构如图 23-5-24 所示，包括设备层、中间件层和应用层。

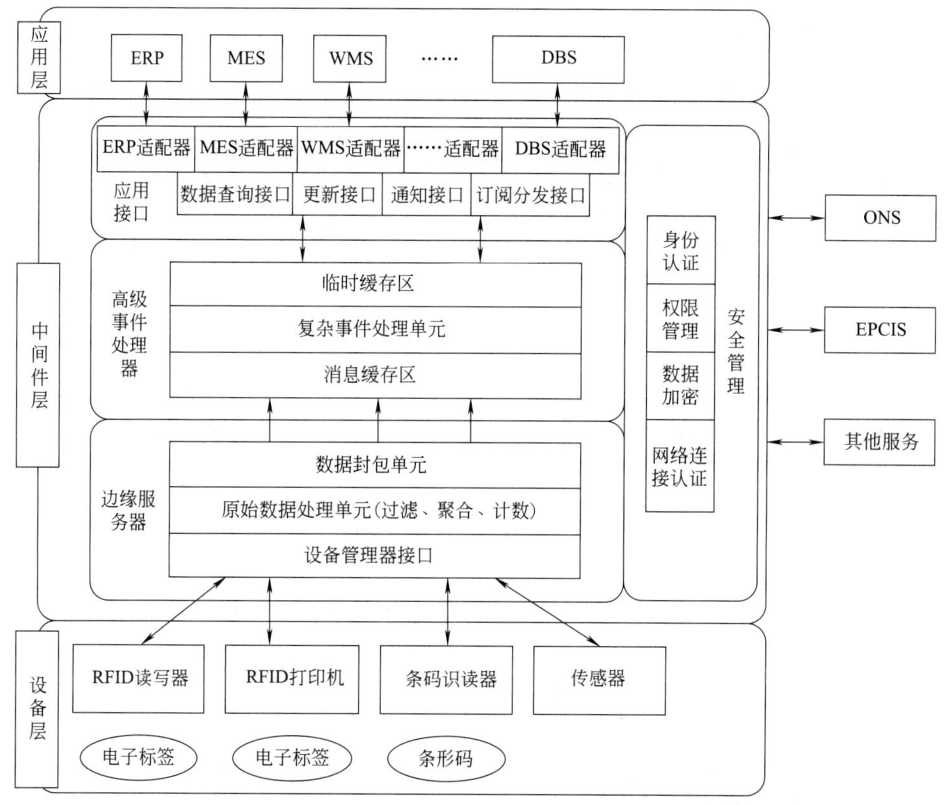

图 23-5-24 中间件平台体系结构

2）中间件平台体系层次功能描述如下：

设备层：主要包括和制造过程物联相关的设备，如 RFID 读写器、RFID 打印机条码识读器传感器等，用于制造过程的数据采集。

中间件层：包括边缘服务器、高级事件处理器、应用接口、安全管理模块和 ONS（对象名称解析服务）、EPCIS（产品电子代码信息服务）以及其他服务。边缘服务器位于中间件的最底层，直接和设备层交互。高级事件处理器位于中间件的中心层。应用接口主要包括：应用程序接口 API，即应用访问数据的接口；适配器，即管理控制方式及与其他企业系统的数据接口。各个层次的功能描述如表 23-5-13 所示。

应用层：主要包括制造企业的其他信息应用系统，如 ERP、MES、WMS、DBS 等通过数据接口实现集成。

表 23-5-13　　中间件层功能描述

组成	负责功能
边缘服务器	对于来自不同类型的物联设备的数据进行适配处理，得到统一的格式化的数据
	对适配处理后的制造过程物联相关数据进行过滤、聚合和计数
	将校验无误的制造过程物联相关数据按照用户定义的协议进行消息包的封装，并将消息包发送到高级事件处理器
高级事件处理器	在消息服务器上缓存来自边缘服务器上的各种消息
	基于复杂事件处理的高级事件规则使用复杂事件引擎及自定义的语义条件生成上层应用能直接使用的信息
	将处理好的事件分别存储成相应的 XML 临时文件
应用接口	对服务和事件的支持：复合应用能够将现有功能作为一整套的服务，并且当一个特定事件类型发生时触发通知
	服务抽象：所有服务都具有通用的属性，包括错误处理、语法和调用机制。适配器也具有通用的访问机制，服务可跨平台运行，使服务能更加重用，而且允许它们去共享通信，负载均衡和其他的非服务特定能力
	功能抽象：单个的服务能够通过业务所需要执行的事务元数据进行驱动
	流程管理：服务嵌入到流程当中，流程管理工具调用服务
安全管理模块	通过身份认证防止非法用户使用中间件获取保密信息和商业机密，方法有多种，如静态密码印章、指纹、声音、动态口令牌等
	权限管理可根据用户的不同要求，把用户的使用权利限制在合法的范围内
	通过数据加密，防止非法阅读器通过某种方法获得标签数据
	提供中间件节点间的 SSL 安全连接
ONS、EPCIS 以及其他服务	应提供访问 ONS、EPCIS 的权限，实现制造过程物联网的应用

3.2　集成

（1）物联集成平台应用实施过程与方法

制造过程物联集成平台实施过程应包括需求分析、可行性论证、总体设计、详细设计、系统开发、应用实施和运行维护 7 个阶段。

制造过程物联集成平台，其实施的方法应基于物联网的模式和制造过程物联集成平台的参考体系结构，平台功能架构建设应遵照 GB/T 35117—2017 制造过程物联功能体系结构。

（2）物联集成平台需求分析

制造过程物联集成平台需求分析应包括行业与企业特点分析、企业现状与现存问题分析、全生命周期分析、信息融合技术分析等，见表 23-5-14。

表 23-5-14　　集成平台需求分析

类别	内容描述
行业与企业特点分析	对企业所属的行业概况以及发展趋势进行分析。对企业的业务特征进行分析，例如主营业务、对于产品全生命周期的覆盖情况等
企业现状分析	企业概况分析
	产品分析
	企业经营管理特点分析

续表

类别	内容描述
企业现状分析	企业的组织机构分析
	企业技术现状分析
	企业信息化程度分析
现存问题分析	研究企业发展战略，确定经营目标，分析企业组成系统的各环节存在的问题，然后予以改进
制造过程分析	生产阶段分析
	流通阶段分析
	使用阶段分析
信息融合技术分析	供应商数据采集技术分析
	制造商数据采集技术分析
	运输企业与经销商数据采集技术分析
	使用者数据采集技术分析
	异构数据信息融合技术分析
平台建设目标定位	制造过程物联集成平台建设总目标根据行业与企业发展战略而定
	制造过程物联集成平台阶段性目标，分阶段实施，确定分阶段目标。包括功能性目标、应用实施范围、预期经济效益等

（3）物联集成平台设计

1）总体设计的组织方式。制造企业要成立以企业相关领导牵头的制造过程物联集成平台建设领导小组。

2）总体设计任务与设计原则。总体设计的任务是确定制造过程物联集成平台的需求、建立目标系统的功能模型、确定信息模型的实体和联系、提出制造过程物联集成平台实施主要技术方案。设计任务和设计原则如表 23-5-15 所示。

表 23-5-15　集成平台设计

设计任务和原则	内容描述
设计任务与内容	确定需求
	平台体系结构设计
	确定接入的资源
	确定提供的服务种类
	设计平台的应用模式
	确定各分系统之间的划分与关系
	数据层总体设计
	平台内部、外部接口
	平台开发方法和技术路线
	明确关键技术及解决方案
	规划系统软硬件配置
	规划制造过程物联集成应用服务、应用实施环境和系统可靠运行的安全保障
	确定详细设计任务及实施进度计划
	编制有关设计报告和文档
设计原则	实用性：通过制造过程物联集成平台能够实现办公自动化和智能化，方便管理人员迅速查询和使用各种情况，提供服务质量
	可靠性：需建立完善安全的后备支持设施、灾难恢复措施，系统需具有容错性能，软硬件应确保系统可靠运转
	标准化：在硬件和系统软件的选型上，需选用符合业界已有的标准或业界事实标准的产品
	开放性：在标准化原则下，应用系统与企业内现有各应用系统之间应易于连接，并能够进行数据交换
	安全性：对系统外部，要能够防止黑客、无关人员的进入；对系统内部，要能够确保个人数据的机密性和在授权条件下的数据共享
	可拓展性：能够在平台上进行二次开发，预留系统接口，系统处理逻辑开放
	易用性：系统应提供友好的用户操作界面，可以显示业务最常用数据；在业务逻辑上，遵循业界惯用的逻辑处理模式；在功能处理上，能够流畅地切换逻辑相关的功能；在信息共享上，可以从多个路径访问共享数据

（4）物联集成平台工程实施

1）工程实施任务与内容。工程实施的任务是实现平台设计方案的内容，主要内容包括：

① 搭建硬件设备所需基础设施；

② 硬件设备的安装、调整、测试；

③ 搭建数据层基础设施；

④ 数据加载；

⑤ 确定应用软件编程规范；

⑥ 程序开发；

⑦ 单元测试；

⑧ 程序联调；

⑨ 确定集成系统测试内容，准备测试环境；

⑩ 对子系统及分系统进行联调测试，并编写测试报告；

⑪ 总系统联调和测试；

⑫ 系统试运行；

⑬ 编制各类人员职责及操作使用规范。

2）工程实施项目管理。为保证制造过程物联集成平台实施工作的顺利开展，项目管理需综合考虑项目组织的组建与管理、项目开展所需各种资源调配、项目进展的监控与风险控制、项目评价体系的建立与贯彻等。

（5）物联集成平台运行维护与评估

1）平台运行维护的任务与内容。制造过程物联集成平台运行与维护的任务是确保投入运行后的制造过程物联集成平台正常高效地运行，一方面对平台的基础设施进行维护，另一方面对修改完善平台相关工作提供方法和手段。日常运维主要工作内容包括：

① 完善各种操作规程和维护规程；

② 做好备份和故障后恢复的准备；

③ 系统应用（操作）人员和维护人员的技术培训；

④ 系统运行状况记录；

⑤ 硬件资源维护；

⑥ 应用软件维护；

⑦ 技术基础结构维护；

⑧ 数据和数据文件维护，以及相应的安全保安工作；

⑨ 机构和人员的调整；

⑩ 定期进行系统运行评价，做出阶段报告。

2）平台运营的内容。基于制造过程物联集成平台的应用运营内容包括生产管控、车间物料管理、制造物流管理、产品数据管理、全生命周期质量追溯系统、厂家-客户协同装备协同维护，如图 23-5-25 和表 23-5-16 所示。

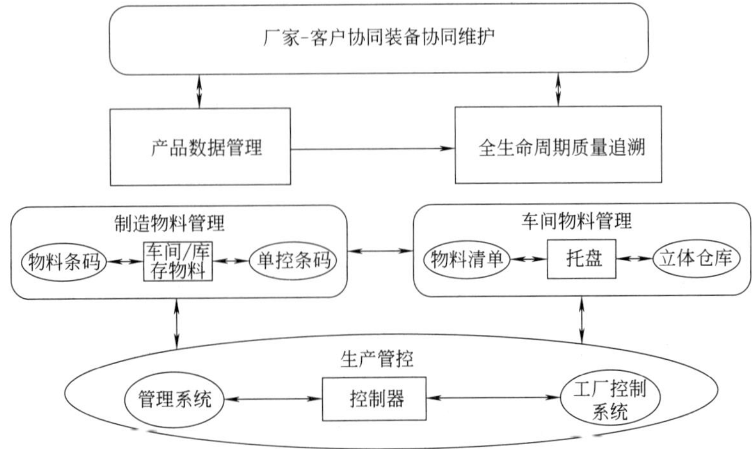

图 23-5-25　物联集成平台的运营内容

表 23-5-16　　平台运营内容

内容	解释与描述
生产管控	集团统一管控模式：集团设置一个总控制器，其位于集团上层管理系统和各工厂控制系统之间，实现底层控制系统与上层 ERP 等系统的集成。工序控制器下连生产线上各种生产控制和检测设备，上连车间控制器，实现底层生产数据的采集及其与车间控制器的通信和应用集成。在企业内部闭环范围内用 RFID 跟踪产品生产制造过程，同时在部分应用中兼容条形码技术
车间物料管理	制造车间的物料管理如下：车间生产前根据产品配套清单，从企业仓库调出所需物资，存入车间立体库保管。车间立体库采取托盘（配料箱）技术管理，每一个货位和托盘（配料箱）都分配标识，应用 RFID 技术管理车间现场物料的配套。在工位上安装标签扫描设备，记录物料的加工使用，并将结果提供到物料装配管理，实现对物料管理的自动化
制造物流管理	从物料入厂到最终产品出厂，都需要信息的详细跟踪、监控和管理。RFID 可应用于制造物流的全过程管理，涵盖物料在企业内的所有流转、使用过程，涵盖对库存物料、对车间现场物料的管理。企业中使用的条码主要有物料条码和单据条码两大类。物料条码不仅用于物料的追踪，也有助于做到合理的物料库存准备，在使用时，条码作为物料标识，随相应的物料一起流转；单据条码主要用于查询历史业务，核对单据是否遗漏或丢失。RFID 在制造物流中的使用环节包括：收货检验、物料入库、物料出库、搬运、车间门控、配套、装配、半成品/成品入出库等
产品数据管理	基于制造过程物联的产品数据管理可以对产品在物流、运输和使用的活动中进行总体优化，在这个过程中还要考虑诸如交通环境、交通堵塞、能源消耗等因素
全生命周期质量追溯系统	基于制造过程物联的全生命周期追溯系统，通过覆盖制造业产品全生命周期的各个环节，使用 RFID 采集各个环节的关键信息，融合成一条可追溯的产品流程链，从而实现对制造过程物联的全生命周期的全程跟踪和追溯 全生命周期所涉及的参与者有：供应商产品生产企业、物流公司（产品运输、垃圾回收）、经销商和垃圾处理部门。其经历的主要环节为：原料采购、产品生产、产品出厂、产品分销、产品使用、垃圾回收等
厂家-客户协同装备协同维护	制造过程物联技术支持的厂家-客户协同装备维护模式利用嵌入式技术、物联技术、移动通信技术和互联网技术采集装备运行情况和故障信息，并将其传递到产品装备维护中心。产品装备维护中心依据检测知识库进行分析，快速制定装备维护策略，及时反馈检测和维护情况，尽快解决装备故障，满足客户需求，实现厂家-客户协同设备维修

3）平台的评估范围和内容。制造过程物联集成平台的评估范围和内容主要包括：

① 功能设计的全面性；

② 信息咨询服务的完善性；

③ 系统对业务的实时监控能力；

④ 系统对业务的优化能力；

⑤ 系统的安全保密性能。

3.3　物理系统（CPS）

（1）CPS 体系架构概述

CPS 参考架构由共同关注点、用户视图和功能视图组成，如图 23-5-26 所示。

（2）共同关注点

共同关注点既适用于 CPS 的用户视图，又适用于 CPS 的功能视图，包括：

① 价值创造；

② 虚实融合；

③ 闭环迭代；

④ 知识决策；

⑤ 异构集成；

⑥ 容错健壮；

⑦ 弹性扩展；

⑧ 安全可信。

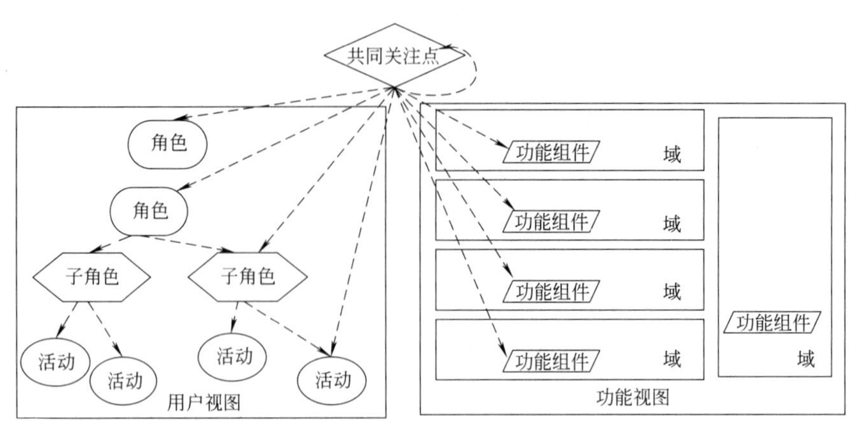

图 23-5-26　CPS 参考架构

共同关注点的特性如表 23-5-17 所示。

表 23-5-17　共同关注点特性

共同关注点	特性
价值创造	经济性:CPS 能够面向不同用户角色,实现例如效率提升、成本降低、资源节约、质量增强、资产保值等方面的有益效果,为相关方带来有效收益
	创新性:CPS 能够基于感知、分析、决策、执行的价值创造过程,实现原有工作方式、生产技术、协作关系、金融结构等要素的重新定义,为研发设计、生产制造、产业链协同等环节提供新模式、新业态
虚实融合	时间同步:CPS 具有软件与硬件间时钟校准并符合统一时间标度的能力
	双向反馈:CPS 具有物理实体与信息虚体间数据状态行为的双向信息传输能力
闭环迭代	CPS 应能够面向产品全生命周期,通过感知、分析、决策、执行闭环逻辑的重复施行,实现信息虚体对物理实体的优化与改进
知识决策	CPS 应能够基于数据资源、算法资源、模型资源等多源信息资源的分析处理,协助进行商业级、组织级、操作级等级别的优化决策
异构集成	兼容性:CPS 具有硬件之间、软件之间或软硬件组合系统之间相互协调工作的能力
	互操作性:CPS 能够实现异构组件间的信息共享与交互
容错健壮	可靠性:CPS 的每个组件具备足够低的失效率,使得 CPS 总体能够达到稳定的状态
	可用性:CPS 具备在一定限制条件内正确执行其功能的能力
弹性扩展	CPS 应具有功能组件灵活定制并可便捷扩展系统功能的能力。弹性扩展主要特性是扩展性,CPS 允许已部署或者正在运行的系统在低成本简易化操作情况下加入新的功能或者组件,能够实现系统结构和所提供服务的动态调整
安全可信	安全性:CPS 具备环境安全防护能力;具备网络、数据、应用、互操作等基础及业务安全防护能力;具备功能安全防护能力,并能够制定相应的安全策略
	可信性:CPS 在开展资源访问、系统交互、业务协同等活动时应具备一定保障机制,确保其活动过程可以信赖

(3) 用户视图

用户视图包括用户方、提供方、关联方三种角色及相关活动，如图 23-5-27 所示。

用户方、提供方、关联方之间的关系包括：用户方负责向提供方提出 CPS 业务需求和使用中故障后的信息反馈，并向关联方提出 CPS 咨询服务和建设过程监理需求；提供方根据用户方需求，完成 CPS 设计、实施和优化，并交付给用户方使用，同时配合关联方完成 CPS 建设的监理工作；关联方负责为用户方和提供方提供咨询、监理、测试评估服务。

CPS 用户视图各角色间关系如图 23-5-28 所示，用户视图角色、子角色和活动内容见表 23-5-18。

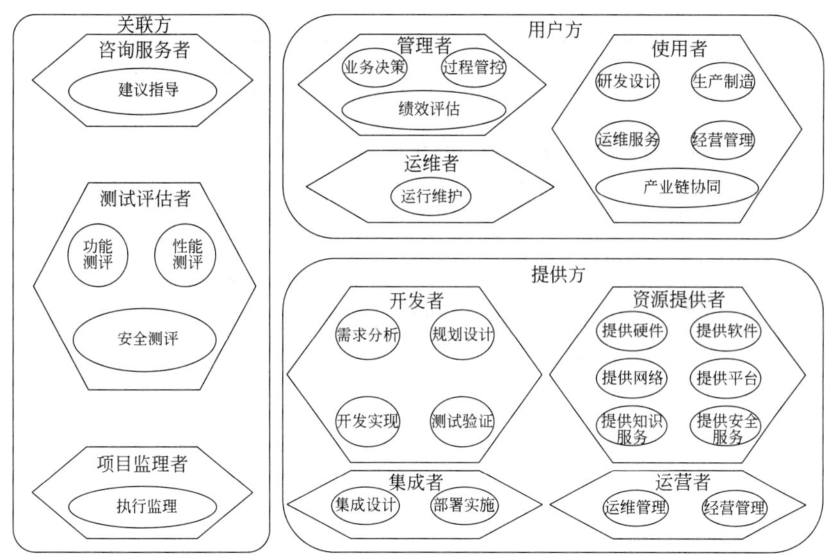

图 23-5-27　用户视图角色与相关活动

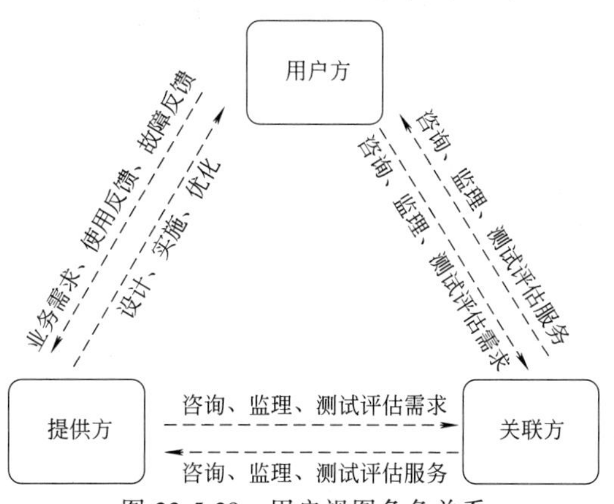

图 23-5-28　用户视图角色关系

表 23-5-18　　用户视图角色、子角色和活动内容

用户视图角色	子角色和活动内容
CPS 用户方	子角色:CPS 用户方包括管理者、使用者和运维者三个子角色 1)管理者负责 CPS 业务决策,对 CPS 使用者和运维者的活动进行过程管控绩效评估 2)使用者负责提出业务需求,使用 CPS 开展相关业务的执行、反馈 3)运维者负责保证 CPS 正常运行,为 CPS 使用者提供相关的技术支撑
	1)管理者相关活动: 业务决策:综合考虑成本、效率、质量等因素,结合企业业务现状和目标,根据 CPS 数据和状态开展相关决策活动 过程管控:对 CPS 使用者、运维者的活动进行监督与控制 绩效评估:围绕 CPS 应用的过程及结果制定绩效指标,并对 CPS 使用者、运维者开展评价 2)使用者相关活动: 研发设计:基于产品在制造、使用、售后和回收拆解环节采集的用户反馈和生产反馈信息,构建真实数据与设计环节之间的信息交互平台,实现试验、制造、装配等环节在虚拟空间中的仿真以及迭代、优化和改进 生产制造:基于生产过程中人、机、物的状态数据和事件信息,构建数字化制程模型,实现生产过程监控、生产资源管理与调度 运维服务:通过对装备/产品上传的运行参数、维保、用户使用等数据进行挖掘分析,实现故障的快速解决,减少停机时间并降低维修成本 经营管理:通过数据挖掘、模型计算等手段对客户特征进行分析,实现满足客户需求的精准营销,并挖掘客户新的需求,实现企业经营的辅助管理 产业链协同:基于平台上的产能模型、供应商评价模型等,自动生成产业链上下游企业的生产作业计划,并支持企业间生产作业计划的统一调度,实现制造能力跨区域、跨界的整合 3)运维者相关活动:基于收集到的系统状态监测数据,构建系统运行模型和故障知识库,给出预测性维护解决方案,实现基于设备运行状态的定期巡检、问题发现、故障解决、维护保养闭环管理

续表

用户视图角色	子角色和活动内容
CPS 提供方	子角色:CPS 提供方包括开发者、资源提供者、集成者和运营者四个子角色 1)开发者负责确保 CPS 相关设计和开发过程满足需求 2)资源提供者负责为 CPS 提供相关基础资源 3)集成者负责开展 CPS 集成规划,搭建完整集成架构,满足 CPS 全业务活动集成需求 4)运营者负责确保 CPS 业务服务满足运营目标
	1)开发者相关活动包括: 需求分析:基于数据挖掘、模型计算等手段科学分析客户特征,获取客户目标用户、适用场景行为路径等信息,为规划设计提供依据,实现客户需求信息的精准挖掘 规划设计:基于客户需求信息,结合企业自身发展现状与目标,对具体技术架构、资源配给、建设周期、人员支持、目标考核进行合理规划,开展 CPS 架构设计、功能设计、应用场景设计,实现 CPS 功能模块合理划分,满足 CPS 应用要求 开发实现:基于开发工具和软硬件资源,搭建 CPS 开发环境,并结合实际业务场景需求,对系统、软件进行针对性修改或功能扩展,实现开发人员对不同行业、不同场景特定应用的快速开发与部署 测试验证:对 CPS 的开发、设计和实现中的关键要素以及不同场景、不同行业的 CPS 实现过程与方法进行测试验证,实现 CPS 性能与功能的有效验证 2)资源提供者相关活动包括: 提供硬件:提供满足 CPS 运行的基础硬件设备 提供软件:提供满足 CPS 运行的开发环境工业软件开发集成工具中间件等 提供网络:提供满足 CPS 信息互通传递的网络环境,包括基础网络架构、基础网络硬件、软件以及所分配网络资源的管理权限 提供平台:提供满足 CPS 开发与部署过程中处理、存储等能力的计算资源,以及对所分配计算资源的管理权限 提供知识服务:提供满足 CPS 全生命周期的知识库实现满足客户需求的精准服务 提供安全服务:提供确保 CPS 安全运行的防护措施 3)集成者相关活动包括: 集成设计:基于各类组件之间的接口及协议情况,提供 CPS 集成规划,构建完整的 CPS 集成架构 部署实施:基于集成规划,利用中间件工具、数据接口、集成平台等手段,开展部署与实施工作 4)运营者相关活动包括: 运维管理:基于故障诊断以及系统升级等手段,对 CPS 运行故障进行及时处理,保障 CPS 的稳定运行,实现 CPS 在速度、质量、安全、人机友好性等方面的迭代优化 经营管理:基于用户管理、营销管理、订单管理、计费计量、客服管理等手段,构建 CPS 经营管理机制,实现 CPS 经营活动的正常运行
CPS 关联方	子角色:CPS 关联方包括咨询服务者、测试评估者、项目监理者三个子角色 1)咨询服务者负责为 CPS 用户方、提供方提供咨询服务 2)测试评估者负责为 CPS 用户方、提供方提供功能性能等关键因素测试和评估服务 3)项目监理者负责为 CPS 用户方、提供方提供成本进度质量等监督管理服务
	子角色的活动如下: 1)咨询服务者相关活动:咨询服务者主要活动为建议指导。基于客户需求信息,综合考虑使用过程中的成本、效益因素,给出技术、工程和管理等方面的合理化建议,实现 CPS 开发、部署应用的精准指导 2)测试评估者相关活动:测试评估者主要活动为对 CPS 相关功能、性能和安全指标进行测试或评估,判断是否满足与业务相关的功能、性能以及安全性需求 3)项目监理者相关活动:项目监理者主要活动为执行监理。通过对 CPS 成本、效率、质量的监督管理,保障 CPS 建设的高效实施

其余用户视图和功能视图具体架构参考标准 GB/T 40020—2021。

3.4 应用案例

(1) 工业设备网联化需求及任务痛点

1) 现阶段大多数工业设备没有联网，老旧设备多、数字化水平低，存在大量传感器、机器人、仪表、阀门等哑终端。这些哑终端大都只支持 RS485/RS232、DI/DO、USB 等接口，无法直接连接网络进行数据传输，需要网关进行接口转换及数据封装，改造工作量大且成本高，难以接入网络。

2) 已联网的工业设备存在通信协议不统一的情况，各类自动化厂商、研究机构、标准化组织围绕设备联网推出了多种多样的现场总线协议、工业以太网协议和无线协议，协议标准众多且相对封闭，各成体系（如Profibus、Profinet、EtherCat、Ethernet/IP、Modbus 等），互联互通困难，形成了封闭和碎片格局，极大地阻碍了工业设备网联化发展。

3）随着工业设备连接类型越来越多，连接总量越来越大，逐步呈现出全连接趋势。需要具有对设备、对网络和对业务的整体管控方案，以满足工业设备网联化融合的需求，并实现灵活调配网络适应业务、智能化故障预测诊断及远程运维等功能。

（2）工业设备网联化解决方案案例

工业设备网联化的网络架构如图 23-5-29 所示，由以下几部分组成：

① 现场控制网络：指 PLC 及现场的执行器、传感器等。

② 数据采集网：设备/工艺数据、生产过程数据、质量数据等。

③ 能环网：一般包括视频监控、温湿度监测、给水、空调等环境监测和传输。

④ 制造 IT 网：一般包括有线和无线网络，其中有线网络提供车间产线通信、数据采集等有线连接网络需求；无线网络常采用 LoRa/Wi-Fi/ZigBee/RFID 等无线技术提供工厂内 AGV 小车、PAD、扫码枪、无线定位、环境监测等无线连接；产线工艺装备、测试装备、自动化装备上行有线连接到装备后台应用服务器。

⑤ OA 网络：生产车的集中办公区域，需要提供 Wi-Fi 无线覆盖、有线以太网络等，如接入办公计算机。

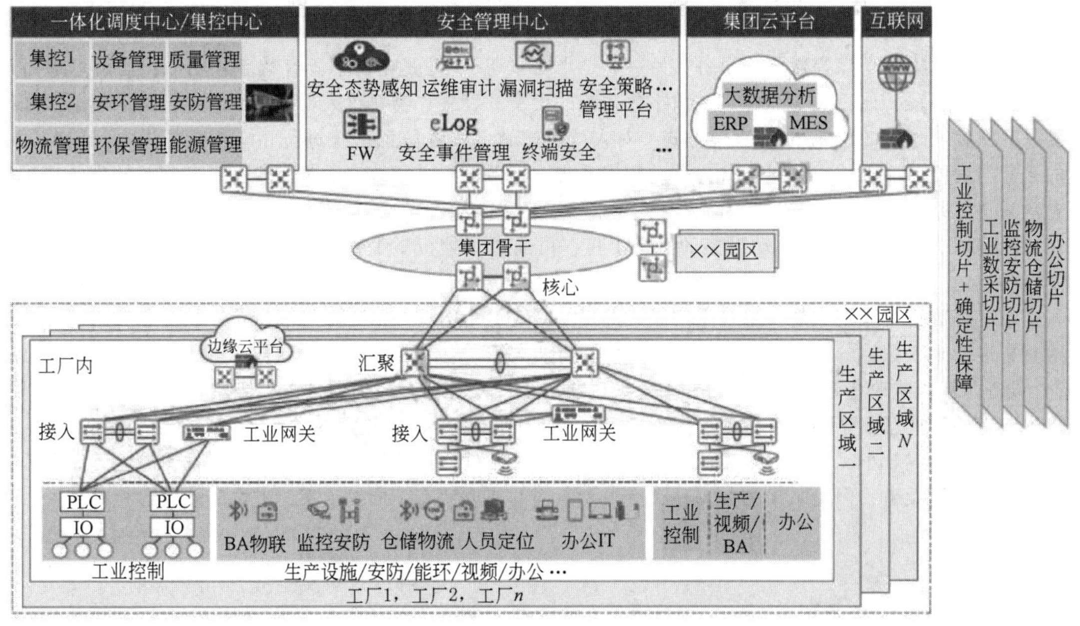

图 23-5-29　工业设备网联化的网络架构

1）应用案例 1：打造全连接智能工厂。某汽车企业致力于构建“智能装备”“智慧供应链”“大数据智脑”三位一体的汽车智能制造体系。国内汽车制造业竞争越发激烈，各车企销量明显下滑，汽车行业面临大洗牌，急需基于全面互联，实现数据驱动的智能制造，提升整车制造的数字化、网络化、智能化和快速响应能力，实现汽车的智能化生产和网络化协同新模式创新。

采用 Wi-Fi 6 覆盖整个工厂，做到智能工厂中工业全系统全要素的互联互通，通过 Wi-Fi 6 与 IoT 融合网络，实时在线连接 500+工厂在制车辆，2000+智能终端设备，10000+传感器，实现亿级数据实时采集、秒级分析反馈。利用大数据、AI 等技术手段，对 1000+设备进行主动式预警，降低非计划停机时间 20%。这是设备网联化带来数据打通，进而通过智能产生价值的例子。

AGV 小车自如地穿梭在车间的各个角落，无需人工帮助就能准确无误地完成各项任务，Wi-Fi 网络能够实现 AGV 小车漫游 0 丢包，有效保障 7×24 小时稳定运行。最终，宁德工厂实现了生产线节拍 60JPH（每小时生产 60 辆车），支持五个平台几十种车型的装配生产线柔性化达到国内最高水平。

2）应用案例 2：基于 Wi-Fi 6 实现全连接。某企业工厂的生产基地提供了从原材料、半成品加工、整机测试组装到发货的全流程服务。在制造交付场景日益复杂、加工精度越来越高、质量要求越来越严格、劳动力成本持续攀升的背景下，给该企业网络也带来了巨大挑战，具体如下：当前多品种少批量的客户化定制订单需求增多，目前因为频繁地换线导致较多的人为故障，影响生产效率，需要将装备无线化以提高产线柔性；资产管理、能环监控需要不同协议的 IoT 设备，单独建网成本高管理困难，需要与现有网络融合；设备越来越精密，依靠人工质检效率低下而且误差率高。

采用 Wi-Fi 6 为工厂生产车间建造全无线工业网络，将工厂的生产装备根据功能进行模块化，生产装备通过 Wi-Fi 6 联网，实现 IP 化的乐高式产线。生产车间 AGV 智能调度，在全车间内移动无丢包，不会出现停机现象。利用 Wi-Fi 6 的大带宽实现质检全无线化及自动化，节约人力成本。工厂能环监控及资产管理的物联网络与 Wi-Fi 网络融合成一张网络，简化运维管理。

利用 Wi-Fi 6 具有高带宽、大容量、低时延、易部署的特性，进行工业哑终端设备 IP 化及工厂内网无线化改造。Wi-Fi 与 IoT 网络的融合，为工厂提供一张高速稳定的无线生产网络，满足不同业务如设备数据采集、视频监控、AGV 控制、智能光学检测、资产管理等的需求，实现生产过程自动化、物料配送自动化、制造 IT 化和生产管理自动化。实现了柔性制造，将产线工序分解到独立的功能模块，降低对工控时序的要求，生产效率 UPPH（人均时产能）每年提升 30%。通过 Wi-Fi 6 与 IoT 网络，实时连接工厂数千工业终端及数以万计的物联终端，设备综合效率（OEE）提升 8%，能耗降低 10%。

（3）工业设备数据采集与网络融合方案

制造数据的采集对象可分为两类：一类是本身就具备数字化功能的设备，如数控机床、热处理设备、机器人、AGV、自动化立体仓库等数字化设备；另一类是“哑设备”，就是本身不具有数字化功能，但可以通过改造或者借助信息化手段，使相关信息能进入数字化系统的设备、设施、物料、人员等。如对普通机床通过增加智能采集硬件，对物料通过二维码、RFID 等方式，对人员通过刷卡或者信息系统进行相应的数据采集。因此，制造数据的采集与网络融合方式大体可以分为手动数据采集、设备非侵入式改造数据采集、设备网关转换数据采集和设备自动采集等几种。

1）手动数据采集。对不能自动采集的生产工位，可通过工控机、手持终端、扫描枪等设备进行数据采集。通过手动输入的方式将开工时间、完工时间、生产数量、检验项目、检验结果、产品缺陷情况、设备故障情况、设备备件情况等数据录入到系统。这种采集方式的优点是对设备的要求低，适用场景广；缺点是受制于人的主动性，检查标准、录入数据的实时性、准确性等方面都有所欠缺。

2）设备非侵入式改造数据采集。对一些无数据输出接口或者没有通信协议改造困难的老旧设备，可以通过非侵入式改造的方式，安装温度、湿度、振动、摄像头等一系列传感器进行数据采集，如图 23-5-30 所示。这种采集方式对设备影响较小，不影响设备的正常运转。但是采用外挂传感器的方式数据采集误差较大。该数据采集方式适用绝大多数设备，但是采集的数据种类有限。不同的集成商有不同的方案，方案的差异性相差较大。

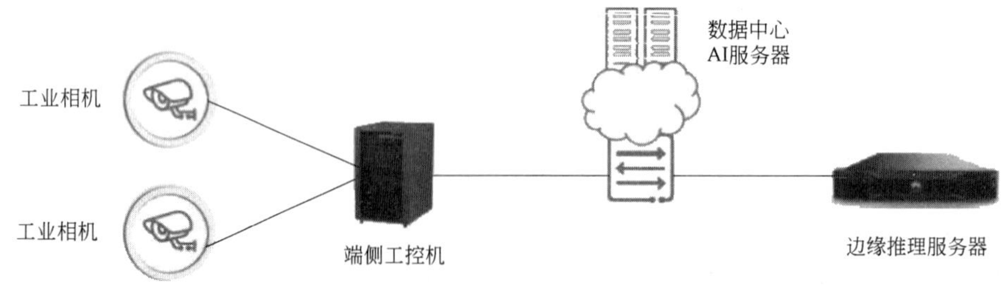

图 23-5-30 非侵入式改造数据采集

3）接口转换网关数据采集。接口转换网关数据采集主要针对不具备网口，但具备 RS232、RS485、DI/DO 等接口的设备。这类设备已经支持通过非网口类型的接口提供数据，不需要经过协议转换，只需要通过接口转换网关（如串口服务器等），将接口进行转换，发送到服务器进行数据采集。

4）边缘协议网关数据采集。边缘协议网关主要是针对设备采集的数据需要经过转换后才能被服务器接受的场景。边缘协议网关通常具备数据转换能力和设备端的数据采集断线缓存能力，如图 23-5-31 所示。

部分数据采集网关还兼具接口转换、协议转换和数据上传的能力。在设备不方便连接有线网时，设备数据可以通过边缘网关进行接口转换、数据格式解析，然后通过 4G、5G、Wi-Fi 或者有线上传数据。

5）设备自动采集。对于带网卡的设备进行数据采集，可通过设备厂商提供的数据采集系统或者采用第三方

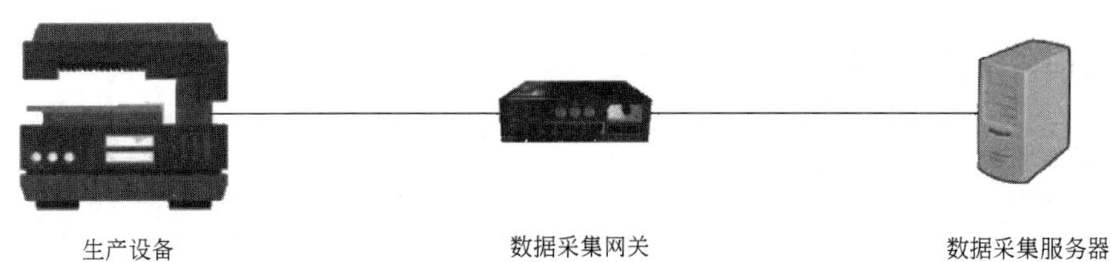

图 23-5-31　数据采集网关方式示意图

厂商提供的成熟产品进行。设备厂家提供的数据采集系统，和设备结合较深，但是一般不兼容其他厂家产品；第三方厂商提供的数据采集系统，如 MDC（机床监控与数据采集系统，manufacturing data collection）或 SCADA 系统（数据采集与监视控制系统）可以实现设备数据的自动采集，但是需要多种解析软件配合。

部分设备可以直接通过网卡，实现设备状态数据的自动采集。采集的内容包括运行参数（如数控机床的主轴转速、进给速度、主轴功率、刀具坐标等）、加工产品、加工数量、报警信息等。该采集方案的优点是采集的数据种类多、实时性强，缺点是受控制系统的限制。目前已经有越来越多的设备也开始支持网卡的数据采集。

部分设备需要通过设备 PLC 输出接口，结合其通信协议，才能实现对设备状态采集。采集的数据包括温度、压力、流量、液位等。这类采集方式的优点是支持 PLC 采集的系统比较多，适用面广。缺点是从采集效果上，略逊色网卡采集，但内容也相对丰富，基本满足制造业的需求。自动采集示意图见图 23-5-32。

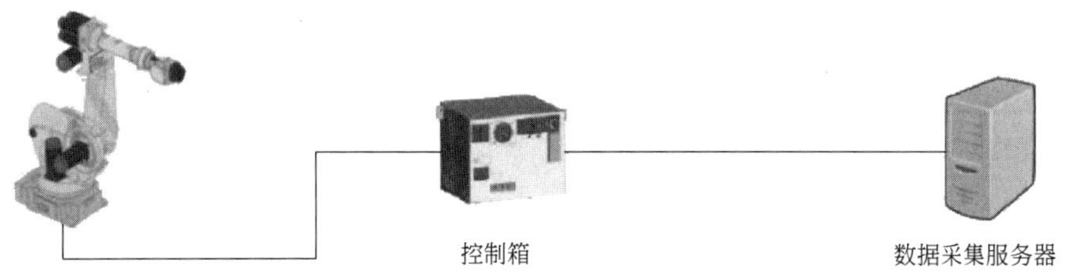

图 23-5-32　自动采集示意图

（4）工业设备互联和网络融合的应用价值

工业互联网网络建设目标是构建全要素、全系统、全产业链互联互通，建立一个高度灵活的个性化和数字化的产品与服务的生产模式。工业设备互联和网络融合带来了多类型工业数据集成的能力，从而能够创造以下价值：

1）综合数据分析和决策支持：通过网络融合，不同设备和系统之间的数据可以集成到一个管控平台或系统中，实现多种信息的综合分析和处理。

2）全面监控和实时反馈：网络互联和信息集成使得工业设备可以实现全面的监控和实时反馈，及时发现问题并采取措施，提高生产效率和产品质量。

3）自动化协同和灵活生产：网络融合使得设备和系统之间实现协同工作和信息共享。不同设备之间可以进行自动化协同，实现生产流程的优化和灵活性，快速响应需求的变化。

4）故障诊断和预测维护：信息集成和网络互联可实现对设备状态的监测和分析，进而实现故障的诊断和预测性维护。提前发现潜在故障迹象，提高设备的可靠性和维修效率。

5）制造过程优化和可持续发展：实现对制造过程的优化和资源的高效利用。综合分析信息可帮助揭示制造过程中的潜在瓶颈和优化点，实现资源优化配置和能源节约。

4　工业网络资源管理

工业网络资源管理致力于有效地管理和优化工业网络中的各种资源，涵盖了网络带宽、设备连接、数据流量等方面。其核心目标在于实现生产环境的高效运行和智能化管理，以应对日益复杂和多样化的生产需求。通过精准的资源分配和智能化的管理策略，工业网络资源管理不仅能提升生产效率，降低成本，还能够增强网络安全性和稳定性，从而为工业企业的持续发展和竞争力提供有力支撑。

4.1 无线网络系统管理

（1）系统管理架构

WIA-PA 网络使用集中式管理和分布式管理相结合的管理架构，如图 23-5-33 所示。系统管理由网络管理者、安全管理者以及簇首完成。网络管理者和安全管理者直接管理路由设备，同时把对现场设备的管理权限下放给路由设备。

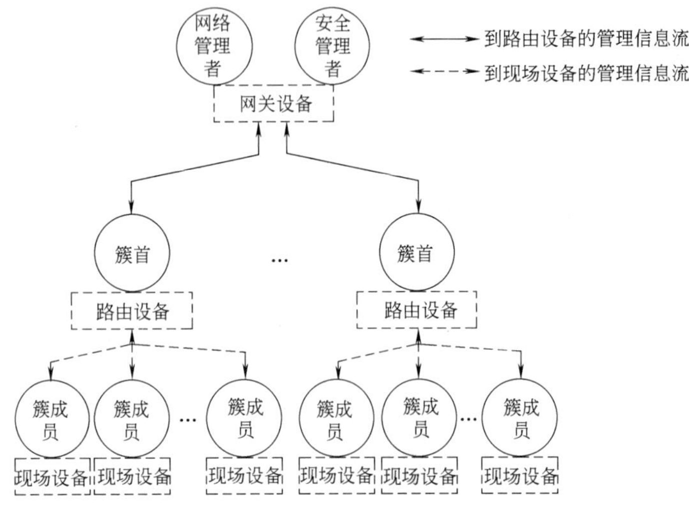

图 23-5-33　分布式系统管理架构

网络管理者、安全管理者以及簇首所负责的功能如表 23-5-19 所示。

表 23-5-19　系统管理负责功能

管理者	负责功能
网络管理者	构建和维护由簇首构成的网状结构，以及由簇首和成员构成的星型结构
	分配网状结构中簇首之间通信所需的资源，且将星型结构中簇成员与簇首之间通信所需的资源预分配给簇首
	监视 WIA-PA 网络的性能，包括设备状态、路径健康状况以及信道状况等
安全管理者	认证试图加入网络的簇首和簇成员
	负责整个网络的密钥管理，包括密钥产生、密钥分发、密钥恢复、密钥撤销等
	认证端到端的通信关系
簇首	负责构建和维护星型结构，负责将网络管理者预留给星型结构的通信资源分配给簇成员，负责为网络管理者提供星型结构的网络性能
	负责管理星型结构中使用的部分密钥，负责认证簇成员之间的通信关系，负责认证簇首与簇成员之间的通信关系等

（2）设备加入过程

1）设备加入。在路由设备或现场设备开始加入网络前，手持设备为其配置一个加入密钥。两者的加入过程如图 23-5-34 所示，具体过程见表 23-5-20。

2）编址方法和地址分配。WIA-PA 网络中的路由设备和现场设备都有一个全球唯一的 64 位长地址和一个 16 位短地址。长地址由厂商按照 EUI-64 分配并设置，如图 23-5-35 所示。

路由设备和现场设备的短地址由两个字节构成，高字节由网络管理者分配，用以区别不同的簇。路由设备短地址结构如图 23-5-36 所示，其低字节的值设为 0。

现场设备的短地址如图 23-5-37 所示，其高字节为簇地址，低字节为簇内地址。簇内地址由簇首顺序分配。

（3）通信资源分配

1）通信资源分配。通信资源包括时隙和信道。因此，通信资源的分配包括对时间和信道的分配。

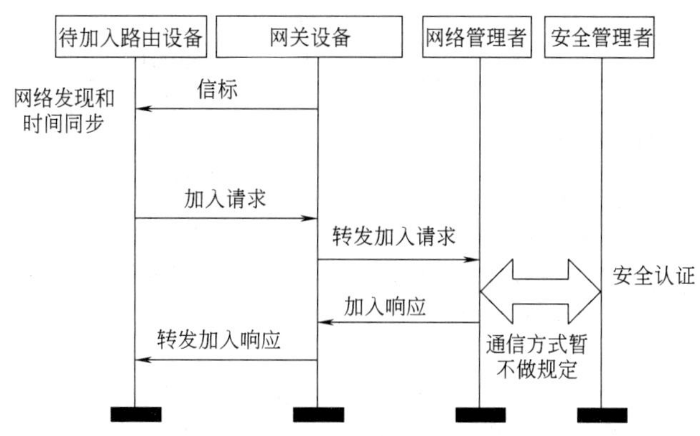

(a) 路由设备通过网关设备加入网络

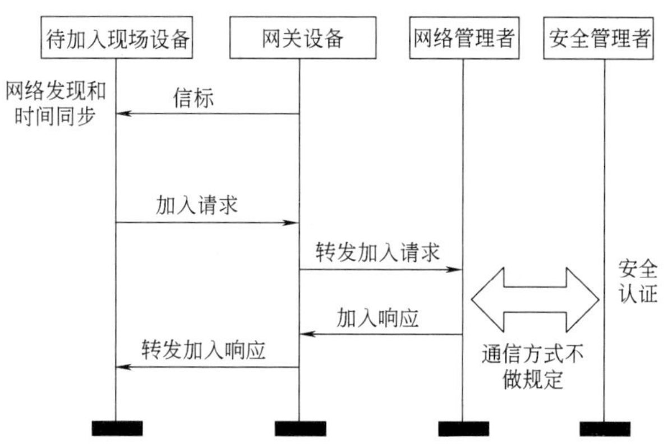

(b) 现场设备加入网关设备的过程

图 23-5-34　路由设备和现场设备通过网关设备加入网络过程

表 23-5-20　　设备加入过程

加入设备类型	过程
路由设备	待加入路由设备持续扫描网络中的可用信道，获得在网路由设备或网关设备发出的信标
	待加入路由设备选择信标发出设备作为临时父设备，根据信标中的时间信息完成时间同步
	待加入路由设备向临时父设备发出加入请求，临时父设备将此加入请求转发给网络管理者
	收到加入请求后，网络管理者与安全管理者通信，完成安全认证，之后，网络管理者返回加入响应
	待加入路由设备收到临时父设备转发来的加入响应。如该加入响应是负响应，则待加入路由设备将重启加入过程；如该加入响应是正响应，则加入过程成功结束
现场设备	待加入网络的现场设备持续监听网络内的可用信道，获得在网路由设备或者网关设备发出的信标
	待加入网络的现场设备选择发出信标的其中一个路由设备或者网关设备作为簇首，根据信标内的时间信息完成时间同步
	待加入网络的现场设备向选定的簇首发出加入请求
	收到加入请求后，簇首转发该加入请求给网络管理者
	网络管理者返回加入响应后，簇首再根据自身的通信资源情况以及网络拓扑类型向待加入网络的现场设备发出响应，如果网络拓扑类型不匹配则在响应中置 status=FAILURE_TOP_DISMATCH；其他错误类型，则在响应中置 status=FAILURE_ELSE；如果加入成功则在响应中置 status=SUCCESS
	现场设备收到簇首发出的响应，如果响应中 status= FAILURE_TOP_DISMATCH，则该现场设备应选择路由设备作为簇首加入网络；如果响应中 status=FAILURE_ELSE，则该现场设备应重复以上加入过程；如果响应中 status=SUCCESS 则该现场设备加入网络

厂商ID	设备类型	设备ID
3字节	2字节	3字节

高位 → 低位

图 23-5-35 路由设备长地址

簇地址	0
1字节	1字节

高位 → 低位

图 23-5-36 路由设备短地址

簇地址	簇内地址
1字节	1字节

高位 → 低位

图 23-5-37 现场设备短地址

通信资源的分配过程为：在网状结构中，由网络管理者为首分配资源，这部分资源包括簇首用于在网状结构中通信的资源和簇首可分配给簇成员的资源；在星型结构中，由簇首为簇成员分配资源，即将簇首的资源与簇成员绑定。

图 23-5-38 为星型和网状结合的两层拓扑结构中一个资源分配的示例。驻留在网关设备 GW 中的 NM（网络管理者）将资源首先分配给网状结构中的路由设备 R1、R2 和 R3。这部分资源包括路由设备 R1、R2 和 R3 之间相互通信的资源、路由设备与网关设备 GW 之间的通信资源，以及路由设备与其内现场设备之间相互通信的一块预分配资源。各路由设备接收到 NM 分配的通信资源后将其中的预分配资源的一部分分配给簇内的现场设备，这部分通信资源用于簇内现场设备和本簇路由设备之间的通信。如图 23-5-38 所示，NM 为 R1、R2 和 R3 分配通信资源后 R1 为 F1 和 F2 分配通信资源，R2 为 F5 分配通信资源，R3 为 F3 和 F4 分配通信资源。

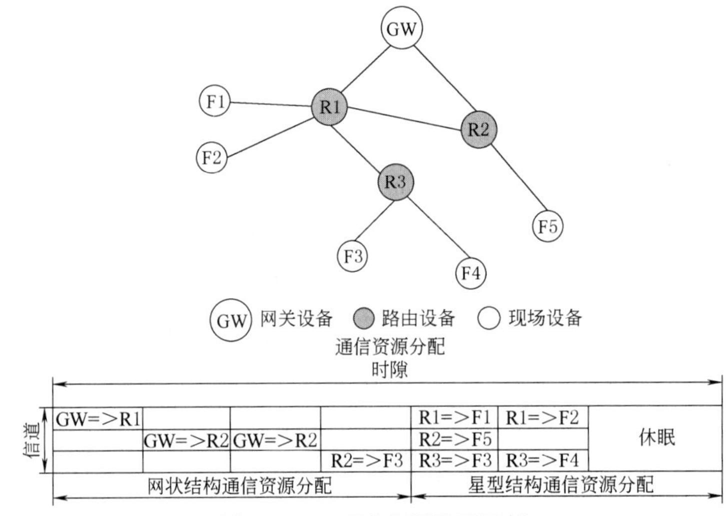

图 23-5-38 通信资源分配示例

2）通信资源分配规则。如下 4 个数据链路子层数据单元（DLPDU）的优先级为：

① 命令帧具有最高的优先级，命令帧包括所有与诊断、配置和控制信息，以及紧急告警有关的帧。

② 过程数据具有第二优先级。

③ 一般（normal）优先级为第三优先级。将所有不属于命令过程数据和告警数据的帧的优先级归为一般优先级。

④ 报警（alarm）优先级为最低优先级，非紧急的报警数据都属于该优先级。设备只能缓冲至多一个报警优先级的帧。

通信资源分配主要采用如下的调度规则：

① 信标和活动期部分的信道分配优先；

② 更新速率快的设备时隙分配优先；

③ 多跳通信中，起始时间早的帧的时隙分配优先；

④ 优先级高的帧的时隙分配优先。

3）路由设备通信资源分配。WIA-PA 网络采用集中式与分布式相结合的管理策略。路由设备加入网络时，首先在所有信道上扫描邻居设备，且将邻居信息汇报给 NM。NM 收到新加入网络的邻居信息汇报后，利用通信资源分配服务为其分配路由及一块通信资源（包括超帧和链路）。路由设备加入网络后，通过信标帧广播自身的超帧结构信息。路由设备的资源分配过程如图 23-5-39 所示。

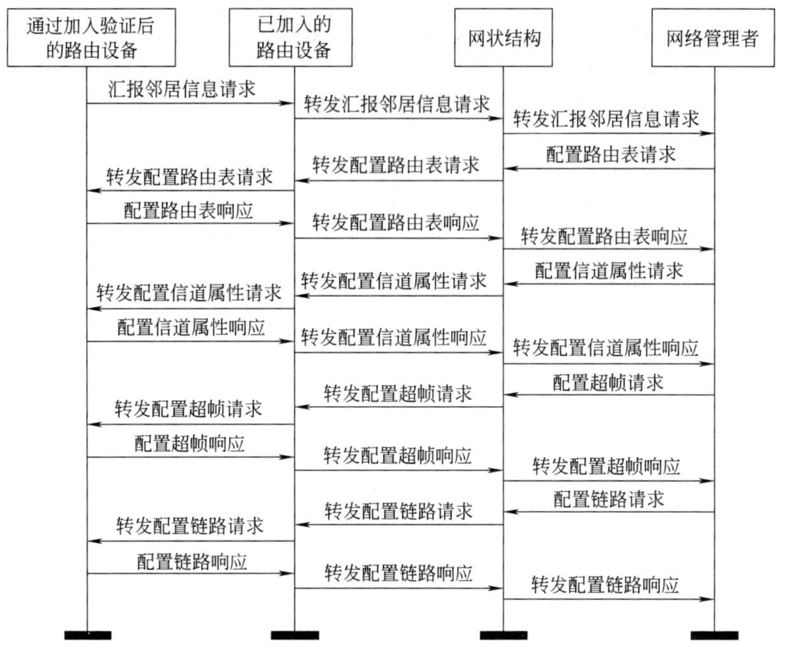

图 23-5-39　路由设备的通信资源分配过程

4）现场设备通信资源分配。现场设备的 VCR（虚拟通信关系）成功建立后，路由设备或者网关设备用通信资源分配服务为其分配分布于不同信道时隙，用于现场设备与路由设备之间或者现场设备与网关设备之间的通信。如果现场设备的加入影响了其所在簇的路由设备或者网关设备的超帧结构，则该帧的路由设备或者网关设备更新其路由属性、超帧属性以及链路属性。现场设备加入路由设备的通信资源分配过程如图 23-5-40 所示。

（4）设备离开过程

WIA-PA 设备的离开过程包括异常离开、主动离开和被动离开三个过程。异常离开是设备由于故障、失效、能量耗尽等原因无法与网络中的其他设备进行通信。异常离开可以通过数据链路子层的 keep-alive 命令进行判断。主动离开是指簇内的现场设备向路由设备申请离开网络，或者路由设备向网关申请离开网络；被动离开是指网关要求路由设备离开网络，或者路由设备要求簇内的现场设备离开网络。

WIA-PA 规定了主动离开和被动离开两种路由设备离开过程以及主动离开和被动离开两种现场设备离开过程，见表 23-5-21。

表 23-5-21　　设备离开过程

离开设备	过程
路由设备主动离开	路由设备向网络管理者发出离开请求
	网络管理者向发出离开请求的路由设备发出响应
	路由设备在收到网络管理者的允许离开响应后，通知其现场设备后离开网络
	网络管理者释放已离开路由设备占用的网络地址，VCR 及通信资源更新网络拓扑
	网络管理者通知网络中为已离开路由设备保留通信资源的路由设备，这些路由设备释放相应的 VCR 及通信资源
路由设备被动离开	网络管理者向某个路由设备发出离开请求
	收到离开请求的路由设备向网络管理者发送响应
	路由设备在通知其现场设备后离开网络
	收到路由设备发出的响应后，网络管理者释放路由设备占用的网络地址、VCR 及通信资源，更新网络拓扑
	网络管理者通知网络中为已离开路由设备保留通信资源的路由设备，这些路由设备释放相应的 VCR 及通信资源

续表

离开设备	过程
现场设备主动离开	现场设备向所在的路由设备或者网关设备发送离开请求
	路由设备或者网关设备发出离开响应
	路由设备或者网关设备释放已离开现场设备所占用的内地址 VCR 及通信资源，更新簇成员列表和 UAO 列表
	收到离开响应后，现场设备离开簇
	如果现场设备离开路由设备，则路由设备向网关设备发出更新簇内成员列表及内 UAO 列表请求
现场设备被动离开	路由设备或者网关设备向某个现场设备发出被动离开请求
	现场设备向路由设备或者网关设备发送离开响应
	现场设备离开簇
	路由设备或者网关设备接收到现场设备的离开响应，释放已离开现场设备所占用的簇内地址 VCR 及通信资源，并更新簇成员列表和 UAO 列表
	如果现场设备被动离开路由设备，则路由设备向网关设备发出更新簇内成员列表及簇内 UAO 列表请求

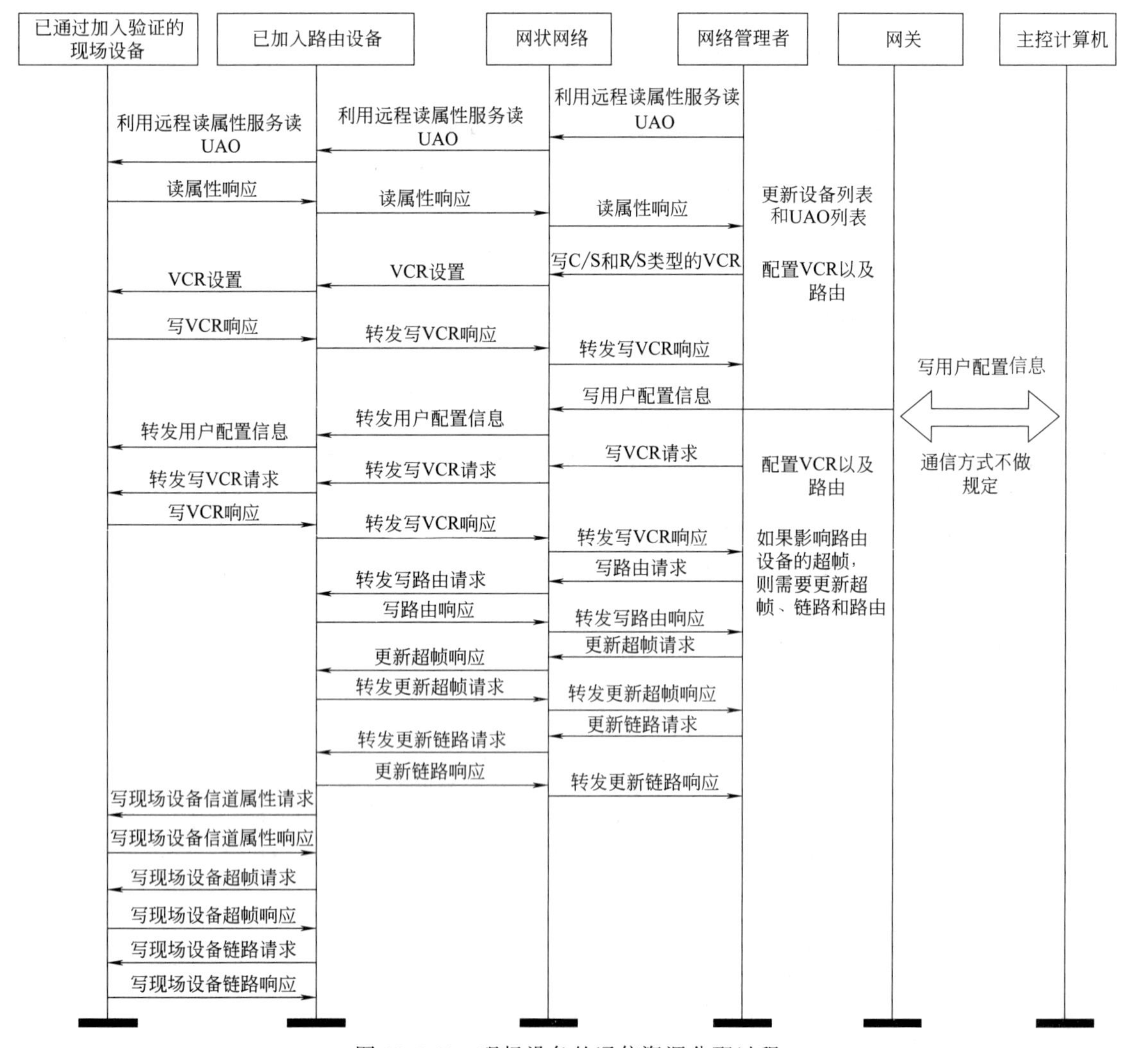

图 23-5-40　现场设备的通信资源分配过程

VCR、聚合和解聚以及管理信息库及其服务等设计详见标准 GB/T 26790.1—2011。

4.2 网络地址管理

随着互联网技术的广泛应用，作为其基础的 IPv4 地址资源日渐匮乏，部署 IPv6 技术成为彻底改变 IP 地址短缺情况的唯一技术手段。IPv6 具有海量地址空间，可以满足工业互联网、物联网等智能制造环境下应用发展的需要，智能制造环境下的 IPv6 应用和部署成为必然趋势。因此，有必要先期制定好 IPv6 地址的管理标准，规范、高效、合理地分配、使用、管理 IPv6 地址。

（1） 全球单播地址结构

全球单播地址的一般格式如图 23-5-41 所示。

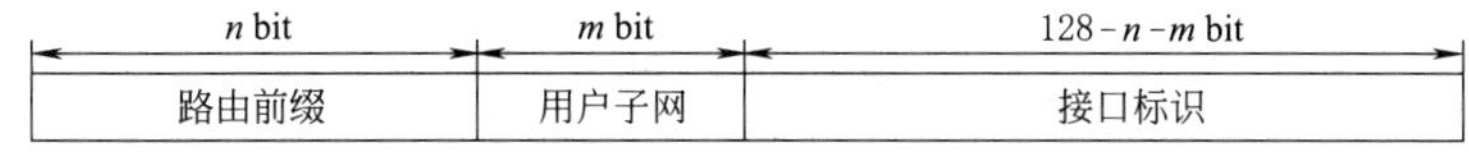

图 23-5-41　全球单播地址的一般格式

其中全球路由前缀是分配给一个站点的比特串，用户子网是站点内子网的标识符，接口标识符用于标识网络内的特定接口。如果接口标识部分采用 EUI-64 格式，IPv6 全球单播地址的格式如图 23-5-42 所示。

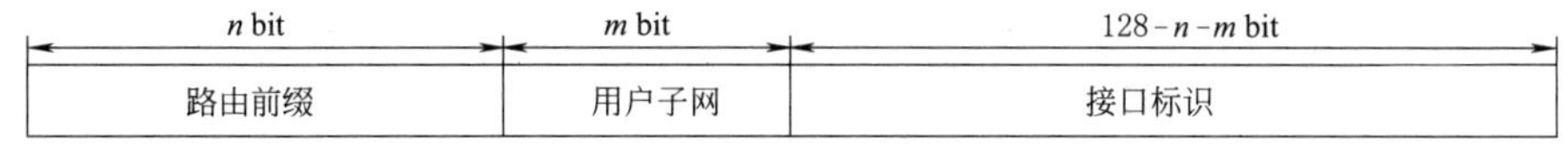

图 23-5-42　全球单播地址的格式

（2） 工业互联网 IPv6 地址管理

IPv6 地址管理目标为规范工业互联网 IPv6 地址从分配到使用的全生命周期中涉及的 IPv6 接入地址申请者、IPv6 接入地址运营实体、IPv6 地址管理机构等相关实体之间的联系以及彼此交互方式，通过明确各分配主体编码标注，实现了工业互联网使用的 IPv6 地址区分，为智能制造环境下精细化的 IPv6 地址管理提供字段和支撑。

IPv6 地址管理基本原则为 IPv6 接入地址申请者、IPv6 接入地址运营实体、IPv6 地址管理机构等相关实体分工明确、权责明晰。

（3） 工业互联网 IPv6 地址分配管理

表 23-5-22　工业互联网 IPv6 地址分配管理

管理类别	管理内容
IPv6 地址分配主体要求	对面向工业企业服务的地址分配主体,应建立面向生产性应用的 IPv6 地址管理,为符合工业互联网应用特征的企业分配工业互联网 IPv6 地址,并进行分类备案管理
当前 IPv6 地址分配编码	IPv6 用户接入地址格式如图 a 所示。该地址格式的 IPv6 地址包含以下字段:PB(prefix of IPv6 access address block);IPv6 地址块前缀,n bit;AI(address identifier):编址标识符,长度为 $s+t$ bit($s\geq1$),s bit 用于表示省份,t bit 用于标识接入类型;CC(country code):IPv6 接入地址区县编码,8 bit;SSI(subnet space identifier):子网空间标识符,长度为 56-n-s-t bit;IID(interface ID):接口标识符,长度为 64 bit n bit | s+t bit | 8bit | 56-n-s-t bit | 64bit IPv6接入地址块前缀PB | 编址标识符AI | 区县编码CC | 子网空间标识符SSI | 接口标识符TID 图 a　用户接入地址格式
工业互联网 IPv6 的分配编码	IPv6 地址分配机构在满足 YD/T 2682 的基础上在各 IPv6 地址规划字段的编址标识符 AI 中标识出智能制造环境下使用地址(含工业互联网/物联网/产业互联网)等,如图 b 所示 工业互联网 IPv6 地址分配编码与图 a 地址格式对应关系如下:APNIC(亚太互联网络信息中心)分配对应地址块前缀 PB;企业规划字段对应编址标识符 AI,由地址分配机构自主规划设计,在其中属性分类字段,区分出物联网/产业互联网(含工业互联网);安全要求对应区县编码 CC;用户子网对应子网空间标识符 SSI

第 23 篇

续表

管理类别	管理内容
工业互联网 IPv6 的分配编码	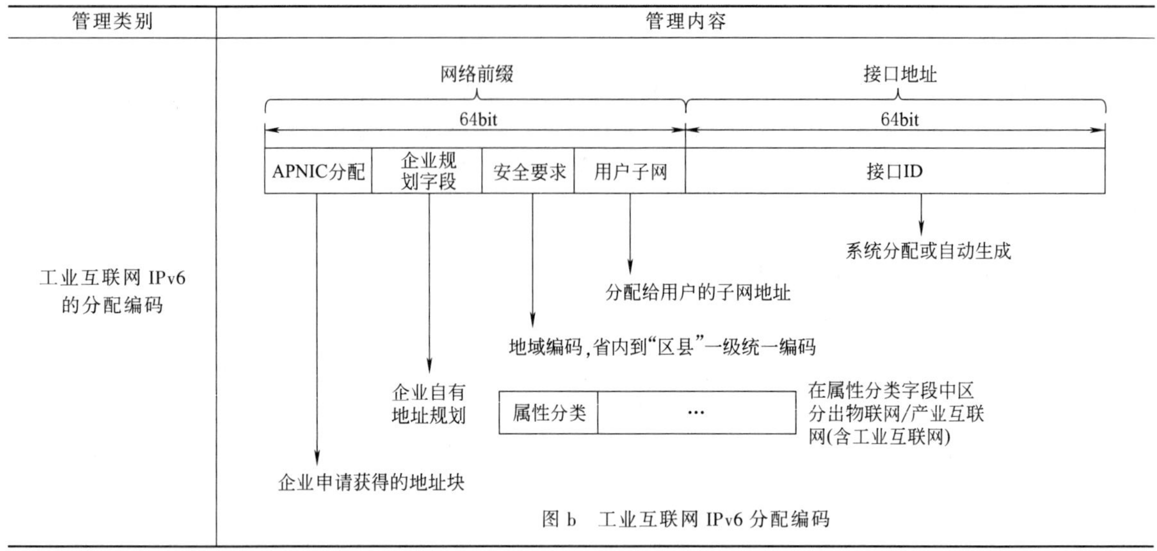 图 b　工业互联网 IPv6 分配编码

（4）工业互联网 IPv6 地址备案管理

IPv6 接入地址备案管理要求如下：

1）IPv6 接入地址申请。工业互联网 IPv6 接入地址申请报备应包括报备单位基本情况和实际申请的 IP 地址信息。报备单位基本情况应包括：单位名称、单位地址、单位性质、组织结构代码、单位法人、法人联系电话、法人身份证号码、联系人姓名、联系人电话、联系人电子邮件。实际申请的 IP 地址信息应包括：IP 地址来源机构名称、IP 地址总量、各 IP 地址段起止地址码。

2）IPv6 接入地址编址编码。IPv6 接入地址编址编码报备应包括报备单位基本情况和 IPv6 接入地址编址编码信息。报备单位基本情况包括：单位名称、单位地址、单位性质、组织结构代码、单位法人、法人联系电话、法人身份证号码、联系人姓名、联系人电话、联系人电子邮件。IPv6 接入地址编址编码信息包括：所属 IPv6 地址段、IPv6 接入地址接入省份、IPv6 接入地址接入类型、IPv6 接入地址接入区县。

4.3　应用案例

（1）需求及任务

在这个万物互联的时代，要完全实现机器与机器、机器与人的信息互联，传统的 IP 技术面临新的挑战，如：工业领域的自动化控制场景需要解决端到端的确定性传输问题，网络的运维管理要满足工业的部署场景要求。另外，传统的工业终端很多是“哑终端”，难以支持 IP 协议栈，随着物联终端的智能化程度不断提升，物联终端的安全风险也需要有效应对。

在这些挑战驱动下，以“IPv6+”为代表的技术创新层出不穷。“IPv6+”是指面向 5G、云网和工业互联网时代的 IP 网络新技术体系，包含 SRv6 源路由技术、网络切片、确定性 IP 技术、性能测量技术等多个创新方向，可以提升路径规划、业务可视、确定性 SLA 保障等网络智能化水平。

（2）某钢铁企业的 IPv6+技术创新与应用案例

1）以 IPv6+创新应用打造先进工业网络，加速实现远程集控。

该企业在落实智慧制造战略的过程中设立了集中运营管控中心，强化多专业的调度业务整合及协同，打通各专业、全流程的业务系统，实现高度集中、高效快捷的扁平化生产管理。为此，需要对网络进行升级，用全新的 IP 化网络来支撑远程集控业务，并引入了 SRv6 源路由、FlexE 网络切片等多项 IPv6+创新应用，构筑了一张覆盖全公司多厂区、采用 100GE 端口互联的 IP 骨干网（如图 23-5-43 所示），包括 5 个主节点，17 个汇聚节点，可满足企业未来 5~10 年业务发展需求。

IP 化工业网络采用网络分片方式，同时承载 IT（办公类）和 OT（生产类）业务，以及支持各种生产线 OT 业务的多样化 SLA 业务需求，如冷轧、铁前、四钢轧等不同产线的业务流量经过各自的网络切片进行承载，彼此隔离，互不干扰，需要低时延的部分业务并进一步采用 SRv6 源路由技术进行了时延优化，满足了不同业务的场景化需求。IP 化工业网络让各集控系统快速上线，与传统的光纤直拉方式相比，成本更低、扩展更容易。

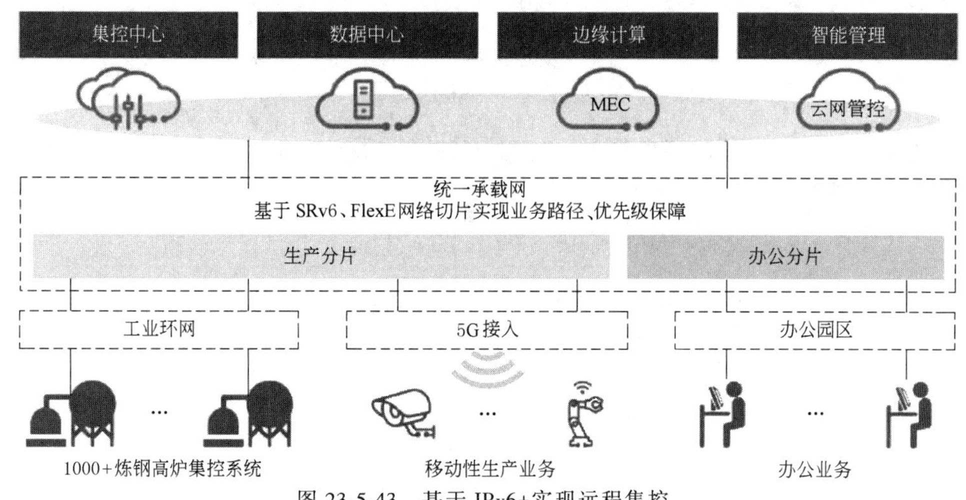

图 23-5-43　基于 IPv6+实现远程集控

2）引入 IPv6+创新，布局面向 IEC 61499 的下一代工控架构。

该企业已实现中大型 PLC 产品的全自主设计、本地化制造和广泛商用，并在冶金行业最高控制要求的多机架连轧机及高速处理线机组中得到成功验证。未来将基于 IEC 61499 分布式工业控制软件国际标准和确定性 IP 网络技术，规划设计新一代工业控制系统——云化 PLC，全面覆盖传统 PLC、DCS 等应用场景，实现软硬件解耦和多语言集成的开发环境，达到 IT/OT 数据、网络的真正融合。

确定性 IP 网络技术是 IPv6+创新应用的重要成果之一，可以在同时承载办公、生产业务流量的 IP 网络中，将工业控制类生产业务流量的时延抖动控制在目标范围内，使得 IP 网络也可以用于工业控制系统的实时通信。该企业与合作研发单位进行了基于 IEC 61499 标准和确定性 IP 网络技术的广域云化 PLC 试验，其中云化 PLC 系统部署在上海，采用通用架构实现，包括鲲鹏 CPU、欧拉操作系统、面向 IEC 61499 标准的 PLC 开发运行环境和 PLC 组态应用。云化 PLC 系统采用通用 IP 协议（互联网协议）和确定性 IP 网络技术，在 600km 之外远程控制部署在南京的执行端机械臂。在重度负载的背景流量冲击下，确定性 IP 连接的平均时延小于 4ms，时延抖动小于 20μs，云化 PLC 系统正常控制远端机械管稳定工作，试验取得圆满成功。

（3）工业网络 IP 化的实施架构

工业网络连接的 IP 化需要由外向内、自上而下地进行，工业网络连接的 IP 化会对当前工业网络的架构产生影响。

1）工厂外网网络架构。集团型企业自建骨干网络，连接多个制造基地与私有云，基地间业务互访可采用 SRv6 技术，实现入网即入云，提供多业务的灵活快速接入与质量保障。分支园区则可以采用 SD-WAN 技术，通过 Internet/5G 接入集团网络，如图 23-5-44 所示。

基于 SRv6 技术构建的先进工业骨干网，在不同业务路径之间可通过 SRv6 Policy 进行优化调整，充分利用网络资源。对于 OT、IT 等业务，基于 FlexE 等技术构建多个网络切片，提供业务安全隔离。对高优先级业务，基于 DIP 技术提供确定性 IP 连接服务，进行差异化质量保障。在网络运维领域，基于 SDN+AI 技术，提供业务快速发放、故障快速恢复、预测性运维等能力，实现网络全生命周期自动化智能化管理。

2）工厂内网网络架构。结合工厂内网的工业设备、物联终端的连接现状及 IP 化的实施路径，工厂内网网络演进架构包括：新增模式、存量模式、融合模式。

新增模式：因新业务（如 AOI 光学质检、视频监控、智能仓储物流、AR/VR 应用等）在工厂的广泛应用，新业务对带宽、容量、时延等有更高的要求，需要新建一张网络，承载多种新业务，不影响原有的工业网络。工厂内网 IP 化架构（新增模式）见图 23-5-45。

存量模式：现有工业网络存在大量非 IP 化终端，同时又要解决数据采集的问题，因此通过数据采集网关+协议转换 Wi-Fi CPE 无线化等技术快速实现数据采集，见图 23-5-46。

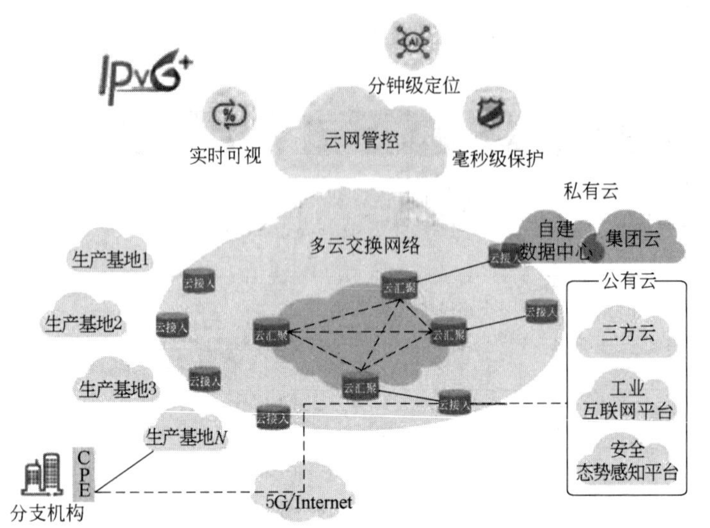

图 23-5-44　企业自建工厂外网架构

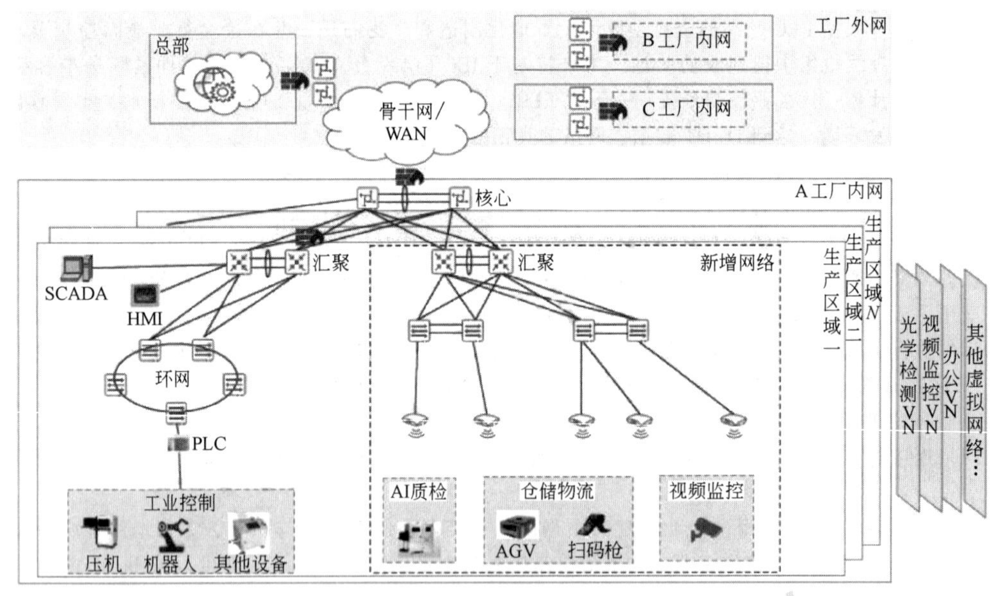

图 23-5-45　工厂内网 IP 化架构（新增模式）

融合模式：IT/OT 网络完全融合，工业生产控制、办公、视频监控等业务运行在一张 IP 网络上，通过 DIP 等关键技术保障关键业务对网络的需求，见图 23-5-47。

（4）应用价值

工业设备网联化、连接 IP 化、网络智能化的先进工业网络是工业数字化发展的关键基础，但工业网络连接的 IP 化不是一蹴而就的，而是一个由外向内、自上而下的发展过程。工厂外网首先实现了 IP 化，而工厂内网的 IP 化正在自上而下逐步推进。工业网络连接 IP 化推动信息技术（IT）网络与生产控制（OT）网络融合，加速工业数据采集、分析和人工智能技术深入工厂车间和生产线，实现远程集控，孵化现场少人化、无人化生产的新业态。

同时，IPv6 的规模部署、IPv6+创新应用，推动 IP 技术面向工业数字化典型场景不断与时俱进，用多业务网

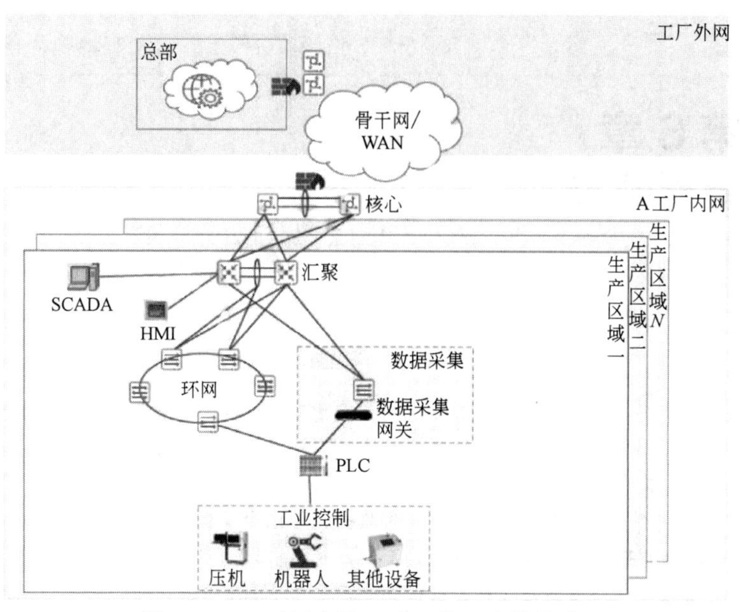

图 23-5-46　工厂内网 IP 化架构（存量模式）

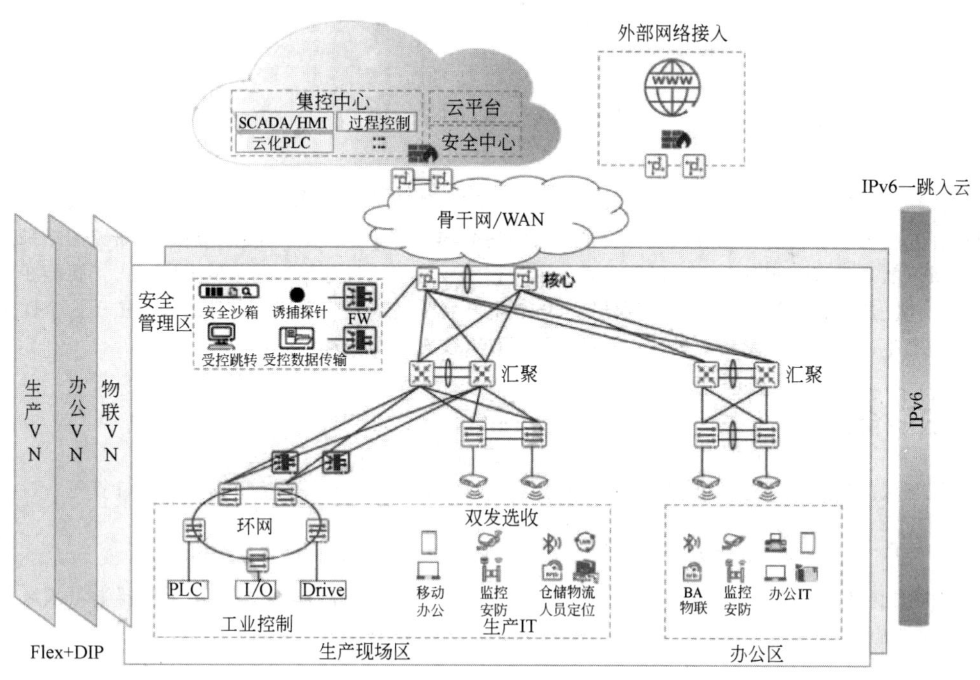

图 23-5-47　工厂内网 IP 化架构（融合模式）

络切片、确定性 IP 服务、SRv6 源路由、网络性能测量与分析等新技术更好地服务于工业场景，这必将加速工业网络连接 IP 化的进程，打造 IT/OT 融合的、IPv6 一网到底的先进工业网络，实现“数据上得来、算力下得去、上下游贯通”。

CHAPTER 6

第6章 智能赋能

智能制造是指通过各种技术手段来实现制造领域的智能化升级，提高生产效率和产品质量。人工智能、工业大数据、工业软件、工业云、边缘计算、数字孪生和区块链等技术在智能制造中扮演着关键角色。人工智能可以通过机器学习和深度学习等算法实现智能决策和自主学习，提高生产过程的智能化水平。工业大数据通过收集、存储和分析海量数据，为生产过程提供数据支持和实时监控，帮助企业做出智能化决策。工业软件则提供各种生产管理和优化工具，帮助企业提高生产效率和质量。工业云技术可以实现生产数据和资源的云端管理和共享，提高生产灵活性和效率。边缘计算将数据处理和分析推到生产现场，减少数据传输延迟，增强生产决策的实时性。数字孪生技术可以在虚拟环境中模拟和优化生产过程，帮助企业实现智能化生产调度和优化。区块链技术可以确保生产数据的安全性和可追溯性，提高生产过程的透明度和信任度。综合利用这些技术，可以为智能制造提供全方位的智能赋能，实现生产过程的智能化和数字化转型。

1 人工智能

人工智能是研究使用计算机来模拟人的某些思维过程和智能行为（如学习、推理、思考、规划等）的学科，它是通过研究人类大脑如何思考以及人类在尝试解决问题时如何学习、决定和工作，然后将研究的结果用作开发智能软件和系统的基础来实现的。它由机器学习、语音识别、计算机视觉等不同领域组成。人工智能在工业领域的应用非常广泛，通过自动识别设备、工业机器人等智能装备，智能生产和智能设计的智能工厂，个性化定制的智能服务来提高生产效率、优化资源配置、改进产品质量和实现智能决策等。

1.1 知识服务

人工智能领域的知识服务包括机器学习、知识图谱、语音识别与合成、专家系统、情感计算等。

1.1.1 机器学习（摘自GB/T 5271.31—2006）

GB/T 5271.31—2006《信息技术　词汇　第31部分：人工智能　机器学习》定义了机器学习领域的相关术语，如表23-6-1所示。

表23-6-1　机器学习术语

名称	描述
机器学习 自动学习	功能单元通过获取新知识或技能，或通过整理已有的知识或技能来改进其性能的过程
自学习	从内部知识库或重新输入数据的学习，无需引入显式的外部知识
知识获取	定位、汇集和精化知识并把知识转化成能由知识系统进一步处理的形式的过程
学习策略	学习技术的使用优先于其应用的一种规划
概念学习	应用已有的知识构建概念表示新信息，为了取得新知识并为后继的使用而存储它
概念聚类	借助于简单、描述的概念把客体、事件或事实安排在有特征的各类别内

续表

名称	描述
分类(方案)形成	借助于聚类概念的析取类别的概念分类方案的构建
机器发现	由分类(方案)形成和由机器的学习能力观测到的数据中描述规律性的经验律的发现
认知科学 认知机制	各学科间的知识领域,它的陈述目标是发现智力的表示能力和计算能力以及在头脑中它们的结构表示和功能表示
撤销学习	为撤除学习而对存储在系统中的知识进行的调整
概念描述	描述某概念的全部已知实例类别的数据结构
(数据)分块	为存储和检索,在较高的概念级别处把数据分组到单个实体中
特征描述	一种概念描述,它叙述对某给定概念的全部实例共同的特性
甄别描述	一种概念描述,它叙述了给定概念与考虑中其他概念不同的特性
结构描述	一种客体和概念的表示,这基于它们各部分的描述,并基于它们间的关系
概念形成	用于表示客体、事件或事实的给定集合的特征的概念的生成
部分学到的概念	一种概念,其精确描述不能在可用数据、知识或假设的基础上推断出来
变型空间	与可用数据、知识或假设一致的全部概念描述的集合
实例空间	要学习的某概念的全部可能的实例和相反实例的集合
描述空间	来自对学习者可用的描述语言中的实例空间能描述的全部实例的集合
概念泛化	概念描述范围的延伸以包含更多实例
一致泛化	一种概念泛化,它包括概念类别的某个或全部正例,排除该类别的全部反例
基于约束的泛化	一种概念泛化,它满足用于解释给定事实或事件在概念上的约束
基于相似性的泛化	一种概念泛化,它由在这些实例间探测相似性和差异性描述给定概念的全部实例
完全泛化	一种概念泛化,它描述某给定概念类别的全部正例,而不管它是否包括某些负例
概念特化	由减少所描述的实例的集合而使概念描述的范围变窄
含混矩阵	一种矩阵,它按一组规则记录试探性实例的正确分类和不正确分类的个数
概念确认	测试学到的概念的归纳法,由应用它们的描述试探性实例并由计算含混矩阵来实现
因果分析	在学习策略中,由追踪观察到的事件(诸如为达到某目的产生的故障)可能起因的分析
机械(式)学习	一种学习策略,其在于直接地积累新知识而无需对提供的信息实现任何推理
自适应学习	一种学习策略,其在于按照来自外部知识源的建议来调整内部知识,或按照已有的知识来转换新获得的信息
试探(式)学习	一种从试验结果、评价结果或试凑法的结果研发的学习策略
讲授(式)学习 示教(式)学习	从外部知识源获取知识而无需从提供的信息选择或变换相关要素的机械(式)学习
采纳建议法	按照来自外部知识源声明的建议对过程行为加以修改的讲授(式)学习
增量(式)学习	一个阶段学习的知识被转换以适应后续阶段提供的新知识的多阶段的自适应学习
监督(式)学习	获得的知识的正确性通过来自外部知识源的反馈加以测试的学习策略
无监督学习 无师(式)学习	一种学习策略,它在于观察并分析不同的实体以及确定某些子集能分组到一定的类别里,而无需在获得的知识上通过来自外部知识源的反馈,以实现任何正确性测试
发现(式)学习 观察(式)学习	一种无监督学习,它在分类学形成或由在观察的数据中描述规律的域中导出新规则或法律
归纳(式)学习	在学习策略中,从供给的知识、实例或观察通过归纳学得知识
实例(式)学习 基于实例的学习	一种概念的归纳(式)学习,由从实例及可选地从该概念的反例中推断出综合的概念描述的这种概念的归纳(式)学习
正例 正实例	适合要学习的概念并可能产生该概念的泛化的实例
反例 反实例	要学习的概念的相反实例,它可限制概念描述的范围
似真反例	要学习的概念的反例,它十分类似于该概念的正例并可能有助于隔离后者的重要特征
基于案例的学习	一种学习策略,它把手边的问题和一组先前解决了的问题进行比较并使用解决了的解答来开发手边问题的解答
演绎(式)学习	在学习策略中,借助于断言的保留真值变换从已有的知识演绎新的知识
分析学习 基于解释的学习	演绎学习的高级形式,其中从运算知识和领域知识得到抽象知识或结构化知识

续表

名称	描述
操作化	从声明形式转换为过程性形式,即转换为操作形式的知识编译。例:由解释如何在给定情况下避免弄湿,把劝告"不要弄湿"转换成特殊指令
类比学习 联想学习	一种学习策略,它结合了归纳(式)学习和演绎学习,以便归纳确定正进行比较或联想的各概念的公共特征,然后,演绎推出学到的概念所期待的性质
责任认定	对达到某目标的成功或失败的决策责任或操作员责任的辨识
强化学习	由责任认定改进的学习
求解路径学习	一种强化学习,它依赖于对问题一直等待至找到完全解决路径时为止,标记沿着解决路径的每次移动作为正例,并标记导致直接远离解决路径的每次移动作为反例
学徒(式)策略	一种责任认定,它围绕对专家的观察,并使用他(她)的动作来区别出不合意的协议和合意的协议,如此以避免过多的搜索,并提供及时的反馈
边做边学	一种强化学习,在认定过失前它不依赖于等待找出解决路径,但当仍在探索解决方案时,认定责任
遗传学习	基于迭代分类算法的机器学习,它按照强度选择分类算子对,并把遗传操作应用到创立子孙后代的对上,用其中最强的分类算子替换最弱的分类算子,为了当可用的规则证明不妥当时,去产生新的、似乎合理的规则

1.1.2 知识图谱技术框架(摘自 GB/T 42131—2022)

1)相关术语和基本要求。GB/T 42131—2022《人工智能 知识图谱技术框架》国家标准给出了知识图谱的概念模型和技术框架,规定了知识图谱供应方、知识图谱集成方、知识图谱用户、知识图谱生态合作伙伴的输入、输出、主要活动和质量一般性能等要求,如表 23-6-2 所示。

表 23-6-2 **知识图谱技术框架术语**

名称	描述
知识	通过学习,实践或探索所获得的认识、判断或技能
实体	独立存在的对象
实体类型	一组具有相同属性的实体集合的抽象
知识元素	描述某一事物或概念的不必再分且独立的知识单位
联系	两个或多个对象间语义上的关联
知识图谱	以结构化形式描述的知识元素及其联系的集合
知识单元	按照一定关系组织的一组知识元素的集合
本体	表示实体类型以及实体类型之间关系、实体类型属性类型及其之间关联的一种模型
图式	本体模型的规范化表达
属性	一类对象中所有成员公共的特征
关系	实体、实体类型、实体组合或实体类型组合间的联系
事件	发生在某个特定时间点或时间段、某个特定地域范围内,由一个或者多个角色参与的一个或者多个动作组成的事情或者状态的改变
实例	某个实体类型或关系类型的具体范例
知识图谱供应方	使用数据、知识等构建知识图谱以满足特定需求,并提供基于知识图谱的基础工具或服务的组织
知识图谱集成方	根据知识应用需求,将知识图谱、信息系统或服务进行整合,提供知识图谱应用系统及服务的组织
知识图谱用户	使用知识图谱应用系统及配套服务支持以满足自身需要的组织或个人
知识图谱生态 系统合作伙伴	为知识图谱供应方、知识图谱集成方和用户提供知识图谱构建和应用所必需的信息基础设施、数据、工具、方法、标准和机制等的组织
知识表示	利用机器能够识别和处理的符号和方法描述人类的知识的活动
知识建模	构建知识图谱的本体及其形式化表达的活动
知识获取	从不同来源和结构的输入数据中提取知识的活动
知识融合	整合和集成知识单元(集),并形成拥有全局统一知识标识的知识图谱的活动
知识存储	设计存储架构,并利用软硬件等基础设施对知识进行存储、查询、维护和管理的活动
知识计算	基于已构建的知识图谱和算法,发现/获得隐含知识并对外提供知识服务能力的活动
知识溯源	在知识图谱全生存周期中追踪原始数据向知识转化的活动
知识演化	随本体模型、数据资源等变化产生的新知识对原有知识的补充、更新或重组的活动

2）缩略词

API：应用程序编程接口（application programming interface）；

RDF：资源描述框架（resource description framework）；

SDK：软件开发工具包（software development kit）。

3）概述。知识图谱技术概述如表 23-6-3 所示。

表 23-6-3　知识图谱技术概述

知识图谱技术概述	相关介绍
知识图谱概念模型	知识图谱的概念模型可划分为本体层和实例层，如图 23-6-1 所示。其中，本体层由实体类型和其属性、实体类型间关系类型、规则等本体相关知识元素构成；实例层是对本体层的实例化，由实体类型对应的实体及其属性以及实体间关系等实体相关知识元素构成 图 23-6-1 示出的知识图谱概念模式的主体是实体。实体是真实对象的抽象，实体类型是某类实体的进一步抽象。基于不同层次的抽象，图中本体层与实例层是相对的。构建某个知识领域的某个层次的特定知识图谱时，“实体”这个抽象称呼将使用所关注的特定对象的具体名称取代。图中名为“属性”的两个方框是分别针对本体层的所有实体类型和实例层的所有实体。本体层的属性是指对应实体类型的属性，各个属性是概括性描述；实例层的属性是指对应实体的属性，是某实体类型实例的属性的具体描述。同时，多个实体和关系的组合可以构成新的复杂实体，例如：由时间、人物、地点等要素构成的事件，由不同模块构成的产品等
知识图谱技术框架	图 23-6-2 示出从构建到使用知识图谱涉及的各类利益相关方和各类技术活动的技术框架。技术活动包括知识图谱的构建、基于知识图谱的产品或服务的开发、知识图谱的使用以及知识图谱开发和使用的支持等四类

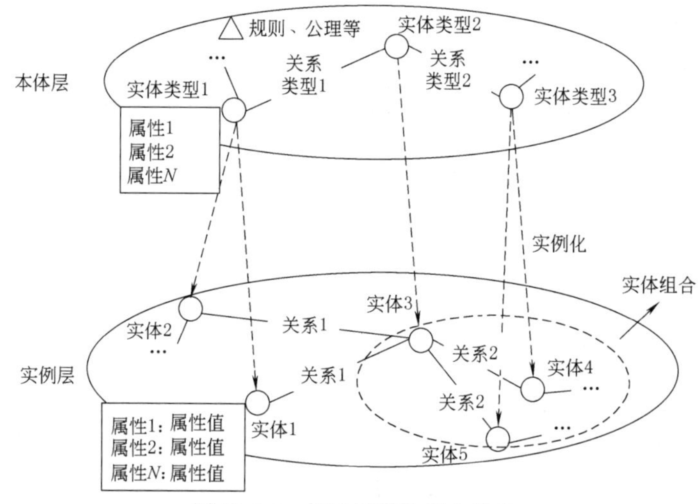

图 23-6-1　知识图谱的概念模型

图 23-6-2 示出的四类知识图谱相关活动简述如表 23-6-4 所示。

表 23-6-4　知识图谱相关活动

知识图谱相关活动	活动简述	参与者
知识图谱的构建	此组活动主要包括知识表示、知识建模、知识获取等活动。其主要目标是构造出所需的知识图谱，同时开发出相应的基础工具或服务。此组活动的主要依据是知识图谱应用需求和质量要求；往往需要行业知识、业务数据、辅助知识等予以支持	知识图谱供应方
基于知识图谱的产品或服务开发	此组活动主要包括需求分析、系统设计、知识图谱集成等活动。这些活动的执行基于上述描述的活动构建的知识图谱和相应的知识图谱应用需求等完成知识图谱应用系统的开发和集成，并提供配套的产品或服务	知识图谱集成方

续表

知识图谱相关活动	活动简述	参与者
知识图谱的使用	此组活动主要包括知识应用、知识维护，知识提供等活动。这些活动的执行基于上述描述的活动产生的知识图谱应用系统或服务。通过这些活动完成知识的使用和维护，并对外提供必要的知识	知识图谱用户
知识图谱开发和使用的支持	此组活动主要包括基础设施提供、数据提供、安全保障、咨询评估等。它们对上述描述的活动的执行提供必要支持，例如：提供辅助数据或知识、支撑技术或服务等	知识图谱生态系统合作伙伴

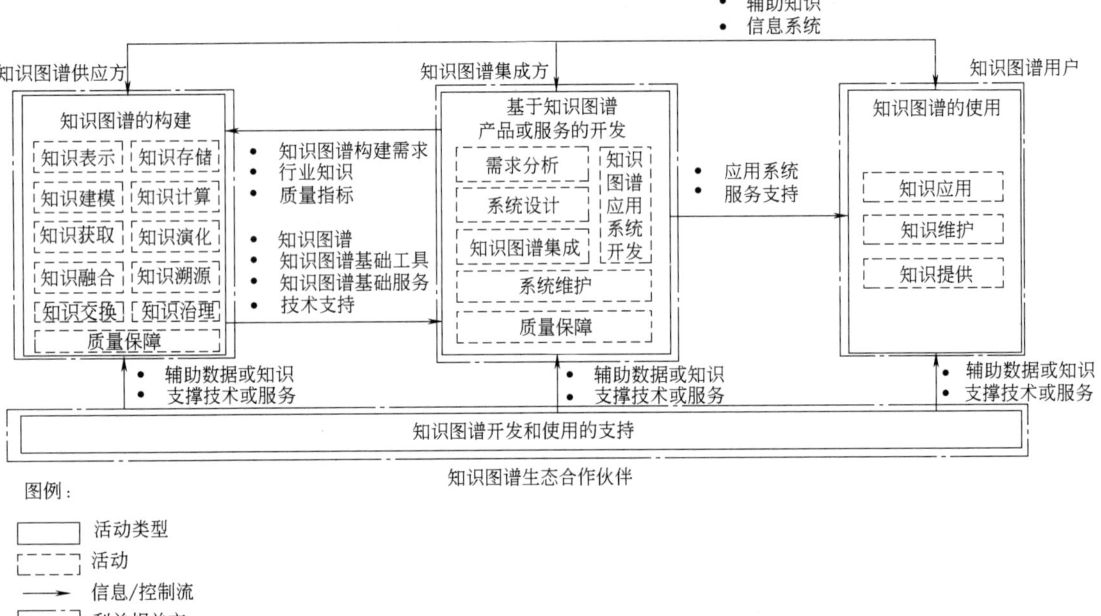

图 23-6-2　知识图谱技术框架

4）知识表示。知识表示包括活动输入、活动输出、任务组成和质量一般性能。它们对应的内容如表 23-6-5 所示。

表 23-6-5　　知识表示形式和内容

知识表示形式	活动内容
活动输入	知识表示活动的输入包括但不限于如下内容 a. 知识图谱应用需求，如： 业务需求：拟解决的业务问题及拟达成的业务目标； 应用场景：拟部署应用的具体业务场景； 应用约束：知识图谱应用过程中应遵循的相关要求、标准、法律法规等； 知识背景：知识表示专家具有的学科背景、技术背景、领域背景等； 应用反馈：知识图谱供应方其他活动应用知识表示模型的意见及建议 b. 知识图谱构建需求 c. 数据需求：数据包括基础训练与测试数据、业务数据等，主要用于支持知识表示学习、知识获取等环节算法模型的设计、训练测试及后续知识图谱的构建 d. 质量指标 e. 实体类型体系

续表

知识表示形式	活动内容
活动输出	知识表示活动的输出包括但不限于如下内容 a. 知识表示模型,可包括: 知识表示框架:知识表示结构和具体表现形态; 知识表示元素:知识表示过程中需要使用的元素及其含义,如实体类型、实体、关系类型、推理规则等; 知识表示要求:知识表示过程中需要遵守的规则,约束; 知识表示适用范围:知识表示模型的边界、范围和限制 b. 知识表示模型质量评价体系 注:知识表示通常可分为基于离散符号的知识表示和基于连续向量的数值知识表示
任务组成	知识表示活动的任务组成见图 23-6-3,包括但不限于: a. 定义知识表示需求,如拟解决的业务问题、拟实现的业务目标等; b. 定义或确定拟遵循的规则、约束,如业务规则及相关约束等; 注:面向特殊领域,对不适于或缺失已有规则和约束的场景设计规则和约束 c. 定义或选择知识表示形式; 注:面向特殊领域,针对需求采用或设计多元组、框架等知识表示形式 d. 定义和序列化知识表示元素,并制定知识表示过程应遵循的相关约束、通用规则等; e. 定义知识表示模型适用范围,如适用场景、不适用的场景、使用的注意事项等; f. 定义知识表示模型评价体系; g. 评估知识表示能力
质量一般性能	用于描述知识表示活动质量的一般性能包括但不限于: a. 可表达性:形成的知识表示模型完整表达特定领域业务所需知识且可被实施人员理解的程度; b. 可实现性:形成的知识表示模型是否可被计算机识别及被算法实现; c. 严密性:形成的知识表示模型是否可描述形式化的语法、语义及相关推理规则; d. 可维护性:形成的知识表示模型是否可支持知识图谱构建完成后知识单元的维护和管理

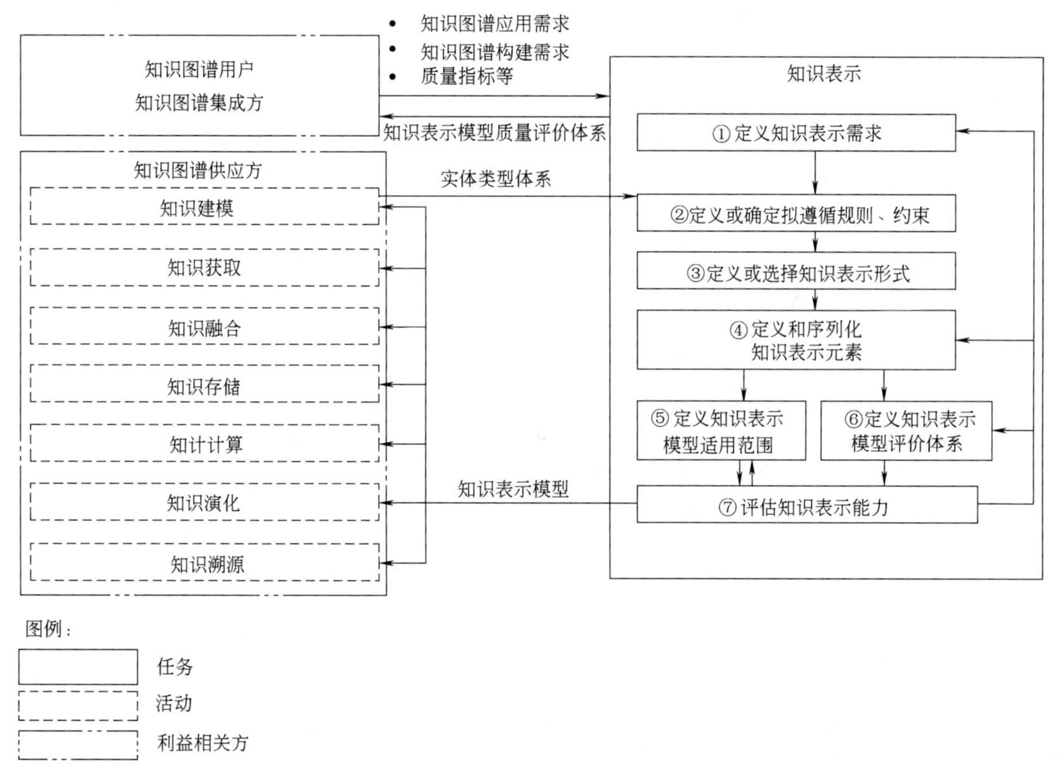

图 23-6-3　知识表示任务组成图

5）知识建模。知识建模包括活动输入、活动输出、任务组成和质量一般性能。它们对应的内容如表 23-6-6 所示。

表 23-6-6　知识建模形式和内容

知识建模形式	活动内容
活动输入	知识建模活动的输入包括但不限于： a. 知识图谱应用需求，如： 业务需求； 应用场景； 应用约束； 数据现状：拟解决的业务问题相关数据探查的结果，包括数据字典、数据质量、数据量、已处理过的数据结构等； 应用反馈：知识图谱供应方其他活动应用本体模型的建议等 b. 知识图谱构建需求； c. 辅助知识，如：行业知识，可包括术语字典、术语体系、行业指南、行业标准、其他行业知识；专家知识； d. 质量指标； e. 知识表示模型； f. 知识表示活动、知识获取活动和知识融合活动输出的实体类型、关系类型等知识单元
活动输出	知识建模活动的输出包括但不限于： a. 本体模型： 实体类型体系，如：实体类型，实体类型间的上下位关系； 实体类型的属性，如：属性字段的类型，实体类型的唯一标识属性，属性是否具有唯一性等； 实体类型间的关系，如：关系是否有方向（有向关系和无向关系），关系是否有传递，是否为 1 对 1 关系 注：事件可视为实体的一种，事件类型也可作为本体模型的一部分 b. 图式（schema）等
任务组成	知识建模活动的任务组成见图 23-6-4，包括但不限于： a. 确定知识的领域和范畴； b. 确定现有可复用本体模型，可复用本体模型的确认原则可包括： 如非必要，不宜新增实体； 实体类别融合原则：如果两类实体类别的实例相同，可融合对应实体类别； 实体类别分拆原则：如果某实体类别的互斥属性较多，可拆成多个细分实体类别 c. 确定知识范畴内的关键术语； d. 构建实体类别层级体系； e. 定义实体类别的属性与关系； f. 定义应用需求相关的规则、公理等（可选）； g. 确定并创建本体模型及图式； h. 评估本体模型质量
质量一般性能	知识建模活动形成一个定义良好的本体模型及其图式，并根据输入数据特征和应用特点进行知识管理以减少数据冗余并提高应用效率。用于描述知识建模活动质量的一般性能包括但不限于： a. 合理性：形成的本体模型中实体类型是否划分合理和实体类型间关系描述合理； b. 可用性：形成的本体模型是否可支持后续知识获取、知识融合、知识计算等活动； c. 完整性：形成的本体模型是否可支持事件和时间序列等复杂知识的表示，并可支持匿名实体的使用； d. 可扩展性：形成的本体模型是否可支持实体类型及其属性与关系的添加、删除和修改； e. 兼容性：形成的本体模型是否可以实现与已有本体模型的兼容或继承等，如： 形成的本体模型是否可支持与本领域其他标准本体模型的兼容； 形成的本体模型是否可支持已有实体类型体系的继承； 形成的本体模型是否可支持业务或输入数据源变更或更新后实体类型属性的调整 f. 可复用性：形成的本体模型是否可支持多知识图谱间的复用； g. 简洁性：创建的本体模型图式是否可符合最小冗余原则以满足知识融合和知识计算中本体模型的应用和可视化要求

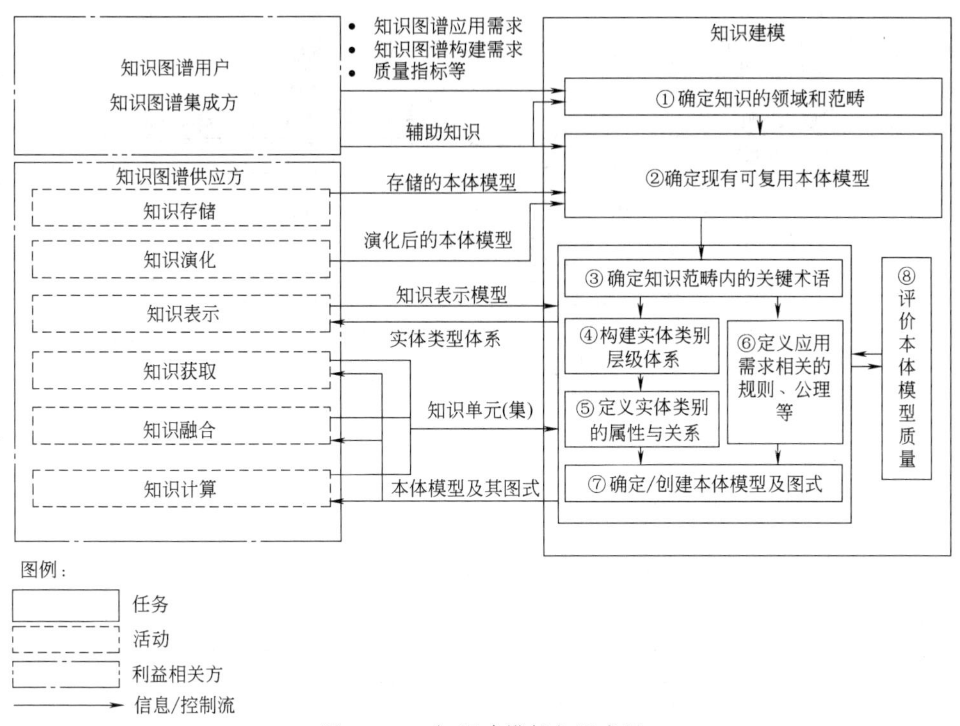

图 23-6-4　知识建模任务组成图

6）知识融合。知识融合包括活动输入、活动输出和任务组成。它们对应的内容如表 23-6-7 所示。

表 23-6-7　知识融合形式和内容

知识融合形式	活动内容
活动输入	知识融合活动的输入包括但不限于: a. 知识建模活动输出的本体模型和图式; b. 知识获取活动输出的知识单元(集); c. 来自知识图谱外部的知识单元(集)
活动输出	知识融合活动的输出包括但不限于: a. 统一的本体模型: 统一的实体类型; 统一的实体类型间的关系; 统一的实体类型属性 b. 具有全局统一知识标识且不冲突的知识单元 注:识别的本体模型中缺失信息将反馈至知识建模活动,并进一步优化本体模型
任务组成	知识融合活动的任务组成见图 23-6-5,包括但不限于: a. 本体对齐,子任务可包括: 实体类别对齐; 关系对齐:对齐不同本体模型中的等效关系,并对关系进行合并; 属性对齐:对齐不同本体模型中的等价属性,并合并为同一属性 b. 实体对齐:识别知识单元中等效的实体,可包括实体归一、实体消歧、属性值对齐与融合等; c. 知识一致性校验:校验融合后知识单元间的一致性

7）知识计算。知识计算包括活动输入、活动输出、任务组成和质量一般性能。它们对应的内容如表 23-6-8 所示。

1.1.3　语音识别与合成（摘自 GB/T 5271.29—2006）

GB/T 5271.29—2006《信息技术　词汇　第 29 部分：人工智能　语音识别与合成》国家标准定义了语音识别与合成技术领域的相关术语，如表 23-6-9 所示。

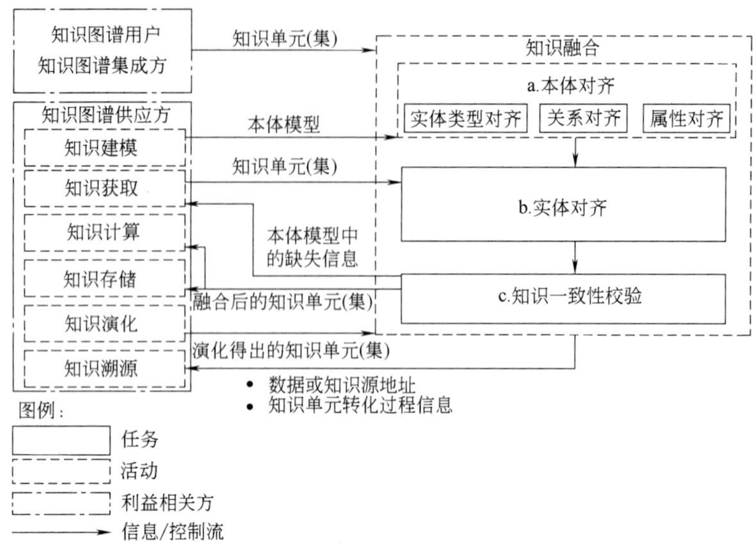

图 23-6-5　知识融合活动任务组成图

表 23-6-8　　知识计算形式和内容

知识计算形式	活动内容
活动输入	知识计算活动的输入包括但不限于: a. 知识表示模型; b. 本体模型和其图式; c. 已存储的知识单元(集); d. 基于知识图谱应用需求和构建需求获得的计算需求,如算法模型、(业务)规则、溯源请求、外部数据等; e. 从知识溯源活动的输入:溯源结果、溯源结果置信度等
活动输出	知识计算活动的输出包括但不限于: a. 计算获得的知识单元(集); b. 计算服务,为下游任务提供的知识图谱计算服务; 注:计算服务可包括图特征、子图、链接预测,图嵌入(graph embedding)、图搜索、算法模型、实体链接等 c. 输出至知识溯源活动:溯源请求
任务组成	知识计算活动的任务组成见图 23-6-6,包括但不限于: a. 定义知识计算需求,如: 定义拟解决的业务问题和拟实现的计算目标; 分析依赖的本体模型、规则和约束 b. 设计计算所需的数据结构及算法模型; c. 执行知识计算流程并评估计算性能,如: 通过统计分析对知识图谱蕴含知识结构及其特征进行统计与归纳; 通过推理计算从已有的事实或关系中进行隐性知识的发现与挖掘 d. 基于挖掘的隐性知识补全缺失的知识单元; e. 通过接口等形式提供知识计算服务,如图基本信息统计,图搜索、三元组分类、链接预测等 注:知识图谱应用过程中也可调用知识计算服务
质量一般性能	描述知识计算活动质量的一般性能包括但不限于: a. 准确性:度量形成的算法模型在计算任务上的准确性; b. 性能:度量活动中资源占用、时间占用等情况; c. 资源消耗:度量活动中软硬件资源占用等情况; d. 响应时间:度量活动中时间占用情况; e. 计算能力:度量活动对算法、规则种类的支撑能力; f. 可解释性:度量计算过程的可解释程度,如活动中定义规则的逻辑可解释程度等; g. 可用性:度量计算服务的可访问程度

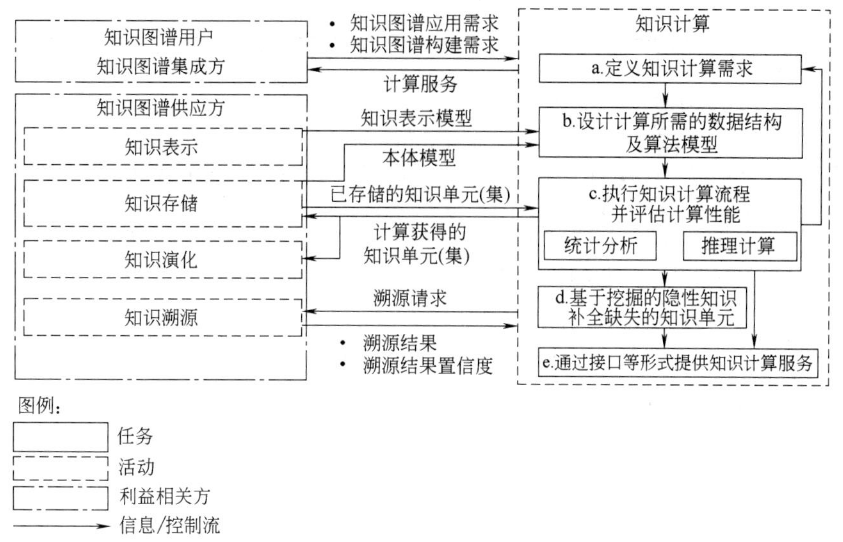

图 23-6-6　知识计算任务组成图

表 23-6-9　　语音识别与合成术语

名称	描述
人工语音 合成语音	由某一功能单元生成的语音
声学信号	一种由运送数据的声音所组成的信号
话音信号	一种由话音组成的声(学)信号
语音信号	一种以某一给定语言来携带信息的声学信号
语音频率	在传输或记录语音基本范围之内的某一频率
语音带宽	能由某一给定系统传输或记录的语音频率的范围
语音模式	在某一语音信号中找出的一种基础结构
话音输入	一种由某一功能单元接收的话音信号序列
语音输入	一种由某一功能单元接收的语音信号序列
语音输出	一种由某一功能单元产生的或者复现的,采用预录或合成形式的语音信号序列
语音模板	一组预录的或基于规则的话音特性:存储在某一功能单元之内,供将来参比或匹配使用
语音处理	对语音信号所作的处理(如语音分析、语音压缩、语音识别及语音合成)
语音分析	对某一语音信号的各特征参数的提取
语音谱图 讲话谱图	语音频率特征的一种图形表示
语音数字化	由模拟语音信号到数字信号的转换
语音编码 语音波形编码	按照一组能合理重构语音信号的规则,由经数字化的语音信号到离散的数据元序列的转换
语音识别 自动语音识别	利用功能单元进行的,从语音信号到语音内容的某一表示的转换
话音识别	利用功能单元进行的,从话音信号到话音某些声学特征的某一表示的转换
话音控制 语音控制	借助话音命令对某一功能单元或机器所作的控制。例:对汽车的速度控制和各种转向信号
语音重构 语音重组	由某一功能单元,将编码的数据生成原语音的摹本的操作
语音合成	人工语音的生成
语音训练	对某一功能单元所作的利用一个或多个说话人话音特征的训练
语音-文本转换	由语音输入到文本的转换
语音-模式匹配	从语音样品中提取的特征参数,与用识别词表预录的语音模板的特征参数之间的匹配
语音分析器 语音分析系统	一种用于语音分析的功能单元

第23篇

续表

名称	描述
语音识别器 语音识别系统	一种用于语音识别的功能单元
翘曲式输入模型	对语音谱图的一种如下压缩形式:其中保留了主频带、相对幅度及升降音调等重要特征
隐马尔可夫模型	一种如下信号模型:其中各信号段的状态都表示为马尔可夫过程的状态,且这些状态不能直接观察到
基于特征的语音识别	由对如下区别性特征的模板匹配所完成的语音识别:音调、共振峰频率、包络周线或噪声电平等
话音识别单元	一种功能单元,它识别有限数目的话音命令并将其转换为等效的数字信号,这些信号能当作计算机输入数据使用,或去启动其他想要的动作
话音控制系统 话音控制器	一种系统,其中的语音识别器以向计算机控制的设备发出命令,来响应语音输入

1.1.4 基本概念与专家系统（摘自 GB/T 5271.28—2001）

GB/T 5271.28—2001《信息技术　词汇　第 28 部分：人工智能　基本概念与专家系统》提出了关于图像技术相关的术语，如表 23-6-10 所示。

表 23-6-10　　基本概念与专家系统术语

名称	描述
模式识别	通过功能单元对某一对象物理或抽象的模式以及结构和配置的辨识
图像识别	通过功能单元对图像、图像的构成对象、这些对象的特征和对象间的空间关系的感知与分析
合成(用于人工智能)	通过功能单元对人工话音、文本、音乐和图像的生成
图像理解	通过功能单元产生对所给图像表示意义的描述
计算机视觉	功能单元获取、处理和解释可视数据的能力
机器视觉	计算机视觉在机器、机器人、过程或质量控制中的应用

1.1.5 情感计算用户界面和模型（摘自 GB/T 40691—2021）

1）模型术语。GB/T 40691—2021《人工智能　情感计算用户界面　模型》对情感表示和计算进行了定义，同时对情感计算模型进行了进一步的阐述，如表 23-6-11 所示。

表 23-6-11　　情感计算用户界面和模型术语

名称	描述
情感	用户对感知信息产生的主观感觉所产生的反应
情绪	人在某种事件或情境的影响下,在一定时间内所产生的主观体验或表达
情感交互	利用用户情感或满足用户情感需求的人机交互过程
情感计算	在人机情感交互过程中,信息系统对用户情感的采集、识别、决策和表达
情感计算用户界面	用户与信息系统进行情感交互的界面
情感表示	对情感进行形式化描述的方法
情感类别	某种可被信息系统识别或表达的情感种类
情感空间	多个可表示为一组情感特性的组合
情感维度	用于描述情感的主观体验的基本特性
情感数据	从用户处采集的、参与情感计算的数据
情感识别	通过分析和处理情感数据,得到用户情感状态的过程和方法
情感表达	信息系统进行情感生成并呈现的过程
使用语境	用户、目标、任务、资源和环境的结合

2）模型。情感分析模型包括但不限于情感特性、通用模型、基于情感计算用户界面的交互模型、情感表示、情感数据采集、情感识别和情感决策，如表 23-6-12 所示。

表 23-6-12　　情感分析模型概述

情感分析模型	内容
情感特性	在与信息通信技术系统交互的过程中,一系列情感特性(包括文化和情绪)决定着用户的行为和需求。GB/T 40691—2021 提供的模型适用于所有类型的情感特性,并没有具体限定某种特定的情感特性
通用模型	情感计算用户界面是一种与用户情感需求和情感特性进行交互的用户界面。情感计算用户界面处理过程包括情感特性数据的收集、识别、决策和表达。用户根据基于情感的系统提供的反馈调整情感,并与系统展开进一步的交互(见图 23-6-7)。情感表示提供了情感计算用户界面中对于情感的统一描述 图 23-6-7 由三部分组成:认知空间,情感计算用户界面组件和信息空间。认知空间包括至少一位用户。情感计算用户界面组成部分包括四个组件,分别为情感特性数据的收集、识别、决策和表达。通过情感计算用户界面各个组成部分,认知空间和信息空间进行交互。其中,一种交互由用户指向计算系统,表示由用户向系统进行输入。另一种交互由计算系统指向用户,表达系统为用户提供反馈。情感表示为情感计算用户界面模型的四大组件提供了基础
基于情感计算用户界面的交互模型	情感计算用户界面可以支持基于情感计算的交互过程。图 23-6-8 和图 23-6-9 展示的人机交互模型运用了情感计算用户界面,设计两个环路。其中,图 23-6-8 给出了计算系统视角。图 23-6-9 为用户视角下的计算系统流程
情感表示	概述:情感表示对人机交互过程中可以被信息系统处理的用户情感进行规范化统一描述。情感可以由离散情感类别和情感空间维度来描述 离散情感类别:离散情感类别可以按照多种分类方法进行分类 例 1:如果按照情绪进行分类,情感可以分为开心、悲伤、惊讶等;如果按照态度进行分类,情感可以分为支持和反对;如果按照注意力进行分类,情感可以分为关注和走神等。离散情感类别可以由任何一个离散情感类别或多个离散情感类别的组合来描述 例 2:喜极而泣是开心和哭泣两种情感类别的组合 不同的离散情感类别或不同离散情感类别的组合都会导致不同的用户行为和需求 情感空间维度:不同的情感维度的组合对应不同的情感空间。每个情感空间维度应具有取值范围,情感空间维度数值可位于该取值范围内的任意位置。任何情感都可以通过一组数值进行表示。这组数值代表了这个情感在情感空间中的位置。不同情感之间是连续过渡的,利用空间中的距离可以度量不同情感之间的差异度与相似度,而且可以度量相同情感的不同程度的强弱
情感数据采集	概述:情感数据采集是情感计算用户界面通过多模态的传感器或者其他设备获取用户的行为数据以及神经生理和心理数据的过程。情感数据包括反映用户外部表现的行为数据,以及反映用户生理状态数据与心理的数据 情感数据: 概述:情感数据包括反映用户外部表现的行为数据,以及反映用户生理状态数据与心理的数据 数据类型:情感数据类型包括静态情感数据和动态情感数据。静态情感数据可以记录某一时刻用户的情感,例如静态图像。动态情感数据可以记录用户在一段时期内的连续行为,例如视频或音频。动态情感数据流反映了情感的动态变化过程 模态和媒体:情感数据模态主要包括行为数据模态,神经生理和心理数据,其中行为数据模态主要包括视觉、听觉和触觉。每种模态可以采用多种媒体类型,情感数据可基于一种或多种模态。表 23-6-13 和表 23-6-14 中分别给出了采用特定模态的信息和媒体类型描述
情感识别	概述:情感识别是通过分析情感数据的模式和规律对用户情感继续识别的过程。图 23-6-10 展示了情感识别的流程 情感识别功能:情感识别模块识别用户情感特性。这些模块通过不同模态处理情感数据 注 1:针对不同的模态,情感识别过程可能随特定的媒体类型而变化 情感识别通过分析处理情感数据,识别用户的情感状态。情感识别模块的功能包括: a. 情感分类:在离散空间中将用户情感归于某个或多个情感类别; 注 2:输入信息是情感数据,输出信息是一种或多种情感类别 b. 情感度量:在维度情感空间中对用户情感进行赋值 注 3:输入信息是情感数据,输出信息是维度情感空间中的情感数值 情感分类和情感度量相互独立,可以单独选择情感分类或情感度量进行情感识别,也可以同时通过情感分类和情感度量进行情感识别 情感特性识别,情感特性识别可能涉及: a. 情感特性分类:识别所有信息输入并将其归入情感特性类别; 注 1:信息输入是情感数据。信息输出是指定情感特性类别的一种或多种类别 b. 情感特性度量:在维度情感空间中对所有信息输入赋值 注 2:信息输入是情感数据。信息输出是维度情感空间中的值。情感特性的分类和度量应该相互独立,并且通常只选择其中一种 识别结果,情感识别有两种可能的结果: a. 情感特性类型; b. 维度情感空间中的值

续表

情感分析模型	内容
情感决策	概述:情感决策旨在信息系统通过决策模块选择表达的情感,从而进行情感表达。决策模块将已识别情感和使用语境作为输入。决策模块由推理和决定两个部分组成,见图 23-6-11 使用语境:在情感计算用户界面中,使用语境主要关注用户资料、目标、采集设备和环境 a. 用户资料:与特定个体用户相关的个人数据; b. 目标:预期输出; c. 采集设备:采集情感数据的输入设备; d. 环境:影响可用性的技术、物理、社会、文化和组织环境 推理概述:推理的核心是根据识别的用户情感和使用语境得到用户意图 推理的意图:推理得到的意图是一组用户需求。推理得到的意图可能是交互意图或情感意图或两者兼有 交互意图:用户的一种明确的行为需求(例如用户问一个特定的问题或要求一种特定的服务) 情感意图:用户对情感回应或情感调节的需求(例如,如果用户紧张地咨询一个问题,他/她期望的情感回应可能是抚慰) 决定:决定是一种根据推理出的意图、使用语境识别和选择执行活动以实现特定目标的过程 注 1:不同的活动组合可以为实现同一目标提供不同方式 决定旨在选择可供信息系统执行的一系列表达情感,以进行情感表达 注 2:选择的表达情感需得到广泛认可和理解 情感表达: 概述:情感表达的目标是为了根据选择表达的情感通过输出设备以不同的情感呈现方式向用户传达与表达情感。情感表达包含情感的生成与呈现两个步骤 情感生成的输入情感决策的结果:待生成的情感,结果为情感的表达方式 情感呈现的输入情感的表达方式,通过情感生成接口控制参数,并使用呈现设备向用户输出相应的情感 表达的模态:表达的模态包括视觉、听觉和触觉。每一个模态的数据或者媒体类型可以通过输出设备呈现,例如,视频和图片可以在显示器等设备上展示,而声音可以通过扬声器表现(如表 23-6-15 所示)

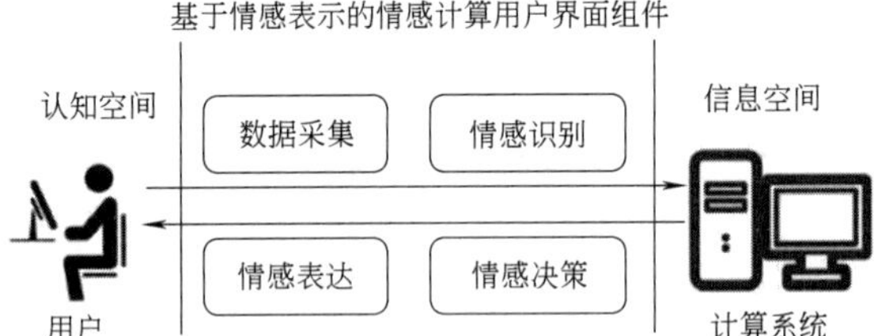

图 23-6-7 情感计算用户界面通用模型

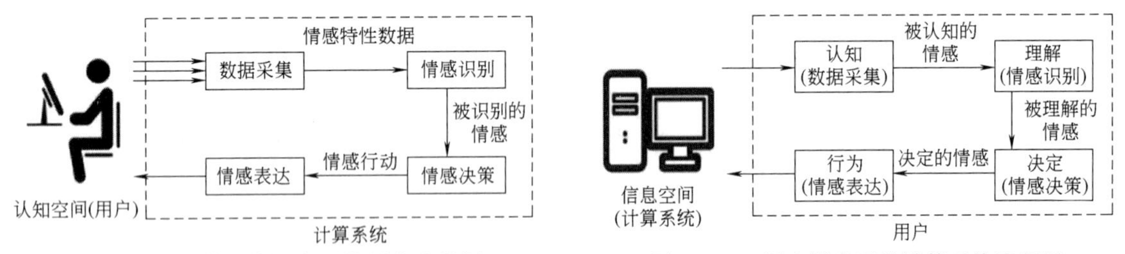

图 23-6-8 计算系统视角下的用户流程图

图 23-6-9 用户视角下的计算系统流程图

表 23-6-13 信息输入的模态和媒体类型

采用特定模态的信息	
模态	包括以下(全部)或一种或多种: 视觉 听觉 触觉 …… 神经生理和心理数据

续表

采用特定模态的信息	
媒体类型	包括以下(全部)或一种或多种： 图像 视频 姿态 书面文字 口头文字 触觉文字 面部表情 音乐 语音 其他声音 基于电信号的神经生理与心理信号 基于非电信号的神经生理与心理信号

表 23-6-14　　媒体类型和描述

媒体类型	描述
图像	由系统展示或由用户载入系统的静态图像(包括用户面部表情图像、姿势和文字)
视频	由系统展示或由用户载入系统的动态图像序列
姿态	用户表达观点或意思的动作
书面文字	以静态或动态的书面符号呈现的基于语言的文字媒体,通常由系统通过屏幕输出或由用户通过键盘输入
口头文字	一种由用户或系统口述的基于文字的媒体
触觉文字	一种以静态或动态方式呈现的基于语言的触觉符号媒体,通常由系统通过屏幕输出或由用户通过键盘输入
面部表情	经观察得到的反映一种或多种面部皮肤下肌肉运动或位置的面部活动
音乐	由系统或用户发出的、具有一定规律和声或节奏并按照时间顺序排列的声音
语音	某一给定自然语音的话音模式,或模拟这类模式的声学信号
其他声音	除音乐和语言外,任何能被系统或用户听见的媒体,不一定有对应意义
基于电信号的神经生理与心理信号	对生物细胞、组织或器官的电压变化,电流发生或操纵的测量
基于非电信号的神经生理与心理信号	除基于电信号的神经生理与心理信号之外的神经生理与心理信号,通常包括机械、光学、声学、化学和热力学生物信号等

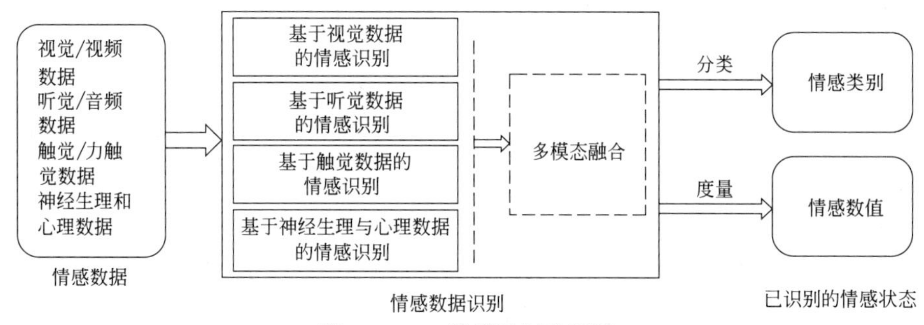

图 23-6-10　情感识别流程图

表 23-6-15　　表达的输出方式

模态	设备	媒体类型
视觉	显示器	图片、视频、姿态、面部表情、书面文字、仿生机器人等
听觉	扬声器	音乐、声响、语音、口头文字
触觉	电刺激器或振动装置	基于电信号的神经生理与心理信号,基于非电信号的神经生理与心理信号

注：1. 表达模态和媒体类型的选择是场景相关的。
2. 其他的模态和媒体类型在某些情况下也可以用于呈现，例如，触觉模态和触觉文字媒体类型。
3. 设备包含但不限于表 23-6-15 内容。

1.2 平台与支撑

人工智能领域的平台与支撑包括了各种深度学习框架，如谷歌、微软、亚马逊推出的 TensorFlow、CNTK、PyTorch，国内的 PaddlePaddle、MindSpore 等深度学习框架以及人工智能的平台计算资源等。

1.2.1 深度学习框架

随着人工智能发展，各种深度学习框架不断涌现。谷歌、微软、亚马逊、Facebook 等巨头，推出了 TensorFlow、CNTK、PyTorch 和 Caffe2 等深度学习框架，并广泛应用。此外，谷歌、Open AI Lab、Facebook 还推出了 TensorFlow、TFLite、Tengine 和 QNNPACK 等轻量级的深度学习框架。

近年来，国内也涌现出了多个深度学习框架。百度、华为推出了 PaddlePaddle、MindSpore，中国科学院计算所、复旦大学研制了 Seetaface、FudanNLP。小米、腾讯、百度和阿里，推出了 MACE、NCNN、Paddle Lite、MNN 等轻量级的深度学习框架。国内深度学习框架在全球占据一席之地。

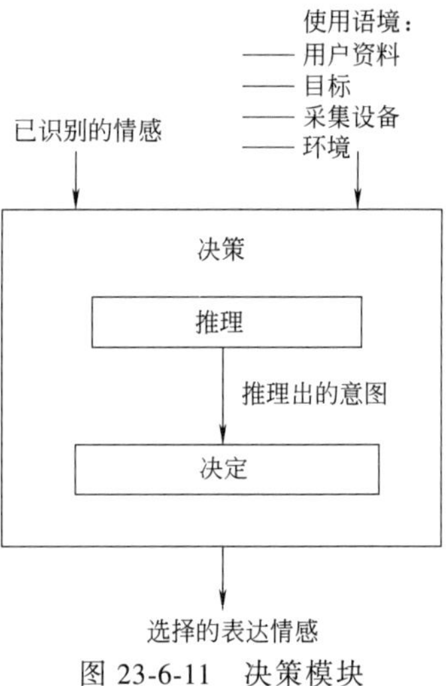

图 23-6-11 决策模块

1.2.2 平台计算资源规范（摘自 GB/T 42018—2022）

1）模型术语。GB/T 42018—2022《信息技术　人工智能　平台计算资源规范》旨在为人工智能平台的建设提供标准依据，对可供组成人工智能平台常见的物理计算资源和虚拟计算资源提出相关技术参数的基础共性要求，对物理计算资源提出测试方法，如表 23-6-16 所示。

表 23-6-16　　平台计算资源规范　模型术语

名称	描述
人工智能平台	为人工智能应用提供各类资源的软硬件系统
人工智能平台计算资源	在人工智能平台中，用于处理人工智能计算任务的硬件和软件
物理计算资源	为人工智能应用提供信息处理能力（如存储、计算等）的实体设备。示例：人工智能服务器、人工智能加速卡和人工智能加速模组等
虚拟计算资源	为人工智能应用提供信息处理能力（如存储、计算等）的逻辑设备
人工智能服务器	信息系统中能够为人工智能应用提供高效能计算处理能力的服务器
人工智能加速卡	专为人工智能计算设计、符合人工智能服务器硬件接口的扩展加速设备
人工智能加速模组	专为固定领域人工智能计算设计，部署在边缘计算场景中的扩展加速部件
人工智能加速处理器	具备适配人工智能算法的运算微架构，能够完成人工智能应用加速运算处理的集成电路元件
片上系统	大部分功能都集成在一个电路上的至少包括处理器、随机存取存储器和只读存储器的嵌入式系统
人工智能加速电路	用来加速人工智能运算的电路
训练	利用数据，基于机器学习算法，建立或改进机器学习模型参数的过程
推理	计算机根据已知信息进行分析、分类或诊断，做出假设，解决问题或者给出推断的过程

2）人工智能平台参考架构。人工智能平台计算资源包括物理计算资源和虚拟计算资源，物理计算资源是指计算设备实体，包含人工智能服务器、人工智能加速器、人工智能加速模组等。人工智能平台参考架构见图 23-6-12。在提供人工智能服务时，通常需要管理及调度这些资源。

1.3 性能评估

人工智能性能评估包括了面向机器学习的数据标注规程以及人工智能的深度学习算法评估规范。

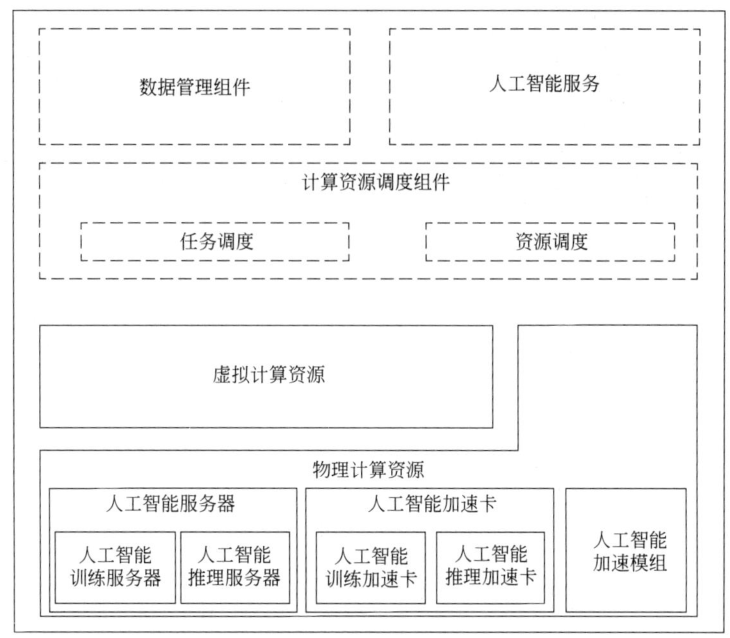

图 23-6-12　人工智能平台参考架构

1.3.1　面向机器学习的数据标注规程（摘自 GB/T 42755—2023）

1）数据标注规程术语。GB/T 42755—2023《人工智能　面向机器学习的数据标注规程》规定了人工智能领域面向机器学习的数据标注框架流程，如表 23-6-17 所示。

表 23-6-17　面向机器学习的数据标注规程术语

名称	描述
数据标注	给数据样本指定目标变量和赋值的过程
标注任务	按照数据标注说明对数据进行标注的活动
数据标注方	承担数据标注任务的人员或机构
数据需求方	提出数据标注需求的人员或机构
数据管理方	管理数据标注任务评估、分发、交付、验收以及质量把控的人员或机构
标注工具	数据标注方执行数据标注时使用的工具,标注管理方管理数据标注时使用的工具,数据需求方验收数据标注时使用的工具等所有流程相关的工具
标注任务说明	数据需求方用于向标注管理方以及数据标注方明确标注任务的书面表达

2）数据标注流程。数据标注涉及数据需求方、标注管理方及数据标注方三方人员，主要流程包括标注任务前期准备、标注任务执行、标注结果输出三个阶段。数据标注流程见图 23-6-13。

在标注前期准备阶段，数据需求方和标注管理方应确定标注任务，完成标注内容和标注数据的确定。标注管理方评估标注任务，向数据需求方反馈是否需要变更需求，若需要则变更标注需求，并重新评估标注任务。标注前期准备阶段还应根据标注人员的要求确定数据标注方，同时确定标注环境，选择合适的标注工具和场景。在标注任务执行阶段，数据需求方、标注管理方及数据标注方三方人员应遵循标注流程的过程控制，完成标注任务的创建、分发、开展及回收。同时应保证标注任务的质量，严格遵守管理机制。在标注结果输出阶段，数据标注方应对数据标注方标注后的数据进行内部质检，质检合格后将标注后的数据交付给数据需求方。若标注后的数据符合预期，则数据标注完成；否则进行后期维护环节，数据标注方应对数据进行修正，并重启内部质检流程。

3）标注任务。标注任务包括但不限于标注任务确定、标注数据确定、标注任务评估和标注需求变更，如表 23-6-18 所示。

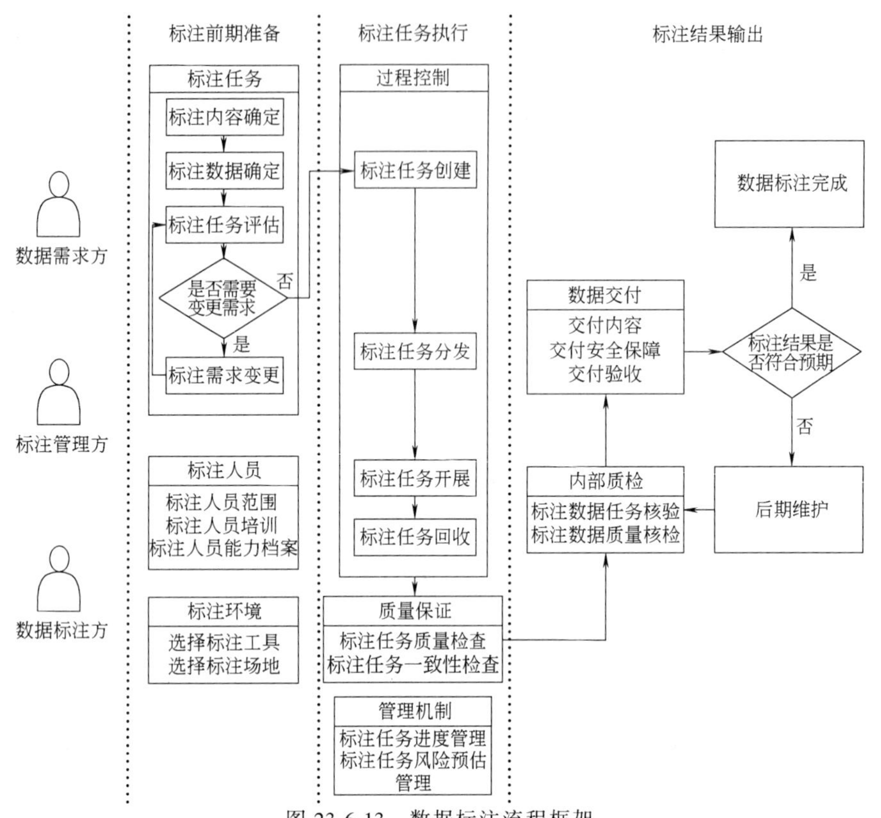

图 23-6-13　数据标注流程框架

表 23-6-18　　标注任务形式和内容

标注任务形式	内容
标注任务确定	标注内容由标注需求方在标注任务说明中提供，标注任务说明一经确认，不可修改，如需修改则进入需求变更环节，标注任务应包括但不限于： a. 版本信息：明确当前版本编号、发布日期、发布人、发布说明（发布原因或迭代原因）； b. 历史迭代信息（历代版本编号、发布日期、发布人，发布说明等）； c. 项目背景：明确数据标注需求产生的原因，以及数据标注结果的应用场景； d. 任务描述：明确数据标注任务，包括数据形式、数据规模、标注规则、相关术语、标注样例、质量要求、指标计算方式、验收流程、交付时间等； e. 主客观描述：明确说明数据标签是根据个人专业领域知识进行的标注，还是客观认识进行的标注； f. 标注人员资质：约定标注任务参与人员的资质要求； g. 标注结果：明确数据标注结果的交付形式； h. 知识产权：明确数据的知识产权归属
标注数据确定	待标注数据分析： 数据标注前，数据需求方应对待标注数据进行分析，核对标注任务，包括： a. 数据核查：检查待标注数据是否与标注任务说明书中的数据定义相符，核查结果及时同步给数据需求方； b. 数据整理：建立完善的数据追踪机制，实现数据整理，以及最小粒度的数据追踪； c. 数据处理：根据标注任务以及标注数据的特性，通过数据聚类、组合排列、数据杂质去除等方法，提高标注质量 数据安全等级确定： 根据标注任务中的数据安全描述，数据需求方应根据 GB/T 37973—2019 及 GB/T 35274—2023 相关要求，确定标注数据的安全等级
标注任务评估	数据标注前，标注管理方应对标注任务进行评估，包括： a. 根据标注任务说明，评估标注任务可行性、标注规则合理性； b. 在数据需求方提供的小规模样本上进行预标注，将标注结果提交给数据需求方验收。在获得数据需求方确认后，再正式启动数据标注任务 注：及时记录数据预标注流程中标注规则与数据相悖、覆盖不全或规则之间相悖的情况，并向数据需求方反馈完善标注规则
标注需求变更	标注需求方需求变更时，应在标注管理方评审同意后更新标注任务说明，重新进入标注任务评估阶段

4）质检要求

① 标注数据质量检查。标注数据质量检查能够确保数据标注结果有价值，符合数据需求方的特定应用目的。根据项目特性，质量检查方法可以归纳为如表 23-6-19 所示几种，标注项目负责人应根据场景需求及项目特点进行选择。

表 23-6-19　　质量检查形式和内容

质量检查形式	检查内容
逐条检查	即对整个标注项目所包含的所有标注子任务逐一核查并确认。适用于项目量级不大、人力资源充沛、时间节点不紧张、对标注数据结果的准确率要求极高的标注项目。这种方法覆盖的质量检查范围最全，同时也适用于任何形式的数据标注场景。该方法可确保标注数据输出的最高质量，尤其对于数据格式主观成分较多、应用场景较复杂的任务更有效
按比例抽查	即从全部标注数据中科学地抽取样本，对样本中的数据逐条检查，以此评判全部标注数据的质量。样本量的选择应符合统计学基本原理，足以代表全部标注数据，例如在逐包分配进行标注的同时，可以确保每包均按一定比例进行抽查，以确保抽样足够均匀，足以代表总体结果。抽查审核时，项目负责人应指定审核员完成，审核员应明确标注的详细执行要求，从而确保交付质量
抽样检验	即从整个标注项目中随机抽取少量标注子任务进行检验，据此判断该标注项目是否合格。抽样检验可分为简单抽样、系统抽样和分层抽样三种方式
机器验证	通过机器学习，包括使用已训练模型进行检查或使用迁移学习、在线学习等方法对人工标注的数据做质量检查，实现全自动或辅助人工质量检查方式。机器学习方法输出的准确率不能完全代表数据集的准确率，但能在一定程度上反映数据集的质量
第三方验证	医学等专业领域，如需对标注结果进行第三方验证，应由有资质的第三方邀请有资质和从业经验的专家进行验证，从而确保标注结果的质量

② 标注数据质量检查设定。在质量检查过程中，为了防止一次性不合格数据积压过多而导致延误交付，同时防止检查过于碎片化、零散导致检查效率低下、检查切换时间开销过大，对于不同任务检查的时间点，应进行设定，如表 23-6-20 所示，避免此类情况发生。

表 23-6-20　　质量检查设定及内容

质量检查设定	设定内容
设定质量检查间隔	通过设定质量检查间隔，使得抽样更均匀，更能有效反映出整体的质量情况；同时使得需要被返工的数据可以被以一定的时间间隔向前面的环节返工，避免大量的返工数据堆积的情况发生
设定开始检查的完成比率	在标注任务的完成比率还没有到达一定的数值之前，此时由于被完成的数据量太少，介入检查容易造成检查过于碎片化，对于检查或者返工的流转都会造成时间的损耗，应设置任务在完成一定比率时，介入进行质量的检查。该完成比率可以根据任务的总数据量进行灵活的设置
设定检查任务队列	按一定的规则对待检查任务进行排序，在有多个任务需要被同时检查时，对于任务进度更接近完成的，以及任务未检查数据占总完成数据量比重更高的任务，这些任务是离交付更接近、检查任务更重的，应被优先检查，此类任务应被排序于检查任务队列的前端

1.3.2　深度学习算法评估规范（摘自 AIOSS—01—2018）

AIOSS—01—2018《人工智能　深度学习算法评估规范》规定了深度学习算法评估标准和指标体系，如表 23-6-21 所示。

表 23-6-21　　人工智能　深度学习算法评估规范术语

名称	描述
可靠性	在规定的条件下和规定的时间内，深度学习算法正确完成预期功能，且不引起系统失效或异常的能力
可靠性评估	确定现有深度学习算法的可靠性所达到的预期水平的过程
算法失效	算法丧失完成规定功能的能力的事件
危险	深度学习算法发生算法失效，从而导致机器学习系统出现的一个非预期或有害的行为，或者提交给其他与机器学习系统相关联的系统发生错误
危险严重性	某种危险可能引起的事故后果的严重程度
查准率	对于给定的数据集，预测为正例的样本中真正例样本的比率
查全率	对于给定的数据集，预测为真正例的样本占所有实际为正例样本的比率

续表

名称	描述
准确率	对于给定的数据集,正确分类的样本数占总样本数的比率
响应时间	在给定的软硬件环境下,深度学习算法对给定的数据进行运算并获得结果所需要的时间
对抗性样本	在数据集中通过故意添加细微的干扰所形成输入样本,受干扰之后的输入导致模型以高置信度给出错误的输出
置信度	总体参数值落在样本统计值某一区内的概率

1）评估指标体系表。基于深度学习算法可靠性的内外部影响考虑，结合用户实际的应用场景，该标准给出了一套深度学习算法的可靠性评估指标体系。其指标体系如图 23-6-14 所示，包含 7 个一级指标和 20 个二级指标。在实施评估过程中，应根据可靠性目标选取相应指标。

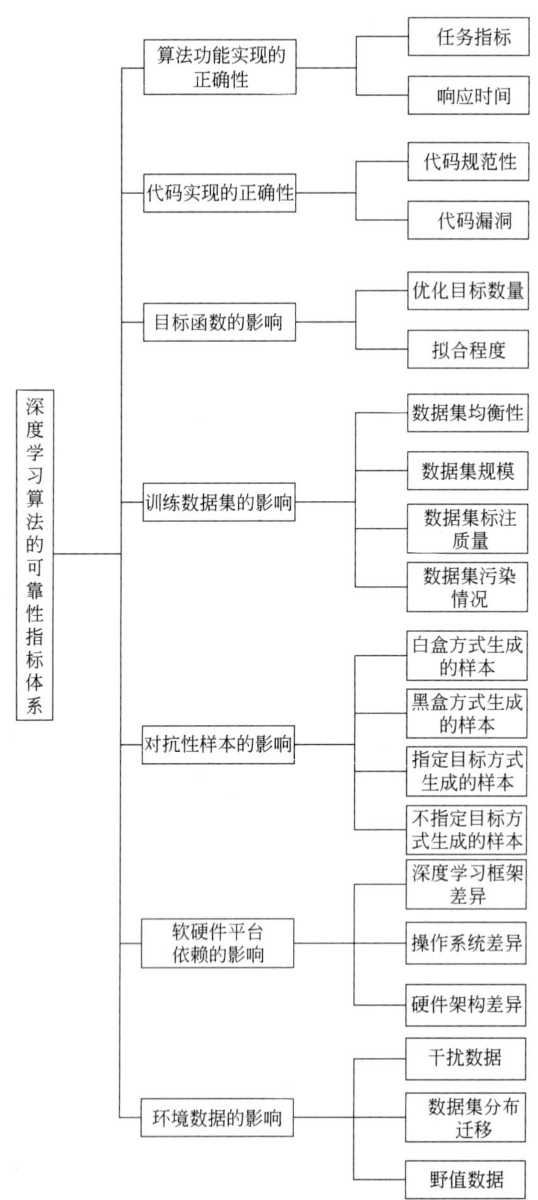

图 23-6-14　深度学习算法可靠性评估指标体系

2）算法功能实现的正确性。用于评估深度学习算法实现的功能是否满足要求，应包括但不限于下列内容，如表 23-6-22 所示。

表 23-6-22　　算法正确性评估标准

算法正确性评估标准	标准简介
任务指标	用户可以根据实际的应用场景选择任务相关的基本指标,用于评估算法完成功能的能力 示例:分类任务中的查准率、查全率、准确率等;语音识别任务中的词错误率、句错误率等;目标检测任务中的平均正确率等;算法在使用中错误偏差程度带来的影响等
响应时间	指算法的执行响应时间

3）代码实现的正确性。用于评估代码实现功能的正确性，应包括表 23-6-23 所示内容。

表 23-6-23　　代码正确性评估标准

代码正确性评估标准	标准简介
代码规范性	代码的声明定义、版面书写、指针使用、分支控制、跳转控制、运算处理调用、语句使用、循环控制、类型转换、初始化、比较判断和变量使用等是否符合相关标准或规范中的编程要求
代码漏洞	代码中是否存在漏洞 示例:栈溢出漏洞、堆栈溢出漏洞、整数溢出、数组越界、缓冲区溢出等

4）目标函数的影响。用于评估计算预测结果与真实结果之间的误差，应包括表 23-6-24 所示内容。

表 23-6-24　　误差评估标准

误差评估标准	标准简介
优化目标数量	包括优化目标不足或过多。优化目标过少容易造成模型的适应性过强,优化目标过多容易造成模型收敛困难
拟合程度	包括过拟合或欠拟合。过拟合是指模型对训练数据过度适应,通常由于模型过度地学习训练数据中的细节和噪声,从而导致模型在训练数据上表现很好,而在测试数据上表现很差,也即模型的泛化性能变差。欠拟合是指模型对训练数据不能很好地拟合,通常由模型过于简单造成,需要调整算法使得模型表达能力更强

5）训练数据集的影响。用于评估训练数据集带来的影响，应包括表 23-6-25 所示内容。

表 23-6-25　　训练数据集评估标准

训练数据集评估标准	标准简介
数据集均衡性	指数据集包含的各种类别的样本数量一致程度和数据集样本分布的偏差程度
数据集规模	通常用样本数量来衡量,大规模数据集通常具有更好的样本多样性
数据集标注质量	指数据集标注信息是否完备并准确无误
数据集污染情况	指数据集被人为添加的恶意数据的程度

6）对抗性样本的影响。用于评估对抗性样本对深度学习算法的影响，应包括表 23-6-26 所示内容。

表 23-6-26　　对抗性样本评估标准

对抗性样本评估标准	标准简介
白盒方式生成的样本	指目标模型已知的情况下,利用梯度下降等方式生成对抗性样本
黑盒方式生成的样本	指目标模型未知的情况下,利用一个替代模型进行模型估计,针对替代模型使用白盒方式生成对抗性样本
指定目标生成的样本	指利用已有数据集中的样本,通过指定样本的方式生成对抗性样本
不指定目标生成的样本	指利用已有数据集中的样本,通过不指定样本(或使用全部样本)的方式生成对抗性样本

7）软硬件平台依赖的影响。用于评估运行深度学习算法的软硬件平台对可靠性的影响，应包括表 23-6-27 所示内容。

8）环境数据的影响。用于评估实际运行环境对算法的影响，应包括表 23-6-28 所示内容。

表 23-6-27　　平台依赖评估标准

平台依赖评估标准	标准简介
深度学习框架差异	指不同的深度学习框架在其所支持的编程语言、模型设计、接口设计、分布式性能等方面的差异对深度学习算法可靠性的影响
操作系统差异	指操作系统的用户可操作性、设备独立性、可移植性、系统安全性等方面的差异对深度学习算法可靠性的影响
硬件架构差异	指不同的硬件架构及其计算能力、处理精度等方面的差异对深度学习算法可靠性的影响

表 23-6-28　　环境数据评估标准

环境数据评估标准	标准简介
干扰数据	指由于环境的复杂性所产生的非预期的真实数据，可能影响算法的可靠性
数据集分布迁移	算法通常假设训练数据样本和真实数据样本服从相同分布，但在算法实际使用中，数据集分布可能发生迁移，即真实数据集分布与训练数据集分布之间存在差异性
野值数据	指一些极端的观察值。在一组数据中可能有少数数据与其余的数据差别比较大，也称为异常观察值

1.4　应用管理

人工智能应用管理是指对人工智能应用进行规划、部署、监控和维护的过程。在工业领域，人工智能应用管理可以帮助企业更好地利用人工智能技术，提高生产效率、优化资源配置、改进产品质量和实现智能决策等。通过使用机器视觉在线监测系统等应用管理，提高了生产效率，优化了资源配置。

第23篇

1）机器视觉在线检测系统通用要求（摘自 GB/T 40659—2021）

GB/T 40659—2021《智能制造　机器视觉在线检测系统　通用要求》规定了机器视觉在线检测系统的架构、功能要求、性能要求等。机器视觉在线检测系统术语如表 23-6-29 所示。

表 23-6-29　　机器视觉在线检测系统术语

术语	定义
机器视觉在线检测系统	利用机器视觉技术实现车间生产线实时检测和判别的系统
逃逸率	机器视觉在线检测系统未检测出的不合格品数量占该检测批次总数量的百分比
误报率	被机器视觉在线检测系统判定为不合格品的合格品数量占该检测批次总合格品数量的百分比

2）机器视觉在线检测系统架构。机器视觉在线检测系统整体架构如图 23-6-15 所示。

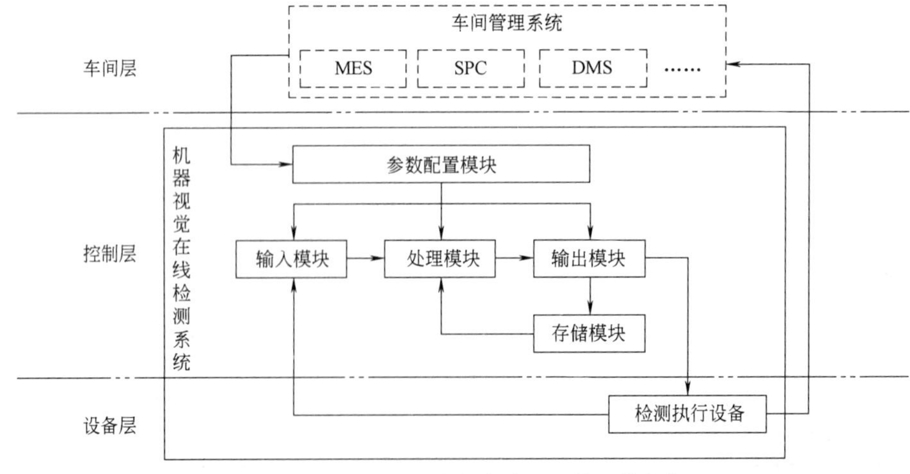

图 23-6-15　机器视觉在线检测系统整体框架

在生产系统层级中，机器视觉在线检测系统涉及设备层、控制层和车间层，整体架构分层如表 23-6-30 所示。

表 23-6-30　　整体架构分层

整体架构分层	层级介绍
设备层	主要涉及接收相关控制命令并反馈机器视觉在线检测信息的各类检测执行设备等
控制层	主要涉及机器视觉在线检测系统的参数配置模块、输入模块、处理模块、输出模块和存储模块等
车间层	主要涉及与 MES、SPC、DMS 等车间管理系统

在车间的信息流中，机器视觉在线检测系统的实现流程为：

a. 参数配置模块接收车间管理系统中的各项检测要求，并将相应参数配置入输入模块、处理模块和输出模块中；

b. 输入模块从检测执行设备中获取被检测对象的图像信息，将其转化为一组可被计算机处理的图像数据；

c. 处理模块接收图像数据，通过机器学习方法对图像数据进行检测处理，输出判别结果；

d. 输出模块按照特定形式和接口要求将判别结果及检测相关信息分别传输至检测执行设备和存储模块；

e. 存储模块将判别结果和相关信息数据统一存储在本地或云端数据库中，满足检测数据管理、查询等需求，同时为处理模块提供样本数据（包括样本图像和对应判别结果）；

f. 检测执行设备根据判别结果执行检测任务，并反馈执行信息给车间管理系统，形成信息流闭环。

机器视觉在线检测系统在车间层各模块介绍如表 23-6-31 所示。

表 23-6-31　　车间层模块介绍

车间层模块	模块介绍
输入模块	机器视觉在线检测系统的输入模块主要包括成像系统和图像采集卡两个部分： a. 成像系统用于将被检测对象转换为图像信号，通常由照明光源、镜头和工业摄像机等组成； b. 图像采集卡用于将图像信号采集到电脑中，以数据文件的形式保存在硬盘上 输入模块在采集被检测对象图像数据时应包括如下要求： a. 环境要求：包括温度、湿度、清洁等级、照明等； b. 检测要求：包括工作距离、生产线节拍时间，检测对象变化（尺寸、颜色、反射、粗糙度等）机器视觉在线检测系统前工位状态等； c. 采集要求：包括图像的质量（分辨率、对比度、透视、畸变等）和数量
处理模块	机器视觉在线检测系统的处理模块宜采用机器学习方法实现图像检测处理，主要包括图像预处理、模型训练和检测判别三个主要步骤： a. 图像预处理：对采集的被检测对象图像以及存储模块中样本图像进行初步处理，优化和改善对检测有影响的图像质量指标，图像预处理中的优化和改善算法包括数字化、几何变换、归一化、平滑、修复和增强等； b. 模型训练：将完成图像预处理的样本图像和对应判别结果标签组成训练样本集，输入到 CNN 等机器学习模型中进行参数训练，生成检测数学模型； c. 检测判别：将完成图像预处理的检测对象图像输入到训练好的检测数学模型中进行判别，输出判别结果 处理模块在进行图像检测处理时应满足以下要求： a. 处理速度应满足生产系统节拍要求，并与资源消耗和检测效果相适应； b. 处理过程应满足硬件负载，并与图像采集、输入、输出的资源占用相适应； c. 处理结果应满足用户设定的逃逸率和误报率限值的要求
输出模块	输出模块将处理模块输出的判别结果通过外部系统接口传输给其他系统进行数据交互和共享，传输的方式包括有线传输（串行接口、以太网、现场总线等）和无线传输（WLAN、蓝牙、4G、5G 等） 输出模块应满足以下要求： a. 输出数据：输出数据的格式应满足与车间管理系统和检测设备相适应的编码和存储要求； b. 输出形式：输出形式应满足输出显示设备和相关生产管理系统接口的要求； c. 输出文件：输出文件宜包含文件设置相关信息、设备相关信息、样品相关信息、检测相关信息、结果相关信息（尺寸、位置、分类等）报告相关信息等

3）系统功能要求。

表 23-6-32 系统功能要求

系统功能要求	功能要求介绍
远程控制	机器视觉在线检测系统应实现以下功能的远程控制： a. 开始：执行系统启动； b. 停止：在必要时执行系统停止； c. 自动/手动：切换系统自动和手动模式； d. 关机：关闭系统
操作模式	机器视觉在线检测系统应具备通过命令、设置菜单或操作按钮更改操作模式的功能。机器视觉在线检测系统应至少支持以下四种操作模式： a. 单机操作模式：使用内置程序、控制菜单或按钮控制，根据需要更改系统操作参数，系统可独立执行所有操作。在此模式下，其他系统或控制器不可控制机器视觉在线检测过程； b. 在线操作模式：机器视觉在线检测系统应支持在线远程控制。在此模式下，其他系统可远程监控和维护机器视觉在线检测系统； c. 协作操作模式：若机器视觉在线检测系统的检查周期大于生产线周期，则应将机器视觉在线检测系统设置为协作模式。在此模式下，每个机器视觉在线检测系统只完成部分检测任务； d. 校准操作模式：用于机器视觉在线检测系统的标定过程。在此模式下，机器视觉在线检测系统应参考已知模式进行校准，确保所有系统设置参数和判别结果一致
系统配置	机器视觉在线检测系统应提供配置管理菜单或编程工具，供用户按照各类用途配置系统功能或更改系统性能。以下情况应重新配置机器视觉在线检测系统： a. 计划新建生产线时，应评估机器视觉在线检测系统的检测周期与生产周期的匹配度； b. 计划新产品时，应更改检验项目、模式识别标定、识别算法和质量控制标准； c. 计划设置新的质量控制标准时，应提供调整质量控制参数的方法
系统自诊断	机器视觉在线检测系统应具备系统自诊断的功能。自诊断方法可包括： a. 开机诊断：通电后，使用特定的应用程序执行全面运行诊断。开机诊断应自动提示错误代码或错误消息，以便进行故障定位。只有当全部开机诊断项目都正常通过后，系统才能进入正常运行准备状态； b. 实时诊断：系统正常工作时，运行内部诊断程序，对系统本身及外部输入/输出设备进行自动测试、检查，并显示有关信息和故障。实时诊断一般会在系统工作时反复进行
远程维护	机器视觉在线检测系统应具备远程维护的功能，包括如下功能要求： a. 应支持远程基于实时和历史系统故障数据的实时系统状态监测、故障警报和故障预测； b. 应具备远程系统更新功能
互联互通	机器视觉在线检测系统应直接或间接与其他现场设备、控制系统、车间管理系统等进行通信，应适配两种以上的工业以太网接口，所有接口数据格式和接口方式应符合国家或者行业内相关接口标准要求

4）系统性能要求。

表 23-6-33 系统性能要求

系统性能要求	性能要求介绍
设备性能	机器视觉在线检测系统的设备性能要求主要包括： a. 能够输入信号并输出处理结果； b. 外观应满足设备要求，应无瑕疵、无活动、无断裂、无机械损坏，且相关铭牌标识应清晰； c. 应符合设备安全性和信息安全性的要求，避免诱发危险； d. 应具备可靠性：衡量标准可包括平均故障间隔时间、平均修复时间、可用性和使用寿命； e. 应具备可维护性：在特定条件下经指定程序和资源执行系统修复后，可维持或恢复到指定功能
过程性能	机器视觉在线检测系统的过程性能要求一般包括： a. 精度：系统检测到的被检测对象特征值的邻近度应满足用户要求； b. 速度：系统对与输入对象相关的输入信号的反应速度应满足用户要求； c. 稳定性：系统可在检测各阶段和工作环境中对静态或动态的产品进行稳定的图像采集和图像处理分析，包括成像稳定性和软件稳定性； d. 灵活性：系统应适应外部需求的变化； e. 学习能力：当被检测对象发生异常变化时，系统可自行学习并检测出异常情况

续表

系统性能要求	性能要求介绍
制造管理性能	机器视觉在线检测系统的制造管理性能要求主要包括: a. 质量保证:硬件与软件的开发、制造、集成等活动应严格符合质量保证体系的要求和程序; b. 维护支持:系统生命周期的所有阶段都应有维护系统支持,以确保其满足指定的工作质量; c. 兼容性:应满足内部兼容性和外部兼容性的要求; d. 物理特性:应考虑物理特性造成的约束,包括质量、体积、散热等因素
检测性能	机器视觉在线检测系统执行检测任务的性能要求主要包括: a. 准确性:使用规定方法在指定时间检测一定数量产品样本的正确率应满足企业生产现场逃逸率、误报率等目标要求; b. 一致性:多次重复执行相同的检测任务,判别结果应一致; c. 实时性:系统应满足用户在循环时间内完成的检查任务,通常要求检测速度应比信号采集间隔速度快

2 工业大数据

工业大数据标准体系架构如图 23-6-16 所示。

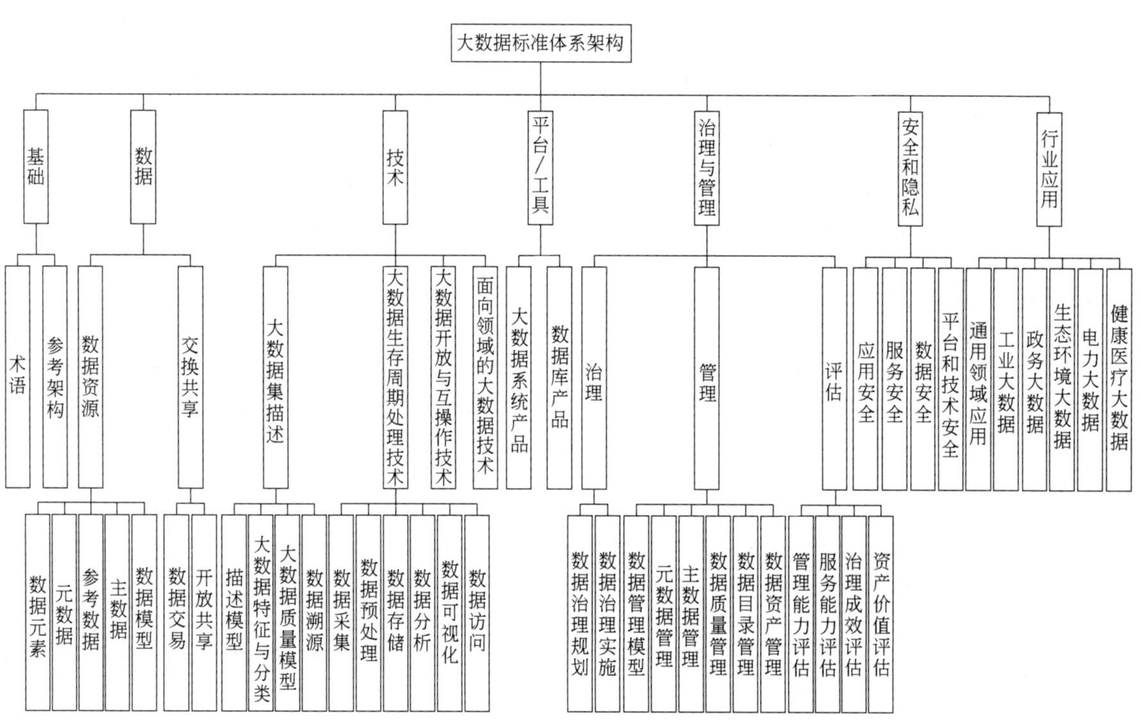

图 23-6-16 工业大数据标准体系架构

2.1 数据平台

平台标准主要针对大数据相关平台及工具产品进行规范，包括大数据系统产品和数据库产品。其中大数据系统产品标准主要针对业内主流的用于实现数据全生存周期处理的大数据产品的功能和性能进行规范；数据库产品标准则主要面向不同类型的数据库的功能和性能进行要求。此外，该类标准还包括相关产品功能及性能的测试方法和要求。

（1）大数据系统产品相关要求

1）GB/T 35589—2017《信息技术　大数据　技术参考模型》

该标准规范了大数据的基础通用模型，包括大数据角色、活动、主要组件及其之间的关系。适用于理解大数据领域的复杂操作，是讨论需求、结构和操作的有效工具，并为大数据系列标准的制定提供了架构依据。大数据技术参考模型提供了一个构件层级分类体系，用于描述技术参考模型中的逻辑构件以及定义逻辑构件的分类。大数据技术参考模型中的逻辑构件被划分为三个层级，从高到低依次为角色、活动和组件。最顶层级的逻辑构件是代表大数据系统中存在的五个角色，包括系统协调者、数据提供者、大数据应用提供者、大数据框架提供者和数据消费者。另外两个非常重要的逻辑构件是安全和隐私以及管理，它们为大数据系统的五个角色提供服务和功能。第二层级的逻辑构件是每个角色执行的活动。第三层级的逻辑构件是执行每个活动需要的功能组件。该模型可以用于表示由多个大数据系统组成的堆叠式或链式系统，其中一个系统的数据消费者可以作为后面一个系统的数据提供者。该模型支持各种商业环境，包括紧密集成的企业系统和松散耦合的垂直行业，有助于理解大数据系统如何补充并有别于已有的分析、商业智能、数据库等传统的数据应用系统。

2）GB/T 38673—2020《信息技术　大数据　大数据系统基本要求》

该标准主要对大数据系统的功能要求及非功能要求进行了规范，适用于各类大数据系统，可作为大数据系统设计、选型、验收、检测的依据。从功能要求出发，该标准将大数据系统划分数据收集、数据预处理、数据存储、数据处理、数据分析、数据访问、数据可视化、资源管理、系统管理等 9 个功能模块，并形成大数据系统框架；从非功能要求考虑，该标准对大数据系统整体的可靠性要求、兼容性要求、安全性要求、可扩展性要求、维护性要求、易用性要求进行了规范。该标准在研制过程中基于华为、阿里云、百分点、海康威视、新华三、中兴、南大通用等企业的大数据系统产品开展了多次试验验证工作，助力企业完善其大数据产品的功能。基于该标准形成的标准符合性测试能力，国家认证认可监督管理委员会批复成立了“国家大数据系统产品质量监督检验中心”。

3）GB/T 42130—2022《智能制造　工业大数据系统功能要求》

该标准主要提出了工业大数据系统功能框架，规定了工业大数据系统功能要求，适用于工业大数据系统的设计、开发、测试和应用。该标准将大数据系统划分为数据收集、实时计算、数据存储、数据处理、数据分析建模、数据显示、模型管理、知识管理、数据服务、数据治理、运维管理这 11 个功能模块，并形成大数据系统功能框架。

（2）数据库存储技术

1）分布式数据库技术。分布式数据库是指将物理上分散的多个数据库单元连接起来组成的逻辑上统一的数据库。随着各行业大数据应用对数据库需求不断提升，数据库技术面临数据的快速增长及系统规模的急剧扩大，不断对系统的可扩展性、可维护性提出更高要求。当前以结构化数据为主，结合空间、文本、时序、图等非结构化数据的融合数据分析成为用户的重要需求方向。同时随着大规模数据分析对算力要求的不断提升，需要充分发挥异构计算单元（如 CPU、GPU、AI 加速芯片）来满足应用对数据分析性能的要求。

分布式数据库主要分为 OLTP 数据库、OLAP 数据库、HTAP 系统。OLTP（联机事务处理）数据库，用于处理数据量较大、吞吐量要求较高、响应时间较短的交易数据分析。OLAP（联机分析处理）数据库，一般通过对数据进行时域分析、空间分析、多维分析，从而迅速、交互、多维度地对数据进行探索，常用于商业智能和系统的实时决策。HTAP（混合交易/分析处理）系统，混合 OLTP 和 OLAP 业务同时处理，用于对动态的交易数据进行实时的复杂分析，使得用户能够做出更快的商业决策，支持流、图、空间、文本、结构化等多种数据类型的混合负载，具备多模引擎的分析能力。

分布式数据库的发展呈现与人工智能融合的趋势。一方面基于人工智能进行自调优、自诊断、自愈合、自运维，能够对不同场景提供智能化性能优化能力；另一方面通过主流的数据库语言对接人工智能，有效降低人工智能使用门槛。此外，基于异构计算算力，分布式数据库能基于对不同 CPU 架构（ARM、X86 等）的调度进行结构化数据的处理，并基于对 GPU、人工智能加速芯片的调度实现高维向量数据分析，提升数据库的性能、效能。

2）分布式存储技术。随着数据（尤其是非结构化数据）规模的快速增长，以及用户对大数据系统在可靠性、可用性、性能、运营成本等方面需求的提升，分布式架构逐步成为大数据存储的主流架构。

基于产业需求和技术发展，分布式存储主要呈现三方面趋势。一是基于硬件处理的分布式存储技术。目前大多的存储仍是使用 HDD（传统硬盘），少数的存储使用 SSD（固态硬盘），或者 SSD+HDD 的模式，充分利用硬件来提升性能，推动分布式存储技术进一步发展。二是基于融合存储的分布式存储技术。针对现有存储系统对块存储、文件存储、对象存储、大数据存储的基本需求，提供一套系统支持多种协议融合，降低存储成本，提升上线速度。三是人工智能技术融合，例如基于人工智能技术实现对性能进行自动调优、对资源使用进行预测、对硬盘故障进行预判等，提升系统可靠性和运维效率，降低运维成本。

3）流计算技术。流计算是指在数据流入的同时对数据进行处理和分析，常用于处理高速并发且时效性要求较高的大规模计算场景。流计算系统的关键是流计算引擎，目前流计算引擎主要具备以下特征：支持流计算模型，能够对流式数据进行实时的计算；支持增量计算，可以对局部数据进行增量处理；支持事件触发，能够实时对变化进行响应；支持流量控制，避免因流量较高而导致崩溃或者性能降低等。

随着数据量的不断增加，流计算系统的使用日益广泛，同时传统的流计算平台和系统开始逐渐出现一些不足。状态的一致性保障机制相对较弱，处理延迟相对较大，吞吐量受限等问题的出现，推动着流计算平台和系统向新的发展方向延伸。其发展趋势主要包括：更高的吞吐速率，以应对更加海量的流式数据；更低的延迟，逐步实现亚秒级的延迟；更加完备的流量控制机制，以应对更加复杂的流式数据情况；容错能力的提升，以较小的开销来应对各类问题和错误。

4）图数据库技术。图数据库是利用图结构进行语义查询的数据库。相比关系模型，图数据模型具有独特的优势。一是借助边的标签，能对具有复杂甚至任意结构的数据集进行建模；而使用关系模型，需要人工将数据集归化为一组表及它们之间的 JOIN 条件，才能保存原始结构的全部信息。二是图模型能够非常有效地执行涉及数据实体之间多跳关系的复杂查询或分析，由于图模型用边来保存这类关系，因此只需要简单的查找操作即可获得结果，具有显著的性能优势。三是相较于关系模型，图模型更加灵活，能够简便地创建及动态转换数据，降低模式迁移成本。四是图数据库擅于处理网状的复杂关系，在金融大数据、社交网络分析、推荐、安全防控、物流等领域有着更为广泛的应用。

2.2 数据处理

不同大数据应用对数据处理需求各异，导致产生了如离线处理、实时处理、交互查询、实时检索等不同数据处理方法。离线处理通常是指对海量数据进行批量的处理和分析，对处理时间的实时性要求不高，但数据量巨大、占用计算及存储资源较多。实时处理指对实时数据源（比如流数据）进行快速分析，对分析处理的实时性要求高，单位时间处理的数据量大，对 CPU 和内存的要求很高。交互查询是指对数据进行交互式的分析和查询，对查询响应时间要求较高，对查询语言支持要求高。实时检索指对实时写入的数据进行动态的查询，对查询响应时间要求较高，并且通常需要支持高并发查询。近年来，为满足不同数据分析场景在性能、数据规模、并发性等方面的要求，流计算、内存计算、图计算等数据处理技术不断发展。同时，人工智能的快速发展使得机器学习算法更多地融入数据处理、分析过程，进一步提升了数据处理结果的精准度、智能化和分析效率。

T/31SCTA 003—2017《工业大数据平台技术规范　数据处理》标准规定了工业大数据中数据处理的术语和定义、数据处理的流式计算、分布式离线分析、分布式在线分析、表达式计算的要求等。该标准适用于工业大数据平台的设计、开发、选型和实施，可作为企业选择或评价工业大数据平台时的评测依据。使用者包括独立软件测试机构、工业大数据平台相关的软件产品开发组织、实施及咨询服务机构等。与工业大数据平台开发有关的其他领域亦可参照使用。

2.2.1 流式计算要求（摘自 T/31SCTA 003—2017）

表 23-6-34　流式计算要求

一般要求	流式计算应是一个分布式、高容错的实时流处理计算系统，可用于在线实时分析、在线机器学习、持续计算、分布式远程调用和 ETL 等领域	
功能要求	描述	流式计算应包含两个组件：Nimbus 和 Supervisor。这两个组件都是快速失败的，没有状态。任务状态和心跳信息等都保存在 Zookeeper 上的，提交的代码资源都在本地机器的硬盘上
	Nimbus	在集群里面全局唯一，其职责是发送代码，分配计算任务给机器，并且监控计算任务的运行状态
	Supervisor	系群里每个计算节点都要部署一个 Supervisor，Supervisor 应监听分配给其所在计算节点的计算任务，根据需要启动/关闭运行计算任务的工作进程 Worker
	Zookeeper	组件 Nimbus、Supervisor 以及运行的工作进程 Worker 都将心跳保存在 Zookeeper 上。Nimbus 应根据 Zookeeper 上的心跳和任务运行状况，进行调度和计算任务分配

流式计算提交运行的程序，称为 Topology，处理的最小消息单位应是一个 Tuple，也就是一个任意对象的数组。Topology 应由 Spout 和 Bolt 构成。Spout 是发出 Tuple 的节点。Bolt 可以随意订阅某个 Spout 或者 Bolt 发出的 Tuple。Spout 和 Bolt 都统称为 component。

2.2.2 分布式离线分析要求（摘自 T/31SCTA 003—2017）

表 23-6-35　　分布式离线分析要求

一般要求	分布式离线分析应基于 Hadoop Map/Reduce 实现分布式离线分析计算任务的设计运行	
功能要求	描述	分布式离线分析应采用 Master/Slave 架构，主要由 Client、JobTracker、TaskTracker 和 Task 等组件组成
	Client	用户编写的分布式离线分析程序通过 Client 提交到 JobTracker 端，同时用户可通过 Client 提供的一些接口查看作业运行状态。在 Hadoop 内部用"作业"(Job)表示分布式离线分析程序。一个分布式离线分析程序可对应若干个作业，而每个作业会被分解成若干个 Map/Reduce 任务(Task)
	JobTracker	JobTracker 实现资源监控和作业调度功能。JobTracker 监控所有 TaskTracker 与作业的运行状态，一旦发现异常情况后，则转移相应的任务至其他节点，同时 JobTracker 会跟踪任务的执行进度、资源使用量等信息，并将这些信息传送至任务调度器(TaskScheduler)，而任务调度器则会在资源出现空闲时，选择合适的任务使用这些资源。在 Hadoop 中任务调度器是一个可插拔的组件，用户可以根据自己的需要设计相应的任务调度器
	TaskTracker	TaskTracker 会周期性地通过 Heartbeat 将本节点上资源的使用情况和任务的运行进度传给 JobTracker，同时接收 JobTracker 发送过来的命令并执行相应的操作(如启动新任务、关闭任务等)。TaskTracker 使用"slot"等量划分本节点上的资源量。"slot"代表计算资源(CPU、内存等)。一个 Task 获取到一个 slot 后才有机会运行，而任务调度器的作用就是将各个 TaskTracker 上的空闲 slot 分配给 Task 使用。slot 分为 Map slot 和 Reduce slot 两种，分别供 Map Task 和 Reduce Task 使用。TaskTracker 通过 slot 数目(可配置参数)限定 Task 的并发度
	Task	Task 分为 Map Task 和 Reduce Task 两种，均由 TaskTracker 启动。HDFS 以固定大小的 block 为基本单位存储数据，而对于 MapReduce 而言，其处理单位是 Split。Split 是一个逻辑概念，它只包含一些元数据信息，如数据起始位置、数据长度、数据所在节点等。它的划分方法完全由用户自己决定。但 Split 的多少决定了 Map Task 的数目，因为每个 Split 只会交给一个 Map Task 处理

2.2.3 分布式在线分析要求（摘自 T/31SCTA 003—2017）

表 23-6-36　　分布式在线分析要求

一般要求	分布式在线分析应基于 Spark 实现分布式在线分析任务的设计运行	
功能要求	描述	分布式在线分析应采用分布式计算中的 Master/Slave 架构。Master 作为整个集群的控制器实现整个集群的正常运行；Slave 上运行的 Worker 相当于是计算节点，接收主节点命令与进行状态信息。Spark 主要包括如下组件：ClusterManager、Worker、Driver、Executor、SparkContext、RDD、DAG Scheduler、TaskScheduler 和 SparkEnv 等
	ClusterManager	在 Standalone 模式中即为 Master(主节点)，它控制整个集群，并监控 Worker。在 YARN 模式中为资源管理器
	Worker	Slave(从节点)的功能为控制计算节点、启动 Executor 或 Driver 等。在 YARN 模式中为 NodeManager，功能为控制计算节点
	Driver	功能为控制一个应用的执行以及运行 Application 的 main()函数并创建 SparkContext。Driver 程序是应用逻辑执行的起点，负责作业的调度，即 Task 任务的分发；在执行阶段，Driver 会将 Task 和 Task 所依赖的 file 和 jar 序列化后传递给对应的 Worker 机器，同时 Executor 对相应数据分区的任务进行处理
	Executor	执行器，负责任务的执行。它是在 Worker node 上执行任务的组件，用于启动工作线程以运行任务。每个 Application 拥有独立的一组 Executors
	SparkContext	是整个应用的上下文，并控制应用的生命周期
	RDD	是 Spark 的基本计算单元。一组 RDD 可形成执行的有向无环图 RDD Graph
	DAG Scheduler	根据作业(Job)构建基于 Stage 的 DAG，并提交 Stage 给 TaskScheduler
	TaskScheduler	将任务(Task)分发给 Executor 执行
	SparkEnv	线程的运行环境设置，以存储线程在运行时对关键组件的引用

分布式在线分析在任务执行的过程中和其他组件协同工作以确保整个应用的顺利执行。其任务执行流程如下：

① Client 提交应用；

② Master 找到一个 Worker 启动 Driver；

③ Driver 向 Master 或者资源管理器申请资源；

④ 将应用转化为 RDD Graph；

⑤ 由 DAG Scheduler 将 RDD Graph 转化为 Stage 的 DAG，并提交给 TaskScheduler；

⑥ 由 TaskScheduler 提交任务给 Executor 执行。

2.2.4 表达式计算要求（摘自 T/31SCTA 003—2017）

表 23-6-37　　表达式计算要求

<table>
<tr><td>一般要求</td><td colspan="3">FCS 应基于 Spark 分布式计算技术，把海量结构化、半结构化信息处理技术和 Hadoop 架构进行有效集成，实现基于 OTS 和 PDS 的面对过程数据和历史结构化数据的表达式计算服务。FCS 应通过灵活的触发调度规则、多种数学函数和统计函数、强大的并行任务调度控制，以帮助用户实现数据的价值挖掘和效益增长</td></tr>
<tr><td rowspan="9">功能要求</td><td>描述</td><td colspan="2">分布式在线分析应采用分布式计算中的 Master/Slave 架构。Master 作为整个集群的控制器实现整个集群的正常运行；Slave 上运行的 Worker 相当于是计算节点，接收主节点命令与进行状态信息。Spark 主要包括如下组件：ClusterManager、Worker、Driver、Executor、SparkContext、RDD、DAG Scheduler、TaskScheduler 和 SparkEnv 等</td></tr>
<tr><td rowspan="2">触发器</td><td>描述</td><td>FCS 应提供基于触发器配置的定时和定周期两种触发方式的触发器调度机制，以满足不同调度需要。触发规则应支持秒级的调度配置。单个触发器应可提供给不同的调度任务使用，并可以实时变更调度任务的运行周期</td></tr>
<tr><td>触发规则</td><td>a. 定时触发。定时触发机制支持按指定日、月、年的具体触发时刻，可以精准控制调度任务的执行时间；
b. 定周期触发。提供定周期的触发方式，并支持秒级触发</td></tr>
<tr><td rowspan="2">计算任务</td><td>描述</td><td>FCS 应提供基于任务的表达式计算功能。在设置计算任务时，FCS 应可以设定输入和输出方式、内含多种函数和统计配置规则</td></tr>
<tr><td>具体功能</td><td>a. 基于 PDS 的过程统计功能。该功能输入过程数据（如工业现场设备产生的时序数据），支持通配符的时间配置规则，可灵活设置统计对象的输入范围和输出时间戳。FCS 应支持 PDS 模板配置功能，以节省繁琐重复的计算任务配置操作；
b. 灵活的操作选项。提供调度任务的实时启停、手动执行功能。手动执行功能可提供用户自定义的时间输入，并可修正表达式计算的历史计算结果；
c. 多种统计运算函数。支持逻辑运算函数、三角/反三角函数、（含过滤条件的）最大/小值统计、（含过滤条件的）均值统计、（含过滤条件的）求和统计，以及其他常用的数学函数，可实现复杂的表达式计算任务</td></tr>
<tr><td>多租户隔离</td><td>描述</td><td>FCS 应提供多租户隔离功能，每个租户可以创建专属的调度任务进行统计分析，不同租户的数据是隔离的，不同租户之间的访问可通过权限进行访问控制</td></tr>
<tr><td>Web 管理功能</td><td>管理功能要求</td><td>a. 触发器管理。提供触发器的添加和删除功能，通过该功能可以快速配置触发器调度规则；
b. 任务管理。提供调度任务的创建和删除功能，支持不同的数据源配置以及复杂的表达式配置功能；
c. 历史查询功能。提供对任务执行结果的查询功能，可对任务计算结果和计算异常情况进行查看和分析定位</td></tr>
</table>

2.3 数据管理与治理

治理与管理标准贯穿于数据生存周期的各个阶段，是大数据实现高效采集、分析、应用、服务的重要支撑。该类标准主要包括治理标准、管理标准和评估标准三部分。其中，治理标准主要对数据治理的规划和具体实施方法进行标准研制；管理标准则主要面向数据管理模型、元数据管理、主数据管理、数据质量管理、数据目录管理以及数据资产管理等理论方法和管理工具进行规范；评估标准则在治理标准和管理标准的基础之上，总结形成针对数据管理能力、数据服务能力、数据治理成效、数据资产价值的评估方法。

（1）数据管理标准

1）GB/T 36073—2018《数据管理能力成熟度评估模型》

该标准给出了数据管理能力成熟度评估模型以及相应的成熟度等级，适用于组织和机构对内部数据管理能力成熟度进行评估。该标准通过对组织、制度、流程和技术的有效整合将组织或机构内部数据管理能力划分为数据战略、数据治理、数据架构、数据应用、数据安全、数据质量、数据标准和数据生存周期等 8 项一级能力域，基于数据全生存周期，以数据战略为导向，健全数据治理组织管理体系，对数据架构、数据标准、数据质量、数据应用、数据安全进行全方位管控。同时，在此基础上对每个一级能力域进行了二级能力项的划分（共计 28 个能力项），描述了每个组成部分的定义、功能、目标和标准（共计 441 项指标），并将每个能力项以及总体数据管理能力划分为初始级、受管理级、稳健级、量化管理级和优化级等 5 个成熟度等级，是针对一个组织或机构数据管理、应用能力的自上而下、分工科学、协作紧密、流程清晰的数据管理能力评估框架。该标准在研制过程中在浙江移动、天津天臣等单位进行了充分验证，并于标准发布后在贵州、上海、济南等地区以及电力、通信、金融等行业进行了广泛的推广宣传及试点应用，对我国产业数据管理能力的整体摸底及提升提供了重要基础。

2）GB/T 40693—2021《智能制造　工业云服务　数据管理通用要求》

该标准根据工业云服务的数据管理环节要素，规定了工业云服务的数据定义、创建、存储、维护和访问的通用要求，适用于工业云服务应用的数据设计、实现、部署和使用。工业云服务的数据管理包括数据的定义、创建、存储、维护和访问等环节，在这些环节对工业云服务数据进行管理，保证工业云服务数据的完整性、一致性、安全性、可靠性和易用性等。该标准提出了如图 23-6-17 所示的数据管理环节与要素，并对每个数据管理环节中的要素的要求进行说明。

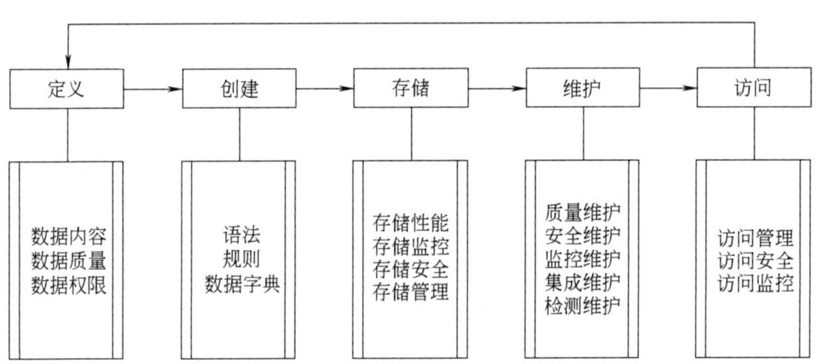

图 23-6-17　数据管理环节与要素

3）GB/T 42129—2022《数据管理能力成熟度评估方法》

该标准规定了数据管理能力成熟度评估的评估原则、评估过程以及成熟度等级判定方法，适用于数据管理能力成熟度评估活动。该标准提出了客观性、独立性、可追溯性、安全性的评估原则，并给出了如图 23-6-18 所示的数据管理能力成熟度评估流程，并对评估流程中的每个过程进行细致说明。

（2）数据治理体系

数据治理涉及数据全生存周期端到端过程，不仅与技术紧密相关，还与政策、法规、标准、流程等密切关联。从技术角度，大数据治理涉及元数据管理、数据标准管理、数据质量管理、数据安全管理等多方面技术。当前，数据资源分散、数据流通困难（模型不统一、接口难对接）、应用系统孤立等问题已经成为企业数字化转型最大挑战之一。大数据系统需要通过提供集成化的数据治理能力，实现统一数据资产管理及数据资源规划。

随着大数据技术在各领域应用的不断深入，数据价值变现能力越来越高，数据确权、数据质量、数据安全、数据流通等问题受到业内关注，并引发各界深度思考，如何做好大数据治理工作，成为大数据产业生态系统中一个新的热点。

数据治理是对数据资产行使权利和活动控制的集合，是数据管理体系的核心，并用于评估、指导和监督其他相关数据管理职能的执行。大数据治理相比于数据治理，在数据治理对象、数据处理架构、治理组织职能、数据管理措施、数据应用范围等方面呈现多层次、多形式、大范围等特点。围绕数据资产、共享开放、安全与隐私保

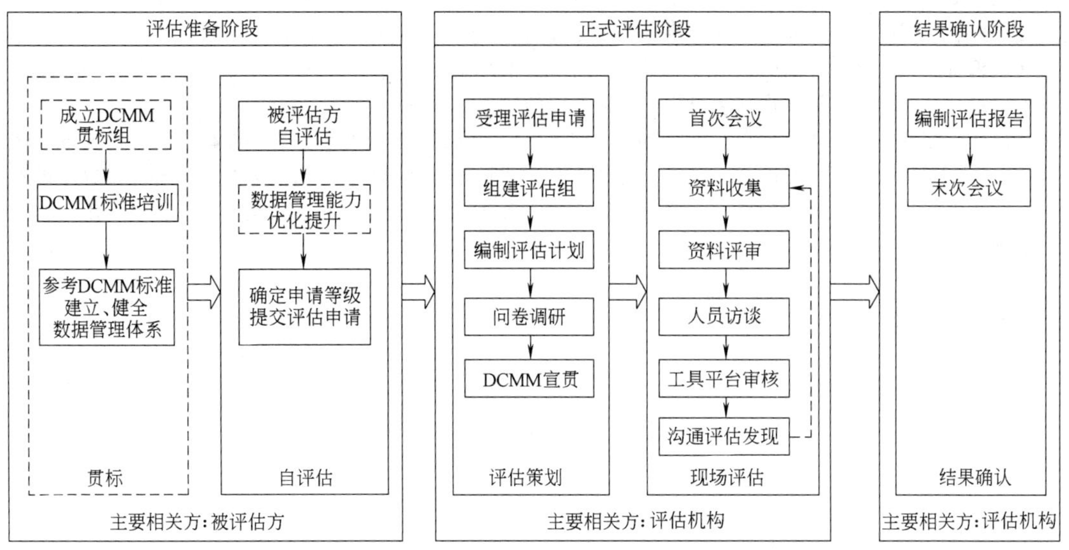

图 23-6-18　数据管理能力成熟度评估流程

护等的大数据技术应用的新需求，大数据治理不再仅限于单一组织数据治理范畴，而是要从国家层面、行业层面、组织层面构建形成一个自上而下、多元共治的数据治理体系。大数据治理体系框架如图 23-6-19 所示。

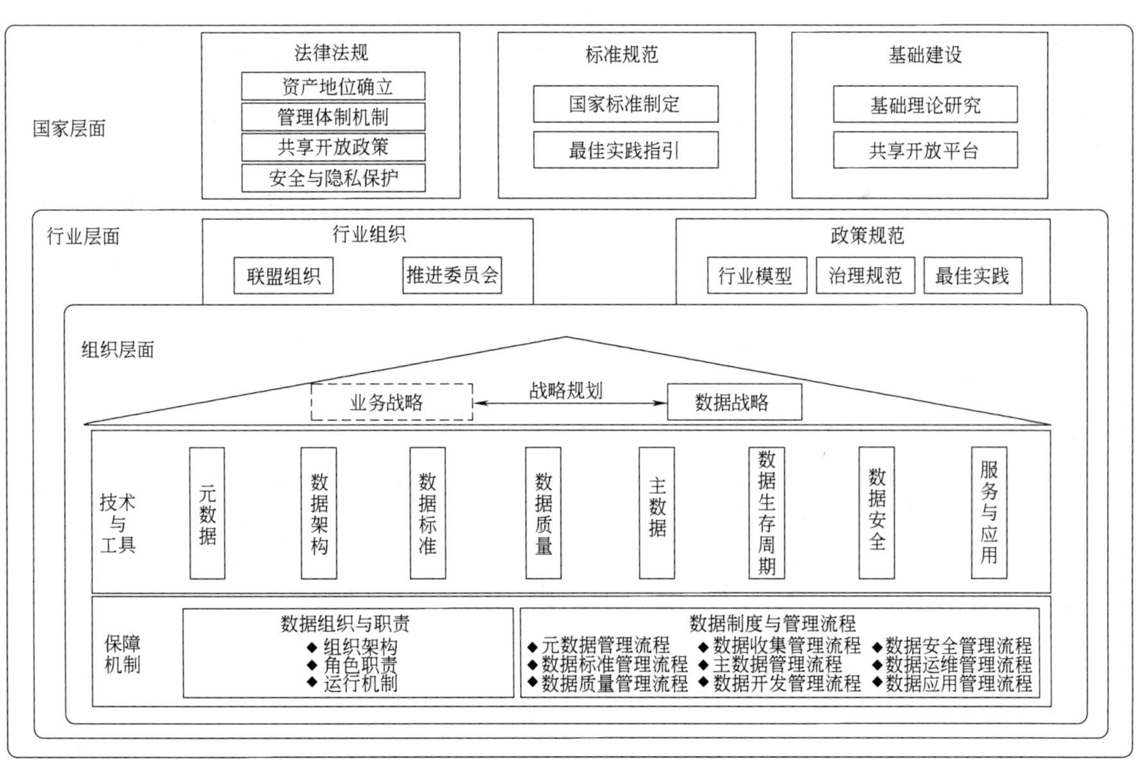

图 23-6-19　大数据治理体系框架

国家层面，需要通过政策法规支撑大数据治理建设。一是需要从国家法律法规层面明确数据资产地位，确定数据权属规则，完善数据隐私保护，为大数据治理提供安全可靠的政策、法律环境。二是需要通过国家标准规范数据管理机制，构建业内协调统一的数据治理标准体系，保障数据产业的健康有序发展。三是需要通过建设政府主导的数据开放共享平台推动业内数据流通，深化数据资源应用，实现数据价值挖掘。

行业层面，在国家相关法律法规和标准体系建设的基础之上，需要面向金融、制造、能源等各领域具体需求，建立完善行业大数据治理指引，引导完善行业内部数据共享与开放规则，推动行业标准、治理模型建设，开展行业内部最佳实践积累，逐步形成面向行业业务需求的数据治理体系。

组织层面，需要明确企业数据资产核心地位，构建数据治理、数据管理体系。一是确立企业的业务战略和数据战略；二是建立数据组织、明确管理职责，制订数据管理制度和管理流程，形成大数据治理体系保障机制；三是依据企业数据现状和业务现状规范元数据、数据架构、数据标准、数据质量、数据安全、数据应用等具体管理活动并明确相关管理职能。

2.4 数据流程

工业大数据的数据流程包括：数据收集、数据清洗、数据分析和决策支持、数据交互和决策反馈。

① 数据收集：通过传感器或其他数据源从设备和传感器中收集数据，然后将其存储在数据库中。

② 数据清洗：从收集的数据中移除冗余数据，并将所有数据标准化以便于分析。

③ 数据分析和决策支持：使用大数据分析技术，如机器学习和深度学习，对数据进行建模和分析，从而为业务决策提供支持。

④ 数据交互和决策反馈：收集决策反馈数据，通过数据可视化等手段向用户展示分析结果，并及时反馈用户的操作，以持续优化业务决策。

2.4.1 相关规定性文件

根据不同的数据收集需求，工业大数据流程可能会涉及不同的规定性文件。

① 数据保护法规：处理数据收集、储存和处理的相关的规定，例如《欧盟数据保护法 GDPR》《中国信息安全法》等。

② 数据存储标准：定义了对于工业数据的存储标准，它们可以保证存储数据的一致性和可读性，例如 MT-Connect、ODB++、HDF5 等。

③ 安全标准：安全标准主要是为了保护实时和离线的工业数据，确保它们的机密性、完整性和可用性，例如 IEEE 802.1X、ISO/IEC 27001 等。

④ 数据传输标准：定义了对大数据的传输（包括实时传输）的标准，以确保数据完整和可用，例如 IEEE 802.3、TCP/IP、MQTT 等。

⑤ 数据分析标准：定义了对于工业大数据的分析和可视化的标准，以便提取有价值的信息，例如 Apache Spark、Apache Hadoop 等。

2.4.2 数据采集相关要求（摘自 GB/T 42130—2022）

GB/T 42130—2022《智能制造　工业大数据时间序列数据采集与存储管理》国家标准中规定了工业大数据时间序列数据采集的流程和系统功能，适用于工业大数据时间序列数据采集系统的研究、开发、测试和应用。该标准对采集系统功能中的时间序列数据采集功能、时间序列数据预处理功能、时间序列数据传输功能提出详细的功能要求，并提出如图 23-6-20 所示的数据采集流程。

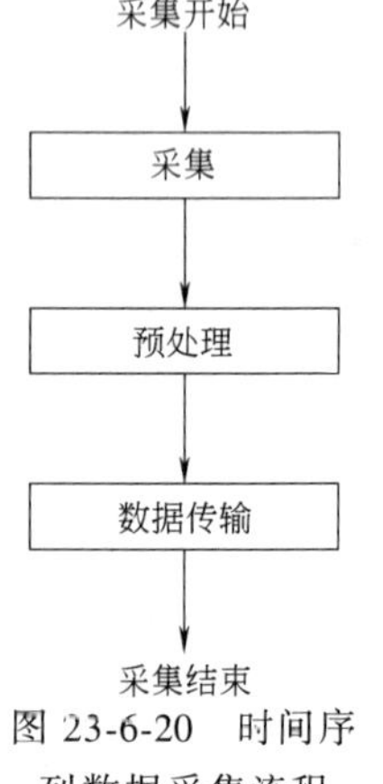

图 23-6-20　时间序列数据采集流程

2.4.3 数据存储相关要求（摘自 GB/T 42130—2022）

GB/T 42130—2022《智能制造　工业大数据时间序列数据采集与存储管理》国家标准中规定了工业大数据时间序列数据存储管理的流程和系统功能，适用于工业大数据时间序列数据存储管理系统的研究、开发、测试和应用。该标准对存储管理系统功能中的时间序列数据定义功能、时间序列数据与元数据长期存储功能、时间序列数据写入功能、时间序列数据更新功能、时间序列数据读取功能、时间序列数据删除功能提出详细的功能要求，并提出如图 23-6-21 所示的数据存储管理运行周期。

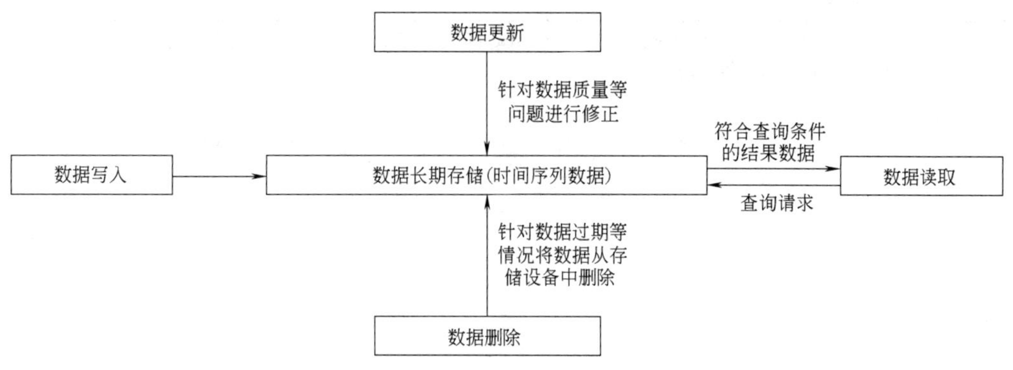

图 23-6-21　数据存储管理运行周期

3　工业软件

工业软件是指用于工业领域的计算机程序，用来辅助和管理工业生产过程。工业软件通常具有高度自动化和集成化的特点，可以实现生产计划编制、生产过程控制、质量管理、设备维护、生产数据分析等功能。本节详细介绍了工业软件的系统架构和软件要求。

3.1　软件产品与系统

3.1.1　工业 APP 参考架构（摘自 20193194-T-469）

表 23-6-38　工业 APP 参考架构

<table>
<tr><td>工业 APP 参考架构视图</td><td>采用视图方法对工业 APP 进行描述,采用 4 个不同的视图进行描述,见图 1,不同视图的描述见表 1
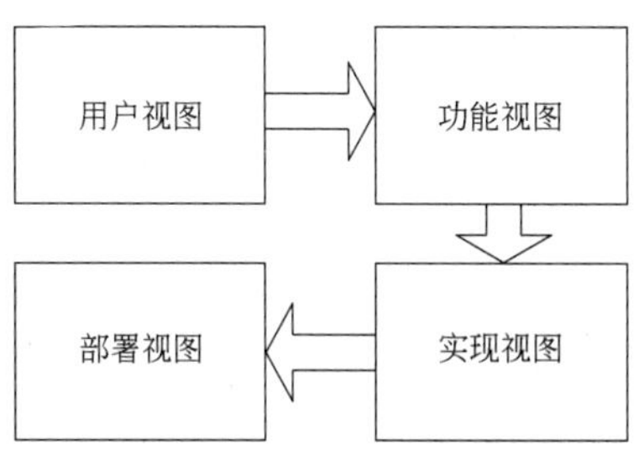

图 1　不同架构图之间的转换
表 1　IARA 视图
<table>
<tr><th>IARA 视图</th><th>视图描述</th><th>范围</th></tr>
<tr><td>用户视图</td><td>相关方、角色、子角色和工业 APP 活动</td><td>范围内</td></tr>
<tr><td>功能视图</td><td>支撑工业 APP 活动所需功能</td><td>范围内</td></tr>
<tr><td>实现视图</td><td>实现工业 APP 产品和服务所需的功能</td><td>范围外</td></tr>
<tr><td>部署视图</td><td>基于已有的或新增的基础设施,对工业 APP 的技术实现</td><td>范围外</td></tr>
</table>
注:虽然该标准包含工业 APP 用户视图和功能视图,但并不包括对实现视图和部署视图的描述,这是由于实现视图和部署视图与使用的技术和场景有关</td></tr>
</table>

续表

<table>
<tr><td>工业 APP
用户视图</td><td>用户视图涉及以下工业 APP 概念:工业 APP 活动;角色和子角色;相关方;共同关注点
用户视图所定义的实体见图 2
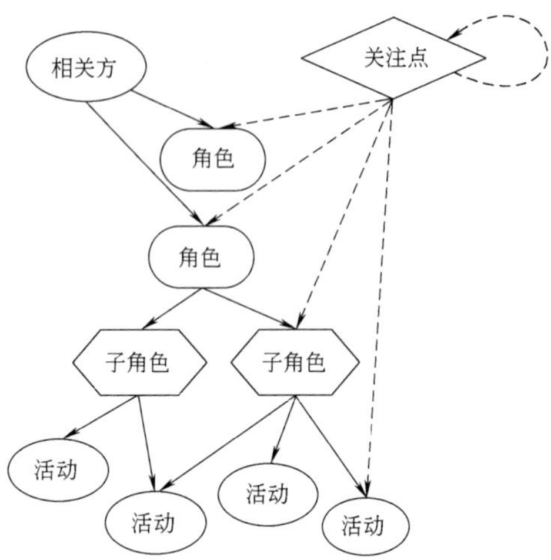

图 2　用户视图实体</td></tr>
<tr><td>工业 APP
功能视图</td><td>功能视图是构建工业 APP 所需功能的技术视图。功能视图描述了支持工业 APP 活动所需功能的分布,功能视图还定义了工业 APP 功能之间的关系,包括:功能组件、功能层、跨层功能
功能层和功能组件的概念见图 3
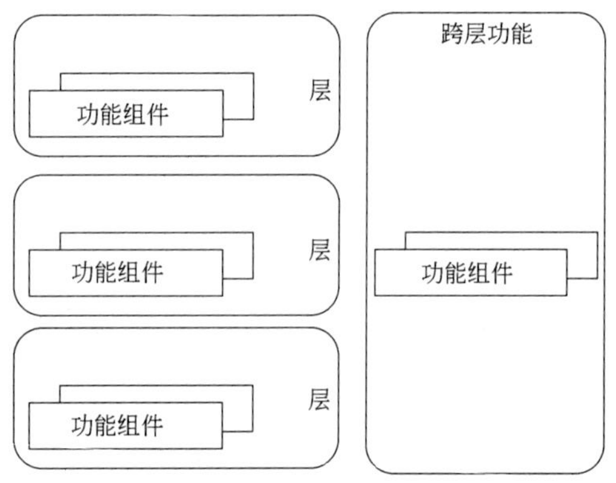

图 3　功能视图
工业 APP 功能架构用一组高层的功能组件来描述。工业 APP 功能架构的分层框架包括 4 层,以及一个跨越各层的功能的集合。这 4 层分别是:表示层、交互层、服务层、基础设施层
跨越各层的功能称为跨层功能。分层框架见图 4
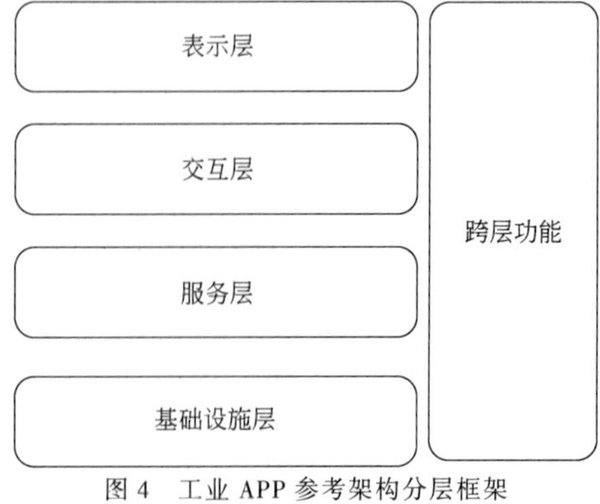

图 4　工业 APP 参考架构分层框架</td></tr>
</table>

续表

<table>
<tr><td>工业 APP
功能视图</td><td>功能组件是工业 APP 参考架构的一个功能要素,用于执行一个活动或其一部分。使用分层的方式描述工业 APP 功能组件见图 5
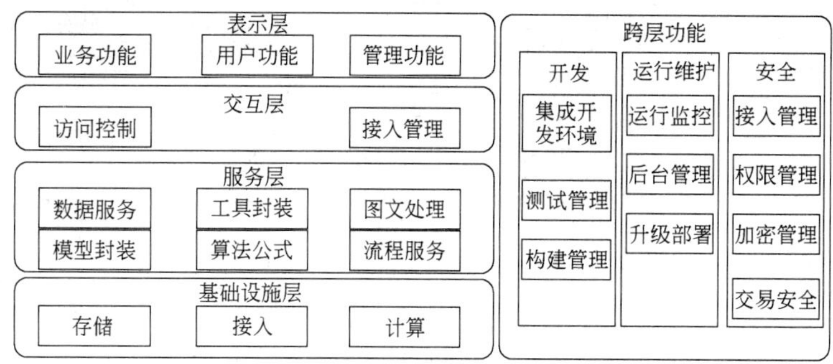

图 5　工业 APP 参考架构功能组件</td></tr>
</table>

3.1.2　工程中间件平台通用要求（摘自 20193193-T-469）

图 23-6-22 为工程中间件平台的功能视图，该视图与具体技术实现无关。功能视图描述了工程中间件平台具有功能组件的分布。

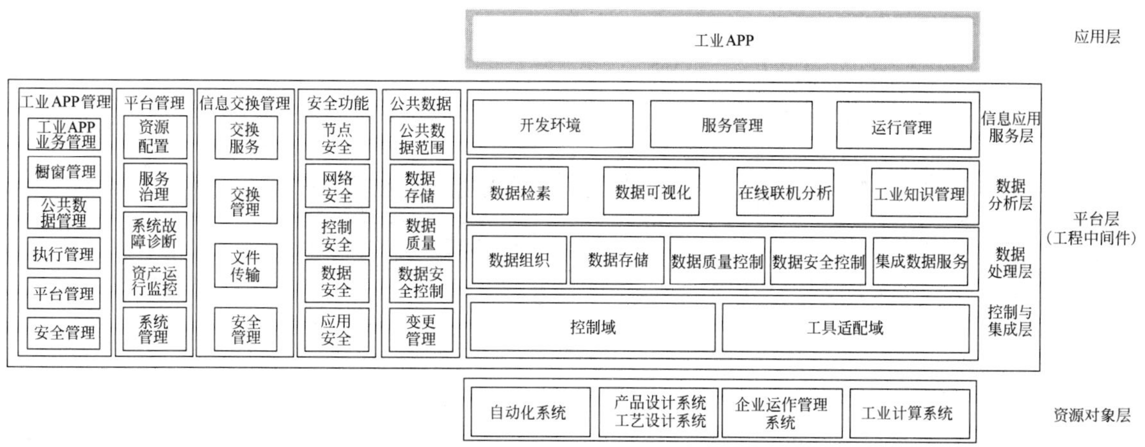

图 23-6-22　工程中间件平台的参考架构

资源对象应包括 4 类物理实体，见表 23-6-39。

表 23-6-39　**资源对象 4 类物理实体**

过程控制系统	DCS、PLC、SCADA、RTU、智能设备、智能仪表等
产品、工艺设计系统	CAD、CAE、CAM、CAPP、PLM 等
企业运作管理系统	ERP、MES、PM、HR 等
专用计算系统	ANSYS、仿真系统、模拟系统等

称产品设计系统、工艺设计系统、企业运作管理系统及专用计算系统为外部组件。

工程中间件平台各部分描述见表 23-6-40。

表 23-6-40　　工程中间件平台各部分描述

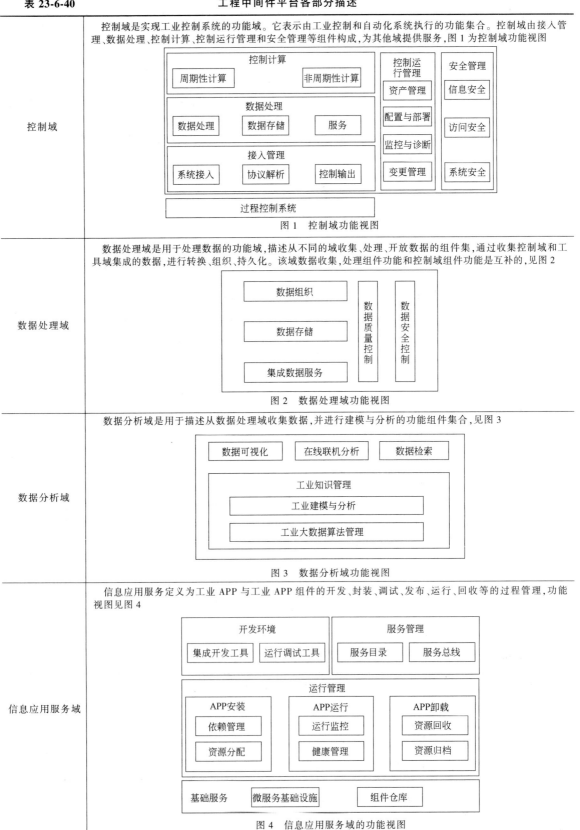

控制域	控制域是实现工业控制系统的功能域。它表示由工业控制和自动化系统执行的功能集合。控制域由接入管理、数据处理、控制计算、控制运行管理和安全管理等组件构成，为其他域提供服务，图1为控制域功能视图 控制计算：周期性计算、非周期性计算 数据处理：数据处理、数据存储、服务 接入管理：系统接入、协议解析、控制输出 控制运行管理：资产管理、配置与部署、监控与诊断、变更管理 安全管理：信息安全、访问安全、系统安全 过程控制系统 图 1　控制域功能视图
数据处理域	数据处理域是用于处理数据的功能域，描述从不同的域收集、处理、开放数据的组件集，通过收集控制域和工具域集成的数据，进行转换、组织、持久化。该域数据收集，处理组件功能和控制域组件功能是互补的，见图2 数据组织 数据存储 集成数据服务 数据质量控制 数据安全控制 图 2　数据处理域功能视图
数据分析域	数据分析域是用于描述从数据处理域收集数据，并进行建模与分析的功能组件集合，见图3 数据可视化　在线联机分析　数据检索 工业知识管理：工业建模与分析、工业大数据算法管理 图 3　数据分析域功能视图
信息应用服务域	信息应用服务定义为工业 APP 与工业 APP 组件的开发、封装、调试、发布、运行、回收等的过程管理，功能视图见图4 开发环境：集成开发工具、运行调试工具 服务管理：服务目录、服务总线 运行管理： APP安装：依赖管理、资源分配 APP运行：运行监控、健康管理 APP卸载：资源回收、资源归档 基础服务：微服务基础设施、组件仓库 图 4　信息应用服务域的功能视图

续表

<table>
<tr><td>公共数据
管理组件</td><td>公共数据管理组件用于工程中间件平台公共数据的定义管理、配置管理等，支撑平台功能的部署和运行。公共数据包括企业内部公共数据和协同公共数据，见图 5
公共数据范围
企业内公共数据
企业业务协同数据
数据存储
数据质量要求
变更管理
数据安全控制
图 5　公共数据服务域功能视图</td></tr>
<tr><td>信息交换系统</td><td>信息交换系统遵循公共数据域规则，实现工程中间件平台与产品设计系统、工艺设计系统、企业运作管理系统及专用计算系统的信息交换，包括交换服务、交换管理服务、运行监控服务，如图 6 所示
交换服务管理
服务接口管理
交换代理
交换服务
文件传输
交换管理
公共信息模型
质量服务
变更管理
交换监控
安全管理
认证和身份管理
授权和安全策略管理
加密管理
图 6　信息交换系统</td></tr>
</table>

平台管理提供平台的部署实施、运行监控、运维服务等功能。包括资源配置管理、服务治理、系统故障诊断、资产运行监控，如图 23-6-23 所示。

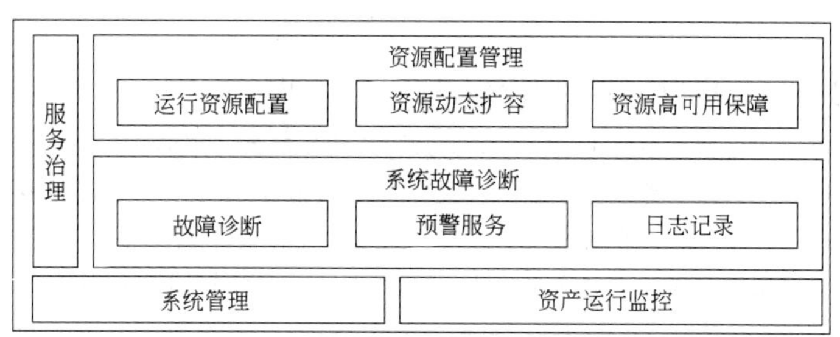

图 23-6-23　平台管理功能视图

工业 APP 管理组件定义为对工业 APP 商店的工业 APP 业务管理、执行管理、橱窗管理，以及公共数据、商店平台和商店安全管理的功能汇集。工业 APP 管理组件可通过公共数据交换组件与信息应用服务、其他跨层功能组件进行数据交换。图 23-6-24 为工业 APP 管理组件的功能视图。

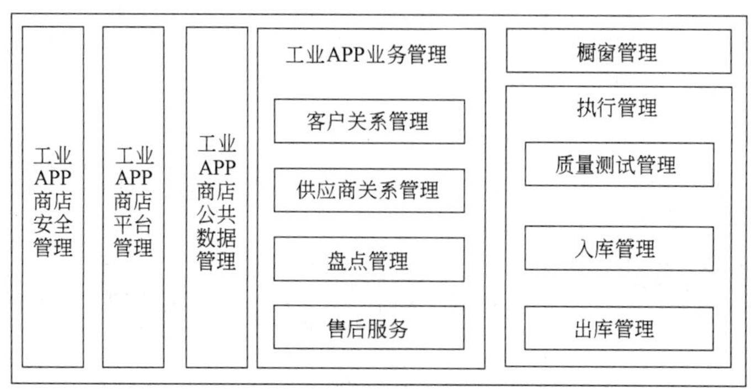

图 23-6-24　工业 APP 管理组件功能视图

3.2 工业 APP 组件化封装

工业 APP 开发包含多种方法，通过组件化封装方式开发是一种常见方法，另外也可以通过非组件化封装方式进行开发。

工业 APP 组件化封装总体框架如图 23-6-25 所示。

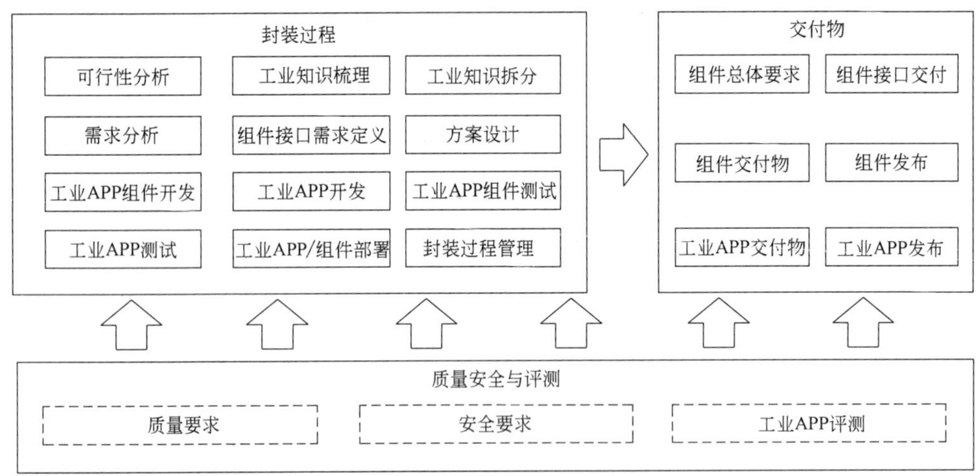

图 23-6-25　工业 APP 组件化封装总体框架图

3.3 服务与管理

3.3.1 软件生存周期过程指南（摘自 GB/Z 18493—2001）

一个典型的软件生存周期模型是由若干活动组成的。它从软件产品或服务的一个构想或概念开始经过系统工程和软件工程阶段，然后进行运作、维护和支持，到退役结束。GB/T 8566 将这些活动及其相关活动条理化为软件生存周期模型的基本过程、支持过程和组织过程等几个大的过程类型。图 23-6-26 显示了 GB/T 8566 在一个实例系统的生存周期模型中应用的要点，简要陈述了其基本目的，然后说明 GB/T 8566 的使用方式。

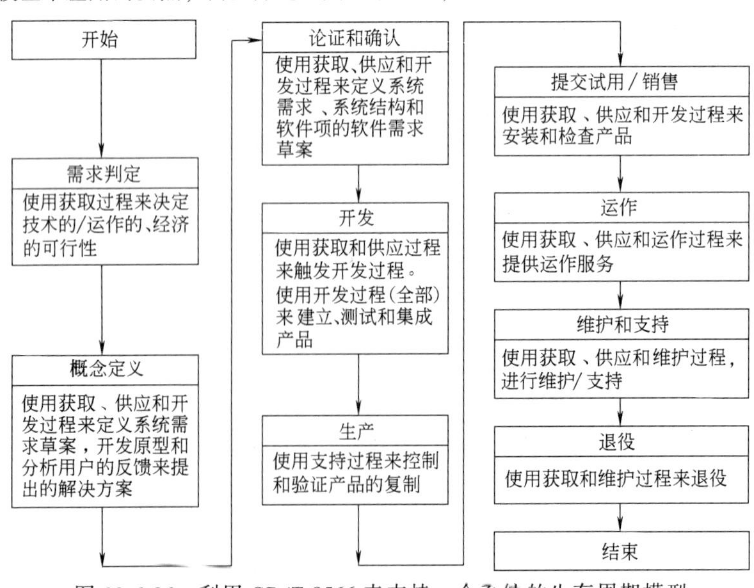

图 23-6-26　利用 GB/T 8566 来支持一个系统的生存周期模型

对 GB/T 8566 的任何活动或者整个生存周期模型而言，一个组织可以在其内部使用，又可要求供方部分或全部按标准的要求提供产品或服务。

3.3.2 工业软件质量要求（摘自 20193195-T-469）

工业 APP 产品应配有详实的产品说明和用户文档集，涵盖潜在需方所需了解的信息，及运行应用该产品所必需的信息。工业 APP 的产品说明应针对产品应用的工业领域、解决的工业问题、预期的效果给予明确说明。工业 APP 产品的产品说明和用户文档集应是易获得的、易理解的，不存在内容矛盾的。

工业 APP 产品应包含可执行程序，及必要的数据和配置文件。依照用户文档集的信息，工业 APP 应能成功地安装、更新和卸载。安装之后，软件的功能是否能执行应是可识别的。工业 APP 应提供知识产权情况说明，并提供相应的辅助材料，如完全知识产品或基于公开可获得的知识等。

工业 APP 质量分为软件产品质量和工业应用质量，如图 23-6-27 所示。

软件产品质量要求给出了工业 APP 作为软件产品的质量要求。相对于工业使用质量要求，软件产品质量要求更关注于软件本身的特性。软件产品质量要求见表 23-6-41。

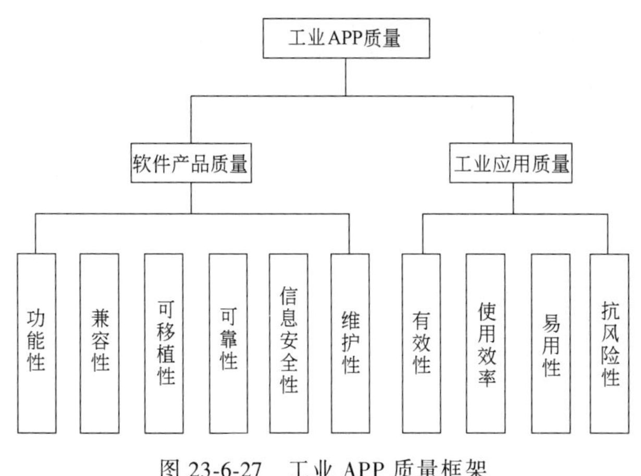

图 23-6-27 工业 APP 质量框架

表 23-6-41 软件产品质量要求

功能性要求	在指定条件下使用时，工业 APP 满足明确和隐含要求的要求
兼容性要求	在共享相同的硬件或软件环境的条件下，工业 APP 能够与其他产品、系统或组件交换信息，和/或执行其所需的功能的要求
可移植性要求	工业 APP 能够有效地从一种硬件、软件，或者其他运行（或使用）环境迁移到另一种环境的要求
可靠性要求	工业 APP 能够在指定条件下、指定时间内执行指定功能的要求
信息安全性要求	工业 APP 保护信息和数据的要求，以使用户、其他产品或系统具有与其授权类型和授权级别一致的数据访问度
维护性要求	工业 APP 能够有效、方便地被预期的维护人员修改的要求
工业应用质量要求	给出了工业 APP 解决工业问题的能力要求。相对于软件产品质量要求，工业应用质量要求更关注于工业 APP 满足特定场景中工业应用需要的程度
	有效性要求。工业 APP 准确地、完整地解决工业问题的要求
	使用效率要求。工业 APP 解决工业问题的精确度和资源利用率的要求
	易用性要求。工业 APP 能够被方便使用的要求
	抗风险性要求。工业 APP 缓解潜在风险的要求

3.3.3 工业软件　分类分级和测评（摘自 20202626-T-469）

工业软件的分类如下：

按照适用范围，工业软件分为基础共性、行业通用、企业专用和其他；按照应用场景，工业软件分为研发设计、生产制造、运维服务、经营管理、支撑保障、工业互联网和其他。

工业软件的分级测评模型分为工业属性、产品质量和使用质量三方面，见图 23-6-28。工业属性主要考虑工业软件作为工业产品所具备的属性，考虑工业软件在解决工业问题的能力及所封装的工业知识方面的要求。

工业软件产品分级测评等级共分四级，自低向高分别为一级（认定级）、二级（验证级）、三级（应用级）和四级（先进级），见图 23-6-29。较高的等级要求涵盖了低级别的要求。一级（认定级）：软件应具备基本的功

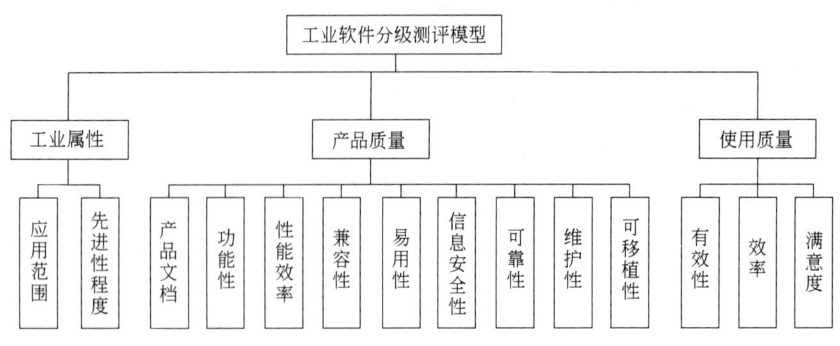

图 23-6-28　工业软件分级测评模型

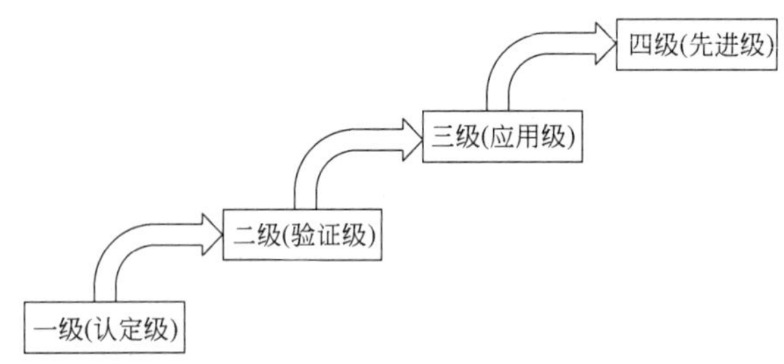

图 23-6-29　工业软件分级评测等级

能和产品文档，属于工业软件的范畴；二级（验证级）：工业软件通过第三方机构的测评，并通过用户验证；三级（应用级）：工业软件在用户中得到了广泛的应用和验证，能够局部替代国外同类产品；四级（先进级）：工业软件达到国际先进水平，能够完全替代国外同类产品。

工业软件分级测评模型给出了包括工业属性、产品质量、使用质量三类共 14 个指标，各级别测评指标的要求应符合表 23-6-42 的规定。

表 23-6-42　　工业软件等级与分级指标的关系

等级	工业属性		产品质量									使用质量		
	工业知识	先进性程度	产品文档	功能性	性能效率	兼容性	易用性	可靠性	信息安全性	维护性	可移植性	有效性	效率	满意度
一级	√	√	√	√	×	×	√	×	×	×	×	×	×	×
二级	√	√	√	√	√	√	√	√	√	√	√	√	×	√
三级	√	√	√	√	√	√	√	√	√	√	√	√	√	√
四级	√	√	√	√	√	√	√	√	√	√	√	√	√	√

注：√—必选指标；×—非测评指标。

3.4　工业技术软件化

3.4.1　工业控制计算机系统　软件　第 3 部分：文档管理指南（摘自 GB/T 26805.3—2011）

表 23-6-43　　文档管理指南

文档管理指南	软件文档是由制造商提供的、软件产品生命周期中的所有文档；软件文档归入工作文档和产品文档两类
	软件文档是与软件产品有关的可读文件，用以描述和记载软件产品生命周期各阶段的活动及结果；软件文档的表现形式可以是文字、表格、图形和音像等
	软件文档中包含描述硬件访问接口（如寄存器、引脚定义、端口、组态、中断等）的文档，以及工业现场对软件产品的要求（如可靠性、实时性、安全性等）

续表

文档管理指南	软件文档可以记载于多种媒体(例如光盘、磁盘、磁带、非易失性存储器和纸等介质)上,具有持久性,便于保存、修改、传输和自动化管理;软件文档可以复制
	软件文档可随软件升级而更新(经授权许可)
	概述软件文档应该具备以下主要功能:实现软件管理的依据;实现任务之间联系的凭证;提供使用须知与说明;提供质量保证支持;作为历史资料;提供产权声明

对软件开发项目文档编制的要求亦相应地分为三级，如图 23-6-30 所示。文档可以是某种文档的扩展和细分。在最简单的情况下，可合并成软件需求说明与开发计划、软件设计说明、使用说明和项目开发总结四种文档。而在软件规模特别庞大的情况下，可进一步细分为更多的软件文档。

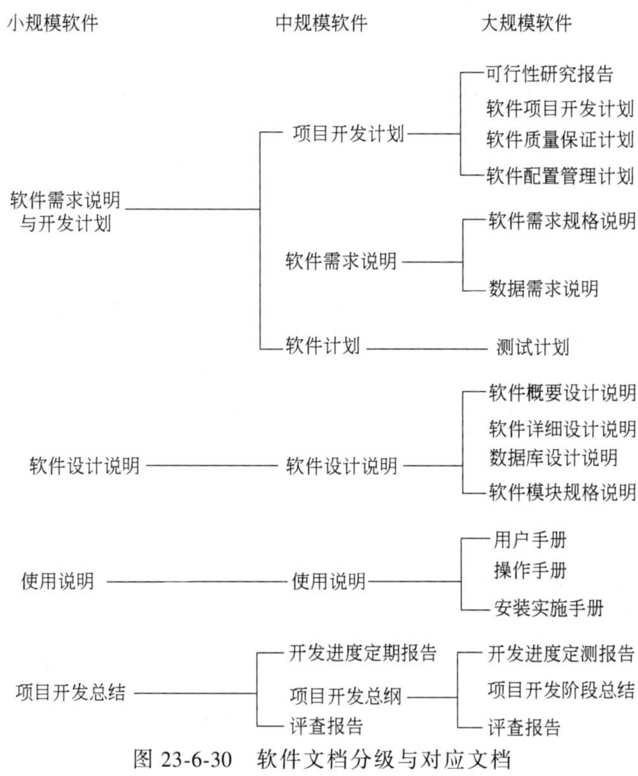

图 23-6-30　软件文档分级与对应文档

3.4.2　工业控制计算机系统　软件　第 5 部分：用户软件文档（摘自 GB/T 26805.5—2011）

表 23-6-44　　用户软件文档

用户软件文档	软件的标识包括提供软件名、版本和日期、派生软件和关键字等内容。对软件名、版本和日期以及派生软件,建议进行显示
	提供用以标识软件的标号和名称,还要提供描述软件主要功能的子标号
	提供软件的版本标识(版本、修订本、版本号和发行号),还要提供版本数字序号的简要说明。它应包括适用于这些项的保密性和私密性要求,处理它们的安全措施和关于复制和许可证条款的说明和制约
	软件版本的标识应符合 GB/T 8567—2006 中 7.22 的规范性要求。提供原版本和现行版本的出版日期。对同时流行但又有不少差别的同类软件需提供辅助标识。例如说明是否运行于不同的设备或操作系统。可以用来描述软件的特征以及进行查询和实现检索的描述符或关键字
	给出用户软件文档所用到的各项规则的细节,例如:约定在求解问题时所用字符或符号的含义;约定字符和符号组合后的特定含义;指明所使用的前缀、后缀、符号、精度、舍入、坐标系统、值域和缩写表的含义;约定各种技术规则的含义等
	描述与指定功能有关以及与程序的结构组织有关的解题方法和算法以及参考文献

续表

<table>
<tr><td rowspan="4">用户软件文档</td><td>按所指定的解题方法,描述程序单元的组织,例如:程序、子程序、模块、程序段、公共存储区</td></tr>
<tr><td>按图解方式表示,例如:采用树形结构图;采用适当的文字结构描述;必须包括单元名描述,描述它们的入口、出口,以及它们之间的相互关系</td></tr>
<tr><td>按常用单位,例如字节数或源代码行数,指出程序的总规模</td></tr>
<tr><td>逐项说明软件中每一程序所具备的各项功能及其极限范围。指出软件可能产生的出错信息的种类和采用的出错处理方法。指出为确保再启动和恢复,用户必须遵循的处理规则和详细步骤</td></tr>
</table>

3.4.3 工业控制计算机系统 软件 第4部分:工程化文档规范(摘自GB/T 26805.4—2011)

表 23-6-45　　工程化文档规范

<table>
<tr><td rowspan="18">工程化文档规范</td><td colspan="2">可行性研究报告要对工业控制对象做概要的描述,根据需求和实现环境把对软件开发项目在一定工业、技术、经济和社会条件下实现的可行性研究结果写成文档,为管理部门决定本开发项目的进行提供依据。可行性研究报告见GB/T 8567—2006中的7.1部分</td></tr>
<tr><td colspan="2">对工业控制对象做概要的描述,根据需求和实现环境把对软件开发项目在一定工业、技术、经济和社会条件下实现的可行性研究结果写成文档,为管理部门决定本开发项目的进行提供依据</td></tr>
<tr><td colspan="2">按照GB/T 7714—2015格式要求,列出本文档中引用到的参考资料,包括资料的编号、作者、标题来源、出版单位、日期等。列出本文档中专用的术语、定义或缩略语</td></tr>
<tr><td colspan="2">说明开发项目进行可行性研究的前提,如需求、目标、假定、限制、进行方法和评价准则</td></tr>
<tr><td rowspan="8">根据工业控制对象和用户的要求说明对软件开发的基本需求</td><td>功能,如数据采集、调节控制、图形显示、组态功能等</td></tr>
<tr><td>性能,如控制精度、响应时间、实时性要求、可靠性、灵活性等</td></tr>
<tr><td>输出,如控制量、开关量、报告、文件或数据,对每项输出要说明其特征,如用途、产生频率、类型以及接口</td></tr>
<tr><td>输入,说明来自工业控制对象和操作者的各种输入,包括数据的来源、类型、数量、数据的组织以及提供的频率</td></tr>
<tr><td>用图表的方式表示出最基本的数据流程和处理流程,并扼要说明</td></tr>
<tr><td>在安全与保密方面的要求</td></tr>
<tr><td>同本系统相连接的其他系统</td></tr>
<tr><td>完成期限</td></tr>
<tr><td rowspan="6">说明建议开发软件的主要开发目标</td><td>处理速度的提高</td></tr>
<tr><td>控制精度的提高</td></tr>
<tr><td>调节品质的改善</td></tr>
<tr><td>提高工作效率和减轻劳动强度</td></tr>
<tr><td>提高经济效益(提高产品质量,降低能源消耗等)</td></tr>
<tr><td>提高生产自动化程度</td></tr>
</table>

4 工业云

工业云是基于云计算技术和工业软件的一种解决方案，旨在为工业领域提供灵活、可扩展和安全的计算和数据存储环境。工业云可以帮助企业将传统的生产过程和管理方式与云计算相结合，实现生产数据的实时采集、存储和分析，提高生产效率和质量。本节详细介绍了工业云的相关概念以及使用工业云中的相关准则。

4.1 资源

4.1.1 工业云参考模型（摘自 GB/T 37700—2019）

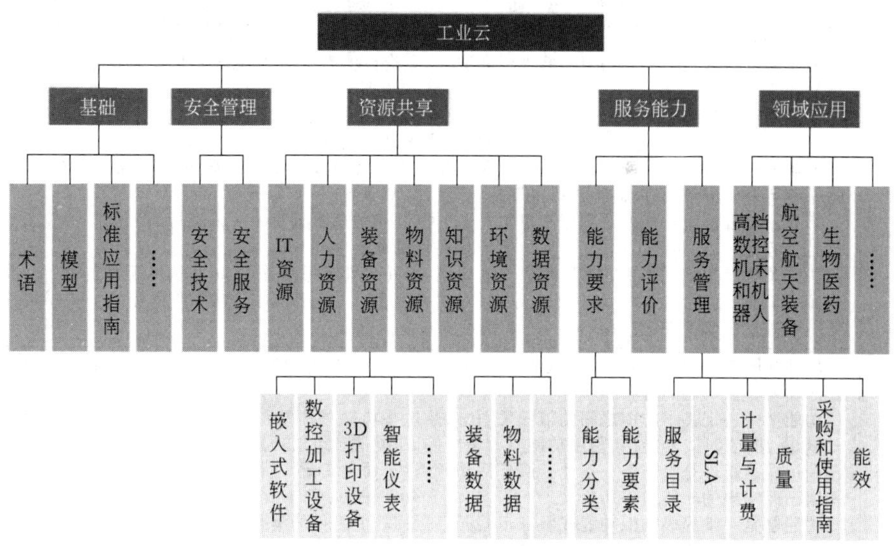

图 23-6-31　工业云标准体系架构图

表 23-6-46　　工业云标准体系框架

基础标准	关注工业云服务的术语和模型等基础类标准，规范工业云服务基本概念，指导工业云系统建设、服务部署和提供，并为制定其他标准提供支持，也为评估工业云相关产品、解决方案和服务提供依据
安全管理标准	主要包括安全技术和安全服务两个方面，指导企业建立信息安全管理制度，具有针对工业软件、知识库、制造资源、数据资源、工控网络等的信息安全保障措施以及应急响应能力
资源共享标准	包括IT资源、人力资源、装备资源、物料资源、知识资源、环境资源和数据资源等7大类。资源共享标准用于规范各类资源在接入工业云时应遵循的接口和协议标准，指导资源提供方和使用方以统一的方式提供、使用、监控和管理工业云服务资源，从而规范和引导建设工业云计算服务的关键软硬件产品研发，以及软件、硬件、数据等工业云资源的管理和使用，实现工业云计算的快速弹性和可扩展性
服务能力标准	规范能力要求、能力评价和服务管理，从而协助针对工业云服务能力的管理。其中能力要求解决了工业云服务能力分类、能力要素等方面；服务管理包括设计、部署、交付、运营、采购、使用，以及服务水平协议（SLA）、计量与计费、质量、能效等方面的管理
领域应用标准	领域应用标准基于领域特点及需求，针对不同领域，制定服务各领域、各环节的工业云标准

表 23-6-47　　工业云模型详解

<table>
<tr><td rowspan="2">工业云参考模型</td><td rowspan="2">工业云用户视图</td><td>表1　工业云用户视图实体组成
<table>
<tr><td rowspan="6">工业云用户视图实体</td><td>工业云活动</td></tr>
<tr><td>工业云角色和子角色</td></tr>
<tr><td>工业云参与方</td></tr>
<tr><td>工业云服务</td></tr>
<tr><td>工业云部署模型</td></tr>
<tr><td>共同关注点</td></tr>
</table></td></tr>
<tr><td>用户视图所定义的实体之间的关系见表23-6-38的图2
工业云活动是一组特定工业云任务的集合，至少有一个目标，能交付一个或多个结果</td></tr>
</table>

续表

<table>
<tr>
<td rowspan="3">工业云参考模型</td>
<td>工业云用户视图</td>
<td>
表 2　工业云角色组成
<table>
<tr><td rowspan="3">工业云角色</td><td>工业云服务客户:使用工业云服务的个人或组织</td></tr>
<tr><td>工业云服务提供者:提供工业云服务的个人或组织</td></tr>
<tr><td>工业云服务协作者:为工业云服务提供者和/或工业云服务客户的活动提供支撑或辅助功能的参与方</td></tr>
</table>
工业云参与方是一个或一组自然人或者法人,不论该法人是否注册。工业云参与方是工业云系统的利益相关者
在某个给定时间点,工业云参与方可承担多个角色,也可承担某个角色活动的指定子集。在工业云系统中,任何工业云参与方至少需要承担一个角色才能成为利益相关者
工业云服务是工业云的核心要素。工业云服务提供者通过工业云将人、机、物、知识等有机结合,为工业构建一种特有的服务生态,向客户提供资源和能力共享服务
工业云部署模型是根据对物理或虚拟资源的控制和共享方式对工业云进行的分类。工业云部署模型主要包括公有工业云、私有工业云、社区工业云和混合工业云
共同关注点指的是需要在不同角色之间协调,且在工业云系统中一致实现的行为或能力。共同关注点可被多个工业云角色、活动和组件所共享,且对这些角色、工业云活动和组件产生影响。共同关注点适用于多个不同的角色或组件
</td>
</tr>
<tr>
<td>工业云功能视图</td>
<td>
功能视图是构建工业云系统所必需功能的视图。该视图与具体技术实现无关。功能视图描述了支持工业云活动所必需功能的分布
功能架构还定义了功能之间的依赖关系,以及这些功能对外发布的功能接口。功能视图涵盖了以下工业云概念:功能组件、功能层、跨层功能。功能组件、功能层和跨层功能的概念见表 23-6-38 的图 3
一个功能组件是参与某一工业云服务活动所需的,通过实现支撑的功能构建组件。工业云的能力完全由一组已经实现的功能组件所定义
功能层是一组提供类似功能或服务于共同目标的功能组件的集合,功能架构可部分层次化
跨层功能提供跨越多个功能层次能力的功能组件
</td>
</tr>
<tr>
<td>工业云用户视图和工业云功能视图区别</td>
<td>
图 1 给出了用户视图如何提供工业云活动的集合,以及这些工业云活动在功能视图中如何表示
 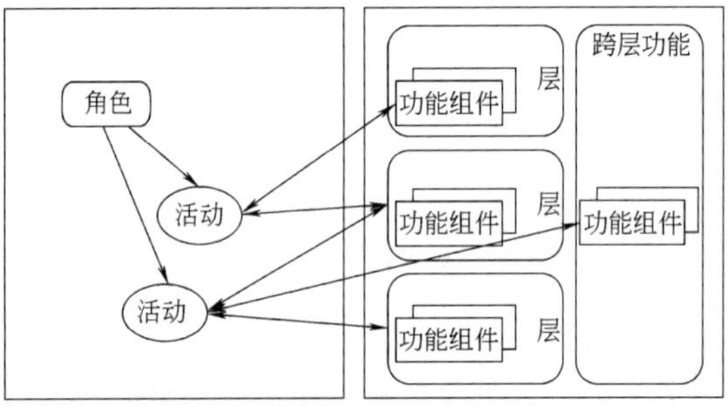
图 1　从用户视图到功能视图
</td>
</tr>
<tr>
<td>用户视图</td>
<td>概述</td>
<td>
工业云的核心是分布式的工业服务及服务交付。据此,所有工业云相关的活动分为三组:使用服务的活动、提供服务的活动和支撑服务的活动
在任意给定的时间点,一个参与方可承担多个角色。当承担一个角色时,参与方可限制其只承担该角色的一个或多个子角色。对于给定角色,子角色是其云计算活动的子集
工业云用户视图定义了工业云服务客户、工业云服务提供者和工业云服务协作者三种主要角色。图 2 给出了工业云用户视图及其角色组成
 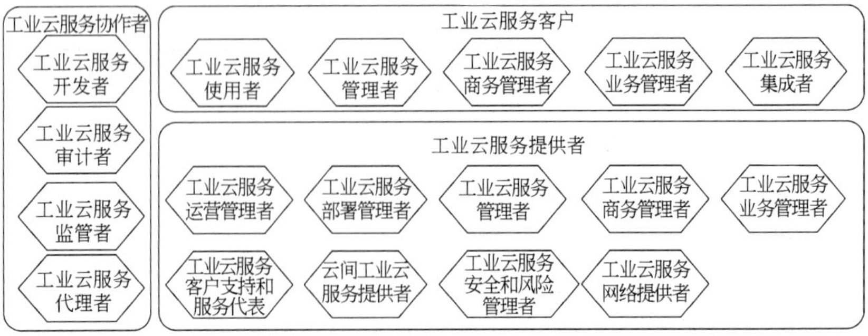
图 2　工业云用户视图
</td>
</tr>
</table>

续表

<table>
<tr><td rowspan="3">用户视图</td><td>工业云服务客户</td><td>工业云服务客户包括工业云服务使用者、工业云服务管理者、工业云服务商务管理者、工业云服务业务管理者和工业云服务集成者五种子角色。图 3 给出了工业云服务客户角色及其子角色和不同角色能进行的相关活动
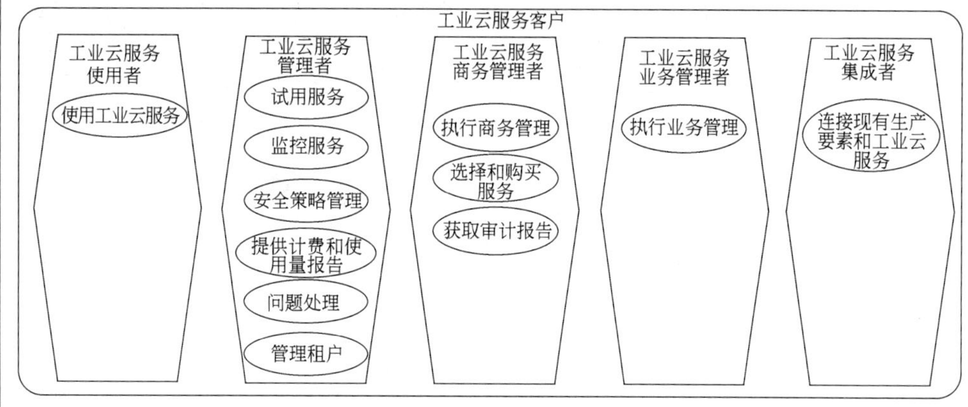

图 3　工业云服务客户</td></tr>
<tr><td>工业云服务提供者</td><td>工业云服务提供者为工业云服务客户提供工业云服务。该角色(及其所有子角色)包括提供工业云服务、确保工业云服务交付、维护工业云服务、处理和工业云服务客户之间的业务关系
工业云服务提供者包括工业云服务运营管理者、工业云服务部署管理者、工业云服务管理者、工业云服务商务管理者、工业云服务业务管理者、工业云服务客户支持和服务代表、云间工业云服务提供者、工业云服务安全和风险管理者以及工业云服务网络提供者等九种子角色。各子角色及其活动见图 4
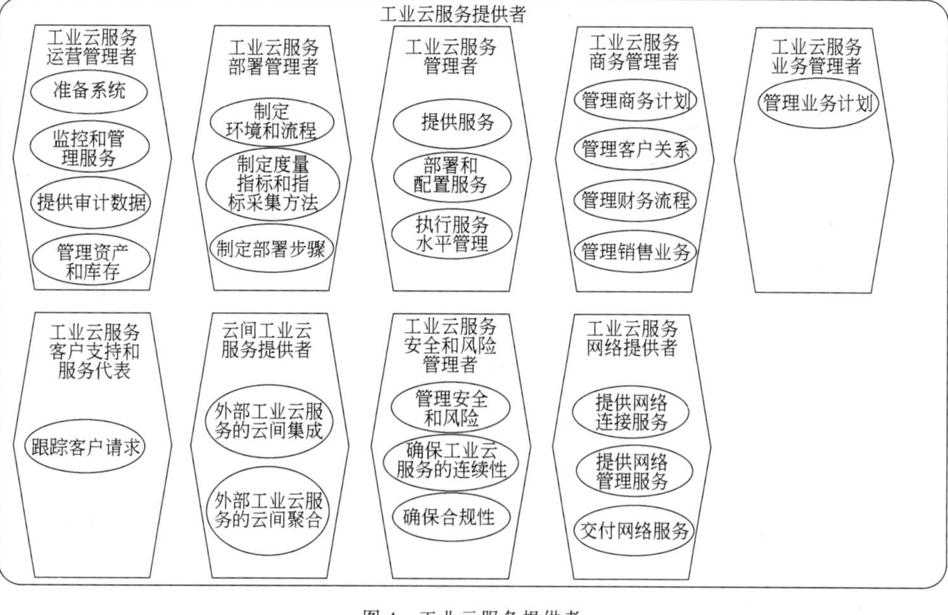

图 4　工业云服务提供者</td></tr>
<tr><td>工业云服务协作者</td><td>工业云服务协作者是指为工业云服务的提供和使用提供支持的第三方
工业云服务协作者的活动随着合作者的类型及其与工业云服务提供者和工业云服务客户之间关系的不同而变化
工业云服务协作者包括工业云服务开发者、工业云服务审计者、工业云服务监管者和工业云服务代理者等四种子角色。各子角色及其活动见图 5</td></tr>
</table>

续表

<table>
<tr>
<td rowspan="2">用户视图</td>
<td>工业云服务协作者</td>
<td>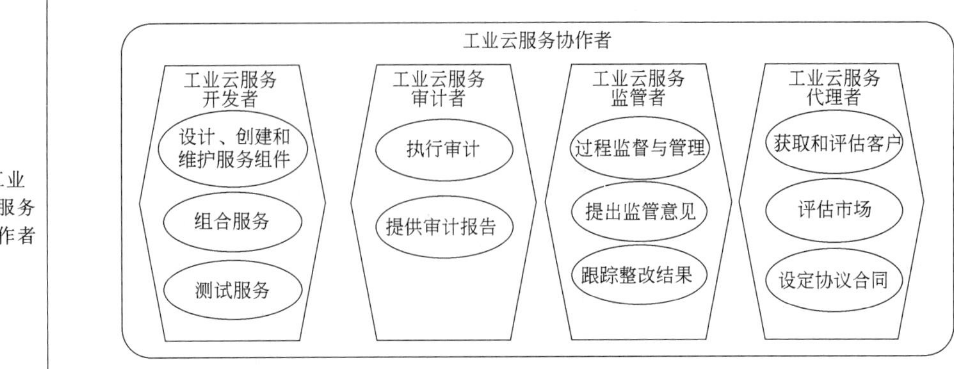

图 5　工业云服务协作者</td>
</tr>
<tr>
<td>工业云功能架构和分层框架</td>
<td>工业云功能架构用一组抽象的功能组件来描述工业云。功能组件代表了为执行 GB/T 37700—2019 第 6 章用户视图描述的与工业云相关的各种角色和子角色的工业云活动的功能集合。功能架构通过分层框架来描述组件。在分层框架中，特定类型的功能被分组到各层中，相邻层次的组件之间通过接口交互
工业云的分层框架包括 4 层，以及一个跨越各层的跨层功能集合。这 4 层分别是用户层、访问层、服务层、资源层。跨越各层的功能称为跨层功能。需要注意的是，对于某个具体的工业云系统，并不需要提供上述的全部功能组件层次，分层框架见图 6
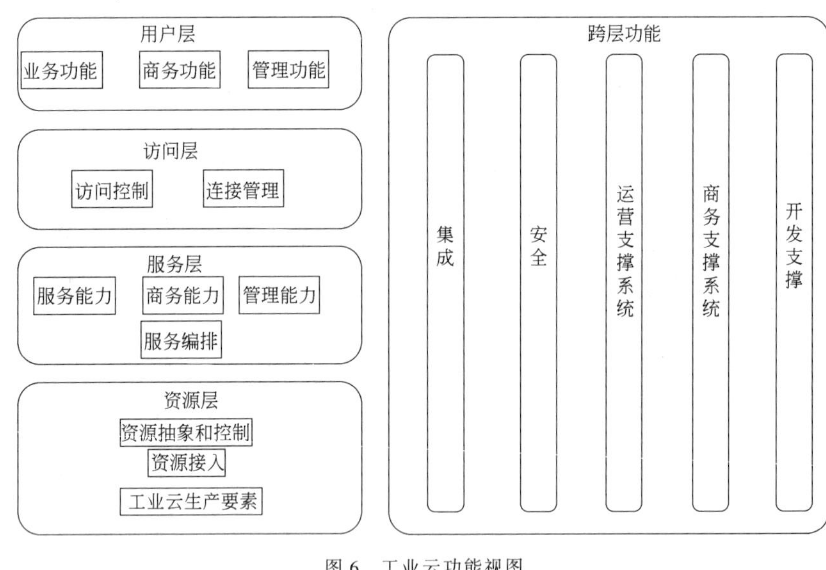

图 6　工业云功能视图</td>
</tr>
</table>

4.1.2　基于工业云平台的个性化定制技术要求（摘自 GB/T 42412—2023）

表 23-6-48　　基于工业云平台的个性化定制技术要求

个性化定制技术框架	企业的生产运作过程分为设计、制造、装配、销售和售后服务五个阶段，每个阶段又是由一系列的运作环节所组成。基于工业云平台的个性化定制，是通过工业云平台、工业软件、行业定制模块以及个性化定制门户网站等，将用户需求和企业产品设计、生产计划精准匹配，并借助模块化生产线和新型制造工艺，实现的产品多样化、定制化生产制造模式。用户应从完全定制、设计定制、制造定制、装配定制、销售定制、售后服务定制等定制发生阶段通过访问个性化定制门户网站来开展个性化定制活动 基于工业云平台的个性化定制技术框架（见图 1）分为 4 个部分，分别是：工业云平台、工业软件、行业定制模块和个性化定制门户网站，图中上层对其下层有依赖关系

续表

个性化定制技术框架

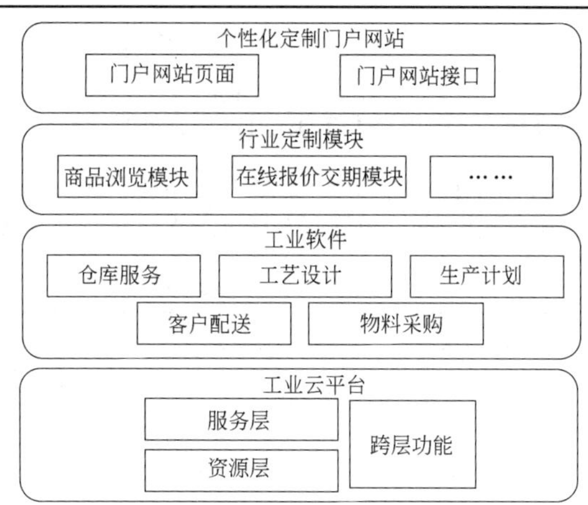

图 1　工业云平台的个性化定制技术框架

表 1　工业云平台的个性化定制技术框架说明

说明
个性化定制门户网站:基于工业云平台的个性化定制的门户模块,可用于门户网站页面和门户网站接口之间的访问。门户网站页面通过运行在终端的 Web 浏览器或移动终端进行访问;门户网站接口通过接口调用的方式进行访问。用户通过终端可随时随地查看个性化定制流程的进展状态以及获取即时的平台反馈
行业定制模块:在工业云平台上运行的面向各种行业的定制化模块,如商品浏览模块和在线报价交期模块
工业软件:主要实现仓库服务、工艺设计、生产计划、客户配送和物料采购等企业通用模块,分别和各种企业业务平台对接
工业云平台:主要包括资源层、服务层以及跨层功能,用于支撑工业个性化定制生态体系

个性化定制门户网站

表 2　个性化定制门户网站提供的两种访问模式

模式	
模式	Web 浏览器访问
	移动终端访问

实施个性化定制的资源应包括工具库、工艺库、材料库、设计库和设计师等相关资源,并符合表 3 的规定

表 3　资源要求

名称	功能
工具库	提供用于设计和展示阶段的各种工具,包括 3D 渲染建模工具、设计工具等
工艺库	提供用于工厂生产的各种工艺,通常工艺和产品本身密切相关,产品的加工过程严重依赖于生产过程中的各种具体工艺
材料库	提供各种生产过程中所需材料的物理参数,用于生产合适的物理产品
设计库	提供各种可用于生产的模型
设计师	提供可以按照个性化需求生成模型的设计师或设计师团队

表 4　个性化定制门户网站具体要求

要求	
应符合 GB/T 18793—2002 描述要求	
应符合 WSDL2.0 描述要求	
格式应符合 JSON 传输方式及标准协议	
内容宜包含工业资源相关配置、价格、数量等信息	
工业软件在迁移至工业云平台后,需要满足部署、多租户以及微服务化要求,以支撑上层行业定制模块服务化	
工业软件部署要求	部署在工业云平台上
	支持工业软件安装、配置、卸载等个性化定制功能
工业软件在多租户方面要求	实现多租户访问和使用要求
	实现保护租户数据的隐私与安全
工业软件的微服务化要求	实现工业软件服务编排
	实现云化资源调用和弹性扩缩容
	实现工业软件微服务的统一管理
	实现微服务相关安全策略、隐私和认证等安全策略
	具备容错能力、抗攻击能力,数据备份和系统恢复能力等特性,保证工业软件稳定运行
工业云平台要求	GB/T 37700—2019 中 7.27.3 的规定要求
	支持工业软件和行业定制模块的资源动态配置要求
	支持工业软件、行业定制模块、个性化定制门户网站的资源监控管理

4.2 服务

4.2.1 工业云服务计量指标（摘自 GB/T 40207—2021）

根据 GB/T 37724—2019 的约定，GB/T 40207—2021 从通用性、研发设计、生产制造、物流、营销、检测、售后等七个方面给出了工业云服务计量指标。工业云服务计量指标见表 23-6-49。

表 23-6-49　　工业云服务计量指标

类别	名称	单位	描述
通用性	人力数	如:人·时、人·天、人·月	工业云服务过程中所需的人数及人员工作时长
	交付量	如:个、套、件、次	工业云服务过程中交付的产品数量(如交付物、服务授权许可等)
	执行时长	如:日、时、分	工业云服务从开始处理到结束的耗时
研发设计	模型量	如:个、件、套	工业云研发设计服务过程中,产生、调配或使用的模型数量
	研发设计文件数	如:套、份	工业云研发设计服务过程中,产生、调配或使用的研发设计文件数量
	设计工具数	如:个、件、套	工业云研发设计服务过程中,研发设计工具的调配或使用的数量
生产制造	物料数	如:个、件、套	工业云生产制造服务过程中,调用或消耗的物料数量
	装备数	如:次、套	工业云生产制造服务过程中,调配或使用的装备数量
物流	货物质量	如:千克	工业云物流服务过程中,所运输的货物质量
	货物尺寸	如:米	工业云物流服务过程中,所运输货物的尺寸
	货物体积	如:立方米	工业云物流服务过程中,所运输货物的体积
	货物数量	如:个、件、套	工业云物流服务过程中,所运输的货物数量
	运输距离	如:公里	工业云物流服务过程中,货物的运输距离
营销	销售金额	如:元	工业云营销服务过程中,产生的交易总金额规模
检测	检测工具数	如:次、个、套	工业云检测服务过程中,调配或使用的检测工具数量
售后	售后服务单数	如:单	工业云售后服务过程中,形成的服务单数

4.2.2 工业云服务协议指南（摘自 GB/T 40203—2021）

工业云服务提供者和工业云服务客户宜遵循图 23-6-32 所示流程对工业云服务协议进行管理，以确保按一种受控的方式管理与服务协议有关的活动。

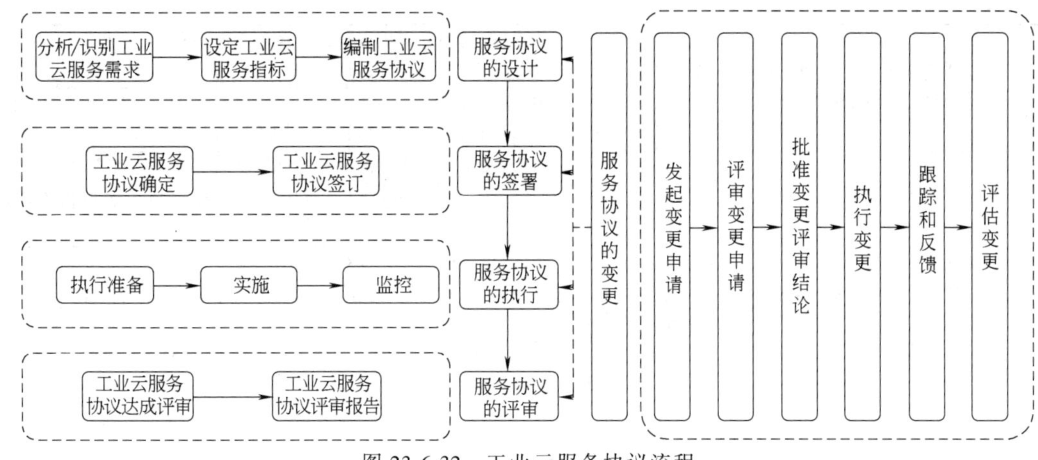

图 23-6-32　工业云服务协议流程

4.2.3　工业云服务能力通用要求（摘自 GB/T 37724—2019）

表 23-6-50　　工业云服务业务能力生命周期

规划	规划是工业云服务提供者根据工业云服务客户业务活动的需求，分析并制定在工业云平台上向工业云服务客户具体输出哪些服务内容的方案，以便合理地配置、调度各类资源	分析需求：分析用户对工业云服务的需求，并将用户需求映射到己方可提供的服务能力上
		评估资源：清点、核算己方现有资源，明确需求与现有资源、能力之间的差距
		制定规划设计方案：制定规划设计方案及备选方案，作为能力建设的具体指导文件
建设	建设是工业云服务提供者根据能力规划的具体内容，组织资源和能力，接入到工业云平台上，以便向用户进行服务的输出	广泛的网络接入：能通过网络使用工业云服务，用户能从任何网络覆盖的地方，使用多种客户端设备访问和使用工业云服务，包括传统设备、移动设备及智能装备（包括生产设备、检测设备、物流设备及仓储设备等）
		可度量：能对工业云服务的使用量进行度量，支持一种或多种计费方式，工业云服务客户只需对消费的资源或业务能力服务进行付费
		多租户：通过对工业云服务的分配实现多个租户以及他们数据彼此隔离和不可访问
		按需自服务：能够按工业云服务客户的需求自动地（或通过与工业云服务客户的最少交互）配置工业云服务
		弹性：工业云服务能够快速、灵活，有时是自动化地供应，以达到快速增减资源目的的特性
		资源池化：将工业云服务提供者的物理或虚拟资源集成起来服务于一个或多个工业云服务客户的特性
运营	运营是业务能力上线、展示、检索、咨询、交易、交付、更新、撤销等操作	上线：工业云服务提供者能够利用工业云平台提供的标准发布程序对业务能力进行自主发布，且所有发布均限于业务能力本身，不会造成其他工业云服务的中断
		展示：工业云服务提供者把业务能力上线后，提供完整功能说明与使用指导，能够让工业云服务客户清晰地知晓该业务能力能解决何种问题
		检索：上线的业务能力本身具备关键字等特性，能够被工业云服务客户快速检索
		咨询：提供必要的沟通手段，能够让工业云服务客户向工业云服务提供者完成必要的咨询活动
		交易：工业云服务客户能够按需灵活地订购相关服务，并向工业云服务提供者支付报酬
		交付：业务能力的交付满足及时、可用的特点，并能够提供可量化、可计量的验收指标，用于工业云服务客户对业务能力的验收

续表

运营	运营是业务能力上线、展示、检索、咨询、交易、交付、更新、撤销等操作	更新:工业云服务提供者更新业务能力时,充分考虑相关业务能力的关联性及对工业云服务客户的影响
		撤销:该业务能力无任何工业云服务客户继续使用或相关合约终止时才可撤销,撤销时保留撤销历史,便于追溯
评估	评估是对工业云服务业务能力综合效果进行评价,工业云服务协作者或工业云服务客户等可以评估工业云服务提供者所提供的服务等级	完备性:包括功能实现的完整程度和功能实现的正确程度
		适合性:包括功能满足用户使用需求的程度和功能规格说明的稳定性
		正确性:提供精准数据或相符结果的能力
		互操作性:提供业务服务的过程中与一个或多个平台进行交互的能力
		信息安全性:保护信息和数据以使未授权的人员或系统不能阅读或修改这些信息或数据
		依从性:业务能力遵循与业务相关的标准、约定或法规以及类似规定的能力

4.2.4 工业云服务数据管理通用要求（摘自 GB/T 40693—2021）

工业云服务的数据管理包括数据的定义、创建、存储、维护和访问等环节，在这些环节对工业云服务数据进行管理，保证工业云服务数据的完整性、一致性、安全性可靠性和易用性等。工业云服务数据管理见表 23-6-51。

表 23-6-51　工业云服务数据管理

数据的定义	对数据实例汇集必须遵守的规则进行描述的活动
数据的创建	对数据存储容器及管理功能构建实例的活动
数据的存储	将数据存放到云或物理媒体上的活动
数据的维护	对工业云服务数据的生存周期按需求进行管理的活动
数据的访问	关联工业云服务的访问进程,根据权限约定向用户提供目标数据的活动

数据管理环节与要素见图 23-6-33。

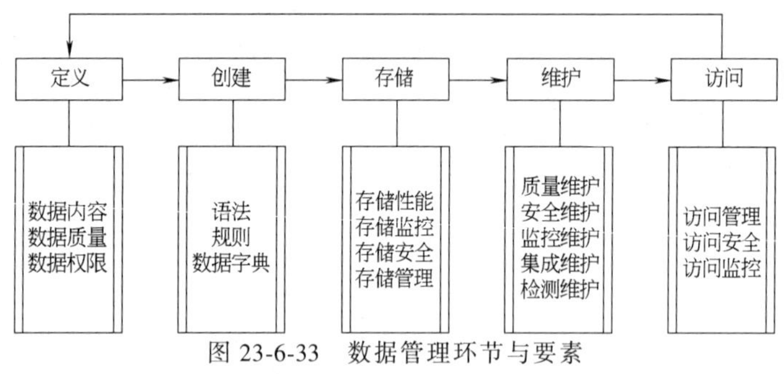

图 23-6-33　数据管理环节与要素

4.2.5 工业云服务知识库接入与管理要求（摘自 GB/T 42406—2023）

在工业云服务过程中，通过知识库的接入实现知识的汇聚与共享，为工业云服务客户提供知识、经验、案例，实现知识的复用和共享。

知识库包括公共模具库、零件库、故障诊断规则库、算法模型库等。知识库一般用规则、语义网、知识树和知识图谱等模型来表示知识。知识库介绍见表 23-6-52。

表 23-6-52　知识库介绍

知识库接入主要步骤	规划:知识库接入规划应包含对知识库接入内容和接入方案进行定义的过程
	执行:知识库接入执行应包含对工业云知识库接入的过程,并形成工业云服务能力
	测试:知识库接入测试应包含对知识库接入后的应用功能、运行性能进行测试和验证的过程
	优化:知识库接入优化应根据知识库接入测试结果进行调整优化,也包括运行过程中发现问题、改进接入的过程

第23篇

续表

资源认证	支持接入不同来源的知识库，如企业知识库、行业知识库、社会组织开发的知识库等	
	对接入的知识库进行合法合规审核	
	对接入的知识库进行身份、权限等的确认	
	支持知识模型的统一运维和管理	
知识库的数据交换应满足的要求	提供 API 接口或文件方式进行接入	
	通过 API 接口进行接入：API 接口应支持包括超文本传输协议/超文本传输协议安全、文件传输协议/文件传输协议安全、简单对象访问协议、消息队列等传输格式的接口	
	通过文件进行接入；应支持利用文件的上传下载实现交换，文件包括但不限于系统文件三维数字模型文件、软件开发包和微服务组件等	
	通过数据库进行接入：应支持采用数据库访问接口实现交换，数据库包括但不限于关系型数据库、图数据库、NoSQL 数据库等	
	应支持异构终端的知识库接入	
	应提供移除知识库的接口或工具，提供知识库移除后的资源动态回收机制	
	应符合 GB/T 37700—2019 中 7.3.5.2 的要求	
接入测试	验证接入知识库的完整性、兼容性、一致性和安全性	
	检查能否满足接入知识库的通信带宽和容量需求	
知识库的管理活动	知识库的检索、调用、维护和统计	检索包括建立知识库目录、检索排名等
		调用包括特定工业场景应用、知识库内容完善等
		维护包括知识库备份管理、容灾管理、内部人员管理、分类管理及知识库运行监控等
		统计包括分级统计、排名统计、统计分析等
工业云服务过程	应建立知识库目录和索引	
	应提供不同类型的检索接口，如包括 API、Web 服务、命令行等	
	应能根据不同的权限等级，提供相应的检索服务	
	应提供推送检索热词功能	
	可提供同义词检索功能	
	可集成语境检索技术、查询提问和用户信息	
	通过插件等方式将知识库专有格式文件（图纸、模型等）转换为可视化结果	
	应提供将知识库调用到相应工业场景、业务部门的接口或工具	
	在实际调用过程中，提出新知识的需求并对知识库内容进行完善	
	知识库调用过程	明确调用模板，确定调用计划和调用对象
		开展调用过程，结合工业应用场景，依据相应知识库解决实际问题
		对调用结果进行绩效评价，评估新知识需求及获取方式
维护	提供知识库用户管理，包括账号管理、权限管理等	
	提供知识库审查管理	
	提供知识库备份和归档管理	
	提供知识库分类管理	
	提供知识库运行监控功能，并可通过日志查看运行记录	
	提供知识库更新功能，保证更新版本与原版本的兼容性	
	提供知识库容灾管理	
	具备知识库知识产权保障机制	
	提供安全保护机制，包括内容隐私及防泄露机制	
统计	应提供不同类型的统计接口，如包括 API、Web 服务、命令行等	
	应提供知识库统计权限管理机制	
	应提供多层级、分类、分主题的知识库统计	
	可提供知识库（使用）排名统计	
	应提供知识库统计报表，包括：管理员报表、文档报表统计，并提供报表导出功能	
	可提供基于知识库统计的管理机制，包括内容清理、整合等	
	应提供可视化统计分析，如雷达图、热力图等	
	可支持交互式的统计分析	
	可支持知识图谱，并形成具有关联性的知识统计	

4.2.6 工业云服务资源配置要求（摘自 GB/T 42408—2023）

工业云服务资源配置内容应包括资源接入功能组件的配置、资源抽象和控制功能组件的配置。使工业云生产要素能形成工业云服务能力，工业云服务能力应符合 GB/T 37724—2019 中第 5 章的要求。

资源配置主体为工业云服务提供者，主要的子角色为工业云服务部署管理者、工业云服务管理者。

工业云服务资源配置的基本流程见图 23-6-34，工业云服务资源配置见表 23-6-53。

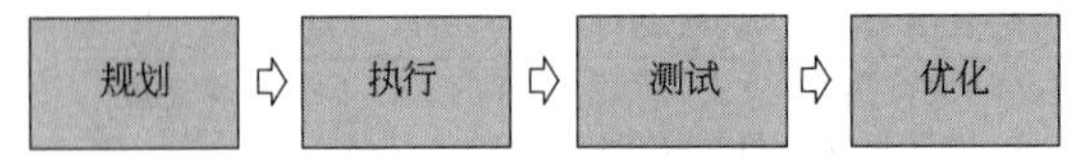

图 23-6-34　工业云服务资源配置流程图

表 23-6-53　　工业云服务资源配置

资源配置时的主要步骤	资源配置业务规划是指完成资源配置内容定义的过程
	资源配置业务执行是指完成软硬件环境构建，对工业云服务资源进行配置的过程
	资源配置业务测试是指对资源配置后的业务功能、性能运行结果进行测试和验证的过程
	资源配置优化是指根据资源配置测试结果进行调整优化，也包括对运行过程中发现问题、改进配置的过程
开展资源配置规划	规划包括工业云服务生产要素所包含的各类资源
	对不同来源、不同层级的资源的数量、类型等进行合理编排
	针对用户需求点、平台环境进行整体规划分析
	在实施方案编制内容上，至少包括基础云平台拓扑图、配置网络架构、硬件配置规划、软件配置规划、组织架构设计、审批流程设计、命名规范等内容
	根据资源分配的科学合理、资源的高效利用和资源共享使用等方面对方案进行综合分析评估
开展资源直接配置	提供工业云服务环境所需的各类资源配置的服务或接口
	具备安装操作系统、配置云服务组件、配置可用域、配置资源规格、配置计费策略等功能模块
	提供资源移除的接口或工具以及缓存清除机制，保障资源移除后无缓存残留。在获得用户同意的情况下，工业云服务平台应保留和处理资源配置遗留数据
开展资源迁移配置	提供资源配置迁移的服务或接口
	支持资源动态伸缩策略，满足资源动态迁移需求
	支持资源整体迁移和部分迁移
	提供缓存清除机制，保障迁出后原平台无缓存残留；如果资源迁移不成功，应提供回退机制包括原平台的资源恢复及迁入平台的资源清除等
开展资源测试	结合应用需求实施资源性能、可靠和易用方面的测试
	执行资源安全性、可用性和兼容性的验证
	执行功能完备性和压力测试
	检查资源配置的文档材料的完整性和一致性
	确认和验证与资源配置需求和规划的符合性
	提供测试用例
	选择第三方机构开展测试与验证工作
	提供自动化测试与验证的工具和手段
开展资源优化	提供资源配置优化的接口或工具
	根据资源测试及运行结果，提供资源配置在线优化功能
	提供资源配置优化记录查看功能

4.2.7 工业云服务能力评估（摘自 GB/T 42451—2023）

工业云服务业务能力评估框架包括工业云服务业务能力评估内容及流程。工业云服务业务能力评估内容按照 GB/T 37724—2019 所规定的业务能力划分和业务能力生存周期展开，对能力规划、能力建设、能力运营和能力评估四个能力生存周期阶段以及研发设计、采购、生产制造、检测、物流、营销和售后七种业务能力分别确定其评估要素。工业云服务业务能力评估流程包括评估准备、方案编制、实施评估和分析评估。工业云服务业务能力评估框架见图 23-6-35。工业云服务业务能力评估要素见表 23-6-54。

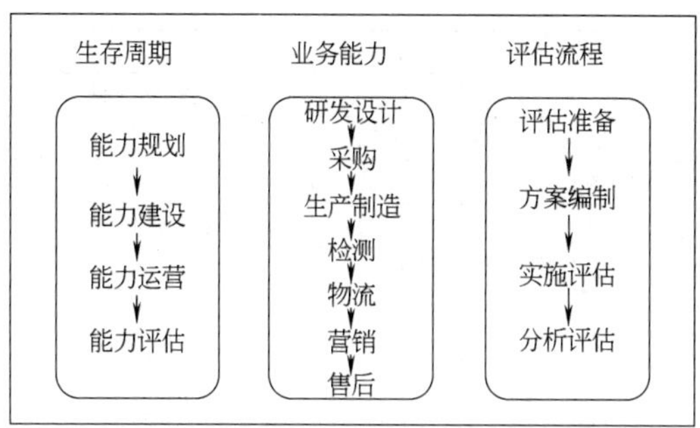

图 23-6-35 工业云服务业务能力评估框架

表 23-6-54　　工业云服务业务能力评估要素

能力规划的评估要素	具有业务能力分析、资源评估、方案设计团队和知识
	形成资源台账，并预测未来资源需求
	形成相关业务能力需求的文件化信息
	制定规划设计方案及备选方案
	具备分析需求、评估资源和制定设计方案流程
能力建设的评估要素	具有开展能力建设的团队、管理体系、管理手段和管理工具
	物理或虚拟资源形成资源池，提供可度量、多租户、弹性、按需配置的服务和网络接入
	按照能力规划阶段形成的报告和方案开展能力建设，具备相关文件化信息
	形成能力建设的阶段性报告，阶段性报告内容应包括能力建设的现状、问题和困难
	出具能力建设验收报告，验收报告内容应包括能力建设的结果、对能力建设方案予以确认
	具备能力建设和优化流程
能力运营的评估要素	具有开展能力发布和咨询等服务团队和知识
	具备业务能力的标准发布程序，所有发布均限于业务能力本身，不会造成其他工业云服务的中断
	具备业务能力的关键字检索
	支持客户按需灵活地订购相关服务
	具备完整的业务能力功能说明与使用指导，可以让客户清晰地知晓该业务能力能解决何种问题
	提供必要的沟通手段，可以让工业云服务客户与工业云服务提供者进行洽谈，完成必要的咨询活动
	提供可量化和可计量的验收指标，用于工业云服务客户对业务能力的验收
	提供业务能力更新的关联性影响分析报告
	具有发布、展示、检索、咨询、交易、交付、更新和撤销等能力运营流程
能力评估的要素	具有开展对工业云服务业务能力综合效果进行评估和分析的团队和知识
	针对能力的完备性、适合性、正确性和依从性等功能性角度以及可靠性、可用性和安全性等非功能性角度确定评估方案，开展能力评估并形成评估结论
	提供覆盖所有业务能力的指标体系
	提供所有指标的数据来源
	具有业务能力评估指标制定、数据采集和分析评估的流程
研发设计能力的评估要素	提供研发设计能力信息的发布，信息的维护和管理应确保完整
	提供客户描述其研发设计需求的功能
	研发设计模型、文件和数据等资源能根据用户权限等级和业务需求实现共享
	提供专业的研发设计服务
	提供研发设计业务的咨询功能
	提供研发设计的案例库，案例库中应记录研发设计案例的分析、集成、共享和管理情况
	研发设计任务能够跟踪和查询并开展数据管理
	研发设计任务能够实现并行设计，进行任务分发、众包或异地分工合作
采购能力要素的评估	提供采购能力信息的发布，信息的维护和管理应确保完整
	提供采购协议的签署功能

续表

采购能力要素的评估	提供实时采购下单功能
	提供采购产品价格行情参考、分析和研判等功能
	提供供应商关系管理功能
	提供客户描述其采购需求的功能
生产制造能力的评估要素	提供生产制造能力信息的发布，信息的维护和管理应确保完整
	提供客户描述其生产制造需求的功能
	提供生产制造资源和数据资源的共享和协同功能，如角色权限设置、信息查询和优化调度
	提供生产过程中产生的各类数据资源的实时采集与分析功能，如 OPC、智能终端和传感设备
	提供生产过程的实时展现并对异常情况做出及时响应，如 SCADA 和看板
	提供了工业数据和场景的可视化展现，如中央监控中心
	提供生产计划排产、计划执行监控和计划调整功能，如 APS
	提供生产追溯及质量分析功能，如生产追溯系统和质量管理系统
	提供对生产能耗的监控，如能源管理系统
检测能力的评估要素	提供检测能力信息的发布，信息的维护和管理应确保完整
	提供客户描述其检测需求的功能
	提供检测业务的咨询功能
	提供检测详细过程、检测对象的改进建议等文件化信息
	提供检测任务的跟踪和查询
	提供检测任务的任务分发、众包或异地分工合作
	提供工业设备、系统或产品的技术指标分析和评价功能
物流能力的评估要素	提供物流能力信息的发布，信息的维护和管理应确保完整
	提供客户描述其物流需求的功能
	可实现流通加工，包括流通过程的辅助加工活动
	提供物流委托功能
	提供物流管理调度和物流跟踪功能
	提供物流渠道和物流托运设备等的快速变更
	提供众包物流功能
营销能力的评估要素	提供营销能力信息的发布，信息的维护和管理确保完整
	提供客户描述其营销需求的功能
	提供渠道管理、客户关系管理和供应商管理等功能
	支持营销过程的跟踪与监控
	支持调查、订单管理、费用管理、价格管理推广促销和竞争分析等功能
售后能力的评估要素	提供售后能力信息的发布，信息的维护和管理应确保完整
	提供客户描述其售后需求的功能
	提供客户管理、自动化接单、任务按需分发和回访管理功能
	提供售后服务信息管理功能
	提供检测、故障预警、远程诊断和协同维护等功能

工业云服务业务能力评估流程包括评估准备、方案编制、实施评估和分析评估四个阶段。评估流程见图 23-6-36。工业云服务业务能力评估见表 23-6-55。

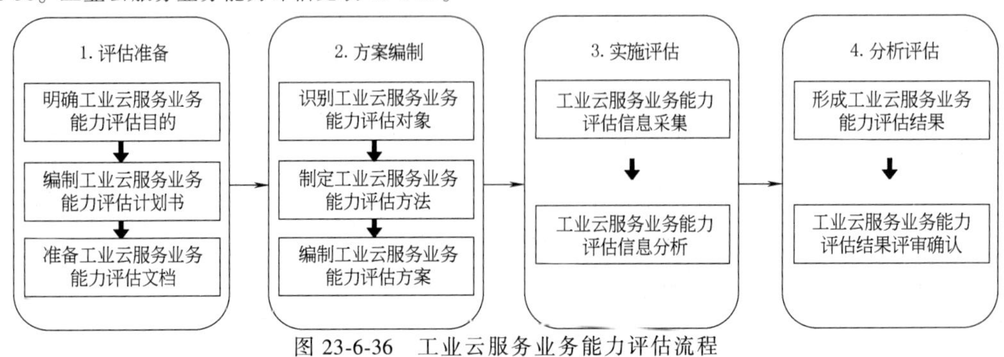

图 23-6-36　工业云服务业务能力评估流程

表 23-6-55　　工业云服务业务能力评估

评估准备应包括的主要任务	明确工业云服务业务能力评估目的	工业云服务能力评估的目的是使工业云服务提供方、用户、第三方对工业云服务能力评估方法达成统一的理解，供用户对工业云服务进行使用和评估，以及第三方机构对工业云服务提供方的能力进行评估
	编制工业云服务业务能力评估计划书	工业云服务业务能力评估计划书内容应包括评估项目概述、评估目的、评估的主要内容、评估原则和依据等
	准备工业云服务业务能力评估文档	工业云服务业务能力评估文档包括指标测量结果记录表格、结果确认书和评估合同等
方案编制应包括的主要任务	识别工业云服务业务能力评估对象	按照 GB/T 37724—2019 和 GB/T 42451—2023 第 6 章的要求，确定评估对象
	制定工业云服务业务能力评估方法	工业云服务业务能力评估方法包括文档评估和功能评估等
	编制工业云服务业务能力评估方案	评估方案内容包括但不限于评估内容、评估指标和评估方法等
实施评估的主要任务	工业云服务业务能力评估信息采集，能力评估包括开展信息采集准备工作（如签署保密协定等）、实施信息采集和采集结果确认等过程	
	工业云服务业务能力评估信息分析，能力评估包括对采集的信息进行预处理以及工业云服务业务能力评估指标结果的计算	
分析评估应包括的主要任务	形成工业云服务业务能力评估结果。根据评估方案和评估信息分析结论，形成评估结果，编制工业云服务业务能力评估报告	
	工业云服务业务能力评估结果及报告的评审确认	

4.2.8　工业云典型应用方案

工业云将弹性的、可共享的资源和业务能力通过网络的形式，以按需自服务方式面向工业供应和管理。工业云构建了安全、稳定、知识共享及高度适应且可扩展的云端资源能力集，服务于我国工业从制造大国到制造强国的转型升级。

然而，推进工业云是一项长期的系统性工程，以工业云的典型应用方案作为样板，将深化对于工业云内涵与外延的理解，为工业云的规划、部署、使用和评价等方面提供巨大帮助。工业云的典型应用方案如图 23-6-37 所示。

工业云面向工业产品研发设计、生产、销售以及订单化生产的全生命周期所需的资源和能力实施整合与池化，为工业企业方便、快捷地提供各种制造服务，以实现资源的共享与能力的协同。在工业云中，服务提供者向工业云池中贡献资源、能力。同时，服务客户角色可以在工业云上获取所需的资源、能力开展活动。针对工业用户的需求，工业云能快速汇集多种类型的资源与能力，并合理调度用户所需的服务，推动用户从以订单和产品为中心的传统制造模式向以需求为中心的制造模式转变，实现新一代工业转型升级。

工业云基于云计算、工业物联网、工业大数据、工业软件、智能科学和先进制造等新一代信息技术和工业技术，按照工业产业创新转型、升级发展的实际需求，以合理的调度机制，为产业供给池化的资源、能力，并将其封装为云存储服务、云应用服务、云社区服务、云管理服务、云研发设计服务、云生产制造服务等典型应用服务，以实现工业云快速、便捷、低门槛应用模式。

考虑到工业企业生产组织的高复杂性，需要将各类资源和能力按需调度，以贴合企业实际、科学的组织方式，实现对新型工业化的协同作业的集成支撑。这样的集成通常是面向生产组织各环节的协作，即纵向集成。根据需求，实施产业链间企业的协作集成，即横向集成。依照用户需求，实施松耦合的异构交互关联，即端到端集成。通过对实际需求及用户应用环境的匹配，做到工业云同用户生产、经营、管理行为中的先进技术、智能、网络化协同契合。

关联产业生态新模式建立，使得企业智能生产的支撑要素、工业云的在线资源及服务对安全性的依赖程度极高。在工业云提供服务的全过程中，以风险控制和运行、数据安全保障、业务合规核查、冗余副本机制等为主要内容的安全保障体系贯穿全局，为工业云的资源能力整合、资源准入、工业云运行以及企业服务交付应用提供全方位的安全保障。

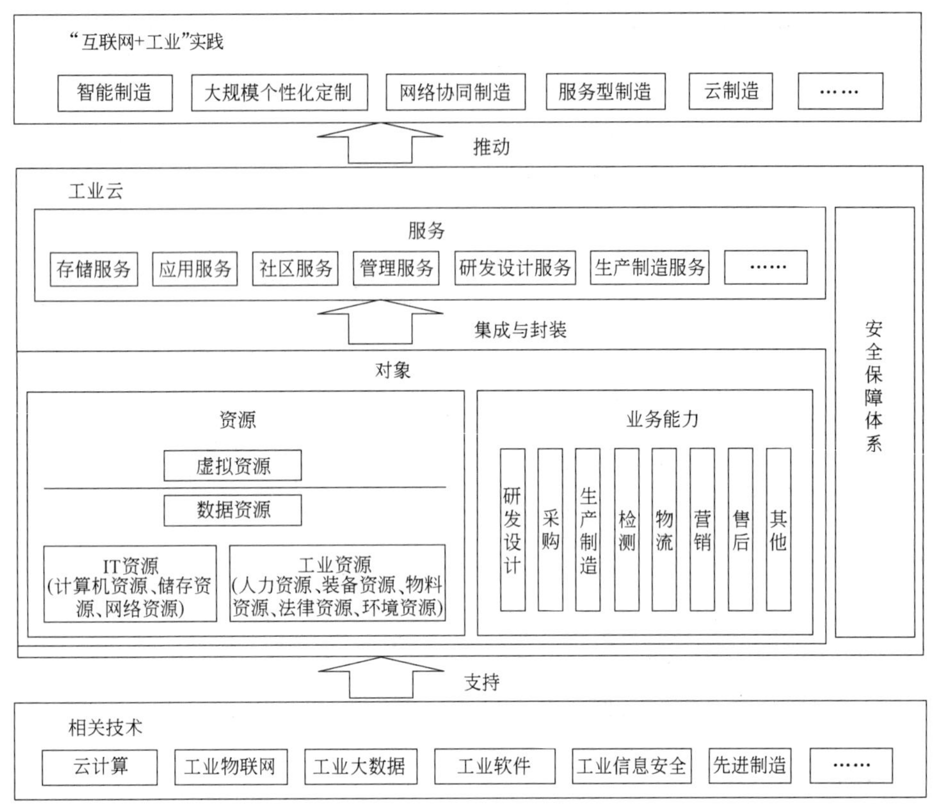

图 23-6-37　工业云典型应用方案

工业云通过整合各种资源及能力，来为企业提供各类服务。以低门槛、高适配性、集先进成熟技术为一体的紧密契合，推进一系列新型制造模式，如智能制造、规模个性化定制生产、网络协同制造、服务型制造及云制造等，从产业支撑的角度实施“互联网+工业”的实践。

5　边缘计算

边缘计算，是指在靠近物或数据源头的一侧，采用网络、计算、存储、应用核心能力为一体的开放平台，就近提供最近端服务。其应用程序在边缘侧发起，产生更快的网络服务响应，满足行业在实时业务、应用智能、安全与隐私保护等方面的基本需求。边缘计算处于物理实体和工业连接之间，或处于物理实体的顶端。而云端计算，仍然可以访问边缘计算的历史数据。本节介绍边缘计算的系统架构与技术要求、接口、边缘网络要求和数据管理要求等相关国标内容。

表 23-6-56　边缘控制器术语

术语	英文名	描述
边缘控制器	edge controller	工业制造现场，在完成工作站或生产线的控制功能基础上，基于工业互联网边缘计算技术提升工业设备智能性、适用性、开放性的控制单元
生产数据	production data	在制造环节中，数控机床或其他生产设备的工作和运行状态数据，可为 MES 和 ERP 等其他软件提供数据支持
数据预处理	data preprocessing	数据的预处理是指对所收集数据进行分类或分组前所做的审核、筛选、排序等必要的处理

续表

术语	英文名	描述
数据采集与监视边缘控制器(SCADA)	supervisory control and data acquisition	在工业控制生产过程中,对大规模远距离地理分布的资产和设备在广域网环境下进行集中式数据采集与监控管理的边缘控制器。以计算机为基础、对远程分布运行的设备进行监控的调度边缘控制器,主要功能包括数据采集、参数测量和调节
可编程逻辑控制器(PLC)	programmable logic controller	采用可编程存储器,通过数字运算操作对工业生产装备进行控制的电子设备。PLC 主要执行各类运算、顺序控制、定时等指令,用于控制工业生产装备的动作,是工业边缘控制器的基础单元
分布式边缘控制器(DEC)	distributed edge controller	以计算机为基础,在系统内部(单位内部)对生产过程进行分布控制、集中管理的系统。DEC 系统一般包括现场控制级、控制管理级两个层次,现场控制级主要是对单个子过程进行控制,控制管理级主要是对多个分散的子过程进行数据采集、集中显示、统一调度和管理
过程边缘控制器(PEC)	process edge controller	实时采集被控设备状态参数进行调节,以保证被控设备保持某一特定状态的边缘控制器。状态参数包括温度、压力、流量、液位、成分、浓度等。PEC 系统通常采用反馈控制(闭环控制)方式
人机界面(HMI)	human machine interface	为操作者和控制器之间提供操作界面和数据通信的软硬件平台
系统模型	system model	关于系统的功能以及系统行为的表示方法

表 23-6-57　　边缘网络 4over6 过渡技术术语

术语	英文名	描述
边缘网络 4over6	public 4over6	支持 IPv4 Internet 与在 IPv6 接入网中的主机之间的双向通信。在 IPv6 接入网中使用边缘网络 4over6 的主机采用公有 IPv4 地址,通过隧道的方式与 IPv4 Internet 通信
4over6 主机	4over6 host	一个 4over6 主机可以是位于 IPv6 接入网中的主机、服务器或其他设备。它们不但有 IPv6 的接入,而且有 IPv4 的协议栈且运行了 IPv4 的应用,有与 IPv4 Internet 通信的需求。4over6 主机既可以是直接连接到 IPv6 接入网上,也可以连接在 CPE 之后
4over6 发起点	4over6 initiator	在接入网络 4over6 机制中的 IPv4-in-IPv6 隧道的发起方[基于 hub&spoke softwire 模型(RFC4925)]。它可以是双栈的直连设备,也可以是双栈的 CPE
4over6 汇聚点	4over6 concentrator	在接入网络 4over6 机制中的 IPv4-in-IPv6 隧道的聚集路由器[基于 hub&spoke softwire 模型(RFC4925)]。它是连接着 IPv6 服务供应网和 IPv4 Internet 的双栈路由器
4over6 地址	4over6 address	在无状态的接入网络 4over6 中分配给 4over6 发起点和 4over6 主机的用作接入网络 4over6 过程的地址。4over6 发起点得到的是 IPv6 4over6 地址,它由 NSP(特定网络前缀)加上分配的 32 位公有地址以及后缀组成(IETF RFC6052);而 4over6 主机得到的是相应的 IPv4 4over6 地址,即由 IPv6 4over6 地址中抽取的公有 IPv4 地址

表 23-6-58　　边缘网络轻量级 4over6 过渡技术术语

术语	英文名	描述
边缘网络 4over6	public 4over6	IPv6 边缘网络中的一种过渡方案。在该方案中,ISP 向 IPv6 接入网中的终端分配公有 IPv4 地址,终端设备使用独享的公有地址,通过 IPv4-over-IPv6 的隧道,与 IPv4 Internet 实现双向 IPv4 通信
轻量级 4over6	lightweight 4over6	IPv6 边缘网络 4over6 过渡的一种机制。在基本的边缘网 4over6 方案基础之上,轻量级 4over6 增加了终端设备公有 IPv4 地址复用的考虑,以适应 ISP IPv4 地址紧缺以及用户规模持续增长的现状,增加边缘网 4over6 的适用范围

续表

术语	英文名	描述
轻量级 4over6 发起点	lightweight 4over6 initiator	轻量级 4over6 发起点是在轻量级 4over6 机制中 IPv4-over-IPv6 隧道的发起点[基于 hub&spokesoftwire 模型(见 IETF RFC4925)]。轻量级 4over6 发起点可以是直连 IPv6 的双栈主机,也可以是双栈的 CPE 设备
轻量级 4over6 汇聚点	lightweight 4over6 Concentrator	轻量级 4over6 汇聚点一侧连接 ISP IPv6 网络,另一侧连接 IPv4 Internet

表 23-6-59　互联网边缘数据中心术语

术语	英文名	描述
数据中心	data center	为集中放置的电子信息设备提供运行环境的建筑场所，可以是一栋或几栋建筑物,也可以是一栋建筑物的一部分,包括主机房、辅助区、支持区和行政管理区等
互联网数据中心(IDC)	internet data center	利用相应的机房设施,以外包出租的方式为用户的服务器等互联网或其他网络相关设备提供放置、代理维护、系统配置及管理服务,以及提供数据库系统或服务器等设备的出租及其存储空间的出租、通信线路和出口带宽的代理租用和其他应用服务的数据中心
边缘数据中心	edge data center	在靠近用户的网络边缘提供基础设施资源,支持边缘计算对本地化、实时性的数据进行分析、处理、执行以及反馈,并且能够对云计算能力进行补充的一种基础设施资源
灾备数据中心	business recovery data center	用于灾难发生时,接替生产系统运行,进行数据处理和支持关键业务功能继续运作的场所,包括限制区、普通区和专用区
IT 设备	IT equipment	IT 设备包括数据中心中的计算、存储、网络等不同类型的设备,用于承载在数据中心中运行的应用系统,并且为用户提供信息处理和存储、通信等服务,同时支撑数据中心的监控管理和运行维护
制冷设备	refrigeration equipment	数据中心制冷设备是为保证 IT 设备运行所需温度、湿度环境而建立的配套设施，主要包括以下类型的设备： a. 机房内所使用的空调设备,包括机房专用空调、行间制冷空调、温湿度调节设备等 b. 提供冷源的设备,包括风冷室、冷水机组、冷却塔、水泵、水处理等 c. 如果使用新风系统,还包括送风、回风风扇,风阀等
供配电系统	power supply and distribution system	数据中心供配电系统用于提供满足设备使用的电压和电流,并保证供电的安全性和可靠性。供配电系统通常由变压器、配电柜、发电机、UPS、电池、机柜配电单元等设备组成
其他设施	other equipment	数据中心其他消耗电能的基础设施,包括照明设备、安防设备、防水、灭火、传感器以及数据中心建筑管理系统等
服务器	server	信息系统的重要组成部分，是信息系统中为客户端计算机提供特定应用服务的计算机系统，由硬件系统(处理器、存储设备、网络连接设备等)和软件系统(操作系统、数据库管理系统、应用系统)组成
服务器虚拟化	network virtual architecture	将一台物理的计算机软件环境分割为多个独立分区，每个分区均可以按照需求模拟出一台完整计算机的技术
边缘服务器	edge server	边缘服务器为用户提供一个进入网络的通道和与其他服务器设备通信的功能,通常边缘服务器是一组完成单一功能的服务器,如防火墙服务器,高速缓存服务器,负载均衡服务器,域名服务器等
机柜	cabinet	用于存放信息系统硬件和相关控制设备的装置
存储阵列	storage array	采用数据条带与校验冗余等方式实现多个独立的磁盘或固态盘并行访问,为主机提供数据存储、访问、控制和保护服务的存储系统
固态盘	solid state disk	以电子存储器或存储模块作为主要记录媒体进行数据读写的存储设备
冗余	redundancy	通过重复配置系统部件,使之能在系统出现故障部件时替代工作,维持系统功能不受影响的备份部件

续表

术语	英文名	描述
微型模块化数据中心	micro modular data center	微型模块化数据中心是由一定数量的两列背对背或面对面的 IT 机柜以及不间断电源、近端冷却设备等通过封闭通道而形成的小型机柜集群。通过封闭两列 IT 机柜间的冷或热通道,形成与大机房和其他集群相对隔离的物理环境,根据机柜内设备情况设计独立的电气、制冷、安防、监控、布线甚至消防系统,用户仅需要提供外部市电、网络和必要的冷源即可使数据中心投入运营。微模块内各子系统、组件均可在工厂进行预制、调试,现场快速组装后即可投入使用。多个微模块之间极少或者没有物理关联,用户可按需建设,实现大型数据中心的模块化分步部署
封闭通道	closed aisle	指使用专用结构件将两列相对或相背摆放的机柜中间的通道与机房环境隔离的气流组织设计方法,通道和冷却设备回风侧或送风侧连通,通道内的冷气流或热气流不会与机房环境中的气流混合,有效提高气流利用效率。封闭机柜正面进风通道的方式称为封闭冷通道,封闭机柜背面出风通道的方式称为封闭热通道
近端冷却设备	near-end air conditioner	指与 IT 机柜紧靠放置的制冷设备,可实现 IT 机柜的气流的就近冷却循环,如列间冷却设备和顶置冷却设备
顶置冷却设备	top-mounted air conditioner	指放置于 IT 机柜上方,正面出风,背面回风的制冷设备。顶置冷却设备配置可拆卸风机,可在无风机驱动情况下依靠服务器风扇驱动气流循环流动
冷量分配设备	cooling distribution	指采用冷冻水型近端冷却设备时,集中连接多台冷却设备的供水、回水装置,通过此装置可将供给微模块的冷冻水进行分配,并对支路的给水进行控制
数据中心预制模块	prefabricated modular in data center	满足机房内 ICT 设备供电和冷却需要的一种产品,由电气、空调、封闭通道、布线、机柜及监控系统组成的相对独立的功能单元。交付时,将工厂生产的组件运至现场组装、调整完成搭建,组件在现场无需进行切割、焊接等加工,以减少施工工艺对整体功能的影响
机架式空调	rack air conditioner	按照标准尺寸设计安装于机柜内,满足机柜结构标准规范的专用精密空调系统
运维管理	operation and maintenance management	对数据中心场地基础设施进行日常运行和维护,确保各项基础设施系统安全稳定地运行。运维管理包括制定运维制度和计划、执行运维计划、响应场地基础设施故障、突发事件等紧急情况
生命周期	lifecycle	通常指数据中心从投产到经济寿命结束的全过程。但也有将投产前的规划期、设计期、建设期、测试验证期作为生命周期一部分(孕育期)的说法
测试验证	commissioning	验证并记录数据中心设施作为一个整体及其所有的设备、子系统满足用户的设计目标和运行要求
健康评估	health assessment	全面系统性地对机房现有使用状态、设备运行情况、运维管理制度及流程等进行全方位的检查
预防性维护	preventive maintenance	为降低产品发生失效或功能退化的概率,按预定的时间间隔或按既定的准则实施的维护
风险评估	risk assessment	针对运行的设备所面临的威胁、存在的弱点、造成的影响,以及三者综合作用所带来风险的可能性的评估,同时确定风险是否可容许的全过程
容量管理	capacity management	对于基础设施在空间、电力承载能力、制冷能力等方面的评估,以满足 IT 数据存储和处理的需要容量。为了实现其目标,容量管理需要与业务及 IT 战略流程保持密切的联系
资产管理	asset management	对于数据中心基础设施中每个资产建立独有的标识,并详细进行资产描述、制造商、型号、安装日期、保修期等信息的记录管理
可用性	availability	在所有要求的外部资源得到提供的情况下,数据中心在规定的时刻或规定的时间段内处于能执行要求的功能状态的能力。它是衡量数据中心等级、运维水平的重要指标 可用性的计算公式如下所示: $可用性=\frac{平均无故障时间}{平均无故障时间+平均故障修复时间}$

续表

术语	英文名	描述
绿色运行	green operation	指数据机房中的制冷、照明和电气等能取得最大化的能源效率和最小化的环境影响
负载	load	指连接在电路中的电源输出的设备,负载是把电能转换成其他形式的能的装置
气流组织	air-flow organization	指在机房内对冷热气流的流向按一定要求进行疏导和组织

5.1 架构与技术要求

边缘计算采用分散式架构，将计算资源推向网络边缘，以降低延迟和提高响应速度。为实现这一目标，边缘计算需要高度可扩展的架构，以支持不断增长的边缘设备和应用程序。此外，边缘计算还需要使用轻量级容器化技术，以便在边缘设备上快速部署和管理应用程序。

5.1.1 物联网边缘计算系统架构（摘自 GB/T 41780.1—2022）

表 23-6-60　物联网边缘计算系统架构

物联网边缘计算系统架构给出了物联网边缘计算节点类型,边缘计算节点之间及与云(数据中心)的连接方式,见图 23-6-38。物联网边缘计算节点种类包括物联网终端、边缘网关、边缘控制器、边缘计算服务器。边缘计算节点与云(数据中心)有以下三种连接方式。不具有微处理器和固件的传感器或执行器可通过方式 1 或方式 2 连接至云(数据中心)

方式 1	物联网终端直接或通过边缘网关、边缘控制器连接到边缘计算机服务器,通过边缘计算服务器连接到云(数据中心)
方式 2	物联网终端通过边缘网关或边缘控制器连接到云(数据中心)
方式 3	物联网终端直接连接到云(数据中心)

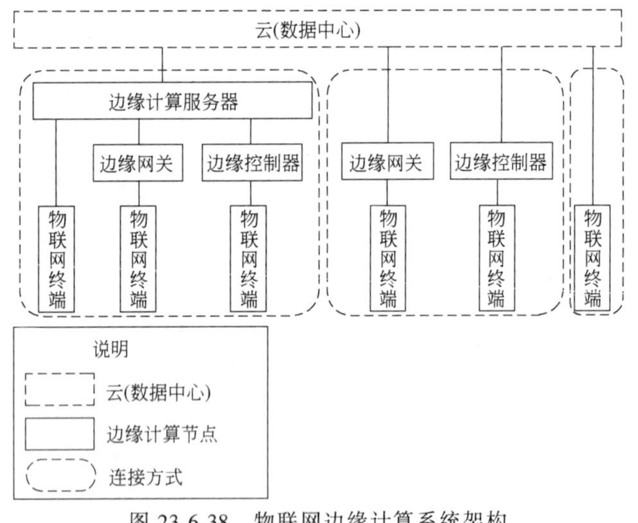

图 23-6-38　物联网边缘计算系统架构

表 23-6-61　物联网边缘计算系统架构节点描述

边缘计算节点	描述
物联网终端	具有微处理器、存储器、固件和通信模块的感知设备和执行设备
边缘网关	具有数据收集、网络协议处理和转换、数据处理、数据存储等功能,可提供自主控制和外部控制功能的设备
边缘控制器	实现实时、闭环和高可靠性控制(如过程闭环控制、PID 调节控制)的设备,可包括可编程控制器、集散控制系统
边缘计算服务器	实现复杂边缘数据处理,由单台或多台服务器(计算、网络通信、存储、虚拟化架构管理等)组成,可包括移动边缘计算服务器

5.1.2 物联网边缘计算功能架构（摘自 GB/T 41780.1—2022）

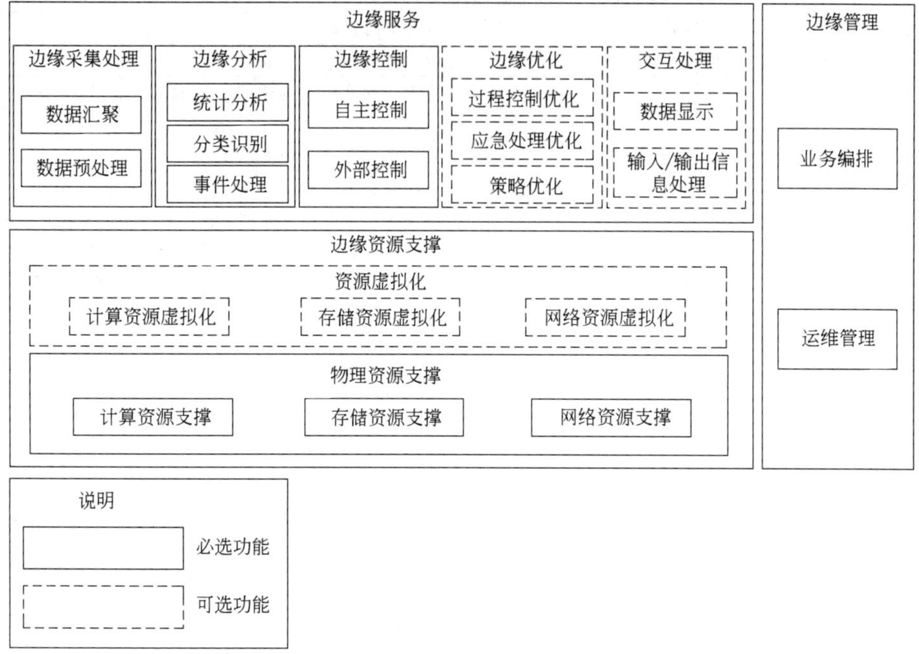

图 23-6-39　物联网边缘计算功能架构

物联网边缘计算功能架构可包括边缘资源支撑、边缘服务、边缘管理三部分，如图 23-6-39 所示。物联网边缘计算功能架构见表 23-6-62。

表 23-6-62　物联网边缘计算功能架构

边缘资源支撑	包括物理资源支撑功能和资源虚拟化功能。物理资源支撑为边缘计算提供算力、存储空间和通信网络。资源虚拟化实现计算、存储、网络等边缘计算的各种实体资源的统一管理，可根据实际需要对计算资源、存储资源和网络资源进行虚拟化，将这些资源分配给功能模块和服务使用	
边缘服务	边缘服务提供多种基础服务组件和工具、开放的服务接口等，包括边缘采集处理、边缘分析、边缘优化、边缘控制、交互处理	
	边缘采集处理	在边缘侧实现数据汇聚和数据预处理
	边缘分析	对边缘计算节点采集或产生的数据进行部分或者全部计算，将延迟敏感数据或隐私敏感数据分析任务迁移至边缘侧，面向多样的应用场景设计不同的认知策略，通过认知学习获取应用知识，建立自身的场景化知识库，包括统计分析、分类识别和事件处理等
	边缘控制	负责根据边缘采集、边缘分析进行边缘侧控制，实现边缘控制策略执行的可靠、稳定与低延时。在网络隔离或连接断开时，执行自主控制实现边缘控制策略继续执行，网络连接恢复后同步相关控制信息。边缘控制包括自主控制和外部控制
	边缘优化	实现对服务过程的优化，包括依据场景、知识库、分析结果、配置参数等设计优化策略，实现对过程控制、应急事件等优化
	交互处理	提供与用户的交互功能，包括数据显示和输入/输出信息处理。数据显示提供实时、可视化的数据界面，输入/输出信息处理实现设备与用户交互信息的处理
边缘管理	实现对边缘侧运行过程的管理，保障系统可靠运行，包括业务编排和运维管理	

物联网边缘计算的功能描述见表 23-6-63。

表 23-6-63　　物联网边缘计算功能描述

功能			描述
边缘资源支撑	物理资源支撑	计算资源支撑	提供边缘计算的算力
		存储资源支撑	提供边缘计算的存储空间
		网络资源支撑	提供边缘计算的网络通信能力
	资源虚拟化	计算资源虚拟化	边缘计算中与计算相关的软硬件资源的虚拟化,可采用异构计算等技术
		存储资源虚拟化	边缘计算数据存储资源的虚拟化
		网络资源虚拟化	边缘计算中与网络相关的软硬件资源的虚拟化,实现边缘计算节点之间及边缘计算节点与云之间的通信,采用满足边缘侧业务传输时间、传输质量以及业务灵活部署要求的技术,例如 TSN、SDN 等技术
边缘服务	边缘采集处理	数据汇聚	提供多种数据接口,支持分布的、非结构化的、跨网络的多源数据的接入汇聚
		数据预处理	数据转换、数据清洗、数据过滤、数据压缩、数据脱敏、数据优化等,从而提升数据质量,并降低对通信带宽的需求或提高传输带宽利用率,以支撑后续的处理
	边缘分析	统计分析	利用汇聚或者预处理后的数据,通过数学方式或数学模型以及算法,从大量的数据中得到隐藏于其中信息的过程。例如,通过分析设备的运行情况以及现实环境运营的趋势,得到预判并提前做出响应
		分类识别	按照业务需求、设备分类、物联网领域类别等对汇聚后的数据进行分类处理,并使用智能算法和相关模型,对数据进行理解和判识,实现边缘侧轻量级、低时延、高效率的数据分析
		事件处理	根据事件间的时序关系和聚合关系制定检测规则,持续从事件流中查询出符合要求的事件序列,按照规则触发相应的动作,如预警等
	边缘控制	自主控制	独立按照一定规则进行边缘侧控制操作。可包括联动控制、过程闭环控制、PID 控制等
		外部控制	根据云(数据中心)指令对边缘侧实施控制
	边缘优化	过程控制优化	在边缘侧对过程控制进行优化管理,如优化控制系统参数、优化故障检测过程等
		应急处理优化	对边缘计算出现的紧急事件进行优化管理,如简化紧急事件处理流程、提前响应报警事件等
		策略优化	依据场景、知识库、分析结果、配置参数等对数据模型(如业务流程、数据处理等)进行优化
	交互处理	数据显示	提供实时、可视化的数据界面
		输入/输出信息处理	提供用户与边缘节点信息交互访问接口,对其输入/输出信息的处理
边缘管理		业务编排	根据业务模型和边缘计算领域模型进行流程化处理,生成工作流,将工作流再分配给服务模块实现
		运维管理	实现对边缘计算节点以及集群的设备注册、运行状态、网络连接等方面的管理

5.1.3　边缘计算参考架构（摘自 GB/T 42564—2023）

表 23-6-64　　边缘计算参考架构

边缘服务提供多种基础服务组件和工具、开放的服务接口等,包括边缘采集处理、边缘分析、边缘优化、边缘控制、交互处理。边缘计算参考架构一般由终端设备、边缘计算节点和云三层以及三层之间的网络组成,如图 23-6-40 所示	
终端设备	终端设备位于网络末端,此类设备的计算能力较弱、存储空间较小、网络带宽有限
边缘计算节点	边缘计算节点位于终端设备和云之间,在边缘或边缘的附近提供存储、计算和网络等资源服务
云	云具有强大的计算和存储资源,提供大量数据的存储、分析和处理服务

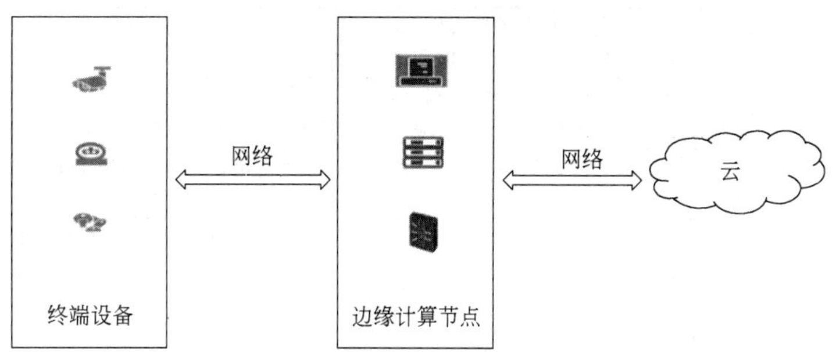

图 23-6-40 边缘计算参考架构

5.1.4 边缘计算安全防护范围（摘自 GB/T 42564—2023）

边缘计算安全包括终端设备、边缘计算节点和云三者自身的安全以及三者之间的协同安全，其中，终端设备安全见 GB/T 37044—2018，云安全见 GB/T 35279—2017，GB/T 42564—2023 主要考虑边缘计算节点自身安全，以及边缘计算节点与终端设备、云之间的协同安全，见图 23-6-41。

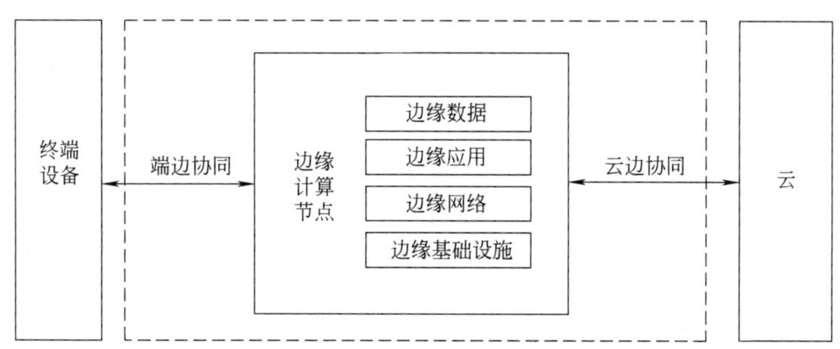

图 23-6-41 边缘计算安全防护范围

5.1.5 边缘计算安全框架（摘自 GB/T 42564—2023）

基于边缘计算安全防护范围，抽象出边缘计算安全框架，见图 23-6-42 和表 23-6-65。

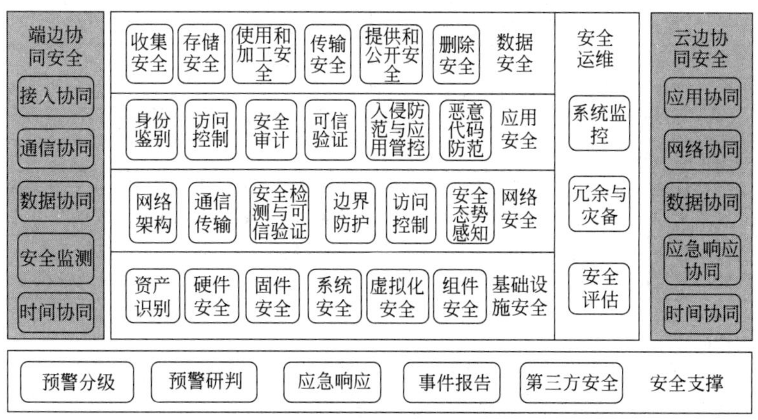

图 23-6-42 边缘计算安全框架

表 23-6-65 **边缘计算安全框架**

边缘计算安全框架包含基础设施安全、网络安全、应用安全、数据安全、安全运维、安全支撑、端边协同安全和云边协同安全	
边缘基础设施安全	边缘基础设施安全包括资产识别、硬件安全、固件安全、系统安全、虚拟化安全和组件安全等安全防护措施，以保证边缘基础设施的安全

续表

边缘网络安全	边缘网络安全包括网络架构、通信传输、安全检测与可信验证、边界防护、访问控制和安全态势感知等安全防护措施，以保证边缘网络的安全
边缘应用安全	边缘应用安全包括身份鉴别、访问控制、安全审计、可信验证、入侵防范与应用管控和恶意代码防范等防护措施，提升边缘应用的安全可靠性以及边缘计算节点对应用的安全管控
边缘数据安全	边缘数据安全包括边缘计算节点上以及云边协同和端边协同过程中的数据收集安全、存储安全、使用和加工安全、传输安全、提供和公开安全以及删除安全
安全运维	边缘计算的安全运维包括系统监控、冗余与灾备和安全评估等安全防护措施，以保证边缘计算节点安全运行
安全支撑	边缘计算的安全支撑包括预警分级、预警研判、应急响应、事件报告和第三方安全等防护措施，以保证边缘计算节点的安全运行
端边协同安全	端边协同安全包括终端设备和边缘计算节点之间协同时的接入、通信、数据和时间协同安全以及安全监测
云边协同安全	云边协同安全包括云和边缘计算节点之间协同时的应用、网络、数据和时间协同安全以及应急响应协同安全

5.1.6 边缘计算基础设施安全要求（摘自 GB/T 42564—2023）

表 23-6-66　　边缘计算基础设施安全要求

资产识别	具备识别边缘计算中相关资产的能力，资产包括硬件、固件、系统、虚拟化组件（例如虚拟机、容器）、系统组件等
	支持基于资产类别、资产重要性和支撑业务的重要性，对资产进行优先级排序
	能够确定并记录资产识别的方式
	边缘计算提供者应建立规范的资产清单列表，对基础设施资产管理过程中涉及的工具记录，并定期维护和更新资产清单
硬件安全	在硬件显著位置设置标签，标签内容包括设备信息，例如序列号、资产标识等，以便查找和明确责任
	在关键部件（包括硬盘、主板、网卡等）设置标签，防止关键部件被随意替换
	选择安全性高的硬件设备，防止硬件设备被破解
	具备针对关键部件的数据校验功能
	具备容错、冗余或者热备份的安全功能，以提供连续不间断运行功能
	具备自动化配置数据的能力，并能保障机密数据和配置数据在自动化配置过程中的安全
固件安全	支持对固件的常规性漏洞自动扫描
	具备自动监控固件完整性的功能，对异常行为进行告警
系统安全	支持普通操作模式和系统维护模式，两种模式具有不同的操作权限，普通操作模式的用户无法升级到系统维护模式，系统支持用户登录鉴权功能，例如基于实体数字证书的用户登录鉴权
	支持系统安全启动机制，系统建立初始化环境，监控安全启动过程
	支持开机校验，系统启动后对操作系统、内核等进行校验，防止未授权的应用加载以及非法访问
	及时对系统存在的漏洞打补丁，漏洞处置符合 GB/T 30276—2020 中 5.4 的规定
	为每个边缘计算使用者分配唯一的身份标识
	支持对身份鉴别的失败次数设置上限，对超过上限次数的边缘计算使用者进行权限限制，对于使用口令进行身份鉴别的设置口令复杂度规则，口令的生成策略符合 GB/T 38626—2020 中 7.1 的规定
	支持对边缘计算使用者的权限管理，支持分级分组，例如根据不同边缘计算使用者等级、分组、时间段分配不同的访问权限，仅允许授权的边缘计算使用者访问指定的业务内容，以及对业务执行相应操作
	支持对边缘计算使用者的身份管理，对不同的边缘计算使用者分配不同的访问权限，仅允许授权使用者访问指定的应用
虚拟化安全	支持容器编排、管理等组件本身的安全保护，保证边缘计算节点上的容器安全
	支持容器之间的安全隔离，加强容器逃逸安全问题的防护
	对部署在边缘环境中的容器进行隔离，防止恶意用户的流量流入到容器中
	符合 GB/T 35293—2017 中第 9 章和第 10 章的规定
组件安全	采用 GB/T 37092—2018 中第 7 章规定的安全一级密码模块
	符合 GB/T 39786—2021 规定的第一级密码应用基本要求
	支持对协议栈的数据源验证、数据完整性验证，对协议栈中传输数据进行加密，防止数据通过明文传输
	符合 GB/T 30276—2020 中 5.4 的组件中的漏洞处置规定

5.1.7 边缘计算网络安全要求（摘自 GB/T 42564—2023）

表 23-6-67　　边缘计算网络安全要求

网络架构	保证业务处理能力具备冗余空间，满足业务高峰期需要
	绘制与业务运行情况相符的网络拓扑结构图
	为边缘计算节点设置唯一的标识
通信传输	支持采用安全协议保证网络通信的安全性
	支持通信过程中防止重放攻击，例如采用时间戳技术防止重放攻击
	支持防中间人攻击等功能
安全检测与可信验证	支持网络流量检测功能，具备对传输流量实时监控，及时发现异常并响应
	支持常见网络攻击的检测功能，例如 DDoS 攻击、僵木蠕、垃圾邮件、恶意代码等
	符合 GB/T 22239—2019 中 6.1.2.2 和 7.1.2.3 的规定
边界防护	边缘计算开发者提供的边缘计算系统应符合 GB/T 22239—2019 中 6.1.3.1 的规定
访问控制	边缘计算开发者提供的边缘计算系统应符合 GB/T 22239—2019 中 6.1.3.2 的规定
安全态势感知	支持态势感知平台对边缘计算节点的安全状态的采集功能，并将进程运行、资源使用等系统运行状态上传至态势感知平台
	支持根据态势感知平台的指令进行安全处置响应

5.1.8 边缘资源应用安全要求（摘自 GB/T 42564—2023）

表 23-6-68　　边缘资源应用安全要求

身份鉴别	支持对边缘计算应用的身份管理，并为每个边缘计算使用者分配唯一的身份标识
	支持对部署的应用进行合法性验证，仅允许通过验证的应用部署到边缘计算节点
	支持对身份鉴别的失败次数设置上限，对超过上限次数的应用进行权限限制，对于使用口令进行身份鉴别的设置口令复杂度规则，口令的生成策略符合 GB/T 38626—2020 中 7.1 的规定
	对通信对方发来的身份鉴别和报文信息进行鉴别验证，对通信对方身份合法性、接收信息的安全性进行验证，保证通信的安全性
访问控制	支持对边缘计算使用者调用应用自身功能、接口和数据的访问控制能力
	支持对边缘计算应用的权限管理，支持分级分组，可根据不同边缘计算应用等级、分组、时间段分配不同的访问权限，仅允许授权的边缘计算应用访问指定的业务内容，以及对业务执行相应操作
	符合 GB/T 22239—2019 中 7.1.4.2 的规定
安全审计	边缘计算开发者提供的边缘计算系统应符合 GB/T 22239—2019 中 7.1.4.3 的规定
可信验证	边缘计算开发者提供的边缘计算系统应符合 GB/T 22239—2019 中 7.1.4.6 的规定
入侵防范与应用管控	支持对应用安装、运行、更新、卸载等过程的安全监控，防止应用非授权操作
	支持对部署在边缘计算节点上的应用来源合法性进行验证，例如通过应用签名的验证，对安装或升级的应用安装包或升级文件进行完整性检测
	支持对应用性能、流量、带宽占用、行为、时间等进行实时监测、分析和报警
	支持主动对接口进行检测的功能，特别是在对外提供能力开放接口时，例如支持对接口的访问频率进行限制，对超过正常请求频率范围的访问进行预警
	支持对应用接口的调用进行鉴权（例如通过基于证书的签名验证等）的功能，对可访问资源范围、操作权限进行限定
	支持对关键代码进行加固，防止应用二次打包和篡改
	支持应用防篡改保护功能，防止边缘计算应用程序的关键资产，如代码、AI 模型文件、资源文件、配置、布局等被增加、修改或删除
	符合 GB/T 22239—2019 中 7.1.4.4 的规定。边缘计算提供者在应用安装和卸载时应严格管控，由专门管理员操作
恶意代码防范	边缘计算开发者提供的边缘计算系统应符合 GB/T 22239—2019 中 7.1.4.5 的规定

第23篇

5.1.9 边缘资源支撑功能要求（摘自 GB/T 41780.1—2022）

表 23-6-69 边缘资源支撑功能要求

物理资源支撑包含以下几个方面	
计算资源支撑要求	应具备网络化、网格化能力，为分布计算提供基础支撑
	应支持资源在线升级，资源扩容
	宜包括 MCU、CPU、GPU、深度学习加速单元等物理实体
	宜支持计算资源的隔离，即计算资源之间不宜互相调用
存储资源支撑要求	应支持多类型数据存储，并支持多类型数据库接入
	应支持存储数据的增删查改
	应支持容灾防错
	宜支持数据冗余和数据备份功能
网络资源支撑要求	应支持移动通信网络、光纤网、双绞线等多种类型网络之间切换
	宜支持移动通信网络、光纤网、双绞线等多类型网络传输
	宜支持 SDN、TSN 等新型网络技术
	应支持以太网、PON、移动蜂窝网、WLAN、NB-IoT、LoRa、C-V2X 等有线或无线网络接入方式中的一种或多种
资源虚拟化包含以下几个方面	
虚拟化的基本要求	应具备高实时性、高效处理能力，时间延迟性宜控制在毫秒级
	应具备高可靠的自身安全性，保证系统资源的高可靠性应用
	虚拟化操作系统应能适配多种类型服务器和计算机等平台
	虚拟化操作系统应包括但不限于实时操作系统、用户操作系统等
	应支持虚拟机或容器的方式实现虚拟化
计算资源虚拟化要求	宜具备分布式协调与协作机制，可实现多资源协同调度
	宜包括 MCU、CPU、GPU、深度学习加速单元等计算资源的虚拟化
存储资源虚拟化要求	应支持基于主机、基于存储设备以及基于网络的虚拟化中的一种或多种
	宜支持多源数据的灵活配置策略调整优化
网络资源虚拟化要求	应提供管理统一、带宽聚合（将多个端口 捆绑成一个逻辑链路，通过并行链路汇聚或捆绑来提高链路带宽）、冗余容错等功能
	应提供有效的安全边界隔离等安全性保障
	宜支持虚拟专用网络

5.1.10 工业互联网边缘控制器的位置和功能参考模型（摘自 T/CCSA 332—2021）

边缘控制器在工业互联网网络中的位置如图 23-6-43 所示。

边缘控制器的模型参考架构如图 23-6-44 所示。

综合考量，工业互联网边缘控制器通用系统模型，应包括固件层、中间件、应用层三个层次。

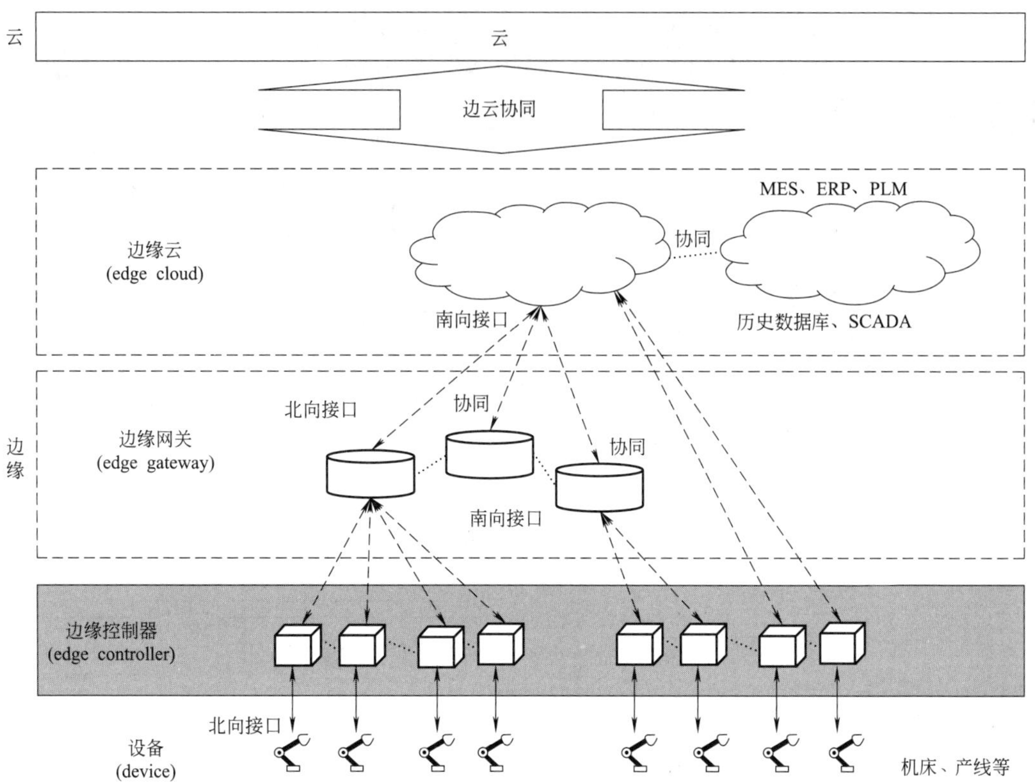

图 23-6-43　边缘控制器部署示意图

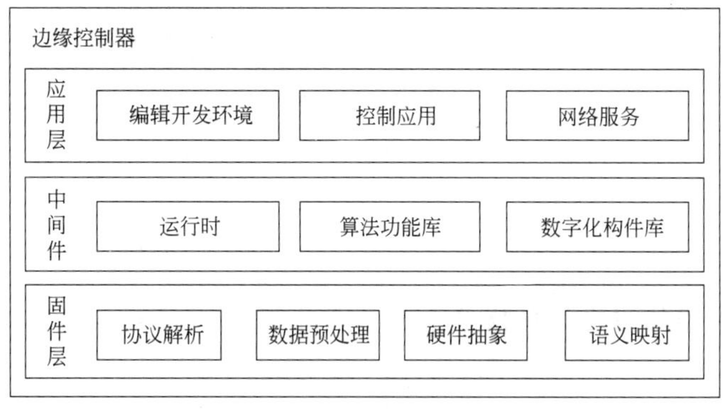

图 23-6-44　边缘控制器模型架构图

5.1.11　5G 多接入边缘计算平台安全防护范围（摘自 YD/T 4056—2022）

5G 多接入边缘计算（MEC）平台的安全防护范围覆盖 MEC 平台以及平台对外的通信接口与链路等，如图 23-6-45 所示。

5.1.12　5G 核心网边缘计算系统架构（摘自 YD/T 3962—2021）

边缘计算（EC）使得运营商和第三方应用可以部署在靠近用户附着接入点的位置，通过用户数据的本地分流降低时延并实现高效的业务分发。

如图 23-6-46 所示，5G 核心网边缘计算系统含 5G 网络和 5G 核心网边缘计算平台系统。

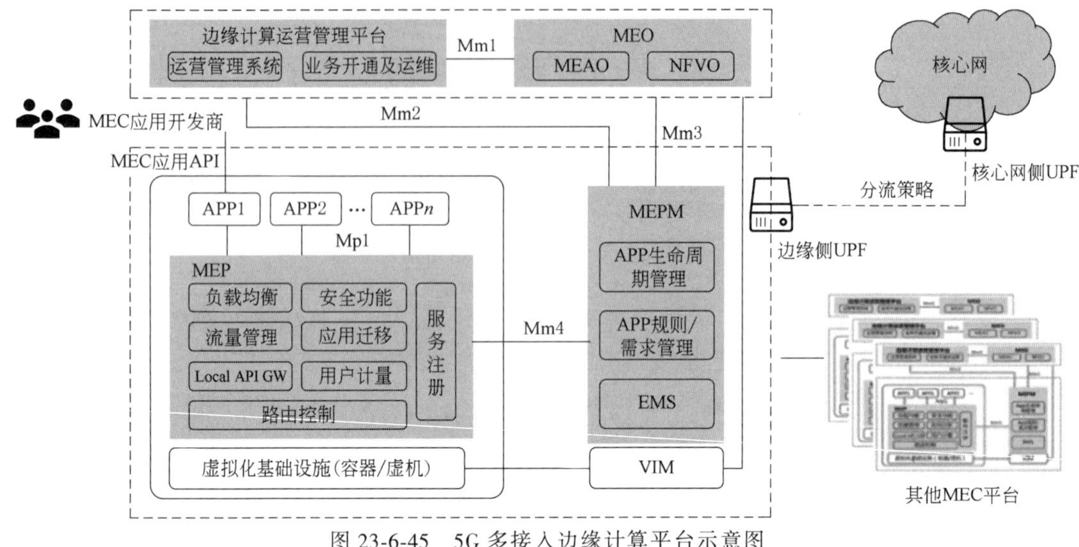

图 23-6-45　5G 多接入边缘计算平台示意图

图 23-6-46　5G 核心网边缘计算系统架构

5.1.13　基于 LTE 网络的边缘计算技术要求（摘自 YD/T 3754—2020）

表 23-6-70　　基于 LTE 网络的边缘计算技术要求

技术要求	为简化实现，与 PGW（分组数据网网关）建立一个 PDN（分组数据网）连接，实现数据分发，不需要根据不同的业务建不同的 PDN 连接
	YD/T 3754—2020 仅支持默认承载，对 QoS 不做特殊处理
	无需支持业务移动性、连续性
	支持离线计费，如第三方要求不需要计费，则该功能可选

5.2　接口（摘自 T11/AII 016—2022）

边缘计算的接口负责设备与应用程序之间的连接和通信。这要求使用标准化的通信协议，如 MQTT 或 HTTP，以便设备能够与云端和其他设备进行可靠的数据传输和命令交互。此外，API（应用程序编程接口）的定义和管理也至关重要，以确保开发者可以轻松地构建和集成边缘应用程序。

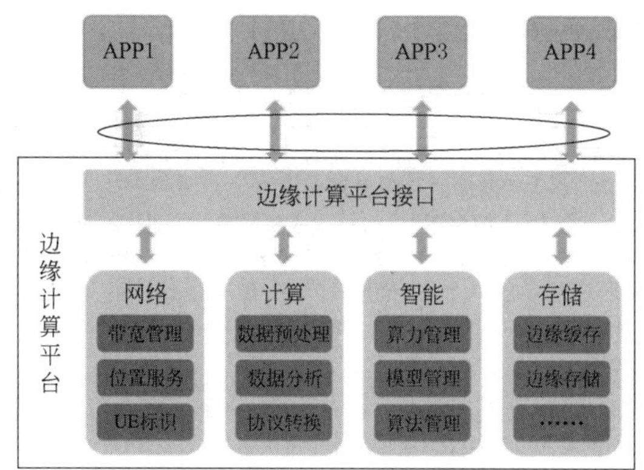

图 23-6-47 边缘计算平台与应用接口

表 23-6-71 边缘计算平台与应用接口描述

通信协议	边缘计算平台与应用之间的通信协议建议基于 HTTP1.1 或更高版本，需要通过加密传输增强端到端的安全性时，建议采用 TLS 1.2 或更高版本。接口风格是 Rest API 接口，用于应用注册发现和边缘网络能力以及边缘行业能力调用
接口能力要求	边缘计算平台与应用之间的接口能够提供服务注册、服务发现和服务间通信的能力。它还能提供其他的功能，如边缘应用可用性检测、分流规则和 DNS 规则的激活和去活、时间信息查询等。需要支持应用注册发现、带宽管理、位置服务、UE 身份标识、无线网络信息、移动性管理等 CT 网络能力，还需支持通用行业能力接口要求，向边缘计算应用提供边缘智能能力、边缘数据能力、边缘运维能力、边缘应用管理能力和边缘存储能力
请求参数	每个操作都需要包含的公共请求参数和指定操作所特有的请求参数。公共参数可包含接口的认证鉴权，如 token 等
响应参数	响应参数可包括两部分，响应状态和响应内容。响应状态为平台与应用之间约定的自定义状态码，标识请求的处理结果。响应内容为该状态所对应的请求处理结果的信息。其他响应参数可参照具体的接口介绍

表 23-6-72 边缘网络 4over6 过渡技术响应参数

参数名	参数描述
响应状态	响应的自定义状态码，用以标识本次请求的处理结果
响应内容	响应的状态码所对应的本次请求的处理结果信息

5.3 边缘网络要求

边缘计算需要稳定和高可用性的边缘网络基础设施，以确保设备和应用程序之间的通信始终可靠。这包括低延迟、高带宽的网络连接，以及负载均衡和故障恢复机制，以应对网络中断或设备故障。

5.3.1 边缘网络 4over6 过渡技术概述（摘自 YD/T 3231—2017）

表 23-6-73 边缘网络 4over6 过渡技术

概述	YD/T 3231—2017 标准提出了一种在 IPv6 网络中的用户使用公有 IPv4 地址访问 IPv4 Internet 的机制。边缘网络 4over6 中的 4over6 主机使用的是公有 IPv4 地址。可以支持 IPv4 Internet 和 IPv6 接入网中的主机或 IPv4 网络间的双向 IPv4 通信，特别是可以很好地支持 IPv6 网络中的服务器提供 IPv4 的应用服务
	IPv6 网络中的用户使用 IPv6 作为本地服务。一些用户直接连接到网络供应商的接入网，还有一些连接到 CPE 下面的终端网络，如家庭网络。接入网是单栈的 IPv6 网络，也就是说 ISP 不向用户提供 IPv4 的接入。但一些路由器可以使用双栈连接到 IPv4 Internet，在用户想要连接到 IPv4 时这些双栈路由器将作为它们的入口
	边缘网络 4over6 可以分为有状态和无状态两种实现方式。在无状态的边缘网络 4over6 中，4over6 汇聚点不需要维持任何的状态信息；而在有状态的边缘网络 4over6 中则需要维护分配的 IPv4 地址与相应 4over6 发起点的 IPv6 地址之间的映射表，见 IETF RFC7040

第23篇

5.3.2 无状态的边缘网络 4over6（摘自 YD/T 3231—2017）

表 23-6-74 无状态的边缘网络 4over6

控制层面:4over6 地址分配和路由	无状态的边缘网络 4over6 对地址的分配采用地址嵌套方式。除了常规 IPv6 地址分配外,网络运营商应该为 4over6 地址的分配提供一个 NSP 以及一个公有 IPv4 地址池(这些公有 IPv4 地址一般应该是在一个 IPv4 前缀下)。4over6 主机需要边缘网络 4over6 服务时,先取得一个嵌有 IPv4 地址的 IPv6 地址(见 IETF RFC6052),这个 IPv6 4over6 地址的前缀部分由 NSP 填充,IPv4 地址部分由公有 IPv4 地址池中的一个 32 位地址填充,IPv4 地址之后,按实际剩余地址长度补全后缀。从 IPv6 4over6 地址中抽取出的公有 IPv4 地址即 IPv4 4over6 地址
	在直连主机的情况下,当主机有 4over6 接入的需求时,会向 IPv6 边缘网中的 DHCPv6 服务器申请一个 IPv6 4over6 地址。在分配到 IPv6 4over6 地址后,4over6 主机(同时也是 4over6 发起点)把这个地址添加到其 IPv6 接口的地址列表,并从中抽取出 IPv4 4over6 地址并将该地址赋给本机的隧道接口。这样主机就得到了一个用于 IPv4 通信的公有 IPv4 地址,同时利用对应的 IPv6 4over6 地址来支持该通信
	在有终端网络的情况下,当终端网络中的一个 IPv4 主机有 4over6 接入的需求时,就会发送 DHCPv4 请求,申请一个 IPv4 公有地址;4over6 发起点收到该 DHCPv4 请求,触发 DHCPv6 请求,向 IPv6 边缘网中的 DHCPv6 服务器申请一个 IPv6 4over6 地址。4over6 发起点在得到 IPv6 4over6 地址后,把这个地址添加到其 IPv6 接口的地址列表,并通过 DHCPv4 回复将相应的 IPv4 4over6 地址分配给 IPv4 主机,这样 4over6 主机就得到了公有 IPv4 地址。同时 4over6 发起点利用对应的 IPv6 4over6 地址来支持该通信,即 4over6 汇聚点在封装分组以返回给正确的 4over6 主机时,直接使用 NSP 加上 IPv4 地址形成封装头的目的地址,而这个地址正是 4over6 发起点在先前的过程添加到其 IPv6 接口中的
数据层面:双向无状态的封装与解封装	实际 IPv4 数据转发时,可以实现双向的无状态封装解封装。在边缘网 4over6 过程发起前,各设备已有正常的 IPv6 接入
	在直连主机情况下,当 4over6 主机向 IPv4 Internet 发送一个 IPv4 报文时,该主机作为 4over6 发起点执行 IPv6 封装,将该 IPv4 报文的源地址添加 NSP 前缀形成 IPv6 4over6 地址,作为 IPv6 封装的源地址。IPv6 封装的目的地址有两种选择:一是使用 4over6 汇聚点的实际 IPv6 地址,这需要提前获取 4over6 汇聚点的 IPv6 地址,若 4over6 发起点通过 DHCPv6 获取其本身的 IPv6 地址,则也要通过 DHCPv6 选项来获取 4over6 汇聚点的 IPv6 址,见 IETF RFC6334;二是使用将 IPv4 报文的目的地址添加 NSP 形成 IPv6 4over6 格式的地址。在第二种选择下,4over6 汇聚点在 IPv6 网络中通告的 NSP::/路由能确保封装报文被转发到 4over6 汇聚点。4over6 汇聚点在收到来自 4over6 发起点的 IPv6 封装包后,通过解封装得到其中的 IPv4 报文,然后将其转发向 IPv4 Internet
	在有终端网络的情况下,当终端网络中的 4over6 主机向 IPv4 Internet 发送一个 IPv4 报文时,该报文首先到达 4over6 发起点。4over6 发起点执行 IPv6 封装,将该 IPv4 报文的源地址添加 NSP 前缀形成 IPv6 4over6 地址,作为 IPv6 封装的源地址,IPv6 目的地址封装方式与直连主机情况相同。4over6 汇聚点在接收到来自 4over6 发起点的 IPv6 封装包后,通过解封装得到其中的 IPv4 报文,然后将其转发向 IPv4 Internet

5.3.3 有状态的边缘网络 4over6（摘自 YD/T 3231—2017）

表 23-6-75 有状态的边缘网络 4over6

控制层面:地址分配和映射维护	无状态 4over6 要求 IPv4 与 IPv6 路由编址的耦合,这对运营商的网络运营方式提出了一定要求。与无状态的边缘网络 4over6 相反,有状态的边缘网络 4over6 不需要 IPv4-IPv6 地址耦合。IPv4 和 IPv6 的路由编址是相互独立的。如果运营商不希望耦合 IPv4 与 IPv6,则可以使用有状态的边缘网络 4over6 技术
	在有状态的边缘网络 4over6 中,由 4over6 汇聚点向 4over6 发起点分配 IPv4 地址。可以通过静态配置的方式,也可以 DHCPv4 动态分配。为实现跨 IPv6 网络的 DHCPv4 地址分配,我们将汇聚点与发起点间的 DHCPv4 过程 IPv6 接入网承载
	在直连主机的情况下,4over6 主机同时作为 4over6 发起点,在有 4over6 需求时向 4over6 汇聚点发送 DHCPv4 请求申请 IPv4 公有地址。为跨 IPv6 网络传输,将 DHCPv4 包封装在 IPv6 中发往 4over6 汇聚点。4over6 汇聚点经解封装后得到 DHCPv4 报文,其可以直接作为 DHCPv4 服务器根据 DHCPv4 的请求为直连主机分配一个公有 IPv4 地址,然后将此 DHCPv4 回复封装在 IPv6 中发往 4over6 发起点。发起点在解封装获取 DHCPv4 响应后就得到了 4over6 汇聚点动态分配的公有地址

续表

控制层面:地址分配和映射维护	在有终端网络的情况下,CPE 作为 4over6 发起点。终端网络的 4over6 主机有边缘网络 4over6 需求时向 4over6 发起点发送 DHCPv4 请求申请 IPv4 公有地址。4over6 发起点上执行 DHCPv4 中继的功能,向 4over6 汇聚点封装转发该 DHCPv4 请求。4over6 汇聚点经解封装根据 DHCPv4 请求为终端网络下的主机分配一个公有 IPv4 地址,并将此 DHCPv4 响应报文封装后发给 4over6 发起点。4over6 发起点在解封装获取 DHCPv4 响应后将其转发给 IPv4 主机。这样,终端网络中的 4over6 主机就获得了 4over6 汇聚点动态分配的公有地址。在这里,4over6 发起点作为 DHCPv4 中继,其连接终端网络的 IPv4 接口需要像一般的中继一样提前配置一个 IPv4 地址作为此终端网络的网关;同时 4over6 发起点本身作为隧道的端点需要为其隧道虚接口申请一个 IPv4 地址,此时 4over6 发起点的申请过程与直连主机情况的有状态申请过程是相同的
数据层面:双向有状态的封装和解封装	在 4over6 主机获得公有 IPv4 地址,4over6 汇聚点记录 IPv4-IPv6 地址映射后,数据平面就能实现双向的封装解封装
	在直连主机的情况下,当已经获取公有地址的一个 4over6 主机向 IPv4 Internet 发送一个 IPv4 报文时,其同时作为 4over6 发起点以自己的 IPv6 地址为封装源地址,4over6 汇聚点的 IPv6 地址(汇聚点的 IPv6 地址获取方法与无状态方式下的获取方法相同)为封装目的地址,执行 IPv6 封装。封装形成的 IPv6 报文被发往 IPv6 网络中,最终到达 4over6 汇聚点。4over6 汇聚点执行解封装并将得到的 IPv4 报文发往 IPv4 Internet 在另一方向上,4over6 汇聚点在收到来自 IPv4 Internet、去往 4over6 主机的 IPv4 报文时,执行 IPv6 封装,封装源地址为汇聚点自身的 IPv6 地址,封装目的地址则根据 IPv4 报文的目的地址在 IPv4-IPv6 地址映射表中进行匹配。封装完成后 4over6 汇聚点把 IPv6 报文发往 IPv6 网络,该报文将到达 4over6 发起点。4over6 发起点解封装该报文获得 IPv4 报文并传给上层处理
	在有终端网络的情况下,当已经获取公有地址的一个 4over6 主机向 IPv4 Internet 发送一个 IPv4 报文时,该报文先到达 4over6 发起点。4over6 发起点在收到该报文后以自己的 IPv6 地址为封装源地址,4over6 汇聚点的 IPv6 地址为封装目的地址,执行 IPv6 封装。其余过程与直连主机情况相同。在另一方向上,4over6 汇聚点的处理过程也与直连主机情况相同。该报文到达 4over6 发起点后,4over6 发起点解封装该报文,获得 IPv4 报文并转发向终端 IPv4 网络 4over6 汇聚点维护 IPv4-IPv6 地址映射表的意义在于,在汇聚点进行 IPv6 封装时,查询 IPv4 目的地址(4over6 主机地址)对应的 4over6 发起点 IPv6 地址作为封装目的地址,以将封装包转发到正确的发起点,所以 4over6 汇聚点的封装在 IP 层面上是有状态的。映射表的最大规模可以达到 4over6 主机数量的级别,但该映射表内没有涉及端口信息,因此它比使用 CGN(运营商级 NAT)的情况下 CGN 上的映射表规模还是要小得多。与无状态 4over6 相比,有状态 4over6 将无状态方案中 IPv4-IPv6 地址耦合与 IPv6 中相应路由的代价转嫁到了汇聚点维护的映射表上

第23篇

5.3.4 边缘网络轻量级 4over6 过渡技术(摘自 YD/T 2545—2013)

表 23-6-76 边缘网络轻量级 4over6 过渡技术

概述	YD/T 2545—2013 标准规定了一种 IPv6 边缘网络中用户使用 IPv4 协议栈,通过隧道实现与 IPv4 Internet 双向互访的轻量级、可扩展性强的过渡机制。轻量级 4over6 继承了边缘网 4over6 机制的基本思想,将公有 IPv4 地址分发到用户侧,在隧道汇聚点采用有状态 4over6 的方式,维护用户 IPv4-IPv6 地址映射,用于隧道封装;另一方面,用户(终端)在使用公有 IPv4 地址时采用基于端口空间划分的复用的方式,每个用户只拥有 1 个地址的部分"所有权",实现用户间 IPv4 地址的共享
	IPv6 网络中的用户以 IPv6 作为原生接入。这些用户可能是直连 ISP IPv6 网络的终端主机,也可能是通过 CPE 挂到 ISP IPv6 网络中的终端网络。虽然 ISP 网络本身不提供对 IPv4 的原生支持,但通过从用户(4over6 发起点)汇聚到 IPv4-IPv6 边界(4over6 汇聚点)的 IPv4-over-IPv6 隧道,仍能实现用户与 IPv4 Internet 的双向互访
过渡方案	在边缘网络轻量级 4over6 中,4over6 发起点须申请 ISP 分配的公有地址以及端口范围;4over6 汇聚点则须向发起点分配公有地址以及端口范围,并维护分配给 4over6 发起点的 IPv4 地址+端口范围(以下简称为共享 IPv4 地址)与发起点的 IPv6 地址的映射
	在 DHCP 方式下,发起点与汇聚点间使用 DHCPv4 完成共享 IPv4 地址分配。须对 DHCPv4 协议进行报文扩展,使得协议能支持带端口范围的共享 IPv4 地址分配(注:该扩展可通过 DHCP 选项的方式实现,在 IETF 已经有深入讨论。协议流程无须更改)
	由于实际发起点与汇聚点中间的网络为 IPv6,因而该 DHCPv4 的过程须基于 IPv6 传输实现。4over6 发起点将 DHCPv4 请求通过 IPv6 发往 4over6 汇聚点。4over6 汇聚点作为 DHCPv4 服务器,接受并处理 DHCPv4 请求,最终给出 DHCPv4 回复时,也使用 IPv6 将 DHCPv4 回复发往 4over6 发起点。发起点从 IPv6 协议栈获取 DHCPv4 回复,从而得到了 4over6 汇聚点动态分配的共享地址

续表

过渡方案	汇聚点在完成共享地址分配,给出 DHCPv4 回复的同时,在其 IPv4-IPv6 地址映射表中,记录发起点的 IPv4 地址+端口范围和发起点的 IPv6 地址的映射关系。该映射将在 DHCP 续租(renew)时更新,在 DHCP 释放(release)或租约到期时删除
	如果地址分配的任务交由 IPv4 侧单独的 DHCPv4 服务器完成,则 4over6 汇聚点作为 4over6 发起点与 DHCPv4 服务器间的 DHCPv4 中继。此时汇聚点需在中继 DHCP 报文时进行 DHCP 解析,以维护 IPv4 地址+端口范围和 IPv6 地址的映射

5.4 数据管理要求

边缘计算产生大量数据，需要有效的数据管理策略。这包括数据的收集、存储、处理和分析。边缘设备通常有有限的存储和计算能力，因此需要将数据在本地进行初步处理，然后将重要数据传输到云端进行深度分析。同时，数据安全性和隐私保护也是重要的关注点，必须遵守相关法规和标准。

5.4.1 边缘计算数据安全要求（摘自 GB/T 42564—2023）

表 23-6-77　　边缘计算数据安全要求

收集安全	支持数据格式的标准化、规范化收集
	支持在数据采集过程中加入国家标准时间戳以确保数据完整性,收集过程中对重点数据的安全管控,防止丢失或采集不完整
	符合 GB/T 37988—2019 中 6.1.2.3 列项的第三项的规定
	符合 GB/T 35273—2020 中第 5 章的个人信息收集的规定
存储安全	支持根据不同的数据类型、数据容量、业务需求建立相应的数据存储机制
	支持对数据分享、禁止使用和数据清除有效期的配置功能
	支持将涉及国家安全、社会公共秩序、公民个人隐私等重要数据进行异地备份和保护的功能
	支持管理员设置备份策略,按照设定的时间自动进行数据备份,且对存储的边缘计算节点数据进行保护
	支持使用国家标准时间戳,保证数据存储时间完整以及数据的完整性
	符合 GB/T 37988—2019 中 8.1.2.3 列项的第三项的规定
	符合 GB/T 41479—2022 中 5.3 的规定
使用和加工安全	支持对数据使用过程进行实时监测的功能,防止数据在使用过程中丢失、窃取及篡改
	支持对数据溯源的功能,确保所有数据的流向都可查询,对数据的流转进行记录,可按筛选条件进行查询
	支持去重、压缩操作的功能,保证使用后的数据不影响对数据完整性的审计
	支持使用国家标准时间戳固化数据使用过程,防止数据在使用过程中丢失、篡改
	支持记录数据使用和加工的过程状态,对使用和加工过程加入可信时间戳,支持对使用和加工过程进行存证,如时间、数据内容、数据接收方等
传输安全	符合 GB/T 37988—2019 中 7.1.2.2 列项的第三项的规定
	符合 GB/T 37988—2019 中 7.1.2.3 列项的第三项的规定
提供和公开安全	边缘计算开发者提供的边缘计算系统应符合 GB/T 35273—2020 中 9.4 和 9.5 的规定
删除安全	支持态势感知平台对边缘计算节点的安全状态的采集功能,并将进程运行、资源使用等系统运行状态上传至态势感知平台
	边缘计算开发者提供的边缘计算系统应符合 GB/T 35273—2020 中 8.3 的规定

5.4.2 应用案例

案例一：博世汽车部件（苏州）有限公司——数据驱动的汽车零部件智造之路

通过智能制造实践，博世苏州汽车电子工厂利用自身的经验优势和标准化流程，构建适用于全球不同工厂的标准化工业 APP，特别是在生产作业数字化、生产设备自管理、物流配送智能化、生产管理透明化等方面取得了显著的成效。引入 5G 边缘计算之后，生产执行系统（Nexeed MES）稳定性高达 99.999%，满足通信要求，下载速率达到 1Gb/s，上传速率达到 90Mb/s。

案例二：鞍钢集团矿业有限公司——矿业智慧生产平台建设

鞍钢集团矿业有限公司在矿石物料跟踪技术融合了嵌入式边缘计算技术等智能技术，形成了基于矿石物料基因的矿石物料跟踪技术，实现矿石物料的时空状态实时跟踪，支撑生产过程产品物流的经济运行，降低生产成本，实现精益化管理。

案例三：无锡小天鹅电器有限公司——基于工业装备互联的家用电器智能工厂

无锡小天鹅电器有限公司通过在智能设备群、生产线、车间等工业现场部署具备边缘计算能力的智能终端及搭建工业互联网平台，对生产数据进行实时分析与反馈，实现人、机、料、法、环等生产制造要素的有机融合。应用数据驱动人机协作，优化决策，提升生产制造链的透明化和智能化水平。

案例四：无锡普洛菲斯电子有限公司——面向多品种小批量柔性制造的工业及配电产品数字化工厂

普洛菲斯电子有限公司根据小批量、多品种的业务模式，创新性地提出了基于开放自动化系统（即基于事件驱动、面向对象、分布式的 PLC 控制）的柔性生产模式。这种场景对机器的灵活性和差异化业务处理能力提出较高要求，通过边缘计算将大量运算功能和数据存储功能移到边缘端，大大降低了机器人本身的硬件成本和功耗。

6 数字孪生

数字孪生是指利用数字化技术和计算模型来创建物理实体或过程的虚拟复制品的方法。它是物理世界和数字世界的连接桥梁，通过实时数据传输和模拟分析，实现对物理实体或过程的监测、优化和预测。

表 23-6-78 数字孪生术语

名称	描述
实体	具体或抽象的事物，包括这些事物之间的关联
目标实体	现实世界被选中进行数字化映射的实体
数字实体	目标实体的数字化表达
数字孪生系统	基于数据驱动来实现目标实体与数字实体间各要素动态迭代的系统
数据中心	为集中放置的电子信息设备提供运行环境的建筑场所，可以是一栋或几栋建筑物，也可以是一栋建筑物的一部分，包括主机房、辅助区、支持区和行政管理区等
数据中心基础设施	本规范专指数据中心的电气系统、空调系统、布线系统、机柜系统、监控系统、服务器与网络设备等设施，不涉及消防系统
数字孪生	以多维数据融合和虚拟数字化模型驱动，借助历史数据、实时数据、算法模型以及数字孪生体和物理实体的闭环交互，通过监控、模拟、验证、预测、优化实现物理实体全生命周期安全、可靠、高效运转的一系列技术
物理实体	物理世界中的实体对象
数字孪生化	对物理世界的实体进行数字转化的过程
数字孪生体	对物理实体进行数字转化后生成的与物理实体对应的数字化的虚拟对象
数字孪生应用	基于数字孪生体以及仿真、AI 等技术而构建的应用
数据中心全生命周期	数据中心设计、建设、运维、优化，直至经济寿命结束的全过程
建筑信息模型	利用建筑工程项目中的各项信息数据，构建的数据信息模型，对建筑的物理和功能特性进行数字化表达
数据中心基础设施管理系统	通过持续收集数据中心的资产、资源信息，以及各种设备的运行状态，分析、整合和提炼有用数据，帮助数据中心运行维护人员管理数据中心，并优化数据中心的性能
计算流体动力学	通过计算机模拟求解流体力学方程，对流体流动与传热等物理现象进行分析，得到温度场、压力场、速度场等计算方法
人工智能	研究、开发用于模拟、延伸和扩展人类智能的理论、方法、技术及应用系统的科学
大数据分析	通过对大规模、高时效性、多维度的数据使用机器学习、预测性分析、数据挖掘等技术进行分析，提炼有价值结论的过程
温度仿真精度	温度仿真精度是指仿真结果中的一个/多个温度值符合真实测量温度值的程度
电源使用效率	评价数据中心能源效率的指标，是数据中心消耗的所有能源与 IT 负载消耗的能源的比值
碳使用效率	评价数据中心碳排放的指标，是数据中心所有能源消耗的等效二氧化碳排放量与 IT 负载消耗的能源的比值

续表

名称	描述
数字孪生化等级	根据数字孪生对物理世界的实体实现数字孪生化的程度而划分的等级
数字孪生覆盖完整度等级	根据数字孪生对物理世界实体实现数字孪生的完整度划分的等级
数字孪生应用水平等级	根据数字孪生应用对物理实体的监控、预测、控制、优化，提升物理实体自动化、智能化水平划分的等级
数字孪生等级	根据数字孪生化等级、数字孪生覆盖完整度等级、数字孪生应用水平等级对数字孪生划分的等级
管理壳	有形资产和物联网世界之间的桥梁
资产	经济资源或有价值的东西
替身	物理资产的数字复制品
保真度	用原件复制副本的精确程度
详细程度	随着对象远离观察者，或根据对象重要性、视点相对速度和位置等其他度量指标，所呈现的3D模型复杂性减少量
物理资产	现实世界中存在的资产
精确度	测量偏差及其分布
现实	所有真实的或存在的，而不是想象中的事物的总和或集合
实时性	确保在规定的时间约束内做出响应。注：通常被称为"截止日期"
形状	对象的外边界、轮廓或外表面等外形属性，而不是颜色、纹理或材料类型等其他属性
STEP模型	根据ISO 10303描述的产品模型
可视化	通过创建图像、图表或动画来传达信息的技术

6.1 通用要求

数字孪生通用要求是指为了有效创建和应用数字孪生，需要满足的一些基本要求和条件。

6.1.1 复杂产品数字孪生体系架构（摘自GB/T 41723—2022）

复杂产品数字孪生体系架构（DTA-CP）从功能及业务实施角度，包括物理空间层、虚实数据管理层、数字孪生模型层、业务交互层和应用与决策层，如图23-6-48和表23-6-79所示。GB/T 41723—2022从数据、模型和业务交互角度阐述支撑DTA-CP实施的主要模块功能及主要模块间交互协作的逻辑关系，并简要概述数据、模型和业务与物理空间层、面向行业应用框架的应用与决策层之间的逻辑关系。

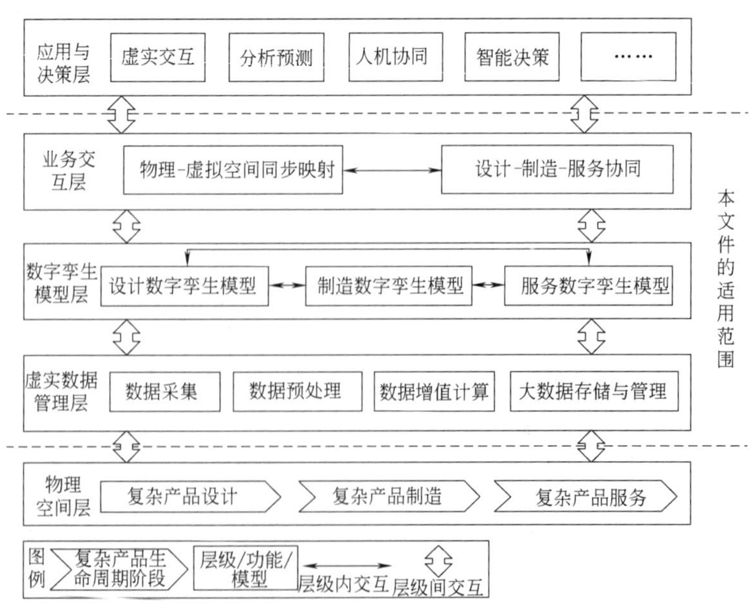

图23-6-48 DTA-CP体系架构

表 23-6-79　　　　DTA-CP 体系架构

层次	具体说明
物理空间层	物理空间层是复杂产品在设计、制造、服务过程中所处的物理世界，在复杂产品开展各种业务活动时，产生多源、异构的业务过程数据，与复杂产品虚拟空间形成实时映射和交互，执行或开展复杂产品的各项物理活动等
虚实数据管理层	虚实数据管理层从物理空间层获取设计、制造和服务过程的多源异构数据，如产品设计、加工质量、装配信息、运行参数、环境工况、维修信息等，从数字孪生模型层获取仿真、分析预测、验证等结果信息，比如复杂产品性能、行为状态仿真结果等，通过数据预处理过程对数据进行清洗、集成、融合等操作，采取合适的大数据存储与管理方式对数据进行统一管理，并采用先进算法及仿真模拟模型从处理过的数据中挖掘出设计、制造和服务增值信息，支撑复杂产品设计、制造和服务过程的各项业务活动
数字孪生模型层	在获取复杂产品设计、制造和服务过程数据的基础上，依托三维建模软件、仿真软件、人工智能算法等手段，结合复杂产品设计、制造和服务过程外部实体模型，建立复杂产品设计数字孪生模型、制造数字孪生模型和服务数字孪生模型，直接与物理空间层进行虚实交互，如根据物理空间实时状态在虚拟空间开展同步仿真、仿真结果传递至物理空间，为物理空间的各项活动提供仿真、验证、优化和指导。复杂产品数字孪生模型应从设计过程开始建立，对制造、服务等过程提前开展验证，并逐步迭代和完善形成设计、制造、服务数字孪生模型
业务交互层	业务交互层建立物理-虚拟空间同步映射和设计-制造-服务协同等主要模块，将复杂产品物理空间数据传输至虚拟空间以支撑数字孪生模型的实时映射、仿真和验证，基于虚拟空间的仿真结果指导、控制和优化复杂产品的物理活动，实现复杂产品虚实交互和以虚控实的智能管理；在复杂产品设计、制造和服务过程数据采集与管理的基础上，贯通复杂产品设计、制造和服务阶段业务，建立阶段内和跨阶段业务活动实时传递、交互和反馈的控制逻辑，实现复杂产品设计-制造-服务一体化协同管理。复杂产品宜以数字孪生模型为基础，协同规划、验证和实施设计、制造、服务过程的业务活动
应用与决策层	DTA-CP 的数据采集与管理、数字孪生模型和业务交互层进行服务化封装后，会形成应用与决策层的各类控制和决策软件/平台进行集成和交互，实现虚实交互、分析预测、人机协同、智能决策等应用

6.1.2　虚实数据管理逻辑架构和功能（摘自 GB/T 41723—2022）

虚实数据管理逻辑架构如图 23-6-49 和表 23-6-80 所示。

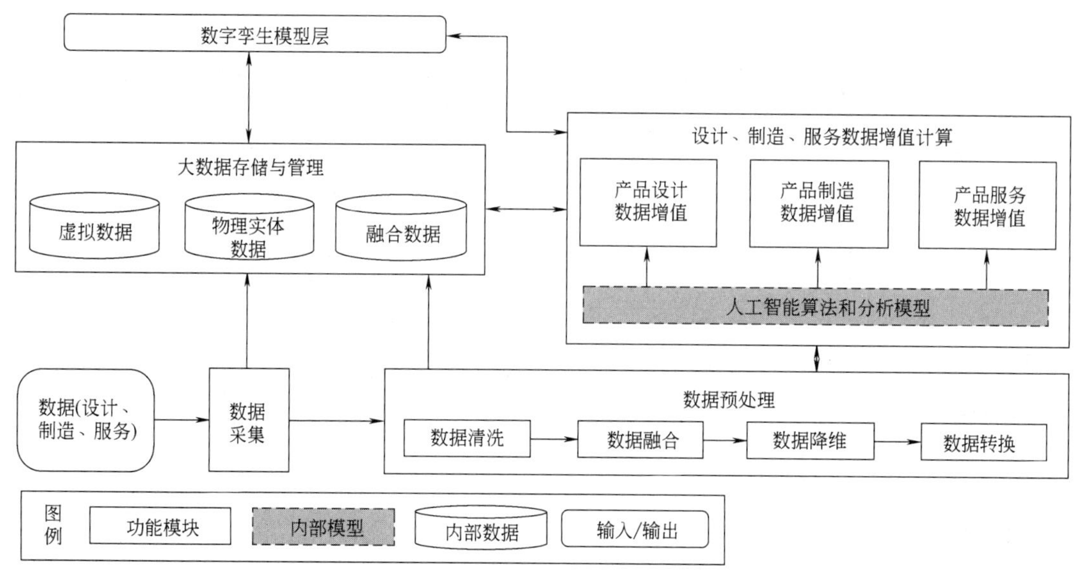

图 23-6-49　虚实数据管理逻辑架构

表 23-6-80　　　　虚实数据管理逻辑架构

功能	具体说明
数据采集	可通过复杂产品设计、制造和服务过程的软件、系统以及基于物联网的智能传感器采集数据，如 CAD、PDM、MES、MRO（维护维修大修）、振动传感器等采集产品在设计、制造和服务过程中的稳态数据和瞬态数据，为产品数字孪生模型的建立、实施和应用提供完整的原始数据支撑。从复杂产品数字孪生模型中获取其实时模拟、预测、验证等仿真和分析数据，支撑虚实数据的综合分析和数据增值

续表

功能	具体说明
数据预处理	在数据分析之前,通过数据清洗、数据融合、数据降维及数据转换操作,确保数据的高质量、可用性和可靠性 可采用逻辑清洗、冗余清洗、异常值清洗和缺失值清洗等方法,去除数据集合中的冗余和错误,识别或删除离群点并填补缺失的数据项,确保数据的准确性和有用性 可采用统一建模、中间件和数据仓库等技术或方法将分散在多个数据源中的数据整合起来并进行统一存储,减少数据不必要的存储空间,提升分散数据之间的关联性 可采用相关性分析、因子分析、主成分分析及独立成分分析等方法,提取原始数据中的关键和重要特征,将原高维空间中的数据点映射到低维度的空间中,且保持原数据的特征 根据产品设计、制造和服务各阶段间业务交互的需求,可采用属性构造、数据概化、数据规范化和数据离散化等方法,将原始数据转换为不同阶段业务系统能够理解和识别的格式,提升数据分析的效率
设计、制造和服务数据增值计算	从复杂产品的设计、制造和服务过程虚实数据中分析挖掘出可用于指导产品设计优化、制造过程优化和运维服务优化等的有价值信息,可采用深度学习、迁移学习、强化学习、贝叶斯网络及关联规则挖掘等人工智能算法模型和大数据分析算法模型 在数据预处理的基础上,面向设计、制造和服务等各阶段不同的应用场景,从数据存储与管理系统中抽取历史或实时虚实数据以建立相应的分析模型,进而利用智能算法对模型进行求解,为各阶段的业务交互和应用决策提供信息或知识 面向设计阶段的应用需求和应用场景,可基于人工智能算法和分析模型,对与复杂产品设计相关的数据(如市场需求、功能需求和设计指标等)以及复杂产品生命周期后端运维服务过程数字孪生模型产生的数据(如寿命仿真数据、故障演化数据等)进行融合和深度分析挖掘,提取数据中有价值的信息与知识,为设计阶段业务(如用户需求识别、产品概念设计和功能结构设计等)的决策和优化提供增值服务 面向制造阶段的应用需求和应用场景,可基于人工智能算法和分析模型,对与复杂产品制造相关的数据(如产品加工参数、加工状态数据和装配数据等)以及制造过程中数字孪生模型产生的数据(如实时仿真数据、质量预测数据等)进行融合和深度分析挖掘,提取数据中有价值的信息与知识,为制造阶段业务(如加工参数优化、产品质量检测与分析和产品装配过程控制等)的决策和优化提供增值服务 面向服务阶段的应用需求和应用场景,可基于人工智能算法和分析模型,对与复杂产品运维服务相关的数据(如产品运行状态、使用环境、故障特征和维修记录等)以及运维服务过程中数字孪生模型产生的数据(如故障预测数据、虚拟维修数据等)进行融合和深度分析挖掘,提取数据中有价值的信息与知识,为运维服务阶段业务(如远程在线诊断、零部件寿命预测、预防性维修和备件备品预测等)的决策和优化提供增值服务
业务交互层	业务交互层建立物理-虚拟空间同步映射和设计-制造-服务协同等主要模块,将复杂产品物理空间数据传输至虚拟空间以支撑数字孪生模型的实时映射、仿真和验证,基于虚拟空间的仿真结果指导、控制和优化复杂产品的物理活动,实现复杂产品虚实交互和以虚控实的智能管理;在复杂产品设计、制造和服务过程数据采集与管理的基础上,贯通复杂产品设计、制造和服务阶段业务,建立阶段内和跨阶段业务活动实时传递、交互和反馈的控制逻辑,实现复杂产品设计-制造-服务一体化协同管理。复杂产品宜以数字孪生模型为基础,协同规划、验证和实施设计、制造、服务过程的业务活动
大数据存储与管理	对设计、制造和服务等过程中所产生虚拟数据、物理实体数据和融合数据,根据数据的特征采取不同的数据处理、存储和管理方式,提升数据查询、数据分析的效率,并确保数据的复用性,可采用DDBS(分布式数据库系统)等存储结构化数据,采用XML(可扩展标记语言)等存储半结构化数据,采用HDFS(Hadoop分布式文件系统)、NoSQL(非关系型数据库)等存储非结构化数据

第23篇

6.1.3 数字孪生模型逻辑架构和功能 (摘自GB/T 41723—2022)

1) 数字孪生模型的逻辑架构。数字孪生模型的逻辑架构如图23-6-50所示。

2) 模型实现。通过模型建立、模型验证、模型表示、模型演化和模型管理过程,在计算机环境中建立可信地、高保真地描述复杂产品物理特性、功能和性能以及其与外部实体耦合、集成的模型,并对模型使用和维护进行管控。

通过建模软件、仿真分析软件或智能算法等手段,描述复杂产品功能、性能、状态行为和故障等模型建立的过程,用来表征复杂产品一个或多个属性特征、层级维度和行为状态等,模型建立过程应形成三维模型、程序、算法和文档等载体,但不限于上述模型载体。

对模型的建立过程、建模机理、误差、敏感性和不确定度等方面开展分析,并对模型与真实物理实体描述的

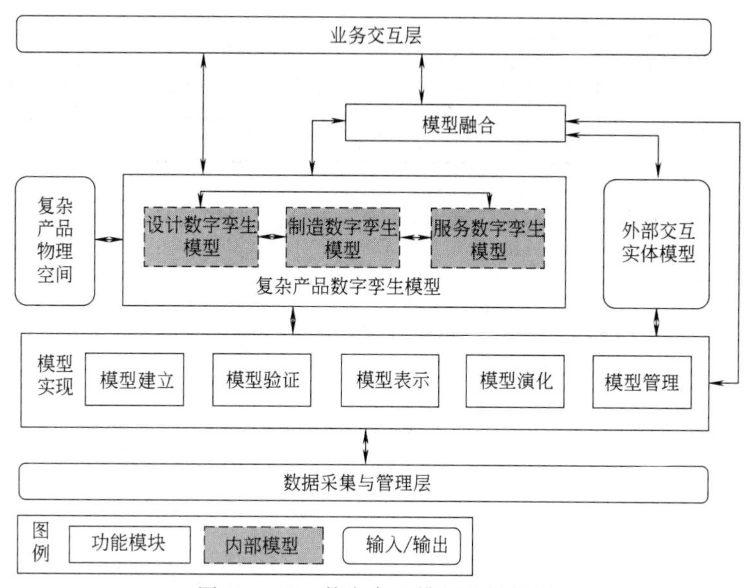

图 23-6-50　数字孪生模型逻辑架构

保真度、置信度、精确性以及仿真时间消耗等方面进行评估和评价，以衡量模型的性能、可用性、易用性、可维护性和可迁移性等，例如可采用 VV&A（校核、验证与确认）方法来验证模型。

通过显示设备、人机交互设备等将存在计算机中的模型以人类可以理解的方式直观、可视化地呈现给用户的过程，允许根据实际需求对模型的转换、渲染、轻量化表示等操作。

模型在使用过程中其参数或结构发生了改变，形成了新版本的模型，包括但不限于根据实时数据优化参数、基于实际需求重构模型、对模型进行派生或衍生以适应新用途或新系统等情况。

对模型建立完成后的使用与维护过程进行管理和控制，应包括模型的评审、模型的发放与传输、模型间信息交互与集成、模型接口的连接与通信和模型存储管理（包括模型库的管理）等活动。

第23篇

6.1.4　复杂产品数字孪生模型（摘自 GB/T 41723—2022）

通过 CAD、CAE、FEA 以及人工智能算法等工具和方法，建立反映复杂产品本体的结构、功能、性能、属性特性以及其与外部交互实体发生效应产生的多物理量、多学科和多尺度耦合集成的数字化模型集合，涉及复杂产品设计、制造和服务等主要生命周期阶段，应包括设计数字孪生模型、制造数字孪生模型和服务数字孪生模型等。虚实数据管理逻辑架构见表 23-6-81。

表 23-6-81　　　　**虚实数据管理逻辑架构**

模型	具体说明
设计数字孪生模型	在产品设计阶段产生的描述复杂产品结构、功能、性能的数字化模型集合，应包括通过设计 MBD 模型及轻量化模型、多学科（如热力学、电磁学、运动学等）和多专业（如强度、可靠性、安全性等）耦合仿真分析模型等
制造数字孪生模型	面向复杂产品制造和装配过程活动仿真的数字化模型集合，应包括零部件、子系统、系统和整个产品等层级的三维工艺 MBD 模型[包括 PMI（产品制造信息）]、工艺仿真模型等
服务数字孪生模型	在设计、制造数字孪生模型基础上，建立的面向复杂产品运行和维护服务的监控、诊断、预测、维修等过程的数字化模型集合，应包括虚拟操作模型、性能监控模型、故障诊断模型、分析预测模型、虚拟维护模型等
业务交互层	业务交互层建立物理-虚拟空间同步映射和设计-制造-服务协同等主要模块，将复杂产品物理空间数据传输至虚拟空间以支撑数字孪生模型的实时映射、仿真和验证，基于虚拟空间的仿真结果指导、控制和优化复杂产品的物理活动，实现复杂产品虚实交互和以虚控实的智能管理；在复杂产品设计、制造和服务过程数据采集与管理的基础上，贯通复杂产品设计、制造和服务阶段业务，建立阶段内和跨阶段业务活动实时传递、交互和反馈的控制逻辑，实现复杂产品设计-制造-服务一体化协同管理。复杂产品宜以数字孪生模型为基础，协同规划、验证和实施设计、制造、服务过程的业务活动

续表

模型	具体说明
模型融合	通过模型耦合、集成、协同等方法，建立复杂产品本体与外部模型的耦合仿真过程，仿真模拟复杂产品实际的制造、运营、维护中与外部的人、设备、环境等产生的协作与交互，该过程可形成复杂产品内部、外部发生交互效应的派生模型，应将其作为复杂产品数字孪生模型的组成成分

6.1.5 物理-虚拟空间同步映射逻辑架构和功能（摘自 GB/T 41723—2022）

物理-虚拟空间同步映射逻辑架构如图 23-6-51 和表 23-6-82 所示。

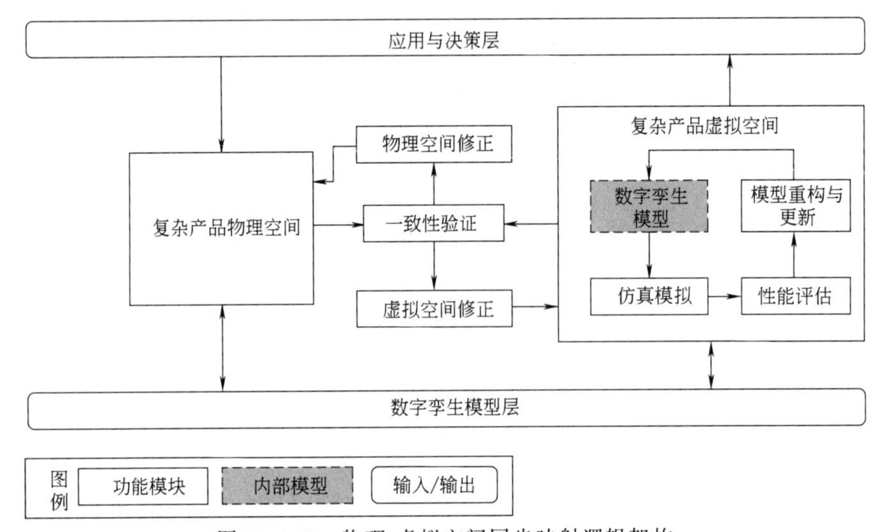

图 23-6-51 物理-虚拟空间同步映射逻辑架构

表 23-6-82 物理-虚拟空间同步映射逻辑架构

架构组成	具体说明
复杂产品物理空间	复杂产品物理实体试验、制造和运营维护服务等过程开展操作或执行任务所处的真实空间，可执行制造、装配、操作及使用、运行、监控和检修等复杂产品生命周期管理任务或活动，例如监控复杂产品物理空间活动时，在复杂产品本体、周围环境和工况中配置适当的传感器，以采集复杂产品的加工、装配、使用、检修和大修等过程的实时数据；通过物联网技术上传至软件系统或数据库中，分析复杂产品物理空间活动的状态，并在出现异常状态时，发布告警信息
复杂产品虚拟空间	复杂产品的数字孪生模型进行多维度、多层次仿真模拟运行的计算机操作环境，可执行数字孪生模型的仿真、验证、评估、迭代与更新等任务或活动，应包括但不限于下述主要的业务功能 根据复杂产品实时数据、历史数据以及复杂产品设计、制造和服务阶段的业务需求，在数字孪生模型中仿真模拟复杂产品零部件、子系统、系统和整个产品等不同层级的功能与性能、制造过程、运行状态、健康与故障诊断和维修等物理活动过程，并通过人机交互平台、便携式智能终端等方式输出仿真结果 评估数字孪生模型的有效性，包括仿真精确性、分析预测准确性、模型故障发生率、时间消耗等 根据复杂产品设计、制造和服务阶段的需求变更，对相关数字孪生模型进行重组和更新；根据复杂产品新需求的产生，在虚拟空间建立新的复杂产品仿真、分析模型，并集成至数字孪生模型中 将复杂产品物理实体（如零部件、子系统、系统和整个产品等）制造、服务性能及状态与虚拟空间的仿真模拟结果进行比较、评估和分析，以检验复杂产品物理-虚拟空间状态的一致性。在出现不一致时，综合评判其产生原因，及时修正相应的复杂产品物理活动或者数字孪生模型
物理空间修正	在复杂产品物理活动性能不能达到预期执行效果时，评估产品物理活动有效性及复杂产品实时状态，及时调整、优化产品物理空间活动以提高复杂产品性能
虚拟空间修正	当复杂产品虚拟空间中的数字孪生模型无法高保真地、同步地仿真模拟复杂产品物理活动时，修正和更新数字孪生模型使其能够实时同步映射复杂产品的物理活动

6.1.6 设计-制造-服务协同逻辑架构和功能（摘自 GB/T 41723—2022）

设计-制造-服务协同逻辑架构如图 23-6-52 和表 23-6-83 所示。

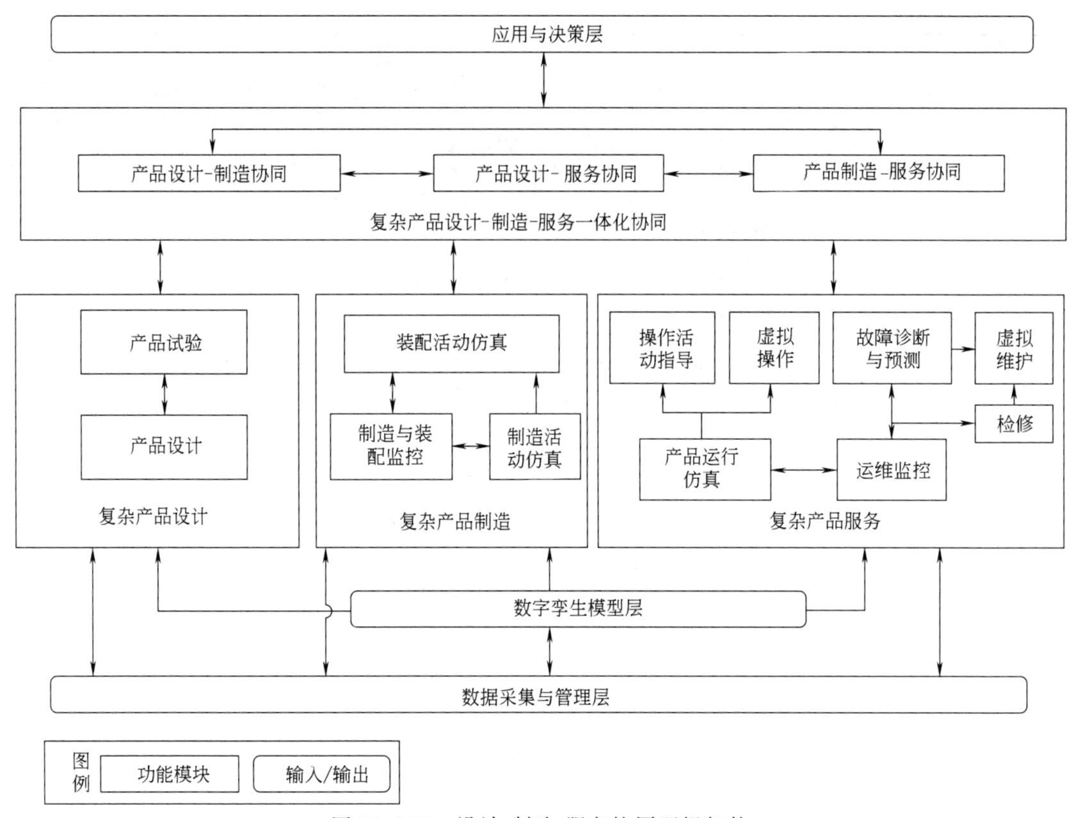

图 23-6-52　设计-制造-服务协同逻辑架构

表 23-6-83　　设计-制造-服务协同逻辑架构

架构组成	具体说明
复杂产品设计	协同开展复杂产品设计过程，建立多学科、多系统、多层次、集成化和数字化的复杂产品模型，并通过虚拟和物理试验验证和确认复杂产品结构、功能和性能等，以改进复杂产品设计结果，应包括但不限于下述复杂产品设计过程主要的业务功能 从零件、部件、子系统和系统等维度对复杂产品的机械结构、几何空间布局、零部件连接及装配方式等进行设计，建立复杂产品的全三维 MBD 模型，应包括但不限于表征零部件几何结构、空间布局及装配关系等的设计模型、标注和属性的集合，同时开展复杂产品部件、子系统、系统和整个复杂产品的单学科和多学科（电磁、气动、电气、强度和传热等）分析，以及复杂产品控制、管理、监控等软件和系统的设计开发 通过虚拟试验、半物理仿真试验和物理试验等多种试验方式结合的方式，验证和确认设计结果对功能、性能要求的满足程度，指导产品设计优化。宜尽可能采用虚拟试验或半物理仿真试验提前识别和发现复杂产品设计缺陷，优化前期设计结果，并通过物理试验一次确认复杂产品设计结果
复杂产品制造	在多源传感器采集的实时数据和数字孪生模型的仿真模拟基础上，实时地远程监控复杂产品物理实体加工和装配过程，同步映射其加工、装配过程物理活动，分析、诊断和仿真验证加工和装配异常，应包括但不限于下述复杂产品制造过程主要的业务功能 通过 RFID 设备、传感器、工业相机和质量检测装置等智能设备或仪器获取复杂产品加工、装配过程中零部件加工、在制品质量和装配等生产数据，并实时监控复杂产品加工、装配过程的异常 根据复杂产品制造数字孪生模型，对复杂产品的工艺、加工过程进行仿真模拟，以验证加工过程的正确性和可行性。在实际的零部件加工过程中，根据采集的数据，实时映射复杂产品加工过程，并在出现零部件加工异常、加工质量问题时，仿真验证修复异常、提升零部件质量的方法或措施 根据复杂产品设计和制造数字孪生模型，在虚拟空间开展装配顺序、方式、路径等装配工艺的仿真模拟过程，模拟复杂产品的实际装配活动，开展虚拟装配，形成优化的可视化装配指导（如装配工时、装配顺序和路径、装配动作姿态等）或工作指令，通过显示屏/幕、VR/AR/MR（或 XR）等可视化设备及人机交互设备指导装配人员开展装配活动，或控制装配设备实现自动化装配，还应在虚拟空间中为用户提供复杂产品的装配培训

续表

架构组成	具体说明
复杂产品服务	监控复杂产品运行和维护过程，分析、诊断和预测其性能和故障等，并实时映射、仿真指导、控制复杂产品运行和维护活动，提供虚拟操作和虚拟培训以优化复杂产品的运行和维护管理，应包括但不限于下述复杂产品服务过程主要的业务功能 数字孪生模型对复杂产品的动力学、运动学、热力学等过程、关键性能以及对外部环境产生交互效应的过程进行仿真和模拟，以实时映射复杂产品运行过程的物理活动，并评估、分析和显示其物理活动的状态。在需要优化复杂产品运行参数时，应能够根据提供的参数方案及产品实际环境工况信息，仿真复杂产品的运行状态和性能，以验证和评估参数方案的效果 根据复杂产品执行的任务、运行状态与性能等信息，搜索匹配相应的产品操作方法、产品运行参数方案，并将其转化为控制指令实时推送给复杂产品实体来执行任务，或者通过可视化设备及人机交互设备将仿真操作过程及操作方法传递给操作人员来指导产品操作 基于数字孪生模型，采用显示屏幕、VR/AR/MR（或 XR）等可视化设备及人机交互设备，在线模拟复杂产品的操作过程，并可将虚拟操作指令发送至复杂产品物理实体以控制其实际运行，在虚拟空间中还应为用户提供复杂产品的虚拟使用及操作培训 通过传感器、自身控制系统等获取产品运行及维护维服务过程中的复杂产品输出数据、嵌入/外挂传感器数据、环境工况数据，采用智能监控系统与人工智能算法模型分析复杂产品实时数据，评估其运行及维护的行为状态、性能，及时发现复杂产品异常（如性能衰退、故障等），发布异常告警，指导开展复杂产品运行参数优化和维修服务 根据运维监控过程采集的实时数据（如运行参数、异常信息等），采用人工智能算法、仿真分析模型等方法，分析、诊断和预测复杂产品的故障、剩余寿命、零部件性能衰退等信息 根据复杂产品的实时性能以及运行使用周期等信息，结合数字孪生模型对产品未来状态的评估，采取合适的检修策略（如定期检修、视情检修等）对复杂产品开展故障检修和维保工作 根据故障诊断与预测、检修结果等信息，在虚拟空间仿真模拟、优化维修方案和措施，并将优化的方案和措施转化为可视化维修指导（如维修工时、维修顺序和维修动作姿态等），通过显示屏/幕、VR/AR/MR（或 XR）等可视化设备及人机交互设备发送给维修人员，以指导复杂产品维修过程，在虚拟空间中还应为用户提供复杂产品的维修操作培训
复杂产品设计-制造-服务一体化协同	在设计-制造、设计-服务、制造-服务阶段间协同的基础上，打通复杂产品设计、制造和服务各阶段的数据链和业务链，形成一体化（或模型处于分布式分布，但有着密切的接口和数据联系）的生命周期模型闭环管理，进而建立设计结果单源性地传递至制造与服务阶段、制造与服务阶段提前参与设计活动、制造与服务增值信息反馈并优化设计活动、制造-服务协同保证设计指标及性能要求的一体化协同的业务交互模式 在设计活动中提前引入工艺设计、装配分析等制造阶段活动，协同开展产品及工艺设计，进行可制造性分析，并基于建立的仿真模型（如工艺仿真模型、虚拟试验模型等）在设计阶段迭代、优化设计结果，宜尽可能保证产品试验、制造过程的成功率和质量，并根据试验、制造、装配和测量检验信息指导复杂产品的设计优化 在设计活动中提前引入运行环境工况、维修规划（如维修计划、维修仿真等）等服务阶段数据和业务，协同开展运维过程（包括稳态运行环境、瞬态运行环境、产品检修、大修等）的仿真活动，提前验证复杂产品的可用性、易维护性、可维修性等属性特征，保证产品的设计质量。宜根据产品制造、装配过程中的质量、性能数据以及设计、制造数字孪生模型，优化复杂产品的维修策略和方案、支撑复杂产品的运维过程分析和预测。在复杂产品服役后，宜根据运营、故障、健康状态和维修等信息反馈优化产品设计或工艺设计的协同开展过程 根据产品设计指标/参数等信息，协同开发和优化复杂产品的制造和运维服务业务活动，即在保证产品设计要求能够稳定满足的前提下，在加工、装配过程中宜考虑复杂产品的易维修性（尤其是损耗或易出现故障的部件）等，并根据实际的维修状态信息优化和改进工艺与装配活动（如加工工艺选取、装配顺序和装配工艺选取等）

6.1.7 数字孪生的概念与架构（摘自 GB/T 4344.1—2023）

1）数字孪生的概念模型。数字孪生的概念模型见图 23-6-53，孪生互动基于数据驱动实现目标实体、数字实体、服务应用之间的虚实结合及动态迭代。

① 数据驱动：包括数据采集、分析以及基于数据的决策和执行，并在迭代优化中形成知识。

② 虚实结合：通过目标实体和数字实体之间双向映射、动态交互与实时连接等手段，提供可视化、仿真、预测等服务应用。

③ 动态迭代：数字实体实时接收目标实体的数据以实现迭代优化；目标实体实时接收数字实体的反馈以实现辅助决策。

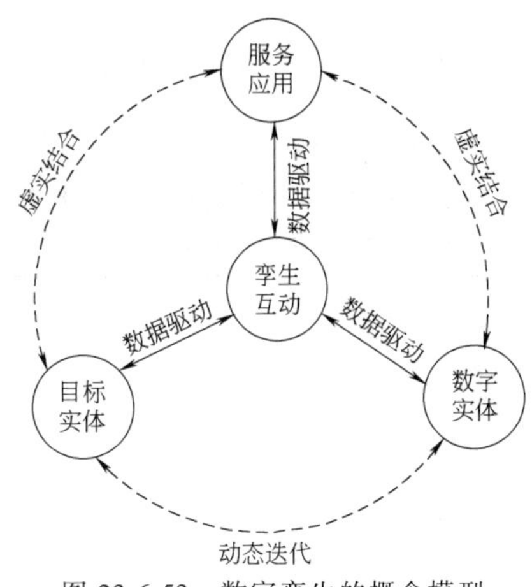

图 23-6-53　数字孪生的概念模型

2）数字孪生系统的参考架构。数字孪生系统的参考架构包括目标实体、孪生互动、数字实体和服务应用等四部分组成，见图 23-6-54。

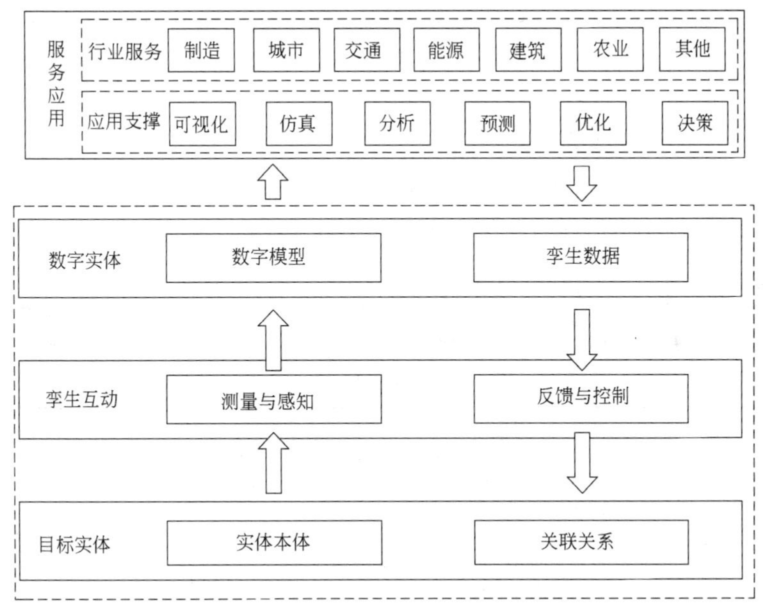

图 23-6-54　数字孪生系统参考架构

目标实体是建模与交互的对象，数字实体是目标实体的数字化映射，孪生互动是数字孪生系统中目标实体与数字实体之间的信息交互过程，通过应用支撑实现行业服务应用。

① 目标实体。目标实体分类表见表 23-6-84。

表 23-6-84　　目标实体分类表

分类规则	类型	逻辑属性	示例
复杂程度	单元级	具体的	可见的生命体（如人、动物、植物）与生命体（如设备、设施、产品、建筑）的单元/部件；不可见的能量场（如磁、热、力、光、声、流体、绝缘等）的单一区域或单个能量场
		抽象的	设备、设施、产品、建筑等维护或设计等过程中单一环节的方法与经验
	系统级	具体的	设备、设施、产品、建筑单元/部件组合，物理场多区域耦合或多物理场耦合等
		抽象的	设备、设施、产品、建筑等维护或设计等全过程各环节组成的、完整的方法与经验
诞生时间	过去的	—	曾经出现、存在或运行的，具备具体或抽象逻辑属性的实体事物
	现在的	—	当下出现、存在或者正在运行的，具备具体或抽象逻辑属性的实体事物

实体的关联关系可按照更新情况和特征属性两个维度进行划分，见表 23-6-85。

a. 按照更新情况：分为动态与静态两种类型。其中，静态关联确定后不再变动，动态关联可根据事物发展情况定时或不定时更新。

b. 按照特征属性：分为物质流、能量流与信息流三种类型。

注：传递信息的有效性与无效性均为实体关联关系的客观反映，不影响其存在、运行与流转。

表 23-6-85 **关联关系分类表**

分类规则	类型	示例
复杂程度	静态	生命体与非生命体的分类依据、生命体中动物与植物的分类依据及非生命体之间即物质静态或设施、产品、服务的分类依据
	动态	生命体与非生命体的从属关系、动物与植物的依存关系、个人与组织的从属关系、业务动态流程、设备与建筑设计/运维经验等
特征属性	物质流	地球化学循环、生物圈内物质循环、工业流程物质交换等
	能量流	食物链能量流动，工业流程能量流动等
	信息流	生物领域生命信息的传递，人文领域思想的传递、工业生产领域经验的传递、信息领域数据的传递等

② 数字实体。数字实体见表 23-6-86。

表 23-6-86 **数字实体**

分类规则	类型	示例
数字模型	构建手段	包括计算机图形设计、仿真技术、基于本体的建模方法、运筹学、机器学习等
	模型种类	包括三维几何模型、有限元分析模型、化学反应模型、流体力学模型、过程映射模型、运筹优化模型、概率图模型、神经网络模型等
孪生数据	本体数据	对目标实体的几何特征、物理属性以及相关约束进行数字空间的映射，是标识、尺寸、颜色、形状、材料、精度、能量、参数、拓扑、衔接关系、时间等的数字化表达
	规则数据	对目标实体在物理空间所遵循的运行规律进行数字空间的映射，是知识、规定、流程、策略、方法、经验等的数字化表达
	衍生数据	数字实体基于目标实体相关数据开展仿真、分析、预测等产生的数据

③ 孪生互动。孪生互动包括目标实体与数字实体之间的测量与感知、反馈与控制等操作，见表 23-6-87。

表 23-6-87 **孪生互动**

分类规则	主要流程
测量与感知	测量与感知实现目标实体几何特征、物理属性以及相关约束等的数字化表达，主要流程可包括： a. 确定目标实体类型，识别应测量或感知的数据范围； b. 确定测量感知的方式和媒体； c. 获取目标实体的几何特征、物理属性等静态数据以及压力、流量、速度等动态数据； d. 对获取数据进行分析、整理、计算、编辑等操作； e. 进行数据传输与数据存储
反馈与控制	反馈与控制实现数字实体对目标实体的信息反馈和执行控制等，主要流程可包括： a. 获取基于数据分析、仿真等产生的反馈结果，形成反馈信息； b. 确定反馈对象，包括识别指令的目标实体或执行调整指令的操作人员； c. 将反馈信息通过接口、交互组件等传输至目标机器或操作人员； d. 执行反馈控制指令，该指令可由机器自主执行或操作人员执行； e. 识别执行反馈控制指令后目标实体的实时状况

④ 服务应用。服务应用见表 23-6-88。

表 23-6-88 **服务应用**

分类规则	类型	示例
应用支撑	可视化	可视化指使用计算机图形和图像处理技术及工具（如采用二维或三维数字建模等）呈现目标实体的模型和特征，包括模型处理、场景编辑、渲染服务、脚本制作、虚实融合等
	仿真	仿真是将包含确定性规律和完整机理的模型转化为软件方式来模拟目标实体，包含系统仿真、物理场仿真、城市仿真、交通仿真、战场仿真等
	分析	分析指基于数字实体通过算法进行应用场景的个性化计算和趋势推演，包括空间分析、业务场景模拟分析、时空推理等

第 23 篇

续表

分类规则	类型	示例
应用支撑	预测	预测指通过采集目标实体的历史数据和实时运行数据预先推测目标实体的状态，包括目标实体的性能状态、安全状态、工作状态等
	优化	优化指通过在数字空间进行仿真、分析和预测，对目标实体全生命周期的结果进行改进和完善，并实时、动态和持续作用于物理空间，包括算法优化、模型优化、资源配置优化等
	决策	决策指基于目标实体和数字实体相关信息进行分析与推理，针对预设目标提出科学合理的解决方案，并向目标实体下达控制指令或向决策人员提供实施建议
行业服务	数字孪生技术广泛应用于制造、城市、交通、能源、建筑、农业等领域，详见 GB/T 4344.1—2023 附录 A	

6.1.8 数字孪生的基本要求（摘自 GB/T 4344.1—2023）

表 23-6-89　　数字孪生的基本要求

分类规则	类型	示例
同步性	内容信息同步	数字实体与目标实体之间应动态地进行双向内容信息同步，同步的频率和精度应满足实际应用需求
	基准时钟同步	数字实体内不同模型间、数字孪生系统内不同模块间及数字实体与目标实体间的接口，应采用相同基准时钟
一致性	几何特征	数字实体应准确反映目标实体的几何尺寸、位置、装配关系等几何特征
	物理属性	数字实体应准确反映目标实体的材料属性、特征等物理属性
	相关约束	数字实体应准确反映目标实体相关的驱动因素、环境扰动、运行机制等相关约束
	逻辑规则	数字实体应准确反映目标实体在物理空间所遵循的运行规律，包括知识、规定、流程、策略、方法、经验等逻辑规则
实时性	数据获取	应在规定时间内对多源异构数据进行定频或变频采集
	数据传输	应在规定时间内对所采集数据进行预处理、传输处理、存储等
	数据预处理	数字实体应在满足同步或异步要求的前提下，不定时进行模型更新和系统刷新
	信息建模	交互过程中系统响应时间、刷新频率应满足实际需求
可靠性	稳定性	数字孪生系统应具备在规定时间和实际应用条件下无故障地提供服务的能力。数字孪生系统部署完成后，应具备稳定运行及信息交互能力
	鲁棒性	数字孪生系统应具备在执行过程中处理异常信息或错误信息的能力，当算法、模型等在遭遇采集、输入、通信、计算资源等异常时，仍能保持继续运行的能力
可维护性	可验证性	数字孪生系统应能够对数字实体模型与数据的正确性进行验证
	可追溯性	数字孪生系统应保存运行过程中涉及的过程或活动的历史记录和实时数据，当系统出现预警或故障信息时，应能追本溯源到对应数据点或信息点，实现对全生命周期的数字孪生系统进行运维和监控
集成性	开放接口	实现与其他系统间的数据交换和信息传递
可扩展性	数字实体应具备添加、替换数字模型的能力	
	数字实体相关模型应具备可移植性和可重用性	

6.1.9 数字孪生的安全要求（摘自 GB/T 4344.1—2023）

表 23-6-90　　数字孪生的安全要求

要求	内容组成
环境安全	环境安全要求包括： a. 数字孪生系统部署环境宜满足对信号防干扰、防屏蔽、防阻挡等要求； b. 目标实体的环境物理安全级别宜符合 GB/T 21052—2007 的对应等级要求，具体等级应依据实际应用场景确定
数据安全	数据安全要求包括： a. 数字孪生系统应采取适当的措施保证传输过程中信息的真实性、完整性； b. 数字孪生系统应具有数据备份和恢复功能； c. 数字孪生系统中用户数据隐私应符合 GB/T 35273—2020 中规定的个人信息的收集、存储、使用要求； d. 目标实体和数字实体之间以及数字实体和服务应用之间交互的数据宜采用加密方式进行传输

续表

要求	内容组成
网络安全	网络安全要求包括： a. 数字孪生系统应布设网络防火墙； b. 数字孪生系统中网络的安全保护能力应符合 GB/T 22239—2019 中 5.2 的要求； c. 数字孪生系统中网络的安全通用要求和扩展要求应符合 GB/T 22239—2019 中 5.3 的要求
身份鉴别	身份鉴别要求包括： a. 接入数字孪生系统的硬件、软件、用户应具有唯一标识； b. 数字孪生系统与接入实体应进行双向身份认证并具备完善的身份鉴别失败处理机制
访问控制	访问控制要求包括： a. 目标实体应根据复杂度、逻辑属性、存在时间、更新情况和特征属性设置不同的访问控制规则； b. 数字实体应根据数字模型、孪生数据的特点和不同管理权限设置不同的访问控制规则； c. 数字孪生系统宜配置管理人员或电子系统对接入的实体进行控制、鉴别和记录，鉴别应符合 GB/T 4344.1—2023 中 8.4 的要求

6.2 功能要求

数字孪生是指将物理世界的实时数据与其相应的数字表示进行连接和融合的技术。它用于模拟和分析物理系统，以便预测其行为、优化其运营，并支持决策制定。

6.2.1 数字孪生的功能要求（摘自 GB/T 4344.1—2023）

表 23-6-91 数字孪生的功能要求

功能	内容组成
数字孪生系统功能	数字孪生系统功能包括但不限于数字实体构建、测量与感知、实时仿真、数据分析、预测优化与决策、反馈与控制、可视化交互和数字资产管理
数字实体构建功能	a. 应建立目标实体的数字化映射，包括目标实体的几何特征、物理属性以及相关约束等信息； b. 宜建立目标实体的几何模型、有限元分析模型、化学反应模型、流体力学模型、过程仿真模型、运筹优化模型、概率图模型、神经网络模型、可视化交互模型等不同模型； c. 几何建模应包括目标实体的尺寸、形状和位置等信息，在满足应用要求的前提下，宜对已有的几何模型进行简化、轻量化、贴图等处理； d. 应针对目标实体建立经实践验证可行的数学、物理、化学、逻辑关系等机理模型； e. 可视化建模应建立满足可视化交互需要的三维模型，支持对空间、环境、天气等不同应用场景模型建模；宜根据场景需要，支持不同类型的建模方法，如可见光建模、结构光建模、激光点云建模、维度建模、实体联系建模、手工建模、倾斜摄影建模等；可视化建模应支持导入主流三维格式模型建模方式； f. 数据建模应按业务或行业需要，建立对目标对象进行数据归纳分析预测的模型，支持构建松耦合、弹性开放的行业数据模型； g. 宜满足模型构建规则、接口要求、组装要求以及扩展性说明，应支持对目标对象编码和管理，保证通过编码对模型中目标对象的唯一性进行识别； h. 宜支持采取多种特征工程方法构建数据特征，如自动特征、变量选择、主成分分析、因子分析等；宜支持 UE4 等主流建模软件工具以及 depthmap、multi-planeimage 等多种模型表达方法； i. 宜满足模型验证的规则、环境要求、流程及度量指标，如功能性、可靠性、可用性指标；宜具备集成、添加和替换数字模型的能力，能够针对多尺度、多物理、多层级的模型内容进行扩展；应在统一的坐标系上，对模型进行融合，保证模型与数据信息更新的实时性、同步性和可靠性； j. 应基于规则实现目标实体和数字实体的创建，宜支持同类模型、不同类模型之间的关联关系定义
测量与感知功能	a. 应对目标实体在物理空间的全面、多维度、多类型数据和信息进行静态或动态、单次或批量数据的采集和感知，如外观数据、运行数据、动态实时感知数据、特征属性数据、内部逻辑规则数据、基础空间数据、行业应用数据等； b. 测量与感知的数据应有时间标记，以便于故障的追溯及数据对齐； c. 宜支持各种元器件的通用接口，如机器人信号、PLC 信号、传感器信号等； d. 视频监控宜支持与标准视频监控数据深度集成； e. 宜支持多种感知和采集技术对数据进行获取，如高精度测量技术、感知技术、通信技术等； f. 应支持多种通信方式的测量与感知，如有线以太网、无线 3G/4G/5G/WLAN/蓝牙/NB-IoT 等； g. 应支持多种应用层以及传输层协议以实现数据与信息的通信，如 HTTP、HTTPS、MQTT、TCP 等； h. 数据采集频率应满足数字孪生实时性要求和行业应用要求； i. 设备宜有合理的自检能力，对获取到的信息有校验的手段

续表

功能	内容组成
实时仿真功能	a. 目标实体与数字实体应双向实时映射,目标实体的数据应被实时感知并传送给数字实体,数字实体通过数据实时更新与模型校正,同步彼此的动态变化并实时做出响应; b. 应明确仿真分析的初始条件和边界条件,宜具备以多样的数字模型映射目标实体的能力; c. 应支持按实际应用场景要求的同步速率和精度要求对目标实体实施实时仿真分析,实时获取目标实体状态数据,对目标实体状态进行实时分析判断,充分反应目标实体特征,并预测目标实体将来的变化状态; d. 数字实体与目标实体应能够实现双向交互,通过人机交互对数字实体下发执行命令,数字实体将相关数据同步至目标实体,目标实体接收到数字实体或人机交互命令,动态变化并实时做出响应; e. 实时仿真过程应满足有穷性、确切性,包含输入项和输出项,每个过程步骤必须有效,宜支持目标实体全生命周期动态可追溯、追踪的仿真分析; f. 应对目标实体进行虚实结合的过程或者运行状态变化的仿真分析,宜实时反映目标实体的行为机理,例如机械运动、馈电网络、伺服控制等; g. 宜支持仿真分析结果与试验结果的相互验证,应实现数字实体和目标实体的几何结构高度仿真,以及状态、相态和时态的同步仿真; h. 仿真分析宜支持多学科、多物理场联合仿真,实时仿真过程应支持对场景、实体对象、事件等一项或多项要素融合,进行动态参数/数值配置并作为输入条件; i. 仿真分析宜支持采用人工智能、大数据等技术修正计算分析模型和算法
数据分析功能	a. 应支持数据转换、预处理、分类、关联、集成、融合、质量分析等功能,如:多源异构数据转换、数据格式转换、多源异构数据元数据级特征级融合、数据与业务关联以及标签化、数据清洗等操作、感知数据告警规则触发; b. 宜支持按实际应用场景要求的同步速率和精度要求对目标实体进行快速数据分析,数字孪生系统应具备在线数据分析、离线数据分析、云端数据分析功能; c. 应支持对多维数据进行融合分析,宜支持对目标实体进行空间分析计算; d. 应通过数据分析实现数字孪生业务应用,如设备故障诊断、预测性维护、发动机标定、商场人流量预测等; e. 宜根据数字孪生应用需要,采取合适的人工智能算法进行数据脱敏、过滤、处理和分析,分析方法有回归算法、聚类算法、统计分析、BP 神经网络等; f. 宜支持数据分析模型的可视化展示,包括对比分析、漏斗分析、留存分析、用户行为路径分析、用户分群、用户画像分析等
预测优化与决策功能	a. 应借助数字实体与目标实体的持续互动,支持基于目标实体实时状态参数,采用不同的分析方法与预测模型来评估目标实体的健康状态以及预测未来变化趋势,在其故障发生之前进行诊断与预测,并能够对故障点和故障原因进行加载、报警、显示等; b. 应支持开展目标实体设计、制造、运营等阶段的不确定性预测,提供产品剩余寿命预测,应支持基于预测的结果,结合终端现场实际情况制定相应的生产维护策略; c. 目标实体与数字实体可实现迭代优化,数字实体应根据实时数据对目标实体的运行状态进行仿真优化分析,并对目标实体进行实时调控,优化目标实体的任务执行; d. 应具备在数据采集与分析的基础上,掌握目标实体在时间、空间、规则等上的分布特征,通过描述目标实体的可视化模型和内在机理,对目标实体的状态数据进行监视、分析、推理,为目标实体的配置、运营、服务等方面的持续优化提供辅助决策依据; e. 应具备可自定义预测方案和自定义决策方案,并且可以在自主决策和辅助决策之间进行切换; f. 宜支持采用虚拟现实技术和增强现实技术开展可视化维修与实施
反馈与控制功能	a. 应具备从数字实体连接到目标实体的传输接口方式,应支持可扩展的自定义接口方式; b. 反馈与控制方式宜支持至少两种连接方式; c. 目标实体宜支持控制指令格式、指令校验、指令注入权限等控制指令接入要求; d. 数字实体应支持基于虚拟调试技术、控制代码自动生成、高精度控制技术等多种控制执行技术的实时反馈; e. 应针对不同反馈控制需求,对反馈数据、信息、执行指令的实时性、准确性、精度、同步频率等分别定制反馈控制流程和方法; f. 应提供可视化反馈功能,实现数据可视化动态展示和交互操作下的控制应用; g. 对数字实体的交互控制应能实时反馈控制目标实体,交互控制逻辑应严谨,应能对超过所设定的阈值信息进行报警提示或进行相应的自动控制,不应造成目标实体损坏

续表

功能	内容组成
可视化交互功能	a. 应支持在微型计算机、虚拟现实/增强现实/混合现实设备一种或多种终端设备进行数据可视化的动态展示和交互操作； b. 应具备可视化场景搭建和可视化交互设计能力，支持人机操作界面进行操作； c. 应支持将测量与感知数据进行可视化展示，支持将仿真和数据分析结果进行可视化展示，宜支持点、线、面、表的实时动态监控画面展示； d. 宜利用可视化技术建立用户与数据采集分析系统交互的良好沟通方式，使用户能够个性化规整、约束及优化数据采集分析过程； e. 宜保证可视化交互展示信息与目标实体状态实时同步，反映目标实体的属性特征，并对互动结果进行直观显示； f. 宜支持对三维模型进行可视化展示，支持多模态孪生数据的可视化访问； g. 应为不同数字孪生系统之间提供集成应用，以及数字实体和其他数据源的交互提供可视化访问界面； h. 应支持不同视角的切换和可视化交互，如通过鼠标、虚拟按钮、快捷键等方式进行全局视角监控、局部视角监控、追踪视角监控、环视视角监控等
数字资产管理功能	a. 应支持对多元异构数据的存储和统一管理功能，并对资产进行分类管理，存储和管理其全生命周期模型和数据，数据类型可包括本体数据、规则数据及衍生数据等，支持对多模态数据的一体化存储管理； b. 应根据数据的类型和特点，对数据进行分类、分区域存储和展示，例如静态数据区、运行状态区、维护维修区等； c. 应建立数据资产存取、标记与管理机制，满足实时异构数据快速可靠存取要求，应对多源、异构数据的格式和编码进行规范化表达； d. 宜建立目标对象与对应数字资产之间关联关系，基于结构管理数据资产，实现数据资产结构化关联管理； e. 应支持对模型进行定义、删除、更新和配置，支持面向不同数字孪生应用对各种模型以及数据进行检索、元数据探查、查看、下载、引用等功能，可通过不同条件快速查询获取数字资产，支持多模态孪生数据复合索引快速构建； f. 应支持数字资产版本管理，包括记录同一数字资产不同版本的数据信息，可对不同版本数据进行追溯，可对目标对象不同阶段的数字资产演变过程进行追溯； g. 宜建立各类评估规则，支持资产评估，确定资产的完整性与常用性，帮助分析数字资产质量； h. 宜支持面向用户的数字资产共享，对外提供资产在线查看、资产申请、审批、服务接口发布以及可控调用等能力； i. 应建立数据资产安全权限管理机制

6.2.2 智能建造数字孪生车间技术要求（摘自 T/TMAC 025—2020）

T/TMAC 025—2020《智能建造数字孪生车间技术要求》国家标准规定了智能建造数字孪生的术语和定义、缩略语、数字孪生结构模型与内容、数字孪生车间主要系统构成及要求、车间功能要求、车间运行机制与实现方法、数字孪生在产品全生命周期的应用要求、车间信息交互要求、数字模型要求、数字交互要求、制造运行管理要求等方面的技术要求，适用于基建、住建、市政等行业的智能建造领域。

1）数字孪生结构模型与内容

① 结构模型。数字孪生的五维结构模型见图 23-6-55。

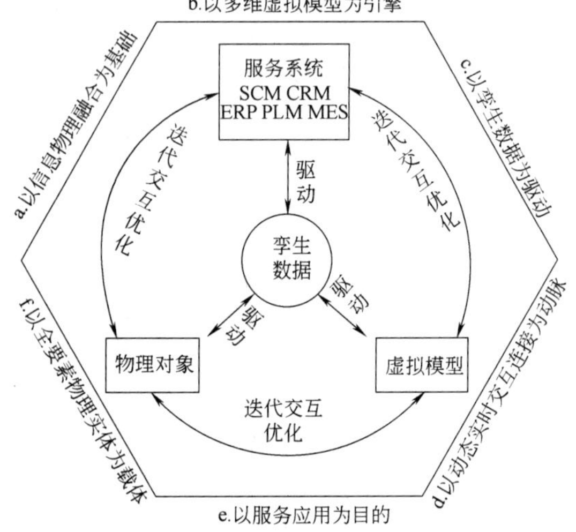

图 23-6-55　数字孪生五维结构模型与应用准则

② 应用准则。数字孪生的应用准则为：

a. 以信息物理融合为基础；

b. 以多维虚拟模型为引擎；

c. 以孪生数据为驱动；

d. 以动态实时交互连接为动脉；

e. 以服务应用为目的；

f. 以全要素物理实体为载体。

③ 包含内容。数字孪生应包含软件/硬件、机械装置、电子、自动化和人机界面、安全性和安保、维护、

图形信息、标识/身份、状态信息、发布信息、接口等信息内容，见图 23-6-56。

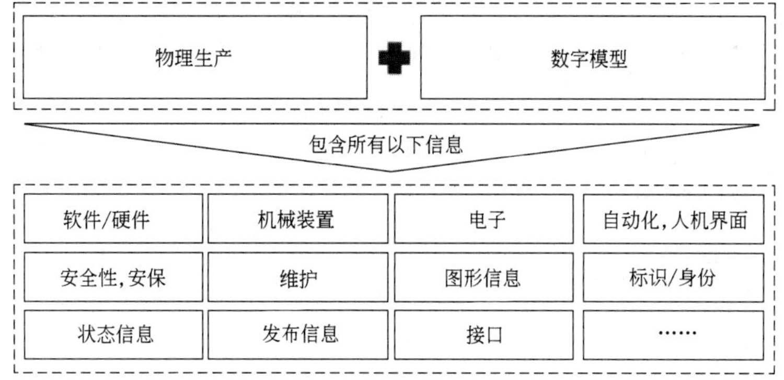

图 23-6-56　数字孪生包含内容

2）数字孪生车间主要系统构成及要求

面向智能建造的数字孪生车间的系统构成框架见图 23-6-57 和表 23-6-92。

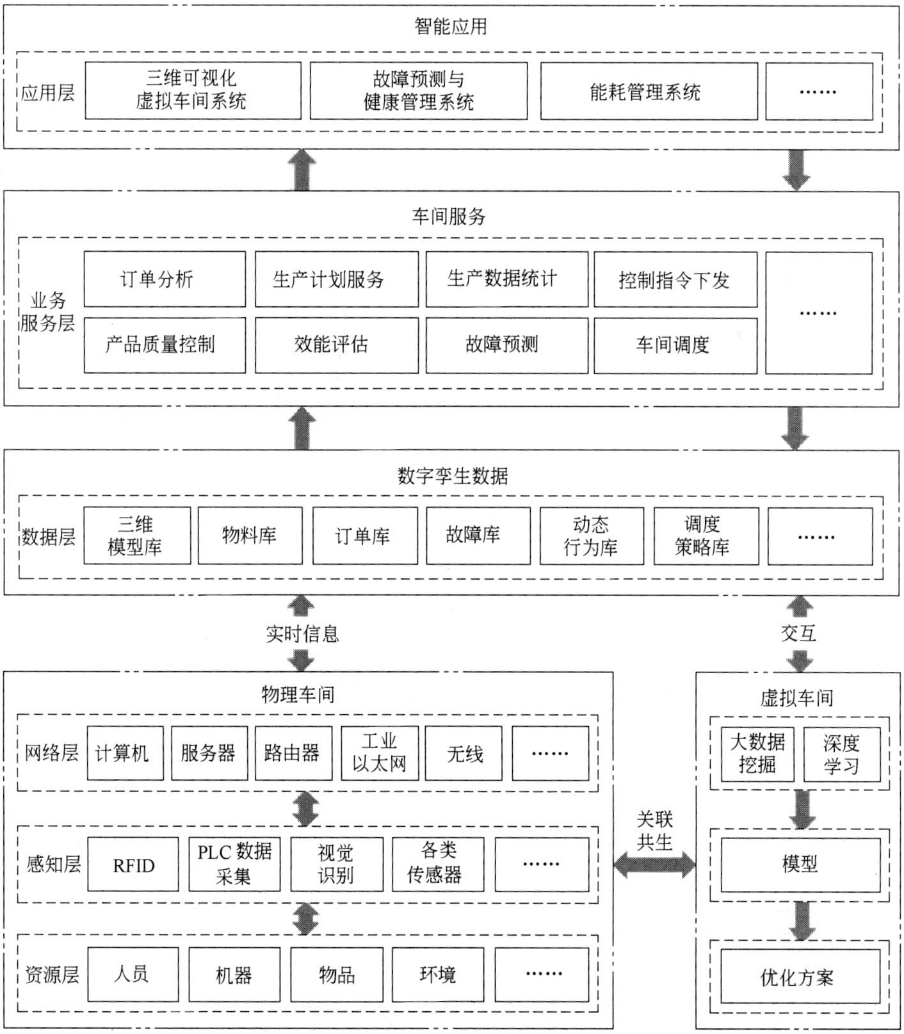

智能应用

应用层：三维可视化虚拟车间系统　故障预测与健康管理系统　能耗管理系统　……

车间服务

业务服务层：订单分析　生产计划服务　生产数据统计　控制指令下发　产品质量控制　效能评估　故障预测　车间调度　……

数字孪生数据

数据层：三维模型库　物料库　订单库　故障库　动态行为库　调度策略库　……

实时信息　交互

物理车间

网络层：计算机　服务器　路由器　工业以太网　无线　……

感知层：RFID　PLC 数据采集　视觉识别　各类传感器　……

资源层：人员　机器　物品　环境　……

关联共生

虚拟车间

大数据挖掘　深度学习

模型

优化方案

图 23-6-57　系统构成框架

表 23-6-92　系统构成框架

构成	内容组成
物理车间	物理车间是车间客观存在的实体集合，主要负责接收生产任务，并严格按照虚拟车间仿真优化后的生产指令组织生产活动 车间资源构成了真实的物理车间。物理车间的资源层应包括： a. 人员：车间操作人员； b. 机器：智能机器人、智能传送带、智能码垛机等； c. 物品：物料、产品、电脑等； d. 环境：车间的温湿度、粉尘度等 应通过感知设备感知车间数据及状态和事件的发生。物理车间的感知层应包括： a. RFID 设备、温湿度传感器、压力传感器、光电传感器等多种传感器； b. 工业摄像头及 PLC 采集设备等 应通过网络设备将感知的数据进行有效传输和互相交换。物理车间的网络层应包括车间网络相关设备，如以太网、路由器等 物理车间应实现车间信息的互联互通和数据共享，通过互联网、局域网、无线等传输方式，将感知设备感知到的人员、物品、机器、环境等各要素连接起来 物理车间的复杂性带来了车间数据的多源异构性，应对物理车间各要素信息进行统一标准化，以实现数据的统一采集与访问，以免造成车间数据共享障碍
虚拟车间	虚拟车间是物理车间的忠实数字化镜像，它对生产计划、活动、指令等进行仿真、评估及优化，并对生产过程进行实时监测、调控与预测 虚拟车间本质上是模型的集合，它不断积累物理车间的实时数据与知识，在对物理车间高度保真的前提下，对其运行过程进行连续的优化 在生产前，应通过虚拟模型对生产任务进行仿真分析，模拟生产过程，生成初始车间调度指令 在生产中，应通过车间生产数据达到与物理车间的生产同步，使用逼真的三维可视化效果展示出来并与用户进行交互 应基于数据驱动来进行实时仿真分析，得到动态调度策略或者优化方案，并将调度策略下发给物理车间形成闭环，实现与物理车间的交互融合
车间服务系统	车间服务系统应包括 SCM、CRM、PLM、ERP、PDM、MES、PHM 等各类服务系统 在车间孪生数据的驱动下，为车间的智能化管控提供支持。车间服务的业务服务层应实现订单分析、生产计划服务、生产数据统计、控制指令下发、产品质量控制、效能评估、故障预测与车间调度等功能
车间孪生数据	车间孪生数据是物理车间数据、虚拟车间数据、车间服务系统数据以及三者在综合、统计、关联、聚类、演化、回归及泛化等操作下衍生的融合数据，它为数字孪生车间孪生数据的共享、集成与融合提供平台 数字孪生数据应包括三维模型库、物料库、订单库、故障库、动态行为库、调度策略库等

3）车间功能要求

表 23-6-93　车间功能要求

技术	内容组成
虚拟车间建模、仿真运行及验证技术	通过车间虚拟现实与增强现实应用技术，实现虚拟现实交互功能 通过生产计划/生产过程仿真运行与优化技术，验证优化算法可视化效果 通过虚拟车间运行机理及演化规律，实现虚拟环境的可视性机理效果 通过多维多尺度模型集成与融合技术，实现多尺度综合性检验 通过“要素-行为-规则”多维多尺度建模与仿真技术，实现多维度预测 物理车间应实现车间信息的互联互通和数据共享，通过互联网、局域网、无线等传输方式，将感知设备感知到的人员、物品、机器、环境等各要素连接起来 物理车间的复杂性带来了车间数据的多源异构性，应对物理车间各要素信息进行统一标准化，以实现数据的统一采集与访问，以免造成车间数据共享障碍
车间孪生数据构建及管理技术	通过车间大数据技术，实现仿真数据追溯 通过虚实双向映射技术，实现数字孪生同步效果 通过虚实融合与数据协同技术，实现数据与动画协调效果 通过数据结构化集群存储技术，完成孪生数据清洗迭代 通过可解释、可操作、可溯源异构数据融合技术，完成修正系数的迭代计算 通过多类型、多时间尺度、多粒度数据规划与清洗技术，实现多类型、多时间度、多粒子数据综合仿真

续表

技术	内容组成
数字孪生车间运行技术	通过生产要素管理、生产计划、生产过程迭代运行与优化技术,完成准确的管理预测 通过仿真数据收集技术,完成自组织自适应动态调度 通过多源数据协同控制技术,完成数字孪生仿真控制效果 通过虚实实时交互技术,完成双向控制效果

4）车间运行机制与实现方法

① 车间运行机制。数字孪生车间的运行是物理车间、虚拟车间以及车间服务系统在车间孪生数据的驱动下两两之间不断交互与迭代优化的过程，见图 23-6-58。车间运行机制见表 23-6-94。

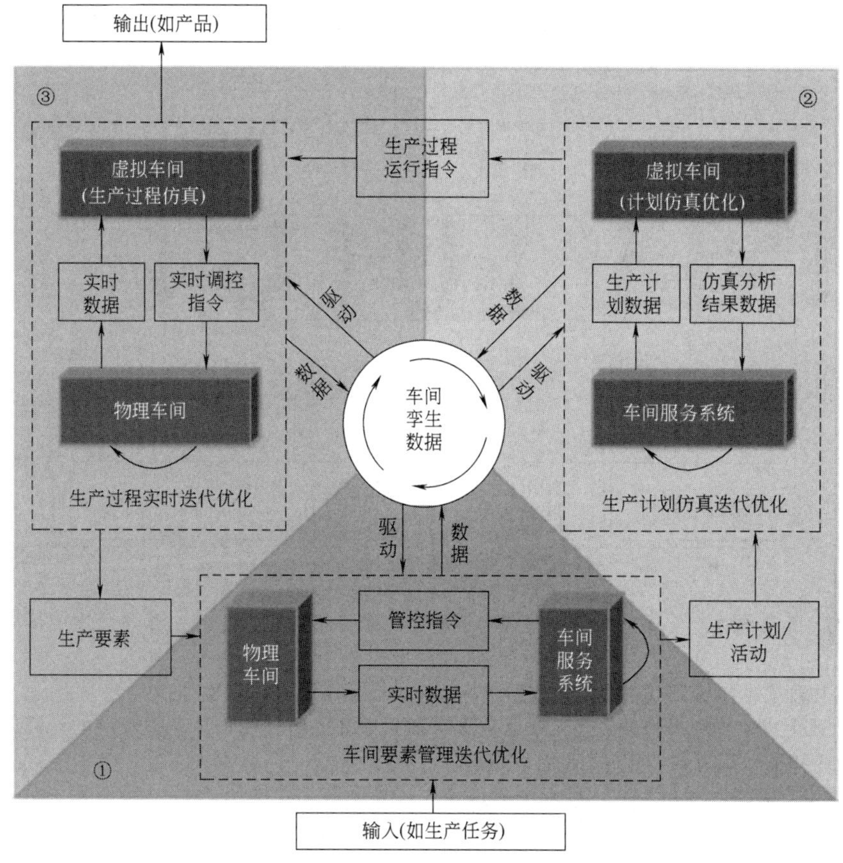

图 23-6-58　数字孪生车间的运行

表 23-6-94　车间运行机制

系统	内容组成
车间服务系统	应根据生产任务产生资源配置方案,并根据物理车间的实时状态数据以及虚拟车间的仿真及预测数据等对其进行迭代优化与调整,实现生产要素的配置最优。应将生成的生产计划传送至虚拟车间进行循环验证与迭代优化,实现生产计划最优
虚拟车间	应实时地监控物理车间的运行,根据物理车间的实时状态不断进化,并迭代反馈优化策略指导物理车间的生产,实现生产过程最优
数字孪生车间	应在迭代运行与优化的过程中得到持续的完善与提升,车间孪生数据也在不断地更新与扩充

② 车间实现方法见表 23-6-95。

表 23-6-95　　车间实现方法

方法	内容组成
物理车间实现方法	物理车间除传统车间所具备的功能和作用外,还应实现基于物联网的车间人员、机器、物品、环境等生产要素的互联与互操作
虚拟车间实现方法	虚拟车间应从几何、物理、行为、规则等多个维度对物理车间进行刻画,并且在与物理车间同步运行的同时不断进化,从而保证对生产计划、活动、指令等进行真实可靠的仿真、分析及评估等
车间服务系统实现方法	车间服务系统通过需求解析与分解、服务搜索匹配以及服务组合等,实现对物理车间的运行优化以及虚拟车间的模型检测与矫正等,并形成按需使用的服务模式
车间孪生数据实现方法	车间孪生数据利用各类数据融合算法对物理车间数据、虚拟车间数据、车间服务系统数据进行融合处理,从而形成更加全面与准确的信息物理融合数据,用于驱动数字孪生车间的运行

5）数字孪生在产品全生命周期的应用要求

① 应用分析。数字孪生应存在于产品全生命周期中的每一个阶段，数字孪生在产品全生命周期的应用见图 23-6-59。

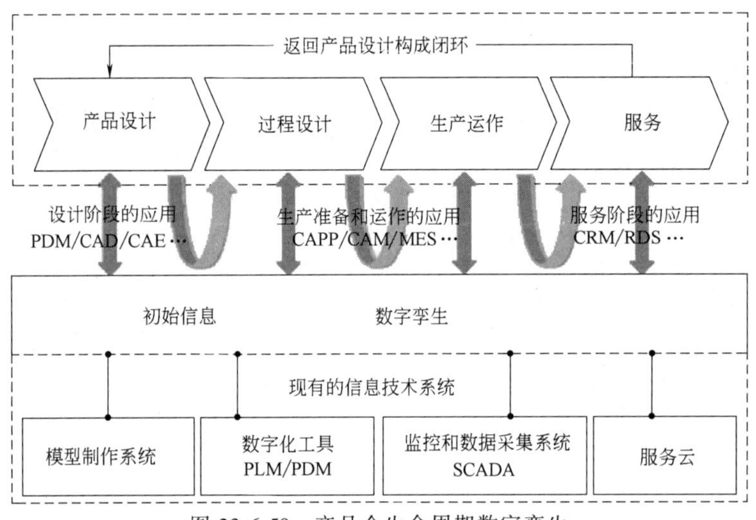

图 23-6-59　产品全生命周期数字孪生

② 应用方式。大量的物理实体系统都应具有数字虚体与之相结合。在物理实体与数字虚体之间，信息可以双向传输：

a. 当信息从物理实体传输到数字虚体，数据来源于用传感器来观察物理实体；

b. 当信息从数字虚体传输到物理实体，数据是出自科学原理、仿真和虚拟测试模型的计算，用于模拟、预测物理实体的某些特征和行为。

6）车间信息交互要求

① 信息交互基本要求。物理车间与虚拟车间的信息交互依赖于数字化孪生数据和车间服务来实现，对应着数据层和业务服务层。

数据层包括车间各种数据的集合，应通过对三维模型库、物料库、订单库、故障库、动态行为库、调度策略库等数据进行存储实现对数据的共享集中控制。

业务服务层是在数据上进行封装的微服务或者接口，包括获取人员信息、存储人员信息的用户服务，由订单获取、订单录入、订单分析、订单修改等业务组成的订单服务等。

应将其设计成模块化，方便调用某个服务后返回结果。

② 车间现场信息交互。现场数据的采集依靠通信方式来实现，图 23-6-60 为采用以太网通信模式，也可使用其他通信模式。

a. 前主流 PLC 均有以太网模块或本身内置以太网模块。

b. 上位机软件对各主流 PLC 的支持比较成熟。

c. PLC 汇集本工位设备的状态和数据。

d. 上位机通过网线读取 PLC 数据到上位机实时数据库中。

e. 上位机通过添加画面和表格实现监控现场设备状态功能。

7）数字模型要求

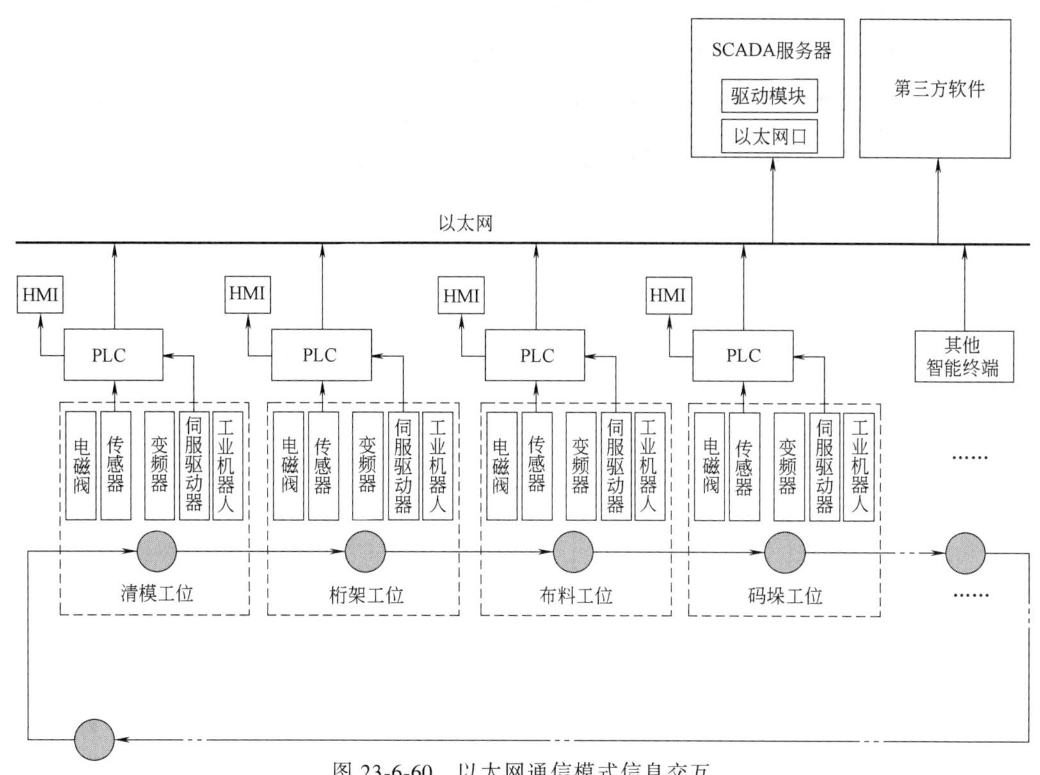

图 23-6-60　以太网通信模式信息交互

表 23-6-96　　数字模型要求

要求	内容组成
数字仿真规划	数字仿真规划前应进行资料搜集工作，包括前期厂房和生产线规划、现场数据采集、实物贴图、已有三维模型等 应根据厂房、设备、产品、物料、工装等分别建立模型清单，对采集信息进行分类管理 应编制仿真方案，分析生产要求、工艺工法、生产节拍、设备布置、产能配置等要素，确定仿真目标、方法、内容和平台等
数字建模要求	三维建模主要包括厂房车间、生产设备、工艺装备、生产物料、厂房外景、辅助设施、生产人员等对象 模型精细度、外观渲染效果、纹理和多边形数据量应满足仿真逼真度和仿真实时性要求 为增加模型的仿真逼真度可采用纹理贴图，纹理贴图应保证显示清晰，对物体的重要特征、产品标识等应单独贴图 在保证模型特征的基础上，可适当简化模型的不可见结构、复杂曲面等，以提高建模效率 三维模型的主要特征尺寸应符合实物尺寸，装配体三维模型的层次结构、运动关系应满足运动仿真的要求 三维实体模型应经过模型轻量化技术转化为三维面片模型，在满足模型外观要求基础上面片数以少为宜
仿真模型要求	仿真模型应包括工艺过程仿真模型、生产线仿真布局模型、物流仿真模型等 仿真模型的坐标系定义与使用、模型比例、建模环境设置、模型命名等应符合 GB/T 26099. 1—2010 的规定；零件模型创建应符合 GB/T 26099. 2—2010 的规定；装配模型创建应符合 GB/T 26099. 3—2010 的规定 工装模型、设备模型、操作者模型应按实际模型构建完整的装配约束关系，创建装配约束应符合 GB/T 26099. 3—2010 的规定 工装模型、设备模型、装配环境模型等应与车间实际物理对象一致，应保证信息完整，避免缺失、冗余 工艺过程仿真应对产品生产过程中的关键工艺、生产设备的易损结构等进行建模，实现对生产关键环节的仿真模拟，为产品生产过程及设备参数优化提供依据 产品制造过程的节拍仿真应建立生产线上各设备的运动学模型和数学模型，并能对 NC 代码、机器人程序及其他工艺过程仿真等得出的工位运转数据的正确性、运转过程中的碰撞干涉、加工精度等进行几何仿真验证 生产线规划与布局仿真根据生产线规划与布局方案，建立厂房、外景、加工设备、生产物料、工艺装备、辅助设施、生产人员等的三维数字化模型，从产品层、设备层、生产线层对生产的各个环节进行可视化仿真模拟，对生产线运行的方案和策略进行验证、分析和评价，提前发现工艺规划、空间布局、生产节拍、物流路径等潜在的问题，并通过反复迭代和逐步调整达到合理的预期效果，全面、真实展示优化后的生产线布局和生产仿真效果 物流系统仿真应对装配操作和物流过程进行建模，对工艺过程仿真软件和节拍仿真软件等所提供的生产仿真数据进行解析整合，配合生产线上的产品状态传感器，实现对车间配送系统、装配过程、回收系统的仿真，为优化资源配置及利用率、装配节拍和生产线平衡等提供依据 仿真输出形式一般应包括表格、图形、文本文档、语音、视频、模型、动画、三维模型、仿真文件等

续表

要求	内容组成
三维模型检查与管理	应对三维模型的主要尺寸、颜色与纹理、多边形数据量大小、整体外观效果、层次结构与运动合理性等进行检查,确认是否合理、准确 应对检查合格的模型进行存档,采集的数据应存储至仿真资源库集中管理 应对厂房、设备、产品、物料、工装分类管理,并制定三维模型清单 模型应按照一定规则进行编号,保证物体与编号一一对应 三维模型清单应包含模型分类、编号、名称、运动参数、多边形数据量、纹理数据量、所属生产线、文件大小、完成时间、完成人等内容

8）数字交互要求

智能建造数字孪生车间的数字交互结构见图 23-6-61 和表 23-6-97。

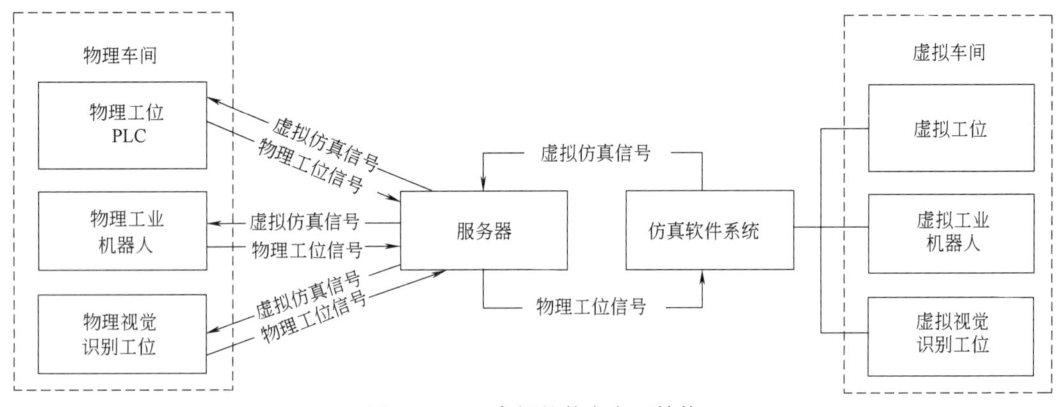

图 23-6-61　车间的数字交互结构

① 使用 PC 作为服务器，PC 端服务器软件需支持各种主流 PLC 与各品牌工业机器人信息数据交互。

② 服务器与服务器端仿真软件之间的数字交互使用 OPCUA 协议。

③ 服务器端仿真软件应可搭建完整的生产线控制模型，具有生产线仿真能力。

表 23-6-97　　车间的数字交互结构

要求	内容组成
仿真软件与工业机器人交互	工业机器人应支持与主流服务器软件的相关协议,实现与仿真软件的交互 工业机器人应具有将实体工位动作信号传输至服务器的能力,同时也可以执行服务器端传出的信号
仿真软件与由 PLC 控制的工位交互	生产线上各工位 PLC 应对工位工序实现完全控制 在虚实交互模式下运行时,工位 PLC 应对仿真软件中的对应工位各个环节具有控制权限。相应地,仿真软件也对工位 PLC 有控制权限,如开始或停止工位运行 仿真软件中的仿真生产线各个工位之间可进行信息交互,将工位之间交互结果执行数据传出,实现实体工位之间的协同工作
仿真软件与视觉识别工位交互	视觉识别工位应对需要进行识别的内容识别后将识别信息传入服务器 仿真软件可以对视觉识别工位上传的结果信息输入仿真系统,仿真系统可将运行结果信号由服务器传输至视觉识别工位,完成实体工位的正常运转

9）制造运行管理要求

① 虚拟车间应通过与物理车间的 PLC、传感器的交互，获取实时反馈数据。

② 应通过对虚拟车间生产线设备的仿真计算对物理车间设备的运行状态进行安全监控。

③ 应对存在安全隐患的设备状态进行提前预警干预，对不能达到生产要求的设备状态进行报警和停机处理。

6.3　数据交互与接口（摘自 T/DZJN 47—2021）

数字孪生的数据交互和接口是指数字孪生系统与其他系统、设备或用户之间进行数据传输、交流和交互的方式和规范。数据中心数字孪生技术规范的基本要求见表 23-6 98。

表 23-6-98　　数据中心数字孪生技术规范基本要求

要求	内容组成
总体要求	a. 数据中心数字孪生应基于数据中心几何数据、设备性能数据、设备运行数据、气候数据等,通过数学建模、大数据分析、仿真、AI技术,构建数据中心数字孪生体及数字孪生应用,为数据中心设计智能化、建设智能化,以及数据中心的安全运营、绿色运营、高效运营提供增值服务 b. 数据中心数字孪生宜采用开放架构,独立于现有监控系统进行构建,也可在现有 DCIM 系统上扩展构建 c. 数据中心数字孪生宜支持多种数据源和多种数据格式。数据源包括 BIM 模型数据、监控系统数据、配置管理数据库数据等,数据格式包括文本、图片、视频、音频、音视频多媒体等 d. 数据中心物理实体、数字孪生体、数字孪生应用之间的连接方式、信息传输、交互机制以及连接测试方法应符合国际标准 IEC 61158-1、IEC 61158-2、IEC 61784-1、IEC 61784-2、IEC 62026-1、IEC 62026-2 的要求 e. 数据中心数字孪生应对构建数字孪生体采集的数据进行治理,可采用的数据治理技术包括过滤、解析、修正、去重、分类、聚合、排序以及匹配等,数据宜根据所表达的内容进行分类,通过分类形成不同的主题数据集 f. 数据中心数字孪生应具有账户权限管理、数据源管理、数字孪生应用管理的框架 g. 数据中心数字孪生应确保数据及其应用的安全可靠 h. 数据中心数字孪生在更新、维护时应不影响数据中心基础设施各系统的正常运行 i. 数据中心宜采用带数字孪生的设备,设备的数字孪生宜与设备同时交付,设备的数字孪生可集成至数据中心数字孪生
物理实体要求	a. 数据中心物理实体应具有支持构建数据中心数字孪生所需的数据、模型、接口 b. 数据中心物理实体的数据、模型、接口应符合国际通用或国家现行有关国家标准,如:物理实体采用 RS485 接口,支持 Modbus 协议 c. 数据中心物理实体应具有可接收数字孪生体优化控制指令的接口 d. 数据中心物理实体接收数字孪生体优化控制指令的接口应符合国际标准 IEC 62026-1、IEC 62026-2 要求
数字孪生体及数字孪生应用要求	a. 数据中心数字孪生体应真实、客观映射物理实体,满足数字孪生应用需求 b. 构建数据中心数字孪生体所需的物理实体数据应采用国际标准 ISO/IEC 38505-1、ISO/IEC TR38505-2 或国家标准 GB/T 38667 进行表示、分类、预处理 c. 数据中心数字孪生应用的开发、运行管理、测试评价应符合国家标准 GB/T 38666、GB/T 37721、GB/T 38633、GB/T 38643
数字孪生化要求	a. 数据中心数字孪生化对物理实体的要求应在数据中心设计阶段予以明确,在建设阶段落实 b. 数据中心设计宜采用 BIM 模型表征数据中心几何模型,对象命名宜采用 GB 50174 或数据中心业主约定的名称,实现命名的规范化 c. 构建数据中心设计阶段数字孪生体的数据应包括设计方案的基本信息,如几何信息、对象名称、材料信息、功能要求等 d. 构建数据中心运维阶段数字孪生体的数据应包括竣工 BIM 模型、监控系统数据等,监控系统应包括 DCIM 监控系统、视频监控系统等 e. 数据中心运维阶段数字孪生体几何模型应与物理实体一致,监控系统数据应具有一定实时性,因数据传输而产生的时延,不应影响数字孪生应用,不应对数据中心运维造成不利影响 f. 构建的数据中心数字孪生体应使用监控系统采集的动态数据进行标定,以使数字孪生体与物理实体尽可能一致 g. 数据中心数字孪生体的标定应包括与数据中心物理实体对应的数字孪生体,以及配合物理实体控制系统的数字孪生体的标定 h. 数据中心数字孪生宜采用数据驱动的方法利用系统的历史和实时运行数据,对物理模型进行更新、修正、连接和补充,充分融合系统机理特性和运行数据特性,使数字孪生体可以结合系统的实时运行状态,动态跟随物理系统实时状态 i. 数据中心运维阶段数字孪生体对物理实体的控制优化可下发至物理实体 j. 数据中心运维阶段数字孪生宜从几何模型、监控系统采集的数据自动生成数字孪生体,用于仿真、AI 相关应用

6.4 测试与评估（摘自 T/DZJN 47—2021）

数字孪生测试和评估是为了验证数字孪生系统的功能和性能，以确保其能够正确地模拟和预测物理系统的行为，并满足用户需求和预期。

1）数字孪生等级划分

① 数字孪生化等级。根据数字孪生化程度的不同，数据中心数字孪生可分为五种等级，从低到高依次为几

何模型、数据描述、数据融合、动态孪生和自主孪生。不同等级的详细描述见表 23-6-99。

表 23-6-99　　数据中心数字孪生化等级

数字孪生化等级	数字孪生水平	详细描述
DTiL1	几何模型	构建数据中心几何模型,包括园区、楼宇建筑结构、电气系统、空调系统、机柜系统等的几何模型,实现空间定位
DTiL2	数据描述	在 DTiL1 基础上,对数据中心电气系统、空调系统、机柜系统的材料和物理特性进行描述,包括采用仿真方法对相应系统进行物理特性描述
DTiL3	数据融合	在 DTiL2 基础上,实现数据中心电气系统、空调系统、机柜系统、布线系统、服务器与网络设备等,与数据中心周围环境和场景的融合孪生
DTiL4	动态孪生	实现 DTiL3 数据融合的数据中心数字孪生,通过自动采集各系统运行数据,实现数字孪生随着物理世界时间的变化动态调整
DTiL5	自主孪生	自主实现数据中心几何模型、数据描述、数据融合、动态孪生的数字孪生模型

② 数字孪生覆盖完整度等级。根据数字孪生对数据中心基础设施覆盖完整度可分为四个等级，不同等级的详细描述见表 23-6-100。

表 23-6-100　　数据中心数字孪生覆盖完整度等级

数字孪生覆盖完整度等级	详细描述
DTciL1	电气系统、空调系统、机柜系统部分覆盖,如仅覆盖机房区域
DTciL2	电气系统、空调系统、机柜系统全覆盖
DTciL3	电气系统、空调系统、机柜系统、布线系统全覆盖
DTciL4	电气系统、空调系统、机柜系统、布线系统、服务器与网络设备全覆盖

③ 数字孪生应用水平等级。

a. 数据中心设计阶段数字孪生应用水平根据数字孪生实现设计智能化的水平可分为五个等级，不同等级的详细描述见表 23-6-101。

表 23-6-101　　数据中心数字孪生设计阶段应用水平等级

数字孪生设计阶段应用水平等级	详细描述
DTaL1(设计)	设计成果实现 3D 立体可视,辅助设计分析,如干涉检查
DTaL2(设计)	设计成果实现 3D 立体可视,部分场景实现设计方案仿真评估,辅助设计分析
DTaL3(设计)	设计成果实现 3D 立体可视,实现设计方案全场景仿真评估,辅助设计方案优化
DTaL4(设计)	部分场景根据设计需求,应用大数据分析及 AI 算法自动实现最佳设计方案输出,设计成果实现 3D 立体可视,根据输入意见,自动优化设计方案
DTaL5(设计)	接收设计需求,根据大数据分析及 AI 算法自动实现最佳设计方案输出,设计成果实现 3D 立体可视,根据输入意见,自动优化设计方案

b. 数据中心建设阶段数字孪生应用水平根据数字孪生实现建设智能化水平可分为五个等级，不同等级的详细描述见表 23-6-102。

表 23-6-102　　数据中心数字孪生建设阶段应用水平等级

数字孪生建设阶段应用水平等级	详细描述
DTaL1(建设)	建设状态立体可视,建设过程及进度可视
DTaL2(建设)	建设状态立体可视,建设过程及进度可视,辅助分析关键施工路径
DTaL3(建设)	建设状态立体可视,建设过程及进度可视,质量问题可视,提供关键施工路径及质量问题管理平台,提高管理效率
DTaL4(建设)	建设状态立体可视,建设过程及进度可视,质量问题可视,提供关键施工路径及质量问题管理平台,利用摄像头及 AI 技术辅助施工安全管理,实现项目综合管理
DTaL5(建设)	根据项目施工文件、施工现场数据、施工单位数据,采用 AI 技术、大数据分析技术、自动提供施工计划、施工工序、物料管理、施工安全管理,全面实现项目智能管理

c. 数据中心运维和优化阶段数字孪生应用水平根据数字孪生实现数据中心安全运营、绿色运营和高效运营

的水平可分为五个等级，不同等级的详细描述见表 23-6-103。

表 23-6-103　　数据中心数字孪生运维和优化阶段应用水平等级

数据中心数字孪生运维和优化阶段应用水平等级	详细描述
DTaL1（运维和优化）	1. 安全运营状态可视，电气系统、空调部分系统融合周围环境系统可仿真评估运营安全状态 2. 显示基本运行能耗 3. 基本运营
DTaL2（运维和优化）	1. 安全运营状态可视，电气系统、空调部分系统融合周围环境系统可仿真评估运营安全状态 2. 全面显示运行能耗状态 3. 基于问题的被动运营
DTaL3（运维和优化）	1. 安全运营状态可视，电气系统、空调、机柜系统全系统融合周围环境系统可仿真评估安全运营，部分场景 AI 算法实现安全运营隐患分析及辅助修复 2. 基于专家经验、仿真实现节能措施分析及辅助优化 3. 运营效率状态可视，基于专家经验、仿真实现运营效率分析及优化
DTaL4（运维和优化）	1. 安全运营状态可视，电气系统、空调、机柜系统全系统融合周围环境系统可仿真评估安全运营，部分场景 AI 算法实现安全运营隐患分析及辅助修复 2. 基于专家经验、仿真实现节能措施分析及辅助优化 3. 运营效率状态可视，基于专家经验、仿真实现运营效率分析及优化，部分场景实现运营智能化
DTaL5（运维和优化）	1. 通过仿真、AI、自动控制实现全场景安全运营问题自修复 2. 通过仿真、AI、自动控制实现全场景节能措施自动闭环 3. 通过仿真、AI、自动控制实现全场景智能运营

2）数据中心数字孪生评估

① 一般要求：

a. 数据中心数字孪生应根据数字孪生化等级、数字孪生覆盖完整度等级以及数字孪生应用水平等级三个维度进行等级评估。

b. 数据中心数字孪生等级评估应按数据中心生命周期不同阶段进行。

c. 数据中心数字孪生宜支持向更高等级扩展演进，低级数字孪生可支持通过标准化或接口向高级数字孪生提供数据或能力。

d. 数据中心数字孪生等级及功能应根据数据中心等级、基础状况、运营管理要求、投资规模等综合因素确立。

② 详细要求：

a. 数据中心设计阶段应使用数字孪生技术实现设计智能化，包括设计方案可视、设计方案仿真评估、设计方案综合评估、智能设计及优化。

b. 数据中心设计阶段数字孪生评估内容见表 23-6-104。

表 23-6-104　　设计阶段数字孪生评估

	DTL1	DTL2	DTL3	DTL4	DTL5
数字孪生化等级	DTiL1	DTiL2	DTiL2	DTiL3	DTiL3
数字孪生覆盖完整度等级	DTciL1	DTciL1	DTciL2	DTciL2	DTciL3
数字孪生设计阶段应用水平等级	DTaL1（设计）	DTaL2（设计）	DTaL3（设计）	DTaL4（设计）	DTaL5（设计）

c. 数据中心建设阶段应使用数字孪生技术实现建设智能化，包括进度管理智能化、质量管理智能化、成本管理智能化。

d. 数据中心建设阶段数字孪生评估内容见表 23-6-105。

表 23-6-105　　建设阶段数字孪生评估

	DTL1	DTL2	DTL3	DTL4	DTL5
数字孪生化等级	DTiL1	DTiL2	DTiL2	DTiL3	DTiL3
数字孪生覆盖完整度等级	DTciL1	DTciL1	DTciL2	DTciL2	DTciL3
数字孪生建设阶段应用水平等级	DTaL1（建设）	DTaL2（建设）	DTaL3（建设）	DTaL4（建设）	DTaL5（建设）

e. 数据中心运维和优化阶段宜应用数字孪生技术帮助实现数据中心安全运营，可包括服务器上下架评估、模拟演练、故障预测等。

f. 数据中心运维和优化阶段宜应用数字孪生技术帮助实现数据中心绿色运营，可包括气流组织优化、AI 节能等。

g. 数据中心运维和优化阶段宜应用数字孪生技术帮助实现数据中心高效运营，可包括告警压缩、故障根因定位、智能巡检等。

h. 数据中心运维和优化阶段数字孪生评估内容见表 23-6-106。

表 23-6-106　　运维和优化阶段数字孪生评估

	DTL1	DTL2	DTL3	DTL4	DTL5
数字孪生化等级	DTiL3	DTiL3	DTiL4	DTiL4	DTiL5
数字孪生覆盖完整度等级	DTciL1	DTciL1	DTciL2	DTciL3	DTciL4
数字孪生运维和优化阶段应用水平等级	DTaL1（运维和优化）	DTaL2（运维和优化）	DTaL3（运维和优化）	DTaL4（运维和优化）	DTaL5（运维和优化）

6.5　服务应用

数字孪生服务应用广泛，可以涉及制造业、能源领域、城市规划、建筑和房地产等多个领域。通过建立数字模型和实时数据融合，数字孪生可以提供实时的模拟、优化和预测功能，以支持决策制定和提升业务效率。

6.5.1　数字孪生助力新能源装备制造智能化升级案例

1）方案简介。通过单机设备进行数字孪生智能化改造，通过对生产现场“人机料法环”各类数据的全面采集和深度分析，多维度全方位管控锂电池从原辅料、参数、过程、工艺、质量、批次、在线、离线、人员、状态等信息，应用数字孪生技术实现锂电池生产线电池生产全过程实时动态跟踪与回溯的双向真实映射。该项目实现了人-产品-设备-数据之间互联互通和全方位集成与贯通，支撑企业全面建立以数据为驱动的数字孪生运营与管理模式，提速新能源锂电装备的智能化升级。

2）应用成效。目前经过项目实施已实现了新能源锂电池生产装备的智能化升级，缩短生产周期 35%，降低或消除数据输入时间 36%，降低或消除交接班记录 67%，缩短生产提前期 22%，有效提高产品质量。

6.5.2　数字孪生的可视化元素（摘自 20221218-Z-604）

对于物理资产和替身（或数字复制品）之间共享或集成的可视化元素，需要进行标准化处理。数字孪生由物理资产、替身和接口组成。图 23-6-62 显示了数字孪生的概念（三个组成模型）和可视化元素的分离。

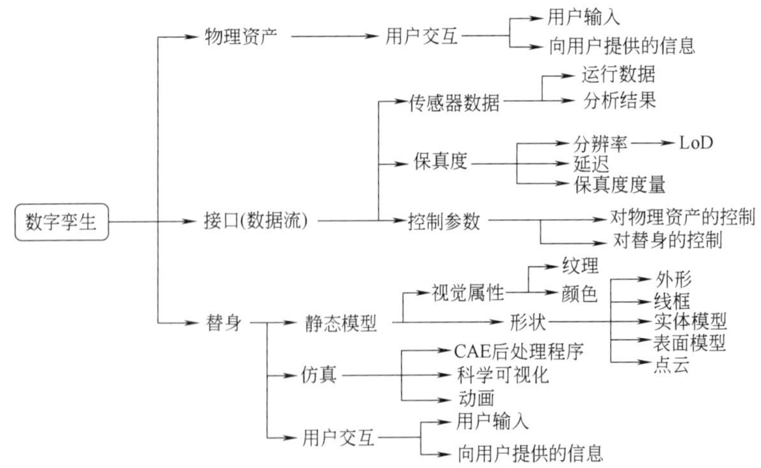

图 23-6-62　数字孪生可视化术语分类

① 数字孪生的核心技术。数字孪生核心技术包括传感器、执行器、集成、数据和分析技术，见表 23-6-107。可以为数字孪生的可视化定义更多的技术。

表 23-6-107　　数字孪生的核心技术

技术	内容组成
传感器	连接到运行设备的传感器可以将设备状态(如位置、温度、压力、振动、RPM)近实时发送给用户
数据	近实时采集的传感器数据是连续生成的,其结果可能是收集设备运行状态信息的大数据
分析技术	用于分析大数据的技术被称为分析技术。由于大量数字传感器信息是通过互联网收集的,所以数据量超过了人类的分析能力。因此,利用具有人工智能能力的计算机进行数据分析的技术备受关注
执行器	一旦利用分析技术来分析有关运行状态的大数据,就可以优化产品的运行参数,并且可以基于分析结果调整运行状态。驱动机器的修改参数的传送装置是执行器
集成	一旦利用分析技术来分析有关运行状态的大数据,就可以优化产品的运行参数,并且可以基于分析结果调整运行状态。驱动机器的修改参数的传送装置是执行器

② 数字孪生的可视化元素。数字孪生关键词之间的关系如图 23-6-63 所示。STEP 标准（ISO 10303）中的数据模型或产品模型可以被视为替身元素。ISO 10303 不仅包括设计模型，还包括生产或制造模型。某些标准中还规定了可视化的数字模型。

a. 进行数字孪生可视化时，可以利用大多数虚拟现实（VR）或增强现实（AR）方法。替身或数字复制品的形状、颜色和纹理等可视化属性以及动画均应包含在内。

b. 进行数字孪生可视化时，还应对显示物理资产运行状态的传感器数据进行可视化。它类似于数值模拟中后处理程序的可视化元素。

c. 另外，可视化元素取决于产品的生命周期。数字孪生应共享的信息会在产品生命周期中发生变化，产品的生命周期通常包括计划、设计、制造、运维或废弃阶段，因此可视化元素会在产品生命周期中发生变化。

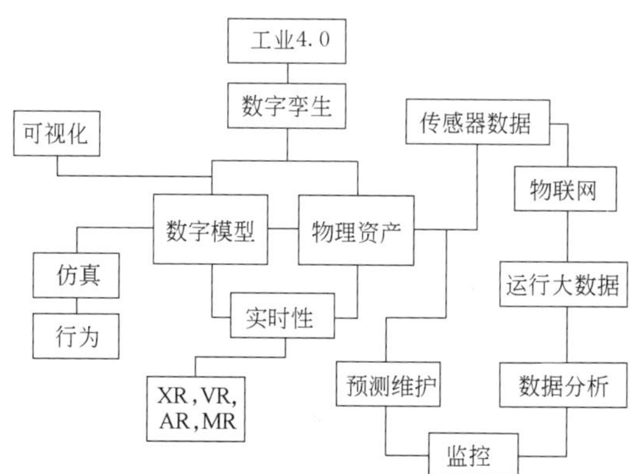

图 23-6-63　数字孪生的关键词之间的示例关系

d. 在产品生命周期开始时，没有物理资产。只有替身或者数字复制品。设计师头脑中的概念产品在开始时被建模为计算机中的替身。在虚拟制造系统中测试或模拟替身，然后通过物理制造将物理产品实现为物理资产。只有从此时起，两个孪生（替身和物理资产）才同时存在，并且可以通过将来自传感器的实时状态数据和控制参数共享至执行器来实现集成。

③ 数字孪生可视化的详细元素。正在研发的 3D 打印和 3D 激光扫描也需要可视化模型。除了传统的 CAD 或网格模型外，还引入了点云模型。根据替身的保真度，采取不同的详细程度（LoD），如表 23-6-108 所示。

表 23-6-108　　基于详细程度（LoD）的电厂设备模型分类

LoD	类型	描述	示例(阀门)
1	符号级模型(基本设计阶段,发送给设备制造商)	—简单模型(来自 P&ID 的三维模型) —电厂 CAD 系统提供的默认库中的模型(称为目录模型)	
2	生产模型(电厂的生产设计阶段)	—电厂制造商根据设备供应商文件包(包括 2D 图纸以及详细的 3D 模型)重新建模的模型(LoD5) —适合电厂建设的产品模型	

续表

LoD	类型	描述	示例(阀门)
3	移交模型(根据扫描数据重建的模型)	—电厂所有者或运营公司要求的模型 —根据要求有不同的 LoD	
4	扫描模型(电厂施工期间或之后)	—在电厂施工期间或之后,通过 3D 扫描获得的点云模型 —它展示了设备周围的绝缘材料等附加材料	
5	有关设备制造的详细模型(供应商)	—供应商提供的用于设备生产的详细模型 —包含设备的详细(几何、非几何)信息,例如内部几何结构以及详细的表面信息 —出于安全考虑,只有供应商有该模型	

产品运行状态的可视化是计算机绘图（CG）中一个长期存在的领域，被称为科学可视化。最好利用 CG 领域的现有技术，并将 CG 技术作为数字孪生的可视化元素。

制作动画时需要利用运动纹理，该纹理使用了运动捕捉传感器获得的数据。除了传统的多边形网格动画之外，还需要进一步开发技术，将动画技术应用于点云模型。运动纹理可以弥补基于运动学的动画存在的弱点，同样，激光扫描模型或点云可以弥补 CAD 模型的弱点。将替身数据（多边形或运动学移动）与物理资产数据（点云或运动纹理）合并可以增强数字孪生的保真度。

④ 用例。有各种有关数字孪生及其可视化的用例。A 风力发电模型的示例如图 23-6-64 所示，有必要定义由物理资产、替身和接口构成的数字孪生的概念，替身是指物理风力系统的虚拟或数字复制品，物理资产是指物理世界中真实存在的风力发电系统。

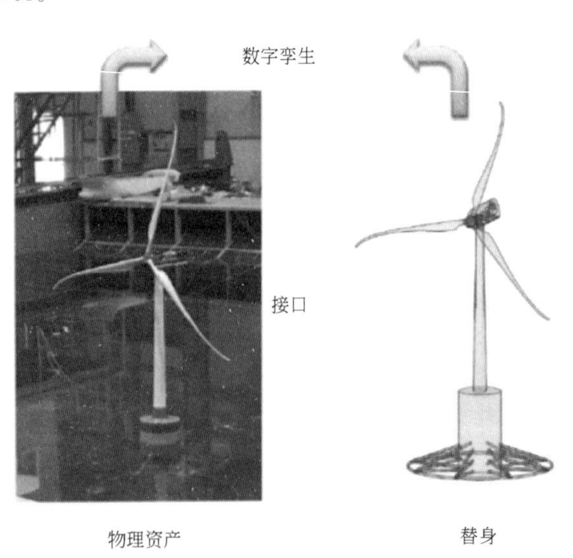

图 23-6-64　A 风力发电系统数字孪生用例

由于产品的复杂性以及运行地点远离陆地，所以海上电厂区也是一个对数字孪生需求很高的区域。由于海上电厂必须在偏远的地方近实时操作控制，因此它需要复杂和庞大的数字孪生模型。物理资产和替身均在远程状态下运行，但通过它们之间的近实时数据通信实现集成，这样就可以像近实时、近距离运行一样。海上电厂与核心技术的数字孪生见图 23-6-65。

智能制造的数字孪生也出现在作为第四次工业革命引领者的德国工业 4.0 项目中。管理壳的概念如图 23-6-66 所示。通过现实世界的物理设备（资产）转换为替身，管理壳可以实现数字孪生。

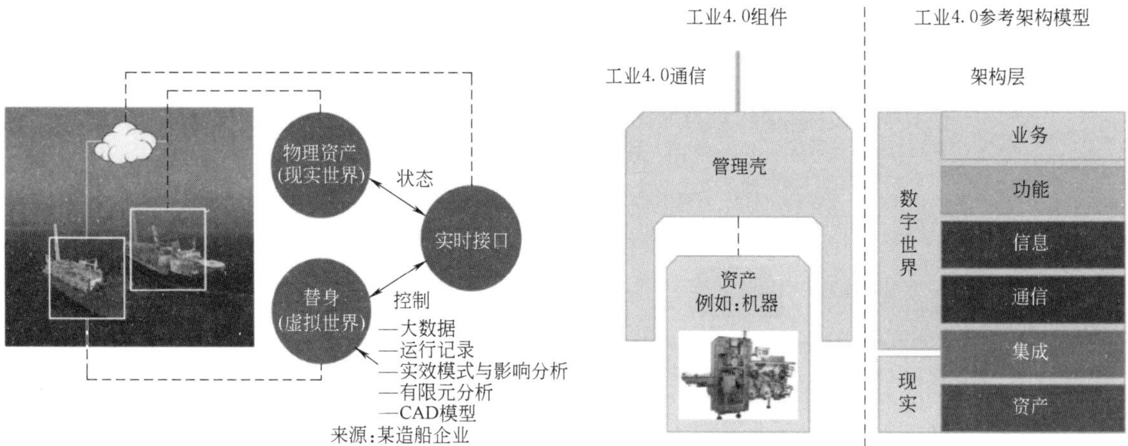

图 23-6-65　海上电厂与核心技术的数字孪生

图 23-6-66　工厂数字化管理壳

⑤ 增强现实（AR）和信息物理系统（CPS）的区别。需要分析数字孪生和 AR 之间的差异。在 AR 中，真实世界信息被添加到纯虚拟模型中。AR 类似于由物理资产、替身和接口组成的数字孪生。AR 和数字孪生之间的区别可能是数字孪生中集成了近实时运行大数据。由于 AR 也允许集成实时运行数据，因此需要进一步分析。数字孪生中的运行大数据可以帮助替身提高运行效率和准确性。

其他差异包括数字孪生的模拟强度和 AR 的特殊可视化功能。可以通过模拟预测产品或系统的性能。由于数字孪生通常用于电厂的预防性维护，因此利用运行大数据预测未来性能或问题的模拟功能至关重要。但是模拟功能也可以在 AR 中实现。

可视化功能是数字孪生和 AR 的核心技术，因为没有可视化功能很难实现数字孪生或 AR。由于 AR 更加依赖可视化能力，所以 AR 的各种可视化技术或元素也可以用于 DTw（数字孪生）。

6.5.3　数据中心数字孪生技术规范的应用（摘自 T/DZJN 47—2021）

表 23-6-109　数字孪生技术规范应用

应用	内容组成
设计及建设阶段应用	a. 数据中心数字孪生在设计阶段通过提供 3D 可视、虚拟现实、辅助设计方案分析、仿真设计方案评估、AI 智能设计等能力，支持对数据中心设计方案合理性、可行性、技术经济性进行评估，以及实现智能设计 b. 数据中心数字孪生在建设阶段通过提供 3D 可视、虚拟现实、仿真预测、智能视频分析，支持项目进度管理、质量管理、安全管理、模拟验收等
运维及优化阶段应用	a. 数据中心运维及优化阶段数字孪生应用应支持数据中心运维管理需求 b. 数据中心运维及优化阶段数字孪生应用可通过提供 3D 可视、系统拓扑可视、虚拟现实、大数据分析、仿真、AI 等能力实现 c. 数据中心运维管理需求包括但不限于：容量管理、气流组织优化、能耗分析、变更评估、模拟演练、人员培训、故障检测、预测、安全评估、健康评估、故障定位、寿命预测、智能巡检、运行优化等 d. 数据中心运维阶段数字孪生应支持数据可视化，如：物理实体运行状态、告警信息在数字孪生体的实时显示，电气系统拓扑、空调系统拓扑状态与相应数字孪生体关联可视，数字孪生可支持仿真温度场等信息显示 e. 数据中心运维阶段数字孪生容量管理，可对数据中心资产及使用情况进行管理，包括电气设备、空调设备、机柜、服务器及网络设备等资产 f. 数据中心运维阶段气流组织优化应采用 CFD 仿真技术进行，自动发现气流组织缺陷，给出优化建议，指导运维人员开展气流组织优化工作

续表

应用	内容组成
运维及优化阶段应用	g. 数据中心数字孪生变更评估可对数据中心服务器设备上下架变更、供配电系统变更、制冷系统变更开展 h. 数据中心数字孪生变更评估应在变更实施前开展，并对关联系统的影响进行充分评估 i. 变更评估应在数字孪生体上进行，不可对物理实体产生影响 j. 数字孪生体应在物理实体完成变更后才可进行更新 k. 数据中心运维阶段数字孪生可对电气设备、空调设备、服务器及网络设备的能耗进行动态分析 l. 数据中心运维阶段数字孪生可对基础设施进行模拟演练，可对电气系统、空调系统设备进行失效模拟演练 m. 数据中心运维阶段数字孪生可搭建数据中心基础设施运维培训平台，实现基础设施培训内容可视化，并通过持续更新优化满足运维人员在线培训需求 n. 数据中心运维阶段数字孪生可结合基础设施设备厂商提供的数据、实时运行数据、专家经验，通过 AI 技术实现基础设施故障检测、预测、故障定位、寿命预测 o. 数据中心运维阶段数字孪生可综合实时数据、历史数据、专家经验，通过数据处理、数据分析、数据挖掘、模型搭建等数字化技术手段，实现基础设施设备、系统的安全评估和健康状态评估 p. 数据中心运维阶段数字孪生可结合视频系统数据、监控系统数据、专家经验，通过 AI 技术实现基础设施智能巡检 q. 数据中心运维阶段数字孪生可通过意图分析、智能诊断、智能预测、智能修复，实现安全运维、高效运维智能化 r. 数据中心优化阶段数字孪生可采用仿真技术对不同机房空调控制温度进行评估，在保证服务器及网络设备安全运行的条件下，实现机房空调能耗优化 s. 数据中心优化阶段数字孪生可对数据中心空调系统构建 AI 模型，通过模型寻优，生成空调系统优化设定值，并与物理实体联动，实现降低数据中心电源使用效率（PUE）、数据中心碳利用效率（CUE）

7 区 块 链

区块链是一种多元化的数据库技术，它以链式区块的方式存储数据，每个区块包含一组交易或信息，并且连接到前一个区块。去中心化的技术，被设计用于记录、验证和存储交易和信息，从而减少依赖中央机构或第三方机构。

表 23-6-110　　区块链术语

名称	英文名	描述
区块链	blockchain	一种采用分布式数据存储、点对点传输、共识机制、密码算法、智能合约等技术的新型应用模式和融合技术
共识机制	consensus mechanism	区块链系统中实现不同节点之间建立信任、获取权益的算法
智能合约	smart contract	一套以数字形式定义的约定
分布式账本	decentralized ledger	一个可以在多个节点、不同地理位置或者多个机构组成的网络中分享的数据记录
交易	transaction	数字资产的一次转账或者对智能合约的一次调用
公有链	public blockchain	各个节点可以自由加入或退出网络，并参与链上数据读写的区块链系统
联盟链	consortium blockchain	各个节点与实体机构组织对应，经过授权后才能加入或退出的区块链系统
私有链	private blockchain	各个节点的写入权限和读取权限归内部控制的区块链系统
数字资产	digital assets	以电子数据形式存在，持有者可以出售或者交换的有价资产
标识密码	identity-based cryptographic	基于身份标识的密码系统
块链式数据结构	chained-block data structure	一段时间内发生的事务处理以区块为单位进行存储，并以密码学算法将区块按时间顺序连接成链条的一种数据结构
区块链技术架构	blockchain technical architecture	运行在区块链网络中的节点中，提供区块链系统功能的软件和存储实体的集合，包括基础层、核心层和接口层的密码算法、共识机制、智能合约等功能组件
对等网络	peer-to-peer network	一种仅包含对控制和操作能力等效的节点的计算机网络

7.1 过程管理

区块链的使用过程中需要注意许多安全问题，避免不当操作带来的风险。因此在操作过程中，需要根据标准中的技术规范对区块链使用过程进行管理。

7.1.1 区块链技术标准体系结构

表 23-6-111　　区块链和分布式记账技术标准体系结构

总述	区块链和分布式记账技术标准体系结构包括"A 基础""B 技术和平台""C 应用和服务""D 开发运营""E 安全保障"五个部分，主要反映标准体系各部分的组成关系。区块链和分布式记账技术标准体系结构如图 23-6-67 所示
A 基础标准	主要包括 AA 参考架构、AB 术语和定义、AC 分类和本体、AD 账本编码和标识四个类别，位于区块链和分布式记账技术标准体系结构的最底层，为其他部分提供支撑
B 技术和平台标准	划分为 BA 基础设施、BB 关键技术、BC 互操作三个类别。其中，BA 基础设施标准用于指导分布式网络、数据库与分布式存储、云服务等基础设施建设；BB 关键技术标准围绕共识机制、智能合约、加密、时序服务等为区块链和分布式记账技术应用提供技术支撑；BC 互操作标准用于指导区块链平台的建设，规范和引导区块链相关软件的开发，为实现不同区块链的互操作提供支撑
C 应用和服务标准	主要包括 CA 产业服务、CB 通用服务、CC 行业应用三个类别。其中，CA 产业服务标准主要包括测试测评、人才培养、系统审计、服务能力评价等方面，为区块链产业服务提供参考；CB 通用服务标准用于指导应用软件的开发和使用，为行业应用提供参考；CC 行业应用标准主要面向制造、政务等垂直领域应用，是根据各领域特性制定的专用区块链标准
D 开发运营标准	主要包括 DA 开发指南、DB 服务运营通用要求、DC 系统管理规范、DD 区块链治理、DE 区块链系统集成等，主要用于规范和指导区块链的开发、更新、维护和运营
E 安全保障标准	包括 EA 应用服务安全、EB 系统设计安全、EC 基础组件安全，用于提升区块链的安全防护能力

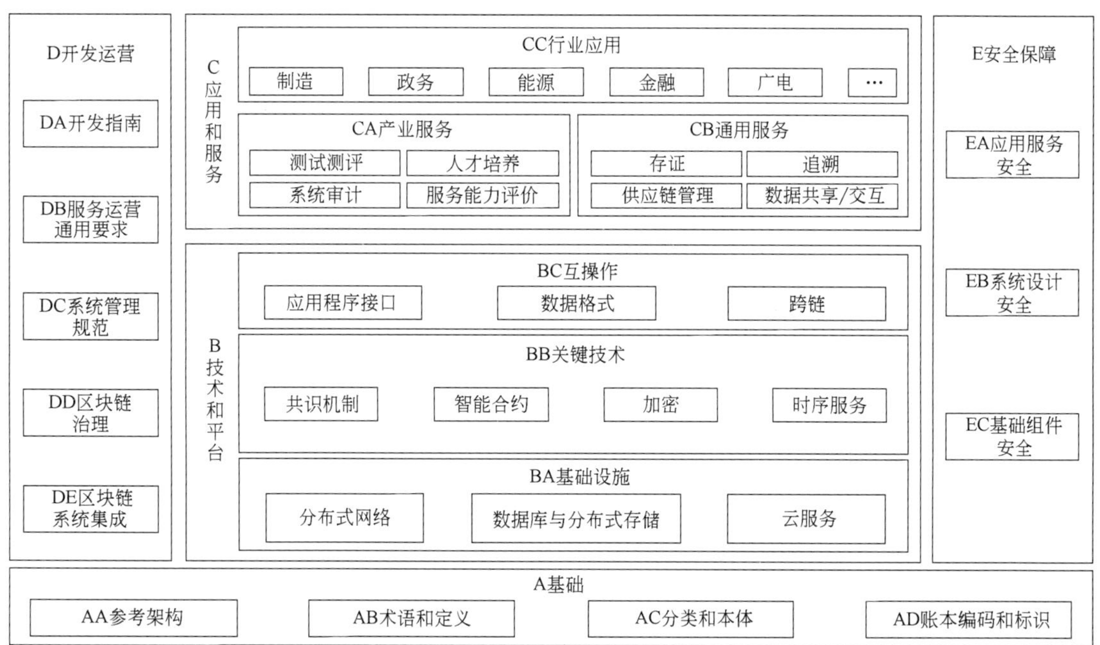

图 23-6-67　区块链和分布式记账技术标准体系结构图

第23篇

7.1.2 区块链技术架构（摘自 YD/T 3747—2020）

图 23-6-68 给出了基于区块链技术的信息系统的分层框架，各层次具体内容见表 23-6-112。

表 23-6-112　　区块链功能架构各层次具体内容

基础层	提供了区块链系统正常运行所需要的运行环境和基础组件，主要包括存储、计算和对等网络
核心层	区块链系统的核心功能层，基于基础层提供的硬件或网络基础体系实现相应功能，并为接口层提供相关功能支持服务，主要包括共识机制、密码服务、账本记录、交易/事务处理、智能合约、成员服务等
接口层	通过调用核心层功能组件，提供可靠接入服务支撑。接口层功能组件主要包括管理接口、客户接口和外部接口。管理接口为节点状态查询、网络状态监控、节点服务配置等功能的接口；客户接口为用户层进行账本信息查询、事务操作处理等功能的接口。外部接口用于与外部系统进行数据交互或跨链操作
用户层	面向用户的入口。通过该入口，使用区块链服务的客户和区块链服务提供方及其区块链服务进行交互，执行与客户相关的管理功能，维护和使用区块链服务
跨层功能	提供跨越多个功能层次能力的功能组件，包括开发、运营、监管、审计、安全等

区块链技术架构是运行在区块链网络的节点中，提供区块链系统功能的软件和存储实体的集合，其核心涵盖了区块链功能架构的基础层、核心层和接口层，主要包括对等网络、共识机制、智能合约等功能组件，具体如图 23-6-69 所示。

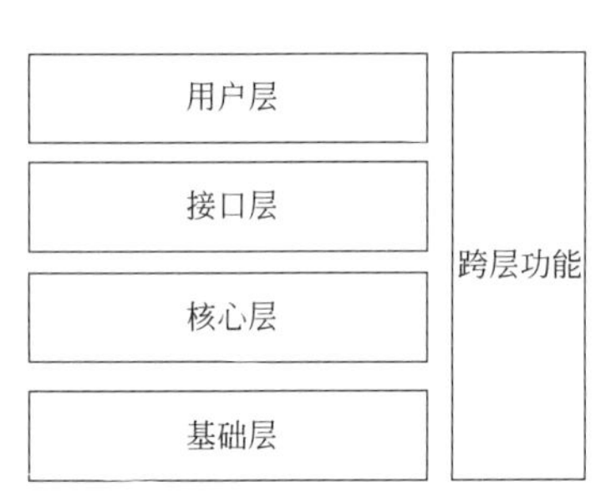

图 23-6-68　区块链功能架构的分层框架

图 23-6-69　区块链技术架构功能组件

7.1.3 区块链主要威胁分析（摘自 YD/T 3747—2020）

表 23-6-113　　区块链主要威胁分析

总述	在存储、计算、数据接口等方面，区块链技术架构面临着与其他信息系统类似的安全威胁。在对等网络、共识机制、智能合约等方面区块链技术架构还面临着突出的安全威胁
对等网络	区块链技术架构中对等网络面临的威胁主要体现在节点故障、网络分区以及外部攻击三个方面，具体包括： a. 节点故障　网络中节点可能宕机或处理错误； b. 网络分区　节点之间的网络通信不可靠，可能出现消息的延迟、丢失、重复、乱序、网络分区等； c. 外部攻击　针对对等网络的攻击方式包括拒绝服务攻击（通过大流量或者漏洞的方式攻击对等网络中的节点，使网络中部分节点瘫痪，降低网络稳定性和可靠性）、节点攻击（利用对等网络中节点存在的漏洞进行攻击，获取节点权限等）、日食攻击（恶意节点通过侵占受害节点路由表，使得受害节点只能接受恶意节点发送的信息，被恶意节点从区块链网络中隔离）、女巫攻击（如果网络中的恶意节点可以具有多重身份，原来需要备份到多个节点的数据被欺骗地备份到了同一个恶意节点）、BGP（边界网关协议路由）劫持（通过 BGP 劫持，发动网络分割、延迟攻击等）、隐私泄露［恶意节点通过对 P2P（点对点）网络的监控或者漏洞的方式来分析出节点对应的公钥或地址来破坏区块链网络的匿名性］等

续表

密码应用	区块链技术架构所使用的密码算法、密码技术、密码产品、密码服务等可能存在漏洞,包括: a. 密码算法问题　新的代数攻击方法(如碰撞攻击)、新的计算模型(如量子攻击)的出现导致一些算法被攻破,或计算能力的增长导致原有密码强度不足,使得算法容易通过穷举等方式被破解; b. 密码产品问题　由于对侧信道攻击(如能量攻击、电磁攻击、时间攻击、错误攻击等)的应对措施考虑不周,新的侧信道攻击方法的出现以及密码产品出现安全威胁不能及时替换密码组件等,导致安全问题发生; c. 密码服务问题　由于密钥管理疏漏(如选取弱密钥、物理环境不安全、选取固定的密钥或口令、错误密钥尝试次数不受限)等原因导致密钥泄露; d. 后门攻击　通过在密码算法或密码系统中嵌入后门导致机密信息泄露
共识机制	共识机制面临的威胁主要体现在内部机制设计或外部因素导致的可用性和一致性问题: a. 可用性问题　共识机制的容错性较差,可靠性不高,易受拜占庭节点以及非拜占庭错误的影响; b. 一致性问题　易发生共识劫持,导致账本篡改; c. 公平性与效率　通过自私挖矿、区块截留等方式,威胁共识的公平公正,降低共识效率和稳定性; d. 软硬分叉管理　分叉管理不当,导致重放攻击等
智能合约	智能合约通常由合约执行环境、合约代码、管理机制等部分组成,在合约设计与业务逻辑、源代码、编译环境、应急响应机制等方面均可能出现漏洞,如: a. 合约执行环境漏洞　合约虚拟机存在漏洞或相关机制不完善,如逃逸漏洞、短地址攻击等逻辑漏洞、堆栈溢出漏洞、资源滥用漏洞等; b. 合约代码漏洞　合约代码存在漏洞,如可重入攻击、交易顺序依赖攻击、整数溢出漏洞等

7.1.4 区块链技术架构安全要求（摘自 YD/T 3747—2020）

根据区块链技术架构和面临的主要威胁，定义区块链技术架构安全要求，如图 23-6-70 和表 23-6-114 所示。

图 23-6-70　区块链技术架构安全要求

表 23-6-114　　区块链技术架构安全技术要求

密码应用安全要求	使用的密码算法应当符合密码相关国家标准、行业标准的有关要求;使用的密码技术应遵循相关国家标准和行业标准;使用的密码产品与密码模块应通过国家密码管理部门核准;使用的密码服务应通过国家密码管理部门许可
共识机制安全要求	应选择可证明安全的共识机制;共识机制应具有符合业务需求的容错性,包括节点物理或网络故障的非恶意错误、节点遭受非法控制的恶意错误,以及节点产生不确定行为的不可控错误等;共识机制应能满足应用场景的一致性要求,如强一致性、最终一致性。对于最终一致性算法,应具备满足业务需求的收敛速度和确认时间;共识机制宜具备分叉管理能力,防止分叉导致的安全问题,如重放攻击等;共识机制应保证公平,不存在后门以便特殊人员为了特殊目的干扰共识机制的达成逻辑,从而形成有利于特定人员的共识结论
交易与账本安全要求	支持持久化存储账本记录;支持多节点拥有完整的数据记录,防止女巫攻击;确保有相同账本记录的各节点的数据一致性;行为或数据需记录相应的一致性的时序,并具备时序容错性

续表

智能合约安全要求	智能合约应具备防篡改和抗抵赖性，针对合约约定的条件和事项，智能合约能够按照规则强制执行；智能合约在编程语言的选择上，宜采用最新的稳定版本，应避免使用存在安全问题的版本，编程语言的编译器应确保一致性，智能合约源码在编译成字节码后前后逻辑应一致；合约代码应符合代码书写规范、逻辑要求等规范性要求，可对合约代码进行严格完整性测试和形式化验证，确保合约不出现非预期执行路径；智能合约应具备生命周期管理，包括合约创建、部署、升级、触发、执行、废止等。合约的每次修改应为独立版本，合约的升级操作应以接口调用的方式提交，达成共识后生效，升级操作应记录在区块中，升级后应保留前一版本；智能合约宜具备可终止性，宜对其所能支配的资源进行有效限制，防止资源被恶意滥用。合约虚拟机应具有合规性检测，在处理非合规代码时向用户进行提示；合约代码应在沙盒中运行，确保合约在受限的环境中不会对主机产生威胁，沙盒的选择或设计应避免出现沙盒逃逸等问题，对于与区块链系统外部数据进行交互的智能合约，外部数据源的影响范围应仅限于智能合约范围内，不应影响区块链系统的整体运行；宜支持智能合约的应急响应机制，可在发现合约漏洞后，及时检查和修复
成员服务安全要求	对于联盟链和私有链，根据业务需求提供相应的认证和身份管理机制，支持建立身份管理的策略，支持利用具体身份认证方法支撑身份管理策略，支持在身份认证的基础上建立用户身份管理机制；对于联盟链和私有链，根据业务需求提供相应的权限管理功能；根据业务需求提供隐私保护功能，如支持通过认证机构代理用户在区块链上进行事务处理，支持将数据的传输限制在特定授权节点间，支持用加解密方法对用户数据的访问采用权限控制，支持对事务发起方/接收方的信息及事务信息本身进行信息隐藏；应遵循最小化授权原则，设定权限控制，如无必要，不设立高度集权的特权账户
接口安全要求	遵循权限最小化原则，对外公开的接口应将其能进行的操作最小化；宜对接口访问权限进行等级划分，针对不同用户配置不同的访问权限
对等网络安全要求	应当符合网络安全相关国家标准、行业标准的有关要求；对于联盟链和私有链，P2P 通信过程宜用采用本地的、自主的、双向的认证和授权；对于联盟链和私有链，应将数据的传输限制在特定授权节点间，确保数据和信息在传输过程中不被非授权用户读取和篡改；对于联盟链和私有链，宜设定系统的最佳节点数量和最低警戒数量，并在实际运行时实时监测节点在线情况，预测和预警平台安全状态

第23篇

7.1.5 区块链密码应用技术架构（摘自 GM/T 0111—2021）

区块链的技术架构可分为数据层、网络层、共识层、激励层、智能合约层和应用层，如图 23-6-71 左侧所示，各层次内容见表 23-6-115。

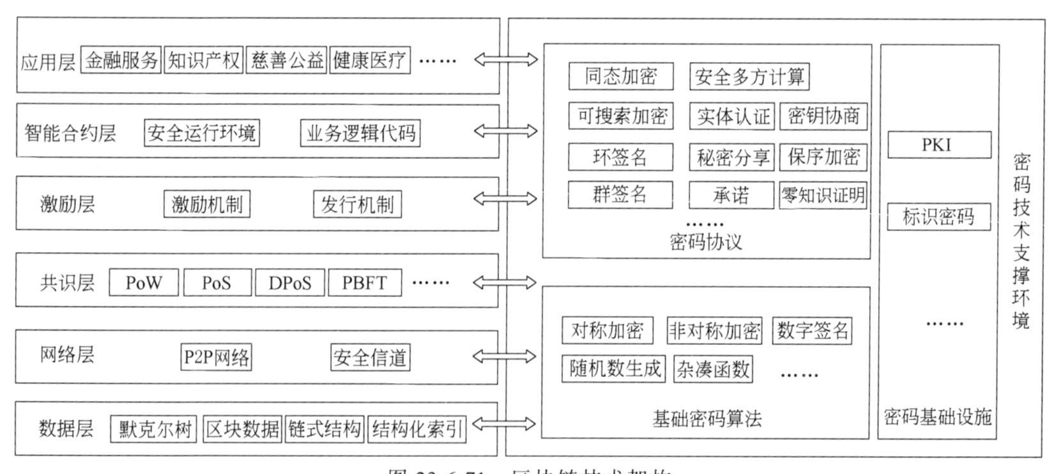

图 23-6-71 区块链技术架构

表 23-6-115 **区块链技术架构各层次内容**

区块链技术架构	数据层	交易通过合法性验证后以交易集合（如区块等形式）或者单条交易的形式持久化存储到数据库中，并通过杂凑值将数据时序化串联
	网络层	区块链中各个网络节点通过 P2P 技术进行通信，同时可采用 TLS（传输层安全）等技术建立安全信道
	共识层	共识协议是区块链的核心，在实际应用中应根据需要选择合适的共识协议
	激励层	将经济因素或其他激励因素集成到区块链技术体系中，主要包括经济激励的发行机制和分配机制等。联盟链和私有链可以不使用激励机制

续表

区块链技术架构	智能合约层	智能合约是一套以数字形式定义的承诺,包括合约参与方执行这些承诺的协议,可视为一段部署在区块链上可自动运行的程序,主要封装各类脚本、算法、指令,是区块链可编程特性的基础
	应用层	使用区块链的各种应用场景和环境
密码技术支持	总述	区块链技术架构中的每个层均需要用到相应的密码技术支持。在区块链技术架构中,所需的密码技术应独立于功能架构之外,为区块链功能架构提供支持。因此,需要构建独立的密码技术支撑环境(如图 23-6-71 右侧所示),为区块链功能架构中的各层服务,以保护其应用安全及运行安全
	基础密码算法	为保障区块链系统中信息的机密性、完整性、真实性、抗抵赖性所使用的最底层密码算法,主要包括对称密钥算法、非对称密钥算法、杂凑算法等
	密码协议	密码协议需要多方交互完成,用以满足区块链系统中的各类安全需求。密码协议主要包括同态加密、可搜索加密、环签名、群签名、安全多方计算、实体认证、密钥协商、秘密分享、保序加密、承诺、零知识证明等
	密码基础设施	区块链系统的密码基础设施主要包括 PKI(公钥基础设施)密码体制和标识密码体制等

7.1.6 区块链密码应用总体要求(摘自 GM/T 0111—2021)

表 23-6-116　　区块链密码应用总体要求

密码算法要求	区块链中配置和使用的密码算法(如分组密码算法、公钥密码算法、杂凑算法及随机性检测规范)应符合密码国家标准、行业标准的相关要求: a. 分组密码算法应采用 SM4 密码算法,符合 GB/T 32907; b. 公钥密码算法应采用 SM2 椭圆曲线公钥密码算法,符合 GB/T 32918; c. 密码杂凑函数应采用 SM3 密码杂凑算法,符合 GB/T 32905; d. 随机数生成算法所产生的随机数,符合 GB/T 32915
数字签名要求	数字签名格式和使用要求应符合 GB/T 35276、GB/T 35275、GB/T 38635.1 和 GB/T 38635.2
密码设备安全要求	应通过商用密码检测认证
密钥管理安全要求	区块链应用中的身份鉴别密钥、数据加密密钥等应使用通过商用密码检测认证的密码设备或模块对密钥的生成、存储、分发、导入与导出、使用、备份与恢复、归档、销毁等环节实现安全管理。对区块链节点之间的通信数据加密,以及对区块链节点上存储数据加密的密钥,应通过商用密码检测认证的密码设备或模块将私钥妥善保存。密钥还应进行严格的生命周期管理,不应为永久有效,到达一定的时间周期后需进行更换
证书管理要求	区块链中的数字证书主要分为两类:一是最终用户用以完成身份鉴别、安全通信和交易签名的数字证书;二是区块链节点用来完成身份鉴别、交易背书、安全通信的数字证书 a. 证书认证系统和相关的密钥管理系统建设应符合 GB/T 25056、GM/T 0037 和 GM/T 0038; b. 数字证书以及 CRL 格式应符合 GB/T 20518
数据安全要求	区块链的节点和节点之间的数据交换,原则上不应明文传输,宜采用非对称密码技术协商密钥,用对称加密算法进行数据的加密和解密。数据提供方也应严格评估数据的敏感程度、安全级别,决定数据是否发送到区块链,是否进行数据脱敏,并采用严格的访问控制措施 区块链各个节点之间、应用端与节点之间可配置安全通道,以保证数据通信的安全。安全通道应使用符合密码国家标准、行业标准相关要求的密码算法和密码协议,保证传输数据的机密性和完整性
共识协议安全要求	共识协议应提供明确的密码学机制,确保共识协议在运行环境中具有以下性质: a. 参与共识协商各方应采用密码技术实现身份鉴别; b. 共识协议执行过程中发送的敏感信息应采用密码技术保证机密性、完整性、抗抵赖性; c. 应提出明确的保证共识协议执行的容错性、一致性和可用性的安全边界; d. 所有诚实共识协商节点在约定时间内完成共识; e. 所有诚实共识协商节点记录内容相同; f. 所有诚实共识协商节点的共识请求都应有处理回应; g. 所有诚实共识协商节点处理共识请求的顺序相同; h. 共识协议还应具备抗 DoS、双花等攻击能力; i. 在遭受恶意攻击的情况下,各节点自身的数据安全需得到保障,或通过适当的干预,各节点可自动恢复正常状态

续表

智能合约安全要求	在部署智能合约时，应检查用户是否获得相应的权限，同时应采用密码技术来防止智能合约被篡改。在调用智能合约之前，应检查链上代码的完整性，并拒绝执行被篡改的智能合约

7.1.7 风险分析（摘自 DB31/T 1331—2021）

表 23-6-117　风险分析

基础设施层	①存储面临的安全风险主要为物理环境的安全风险，包括但不限于： a. 设备遭盗窃和破坏； b. 由雷击等恶劣天气导致的电流异常，设备出现故障； c. 未提供备用电力供应； d. 电磁干扰引起的设备故障 ②网络为区块链信息系统的运行提供必要的网络通信支持，安全风险包括但不限于： a. 网络架构缺陷：网络设备的业务处理能力无法满足业务高峰需求；未实施网络区域隔离，导致网络的未授权访问；未配置硬件冗余，导致网络不可用； b. 通信传输不可靠：未对通信链路进行安全加密，导致数据泄露； c. 网络攻击：DDoS（分布式拒绝服务）攻击；病毒木马攻击；DNS（域名系统）污染；路由广播劫持 ③计算为区块链信息系统的运行提供必要的硬件设备支持，安全风险包括但不限于： a. 设备配置不当；未授权登录；弱口令账户；未启用审计； b. 未对需要集中管控的设备进行集中管控
协议层	①共识机制的安全风险包括但不限于： a. 由共识机制自身设计漏洞导致的安全风险：根据 CAP（一致性）准制，一个分布式系统最多只能同时满足一致性、可用性和分区容错性中的两条，因而共识机制可能面临可用性和一致性的选择，当节点或网络连接失效时，可能存在共识无法收敛、收敛时间较长超出可用范围、记录分叉等安全风险；当攻击者算力达到一定比例时，存在恶意节点控制共识进程的安全风险。攻击者采用双花攻击、女巫攻击等方式，达到双重支付、回滚记录、获得网络控制权等攻击目的； b. 实际应用场景下的共识安全风险：在联盟链的场景下，联盟参与者和节点数较少，联盟成员通过共谋，绕过共识机制的限制，任意修改链上数据；不同的场景对安全性、扩展性、性能效率的需求不同，因共识算法选择不当可能导致安全风险 ②密码学机制面临的安全风险包括但不限于： a. 来自密码算法的安全风险：密码算法自身设计存在安全风险；密码算法开发实现中存在后门和漏洞； b. 来自密钥的安全风险：密钥生成、分发、存储过程中因人员操作或管理不当带来的安全风险，包括密钥丢失被盗等 ③时序机制面临的安全风险包括但不限于： a. 区块链节点未做时间同步，或时间同步过程被非法入侵，造成节点同步时间超出区块链共识协议的允许误差范围； b. 时间戳不可信 ④个人信息保护面临的安全风险包括但不限于： a. 身份信息泄露的安全风险：用户的身份信息、物理地址、IP 地址与区块链上的用户公钥、地址等公开信息之间存在关联关系； b. 交易信息泄露的安全风险：攻击者通过关联分析，可以推测出交易数据背后有价值的敏感信息；未授权节点访问交易数据 ⑤P2P 组网机制面临的安全风险包括但不限于： a. 由 P2P 技术缺陷带来的安全风险：P2P 网络节点准入要求极低，与专业服务器相比安全漏洞多、防护差，黑客容易针对少量关键节点发起网络路由攻击或者直接入侵，通过日蚀攻击获得利益；攻击者针对 P2P 网络缺少身份认证、数据验证、网络安全管理等机制的不足，发布有害信息，传播蠕虫、木马、病毒，实施 DDoS 攻击、路由攻击等； b. 由设备故障导致的安全风险：因节点故障、网络连接断裂带来的组网安全风险，导致数据不一致、拒绝服务、节点隔离等

续表

扩展层	①智能合约面临的安全风险包括但不限于： a. 合约内容的安全风险：编译语言不成熟，直接危害智能合约的执行和用户的个人数字资产；合约代码存在漏洞，导致交易依赖攻击、时间戳依赖攻击、调用深度攻击、可重入攻击、整数溢出攻击等安全风险；合约内容不符合相关法律规范； b. 合约运行的安全风险：智能合约的运行环境没有与外部隔离，导致系统遭受攻击。在调用智能合约时涉及类型匹配、可容纳的交易数量限制、堆栈限制以及调用逻辑等。恶意攻击者可利用配置错误或者逻辑漏洞，对合约进行攻击。智能合约访问外部数据时，不能保证不同节点访问的数据的一致性和真实性，也无法避免数据提供节点恶意变更数据或被攻击引起单点失效的问题 ②区块链的服务与访问面临的安全风险包括但不限于： a. 由权限控制管理问题导致的安全风险：非法用户接入。如未被标识用户从接口接入，非授权访问； b. 由区块链自身机制和开源软件导致的安全风险：缺乏安全管理机构及监管审计机构参与管控区块链信息系统。区块链追求去中心化的设计，使得监管部门难以准确定位主体，从而出现监管盲区，导致数据泄露、非法交易等问题。开源区块链软件因开发问题引发输入验证、API使用、内存管理等方面的安全漏洞

7.2 业务流程

区块链业务在各个流程、各个关键技术上都有详细的技术标准，对建设区块链标准体系起到重要作用。

7.2.1 关键技术标准

表 23-6-118　　规范区块链平台能力核心关键技术要求

总述	规范区块链平台能力核心关键技术要求，主要包括共识机制、智能合约、加密、时序服务等相关标准
共识机制标准	用于构建分布式一致性算法、使程序达成共识结果、实现多方协作的软件系统，规范技术人员在研发共识机制过程中对一致性算法有效性与可用性的认识
智能合约标准	用于区块链系统智能合约组件的部署，提出智能合约在运行、升级、撤销和迭代等过程中的开发和部署要求。统一智能合约的全生命周期过程，提升智能合约在开发和部署过程中的规范性
加密标准	用于运用对称或非对称加密算法对数据生成、存储、交易等进行加密的区块链系统，明确加密算法的功能性、适用性、兼容性和安全性要求，为相关人员提供加密技术规范性支持
时序服务标准	基于权威授时机构和组织，提供时序服务接入的规范及方法，提高区块链系统在使用授时服务时的规范性和准确性，为需要时序服务、对时间敏感的区块链业务组件或系统提供指导

7.2.2 互操作标准

表 23-6-119　　互操作标准

总述	规范区块链系统间、区块链系统与外部系统间的互联互通和互操作。主要包括应用程序接口、数据格式、跨链等标准
应用程序 接口标准	用于指导区块链底层平台与上层应用程序间的数据传输和消息交换，为基于区块链平台的应用程序接口开发提供依据和支撑
数据格式标准	用于规范区块链系统的数据格式，为不同区块链系统提供一致的、可兼容的数据格式，提升不同区块链系统之间数据交换和互操作的能力
跨链标准	用于规范区块链间数据和价值交换方法，制定同构或异构区块链间跨链和互操作协议的定义和格式、技术要求等标准

7.2.3 产业服务标准

表 23-6-120 产业服务标准

总述	为区块链生态中的产业服务内容和质量提供指导。主要包括测试测评、人才培养、系统审计、服务能力评价等方面的标准
测试测评标准	用于指导区块链底层平台与上层应用程序间的数据传输和消息交换，为基于区块链平台的应用程序接口开发提供依据和支撑
人才培养标准	用于规范区块链系统的数据格式，为不同区块链系统提供一致的、可兼容的数据格式，提升不同区块链系统之间数据交换和互操作的能力
系统审计标准	用于规范区块链间数据和价值交换方法，制定同构或异构区块链间跨链和互操作协议的定义和格式、技术要求等标准
服务能力评价标准	建立区块链服务能力成熟度模型，规定各级服务能力成熟度在组织、人员、技术、资源、过程等方面应满足的要求，用于指导区块链服务提供方、使用方、第三方测评机构评价区块链服务能力

7.2.4 通用服务标准

表 23-6-121 通用服务标准

总述	为区块链应用中的服务过程和方法提供指导。主要包括存证、追溯、供应链管理、数据共享/交互等方面的标准
存证标准	规范区块链存证的基本原则、相关方和业务关键过程等，用于指导计划使用区块链技术存证的相关主体和组织
追溯标准	规范追溯原则、相关方和关键过程等，用于指导通过数据上链实现对现实物品和行为全生命周期追溯和管控的产品和解决方案
供应链管理标准	规范供应链管理相关方的通用管理过程，用于指导基于区块链和分布式记账技术的供应链管理相关系统、产品和解决方案的研发
数据共享/交互标准	规范区块链数据格式、共享数据服务、共享数据维护等，用于指导区块链系统的数据共享与交互

7.2.5 区块链密码应用需求（摘自 GM/T 0111—2021）

表 23-6-122 区块链密码应用需求

总述	区块链系统根据节点准入控制机制与应用场景的不同，可分为公有链、联盟链和私有链，其交易通常包括用户注册、实名认证、创建交易、验证交易与区块共识、区块确认与同步、区块查询等环节。用户之间的交易行为等数据，以分布式账本的形式存储在多个参与节点上
密码应用安全需求	a. 区块链交易的实体鉴别与权限控制需求。实体鉴别是实体（用户、设备、系统等）在区块链网络中进行交易时，确认实体的身份是否真实、合法。权限控制需要确保区块链用户具有权限执行交易等操作； b. 交易的机密性需求。防止用户交易信息中的秘密信息在存储、传输过程中被非法窃取； c. 区块链交易记录与区块链账本的完整性需求。需要确保区块链网络中的交易各方所看到的信息完全一致，因此要求在交易生成、存储、传输过程中，能确保交易信息的完整性，不被非法篡改；需要确保保存在各个节点上的区块链账本信息的一致性，因此在结合共识协议的基础上，确保区块链账本的完整性，不被非法篡改； d. 交易的抗抵赖性需求。需要保证区块链用户交易的双方或者多方都不能够抵赖已经执行的交易； e. 区块链用户匿名与隐私性保护需求。某些区块链需要保证用户的匿名性和交易的隐私性，为了确保用户和交易信息的隐私保护，需要环签名、零知识证明等多种密码技术的支持； f. 交易的可监管需求。在实现用户匿名与隐私保护的同时，区块链中的交易还需要满足可监管的需求，主要包括：用户匿名身份与实体身份的映射关系授权可查看、交易金额或交易信息授权可解密、交易授权可撤销等，以保证区块链交易的合法合规和可审计

7.2.6 区块链的各业务环节的密码应用技术要求（摘自 GM/T 0111—2021）

表 23-6-123　区块链的各业务环节的密码应用技术要求

用户注册	在用户注册阶段，应生成可以标识用户的交易地址，并使用符合 GB/T 32915 的随机数发生器来生成 SM2 的公私钥对。用户私钥宜在密码模块内部安全地产生并存储，密码模块应满足 GB/T 37092 的相关要求
实名认证	在需要进行实名交易的区块链系统中，由用户向可信的第三方 CA（数字证书签发和管理机构）提交包含用户身份信息的证书签发请求（CSR），证书颁发机构再对用户身份执行鉴别，并为用户签发数字证书。签发的数字证书格式应满足 GB/T 20518
交易创建	新交易创建过程中应满足以下密码要求： a. 交易发起者使用自己的私钥对本次交易进行数字签名； b. 对交易中的秘密信息使用加密方式进行保护，保证交易在传输、存储和使用过程中的安全； c. 有效交易被打包进区块中，通过共识协议在节点间达成共识，区块的有效性验证应确保区块中记录的上一个区块杂凑值的有效性； d. 在创建区块时，应使用 GB/T 32905 规定的 SM3 来计算上一个区块杂凑值，并且在基于交易信息生成默克尔树的各层次的杂凑值时也应采用 SM3； e. 如果有数据隐私需求，宜对交易信息或者区块信息采用密码技术进行处理，如采用对称加密算法应符合 GB/T 32907； f. 如果在区块中包含第三方可信时间戳，则时间戳服务规范应符合 GM/T 0033
交易验证	交易生成后需要广播给区块链网络中的节点，然后由节点对交易进行验证，并打包成区块，运行共识协议，保证网络中的节点对所有合法交易达成共识。区块链对交易达成共识过程中的密码要求应满足： a. 如果采用数字证书方式，应先进行数字证书的有效性验证，包括证书信任链验证、证书有效期验证、证书是否被吊销、使用策略是否正确等； b. 验证交易记录中的数字签名，确保交易发起者身份的真实性和交易记录的完整性； c. 验证交易签名时间的有效性等； d. 区块的有效性验证应确保区块中记录的上一个区块杂凑值的有效性，其他方面的验证与交易的验证类似； e. 如果在区块中包含第三方可信时间戳，则按照 GM/T 0033 检查时间戳数字签名的有效性，并检查时间戳签名证书是否连接到被信任根 CA
账本存储	在区块链中，用户的交易记录会通过区块的方式进行组织，然后通过一种块链结构将区块串联在一块，形成区块链账本。每个区块会包含区块头和区块体，区块体用来记录具体的交易记录，区块头主要用来链接前一个区块并保证账本完整性。区块链账本的存储安全管理应满足以下要求： a. 通过区块头的杂凑值标识区块，用于链接相邻区块，保障区块数据的完整性； b. 应采用加密措施保证账本重要内容的机密性； c. 需要采用身份鉴别和访问控制措施保证账本数据的授权访问
链外交易	区块链中还可支持链外交易的模式，该模式应采用数字签名来确认交易各方的真实身份，保存所有交易的审计记录，并采用密码技术保证审计记录的完整性。在链外交易系统执行周期性的上链操作时，区块链系统应检查所有未登记交易的有效性，并根据预先定义的业务规则检查交易清算的正确性
节点和用户的身份管理	在区块链中，需确保所有节点和用户的身份在系统中的可识别性与合法性。在联盟链中，节点的准入或退出宜采用数字证书技术验证节点身份，并生成审计日志
交易监管	通过密码技术保证监管节点对于用户实体身份、交易信息等内容可查看；保证监管节点权限受控；在某些特定场景下，保证交易的合法可撤销，同时不影响随后产生的交易区块，不改变整条链的可验证性

参考文献

[1] 胡寿松. 自动控制原理 [M]. 第六版. 北京：科学出版社，2013.

[2] 谭建荣，冯毅雄. 智能设计：理论与方法 [M]. 北京：清华大学出版社，2020.

[3] 邓朝晖，刘伟，万林林，等. 智能工艺设计 [M]. 北京：清华大学出版社，2023.

[4] 江志斌，伏跃红，周利平，等. 服务4.0与智能服务——以能源智能服务为例 [J]. 工业工程，2021，24 (4)：9.

[5] 张德干，宁红云. 虚拟企业联盟构建技术 [M]. 北京：科学出版社，2010.

[6] 王天日. 共享制造平台-运行机制与计策优化 [M]. 北京：知识产权出版社，2010.

[7] 魏学将. 智慧物流概论 [M]. 北京：机械工业出版社，2020.

[8] 霍艳芳，齐二石. 智慧物流与智慧供应链 [M]. 北京：清华大学出版社，2020.